DIE ILLUSTRIERTE WELTGESCHICHTE DER ARCHÄOLOGIE

Herausgegeben von Leone Fasani

SÜDWEST VERLAG MÜNCHEN

Seite 2:
Ansicht der Ruinen von Palmyra.

Bei der Herausgabe der deutschen Ausgabe wirkten mit:

Übersetzung:

ERWIN FELKEL, Allschwil/Basel
HANSJÖRG HOFER, Marling/Südtirol
DR. RENATE POHL-MAYERHÖFER, München
BETTINA RÜSCH, Tübingen
DR. JOHANNA SCHOMERUS, München
DR. KARL TILMAN WINKLER, München

Wissenschaftliche Bearbeitung:

FERDINAND ANTON, Archäologe und wissenschaftlicher Schriftsteller, München
PROF. DR. JÜRGEN DRIEHAUS, Seminar für Ur- und Frühgeschichte an der Universität Göttingen
PROF. DR. JOACHIM GLAUBITZ, Stiftung Politik und Wissenschaft, München
DR. WOLFGANG HAUKE, Historiker und wissenschaftlicher Schriftsteller, München
DR. ULRICH KIRSCHNER, München
DR. HANNS E. LANGENFASS, Institut für Indologie an der Universität München
DR. HANNS PETER, Museum für Völkerkunde, Wien
DR. KARL-FERDINAND SCHÄDLER, Fachgutachter und wissenschaftlicher Schriftsteller, München
DR. CHRISTOPH SCHWINGENSTEIN, Archäologe, München
DR. CHRISTINE SEEBER, Institut für Ägyptologie an der Universität München
DR. LEO TRÜMPELMANN, Institut für Vorderasiatische Archäologie an der Universität München

Redaktion:

HELMUT GAJIĆ, München

2. Auflage 1983 ·ISBN 3 517 00661 0

Schutzumschlagsentwurf: Design-Team, München
Gesamtherstellung Arnoldo Mondadori Editore, Verona

Inhaltsverzeichnis

AFRIKA

ASIEN

Was ist Archäologie?

Massimo Pallottino

Aufsehenerregende Entdeckungen der letzten Jahrzehnte haben das Interesse an der Vorgeschichte und an vergangenen Kulturen geweckt. Das zeigt sich nicht nur an der größer werdenden Zahl von Sammlern, sondern vor allem an der Besucherzahl von Ausstellungen mit Zeugnissen längst versunkener Kulturen. Hinzu kommt in der Zeit des Massentourismus, daß das Aufsuchen von Ruinenstätten und der Besuch von Museen in fernen Ländern häufig zum Höhepunkt einer Reisegruppe werden. Das steigende Interesse zeigt sich nicht zuletzt in der erhöhten Nachfrage nach gemeinverständlichen Büchern über archäologische Forschungen – wir erinnern nur an die Werke Cerams, die zu Weltbestsellern wurden –; dazu kommen noch Presse, Rundfunk und Fernsehen. Das Geheimnis um die Entdeckungen vergangener Welten befriedigt in gewisser Hinsicht die Wißbegierde und den unruhigen Abenteurergeist in einer vom technischen Fortschritt geprägten und übersättigten Zivilisation.

Ganz abgesehen von dieser Zeiterscheinung, auf deren positive und negative Seiten wir später noch eingehen werden, ist die »Wissenschaft des Spatens« ein wichtiger Erfahrungsbereich, deren Konzept und Praxis klargestellt werden soll; wir wollen daher hier ihre Zielsetzung, Methoden und Zukunftsaussichten etwas näher behandeln. Für die Alten bedeutete der Begriff »Archäologie« dem Wortsinn nach soviel wie »Gespräch über vergangene Zeiten«. Heute wird dieses Wort als wissenschaftliche Erkundung und kulturgeschichtliche Deutung der Grabhügel und anderer Artefakte der Vergangenheit verstanden (wobei jedoch im Unterschied zur allgemeinen Geschichtsschreibung des Altertums die literarischen Quellen ausgeschlossen bleiben). Schon in der Renaissance zeigen sich einige Aspekte, die für das traditionelle Konzept der Archäologie charakteristisch bleiben: einerseits – als Hauptbeweggrund – die Bergung und Sicherstellung verlorener Werke durch zufällige Grabungen und Funde sowie deren Sammlung als kostbare Schätze; andrerseits die Entdeckung der antiken Kunst, wodurch die Archäologie als wesentlicher Zweig der Kunstgeschichte betrachtet wurde (»Kunstarchäologie«). Mit der Vertiefung und Erweiterung der Forschungsgebiete – aus dem klassischen Altertum nach dem alten Orient bis hin zu den in Raum und Zeit entferntesten Spuren menschlicher Tätigkeit (Vorgeschichte wie außereuropäische Kontinente) – ist die moderne Archäologie zu einer grundlegenden Disziplin für eine im weitesten Sinn verstandene Kulturgeschichtsschreibung geworden. Dies vor allem durch die Erneuerung der Studienpläne in der Form, die alten Kulturen nicht nur nach ihren höchsten und augenfälligsten Leistungen zu beurteilen, sondern auch in ihren sozial-anthropolitischen Aspekten, ihrer Lebensweisen usw.

Archäologische Kulturgüter dürfen daher nicht einzig und allein als Objekte des ästhetischen Genusses oder als Selbstzweck für das Studium, sondern vor allem als Zeugnisse der Vergangenheit betrachtet werden. Die Begutachtung begnügt sich nicht mit der Qualität, die jedem Fundstück innehaftet, sondern richtet sich auf seine Aussagekraft, inwieweit sich daraus historisch-kulturelle Zusammenhänge und eine Abfolge von Kulturepochen ergeben. Sie stellen oft aus der Frühzeit des Menschen und bei zahlreichen außereuropäischen Kulturen, über die die Erinnerung verblaßt ist und original schriftliche Dokumente fehlen, die einzigen Informationsquellen dar, die uns zur Verfügung stehen.

Aber auch dort, wo Schriftdokumente vorhanden sind, bildet dieses Quellenstudium einen eigenständigen Beitrag. Dessen Nützlichkeit, ja Unentbehrlichkeit zeigt sich in überzeugender Weise immer dann, wenn die antiken Schriftsteller keinen Anlaß fanden, über Fakten, Zustände und Entwicklungen zu berichten, die sie für selbstverständlich oder nebensächlich erachteten. Informationen dieser Art erwähnten sie günstigstenfalls nur andeutungsweise, wie z. B. Bevölkerungsentwicklung, Struktur der Gemeinschaften, technische Fortschritte in der Produktion, gesellschaftliche Beziehungen und Konflikte, Tendenzen im Geschmack und in der Mode, Ausdrucksweisen der Volksphantasie usw. Die Archäologie gesellt sich so zur schriftlichen Überlieferung nicht als allfälliges Hilfsmittel, sondern als vollwertiger Wissenszweig, der, wir können sagen, in mancher Hinsicht die toten Objekte »zum Leben erweckt«.

Nur wenige Menschen können sich dem heimlichen Zauber entziehen, der von Stätten ausgeht, wo die Großen der Vergangenheit ihr Werk hinterlassen haben. Dieser Zauber entsteht auch durch die Gegenstände des kleinen Mannes, die uns zeigen, wie dieser gelebt und gewirkt hatte. Keine Beschreibung, keine Biographie bringt sie uns so nahe wie ein Porträt, die Wohnung, in der sie gelebt und gewirkt hatte. Keine Beschreibung, keine Biographie denen sie gearbeitet, der Hausrat, den sie benutzt haben. Man tritt über eine Schwelle, die unzählige Male von Zeitgenossen eines Sokrates oder Cäsar überschritten wurde, man hält einen Becher in der Hand, den ein Phydias an seine Lippen führte. Man betrachtet eine alte, abgegriffene Münze, die durch wer weiß wie viele feingepflegte und abgearbeitete Hände gegangen ist, und man fühlt sich verbunden mit all den Alltäglichkeiten im Leben der Menschen längstvergangener Zeiten, über die uns die Schriften der Alten nur spärlich unterrichten. Man tritt über eine Schwelle, durchschreitet Raum und Zeit, ringt um jedes Bruchstück der Vergangenheit und erfährt selbst dort, wo die Schriften der Antike den großen Herrn huldigen, etwas über den Alltag seiner Untertanen. So lassen sich Brücken schlagen, die weit zurück in die schweigende Vergangenheit führen. Überlieferung und archäologische Forschung sind Grundlagen der Geschichtsschreibung. Ohne schriftliche Fixierung des Wortes wäre die Geschichte wie eine stumme Landschaft. Aber ohne Artefakte bliebe eine trokkene Aufzählung von Fakten und Vorkommnissen, die sich fern von unserer eigenen Lebenserfahrung abgespielt haben. Die mündliche Überlieferung pflanzt sich von Generation zu Generation fort und findet oft erst nach Jahrhunderten Eingang in die schriftlichen Quellen. Im Wandel der Zeiten bleibt sie nicht unverändert; Erinnerungslücken können durch phantasievolle Erzähler ausgefüllt und entstellt worden sein, in die Niederschriften und nachfolgenden Abschriften können sich Fehler, Mißverständnisse oder auch gelehrte Spitzfindigkeiten einschleichen. Artefakte sind jedoch konkrete, intakte Zeitdokumente, deren historische Deutung allerdings eine sorgfältige Prüfung erfordert, vergleichbar einem Indizienprozeß, bei dem die Überlieferung den Zeugenaussagen, die Fundstücke der Archäologen den materiellen Beweisstücken entsprechen: die einen gesprächig, ausführlich, aber durchaus nicht immer voll glaubwürdig, die anderen zwar an sich unwiderleglich, aber in ihrem Stellenwert für die Rekonstruktion der Fakten oft fragwürdig und umstritten.

Die beiden Kategorien von Geschichtsquellen, die literarische und archäologische sowie das oft über Jahrtausende erhaltene Brauchtum der ethnischen Gruppen, insbesondere bei den schriftlosen außereuropäischen Kulturen, machen manches deutlich und können zur Ergänzung und Bestätigung beitragen. Das geht schon daraus hervor, daß sich einerseits gewisse architektonische Ordnungen, besondere Formen von Hausrat, Geräten, Werkzeugen, Trachten, szenische Darstellungen, Götterbildnissen usw. nur durch die auf uns überkommenen Mitteilungen aus der klassischen Literatur erklären lassen. Besonders deutlich zeigt sich das in der Verknüpfung zwischen darstellender und poetischer Mythologie (*Bild und Lied*).

Andrerseits haben gerade die Entdeckungen der Archäologie in den letzten Jahrzehnten überraschende Beweise für die Glaubwürdigkeit der literarisch-poetischen Traditionen erbracht, deren Wahrheitsgehalt so lange angezweifelt wurde, daß die Archäologie häufig eine völlige Richtungsänderung in der Erforschung des Altertums ausgelöst hat: So mußte der unter dem Einfluß der positivistischen Schulen des 19. und beginnenden 20. Jahrhunderts vorherrschende, hyperkritische Skeptizismus hinsichtlich der Glaubwürdigkeit der Überlieferung unter den unleugbaren Erfolgen der archäologischen Forschung aufgegeben werden. Dieses Umdenken begann schon mit den berühmten Ausgrabungen von Troja und Mykenä durch Schliemann, einem Mann, der trotz der positivistischen Strömungen seiner Zeit an die Dichtung Homers glaubte. Die späteren Ausgrabungen im Nahen Osten bestätigten die Bibel ebenso wie die jüngsten Ausgrabungen in Rom und im oberen Latium die Sagen über die Gründung Roms.

Natürlich gehört auch die Sicherstellung von Schriftdokumenten zum Aufgabenbereich der Archäologie; dabei handelt es sich hauptsächlich um Inschriften in Stein, Umschriften auf Münzen, Texte auf Tontafeln oder Metallplatten oder – wo das Klima ihre Erhaltung erlaubt – auf Stoffen und Papyrus, wie beispielsweise in Ägypten. Hier handelt es sich um Dokumente, die eine bevorzugte Sonderstellung einnehmen, denn obzwar es sich um materielle Objekte handelt, »reden« diese wie die ununterbrochene Tradition. In Einzelfällen liefern sie sogar Fragmente verlorengegangener Texte oder sind gar die einzige Quelle für die Kenntnis der Urfassung (wir beziehen uns hier besonders auf die Hochkulturen des Vorderen Orients).

Aber über unermeßliche Zeiträume der kulturellen Entwicklung der Menschheit gibt es weder Überlieferungen, geschweige denn Schriftdenkmäler. Die Schrift als Mitteilungsmittel und Gedächtnisstütze für spätere Generationen ist eine Leistung bereits hochentwickelter Kulturen. Ihre Erfindung ist wenig älter als 5000 Jahre, und die Verbreitung wie die Entwicklung der verschiedenen Schriftsysteme ging anfangs nur langsam vor sich und blieb auf begrenzte Räume beschränkt. In der langen vorgeschichtlichen Periode ist sie unbekannt, und selbst heute gibt es über die ganze Erde verstreut noch völlig schriftlose Gruppen von Naturvölkern. Bei diesen können archäologische Überreste ausnahmsweise durch noch intakte und kaum von Kulturen berührte Traditionen gedeutet werden, wenn sie sich auf Fakten aus nicht allzu fernen Zeiten beziehen oder auch umgekehrt (wie im Falle gewisser maritimer Wanderungen im Pazifik). Schließlich beruhen ja die zahlreichen (kosmogonischen) Mythen und Legenden der Mittelmeervölker und des Morgenlandes auf mündlicher Überlieferung.

Fügen wir noch hinzu, daß einige Gegebenheiten der Sinnesart, Glaubensvorstellungen und Gebräuchen heutiger Naturvölker mit Vorsicht als Anhaltspunkte für die Deutung vorhistorischer Bodenfunde (oder überhaupt des Altertums) herangezogen werden können (prähistorische Archäologie). Man könnte dies, neben der Archäologie und Tradition, als eine »dritte Quelle« der Geschichtsschreibung betrachten, die man als »analog« oder »vergleichend« bezeichnen kann. Daraus folgt eine bereits während der positivistischen Phase bestehende Verquickung prähistorischer und ethnologischer Studien, die sich über zahlreiche Irrtümer erst heute unter modernen Kriterien zu einem Zweig der Anthropologie, der Kulturanthropologie, entwickelt hat. Es kann jedoch bezweifelt werden, ob die Denkart und Struktur von Naturvölkern, die auf einer niedrigeren Kulturstufe verharren – zum Teil umweltbedingt – gleichgesetzt werden können mit dem fernen und nicht erkennbaren primitiven Zustand von Völkern, die im Besitz von Fähigkeiten für künftigen Fortschritt waren.

Die moderne Archäologie, die sich als Mittel zur Rekonstruktion der Geschichte der Menschheit versteht, bedient sich ausgeklügelter Methoden und Techniken, die von der früheren »Schatzgräberei« weit entfernt sind. Von vornherein wird bei Grabungen auf die Sicherstellung sämtlicher, auch der geringfügigen, im Erdboden eingeschlossenen Artefakte geachtet, die dann sorgfältig klassifiziert und kritisch ausgewertet, schließlich in den Fundberichten veröffentlicht werden, wie das auch für jedes Denkmal des Altertums zutrifft. Das setzt das Vorhandensein von Instituten zur Heranbildung von Fachkräften für alle Belange der Archäologie, des Denkmalschutzes und der Denkmalspflege sowie die Förderung nationaler und internationaler Zusammenarbeit voraus.

Ein besonders schwieriges Problem bietet der vorbeugende Schutz von Zonen, die für archäologische Forschungen von Interesse sind (Schwemmland, Grotten und Höhlen, Spuren alter Siedlungen, Gräberfelder, historische Stätten usw.), vor der immer bedrohlicher werdenden Zerstörung durch die moderne Zivilisation zu bewahren; dazu zählen vor allem Intensivlandwirtschaft, Bauspekulation, Industrie und Straßenbau, Ausbaggerung von Steinbrüchen, oft auch unkontrollierte, heimliche Grabungen und nicht zuletzt der Tourismus. Erfreulicherweise haben etliche Staaten dieses Problem bereits in ihrer Gesetzgebung in Betracht gezogen. Noch wichtiger wäre, breiten Kreisen der Bevölkerung, aber auch den verantwortlichen Amtsstellen eindringlich bewußt zu machen, welchen Verlust an kulturellen Werten solcher Zeugen der Vergangenheit, die jahrtausendelang im Boden intakt erhalten blieben, wir dadurch erleiden. Wie vieles wurde jedoch vernichtet, bevor es ans Tageslicht kam und wissenschaftlich ausgewertet werden konnte. Das alles geschieht unter dem Druck »moderner Erfordernisse und Interessen«, aber auch durch schuldhafte Nachlässigkeit, Leichtfertigkeit und Unwissenheit, denn manche schwerwiegenden Zerstörungen hätten ohne große Schwierigkeiten verhindert werden können oder konnten gerade noch rechtzeitig, wie z. B. Abu Simbel, gerettet werden. All dies bedeutet unersetzliche Verluste für die historischen Archive: Es ist, als ob man alte Handschriften und Wiegendrucke, die noch niemand gelesen und deren Inhalt auch sonst nicht (aus zweiter Hand) bekannt ist, einfach der Papiermühle übergäbe. Die Schutzgesetze erstrecken sich natürlich auch auf die Fundstücke und baulichen Überreste und die archäologischen Arealen gebührende Pietät. Das verpflichtet auch in Fällen unvermeidlicher Bodenveränderungen zur rechtzeitigen Vermessung aller vorhandenen Spuren, um (wenigstens) die Daten alter Siedlungen hinsichtlich der Topographie, Charakteristik und Lebensweise festzuhalten.

Im wesentlichen ist der archäologische Denkmalschutz nicht nur auf die Bewahrung (der Kulturdenkmäler), sondern mehr noch auf Erkenntnisbereicherung ausgerichtet. Darin unterscheidet er sich von der Denkmalpflege, die sich den Schöpfungen der noch als »lebend« empfundenen Zivilisation widmet; anders ausgedrückt: Ziel der archäologischen Denkmalpflege ist nicht nur die Sicherstellung und Bewahrung materieller Objekte, sondern auch deren Untersuchung auf wichtige Aussagen. Es ist klar, daß der vorbeugende Schutz »archäologieträchtiger« Zonen nicht zum Selbstzweck werden darf, sondern immer im Hinblick auf künftige Ausgrabungen verstanden werden muß, als Schaffung von »Schutzreservaten« für künftige Forschungsarbeiten. Der englische Archäologe Sir Mortimer Wheeler hat bereits vor einem halben Jahrhundert darauf hingewiesen, daß jede Grabung unvermeidlich mit einer Veränderung und Zerstörung der ursprünglichen Bodenschichten verbunden ist. Das Ausmaß solcher Eingriffe hängt davon ab, welchen Nutzen für die Wissenschaft man erwartet. Eine Entscheidung darüber kann nur von Fall zu Fall getroffen werden. Es wäre z. B. unsinnig, ein mächtiges römisches Bauwerk einzureißen, nur um herauszufinden, ob sich unter seinen Fundamenten einige unbedeutende vorgeschichtliche Überreste finden. Umgekehrt sollte man nicht davor zurückschrecken, die Bedeckung eines Grabes abzutragen, um dessen Inhalt studieren zu können. Es empfiehlt sich jedoch – und die meisten Archäologen tun das auch –, niemals alle Kulturschichten restlos abzutragen oder Siedlungs- und Gräberstätten freizulegen. Vielmehr sollten die Archäologen nur »Stichproben« machen und bemüht sein, stets einen Grabungssektor als Zeugen für spätere Überprüfungen intakt stehen zu lassen. Nach Möglichkeit werden auch alle in gewissen Grabungszonen zum Vorschein kommenden Relikte aus verschiedenen – auch rezenten – Kulturphasen konserviert, wie z. B. bei mittelalterlichen Überbauungen eines klassischen Monumentes.

In weiten Kreisen stellt man sich die Arbeit des Archäologen immer noch als »Schatzgräberei« vor. Aber die Zeiten, da man auf gut Glück mit Spitzhacke und Spaten loszog und ziemlich planlos an irgendeiner Stelle zu buddeln anfing, sind längst vorbei. In Wirklichkeit ist die Arbeit des Feldarchäologen ungemein komplex und delikat. Vorrangig ist – ganz unabhängig davon, ob später Grabungen vorgenommen werden – die Erkundung mutmaßlicher Grabungsstätten, deren Zustand oder zumindest die Feststellung der Topographie alter Siedlungsstätten, Nekropolen, Heiligtümer, Hafenanlagen und ähnliches. Für solche Fundlagenermittlungen ist seit einigen Jahren die archäologische Luftbildaufnahme von größter Bedeutung geworden. Aber auch für die Nahuntersuchung im Feld stehen heute raffinierte physikalisch-technische Untersuchungsmethoden zur Verfügung, wie z. B. akustische und elektromagnetische Sonden, die immer weiter verfeinert werden. Damit können künstliche Hohlräume oder bodenfremde Einschlüsse ermittelt werden, ohne daß man vorher den Spaten ansetzen muß. Bei der Erkundung unterirdischer Gräber hat sich das Nistri-Periskop als äußerst brauchbar erwiesen.

Bei jeder Grabung sind Vorplanung, Durchführung und Deutung der Funde besonders durch Vergleiche mit anderem Material eng

miteinander verknüpft. Der Grabungsleiter ist bemüht, sich darüber klar zu sein, wonach er sucht, was er zu finden erhofft und welche historisch-kulturellen Probleme er mit seiner Arbeit lösen will. Überraschungen stellen sich dabei von selbst ein. Die Idee, unvorbereitet und ohne wissenschaftliche Planung an eine Grabung heranzugehen, ist zu verwerfen; ausgenommen sind natürlich Notgrabungen (meist bedingt durch die rege Bautätigkeit unserer Jahre). Die Grabungsarbeiten erfordern Akribie, der Fortgang wird sorgfältig detailliert und ständig im Grabungsjournal vermerkt; die Grabungsstätte wird in maßstabsgerechte Planquadrate unterteilt, in die die genaue Lage der Fundstücke in dem Areal eingetragen werden; erst dann kann die weitere Bearbeitung beginnen. Geringe Veränderungen der Bodenbeschaffenheit, Verfärbungen, Bronze- oder Eisenfragmente, Spuren von Holz oder Stoff müssen sofort untersucht und, wo nötig, fixiert werden (Gipsausgüsse); das alles muß sofort nach der Entdeckung geschehen, denn später wären die Zusammenhänge schwerlich rekonstruierbar. Die stratigraphische Methode, bei der Schicht um Schicht horizontal abgetragen wird, ist heute bei allen archäologischen Grabungen üblich, wobei die unterschiedliche Dicke der trennbaren Kulturschichten Anhaltspunkte für ihre chronologische Abfolge bietet. Es versteht sich, daß die Art der im Verlauf einer Ausgrabung anfallenden Bodenfunde einen Einfluß auf das weitere Vorgehen hat; sie können das ursprüngliche Programm bestätigen oder auch völlig andere Perspektiven eröffnen. Dann hängt der Fortgang ganz vom Fingerspitzengefühl des verantwortlichen Archäologen (Wissenschaftler) ab.
Mit der archäologischen Feldarbeit *(fieldwork)* der Ausgräber ist nur der erste, aber wesentliche Schritt getan. Die zusammengetragenen, inventarisierten, klassifizierten und gesäuberten Bodenfunde werden in gut ausgestatteten Laboratorien nochmals sorgfältig, meist unter Zuhilfenahme der Naturwissenschaft, auf Material, Alter usw. überprüft und anhand von bekanntem Fundmaterial an den Stätten nicht nur zeitlich eingeordnet, sondern auch auf geographische Verbreitung bestimmter Kulturelemente hin untersucht. Bevor sie endgültig in Lager oder Vitrinen wandern, erfolgt die Restauration fragmentierter Fundstücke, die eine Aufgabe der mit modernsten technischen Geräten und Hilfsmitteln ausgestatteten Laboratorien ist. Alle diese die Feldarbeit abschließenden Tests und Analysen der gesamten Grabungsausbeute verfolgen drei Hauptziele: 1. Bestimmung des Materials und der Herstellungsmethoden jedes Fundstückes (Analyse der Steine, Metalle, Keramiken sowie Analyse der Bodenarten, Rohstoffvorkommen, Flora und Fauna des Grabungsareals). 2. Absolute Chronologie der Objekte, zu deren Bestimmung verschiedene, fortlaufend verbesserte Methoden herangezogen werden, am bekanntesten der C-14-Test des radioaktiven Isotops Kohlenstoff[14], das sich nur in lebenden Organismen ansammelt, nach deren Absterben zerfällt und an radioaktiver Ausstrahlung verliert (in einem komplizierten Verfahren läßt sich aus dem verbleibenden Rest mit gewisser Annäherung der Zeitpunkt des Absterbens errechnen). Die Dendrochronologie (der Baumringkalender), die sich aber nur bei guterhaltenen Holzresten anwenden läßt, wo man aus den Jahresringen das Alter bestimmen kann. 3. Die pflegliche Bewahrung, Konservierung und Wiederherstellung der Funde. Darüber hinaus wird immer häufiger auch der Computer für die synthetische Klassifizierung typologischer Formvarianten von archäologischen Artefakten (vor allem für die vorgeschichtlichen Steingeräte und Keramiken) herangezogen, durch deren statistische Auswertung auf mechanische Weise Unterschiede und Entwicklungsphasen der Kulturerscheinungen bestimmt werden. Dieses Verfahren ist auch erkenntnistheoretisch von größter Bedeutung für das Gebiet der historisch-anthropologischen Studien. Es geht daraus hervor, daß die Archäologie immer mehr auf die Mitwirkung von Geologen, Zoologen, Botanikern ebenso wie auf naturwissenschaftliche und auch mathematische Hilfsdisziplinen angewiesen ist. Das bedeutet nun nicht, daß die Naturwissenschaftler die Paläoarchäologen ersetzen sollten, wie das schon einigemal diskutiert wurde. Dazu kommt es nur bei vorgeschichtlichen Ausgrabungen, bei denen ja geologische und ökologische Faktoren überwiegen, wenn der Naturwissenschaftler nicht auch über eine entsprechend archäologische Erfahrung verfügt. Sicher sind die mit außerordentlich verfeinerten Instrumenten durchgeführten naturwissenschaftlichen Untersuchungsmethoden unentbehrliche Hilfsmittel für die archäologische Forschung. Die Auswertung der Grabungsergebnisse, ihre kritische, typologische, chronologische, historische Einordnung bleibt Hauptaufgabe der Archäologie, deren Ziel und Aufgabe die Bereicherung der vorgeschichtlichen Kenntnisse ist. Deshalb sollen ihre Ergebnisse auch der Öffentlichkeit zugänglich gemacht werden. Die Veröffentlichung sollte so bald wie möglich erfolgen, denn wenn Grabungsberichte durch besondere Umstände, z. B. den Tod der Ausgräber, erst nach Jahren oder Jahrzehnten im Druck erscheinen, können in den noch vorhandenen Notizen Lücken entstanden und damit wichtige Beobachtungen verlorengegangen sein. Noch schlimmer sind Fälle, wo aus beruflicher Rivalität oder Eitelkeit wichtige Entdeckungen geheimgehalten werden. Von Archäologen, die diese Bezeichnung zu Recht tragen, wird über jede Grabung – ob geplant oder zufällig – Bericht erstattet. Meist geschieht das durch »Vorläufige Berichte« in einschlägigen Fachzeitschriften.
Das Sammeln von archäologischem Beweismaterial (Spuren, Hinterlassenschaft usw.) erschöpft sich nicht mit der Freilegung der Relikte, sondern umfaßt auch die Illustration jener Monumente, die die Wechselfälle der Geschichte überstanden haben und heute noch über den Boden herausragen. Wir möchten hier nur einige der berühmtesten Beispiele erwähnen, wie die Steinsetzungen und Megalithe der Bretagne und Englands, die Pyramiden, den Parthenon, das Kolosseum, die Tempelbauten Indiens und Südostasiens, die vorkolumbischen Städte Mittel- und Südamerikas, die monolithischen Figuren und Köpfe auf der Osterinsel, die zum größeren Teil noch tief im Boden stecken und ausgegraben werden sollten. Selbst einige heutige Städte sind durch die Anlage ihrer historischen Zentren als »lebende« Zeugen antiker Städteplanung zu betrachten, wie z. B. Neapel, Wien, Köln usw. Das gleiche gilt für antike Straßenzüge, landwirtschaftliche Felderteilung, Ziegelgruben, Steinbrüche oder Hafenanlagen. Zieht man noch all die Erzeugnisse der Hochkunst und des Kunsthandwerkes der Vergangenheit in Betracht, die sich im Lauf der Zeit in privaten und öffentlichen Sammlungen und Museen angehäuft haben, so begreift man, daß sich die Archäologie nicht auf Ausgrabungen beschränkt, sondern auf ein riesiges Gebiet erstreckt und die Beschreibung, kritische Bewertung und Deutung, chronologische Einordnung aller irgendwo vorhandenen Zeugen der Vergangenheit umfaßt, um daraus ein möglichst vollständiges Gesamtbild vom *Homo sapiens sapiens* aufzubauen.
Die große Masse der im Druck erscheinenden Veröffentlichungen erfordern ihre systematische, sorgfältige bibliographische Erfassung. Zu ihnen zählen Grabungsberichte, Museumskataloge, Monographien über einzelne Monumente, historisch-topographische Abhandlungen über Städte und Provinzen, über die verschiedensten Kulturerscheinungen, ihre Einordnung in den Verlauf der Geschichte, dazu die oft nur in zahllosen Fachblättern erschienenen Einzelerkenntnisse der für die Archäologie wichtigen Hilfsdisziplinen (Geologie, Geographie, Anthropologie, Früh-, Kunst- und Religionsgeschichte, Philologie, Linguistik usw.). Schon vor anderthalb Jahrhunderten hat man begonnen, den Bestand an gewissen Kategorien archäologischer Dokumente in den sogenannten »Corpora« zusammenzufassen; als erstes wurde der *Corpus Inscriptionum graecarum* (jetzt *Inscriptiones Graecae*) und der *Corpus Inscriptionum Latinarum* in Angriff genommen, denen bald andere über Skulpturen, Ikonographie, Vasen, Münzen usw. folgten. Darüber hinaus wurde und wird daran gearbeitet, die gewonnenen Erkenntnisse unter Berücksichtigung der in zahlreichen Fachblättern laufend veröffentlichten Studien über Spezialgebiete in großen Nachschlagewerken zu verarbeiten, wie z. B. der »Realencyclopädie der Altertumswissenschaften«. Es liegt auf der Hand, daß solche Unternehmen nur in internationaler Zusammenarbeit und von Teams besonders qualifizierter Fachgelehrter durchgeführt werden kann.
In den meisten Ländern wird die Archäologie zur Erreichung ihrer Ziele umfassend von öffentlichen und privaten Institutionen

unterstützt. Dabei sind vor allem Akademien (von denen manche auf ein ehrwürdiges Alter zurückblicken können), nationale und regionale wissenschaftliche Institute mit ihren Bibliotheken, Stiftungen, archäologische Gesellschaften und Vereine (besonders aktiv in den angelsächsischen Ländern), Ämter für Denkmalschutz und Denkmalpflege usw. zu nennen. Die meisten europäischen Staaten und die USA unterhalten besonders im östlichen Mittelmeerraum eigene archäologische Institute und finanzieren Grabungsmissionen. Einen besonderen Platz nehmen die Museen ein, deren Entstehung der Sammeltätigkeit der auf Prestige bedachten, oft auch von echter Begeisterung angeregten weltlichen und geistlichen Fürsten zu verdanken ist, die in gegenseitiger Konkurrenz ihre »Kunst- und Raritätenkabinette« anlegten und dann bald auch vom wohlhabend gewordenen Bürgertum nachgeahmt wurden. Ihre Bestände bilden nun den Grundstock vieler öffentlicher Sammlungen, die nun ihrer eigentlichen Bestimmung zugeführt wurden: geordnete Vereinigung, pflegliche Verwahrung, Restaurierung der aus alten Sammlungen stammenden Bestände und des aus neuen Entdeckungen zuströmenden Materials sowie dessen Bereitstellung für Studienzwecke wie auch für interessierte Besucher. Die modernen archäologischen Museen unterscheiden sich – mehr noch als die Kunstgalerien – von den Privatsammlungen dadurch, daß sie den Charakter wissenschaftlicher Institute annehmen und zu Sammelpunkten kultureller Bildung werden. Abgesehen von den »historischen« Sammlungen (in Rom die vatikanischen und kapitolinischen) und den Riesensammlungen (Louvre, British Museum, Metropolitan Museum of Art) gehen die Bestrebungen des modernen Museumsbetriebes dahin, die »Verschleppung« der Fundstücke aus ihrem Fundraum zu vermeiden und diese im eigenen Territorium zu vereinigen: Wir denken hier an die Museen auf der Akropolis von Athen, in Olympia, Paestum usw. Heute fehlt bei keiner Grabungsstätte ein Museum vom Typ des »Antiquariums«. Selbst die großen Ruinenstätten werden heute gepflegt, geschützt und können in Wahrheit als »Freiluftmuseen« bezeichnet werden.

Den entsetzlichen Verwüstungen des Krieges sind auch zahlreiche wertvolle Objekte zum Opfer gefallen. Mehrere Museen wurden zerstört. Hier bot sich die Gelegenheit, an ihren Wiederaufbau mit modernen Kriterien heranzugehen. Mit attraktiv gestalteter Schaustellung ausgewählter Stücke, guter Beschriftung und Einbezug moderner Medien wird ein breites Publikum (vor allem auch die Jugend) angesprochen. Gleichzeitig stehen die magazinierten Fundstücke für eingehende Studien zur Verfügung. So können die Museen ihren ursprünglichen Auftrag: »Förderung der Allgemeinbildung und Ausbildung junger Fachkräfte« besser erfüllen und tragen zur Ergänzung des Schulunterrichts bei. Das Römisch-Germanische Museum in Köln wie das Anthropologische Museum in Mexico D. F. können da als Musterbeispiele angeführt werden.

Wir haben die Archäologie als Studium der Hinterlassenschaft der »Antike« definiert. Aber was versteht man unter »antik?« Zur Abgrenzung der in den Bereich der archäologischen Forschung fallenden Objekte von den, wenngleich mit ihr verwandten und verbundenen historischen Disziplinen ist eine genauere Klärung dieses Begriffes nötig – sozusagen ein Problem der Epistemologie. Gewiß, das Grundwort αρχατος weist auf »längst Vergangenes« hin, schließt also die kulturelle und künstlerische Entwicklung näherer Zeiten aus. Nach alter Gewohnheit verbindet man, besonders in Italien, die archäologische Forschung mit der »Antike«, genauer gesagt dem »klassischen Altertum« und den ihm vorausgegangenen Kulturen. Somit weist man die späteren Entwicklungsphasen der Kunst- und Architekturgeschichte und allgemein der Geschichtsschreibung des Mittelalters und der Neuzeit zu. Danach sind auch die Studienprogramme der Hochschulen, des Denkmalschutzes, der Forschungsförderung, Fachpresse und wissenschaftlichen Institutionen ausgerichtet.

In Wirklichkeit ist dies eine stark vereinfachte, rein chronologische Trennung, die bei kritischer Betrachtung sofort ihre Fehler zeigt. Sie ist rein europäisch, entstand im Bereich der Kulturentwicklung des Abendlandes, wo man in gewisser Hinsicht von einem Bruch sprechen kann, der das Altertum vom Mittelalter und der Neuzeit trennt. Auf andere Länder und Kontinente läßt sich diese Auffassung nicht übertragen (höchstens als bequeme Arbeitshypothese). Auch wenn man die Mittelmeerländer und Europa selbst näher betrachtet, ist es schwierig, festzulegen, wann das »klassische Altertum« endete (sicher nicht mit dem Untergang des Weströmischen Reiches, von dem die Zeitgenossen kaum Notiz genommen haben). Die griechisch-römische Kultur mit ihren Institutionen, der monumentalen Baukunst, den bildenden Künsten, der Lebensart, wird von Byzanz weitergeführt – der »Bruch« verschiebt sich in der Zeit, aber nur stückweise. Das Ostreich bröckelt an seinen Grenzen langsam ab, zuerst in Italien mit dem Einfall der Langobarden, danach der normannischen Eroberungen, im Balkan mit dem Eindringen der Slawen und Bulgaren, in Asien und Afrika mit den Eroberungszügen der Araber, gefolgt von den türkischen Seldschuken und Osmanen; Konstantinopel, das »Rom des Ostens«, hält die Stellung bis an die Schwelle der Neuzeit – 1000 Jahre nach dem Untergang des Westreiches! Andererseits blieben weite Gebiete Mittel- und Nordeuropas außerhalb des griechischen Einflusses und der römischen Eroberungen, wie die Germania libera, Skandinavien und Irland, wo der Begriff »klassisches Altertum« keinen Sinn hat, da dort die kulturelle Entwicklung ohne Einschnitt aus der Frühgeschichte in das Mittelalter übergeht.

Die Völker Indiens und des Fernen Ostens erfahren im wesentlichen einen stetigen Fortgang ihrer geistigen, ästhetischen sowie sozialen Entwicklung. Dabei ist es belanglos, daß dies unterschiedlich rhythmisiert durch viele politische Verwicklungen, gedankliche Errungenschaften, religiöse Wandlungen oder stilistische Entwicklungen vor sich ging. Dieser Fortgang der Entwicklungen macht es schwer, in jenen Ländern eine Unterbrechung der Entwicklungsmodelle zu erkennen, durch die man eine Epoche der »Antike« von einer nachfolgenden trennen könnte, außer in der allgemeinen Bedeutung als Zeitspanne, die das Indien der Moguln von dem von Gandhāra und der Gupta oder das China der Ming von dem der Han trennt. Das bedeutet, daß in diesen Gebieten ein deutlicher Schnitt zwischen einer untergegangenen und einer noch »lebenden« Welt fehlt. Man könnte sogar etwas zugespitzt von einer Fortdauer der Antike sprechen, die sich trotz aller, im Laufe ihrer Weiterentwicklung von außen zugeströmter oder aufgezwungener »moderner« Einflüsse (und Verseuchungen) bis heute erhalten hat. Anderswo ist jedoch der Bruch zwischen Antike und Moderne deutlich ausgeprägt. In Mittel- und Südamerika führte die spanische Eroberung zum abrupten Untergang der dortigen Hochkulturen. Im Bereich der Naturvölker Nordamerikas, Afrikas und Ozeaniens setzte der Umbruch später ein.

Der Begriff »Antike«, so wie man ihn seit der Renaissance bis in den Klassizismus des vorigen Jahrhunderts als »Altertumswissenschaft« verstand, ist in seiner zeitlichen Grenzsetzung nicht überall anwendbar und muß erweitert werden. Je weiter die Forschung in die Tiefe und in unbekannte Gebiete vordringt und auf verschiedene Kulturerscheinungen stößt, desto unterschiedlicher wird je nach den Umständen die Bedeutung dieses Begriffes. Sie entfernt sich vom Standpunkt der traditionellen abendländischen eurozentrischen Geschichtsschreibung und eröffnet sich weiteren zeitlichen und räumlichen Horizonten.

Man sollte heute die Idee »Antike«, die Deutung »antike Hinterlassenschaft«, kurzum die Archäologie, mit anderen, auf alle Fälle anwendbaren Kriterien neu definieren. Als entscheidendes Merkmal scheint uns hierfür der Mangel einer direkten Fortdauer (man könnte sagen eines »Weiterlebens«) all jener Kulturerscheinungen der Vergangenheit zu sein, die ohne Rücksicht auf Ort, Zeit und Umstände ihres Zusammenbruchs nur noch eine überwundene Wirklichkeit, ein Gewordenes darstellen, mit der unsere Art des Lebens, Denkens, Fühlens, Tuns keine »funktionale« Bindung hat: Geschichte, die wir nur noch als Erinnernde, nicht aber Teilhabende begreifen und nur bruchstückhaft erkennen und rekonstruieren können. In den Kreis unserer Betrachtungen wollen wir jedoch nicht allein Kulturen vergangener Zeiten einbeziehen, deren Untergang durch die Wechselgänge der Geschichte, durch Kriege, Invasionen, Umstürze, Naturkatastrophen, Umweltverschlechterung u. a. bestimmt war. Wir wollen auch jene Reste und Monumente menschlicher Siedlungstätigkeit aus jüngerer und

jüngster Zeit einbeziehen, die aus irgendwelchen Gründen verlassen oder zerstört und dadurch zu »toten Dingen« wurden. So rechtfertigt sich die Ausdehnung des Begriffs »Archäologie« – wie das bereits in einigen Ländern der Fall ist – auch auf Relikte mittelalterlicher und neuzeitlicher Siedlungsstätten, Burgen und Klöster. Hierzu zur Verdeutlichung ein Beispiel, das in seiner Zeitsetzung paradox erscheinen mag: Die im 5. Jh. erbaute, mit Mosaiken geschmückte, in den folgenden Jahrhunderten immer mehr bereicherte Basilika Santa Maria Maggiore in Rom ist als Ganzes kein archäologisches Objekt, da sie immer noch einem lebendigen Kult dient; wohl aber die Stadt Castro östlich des Bolsena-Sees, die im Jahre 1648 zerstört wurde.
Wir haben schon darauf hingewiesen, daß die Archäologie eigenständige Methoden für die Sicherstellung und integrierende Deutung der Relikte der Vergangenheit erarbeitet hat, vorwiegend, aber nicht ausschließlich, in der Grabungstechnik. Wo immer eine Erforschung in den Tiefen eines durch spätere Überbauungen verdeckten älteren Bauwerkes nötig wird – sozusagen eine Exhumierung der in alten, immer wieder neu- und umgebauten Kirchen verborgenen ursprünglichen Konstruktionen –, ist die technische Erfahrung des Archäologen unerläßlich. Man könnte solche Arbeiten nicht ohne Schaden einem Architektur- oder Kunsthistoriker überlassen, falls dieser nicht auch über ausreichende archäologische Erfahrung verfügt. Das gleiche gilt für die Vermessung und Bergung untergegangener Schiffe; hier ist die Unterwasser-Archäologie bereits zu einem Sonderzweig geworden.
An dieser Stelle kann auf eine systematische Abgrenzung der zum Arbeitsbereich der Archäologie gehörenden verschiedenen Sektoren und Erscheinungen vergangener Kulturen nicht eingegangen werden. So bleiben die Vorgeschichte des alten Orients bis hin ins klassische Altertum, die Frühzeit des Christentums, der Barbaren, des Mittelalters, des Islams, der Kulturen Asiens und Amerikas und der Siedlungsspuren auf der ganzen Welt unberücksichtigt. Ebenso die Aufzählung neuer Entdeckungen, über die in den anderen Abschnitten des Werkes berichtet wird. Wir möchten aber noch einige Betrachtungen über den aktuellen Wert archäologischer Erkenntnisse hinzufügen. Durch die Ergänzung und Erweiterung unserer Kenntnisse über den Werdegang der Menschheit bis in ihre entfernten Anfänge, durch die Erfassung der verschiedensten Kulturerscheinungen in allen Zonen der Ökumene können die zahlreichen Teilerkenntnisse erweitert und berichtigt werden. So bietet sich die Archäologie dar als ein immenses Verbindungsnetz von Daten über Anfänge bzw. Entstehung der Völker in ihrer zivilisatorischen Entwicklung, sozusagen als Universalgeschichte des menschlichen Fortschritts. In diesem Sinn kann sie besser als die regionale Geschichtsschreibung den Forderungen einer Welt wie der heutigen entsprechen, die im schwindelerregenden vereinheitlichenden Fortschritt der Technologien und Ideologien danach strebt, die traditionellen Partikularismen und Exklusivitäten zu überwinden, um so zu einer universalen Gesamtschau ihres künftigen Geschickes zu gelangen. Es scheint, daß die Archäologie für eine solche Schau die historische Begründung »im Spiegel der Vergangenheit« bieten kann.
Die Archäologie als Wissenschaft kann von der Archäologie als Kulturfaktor nicht getrennt werden. Im Verlauf ihrer Geschichte bei den bildungsbeflissenen Gesellschaftsschichten der Renaissance, der Aufklärung, der Romantik bis zur gegenwärtigen Popularität zeichnen sich recht unterschiedliche Beweggründe für das Interesse an Altertumsforschung ab, die man nach folgenden Gesichtspunkten zusammenfassen kann:

1. Auf dem humanistischen Mutterboden der Wiederentdeckung des klassischen Altertums wächst von Anfang an die Neigung zur Verherrlichung der eigenen kulturellen Vergangenheit (Kontrastierung der edlen Formen der Antike gegenüber der als fremd empfundenen Gotik; weiterhin der Stolz der Adelsfamilien, Lokalpatriotismus und schließlich bis in unsere Zeit der Ruhm der Vaterländer, begründet auf der Wertschätzung und Überschätzung der heimatlichen Altertümer (römische Vergangenheit Italiens, keltische Vergangenheit Frankreichs, nordische Vorgeschichte usw.).

2. Die Suche nach und der Besitz von antiken Objekten diente anfangs dem privaten ästhetischen Genuß, dem Ansehen der Höfe und des wohlhabenden Bürgertums (heute sind Antiquitäten auch weniger bemittelten Sammlern erreichbar). Immer noch werden Grabungen von Amateuren sozusagen als Sport betrieben.

3. Die Kostbarkeit – als purer Handelswert aufgefaßt – der Fundstücke, die zwar viel zur Gründung und Bereicherung der alten Sammlungen beigetragen hat und auch jetzt oft genug als Kapitalanlage im Hintergrund der heutigen Sammelleidenschaft steht, hat dazu geführt, daß kulturelle Interessen durch wirtschaftliche Spekulationen verdrängt werden und sich ein blühender internationaler Antiquitätenhandel entwickelte, der aus Raubgrabungen, illegalen Ausfuhren und Schiebergeschäften beliefert wird.

4. Schließlich darf man verallgemeinernd die Begeisterung für die Archäologie auch als Neugier und Wissensdurst betrachten. Dies äußert sich vor allem in der Lesefreudigkeit, dem regen Besuch archäologischer Stätten, Museen, Ausstellungen, der Teilnahme an Kursen, Diskussionen usw., wozu das moderne Schulwesen, Presse, Rundfunk und Fernsehen noch viel beitragen können, wenn sie auf bessere Informationsquellen zurückgreifen als bisher.

Bei all diesen weltweit verbreiteten Erscheinungen müssen jedoch die positiven Werte für die Gesellschaft von den schädigenden Auswirkungen getrennt werden, da diese nicht nur die wissenschaftlichen Interessen, sondern letztlich auch die Bewahrung, ja Rettung der Kulturgüter betreffen. Ein schwieriges Unterfangen bei der Verquickung solch widersprüchlicher Aspekte. Vor allem muß wiederholt werden, daß die nur zum privaten ästhetischen Genuß eifersüchtig verwahrten Schätze für die archäologische Forschung ohne Nutzen sind; wenn bei deren Erwerb auch noch dunkle Praktiken mitspielten, bedeutet das oft sogar den Verlust anderer (z. B. bei Raubgrabungen) zerstörter Relikte. Diese egozentrische Einstellung (zusammen mit Unvernunft und Gewinnsucht) führt zu den eben erwähnten Mißbräuchen. Mit gesetzlichen Maßnahmen und internationalen Abkommen sucht man sie einzudämmen, aber solange die Handlanger des Schwarzmarktes (angefangen von den Grabräubern bis zu gedungenen Berufseinbrechern) mit der Komplizität skrupelloser Geschäftemacher rechnen können, ist der Erfolg spärlich. Erziehung und weitgestreute Aufklärung, dahingehend, auch den breitesten Bevölkerungsschichten den wahren ideellen Wert unserer Kulturgüter bewußt zu machen, könnten vielleicht eine Besserung der Verhältnisse herbeiführen.
Gerade durch die Bekanntmachung der Funde, durch Erziehung und Führung wird es möglich sein, die Entwicklung der archäologischen Bildung zu fördern und damit auch das Verlangen nach Kenntniserweiterung und Mitarbeit eines weiten Publikums angeregt. So werden die Grundlagen erweitert, indem die Inhalte dahingehend bereichert und neu orientiert werden, daß der Wissensdrang des Publikums auch zur Erhaltung der archäologischen Schätze und zum Fortschritt der Forschungen auf diesem Gebiet ausgenutzt wird. Wichtig ist die vermehrte Mitarbeit der archäologischen Gesellschaften und der jugendlichen Freiwilligengruppen, die den Versuchungen zum Dilettantismus entzogen und zu wertvollen Hilfskräften der wissenschaftlichen Tätigkeit herangebildet werden sollten. Höchst wirksame Mittelpunkte dieser Aufklärungsarbeit sind die Museen; sie sind es in vielen Orten zwar schon jetzt, doch werden sie in Zukunft noch weitere Aufgaben übernehmen müssen. Neben ihrer grundlegenden Bestimmung der systematischen Bewahrung der Schätze und ihrer Erforschung treten didaktische Aufgaben und Verbreitung der Bildung hinzu.
Abschließend können wir behaupten, daß die Archäologie Raum und Bedeutung auch im Bereich der modernen Kultur und Wissenschaft erlangen kann. Betrachten wir vor allem ihre Beziehungen mit dem Boden, der öfters bereits in ältesten Zeiten endgültige Einwirkungen des Menschen aufweist. Aus dieser Kenntnis erwachsen auch Anregungen für die heutige und künftige Gestaltung des Bodens hinsichtlich der Urbanistik, des Naturschutzes, der Wirtschafts- und Gesellschaftsordnung sowie der Politik.

Die Umweltverhältnisse im Quartär

Benedetto Sala

Rechte Seite:

Oben: Regenwald im Amazonasgebiet. Im Tertiär war das Klima viel wärmer und feuchter. Damals waren auch die nördlichen Gebiete, wo heute Laub- und Nadelwälder wachsen, von tropischen Wäldern bedeckt.

Unten: Grenze zwischen Pliozän und Pleistozän nach den verschiedenen Lehrmeinungen.

Übersicht der absoluten Dauer der geologischen Formationen. Das Quartär ist die kürzeste Phase in der Entwicklung der Erde.

Das Alter unserer Erde wird auf viereinhalb Milliarden Jahre geschätzt; üblicherweise wird diese gewaltige Zeitspanne von den Geologen in Erdzeitalter unterteilt, von denen das vierte, das Quartär, das jüngste ist. Wir leben in diesem Zeitalter, das von den Fachgelehrten eingehend erforscht wurde und über das wir weit mehr wissen, als über alle anderen vorhergehenden Epochen. Obwohl die modernen exakten Forschungsmethoden immer neue Erkenntnisse bringen, bleiben dennoch einige Lücken in der Entwicklungsgeschichte des Quartärs. Jahr für Jahr vergrößern neue Entdeckungen und Erkenntnisse unseren Wissensschatz; noch vor einigen Jahrzehnten schätzte man das Alter der ersten menschenähnlichen Lebewesen, der primitiven Hominiden, auf nicht mehr als 500 000 Jahre; heute rechnet man bei den in Kenia entdeckten Primaten mit fünf Millionen Jahren und rückt sie in die Nähe der Australopithecinen.
Uns interessiert die Geschichte des Quartärs ganz besonders, weil es das Zeitalter ist, in dem in oft weit auseinanderliegenden kleinen Gebieten erstmals primitive Formen des Menschen erscheinen, die sich dank ihrer Anpassungsfähigkeit an Umweltveränderungen nach und nach über den ganzen Erdball verbreiteten. Üblicherweise wird das Quartär in zwei Perioden eingeteilt: in das Pleistozän (früher als Diluvium bezeichnet), das mit dem Ende des Känozoikums oder Tertiärs beginnt und vor etwa 10 000 Jahren mit der letzten Eiszeit endet, und in das Holozän (Alluvium), die Nacheiszeit, in der wir leben.

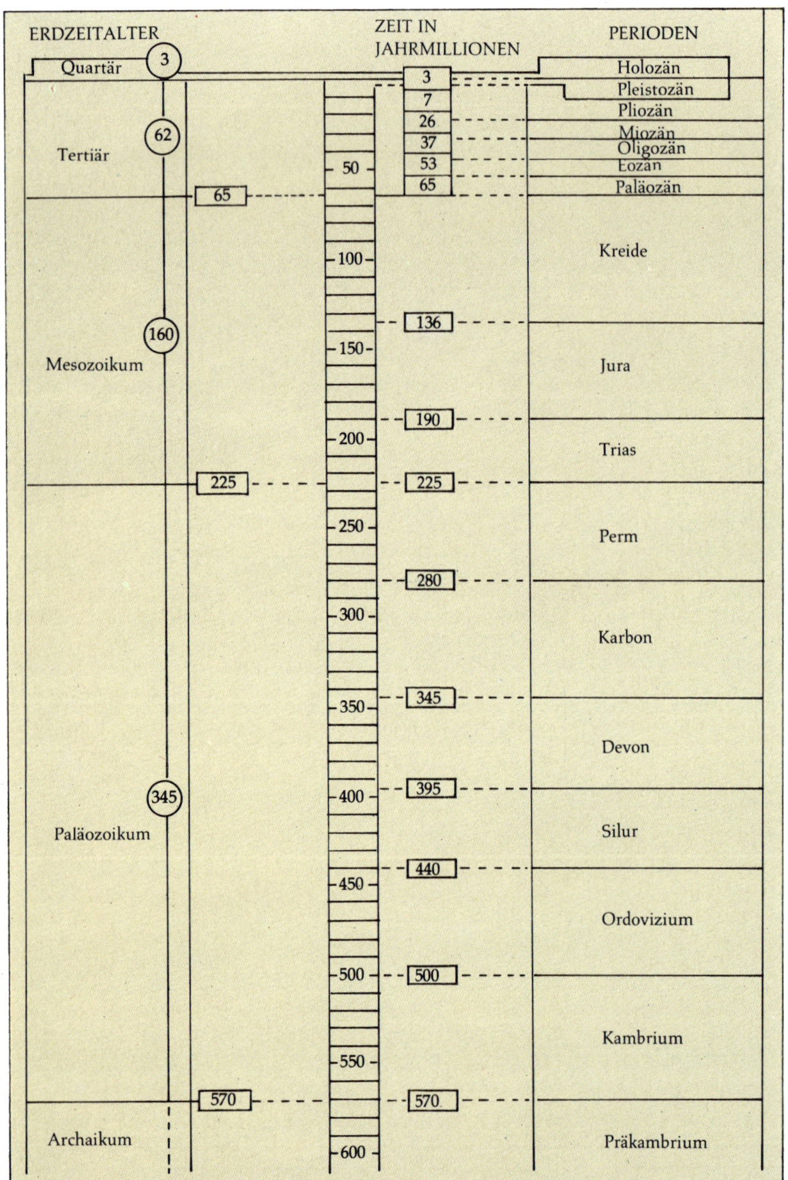

Begriffsbestimmung

Eine genaue Abgrenzung zwischen dem Pliozän (der letzten Periode des Tertiärs) und dem Pleistozän ist äußerst schwierig, da man noch keine Unterscheidungsmerkmale gefunden hat, nach denen man den Beginn des Quartärs in allen Teilen der Welt festsetzen könnte. Voraussetzung hierzu wären einschneidende und kurzfristige Ereignisse, die global die Tier- und Pflanzenwelt deutlich verändert hätten. Solche Katastrophen, mit denen Cuvier (1769–1832) das Aussterben ganzer Tier- und Pflanzenfamilien und das Erscheinen anderer Formen erklären wollte, hat es nicht gegeben. Es waren hingegen allmähliche Klimaveränderungen, durch die die Anpassungsfähigkeit der Organismen angestachelt wurde. Lebewesen, die sich den veränderten Umweltbedingungen nicht anzupassen vermochten, starben langsam aus; andere entwickelten sich weiter oder eroberten sich durch lange Wanderungen neue Lebensräume.
Zu Beginn des Quartärs verblieben in einigen Regionen die Lebewesen der vorhergegangenen Periode, in anderen vermischten sie sich mit neuen Formen und in wieder anderen war die Tier- und Pflanzenwelt des Tertiärs ausgestorben. Über den Beginn des Quartärs gehen die Meinungen auseinander. Bis vor einiger Zeit setzte man den Beginn des Quartärs mit dem ersten Auftreten des Frühmenschen gleich, ein zweifelhaftes Kriterium, solange das Problem noch nicht gelöst ist, in welcher Evolutionsphase der Mensch in Erscheinung tritt. Paläontologen schlugen vor, das Quartär mit dem Auftreten zweier Tiergruppen in Europa – der Gattungen Bos (Rind) und Equus (Pferd) – beginnen zu lassen. Diese Zeitbestimmung ist jedoch geographisch viel zu eingeschränkt und läßt sich für viele andere Gebiete der Erde nicht anwenden. Dann versuchte man, Klimaerscheinungen für die Zeitbestimmung heranzuziehen. Als Grundmerkmal für den Beginn des Quartärs setzte man dabei die ersten Anzeichen einer Klimaverschlechterung, die zur Ausdehnung der Polarkappen und des Inlandeises und damit zur Abkühlung der Meere führten. Auch diese Bestimmung ist unzureichend, da es zwischen den marinen und kontinentalen Fossilsedimenten keine exakte Übereinstimmung der »kalten« Flora und Fauna gibt; außerdem gab es Vereisungen schon vor dem Quartär.
Derzeit beschränkt man sich darauf, zwei Erscheinungen als Hauptmerkmal des Quartärs zu betrachten: die Klimaschwankungen, die mehrere Male die Eiszeiten verursachten, und die Ausbreitung des Menschen. Andere Autoren schlugen vor, den Beginn des Quartärs auf drei Millionen Jahre zu verschieben, da zu jener Zeit fast gleichzeitig eine Inversion des Erdmagnetismus, die äl-

teste Vereisung der Sierra Nevada in den USA und das Auftreten eines Nagers, *Mimomys polonicus*, in weiten Gebieten der Paläarktis stattfand. Paläanthropologen möchten den Beginn des Quartärs auf etwa fünf Millionen Jahre zurückversetzen, d. h. auf das erste Erscheinen der Australopithecinen, die man in Kenia am Lothagan Hill und Rudolphsee entdeckte. Andere beschränken schließlich das Alter dieser Ära auf 1,8 Millionen Jahre, als sich im Mittelmeerraum erstmals die Klimaverschlechterung auszuwirken begann, ein Alter, das man den in Olduwai in Tansania zusammen mit Geröllgeräten gefundenen Skelettresten von Hominiden der Gruppe der Paranthropiden zugesteht. Solange sich die Gelehrten nicht einigen, müssen wir eben alle Altersbestimmungen in Betracht ziehen, da sich ja alle auf stichhaltige, wenn auch nicht allgemeingültige Merkmale berufen.

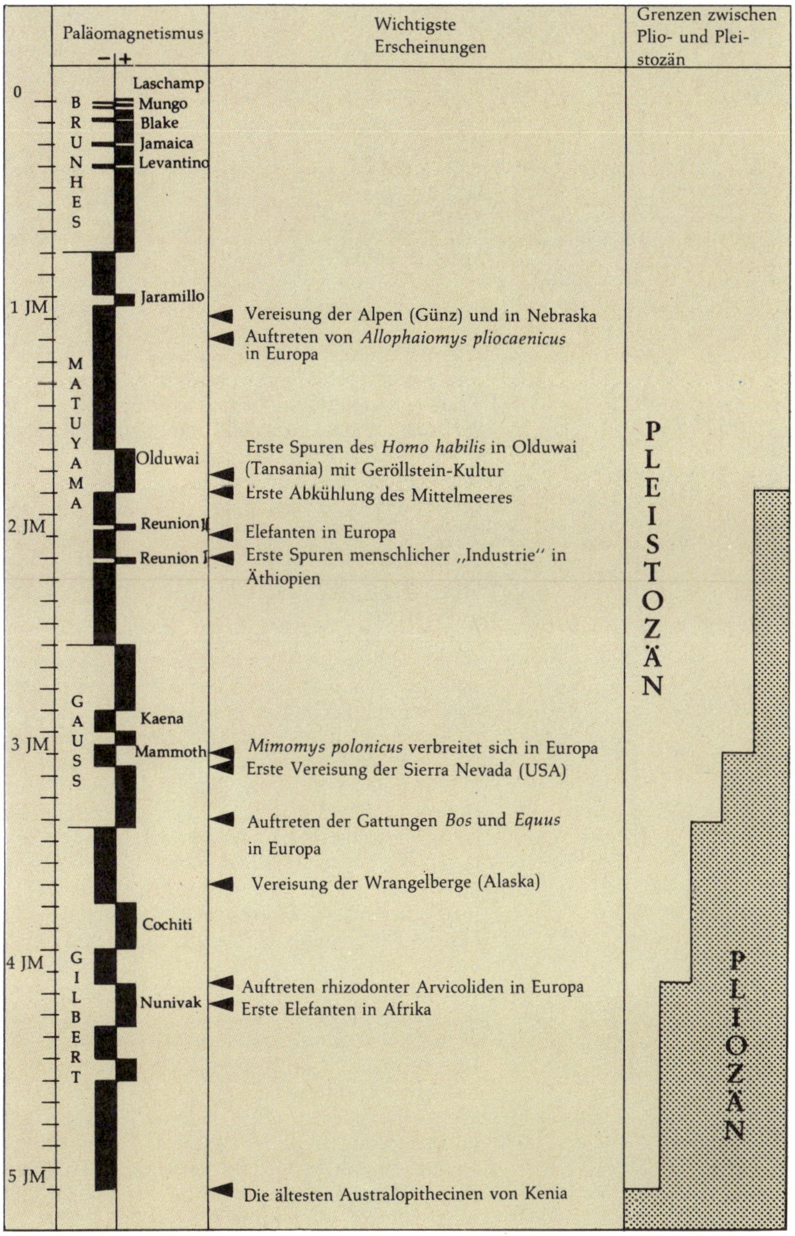

JM = Jahrmillion

Die Eiszeiten

Klimatische Faktoren, die einen gewaltigen Einfluß auf die Tier- und Pflanzenwelt haben, spielen im Quartär eine überragende Rolle. Die wiederholten sehr beträchtlichen Schwankungen der Temperatur führten abwechselnd zu gewaltigen Hebungen und Senkungen des Meeresspiegels, zu Ausdehnungen und Rückzügen der Vereisung mit all den tiefgreifenden Folgeerscheinungen für Fauna und Flora.
Die Erforschung der Eiszeit begann in den Alpen in den letzten Jahrzehnten des 19. Jh.s. Der Geologe A. Penck wies in seinem (zusammen mit E. Brückner) 1901/09 herausgegebenen Werk »Die Alpen im Eiszeitalter« nach, daß es im Gebiet der nördlichen Voralpen nicht eine, sondern vier Eiszeiten gegeben hat. Er benannte diese nach Nebenflüssen der Donau, bei denen sich die Spuren am deutlichsten abzeichneten, nämlich Günz, Mindel, Riß und Würm. Später wurden noch zwei andere, frühere Kälteperioden entdeckt, die Donau- und die noch ältere Biber-Eiszeit, die je nach akzeptiertem Alter des Quartärs mit 1,8 oder drei Millionen Jahren, dem Quartär oder Tertiär angehören.
Die Vergletscherungen gehen nicht stetig und gleichmäßig vor sich; mehr oder weniger kalte Phasen – Stadiale – werden von wärmeren – Interstadiale – unterbrochen. So konnte man bei der Späteiszeit, der Würm-Eiszeit, die wenig mehr als 60 000 Jahre dauerte, drei, vier oder fünf gemäßigtere Interstadiale unterscheiden, je nach der Region, in der sie beobachtet wurden. Wo immer sich Spuren von Vereisungen in anderen Zonen der Erde fanden, wurden sie eingehend untersucht. Man kennt die wechselseitigen Beziehungen der Eiszeiten auf der nördlichen Halbkugel und versucht, die auf der Südhalbkugel, z. B. auf Neuseeland festgestellten Vereisungen, in das gleiche chronologische Schema einzuordnen.
Während sich unsere Kenntnisse über die klimatischen Vorgänge ständig erweitern, bleibt über deren Ursachen noch manches im Dunkel. Die Faktoren, die so drastische Klimaveränderungen auslösen, sind vielfältig und in ihrem Zusammenspiel noch nicht ganz bekannt. Hauptfaktor sind die Schwankungen der Intensität der Sonneneinstrahlung, die von der sich in abertausendjährigen Zyklen verändernden Stellung der Erde zur Sonne abhängen. Es sind dies:

Rechte Seite: Antarktisches Eisfeld. Meeresgletscher nehmen im Winter an Dicke zu; wenn sie dann im Sommer durch Abschmelzen dünner werden, zerbrechen sie in Schollen, die oft weit abgetrieben werden.

Rechts: Front eines Gletschers im Montblanc-Gebiet. Seit mehr als einem Jahrhundert sind die Alpengletscher im Rückzug. In geschichtlichen Zeiten gab es mehrmals kleinere Schwankungen.

Unten: Hypothetische Verknüpfungen der Eiszeiten in den verschiedenen Gebieten der Erde.

Präzession der Tag- und Nachtgleichen, die in einem Zyklus von rund 21 000 Jahren verläuft; Änderung der Exzentrizität der Erdumlaufbahn mit inkonstanter Dauer zwischen 77 000 und 103 000 Jahren; der sich im Mittel von 41 000 Jahren unregelmäßig verändernde Neigungswinkel der Erdachse.

Aus diesen Faktoren hat der jugoslawische Astronom Milankowitsch die Strahlungskurven der Intensitätsschwankungen für die verschiedenen Breitenlagen unserer Erde berechnet und in zwei Tabellen – eine für die Sommer-, die andere für die Winterzeit – herausgegeben. Sie umfassen den Zeitraum der letzten 600 000 Jahre. Die Geologen waren begeistert, sahen sie doch eine Möglichkeit, die klimatischen Vorgänge mit den Tabellen Milankowitschs in Beziehung bringen zu können. Die Berechnungen erwiesen sich jedoch als fehlerhaft und wurden 1953 von D. Brower und A. J. van Voerkom neu berechnet. Aber auch die neuen chronologischen Tabellen konnten nicht in Einklang mit den aus radioaktiven Isotopen gewonnenen Datierungen gebracht werden und zeigten nur unannehmbar weitgespannte Annäherungen. Schließlich hängt die Intensität der Sonneneinstrahlung noch von anderen, unkontrollierbaren Faktoren ab, wie z. B. von Dunkelzonen, mehr oder weniger dichter Ansammlungen kosmischen Staubes im Weltraum und von Ausstrahlungsschwankungen in der Sonne selbst bei mehr oder weniger starker Fleckenbildung.

Dynamik der Eiszeiten

Um Vereisungen solchen Ausmaßes wie dem der Eiszeiten herbeizuführen, müssen die auslösenden Faktoren so stark und lang anhaltend sein, daß sie die einer einmal ausgebildeten Klimalage innewohnenden Trägheitsmomente überwinden. Dann sind auch kleinere Variationen imstande, eine ganze Reihe von Erscheinungen auszulösen, die zur Vergrößerung der Polkappen und Gletscher führen. Theoretisch verläuft die Dynamik des Überganges einer Warmzeit in eine Kälteperiode folgendermaßen:

Während einer Warmzeit (Zwischeneiszeit), die vermutlich für die ganze Erde eine Regenzeit war, sind die Polkappen klein, die Grenze des ewigen Schnees in den Bergen hoch, Zahl und Größe der Gletscher klein und auf ihr Sammelbecken beschränkt, aus dem sie nur wenig bis unterhalb der Schneegrenze vordringen. Das auf dem Festland in Form von Schnee und Eis gebundene Wasser fließt vermehrt in die Meere zurück, deren Niveau ansteigt; die Küsten weichen zurück, weite Gebiete des Festlandes versinken – *Transgression.* Während einer solchen Phase verschieben sich die Klimazonen nach höheren Breiten, warme und gemäßigte dehnen sich aus, die kalten schrumpfen.

So entstanden z. B. in Mittel- und Südeuropa jene den afrikanischen und asiatischen Savannen ähnlichen Landschaften mit einer diesem Klima entsprechenden Fauna: Elefanten, Flußpferden, Nashörnern, Löwen, Hyänen, Rindern, Hirschen, Pferden, Wildeseln usw. Zu einer gewissen Zeit bildet sich eine Lage heraus, in der durch astronomische, physikalische und geologische Faktoren eine Umkehrung des bisherigen Verlaufes einsetzt; die Vereisung beginnt.

Alpen	Mitteleuropa		Rußland	Westsibirien	Nordamerika
Nacheiszeit					
WÜRM	WEICHSEL		WALDAÏ	SARTAN	WISCONSIN
				ZYRIANKA	
Riß-Würm	Eem		Mikulino	Kasancev	Sangamon
RISS	SAALE	WARTHE	MOSKAU	TAS.JENISSEI	ILLINOIS
		Saale-Gerdau	Ordinzowo	Sangucov	
		Drenthe	DNJEPR	SAMAROV	
Mindel-Riß	Holstein		Likhvino	Tobol	Yarmouth
MINDEL	ELSTER		OKA	JARSKA	KANSAS
Günz-Mindel	Harreskov		Bjelovjesh		Afton
GÜNZ	FRÜH-ELSTER (MENAP)		NAREV		NEBRASKA
Donau-Günz	Waalian				
DONAU	EBURONIAN				
BIBER	BRÜGGEN				

Wachstumsphasen eines Gletschers. Der Gletschervorschub hängt von verschiedenen Faktoren ab. Am stärksten wirkt sich eine Senkung der Grenze des ewigen Schnees aus. Wechselnde Neigung des Untergrundes beschleunigt oder verlangsamt den Abfluß. Große Niederschlagsmengen und Nebengletscher, die sich mit dem Hauptstrom vereinigen, erhöhen die Masse des Eises und damit auch die Strömungsgeschwindigkeit.

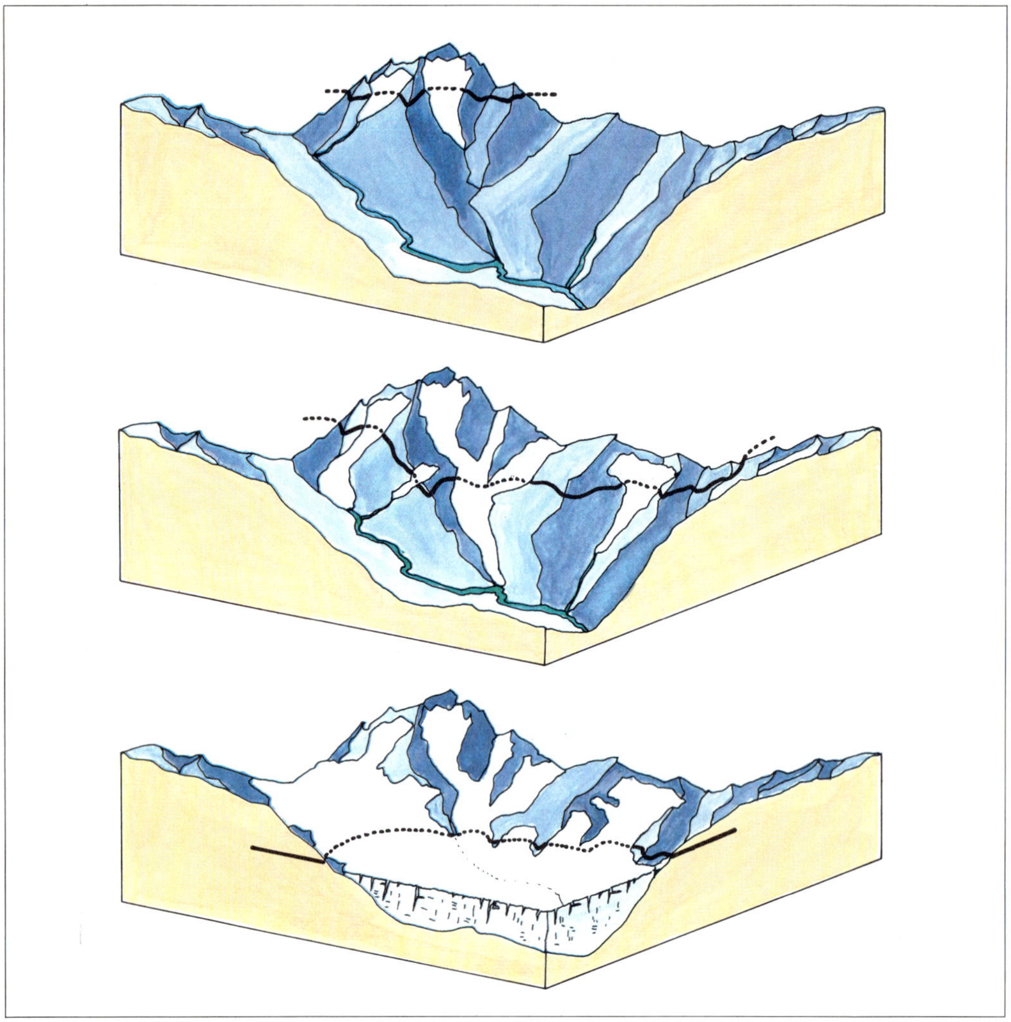

Zuerst erfolgt durch die Verschiebung der Tiefdruckzonen nach dem Festland eine Klimaverschlechterung mit vermehrten Niederschlägen. In dieser Phase bedarf es durchaus nicht besonders niedriger Wintertemperaturen, im Gegenteil, je milder die Winter, desto größer sind die Niederschlagsmengen, auch in Form von Schnee, der dann riesige Gebiete des neo- und paläarktischen Raumes (Eurasien und Nordamerika) bedeckt. Nur die Sommer müssen kurz und die mittleren Temperaturen einige Grade niedriger sein. Unter solchen Bedingungen tauen die im Winter angesammelten Schneemengen nicht vollständig ab, türmen sich zu gewaltigen Massen auf und werden zu Eis. Von Jahr zu Jahr schiebt sich die Schneegrenze immer weiter nach unten. Die Polkappen verbreitern sich, das Festlandeis bedeckt immer größere Flächen und die Gletscher schieben sich bis ins Flachland vor. Man nennt diese Phase *anaglazial.*

So werden unvorstellbare Mengen von Wasser auf dem Festland in Form von Eis und Schnee gebunden und den Meeren entzogen, deren Niveau ständig sinkt und breite Streifen von Land an den Küsten freigibt (*Regression*). Die so an den Tag gekommenen Ablagerungen sind reich an abgestorbenen Meeresweichtieren; sie können als Substrat für eine Festlandsvegetation dienen oder auch von Festlandsedimenten bedeckt werden.

Durch das Gewicht der ungeheuren Eismassen wird die Erdkruste eingedrückt, die Bodengestaltung verändert – wie z. B. die Abplattung unter den Polarkappen (baltischer und kanadischer Schild), die Flußtäler der Alpen vertieft und zu den charakteristischen »Trögen« ausgeschliffen.

Diese Phase des Vordringens der Eismassen ist nicht so sehr durch die Niederschläge als durch die Temperaturen gekennzeichnet, weshalb in den borealen Regionen ein kühles ozeanisches Klima herrscht, in dem sich ausgedehnte Laubwälder bilden, die sich in höheren Breitengraden und Gebirgslagen mit Nadelhölzern vermischen. Die Böden sind braun, da sie reich an organischen Substanzen sind, die wegen der niedrigen Sommertemperaturen von der Bakterienflora nicht vollständig abgebaut werden können. In dieser Umwelt finden sich die typischen Waldtiere wie: Höhlenbär, Wolf, Hirsch, Reh, Wildschwein, Dachs, Marder, aber auch dorthin geflüchtete Bergtiere wie Steinbock und Gemse.

Ist die Vergletscherung an einem Höhepunkt angelangt, so bilden sich ausgedehnte Hochdruckzonen, die das Einströmen feuchter Meeresluft verhindern (*Ipsoglaziale*). Es beginnt eine neue Phase (*Kataglaziale*), gekennzeichnet durch niedrige Temperaturen, geringe Niederschläge, die allmählich zu einer Veränderung der Tier- und Pflanzenwelt führt.

Oben: Eine Schirmakazie in der Savanne von Kenia. An den Ästen hängen Nester des Webervogels. Während der warmen Zwischeneiszeiten entstanden auch in nördlichen Gebieten solche Landschaften. In Europa lebten Elefanten, Nashörner, große Herden von Rindern und Antilopen sowie Rudel von Rotwild.

Unten: Schema der Transgression und Regression des Meeres. Während der Warmzeiten flossen große Mengen von Schmelzwasser ins Meer, so daß sich der Meeresspiegel hob und weite Gebiete überflutet wurden. Während der Eiszeiten wurden gewaltige Mengen von Wasser in Form von Eis und Schnee gebunden, wodurch der Meeresspiegel sank und die Flächen des trockenen Landes wieder größer wurden.

In den an die Gletscher angrenzenden »periglazialen« Räumen wird die Landschaft zur Tundra. Dort ist der Boden tief gefroren und taut nur im Sommer oberflächlich auf. Wasser vergrößert beim Gefrieren sein Volumen und durch die Frost-Auftau-Wechselwirkung werden der Boden und die Oberfläche der Gesteine aufgebrochen. Die Schmelzwasser führen die abgelösten Teilchen mit (*Solifluktion*); aus den Ablagerungen entstehen die *Bändertone* und *Strukturböden.* Wo der Boden die meiste Zeit des Jahres gefroren ist, können sich keine hochstämmigen Pflanzen entwickeln, die einen ausgedehnten Wurzelapparat benötigen. In den trockenen Zonen der Tundra wachsen Flechten, in den feuchten Niederungen Moose, die mit der Zeit vertorfen.

In geschützten und südlicheren Zonen der Tundra gedeihen Sträucher und niederstämmige Pflanzen: Heidekraut, Zwergbirken und Weiden, sowie zahlreiche Gewächse der Alpenflora, wie Steinbrech, Hahnenfuß, Mohn usw. Solche Zonen, die sich im Sommer in üppiges Weideland verwandeln, bieten die Nahrungsgrundlage für zahlreiche Säugetiere: Rentier, Mammut, Wollnashorn, Polarfuchs, Schneehase und kleine Nagetiere wie die Lemminge. Dort finden sich auch Tiere aus der angrenzenden Waldzone ein, Wolf und Elch. Für die Tundra charakteristische Vögel sind das weiße Rebhuhn und die Schnee-Eule.

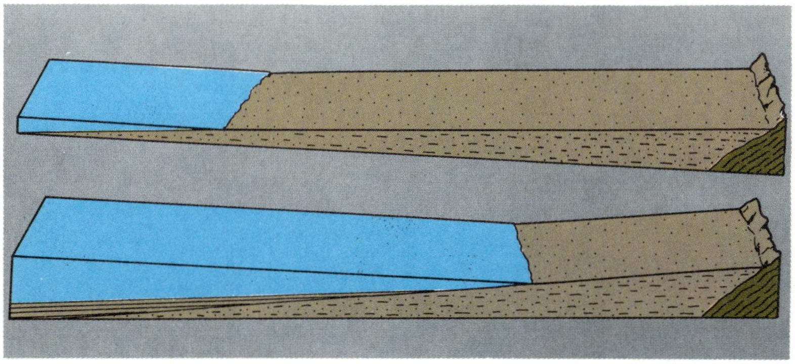

Südlich der Tundra entwickelt sich die Taiga, der lichte Nadelwald, in Teilen Sibiriens vorwiegend mit Lärchen besetzt. Das ist der Lebensraum für Braunbären, Vielfraß, Gemsen und zahlreiche Vogelarten, darunter den Auerhahn. In feuchten Gebieten der Taiga gedeiht die Birke; dort gibt es auch die großen Elche und zahlreiche Biber.

Weiter im Süden und besonders im Osten weicht die Taiga wegen des kontinentalen Trockenklimas mehr und mehr der Steppe und den kalten Halbwüsten mit spärlichem Kraut- und Grasbewuchs. Über die baumlosen oder baumarmen Grassteppen fegt ungehindert der Wind, verweht die spärlichen Schneefälle und begünstigt so die Ausbildung ausgedehnter Weidegründe für zahlreiche Huftiere: Saiga-Antilopen, Wildesel, Pferde und in begrenzten Gebieten Steinbock, Halbesel und Kamel.

Dennoch konnten sich selbst während der Hochphasen der Eiszeiten in einigen besonders begünstigten Gebieten, z. B. bestimmten Küstenzonen des Mittelmeeres, laubabwerfende Gewächse und selbst die an gemäßigteres Klima gewohnten Steineichen, Oliven, Korkeichen und Strandkiefer halten. In dieser Rückzugsphase des Eises erreichen die Tundren und Steppen der borealen Region ihre größte Ausdehnung.

Durch die Eisbewegung wurden Gesteine zu feinstem Staub zerrieben und von den Schmelzwassern weggeschwemmt und abgelagert. Dieser Staub trocknete beim Rückzug der Gletscher aus und wurde von den sich an den Gletscherfronten bildenden heftigen Fallwinden über Hunderte von Kilometern verweht und wieder abgelagert. Es ist dies der Löß, der heute weite Landschaften in Europa und Nordamerika bedeckt.

Nach dem allmählichen Rückzug des Inlandeises traten Seebecken und Meeresarme zutage, an de-

nen sich im jahreszeitlichen Wechsel heller Schlick und dunkler Lehm ablagerten, die sich zu Bändertonen oder Warven verfestigten. Die Gebirgsgletscher ließen nach ihrem Rückzug ungeheure Geschiebehalden, die Grund-, Seiten- und Endmoränen, Findlingsblöcke, Kies, Sand und Lehm zurück. Wenn in dieser Phase auch die Niederschläge, besonders im Sommer, recht gering waren, führten die aus dem Schmelzwasser reichlich gespeisten Flüsse viel Wasser und verfrachteten das Verwitterungsmaterial aus den Bergen weit in die Niederungen, wo sich mächtige Geröllhalden und Sandablagerungen bildeten.
Am Ende einer Eiszeit, wenn die Grenze des ewigen Schnees am höchsten liegt und auch die Temperatur ansteigen kann, bilden sich atmosphärische Störungen, die vermehrte Regenfälle bringen; daraus folgt eine neuerliche Umkehrung der bisherigen Vorgänge, die Zonen gemäßigten Klimas verschieben sich immer weiter nach Norden und erobern verlorene Gebiete zurück, die Zonen arktischen Klimas werden auf höhere Breiten zusammengedrängt. Es beginnt eine neue Zwischeneiszeit.

Afrikanische Regenzeiten *(Pluviale)*

Der Wechsel von Eis- und Zwischeneiszeiten, der sich vorwiegend auf der nördlichen Halbkugel abspielt, führt in den südlichen Breiten zu anderen Erscheinungen. Führten im Norden die Eiszeiten zum Anwachsen des Inlandeises, das sich in Warmzeiten wieder zurückzog, so gab es in den Tropen entsprechend lange Regenzeiten – *Pluviale* –, unterbrochen von Trockenzeiten – *Interpluvialen.*
In einem so ausgedehnten Kontinent wie Afrika, der sich von nördlichen Breiten über den Äquator bis weit über den südlichen Wendekreis erstreckt, ist es schwierig, Wechselbeziehungen zwischen den alpinen Eiszeiten und den afrikanischen Pluvialen, ja sogar zwischen diesen selbst zu erkennen. Der Grund dafür liegt in den riesigen Weiten dieses Kontinents, die es ermöglichen, in einem Gebiet eine Trockenperiode vorzufinden, während gleichzeitig in einem anderen Regenzeit herrschen kann.
Hohe gleichmäßige Temperaturen, reichliche, über das ganze Jahr verteilte Regenfälle und hohe Luftfeuchtigkeit kennzeichnen das Klima eines Gebiets während der Pluviale. Unter solchen Verhältnissen kann sich eine überaus üppige Vegetation entwickeln: die tropischen, immergrünen Regenwälder, die sich durch ihren Artenreichtum von den borealen Wäldern unterscheiden. Hochstämmige Gewächse bilden ein schier undurchdringliches Laubdach, über das etliche Baumriesen von 60–70 m Höhe emporragen. Im grünlichen Dämmerlicht der untersten Etage gedeihen noch Farne, Moose und weniger lichthungrige Blattpflanzen.
Der tropische Regenwald ist der ideale Lebensraum für eine Unmenge von Kleintieren, allen voran Insekten: Ameisen, Termiten, Käfer, Schmetterlinge; darüber hinaus Amphibien: Frösche, Kröten und Molche; Reptilien: Schildkröten, Schlangen, Chamäleons, Eidechsen usw. Unter den Vogelarten die auffälligen bunten Papageien, Paradiesvögel, Pfauen und winzigen Kolobris. Die Säugetiere sind vor allem durch die »Flieger« – Fledermäuse, Vampire – und Baumbewohner – Affen, Eichhörnchen – vertreten. In eben dieser Umwelt leben heute noch die höheren menschenähnlichen Affen, Gorilla, Schimpanse und Orang-Utan. In einer so abgeschlossenen Umwelt finden die Tiere der offenen Landschaft keinen Raum, höchstens zeitweilige Zuflucht.
Die gewaltigen Regenmassen verursachen weitgehende Erosionen besonders im Berggelände, wo die Regenfälle mehr und mehr jahreszeitlichen Charakter annehmen. Die Flüsse und die oft gewaltig ansteigenden Binnenseen überschwemmen riesige Gebiete. An überfluteten Stränden bildet sich die Pflanzengesellschaft der Mangrovenwäl-

Tundra in Alaska während des kurzen Sommers. Tundren sind heute auf höhere Breitengrade begrenzt. Während der spätglazialen Kälteperioden breiteten sie sich viel weiter aus, und Mammut, Ren, Moschusochse und Blaufuchs folgten ihnen nach Westen, Süden und Osten bis ans Mittelmeer und nach Japan.

Das Wildschwein lebt in vielen Ländern Europas, im südlichen Baltikum, in Zentralasien bis nach China und Japan. Als Allesfresser konnte es während des Quartärs auch die strengen klimatischen Phasen überstehen und sich so bis in unsere Tage halten.

der aus: hochstämmige Gewächse mit weit ausgebreitetem, teils im Wasser und Schlamm, teils hoch darüber ragendem Wurzelapparat. Ändert sich das Klima durch Verschiebung der Tiefdruckzonen, so schrumpfen die Regenwälder zusammen; längs der Flußläufe bleiben noch Galeriewälder, während sich die Savannen ausbreiten.

Solche Lebensräume sind von zahlreichen Huftieren bevölkert: Gazellen, Gnus, Antilopen, Zebras, Giraffen, Büffel und große Dickhäuter – Elefanten und Nashörner; bei diesem Überfluß von Pflanzenfressern finden auch die Fleischfresser reichlich Beute: Löwen, Hyänen, Schakale und Hyänenhunde. Einige Anthropologen sind der Ansicht, daß gerade diese Umwelt den Prozeß der Hominisation förderte.

Die menschenähnlichen Affen, die im geschützten Lebensraum des Regenwaldes lebten, waren durch die Klimaveränderung gezwungen, sich dem Leben in der Savanne anzupassen. Dort fanden sie zwar reichlich Nahrung, waren aber auch größeren Gefahren ausgesetzt, wodurch sie wiederum den Instinkt zur Gesellschaftsbildung entwickelten. Diese Hypothese stützt sich auf die verschiedenen Verhaltungsweisen der Savannen- und Baumaffen, erhält aber auch eine Bestätigung durch die Tatsache, daß sich in den Fundstätten der ältesten Hominiden immer auch Reste der Savannenfauna fanden.

Die Verminderung der Niederschläge leitet den Übergang von einem Pluvial zum Interpluvial ein und damit die Veränderung der Landschaft vom Regenwald zur Savanne, von der Trockensavanne bis zur Halbwüste. Während des trockenheißen Interpluvial ist die chemische Erosion sehr stark: Das Regenwasser zersetzt die Gesteine zu rotem oder schwärzlichem Ton, den Laterit, eine typisch tropikale, an Eisen- und Tonerde-Oxiden reiche Bodenart. In Zonen, wo die Grundwasserschichten nahe an der Oberfläche verlaufen, dringt das Wasser kapillar hoch, bringt dabei lösliche Bodensalze an die Oberfläche. Dort schlagen sich diese nach dem Verdunsten als Salzkrusten nieder.

Das Quartär ist das Erdzeitalter, in dem sich das Bild unserer Erde am stärksten gewandelt hat; der wiederholte einschneidende Wechsel des Großklimas hat zahlreiche Spuren hinterlassen. An den Gletschermoränen der Alpen lassen sich die wiederholten Vereisungen ablesen; in den vom Frühmenschen aufgesuchten Höhlen und Grotten ist an den Resten seiner Mahlzeiten die Aufeinanderfolge von Tieren aus kalten, warmen, trockenen,

Ein Regenwald: Während der feuchten Perioden, den »Pluvialen«, erstreckten sich die Regenwälder über weite Zonen der Tropen. In den Trokkenzeiten wichen sie den Savannen und Halbwüsten. Diese Klimaschwankungen haben die Weiterentwicklung einiger Primaten gefördert. Sie verließen das schützende Dickicht der Wälder und paßten sich dem Leben in der offenen Savanne an.

feuchten Lebensräumen zu erkennen. In Afrika bezeugen die aus der Erosion in Regenzeiten entstandenen fossilen Lateritböden den Wechsel von Pluvialen und Interpluvialen. In dieser durch den Wechsel des Klimas immer wieder veränderten Umwelt mußte sich der Mensch immer wieder völlig anderen Verhältnissen anpassen; der Evolutionsprozeß beschleunigte sich und brachte ihn schließlich auf die heutige psychophysische Stufe.

Der Übergang zum Pleistozän

Die bedeutendsten Etappen der biologischen Entwicklung seit dem Ende des Tertiärs sind ebenfalls an die eben beschriebenen Phänomene gebunden. Die Endzeit des Tertiärs war bereits von einer gewissen Abkühlung des Klimas gekennzeichnet, was zum Verschwinden oder zur Verkleinerung der Lebensräume für viele Tier- und Pflanzenarten führte. Palmen und Sequoia werden in Europa und Nordasien immer seltener, dafür werden zweikeimblättrige, laubabwerfende Holzgewächse immer häufiger, ein Nadelholzbaum, die Tsuga (Schierlings- oder Hemlocktanne), verbreitet sich über weite Gebiete. Die Tropenfauna, vor allem Giraffen, Antilopen, Hundsaffen, frühe Rüsseltiere wie z. B. Mastodonten, ziehen sich in wärmere Zonen zurück.

Während jener Zeit ist Nordamerika durch eine Landbrücke mit Asien verbunden, von der heute nur noch die Inselkette der Aleuten übrig blieb. Über diese Brücke wanderten Mastodonten nach Amerika, wo es ihnen gelang, viel länger als in Eurasien zu überleben. In Afrika überleben noch ältere Arten, die sich aber langsam weiterentwikkeln: der erste Elefant, *Elephas africanus*, tritt auf. In Eurasien bahnt sich mit dem Auftreten eines rhizodonten Nagers, einer Wühlmausart *Mimomys stehlini*, zusammen mit einigen weniger entwickelten Formen eine wesentliche Änderung in der Zusammensetzung der Kleinsäugetiere an.
Das Klima wird immer kühler, so daß es in Alaska zu einigen Vergletscherungen (Wrangell Mountains) kommt. Aus dem Meer verschwinden nach und nach die Makroforaminiferen und andere wärmeliebende Tiere, Korallen, viele Arten von Stachelhäutern und Fischen, die nach wärmeren Meeresteilen abwandern. Gegen Ende des Pliozäns erscheinen in Europa die ersten »modernen« Rinder und Pferde der Gattungen *Bos* und *Equus*, die die älteren Formen, wie das im Tertiär noch weit verbreitete *Hipparion*, verdrängen. In Afrika treten anstelle der schon aus dem Miozän stammenden archaischen Formen der Boviden andere, höher entwickelte Gattungen: Antilopen, Gazellen und Büffel asiatischer Herkunft.

Unteres Pleistozän

Das Quartär beginnt mit einer Reihe von Vereisungen, die sich auch auf Amerika erstrecken, diesmal jedoch bis in weit niedrigere Breitengrade reichen. Neue Vergletscherungen ereignen sich in der Sierra Nevada östlich von Kalifornien (Owens Gorge Rock Creek, Deadman Pass). Gleichzeitig wird in Eurasien der Nager *Mimomys stehlini* vom höher entwickelten *Mimomys polonicus* verdrängt. Die großen älteren Säugetiere wie die Tapire (*Tapirus arvernensis*) und Mastodonten (*Mastodon borsoni* und *M. arvernensis*) sterben langsam aus und machen den jüngeren Gattungen *Bos, Equus, Elephas* Platz.

Der Marquis L. Pareto benannte 1865 das untere Pleistozän »Villafrancazeit« nach dem Fundort Villafranca d'Asti im Piemont, wo er Skelettreste von Mastodonten und Elefanten entdeckt hatte. Bei der Untersuchung verschiedener Lagerstätten von Knochen großer Säugetiere aus dem Ende des Pliozäns und dem Beginn des Quartärs konnte der Verlauf der Entwicklung dieser Tiergruppe verfolgt und die Villafrancazeit in eine untere, mittlere und obere Periode eingeteilt werden. Im unteren Villafranca finden sich Mastodonten (*M. arvernensis* und *M. borsoni*) zusammen mit Elefanten (*Elephas meridionalis*); im mittleren überwiegen die Elefanten, und im oberen sind die Mastodonten endgültig verschwunden.

Es gibt noch eine andere, oft verwendete Benennung nach marinen Ablagerungen an der kalabrischen Mittelmeerküste, das »Calabrien«. Dort fanden sich erstmals Foraminiferen und Weichtiere des arktischen Typs, darunter die sogenannten »Eiszeitmuscheln« *Arctica islandica, Mya truncata* und *Panonea norvegica.* Das Calabrien ist eine Periode, in der erstmals eine beträchtliche Abkühlung des Mittelmeeres stattfand; sie führte zum Verschwinden der Warmwasserformen des Pliozäns und dem Einwandern der »kalten Gäste« aus den nördlichen Meeren. Die Bezeichnung »Calabrien«, die einige Gelehrte für marine Ablagerungen aus dem Beginn des Pleistozäns verwenden möchten, ist geographisch zu stark auf die mediterranen Küstenregionen beschränkt. Sie kann daher in der Zeitbestimmung zu Mißverständnissen führen, da sie mit den ersten Anzeichen einer Klimaverschlechterung in Europa nicht in Übereinstimmung gebracht werden kann.

Man hat sich daher geeinigt, das Pleistozän verallgemeinernd in einen unteren, mittleren und oberen Abschnitt zu teilen. Das untere Pleistozän endet mit der Günz-Eiszeit, das mittlere mit der Riß-Eiszeit und das obere vor 12 000 Jahren mit dem Ende der Würm-Eiszeit. Das untere Pleistozän ist somit die Phase wachsender Vergletscherungen, als deren Folge besonders in den borealen Gebieten die tertiären Tier- und Pflanzengesellschaften fast völlig verschwanden.

Der Übergang der Tertiärflora – *Taxodiaceen* wie z. B. Sequoia, *Juglandaceen* (Gagelgewächse) und andere Arten der Waldflora des gemäßigten Klimas des Quartärs konnte in verschiedenen Ablagerungen beobachtet werden, beispielsweise bei Meinweg in Belgien (Provinz Limburg). Die Pollenforscher beobachteten dort folgende Stadien: Anfangs infolge einer Klimaverschlechterung das zeitweise Verschwinden der tertiären Vegetationsformen und das Vordringen subarktischer Formen des Prätilia-Typus, sodann ein gemäßigteres Stadium, während dessen Laub- und Nadelhölzer des Tilia-Typus überwiegen, das aber auch einigen tertiären Arten die Rückkehr erlaubt. Das in Holland untersuchte untere Pleistozän schließt an eine bereits bestehende Kältephase an (*Eburonian*), die wahrscheinlich der Donau-Eiszeit entspricht; ihr folgt eine neue Warmphase (*Waalian*), die als Obergrenze dieser Periode gilt.

In den Gebieten südlich der Borealzonen ist es schwierig, das Ende des unteren Pleistozäns zu erkennen. In Afrika und Südasien, wo ganz andere klimatische Verhältnisse herrschen – höhere Temperaturen, jahreszeitliche, Monsun- oder über das ganze Jahr verteilte Regenfälle –, lassen sich langzeitliche Regenzeiten (Pluviale) schwer mit dem Wechsel der Eiszeiten verbinden. Wie bereits erwähnt, treten Pluviale nicht gleichzeitig in verschiedenen Regionen auf.

Das mittlere Pleistozän

In den borealen Breiten beginnt das mittlere Pleistozän mit einer neuen Klimaverschlechterung in Verbindung mit der Günz-Eiszeit, die von der Warmzeit *Infima* abgelöst wird. Von den europäischen Palinologen wird dieses Stadium *Cromerian* genannt. Während dieser ersten Phase bleiben noch einige Tierarten des Villafranca-Typs erhalten, andere, in Asien entwickelte Formen wandern in Europa ein. Darunter sind Vertreter der Kältefauna, ein archaischer Vielfraß, *Gulo Gulo schlosseri*, und unter den Kleinsäugetieren *Allophaiomys pliocaenicus*, ein Nagetier.

Für das Studium der Pflanzenwelt dieser Phase des Quartärs sind zwei Lagerstätten berühmt geworden: Cromer Forest Bed in England – von dem die Benennung dieser Phase abgeleitet wurde – und Leffe in der Lombardei. In Cromer Forest Bed sind die letzten Arten des Tertiärs verschwunden, im viel südlicher gelegenen Leffe existieren noch einige seltene *Pterocarya* (Flügelnuß-) aus der Familie der Juglandaceen. Leitpflanzen des Cromerian sind die besonders in Südeuropa weit verbreiteten Haselnußgewächse in Gesellschaft mit Eichenmischwald, während sich die Nadelhölzer *Pinus* und *Picea* sowie die Birken zurückziehen.

Herde von Gnus in der afrikanischen Savanne. Dieser Lebensraum war am Ende des Tertiärs in Europa weit verbreitet.

Höhle von Pech-Merle in der Dordogne (Frankreich). Mammuts, Pferde, Bisons und andere Tiere zieren die Wände der sog. Kapelle der Mammuts. Die Existenz dieser Tiere, die während der letzten Eiszeit in jener Region lebten, ist außer auf Höhlenmalereien auch durch Skelettreste, die man in Lagerplätzen der Jäger fand, dokumentiert.

Mit dem neuen Vorstoß des Eises, der Mindel-Eiszeit, erscheint die »Kältefauna«, darunter die ersten Rentiere (*Rangifer arcticus stadelmanni*) sowie neue Gattungen von Kleinsäugern, *Microtus* und *Mitymys*, Erdmäusen, die sich bis in unsere Zeit erhalten haben. Die meisten Fossilfunde aus dem mittleren Pleistozän stammen aus Ablagerungen in Grotten und Höhlen, die manchmal auch von Menschen bewohnt waren.

Die Bären der Villafrancazeit (*Ursus etruscus*) werden zuerst vom *Ursus deningeri*, dann von den Frühformen des Braunbären (*Ursus arctos*) verdrängt. Europa und Asien werden von Füchsen (*Vulpes praeglacialis, V. vulpes*), Wölfen (*Canis etruscus, C. vulpes*), Hyänen (*Hyaena prisca, Crocuta spelaea intermedia*) und Mardern (*Mustelidae*) bevölkert. Von den Raubtieren des mittleren Pleistozäns sterben die alten Formen, wie der Säbelzahntiger (*Machairodus*) aus und werden durch Löwen (*Panthera spelaea*) und Luchse (*Lynx spelaea, Lynx pardina*) ersetzt. An die Stelle des Frühpferdes *Equus stenonis* treten andere Arten: *Equus caballus* und *E. (Asinus) hydruntinus.* Die Rinder sind durch den Bison (*Bison priscus*) vertreten, der bis zum Ende des mittleren Pleistozäns vom Ur (*Bos primigenus*) begleitet wird; Ziegen wie *Hemitragus* verschwinden bald und überlassen ihren Platz den Steinböcken, Gemsen und einer am Ende der Riß-Eiszeit auftauchenden Antilope (*Saiga tartarica*). Die *Cervidae*, anfangs von archaischen Formen wie *Megacerus verticornus* (Riesenhirschen) und *Alces latifrons* vertreten, vermehren und vermischen sich mit neuen Arten, die sich bis heute erhalten haben: Rentiere, Rehe, Hirsche und Elche. Das etruskische Nashorn hält sich noch lange Zeit, wird aber schließlich vom Merckschen Nashorn, *Dicerorhinus mercki* und *D. hemitoecus,* verdrängt. In der Riß-Eiszeit erscheint auch das Wollnashorn (*Coleodonta antiquitatis*), dem ein anderes, auf der Kopfoberseite mit einem Horn bewehrtes Nashorn, *Elasmotherium sibiricus* weichen muß, das wahrscheinlich am Ende der Mindel-Eiszeit ausgestorben ist.

Paläobotanische Untersuchungen bestätigen den Wechsel zwischen Kältestadien und gemäßigten, ja warmen Zwischenstadien, die recht gut in Zusammenhang mit den alpinen Eiszeiten gebracht werden können. Während jeder Kältephase verschiebt sich in Nordasien die Tundra in niedrigere Breitenlagen und schließlich erstreckt sich ein breiter ununterbrochener Gürtel von Tundren und Steppen von Zentralasien bis nach Mitteleuropa. Ganze Tiergruppen wandern aus Asien nach Europa ein und ziehen den gleichen langen Weg wieder zurück, wenn es im Westen wärmer wird. Der französische Paläontologe J. Chaline, Spezialist für Kleinsäugetiere, hat z. B. die Massenwanderungen der Lemminge (*Lemmus* und *Dicrostonyx*) nachgewiesen, die sich in Europa während des Quartärs mehrmals ereigneten.

In den üppigen Tropenwäldern blieben altertümliche Tierformen erhalten oder fanden dort Zuflucht; das trifft z. B. für die Tapire (*Tapirus indicus*) und die asiatischen Panzernashörner (*Rhinocerus unicornis, R. sondalicus, Dicerorhinus sumatrensis*) zu, die in Pluvialräumen ähnliche Umweltbedingungen fanden, wie sie im Tertiär waren. Durch neue Einwanderungen aus Asien über die arabische Halbinsel erneuert sich die afrikanische Tierwelt, jedoch in weit geringerem Maße als dies in den paläarktischen Regionen der Fall war. Im warmen, wenn auch von Trocken- und Feuchtperioden unterbrochenen Klima Afrikas und Südasiens konnten sich viele Tertiärformen erhalten, die sich aber nur langsam weiterentwickelten.

Das mittlere Pleistozän endet mit einer neuen Eiszeit, die auf der nördlichen Halbkugel unterschiedlich benannt wird: im Alpenraum Riß-, in Norddeutschland Saale-Elster-, in Amerika Illinois-Eiszeit. Aus dieser Periode sind viele Lagerplätze in Grotten und Höhlen bekannt. Neuere Untersuchungen haben nachgewiesen, daß es in dieser Eiszeit mehrere Vorstöße – Stadiale – und Rückzüge – Interstadiale – des Eises gegeben hat. Die für die borealen Regionen charakteristischen Tiere dieser Periode sind an Kälte gewöhnt: Mammut, Wollnashorn, Rentier, Saiga-Antilope, Polarfuchs, Vielfraß, Hermelin. In bestimmten Gebieten des Mittelmeerraumes trifft man auf Stein-

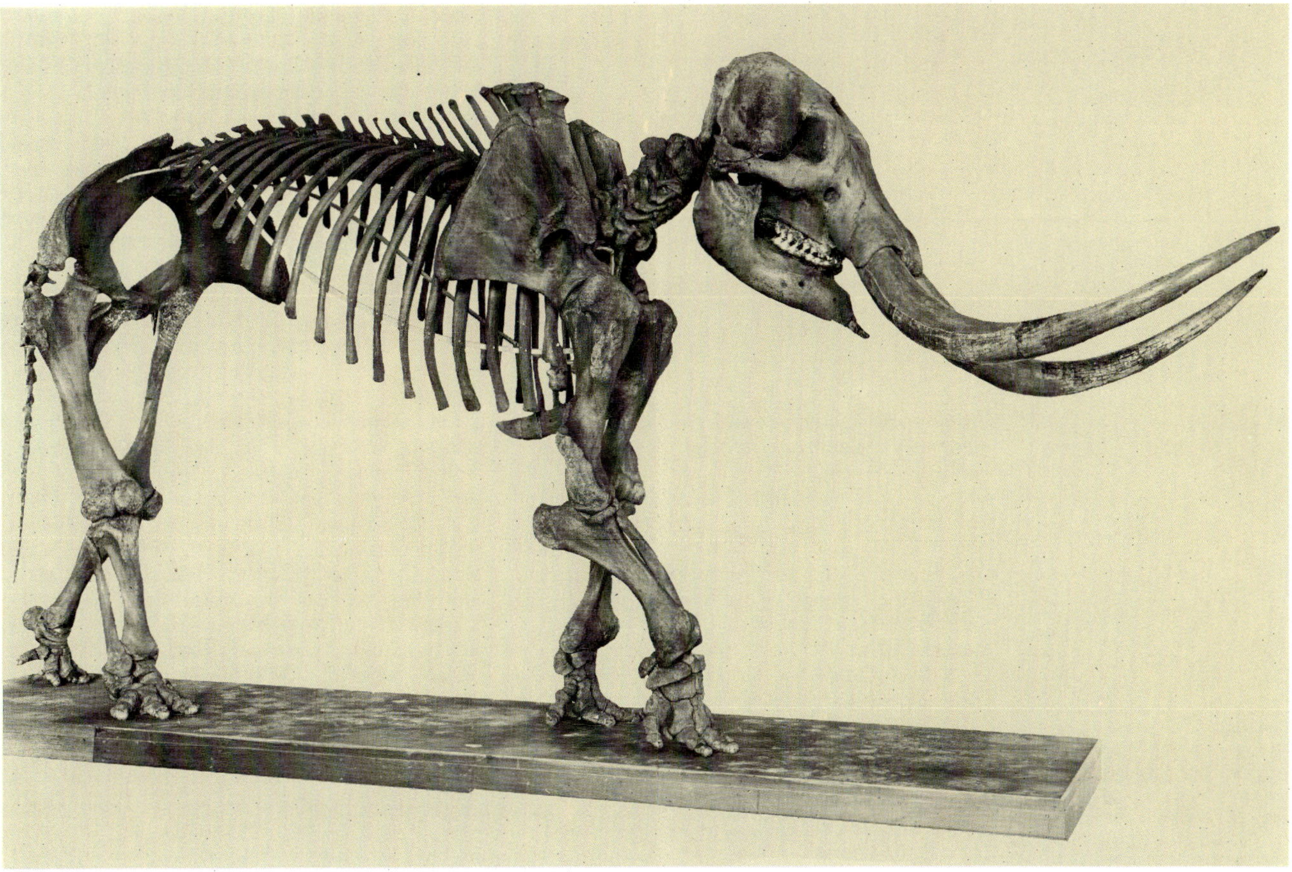

Skelett eines Mastodons im Naturhistorischen Museum von New York. Dieses Rüsseltier war während des Pleistozäns in tropenartigen Landschaften verbreitet und hat sich in Amerika bis ins Quartär erhalten. Es starb aber in Eurasien schon früher aus und wurde durch den Urelefanten ersetzt.

bock und Gemse, und dort, wo das Klima weniger streng ist, auf Hirsche, Rinder, das Mercksche Nashorn und große Raubtiere wie Löwen und Panther. Die Bären sind häufiger durch den Braun als durch den Höhlenbären vertreten. Die Kleinsäuger setzen sich aus Arten zusammen, die auch noch in der nachfolgenden Würm-Eiszeit anzutreffen sind. Ausnahmen bilden einige altertümliche Formen, die noch an einigen Orten ausharren, wie die Nager *Pliomys lenki, Microtus breccensis, Allocricetus bursae* und der Insektenfresser *Sorex runtonensis* (eine Spitzmausart). In dieser Periode tauchen in Europa auch Zeugnisse für die Anwesenheit des Menschen auf: Cova Negra in Spanien, Lazaret, La Chaise in Frankreich, Grotta del Principe in Italien, Steinheim in Deutschland, wo man Reste des Vorneandertalers fand.

Oberes Pleistozän

Der Übergang vom mittleren zum oberen Pleistozän, dessen Beginn mit der Riß-Würm-Zwischeneiszeit angesetzt wird, ist von den Paläobotanikern in großartiger Weise untersucht worden. Durch Pollenanalyse der verschiedenen Schichten konnte die Aufeinanderfolge der großen Pflanzengemeinschaften nachgewiesen werden. Die Kiefern, Weiden und Birken des kalten Warthe-Stadiums (oberes Riß) werden durch Laubwälder verdrängt, in denen die ersten Ulmen auftreten, und im weiteren Verlauf der Eem-Warmzeit durch Eichenmischwälder ersetzt. Die Festlandsablagerungen dieser letzten Zwischeneiszeit lassen auf ein warmes bis subtropisches Klima schließen, in dem paläontologische Reste oft der Vernichtung anheimfielen, so daß wir über die Fauna dieser Phase wenig unterrichtet sind. Man weiß jedoch aus der Häufigkeit der großen, wärmeliebenden Dickhäuter, daß die Tierbevölkerung jener Epoche ein »afrikanisches« Gepräge vom Typ der Savannen hatte.

Die marinen Ablagerungen geben jedoch recht interessante paläoklimatische Aufschlüsse. In den Lagerstätten der Mittelmeerküsten finden sich die Versteinerungen der »warmen Gäste«, z. B. Gastropoden der Arten *Conus testudinarius* und *Strombus bubonius*, Kegel- und Flügelschnecken, die heute an der zentralafrikanischen Küste leben. An der Mittelmeerküste gibt es zahlreiche Grotten, deren marine Unterschichten – *Tyrrhenien* genannt – von kontinentalen Ablagerungen der Würm-Eiszeit überdeckt wurden. Gegen Ende der Riß-Würm-Zwischeneiszeit war die Tierwelt sehr reich an verschiedenen, den Breitenlagen entsprechenden Arten geworden; im Mittelmeerraum lebten zahlreiche Flußpferde, Elefanten, Nashörner, riesige Rinderherden, Hirschrudel, Pferde, Wildesel, große Wildschweine und Raubtiere, vor allem Löwen, Leoparden, Hyänen. Bei den Kleinsäugetieren viele Insektenfresser wie Spitzmäuse (*Crociduriden*) und Nagetiere wie *Pitymys* und Bilche.

Im borealen Raum dominieren unter den großen Säugetieren die Hirschartigen: Hirsch, Reh und *Megaceros* (Riesenhirsch) sind weit verbreitet und vergesellschaftet mit Kleingetier des Waldes, Waldmühlmäusen wie *Clethrionomys, Apodemus,*

	Alpine Eiszeiten	Ostafrikanische Pluviale
Oberes Pleistozän	Würm (Eiszeit)	Gamblian
Mittleres Pleistozän	Riß- Mindel- Günz-(Eiszeit)	Kamasian 2 Kamasian 1 Kagerian 2
Unteres Pleistozän	Donau (Eiszeit)	Kagerian 1

Hypothetische Verknüpfung der Vereisungen in den Alpen mit den Regenzeiten im äquatorialen Afrika.

Eliomys (Gartenschläfer). Der die borealen Räume beherrschende sommergrüne Laubwald schiebt sich immer mehr in höhere Breiten, während er dem Osten zu von der Steppe und vom Nadelwald eingeengt wird. Die durch den langsamen Vorstoß des Eises, verbunden mit vermehrten Niederschlägen, hervorgerufenen Schwankungen des Klimas dauern an. Unter den Tierarten, die solche Schwankungen anzeigen, erwähnen wir in erster Linie das Auftreten eines Nagers, *Microtus ratticeps*, und in weiterer Folge der ausgesprochenen Bergtiere, z. B. Gemsen, Murmeltiere und Schnee-Wühlmäuse (*Arvicola*).

In den südlicheren Gebieten, weit entfernt von den vergletscherten Zonen, verändern sich die subtropischen Landschaften der Zwischeneiszeit. Laubwälder breiten sich aus, nach und nach verschwinden die großen Dickhäuter, als erstes das Flußpferd; Wildschweine und Pferde werden immer seltener, während Waldtiere – Hirsche und Rehe sowie Erd-, Feld- und Landmäuse wie *Microtus agrestis, M. arvalis, Sorex araneus* überhand nehmen. Am Ende des ersten Kältehöhepunktes des Würm sind Steinböcke und Gemsen auch in Gebieten des Mittelmeeres zu finden. In Südasien überleben noch einige für das mittlere Pleistozän typische Arten, wie der Altelefant (*Elephas antiquus*) und von den Rindern *Bos namadicus.*

Im japanischen Archipel und in China sind die für die Lagerstätte von Chou-k'ou-tien charakteristischen altertümlichen Pflanzenformen bereits von anderen ersetzt. Es dauert nicht mehr lange, bis Tundra und Steppe vorrücken und aus Nordasien »kalte Gäste« eintreffen. Bei Chou-k'ou-tien wurden Reste des Sinanthropus entdeckt. Dies ist auch die Periode, in der sich die mittelpaläolithische Kultur des Neandertalers verbreitet.

Dem ersten Vorstoß des Eises (Würm I) folgt ein gemäßigtes Zwischenstadium (Interstadiale Amersfoort), sodann eine kurze Kaltphase, eine zweite Wärmephase (Interstadial Brorüp), gefolgt von einem neuen Kälteanstieg, der noch größere biologische Umwandlungen nach sich zieht als die vorhergehenden Stadien; es ist die untere Hocheiszeit, Pleniglazial oder Würm II. Das Mercksche Nashorn und die großen Raubtiere werden immer seltener, dafür vermehren sich in stärkerem Maße die kleineren Fleischfresser, Wolf, Fuchs und Marderarten.

Im mittelborealen Gürtel breiten sich die Tundren und Steppen immer weiter aus, doch bleiben noch weite Gebiete bewaldet. Das zeigt sich darin, daß sich unter den vom Neandertaler gejagten Tieren noch viele typische Bewohner der Laub- und Nadelwälder finden: Höhlenbär, Wildschwein und Reh. Aber auch typisch arktische Tiere wie Mammut und Wollnashorn sowie Gebirgstiere wie Steinböcke und Steppentiere wie Wildesel werden immer häufiger. Die untere Hocheiszeit, Würm II, endete vor etwa 40 000 Jahren mit dem Interstadial *Hengelo*; bald aber wird mit dem mittleren Pleniglazial, das in Frankreich mit dem Beginn des Würm III angesetzt wird, das Klima noch strenger. In dieser Zeit treten die ersten Formen des *Homo sapiens sapiens* auf, der in kurzer Zeit die jungpaläolithischen Kulturen verbreitet und den Neandertaler verdrängt.

Sicher hängt das Verschwinden der Paläanthropiden (Frühmenschen) vorwiegend mit den so einschneidenden wechselhaften Umweltbedingungen zusammen, an die sich nur ein geistig beweglicherer Menschenschlag anzupassen wußte. Man könnte sagen, der »Sapiens« empfand die oft sehr widrigen Umstände als eine Herausforderung, seine Erfindungsgabe unter Beweis zu stellen. Er entwickelte neue Techniken in der Bearbeitung von Stein- und Knochengeräten sowie von Waffen, er baut sich Behausungen, die ihn vor den Unbilden des Wetters schützen, hüllt sich in wärmende Tierfelle und überlebt selbst die strengen Winter der Tundra. In Horden vereinigt geht er auf die Jagd und spezialisiert sich dabei auf besondere Tierarten, wie Rentier, Mammut, Polarfuchs. Ein Beispiel dafür erbrachten die 1968 in Gönnersdorf (Bundesrepublik Deutschland) durchgeführten Grabungen in einer Lagerschicht des Magdaléniens, wo von 2400 Knochen – Überresten der Mahlzeiten – 1400 vom Polarfuchs stammten. In südlicheren Landschaften erhalten sich die hochstämmigen, auch laubabwerfenden Pflanzen, in kleineren, besonders geschützten Zonen überlebt sogar die Mittelmeerflora. Solche Lebensräume bieten Zuflucht für alle Arten von Tieren des gemäßigten Klimas.

Saiga-Antilope. Dieses Tier, das heute in den eurasischen Steppen lebt, existierte in der letzten Eiszeit auch in Frankreich und Deutschland. Zusammen mit dem Rentier war es die Beute der eiszeitlichen Jäger.

Die Besiedlung Amerikas und Australiens

Während der Würm-Eiszeit (in Nordamerika »Wisconsin«), die wiederum durch die Bindung großer Wassermengen in Eis und Schnee eine Senkung der Meeresspiegel zur Folge hatte, tauchte abermals eine schmale Landzunge auf, über die Tiergruppen und mit ihnen auch der Mensch aus Nordasien nach Amerika wanderten. Eine erste

*Schädel des Höhlenbären (*Ursus spelaeus*). Dieser größte Bär lebte im mittleren und oberen Pleistozän in Wäldern, wo er genug Nahrung fand. Während der besonders kalten letzten Eiszeit mußte er vor der sich ausbreitenden Tundra aus Ost- und Mitteleuropa weiter nach Süden flüchten, verkroch sich in Höhlen für den Winterschlaf und starb schließlich aus.*

Besiedlungswelle hatte es ja bereits im Mittelpaläolithikum gegeben. Funde von Resten der frühen Besiedler sind in Amerika selten; wahrscheinlich sind die Lagerstätten durch Erosion zerstört und die Ablagerungen an den Küsten während der Nacheiszeit wieder vom Meer überflutet worden. Vermutlich waren es Jägervölker auf jungpaläolithischer Stufe, die nach Alaska kamen, als sich dort eine den nordasiatischen Tundren vergleichbare, von Mammut und Polarfuchs bevölkerte Landschaft ausgebildet hatte. Weiter im Süden sind Steppen, Prärien und Wälder, bevölkert von zahlreichen Tierarten, von denen heute etliche ausgestorben sind.

Nach Ansicht C. Irwin-Williams trafen die ersten Besiedler der Neuen Welt noch mit aussterbenden Tierarten zusammen, unter anderen dem amerikanischen Säbelzahntiger (*Smilodon*), den Mastodonten und Glyptodonten (*Boreostracon*). Es scheint zweifelhaft, diese Hypothese für die Flußablagerungen von Hueyalaco (Mexiko) aufrechtzuerhalten, wo man zusammen mit Spuren menschlicher Tätigkeit Knochenreste fand, die sowohl periglazialen (Mammut) als auch tropischen Tieren (Tapiren) angehören; eher ist anzunehmen, daß es sich um Material aus Schichten verschiedener Epochen handelt. Das weitere Ansteigen des Meeresspiegels am Ende der Eiszeit zwingt einige Völkergruppen zum Rückzug nach Asien, andere harren auf den Inseln der Beringstraße aus, die meisten ziehen durch eisfreie Korridore weiter nach Süden und vervollständigen die Besiedlung Amerikas.

In Südasien wandern verschiedene seefahrende Völkergruppen von Insel zu Insel, besiedeln nach und nach ganz Indonesien, Neuguinea, die Küsten Australiens und dringen selbst bis nach Tasmanien vor. Um zu begreifen, in welch wunderliche Welt die ersten Einwanderer in Australien gerieten, muß man in der Zeit weit zurückgehen. Der kleinste bewohnbare Erdteil ist seit dem Mesozoikum vom asiatischen Kontinent getrennt; aber bevor es zur vollständigen Trennung kam, bestand nach Ansicht des Paläozoologen G. G. Simpson noch eine Landbrücke oder Inselkette, über die die damaligen Ursäugetiere nach Australien wandern konnten. Wahrscheinlich war es nur ein Zufall, daß die Beuteltiere gegenüber den anderen im Vorteil waren; vielleicht hatten sie sich bereits in verschiedenen Arten entwickelt und waren zahlreicher. Die Marsupialier mußten ihren Lebensraum mit anderen, sehr sonderbaren Säugetieren teilen, den *Monotremata* (Kloakentieren), von denen bis heute nur noch zwei Arten überlebten: der Ameisenigel (*Echnida*) und das Schnabeltier (*Ornithorhynchus*). Sehr viel später, wahrscheinlich auf Treibholz oder schwimmendem Seetang, kamen auch Nager und im Flug von Insel zu Insel *Chiropteren* (Fledermäuse) an.

Im australischen Kontinent herrschte bis zum Ende des Pleistozäns ein recht stabiles Klima, das sich erst nach diesem Zeitpunkt zu verschlechtern begann. Trockenperioden häufen sich und bringen das Riesenkänguruh und weitere urtümliche Beuteltiere zum Verschwinden. Hingegen können sich andere Tiergattungen, z. B. Reptilien, besser erhalten. Heute noch existieren die monströsen Riesenwarane (*Varanus giganteus*), die kleinen Dornteufel (*Moloch horridus*) und die Kragenechsen (*Chlamydosaurus kingii*).

Als gegen Ende des Pleistozäns die ersten Menschen nach Australien kamen, trafen sie noch auf unbekannte Tiere, die in der übrigen Welt bereits in früheren Epochen ausgestorben waren. Mehr

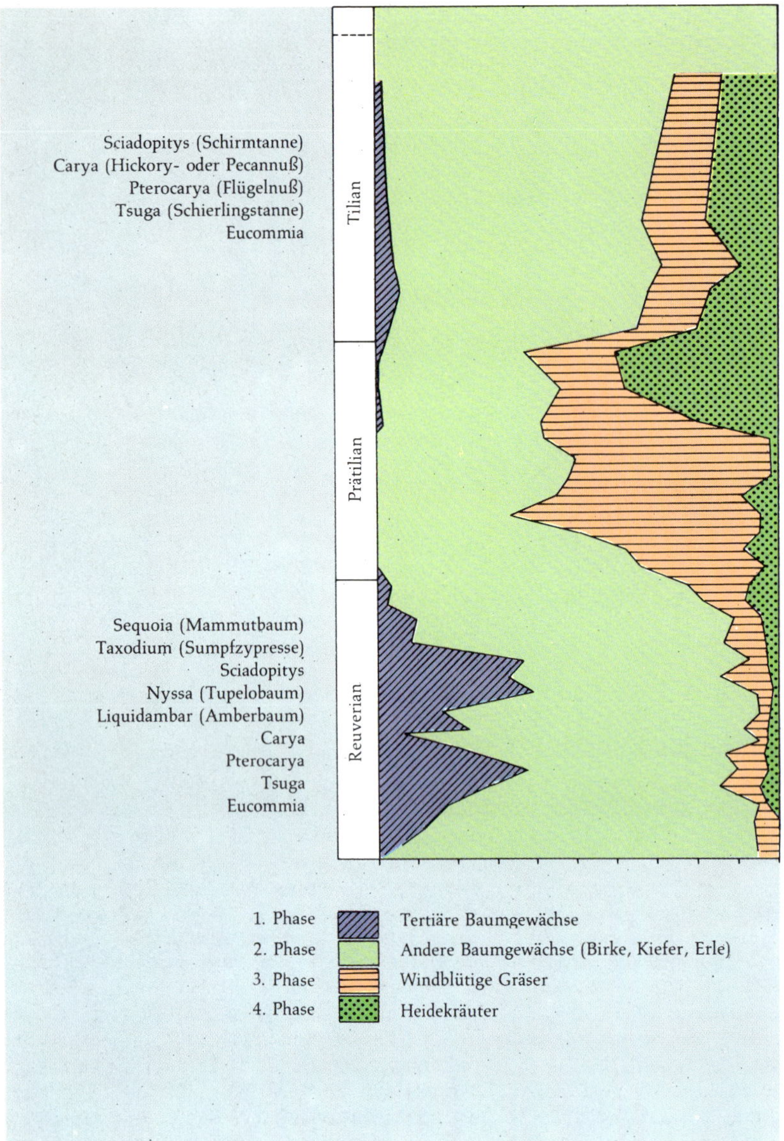

ABSOLUTES ALTER	KÄLTEPERIODEN	WÄRMEPERIODEN
8 300 Ende der letzten Eiszeit	Trias III, Moränen von Salpausselka	
9 800–8 800	Trias II	Interstadial Alleröd
11 300–10 350	Trias I	Interstadial Böllinр
13 400–13 000	Würm 4	Interstadial Prä-Bölling und Mstino
17 000–14 000	Hocheiszeit B Würm 3, Moränen von Brandenburg	Interstadial von Lascaux und Dolní Věstonice (G_{3-1})
26 000–25 000	Hocheiszeit oder Beginn Würm 3	Interstadial von Paudorf und Stillfried B
38 000–36 000	Hocheiszeit A oder Würm 2 oder unteres Pleniglazial	Interstadial Hengelo
58 000–55 000 (oder 75 000)		Interstadial Brörup
63 500 (oder 85 000)	Würm 1	Interstadial Ammersfoort
	Würm 1	
90 000 (?)	Beginn der Eiszeit	

als ein Drittel des Kontinents sind Dürregebiete, in denen vorwiegend Reptilien, Beutelratten und etliche Vogelarten leben, darunter die straußähnlichen, aber kleineren Laufvögel Emu und Nandu. Im Gegensatz dazu stehen an einigen Küstenstreifen tropische und subtropische Regenwälder. Die Menschen siedelten sich wahrscheinlich in den fruchtbaren, an die Wälder angrenzenden Baumsteppen an, ebenso in der *Mulga*, einem Streifen von Akazien-Busch, der Steppen und Wüsten einsäumt.

Höchstwahrscheinlich hat das stabile Klima Australiens den Trieb nach Weiterentwicklung verkümmern lassen, so daß die Neusiedler auf ihrer primitiven Kulturstufe stehen blieben. Tatsächlich trafen die ersten Europäer, die Ende des 18. Jh.s Australien zu kolonisieren begannen, auf Ureinwohner, die über die altsteinzeitliche Kultur nicht hinaus gekommen waren. Mit der europäischen Kolonisierung kamen auch Ackerbau und Viehzucht ins Land, was zur Dezimierung der Beuteltiere und Laufvögel führte, aber auch für die Ureinwohner schwere Folgen hatte. Unfähig, sich den neuen Gegebenheiten anzupassen, zogen sie sich in unwirtliche Gebiete zurück; in einigen Reservaten konnten einige Stämme ihre kulturelle Eigenständigkeit bis auf den heutigen Tag bewahren.

Späteiszeit

Während der mittleren Phase der Hocheiszeit ereignen sich in Eurasien mehrere von gemäßigteren Phasen unterbrochene Kältevorstöße, die im Würm III (oder Hocheiszeit B) gipfeln. Danach folgt ein ziemlich gemäßigtes Stadium, das einer weiteren Ausdehnung der Gletscher ein Ende setzt. Es beginnt die Späteiszeit und damit der Rückzug der gewaltigen Eisfronten. Dieses, auf 18 000–15 000 v. Chr. datierte Übergangsstadium erhielt verschiedene Namen; am bekanntesten davon ist Lascaux (oder auch mittleres Magdalénien).

Während der Würm-Späteiszeit hält die Kälte noch an. Dabei erreicht die Trockenheit einen Höhepunkt, so daß sich sogar im Mittelmeerraum, dort, wo es die Bodengestaltung erlaubt, die Steppenlandschaften am weitesten ausdehnen. Sie sind von Pferden und Wildeseln, aber auch vermischt mit Steinböcken und Hirschen bevölkert. In den mittelborealen Räumen dauert die Vorherrschaft von Mammut, Steinbock und Saiga-Antilope noch an, dazu gesellen sich noch vereinzelte Moschusochsen und die letzten Wollnashörner. Wird das Klima zeitweise milder, stellen sich auch Tierarten der gemäßigten Zone ein. Mit fortschreitendem Rückzug des Inlandeises und der Berggletscher beginnt wieder eine von einigen Kälteeinbrüchen unterbrochene Verschiebung der Zonen gemäßigten Klimas nach dem Norden.

Das Holozän

Mit der letzten Tundraphase in Mitteleuropa endet das obere Pleistozän, das nach dem Radiokarbon-Test auf 8300 v. Chr. datiert wird; damit beginnt das jüngste, bis in unsere Tage dauernde Erdzeitalter, das Holozän. Aus den mittelborealen Zonen Europas verschwindet die Kältefauna; mit fortschreitender Bewaldung kehren Hirsche, Wildschweine und Rehe wieder aus ihren gemä-

Schädel eines Hippopotamus im Paläontologischen Museum von Florenz. Dieser mächtige Dickhäuter war während der warmen Zwischeneiszeiten im Mittelmeerraum recht häufig, wo er an den Küsten und in den größeren Flüssen lebte.

Linke Seite:

Oben: Diagramm einer Pollenanalyse der Tonablagerungen von Meinweg (nach Zagwijn). Der Übergang tertiärer Vegetationsformen durch eine Kältephase hindurch zu Formen des Prätilian-Typs kann in solchen Ablagerungen sehr gut verfolgt werden.

Unten: Übersicht über die Kalt- und Warmperioden (Stadiale und Interstadiale), die sich während der letzten (Würm-)Eiszeit abwechselten.

ßigteren Zufluchtstätten des Mittelmeerraumes zurück (Präboreal 8300–6800 v. Chr.).

Die wieder reichlich ins Meer zurückfließenden Schmelzwasser aus dem Inlandeis und den Berggletschern verursachen die letzte Transgression (Hebung des Meeresspiegels), die *Flandrian* oder *Versilian* genannt wird. Die Schrumpfung der Polareiskappen ermöglicht es der Tier- und Pflanzenwelt, nach und nach in immer höhere Breitengrade vorzudringen; so entstehen auch dort neue, selbst für den Menschen geeignete Lebensräume. Das bedeutet freilich auch eine gewisse Verarmung der Flora und Fauna in den gemäßigten Zonen, wovon auch der Mittelmeerraum und der Vordere Orient betroffen wird.

Die Kulturen des Jungpaläolithikums erlöschen am Ende des Pleistozäns. Es beginnt das *Mesolithikum* oder *Epipaläolithikum*, eine Zeit der Vorbereitung, in der die Anpassungsfähigkeit des Menschen an die in Bildung begriffenen Lebensräume zur Reife kommt. In Europa siedelt sich der Mensch mit Vorliebe in der Nähe von Flußläufen oder an den zahlreichen Seen an, die nach dem Rückzug des Eises entstanden. So kann er seinen Nahrungsbedarf nicht nur mit der Jagd auf Hirsche, Wildschweine und die letzten Steinböcke oder Gemsen, sondern auch mit Fischfang und Muschelsammeln decken. Während des unteren Holozäns ist Nordafrika noch fruchtbar; von Elefanten, Giraffen, Nashörnern und Antilopen bevölkerte Savannen erstrecken sich über weite Gebiete. Das Klima wird jedoch langsam immer trokkener, die Wüste wächst und zwingt die großen Herden der Huftiere, immer weiter nach Süden auszuweichen. Fruchtbar bleiben nur noch die Küstengebiete und ein Streifen Landes beiderseits des Nils, wo die jährlichen Überschwemmungen fruchtbaren Schlamm ablagern.

Auch im Vorderen Orient breiten sich die Trokkengebiete seit Beginn des Holozäns immer weiter aus. Die Menschen – Jäger und Fischer – sind ständig auf der Suche nach neuen Jagd- und Fischgründen, doch das jagdbare Wild vermindert sich durch das ständige Anwachsen der Wüsten immer mehr. In den Randzonen der Halbwüsten wachsen neben anderen Gräsern vermehrt auch Ährengräser (*Cerealae*). Der Mensch entdeckt, daß ihre Körner nahrhaft sind, versucht sich im Anbau von Getreide, das nun bald zu einem Grundnahrungsmittel wird. Hier setzt die große Wandlung des Menschen vom Jäger und Sammler zum seßhaften Ackerbauern ein.

Im kontinentalen Trockenklima Zentral-Nordeuropas der Nacheiszeit wird die Hasel (neben der Erle) zur Leitpflanze (Boreal 6900–5500 v. Chr.). Dieser Trockenphase folgt eine längere Periode, während der sich der Eichenmischwald weit über seine heutigen Breitenlagen vorschiebt (Atlantikum 5500–2500 v. Chr.). In der ersten Phase der Jungsteinzeit bieten Jagd und Muschelsammeln noch eine ausreichende Nahrungsgrundlage und sind die Hauptbetätigung des Menschen, doch beginnt sich bereits die Hirten-Ackerbauerkultur auszubreiten.

Diese lange Periode dauert bis zum Beginn der Bronzezeit. Im Eichenwald tauchen Buchen auf. Das Klima wird kühler und feuchter, schließlich beherrscht der Buchenwald die Landschaft (Subboreal bis Subatlantikum 2800–800 v. Chr.). Während der Bronzezeit ist das Klima nicht besonders günstig; vermehrte Niederschläge verwandeln viele Zonen in Sumpfgelände, die Menschen verlassen die ungesunden Niederungen und bauen ihre Dörfer in höheren Lagen. Seit der Eisenzeit ist das Klima bis in die spätrömische Zeit ziemlich trocken, anfangs noch kühl, später wärmer. Durch die Trockenheit kann der Mensch wieder mehr in den Niederungen siedeln, legt auch in den trocken gewordenen Küstenstreifen des Mittelmeeres Straßen an, die jedoch im Mittelalter wieder versumpfen.

Schon früh hat sich der Mensch auch aufs Wasser gewagt, erst in primitiven Booten zum Fischfang, dann auf seetüchtigen Schiffen zur Eroberung der dem Festland vorgelagerten Inseln. Im Fernen Osten begannen um die Zeitenwende die Polynesier mit der Besiedlung der weit verstreuten pazifischen Inselwelt.

Als die ersten Siedler mit ihren Auslegerbooten auf den Inseln landeten, fanden sie ein wahrhaftes Paradies vor: ausgeglichenes Klima, das Meer reich an Fischen und Weichtieren; Kokospalmen und Brotfruchtbäume boten köstliche nahrhafte Früchte. Die Tierwelt war nur durch wenige Arten vertreten: zahlreiche Insekten, Vögel und Fledermäuse, aber keine Raubtiere. Auf den dem Festland näher gelegenen Inseln kommen auch einige andere Arten, wie Eidechsen, Schlangen, Schildkröten, Amphibien und Nager vor.

Ein Sonderfall ist Neuseeland, dessen Klima zum Teil von der Antarktis beeinflußt wird: In den Gebirgen ausgiebige Winterregen, daher eine üppige Vegetation. Auf der Nordinsel und an den regenreichen Westhängen der Südinsel dichte Wälder, darunter die antarktische Südbuche (*Nothofagus*); weiterhin subtropische Wälder mit zahlreichen Arten bis zu Palmen und Pandanus. Oberhalb der Baumgrenzen bis zur Schneegrenze Heide, Almen, Grasland und Moos. Als die ersten Menschen, die Maori, in Neuseeland ankamen, war das Land nur von einer kleinen eigenständigen Tiergesellschaft bevölkert. Darunter war ein riesiger flugunfähiger Laufvogel, der *Moa*, der zum wichtigsten Fleischlieferanten der Maori wurde. Zusammen mit dem Moa wurden auf den zahlreichen pazifischen Inseln mehr als 70 Vogelarten ausgerottet. Gerade in der Inselwelt wirkt sich der zerstörerische Eingriff des Menschen am schnellsten aus.

Während des ganzen Pleistozäns bis zum Beginn des Holozäns hatten Mensch und Tier im perfekten Gleichgewicht mit der Natur gelebt. Bis dahin hatten ausschließlich Naturkräfte die Umwelt verändert; mit der Entwicklung des Menschen zum Ackerbauern und Viehzüchter änderte sich das. Der landhungrige Ackerbauer entriß vor allem den Laubwäldern riesige Gebiete zum Anbau von Getreide; der Viehzüchter benötigte immer neues Weideland, was auch auf Kosten der Wälder ging. So verschwinden in den gemäßigten Zonen die großen Wälder immer mehr und schrumpfen auf wenige, heute z. T. geschützte Gebiete zusammen, als letzte Zuflucht für das Hochwild. Im Flachland und besonders in den Deltamündungen der großen Flüsse werden Sümpfe entwässert bzw. urbar gemacht und dadurch die Nist-, Rast- und Überwinterungsplätze der Zug- und besonders der Wasservögel zerstört.

Die völlig zu Unrecht als schädlich verrufenen Raubtiere wurden erbarmungslos gejagt und sind heute, soweit nicht völlig ausgerottet, nur noch in geschützten Zonen anzutreffen. Tatsächlich jedoch reißen sie vorwiegend kranke und schwache Beutetiere und tragen dadurch zur Gesunderhaltung des Bestandes an Pflanzenfressern und zur Aufrechterhaltung des ökologischen Gleichgewichts bei. So verändert sich unsere Umwelt nicht allein durch klimatische Faktoren, sondern weit mehr durch die massiven Eingriffe des Menschen in die Natur.

Abgebrannter Wald in Malawi (ehemals Njassaland). Um neues Acker- und Weideland zu gewinnen, hat der Mensch seit der Steinzeit fortwährend große Waldbestände in Brand gesetzt und so einen Schatz der Natur vernichtet, der für das biologische Gleichgewicht von größter Bedeutung ist. Gleichzeitig wurde damit auch vielen Wildtieren ihr Lebensraum genommen.

Die archäologische Forschung

Ziel der Archäologie ist es, die Entwicklung der menschlichen Kulturen und Zivilisationen aufzudecken. Dabei ist in letzter Zeit eine tiefgreifende Neuorientierung eingetreten. Das Interesse gilt nicht mehr allein der Kunst und Architektur vergangener Völker, sondern der gesamten Dimension ihres geschichtlichen Lebens, dem Menschen nicht nur als biologisches, sondern auch als soziologisches Wesen, seiner ökologischen Anpassung an die Umwelt und deren Nutzung. Es gilt die Entwicklung von Sammlern und Jägern zu Ackerbauern mit einem reichhaltigen Katalog von Nutzpflanzen und domestizierten Tieren aufzuzeichnen, die soziopolitischen Strukturen von Nomaden sowie das gesellschaftliche Leben in Siedlungen, der Dämonenglauben, die Kultstätten und Göttervorstellungen zu studieren; ebenso die kulturellen Zwischenbeziehungen wie die Entwicklung von hierarchisch gegliederten Klassengesellschaften, die Entstehung ihrer Elite, die durch Handel oder Raubzüge, durch religiöse Konflikte und Eroberungskriege ihre Macht vergrößerte, ihre Kultur verbreitete und andere zerstörte.

Die Entwicklung jeder Kultur prägt sich in ihrem materiellen Besitz aus und wird durch ihre Überreste und Spuren lebendig. Neben der Analyse und Interpretation von Fundstücken ist die planmäßige Erforschung historischer und prähistorischer Gesellschaften Hauptaufgabe der Archäologie. Ihre Rekonstruktion in allen Schattierungen mit archäologischen Methoden schließt auch die Untersuchung der natürlichen Umwelt mit seinen ökologischen Bedingungen ein.

Aus schriftlichen Quellen erfahren wir vieles über die Kulturen der Völker in geschichtlicher Zeit. Ihre Gesellschaftsformen, ihr geistiges Leben und ihre Kunst werden für uns ebenso offenkundig wie die Ereignisse, die ihre Kultur beeinflußt haben.

Bei Grabungen unter dem Felsschutzdach von Tagliente in Valpantena (Venetien) fanden sich Schichten mit menschlichen Spuren aus dem Mittelpaläolithikum (bis vor 37 000 v. Chr.) und dem Jungpaläolithikum (von 30 000–12 000 v. Chr.).

Manchmal geben Aufzeichnungen Hinweise auf vorgeschichtlich interessante Fundplätze. Die prähistorische Archäologie (und die Erforschung vieler außereuropäischer Kulturen) kann auf solche schriftlichen Quellen nicht zurückgreifen und ist ausschließlich auf Ausgrabungen angewiesen. Die Daten und Schauplätze der ältesten Menschheitsgeschichte lassen sich nur bestimmen, wenn wir außer dem geographischen Nebeneinander (der über die ganze Erde verstreuten Fundplätze, Kulturräume oder Areale) auch die zeitliche Abfolge berücksichtigen. Die räumliche wie zeitliche Einordnung des Fundmaterials (im geschichtlichen Ablauf) ist die grundlegende Arbeit der archäologischen Forschung. Erst die genauen Aufzeichnungen der Fundzusammenhänge machen die Artefakte zu historischen Dokumenten, die nicht nur über Zweck und Alter aussagen, sondern durch Vergleiche mit anderem Fundmaterial kulturelle Zusammenhänge wie Unterschiede aufdecken. Um den großen Überblick über Werden und Vergehen der verschiedenartigsten Kulturen der Menschheitsgeschichte zu bekommen, ist detaillierte Kleinarbeit und ein großes Quantum Bürokratie notwendig, die nur schlecht in das romantische Bild vom Traumberuf eines Archäologen passen.

Prospektionen

Archäologisch interessante Gegenstände liegen selten offen zutage, meist sind sie in den einzelnen Kulturschichten unter der Erde verborgen oder liegen auf dem Meeresgrund und verdanken ihre Entdeckung oft dem Zufall. Die genaue Lokalisierung und Auswahl, welchen unter unzähligen Fundplätzen Vorrang eingeräumt werden soll, bilden den Auftakt der Feldarchäologie. Für die Ortung archäologischer Fundstätten steht heute ein repräsentatives Spektrum von Techniken und Verfahren zur Verfügung, die sich neuester wissenschaftlicher Erkenntnisse bedienen und gegenseitig (teilweise ergänzend) Hilfestellung leisten.

Luftbildarchäologie

Das Luftbild ist die wirkungsvollste visuelle Methode auf der Suche nach neuen archäologischen Fundplätzen, weil mit ihm großräumige Beobachtungsfelder überblickt werden können. Das Luftbild gewährt außerdem eine völlig neue Perspektive und erlaubt ein Eindringen in die Tiefendimension. Verfärbungen des Bodens oder auffallende Merkmale von Pflanzendecke und Forstvegetation weisen durch ihre Unregelmäßigkeiten auf die Stellen in der Bodenstruktur hin, an denen historische Überreste, Fundamente von Siedlungen, alte Bewässerungsanlagen u. v. a. verborgen sind (siehe Abbildung Seite 483). Jede Kulturlandschaft stellt sich als *Palimpsest* dar, als zweifach beschriebenes Dokument, in das sich die Spuren der erdgeschichtlichen Entwicklungsphasen ebenso eingeprägt haben wie die Zeugen verschiedener Kulturepochen.

In der Infrarot-(IR-)Fotografie kann man durch Kombination von Bildwandlern mit speziellen IR-Kameras von allen Oberflächen ein »Wärmebild« mit Genauigkeiten von 0,2° C aufnehmen. Darin spiegeln sich die Temperaturverhältnisse in Abhängigkeit von der örtlichen Feuchtigkeit wider. Neben den panchromatischen Filmen verwendet

Oben: Der Grabungsplatz in Tagliente – von einem großen Dach geschützt – enthält alle Geräte, die für die Untersuchung eines Fundplatzes gebraucht werden. Dort werden die Funde gewaschen, nach Schichten geordnet, vorläufig konserviert und in den Grabungsberichten beschrieben.

man auch Falschfarbenfilme als ein wichtiges Mittel der Bilderinterpretation. Mit Hilfe der Multispektral- und der IR-Fotografie lassen sich die Bodenarten mit ihren Unregelmäßigkeiten sofort unterscheiden, und entsprechende Bildserien – im Stereoskop betrachtet – zeigen die kleinsten Veränderungen des Bodens.

Unterwasser-Archäologie

Der Meeresgrund, insbesondere der im alten Kulturraum des Mittelmeeres, an dessen Ufern sich beachtliche Zivilisationen entwickelt hatten, birgt unübersehbare Schätze an kulturellen Überresten. Unzählige Schiffswracks liegen auf dem Meeresboden und ihr Inhalt ist von Schlick überdeckt und von Algen überwuchert. Sie sind eine der reichsten Fundgruben für antike Kunst- wie Gebrauchsgegenstände.
Seit es die moderne Unterwassertechnik erlaubt, mit verbesserten Tauchgeräten wie Tauchbooten oder Taucherglocken in Tiefen von mehreren hundert Metern vorzudringen, wird der Meeresboden systematisch abgesucht. So stieß der berühmte Tiefseeforscher Jacques Cousteau bei seiner letzten Mittelmeerexpedition »auf den Spuren des Odysseus« in der Nähe eines neuentdeckten Hafens aus der Minos-Ära auf eine reiche Beute. Unter verschiedensten Gegenständen fanden sich in einem Schiffswrack Säulen, Kapitelle und Statuen aus kleinasiatischen Marmorbrüchen und Werkstätten.

Ausgrabungen

In der Gesamtheit der archäologischen Wissenschaft nehmen die Ausgrabungen und Hinzugewinnungen von Funden in der klassischen wie in der Bibel-Archäologie (Mittelmeerraum und Mesopotamien) einen geringeren Rang ein als etwa bei Kulturen abseits der abendländischen Tradition. Dasselbe gilt für Funde aus der Zeit des Jungpaläolithikums (das mit dem Auftreten des *Homo sapiens sapiens* etwa kurz nach 40 000 v. Chr. angesetzt wird und in dem in Australien wie in Amerika bereits die ersten Menschen nachgewiesen werden können).
Die Feldarchäologie ist der notwendige Nährboden, auf dem erst größere Erkenntnisse gedeihen können. Nach Fixieren eines vermutlich ergiebigen Fundortes werden zunächst mehrere Stichgrabungen vorgenommen und anhand von Proben das Ausgrabungsfeld abgegrenzt, die Gesamtfläche vermessen und in kleine Abschnitte (nicht größer als 1 qm) aufgeteilt. Von der Tatsache ausgehend, daß von zwei übereinanderliegenden Erdablagerungen die obere Schicht jünger ist als die untere (Stratigraphie), wird durch systematische Ausgrabungen die Tiefe der Zeit erobert. Die genauen Erdablagerungen werden ebenso markiert und numeriert wie die Fläche; aus jeder Schicht und jedem Planquadrat werden Proben für chemische Untersuchungen entnommen. An manchen Stellen (etwa Begräbnisplätze) sind weitere Unterteilungen der Fläche (etwa 10 × 10 cm bzw. 33 × 33 cm) und der Schichten in sogenannte künstliche »Schnitte« (nicht stärker als 5 cm) notwendig. Dieses System sichert eine präzise Lage der Funde, erleichtert durch die Stratigraphie die chronologische Abfolge zu erkennen und verhindert, daß auch Reste von anscheinend unbedeutendem Fundmaterial den Augen der Ausgräber entgehen. Um ein detailliertes Bild von der Bevölkerungszahl, der Dauer der Besiedelung und vom materiellen Inventar zu gewinnen, wird selbst bei vorkeramischen Fundstätten so sorgfältig vorgegangen, als gelte es, Goldschätze und wertvolle Gefäße zu bergen. Mit kleinem Spachtel und Pinsel legen Fachleute die Bestandteile einer Schicht

Rechts: Umrisse von Siedlungsspuren (eines bewohnten Platzes) aus dem Epigravettien (etwa 13 000 v. Chr.).

Oben: Die Grabung von Tagliente im Innern, mit Ablagerungen aus dem Mittel- und Jungpaläolithikum.

Unten: Teil einer Schichtenfolge aus dem Mittelpaläolithikum. Jedes Kärtchen bezeichnet eine zeitlich begrenzte Ablagerung, die sich in ihrem Aufbau oder in ihren Befunden von den anderen unterscheidet. In der Mitte ist deutlich ein Fundplatz mit jüngerem Material zu erkennen.

frei, sieben und waschen in engmaschigen Netzen den Inhalt. Von allen Schichten fertigen sie auf transparentem Millimeterpapier farbige Skizzen an, in denen Bodenverfärbungen, Steinsetzungen und Fundmaterial sorgfältig eingetragen werden, Legt man die durchsichtigen Planskizzen übereinander, entsteht eine Art Röntgenbild über Raum und Tiefe, d. h. Ausbreitung und Zeitabfolge des Fundplatzes. Neben dieser Methode der Würfelaufteilung werden häufig alle Phasen der Ausgrabung durch Fotos und Filme festgehalten.
Hand in Hand mit der Feldarchäologie gehen bei größeren Projekten die Laboruntersuchungen, bei denen ein Team von Spezialisten Bodenproben und die übrige Ausbeute der »Spaten-Archäologie« analysieren. Die interdisziplinäre Zusammenarbeit zwischen den Geistes- und Naturwissenschaften bietet seit Ende des Zweiten Weltkrieges immer mehr Voraussetzung für bessere Resultate, um ein umfassenderes Bild von der Vergangenheit zu bekommen.
Die unmittelbare Umgebung des Fundstückes einerseits, wie die geographische Verteilung von Gütern, Stilen und besonderen Merkmalen andererseits, ermöglichen weit über den regionalen Bereich hinaus auch Zusammenhänge (kausale Verknüpfungen) wie gegenseitige Einflüsse zu sehen. Je weiter die Funde zurückliegen, desto größer werden die Schwierigkeiten für die Spatenforschung, um so wichtiger wird die Zusammenarbeit mit anderen Fachgebieten, vor allem mit der Geologie. Die Beurteilung der verschiedenen Ablagerungen, die Eis- und Zwischeneiszeiten oder Warmzeiten auf der Erde hinterlassen haben, sind regional unterschiedlich und erfordern spezielle Kenntnisse und sind selten am Fundplatz zu klären. Die Laboranalysen von Geochemikern erklären, aus welchen Elementen sich die Sedimente zusammensetzen, wie sie entstanden sind und welche sekundären Veränderungen sie erfahren haben. Sedimentologen und Geologen, die auf die Entstehung von Sedimentgestein spezialisiert sind, untersuchen die Einlagerungen. Der Grad der Gleichzeitigkeit oder der Abweichung in der

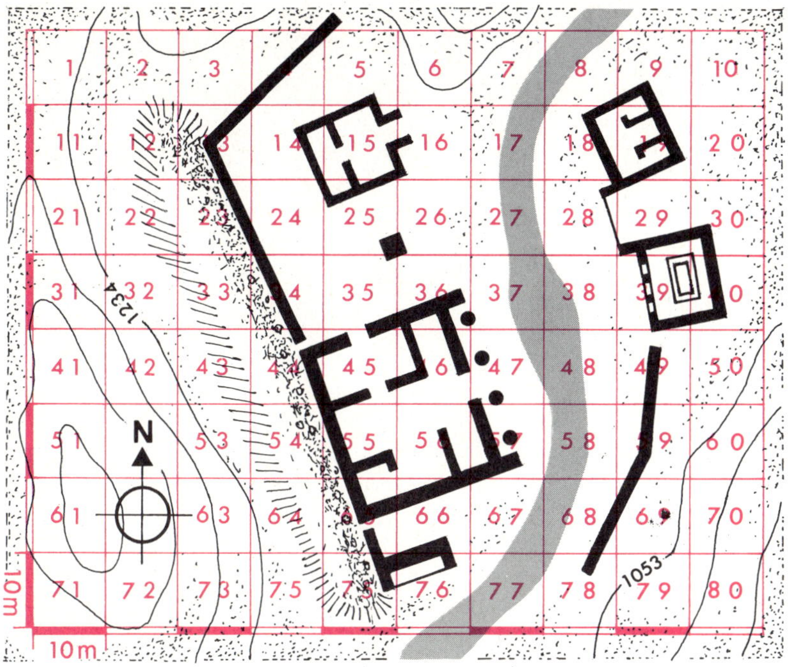

Oben: Gesamtfläche einer Fundstätte aus dem Spätneolithikum mit archäologischer Einteilung in Planquadrate von 10 m × 10 m. In den Nummern 45, 46, 55, 56, 57 und 65, 66 befand sich der größte, vermutlich sakrale Baukomplex. Vier Säulen oder Pfosten bildeten die Fassade der Vorderfront. Drei weitere, kleinere Gebäude, eines davon mit versenktem Innenhof (zwischen Planquadrat 39 und 40) ergänzen die Gesamtanlage, die teilweise von Befestigungsmauern (?) geschützt war. Bei den Ausgrabungen ließen sich die geschickte Miteinbeziehung eines Höhenzugs und eines Flußlaufs erkennen, die vermutlich die Planung mitbestimmten.

Schichtenfolge gibt Hinweise auf mögliche Störungen durch menschliche Einwirkung. Bei den frühesten menschlichen Siedlungen haben Felsformationen, Feuchtigkeit, Vegetation und Tiere in der näheren Umgebung eine entscheidende Rolle gespielt. Spuren von Gebäuden werden durch Sedimentanalyse und chemische Untersuchung des Erdreiches näher bestimmt. Bei Resten von Holzgebäuden, z. B. Pfahlbauten, ist die verwendete Holzart wegen der verschiedenen Eigenschaften von Hölzern besonders aufschlußreich. Hier sind die ursprüngliche Form und die spätere Veränderung des Baues besonders gut mit Hilfe der Paläontologie (Versteinerungskunde) zu erklären.
Paläobotaniker und Paläozoologen untersuchen die pflanzlichen und tierischen Überreste in Versteinerungen. Sie zeigen dem Archäologen, welche Nahrungsquellen bekannt waren und ausgeschöpft wurden (Fischfang, Kleintier- und Großwildjagd, das Sammeln von Früchten, in späterer Zeit sogar die Anfänge des Anbaues von Kulturpflanzen) und wie die Nahrung zubereitet, verbraucht und gelagert wurde. Sind an einem Fundplatz Tierreste vorwiegend von einer Art vorhanden, z. B. solche von Rentieren oder Meerschweinchen, so läßt dies unter Umständen Rückschlüsse auf eine Tierhaltung zu.
Andererseits sind für den »roten Faden« der Archäologie auch jene Fundplätze von Bedeutung, an denen der Mensch nicht unmittelbar in Erscheinung trat. Der Boden selbst ist ein wichtiger Faktor der Umwelt (Ökologie). Die Entstehung bestimmter Bodentypen ist Voraussetzung für Umweltbedingungen, bestimmter Pflanzengemeinschaften, die wiederum Einfluß auf das Verbreitungsgebiet von Tierarten haben. Spezifische Wissenschaften, von der Pedologie (wörtl. Bodenkunde, Bodenanalyse) bis zur Paläopalynologie, eine Spezialabteilung, die sich mit der Untersuchung von Sporen und Blütenstaub befassen, haben mit Hilfe naturwissenschaftlicher Methoden in den letzten Jahrzehnten eine Menge, teilweise sehr komplizierte und ideenreiche Verfahren mit vielfach hochempfindlichen Geräten entwickelt. Die ungleiche Ehe zwischen den mit dem Attribut »romantisch« behafteten Feldarchäologen, der mit Spaten in unzugänglichen Urwäldern und Wüsten geduldig gräbt und den sterilen Labors mit ihren raumfüllenden, blankgeputzten, verchromten Instrumenten, hat unerwartete Früchte getragen. Einige hier angeführte Beispiele von Untersuchungsmöglichkeiten mögen eine Vorstellung von dieser Seite der Archäologie vermitteln.

Mikroskopie

Für Strukturuntersuchungen kleinster Abmessungen werden Transmissions- und Raster-Elektronenmikroskope eingesetzt, die bei einer maximalen, 40millionenfachen Vergrößerung eine Auflösung von 0,3 Millionstel mm zulassen.

Spektralanalyse

Alle Materialien, wie Gesteine, Tonmineralien und Metalle, haben zu ihren Hauptbestandteilen eine gewisse Anzahl, oft nur in kleinsten Mengen, charakteristischer Spurenelemente beigemischt. Hier helfen spektralanalytische Verfahren weiter. So werden bei der Spurenanalyse nur sehr geringe Substanzmengen in vergleichsweise großen Volumen untersucht, während es bei der Mikroanalyse stets darum geht, Substanzen nur in einem sehr kleinen Volumen von 1 Millionstel bis 1 Billionstel ccm zu analysieren. Beide Methoden ergänzen sich und liefern genaue quantitative wie qualitative Angaben über die chemische Zusammensetzung und das Gefüge der untersuchten Substanz. Mit diesem Verfahren wurde bereits ein unvorstellbares Resultat von 1 Billionstel Gramm Fremdstoffen in einer Substanz von 1 Kilogramm erzielt. Auf diese Weise konnte auch aus kleinsten Spuren des Farbüberzuges altägyptischer Vasen die Zusammensetzung der vor 6000 Jahren verwendeten Farben rekonstruiert werden.
Diese Methoden beruhen auf atomphysikalischen Erkenntnissen. Durch das Beschießen mit stark beschleunigten Elektronen, hochenergetischen Protonen und schweren Ionen, aber auch mit energiereichen Röntgenstrahlen werden bei der zerstörungsfreien *Fluoreszenz-Methode* die einzelnen Elemente der Probe zur Aussendung ihrer charakteristischen Spektrallinien angeregt. Diese werden im Spektrographen untersucht und geben Aus-

Rechts: Ein Grab aus dem Jungpaläolithikum, auf etwa 12 000 v. Chr. datiert. Auf einem der großen Steine, die das Skelett bedecken, ist ein Löwe eingeritzt.

Ergebnisse der Grabungen in den Schichten aus der Spät-Würm-Eiszeit in Tagliente:

Die schematische Darstellung oben Mitte zeigt im unteren Teil die Ablagerungen aus der Früh-Würm-Eiszeit, die zur Böschung hin abgetragen (20) und teilweise von einer Schwemmschicht bedeckt sind (20a). Darüber liegen verschiedene Schichten aus dem Epigravettien, die etwa 200 cm dick sind (16-4). Die absoluten Datierungen dieses Profils sind mit Hilfe der Radiokarbon-Methode (C-14) bestimmt worden.
Die einzelnen Diagramme zeigen, wie sich das Vorkommen besonders typischer Dinge veränderte.

kunft über die in der Probe enthaltenen Spurenelemente. Bei der erwähnten Mikroanalyse wird eine geringe Menge Substanz verdampft, z. B. mit Hilfe eines räumlich eng begrenzbaren Laserstrahles. Die im Dampf enthaltenen Emissionslinien ermöglichen im Spektralanalysator ebenfalls Aussagen über das Vorhandensein bestimmter Spurenelemente.

Neutronenaktivierung

Zum Nachweis räumlich sehr kleiner Bereiche, die meist unter der Homogenitätsgrenze liegen, weicht man auf die Methode der Neutronenaktivierung aus. Durch Bestrahlen archäologischer Objekte mit langsamen Neutronen in einem Kernreaktor wird die Probe radioaktiv. Die dabei entstandenen Isotopen zerfallen dann mit einer bekannten Halbwertszeit und senden dabei charakteristische Gammastrahlen aus, deren Intensität und Frequenz wieder Aufschluß über Art und Menge vorhandener Spurenelemente gibt. Die Nachweisempfindlichkeit liegt bei 10^{-7}, d. h. unter 10 Millionen Atomen kann 1 Fremdatom erkannt werden. Dadurch konnte man einwandfrei die Herkunft des Marmors von Skulpturen des Alter-

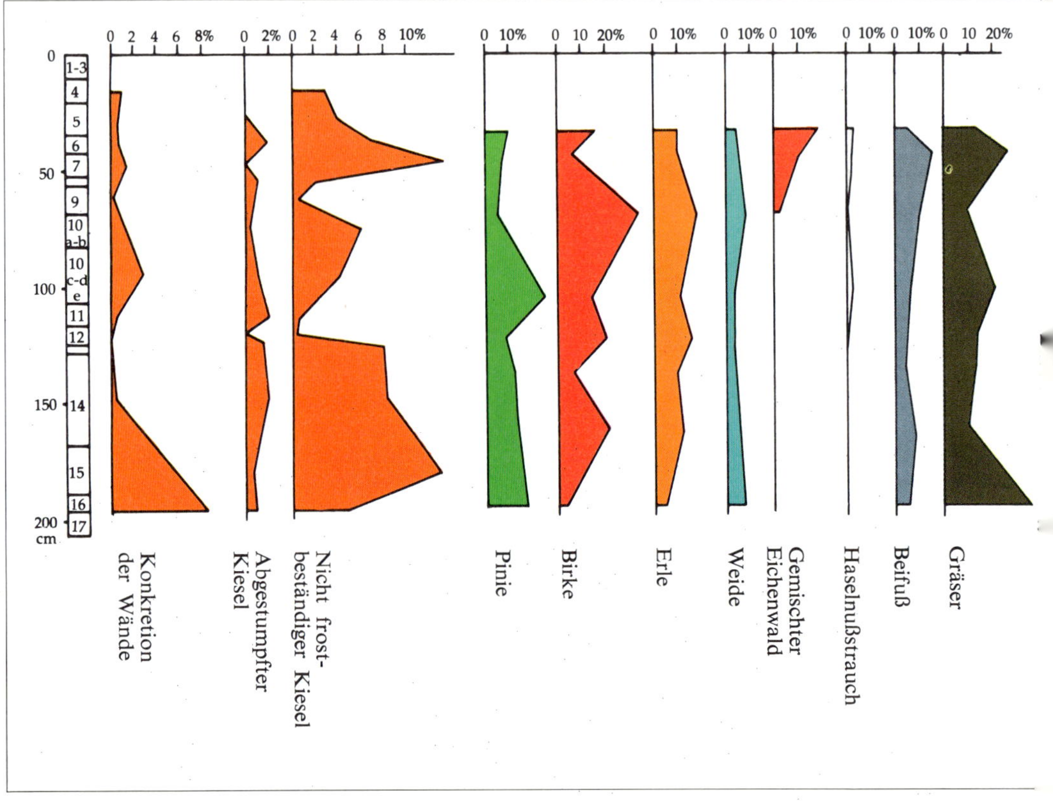

Rechts: Diagramme der Sedimentformen, der Pollenanalysen und der Überreste der Tierwelt. Diese Darstellungen lassen deutlich erkennen, daß das Klima wärmer und feuchter wird, während es zu Beginn ein trockenes, kaltes Gebirgsklima war. Diese Veränderung der Temperaturen zeigt sich bei den Sedimenten durch eine Verringerung der Steine, die vom Eis zerbrochen wurden. In der Pflanzenwelt entstehen gemischte Eichenwälder, und Haselnußsträucher breiten sich aus. In der Tierwelt verschwinden die Gebirgstiere und es tauchen Arten auf, die ein milderes Klima in Waldgebieten vorziehen. Die Steinwerkzeuge weisen die typischen Merkmale der Geräte des entwikkelten Epigravettien in Italien auf: die Kratzer werden verkürzt, die Rückenspitzen werden seltener, rückengestumpfte Geräte sind verbreitet. Diese Reihe entspricht den Klimaphasen der Spät-Würm-Eiszeit: die Schichten 16-13 und 7-6 gehören zu den Kälteschwankungen von Trias I und Trias II; die Schichten 12-8 und 5-4 zu der Bölling- und Alleröd-Schwankung.

tums aus den jeweiligen Steinbrüchen bestimmen. Kalman hat sich auf die Analyse von Tonwaren, die eine Vielzahl von Spurenelementen in verschiedenen Konzentrationen enthalten, spezialisiert. Aufgrund typischer Merkmale ließ sich beispielsweise feststellen, daß Tonstücke im mykenischen Stil in ihrer Zusammensetzung deutlich von Tonstücken im kyrillischen Stil und diese in ihren Bestandteilen wieder erheblich von Philister-Vasen abweichen.

Datierungsmethoden

Die Altersbestimmung ist von jeher das wichtigste Anliegen der Archäologie. Auf der Suche nach einem zeitlichen Rahmen für die vorgeschichtliche Zeit sind eine Reihe von Methoden entwickelt worden, die über den Raum von historischen Bezugsdaten – im günstigsten Fall bis 3500 v. Chr. – hinausreichen. Die Berücksichtigung von geologischen Ereignissen erlaubt die Chronologie bis weit

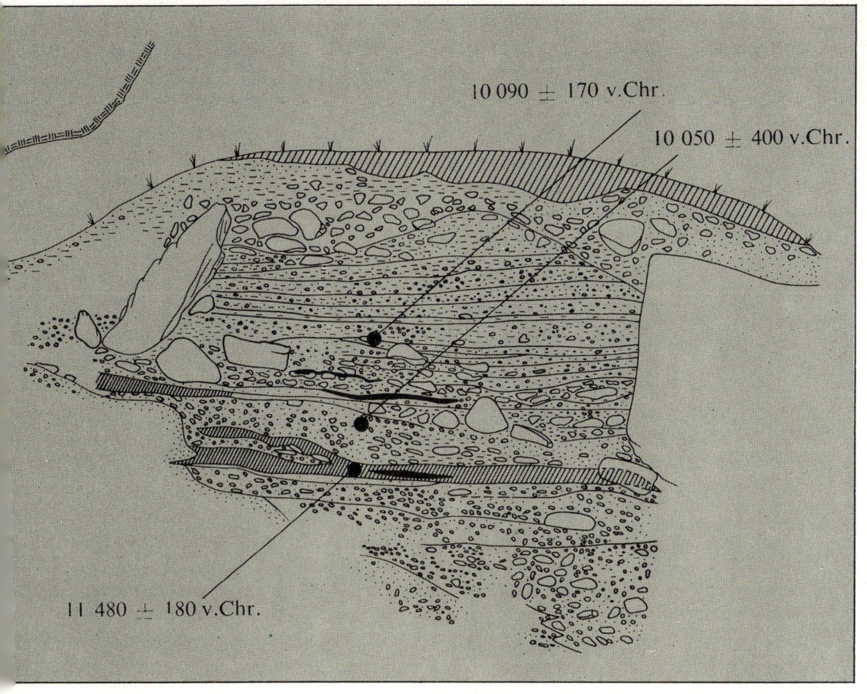

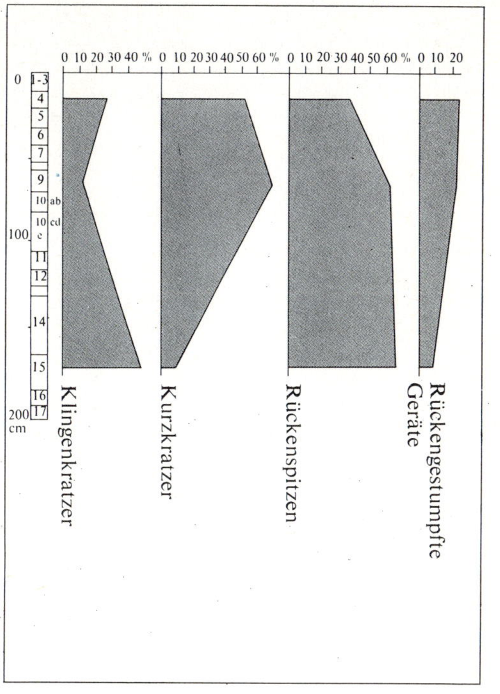

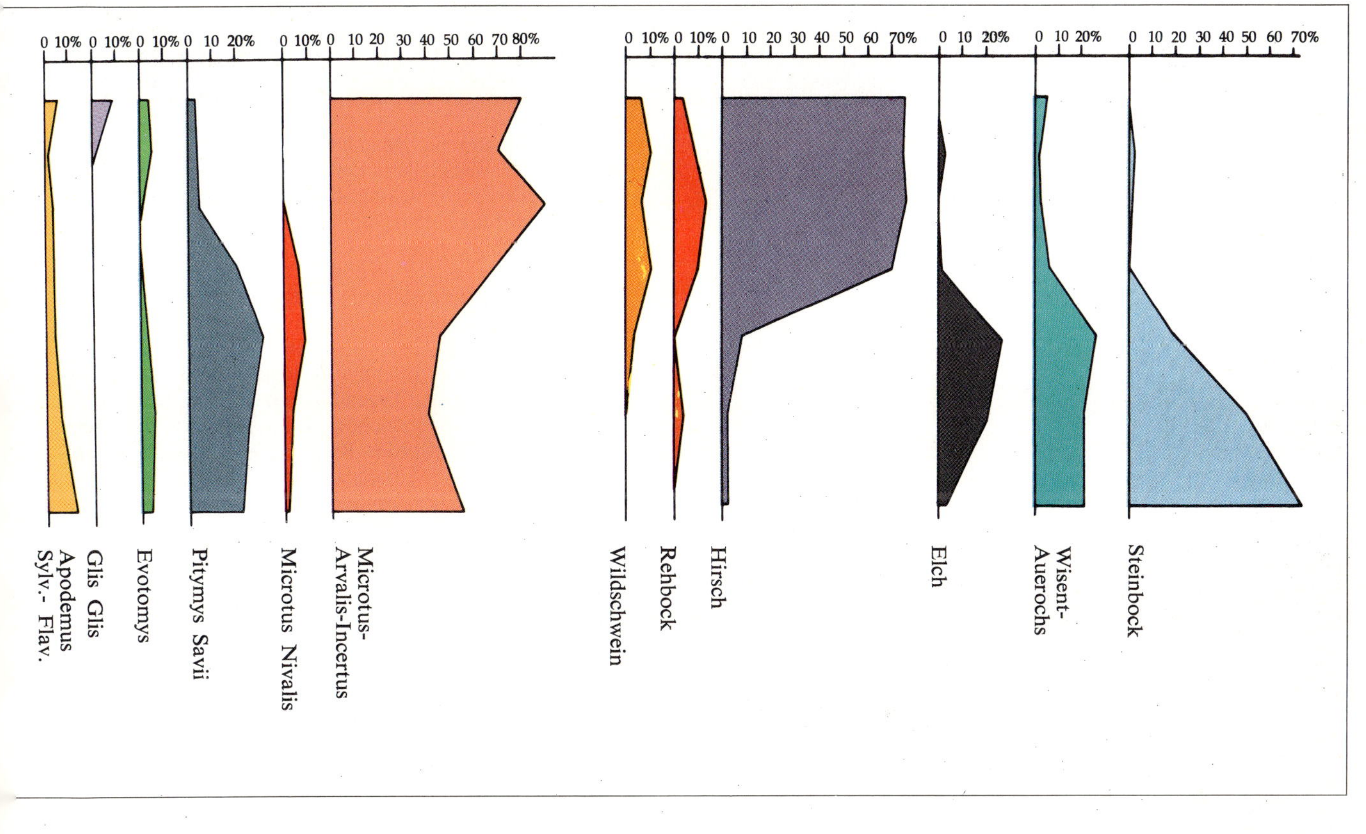

Oben rechts: Diagramm der Steinwerkzeuge.

in die Vorzeit zu erweitern; dabei gelten z. B. für die Zeit am Ende der letzten Eiszeit (Spät-Würm-Eiszeit) und der Nacheiszeit (die letzten 13 000 Jahre) die Warven-Sedimente und besondere Bodenbildungen (Verlehmungszonen) in eisfreien Gebieten als zeitliche Anhaltspunkte. Anhaltspunkte sucht man auch in astronomischen Ereignissen zu finden, nach der die prüfbaren Schwankungen der Sonnenbestrahlung die Bildung der Eiszeit verursacht haben sollen. Diese Schwankungen bieten aber nur eine Berechnungsbasis für die Dauer und den Ablauf der Erdzeiten.

Eine andere Möglichkeit einer relativ sicheren Zeitbestimmung von ebenfalls großen Zeiträumen bietet die beobachtete Richtungsänderung des erdmagnetischen Feldes, die von Paläomagnetikern in den verschiedenen geologischen Schichten festgestellt werden können. Die meisten Gesteine enthalten ferromagnetische Bestandteile, die zum Zeitpunkt ihrer Bildung in Richtung des jeweils

Rechts: Das Grab aus dem Epigravettien in Tagliente (auf 12 000 v. Chr. datiert). Der obere Teil des Skeletts ist vermutlich nach einem Einsturz im Mittelalter zerstört worden.

Unten: Grabung in den Lößschichten von Dolní Věstonice (Mähren). Deutlich sind die Reste einer Siedlung von Mammutjägern aus dem Gravettien zu erkennen (etwa 26 000 v. Chr.).

vorhandenen Magnetfeldes magnetisiert wurden. Der Feldlinienverlauf wurde sozusagen, d. h. für alle Zeiten unveränderlich eingefroren, wie z. B. bei Magmamassen, bei denen sich nach einer Abkühlung unter die Curie-Temperatur der Magnetismus einstellt, wobei sich die Elementarmagnete nach dem vorhandenen Magnetfeld ausrichten und diese Richtung nach dem Erstarren beibehalten. (Die Curie-Temperatur ist die Temperatur, oberhalb deren eisenmagnetischen Substanzen keine magnetischen Eigenschaften mehr aufweisen).
Bei der Untersuchung einzelner geomagnetischer Schichten wurden Richtungsänderungen des erdmagnetischen Feldes bis zur totalen Umkehr (Inversion) festgestellt – hervorgerufen durch das ständige Wandern der Magnetpole –, wobei der Feldlinienverlauf genauer als ein Grad festgehalten werden kann. Eine solche magnetische Inversion, die relativ häufig vorkam, ist eine weltweite Erscheinung. Deshalb treten Inversionen überall zu gleicher Zeit auf. Sie liefern (absolute) Zeitmarken, mit deren Hilfe Sedimente aus den verschiedenen Tiefen der ozeanischen Becken oder des Festlandes datiert werden können. (Die Folge solcher magnetischer Inversionen, die in den Gesteinen oder Schichten festländischen oder ozeanischen Untergrundes sozusagen wie in einem Magnetband konserviert sind und durch den Vergleich der magnetischen Stratigraphie [Schichtenkunde] möglich sind, reicht bis in die 80 Millionen Jahre zurückliegende mittlere Kreidezeit.)

Geologische Uhren

Wie bei Materialuntersuchungen verwendet man auch bei den Altersbestimmungen des Gesteins radioaktive Isotope sozusagen als geologische Uhren. Hier werden nicht die emittierten Strahlungen untersucht, sondern die Zerfallprodukte in Relation zu den übriggebliebenen ursprünglichen Isotopen. Aus der für alle Elemente bekannten Zerfallszeit kann das Alter der radioaktiven Einschlüsse und damit der gesamten Probe festgestellt werden. In so ziemlich allen gesteinsbildenden Mineralien sind neben verschiedenen Uranisotopen Thorium-232, Rubidium-87 und Kalium-40 enthalten.

Kalium-Argon-Methode

Sie wird seit 1964 bei der Bestimmung vulkanischen Gesteins angewendet. Das radioaktive Isotop Kalium-40 wandelt sich in Argon um. Im Moment der Gesteinsentstehung ist noch kein Argon vorhanden. Es bildet sich erst durch die allmähliche Umwandlung. Das Verhältnis von Kalium zu Argon ist ein Anhaltspunkt für das Alter des vulkanischen Gesteins. Die Ergebnisse haben zur Berechnung der Dauer des Neozoikums und der Vorgeschichte geführt. Vulkangesteine in afrikanischen Schichten bargen die ältesten bekannten Geräte der Omo- und Olduwai-Kultur (bis zu einem Alter von 2 Millionen Jahren).

Radiokarbon-Methode

Auf derselben Basis, aus den Produkten einer Kernumwandlung auf das Alter zu schließen, beruht die für den Archäologen wichtigste Methode, die Radiokarbon-Datierung (C-14-Test). An der oberen Grenze der Atmosphäre in Höhen von 15 km, entstehen als Sekundärprodukte der kosmischen Strahlung Neutronen. Diese können nach ihrer Thermalisierung mit dem Stickstoff der Luft Reaktionen eingehen und bilden dabei das radioaktive Kohlenstoff-Isotop C-14. Chemisch verhält es sich wie der normale Kohlenstoff C-12. C-14 verteilt sich in Form von Kohlendioxid mit einem Anteil von $1{,}5 \times 10^{-12}$ über die ganze Erde; d. h. auf eine Billion Moleküle normales Kohlendioxid kommen 1,5 Kohlendioxidmoleküle mit C-14. Obwohl C-14 zerfällt, bleibt die Gesamtmenge annähernd konstant, da sich aus dem Zerfall und der Produktion ein Gleichgewicht einstellt.
Bei lebenden Pflanzen und Tieren ist dieser radioaktive Kohlenstoff zusammen mit dem normalen vorhanden. Stirbt der Organismus, bleibt die Wechselwirkung mit der Umgebung aus. Das C-14-Gleichgewicht besteht nicht mehr, da ab jetzt nur mehr der Zerfall wirksam ist. Die Menge an C-14 im toten Organismus nimmt nach dem Gesetz des radioaktiven Zerfalls ständig ab: die Halbwertzeit beträgt dabei nach neuesten Erkenntnissen 5730 ± 30 Jahre. Aus dem Verhältnis der Aktivität zur Zeit des Absterbens (sie beträgt im lebenden Organismus 15 Zerfälle je Gramm und Minute) der augenblicklichen Strahlung und Halbwertzeit kann eine Zeitbestimmung des Todes errechnet werden. Die Radiokarbon-Methode ist also nur dann anwendbar, wenn organische Substanzen zur Verfügung stehen.
Die erste derartige Altersbestimmung hat W. F. Libby 1947 durchgeführt. Die anfängliche Euphorie wich jedoch schnell einer Enttäuschung. Es zeigte sich nämlich, daß das festgestellte Alter wesentlich geringer war als das mit anderen Methoden ermittelte. Dafür gibt es mehrere Gründe. Ein gravierender ist die wiederholte Veränderung der C-14-Konzentration der Luft in den vergangenen Erdperioden, bedingt durch eine schwankende Produktion in der Atmosphäre, hervorgerufen durch die periodischen Schwankungen des erdmagnetischen Feldes. Bei einer solchen Überproduktion fehlte jeweils der magnetische Schild der Erde, der den größten Teil der kosmischen Strahlung an die Magnetpole ablenkt. Wenn also das Magnetfeld der Erde abnahm, konnten die kosmischen Strahlen ungehindert in die Erdatmosphäre eindringen und so mehr C-14 produzieren.
An einer eigenartigen »Luftkonserve« konnte festgestellt werden, daß z. B. vor 6000 Jahren der C-14-Gehalt der Luft mindestens um 10% niedriger war. Schnee enthält sehr viel Luft in seinen Hohlräumen. Wenn sich aus Schnee allmählich Gletschereis bildet, bleibt ein Teil der Luft eingeschlossen und bildet kleine Luftbläschen, die in großen Tiefen verschwinden. Offenbar hat sich die Luft unter dem hohen Druck im Eis »aufgelöst«. Werden die Bohrkerne aus solchen Tiefen einige Monate unter Normaldruck in Kühlräumen aufbewahrt, dann tritt die Luft nach und nach wieder aus dem Eis. Es bilden sich im Eis kleine lufthaltige Höhlungen. Diese »Luftkonserven« geben nun Aufschluß über die Zusammensetzung der Luft in früheren Zeiten. So konnten tatsächlich wiederholte Schwankungen des C-14-Gehaltes in früheren Zeiten festgestellt werden.

Thermolumineszenz-Methode

Verwandt mit der Fluoreszenz-Analyse ist das Thermolumineszenz-(Th. L.)Verfahren. Während bei der Fluoreszenz-Analyse die untersuchten Ge-

In Conelle di Arcevia (Marche) fand man bei Grabungen einen mehr als 100 m langen und etwa 8 m tiefen Wassergraben aus dem Neolithikum (zweite Hälfte des 3. Jahrtausends v. Chr.). Die Auffüllung des Grabens unterscheidet sich in ihrer Zusammensetzung klar von den Wänden des Grabens: sie enthält auch menschliche Überreste.

Ausgrabungen im Sumpfgebiet in Fiavé (Trentino). Auf der ersten Fläche ist ein Wellenbrecher zu erkennen, dann der untere Teil von Pfahlbauten und schließlich Spuren von Entwässerungsanlagen. Die Siedlung enthielt Funde aus dem Neolithikum, dem Äneolithikum und aus der Bronzezeit (3.–2. Jahrtausend v. Chr.).

Rechte Seite:

Oben: Grabung auf dem Gräberfeld von Iwanowice (Polen) aus der Bronzezeit.

Unten: Schichten aus dem Epipaläolithikum in Romagnano III (Trentino) mit den absoluten Datierungen der einzelnen Schichten nach der Radiokarbon-Methode. Die Befunde stammen aus einem Zeitraum von 3000 Jahren: Mitte des 8. Jahrtausends bis Mitte des 5. Jahrtausends v. Chr.

genstände von außen bestrahlt werden, untersucht die Thermolumineszenz-Methode in erster Linie die Wirkung radioaktiver Einschlüsse als natürliche Bestrahlungsquelle. Jüngere archäologische Fundstätten enthalten fast immer Keramik. Sie besteht aus einer Matrix von Partikeln, in der verschiedene Kristallphasen verteilt sind, insbesondere Quarz und Feldspate, welche die Töpfer zur Härtung des Materials während des Brennens zugesetzt haben. Im Kristallgitter dieser kristallinen Bestandteile entstehen Elektronen-Fehlstellen, wenn radioaktive Strahlung auf sie einwirkt. Diese Fehlstellen bleiben über Jahrtausende stabil. Durch dauernde Absorptionen der nuklearen Strahlung von radioaktiven Einschlüssen, wie Uran-238, Thorium-234 und Kalium-40, oder von einer radioaktiven Umgebung, werden im Kristall immer mehr Fehlstellen erzeugt.

Wird der Ton auf 500° C beim Th.L.-Test erhitzt, so kehren die Elektronen auf die niedrigeren Ausgangsstufen zurück und geben die gespeicherte Ionisations-Energie in Form von Lumineszenzlicht ab. Da diese Strahlung sehr schwach ist, sind extrem empfindliche Halbleiter-Detektor-Systeme erforderlich, die zur Vermeidung von Rauscheffekten zudem noch stark gekühlt werden müssen. Die abgegebene Lichtmenge dieser Lumineszenz-Strahlung ist ein Maß für das Alter des Materials, wenn man berücksichtigt, daß der Zeitpunkt Null für die Speicherung das erste Brennen der Tonwaren ist, von dem an die Anreicherung beginnt und der als Ausgangspunkt für die Altersbestimmung der Ware gilt.

Das Th.L.-Verfahren ist eine der besten Methoden für die Altersbestimmung von gebranntem Ton. Je älter das Fundstück ist, um so genauer ist sie, weil die Lumineszenz mit zunehmenden Jahren immer stärker wird und daher auch besser meßbar ist. So konnte ein Keramikfragment aus den unteren Schichten von Knossos auf Kreta in das 7. Jahrtausend v. Chr. datiert werden. Ein Gefäß der Jômon-Kultur aus der Fukui-Höhle in Japan wurde mindestens 10 750 ± 500 v. Chr. hergestellt. Australische Tonbrocken ergaben ein Alter von 37 000–44 000 Jahren. Da die Genauigkeit der Th.L.-Methode bis zu einem Alter von 60 000 Jahren reicht, lassen sich die Anfänge der Töpferei und der Übergang vom Paläolithikum in die Jungsteinzeit leicht zurückverfolgen. Selbst vor der Herstellung von Tonwaren haben die Menschen die Fugen ihrer Feuerstelle und ihre Hauswände mit Lehm abgedichtet, der durch Hitzeeinwirkung allmählich zu Ton härtete. Solche Funde ermöglichen noch Datierungen bis in die Altsteinzeit hinein. So weit reicht die Radiokarbon-Methode nicht; sie ist höchstens bis zu einem Alter von 10 000 Jahren anwendbar, wird jedoch schon ab einem Alter von 2000 Jahren in zunehmenden Maßen ungenauer. Bei etwa 6000 Jahren sind die Fehlerquellen gegenüber der Th.L.-Methode und anderen archäologischen Datierungen mit ± 400–800 Jahren unzulässig hoch. (Als Vergleich dient das Alter der neolithischen Bandkeramik in Mitteleuropa. Nach der Radiokarbon-Methode wird sie auf 6500–5900 v. Chr. bestimmt, während die Th.L.-Methode ihr Alter in die Zeit um 7350 v. Chr. errechnet.

Paläontologie

Während sich die Palynologen mit der Flora vergangener Zeiten befassen, haben sich die Paläozoologen zur Aufgabe gestellt, die fossilen Überreste ausgestorbener Tiere zu untersuchen und diese in bestehenden Systematiken einzuordnen. Die fossilen Überreste sind mehr oder weniger gut

erhalten. Der größte Teil allerdings entzieht sich unserer Kenntnis. Nach vorsichtigen Schätzungen erfaßte man bisher nur etwa 1% der früher lebenden Tierarten wissenschaftlich befriedigend. Die entscheidende Rolle spielt auch hier das Einbettungsmaterial, Fossilien, die von Kalk umkrustet, im Harz (Bernstein) eingebettet, im Boden eingefroren, im Moor, in Salz- oder Asphalt-Sümpfen versunken und konserviert von vulkanischer Asche überdeckt oder von feinstem Sand abgedeckt waren. Je schneller die Einbettung durch ein möglichst feinkörniges Sediment erfolgte, desto besser konnten auch Einzelheiten wie etwa Weichteile im Abdruck oder chemische Umwandlungen erhalten bleiben.

Die interessantesten Fundstätten sind solche, in denen ganze Lebensgemeinschaften von Naturkatastrophen überrascht wurden. Pompeji ist wohl das bekannteste Beispiel für die neuere Archäologie, während für die Paläontologie die Ölschiefergruben von Messel bei Darmstadt, Reste eines ehemaligen Süßwassersees, aus der Zeit vor 350–400 Millionen Jahren im Mittel-Äozen, vermutlich einen größeren Wert besitzen. Die Paläontologie beschränkt sich nicht allein auf die Untersuchung von Kalkablagerungen und Schieferschichten. Auch in den Sedimentschichten, beispielsweise des Meeresbodens, liegt noch viel Aufschlußreiches. Mit Hilfe der dort liegenden Fossilien können die Eiszeiten und Wärmeperioden datiert werden. Die letzte Eiszeit begann vor 600 000–800 000 Jahren und endete vor 12 000 Jahren. Aus Sedimentschichten des Meeresbodens fanden Geophysiker, daß vor gut 11 000 Jahren der Ozean ziemlich schnell erwärmte. Solche Erkenntnisse, nur scheinbar am Rande der Archäologie, geben Aufschluß über Klima, Fauna und Flora, wertvolle Hinweise über Tierwanderungen und andere Nahrungsquellen der Menschen, zeigen Routen, auf denen kleine Horden von Menschen, die auf der Suche nach Nahrung Amerika oder Australien »entdeckten« und besiedelten.

Dendrochronologie

Eine genaue Datierungsmöglichkeit von Holzproben alter Kulturreste ermöglicht in bestimmten geographischen Gebieten mit günstigen klimatischen Verhältnissen und altem Baumbestand, die Baumring- oder auch Jahresringdatierung. Aus dem unterschiedlichen Muster der Jahresringe, das bei gleichen Baumarten übereinstimmt, lassen sich sowohl Klimaschwankungen wie auch das Alter bestimmen. Als erster untersuchte diese »Zeitmarken« der Natur A. E. Douglas im Jahr 1929 an uralten kalifornischen Mammutbäumen und stellte fest, daß die Schwankungen der jährlichen Niederschlagsmengen sich an Bäumen, die in trockenen, unfruchtbaren Regionen standen, genauer ablesen lassen, weil sich dort der Wachstumsprozeß langsamer vollzieht. Er verglich die Baumringe von Koniferen am Rand der Wüste mit denen von alten Balken aus archäologischen Siedlungen im Südwesten der USA und konnte so zunächst anhand der großen Dürreperioden im 13., 16. und 20. Jahrhundert einen »Baumringkalender« aufstellen. Durch Borsten- und Grannenkiefern, die zum Teil über 5000 Jahre alt sind und auf jeden Witterungswechsel sensibler reagieren, wurde die Methode verbessert. (Die Wachstumszonen dieser alten Bäume sind so schmal, daß sie mit bloßem Auge nicht mehr wahrnehmbar sind. Auf 13 cm hat man 1100 Jahresringe gezählt.)
Die unterschiedliche Dicke der Ringe ergibt charakteristische Muster, die innerhalb der gleichen Baumart übereinstimmen. Das Institut für Dendrochronologie an der Universität von Arizona hat einen Baumringkalender zusammengestellt, der sich auf die Jahresringe lebender Borstenkiefern und längst abgestorbener Reste stützt. Bis 6200 v. Chr. ist jedes Jahr präzise darin vermessen. Mit diesem »Kalender« kann man nun eine Altersbestimmung am Muster von Bäumen und deren Übereinstimmung mit Holzbalken aus Fundstätten, ja selbst noch aus dem zum Teil verkohlten Holz prähistorischer Herdfeuer, erreichen.
Ungewöhnliche Kälteperioden, die Nevada und Kalifornien zwischen 1454 und 1965 heimsuchten, sind in den Jahresringen der Borstenkiefern übereinstimmend. Diese leicht überprüfbaren Ereignisse in unserer Zeit (1941 und 1965) bestätigen die Genauigkeit der Dendrochronologie. Neuerdings hat man auch in Deutschland einen Baumringkalender aus den Jahresringen uralter Eichen zusammengestellt, der bis 3000 Jahre zurückreicht. Mit ihm konnten in Xanten und Trier uralte Brückenpfeiler genau datiert werden.

Querschnitt des Stammes einer Cupressus arizonica, *der die typischen, unterschiedlich dicken Wachstumsringe zeigt. Die Dicke der Ringe wird aufgezeichnet und mit der von anderen Bäumen derselben Art verglichen. Dadurch war es möglich, mit Hilfe von alten Bäumen eine Datierung bis ins Jahr 5000 v. Chr. aufzustellen.*

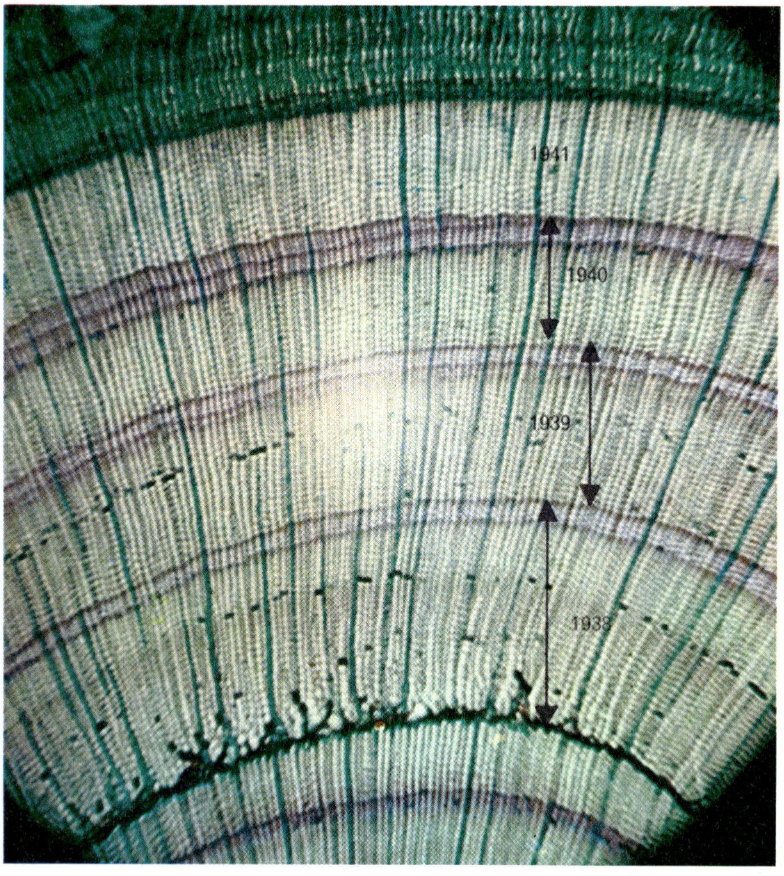

Paläopalynologie *(Pollenanalyse)*

Mit dem Baumringkalender wurde das Datumsarchiv des Erdklimas bis tief in das Altertum hinein erweitert und verfeinert. Mit der Methode der Paläopalynologie, der Pollenanalyse, kann aber auch das Klima bis in die Eiszeit zurückverfolgt werden. Palynologen befassen sich mit Blütenstaub und Pollenkörnern jeder Art, sowie mit Sporen von Farnen, Moosen und Bärlappgewächsen. Sie holen aus den Sedimenten von Mooren, versandeten Seen und Gletschern Bohrkerne heraus und untersuchen sie nach Pflanzenrückständen.
Aus dem Vorhandensein von Nadel- und Laubbäumen, aber auch von Sträuchern und krautartigen Gewächsen können Rückschlüsse auf das Klima einzelner Epochen gezogen werden. Manche Pflanzen wichen während der kälteren Perioden nach wärmeren Regionen aus. Dabei gingen viele Arten verloren. Einige Gewächse konnten nach einer Klimabesserung in Jahrtausenden allmählich wieder in die alten Lebensräume zurückwandern. Beim Wiederauftreten der Birke und später der Eiche zeichnet sich z. B. das Ende der Würm-Eiszeit, etwa 11 300–10 000 Jahre v. Chr., ab. In dieser Periode, dem sogenannten Präboreal, zwischen 8200 und 6800 v. Chr., erscheinen Hasel, Lerche und Erle. Zwischen 5500 und 4500 v. Chr. breitet sich nördlich der Alpen ein Mischwald mit Eichen, Ulmen und Linden aus. Buchen, Tannen und Fichten folgen erst später. Diese Ergebnisse wurden zum größten Teil mit der Analyse von Pollenkörnern gewonnen. Die Sedimente mit den Überresten prähistorischer Pflanzen sind sozusagen die Jahresringe der Erde. (Man fand gelegentlich auch Pollen in vernarbten Wunden uralter Bäume, wo sie sich ablagerten, ehe wieder neue Rinde darüberwuchs.)
Ein anderes Problem ist die Datierung der Pollen. Lange Zeit wurde nach der Bänderton-Chronologie gearbeitet. Im sogenannten Bänderton lagern sich genau bestimmbare Schichten ab, deren Alter in der geologischen Folge nach verschiedenen Methoden bestimmt werden kann. Heute wendet man sowohl die Radiokarbon- als auch die Th.L.-Methode an.

DIE ÄLTESTEN MENSCHLICHEN KULTUREN

Die ältesten menschlichen Kulturen

Die zeitliche Gliederung der Vorgeschichte

Die Vorgeschichte wird vorwiegend nach der Art ihrer archäologischen Funde eingeteilt, also nach den erhaltenen Gegenständen, die nötig waren, um die materiellen Bedürfnisse der menschlichen Gemeinschaft zu erfüllen. Um 1830 ordnete der dänische Archäologe C. Thomsen die prähistorischen Altertümer des Nationalmuseums in Kopenhagen nach Materialien, dem Prinzip des sogenannten Dreiperiodensystems: Steinzeit, Bronzezeit, Eisenzeit. Es bildete die Grundlage einer vergleichenden, noch relativ vereinfachten Datierung. Als sich die Wissenschaft mit der Frühgeschichte intensiver befaßte und die Funde aus allen Teilen der Welt zunahmen, wurde dieses Ordnungsprinzip nuanciert, das Paläolithikum in »Alt-« und »Jungsteinzeit« unterteilt. Für das Neolithikum wurde der Begriff »Zeitalter der geschliffenen Steine« vorgeschlagen und die »Altsteinzeit« von einer älteren und jüngeren Phase unterschieden. Das allein genügte nicht. Die veränderten Lebensbedingungen, verursacht durch den Rückgang der (pleistozänen) Eisdecke (in Europa etwa um 8300 v. Chr.) erforderten, von einem »Mesolithikum« (mittlere Steinzeit) zu sprechen, das die »jüngere Altsteinzeit« deutlich von dem »Neolithikum« abgrenzt. Typisch für die mesolithischen Steinwerkzeug-Industrien sind Mikrolithen, sehr kleine Feuersteingeräte aus einer Klinge oder einem Abschlag hergestellt, mit einer Durchschnittslänge von 2,5 cm, dreieckig oder trapezförmig geformt. Je nach Verwendungszweck waren sie mit einem Haltegriff versehen oder als Lanzen- bzw. Speerspitzen an einem Schaft in Halterung aus eingekerbten Knochen befestigt. Trotz dieser verfeinerten Gliederung zeigt sich immer wieder, daß die Menschen der Vorzeit sich nur schwer in ein solches systematisches Schema einordnen lassen. Fundstätten wie Lepenski Vir in Osteuropa vereinen z. B. die charakteristischen Merkmale des Jungpaläolithikums, Mesolithikums und zeigen sowohl protoneolithische wie neolithische Züge. In Südamerika bevorzugte man im Inka-Horizont (1476–1532) Steinwerkzeuge, obwohl Bronze seit Jahrhunderten bekannt war.

Im Paläolithikum war das Sammeln von Pflanzen und Weichtieren, Fischfang und bedingt Kleintierjagd der hauptsächliche Nahrungserwerb. Hinzu kam in der zweiten Hälfte der unteren Altsteinzeit eine organisierte Großwildjagd. Der Funktion entsprechend entwickelte sich das Geräteinventar: aus unverrottbarem Gestein, meist Flint (Feuerstein), Knochen, die sich teilweise erhalten haben, und Holz, von dem sich unter guten Bedingungen noch brauchbare Spuren finden. Von anderen Materialien wie Felle für Kleidung, Decken usw., Häute, Pflanzenfasern u. a. existieren kaum noch brauchbare Reste.

Das Mesolithikum (etwa 12 000 v. Chr. – 9000 v. Chr.) grenzt die Zeit zwischen Alt- und Jungsteinzeit ab. In dieser Zeit, zu Beginn des Holozän (Jetztzeit), zeichnen sich größere Veränderungen sowohl in soziologischer wie technischer Hinsicht ab. Die Erfindung von Pfeil und Bogen erleichtert die Jagd, eine gezieltere Sammeltätigkeit von Früchten, Samen und Knollen macht sich bemerkbar, und in Japan entstehen erste Töpferwaren.

Mit dem Aufkommen der Keramik an anderen Plätzen, dem allmählichen Übergang zum Feldanbau und dem Beginn der Viehzucht beginnt die kurze Periode des Proto-Neolithikums, heute häufiger Frühneolithikum bezeichnet, da die Kulturen zu Beginn der Nacheiszeit noch weitgehend von paläolithischen Traditionen geprägt sind.

Das Paläolithikum erstreckt sich über den längsten Zeitraum der Menschheitsgeschichte. Es beginnt mit den ältesten von Menschen hergestellten Werkzeugen vor etwa 2 Millionen Jahren und endet etwa 12 000 v. Chr., wobei sich natürlich regionale Verschiebungen ergeben – kleine Gruppen in unzugänglichen Waldgebieten außereuropäischer Kontinente lebten noch bis Mitte des 20. Jh.s auf der Stufe der Steinzeit –, da die Klimaverschiebungen und in ihrem Zusammenhang die Ökologie in anderen Teilen der Welt nicht gleichartig verlief und stets sehr stark mit der kulturellen Entwicklung der Menschen verbunden blieb.

Im Omo-Tal (Äthiopien) wurden bei Grabungen einer internationalen Kommission unter Y. Coppens und F. Clark Howell die ältesten bekannten Steinwerkzeuge entdeckt. Sie lagen in Schichten, die durch Strahlenmessungen in die Zeit vor 2 000 000 Jahren datiert wurden.

Links: Gegend am Omo.

Rechts: Unterkiefer eines Australopithecinen.

In Melka Kunturé (Awash-Tal, Äthiopien) fand eine internationale Kommission unter Leitung von J. Chavaillon mehrere Schichten mit Olduwai- und Acheuléen-Industrien. Garba IV umfaßt fünf Schichten mit menschlichen Funden, deren Alter auf 1 500 000 und 1 300 000 Jahre geschätzt wird. In der Schicht D fand M. Piperno eine Siedlungsfläche (oberes Olduwai, vor etwa 1 300 000 Jahren), die in verschiedene Bereiche aufgeteilt und mit künstlich geordneten Steinblöcken, Basalt- und Obsidianwerkzeugen sowie mit Knochen- und Speiseresten bedeckt war.

Oben: Die Fläche D während der Grabung.

Unten: Der nördliche Teil der Fläche D mit einem großen Steinblock, der von Tierresten umgeben ist. Die Anhäufung der Knochen läßt auf einen Schlachtplatz schließen.

Um die Altsteinzeit mit der Geologie zu koordinieren, wurde sie in eine ältere, mittlere und jüngere Phase bzw. unteres, mittleres und oberes Paläolithikum gegliedert. Das Altpaläolithikum umfaßt die frühesten Kulturen der Menschheit, die sich bis zur Riß-Würm-Zwischeneiszeit entwickelt haben (vor ca. 2 Millionen bis vor 80 000 Jahren). Das mittlere Paläolithikum, die Kulturen, in der der Mensch sich in der Früh-Würm-Eiszeit über große Teile der Erde verbreitet hatte (von 80 000 bis 37 000 v. Chr.); das obere Paläolithikum schließlich, die Kulturen der Mittel-Würm-Eiszeit (von ca. 37 000–10 000 v. Chr.). (Diese in Europa gebräuchliche Einteilung gilt nicht allgemein. So sind z. B. die Kulturen des Jungpaläolithikums auf Europa, den Vorderen Orient und auf einige Randzonen beschränkt.)

Forschungsmethoden und Bestimmungsarbeiten; Artefakte aus Stein (und Knochen)

Seit nunmehr einem Jahrhundert werden die prähistorischen Kulturen am Typenspektrum ihrer Artefakte erkannt. Die Erfahrung lehrte, wie spezifische Merkmale sich, je nach Ort und Zeit, verändern. Die paläolithischen Werkzeuge, die bis in unsere Tage erhalten sind, bestehen vorwiegend aus Stein, seltener aus Knochen. Stein wurde von Anfang an benutzt. Die am häufigsten verwandten Gesteinsarten waren Feuerstein, seltener kamen Quarz, Obsidian, aber auch weicher Kalkstein und, je nach Vorkommen, auch andere Gesteinsarten zur Anwendung. Knochen und Horn fanden auch in frühester Zeit Verwendung. Ihre systematische Industrie jedoch beginnt erst in der jüngeren Altsteinzeit. Bei der Erforschung der Frühzeit nehmen diese unverrottbaren Artefakte den ersten Rang ein. Die Analyse der Herstellungstechnik, ihrer Formen und Charakteristiken kann man als die einzigen geschriebenen Seiten eines sonst unbeschriebenen Buches bezeichnen.

Ein Werkzeug konnte auf zweierlei Arten aus einem Steinblock hergestellt werden: Entweder man bearbeitete das Rohstück in einem einzigen Arbeitsgang durch Abschläge so lange, bis aus dem Kern die gewünschte Form entstand (Kernindustrie), oder man spaltete einen größeren Stein in mehrere Teile, die zu Werkzeugen verarbeitet wurden (Abschlagindustrie). Die meisten Kulturkomplexe kennen sowohl Kern- als auch Abschlaggeräte, da man selten größere Abschläge von Kernsteinen (Nukleus) ungenutzt ließ.

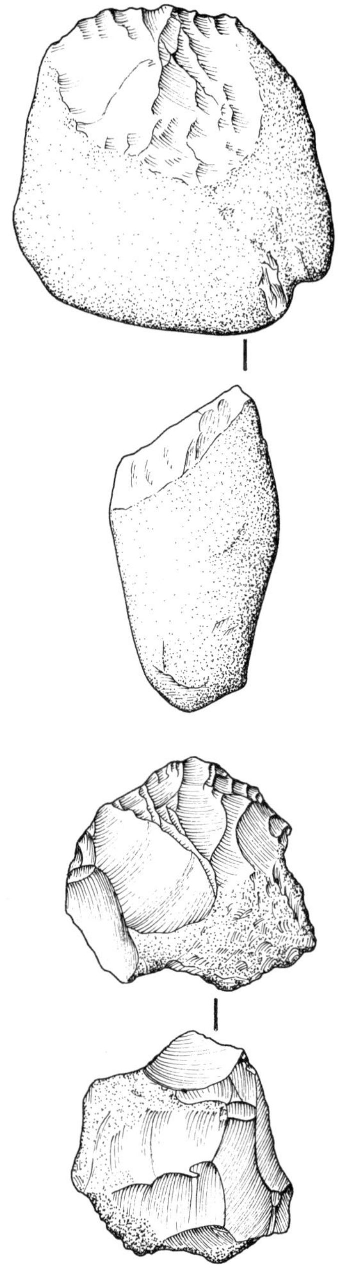

Oben: Olduwai-Werkzeuge aus der Olduwai-Schlucht (Nordtansania): Chopper *und Polyeder (1:2).*

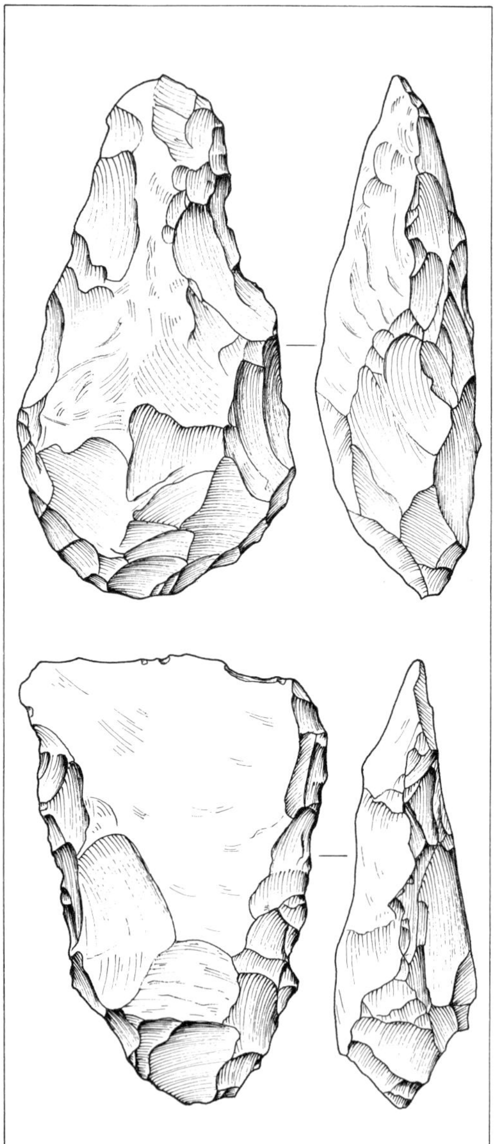

Rechts: Afrikanische Acheuléen-Werkzeuge aus der Olduwai-Schlucht (Nordtansania): Linsenförmiger Faustkeil und hachereau *(1:2).*

Im Jungpaläolithikum wird die Klingenindustrie en vogue, d. h. ein zylindrischer Kern dient vorwiegend nur dazu, Klingen abzuspalten. Von einer Klingenindustrie wird aber erst gesprochen, wenn die Länge der Abschläge mindestens im Verhältnis 3:2 die Breite übertrifft. Wir werden später noch erfahren, daß besonders verfeinerte Herstellungstechniken (z. B. Levalloisien) für bestimmte Perioden des Paläolithikums typisch waren. Neben den charakteristischen »Leitfossilien« der Geräteindustrien finden auch die anderen Werkzeuge Beachtung und werden in mehrere Gruppen eingeteilt (Stichel, Kratzer, Schmalklingen, Pfrieme, Rückenspitzen, Rückenklingen, Bohrer, Klingenkratzer, Schaber, Glätter) und nach verschiedenen Techniken und Formen gegliedert. Daraus sind durch die Verbreitung von Typen und Typenverbindungen die charakteristischen Merkmale von Industrien, Komplexe und Kulturkreise ersichtlich, die Aufschluß über Zeit und Raum geben. Geräte aus Knochen, Horn und Elfenbein (Spachteln, Knochenspitzen, Pfrieme), die erst aus wenigen der mittleren Altsteinzeit und aus mehreren Fundstätten des Jungpaläolithikums bekannt sind, ergänzen das Bild vom mühsamen technischen Fortschritt, der mit dem einfachen Geröllstein entstand und mit der langen dünnen Lorbeerblatt-Spitze des Solutréen im jüngeren Teil der letzten Eiszeit einen Höhepunkt fand.

Das Altpaläolithikum

Die frühesten Steinwerkzeuge

Aus den Schichten des unteren Paläolithikums sind eine große Zahl von Steinartefakten bekannt. Sie wurden meist in Höhlen und an anderen geschützten Lagerplätzen gefunden oder kamen bei Bauarbeiten zufällig wieder an den Tag. Zum Teil waren neben Geräten noch Speisereste oder wenigstens Abdrücke von solchen vorhanden.

Die Funde der unteren Altsteinzeit sind auf ganz Afrika, Europa, das südliche Zentralasien (südlich des 55. Breitengrades) und auf einige Inseln Indonesiens verteilt. Mögliche Spuren in den nördlichen Gebieten Eurasiens sind wahrscheinlich von den vordringenden Eismassen des Pleistozäns zerstört worden, und Amerika und Ozeanien waren zu diesem Zeitpunkt noch nicht besiedelt.

Die Probleme der Kulturen des Altpaläolithikums sind eng verknüpft mit den Problemen des Ursprungs der Menschheit. Man weiß heute, daß alle lebenden Gattungen am Ende einer langen biologischen Entwicklung stehen, und es ist wahrscheinlich, daß auch der Mensch seinen frühen Ursprung in einer Gruppe ausgestorbener Primaten hat, auf die der *Oreopithecus bamboli* zurückgeführt werden kann. Dies war ein kleiner Primat, der vor etwa 8 Millionen Jahren im heutigen Gebiet der Toskana lebte; verschiedene Spuren von ihm wurden in braunkohlehaltigen Schichten in einer Höhle bei Baccinello gefunden. Besonderheiten des Skeletts dieses Primaten (Gebiß, Unterkiefer, Wirbel, Becken) zeigen, daß der Oreopithecus zu einem Seitenzweig der Hominiden (Angehöriger einer ausgestorbenen Menschenrasse) gehört. Vor etwa 5 Millionen Jahren tauchen in Süd- und Ostafrika andere Primaten auf, die von den meisten Autoren in der Familie der *Australopithecinen* zusammengefaßt werden. In einigen Ausgrabungsplätzen von vor etwa 2 Millionen Jahren fanden sich neben den fossilen Resten der Australopithecinen (z. B. beim *Zinjanthropus* in Ostafrika) bereits Steinartefakte, sogenannte »Pebble-tools«, die ersten Geröllsteingeräte einer Kultur, die sich über die halbe Erde verbreitete und für mehr als 1,5 Millionen Jahre kaum eine Veränderung zeigt. Nach dem heutigen Stand der Forschung wurden die ältesten menschlichen Kulturerzeugnisse in Ost- und Südafrika gefunden. (Die interessantesten Fundorte mit Pebble-tools liegen im Bereich der Äquatorialseen.)

Die frühesten afrikanischen Artefakte, nach dem Ort Olduwai genannt, an dem sie zum erstenmal in situ, d. h. in unveränderter Lage ausgegraben wurden, lagen zwischen zwei Schichten, die auf 2 160 000 und 2 120 000 Jahre datiert sind. Ein weiterer Fundkomplex – auf ein Alter von zwischen 1 700 000 und 490 000 datiert – stammt ebenfalls aus der Olduwai-Schlucht, in der Nähe des Vulkans Ngorongoro in Tansania. Man fand eine Reihe von Ablagerungen aus dem Alt- und Mittelpleistozän mit hominiden Fossilien, Olduwai-Artefakten sowie Pflanzenresten. Von gro-

Die Grabungen von F. Bordes in der Höhle von Le Pêch-de-l'Azé (Dordogne) ergaben Schichten aus der Riß- und Würm-Eiszeit mit Industrien aus dem Mittel- und Jungpaläolithikum. Ein Ausschnitt der Ablagerungen aus der Riß-Eiszeit, die von H. Laville bearbeitet wurden.

ßem Interesse ist weiter der Fundkomplex von Melka Kunturé in der Nähe von Addis Abeba, mit Ablagerungen aus dem Alt-, Mittel- und Jungpleistozän sowie dem Holozän (Jetztzeit).

Die Olduwai-Geräte zeigen eine recht breite Skala von Werkzeugen. Neben Schlagbolzen, Kernsteinen verschiedenster Art, die auf eine entwickelte Bearbeitungstechnik des Steines hinweisen, findet man neben Pebble-tools auch »Chopper« bzw. »Chopping-tools« (Geröllsteine mit scharfen Kantenschneiden, die durch vereinzelte Abschläge entstanden) und »Polyeder« (bei denen durch viele Abschläge in mehrere Richtungen auf der Oberfläche mehrere Schneidflächen entstehen), dicke unförmige Faustkeile und andere aus Abschlägen hergestellte Werkzeuge: Kratzer, Schaber und *denticulés* (gezähnte Mehrzweckwerkzeuge). Fundkomplexe in der Olduwai-Schlucht und an anderen Orten von Biface-Werkzeugen (beidseitig mit Schneiden versehen) zeigen die Entwicklung vom groben einschneidigen Faustkeil mit abgerundeten Kanten bis zu dünneren Faustkeilen mit feiner Schneidfläche auf einer Seite, einer gleichmäßig bearbeiteten Basis und einem spitz zulaufenden Ende. Diese Formen entwickeln sich allmählich zu verschiedenen Typen mit birnenförmigen, ovalen oder herzförmigen Formen. Mit ihnen treten die für das Acheuléen in Afrika charakteristischen Steinwerkzeuge auf: die *hachereaux,* ein axtartiges Mehrzweckinstrument, die aus großen Abschlägen entstehen, von denen eine Seite als Schneidefläche gebraucht wird, während die restlichen Ränder mit reichen Retuschen bearbeitet sind, um besser in der Hand zu liegen oder möglicherweise an einem Schaft befestigt zu werden, mit dem Zweck, die Schlagkraft zu erhöhen. Die Vorstellung ist durch neue Funde und neue Erkenntnisse aus den Ablagerungen in der Olduwai-Schlucht nicht mehr gesichert. Eine sehr alte Ablagerung, auf etwa 1 300 000 Jahre geschätzt, enthielt Biface-Werkzeuge, die dem entwickelten Olduwai zeitlich entsprechen könnten. Die Ablagerungen von Olduwai, die Acheuléen-Ablagerungen, sind vermutlich in nächster Nähe des Sees entstanden, der früher den Grund der Olduwai-Schlucht bedeckte. Nur etwa 1 km von seinem Ufer entfernt lagen feiner gearbeitete Werkzeugtypen (sorgfältiger bearbeitete Faustkeile als die grob geformten, aus großen Abschlägen hergestellten der sogenannten Abbevillien- oder Chelléen-Kultur) des jüngeren Acheuléen-Kulturkomplexes. Olduwai und Acheuléen könnten demnach lange im gleichen Gebiet nebeneinander existiert haben.

Die Löß- und Travertinschichten in Vértesszöllös (Ungarn). Dort fand man Kulturschichten aus der Mindel-Eiszeit mit frühen menschlichen Skelettresten zusammen mit einer Industrie kleiner Geröllwerkzeuge (Grabungen des Nationalmuseums Budapest).

Die Faustkeilkulturen in Europa

Die ältesten menschlichen Spuren in Europa wurden vor kurzem in einer Schottereinfüllung auf dem Grund der Grotte Sandalja I in Pula, Istrien, entdeckt. Zusammen mit Tierresten aus dem mittleren und jungen Villafranchium (ältestes Pleistozän) fand man den Schneidezahn eines Hominiden, einen Chopper und Kohlereste. Die Datierung dieser Funde weist auf die Zeit vor 1 500 000 Jahren hin. An anderen Orten sind Artefaktgruppen mit Werkzeugen aus Silexkieseln gefunden worden, die auf olduwai-ähnliche Industrien in Europa hinwiesen. Mit Hilfe paläomagnetischer Messungen hat man einige Lagerstätten dieser Funde datiert: die Höhle von Vallonet (französi-

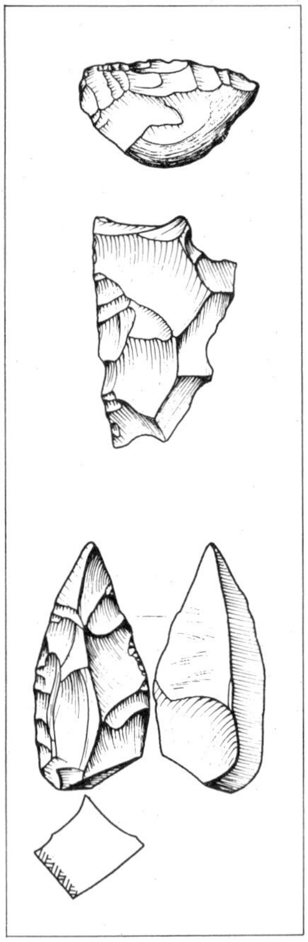

Industrien des europäischen Altpaläolithikums.

Oben: Tayacien aus Baume Bonne (Provence). Kielartiger Schaber, gezähntes Werkzeug, Quinson-Spitze (1:2).

sche Seealpen) zu Beginn des Mittelpleistozäns vor etwa 950 000–900 000 Jahren; die von Přezletice (Seeablagerungen bei Prag) auf eine Zeit zwischen 890 000–750 000; die von Stranskà skalà (Spalte im Kalkjura von Mähren), in der auch Hinweise auf die reiche Fauna des Mittelpleistozäns sichergestellt werden konnten, mit einem Alter von etwa 890 000 bis 750 000 Jahren. Diese Kulturkomplexe scheinen in einigen Gegenden Europas bis zur Mindel-Riß-Zwischeneiszeit bestanden zu haben, die etwa vor 300 000 Jahren angesetzt wird. Aus dieser Zeit (vor etwa 370 000 Jahren) stammen die Ablagerungen in Vértesszöllös (Ungarn), in deren Travertin- und Sandsteinschichten eine reiche Werkzeugindustrie, verbunden mit tierischen und menschlichen Resten lag. Die ältesten Steinwerkzeuge in Biface-Technik treten in Europa früher auf, in der Mindel-Eiszeit (etwa um 700 000 v. Chr.). Sie entwickeln sich während des ganzen Altpaläolithikums bis zur Riß-Würm-Zwischeneiszeit vor etwa 80 000 Jahren weiter und bilden die Ausgangsbasis der Faustkeilindustrien des Mittelpaläolithikums. Diese Perioden des Altpaläolithikums in Europa tragen traditionsgemäß die Namen zweier Orte im Somme-Tal, in denen seit dem letzten Jahrhundert Faustkeile gefunden wurden. Die älteste Phase wird nach Ablagerungen in der Hochterrasse des Flusses nach dem nahe des Fundortes gelegenen Dorfes Abbevillien genannt (von manchen Autoren auch als Chelléen bezeichnet). Einige Höhlen bei St. Acheul, einem Vorort von Amiens, gaben der darauffolgenden Kultur den Namen Acheuléen. Charakteristisch für das Abbevillien sind grob geformte Faustkeile aus meist ovalen oder länglichen Geröllsteinen. Sie entstanden mit Hilfe eines Schlagsteines vom Abschlag eines Steinblockes, dessen Spuren noch oft auf der Basis oder an den Seiten zu sehen sind. Im Acheuléen werden die Faustkeile nach und nach dünner, sind mit mehreren Abschlägen zubereitet, in ihrer Form regelmäßiger, experimentierfreudiger. Im mittleren Acheuléen treten lanzenförmige, ovale und herzförmige Faustkeile auf, und Abschlagsgeräte bereichern das Inventar: Grabstichel, Kratzer, Pfrieme, Schaber und *denticulés*. Im mittleren und frühen Acheuléen, der Riß-Eiszeit, treten in Nordfrankreich Faustkeilindustrien auf, die in der »Levalloisien-Technik« hergestellt wurden. Die Flintknollen (Kernstein bzw. Nukleus) werden dabei von oben her an den Seiten behauen, dann folgen gezielte Schläge gegen jeweils eine bestimmte Stelle an der Seite des vorbearbeiteten Kerns, so daß Abschläge mit einer langen und scharfen Schnittkante entstehen. Die Auswahl der Steine, die eine genaue Kenntnis seiner Struktur voraussetzt, ermöglicht somit eine Handhabung, den »Levallois-Abschlag« als »fertiges Gerät« vom Feuersteinkern abspringen zu lassen. Diese Technik wurde allem Anschein nach vom *Homo erectus* vor etwa 300 000–200 000 Jahren in Südafrika entwickelt. Mit dieser Technik, die ihren Höhepunkt erst in den Moustérien-Komplexen des Mittelpaläolithikums erreicht, wurden die Abschläge vielseitiger, funktionsgerechter, die Formen mit gewünschter Größe und messerscharfen Schneiden hergestellt: gleichschenkliges Dreieck mit parallelen Schneideflächen, lamellen- oder stichelförmige sowie kreisrunde Schabwerkzeuge, die meist aus Silexstein bestanden und sich bequem der Hand anpaßten. Auf der Abschlag- und Schneidefläche war der Stein leicht gewölbt, auf der Griffseite flach belassen oder leicht abgestumpft.

Es gibt wenige absolute Datierungen aus der Chelléen-Acheuléen-Periode. Mit Hilfe der Kalium-Argon-Methode ist das Acheuléen von Torre in Pietra, Latium, auf 430 000 datiert worden, das Acheuléen von Le Svolte di Popoli auf 350 000. Um 380 000 ist auch das Acheuléen von Terra Amata anzusetzen, das nach der Thermolumineszens-Methode bei einigen Silexkernen bestimmt wurde.

Das Altpaläolithikum in Europa enthält noch einen dritten Kulturkomplex, in dem offensichtlich das wichtigste Instrument der Steinzeit, der Faustkeil, fehlt. H. Breuil hat die Fundgruppen mit »Clactonien«, »Tayacien« und »Levalloisien« benannt. F. Bordes konnte aber nachweisen, daß die als Levalloisien bezeichnete Kultur im Altpaläolithikum in Wirklichkeit nur eine vermutlich auf ihrer Technik beruhende Variante des Acheuléen ist. Die typischen Fundstätten weisen immer eine Anzahl von Faustkeilen auf, während die beiden anderen Komplexe sich kaum voneinander unterscheiden. Ihre Fundorte sind Clacton-on-Sea, ein Küstenort bei Harwich, England (gleichnamige Kultur mit reichen fossilen Pflanzen- und Tierresten aus der Mindel-Riß-Eiszeit), sowie die tieferen Schichten der Ablagerung in La Micoque bei

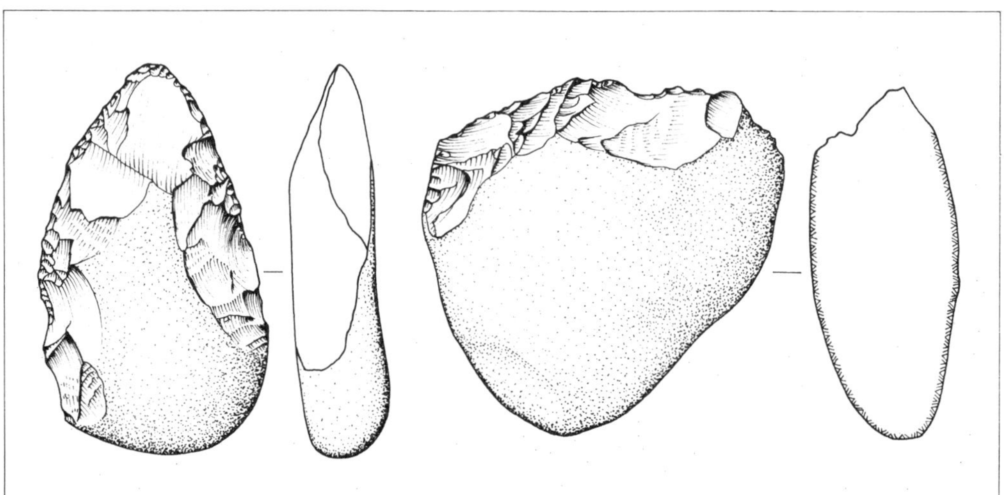

Rechts: Acheuléen aus Terra Amata (Nizza). Faustkeil, Chopper*(1:2).*

Oben: Rekonstruktion einer Acheuléen-Hütte aus Terra Amata (Nizza) nach H. de Lumley. Die Siedlung ist etwa 380 000 Jahre alt.

Unten: Die Fläche DJ in Terra Amata. In diesem Gebiet wurden Werkzeuge aus Kalk- und Feuerstein geschlagen. Außerhalb der Behausungen lagen die Arbeitsabfälle.

Les Eyzies-par-Tayac (Dep. Dordogne) aus der Riß-Eiszeit und der Riß-Würm-Zwischeneiszeit. Sie weisen jedoch in unterschiedliche Zeiten. Mit »Clactonien« wird die ältere und mit Tayacien die jüngere Phase einer zusammenhängenden Kultur bezeichnet. Charakteristisch für diesen Kulturkomplex sind meist ovale Geröllsteine, deren Schlagfläche mit der Unterseite des Abschlags einen stumpfen Winkel bildet, der in der sogenannten Clactonien-Technik mit nur einigen groben Abschlägen entstand. Es gibt keine Hinweise für die Technik des Steinspaltens. Auch für Faustkeile vom Typ der Abbevillien- und Acheuléen-Kultur gibt es keine Anzeichen.

Verschiedene Aspekte der Kulturen des Altpaläolithikums und ihre Verbreitung aufgrund ihrer Steinwerkzeug-Industrien

Die frühen Kulturen der mittleren Altsteinzeit sind in Afrika seit dem Altpleistozän, um 2 000 000, in Europa aus späterer Zeit, um 1 500 000, und in Asien aus einem noch späteren Zeitpunkt bekannt. Unsere Kenntnisse sind jedoch noch lückenhaft. Das betrifft besonders die Gebiete nördlich des 60. Breitengrades, trifft aber auch für China, Indochina und Indonesien zu (für diese Länder sind Abschlagwerkzeuge charakteristisch, während Faustkeile vom Typ der ältesten Kernindustrie offensichtlich fehlen).

Nach dem heutigen Stand der Forschung neigt man zu der Ansicht, daß sich die ältesten Kulturen in Afrika entwickelt haben könnten. Allerdings waren die Umstände und Bedingungen in diesem Kontinent so günstig, daß sich – vielleicht nur dort – derart frühe menschliche Spuren erhalten konnten, die möglicherweise andernorts zerstört wurden.

Aus den frühesten Geröllsteinkulturen (Pebble-tools- und Chopping-tools-Industrien), die in einigen europäischen Gebieten bis in die Mindel-Eiszeit (etwa 300 000 vor unserer Zeitrechnung) bestehen und in Asien in die jüngere Altsteinzeit hineinreichen, entwickeln sich Kulturen mit und ohne Faustkeile. Auf der Karte sind die Verbreitungsgebiete dieser beiden großen Komplexe klar abzugrenzen: Der erste (Kernindustrie mit Faustkeilen) ist ausschließlich in Afrika, auf der Iberischen Halbinsel, im Vorderen Orient und in Indien vertreten, während die Abschlagtechnik (ohne Faustkeile) im südlichen Europa und südli-

Siedlungsfläche in der Lazaret-Höhle (Nizza), die in das Ende der Riß-Eiszeit (vor etwa 130 000 Jahren) datiert ist. H. de Lumley meint, daß es sich um die Reste einer Acheuléen-Hütte im Innern der Höhle handelt. Bei weiteren Untersuchungen fanden sich Strukturspuren, Eingänge, Ruhestätten, Müllplätze u. a. Im oberen Bild ist die von Archäologen vorgenommene Einteilung deutlich zu erkennen. Im unteren Bild die Skizze des Fundortes.

chen Zentralasien vorhanden ist. Diese beiden Kulturkreise überschneiden sich in Europa. Stratigraphische Beobachtungen in einigen Ablagerungen legen die Vermutung nahe, daß beide Industrien mit und ohne Faustkeile über einen langen Zeitraum nebeneinander bestanden haben. Trotz langer Erörterungen konnte bisher keine befriedigende Erklärung für das Nebeneinander dieser beiden Kulturkomplexe gefunden werden. Beide scheinen weder von einer besonderen Umgebung noch von einer besonderen Tätigkeit der vorzeitlichen Menschen abhängig gewesen zu sein. Trotzdem ist eine solche These, nach der es sich um zwei völlig verschiedene Traditionen handelt, die Jahrhunderte ohne Berührung nebeneinander existierten, unwahrscheinlich. Möglich, daß zukünftige Funde zur Aufhellung dieses Phänomens beitragen.

Zur genaueren Unterscheidung dieser beiden Kulturen ist es interessant zu beobachten, wie sie in verschiedenen Gebieten analoge Entwicklungsprozesse durchliefen. Die Faustkeile werden zunehmend stärker bearbeitet, so daß im Laufe der Zeit gut bestimmbare Formen entstehen. Während der Riß-Eiszeit taucht in verschiedenen, auch weit auseinanderliegenden Gegenden die Levalloisien-Technik des Steinspaltens auf, die in einigen Kulturen benutzt wird, in anderen aber ohne ersichtlichen Grund unbekannt bleibt. F. Bordes stellt in einer Klassifizierung fest, daß jede bedeutende Faustkeilkultur im Altpaläolithikum und im Mittelpaläolithikum Geräteindustrien mit und ohne Levalloisien-Technik hatte.

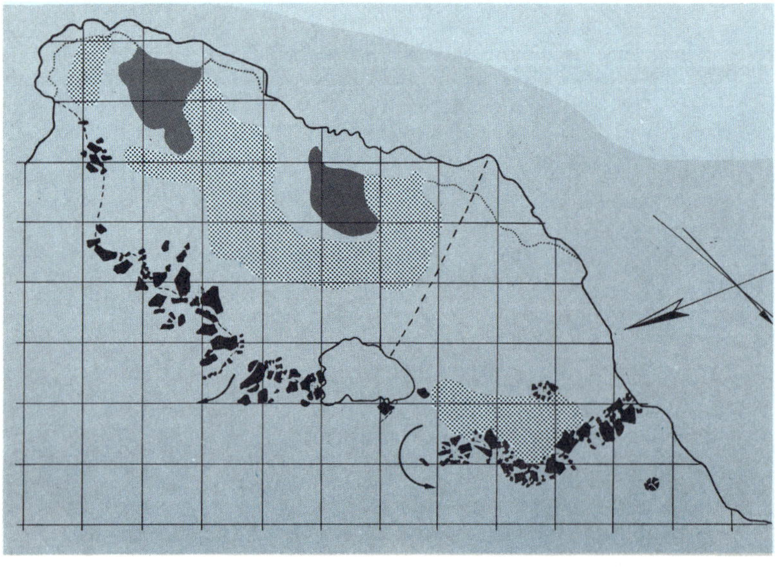

Wie bereits erwähnt, lassen es neueste Funde wahrscheinlich erscheinen, daß die frühesten menschlichen Erzeugnisse von Hominiden stammen, die zur Spezies *Homo habilis*, partiellen Zeitgenossen der Australopithecinen, gehören. Auf die Gegenwart der Gattung *Homo habilis* lassen auch die Entdeckungen schließen, die in neuerer Zeit gemacht wurden. (Reste OH7 von Olduwai, Schädel KNM ER 1470 vom Fundplatz östlich des Turkana-Sees, Backenzähne von Hadar, Unterkiefer von Laetolil, Schädel STW53 von Sterkfontein). Zusammen mit Artefakten aus dem Mittelpleistozän wurden hominide Skelettreste der Spezies *Homo erectus* gefunden. Er betrat als Nachfolger des Australopithecus vor ungefähr einer Million Jahren die Bühne und beherrschte sie für etwa acht Jahrhunderttausende. Für lange Zeit war uns nur seine »Visitenkarte«, die Steinwerkzeuge, bekannt. Erst im Jahr 1955 gab er sich durch einige Kiefer und Teile eines Schädels, die in einer Sandgrube der algerischen Stadt Ternife zum Vorschein kamen, selbst zu erkennen. In Fachkreisen sprach man vom *Atlanthropus*. 1961 fanden Louis und Mary Leakey in der Olduwai-Schlucht (Tansania) einen ganzen Schädel. Ein Jahr später kamen in der Nähe der chinesischen Stadt Lan-tien (etwa 1000 km westlich von Peking) menschliche Fossilien zum Vorschein, die älter waren als die des Peking-Menschen. 1965 entdeckte man ein zweites Schädelfragment mit fast vollständigem Hinterkopf, nur 48 km von der ungarischen Hauptstadt Budapest entfernt, in einem Steinbruch bei Vértesszöllös. Alle diese Menschenfunde waren begleitet von charakteristischen Artefakten, und so ließ sich seine Spur auch dort verfolgen, wo man keine menschlichen Reste fand: in Terra Amata (Frankreich), Torralba (Spanien), Chou-k'ou-tien (China), in Indien sowie im Mittleren Osten. Als Paläoanthropologen das bisher bekannte Erbe jenes Vorzeitmenschen sichteten, entdeckten sie trotz großer regionaler Unterschiedlichkeiten, daß die Übereinstimmungen überwogen, vor allem, wenn man den Zeitraum und die ungeheuere Verbreitung berücksichtigt.

Die Fachleute ließen die vielen verwirrenden Namen vom *Pithecanthropus* (Java) über *Homo chelles* (Olduwai) oder *Atlanthropus* (Algerien) bis zum *Sinanthropus* in China fallen und einigten sich auf die Bezeichnung *Homo erectus*, jenem Menschentyp, der sich im Laufe von 1 Million Jahren aus einer affenartigen, vom *Australopithecus* nicht zu unterscheidenden Art mit einer durchschnittlichen Körpergröße von 1,20 m zu einer menschlichen Form entwickelt hat, die vom *Homo sapiens* nicht zu trennen ist. Dieser *Homo erectus* war von mittlerer Größe (etwa 1,65 m), hatte einen niedrigen Schädel und fliehende Stirn, massige, kinnlose Kiefer mit breiten Backen- und messerscharfen Schneidezähnen, ein vorgeschobenes Gesicht mit stark ausgeprägten Augenbrauen. Das Volumen seiner Hirnschale variierte zwischen 860 ccm und 1280 ccm.

Die Skelette in Europa wirken entwickelter (der Backenzahn von Přesletice [ČSSR], der Hinter-

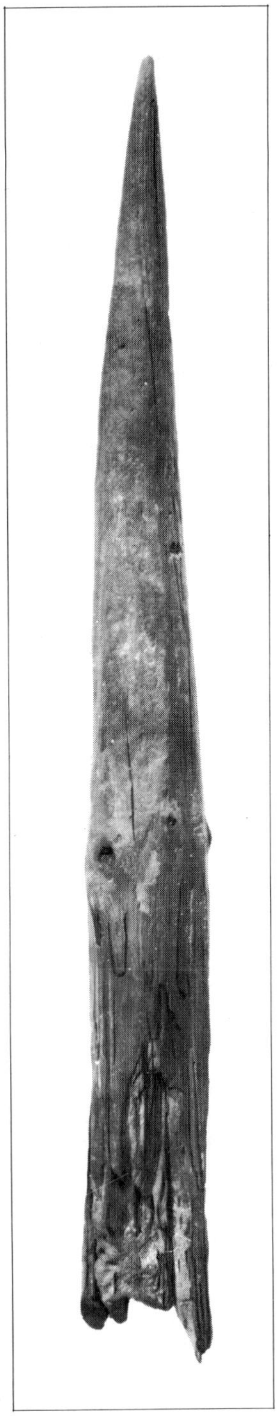

kopf aus Vértesszöllös [Ungarn] oder die Kinnladen in Mauern [BRD] und in Montmaurin [Frankreich], gegenüber dem Schädel von Lan-tien [China]). Trotzdem zeichnet sich mit dem *Homo erectus* eine Gattung ab, die sich zwar vom unmittelbaren Vorgänger des Neandertalers (Schädel von Tantavel – Nordseite der Pyrenäen) unterscheidet, aber von den meisten Anthropologen heute als unmittelbarer Vorläufer des *Homo sapiens* angesehen wird, der die wärmeren Zonen verließ und während der Riß-Eis- und Würm-Eiszeit allmählich nord-, nordostwärts zog und die kälteren Regionen Eurasiens besiedelte.

Erkenntnisse über die Menschen im Altpaläolithikum

Eine geringe Anzahl Fossilien und ein großes Quantum Vorurteile auf der einen Seite, eine Menge unterschiedlicher Steinwerkzeuge und meist verwischte Spuren auf der anderen Seite sind nicht gerade ermutigend, den Stammbaum unserer Vorfahren und ihre Lebensweise zu rekonstruieren. Die Pioniertaten lagen zweifellos in den Händen des *Homo erectus.* Bei der Herstellung seiner Faustkeile, seinem wichtigsten Werkzeug, benutzte er Hammersteine, schlug damit von Quarzitbrocken große Splitter mit scharfen Schneiden ab und hatte mit dem ovalen, herz- oder birnenförmigen Faustkeil ein Universalgerät, das ihm die Kraft verlieh, sich in der menschenfeindlichen Umwelt der kälteren Regionen einzurichten und erlaubte es ihm auch, große, dort heimische Tierarten zu jagen. Vor mehr als 800 000 Jahren bekam er das Feuer in Griff und wärmte sich in Höhlen oder unter Felsvorsprüngen. Vor einer halben Million Jahren organisierte er bereits Jagdgemeinschaften für Großwildjagden, stellte Kleidung und »Zelte« (Windschirme) her und errichtete 100 000 Jahre später auch Hütten. Mit seinem Verstand unterschied er sich deutlich von den Australopithecinen, die noch im Freien lebten und über primitivere Werkzeuge verfügten.
Die Kenntnisse, die unser lückenhaftes Bild über den *Homo erectus* erhellen, etwas Licht auf seine Lebensgewohnheiten werfen und die Fähigkeit zeigen, wie er es verstand, sich den ökologischen Gegebenheiten anzupassen, haben wir vor allem aus Siedlungsplätzen des Mittelpleistozäns, die in Europa liegen und aus der zweiten Hälfte des unteren Paläolithikums (etwa 900 000–100 000 vor unserer Zeitrechnung) stammen.
Terra Amata, das »Geliebte Land«, liegt unterhalb des idyllischen Château de Rosemont (jetzt Museum für Paläontologie) und nur einige Häuserblocks über dem Handelshafen von Nizza. Es war Baugrund, auf dem 1965 ein fünfstöckiges Luxus-Appartementhaus entstehen sollte, und es war fast Zufall, daß H. de Lumley, ein Spezialist für Vorgeschichte aus Marseille, die Bulldozer noch rechtzeitig stoppen konnte, um mit 300 Archäologen und Studenten einen der aufschlußreichsten Fundplätze ausgraben zu können. Innerhalb von fünf Monaten drangen sie 21 Meter tief in den Berg ein, legten 21 Wohnebenen und mehrere Feuerstellen frei, sicherten 35 000 Objekte, registrierten ihre Lage mit Hilfe von 12 600 grafischen Aufzeichnungen, 900 Fotos und fertigten Abgüsse an, die eine Fläche von 90 qm ergibt. Darunter befand sich der älteste Fußabdruck, der je gefunden wurde. Er entstand vor fast 400 000 Jahren. »Es ist, als läsen wir in einem Buch, und beim Lesen lernen wir die Geschichte des frühen Menschen kennen«, äußerte sich der junge Ausgräber der Presse gegenüber.
Die archäologische Sensation von Terra Amata kam unerwartet. Sie lag im Bereich der »Architektur«. Die Jäger und Sammler an der Französischen Riviera lebten vor etwa 400 000 Jahren nicht in Höhlen, sondern in mehr oder weniger geräumigen Hütten, die an drei verschiedenen Plätzen standen; vier auf einer länglichen Sandbank, sechs am Strand und elf auf einer Düne, geschützt von einer Kalksteinklippe. Sie sind jedoch jüngeren Datums als die anderen und stammen offensichtlich, da mehrere Grundrißspuren übereinanderliegen, von unterschiedlichen Aufenthalten. Diese Stelle wurde offensichtlich wegen ihrer frischen Quelle besonders bevorzugt. Sorgfältig freigelegte Steinreihen ließen den ursprünglichen ovalen Grundriß erkennen. Aus Resten von Balken und Pfostenlöchern – einige mit einem Durchmesser von etwa 30 cm, offensichtlich für Stützbalken –, Feuerstellen und Abfallresten inmitten der Behausungen und mit Hilfe von chemischen Analysen ließ sich der älteste, bisher bekannte Architekturkomplex rekonstruieren und sein Alter bestimmen. Die Hütten hatten alle eine längliche, ovale Form, um den Winden leichter standzuhalten, und waren verschieden groß (zwischen 8 und 15 m lang und 4 bis 6 m breit). Als Wände dienten Pfähle und Gerten, die nebeneinander in den Sand gesteckt und mit Steinen beschwert (verankert) wurden. Sie waren nicht ganz winddicht, denn die Feuerstellen lagen vertieft oder durch einen Windschirm aus aufgeschichteten Steinen geschützt. In der Ecke einer Hütte fand Lumley nahe der Feuerstelle eine »Küchenzone« mit einem großen glatten Stein, der viele kleine Kratzer aufwies, vergleichbar mit einem Holzbrett einer Fleischerei.

Oben: Die 39 cm lange Spitze eines Holzspeeres aus Clacton-on-Sea.

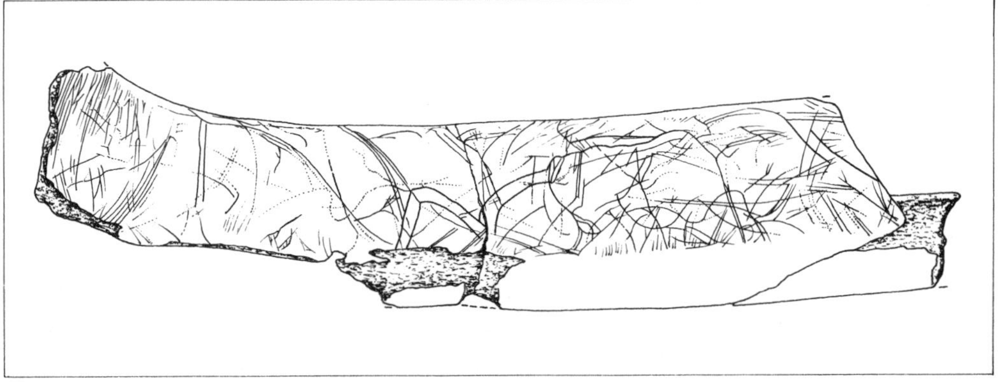

Rechts: Fragment einer Rinderrippe mit Gravierungen. Es stammt aus den Grabungen von F. Bordes in der Acheuléenschicht der Höhle von Le Pêch-de-l'Azé aus der Riß-Eiszeit. Es handelt sich um die vermutlich älteste bekannte Gravierung, deren Bedeutung allerdings nicht klar ist.

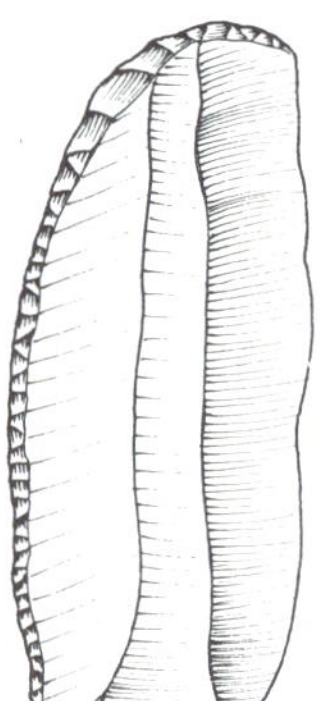

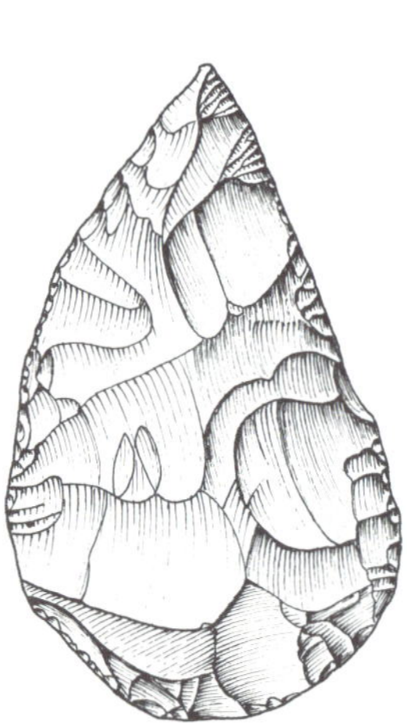

Er glaubt, daß hier Fleisch geschnitten wurde. Unweit dieser Stelle entdeckten die Archäologen Koprolithen (versteinerte menschliche Exkremente). Zur Ehre des *Homo erectus*, der sicher nicht mit unseren hygienischen Maßstäben gemessen werden darf, muß gesagt werden, daß für seine »Bedürfnisse« eine eigene Art von »Toilettenzone« existierte. Die Speisereste des Abfallhaufens bestanden hauptsächlich aus Knochen von Säugetieren (Hirsch, Mammut, Wildschwein, Steinbock, Wollrhinozeros, Bär, Kaninchen), Fischgräten und Schalen von Meeresweichtieren (Auster, Schalmuschel). Sie ermöglichen, sich ein Bild von der Speisekarte des Eiszeitmenschen zu machen. Ein anderer Platz in der Hütte, der mit Steinsplittern, dem Abfall von Steinwerkzeugen, bedeckt war, ließ sich deutlich als Arbeitsplatz für die Herstellung von Steinwerkzeugen identifizieren.

Der Aufenthalt der Menschen in Terra Amata war kurzfristig und saisonbedingt. Bald nach ihrem Aufbruch, vermutlich weniger um Früchte zu sammeln, sondern mehr um den wandernden Tierherden nachzuziehen, zerstörten sie die Hütten mehrmals, wie aus den Ausgrabungen hervorging, und errichteten diese in den folgenden Jahren öfters wieder an gleicher Stelle. Man hat elf übereinanderliegende Schichten jahreszeitlich bedingter Besiedelung gefunden. H. de Lumley kam jedoch zu dem Ergebnis, daß niemals mehr als 15 Menschen eine Hütte bewohnten.

Die Siedlungsspuren der Grotte I in der Mas des Caves bei Lunel-Viel, Herault, sind die ältesten bisher bekannten aus dem Höhlenkomplex der Mindel-Riß-Zeit. Dort fanden Archäologen Überbleibsel von Hütten, die man tief in der Höhle errichtete und die von einer Steinumhegung oder einer niedrigen Trockensteinmauer umgeben waren. Die Lagerstätten und Feuerstellen waren somit doppelt geschützt. Auch auf Reste von Kanalisationsanlagen, um den Wohnbezirk und das Feuer trocken zu halten, stießen die Ausgräber. Die Abfallhaufen lagen hier außerhalb des Wohnraums.

Die ältesten bisher bekannten Feuerstellen, die vor etwa 750 000 Jahren durch den *Homo erectus* entzündet wurden, befinden sich in L'Escale (Südfrankreich). Für China gibt es Beweise, daß der Mensch vor mindestens einer halben Million Jahren sich mit Hilfe des Feuers das Leben in der Kälte erleichterte. Von archäologischem Interesse sind noch die Hüttenböden mit »Öfen« in Orgnac, Ardèche; außerdem einfache oder mit Steinen ausgelegte Feuerstätten, die von einer steinernen Ringmauer geschützt sind und die in den Grotten von Baume Bonne in der Provence und von Ardène in Herault liegen.

Andere Zeugnisse von bekannten Siedlungsplätzen, Winterlager oder Schlachtplätze von Großwild des Altpaläolithikums, beschränken sich vor allem auf Werkzeuge und Speisereste. Nur wenige, dafür aber aufschlußreiche Ausgrabungsstellen zeigen, welche wilden Früchte die Menschen im Altpaläolithikum sammelten: Samen von Beeren und wilde Reben sind in Terra Amata und in der Grotte von Mas des Caves gefunden worden. Der Fischfang wurde von den Menschen in Terra Amata, Lazaret und Orgnac betrieben; das Sammeln von Weichtieren aus dem Meer war in Terra Amata, den Funden nach zu urteilen, sogar eine der Hauptnahrungsquellen. Anderswo sind die Hinweise auf die Jagd reichlicher. In den Ablagerungen Mittel- und Ostafrikas fand man viele Reste von Säugetieren (Paviane, Rinder, Antilopen), die von »Fleischfressern« erlegt und verzehrt worden waren. Reste von gejagten Säugetieren fand man auch in den Ablagerungsschichten in Europa; vor allem von Rindern, Urwildpferden, Hirschen, Ziegen und Wildschweinen, darunter einige seltene Tierarten, denen vermutlich nur wegen ihres Felles nachgestellt wurde. In Chou-k'ou-tien (China) befand sich auf dem Grund einer der ausgegrabenen Höhlen ein etwa 40 m dicker Abfallhaufen, in dem sich Reste von Säbelzahntigern, Leoparden, Riesenhyänen, Nashörnern, Wasserbüffeln u. a. befanden. Das Leibgericht aber schien das Hirschfleisch zu sein. 70% der gefundenen Tierknochen waren von Hirschen. In Ambrona und Torralba (Spanien), fast auf dem gleichen Breitengrad wie Chou-k'ou-tien gelegen, fanden sich die ältesten Zeugnisse für eine gemeinsame Großwildjagd. Neben den Werkzeugen, mit denen gejagt, getötet und zerteilt wurde, waren Überreste der Jagdbeute: mehrere Mammuts, ein Nashorn, einige Vögel, ein Affe und mehrere Hirsche, die von 20 oder mehr Jägern hier erlegt, zusammengetragen, verteilt und zum Teil verzehrt und möglicherweise auch schon konserviert wurden.

Hinweise auf rituelle oder religiöse Vorstellungen sind im Altpaläolithikum äußerst selten und nicht eindeutig erwiesen. In Terra Amata fand man in den Hütten einige Stücke Ocker (aus dem Acheuléen), was die Verwendung dieses Farbstoffes beweist, der besonders im Mittel- und Jungpaläolithikum häufig vorkommt. Aus den Acheuléen-Ablagerungen der Riß-Eiszeit in der Grotte von Le Pêch-de-l'Azé II stammt das Fragment einer Rinderrippe mit einer Reihe kurvenförmiger Einschnitte. Hier könnte möglicherweise der Versuch einer figürlichen Darstellung vorliegen. Dem Laien mag die Erbschaft dürftig erscheinen, für den Fachmann ist sie es nicht. Der Archäologe findet zwar die Dinge, Steinwerkzeuge, Spuren von Lagerplätzen und Feuerstellen, er nimmt mit dem Abtrag eines Festmahls vorlieb, aber niemals vergißt er, daß er nicht den Dingen, sondern dem Menschen nachstellt.

Rechts: Moustérien typique aus Combe-Grenal und Oissel. Levalloisien-Spitze mit Retuschen, Moustérien-Spitze und Schaber (1:2).

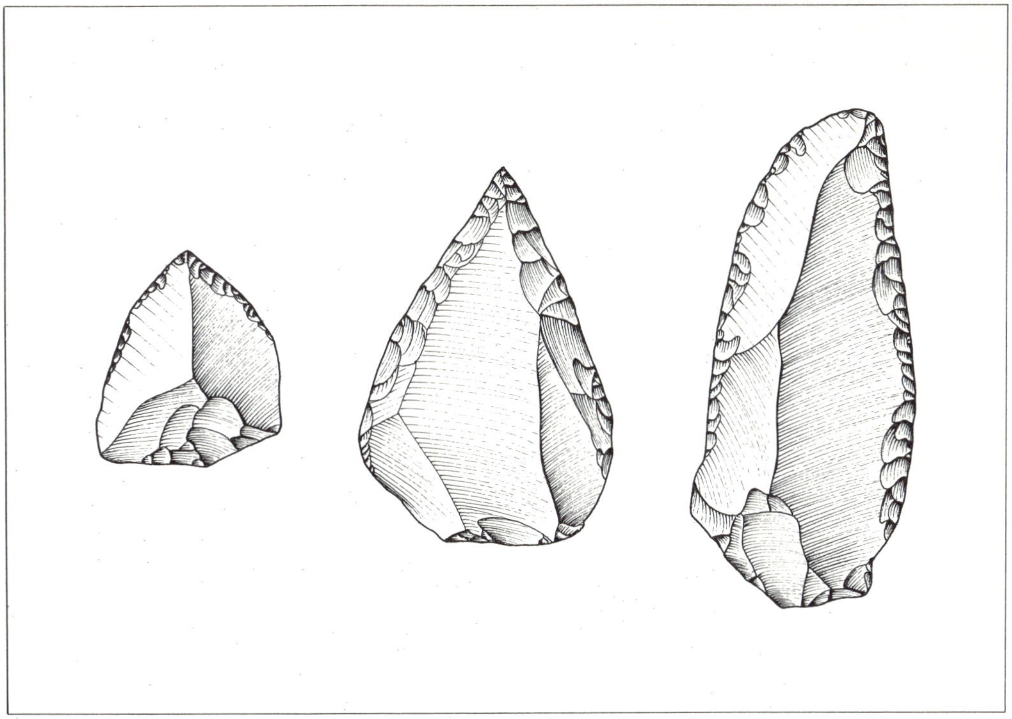

Linke Seite:

Oben: Ausschnitt der Schichten in Le Moustier (Dordogne), mit Industrien des Moustérien typique (Schicht B und J), des Moustérien denticulés (F, I), des Moustérien de tradition acheuléenne (G) und des Jungpaläolithikums (K, L).

Unten: Moustérien de tradition acheuléenne aus Le Moustier. Rückenmesser mit retuschierter Schneide, Faustkeil (1:2).

Unten: Ausgrabungsstätte der Höhle in Combe-Grenal (Dordogne) mit Industrien des Moustérien typique (Flächen 54-52, 40-39, 37-36, 31-28, 10-7), des Moustérien denticulés (38, 20, 16-11), des Moustérien La Ferrassie (35-32, 27), des Moustérien La Quina (26-21, 19-17) und des Moustérien de tradition acheuléenne (6-1) (Grabungen von F. Bordes).

Wir haben gesehen, wie vielfältig sich die Bearbeitung des Steins im Altpaläolithikum durch eine immer mehr verfeinerte Abschlags- und Retuschentechnik entwickelt hat. Neben den Steinartefakten kennen wir höchst seltene Exemplare von bearbeitetem Holz (eine Spitze aus Clacton-on-Sea, Essex, England, und einige Fragmente aus dem Acheuléen in Torralba, Spanien). Selten sind auch Funde von bearbeiteten Knochenstücken: spitze Knochensplitter mit Gebrauchsspuren; lange Knochenteile; Hornstücke und aus Knochensplittern hergestellte Werkzeuge, die typmäßig denen aus Stein entsprechen.

Aus all dem ergibt sich das Bild vom *Homo erectus*, der sich als Werkzeugmacher und Hüttenbauer erwiesen hat und seinen »menschlichen« Verstand benützte, um den Kampf mit ungleich stärkeren Tieren aufzunehmen. Er hat durch seine Handlungen einen ersten Teil beigetragen, die Gattung »Homo« zum Herrscher über die anderen Geschöpfe zu machen. Obwohl der *Homo erectus* Fähigkeiten zeigte, die die Bezeichnung *Homo sapiens* bedingt rechtfertigen würden, sind es vor allem zwei Aspekte, die Paläoanthropologen zögern ließen, ihm das Attribut »sapiens« = »weise« zu verleihen. Einerseits zeigt er mit seinen Steinwerkzeugen, daß sie noch mehr mit ihren Ahnen und nur wenig mit ihren Nachfahren, den Vorläufern des Neandertalers, gemeinsam haben. Das Fehlen magischer Vorstellungen oder die Anzeichen für die Anfänge einer Naturreligion, die ihren Ausdruck im Kult und damit in der Kunst oder im Kunsthandwerk finden, mag der andere Grund dafür gewesen sein. Den ersten Nachweis für magische Handlungen entdeckte das Archäologenehepaar Henry und Marie-Antoinette de Lumley vor einigen Jahren in einer Höhle bei Lazaret (Südfrankreich), die in der späten Riß-Eiszeit (vor etwa 150 000 Jahren) bewohnt war. Bemerkenswert war der Schädel eines Wolfes, der allen Anzeichen nach als »magischer Wächter« am Höhleneingang postiert war, um das Böse vom Wohnplatz abzuwenden.

Dem gleichen Ehepaar verdanken wir auch die Auffindung des ersten Schädels jenes Menschen, der als der unmittelbare Vorgänger des Neandertalers gilt. Er wurde von ihnen 1971 in einer Höhle bei Tautavel, auf der Nordseite der Pyrenäen, gefunden und ist mit seinen 200 000 Jahren etwa 100 000 Jahre jünger als der *Homo erectus* und ungefähr 100 000 Jahre älter als der *Homo sapiens neanderthalensis.*

Das mittlere Paläolithikum

Im Zeichen des Neandertalers

Der archäologisch als mittleres Paläolithikum bzw. mittlere Altsteinzeit (etwa 100 000 – ca. 38 000 v. Chr.) bezeichnete Zeitraum beginnt mit dem Auftreten des für lange Zeit so viel geschmähten Neandertaler-Menschen und endet mit seinem

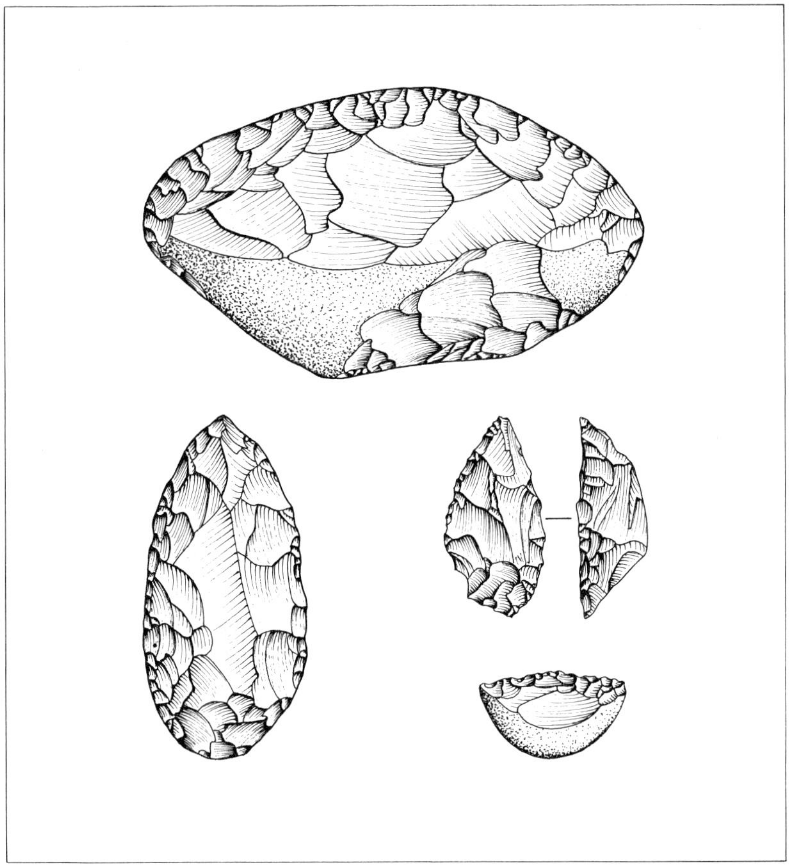

*Oben: Moustérien La Quina. Die beiden größeren Werkzeuge gehören zu der klassischen Facies. Der flache Faustkeil (*Limande*) stammt aus Combe-Grenal (Dordogne), der kielartige, nach außen gewölbte Schaber aus La Quina (Charente). Die beiden kleineren Werkzeuge desselben Typs gehören zur pontischen Facies und stammen aus der Guattari-Höhle (Latium) (1:2).*

Verschwinden. Die Fehleinschätzung des als »rohen Wilden von furchterregendem Aussehen«, der »einer barbarischen Rasse« angehört, begann bereits mit den unglücklichen Fundumständen. Im Jahr 1856 stießen Arbeiter im Neandertal bei Düsseldorf beim Brechen von Kalksteinen auf eine mit Lehm gefüllte Höhle mit menschlichen Skelettresten, die sie achtlos wegwarfen. Der Besitzer des Steinbruchs hielt sie für Bärenknochen und brachte sie dem Naturkundelehrer des Ortes, Herrn C. Fuhlrott. Der erkannte den Irrtum, ahnte das hohe Alter der menschlichen Überreste und kam zu dem Schluß, daß sie wohl einem Menschen gehörten, der vor Noahs Sintflut in der Höhle Unterschlupf gesucht hatte. Das Interesse an diesem bedauernswerten Wesen mit der niedrigen Stirn war zwar groß, aber nur sehr wenige Anthropologen erkannten die immense Bedeutung des Neandertal-Fundes. Der berühmte Berliner Anatomieprofessor R. v. Virchow tat ihn mit der Behauptung ab, es handle sich um einen Schwachsinnigen, wie die pathologischen Schädelreste hinreichend bewiesen. Der englische Naturforscher Thomas H. Huxley widersprach dem und erklärte, er wolle »lieber ein vollendeter Affe sein, als ein degenerierter Adam«. Die ersten Rekonstruktionen aus zufällig erhalten gebliebenen Überresten entstanden nach dem Bild einer vorgefaßten Meinung, das die Mehrheit vertrat. Gerechtigkeitshalber sei aber gesagt, daß es stets eine Gruppe von Archäologen gab, die sich weniger an die menschlichen Fossilien klammerten, sondern mehr die Hinterlassenschaft der Werkzeugindustrien und die Fortschritte, die auf diesem Gebiet gemacht wurden, im Auge behielten. Sie widersprachen dem karikaturhaften Bild vom »Mr. Gg-g-o-o-orilla« und glaubten im Neandertaler das erste menschliche Glied der Spezies *Homo sapiens* zu erkennen. Dennoch mußten mehr als hundert Jahre vergehen, bis das Bild, das durch fehlerhafte Rekonstruktionen einiger entstand, eine beachtliche Kehrtwendung machte und Anthropologen den Neandertaler als *Homo sapiens*, als »weisen Menschen«, rehabilitierten.

Drei Umständen verdanken wir das reichere Fundmaterial und damit auch bessere Kenntnisse über den gegenüber der Altsteinzeit relativ kurzen Zeitraum des mittleren Paläolithikums: den sich ständig verbessernden Produktionsmethoden, den Werkzeugindustrien und den klimatischen Bedingungen der Würm-Eiszeit, die sich etwa mit dem mittleren Paläolithikum zeitlich deckten und die Erhaltung begünstigte. In einer großen Zahl von Ablagerungen im Freien, in Grotten und unter dem Schutz von Felsen finden sich Zeugnisse jener Zeiten. Die Kulturkreise des mittleren Paläolithikums beschränken sich noch auf Europa, Asien und Afrika, weisen jedoch eine geographisch viel weitere Ausdehnung auf, vor allem in weit nördlicheren Regionen Europas, Eurasiens und Asiens, als die der unteren Altsteinzeit.

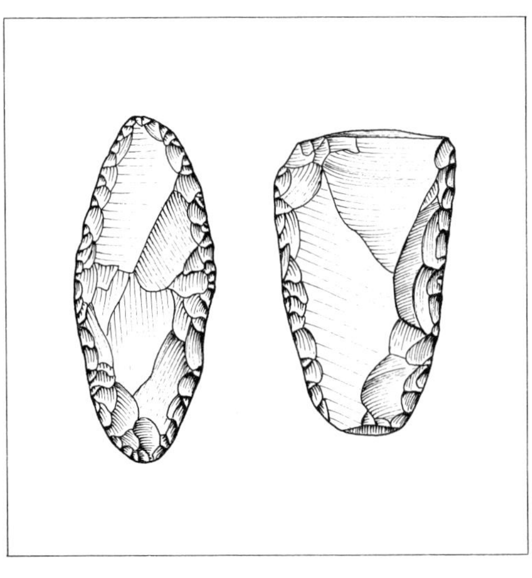

Rechts: Moustérien La Ferrassie aus Combe-Grenal. Limande, *doppelseitiger Schaber (1:2).*

Die Kultur des Mittelpaläolithikums

Nach fast hundert Jahrtausenden des kaum weiterentwickelten Acheuléen der unteren Altsteinzeit entwickelte der Neandertaler eine neue Steinwerkzeugkultur: das Moustérien, genannt nach der Fundstätte Le Moustier (Dordogne, Frankreich). Zum Neandertaler-Menschen ist zum Teil auch der Typus des »frühen Neandertalers« der warmen Riß-Würm-Zwischeneiszeit zu zählen, wie er z. B. in Ehringdorf bei Weimar in der DDR gefunden wurde.

Das eigentliche Moustérien beginnt mit der letzten Eiszeit, die auf das wärmere Klima, das Würm-Interstadial I/II, folgte und den Menschen in den nördlichen Regionen zwang, sich zu bestimmten Jahreszeiten in Höhlen Unterschlupf zu suchen. In Le Moustier fanden 1862 und 1864 Lartet und Christy Schichten, in denen die Faustkeile graziler und immer kleiner wurden, bis sie schließlich ganz verschwanden und an ihre Stelle die Handspitze trat. Diese für die Moustérien-Kultur typischen, spitz zulaufenden Messer, in Form eines länglichen

Die Siedlung aus dem Moustérien in Erd bei Budapest lag am oberen Ende zweier Schluchten: In der geräumigeren lagen die Wohnräume, in der kleineren Arbeitsräume. Diese Siedlung war fünfmal – mit Unterbrechungen – belegt. Ihr Alter ist umstritten, etwa zwischen 60 000 und 45 000 Jahre.

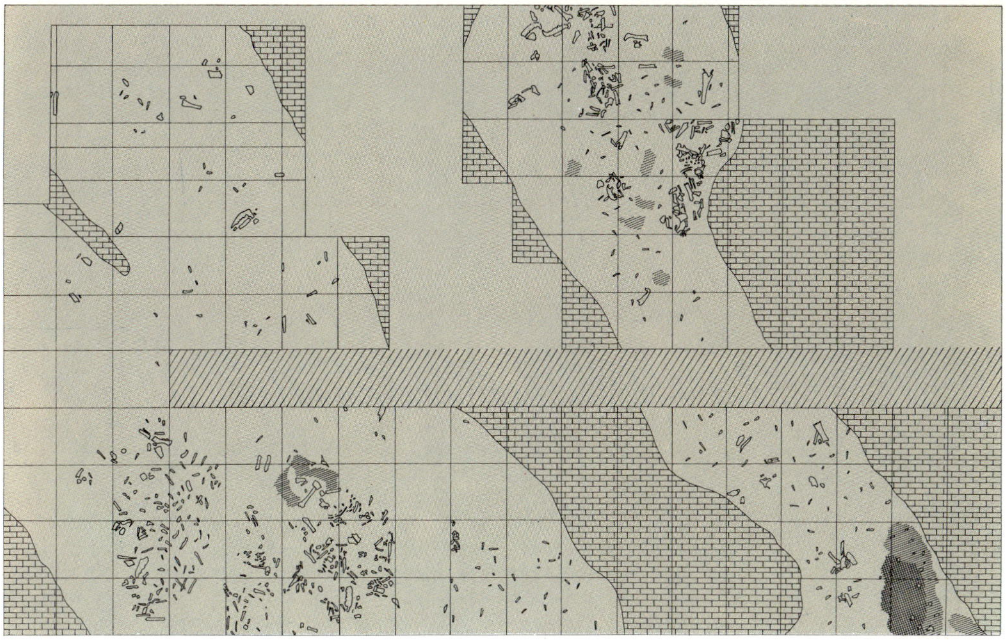

Rechts: Skizze der Fläche C mit in Quadraten eingezeichneter Schichtenfolge und genauer Lage der Fundstücke.

Dreiecks, sind aus einem dreiseitigen Abschlag hergestellt und an der Spitze sowie meist an beiden Längskanten sorgfältig retuschiert. Neben diesem spezifischen »Leitfossil« des Moustérien ist der halbmondförmige Schaber mit einer Länge von etwa 5 cm – 17 cm charakteristisch. Er hat gewöhnlich eine glatte, griffige Abschlagseite und eine durch Retusche erzeugte halbrunde Schneidefläche. Die auffälligste Veränderung liegt in der neuen Technik der Steinverarbeitung, die an vielen Orten die Levallois-Technik verdrängte. Die gegenüber dem Faustkeil wesentlich kleineren Handspitzen sind nicht aus Kernsteinen hergestellt, sondern aus Abschlägen. Bei dieser rationellen Methode wurde ein länglicher Flintknollen in mehrere Scheiben zerlegt. Dadurch konnte man dann mit feinen Steinen oder Knochen als Hammer auf einen runden Handamboß oder einer anderen nicht allzu harten Unterlage leichter Splitter für Splitter abschlagen oder durch Druck absprengen. Besonders der apfelförmige Handamboß, eine Erfindung des Neandertalers, erlaubte die Art der Feinretusche, mit der stahlmesserscharfe Schneideflächen hergestellt werden konnten. Mit Hilfe eines anderen kleinen Amboß, dem Spitzamboß, der in einem Stamm fest verankert wurde oder aufrecht in einem Bohrloch steckte, ließen sich die sogenannten Buchtschaber anfertigen. Sie erinnern an heutige Sattlermesser, die dazu dienten, Holzschäfte abzurunden und zu glätten. Auch die verfeinerten Speer- oder Lanzenspitzen des Moustérien hätten ohne Amboß schwerlich ihre Perfektion erreicht. Die unterschiedlichen Typen von Dreieckspitzen der Moustérien-Kultur und eine große Anzahl anderer Geräte des Neandertalers sind über das ganze eisfreie Eurasien, Nordafrika und den Vorderen Orient verstreut.

Rechts: Foto eines Teils der Siedlungsfläche mit freigelegten Werkzeugen und Speiseresten (Grabungen von V. Gábori-Ssánk vom Historischen Museum in Budapest).

Am offensichtlichsten ist das Anknüpfen an das Acheuléen bei »Moustérien de tradition acheuléenne«. Auffallend ist bei dem Kulturkomplex die Häufigkeit der Faustkeile (10–15%, teilweise 40% des gesamten Fundmaterials), zunächst in Dreieck-, später in Herz- und Birnenform. Neben Faustkeilen gehören Schaber, Messer, Spitzen und *denticulés* (Schneidewerkzeuge mit gezahnten Kanten) zum Inventar. In späteren Perioden wird die Palette der Werkzeuge immer reichhaltiger, die Technik verfeinerter, und vieles erreicht erst im Jungpaläolithikum ihre Hochform.

Diese erste Gruppe des Moustérien ist nur in Westeuropa verbreitet (Nordwestfrankreich, Belgien, vielleicht Westdeutschland, England). Mit dem Ausdruck »Mostérien typique« werden die Kulturen bezeichnet, die in den Schichten B und J in Le Moustier gefunden wurden und deren Werkzeuge Spitzen und flache Schaber sind. Außer in Frankreich war das »Moustérien typique« auch in anderen Gebieten verbreitet (Italien, Mitteleuropa) und hatte jeweils regional bedingte Variatio-

Rechts: Schnitt der Fundstätte in Moussélievo (Bulgarien). Hier wurde eine besondere Silexart gewonnen und zur Herstellung von Blattspitzen verwandt. Im Umkreis von 100 km fanden sich in Siedlungen aus dem Moustérien einige dieser Blattspitzen. (Die Grabungen leitete J. K. Kozlowski.)

Rechte Seite:

Oben: Die Siedlung aus dem Moustérien in Molodova I (Ukraine). A. Cernys deutete die Reste als eine große Hütte mit 15 kleinen Feuerstellen und einer künstlichen Setzung aus Mammutknochen.

Unten: Bestattungsgrube des Moustérien-Kulturkomplexes aus dem unteren Teil der Höhle in Combe-Grenal (Dordogne). Von dem Skelett wurden keine Reste gefunden, jedoch sind die Steine noch zu erkennen, die den Leichnam bedeckten. In ähnlichen Gräbern in La Ferrassie lagen die Skelette von Kindern, Neugeborenen und Föten.

Unten: Blattspitzen aus Moussélievo.

nen mehr im Formalen als in der Technik. Das »Moustérien La Quina« und »La Ferrassie« sind für die erste Hälfte des Mittelpaläolithikums die am weitesten verbreiteten und am besten repräsentierten Industrien in Europa. Bei den »La-Quina-Artefakten« sind die Schaber besonders reich vertreten (50–80%), meist mit konvexer Basis, oft mit stufenförmigen Retuschen, manchmal mit Biface-Retuschen. Daneben gibt es die charakteristischen doppelseitig retuschierten Spitzen (Limaden). Das ziemlich seltene »Moustérien La Ferrassie« scheint eine Variante von »La Quina«, in fortgeschrittener Technik zu sein. Für das »Moustérein La Quina«, in seiner bekanntesten Facies in ganz Europa verbreitet, gibt es jedoch regionale Abwandlungen, wie z. B. das »Pontinoano« in Latium (Italien). Hier wurden als Rohstoff Silexkiesel verwendet, die seinen Typ prägen. Aus allen diesen großen Gruppen des Mouestérien-Komplexes stechen die »Levallois-Moustérien-Industrien« durch ihre Werkzeuge hervor, die in der sogenannten »Levallois-Technik« hergestellt sind. Der Kern wird entsprechend der gewünschten Größe und Form des Abschlags bearbeitet. Typisches Merkmal ist dabei die Abschlagsrichtung vom Rand des Kerns (Nukleus) zur Mitte. Dabei erhält der Kern mit einer flachen und einer gewölbten Seite die Form eines ovalen Halbrunds, von dem der Abschlag auf der einen Seite Retuschen zeigt, während die andere flach und handgerecht ist. Diese Technik ist, wie bereits erwähnt, bei einigen Faustkeilkulturen bereits im unteren Altpaläolothikum nachweisbar und findet sich während des ganzen Paläolithikums. Nachzügler des Levallois-Moustérien-Komplexes reichen noch bis in die jüngere Altsteinzeit der Levante und in Ägypten bis in die »Epi-Levalloisien-Industrien«.

Man kann die typologischen Merkmale miteinander vergleichen, obwohl sie von der reinen Technik her völlig verschieden sind. Die Fundabschnitte mit »Levallois-Technik« können in verschiedene Gruppen eingeteilt werden: In einigen erfolgt die Formung der Geräte erst durch die Retuschierung, während bei der »Levallois-Technik« die unretuschierten oder nur seitlich retuschierten überwiegen. Neben diesen großen Gruppen des Moustérien gibt es noch einige, die nur regional verbreitet sind. In verschiedenen Gebieten fand man häufig Schaber mit gezähnter Schneide *(denticulés)*, woraus einige Autoren einen eigenen Typ des Moustérien machten, während andere diese Werkzeuge als eine gezähnte Variante der bekannten Gruppen betrachteten. Für das Moustérien in Spanien sind Schneidewerkzeuge der älteren Acheuléen-Technik noch lange vorherrschend (*hachereaux*). In Mitteleuropa und Italien treten bereits »Blattspitzen« des Moustérien auf. Neben diesen Steinwerkzeugen finden sich in den Küstenablagerungen Italiens zahlreiche Schaber aus Muscheln (*Meretrix chione*).

Statistiken, gewöhnlich als trocken empfunden, scheinen gegenüber der archäologischen Fachsprache über die »Kern- und Abschlagsindustrien« geradezu lebendig. Zwei Beispiele anhand von Menge und Arbeitsaufwand mögen davon Zeugnis ablegen und den Fortschritt des *Homo erectus* gegenüber dem Neandertaler bis zum »Cro-Magnon-Menschen« des oberen Paläolithikums demonstrieren:

Aus einem halben Kilogramm Rohmaterial (Flintstein) gewann der *Homo erectus* durch seine früheste Gerätetechnik des Abbévillien ein Instrument mit 5 cm Schnittkante; dazu war ein Arbeitsgang mit etwa 25 Schlägen notwendig.

Die Acheuléen-Technik der unteren Altsteinzeit erforderte bei gleicher Menge Rohmaterial zwei Arbeitsgänge und nahezu 60 Schläge, um einen Faustkeil mit einer Schneidefläche von 20 cm herstellen zu können.

Mit der Technik des Moustérien, bei der Abschläge von einem Kern zur Weiterverarbeitung abgespalten wurden, waren drei Arbeitsgänge nötig und etwa 110 Schläge, um aus der gleichen Menge mehrere Messer mit einer Gesamtschneidefläche von 100 cm herzustellen.

Mit dieser durchdachten Handlung und der Sorgfältigkeit im Umgang mit Feuerstein oder anderem Rohmaterial wie Obsidian legte der Neandertaler in der mittleren Altsteinzeit den Grundstein für

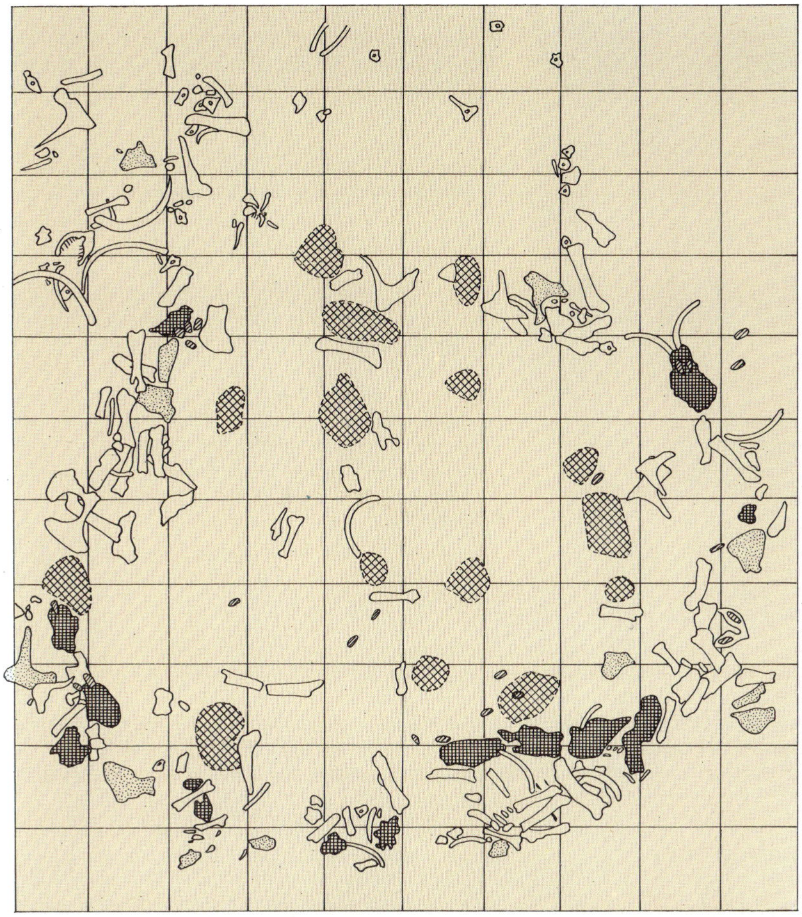

die nachfolgenden Industrien des oberen Paläolithikums (jüngere Altsteinzeit). So war es seinem Nachfolger, dem Cro-Magnon-Menschen, möglich, aus einem halben Kilo Feuerstein in der verfeinerten und komplizierten Technik des Aurignacien in neun Bearbeitungsvorgängen, auf die insgesamt etwa 250 Schläge kommen, eine Schnittfläche von 12 Metern herauszuwirtschaften.

Das mittlere Paläolithikum in Afrika

In Nordafrika tritt während der mittleren Altsteinzeit eine dem »Moustérien typique« ähnliche Kultur mit »Levallois-Technik« auf. Daneben gibt es eine eigene Gruppe, das Atérien, für die gestielte Werkzeuge (Kratzer, Spitzen, Schaber) und Blattspitzen besonders charakteristisch sind. Das Atérien entwickelte sich allerdings erst zu einer Zeit, in der in Europa bereits das Jungpaläolithikum beginnt. In Zentral- und Südafrika fand man verschiedene regionale Varianten des Mittelpaläolithikums, die zum Teil chronologisch dem europäischen Jungpaläolithikum entsprechen (Sangoan, Fauresmith, Lupemban, Stillbay). In diesen Industrien ist zum Teil der Einfluß des Altpaläolithikums (Faustkeile / *hachereaux*) und die verbreitete Anwendung der »Levallois-Technik« noch dominierend. Das Moustérien konnte sich südlich der Sahara nicht durchsetzen. In der sogenannten Fauresmith-Kultur fertigten die Menschen des Mittelpaläolithikums kleine Faustkeile aus einer dem Flint (Feuerstein) ebenbürtigen Gesteinsart, dem Lydianitan, die einer hochentwickelten Version des Acheuléen gleichen. Für den Sangoan-Komplex war neben herkömmlichen Schabern und Faustkeilen ein längliches, schmales und sehr schweres Werkzeug charakteristisch, halb »Buschmesser«, halb »Lanzenspitze«.

Das mittlere Paläolithikum in Asien

Im Vorderen Orient treten in der mittleren Altsteinzeit Industrien auf, die dem europäischen Moustérien entsprechen: »Moustérien La Quina« und »Moustérien typique«. In Transkaukasien ist das Mittelpaläolithikum gut dokumentiert, vor allem durch eine Kultur, die sich ebenfalls aus der Faustkeilkultur des Altpaläolithikums entwickelt hat, aber schon zu einem früheren Zeitpunkt der »Levallois-Technik« einen großen Platz einräumte. Das war eine gute Voraussetzung, die Vorteile der weitaus produktiveren Technik des Neandertalers zu erkennen. Anstatt wie bei der »Levallois-Technik« zwei oder drei Abschläge aus einem groben Kern abzuhauen, wurde eine Steinknolle so bearbeitet, daß ein Nukleus mit scheibenförmiger Oberfläche entstand, von dem mit gezielten Hammer- und Stockschlägen unvergleichlich mehr brauchbare Abschläge entstanden, die sich zur Weiterverarbeitung eigneten.
Interessant sind die Funde in Indien. Dort wurden zwar noch keine menschlichen Überreste gefunden, aber das Inventar der Steinwerkzeuge aus der mittleren Altsteinzeit zeigt eine Kultur regionaler Prägung, aus der sich die Tradition des späteren Soan-Kulturkomplexes entwickelte.
Im Fernen Osten, in China, sowie bei einigen besonders zähen Gruppen vom Neandertaler-Typus, die, wie neuere Ausgrabungen vermuten lassen, zeitweilig in südliche Teile Sibiriens vordrangen, konnte sich die neue Technik des Moustérien nur

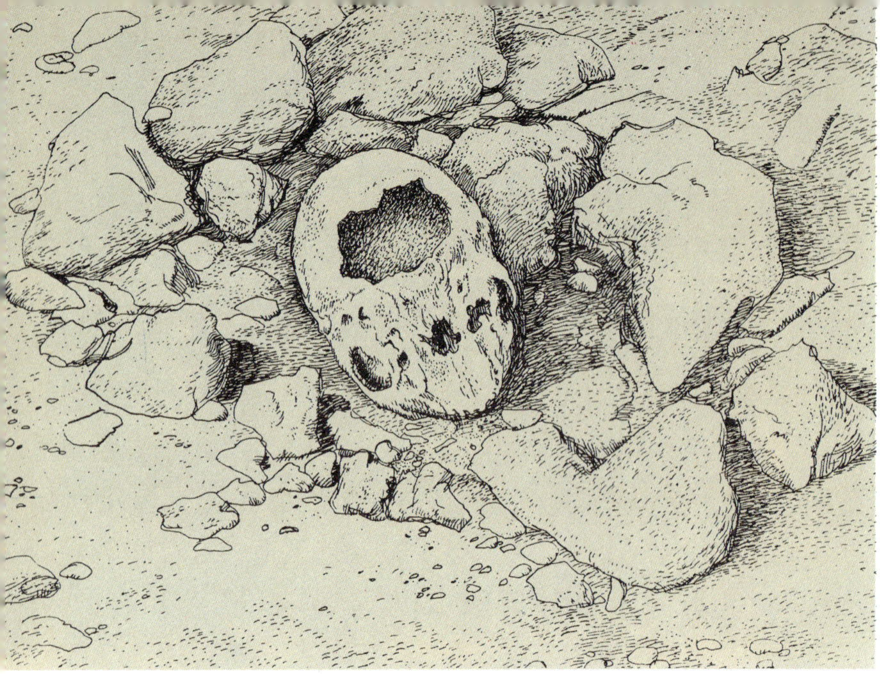

Oben: Skizze eines Teils des Fundkomplexes in der Guattari-Höhle (Latium). Im Innern der Höhle lag ein Neandertalerschädel in einem Kreis von Steinen. Daneben einige Werkzeuge aus Silex und Knochen von Hirsch, Bär, Pferd und Hyäne. A. C. Blanc sieht hierin die Reste eines Leichenschmauses.

Links unten: Knochenfragment mit Gravierungen aus La Ferrassie (1:2).

Rechts unten: Menschliche Spuren aus dem Innern der Grotte in Basura di Toirano (Ligurien). L. Pales hält sie für Abdrücke von Neandertalern.

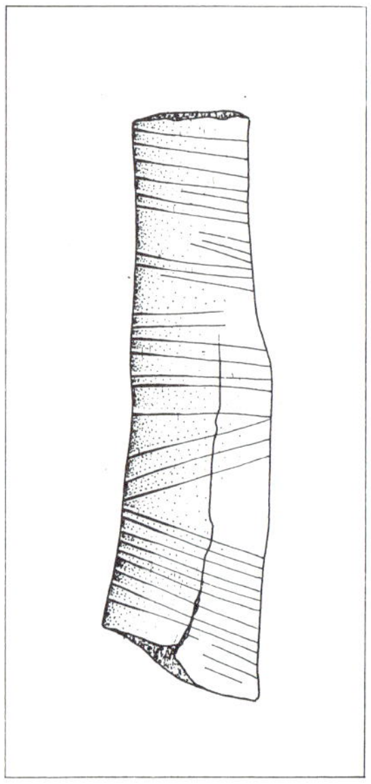

in einer sehr unbeholfen wirkenden Version durchsetzen. Das bevorzugte Mehrzweckwerkzeug blieb der Faustkeil der altertümlichen Kernindustrien. Zusammenfassend kann gesagt werden, daß zwar der Menschentyp des Neandertalers große Räume eroberte, seine wesentliche Erfindung aber – die Gerätetechnik des Moustérien – konnte die Barrieren der Äquatorzone in Afrika nach Süden und die des Urals in das nordöstliche Asien hinein nie ganz überwinden.

Verschiedene Aspekte der Kulturen des Mittelpaläolithikums

Die Kulturen des Mittelpaläolithikums zeigen in Europa, im Vorderen Orient und in Nordafrika viele Übereinstimmungen. Besonders in den beiden letzten Gebieten sind sie den großen Kulturkomplexen Westeuropas so ähnlich, daß man sie auf diese zurückführen möchte. Aber welche Beziehungen könnte es zwischen diesen Gruppen gegeben haben? In der Dordogne, wo die Spuren und Funde aus dem Mittelpaläolithikum besonders reichlich sind, haben wir an mehreren Stellen eine Abfolge von Kulturen, die verschiedenen Komplexen angehören. Der französische Archäologe François F. Bordes hat daraus den Schluß gezogen, daß Gruppen mit verschiedenen Kulturtraditionen vor mehr als 40 000 Jahren im selben Gebiet gelebt haben, ohne sich gegenseitig zu beeinflussen. Dieser Experte auf dem Gebiet der Werkzeugherstellung der Neandertaler konnte einen Katalog mit über 60 verschiedenen Typen von Schneid-, Schab-, Bohr-, Schlag- und Meißelwerkzeugen aufstellen. Dabei zeigte sich, daß keine Einzelgruppe über alle Werkzeuge verfügte, sondern jeweils bestimmten Arten den Vorzug gab. Dadurch schien seine Vermutung sehr einleuchtend. Sie ist trotzdem, vor allem aus ethnologischer Sicht, kritisiert worden: Wie aber war ein so langes Nebeneinanderleben verschiedener Kulturen möglich, ohne daß es Anzeichen für eine Kulturübertragung gibt?
Die stratigrafischen Befunde, die zunächst auf streng gegeneinander abgegrenzte Lebenskreise der großen Kulturareale des Moustérien schließen ließen, werden ständig durch Funde, die »nicht ins Bild passen«, widerlegt. Wenig überzeugend ist auch die Theorie, daß es sich um verschiedene spezifizierte Gruppen des Moustérien mit hochentwickelten Industrien handeln könnte, die an einen bestimmten Platz gebunden waren (Steinvorkommen, Spezialwerkstätten, Jagdgründe usw.). Die Verbreitungsräume der einzelnen Fundstätten und die Verteilung der Werkzeuge in verschiedenen Bereichen ein und desselben Ortes sprechen gegen diese Theorien. Einige Autoren haben versucht, wenigstens für die Dordogne eine genaue Schichtenfolge aufzustellen: »Moustérien La Ferrassie« – »Moustérien La Quina« – »Mousterien de tradi-

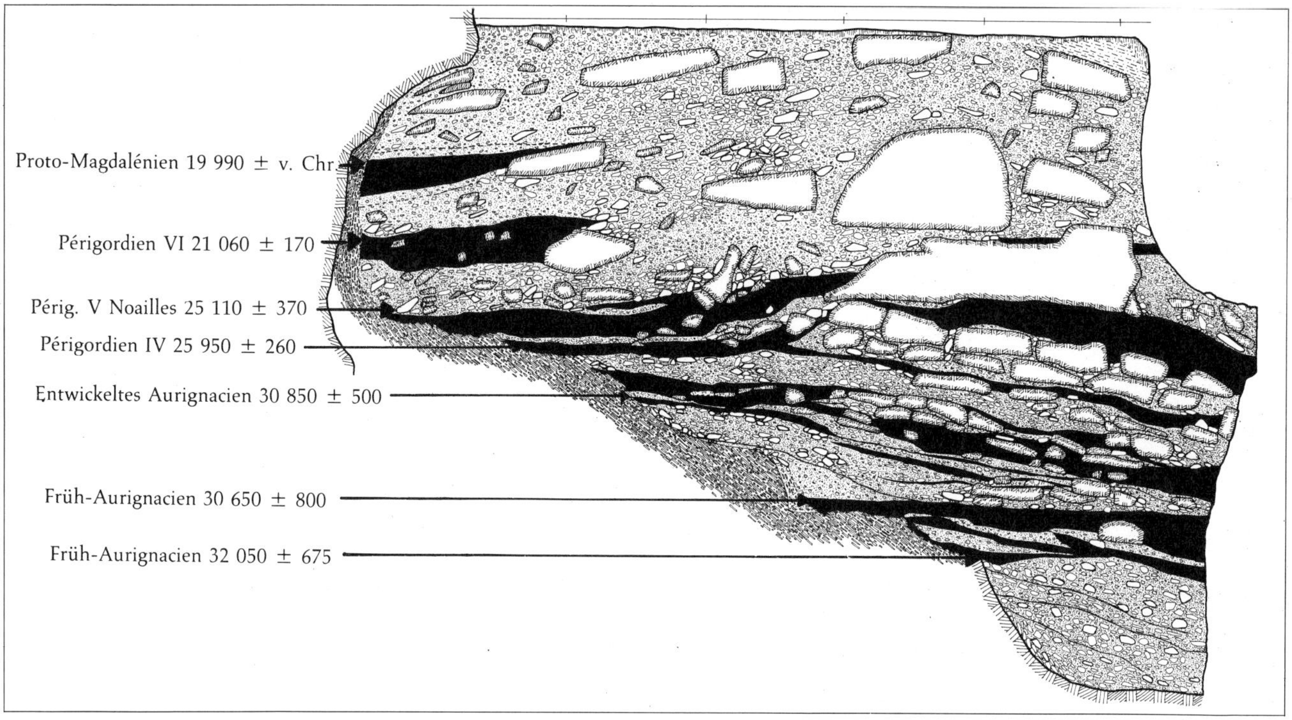

Oben: Teil der Schichten aus dem Jungpaläolithikum des Abri Pataud (Dordogne) mit Industrien aus dem Aurignacien und aus dem Gravettien (Périgordien IV, V, VI und VII oder Proto-Magdalénien). Für diesen Plan liegen C-14-Datierungen vor (Grabungen von H. L. Movius).

Unten: Werkzeuge aus dem Jungpaläolithikum. Châtelperron-Spitzen aus der Höhle Fées in Châtelperron (Allier) (1:2). Spitze und Segment aus dem Uluzzien der Grotta del Cavallo (Apulien) (1:1).

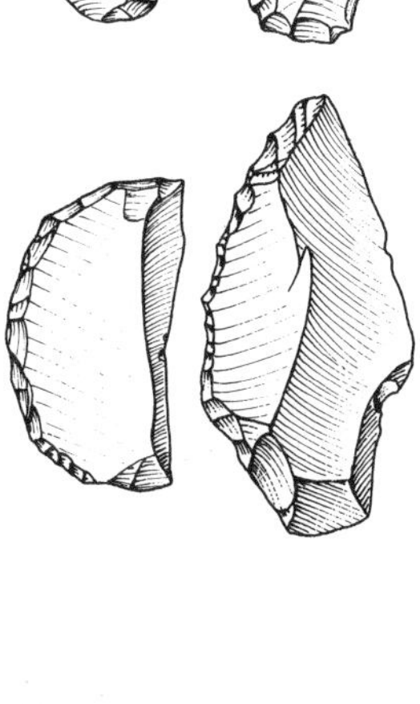

tion acheuléenne«. Obwohl diese Typenfolge an den meisten Fundplätzen der verschiedenen Kulturen nachzuweisen ist, wird sie in anderen Ausgrabungsstätten widerlegt. Die neuen Sedimentuntersuchungen, die H. Laville in den großen Ablagerungen der Dordogne durchführte und die eine Untergliederung der Mittel-Würm-Eiszeit dieses Gebietes in Sediment- und Klimaphasen ergaben, scheinen ein gleichzeitiges Auftreten der verschiedenen Kulturen zu bestätigen. Nach dem heutigen Stand der Forschung ist dieses Problem noch nicht gelöst.

Die Moustérien-Kulturen in Europa, Asien und Afrika werden getragen von den sogenannten *Paläanthropen*, dem Rhodesia-Menschen in Afrika (*Homo sapiens rhodesiensis*), dem Solo-Menschen in Südasien (*Homo sapiens soloensis*) und dem Neandertal-Menschen (*Homo sapiens neanderthalensis*). Letzterer ist durch die zahlreichen europäischen Funde und vor allem durch die zwischen 1953 und 1960 in der Shanidar-Höhle im Norden des Irak ausgegrabenen sechs nahezu vollständigen Skelette wohl am bekanntesten. Zahlreiche neue Arbeiten und sachlichere Rekonstruktionen ließen nicht nur die alten Vorurteile verstummen, sie geben auch ein bemerkenswert detailliertes Bild dieses erfindungsreichen Großwildjägers. Obwohl er eindeutig der Spezies *Homo sapiens* angehört, unterscheidet er sich zum Teil noch stärker als seine Vorgänger vom heutigen Menschen. Er war von geringer Körpergröße (im Durchschnitt 155 cm), sein Schädel auffallend groß, weniger kugelförmig, die Stirn fliehend, und über den Augen begrenzten zwei über dem Nasenrücken verbundene Knochenwülste das breitbackige Gesicht. Die Nase war kurz und mächtig, der Oberkiefer vorspringend, der Unterkiefer massig, das Kinn zurückweichend. Die Backenzähne gleichen denen des heutigen Menschen, während die viel größeren Schneidezähne ihrem Namen alle Ehre machten. Sein Brustkorb war breit und kräftig; die Arme kurz und stark, die Hände klein; das Becken saß hoch und lag gerade, die Beine dürften sehr kurz gewesen sein.

Einige Forscher glauben, daß der eigentliche Unterschied zum heutigen Menschen in der Ernährungsweise begründet ist und in den ökologischen Bedingungen der alten und mittleren Würm-Eiszeit liegen. Ein gedrungener Körper verliert gegenüber einem langen, schlanken weniger an Wärme. Der Neandertaler konnte vermutlich nur etwa zehnmal langsamer und weniger artikuliert sprechen als wir. Sein Gehirnvolumen übertraf die durchschnittlichen Meßwerte des modernen Menschen. Er hatte, nach Ansicht vieler Anthropologen, das größte Gehirn aller Mitglieder der Menschenfamilie. Er war klüger als seine Vorfahren, darüber bestand kein Zweifel. Problematischer waren andere Fragen: Konnte er sich mit der Intelligenz des Jetztmenschen messen? Noch problematischer war vor allem, warum nach den Gesetzen der Evolution das menschliche Gehirn vor etwa 100 000 Jahren aufhörte, weiterzuwachsen. An Spekulationen und Hypothesen mangelt es nicht. Eine befriedigende Antwort jedoch steht noch aus, und die Diskussion, die vorwiegend Biologen beschäftigt, geht weiter. Archäologen halten sich lieber an nackte Tatsachen, Steinartefakte, Knochengeräte, Speisereste und Skelette von Tieren und Menschen.

Zu den bedeutendsten Funden von Neandertalern gehören Skelette aus den Gräben in Le Moustier, in La Ferrassie, den Grotten von La Chapelle-aux-Saints und Regordu, Frankreich, und der Schädel aus der Grotte Guattari, Latium. In Innerasien wurden wenige Reste gefunden. Von Bedeutung ist die Bestattung eines Kindes, die in der Höhle von Tešik-Taš/Usbekistan entdeckt wurde. Die mit dem Fund verbundenen Steinartefakte weisen sowohl zum europäischen Moustérien wie zu dem von Irak und Iran Beziehungen auf. Im Vorderen Orient waren die Ausgrabungen erfolgreicher, vor allem in der Höhle von Shanidar, Irak, und in einigen Grotten des in der Nähe des Mittelmeeres ge-

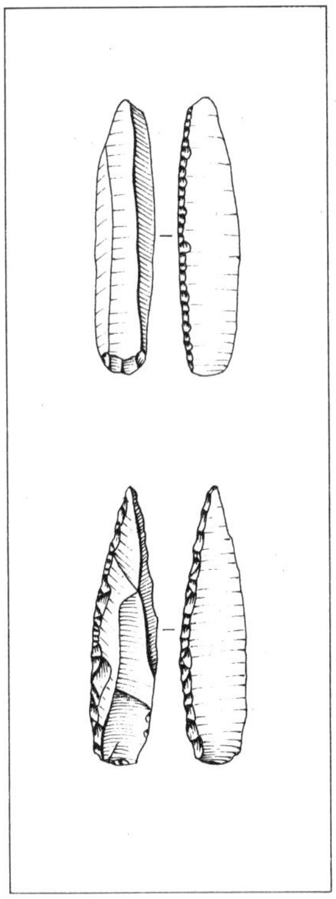

Oben: Proto-Aurignacien. Dufour-Lamelle aus La Ferrassie E' (Dordogne) und Krems-Spitze aus Krems-Hundssteig (Niederösterreich (1:1).

Unten: Früh-Aurignacien der pontischen Facies. Spitze mit gespaltener Basis und Kratzer aus der Höhle in Fossellone (Latium) (1:1).

legenen Karmelberges bei Haifa (Israel). Der erste Fund in Mugharet et-Tabun (»Höhle des Ofens«) war ein Frauenskelett vom Typ des »klassischen Neandertalers«, während die »Höhle der Ziegen« (Mugharet et-Skhul) Überreste von zehn Menschen freigab. Einige von ihnen waren fast identisch mit dem Neandertaler-Typ, wie man ihn von West- und Mitteleuropa her kennt, die anderen sind von besonderem Interesse, da sie neben den charakteristischen Eigenschaften dieser Spezies eindeutig auch moderne Merkmale des *Homo sapiens* aufweisen und den Eindruck eines Evolutions-Bindegliedes zwischen dem *Homo sapiens neanderthalensis* und dem *Homo sapiens sapiens* erwecken.

Siedlungsformen und Wirtschaft

Die Vorstellung vom Zusammenleben menschlicher Gruppen mit verschiedenen Kulturen im gleichen Gebiet läßt auf eine Aufteilung dieser Region in bestimmte Jagdreviere schließen. Einige Wissenschaftler (H. de Lumley, Y. Bonne) haben an verschiedenen mittelpaläolithischen Fundplätzen der Provence versucht, ein Modell zu rekonstruieren und die Jagdgebiete sowie die Hauptsiedlungsplätze voneinander zu trennen. Diese Methode scheint gewagt, denn eine solche These kann sich nicht auf ethnische Unterschiede der einzelnen Gruppen beziehen, sondern nur auf technische und typologische Besonderheiten der Artefakte der einzelnen Industrien stützen, auf das wenige Material, das von Siedlungen und Lagerplätzen bisher bekannt ist; und das ist wenig. Jedoch wurde durch die neuesten Forschungen klar, daß sich die Haupttätigkeiten des Menschen im Paläolithikum nur auf begrenzte Siedlungsplätze oder innerhalb dieser in bestimmten Bereichen konzentrierte: Plätze, an denen die Silexkiesel bearbeitet oder die Jagdbeute aufgeteilt und verarbeitet wurden, meist Zeltplätze für die Jäger mit zum Teil beständigem Siedlungscharakter.

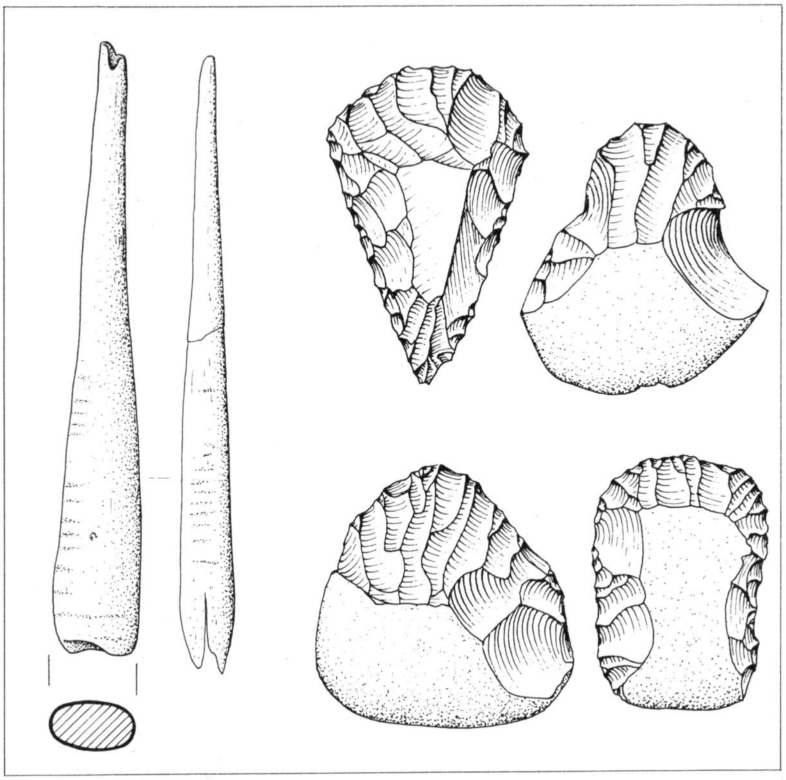

Das interessante Beispiel einer Steinwerkstatt ist in Mousselievo, Bulgarien, wo im Moustérien eine besonders helle Silexart gewonnen und bearbeitet wurde. Neben unzähligen Überresten der Steinbearbeitung fand man Dutzende zweischneidige »Blattspitzen«, die ganz oder teilweise erhalten waren. Unter Blattspitze versteht man Werkzeuge in Blattform, flach auf beiden Seiten behauen, mit retuschierten Schneiden, die in eine oder zwei Spitzen auslaufen. In einem Umkreis von 100 km finden sich an einigen Siedlungsplätzen Steingeräte aus demselben Material und von gleicher Art, allerdings in nur wenigen Exemplaren. Es scheint, als ob im Moustérien in diesem Gebiet der Bedarf dieser spezifischen »Blattspitzen« von der Werkstatt in Mousselievo gedeckt worden sei. Wichtige Erkenntnisse über die Lebensform der Menschen des Mittelpaläolithikums konnten aus einer Siedlung in Erd bei Budapest gewonnen werden. Sie liegt in zwei Schluchten, die von Kalksteinwänden geschützt waren. In der tieferen der beiden Schluchten hatten die Bewohner ihre Wohnhütten errichtet, während sie in der anderen die Jagdbeute lagerten (Bär, Wildpferd, Rhinozeros, Hirsch). In Molodova I, am Ufer des Dnjestr, Ukraine, fand man Reste einer ovalen Hütte (Durchmesser von 10 und 7 m) mit einer Setzung aus Mammutknochen (Schädel, Becken, Schulterblätter, Kiefer) sowie mehrere kleine Feuerstellen im Innern. Mehr Hinweise auf Siedlungsformen im Moustérien geben bewohnte Höhlen und Grotten. An einigen Orten kamen bestimmte Siedlungsgewohnheiten ans Licht: Mit Steinblöcken oder Kieseln ausgelegte Fußböden (La Ferrassie, Le Pêch-de-l'Azé I, Fosselone); niedrige Mauern aus Trokkenstein (Le Pêch-de-l'Azé I); einfache oder von Steinen begrenzte Feuerstellen (*hauteroche*); Pfostenlöcher (Combe-Grenal). Eine besondere Entdeckung gelang in der Grotte du Renne bei Arcy-sur-Cure, Yonne: Etwa 30 m vom alten Höhleneingang entfernt, der von jüngeren Ablagerungen versperrt war, fand man einen völlig dunklen Gang, dessen Oberfläche mit Tausenden von Knochensplittern und Hunderten von Steinwerkzeugen bedeckt war. Die Menschen lebten dort auf einer Fläche von etwa 2 × 6 m und hielten dieses Gebiet frei von allen Abfällen; diese fanden sich weiter rückwärts. Eine andere Siedlungsstätte aus dem Moustérien lag in der Guattari-Grotte am Kap Circeo; von ihr wird später noch im Zusammenhang mit den Begräbnissitten die Rede sein. Die bereits aus dem Altpaläolithikum bekannten Typen von Feuerstellen finden sich in der mittleren Altsteinzeit (einfache Feuerstellen oder mit leichter Rundung im Innern, solche von Steinen umgeben oder von niedrigen Steinmauern begrenzt, mit und ohne ausgelegtem Boden). Neu ist eine erhöhte Feuerstelle, die auf Steinblöcken ruht, vermutlich um die Zugluft besser zu nutzen. Sie wurde in der Grotte von Lunel-Viel, Var, gefunden.

Die Wirtschaftsform – Jäger und Sammler – war der des Altpaläolithikums ähnlich. In den Tundralandschaften im nördlichen Europa und Asien, in die der Neandertaler-Mensch vordrang, war er infolge der längeren Wintermonate auf mehr Fleisch als Nahrung angewiesen. Den Anzeichen nach, die wir von ihren Jagdrevieren, Lagerstätten, Feuerplätzen und Unterkünften haben, wußten die Jä-

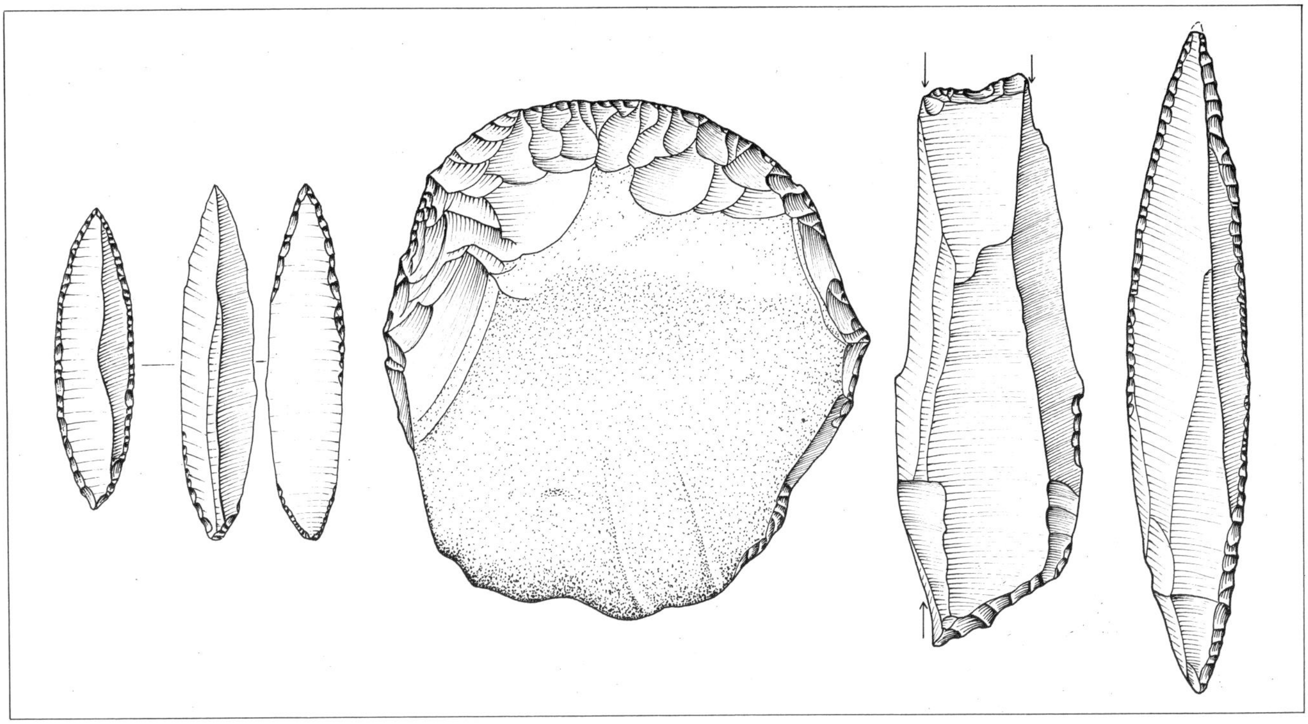

Oben: Gravettien aus Westeuropa. Pfeilspitzen (flechettes), Kratzer, Stichel und Gravettespitze aus La Gravette (1:1).

Unten: Hochgravettien aus Westeuropa. Stielspitze vom Font-Robert-Typ, Klinge mit abgestumpftem Rücken und Noailles-Stichel aus La Ferrassie, Noailles-Stichel aus Mochi (1:1).

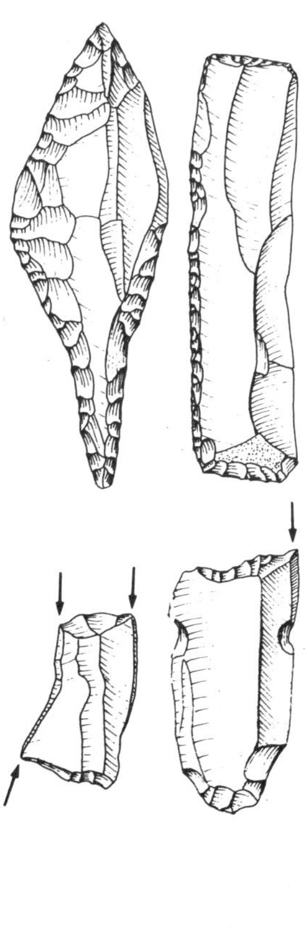

ger mehr über das Verhalten der Tiere als ihre Vorgänger und planten die Gemeinschaftsjagden dementsprechend durchorganisierter. Das trifft besonders auf Großwild folgender ausgestorbener Arten zu: Wollnashorn, Mammut und Auerochsen, aber auch für Wisente, Rentiere, Hirsche, Bären, Steinböcke und zahlreiche andere Tiere. Gejagt wurde in Form von Treibjagden, mit Feuerfackeln und vermutlich viel Geschrei, mit hölzernen Speeren, Keulen, mit Steinen und, einigen Anzeichen nach, mit der Bola. Einige Autoren vermuten aufgrund von Analysen, die sie mit Resten von Wildkaninchen und einer Taubenart durchgeführt haben, daß im Mittelpaläolithikum bereits Fallen benutzt wurden.

In manchen Gegenden war die Jagd auf eine bestimmte Tierart – wie Höhlenbär oder Ren – spezialisiert. Einige Tiere erlegte man nur ihrer Felle wegen. Neben den Feuersteinwerkzeugen hat man auch Werkzeuge aus versteinerten Knochen gefunden, Pfrieme, Stichel und Meißel; aus Le Pêch-de-l'Azé stammt ein durchbohrtes Knochenfragment, eine Art Ahle, die zur Herstellung von Kleidung, Windschirmen und Zelten diente.

Grabriten und geistiges Leben

Es steht fest, daß einige Gruppen des Neandertal-Menschen im Moustérien ihre Toten bestatteten. Im Jahr 1908 wurde in der Höhle La-Chapelle-aux-Saints, Corrèze, zum erstenmal ein Grab aus dem Mittelpaläolithikum entdeckt. In einer rechteckigen Grube (1,45 × 1 m; Tiefe 0,3 m), die in den mergeligen Höhlenboden gegraben war, lag ein Skelett in gestreckter Rückenlage mit leicht angewinkelten Gliedern. Ein weiterer Begräbnisplatz aus dem Moustérien wurde zwischen 1909 und 1921 in La Ferrassie, Dordogne, gefunden. An der Basis der Schicht aus dem Mittelpaläolithikum fand man zunächst die Skelette zweier Erwachsener. Das Skelett eines Mannes von etwa 45 Jahren, auf dem Rücken liegend, mit leicht angewinkelten Gliedern, einen halben Meter weiter das Skelett einer Frau von etwa 25–30 Jahren, die in Hockerstellung beigesetzt wurde. Zwei dicht nebeneinanderliegende Gruben von 0,3 m und 0,4 m Tiefe bargen die Skelettreste eines etwa 10jährigen Kindes, die eines Neugeborenen und die eines Fötus. Ein weiterer, aber unvollkommener Fötus lag in einer von einer Steinplatte mit Vertiefungen bedeckten ovalen Grube (40 × 32 cm) neben dem Skelett eines 3jährigen Knaben, dessen kieferloser Schädel vom Körper getrennt war. Erst vor kurzem wurden hier die Reste eines siebten Skeletts, die eines 2jährigen Knaben, gefunden. Alle diese Funde sind chronologisch in das »Moustérien La Ferrassie« einzuordnen. Daß es sich zweifellos um richtige Bestattungen handelt, wird durch die Lage der beiden Skelette Erwachsener und das Vorhandensein von Gruben bewiesen. Dennoch ist noch nicht restlos geklärt, ob es sich um Einzelbegräbnisse (außer den beiden ersten, die in sicherem Zusammenhang stehen) oder um ein Sammelgrab mit eventuell sekundärer Bestattung handelt.

In Le Moustier stießen Archäologen auf zwei Gräber. Das erste wurde 1909 freigelegt und enthielt die Reste eines jungen Mannes; das zweite war das Grab eines jungen Mädchens, das in einer kleinen Grube beigesetzt war. In der Grotte von Roc de Marsal, Dordogne, entdeckte man 1961 das Skelett eines Knaben mit leicht angewinkelten Gliedern. Im gleichen Gebiet brachten 1965 Ausgrabungen im Innern der Grotte von Regoudou das Grab eines Erwachsenen zutage. Der Grabhügel war aus Skeletten von Braunbären und enthielt ein auf Steinen liegendes, von einer Steinplatte bedecktes menschliches Skelett.

Es gibt nicht nur zahlreiche Hinweise darauf, daß die Neandertaler ihre Toten bestatteten, sondern auch Anzeichen auf den rituellen Charakter der Beisetzung. (Vermutlich waren die Neandertaler auch Kannibalen. Die klarsten Anzeichen dafür geben die Skelettreste in Krapina, Kroatien, die von einigen Dutzend Menschen stammen müssen.)

Rechts: Gravettien aus Osteuropa (Pavlov). Links Gravettespitze; rechts oben Kostjenki-Messer *aus Dolní Věstonice (Mähren). Mitte und rechts Spitzen und* Kostjenki-Messer *aus Kostjenki (UdSSR) (1:1).*

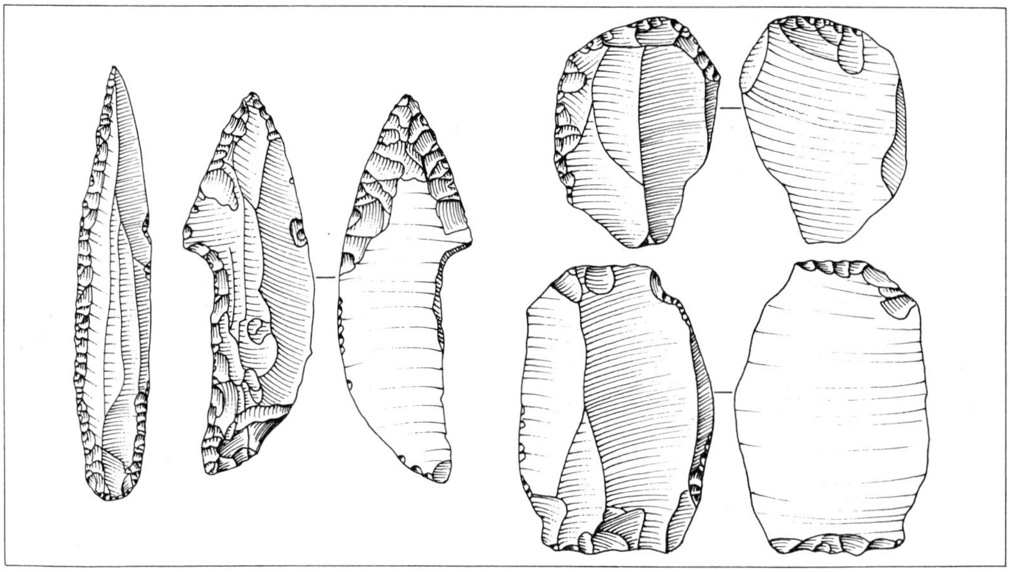

Unten: Solutréen aus Westeuropa. Von links: Blattspitze à face plane aus Laugerie Haute; Lorbeerblattspitzen, Kratzer und Kerbblattspitze aus Badegoule; Weidenblattspitze aus Fourneau du Diable (1:1).

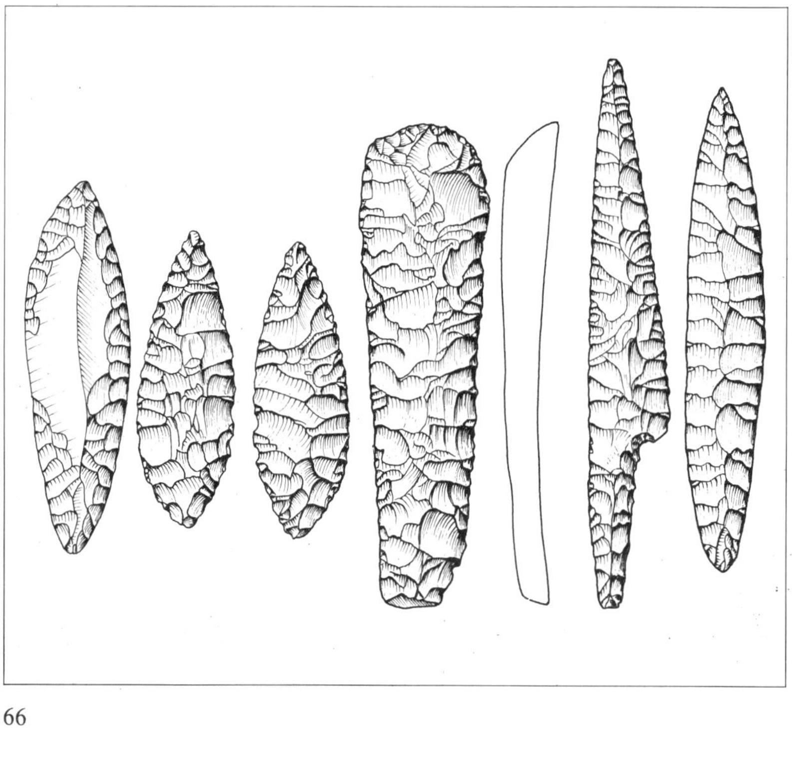

Ein besonders interessanter Begräbnisritus ist durch die Funde in der Guattari-Höhle, Monte Circeo, belegt. Im Februar 1939 wurde zufällig eine Schotterschicht beseitigt, die in der Würm-Eiszeit den Zugang zur Höhle versperrt hatte. (Als einer der ersten betrat A. C. Blanc die Höhle.) Am Boden der Höhle lagen wenige Steinwerkzeuge und reichliche Speisereste der Neandertaler. In einem Innenraum entdeckten die Ausgräber ein menschliches Haupt, das von einem Steinkreis umgeben war. Die Öffnung auf der Rückseite des Schädels scheint künstlich erweitert zu sein. Eine Verstümmelung neben der rechten Augenhöhlenpartie ist auf eine Verletzung zurückzuführen.

Andere Funde sind als Kultpraktiken interpretiert worden. In El Guettat, Tunesien, entdeckte man eine Ansammlung, die aus Hunderten kugelartiger Kiesel, Tausenden Silexsteinen sowie 236 Säugetierzähnen und aus Skelettresten bestand. In Arcy-sur-Cure fand sich in einer Schicht aus dem Moustérien ein weiterer Haufen aus runden Kalksteinen und Mammutknochen. Im Innern der Grotte von Basua, in Toirano, Ligurien, sind Spuren von Neandertalern gefunden worden. Der Boden trug Fußabdrücke, und an den Wänden waren Reste kohlehaltiger Fackeln. (Die Befunde im innersten Raum, etwa 400 m vom Eingang entfernt, lassen es möglich erscheinen, daß die Neandertaler mit Tonkugeln nach einer menschlichen Zielscheibe geworfen haben, die im Zusammenhang mit einer tierähnlichen Tropfsteinbildung stand.) An verschiedenen Orten aus dem Mittelpaläolithikum ist Ocker in größeren Mengen gefunden worden. In einer Schicht in Arcy-sur-Cure aus dem Ende des Mittelpaläolithikums lagen Fossilien und Mineralien, die von den Neandertalern gesammelt wurden und vielleicht eine kultische oder rituelle Bedeutung hatten. An anderen Orten (La Ferrassie, La Quina und Petit Puimoyen, Charente; Grotta dei Fanciulli, Balzi Rossi di Grimaldi, Ligurien; Sora, Latium) konnten Knochen mit parallelen Gravuren entdeckt werden.

Vermutlich sind zahlreiche Begräbnisstätten sowie Hinweise auf rituale Handlungen aus dem Mittelpaläolithikum in Europa während der Grabungen im letzten Jahrhundert nicht erkannt und zerstört worden. Außerhalb Europas fand man Anzeichen für eine rituelle Handlung bei der Beisetzung in dem bereits erwähnten Kindergrab von Tešik-Taš, bei dem der Leichnam von einem Kreis aus Ziegenhörnern umgeben war, und vor allem in Shanidar, im nördlichen Irak.

Keine anderen Ausgrabungen haben mehr zur »Menschwerdung« des Neandertalers beigetragen als die neun Jahre langen Arbeiten in dieser Höhle. Sie begannen 1951 unter der Leitung von Ralph Solecki (Smithsonian Institution, Washington D. C.) und endeten 1960. Der Epilog zu diesem Schauspiel, bei dem neun Neandertaler-Skelette freigelegt werden konnten, wurde erst 1968 von einer Paläobotanikerin in Paris geschrieben. Sie fand bei der Untersuchung eines der Skelette Pollen von acht verschiedenen Blumenarten, die unmöglich in der Höhle gewachsen sein konnten. Es bestand kein Zweifel, die Blumen waren von den Berghängen für den Toten gepflückt, um sie ihm mit ins Grab zu geben. »Wir können nicht leugnen«, schrieb Solecki, »daß auch der frühe

Magdalénien aus Westeuropa.

Rechts: Spät-Magdalénien. Von oben: Papageienschnabelstichel, Papageienschnabel, Spitzen aus Laugerie Basse, Klinge und Spitze mit langer Kerbe aus La Madeleine (1:1); Harpunen aus Le-Mas-d'Azil, aus St. Michel-d'Arudy, aus der Höhle in Castillo und aus der Höhle in Mouthiers (1:2).

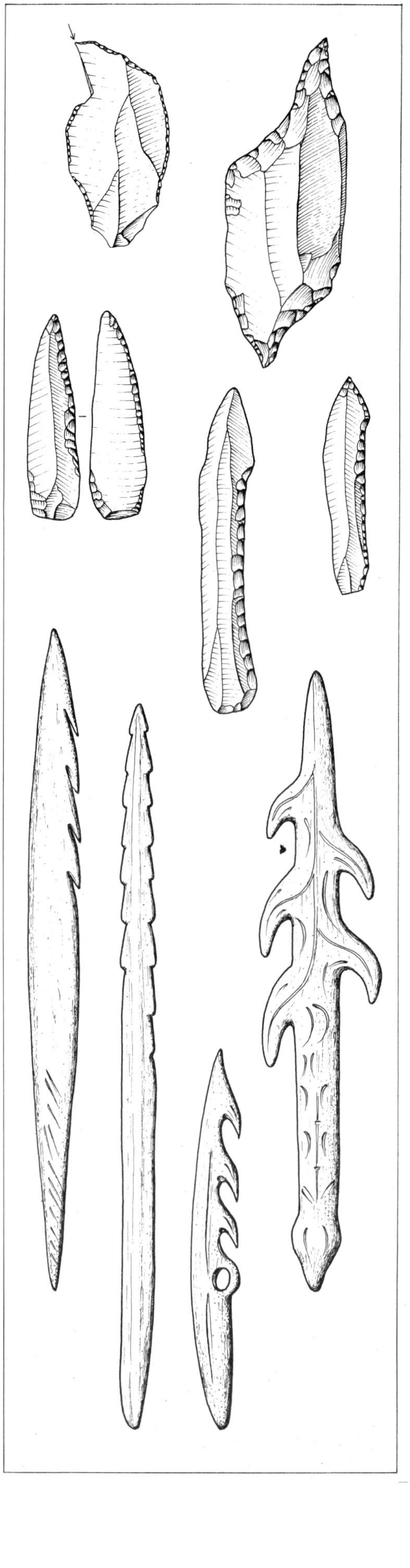

Unten: Früh-Magdalénien. Raclettes *(Abschläge mit Steilretuschen), Klinge mit Steilretusche und abgestumpftem Rücken sowie »Dolch« aus Laugerie Haute (1:1).*

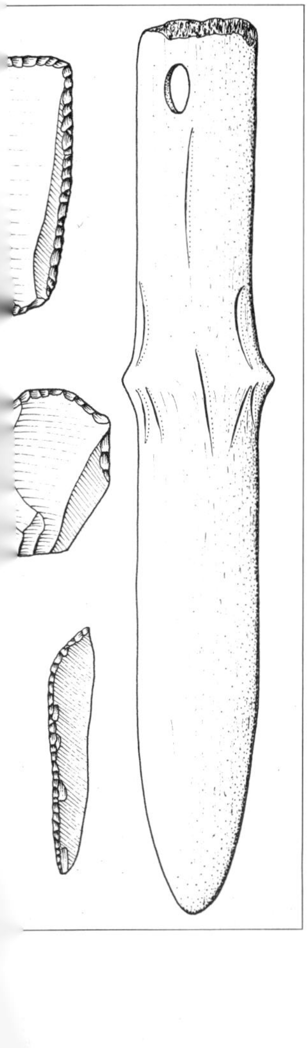

Mensch über das ganze Ausmaß menschlichen Fühlens und Empfindens verfügte.« Der Archäologe bezog sich dabei nicht nur auf das »Blumenbegräbnis«, sondern dachte auch an »Shanidar 3«, jenen Mann mit der »sauberen Schnittwunde« unter der neunten Rippe, die den linken Lungenflügel verletzte, so daß er daran starb. Nach Erik Trinkaus – einem Mitarbeiter Soleckis, der die gründlichen Laboruntersuchungen durchführte – stand fest, daß ihm die tödliche Verletzung in einem Zweikampf von einem rechtshändigen Gegner zugefügt wurde. Neben diesem ältesten »Kainsmal« der Menschheit zeigte sich in der gleichen Höhle auch sein Bruder »Abel«. Ein anderer Höhlenbewohner, Shanidar 1, war nicht weniger bedauernswert, wie sich erst im Laboratorium herausstellte. Er starb an einem gewaltigen Schlag auf den Kopf. Das wäre nicht der einzige Hinweis auf Gewalttaten unter Neandertalern. Was ihn interessanter machte, waren seine Gebrechen. Ein angeborenes Leiden machte den Gebrauch der rechten oberen Körperhälfte unmöglich, außerdem litt er an Arthritis und war auf einem Auge blind. Was Nahrung und Schutz anbetraf, war er zweifellos von anderen abhängig. »Die von Neandertalern ausgestandenen Mühsale übertreffen sicherlich jene, die der heutige Mensch gewöhnlich zu ertragen hat«, folgerte Trinkaus in einer amerikanischen Fachzeitschrift. »Dennoch lieferten sie uns Beweise für menschliche Fürsorge und Pietät, aber auch für Gewalt zwischen den einzelnen Personen. Vielleicht sollten deshalb die Neandertaler, trotz ihrer äußeren Erscheinung, als die ersten modernen Menschen angesehen werden.«

Das obere Paläolithikum, die jüngste Periode der Altsteinzeit

In den Kulturen der jüngeren Altsteinzeit treten im Vergleich zu denen des mittleren Paläolithikums bedeutende Veränderungen auf. Die Steinwerkzeugindustrien unterscheiden sich vor allem durch den Abschlag von Klingen und Lamellen. Diese Technik bewirkt eine große Veränderung der Geräteformen. Sie ist gekennzeichnet durch die Entwicklung verschiedener Grabstichel, die in der neuen Lamellentechnik gearbeitet sind. Es treten Blattkielkratzer mit Lamellenretuschen auf, außerdem werden nicht nur Kratzer und Speerspitzen entwickelt, sondern Rückenklingen, die aus Spitzen und Lamellen gefertigt sind. Mit der systematischen Bearbeitung von Knochen treten Werkzeuge mit klar bestimmbarer Form (Wurfspitzen, Harpunen usw.) auf, daneben erscheinen einfachere, die vereinzelt schon aus Fundorten der mittleren Altsteinzeit bekannt waren (Pfrieme, Spachtel). Es entstehen die ersten Schmuckelemente aus bearbeiteten Muscheln, Säugetierzähnen, Knochenstücken oder durchbohrten Steinen. Aus diesen Anfängen der Schmuckindustrie entwickelten sich später Kunstwerke. In der ältesten bekannten Kultur Westeuropas (*Châtelperronien*) fand man nur Stücke mit eingravierten Linien in regelmäßigem Abstand; doch schon im Aurignacien (etwa vor 32 000 Jahren) gab es die ersten figürlichen Darstellungen. Auch viele andere Anhaltspunkte weisen auf tiefgreifende Umwandlungen im sozialen Bereich und geistigen Leben hin, die mit dem Abgang des Neandertaler-Menschen und dem Auftreten des *Homo sapiens sapiens* vom »Cro-Magnon-Typ« in Europa zusammentreffen.

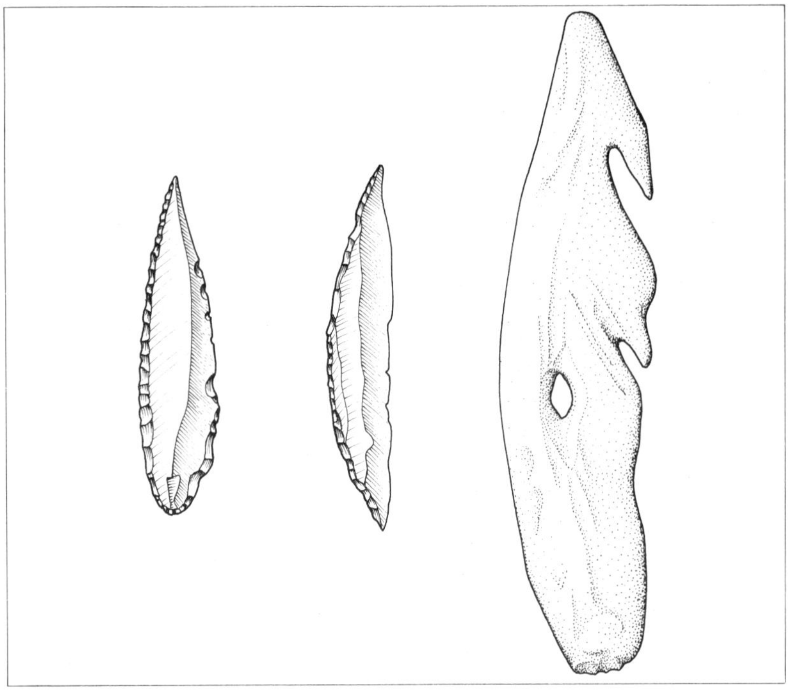

Oben: Azilien. Azilien-Spitzen aus Rochereil und Harpune aus Le-Mas-d'Azil (1:1).

Unt'*n: Kerbspitze aus der Höhle Reclau-Vivier vom späten Solutréen in Spanien (1:1).*

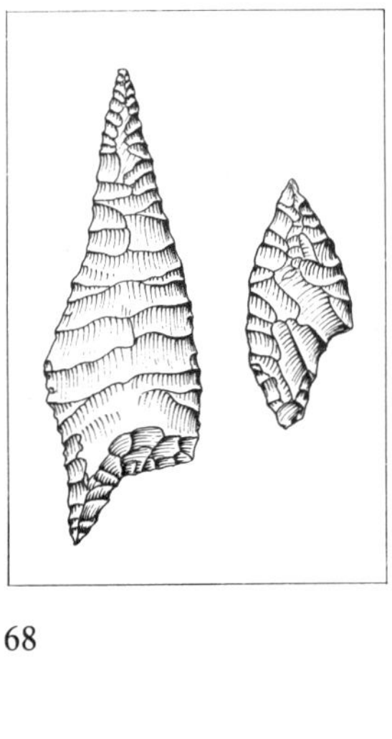

Der Ursprung der jungpaläolithischen Kulturen und seine Problematik

Das Problem des Ursprungs der jungpaläolithischen Kulturen in Westeuropa ist vor allem von französischen Wissenschaftlern behandelt worden. In den klassischen Systemen von M. Boule, H. Breuil u. a. stehen eine Verbindung von Neandertaler-Kultur und eine moderne Kultur der jüngeren Altsteinzeit einander gegenüber. Nachdem die ältere Schule der Anthropologie einmütig eine Abstammung des *Homo sapiens sapiens* vom Neandertaler für ausgeschlossen hielt, suchte man den Ursprung der jüngeren Steinzeitkulturen außerhalb Europas und glaubte ihn in Asien (H. Breuil) oder in Asien und Afrika (D. Peyrony) zu finden. Für diese Theorien schienen sterile Schichten ohne menschliche Reste zu sprechen, die an mehreren Fundorten die Ablagerungen aus der mittleren und jüngeren Altsteinzeit trennen. Neuere Forschungsergebnisse widersprechen dem. Zunächst sind aus den frühen Perioden der jüngeren Altsteinzeit Fundkomplexe mit einer beachtlichen Anzahl von Steinwerkzeugen aus dem Formenbestand des Moustérien entdeckt worden. Sie liegen neben solchen, die typisch für die des oberen Paläolithikums sind. (In der Grotte du Renne in Arcy-sur-Cure ist in einer Schichtenfolge der Übergang zwischen der mittleren und jüngeren Altsteinzeit sichtbar. Deshalb hat zu deren Kennzeichnung A. Leroi-Gourhan den Begriff »Postmoustérien« vorgeschlagen.) In diesen Ablagerungen ist eine rapide Entwicklung vom Moustérien zum Châtelperronien erkennbar. Die Grotte du Renne und andere Fundplätze haben die These bestätigt, nach der sich zumindest eine Kultur der jüngeren Altsteinzeit Westeuropas direkt aus den kulturellen Traditionen der mittleren Steinzeit (Moustérien) entwickelt hat. Über die Art dieser Entwicklung sind die Ansichten noch verschieden. (F. Bordes unterscheidet in der jüngeren Altsteinzeit eine Form [*phylum*] Kulturkomplex, das »Périgordien«, für den Rückenklingen typisch sind, und der sich aus dem »Moustérien de tradition acheuléenne« entwickelt hat. Daneben das Aurignacien mit den typischen Sticheln mit gespaltener Basis und Klingenkratzern, möglicherweise eine Weiterentwicklung des »Moustérien La Quina«. G. Laplace glaubt, daß alle Kulturen der jüngeren Altsteinzeit im Westen Europas aus dem »Moustérien de tradition acheuléenne« abzuleiten seien.)

F. Bordes hat unter anderem versucht, eine Antwort auf die Frage zu finden, welcher Menschentyp mit dem »Moustérien de tradition acheuléenne« verbunden gewesen sei, mit jenem Kulturkreis, der am ehesten als Vorläufer der folgenden Kultur der jüngeren Altsteinzeit gelten kann. Er hielt es für möglich, daß sich das Spät-Moustérien bereits mit dem modernen Menschen entwickelt habe, was sich vor allem durch die Rehabilitierung des *Homo sapiens neanderthalensis* und neuerer Untersuchungsmethoden zu bestätigen scheint. Jedoch sind immer noch eine Reihe von Anthropologen über die Herkunft des heutigen Menschen verschiedener Ansicht: Die einen glauben, daß der zeitgenössische Mensch nicht vom Neandertaler abstammen kann, da er in der Würm-Eiszeit Eigenheiten und Besonderheiten entwickelte, die in keiner lebenden Rasse wiederzufinden sind. In Europa habe demnach in einem sehr kurzen Zeitraum der Vorläufer des heutigen Menschen den Neandertaler ersetzt. Andere Anthropologen halten es durchaus für möglich, daß sich die Vorfahren des Jetztzeit-Menschen unter den europäischen Neandertalern finden, da diese Gruppe sehr verschiedene Entwicklungsformen durchlaufen hat. Untermauerung findet diese Theorie durch die Tatsache, daß bis heute alle Skelettreste von Neandertalern in Verbindung mit Werkzeugen aus dem Moustérien des mittleren Paläolithikums gefunden wurden, während die wenigen Skelettreste, die im Fundzusammenhang mit Steinwerkzeugen aus den ältesten Phasen des oberen Paläolithikums (Périgordien-Aurignacien) stehen, alle dem heutigen Menschentyp entsprechen. Andererseits weisen neue Funde darauf hin, daß sich die ältesten Industrien der jüngeren Altsteinzeit aus regional begrenzten Kulturen der mittleren Altsteinzeit entwickelt haben, sogar in Gebieten, in denen das »Moustérien de tradition acheuléenne« völlig unbekannt war (Grotta del Cavallo, Apulien). Leider sind solche Befunde derart selten, daß bis heute auch nicht für ein kleines Gebiet erklärt werden kann, ob sich der Übergang von den Kulturen der mittleren zu denen der jüngeren Steinzeit durch eine Art Kolonisation oder eine Kulturübertragung erklären läßt.

Für die Frage nach dem Ursprung der jüngeren Altsteinzeit werden seit neuerer Zeit auch die Kulturen außerhalb Europas, vor allem die des Vorderen Orients, beachtet. Die Funde in der Höhle von Jabrud (Syrien) sind z. B. sehr aufschlußreich. Eine der Schichten aus der Zeit des Prä-Aurignacien enthielt Artefakte, die dem Typenspektrum des europäischen Aurignacien sehr ähnlich sind. Diese Schicht lag unter mehreren Ablagerungen aus der mittleren Altsteinzeit. P. Garrod hat sie der Riß-Würm-Zwischeneiszeit, andere Autoren der Früh-Würm-Eiszeit zugeordnet. In jedem Fall handelte es sich um die ältesten bekannten Kulturerzeugnisse im Stil der jüngeren Altsteinzeit.

Die ersten Anzeichen für ein evolutionäres Bindeglied der vermeintlich so grundsätzlich verschiede-

Rechts: Italisches Epigravettien. Von unten nach oben: Rückenklingen, Spitze à face plane und Kerbspitze der frühesten Phase aus der Paglicci-Höhle; halbrunde Rückenklinge, Abschlag mit retuschierter Schneide und Spitze mit einseitiger leichter Retusche der entwickelten Phase aus der Paglicci-Höhle; halbrunder und ovaler Schaber; Dreieck, Segment und trapezförmiges Segment der letzten Phase aus Piancavallo.

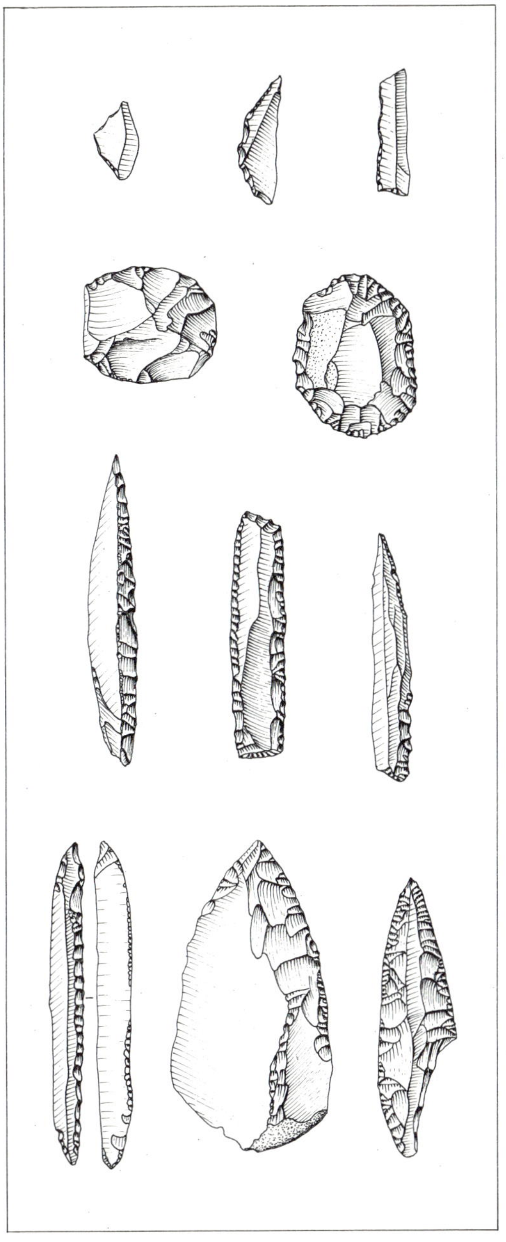

nen Arten des Neandertalers und dem »Vorfahren des heutigen Menschen« kamen bereits 1941 in der Skhul-Höhle am Karmelberg (Israel) zum Vorschein. Die Skelettfunde zeigten sowohl noch charakteristische Merkmale des *Homo sapiens neanderthalensis*, der vor etwa 40 000–35 000 Jahren von der Erde verschwand, als auch solche, die für den *Homo sapiens sapiens*, der zu diesem Zeitraum etwa auf der Bildfläche erschien, typisch sind. Doch die alten Vorurteile, eine Reihe von hochtrabenden Hypothesen und nicht zuletzt die Theorien anerkannter Fachleute standen bis in die sechziger Jahre hinein im Wege, um die Bedeutung dieser Funde zu erkennen. Erst neuere Laboruntersuchungen, von denen auch die 1856 gefundenen Skelettreste des »alten Neandertalers«, die der Spezies zum Namen verhalfen, nicht verschont blieben, bis zu den »neuen Skeletten« aus der Shanidar-Höhle, brachten sachlichere, beweiskräftigere Ergebnisse. Bei den »Karmelfunden« handelt es sich offensichtlich um die menschlichen Überreste von Hybriden des Neandertaler-Typs und des Cro-Magnon-Menschen, der lange Zeit als das erste Glied der Homo-sapiens-Reihe galt. Heute sind sich fast alle Fachleute darüber einig, daß die Neandertaler sich in verschiedenen Gebieten der Erde zu neuen Menschentypen weiterentwickelt haben und der Cro-Magnon-Mensch einer von ihnen ist.

Die ersten Funde dieses frühen »Sapiens-sapiens-Typus«, der sich bereits in keinem einzigen wesentlichen Skelettmerkmal, Schädelbau oder Gehirnkapazität, von dem heutigen Menschen unterschied, gelangen nur zufällig. Beim Straßenbau in der Dordogne, einem etwa 9000 qkm großen Gebiet, das in den letzten hundert Jahren mehr prähistorische Steinwerkzeuge sowie Überreste von Jagdtieren und ihren Jägern zutage brachte als jede andere Region gleicher Größe, fanden Arbeiter in einer Schlucht, in der Nähe von Les Eyzies, neben Steingeräten die Fossilien von mindestens fünf Menschen. Ein Mann um die Fünfzig, zwei jüngere Männer, eine junge Frau und ein etwa zwei bis drei Wochen altes Kind waren dort, mit reichlichen Grabbeigaben versehen, bestattet worden. In dem Grab lagen Werkzeuge und Waffen aus Feuerstein, Schmuck- oder Ritualgegenstände sowie durchbohrte Tierzähne und durchlöcherte Muscheln. Die Männer hatten eine

Rechts: Rekonstruktion einer Hütte aus dem Aurignacien nach L. Banesz in Barca II (ČSSR). Ihre Länge beträgt 18 m, ihre Breite etwa 3 m. Sie wird von 50–100 cm tiefen kreisförmigen Gruben gebildet, die miteinander verbunden sind.

Rekonstruktion einer Siedlung aus dem Gravettien nach B. Klima in Dolní Věstonice (Mähren). Das umgrenzte Lager war von einer Sumpfzone durchzogen, die das Wohngebiet vom Abfallplatz trennte. Oben lag eine einzelne Hütte, die ihrer Funde wegen als »Haus eines Magiers« gedeutet wird.

durchschnittliche Größe von 1,72 m, eine hohe Stirn, ein vorstehendes Kinn, regelmäßige Zähne und eine große, leicht gebogene Nase. Sie waren größer als die Frauen, etwa im gleichen Maßstab wie die heutigen Europäer, was anhand der uns heute bekannten Funde hervorgeht. Der Abri, unter dem man den Begräbnisplatz fand, hieß Cro-Magnon, eine Verballhornung des Namens von einem Einsiedler, der dort seinen Unterschlupf hatte: Monsieur Magnon.

Im streng archäologischen Terminus bezieht sich die Beziehung »Cro-Magnon« nur auf die Vorzeitmenschen des jüngeren Paläolithikums, die vor etwa 35 000 v. Chr. bis etwa 10 000 v. Chr. in Europa lebten. Im weiteren Sinn wird heute häufig ganz allgemein vom »Cro-Magnon-Menschen« als dem ersten modernen Menschen gesprochen. Zum Teil schließt er auch noch Frühformen des Menschen auf dem Weg zum *Homo sapiens sapiens* ein: in Asien der Fund in der Niah-Höhle auf Borneo, im Vorderen Orient ebenso wie an der Nelson Bay in Südafrika und die an anderen zahlreichen Plätzen von Sibirien, Nord- und Südamerika bis Australien. Gerechtfertigt wird diese Vereinheitlichung durch die neueren Erkenntnisse, die beweisen, in welch großem Ausmaß die ökologischen Verhältnisse Einfluß auf die Kulturen wie auf den biologischen Evolutionsprozeß des Menschen selbst haben und auf die Entwicklungsphasen hemmend oder beschleunigend einwirken können. So steht in der letzten Phase der Altsteinzeit, trotz physiognomischer Unterschiede, einer ganzen Serie differenzierter, sich ständig verbessernder Gerätetypen und unterschiedlicher Siedlungsgewohnheiten doch ein und derselbe Mensch, der »vernunftbegabte« *Homo sapiens sapiens*, der sich auf allen Kontinenten und eisfreien Zonen ausbreitete. Durch ihn wurde der Grundstein für die kurze Phase des Mesolithikums bzw. Epipaläolithikums (etwa 10 000–8000 v. Chr.) gelegt und das Fundament für die Kulturen der Jungsteinzeit (Neolithikum) geschaffen. Diese vereinfachende, aber zugleich klarere Begriffsbestimmung geht auch auf neuere Entdeckungen und Forschungsmethoden sowie die Erweiterung des Blickfeldes durch die Arbeiten einer vorwiegend jüngeren Generation von Anthropologen und Archäologen aus den letzten zehn Jahren zurück. Die meisten Laien und auch einige Fachleute haben noch unverändert die widersprechenden, älteren Ansichten im Kopf. Sie hier noch mitaufzuführen, bringt uns die Problematik näher, die sich bei der Erforschung der Vorgeschichte u. v. a. stellt.

Die Einteilung der jüngeren Altsteinzeit in Europa

Die Aktivität der jungpaläolithischen Jäger in Europa wird vorwiegend durch Funde von Überresten ihrer Jagdbeute (Mammut, Wildpferd u. a.) und ihrer Ausrüstung wie Werkzeuge und Waffen dokumentiert. Man hat bei Ausgrabungen Tausende von Steinwerkzeugen gefunden. Oft waren es Klingen, Schaber oder andere Feuersteininstrumente, die – von Nichtfachleuten zufällig entdeckt – die Fachleute erst auf eine Spur des Vorzeitmenschen brachten.

Steinklinge und -schaber sind außerordentlich scharf, teilweise schärfer als Eisen. Die Schneiden der Messer aus Feuerstein oder Obsidian sind gleichwertig mit denen aus Stahl. Einen Nachteil allerdings haben sie: Je härter der Stein, desto leichter bricht er und um so größer ist der Verbrauch. Zu Hunderten brachen die Klingen bei der

Oben: Teil der Grabungsfläche der Siedlung aus dem Magdalénien in Etoilles (Saone). Grabung von Y. Taborin. Das Gebäude A-17.

Unten: Siedlung aus dem Magdalénien in Pincevin (Seine-et-Marne) (Grabung von A. Leroi-Gourhan). Links unten: Erste Siedlungsfläche in Verbindung mit der Feuerstelle II. Oben rechts ist ein Stein zu erkennen, der als Sitz benutzt wurde. Davor liegt die Feuergrube. Außen herum liegen Abfälle von Steinwerkzeugen und Speisereste. Rechts unten: Rekonstruktion eines Teils der Wohnfläche in Pincevin, nach A. Leroi-Gourhan.

Jagd, die dünnen Schneiden der Messer wurden beim Durchschneiden von Häuten oder Sehnen beschädigt und weggeworfen.
Die Unterschiede der Geräteherstellung beruhen zum Teil auf Zweckdienlichkeit, sind aber stets auch individueller Ausdruck oder Präferenzen bestimmter Gruppen. Werkzeugmacher in einer bestimmten Gegend und einer gewissen Zeit hielten sich an ihre speziellen Techniken und Formen. Sie gaben ihren Stil an nachkommende Generationen als eine Art »Signatur« ihres persönlichen Ausdrucks weiter. Dem Archäologen, der bis zu vielen Hunderttausenden von Jahren ihre Spur verfolgte, spielten sie mit diesen unscheinbaren Artefakten wichtiges, häufig sogar das wichtigste Material in die Hände. Bei einigen Gruppen von Neandertalern unterscheiden sie zwischen 60 bis 70 Gerätetypen. Der Cro-Magnon-Mensch mit seinen qualitativ besseren und vielfältigeren Geräten (mehr als hundert unterschiedliche Werkzeuge) erweist sich als der große Neuerer. Erstmalig tritt mit seinem Stichel ein Universalwerkzeug auf, das zum Unterschied der meisten anderen vorgeschichtlichen Werkzeuge weder zum Töten, Häuten oder Zerlegen der Jagdbeute diente, sondern hauptsächlich bei der Herstellung anderer, feinerer Werkzeuge Verwendung fand. Der Stichel war eine Art Meißel und Bohrer aus hartem Gestein, mit stark abgeschrägten Kanten oder Spitzen, dessen äußere Form viele Varianten kennt und mit dem vor allem andere Materialien wie Holz, Knochen, Geweih, Zähne und manchmal auch Stein geschnitten, durchbohrt, geritzt und geformt werden konnten. Er war die Voraussetzung, mit der sich die Technologie schneller entfalten konnte.
Die Archäologie bezieht ihre Kenntnis von der Verbreitung und Beeinflussung der unterschiedlichen Kulturen von der individuellen Formensprache der Geräte. Durch Untersuchungen auf ihre Brauchbarkeit und auch vom Material her (Stein, Elfenbein, Mammut- oder Wildpferdknochen, Hirsch- oder Rengeweih, Bärenzähne u. a.) bekommt die Archäologie Einblick in die Wirtschaftsverhältnisse, erhält Auskunft über jeweilige Nahrungsquellen und ihre Ausnutzung, über Kleidung und Schmuck; sie ergänzt somit den Überblick vom Nach- und Nebeneinander der vielseitigen Industrien, Kulturen und Kulturkomplexe.

Oben: Rekonstruktion eines Zeltes aus dem Magdalénien in Plateau-Parrain (Dordogne) nach F. Bordes und J. Gaussen. Bei neueren Grabungen fanden sich noch andere quadratische Grundrisse von Siedlungen aus dem Magdalénien.

Unten: Aus Siedlungen vom Gravettien in Mähren stammen einige flache Steinringe, die einen Durchmesser von etwa 20 cm haben. Der abgebildete Ring wurde in dem Grab in Brno II gefunden. Ihre Bedeutung ist noch unbekannt.

In Westeuropa beschäftigen sich seit über einem Jahrhundert vorwiegend französische Archäologen damit, eine Abfolge der verschiedenen Kulturen zu erstellen. Sie stützen sich dabei auf stratigrafische Beobachtungen und spezifische Merkmale der einzelnen Industrien, den sogenannten »Leitformen«.

Das erste chronologische System wurde von H. Breuil 1912 (in Genf auf dem Kongreß für Anthropologie und Vorgeschichte) vorgestellt. Es wies eine klare Folge verschiedener Kulturen auf. Die älteste war das *Aurignacien*, das in drei Unterstufen gegliedert war: *intérieur* (früh) mit Châtelperron-Spitzen; *moyen* (mittel) mit Klingenkratzern; *supérieur* (spät) mit Gravette-Spitzen. Es folgte das *Solutréen*, das wieder dreigeteilt war (*intérieur*-Blattspitzen mit Flächenretusche; *moyen*-Blattspitzen mit beidseitiger Bearbeitung oder Lorbeerblattspitzen; *supérieur*-gekerbte Blattspitzen). Die jüngste Phase war das *Magdalénien*, damals ebenfalls in drei Phasen unterteilt, mit typischen Formen von Knochenharpunen und geschäfteten Speerspitzen. Dieses System von H. Breuil beeinflußte die Wissenschaft, und einige Autoren versuchten es auf andere Gebiete, wie Mittel- und Osteuropa sowie Italien, zu übertragen, ohne jedoch die tatsächlichen Differenzen zu berücksichtigen.

Aufgrund von Beobachtungen in den Ausgrabungen in Laugerie Haute und in La Ferrassie schlug D. Peyrony in den Jahren 1933–36 eine entscheidende Abwandlung des Breuilschen Systems vor. In seinem Schema ist die jüngere Altsteinzeit Westeuropas von Anfang an in zwei große Kulturen geteilt: das *Aurignacien*, in einer engeren Bedeutung als sie H. Breuil gebrauchte, und das parallel laufende *Périgordien*, in das er das »Aurignacien intérieur« und »supérieur« von H. Breuil miteinschließt, weil beide Kulturen in der Dordogne etwa zum gleichen Zeitpunkt liegen. Die Werkzeugindustrien jedoch unterscheiden sich; für das Périgordien sind Steinwerkzeuge typisch, während das Aurignacien von Knochenspitzen charakterisiert ist. D. Peyrony glaubte daher, daß jede dieser Kulturen von einer bestimmten Bevölkerungsgruppe getragen worden sei: das Périgordien von einer Bevölkerung afrikanischer, das Aurignacien von Menschen östlicher Herkunft. Seiner Meinung nach haben diese beiden Gruppen für Jahrtausende in der Dordogne nebeneinander gelebt, ohne sich zu berühren, bis zur Einwanderung eines anderen östlichen Volkes, das Träger des Solutréen wurde. Erst unter dem Eindruck der drohenden Gefahr haben sich die beiden Völker vermischt und wurden zu der Gruppe, für die der Kulturkomplex des *Magdalénien* typisch ist.

1946 modifizierte Peyrony seine Theorie vom Périgordien und erweiterte sie um ein Périgordien II, das sich von den klaren Formen der beiden anderen Kulturen unterschied. In neuester Zeit ist die Theorie von Peyrony kritisiert und nach neuen Forschungsergebnissen revidiert worden. So lehnen einige Autoren das Périgordien II ab und bestehen auf der Theorie einer parallelen Entwicklung von Aurignacien, das sich von Osten her verbreitete, und dem Périgordien der alteingesessenen Bevölkerungsgruppe. Andere Autoren lehnen den Begriff Périgordien völlig ab und verteidigen ein System, das dem von H. Breuil ähnlich ist.

In anderen Ländern wurde versucht, eine Chronologie aufzustellen, indem man die regionalen Befunde in Beziehung zu dem System von H. Breuil für Westeuropa stellte. Nach dem heutigen Stand der Forschung kann für die Kulturen der jüngeren Altsteinzeit ganz Europas eine einheitliche Klassifizierung und Chronologie aufgestellt werden. Zu Beginn der jüngeren Altsteinzeit – etwa 35 000 v. Chr. – stehen die Kulturen des *Prä-Aurignacien*: Châtelperronien – heute häufiger als »Früh-Périgordien« bezeichnet – im Westen Europas und am Atlantik; *Uluzzien* auf der Apenninenhalbinsel; *Früh-Szeletien* mit beidseitig bearbeiteten »Blattspitzen« in Mittel- und Osteuropa. Es folgen die Kulturen des *Aurignacien*, die mehrere tausend Jahre verbreitet sind (von etwa 31 000–18 000 v. Chr.) und sich mit den Industrien des *Gravettien* in mehreren Regionen überschneiden. Von diesem Kulturkomplex, dessen Beginn und Entwicklung noch wenig bekannt sind, bilden sich verschiedene charakteristische Facien. Das *westliche Gravettien* – auch »Spät-Périgordien« und nach älterer Terminologie »Spät-Aurignacien« bezeichnet – ist in den Gebieten am Atlantik und auf der Apenninenhalbinsel verbreitet; ein anderer Typus in Mitteleuropa und das *östliche Gravettien* (etwa 23 000–8000 v. Chr.), der vermutliche Ausgangspunkt der gleichnamigen Industrien in Osteuropa. (Neuere Funde in Sibirien, westlich des Baikalsees – Malt'a, Buret' und Irkutsk –, scheinen auf Beziehungen zu den Kulturen des Aurignacien und zum östlichen Gravettien hinzuweisen.) Die Kulturen, die auf das Aurignacien und nach dem Gravettien kommen, sind klar in regionale Subkulturen aufgeteilt: das *Solutréen* (von etwa 18 000–16 000 v. Chr.) und *Magdalénien* (etwa 16 000–10 000 v. Chr.) in Frankreich und Kantabrien; das *Epigravettien* mit Einflüssen aus dem *Solutréen* und Magdalénien in der mediterranen Facies auf der Iberischen Halbinsel, das *italische Epigravettien* (Epigravettiano) auf der Apenninenhalbinsel. In Mitteleuropa, besonders im östlichen Teil, findet man Kulturen, die sich aus dem östlichen Gravettien entwickelt haben.

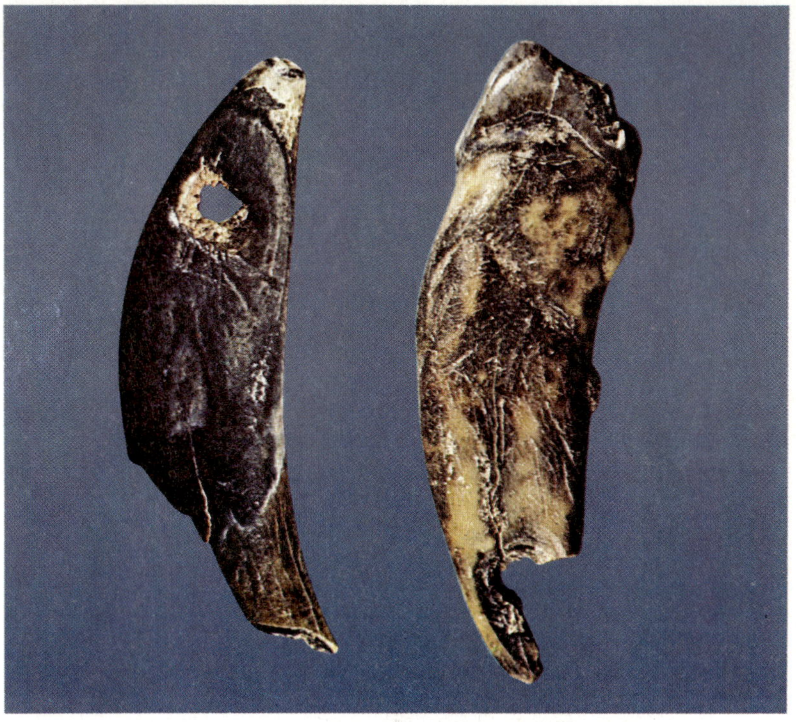

Oben: Fuchs- und Bärenzahn, die zum Aufhängen durchlocht wurden; sie stammen aus der Höhle in Baco-Kiro (Bulgarien). Nach den Datierungen mit Hilfe der Radiokarbon-Methode könnte es sich hier um die ältesten Schmuckstücke dieser Art handeln.

Der archaische Kulturkomplex des Prä-Aurignacien

Das Châtelperronien bzw. Früh-Périgordien (= Aurignacien intérieur bei H. Breuil; Périgordien I bei D. Peyrony) ist in seiner reinen Form bisher nur in dem Teil Frankreichs bekannt, der etwa dem Verbreitungsgebiet des »Moustérien de tradition acheuléenne« entsprach. Der Name wurde vom ersten Fundplatz, der 1867 untersuchten Grotte Fées, bei Châtelperron, Allier, übernommen. Das charakteristische Werkzeug sind plumpe, breite Stichel und Klingen mit abgestumpften Rücken, die »Châtelperron-Spitzen«. Daneben finden sich Schaber und Kratzer, häufig mit gezahnten Schneiden. Die Spitzen sind selten blattförmig, es gibt jedoch einige kleine Spitzen dieser Art in Lamellenform (etwa 3 cm). Knochenwerkzeuge sind selten und beschränken sich auf Pfrieme und bikonische Speerspitzen. In den älteren Entwicklungsformen klingt die Tradition des Moustérien nach (Kratzer, *denticulés*), erst in den späteren tritt die in ihrer Form eigenständige »Châtelperron-Spitze« auf. In der letzten Phase (Les Cottés, Vienne) sind schmale Spitzen in Blattform hervorstechend, die wie Vorformen der »Gravette-Spitze« erscheinen. In den meisten Fundorten liegen die Châtelperronien-Schichten unter denen des Aurignacien; nur in zwei Schichten, in Lot und in Roc de Combe e Piage, sind Fundkomplexe aus dem Châtelperronien mit dem Aurignacien vergesellschaftet – als Anzeichen für eine Diffusion noch zuwenig.

Die Grotte von Renne in Arcy-sur-Cure gab Einblick in Siedlungsgewohnheiten und warf etwas Licht auf die Lebensweise. Am Eingang fanden sich die Spuren einer Hütte aus dem Châtelperronien mit mehreren Setzungen. Von dort her stammen mehrere Schmuck- oder Ritualgegenstände, Zähne von Säugetieren, durchbohrte oder gefurchte Muscheln, Ockerstifte und Tafeln aus Stein sowie Knochen mit gleichmäßig eingeschnittenen Linien. Menschliche Reste aus diesem Zeitraum wurden kaum gefunden. Bei den Ausgrabungen in Combe-Capelle, die O. Hauser im Jahre 1909 durchführte, fand man ein Skelett, das dem »Cro-Magnon-Typ« zugeordnet wird. Der längliche Schädel des etwa 1,60 m großen Menschen sieht bereits stark dem heutigen Menschen ähnlich. (Die Kulturen des Châtelperronien [Früh-Périgordien], die zeitlich zwischen dem Moustérien und dem Aurignacien liegen, umfassen einen Zeitraum von mehreren tausend Jahren [von etwa 35 000–31 000]. Die absoluten Datierungen aus der Gruppe von Renne in Arcy-Sur-Cure und aus Les Cottés bestätigen diese Chronologie.)

Das Uluzzien. Diese frühe Kultur der jüngeren Altsteinzeit wurde erst vor kurzer Zeit in Mittel- und Süditalien entdeckt. Sie hat ihren Namen von Uluzzo, einem Ort in Apulien, bei dem sich die Grotta del Cavallo befindet. Sie ist dem Châtelperronien sehr ähnlich, in ihren Anfängen dem Moustérien verwandt und gelangt erst später zu eigenen Formen: Grabstichel, Schaber, kleine Spitzen mit rundem Rücken. Die stratigrafische Lage dieser Kultur entspricht der des Châtelperronien in Frankreich. In der Grotta della Cala bei Marina di Camerota (Salerno) liegt die Schicht des Uluzzien zwischen Moustérien und Aurignacien;

Rechts: Schmuckstücke aus Gräbern vom Epigravettien in Arene Candide (Ligurien). Ein durchbohrter, mit Streifen verzierter Hirschzahn und zwei Knochenanhänger.

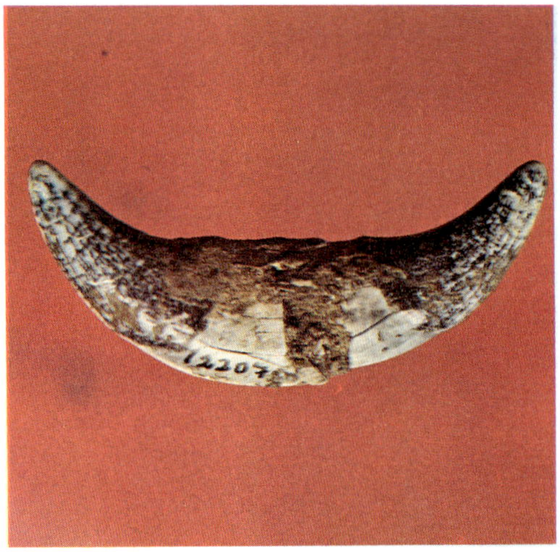

Schmuckstücke aus Siedlungen des Gravettien in Mähren.

Links oben: Zwei verbundene Eckzähne aus Předmostí; rechts oben: Anhänger mit zwei symmetrischen Löchern aus Pavlov; Mitte links: Elfenbeinanhänger mit geometrischen Mustern aus Předmostí; Mitte rechts: stark stilisierte Brüste oder Frauenfigur (Mammutelfenbein) aus Dolní Věstonice; links unten: Kette mit durchlöcherten Polarfuchszähnen aus Dolní Věstonice; rechts unten: Kette mit Tertiärmuscheln und Polarfuchszähnen aus Dolní Věstonice.

in der Grotte von Castelcivita konnte das Fundmaterial auf 32 000–31 000 v. Chr. datiert werden.

Die »Blattspitzen«-Industrien (Szeletien, Jermanovska, Ranis-Mauern, Telman. Für diesen Komplex von mehreren Kulturen in Mittel- und Osteuropa zu Beginn der jüngeren Altsteinzeit sind die beidseitig flach bearbeiteten Klingen in Blattspitzenform kennzeichnend. Neben den »Blattspitzen« kennen diese Industrien aus Klingen hergestellte Grabstichel und Schaber. Zeitlich entsprechen diese Kulturen etwa dem Châtelperronien Westeuropas.

Der Kulturkomplex des Aurignacien

Die aurignacoiden Kulturen. Neben dem eigentlichen Aurignacien (»Aurignacien moyen« bei Breuil; »Aurignacien I, II, III und IV« bei Peyrony), mit dem die Kulturentfaltung des Homo-sa-

Auf vielen Knochen- und Steinstücken aus dem Jungpaläolithikum finden sich Kerben oder Gravuren in geometrischen Mustern, die als Verzierungen gelten. Dieses Fragment eines Adlerknochens (10,5 cm lang), das an einem Ende abgesägt ist, stammt aus dem Mittel-Magdalénien der Höhle in Placard (Charente). Die mikroskopische Untersuchung der Einkerbungen durch A. Marshack hat ergeben, daß sie mit verschiedenen Werkzeugen geschaffen wurden. Sie können in bestimmte Gruppen zusammengefaßt werden, die durch besondere Zeichen voneinander getrennt sind. Es handelt sich also um Aufzeichnungen. Aufgrund der Zahl der zusammengehörigen Zeichen hat A. Marshack die These aufgestellt, daß es sich hier um einen Mondkalender handelt.

piens-sapiens-Kreises beginnt, sich beschleunigt und die Bevölkerung zunimmt, kennen wir verschiedene andere zu dieser Zeit gehörende, spezifische Steinwerkzeugindustrien: in Mitteleuropa und auf dem Balkan die Komplexe der »Mladec-Spitzen« und der »Spitzen mit gespaltener Basis«, dann den Komplex des Proto-Aurignacien mit der »Dufour-Lamellen-Spitze« (Périgordien II bei Peyrony) und der »Krems-Spitze«.
Über den Ursprung dieser arachaisch anmutenden Industrien sind sich die Forscher nicht einig. Es gibt die These einer parallelen, aber eigenständigen Entwicklung der einzelnen Kulturen; andere Autoren sprechen von lokalen Facien des Spät-Moustérien. Die chronologische Einordnung dieser Proto-Aurignacien-Kulturen ist nur in Westeuropa und auf der Apenninenhalbinsel gesichert. In den Gegenden am Atlantik entsteht zunächst die Industrie der »Dufour-Lamellen«, auf die das Früh-Aurignacien mit vielen genauen Datierungen zwischen 31 000 und 27 000 v. Chr. folgt. (Abri Pataud, Les Cottés, La Quina, La Caminada, Abri du Facteur, La Rochette.) Aus der Zeit des entwickelten Aurignacien dagegen haben wir in Frankreich nur zwei genauere Datierungen: Eine um 29 000 v. Chr. aus der Grotte von Renne, die andere um 27 000 v. Chr. aus La Ferrassie. Die Kultur des späteren Aurignacien in Laugerie Haute ist aufgrund der stratigrafischen Befunde in die Zeit vor etwa 19 000–18 000 v. Chr. einzuordnen. Auf der Apenninenhalbinsel kennen wir aus den unteren Schichten der jüngeren Altsteinzeit die »Dufour-Lamellen«-Industrien und das Früh-Aurignacien. (In der Grotte in Castelcivita stammen die Dufour-Schichten aus den Jahren 31 000 und 30 000 v. Chr.) Die Chronologie in Mitteleuropa und auf der Balkanhalbinsel ist derzeit noch nicht so eindeutig. Einige Grabungsfunde und absolute Datierungen lassen aber das zeitliche Nebeneinander der Kulturen als möglich erscheinen. Als älteste unter ihnen gilt das *Olschewien* (genannt nach einer Höhle im Berg Olševa, Jugoslawien). Die Kultur der Dufour-Lamellen und der Krems-Spitzen ist in Krems-Hundssteig, Niederösterreich, in das Jahr 33 000 v. Chr. datiert; das Früh-Aurignacien wird an verschiedenen Orten im Donaubekken (Vogelherd, Hohlenstein, Geissenklöster, Willendorf II) in den Jahren 30 000 und 27 000 v. Chr. angesetzt. Andere, jüngere Datierungen sprechen auch in diesem Gebiet für eine längere Verbreitung des Aurignacien. Im Vorderen Orient gibt es zahlreiche Funde von Aurignacien-Industrien in den untersten Schichten der jüngeren Altsteinzeit, deren chronologische Einordnung in etwa der des Früh-Aurignacien entspricht. Eine eigene Stellung hat das Proto-Aurignacien in Jabrud, Syrien, in dessen Schichten sich u. a. Artefakte befinden, die noch der Tradition der mittleren Altsteinzeit verhaftet sind, das in die Früh-Würm-Eiszeit datiert wird.

Das Olschewien. Unter diesem Namen werden die Kulturen des Proto-Aurignacien in Mitteleuropa – in den Ostalpen auch in großer Höhe – und auf der Balkanhalbinsel zusammengefaßt, mit atypischen, groben Steinwerkzeugindustrien, aber schönen Knochenspitzen und »Dolchen« mit abgerundeter, nicht gespaltener Basis (Spitzen von Mladec und Lautsch). Vereinzelt finden sich einfache Ritzverzierungen in Knochen. Die Menschen vom Cro-Magnon-Typ, wie aus den Funden hervorgeht, waren anscheinend nicht bestattet. Sie wurden möglicherweise ausgesetzt oder einfach am Lagerplatz zurückgelassen. Die zeitliche Einordnung dieser Kulturen ist noch völlig ungesichert.

Die Kulturen der Dufour-Lamellen und der Krems-Spitzen (Périgordien II). Es wird von mehreren Wissenschaftlern bestritten, daß die Industrien mit Klingen bzw. Lamellen mit abgestumpftem Rücken (Dufour-Form) und die mit seitlich retuschierten Rückenspitzen (Krems-Spitzen) chronologisch vor dem Früh-Aurignacien liegen, da diese Kulturen auch die typischen Werkzeuge des Früh-Aurignacien aufweisen (taillierte Stichel, Kratzer mit reichen Seitenretuschen und oft mit Einkerbungen versehen, Kielkratzer u. a.). Sie waren in Europa, auf der Iberischen Halbinsel und im Gebiet Frankreich-Kantabrien, wie auf der Apenninenhalbinsel, in Mitteleuropa, auf der Balkanhalbinsel und schließlich auf der Krim verbreitet.

Die Kulturen des Früh-Aurignacien

Das Früh-Aurignacien, nach der Höhle von Aurignac, Haute Garonne, benannt, ist nicht nur auf ganz Europa beschränkt. Seine ältesten Spuren liegen im Vorderen Orient. Die Steinwerkzeugindustrien dieser Periode weisen eine große Skala typischer Formen auf: Unter den Sticheln sind die

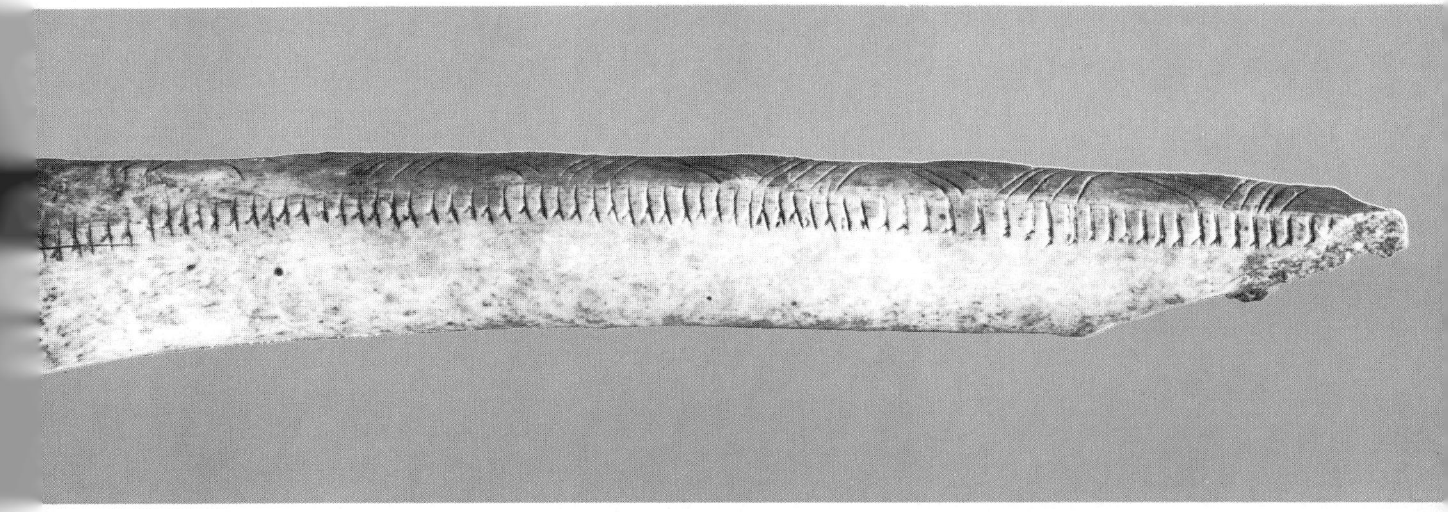

Bestattung aus dem Jungpaläolithikum.

Rechts: Grab aus dem Proto-Aurignacien in der Morin-Höhle (Spanien), von J. Gonzalez Echegaray ausgegraben. Ein Versteinerungsprozeß aus dem Paläolithikum, wie er in dieser Art einmalig ist, hat die Abdrücke des Leichnams und der gleichzeitig geopferten Tiere klar erhalten.

Unten: Eines der Doppelgräber (ein Erwachsener und ein Knabe) vom Bestattungsplatz in der Höhle von Arene Candide (Ligurien) aus dem späten Epigravettien (Grabung von L. Cardini).

mit kielartiger Schrägfläche und solche mit leichten Kerben, der sogenannte »taillierte Stichel«, typisch; außerdem kennt man Hoch-, Schnauzen- und Kielkratzer in rundlicher und flacher Form. Die beidseitig retuschierten Klingen, die »Aurignacien-Klingen«, weisen häufig leichte Einbuchtungen auf und haben an ihren Enden flache, spitzbogige Schneiden oder sind schnabelförmig (»Papageienschnabel«) gearbeitet. Bei den Knochen- und Elfenbeingeräten nehmen die Speerspitzen mit gespaltener Basis oder in runder wie ovaler Form im Aurignacien den größten Raum ein. In Corrèze entwickelte das Früh-Aurignacien eine eigene Variante, die nach der Grotte La Font-Yves benannt ist: »Font-Yves-Spitzen« (schräg zulaufende Endung mit konisch zugespitzten Kanten).

Die typische Knochenspitze mit gespaltener Basis findet sich außer in Frankreich in ganz Mitteleuropa, auf der Apenninenhalbinsel und im Balkan. In Italien bildete sich eine eigene Facies, bedingt durch das Rohmaterial, den Silexkieseln, der in beidseitiger Absplitterungstechnik verarbeitet wurde. Der Komplex wird nach dem Monte Circeo »Circeiano« genannt.

Kulturen des entwickelten Aurignacien. In den Kulturschichten von La Ferrassie fand Peyrony über denen des Früh-Aurignacien drei Schichten mit Aurignacien-Industrien. Die verschiedenen Perioden sind durch typische Artefakte gekennzeichnet: Werkzeuge aus Knochen, Speerspitzen, rhombische und abgeflachte Spitzen; solche mit ovalem Querschnitt sowie bikonische Spitzen. In der Steinindustrie sind besonders die taillierten Stichel und die Kiel- bzw. Schnauzenkratzer verbreitet. Dagegen treten die »Aurignacien-Klingen« in dieser Phase in den Hintergrund.

Die Kulturen des späteren Aurignacien. In den jüngeren Perioden des mittel- und westeuropäischen Aurignacien zeigen sich Einflüsse der zur gleichen Zeit bestehenden östlichen Gravettien-Kulturen. Aus dem reichlichen Werkzeug- und Waffenarsenal verschwindet der taillierte Stichel mit einfacher Schrägflächenbasis zugunsten von Bogensticheln, während die Kiel- und Schnauzenkratzer sich nicht merklich verändern. Vor allem das Vorkommen von Lochstäben und der sogenannten »Gravette-Spitzen« in Westeuropa läßt daran wenig Zweifel, ebenso das Überhandnehmen an Knochen als Rohmaterial zugunsten von Stein. (In Laugerie Haute fand man besonders viele Speerspitzen aus Knochen mit kreisrundem oder quadratischem Querschnitt.) Beim Neandertaler-Menschen kamen im Durchschnitt auf 1000 Werkzeugfunde etwa 25 Geräte aus Knochen. Beim Cro-Magnon-Menschen war an zahlreichen Ausgrabungsstätten das Verhältnis von Knochen- und Steinwerkzeugen ausgeglichen.

Grab aus dem Gravettien in der Paglicci-Höhle (Apulien), Grabung von A. Palma di Cesnola. Der Leichnam lag auf dem Rücken und war mit einer Schicht Hämatitpulver bedeckt. Bei dem Skelett lagen mehrere Gegenstände: durchbohrte Hirschzähne neben dem Schädel, eine Cyprea-muschel auf dem Brustkorb und einige Steinwerkzeuge.

Die Kulturen des Gravettien in Westeuropa

Auf die verschiedenen Entwicklungsstufen des Aurignacien und ihre Kulturkreise, in denen es verbreitet war, folgen in Westeuropa, auf der Apenninenhalbinsel und in Mitteleuropa die Kulturen des Gravettien, die sich überschneiden und häufig eine gegenseitige Beeinflussung zeigen. Der Formenreichtum der Gravettien-Industrien entwickelte sich erst im Laufe der Zeit; über ihren geographischen wie zeitlichen Ursprung ist hinreichend diskutiert worden. Neben der Theorie, daß sie eine Entwicklungsstufe des Périgordien sei, besteht die von G. Laplace, daß diese Kulturen aus dem Châtelperronien oder dem Proto-Aurignacien abzuleiten wären.

Das Gravettien in den westlichen Gebieten und am Atlantik. D. Peyrony hat die Fundkomplexe in diesen Gebieten in ein Früh-, Hoch- und Spätgravettien unterteilt. Nach seiner Auffassung vom Périgordien, die auch heute von vielen geteilt wird, entwickelten sich die westlichen Gravettien-Industrien aus dem Châtelperronien. (Das Aurignacien und das Périgordien hätten demnach eine parallele Entwicklung gehabt.) In der Mehrheit gehen die Fachleute jedoch mit diesen Thesen nicht konform. Sie weisen darauf hin, daß mehr noch als beim Aurignacien-Komplex, wo die ältesten Funde aus dem Vorderen Orient stammen, die des Gravettien in seiner reinsten Form im Osten liegen. Ungarn, Mähren, Süddeutschland sind nach ihrer Auffassung die Stationen, die den Weg nach Westen markieren. Bis zur Klärung der Frage, ob es sich um einen eigenen Kulturkomplex in Westeuropa handelt, ziehen sie deshalb vor, das Wort »Kultur« nur im begrenzten Sinn, d. h. beim westlichen Gravettien im typologischen Sinn anzuwenden und es dem Aurignacien-Kulturkomplex zuzuordnen, mit dem diese Fundgruppe die älteste Phase des oberen Paläolithikums in Westeuropa trägt.

Das Frühgravettien. In dem gleichnamigen Fundort, La Gravette, Périgord, ist das Frühgravettien in zwei Schichten vorhanden. In der ersten fand man vor allem die »atypischen Kerbspitzen«, mit geradem Rücken und meist an beiden Enden zugespitzt, mit einseitig abgestumpften Kanten. Für die zweite Schicht ist die sogenannte »Gravette-Spitze« typisch, eine schmale, lamellenartige Spitze mit leicht gebogenem Rücken und Retuschen an einer oder beiden Schneiden. Bei neueren Grabungen in Pataud stieß man auf keine Schichten, in denen eine klare Trennung zwischen den »atypischen Kerbspitzen« und den »Gravette-Spitzen« ersichtlich war. Das kann durchaus ein Anzeichen dafür sein, daß im Verlauf dieser Periode die »aty-

Rechts: Menschliche Abdrücke aus dem Jungpaläolithikum im Innern der Höhle von Fontanet (Ariège).

pischen Kerbspitzen« von den »Gravette-Spitzen« verdrängt wurden. Neben diesen namengebenden Feuersteinspitzen gibt es auch aus dieser Zeit noch viele andere Werkzeuge: Stichel, Klingen, bei denen der in der Hand liegende Rücken meist abgestumpft ist, Bohrer und Schaber. Sie alle entsprechen in manchen Punkten der Steinindustrie des Châtelperronien. Nur durch die feinere Ausführung und den abgestumpften Rücken tragen sie die Handschrift der La-Gravette-Industrie.

Das Hochgravettien. D. Peyrony hat versucht, diesen Zeitabschnitt in drei Phasen (nach charakteristischen Schichten) einzuteilen, die denen vom Fundort La Ferrassie entsprechen und jeweils von einer Leitform gekennzeichnet sind: Stielspitzen vom »Font-Robert-Typ« (Périgordien V.1); »abgestumpfte Klingen« (Périgordien V 2) und der »Noailles-Stichel« (Périgordien V 3). Das erste Gerät ist nach der Höhle von Font-Robert, Corrèze, benannt und hat unten einen durch Steilretusche entstandenen Stiel, der in eine flach retuschierte Spitze ausläuft. Als »abgestumpfte Klingen« bezeichnet man kleine Geräte verschiedener Typen, meist Klingen mit abgestumpftem, geraden Rücken und einer Schneide. Der »Noailles-Stichel« trägt seinen Namen nach der Höhle von Noailles, Corrèze. Es sind kleine und dünne Doppelstichel mit retuschierten Enden, die manchmal eine Stoppkerbe aufweisen. Neben diesen Typen gibt es noch einige speziellere Werkzeuge, wie den »Raysse-Stichel« und die »Spitze von Vachons«. Die Fundbeobachtungen an anderen Orten haben ergeben, daß diese Formenfolge für das westliche Hochgravettien keineswegs zutrifft (Les Vachons, Roc de Combe, Flageolet, Laraux). Bis heute kann man die einzelnen Fundstücke nur im Rahmen der Fundorte beurteilen und keine allgemeingültige Chronologie erstellen.

Das Spätgravettien. Für diese Zeit der am Atlantik gelegenen Gebiete sind zwei Industrien typisch, die von der Wissenschaft unterschiedliche Bezeichnungen tragen: Périgordien III und IV bzw. Proto-Magdalénien. Die ersten hochentwickelten Werkzeuge des Spätgravettien treten im Proto-Magdalénien auf. Zu dieser Zeit entstand eine große Klingenindustrie mit Doppel- und Ecksti-

Rechts: Die ältesten figürlichen Darstellungen stammen aus dem Aurignacien. Dieser Steinblock aus dem Hoch-Aurignacien in La Ferrassie trägt Gravierungen eines Vierfüßers, eine Vulva und eine Anzahl von Punkten (Grabung von D. Peyrony).

Oben: Kleine Skulptur eines Mammuts vom Aurignacien aus der Geissenklösterle-Höhle bei Ulm (BRD) (Grabung von J. Hahn).

cheln, in der Form eines Papageienschnabels, die das Runden und Glätten von Knochenspitzen erleichterten, Klingen, Schrägendklingen und Steinwerkzeuge, die mehrere Varianten miteinander verbinden. Die Geräte aus Knochen und Horn weisen ein großes Spektrum auf: abgerundete Speerspitzen mit langer Schrägendfläche, Spitzen mit tiefen Rillen und hakenförmigen Pfriemen.

Rechts: Eingemeißelter Lachs und andere Tiere auf dem Dach des Abri Gorge d'Enfer bei Les Eyzies (Dordogne). Die Arbeit gehört ins Hochgravettien mit Noailles-Sticheln.

Unten: Steinblock mit eingravierter männlicher Figur aus dem Hochgravettien in Laussel (Dordogne) (Grabung von J. G. Lalanne).

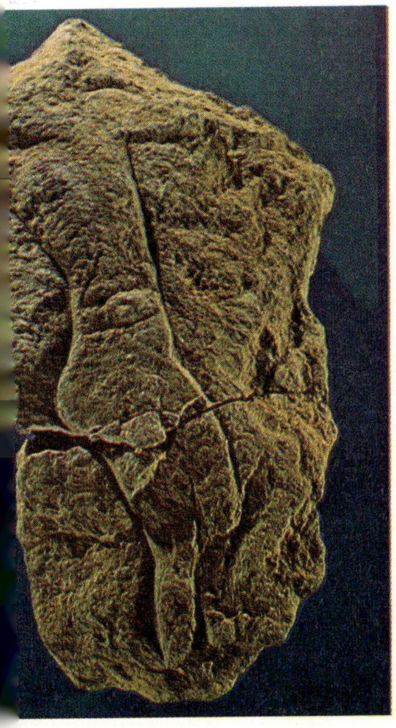

Das Spätgravettien in dieser Region endet abrupt etwa um 17 000 v. Chr. und wird von der Kultur des Solutréen überlagert.

Das Gravettien auf der Apenninenhalbinsel. Das »Gravettiano« hat eine ähnliche Ausprägung wie das Gravettien am Atlantik. Nach dem heutigen Stand der Forschung gibt es keine Funde aus dem Frühgravettien, aber zahlreiche aus dem Hoch- und Spätgravettien. In Mochi, Balzi Rossi di Grimaldi, an einigen Orten der Toskana und in Fundplätzen an der südlichen tyrrhenischen Küste fand man Industrien mit dem »Noailles-Stichel«. In Italien verlief die Entwicklung des Gravettien ruhig und geht ohne große Veränderungen in das Epigravettien über.

Das östliche Gravettien. In Mitteleuropa und im europäischen Rußland wird diese jungpaläolithische Periode, die in ihren Werkzeugindustrien ein ähnliches Typenspektrum und verwandte Techniken aufweist wie in Frankreich, Spanien, Belgien und Italien, durch das östliche Gravettien oder *Pavlovien* vertreten. Charakteristisch für die östliche Prägung mit einem vermutlichen Zentrum in Mähren waren die Spitzen mit abgedrücktem Rükken. Trotz der Bedeutung und des Umfanges der einzelnen Befunde, die von Siedlungsplätzen der vorgeschichtlichen Jäger zeugen (Mammut, Ren u. a.), ist es noch nicht gelungen, eine Chronologie aufzustellen, da die menschlichen Spuren über ein großes Gebiet verteilt sind und äußerst selten zutage kommen. Als erste der Industrien des östlichen Gravettien können die von Krems-Wachtberg, Niederösterreich, und von Bodrogkeresztúr, Ungarn, bezeichnet werden. Sie enthalten Stichel, große Klingenschaber und Spitzen mit abgedrücktem Rücken und sind in die Jahre 26 500–25 500 v. Chr. datiert. In den Jahren zwischen 26 000 und 23 000 v. Chr. entstand die Gruppe des »Pavlovien«, die nach einer Fundstelle Pavlov in Mähren benannt ist. Fundbestände dieser Gruppe waren noch in Dolní Věstonice, Mähren, und an einigen Orten der Slowakei, Polens und der Sowjetunion (Kostjenki). In diesen Industrien finden sich neben den für das Gravettien typischen Instrumenten (Stichel, Schaber, Gravette-Spitzen und Mikrogravette-Spitzen) abgestumpfte Splitter, die vermutlich mit einem Stiel aus Holz, Knochen oder Geweih versehen waren (Mikromesserchen von Kostjenki) sowie gezähnte Lamellen.
Auf das »Pavlovien« folgen Komplexe, die einige flächenretuschierte Blattspitzen aufweisen (Willendorf II, 5–8); um 21 000 v. Chr. die »Kerbspitzen«, die ihre Bezeichnung der charakteristischen langen Kerbe verdanken (Spitze von Willendorf oder Spitze von Kostjenki): Willendorf I und II, Niederösterreich; Molodova V-7, Kostjenki und Berdyz, UdSSR. Wie im westlichen Europa, so bilden auch hier die Komplexe des Postgravettien eine Fortsetzung lokaler Gravettienformen.

Mit den Kulturen des Gravettien sind erstmals häufige Funde von Skelettresten verbunden. Zu den bekanntesten zählen die »Negroiden« der Grotta dei Fanciulli in Balzi Rossi, die zum sogenannten Grimaldi-Typus des Cro-Magnon-Menschen gehören. Kennzeichnend für sie ist ein sehr hoher Schädel (evtl. durch Deformationen), ein hohes, rundes Gesicht, rechtwinklige, niedrige Augenhöhlen, eine große Nase und ein wenig ausgebildetes Kinn. Neben ihnen sind aus der jüngeren Altsteinzeit etwa an die hundert andere Skelettfunde vom Cro-Magnon-Typ bekannt. Die »klassischen Fünf« aus Cro-Magnon selbst gehören noch immer zu den bedeutendsten Menschenfunden in Westeuropa. Im östlichen Mitteleuropa

Oben: Steinblock mit zehn Flachreliefs und zwei Graffiti aus dem Spät-Solutréen von Fourneau du Diable bei Bourdeilles (Dordogne) (Grabung von D. Peyrony). Die am besten erhaltenen Figuren sind die hier abgebildeten Auerochsen.

zeigen die Ausgrabungen von Předmostí und Dolní Věstonice in Mähren (ČSSR) noch weiter im Osten – 210 km östlich von Moskau – in Sungir, ein Bild vom Menschen der jüngeren Altsteinzeit, der sich selbst kaum, mit seinen Werkzeugen aber reichlich zu erkennen gab.
Zusammenfassend sei noch einmal die absolute Chronologie aufgestellt, die sich in Frankreich besonders günstig anhand der Werkzeugmorphologie in Pataud, Dordogne, ablesen läßt: Frühgravettien (= Périgordien IV) 26 000 v. Chr., Hochgravettien (Typ Noailles = Périgordien Vc) 25 000 v. Chr., Spätgravettien (= Périgordien VI) 21 000 v. Chr., Spätgravettien (Proto-Magdalénien) 20 000 v. Chr. Auf der Apenninenhalbinsel stehen gesicherte Daten für das Hochgravettien vom Typ Noailles aus der Grotta della Cala fest: um 25 000 v. Chr., Hochgravettien (Grotta di Paglicci) 23 000–21 000 v. Chr. für die unterste Schicht; 20 000 v. Chr. für die Schicht mit abgestumpften Rückenklingen; 19 000–18 000 v. Chr. für die Schicht mit eckigen Rückenspitzen. In Mittel- und Osteuropa liegen die Daten für die ältesten Industrien um 26 500–25 500 v. Chr.; 26 000–24 000–23 000 für das Pavlovien; 21 000–20 000 v. Chr. für die Kerbspitzen.
Aus dem Gravettien sind uns zahlreiche interessante ethnologische Funde bekannt: z. B. die Schichten mit Mammutjägern aus Mittel- und Osteuropa; die Grabstätten von Balzi Rossi di Grimaldi, aus der Grotta di Paglicci, aus Brno, aus Dolní Věstonice u. a. Dazu gehören auch die vielen Werke beweglicher Kleinkunst, vor allem weibliche Figurinen, von denen die »Venus von Willendorf« (Österreich) zu Weltruhm gelangte. Dem Hochgravettien sind die ersten Steinblöcke mit Reliefdarstellungen aus Laussel, Dordogne, zuzuordnen. Nach der Chronologie von A. Leroi-Gourhan gehören auch die ältesten Höhlenmalereien zum Gravettien-Kulturkomplex (Gargas, Pyrenäen, Pair-non-Pair, Gironde). Doch diese Aspekte werden an späterer Stelle behandelt.

Rechts: Eine der gemalten negativen Handsilhouetten in der Höhle von Gargas (Hautes-Pyrénées). Sie stammt aus dem Gravettien.

Mittleres Jungpaläolithikum in Westeuropa: Solutréen, Magdalénien, Azilien

Die Kulturen der mittleren Phase der jüngeren Altsteinzeit in Frankreich und Kantabrien unterscheiden sich so stark von denen des vorhergehenden Gravettien, daß einige Autoren von einem völlig verschiedenen Ursprung sprechen. H. Breuil glaubte, daß das Solutréen auf Fremdkulturen und auch das Magdalénien auf zwei östliche Völkerschaften zurückzuführen ist, die nach Westen vordrangen und die Ureinwohner verdrängten oder sich mit ihnen vermischten. Nach D. Peyrony entwickelte sich das Magdalénien aus der Diffusion der beiden Volksgruppen, des Périgordien und Aurignacien, die sich gegen die eindringenden Träger der Solutréen-Kulturen verbündeten. Unbestritten ist die Entwicklung des Magdalénien vom Blickfeld der Technik her, die augenscheinlich ihre Wurzeln in den westlichen Gravettien-Industrien hat. Über die Quellen des Solutréen herrschen noch geteilte Meinungen.
Im Jahr 1959 stellte H. Breuil eine neue Theorie auf, nach der die prähistorischen Blattspitzenindustrien sich aufgrund unterschiedlicher Verbreitung der Flächenretusche in mehreren voneinander unabhängigen Kulturarealen entwickelt haben (Blattspitzen-Moustérien in Mitteleuropa; Hochgravettien mit Font-Robert-Spitzen in den Mittelmeerländern; Hochgravettien in Mittel- und Osteuropa; Solutréen; Industrien des frühen Neolithikums). Die völlige Formengleichheit, besonders bei einigen Komplexen des Solutréen und des frühen Neolithikums, wäre danach aus einem langsamen Diffusionsprozeß im ethnosoziologischen Sinn entstanden. G. Laplace hat diese Theorie unterstützt und die Entwicklung der Gravettien-Komplexe zum Solutréen verdeutlicht. Er zeigt, daß mit dem Gebrauch der Flächenretuschierung und mit der Verbreitung der Blattformen das westliche Solutréen und die solutréenähnlichen Komplexe der Iberischen Halbinsel, der Apenninenhalbinsel und Mitteleuropas beginnen. In jüngster Zeit haben einige Autoren, unter ihnen P. Smith, eine Theorie zur Diskussion gestellt, wonach das Solutréen sich direkt aus der mittleren Altsteinzeit von der Trägergruppe in Südfrankreich entwickelt habe und von dort aus die Verbreitung ihrer Kultur auf andere übertragen habe. Allerdings fehlt gerade für einen solchen, archäologisch gut nachweisbaren Vorgang der Enkulturation (gleiche Bau- und Lebensweisen, Tisch-,

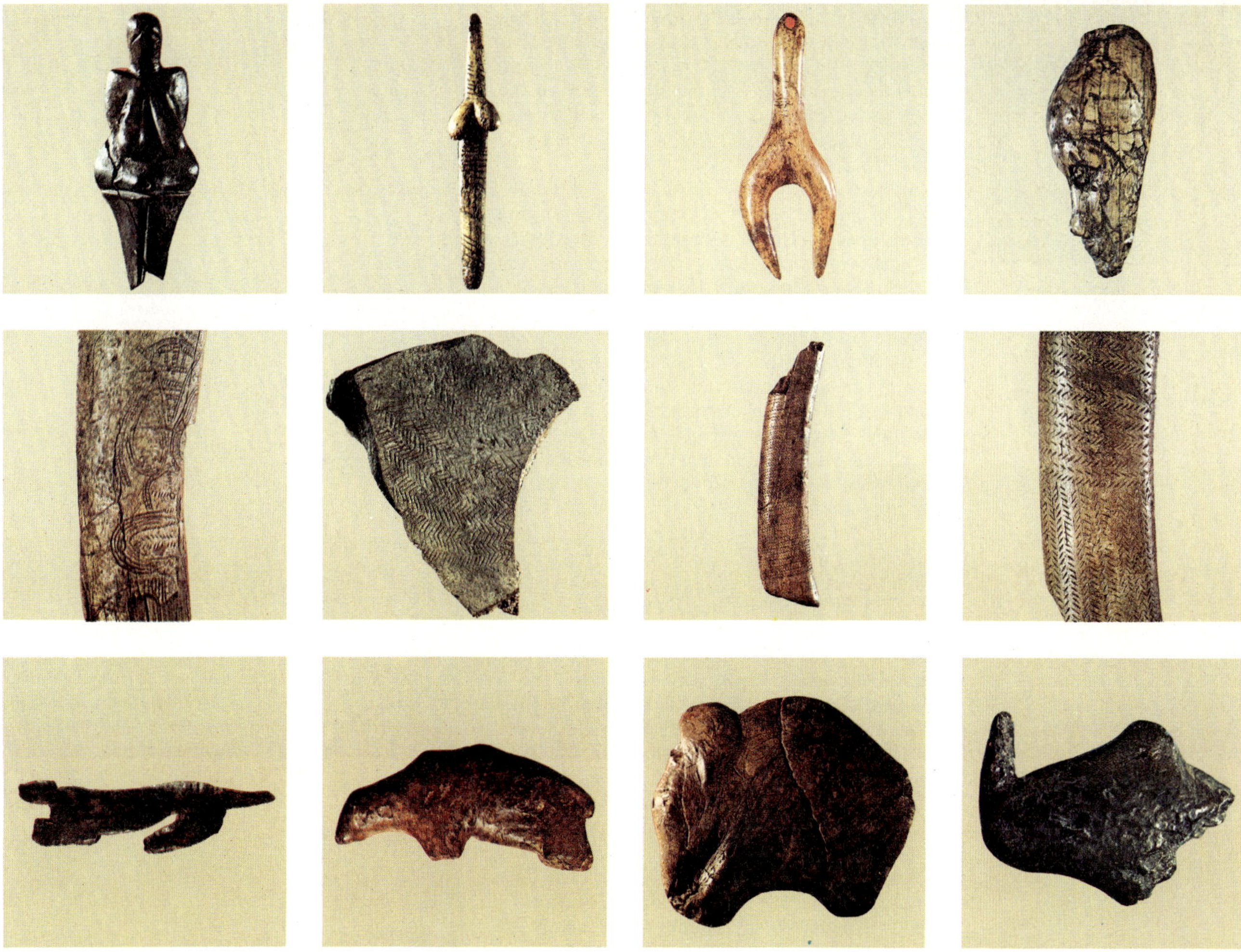

Kunstwerke aus dem Gravettien in Mähren (Grabung von K. Absolon, B. Klima u. a.).

Obere Reihe: Weibliche Tonfigur; zwei stark stilisierte weibliche Figuren aus Elfenbein; menschliches Köpfchen aus gleichem Material (Dolní Věstonice).

Mittlere Reihe: Fragment eines Mammutzahns mit der stilisierten Gravierung einer Frauenfigur; Becken und zwei Rippen eines Mammuts mit geometrischen Gravierungen (Předmostí).

Untere Reihe: Elfenbeinlöwe aus Pavlov; Tonbär aus Dolní Věstonice; Mammutdarstellung aus Elfenbein (Předmostí); Tonkopf eines Rhinozeros (Dolní Věstonice).

Bekleidungs-, Kult- und Begräbnissitten) genügend Beweismaterial.

Das Solutréen. Die Komplexe des Solutréen haben ihren Namen von dem Ort Solutré, Saône-et-Loire, und erstrecken sich nur auf die Pyrenäen, Mittel- und Südfrankreich. Typisch für sie sind Feuersteinindustrien mit Flächenretuschen, die im mittleren und jüngeren Solutréen die größte Meisterschaft erreichte und mit Instrumenten von vollendeter Feinheit aufweisen kann. Sie bilden einen Höhepunkt sowohl in der Technologie als auch in der formalen Gestaltung des Cro-Magnon-Menschen. Aus diesen stummen Zeugen läßt sich anhand der Werkzeug-Waffenindustrie auch mit wenig Phantasie eine Verlagerung von der einfachen Muskelkraft zugunsten der Anwendung von mehr menschlichem Verstand ablesen. Von der Tauglichkeit ihrer Waffen und Geräte hingen schließlich Erfolg und Existenz der umherstreifenden Jägerhorden ab.

In der Entwicklung des Solutréens unterscheiden sich drei Phasen, die verschiedene Leitformen kennzeichnen: Im Früh-Solutréen ähnelten die Spitzen noch denen des Spät-Aurignacien. Nur an den typischen Spitzen *á face plane* mit flachretuschierter Oberseite sind die Anfänge der für das Solutréen charakteristischen neuen Technik erkennbar. Man nahm für die Flächenretusche Knochen oder Geweihstäbe und drückte von einer flach aufliegenden und festverankerten Klinge feine Splitter ab. Dadurch entstanden dünnere Klingen mit einer schuppenartigen Oberfläche, die manchmal in ihrer Form achsengleich, häufiger aber asymmetrisch waren. Unter den sehr seltenen Knochenwerkzeugen im Solutréen finden sich nur vereinzelt Speerspitzen.

Mit dem Mittel-Solutréen erscheinen präzisere Hilfswerkzeuge, vor allem aus Geweihstäben. Sie erlauben die verbesserte Handhabung der Flächenretusche, eine beiderseitige Bearbeitung der Klingen und eine sichere Formgebung. Typisch für das Solutréen II sind die »Lorbeerblatt-Spitzen«. Viele Exemplare des »Lorbeerblatts« sind so dünn gearbeitet und zerbrechlich – Klingen von einer Länge bis zu 28 cm und nur 1 cm Dicke sind keine Seltenheit –, daß sie für die praktische Verwendung untauglich waren. Vermutlich lag ihre Funktion im kultischen bzw. ritualen Bereich; z. B. als Grabbeigaben oder magische Embleme der stolzen Werkzeugmacher und Jäger. Im Spät-Solutréen ändert sich die Form des »Lorbeerblatts« bei den Speer- oder Lanzenspitzen. Die gleichmäßige Blattform verliert durch eine große Einkerbung ihre symmetrische Form. Die Technik der »Schuppenretusche«, bei der vom Rand her feine Späne durch Abdrücken gelöst wurden, aber bleibt. Der Vorteil der für das Solutréen III typischen »Kerbspitze« lag in der besseren Möglichkeit, sie an einem Schaft zu befestigen. Das sonstige Steinwerkzeuginventar in allen drei Perioden entspricht dem des Gravettien. Eine Neuheit in der Knochenindu-

Oben: Kalksteinblock aus dem Mittel-Magdalénien mit eingeritzten weiblichen Figuren aus La Roche bei Lalinde (Dordogne).

Unten: Die Höhle von Lascaux bei Montignac (Dordogne) enthält großartige Malereien und Gravierungen. Gemeinsame Stilmerkmale datieren die Malereien in die Zeit zwischen Spät-Solutréen und Mittel-Magdalénien (ca. 15 000 v. Chr.). Auf dem Grund eines vier Meter tiefen Schachtes befindet sich die Darstellung eines Menschen mit ausgestreckten Armen (nach H. Breuil ein Getöteter), daneben ein Vogel auf einem Stab sowie ein aufgeschlitzter Wisent.

strie ist die »Nadel mit Öhr«, die in der mittleren Phase zum erstenmal in Westeuropa auftritt. Das Solutréen in Frankreich dauerte etwa von 19 000–17 000 v. Chr. Zum Solutréen gehören die beiden großen Komplexe reliefartig bearbeiteter Steinblöcke von Le Roc du Sers und Fourneau du Diable, Charente.

Das Magdalénien. Es erhielt seinen Namen von der französischen Höhle La Madeleine, Dordogne. Man fand dort drei Schichten mit Funden aus dem Magdalénien und eine mit Funden aus dem Azilien (Magdalénien IV, V und VI nach H. Breuil); Schichten mit Funden von Placard, Charente (Magdalénien I, II und III). Das früheste Magdalénien ist in Frankreich und in Kantabrien verbreitet, wo es allen Anzeichen nach entstand, das jüngere findet sich in ganz Mitteleuropa. Die Chronologie des Magdalénien kann, wie bei den vorhergehenden Kulturen, am sichersten durch die Werkzeugindustrie erstellt werden. Dem Laien mag diese Tatsache ermüdend erscheinen, für den Fachmann ist sie unumgänglich, wie am besten ein hypothetisches Beispiel zeigt: In einem Gebiet, in dem während der Saison nur zehn Familien jagen und das über einen Zeitraum von 500 Jahren aufgesucht wird, bleiben von jeder Sippe 250 Geräte zurück. Das sind in einem halben Jahrtausend – und das ist nur ein kleiner Augenblick in der Vorgeschichtsforschung – 1 250 000 Artefakte.

Das Magdalénien (etwa 17 000–9000 v. Chr.) weist gegenüber der relativ kurzen Phase des Solutréen einen größeren Formenreichtum auf. Das reichhaltigere Typenspektrum kann aber nicht darüber hinwegtäuschen, daß die hohe Blütezeit der Kunst der Steinwerkzeuge vorüber war. Der Mensch erkannte den Vorteil anderer Rohstoffe – vor allem Knochen und Geweih – und verstand ihn in zunehmenden Maßen zu nützen. Die Anfänge einer Knochenindustrie finden sich bereits im Aurignacien, auch die Vorläufer der ein- oder zweiseitig gezähnten Waffenspitzen. Anderes, wie geschnitzte Stäbe, darunter solche mit einem Loch, die sogenannten »Kommandostäbe«, mögen eine Weiterentwicklung der aus dem Gravettien (bzw. des gravettoiden Aurignacien) sein. Dazu gehören die durchlöcherten Schmuckscheiben wie die langen, schmalen Schwirrblätter und die »Knochenspitzen mit gegabelter Basis«. Auch die von dem Solutréen her bekannte »Nadel mit Öhr« bleibt im Inventar des Magdalénien-Kulturkomplexes. Wenig Eigeninitiative lassen im großen und ganzen die Steinwerkzeugindustrien erkennen.

Im Magdalénien I – auch Proto-Magdalénien – reflektiert noch kaum ein einheitliches Bild. Komponenten der verschiedensten Herkunft ergeben ein Sammelsurium von verschiedenen Strömungen des Gravettien, insbesondere eine Ähnlichkeit mit dem Komplex der Apenninenhalbinsel (Grimaldi). Vorherrschend ist der Stichel, auch der »Papageienschnabel« und Spitzen in Steilretusche werden hergestellt. Im Magdalénien II treten die Steinwerkzeuge auf, die für das ganze Magdalénien typisch sind: großer Klingenstichel und Mehrzweckwerkzeuge wie Stichelkratzer, Papageienschnabelstichel, Papageienschnabelkratzer, Schaberspitze usw. Charakteristisch für diese Schicht sind die lamellenartigen Klingen mit schrägem Abschlag, der zum Rücken einen stumpfen Winkel bildet; außerdem Lamellen mit gezähntem Rükken und Einbuchtungen. In der Steinindustrie des

Magdalénien III werden gleichschenkelige und asymmetrische Dreiecke hergestellt, die in der Verbindung mit knöchernen Speerspitzen mit gespaltenem Stiel erscheinen, auf die sie vermutlich aufgesetzt wurden. Nach dem inzwischen klassischen System von H. Breuil sind die wichtigsten Leitformen des entwickelten Magdalénien die verschiedenen Typen von Knochenharpunen, von denen aber nicht belegt ist, ob sie wirklich in der Art von Harpunen montiert waren. Für das Magdalénien gibt es viele verschiedene Knocheninstrumente: der Prototyp der Harpune mit einer Reihe zahlreicher kleiner Zähne erscheint; die Speerspitze mit gabelförmiger Basis, Stöckchen mit halbrundem Querschnitt, die vielleicht paarweise zur Halterung von Speerspitzen an Schäften gedient haben. Daneben sind noch verzierte Knochenartefakte verbreitet, vermutlich von Tierköpfen,

In der großen Höhle von Pech-Merle bei Cabrerets (Lot) ziehen sich die Malereien bis zu 500 m vom Haupteingang entfernt hin. Aufgrund ihrer stilistischen Merkmale datiert A. Leroi-Gourhan die verschiedenen Malereien ins Solutréen und Früh-Magdalénien. Im Hauptsaal sind diese beiden Pferde, umgeben von fünf Händen, abgebildet.

Speerschleudern und flache Scheiben mit einem Loch in der Mitte. Im Magdalénien V treffen wir kaum neue Steinwerkzeuge an: Papageienschnabelstichel, der aus feinsten Abschlägen mittels einer tiefen Randretusche gearbeitet und sicherlich zum Runden, Glätten und Spitzen von Knocheninstrumenten diente. Außerdem sind in dieser Zeit die atypischen Kerbspitzen, Stielspitzen und Spitzen mit abgedrückter Seite verbreitet (Spitze von Laugerie Basse; Spitze von Teyat).

In der letzten Phase des Magdalénien (Magdalénien VI b) erscheinen Kratzer, die kurz und nagelförmig sind sowie rechtwinklige Klingen. Bei den Harpunen sind die Zähne, die immer auf zwei Reihen verteilt sind, klar vom Stiel getrennt.

Die absoluten Daten für das Magdalénien weisen den Zeitraum zwischen 15 000 und 9000 v. Chr. aus. Aus dem Magdalénien sind einige Wohnbereiche im Freien bekannt, die von großem Interesse sind, wie Pincevin und Etoilles in Nordfrankreich. Außerdem fand man mehrere Gräber. Die größten Kunstwerke der Altsteinzeit – ob bewegliche Kleinkunst oder Wandmalereien – stammen aus dem Magdalénien. Einige Skelettreste vom sogenannten Chancelade-Typ des Cro-Magnon-Menschen, wurden in Raymonden, Périgord, gefunden. Sie sind von kleiner Gestalt, der Schädel hat einen besonders großen Umfang, das Gesicht ist hoch, die Nase gerade, der Kiefer massig und mit hervorspringendem Kinn.

Das Azilien. Das Azilien hat seinen Namen von der Höhle Le Mas-d'Azil, Ariège. Eine Schicht mit den typischen Geräten für diesen Abschnitt lag über Schichten aus der letzten Phase des Magdalénien. Die Steinwerkzeuge bestehen vor allem aus

Die Höhlengruppe von Trois-Frères aus Tuc d'Audoubert enthält, zusammen mit Malereien, die nach A. Leroi-Gourhan aus dem Spät-Magdalénien stammen, einige einmalige Tierdarstellungen.

Rechts: Im Innern der Höhle von Tuc d'Audoubert fand man zwei aus Lehm modellierte Wisentfiguren im Halbrelief, jede etwa 60 cm lang.

Rechte Seite unten links: Im »Heiligtum« der Höhle von Trois-Frères ist in beherrschender Stellung die Figur eines Magiers eingeritzt und gemalt, mit Geweih und Ohren eines Ren, einem menschlichen Körper und einem Pferdeschwanz. Die Figur ist 75 cm hoch.

sehr kurzen Kratzern, Segmentmessern und Klingen mit abgestumpftem, bogenförmigem Rücken, den »Azilien-Spitzen«. Für die Knochengeräte ist die Harpune aus Hirschhorn typisch. Sie ist kurz abgeflacht, mit einer oder zwei Zahnreihen, ihre Basis ist meist durchlocht. Auffallend häufig aus dieser Zeit sind die Funde von mit Punkten und Linien bemalten und gravierten Kieselsteinen. Mit dem Azilien klingt etwa 8000 v. Chr. der Kulturkreis des Magdalénien aus.

Das Postgravettien

Das Postgravettien auf der Iberischen Halbinsel

Die Komplexe des Postgravettien in diesem Gebiet sind noch stark von der Tradition des Gravettien geprägt. Da es hier jedoch starke Einflüsse des Solutréen, des mittleren und späten Magdalénien und des Azilien gibt, kann man folgende Einteilung vornehmen:

Das Epigravettien mit Solutréen-Einfluß. Die typischen Formen des französischen Solutréen treten auf. Dazu kommen Blattspitzen mit konkaver Basis, große Blattspitzen mit kaum ausgeprägter Kerbe (Montaut-Spitze) und Stielspitzen. Diesen Komplex kann man wohl mit dem Solutréen und dem frühen Magdalénien gleichzeitig ansetzen (ca. 20 000–16 000 v. Chr.).

Die mediterrane Facies des Magdalénien. Die mediterran-spanische Facies des Magdalénien weist die für das mittlere und späte französische Magdalénien typischen Formen auf (14 000 bis ca. 12 000 v. Chr.).

Die Azilien-Facies der spätesten Altsteinzeit. Mit dem Ende des Paläolithikums in Spanien tritt die Azilien-Facies auf (Facies von Sant Grégori und von Mallaetes). Für sie sind vor allem kurze Kratzer und Rückenklingen charakteristisch (8000 v. Chr.).

Das Postgravettien in der Provence, auf der Apenninen- und der Balkanhalbinsel

Die Komplexe des Postgravettien sind in diesen Gebieten so sehr an die Tradition des Gravettien gebunden, daß sie Epigravettien genannt wurden. Nach dem heutigen Stand der Forschung ist der Übergang vom Gravettien zum Epigravettien und die Entwicklung dieser Kulturen am besten in Italien zu beobachten. Erst in der letzten Phase des Gravettien unterscheidet sich die italische Facies deutlich von der französischen. In der Grotta di Paglicci z. B. fand man charakteristische Spitzen mit eckigem Rücken aus der Zeit, die etwa dem Périgordien VII entspricht (um 18 000 v. Chr.). Aus diesen Komplexen hat sich das Epigravettien entwickelt, das man in mehrere Phasen unterteilt.

Das frühe italische Epigravettien. In der Grotta di Paglicci, Gargano, liegen über den Schichten aus dem Gravettien zwei aus dem frühen Epigravettien. Für die untere der beiden Schichten sind flache Spitzen (Spitzen *á face plane*) charakteristisch, für die obere sind es atypische Kerbspitzen. Zu diesem Kulturkreis gehören mehrere Fundkomplexe von der Halbinsel und aus dem Tal des Po. Daneben gibt es die »Areniano« genannte Facies (nach der Grotte in Arene Candide, Ligurien) und die Facies »Salpetriano« (nach der Grotte in La Salpetrière, Gard). Während die Spitzen *á face plane* nur eine begrenzte Zeit verbreitet waren, scheinen die »atypischen Kerbspitzen« einige tausend Jahre gearbeitet worden zu sein (etwa

Unten: In einem Gang der Höhle von Trois-Frères befinden sich Gravierungen, sogenannte »Zibetkatzen«.

In der spanischen Provinz Santander befinden sich mehrere berühmte Höhlen aus dem Magdalénien.

Oben: Wisent in der Höhle La Pasiega.

Rechts unten: Hirsch in der Höhle La Pasiega.

17 000–14 000 v. Chr.). (Für die Chronologie ist es interessant, daß in der Höhle von La Salpetrière die Schicht mit den Kerbspitzen über einer Schicht aus dem mittleren Solutréen und unter einer Schicht aus dem Magdalénien V–VII liegt.)

Das spätere italische Epigravettien. Im italischen Epigravettien entwickeln sich verschiedene lokale Facien, die alle die Tendenz zu einer Verkleinerung der Geräte haben. Die Kratzer werden immer kürzer, bis kleinste Formen entstehen (klauenförmige, fächerartige, runde). Offensichtlich erkannte man auf der Apenninenhalbinsel und auch anderswo die Nützlichkeit eines Handgriffs aus Holz oder Geweih, der es ermöglichte, mit viel weniger Kraftaufwand eine größere Leistung zu erreichen. In allen Facien sind kleine Klingen weit verbreitet: kleine Spitzen mit gebogenem Rücken, Spitzen mit abgeschlagenem Rücken, Segmentmesser und Dreiecke. In zwei Gebieten (Ligurien, Mittel- und Südapulien) wird die letzte Phase des Epigravettien »Romanelliano« (nach der Grotta Romanelli in Terra d'Otranto) genannt. Für sie ist eine sehr große Zahl runder Kratzer, Segmentmesser und Dreiecke typisch, die durch den Gebrauch von Mikrosticheln hergestellt wurden. Daneben waren Spitzen und gekrümmte Blättchen aus Muscheln verbreitet.

Aus dieser Zeit gibt es mehrere genaue Datierungen. Der Übergang vom frühen zum späteren Epigravettien erfolgte etwa in den Jahren 14 000–13 000 v. Chr. Die Entwicklung der lokalen Facien vollzog sich zwischen 12 500 und 8000 v. Chr. In einigen Gebieten finden sich noch in den Jahren 7000–6000 v. Chr. Komplexe aus dem Epigravettien – zu einer Zeit, in der in der Poebene und in der Toskana schon die Komplexe des Epipaläolithikums (Mesolithikum) voll entwickelt waren. Aus dem italischen Epigravettien haben wir einige wenige Spuren von Wohnbereichen, verschiedene Gräber und Kunstwerke. (Aus der frühen Phase stammt das älteste Grab von Arene Candide und das Grab mit zwei Skeletten in Parabita. Aus der späten Phase stammen die anderen Gräber von Arene Candide und die Grabstellen in Tagliente, in der Grotta Maritza, in der Grotta della Madonna, in San Teodoro). Bei den Bestatteten handelt es sich um Menschen von geringer Größe, mit einigen Merkmalen, die sie als Vorgänger des modernen mediterranen Menschen erkennen lassen. Die Komplexe aus dem Postgravettien auf der Balkanhalbinsel sind dem italischen Epigravettien in den typischen Formen sowie in der Entwicklung verwandt (Höhlen in Slowenien, Kroatien, Mazedonien, Bulgarien, Rumänien und in Griechenland).

Das Postgravettien in Mittel- und Osteuropa

Die Komplexe des Postgravettien in Mittel- und Osteuropa gliedern sich in verschiedene lokale Gruppen. Mitteleuropa scheint in der Mittel-Würm-Eiszeit – nachdem das Ost-Gravettien verschwunden war – entvölkert gewesen zu sein. Gegen Ende der Würm-Eiszeit, etwa zwischen 12 000–10 000 v. Chr., breiten sich nach und nach Komplexe des Epi-Magdalénien aus, mit Knochengeräten westlicher Prägung (Speerspitzen und Harpunen). In der Spät-Würm-Eiszeit (etwa 13 000–8300 v. Chr.) geht die Vereisung Skandinaviens rapide zurück. Der menschliche Siedlungsraum weitet sich immer mehr gen Norden aus. Um 9000 v. Chr. werden die Küsten der Nord- und Ostsee erreicht. Innerhalb dieser nördlichen Komplexe finden sich verschiedene Facien epigonaler Industrien mit Stielspitzen, Rückengeräten und groben Harpunen sowie eine besondere Art von Hacken oder Beilen aus Rengeweih. In Mittelengland sind für das »Creswellian« (nach den Höhlen in Creswell Crags, Derbyshire, genannt) kleine Spitzen mit Stiel und Harpunen mit zwei Zahnreihen typisch. Weiter im Süden, zwischen der Nordsee und der Weichsel, findet man die »Federmesser-Gruppe« mit kurzen, runden Kratzern und Rückenspitzen. Etwa zur gleichen Zeit, am Ende der jüngeren Altsteinzeit (9000–8000 v. Chr.), erscheint im Westen, im niederländisch-norddeutschen Gebiet, die »Ahrensburger Gruppe« mit Stielspitzen mit gebogenem Rücken und Harpunen. Im Osten (Litauen, Polen und östliches Deutschland) findet sich noch die »Swidérien-Gruppe«, von der noch wenig bekannt ist, mit kurzen, runden Kratzern, ebenfalls mit Stielspitzen und den Harpunen des im ganzen Norden verbreiteten Typs. Noch weiter östlich, in den Hochtälern der Wolga und des Dnjepr, stellt die »Desny-Gruppe« mit einer Verbindung von

Oben: Die Höhle von Niaux (Ariège) ist in ihrem Innern – zwischen 500 und 1300 m vom Eingang entfernt – mit Malereien und Gravierungen aus dem Mittel-Magdalénien geschmückt (nach A. Leroi-Gourhan). Die Figur stellt einen Wisent dar; sie ist zum Teil von Verkrustungen bedeckt.

kurzen Kratzern, zweiseitigen Rückenklingen und Kerbspitzen die geläufigsten Werkzeugtypen.

Die Komplexe des Steppengebietes zwischen Donau und Don stehen ganz in der Tradition des östlichen Gravettien. Für sind sind Rückenklingen und manchmal Blattspitzen *á face plane* sowie die »atypischen Kerbspitzen« bezeichnend. Zu den bekanntesten Fundkomplexen gehören die von Ságvár (Donaubecken), von Molodova (Dnjeprbecken), von Mežin (mittleres und tiefes Dnjeprbecken) und von Kostjenki (Donbecken). Sie sind über viele tausend Jahre verbreitet und kaum einer Änderung unterzogen (etwa 20 000–9000 v. Chr.). Im Gebiet zwischen Krim und Kaukasus tritt erst gegen Ende des jüngeren Paläolithikums die »Shan-Koba-Gruppe« auf. Sie ist in mehreren Fundorten mit ihren typischen Spitzen mit gebogenem Rücken und geometrischen Formen (Segmente, Dreiecke, Trapeze) vertreten. In Transkaukasien zeigt die »Imeretie-Gruppe« ähnliche Formen.

Das Jungpaläolithikum in Asien

Die Hinweise auf Komplexe der jüngeren Altsteinzeit in Asien sind sehr dürftig, erst aus neuerer Zeit bekannt, schwer zugänglich und in ihrer Gesamtheit noch nicht ganz ausgewertet. Die Funde in Sibirien stammen aus dem Jungpaläolithikum. Die bedeutendsten sind die Siedlungen in Malt'a und Buret', im Gebiet des Baikalsees. Man fand Strukturen von Behausungen, Werkzeugindustrien, die sich von den europäischen stark zu unterscheiden scheinen, außerdem Kleinkunstwerke, vor allem aus Elfenbein. In China gibt es kaum Funde aus dieser Zeit. Die wenigen, die bekannt sind, entsprechen nicht dem europäischen Jungpaläolithikum. Neben Steinwerkzeugen sind Knochengeräte, manche mit Verzierung, im Gebrauch. In Japan, wo die Vorgeschichtsforschung nach dem Zweiten Weltkrieg einen großen Auftrieb erhielt, liegen die ältesten Fundplätze um 30 000 v. Chr. Die Geräte waren aus Schicht- und Geröllgestein. Erst um 18 000 v. Chr. machte sich ein deutlicher Trend bemerkbar, bessere Geräte herzustellen. Die Methoden zur Herstellung von Klingen aus besserem Gestein hatten aber nur im Norden Fuß fassen können. Offensichtlich sind sie vom nördlichen Asien übernommen oder mitgebracht worden. Stumm dagegen ist es auch heute

Rechts: Die große Höhle von Rouffignac (Dordogne) ist ab 300 m bis zu einer Tiefe von 1000 m vom Eingang mit Malereien ausgeschmückt. Diese in die Felswand eingeritzte Mammutdarstellung in der »Galerie Breuil« stammt aus dem Früh-Magdalénien.

Linke Seite unten: In der Höhle Le Portel (Ariège) sind Malereien aus zwei verschiedenen Perioden. Zu der jüngeren – nach A. Leroi-Gourhan aus dem Mittel-Magdalénien – gehören schwarze Tierfiguren, darunter dieses Pferd

noch in so großen Gebieten wie Indien und Indochina. Von dort her besitzen wir so gut wie keine datierbaren Funde aus dem Paläolithikum.
Gesprächiger und umfassender sind dagegen die Funde aus dem Vorderen Orient. Von den Funden in der Grotte von Jabrud, Syrien, war schon (mehrfach) die Rede. Sie gehören zum Prä-Aurignacien. Das Jungpaläolithikum beginnt mit einem Komplex, der neben Moustérien-Geräten Stichel, Kratzer, Spitzen mit Bogenrücken und eine typische Art der »Levalloisien-Spitze« mit verdünnter Retuschen-Basis aufweist, die »Emireh-Spitze« (nach dem Fundort Mugahret el-Emireh). Darüber liegt ein Komplex, der die typischen Steingeräte des europäischen Aurignacien, zusammen mit bikonischen Knochenharpunen, aufweist. Gegen Ende des Jungpaläolithikums breiten sich im Vorderen Orient besonders die Rückenklingen aus.

Das Jungpaläolithikum in Afrika

In Nordafrika steht am Ende des Mittelpaläolithikums das »Atérien« (benannt nach dem Ort Bir el-Ater). Es war im Maghreb, in der Cyrenaika und in Ägypten noch zu einer Zeit verbreitet, als in Europa bereits die ersten Komplexe des Jungpaläolithikums erschienen (etwa 30 000 v. Chr.). Die ältesten Werkzeuge im Atérien-Kulturkomplex sind Stichel und Kratzer, später kommen Blattspitzen und Rückengeräte dazu. Eine so klare Veränderung der Geräteindustrien, wie sie in Europa den Beginn des Jungpaläolithikums anzeigt, ist hier nicht zu erkennen. Auf die Stufe des »Atérien« folgt im Maghreb das *Iberomaurusien* (das trotz seines Namens nichts mit Spanien zu tun hat). Es weist die typischen Rückenklingen und solche in geometrischer Form auf. Nach neuesten Erkenntnissen kann der ganze Komplex etwa zwischen 20 000–6000 v. Chr. datiert werden. In der Cyrenaika scheinen die ersten Daten einige Jahrtausende früher zu liegen: Funde mit Sticheln, Kratzern und Rückenklingen aus Hagfet-et-Tera und von Haua Fteah stammen schon aus der Zeit von etwa 27 000 v. Chr., die jungpaläolithischen Funde in Ägypten dagegen aus viel späterer und sind kaum älter als 15 000 Jahre.
Im Süden der Sahara ist eine klare Unterscheidung zwischen den Komplexen des Alt- und Mittelpaläolithikums nicht möglich. In Zentral- und Südafrika kommen erst gegen Ende des Pleistozäns zu den bestehenden Komplexen neue Formen, die auf eine Bearbeitungstechnik des Steins verweisen, wie sie im Jungpaläolithikum üblich war. Man findet Rückengeräte und feine, beidseitig retuschierte Blattspitzen. Dem stehen das »Lupemban« (Lupemba, Angola) in den Gebieten am Atlantik, das »Stillbay« (bei Kapstadt) im südöstlichen Afrika und das »Pietersburg« (Transvaal) im südlichen Afrika gegenüber.

Unten: In der Höhle Las Chimeneas (Santander), die nach A. Leroi-Gourhan zwischen dem Spät-Solutréen und dem Früh-Magdalénien ausgemalt wurde, befinden sich diese geometrischen Zeichen.

Verschiedene Aspekte der Kultur des Jungpaläolithikums

Siedlungsformen

Archäologen und Wissenschaftler sprechen im Zusammenhang mit dem Menschen, dessen Geschichte, Lebensweise und Wirtschaftsform wir zu rekonstruieren versuchen, von »unverdienter Nahrung«, im Gegensatz zu Ackerbauern und Viehzüchtern. Um diese »unverdienten Nahrungsquellen« aufzuspüren und auszuschöpfen, waren die Jäger gezwungen, den Wanderungen der Tiere zu folgen und sich nach ihren Tränken und jahreszeitlich bedingten Weidegründen zu richten. Dieser Faktor bestimmte das Siedlungsverhalten. Aus der mittleren Altsteinzeit kennen wir fast nur *Abris* (Felsüberhänge) und Höhlen, die dem Menschen während der kalten und regnerischen Perioden Unterschlupf boten. Im freien Gelände sind ihre Siedlungsspuren selten zu finden, obwohl sie vermutlich in warmen und trockenen Zeiten das offene Gelände für ihre Lagerplätze bevorzugten. In der jüngeren Altsteinzeit machte sich der höhere technische Verstand des Cro-Magnon-Menschen auch in vielseitigeren Siedlungsgewohnheiten bemerkbar. Menschen seines Typs lernten, sich Kleidung und Behausungen zu schaffen, um der unwirtlichen Witterung, bedingt durch den Eisvorstoß der letzten Eiszeit, zu trotzen und in nördlichere Regionen vorstoßen zu können. Dort waren die »unverdienten Nahrungsquellen« reichlicher, die Bedingungen, sie zu nutzen aber dementsprechend härter. Neben Mammuts und Bären, Moschusochsen und Hirschen war es vor allem das Ren, das der jungpaläolithische Jäger bevorzugte. Es lieferte ihm nahezu alles: Fleisch und Fett, sogar »frisches Gemüse« aus dem Magen, Rohstoff für Waffen, Werkzeuge und Schmuck, Häute für Kleider, Decken und Zelte. Der Mensch spezialisierte sich auf diese Tierart. Die ökologischen Verhältnisse waren für Typ und Konstruktion der Behausung ausschlaggebend. Wo Bauholz selten war, wie in den periglazialen Zonen Europas und Asiens, bestand die Hauskonstruktion aus

Oben: Font-de-Gaume, eine schmale Höhle bei Les Eyzies (Dordogne), war eine der ersten ausgemalten Höhlen, die entdeckt wurden (1901). Sie enthält zahlreiche gemalte und eingeritzte Figuren, die A. Leroi-Gourhan zu einem kleinen Teil in eine frühere Periode, zum größeren Teil in das Spät-Magdalénien einordnete.

Unten: Der Zugang zu der Höhle Santimamine (Bilbao) führt über eine Reihe 5 m hoher Stalagmiten. Die Hauptmalerei stellt sieben Wisente, ein Pferd und verschiedene Zeichen dar; sie stammen aus dem Früh-Magdalénien.

Mammutstoßzähnen und -knochen, aus Rentiergeweihen und großen Steinen.
Bei mehreren uns bekannten Siedlungen in Mittel- und Osteuropa, aus dem östlichen Gravettien, in der frühen Phase des oberen Paläolithikums, handelte es sich meist um Mammutjäger. Zu den interessantesten gehört die von Dolní Věstonice in Mähren (ČSSR), die in die Jahre 24 000 v. Chr. datiert wird. Das Lager hatte einen ovalen Grundriß mit einer vermutlichen Länge von 100 m und einer Breite von 70 m. Es war zum Teil begrenzt und in seiner gesamten Länge von einem Sumpf durchzogen, aus dem Wasser entnommen werden konnte. Die Sumpfzone trennte das Wohngebiet von einem großen Abfallhaufen, der aus Knochen von Mammut (mehr als die Hälfte aller Funde), Ren, Polarhase, Wolf, Luchs, Bison, Urpferd, Höhlenbär und Löwe bestand. Das Lager umfaßte drei ovale Hütten, 10–15 m lang, 5–8 m breit, sowie eine vermutlich nicht überdachte Fläche mit fünf Feuerstellen von je 1–1,3 m Durchmesser. Die archäologische Ausbeute war reichlich, etwa 30 000 Steingeräte. Am Westrand lag in einer Grube, bedeckt mit Mammutschulterblättern, das Skelett einer bestatteten Frau. Aufschlußreich über Siedlungsgewohnheiten war die Verteilung der Steinwerkzeuge und Absplisse. Mehr als 1000 lagen – auf einer nur 1,5 qm großen Fläche – rund um eine Feuerstelle konzentriert. In der näheren Umgebung lag dagegen kaum noch Fundmaterial; dort befanden sich vielmehr 20–30 cm große Vertiefungen, vermutlich zum Aufbewahren von Vorräten. Die Bereiche Werkstatt, Vorratsspeicher, Küche und Ruhelager – die beiden letzteren sind durch andere Fundstätten besser belegt – waren streng voneinander getrennt. Der Mensch der Vorzeit hielt auf Ordnung. Darüber geben auch die Abfallhaufen oder -gruben, die meist etwas abseits lagen, Auskunft.
Am Hang, 70 m über der ersten Hütte – nahe an einer Quelle –, lag eine erst sechs Jahre später (1951) entdeckte einzelne Konstruktion mit besonderem Charakter (Dolní Věstonice II): Der nur mäßig steile Abhang war »planiert«. Zum Hügel hin wurde der Boden etwa 80 cm abgetragen, um mit dem Erdreich die Fläche davor aufzuschütten. Auf diesem Platz stand eine kreisförmige Hütte mit einem Durchmesser von 6 m, die von einer Erd- und Steinmauer umgeben war. In der Mitte befand sich eine runde Feuerstelle. Pfostenlöcher entdeckte man nur an der Hangseite. Vermutlich hatte die Hütte nur eine abfallende Überdachung. Einige ungewöhnliche Funde in ihrem Innern (Tonklumpen, Fragmente von Menschen- und Tierstatuetten) sowie die von den übrigen Hütten distanzierte Lage des Gebäudes legen die Vermutung nahe, daß es sich um das Haus einer wichtigen Persönlichkeit – möglicherweise einen Schamanen – handelt. Einen halben Kilometer von Dolní Věstonice entfernt liegt die etwas jüngere Gravettien-Siedlung von Pavlov, 24 000–23 000 v. Chr. Auf einer Fläche von etwa 20 × 40 m lagen elf, vermutlich umfriedete, Wohnstätten. (Kleinere Wohngebiete fand man noch in Ostrava-Petřkovice in Mähren, in Ságvár in Ungarn und in Krakau, Polen.)

Verzierte Stücke des Spät-Magdalénien aus Westeuropa.

Reichhaltige Hinweise auf die Wohnverhältnisse im Jungpaläolithikum liefern die Siedlungen im Süden der Sowjetunion, wo sich in den Lößgebieten (Dnjestr-, Dnjepr- und Donbecken) die Siedlungsspuren meist besser erhalten haben als in den Schotterablagerungen Westeuropas. Es lassen sich zwei unterschiedliche Gruppen erkennen: Eine mit kleinen Rundhütten, deren Durchmesser zwischen 5–7 m liegt und nur eine Feuerstelle aufweist, sowie eine andere mit meist sehr großen Behausungen und mehreren Feuerstellen in ihrem Innern. Nach Ansicht mancher sowjetischer Archäologen wurden sie von Sippen bewohnt. Andere zweifeln, daß es sich nur um eine Konstruktion handelt und vertreten die Ansicht, es seien Siedlungen, in deren Zentrum sich mehrere Feuerstellen befanden, um die sich eine größere Zahl von Wohngruben gruppierte.

Die früheste uns bekannte Wohnstätte der Ukraine ist Molodova am Ufer des Dnjestr. In fast kreisförmiger Anordnung (bis 8 m breit) kamen in einer Moustérien-Schicht (etwa 25 000–23 000 v. Chr.) Mammutfossilien zum Vorschein (12 Schädel, 15 Stoßzähne, 34 Schulterblatt- und Beckenknochen, 5 Unterkiefer und etwa 50 Röhrenknochen), die nur an zwei sich gegenüberliegenden Stellen – vermutlich die Eingänge – unterbrochen waren. Sie bildeten Wände und vermutlich das kuppelförmige Dach und dienten zugleich zum Beschweren der Felle oder Tierhäute. Die durchdachte Konstruktion des versenkten, gerundeten Grubenhauses, zu der es zahlreiche Parallelen in anderen jungpaläolithischen Fundplätzen Osteuropas gibt, läßt vermuten, daß es sich hierbei nicht um eine Anfangsstufe der »Architektur« handelt; es kann vielmehr als Beweis dafür angesehen werden, daß es der Mensch der mittleren Altsteinzeit bereits verstand, Hütten zu bauen. Reste aus den Feuerstellen von Molodova und anderen Siedlungsplätzen enthielten angebrannte Knochen und Holzkohle. Holz war selten und notwendig, um das Feuer zu erhalten. Die blanken Knochen der Großsäuger eigneten sich zwar nicht als Brennmaterial, wohl aber als beständige Baustoffe. Mammutknochen, -schädel oder -zähne sind fast immer wesentliche Bestandteile der Stützpfeiler von Dächern, von Wänden der Hütten oder bei der Konstruktion der Lehmwälle gewesen, die einige der paläolithischen Siedlungsplätze im osteuropäischen Raum umgeben (Mežin, Mežirič, Dobraničevka, Puškari, Judinovo im Dnjeprbecken).

Obere Reihe: Pfeilspitzen, Nadel mit Öhr, Harpunen.

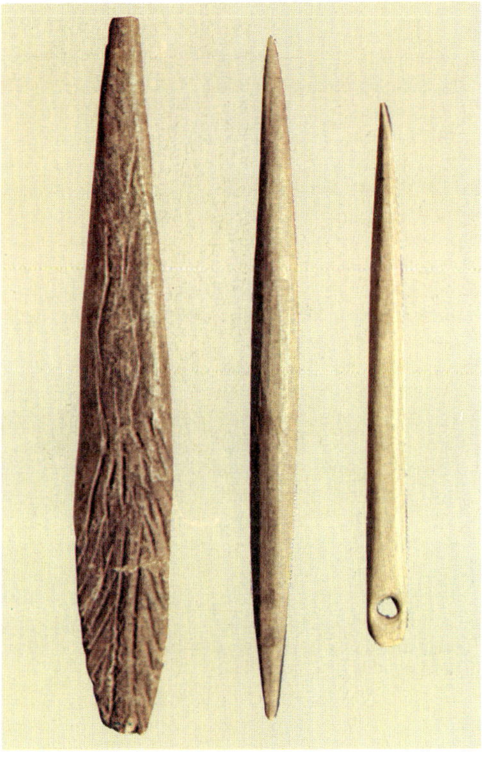

Untere Reihe: Fragmente von Speerschleudern, die gemeißelt und geschnitzt sind und Tierfiguren darstellen. Sie stammen aus Canecaude (Mammut) und aus Bruniquel (ein Rentierpaar und ein Mammut, beide stark verändert, um die Figuren in ihren Formen den Speerschleudern anzupassen).

Wegen seines guten Erhaltungszustands ist der Fundplatz in Mežirič (neben dem Zusammenfluß von Rosava und Ros in der Ukraine) besonders interessant. Bei den Ausgrabungen unter J. G. Pidoplitschko wurden drei Behausungen freigelegt, die in einer Entfernung untereinander zwischen 20–30 m standen. Ihr Grundriß war rund, die Form wahrscheinlich kuppelförmig; das Fundament, das bis zu 75 cm in die Erde reichte, bestand aus kreisförmig angeordneten Mammutschädeln. Sie waren mal mit dem Hinterkopf, mal mit der Schnauze nach oben so aneinandergefügt und eingegraben, daß sie eine feste, nicht in die Erde einsinkende Basis für die Wand bildeten. Nur an den Eingängen waren diese Kreise unterbrochen. Über diesen im Boden versenkten Fundamenten lagen Holzkonstruktionen, die auf wigwamähnliche Hauszelte schließen lassen: Das Gerüst war mit Häuten oder Gestrüpp bedeckt und mit regelmäßig aneinandergereihten Mammutknochen bedeckt. In der ersten und am reichsten ausgestatteten Hütte waren fünf Reihen aus Unterkiefern vom Mammut übereinander gestellt, so daß sie eine ungewöhnlich hohe Untermauerung bildeten. Das Kinn war nach unten, die Backenzähne in das Innere der Hütte gerichtet. Auf die Unterkiefer folgte ein Kreis von Mammutschädeln, mit dem Hinterkopf nach außen gerichtet. Schließlich kam eine Lage, bestehend aus Schulterblättern und eine horizontale Reihe verschiedener Knochen. Die Eingangsseiten waren von zwei Mammutschädeln flankiert, beide verziert mit geometrischen Mustern in roter Mineralfarbe. In den vorderen Teil der nach oben gerichteten Schädel hatte man vier Knochenstücke gesteckt, die sich so kreuzten, daß sie einen Bogen über dem Eingang bildeten. In der ersten und zweiten Hütte von Mežirič waren nicht weit vom Eingang Mauern aus senkrecht in die Erde gestampften großen Knochen (Becken und Oberschenkel) errichtet, vermutlich als Windschutz für Feuerstellen, die am Rand des Hütteninnern lagen. Auch ihre Fundamente bestanden aus langen Mammutknochen, die senkrecht in den Boden eingeschlagen waren. Ihre Enden waren zu einer Gabelform bearbeitet, eine Art Rost, auf dem zwei ineinandersteckende lange Knochen ruhten. Außerhalb der Hütten befanden sich noch andere Feuerstellen und ein Platz für die Geräteherstellung. Die Funde aus Mežirič sind umfangreich: Neben Steingeräten gab es viele Werkzeuge aus Mammutknochen, Schmuckstücke, Ambra, Farbstoffe, geometrisch verzierte Knochen sowie kleine Statuetten. An Tierresten fand man Mammut, Ren, Wolf, Urpferd, Hase, Polarfuchs, Vögel und kleine Säugetiere.

Etwa zur gleichen Zeit entstehen die beiden Siedlungen in Kostjenki (Poljakowo) und in Adejewo im Donbecken. Kostjenki I liegt in einem ovalen, vollständig untersuchten Areal, dessen Längsachsen 36 und 15 m messen. In der Lagerstätte fand man elf Feuerstellen, von denen acht in regelmäßigen Abständen entlang der Hauptachse angeordnet waren. An den Rändern lagen vier etwa 1 m tiefe Gruben von birnenförmigem Grundriß mit einer Fläche von 4–8 qm – sie wurden als Winterquartiere gedeutet – und runde kleinere Gruben als Vorratsgruben. Die gesamte Oberfläche der Siedlung war von Gruben durchzogen.

Die Siedlung in Adejewo umfaßte ebenfalls ein ovales Gebiet, von dem etwa 800 qm untersucht werden konnten. Der restliche Teil ist durch Erosion zerstört. Auch in Adejewo bestand vermutlich eine Einfriedung, neben der sieben Gruben lagen, denen die von Kostjenki ähnlich sind. Sie werden als Grubenhütten und Vorratskammern gedeutet. Die Winterquartiere der beiden Siedlungen werden glaubhaft als Aufenthaltsräume interpretiert, die halb unter der Erde lagen und mit anderen kleineren Gruben verbunden waren. In diese brachte man vermutlich Kohlenglut, um die angrenzenden Unterkünfte zu heizen.

In Westeuropa lagen die Wohnplätze des Jungpaläolithikums meist unter dem Schutz von Felsendächern (Abris), manche befanden sich am Eingang der Höhlensysteme oder im Innern von Grotten. Durch mehrmalige Belegung desselben Platzes blieb eine große Anzahl menschlicher Spuren zurück, die unentbehrlich sind für die Rekonstruktion und Chronologie der Vorgeschichte. Häufig allerdings haben die späteren Bewohner von günstig gelegenen Siedlungsplätzen, meist über Tälern und Ebenen, die »Strukturen« der Vorbewohner stark verändert oder zerstört und dadurch die unteren Schichten für die Wissenschaft unbrauchbar gemacht.

In der Grotte du Renne in Arcy-sur-Cure, Yonne, fanden sich, nahe dem Eingang, die Spuren einer Hütte aus dem Châtelperronien, die mehrfach an der gleichen Stelle und mit denselben Stützen, die zumindest teilweise aus Mammutknochen bestanden, errichtet worden ist. Aus den elf im Kreis angeordneten Pfostenlöchern ließ sich die Wohnfläche, 7–8 qm, leicht errechnen. Größer, 12 × 7 m und mit rechteckigem Grundriß, war eine Wohnstätte aus dem Solutréen, die 1920 unter den Felsen in Fourneau du Diable, Dordogne, von Archäologen freigelegt werden konnte. Der Platz war künstlich eingeebnet und unter Ausnutzung der riesigen dort liegenden Steinblöcke durch Mauern aus großen aufgeschichteten Steinen eingesäumt. Der Eingang zur Hütte, die sich unter einer Felswand befand, war etwa 4,20 m breit. Um Wind und Wetter vom Wohnraum fernzuhalten, war es nur nötig, Baumstämme schräg gegen die überhängende Wand zu stellen, am Boden durch Steine ein Abrutschen der Stämme zu verhindern und das Gerüst mit Fellen abzudichten.

Eine grundlegende Änderung dieser viele Jahrtausende alten »Wohnarchitektur« in Westeuropa zeigt sich erst gegen Ende des Magdalénien. Sie wird bedingt durch die großen klimatischen Veränderungen. Eine Reihe von Tierarten ist ausgestorben, darunter die Großsäuger, andere werden dezimiert, wie etwa das Wildpferd, oder sind abgewandert. Statt dessen durchziehen riesige Rentierherden weite Teile Europas. Um der ständig wandernden Beute auf den Fersen zu bleiben, erweist sich ein kegelförmiges wigwamähnliches Stangenzelt als nützlich. Vermutlich handelte es sich um eine Weiterentwicklung der charakteristischen kuppelförmigen Grubenhäuser des östlichen Gravettien. In Pincevin, am Seine-Ufer, in einer Nomadensiedlung aus dem Spät-Magdalénien (etwa 10 000–9000 v. Chr.) zeigten sich die Grundrisse der Wohnstätten an der Dichte des Fundmaterials deutlich, obwohl sie nicht in den Boden eingelassen waren. Sie erlaubten sogar den beiden Archäologen Leroi-Gourhan und Brézilon eine Rekonstruktion. Drei der kreisrunden, vermutlich mit Tierhäuten, Fellen und Baumrinden bedeckten Zelte, waren so errichtet, daß sie ein zusammenhängendes Gebäude bildeten. Jedes hatte eine

Detail eines Lochstabes mit einer gravierten Wildpferddarstellung aus der Höhle Schweizersbild (Schaffhausen). Das Objekt stammt aus dem Ende des Spät-Magdalénien.

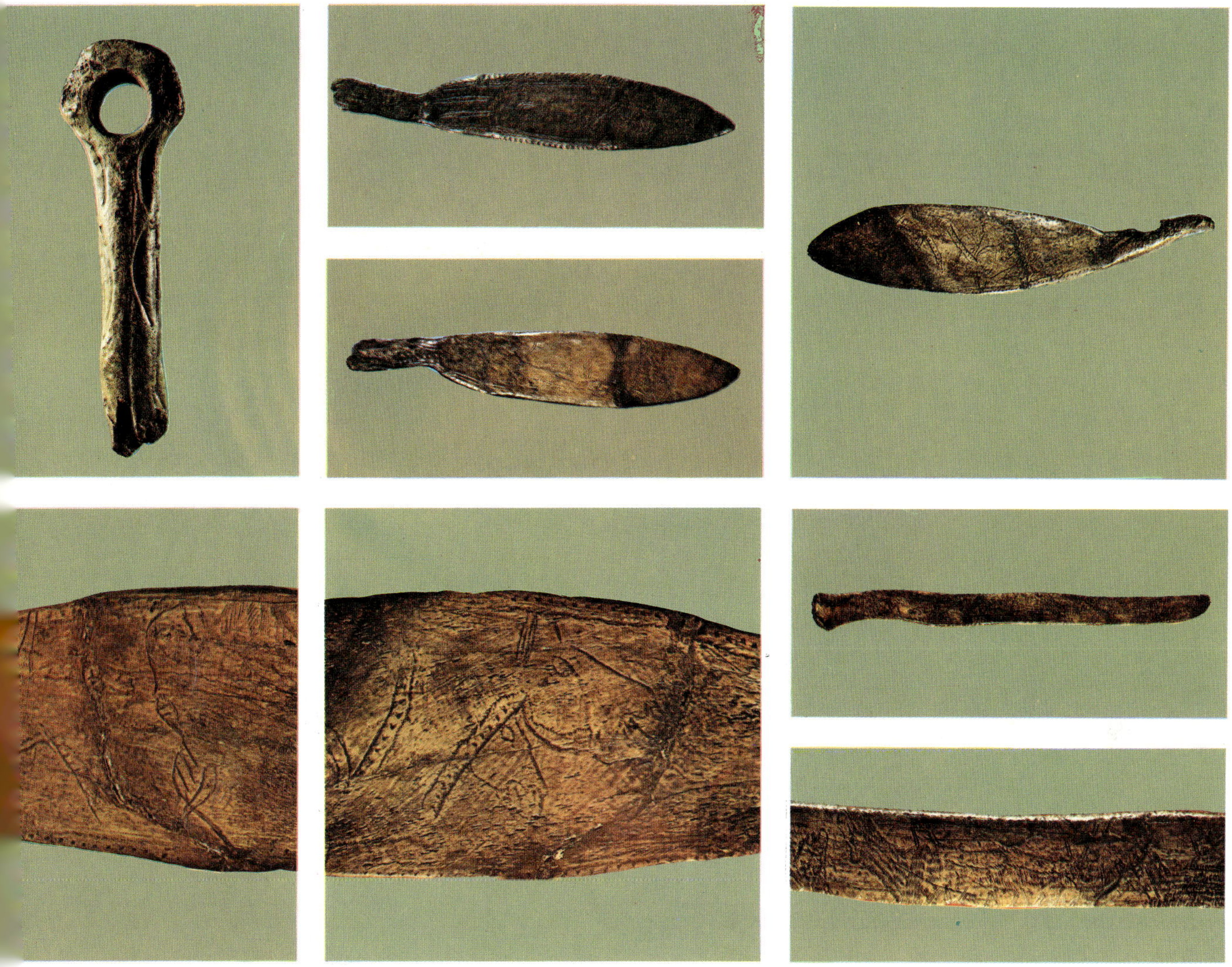

Verzierte Stücke vom ausklingenden Magdalénien aus der Höhle Pekarna (Mähren).

Oben: Lochstab und drei Spachtel aus den Kinnladen eines Pferdes mit Tiergravierungen.

Unten: Teil der Tiergravierungen, die einen Spachtel schmücken. Knochenstab (Mitte rechts) und Details seiner feinen Gravierungen mit Tierdarstellungen.

Feuerstelle; vor zwei lagen große Sitzsteine. Durch reichlichen Abfall von Stein- und Knochensplittern zeichneten sich die Arbeitsplätze deutlich von den fast fundfreien Flächen ab, die als Ruhelager dienten. Die Zahl der Bewohner schätzten die beiden Wissenschaftler nach der Fläche der Schlafstellen zwischen 10–15 Individuen. Die Überreste von Rentieren, die in Pincevin gejagt und verzehrt wurden, ergaben, daß es sich um ein Sommer- und Herbstlager handelte.

Die Siedlungen des Magdalénien sind nicht einheitlich. In Etoilles, wo auf einer Fläche von 500 qm die Reste von sechzehn Siedlungen, die in verschiedenen Schichten in der Folge ihrer Besetzung lagen, freigelegt werden konnten, unterscheiden sich in einigen Punkten von denen in Pincevin. Einige Wohnstätten waren in den Boden eingegraben, andere von großen Steinplatten begrenzt. Die Feuerstellen waren gleichmäßig innerhalb von Vertiefungen angeordnet und mit einer oder zwei Reihen von Steinen, manchmal auch mit großen Steinplatten umgeben. Die Geräte und Splitterwerkzeuge sind auffallend groß (bis zu 61 cm).

Ein wesentlicher Faktor neben der Klimaveränderung ist der Bevölkerungsanstieg in den besiedelten Gebieten auf etwa das Zehnfache vom Beginn des Jungpaläolithikums bis zum Spät-Magdalénien. Im neu gewonnenen Siedlungsraum des nördlichen Mitteleuropa sind besonders diejenigen der »Ahrensburgien-« und »Hamburgien-Gruppe« (Borneck, Poggenwisch, Pinneberg in Norddeutschland) von Interesse; sie werden der Magdalénien-Kultur zugeordnet. In Borneck konnte 1945 der Archäologe Rust die Spuren eines »überdachten Zeltes« sichern. Die Konstruktion bestand aus einem kleineren Zelt (∅ 2,5 × 3,5 m), das von einem größeren, in Hufeisenform, mit der Bogenseite zum Eingang, geschützt war. In Poggenwisch findet sich ebenfalls die Hufeisenform; jedoch das innere Zelt fehlt. (Die Länge ist mit etwas über 5 m fast die gleiche wie in Borneck.) Es ist durch einen teilweise gepflasterten Steg mit einer zweiten Behausung, die im Grundriß 4 × 7 m beträgt und birnenförmig ist, mit einer Art Kammer (∅ ca. 1,20 m) verbunden. Vermutlich handelte es sich um einen Vorratsraum, denn der Boden hatte ein doppeltes Pflaster aus bis zu 60 kg schweren Steinen gegen Nässe. Für eine Schlafstelle war er zu klein. Rust, der auch hier die Ausgrabung leitete, glaubt, daß Poggenwisch ein festes Winterlager war.

Wirtschaftsform, Grabriten, geistiges Leben, Kunst

Durch leider sehr seltene Grabungsfunde aus Siedlungsplätzen mit Werkstätten und Abfallhaufen wissen wir einiges von den Wirtschaftsverhältnissen und wie die Menschen mit den äußeren Le-

Die einzige Höhle mit Malereien aus dem Paläolithikum, die in Italien bekannt ist, ist die Paglicci-Höhle bei Rignano Garganico (Apulien).

Oben: Handabdrücke im Positiv.

Rechts: Pferde, eines davon in gebäumter Stellung. Die zeitliche Bestimmung der Malereien in der Paglicci-Höhle ist nicht gesichert; wahrscheinlich stammen sie aus dem Epigravettien.

bensbedingungen fertigzuwerden verstanden. Über ihre Kleidung wissen wir nichts. Aus Grabbeigaben erfahren wir einiges vom zunehmenden Hang, sich zu schmücken, gewinnen auch etwas Einblick in das geistige Leben. Mit der Kunst, oder besser mit dem, was wir als »Kunst« bezeichnen, denn für das Wort könnte auch »Bitte«, »Gebet« oder nur »Wunsch« stehen, drückt der Mensch das aus, was ihn bewegt. Das trifft zumindest zu, bevor die Kunst kommerzialisiert wurde, bevor jener Begriff *l'art pur l'art* Inhalt bekam, der, und darüber besteht kein Zweifel, dem Steinzeitmenschen wie den sogenannten »primitiven« Völkern unbekannt war. Der Mensch des 20. Jh.s – und das ist das Verdienst der »Moderne« – hat in den Bildwerken der Steinzeit den Kunstwert erkannt, dem Archäologen hatten sie bereits vorher das Spektrum erweitert. Er ist nicht mehr nur auf Stein- und Knochenwerkzeuge angewiesen. Sein Opfer, der Mensch der Vorzeit, gibt erstmalig mit seiner Kunst etwas von seinem Denken preis.

Aus der mittleren Altsteinzeit sind die ältesten Schmuckelemente aus Muscheln, Säugetierzähnen, durchbohrten Steinen und Knochenstücken mit gravierten Linien bekannt. Sie waren nicht nur für Lebende bestimmt, sondern fanden sich auch als Grabbeigaben und hatten vermutlich eine magische Bedeutung. Von etwa fünfzig Bestattungen aus dem Jungpaläolithikum haben wir genauere Funde. Nicht wenige davon lassen auf ausgeprägte Totenriten schließen. Neben Einzelgräbern gibt es eine Reihe von Doppel- und Gruppenbestattungen. In einer Höhle bei Grimaldi (Italien) lag ein jugendlicher Mann mit angezogenen Beinen, der mit seinem rechten Arm eine ältere Frau umfängt. Die beiden Toten waren mit Ketten aus Muscheln geschmückt, reichlich mit rötlichem Ocker bestreut und in der vertieften Feuerstelle beigesetzt. Das sind sogar Anzeichen dafür, daß nach dem Begräbnis die Lebenden die Höhle verlassen haben. In Sungir, östlich von Moskau, kam der zeremonielle Charakter noch deutlicher zum Ausdruck. In einem der Gräber lagen Kopf an Kopf die Skelette von zwei Jungen im Alter zwischen 8 und 12 Jahren. Neben ihnen lagen sorgfältig gearbeitete Speere, »Dolche« und sogenannte »Kommandostäbe« aus Mammut-Elfenbein. In einem anderen mit Ocker besprenkelten Grab lag das Skelett eines Mannes, der mit Perlenketten um Hals und Brustkorb, Armbändern und einem Kopfreif aus Elfenbein, vor etwa 23 000 Jahren, feierlich beigesetzt wurde. Im Gegensatz dazu stehen Funde, insbesondere in Mitteleuropa, die darauf hinweisen, daß man die Verstorbenen einfach zurückließ.

Die unterschiedliche Behandlung der Toten erhellt die Gesellschaftsform des Jungpaläolithikums. Vermutlich bestand sie in dieser Epoche aus kleineren Stammesverbänden, denen möglicherweise ein Jagdanführer oder Häuptling vorstand, der vielleicht sogar eine schamanistische Funktion hatte; daß der Familie bzw. der Sippe eine besondere Rolle zukam, dafür legen die Doppel- und Gruppenbestattungen ein deutliches Zeugnis ab. Außer im Totenkult finden wir in der Kunst Hinweise für die Anfänge religiöser Vorstellungen.

Im Aurignacien (etwa vor 32 000 Jahren) entstanden die ersten figürlichen Darstellungen und in ihrem Gefolge zunächst gravierte und später auch bemalte Bilder an den Höhlenwänden. Aus den Kulturen des Alt- und mittleren Paläolithikums ist nichts Vergleichbares bekannt; die Kunst des Mesolithikums trägt andere, nicht vergleichbare Züge. In der jungpaläolithischen Kunst aber, die ziemlich unvermittelt auftritt, reflektieren sich die tiefgreifenden Änderungen im geistigen und zum Teil auch im sozialen Bereich, die mit dem Verschwinden des Neandertaler-Menschen und dem Erscheinen des *Homo sapiens sapiens*, vom Typ des Cro-Magnon-Menschen, zusammentreffen. Trotz der hohen Aussagekraft der Funde aus dieser Zeit werfen diese meistens nur Fragen auf.

Die ersten Entdeckungen von Kunstwerken aus dieser Zeit gelangen in der ersten Hälfte des letzten Jahrhunderts. Sie waren für die Fachwelt so unerwartet, daß sie Mühe hatte, sie als solche zu erkennen. Allein die Funde, die E. Lartet nach 1860 in Périgord machte, wurden erstmals als Kleinkunst anerkannt, aber noch gegen Ende des

Ein Pferd und andere Gravierungen in der Wand der Caviglione-Höhle in Balzi Rossi di Grimaldi (Ligurien). Diese Einritzungen scheinen typisch zu sein für das italische Epigravettien. Sie sind in den Wänden verschiedener Höhlen der Apenninenhalbinsel und Siziliens zu finden.

letzten Jahrhunderts zweifelte man an der Kunst der Wandmalereien, wie etwa bei denen von Altamira (1878 von M. de Sautuola entdeckt) und hielt sie lange Zeit für Fälschungen. Kleinkunstwerke aus dem Jungpaläolithikum sind aus fast allen Gegenden zwischen Europa und Sibirien bekannt; die großflächigen Wandmalereien beschränken sich, von einigen Ausnahmen abgesehen, auf den franko-kantabrischen Raum. Eine genaue zeitliche Zuordnung stößt auf Schwierigkeiten. In seltenen Fällen gibt es einen *terminus ante quem*, z. B. wenn die Gravierungen oder Malereien von einer Kulturschicht überlagert sind oder wenn eine datierte, darunterliegende Schicht bemalte Felsstücke enthält, die sich abgelöst haben. Einige Autoren versuchten, bei übereinanderliegenden Malereien eine Chronologie nach stilistischen Gesichtspunkten aufzustellen. In den meisten Fällen aber werden die Malereien kurz hintereinander entstanden sein. Stilistische Vergleiche mit Kleinkunst spielen bei der Altersbestimmung nur bedingt eine Rolle.

Aus mehreren Fundplätzen des Aurignacien in der Dordogne (La Ferrassie, Castanet, Cellier) stammen die ältesten Kunstwerke: rohe Gravierungen, die Tiere oder sexuelle Symbole wie kopulierende Tiere darstellen. Dem Gravettien werden die ältesten Höhlenmalereien, die meist noch nahe dem Eingang liegen (Pair-non-Pair, Gironde, Gargas, Pyrenäen) zugeordnet. Dem Solutréen und frühen Magdalénien entspricht die »archaische Periode«. In dieser Zeit entstanden in Westeuropa die großen Blöcke mit Tierdarstellungen in Flachrelieftechnik (Roc de-Sers, Fourneau du Diable) und einige der großen Gravierungen und Malereien an Höhlenwänden, wie z. B. die in der Höhle von Lascaux. Im mittleren und späten Magdalénien kommt es zu einer so großen Kunstentfaltung, daß von einer »klassischen Periode« der eiszeitlichen Kunst gesprochen wird.

In Westeuropa, wo uns die meisten Kunstwerke größeren Formats zur Verfügung stehen, läßt sich ihre stilistische Entwicklung gut beobachten. Im Aurignacien sind die Tiere – und das ist vorwiegend das Thema – mit wenigen, einfachen Strichen dargestellt; sie sind zum Teil noch so abstrakt, daß ihre Identifizierung schwerfällt. Aber schon gegen Ende der »archaischen Periode« verfeinert sich die Linienführung und gewinnt an Sicherheit. Der Umriß ist immer geschlossen und am sorgfältigsten ausgeführt. Während das Innere der Darstellung anfangs meist nur aus Punkten und kleinen bemalten Flächen zusammengesetzt ist und die Farbskala sich nur auf Rot und Braun beschränkte, erweitern sich die Farbabstufungen, und die Innenflächen werden zunehmend mit Schwarz- und Grautönen schattiert. Die Themen, Tier und Mensch, Jäger und Beute, bleiben die gleichen, nur sind sie jetzt klar zu erkennen. Das Tier steht in der Gestaltung immer im Vordergrund, während der Mensch einen sekundären Rang einnimmt. Die »klassische Periode« zeichnet sich durch einen in späterer Zeit nie wieder erreichten »Realismus« aus. Die Tierdarstellungen sind eine Verkleinerung des echten Vorbilds. Sie sind so wirklichkeitsgetreu und weisen den Cro-Magnon-Menschen nicht nur als großen Künstler aus, sondern auch als einen hervorragenden Beobachter seiner Umwelt und als wachsamen Jäger. Das wird vor allem an jenen Bildern offensichtlich, in denen er in einem genialen, einfachen Stil den »Augenblick des Todes« seiner Beute wiederzugeben vermag. Indem er die plastische Struktur der Höhlenwand miteinbezieht

Oben: Ritzzeichnungen aus dem Abri Tagliente (Venetien): Kopf eines Säugetieres und eines Steinbocks. Aus derselben Schicht vom Ende des Epigravettien stammen Gravierungen, die Tiere (Löwe, Wisent, Auerochs) und geometrische Muster darstellen.

Rechte Seite: Viele Abris und Höhlen in Ostspanien (Cataluna, Aragon, Valencia, Murcia) sind mit Menschen- oder Tierdarstellungen ausgeschmückt: vorwiegend Kompositionen von Jagdszenen, Themen der Nahrungssuche, Kampf, Tanz oder magische Riten. Die Figuren sind meist klein und einfarbig (rot, schwarz, grau, weiß); manchmal ist der rötliche Untergrund weiß übermalt, um die Szenen besser zum Ausdruck zu bringen. Man hat sehr lange über die zeitliche Einordnung dieses wichtigen Bilderzyklus diskutiert (in der Wissenschaft noch immer stark umstritten), der sich vom paläolithischen Stil der französisch-kantabrischen Region klar unterscheidet.

(Lascaux u. a.), erschließt er der Malerei eine weitere Dimension. Möglicherweise liegen die Anregungen dafür bereits im Solutréen, in dem sich der Übergang von der Gravierung zum Tiefenrelief vollzog (Frauenfigur von Laussel und die halbseitig modellierten Lehmskulpturen zweier Bisons an der Höhlenwand von Tuc d'Audoubert). Eine Reihe von Symbolen, die im Laufe der Zeit immer komplizierter werden, lassen auf zunehmend ausgeprägtere Riten im Zusammenhang mit der Jagd schließen. Der wachsende »religiöse« Charakter wird dadurch noch verstärkt, daß fast alle »Galerien« nicht mehr wie in der »archaischen Periode« in der Nähe des Höhleneingangs liegen, sondern im weit zurückliegenden und manchmal schon schwer zugänglichen Teil der Höhlensysteme. Auch die klare Abgrenzung der bemalten Räume von den bewohnten zeigt, daß diese Kunst nicht im weltlich-profanen Bereich angesiedelt ist. Die ausführenden Künstler versuchten durch ihre geistige Haltung, ihr Eindringen in die Materie, besonders aber durch religiöse Handlungen, eine Abhängigkeit von überirdischen Kräften und nicht des Zufalls bei Naturereignissen, Jagdglück, Krankheit oder Tod zu erkennen und ihr entgegenzuwirken. Dadurch hatten sie nicht nur einen entscheidenden Fortschritt in der Entwicklung der Menschheit geleistet, sondern dürften bereits zu ihren Lebzeiten innerhalb ihrer Gesellschaft eine bevorzugte Stellung eingenommen haben. Die wenigen, recht schematischen Menschendarstellungen lassen mehr vermuten, als sie erklären. Sie sind vorwiegend im Profil dargestellt. Neben ganzen Figuren lassen sich auch stark stilisierte Gesichter erkennen. Positive oder negative Handabdrücke als Einzelelement oder anreichernder Dekor sind häufige Motive. Selten dagegen sind Szenen mit mehreren Personen, wie sie aus der Höhle von Addaura, Sizilien, her bekannt sind. Eine fünfzehnköpfige Gruppe schart sich um zwei im Zentrum stehende Figuren. Auffallend ist die nachlässige Art der Darstellung. Phantasievoller dagegen wirken abstrakte Darstellungen, rundgesichtige Figuren mit Punkten und Kreisen als Mund und Nase oder die »surrealen« Malereien von Mischwesen, halb Tier, halb Mensch. Am bekanntesten ist der »Zauberer« von Trois-Frères, der von oben her den Innenraum der Höhle beherrscht. Er hat einen menschlichen Körper, die Augen eines Nachtvogels, trägt das Geweih eines Hirsches und hat auch seine Ohren, den Rumpf und Schwanz eines Pferdes und statt Hände und Füße Tierpfoten und -tatzen. Sichergestellte Fußabdrücke von Erwachsenen wie Kindern und Überreste von Fackeln lassen wenig Zweifel, daß hier Zeremonien stattgefunden haben.

Mehrere sichtlich gleichzeitig entstandene Gravierungen und Malereien an einer Wand werfen das Problem der Bildkomposition in der Kunst dieser Zeit auf. Die Perspektive wurde von den Künstlern entweder nicht beherrscht oder war für sie unwesentlich. Auch die Anordnung einzelner Tierdarstellungen in den großen Flächen der Bildersäle gibt Rätsel auf. Manche sind senkrecht oder auf den Kopf gestellt wiedergegeben. Unwesentlich erscheint auch das Verhältnis zur richtigen Proportion bei nebeneinanderliegenden Figuren. So finden wir z. B. in Lascaux an derselben Wand einen riesigen Auerochsen neben einem winzigen Pferd. Einiges scheint dabei auf den unebenen Malgrund und seine Miteinbeziehung in das Bild zurückzuführen zu sein. Als Malfarbe diente verschiedenfarbige Ockererde (gelb, rot, violett) sowie grauschwarze Manganerde und Kreide. Über die Technik des Färbens gibt es mehrere Theorien: Den Auftrag der Farbe mit Finger, Stock, Pinsel oder in pulverisiertem Zustand sowie das Aufstäuben mit Hilfe von Röhrenknochen.

A. Leroi-Gourhan und A. Laming-Emperaire nehmen allerdings nach einer gründlichen Untersuchung zahlreicher Kunstwerke an, daß es eine ganz bestimmte Gesetzmäßigkeit gab, nach der diese aufgebaut wurden. Die Verbindung von Figuren, Zeichen und Symbolen dient demnach nicht zur Erinnerung an bestimmte Ereignisse oder als magisches Mittel, um die Zukunft günstig zu beeinflussen. Nach dieser Theorie werden die Bilder nach festen Prinzipien zusammengesetzt, die aus der Vorstellungswelt der Menschen der ausgehenden Altsteinzeit stammen. Auf einigen Kunstwerken werden Reihen von Punkten oder Linien regelmäßig von verschiedenen Zeichen unterbrochen. A. Marshack deutet diese Aufzeichnungen als Ausdruck für regelmäßig wiederkehrende Ereignisse (Mondphasen, Monatsphasen).

Die Kleinkunst umfaßt viele Bereiche, von Schmuckstücken über verzierte Waffen und Geräte bis zur freien Skulptur. Sie wurden aus verschiedenen Materialien hergestellt: aus Kieseln, Steinplatten, Naturstein (Kalkstein, Serpentin, Sandstein usw.) aus Horn, Geweih und aus Mammut-Elfenbein, bemalt oder unbemalt. Einige Statuetten aus dem Gravettien in Mittel- und Osteuropa waren aus einer Tonmasse gearbeitet, die mit Knochenpulver angereichert war. Andere Statuetten aus französischen Höhlen waren nur aus ungebranntem Ton geformt.

In der Ausführung finden sich die verschiedensten Techniken: Neben feinsten Ritzungen mit dem Stichel stehen gravierte oder geschnitzte Flachreliefs und freimodellierte Rundplastiken in verschiedenen stilistischen Prägungen. Sie tauchen im Osten früher auf als in Westeuropa. Das Szenarium und der Stil, vor allem bei den Tierdarstellungen, entspricht häufig dem der Höhlenmalereien. Eine Ausnahme bilden die von Archäologen als »Venusfiguren« bezeichneten Statuetten oder Anhänger. Sie sind mal sehr naturalistisch, mal in hoher Stilisierung. Immer sind die weiblichen Merkmale besonders betont. Bei den Elfenbeinskulpturen aus Dolní Věstonice geht die Abstraktion so weit, daß die Frauendarstellung nur noch auf schwere, hängende Brüste reduziert ist. Bei der »Venus von Willendorf«, die aus Kalkstein geformt ist, hat sich der Künstler jedoch um eine naturalistische Wiedergabe, üppiges Haar, große Brüste und weitausladende Hüften bemüht. Das weite Streuungsgebiet dieser Votivfiguren von Sibirien bis zum Atlantik und der große Zeitraum (etwa 28 000–12 000 v. Chr.), über den sie verbreitet waren, erklärt die stilistische Vielfalt und gibt Einblick in das »Schönheitsideal« der jeweiligen Region und Zeit. So finden wir in Italien, Westfrankreich und Sibirien auch Skulpturen von schlanken, fast knabenhaft anmutenden Frauen. Da sich keine männlichen Darstellungen unter den Kleinplastiken befinden, dürfte es sich nach Meinung der meisten Fachleute um Fruchtbarkeitssymbole handeln. Der sowjetische Archäologe P. P. Efimenko geht in der Interpretierung einen gewagten Schritt weiter: Er setzte die Frauenstatuetten mit der Herausbildung eines mutterrechtlichen

Rechts: Ritzzeichnung aus dem Epipaläolithikum in der Grotte Châtillon (Saone), die vermutlich eine Hütte darstellt.

Gens gleich, als die Frau unter den Bedingungen der Seßhaftigkeit zur zentralen Figur in der Wirtschaftsgemeinschaft der Sippe wurde und prägte für sie den Begriff »Hüterinnen des Herdes«. Dem wird häufig widersprochen, da dies über die Heranziehung archäologischer und ethnographischer Parallelen nur auf eine Bevölkerung zutrifft, die vorwiegend vom Feldanbau lebte, also erst in dem Zeitraum, der als Neolithikum bezeichnet wird.

Das Mesolithikum (die mittlere Steinzeit)

Die epipaläolithischen Kulturen im Mesolithikum

Mit »Mesolithikum« (mittlere Steinzeit) bezeichnet man die Periode zwischen dem jüngeren Paläolithikum und dem Neolithikum. Es ist die Zeit des Übergangs vom unsteten Stadium der »Jäger und Sammler« zur seßhaften Lebensweise von »Ackerbau und Viehzucht«. Anfang und Ende sind regional wie zeitlich verschieden. Den Beginn setzt das langsame Ausklingen der Eiszeit (zwischen 10 000–8000 v. Chr.), den Schlußstrich die neue Wirtschaftsform der Bauern und Hirten. Im Vorderen Orient, wo die Anfänge des Ackerbaus und die damit verbundene Seßhaftigkeit bereits kurz nach dem Ende der Altsteinzeit einsetzten, spricht man in der neueren Terminologie von »mesolithischen Kulturen«. Im Gegensatz zu ihnen stehen die »epipaläolithischen Kulturen« jener Völkerschaften, die noch länger Jäger und Sammler waren und, bedingt durch ihre Wirtschaftsform, noch den Traditionen des jüngeren Paläolithikums verhaftet blieben. Das trifft vor allem auf Europa, Zentral- und Nordasien wie auf Afrika, südlich der Sahara, zu. In England erfolgt der Übergang vom Mesolithikum zum Neolithikum z. B. erst im 4. vorchristlichen Jahrtausend.

Unten: Ausgrabungsstätte von La Cauna d'Arques (Aude) mit einer Anhäufung von versteinerten Kleintieren (Schnecken) (Leiter der Grabung D. Sacchi).

Das Mesolithikum in Europa

Die chronologische Gliederung der epipaläolithischen Kulturkomplexe in Europa erfolgt, wie in den vorhergegangenen Perioden, vowiegend aufgrund des materiellen Inventars. Stein- und Knochenartefakte sind vorherrschend, denn Keramik und Metallverarbeitung waren in diesem Gebiet noch unbekannt. Was für das Paläolithikum der Faustkeil war, sind für diese Zeit die sogenannten »Mikrolithen«, kleine Steingeräte, die aus Splitterabschlägen hergestellt wurden. Sie traten vereinzelt bereits in der Endphase des Jungpaläolithikums in Erscheinung. Für den zwischen dem 8.–7. Jahrtausend v. Chr. über fast ganz Westeuropa verbreiteten Kulturkomplex des *Sauveterrien* (nach Sauveterre-la-Lémance, Lot-et-Garonne) sind Mikrolithen mit beidseitigen Steilretuschen (Sauveterre-Spitze, Dreieckspitzen von Montclus usw.), die aus Splitterabschlägen hergestellt wurden, charakteristisch. Vom 6.–5. Jahrtausend breitet sich im Norden die Kulturgruppe des *Tardenoisien* und im Mittelmeerraum die des *Castelnovien* aus. Die Mikrolithen haben jetzt meist Trapezform. Für Mittel- und Nordeuropa sind die zwischen dem 8. und 7. vorchristlichen Jahrtausend datierten Kulturgruppen von *Duvensee* (BRD) und *Komornicka* (Polen) mit Rückenspitzen in geometrischen Formen zu erwähnen, ebenso wie die um mehr als ein- bis zweitausend Jahre später liegenden Gruppen von *De Leien-Wartena* (Niederlande) und *Swornigacie* (Polen), die in ihrem Geräteinventar geometrische wie Trapezformen bevorzugen. In Nordeuropa entstehen ab dem 7. Jahrtausend die Kulturen von *Svaerdborg* (Dänemark) und die jüngeren Gruppen von *Ertebölle* (Dänemark), *Fosna* (Norwegen), *Komsa* (im äußersten Norden Skandinaviens) und *Suomusjärvi* (Finnland). Neben Mikrolithen besitzen sie längliche und trapezförmige Steinklingen und Knochenharpunen. In Osteuropa sind für die Kulturkomplexe von *Janislawice* (Polen) und *Kunda* (Baltikum), die in den Hochtälern der Desna und Wolga liegen, Lamellengeräte mit Rückenklingen und einige Trapezformen typisch.

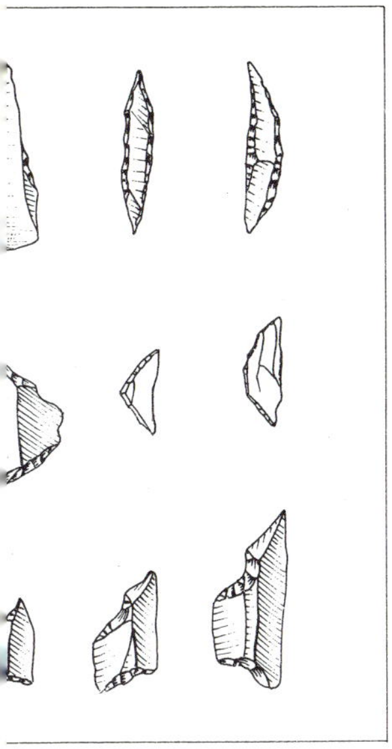

Oben: Charakteristische Mikrolithen des Sauveterrien- und Tardenoisien-Kulturkomplexes. Die Mikrolithen-Industrien sind kennzeichnend für das gesamte Paläolithikum im westeuropäischen Raum.

Siedlungen und Wirtschaft. Die ersten Siedlungen im Norden Europas entstehen vor etwa 9000 Jahren an den Küsten der Ostsee und an der Nordsee. Sie unterscheiden sich in ihrer Bauweise, wie fast alle Wohnstätten aus dieser Periode, kaum von den vorhergehenden. Verändert hat sich nur die Lage. Die Ufer der Meeere und Seen und entlang der Flußläufe sind die bevorzugten Stellen für die meist ofen daliegenden Siedlungen. Die Ursache für diese Veränderung ist ökologisch bedingt. Die »unverdiente Nahrungsquelle« liegt nicht mehr in Jagd, sondern in der Sammlertätigkeit, vor allem von Weichtieren und im Fischen. Die vordringenden und dichter werdenden Wälder haben die Jagdzüge erschwert und die Beute zu einer Rarität gemacht. An einigen Küstenorten waren so große Anhäufungen von Muscheln (Kjökkenmöddinger), daß der Eindruck entsteht, die Jagd sei durch Sammeln von Nahrung ersetzt worden.

Geistiges Leben – Totenriten. Wir kennen zahlreiche Gräber aus dieser Zeit. Erinnert sei an die Bestattungen in Mugem (Portugal), in Téviec (Bretagne) und in Bogehakken (Dänemark). Wie in der Altsteinzeit liegen die Skelette in Gruben und sind oft mit Ocker bestreut. Ihre Stellung ist gestreckt oder leicht angewinkelt; manchmal sind die Toten von Steinplatten oder mit Hirschgeweih sowie Tierknochen bedeckt. Neben dem Skelett finden sich häufig Schmuckstücke und fein gearbeitete Geräte aus Stein oder Knochen als Grabbeigaben. In der Ofnethöhle (Bayern) lagen in zwei Gruben mit nur 1 m Abstand 27 und 6 Schädel, die in roten Ocker gebettet waren. Die Schädel hatte man mit scharfen Schnitten vom Rumpf abgetrennt. Während bei den Überresten der erwachsenen Frauen viele Schmuckstücke lagen und die von Jugendlichen und Kindern nur noch wenige aufwiesen, hatten die Schädel der Männer keine Schmuckobjekte mehr als Grabbeigaben.

Kunst. In der Kunst unterscheidet sich die Kultur des Epipaläolithikums zum erstenmal deutlich von den Kulturen des Paläolithikums. In der spanischen Levante gibt es eine Reihe von Felszeichnungen in kleinen Höhlen. Sie stellen einzelne Tiere in statischer Haltung und Gruppen von vermutlich tanzenden Menschen und Tieren dar. (Für Tanz sprechen vor allem Funde von Knochengeräten, die als Musikinstrumente interpretiert sowie einige Malereien, die als Tanz- und Kampf- oder Scheinkampfszenen gedeutet werden.) Genaue Datierungen dieser Malereien sind nicht möglich. Allgemein gelten Szenen, in denen Tiere und Menschen gemeinsam abgebildet sind, als Kunstwerke des Mesolithikums. Auf vielen Bildern fliehen die Tiere vor ihren Jägern. Die Männer sind nackt, die Frauen bekleidet. In den Jagdszenen werden die Menschen oft mit Pfeil und Bogen oder Speeren und Speerschleudern dargestellt. Andere Motive sind Frauen, die Früchte und Honigwaben sammeln.
Künstlerisches Empfinden, wie die Technik dieser Malereien, sind längst nicht mehr von jener Qualität, wie wir sie aus dem Paläolithikum kennen. Die Kunst der mittleren Steinzeit wirkt oberflächlicher und zeigt, vermutlich aufgrund anderer Interessen, deutliche Spuren einer Dekadenz. Eine besondere Wirkung erreichen sie nur dort, wo die Figuren mit Strichen ausgeführt und nur im Umriß angedeutet sind, wo ein hoher Grad der Abstraktion gewagt wird. An sonstigen Kunstwerken sind Gravierungen in den Felswänden von Tardenois und einigen Skulpturen bekannt, so die Frauenstatuette aus Gaban (Trient), die noch völlig in der Tradition der Altsteinzeit steht. In Nordeuropa fanden sich Tierplastiken aus Bernstein und verzierte Knochen, meist mit geometrischen Ornamenten, sowie aus Geweihteilen oder anderen Materialien. Vermutlich waren auch Skulpturen aus vergänglichen Rohstöffen, wie Holz oder Puppen aus Tierfellen, vorhanden.

Das Mesolithikum in Asien und Afrika

In manchen Regionen des Vorderen Orients führt das Sammlerstadium ohne große Veränderung in der materiellen Kultur in direkter Linie zu frühneolithischem Ackerbau und Viehzucht. Im Fernen Osten, in Sibirien und in Indien sind mehrere Kulturkomplexe belegt, die noch für lange Zeit, einige Stämme sogar bis in das 19. Jh. hinein, auf einer epipaläolithischen Kulturstufe verharrten. Auch in diesem Raum sind die geometrisch- oder trapezförmigen Mikrolithen typisch. Nur in einigen Randgebieten Indonesiens und Indochinas hinken die Technologien hinterher. Dort finden sich noch im Mesolithikum altertümliche Abschlaggeräte.
In Nord- und Ostafrika ist während der mittleren Steinzeit eine Kultur mit dem Namen *Capsien* verbreitet. Auch sie stellt die mikrolithischen Geräte mit kleinsten Sticheln her. In Tunesien finden sich, außer dem Capsien-Stichel, dreieck- und trapezförmige sowie gezähnte Klingen. In anderen Gebieten Afrikas sind besondere Kulturkomplexe epipaläolithischer Natur nicht oder noch nicht nachweisbar.
Die Klimaveränderung am Ende der letzten Eiszeit hat den Übergang von den Altsteinzeitkulturen in die der Jungsteinzeit eingeleitet. Aber die »neolithische Revolution« – Ackerbau und Viehzucht – verbreitete sich, ganz im Gegensatz zum Inhalt ihres Wortes, mit unterschiedlicher Geschwindigkeit. Neben diesem Hauptereignis sind noch zwei andere, die sich in der kurzen Zeitspanne der mittleren Steinzeit vollziehen: die Herausbildung der heutigen Menschenrassen (Europide, Mongolide, Negride usw.) und die Besiedelung des beinahe gesamten bewohnbaren Raumes unserer Erde.

Unten: Ein durchbohrter und mit Ritzzeichnungen verzierter Knochen in stark stilisierter Vogel- oder Fischdarstellung aus Ugerlse (Dänemark).

EUROPA

Das Neolithikum in Südost-, Mittel- und Osteuropa

Bogdan Brukner

Die Entwicklung des Neolithikums in Ost- und Mitteleuropa basiert im wesentlichen auf Vorgängen, die sich zuerst, um die Mitte des 7. Jahrtausends v. Chr., im südlichen Balkan abspielten. Angeregt durch Vorstöße und Impulse aus dem Vorderen Orient entstand eine neue Zivilisation mit selbstproduzierender Wirtschaft: Das Neolithikum (Jungsteinzeit). Der Prozeß der Neolithisierung erfaßte rasch die meisten balkanischen Regionen und griff dann auf Mittel- und Osteuropa über. Hier wurden zuerst die heutigen Lößböden besiedelt: deshalb gibt es keine klare geographische Abgrenzung. Der Prozeß der Neolithisierung erreichte z. B. das nördliche Deutschland erst viel später.

Die Grenzen der Siedlungsschwerpunkte der ersten Bauernkulturen in Südost-, Mittel- und Osteuropa sind nicht eindeutig festzulegen, zumal Kontakte mit anderen Kulturen und Gebieten bestanden haben, so z. B. zum Gebiet der Kardiumkeramik. Die Kardiumkeramik ist von einfacher Form mit Eindrücken von Kämmen und Herzmuschelrändern (Kardium) und findet sich im westlichen Mittelmeerraum oder bei den neolithischen Gruppen im Westen, Norden und äußersten Osten Europas. Es wäre eher gerechtfertigt davon auszugehen, daß man es mit den gemeinsamen Kontaktzonen neolithischer Gruppen und ihrem allmählichen Ineinanderübergehen zu tun hat, als an klar definierte Grenzlinien zu denken.

Um die Schwierigkeiten einer reinen kartographischen Festlegung der kulturellen und geographischen Grenzen zu verdeutlichen, anhand derer die Ausdehnungsbewegung der Ackerbauern eindeutig angegeben werden könnte, sollen nur zwei aus den zahlreichen Beispielen angeführt werden: Der äußerste Punkt, bis zu dem die Bandkeramiker nach Westen vordrangen, war nicht das Rheingebiet, sondern das Pariser Becken 450 km weiter westlich. Spuren früher Bauernkulturen mit Ursprung auf der Balkanhalbinsel lassen sich auch in Gebieten finden, die mit dieser geographischen Region nicht zusammenfallen.

In den meisten Teilen Europas dauerte die Neolithisierung mehr als 2500 Jahre. Das erste davon ergriffene Gebiet war die ägäische Inselwelt. Bald danach dehnte sich die jungsteinzeitliche Kultur bis zum mittleren Balkan und dem mittleren Donaugebiet aus, später nach Mittel- und Osteuropa und schließlich in die südwestlichen Teile des Baltikums. Die ersten Kulturen mit Pflanzenanbau und Viehhaltung datieren aus der zweiten Hälfte des 7. Jahrtausends v. Chr. Die frühesten neolithischen Bauern trafen im Nordwesten Deutschlands um etwa 4500–4000 v. Chr. ein. In den nördlichen Gebieten Mitteleuropas sollte die älteste Nahrungsproduktion und Töpferei erst um 3000 v. Chr. auftreten.

Bislang war es nur für Griechenland möglich zu beweisen, daß das Neolithikum eine lange Entwicklung mit zwei Hauptphasen darstellte: die protoneolithische Stufe, das heißt, die frühe Phase des Pflanzenanbaus ohne Belege für eine Verwendung von Keramik (die präkeramische Stufe) und die frühe neolithische Phase, den ersten Abschnitt des keramischen Neolithikums.

Die frühen nahrungsproduzierenden Gruppen in Südost-, Mittel- und Osteuropa entwickelten sich unter verschiedenartigen Klimabedingungen und Umweltvoraussetzungen, möglicherweise auch in Berührung mit den östlichen epipaläolithischen und mesolithischen Bevölkerungen. Aber eine wesentliche Eigenart ist ihnen allen gemeinsam: Von diesem Zeitpunkt an war der Mensch etwas anderes als lediglich ein Teil der Makro- und Mikroumwelt. Er begann die natürlichen Ressourcen zu kontrollieren und zu verwenden. Anstelle der Jagd und des Sammelns wurde die Produktion der Nahrung zum kennzeichnenden Wesenszug des neuen Zeitalters.

Der Mensch ließ sich für längere Zeiten an einer Stelle nieder und begann Gegenstände anzufertigen, die länger gebraucht werden sollten. Die Schaffung fester Siedlungen mit Landwirtschaft und Viehhaltung führte zu einer Stärkung der individuellen Bindungen innerhalb des sozio-ökonomischen Rahmens von Verwandtschaft und Großfamilie. Das Verhältnis zwischen den Geschlechtern wurde durch die überwiegende Rolle des Matriarchats bestimmt. Solche Siedlungen entwickelten sich allmählich zu den ersten stadtähnlichen Gemeinwesen, deren Bewohner sich mit methodischer Planung an den Bau von Häusern machten. Dabei achteten sie besonders auf die Bereitstellung entsprechender Flächen für Abfallgruben und spezialisierte Werkstätten (für die Herstellung von Steinwerkzeug). Ein anderes, sehr wichtiges Merkmal ist die Tatsache, daß zu dieser Zeit erstmals die Toten auf einer nur dafür bestimmten Fläche (*Nekropole*) bestattet wurden. Seit der frühen jungsteinzeitlichen Periode lassen sich Verbreitung und Austausch von Gegenständen verfolgen, die vorwiegend funktionalen und nicht dekorativen Zwecken dienten. Von der Insel Melos stammender Obsidian kann in frühen neolithischen Siedlungen in Griechenland, in Sesklo, Soufli und Nea Nikomedia gefunden werden; der Export reichte über Entfernungen bis 480 km. Früh- und spätneolithische Funde im Südosten

Geographische Verteilung der wesentlichsten Kulturen in Mittel- und Osteuropa zwischen 6500 und 4500 v. Chr. Die adriatischen Küstengebiete gehören zum Kulturbereich der Impresso-Keramik.

Geographische Verteilung der wesentlichsten Kulturen in Mittel- und Osteuropa während des späteren Neolithikums zwischen 4000 und 3500 v. Chr.

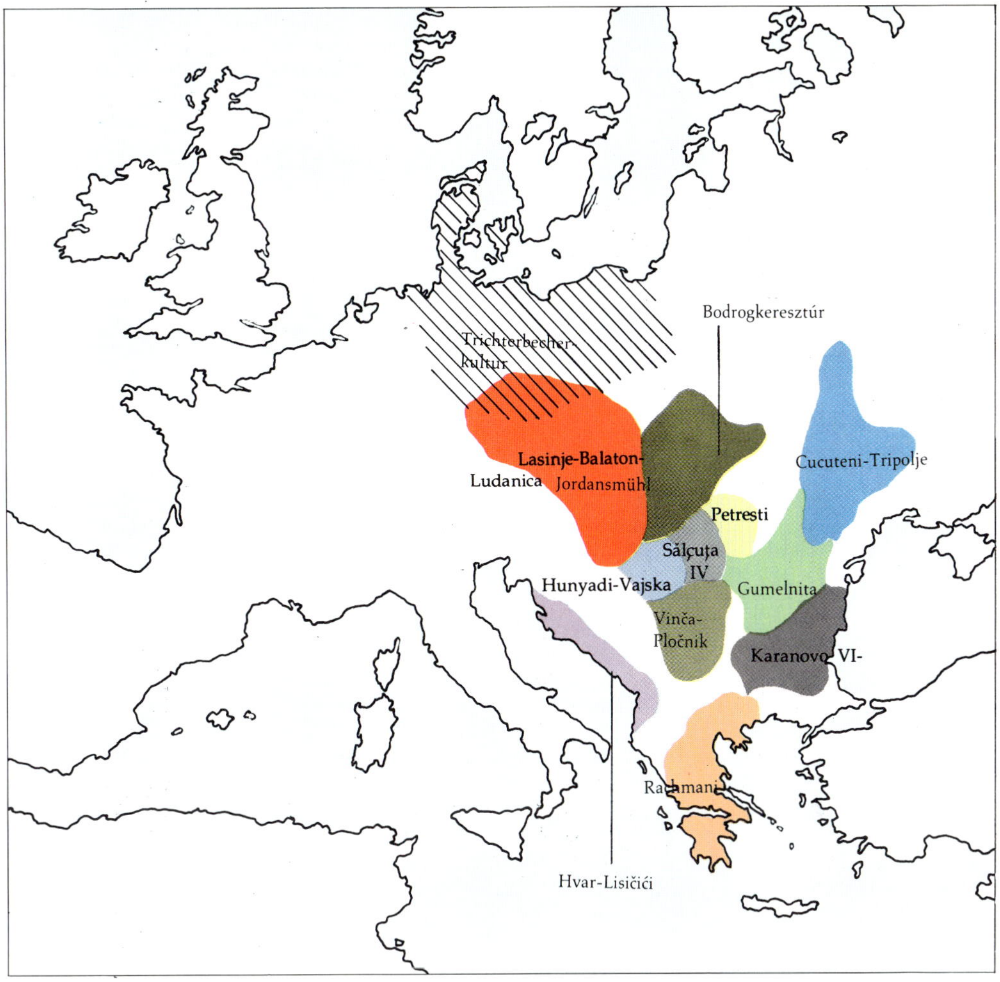

Geographische Verteilung der wesentlichsten Kulturen in Mittel- und Osteuropa gegen Ende des Neolithikums.

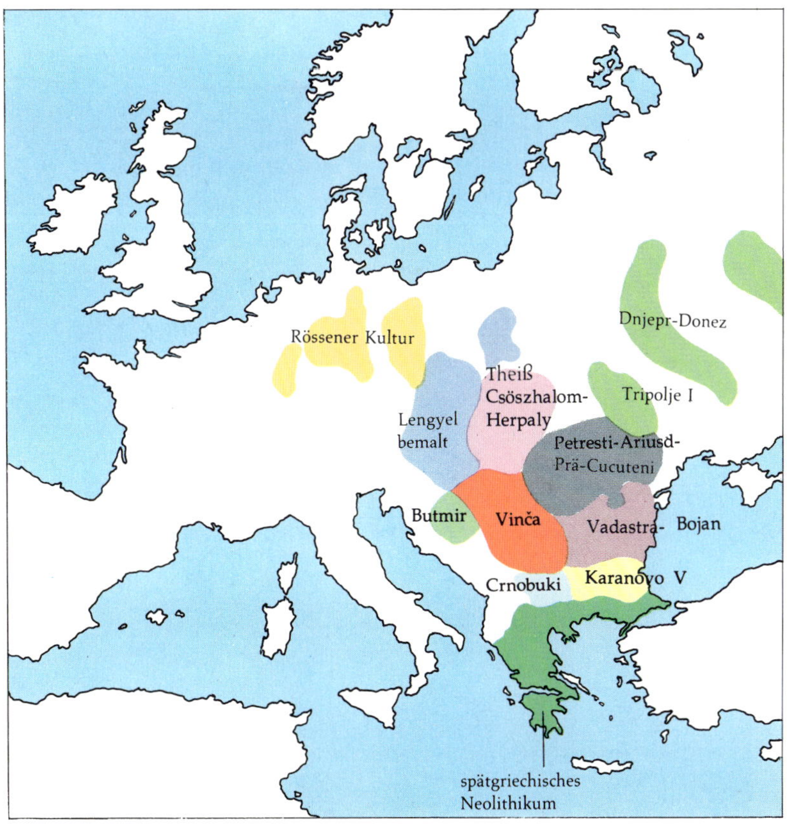

Pannoniens enthielten häufig Klingen aus Obsidian, der vom Bükkgebirge herkam. In manchen Fällen wurden Obsidianklingen und -kerne zu Siedlungen gebracht, die 750 km vom oberen Theißgebiet entfernt waren, die Region, in der sich die reichsten Obsidianlager befinden. Bei spätneolithischen Grabungen in Südosteuropa wurden auch Schmuckstücke gefunden, die aus einer bestimmten Konchyliengattung, *Spondylus gaederopus*, hergestellt waren, die höchstwahrscheinlich aus der Nordägäis kamen. Dies sind nur einige der ansonsten zahlreichen Beispiele für Handelskontakte zwischen häufig weit auseinanderliegenden Ansiedlungen.

Bildung und Konsolidierung der älteren Ackerbauersiedlungen

Das Auftreten und die Entwicklung der frühen Ackerbauern und Viehzüchter in Südeuropa läßt sich an Hand der Kenntnisse verfolgen, die archäologische Untersuchungen in Griechenland, Albanien, Jugoslawien, Bulgarien und Rumänien ergaben. Der Kreis der frühen neolithischen Gruppen, die ein Gebiet umfassen, das größer als Südosteuropa und die Balkanhalbinsel ist, wird häufig als »Balkankreis« oder der »Balkan-Anatolische Kreis« bezeichnet. Denn die sozio-ökonomischen Lebensbedingungen glichen sich im Gesamtgebiet. Im Norden reichten die Außenzonen bis in die inneren Teile der pannonischen Ebene und Siebenbürgens. Die östliche Grenze bildeten der Pruth, das Schwarze Meer und die ägäische Küste. Der Peloponnes machte die Südgrenze aus, während im Westen die Ausdehnung dieser Kultur bis zum Zentralbalkan und der Region südlich des Plattensees reichte.

Die Grenze zwischen dem mediterranen Bereich einerseits und dem Balkan-Anatolischen Bereich andererseits befindet sich auf der Balkanhalbinsel. Forschungen, die in den letzten Jahren in Griechenland, Albanien und Jugoslawien unternommen wurden, haben es ermöglicht, wenigstens annäherungsweise eine Zone zu bestimmen, in der gewisse Balkan-Anatolische Elemente mit der Bevölkerung des westlich-mediterranen neolithischen Kreises in Berührung gekommen sind. Nach dem augenblicklichen Wissensstand nimmt man an, daß sich diese Berührungen von den südöstlichen bis zu den nordwestlichen Gebieten des Balkan erstreckten, und zwar von den Pindo-Šar-Bergen über die Dinarischen Zentralalpen bis zum Bosnischen Zentralmassiv. Außerdem bildete sich in dem Gebiet westlich von Zentralbosnien eine weitere Berührungszone, die entlang der Adriaküste bis zum Golf von Triest verlief. Sie trennte den mediterran-adriatischen Bereich vom pannonischen Teil Kroatiens und von demjenigen Teil Sloweniens, in dem man einen starken Einfluß des neolithischen Bereiches der »Bandkeramik« aus Mitteleuropa spüren konnte.

Das Neolithikum in Griechenland

In Griechenland entdeckte Reste domestizierter Schafe und Ziegen sowie von angebautem Weizen und kultivierter Gerste sind die ältesten derartigen Zeugnisse in ganz Europa. Viehhaltung kam nach Griechenland schon in der zweiten Hälfte des 7. Jahrtausends. Der Pflanzenanbau folgte etwas später, etwa um 6000 v. Chr. Als Folge lassen sich die ältesten, in den Ebenen Thessaliens entdeckten Siedlungsreste der frühen präkeramischen Akerbauerkulturen auf das 7. Jahrtausend datieren. Die präkeramischen Schichten in Argissa, Sesklo, Soufli, Magula, Achilleion und Gediki ergaben magere, jedoch bedeutsame Informationen über die Stufenabfolge der Neolithisierung des äußersten Südostens der Balkanhalbinsel. Kleine Hütten mit einem eher ovalen als rechteckigen Grundriß wurden in der Ebene von Penea errichtet, deren Klima die Merkmale der frühen Phase der atlantischen Klimaperiode aufwies. Pollenanalysen haben gezeigt, daß für diese Phase in Griechenland die sommergrüne Eiche typisch war. Es ist möglich, daß von Beginn der Seßhaftigkeit an sich einige Siedlungen eher auf Ackerbau verlegten, während andere Viehhaltung vorzogen – je nach der entsprechenden kleinräumigen Umwelt. Im 7. Jahrtausend v. Chr. lebten zum Beispiel einige viehzüchtende Bauern der präkeramischen Periode ständig unter gleichbleibenden Umstän-

Die Anfänge der Siedlung von Sesklo in Thessalien reichen sehr weit zurück. Die untersten Siedlungsschichten gehören noch dem präkeramischen Neolithikum an. In den letzten Jahrhunderten des 7. Jahrtausends und zu Beginn des 6. Jahrtausends tauchen bereits rechteckige Gebäude aus luftgetrockneten Ziegeln auf.

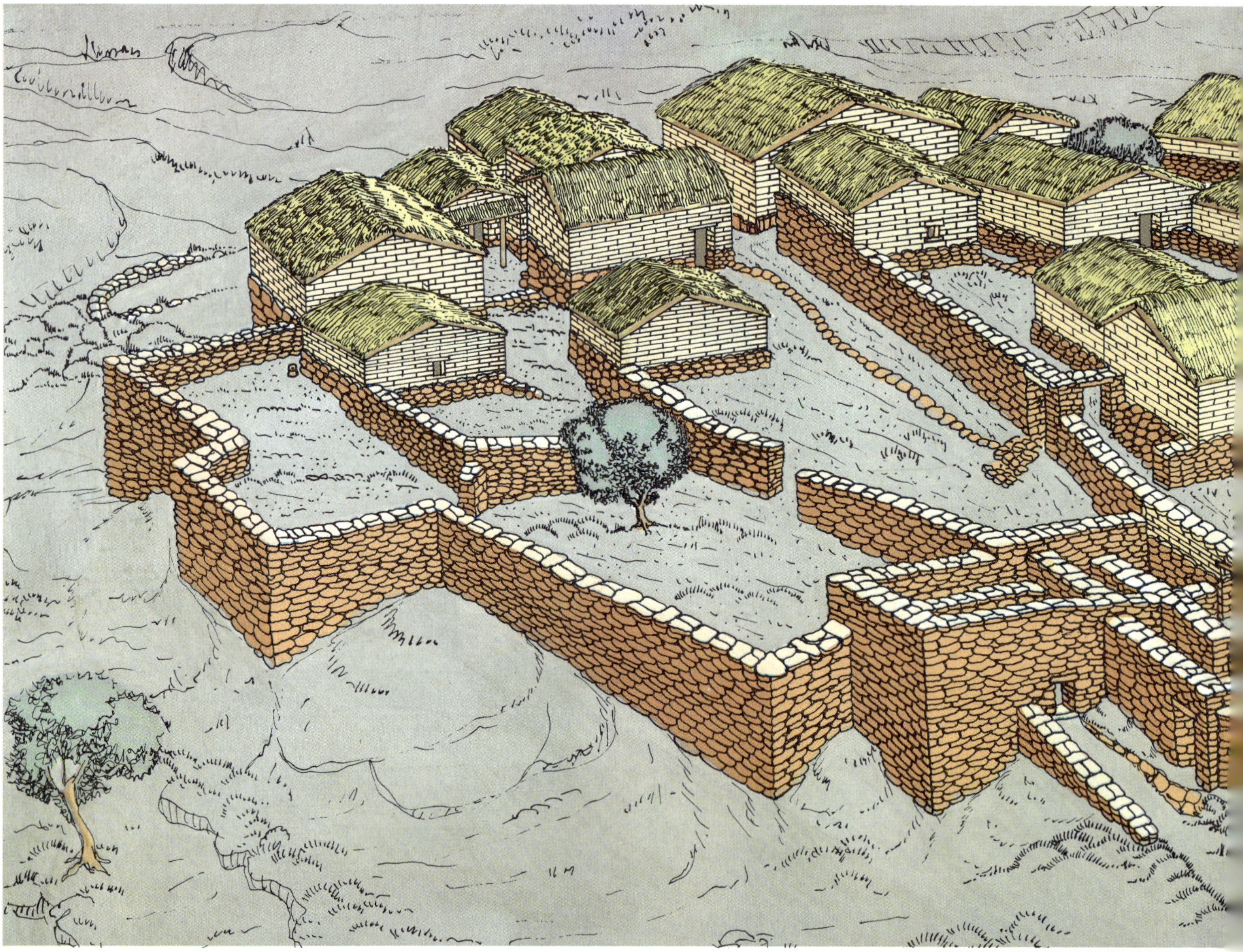

den im Ostteil der Argolis, und zwar in den Höhlen von Franchthi.
Die geringen Kenntnisse über den Ursprung des Neolithikums im äußersten Südosten der Balkanhalbinsel helfen bisher nur wenig, die grundsätzliche Frage zu beantworten, ob Vorderasien bei der Neolithisierung allein der gebende Partner war oder ob Teile dieses Prozesses sich im griechischen Raum unabhängig vollzogen. Hinweise auf den Einfluß der Bauernkulturen und ihrer Zentren in Kleinasien auf die präkeramischen und frühen keramischen Ansiedlungen in Südosteuropa gibt es zwar viele, doch es existieren keine positiven Belege für eine Kolonisation oder für Kontakte zwischen Kleinasien und den mesolithischen Schichten in Griechenland. Allerdings darf eine Tatsache nicht übersehen werden: Zwischen etwa 9000 und 6500 v. Chr. strahlten die frühe und dann die späte präkeramische Stufe mit der ersten urtümlichen Stadtsiedlung des Hacilar-Typs auf die epipaläolithischen und mesolithischen Gruppen des östlichen Mittelmeeres aus.
Es ist möglich, daß die ersten agrarischen und viehhaltenden Ansiedlungen im Balkangebiet unter der Einwirkung der späten keramischen Zentren im anatolischen Hochland entstanden, zumal beide chronologisch in die gleiche Zeitspanne fallen. Dafür fehlen jedoch überzeugende Beweise. Die Ausdehnung und Konsolidierung der auf Pflanzenanbau und Viehhaltung beruhenden Wirtschaft und der Anfang sowie die Entwicklung der Keramikherstellung hingen von den Charakteristika der Ureinwohner ab. Dieser Sachverhalt besitzt weite Rückwirkungen, denn die Bildung der ersten nahrungsproduzierenden und keramikherstellenden Ansiedlungen in Mittel- und Osteuropa war sicher nicht das ausschließliche Ergebnis von Wanderungen aus dem Südosten nach dem Norden, Nordosten und Nordwesten des Kontinents, sondern eher ein komplexer und nicht homogener Entwicklungsprozeß. Dazu gehörte eine Symbiose zwischen den Ureinwohnern und den wandernden ethno-kulturellen Komponenten. Allerdings waren neben den üblichen Wegen, in denen die Neolithisierung verlief, auch örtliche, unerwartete Entwicklungen möglich, gerade in solchen Gebieten, die mit den notwendigen natürlichen und sozialen Bedingungen für solche Überraschungen ausgestattet waren. Ein derartiger Kleinraum, für den sich Spuren eines eigenen Überganges vom Protoneolithikum zum keramischen Neolithikum der Starčevo-Kultur finden lassen, liegt im Norden der Balkanhalbinsel, nämlich in der Djerdapschlucht. Nimmt man die feste Ansiedlung in Lepenski Vir, die mit ihren fischenden und jagenden Bewohnern den örtlichen Klima- und Vegetationsgegebenheiten entsprach, als einen Beweis für den Anfang der Neolithisierung in diesem Teil der Balkanhalbinsel, dann ergibt sich folgende Datierung: Nachdem sich dieser

Vorgang durch Radiokarbon-Messungen auf den Beginn des 6. Jahrtausends datieren läßt, dürfte die Annahme, daß die frühesten Niederlassungen in dieser Region, die einer starken epipaläolithischen Tradition verhaftet waren, schon zu Beginn des 7. Jahrtausends gegründet wurden, nicht völlig unberechtigt erscheinen.

Die Neolithisierung Europas ist ein historischer Prozeß, der langsam von den griechischen und thrakischen Regionen über den Zentralbalkan nach Nordwesten, Norden und Nordosten des Kontinents verfolgt werden kann. Die Chronologie der Entstehung des Neolithikums in einzelnen Teilen des Balkans zeigt die erwartete Regelmäßigkeit. Bislang war es allerdings unmöglich, die Anfangsstufen der ersten ackerbäuerischen Siedlungen zu untersuchen, welche die Übergangsphase von der präkeramischen zur keramischen Stufe repräsentieren. Aber die oben erwähnte Schlußfolgerung wird dadurch nicht unbrauchbar. Um die Aufmerksamkeit auf die primären technologischen Neuerungen zu lenken, muß man sich an dieser Stelle mit der Bedeutung befassen, die die Einführung der Töpferware nach Südosteuropa zu Beginn des Neolithikums hatte. Die Einführung der Töpferei beeinflußte den Prozeß des sozioökonomischen Wandels in den Sippengesellschaften sehr stark. Eine andere Tatsache sollte auch nicht übersehen werden: die typologische Analyse der Keramik, die in Verbindung mit bestätigten stratigraphischen Daten immer noch wesentliche Hinweise über das Entstehen und das Auftreten früher neolithischer Siedlungen auf dem Balkan und in Europa liefert.

Die frühesten keramischen Ansiedlungen erschienen in Griechenland und in den südöstlichen Teilen Jugoslawiens mehr oder weniger zur gleichen Zeit. In Thessalien (Achilleion, Sesklo usw.) wurden in einem weiten Gebiet von etwa 6250 bis etwa 5750 v. Chr. Siedlungen gegründet. Es ist denkbar, daß in Anzabegovo (Anza Ib), Südmazedonien (Jugoslawien), rechteckige Häuser zwischen 6200 und 6000 v. Chr. aufkamen, die in der Lehmziegeltechnik hergestellt wurden.

Sesklo und Nea Nikomedia (griechisch-Mazedonien) sind die besten Vertreter für den Anfang und die Endphase des Gebrauchs bestimmter Baumaterialien und Gebäudetypen während des Frühneolithikums in Griechenland. Die aus Sesklo stammenden Daten sind älter und repräsentieren die Stufe mit monochromer Keramik. Gebäude mit Steinsockel und Pisé-Struktur sowie Häuser mit Ziegelmauern und Holzpfeilern waren zur gleichen Zeit in Gebrauch. Diese Phase ist besonders in bezug auf die Architekturreste für die Anfangsphase und die fortgeschritteneren Stufen des Neolithikums in Südost-, Mittel- und Osteuropa (teilweise) von Interesse. Die Siedlungsschichten mit monochromer Keramik gelten als charakteristisch für jene ethno-kulturellen und wirtschaftlichen Umstände, die unmittelbar auf die Bildung der ältesten Typen frühneolithischer nahrungserzeugender Siedlungen auf den Balkan einwirkten. Die Belege, die von der Archäologie bis heute ge-

Während des Spätneolithikums breiteten sich befestigte Siedlungen mit »vorstädtischem« Charakter in Griechenland aus, wie diese Rekonstruktion der Siedlung Dimini in Thessalien zeigt.

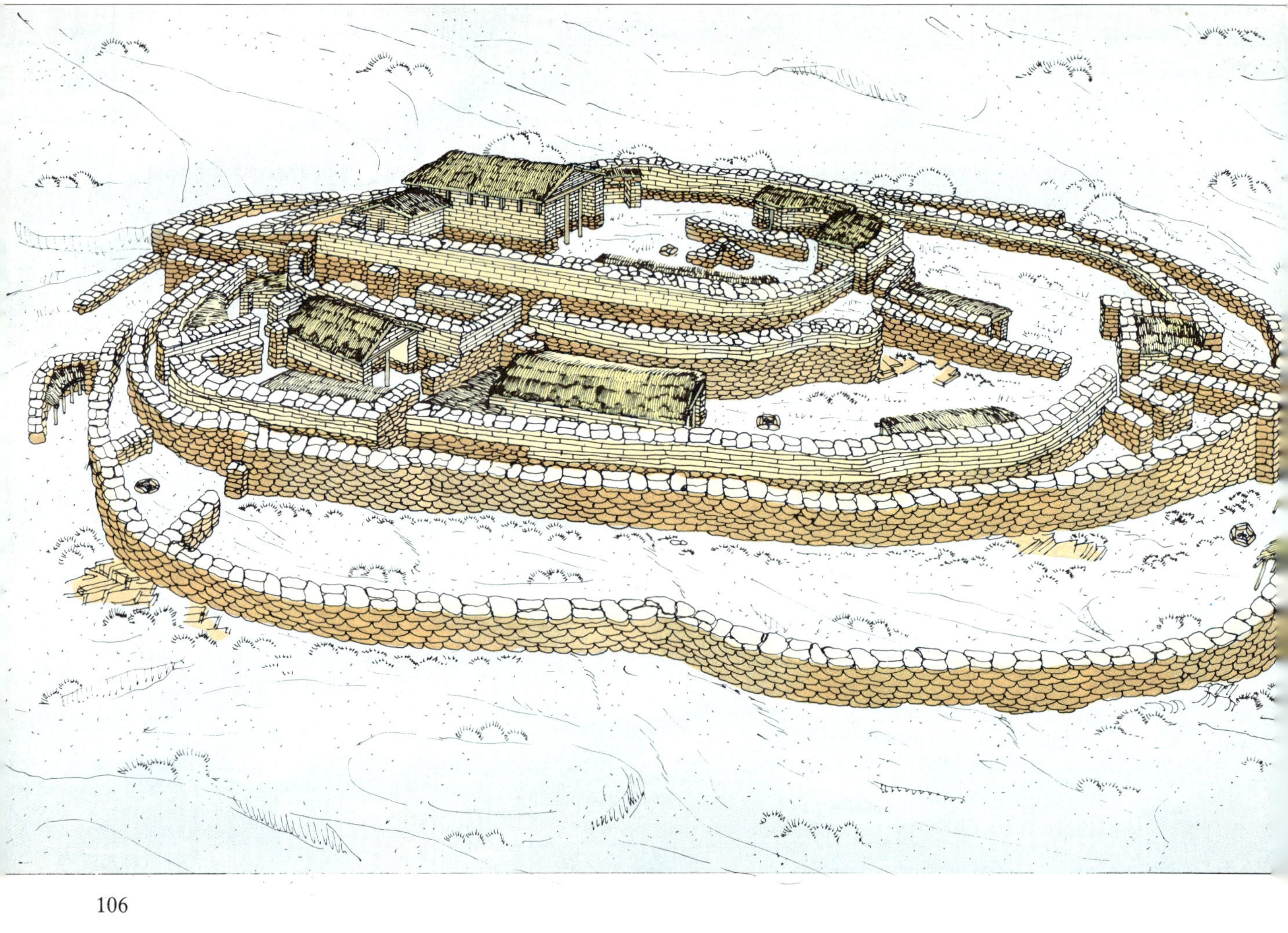

Die auf die Sesklo-Stufe folgende Dimini-Kultur trat in Thessalien während des späteren Neolithikums in Erscheinung. Charakteristisch ist die schön bemalte Keramik, von der die Abbildung ein Beispiel zeigt.

funden wurden, reichen aus, um diese Hypothese zu bestätigen. Die Siedlungsschichten mit monochromer Keramik in Sesklo und Achilleion gehören zu der genannten »Experimentier«-Phase, während der verschiedene Hausformen und verschiedene Baumaterialien ausprobiert wurden. Einige sehr interessante Lösungen treten im griechischen Teil Mazedoniens auf. In Nea Nikomedia entstand um 5500 v. Chr. (Radiokarbon-Datierung) eine Siedlung aus Häusern mit rechteckigem bis quadratischem Grundriß. Die Größe schwankte in der Regel zwischen 8×11 m oder 12×12 m. Die in einem entsprechend zugeschnittenen Graben verankerten Wände bestanden aus einem Gerüst aus Holzpfosten mit Flechtwerk oder Stangenfüllung und einem Lehmmantel oder Lehmverputz. In der gleichen Siedlung tauchen etwas später auch rechteckig-längliche Gebäude mit einer inneren Trennwand auf, so daß zwei Räume geschaffen wurden. Solche Gebäude müssen als die Urformen der für die mittelneolithische Architektur in Griechenland typischen Häuser angesehen werden. Das Dorf in Nea Nikomedia ist kein typisches Beispiel für die frühe und mittlere neolithische Architektur in Griechenland. Die südmazedonischen (Jugoslawien) Varianten der Starčevo-Kultur entsprechen in Hinsicht auf Baumaterial und Bauweise dem Typischen eher. Genügend Beispiele lassen sich in den Siedlungsschichten der Anza-II-Stufe mit gleicher Radiokarbon-Datierung (etwa 5800 v. Chr.) finden. Die Größe der Häuser liegt bei 8 bis 10×4 m, die Wände bestehen aus lehmbestrichenen Pfostenreihen. Die oben genannten Beispiele zeigen, daß die »Experimentier«-Phase der monochromen Keramikstufe in der griechischen Stratigraphie verhältnismäßig rasch endete und daß zu Beginn des Mittelneolithikums zwei Haustypen auftraten. In Nordgriechenland und in Südostmazedonien (Jugoslawien) war das gebräuchstlichste Haus rechteckig, besaß einen Raum und Wände aus Holzpfosten mit Lehmverkleidung. Dieser Typ herrschte auch bei den frühneolithischen Häusern in Bulgarien vor. In vereinfachter Form ist dieser Haustyp auch das gängige frühneolithische Haus der gesamten Region des Balkans und Pannoniens. Während des Mittelneolithikums trat in den dynamischen agrarischen Siedlungen in Thessalien, auf dem Peloponnes und anderen Gebieten des griechischen Festlands ein neuartiger Haustyp auf: Bei dieser Hausform waren die Wände aus Lehm und besaßen einen Steinsockel. Einige dieser Siedlungen (Sesklo) wurden zu den ersten urstädtischen Zentren mit Gebäuden in Megaronart (*Megaron*, griech. = rechteckiger Hauptraum des mykenischen und homerischen Palastes mit dem Herd in der Mitte und vier Säulen).

Die »monochrome Stufe« in Griechenland enthielt bereits die Grundelemente der wirtschaftlichen und sozialen Struktur des Neolithikums. Während dieser Zeit dehnte sich die Neolithisierung auch über die anderen Gebiete des Balkan aus. Die Urbewohner dieser Gebiete und ihre Beziehungen zu anderen Teilen des Mittelmeerraums spielten außerdem eine bedeutende Rolle bei der Entstehung des Neolithikums in Südosteuropa. Monochrome Keramik wurde der Prototyp der Töpferware. In Thessalien (Sesklo), auf dem Peloponnes (Lerna), der Argolis (Höhle von Franchthi), im östlichen Mittelgriechenland (Elatea) und anderen Siedlungen wurden einfache, bauchige und monochrome Töpferwaren hergestellt. Etwas später kam verzierte Keramik auf. Stilisierte weibliche Tonidole – seltener aus Marmor – und anthropomorphe Gefäße tauchten auf. Vermutlich dienten sie als Kultgegenstände bei agrarischen Fruchtbarkeitskulten. Siedlungen mit einer sogenannten »Misch«-Wirtschaft entstanden, obgleich in der Regel örtliche Gegebenheiten über das Vorherrschen von Ackerbau oder Viehhaltung entschieden. Tierhaltung blieb während des gesamten Neolithikums und selbst in den späteren Phasen der Vorgeschichte bestehen. Der bereits erwähnte Handel mit Obsidiangeräten wurde weiterhin betrieben, wodurch Obsidian von Melos zum griechischen Festland (Sesklo, Nea Nikomedia, Franchthi) gebracht wurde. Dieser Handel sollte in den folgenden Stufen des Neolithikums ausgebaut werden.

Es ist nicht auszuschließen, daß gegen Ende des Frühneolithikums in bestimmten griechischen Dörfern Gefäße im Stil der Impresso-Keramik als Folge kultureller Einflüsse aus dem westlichen Mittelmeerraum hergestellt wurden. Möglicherweise kann das Auftreten von Tonware mit eingeprägten und eingeritzten Verzierungen in der Präsesklostufe im Nordwesten Thessaliens (Larissa) und auf dem westlichen Epirus und Korfu (Sidari) chronologisch und kulturell mit der kardiumver-

Belege für den Übergang vom Protoneolithikum zum keramischen Neolithikum gibt es nicht nur im ägäischen Raum, sondern auch auf der Balkanhalbinsel. Lepenski Vir an der Donau (Eisernes Tor) liefert die wichtigsten Zeugnisse für diesen Entwicklungsvorgang. Die Abbildung zeigt einen für diese Siedlung typischen trapezförmigen Hüttengrundriß.

Oben: Eine andere typische Skulptur aus Lepenski Vir. In dieser Siedlung tauchen Hinweise auf den Beginn der Neolithisierung auf, die sich in jener Region unter Einwirkung der Starčevo-Kultur vollzog.

Rechts oben: Luftansicht der Siedlung Lepenski Vir. Jagd und Fischfang waren die hauptsächlichsten Nahrungsquellen ihrer Bewohner.

Rechte Seite: Für Karanovo, der bedeutenden Tellsiedlung in Bulgarien, liegen in stratigraphischer Reihenfolge Belege für die früheste Ansiedlung aus dem Starčevo-Kulturkreis (E) vor. In der Abbildung sind typische Gefäße aus den verschiedenen Siedlungsschichten wiedergegeben, angefangen mit den ältesten (Abb. unten) bis zum Spätneolithikum von Veselinovo (B) und dem Äneolithikum (A).

Rechts: In Lepenski Vir wurden zahlreiche figürliche Menschendarstellungen aus Sandstein gefunden. Der Stil dieser Statuetten weist nur wenige Gemeinsamkeiten mit vergleichbaren Kunstäußerungen aus dem europäischen Frühneolithikum auf.

zierten Keramik aus dem westlichen Mittelmeerraum in Verbindung gebracht werden. Allerdings könnte es sich bei dieser Dekoration auch um eine lokale Entwicklung handeln. Die deutliche Grenze zwischen der Balkan-Anatolischen Variante des Frühneolithikums auf der Balkanhalbinsel (die Starčevo-Gruppe) und den dalmatinischen Siedlungen mit Impresso-Keramik (Jugoslawien) ist ein indirekter Beleg dafür, daß zwischen beiden Regionen kulturelle Kontakte herrschten. Man sollte also davon ausgehen, daß zwischen etwa 5500 und 5100 v. Chr. (Radiokarbon-Datierung), gegen Ende des Frühneolithikums, Verbindungen zwischen dem westlichen und östlichen Mittelmeerraum zustande kamen.
Die weitere Entwicklung des Neolithikums in Südosteuropa läßt sich einerseits im Rahmen der ältesten Bauernkulturen im Bereich Balkan-Anatolien und andererseits im Bereich westliches Mittelmeer und Adria verfolgen. Die Balkangruppen umfassen die Gebiete Ost- und Mittelbalkan (Karanovo-I-Kremikovci und Starčevo-Gruppe zusammen mit lokalen Varianten) und einen großen Teil Rumäniens (Criş-Gruppe). In kultureller Hinsicht gehörten auch die südöstlichen Gebiete Pannoniens zu dieser Zone (Bereich der Starčevo-, Körös- und Criş-Gruppen). Der adriatische Komplex mit der Impresso-Keramik breitete sich dagegen hauptsächlich entlang der albanischen und jugoslawischen Küste aus.

Das Frühneolithikum in Bulgarien

In Bulgarien lagen die ältesten Ansiedlungen der viehhaltenden Bauern meist an Flußufern, wie in den Tälern des Maritza und Tundscha. Die verfügbaren Ausgrabungsbefunde in den Süd- und Ostteilen Bulgariens (Kapitan Dimitrievo, Jassatepe, Karanovo) sowie im Landesinnern (Kazanlik) und im Westen (Kremikovci, Čavdar) belegen, daß Nahrungserzeugung und Keramikherstellung im südöstlichen Balkan während der zweiten Hälfte des 6. Jahrtausends (Radiokarbon-Datierung) begann, also innerhalb der Stufe der Gruppe Kara-

novo I-Kremikovci. Die beträchtliche Dicke der Kulturschicht (1 m für Schicht I in Karanovo) ist das hervorstechendste Merkmal der Siedlungsstratigraphie für die Mehrzahl der frühneolithischen Dörfer dieser Gegend (Karanovo I, Kazanlik, Čavdar usw.). Hier liegt ein deutlicher Beleg für eine beträchtliche Besiedlungskonstanz vor, die vielfach zur Entstehung von Siedlungshügeln führte. Bereits zu Beginn des Frühneolithikums bildeten sich im Südostbalkan den Tells aus dem Vorderen Orient entsprechende Siedlungshügel, eine Form der Ansiedlung, die ansonsten ein Kennzeichen des östlichen Mittelmeerraums darstellt. Die Wirtschaft der Siedlungen Karanovo I-Kremikovci beruhte auf Landbestellung und Viehzucht. Die Häuser hatten einen rechteckigen Grundriß. Ihre Größe schwankte zwischen 5×3,6 m, 7×7 m und 7,7×4,8 m mit einem, in wenigen Fällen auch mit zwei Räumen (Čavdar). Üblicherweise enthielten die Häuser einen unterschiedlich gestalteten freistehenden oder direkt an der Wand stehenden Herd, gelegentlich mit einer kuppelförmigen Lehmüberwölbung, sowie Mahlsteine, große Vorratsgefäße, polierte und geschliffene Steinwerkzeuge, Küchengeräte, Keramik, Ton- und Steinstatuetten, Spinnwirtel und Tongewichte. In einigen Fällen waren die Lehmwände bemalt. Die Fußböden waren als Schutz gegen Nässe mit Holz ausgelegt. Was die Lage der Gebäude zueinander angeht, so waren die Häuserreihen um mit Holzplanken gepflasterte Gassen gruppiert.
Die Sozialstruktur der Gruppe Karanovo-I-Kremikovci, deren Nahrungsproduktion in erster Linie auf dem Anbau von Weizen (Einkorn und Emmer) sowie auf der Zucht kleinerer Wiederkäuer (Schaf/Ziege) beruhte, erlaubte die Entwicklung neuer Elemente der materiellen Kultur, bei denen die Herstellung von Ton- und Terrakottastatuetten die wichtigste Rolle spielten. Tulpenförmige Becher mit roten oder weißen Rändern und einem entsprechenden weißen oder roten geometrischen Dekor sind die kennzeichnenden Leittypen dieser Kultur. Obgleich die Keramik dieser Stufe Spuren der spätneolithisch/altchalkolithischen Tradition Westanatoliens und des griechischen Frühneolithikums aufweist, war die Wahl der Farben und Schmuckelemente eine lokale Neuerung. Das gleiche gilt auch für die Typologie der anthropomorphen Figuren, die in den Siedlungen gefunden wurden. Dabei handelt es sich um seltene Funde,

A

B

C

D

E

stilisierte, flache, ja fast säulenartige Frauengestalten mit stark ausgeprägten Gesäßen (Steatopygie). In der Regel werden sie als Kultgegenstände interpretiert, die im Zusammenhang mit Fruchtbarkeitsriten standen, die der Großen Mutter, der Erdgöttin, gewidmet waren und höchstwahrscheinlich aus Kleinasien stammten.

Das Frühneolithikum in Rumänien

In Rumänien, und zwar im Norden der unteren Donau, in der Moldau, im mittleren Siebenbürgen, in Muntenien, Oltenien und im Banat, siedelten sich Angehörige der frühen Bauern und Viehzüchter aus der Criş-Gruppe an. Diese Gruppe gehörte teilweise zur nördlichen und östlichen Außenzone des frühneolithischen Balkankomplexes. Die Gebiete im Norden Siebenbürgens wurden von Vertretern der Bandkeramikkultur bewohnt. Östlich des von der Criş-Gruppe in Besitz genommen Territoriums, zwischen Dnjestr und Bug, kam es während des Frühneolithikums zur Bildung der sogenannten Dnjestr-Bug-Kultur. Auffällig ist die Ähnlichkeit zwischen der Criş-Gruppe auf der einen und der jugoslawischen Starčevo-Gruppe sowie der ungarischen Körös-Gruppe auf der anderen Seite, was die Grundelemente der materiellen Kultur angeht. Deshalb behandelt man die genannten Gruppen häufig zusammen als den neolithischen Kulturkomplex Starčevo-Körös-Criş. Die kulturelle Verwandtschaft und Ähnlichkeit dürfte auf gleiche genetische Ursprünge und ähnliche ökologische wie soziale Bedingungen zurückzuführen sein.
Neuere Forschungen im mittleren Siebenbürgen (Gura Baciului) belegen, daß in einigen Teilen Rumäniens schon sehr frühzeitig Ansiedlungen aus dem Kreis der frühen Ackerbauern und Viehzüchter entstanden. So glaubt man aufgrund der korrigierten Radiokarbon-Daten, daß zum Beispiel die Siedlung in Gura Baciului bereits vor dem Beginn des 6. Jahrtausends gegründet wurde. Die Bewohner jenes Dorfes stellten grobe einfarbige sowie bemalte Keramik her. Es waren im übrigen reine Ackerbauern. Chronologisch zählt Gura Baciului zur gleichen Stufe wie das griechische Proto-Sesklo. Bis heute läßt sich noch nicht sagen, ob die Bildung der Criş-Kultur allein auf die Kolonisation der fruchtbaren Landstriche im unteren Donaubecken und im Gebiet der Südkarpaten durch eine agrarische Bevölkerung aus dem östlichen Mittelmeerraum zurückzuführen ist. Es könnte sich allerdings auch um einen differenzierten und komplizierten Vorgang handeln, um eine Vermengung neu hereindrängender, ethnisch-kultureller Elemente mit lokalen Kulturäußerungen. Möglicherweise kam es zu Formen einer Assimilation zwischen Kolonisten und Urbewohnern. So wurden zum Beispiel in den ältesten Schichten der viel späteren Hamangiakultur in der Dobrudscha (Nordostbulgarien und Südostrumänien) neolithische kardiumverzierte Keramik gleichzeitig mit mikrolithischen Klingen mesolithischen Typs verwendet.
In den Siedlungen der Criş-Gruppe wurden halbunterirdische Behausungen benützt. Sie lagen im Unterbereich der Hochufer in den Flußtälern. Höhlen dienten nur selten als Wohnung (Dîrtu-Ceahlau). Meist findet sich nur eine Siedlungsschicht, ein deutlicher Beleg für eine kurzfristige Besiedlung. Bislang konnten keine hinlänglichen Beweise für ein Vorherrschen des Ackerbaus in der Ernährung der Criş-Gruppe gefunden werden, obgleich offensichtlich Einkorn während des Frühneolithikums in Rumänien kultiviert wurde. Rinder überwogen bei der Viehhaltung in der Moldau und in Siebenbürgen, während in Oltenien den Schafen und/oder Ziegen mehr Aufmerksamkeit gewidmet wurde, Unterschiede, die durch lokale klimatische und geographische Bedingungen hervorgerufen wurden. Solche Differenzen gewannen dann während der späteren Phasen des Neolithikums größere Bedeutung.
Am besten läßt sich die Entwicklung dieser Gruppen anhand einer Typologie der keramischen Leittypen verfolgen. Die Form der Gefäße beschränkte sich in der Regel auf einfache Kugel- oder Halbkugeltypen. Auch Gefäße auf Ringfüßchen kamen vor. Allerdings lassen sich stilistische Unterschiede zwischen der frühen und späteren Stufe der Criş-Kultur feststellen. Die bemalte Keramik der frühen Stufe (Gura Baciului-I-Circea) besitzt eine rote, polierte Oberfläche mit ei- und tropfenförmigen weißen Ornamenten. Gegen Ende der Periode herrschen sowohl bei der Criş- wie der Starčevo-Gruppe schwarze, spiralförmige Dekorationen auf rotem Grund vor (Banat und Moldau).

Das Frühneolithikum in Mittel- und Ostjugoslawien

Zusammen mit ihren lokalen Varianten (Anzabegovo-Vršnik I–III) spielt die Starčevo-Gruppe eine wesentliche Rolle für die Neolithisierung der zentralen Balkanregion und des Südostens der pannonischen Ebene. Die frühesten Nahrungsproduzenten aus der Starčevo-Gruppe stellten auch zuerst Keramik und Terrakotten in diesem Gebiet her. Ihre Siedlungen wurden entlang der zahlreichen Flüsse des mittleren Balkans (Kosovo, Metohia, Zentralserbien, Nordmazedonien, Nordostbosnien) und Südostpannoniens gegründet. Im äußersten Süden Jugoslawiens (Mazedonien) lassen sich zwei Gruppen unterscheiden, die von Anzabegovo-Vršnik und die Porodingruppe. Erstere bildete sich unter dem Einfluß kolonisierender Viehzüchter und Ackerbauern, während die zweite ein lokal verspätetes Auftreten der Starčevo-Gruppe darstellt und chronologisch zur Endstufe des Frühneolithikums im Bereich Balkan-Anatolien gehört.
Will man die Grenzen bestimmen, bis zu denen sich das Frühneolithikum vom ägäischen Raum aus als Einfluß geltend machte, dann muß besonders die Gruppe Anzabegovo-Vršnik berücksichtigt werden. Die entsprechenden Siedlungen übernahmen Ackerbau und Viehzucht etwas langsamer als anderenorts. Seit den Anfangsphasen des Frühneolithikums (Anza Ia) bis zu seinem Ende in Südmazedonien (Anzabegovo III–Vršnik I) kultivierten die Bewohner der Siedlungen entlang des Bregalnica und Wardar und in Pelagonien Emmer und Einkorn, Sechszeilgerste sowie Linsen und Erbsen. Schaf und Ziege überwogen im Verhältnis zu Rind und Schwein. Die Bewohner lebten in festgebauten Häusern mit rechteckigem Grundriß, ähnlich wie in Nea Nikomedia. Schon während der Anfangsstufen der Besiedlung kam es zur Herstellung von Keramik in den Dörfern, wo sowohl grobe halbkugel- wie kugelförmige Ware produziert wurde. Daneben gab es schöne, rotpolierte Gefäße. Dekorationen bestanden aus stilisierten wei-

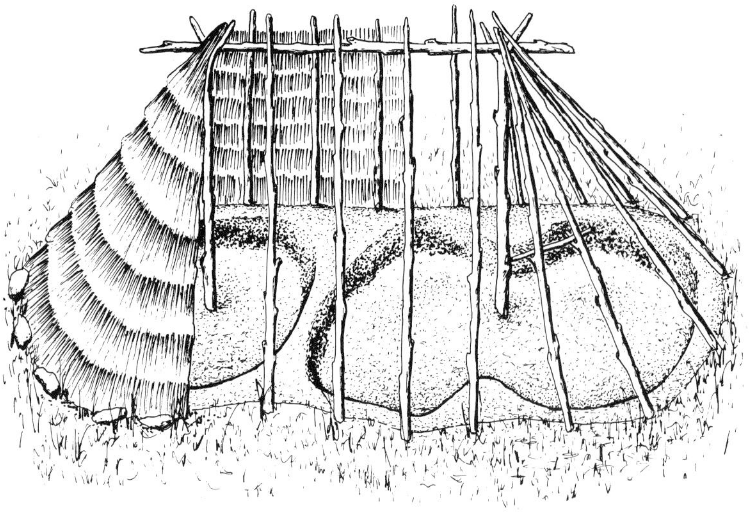

Die Häuser in der zentralen Region des Balkan in Jugoslawien unterscheiden sich während des älteren Neolithikums deutlich von den weiterentwickelten Haustypen im Süden des Balkan. Ihre Wohnflächen sind in die Erde eingetieft.

ßen Blumenmustern, Dreiecken und Mäandermustern. Während der späteren Phasen entwickelten sich neue Techniken, die sowohl kulturelle wie chronologische Bedeutung haben. Es gab nunmehr auch Barbotine-Techniken und solche mit eingeritztem Dekor. Derartige Elemente waren typisch für die Starčevo-Körös-Criş-Gruppe. Eine genaue Analyse der seltenen Beispiele für die bemalte Keramik und Statuetten verweist auf zwei wesentliche Komponenten in der Entwicklung der Anzabegovo-Vršnik-Gruppe. Anfangs dominierte der anatolisch-ägäische Einfluß, was an der unkonventionellen und phantasievollen Verwendung der weißen Blumen- und Figurenmotive sichtbar wird. Die Darstellung des menschlichen Körpers bei den stilisierten, säulenartigen Figuren zeigt deutliche Einflüsse aus dem inneren Balkan und kontinentalen Raum. Der aus dem Norden stammende Einfluß sollte schließlich während der späteren Entwicklungsphasen dieser Gruppe dominieren, ein Umstand, den auch die Verwendung dunkler geometrischer Muster auf hellem Untergrund verdeutlicht.

Nimmt man die in Anzabegovo ermittelten Radiokarbon-Werte als Rahmendaten für die Dauer des Frühneolithikums in Südmazedonien, dann müssen die ältesten Bauernsiedlungen in der Grenzzone zwischen der südlichen und inneren Balkanregion im Zeitraum von 6000–5000 v. Chr. entstanden sein. Diese Ansiedlungen verschwanden mit Beginn des 5. Jahrtausends unter dem Druck der Angehörigen der Vinča-Gruppe. Ihr Eintreffen in jenen Teilen Jugoslawiens markiert den Anfang einer neuen Epoche, und zwar des Mittel- und Spätneolithikums.

In den mittleren Gebieten des Balkan und im Süden der pannonischen Ebene gründeten die ersten Ackerbauern Siedlungen vom Starčevo-Typ an den oberen Hängen der Flußufer oder auf Alluviumhügeln. Die Wanderung der ersten Bauern aus dem Moravatal zu dem weiten Gelände an der Mündung der Save und die Kolonisation im Norden der pannonischen Ebene entlang von Donau und Theiß war von großer Bedeutung für die Ausbreitung des Neolithikums. Die zweite Kolonisationsrichtung folgte der Save flußaufwärts und entlang ihrer Nebenflüsse wie der Drina bis nach Mittelbosnien. Jugoslawische Archäologen haben in jenem Gebiet eine Symbiose zwischen Vertretern der Starčevo-Gruppe und Herstellern kardiumverzierter Keramik gefunden, die ursprünglich aus dem Adriaraum stammten. Das Dorf in Obre I wurde von Bauern Balkan-Anatolischen Ursprungs gegründet. Bald danach traf eine neue Welle Kolonisten ein, diesmal von der Adriaküste. Die Neuankömmlinge vermischten sich rasch mit der ansässigen Bevölkerung, was eine Siedlung mit kulturellen Elementen verschiedener Herkunft ergab. Mittelbosnien bildet also damit nicht nur die äußerste Randzone für die Ausdehnung der Starčevo-Gruppe im westlichen Balkan, sondern auch die nördlichste Grenze für die Verbreitung der mediterranen Kardiumware und des ihr entsprechenden Kulturkomplexes.

Verfügbare Befunde lassen erkennen, daß die Bauern der Starčevo-Gruppe diejenigen waren, die für die Verbreitung des Ackerbaues und der Viehzucht sorgten und als erste die Keramikherstellung in Ostpannonien übernahmen. Die Tatsache, daß sowohl das Ende des Mesolithikums wie auch der Anfang einer neuen Epoche wirtschaftlicher und sozialer Beziehungen in Südpannonien mit dem Auftreten der Starčevo-Kultur zusammenfiel, ist von großer Bedeutung. Obgleich die Starčevo-Bauern verhältnismäßig rasch entlang der breiten Täler der Donau und ihrer Nebenflüsse vordrangen – was die Bestimmung des Ursprungs dieser Gruppe erschwert –, lassen sich dennoch drei deutlich verschiedene Entwicklungsstufen festhalten. Die allererste Stufe ist durch die Herstellung monochromer Keramik sowie schöner Töpferware mit weißen tropfenförmigen Schmuckelementen gekennzeichnet (Donje Branjevine I). Später – unmittelbar vor dem Eindringen einer mittelneolithischen Population – wurden doppelkonische Gefäße produziert, die einen Dekor in einem dunklen Spiralmuster aufwiesen. Außerdem wurden in einigen Siedlungen (Obrež) auch Obsidianklingen gefunden, was auf Kulturbeziehungen mit den entfernten Gebieten der pannonischen Ebene (etwa mit dem Bükkgebirge im Nordosten Ungarns) vermuten läßt. Sollte der Anfang der Starčevo-Gruppe auf das Ende des 6. Jahrtausends datiert werden (C-14-Daten), dann dürfte ihr Ende im Bereich um etwa 4500 v. Chr. zu suchen sein. Die vorhandenen Kenntnisse über die Wirtschaft dieser Kultur sind dürftig. Die Rolle des Ackerbaus läßt sich nur indirekt anhand der Spreu erschließen, die bei der Herstellung der Keramik verwendet wurde. Die Bedeutung der Viehzucht belegen Schaf- und Ziegenknochenfunde an verschiedenen Fundorten. Auch Mollusken und Schnecken dienten als Nahrung.

Das Frühneolithikum in Mittel- und Südostungarn

Zwischen 5500 und 5000 v. Chr. entstanden nördlich der Theißmündung, in den südlichen und mittleren Gebieten Ungarns sowie im Norden der Wojwodina (Nordostjugoslawien) die ersten akkerbäuerischen und viehhaltenden Siedlungen der Körös-Gruppe. Geographisch zu Mitteleuropa rechnend, gehört sie dennoch aufgrund genetischer und kultureller Faktoren zum frühneolithischen Zentralbalkankomplex. Körös-Kolonisten ließen sich an den trockeneren Ufern kleiner Seen (Ludoš und Nosa – Nordostjugoslawien) und in den höhergelegenen Teilen der feuchten Überschwemmungsgebiete des Maros, Körös und der Theiß nieder. Einige Bauern und Viehzüchter drangen weiter in den Norden Ostungarns vor und brachten die dort ansässige, eher nomadische mesolithische Bevölkerung zur dauerhaften Seßhaf-

Halskette und typisches Gefäß der Starčevo-Kultur aus Lepenski Vir, der charakteristischen Kulturstufe für die erste neolithische Phase in einem großen Teil des mittleren und südlichen Balkan.

tigkeit und zur Nahrungsproduktion, und zwar im Rahmen der Szatmár-Kultur. Dieses Gebiet, das den Nordosten Ungarns (Méhtelek) und den Nordwesten Rumäniens (Ciumeşti) umfaßt, sollte durch die Szatmár-Gruppe bald zum ältesten Territorium werden, in dem sich die frühe Alföld-Bandkeramik entwickelte. Es kann als sicher angenommen werden, daß die Verbreitung des Neolithikums entlang von Theiß, Donau und den anderen Flüssen bis hin in die fruchtbaren Ebenen Mitteleuropas überwiegend die Leistung der Körös-Gruppe darstellt. Das erklärt, warum ihr eine derart vorherrschende Rolle in den ältesten Phasen der mitteleuropäischen Vorgeschichte zukommt. Ohne Zweifel gehörte diese Gruppe mit zu jenen, die zum Entstehen der mitteleuropäischen Bandkeramikkulturen mitbeitrugen. Ihre Ernährung gewannen sie durch die sogenannte Mischwirtschaft. Inwieweit Ackerbau und Viehwirtschaft oder Jagd und Fischfang jeweils dominierende Stellungen einnahmen, läßt sich anhand der gegenwärtigen Quellenlage nur schwer entscheiden. Es sind jedoch stets die örtlichen Bedingungen gewesen, die für das eine oder das andere den Ausschlag gaben, zumal wenn bestimmten mesolithischen Elementen wie der Jagd auf Land-, Wasser- und Waldsäugetiere größere Bedeutung zukam als der Viehzucht. Die ersten domestizierten Tiere (Schaf und Ziege) tauchten in Pannonien zusammen mit der Kolonisation aus dem Südosten der Balkanhalbinsel auf. Auch wenn Schaf und Ziege zu den am zahlreichsten vertretenen Haustieren in den Siedlungen des südlichen Kreises der Körös-Kultur (Maroslele Pana, Ludoš-Budžak usw.) gehörten, wurde dennoch das Sammeln weiterhin beibehalten, wie die Kornspeicher mit Resten wilder Hirse in Biserna Obala belegen. Eine nachhaltige Tradition des Fischfangs und der Jagd in lokalen feuchten Niederungen des Flußsystems der Theiß und in den Wald/Steppen-Regionen der Körös-Gruppe verzögerte im Vergleich zu anderen Kulturgruppen des Südost- und Zentralbalkans hier die sozio-ökonomische Entwicklung. Am besten verdeutlicht die Typologie der Keramik das Hinterherhinken dieses Kulturkreises. Die Töpferware behielt während ihrer gesamten Entwicklung die einfache Kugelform bei und wurde nur selten bemalt. Grobe Keramik erhielt oft einen Impresso-Dekor, das häufigste Schmuckelement jener Zeit. Die Frauenfiguren und die anthropomorphen Gefäße zeigen eine Stilisierung, bei der allein die Gesäßpartien stark akzentuiert sind. Im übrigen war diese Gruppe die letzte, die Terrakotten herstellte, die ansonsten nur äußerst selten in der Bandkeramikkultur auftreten.

Die frühneolithische Bauernkultur in Pannonien wird besonders durch geräumige rechteckige Gebäude mit verputzten Wänden und solidem Holzgerüst gekennzeichnet. Das ist an der abgebildeten Rekonstruktion einer Hütte, deren Fundamente bei Tiszajenö im Südosten Ungarns gefunden wurden, gut zu erkennen.

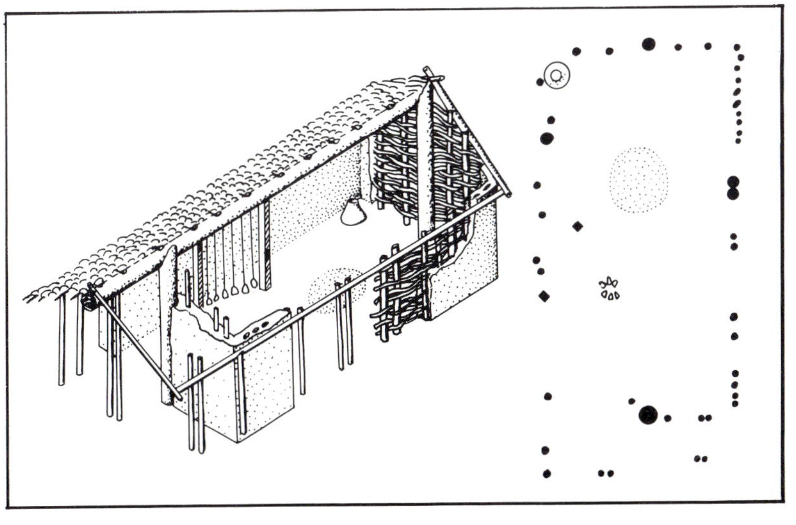

Das Mittel- und Spätneolithikum

Der Anfang des Äneolithikums in Südosteuropa und der pannonischen Ebene – ca. 5000–3200 v. Chr.

Das Mittelneolithikum begann in Südosteuropa während des 5. Jahrtausends v. Chr. In Griechenland entstanden bereits etwas früher, gegen Ende des 6. Jahrtausends, mittelneolithische Siedlungen. Einige dieser Siedlungen wiesen eine fortlaufende Entwicklung aus der vorhergehenden Stufe auf, und zwar zusammen mit einer großen Verbreitung. Hierzu zählen etwa die thessalischen Ansiedlungen, die auf kleinerem Maßstab bereits stadtartige Wesenszüge mit einer Einwohnerzahl zwischen drei- und viertausend annahmen. Ein Beispiel dafür ist Sesklo. Die Bewohner lebten in Gebäuden von Megaronart mit einem abgesonderten Begräbnisplatz oder Friedhof. Die Schaffung der ersten protourbanen Siedlungen führte zu einem Wandel in der sozialen und wirtschaftlichen Struktur der bäuerlichen Gemeinschaften. Handel mit Schmuck aus Spondylusmuscheln, etwa Armbändern, ermöglichte Verbindungen zum Innern des Balkan. Es gibt keine Ausgrabungsbefunde, auf die sich die Annahme eines Bruches in der ethno-kulturellen Entwicklung während des Übergangs vom Frühneolithikum zur Mittelphase stützen könnte. Allerdings sind deutliche Veränderungen erkennbar. So wurden z. B. neue Formen bikonischer Gefäße hergestellt und häufig neue Ornamentarten verwendet. In Griechenland tauchten nach der Zeit des »archaischen Dekorationsstils« Schüsseln und Becher mit roten Zickzackmustern und Blumenornamenten auf. In einigen Teilen Griechenlands (Cheronea-Kultur) kam es zur Fertigung sehr feiner und dünner Tonware (Urfirnisware). Unglücklicherweise wurden Sesklo und einige andere Siedlungen etwa um 4400 v. Chr. durch Feuer zerstört. Anderenorts ging die Entwicklung jedoch während der Spätphase des Neolithikums weiter. Es hat sich noch nicht eindeutig klären lassen, ob der Untergang Sesklos die Folge eines Naturereignisses (ein Erdbeben) oder einer gewaltsamen Zerstörung war. Eine Tatsache ist jedenfalls sicher: Das Spätneolithikum in Griechenland begann zwischen 4400 und 4200 v. Chr. Der Zeitraum von 4400–4300 v. Chr. ist in etwa als die Übergangsperiode zwischen den beiden neolithischen Stufen in Südosteuropa anzusehen. Zu dieser Zeit entstanden in Griechenland befestigte Siedlungen. Im eigentlichen Balkangebiet und in Pannonien verlief der Wandel langsamer. Die frühneolithischen Gruppen verschwanden erst zwischen 4500 und 4200 v. Chr. Eine neue Ära begann (Karanovo III-Veselinovo in Bulgarien, Vadastra-Dudeşti in Rumänien, Anfänge der Vinča-, Theiß- und Butmirkultur im Zentralbalkan usw.). Die ersten Anzeichen dieses Wandels tauchten im äußersten Süden der Balkanhalbinsel auf. Man nimmt an, daß sich der Bruch mit der mittelneolithischen Tradition in Griechenland unter dem Einfluß der jungchalkolithischen Zentren des Ackerbaus in Mesopotamien (Obēd) und in Kleinasien (Beycesultan) vollzog. Strömungen aus dem Kerngebiet neolithisch-chalkolithischer Kultur erreichten auf dem Weg über Thrakien und Nordgriechenland andere Teile des Balkan. Der Einfluß machte sich bis in die untere Donauregion und nach Norden bis in die pannonische Ebene geltend. So wurden zwei Zonen geschaffen, die eine getrennte Entwicklung nehmen sollten: auf der einen Seite Griechenland, auf der anderen der Rest des Balkan. Im äußersten Süden des Balkan begann das Spätneolithikum etwa um 4300 und verschwand zwischen 3000 und 2800 v. Chr. In vielen Orten lebte die Bevölkerung in befestigten Siedlungen (in Serbien, die unteren Schichten von Sitagroi, Photolivos, Dikili Taš usw.). In diesen Siedlungen wurde zum ersten Mal ein neuer Keramiktyp hergestellt: dunkelgefärbte Ware mit geritzten oder matten Banddekorationen. Die neue Epoche brach mit der alten Tradition der bemalten Keramik. In den Töpfereien wurden neue Herstellungs- und Dekorationsweisen eingeführt. Dieser Zeitraum war auch sowohl in Griechenland wie im Gesamtraum des Gebiets Balkan-Pannonien eine Periode sozialer und kultureller Vielfalt und Vielgestaltigkeit.

Die in Südosteuropa ablaufenden Veränderungen waren nicht allein die Folge kleinasiatischer Einflüsse. Keineswegs darf die Rolle der lokalen Bevölkerung übersehen werden, denn allein durch sie konnte sich das Nebeneinander einzelner, verschiedenartiger Kulturäußerungen etablieren und ausbreiten. Dieses Moment läßt sich am besten durch die stilistischen und typologischen Unterschiede der Keramikdekoration und der anthropomorphen Statuetten verdeutlichen. Während die Keramikstile deutlich gegliedert sind, ergeben sich bei der Wirtschaftsform und bei der sozialen Gruppierung große Ähnlichkeiten. Unabhängig ihres Ursprunges (die jugoslawische Vinča-Kultur, die Karanovo-Kultur in Bulgarien, die Theiß-Kultur in Ostungarn) gleichen sich Bauweise und Baumaterialien, Totenbestattung, Stein- und Knochengerätetypen sowie die Waffen. Noch eine weitere Tatsache muß berücksichtigt werden: Während des Mittel- und Spätneolithikums kam es zu einer steten und sichtbaren Bevölkerungszunahme in ganz Europa, die zur Differenzierung der kulturellen Äußerungen auf lokaler Ebene beitrug.

In dieser Zeit erreicht die auf Ackerbau und Viehzucht beruhende Wirtschaftsform ihre volle Blüte. Diese Entwicklung vollzog sich im Rahmen der für die neolithischen Siedlungen eigentümlichen sozialen Gruppierung, bei der durch eine verfestigte Spezialisierung eine größere Teilung der Arbeit als zuvor erreicht wurde. Es gab nunmehr ein echtes Handwerkertum bei der Herstellung von Statuetten, Keramik, Geräten und anderem, im Unterschied zur zusätzlichen Arbeit der überwiegend im Nahrungserwerb tätigen Menschen. Die Sied-

Spondylus-Muscheln *aus der Ägäis dienten als Schmuck und waren begehrte Waren eines weitreichenden Handels, der sich während des Neolithikums von der Balkanhalbinsel entlang der großen Flußläufe bis ins Innere des Kontinents erstreckte. Die Karte gibt die geographische Verteilung der Fundplätze solcher Muscheln wieder.*

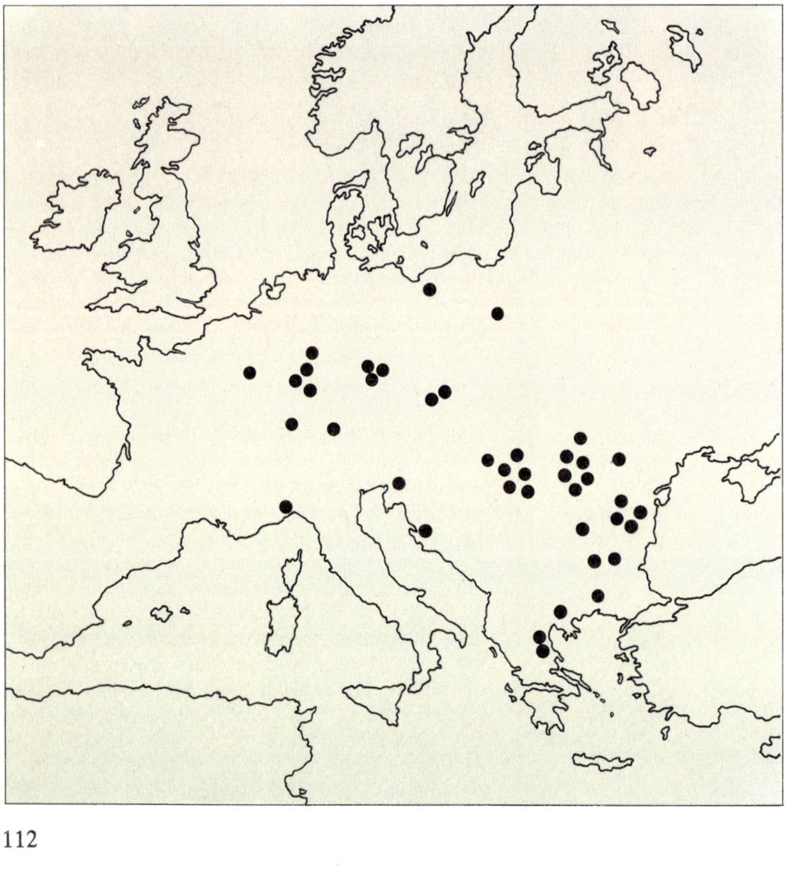

Die Butmirkultur gehört zu einer jüngeren Phase des Neolithikums in Bosnien. Der Flußlauf der Neretva bildete einen natürlichen Kommunikationsweg zum Adriaraum, was stilistische Einflüsse aus dem Bereich der Danilo- und Hvar-Lisičići-Kulturen widerspiegeln. Abgebildet ist die Rekonstruktion eines Hauses der Butmirkultur.

lungsweise hatte entweder die Form von Tells (Hugel aus übereinanderliegenden Siedlungsschichten) oder einmaligen Niederlassungen (bei denen sich nur eine Siedlungsschicht nachweisen läßt). Die Häuser waren fest gebaut und in zwei oder drei Räume unterteilt. In einem Zimmer stand in der Regel ein Ofen und ein Herd, während der andere haufig als Vorratskammer oder Speicher diente, wo Nahrung in großen Behaltern gelagert wurde. Der dritte Raum bildete den eigentlichen Wohnbereich, obwohl es auch denkbar ist, daß dort gleichzeitig einige Haustiere gehalten wurden. Die Wände bestanden aus massiven, dicht nebeneinanderstehenden und tief in den Boden getriebenen Holzstämmen mit Lehmauftrag. Siedlungen dieser Art entstanden in der Maritza-, Boian-, Gumelniţa-, Vinča-, Butmir-, Theiß- und in anderen spaten neolithischen und frühen aneolithischen Kulturen in Südosteuropa und Pannonien. Gerade in Pannonien war der Einfluß der zentralen Balkanregion besonders ausgeprägt. In Azmak und Karanovo V-VI (Bulgarien), Truşeşti und in Radovanu (Rumänien), Vinča und Gomolava (Jugoslawien) sowie in Hódmezovásárhely und Szegvár (Ungarn) wurde Keramik gemacht, die sich in zwei Gruppen einteilen laßt. Wahrend des Spatneolithikums und des Anfangs der aneolithischen Stufe erreichte die bemalte Keramik in Rumanien und Bulgarien ihre volle Blute. In der Vinča-Gruppe dagegen blieben das Einritzen und Polieren die üblichen Dekorationsweisen bis zum Beginn des Mitteläneolithikums, als diese Gruppe verschwand. In Pannonien übernahm die Lengyel-Gruppe das Bemalen der Keramik. Von dort dehnte sich diese Dekorationsform nordwärts bis nach Mitteleuropa aus. Innerhalb der großen Vielfalt der anthropomorphen Figuren wechselte betonte Schematisierung mit einem naturalistisch-realistischen Stil. Wir durfen auch die Tatsache nicht leugnen, daß in einigen neolithischen Siedlungen in Sudosteuropa bereits Metall verarbeitet wurde. Schon in neolithischen Grabern aus dem Bereich der Boiankultur wurden Schmuckbeigaben aus Kupfer gefunden. Die Bewohner einer Siedlung aus der Vinča-Gruppe in Rudna Glava (Ostserbien) betrieben bereits einen einfachen Kupferbergbau. Alle diese Elemente sind Anzeichen der großen Veränderungen, die sich über den gesamten südosteuropäischen Raum zwischen 3400 und 3200 v. Chr. erstrecken und einen allmählichen Übergang in das Äneolithium oder eine Übergangsperiode zwischen Neolithikum und Bronzezeit herbeiführen sollten.

Der westmediterrane Bereich mit Impresso-Keramik

Mittleres und Spätneolithikum (östliche Adriaküste) – ca. 6000–3500 v. Chr.

Die Neolithisierung der ostlichen Adriakuste war nur ein Moment des ausgedehnten Wandels, der zwischen 6000 und 4600 v. Chr. auch die Kustenregion von Sud- und Mittelitalien ergriff. Die chronologische und kulturelle Einheit mit der westlichen Adriaküste machte sich in der Wirtschaft, den Wohngebäuden sowie in der Herstellung und Verzierung der Keramik geltend. Enge Verbindungen mit Süditalien ergaben sich als Folge analoger sozialer und wirtschaftlicher Veranderungen, die sich während des 6. Jahrtausends über den großeren Teil des westlichen Mittelmeerraums erstreckten. In den Kustenregionen Jugoslawiens und Albaniens verlief die Neolithisierung als Miteinbeziehung in die ostliche Außenzone des Kulturkreises mit cardiumverzierter Keramik. Beginnend mit dem Golf von Triest (Grotta Azzurra di Samatorza) lassen sich Siedlungen, die zum Cardium-Impressokomplex gehören, den gesamten Küstenstreifen entlang bis zur Spila-Höhle in Boka Kotorska finden. Von der adriatischen Kuste kommende Kolonisten drangen das Tal der Neret-

va flußaufwärts bis nach Mittelbosnien vor. Sie ließen sich in den nördlichen Teilen Montenegros (Crvena Stijena) und in der Herzegowina (Zelena Pećina) nieder. Die Küstenregion Nordwestalbaniens gehört höchstwahrscheinlich ebenfalls zu diesem Kulturkreis. Die Bewohner lebten meist in Höhlen, selten in offenen Siedlungen (Smilčići). In diesem Gebiet nahm die Anfangsstufe des Neolithikums vermutlich die Gestalt eines steten Übergangs vom Mesolithikum ins Neolithikum an. Dieser Vorgang mit der traditionellen Lebensweise der früheren Kulturstufe blieb weiterhin das grundsätzliche Element der Wirtschaft auf einer neuen Entwicklungsstufe. Beispielsweise gibt es keine großen Unterschiede zwischen den in Crvena Stijena III und in Zelena Pećina III gefundenen mesolithischen und frühneolithischen Gerätetypen. Die einzige Neuerung war die Verwendung von mit Muscheleindrücken verzierter Keramik (Impresso-Keramik). Auf der Grundlage von Tierknochenfunden, die aus dem Beginn des Neolithikums datieren, läßt sich erschließen, daß der Nahrungserwerb durch Jagd und Fischfang eine wichtigere Rolle spielte als Ackerbau und Viehzucht, die erst im Spätneolithikum überwogen. Die Gründe für die langsame Übernahme des Weizenanbaus und der Tierdomestikation dürften hauptsächlich in den außerordentlich ungünstigen geographischen Bedingungen – ein Bergland mit sehr wenig fruchtbaren Böden – zu suchen sein.

Der Beginn der Impresso-Keramik-Kultur läßt sich am besten mit den Schichten in Crvena Stijena III dokumentieren, die in chronologischer Hinsicht mit Prato Don Michele in Süditalien und Coppa Nevigata in Apulien in Beziehung gebracht werden können. In der folgenden Stufe wurde die Stempel- und Tremolotechnik eingeführt und auf einfacher runder Ware angebracht. In Dalmatien ist diese Phase am besten durch die Smilčići-Siedlung belegt. Die entsprechende Stufe in Italien wird durch die Guadone-Phase repräsentiert. Gegen Ende des Mittelneolithikums begann die Ausdehnung in das Hinterland von Mittelbosnien (Obre I), und zwar zusammen mit der Verkopplung mit dem Balkan-Anatolischen Komplex (Starčevo-Gruppe). Diese Periode hat ihr Gegenstück in Masseria la Quercia im Apennin.

Die Bildung der jugoslawischen Danilo-Kultur und der Cakrankultur in Albanien markiert den Anfang des Mittelneolithikums an der östlichen Adriaküste. Während dieses Zeitraums machte sich ein allgemeiner wirtschaftlicher und kultureller Wandel auf der gesamten Balkanhalbinsel spürbar. Das Mittelneolithikum in Dalmatien läßt sich anhand radiometrischer Messungen auf die zweite Hälfte des 5. Jahrtausends und auf die erste Hälfte des 4. Jahrtausends v. Chr. datieren. Das entspricht dem italienischen Scaloria Bassa-Ripoli I und dem Kakanj, d. h. der Vinča-Tordoš-Phase in der zentralen Balkanregion. Der Austausch von Gütern mit Süditalien und dem Hauptgebiet des Balkan nahm an Stärke zu. Obsidian kam von den Liparischen Inseln, Weizen aus Bosnien. Gegen Ende der Periode tauchte in den bosnischen Butmirsiedlungen und in denen der Sopot-Lengyel in Ostslawonien Schmuck aus Spondylusmuscheln auf. Buntkeramik kam auf, ebenso anthropomorphe Gefäße und zoomorphe Figuren.

Mit der Hvar-Lisičići-Gruppe endete das Neolithikum im Bereich der östlichen Adriaküste. Diese Gruppe soll sich teilweise aus den Danilo-Urbewohnern und teilweise durch enge kulturelle Verbindungen mit den spätneolithischen Kulturen der Balkanhalbinsel und Italiens entwickelt haben. Selbst in dieser Periode blieb neben dem Ackerbau das Sammeln ein wesentliches Element der Ernährung. Die Keramik war mit bemalten und reliefartigen Spiralmustern dekoriert. Soziale und klimatische Veränderungen gegen Ende des Neolithikums führten zu einem allmählichen Verschwinden der Hvar-Lisičići-Gruppe. In Italien stehen die Matera-Capri II-, die Serra d'Alto-Ripoli IIa-III- und die Lagozzakultur auf der gleichen Stufe. Zu dieser Zeit begann im Innenland des Balkan die Ausbreitung der älteren metallverarbeitenden Kulturen.

Das Neolithikum – frühes Äneolithikum – in Mitteleuropa *ca. 4800–3000 v. Chr.*

Die Kultur der Bandkeramik

In Mitteleuropa begann das Neolithikum mit der Bandkeramikkultur, deren Vertreter auch die ersten Ackerbauern und Viehzüchter in dieser Region waren. Diese Bauern drangen nach Nordpannonien und in die weiten, flachen Gebiete Polens und Deutschlands vor, wo sie verhältnismäßig rasch die fruchtbaren Lößböden besiedelten. Wie Radiokarbon-Datierungen zeigen, nahmen die ältesten mitteleuropäischen Nahrungsproduzenten während mehrerer Jahrhunderte – zwischen etwa 4800 und 4400 v. Chr. – ein ausgedehntes Territorium in Besitz. Die südlichen Außenzonen der bandkeramischen Kolonisation sind wirklich bemerkenswert: So lagen die äußersten Siedlungsgebiete im Südosten an den Ufern des oberen Dnjestr, des Südlichen Bug und am Pripet, während die südwestlichen Randzonen im bayerischen Donauraum beheimatet waren. Von der Weichsel im Osten bis zum Rhein im Westen entstanden bandkeramische Siedlungen im Flachland, auf Lößböden in Südpolen und in der mitteldeutschen Ebene. Man glaubt, daß sich die Bauern der Bandkeramikkultur entlang der Donau flußaufwärts bewegten und auf ihrer Wanderung zuerst den

Linke Seite:

Links: Im Gebiet der Vinča-Kultur, die sich während des gesamten Neolithikums über weite Gebiete des Balkan erstreckte, wurden zahlreiche Tonstatuetten und anthropomorphe Gefäße hergestellt. Zu den charakteristischen Kulturzeugnissen dieser Kultur zählen die sogenannten »Göttinnen mit Vogelgesicht« (mittlere Abbildung).

Rechts: Ein Kennzeichen der neolithischen Tradition auf dem Balkan sind auch die phantasiereichen Gefäße in Tiergestalt. Das abgebildete Exemplar stammt aus der Siedlung von Lužianky im Gebiet von Nitra (Slowakei).

Rhein, später die mittlere Elbe und die Weser erreichten. Die zweite Stoßrichtung der Kolonisation Mitteleuropas verlief nach Nordosten, und zwar über Nordungarn und dann entlang der böhmischen und mährischen Flußtäler sowie über das Sudetengebirge. – So lautet in etwa eine knappe Beschreibung der neolithisierenden Kolonisation, durch die ausgedehnte Lößgebiete im Raum des oberen und mittleren Oder- und Weichselbeckens bevölkert wurden.

Die Vertreter der Bandkeramikkultur verbreiteten sich über große Gebiete des Kontinents und kamen dabei mit der lokalen mesolithischen Bevölkerung in Berührung. Dennoch gab es jedoch kaum Unterschiede in den sozio-ökonomischen Grundlagen, in der Bauweise der Gebäude, in der Anlage der Siedlungen sowie im übrigen Bereich der materiellen Kultur. Im gesamten Ausdehnungsgebiet glichen sich die charakteristischen Äußerungen der Bandkeramikkultur. Wir haben es also höchstwahrscheinlich mit einer langsamen inneren Evolution zu tun, bei der allem Anschein nach die Kohäsionskräfte sehr stark waren. Das würde auch das gleichzeitige Auftreten der charakteristischen Kulturäußerungen der Bandkeramikkultur im gesamten von ihr belegten Territorium erklären. Das Gebiet zwischen den östlichen und den westlichen Varianten der Bandkeramikkultur erstreckt sich über eine Entfernung von 2000 km. Jeder Vergleich mit den frühneolithischen Kulturgruppen in Südosteuropa und ihren wesentlichen lokalen Ausprägungen muß mit der Schlußfolgerung enden, daß die Bandkeramikkultur eine erstaunliche Einheit aufweist.

Das Siedlungswesen läßt die zugrunde liegende wirtschaftliche und soziale Struktur deutlich zutage treten. Die typische Hausform war ein rechteckiger Großbau, der auch als Großfamilienhaus bezeichnet wird. Während die auf dem Balkan gebauten Häuser klein und sehr dicht beieinander lagen, besaßen die Bauten in Mitteleuropa einen weitaus längeren Grundriß und fügten sich weit verstreut in ein ausgedehntes Areal. Die Breite eines Großhauses lag zwischen 5 und 7 m, die Länge zwischen 20 bis 25 m. Es gab aber einige wesentlich größere Bauten. In Bylany (Tschechoslowakei) war das größte Haus 45 m lang, in Geleen (Holland) 35,5 m und in Köln-Lindenthal 36 m. Die Bauten zeigten fast immer eine NW-SO-Ausrichtung, was sich während der Entwicklung der Bandkeramikkultur kaum änderte. Die Häuser waren auf fünf Pfostenreihen errichtet. Davon dienten die drei inneren hauptsächlich zur Stützung des langen Daches mit flachem Giebel. Die Außenseite der Wände bildete ein Wandgeflecht aus Ruten und Spalthölzern, das mit Lehm überzogen wurde. Diese Bauweise dürfte möglicherweise von der ungarischen Körös-Gruppe übernommen worden sein (Tiszajenö). Einige frühere Bauten im Rheingebiet (Geleen, Sittard, Köln-Lindenthal usw.) besaßen im Innern eine Y-förmige Pfostenstellung, wodurch die Wohnfläche vergrößert und die Konstruktion eines Herdes möglich wurde. Obgleich es ziemlich sicher ist, daß die Häuser drei getrennte Räume aufwiesen, ist es schwierig, die einzelnen Funktionen der drei Bestandteile nachzuweisen.

Neben den Großbauten waren in der Bandkeramikkultur auch kleinere Häuser bekannt. In Nosocice (Polen) wurden Spuren einer länglichen, rechteckigen Hütte entdeckt, während in Malice (ebenfalls Polen) vermutlich halb in eine Grube gebaute Häuser bewohnt wurden. Dieser Typ war an der oberen Weichsel wie auch in anderen Teilen Mitteleuropas nicht ungewöhnlich. Alle Hausformen waren von Abfallgruben umgeben, in denen sich Keramikscherben und Tierknochen neben anderem archäologischen Material fanden. Aus diesem Material wurde eine ins einzelne gehende Periodisierung für die Entwicklung der ältesten Ackerbauern und Viehzüchter in Mitteleuropa erstellt.

Ausgrabungsbefunde in den nördlichen Teilen Pannoniens – dem Gebiet, in dem die Grenze zwischen den Siedlungen der Körös-Gruppe und der älteren Bandkeramikkultur liegt – haben viele Fachleute veranlaßt, die Ursprünge des Frühneolithikums in Mitteleuropa in einer Symbiose zwischen einem Kolonisationselement aus dem Balkan-Anatolischen Komplex und einem mesolithischen Substrat zu suchen. Anhand einer Typenanalyse der Keramikdekorationen lassen sich bei

Rechts: Die am weitesten verbreitete frühneolithische Kultur in Europa war die Bandkeramik, die im Westen bis in die Niederlande und in das Pariser Becken, im Osten bis zur Oder und Weichsel reichte und diesen Raum neolithisierte. Ausläufer erreichten sogar den Oberlauf des Dnjestr und den Bug (zweite Hälfte des 5. Jahrtausends v. Chr.). Charakteristisch ist die bandkeramische Tonware. Die abgebildeten Beispiele stammen aus den südlichen Niederlanden.

Die Kulturen von Cucuteni, Ariusd, Tripolje mit bemalter Keramik lassen sich von den mittleren Gebieten Siebenbürgens bis zum Dnjepr sowie bis zur subkarpatischen Ukraine und zum Bergland der Großen Walachei (Muntenien) nachweisen. Typisch für diese Region ist die vor dem Brand bemalte Keramik, die das Erbe einer Technologie darstellen könnte, die bereits früher im Bereich der Vinča-Tordoš-Kultur auftrat.
Die Cucuteni-Kultur kommt in Moldawien und in der Großen Walachei (Muntenien) vor. Sie gehört zu einem großen Kulturkreis mit reichbemalter Keramik. Die Abbildungen zeigen typische Beispiele aus der frühen Phase A, die in Truşeşti (die ersten beiden) und in Moldawien gefunden wurden.

Rechte Seite: Ein Beispiel für die Phase B in Cucuteni

der Entwicklung der Bandkeramikkultur drei Phasen unterscheiden: eine frühe, eine mittlere und eine späte. Man nimmt an, daß die ältesten Siedlungen zuerst in den Nordteilen der großen ungarischen Ebene und in der südöstlichen Slowakei auftraten. Zu den Primärzonen gehört auch das Territorium der Szatmár-Gruppe im Nordosten Ungarns. Das Gebiet der sogenannten »Ostkarpatischen Bandkeramik« (auch als »Ostkarpatische Linearkeramik« bezeichnet) war zusammen mit der »Protobandkeramik« in nahezu derselben Region (Michalovce-Hradok, Ostslowakei) angesiedelt. Die Anfangsstufe dieser Gruppe wird gewöhnlich mit Einflüssen aus der mittleren Phase der Körös-Gruppe in Verbindung gebracht. Die gleiche Erklärung läßt sich auch auf die Entdekkung von bemalter Keramik in der Schicht Barca III (Ostslowakei) anwenden. Diese Tonware stammte keineswegs aus den Siedlungen der Starčevo-Gruppe im Südosten Pannoniens, sondern war lokalen Ursprungs; allerdings liegt hier eine äußerst seltene Kulturerscheinung vor, die auf den Einfluß der Bauern aus dem weiten Mündungsgebiet der Save (Jugoslawien) zurückzuführen ist. Diese Tatsache sollte schon deswegen betont werden, weil zu den Eigentümlichkeiten der mitteleuropäischen Tonware gerade das Fehlen der bemalten Keramik gehört.

Der Einfluß der frühen Bauern aus der Körös-Gruppe auf die Anfangsstufe der Keramikherstellung in Nordungarn und in der Tschechoslowakei läßt sich am besten anhand der Typologie der Formen und der Analogie der Dekorationen verfolgen. In Žopy (Mähren) und in den Siedlungen der Szatmár-Gruppe wurde Keramik gefunden, die mit organischen Stoffen gemagert war und eine mit Fingereindrücken dekorierte, grobe Oberfläche besaß. Dagegen ist feine dünnwandige Tonware mit eingeritztem Dekor kennzeichnend für die Linearbandkeramik. Selbst die Form entsprach höchstwahrscheinlich den Vorbildern, die aus der ungarischen Theißregion stammten. Halbrunde oder runde Schalen auf niedrigem Sockel sowie auf flachen oder ringartigen Standböden lassen sich finden, ebenso einfache konische und doppelkonische Gefäße. Dies alles sind Belege dafür, daß die kulturellen und wirtschaftlichen Ressourcen der Bauern aus Südpannonien eine primäre Komponente für die Bildung der Anfangszone der bandkeramischen Entwicklung darstellten.

Allerdings sollte man sich einen Umstand stets vor Augen halten, nämlich die Tatsache, daß die Einflüsse aus Südosteuropa eher als Impuls, als Ausstrahlungskraft angesehen werden sollten, die zur Neolithisierung des gemäßigten Europas beitrugen. Vor allem darf nicht vergessen werden, daß die materielle und geistige Kultur der Bewohner Mitteleuropas die vielen Kultsymbole und Alltagsgegenstände nicht kennt, die von den ersten Bauern und Viehzüchtern des Balkan ständig gebraucht wurden. Anthropomorphe und zoomorphe Tierfiguren tauchen nur sporadisch auf. Der gesamte ideologische und sichtbare Bereich des Fruchtbarkeitskultes mit all seinen Formen, die ja auch bestimmte ästhetische und künstlerische Bedeutung hatten, wurde von den Vertretern der Bandkeramikkultur mißachtet. Dafür wurde bislang noch keine einleuchtende Erklärung gefunden. Spinnwirtel und Tongewichte sind ebenfalls äußerst selten, im Gegensatz zu den zahlreichen Funden in Südosteuropa. Das sind nur einige der offensichtlichen Belege, die alle insgesamt auf die Tatsache verweisen, daß sich die Bandkeramik innerhalb andersartiger historischer, ökologischer und klimatischer Bedingungen entwickelte als die Balkankulturen.

Die Domestikation – überwiegend des Rindes – war typisch für nahezu alle mitteleuropäischen Siedlungen. In Mitteldeutschland zählen Rinderknochen zu den am häufigsten gefundenen. Schaf- oder Ziegenknochen sowie Reste von Schweinen sind viel seltener. In einigen kleineren Gebieten führten die örtlichen geographischen Faktoren zu einer größeren Anzahl von Schweinen als von Schafen und Ziegen. Emmer und Einkorn waren die wichtigsten Nutzpflanzen.

Die Analyse der Keramik ist die verläßlichste Grundlage, um die Entwicklung der Bandkeramikkultur sowie die lokalen Unterschiede zu bestimmen. Schon von der ältesten Ausprägung an wurden typische Dekorationsweisen zusammen mit typischen Formen verwendet. Die häufigsten Arten waren halbrunde Schalen und Töpfe. Flaschenförmige Gefäße kamen zusammen mit großen Vorratsbehältern häufiger vor. Die Oberfläche wurde mit Einkerbungen dekoriert. Reliefornamente waren dagegen selten. Spiralmuster sowie Motive mit geschwungenen Linien überwogen. Solche für die frühe Phase der Bandkeramik charakteristischen Typen wurden in Nordungarn, der

Tschechoslowakei, Mittel- und Süddeutschland sowie in den Südteilen Polens gefunden, zum Beispiel in Žopy und Bina (Tschechoslowakei), in Saborzec und Zofipole (Polen), in Tiszalök und Tiszacsege (Ungarn), in Eitzum (DDR) und auf der Aldenhovener Platte (BRD). Chronologisch konsolidierte sich die Bandkeramikkultur während dieses Zeitraums parallel zur Entwicklung der Szatmár-Gruppe, die eine frühe Ausprägung der Bandkeramikkultur in der großen ungarischen Ebene darstellt.

Gegen Ende der Frühphase tauchten in Mitteleuropa Anzeichen lokaler Differenzierungen auf, die zur Bildung zweier Zonen der Bandkeramikkultur in Europa führen sollte, wenn nicht sogar zur regelrechten Spaltung. Der Flomborntyp aus dem Rheingebiet und der von Ačkovy aus der Tschechoslowakei gehören in stilistischer Hinsicht zu der Keramikart, deren Hauptkennzeichen die Verwendung doppelkonischer Gefäße ist. Dreifache Spiral- und Mäandermuster bildeten die dekorativen Grundelemente. Die ersten bedeutenden Veränderungen, deren Aufkommen den Anfang des Mittelneolithikums in Mitteleuropa markiert, lassen sich an der Keramikdekoration erkennen. Das sogenannte »Notenkopfmotiv« spielte zum ersten Mal in den südlichen Teilen des von der Bandkeramikkultur eingenommenen Territoriums eine Rolle, und zwar in jenen südlichen Gebieten, in denen Verbindungen zu den dynamischen neolithischen Siedlungen der Vinča-Tordoš- und Prä-Cucuteni-Gruppen bestanden hatten. Der neue Stil breitet sich bis Transdanubien, Mähren, in die Westslowakei, nach Österreich, Südpolen und Nordrumänien aus. Zu dieser Zeit drangen Vertreter der Bandkeramikkultur in die südlichen Regionen Osteuropas vor und waren damit an dem synchronisierten Druck mittelneolithischer Kulturgruppen auf die Urbewohner der pannonischen Ebene beteiligt, was zum Rückzug der Körös-Population nach Ostungarn und ihrem späteren Verschwinden führte. Als Folge sah dieses Gebiet den Beginn eines kulturellen Zusammenschlusses zwischen den Bandkeramikern und den ersten Kolonisten aus der Vinča-Gruppe, eine Vermengung, die große Bedeutung für die Entwicklung des Mittel- und Spätneolithikums in Pannonien haben sollte. Die Bildung von Siedlungen, in denen notenkopfverzierte Keramik hergestellt wurde, trug zur weiteren Sonderentwicklung der östlichen und der westlichen Variante des mitteleuropäischen Neolithikums bei. Der »Notenkopfstil« war in Westeuropa nie weit verbreitet. Im Rheingebiet wurde die Töpferware mit Bändern dekoriert, die mit eingestochenen Punkten übersät waren (»ausgefülltes Band«), während in der böhmischen Ebene und in der Elbe-Saale-Region die Bänder mit Punkten oder Strichen (»Winkelband«) geschmückt waren.

Die stilistische Analyse der Keramik ist der entscheidendste Faktor, wenn die relative Chronologie der Bandkeramikkultur ermittelt werden soll. Die Typologie der Keramik spielt außerdem eine wichtige Rolle für die Behandlung lokaler Sonderausprägungen. Dies läßt sich am ehesten an gruppenspezifischen Besonderheiten wie etwa an der Hinkelsteingruppe in Rheinhessen zeigen. Die in Gräbern und Siedlungen der Gruppe gefundene Keramik belegt, daß im Rheingebiet immer mehr Aufmerksamkeit dem Dekor der Keramikoberfläche gewidmet wurde. Runde Töpfe und Schalen wurden mit eingekerbten Bändern verziert, die mit Einkerbungen, Strichen und Schlangenlinien ausgefüllt waren. Neben Bändern und Zickzackmustern tauchen auch verschiedenartig kombinierte Dreiecke auf. Ähnliche Lösungen wurden beim Šárkatyp in der Tschechoslowakei gefunden. Allerdings trat hier auch bemalte Keramik als eine Art kurioser Sonderausprägung auf.

Neue typologische Kombinationen entstanden in Mitteldeutschland mit dem Aufkommen der »Stichbandkeramik«. Anhand von Radiokarbon-Daten hat man diese Kulturstufe, die offenbar als Ausdruck einer traditionellen Gruppenvermengung innerhalb dieses Raumes zu verstehen ist, auf den Zeitraum zwischen 3800 und 3500 v. Chr. angesetzt. Die Verbreitung der Stichbandkeramikkultur, deren weitere Kulturäußerungen (Hausformen, Bestattungsriten, Steingeräte) sich parallel mit der Entwicklung dieser Keramikgattung änderten, reichte im Osten bis zum oberen Weichselgebiet, wo sie in Kontakt mit der frühen polnischen Lengyel-Kultur trat (Glica, Kunow usw.).

Die östliche Bandkeramikkultur wurde während des Mittel- und zu Beginn des Spätneolithikums durch die neolithischen Kulturen des Balkan und Südpannoniens beeinflußt und löste sich rasch in eindeutig umrissene Einzelgruppen auf. Der Želiezovce-Typ tauchte im Südwesten der Slowakei, in Westungarn, in Österreich und sporadisch in Polen auf. Gegen Ende des 5. Jahrtausends entwickelte sich nahezu gleichzeitig der Bükkstil und die dazugehörende Kultur im Raum der Südslowakei – meist in Karsthöhlen – und in Nordungarn (Bükkgebirge). Chronologisch zählt diese Gruppe zur Übergangsperiode zwischen Mittel- und Spätneolithikum. Aufgrund der Tatsache, daß sich der Bükkstil in einem Gebiet entwickelte, das reich ist an Obsidian (ein wesentlicher Rohstoff für die Herstellung feiner und sehr harter Klingen), bestanden hier Verbindungen zu den entfernten Regionen Südpannoniens. Bemalte Keramik und sorgfältiges Handwerk erreichten in dieser Kultur ein sehr hohes Niveau. Nahezu vollkommen war die Art und Weise, in der die Bündel eingekerbter Schlangenlinien und geometrischer Muster auf der äußeren Oberfläche der Keramik angebracht wurden. Es scheint, daß die Tradition bemalter Keramik (»Esztár-Keramik«) die Folge einer Mischung eigenständiger Elemente mit Neuerungen war, die aus dem Süden Pannoniens stammten.

Spätneolithikum – Frühes Äneolithikum
(ca. 4800–3200 v. Chr.)

Gegen Ende des 5. Jahrtausends gewann der Einfluß der südostpannonischen Bevölkerung in Ungarn an Ausstrahlungskraft. In Ostungarn zeigt die Szakálhát-Gruppe die Stabilisierung der Bauernkultur. Die Häuser entsprachen in etwa denen der Vinča-Gruppe im Bereich Balkan und Südostpannonien. Jenseits der Donau begann die Proto-Lengyel-Phase, aus der sich der Lengyel-Kulturkreis entwickeln sollte, und breitete sich in den größeren Teil des mittleren Donaubeckens aus, von der Save im Süden bis zur Weichsel im Norden. Wiederum war die Bemalung der äußeren Keramikberfläche häufigstes Dekorelement, dieses Mal in spätneolithischen und äneolithischen Siedlungen. In den westlichen Teilen Mitteleuropas umfaßten das Spätneolithikum und das Äneolithikum die Trichterbecherkultur und die Kugelamphorenkul-

Die Tripolje-Kultur, die sich im Osten bis in das Dnjepr-Becken erstreckte, bildete zusammen mit der Cucuteni-Kultur einen Teil des großen Kulturkreises, für den bemalte Keramik kennzeichnend ist. Das belegen die abgebildeten Vasen aus dem ukrainischen Fundort Tripolje.

tur. Beide Kulturkreise markierten etwa um 3000 v. Chr. das Ende des Neolithikums und den Anfang der durch Metallverarbeitung gekennzeichneten Epoche in Mitteleuropa.

Das Neolithikum in Osteuropa

Spätneolithikum – Frühes Äneolithikum – ca. 4800–3200 v. Chr.

In Osteuropa dehnte sich das Neolithikum über ein weites Gebiet aus, das Ostpolen, die Tschechoslowakei und Rumänien sowie die westlichen Grenzgebiete der Sowjetunion umfaßte. Diese Zone war keineswegs gleichartig, weder in geographischer noch in historischer Hinsicht. Außerdem wurden verschiedene Regionen Osteuropas zu unterschiedlichen Zeitpunkten neolithisiert, was bedeutet, daß Ackerbau und Viehzucht nicht überall parallel eingeführt wurden. Für die Neolithisierung Südosteuropas war das wichtigste Gebiet der nordwestpontische Raum, also die Gegend nordwestlich des Schwarzen Meeres und die Unterbereiche der Flüsse Dnjestr, Bug, Dnjepr und Pruth. In diesem Territorium, besonders auf der Krim, tauchten schon während des Nachpaläolithikums und des Mesolithikums Siedlungen mit zahlreichen geometrischen mikrolithischen Steingeräten auf, also bereits zwischen 8000 und 4500 v. Chr. In Moldau (Soroki II) machte sich eine starke Tradition nachpaläolithischer Steingeräteherstellung spürbar, die auch für viele Jäger- und Sammlersiedlungen im Raum des mittleren Dnjestr kennzeichnend war. Man nimmt an, daß bereits in Soroki II bestimmte Tiere domestiziert wurden (Rind, Schwein und Hund). Es ist auch möglich, daß die mesolithischen Jäger des unteren Dnjestr und des Südlichen Bug mit den frühen Bauernansiedlungen im Westen des Pruth in Berührung kamen, was schließlich zur Bildung der Dnjestr-Bug-Kultur um etwa 4800 v. Chr. führen sollte.

Ein weiteres Merkmal dieser Kulturen aus dem späten Neolithikum sind die weiblichen Statuetten mit der charakteristischen Stilisierung wie das abgebildete Beispiel aus Tripolje.

Die frühen Bauern der Criş-Siedlungen trugen auch zur Entwicklung und Ausdehnung des Neolithikums in der Moldau und in den südwestlichen Teilen der Ukraine bei. Zu betonen wäre an dieser Stelle, daß in den europäischen Gebieten der Sowjetunion die sozio-ökonomischen Voraussetzungen einer Neolithisierung zuerst erzielt wurden und daß dieser Raum damit die Primärzone des Neolithikums in Osteuropa bildete. Am Unterbereich des Pruth wurden die ältesten Bauernsiedlungen gefunden, in denen auch bemalte Keramik hergestellt wurde. Es waren Dörfer, die zu dem weiten Kreis ähnlicher Starčevo-Criş-Siedlungen gehörten, dem genetischen Zentrum im mittleren Balkan. Höchstwahrscheinlich dürften einige der Gruppen die Ufer des Pruth verlassen haben und in den Südwesten der Ukraine gezogen sein, wo sie zum Aufkommen des Ackerbaus und der Keramikherstellung beitrugen. Knochenfunde zeigen, daß während der Anfangsstufe der Dnjestr-Bug-Kultur ein Großteil der Bewohner eine Jäger-Sammler-Wirtschaft betrieb. Der Pflanzenanbau steckte noch in den Anfängen, Wohngruben waren üblich. Neben typischer Criş-Keramik treten lokale Formen auf, darunter grobe, mit Finger- und Fingernageleindrücken dekorierte Ware. Verhältnismäßig früh gab es neben halbrunden und scharfen, doppelkonischen Schüsseln auch Fußgefäße. Die kennzeichnendsten lokalen Formen sind stumpf-eiförmige Gefäße mit runden oder spitzen Böden. Einzelne Dekorationsweisen umfaßten eingekerbte Zickzackmuster oder Linien und anderes. Im Laufe des Neolithikums entstand die Dnjestr-Donez-Kultur, in der domestizierte Tiere einen Teil der üblichen Ernährung bildeten.

Während der Entwicklung der Dnjestr-Bug-Kultur drangen Vertreter der Bandkeramikkultur bis in die Nordteile der Moldau vor (dieser Keramiktyp taucht in der mittleren Dnjestr-Bug-Stufe auf, in Samtčin II) und weiter bis zu den Siedlungen am Südlichen Bug. Zu dieser Zeit bildeten sich Kontakte zwischen dem Nordosten Pannoniens und der westlichen Küste des Schwarzen Meeres (Obsidianklingen aus dem Bükkgebirge). Die Bedeutung dieses Vorstoßes durch die Bandkeramikkultur lag in der Tatsache, daß damit zur Bildung einer Schicht unmittelbar vor der Prä-Cucuteni-Periode beigetragen wurde. Die Bandkeramikkultur hatte allerdings keine bedeutende Rückwirkung auf das Spätneolithikum und das frühe Äneolithikum in Osteuropa.

Gleichzeitig mit der letzten Dnjestr-Bug-Stufe tauchten Siedlungen der Prä-Cucuteni- und der frühen Tripolje-Kultur auf. Es war eine Zeit des Wohlstandes, die zum Ende des Neolithikums und zum Beginn des Äneolithikums gehörte. Siedlungen wurden gebaut, in denen Kupferschmuck zusammen mit Terrakotten und herrlich bemalter Keramik hergestellt wurde. Siedlungen des Typs von Radovanu (Gumelniţa), von Truşeşti (Cucuteni), von Vladimirovka (Tripolje) sind Vertreter der Phase, in der die Wirtschaft der Ackerbauern und Viehzüchter ihre volle Blüte erreichte – zwischen 3800 und 3200 v. Chr., zu der Zeit, als die ersten Anzeichen des Wandels erschienen, den die Vertreter der frühen Metallzeit bringen sollten.

Das Neolithikum in Westeuropa

Bernardino Bagolini

Oben: Die ältesten Keramiken der Küstengebiete des zentralwestlichen Mittelmeerraumes werden von Verzierungen gekennzeichnet, die mit dem gezackten Rand der Herzmuschel (Cardium) in den noch weichen Ton der Gefäße eingedrückt wurden. Diese abdruckverzierte Keramik (Impresso-Keramik) führt deshalb auch den Namen »Cardial-Ware«. Das Bild zeigt einige Herzmuscheln mit vom Gebrauch abgewetzten Rändern (Museo delle Origini, Rom).

Unten: Die wichtigsten Kulturgruppen Westeuropas während der zweiten Hälfte des 5. und des beginnenden 4. Jahrtausends v. Chr.

Die Entwicklungsvorgänge, die dem Entstehen der neolithischen Kulturen im westlichen Europa vorangehen, weisen eine Reihe besonderer Eigenarten auf, durch die es gerechtfertigt erscheint, dieses Thema einzeln und getrennt zu behandeln, also ohne die Miteinbeziehung der neolithischen Kulturphänomene Mitteleuropas und der Balkanländer.

Zum Osten hin begrenzt wird dieses Gebiet in etwa durch den Rhein, die westliche Schweiz und den Südkamm der italienischen Alpen. Es umfaßt also Italien, die Inseln des westlichen Mittelmeers, Frankreich, die Westschweiz, die Gebiete zur Linken des Rheins, die Britischen Inseln sowie die Iberische Halbinsel. Eine gewisse westeuropäische Prägung ist außerdem auch in jenem Entwicklungsprozeß erkennbar, der zur jungsteinzeitlichen Kultur Dänemarks und des südlichen Skandinavien geführt hat.

Der Küstenraum des Mittelmeers ist das Gebiet, das gegen Ende des 7. Jahrtausends v. Chr. als erstes eine Umformung in Richtung einer neolithischen Kultur erlebt. Außerhalb dieses Gebietes erkennt man starke Einflüsse der Zivilisationsprozesse seitens der neolithischen Kulturen der Donauländer und des Balkan auf der südöstlichen Spitze der italienischen Halbinsel, in Istrien und in den Gebieten, die an das westliche Rheinufer grenzen. In letztere dringt etwa zwischen dem Ende des 5. und dem Beginn des 4. Jahrtausends v. Chr. die Kultur der Donauländer ein, also erheblich später gegenüber dem Beginn des Neolithikums in den Mittelmeerländern.

Die Verbreitung des Neolithikums und die Entwicklung der Wirtschaftsordnung im europäischen Mittelmeerraum

Das Aufkommen und die Verbreitung der neolithischen Kulturformen entlang den europäischen Küsten des westlichen Mittelmeeres und in Italien stellen bezüglich ihres Ursprungs und ihres Entwicklungsablaufes ein von der Wissenschaft heftig diskutiertes Thema dar.

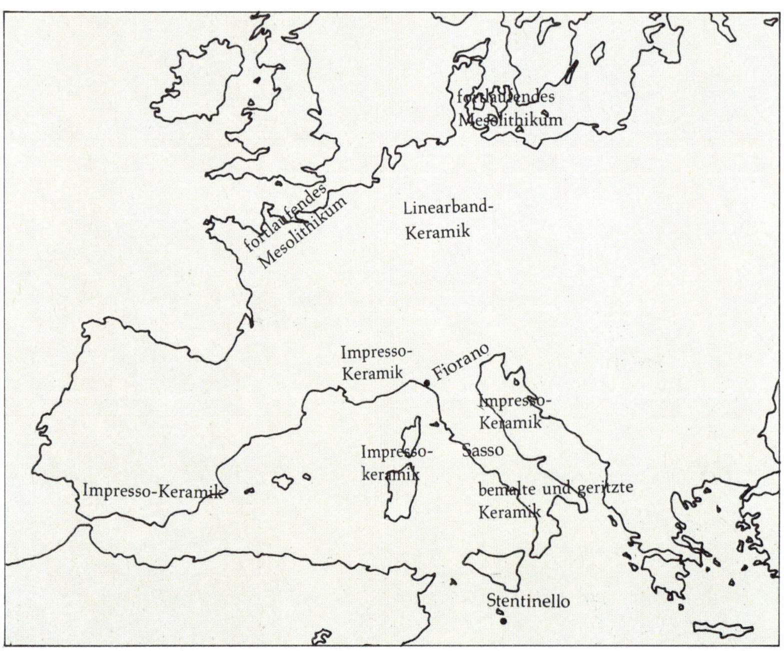

Ziemlich verwurzelt ist die Annahme, die neolithische Lebensform in diesen Gebieten entstamme einem Einfluß, der auf dem Seeweg vom mittleren Osten her eingedrungen war. Jüngste Funde im Süden Kleinasiens sowie die neuesten Erkenntnisse über die fortgeschrittenen Schiffahrtstechniken der mesolithischen Völker scheinen diese These zu erhärten.

Äußerst wichtig in diesem Zusammenhang ist die Feststellung, daß der Anbau des Getreides – vorrangig des Weizens und der Gerste – aus Kleinasien stammen muß, zumal nur dort wildwachsendes Getreide bekannt ist, von dem die anbaubaren Arten abgeleitet werden können. Der heutige Stand der Forschung dokumentiert noch nicht die Möglichkeit, derzufolge der neolithische Getreideanbau von wildwachsenden Pflanzen des Maghreb-Gebietes abgeleitet werden könnte. Sollte eines Tages diese Möglichkeit bewiesen werden können, so wäre dies freilich eine wesentliche Stütze für die These, die wiederum die neolithischen Kulturformen der Iberischen Halbinsel vom Einfluß der nordafrikanischen Küste begründet sieht.

Andererseits ist die Theorie vom kleinasiatischen Ursprung des mediterranen Neolithikums heute bereits stark abgeschwächt aufgrund der Erkenntnis der extrem wichtigen Rolle, die der Kontakt zu den örtlichen mesolithischen Traditionen spielt. Dieser Umstand führt immer mehr dazu, den Beginn des Neolithikums als ein Phänomen zu betrachten, das sich vornehmlich im Rahmen der Evolutionsprozesse der bodenständigen Bevölkerung entwickelte, wobei von außen »neolithische« Elemente eindrangen – beispielsweise der Getreideanbau und die Keramik –, die allmählich zu einer mehr oder weniger tiefgreifenden Veränderung der kulturellen Identität dieser Völker führten. Die Tatsache, daß in verschiedenen Gebieten während der ersten Phase des Neolithikums zahlreiche lokale mesolithische Traditionen bestehen blieben, was ganz besonders klar beim Steingerät zum Ausdruck kommt, begünstigt die Annahme, derzufolge das Aufkommen der Keramik als die Einführung einer Technologie gesehen werden muß, deren Entdeckung auf die Berührung mit angrenzenden Kulturen oder auf sporadische Kontakte der Seefahrt zurückzuführen ist. Die deutliche regionale Charakterisierung, die der Kultur der Impresso-Keramik in den verschiedenen Mittelmeergebieten zukommt, scheint diese Annahme zu untermauern. Diese Kultur wird stets gekennzeichnet von Verzierungen, die vor dem Brennen mit den Fingernägeln oder mit Gegenständen verschiedenster Art in den noch weichen Werkstoff des Gefäßes eingepreßt wurden. Stark verbreitet sind die Ziermuster, die mit dem gezackten Rand der Herzmuschel (*Cardium*) in den Ton eingeriefelt werden, weshalb diese Keramikgattung mitunter auch als »Cardium-Keramik« bezeichnet wird. Der Ursprung des mediterranen Neolithikums ist nach wie vor ein weitläufiges wissenschaftliches Problem. Dabei ist es durchaus denkbar, daß verschiedenartige Entstehungsfaktoren zusammengewirkt haben: Einwanderungen aus Gebieten jenseits des Meeres – was beispielsweise die Kolonialisierung Siziliens durch die Stentinello-Kultur zu beweisen scheint –, Vermischung mit den Eigenarten angrenzender Kulturformen und vielleicht auch, zumindest in einigen Fällen, nahezu autonome Neubildungsprozesse, wie dies besonders von

Fragment einer mit Cardium-Abdrücken verzierten Impresso-Keramik aus dem apulischen Raum. Dekore dieser Art kennt man bei den ältesten Keramiken sowohl der adriatischen Küste als auch des gesamten westlichen Mittelmeerbeckens (Museo delle Origini, Rom).

den Verfechtern der Polygenese-Theorien hervorgehoben wird.
Die Ausbreitung der Kultur der Impresso-Keramik entlang den europäischen Küsten des westlichen Mittelmeeres wird von einem allmählichen Wandel der ökonomischen Struktur begleitet. Bezüglich der Haustierzähmung und der Viehzucht scheinen jüngste Erkenntnisse immer mehr zu beweisen, daß diese Tätigkeiten, zumindest in einer Anfangsform, in einer Zeit entstehen, in der die Technik der Töpferei noch unbekannt ist. Dieser Umstand scheint wiederum die Annahme zu bekräftigen, daß die in diesen Gebieten wildlebenden Tiere an Ort und Stelle gezähmt und nicht als Haustiere eingeführt wurden.
Gerechtfertigt scheint diese Annahme auch aufgrund des Vorhandenseins des Hundes in verschiedenen präkeramischen Siedlungen, beispielsweise in südfranzösischen Schichten, die auf den Beginn des 6. Jahrtausends v. Chr. datiert werden, sowie halbgezähmter Schafe in einigen vorjungsteinzeitlichen Siedlungen Frankreichs und der Iberischen Halbinsel. Vorbehaltlich weniger Ausnahmen scheinen Ochse und Schwein dagegen erst während der Verbreitung der Kulturformen der Impresso-Keramik aufzutreten. Darüber hinaus mag es Bemühungen gegeben haben, auch Tiere, die wir heute nur freilebend kennen, z. B. Hirsche, zu zähmen. Einige Forscher sind der Ansicht, die statistische Untersuchung der Reste solcher Tiere an verschiedenen neolithischen Fundstätten des westlichen Europa würden den Beweis dafür erbringen, daß infolge dieser Domestikationsversuche ursprünglich wilde Tiere gruppenweise und in halbgezähmtem Zustand in unmittelbarer Nähe der Siedlungen hausten. Das Rentier der heutigen Völker im nördlichen Zipfel des europäischen Kontinents kann als konkretes Beispiel dieser Möglichkeit angeführt werden.

Werkzeuge aus Silex (Feuerstein), gefunden in einer frühneolithischen Siedlungsstätte Apuliens. Gegenstände dieser Art deuten auf ein langes Nachklingen der Traditionen der lokalen mesolithischen Jäger- und Sammlergruppen während der ersten Phasen der Jungsteinzeit hin (Museo delle Origini, Rom).

Landwirtschaftliche Tätigkeiten, von denen wir anhand verkohlter pflanzlicher Überreste und entsprechender Anbau- und Verarbeitungsgeräte wissen, sind beim derzeitigen Stand der Forschung fast ausschließlich erst in rein jungsteinzeitlichen Schichten nachweisbar, auch wenn es sich dabei meistens um Schichten aus dem ältesten Neolithikum handelt. In mehr oder weniger allen Verbreitungsgebieten der Impresso-Keramik, von Italien bis nach Südspanien, reicht dieser Nachweis bis ins 5., ja sogar ins 6. Jahrtausend v. Chr. zurück.
Zweifellos steht fest, daß in diesem Teil Europas während der jüngeren mesolithischen Periode vielfältige Bemühungen im Gang waren, dem örtlichen Anbau von Pflanzen einen regelmäßigen Nutzen abzugewinnen und daß dies ein wesentlicher Beitrag dafür war, die günstigsten Voraussetzungen für eine regelrechte Anbauwirtschaft zu schaffen. In Ermangelung direkter Beweise kommen uns immer wieder die Forschungsarbeiten am Blütenstaub (Pollenanalyse) zu Hilfe, deren Ergebnisse eindeutig bezeugen, daß weite Gebiete in der Umgebung neolithischer Siedlungseinheiten gerodet waren und dieser Rückgang des Waldbestandes die Zunahme von Gräsern ermöglichte, die auf landwirtschaftlich genutztem Boden gedeihen.
In den von der Impresso-Keramik beeinflußten Gebieten gab es nachweislich besonders zwei Weizenarten (*Triticum monococcum* und *dicoccum*) sowie eine Gerstenart. Wichtig und oft vorherrschend war dagegen unter den Lebensformen die Jagd.
Als Ganzes gesehen nimmt die kulturelle Tradition, die den Beginn des westeuropäischen Neolithikums kennzeichnet, ihren Anfang bereits gegen Ende des 7. Jahrtausends v. Chr., sie behauptet sich allmählich im Lauf des 6. Jahrtausends und erreicht schließlich im 5. Jahrtausend ihren höch-

sten Stand der Ausbreitung in den Küstengebieten und auch des Vordringens in Richtung zum Innern der Länder.
Unter den Siedlungsformen der Kulturgebiete der Impresso-Keramik herrscht ohne Zweifel die Höhlen- und Felsdachbehausung vor. Eine wichtige Ausnahme bildet dabei das Gebiet der Stentinello-Kultur in Sizilien, deren Einfluß auch in den südlichen Regionen der italienischen Halbinsel deutlich zu erkennen ist, was umzäunte Freilandsiedlungen beweisen.
Als Begräbnisplätze sind vor allem Höhlen zu nennen, in denen die Leichen, häufig mit angezogenen Beinen, also in Schlafstellung, bestattet wurden. Oft handelt es sich dabei um mit Steinplatten verschlossene Gruben oder auch um regelrechte Steinkisten. Als Bestattungsbeigaben dienten vornehmlich Nutzgegenstände sowie Ornamente aus Muscheln. In verschiedenen Regionen unterscheiden sich die Bestattungsarten nicht wesentlich von denen des Mesolithikums, das offensichtlich einen Teil seines ideologischen Kulturbestandes an das Neolithikum weitervererbt.

Die Jungsteinzeit in Italien

Die ins Neolithikum führende kulturelle und wirtschaftliche Veränderung der italienischen Lebensformen scheint sich auf der südlichsten Spitze der Halbinsel anzubahnen; vor allem in Apulien werden diese strukturwandelnden Vorgänge deutlich. Die Anfänge neolithischer Kulturen müssen wohl auf dem Seeweg eingedrungen sein, wahrscheinlich als eine Ausstrahlung, deren Ursprung in syrisch-anatolischen Kulturzentren zu suchen ist. Stellte die Meeresstraße von Otranto ein gewisses Hindernis für die primitive Seefahrt dar, so ist es denkbar, daß die Überschiffung des Adriatischen Meeres entlang der leicht zu bewältigenden Inselbrücke Lagosta–Cazza–Pelagosa–Pianosa–Tremiti erfolgte. Welches aber auch immer die bevorzugte Route dieses Kultureindringens gewesen sein mag, die starke Identifizierung des gesamten apulischen Küstenstreifens mit der Kultur der Impresso-Keramik beweist, daß sich hier einer der ursprünglichsten Pole der Weiterverarbeitung und Weiterverbreitung dieser Kultur entwickelte. Die Bedeutung dieses Phänomens des Eindringens neolithischer Modelle aus dem östlichen Mittelmeerraum muß jedoch eingeschränkt werden, wenn man sich die große Bedeutung vor Augen hält, was die örtlichen mesolithischen Traditionen für den Beginn einer neolithischen Kultur in Apulien beitrugen. Deren Ausformung erscheint langwierig und vielschichtig, wie es zum Beispiel vom Fundmaterial aus Coppa Nevigata deutlich gezeigt wird, bei dem neben der Impresso-Keramik, die auf das ausgehende 7. Jahrtausend v. Chr. datiert wird, rein mesolithische Merkmale kultureller und ökonomischer Natur weiterbestehen. Von Apulien ausgehend, verbreitet sich die Impresso-Keramik im Laufe des 6. und 5. Jahrtausends v. Chr. über die restlichen Gebiete der italienischen Adriaküste. Mit Verzögerung erreicht sie an der Schwelle zum 4. Jahrtausend die Poebene und stößt in der Region Romagna bis an die Grenzen der Fiorano-Kultur vor. Während dieser Phase erscheint die Berührung zwischen der Impresso-Keramik der italienischen Küste und jener der dalmatinischen Küste (Smilčić) ganz klar. In der gesamten Jungsteinzeit stellte nämlich das Adriatische Meer eine wichtige Vermittlerrolle bei der Entstehung einer Art Kulturprovinz dar, die sowohl die westlichen als auch die östlichen Küstengebiete umfaßte. Hier blühten verhältnismäßig eigenständige Kulturen auf, denen in den meisten Fällen deutliche Merkmale einer intensiven Austauschtätigkeit anhafteten.
Von den südadriatischen Zentren aus erreichte das Frühneolithikum über Tarent die Region Kalabrien, in der die Auswirkungen der Berührung zwischen der örtlichen Stentinello-Kultur und den verschiedenen Ausdrucksformen der Kultur der Impresso-Keramik noch nicht eindeutig geklärt sind.
An der tyrrhenischen Küste verhindert der Mangel an frühneolithischen Funden entlang den Küsten Kampaniens und Latiums, Zusammenhänge aufzudecken, die zwischen dem südlichsten Teil Italiens und dem toskanischen Raum bestehen. Vom weitläufigen ligurisch-provenzialischen Kulturraum aus erreicht die Impresso-Keramik in verarmter Form den westlichen Teil der Poebene und den Voralpenraum um die lombardischen Seen, die hier den Beginn der neolithischen Kultur einleitet. Noch nicht geklärt ist die diesbezügliche Bedeutung der vorangegangenen örtlichen Formen mesolithischer Kultur, zumal es sich um ein Gebiet handelt, in dem die Kulturauswirkungen der ligurischen Impresso-Keramik eine enge Verbindung mit der Lebensart der Fiorano-Kultur und anderen ähnlich gearteten oberitalienischen Kulturgruppen eingehen. Inmitten des Westalpenkammes, im Susa-Tal, in dem wir eine angereicherte Form ligurischer Impresso-Keramik vorfinden, führte der vollständige Mangel an Flint und anderen Feuersteinen zur Entstehung von Geräteherstellungswerkstätten, die sich ausschließlich der Verwendung örtlicher Gesteine bediente. Weiter östlich, in der Gegend der heutigen Stadt Alessandria, scheint dagegen der Mittelpunkt zur Herstellung jener Feuersteingeräte zu liegen, die den altneolithischen Abschnitt der mittleren östlichen Poebene charakterisiert.
Im Süden Italiens wird die Blütezeit der Impresso-Keramik vom Aufkommen neuer Bearbeitungsformen begleitet, beispielsweise von der mit einfachen Rotbändern bemalten Keramik sowie von der geritzten Keramik. Die bemalte Keramik des Süditalien kommt mit großer Wahrscheinlichkeit aus den Gebieten des südlichen Balkan und Griechenlands, wo sie während der gesamten Jungsteinzeit eine üppige Blüte erlebte. Von ganz anderer Herkunft muß dagegen die Technik der

Ein typisches Gefäß der Impresso-Keramik, gefunden in den tiefsten keramischen Schichten der Höhle von Arene Candide (Museum von Genua-Pegli).

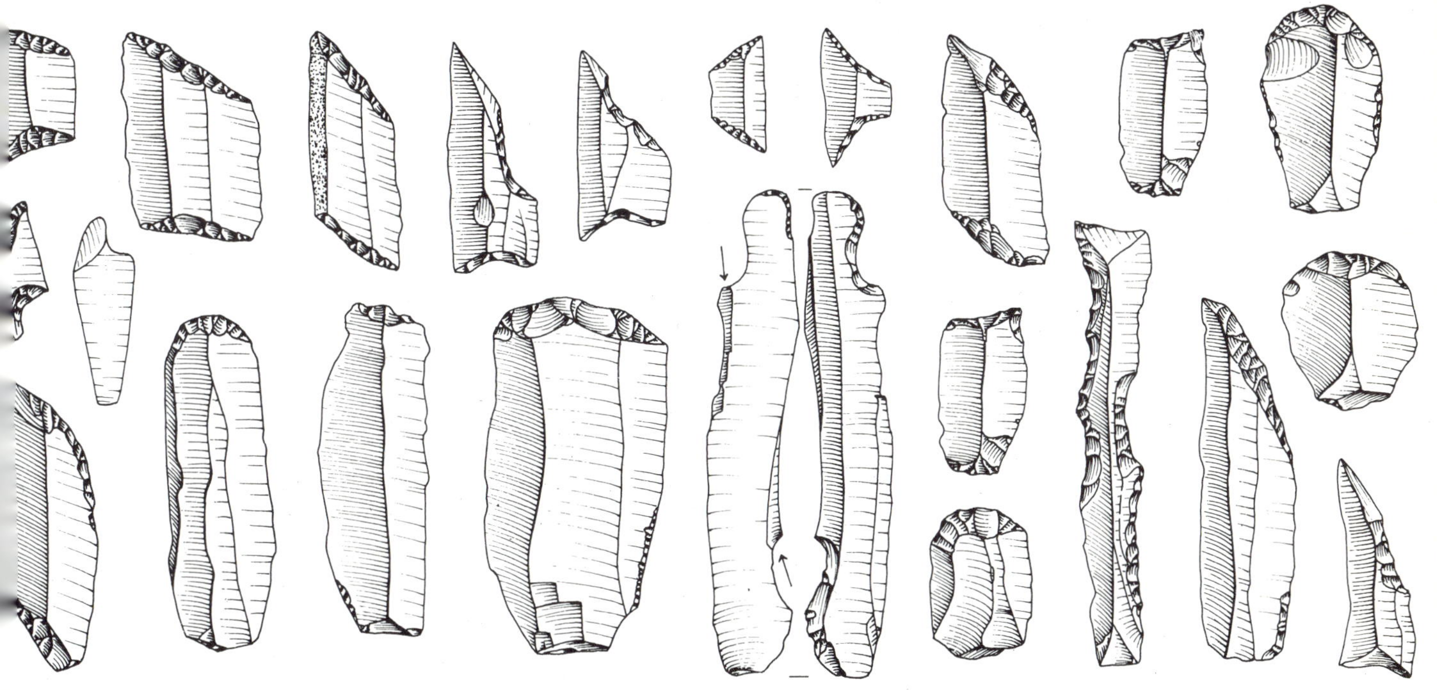

Oben: Einige Werkzeugtypen aus der ältesten Phase des Neolithikums im oberen Etschtal. Sie liefern einen klaren Hinweis auf den Fortbestand mesolithischer Elemente wie Trapezform und retuschierte Klingen bei einer Bevölkerung, die gegen Ende des 5. Jahrtausends v. Chr. bereits die Keramik kannte, deren Wirtschaft sich jedoch noch vorwiegend auf Jagd- und Sammeltätigkeit gründete (Museo Tridentino di Scienze Naturali, Trient).
Links unten: Kerbenverziertes Tongefäß aus der Höhle von Arene Candide, typisch für ligurische Impresso-Keramik
Rechts unten: Gefäßfragmente, die vom großen Ideenreichtum in der Ornamentik der ligurischen Impresso-Keramik zeugen (Museum von Genua-Pegli).

geritzten Verzierung auf polierter Tonware sein, die in den vorgenannten Gebieten völlig unbekannt war. Hier mag ein starker Einfluß aus Syrien und dem südlichen Anatolien eingewirkt haben, der den apulischen Modellen verwandte Formen und Motive hervorbrachte.
Weist also auch das Neolithikum des südöstlichen Endes der italienischen Halbinsel eine Verbreitung sowohl des geritzten als auch des gemalten Dekors auf, so können diese beiden Techniken durchaus verschiedenen Ursprungs sein. Unrichtig jedoch wäre die Einordnung der geritzten Keramik Apuliens als Frucht einer Entwicklung, die jene ausschließlich auf mitgebrachte Kulturgüter neu eingewanderter Gruppen zurückführen möchte. Dazu ist der Fortbestand der vorhergegangenen örtlichen Stilelemente bei dieser geritzten Keramik zu stark ausgeprägt, die vermutlich um die Mitte des 5. Jahrtausends ihre höchste Blüte erreichte, zu einer Zeit also, in der einerseits immer noch das Vorhandensein einer verarmten Impresso-Keramik nachgewiesen werden kann, andererseits aber die gemalten Bandmotive immer häufiger auftreten.

Erhebliche Wichtigkeit muß den Befestigungsbauten beigemessen werden, die man im apulischen Tavoliere-Gebiet zu Hunderten kennt und die bereits aus der ältesten Phase der Jungsteinzeit zu stammen scheinen, spätestens jedoch auf den Beginn des 5. Jahrtausends datiert werden. Grund und Zweck dieser eindrucksvollen Wehranlagen sind nach wie vor Gegenstand zahlreicher auseinandergehender Meinungen. Es geht vor allem darum, ob diese Wälle und Gräben zu Verteidigungszwecken, zur sicheren Unterbringung der Herden oder aber zur Entwässerung angelegt wurden.
In der ersten neolithischen Periode des Pogebietes kann das Vorhandensein zahlreicher kulturell verschiedener Gruppen auf relativ engem Raum mit einem zumindest teilweisen Seßhaftwerden dieser Gruppen erklärt werden, was wiederum auf den Strukturwandel der Wirtschaftsformen zurückzuführen ist, der den Beginn des Neolithikums begleitete. Dieser Prozeß muß hier vor allem als ein Phänomen der Kulturannahme seitens vorwiegend einheimischer Bevölkerung angesehen werden, bei der sich die ersten landwirtschaftlichen und viehzüchterischen Techniken in einer Lage behaupte-

Während der letzten Phasen der ligurischen Impresso-Keramik kommt es zur Verbreitung neuer Dekorthemen, die auf den getrockneten oder bereits gebrannten Tongefäßen eingeritzt werden, wie man es an diesen Schalenfüßen beobachten kann. Diese Art der Verzierung erfährt ihre Blüte während der Bocca-quadrata-Kultur, *die sich von Ligurien aus über das gesamte Einzugsgebiet des Po erstreckt (Museum von Genua-Pegli).*

ten, die noch stark von der Jagd, dem Fischfang und der Sammeltätigkeit gekennzeichnet war. Die Fiorano-Kultur, die sich in den letzten Jahrhunderten des 5. Jahrtausends als das Endprodukt einer viel früher eingesetzten Evolution behauptete und bis zum Ende des 4. Jahrtausends dauerte, finden wir im südlichen Teil Venetiens, im mittleren Teil der Emilia, wo sie am bedeutungsvollsten zum Ausdruck kommt, sowie im nördlichen Raum der Toskana, wo sie bis zur tyrrhenischen Küste reicht. Fiorano-ähnliche Gruppen entwickeln sich in der südlichen Toskana und in Umbrien (Sarteano-Kultur), während in Latium die Sasso-Kultur aufblüht, die sich ebenfalls bis hin zur tyrrhenischen Küste ausbreitet.

Dieser gesamte Komplex, der oft auch zusammenfassend als Fiorano-Sasso-Kultur bezeichnet wird, wird von einigen Forschern in recht eindringlicher Weise als eine direkte Fortführung von Traditionen der donauländischen Linearbandkeramik angesehen, deren Dekorstil aber seltsamerweise viel eher an den Gefäßen der Sasso-Kultur zu erkennen ist als an denen der Fiorano-Kultur, die mit ihren reichen und phantasievollen Verzierungen mehr an die entsprechenden Modelle der ligurischen Impresso-Keramik denken läßt. Diese Hypothese erscheint fragwürdig, weil sie eine Berührung zwischen der Fiorano- und der Donauwelt voraussetzen würde, wobei der Raum der mittleren Ostalpen oder der Karstgebiete eine kulturelle Vermittlingsrolle hätte spielen müssen, wofür es aber bisher keinen einzigen Hinweis gibt.

In den Karstgebieten, in den Grenzräumen zur balkanischen Kultur, werden die ersten neolithischen Anzeichen durch Fußschalen charakterisiert, die zum Teil eingravierte Verzierungen aufweisen, deren Verwandtschaft mit denen des dalmatinischen Raumes sowie mit den jüngsten Dekormerkmalen der adriatischen Impresso-Keramik – speziell jener aus der Region Marken – augenscheinlich ist. Diese kulturellen Erscheinungsformen, die sich möglicherweise sehr lange erhielten, verdrängten die vorhandene mesolithische Grundlage, deren Traditionen offensichtlich nicht weitergetragen wurden. Im ersten Abschnitt des Neolithikums im Gebiet von Triest finden sich anfänglich einige Elemente der Impresso-Keramik, danach etliche eingeführte Bruchstücke, die von einem Kontakt mit dem Fiorano-Raum und später dann auch mit der Danilo-Kultur zeugen. Die dann später hier vorkommenden Gefäße mit rechteckiger Öffnung – »Bocca-quadrata-Keramik« – kennzeichnen eine Phase, in der die jüngsten neolithischen Gruppen des Karstgebietes vorwiegend vom Zustrom der bemalten Lengyel-Keramik beeinflußt wurden. In Süditalien werden die Anfänge der stilisierenden Strömung der bemalten Keramik von neuen Kulturphasen bemalter Keramik abgelöst, und dies zu einer Zeit, in der neben der geritzten Keramik auch die Impresso-Keramik noch fortbesteht. Die beachtenswertesten Beispiele dieser Reihe finden wir wiederum im apulischen Tavoliere-Gebiet. In dieser Gegend wird die Periode, in der die Impresso-Keramik noch stark vertreten ist – z. B. in Masseria La Quercia aus der ersten Hälfte des 5. Jahrtausends v. Chr. –, von Entwicklungserscheinungen abgelöst, die bereits dem Vollneolithikum zuzuschreiben sind, wie zum Beispiel dem einfachen Rotbandstil von Masseria-Passo di Corvo, der auch in den Abruzzen vorkommt, und später dem sogenannten Capri-Stil, der durch geänderte Rotbandmotive gekennzeichnet wird, benannt nach der kampanischen Insel; auch in Kalabrien etwa in der ersten Hälfte des 4. Jahrtausends taucht dieser Stil auf.

Während dieser Zeit hat sich im mittleren Italien, insbesondere in den Abruzzen und den Marken, bereits die Ripoli-Kultur behauptet, der ein äußerst langfristiges Dasein beschieden ist, das in etwa von der Periode der späten Kreise der Impresso-Keramik bis an das Ende der Jungsteinzeit reicht, wie dies vom Fundmaterial aus Fossacesia eindeutig bestätigt wird. Die unwahrscheinliche Lebenskraft dieser Kultur wird dadurch deutlich, daß ihre Spuren – vermutlich in Zusammenhang mit irgendeiner Form von Handelstätigkeit – praktisch quer durch Italien hindurch verfolgbar sind: in Ligurien, in der Emilia, wo sie sich mit den Elementen der Fiorano-Kultur und später auch mit

Typische Gefäße der Fiorano-Kultur, die in frühneolithischer Phase zwischen dem Ende des 5. und dem Beginn des 4. Jahrtausends v. Chr. weite Gebiete Venetiens, der Emilia und der nördlichen Toskana erfaßt (Museo Civico, Modena).

Gefäße aus dem Gebiet der Sasso-Kultur (Latium), die eine enge Verwandtschaft mit der südtoskanischen Sarteano-Kultur sowie der Fiorano-Kultur aufweist (Museo Preistorico Pigorini, Rom).

denen der Bocca-quadrata-Kultur vermischen, in Venetien, in der Toskana, in Latium, in Kampanien und in Apulien.

Im Süden Italiens herrschen die anschließenden Phasen der bemalten Keramik im Scaloria-Stil vor, die besonders in Apulien und auf den Tremiti-Inseln tiefe Spuren hinterlassen, sowie schließlich in der »Serra-d'Alto-Kultur«, die besonders reich auf den Liparischen Inseln und auf Sizilien blüht. Diese Kultur liefert einen Reichtum an bemalten Gefäßen mit mäandrisch-spiraligen und geometrischen Miniaturmotiven und kompliziert plastisch dekorierten Henkeln. Auch die Serra-d'Alto-Kultur scheint äußerst langlebig gewesen zu sein, denn mehrere ihrer Merkmale vermengen sich mit denen des »Diana-Stils«, der die letzte Phase der neolithischen Kreise Süditaliens darstellt. Obwohl die Oberflächenbearbeitung der Diana-Keramik von denen anderer Kulturen grundsätzlich verschieden ist, zeigen sich die Gefäßformen dieses Stils oft als Abkömmlinge der Serra-d'Alto-Kultur. Einzelne Gegenstände mit unübersehbarer Serra-d'Alto-Prägung kommen des öfteren auch in den Abruzzen und der Toskana vor, vereinzelt sogar in Norditalien.

Im oberitalienischen Raum kommt es um das Jahr 4000 v. Chr. zu einer großen kulturellen Umwälzung durch die Bocca-quadrata-Kultur. Diese ausschließlich auf Norditalien beschränkte Kultur zeigt hohe Verwandtschaft zur Geisteswelt des Balkan, vor allem erkennbar an weiblichen Statuetten und an Tonstempeln, den sogenannten *Pintaderas*.

Mit großer Wahrscheinlichkeit verbreitet sich diese neue Kultur von Ligurien aus bis nach Venetien und in das Trentino hinein. Die Vielseitigkeit dieser Kultur spiegelt sich im Aufbau ihrer Siedlungen sowie in den Gestaltungsformen ihrer Wirtschaft wider.

Ligurien wird gekennzeichnet durch ausgedehnte Grottensiedlungen und einer Wirtschaft, die sich vor allem auf die Jagd und den Fischfang stützt. Die Freilandsiedler der emilianischen Hochebene widmen sich vorwiegend der Jagd, die Bewohner der venetischen Pfahlbausiedlungen betreiben eine äußerst vielschichtige Wirtschaftstätigkeit, und weiter nördlich, entlang dem Oberlauf der Etsch, entstehen zahlreiche Hügelsiedlungen mit spezifisch landwirtschaftlicher und viehzüchterischer Prägung. Im mittleren Ostteil des Pogebietes scheinen die Träger der Bocca-quadrata-Kultur mit ihren aus geschliffenen Beilen und Pfeilen bestehenden Grabbeigaben eine radikale Verdrängung aller vorherigen Kulturformen herbeigeführt zu haben, wobei vermutet werden kann, daß es dabei nicht immer recht friedlich zuging.

Später wird die Bocca-quadrata-Kultur stark von Strömen aus dem adriatisch-balkanischen Raum beeinflußt, in dem sich mittlerweile die Danilo-Kultur behauptet hat, und eignet sich dadurch einen Dekorstil an, der auf dynamischen und mäandrisch-spiraligen Mustern beruht. In dieser Phase erlebt die Bocca-quadrata-Kultur ihren höchsten Stand, besonders in der mittleren Emilia, in Venetien und im Trentino. In letztgenannter Region verlagert sich das wirtschaftliche Schwergewicht immer mehr auf den Getreideanbau und die Viehzucht, während der Bestattungskult eine stark abweichende Beisetzungsform aufweist, ein klarer Hinweis auf das Vorhandensein einer Stammeshierarchie, derzufolge die Toten nach Geschlecht, Alter und Rang unterschieden werden.

Das Ende des italienischen Neolithikums – wir befinden uns an der Wende zwischen dem 4. und 3. Jahrtausend v. Chr. – wird im Süden von der Diana-Kultur beherrscht, die sich auch über die Liparischen Inseln, Sizilien und Malta ausdehnt. Diese neue Kultur gründet auf den Traditionen von Serra d'Alto und führt die Keramik zu einfacheren und lineareren Formen. Die Henkel werden schematisiert, und allmählich verschwinden die gemalten Verzierungen, die einer einfarbigen polierten Keramik Platz machen. Aber bald schon verliert sich das Formengut der vorhergehenden Tradition in einer allgemeinen Erstarrung und Ernüchterung, bis schließlich ein empfindliches Nachlassen sowohl der technischen als auch der künstlerischen Qualitäten einsetzt.

Zur selben Zeit zerbricht im Norden des Landes die territoriale Einheit der Bocca-quadrata-Kultur unter dem Druck des Zuströmens neuer Elemente, die vom Westen, aus dem adriatischen Raum und zum Teil auch aus den Gebieten nördlich der Alpen eingeschleust werden.

In Ligurien behaupten sich rasch neue Gruppen, die in den großen Kreis des »westlichen Neolithikums« eingegliedert werden können. Diese Gruppen, die aufgrund zahlreicher Übereinstimmungen mit der südfranzösischen Chassey-Kultur verwandt zu sein scheinen, erreichen stufenweise die Toskana und das restliche Mittelitalien. In der westlichen Voralpenlandschaft der heutigen Lombardei war es der bereits erwähnten Isolino-Gruppe gelungen, auf lange Zeit hin der allgemeinen Vorherrschaft der Bocca-quadrata-Kultur zu widerstehen und nur einige ihrer Merkmale anzunehmen und in eigenständiger Weise zu verarbeiten. Wenig später scheint dann der Bereich der Isolino-Menschen einem äußerst starken Einfluß der ligurischen Chassey-Gruppen ausgesetzt zu sein. Vorrangig sind es wohl diese Strukturveränderungen – von einigen Autoren auch als »Proto-Lagozza« bezeichnet –, die in diesem Gebiet zur Entstehung der »Lagozza-Kultur« führen. Auch diese Kultur ist unter die großen Erscheinungen des westlichen Neolithikums einzuordnen. Von ihrem Ursprungsgebiet aus verbreitet sie sich ziemlich schnell ostwärts und verdrängt die Restbestände der Bocca-quadrata-Kultur, die in ihrer letzten Phase nur noch am Gardasee und am Oberlauf der Etsch überleben.

Im Zuge ihrer nach Osten hin schreitenden Ausbreitung berührt die Lagozza-Tradition auch die Region Emilia, wo sie die bisherigen Merkmale

Zwei Tongefäße der Sasso-Kultur, deren Form und Dekortechnik auf einen engeren Zusammenhang mit der Fiorano-Kultur hinweisen (Museo Preistorico Pigorini, Rom).

Gefäßfragmente im sogenannten »Masseria-La-Quercia-Stil«, der im apulischen Tavoliere-Gebiet der Impresso-Keramik unmittelbar vorausgeht (Gabinetto di Paleontologia, Universität Genua).

des »adriatisch-balkanischen Stils« der Bocca-quadrata-Keramik ersetzt. Gleichzeitig dringen von Osten her Träger von Kennzeichen der Diana-Kultur sowie später adriatischer der Ripoli-Kultur in das Gebiet der Romagna ein und ziehen so weit westwärts, bis sie mit der Lagozza-Kultur in Berührung kommen.

In etwa derselben Zeit beginnt auch der letzte Überrest der Kultur der rechteckig geöffneten Gefäße in Venetien und im Trentino am zunehmenden Einfluß, der mit den letzten neolithischen Kulturen aus dem Raum nördlich der Alpen her einströmt, zu zerbröckeln. Das aus diesem tiefgreifenden Wandel hervorgehende Bild an Unbeständigkeit und Unsicherheit der Lebensbedingungen spiegelt sich in der Struktur der Siedlungen wider, die immer sicherer und geschützter auf Hügelkuppen entstehen. Die Wirtschaftsform wendet sich immer eingehender der Viehzucht zu, und unter den Werkzeugen finden sich bereits vereinzelt Metallgegenstände wie Beilklingen aus Kupfer.

In diesem Rahmen tief einschneidender Kulturumwandlungen, die mancherorts vielleicht auch von regelrechten Völkerwanderungen begleitet werden, endet der jungsteinzeitliche Abschnitt in Italien, das während der gesamten Zeitspanne des Neolithikums aufgrund seiner besonderen geographischen Lage eine Art Vermittler zwischen den großen Kulturprozessen des Ostens und des Westens spielte, die in diesen Regionen angenommen und weiterverarbeitet wurden.

Der Kontakt zwischen den Inseln im westlichen Mittelmeer und der Obsidian-Austausch

Die Gerätschaften aus vulkanischem Glasgestein (Obsidian) sind einer der zuverlässigsten Beweise für die Beziehungen – vor allem über den Seeweg – zwischen den verschiedenen Regionen des Mittelmeerraumes in der Jungsteinzeit.

Heute wird allgemein anerkannt, daß dieser Rohstoff in den meisten Fällen den Handelsaustausch nicht erweiterte, dagegen das Vorhandensein kultureller Beziehungen zwischen den verschiedenen neolithischen Gruppen bezeugt und unterstreicht,

Um das Jahr 4000 v. Chr. kommt es in Oberitalien zur Bildung einer ausgedehnten Kultureinheit, der der rechteckigen Gefäßmündungen. Diese als Bocca-quadrata-Kultur *bezeichnete Keramikgattung umfaßt Ligurien, wie die hier abgebildeten, in der Höhle von Arene Candide gefundenen Gefäße beweisen, sowie praktisch das gesamte Einzugsgebiet des Po (Museum von Genua-Pegli).*

Oben: Gefäße der Lagozza-Keramik, die sich während der letzten Phase des oberitalienischen Neolithikums über weite Gebiete der Lombardei verbreitet und vom gleichzeitigen Aufblühen der verwandten Chassey-Kultur in Ligurien begleitet wird (Museo Civico, Como).

Unten: Schematische Darstellung der Verbreitung des Obsidians (die schwarzen Punkte bezeichnen die Abbaugebiete). Im zentralwestlichen Mittelmeerraum wurde auch Obsidian gefunden, der aus den Karpaten bzw. von der ägäischen Insel Melos stammt.

deren wirtschaftliche Beweggründe sich unseren derzeitigen Erkenntnissen entziehen. So liegt zum Beispiel auch die Vermutung nahe, der Obsidian sei eine zweitrangige Tauschware gegenüber dem erheblich größeren Salzverkehr gewesen. Physikalisch-chemische Analysen, deren Verfahrenstechnik noch verbessert werden muß, weisen auf das Ursprungsgebiet der Obsidiangewinnung hin und geben damit Aufschluß über die Verkehrswege dieses Minerals.

Beim derzeitigen Stand unseres Wissens scheinen die Obsidianvorkommen auf den Ponza-Inseln verhältnismäßig klein und bedeutungslos zu sein, ähnlich jenen auf Pantelleria, deren Verwendung mit Sicherheit nur in Malta nachgewiesen werden kann, wo auch Obsidian verarbeitet wurde, der von der ägäischen Insel Melos stammt. Von größter Wichtigkeit dagegen sind die Vorkommen auf den Liparischen Inseln und auf Sardinien. Der auf den Liparischen Inseln abgetragene Obsidian erreichte schon früh, zweifelsohne aufgrund der geographischen Nähe, die heimischen Erzeugnisse der sizilianischen Impresso-Keramik der Stentinello-Kultur. Die größte Verbreitung erfuhr der liparische Obsidian im Süden der italienischen Halbinsel zur sehr viel späteren Zeit der Serra-d'Alto- und der Diana-Kultur. Frühere Spuren hinterließ er in Apulien bei der geritzten Keramik des »Matera-Ostuni-Stils« sowie in Kalabrien bei der bemalten Bandkeramik des »Capri-Stils«. Während der jüngeren neolithischen Phase drang der Lipari-Obsidian schließlich nordwärts bis in die Marken vor (»Ripoli-Kultur«).

Vorwiegend sardischer Herkunft ist dagegen der Obsidian, der auf Korsika verarbeitet wurde. Die geographische Nähe und der allgemeine Rohstoffmangel – auch Feuerstein mußte importiert werden – erklären das frühe Aufkommen des sardischen Obsidians in Korsika, der auch hier in der örtlichen Impresso-Keramik seine ersten Spuren hinterließ. Über Korsika und Elba erreichte er die Toskana, auch diese verhältnismäßig früh, zur Zeit der »Fiorano-Kultur«, während er im Pogebiet – besonders bei Pescale und Isolino – erst viel später, zur Zeit der Lagozza-Kultur bekannt wurde. In Ligurien verarbeitete schon die Bocca-quadrata-Kultur Gefäße aus sardischem Obsidian, der in

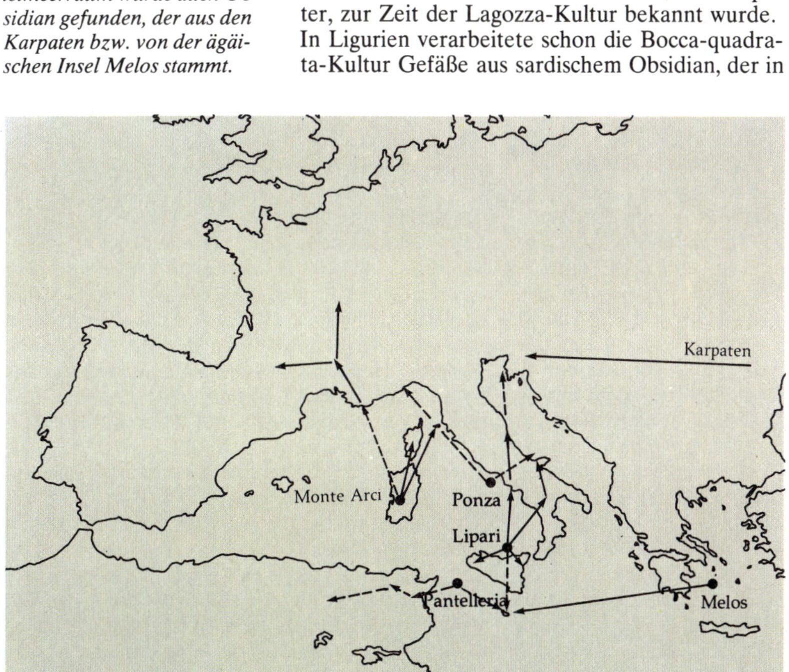

Südfrankreich wiederum, vor allem links der Rhone, während der Chassey-Kultur seine stärkste Verbreitung fand, obgleich bereits in älteren Schichten, wie denen der Cardium-Keramik, deutliche Obsidianspuren aufzufinden sind.

In Spanien schließlich stellen Funde von Obsidian nicht feststellbarer Herkunft noch Einzelfälle gegenüber der katalanischen Fossagräber-Kultur dar.

Auf Sizilien gibt es nur ganz wenige Hinweise auf mesolithische Kulturformen. Sicher ist, daß in vereinzelten Fällen lokale Jäger- und Sammlergruppen mit den ersten neolithischen Gruppen, die sich auf der Insel niederließen und die Kunst der Keramik und den Obsidian mitgebracht hatten, zusammentrafen. In Riparo della Sperlinga beispielsweise wird die Herstellung von Keramik in der »Stentinello-Kultur« eindeutig von einigen überlebenden mesolithischen Merkmalen begleitet. Ganz allgemein besteht der Eindruck, daß bodenständige mesolithische Gruppen in einigen Gebieten der Insel eine gewisse Zeitlang weiterbestanden und im Rahmen einer Wirtschaftsform, die noch ausschließlich aus Jagd und Sammeltätigkeit bestand, bestimmte neolithische Kulturkennzeichen annahm. Gleichzeitig kam es in anderen Gegenden Siziliens zum Entstehen neuer Bauern- und Hirtengemeinschaften mit deutlicher Stentinello-Prägung, die sich in Dorfkulturen zusammenschlossen, in denen sich wiederum nicht die geringste Spur einer lokalen mesolithischen Tradition fand. Die über ganz Sizilien verstreute Stentinello-Kultur ist als das Ergebnis einer Kolonialisierung der Insel durch neue Gruppen anzusehen. Diese neolithische Kultur breitete sich in den Ländern des Mittelmeerbeckens aus und ordnete sich in die Tradition der Impresso-Keramik ein, deren stilistisch fortgeschrittensten Zweig sie darstellt. Obwohl die weitaus meisten Funde aus dem östlichen Teil Siziliens stammen, weiß man, daß sich diese Kultur über den ganzen Inselbereich erstreckte. Die neue Bevölkerung Siziliens verfügte über eine sehr klar bestimmbare materielle Kultur, die sich vorrangig auf die Landwirtschaft und die Viehzucht stützte. Die Behausungen gruppierten sich oft zu Dörfern, die in vielen Fällen sogar von Umwallungen geschützt waren. Es bestanden Verbindungen zu den Liparischen Inseln, von denen der Obsidian eingeführt wurde, sowie zu Kalabrien und Malta, wo sich Gruppen desselben Kulturkreises niederließen.

In den verschiedenen Zentren der Stentinello-Kultur finden wir neben den abdruckverzierten Gefäßen der Impresso-Keramik auch hellgrundige Gefäße mit rot gemalten Band- und Flammenornamenten, die aufgrund ihrer Seltenheit als eine vom Süden des italienischen Festlandes eingeführte Ware gelten müssen. Nachdem sich im äußersten Süden der Halbinsel die bemalten Keramiken erst in der Zeit nach dem beginnenden Neolithikum ausbreiteten, und zwar durch die Träger der Impresso-Keramik, ist es sehr wahrscheinlich, daß sich die Stentinello-Kultur auf Sizilien nicht in frühneolithischer Periode behauptet hat, sondern erst in einer Phase nach dem Entstehen der ersten neolithischen Kulturen in anderen Küstengebieten des westlichen Mittelmeers. Darüber hinaus scheint der größere Entfaltungsreichtum der Stentinello-Kultur im Vergleich mit der Impresso-Keramik diese These zu bekräftigen.

Die Argumente, mit denen man die verzögerte

Die Stentinello-Kultur, die sich auf Sizilien und in Kalabrien behauptet und sogar Malta erreicht, stellt die erste Phase der Jungsteinzeit in diesen Territorien dar. Sie zählt zum großen Kulturkomplex der Impresso-Keramik, in deren Rahmen sie aber stark autonome Züge bewahrt, wie es das abgbildete Exemplar deutlich zeigt (Museo Archeologico, Syrakus).

Kolonialisierung Siziliens zu begründen versucht, sind zwar recht vielfältig, keine von ihnen erscheint jedoch ausreichend stichhaltig. Besonders wenn man die schon oft geäußerte Theorie vom syrisch-anatolischen Ursprung der Kultur der Impresso-Keramik in Betracht zieht, fällt es nicht leicht zu verstehen, wie diese Kultur in sehr viel früherer Zeit die sehr weit entfernten Gebiete wie Südfrankreich und Korsika erreicht haben soll.

Etwa um das Ende des 5. Jahrtausends v. Chr. kommt es zu einem außergewöhnlichen geschichtlichen Vorkommnis, das von der Ausbreitung neuer Kulturen mit bemalter Keramik von Mesopotamien über Syrien bis nach Anatolien gekennzeichnet wird. Dieser neue wichtige Kulturanstoß erreicht Griechenland, von wo aus er auf Süditalien übergreift. Hier entstehen neue Kulturen, die sehr viel entwickelter sind, als es jene der Impresso-Keramik waren. Die Liparischen Inseln und Sizilien stellen den westlichsten Punkt des Einflußgebietes dieser kulturellen Strömung dar. Die wichtigsten Zeugnisse dieses Kulturgeschehens stammen von den Liparischen Inseln, wo zur selben Zeit die intensivste Ausbeutung des Obsidianvorkommens einsetzt, die in dieser Zeit wohl die hauptsächlichste Tätigkeit der Inselbewohner ausmacht.

Im Rahmen dieser Vorgänge entsteht die erste Siedlung auf Lipari, in der bandbemalte Keramik im Capri-Stil hergestellt wird. Neben der Bandkeramik finden sich in Lipari auch polierte Rotbraun-Gefäße, oftmals mit zarten Ritzmotiven verziert, und gleichzeitig entstehen die ersten Gefäße mit Mäander- und Spiraldekor. Die darauffolgende Phase zählt dann eindeutig zum Kulturkreis von Serra d'Alto, was besonders – wie auch im Süden der Halbinsel – in komplizierten mäandrisch-spiraligen Bemalungen der Keramik und in der Gestaltung der Tonstempel zum Ausdruck kommt. Die neolithische Zeit des Liparischen Archipels endet schließlich mit dem Auftreten rotpolierter monochromer Keramik aus dem Diana-Bereich und der einsetzenden Ausbreitung metallverarbeitender Techniken.

Sizilien bietet uns nur recht spärliche Zeugnisse dieser Aufeinanderfolge von Kulturen. Es ist durchaus möglich, daß auf der Insel noch späte Stentinello-Gruppen wirkten, während auf Lipari bereits der Capri-Stil seine Blüte erlebte. Spärlich sind auch die sizilianischen Hinweise auf die darauffolgende Serra-d'Alto-Kultur, während das Vorhandensein der Diana-Kultur auf der Insel stärker nachgewiesen werden kann.

In Malta steht der Anfang der Jungsteinzeit in festem Zusammenhang mit jenem Siziliens und der Liparischen Inseln. In den ersten, von der Impresso-Keramik charakterisierten Siedlungen (Ghar Galam), sind unverkennbar einige Stentinello-Elemente gegenwärtig, die vermuten lassen, daß der Beginn des Neolithikums auf der Inselgruppe von Malta ein Werk von aus Sizilien stammenden Gruppen war. Aus diesem ursprünglichen Bestand heraus entwickelte sich später die eindeutig selbständige »Mgarr-Kultur«, in deren Blütezeit das Entstehen der ersten bescheidenen Architekturgebilde mit nierenförmigem Grundriß fällt. In der darauffolgenden Phase, die als »Zebbug-Periode« bekannt ist, scheint eine verhältnismäßig strenge kulturelle Abschnürung die heimischen Merkmale rein maltesischer Entwicklungsformen noch stärker hervorzuheben, obwohl nachweisbar die Kontakte zu Sizilien und dem Süden der italienischen Halbinsel auch in dieser Zeit nicht völlig unterbrochen waren, wie aufgrund der aus dem Bereich der Diana-Kultur eingeführten Keramiken bekannt ist. In dieser Zeit erhielt die megalithische Architektur einen weiteren wichtigen Anstoß durch den Bau der »kleeblattförmigen Tempel« von Mgarr. Auf die Zebbug-Periode folgte die »Ggantija-Periode«, in der die ersten Tempel mit jeweils zwei Kammerpaaren entstanden und die Hochzeit der Megalithkultur begann.

Die Kolonialisierung Korsikas erfolgte höchstwahrscheinlich von seiten einiger vorneolithischer Gruppen, die von den der Toskana vorgelagerten Inseln abstammten und sich schließlich auch in Sardinien ausbreiteten. Dies beweist, welch hohe Stufe der Entwicklung die Schiffahrt schon im mesolithischen Zeitalter erreicht hatte.

Bereits im 6. Jahrtausend v. Chr. kennt man auf Korsika die Impresso-Keramik, die von dort aus nach Sardinien vordrang, wo sie hauptsächlich in Santo Stefano (Nordsardinien), in Grotta del Rifugio (Mittelsardinien) und in Carbonia (Südsardinien) anzutreffen ist.

Die korsische Impresso-Keramik weist zwei grundlegende Richtungen auf. Einmal ist es der »Basi-Stil«, der eine gewisse Eigenständigkeit sowohl gegenüber den ligurisch-provenzalischen Gepflogenheiten als auch gegenüber den Überliefe-

Auf dem Äolischen Archipel (Liparische Inseln) kann die Evolutionsfolge der neolithischen Kulturen Süditaliens bestens verfolgt werden. In chronologischer Reihenfolge abgebildet sind hier ein dreifarbiges Gefäß, ein Gefäß der Serra-d'Alto-Kultur sowie drei weitere Gefäße mit polierter Oberfläche als Vertreter der Diana-Kultur, die den jungsteinzeitlichen Zyklus im Süden der italienischen Halbinsel und auf Sizilien abschließt (Museum von Lipari).

rungen Süditaliens und Dalmatiens erkennen läßt, zum anderen ist es der »Curacchiaghiu-Stil«, der sich vom vorgenannten erheblich unterscheidet, obwohl er aus derselben Zeit stammt, und der eher an die Art von Impresso-Keramik der südlichsten Spitze Italiens gebunden zu sein scheint. So sind auch in der Werkzeug- und Geräteherstellung deutliche Unterschiede erkennbar, obwohl wiederum viele gemeinsame Merkmale vorhanden sind. Während beispielsweise in Basi vorwiegend eingeführte Rohstoffe wie Feuerstein und Obsidian verwendet wurden, zog man es in Curacchiaghiu vor, die örtlichen Rhyolit-Arten (Ergußgesteine) sowie Quarzgestein zu verarbeiten.

Die Ausbreitung der ersten neolithischen Phase über Korsika und Sardinien erfolgte im Rahmen von Wirtschaftsformen, die sich vorrangig mit Ziegen- und Schafzucht beschäftigten. Die auf Korsika gefundenen Obsidian-Werkzeuge ermöglichen die Feststellung, daß es schon zu diesem Zeitpunkt Verbindungen zwischen Korsika und Sardinien, wahrscheinlich auch einen Austausch mit den Inseln Lipari und Ponza gab. Zu einem späteren Zeitpunkt entwickelte sich auf Korsika eine äußerst eigenständige Art, die Basi-Kultur, die den Ausschlag für das Entstehen der ersten megalithischen Bauten gab. Aber erst während der letzten Phasen des Neolithikums sowie im Chalkolithikum entwickelt sich diese Architektur weiter, wobei man heute noch nicht mit Gewißheit sagen kann, ob diese Entwicklung vorwiegend dem Einfluß der Megalithkultur des südöstlichen Mittelmeeres unterliegt oder ob ihr Ursprung im nordwestlichen Mittelmeerraum zu suchen ist. Dasselbe Phänomen zeigte sich auch in Sardinien, wo inzwischen die höchst charakteristische »Ozieri-Kultur« aufgekommen war, in der einige technische und künstlerische Eigenarten früherer Gegebenheiten die lokale Impresso-Keramik überlebten.

Auf den Balearen, die dem iberischen Küstenverband angehören, kann die Anwesenheit neolithischer Seefahrer nachgewiesen werden, die zu Beginn des 4. Jahrtausends v. Chr. Formen der Cardium-Keramik auf die Inseln trugen. Aufgrund von Entwicklungsprozessen, deren Ablauf noch nicht geklärt werden konnte, wurden diese Inseln stufenweise in den Raum megalithischer Kulturen einbezogen. Die Megalithkultur der Balearen besitzt einen hohen Originalitätsgrad – insbesondere im Vergleich mit den iberischen Architekturen – und kann eventuell mit den ältesten Elementen der Megalithkultur Sardiniens in Verbindung gebracht werden.

Die Jungsteinzeit zwischen dem Rhein und den Pyrenäen

Die kulturellen und wirtschaftlichen Umwälzungen im Gebiet zwischen dem Rhein und den Pyrenäen, den Westalpenkamm inbegriffen, erfolgten in ihren wesentlichsten Blickpunkten im Laufe des 5. und 4. Jahrtausends v. Chr.

An den Wurzeln dieses ausgedehnten und vielschichtig gestuften Vorganges des Einleitens der Jungsteinzeit sind drei bestimmende Ursachen erkennbar: das Vordringen mediterraner neolithischer Merkmale hauptsächlich entlang der Rhone-Linie, die Lebenskraft und das Beibehalten mesolithischer Grundlagen sowie die Einflüsse donauländischer Kulturen, die in Richtung Paris und zur Loire hin einströmten.

Ausgehend von den mittelmeerischen Küstenzentren, die bereits seit dem 6. Jahrtausend bestanden, erreichte das Cardium-Neolithikum das Innere des Landes im Laufe des 5. und zu Beginn des 4. Jahrtausends v. Chr. Außer den wesentlichen Punkten dieser Entwicklung, die sich im unteren Einzugs- sowie im Mündungsgebiet der Rhone konzentrieren, finden sich cardiale Gruppen auch in den Seealpen, in den Gebieten von Var und Vaucluse sowie, weiter westlich, im Becken der Aude bis hin zum Pyrenäengebiet.

Des weiteren gibt es eine Reihe von Spuren, die darauf hindeuten, daß sich die Impresso-Keramik auch über die inneren Gebiete Frankreichs ausgebreitet hat. Derartige Hinweise liefern beispielsweise die Roncadour-Gruppe im Lot-Gebiet und vielleicht sogar die Poitiers-Gruppe. Sehr stark verankert ist die Impresso-Keramik im südfranzösischen Midi-Gebiet mit dem Fortleben örtlicher mesolithischer Merkmale, deren auffallendstes Kennzeichen die trapezförmigen Pfeilspitzen sind (Castelnovien). Diese Beziehung tritt besonders stark in den Siedlungen der Gruppe von Marseille-Bouches du Rhône zutage. Studien von Schichtenabfolgen in diesen Siedlungen haben es ermög-

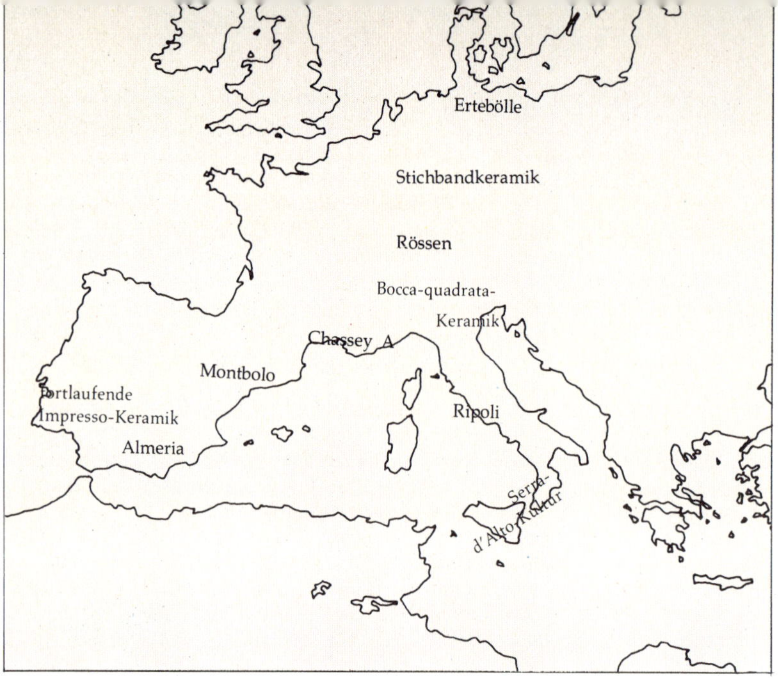

Die wichtigsten Kulturgruppen des westlichen Europa in der zweiten Hälfte des 4. und zu Beginn des 3. Jahrtausends v. Chr.

licht, die Entwicklung zu veranschaulichen, die vom Mesolithikum mit seinen Dreiecks- und Segmentmotiven (Montadien) ins Jungmesolithikum (Castelnovien) geführt hat, in dem in diesem Gebiet kurz darauf das Neolithikum einsetzte.
Das Vermächtnis der Jäger und Sammler überlebte in Überlieferung und Technik die gesamte Entwicklungszeit der Impresso-Keramik; neben dieser entwickelten sich auch weiterhin traditionelle Gruppen mesolithischer Prägung, vor allem in abgelegenen Innenregionen und in Gebieten, die für die Landwirtschaft ungeeignet waren.
Zur besseren Veranschaulichung dieser langsamen Umwandlung seien drei Beispiele angeführt. In Châteauneuf les Martigues an der Mittelmeerküste treten bereits während der ersten Hälfte des 6. Jahrtausends v. Chr. neolithische Merkmale auf, und zwar im unmittelbaren Anschluß an die letzten vorkeramischen Schichten. Es handelt sich dabei um technisch wie stilistisch einwandfrei gearbeitete Gefäße mit Cardium-Abdruckmustern. Weiter im Landesinnern, in der Schichtenabfolge von Baume de Montclus (Gard), finden wir eine abschließende Castelnovien-Schicht – analog zu jener von Châteauneuf, die der ersten neolithischen Schicht unmittelbar vorausgeht –, die sich während der ganzen frühen Cardialperiode weiterentwickelte, ohne jedoch weder die Keramik noch den geschliffenen Stein zu kennen. Noch weiter im Innern des Landes, rund 300 km von der Küste entfernt, zeigt uns die stratigraphische Gliederung von Martinet bei Sauveterre-la-Lémance (Lot et Garonne) ein örtliches Spätmesolithikum der Trapezformen, das in seiner eigenständigen Entwicklung fortschreitet und die Keramik erst in chalkolithischer Periode kennenlernt.
Wie man sieht, überleben in weiten Gebieten des südlichen Frankreich einheimische mesolithische Formen, wobei deren Merkmale während der gesamten Entwicklung des unteren cardialen Neolithikums erkennbar bleiben. Ein tiefer Einschnitt ist nur dort feststellbar, wo sich – insbesondere im äußersten Süden Frankreichs – in massivem Ausmaß die neue Chassey-Tradition behaupten kann. In jenen Gebieten, in denen der Chasséen-Einfluß langsam und stufenweise vordringt, können sich die mesolithisch-cardialen Formen noch lange Zeit halten und selbständig weiterentwickeln. Dieser Umstand beweist, daß das Eindringen der Chassey-Kultur nicht immer ein erdrückender Vorgang, sondern in vielen Fällen ein langwieriger Prozeß der Übertragung neuer Kulturströmungen auf die noch bestehende bodenständige Unterlage war.
Die frühesten Erscheinungen der Chassey-Kultur, die dem großen westlichen Kulturkreis angehört, der außer Frankreich auch die Iberische Halbinsel (Almeria–Palmella), die Schweiz (Cortaillod) und Oberitalien (Lagozza) einbezieht, zeigen sich zuerst im mediterranen Raum Frankreichs (Chassey A), wo sie den cardialen Vorbestand aufnehmen und schrittweise verdrängen. Um die Mitte des 4. Jahrtausends v. Chr. erreichen die ältesten Chassey-Ausformungen ihren stärksten kulturellen Einfluß. Die ersten Augenblicke der neuen Richtung äußern sich in der Verbreitung eines geometrischen Dekorstils in Ritztechnik, der die nahe stilistische und technische Verwandtschaft mit der Keramik der letzten Phase der ligurischen Impresso-Überlieferung sowie der ersten Phase der »Bocca-quadrata-Kultur« aufzeigt. Mit dem Aufkommen der charakteristischen »Panflöten-Henkel« nimmt dann jene Entwicklung ihren Anfang, die in die zweite Phase dieser Kultur einmündet (Chassey B). Mehr oder minder überall werden jedoch die neuen stilistischen Elemente vom Beibehalten bestimmter Dekorerscheinungen aus cardialer Periode begleitet, was eine starke Beteiligung örtlicher Grundstimmungen aus der ersten Zeit ihrer neolithischen Kolonisation und deren dabei erfolgten Ausbildung der neuen Kultur bestätigt.
Langlebigkeit ist der Chassey-Kultur vor allem im Midi-Gebiet beschieden, wo sie sich an gewissen Fundstellen bis an die Schwelle des Chalkolithikums erhält. In diesem südlichen Teil Frankreichs wird das Spätneolithikum von einem großräumigen kulturellen Reinigungsvorgang gekennzeichnet, der während des ganzen 3. Jahrtausends v. Chr. das Entstehen verschiedener regionaler Gruppen hervorruft, die sich neben der Chasséen-Tradition entwickeln und teilweise auch darin wurzeln. In der chronologischen und geographischen Entwicklung der Chassey-Kultur werden außerdem auch Gebiete, die von den vorhergehenden Neolithisierungsvorgängen ausgeschlossen waren, wie der Pyrenäenraum und der Südwesten Frankreichs, von der neuen kulturellen und wirtschaftlichen Umwälzung erfaßt, und zwar im wesentlichen in Form einer Kulturübertragung auf die örtlichen Grundlagen mesolithischer Formen.
Schauen wir weiter nach Norden hinauf, so bietet sich uns dort folgendes Bild: Von den ersten Zentren der Tschechoslowakei und aus dem mittleren Süden Deutschlands strömen wiederholt Träger der donauländischen Kulturen stufenweise in die deutschen Gebiete links des Rheins, nach Belgien, nach Nordfrankreich sowie in die Westschweiz ein. Einem ersten Zustrom von Trägern der Linearbandkeramik folgt auf dem Fuß eine Ausbreitung von Gruppen der Stichbandkeramik sowie von einigen Gruppen der Tiefstichbandkeramik, die allgemein, trotz verschiedener Ausdrucksformen, in den Bereich der Rössener Kultur eingestuft werden.
Entlang des gesamten Rheintales ist die Anwesenheit der Bandkeramiker ausreichend belegt. Auch westlich davon stellen die Bergmassive der Vogesen, der Ardennen und des Jura kein Hindernis für die Ausweitung der donauländischen Bauernkulturen dar, die aus den großen mitteleuropäischen

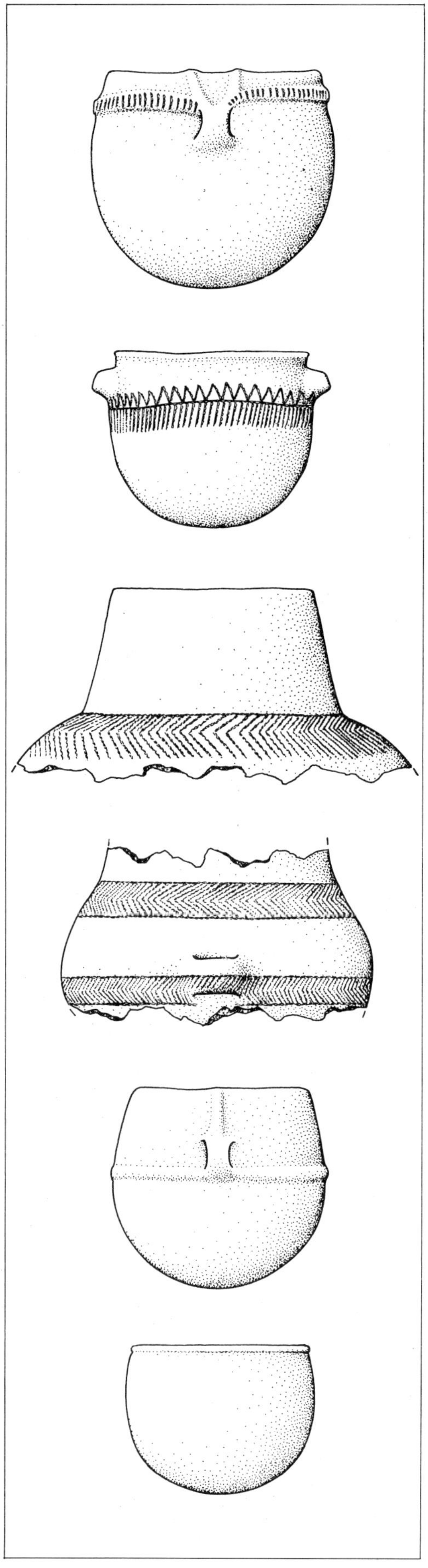

Die Kultur der Impresso-Keramik findet an der Mittelmeerküste Frankreichs und am unteren Teil des Rhonebeckens eines ihrer wichtigsten Entwicklungs- und Ausbreitungszentren. Von diesen Gebieten aus wird das Neolithikum im Innern Frankreichs stark beeinflußt. Die abgebildeten Exemplare stammen aus Châteauneuf les Martigues.

Ebenen kommen und dem westeuropäischen Raum das Neolithikum bringen. Die westlichsten frühneolithischen Kulturelemente, die noch dem Donaukreis der Bandkeramik zuzuordnen sind, finden wir im Raum von Paris und an der Loire. Im Neolithisierungsbild dieser letztgenannten Gebiete sind jedoch schon Randlagen mit Verzögerungserscheinungen, Beibehalten mesolithischen Formengutes, Regionalismen und Überlieferungsvermischungen erkennbar. In Belgien erfolgt die Ausbreitung des bandkeramischen Stils (*Omalien*) im allgemeinen eher langsam und wird von Erscheinungen des Weiterbestehens bewachsener Grundlagen gekennzeichnet, was besonders in der Herstellung von Steingeräten nachweisbar ist.

Im allgemeinen aber besteht zwischen dem auslaufenden bodenständigen Tardenoisien und den ersten Phasen der klassischen Erscheinungen der Bandkeramik (auch *Rubané* oder *Danubien* genannt) eine scharfe Trennung, die einen radikalen Übergang von einer technologisch-kulturellen Überlieferung auf eine andere kennzeichnet. Dieses Ereignis erscheint besonders offenkundig in jenen französischen und deutschen Gebieten, die direkt an das westliche Rheinufer grenzen, während in anderen Gebieten wiederum – zumindest teilweise – ein längeres Anhalten mesolithischer Grundlagen neben den ersten landwirtschaftlichen Gemeinschaften verzeichnet wird. Eine Bestätigung dessen liefert uns die Schichtenfolge von Birsmatten in der westlichen Schweiz, wo die jüngsten Schichten des Mesolithikums mit Trapezformen aus derselben Zeit zu stammen scheinen, in der sich westlich des Rheins die donauländischen Gruppen auszubreiten beginnen, zumal in diesen Schichten zuerst Pfeilspitzen der Bandkeramikkultur und dann auch aus dem Rössener Kulturkreis eingeführte Keramikfragmente enthalten sind. Diese letzten Spuren des schweizerischen Mesolithikums leben somit mindestens bis in die zweite Hälfte des 4. Jahrtausends v. Chr. weiter.

Dasselbe scheinen auch Untersuchungen der letzten Phasen des Tardenoisiens in Belgien und in der Pariser Gegend zu bestätigen, in denen die Bandkeramik vermutlich nicht viel früher als um 4000 v. Chr. bekannt wird. Die letzten Augenblicke des Mesolithikums in diesen Gebieten zeigen tatsächlich eine Reihe von Entwicklungserscheinungen, die als Zeichen einer allmählichen und schrittweisen Anpassung von Eigenarten der angrenzenden Bauerngemeinschaften angesehen werden können. Insgesamt gesehen überleben die mesolithischen Gruppen mit ihren Kultur- und Ökonomieformen langfristig in den nördlichen Gebieten wie auch in den für den Landanbau und die Viehzucht weniger geeigneten Landschaften Mittelfrankreichs und nehmen nur zögernd kulturelle und technologische Neuerungen der hinzugekommenen Gruppen an, die sich ihrerseits nur ganz am Rand von der Kultur der lokalen Jäger- und Sammlergruppen beeinflussen lassen.

Daß die Kolonialisierung des Pariser Beckens bis hin an die Loire nicht in eine sehr frühe Periode fällt, beweist der Umstand, daß die wesentlichsten Eigenarten des keramischen Dekors auf einen Zeitabschnitt verweisen, der mit der Stichbandkeramik der Rheingebiete eher verwandt zu sein scheint als mit den früheren der Bandkeramik, obwohl diese in ihren letzten Formen (Linearbandkeramik) bis in den Raum der Ardennen und Vogesen hinein bekannt ist.

Die Chassey-Kultur findet eine rasche Verbreitung in den Mittelmeerregionen Frankreichs, wo sie allmählich die vorangegangene Kultur der Impresso-Keramik verdrängt. Das Bild zeigt einen für die Chassey-Kultur typischen Behälter mit geometrischem Dekor (St.-Germain en Laye, Musée des Antiquités Nationales).

Bruchstück eines Gefäßes der Chassey-Keramik mit einem sogenannten »Panflöten-Henkel« (St.-Germain en Laye, Musée des Antiquités Nationales).

Westlich der Vogesen fällt es im allgemeinen schwer, die Linearbandkeramik von der späteren Stichbandkeramik eindeutig zu unterscheiden, wie dies in den klassischen Gebieten Deutschlands der Fall ist, weshalb man zur Unterscheidung dieser ältesten Phasen des örtlichen Neolithikums meist die umfassenderen Begriffe *Bandkeramik, Rubané* oder *Danubien* vorzieht.

Hinsichtlich der vielleicht bestehenden Beziehungen zwischen den westlichen Gruppen der Bandkeramik und der neolithischen Welt des Südens ist es wichtig, einen Hinweis auf das plötzliche Aufkommen während der letzten Phasen der Linearbandkeramik westlich des Rheins, der sogenannten »Kammkeramischen Technik«, zu geben. Die Kammtechnik, die in den klassischen mitteleuropäischen Gebieten völlig unbekannt ist, kann als Resultat von Einflüssen der mittelmeerischen Impresso-Keramik angesehen werden, wobei die Herzmuschel durch einen Kamm ersetzt wird. Wahrscheinlich sind diese Einflüsse durch die Vermittlung der ersten neolithischen Gruppen von der Marne, der Seine und der Loire bis an den unteren Rhein und die Maas vorgedrungen.

In der darauffolgenden jungsteinzeitlichen Phase finden wir im Rheintal und im Elsaß die ersten Keramiken mit gestempeltem Dekor, die sich in diesen Gebieten mit Mustern und Formen zeigen, die dem Rössener Kulturkreis angehören. Anders verläuft diese Stufe in den nördlichen Gebieten westlich der Vogesen, wo sich die neue Richtung des Neolithikums unter dem Zeichen ausgesprochen örtlich begrenzter Kulturformen entwickelte und auch über jene Gebiete erstreckte, in denen sich bisher fast ausschließlich spätmesolithische Formen gehalten hatten. Besonders bedeutend unter den örtlichen Kulturprägungen war die Cerny-Gruppe im nordwestlichen Frankreich, die auch den südwestlichen Teil Belgiens beeinflußte. Das restliche Gebiet Belgiens ist dagegen ein Bestandteil des Rössener Kulturkreises, der sich hier mit Überresten spätmesolithischer Gruppen der »Ertebölle-Kultur« vermischt.

Die verschiedenen Kulturformen rein örtlicher Prägung entwickelten sich, ausgehend von den Grundformen der Bandkeramik, in verschiedenartige Richtungen mit mehr oder weniger betonten Beziehungen zum heimischen Mesolithikum sowie mit recht unterschiedlichen Einströmungen von außen, die besonders aus dem Rheingebiet (Rössen) und dem südlichen Frankreich (Alt-Chassey) stammten.

Die Ausbreitung des westlichen Neolithikums

Zweifelsohne noch vor der Erschöpfung dieser eigenständigen regionalen Gruppen-Kulturen behauptete sich, zuerst in Mittelfrankreich und schließlich im größten Teil des Nordens, eine neue kulturelle Strömung, die nicht mehr aus dem donauländischen Raum stammte, sondern vielmehr aus den Küstengebieten des Mittelmeers, wo sie sich schon seit geraumer Zeit in frühesten Ansätzen entwickelte: die »Kultur von Chassey«. Mittlerweile scheinen mittelmeerische Einflüsse, über die Rhone-Linie, bereits die Westschweiz erreicht zu haben, wo der Beginn des Neolithikums (Egolzwil-Gruppe) etwa in die Zeit der Rössener Kultur fällt und damit vor dem Aufblühen des örtlichen westlichen Neolithikums, der »Cortaillod-Kultur«, erfolgt.

Auf dem Weg ihres Vordringens gegen Norden erlangt die Chassey-Kultur infolge von Regionalisierung, Vermischung und Einverleibung eine Reihe von Kennzeichen, die sich von den Eigenarten ihres mittelmeerischen Ursprungs erheblich unterscheiden. Die ausgeprägt eigenständige Art dieser verschiedenen Chassey-Formen drückt sich vor allem im Chassey des Pariser Beckens sowie im Cortaillod der Westschweiz und des Jura aus.

Auch nach Westen hin ist ein intensives Ausströmen der Chassey-Kultur erkennbar. Sie verbreitet sich über alle Küstenlandschaften Liguriens, wo sie ganz plötzlich die heimischen Formen der Bocca-quadrata-Kultur ablöst.

Die Chassey-Gruppen des Pariser Beckens und die schweizerischen Cortaillod-Gruppen werden in den nachfolgenden Abschnitten des Neolithikums in ziemlich empfindlicher Weise von der »Michelsberger Kultur« beeinflußt, die in den Rheingebieten die donauländischen Formen der Rössener Kultur ablöst. Diese Michelsberger Kultur, an deren Entstehen mehr westlich als donauländisch geprägte Kennzeichen mitwirken, erlebte in den letzten Jahrhunderten des 4. und vor allem in der ersten Hälfte des 3. Jahrtausends v. Chr. eine mächtige Ausdehnung, die weite Teile Deutschlands, der Schweiz, Nordfrankreichs und Belgiens umfaßte. In diesem letzten Gebiet, das nur am Rand mit der Chassey-Kultur Fühlung aufnahm, erhielten sich örtliche Ausdrucksformen der Michelsberger Kultur bis zur Berührung mit den ersten Phasen der sogenannten »S.O.M.-Kultur« (Seine–Oise–Marne), die wiederum den Abschluß des neolithischen Zeitalters von Nordwesteuropa bildete.

Noch während der Michelsberger Zeit beginnt sich vor allem in Belgien eine weitere außergewöhnliche Erscheinung zu entwickeln: der Bergbau, der beeindruckende Zeugnisse der Ausbeutung von Feuersteinadern durch Schachtbauten überliefert. Die aus dem Süden (Mittelmeer-Strömung) und aus dem Norden (donauländische Strömung) in den Raum zwischen dem Rhein und den Pyrenäen vordringenden Neolithisierungsvorgänge bewirken eine langsame und schrittweise Veränderung in den ökonomisch-kulturellen Strukturen der mittleren und westlichen Gebiete, die sich während dieser Vorgänge als äußerst stark beeinflußbar erweisen.

Nach einer verzögerten Entwicklung der mesolithischen Tardenoisien-Kulturen an den verschiedensten Stellen dieser Gebiete, lassen sich Bauerngemeinschaften donauländischer Kulturprägung im Einzugsgebiet der Loire nieder, was als Folge der Kolonialisierung des Pariser Beckens angesehen werden muß. Im südlichen Teil der französischen Atlantikküste lassen dagegen verschiedene Anzeichen die Annahme zu, es gäbe dort vereinzelte Neolithisierungszentren, denen Formen der Impresso-Keramik zu eigen sind. Erst mit der später einsetzenden Ausbreitung der Chassey-Kultur beginnen kraftvoll die Übertragungen anderer Kulturformen in mittelfranzösischen Gebieten.

Im armorikanischen Raum (Bretagne) entwickeln sich neolithische Merkmale, die mit den letzten Kolonialisierungsanstößen der Rössener Kultur in Zusammenhang gebracht werden können; zu derselben Zeit entstehen dort auch die ersten megalithischen Anlagen. In der Folge davon erlebt dieses Gebiet eine Verbreitung von Chassey-Elementen, die vom Raum des Pariser Beckens her eindringen, sowie den Einfluß noch älterer Kulturen, die von der Cerny-Gruppe herzurühren scheinen.

Vor kurzem erst gelang es, das ausnehmend hohe Alter einiger megalithischer Grabbauten der Bretagne zu bestimmen. Obwohl man die kulturhistorischen Hintergründe dieser Anlagen noch nicht kennt, glaubt man heute behaupten zu können, daß sie bereits in die erste Hälfte des 5. Jahrtausends datieren. Auf diesen Umstand gründet die

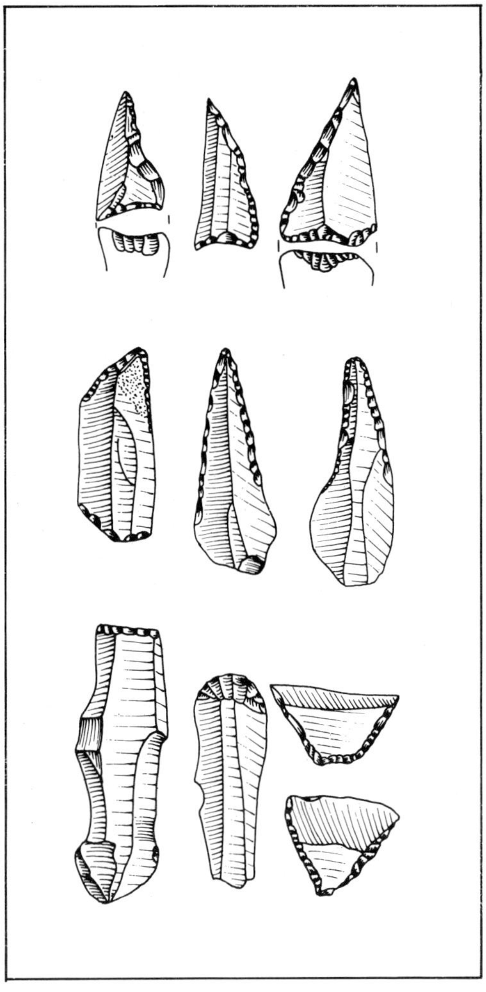

Rechts und unten: Einige typische Gegenstände aus geschliffenem Stein und Silex der jüngsten Phase der Rubané-Kultur des Pariser Beckens. In diesem Gebiet beginnt das Neolithikum unter dem Einfluß der donauländischen Kulturströmung der Bandkeramik*, die sich hier unter der Bezeichnung* Rubané *zu einer eigenständigen Ausdrucksform entwickelt. Eine weitere aus dem Westen her eindringende Kulturströmung führt dann zur Entstehung lokaler Aspekte der Chassey-Kultur.*

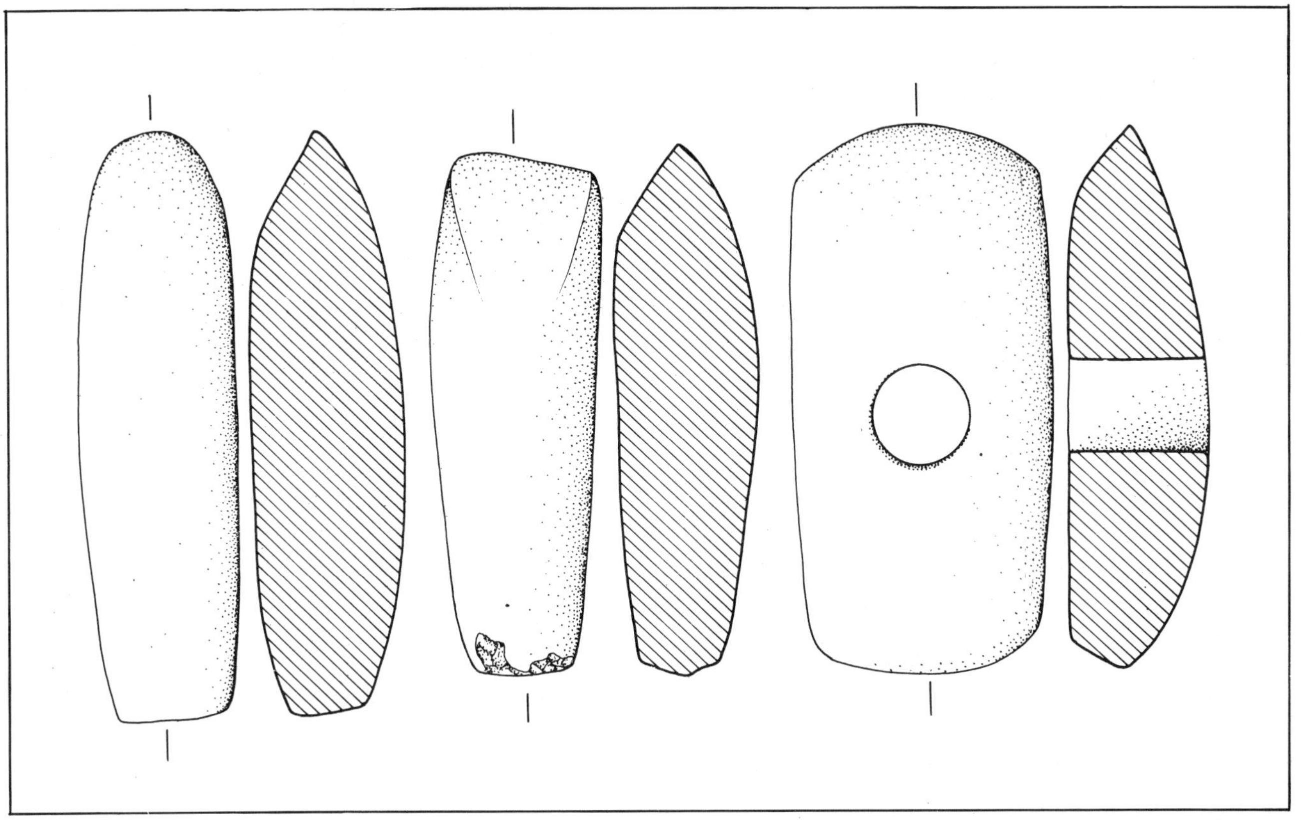

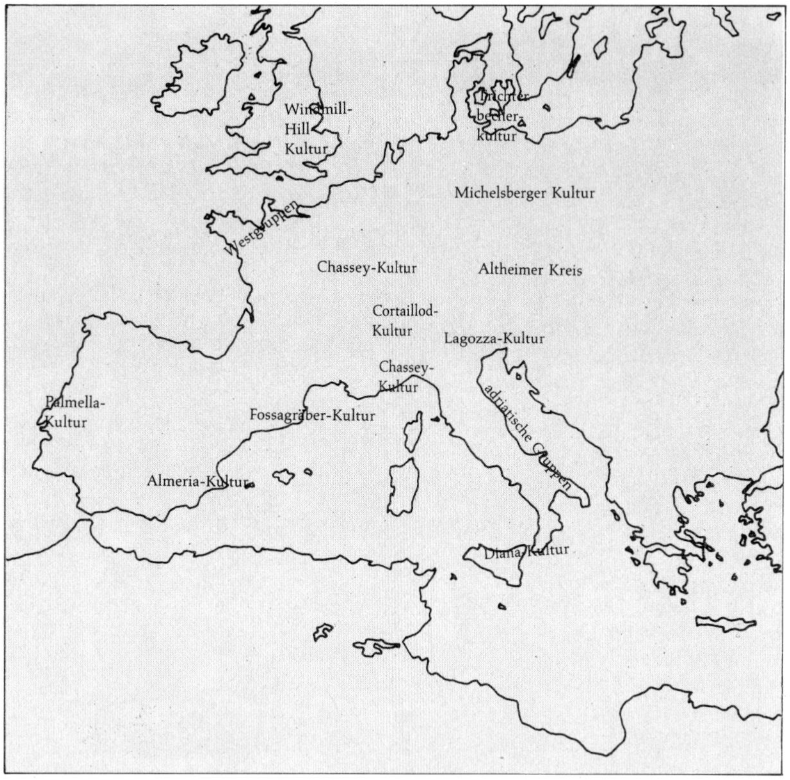

Oben: Diese Karte zeigt die wichtigsten westeuropäischen Kulturgruppen des Neolithikums während der ersten Hälfte des 4. Jahrtausends v. Chr.

Unten: In der letzten neolithischen Phase des nördlichen Mittelfrankreich (Seine-Oise-Marne-Kultur) überleben neben den Pfeilspitzen, die bereits auf das nachfolgende Zeitalter der Metalle hinweisen, auch noch die »Querschneider«-Modelle, die die ältesten lokalen Traditionen charakterisieren.

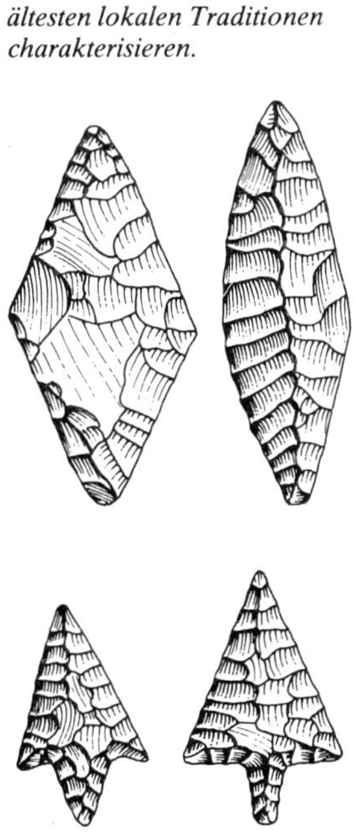

nunmehr ziemlich verbreitete Annahme, der ideologische Urgrund, der in der Bretagne zu diesen Bauten führte, sei äußerst alt und gegebenenfalls sogar auf heimische mesolithische Gruppen zurückzuführen, bei denen bereits Sammelgräber unter grob aufgeschichteten Steinhaufen bekannt waren.
Im Westen, der atlantische Verbindungen zur Iberischen Halbinsel zu haben scheint, kommt es zu einer Entwicklung regionaler Gruppen, die zum Teil mit megalithischen Erscheinungen verbunden sind, wie beispielsweise jenen der Gruppe von Peu Richard, die im Laufe des 3. Jahrtausends Gestalt annimmt, nachdem sie zuvor von einer örtlichen Kultur geprägt war, die sicherlich vom Chasséen des Pariser Beckens beeinflußt worden war. In spätneolithischer Zeit unterliegt dann der gesamte zentralwestliche Raum (Vienne-Charente-Gruppe etc.) dem direkten Einfluß der S.O.M.-Kultur, wodurch in Gebieten, die bereits zu Beginn des 3. Jahrtausends v. Chr. megalithische Bauten – z. B. die atlantischen Dolmengräber – kannten, neue architektonische Formen zur Entfaltung kommen (*allée couverte*).

Die Jungsteinzeit auf der Iberischen Halbinsel

Auf der Iberischen Halbinsel haben die letzten mesolithischen Jäger und Sammler zahlreiche Zeugnisse ihrer Lebensweise hinterlassen. Besonders deutliche Spuren aus dieser Zeit finden wir in den südspanischen Grotten sowie in den Freilandsiedlungen im Mündungsgebiet des Tejo in Portugal, die von großen Muschelhaufen gekennzeichnet sind. Da diese Muscheln eine wichtige Rolle in der Wirtschaft dieser Gruppen spielten, spricht man auch von einer »Muschelhaufenkultur« der Küstenbevölkerung im mesolithischen Portugal. Noch während des Mesolithikums entstanden im mittleren Süden Spaniens an den Wänden der Wohnhöhlen eine Reihe von Felszeichnungen, die in ausführlicher Weise einen realistischen und bewegungsbeschreibenden Stilreichtum bezeugen. Diese künstlerische Tradition wird auch während des Neolithikums fortgeführt und erreicht schließlich die Bronzezeit, wobei die ursprünglich impressionistischen Motive zusehends schematischer und stilistisch konventioneller werden.
Heute scheint es als erwiesen, daß im Mittelmeerraum der Iberischen Halbinsel vor Bekanntwerden der Keramik einige Versuche mit Viehzüchtung stattgefunden haben, während neben den ersten neolithischen Kolonien des Südens noch lange Zeit hindurch – besonders in den zentralen und nördlichen Gebieten – eine Kulturform überlebte, die noch ausschließlich der mesolithischen Welt verbunden war. Die jungsteinzeitliche Wandlung der Iberischen Halbinsel erfolgte im Rahmen derselben großen Vorgänge, die auch der kulturellen und wirtschaftlichen Entwicklung des restlichen Mittelmeerraumes vorausgingen. In Katalonien löst eine erste Phase fruchtbarer Kolonialisierung seitens der Träger der Impresso-Keramik (»Montserratien«) jüngere kulturelle Erscheinungen ab, die klare Übereinstimmungen zu den epicardialen Gruppen der französischen Küste aufweisen und von der allgemeinen Einführung der Viehzucht und Landwirtschaft begleitet werden.
Höchstwahrscheinlich kommt es aber bereits gegen Ende des 5. Jahrtausends v. Chr. zu einer kulturellen Umschichtung, die sich zuerst im Aufkommen von polierten Tonwaren (Montbolo) ausdrückt, welche ein Vorspiel zu typischen Formen des sogenannten »westlichen Neolithikums« zu sein scheinen, die in den nächstgelegenen Gebieten Frankreichs von der Chassey-Kultur dargestellt wird. Von diesem Augenblick an zählt auch Katalonien zu dem weitgehenden Kulturkreis des westeuropäischen Neolithikums, der sich hier in Form der sogenannten »Fossagräber-Kultur« äußert.
Überall in der Levante halten Formen mesolithischer Kulturen noch lange nach dem Aufkommen der Impresso-Keramik an, deren kraftvollster Entwicklungsmittelpunkt die Küste zwischen Valencia und Alicante sein wird. Bisher nicht vollständig erklärt werden kann dagegen das Erscheinen der polierten Keramik, die das westliche Neolithikum in diesen Spätphasen der Jungsteinzeit kennzeichnet.
In Andalusien entsteht verhältnismäßig spät – verglichen mit der ältesten mesolithischen Entwicklungsphase – die *Cultura de las Cuevas*, die bemerkenswerte Unterschiede gegenüber der restlichen levantinischen Impresso-Keramik zeigt und eher einen Zusammenhang mit den epicardialen Gruppen Südfrankreichs und der spätesten Phase der katalanischen Impresso-Keramik vermuten läßt. Den üppigen Gefäßverzierungen haften Stilformen an, die an die sikulische Stentinello-Kultur erinnern. Während der Zeit der »Cuevas-Kultur«, die in die zweite Hälfte des 5. Jahrtausends v. Chr. datiert werden kann, scheinen Viehzucht und Landanbau schon völlig entwickelt zu sein. Noch abzuklären sind die zeitlich-kulturellen Beziehungen dieses Gebiets zu der später auftretenden »Almeria-Kultur«. Während am südlichsten atlantischen Küstenstreifen der Iberischen Halbinsel Ausdrucksformen der Jungsteinzeit unbekannt sind, entwickelt sich im Raum der mittelportugie-

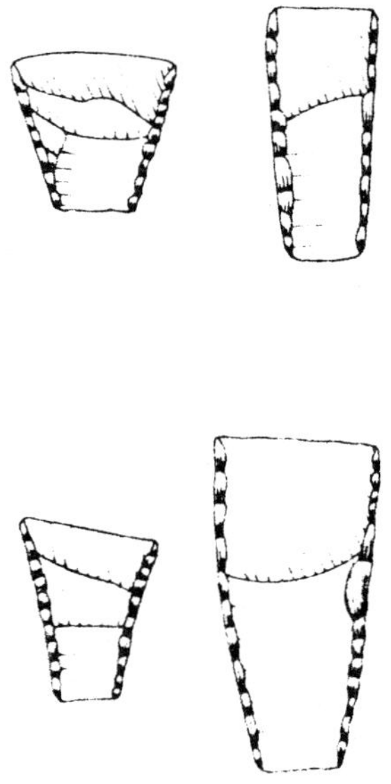

Sogenannte »Querschneider-Pfeilspitzen«.

sischen Küste neben dem Weiterbestehen der letzten Formen der Muschelhaufenkulturen, welche bis ins 4. Jahrtausend zu überleben scheinen, eine späte Gruppe der Impresso-Keramik (*Furninha*), die eine starke Verwandtschaft zu der andalusischen Cuevas-Kultur aufweist. Diesen Zeiten neolithischer Kolonialisierung scheinen unmittelbar, teilweise sogar überlagert, die ersten megalithischen Ausdrucksformen zu folgen, wobei aber bis heute die gegenseitigen kulturellen und zeitlichen Zusammenhänge ungeklärt blieben.
In allen restlichen Gebieten der Iberischen Halbinsel scheint die mesolithische Lebensweise bis in eine Zeit hinein zu überleben, in der sich im Süden und im Westen bereits jene, teilweise mit dem westlichen Neolithikum in Zusammenhang zu bringende Kulturphasen entwickeln (Almeria), die vom Entstehen der ersten megalithischen Architekturen gekennzeichnet werden.

Die ersten megalithischen Traditionen

Der Begriff »megalithisch« umfaßt im archäologischen Sprachgebrauch all jene mehr oder minder monumentalen Bauten, die aus großen, normalerweise gar nicht oder nur geringfügig bearbeiteten Felsblöcken bestehen und aus verschiedenen Zeiten unterschiedlicher Kulturabschnitte stammen.
In Westeuropa und im mittleren westlichen Mittelmeerbecken sind Zweck und Eigenart dieser Architekturen äußerst vielschichtig. Der Bestimmungszweck solcher Großsteinbauten reicht von der Grabanlage über die Ausstattung heiliger oder der Gemeinschaft gewidmeter Orte bis zu den Zyklopenmauern.
Einige Grundformen der megalithischen Kultur sind der *Menhir*, auch *Hinkelstein* genannt (Steinsäule), der *Dolmen*, auch Hühnengrab genannt, ein tischförmig aus Felsblöcken gebautes Steingrab, sowie der *Cromlech* (Kultstätte mit verschiedenförmig gesetzten Steinsäulen).
In den hier beschriebenen Gebieten kommen solche megalithischen Bauformen in verschiedenen jungsteinzeitlichen Kulturen vor der Bronze- und der Eisenzeit vor. Ginge es nach den Aussagen der verbissenen Vertreter der Ausbreitungstheorien, dann wären all diese megalithischen Bauformen das Resultat von Einflüssen, die vorwiegend während des Chalkolithikums (Stein-Kupferzeit) und der Bronzezeit von seefahrenden Händlern, Priestern, Eroberern und Trägern der Glockenbecherkeramik aus den ägäischen Zentren und den großen Stadtkulturen Kleinasiens und des Nil-Gebietes nach Westeuropa eingeschleust wurden. Die jüngsten Fortschritte auf dem Gebiet der zeitlichen Bestimmungen lassen an diesen bisherigen Auslegungsversuchen jedoch starke Zweifel aufkommen. Die nunmehrigen wissenschaftlichen Erkenntnisse über die Entstehungszeit der Megalithbauten an der Atlantikküste, insbesondere die der Bretagne, welche auf den Beginn des 4., wenn nicht gar auf das Ende des 5. Jahrtausends v. Chr. gelegt werden, und auch die der Iberischen Halbinsel, der Britischen Inseln, Dänemarks sowie Südfrankreichs, hat praktisch den Spieß umgedreht, da man zur peinlichen Feststellung gelangte, daß die Großsteinbauten des östlichen Mittelmeerraumes mit Sicherheit jüngeren Datums sind als die der westlichen Gebiete.
Als Ergebnis dieser Erkenntnisse sind neue Ausbreitungstheorien entstanden, denen zufolge die Übertragung der megalithischen Baukunst in umgekehrter Richtung, also von West nach Ost, erfolgt sein soll. Jenseits dieser Art von Versuchen ist jedoch die bemerkenswerteste Folgerung dieses neuen Wissens der Umstand, daß der Entwurf zu einer einheitlichen »Megalithkultur« zu kommen, aufgegeben werden mußte. Demzufolge ist die Forschung nun damit beschäftigt, die bisherigen Stellungen der einzelnen megalithischen Erscheinungsformen sowohl in kulturgeschichtlicher als auch, soweit wie möglich, in zeitlicher Hinsicht neu festzulegen und zu gliedern. Darüber hinaus beginnt man auch einzusehen, zu welch schlimmem Durcheinander es führen kann, wenn jede beliebige mit Siedlungsstätten oder Bestattungskulten zusammenhängende Anordnung aus größeren Steinblöcken unter den Begriff der »megalithischen Kultur« eingestuft wird, ob es sich nun beispielsweise um Steinumzäunungen oder Stein-

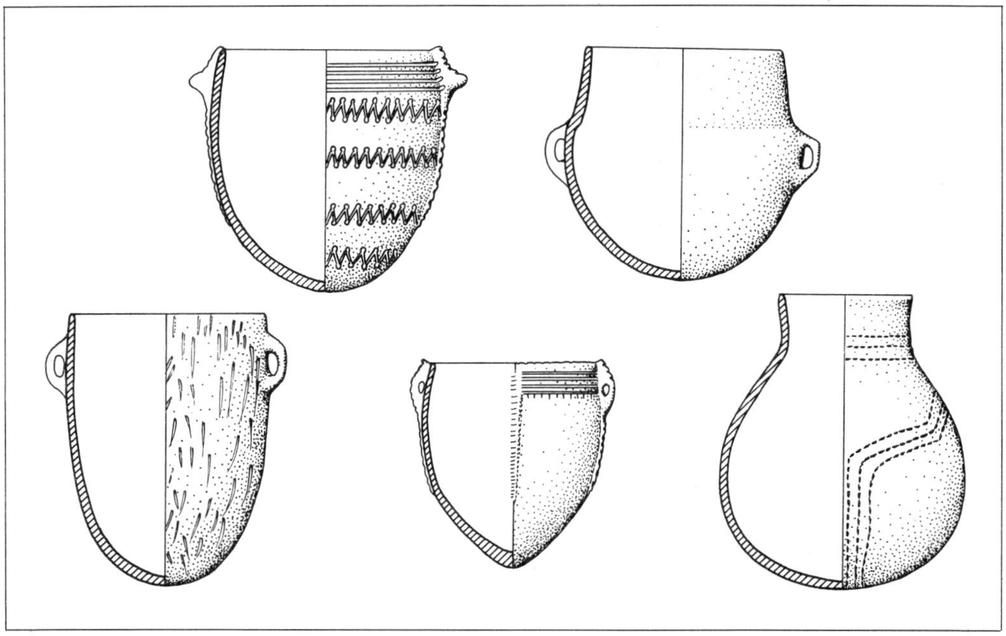

Aus der Cueva de los Murcielagos (Córdoba) stammende Keramiken. Bis ins späte andalusische Neolithikum hinein entwickeln sich in der Keramik stilistische Themen, die teilweise von den ältesten Traditionen der mediterranen Impresso-Keramik abgeleitet sind.

Rechts: Unter den megalithischen Bauten, die bereits im jungsteinzeitlichen Westeuropa entstehen, gebührt ganz besondere Beachtung den Dolmen, *tischförmig gebauten Konstruktionen aus riesigen Steinblöcken. Der hier abgebildete Dolmen steht im englischen Cornwall.*

Unten: Während in den restlichen Gebieten Europas bereits Werkzeuge aus Kupfer und Bronze bekannt sind, sind in der letzten Phase des nordeuropäischen Neolithikums immer noch Beile aus Silex (Bild), Basalt und Grünstein stark verbreitet.

kistengräber handelt, wie sie bei verschiedenen neolithischen und präneolithischen Kulturgruppen Westeuropas und des Alpenraumes bekannt und üblich waren.
Nachdem man nun die These eines einzigen gemeinsamen Ursprunges aller megalithischen Ausdrucksformen aufgegeben hat, neigt man allgemein dazu, die Betonung auf die mögliche Anwesenheit einer ersten religiösen Idee zu setzen, die in verschiedenen kulturellen Schaffenszentren aufkommt und sich dort gemäß ihrer ortsgebundenen Merkmale im kulturellen Gefüge weiterentwikkelt. Von diesen verschiedenen Mittelpunkten aus beginnen dann die megalithischen Ausdrucksweisen in andere Gebiete einzuströmen, andere Kulturen zu erreichen und zu beeinflussen. Bezüglich der hier angesprochenen Gebiete können die bisher verfügbaren Erkenntnisse mit der Feststellung zusammengefaßt werden, daß sich das megalithische Phänomen in zwei große geographische Gruppierungen aufteilt: einmal in den älteren megalithischen Kreis, der ganz offensichtlich westlich-atlantische Art besitzt, und zum anderen in die zentrale Mittelmeergruppe, die sich um einiges später formt und vielleicht in irgendeinem Zusammenhang mit den Kulturen des östlichen Mittelmeerraumes steht. Außerdem wird auch allgemein anerkannt, daß diese Erscheinungen in den jeweiligen Gebieten vorwiegend übers Meer verbreitet werden, wenn auch die kulturellen Zusammenhänge sowie die Einzelheiten dieser Ausdehnungsbewegung noch völlig ungeklärt sind, insbesondere was den atlantischen Raum während der jungsteinzeitlichen Epoche betrifft.
Unter dem Gesichtspunkt der verschiedenen Zweckbestimmungen gilt als erwiesen, daß die ältesten megalithischen Bauten – bereits das Vollneolithikum kennt sie – dem Bestattungskult gewidmet sind, während die der heiligen Stätten, mit Ausnahme einiger einzelner Menhire, erst später entstanden und vorwiegend mit der Kultur des Chalkolithikums und der Bronzezeit übereinstimmen. Noch jünger sind all jene megalithischen Formgebungen, die als Befestigungsbauten angesehen werden können und deren Entstehen bis in die Eisenzeit hineinreicht. Ganz besonders interessant ist im Rahmen des westeuropäischen Neolithikums das Gebiet der Bretagne, wo Ansätze megalithischer Ideologie bereits bei den heimischen mesolithischen Gruppen aufzukommen scheinen. Aus den ursprünglich grob aufgeschichteten Steinhaufen, die hier die Sammelgräber abdecken, scheinen sich schon in einer sehr frühen Periode der Jungsteinzeit die Megalithgräber sowie die ersten Menhire entwickelt zu haben.

Der Beginn der Jungsteinzeit auf den Britischen Inseln und in Irland

Auf den Britischen Inseln sowie in Irland werden spätmesolithische Formen mit deutlichen Hinweisen auf eine Verwandtschaft zur »Maglemose-Kultur« um die Mitte des 5. Jahrtausends v. Chr. datiert, während in Schottland wiederum die Kultur mesolithischer Gruppen mit Formen der »Ertebölle-Kultur« bis in das 3. Jahrtausend v. Chr. zu überleben scheinen.
Eine vorgenommene Pollenanalyse (Blütenstaubbestimmung) in England deutet darauf hin, daß etwa um das Jahr 3000 v. Chr. der Ulmenbestand rasch abnimmt und gleichzeitig immer mehr Gräserarten aufscheinen. Zur gleichen Zeit tritt dieselbe Erscheinung auch in Schottland und Dänemark auf, ausgelegt und gedeutet als Folge einer ausgedehnten Abholzung, die wiederum mit einem starken Ansteigen der Weide- und Landwirtschaft in Zusammenhang gebracht wird. Dies schließt allerdings nicht aus, daß bereits in einer ziemlich frühen Periode, vielleicht schon zu Beginn des 4. Jahrtausends v. Chr., die ersten Formen einer neolithischen Lebensweise auftreten. Sowohl auf den Britischen Inseln als auch in Irland gibt es nur wenige Schichtabfolgen, deren Untersuchung eine zuverlässige Aussage über die

Zu den ältesten megalithischen Ausdrucksformen gehört der Menhir, *eine nur geringfügig oder auch gar nicht bearbeitete Steinsäule, die senkrecht aus dem Boden herausragt. Das abgebildete Exemplar steht in der Bretagne. In vielen Fällen stehen Menhire aneinandergereiht und bilden somit spalier- oder kreisförmige Megalithstrukturen.*

Entwicklung kultureller Vorgänge während der Jungsteinzeit zulassen würde. Die älteste Keramikkultur, die unter der Bezeichnung »Windmill-Hill-Kultur« läuft, scheint sich in England während des 4. Jahrtausends verbreitet zu haben, um bis in die ersten Jahrhunderte des 3. Jahrtausends v. Chr. anzuhalten. Die Gefäße im »Peterborough-Stil«, die sich gelegentlich mit der Windmill-Hill-Keramik vermischen, gehören dagegen einer anderen Kultur an. Auch der erweiterte Feuersteinabbau – vergleichbar dem sogenannten Bergbau-Neolithikum in Belgien – beginnt in Sussex bereits zu Beginn des 3. Jahrtausends v. Chr., selbst wenn er seinen höchsten Stand erst gegen Ende desselben Jahrtausends erreicht.

Der Beginn der Jungsteinzeit auf den Britischen Inseln erfolgt durch Anstöße von Einwanderern, die zweierlei Ursprungs sind. Eine atlantische Kulturströmung, die sich besonders klar in der Keramik der Hembury-Gruppe im Südwesten ausdrückt, zeigt deutlich ihre Abstammung von der Chassey-Kultur aus dem nordwestlichen Frankreich und kann auf das 4. Jahrtausend v. Chr. datiert werden. Die zweite, jüngere Strömung, die als östliche bezeichnet werden kann, gründet auf Kulturresten und landschaftlich bedingten Eigenheiten aus Nordeuropa – zweite Phase des dänischen TBK II C, insbesondere erkennbar an den megalithischen Formen vom Typ *long-barrow* – und aus Belgien, wo die Michelsberger Kultur bereits Fuß gefaßt hatte, die wiederum, jüngsten Forschungen zufolge, in erster Linie als ein Abkömmling nicht nordischer, sondern westlicher Kulturen gelten muß, wobei vermutlich auch Chassey-Formen aus dem Pariser Becken in ihr enthalten sind.

In Irland scheinen die Siedlungen, in denen Keramik bekannt ist (»Sandhills-Stil«), eine Übereinstimmung mit mesolithischen Kulturen aufzuzeigen, die in einigen Fällen neben dem Entstehen großer Grabanlagen bis in das 3. Jahrtausend hinein zu reichen scheint, bis in jene Zeit also, in der sie sich mit der Flachboden-Keramik vermischt.

In Schottland werden die späten Phasen des Neolithikums von der Flachboden-Keramik (*Grooved Ware*) gekennzeichnet. In England reichen späte Formen des Peterborough-Stils, neben der Flachboden-Keramik (Fengate), bis in eine Zeit hinein, in der sich die Windmill-Hill-Kultur bereits erschöpft hat. Insgesamt gesehen scheint das Neolithikum der Britischen Inseln hauptsächlich auf das Wirken neuer Gruppen von Bauern und Viehzüchtern zurückzugehen, nicht auf einen wirtschaftlichen Wandlungsvorgang der bodenständigen mesolithischen Bevölkerung. Eine äußerst wichtige Rolle bei all diesen Vorgängen kommt zweifellos den angrenzenden Ländereien auf dem Festland und deren Bauern und Viehzüchtern zu, für die Englands und Irlands schier unerschöpfliche Rohstoffreserven, Wälder und Weiden ein ungeheurer Anreiz sein mußte.

Dänemark und die skandinavische Halbinsel

In Jütland und dem südlichen Skandinavien folgen der reichen mesolithischen »Maglemose-Kultur« eine Reihe neuer Gruppen von Jägern und Sammlern. Diese Kultur, die unter dem Namen von Ertebölle bekannt ist, geht in ihren ältesten Ausdrucksformen auf das 5. Jahrtausend v. Chr. zurück und begleitet somit den jüngsten Abschnitt der Maglemose-Kultur, von der sie auch die Art der Knochenwerkzeuge und der großen Feuersteinbeile erbt. Allmählich verschwinden die kleinen dreieckigen Werkzeuge, die nun durch rautenförmige Klingen und trapezförmige Pfeilspitzen mit Querschneider ersetzt werden. Das Siedlungsgebiet dieser Gruppen entlang den dänischen und südskandinavischen Küsten wird von mächtigen Jagdreste- und Muschelhaufen gekennzeichnet, sogenannten *Kjökkenmöddinger.* Diese Gruppen bestehen lange Zeit neben den neolithischen Gruppen fort und behalten ihre Gleichheit bis in das beginnende 2. Jahrtausend v. Chr., wobei sie in ihrem jüngsten Abschnitt mit der Herstellung großer Keramikgefäße mit kegelförmigem Boden beginnen.

Die Träger jener Kulturen, die während des 6. und 5. Jahrtausends v. Chr. in das mittlere Europa vordrangen, erreichten auf ihrem Weg nicht die Gebiete an der Nord- und Ostsee. Das Bestehen dieses Ausbreitungshindernisses muß vor allem auf eine Reihe von Umwelteinflüssen zurückgeführt werden, die sich aus dem Fehlen fruchtbaren Lößbodens, dessen Vorhandensein ja die donauländischen Gebiete kennzeichnet, dem extrem feuchten Klima sowie den äußerst großen Schwierigkeiten für die Rodung der Wälder zusammensetzen. Erst gegen Ende des 4., hauptsächlich aber während

In spätneolithischer Periode findet man in Schweden zahlreiche Sammelgräber megalithischer Architektur. Das Bild zeigt eine Fundstätte bei Skuttunge im mittelschwedischen Uppland.

des 3. Jahrtausends v. Chr. beginnt eine langsam fortschreitende Bebauung dieser Gebiete durch Bauern, die bereits Weizen und Gerste kennen und sich mit einer recht vielseitigen Viehzucht beschäftigen, in der vor allem das Schwein eine sehr wichtige Rolle zu spielen scheint. Begleitet wird diese Urbarmachung von ausgedehnten Waldbränden für die Schaffung neuer Weide- und Anbaugründe, wie dies durch Blütenstaubanalysen nachgewiesen wurde.

Diese bäuerliche Kultur, die allmählich auch den südlichen Teil Schwedens erfaßte, gehört dem großen Bevölkerungsbereich jenes geographischen Streifens an, der sich von Holland über Norddeutschland und Polen bis nach Mähren erstreckt. Diese Kultur ist allgemein unter der Bezeichnung »TBK« (Trichterbecherkultur) bekannt. Sie entwickelte sich in Dänemark in zwei aufeinanderfolgenden Phasen, die sich etwa um die Mitte des 3. Jahrtausends v. Chr. ablösen: Die Nordischen Abschnitte IA und IB, die sich durch ihre Keramik klar voneinander unterscheiden. Wahrscheinlich gegen Ende der Altnordischen Phase II C erreichen verwandte neolithische Gruppen das südschwedische Gebiet Schonen.

In den letzten Abschnitten dieses ältesten Neolithikums verbreiten sich erste megalithische Ausdrucksformen. Es handelt sich dabei um Sammelgräber, die mit einem langen Steinhügel überdeckt sind (*Drysser*). In der darauffolgenden neolithischen Phase Nordisch III werden diese Grabanlagen mittels eines Ganges wiederverwendet, und zwar für Familien-Beisetzungen. In dieser Zeit, in der eine reichverzierte Keramik aufblüht, entstehen neben den eigenartigen nordischen »Drysser« auch Einzelgräber mit runden Grabhügeln, die in ihrer Formgebung auf das atlantische Westeuropa hinweisen.

Das Ende der neolithischen Zeit zwischen dem 3. und dem 2. Jahrtausend v. Chr. wird gekennzeichnet vom Eindringen einer vorwiegend weidewirtschaftlichen Kultur, der sogenannten »Streitaxt- und Einzelgrab-Kultur«, die eine mit Schnüren und Kämmen dekorierte Keramik (*Schnurkeramik*) mit sich bringt.

Mit dem Aufkommen dieser Kultur, die eine starke Ausweitung nach allen mittleren nordischen Ländern erlebt, befindet sich der Rest Europas bereits in voller äneolithischer Zeit, die den Übergang von der Jungsteinzeit zur Bronzezeit bedeutet. In Jütland und Schweden dagegen kommt es in der ersten Hälfte des 2. Jahrtausends v. Chr. noch zu einer letzten spätneolithischen Phase, die sich vor allem durch ihre großen Feuersteinklingen ausdrückt, Werkzeugen, die den Metallklingen der ersten Bronzezeit vorausgehen.

Die Bevölkerung zur Bronze- und Eisenzeit

Renato Peroni

Im Vergleich zu den vorangehenden Epochen erscheint uns die Metallzeit in Europa als eine Zeit wachsender Differenzierungen und Gegensätzlichkeiten, eine Zeit, in der neben der Auseinandersetzung zwischen Umwelt und Mensch die Dialektik zwischen den Volksgruppen an Bedeutung zunimmt. In der Kupferzeit spielte sich dies vor allem zwischen den Gemeinschaften, in den späteren Phasen immer mehr innerhalb der Gemeinschaften ab.

Die Metallbearbeitung, die anfangs vor allem der Herstellung von Waffen diente, ist zweifellos ein besonderes Merkmal, sozusagen das Symbol der geschichtlichen Wirklichkeit, aber keineswegs ihre Grundlage. Jahrhundertelang, ja sogar mehr als ein Jahrtausend, blieb die Verwendung von Metall für Arbeitsgeräte im Hintergrund, so daß sie die wirtschaftlichen Lebensgrundlagen der Kulturen nur am Rand beeinflußte. Hingegen führte sie zu einem bedeutsamen Wandel in der Struktur der Gesellschaft: Die älteste deutliche handwerkliche Spezialisierung in Europa war die der Bergleute und Metallarbeiter.

Schon im Neolithikum wurde Feuerstein bergmännisch gebrochen. Als Werkzeuge wurden Hauen aus Hirschgeweihen verwendet. Bei der Gewinnung untertag, bei der sowohl Schächte in die Tiefe als auch Stollen waagerecht in den Berg getrieben wurden, legte man sogar schon »Wetterführungen« an, die eimal den in den tieferen Schächten und Stollen Arbeitenden frische Luft zuführten, zum anderen auftretende schädliche Gase ableiten und drittens zur Kühlung dienten.

In der älteren europäischen Bronzezeit baute man besonders die mitteldeutschen Kupfervorkommen ab. Ein fast modern wirkender Bergbau setzte mit der Hallstattzeit ein. Das zeigen sehr anschaulich die Abbaustellen bei Bischofshofen in Österreich. Die verwendeten Geräte aus Stein, Holz und Metall erlaubten Förder- und Steiganlagen, eine Verzimmerung der Stollen mit Stempeln (Holzstämmen) und die Verhüttung des gewonnenen Erzes auf in der Nähe von angelegten Scheide- und Schmelzplätzen. Um das erzführende Gestein kräftesparend abbauen zu können, wurde es durch starke Feuer erhitzt, darauf mit kaltem Wasser begossen, wodurch es brüchig wurde und dadurch leichter gefördert werden konnte.

Kupfernes Hellebardenblatt und halbmondförmiger Brustschild (Pektorale) aus Silber mit getriebenem Punktedekor aus der Erdbestattung eines Stammesfürsten von Villafranca Veronese. Zu den Grabbeigaben dieses Kriegers gehörten auch Pfeilspitzen aus Feuerstein. Kulturgruppe von Remedello, Spät- oder Endphase der Kupferzeit, um 2000 v. Chr.

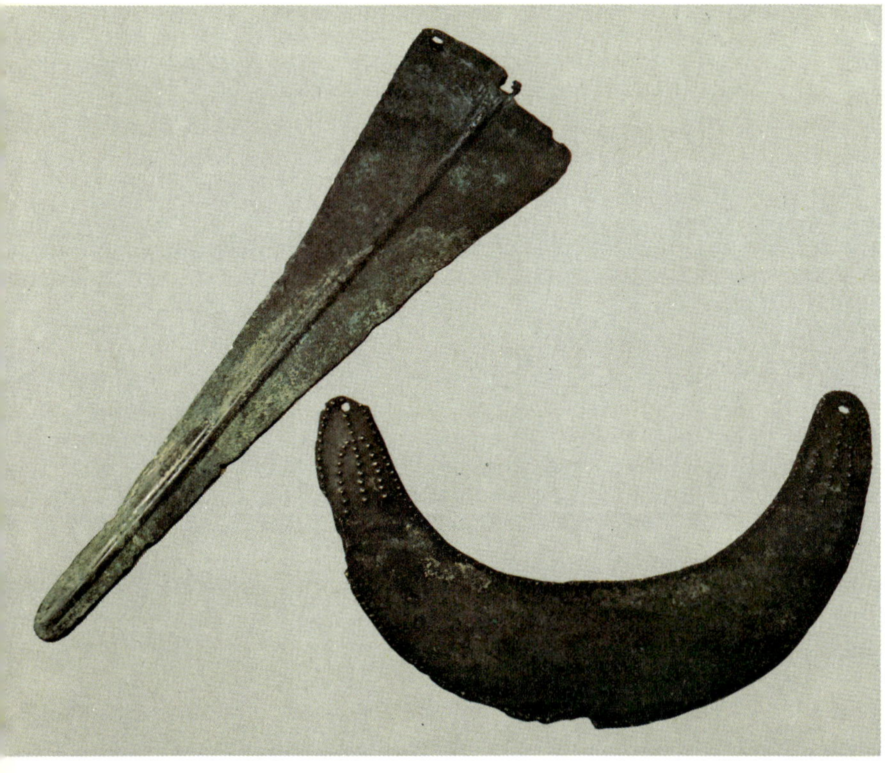

Die Metallverarbeitung zog zunächst keine größere Erschütterung der kulturellen Entwicklung nach sich, sie lief fast unmerklich ab. Das erste Metall, das der Mensch bearbeitete, das Kupfer, diente vorerst ausschließlich der Herstellung von Schmuck. Anfänglich nur kalt gehämmert, was bei der Weichheit geringe Anstrengung bereitete, dauerte es geraume Zeit, bis derSchmelzvorgang entdeckt wurde. Die frühesten Geräte aus Kupfer glichen in der Form den Vorgängern in Stein oder Knochen, egal ob Beil, Dolch oder Nadel. Erst nachdem erkannt wurde, daß das Metall schlankere und technisch günstigere Formungen zuließ, wurde die Erinnerung an die Stein- und Knochenwerkzeuge fallengelassen.

Zwei Herstellungsarten und Bearbeitungsweisen herrschen in der frühen Metallzeit vor: der Guß und die Treibarbeit *(Toreutik)*. Das einfache Gußverfahren erfordert große Mengen an Rohstoff. Im offenen Guß oder Herdguß, der einfachsten Art, wird das flüssige Metall in eine ausgemeißelte Steinform oder in eine vorgebrannte Tonform gegossen. Durch die Vertiefungen in Stein oder Ton erhält das Metall beim Erkalten die gewünschte Form. Erstarrt, wird das Metall von der Form gelöst, indem man diese zerschlägt. Bei flachen Gegenständen wie Speerspitzen, Axtschneiden und scheibenförmigen Schmuckstücken zeitigt diese Methode gute Ergebnisse. Werden reicher geformte, mehr körperhafte Bildungen verlangt, läßt der offene Guß viel zu wünschen übrig. So kam man auf die heute noch übliche Gießart, bei der der begehrte Gegenstand zuerst in Wachs modelliert und danach vorsichtig mit Ton umhüllt wurde. War der Tonklumpen getrocknet, wurde er in der Mitte geteilt, das Wachs herausgeholt, die nunmehr entstandene Gußform wieder zusammengefügt und der Hohlraum mit flüssigem Metall ausgefüllt. Nach Erhärten wurde die Tonform zerschlagen, und man erhielt ein getreues Abbild des wächsernen Modells in Metall. Dieses Verfahren war aber nur bis zu einer gewissen Größenordnung lohnend, denn große Gegenstände wurden einmal zu schwer, zum anderen verbrauchten sie zuviel Material.

Die Treibarbeit bediente sich als Material dünn gehämmerten Metallblechs, das auf eine nachgebende Unterlage aus Treibpech (Asphalt) aufgelegt wurde. Verschieden geformte Punzen trieben die Vorzeichnung auf der Rückseite des Blechs immer tiefer in die zähe, klebrige Masse des Treibpechs. Zwischendurch mußte das Metallblech des öfteren ausgeglüht werden. War der Treibvorgang beendet, wurde das Metall gereinigt und die Vorderseite überarbeitet *(ziseliert)*, um aus der Oberfläche alle Feinheiten herauszuholen. Alle Metallarbeiten, vornehmlich die in Treibtechnik, überziehen die zwei Urtypen des Ornaments: der Kreis bzw. die Spirale und das fortlaufende Muster *(der unendliche Rapport)*: die Wellen- und Zickzacklinie, der Mäander und der Zahnschnitt.

So entstanden in Guß- oder Treibarbeit herrliche Bronzebleche der Kessel, Gürtelbeschläge und an-

Rechts: Gefäße der Horgener Kultur aus verschiedenen nordwest-schweizerischen Fundstätten. Mittlere Phase der Kupferzeit, um 2300 v. Chr.

Unten: Hammeraxt in Serpentin aus Gachnang, Kanton Thurgau, höchstwahrscheinlich einer Kupferaxt nachgeahmt. Die Streitaxt spielte in weiten Gebieten Europas in der Kriegführung wie auch in der Gesellschaftsordnung eine große Rolle.

dere Schmuckstücke sowie die bronzenen, den Göttern geweihten Votivfiguren von Menschen und Tieren, die Prunkäxte, Standarten und Fibeln, Symbole für Größe und Macht der Herrschenden. Die »Meister des Feuers« jedoch erhob die frühe Menschheit oft in den Rang von Halbgöttern, sprach ihnen zumindest übernatürliche, magische Kräfte zu, die rituelle Handlungen bei der Zubereitung und Bearbeitung verstärkten, wie der Text einer assyrischen Handschrift bezeugt: »Wenn du einen Erzofen anlegst, so wähle einen günstigen Tag an einem günstigen Monat, und erst dann lege den Ofen an. Während sie den Ofen bauen, sollst du (ihnen) zusehen und selbst arbeiten (im Haus des Ofens): lege die Embryos *(Ku-bu)* in die Kappe des Ofens; kein Fremder darf ihn betreten, und kein Unreiner darf ihnen vorangehen: du sollst die gebotenen Trinkopfer vor ihnen spenden. An dem Tag, an dem du das *Erz* in den Ofen legst, sollst du vor den Embryos ein Opfer bringen; du sollst ein Weihrauchgefäß mit Tannenweihrauch vor sie stellen und Bier vor ihnen ausgießen . . . Zünde ein Feuer unter dem Ofen an und lege das Erz in den Ofen. Die Männer, die du mit der Versorgung des Ofens betraust, müssen sich reinigen, und dann erst weise ihnen ihre Aufgabe zu. Das Holz, das du unter dem Ofen verbrennst, soll vom Styraxbaum stammen, nimm dicke geschälte Scheite, die nicht in Bündeln, sondern in Hüllen aus Tierhaut aufbewahrt und im Monat *Ab* geschnitten werden. Dieses Holz soll unter deinen Ofen gelegt werden.«

Die Kupferzeit *(ca. 2700–1800 v. Chr.)*

Betrachtet man die materiellen Lebensgrundlagen, d. h. die Beschaffung von Nahrungsmitteln einerseits und die sogenannten materiellen Kulturgüter, nämlich die funktionellen Formen der Werkzeuge, Waffen und Geräte andererseits, so erscheint uns die Kupferzeit im wesentlichen als eine Weiterführung der Jungsteinzeit. Nicht nur, daß die produktive Wirtschaftsform in Gegenden, wo sie bereits eingeführt war, eine Vorrangstellung gewann, sondern vor allem, daß diese sogenannte »Neolithische Revolution« ihren Höhepunkt, ihre Vollendung erreicht hatte und sich erstmals auch im atlantischen bis nördlichen Streifen, später auch in Nordosteuropa durchsetzte. Das gilt auch hinsichtlich der handwerklichen Technik, besonders der Bearbeitung des Steines und anfangs auch in der Töpferei. Anfänge der Bearbeitung von Kupfer sind in Europa, vor allem im Balkan, wenn auch nur vereinzelt, schon am Ende der Jungsteinzeit nachweisbar.

Wichtigere Neuerungen betreffen hingegen die soziale und ideologische Sphäre, die man in der Art der Waffen und Bestattungsriten erfassen kann. Dem Archäologen bietet diese fast tausendjährige Periode ein äußerst zersplittertes Panorama, eine Unmenge von »Kulturen«, die auf den ersten Blick den Anschein deutlicher, individueller Prägung erwecken, weil Gemeinsamkeiten mit anderen »Kulturen« auf ein Weniges zusammenschrumpfen, besonders wenn das Hauptgewicht auf gewisse, bevorzugte Kulturäußerungen gelegt wird. Man war besonders in der Vergangenheit geneigt, und ist es teilweise heute noch, die Träger dieser »Kulturen« als Bevölkerungsgruppen aufzufassen, die ethnisch-linguistisch eine Einheit, kurzum »Völker« bildeten. So gesehen wäre die Geschichte der Kupferzeit ein Kaleidoskop von Monaden, deren Koexistenz um so unverständlicher wird, je problematischer ihre Wechselbeziehungen erscheinen: Stämme, die sich jahrhundertelang kreuzen, bekämpfen, überlagern, anschei-

Bauchig-flaschenförmiges Gefäß mit »Tunnelhenkeln« und nuppenverziertem Körper. Es stammt aus einem Grab von Rinaldone bei Viterbo. Rinaldone-Kultur, von der jüngeren Kupfer- bis zum Beginn der Bronzezeit (2200–1700 v. Chr.).

nend aber nichts voneinander wissen. Daher war man gezwungen, jenen Leuten ein von den archäologischen Befunden widerlegtes Nomadentum zuzuschreiben und zu ethnographischen Analogien Zuflucht zu nehmen. Dabei wurden diese stillstehenden oder sogar in Auflösung begriffenen Welten entnommen, während alles, was wir vorfinden, eine überaus dynamische, von rastlos drängender Dialektik durchdrungene, historische Wirklichkeit darstellt.

Wenn wir näher prüfen, auf welche Weise diese »Kulturen« definiert wurden, so finden wir, daß als Hauptmerkmale zumeist die »Keramikstile« in Betracht gezogen wurden, d. h. Erscheinungsformen, die ihrer Natur nach eher dazu geeignet sind, Besonderheiten der Mode und des Geschmacks sichtbar zu machen, als Fakten, die mit den tragenden Strukturen des historischen Prozesses verbunden sind.

Solche, über weite geographische Räume verbreiteten Keramikstile sind oft, jedoch nicht ständig, auch von bestimmten Typen von Steinwerkzeugen und Waffen begleitet. Noch geringer sind solche Gemeinsamkeiten, wenn Schmuck- und Kultgegenstände, Erzeugnisse in Kupfer, Hausgrundrisse und Siedlungsformen in Betracht gezogen werden; nicht selten stößt man auf gleiche Typen und Formen bei verschiedenen »Kulturen« und umgekehrt auf verschiedene Typen und Formen bei gleichen »Kulturen«. Wir erachten es deshalb für richtiger, den Gräberformen den Vorzug zur Begriffsbestimmung dieser lokalen Gruppen zu geben (auch die Gräberformen sind oft nicht im Einklang mit den Keramikstilen), denn in diesen spiegelt sich eine wirkliche, bedeutsame historische Tatsache, nämlich jene der durch gleiche Bestattungsbräuche miteinander verbundenen Gemeinschaften. Dazu kommt, daß gewissen Gräberformen auch bestimmte Regeln in der Zusammensetzung der Grabbeigaben entsprechen. Wenn wir unsere Betrachtungen auf die Gräberformen beschränken, so erscheinen die so definierten Gruppen oft zufriedenstellend homogen. Es stellt sich heraus, daß die geographische Verbreitung bestimmter Typen von Werkzeugen, Waffen, Ornamenten, Gefäßen mit gewissen Gräberformen verbunden ist, eben weil diese von gewissen Bestattungssitten bestimmt werden. In dem Maße, in dem wir jedoch über andere Kategorien archäologischer Quellen verfügen, wie Siedlungsformen, Höhlen, Horte, Funde in Flüssen und Seen sowie Einzelfunde, kann sich das Bild bedeutend ändern. Kurzum, angesichts der Gegebenheiten sollte man die »Kulturen« eher als *archäologische Gruppen* bezeichnen. Mit diesem Begriff soll nicht direkt und objektiv die vorgeschichtliche Wirklichkeit wiedergegeben werden, sondern nur ein Abbild der auf uns gekommenen Hinterlassenschaft, auf die seit den ältesten Zeiten bis heute eine ganze Reihe historischer und natürlicher Faktoren eingewirkt haben.

Wo »Kulturen« sich als unzertrennliche Einheiten darbieten, erlauben die archäologischen Gruppen eine Analyse der einzelnen Komponenten der archäologischen Befunde, der Schichten, Grabbeigaben usw. Wichtigste Instrumente für die Analyse und die Synthese sind die relative Chronologie, nämlich die zeitliche Abfolge der Funde an einem Ort, und die vergleichende Chronologie, die das zeitliche Verhältnis mehrerer Fundplätze ergibt.

Mit dieser Methode erscheint uns das Panorama der Kupferzeit bei aller Komplexität durchsichtiger und bedeutsamer. Im wesentlichen lassen sich vier Phasen unterscheiden: *Früh-, Mittel-, Spät- und Endphase.* Man setzt die Frühphase um die Mitte des 3. Jahrtausends v. Chr. an, eine Zeit, in der die jungsteinzeitliche Tradition noch so stark war, daß sie auch in den geographischen Begrenzungen der verschiedenen Lokal-Gruppen deutlich ist. In verschiedenen Gebieten Europas kommt diese Fortdauer auch in der Benennung der Gruppen zum Ausdruck; man spricht von Spätneolithischen oder Kupfersteinzeitlichen »Kulturen«, die nichts anderes als Frühphasen der Kupferzeit sind (Gumelniţa an der Unteren Donau, Cucuteni in der Moldau, Tripolje in der Ukraine, Vinča in Jugoslawien, Lengyel in Westungarn, Cortaillod in der Schweiz, Chassey in Frankreich bzw. Lagozza und Sub-Lagozza in Italien). Anderswo treten Neuerungen deutlicher hervor, aber Bindungen mit den Gruppen der vorhergehenden Periode bestätigen die kulturelle Fortdauer. Das ist der Fall der Tiszapolgar-Gruppe, die der »Theiß-Kultur« von Ostungarn folgt, jener von Jordansmühl (Jordanow Slaski), das den Platz von Strehlitz (Strelice) in Schlesien, Böhmen und Mähren einnimmt und von Michelsberg, das dem Komplex Aichbühl/Rössen in Südwestdeutschland folgt.

Eine Wandlung während dieser und der mittleren Phase der Kupferzeit macht sich bald nach der Mitte des 3. Jahrtausends v. Chr. besonders an der Peripherie Kontinentaleuropas bemerkbar. Längs der Mittelmeerküsten von Malta bis nach Sizilien, Unteritalien, Sardinien, an der französischen Küste und der Iberischen Halbinsel ist ein Strom von Einflüssen aus Kleinasien und dem ägäischen Raum erkennbar. Diese Einflüsse sind von ganz eigenartiger Natur. Sie berühren nur am Rande die Gesamtheit der Kulturerscheinungen der »materiellen Kultur« (Gefäße, Werkzeuge, Behausungen), die ja den Haupthort archäologischer Gruppen bilden; in dieser Sicht lassen sich die »Kulturen« des Mittelmeerraumes nur wenig assimilieren. Die Zusammenhänge sind in anderen Aspekten zu finden: Kupferverarbeitung (vor allem für Waffen), seltene Werkstoffe für Schmuck und Luxuswaren; Idole und andere, anthropomorphe Darstellungen von Gottheiten, Befestigungsanlagen, monumentale Gräberarchitektur und die damit verbundenen Kultformen. Damit wird klar, daß diese Einflüsse vor allem die religiöse Sphäre

Steinerne geschliffene Streitäxte aus verschiedenen württembergischen Fundstätten der Schnurkeramiker; kurz vor 2000 v. Chr.

Oben: Hortfund von Uttenweiler (Württemberg). Kupferbarren – Rohmaterial für die Herstellung von Halsringen oder Halsbergen, die aber gleichzeitig auch als Tauschware dienen konnten. Altbronzezeit, vor 1500 v. Chr.

Unten: In Barbotine-Technik dekoriertes Tongefäß aus einem Grab von Camigliano bei Siena. Rinaldone-Kultur, Spät- oder Endphase der Kupferzeit.

berühren, andererseits aber auch die gesellschaftliche Struktur in ihrer hierarchischen und militärischen Ordnung.

Ebenso erstaunlich ist ein anderes Phänomen kultureller Diffusion, das in einiger Hinsicht dem vorigen ähnelt, so daß man es als seine Fortsetzung betrachten könnte: der »Megalithismus«, der sich zur gleichen Zeit längs der Küsten des Atlantiks und der Nordsee von Spanien nach Westfrankreich bis zu den Britischen Inseln und Südskandinavien verbreitet. Gräber und Kultstätten aus riesigen Steinblöcken, teilweise mit Stein- und Erdaufschüttungen sowie Holzkonstruktionen, sind das augenfälligste Merkmal dieser Kultur. Was die Megalithleute dazu trieb, sich der ungeheuren Mühe zur Errichtung solcher monumentalen Bauten zu unterziehen, ist kaum zu ergründen. Bedeutsam ist auch die Gleichzeitigkeit, mit der sich der Megalithismus und die Bauernkolonisation in den Randgebieten Europas verbreiten. Dies ist um so bemerkenswerter, als die Weiterverbreitung der Megalithbauten oder einzelner Elemente erst später und in abgeschwächter Form von den Küsten aus nach dem Innern, nach Gebieten erfolgt, in denen die neolithische Revolution schon vollendet war (Frankreich und Westdeutschland).

Zwei herausragende Zeugnisse megalithischer Kultur sind Stonehenge in England und die Tempel auf Malta. Schon 1130 beschreibt Heinrich von Huntingdon Stonehenge als das zweite Wunder Englands. Die Anlage ist einmalig und gibt bis heute ungelöste Rätsel auf. Es handelt sich um ein Heiligtum in Form konzentrischer Kreise, wobei drei Phasen unterschieden werden müssen. Das erste Heiligtum, wohl um 2600 v. Chr. entstanden, fällt noch in die Steinzeit. Die zweite Bauphase läßt sich wahrscheinlich mit den Glockenbecherleuten in Verbindung bringen, die sich um 2000 v. Chr. in Wessex festsetzten. Die letzte Veränderung, gegen 1800 v. Chr. vorgenommen, ging in drei Phasen vor sich. Wann und wer die Zerstörung begann, ist ungewiß; anscheinend jedoch geschah sie gewaltsam.

Die erste Anlage wurde von einem niedrigen Erdwall abgegrenzt, vor dem unmittelbar ein flacher Graben verlief. Den Wall durchbrach im Nordosten, nahe dem einzelstehenden *Heel-stone* (= Fersenstein), ein Eingangstor. Der *Heel-stone* ist ein gewaltiger Block aus ungeglättetem Sandstein, 4,9 m hoch. Er war vermutlich der erste Stein, der an dieser Stelle errichtet wurde. Um ihn herum lief ein kleiner Graben. Auf der inneren Wallseite zieht sich eine Reihe von 56 Löchern entlang – heute durch weiße Kreidepunkte markiert – nach ihrem Entdecker *Aubrey-holes* genannt. Einige dienten als Opfergruben, worauf Aschenreste hindeuten. In die gleiche spätneolithische Zeit fällt die Anlage eines etwa 3 km langen und 90 cm breiten, von Wällen eingefaßten Grabens, *The Cursus* genannt. Er führt in etwa 800 m Entfernung an Stonehenge vorbei. Am Ostende dieser »Straße« liegt der *Long Barrow*, ein Hünengrab. Es scheint, als sei dieser *Cursus* auf das Grab ausgerichtet gewesen, bildete also einen Prozessionsweg für den Totenkult.

600 Jahre später veränderten die zugewanderten Glockenbecherleute – und wenig später die Streitaxtleute – das Heiligtum entscheidend. Zuerst legten sie eine »Avenue« an, einen mehr als 12 m breiten und über 3 km langen Weg vom Eingang

des Heiligtums am *Heel-stone* bis nach West Amesbury. Auch diese »Straße« wurde von Wällen und Gräben begleitet. Danach schafften sie 80 riesige Steinblöcke des harten Dolerits, genannt *Bluestones*, heran und stellten die Steine in einem Doppelkreis in der Mitte der Anlage auf. Der dritte Bauabschnitt endete gegen 1800 v. Chr. und gab dem Heiligtum seine heutige Gestalt. Riesige Sandsteinblöcke verdrängten zunächst den ersten Steinkreis aus »Blauen Steinen« und formten einen Ring von aufrechtstehenden, gut behauenen Blöcken bis zu 26 t Gewicht, von leicht gekrümmten Architravsteinen überdeckt und verbunden. Etwas später legte man um diesen inneren Ring einen zweiten Steinkreis aus 60 schon vorhandenen *Bluestones* – heute ist davon kaum mehr etwas zu sehen – und stellte in die Mitte dieses Doppelkreises fünf gigantische Sandstein-Trilithen in Form eines Hufeisens, dem Symbol des Totenkults. Die Trilithen sind eine Steingruppe von je zwei nahe beieinanderstehenden Pfeilern, die eine Sandsteinplatte bedeckt. Die Trilithen stecken bis zu 2,5 m im Boden und steilen bis zu 7 m in die Höhe. Sie sind noch besser behauen als die anderen Steinriesen, die Deckplatte ist oben breiter als unten, dazu leicht gekurvt zugerichtet. In der letzten Phase von Stonhenge III stellte man noch eine zweite Trilithenanlage in Hufeisenform neben die Sandsteintrilithen im Innern der Steinkreise, diesmal 19 gut behauene Doleritsteine, wohl um die Heiligkeit der Anlage zu erhöhen. Von diesen sechs erhaltenen *Bluestones* tragen einige Spuren von Zapfen – ähnlich denen auf den Sandsteinen, die den Steinring bilden –, woraus sich schließen läßt, daß auch diese Trilithen Decksteine trugen. Stellt schon die Bearbeitung des Dolerits, der wesentlich härter als Granit ist, eine Glanzleistung der Technik dar, so mutet es geradezu unglaublich an, wie die in den ca. 36 km entfernten Marlborough Downs gebrochenen und dort zugerichteten Sandsteine von 25 000–26 000 kg Gewicht oder gar die aus den etwa 300 km entfernten Prescelley Mountains stammenden Dolerite herbeigeführt wurden.

Die religiöse Aufgabe der Anlage von Stonehenge wird wohl am besten als eine Verbindung eines Totenkults der Phase I mit einem Sonnenheiligtum der Glockenbecher- und Streitaxtleute während der letzten Periode beschrieben werden können.

Ebenso einmalig und beeindruckend wie Stonhenge sind die Tempelanlagen auf Malta und der benachbarten Insel Gozo. Hier scheinen Riesen ungeheure Felsstücke und Quader in einer ausgefeilten Steinmetztechnik neben- und aufeinandergetürmt zu haben, die, wie an der ehemals etwa 10 m hohen Fassade von Hagar Kim, Blöcke und Platten genau und regelmäßig zusammenfügte. Eigenartig sind die Grundrisse (s. S. 147 rechts oben) aller maltesischer Tempel, die aus hufeisenförmigen Kammern bestehen, die sich um einen mehr oder weniger quadratischen Innenhof anordnen, wobei eine Kammer, wie eine Apsis, in der Längsachse der Gesamtanlage liegt, diese abschließt und zugleich betont. In Hagar Kim wurden eine Anzahl monströser, geschlechtsloser Steinidole gefunden, reine Symbole der Fruchtbarkeit, die sich durch ungeheuer dicke, aber stark verkürzte Beine herausheben. Geopfert wurde auf einem Altar, der auf allen vier Seiten skulptiert ist. Das Motiv ist ein farnähnlicher Blattstengel, der aus einem Gefäß herauszuwachsen scheint. Kleine, eingehauene Löcher übersäen den gesamten Altar und weisen rote Farbspuren auf. Zusammenhänge mit anatolischen und anderen ostmittelmeerischen Kulturbereichen sind sehr auffällig.

In den letzten Jahrhunderten des 3. Jahrtausends v. Chr., der »Spätphase« der Kupferzeit, während der der Megalithismus langsam erlischt, bildet sich erstmals eine geographisch weit ausgedehnte, verhältnismäßig einheitliche Kultur, die nicht nur durch Einzelaspekte, sondern durch eine Gesamtheit der Kulturerscheinungen gekennzeichnet ist: die »Schnurkeramik-Kultur«, auch »Streitaxt-« oder »Einzelgrabkultur« genannt. Dieser große Kulturkreis, in dem es an lokalen Besonderheiten nicht fehlt, erstreckte sich über den größten Teil des nordeuropäischen Tieflandes von Jütland bis zur Wolga (Gruppen des mittleren Dnjepr und Fatjanov an der oberen Wolga). Einheitlich sind in dieser Kultur die Tonwaren, Waffen, Geräte und insbesondere die Gräberformen und Bestattungsriten – abgesehen von lokalen Varianten. Früher, als die Zeitbestimmung der Schnurkeramik hinsichtlich anderer, besonders der megalithischen Gruppen der Kupferzeit noch nicht voll geklärt war, konnte man eine zumindest teilweise Gleichzeitigkeit dieser Einheiten voraussetzen und glaubte, in den Schnurkeramikern eine große ethnische Gruppe, ein kriegerisches Volk zu erkennen, das die ortsansässige Bevölkerung unterworfen und in einem riesigen Territorium geeinigt habe: die Indoeuropäer. Heute weiß man, daß bei verschiedenen lokalen Gruppen der Schnurkeramiker deutliche Bindungen mit den betreffenden lokalen Gruppen der Kupferzeit fortbestanden. Wir haben es somit mit einem Ereignis ganz anderer Art zu tun als einer vermuteten »Völkerwanderung«; es handelt sich um ein äußerst komplexes Phänomen.

Die mit dem Beginn des 2. Jahrtausends v. Chr. einsetzende Endphase der Kupferzeit wird für West-, Südwest- und Mitteleuropa einschließlich Englands als »Glockenbecherkultur« bezeichnet. Auch für diesen, durch eine ganze Reihe gemeinsamer Elemente gekennzeichneten Kulturkreis (Form und Dekor der Gefäße, Flachzungendolch,

Becher mit Schnurornamenten aus Schönstedt (Thüringen) und Passendorf (Sachsen); für die Schnurkeramik *besonders typische Formen. Spätphase der Kupferzeit, kurz vor 2000 v. Chr.*

Rechts: Plan der Steinkreissetzungen (Cromlech) *von Stonehenge, Wiltshire (England).*

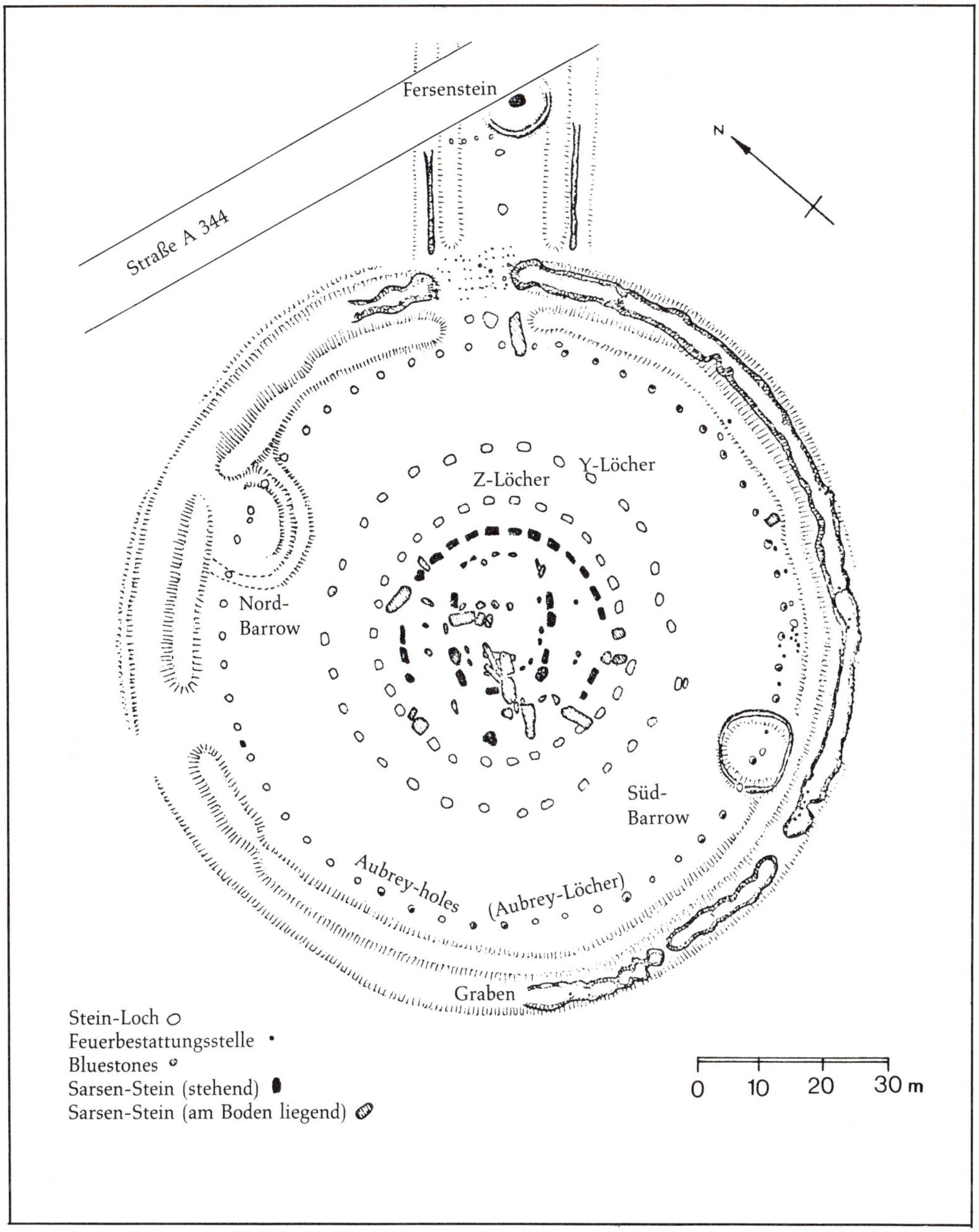

Unten: Stonehenge: im Vordergrund die Trilithen.

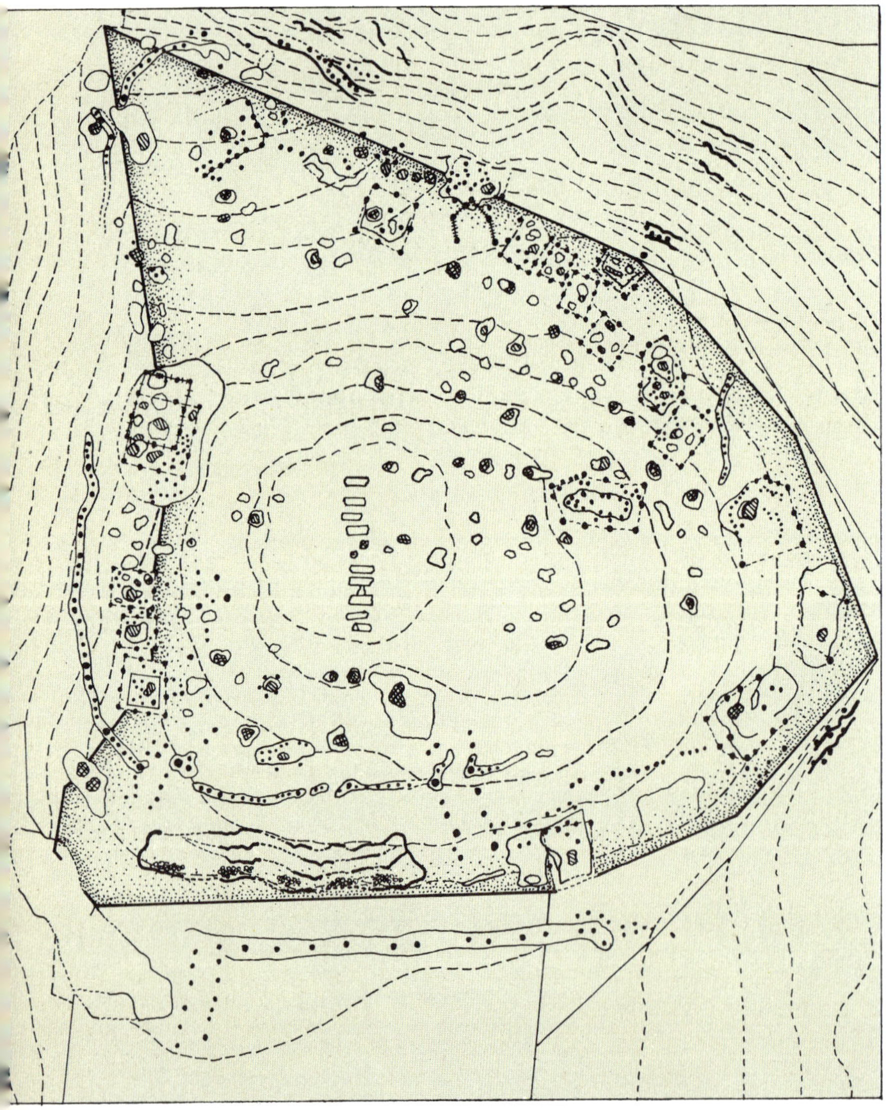

rechteckige, an den Ecken durchlöcherte Steinplättchen – sogenannten Armschutzplatten –, Knöpfe mit V-förmigen Löchern und einige Besonderheiten in den Bestattungsriten, z. B. Hockerbestattung und Orientierung der Toten), dachte man an Wanderungen von Volksgruppen. Man sprach von nomadisierenden Bogenschützen, weitreisenden Metallsuchern usw. All das steht im Widerspruch zu den archäologischen Befunden, die auch bei den Glockenbecherleuten fortdauernde Bindungen mit den vorhergehenden Gruppen bestätigten (für die Schnurkeramiker haben wir präzise Beweise, daß gleiche Gemeinschaften im Verlauf von Generationen auch zu Trägern der Glockenbecherkultur wurden). Also keine Invasionen oder Eroberungen, oder besser gesagt, nicht mehr und nicht weniger als während anderer Epochen der Vorgeschichte, sondern Einsickern, Zusammenfließen, gegenseitige Assimilierung und Zusammenwachsen, hervorgerufen durch ständig wachsende, mannigfaltige Kontaktaufnahme, für die es ausreichende Beweggründe und Gelegenheiten gab.

Die Typus-Gemeinschaft eines Kulturkreises läßt sich aus den Wohn- und Gräberstätten erschließen. Wenngleich uns auch Siedlungsstätten an Meeresküsten, See- und Flußufern oder im Flachland bekannt sind, finden sich in der Kupferzeit die Siedlungen vorwiegend auf Bodenerhebungen, Anhöhen mit Steilhängen an drei Seiten, Halbinseln im Meer, Landzungen in Seen, kurzum in möglichst leicht zu verteidigender Lage. Die Größe solcher Dorfsiedlungen ist sehr verschieden, wobei noch bemerkt werden muß, daß uns oft nicht bekannt ist, wieviel der verfügbaren, als geeignet erachteten Fläche überbaut war. Die meisten Siedlungen bedeckten eine Fläche zwischen 3000 und 30 000 qm, wenige lagen darunter, noch weniger darüber. Am weitesten verbreitet war während dieser Periode das rechteckige Wohnhaus mit einem oder zwei Räumen, einer Feuerstelle und nicht selten auch einem Backofen; die Grundfläche betrug 20–40 qm. Solche Häuser beherbergten wahrscheinlich nur die engsten Angehörigen einer Familie. Unter den nicht zahlreichen Siedlungsstätten, die vollständig ausgegraben wurden und bei denen man auch die Bauphasen der einzelnen Häuser feststellen konnte, fand man Dorfgemeinschaften mit einem Minimum an 8 und einem Maximum an 30 Häusern, was den Schluß zuläßt, daß solche Dörfer von wenigen Dutzend bis zu mehreren hundert Leuten ständig bewohnt waren.

Oft waren die Dörfer befestigt, aber nicht mit Mauern – einer Befestigungsart, die während der Kupferzeit auf die mittelmeerischen Küstenzonen beschränkt blieb und nicht nach Kontinentaleuropa vordrang –, sondern durch einen Erdwall mit vorgelegtem Graben, dessen Aushub zur Aufschüttung des Walles diente, und einige Meter dahinter eine Palisade.

Eines der die Kupferzeit kennzeichnenden Elemente ist das Auftreten monumentaler Gräberarchitektur, deren Zweckbestimmung weit über das Abschiednehmen vom und die Ehrfurcht vor dem Toten hinausgeht und zu einer feierlichen Gedächtnisstätte wird: das Grab als Stätte des dauernden Totenkultes. Es ist höchst bedeutungsvoll, daß diese, man kann sagen religiöse Einstellung, zur gleichen Zeit erscheint, in der die ersten, archäologisch dokumentierten Kultbauten für

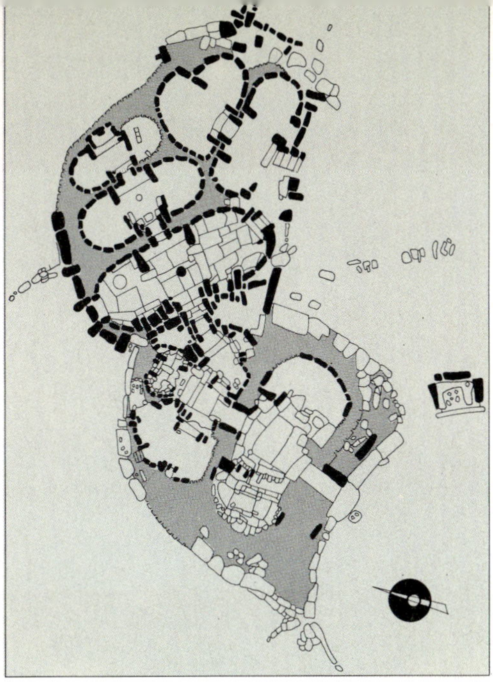

Links oben: Der mittlere Felstempel von Tarxien (Malta), vom Hintergrund aus gesehen.

Rechts oben: Plan des Tempelkomplexes von Tarxien, einer Aufeinanderfolge von drei Tempeln, von denen der östliche (auf dem Plan oben) der älteste, der westliche der jüngste ist. Tarxien-Kultur, Spät- oder Endphase der Kupferzeit, um 2000 v. Chr.

Rechts: Hypogäum von Saflieni (Malta). Blick in einen der Hauptsäle. Dieser Begräbniskomplex wurde in drei Stockwerken in den Fels gehauen; die zahlreichen Säle, Gänge und Kammern bedekken eine Fläche von 500 Quadratmetern und dienten zur Aufnahme von Abertausenden von Bestattungen. Diese Begräbnisstätte wurde fast ein Jahrtausend lang benutzt, besonders häufig während der Spät- und Endphase der Kupferzeit.

Linke Seite:

Oben: Rekonstruktion der befestigten Siedlung von Homolka (Böhmen). Rivnač-Kultur, Spätphase der Kupferzeit, kurz vor 2000 v. Chr.

Unten: Plan dieser Siedlung.

Gottheiten errichtet wurden, die »Megalithtempel« auf Malta und die *Henge* in England.

Die Monumentalgräber der Kupferzeit wurden auf zweierlei Arten errichtet. 1. *Hypogäen*, in Grotten oder in den Fels gehauene Grabstätten, oft mit mehreren Kammern. 2. *Hügelgräber*, zumeist von 10–20 m Durchmesser, doch auch glockenförmige Hügelgräber mit 85–90 m Durchmesser und 10 m Höhe sowie bis 80 m lange Langhügelgräber. Oft waren die Hügelgräber von einem Graben oder einer Palisade aus Holzpfählen umzogen, oft auch mit einem Unterbau in Trockenmauerwerk gestützt, schließlich auch von einem, manchmal auch mehreren Kreisen großer Steinblöcke eingeschlossen. Die Einbauten bestanden aus einfachen, mit Steinplatten oder Holz ausgekleideten Gruben, sowie aus runden, ovalen oder rechteckigen Grabkammern in Holzstruktur, aus Trockenmauerwerk oder großen Steinplatten. In solchen Fällen haben wir es mit Megalithbauten des Typs *Tholos, Dolmen, Galeriegrab* zu tun, die heute oft über dem Boden sichtbar sind, ursprünglich jedoch unter einem Erdhügel verborgen waren.

Höchstwahrscheinlich waren die heute kaum ins Auge fallenden, in den Fels gehauenen Grabstätten ursprünglich ebenfalls durch Tumuli oder zumindest durch Stelen oder andere Malzeichen gekennzeichnet. Demgemäß sind die verschiedenen Formen monumentaler Gräber nur verschiedene »materielle Verwirklichungen« ein und derselben Ideologie. Obwohl in verschiedenen Gebieten Europas Monumentalgräber nur eine einzige Bestattung enthielten, ist diese Gattung vorwiegend mit Gemeinschaftsbestattungen verbunden. Oft finden sich in den Grabkammern Dutzende von Toten, in einigen bis zu 300 Bestattete.

Welche Art Gemeinschaft bestattete ihre Mitglieder in den Kollektivgräbern? Selbst bei großzügiger Schätzung der Benutzungsdauer der Grabstätte und der Anzahl der Generationen, die dort beigesetzt wurden, stellt sich heraus, daß die Zahl der Individuen viel zu hoch wäre, als daß man an Mitglieder des engeren Familienkreises denken könnte. Daß es sich um größere Verwandtschaftsgruppen handeln müsse, zeigt sich in den Mehrkammergräbern (in denen nicht selten die einzelnen Kammern gleichzeitig, also von vornherein geplant, gebaut wurden) mit Gruppenbestattungen in ein und derselben Grabkammer. Zugunsten der ersten Hypothese spricht die Tatsache, daß Gemeinschaftsgräber meist in Friedhöfen so gruppiert sind, daß man an die Häusergruppen einer Dorfsiedlung denken könnte. Dabei darf allerdings nicht vergessen werden, daß uns keine Elemente zur Verfügung stehen, nach denen wir feststellen könnten, welche und wie viele Gräber eines Friedhofes gleichzeitig benutzt wurden. Man kann sich aber vorstellen, daß eine Dorfgemeinschaft ein Grab jeweils nur einmal benutzte, so daß der Friedhof aus einer Aneinanderreihung der zu verschiedenen Zeiten ausgehobenen Gräber entstand. Zugunsten dieser zweiten Hypothese sprechen folgende Berechnungen: Die aufgrund der Größe und Zahl der Wohnhäuser geschätzte Anzahl der Einwohner nähert sich sehr der im Lauf einer Generation vermuteten Zahl von Bestattungen. Die Dorfgemeinschaften dürften somit aus einer kleinen Zahl von Verwandtschaftsgruppen – Geschlechtern, Sippen, »Großfamilien« bestanden haben. Tatsächlich wurde auch die Hypothese verfochten, daß in einem Dorf »Großfamilien« aus verschiedenen Geschlechtern zusammenlebten; die hierfür herangezogenen archäologischen Elemente entbehren jedoch der Beweiskraft. Die von uns vermutete kleine Zahl der eine Dorfgemeinschaft bildenden Verwandtschaftsgruppen paßt besser zum Bild einer verwandtschaftsstrukturierten Gesellschaft, als zu dem einer stammesartigen oder wie auch immer territorial gebildeten Gemeinschaft.

Mit der Spät- und Endphase der Kupferzeit treten wieder die Einzelgräber an die Stelle der Gemeinschaftsgräber, doch ändert sich wenig an der von uns entworfenen Gesellschaftsstruktur, soweit sich das aus den Einzelgräbern erschließen läßt. Die Gräber spiegeln zwar nicht den Kern der Gemein-

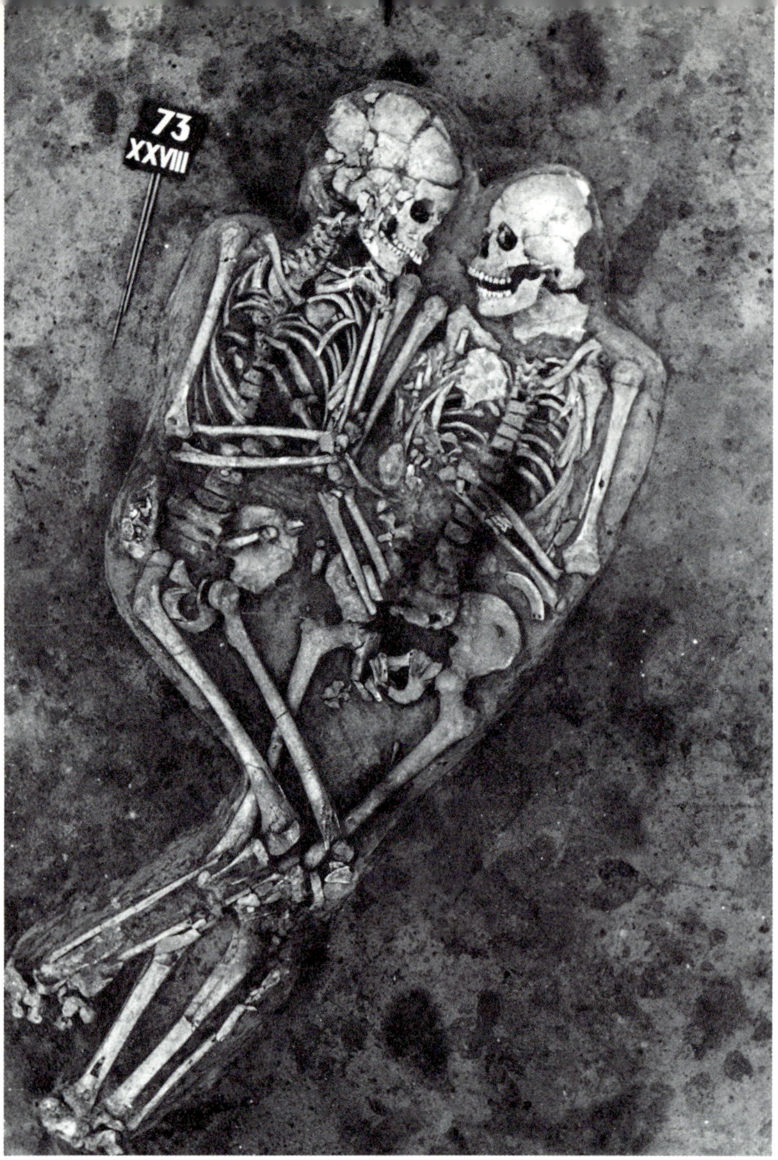

schaft, die engere Familie, wider, doch wird dieser Mangel durch andere Funde ausgeglichen, aus denen die Verbreitung der Einehe erhellt werden kann. Es sind dies Doppelgräber, d. h. jene in zahlreichen Gruppen der Kupferzeit festgestellten Gräber, in denen gleichzeitig ein Paar (Mann und Frau) beigesetzt wurden. Da solche Gräber viel häufiger sind als Doppelgräber mit zwei männlichen oder weiblichen Toten, ist ein zufällig gleichzeitiges Ableben des Paares auszuschließen; tatsächlich zeigen Verletzungen am Skelett der Frau, daß diese getötet wurde. Neben diesen Fällen von »Witwenopferung« gibt es andere, allerdings viel seltenere. So konnte bei sorgfältig durchgeführten Grabungen und mit anthropologischen Untersuchungen einwandfrei festgestellt werden, daß im Grab eines etwa gleichaltrigen Mannes Jahre später (auch mehr als 10) eine Frau beigesetzt wurde, woraus man auf die soziale Bedeutung der Witwenschaft schließen kann.
Wie die Verwandtschafts- oder Familienverfassung gestaltet war, ob patrilinea oder matrilinea, nach Altersklassen, Lenkung der Unterhaltsmittel usw., läßt sich durch archäologische Daten nicht entscheiden. Nicht allein, weil solche für ein so abstraktes Problem unzulänglich sind, sondern auch, weil dieses Gebiet noch unerforscht ist. Jedenfalls war die noch ungegliederte Gesellschaft des Neolithikums in ihren Äußerungen einfacher zu bestimmen als die der Metallzeit, in der neben einer natürlichen Arbeitsteilung innerhalb der Familie doch schon eine gewisse soziale Differenzierung erscheint.
Doppelgräber sind nicht nur für die Kenntnis der Familien- oder Verwandtschaftsverhältnisse bedeutsam, man kann aus ihnen auch Schlüsse auf eine fortschreitende Gliederung innerhalb der Sippengemeinschaften ziehen. Als Beweis für beträchtliche soziale Unterschiede können auch andere Fakten herangezogen werden. Hierzu zählen insbesondere die Funde von persönlichen Schmuckstücken in Kupfer, Silber und Gold (Diademe, Halsbänder, Ohrringe, Zierplatten) sowie von kupfernen Waffen, vor allem reichverzierten Äxten, die aber ihrer Form und Größe nach als reine Prunkwaffen zu betrachten sind. Keine einzige solcher Äxte stammt aus Gräbern, ebenso stammen vor allem die kostbaren goldenen Schmuckstücke aus Horten und nicht aus Gräbern. Goldener Schmuck erscheint erst in der Endphase der Kupferzeit als Grabbeigabe bei den Glockenbecherleuten.
Zwar gibt es in der Kupferzeit auch Gräber, die durch ihre Monumentalität von den gewöhnlichen Gräbern abstechen, doch sind die Grabbeigaben keineswegs reicher. Es handelt sich also um Personen, die durch die Rolle, die sie in der Gemeinschaft spielten, besonderes Ansehen genossen, ohne jedoch einer bevorzugten Klasse anzugehören. Eine auffällige Ausnahme bildet das Doppelgrab von Vučedol (Kroatien) mit Beigaben von Waffen und Schmuck (nicht in Kupfer) und 22 feinverzierten Gefäßen, doch sind wir hier wahrscheinlich schon am Ende der Kupferzeit; vor allem fehlt hier die in ähnlichen Gräbern sonst übliche Zusammensetzung von Formen. Es scheint hiermit, daß sich eine Differenzierung innerhalb der Sippengemeinschaft der Kupferzeit weit mehr auf das Ansehen einer Person als auf persönlichen Reichtum gründete. Das bedeutet jedoch nicht, daß es unter den Grabbeigaben nicht auch Gegenstände gab, die man als Statussymbol bezeichnen muß. Hierzu zählen ohne Zweifel die in der Kupferzeit weit häufiger als in der Jungsteinzeit vorkommenden Waffen, insbesondere Streitäxte. Bei den Glockenbecherleuten haben die Armschutzplatten eine besondere Bedeutung (Schutz des Bogenschützen vor der zurückschnellenden Sehne) und wohl auch der Becher für berauschende Getränke, der sicher etwas mit weit verbreiteten, gemeinschaftlichen Trinksitten zu tun hat (man denke nur an die soziale Rolle des Weintrinkens im klassischen Altertum). Hier handelt es sich jedoch nicht um »Abzeichen« einer kleinen, hervorragenden Minderheit, sondern um einen weiten Kreis von Personen, die in ihrem Leben eine bestimmte Rolle in der Gemeinschaft gespielt haben. Diese Rolle wird zwar durch die Art der Grabbeigaben kenntlich gemacht, aber ihre sozialökonomische Stellung geht daraus nicht hervor.
Aus all dem kann man schließen, daß der »Reichtum« innerhalb einer Dorfgemeinschaft ziemlich gleich verteilt war. Natürlich gab es beträchtliche Unterschiede zwischen armen und reichen Dörfern; wieweit dies von der Bodenbeschaffenheit und der topographischen Lage abhing, läßt sich nur schwer beurteilen. Die Kupferzeit hatte, wie bereits bemerkt, die »Neolithische Revolution« (die Seßhaftwerdung) vorangetrieben; die produktive Wirtschaft stützte sich vor allem auf den Ackerbau. Die Theorie, nach der einige Gruppen der Kupferzeit (insbesondere die der Schnurkera-

Linke Seite:

Oben: Grabstätte von zwei sich umarmenden Jünglingen mit Anzeichen eines gewaltsamen Todes. Iwanowice (Slowakei); der mit der Aunjetitz-Kultur verwandten Gruppe von Mierzanowice der Frühbronzezeit angehörend, 1800–1600 v. Chr.

Unten: Rechteckige, an den Ecken durchbohrte Schieferplatten (Armschutz für Bogenschützen) aus verschiedenen württembergischen Fundstätten der Glockenbecherkultur. Endphase der Kupferzeit, kurz nach 2000 v. Chr.

miker und Glockenbecherleute) überwiegend Viehzüchter und Hirten waren, ist durch Funde eindeutig wiederlegt (Eindrücke von Getreidesamen auf Tongefäßen).
Gerade in dieser Zeit brachte die Einführung des Pfluges in Europa Verbesserungen in der Landwirtschaft, vor allem im Anbau von Getreide: Es wurden Weizen, Landweizen, Dinkel, Emmer, Einkorn und Gerste angebaut. Ihre Bedeutung für die Nahrungsbeschaffung ist durch zahlreiche Funde von Schleifsteinen, Handmühlen und Backtellern dokumentiert. Die Auswahl bestimmter Böden, die von Gruppe zu Gruppe wechseln, spricht für eine Spezialisierung im Anbau spezieller Sorten. Mit dieser bereits gutentwickelten Landwirtschaft konnte auch Viehzucht verbunden werden, wobei Rindern der Vorzug vor anderen Haustieren (Ziegen, Schafe, Schweine) gegeben wurde.
Wenngleich dies die verbreitetste Wirtschaftsform der Kupferzeit ist, fehlt es nicht an Varianten, bei denen andere Nahrungsquellen – etwa Jagd und Fischerei – im Vordergrund stehen. So finden wir im gleichen geographischen Gebiet nordwestlich der Alpen (reine) Bauernsiedlungen (Michelsberger Kultur), wo in den Essensabfällen kaum 2,5% Wildbretknochen zu finden sind, während diese anderswo (Cortaillod-Kultur) 90% ausmachen. Andererseits gab es Jäger- und Fischervölker in Südschweden, wie die Grübchenkeramiker, denen der Ackerbau unbekannt war, die aber Schweine züchteten. Eine scharfe Trennung zwischen Bauern und Viehzüchtern, die, wie wir gesehen haben, für Mitteleuropa nicht zutrifft, zeigt sich hingegen in Südrußland, wo den Bauernvölkern der Tripolje-Kultur (Westukraine) östlich des Dnjepr überwiegend Viehzüchter und Nomadenhirten gegenüberstehen (Gruppe der Ockergräber usw.). Wie Müller-Karpe bemerkt, ist es durchaus denkbar, daß es solche Erscheinungen auch in Mittel- und Südeuropa gab; bisher gibt es hierfür jedoch noch keine Beweise.
Der Suche und Auswahl geeigneter Pflanzensorten für den Anbau ging die Beschaffung geeigneter Werkstoffe voraus, besonders von Erzen. Abbau und »Vertrieb« gewisser Werkstoffe über weite Entfernungen ist bereits aus der Jungsteinzeit bekannt; man denke nur an Obsidian und Bernstein. In der Kupferzeit verstärkt sich diese Tendenz. Feuerstein von besonderer Qualität wird, selbst unter Vernachlässigung der örtlichen Vorkommen, von weither beschafft. Der schon im Neolithikum in Grand Pressigny abgebaute hellbraune Feuerstein wurde noch in der Kupferzeit in Blöcken und Rohlingen bis nach den Pyrenäen, Holland und der Schweiz gehandelt. Der Abbau von Kupfererz in den Ostalpen ist zweifelsfrei nachgewiesen, wurde aber wahrscheinlich auch in den Karpaten betrieben. Gleichzeitig finden sich nun an vielen Orten richtige Flintbergwerke (Spiennes usw.) mit bis zu 20 m tiefen Schächten. Ein solcher Arbeitsaufwand läßt sich wohl kaum allein mit einer zeitweiligen Suchexpedition erklären, die von einer nahen oder weiter entfernten Dorfgemeinschaft zur Beschaffung des Rohstoffes ausgeschickt worden war. Die Verarbeitung des Feuersteins zu Waffen und Geräten hat oft einen hohen technischen Stand erreicht, ganz besonders im Norden (Südskandinavien und Norddeutschland), wo sich die Metallbearbeitung erst später entwickelte.
Geographisch betrachtet, war die Metallbearbeitung äußerst unregelmäßig verteilt. Höchst bemerkenswert ist, daß Siedlungsstätten, in denen Spuren von Metallbearbeitung oder Hortung in Form von Barren oder Fertigwaren entdeckt wurden, zumeist auf beherrschenden Anhöhen lagen und befestigt waren. Es ist klar, daß nur die durch Erzvorkommen begünstigten Siedlungsgemeinschaften Bergbau betreiben konnten und damit Reichtümer anhäuften, die geschützt werden mußten. Das bedeutet eine sozial-ökonomische Differenzierung zwischen den Gemeinschaften, nicht aber notwendigerweise auch innerhalb der Gemeinschaften selbst (eine Art von Differenzierung, die sich, wie bereits bemerkt, nicht in den Bestattungssitten abzuzeichnen scheint).
Die Theorie, daß mit der Metallurgie auch eine Umschichtung in der Gesellschaftsform oder sogar politische Herrschaft verbunden war, mit anderen Worten die Metallbearbeitung von kriegerischen Häuptlingen kontrolliert wurde, scheint sich in den Ausgrabungen von Vučedol zu bestätigen. Dort wurden auf einer, etwa 2300 qm großen, die Umgebung beherrschenden Hochfläche in den Schichten der Vučedol- und vorhergehenden Badener Kultur Spuren von Metallbearbeitung gefunden, nämlich Schmelzschlacken, Gußformen usw. sowie einige Kupferbarren. In der Badener

Unten: Plan und Aufriß des Grottengrabes von Vučedol (Kroatien) mit Doppelbestattung und reichen Beigaben von Waffen, Schmuckstücken und Gefäßen. Der Kopf der Frau war mit einem umgestürzten, bunt dekorierten Gefäß bedeckt. Gruppe von Vučedol, Spät- oder Endphase der Kupferzeit, um 2000 v. Chr.

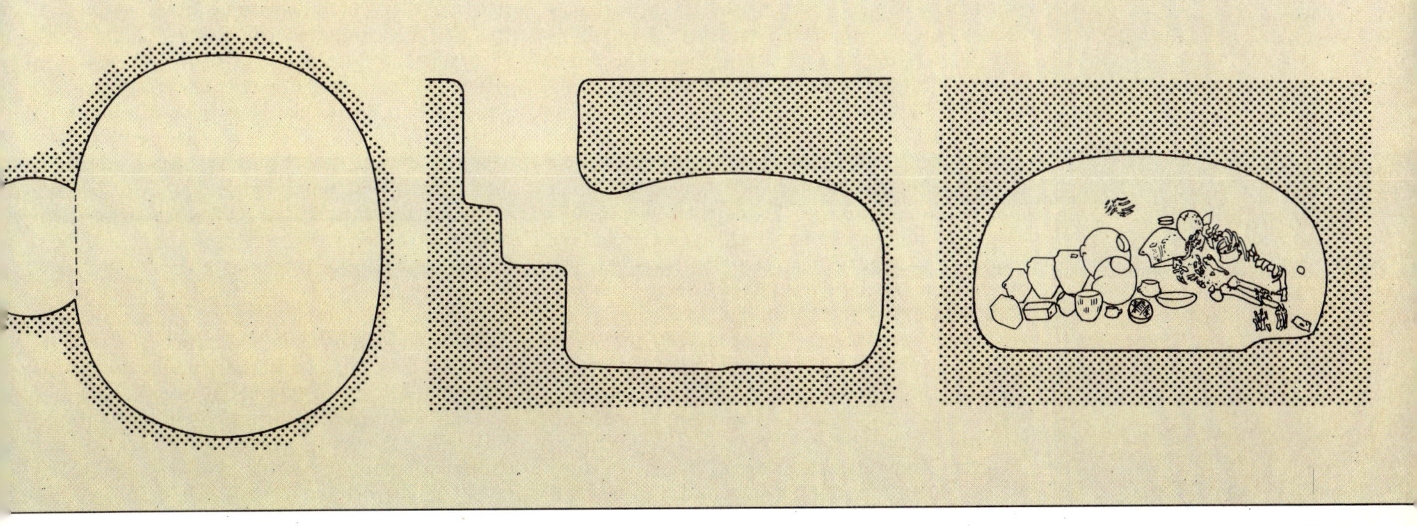

Oben: Beigaben aus einem Brandbestattungsgrab der Glockenbecherkultur von Budapest (Ungarn): Glokkenbecher, kleiner Krug, rechteckige Platte, kleiner Bronzedolch. Endphase der Kupferzeit.

Unten: Aus einem einzigen Stück Feuerstein gearbeiteter Dolch mit Griff. Skandinavischer Typ aus dem Beginn der Bronzezeit.

Kulturschicht kamen die Überreste zweier Wohnbauten zutage, von denen man annimmt, daß sie nicht gleichzeitig, sondern nacheinander entstanden, was jedoch keineswegs bewiesen ist. Die Anlage war befestigt, und in der Vučedol-Schicht gab es effektiv nur ein einziges größeres Wohngebäude. Dazu gehörten sicher die umliegenden Gräber, darunter das bereits erwähnte berühmte Doppelgrab. Aus diesen Elementen folgerte man, daß es sich um den befestigten Sitz eines Häuptlings handle, in dem das Metall verhüttet und gehortet wurde, also einer Art von »Zwingburg«, die über das übrige Dorf herrschte. Tatsächlich fanden sich am Fuße jene Aspekte, aus denen man auf eine wirkliche sozial-ökonomische Differenzierung schließen könnte, ungenügend dokumentiert. Ob es sich um eine »echte« geschlossene, von der »Zwingburg« abhängige Dorfsiedlung handelt, oder nur um eine Streusiedlung, bleibt fraglich. Verwirrend ist auch das Fehlen von Metallgegenständen in den Gräbern. Sollte die Kontrolle der Metallurgie durch die »Zwingherren« nicht auch zu einer Bereicherung der »Kontrolleure« geführt haben? Wir befinden uns in der Endphase der Kupferzeit, und Vučedol könnte daher eine nur vereinzelte Vorwegnahme jener Phänomene bedeuten, die sich erst in der Bronzezeit allgemein auswirken werden.

Wie bereits bemerkt, ist eines der Hauptmerkmale dieser Periode die stark vermehrte Herstellung von Waffen. Die in Gräbern und anderen Fundstellen vorkommenden Waffen sind nach Funktion, Formung und Fertigung von außerordentlicher Qualität. Die Funde beweisen, daß es sich hierbei nicht um ein »ideologisches« Phänomen handelt, sondern um harte Wirklichkeit. Daraus läßt sich vielmehr eine Tendenz zu wachsender Gegnerschaft zwischen den Dorfgemeinschaften, ein Zustand allgemeiner Spannung erkennen.

Wir haben bereits darauf hingewiesen, wie sich während der ersten Phasen der Kupferzeit kulturelle Einflüsse aus dem Orient in Süd- und Westeuropa in der religiösen Sphäre und gleichzeitig auch auf die gesellschaftliche Organisation ausgewirkt haben. Müller-Karpe hat dieses Zusammenwirken überzeugend erklärt, wobei er auch den engeren Zusammenhang dreier neuer geistiger Werte hervorhebt, die zu Beginn des 3. Jahrtausends v. Chr. im Orient auftauchen: die Auffassung einer menschenähnlichen Gottheit, die monarchische Idee und der Totenkult. Weniger überzeugend ist sein Versuch, den Mechanismus der Diffusion dieses Ideenkomplexes zu rekonstruieren: Nach und nach wären Gruppen von Auswanderern aus dem Orient nach dem Westen gezogen, hätten sich in begrenzten Gebieten niedergelassen, die einheimische Bevölkerung unterworfen und assimiliert. Für eine so gewichtige Wanderbewegung gibt es keine triftigen Beweggründe, denn die bloße Suche nach Erzlagerstätten reicht dafür nicht aus und läßt sich archäologisch auch nicht belegen. Die Dürftigkeit klarer typologischer Zusammenhänge zwischen den Formen der Kulturgüter der verschiedenen Gruppen berechtigt hingegen zur Annahme, daß eher Ideen und nicht Menschen zirkulierten.

Die wachsenden Spannungen zwischen den Gemeinschaften dürften durch den Bevölkerungsdruck hervorgerufen worden sein. Dieser war eine Folge verbesserter Anbaumethoden und fortschreitender Nutzung geeigneter Böden, um deren Besitz es zu Streitigkeiten kam; da und dort sind solche Vorkommnisse sehr wahrscheinlich. Andrerseits treffen wir die auffälligsten Äußerungen des eben besprochenen Ideenkomplexes (Megalithismus), in denen sich auch solche Spannungen widerspiegeln sollten, ausgerechnet in jenen Gegenden, die eben erst von der bäuerlichen Kolonisierung erschlossen worden waren und wo eine Übervölkerung kaum denkbar ist.

Wir haben bereits darauf hingewiesen, daß in der Kupferzeit gewisse Formen der Arbeitsteilung stärker ausgeprägt sind als in der vorhergehenden Periode, wenngleich noch nicht im Innern der einzelnen Gemeinschaften (abgesehen von den »Werksgemeinschaften« der Bergleute), sondern zwischen den Gemeinschaften selbst. Die Wirtschaft einer Dorfgemeinschaft der Kupferzeit war längst nicht mehr so selbstversorgend wie in der Jungsteinzeit. Daraus erwuchsen Probleme der Umverteilung des Reichtums, also der Wertbestimmung für den Tauschhandel. Diese Probleme waren jedoch nicht ausschließlich »naturbedingt«, sondern entstanden aus einer sozial-ökonomischen Differenzierung der Gemeinschaften. Das führte zu Spannungen, die sich zu gewaltsamen Aneignungen steigern konnten und damit zum vermehrten Bedarf an Waffen, aber auch zu einem gesteigerten Selbstwertgefühl der Sippengemeinschaften. Diesem Standesbewußtsein boten sich nun die aus dem Orient kommenden neuen Werte als brauchbare Ideologie, die, notwendigerweise in abgewandelter Form, einer andersartigen geschichtlichen Wirklichkeit angepaßt wurden. Eine Bestätigung dafür sind die bereits geschilderten Manifestationen der neuen Ideologie in sozialökonomisch instabilen Gegenden, wo sich die Beziehungen zwischen den Gemeinschaften den neuen Umständen nicht anpassen konnten und die Spannungen um so stärker waren.

Wir haben bereits über die Anpassung des neuen (ideologischen) Wertsystems an andersartige geschichtliche Wirklichkeiten gesprochen. Die monarchische Idee wird in Europa in eine Verherrlichung der kriegerischen Führer, ihrer Würde und hierarchischen Rolle, nicht aber in einen *Status* umgesetzt, da eine solche Gestalt nicht in der sozial-ökonomischen Struktur verwurzelt ist. Parallel dazu verblaßt, auch figürlich, die Idee einer

Oben: *Krug, Tulpenbecher, Schüssel und »Backteller« aus der Siedlung Michelsberg (Baden). Michelsberger Kultur, frühe Kupferzeit, kurz vor 2500 v. Chr.*

menschenähnlichen Gottheit. In großen Teilen Europas bleiben bis in geschichtliche Zeiten unbildliche, abstrakte und anthropomorphe Gottheiten miteinander vermischt. Der Totenkult wird hingegen durch die Gemeinschaftsgräber zum monumentalen religiösen und sozialen Ausdruck nicht nur des Verlangens aller und jedes einzelnen nach einer persönlichen Verbindung mit der Gottheit, sondern auch des Selbstbewußtwerdens der Sippengemeinschaften.

Ohne Zweifel überdauerte dieses Selbstbewußtsein die Zeit der monumentalen Gemeinschaftsgräber weit über die Kupferzeit hinaus. Ebenso sicher ist, daß bald auch innere Spannungen auftraten. Das Zusammenleben – vielleicht auch »Gegeneinanderleben« (wir wissen das nicht) – der Sippengemeinschaften mit den einzelnen Familien ist eine objektive, archäologische und soziologische Gegebenheit, enthält aber latente Widersprüche. Ein anderer Widerspruch – oder aus einem anderen Blickpunkt betrachtet vielleicht der gleiche – ist die Notwendigkeit einer Arbeitsteilung und die Tatsache, daß sich diese nur »außerhalb« der Gemeinschaft verwirklicht. Diese Absonderung hemmt eine Umverteilung der Güter und bremst infolgedessen die Entfaltung der produktiven Kräfte. Mit der in der Bronzezeit vorangetriebenen Arbeitsteilung und einer damit verbundenen sozialen Gliederung im »Innern der Gemeinschaften« werden diese Hindernisse beseitigt. Der Preis dafür wird jedoch der Verlust der Einheitlichkeit und des Zusammenhaltes der Sippengemeinschaften sein.

Die Jahrhunderte um die Mitte des 2. Jahrtausends

(ca. 1800–1300 v. Chr.)

Wir teilen die Bronzezeit in vier Phasen: Alt-, Mittel-, Spät- und Endphase. Die beiden ersten Phasen unterscheiden sich so markant von den beiden anschließenden, daß wir sie auch gemeinsam behandeln können. Die Zeitgrenzen zwischen Kupfer- und Bronzezeit verlaufen für ganz Europa annähernd gleich, anders die Zeitgrenzen zwi-

Unten: *Plan (links) und Rekonstruktion (rechts) des »Häuptlingshauses« von Vučedol (Kroatien), das sicher im Zusammenhang mit dem Doppelgrab (Abb. Seite 148) steht. Vučedol-Gruppe, Spät- oder Endphase der Kupferzeit, um 2000 v. Chr.*

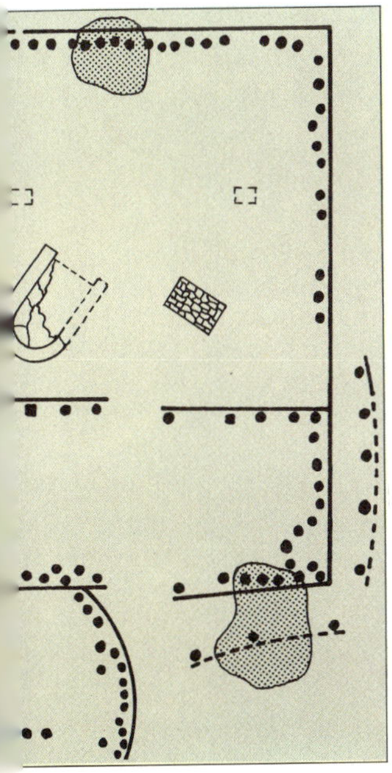

Oben: Dolch mit gegossenem Griff und Halsberge aus verschiedenen württembergischen Fundstätten, frühe Bronzezeit; vor 1500 v. Chr.

Unten: Pfostensetzungen der Ufersiedlung von Fiavè Carera (Provinz Trient). Padana-Gruppe, mittlere Bronzezeit, um 1400 v. Chr. Die Deutung der Pfahlbauten ist immer noch stark umstritten.

schen Bronze- und Eisenzeit. Als sich Mitteleuropa noch in der Endphase der Bronzezeit befand, war der größte Teil Italiens bereits zur Eisenzeit fortgeschritten. Um die Phasen annähernd allgemeingültig zu kennzeichnen, hielten wir es für angebracht, auch andere (und vielleicht sogar bedeutsamere) Erscheinungen als den Gebrauch dieses oder jenes Metalles heranzuziehen. So ist die spätere Bronzezeit (Spät-, Endphase etwa 1300–700 v. Chr.) durch die grandiose Erscheinung der Urnenfelder mit ihren Nebenerscheinungen und Ausstrahlungen gekennzeichnet, so daß man wirklich von einer *Urnenfelderzeit* sprechen kann.

Die Charakteristik der Zeit um die Mitte des 2. Jahrtausends läßt sich nicht so leicht auf eine passende Formel bringen. Damals wurde in Europa erstmals eine markante, sozial-ökonomische Differenzierung innerhalb der Gemeinschaften deutlich, die Herausbildung einer herrschenden Klasse, einer Art Aristokratie. Im übrigen blieb die Gesellschaftsstruktur in vieler Hinsicht jener der Kupferzeit ähnlich.

Im Gegensatz zu den großen Kulturkreisen der Spätbronzezeit (Schnurkeramik, Glockenbecher) ist die Frühbronzezeit (ca. 1800–1600/1500 v. Chr.) wiederum in verschiedene Lokal-Gruppen aufgesplittert, von denen wir nur einige der wichtigsten erwähnen: Otomani-Füzesabóny in Rumänien und Ungarn; Aunjetitz (Únětice) in Böhmen, Mähren, Schlesien, Mitteldeutschland, Niederösterreich, Straubing in Bayern, Singen in Baden-Württemberg; Adlerberg in Rheinhessen, Polada in Norditalien, die sogenannte Rhone-Kultur in Südfrankreich, die »Nordische Periode« in Skandinavien und Norddeutschland, El Argar in Südostspanien, Wessex in Südengland. In diesem Kreis bildet Aunjetitz einen Schwerpunkt; diese Gruppierung ist besonders reich an Waffen, Schmuck und Geräten, deren Formen von den meisten anderen Gruppen Kontinentaleuropas übernommen wurden. Besser als durch eine überragende kulturelle Stellung läßt sich das durch die Vermittlerrolle erklären, die Aunjetitz dank seiner geographischen Lage am Schnittpunkt verschiedener Handelswege (Elbe–Saale–Weser, Bernsteinstraße usw.) spielte, auf denen sich ein reger Austausch nicht nur von Waren, sondern auch von technischen Neuerungen und Formelementen entwickelte.

Auch während der mittleren Bronzezeit (1600/1500–1300 v. Chr.) behält dieser Raum seine vermittelnde Rolle. Die Konstellation der Kulturen hat sich allerdings gewandelt: anstelle größerer Einheiten treten kleinräumige Gruppen auf, die man unter der Bezeichnung »Hügelgräber-Bronzezeit« oder »Tumulus-Kulturen« zusammenfaßt. Am Rande dieser zersplitterten Landschaft lokaler Gruppen entwickelte sich in Norddeutschland und in Südskandinavien die »Nordische Bronzezeit« der sogenannten Periode II. Südlich der Alpen entstanden die Gruppen der Terramaren, die padanischen »Pfahlbauer« und die Apennin-Kultur. Wie in der Kupferzeit sind auch in dieser Periode die nicht selten befestigten Siedlungen verhältnismäßig klein. Die größte der bisher vollständig ausgegrabenen ist Barca in der Slowakei, ein der Otomani-Kultur zugehöriges, von Wall und Graben geschütztes Dorf von etwa 30 Häusern. Aus den zugehörigen Friedhöfen kann man schließen, daß solche Siedlungen von einigen Dutzend Leuten nicht länger als ein oder zwei Jahrhunderte bewohnt waren, und zwar in einer Sippengemeinschaft ähnlich jener der Kupferzeit. In einigen

Oben: Krug von Jirikovice (Mähren), der der Donaugruppe der Hügelgräber-Kultur angehört. Mittlere Bronzezeit, um 1400 v. Chr.

Rechts: Ansicht der Grabkammer des Hügelgrabes von Leubingen (Thüringen); es wird der gleichnamigen Gruppe der Aunjetitz-Kultur zugerechnet. Frühe Bronzezeit, vor 1500 v. Chr.

Unten: Gefäß aus Barca (Slowakei), der Otomani-Füzesabóny-Gruppe zugerechnet. Frühe Bronzezeit, vor 1500 v. Chr.

Gegenden glaubte man, im Bereich der Friedhöfe 2 oder 3 Gräbergruppierungen zu erkennen, woraus man auf eine Gliederung der Gemeinden in »Großfamilien« des patriarchalischen Typs schloß. In denselben Friedhöfen ist auch eine Form sozialer Differenzierung durch Doppelgräber oder gleichzeitige Bestattungen im gemeinsamen Grab (Mann und Frau, Mutter und Sohn, Mann und ein oder mehrere Kinder) während 2 oder 3 Generationen belegt.

In Mittel-Ostdeutschland (d. h. in der in Sachsen und Thüringen verbreiteten Leubingengruppe der Aunjetitz-Kultur) heben sich während der Frühbronzezeit ein bis zwei Gräber durch reichere (männliche) Grabbeigaben von den anderen Gräbern des Friedhofes deutlich ab. Bronzewaffen und Goldschmuck weisen auf einen »Häuptling« der betreffenden Gemeinschaft hin. Doch es gibt auch monumentale Hügelgräber mit hölzernen »Totenhäusern« und noch reicheren männlichen Grabbeigaben. Auch hier sind mehr oder weniger gut belegte Fälle von rituellen Opfern einzelner oder mehrerer Menschen (Witwe, Sklave oder Sklavin?) zu verzeichnen. Solche Grabhügel standen vereinzelt auf freiem Feld ohne Zusammenhang mit den Friedhöfen. Die Vermutung, daß es sich hierbei um Stammeshäuptlinge handelt, läßt sich nicht aufrechterhalten, weil zu viele herausgehobene Gräber jenen mit einfacher Ausstattung gegenüberstehen. Bei derartiger Berechnung hätte ein »Stamm« höchstens 100, oft noch viel weniger Menschen umfaßt. Größere Wahrscheinlichkeit dürfte eine andere Hypothese haben, nach der sich einige der durch die Friedhöfe bestätigten »Großfamilien« zu einer Sippengemeinschaft zusammengeschlossen (von ihr abhängig gemacht?) hätten, deren Häupter in solchen Hügelgräbern beigesetzt wurden. Abgesehen von diesen Sonderproblemen nimmt man im allgemeinen an, daß die geschilderten Erscheinungen eine wirkliche und dauernde soziale Differenzierung widerspiegeln, die über eine rituelle Hervorhebung der Rolle, die der Tote im Leben der Gemeinschaft gespielt hat, hinausgeht. Wir haben bereits erwähnt, daß in der Phase der Kupferzeit vor Aunjetitz ebenfalls monumentale Gräber, begleitet von Tieropfern, belegt sind. Ihre Grabbeigaben sind aber nur unbedeutend von denen gewöhnlicher Gräber zu unterscheiden; dies ist jedoch jetzt der Fall.

Noch schwieriger wird die Deutung der Funde hinsichtlich der »Tumulus-Kultur« der mittleren Bronzezeit, deren Wohnstätten bisher praktisch unbekannt sind. Einzelne oder kleine Gruppen von zum Teil monumentalen Hügelgräbern im nordischen Raum ließen an die Existenz einer *Oberschicht* denken; die dazugehörige *Unterschicht* ist jedoch archäologisch nicht dokumentiert. Auch die Deutung anderer Autoren – Streusiedlungen einzelner Familien – ist unbefriedigend. Einleuchtender erscheint uns die Annahme, daß sich unter dem Mangel solcher archäologischer Dokumentation eine ähnliche Gesellschaftsstruktur verberge, wie wir sie in der Aunjetitz-Gemeinschaft mutmaßen.

Die Landwirtschaft, im wesentlichen der Anbau von Zerealien, ist durch den nunmehr allgemein

Von Wasservögeln gezogenes Kultwägelchen aus Terrakotta von Dupljaja (Serbien). Die stehende Gottheit mit vogelförmigem Gesicht und Penis trägt Frauenkleider, unter denen eine Sonnenscheibe eingeritzt ist, die vielleicht eine Vulva andeutet. Die Symbolelemente erinnern an den delphischen Apollomythos; um 1300 v. Chr.

gewordenen Gebrauch des Pfluges weiter fortgeschritten. Daneben entwickelten sich erste Zeugnisse einer Almwirtschaft, d. h. Auftrieb des Viehs auf die alpinen Sommerweiden. Dies spricht für eine steigende Bedeutung der Viehzucht, wenn schon nicht in der Wirtschaft, so sicher für das Ansehen der Almleute, in der Gesellschaft. Das gilt besonders für die mittlere Bronzezeit, als sich Hügelgräber auch in Berggegenden verbreiten, während die altbronzezeitlichen Siedlungen an See- und Flußufern verlassen werden. Tatsächlich folgte der Trockenperiode der Altbronzezeit eine Feuchtperiode.

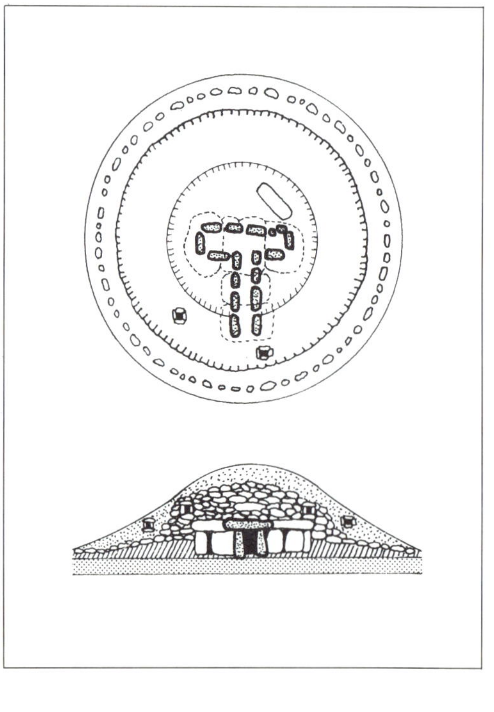

Hügelgrab von Eldsberga (Schweden). Auf einer Dolmen-Grabkammer der mittleren Kupferzeit wurde während der Altbronzezeit ein Steinhügel aufgeschüttet für Bestattungen in Baumsärgen, in der Spätbronzezeit wurden Aschenurnen beigesetzt.

Hinsichtlich der Eigentumsverhältnisse und Verfügbarkeit der Produktionsmittel herrscht unter den Autoren, die sich eingehend mit diesen Problemen beschäftigt haben, ziemliche Übereinstimmung. Es gab offenbar das Gemeinschaftseigentum an Grund und Boden der Sippe und das Privateigentum der Großfamilie, das den Viehbestand und damit die Kontrolle über den Gebrauch des Pfluges einschloß. Diese Formel ist gewiß korrekt und geeignet, das Auftauchen begrenzter Formen sozialer Differenzierung zu erklären.

Dennoch scheint es unwahrscheinlich, daß das Privateigentum an Vieh besondere Auswirkungen auf die Gesamtheit der sozial-ökonomischen Verhältnisse gehabt haben könnte. Diese dürften eher begrenzt gewesen sein angesichts der Kleinheit der Gemeinschaften und deren Sippenstruktur, innerhalb derer die Einzelfamilien kaum eine große Rolle gespielt haben dürften.

Ähnliche Erörterungen gelten auch für die kriegerischen Raubzüge. Es gibt genug Indizien für Raubüberfälle: einmal die Tatsache, daß sich die beginnende soziale Differenzierung hauptsächlich in den Gräbern der kriegerischen Führer äußert, zum anderen die Existenz der nicht allgemein verbreiteten, stark befestigten Wohnsiedlungen; schließlich der von den Waffenschmieden qualitativ erreichte hohe Stand der Technologie. Dazu kommen sporadische Zeugnisse von Sklavenhaltung. All das verleitet zur Annahme, daß schon zu Beginn der Kupferzeit diese Raubüberfälle zu einem »permanenten Produktionszweig« ausarten. Aber nichts beweist, daß diese sich im Bereich des global betrachteten Produktionsprozesses besonders ausgewirkt hätten, dafür sind die erwähnten Phänomene viel zu schwach und zu wenig verbreitet.

Nicht einmal die handwerklichen Erzeugnisse lassen hinsichtlich der Kupferzeit eine fortgeschritte-

Oben: Tasse mit Ritzdekor aus der Tropfsteinhöhle von Pertosa bei Salerno. Anfang der Apennin-Kultur, mittlere Bronzezeit, um 1500 v. Chr. Die Keramik mit Ritzdekor im Apenninenstil *ist in ganz Mittel- und Unteritalien von der Romagna bis an die Nordostküste von Sizilien verbreitet.*

Links unten: Bronzene, in Spiralen auslaufende Gürtelschnalle, verziert mit getriebenen Buckelchen und eingravierten Ornamenten; aus Wilsingen (Württemberg). Hügelgräber-Kultur, mittlere Bronzezeit, um 1400 v. Chr.

Rechts unten: Bronze-»Diadem«, reich graviert, aus Ledro (Prov. Trient). Padana-Gruppe, frühmittlere Bronzezeit, um 1500 v. Chr.

nere Arbeitsteilung und Spezialisierung klar erkennen. Eine wichtige Ausnahme macht lediglich die Metallurgie, besonders in den Zweigen der Herstellung besonders geschätzter Waffen und persönlichen Schmucks. Beide dienten offensichtlich der bereits beschriebenen überstrukturellen Kennzeichnung einer sozialen Differenzierung. Aber darum allein handelt es sich nicht. Die Anhäufung von Produkten der Metallurgie in Horten, schon in der Altbronzezeit besonders reich und zahlreich, und der hohe Stand der Technologie beweisen, daß wir es mit einer Produktion von Gütern zu tun haben, die für den Handel bestimmt waren, einer rudimentären Form von »Warenproduktion«. Wie diese Produktion organisiert war, hat Karl-Heinz Otto untersucht. Er schließt überzeugend die Existenz des auf ein spezielles Produkt orientierten und nur dafür arbeitenden Handwerker aus. Hierfür sprechen im Beginn der Altbronzezeit auch deutlich die Funde aus dem Grab von Leubingen – Zeugen einer Werkstatt, in der Metall geschmolzen, zu Barren geformt und weiterverarbeitet wurde. Otto denkt an eine »Werksgemeinschaft«, von der der ganze Prozeß vom Abbau des Erzes zur Verhüttung bis zur Endfertigung betrieben wurde. Diese weitgehende Arbeitsteilung fand somit nur im Bereich der Werksgemeinschaft statt. Durch metallurgische Analysen konnte festgestellt werden, daß die Endprodukte im wesentlichen von gleichbleibender chemischer Zusammensetzung waren. Dies läßt andererseits darauf schließen, daß die gleiche Werkstatt lange Zeit in Betrieb war, die Werksgemeinschaften somit von Dauer waren. Das setzt aber voraus, daß ihre Mitglieder zumindest zum Teil vom Zwang der Nahrungsmittelbeschaffung befreit waren. Damit beginnt die Loslösung der produktiven Tätigkeit aus dem Heimbetrieb, die für alle Gemeinschaften der Frühzeit charakteristisch ist. Das wird immer deutlicher in der späteren Phase der Mittelbronzezeit, als in weitesten Gebieten hochspezialisierte Metallgegenstände auftauchen, die klar das Ergebnis der Verschmel-

Hort von Drevenik (Slowakei) in Fundsituation. Piliny-Gruppe, Beginn der Urnenfelderkultur, um 1200 v. Chr.

Einige Objekte aus dem Hortfund von Dossenheim (Baden): Sicheln und Äxte. Mitteleuropäische Gruppe der Urnenfelder-Endphase; 8. Jh. v. Chr. Wahrscheinlich Materiallager eines Bronzegießers. Weiterhin fanden sich Bruchstücke von Schwertern, Messern, Armbändern und Kupferbarren.

zung und Verarbeitung von technischen und formellen Erfahrungen und handwerklichen Traditionen sind, die oft auf grundverschiedene Kulturkreise hinweisen. Für diese Phase (weit weniger für die vorhergehende und nachfolgende) kann die von Childe formulierte Hypothese der reisenden Metallhandwerker gelten, die in keine Dorfgemeinschaft integriert waren, aber vielleicht untereinander eine Art Gilde oder Kaste bildeten. Wie dem auch sei, man kann nun erstmals in Europa von einem Übergang aus der Hauswirtschaft (Familienbetrieb) zu einer berufsmäßigen Produktionsart sprechen, wenn diese auch noch auf die Metallbearbeitung beschränkt bleibt. Das bedeutet die Freisetzung neuer menschlicher Kräfte und technischer Fähigkeiten, die eine andere Art von Organisation und Auswertung erfordern, ein Komplex von Faktoren, den man unter dem Begriff »Entwicklung der produktiven Kräfte« zusammenfaßt. Der gesamte Produktionsprozeß scheint aber davon wenig erfaßt worden zu sein, blieb doch während der frühen und mittleren Bronzezeit die Metallverarbeitung hauptsächlich auf Waffen und Schmuck ausgerichtet; erst in der Spätphase werden vermehrt auch Geräte hergestellt. Auch im Handelsverkehr scheint sich nicht viel geändert zu haben. Das Aufkommen von »Warenproduktion« ist nicht verbunden mit einer entsprechenden Entwicklung des Warenvertriebes. Noch lange nicht kann man von einem Handel sprechen, der von »Berufskaufleuten« geleitet wird. Der Güterumlauf ist nach wie vor mit anderen, vermittelnden Tätigkeiten verbunden (kollektiver, zu bestimmten Zeiten und an gewissen Orten getätigter Tausch zwischen Gemeinschaften sowie reisende Handwerker).

Wir haben bereits ausführlich über die Hortung von Reichtum in Form von Metall und über die eventuellen Auswirkungen auf die soziale Differenzierung berichtet und bemerkt, daß auch andere Faktoren, wie Viehreichtum oder Raubzüge, dabei eine untergeordnete Rolle spielen. Auffällig ist, daß in jenen Gebieten, in denen sich die soziale Differenzierung am deutlichsten abzeichnet, auch die meisten Hortfunde gemacht wurden. Das bedeutet, daß diese Reichtümer in irgendeinem Zusammenhang mit den kriegerischen Führern standen: als Eigentümer, oder wahrscheinlicher, als Verwalter der gemeinschaftlichen Metallreserven. All diese Faktoren bezeugen, daß es in einer Gesellschaft, die in vieler Hinsicht noch »primitiv« und stagnierend war, Elemente der Widersprüchlichkeit und Unausgeglichenheit gab:

1. Die Nutzung der natürlichen und menschlichen Hilfsquellen (Verfügbarkeit an Rohstoffen und Arbeitskräften, technische Kenntnisse und Fähigkeiten, Grad der Spezialisierung). Die »materiellen Produktionsbedingungen« hatten sich so weit entwickelt, daß eine »Warenproduktion« möglich wurde, wenn auch nur im Bereich der Metallurgie. Hingegen waren die sozial-ökonomischen Verbindungen, die auf den Produktionsprozeß einwirkten, die »Sozialen Produktionsbedingungen«, immer noch auf gemeinschaftliches Eigentum und

Schnitt durch das Hügelgrab von Očkov (Slowakei) mit der Grabkammer, in der sich Beigaben fanden. Urnenfelderkultur, Velatice-Gruppe, 12. Jh. v. Chr.

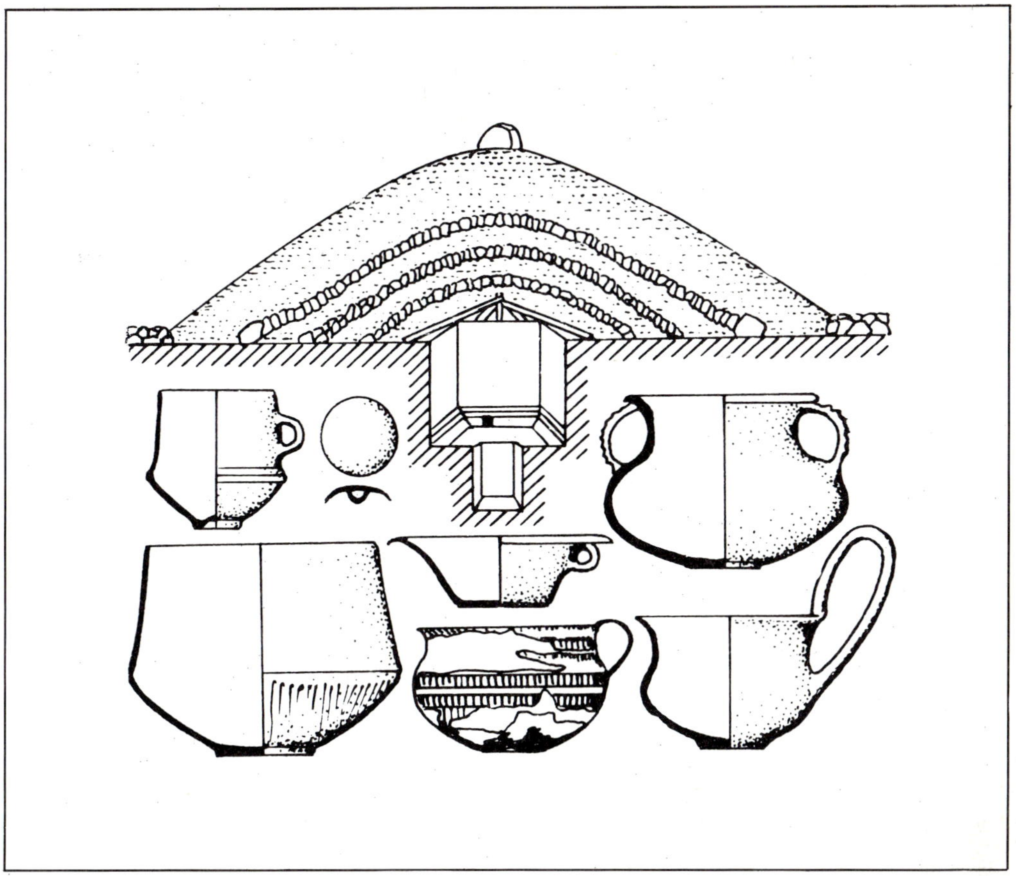

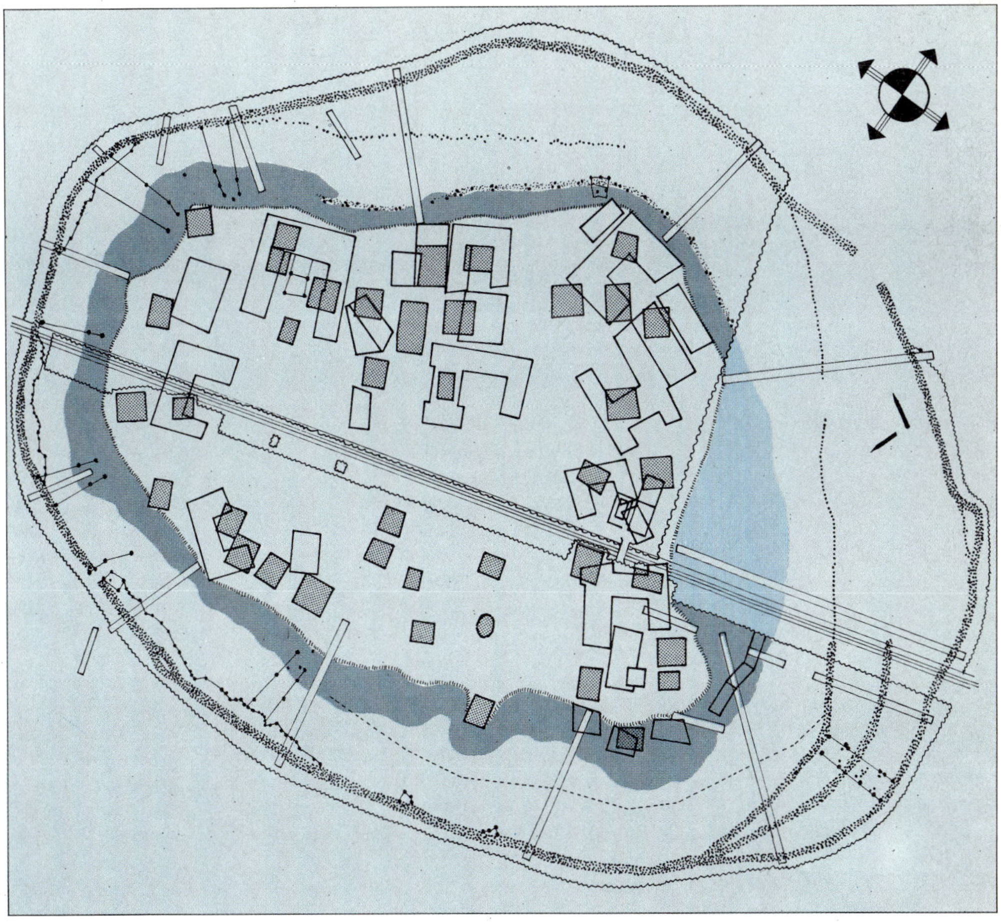

Grundriß der Wasserburg Buchau (Württemberg), die zwei Siedlungsphasen aufweist. Mitteleuropäische Gruppe der Urnenfelderkultur, 12.–8. Jh. v. Chr. Das Dorf war von nicht mehr als 200 Bauern bewohnt und anfangs in Kleinfamilien, später in Großfamilien gegliedert.

Zweihenkelige, auf einem Paar menschlicher Füße stehende Tasse aus Lednice (Mähren). Mitteldanubische Urnenfelderkultur, Velatice-Gruppe, 13.–12. Jh. v. Chr.

gemeinschaftliche Verwaltung der Produktionsmittel gegründet. Natürlich war das ein Hindernis für die Bildung selbst bescheidener privater Reichtümer, ohne die sich aber ein wirklich fortschrittlicher Güteraustausch nicht entfalten kann. Dieser Umstand wirkt sich wiederum bremsend auf die Warenproduktion (Metallwaren) aus, indirekt auch auf andere Produktionszweige. Vor allem die Landwirtschaft war davon betroffen, da sie ohne genügende Ausrüstung mit Bronzewerkzeugen für die Holzbearbeitung nicht in der Lage war, sich über ein gewisses technologisches Niveau weiterzuentwickeln.

2. In Gebieten, in denen sich die Metallurgie entwickelte, häuften sich in den Händen der Sippen- und Werksgemeinschaften große Reichtümer. Dies führte in rohstoffarmen Zonen zu einer weiteren Verschärfung der ungerechten Reichtumsverteilung, wie sie schon seit der Kupferzeit bestand.

3. Metallarme Gebiete waren gezwungen, für die Einfuhr von Luxuswaren (Waffen und Schmuck) einen Teil des Sozialproduktes an einflußreiche Personen abzugeben.

In der mittleren Bronzezeit nimmt die Metallhortung ab. Dafür entwickelt sich nun um so mehr die Viehzucht, und es ist denkbar, daß der Viehreichtum den Metallreichtum sogar übertroffen hat. Schwer zu sagen, ob dies klimatischen Faktoren zuzuschreiben ist oder den negativen sozial-ökonomischen Auswirkungen der Struktur der Sippengesellschaft.

Die Urnenfelderzeit *(1300–700 v. Chr.)*

Wie bereits angedeutet, entspricht dieser Zeitraum in Mitteleuropa der Spät- und Endphase der Bronzezeit. In Italien gehören die letzten beiden Jahrhunderte dieser Periode (900–700 v. Chr.) bereits der Eisenzeit an. Der Begriff »Urnenfelderzeit« (so benannt nach den tönernen Urnen, in denen die Asche der Toten in oft weit ausgedehnten Gräberfeldern beigesetzt wurde) ist nicht gleichbedeutend mit »Urnenfelderkultur«, obgleich beide denselben Zeitraum umfassen. Die »Urnenfelderkultur« gliedert sich im engeren Sinne in drei Gruppen: die Donauländische, Mitteleuropäische und Lausitzer Kultur (Ostdeutschland–Polen). Sie bedecken zusammen ein ziemlich geschlossenes Gebiet, das sich vom Rhein zur Theiß, von Thüringen bis zu den Alpen erstreckt. Das Gebiet der mit diesem Kern in mehr oder weniger direkter Beziehung stehenden Kreise und Gruppen ist jedoch weit ausgedehnter und reicht von der Loire bis zum Dnjepr, von der Nord- und Ostsee bis zum Mittelmeer und entlang seiner Küsten nach Westen bis Katalonien, nach Osten bis an den Rand der hellenischen Halbinsel. Mit bestimmten Einschränkungen kann auch Italien in diesen Kreis einbezogen werden, vor allem seit 1100 v. Chr. den Facies der Terramaren, also den Pfahlbauern in der Poebene und der Subapenninischen Kultur die »Protovillanova-Kultur« folgte. Diese Periode erstreckte sich von den Alpen bis an die Nordküste Siziliens und wies beträchtliche Verwandtschaft mit der Urnenfelderkultur auf. Außerhalb dieses riesigen Gebietes blieben nur der Nordische Kreis (Blüteperiode III, IV, V), im Westen die Britischen Inseln – also die westlichen Teile Frankreichs und der Iberischen Halbinsel, die Gruppen der Atlantischen Spätbronzezeit – und im Südosten die hellenische und ägäische Welt.

Das hier entworfene Bild entspricht archäologischen Befunden; in historischer Sicht ergeben sich beträchtliche Änderungen. Das gilt besonders für Italien, wo gewisse Kulturstufen frühzeitig erreicht wurden. Schon in der mittleren Bronzezeit finden sich in Italien etliche Merkmale, die kennzeichnend für die Urnenfelderzeit nördlich der Alpen sein werden. Man kann dies ohne Zweifel mit den Einflüssen der mykenischen Kultur erklären, die bereits im 16. Jh. v. Chr. in einigen Zonen Unteritaliens bezeugt sind. Andrerseits gibt es in vielen Teilen Mittel- und Unteritaliens schon in der jüngeren Phase der Bronzezeit (ca. 1300–1100 v. Chr.) Anzeichen, die auf einen weiterentwickelten Typ der Gesellschaftsformen schließen lassen

Hortfund von Somotor (Slowakei): Vier in Treibarbeit mit Buckeln und Punktereihen verzierte Bronzetassen sowie drei Äxte. Gáva-Somotor-Gruppe, Spätphase der Urnenfelderkultur, 10. Jh. v. Chr.

Oben: Bogenfibeln und rädchenförmige Ziergehänge mit Anhängseln aus verschiedenen nordwestschweizerischen Fundstätten. Spät- und Endphase der Urnenfelderzeit, 10. Jh. v. Chr.

Unten: Schwerter der Urnenfelderzeit aus verschiedenen württembergischen Fundstätten. Von links: Mörigenschwert, Antennenschwert (8. Jh.), Griffzungenschwert (11. Jh. v. Chr.).

und über das hinausgehen, was sich zur selben Zeit im übrigen Europa feststellen läßt. In der Endphase der Bronzezeit (1100–900 v. Chr.) und zunehmend mit Beginn der Eisenzeit (900–800 v. Chr.) verstärkt sich das Kulturgefälle in Italien. Vor allem zwischen Poebene und mitteladriatischer Zone einerseits und den tyrrhenischen Gebieten Mittel- und Unteritaliens andererseits wird dieses Gefälle deutlich. In der anschließenden Phase (800–700 v. Chr.) kann auch Oberitalien nicht mehr zur Urnenfelderkultur gerechnet werden, da sich hier bereits bestimmte Erscheinungen zeigen, die mit der Hallstattperiode in Mitteleuropa verbunden sind. Aus diesen Gründen behandeln wir die beiden Gebiete – Kontinentaleuropa und Mittel- bzw. Unteritalien – getrennt.
Archäologisch betrachtet, bedeutet die Urnenfelderzeit in der gemäßigten Zone Mitteleuropas einen Sprung voran. Die Hoch- und Tieflandzonen werden in einem vorher nie gekanntem Maße besiedelt. Neben kleinen tauchen nun auch große Siedlungen mit zahlreichen Häusern auf. Dementsprechend erweitern sich auch die Friedhöfe mit Hunderten, ja Tausenden Gräbern. Fälle, in denen eine Siedlung mehrere Jahrhunderte lang bewohnt blieb, sind nicht selten. Wenn man das alles in Betracht zieht, müssen in den Dörfern mehrere hundert, manchmal auch über tausend Menschen gelebt haben.
In der Lausitzer Kultur haben die Befestigungen oft besonders große Ausmaße. Für Biskupin (Polen) hat man mit den aus dem Mittelalter dokumentierten Leistungsnormen (die damals allerdings durch den Einsatz eiserner Werkzeuge höher sein konnten) errechnet, daß für die Befestigungsanlagen des Dorfes 50 000–80 000 Arbeitstage nötig waren. Wenn man für Biskupin die verfügbaren Arbeitskräfte auf 500 schätzt und für jeden einzelnen 100–160 Arbeitstage annimmt – die Gemeinde mußte ja auch ihren eigenen Unterhalt sicherstellen –, so ergibt sich daraus eine Bauzeit von mindestens einem Jahr, wahrscheinlich jedoch von mehreren Jahren.
Die hohen Kosten der Befestigungen zwangen dazu, deren Umfang so klein wie möglich zu halten, womit auch das Wohnareal aufs äußerste eingeschränkt wurde. Damit erklärt sich auch die starke Zusammenballung der Häuser von Biskupin und die von vornherein geplante rationelle Ausnutzung des Raumes. Abgesehen von einigen seltenen schachbrettförmig angelegten Siedlungen (befestigtes Senftenberg der Lausitzer Kultur), gruppieren sich die Häuser in den befestigten und unbefestigten Siedlungen um einen freien Platz. So in der Lausitzer »Volksburg« Baalshebbel, dem Moordorf Buchau der mitteleuropäischen Urnenfelderkultur, dem Dorf Lovčičky der Velatice-Gruppe (Urnenfelder der mittleren Donau) und dem Dorf Perleberg am südöstlichen Rand des Nordischen Kreises. Die Häuser gleichen einander in Größe und Form. Oft aber kann man ein etwas größeres Haus mit einer offenen »Vorhalle« zum Dorfplatz hin ausmachen, das als Sitz des »Dorfältesten« betrachtet wird. Dies gilt für die üblichen Dörfer aus kleinen Rechteckhäusern mit einem, höchstens zwei Räumen, aber auch für das bisher einzige dokumentierte, aus Gehöften gebildete Moordorf Buchau in Oberschwaben. In der ersten Besiedlungsphase (12.–10. Jh. v. Chr.) fand man 38 kleine (einräumige) Rechteckhäuser; das jüngere Dorf (9.–8. Jh. v. Chr.) bestand aus 9 hufeisenförmig angelegten, ziemlich stattlichen Gehöften, jedes mit Feuerstelle und Nebenbauten (Speicher, Stall), das Ganze von einer dichten Palisade zugespitzter Pfähle umgeben. Eine Siedlungsform, in der verschiedene Häusertypen vereinigt sind, ist nur im mährischen Dorf Lovčičky (12.–11. Jh. v. Chr.) ausreichend dokumentiert. Dort fand man zusammen mit vielen kleinen Rechteckhäusern eine Gruppe von Gebäuden, die man als Prototyp der Gehöfte ansehen kann. Dazu gehört auch ein großes, langrechteckiges Haus (140 qm) mit zum Teil dreischiffiger Innengliederung. Dieses sogenannte »Hallenhaus«, das zur einen Hälfte als Wohn- und Arbeitsraum (mit Feuerstelle), zur anderen als Viehstall diente, stellt einen Haustyp dar, der sich bis weit über die Hallstattzeit hinaus weiterentwickelt. Doch schon in der Urnenfelderzeit konnte dieser Typ in der mehrmals wiederaufgebauten Siedlung von Elp in Holland festgestellt werden. Dort bildet ein isoliert stehendes dreischiffiges Hallenhaus das Hauptelement, ein für diese Periode einziges Beispiel. Es scheint, daß das Hallenhaus von Lovčičky das bisher einzige ist, das durch seinen Größenunterschied inmitten einer Menge kleiner Wohnhäuser eine deutliche soziale Gliederung vermuten läßt. Alles übrige, was wir sonst über die Bauerndörfer wissen, läßt auf eine bemerkenswerte soziale Gleichheit schließen. Die kleinen Wohnbauten beherbergten wahrscheinlich nur die Mitglieder eines engeren Familienkreises. Gegen Ende der Urnenfelderzeit tauchen aber Siedlungen mit größeren Bauten auf, die wahrscheinlich einer »Großfamilie« gehörten und dementsprechend im Innern gegliedert waren, ein Haustyp, der sich in der Hallstattzeit weiterentwickeln wird.

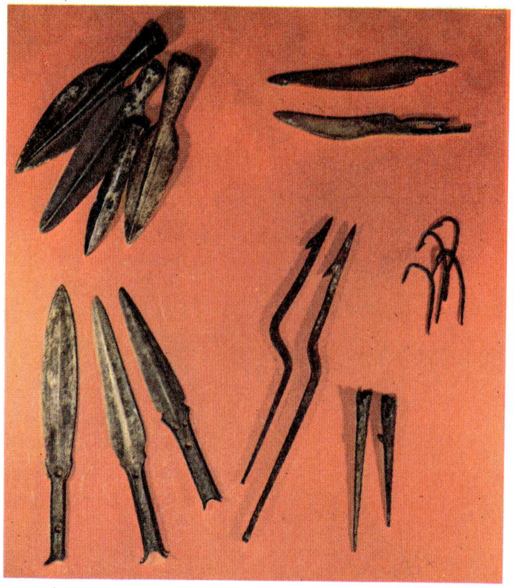

Links: Angelhaken, Harpunen, Dolche mit Griffzunge, Messer sowie Speerspitzen aus Ufersiedlungen von Peschiera am Gardasee und von Verona. Padana-Gruppe der Spätphase der Bronzezeit, 13. Jh. v. Chr.

Rechts: Äxte, Meißel, Säge und Pfrieme aus Ufersiedlungen von Peschiera am Gardasee und von Verona. Padana-Gruppe, Spätphase der Bronzezeit, etwa Beginn der Urnenfelderzeit, 13. Jh. v. Chr.

In den besser erforschten Gebieten (z. B. der Lausitzer Kultur) fand man große befestigte Dauersiedlungen inmitten einer Zone von unbefestigten Dörfern, die nur eine Zeitlang bewohnt waren. Man nimmt an, daß es sich hier um Stammesgemeinschaften handle. Den gleichen Eindruck vermitteln auch die Friedhöfe. Die auffallende Gleichförmigkeit von Gräberformen und Grabbeigaben scheint einen nur geringen Grad sozialer Differenzierung widerzuspiegeln. Da und dort treten auch Gräber auf, die sich durch ihre Form, Struktur, Größe, durch Bestattungsriten und Grabbeigaben von der großen Masse abheben. In den älteren Phasen (13.–11. Jh. v. Chr.) finden wir im ganzen mitteleuropäischen Gebiet der Urnenfelder große rechteckige Gruben, deren Boden und Wände mit Steinen (Kammergräber) oder großen Steinplatten (Steinkistengräber) ausgekleidet sind. Sie enthielten manchmal Körperbestattung, öfter jedoch eine Brandbestattung, wobei die Asche auf dem Boden verstreut, seltener in Urnen gesammelt wurde. Sehr selten und abweichend von den vorherrschenden Bestattungssitten jener Periode ist die Bedeckung der Gräber mit Erdhügeln. Die Nord-Süd-Ausrichtung hingegen ist beständig, mit Ausnahme der Tiroler, die ihre Toten in Ost-West-Richtung begruben. In solchen Gräbern sind Männer bestattet, einige Doppelgräber enthielten Mann und Frau; stets fanden sich Waffen, überwiegend ein Schwert, dazu aber auch Lanze und Dolch sowie Tongefäße, Überreste von Wagen und Pferdegeschirr (Hart an der Alz in Bayern). Zu solchen, aus dem Kontext der mitteleuropäischen Urnenfelder abstechenden Gräbern kommen noch einige andere mit Resten von Wagen und Pferdegeschirr, deren Formen und Struktur oft nicht genau festgestellt werden konnten. Im ganzen handelt es sich um wenige Dutzende gegenüber den Tausenden von einfachen Urnengräbern. Diese Gräber liegen manchmal innerhalb der Brandbestattungsfriedhöfe, manchmal in der Nähe von Tumulus-Gräbern aus früherer oder späterer Zeit, öfter aber isoliert. In einigen Fällen ist Plünderung in alter Zeit belegt, in anderen wird sie vermutet.

Sehr deutlich zeichnet sich eine soziale Gliederung in den donauländischen Gruppen der gleichen Periode der Urnenfelderzeit ab, und zwar in der Gruppe von Velatice. Es handelt sich um große, einzeln stehende Tumulus-Gräber mit einem Durchmesser bis über 50 m und einer geschätzten Höhe von 14 m. Sie enthielten mehrere Bestattungen, die in nachträglichen Erweiterungen um die Zentralkammer herum untergebracht wurden (in mindestens einem Fall ist Holzstruktur festgestellt) und fast immer schon in alter Zeit ausgeplündert wurden. Mindestens ein Fall zeigt zwingende Gründe zur Vermutung, daß die Plünderung von Zeitgenossen verübt wurde; interessant dabei ist auch die Tatsache, daß bei solchen Plünderungen mehrere Personen beteiligt waren. Die überaus reichen Grabbeigaben (z. B. mehr als 30 Tongefäße im Grab von Velatice, 6 Bronzegefäße in dem von Očkov), in ihrer Zusammensetzung ähnlich denen der »reichen« Gräber der mitteleuropäischen Urnenfelder, finden sich manchmal auch in Sekundärbestattungen (vgl. das berühmte »Harnischgrab« von Čaka, einer rechteckigen Grube von 4×2,5 m). Bei anderen Bestattungen, fast stets ohne Grabbeigaben, lassen einige Indizien an Menschenopfer denken. Auch hier stehen den isolierten Monumentalgräbern ausgedehnte Friedhöfe mit gewöhnlicher Brandbestattung gegenüber.

Am Ende der Urnenfelderzeit, im 8. Jh. n. Chr., finden sich in einem Gebiet, das sich von Hessen bis in die Slowakei erstreckt, einige wenige einzeln stehende »Fürstengräber« mit Überresten von Wagen und Pferdegeschirr. Zumindest in einem Fall (Hart an der Alz) zeigt sich, daß im nördlichen Alpenvorland die Traditionen der Urnenfelderzeit am längsten bis in die Hallstattzeit weiterlebten.

Auch im nordischen Raum finden sich neben den großen Urnenfeldern einige Tumulus-Gräber mit reichen Grabbeigaben, sogenannte »Königsgräber«, wie Kung Björns und das Grab von Seddin (Brandenburg), in dem nach einer lokalen Sage »König Hinz in einem dreifachen Sarg« begraben sein soll. Dieses Grab hatte einen Durchmesser von 85 m und eine Höhe von 11 m. Die neuneckige, getünchte Grabkammer aus Trockenmauerwerk enthielt drei Bronzeurnen. Die größte, in einem Tongefäß verborgen, enthielt die Asche einer hochgestellten Persönlichkeit, in den beiden anderen Urnen fand man die Knochen von zwei jungen Frauen.

Oben: Felsgravierung von Bedoline in Valcamonica bei Brescia. Es handelt sich um eine Art von Katasterplan, in dem nicht nur hervorragende Merkmale der geographischen Landschaft, wie Wasserläufe, sondern auch die Grenzen der bestellten Äcker eingezeichnet sind. Bronzezeit, wahrscheinlich Spät- oder Endphase. 13.–10. Jh. v. Chr.

Links unten: Bronzeamboß aus der bronzezeitlichen Ufersiedlung von Bor di Pacengo bei Verona.

Rechts unten: Pfeilspitzen, Dolch, Randleistenbeile, Angelhaken und Speerspitze aus der Ufersiedlung von Bor di Pacengo bei Verona. Padana-Gruppe, mittlere Bronzezeit, 15.–14. Jh. v. Chr.

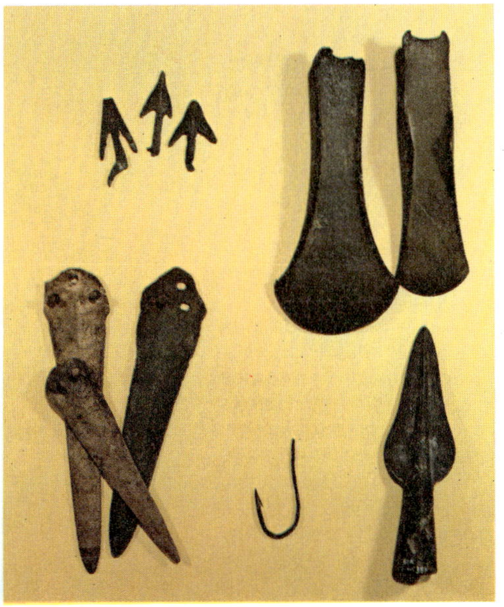

Alle diese Daten weisen auf eine Gesellschaftsstruktur hin, die nicht mehr durch kleine Sippengemeinschaften, sondern durch größere, territorial umrissene Stammesgemeinschaften bestimmt war. Dementsprechend bildete sich im Verhältnis zum Bevölkerungsstand eine dünne Oberschicht aus, die weniger an die Gemeinschaft gebunden war, was man aus der Absonderung, Struktur und dem Begräbnisritual ihrer Gräber schließen kann. Der Reichtum der Grabbeigaben entspricht jedoch nicht dem beträchtlich gestiegenen Niveau der Produktivität, wie wir im weiteren sehen werden. In dieser Hinsicht ist das Fehlen von Goldschmuck symptomatisch. Andererseits scheinen die erwähnten Fälle von Ausplünderung der Gräber durch Zeitgenossen darauf hinzuweisen, daß die reichen Grabbeigaben erstmals als persönliche Bereicherung aufgefaßt wurden.

Mehr Klarheit besteht dank des verhältnismäßig reichlich vorhandenen Materials über den Stand und die Entwicklung der produktiven Wirtschaft der Urnenfelderzeit. Das Bevölkerungswachstum war beträchtlich; mit einigen Schwankungen in späteren Phasen wird der Ackerbau mit Pflug allgemein. Die Spaltung von Ackerbau und Viehzucht verschwindet immer mehr zugunsten des gemischten Landwirtschaftsbetriebes mit Stallhaltung, die sich immer weiter verbreitet (Gehöfte mit Ställen, Scheunen usw.), wenngleich in bestimmten Zonen die nichtortsfeste Viehhaltung (Almauftrieb) noch weiter bestehen bleibt. Dabei kommt es zu Spezialisierungen, z. B. einer erstmals in Mitteleuropa bezeugten Bienenzucht.

Diese Fortschritte in der Landwirtschaft sind dem Zusammenwirken zweier Faktoren zuzuschreiben. Erstens begann wieder eine trockene Klimaperiode: die See- und Flußufer werden erneut besiedelt. Zweitens beginnt die Bronzeindustrie zunehmend, Geräte für die Landwirtschaft (Sicheln), die Rodung (Äxte) und für die Holzbearbeitung (Sägen, Stemmeisen usw.) herzustellen. Dazu kommt noch

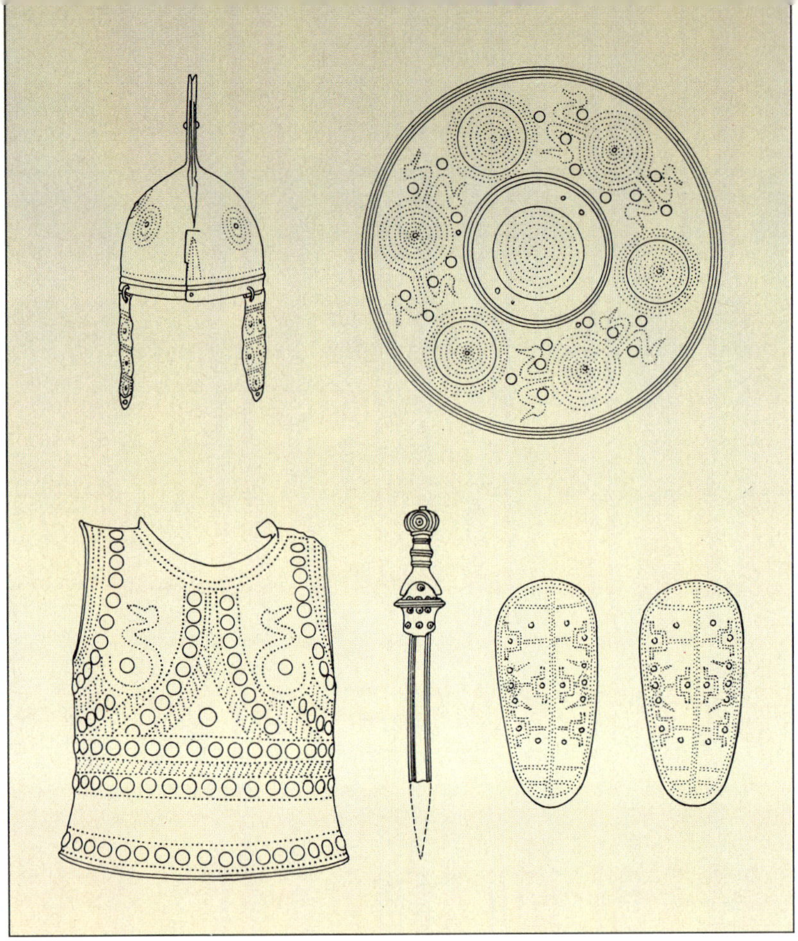

Oben: Schwere Kriegerbewaffnung aus Bronze: Helm, Brustpanzer, Schild, Beinschienen, Kurzschwert, rekonstruiert aus Einzelteilen und Fragmenten von verschiedenen Fundstellen. Spätphase der Urnenfelderzeit, 10. Jh. v. Chr.

Rechts: Zweischneidiges Rasiermesser und Lanzenspitze mit verzierter Tülle. Aus nordwestschweizerischen Fundstätten. Mittel- und Spätphase der mitteleuropäischen Gruppe der Urnenfelderzeit, 11.–10. Jh. v. Chr.

der höchst beachtliche Fortschritt im Bergbau; bereits in dieser Periode finden sich die ersten Zeugnisse bergmännischer Ausbeutung von Bodenschätzen in großem Umfang (Salzbergwerke von Hallstatt und Halle). Der zunehmenden Spezialisierung in der Landwirtschaft entspricht eine Aufgliederung der Produktionseinheiten unter der Leitung von Familien oder Großfamilien. Das zeigt sich in der Einteilung des Ackerlandes in eingefriedete Felder. Die ersten, vereinzelten Zeugnisse können in diese Periode datiert werden, doch die Tatsache, daß solche Spuren in weit auseinandergelegenen Gebieten (»Celtic Fields« in Sussex, in den Fels geritzte »Katasterpläne« von Valcamonica) entdeckt wurden, berechtigt zur Annahme, daß die Felderteilung bereits weit verbreitet war. Genauere Einzelheiten dieses Systems sind erst aus der späteren Hallstatt- und La-Tène-Zeit bekannt. Die Felder waren durch einen begehbaren Rain abgegrenzt. Dies hatte den Vorteil, sich ungehindert und ohne Verletzung von Wegerechten innerhalb der Gemeindeflur bewegen zu können. Außerdem konnte der Pflug am Ende der Furche gewendet werden, ohne auf das Nachbarfeld überzugreifen. Auch das Pflügen zu verschiedenen Jahreszeiten und damit der Anbau verschiedener Feldfrüchte wurden dadurch ermöglicht. All das berechtigt zur Annahme, daß der Boden nicht nur individuell bewirtschaftet wurde, sondern förmlich in den Dauerbesitz (wenn auch nicht Eigentum) der einzelnen Produktionseinheiten überging. Natürlich ist es unmöglich festzustellen, wie weit solche eigenartigen Verbindungen zwischen den Einzelproduzenten und der Sippengemeinschaft, die offensichtlich das Eigentumsrecht des Bodens behielt, verbreitet waren. Was wir über die Bauerndörfer des gemäßigten Mitteleuropas wissen und was uns Cäsar und Tacitus über die Germanen berichten, berechtigt zu dem Schluß, daß dieses Phänomen alles andere als ein allgemeines Faktum war, als Anzeichen einer Entwicklungstendenz jedoch sehr bedeutsam ist. Als sicher kann angenommen werden, daß es nicht zu einer Konzentration des Eigentums, nicht einmal der Aneignung der Produktionsmittel (des Bodens) kam. Dafür sind die Daten, die für eine soziale Einförmigkeit innerhalb der Stammesgemeinschaften der Urnenfelderzeit sprechen, viel zu eindeutig. Nur eine zahlenmäßig geringe Schicht kriegerischen Adels hob sich hervor, auch diese im ganzen gesehen mehr auf sozialer als auf wirtschaftlicher Ebene.

Die Führung kriegerischer Unternehmen, meist handelt es sich dabei um nichts anderes als um Raubzüge, lag in den Händen der Stammeshäuptlinge und ihrer Gefolgsleute. Solche Unternehmen wurden während der Urnenfelderzeit immer häufiger, das bezeugen die immer zahlreicher auftretenden und mächtiger werdenden Befestigungsanlagen sowie die Verbesserung der Bewaffnung (Hiebschwert – zweifellos für den Kampf zu Pferde bestimmt, was durch bronzenes Zaumzeug belegt wird) sowie das Auftauchen von Schutzwaffen: Helm, Brustpanzer, Schild, Beinschienen, sodann auch die Standardisierung und Massenherstellung von Angriffswaffen. Dennoch darf aus der Spärlichkeit von Waffen als Grabbeigabe in gewöhnlichen Gräbern sowie aus der Art der Waffen, die eher für den Kampf Mann gegen Mann als für den Gruppenkampf geeignet waren, geschlossen werden, daß die männliche Bevölkerung nicht zur Teilnahme an kriegerischen Unternehmungen aufgerufen wurde, wie das in der Hallstatt- und La-Tène-Zeit der Fall sein wird, als Raubzüge eine bedeutende Rolle spielten.

Um die Entwicklung der produktiven Kräfte und ihre Auswirkungen auf die Nutzung der materiellen Hilfsquellen zu begreifen, muß man die Bronzeindustrie heranziehen, die quantitativ und qualitativ fast sprunghaft einen erstaunlich hohen Stand erreicht hatte. Ganze Klassen von Gebrauchsgegenständen, für die bis dahin anderes Material verwendet worden war, werden nun auch in Bronze hergestellt; viele davon sind für die Entwicklung der Kultur und Wirtschaft von großer Bedeutung: Sicheln, Sägen, Messer, Rasiermesser, Gewandfibeln, Gefäße, Schutzwaffen. Äxte wer-

Oben: Sandsteinform für den Guß von Sicheln mit Griffzunge und Messer mit Heft. Zürich (Schweiz). Mitteleuropäische Gruppe, Endphase der Urnenfelderzeit, 8. Jh. v. Chr.

Unten: Verschiedene Messerformen aus nordwestschweizerischen Fundstätten: zusammengesetzter Griff mit reichverzierter Klinge, Messer mit Hirschhornheft, Messer mit Angel und mit Halbkreispaaren verzierter Klinge. Spät- und Endphase der Urnenfelderzeit, 10.–8. Jh. v. Chr.

den je nach ihrem speziellen Verwendungszweck geformt. Man achtet auf rationellen Verbrauch des Werkstoffes: Waffen und Geräte erhalten statt massiver Griffe aus Metall Schäftungen aus Holz oder Knochen. So wurde viel Material gespart; andererseits achtet man auf Robustheit und Wirksamkeit der funktionellen Teile, vor allem bei den Schneiden der Werkzeuge und Waffen. Auch auf anderen Gebieten macht sich die Tendenz zu technischer Perfektion bemerkbar. Im einzelnen bedeuten zwar einige Spitzenleistungen noch keinen Fortschritt im Vergleich zur vorhergehenden Phase, da gewisse geniale Lösungen – bereits in der frühen Bronzezeit entwickelt – unübertroffen blieben. Die Bronzeschmiede hatten alle Techniken der Metallbearbeitung erlernt, Hämmern, Ziehen, Treiben, den Guß in offene, zweiteilige Formen, Hohlguß und Guß in der verlorenen Form. Obgleich statistische Aufstellungen fehlen, kann hinsichtlich des mengenmäßig beträchtlichen Anstieges an Metallprodukten mit Sicherheit behauptet werden, daß dieser nicht allein vom Bevölkerungswachstum abhing. Mit anderen Worten: Die Bronzefunde vermehren sich in der Urnenfelderzeit weit mehr als die der anderen Fundklassen. Das bedeutet eine Wandlung im Wirtschaftsgefüge, einen größeren Einsatz wirtschaftlicher Hilfsquellen und menschlicher Energien in der Metallurgie ebenso wie ein zunehmendes Anwachsen des Absatzes der metallischen Fertigprodukte. Die Bedeutung dieses Phänomens wird noch klarer, wenn man bedenkt, wie im Gegensatz zu der älteren Bronzezeit in der Urnenfelderzeit die Herstellung von bronzenen Werkzeugen und Gebrauchsgegenständen die der Waffen bei weitem übersteigt.

Es entstehen neue Produktionszentren, an vielen Orten finden sich Spuren der Metallbearbeitung. Wahrscheinlich verfügten viele Stammesgemeinschaften über eigene Werkstätten. Das scheint sich in der geographischen Verbreitung verschiedener Formen und Typen zu bestätigen, die in der späteren Urnenfelderzeit immer mehr in streng umrissenen Zonen vorkommen, die man als den Marktbereich einer oder mehrerer Gruppen von Werkstätten betrachten kann.

Wie in anderen Produktionszweigen bereits geschehen, besteht nun auch die Produktionseinheit in der Metallbearbeitung nicht mehr nur aus einer kleinen Gruppe, die sich nur zeitweise dieser Arbeit widmen konnte. Solange die Metallbearbeitung, wie in der älteren Bronzezeit, in den Händen der Sippen- oder einer sonstigen Gemeinschaft bzw. eines Teils davon lag, bestand eine Arbeitsteilung nur innerhalb dieser Gemeinschaft. Nun zeichnet sich bereits eine Arbeitsteilung zwischen den Produktionseinheiten ab. Das zeigt sich in manchen hochspezialisierten Produkten, die in wechselnden technischen Verfahren hergestellt wurden, sowie in den häufigen Funden von Halbfabrikaten (deren Endfertigung Spezialisten überlassen wurde). So taucht die Figur des ganzzeitlich beschäftigten Facharbeiters auf, was auch durch archäologische Funde belegt ist. Man kennt Gräber von Handwerkern, deren Grabbeigaben keinen Zweifel über die Tätigkeit lassen: Handwerkszeuge und andere Geräte, die mit den verschiedenen Arbeitsvorgängen zu tun haben, Klumpen von Kupfererz, Blasebalgdüsen, Schmelzöfen, Kupferbarren, Schmelztiegel, Gußformen, Ambosse für Treibarbeit.

Tüllen-, Ösen-, Lappen- und Holmbeile aus einem Hortfund von Ardea bei Rom. Vorgerückte Phase der frühen Eisenzeit, 8. Jh. v. Chr.

Becken auf hohem Fuß; glänzend rote Keramik aus der sikulischen Nekropole von Pantalica bei Syrakus. Nordpantalische Gruppe der Spät- oder Endbronzezeit, etwa 12. Jh. v. Chr.

Im Unterschied zum wandernden Bronzeschmied der mittleren Bronzezeit, den wir uns losgelöst von der Dorfgemeinschaft und eingebunden in eine Art »Kaste« vorstellen, ist nun der Handwerker voll in der Stammesgemeinschaft integriert. Die erwähnten Handwerkergräber finden sich alle inmitten der Friedhöfe und enthalten zusätzlich zu den kennzeichnenden Geräten auch die sonst üblichen Grabbeigaben. Das kann nur bedeuten, daß er in der Gesellschaft einen anerkannten Platz einnahm.

Dem Wachstum der Metallindustrie entspricht eine Ausweitung des Umlaufes der betreffenden Erzeugnisse; dieser Tauschhandel wird in der Urnenfelderzeit so intensiv und üblich wie nie zuvor. Das zeigt sich auch in der unvergleichlich höheren Zahl von Depotfunden und der Menge von Material, die diese enthalten. Viele Depots wurden auch innerhalb von Siedlungsstätten entdeckt. Oft häufen sich Depots in unmittelbarer Nähe jener befestigten Anlagen, die man als Sitze von Stammesgemeinschaften betrachtet. Der Inhalt der Depots ist verschiedenartig; die einen enthalten Gebrauchsgegenstände, in anderen überwiegen Gebrauchsgegenstände mit einem gleichzeitigen Tauschwert (Äxte), Rohmaterial (ganze oder zerhackte Gußfladen, Schrott) oder »Tauschgeld«

Es fehlt natürlich nicht an Funden, die man als Materiallager eines Gießers oder als Lagerbestand eines reisenden Händlers betrachten kann. Im ganzen ist das Ansammeln von »Schätzen« in Form von Metall doch so häufig und beträchtlich, daß sich von neuem die Frage stellt, welche soziale und ökonomische Funktion solcher Reichtum hatte und welche sozialen Kräfte ihn auslösten und verwalteten. In erzarmen Gebieten bestand sicher die Notwendigkeit, den Werkstoffbedarf der Bronzegießer zu decken.

Die Metallindustrie hatte sich in der Urnenfelderzeit mehr und mehr der Herstellung von Arbeitsgeräten zugewandt, die direkt oder indirekt der Landwirtschaft zugute kamen. Die wohl wichtigste soziale Funktion dieser Art von Reichtum ist im Grunde in einer Leistungssteigerung der Landwirtschaft zu sehen, die ja die Grundlage der Wirtschaft der Stammesgemeinschaften der Urnenfelderzeit war.

Man hatte sich also für das Metall (und nicht etwa für das Vieh) als Reichtumsreserve entschieden. Diese Wahl war für den wirtschaftlichen, sozialen und zivilen Wachstumsprozeß, der diese Periode kennzeichnet, ausschlaggebend. Es ist denkbar, da wir in den sozialen Kräften, die eine solche Wahl trafen und vorantrieben, jene herrschende Schicht erkennen, die wir als *Stammesadel* bezeichnen. Das bedeutet aber, diesem einen ausschlaggebenden Einfluß auf die Produktionsbedingungen zuzugestehen, womit bereits der Keim zur Entwicklung einer Klassengesellschaft gelegt ist. Gibt es archäologische Belege für diese Hypothese? Wir haben bereits das Vorhandensein von Bronzebarren und ungewöhnlichen Grabbeigaben in vier Männergräbern der Urnenfelder im Rheinland und in Württemberg erwähnt. Zwei Schwerter und eine Lanze in einem der Gräber, Reste von Wagen und Pferdegeschirr in einem anderen, sind als Merkmale einer herrschenden Oberschicht zu deuten.

Die widersprüchlichen Elemente, die wir in der Gesellschaftsstruktur der frühen und mittleren Bronzezeit vorfanden, scheinen jetzt überwunden. An die Stelle der früheren sozial-ökonomischen Beziehungen, die durch gemeinschaftliches Eigentum und Verwaltung der Produktionsmittel bei nur geringer Arbeitsteilung innerhalb der Gemeinschaften bestimmt waren, treten nun andere Formen: einerseits das Stammeseigentum der Produktionsmittel, über die andrerseits die Produktionseinheiten (Familie usw.) verfügten mit entsprechender Arbeitsteilung innerhalb der Gemeinschaftsgruppen. Das ermöglichte die Auflösung der Verwandtschaftsgruppen und ihre Überführung in größere Einheiten mit territorialer Ordnung. So waren die Hindernisse für die Entfaltung produktiver Tätigkeit beseitigt:

1. Der neue Typ der Gesellschaftsordnung bot dem Warenumlauf einen größeren Raum und schuf einen aufnahmefähigen Binnenmarkt für die gesteigerte Warenproduktion;

2. die Ballung der Bevölkerung in größeren Stammeszentren begünstigte auch den kollektiven Güteraustausch zwischen den verschiedenen Gemeinschaften. Dies um so mehr, als die Veräußerung eines Teiles des Sozialproduktes nicht allein dem Erwerb von Prestigegütern für den persönlichen Gebrauch, sondern vielmehr der Beschaffung von Arbeitsgeräten zur besseren Ausnutzung der Produktionsmittel (des Bodens) diente. Wir haben bereits erwähnt, daß im Vergleich zur Lage in der frühen und mittleren Bronzezeit der Reichtum der Beigaben in den Gräbern der Oberschicht der Urnenfelderzeit nicht im gleichen Maße anstieg wie das allgemeine Wirtschaftswachstum.

3. Schließlich ermöglichte die Herstellung großer Mengen von immer besseren Arbeitsgeräten erstmals die volle Ausnutzung des Leistungspotentials der fortgeschritten technischen Kenntnisse (Pflug, Wagen usw.). In dieser neuen Gesellschaftsstruktur tauchen bald neue Widersprüche auf. Im Bereich der in der Urnenfelderzeit verfügbaren Hilfsquellen für die Produktion ergaben sich zwei Möglichkeiten: erstens die Entwicklung der ortsfesten Viehzucht durch Einführung der im Vergleich zur Weidewirtschaft ertragreicheren Stallhaltung; zweitens die Entwicklung des Kampfes bzw. Raubes (als Wirtschaftsfaktor), verknüpft mit neuer Kampfweise, der Verbesserung und Verbreitung von Waffen und damit der Anhäufung von Reichtümern, die groß genug waren, daß sich deren gewaltsame Aneignung auch durch kriegerische Unternehmungen größeren Stiles auszahlte. Diese beiden Möglichkeiten fanden jedoch ihre Grenzen in den existierenden sozialen Verhältnissen jener Zeit.

Wir haben gesehen, daß die ortsfeste Viehhaltung mit der vorherrschenden Wirtschaftsform, der Landwirtschaft, verbunden oder auf kleinere Produktionsgemeinschaften verteilt war. Archäologisch zeigt sich das in der Bauart der Gehöfte, in denen noch ein bescheidener Raum als Stallung diente, während in der nachfolgenden Hallstattzeit das dreischiffige Hallenhaus mit größerer Stallung bevorzugt wird und für andere Zwecke (Speicher, Scheune usw.) separate Bauten erstellt werden. Die eigenartige Wirtschaftsform der Urnenfelderzeit (Gemeinschaftseigentum der Produktionsmittel und deren Aufteilung auf Familienbetriebe) war einer Viehzucht größeren Umfanges nicht förderlich. Abgesehen davon hatte man sich als Reichstumsreserve für das Metall und nicht für Viehherden entschieden.

Die sozusagen egalitären sozialen Beziehungen innerhalb der Stammesgemeinschaften brachten ihre Mitglieder nicht in ein besonderes Abhängigkeitsverhältnis vom »Stammesfürsten«, das über die allgemeinen Pflichten der Mitgliedschaft hinausgegangen wäre; das ermutigte nicht zur Teilnahme an Raubzügen, an denen sich nur die Stammesfürsten selbst bereicherten. Für kriegerische Unternehmungen dürfte es triftigere Beweggründe gegeben haben – kollektive (gewaltsame) Aneignung von Produktionsmitteln, vor allem die Eroberung nutzbaren Ackerbodens; aber das läßt sich mit archäologischen Mitteln kaum beweisen. In Mitteleuropa lösen sich solche Widersprüche erst in der Gesellschaft der Hallstatt- und La-Tène-Zeit auf, während in Mittel- und Unteritalien dieser Prozeß schon in der Urnenfelderzeit einsetzte.

Schon in der späten Bronzezeit (ca. 1300–1100 v. Chr.) tauchen in Unteritalien und Sizilien Siedlungsformen auf, die bei aller Unterschiedlichkeit einige gemeinsame Merkmale aufweisen. Es sind »Herrensitze« oder andere Zentren einer Form politischer Macht. Wir erwähnen als Beispiel die *Anaktora*, die sogenannten »Fürstensitze« von Scoglio del Tonno bei Tarent, Pantalica bei Syrakus und die komplexen Bauten mit Hof von Thapsos auf der Halbinsel Magnisi nördlich von Syrakus. Hier liegen bereits Dauerniederlassungen handwerklicher Betriebe vor uns, und zwar nicht nur der Metallbearbeitung, sondern auch der Töpferei, wie sich in den lokalen Nachahmungen mykenischer, auf der Töpferscheibe gedrehter Gefäße in Apulien zeigt. Gleichzeitig waren diese Niederlassungen auch Handelszentren. Auch die Bevölkerungszahl übertraf die der üblichen Bauerndörfer Kontinentaleuropas. Als Beispiel sei nur Pantalica mit seinen 5000 Grotten- und Kammergräbern erwähnt.

In der Endphase der Bronzezeit entwickelt sich in weiten Gebieten Italiens die Produktion einer scheibengedrehten, mit geometrischen Mustern bemalten Keramik, so z. B. in Apulien, in Lukanien, auf Lipari und in Ostsizilien; in Kampanien und Kalabrien gibt es nur spärliche Funde aus dieser Zeit. Diese Keramikproduktion erblühte vorrangig in jenen großen Zentren, die schon in der rezenten Phase Mittelpunkte wirtschaftlicher und politischer Macht waren. Hier sind vor allem Torre Castelluccia, Porto Perrone und Coppa Nevigata in Apulien zu nennen. Einige Erscheinungen im tyrrhenischen Mittelitalien der Endbronzezeit (vereinzelt auch früher) können als Anzeichen für die Entstehung eines Geschlechteradels gedeutet werden, unter anderem die mehr oder weniger monumentalen Tumulus-Gräber, die vereinzelt oder in Gruppen in der Nähe der üblichen Brandbestattungsfriedhöfe vorkommen. Eine andere bedeutsame Erscheinung sind die »fürstlichen« Wohnungen in Siedlungen, die ansonst aus gewöhnlichen Häusern bestehen. Der 6 m tief in den Fels gehauene, rechteckige Raum mit 170 qm Grundfläche von Luni am Mignone war sicher bewohnt; man fand dort die Reste einer durch Brand zerstörten Holzdecke. Charakteri-

Luftaufnahme der Siedlung von Thapsos bei Syrakus. Das große Gebäude mit Innenhof erinnert an ägäische Vorbilder. Thapsos-Kultur, mittlere und späte Bronzezeit, 14.–13. Jh. v. Chr.

Oben: Bikonische Urne mit aufgemaltem geometrischen Dekor; aus Mattonara di Civitavecchia bei Rom. Etruskische Villanova-Gruppe, vorgerückte Phase der frühen Eisenzeit, 8. Jh. v. Chr.

Rechte Seite: Kleinbronze aus Monte Arcosu bei Cagliari, Sardinien. Ein in einen schweren Mantel gehüllter Krieger (oder Stammeshäuptling) mit Schwert und umgehängtem Dolch stützt sich auf einen Stock. Nuragen-Kultur, vorgerückte Phase der frühen Eisenzeit, 8.–7. Jh. v. Chr.

stisch ist auch die Platzwahl der Siedlungen: man wählte natürliche, ziemlich großflächige Hochflächen mit Steilhängen, von denen manche mehr als 5 ha einnehmen; im Kleinen handelt es sich um Vorläufer der meisten etruskischen Städte. In einigen fand man Scherben eingeführter mykenischer Keramik. Es ist klar, daß die Einfuhr solcher Waren aus dem östlichen Mittelmeer vor allem in diese Zentren erfolgte, da sie als Sitz von Adelsfamilien nicht nur eine wirtschaftliche, sondern auch ideologische Bedeutung hatten. Müller-Karpe hat einige Kulturelemente der Endbronzezeit (10. Jh. v. Chr.) im Latium untersucht, die mit Kultgebräuchen zusammenhängen, nämlich Hausurnen, kleine menschliche Figürchen, Miniaturwaffen und kleine symbolische Gefäße (darunter dreifüßige Tellerchen und die sogenannten *Calefattoi*, Wärmetöpfchen) und er brachte sie in Verbindung mit ägäischen, vor allem zyprischen und kretischen Formen, die jedoch zumeist auf eine frühere, spät- oder submykenische Zeit verweisen. Unterschiede in der Typologie und Fertigungsweise berechtigen jedoch nicht zu der Annahme, daß es sich nicht um direkte Einfuhr oder Nachahmung handle, eher um Abwandlungen ägäischer Vorbilder. Kürzlich fand man unter den Bronzen eines Depots in Umbrien Bruchstücke von Dreifüßen, eines Kultwagens und eines Kessels auf einem Dreifuß, alles zypriotische Waren des 12. Jh.s. Damit ist für den mittelitalischen Raum die Einfuhr von Kult- und Prunkgegenständen aus der Ägäis bezeugt, die offenbar für den örtlichen Adel bestimmt war.
Während Mitteleuropa in der Bewaffnung an der jahrhundertealten Tradition des Hiebschwertes festhält, taucht in Italien das für den Kampf Mann gegen Mann besser geeignete Kurzschwert auf, das aber im Vergleich mit Lanze und Wurfspeer nur eine Nebenrolle spielt. Dieser Unterschied in der Kampfweise spiegelt eine neue Gesellschaftsordnung wider, wie sie sich auch einige Jahrhunderte später nördlich der Alpen in der Hallstattzeit ausbilden wird. Dort werden dann ebenfalls Lanze und Speer den Vorrang vor dem taktisch wenig brauchbaren Antennenschwert haben, das schließlich nur zu einer Paradewaffe wurde.
Die Neuheiten in Mittel- und Unteritalien betreffen nicht nur die Art, sondern auch die Quantität der Bewaffnung und ihre Bedeutung für die Gesellschaftsordnung. Während in Norditalien und an der mittleren Adria Waffen in den Brandbestattungsgräbern der »Villanova-Leute« fast vollständig fehlen und auch während der letzten Phase der Bronzezeit bis zum Beginn der Eisenzeit noch recht selten sind, finden sich in den Erdbestattungsgräbern im Süden recht häufig Waffen.
In den Brandbestattungsgräbern Latiums vom Ende der Bronzezeit (10. Jh. v. Chr.) gibt es keine wirklichen Waffen, sondern nur kleine Modelle. Bei Leichenverbrennungen wurden alle Gegenstände ausgeschlossen, die durch ihren täglichen Gebrauch den geforderten Symbolcharakter für den Ritus verloren hatten (abgesehen vom persönlichen Schmuck, den der Tote auf dem Scheiterhaufen trug). In Südetrurien, in der späten »Protovillanova-Zeit« von Tolfa-Allumiere (immer noch 10. Jh. v. Chr.), scheinen die Bestattungsriten noch strenger gewesen zu sein; dort fehlen sogar Miniaturwaffen. Immerhin sind etliche Gräber, wie im Latium, dadurch als Kriegergräber gekennzeichnet, daß die Aschenurnen mit einem helmartigen Deckel verschlossen wurden.

Auch die Verbreitung von Waffen und die kriegerische Art der männlichen Bevölkerung gemahnen an die Situation der Hallstattzeit des 7.–6. Jh.s v. Chr. im nördlichen Alpenvorland. Dort, wie schon im 10. Jh. v. Chr. in Mittelitalien, finden wir eine Gesellschaft, in der kriegerische Unternehmungen und Raubzüge nicht mehr auf eine elitäre Minderheit beschränkt sind, sondern eine bedeutende Rolle in der Gesamtwirtschaft spielen. Die neue, auf einem Abhängigkeitsverhältnis von Patron und Klient (Schutzherr–Gefolgsleute) beruhende Gesellschaftsstruktur wirkt sich nun einschneidend auf den Produktionsprozeß aus. In der Eisenzeit wird das noch deutlicher.
Die Entwicklung der kriegerischen Tätigkeit zieht auch einen Fortschritt der Befestigungskunst nach sich. Statt der holzverstärkten Erdwälle der Urnenfelderzeit erscheinen nun Wehrmauern aus mächtigen Steinblöcken, die mykenischen Burgen ähneln (S. Giovenale, Crostoletto di Lamone). Anderswo (Elceto bei Allumiere) sind die Befestigungen zwar in der üblichen Form der Erdwälle erbaut; bedeutsam ist jedoch, daß ein zweiter, innerer Ring ein kleines Areal umschließt, das den Charakter einer Akropolis, einer Burg, hat.
Welche Faktoren haben zu einer im Vergleich mit Kontinentaleuropa so verschiedenen Entwicklung der Gesellschaftsstruktur beigetragen? Sicher hatten die eben zu jener Zeit aufblühenden Verbindungen mit der ägäischen Welt und damit das Modell der mykenischen »Burgwirtschaft« großen Einfluß auf die lokalen Strukturen; die Hauptkomponente aber muß in einem Wandel der sozial-ökonomischen Beziehungen gesucht werden. Eine einfache Dorfwirtschaft ist in Mittel- und Unteritalien in der Spätbronzezeit nicht mehr denkbar. Aus tierischen Essensabfällen im »Herrensitz« von Luni am Mignone kann gefolgert werden, daß Rinder- und Schafherden von Mai bis Oktober auf Weidegründe getrieben wurden, die 2 oder 3 Tagesmärsche vom Ort entfernt waren. Nur wenige Leute hüteten dort das Vieh, der Großteil der Bevölkerung blieb zu Hause und bestellte Äcker und Gärten. Die Viehweiden dürften daher den Adelsfamilien gehört haben, die zur Aufzucht jene Randgebiete benutzten, die außerhalb des Territoriums lagen, das der Gemeinde gehörte und für den Ackerbau bestimmt war (eine Hypothese, die sich besser als andere zur Deutung der geschilderten Umstände eignet). Man kann sich also hier ähnlich verwickelte Produktionsverhältnisse vorstellen, wie sie uns Cäsar und Tacitus bei den Germanen schildern. Danach war dort der Boden zwar Gemeinbesitz, die Äcker wurden auf Familien aufgeteilt und von ihnen bestellt, doch die Nutznießung wurde durch die Gefolgsleute von Adelsfamilien kontrolliert.
Auch in der ersten Phase der Eisenzeit (9.–8. Jh. v. Chr.) ist Italien in zwei Kulturprovinzen geteilt. Im Norden (mit Ausnahme des Territoriums von Bologna) und im Küstenstreifen der mittleren Adria finden wir noch im 9. Jh. v. Chr. stammesmäßig strukturierte Gesellschaftsformen, im tyrrhenischen Raum und im Süden sind jedoch tiefgreifende Wandlungen im Gange. Die Ursachen für das rasch ansteigende Kulturgefälle zwischen dem Norden und dem übrigen Italien dürfte in der Bevölkerungsdichte zu suchen sein. Während nämlich besonders im tyrrhenischen Mittel- und Unteritalien ein beträchtlicher Bevölkerungszuwachs zu verzeichnen ist, lassen die äußerst

Oben: Modell eines Wärmetopfes aus Campofattore di Marino bei Rom. Lazial-Facies, Endphase der Bronze- oder Frühphase der Eisenzeit, 10.–9. Jh. v. Chr.

Unten: Bikonische Urne mit Deckel in Form eines Helmes mit Kamm, aus Barbarano Romano bei Viterbo. Etruskische Villanova-Periode, Frühphase der Eisenzeit, 9. Jh. v. Chr.

spärlichen archäologischen Funde des 9. Jh.s in der Poebene wenn schon nicht auf eine Entvölkerung, so auf einen langen Stillstand schließen. Wenn man noch hinzufügt, daß während der vorhergehenden Jahrhunderte die kulturelle Entwicklung in den beiden Gebieten in ganz verschiedenem Rhythmus und Modus vor sich ging, sind die Ursachen für das Entstehen und die Fortdauer eines so starken Abstandes im Kulturniveau besser zu begreifen. Im 8. Jh. v. Chr. griffen die wirtschaftlich-politischen Formen der kriegerischen Adelsfamilien mit entsprechender Reichtumsanhäufung auf ganz Italien über. Abgesehen von einigen oberflächlich übereinstimmenden Berührungspunkten werden diese jedoch radikal anders sein, da sie der Wirklichkeit eines nicht mehr einzuholenden kulturellen Abstandes angepaßt werden mußten. Im Norden, besonders im Gebiet von Este, tauchen viele jener Merkmale auf, die für die Hallstattzeit charakteristisch sein werden. Im Süden setzt sich, zwar nicht gleichmäßig, das protourbane Modell durch und kommt zur Reife. In einigen Zonen, wie in Apulien und in Latium, hat man den Eindruck einer graduellen, dennoch raschen Entwicklung. In Etrurien, besonders längs der Küste, verzeichnen wir einen wahren Sprung. Die großen Villanova-Zentren in Etrurien, die seit dem 9. Jh. im gleichen Gebiet entstehen, das in der Folge von den etruskischen Städten der historischen Zeit eingenommen wird, übertreffen bis zu zehnmal auch die größeren Zentren der Spätbronzezeit. Die Kopfzahl einer Siedlung wächst von einigen hundert auf mehrere tausend an, was durch die großen Friedhöfe bezeugt ist. Solche protourbanen Siedlungen entstehen an bis dahin unbewohnten Orten. Die Siedlungen der Endbronzezeit in der Umgebung indessen erlöschen, besonders die größeren und wichtigeren und die vermuteten Herrensitze, wobei Zwangsumsiedlung nicht auszuschließen ist. Andere Zonen, z. B. der Küstenstreifen von Civitavecchia, scheinen von kleinen Bauerndörfern übersät zu sein. Das alles läßt sich nur teilweise durch einen Bevölkerungsdruck erklären, dessen Ursachen vielleicht in der verbesserten Landwirtschaftstechnik und dem Anbau von Getreide und Hülsenfrüchten von höherem Nährwert zu suchen sind. Andrerseits liegt eine weitere Erklärung dafür im Entstehen neuer Formen einer politischen Macht, die imstande ist, verschiedenen Sippen und Stämmen das Zusammenleben aufzuzwingen, dem *Synoikismus*. Das Problem der Entstehung solcher protourbanen Zentren scheint mit dem ihrer inneren Struktur eng verknüpft zu sein. Die Existenz mehrerer mindestens teilweise gleichaltriger Friedhöfe um ein solches »Villanova«-Zentrum läßt den Verdacht aufkommen, daß dieses in mehrere Gemeinschaften oder Sippen gegliedert war, die ihre Eigenart und eine begrenzte Autonomie bewahrt hatten. Diese Hypothese scheint sich in jenen Fällen zu bestätigen, wo innerhalb der Umfassung eines Zentrums für die gemeinsame Verteidigung mehrere Wohnareale festgestellt werden konnten, die durch freie Flächen voneinander getrennt waren. Es ist denkbar, daß diese Flächen im Falle einer Belagerung als Weide- und Ackergrund genutzt wurden. Auch hier bietet sich die Hypothese an, daß solche Zentren durch Synoikismus entstanden.

In anderen Fällen, wie in Bologna, kann die bereits während der Bronzezeit einsetzende Ansammlung von Siedlungen rund um den Sitz der künftigen »Villanova«-Stadt in Form eines allmählichen, vielleicht friedlichen Synoikismus vor sich gegangen sein. Hingegen scheinen sich in Norditalien, an der Adriaküste und in den Territorien der Falisker und Latiner südlich des Villanova-Gebietes die bedeutenderen Zentren stufenweise aus den primitiven Siedlungen der Endbronzezeit entwickelt zu haben, wobei Synoikismus ausgeschlossen werden kann.

Anfangs ist diese Entwicklung nicht von Erscheinungen begleitet, aus denen auf eine deutliche soziale Differenzierung innerhalb der Gemeinschaften geschlossen werden könnte. Hingegen haben, wie bereits gesagt, die ältesten »Villanova«-Friedhöfe einen einförmigen, »egalitären« Charakter mit geringen Wertunterschieden in den Grabbeigaben. Erst Ende des 9. Jh.s und mehr noch im Verlauf des 8. Jh.s v. Chr. mehren sich die Krieger- und Familiengräber mit reicheren Grabbeigaben. Dieser Unterschied wird im Laufe der Zeit immer größer und zeigt sich nicht nur in den Grabbeigaben, sondern auch in der Struktur der Gräber. Ganze Klassen von Objekten (Trink- und Bratenservices usw.), dazu Importwaren oder deren Nachahmungen (bemalte Keramik) beweisen, daß mit der sozialen Differenzierung eine sehr beträchtliche Anhäufung von Reichtümern verbunden war. Etwa zweihundert Gräber in der Umgebung von Palatin, Esquilin, Quirinal und am Forum Romanum bezeugen eine wesentlich frühere Besiedlung im Bereich des antiken Rom, als das

Grabbeigaben aus der späten Bronze- bzw. Früheisenzeit. Links: Sanguisugafibel, aus einem Grab vom Esquilin, Rom. Rechts: Schlangenfibel, aus einem Brandgrab der archaischen Nekropole auf dem Forum Romanum, Rom.

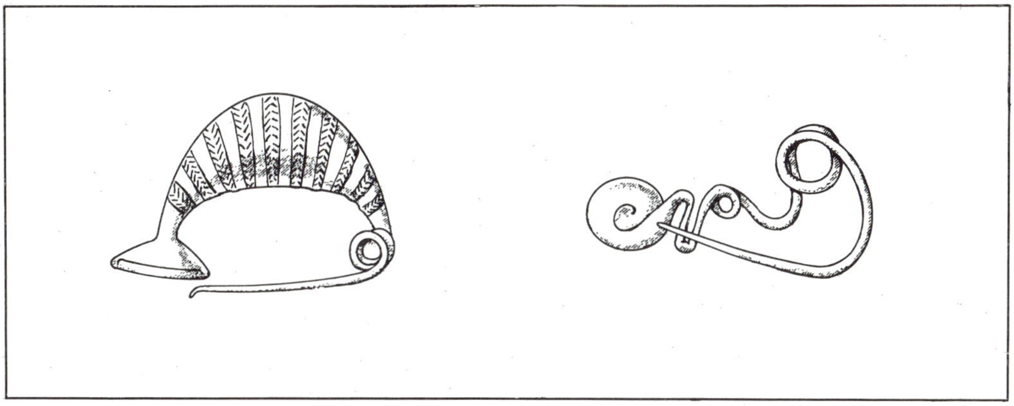

Varronische Datum der Stadtgründung, nämlich das Jahr 753 v. Chr., angibt. Bereits in der Bronzezeit, im 14. Jh. v. Chr., war das Gebiet unterhalb des Palatin besiedelt, was Ausgrabungen bei San Omobono bewiesen haben.
Grabfunde des 10. Jh.s v. Chr. aus der späten Bronze- bzw. Früheisenzeit, vornehmlich vom Forum Romanum, erbrachten aufschlußreiches Material über Bestattungsarten und Grabbeigaben. Brand- und Skelettbestattung liefen in dieser Zeit parallel, was die Gräber der archaischen Nekropole neben dem Tempel des Antonius und der Faustina am Forum Romanum zeigen. Bei den Grabbeigaben in Metall sind es vor allem die verschiedenartigsten Fibeln aus Bronze, meist reich ziseliert, die den hohen Stand der Metallbearbeitung aufzeigen. Neben Schlangenfibeln mit Diskusfuß treten unterschiedlich geformte Bügelfibeln, Navicella- und Sanguisugafibeln auf. Die Menschen, die diese Kunstwerke schufen, gehörten der Gruppe der Protovillanova-Kultur an.
Die Verbreitung der scharf gebrannten Keramik, die auf der Töpferscheibe gedreht wurde, wie auch von Erzeugnissen aus Metall, weisen wiederum auf eine Festigung und Spezialisierung des Handwerkerstandes hin, der sich auf einen aufnahmefähigen Absatzmarkt stützen konnte. Die steigenden Importe indes bezeugen die Entwicklung eines weitgespannten Handelsverkehrs. Zu Beginn des 7. Jh.s v. Chr. hat sich eine Stadtkultur und eine Klassengesellschaft vom Typ »Schutzherr–Gefolgsleute« voll ausgebildet. Eine so rasche Entwicklung hat ihre Wurzeln in einer grundlegenden Umwandlung der Strukturen. Sie begann in der Zeit des Überganges von der Bronze- zur Eisenzeit, als sich die Gemeinschaften so ausgeweitet hatten und ihre Gliederung so komplex geworden war, daß sie die bis dahin auf Gemeinschaftseigentum des Grund und Bodens beruhende konkrete Basis der Gesellschaft unterminierten und zum Teil auflösten. Mit anderen Worten: Die von uns für die Spätbronzezeit Mitteltyrrheniens geschilderten Produktionsbedingungen – Gemeinschaftseigentum des Bodens, der den einzelnen Familien zur Nutzung unter der Kontrolle der Adelsfamilien überlassen wurde – waren in den von Tausenden von Leuten bewohnten protourbanen Zentren und großen Territorien wegen ihrer Unübersichtlichkeit nicht mehr praktikabel. Es ist vorstellbar, daß es im Zusammenhang mit dem Wandel in den Siedlungsformen zur Übernahme des Bodens durch diejenigen kam, die den Boden effektiv bearbeiteten. Das bedeutete natürlich für die Adelsgeschlechter einen Verlust der Vorteile, die sie als »Schutzherren« genossen, den sie aber nicht ohne Widerstand hinnahmen; diese Kämpfe schwächten aber wahrscheinlich die Strukturen der Adelsgeschlechter. Daraus läßt sich wohl auch der Eindruck einer »egalitären« Ordnung erklären, den uns die alten Gräber der Villanova-Leute vermitteln. Die private Aneignung der Produktionsmittel hatte aber einen nicht wieder rückgängig zu machenden Prozeß ausgelöst, der im Verlauf von wenigen Generationen zu einer noch größeren Konzentration des Eigentums führen sollte, infolgedessen zu einem neuen Aufstieg und einer Stärkung des Adels, der seine Macht zu nutzen wußte, was unvermeidlich zur Bildung einer Klassengesellschaft führen mußte.
So wie die Gesellschaft der Spätbronzezeit Mitteltyrrheniens gewisse Merkmale des mykenischen Palastmodells aufgenommen hatte, so standen die protourbanen Gemeinschaften Etruriens der ersten Eisenzeit unter dem Einfluß des synoikistischen Stadtmodells des nachmykenischen Griechenland. Offenbar wirkten sich diese Einflüsse mehr auf die Kultur als auf die sozial-ökonomischen Strukturen aus.
Außerhalb Etruriens, in der spätbronzezeitlichen »Protovillanova-Kultur« *Koine*, bildet sich in der ersten Eisenzeit Italiens eine Vielfalt von verschiedenen Gruppen aus, die gewissen, durch spätere literarische Quellen dokumentierten ethnischen

Bikonische, mit eingeritztem »Wolfszahnmotiv« verzierte Urne aus Golasecca bei Varese; sie wird als eine der klassischen Formen der gleichnamigen Kultur betrachtet. Vorgerückte Phase der frühen Eisenzeit, 8.–7. Jh. v. Chr.

Rechts: Bikonische Urne mit Schalendeckel aus Este bei Padua. Este-Kultur (venetischer Kulturkreis). Vorgerückte Phase der frühen Eisenzeit, 8. Jh. v. Chr.

Unten: Bronzeeimer aus Este (bei Padua), bekannt als Benvenuto-Situla*; im Stil der »Situlenkunst« mit figürlichen Szenen in Treibarbeit verziert; obere Zone Spiele und Bankett; mittlere Zone Fabeltiere; untere Zone Krieger. Este-Kultur, um 600 v. Chr.*

Gruppen angehören (Golasecca, Este, Villanova-Gruppen von Bologna und der Romagna; die Gruppen in Picentum, Latium, die Japygia-Facies; die »Fossagräber« im Süden usw.). Historisch betrachtet scheinen diese Lokal-Gruppen grundverschieden von der Natur jener Kulturerscheinungen zu sein, in die das Italien während der Bronzezeit gegliedert war. Für jene Zeit dienten als Hauptmerkmale zur Unterscheidung der verschiedenen Gruppen die Töpferwaren, vor allem solche für den Hausgebrauch. In Zonen, in denen sich auch Metallerzeugnisse verbreiteten, stimmen jedoch ihre Formen nicht mit dem Stil der lokalen Töpferwaren überein, da diese Formen von anderen Faktoren bestimmt wurden. Nun aber, da sich der Handwerkerstand stabilisiert und zunehmend dem lokalen Geschmack angepaßt hatte, tauchen auch neue Metallformen auf, die innerhalb ihres Verbreitungsgebietes mit dieser oder jener Lokal-Gruppe übereinstimmen. Das gleiche gilt auch für andere Erzeugnisse, besonders für die feineren Keramikgefäße, die nun kaum mehr im »Heimbetrieb«, sondern in spezialisierten Werkstätten hergestellt werden und das Formgefühl und den Geschmack des »gemeinen« Volkes unmittelbar ausdrücken. Die lokalen Verschiedenheiten im Gebrauchsgeschirr werden indessen immer schwächer. Anders ausgedrückt heißt das, daß die Kultur-Gruppen der ersten Eisenzeit – jede in ihrer Gesamtheit und in den einzelnen Unterscheidungsmerkmalen betrachtet – stark von der Zugehörigkeit zu einer bestimmten ethnischen Gruppe geprägt sind. Das gilt nicht nur für die Gebiete, in denen sich das protourbane Modell durchzusetzen beginnt (wie bereits erwähnt der Süden und Mitteltyrrhenien), sondern auch für die anderen Regionen, besonders die Poebene, wo diese Stufe erst nach einigen Jahrhunderten erreicht wird. Diese Entwicklung zieht sich weit über die Zeitgrenze der Urnenfelderzeit hinaus und kann hier nur summarisch angedeutet werden.

Das 8. und noch mehr das 7. Jh. v. Chr. bedeuten für die Gebiete von Este und Golasecca eine Zeit wirtschaftlicher und kultureller Blüte, in der eine einheimische, originelle Kunstform entsteht: die in geschmackvollem figurativen Stil dekorierten *Bronzesitulen*; gleichzeitig entwickelt sich auch eine Adelskaste. Archäologisch ist dies in Merkmalen zu erkennen, die einerseits an die entsprechenden Darstellungen im mitteltyrrhenischen Raum der Spät- und Endbronzezeit erinnern. Allerdings treten diese dort in einer quantitativ, qualitativ und auf unvergleichlich höherem Niveau stehenden Konstanz und Regelmäßigkeit auf. Andererseits aber kündigen sie deutlich viele jener Phänomene an, die im 7.–3. Jh. v. Chr. die Welt von Hallstatt und der frühen La-Tène-Zeit kennzeichnen.

Man setzt die protourbane Phase von Este und Golasecca in die Zeit vom 6.–4. Jh. v. Chr. Diese Zeit war geprägt von einer ganzen Reihe bedeutender Entwicklungen. Dazu zählen vor allem die territoriale und demographische Neuordnung, die schnelldrehende Töpferscheibe und andere technische Errungenschaften, die eine weitgehende Standardisierung auch der Metallerzeugnisse ermöglichten, ferner die Entstehung von Heiligtümern sowie die Einführung der Schrift. Mit Ausnahme der Schrift erinnern alle diese Entwicklungen stark an die protourbanen etruskischen Gemeinden der ersten Eisenzeit. Jenseits der Alpen wird diese Stufe, mit der die Vorgeschichte zu Ende geht, erst im 3. Jh. v. Chr. bis 1. Jh. n. Chr. erreicht.

Europa zur Zeit der Kelten

Jürgen Driehaus

Die großen politischen Umwälzungen im Mittelmeergebiet in der Zeit zwischen 1250 und 1200 v. Chr. – bekannt unter dem Stichwort »die große Wanderung« – waren auch für den europäischen Bereich außerhalb der Mittelmeerzone Voraussetzungen einer entscheidend neuen Orientierung der Kulturen. Dennoch dauerte es fast ein halbes Jahrtausend, bis die Fabrikation von Eisen in größerem Maßstab sich durchsetzte, bis kulturelle Errungenschaften und auch stilistische Prinzipien des Kunsthandwerks der Mittelmeerländer in Europa allgemein verbreitet waren.
Die Zerstörung des hethitischen Reiches, dem die Kenntnis der Produktion von Eisen gleichsam als Spezialgeheimnis zugeschrieben wird, brachte keineswegs die Kenntnis dieses bis dahin sehr begehrten und sogar von den Pharaonen erbettelten Metalls schnell zur Aufnahme in anderen Kulturen. Die Verbreitung der Eisenverhüttung erfolgte langsam, zuerst von Griechenland nach Süditalien, von Kleinasien durch den gesamten Orient. Europa außerhalb dieses Bereichs blieb ein halbes Jahrtausend lang in der Kultur der späten Bronzezeit. Die Produktion von Buntmetall (Bronze) stieg während dieser Phase ganz erheblich an; das billiger zu produzierende und mit seinen Rohstoffen wesentlich weiter verbreitete Eisen war kaum bekannt. Erst gegen Ende der Bronzezeit, zwischen 850 und 750 v. Chr., wird Eisen in ganz geringem Umfang verwendet: als kostbare Metalleinlage (Intarsien) auf Bronzeschwertern – also Zier –, nicht als eigenständiges Metall. Über ein halbes Jahrtausend zuvor wurde Eisen bei den Ägyptern ähnlich geschätzt (Grab des Tutanchamun). Die industrielle Herstellung des Eisens ging einen langen, mühseligen Weg. Einige hundert Jahre dauerte es, bis sich die Kenntnisse der Eisentechnologie von Süddeutschland bis nach Südskandinavien fortpflanzten – und dieser Weg ist ähnlich zeitraubend gewesen wie der von Süd- nach Norditalien.
In dieser recht zähflüssigen Kommunikation markieren die Jahrzehnte um die Mitte des 8. Jh.s v. Chr. einen wichtigen Einschnitt: Das Mittelmeergebiet steht im Zeichen eines grundlegenden Wandels, der die kulturellen, wirtschaftlichen und politischen Ereignisse der folgenden Jahrhunderte wesentlich bestimmt. Griechen gründeten Kolonien in Unteritalien, bald darauf in Sizilien, wenig später an den Küsten des Schwarzen Meeres, in Südfrankreich und in Südspanien. Die Magna Graecia wurde zum wichtigsten Bereich kultureller Vermittlung zwischen Süd und Nord. Hellenische Siedler fanden ihre Grenzen dort, wo zuvor bereits karthagische Siedler im westlichen Sizilien und auf der Iberischen Halbinsel eigene Kolonien errichtet hatten. Für die Kulturentwicklung in Mitteleuropa und vor allem hinsichtlich der Impulse, die von den wirtschaftlich-technologisch überragenden mediterranen Kulturen ausgingen, spielten die karthagisch-phönizischen Niederlassungen nur eine geringe Rolle. Dominant waren die Griechen und – vielleicht stärker noch – die Etrusker, die wenig später als die Griechen an den Küsten Mittelitaliens Städte gründeten.
Noch eine dritte Komponente beeinflußte die Kul-

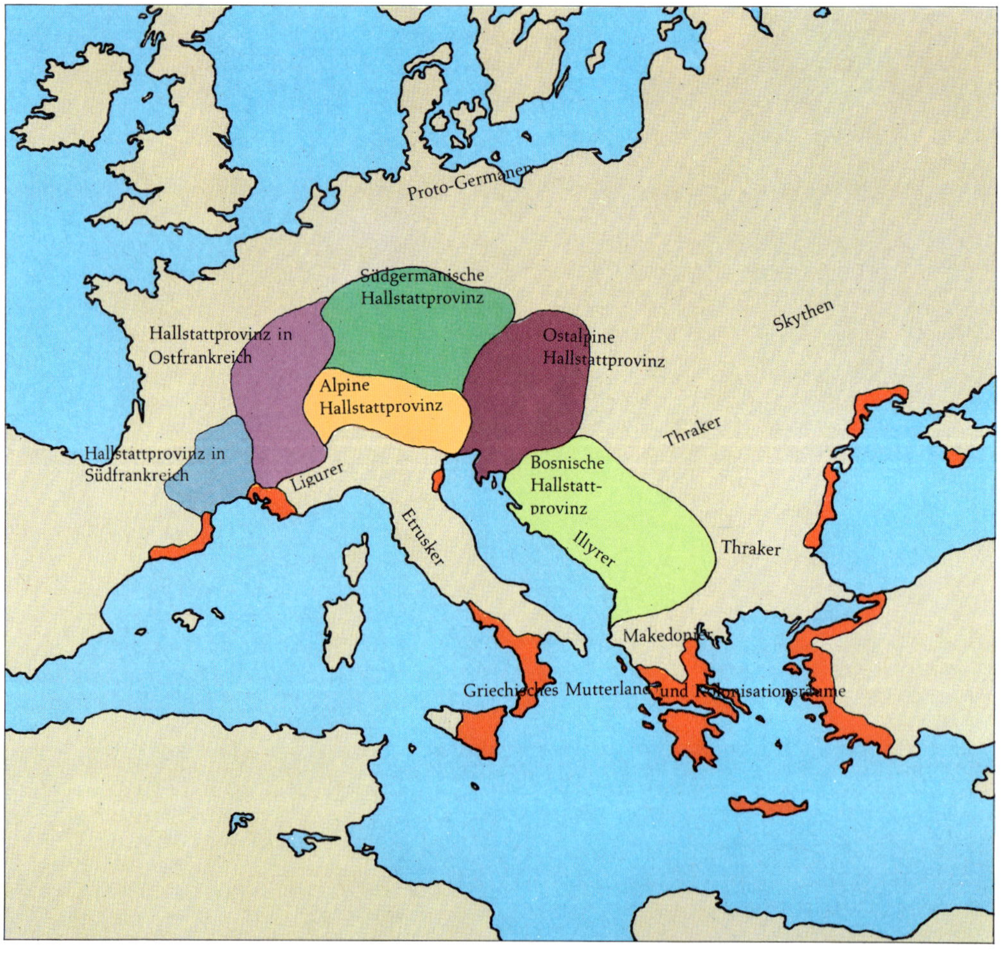

Die Verbreitung der Hallstattkultur und ihre verschiedenen Provinzen. Unter »Hallstatt« wird allgemein eine bestimmte Stilrichtung verstanden, die überwiegend durch eine geometrische Formensprache geprägt ist. Die einzelnen Gruppen umfaßten unterschiedliche Völkerschaften und Sprachgruppen. Zu Anfang der Entwicklung (7. Jh. v. Chr.) lag das Schwergewicht im Osten, ab 600 v. Chr. trat der Westen stärker in den Vordergrund.

turentwicklung im mittleren Europa: die Kulturen der Steppe zwischen Donau, Schwarzem und Kaspischem Meer. Fruchtbares Ackerland und Weidegebiete, im Klimawechsel unterschiedlich geeignet für überwiegenden Ackerbau und Viehwirtschaft, bestimmten das Gesicht dieser Landschaft und der verschiedenen Kulturen. Jene Phasen, in denen der Ackerbau deutlich dominierte, waren stabil, gleichsam träge gegenüber der schnellen Transformation von Kultureinflüssen.
Wesentlich mobiler waren die Steppenkulturen mit nomadischer Lebensform; sie waren auch – ständig auf der Suche nach neuen Weidegründen – stets aggressiver, viel stärker selbst von momentanen Klimaänderungen, etwa von Dürreperioden weniger Jahre, in extremem Maße abhängig. Nomadenkulturen waren also durchlässiger für einen raschen Kulturaustausch über weite Strecken.
Im 8. Jh. v. Chr. wurden die Stämme der Kimmerier in den Steppengebieten aktiv. Ihre Wirtschaftsweise war überwiegend nomadisch, ihre Aggressivität erheblich. Nach den spärlichen Nachrichten des griechischen Historikers Herodot, die durch zahlreiche orientalische Schriftquellen und durch archäologische Befunde bestätigt werden, fielen die Kimmerier, der indoeuropäischen Sprachgemeinschaft zugehörig, in Kleinasien ein und vernichteten das Reich der Lydier in Westkleinasien. Sie waren in Persien aktiv und konnten kaum durch die Großmacht Assyrien gebändigt werden. Den Kimmeriern folgten skythische Stämme, der gleichen Sprachgemeinschaft angehörend, die ebenso aggressiv waren. Ihnen gelang

Oben: Bronzemaske von Klein-Klein, Steiermark, Österreich.
Im 1917 ausgegrabenen »Kröllkogel« war das Gesicht des Toten mit einer aus dünnem Bronzeblech getriebenen Maske bedeckt. Auch die Hände trugen eine Bedeckung aus Bronzeblech. Die roh getriebene Gesichtsmaske hat keine Porträtähnlichkeit. Höhe 23 cm. Um 600 v. Chr. (Museum Joanneum, Graz, Österreich)

Rechts: Goldkette mit Anhänger von Ins, Kanton Bern, Schweiz.
Geflochtene Goldkette mit aufgezogener Hohlkugel aus Goldblech. Auf der Kugel granulierte Muster in zwei Zonen (Spiralen und Hakenmäander). Aus einem Grab mit Wagenbeigabe. Etruskische Herkunft des Objekts ist zwar nicht ausgeschlossen, die grobe Granulation spricht jedoch eher für eine einheimische Arbeit. 7. Jh. v. Chr. (Historisches Museum Bern, Schweiz)

Griechischer Bronzekrater von Vix, Côte-d'Or, Frankreich. Der in Tarent oder auf dem Peloponnes gefertigte Krater ist das größte erhaltene griechische Bronzegefäß: Höhe 1,64 m, Inhalt ca. 900 l. Das Gefäß, aus mehreren Teilen zusammengesetzt, zeigt unter den Henkeln Gorgonen, auf dem Fries im Oberteil Hopliten (Schwerbewaffnete) und mit vier Pferden bespannte Rennwagen. Aus dem Kammergrab der »Fürstin von Vix«. Um 530 v. Chr. (Mus. Châtillon-sur-Seine, Frankreich)

der durch die Kimmerier vorbereitete Einbruch in Vorderasien vollständig, sie zerstörten das Reich von Urartu in Ostanatolien und wurden zu direkten Nachbarn der Assyrer.

Die Kulturen im zentralen Europa, auch auf dem nördlichen Balkan und in der Iberischen Halbinsel außerhalb des Mittelmeerraumes, waren in dieser politischen Situation des 8. Jh.s v. Chr. vor allem und unterschiedlich intensiv den Einflüssen der mediterranen Welt und der Steppenkulturen ausgesetzt. Während die Zeit der späten Bronze-Epoche noch als eine Phase der kulturellen Konsolidierung anzusprechen ist, scheint sich im Verlauf des 8. Jh.s v. Chr. ein radikaler Wandel vollzogen zu haben.

Die Hallstattkultur der älteren Eisenzeit

Von Makedonien in weitem Bogen durch Bosnien und Kroatien bis nach Niederösterreich, von der Zone nordwärts der Alpen bis nach Ostfrankreich erstreckte sich ein Gürtel von Kulturen, die unter dem Namen »Hallstattkultur« zusammengefaßt werden. Eng verwandt mit diesem Kreis von Kulturen ist die Este-Kultur in Venetien/Nordostitalien. Ausläufer der Hallstattkultur reichten bis nach Spanien und auf die Britischen Inseln. Außerhalb dieses Kreises, auf dem östlichen Balkan, entstanden die Kulturen der Thraker und der Daker. Die Ebenen Ungarns waren von Kimmeriern und von Skythen mit ihrer überwiegend auf Viehzucht beruhenden Lebensweise besetzt. Im Westen Europas, auf weiten Teilen der Britischen Inseln, dauerte die späte Bronzezeit an; im Südwesten, auf der Iberischen Halbinsel, formierten sich die iberischen Kulturen. Der Norden Europas folgte der recht stürmischen Entwicklung nur langsam. Die Bronzezeit dauerte hier noch einige Jahrhunderte weiter, bis die kulturelle Stagnation durch neue Impulse aus dem Bereich der Hallstattkulturen gebrochen wurde.

Namengebend für die Hallstattkulturen ist der Fundort Hallstatt am gleichnamigen See in Oberösterreich. Seit 1824 sind hier über 2000 Gräber gefunden worden – überwiegend Gräber von Männern, die im direkt anschließenden Salzbergwerk arbeiteten. Einige dieser Stollen sind noch heute begehbar. Der Reichtum der Salzwerker spiegelt sich unmittelbar im Reichtum der Grabbeigaben, die weit über dem sonst für diese Zeit üblichen Durchschnitt liegen. Selbst die Gräberfelder von Bergleuten, die in den Alpen nach dem begehrten Metall gruben – nach Blei, nach Kupfer und Eisen –, sind ärmer. Die Ursachen dieser unterschiedlichen Verteilung ergeben sich aus dem Weg der Produkte: Das Salz ging vom Bergwerk ohne besondere Verarbeitung und Veredelung über den Fern- und Nahhandel zum Verbraucher. Der Gewinn – soweit nicht vom Handel beansprucht – floß zu den Salzwerkern zurück, auf dem Wege des Tauschhandels natürlich in Form von Waren.

An den Erzeugnissen des Metallbergbaus dagegen waren viel mehr Leute beteiligt, bis das Produkt schließlich zum Verbraucher kam: Die Erze mußten aufbereitet und verhüttet werden, gelangten dann über den Handel an die Handwerker, die aus ihnen Schmuckstücke, Waffen und Geräte herstellten. Eine zweite Handelsstrecke führte von dort zum Verbraucher. Aus diesem weitläufigen Verarbeitungs- und Verteilungssystem floß nur ein relativ geringer Profit zu den Bergleuten zurück.

Weitreichender Handel und der Austausch technischer Kenntnisse sind maßgebende Faktoren der Hallstattzeit gewesen. Der Weg über die Alpen und die Verbindung von Süden nach Norden, die östlich und westlich der Alpen verlief, wurden durch den Ausbau alter Routen und die Anlage neuer Kommunikationsmöglichkeiten ausgebaut. Technische Fortschritte im Wagenbau, vor allem die Verwendung von Eisen für stark beanspruchte Teile der Wagen, haben hierbei sicherlich eine große Rolle gespielt.

Der Ursprung der Hallstattkultur liegt noch im dunkeln. Es handelt sich nicht um eine Kultur, die eine bestimmte Völkerschaft auszeichnet – etwa vergleichbar mit der späteren keltischen La-Tène-Kultur. Die Hallstattkultur – besser ist von Hallstattkulturen zu sprechen – umfaßte Illyrer, Veneter, Kelten und viele andere Populationen, deren Namen wir nicht kennen. »Hallstatt« ist eher eine Mode mit landschaftlich unterschiedlichen Reflexen, mit einem Kunststil, der kaum irgendwo über die geometrische Erfassung der Objekte hinausgeht, also an dem festhält, was die Griechen unter orientalischem Einfluß zu Beginn der Hallstattzeit hinter sich ließen. Nur sporadisch fanden griechische und etruskische Ideen in den Hallstattkulturen Eingang. Gefäße wurden mit geometrischen Mustern verziert, figurale Darstellungen – meist Tiere, die auf Geräten aus Metall angebracht waren – folgten dem gleichen Schema. Es scheint, als seien hier zwei Perioden gegeneinander verschoben: die griechische Welt des 10.–8. Jh.s v. Chr. und die Hallstattkulturen des 8.–6. Jh.s v. Chr. Hier wie dort ist es eine Phase der Konsolidierung:

Golddiadem von Vix, Côte-d'Or, Frankreich. Goldring, hohl gearbeitet, 24karätiges Gold, Gewicht 480 g, Höhe 20 cm. Der Ring ist aus vielen Einzelteilen zusammengeschweißt. Der Ringkörper endet in Löwenkrallen, die birnenförmigen Kugeln sind angesetzt, Flügelpferde in den Zwickeln setzen die Vorderhufe auf ein breites Filigranmuster. Die »Fürstin von Vix« trug diesen Ring als Diadem auf dem Kopf oder als Halsring. Ende 6. Jh. v. Chr. (Mus. Châtillon-sur-Seine, Frankreich)

Der griechischen Bewegung der Kolonisation, die rings um das Mittelmeer einen Kranz griechischer Städte flocht, wäre die große Wanderungsbewegung der Kelten am Ende der Hallstattzeit vergleichbar.

Die Herstellung von Eisen war sicherlich der entscheidende Faktor, der zur Entstehung der Hallstattkultur führte. Unabhängig davon veränderte die Landwirtschaft ihr Gesicht: Während der späten Bronzezeit waren vor allem die Ebenen besiedelt; während der Hallstattzeit wurden sehr rasch auch die Höhen in Besitz genommen. In vielen Gegenden verdoppelte sich der Siedlungsraum. Das Klima wurde allgemein feuchter und kälter. In den mittleren Gebirgsregionen war unter derartigen klimatischen Bedingungen kaum Feldbau möglich; um so besser eignete sich das neue Land für die Viehwirtschaft. Aus zoologischen Analysen der Speisereste geht deutlich hervor, daß die Fleischproduktion gegenüber der vorangehenden Zeit stark gestiegen ist. Zur Konservierung des Fleisches war Salz notwendig. Der rasche Aufschwung der Salzbergwerke hatte wohl auch seine Ursache in einer veränderten landwirtschaftlichen Produktion, in der die Viehhaltung einen größeren Raum einnahm.

Die barbarische Welt außerhalb der Mittelmeerländer hatte sich zweifellos in der zweiten Hälfte des 7. Jh.s v. Chr. verändert – aber woher nun eigentlich der entscheidende Anstoß kam, ist bis heute noch immer nicht ganz geklärt. Obwohl signifikant, sind handwerkliche Impulse und neue Technologien nicht die unmittelbaren Beweggründe. Die treibenden Kräfte scheinen von den Kimmeriern ausgegangen zu sein, die neben ihren Kriegszügen nach Kleinasien zeitweise auch die Ebenen östlich der Donau unter ihrer Kontrolle hatten. Sie verbreiteten die Kenntnis des Reitens in Europa. Zaumzeug, vor allem Trensen ganz typischer Form sind in reichen Gräbern vom Kaukasus bis hin nach Flandern entdeckt worden. Die Sitte, den Leichnam vornehmer Personen in einer Holzkammer unter einem Grabhügel beizusetzen, geht ebenfalls auf die östlichen Reitervölker zurück. In diesen Gräbern ist zweifellos eine deutlich sozial herausgehobene Schicht bestattet, deren Wirken die Entstehung der Hallstattkultur nachhaltig beeinflußte. Vierrädrige Wagen in vielen dieser Gräber zeigen die gleichen Konstruktionsmerkmale im Bau der Räder – Speichenräder mit zusammengesetzter Felge, eisernem Felgenschutz und eiserner Verklammerung der Einzelteile –, wie sie auf assyrischen Bilddenkmälern dieser Zeit immer wieder abgebildet sind. Die Vermittlung

Oben: Lehmziegelmauer auf der Heuneburg bei Hundersingen, Baden-Württemberg. Die Mauer aus luftgetrockneten Lehmziegeln, etwa 4 m hoch, wurde auf einem Sockel aus grob behauenen Kalksteinen errichtet. Mauerbreite etwa 3 m. Anfang 6. Jh. v. Chr. (Fotos beim Institut f. Vor- und Frühgeschichte der Universität Tübingen)

Unten: Fundplan der Grabkammer 6 im »Hohenmichele« bei Heiligkreuztal, Baden-Württemberg, sowie ihre Rekonstruktion. In der 2,5×3 m großen Grabkammer aus Holz wurden ein Mann und eine Frau bestattet, zusammen mit einem vierrädrigen Wagen, Pferdegeschirr und Bronzegefäßen. Die weibliche Person trug reichen Schmuck aus mehr als 2700 Glas- und Bernsteinperlen, der Mann einen Bronzegürtel und einen eisernen Halsring (Institut f. Vor- und Frühgeschichte der Universität Tübingen).

dieses Typs kann nur auf die Wirksamkeit der Steppenvölker in Südrußland zurückgehen.
Von Bosnien bis nach Ostfrankreich reihen sich die »Provinzen« dieser Hallstattkultur. Tausende von Gräbern wurden entdeckt, Schatzfunde ausgegraben, dagegen ist kaum eine Siedlung ausreichend erforscht worden. Zu den großen Gräberfeldern der bosnischen und der ostalpinen Hallstattkultur gehören stark befestigte, meist auf Höhen gelegene Siedlungen. Die slowenischen »Riesenhügel«, aufgeschüttete Grabhügel, überdecken die zentrale Grabkammer mit einer sehr reichen Ausstattung – Bronzegefäße, ein Langschwert, mitunter sind auch bronzene Gesichtsmasken, ähnlich denen im viel älteren Mykenä, dem Krieger aufgelegt worden. Später wurden in diesen Hügeln zahllose Personen mit einfacher Ausstattung nachbestattet. Hallstatt ist der »Grenzort« zwischen den östlichen und westlichen Hallstattprovinzen. Während sich in der älteren Phase (ca. 750–600 v. Chr.) die Entwicklung in beiden Bereichen ziemlich gleichartig vollzog – stärkere mediterrane Anregungen flossen allerdings in den Ostkreis –, verschob sich der Schwerpunkt der kulturellen Evolution ab 600 v. Chr. deutlich nach Westen. Einige Ausgrabungen mit sensationellen Entdeckungen in Südwestdeutschland und in Ostfrankreich illustrieren diesen Vorgang.
1953 wurde am Oberlauf der Seine in Ostfrankreich das reichste Grab dieser Zeitspanne entdeckt, das Grab der »Fürstin« von Vix. Die Holzkammer (9 Quadratmeter groß) war vollgestopft mit Beigaben – einem griechischem Bronzegefäß (Krater) von 164 cm Höhe, etruskischen und griechischen Metallgefäßen, einer Tonschale aus Athen und einem üppig mit Metall beschlagenen vierrädrigen Wagen. Die »Fürstin« (35 Jahre alt) saß auf einem Schemel inmitten des Wagens und trug einen reich verzierten Goldring auf dem Kopf. Ausgrabungen auf der nahegelegenen Festung »Mont Lassois« förderten zahllose Scherben griechischer Gefäße und Spuren einer umfangreichen handwerklichen Produktion zutage. Die Frage, wie das größte ganz erhaltene griechische Bronzegefäß ausgerechnet an die obere Seine gelangen konnte, hat die Forschung nachhaltig beschäftigt. Die politische Situation im Mittelmeergebiet scheint den Schlüssel zu liefern: Griechen, Karthager und Etrusker stritten in der zweiten Hälfte des 6. Jh.s v. Chr. erbittert um Einflußsphären, Siedlungszonen und Handelsräume. Der karthagische Versuch, das westliche Mittelmeer für den griechischen Handel zu sperren und die Erwähnung der reichen Zinninseln (Cornwall in Südostengland) lassen vermuten, daß Griechen ihren Zinnhandel über Land leiteten und den riesigen Krater von Vix zum »diplomatischen Geschenk« ausersahen, um die Handelsroute an der kritischen Stelle zu öffnen – dort, wo die Waren von den Booten auf der Seine für den Transport über Land umgeladen werden mußten; an dieser Stelle nämlich liegt der Mont Lassois.
Um 600 v. Chr. gründeten ionische Griechen die Stadt Massalia, das heutige Marseille an der Rhonemündung. Die Stadt blühte rasch auf, hatte ein eigenes Münzrecht und war der wichtigste Handelsplatz für den Kontakt mit den westlichen Hallstattkulturen. Kostbare Bronzegefäße und der zugehörige Wein gelangten über Massalia zu den Fürsten der Hallstattkultur, aber auch Anregungen ganz anderer Art: Die bisher umfangreichste Ausgrabungstätigkeit in einer Hallstattsiedlung betrifft die Heuneburg bei Sigmaringen, direkt an der Donau gelegen (seit 1951). Die älteste Befestigungsmauer, über 4 m hoch, bestand aus luftgetrockneten Lehmziegeln auf einem Fundament aus Kalksteinen. Diese Bautechnik, im Orient Tausende von Jahren alt, ist für die Zone der nördlichen Alpen ganz ungewöhnlich; die Ziegelmaße –

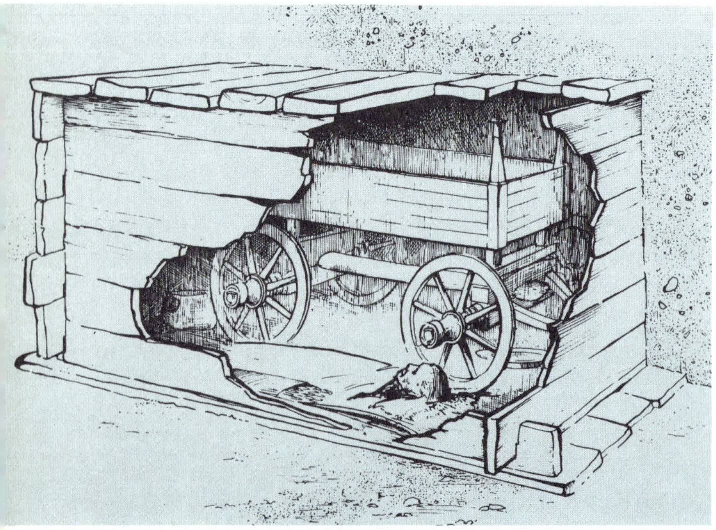

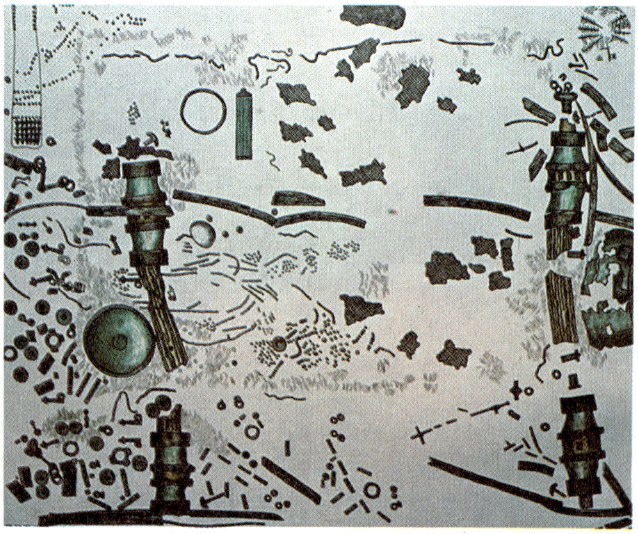

Rechts: Goldschale aus Schwarzenbach, Rheinland-Pfalz.
Goldblechüberzug eines Gefäßes aus Holz, Durchmesser 12,6 cm. Gefunden in einem Grabhügel (Fürstengrab) zusammen mit anderen Gefäßen aus Bronze und Edelmetall. Pflanzenornamentik im typischen frühkeltischen Stil. Um 480 v. Chr. (Berlin [West], Staatl. Museen, Stiftung Preuß. Kulturbesitz)

Unten: Schwerter und Schwertscheiden aus dem Fund von La Tène, Neuchâtel, Schweiz.
Waffen aus dem großen und namengebenden Fund von La Tène sind charakteristisch für die Schmiedetechnik keltischer Waffen. Damaszierung der Schwertklingen – Zusammenschweißen von Weicheisen und Stahl – ist nicht selten. Die Schwertscheiden bestehen häufig aus Bronzeblech und waren mitunter (obere Abbildung) durch gravierte Ornamentik reich verziert (Schweizerisches Landesmuseum, Zürich).

40×40×8 cm – sind typisch für die griechischen Städte auf Sizilien. Kein Zweifel, daß hier eine enge Verbindung sichtbar wird – entweder müssen Griechen auf der Heuneburg gearbeitet oder Heuneburgleute ihr Handwerk im Süden erlernt haben. Andere Techniken, die zur gleichen Zeit auf der Heuneburg eingeführt wurden, unterstreichen den engen Konnex: die schnell rotierende Drehbank, die Töpferscheibe, das enge Zusammenwirken verschiedener Handwerkssparten z. B. beim Wagenbau. Gebender Teil waren neben den Griechen via Massalia auch die Etrusker.

In der nächsten Umgebung der Heuneburg überdecken mächtige Grabhügel (bis 80 m Durchmesser) holzgezimmerte Kammern (bis 30 Quadratmeter Grundfläche), in denen die soziale Spitze der Heuneburg-Gesellschaft mit vierrädrigen Wagen, reichem Schmuck, mitunter mit mehreren Frauen beigesetzt wurde. Ein Teil dieser Gräber war bereits ausgegraben, bevor die Untersuchung der Heuneburg selbst begann. Die Hoffnungen der Ausgräber konzentrierten sich auf die Entdeckung einer »fürstlichen« Siedlung – die Wirklichkeit sieht anders aus: Ausgegraben wurde ein Zentrum der handwerklichen Produktion – Häuser von über 20 m Länge, vollgestopft mit Öfen für die Metallschmelze, mit Gießereien. Die Entdeckung ist sensationell. Sie zeigt, daß es neben dem bisher bekannten Gotteskönigtum (zuerst in Mesopotamien und Ägypten ausgeprägt) und dem Heerkönigtum noch eine ganz andere Kategorie gab, nämlich eine gesellschaftliche Spitzenposition, die Macht und Ansehen aus Handel und Fabrikation bezog.

Ganz ohne soziale Spannungen scheint diese Entwicklung nicht verlaufen zu sein: Bereits wenige Jahre nach ihrer Anlage sind »Fürstengräber« rings um die Heuneburg und um andere »Fürstensitze« beraubt worden – nicht etwa nur des Goldes wegen, sondern auch wegen der Metallteile der reichverzierten vierrädrigen Wagen. Selbst eiserne Radreifen waren für die Räuber begehrte Objekte. Eine unverhoffte Entdeckung gelang 1978 bei Hochdorf in der Nähe von Stuttgart mit der sorgfältigen Ausgrabung eines unberaubten Grabes, reich an goldenem Schmuck, etruskischen und griechischen Importwaren und einem Wagen (um 560 v. Chr.). Mächtige Steinlagen mit Balkenzügen hatten vor der Beraubung geschützt. Eine Fülle organischer Reste (Leder, Stoffe, Hölzer) verspricht weitgehende Aufschlüsse bei der künftigen Auswertung. Nach den spärlichen historischen Nachrichten (Herodot, Hekatäus von Milet) waren Kelten die Siedler auf der Heuneburg, dem Mont Lassois und anderen Fürstenburgen dieses Bereiches.

Die keltische La-Tène-Kultur in Europa

(ca. 490 v. Chr. – Chr. Geb.)

Während der zweiten Phase der Eisenzeit wird das politische und kulturelle Geschehen von der Iberischen Halbinsel bis zum Balkan durch die Kelten geprägt. In Osteuropa dominierten weiterhin die skythischen Stämme. Gegen Ende dieser Phase wurden nördlich des keltischen Kulturraumes »germanische« Stämme aktiv; ihre Krieger drückten nach Süden hin auf die keltische Kultur und

Oben: Herkunftsgebiete und Wanderungen der keltischen Stämme und ihre Siedlungsgebiete (5.–3. Jh. v. Chr.).

Unten: Bronzefibel aus Parsberg, Bayern.
Die Fibel ist ein besonders prunkvolles Beispiel frühkeltischen Kunstgewerbes und in der Verbindung von Masken-, Tier-, floraler und geometrischer Ornamentik typisch für den Früh-La-Tène-Stil; Länge 8,8 cm; etwa 420 v. Chr. (Germanisches Nationalmuseum Nürnberg)

wurden, nachdem Rom mit den Feldzügen des Cäsar und des Augustus fast alle keltischen Kulturgebiete dem *Imperium Romanum* eingegliedert hatte, zum direkten Nachbarn des Römischen Weltreiches.

Das Halbjahrtausend zwischen 500 v. Chr. und Chr. Geb. ist die archäologisch fundreichste Phase der barbarischen Kulturwelt Europas; sie ist zugleich voller ungelöster Probleme, die sich aus den verwirrenden Quellen ergeben. Nachrichten antiker Autoren, archäologische Funde sowie Untersuchungen zu den spätkeltischen Reliktgruppen, die an den Rändern der Keltikè (Irland, Bretagne) bis heute fortleben, ergeben in der Auswertung nur ein diffuses Bild.

Seit Beginn der Jungsteinzeit im nordalpinen Mitteleuropa (ca. 5500 v. Chr.) war die Kommunikation zwischen Nord und Süd immer vorhanden. Die wichtigsten Neuigkeiten auf zivilisatorischem Gebiet wanderten stets von Südost – aus dem Orient – über die mediterranen Länder in den Norden. Der Kontakt wurde immer enger, aber erst im 1. Jahrtausend v. Chr. wurde die Süd-Nord-Beziehung so eng, daß ab 400 v. Chr. nördliche Barbarenvölker Kriegszüge nach Italien führten, »gereizt durch die süßen Früchte und besonders den Wein« (so Livius, Kap. 33). Im Jahr 387 v. Chr. plünderten keltische Krieger Rom, wobei die Stadt nur knapp einer Katastrophe entging. Unvergessen blieb den Römern jenes *vae victis* – »wehe den Besiegten«, das der keltische Fürst Brennus sprach, als er sein Schwert auf die Goldschale legte, die den Römern zum Freikauf dienen sollte.

Gleichsam durch ein »Wunder« blieb Rom von der Katastrophe verschont. Römer und Kelten blieben jedoch Gegner und Feinde, bis Augustus die letzten keltischen Bastionen auf dem Kontinent erobert hatte. Die gallischen Provinzen gehörten über Jahrhunderte zu den reichsten Gegenden im Imperium Romanum – nach der fränkischen Expansion unter Chlodowech (483–511) schufen Galloromanen und Franken die französische Nation. Unter den Stürmen der germanischen Völkerwanderung, die das Geschichtsbild zusammen mit nomadischen Reitervölkern der Hunnenzeit, den Sarmaten, nachhaltig prägten, vergißt man leicht, daß ein knappes Jahrtausend zuvor keltische Stämme einem ähnlichen Trend nach Süden folgten und daß vor der germanischen schon eine keltische Völkerwanderung Schrecken über Europa brachte.

Die römischen Schriftsteller sind den Kelten immer mit einer gewissen, oft sogar recht deutlichen Hochachtung begegnet. In den zahllosen Schlachten standen sich verschiedene Zeitalter gegenüber: Rom war durch etruskische Herrschaft sowie durch Kontakte zur griechischen Welt gleichsam zivilisiert. Die Kelten waren Barbaren – so schildern sie die antiken Quellen: »Sie barsten vor Wut, konnten sich schlecht beherrschen (Liv. 33), sie hatten unbändige Freude am Essen und Trinken, am massenhaften Aufhäufen des Goldes. Und wenn sie essen, hängt ihnen der Schnurrbart in die Speise, wenn sie trinken, fließt ihnen das Bier gleichsam durch eine Reuse.« Diese Urteile antiker Schriftsteller zeichnen in erster Linie den Schrecken der Römer, die Furcht vor einem übermächtigen Gegner. Der keltische Zug nach Rom hat keine archäologischen Spuren hinterlassen – wie also werden die Kelten archäologisch identifiziert?

1861 ließ Napoleon III., Kaiser der Franzosen, im Oppidum von Alesia graben – jener Stadt, mit deren Eroberung G. J. Cäsar 52 v. Chr. den letzten gallischen Widerstand brechen konnte. Die Ausgrabung orientierte sich an der Beschreibung von Cäsar (*de bello gallico*). Bald wurde der Belagerungsgraben Cäsars entdeckt, und in ihm die Skelette Tausender gefallener Gallier samt ihrer Ausrüstung gefunden, die sich deutlich von jener der römischen Legionen unterschied. Bereits 1853 kamen in der Westschweiz am Neuenburger See in einem alten Flußbett über 2500 Gegenstände, darunter 205 Schwertscheiden und 320 Lanzenspitzen zutage, die ähnliche Merkmale wie die Waffen von Alesia zeigten. Der Fundplatz heißt La Tène; dieser Name dient bis heute zur archäologischen Umschreibung der keltischen Kultur der jüngeren Eisenzeit.

Fast zur gleichen Zeit und unabhängig von Napoleon III. untersuchten italienische Archäologen die etruskische Stadt Felsina-Marzabotto südlich von Bologna, die nach den Nachrichten antiker Autoren im 4. Jh. von Kelten zerstört wurde. Neben etruskischen Gräbern wurde ein kleiner Friedhof ganz anderer Art entdeckt: die Waffen der Bestatteten glichen jenen von La Tène und von Alesia. Um Etrusker oder Griechen konnte es sich nicht handeln – deren Gräber sind anders ausgestattet. Die archäologische Identifizierung des Materials gelang 1871 Gabriel de Mortillet, Direktor des Musée d'Antiquités nationales in St. Germain bei Paris: Die Funde mußten auf Kelten hinweisen. Mortillets Schlußfolgerung wurde wenige Jahre später bestätigt: In den Marschen an der italienischen Adriaküste wurden Gräber mit ähnlichen Waffenformen entdeckt, und antike Autoren nennen keltische Senonen als Besiedler dieses Gebietes.

Zehntausende von Gräbern der Kelten sind seit dieser Identifizierung ausgegraben, einige hundert

*Oben: Goldringe von Waldalgesheim, Rheinland-Pfalz. Die Ringe – ein Halsring (*Torques*), ein Oberarmring und zwei Unterarmringe – wurden in einem reichen Grab einer »Fürstin« entdeckt. Verzierung im sog. »Waldalgesheimstil«. Durchmesser 20 cm, 8,2 und 6,5 cm; um 350 v. Chr. (Rheinisches Landesmuseum Bonn)*

Rechts: Bronzeblech aus Waldalgesheim, Rheinland-Pfalz. Das Blech mit der getriebenen Büste zierte vermutlich eine Wagendeichsel.

Unten: Etruskische Bronzeschnabelkanne aus Schwarzenbach, Rheinland-Pfalz. Um 490 v. Chr., Höhe 30 cm (Rhein. Landesmuseum Trier).

Siedlungen untersucht worden. Schatzfunde wurden analysiert, Heiligtümer inspiziert. Das Ergebnis all dieser archäologischen Bemühungen ist keineswegs befriedigend: Keltische Gräber stammen meist aus der Frühzeit der La-Tène-Kultur, die Ausgrabungen in Siedlungen konzentrierten sich bisher überwiegend auf die jüngste Phase. In wichtigen Umrissen ist die Entwicklung dieser bedeutendsten barbarischen Kultur der zweiten Hälfte des 1. Jahrtausends v. Chr. jedoch recht klar zu überschauen. Viele Einzelheiten zu erforschen und wichtige Probleme zu lösen, bleibt künftigen Untersuchungen vorbehalten.

Die Erforschung der »Keltenzeit« ist nicht allein Sache der Archäologie: Die Zeugnisse antiker Schriftsteller sind ebenso zu berücksichtigen wie überliefertes keltisches Sprachgut – Märchen, Sprachrelikte im heutigen Europa – alles Berichte und Reflexionen aus später Zeit, die allerdings wenig über die frühen Kelten aussagen und nur unter Vorbehalt herangezogen werden können. Die antiken Nachrichten – von Polybios und Livius bis Cäsar – bilden zwar eine vorzügliche Ergänzung zur Archäologie, schildern jedoch einen ganz anderen Bereich der Kelten: Vor allem politische und kriegerische Verhältnisse in der Auseinandersetzung mit Rom. Auf die Lebensumstände der Kelten, die von der Archäologie erforscht werden, fällt dabei wenig Licht. Um so bedauerlicher ist es, daß die einzige Quelle, die sich näher mit den Kelten beschäftigt, nicht im vollen Wortlaut, sondern nur in Abschriften und Auszügen vorliegt – der Bericht des Poseidonios von Apamea, der sich als Geograph bei Kelten in Südfrankreich aufhielt (135–51 v. Chr.). Aber auch Poseidonios beschreibt offenbar nur einen Ausschnitt der keltischen Lebenswelt; er schildert vor allem die herrschende Schicht innerhalb eines kleinen Gebietes.

Die Rekonstruktion der keltischen Zivilisation ist also in erster Linie Aufgabe der Archäologie. Am Anfang der Erfahrungen mit dem Fundstoff stand die Erkenntnis, daß viele keltische Waffen, Geräte und Schmuckstücke ein unverwechselbares Gepräge besitzen und sich typisch von ähnlichen Gegenständen anderer Kulturen unterscheiden. Das »typisch« Keltische hielt sich in der Ausformung der Gegenstände unverkennbar im Sinne einer typologischen Fortentwicklung über ein halbes Jahrtausend: Schwerter, zu Anfang der Entwicklung kurz und spitz, wurden später länger und mit stumpfer Schneide geschmiedet – bestimmte Merkmale an den Griffen und an der Schwertscheide erweisen diese Waffen jedoch, trotz aller formalen Änderungen, einwandfrei als keltisch. Nur dank dieser ganz spezifischen Merkmale gelang es, die Funde von Alesia, von La Tène und von Marzabotto als keltisch zu identifizieren.

Sehr viele Gegenstände der Kelten sind reich ornamentiert: Ritzverzierung und Relief, Einlagen von Korallen und rotem Glas sind charakteristisch. Die keltische Ornamentik – und dies ist nach allen Untersuchungen bisher der entscheidende Faktor – ist in einem »Augenblick« geschaffen, gleichsam erfunden worden. Diese Ornamentik durchläuft die gesamte Kultur der Kelten bis zur Niederwerfung der keltischen Stämme durch Cäsar und – bald darauf folgend – durch Augustus. Keltische Ornamentik war allerdings so zählebig, daß sie außerhalb des *Imperium Romanum*, in Irland, überdauerte, sich ständig weiterentfaltete und -entwik-

Schnabelkanne von Basse-Yutz, Moselle, Frankreich. Die Kanne aus Bronze, reich mit Korallen verziert, ist ein prunkvolles Beispiel für die Umsetzung eines etruskischen Vorbildes in den keltischen Geschmack. Die Kanne – mit 40 cm Höhe größer als jede etruskische Schnabelkanne – wurde zusammen mit einer zweiten, genau gleich gearbeiteten in einem Schatz entdeckt. Ende 5. Jh. v. Chr. (British Museum, London)

kelte und 800 Jahre nach der Auslöschung auf dem Kontinent durch Cäsar mit den irischen Mönchen wieder auf das Festland zurückkehrte.

Die keltische Expansion um 400 v. Chr. traf auf eine komplizierte Situation der Machtverteilung und der machtpolitischen Bestrebungen im mediterranen Bereich: Kurz vor dem Angriff der Kelten auf Rom hatten die Römer (397) die südlichste etruskische Bastion, die Stadt Veji, erobert. Die Macht der etruskischen Städte war bereits ein knappes Jahrhundert zuvor von Griechen gebrochen worden (Schlacht bei Cumae 474). Italien mit seinen verschiedenen Stämmen, Völkern und Machtkonstellationen konnte den rasch einfallenden Kelten keinen ernsthaften Widerstand bieten. Überhaupt haben die Kelten nie versucht, eine eigene keltische Staatenwelt zu errichten, geschweige denn ein keltisches »Imperium«. Immer handelte es sich um Einzelaktionen von Stämmen, mitunter auch – meist unter dem Zwang äußerer Verhältnisse – um momentane Zusammenschlüsse von Stämmen. Aus diesem Grunde hatte es Cäsar nicht schwer, Gallien zu erobern.

Die Anfänge der spezifisch keltischen Kultur, die in ihren Entwicklungsstufen ein halbes Jahrtausend überdauerte, liegen im dunkeln. Die Forschung hat immer wieder versucht, den zeitlichen Ablauf der keltischen Kultur und Geschichte zu gliedern: Vier Stilphasen entsprechen etwa vier Stadien in der Entwicklung der materiellen Kultur, sind jedoch nicht identisch mit den Etappen der historischen Entwicklung, für die wiederum eine Vierteilung geeignet erscheint: Die Zeit vor der keltischen Expansion (480–400 v. Chr.), die Zeit der keltischen Wanderungen (400–250 v. Chr.), die Phase nach dem Scheitern der Expansion, in der sich die Kelten zurückzogen (250–125 v. Chr.), sowie die Blütezeit der spätkeltischen Kultur in Mitteleuropa (125 v. Chr. bis Chr. Geb.). Nach der Besetzung Galliens durch Cäsar, Süd- und Westdeutschlands durch römische Legionen unter Augustus, waren die Kelten mit ihrer spezifischen Kultur an den Rändern Europas isoliert: in Schottland, Irland, der Bretagne, Wales.

Wer waren die Kelten, wie entstand ihre Kultur? Diese Frage ist nicht klar zu beantworten. Alle Wissenschaften, die sich mit diesem Problem beschäftigten, haben unterschiedliche Antworten gegeben. Die keltische Sprache gehört zu den indoeuropäischen Sprachen. Sie muß sich bereits während der Bronzezeit gebildet haben. Das heißt aber nicht, daß in der Bronzezeit bereits von Kelten gesprochen werden kann. Auch während der älteren Eisenzeit gab es keine spezifisch keltische Kultur. Jene Gegenden, die etwa ab 480 v. Chr. den typisch keltischen Stil, die La-Tène-Kultur, kannten, müssen als keltisches »Kerngebiet« bezeichnet werden.

Diese Phase frühester, eigentlich keltischer Kultur, reichte von Böhmen und von der Salzach bis in die Schweiz und nach Ostfrankreich. Demnach kann nicht die Hallstattkultur, die mit ihren verschiedenen Stilprovinzen bis nach Bosnien und bis nach Südfrankreich reichte, als Vorläufer der keltischen Kultur bezeichnet werden. Die keltische Kultur erscheint also neu, als eigene »Erfindung«. Paten des typisch keltischen Stils der Frühzeit sind Anregungen aus dem griechischen Bereich, aus dem etruskischen, vielleicht auch einzelne Elemente der Steppenkulturen sowie schließlich das Kunsthandwerk der vorangehenden Hallstattzeit. Alle Elemente werden zum neuen Stil verschmolzen, der in der bis dahin recht »trockenen« barbarischen Kunstlandschaft Europas wie eine bunte Blüte anmutet: mediterrane Palmettenornamentik wird ebenso umstilisiert wie Tierfiguren und menschliche Masken. Das keltische Ornament zeigt immer wieder die Tendenz, barock »auszuufern«, wird aber immer wieder »gebändigt«.

Der Zeitpunkt der Entstehung des frühkeltischen Stils ist leicht einzugrenzen: In zahlreichen »Fürstengräbern«, von der Champagne im Westen bis nach Böhmen im Osten, sind über 230 etruskische Metallgefäße und eine Anzahl griechischer Vasen, meist in Athen gefertigt, entdeckt worden. Die

Rechts: Kalksteinkopf von Mšecké Žehrovice, Nové Strašeci, ČSSR.
Der stark ins ornamentale stilisierte Kopf – Augenbrauen und Schnurrbart enden in Spiralen, die Ohren sind blütenförmig – ist kaum als Porträt anzusprechen. Der Kopf wurde in der Nähe eines Heiligtums inmitten von Opfergruben gefunden. Ob Darstellung eines Gottes oder eines Kriegers mit Halsring (Torques) ist unklar. Vermutlich Teil einer Statue. Höhe 23,5 cm. 2. Jh. v. Chr. (Narodni Muz. Prag, ČSSR)

Unten: Steinstele aus Pfalzfeld, Rheinland-Pfalz.
Die reich mit Masken und »Paragraphenmustern« ornamentierte Stele aus Sandstein stand vermutlich ursprünglich auf der Spitze eines Grabhügels. Die Grundform ist phallisch. Höhe 1,5 m. 4. Jh. v. Chr. (Rheinisches Landesmuseum Bonn)

etruskischen Arbeiten stammen überwiegend aus der Stadt Vulci. Die ältesten unter ihnen wurden bereits um 500 v. Chr. angefertigt. In den Gräbern liegen sie zusammen mit Fabrikaten des frühen, typisch keltischen Stils. Mit der Entstehung des keltischen Stils ist also um 480 v. Chr. zu rechnen. Sicherlich war dieser Stil anfangs keine »Volkskunst«. Er muß im Umkreis jener herrschenden Schicht entstanden sein, die mit reichen Beigaben in den »Fürstengräbern« begraben liegt. Unter diesen Grabbeigaben befinden sich Streitwagen, kostbare Waffen, Goldschmuck und vor allem importiertes Bronzegeschirr. Oft sind die Frauengräber reicher ausgestattet als die Männergräber; die »Fürstinnen« trugen den goldenen Torques (Halsring), der in späteren historischen Quellen als Attribut des hochgestellten keltischen Mannes erscheint. Die mediterranen Vorbilder, von denen der keltische Stil ausging, konzentrierten sich auf diese herrschende Gruppe; dort kamen Handwerker mit ihnen in Kontakt, dort blühten auch die Werkstätten, die jene eigenwillig ornamentierten Metallarbeiten herstellten. Bald allerdings fand dieses Kunsthandwerk weite Verbreitung: In zahllosen einfachen Gräbern findet sich mal hier ein kostbar verzierter Gürtelhaken, mal dort eine entsprechende Fibel.

Die Quelle des Reichtums der keltischen Oberschicht war vermutlich das Eisen, das zu hervorragenden Qualitäten verarbeitet und teuer gehandelt wurde – schließlich mußten die Importe aus dem Mittelmeergebiet bezahlt werden, vor allem auch der Wein, der zu den Trinkgeschirren aus etruskischer Fabrikation gehört. Noch in der Spätzeit war die keltische Eisenproduktion berühmt. Die Nachricht bei Polybios, die Kelten hätten während der Schlacht ihre verbogenen Schwerter wieder geradebiegen müssen, ist reine Fabel.

Bis zur Zeit ihrer großen Expansion, um 400 v. Chr., und in einigen Gegenden noch lange Zeit danach, bestatteten die Kelten ihre Toten unverbrannt unter Grabhügeln. Sie führten eine blühende Landwirtschaft, die im Flachland überwiegend aus Feldbau, in den kälteren Gebirgszonen aus Viehhaltung bestand. Über die Glaubensvorstellungen dieser frühen Phase wissen wir nichts; alle Quellen zur keltischen Religion stammen aus der Spätzeit und lassen sich nicht auf die Anfänge der keltischen Kultur übertragen. Dörfer und Häuser sind bisher kaum erforscht worden. Die Forschung konzentrierte sich vor allem auf die Fragen der Entstehung keltischer Kultur, auf Gräber und auf den genauen zeitlichen Ablauf.

Ursprung und treibende Faktoren der großen keltischen Wanderungsbewegungen bleiben das große Rätsel der Keltenfrage ab 400 v. Chr. Weder klimatische Katastrophen noch eine deutlich ablesbare Überbevölkerung scheinen den Weg nach Süden, nach Westen und Südosten erzwungen zu haben. Daß die Kelten nun auch jene Länder direkt besitzen wollten, aus denen sie immer wieder Wein und kostbare Gefäße bezogen, bleibt reine Vermutung.

Der erste keltische Vorstoß zielte auf Italien. Dort hatten sich vermutlich schon längere Zeit vorher keltische Siedler sporadisch niedergelassen, ohne jedoch kriegerisch aktiv zu werden. In den folgenden Kriegszügen bis nach Apulien liegt wilder Übermut, keine Strategie. In Norditalien scheinen sich Kelten rasch mit breiterer Siedlungsaktivität niedergelassen zu haben. Der Name der Region *Gallia Cisalpina*, die als letztes Gebiet in Italien 82 v. Chr. römische Provinz wurde, deutet auf langdauernde keltische Herrschaft – vermutlich ähnlich jener der Langobarden ein Jahrtausend später. In allen übrigen italienischen Regionen blieb die Wirkung der Kelten sporadisch: um Ancona siedelten Senonen. Ihre Gräberfelder, z. B. Filottrano, zeigen ein Gemisch von keltischen Waffen und Schmuckgegenständen mit mediterranen Gütern, vor allem Vasen und Bronzegeschirr. In mehreren Schlachten hat Rom die Kelten aus Italien zurückgedrängt. Bei Sentinum standen die römischen Truppen einer Koalition von Umbern, Samnitern, Etruskern und Kelten gegenüber und siegten trotz des Einsatzes eines Geschwaders keltischer Kampfwagen, einer Waffe, der Cäsar noch bei seiner Expedition nach Britannien begegnete. 335 v. Chr. empfing Alexander der Große eine keltische Gesandtschaft. Zu dieser Zeit hatten kriegerische Scharen schon Aktionen im Karpatenkessel und bis tief in den Balkan hinein unternommen. Ihnen folgte sehr bald eine Siedlungsbewegung. Die südliche Slowakei, das spätere Pannonien und große Teile Dakiens, wurden keltisches Siedlungsgebiet – eine Basis, von der aus die Kelten immer wieder nach Süden vorstießen, 275 v. Chr. das griechische Heiligtum von Delphi plünderten, als Söldner im ägyptischen Heer und bei den Skythen Dienst taten und schließlich auch nach Kleinasien einbrachen. Nach heftigen Kämpfen mit den pergamenischen Königen wurden die Eindringlinge schließlich am Rande des pergamenischen Reiches angesiedelt; sie gaben der Landschaft den Namen der späteren römischen Provinz Galatien.

Während ihrer langen Besiedlungszeit in Südosteuropa bis zur Eingliederung in das *Imperium Romanum* haben die Kelten ihr unverwechselbares kulturelles Gepräge weitgehend beibehalten. Siedlungen und Gräberfelder mit typisch keltischer Bewaffnung sind keine Seltenheit; eines der wichtigsten Denkmäler keltischer Kultur, der Silberkessel von Gundestrup, wurde vermutlich im Bereich der unteren Donau angefertigt.

Rechts: Bronzeschild aus der Themse bei Battersea, England.
Der Schild, aus Bronzeblech gehämmert und mit Bronzeblech-Medaillons besetzt, in die farbige Glasflüsse eingesetzt sind, diente kaum dem praktischen Gebrauch. Der Fund in der Themse spricht für ein Flußopfer. Die Leistungsfähigkeit des spätkeltischen Metallhandwerks auf den Britischen Inseln erreichte um Chr. Geb. ihren Höhepunkt. Länge 77,5 cm (British Museum, London).

Unten: Silberkessel aus dem Moor von Gundestrup, Jütland, Dänemark.
Der 9 kg schwere Kessel ist aus vielen Teilen zusammengesetzt: Bodenkalotte mit Medaillon, daraufgesetzt 5 lange Platten, die nach innen weisen, sowie 7 (ursprünglich 8) Platten, die nach außen weisen. Einzelne Partien sind feuervergoldet. Auf den äußeren Reliefs jeweils eine Büste mit erhobenen Armen, auf den Innenplatten Szenen mit Menschen und Tieren. Der Kessel ist das bedeutendste Bilddenkmal zur keltischen Religionsgeschichte. Vermutlich hergestellt in der Kontaktzone zwischen Kelten und Thrakern (Rumänien, Bulgarien). Herstellungszeit umstritten, vermutlich um Chr. Geb. 1891 entdeckt. Höhe 42 cm, Durchmesser 69 cm (Dänisches Nationalmuseum, Kopenhagen).

Der keltischen Ausdehnung nach Westen, nach Südostfrankreich und auf die Iberische Halbinsel war ein anderes Schicksal beschieden: Griechische und karthagische Kolonien (Massalia und Emporiae, Karthago Nova und Gades) hielten zusammen mit einheimischen Völkern – Iberern und Ligurern – die Kelten vom Nordrand des Mittelmeeres fern. Dennoch drangen die Kelten immer stärker nach Süden vor, bis ihnen Rom auch hier entgegentrat – erst mit Operationen auf der Iberischen Halbinsel (133 v. Chr. wurde Numantia, die wichtigste Stadt der »Keltiberer« eingenommen), dann mit der Annexion der heutigen Provence – dem Hinterland von Massalia. Hier hatte die hellenistische Kultur festen Fuß gefaßt und sich immer weiter nach Norden ausgedehnt und damit auch die keltischen Siedlungen ständig mehr und mehr erfaßt. Ebenso wie auf der Iberischen Halbinsel und in Norditalien gerieten in Südfrankreich die Kelten am stärksten in den mediterranen »Kultursog«.
Dieser Konnex hatte weitreichende Folgen für den gesamten keltischen Kulturbereich. In einem ständig fortschreitenden Prozeß näherten sich die Kelten mit ihrer Kultur jener des Mittelmeerraumes an. Relativ »rückständig« blieb noch lange Zeit das keltische »Kerngebiet«: Die Toten wurden weiterhin unter Grabhügeln bestattet, die stilistische Entwicklung des Kunsthandwerkes stagnierte. Neue Impulse gingen von jenen Stämmen und Stammesteilen aus, die sich auf die Wanderung begaben und immer stärkeren Kontakt mit der mediterranen Welt fanden. Ab 250 v. Chr., mit dem Ende der Expansionsphase, wurden diese Einflüsse stärker. Zuerst übernahmen Kelten die Münzprägung nach makedonischen Vorbildern. Die Goldprägung war Grundlage besserer Abwicklung des weitreichenden Handels. Auch die Zusammenfassung der industriellen Produktion in größeren Werkstätten, die Erzeugung von gleichartigen Artikeln anstelle früherer individueller Anfertigungen geht auf mediterrane Anregungen zurück. Konsequent in dieser Entwicklung erscheint die Anlage und der Ausbau der *Oppida* – Städte, in denen Handel und Gewerbe zusammengefaßt waren. Unter geschickter Ausnutzung der lokalen Situation, geschützt durch steile Berghänge oder Flüsse und Moore, umgeben von bis zu 12 m breiten Befestigungsanlagen aus Erde und Holz und oft an der Front mit einer Mauer verstärkt, waren die Oppida sowohl Stammesmittelpunkte – hatten also eine politische Funktion – als auch Handels- und Handwerkszentren. Cäsar bemerkt über die Mauern der Oppida, daß sie ebenso dem Rammbock wie dem Feuer Widerstand boten. Die Oppida erinnern in ihrer mächtigen Größe oft an die viel älteren etruskischen Städte. Mit den Anfängen dieser Entwicklung, den Fürstensitzen der späten Hallstattkultur, haben sie kaum noch etwas gemeinsam. Das von Cäsar belagerte Alesia überdeckte 97 Hektar, das bisher am besten archäologisch erforschte Oppidum bei Manching nördlich von München sogar 380 Hektar Grundfläche.
Die planmäßige Ausgrabung derartig großer Städ-

Rechts: Bronzespiegel aus Desborough, England. Die reich mit Ornamenten gravierte Spiegelplatte wird von einem gegossenen Rand mit Griff umklammert. Keltische Spiegel kommen zwar selten, jedoch bereits seit der frühen La-Tène-Kultur vor und gehen auf etruskische Anregungen zurück. Der Spiegel von Desborough diente kaum dem praktischen Gebrauch, der Gewässerfund deutet auf ein Opfer hin. 1. Jh. v. Chr.

Unten: Bemaltes Tongefäß aus Basel, Schweiz. Auf der Töpferscheibe hergestelltes Gefäß mit dunkel bemaltem Rand und Unterteil sowie einer weiß und beige aufgemalten Spiral- und Pflanzenornamentik auf dem Oberteil. »Fabrikware« der spätkeltischen Töpfereimanufakturen. Höhe 37 cm. 1. Jh. v. Chr. (Städt. Museum Basel, Schweiz)

te erfordert den großzügigen Einsatz finanzieller Mittel und archäologischer Arbeitskräfte. Entsprechend sind die Forschungen nur langsam voranzutreiben. Die deutschen Ausgrabungen von Manching, dem Oppidum der Vindeliker, ergaben bisher die besten Resultate: Alle Häuser waren aus Holzpfosten und Lehm erbaut und bis zu 65 Quadratmeter groß. Eine Straße von 10 m Breite durchzog einen Teil der »Stadt«. Es gab Werkstätten für Glasmacher, die Perlen und Armbänder herstellten, eine Werkstatt für die Münzprägung, Schmiede, Bronzegießer. Sporadische Untersuchungen in Gallien zeigen sogar eine wesentlich weiterentwickelte Kultur mit Steinbauten in den südgallischen Oppida, mit klarer Gliederung der Städte in Kultbezirk und Handwerkerviertel.

Über das Leben in diesen Oppida berichtet Cäsar nichts – die Rekonstruktion bleibt Aufgabe der Archäologie. Auch die gesellschaftlichen Formen sind unklar und zwischen Archäologie und den Schriftquellen nur nebelhaft auszumachen: Die Gräber geben keine Hinweise entsprechend den Verhältnissen der keltischen Frühzeit. Fürstengräber fehlen, die Uniformität der meist spärlichen

Rechte Seite: Goldener Kamm aus dem »Königs-Kurgan« Solocha von Nikopol bei Zaporožje, UdSSR. Der 250 g schwere Kamm aus reinem Gold, der in einem Nebenbegräbnis des 18 m hohen Hügels gefunden wurde (die beiden Hauptkammern im Zentrum waren ausgeraubt), kann kaum praktischen Zwecken gedient haben. Die griechisch-pontische Goldschmiedearbeit zeigt drei kämpfende Skythen in ihrer typischen Bewaffnung und Tracht. Der Reiter trägt einen Schuppenpanzer. Breite 10,4 cm, Anfang 4. Jh. v. Chr. (Eremitage, Leningrad)

Grabbeigaben überrascht. Folgt man den Schriftquellen, so müssen Priester, die »Druiden«, eine bedeutende Rolle auch in der Politik gespielt haben. Die Funde geben hierzu indirekte, aber deutliche Hinweise: Opferplätze an Quellen, Kultanlagen mit tiefen Opferschächten und eine Reihe von Bilddenkmälern sprechen für eine tiefe Religiosität.

Die Eisenzeit in Osteuropa

Die Entwicklung der eisenzeitlichen Kulturen in Osteuropa hängt weitgehend von den klimatischen Bedingungen dieses riesigen Raumes ab: Von Süden nach Norden folgt der niederschlagsreichen Zone am Schwarzen Meer und auf der Krim ein breiter Gürtel mit Grassteppe, eine tiefe Zone mit Mischwäldern und schließlich die Region der Nadelwälder in Nordrußland.

Noch vor wenigen Jahrzehnten zeigte die archäologische Landkarte dieses weiten Gebietes große weiße Flecken unerforschter Räume. Die raschen Fortschritte der sowjetischen Archäologie haben inzwischen viele dieser Lücken ausgefüllt. Die Planmäßigkeit der Ausgrabungen wird dadurch begünstigt, daß bei modernen Großbauunternehmungen – etwa dem Bau von Stauseen – ein bestimmter Teil der Bausumme archäologischen Expeditionen für Ausgrabungen zur Verfügung steht. Auf diese Weise sind sowjetische Archäologen einerseits mit reichlichen Finanzmitteln ausgestattet, auf der anderen Seite in ihren Unternehmungen jedoch von großen Bauprojekten abhängig.

In den Mischwaldgebieten setzte sich der Ackerbau erst im Laufe der Eisenzeit durch – einige Jahrtausende später als in Südrußland und später als im Gebiet der Weichsel. In diesen Räumen vollzog sich die Ethnogenese der Slawen. Die archäologische Suche nach den »Urslawen«, die von der Sprachwissenschaft rekonstruiert werden, hat bisher jedoch keine überzeugenden Ergebnisse geliefert.

Erfolgreicher waren die Untersuchungen im Steppengebiet, in dem zur Eisenzeit reiternomadische Stämme lebten: die Kimmerier, die Skythen und später die Sarmaten. Die Erforschung dieser Kulturen, vor allem der skythischen, reicht in das 19. Jh. zurück. Die riesigen Kurgane (Grabhügel) lockten immer wieder Ausgräber an, die entdeckten Goldschätze gelangten meist in das Museum Eremitage in Leningrad. Mit der russischen Revolution änderte sich dann die Einstellung zur Archäologie. Während bis dahin vor allem die goldreichen Gräber der Aristokratie attraktiv waren, konzentrierte sich die sowjetische Forschung nun auf die einfachen Gräber der »Mittel- und Unterschicht«. Erst 1971 wurde wieder ein goldreiches Grab – Ordzonikidze – planmäßig untersucht.

Mit den Anfängen der Reiternomaden beginnt ein neues Kapitel in der Geschichte der Alten Welt. Fast zur gleichen Zeit trafen die ersten Reiterstürme China und Vorderasien: 770 v. Chr. verlegte die Chou-Dynastie unter Barbarenbedrohung die Hauptstadt. Zur gleichen Zeit drangen im Westen die kimmerischen Reiter über den Kaukasus nach Süden vor. Die Ursachen dieses Expansionsdranges sind bis heute nicht eindeutig geklärt. Klimatische und wirtschaftliche Veränderungen scheinen dabei eine wichtige Rolle gespielt zu haben. Die Entwicklung des Reiternomadentums hatte vermutlich keine lange Vorgeschichte, es entstand rasch in der riesigen Steppenzone von der Mongolei bis zur Donaumündung, also teilweise in einem Gebiet, das bis dahin auch von Ackerbaukulturen besiedelt wurde. Die Anstöße zur neuen Entwicklung scheinen von Mittelasien ausgegangen zu sein. Sie durchliefen den Steppengürtel, bekannt für seine Durchlässigkeit, von Ost nach West, in kurzer Zeit. Immer neue Reiterscharen, von den Kimmeriern bis zu den Mongolen, ritten auf diesen Wegen. Ihre Namen, ihre Gebräuche haben historische Schriftquellen überliefert; die Erforschung ihrer Lebensweise durch die Analyse der Funde aus Siedlungen und Gräbern ist Aufgabe der Archäologie.

Der griechische Geschichtsschreiber Herodot, der um 450 v. Chr. einige Zeit in den Griechenstädten am Nordufer des Schwarzen Meeres lebte, berich-

Rechts: Hirsch aus dem Kurgan von Kostromskaja mogila, Krasnodar, Nordkaukasus, UdSSR. Der aus kräftigem Goldblech getriebene Hirsch zierte einen Schild. Das Auge war mit Email gefüllt. Hufe und die Reihung der spiralig ausgeführten Geweihsprossen sind typisch für den gesamten, nicht allein auf die Skythen beschränkten Stil der Reiternomaden. Der Verstorbene war mit einem Schuppenpanzer bekleidet. An der Außenwand der hölzernen Grabkammer wurden die Reste von 22 Pferden entdeckt. Länge 32 cm. 5. Jh. v. Chr. (Eremitage, Leningrad, UdSSR)

Rechte Seite oben: Elektronvase aus dem Kurgan Kul Oba bei Kertsch, Krim, UdSSR.
Der mächtige Kurgan (Königsgrab) mit großer gemauerter Grabkammer war bei seiner Öffnung 1830 fast nicht ausgeplündert. Zu den berühmtesten Fundstücken des reichen Grabes gehört die Vase aus Elektron (Gold-Silber-Legierung) mit der Darstellung von sieben sehr naturalistisch im Relief getriebenen Skythen (griechische Arbeit). Die Szene des Zahnziehens: zwei Männer in reicher skythischer Tracht, bestickten Hosen, an der linken Seite den Goryt mit Pfeilen und eingehängtem Reflexbogen tragend. Höhe 11 cm; 350 v. Chr.? (Eremitage, Leningrad, UdSSR)

Unten: Silberner Schildbeschlag aus Panagjuriste, Bulgarien.
Das getriebene Silberblech mit mythologischen Darstellungen zeigt die enge Verknüpfung zwischen griechischer und thrakischer Mythologie. Aus einem Schatzfund. Mitte 4. Jh. v. Chr. Höhe 32 cm (Sofia, Archäologisches Museum).

tet, das Reitervolk der Kimmerier sei von den Skythen aus seinen Weidelandschaften in Südrußland vertrieben und über den Kaukasus gedrängt worden. Diese Kimmerier werden vor 714 v. Chr. in den assyrischen Schriftquellen erwähnt: Sie überfielen das Reich von Urartu in Armenien, standen plötzlich den Assyrern gegenüber und waren in die Machtkämpfe um die Vorherrschaft in Vorderasien verwickelt.
Fast gleichzeitig hatten auch die Skythen den Kaukasus überwunden und den Krieg gegen vorderasiatische Staaten aufgenommen, sich jedoch im Gegensatz zu den Kimmeriern nicht völlig von ihrer ökonomischen Basis in der Steppe gelöst. Die kimmerischen Scharen wurden weit nach Westen in Kleinasien abgedrängt. Sie eroberten die lydische Hauptstadt Sardes. Skythen drangen im Gefolge in Persien ein, bis der Mederkönig Kyaxares auf einem Festmahl »eine beträchtliche Anzahl von diesem Raubgesindel« (Herodot) betrunken machte und umbringen ließ. Im weiteren historischen Sinn wurden die Reiternomaden mit ihren asiatischen Kriegszügen zum Vermittler weitreichender Kulturelemente. Sie sorgten für einen schnellen Transfer technischer Errungenschaften von Assyrien nach Mitteleuropa.
Während die archäologische Erforschung der Kimmerier bisher wenig aufschlußreiche Ergebnisse brachte, sind die Funde aus der Skythenzeit um so reichhaltiger. Beide Nomadengruppen gehören zur iranischen Familie der indoeuropäischen Sprachen. Östlich des Kaspischen Meeres wurden die Steppen von den skythischen Saken bevölkert; nördlich des Schwarzen Meeres unterschied Herodot die Nomaden-Skythen der Steppe von den Ackerbau-Skythen der Waldgebiete; letztere sind vermutlich einer vorskythischen, ackerbautreibenden Population zuzurechnen, die von den Nomaden unterworfen wurde und diese mit Getreide belieferte.
Die Küsten des Schwarzen Meeres zierte eine Kette rasch aufblühender, von megarischen und ionischen Griechen ab 650 v. Chr. gegründeter Städte, die mit den nomadischen Skythen in enger Symbiose lebten, allen voran Olbia nahe der Mündung des Borysthenes (der heutige Dnjepr) sowie Chersonesos und Pantikapeion auf der Krim. Getreide der Ackerbau-Skythen gelangte in diese Städte; die Nomaden lieferten Fleisch, Felle, Leder. Handwerker der Griechenstädte versorgten dagegen die Aristokratie der Skythen mit kostbaren Metallarbeiten.
Der eigenartige Tierstil, der viele Gebrauchs- und Schmuckgegenstände aus Gold, Silber und Bronze ziert, wurde bereits vor Jahrzehnten von Forschern gründlich analysiert. Er verbindet fließend Stilelemente aus dem vorderasiatisch-iranischen Bereich mit Formen der östlichen Steppenkunst. Der kaukasische Steinbock, der Hirsch, der marderähnliche Vielfraß sowie Fabeltiere sind bevorzugte Motive, die immer wieder neu variiert werden. Seit dem 5. Jh. v. Chr. wird der griechische Einfluß spürbar stärker. In der älteren Zeit ist es allerdings oft schwer zu entscheiden, ob Skythen oder Griechen die Metallarbeiten herstellten.
Die Griechen müssen ihre nomadischen Nachbarn recht genau gekannt und mit ihren Sitten und Lebensgewohnheiten gut vertraut gewesen sein. Herodot bewundert an den Nomaden vor allem ihre Beweglichkeit: »Denn Leute, die sich weder Städte noch Mauern erbaut haben, die ihre Wohnstätten mit sich führen und alle berittene Bogenschützen sind, die nicht vom Ackerbau, sondern von der Viehzucht leben und deren Häuser auf ihren Wagen sind – wie sollten diese nicht unbezwingbar und unnahbar sein?« Die Gefährlichkeit der bärtigen skythischen Reiter bekam der persische Großkönig Darius I. zu spüren, als er 514 v. Chr. mit seinen Truppen auf einer Brücke den Hellespont überquerte, um den alten Feind in einem großen Umfassungsangriff aus der Flanke heraus anzugreifen. Aber die Skythen waren nicht zu fassen. Ihre blitzschnellen Angriffe, bei denen sie fliehend nach rückwärts schießend den Gegner mit einem Pfeilhagel überschütteten, verwirrten sogar die erfahrene persische Kavallerie. Hauptwaffe der Skythen war der leichte und kurze, aus Sehnen, Knochen und Leder gefertigte Reflexbogen. Die Skythenkinder lernten das Schießen mit der linken wie mit der rechten Hand. In den Köchern steckten – nach Befunden von Ausgrabungen – bis zu 400 Pfeile. Der Pferdezucht und der Abrichtung der Pferde widmete der Skythe viel Zeit. Er ritt ohne Steigbügel und ohne Sattel. Stutenmilch war bevorzugtes Nahrungsmittel und ergab gegoren das berauschende Getränk Kumys. Mehr noch schätzten die Skythen den Wein, der ihnen von Griechen geliefert wurde.
Ergänzend zu den Berichten des Herodot verdeutlichen und illustrieren archäologische Funde die skythische Lebensweise: Vom Zahnziehen bis zur Abrichtung der Pferde, von der skythischen Männerkleidung mit weichen Schuhen und Hosen aus Leder, die reich bestickt waren, bis zu den hohen Mützen und den Waffen haben Griechen auf Gold- und Silbergefäßen mit detaillierten Abbildungen die bunte Fülle des Nomadenlebens eingefangen. Keine andere barbarische Kultur ist so sorgfältig durch eine mediterrane Kultur illustriert worden. Die Schriften des Herodot und die griechischen Bildwerke ergänzen sich vorzüglich.
Dunkel und gleichsam mit phantastischen Zügen behaftet blieben bis vor wenigen Jahren allerdings jene Passagen im 2. Buch des »Vaters der Geschichtsschreibung«, in denen von recht »düsteren« Gebräuchen berichtet wird, von Opfern, Blutsbrüderschaften sowie der Behandlung von Köpfen erlegter Feinde: »Mit den Köpfen der ärgsten Feinde machen sie folgendes . . . er (der Skythe) reinigt ihn gründlich, spannt von außen Rindsleder herum . . . und wenn er reich ist, vergoldet er ihn auf der Innenseite und gebraucht ihn so als Trinkgefäß« (Herodot). Dieser Schädelkult – übrigens in einer Variante auch von den Kelten berichtet – entbehrt bisher des archäologischen Nachweises. Die Grabriten, die Herodot allerdings von den Königen schildert, sind archäologisch weitgehend rekonstruierbar. Allen Skythen voran dominierten die Königs-Skythen, die die übrigen Stämme als Sklaven ansahen. Starb ein König, wurde er einbalsamiert, bei allen anderen Stämmen im Wagen herumgefahren und schließlich mit einer Nebenfrau, dem Weinschenk, Koch, Stallmeister, Diener und Nachrichtenbringer – sie alle wurden erwürgt – begraben. Ein Jahr darauf wurde eine prunkvolle Totenfeier ausgerichtet: 50 der schönsten Pferde und Diener wurden – erdrosselt und ausgestopft – rings um das Grab des Königs aufgestellt. Dieser barbarische Brauch hatte für die Betroffenen kaum Schreckliches an sich: Die festgefügte Gesellschaftsordnung und die Tradition waren verpflichtend.

Die Ausgrabungen von Königskurganen bestätigten weitgehend die Nachrichten des Herodot. Bis zu 400 Pferde wurden in einem Grab entdeckt, Mundschenk und Dienerinnen zusammen mit Resten üppiger Totenmahlzeiten ausgegraben. Gewänder, überall mit Goldplättchen verziert, bedeckten die Toten, die mit schwerer Panzerung, Pfeilen und Bogen, Schwertern und Lanzen bewaffnet waren. Im Grabritual waren Frauen den Männern offensichtlich gleichgestellt, wenngleich Herodot berichtet, daß Frauen in dieser Nomadengesellschaft keine besondere Rolle spielten.

»Obwohl die Skythen mit allen Kräften vermieden, fremde Sitten zu gebrauchen, insbesondere von den Griechen« (Herodot), führten politische Ereignisse seit dem 4. Jh. beinahe zwangsläufig zur Angliederung »der Reiter« an die griechische Stadtkultur. Sie wurden aus ihren Weidegebieten von verwandten Stämmen, die ebenfalls der iranischen Sprachgemeinschaft angehörten und den Skythen in der Lebensweise sehr nahe standen, vertrieben, nach Westen gegen den Balkan abgedrängt und und weitgehend unterdrückt. Nur auf der Krim konnten sich skythische Restgruppen noch einige Jahrhunderte halten, sogar eine Stadt gründen.

Feste Ansiedlungen haben die Nomaden-Skythen allerdings schon früher gekannt: Große, von starken Befestigungen umgebene Anlagen werden von den sowjetischen Archäologen untersucht. Hier verfertigten skythische Handwerker Rüstungen und Gebrauchsartikel, beuteten Eisenerzgruben aus. Die Nachricht des Herodot, die Skythen hätten nur auf dem Pferderücken und in Wagenburgen gelebt, erweist sich angesichts der neuen Ausgrabungen als Fabel. Ebenso falsch ist die Vorstellung der leicht bewaffneten, nur mit Pfeil und Bogen kämpfenden Skythen: Es gab schwer gepanzerte, mit Stoßlanzen bewaffnete Reiter – vor allem aus Grabfunden der skythischen Aristokratie bekannt. Diese Funde weisen eine weitere Theorie an den Rand der Fabel, nämlich die oft wiederholte These, die Skythen seien von den weiter östlich reitenden Sarmaten aus ihrem Land vertrieben worden, weil die Sarmaten über gepanzerte Reiter mit langen Stoßlanzen und einem längeren Schwert verfügten. Die archäologische Korrektur durch Ausgrabungsbefunde betrifft noch eine weitere These: Nach dem zweifellos sehr heftigen Angriff des Perserkönigs Darius I. im Jahre 514/513 v. Chr. hätten die Skythen aus Furcht vor weiteren Attacken die Technik der »verbrannten Erde« praktiziert, das heißt, große Gebiete verwüstet, um die Möglichkeit zu haben, den Feind angreifen und ins Leere stoßen zu lassen, um ihn dann aus der Rückhand zu schlagen. Die Skythen seien in dieser Zeit verarmt – so wurde aus den Funden geschlossen. Die neuen Ausgrabungen widerlegen auch diese These.

Diese Beispiele sind charakteristisch – nicht nur für den skythischen Bereich, sondern für die gesamte Archäologie: Die schriftliche Überlieferung, gleichgültig ob von Landesfremden wie Herodot im Falle der Skythen aufgezeichnet, ob von den »Einheimischen« selbst geschrieben, spiegelt immer nur einen kleinen Teil der Lebenswirklichkeit wider. Die Archäologie bringt mit ihren Forschungen oft genug neue Argumente in das Spiel der historischen Rekonstruktion. Eine Archäologie, die sich allerdings nur auf Gräber konzentriert und nicht auch die Siedlungen, die Äcker, die

Unten: Sarmatische Schale aus Sewerskaja (Krasnodar-Gebiet, Nordkaukasus, UdSSR). Der in Gold gefaßte Glasbecher mit granuliertem Schmuck und Almandinverzierung folgt in der Form hellenistischen Vorbildern. 2. Jh. v. Chr. (Staatl. histor. Museum, Moskau)

Pflanzenreste und Tierknochen untersucht, zeichnet allein die Welt der Toten, nicht die der Lebenden. Diese »Welt« jedoch hilft nicht, die Vergangenheit der einst Lebenden zu rekonstruieren.
Jene Stämme, die die Skythen aus ihren Weidegebieten verdrängten, kannte bereits Herodot. Er bezeichnete sie als Sauromaten; in der späteren historischen Überlieferung werden sie Sarmaten genannt und als vielfältig gefächertes Ethnikum geschildert, zergliedert in viele Einheiten, denen eines gemeinsam war – nämlich aus dem Raum zwischen Don und Südfuß des Urals immer wieder nach Westen in das Gebiet der Ukraine vorzustoßen und die dort sitzenden »Verwandten« weiter nach Westen zu drängen.
Die Stämme der Sarmaten gehören – ebenso wie die Skythen – zur indoiranischen Sprachfamilie. Während die Skythen etwa 250 Jahre lang eine glänzende, die Archäologen faszinierende Kultur entfalteten, dauerte die historische Wirksamkeit der sarmatischen Stämme mindestens 500 Jahre. Sarmatische Funde sind zwar zahlreich, jedoch arm an Sensationen goldreicher Gräber. Selbst jene Story, die Herodot berichtet, ist bisher nicht archäologisch verifiziert worden: Als die Griechen in mythischer Zeit zum Schwarzen Meer vordrangen, sei ihnen ein Stamm wehrhafter Frauen begegnet – die Amazonen, von den Skythen »Männertöter« genannt. Den Griechen sei es gelungen, eine ganze Schar dieser Frauen zu fangen. Jedoch warfen die Frauen die Griechen, die sie verschleppen sollten, über Bord der Schiffe und segelten allein in die Nachbarschaft der Skythen, deren Viehherden sie plünderten. Erst als skythische Jünglinge die wilden Damen verführten, scheint die Aggression verflacht zu sein. Jedoch erklärten die Amazonen: »Wir schießen mit Bogen und Wurfspieß und reiten zu Pferde. Weibliche Arbeiten haben wir nicht gelernt.« Seitdem herrscht bei ihnen, nach Herodot, folgender Brauch: »Eine Jungfrau heiratet nicht eher, als bis sie einen Mann ihrer Feinde getötet hat. Manche von ihnen sterben sogar infolge ihres Alters, ehe sie geheiratet haben, weil sie das Gesetz nicht erfüllen konnten.«
Die Ausgrabungen haben bisher keinen Punkt dieser Aussage bestätigen können. Gleichwohl kann ein historisches Faktum dahinter verborgen sein. Die historischen Quellen legen gleichfalls die Vermutung nahe, die Sarmaten hätten von ihren östlichen Nachbarn in der Zeit um 500 v. Chr. die »schwere Bewaffnung« übernommen, die Ausrüstung der Krieger mit Körperpanzern, Stoßlanzen und langen Schwertern. Die Ausgrabungen zeigen aber, daß die Skythen diese Ausrüstung zur gleichen Zeit ebenfalls kannten.

Die »Germanen« während der Eisenzeit

Im »gallischen Krieg« (57–52 v. Chr.) unterwarf Cäsar die Keltenstämme westlich des Rheins der römischen Herrschaft; unter Augustus stießen 18/16 v. Chr. Roms Legionen bis zur Donau vor – bereit zu großräumigen militärischen Operationen, zu einem Zangenangriff, um zunächst die Elbe als Reichsgrenze festzulegen. Das Unternehmen scheiterte nach zahlreichen Feldzügen, zuletzt nach der Niederlage des Varus 9 n. Chr. gegen eine kleine Koalition barbarischer Stämme unter ihrem Anführer Arminius. Die Gefangenen wurden, nach römischer Mitteilung, von den Barbaren den Göttern geopfert.
Jene Stämme, die in den folgenden Jahrhunderten immer wieder das *Imperium Romanum* bedrängten, werden heute allgemein als »Germanen« bezeichnet. Sie selbst haben sich nie so genannt, auch nicht das Gefühl enger ethnischer Zusammengehörigkeit gehabt. Auch die »Römer« kannten vorwiegend nur die Stammesnamen, sie kämpften gegen Markomannen oder Goten. Den Begriff der

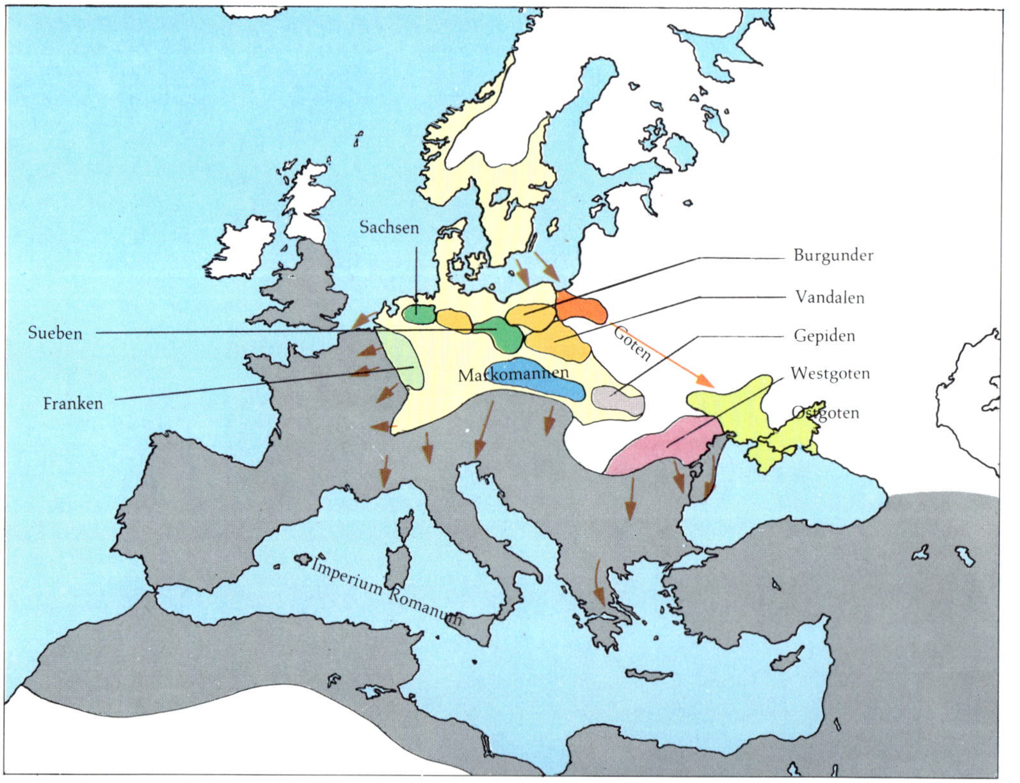

Rechts: Stammesgebiete und Wanderzüge der Germanen vom 1. bis zum 4. Jh. n. Chr.

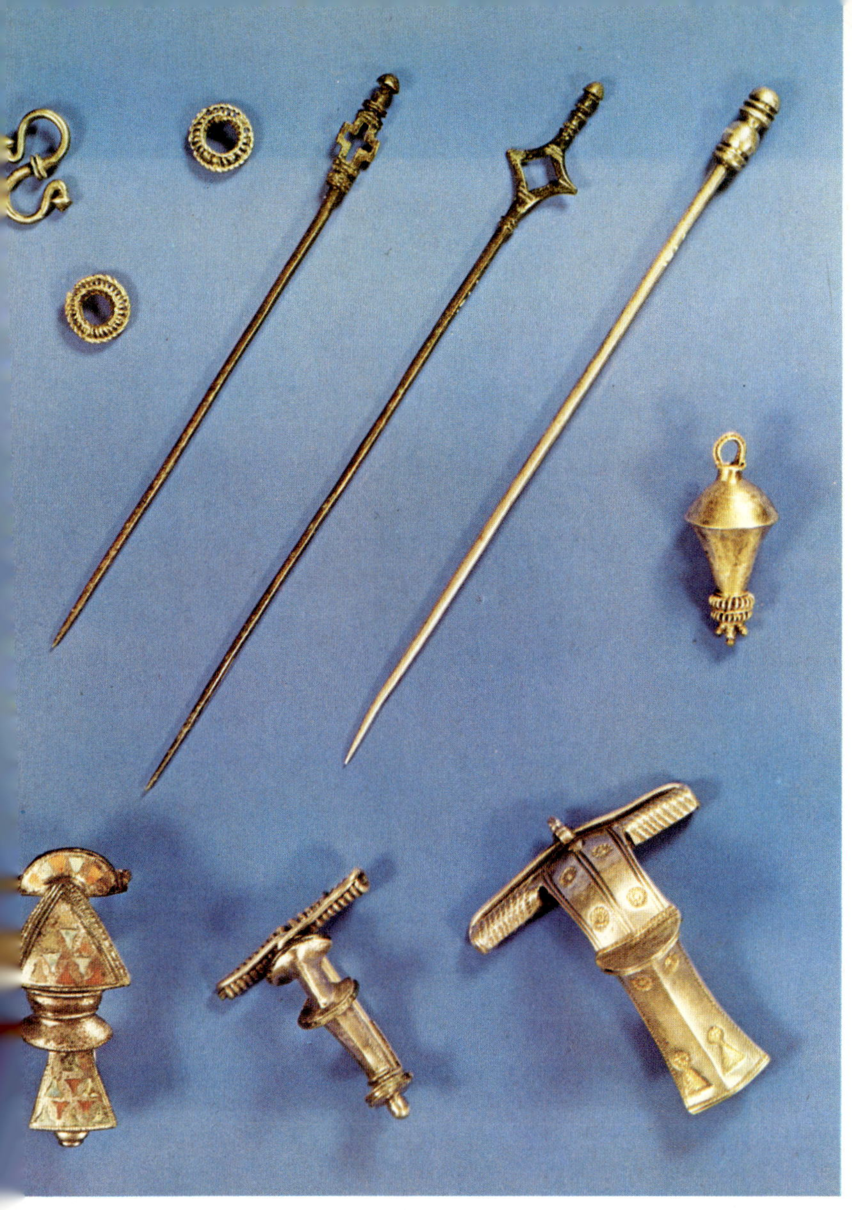

Schmuckstücke aus dem Opferfund von Vester Mellerup, Jütland, Dänemark. Der Fund enthielt 30 Silbernadeln verschiedener Form, sechs Fibeln, einen Armreif, Berlocks und Ringe – alles aus Silber, teilweise vergoldet. Die mit buntem Email verzierte Fibel ist römischer Import. Um 100 n. Chr. (Dän. Nationalmuseum, Kopenhagen)

Germanen bringt zuerst Cäsar. Er bezeichnet damit jene Stämme, die über den Rhein nach Westen gegen Kelten und Belgen vordrangen, die ähnlich wie die Kelten sprachen. Tacitus, der 98 n. Chr. die berühmte Abhandlung *De origine et situ Germanorum* (allgemein als *Germania* bezeichnet) verfaßte und damit der oft überzogenen Charakterisierung zivilisationsferner Barbaren einer dekadenten römischen Gesellschaft den Spiegel vorhalten wollte, benutzte den Terminus »Germanen« nicht sehr viel anders als Cäsar. Die Verallgemeinerung des Begriffes geht auf das Konto sprachwissenschaftlicher Forschungen und romantischer Ideen des 19. Jh.s n. Chr. zurück: Die aufblühende Sprachwissenschaft fand Gemeinsamkeiten unter den »germanischen« Stämmen, die Romantiker, und erst recht die Vertreter einer nationalen Geschichtschreibung – vor allem in Deutschland –, huldigten den Sätzen Cäsars: »Ihr ganzes Leben dreht sich um Jagd und Krieg; von Kind auf härten sie ihren Körper ab und gewöhnen ihn an Strapazen. Wer am längsten seine Keuschheit bewahrt, verdient bei ihnen höchstes Lob.« Dem »Germanenkult«, einer Germanomanie im 19. Jh., stand in Frankreich eine keltomanische Strömung gegenüber. Erst kriegerische Auseinandersetzungen zwischen beiden Staaten – Frankreich und Deutschland – und in ihrem Gefolge verschärfte Anstrengungen der Archäologen und Geschichtswissenschaftler haben diesem Unsinn ein Ende bereitet. Cäsar und Tacitus gelten heute als das, was sie einst waren: als politische Schriftsteller, die ihre eigenen Zwecke verfolgten, die jedoch auch eine Fülle von Einzelheiten über die »Germanen« berichten. Die Aufgabe der »germanischen« Altertumswissenschaften, vor allem der Archäologie, bleibt unverändert gleich, nämlich die Erforschung der einstigen Wirklichkeit. Insgesamt ist der »germanische« Kulturbereich, gemessen an archäologischen Arbeitsstunden und nach Anwendung moderner Methoden der Altertumskunde, der am besten erforschte Sektor innerhalb der europäischen Forschung.

»Limes« heißt Grenze – Grenze des *Imperium Romanum*, eine Serie von stark befestigten Kastellen und Legionslagern, verbunden durch die Stromlinie von Rhein und Donau, auf den Landstrecken verbunden durch Mauern und Gräben. Germanenstämme haben immer wieder und meist erfolgreich, diese Grenze durchbrochen. Im Jahre 406 n. Chr. zog Stilicho, gebürtiger Vandale und *Magister Militum* im *Imperium Romanum* und ganz auf Abwehr der Barbarenscharen bedacht, endgültig seine römischen Truppen von der stark befestigten Rheinlinie zurück: Die römischen Provinzen westlich des Rheins lagen offen vor dem Ansturm der Germanen; Franken und andere Stämme besetzten ihr Siedlungsland in der römischen Provinz, wurden zum Wendepunkt der Geschichte, zur kleinen Zelle, aus der sich die weitere Expansion entwickelte, der Vorstoß der »germanischen Stämme«. Daraus schließlich resultierte die Gründung des Frankenreiches, die Herrschaft der Langobarden über Italien, der Westgoten über Spanien sowie der Vandalen über Nordafrika. 451 n. Chr. plünderten die Truppen des Westgotenkönigs Alarich die Stadt Rom; spätestens seit 451 hatten Stämme, die zur germanischen Sprachgemeinschaft gehörten, die Herrschaft im westlichen Mittelmeergebiet übernommen.

Über 400 Jahre hatten die Truppen des *Imperium Romanum* alles versucht, die »Germanen« abzuwehren. Es half keine auch noch so ausgeklügelte Taktik: Die Germanen waren als Hilfstruppen den Römern stets willkommen, ihre Reiterei wurde gegen andere »germanische Stämme« eingesetzt, syrische Kontingente kämpften gegen »Germanen«, Germanen gegen die Parther am Euphrat und am Tigris. Germanisches Mißtrauen gegen die sich stets verschlechternde italische Währung, vor allem das Vertrauen auf Gold, gleichsam eine Sucht nach Gold, veranlaßte die Barbaren, ihren Lohn im römischen Militärdienst in Solidi zu fordern, in Goldmünzen. Aber auch in Silber. Die Entlohnung für den Militärdienst wird noch heute als »Sold« bezeichnet – als Sonnenmetall, als Gold.

Die Handelsbeziehungen zwischen dem *Imperium Romanum* und den »Germanen« liefen allerdings wesentlich vielfältiger, Denari und Solidi stützten die germanische Wirtschaft erst im 5. und im 4. Jh. n. Chr. Ein intensiver Handelskontakt, ein direkter Austausch Ware gegen Ware kennzeichnet drei Jahrhunderte davor: Germanen lieferten Nahrungsmittel, vor allem aber Leder, aus denen die Zelte der römischen Legionäre gefertigt wurden. Rom lieferte Luxuswaren: Metallgeschirre, Gläser, kostbare Töpferwaren. Der Limes war eine durchlässige Grenze, keine starre Mauer.

Den germanischen Expansionsdrang bekamen die Römer bereits lange vor dem Bau des Limes zu spüren: 101 und 102 v. Chr. wurden die Kimbern

Oben: Lanzenspitze und zwei Sporen aus dem »Vimose« bei Odense, Fünen, Dänemark.
Die eiserne Lanzenspitze ist mit kreisförmigen Einlagen aus Silber und Messing tauschiert, die Sporen sind aus Messing gegossen und mit eiserner Spitze versehen. Um 200 n. Chr. (Nationalmuseum Kopenhagen, Dänemark)

Rechts: Goldfibel von Sanderumgaard, Fünen, Dänemark.
Die Fibel ist aus Goldblech getrieben und mit aufgelöteten Filigrandrähten und kleinen Goldkugeln (Granulation) verziert. Sie stellt ein typisches Beispiel germanischer Goldschmiedetechnik des 4. Jh.s n. Chr. dar, in der mediterrane Techniken, von den Goten in Südrußland dem Norden vermittelt, angewandt wurden. Länge 7,3 cm (Dänisches Nationalmuseum, Kopenhagen).

und Teutonen in Norditalien und Südfrankreich geschlagen, 58 v. Chr. stoppte Cäsar die Züge des Suebenkönigs Ariovist an den Grenzen Galliens. Die Schwäche der Kelten nach der Unterwerfung Galliens nutzten die Markomannen unter ihrem König Marbod aus, um Böhmen zu besetzen. Marbod war, ebenso wie sein Zeitgenosse Arminius, lange in Rom gewesen und besaß das römische Bürgerrecht. Seine Staatsgründung des Markomannenreiches war allerdings nicht von Dauer, seine glanzvolle Hofhaltung nach römischem Vorbild – sie öffnete Böhmen weit den römischen Händlern – nur eine Episode.

Die für die Zukunft wohl wichtigste Wanderung unter allen germanischen Stämmen führte die Ost- und Westgoten an den Ostrand der germanischen Stammesgebiete und östlich der Karpaten nach Südrußland unter Einschluß der Krim sowie in die römische Provinz Dakien. Der hunnische Druck auf das Ostgotenreich in Südrußland löste dann 375 n. Chr. die große Völkerwanderung aus, die fast endlosen Züge der verschiedenen Stämme. Sie führte zu ständig neuen Reichsgründungen und schließlich zum Ende des *Imperium Romanum*. Durch das lange Zusammenleben der Ostgoten mit steppennomadischen Völkern prägte sich auch der typische Kunststil der Völkerwanderungszeit, in dem zahlreiche Elemente des Ostens mit denen des Westens verbunden wurden.

Ohne große Wirkung blieb zunächst der Einbruch der Sueben in die römische Provinz Obergermanien; später jedoch entwickelte sich hier die Keimzelle des alemannischen Stammesgebietes. Eine stärkere Gefahrenzone für Rom bildete dagegen das Niederrheingebiet. Hier waren bereits unter Augustus, als der Limes mit seinen stark befestigten Legionslagern und riesigen Truppenansammlungen errichtet wurde, germanische Stämme in das Imperium einbezogen worden. Es kam zu blutigen Aufständen der Bataver, zu ständigen Vorstößen der Barbarenstämme über den Niederrhein. Die römischen Provinzialverwaltungen wußten sich nicht anders zu helfen, als diesen Eindringlingen Land zuzuweisen und sie in das römische Militär zu inkorporieren. Als Stilicho, von Geburt zwar Vandale, jedoch als *Magister Militum* und als Reichsverweser des unmündigen Kaisers Honorius dem Imperium und seiner Idee stärker verbunden als viele Römer seiner Zeit, die Rheingrenze von Truppen entblößen mußte, ergoß sich seit 404 n. Chr. der Strom der Stämme über den Rhein. Mit dem Sturz des Stilicho im Jahre 408 hatte sich das einstige Imperium selbst eines seiner fähigsten Köpfe beraubt.

Immer wieder hat die Forschung nach Antworten auf die Frage gesucht, was nun bei den »Germanen« den starken Expansionsdrang auslöste. Die Frage ist berechtigt, jedoch falsch gestellt. Die Expansion vollzog sich in zahlreichen Einzelaktionen, die zumindest bis 375 n. Chr. kaum etwas miteinander zu tun hatten: die Ostgoten in Osteuropa kümmerte es nicht, was die Sueben am Rhein taten, sie fühlten sich jenen auch nicht im entferntesten verwandt oder gar einem gemeinsamen Ethnikum zugehörig.

Um den Expansionsdrang zu verstehen, muß man davon ausgehen, daß ein ganz ähnlicher Prozeß sich bereits über ein halbes Jahrtausend früher abspielte, als die Kelten in den Süden drängten. Die hochentwickelten mediterranen Kulturen hatten für die mitteleuropäischen Stämme eine starke Anziehungskraft. Immer ging diesen Aktionen eine Welle des Handels voraus, der Kostbarkeiten des Südens – z. B. Gefäße aus Edelmetall mitsamt dem Wein, den Barbaren gern daraus tranken – in den Norden brachte. Der Anreiz, diese geschätzten Güter im Ursprungsland selbst zu genießen, muß groß gewesen sein. Aber noch ein anderes, immer wieder hervorgehobenes Moment muß eine Rolle gespielt haben: die Überbevölkerung, die

Goldschmuck aus Aarslev, Fünen, Dänemark. Die Fundstücke (Auswahl) stammen aus einem Grab einer »Fürstin«. Oben links und rechts: Stempelgepreßte Medaillons mit Anhängern, vermutlich Teile eines Halsschmucks. Mitte oben und unten: Germanische Fibel mit Perldraht- und Granulationsverzierung und römische Fibel. Außerdem Fingerringe, Haargesteck (links unten) und eine römische Goldmünze. Die Steineinlagen bestehen aus Karneol und Almandin. 3. Jh. n. Chr. (Dänisches Nationalmuseum, Kopenhagen)

zum Aufbruch in die Fremde zwang. Diese Übervölkerung darf nicht nach heutigen Maßstäben gemessen werden – es war reichlich Land vorhanden, der Bevölkerungszuwachs war relativ gering, da einmal die Lebenserwartung nur bei 25 Jahren lag, da viele Kinder im Säuglingsalter starben und viele junge Mütter vom Kindbettfieber hingerafft wurden.

Landwirtschaftlich genutzt wurden jedoch nur ganz bestimmte Ackerqualitäten: Die Sandböden brachten nur geringe Erträge, die schweren Lehmböden ließen sich mit den damaligen Geräten schlecht bearbeiten, und Düngung war kaum bekannt. Außerdem ließen die verschiedenen Populationen um ihr Siedlungsgebiet herum große Gebiete veröden, um nur den gehörigen Sicherheitsabstand zum Nachbarstamm einzuhalten. Wenn römische Schriftsteller das Klima des Nordens als grau und rauh bezeichnen, ist dies aus der Sicht des Südländers zu verstehen. Daß die Bevölkerung jedoch erbittert gegen die Unbilden dieses Klimas kämpfte und immer wieder versuchte, der wilden Natur neue Äcker abzugewinnen, haben die archäologischen Ausgrabungen der letzten Jahrzehnte erwiesen: An den Küsten der Nordsee wurden Siedlungen angelegt, in denen ein ständiger Kampf gegen Überflutungen zu bestehen war, ein Wettlauf mit dem immer höher steigenden Meer.

Auf den Resten der alten, oft überschwemmten Siedlungen wurden neue errichtet, die permanent höher wuchsen und erneut dem Meer Widerstand boten. Mensch und Tiere wohnten hier unter einem Dach.

Der Kontrast dieser Lebensweise zu jener, die hinter dem Limes in den römischen Provinzen blühte, kann kaum überschätzt werden. »Die Germanen erbauten keine Städte«, schreibt Tacitus. Sie lebten in Dörfern, die bis zu 50 Häuser umfaßten. Jenseits des Rheins aber entstanden die prunkvollen Städte der Römer, in denen Germanen sowohl als Soldaten wie als Händler verkehrten. Ein ausgleichender Prozeß der Zivilisierung zwischen diesen beiden Welten fand nicht statt, obwohl die Barbaren jenseits des Rheins und der Donau von der überlegenen Zivilisation ständig lernten: Ihre Ackerbaugeräte wurden innerhalb kurzer Zeit entwickelt, die Technologie des Eisens machte rasche Fortschritte, erreichte jedoch erst sehr spät jenen Standard, den die Kelten bereits ein halbes Jahrtausend zuvor perfekt beherrschten. Der zivilisatorische Prozeß, durch den Handel stimuliert, durch Kriegszüge beider Seiten oft auch gehemmt, hat zwei wichtige Bereiche des germanischen Lebens nicht wesentlich verändern können: die Sozialordnung und das religiöse Leben. Beide Bereiche bestimmten aber weithin die Gefühle und die Aktionen der vielfältig gegliederten Stämme.

Als Arminius und Marbod sowie andere »Prinzen« barbarischer Stämme zur Zeit des Augustus in Rom erzogen wurden, waren sich die beiden so unterschiedlichen Zivilisationen näher als in den kommenden Jahrhunderten – zumindest auf der Ebene der herrschenden Schicht. Dieser Konnex dauerte eine gewisse Zeit: Germanische Fürsten versuchten römische Lebensart nachzuahmen; ihre Gräber zeigen dem Archäologen, daß römischer Luxus kopiert wurde, wenngleich in kleinem Rahmen. Die kriegerischen Auseinandersetzungen der folgenden Jahrhunderte verhinderten eine neue Annäherung der germanischen und der römischen Aristokratie. Die Germanen wählten ihre Führer aus den Reihen ihrer Aristokratie. Dieser Brauch blieb, bis auf Ausnahmen, über Jahrhunderte bestehen. Eine Erbfolge, etwa nach dem Vorbild verschiedener römischer Dynastien, gab es nicht.

Ebenso zäh hielten die Stämme an Kult und Religion fest. Tacitus versucht zwar jene germanischen Gottheiten, die ihm bekannt waren, mit entsprechenden römischen gleichzusetzen, er schildert die »römische Interpretation«, zeigt aber deutlich auch die Unterschiede: »Übrigens glauben sie (die Germanen), daß es der Hoheit der Himmlischen nicht entspreche, die Götter in Tempelwände einzuschließen oder irgendeiner menschlichen Gestalt nachzubilden: Haine und Waldwiesen weihen sie ihnen und nennen mit den Namen von Göttern jenes Abgeschiedene, das sie nur in ehrfurchtvoller Ahnung schauen.« Dieser Bericht enthält mancherlei richtige Beobachtungen, ist aber ebenso fehlerhaft.

Bevor sich die Archäologen mit der germanischen Religion beschäftigten, waren alle Vorstellungen von zwei Quellengattungen bestimmt, von den Nachrichten der antiken Autoren, vor allem durch den Bericht des Tacitus, und sodann durch die germanischen Sagas, die allerdings erst schriftlich fixiert wurden, als die Germanen bereits christlich bekehrt waren. Beide Quellengattungen sind also stark gefiltert und kaum geeignet, als Realität zu

Silberpokal von Himlingoie, Seeland, Dänemark. Der Pokal – einer von zwei Exemplaren – stammt aus einem reichen Grab (»Fürstengrab«) und wurde zusammen mit römischen importierten Gütern gefunden. Der Gefäßkörper ist aus Silber getrieben, das Oberteil mit silbernem, vergoldetem Preßblech bedeckt. Als Dekor weist er eingestempelte Muster und Figuren in Anlehnung an römische Vorbilder auf: Männer mit Schwertern, Pferde, Steinböcke, Vögel. 3. Jh. n. Chr. (Dänisches Nationalmuseum, Kopenhagen)

gelten. 1000 Jahre trennen diese unterschiedlichen schriftlichen Aufzeichnungen. Den Zwischenraum hat die Archäologie zu füllen.
Bei allen Ausgrabungen ist ein Tempel, ein Kulthaus, noch nicht entdeckt worden. In diesem Punkt hat Tacitus richtig berichtet. Zwar wurden die heiligen Bezirke durch Zäune von Flechtwerk von ihrer Umgebung abgegrenzt, feste Kultbauten, den Tempeln des Mittelmeergebietes auch nur annähernd vergleichbar, waren allerdings unbekannt (und hier mag man sich erinnern, daß auch die Etrusker einen heiligen Wald als ihr zentrales Heiligtum erkoren). Götterbilder haben die Germanen dagegen durchaus gekannt. Immer wieder wurden grob zugehauene Baumstämme, meist aus Eichenholz, ausgegraben, die bei knapper Kennzeichnung des Gesichts das Geschlecht um so deutlicher hervorheben. Die gute Erhaltung dieser »Götterbilder« ist sowohl den Mooren und Seen Nordeuropas zu verdanken, als auch der germanischen Sitte, ihre Heiligtümer am Rand von Mooren zu errichten. So sind diese Moore gleichsam zur Schatzkammer der Archäologen geworden. Bereits 1863 wurde im Nydam-Moor ein vorzüglich erhaltenes Schiff von 32 m Länge ausgegraben. Daneben zahllose Waffen und Geräte, die in diesem Moor geopfert wurden. Diese Funde, zusammen mit ähnlichen Funden aus anderen Mooren, bezeugen, daß die Waffen der geschlagenen Feinde dem Kriegsgott Wotan gehörten, daß aber auch andere Gottheiten durch die Mooropfer geehrt wurden. Die Moore gaben aber auch Schätze ganz anderer Art preis: Die vorzüglich konservierten Körper von Männern und Frauen, die im Moor verunglückten, geopfert wurden und den Göttern anheimfielen. Tacitus beschreibt diesen Ritus, die Archäologen haben ihn teilweise bestätigt.
Nirgendwo in Europa, so scheint es heute, hat die Archäologie so viele Erfolge zu verzeichnen als in der Erforschung der Germanen. Die schriftliche Überlieferung sehr unterschiedlicher Art wirkte hier als Stimulans. Immer neue Methoden, vor allem naturwissenschaftliche Untersuchungsweisen wurden entwickelt, um jenem Zivilisationsprozeß auf die Spur zu kommen, der die letzte, noch im archaischen Habitus lebende große Völkergruppe Europas an die überlegenen Kulturen des Mittelmeergebietes heranführte und sie für einige Jahrhunderte sogar zum Herrscher über weite Teile des Mittelmeeres machte.

Italiker und Etrusker

Giovannangelo Camporeale

Rechts: Grabbeigaben aus dem Grubengrab 98 der Nekropole von Selciatello Sopra bei Tarquinia, Frühphase der Villanova-Kultur. Bikonische tönerne Aschenurne mit Napfdeckel, viereckiges Rasiermesser und bronzene Scheibenfibel. In Hals und Bauch der Urne sind geometrische Muster als Dekor eingeritzt (Florenz, Archäologisches Museum).

Vorbemerkung. Unsere Kenntnisse über das vorrömische Italien des 1. Jahrtausends v. Chr. beruhen im wesentlichen auf materiellen Überresten und literarischen Quellen; ihr Wert für die Rekonstruktion der Geschichte ist nicht nur qualitativ, sondern auch quantitativ sehr verschieden. Die vorhandenen Relikte sind direkte Zeugnisse, die literarischen Quellen sind Informationen aus zweiter Hand. So entstand einerseits eine etwas spärliche, lückenhafte literarische Dokumentation, andererseits ein überaus reichhaltiges archäologisches Material. Man könnte angesichts der Riesenmengen solchen Materials optimistisch sein, doch der Schein trügt. Ein Großteil des archäologischen Materials stammt aus früheren, unsachgemäß durchgeführten Grabungen, über die es keine oder nur unzulängliche Berichte gibt, vieles aus Raubgrabungen, bei denen einzig das kostbare Objekt ins Auge gefaßt und aus dem Zusammenhang herausgerissen wurde. Dadurch wurden die Vorteile, die sonst ein so reichhaltiges Material bieten könnte, beträchtlich eingeschränkt.

Im folgenden wird den Etruskern der Vorrang vor den anderen Völkern des alten Italien eingeräumt, nicht allein aufgrund des uns zur Verfügung stehenden reichhaltigen Materials, sondern auch, weil sie im Verlauf der Geschichte des 1. Jahrtausends v. Chr. eine hervorragende Rolle gespielt haben. Wir haben den Stoff in Abschnitte nach den traditionellen Kulturperioden eingeteilt. Allerdings entspricht eine solche Einteilung nicht immer den Gegebenheiten der einzelnen Regionen; trotzdem hielten wir sie für angebracht, weil nur so die Verbindungen zwischen den lokalen Gegebenheiten einzelner Gebiete und den großen historischen Ereignissen hergestellt werden können.

Unten: Übersichtskarte der eisenzeitlichen Kulturen Italiens; schraffierte Felder beziehen sich auf Brandbestattung, weiße auf Erdbestattung.

Eisenzeit

Anders als während der ziemlich gleichförmigen Kultur der Bronzezeit zeichnen sich auf der italienischen Halbinsel während der Eisenzeit (9.–8. Jh. v. Chr.) bereits mehrere regionale Kulturen ab, deutliche Vorläufer der sich in den nachfolgenden Jahrhunderten herausbildenden verschiedenen Stämme und Völker. Wir erwähnen hier die Este-Kultur in der östlichen Poebene; die Golasecca-Kultur in der zentral-westlichen Poebene; die Villanova-Kultur in der Emilia, Toskana und Nordlatium mit Ausläufern in den Marken (Fermo), im Marecchia-Tal (Verucchio), und von Capua bis ins Salernitanische; die Latium-Kultur im Südlatium, die Fossa-Kultur in Kampanien und Daunien; die Grottengräberkultur in Kalabrien; die Hügelgräberkultur in Peuketien und der Gegend von Matera; die Gestreckt- oder Hockerbestattung im Picenum.

Sehr spärlich und ausschließlich bruchstückhaft sind die Zeugnisse hinsichtlich der Siedlungsstätten, so daß uns über die Art und Weise des täglichen Lebens ihrer Bewohner nur wenig bekannt ist. Immerhin wissen wir über einige Dinge Bescheid, wenn auch auf indirekte Art. Die Behausungen waren aus leichtverderblichem Material gebaut – meist Flechtwerk und Stroh um ein Stangengerüst; die Siedlungsform waren Dörfer, von denen sich mehrere, unter Wahrung einer bestimmten Selbständigkeit, zu einer gewissen wirtschaftlichen und gesellschaftlichen Einheit zusammenschlossen. Die Bevölkerung einer solchen

Oben: Bronzestatuette eines Mannes aus einem Grubengrab der nördlichen Nekropole von Vulci. Sie gehört zu einigen anderen aus Sardinien importierten Bronzeobjekten, die sich als Beigaben im gleichen Grab fanden (Rom, Museum Villa Giulia).

Siedlungsgruppe dürfte im günstigsten Fall einige tausend betragen haben, meist aber weit weniger, was von geographischen und wirtschaftlichen Faktoren abhing.

Bedeutend zahlreicher sind die Überreste der Nekropolen. In folgenden Gebieten ist die Erdbestattung üblich: Kampanien, Kalabrien, Apulien, Picenum; in anderen die Verbrennung, wobei die Asche in bikonischen, kugelförmigen oder auch hüttenförmigen Tongefäßen in einer Grube beigesetzt wurde. In solchen Gebieten finden sich oft sogar im gleichen Gräberfeld (besonders bei Bestattungen aus jüngerer Zeit) Brand- und Erdbestattung vermischt; so z. B. in der Nekropole von Sorbo bei Cerveteri. Die Grabbeigaben sind gewöhnlich aus grobem Ton, manchmal aus Bronze, seltener aus Eisen oder anderem Metall. Die Tongefäße sind mit einfachen geometrischen Mustern – Zickzacklinien, Winkeln, Dreiecken, Vierecken, Mäandern und ähnlichem verziert; auch die menschlichen Figuren, die dargestellt werden, sind nach einem streng geometrischen Schema gezeichnet.

Aus dem Fundmaterial kann auf eine gewisse Entwicklung der Kultur geschlossen werden. In einer frühen Phase sind die Grabbeigaben recht ärmlich, meist nur ein oder ganz wenige kleine Gefäße – abgesehen natürlich von der Aschenurne bei Brandbestattung. Während der nachfolgenden Phase werden die Beigaben reicher; einige Gräber enthalten Gegenstände (überwiegend aus Bronze), die auf den Stand des Beigesetzten hinweisen, z. B. Waffen. Daraus ist zu schließen, daß sich bereits eine »Kriegerkaste« herangebildet hatte, die in der damaligen Gesellschaft einen besonderen Rang eingenommen haben muß. In einigen Fällen gibt es auch Mehrfachbestattungen innerhalb eines durch Steinkreise abgegrenzten Areals (Tivoli, Vetulonia) oder in einer kleinen Grotte (Locri), offenbar Familien- oder Sippengräber. Im Dekor tauchen auch szenische Darstellungen auf, so z. B. Jagdszenen auf Gebrauchsgegenständen des Mannes (Rasiermesser oder Schwertscheiden aus Nekropolen der Villanova-Kultur); das Symplegma – erotische Zweiergruppe aus Mann und Frau (Tondeckel von Pontecagnano, Bronze auf Basis von Cairano im oberen Ofantotal, Bronzegehänge von Locri und Torre del Mordillo usw.). Die Szenen sind der Wirklichkeit entnommen und spiegeln Gebräuche und Riten des täglichen Lebens wider; gleichzeitig verdeutlichen die Objekte den sozialen Rang des Bestatteten.

Wenn einerseits die Menge und Qualität der Objekte ein leistungsfähiges, organisiertes Handwerk mit entsprechenden Fachkräften voraussetzt, so gibt uns das Vorkommen fremder Gegenstände

Rechts: Tönerne Rundhüttenurne aus der Nekropole der Monterozzi in Tarquinia. Die in gegenständige Flügel auskragenden Dachbalken haben eine besondere dekorative Wirkung (Tarquinia, Archäologisches Nationalmuseum).

Rechts: Kleiner Tonkrug aus einem Grubengrab der Nekropole Selciatello Sopra in Tarquinia. Das aufgemalte »Vorhangmotiv« ist charakteristisch für die Keramik von Sala Consilina (Provinz Salerno); eines der wenigen aus dem dortigen Raum während der Villanova-Zeit eingeführten Objekte. 8. Jh. v. Chr. (Florenz, Archäologisches Museum)

eingeführten Waren. Die Außenhandelsbilanz der Italiker wurde wahrscheinlich durch die Ausfuhr von Konsumgütern und Rohstoffen ausgeglichen: Produkte des Bergbaus (Metalle, Salz), der Land- und Forstwirtschaft (Getreide, Holz), eben jenen, auf denen sich der Wohlstand vieler Siedlungsstätten der Eisenzeit gründete. Man denke nur an Caere und Tarquinia nahe am Bergwerksdistrikt von Tolfa und Allumiere, Vetulonia im Bezirk der Erzlagerstätten von Massa Marittima, Populonia im Minendistrikt von Campiglia Marittima (und gegenüber der Insel Elba), Veji in beherrschender Lage der Salinen am rechten Ufer des Tibers nahe seiner Mündung in das Tyrrhenische Meer.

Diese solide Wirtschaftslage des *alten tyrrhenischen Italien* bildet auch die Basis für die hellenische Einwanderung und Kolonisation und führt zu einer Wende in der Weiterentwicklung, einer »Veröstlichung«, von der sämtliche Kulturen der italienischen Halbinsel seit den letzten Jahrzehnten des 8. Jh.s v. Chr. mehr oder weniger betroffen werden.

Aufschlüsse über Handelsbeziehungen, die sich auf verschiedenen Wegen abwickelten:

1. Zwischen Orten des gleichen Kulturkreises (z. B. einige in Vetulonia gefundene *Askoi*, ringförmige Tongefäße, sind wahrscheinlich in Tarquinia hergestellt worden).

2. Zwischen Orten verschiedener Kulturkreise (in Caere, dem heutigen Cerveteri) gefundene kleine, mit netzartigen Zierleistchen versehene Töpfchen dürften aus dem Latium stammen; drei kleine in Capena, Tarquinia und Vulci gefundene kleine Tonkrüge mit »Vorhang«-Dekor kamen sicher aus Sala Consilina; eine in Tarquinia gefundene önotrisch-geometrische Schale ist aus Lukanien importiert).

3. Zwischen italischen Orten und Gebieten jenseits des Meeres. So entdeckte man drei kleine in Sardinien hergestellte Bronzen zwischen den Beigaben eines Villanova-Grabes in Vulci; ebenso »kykladische« Schalen des reifgeometrischen Stiles, ganz ähnlich denen von Cumae, in Veji, einen spätgeometrischen attischen Krug in Locri und zwei phönizische Bronzebecher in Vetulonia bzw. in Francavilla Marittima (im Gebiet von Sybaris). Solche Ware fand sich jedoch nur in wenigen Gräbern von Leuten, die durch den Handel wohlhabend geworden waren und bald in den herrschenden Stand aufrücken werden. Hier muß auch darauf hingewiesen werden, daß sich bereits in den letzten Jahrzehnten des 8. Jh.s v. Chr. die Tätigkeit griechischer Meister in Italien nachweisen läßt: Ein spätgeometrischer Krater, in Pithecusae (Ischia) gefunden und auch dort verfertigt, weist den Namenszug eines griechischen Töpfers auf; einige etruskisch-geometrische, in Vulci hergestellte Vasen sind wahrscheinlich das Werk eines euböischen Meisters. Man schließt daraus, daß sich im tyrrhenischen und südlichen Italien bereits weitreichende Kultur- und Handelsbeziehungen entwickelt hatten. Einige Bronzen im Villanova-Stil sind in Griechenland aufgetaucht (Fibeln in Olympia, ein Rautengürtel vielleicht in Euböa, Helme in Olympia und Delphi), doch ist dies belanglos angesichts der Menge und Qualität der

Rechts: Glasierte Tonvase mit der Kartusche des Pharao Bokkoris, dessen Herrschaft in die beiden letzten Jahrzehnte des 8. Jh.s v. Chr. datiert ist. Der Fund stammt aus der Tomba di Bokkoris in Tarquinia. Ein sehr ähnliches Gefäß wurde in Lilibaeum (Sizilien) gefunden (Tarquinia, Archäologisches Nationalmuseum).

Oben: Goldene »Blutegelfibel« mit langer Nadel und Bügel aus der Tomba del Littore von Vetulonia. Der in feinster Granuliertechnik ausgeführte Dekor – Tiere und ornamentale Motive – ist im orientalisierenden Stil gehalten. 7. Jh. v. Chr. (Florenz, Archäologisches Museum)

Orientalisierende Phase

Die Zeit vom Ende des 8. bis zum Beginn des 6. Jh.s v. Chr. ist von einer weitgehenden Aufnahmebereitschaft der altitalischen Kulturen für die bildnerischen und kulturellen Erfahrungen des Vorderen Orients gekennzeichnet. Diese Erscheinung läßt sich auch in anderen Gebieten des Mittelmeerraumes von der Ägäis bis zur Iberischen Halbinsel verfolgen, wenn auch die Zeitmaße für die verschiedenen Regionen anders gesetzt sind. Im Falle Italiens muß gesagt werden, daß die Bezeichnung »Orientalisierende Phase« die tatsächliche, etwas verwickelte Lage nicht in ihrer Gänze erfaßt: Neben den Strömungen aus dem Vorderen Orient, die zweifellos am stärksten und nachhaltigsten waren, gab es noch mindestens zwei andere Komponenten: eine hellenische und eine mitteleuropäische, die sich ebenfalls in den lokalen Traditionen bemerkbar machen.

Das Kulturbild ist keineswegs einheitlich. Der Prozeß der Kulturübernahme aus dem Osten und Griechenland verläuft rascher und ist in den wirtschaftlich hochentwickelten Gebieten tiefgreifender, d. h. im etruskischen Küstenstreifen und in der Bucht von Salerno. In wirtschaftlich schwächeren Gebieten, im Hinterland und im Norden geht die Kulturübernahme zögernd vor sich und erfolgt aus zweiter Hand.

Eine Neuheit von größter kultureller und gesellschaftlicher Tragweite bringt die Einführung der Schrift. Epigraphische Denkmäler aus dem letzten Jahrzehnt des 8. Jh.s v. Chr., in griechischer Sprache mit euböischem Alphabet, sind aus Pithecusae bekannt. Um die Wende von 8. zum 7. Jh. v. Chr. taucht in Südetrurien ein westgriechisches Alphabet auf – wahrscheinlich von Cumae-Pithecusae übernommen und den Erfordernissen der lokalen Sprache angepaßt. Aus den Schriftdokumenten des 7. Jh.s ist die Weiterentwicklung des etruskischen Alphabets in verschiedenen Regionen ersichtlich, in das auch Elemente aus anderen griechischen Schriften, z. B. der korinthischen, aufgenommen wurden. Anfangs war der Gebrauch der Schrift auf eine dünne Oberschicht der Gesellschaft beschränkt, der Großteil der Bevölkerung blieb analphabetisch.

Aus den Inschriften lassen sich die ersten genaueren ethnischen Bestimmungen ableiten. Wenn als Zeichen der Volkwerdung ethnischer Gruppen die durch Schriftdokumente bezeugte Ausbildung einer gemeinsamen nationalen Sprache angenommen werden kann, so wäre dies bei den Etruskern, deren Sprache als erste der italischen Idiome belegt ist, nicht vor dem 7. Jh. v. Chr. der Fall. Aufgrund dieser Erkenntnis kann man jedoch – immer beschränkt auf Etrurien – in der Zeit weiter zurückgehen, um festzustellen, ob Kulturerscheinungen der schriftlosen Eisenzeit Etruriens, wenn schon nicht mit absoluter Sicherheit, so doch mit größter Wahrscheinlichkeit dem gleichen Volk zugeschrieben werden können. Dafür sprechen zwei Faktoren: ein topographischer und ein demographischer. Die großen Handelsplätze zur Zeit der orientalisierenden Phase blieben unverrückt an den Siedlungsstätten der Eisenzeit; ebenso sind die Nekropolen in der orientalisierenden Phase eine Fortsetzung der eisenzeitlichen: Caere (Sorbo), Vulci (Osteria, Cavalupo), Chiusi (Poggio Renzo), Vetulonia (Poggio alla Guardia) usw. sind hierfür schlagende Beispiele. Darüber hinaus ergibt sich aus einer notwendigerweise nur annähernden Berechnung der Anzahl der Gräber und der darin Bestatteten, daß im Bevölkerungsstand zwischen der Eisenzeit und der orientalisierenden Zeit kein plötzlicher Wechsel eingetreten ist. Es ist daher mit hoher Wahrscheinlichkeit anzunehmen, daß in Etrurien der ethnische Kern während der beiden Perioden unverändert geblieben ist. Weiterhin wurden in der darstellenden Kunst fremdartige Motive in die lokale Tradition eingefügt. Das hier für die etruskische Welt benutzte Verfahren könnte auch für die anderen Völker angewandt werden, doch ist hier in jedem Einzelfall eine Überprüfung der zur Verfügung stehenden Zeugnisse nötig.

Über die Art der Wohnstätten wissen wir zwar etwas mehr als über die der Eisenzeit, doch sind unsere Kenntnisse immer noch spärlich und oft nur auf indirekte Weise gewonnen. Nun wurde damit begonnen, die Häuser nach einem rechteckigen Grundriß aus Lehmziegeln zu bauen und das Dach mit Ziegeln zu decken. Die protourbanen, eisenzeitlichen Dörfer schließen sich zu städtischen Gemeinschaften zusammen. In der Bevölkerung tauchen voll integrierte *Metöken* (nach heutigem Sprachgebrauch »Gastarbeiter«) auf: Namen wie *Hipucrates* und *Telicle(s)*, die sich in Inschriften von Tarquinia bzw. Caere fanden, sind zweifellos aus griechischen Personennamen abgeleitet; da

Rechts: In der Nähe von Città di Castello ausgegrabener Henkel eines Bronzeeimers in der Form eines menschlichen Oberkörpers mit Spitzenhaube, der den beweglichen Tragbügel hält. Verziert mit zahlreichen, manchmal nur auf den Vorderleib reduzierten, meist katzenartigen Tieren, mit einem menschlichen Arm oder Bein im Rachen. Wahrscheinlich aus einer Werkstatt von Vetulonia nach Umbrien exportiert. Mitte bis Ende des 7. Jh.s v. Chr. (Florenz, Archäologisches Museum)

Rechts: Grabstele aus Sandstein von Saletta di Bentivoglio. In der Typologie – rechteckige, von einer Scheibe gekrönte Platte – den protofelsinischen Grabstelen entsprechend. Der Dekor in Flachrelief – Sphinx auf der Scheibe, je eine Ziege zu beiden Seiten des Lebensbaumes auf der Platte – ist orientalisierend. 7. Jh. v. Chr. (Bologna, Städtisches Museum)

*Unten: Dreifuß aus Bronze mit geösten Tatzen; aus einem Tonnengrab (Dolium) der Nekropole des Arsenals von Bologna. Der Ritzdekor auf dem Schälchen gleicht dem auf den Bologneser Trankopfergefäßen (*Capeduncole*). Wahrscheinlich aus Vetulonia importiert. 7. Jh. v. Chr. (Bologna, Städtisches Museum)*

nur die höheren Gesellschaftsschichten den Gebrauch der Schrift kannten, folgt daraus, daß solche Fremdlinge gleichberechtigt in die wohlhabenden Kreise aufgenommen worden waren.

Die Nekropolen liefern uns noch weitere bedeutsame Aufschlüsse. Die Grabbeigaben werden immer reichlicher, darunter sind oft Gegenstände von hoher Qualität; die Erdbestattung breitet sich immer weiter aus, ohne daß die Brandbestattung völlig verschwindet. Die Bestattung in rechteckigen Gruben wird so allgemein, daß selbst die Urnen der Verbrannten so beigesetzt werden, wie z. B. in Vetulonia. Die ältesten Kammergräber, manchmal mit mehreren Abteilungen, reichen bis in die erste Hälfte des 7. Jh.s v. Chr. zurück. Sie sind direkt in den Tuff gehauen (Tomba del Carro in Vulci), zur Hälfte gemauert (Tomba Regolini-Galassi in Caere) oder ganz gemauert (die Gräber von San Cerbone in Populonia). In der Regel werden die Kammergräber, die der Mehrfachbestattung dienten, mit einem Erdhügel bedeckt. Bei anderen Arten von Mehrfachbestattung wurden mehrere Gräber in einen Steinkreis eingeschlossen (Vetulonia, Marsiliana d'Albegna) oder um ein Zentralgrab angeordnet (Castel Decima). Sicher wurden in Kammergräbern und abgegrenzten Begräbnisstätten Leute beigesetzt, die irgendwie verwandtschaftlich miteinander verbunden waren, höchstwahrscheinlich also Familien- oder Sippengräber. Diese Theorie fußt auf der Tatsache, daß sich während der orientalisierenden Periode der Gebrauch zweiteiliger Namen (Vor- und Sippenname) durchsetzt. Der sagenhafte erste König von Rom hatte nur einen Namen, »Romulus«, während seine Nachfolger, angefangen von Numa Pompilius, für den traditionsgemäß das Jahr 715 v. Chr. angesetzt wird, bereits zwei Namen tragen. Auch andere etruskische Inschriften des 7. Jh.s v. Chr. bezeugen weitgehend die zweiteiligen Personennamen.

Die bereits in der Eisenzeit begonnenen Handelsverbindungen mit dem Orient und Griechenland werden seit den letzten Jahrzehnten des 8. Jh.s v. Chr. immer lebhafter. Offensichtlich fanden die Erzeugnisse der Landwirtschaft und des Bergbaues, an denen Italien und besonders Etrurien reich waren, besten Absatz auf den internationalen Märkten – mit gutem Gewinn für die Lieferanten. Es bildete sich eine sehr wohlhabende Klasse von Patriziern und Adligen heran, die bald die Führung der Gesellschaft jener Zeit an sich riß. Einen konkreten Beweis hierfür liefern die Fürstengräber von Vetulonia, Marsiliana d'Albegna, Vulci, Caere, Praeneste, Tivoli, Pontecagnano und Fabriano mit ihren überaus kostbaren Grabbeigaben. Aber es wurden nicht nur ausländische, als solche leicht erkennbare Erzeugnisse eingeführt; es ist anzunehmen, daß aus dem Vorderen Orient und Griechenland auch erfahrene Meister einwanderten, die neue Techniken und Stilelemente mitbrachten und auf die heimische Industrie einwirkten. Man denke nur an die bemalte Keramik und die Bearbeitung von Knochen und Elfenbein. Ein Echo derartiger Zuwanderung findet sich in einer Notiz bei Plinius d. Ä. in seiner »Historia naturalis«, XXXV,152, wo über die Ankunft von drei Meistern in Tarquinia berichtet wird, die ausgesprochene Kunstnamen tragen: *Eucheir, Eugrammos, Diopos* – und das bereits um die Mitte des 7. Jh.s v. Chr.

Die fremden Erzeugnisse kamen aus den verschiedensten Kulturkreisen des Vorderen Orients, Griechenlands und Mitteleuropas. Nachstehend werden nur einige der bedeutsamsten Stücke angeführt, aber schon aus diesen geht hervor, wie weit gespannt die Handelsbeziehungen waren. Es muß noch betont werden, daß die Zuschreibungen einiger Stücke zu diesem oder jenem Kulturkreis ungewiß und strittig sind. So wird eine bisher als zypriotisch betrachtete Gruppe von birnenförmigen Silberkrügen aus den Fürstengräbern Etruriens und der Gegend von Salerno neuerdings Nordsyrien zugeschrieben; ebenso werden einige Sirenenprotomen, die als Verzierung von Bronzekesseln dienen, von den einen als urartäisch, von anderen als nordsyrisch betrachtet.

Nach Ägypten weisen die Skarabäen der Gruppe »Lyra-Spieler«, von denen eine große Menge in Pithecusae gefunden wurden, ebenso die glasierten Tongefäße aus dem Bokkoris-Grab in Tarquinia und aus Lilibaeum, vielleicht auch einige Gläser. Aus Nordsyrien kamen einige mit Löwen- und Greifenprotomen verzierte Bronzekessel nach Vetulonia und Praeneste, die Kesselständer aus getriebener Bronze aus der Tomba Barberini und der Tomba Bernardini von Praeneste, die Bronzebecher mit getriebenem Dekor aus Gräbern von Praeneste und Satricum und die dekorierten Tridachnen von Vulci und Quinto Fiorentino. Phönizisch-zypriotischer Herkunft sind die in Treibarbeit und Gravur meisterlich dekorierten

Metallschalen aus Fürstengräbern von Caere und Praeneste, sowie in verschiedenen Orten Etruriens und Süditaliens gefundene Glasperlen. Bemerkenswert ist, daß der erste orientalisierende Anstoß von Nordsyrien ausging, etwas später machte sich der phönizisch-zypriotische Einfluß bemerkbar.

Griechenland lieferte vor allem Keramiken. Aus Korinth kamen beträchtliche Mengen von Vasen verschiedenster Formen des protokorinthischen und korinthischen Stils hauptsächlich in die griechischen Kolonien in Unteritalien, aber auch, wenngleich in geringerer Zahl, nach Etrurien. Ein eiförmiger Aryballos (kleines Balsamgefäß) erreichte sogar Este (Tomba Rebato 100). Aus Ostgriechenland kamen in einer ersten Phase »Vogelschalen« und später Schalen mit kräftigem Randprofil sowie Vasen im sogenannten Wildziegenstil. Attika lieferte große Amphoren für den Handel mit Wein und Öl.

Der Handel mit Europa konzentrierte sich hauptsächlich auf die Einfuhr von Bernstein aus dem Ostseeraum sowie von Bronzesitulen aus dem Donauraum. Einige in Bologna und Vetulonia gefundene Situlen unterscheiden sich von der Lokalproduktion durch ihre Form, durch die in parallelen Bändern nahe am Rand eingeritzte Ornamentierung und die Typologie der Henkelkreuze; sie sind ganz ähnlich den im Gebiet der Hallstattkultur gefundenen Situlen und sicher Importware. In anderen Orten Altitaliens (Populonia, Marsiliana d'Albegna, Chiusi, Praeneste, Fabriano) fand man Bronzesitulen des »Kurd«-Typs; solche Formen sind aus der Urnenfelderzeit Ungarns und anschließend auch aus den Gebieten der Hallstattkultur bekannt. Die italischen Exemplare unterscheiden sich in einigen Einzelheiten von diesen mitteleuropäischen; es könnte sich hierbei aber auch um lokale Umarbeitungen der fremden Modelle handeln. Spärlich war die Einfuhr aus Sardinien – wenige nuraghische Kleinbronzen in Städten an der tyrrhenischen Küste (Populonia, Vetulonia, Graviscae), die keinen Einfluß auf das lokale Kunsthandwerk hatten.

Mit der Masseneinfuhr handwerklicher Waren von guter Qualität sowie mit der bereits erwähnten Einwanderung ausländischer Meister verfeinerte sich der lokale Geschmack und führte die bildende Kunst in eine andere Richtung. Die einfache geometrische Ornamentierung der Eisenzeit bereichert sich nach und nach mit anderen Motiven: Spiralen, Blattvoluten, Pflanzen (Palmetten in verschiedenen Varianten, Lotosblumen, Bäumchen), Tieren (Löwen, Wildschweinen, Steinböcken), Fabelwesen (Sphinx, Kentauren, Flügelpferden usw.). All diese Elemente finden sich im Dekor der eingeführten griechischen und orientalischen Waren. Auch die prozessionsartige Aneinanderreihung besonders der Tiere und die Aufteilung des Dekors in parallele Bänder erinnern an griechische und orientalische Vorbilder. Ebenso werden szenische Darstellungen aufgenommen, vor allem in jenen Produktionsstätten, wo solche Ware ankommt und dort Schule macht. So werden z. B. etruskische Jagdszenen entweder mit Tieren dargestellt, die nur im Orient, nicht aber in Etrurien vorkommen – wie z. B. Löwen – oder auch in Etrurien lebende Tiere – Hirsche und Hasen –, die jedoch den orientalischen (Hirsch) und griechischen (Hase) Prototypen nachgebildet sind. Hingegen scheint die Darstellung einer Hirschjagd auf einem Paar Bronzeplatten von Pitino di San Seve-

*Quinto Fiorentino (Florenz). Tomba della Montagnola; Ausschnitt des Gewölbes (*Thólos*).*

Rechte Seite: Quinto Fiorentino (Florenz). Tomba della Montagnola. Das Grab ist aus Steinplatten gebaut; ein Gang mit zwei seitlichen Nischen führt in eine runde Grabkammer, deren Kuppel auf einem Mittelpfeiler ruht. Ein Erdhügel bedeckte das Grab. Letzte Jahrzehnte des 7. Jh.s v. Chr.

rino-Marche auf tatsächlicher, lokaler Tradition ohne Fremdeinfluß zu beruhen.
Oft werden Motive oder Elemente verschiedener Herkunft auf dem gleichen Objekt miteinander kombiniert. So ist die vergoldete Silberkotyle (Trinkgefäß) aus der Tomba del Duce von Vetulonia in der Form dem protokorinthischen Modell nachgeahmt, die Dekoration jedoch phönizisch-zypriotisch; auf der bronzenen Kotyle der Tomba Barberini von Praeneste ist der hellenische Kentaur mit menschlichem Oberkörper in eine Reihe von phönizisch-zypriotischen Tieren und Fabelwesen (Stiere, Löwen, Greifen usw.) gestellt. Dies zeigt, daß die Meister, ungeachtet ihrer Herkunft, in einer für alles Neue aufgeschlossenen Gesellschaft arbeiten konnten.
Manchmal werden im Orient oder in Griechenland erarbeitete Formelemente in Italien so weit übertrieben, daß nicht nur ihr eigentlicher Charakter, sondern auch ihre ursprüngliche Bedeutung verändert wird. An einigen als Gefäßhenkel dienenden bronzenen Greifenprotomen aus Vetulonia und Chiusi fehlen geringfügige Einzelheiten, z. B. die Stirnspitze und Löckchen an den Seiten, hingegen sind die Windungen des Halses übertrieben, der Schnabel zu einem weiten Kreisbogen und die Ohren zu Schnörkeln ausgezogen. Die Gruppe des Mannes im Kampf mit einem Löwen, die sich so häufig auf phönizisch-zypriotischen Gefäßen findet, wird manchmal der Symmetrie zuliebe um einen zweiten Löwen erweitert (z. B. auf einer Elfenbein-Pyxis aus der Tomba Regolini-Galassi von Caere) oder auch durch einen zweiten Mann (z. B. auf einem silbernen Henkel aus der Tomba Bernardini von Praeneste). Der im orientalisierenden Ornament Etruriens so häufige Löwe mit einem menschlichen Arm oder Bein im Rachen ist nichts anderes als die extreme Weiterentwicklung einer Jagd- oder Löwenkampfszene, bei der der Mensch unterliegt.
Immer mehr kommt Bronze in Gebrauch, viele Geräte sind im Vollguß hergestellt, dazu kommen die oft in feinster Gravier- und Treibarbeit dekorierten Bronzebleche, Beschläge für Möbel und Prunkwagen. Auch die Goldschmiedekunst zeichnet sich durch außerordentlich verfeinerte Techniken aus: Ziselier- und Treibarbeit, Filigran und staubfeine Granulation. Die Töpferei gelangt im zweiten Viertel des 7. Jh.s v. Chr. durch Reduktionsbrand zum *Bucchero*, der charakteristischen schwarzglänzenden Keramik. Die ältesten, meist recht dünnwandigen Gefäße, halten sich in der Form an Metallgefäße, orientalische oder hellenische Keramik, aber auch an die verschiedenen Formen lokaler Töpferware.
Die Kammergräber liefern nützliche Hinweise über Bautechnik. Wir erwähnen nur einige der wichtigsten Elemente: die »falschen« Giebelgewölbe (Caere) und *Tholoi* (Rundbauten in Nordetrurien) der gemauerten Grabstätten und die Kassettendecken oder Haubengewölbe der in den Tuff gegrabenen Gräber (Caere). In der zweiten Hälfte des 7. Jh.s v. Chr. tauchen Versuche zu Formen bildnerischer Kunst auf, die in den nachfolgenden Jahrhunderten einen gewaltigen Aufschwung nehmen werden: die Wandmalerei (Caere, Veji), die große Steinplastik (Vetulonia, Capua), die Tonplastik (Heiligtum der Göttin Marica an der Garigliano-Mündung), die architektonischen Zierterrakotten (Capua: Stirnziegel mit der »Herrin der Tiere«), Grabstelen mit graviertem oder reliefiertem Dekor (Vetulonia, Bologna, Gargano-Gegend).
Diese Erscheinungen, bei denen Etrurien die erste Rolle spielt, zeigen, daß zumindest die orientalisierende figurative Kunst nicht so sehr eine lineare Weiterentwicklung der Eisenzeit, sondern vielmehr deren Überwindung ist. Von dieser Zeit an wird Italien immer mehr in die Kulturkreise des östlichen Mittelmeers hineingezogen.
Die beträchtlichen Mengen und die gute Qualität der lokalen Produktionen setzen vor allem ein gut organisiertes Kunstgewerbe voraus, d. h. von erfahrenen Meistern geleitete Werkstätten mit entsprechend gut ausgebildetem Personal. Ebensogut muß auch der Handelsverkehr organisiert gewesen sein. Die lokalen Erzeugnisse finden guten Absatz am Ort, aber auch auf anderen, kulturell weniger entwickelten Plätzen. So kommen z. B. nach Vetulonia viele handwerkliche Erzeugnisse aus Caere, aber nur wenige aus Chiusi. Abgesehen davon, daß die scheinbare wirtschaftliche Unausgewogenheit zwischen den einzelnen Plätzen wohl durch Lieferung unkontrollierbarer Güter (Rohstoffe, Konsumgüter und ähnliches) ausgeglichen wurde, steht die kulturelle Stellung Vetulonias fest, das wohl in dieser Hinsicht unter der von Caere, aber über der Chiusis stand.
Die Erzeugnisse des etruskischen Kunsthandwerks erreichen jedoch auch andere Kulturbereiche Altitaliens: Kampanien, Picenum, Emilia und Norditalien. Einige in Pontecagnano (Provinz Salerno) aufgetauchte silberne Skyphoi und vielleicht auch einige Bronzekessel dürften etruskisch sein. Ein in Cumae gefundener Bronzeschild mit getriebenem, in konzentrischen Zonen angeordnetem Dekor wurde sicher aus Südetrurien eingeführt; ähnliche, ebenfalls aus Südetrurien stammende Schilde wurden auch in einer Grabstätte von Fabriano gefunden; das Straußenei mit Ritzdekor von Pitino di San Severino-Marche stammt wahrscheinlich aus Vulci; ein in Tolentino gefundener bronzener Dreifuß mit rechtwinklig abgebogenen Tatzen ist ganz ähnlich denen, die auch in Marsiliano d'Albegna, Chiusi und Orvieto gefunden wurden. Nach Bologna gelangten Erzeugnisse aus Vetulonia, darunter ein Dreifuß, dessen Tatzen mit einer Öse verziert sind, sowie eine goldene granulierte Gewandfibel. Umgekehrt fanden sich in Vetulonia Bologneser Erzeugnisse, z. B. ein bronzenes Schippchen und eine bronzene Capeduncola (Schale mit Hebelgriff). Das bronzene, mit Fabelwesen und Raubkatzen verzierte Becken von Castelletto Ticino (Provinz Novara) wird als etruskischer Import betrachtet. Es darf auch nicht übersehen werden, daß einige in die Dekoration der Situlen eingeführte Motive, wie z. B. der Löwe mit menschlichem Arm oder Bein im Rachen oder der Kentaur mit bekleidetem menschlichen Oberkörper, etruskische Erfindungen sein dürften. Aus diesen kurzgefaßten Hinweisen über die Ausstrahlung der etruskischen Kultur in andere Kulturgebiete Italiens muß geschlossen werden, daß die orientalisierenden Impulse größtenteils aus Etrurien kamen.
Die kulturelle und kommerzielle Ausstrahlung Etruriens reicht aber auch weit über die Grenzen der italienischen Halbinsel hinaus. Mindestens vier Bronzeschilde mit geometrischem Dekor in konzentrischen Zonen in Olympia sind etruskische Arbeiten, ebenso ein Bronzekessel mit gegossenen aufsteigenden kleinen Löwen über dem Henkel.

Kentaur aus »Nenfro«, einer besonderen Art von Tuffstein, der in Vulci gefunden wurde. Solche Großplastiken von Ungeheuern und Tieren waren als Grabwächter weit verbreitet. Der Kentaur weist in Gesicht und Körperbau dädalische Züge auf. Beginn des 6. Jh.s v. Chr. (Rom, Museum Villa Giulia)

Am stärksten wird diese Ausstrahlung seit dem späten 7. Jh. v. Chr. durch die Ausfuhr von Bucchero-Gefäßen, Krügen, Schalen und vor allem Kantharoi bestätigt, die man in den verschiedensten Orten des ganzen Mittelmeerbeckens fand; dazu kommen die vielen in Südfrankreich und Katalonien gefundenen Weinamphoren aus Vulci.

Archaische Phase

Im Verlauf des 6. bis in das frühe 5. Jh. v. Chr. werden Waren aus dem Vorderen Orient immer seltener. Der Markt wird von hellenischen Erzeugnissen beherrscht. Man nennt diese Periode die »archaische«. Schon während der orientalisierenden Phase hatten höchstwahrscheinlich Meister aus Euböa, Korinth, Ionien und den Kykladen in

Italien ihre Werkstätten; ihre Anwesenheit hatte einen entscheidenden Einfluß auf den Wandel in Stil und Geschmack. Immer noch werden korinthische und ionische Vasen eingeführt, oft in Konkurrenz mit lakonischen und attischen. Besonders letztere finden äußerst weite Verbreitung, anfangs die schwarzfigurigen, später die rotfigurigen. Daraus ist auf eine Neuverteilung des Reichtums zu schließen, der nicht mehr wie während der orientalisierenden Phase in den Händen weniger Familien konzentriert ist; vielmehr hat sich ein wohlhabender Mittelstand gebildet. Außer Keramik kamen sicher auch andere hellenische Erzeugnisse nach Italien, z. B. Stoffe, die – wenn gemustert – ebenso wie Vasen die Thematik und Problematik des Kunstschaffens angeregt haben werden. Es muß hervorgehoben werden, daß die italischen Meister der Periode des Archaismus die Hauptquelle für ihre Inspirationen vor allem in der griechischen Kunst und Kultur suchten und fanden.
Es darf nicht vergessen werden, daß die kulturellen Zustände in Altitalien keineswegs einheitlich waren; die tyrrhenischen Küstenregionen, allen voran Etrurien, waren weit mehr aufnahmebereit für hellenische Einflüsse als das Hinterland und die Adriaküste. In den Zeugnissen des figürlichen Kunstschaffens an der Adria, die manchmal recht komplex sind, fehlen hellenische Erfahrungen ganz oder es finden sich nur einige wenige, in lokale Formen und Strukturen eingefügte Elemente. Es ist kein Zufall, daß sich die griechischen Kolonien, die einen so bedeutenden Anteil an der Hellenisierung Italiens hatten, auf der tyrrhenischen und ionischen Seite befinden. An diesen Küsten entstanden auch die großen Heiligtümer, die alle dem Kult der Hera geweiht waren und über richtiggehende Hafenanlagen verfügten: Graviscae, Pyrgi, das Heraion an der Mündung des Sele, Croton. Die der Hellenisierung am meisten zugänglichen Gebiete sind auch die reichsten, besonders an Metallen. Der Adriastreifen nimmt erst später an dieser wirtschaftlichen und kulturellen Bewegung teil, wahrscheinlich im Zusammenhang mit dem Getreidehandel aus der Poebene, für den seit dem späten 6. Jh. v. Chr. Adria und Spina, mit Beginn des 5. Jh.s v. Chr. auch Numana die Hauptumschlagsplätze sind. Das hat Auswirkungen auch im Hinterland: So kommen z. B. zahlreiche attische Vasen über die adriatischen Häfen nach Bologna. Die Kultur der Eisenzeit wird auch dort überwunden. Es beginnt eine neue, für hellenische und etruskische Einflüsse empfänglichere Periode. In die gleiche Zeit fallen auch die Gründungen etruskischer Niederlassungen in Kampanien und in der Poebene.
In manchen Aspekten setzt die archaische Phase die orientalisierende Tradition fort. Man betrachte nur die etruskisch-korinthische Keramik der ersten Hälfte des 6. Jh.s v. Chr. mit ihren Rosettenmustern und den Bilderzyklen auf den Olpen, jenen leicht bauchigen etruskischen Imitationen kleiner attischer Vasen mit runder Öffnung und zylindrischem Hals. Sie stellt eine Fortsetzung des in Vulci vom Maler der bärtigen Sphinx begonnenen Stiles dar. Die Buccheroi des 6. Jh.s folgen in Formen (Kantharos, Becher, Kelche, Kyathos usw.) und Dekor (Roll- und Stempeltechnik usw.) dem Geschmack der Blütezeit der orientalisierenden Phase. Neben diesen Formen gibt es aber auch völlig neuartige Erscheinungen.
Eine hochbedeutende Erscheinung ist die fort-

Der »Krieger von Capestrano«. Steinplastik mit deutlichen Spuren früherer Bemalung. Aus Bruchstücken wieder zusammengesetzt und mehrmals restauriert. Der Mann steht zwischen zwei Pilastern; die linke Hand ruht auf der Brust, die rechte auf dem Unterleib. Höchst eigenartig die Rüstung: Auf dem Kopf ein Helm mit überaus breiter, radförmiger Krempe und hohem Kamm; ein breiter, hinten offener Halsring; auf Brust und Rücken je ein an mehreren Riemen befestigter Rundschild; am Bauch ein dreieckiger Schurz; in den Armen eine Streitaxt, ein Schwert und einen Dolch. An jedem Pfeiler lehnt eine Lanze, die in Dreiviertelhöhe mit einem Haken versehen ist. Obzwar bemerkenswert gut durchmodelliert, steht diese Statue doch noch in der Tradition der Stelenstatuen. Etwa Mitte des 6. Jh.s v. Chr. (Chieti, Nationalmuseum)

Buccherotopf aus dem Grab 2 der Nekropole von Campovalano di Campli (Teramo). Auf dem Deckel plastischer Dekor mit drei Vierfüßern (kleine Löwen), deren Köpfe zum Mittelpunkt gewendet sind; auf dem Körper des Gefäßes befinden sich Ritzfiguren von Kriegern und Tieren. Erste Hälfte des 6. Jh.s v. Chr. (Chieti, Nationalmuseum)

schreitende Alphabetisierung der ganzen Halbinsel. Es war das etruskische Alphabet, das sich durch Inschriften in etruskischer Sprache auch über die Grenzen, z. B. in die Emilia und nach Kampanien, verbreitete oder von den Venetern, Nordpicenern, Oskern ihrer eigenen Sprache angepaßt wurde. In solchen Fällen finden sich neben einer Reihe etruskischer Schriftzeichen auch andere, in den verschiedenen Kulturarealen ex novo erfundenen oder aus griechischen Alphabeten abgeleitete Zeichen.

Überreste von Siedlungsstätten sind immer noch spärlich und bruchstückhaft. Soweit bis jetzt bekannt, gibt es jedenfalls bereits mehrräumige ebenerdige Behausungen (Viterbo-Acquarossa). Die Häuser von Marzabotto hatten mehrere Räume, die auf einen Innenhof gingen, in dem sich auch der Brunnen befand. Es tauchen auch größere Gebäudekomplexe auf, wahrscheinlich »Fürstensitze« (Murlo, Viterbo-Acquarossa, Roma-Regia), sowie die ersten großen Tempel. Im Grundriß sind diese dreiteilig mit drei *cellae* (einzelne Räume oder einem Hauptraum und zwei Seitenflügeln. Der Unterbau war aus Stein gemauert, der Oberbau aus verderblichem Material (Holz); an der Vorderfront eine Vorhalle mit vier Säulen (Rom-Kapitol, Veji-Portonaccio). Die Siedlungsstätten wuchsen und nahmen immer mehr städtischen Charakter an. Zu Beginn des 5. Jh.s v. Chr., wahrscheinlich unter dem Einfluß der griechischen Kolonien in Unteritalien, ist die erste orthogonale Stadtplanung in Pompeji, Capua, Marzabotto und Spina erkennbar; Mitte des 6. Jh.s v. Chr. ist auch eine Nekropole rechteckig angelegt (Orvieto-Crocifisso del Tufo).

In den Fels gehauene oder gemauerte Kammergräber verbreiten sich immer weiter, nehmen monumentale Formen an und verdrängen die »Fossa«-Gräber. Den Höhepunkt an Monumentalität dürfte die Grabstätte Porsennas bei Chiusi erreicht haben, deren Inneres ein unentwirrbares Labyrinth gewesen sein soll, doch haben wir hierüber nur eine Beschreibung von Plinius d. Ä. nach einem Bericht von Varro. (Varr.ap.Plin., *Nat.Hist.* XXXVI 91–93).

Seit dem Beginn des 6. Jh.s v. Chr. werden in Vulci steinerne Grabskulpturen geschaffen. Bevorzugt sind weibliche Gestalten, Tiere und Fabelwesen. Bei den ersten Erzeugnissen überwiegen dädalische Elemente, im Laufe der Jahre jedoch nehmen die ionischen die erste Stelle ein. Das zeigt sich bei einem Vergleich zweier im Museum Villa Giulia (Rom) verwahrter Statuen aus Vulci: Der Kentaur aus dem Beginn des 6. Jh.s hat einen quadratischen Kopf, flachen Schädel, niedrige horizontale Stirn, die Glieder steif an den Körper angesetzt; bei dem Hippokampreiter (späteres 6. Jh.) ist der Kopf oval, der Schädel gewölbt, die Stirn geschwungen, die Glieder organisch in den Körper eingefügt. Von Vulci aus verpflanzt sich die Tradition der Steinplastik auch nach dem *Ager Faliscus*, nach Orvieto, Castro Farnese und Chiusi. In Caere und Veji sind während der zweiten Hälfte des 6. Jh.s v. Chr. Kunsttöpfer mit ausgesprochen ionischer Ausbildung in verschiedenen Werkstätten tätig, deren Meister dann auch in Rom arbeiten werden.

Im Unterschied zu den etruskischen Werken, in denen hellenische Erfahrungen voll verarbeitet sind, zeigen die Arbeiten in anderen Gegenden nur in der Kopfbildung und Körperstruktur schwa-

Rechts: Tarquinia: Tomba dei Tori (Grab der Stiere). Rückwand der ersten Grabkammer: Achilles lauert hinter einem Brunnen, um Priamos' jüngsten Sohn Troilos zu erschlagen, der seine Pferde zur Tränke führen will. Eines der ältesten Gräber von Tarquinia mit Wandmalereien, die der ionischen Stilrichtung zugewiesen werden können. Etwa 540–525 v. Chr.

Unten: Farbige Terrakottastatue Apollos. Sie zierte einst zusammen mit anderen Statuen den Dachfirst des Tempels von Veji im Stadtviertel Portonaccio und gehört zu einer Gruppe, die den Streit zwischen Apollo und Hermes um die Hirschkuh »Cerinite« darstellte. Eine der hervorragendsten Schöpfungen der etruskischen Plastik des ausgehenden 6. Jh.s (Rom, Museum Villa Giulia).

che Anklänge an hellenische Vorbilder, z. B. einige Steinskulpturen von Capua und Weihegaben an die Göttin Marica an der Garigliano-Mündung. Andere Statuen, wie der Krieger und der weibliche Torso von Capestrano oder der Kriegertorso von Guardiagrele gehören ebenso zur Klasse der Stelenstatuen wie die Stele von Bellante mit der aufrechtstehenden männlichen Figur. Diese Figuren mit ihren hölzernen Zügen, geschlossenen Lippen und geänderten Augen verraten ein nur bescheidenes künstlerisches Können und sind eher als lokale Volkskunst zu beurteilen. Den gleichen volkstümlichen Charakter zeigen die Stelen von Novilara mit eingeritzten Jagdszenen und Land- und Seegefechten. Die flüchtig und schematisch gezeichneten Figuren und die einfache Komposition der Szenen sind vergleichbar mit den Tier- und Kriegergestalten, die auf einem Bucchero-Gefäß des frühen 6. Jh.s v. Chr. aus der Nekropole von Campovalano (Teramo) eingeritzt sind. Nicht weit entfernt davon ist das Figurenrepertoire der in großer Zahl im Gargano-Gebiet gefundenen Stelen.

Die Bronzeplastik erreicht, besonders in Etrurien, ein beachtliches Niveau. Neben den bereits erwähnten Techniken wird auch der Guß in verlorener Form eingeführt, der sich in der Folge besonders bei den Großplastiken bewähren wird. In den Depots von Weihegaben fanden sich zahlreiche Figürchen, die den Typ des Kouros, der Kore, des Opfernden, des Betenden und manchmal von Gottheiten nachahmen, eine Serienproduktion, aus der nur einzelne Exemplare herausragen. Ganz beträchtlich ist der Gebrauch von Bronze für die Herstellung verschiedenster Haus- und Küchengeräte, einige davon, z. B. Dreifüße und Räucherwerkständer aus Vulci, von hervorragender Qualität. Die getriebenen Bronzebleche, die den Wagen von Monteleone di Spoleto schmückten, ebenso jene für den Wagen und die Möbel von Castel San Mariano (Perugia) und die Paneele, mit denen die ehemals der Sammlung Loeb gehörenden Dreifüße geschmückt sind, gehören zu den Meisterwerken etruskischer Bronzekunst (München, Antikensammlungen). Auch in der Adriazone ist die Bronzeindustrie in der Herstellung von Rüstungen bemerkenswert. Einen hohen Stand erreicht die Fertigung von Harnischen und Brustpanzern oder Bekleidungszubehör und Gefäßen (z. B. die Hydrien, Wasserkrüge) des Pesaro-Typs mit vertikalen Henkeln, auf denen der »Herr der Tiere« dargestellt ist. Bemerkenswert sind auch die Bronzen von Melfi, die etruskische und hellenische Erfahrung voraussetzen.

Bis in die Mitte des 6. Jh.s v. Chr. lebt die orientalisierende etruskisch-korinthische Tradition in der Vasenmalerei weiter. Dann aber verstärkt sich der Einfluß ionischer Meister; der Gründer der Hydrien-Werkstatt von Caere war sicher ein Ionier, ebenso dürften die Vasenmaler der Werkstätten von Vulci, aus denen die sogenannten »pontischen« Vasen hervorgingen, Ionier gewesen sein. All diese Meister paßten sich rasch der neuen Umwelt an, beschäftigten Einheimische als Lehrlinge und Gesellen, aus denen dann etruskische Meister wie z. B. der Micali-Meister hervorgingen. Ihre Erzeugnisse folgen in Technik, Ikonographie, Stil und Thematik (häufig griechische Sagen) den ionischen und attischen schwarzfigurigen Vorbildern. Als Epigone kann die schwarzfigurige Keramik

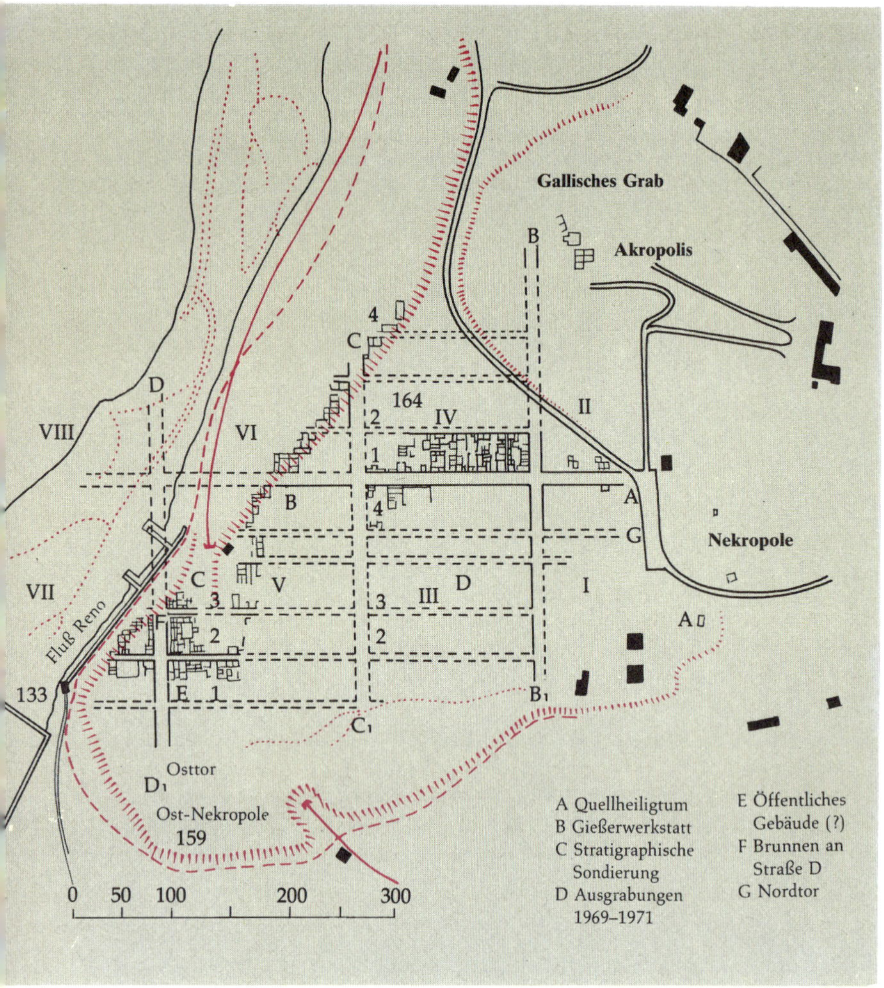

Oben: Marzabotto. Teilweise rekonstruierter Plan des Stadtareals. Die in Nord-Süd- und Ost-West-Richtung verlaufenden Straßen kreuzen sich rechtwinklig; eine Stadtplanung, die in das Ende des 6. und den Beginn des 5. Jh.s v. Chr. zurückreicht.

Kampaniens betrachtet werden, die aber an jüngere etruskische Gruppen anknüpft (Micali-Meister und seine Schüler, Orvieto-Gruppe). In anderen Gebieten Italiens verharrt die Keramik in der geometrischen Überlieferung; szenische Darstellungen sind selten. Eine Annäherung in dieser Richtung zeigt eine in der Ny-Carlsberg-Glyptothek aufbewahrte *Trozzella* der ersten Hälfte des 5. Jh.s v. Chr., ein typisch messapisches Kruggefäß, in dessen geometrischen Dekor Episoden aus der griechischen Mythologie eingefügt sind; deren Deutung ist völlig gesichert, da die einzelnen Figuren namentlich in griechischer Schrift und Sprache gekennzeichnet sind. Wahrscheinlich stammt dieses Werk aus der Hand eines griechischen Vasenmalers.

Was aber das bildnerische Kunstschaffen der etruskischen Archaik besonders auszeichnet, ist die Wandmalerei, aus der wir uns ein Bild über die antike Malerei machen können, von der anderswo nur wenige Zeugnisse erhalten blieben. Nach den ersten Versuchen während der orientalisierenden Phase, die fast alle zerstört oder schwer beschädigt sind, konzentriert sich die archaische Malerei in Tarquinia und in geringerem Maße in Chiusi und einigen anderen Städten. Bevorzugt wird die Freskotechnik, nur selten wird die Farbe direkt auf die Wand aufgetragen. Abgesehen von einigen Gräbern aus der ersten Hälfte des 6. Jh.s v. Chr. beginnt in Tarquinia der Aufschwung der Grabmalerei in der zweiten Hälfte des 6. Jh.s v. Chr. und setzt sich bis in die nachfolgenden Jahrhunderte fort. Auch hier sind die Initiatoren dieser Kunstrichtung Ionier. Oft haben die Meister, die sich an die großflächige Wandmalerei heranwagen, bereits reiche Erfahrung in der Vasenmalerei. Im Stil, der Ikonographie, den Dekorationsmotiven der Grabmalerei erkennt man die Vorbilder der griechischen Vasen. Am häufigsten werden Festgelage, Tänze, Spiele, Jagden, Schaustellung des Verstorbenen dargestellt, Szenen, die vielleicht mit Begräbnisriten zusammenhängen. In der Ikonographie griechischen Ursprungs finden sich häufig lokale Formen; so ist die auf einem Ruhebett liegende männliche Figur hellenisch, Ehepaare in der gleichen Position jedoch völlig lokale Tradition. In den Grabmalereien von Capua (Tomba di Brygos), Paestum (Tomba del Tuffatore) und Ugento, Provinz Lecce (Tomba degli Uccelli), alle aus dem frühen 5. Jh. v. Chr., lassen sich einerseits gewisse kulturelle Gemeinsamkeiten mit Etrurien, andererseits Aufnahmebereitschaft für die Einflüsse des angrenzenden Großgriechenland erkennen.

Der hohe Stand des etruskischen Kunstgewerbes sichert seinen Erzeugnissen nicht nur auf den einheimischen, sondern auch auf den internationalen Märkten guten Absatz. Aus einem bei Kap Antibes untergegangenen Frachtschiff konnte vor kurzem die Ladung geborgen werden: Buccheroi, etruskisch-korinthische Vasen und große Weinamphoren. Letztere überwogen an Zahl (weit über hundert) die der Buccheroi und sonstigen Vasen (wenige Dutzend). Der an erster Stelle stehende Handel mit Wein war also auch mit der Ausfuhr von Keramiken verbunden, denn auch in Tharros (Sardinien) und Karthago fand man Buccheroi und etruskisch-korinthische Gefäße. Unter dem Material aus der Nekropole von Campovalano (Teramo) sind einige kleine flaschenförmige Krü-

Rechts: Bronzeeimer (Situla) *aus der Nekropole der Certosa (Kartause) von Bologna. Der Dekor in Treibarbeit ist in vier waagrechte Bänder aufgeteilt; auf dem 1. Vorbeimarsch von Kriegern; auf dem 2. eine fromme Prozession; auf dem 3. Szenen aus der Landwirtschaft (Pflüger), Jagd und Musikanten; auf dem 4. eine Reihe von Tieren. Anfang des 5. Jh.s v. Chr. (Bologna, Städtisches Museum)*

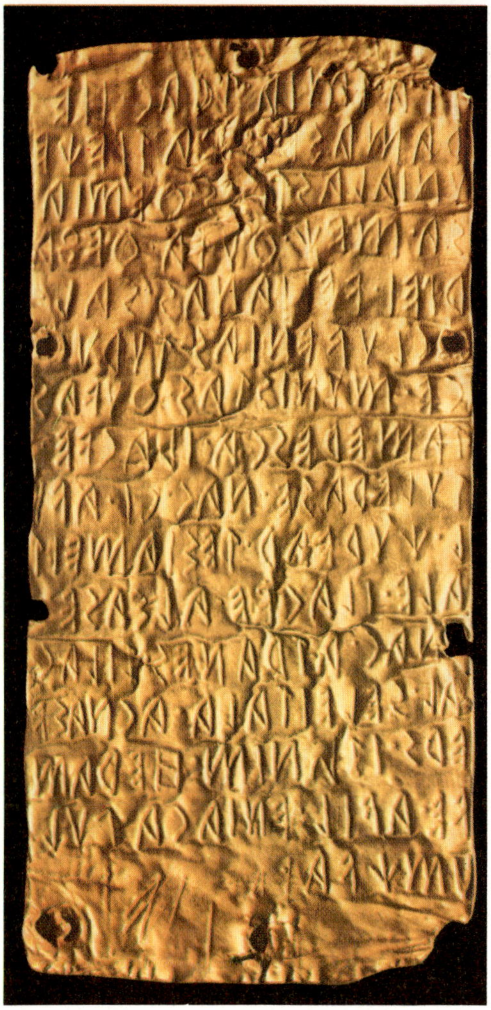

Goldblech mit eingeritzter etruskischer Inschrift; aus dem Heiligtum von Pyrgi nahe dem heutigen Santa Severa. Der Text ist eine Widmung des Thefarie Velianas an die Göttin Uni-Astarte. Zusammen mit diesem wurden zwei andere Goldbleche gefunden, eines mit etruskischer, das andere mit punischer Inschrift ähnlicher Bedeutung. Erste Hälfte des 5. Jh.s v. Chr. (Rom, Museum Villa Giulia)

ge, ein Trichter (Infundibilum) und ein Kessel mit halbkreisförmigen eisernen Henkeln (ganz sicher aus Etrurien importiert). Stabdreifüße aus Vulci wurden in Spina, Dürkheim und auf der Akropolis von Athen gefunden. Es ist interessant, die Wege der Ausfuhrgüter zu verfolgen. Wein, zusammen mit Keramiken, wurde nach den kulturell weniger entwickelten Gebieten des westlichen Mittelmeerbeckens ausgeführt; Bronzen, vor allem solche hoher Qualität, gingen nach Gebieten mit alter kultureller Tradition (Athen, Spina) und traten in Wettbewerb mit den griechischen Erzeugnissen.

Klassische Phase

Im 5. Jh. v. Chr. entwickelt sich die Kunst Griechenlands zu ihren höchsten Leistungen; auf formaler Ebene findet sie Lösungen für Probleme, mit denen die Meister der vergangenen Generation gerungen hatten. Mit wenigen Ausnahmen sind die großen Werke im Original verlorengegangen; dennoch können wir uns aus den zahlreichen Kopien römischer Zeit, der Kleinkunst, zusammen mit den Inschriften und literarischen Quellen eine recht zutreffende Vorstellung vom Glanz jener Zeit machen. Auf dem Gebiet der Plastik stellen Künstler wie Myron den menschlichen Körper in rhythmischer, weitgreifender Bewegung genau im Augenblick höchster Spannung dar. Polyklet verteilt harmonisch das Gewicht des Körpers auf Stand- und Spielbein nach dem chiastischen Kanon, und Phidias bannt in seine Göttergestalten menschliches Empfinden. Damit wurde die der Archaik anhaftende Starrheit gelöst, die Gestalt wurde natürlicher und erstreckte sich weiter im Raum. Auf dem Gebiet der Malerei gelang Meistern wie Mykon, Polygnot, Appollodor, Parrhasius und Zeuxis mit einigen formalen Behelfen (z. B. geschickte Verkürzungen, Helldunkeltönungen, funktionale Umrisse, Perspektive) die Darstellung der Dreidimensionalität und schufen die Illusion eines frei im Raum vom Hintergrund losgelösten Bildes, das Plinius d. Ä. (*Nat.Hist.* XXXV 65) »natürlich« nennt. Dadurch wurde die archaische Malweise, die letztlich nur kolorierte Zeichnungen kennt, überwunden.

Die etruskische Kunst, die sich in der Archaik und in den ersten Jahrzehnten des 5. Jh.s v. Chr. (Periode des strengen Stils) die griechischen künstlerischen Erfahrungen, wenn auch mittelbar, zu eigen gemacht und an ihrer Problematik teilgenommen hatte, kommt zu einem Stillstand: Sie kapselt sich ab und wird provinziell. Das hängt nicht allein davon ab, daß Etrurien über keine Künstler vom Rang der erwähnten griechischen Bildhauer und Maler verfügte, sondern von einer ganzen Reihe geschichtlicher Ereignisse, die hier kurz erwähnt werden müssen.

Die drei wirtschaftlich-politischen Großmächte – Griechen (vorwiegend Phokäer), Karthager und Etrusker (vor allem die Städte des südlichen Etruriens) – hatten im westlichen Mittelmeer ein gewisses Gleichgewicht erreicht, das sich aber bei weitem nicht als stabil erweisen sollte. Nach den ersten Versuchen der Phokäer, die Herrschaft des nördlichen Beckens mit der Gründung der Kolonie Massalia (Marseille, um 600 v. Chr.) und von Alalia auf der Insel Korsika (um 565 v. Chr.) an sich zu reißen, kam es zu einem Zusammenstoß zwischen den verbündeten Karthagern und Etruskern mit den Griechen im Meer vor Sardinien (um 540 v. Chr.). Die Phokäer verließen Korsika, die frühere Lage ist wiederhergestellt, der Handel und die kulturellen Beziehungen zwischen Etrurien und Griechenland sind in den letzten Jahrzehnten des 6. Jh.s v. Chr. äußerst rege (s. Abschnitt archaische Phase). Aber dann verloren die Etrusker, genauer gesagt die Tarquinier, die Herrschaft über Rom. Zu Beginn des 5. Jh.s werden auch die Syrakusaner, denen die Herrschaft der Karthager im westlichen Sizilien schon lange ein Dorn im Auge war, höchst aktiv; sie besiegten die Karthager in der Schlacht von Himera (480 v. Chr.) und die etruskische Flotte bei Cumae (474 v. Chr.). Damit nicht zufrieden, besetzten sie Pithecusae (Insel Ischia), unternahmen wiederholt Raubzüge bis in die Minendistrikte (Insel Elba) Etruriens und plünderten 384 v. Chr. das Heiligtum von Pyrgi. Die Reaktionen der Etrusker, z. B. die Teilnahme an der völlig mißglückten Expedition der Athener gegen Syrakus (414–413 v. Chr.) mit einem von Velthur Spurinna angeführten Hilfskorps während des Peloponnesischen Krieges, hatten auf internationaler Ebene nur spärlichen Erfolg. Die Syrakusaner strebten nicht nur nach der Herrschaft über das Tyrrhenische, sondern auch über das Adriatische Meer und gründeten um 390 v. Chr. die Kolonie Ancona.

Die Lage hatte sich, besonders seit der Niederlage in der Seeschlacht von Cumae, verändert. Die tyrrhenischen Städte, die in den vergangenen Jahr-

Rechte Seite: Weibliche Sitzfigur mit Kind; Stinkstein, in Chianciano gefunden, allgemein als Mater Matuta *bezeichnet. Der hohle, bewegliche Kopf diente zur Aufnahme der Asche und eines attischen Krügleins in Form eines Frauenköpfchens des strengen Stils. Etwa Mitte des 5. Jh.s v. Chr. (Florenz, Archäologisches Museum)*

Oben: Attischer rotfiguriger Krater aus der Nekropole Valle Trebba von Spina. Auf dem Hals Dionysos mit Gefolge, am Körper Kampf zwischen Griechen und Amazonen. Ein Werk des Niobidenmalers. Etwa 450 v. Chr. (Ferrara, Archäologisches Nationalmuseum)

Unten: Hufeisenförmige Sandsteinstele aus der Nekropole der Certosa von Bologna, in Flachrelief dekoriert. Längs des Randes stilisierte Wellen, im oberen Feld zwei gegenständige Blätter, im Mittelfeld Reise in die Unterwelt, und im unteren Feld wird ein Held von einem Wildtier gesäugt. Zweite Hälfte des 5. Jh.s v. Chr. (Bologna, Städtisches Museum)

hunderten die Hauptträger der kulturellen und kommerziellen Verbindung mit Griechenland und damit der Hellenisierung Etruriens waren, gerieten in eine schwere Krise. Was sofort auffällt, ist der Rückgang des Imports griechischer Waren, besonders von Vasen, in Caere, Tarquinia und Vulci in der zweiten Hälfte des 5. Jh.s v. Chr.

Noch bedeutsamer für diese Krise ist das Kunstschaffen jener Städte: In der Grabmalerei von Tarquinia bleibt man nicht nur der gewohnten archaischen Thematik verhaftet – Festgelage, Jagd, Tänze usw. –, sondern verharrt auch im archaischen Stilschema. Manches neue Element wird zwar mit Verspätung aufgenommen, bleibt aber im wesentlichen im archaischen Zusammenhang isoliert; so wird beispielsweise das Auge im Profil und nicht von vorn gezeigt, zweifellos ein Versuch, sich vom archaischen Schema loszulösen, aber das geschieht in Gesichtern ohne die geringste Spur von Helldunkel: Umrißlinien definieren nur das Bild, konstruieren es jedoch nicht. Auch die Figuren (mit breiten Konturen umrissene, übermäßig in die Länge gezogene unorganische Körpergestalten) verlieren an Kraft und Qualität. In Vulci arbeiten noch in der zweiten Hälfte des 5. Jh.s einige, wahrscheinlich griechische Vasenmaler in der rotfigurigen Technik, wobei die roten Figuren schwarze Konturen erhalten (Praxiasgruppe, der Maler der Schale des Musée Rodin). Es gelingt ihnen jedoch nicht, eine Tradition zu gründen, wie dies in der zweiten Hälfte des 6. Jh.s im gleichen Vulci mit der schwarzfigurigen Keramik möglich gewesen war. Ihre Erzeugnisse, meist Gebrauchsgegenstände, vor allem Gefäße (Schnabelkannen), werden auch im 5. Jh. noch exportiert, aber nach Kontinentaleuropa, nicht mehr nach hellenischen oder hellenisierten Plätzen, wie dies mit den Stabdreifüßen der Archaik der Fall war.

Die einzigen etruskischen Küstenstädte, die von dieser Krise nicht erfaßt werden, sind Populonia am Tyrrhenischen Meer und Spina an der Adria. Dort werden weiterhin während des ganzen 5. Jh.s und auch später griechische Vasen eingeführt. Die wirtschaftliche Stellung dieser beiden Plätze darf nicht vergessen werden. In Populonia wurden die Erze der Insel Elba verhüttet, und Spina war der Umschlagsplatz für den Getreidehandel aus der Poebene, nach einigen Autoren auch für Metallwaren. Angesichts dieser Lage können auch die Raubzüge der Syrakusaner nach Elba und ihre Gründung der Kolonie Ancona verstanden werden.

Ganz anders war die Lage der Städte im Binnenland Etruriens, besonders jener im Tal des Tibers und seiner Nebenflüsse (Veji, Falerii, Orvieto, Arezzo), deren Wirtschaft hauptsächlich auf Landwirtschaft beruhte, eine Wirtschaftsform, die stabiler ist und nicht so stark von »Konjunkturschwankungen« berührt wird wie die kommerziell-industrielle Wirtschaft. Gerade diese Städte ziehen nun griechische Meister an oder verleihen ihren Erzeugnissen den Charakter der klassischen griechischen Kunst. Die Steinskulpturen von Chiusi aus der zweiten Hälfte des 5. bis in die ersten Jahrzehnte des 4. Jh.s v. Chr. – vorwiegend weibliche Aschenurnen-Figuren, oder auf einem Ruhebett halbaufgerichtete Männer- und Frauen- oder Göttinnengestalten, am Fuße des Bettes sitzend – sind in einigen Aspekten noch mit der archaischen Tradition verbunden (Typologie der Sitzstatue, Ideologie der Aschenurnen-Figuren).

In der Behandlung der Haare und des Faltenwurfes oder in den Gesichtszügen aber nähern sie sich den griechischen Werken des 5. Jh.s v. Chr. an. In den architektonischen Terrakotten von Orvieto (Tempel der Via San Leonardo und Belvedere-Tempel) vermutet man griechische Prototypen des 5. Jh.s. Ebenso beurteilt man einige tönerne Weihefiguren aus dem Depot von Campetti bei Veji und den bärtigen Kopf von Falerii (Tempio dello Scasato) im Museum Villa Giulia in Rom. Alle diese Ton- und Steinplastiken lehnen sich stark an die Bronzekunst an; die Ausarbeitung der Behaarung und der buschigen Bärte setzt voraus, daß bei der Herstellung der Modelle ausgiebig der Grabstichel benutzt wurde. Die Art, wie die Pupillen in gewissen tönernen Statuen von Orvieto, Veji oder Falerii angedeutet werden, verweist ebenso auf bronzene Vorbilder, bei denen die Augen aus einem anderen Material eingesetzt wurden. Zur gleichen Zeit findet sich, konzentriert im selben geographischen Raum, eine große Zahl von Bronze-Großplastiken: der Mars von Todi – in letzter Zeit einer Orvietaner Werkstatt zugeschrieben –, die leider nur in wenigen Bruchstücken erhalten gebliebene Statue von Chianciano im Archäol. Museum von Florenz, der Sarkophagdeckel von Perugia (heute in Leningrad), die Chimäre von Arezzo und schließlich der Kronleuchter von Cortona. Es muß hervorgehoben werden, daß diese etruskische Bildhauerkunst stilistisch und auch zeitlich sehr nahe den Werken der großen griechischen Bronzekünstler des 5. Jh.s v. Chr. steht: Kalamis, Myron, Polyklet, Phidias. Zur Vervollständigung des Bildes der italischen Bronzekunst müssen auch die zahlreichen Weihestatuen erwähnt werden: weibliche und männliche Figürchen aus Stipen des Falterona oder anderen Orten Nordetruriens, Figuren des sogenannten umbrischen Marses, vor allem in Umbrien und Picenum verbreitet, verschiedene Typen des Zeus, Herkules und Mars in Kampanien, den Abruzzen und im Molise.

In der zweiten Hälfte des 5. Jh.s v. Chr. macht sich ein Verfall der etruskischen Städte oder Kolonien in Kampanien und der Poebene bemerkbar, hauptsächlich als Folge des Einbruchs der »barbarischen« Völker. Oskisch sprechende Italiker stiegen von den molisischen Bergen herab nach Kampanien und zogen weiter nach Lukanien und in das heutige Kalabrien. Sie werden in der Geschichte Altitaliens noch eine große Rolle spielen, standen aber auf einer niedrigeren Kulturstufe. Obwohl reich an Beigaben, sind die Gräber von Alfedena im 5.–4. Jh. v. Chr. noch »Fossa«-Gräber. Wo sich diese Stämme festsetzen, macht sich ihre Derbheit in den Produktionsstätten bemerkbar. Auf Stirnziegeln von Capua, mit Köpfen von Acheloos oder der Gorgone, sind nur einige zeichnerische Elemente wie Haar, Bart oder Ohren besser ausgearbeitet, um ein gefälliges Aussehen zu erreichen, die Plastik des Reliefs jedoch völlig vernachlässigt. Ebenso sind einige Steinstatuen von Capua, wie z. B. die »Mütter« (Nr. 6–7 des Katalogs von Adriani), plumpe Brocken ohne jede organische Artikulation; einzig in den Haaren ist eine Spur plastischen Gefühls zu merken. Die gleichen Züge eines im Grunde nur volksnahen Kunstschaffens finden sich in den Grabmalereien von Paestum, deren Zahl sich durch die Entdekkungen der letzten Jahre stark erhöht hat; sie reichen bis ins 4. Jh. v. Chr. Der Themenkreis ist

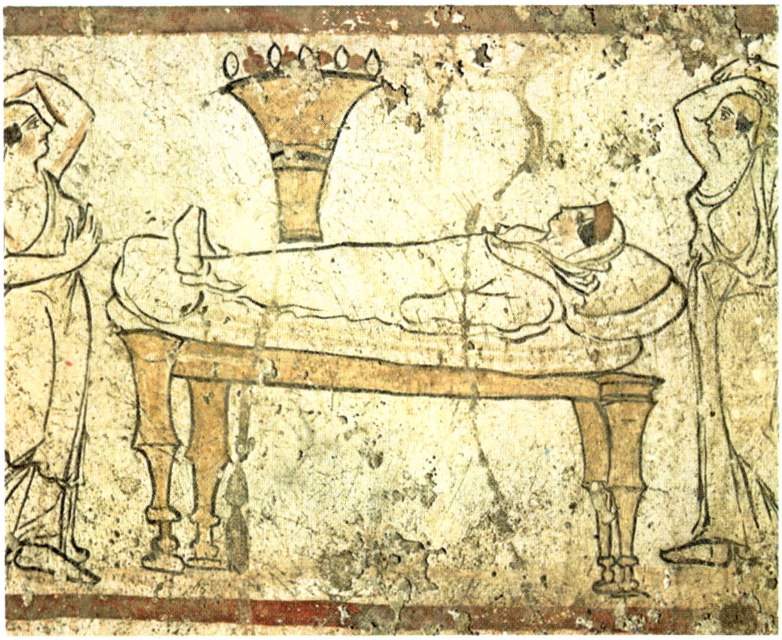

Oben: Ausgemaltes Kastengrab von Paestum. Dargestellt ist die Verstorbene auf dem Totenbett und je eine trauernde Gestalt am Kopf- und Fußende. Die Szene ist mit wenigen flotten Pinselstrichen etwas flüchtig skizziert. Zweite Hälfte des 4. Jh.s v. Chr. (Paestum, Archäologisches Museum)

Unten: Etruskischer rotfiguriger Askos *aus der Nekropole Valle Trebba von Spina. Das kleine Parfumgefäß in der Form eines Gänschens ist mit einer weiblichen geflügelten Figur geschmückt. 4. Jh. v. Chr. (Ferrara, Archäologisches Nationalmuseum)*

Jagd, Kämpfe, Boxen, Wagenrennen, Schaustellung des Toten, Fahrt in die Unterwelt. Die Maler halten sich an effektvolle Einzelheiten – lebhafte Farben, Bärte, gemusterte Kleidung, Rüstungen und ähnliches – entfernt vom griechischen verfeinerten Geschmack.

In der Poebene vernichten die Kelten die Städte etruskischer Kultur; in Horden ziehen sie weiter nach Süden, verwüsten die Städte im etruskischen Kernland und gelangen bis nach Rom, das 390 v. Chr. von ihnen geplündert wird. Andere Stämme, wie die Senonen, ziehen die Adria entlang und setzen sich im Picenum fest, was auch dort eine Phase kulturellen Niedergangs zur Folge hat. Aus diesem allgemeinen Verfall retten sich nur Bologna und das Veneto.

Bologna, das alte etruskische Felsina, führt nicht nur weiterhin attische Waren aus dem Hafen von Spina ein, sondern verstärkt auch seine städtische Struktur und arbeitet eigene Kunstformen aus: Abgesehen von seiner bemerkenswerten Goldschmiede- und Bronzekunst (Kandelaber) setzen sich die hufeisenförmigen Grabstelen mit in horizontalen Zonen angeordnetem Reliefdekor durch. Solche Monumente, aber in rechteckiger Form und mit einer Scheibe gekrönt, sind bereits aus der orientalisierenden Phase bekannt. Die häufigsten Themen sind dem »Reich der Toten« entnommen: Abschied oder Reise in die Unterwelt, wobei Kleidung und besondere Attribute den sozialen Rang des Verstorbenen deutlich machen.

Parallel zur Felsinischen Kultur entwickelt sich im Veneto die III. Phase der lokalen Este-Kultur, die sogar zur höchsten Blüte in vorrömischer Zeit gelangt. Este-Keramiken dieser Periode wurden sogar in Deutschland im oberen Donautal gefunden. Das kulturell repräsentativste Objekt sind jedoch die stumpfkegeligen Bronzesitulen, oft reich in Treibarbeit verziert und mit dem Grabstichel überarbeitet. Die ersten Exemplare tauchen bereits in der orientalisierenden Phase auf, die weit größere Zahl datiert vom 5.–4. Jh. v. Chr. Das Figurenrepertoire umfaßt natürliche Tiere und Fabelwesen sowie Szenen aus Jagd- und Landwirtschaft. Es besteht noch keine Einigung darüber, ob bei den Tierdarstellungen Verbindungen mit den Kulturkreisen des Vorderen Orients, Griechenlands oder Etruriens bestehen; die szenischen Darstellungen entspringen jedoch besonders in der Bekleidung der menschlichen Figuren lokaler Tradition.

Die nahezu vollständige Blockierung der etruskischen und italischen Märkte für griechische Vasen stürzt dieses Gewerbe in eine Krise; viele attische Vasen werden seit dem Ende des 5. und im 4. Jh. v. Chr. nach Handelsstätten des Schwarzen Meeres geschickt, und in der zweiten Hälfte des 5. Jh.s v. Chr. wandern einige attische Keramikmaler nach Unteritalien aus. Die 443 v. Chr. auf den Ruinen des antiken Sybaris gegründete panhellenische Kolonie Thuri (Thourioi) dürfte mit dieser Entwicklung der Lage zusammenhängen. In Apulien, Lukanien, dann auch in Kampanien und Sizilien entstehen Werkstätten für rotfigurige Vasen. Wenn auch Technik, Stil und mythologische Themen an die Welt der Griechen erinnert, fehlt es nicht an Einschlägen aus der lokalen Tradition. Daran erinnern schon das in der apulischen Keramik so häufige Motiv des Grabkapellchens *(Aedicula funeraria)*, das mit den religiösen Gebräuchen zusammenhängt, sowie die Karikaturen der Hero-

Oben: Vulci, Tomba François. Achilles opfert trojanische Kriegsgefangene den Manen des Patroklos. Der Szene wohnen neben den Helden des trojanischen Zyklus auch Gestalten aus der etruskischen Unterwelt bei: Charon (Charu) *und der weibliche, geflügelte Dämon* Vanth.

Unten: Vel Saties, wahrscheinlich der Besitzer des Grabes, in einen prachtvollen Mantel gehüllt und begleitet von einem »Hofzwerg« (Arnza), *eine Gruppe, die das Aufkommen einer neuen etruskischen Adelsgesellschaft bezeugt.*

en und Götter, die sich oft auf den Phlyaken-Vasen Unteritaliens finden und den volkstümlichen Possenspielen entnommen sind. Dabei darf allerdings der Einfluß der rotfigurigen Vasen auf die Überwindung des geometrischen Dekors nicht unterschätzt werden. So erschließt sich – nach vereinzelten Versuchen im 5. Jh. – die apulische Keramik auch szenischen Darstellungen (Jagdszenen, Prozession menschlicher Figuren, Schaustellung des Verstorbenen), die in Peuketien in Vollfarbentechnik, in Canosa in Umrißtechnik gefertigt werden.

Auch in Etrurien setzt sich im 4. Jh. v. Chr. in großem Umfang die rotfigurige Keramik durch mit Werkstätten in Falerii, Caere, Tarquinia, Vulci, Chiusi, Populonia und Volterra. Auch hier mischen sich die Themen griechischer Herkunft mit Aspekten der lokalen Tradition. Auf einem im Cabinet des Médailles in Paris befindlichen Krater aus Vulci ist die Abschiedsszene von Alkestis und Admetos (mit Namen gekennzeichnet) von zwei schrecklichen Dämonen der etruskischen Unterwelt flankiert. Diese zwar recht beträchtliche Produktion bleibt auf einen engeren Kreis begrenzt; der Handel – wenn überhaupt – wickelt sich zwischen benachbarten Städten Inneretruriens ab und geht selten über die Grenzen hinaus. Dies trifft für einige Vasen aus Populonia zu, die Alalia (Korsika) erreichen oder für andere aus Volterra, die in Alalia und Bologna auftauchen. Die rotfigurige Keramik dieser Zeit wie auch die gleichzeitigen Spiegel und Zisten mit eingeritztem Dekor geben uns interessante Aufschlüsse über die großen Fortschritte der hellenischen Kleinkunst; die einheimischen Meister haben große Mühe, sich diese Errungenschaften zu eigen zu machen, was ihnen auch nur teilweise gelingt. So ist z. B. in der Tomba Golini I von Orvieto ein Diener dargestellt, der an einem Tisch arbeitet; die Tischplatte ist zwar perspektivisch gezeichnet, nicht aber die Beine. Ähnliche Unbeholfenheiten finden sich in anderen Malereien des gleichen Grabes und überhaupt in der etruskischen Malerei dieser Periode.

Seit der zweiten Hälfte des 4. Jh.s v. Chr. kommt in Etrurien eine neue Art von Grabstätten auf. Das Grab besteht nun aus einer großen, manchmal auch aus mehreren Kammern, ist zur Aufnahme mehrerer Generationen einer Familie bestimmt und reich mit Stuck verziert (Tomba dei Rilievi in Caere). Grabmalereien tauchen auch in Orten auf, wo diese vorher nicht üblich waren (Orvieto, Vulci). In vielen dieser Grabstätten gibt es Inschriften, in denen ganze Reihen von öffentlichen Ämtern aufgezählt werden, die der Verstorbene zeit seines Lebens bekleidet hatte. Daraus kann auf die Bildung einer neuen, aristokratischen Gesellschaftsschicht wie auch auf eine enge Verknüpfung zwischen politischer und wirtschaftlicher Macht geschlossen werden. Die Gestalt des Vel Saties, vielleicht des Herrn der Tomba François in Vulci, ist in einen prächtig dekorierten Mantel gehüllt und von einem zwerghaften »Hofnarren« begleitet, ein typisches Bild der neuen Aristokratie. Gerade diese Klasse dürfte den bereits im 4. Jh. v. Chr. begonnenen Prozeß der Romanisierung Etruriens stark gefördert haben.

Hellenismus

Schrift und Geld, in einigen Gebieten schon seit längerer Zeit im Gebrauch, werden in der Zeit vom 4. bis zum 1. Jh. v. Chr. Allgemeingut im Leben der Gesellschaft. Die Romanisierung Italiens ist im Gang und damit auch die Ausbreitung römischer Kunst. Mit der Auflösung des Latinischen Bundes 338 v. Chr. hat Rom die Herrschaft über das alte Latium gewonnen und ist zu einer regionalen Macht geworden. In weiterer Folge setzt es sich mit seinen Siegen über die Samniter und Tarentiner sowie der Unterwerfung von Rhegium (Reggio Calabria) 270 v. Chr. in Unteritalien durch und ist auf dem Weg zu einer nationalen Macht. Die lose hauptsächlich städtische Staatsform Etruriens begünstigt auch dort den Vormarsch Roms. Veji muß 396 v. Chr. kapitulieren und wird zerstört; nach einer Reihe von Kriegen kommt Rom zu einem 40jährigen Waffenstillstand mit Tarquinia, der nach Ablauf erneuert wird. Caere wird 351 v. Chr. ein *Municipium sine suffragium* (ohne Wahlrecht), später vollberechtigt. Der römische Konsul T. Coruncanius triumphiert 280 v. Chr. über Vulci und Volsinii (Bolsena); letzteres wird 264 v. Chr. zerstört, seine Bewohner werden umgesiedelt; gleiches Schicksal trifft Falerii 241 v. Chr. Darüber hinaus übersiedeln besonders im 2. Jh. v. Chr. viele etruskische Adelsfamilien nach Rom. Andere Völker, die Picenter und Veneter, waren schon im 3. Jh. v. Chr. teils mit Gewalt, teils friedlich in den Machtbereich Roms miteinbezogen worden. Nur die Ligurer widerstanden etwas länger. Die Kolonialpolitik und der großzügige Straßenbau Roms trugen viel zur Ausbreitung der römischen Kultur bei. Es ist höchst bezeichnend, daß im 2. Jh. v. Chr. Schriftdokumente in venetischer, umbrischer, sabellischer und oskischer Sprache mit lateinischem Alphabet geschrieben sind und 180 v. Chr. die Cumaner sogar von den Römern die Erlaubnis zum Gebrauch des Lateinischen als Amtssprache erbaten (Liv. XL 42,13). Obwohl Rom sich einerseits aufzwingt, so streben die Italiker andererseits danach, sich aus Prestigegründen der römischen Kultur anzupassen. Die Parallelität einiger Kulturerscheinungen Roms und anderer Städte Italiens ist sehr aufschlußreich: So ist z. B. in der archaischen lateinischen Tragödie die griechische Sage, besonders der trojanische Zyklus, sehr beliebt, hat aber mehr eine spektakuläre als religiöse Funktion und erhält oft eine symbolische Bedeutung. In den volterranischen Aschenurnen mit Reliefdekor der hellenistischen Periode ist dieser Sagenkreis als Dekorationsmotiv sehr verbreitet, ist aber nicht frei von einem gewissen Symbolgehalt, besonders wenn in die Szene Figuren aus dem etruskischen Repertoire eingefügt werden. Die künstlerischen und kulturellen Erscheinungen wachsen nunmehr über den städtischen und regionalen Rahmen hinaus zu nationaler Bedeutung. In diesem Prozeß nimmt Rom, besonders seit dem 2. Jh., unbestritten eine Vorrangstellung ein.

Die italischen Städte behielten auch nach ihrer Romanisierung eine gewisse Autonomie in zivilen und religiösen Gebräuchen und entwickelten sich, abgesehen von einigen Ausnahmen, an derselben Stelle weiter – meistens auf der Kuppe eines Hügels und von Mauern bewehrt. Ihre Gestaltung richtete sich ganz nach der innenpolitischen Entwicklung. So ist z. B. das in hellenistischer Zeit von einer Mauer umfaßte Areal der Stadt Volterra viel größer als in archaischer Zeit und schließt sogar eine Nekropole des 8.–7. Jh.s v. Chr. ein. Offenbar hatte sich die städtische Bevölkerung, im besonderen Maße der Mittelstand, zu Ende des 4. Jh.s v. Chr. so stark vermehrt, daß eine Erweiterung des Stadtgebietes nötig wurde. Die neuen Viertel, oder auch neu entstehende Städte, werden normalerweise nach einem rechtwinkeligen Plan angelegt. Bei den Tempelbauten wird immer mehr Stein als Baumaterial verwendet, auch die Säulen sind aus Stein, abgesehen von wenigen Beispielen der spätarchaischen Zeit (Pyrgi). Das Volutenkapitell, geschmückt mit einem Männerkopf, verbreitet sich über ein weites Gebiet, das sich von Lecce, Tarent, Padula, Paestum bis nach Vulci und Sovana erstreckt. Das gleiche Motiv wird in Rom in den Tonplatten verwendet. Die Giebelfront wird mit Szenen aus der griechischen Sage geschmückt: in Talamone (Toskana) Episoden aus dem Zyklus »Sieben gegen Theben«, in Luni der Niobidenzyklus, in Civitalba (Marken) Ariadne auf Naxos und Hochzeit des Dionysos. Gleiche, manchmal sogar mit der gleichen Model hergestellte Ornamentmotive auf Tonplatten finden sich in Rom sowie in den Kolonien von Luni, Aquileia, Civitella di Chieti usw.

Revers einer von den Italischen Bundesgenossen während des Bürgerkrieges (90–88 v. Chr.) geprägten Münze. Bild der Dioskuren zu Pferde; darunter die Aufschrift Víteliú, *die oskische Bezeichnung für »Italia« (London, British Museum).*

Im Bau der Grabstätten herrschen die großen Kammergräber vor. Wandmalereien finden sich nicht nur an Stätten mit alter Tradition, sondern auch in Orten, wo solche vorher nicht üblich waren, z. B. in Populonia (Tomba del Delfino und Tomba del Corridietro), Canosa und Salapia in Apulien, Isernia (Molise).

Einige Plastiken zeigen deutlich die Angleichung an die hellenischen Errungenschaften der zweiten Hälfte des 4. Jh.s v. Chr.: der Torso des Apollo (?) vom Tempel des »Scasato« in Falerii, oder die Tonköpfchen von Pyrgi, beide aus der ersten Hälfte des 3. Jh.s, erinnern in den idealisierten Gesichtszügen an die Kunst des Lysipp; dem anmutigen, delikaten Antlitz der bronzenen Athene von Arezzo aus der ersten Hälfte des 3. Jh.s v. Chr. kann durchaus eine Abhängigkeit vom praxitelischen Stil zuerkannt werden; einige Tonköpfe von Arezzo erinnern an das durch die stilistischen Erfahrungen am Pergamon geläuterte Pathos eines Skopas. Daneben gibt es jedoch eine ganz andere Richtung in der Bildhauerkunst, in der bereits in der Archaik und Klassik vorhandene Tendenzen weiterentwickelt werden, wie die Verlängerung der Figur unter Mißachtung der wirklichen Körperformen und die Konzentration des Ausdrucks in der Bearbeitung des Kopfes. In vielen Ex-Voto-Depots Etruriens, des Latium und von Capua bestehen die Weihegaben aus tönernen Köpfchen oder Halbköpfen; viele bronzene Weihefigürchen aus Heiligtümern Mittelitaliens (Carsoli, Saepinum, Caramanico im Pescaratal) stellen den Typ des Herkules oder des Opfernden dar, mit langgestreckten Körpern, aber gut ausgearbeiteten Gesichtern. Das Extrem dieser Tendenz finden wir in einer hauptsächlich in Mittelitalien verfertigten Gruppe von Kleinbronzen, bei denen der völlig unorganische Körper übermäßig verlängert, ja sogar zu einem dünnen Blättchen ausgezogen ist, der Kopf jedoch mit bemerkenswert plastischem Gefühl modelliert ist. Das als »Schatten des Abends« bekannte Figürchen im Museum Guarnacci in Volterra zeichnet sich durch seine hohe künstlerische Qualität vor der übrigen Masse aus. Die gleiche Tendenz findet sich auf andere Weise im bronzenen Marsias von Paestum aus dem 2. Jh. v. Chr.; auf einem unproportionierten, schwammigen Körper ohne die geringste organische Geschlossenheit sitzt ein Kopf, der nicht weit entfernt ist von der Eigenart und dem Geschmack der Archaik. Am häufigsten zeigt sich diese Tendenz in den Gestalten auf den tönernen oder steinernen Sarkophagdeckeln Südetruriens und in den Aschenurnen aus den gleichen Materialien Nordetruriens. Die Körper werden von der Lende abwärts zu einer plumpen Masse, deren kaum erkennbare Formen unter den Falten der Kleidung verschwinden; die Gesichter sind jedoch in allen Einzelheiten sorgfältig modelliert im Bestreben nach einer Charakterisierung des Individuums, doch wird in den meisten Fällen eine streng persönliche Individualisierung kaum erreicht. Hier stellt sich das vieldiskutierte Problem der italischen Porträtkunst. Im italischen Raum gibt es schon früh Versuche, den »Menschen« abzubilden; das beginnt mit der Andeutung menschlicher Masken auf einigen Fundstükken aus der Villanova-Zeit, dann folgen die Serie von Kanopen in Chiusi oder die anthropomorphen Grabstelen von Val di Magra, doch gerät man dabei über das allgemein Übliche hinaus. Auch nach dem 4. Jh. v. Chr., als die Porträtkunst in Grie-

Perugia: Unterirdisches Grab (Hypogäum) von San Manno. Rechteckiger Grundriß, Tonnengewölbe, Baumaterial Travertinblöcke. Dieser Gräbertyp war während der hellenistischen Periode besonders im Bereich von Chiusi und Perugia gebräuchlich, das Tonnengewölbe jedoch viel weiter verbreitet. Zweite Hälfte des 2. Jh.s v. Chr.

chenland und der hellenistischen Welt bereits voll entwickelt war, sind die Gesichter der auf den Sarkophagdeckeln lagernden Gestalten oder auf den Aschenurnen von individueller Ähnlichkeit noch weit entfernt, da sich die Merkmale, die einem Antlitz persönliche Züge verleihen sollten, zu häufig in ganz anderen Gesichtern wiederholen. Immerhin können einige Beispiele echter Porträtkunst angeführt werden, vom kapitolinischen *Brutus* zum Kopf aus San Giovanni Lipioni im Cabinet des Médailles in Paris, oder zu jenen aus Fiesole (heute im Louvre), die jedoch zur Kategorie der Ehrenporträts gehören, wobei auch der römische Einfluß nicht vergessen werden darf; das wäre auch im Einklang mit der dominierenden Rolle, die Rom in der Spätzeit des Hellinismus auch auf dem Gebiet der Kunst spielte. In dieser Hinsicht ist die um das Jahr 100 v. Chr. datierbare Statue des *Arringatore* ein interessantes Beispiel: Sie trägt eine Inschrift in etruskischer Sprache und Schrift, in der Bekleidung (Sandalen, Toga, Ring) und im Bestreben nach Porträthaftigkeit ist sie jedoch römisch.

In der Wandmalerei wird die im Klassizismus und Hellenismus erarbeitete »Eroberung« des Raumes und das Helldunkel allgemein, auch wenn sich die Meister nicht wissenschaftlich mit dem Problem der malerischen Form befaßt haben. In den mit raschen Pinselstrichen und markanten Umrissen gemalten »Porträts« der Familie Velcha in der Tomba degli Scudi in Tarquinia wiederum ist die größte Sorgfalt auf allgemeine Charakterisierung gerichtet, die Individualisierung der Person wird der Namensinschrift anvertraut. In anderen Gräbern von Tarquinia, z. B. Tomba dell'Orco (jüngere Kammer) und del Tifone, verleiht das Helldunkel den Figuren eine bemerkenswerte Plastizität. Das Motiv der Prozession, das in den späteren Gräbern von Tarquinia wieder auftaucht (Bruschi, Tifone, Cardinale), verbindet die etruskische Malerei mit der römischen des 2.–1. Jh.s v. Chr.

Die Produktion figürlicher Keramik versiegt langsam. Einige bereits im 4. Jh. v. Chr. gegründete Werkstätten arbeiten noch im 3. Jh. Volterra z. B. stellt noch rotfigurige Kratere her, doch auch hier zeichnet sich ein Rückgang ab. Es entstehen auch einige neue Produktionsstätten, von deren Erzeugnissen einige Exemplare aus dem 4.–3. Jh. v. Chr. in Fundstätten von Ancona, Spina bis Adria nachgewiesen sind, doch ist diese Produktion der oberen Adria nur von lokaler Bedeutung und kurzer Dauer. Ebenso kurzlebig, geogra-

Teilansicht des Terrakottenschmucks am Giebel eines Tempelchens von Civitalba in den Marken. Die Szene stellt die Wiederfindung Ariadnes auf Naxos durch Dionysos und sein Gefolge dar. Erste Hälfte des 2. Jh.s v. Chr. (Bologna, Städtisches Museum)

phisch aber ausgedehnter, ist die Verbreitung von Keramiken mit vergoldetem (Unteritalien) oder versilbertem (Volsinii) Reliefdekor. In Canosa wird im 3. Jh. v. Chr. der Reliefdekor bis zu vollrunden Figuren vorangetrieben. Hingegen setzt sich die schwarzgefirnißte Keramik durch, die früher unzutreffend etruskisch-kampanische Ware genannt wurde, wohl in Verbindung mit den Produktionsstätten in den beiden Landschaften. Die Gefäßformen sind äußerst vielfältig; manchmal sind die Ornamente mit Stempeln aufgedrückt. In den letzten Jahren ist diese Keramik aufgrund neuerer Grabungsbefunde eingehend studiert worden und gelangte so zu neuen Erkenntnissen.

Die schwarzgefirnißte Keramik setzt in Italien eine Tradition fort, die in Griechenland schon in der archaischen Periode bekannt war. Werkstätten gab es nicht nur in Etrurien und Kampanien, sondern auch in anderen Stätten Altitaliens. Diese Werkstätten sind von der zweiten Hälfte des 4. bis ins 1. Jh. v. Chr. aktiv, danach wird ihre Ware von der »Arretinischen« roten Keramik verdrängt; höchst bemerkenswert ist, daß manchmal die gleichen Stempel sowohl auf schwarzgefirnißter als auch auf roter Arretinischer Ware benutzt wurden, offenbar in derselben Werkstatt.

Im Bundesgenossenkrieg (91–89 v. Chr.) haben sich die Italiker gegen Rom verbündet, ihre eigene Hauptstadt Corfinio gegründet und schlagen eigene Münzen mit der Aufschrift *Víteliú*, das im Oskischen »Italien« bedeutet. Der Krieg ist bald beendet und für die Italiker, denen das römische Bürgerrecht zugestanden wird, von Erfolg gekrönt. Von nun an wird Latein die Amtssprache ganz Italiens. Wir sind nun im Zeitalter Sullas – auch die offizielle Kunst wird nun römisch. Da und dort lebt die alte Tradition noch eine Weile weiter – eine Gruppe von Aschenurnen aus Volterra trägt sogar noch etruskische Inschriften –, doch es sind die letzten Flämmchen einer ruhmreichen Vergangenheit, die dem Untergang geweiht ist. All die regionalen Kulturen, die sich in der Eisenzeit ausgebildet und das Leben Altitaliens geformt hatten, verschwinden und machen einer neuen, einheitlichen Kultur unter der Führung Roms Platz.

Die ägäische Welt und die griechische Kultur

Giorgio Gualandi

In der Kulturgeschichte des Mittelmeerraumes nehmen die griechische Halbinsel und die Gebiete am Ägäischen Meer schon immer eine besondere Stellung ein. In seltener Fülle finden sich hier Zeugnisse aus der Antike: neben gewaltigen Gebäuderesten geben Inschriften und schriftliche Quellen Auskunft über die Vergangenheit. In der griechischen Kunst finden neue Inhalte und Formen ihren Ausdruck. Sie strahlt in weite Gebiete aus und beeinflußt stilistisch gleichzeitige und spätere Kulturen dieses Raumes.
Das hat dazu geführt, daß die Kultur und die Kunst des antiken Griechenland meist unkritisch verehrt worden oder – als anderes Extrem – mit emotionalen Argumenten abgelehnt worden sind. Die Diskrepanz zwischen den wirklichen Schöpfungen der griechischen Kultur und ihren teils wissenschaftlichen, teils phantasievollen Rekonstruktionen ist noch schärfer geworden, seit Ideologien in der Diskussion eine Rolle spielen. Der Begriff »Griechentum« ist Symbol geworden für Schönheit und übermenschliche Schöpferkraft, die den grauen Alltag überwindet und Vollkommenheit erlangt. Es ist ganz verständlich, daß man von einem griechischen »Wunder« spricht, das als Ganzes verehrt oder verdammt wird. Bei diesem Urteil fehlt jegliches Verständnis für die politischen, sozialen und wirtschaftlichen Bedingungen und für die Beziehungen der griechischen Staaten und Städte untereinander. Auch die verschiedenartigen Verflechtungen der Werke, die teils zum öffentlichen Gebrauch, teils für private Bedürfnisse hergestellt werden, spielen eine Rolle.
Mit den Gedanken an Griechenland verbinden sich sofort die Vorstellung großartiger Architektur, berühmter Heiligtümer voller Opfergaben an die Götter aus der ganzen Welt des Mittelmeerraumes und an selbständige Zentren von großer politischer Bedeutung. Die Geschichte der griechischen Kultur wandelt sich so zu einer Folge ungewöhnlicher und großartiger Abschnitte. Die nicht minder bedeutsamen menschlichen alltäglichen Bestandteile des Lebens werden dabei jedoch außer acht gelassen.
Zum Traumbild vom antiken Griechenland haben die faszinierenden archäologischen Entdeckungen besonders beigetragen. Die »Wundern« gleichenden Kunstwerke, die aus dem Boden geborgen wurden, befriedigten nicht nur den Schönheitssinn ihrer Entdecker, sondern schmückten bald schon Paläste und öffentliche sowie private Sammlungen. Die Ausgrabungen in Griechenland waren dadurch begünstigt, daß die antiken Zentren in späterer Zeit nicht dauernd bewohnt waren. So traf die Spitzhacke der Archäologen auf Boden, der unberührt war von Zeugnissen oder Spuren der nachklassischen Zeit. Eine besondere Bedeutung hatte früher und hat heute noch die Entdekkung von Denkmälern, Statuen und Kunstwerken, die einen historischen Zusammenhang mit den Aufzeichnungen antiker Schriftsteller herstellen. Ein Musterbeispiel dafür ist H. Schliemann, der Entdecker von Troja und Mykene.
Die Arbeit der Archäologen – ob Dilletanten oder Fachleute – hatte unterschiedliche Beweggründe. Vor allem in den Anfängen wollte man die Meisterwerke der griechischen Kunst der Vergessenheit entreißen. Sie waren Vorbilder, die unzählige Male nachgeahmt wurden und Beispiele, die die Entwicklung der Kunst beeinflußten. So wurden die antiken Stätten ausgeraubt und die mehr oder minder wertvollen Kunstwerke daraus auf die größten Museen der Welt verteilt. Die gewaltsame Isolierung der einzelnen Stücke, die zwar Meisterwerke, aber aus ihrem Zusammenhang gerissen waren, ist einer der entscheidenden Gründe für das Mißverständnis der griechischen Kultur. Die Kunstwerke wurden nach *a priori* festgelegten Stilgesetzen beurteilt und nicht aufgrund bestimmter Formprobleme zur historischen Wirklichkeit der Antike im Mittelmeerraum in Beziehung gesetzt.

*Teilansicht vom Westflügel des Palastes von Knossos. Die Gliederung des Baues in mehrere Stockwerke ist ebenso klar zu erkennen wie die großen wiederaufgebauten und angefügten Teile. Unten sind die Magazine und die Eingänge zu den Räumen zu sehen, die »Krypten mit Pfeilern« genannt werden; darüber der Säulensaal, das Repräsentationszentrum des Hauptstockwerkes (*piano nobile*), zu dem große Treppen führten.*

Die minoische Kultur

(2. Jahrtausend v. Chr.)

Die minoische Kultur hat ihren Namen von dem sagenhaften König Minos, dem Herrscher über hundert Städte. Sie entwickelte sich vor allem auf der Insel Kreta, deren besondere geographische Lage eine günstige Voraussetzung dafür bot. Vom Rand des Ägäischen Meeres war die Verbindung zu anderen antiken Kulturzentren gegeben: dem Niltal, dem Euphrat- und Tigrisgebiet sowie der Insel Cypern. Die Entdeckung der minoischen Kultur ist noch ziemlich neu: Erst zu Beginn unseres Jahrhunderts – auf einer Welle der begeisterten Suche nach der Homerischen Welt, die durch die Ruinen von Mykene Gestalt gewonnen hatte – wandte sich die Aufmerksamkeit der großen Insel Kreta zu. Kreta war Sitz einer bedeutenden Kultur am Anfang der Geschichte der ägäischen Völker. Die Begeisterung über die Ausgrabungen der großartigen Überreste und über die spätere Restaurierung des weiträumigen Palastes von Knossos durch den englischen Archäologen Sir Arthur Evans war groß. Daneben erkannte man sofort die Notwendigkeit, die archäologischen Befunde in ein chronologisches Schema einzuordnen, das nicht nur eine relative Chronologie der übereinan-

Rekonstruktionszeichnung der Westfassade mit dem großen Mittelhof des Palastes von Knossos. Von links (nach Evans): das Palastheiligtum, in dem ein Schrein für Weihegaben war, die Treppe zum Hauptgeschoß mit großen Säulen in der Mitte und schließlich eine Anzahl kleiner Eingänge zum Thronsaal.

dergelagerten Bauschichten herstellte, sondern durch den Vergleich mit bereits bekannten Kulturen die minoische Kultur zeitlich genau festlegte. Evans versuchte, die minoische Kultur in verschiedene Perioden einzuteilen, die die Zeit zwischen 3400 und 1200 v. Chr. umfassen: Frühminoisch, Mittelminoisch, Spätminoisch. Dieser Vorschlag weckte ein vielfältiges Echo: neben neuen Überlegungen zur Chronologie der Mittelmeerkulturen fanden sich neue Betrachtungen der Grabungsergebnisse im Palast von Knossos und Versuche, mit Grabungen in kretischen Siedlungen neue historische Anhaltspunkte zu gewinnen; denn selbst ein so bedeutender Platz wie der Palast von Knossos reicht nicht aus, um allein das Bild einer Kultur wiederzugeben. Dazu bedarf es vielfältiger Beobachtungen und Untersuchungen in einem topographisch wie stratigraphisch ausgedehnten Gebiet.
Zu den Grabungen in Knossos kamen bald die der italienischen *Scuola Archeologica* in Phaistos, Hagia Triada und Gortyn, zunächst durch das Verdienst von F. Halbherr und L. Pernier, später unter der Leitung von L. Banti und in den letzten Jahren von D. Levi. D. Levi arbeitete für den Zeitraum zwischen 2000 und 1400 v. Chr. ein neues chronologisches System aus. Darin bezieht er sich nicht mehr auf den abstrakten Begriff »minoisch«, der Volk und Sprache bedeuten kann, sondern auf konkrete Daten der verschiedenen Phasen der Bautätigkeit in den großen kretischen Palästen. So kommt er zu den Bezeichnungen »Vorpalastzeit«, »Hochpalastzeit« und »Nachpalastzeit« oder Zeit der »Zweiten Paläste«.
Die besondere historische Bedeutung der minoischen Kultur wird deutlich, wenn man die geographische Umgebung betrachtet, in der sie sich entwickelte: eine nicht besonders große Insel mit bescheidenen natürlichen Ernährungsquellen, wie Ölbäumen, Weinbau und der Verwertung von Pinien und Zypressen, deren Holz in der gesamten holzarmen ägäischen Welt gehandelt wurde. Der Getreideanbau diente nur der Eigenversorgung. Kretas Fähigkeit, sich nach außen zu öffnen, war besonders gut ausgebildet, und so wurde es zu einem Herstellungszentrum für verschiedene Produkte. Wichtigste Voraussetzung war, die Kunst des Segelns zu beherrschen und den Piraten im Mittelmeer das Handwerk zu legen. Diese störten in der Antike immer wieder die politischen und wirtschaftlichen Bindungen. In der Beherrschung des Meeres liegt einer der Gründe für die großartige Entwicklung der minoischen Kultur. Sie breitete sich vor allem im ägäischen Raum aus und war im politisch-sozialen Bereich ebenso unabhängig wie im künstlerischen. Das Meer hatte auch für die Wirtschaft vielfältige Bedeutung. Erwähnt sei nur die Gewinnung von Purpur. Zusätzlich wurde das Meer zu einem wichtigen Element der Verteidigung, das die antiken Bewohner der Insel Kreta sinnvoll nutzten, ohne sich wirtschaftlich oder kulturell zu isolieren.
Nach dem heutigen Stand der Untersuchungen war die minoische Kultur nicht gleichmäßig in allen Landschaften Kretas verbreitet. Während der östliche und mittlere Teil der Insel von einem dichten Netz antiker Siedlungen bedeckt ist, werden die archäologischen Befunde im landwirtschaftlich unwirtlichen Westen immer seltener. Das entspricht genau dem kulturellen Gefälle im östlichen Mittelmeerbecken. Diese Kultur scheint nicht gleichförmig gewesen zu sein und sich nicht einheitlich von einem herausragenden Zentrum ausgebreitet zu haben. Gebiete mit sehr eigenständigen künstlerischen Ausdrucksformen trugen zur Unsicherheit und der bereits erwähnten Polemik in der Chronologie bei. Neben Knossos, dem berühmtesten und an Denkmälern reichsten Ort auf Kreta, sei noch Phaistos erwähnt, dessen Paläste

Eine Fayenceplatte mit einem minoischen Haus in Blockbauweise und zweiflügligen Fenstern. Das Stück aus dem Museum in Heraklion ist, zusammen mit anderen, Teil einer Stadtansicht, dem sogenannten Stadtmosaik aus dem zweiten Palast von Knossos.

weitaus herrschaftlicher wirken. Weiter östlich liegen Mallia und Palaikastro, interessante Seefahrer- und Künstlerstädte.

Überragende Bedeutung in der Welt der Minoer hatten die fürstlichen Palastanlagen, die in ihrer Ausdehnung, ihrer Funktion und ihrer Ausstattung so großartig waren, daß man glaubte, es fehlten auf Kreta normale Wohnungen und Städte. Die Paläste scheinen Ausdruck einer Gesellschaft zu sein, die politisch und wirtschaftlich voll zentralisiert war. Der Palast – wie der in Knossos, Phaistos, Mallia – verkörperte alle Funktionen der Wirtschaft und des Handels, der Religion und des Theaters. Die Vielfalt dieser Bauwerke gibt genügend Anhaltspunkte für eine genaue Datierung: man spricht von ersten und zweiten Palästen. Dieser Bezeichnung liegen entscheidende Eingriffe in die Architektur zugrunde, die oft durch die Zerstörungen der Erdbeben notwendig wurden.

Der Palast ist das Herz des minoischen Staates. Er hat keine Verteidigungsmauern oder mächtige Befestigungen und liegt nicht isoliert auf Anhöhen. Darin unterscheidet er sich von den Palästen im Orient und auf den Kykladen. Um einen weiten zentralen Raum – den geräumigen Hof – reihen sich symmetrisch Räume, die durch achsenförmig angeordnete Gänge verbunden sind. Es entsteht eine subtile Beziehung zwischen der Palastkonstruktion und der Landschaft. Als Beispiel sei der Blick vom Zentralhof des Palastes in Phaistos auf die Kette des Idagebirges genannt. Vom Eingang aus, der oft durch breite Treppen und Auffahrtsrampen vergrößert wurde, erreicht man über Korridore, die sich in rechten Winkeln kreuzen, die Herrschaftsräume, die Repräsentationsräume, die kleinen Heiligtümer und die ausgedehnten Vorratsräume. Diese Gliederung nützt geschickt die Höhenunterschiede des Geländes; sie bildet Terrassen und verbindet die in den verschiedenen Stockwerken gelegenen Räume durch große Lichtschächte. Es wurde großer Wert darauf gelegt, daß der Alltag bequem und angenehm war.

Die Gesellschaft war wie eine Pyramide gebildet: an der Spitze der Herrscher, umgeben von Edlen, deren Wohnungen in der Nähe der großen Paläste oder im Herrschaftsgebiet verteilt lagen. Zahlreiche Gräber verschiedener Typen sind gefunden worden, die über Jahrhunderte verwendet worden sind. Diese zentrale Organisation brachte eine umfassende Bürokratie für Verwaltungsaufgaben mit sich. Die Kontrolle der Lieferungen und die Aufbewahrung der Waren in den Lagerräumen spielte eine besondere Rolle. So entstanden Archive mit Tontäfelchen, auf denen alle Warenlieferungen genau registriert wurden. Die große Anzahl von Siegeln gibt einen weiteren Hinweis auf das strenge Kontrollsystem dieser Zeit. Der Kunst war in dieser sehr zentralisierten Gesellschaft ein weites Gebiet eingeräumt: Als Beispiel seien die vielfältigen Webereien genannt (durch die weite Verbreitung der Schafzucht ermöglicht), die Bearbeitung von Metallen, von Steinen und vor allem von Ton. Die besonders große Zahl von Keramikfunden weist darauf hin, daß die Tonbestände intensiv genutzt wurden. Außerdem muß es viele sehr geschickte Töpfer gegeben haben, die genau über die Technik des Brennens Bescheid wußten und seit der Verbreitung der Töpferscheibe die feinsten Vasenformen bilden konnten. Ihre Perfektion war vollkommen, wie das Beispiel der Vasen mit allerfeinsten Wänden, der sogenannten Eierschalenkeramik, zeigt. Die Form, manchmal mit applizierten plastischen Elementen erweitert, wird dabei mit wunderschönen Malereien dekoriert. Farben und lineare Motive wurden genau und vielfältig verteilt. Die Schmuckelemente aus Pflanzen- und Tierreich wurden phantasievoll verwendet.

Der allgemeine Charakter dieser Zeit war der einer herrschaftlichen, ja feudalen Welt, die nach Luxus strebte, von tiefer Lebensfreude erfüllt war und an den großen Reichtümern ihre Freude hatte. In den Wandmalereien und in den Reliefs sind mit künstlerischer Freiheit und lebendigem Ausdruck die Höfe, die Schauspiele, die Wettkämpfer und die Kampfspiele dargestellt. Hier ist jede schematische Feierlichkeit vermieden, und man will auch nicht historische oder mythologische Ereignisse verherrlichen. Die Menschen, die Tiere und die Landschaft sind wie aus ihrer Zeit gelöst und verzaubern den Betrachter in eine glückliche Umgebung, in eine Traumwelt. Sie lassen die Mühen und die Arbeit vergessen, die die Reparaturen nach den häufigen Erdbebenschäden im ägäischen Raum erforderten. Man denke an die vielen Darstellungen akrobatischer Fähigkeiten junger Knaben und Mädchen, die auf den Hörnern eines laufenden Stieres stehen: Dieser Wettkampf wird zuweilen als Teil eines religiösen Ritus betrachtet, stellt aber wohl eher ein sportliches Spiel im Rahmen religiöser Feste dar.

Das besondere Interesse am Leben auf dem Land ist geistvoll und festlich dargestellt auf einer Vase aus schwarzem Steatit aus Hagia Triada, der »Schnittervase«. Sie zeigt Bauern, die, von einem Priester und einer Sängergruppe angeführt, von den Feldern heimkehren. Der Gesang wird von einem Instrument begleitet, das dem ägyptischen Sistrum entspricht. Auf zwei Goldbechern sind das Einfangen eines Stieres und Rinder auf der Weide dargestellt. Sie wurden auf dem griechischen Festland, in Vaphios, gefunden, sind aber minoische Arbeiten. In strenger Komposition zeigen sie sowohl Szenen von dramatischer Eindringlichkeit wie Bilder vom Alltag des Lebens auf dem Land. Die Eindringlichkeit und Ausdruckskraft von einfacheren Gegenständen wirkt fast volkstümlich. Sie sind meist aus Ton und waren dafür bestimmt, in den kleinen Heiligtümern der Minoer geopfert zu werden. Die minoische Religion hat in der Architektur keinen besonderen Ausdruck gefunden. Das Innere einer Trinkschale aus Palaikastro zeigt

Theater des Palastes von Knossos. Der Platz ist durch zwei Schautreppen für die Zuschauer gegliedert, die auf zwei Seiten des gepflasterten Raumes liegen. Es ist umstritten, ob hier jemals Schauspiele und religiöse Feste stattfanden.

Zwei langgestreckte Vorratsräume im Westteil des Palastes von Knossos unter dem Straßenniveau. In diesen Magazinen wurden die Lebensmittel in großen, reichverzierten und bemalten píthoi *aufbewahrt, die an den Seiten stehen. Andere Waren wurden in Steinkästen aufbewahrt, die ebenfalls unter der Pflasterung lagen.*

ein Relief, das einen Hirten darstellt, dessen Herde im Halbkreis um ihn herum steht. Es ist großartig, wie die Figuren der Form der Vase angepaßt sind. Die Religiosität der einfacheren Schichten der kretischen Bevölkerung bezog sich auf den Arbeitsalltag. Voll Vertrauen wandten sie sich an die Götter und opferten ihnen tönerne Tierstatuetten. Darunter ist auch eine Bienenstatuette, da die Biene vor Krankheiten, die von Parasiten übertragen wurden, schützen sollte. Mann und Frau als Statuetten sind nicht nur durch ihre Kleidung unterschieden, sondern auch durch die Farben Braun und Weiß. Diese alte ägyptische Tradition ist später von der archaischen griechischen Welt übernommen worden.

Die minoische Welt war im Grunde friedlich, soweit das nach den archäologischen Zeugnissen zu beurteilen ist. Sie breitete sich außerhalb Kretas in Melos aus, um den Obsidian abzubauen, in Rhodos, in Milet und besonders auf der Insel Thera (Santorin). In den letzten Jahren haben dort griechische Archäologen (Marinatos) großartige Funde gemacht und eine Art »ägäisches Pompeji« freigelegt: Auf der kleinen sichelförmigen Insel Santorin ist neben Akrotiri ein minoisches Dorf ausgegraben worden, das nach einem schweren Vulkanausbruch etwa um 1500 v. Chr. unter einer 40–50 m hohen Schicht begraben worden war. Diese Naturkatastrophe, die an den Mythos von Atlantis erinnert, hat eine Ortschaft vollständig erhalten. Man fand mehrstöckige Häuser, Reihen von Vorratsräumen und von kleinen Werkstätten auf Straßenebene. In den oberen Stockwerken, in denen die Wohnräume lagen, waren die Wände mit Szenen von einzigartigem Naturalismus ausgemalt. Ihre Themen weisen auf die großen Beziehungen der Minoer mit der ägyptischen Welt und mit Libyen hin. Zusätzlich beweisen sie, daß die Bevölkerung groß gewesen sein und es schon damals Berufsmaler gegeben haben muß.

Entsprechende Naturkatastrophen bewirkten verheerende Zerstörungen auf Kreta. Das Ende der minoischen Paläste kam gegen 1400 v. Chr. Nach der Entzifferung der Linear-B-Schrift im Jahr 1953, deren Zeugnisse man auch in Knossos fand, ist es sicher, daß die Mykener auf der Insel waren. Offen sind jedoch der genaue Zeitpunkt und die Lebensumstände, die damals auf der Insel herrschten. Einige Studien weisen auf eine Periode großer Krisen hin. Andere (D. Levi) glauben an eine Zeit lebhafter Aktivitäten und wollen damit auch die große Bedeutung des Homerischen Ausspruches über den König von Knossos erklären. Die archäologischen Spuren sind ungenau und zu großen Teilen von den ersten Ausgräbern des 20. Jh.s zerstört worden.

Die mykenische Welt
(16.–12. Jh. v. Chr.)

Die mykenische Kultur ist ohne die minoische nicht zu verstehen. Sie bestand in großen Teilen zur selben Zeit, übernahm daraus Motive und Erzeugnisse und holte sich möglicherweise sogar minoische Künstler. Sie entwickelte sich jedoch im südlichen Teil der griechischen Halbinsel und hatte eine klare Beziehung zu einer indoeuropäischen Bevölkerung, die eine Art Altgriechisch sprach. Man weiß das seit der Entzifferung der Linear-B-Schrift. Die Bezeichnung »Mykener« stammt vom

Oben: Ansicht der Ausgrabungen auf der Insel Thera. Hier wurde eine Stadt mit einer lebendigen reichen Kultur entdeckt, die 1500 v. Chr. durch ein schweres Erdbeben zerstört wurde. Um die Grabungen und die Befunde zu schützen, wurde ein Metalldach errichtet.

Unten: Goldanhänger aus einem Grab von Chrysolakkos (Mallia). Der wertvolle Schmuck, der sich jetzt im Museum in Heraklion befindet, zeigt zwei Bienen, die an einer Honigwabe saugen. Zu der bereits bekannten Technik von getriebenen Körperformen kommt hier die raffinierte Granulationstechnik.

Namen der Stadt, in der Agamemnon herrschte. Er war der mächtigste König, der am Kampf gegen Troja teilgenommen hatte, wie Homer ihn schildert. Zu Homers Zeiten sprach man von Achäern, Danaern und Argivern. Seine Epen *Ilias* und *Odyssee* gaben den ersten Anstoß für Heinrich Schliemann, die archäologischen Spuren zu suchen und die Wahrheit der Homerischen Dichtung zu beweisen.

Die Legenden waren längst vor Homer im Umlauf und wurden von ihm im 8. Jh. v. Chr. in den beiden großen Epen zusammengefaßt. Noch im vergangenen Jahrhundert galten sie als historisch nicht belegbar, bis schließlich Heinrich Schliemann mit seinem unerschütterlichen Glauben an den Wortlaut der Texte an der Stelle der griechischen Stadt Ilion, an der kleinasiatischen Küste südlich der Dardanellen gelegen, nach der sagenhaften Stadt zu graben begann.

Die Stadt nahm einen strategisch günstigen Punkt nahe der Landenge zwischen Asien und Europa ein, und außerdem wurde ihr Wachstum durch in der Gegend vorkommendes Silber gefördert. Über mehr als drei Jahrtausende hinweg wurden hier von etwa 3000 v. Chr. bis um 400 n. Chr. insgesamt 45 Siedlungen gegründet. Die Forschungen Schliemanns und seiner Nachfolger brachten neun Hauptphasen zutage. Davon gehören die ersten fünf in die frühe Bronzezeit. In der Phase II (um 2000 v. Chr.) wollte Schliemann das Troja des Königs Priamos erkennen. In Häusern und Depots fand er Schmuck aus Gold, Silber, Elektron und Bronze, Waffen und Gefäße aus Edelmetall, Funde, die er für den Schatz des Königs hielt. Jüngere Forschungen zeigten jedoch, daß es von Phase II zu III keinen abrupten Bruch gab, weshalb diese Zeit auch nicht mit einem so gewaltigen Ereignis wie dem von Homer geschilderten in Verbindung gebracht werden kann.

Troja VI (1800–1300 v. Chr.) hatte die erste als »griechisch« zu bezeichnende Bevölkerung, die mykenische Gefäße verwendete, eine starke Befestigungsmauer errichtete, und an der höchsten Stelle der Stadt einen Palast baute, der jedoch durch den später hier errichteten Athenatempel überbaut und bis auf geringe Reste zerstört worden ist. Diese Phase ging durch ein Erdbeben zugrunde, aber dieselbe Bevölkerung hat Troja VIIa nach 1300 v. Chr. aus den alten Resten wiederaufgebaut. Dieser Phase VIIa weist die moderne Forschung die Zerstörung durch die Achäer aus Griechenland zu. Danach blieb der Ort einige Jahrhunderte verlassen, bis um 700 die griechische Siedlung Ilion gegründet wurde, die ohne Unterbrechung bis um 400 n. Chr. bestand.

Ab dem 4. Jh. v. Chr. sind uns Nachrichten überliefert, daß der Ort im Gedenken an die homerischen Schlachten besucht wurde. Alexander der Große kam zum Grab Achills und förderte die Stadt durch Spenden für Neubauten. Später kamen Cäsar und Augustus. In römischer Zeit wurden in Ilion Münzen mit den Bildnissen der homerischen Helden geprägt.

Im Vergleich zu den mächtigen epischen Schilderungen sind die Überreste Trojas gering, die zahllosen Fundschichten machen das Rätsel um die Stadt fast unentwirrbar.

Die Mykener oder Achäer hatten eine völlig andere Gesellschaftsstruktur als die Minoer. Sie schufen die erste historische Kultur der griechischen Halbinsel und erreichten einen Grad hoher Vollkommenheit. Die Frage nach ihrer Herkunft und ihrer Zusammensetzung ist jedoch umstritten und sehr unterschiedlich – zum Teil rein hypothetisch – beantwortet worden. Die Forschungen stützten sich auf archäologische Befunde, auf den Vergleich von Keramik, auf sprachwissenschaftliche Untersuchungen und auf die Interpretation von Mythen und Epen. Nach der einen Meinung stammt die Bevölkerung aus dem Norden und kam gegen 2000 v. Chr. über den Balkan nach Griechenland, nach der anderen wanderte sie aus dem Orient über die anatolische Hochebene ein. Auch an die Invasion eines sehr kriegerischen Stammes wie der Hyksos, die zu Beginn des 16. Jh.s v. Chr. aus Ägypten vertrieben worden waren, wurde gedacht.

Die Antwort kann nicht eindeutig sein, da es sich nicht nur um eine genaue Bestimmung der ethnischen Herkunft handelt, sondern um die Entwicklungsstufen einer Kultur, die sich aus verschiedenen Elementen zusammensetzt. Einige von ihnen waren erst im griechischen Raum herangereift. Es steht in jedem Fall fest, daß sich an einem bestimmten Punkt der griechischen Geschichte eine kriegerische Macht durchsetzte. Ihre Stärke beruhte darauf, daß sie das Pferd kannte, den Streitwagen benutzte und daß es ihr gelang, die Streitkräfte der verschiedenen Königreiche zu einem einzigartigen Heer zusammenzufassen. Dieses

Ein außergewöhnliches Zeugnis der minoischen Welt stellt die Serie von Wandmalereien in einem Haus in Akrotiri auf Thera dar. Wegen der Meeresszenen wird es das »Admiralshaus« genannt. Der abgebildete Teil zeigt die Rückkehr der Flotte nach Thera von einer Expedition nach Libyen oder einem anderen Gebiet der Ägäis. Eine lebendige Landschaft bildet den bunten Rahmen des Hauses und der kleinen und großen Schiffe, die die Herrschaft über das Meer symbolisieren.

Heer zerstörte um 1260 v. Chr. die Stadt Troja. Die Siedlungen der Herrscher und die Städte lagen meist – wie schon im minoischen Kreta – im Landesinnern. Eine Ausnahme war Pylos, wo der Palast des Homerischen Nestor gewesen sein soll. Die Städte und die mykenischen Paläste wurden zu regelrechten Festungen ausgebaut. Sie lagen oft auf der Spitze oder am Hang felsiger Hügel und waren von mächtigen Mauern umgeben, die vor allem langanhaltenden Belagerungen standhalten sollten. Die befestigte Burg wurde das eindrucksvolle Symbol der unangefochtenen Macht des Herrschers (*vánax*). Der Palast wurde zur Festung, abgeschlossen von der Außenwelt, ohne Beziehung zur Landschaft. Seine mächtige Konstruktion aus riesigen Monolithblöcken ist ohne wirkungsvolle technische Lösungen nicht denkbar. Der äußere Rahmen drückte deutlich die veränderte Vorstellung vom Rang des Herrschers aus. Er war nicht mehr einem Gott ähnlich, sondern ein Mensch und nahm als höchster Führer am Leben teil, sowohl im Krieg als auch im Frieden. Der Mittelpunkt des Palastes war nicht mehr ein weiter offener Raum, sondern ein großer Saal – das *Megaron.* In seiner Mitte lag die Feuerstelle, um die hohe Säulen standen und ein überhöhtes Dach trugen. Dadurch stieg der Rauch nach außen und das Holz verbrannte gleichmäßig. Das Megaron öffnete sich nicht direkt zu den offenen Räumen der Burg. Dazwischen lagen – wie Filter – Atrien und Säulenvorhallen, dahinter, je nach dem zur Verfügung stehenden Raum, die verschieden angeordneten Räume für die Repräsentation, für die Dienstboten, für die Verteidigungsgruppen (Wächter, Kasematten), Vorratsräume und – wenn nötig – unterirdische Zisternen.

In der spätmykenischen Zeit, vor allem zwischen der zweiten Hälfte des 14. Jh.s und dem Ende des 13. Jh.s v. Chr., wurde die äußere Befestigung der Paläste in Mykene, Tiryns, Pylos und der Akropolis in Athen so mächtig, daß die von den alten Griechen überlieferte Legende eines Einfalls übermenschlicher Wesen – wie der Zyklopen – entstand. Zu der großartigen Technik, aus mächtigen Blöcken Burgen zu bauen, kamen die Geheimgänge und Schleichwege. Die Feinde konnten so von vielen Seiten bekämpft werden, auch die Stärke der Mauern wurde zusätzlich erhöht. In Mykene z. B. waren sie 6 m dick. Dem bedrohlichen Ausbau der Verteidigungskraft, die den Zusammenbruch der mykenischen Kultur – außer in Athen – doch nicht verhindern konnte, entsprach die reiche und vielseitige Bewaffnung. Sie ist auf Linear-B-Inventartäfelchen in den königlichen Archiven ebenso belegt wie auf Reliefdarstellungen von Grabstelen, durch Bronzewaffen, die zur Ausrüstung gehörten und den Toten als Beigabe ins Grab gelegt wurden. In der mykenischen Welt wurden offensichtlich Kriegswerkzeuge in großer Zahl hergestellt. Sie waren nicht nur in Form und Dekoration von höchster Qualität, sondern erfüllten gleichzeitig auch alle praktischen Anforderungen. Die Waffen gelangten bald auf Handelswegen über die Grenzen des achäischen Gebiets hinaus auch in entfernte Länder.

Die archäologischen Befunde beweisen die Fähigkeit der Mykener, den Mangel an natürlichem Reichtum ihres Gebiets zu überwinden und andere

Linke Seite: Der monumentale Eingang zur Burg von Mykene, das sogenannte Löwentor, ca. 1250 v. Chr., ist ein einzigartiges Beispiel für die technischen Fähigkeiten der mykenischen Architekten. Aus mächtigen Blöcken errichteten sie wirksame Verteidigungsanlagen und fügten eine dreieckige Platte ein, auf der die Löwen auffallen, die aufgerichtet an den Seiten einer Säule stehen. Die schmückende und sakrale Wirkung dieser Darstellung ist bemerkenswert.

Rechts: Perspektivische Rekonstruktion vom Hauptteil des Palastes von Mykene. Durch eine Innentreppe, die an einem Felsabhang angelegt war, erreichte man eine Vorhalle und von dort einen kleinen Saal mit einem Thron und den weiten Hof, der vor achsenförmigen Repräsentationsräumen lag, dem Megaron. In diesem Saal lag in der Mitte die Feuerstelle mit vier Säulen, die das Dach trugen.

Quellen zu erschließen. Furchtlos befuhren sie die Seewege des Mittelmeers von den italienischen Küsten bis zu den Ländern der Levante. Die andere bedeutende Stütze der mykenischen Welt war der intensive Handel, der Transport und Austausch von Naturprodukten, von Halbfabrikaten und von mehr oder minder wertvollen Gegenständen. So entstanden neben den befestigten Burgen – wie vor allem in Mykene zu sehen ist – weiträumige Anlagen für die Handelsgeschäfte. Sie lagen immer an Verkehrswegen, waren jedoch nicht von der königlichen Verwaltung abhängig, die nur für die Kontrolle zuständig war. Im Innern dieser Gebäude wurden große Magazine mit riesigen Vorratsbehältern gefunden. Einige waren nur für bestimmte Produkte vorgesehen und führten zu modernen Bezeichnungen wie »Haus des Ölhändlers« und »Haus des Getreidehändlers«. Das Handwerk, das in Arbeitsräumen und Werkstätten ausgeübt wurde, muß nach den zahlreichen Funden zu schließen hoch entwickelt gewesen sein. Eine besondere Bedeutung hatten die Bronzearbeiter. Reste einer Gießerei fanden sich in zwei Höhlen bei Rafina (Attika); Hinweise auf Keramikherstellung dagegen sind weit häufiger. Es sei nur an den Laden eines Vasenhändlers mit 1300 neuen Vasen erinnert, der unter dem Boden eines Hauses in Zyguries (Argolis) lag. Mykenische Keramikvasen wurden in allen Zentren Griechenlands gefunden und oft in Gebiete exportiert, wo sich die Mykener ausbreiten wollten. Die besonders große Zahl dieser Vasen läßt auf zahlreiche Keramikfabriken schließen, die über die Halbinsel Argolis verteilt waren. Auch außerhalb des griechischen Festlands gibt es Hinweise für solche Fabriken; auf der Insel Rhodos sind sie sicher nachgewiesen.

Die mykenische Keramik war von höchster technischer Qualität. Der Ton war besonders gut gereinigt, die Vasenformen kunstvoll gebildet, die Farben und Verzierungen fein aufeinander abgestimmt. Die ersten bildlichen Motive waren noch von der minoischen Keramik übernommen. Doch bald löst sich die mykenische Keramik von den phantasievollen Motiven der kretischen Kunst und bildet einen eigenen Stil. Die Motive werden abstrakter und sind nur noch in Andeutungen symbolisch. Stilisierung und geometrische Motive spielen eine große Rolle neben symmetrischer Gliederung und gleichmäßigen Wiederholungen. Vasen für den Tisch, für die Küche sowie die Salb- und Ölfläschchen erhielten immer ausgeprägtere Formen (wie die Schnabelamphore mit einer seitlichen Öffnung, durch die der Inhalt langsam herausfloß), ihre Verzierungen wurden immer origineller. Einige Szenen zeigen den Aufmarsch der

Rechts: Grabstele von Grab V des Grabkreises A in Mykene. Auf der Kalksteinplatte aus der Mitte des 16. Jh.s v. Chr., im Nationalmuseum in Athen, ist der Kampf zwischen einem Krieger im Wagen und einem nackten Fußsoldaten dargestellt.

Krieger, die in die Schlacht ziehen oder von dort zurückkehren. Die zahlreichen Linear-B-Tontäfelchen aus einem Archiv des Palastes in Pylos zeigen, wie spezialisiert die Arbeit war: Neben dem König, dem Heerführer, den Grundeigentümern und den Klientelfürsten werden Zimmerer, Maurer, Tischler, Bronzearbeiter, Keramiker und Goldschmiede erwähnt. Die archäologischen Befunde gaben bereits Hinweise auf diese Handwerksgruppen. Es gab jedoch noch andere Spezialisten: Spinner, Weber, Färber, Parfümverkäufer, Ärzte, Herolde und schließlich Sklaven, deren Heimatorte (Lemnos, Knidos, Milet, Kythera) reine Sklavenmärkte waren. Es durften auch die Schreiber nicht fehlen, denen die genaue Aufzeichnung über die Verwaltung der Paläste anvertraut war.

Die schriftlichen Quellen haben uns Einblick in das mykenische Leben gegeben. Dabei ist interessant, daß ausschließlich Buchungsvorgänge und Inventarlisten aufgezeichnet wurden. Die Namen der Könige, ihre Herkunft, ihre Taten sind auf keinem Stein verzeichnet, so wie das im alten Ägypten üblich war. Nur die großartigen Burgen und die mündliche Überlieferung, die in Teile der Homerischen Epen mündete, geben noch Kunde von ihnen. Die Königsgräber in Mykene, die noch heute den Besucher überwältigen, enthalten keinerlei schriftlichen Hinweis. Sie wurden von Schliemann willkürlich mit den Namen von Agamemnon, Klytämnestra und Ägist bezeichnet. Die Anlage zeugt von der großen Bedeutung der Gräber und dem religiösen Respekt vor den Friedhofsbereichen. Der Bestattungsritus ist mehrfach von berühmten Forschern beschrieben worden. Sie bedienten sich bei ihren eindrucksvollen Schilderungen späterer schriftlicher Zeugnisse oder archäologischer Befunde in Gräbern (z. B. der Tholos von Dendra), die glücklicherweise von den antiken oder modernen Grabräubern auf ihrer Suche nach verborgenen Schätzen übersehen worden waren.

Die Grabzeremonien und die Typen der Gräber stellen eine Besonderheit dar: Als Beispiel seien nur die berühmten Gräber in Mykene genannt, die sich nach ihrer Form und zeitlichen Einordnung klar in zwei Kategorien unterscheiden. Zur ersten gehören der Kreis A, der von Schliemann 1876 entdeckt wurde, und der Kreis B, der 1951–54 ausgegraben wurde: Es handelt sich um eine Gruppe von Schachtgräbern – 6 in Kreis A, 24 in Kreis B –, die unregelmäßig innerhalb der von Steinen eingefaßten Kreise verteilt waren. Es war ein Familiengrab, das an der Oberfläche durch Stelen gekennzeichnet war, die mit Ornamenten verziert waren. Das Grab war klar von seiner Umgebung abgehoben, so als wolle man die Bedeutung der Toten herausstellen und ein Gefühl religiöser Macht verbreiten. Diese Wirkung überdauerte die Jahrhunderte. Der Kreis A aus der ersten Hälfte des 16. Jh.s v. Chr. wurde später in den Festungsbereich neben dem Löwentor (13. Jh. v. Chr.) einbezogen, doch wurde alles unternommen, damit er sichtbar blieb. Die Erde wurde aufgeschüttet, und der Bereich wurde an der Oberfläche deutlich als heiliger Bereich gekennzeichnet, um spätere bauliche Eingriffe zu verhindern.

Die Heiligkeit dieses Ortes blieb nicht nur während der ganzen Zeit der mykenischen Geschichte gewahrt, sondern wurde durch die Jahrhunderte in mündlicher Überlieferung weitergegeben, bis sie im 2. Jh. v. Chr. von Pausanias, dem gebildeten, aufmerksamen Reisenden, aufgezeichnet wurde, der die antike Geschichte Griechenlands beschrieb. Der griechische Schriftsteller erwähnt die Existenz von Gräbern an Mauern, in denen Personen liegen, die nach der Rückkehr Agamemnons aus Troja getötet worden waren. Auf fünf dieser Gräber gibt er sogar genaue Hinweise. Schliemann verließ sich so auf diese Zahl, daß er seine Untersuchungen beendete, nachdem er das fünfte Schachtgrab entdeckt hatte.

Die Gräber der Kreise A und B gelten als Königsgräber (letzterer ist etwas älter, etwa vom Ende des 17. Jh.s v. Chr.). Man schließt das vor allem aus der Fülle, dem Reichtum und der Feinheit der Beigaben, die neben den Skeletten der Toten lagen. Sie wurden zum großen Teil unversehrt gefunden, was sicherlich auf der sakralen Bedeutung dieser Orte beruht. Neben fein ausgearbeiteten

Unten: Elfenbeinpyxis aus einem Kammergrab im Areopag in Athen. Das kleine, sehr feine Stück aus der Welt der Frauen ist ein wichtiges Dokument der mykenischen Elfenbeinschnitzkunst. Das Elfenbein wurde aus dem Orient importiert. Auf dem zylindrischen Körper und dem Dekkel sind Greife dargestellt, die einen Hirschen schlagen. Das Stück aus dem Agora-Museum stammt etwa aus der Zeit um 1400 v. Chr.

Kreis A der Schachtgräber von Mykene, von der großen Rampe aus gesehen, die zum Königspalast führt. Die sechs Gräber, die reich und prunkvoll ausgestattet waren, wurden vom Wohnbereich durch Steinplatten abgetrennt. Diese Begräbnisstätte aus dem 16. Jh. v. Chr. blieb auch nach dem Ausbau der Befestigungsmauern während des 13. Jh.s v. Chr. sichtbar.

Stücken, die deutliche Anleihen bei der minoischen Kultur zeigen, gab es in Fülle Ornamente aus wertvollen Materialien. Am berühmtesten sind die Totenmasken aus Gold, die auf den Gesichtern der Toten lagen und nach Ansicht einiger Forscher auf ägyptische Totenriten zurückgehen.

Der andere bedeutende Grabtyp in Mykene waren die großartigen Tholosgräber. Dies waren riesige runde, in einen Hügel eingegrabene Kammern, die einen Zugang (*Dromos*) hatten. Sie waren von einer Kuppel gewölbt, die aus übereinanderkragenden Steinen gebildet wurde. Das ganze Grab war unter einem hohen Erdhügel verborgen. Das Tholosgrab ist auch außerhalb der mykenischen Welt und in früherer Zeit zu finden, doch die Tholosgräber erreichten in Mykene ihre höchste technische Vollendung. Es sei nur an das »Schatzhaus des Atreus« aus der Mitte des 13. Jh.s erinnert. Mit diesen Gräbern, die nur für wenige Mitglieder einer Herrscherfamilie gedacht waren, gelang es, deren Ruhm zu vergrößern, ja über den Tod hinaus zu erhalten.

Die mykenische Kultur hat ihr Zentrum in Argolis. Dieses Gebiet war dicht mit achäischen Siedlungen bedeckt. Daneben war sie im Süden des Peloponnes (Lakonia und Messene), in Attika und in Böotien verbreitet. Da die Mykener hervorragende Segler waren, breiteten sie sich auch außerhalb des griechischen Festlandes aus. Sie erreichten die Inseln der Ägäis, die Küsten Kleinasiens, Cypern, die Küsten Syriens und Palästinas sowie Süditalien und Sizilien. Sie schufen das mykenische Reich oder *koiné*, dessen kraftvolle Ausdehnung von den einen als ein politisch-soziales Ereignis gewertet, von den anderen als intensive Handelspolitik mit kulturellem Hintergrund betrachtet wird. Sicherlich waren die Mykener besonders fähig, Kulturformen zu bilden und zu verbreiten, die fremde Einflüsse übernahmen. Man könnte sie als eine »gemischte Kultur« bezeichnen.

Die Entstehung des historischen Griechentums
(9. bis zur Mitte des 8. Jh.s v. Chr.)

Die tiefgreifenden Veränderungen und Wandlungen, die Zerstörungen, das Ende der bewohnten Zentren und das Abwandern der Bevölkerung sind zwar eindeutig nachzuweisen, aber nicht mit einem bestimmten Datum zu verbinden. Es sei

denn, man glaube an die Chronologie – um 1100 v. Chr. –, in der nach griechischer Überlieferung die Herakliden, die Söhne und Neffen des Herakles, zurückgekehrt sein sollen. Dieser fast traumatische Zeitpunkt wird mit klimatischen Veränderungen und Dürrekatastrophen ebenso erklärt wie mit politischen Spannungen innerhalb der mykenischen Gesellschaft. Es ist jedoch wahrscheinlicher, im Einklang mit den Berichten der antiken Schriftsteller, daß die Ursache von außen kam und in einer Invasion der dorischen Völker lag. Es ist den Dorern sichtlich nicht gelungen, die mykenische Welt auf einmal zu überrennen. So ist auch verständlich, daß einige Gebiete – Athen, Euböa, Arkadien – von dem Einfall der Völker unberührt blieben und zur Zuflucht der Bevölkerungsgruppen wurden, die auf der Flucht oder aus ihrer Heimat vertrieben waren.
Der gesamte Mittelmeerraum war mehr oder minder von Völkerwanderungen, von politischen Krisen und dem Zusammenbruch staatlicher Organisationen betroffen. Im ägäischen Raum entwickelte sich in dieser Zeit die griechische Kultur im engeren historischen Sinn. Es ist eine Periode der Beruhigung, in der sich verschiedene Traditionen und Kulturen durchdringen. Ihre Spuren finden sich in den fünf verschiedenen Dialekten der altgriechischen Sprache. Die Dorer gewinnen in dieser Zeit an besonderer Bedeutung – vielleicht weil sie sich auf militärisch starke Herrscher stützten. Die Bedingungen und Normen der Gesellschaft veränderten sich: Die Person des Königs verlor immer mehr an Bedeutung; der Besitz und die Nutzung von Ackerland verliehen Macht. Nicht das Königreich, sondern das Dorf (*dámos* oder *kóme*) wurde die Basis. In dieser Zeit entstand auch der Landadel.
Die Veränderungen werden auch bei den Siedlungen sichtbar: Die zentralisierten Orte wurden ebenso verlassen wie die eigentlichen Zentren der mykenischen Kultur. Neue Städte entstanden, wie Argos und Korinth, die größere Bedeutung hatten als das zerstörte Mykene.
Die Umformungen erstreckten sich auch auf die Bestattungsriten. Der Mensch hatte in dieser Gesellschaft, die nicht mehr auf Stämmen beruhte, eine andere Bedeutung: es gibt keine Familiengräber mehr. Die Gräber sind nicht mehr großartige Denkmäler, sondern der Tote wird allein in einer einfachen Erdgrube bestattet. Manchmal sind diese Gruben zum Schutz mit Steinplatten verkleidet, die eine Kiste bilden, und mit Steinen überdeckt. Neben den verbrannten oder bestatteten Überresten der Toten lagen persönliche Schmuckstücke (Fibeln, Nadeln) und Geschirr aus Ton. An der Oberfläche war als Erkennungszeichen ein großes Gefäß halb in die Erde eingegraben. Dorthin brachten die Verwandten ihre Geschenke: Zeugnisse vom Dialog zwischen Toten und Lebenden, der ein wesentlicher Teil des Totenkultes war.
Diese Grabamphoren, zum Teil höher als 1,50 m, wurden allein für Gräber hergestellt. Ihre Wände trugen häufig figürliche Szenen in geometrischen Formen ohne jedes Raumempfinden, die die wichtigsten Stationen des Begräbnisses zeigten (Klage, Aufbahrung und Überführung des Leichnams, Wagenläufe, Grabspiele). Die wegen ihrer Qualität und Größe berühmtesten Keramikwerkstätten waren in Athen. Diese Keramik, die vor allem in den Gräbern am Dipylon entdeckt wurde, war in Form, Technik und Dekoration von höchster Vollendung und bestach durch ihre Vielfältigkeit. Alle Möglichkeiten der Tonverarbeitung wurden genutzt, durch besondere Brennmethoden wurden die Farben zum Leuchten gebracht. Diese Keramik wird nach dem Stil ihrer Bemalung die »geometrische« genannt. Diesen Ausdruck für einen künstlerischen Stil verwendet man für den gesamten Zeitabschnitt, der hier betrachtet wird: Die Oberfläche der Vasen ist wie von einem Netz geometrischer Ornamente, von Punktreihen, Strichen, Dreiecken und Rauten überzogen, außerdem von Kreisen und Rosetten, die mit dem Zirkel gezogen waren. Die Strenge der Ornamentik, die stets die Form der Vase einbezieht, spricht für die Fähigkeit der Künstler, sich überlegt auszudrücken, statt die Malerei dem Zufall zu überlassen.
Die griechische Kultur ist von ihren Anfängen her bäuerlich. Sie lebt von der Kultivierung des Bodens und von natürlichen Quellen: Es sei nur an das Werk des Dichters Hesiod erinnert, in dem diese Erfahrungen und Traditionen ihren Ausdruck finden. Bald entstand, in Zusammenhang mit der Gesellschaftsstruktur, das Bedürfnis, angemessene Räume für religiöse Zeremonien bereitzuhalten. Das religiöse Leben spielte sich auf allgemein zugänglichen Plätzen, in kleinsten Heiligtümern ab. Dort traf man sich in den Zeiten, da auf den Feldern nicht gearbeitet wurde, um den Göttern zu danken und zu ihnen zu beten.

Zeichnerische Rekonstruktion des Grabkreises B in Mykene. Innerhalb einer Mauer, die nicht so sorgfältig ausgeführt ist wie die von Kreis A, liegen 24 Gräber, meist Schachtgräber, die durch kleine Erdhügel oder Stelen gekennzeichnet sind. Es fehlt in diesem Begräbnisfeld eine regelmäßige Anordnung der einzelnen Gräber, die außerhalb der Mauern liegen und aus der Zeit zwischen dem Ende des 17. Jh.s und 1550 v. Chr. stammen.

Typisches Grab der geometrischen Zeit aus Athen. Die Zeichnung zeigt ein Frauengrab von 850 v. Chr. aus dem Gebiet des Areopag. Zu der reichen Ausstattung gehörte Tongeschirr, das gleichmäßig um eine Amphore gelegt war, in der die Asche und die wertvollsten Schmuckstücke der Toten ruhten.

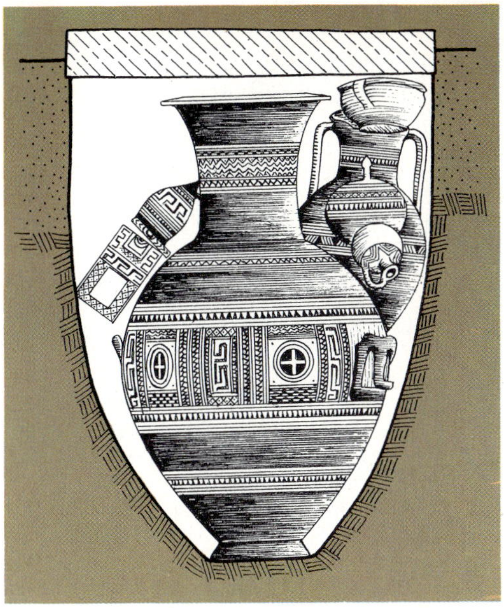

den musikalischen und sportlichen Wettspielen als Preis überreicht.

Die griechische Literatur kennt für den Ursprung des Heiligtums Olympia und der Spiele mehrere Überlieferungen. Zeus soll hier seinen Vater Kronos besiegt und damit die Weltherrschaft erhalten haben. Nach dem Sieg hielt er mit den Göttern Wettspiele ab. Auch Herakles wird als Begründer der Spiele genannt. Am meisten verbreitet ist jedoch der Mythos vom Wettstreit des Pelops mit Oinomaos um dessen Tochter, der schließlich auch im Giebel des Zeustempels aus dem 5. Jh. v. Chr. dargestellt wurde. Pelops soll als Sühne für den Tod des Königs Oinomaos Leichenspiele gestiftet haben. Das Grab des Pelops befand sich im Heiligtum und wurde schon seit mykenischer Zeit besucht, wie auch die Verehrung der Götter, insbesondere des Zeus, bereits in jener Zeit begonnen hatte. Sogar aus der frühen Bronzezeit sind Reste von Gebäuden bekannt, die jedoch noch nicht mit einem Kult in Verbindung gebracht werden können. Daß für Zeus erst im 5. Jh. v. Chr. ein monumentaler Tempel errichtet wurde, ist im Zeuskult

Das Wichtigste an diesen heiligen Orten war ein einfacher Altar im Freien, auf dem die Opfer und Geschenke dargebracht wurden. Doch bald wurde es nötig, ein Gebäude zu errichten, um das Götterbildnis abzusondern und zu schützen und um die nicht verderblichen Exvoto-Gaben zu bewachen. Archäologische Funde (Fundamente im Boden und Tonmodelle in Kleinformat) erlauben eine Rekonstruktion dieser einfachen Tempel, die schon als Gotteshaus gedacht waren: Gebäude mit rechteckigem, etwas verlängertem Grundriß, manchmal mit einer kleinen Säulenhalle am Eingang, die mit einem doppelten Giebeldach bedeckt waren. Ein Beispiel finden wir in Perachora, das ein berühmtes Heiligtum an der Küste des Golfs gegenüber dem Zentrum Korinths werden sollte; in dem heiligen Bezirk der Hera bei Argos und in dem Heraheiligtum auf der Insel Samos.

Die heiligen Bezirke wurden bald noch aus Gründen besucht, die für ganz Griechenland galten: Nach der Überlieferung begannen im Jahr 776 v. Chr. in Olympia die Olympischen Spiele. Sie waren ein Treffpunkt der mutigen vornehmen Jugend der Dorer in einem heiligen, friedlichen Bezirk. Apollo verdrängte in Delphi die Göttin der Erde als Schutzgöttin des Orakels. Das männliche Element wurde wichtiger als das weibliche – auch das eine Folge der dorischen Vorstellungen. Aus den Heiligtümern stammen zahllose Rundplastiken: Kleine Bronzefiguren, die Krieger, Pferde und Wagenlenker darstellten. Es schien, als ob das Leben des Militäradels in den Weihegaben weiterleben sollte. Die zahlreichsten Funde kennen wir aus Olympia. Dort fanden sich besonders viele Bronzekessel (mehr als 700 Fragmente); das sind halbrunde Becken auf drei hohen Beinen, mit getriebenen geometrischen Motiven geschmückt. Am Rand waren drei große senkrechte Ringe angebracht, die ursprünglich eine ganz praktische Bedeutung hatten: Ein Holzstock wurde durch die Ringe gesteckt, um den Kessel von einer Herdstelle wegzuziehen. Die Dreifüße gehörten an sich zur Küchenausstattung, sie wurden aber auch den Göttern als wertvolle Weihegeschenke dargebracht. Dafür gibt es außer in Olympia auch in anderen Heiligtümern noch genügend Beispiele. Außerdem wurden die Dreifüße den Siegern in

Rechts: Eine der berühmtesten und größten Amphoren, die zur äußeren Kennzeichnung in der Athener Nekropole beim Dipylontor standen: Die Dipylonamphore, aus dem Nationalmuseum in Athen, ist eines der vollkommensten Werke und erreicht eine große Ausgewogenheit in Form und Malerei. Der Dekor ist von abstrakten, geometrischen Motiven angeregt (760–750 v. Chr.).

Die Kultur der geometrischen Zeit, in der eine eigenständige griechische Dichtung entsteht, ist nicht in sich geschlossen, sie hat vielmehr in verschiedenen Gebieten eigene Ausdrucksformen gefunden. Nach dem Aufbau einer inneren Ordnung zu Beginn wandte sie ihre Aufmerksamkeit der übrigen Welt zu. Die dorische Wanderung löste nicht zufällig andere Völkerwanderungen aus, wie jene an die Küsten Kleinasiens. Sie wurde ein wesentlicher Bestandteil der griechischen Geschichte und nahm, wenn auch aus anderen historischen Gründen, die spätere griechische Kolonisation vorweg.

Oben: Auf dem Krater aus der Nekropole vor dem Dipylon, heute im Nationalmuseum von Athen, sind die Grabspiele und Begräbniszüge dargestellt. Auf dieser Vase, die kurz nach 750 v. Chr. entstand, ist das erzählende Moment – wenn auch in stilisierter Form – beherrschend.

Unten: Für den Grabkult bestimmt war die Statue des nackten Jünglings, des »Dipylon-Kuros«. Sie wurde am Ende des 7. Jh.s von einem attischen Bildhauer geschaffen und ist formal einheitlich. Das Oval des Gesichts ist lebendig gestaltet.

nichts Ungewöhnliches, der Gott wurde auch in Dodona unter freiem Himmel ohne Kultbild und Tempel verehrt. Nur ein großer Altar, auf dem sich die Asche der Brandopfer von Jahrhunderten türmte, war das äußere Zeichen der Verehrung. Neben den monumentalen Dreifußbecken, deren Stiftungen durch die Sieger bereits im 9. und 8. Jh. v. Chr. belegen, daß die Spiele nicht erst mit den Siegerlisten, sondern mindestens ein Jahrhundert früher begannen, wurden Tausende von Votivfiguren gefunden, die Olympia zum bedeutendsten Fundplatz für die geometrische Kunst machen.
Die Votive stammen nicht nur aus heimischen Werkstätten, sondern sie wurden aus der ganzen Peloponnes hier geweiht, vor allem Tiervotive – Pferde, Rinder, Hirsche, Hasen; Menschenfiguren sind in der Minderzahl. Es sind kleine Figürchen aus Ton oder Bronze, die die in Olympia verehrten Gottheiten und Heroen in primitiver Form darstellen, Zeus mit ausgebreiteten Armen im Gestus der Epiphanie, weibliche Figuren der Hera, und den Heros Pelops mit der Lanze in der erhobenen Hand und einem Pferd am Zügel. Zur Aufbewahrung der Votive gab es in geometrischer Zeit vermutlich noch keine ausreichenden Räume, wie später dann die Tempelbauten und Schatzhäuser. Die meisten monumentalen Dreifüße standen daher im Freien, weshalb sie auch besonders stark zerstört sind; die kleinen Votivfiguren wurden bei den Opferplätzen und an den Kultstellen wie Pelopsgrab und Heraheiligtum auf den Boden gelegt. Erst die archaische Zeit brachte im 6. Jh. dann für Olympia den Beginn der architektonischen Ausgestaltung mit Bauten. Für die Wettkämpfe bestand zu dieser Zeit auch schon ein eigenes Stadion, bei dem jedoch für die Zuschauer lediglich Erdwälle aufgeworfen waren. Die Entfernung vom Start bis zum Ziel bildete die Grundlage für das griechische Längenmaß eines »Stadions« (ca. 192 m).
Mit dem heiligen Bezirk in Olympia müssen Arbeitsräume und Werkstätten von Künstlern verbunden gewesen sein. Es steht fest, daß es eine klare Trennung zwischen technischer und künstlerischer Spezialisierung und der Herstellung gab. So konnten sich über Jahrhunderte bestimmte Bilder und Typen bewahren. Die Metallverarbeitung wurde immer wichtiger. Die Verwendung von Eisen breitet sich in dieser Zeit aus, und die Herstellung von Angriffs- und Verteidigungswaffen für die Krieger steht an erster Stelle. Aber auch die Herstellung von Vasen verlangt von den Handwerkern großes technisches Können, wie wir gesehen haben. Die Geheimnisse seines Handwerks vererbte der Vater auf den Sohn, der Meister auf den Schüler.

Die Kolonisationsbewegung und die Kultur des archaischen Griechenland
(750–480 v. Chr.)

In Griechenland hatte sich gerade eine Gesellschaft gebildet, deren verschiedene Stammesverbände noch auf der Suche nach staatsbürgerlicher Selbständigkeit waren. Da wurde die Frage des Überlebens so drängend, daß die Suche nach neuem Siedlungsraum außerhalb Griechenlands begann. Die Gründe dafür lagen auf zwei Ebenen: Der Bedarf an Gütern und Rohstoffen, die es in Griechenland nicht gab, wuchs ständig; dazu kam eine drastische Politik, die jeden zur Auswanderung zwang, der aus persönlichen oder finanziellen Gründen nicht mehr leistungsfähig war. Mit diesen beiden recht gegensätzlichen Gesichtspunkten hat man das Phänomen der ausgedehnten griechischen Kolonisation zu erklären versucht (mehr als 200 Kolonien wurden gezählt). Auf der einen Seite wurden Ernährungsengpässe und die Übervölkerung als Gründe für die Auswanderung angeführt, andererseits zwang die Agrarstruktur in Griechenland viele, ihre Felder zu verlassen. Eine übertriebene Parzellierung und ausgefallene Ernten gaben ihnen keine Existenzmöglichkeit mehr; so blieben nur einige wenige Großgrundbesitzer. Dazu kam die Ausbreitung von Intensivkulturen, besonders von Wein und Oliven, die zu Beginn große Investitionen verlangten und erst nach einer langen Wartezeit gute Erträge brachten. Hier lagen die Gründe, die die Menschen nach neuem Lebensraum und neuen Ackerbaugebieten suchen ließen. Schließlich löste die Auswanderung die tiefgreifenden sozialen Gegensätze und Spannungen.
Nach der anderen These machte die griechische Wirtschaft in dieser Zeit Veränderungen durch, da handelspolitische Gesichtspunkte immer mehr in den Vordergrund rückten. Der Besitz einer Handelsflotte, die Kontrolle der Verkehrswege und eine Reihe von Stützpunkten gehörten zu einer sogenannten vorkolonialen Phase der Berührungspunkte. Ohne sie wäre die Idee der Ausbreitung nicht denkbar, sie verlangt eine rationalisierte Wirtschaft, in der die Produktion aller für die Ausfuhr bestimmter Güter aufeinander abgestimmt ist. So wurden die Kolonien gegründet, um neue Absatzmärkte zu finden und um das Wirtschaftswachstum deutlich zu vergrößern.
Es kann keine eindeutige Antwort auf eine Frage geben, die so lange diskutiert wurde, bis sie nur noch abstrakte Gedankenspielerei wurde. Allein aus verschiedenen Gesichtspunkten und unter Berücksichtigung verschiedener Gründe ist ein historisches Phänomen von dieser geographischen und zeitlichen Reichweite zu erklären. Bei den Kolo-

niegründungen spielte die soziale und politische Situation ebenso eine Rolle wie die wirtschaftliche und geographische.
Die Griechen definierten die Kolonisation als das Wohnen fern der Heimat (*apoikía*). Verschiedene Motive veranlaßten die Griechen, vom Mutterland fortzugehen: Not und Sorgen, Unternehmungslust, Freude an Risiko und Gefahren und die Sehnsucht nach fremden Ländern.
Die griechischen Kolonien wurden vor allem zwischen den Jahren 750 und 550 v. Chr. gegründet. Doch wie es schon vorher eine Phase der ersten Erfahrungen gab, so gab es auch später Auswanderung aus verschiedenen Beweggründen. Bei dieser Kolonisierung wurde ein sehr großes Gebiet erfaßt: von Massaglia (Marseille) im Westen bis zum Schwarzen Meer, von Kyrene in Libyen bis zu den Küsten Syriens und Palästinas. In manchen Gebieten lagen besonders viele Kolonien. So wurde Süditalien schon in der Antike Großgriechenland (*Magna Grecia*) genannt. Die Kolonisation, die auf kultureller und wirtschaftlicher Ebene auch wieder das Mutterland beeinflußte, setzte eine bestimmte Organisation und eine minimale Kenntnis von den Lebensmöglichkeiten in den künftigen Siedlungsgebieten voraus. Man vermutet, daß es dafür im Orakel von Delphi, das stets vor der Abreise in fremde Länder um Rat gefragt wurde, besondere Archive gab.
Die große Massenbewegung wurde von einem oder mehreren Führern geleitet, die nach antiker Tradition »Oikistes« (Gründer) genannt werden. Ihre Bedeutung war so groß, daß sie nach ihrem Tod wie Helden verehrt wurden. Ihre Grabmäler wurden auf dem Marktplatz der Kolonie errichtet. So lag in Kyrene der Grabhügel des Batto auf der Agora. Zusätzlich muß es Spezialisten für die Parzellierung und Zuteilung des Ackerlandes gegeben haben; so ist z. B. in Metapont die regelmäßige Aufteilung der *chóra* gut zu erkennen. Luftbildaufnahmen zeigten Bewässerungskanäle und Gutshöfe, die bis ins 6. Jh. v. Chr. zurückreichen. Das erforderte neben besonderem technischen Wissen eine klare Rechtsordnung, die zwischen Gebieten unterschied, die der Allgemeinheit zugänglich waren, Heiligtümern vorbehalten blieben oder der privaten Nutzung dienten. Die politische Verwaltung mußte das Handelssystem, das auf Tausch basierte, schützen und ordnen. Tatsächlich stammen aus der Zeit der Kolonisation die ersten geschriebenen Gesetze der griechischen Kultur.
Die Koloniegründungen bildeten ein gutes Versuchsfeld zur Erprobung und Anwendung von städtischem Leben. Die Städte wurden ex novo nach einem von Anfang an festgelegten Gesamtplan angelegt. Die völlig rationale Vorstellung von Gemeinschaftsleben und Staatsorganisation der griechischen Kultur wurde in ferne Länder getragen. Die Stadtpläne sind völlig regelmäßig, mit rechtwinkligen Straßenkreuzungen im Innern eines begehbaren Wehrgangs. Um die Verteidigungskraft zu erhöhen, war der Wehrgang dem umgebenden Terrain angepaßt. Aus mehreren Gründen wurde der bewohnte Stadtkern von seiner Umgebung (*chóra*) klar abgegrenzt. Dies hatte praktische Vorteile bei der Abwehr feindlicher Angriffe und verwirklichte gleichzeitig die Idee einer Gemeinschaft. Vor allem gehörte die Isolierung des Stadtkerns zu der grundlegenden griechischen Theorie über Stadtwesen, vor allem in den Siedlungen außerhalb des Mutterlandes. Plato allerdings wird später Sparta preisen, gerade weil es keinen Wehrgang besaß, sondern ihn durch die Körper bewaffneter Bürger ersetzte. Schon in den ältesten Kolonien in Kleinasien gab es Verteidigungsmauern, wie z. B. in Smyrna, das seit dem 9. Jh. befestigt war. Gegen Ende des 7. Jh.s wurde es völlig umgebaut und neben dem Hafen ein weiträumiger Marktplatz (Agora) angelegt sowie ein höher gelegener Tempel errichtet. Die Kolonisation ist also auch eine städtische Erscheinung. Sie vollzieht sich genau in der Zeit, in der eine für die politische Struktur Griechenlands bis zum Hellenismus wichtiges Gebilde entsteht: der Stadtstaat

Religiöses Zentrum und sicherer Anlegeplatz war Perachora, das auf einem Gebirge vor der Bucht von Korinth lag und von 850 v. Chr. bis zum Hellenismus bestand. Von der geographischen Lage begünstigt, wurden in dem Heraheiligtum immer mehr Weihegaben geopfert und seine Bauten monumental erneuert. Tempel entstanden, ein großartiger, von einem Baldachin überdeckter Altar, ein viereckiger Säulenhof und eine Agora neben dem Hafen.

Der Apollo-Tempel in Korinth von 540 v. Chr. verbreitet ein Gefühl von Kraft und Schwere. Die dorischen Säulen sind aus einem Block gehauen und stehen auf einem Fundament mit 4 Stufen. Es ist kaum merklich gewölbt, um die Strenge der horizontalen Linien optisch zu mildern. Die Kapitelle haben eine abgeplattete breite Form und unterstreichen damit die schwere Körperlichkeit der archaischen Architektur.

(Polis), der sich durch den Zusammenschluß einiger Dörfer (*Synoikismos*) bildete. Dazu kam die Übervölkerung der Stadtkerne, die Zentren von Kunst, Kultur und Handel geworden waren. Die Kolonien, die stets ihre Handlungsfreiheit gegenüber dem Gründungsort (Mutterland) bewahrten, stellten eine Lösung dar für die Isolierung der Polis. Sie war hochmütig und abgeschlossen gegenüber dem aufgesplitterten politischen Leben in Griechenland. In den Zentren der Kolonien, die in »barbarischen« Ländern gelegen waren und von Menschen aus allen Teilen Griechenlands bewohnt waren, verflochten sich verschiedene Welten und Kulturen. In Kultur und Kunst überwanden sie bald die gespaltenen griechischen Zonen und wuchsen zu eigenständigen Kulturen heran.
Kontakte mit der Welt außerhalb Griechenlands und Gewinnmöglichkeiten gab es durch Überlieferungen und Erfahrungen in bewaffneten Kämpfen: Ostgriechische Söldnertruppen (Teos, Rhodos, Kolophon), die im Dienst des ägyptischen Königs Psammetich II. (595–587 v. Chr.) standen, haben ihre Namen in die Beine der Kolossalstatue von Ramses in Abu Simbel zur Erinnerung an ihren Zug nach Nubien eingeritzt. Dieser Brauch hat sich bis in unsere Tage erhalten. Das Waffenhandwerk hatte eine völlig neue Bedeutung bekommen, da sich die Kampftechnik verändert hatte. Es ging nicht mehr um das Duell zweier Gegner, wie es schematisch deutlich in Reliefs und auf Vasenmalereien dargestellt worden war. Gegen Ende des 8. Jh.s v. Chr. trat eine wichtige Neuerung auf: Die Bronzewaffen wurden schwerer, es kämpften Reihen von Fußsoldaten gegeneinander, die Schild an Schild standen, um die Flanken zu schützen. Diese sogenannte Hopliten-Schlachtreihe wurde zu einem mächtigen Angriffsheer. Sie ist auf einem Meisterwerk korinthischer Vasenproduktion besonders schön dargestellt: Auf der »Chigikanne«, die schon in der Antike in das etruskische Zentrum Veji exportiert wurde, sind zwei Hoplitenheere dargestellt, die aufeinander zu marschieren. Sie sind sehr realistisch und mit einem bemerkenswerten Raumgefühl dargestellt.

West- und Nordseite des zweiten Hera-Tempels in Paestum. Das dorische Bauwerk, das früher als Neptun-Heiligtum angesehen wurde, hebt sich zusammen mit dem älteren, daneben liegenden Basilica-Tempel, vom heiligen Bezirk im Zentrum der Stadt ab. Er wurde 450 v. Chr. gebaut und weist einen Säulenkranz und eine ruhige Ausgeglichenheit in der Gliederung auf, die auf jeglichen Schmuck an den Metopen und Stirnseiten verzichtet.

In dieser Zeit spielten die Handelswege auf den Meeren eine große Rolle. Griechenland war dabei insgesamt von seiner geographischen Lage und seiner geomorphologischen Struktur her begünstigt. Die Verbindungen auf dem Meer waren schon immer leichter als die auf dem Land. Einige Orte waren besonders bevorzugt, weil sie an einer Kreuzung von Land- und Meerwegen lagen. So hat Korinth, auf der Landzunge zwischen dem Ionischen und dem Ägäischen Meer gelegen, zwei Häfen: Lechäum am Korinthischen und Kenchreä am Saronischen Golf. Um eine Verbindung zwischen beiden Häfen zu schaffen, wurde gegen Ende des 7. Jh.s v. Chr. eine Straße (*diólkos*) gebaut, auf der die Schiffe über Land in den anderen Hafen gebracht wurden. Es war für die alten Griechen unvorstellbar, den Isthmus zu durchschneiden und der Natur so Gewalt anzutun. Zwischen dem 7. Jh. und den ersten Jahrzehnten des 6. Jh.s wurde Korinth ein bedeutender Umschlagplatz im Handel zwischen Orient und Okzident. Zum Verkehr kamen bedeutende Produktionszentren, in denen die Rohstoffe aus dem Ausland verarbeitet wurden und bestimmte Gegenstände in ungeheuren Mengen hergestellt wurden. Das Tongeschirr war für den Export bestimmt, darunter wertvolle Ware, ja sogar Luxusgegenstände. Es war in allen Städten und Kolonien des Orients zu finden. Den Rohstoff für die Vasen lieferten reichhaltige Tongruben. Modellierung und Bemalung verlangte eine Handfertigkeit, die durch vielfältige Übung ständig verfeinert wurde. Dennoch entstand nichts grundsätzlich Neues, es wurden die Motive wiederholt, die schon längst in kleinen Werkstätten ausprobiert waren. Wie archäologische Grabungen in Korinth zeigen, konzentrierten sich seit dem 6. Jh. v. Chr. die Keramikwerkstätten in besonderen Gebieten.

Von der Keramikherstellung gingen auch Impulse auf andere Gebiete, wie z. B. auf die Architektur, über. So führte die Erfindung einer Dachbedekkung mit geraden Dachziegeln aus gebranntem Ton zu einem Produktionszentrum in Korinth, das auch in einem bestimmten Bezirk lag. Dieses war auch für die Tondekorationen der öffentlichen Gebäude zuständig. Die beiden Spezialbereiche der kunstvollen Vasengestaltung und der Bemalung waren nicht die einzigen Aspekte dieser sich ausbreitenden Kultur. Sie waren eingebettet in die Vorstellung figürlicher Darstellung, wie sie vor allem in der Malerei zum Ausdruck kommt. – Der monumentale Charakter der Malerei wird zum Beginn ornamentaler und formaler Erneuerungen. Korinth war zwar eines der blühendsten Produktionszentren, jedoch nicht das einzige in der Zeit zwischen der Mitte des 8. und dem Ende des 7. Jh.s v. Chr. Diese Zeit wird die »orientalisierende« genannt, weil die künstlerischen Ideen deutlich vom Einfluß orientalischer Motive bestimmt sind. Dieses Phänomen ist im gesamten Mittelmeerraum zu beobachten. Ein neuer künstlerischer Geschmack breitet sich von Ost nach West auf den phönizischen und griechischen Handelswegen aus und überschneidet sich mit der Koloni-

Rechte Seite: Der untere Teil einer Gußform für eine Apollo-Statue aus Bronze, die in ihrem Gußloch in der Nähe des Tempels des Apollo Patroos auf der Athener Agora gefunden wurde. Das Götterbild im archaischen Stil (Mitte des 6. Jh.s v. Chr.) bezeugt Kunstwerkstätten, die in der Nähe von Tempeln lagen, um die Aufträge schnell erfüllen zu können.

sation. Luxusgegenstände und Stücke, die wegen ihres Materials oder ihrer vollendeten Dekoration wertvoll sind, werden auf den Handelswegen in alle Länder verbreitet. Die Kaufkraft der Aristokratie, der herrschenden Klasse in den verschiedenen Kleinstaaten und Städten, wächst zusehends. Immer öfter treten Materialien auf, die zur Mode werden, wie z. B. Elfenbein, Gold und Silber. Handwerker und Künstler entwickeln immer neue Techniken. Die umfangreiche Produktion getriebener Bronzen, von Kunstwerken aus Metall und Gold führte dazu, daß die Bildmotive und Themen einförmiger wurden und der Dekor völlig seine Originalität verlor.

Die Griechen, die in dieser Zeit sehr aktiv waren, traten in Kontakt und in Konkurrenz zu den Phöniziern. Die Berührung war so eng, daß sie sogar die phönizische Buchstabenschrift übernahmen. Sie wurde für den Handel und die Kultur unentbehrlich.

Aus den östlichen griechischen Zentren kamen auch praktische schöpferische Anregungen und Erfindungen, so zum Beispiel der hölzerne Säulengang (*Stoa*) im Heraheiligtum auf Samos, der zum Schutz der Pilger geschaffen worden ist. Neben Milet war vor allem Rhodos berühmt für seine Goldarbeiten und für Vasen, die mit bandartig übereinanderliegenden Tierfriesen bemalt waren. Die Rolle Kretas in dieser Zeit ist umstritten. Während es die einen für eines der wichtigsten Produktionszentren halten, ist es für die anderen nur noch eine (von Cypern beeinflußte) unbedeutende Insel. Man fand zahlreiche getriebene Bronzen (Höhle im Berg Ida), Helmverzierungen und Koroplastiken (Gortyna). Es soll nicht vergessen werden, daß Kreta eng mit dem Mythos des Daidalos verbunden ist. Er hat nach der Überlieferung ohne magische Kunstgriffe so realistische Skulpturen geschaffen, daß sie lebendig wirkten. In seinem Werk verbindet sich die schöpferische Kraft mit Vitalität und Geist. Der Name Daidalos allein (Arbeit und Kunst) betont, wie wichtig die Technik, die Handfertigkeit und die Fähigkeit ist, verschiedene Materialien so zu verwenden, daß ihre Eigenart zur Geltung kommt.

Die große Sorgfalt in Versuchen und in der Bearbeitung des Materials durch den Künstler wird ein wesentlicher Bestandteil der griechischen Kunst. Dabei wird nicht unterschieden zwischen der schwierigen Arbeit und der geistigen und schöpferischen Gestaltung. Von daher sind die Gründe für die kolossalen Ausmaße der ersten Statuen zu verstehen. Der Marmorkoloß, der von den Bewohnern von Naxos gegen Ende des 7. Jh.s v. Chr. im Apollo-Heiligtum auf Delos geweiht wurde, war etwa 5 m hoch und dabei von sehr harmonischen Proportionen. Die Statue wirkte belebt, und sogar ihre Inschrift steht in der ersten Person. Sie erinnert voller Stolz daran, daß die Statue aus einem einzigen Monolithen gearbeitet wurde (»Aus einem Stein bin ich Statue und Basis«).

Der erste Mensch, der den Künstler und Handwerker in sich vereint, wird nicht nur wie Daidalos mit Kreta verbunden. Auch in Attika und vor allem in Sizilien findet man diese Vorstellungen, die in Verbindung mit den kulturellen und wirtschaftlichen Verflechtungen der orientalisierenden Phase stehen. Daidalos aber gründete die erste eigentliche Schule, die sich auf dem Peloponnes und in der östlichen Ägäis (Rhodos) ausbreitete. Schüler und Meister arbeiteten dort oft zusammen an einzelnen Werken, wobei der Beitrag des einzelnen nicht klar erkennbar war. Bei dieser Arbeitseinteilung war nicht die Kreativität des Individuums entscheidend, sondern die gemeinsame Lehrzeit in derselben Werkstatt oder Schule.

Die Existenz von Schulen und Werkstätten erklärt auch, warum manche Produktionen so eintönig und genormt waren. Hinzu kam, daß vor allem Exportware in großer Menge hergestellt wurde. In den Schulen wurden auch Motive, die von außen kamen, thematisch und stilistisch übernommen und umgeformt. Das Urteilsvermögen und die genaue Beherrschung der Technik und der begrifflichen Vorstellungen ließen einen neuen eigenen Stil entstehen. Er zeichnete sich aus durch lebhaften Ausdruck und freie Gestaltung. Aus vielfältigen Einflüssen bildete sich ein Stil, der einen harmonischen Ausgleich zwischen Verstand und Phantasie schuf.

Die Dekormotive der orientalisierenden Keramik sind deutlich verschieden von den Motiven der geometrischen Epoche. Es werden Tierfriese und Pflanzenformen wie in den orientalischen Kulturen verwendet. Doch die griechischen Werkstätten finden aufgrund ihrer Traditionen einen eigenen Ausdruck: Ihre besondere Aufmerksamkeit gilt der Form und der Zweckmäßigkeit der Vasen. Neue Lösungen gelangen, die bald zum Maßstab wurden, so zum Beispiel in der Malerei, die sich von einfachen Umrissen zur detaillierten Schilderung bestimmter Szenen entwickelte: die Bildergeschichte mit mythologischen Themen entstand. Sie ist die große Leistung der Athener Vasenmaler, die immer bedeutender wurden und bald auch Korinth – sogar im Export – völlig verdrängten.

In dieser Zeit wurden die klugen Kaufleute und Gewerbetreibenden immer reicher. Sie prahlten jedoch nicht mit ihrem persönlichen Reichtum, der Luxus war nur Ausdruck der sozialen Stellung. Der Kleidung – es gab feinste Textilien, Parfüms,

Unten: Auf einer Terrakottaplatte, die sich heute in Berlin befindet, schuf ein korinthischer Maler um 580–570 v. Chr. eine sehr lebendige und realistische Szene. Die Aufmerksamkeit gilt der schweren Arbeit unter freiem Himmel in den Gruben, in denen man Ton als Rohmaterial für die Keramikwerkstätten in Korinth gewann.

wertvollen Schmuck – wurde viel Aufmerksamkeit gewidmet. Dafür wurden die Gewinne aus den einträglichen Handelsgeschäften verwendet, doch wurde dieser Prunk nur in der Öffentlichkeit gezeigt. Der Gedanke dabei war, daß auf den meistbesuchten öffentlichen Plätzen zugunsten eines einzelnen, einer Körperschaft oder Gruppe eine Botschaft überbracht werden konnte, eine Art Propaganda. Die privaten Wohnungen waren höchst bescheiden im Vergleich zu der großartigen Gestaltung der religiösen oder der zivilen Bereiche, die öffentlich zugänglich waren. Privathäuser haben kaum archäologische Spuren hinterlassen; dennoch ging die Tempelarchitektur vom öffentlichen Bereich aus. Aus ihm erwuchs auch die große Bedeutung der heiligen Bezirke und die Verbreitung der großen Statuen, die stets zu Gräbern gehörten oder Weihegeschenke waren.

Es bedurfte dafür nicht nur großer Geldmittel, sondern auch technischen Könnens und der Kenntnis der Gestaltungsmöglichkeiten des Rohstoffes. Doch das Entscheidende war die Meisterschaft, mit der Material und Werkzeuge gebraucht wurden. Am Ende stand ein Werk, das den Vorstellungen seiner Schöpfer völlig entsprach. Die großartige Architektur der griechischen Tempel ist nicht nur mit der Entdeckung der Marmorbrüche zu erklären, sondern mit der Fähigkeit, die Blöcke zu teilen und das Werk stets mit der Idee in Beziehung zu setzen. Die Gliederung der griechischen Tempel, die auf den ersten Blick von stereotyper Einförmigkeit zu sein scheint, beginnt in den Marmorbrüchen und mit der subtilen Genauigkeit des Steinmetzen. Zu der tief religiösen Architektur des archaischen Griechenland gehören die Handarbeit und die Organisation, die spätere Veränderungen vorbeugend miteinbezieht. Die Architektur war an eine verfeinerte Ausführung gebunden, an eine genaue Vorstellung von Umfang und Stellung des Dekors. Besondere statische Probleme gab es nicht.

So verschwanden bald die Säulen, die aus einem Stück gearbeitet waren, wie die im Apollotempel von Korinth. An ihrer Stelle entstand eine Technik, Steinblöcke übereinanderzulagern, die vollkommen zueinander paßten. Die Wirkung dieser Säulen übertraf sogar die frühere, da sie Korrekturen und letzte Verfeinerungen am fertigen Bauwerk zuließ. Man versuchte zusätzlich die Nahtstellen so zu verbinden, daß sie für den Betrachter nicht mehr störend wirkten. Außerdem waren sie noch farbig verkleidet. Diese Arbeit, die nie Selbstzweck war, wird deutlicher im sogenannten Polygonal-Mauerwerk. Hierbei werden Steinblökke von unterschiedlicher Größe und Seitenkanten nicht in regelmäßige geometrische Formen geschnitten, sondern so überlegt angeordnet, daß sie eine erlesene Schönheit ausstrahlen.

Im Verlauf des 6. Jh.s wurden große Bauprogramme erdacht und ausgeführt. Diese Zeit wird die archaische genannt. Sie ist auf politischer Ebene von Reformatoren gekennzeichnet, die die Strukturen verändern wollen. Gewaltsam versuchten Tyrannen, mit eigenmächtigen Aktionen die sozialen Gegensätze und Spannungen zu lösen. Die Rivalität zwischen den Poleis und ihr Wille, sich einzeln zu profilieren, führte zusammen mit der Bedeutung der heiligen Zentren dazu, daß die monumentalen Unternehmungen in den Städten und den panhellenischen Heiligtümern immer häufiger wurden. Die Poleis mußten rationalisieren und sich wie eine Stadt organisieren, da die Aufgaben für die Verwaltung wuchsen, das Gemeinschaftsleben größere Anforderungen stellte, die Produktion von Kunstwerken anstieg, der Handel blühte und große religiöse wie auch weltliche Feste die öffentlichen Plätze immer häufiger nutzten. Am Beispiel von Athen wird sichtbar, daß die Akropolis ausschließlich Kultgebäuden vorbehalten bleibt und so zum bedeutendsten Heiligtum wird. In den ersten Jahrzehnten des 6. Jh.s v. Chr. werden in einem großen Gebiet der Platz für die Volksversammlung (*Agora*) und die ersten öffentlichen zivilen Gebäude errichtet. Es war die Zeit der reformatorischen Veränderungen des Solon. Der öffentliche Platz war Kreuzungspunkt der wichtigsten Verkehrsstraßen: Die eine führte nach Piräus; die andere, »Heilige« genannt, zum Heiligtum in Eleusis. Diese benützte in ihrem letzten Stück zur Akropolis der Festzug der »Panathenäen«, der 566–565 v. Chr. eingerichtet wurde. Der größte Teil des Platzes blieb frei, um Raum für den Verkehr zu schaffen und den Aufenthalt angenehm zu gestalten. Einige wichtige Monumente jedoch wurden mit politischen Themen errichtet, wie die Bronzegruppe des Antenor (509 v. Chr.), die an die Mörder des Tyrannen Ipparcos, den Sohn des Peisistratos, erinnerten.

Die ersten Gebäude der athenischen Agora gruppierten sich gleichmäßig zu Füßen eines felsigen Hügels (*Kolonos Agoraios*). Auf ihm lagen der Tempel des Hephaistos und das Zentrum eines Industrieviertels. Die Gebäude haben alle öffentlichen Charakter, ob zivil oder religiös, da der Platz als heilig galt. Deshalb sind auch seine Grenzen durch Steine gekennzeichnet (500 v. Chr.). Auf einer Inschrift erklärt der Gott in der ersten Person sein Wesen und seine Aufgabe. Es ist interessant, daß in der Nähe des Apollo-Patroos-Tempels, des Schutzgottes der Dorer, der untere Teil einer Bronzegußform gefunden wurde, die den Gott darstellte: Dieser Fund gibt nicht nur Auskunft über die Arbeitsmethoden der Athener Bronzehandwerker in der Mitte des 6. Jh.s v. Chr. Da auch das Loch gefunden wurde, in dem die Form für den Guß gebildet wurde, hat man eine weitere Bestätigung dafür, daß es Werkstätten an den Kultorten gab. Ihre Produktion war für fromme Besucher gedacht.

Der Tempel und die Heiligtümer sind Orte, an denen die Initiativen von Gruppen und von einzelnen reichen Bürgern stattfanden. In der archaischen Zeit gab es sonst keine Gelegenheit und keinen besseren Platz, um seine Stellung und seine politischen wie sozialen Ansichten zu erklären und für sich zu werben. Das alles geschah unter dem Deckmantel einer Opfergabe an die Gottheit, einer Kulthandlung. Die einfacheren Griechen konnten ihre Religiosität nur zeigen, wenn sie klei-

Rechts: Das Innenbild einer lakonischen Schale, heute in Paris (Cabinet des Médailles), aus Vulci zeigt sehr lebendig eine königliche Episode aus der Mitte des 6. Jh.s v. Chr. Arkesilas II., der König von Kyrene, ist beim Wiegen und Lagern von Silphium, einem wichtigen Erzeugnis des Gebietes der Cyrenaika, anwesend.

*Rechte Seite: Oberteil des berühmten »Kalbträgers«, der schönen Votivgabe, die um 560 v. Chr. auf der Akropolis von Athen geweiht wurde. Die sehr qualitätvolle Marmorstatue ist wegen des dargestellten Themas – des Kalbträgers (*Moskophóros*) – bemerkenswert. Die Statue zeichnet sich durch ihre zarte Bewegung und durch das besondere Verhältnis von bekleideten und unbekleideten Körperteilen aus.*

Rechts: Der Bronzespiegel mit figürlichem Griff aus dem Nationalmuseum in Athen ist ein Beispiel für die kunstvolle Metallbearbeitung der korinthischen Künstler. Er wurde 500 v. Chr. hergestellt. Die reflektierende Metallscheibe wird von einer Frauenfigur gehalten, die in einen Mantel gehüllt ist und auf deren Schultern zwei Sphingen thronen.

Unten: Die kopflose Statue aus dem Akropolis-Museum in Athen ist wegen des dargestellten Bildtyps unter den griechischen Skulpturen ein besonderes Exemplar. Die Marmorstatue vom Ende des 6. Jh.s v. Chr. stellt einen Schreiber in charakteristischer Haltung dar. Dieser Typ ist unter den figürlichen Weihegaben in den griechischen Heiligtümern sehr selten.

ne Ton- oder Metallgegenstände kauften und sie den Gottheiten weihten. Diese Serienprodukte waren weder in der Form noch in der Ausführung sorgfältig gearbeitet. Diese Exvoto-Gaben sollten nicht ständig ausgestellt sein, sondern wurden als Eigentum des Gottes gesammelt und in Gräben aufeinandergehäuft. Diese Schreine wurden wertvolle Fundgruben für die Archäologen. Durch sie ist der Gott feststellbar, der in einem Tempel verehrt wurde, da die kleinen Statuetten ein recht allgemeines Bildnis des Gottes darstellten. So konnten in Paestum die beiden Tempel, die seit dem 18. Jh. »Basilica« und »Neptuntempel« genannt wurden, nach der Ausgrabung der Votivschreine der Göttin Hera zugeschrieben werden. Ihre Bedeutung geht noch weiter: Sie geben genaue chronologische Daten, da diese Votivgräber voneinander getrennte Fundschichten enthielten. Sie geben Aufschluß über den Geschmack, die volkstümliche Farbtönung, die Strömungen und die Technik im Kunsthandwerk sowie über die Gründe für den Tempelbesuch. Schließlich warf die Anzahl der Stücke ein Licht auf die Bedeutung und Anziehungskraft des Tempels.

Eine völlig andere Bedeutung haben die Weihegeschenke der Poleis (die sie einzeln oder als Gemeinschaft brachten), die Geschenke berühmter Personen, von Tyrannen, reichen Händlern und Eigentümern von Kunstwerkstätten. Sie leisteten auf der einen Seite einen bedeutenden Beitrag zur architektonischen Gestaltung der Heiligtümer, die in dieser Zeit groß ausgebaut und zu kleinen heiligen Städten wurden. Dazu kam als nicht unwesentlicher Teil die Opfergabe von Kunstwerken, die wegen ihres Materials oder ihrer Ausarbeitung besonders wertvoll waren, wie Waffen und Teile der Beute nach dem siegreichen Ende einer militärischen Unternehmung.

Die außergewöhnlichen und wertvollen Weihegeschenke erlitten nicht das Schicksal der einfachen Weihegaben. Sie wurden im Innern des Tempels ausgestellt oder in eigens dafür geschaffenen Gebäuden verschiedener Formen und Dekorationen, in »Schatzhäusern«, aufbewahrt. Die Verbindung von Andacht und Propaganda zeigt sich auch an Monumenten im Innern der heiligen Bezirke und noch stärker bei figürlichen Skulpturen. In einigen Fällen handelt es sich um Marmor- oder Bronzevasen und um Dreifüße, doch bei den großartigen und teuren Weihegaben handelt es sich meist um Statuen, die Menschen darstellen. Es sind abstrakte und konventionelle Typen, die keine individuellen Charakterzüge tragen. Die Widmung wird an der Basis eingraviert. An erster Stelle steht der Name des Auftraggebers, darunter der des Bildhauers (oder der Bildhauer, wenn es sich um eine Gemeinschaftsarbeit handelt). Die Tempel füllten sich mit herrlichen Weihegeschenken, mit *agálmata* (griech. Bezeichnung), die so aufgestellt wurden, daß sie die Blicke der Pilger auf sich zogen. Nach und nach wurden die Tempel so zu großen, offenen Museen, die mit Schätzen und Meisterwerken überfüllt waren. Sie wurden bewundert, aber bei Kriegen und Beutezügen auch oft ausgeraubt.

Die Themen dieser *agálmata* sind auf wenige Typen beschränkt: Der Mensch in ehrfürchtiger Haltung, wie die berühmten *koúroi* und *kórai*. Daneben gibt es Statuen, die genau die Geste der Opfergabe darstellen wie bei dem »Kalbträger«, der auf der Athener Akropolis von Rhombos geweiht wurde. Er zeigt den Gläubigen, der als Geschenk an die Gottheit ein Kalb auf den Schultern trägt. Dieses Bild scheint zu dem Ritual in konkreter Beziehung zu stehen, doch es berichtet wenig über Person und Leben des Auftraggebers. Ein anderes Beispiel ist der berühmte Athener Töpfer Nearchos, der auf der Akropolis eine weibliche Statue weihte, die er von dem berühmten Bildhauer Antenor arbeiten ließ. Einige Statuen gelten nur einem bestimmten Stand, wie z. B. die Reiterstatuen. Zu den großartigsten Statuen gehört die eines sitzenden Schreibers. Sie wurde gegen Ende des 6. Jh.s v. Chr. auf dem größten Athena-Heiligtum in Athen aufgestellt.

Männliche nackte Statuen von monumentaler Größe dienten dazu, ein Grab von außen zu kennzeichnen. Es sei nur an das bereits über das Dipylon Gesagte erinnert, das zur gleichnamigen Athener Nekropole gehörte. Am Ende der archaischen Zeit betonen grandiose Grabmäler die charakteristische Anatomie des Körpers (z. B. Kouros von Anavyssos in Attika am Grab des Krösus und der eines sehr jungen Soldaten namens Aristidikos, begraben in Messoghia, Attika). Die Vision einer individuellen Skulptur wird zu einer idealisierten Erinnerung. Daß historisch genaue An-

Die Löwenterrasse mit Blick auf den Heiligen See. Sie bildete in archaischer Zeit den monumentalen Zugang zum Apollo-Heiligtum. Auf der Westseite sind Löwen aus naxischem Marmor aneinandergereiht, die auf die Straße blicken. Eine Anregung aus dem Orient übernehmend, wurden sie gegen Ende des 7. Jh.s geschaffen und bildeten seither die Wächter des heiligen Bezirks.

haltspunkte fehlen, ist typisch für eine so vom Naturalismus durchdrungene Kunstform. Auch in den figürlichen Szenen der Keramik fehlen fast alle Darstellungen des Alltags. Es fehlt jeder Bezug zu einer Situation in einer Zeit und in einer bestimmten Umgebung. Neben mythischen Episoden und Kriegsszenen erscheinen Momentaufnahmen aus dem Leben und Aufgabenbereich der Frau. Oft werden Bankette dargestellt, doch sind sie nie historisch zu deuten. Mehr Beachtung wird in der korinthischen, aber auch in der attischen Produktion der Arbeit den Werkstätten gewidmet, die zusammenfassend beschrieben werden. Manchmal sind Vasen mit Schiffen bemalt, die ihrerseits für den Export geladen haben. Ein einzigartiges Beispiel ist eine lakonische Vase (560–550 v. Chr.), auf der eine königliche Person dargestellt ist. Hier wird ein Lebensmoment aus einer exotischen Welt beschrieben. Der König von Kyrene, Arkesilas II., sitzt auf einem Hocker und beobachtet und kontrolliert das Wiegen und Lagern von Silphium, einer medizinischen Pflanze aus der libyschen Kolonie.

In der griechisch-orientalischen Gesellschaft ist die Neigung zu grandioser Architektur, zu dekorativem Überschwang und zu monumentalen Skulpturen noch immer groß und wächst im Lauf des 6. Jh.s v. Chr. zu übersteigerter Aktivität. Das zeigt den Reichtum der griechischen Inseln und kleinasiatischen Zentren und verdeutlicht den Wunsch, der orientalischen Kultur gegenüber zu prahlen. Man brauchte noch eine eigene ausgereifte Technik, um die großen Tempel zu errichten, die mit so vielen Säulenreihen umgeben waren, daß sogar in der Antike an »Labyrinth«-Götter gedacht wurde. Wir wissen die Namen der Architekten von Samos und Ephesos, unter denen Rhoikos und Theodoros besonders berühmt sind. Sie waren in mehreren Kunstarten experimentell tätig und gelten als Erfinder einer besonderen Bronzegußtechnik. Außerdem beherrschten sie die Bautechnik und lösten die Schwierigkeiten, wenn Fundamente der riesigen Tempel in Zonen mit wäßrigen Schichten errichtet wurden.

Die Bildhauerei verband sich mit der Architektur zu sehr originellen Lösungen, wie z. B. die Reliefs an den Säulen des Artemisions in Ephesos. Eine Inschrift sagt, daß einige von ihnen Krösus, der König von Lydien, bezahlt hat. Neue Lösungen bei den Rundskulpturen gibt es nicht nur auf stilistischer Ebene. Sie werden jetzt vollständig mit den heiligen Stätten verbunden und in einer Reihe aufgestellt – eine Art Parade entlang der Straße, die zum Tempel führt. Auf einer einzigen Basis mit zwei Stufen sind in der Mitte des 6. Jh.s v. Chr. sechs weibliche Statuen – vielleicht Priesterinnen – aufgestellt, die der Bildhauer Ghenelaios schuf. Die Gruppe, die aus einer sitzenden, einer halb liegenden und stehenden Figur besteht, blickt zum Eingang des Heraion von Samos. Die Figuren ha-

Der großartige Apollo-Tempel in Didyma bei Milet, dessen wunderschöner Bau besonders für die Orakel geeignet war. Ein weiter Hof unter freiem Himmel, Adyton genannt, enthielt die wichtigsten Kulteinrichtungen: eine heilige Quelle, einen Lorbeerstrauch und ein kleines Heiligtum mit der Kultstatue des Gottes. Spuren dieser Monumente sind bei Grabungen entdeckt worden, da der archaische Tempel im Jahr 494 v. Chr. von den Persern zerstört worden war. Im Hellenismus wurde er großartig wiederaufgebaut, wobei nun das Zentrum des heiligen Ortes noch mehr abgetrennt war.

ben keine Verbindung zueinander, ihre Isolation und die Frontalität verstärken den monumentalen Eindruck. Eine teilweise ähnliche Gliederung zeigen die sitzenden Priester (die Branchiden), die zur gleichen Zeit an den Seiten der Prozessionsstraße von Milet zum Orakelheiligtum von Didyma aufgestellt wurden.

In der zweiten Hälfte des 6. Jh.s v. Chr. werden die Namen der Künstler, deren Werk als individueller Beitrag gewertet wird, an der Basis der Skulpturen vermerkt oder auf Vasen gemalt. Die Bestätigung der menschlichen Persönlichkeit findet eine gewisse Entsprechung in den Tyrannen. Hier wird das Individuum mit Gewalt gepriesen, vorausgesetzt, daß es mit materiellen Gütern, mit politischer Fähigkeit und künstlerischem Geschmack ausgestattet ist. Der Hof der Tyrannen gewinnt an Einfluß, fördert die kulturellen Aktivitäten und anspruchsvolle öffentliche Werke, die interessant sind, auch wenn sie nicht immer vollendet wurden. Es waren monumentale Komplexe und praktische Anlagen wie Brunnen und Aquädukte. Es sei an Polykrates von Samos erinnert, der seine Stadt über eine Leitung mit Trinkwasser versorgte, die durch einen felsigen Hügel führte. Peisistratos von Athen begann einen großen Zeustempel, der nie vollendet wurde. Er wandte sich der Gliederung und architektonischen Verschönerung der Akropolis zu. Die persische Invasion und die Zerstörung der Stadt im Jahre 480 v. Chr. haben die Spuren des Bauprogramms dieses Tyrannen zum größten Teil vernichtet. Die Stadt Athen war gegen Ende des 6. Jh.s und zu Beginn des 5. Jh.s v. Chr. zunächst zur oligarchischen und später ersten demokratischen Regierungsform zurückgekehrt. Das beeinflußte auch das kulturelle Leben. Die Zerstörungen und Verwüstungen der Perser waren ein schwerer Einschnitt für das Athen des 6. Jh.s v. Chr. Themistokles, der unter Kriegsdruck die Mauern eilig wiederaufbauen ließ, verwendete hierzu einen großen Teil der zerstörten heiligen Bauten der Akropolis. Sie sind – noch heute erkennbar – ziemlich regelmäßig in die Verstärkungen der Felsen eingefügt. Es sind Säulentrommeln und Teile der Dekoration des archaischen Tempels der Athena Polias.

Das gleiche Schicksal erlitten die monumentalen Grabmale und die Skulpturen der Athener Nekropole (darunter auch der erwähnte *koúros* von Dipylon). Sie wurden für den Mauergürtel um die Stadt verwendet. Dieses Verhalten zeigt die Gefühle der Athener in archaischer Zeit gegenüber privaten Denkmälern und den Teilen der öffentlichen Gebäude, die nicht bebildert waren. Die völlig negative Bewertung, ohne jegliche archäologische Ehrfurcht, hängt mit dem Schicksal der Weihegaben zusammen, die den Schutzgöttern der Polis geopfert waren. Alle Anathemata waren Be-

Rechts: Dieser Bronzekopf eines Kriegers wurde auf der Akropolis gefunden und befindet sich heute im Nationalmuseum von Athen. Er ist ein hervorragendes Beispiel für die Gußtechnik auf der Insel Ägina zu Beginn des 5. Jh.s v. Chr. und soll zu einer Frontalstatue gehört haben.

sitz der Götter. Da sie aber von persischen »Barbaren« entehrt waren, wurden sie zusammen mit den Skulpturen der heiligen Bauten in einer Grube bei der Akropolis vergraben. Die Grabungen am Ende des 18. Jh.s haben den sogenannten Perser-Schutt ans Licht gebracht. Es handelt sich um eine Reihe von Skulpturen, die sicher vor 480 v. Chr. entstanden. So erhielt man eine Dokumentation aus erster Hand mit originalen Werken der archaischen Kultur. Außerdem wurde die Chronologie einer kulturellen Epoche durch Monumente und Stilmittel bestätigt. Da historische Zeugnisse fehlten, drohte sie auf einer allgemeinen und ungenauen Ebene zu bleiben.

Die klassische Polis
(480–323 v. Chr.)

Die Stadt, die fähig war, sich selbst zu verwalten – die griechische Polis – bestand aus landwirtschaftlichen Gebieten und einem Stadtkern, dessen Ausdehnung und Einwohnerzahl sehr begrenzt waren. Ihre Stärke und Besonderheit war die Unabhängigkeit. Die Regierungsform konnte verschieden sein, sie reichte von der Oligarchie bis zur Demokratie. Aber es war für das Volk immer möglich zu diskutieren, zusammen zu entscheiden, sich zu versammeln, die Probleme gemeinsam zu bewältigen und als höchstes Ziel gemeinsam zu handeln. Das Ideal in der Organisation des griechischen Stadtstaates war die Freiheit. Auf wirtschaftlicher Ebene zeigte sie sich in der Selbstversorgung. Aber alle idealen Vorstellungen konnten nur durch eine außerordentliche Auffassung von der Gemeinschaft realisiert werden. Deswegen hatten Menschen in bevölkerten Städten oder Kosmopoliten nur einen kleinen Teil der Rechte, und nur wenige konnten zu jeder Zeit an wichtigen oder nebensächlichen Entscheidungen des politischen Lebens teilnehmen. Die Polis tendiert in imperialistischer Art dazu, sich nach außen zu vergrößern. Sie griff auch zu kriegerischen Mitteln gegen jene, die nicht Bürger waren, gleich ob Griechen oder »Barbaren«. So blieben die Vorteile und der Zuwachs an wirtschaftlicher Macht einem eng begrenzten Personenkreis vorbehalten. Der Sieg über die Perser war – nach den furchtbaren Kämpfen – ein bedeutendes Ereignis, das dem griechischen Menschen seine Überlegenheit bestätigte, solange er Teil der Polis war. So entstanden die Motive, die von Tragödienschriftstellern beschrieben und von Künstlern bildlich dargestellt wurden; sie besagten, daß die Gewalt immer von den Göttern bestraft werde. Das entsprach einer Übereinkunft von Hybris und Nemesis. Das siegreich aus dem Konflikt hervorgegangene Griechentum projizierte seine Gegenwart in eine Atmosphäre des Heldentums. Im ethischen Bereich tat es so, als sei es seine Aufgabe, mit dem Wohlwollen der Götter die Zivilisation zu verbreiten. Die Griechen verglichen sich mit den Göttern, die die Giganten – eine anthropomorphe Darstellung des Bösen – bezwungen hatten und mit den legendären Helden die Ungeheuer wie die Zentauren bezwangen und vernichteten. Sie priesen voll Stolz ihre Vorfahren, die achäischen Eroberer von Troja, Theseus und Herakles, die die Macht der Amazonen brachen.
Das sind nur Symbole und Andeutungen, doch mit ihnen wurde das Ende eines langen militärischen und politischen Konfliktes erklärt. Die Gigantomachie, die Zentauromachie, die Ilioupersis und die Amazonenmachie verbreiteten sich als Motive überall: auf der Statue, dem Relief, in der Wandmalerei und der Vasendekoration. Diese Motive wurden immer intensiver verwandt und dabei oft gedankenlos zerstört. Man idealisierte die Geschichte, um der Problematik einer genauen Untersuchung zu entgehen. Der Beitrag der kleineren Bürgergemeinschaften neben den hegemonialen

Bei den Befestigungsarbeiten, die Themistokles auf der Akropolis nach der Perser-Zerstörung von 480 v. Chr. anordnete, wurden Teile der heiligen Bauwerke wiederverwendet, wie die Säulentrommeln des archaischen Athena-Tempels an der Nordseite.

Poleis gehört ebenso zu diesen Problemen wie die Abgaben der geringeren und armen Stände, die sie nur unter Schmerzen leisten konnten. Sie gehörten zu den Mannschaften der von Themistokles organisierten Kriegsschiffe.

Die Idee der Freiheit galt auch in den städtischen Kommunen. Die Existenz war geordnet, die Gesetze wurden respektiert, und so wurden die typischen Probleme der archaischen Zeit überwunden, die darin bestanden, daß allein der Adel und die Tyrannen die Macht besaßen. Trotz allem erreichte man nie eine völlige Gleichheit, eine vollständige Ausgewogenheit bei der Beteiligung an öffentlichen Angelegenheiten. Im zivilen Leben gab es daher drastische Maßnahmen und radikale Lösungen. Wer nicht mehr den Erwartungen der Allgemeinheit entsprach oder Fehler begangen hatte, wurde von der Gruppe ausgeschlossen (Ostrakismus: Scherbengericht). Schließlich sei noch erwähnt, daß im Lauf des 5. Jh.s v. Chr. die Initiativen in allen Bereichen auf einige wenige Führungsstädte konzentriert waren. Ihre Einwohnerzahl stieg, und es gelang ihnen, sehr viele bedeutende Persönlichkeiten heranzuziehen, die zu Wohlstand und kulturellem Fortschritt beitrugen. Der städtische Raum wurde immer wichtiger, obwohl das Landleben weiter als natürlichste und sicherste Lebensform galt. Aber es gab nicht nur die große Stadt, in der sich Einwohner verschiedener Herkunft und unterschiedlicher sozialer Stellung zusammendrängten. Ein Beispiel dafür ist Athen, das mit seinem Hafen Piräus, den Hippodamos plante, durch die Langen Mauern verbunden war. In Attika bestanden kleinere, aber sehr bedeutende Siedlungen.

Athen war von der persischen Invasion am härtesten getroffen worden. Es begann der Wiederaufbau: Zuerst wurden die Teile der Stadt wiederaufgebaut, die zum Schutz vor neuen Angriffen beitrugen und zur Verteidigung dienten. Die Akropolis wurde in eine Festung verwandelt und der Hafen Piräus neu organisiert. Einzelne Stadtteile wurden ohne jeden Plan erneuert. Doch nicht die Angst vor Angriffen war der Grund dieser Eile oder die Sorge um eine schnelle Entschädigung der Bevölkerung, sondern es lag an der Vorstellung, daß die öffentlichen Belange Vorrang vor den privaten haben. Dies bestätigt Milet, obwohl es auch ein Gegenbeispiel sein könnte. Diese ionische Stadt in Kleinasien, ebenfalls von den Persern zerstört, wurde im Lauf des 5. Jh.s v. Chr. erneuert. Hier folgt man dem Plan des großen Stadtplaners von Milet, Hippodamos. Dieser Plan war so vorausschauend, zweckmäßig und in klare Zonen eingeteilt, daß er als Modell angesehen und von anderen nachgeahmt wurde. In Athen dagegen galten alle Anstrengungen dem Wiederaufbau der Zentren, die ausschließlich dem öffentlichen Leben vorbehalten waren. Die religiösen und zivilen Bereiche wurden wenig berücksichtigt. So wurde auf der Akropolis in der ersten Hälfte des Jahrhunderts außer Aufräumungsarbeiten und Erdarbeiten für die Erweiterung wenig getan. Daneben bestanden Projekte, die kleinen Kulten galten und nie vollendet wurden. So wurde unter Themistokles in der Nymphengrotte der Pankult eingeführt und unter Kimon der kleine Tempel der Artemis Brauronia errichtet.

Das städtische Zentrum von Athen, die Agora, wird im Gegensatz dazu intensiv ausgebaut, so als wolle man zeigen, daß die Demokratie nach einem Wort des Aristoteles sich in den ebenen Zonen und nicht in den befestigten Höhen behaupten müsse. Außerdem wurde es nötig, ohne Verzögerung Gebäude für die Verwaltung der Polis zu errichten. Eine Vorstellung von der Athener Politik gibt die schnelle Aufstellung (447 v. Chr.) des Monuments der Tyrannenmörder auf der Agora: Nachdem Xerxes diese Gruppe des Antenor entfernt hatte, wurden Kritios und Nesiotes der Auftrag für ein neues Denkmal gegeben. Keine Spur oder Erinnerung der vergangenen Leiden sollte zurückbleiben. Der symbolische und programmatische Wert dieser Statuen stand den Athenern ständig vor Augen. Das Schicksal dieses öffentlichen Monuments bestätigt diese Art, sich mit der Kunst zu konfrontieren. Die originale Gruppe wurde von Alexander dem Großen nach seinen Siegen im Orient zurückgebracht und in der Nähe des Denkmals von Kritios und Nesiotes wiederaufgestellt.

Rekonstruktionszeichnung von Athen mit seinen wichtigsten öffentlichen Bezirken gegen Ende des 6. Jh.s v. Chr. Die Straße, die beim Dipylon (unten rechts) beginnt, durchquert diagonal die Agora und endet am Eingang der Akropolis. Auf ihr bewegte sich der Festzug der Panathenäen. Ein heiliger Platz – von zwölf Göttern – bezeichnet den Beginn des öffentlichen Bereichs. Auf der Westseite (in der Zeichnung rechts) sind öffentliche Gebäude für zivile und religiöse Aufgaben an einen kleinen Hügel gelehnt, auf dem der Hephaistos-Tempel liegt. Im Hintergrund, hinter dem Säulengang auf der Südseite der Agora, sind die Akropolis mit dem Parthenon, die Phidias-Statue der Athena Promachos und die Propyläen zu erkennen. Nach rechts folgen Areopag und Pnyx, Knotenpunkte der Stadt.

Auf der Agora entsteht der Tholos, ein rundes Gebäude, das öffentlichen Aufgaben diente: Hier fanden die gemeinsamen Bankette der Prytanen statt. Im Innern war ein Säulengang, der genügend Raum für die *Klinai* (Ruhebett) ließ. Die nahegelegenen Räume, die als Küche benutzt wurden, und die schwarzen Vasen weisen darauf hin, daß es ein öffentlicher Besitz war (*demósion*). Im Tholos wurden die offiziellen Gewichte und Maße aufbewahrt, von denen einige bei Grabungen gefunden wurden. Als der öffentliche Grund nach Norden zu erweitert wurde, wurde ein berühmter Säulengang errichtet, dessen Spuren erst in den letzten Jahren entdeckt wurden. Es handelt sich um die Stoa, *Pokíle* genannt, die Werke bedeutender Maler des 5. Jh.s v. Chr. enthielt. Sie waren von verschiedener Herkunft (Polygnot aus Thasos; Mykon aus Athen, Panainos, der Bruder des Phidias), jedoch in ganz Griechenland tätig und von großem Erfindungsreichtum in der Komposition und der Farbskala. Sie wurden Anregung und Vorbild für viele Bereiche, doch vor allem für die Vasenmalerei. Da die Wandmalereien völlig verlorengingen, ist nur die Vasenmalerei geblieben, um uns die Probleme und Lösungen einer Kunstform vorzustellen, die schon in der Antike als die Kunst bezeichnet wurde, die am würdigsten sei, in der Erinnerung bewahrt zu bleiben.

Die kritischen Ideen, die Fülle des Erreichten, der vollkommene Einsatz auch für große Unternehmungen, die solide technische und geistige Vorbereitung und die großen Persönlichkeiten, die zu Symbolen der griechischen Antike wurden, haben aus dem 5. und 6. Jh. v. Chr. die klassische Periode der Vollkommenheit gemacht. Es wäre besser, mit dem Begriff »klassisch« nicht allgemeine formale Wertungen zu verbinden, sondern ihn für das Phänomen einer Kultur zu verwenden, die sich während eines gewissen Zeitraumes in einem bestimmten Gebiet entwickelte. Die erste Hälfte des

Dieser Vasentyp mit vielfarbigen und ausdrucksvollen Szenen gehörte ausschließlich zur Grabausstattung. Auf weißem Grund ist das Grab zu sehen, der Tote ist in dem Augenblick wiedergegeben, in dem er die rituellen Gaben seiner Verwandten empfängt. Die weißgrundige Lekythos, eine attische Arbeit von 430 v. Chr., stammt aus einem Grab in Eritrea und ist heute im Nationalmuseum von Athen.

5. Jh.s v. Chr. wird als die Periode des »Strengen Stils« bezeichnet, als wollte man ein heroisches Klima beschwören und auf geistiger Ebene eine Atmosphäre der Sammlung und würdiger, überlegter Natürlichkeit. In Wirklichkeit wurden in dieser Zeit die Themen und Probleme streng ausgewählt, die es wert waren, sich mit ihnen zu beschäftigen. Als Folge sozialpolitischer Faktoren beschränkte sich die künstlerische Produktion auf den peloponnesischen und attischen Raum. Die Insel Ägina zum Beispiel, die genau vor Athen liegt, war ein Handels- und Kulturzentrum von größter Bedeutung. Hier war während des 6. Jh.s v. Chr. der Umschlagplatz für ägyptischen Weizen. Gegen Ende des 5. Jh.s wurde sie von Athen gewaltsam angeschlossen und als Handelszentrum ausgelöscht. Auf der kleinen Insel wurden zwischen der Mitte des 6. und dem Beginn des 5. Jh.s v. Chr. große Architekturdenkmäler errichtet. Hier stand der Tempel der Aphaia, der an den Stirnseiten mit großartigen Skulpturen – den Ägineten – geschmückt war. Ihr Schicksal seit der Entdeckung im 18. Jh. wirft ein interessantes Licht auf die Archäologie. Sie kamen glücklich nach München, wurden dort von Thorwaldsen restauriert und ergänzt und in jüngster Zeit neu aufgestellt. Dabei wurden alle Ergänzungen wieder weggelassen.

Zu Beginn der klassischen Periode gab es viel mehr Bronzewerke als solche aus Marmor. Da das genaue Mischungsverhältnis der Legierung bekannt war und viele Versuche gemacht worden waren, kam man zu hervorragenden Ergebnissen. Es entstanden großartig gegliederte Plastiken, die in einer lebendigen Beziehung zum Raum standen. Die Gußtechnik, die mit weichem Material wie Wachs und Ton arbeitete, erlaubte ständige Veränderungen und Verbesserungen, um die vollkommene Form zu finden. Die Berichte, die von Künstlern, Bildhauern und Architekten selbst über ihre Vorstellungen geschrieben wurden und in denen sie ihre Arbeit an Beispielen erläuterten, zeigen, daß die ständige geistige Überarbeitung wichtiger war als die handwerkliche. Der Gebrauch der Metallegierung verlangte die Organisation einer standardisierten Kunstindustrie: Keramikmalereien und Untersuchungen antiker Bronzen beweisen, daß bei wenig aufwendigen Werken die rein technische Arbeit wichtiger war als die schöpferische. In den Gießereien verwandte man die Formen, die Modelle und die Abdrücke, um ein Werk herzustellen, das nie willkürlich aus mehreren Teilen zusammengesetzt wurde. Seine Qualität war garantiert, da die letzte Überarbeitung dem Künstler oder dem Leiter der Werkstatt vorbehalten war. Es scheint merkwürdig, daß in einem Gebiet, das reich an Marmorvorkommen und arm an Metallen war, Bronze so häufig verwendet wurde.

Doch der Werkstoff Marmor bedurfte für seine Bearbeitung einer genauen Planung, die in den Steinbrüchen begann und mit dem letzten Schliff endete. Zunächst waren die Kosten für die Städte gering, da sie die Marmorbrüche kontrollierten. Die Belastung wuchs durch den Transport, wenn neue technische Methoden statt der alten gesucht wurden, sowie durch zufällige Schäden und unvermeidliche Irrtümer am Ort der Bearbeitung. Die Gußtechnik erlaubte es, nach Fehlern, Schäden oder Fehlgüssen das Rohmaterial immer wieder neu zu verwenden. Außerdem war es leicht, die vielen Metallwaffen zu nutzen. Sie waren als Kriegsbeute nur zum geringsten Teil den Göttern geopfert worden. Auf diese Weise – durch Wiederverwendung des Materials – ist auch der Hauptteil der großen griechischen Bronzestatuen, bis auf wenige Ausnahmen, für uns unwiederbringlich verloren. Der Spontaneität und freien Improvisation wurde schließlich kein Raum mehr gelassen, und die Darstellungen wurden manieristisch und wiederholten sich. Von dieser Entwicklung wurde auch die Arbeit des Phidias im Heiligtum von Olympia betroffen. Der berühmte attische Bildhauer hatte den Auftrag, für den Zeustempel eine monumentale Kultstatue herzustellen. Sie sollte ausnahmsweise aus wertvollen Materialien (Gold und Elfenbein) bestehen. Die großartigen Ruinen des Zeustempels liegen noch so, wie sie nach einem Erdbeben aufgefunden worden waren und wirken »romantisch« als unberührte archäologische Zone. Für den Auftrag wurde eine Werkstatt errichtet, deren Plan genau der Cella des Tempels entsprach. Für die Existenz dieser Werkstatt fanden deutsche Archäologen Beweise, wie Werkzeuge und Modelle der Dekoration für die Kolossalstatue, außerdem einen Vasenboden mit einer Ritzinschrift des Phidias.

Anspruchsvoll und bis ins kleinste Detail durchdacht war ein Renovierungsprogramm für die Akropolis, das unter Perikles in der zweiten Hälfte des 5. Jh.s v. Chr. monumental und prächtig verwirklicht wurde. Auch hier war Phidias die beherrschende Gestalt. Er ist jedoch nicht als einzelnes hochbegabtes Genie, sondern als ein Künstler zu sehen, der die Fähigkeit besaß, eine ganze Schar von Mitarbeitern zu organisieren und sie zu klugen, fähigen Interpreten heranzuziehen. Auf diese Weise waren sie eine vortreffliche Umsetzung der Athener Vormachtstellung. Es ist unergiebig und zweitrangig, nach den einzelnen Beiträgen der Künstler bei dem Unternehmen zu fragen. Das Verdienst bestand darin, daß alle einmütig eine Idee vertraten, deren Ergebnis in Ausführung und Qualität den anfänglichen Vorstellungen und Zielen entsprach. Phidias, der für die Arbeiten auf der Akropolis verantwortlich war, konnte nicht nur seinem Können vertrauen, er hatte zusätzlich die Hilfe von Theoretikern, Philosophen und Baustatikern, von hervorragenden Steinmetzen und schlauen Unternehmern. Dabei ist die einfache Bevölkerung nicht zu vergessen, die die schwersten Arbeiten hatte: Nach einem Ausspruch von Plutarch sind die Arbeiten auf der Akropolis vom Athener Demos (Bevölkerung) ausgeführt worden. Nur so konnte der Überschuß des delisch-attischen Seebundes, der von der Athener Polis verwaltet wurde, dazu benützt werden, möglichst vielen Menschen Arbeit zu geben. Doch nicht nur den Arbeitslosen wurde auf diese Weise Beschäftigung gegeben, sondern es wurde eine Produktion in Gang gesetzt, die öffentliche Monumente hervorragend erbaute. Sie wirkten als Modell im gan-

Unendliche Traurigkeit drückt diese Grabstele des Demokleides aus, eines Atheners Soldaten, der bei einer Seeschlacht zu Beginn des 4. Jh.s v. Chr. umgekommen war. Der Tote sitzt am Rand des Meeres und ist im Profil auf einem Schiffsbug dargestellt. Der traurige Ausdruck wird von der Haltung der rechten Hand, die den geneigten Kopf stützt, und von dem originalen mehrfarbigen Marmor unterstrichen. Heute im Nationalmuseum von Athen.

*Einige Tonscherben (*óstraka*), die auf der Agora in Athen als »Stimmzettel« verwendet wurden. Mit ihnen wurden Abstimmungen über die Verbannung der Bürger, die für die Athenische Demokratie als Gefahr betrachtet wurden, durchgeführt. Man erkennt die eingeritzten Namen von Themistokles und Aristeides.*

zen kulturellen Raum und zeigten beispielhaft die Ausnutzung des Könnens und der Erfahrung des einzelnen für die gemeinsame Arbeit.

So entstand eine Schule des Phidias, die aus Bildhauern und Steinmetzen bestand, die ihre Erfahrung im Bau der großen Denkmäler in ganz Griechenland anboten. Sie erfüllten auch die Aufträge von Bürgern, die Grabmäler bestellten. Die Grabmonumente wurden immer größer und zahlreicher und stellten einen derart großen Luxus zur Schau, daß ihr Bau durch besondere Gesetze eingeschränkt werden mußte. Die Beschäftigung mit der Grabausstattung führte zur Produktion einer neuen Gattung bemalter Vasen, die neben die Toten gestellt wurden: Es sind die eindrucksvollen, weißgrundigen Lekythen, die mit feingezeichneten, farbigen Grabszenen dekoriert waren.

Von allen Bauten des antiken Griechenland gehören diejenigen auf der Athener Akropolis nicht nur zu den bedeutendsten, sondern sie sind auch als eine der wenigen relativ gut erhalten und vermitteln heute noch einen lebhaften Eindruck von griechischer Architektur. Nach den Perserkriegen wurde die Akropolis nie mehr von Feinden zerstört, bis im 17. Jh. der Parthenon durch die Explosion eines Pulvermagazins, das sich im Tempel befand, schwer beschädigt wurde. Was ansonsten verlorenging, war durch mittelalterliche Umbauten, durch Verwendung der Marmorblöcke als Baumaterial für die neue Stadt, und bei den Bildwerken durch antike und moderne Plünderung bedingt.

Nachdem die Akropolis vor der Mitte des 5. Jh.s v. Chr. als befestigter Platz hergerichtet worden war, konnte Perikles dann nach 450 mit dem Neuaufbau des zerstörten Heiligtums beginnen. Als erstes wurde 447–438 mit dem Tempel der Athena Parthenos, dem sogenannten Parthenon, begonnen. Dem folgte 437 ein neuer Torbau, der den Besucher durch die Burgmauer ins Heiligtum führte, die Propyläen. Um 421 wurde der kleine Nike-Tempel vor den Propyläen erbaut, und 409–406 als letztes großes Unternehmen das sogenannte Erechtheion.

Für den Parthenon wurden außer Phidias die Architekten Iktinos und Kallikrates verpflichtet. Der dorische Bau mit seiner Ringhalle von 8 × 17 Säulen mißt 30,88 × 69,50 m und ist damit der größte dorische Tempel, den die Griechen je errichtet haben. Als Baumaterial wurde hier zum erstenmal Marmor aus den neueröffneten Steinbrüchen des Penthelikon verwendet, woraus früher immer nur der Figurenschmuck gearbeitet war. An Proportionierung und Durchgestaltung stellt der Bau die Vollendung der griechischen Tempelarchitektur dar. Säulen, Gebälke, Cellawände und Stufenbau sind durch ausgeklügelte Kurvierungen und Neigungen in ein äußerst lebendiges Verhältnis zueinander gebracht. Das 11 m hohe Kultbild der Athena Parthenos schuf Phidias aus Gold und Elfenbein, es stand vor der westlichen Rückwand der Cella und nahm fast die ganze Höhe des Raumes ein. Von dieser gewaltigen Statue sind verkleinerte Nachbildungen erhalten. Die Göttin trägt einen Helm, stützt ihre linke Hand auf einen Schild und hält in der rechten – auf eine Säule gestützt – eine Figur der Siegesgöttin Nike. Figurengruppen im Ost- und Westgiebel des Tempels stellen die Geburt der Athena aus dem Haupte des Zeus und den Wettstreit von Athena und Poseidon um den

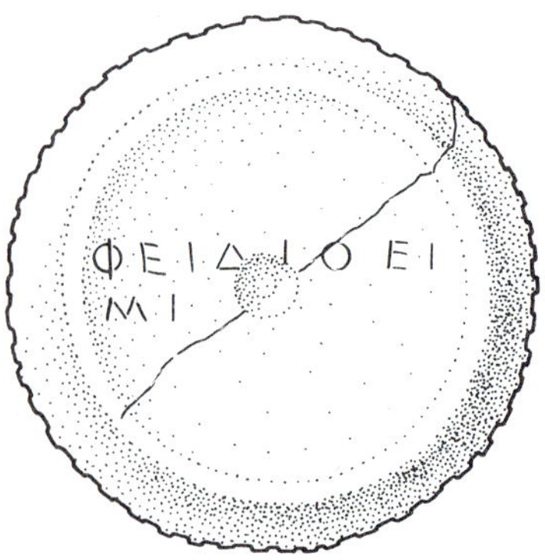

Auf einem Gefäßboden spricht eine eingeritzte Inschrift in der ersten Person: »Ich gehöre dem Phidias.« Das ist ein Beweis dafür, daß der Bildhauer in der Werkstatt von Olympia war, in der die Kolossalstatue aus Gold und Elfenbein für den Zeustempel hergestellt wurde.

Besitz von Attika dar. Um die Cella läuft außen am oberen Rand ein Bildfries mit der Prozession der Athener Jugend am Panathenäenfest auf die Akropolis. Im Westen setzt sich der Zug in Bewegung und geht an den Längsseiten nach Osten, wo an der Schmalseite die Versammlung der Götter die Gaben empfängt. Über den Säulen der Ringhalle waren außerdem die Metopen mit Zweikampfszenen reliefiert. Große Teile dieses unter der Leitung von Phidias entstandenen Bildschmucks sind erhalten und vermitteln den direkten Eindruck von klassischer Plastik in höchster Qualität.

Zu diesem neuen Mittelpunkt der Akropolis bot der Torbau der Propyläen den Zugang. Der Architekt Mnesikles entwarf mit ihm zum erstenmal einen monumental gestalteten Eingang mit Tempelfassade und geschlossenen Seitenflügeln, die jedoch nicht im geplanten Umfang ausgeführt wurden. Es gelingt hier zum erstenmal auch die Verbindung von dorischer Ordnung außen und ionischer im Durchgang. Der nördliche, vorspringende Flügelbau enthielt die Pinakothek, die vermutlich erste öffentliche Gemäldesammlung. Der Südflügel mußte mit Rücksicht auf das Heiligtum der Athena-Nike verkleinert ausgeführt werden. Die Eingangsachse der Propyläen war auf die kolossale Statue der Athena Promachos auf dem Burgplateau ausgerichtet. Dies war die größte unter den zahlreichen Statuen, meist Weihegaben, die über die Akropolis verstreut standen. Propyläen und Parthenon, die beiden Perikleischen Bauten, stehen in keinem achsialen Verhältnis zueinander, sondern sie ergänzen sich organisch, der Torbau als festlicher Auftakt zum Tempel.

Der Niketempel auf einem eigens errichteten hohen Sockel vor dem Südflügel der Propyläen wurde nach Plänen des Kallikrates von 448 erst nach dem Tod des Perikles 421 erbaut. Er steht an der Stelle, wo sich Aigeus von der Burg in die Tiefe gestürzt haben soll. Der kleine, zierliche Bau mit den beiden Säulenvorhallen ist der erste rein ionische Tempel auf der Akropolis. Er wurde der Athena als Siegesgöttin mit Anspielung auf die Perserkriege errichtet, der Figurenfries im Gebälk hat die Schlacht von Plataä zum Thema.

Neben den Fundamenten des zerstörten alten, archaischen Athenatempels wurde der letzte große Bau, das Erechtheion, gesetzt, ein Tempel, der verschiedene Kulte unter einem Dach vereinigte. Er besteht aus mehreren Baukörpern, die sich zu einer Gruppe vereinen, der Mittelbau für das alte, hölzerne Kultbild der Athena und für die chthonischen Mächte, die Nordhalle mit dem Altar für Poseidon und die Korenhalle über dem Grab des Kekrops. Bei der einzigartigen Korenhalle tragen sechs Mädchenfiguren das Gebälk, sie sind ein Werk des Alkamenes und seiner Schüler. Der prächtigste Teil der im ionischen Stil errichteten Anlage ist die Nordhalle mit ihrer prunkvollen Tür, der schönsten des Altertums, mit reichornamentierten Säulen und Gebälken. Mit dem Erechtheion ist in der Tradition der klassischen Baukunst Athens ein Abschluß erreicht, der in seiner fast filigranartigen Feinheit einen klaren und bewußten Kontrast zum Perikleischen Parthenon bildet.

Gegen Ende des 5. Jh.s v. Chr. und im Lauf des 4. Jh.s geriet die Welt der Polis in eine Krise, die viele Ursachen hatte: Die Auflösung der Athenischen Macht und die daraus folgende Unabhängigkeit untergeordneter und tributpflichtiger Gebiete, der Peloponnesische Krieg sowie soziale und wirtschaftliche Krisen in der griechischen Gesellschaft. Neue philosophische Ideen stifteten Unruhe, da sie das Gewicht auf den einzelnen Menschen und nicht auf die Gesellschaft legten. Die großen Themen und der Idealismus verschwinden, der Inhalt der Kunst wandelt sich völlig. Für den Prozeß der Verweltlichung und Humanisierung

Der untere Teil einer genialen Vorrichtung zur Auslosung der Richter für die Athener Gerichtshöfe. Sie wurde auf der Agora gefunden und befindet sich heute im gleichnamigen Museum. Das klerotérion *war eine Steinplatte mit Spaltenreihen, in die Metallplättchen mit dem Namen des sich bewerbenden Richters gesteckt wurden. Ein Rohr auf der linken Seite mündete oben in einen Trichter, der schwarze und weiße Bälle enthielt. Wenn die schwarze Farbe zunahm, schied von oben eine Reihe der Karten aus. Weiß zeigte die Wahl der Geschworenen, deren Dienst belohnt wurde.*

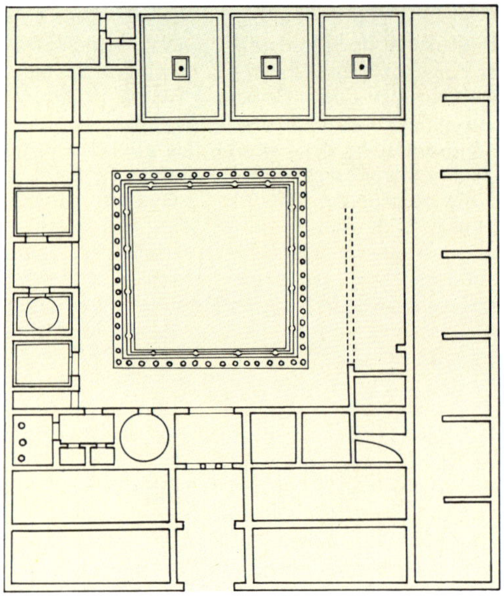

Plan des Hauptpalastes in Vergina vom Beginn des 3. Jh.s v. Chr., der auf einer Terrasse über der makedonischen Ebene liegt. Die Originalfassade bestand aus einem zweistöckigen Säulengang. Um den weiten Säulenhof lagen die Repräsentationssäle, die Zimmer der Bediensteten und die Wohnräume.

wird der aufsteigende Asklepioskult sinnbildlich. Dieser Gott hilft dem Griechen, seine physische Schwäche und seine Leiden zu überwinden. Sein großartiges Heiligtum in Epidauros ist von monumentalem Ausmaß, von überquellendem Dekor, der immer auf die Bedürfnisse seiner Besucher zugeschnitten ist: Hier entstanden Herbergen für die Pilger, eine Vielzahl von Brunnen, Säulengänge, die die Kranken aufnahmen und, dicht aneinandergereiht, aus Privatspenden errichtete Gebäude als Erinnerung an die Heilung, die der Gott der Medizin vollbracht hatte.
In der Bewertung der individuellen Sphäre liegt der Ursprung des Porträts, dessen Geschichte eng mit der Ausdehnung der Monarchien – wie der makedonischen – verbunden ist. Eine starke, neue Lebenskraft entsteht im griechischen Osten. Mit seinen aufblühenden Städten und seinem Streben nach Glanz wurde er zu einem Anziehungspunkt so vieler griechischer Kräfte, daß sich die Hauptachse der griechischen Kultur dorthin verlegt. Dieser Prozeß wurde von Alexander dem Großen vollendet.

Ein monumentales Kuppelgrab aus Vergina. Die Fassade zeigt das Schema eines ionischen Tempels mit Säulen, die mit Stuck verkleidet sind. Das Königsgrab aus den Anfängen des Hellenismus enthielt im Innern Totenbetten und einen Marmorthron. Es war von einem Tonnengewölbe überdeckt und lag unter einem Erdhügel verborgen.

Der Hellenismus *(323–31 v. Chr.)*

Die militärische Eroberung des Orients durch Alexander den Großen und der Einfall der Griechen in dieser weiten und reichen Welt sind Phänomene von großer Reichweite und höchster Bedeutung, die mit dem Tod des jungen Herrschers nicht beendet waren (323 v. Chr.). Die Expansion nach außen und die Vernachlässigung der alten Gebiete hatte deren wirtschaftlichen Niedergang zur Folge. Man begann sich Gebiete anzueignen, deren Reichtum in angesammelten Schätzen, in Rohstoffen, landwirtschaftlichen Erträgen oder einem Verkehrsnetz zu Wasser und zu Lande bestand. So gelang es, die im Überfluß vorhandenen Vorkommen – auch für Griechenland selbst – zu nutzen. Die individuellen militärischen, handelspolitischen, unternehmerischen, intellektuellen und künstlerischen Kräfte konnten sich frei entwickeln. Sie wurden nicht durch Geburt oder Herkunft beschränkt. Nur noch der eigene Einsatz und die persönliche Fähigkeit unterscheiden den einen vom anderen. Auf wirtschaftliche oder finanzielle Macht kommt es nicht an. Die hellenistische Gesellschaft war international. Sie zerbrach mit ihrem Weltbürgertum und der Mischung verschiedener Völker und Traditionen die enge Grenze der klassischen Polis. Es entstanden Territorialstaaten, die von Monarchien regiert wurden, in denen die Hoheitsgewalt ein persönlicher Titel war. Die Entwicklung der einzelnen Staaten wurde von einer umfassenden Verwaltung geplant und kontrolliert. Auf kulturellem Gebiet vollzogen sich ähnliche Entwicklungen. Menschen und Ideen begegnen und verflechten sich und es bildet sich eine Gemeinschaft, die enge nationale Grenzen überwindet. Die geistige Arbeit und die Aktivitäten von Kunst und Wissenschaft werden geplant und rationalisiert. Es entstehen Zentren, in denen sich Dichter, Autoren, Redner, Sprachforscher, Maler und Bildhauer gemeinsam der Forschung, den Studien und der eigenen Arbeit widmen. Die Bibliotheken von Alexandrien und Pergamon werden gegründet; ebenso Kunstsammlungen, wie das berühmte *Mouseion* in Alexandrien, das allen Gebäuden, die archäologische Stücke aufbewahren, den Namen gab. Die Künstler beginnen sich nach ihrer Qualität und ihrer Stellung voneinander zu unterscheiden. Ihre Leistungen sind von höchstem Niveau. Auch die Handwerker differenzieren sich in ihrer wiederholenden Serienproduktion. Dazu tragen technische Entwicklungen bei, wie die Verwendung von Matrizen, Abdrücken, Darstellungslisten und der Zusammenbau vorgefertigter Teile. Die Trennung von Kultur und alltäglichem Leben führt auf der einen Seite zu einer Flucht in frivole und oberflächliche Themen. Andererseits unterstützt sie die geistigen Kräfte und die wissenschaftliche Erforschung der vergangenen Jahrhunderte. Die Sammelleidenschaft breitet sich so stark aus, daß Kopien hergestellt werden. Es entsteht eine ganz eigene Industrie, die – in Originalgröße oder verkleinert – die Meisterwerke der Vergangenheit nachbildet, die man nicht mehr besitzen kann. In eigenen Schulen kamen Künstler von überall her zusammen. Mit zunehmender Verbreitung der Werke erhöhte sich die Mobilität der Künstler, die in wechselnder Zusammenarbeit gemeinsam die großen Werke realisierten.
Im Hellenismus wurden systematisch neue Städte gegründet oder bereits bestehende mehr oder we-

Eine Reihe von Herrschaftshäusern in Pella, der makedonischen Hauptstadt, ist mit herrlichen Fußbodenmosaiken aus verschiedenfarbigen Naturkieseln geschmückt. Sie sind von Zierleisten aus Blei begrenzt. Der hier abgebildete Kopf gehört zu einer Löwenjagdszene von 300 v. Chr. Der Jüngling mit dem pètasos *auf dem Kopf versucht die Flucht des Löwen zu verhindern. Er verteidigt sich und greift ihn gleichzeitig mit einer Lanze an.*

niger erneuert. Diese Entwicklung begann mit einer militärischen und verwaltungsmäßigen Kontrolle von Territorien und Gebieten, die oft weit von den Hauptstädten der Monarchien entfernt lagen. Doch bald wurden die Städte, die an den Hauptverkehrswegen lagen, zu Handelszentren. So entstand ein dichtes Netz städtischer und auch ländlicher Siedlungen, die unabhängig und dennoch in die politischen Beziehungen des jeweiligen Königreiches integriert waren. Diese intensive Verstädterung führte zur Wanderung ganzer Personengruppen: Die Griechen verbreiteten sich im gesamten Orient und bildeten das Fundament der politischen Struktur und aller entscheidenden Anregungen. Ihre führende Stellung trug zur allgemeinen Verbreitung der griechischen Sprache, ihrer Religion, ihrer Lebensform, stilistischen Tendenzen und Motive bei. Überall ist das Bemühen nach einer Verbindung zwischen den Griechen und der örtlichen Bevölkerung zu beobachten, auch wenn sie nicht immer gelingt. In einigen Fällen, wie bei den Fremdenkolonien auf Delos, tragen diese ihre Kulte in die alten Zentren Griechenlands.

Die intensive Verstädterung verlangt komplizierte Planungen, eine genaue Einteilung des Stadtlebens und eine umfangreiche Bautätigkeit. Die städtischen Zentren werden nach genauen Plänen gegliedert und die einzelnen Stadtteile nach ihrer jeweiligen Aufgabe unterschieden. Nach diesen Berechnungen werden ganze Baukomplexe im Stadtplan eingetragen, wobei – ihrer Aufgabe entsprechend – die Umgebung, die Siedlungsanlage und die repräsentative oder praktische Bedeutung berücksichtigt wird. Die vorher so häufige Trennung zwischen Gebieten, die in einem Zug erbaut worden waren, werden vermieden und eine völlige Integration und homogene Gliederung erreicht. Man hatte stets die praktische Nützlichkeit oder die deutliche monumentale Verherrlichung einzelner Werte vor Augen. Es entstand eine Rangfolge der Baukomplexe, von denen einige kaum fehlen durften: das Theater, und vor allem das Gymnasium, in dem die Jugend Geist und Körper trainierte. Schule wie Theater waren unentbehrliche Bestandteile der hellenistischen Einrichtungen und lagen innerhalb der Wohngebiete, wodurch die für die klassische Periode charakteristische Randlage überwunden wurde.

Besondere Aufmerksamkeit wurde der geordneten Entwicklung des Alltagslebens geschenkt – dem Schutz der öffentlichen Einrichtungen, wie Straßen, Brunnen, Zisternen und Abwasserkanälen. Darüber hinaus sorgte man für ihre Instandhaltung bei benachbartem Besitz. Ein Text aus Pergamon liefert dazu wertvolle Informationen; in ihm werden genaue Gesetze aufgestellt und bei Nichterfüllung einiger ziviler Vorschriften Geldstrafen festgelegt. Es handelt sich um eine Art – lückenhafte – Bestimmungen der Stadtpolizei. Sie klärt zusätzlich den Bau von Privathäusern an hügeligen Hängen und die notwendige veränderte Bautechnik auf künstlichen Hügeln.

Die politische Organisation des Hellenismus stützt sich, wie schon gesagt, auf die Monarchie. Eine Ausnahme sind Rhodos und Delos. Die Kunst wird von dieser Regierungsform stark beeinflußt. Die Herrscher, wie Alexander, nutzen die großen Geldreserven und die Militärmacht und treiben die Verherrlichung des Individuums an die äußerste Grenze. Die Porträtkunst erlebt eine Blütezeit. Da es sich bei den Dargestellten um Herrscherfamilien handelt, wird nach dem Beispiel der Bildstatuen der vorhergehenden Zeit auf die Gruppendarstellung besonderer Wert gelegt. So stellt ein Werk des Bildhauers Leochares die makedonische Herrscherfamilie dar. Es wurde in einem Rundbau in Olympia von Philipp II. aufgestellt. Ein anderes Beispiel ist die Daochos-Gruppe, die eine thessalische Herrscherfamilie zeigt, ein Bronzewerk von Lysippos in Pharsolos. Dieses Werk wurde als Marmorkopie des delphischen Heiligtums wiederaufgestellt.

Die Monarchien werden zu den großzügigsten Auftraggebern von Kunstwerken und monumentalen Bauten. Zu ihrer Verwirklichung beschäftigten sie ständig ganze Scharen von Technikern und Facharbeitern. Die Herrscher wandten sich den alten, bekannten Städten und den berühmten Heiligtümern Griechenlands zu, in der Absicht, für sich in den Hauptstädten Reklame zu machen. So sollte der einzelne Bau nicht nur isoliert betrachtet, sondern in der Gesamtheit der Bauwerke, mit denen er in repräsentativer Absicht verbunden ist, gesehen werden. Unter diesen städtischen Bauten trat besonders die Herrscherresidenz hervor (die üblichen Bauten, wie Tempel, Theater und monumentale Altäre, waren oft ganz unabhängige Gebilde). Die Paläste der Residenz waren stark erweitert worden und wie ein Haus um einen offenen Hof mit einem Säulenumgang gebaut (*Peristylium*). Die Erweiterung und die reiche Verzierung der königlichen Bauten war keine Einzelerscheinung, sondern stand im Zusammenhang mit dem Bemühen, immer bequemere und reicher ausgestattete Wohnungen zu bauen. Das sieht man nicht nur in den großartigen Herrenhäusern in Pella, die meist mit farbigen Mosaiken aus Flußsteinen ausgelegt waren, sondern auch in den Häusern von Kaufleuten und den Sitzen der religiös-wirtschaftlichen Gesellschaften im bedeutenden Handelszentrum auf Delos.

Von den Städten der hellenistischen Satrapenreiche Babylon, Antiochia und Alexandrien sind kaum nennenswerte Reste erhalten. Sie wurden in Kriegen zerstört und in späteren Zeiten überbaut. Deshalb soll das Beispiel des relativ kleinen Königreiches von Pergamon ein hinreichendes Bild vermitteln.

Auf dem Burgberg von Pergamon hatte Lysimachos den Makedonen Philetairos als Statthalter eingesetzt, der sich jedoch bald zum selbständigen Fürsten erhob und eine Dynastie begründete, die von 283 bis 133 v. Chr. das Pergamenische Reich führte. Der letzte Regent, Attalos III., vermachte dann die Herrschaft an die Römer. Der Burgberg von Pergamon wurde in späterer Zeit nicht überbaut, weshalb die ganze Anlage gut zu rekonstruieren ist. In der Anordnung der repräsentativen Gebäude herrscht nicht mehr das gleichmäßige, einfache Gefüge klassischer Städte, sondern eine optische Ordnung, die auf den Menschen als Betrachter gerichtet ist. Jeder Bezirk erhält eine imposante Gestaltung, die die einzelnen Bereiche durch optische und perspektivische Mittel verknüpft. Die regelmäßige Anlage einer Stadt wie Priene aus dem 4. Jh. v. Chr. ist hier, auch durch die Lage auf dem Berg bedingt, völlig aufgegeben, nur die optische Ordnung bleibt von Bedeutung. Die Bauten sind äußerlich durch eine Straße zusammengehalten, die sich von Süden her den Hang über den Marktplatz durch ein befestigtes Tor auf das Burgplateau hinaufzieht. Im Osten liegen auf dem Plateau die Paläste der Herrscher, jeder um einen Innenhof gruppiert, in relativ bescheidener Ausführung, dahinter Kasernen und Magazine. Die repräsentativen Heiligtümer befinden sich im Westen und nehmen weit mehr Raum als die Paläste ein. Insgesamt sind es vier große Bezirke, die sich hier stufenartig aneinanderreihen, zuunterst der Markt, dann die Terrasse mit dem Zeusaltar, anschließend das Heiligtum der Athena-Polias-Nikephoros und zuoberst das römische Traianeum. Unter diesen Anlagen breitet sich in einer weiten Mulde das Theater aus und öffnet sich nach Westen zum Tal hin. Die bedeutendste unter diesen Anlagen ist der im Altertum zu den Sieben Weltwundern gerechnete Zeusaltar, dessen Teile in einer späteren Mauer verbaut waren, dann wieder freigelegt wurden, und im Berliner Pergamonmuseum zu dem ursprünglichen Bau zusammengefügt werden konnten. Der um 180 v. Chr. unter Eumenes II. begonnene Bau ist frei auf der Terrasse nach Westen zur Landschaft hin gerichtet, wie ja Zeustempel überall in Griechenland in der freien Natur standen ohne notwendige Verbindung zu einem Tempel. Der Altar ist hier zu einem gewaltigen Monument erweitert, das auf einem hohen Stufenbau errichtet aus einer den Opferplatz an drei Seiten umgebenden Säulenhalle besteht, und vom Eingang her eine propylonartige Ausformung erhalten hat. Das Ganze ist eine monumental prunkhafte Umrahmung des Altars. Der eigentliche Opferaltar befindet sich in dem somit entstandenen Innenhof. Die Wand der Säulenhallen trägt einen Reliefries mit dem Mythos des Heraklessohnes Telephos von seiner Geburt bis zur Begründung des Pergamenischen Königshauses. Es ist die Gründungslegende der Dynastie, die sie damit im Sinn der frühgriechischen Adelsfamilien legitimieren soll – eine Art Aeneis der Attaliden. Im Stil der Reliefs ist hier eine ganz ungewöhnliche Staffelung der sich perspektivisch verkleinernden Figuren zu bemerken, der Fries ist dezent und zurückhaltend modelliert.

Bei der Ladung eines Schiffes, das bei Kap Artemision (Euböa) Schiffbruch erlitten hatte, wurde eine Bronzegruppe aus der Mitte des 2. Jh.s v. Chr. gefunden. Dazu gehört diese Skulptur mit einem Knaben, der dem Pferd die Sporen gibt. Die Restaurierung der Skulptur, die kürzlich im Nationalmuseum von Athen beendet wurde, hat den Schwung der Figur, deren Form klassische Vorbilder wiederaufnimmt, noch mehr herausgestellt.

Im Hellenismus war das Gebäude für die körperliche und geistige Erziehung der Jugend – das Gymnasium – unentbehrlich. Das Beispiel von Pergamon zeigt die kluge Ausnutzung der natürlichen Hangneigung. So wurde eine stufenartige Folge verschiedener Komplexe erreicht, die im Säulenbereich des oberen Gymnasiums endet. Es wurde im 2. Jh. v. Chr. begonnen, in römischer Zeit beendet und war für ältere Schüler bestimmt.

Im Gegensatz dazu präsentiert sich der mächtige, beinahe 120 m lange Gigantenfries am Sockel des Monuments mit seinen überlebensgroßen Figuren der Götter und Unterweltswesen als höchste Steigerung des hellenistischen Pathos. Neben dem Parthenonfries ist es das umfangreichste Reliefwerk der Antike. Mit diesem Monument wollte Eumenes II. zugleich die Bedeutung seiner Familie mit ihrer Herkunft und ihren großen Taten – auf die der Gigantenfries mit seinem Bezug zu den Galaterkriegen des Attalos anspielt – unterstreichen und bewußt ein griechisches Pantheon darstellen lassen. Der hohe kulturelle Rang Pergamons ist durch dieses Monument in deutlicher Weise bestätigt.
Ebenso hervorragend wie der Zeusaltar war als kulturelle Leistung die hinter den Hallen des Athenaheiligtums untergebrachte Bibliothek mit ihren über 200 000 Schriftrollen, die gleichrangig neben derjenigen von Alexandrien stand und zur damaligen Zeit in der ganzen antiken Welt unübertroffen war. Daß die Attaliden neben der bildenden Kunst und der Wissenschaft auch das Schauspiel förderten, zeigen die bedeutenden Schauspielervereinigungen Pergamons und die imposante Ruine des großen Theaters, dessen Sitzreihen sich steil am Westabhang hinaufziehen. In der Wohnstadt unterhalb der Burg bildete das Demeterheiligtum ein wichtiges Zentrum, neben dem sich die Gymnasien erstreckten. Auch diese Anlagen bezeugen den ehemaligen Glanz dieser Hauptstadt, der hier nicht nur den Herrschern, sondern auch den Bürgern zugute kam.
Das Zurschaustellen von Luxus und die Ausstellung wertvoller Kunstwerke wird an den hellenistischen Höfen üblich. Dies drückt sich auch in Festzügen und Festspielen aus, die besonders raffiniert abgehalten wurden. Solche Veranstaltungen bedingten eine riesige Produktion von Ausstattungsgegenständen – aus teuersten Materialien und in hervorragender Technik –, die im Grunde als Schmuckelemente zu werten sind. Das Kunsthandwerk, das nicht mehr auf der mühsamen Handarbeit beruht, verbreitet kunstvoll gearbeitete Stücke an den Höfen. Sie werden sowohl in der dekorativen Einrichtung des Wohnraumes in den Häusern als auch zur reichen Ausstattung der Grabkammern verwendet.
Die Gräber werden wieder zu monumentalen Bauwerken, wie in Vergina und Lefkadia zu sehen ist. Eine große und reiche Auswahl an Tongefäßen liegt zusammen mit Waffen und persönlichen Gegenständen neben den Toten. Ein Beispiel sind die vergoldeten Bronzen, die zum Teil mit herrlichem plastischen Dekor geschmückt sind. Sie gehörten einem Offizier des Heeres Philipps II. von Makedonien, dessen Grab erst kürzlich in Derveni bei Thessalonike (Saloniki) entdeckt wurde.
Die sozialen Gruppen, die aus ihrer Tätigkeit beträchtlichen Gewinn erzielen, werden immer zahlreicher. Sie häufen Reichtümer an, die ihnen ein immer angenehmeres Leben erlauben und ihnen zum Besitz von Kunstwerken verhelfen: Es handelt sich um Funktionäre, Unternehmer, Bauunternehmer, Händler, Kaufleute und Bankkaufleute. Ihre Ansprüche unterstützen eine Kunst, die sich der Verarbeitung der Rohmaterialien widmet, die von weit her auf Handelsstraßen oder Karawanenwegen in die großen griechischen Zentren importiert werden. Neben den Kunstwerken mit den üblichen klassischen Materialien (Goldarbeiten, Bronzen, Webereien und Tongefäßen, die nicht mehr von Hand, sondern mit Hilfe von Schablonen und Matrizen bemalt wurden) tauchten neue Materialien auf: z. B. Glas, das vor allem in Phönizien und Alexandrien hergestellt wurde. Vor

Auf der Agora in Kyrene wurde ein Schiffsmonument errichtet, das den Typ aufnahm, der in der Nike von Samothrake so großartig dargestellt war. In einem Wasserbecken scheint ein Schiffsbug zu schwimmen, auf dem eine Siegesgöttin steht. Das Datum der Schlacht, die hier gerühmt wird, ist noch umstritten: ein hellenistischer Sieg, wie der von Pompeios im Jahr 67 v. Chr. oder der berühmte Sieg bei Actium.

kurzem wurde auch in Rhodos eine große Glaswerkstatt entdeckt.
Der aktive Tauschhandel zwischen den verschiedenen Gegenden der griechischen Welt und die Beziehungen mit nichtgriechischen Kulturen werden durch den Fortschritt in der Seefahrt wirksam unterstützt. Gefährliche Forschungsreisen werden unternommen und die Häfen neu angeordnet. Rhodos und später Delos, die an für die Schiffahrt strategisch wichtigen Punkten liegen, werden große Handelszentren und gleichzeitig Stätten berühmter Heiligtümer, die erneuert und verschönert wurden. Für die einfachen Seeleute, die bei einem Schiffbruch ums Leben kamen, wurden Gedenkstelen errichtet, die sie am Rande des Meeres sitzend, in einer Haltung nachdenklicher Traurigkeit zeigen. Die Schiffseigentümer errichteten an heiligen Stätten wie Lindos Denkmäler, die deutlich an ihr Leben auf dem Meer erinnerten. Aus Fels oder aus einzelnen Blöcken ließen sie eigens dafür Schiffsteile herstellen. Rhodos, das ein Gesetzbuch der Schiffahrt gehabt haben soll, besaß eine ansehnliche Handels- und Kriegsflotte, deren Siege manchmal in großen Skulpturen gefeiert wurden, wie z. B. in der Nike von Samothrake. Sie wurde zum oft nachgeahmten Prototyp der beflügelten weiblichen Figur am Bug eines Schiffes, die über einem Wasserspiegel zu segeln scheint.

Das Aufblühen der Künste ist eine Folge der Profanisierung der griechischen Kunst. Sie fand auch bei den privaten Auftraggebern einen großen Markt für »Nippes«, kleine Statuen für die Wohnung. Bildhauer und Maler arbeiteten mit künstlerischer Freiheit, sie gestalteten einzelne Szenen, erfanden graziöse Episoden, zeigten die höfische Kleidung und stellten schließlich mit größter Kunstfertigkeit eine weibliche Mode dar. So wurden unter einem Mantel aus feinem durchsichtigen Gewebe die Falten des Gewandes sichtbar, und sogar die Spuren der Faltenpressung waren zu erkennen. Diese technische Geschicklichkeit, die zu einem stilistischen Merkmal wurde, ist an der delischen Statue der Kleopatra erkennbar. Sie ist auch bemerkenswert, weil sie zusammen mit ihrem Gemahl nicht an hervorragender öffentlicher Stelle, sondern in der eigenen Wohnung aufgestellt ist.
In der letzten Phase der hellenistischen Kultur – die nach allgemeiner Auffassung mit der Schlacht bei Actium 31 v. Chr. zu Ende geht – blüht Athen noch einmal auf. »Neu-attische« Werkstätten entstehen, die aus nostalgischer Sehnsucht klassische und archaische Motive wiederaufnehmen. Diese perfekte, aber ausdruckslose Produktion ist für die Aufträge Roms bestimmt, das sich anschickt, den ganzen Mittelmeerraum zu kontrollieren und zu beherrschen.

Die Welt der Römer

Filippo Coarelli

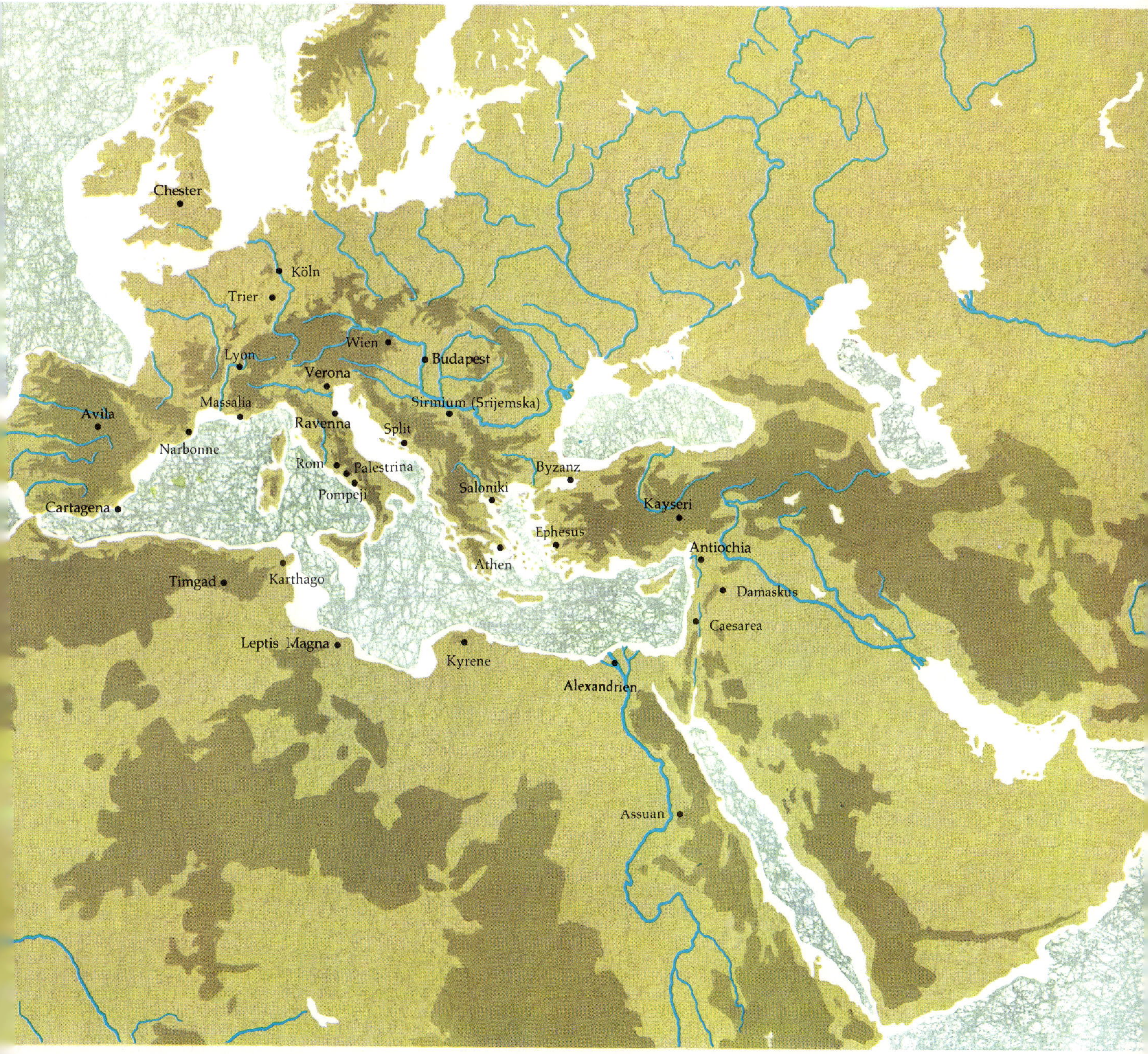

Für die Geschichte ist ihr geographischer Rahmen erst dann von besonderer Bedeutung, wenn er zu anderen Bereichen (wirtschaftlicher, sozialer und kultureller Art) in Beziehung tritt. Bevor die geographische Lage geprüft wird, ist es daher sinnvoll, auf die geschichtliche Situation Latiums in der Zeit unmittelbar vor der Gründung Roms einzugehen. Der entscheidende Zeitpunkt der Entwicklung mit einer radikalen Wende nach innen ist der Übergang von der ersten Eisenzeit im Latium (Phasen I–II: 1000–770 v. Chr.) zur zweiten (Phasen III–IV: 770–580 v. Chr.). Dieses Datum kann man mit einiger Sicherheit um das Jahr 770 v. Chr. festsetzen: Es fällt etwa mit dem herkömmlichen Zeitpunkt der Gründung Roms (754 v. Chr.) und mit den ersten griechischen Kolonien im Westen zusammen: Ischia (ungefähr 780–770 v. Chr.) und Cumae (ungefähr 750 v. Chr.). Es besteht die Möglichkeit, aufgrund von archäologischen Funden den materiellen Aspekt und den Bestand eines historischen Moments zu überprüfen, dessen Bedeutung in den literarischen Quellen erscheint. Schon in den vorausgehenden Jahrzehnten (Ende 9.–Anfang 8. Jh. v. Chr.) beginnen sich die Nekropolen langsam zu verändern. Von sehr kleinen Ausmaßen, in der Größenordnung einiger Dutzend Personen (entsprechend äußerst kleinen Gemeinschaften, die aus wenigen Familien bestehen: Nekropole des Forum Romanum, Nekropole der Albaner Berge), werden sie immer weiträumiger (z. B. in Rom, Nekropole des Esquilin). Diese eindeutige Bevölkerungszunahme fällt offensichtlich mit einem Produktionszuwachs an Konsumgütern zusammen, der auf der Leistungssteigerung der Landwirtschaft und der Verbesserung der Werkzeuge beruht. Zur gleichen Zeit erleben wir eine wachsende Seßhaftigkeit der Völker, die sich auf wenige Orte konzentrieren, wobei die vorherige lose Ansiedlung aufgegeben wird. Dieser Vorgang ist insbesondere in Etrurien schon zum Zeitpunkt des Übergangs von der Protovillanova- zur Villanova-Phase – um den Beginn des 9. Jh.s v. Chr. – bemerkenswert, als die ältesten Siedlungen verlassen werden und die Stellen endgültig besiedelt werden, die dann die Gründungsorte der geschichtlichen etruskischen Städte werden: Veji, Cerveteri, Tarquinia, Vulci usw.). Bei der Verbesserung der landwirtschaftlichen Geräte, der Produktionssteigerung, der Bevölkerungszunahme und der Schaffung von beständigen Wohnzentren von erheblicher Größenordnung handelt es sich um eng miteinander verbundene Vorgänge, die ihrerseits andere hervorrufen: Die Integration der alten Familienverbände in umfassendere Strukturen mußte erhebliche Reibungen und Veränderungen zur Folge haben. Eine eindeutige Wirkung ist die klarere Aufteilung der Arbeit, die sich aus der Entwicklung neuer Werkzeuge wie der Töpferscheibe ergibt: Sie führt zur Massenproduktion und zu einem neuen Markt, der infolge von Zunahme und Zusammenballung der Bevölkerung entsteht. Diese beiden Ereignisse reißen das Handwerkertum aus dem ursprünglichen Familienverband, der dem Eigenverbrauch dient, heraus und schaffen die Voraussetzungen für Fachberufe, die nicht direkt der Produktion von Konsumgütern dienen. Zu diesen neuen Strukturen kommt ein anderer Faktor: die Beziehung zum griechischen Element, das schon seit der mykenischen Zeit bezeugt wird, das sich nun aber verstärkt, bis hin zur Gründung von Kolonien an der Küste Süditaliens. Eben in diese Jahre (drittes Viertel des 8. Jh.s v. Chr.) fallen die ersten sicheren Einfuhren griechischer Keramik in Rom. Gleichzeitig mußten griechische Handwerker nach Latium gekommen sein und das neue Gerät, die Drehscheibe, mitgebracht haben: Von diesem Zeitpunkt an oder wenig später begann die Produktion der heimischen Keramik mit der Drehscheibe.

Gleichzeitig mit diesen wirtschaftlichen Vorgängen treten große soziale Umwälzungen auf. Die Nekropolen der ersten Phasen der latinischen Kultur bestanden aus Gräbern, in denen die Übereinstimmung von Stand und Kultur erkennbar war: es muß sich um eine egalitäre Gesellschaft ohne Unterschiede der sozialen Klassen und der wirtschaftlichen Verhältnisse gehandelt haben. Diese soziale Struktur verwandtschaftlicher Art geht in den späteren Phasen der latinischen Frühgeschichte zu einem Gesellschaftstyp über, in dem die ersten wirtschaftlichen und sozialen Unterschiede auftreten. Diese Veränderungen sind für uns vor allem in den Nekropolen wahrnehmbar. Neben einer Vielzahl von »armen« Gräbern finden sich einige Grabstätten, die mit bemerkenswert reichen Ausstattungen, was die Qualität der Gegenstände, die Kostbarkeit des Materials (Gold, Bernstein) und vor allem die Menge der Beigaben betrifft, versehen sind. Diese Erscheinung kann nicht von den vorher beschriebenen Vorgängen wie der Bevölkerungszunahme und der Arbeitsaufteilung, den neuen Techniken und dem Entstehen eines Marktes getrennt werden. Der entscheidende Faktor muß jedoch ein neues Verhältnis zum Eigentum am Boden sein, der vorher ungeteilt und im kollektiven Besitz des Dorfes war.

Karte der wichtigsten Orte im antiken frührömischen Latium.

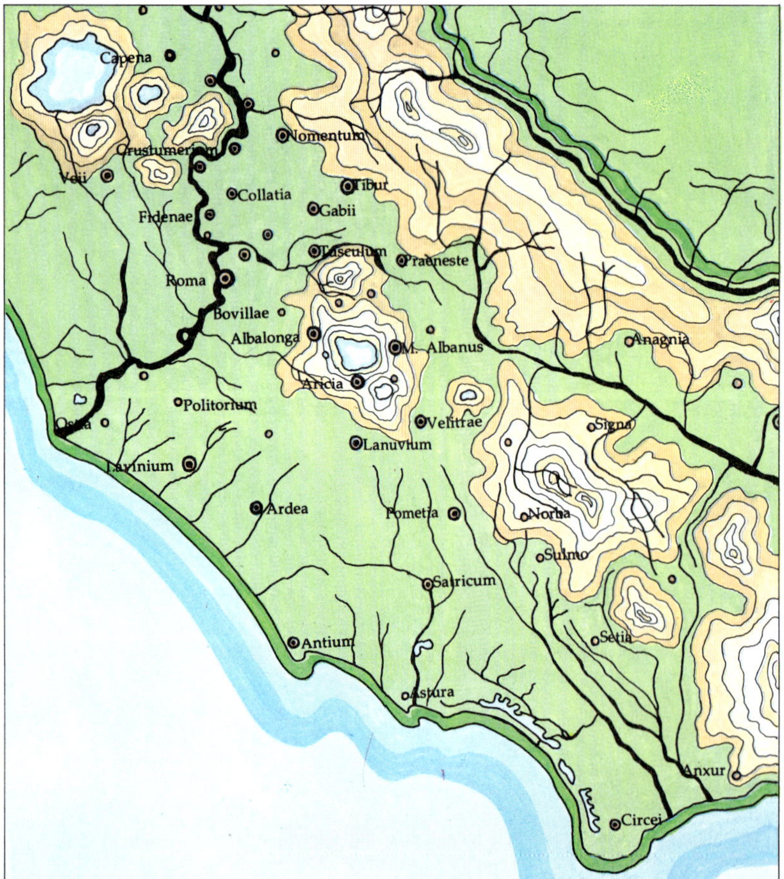

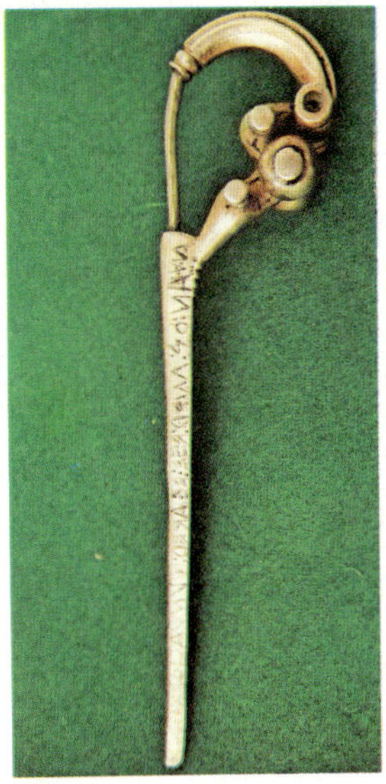

Oben: Goldfibel aus Palestrina, erste Hälfte des 7. Jh.s v. Chr. Es handelt sich hier um das älteste Dokument der lateinischen Sprache. Sie wurde von einem Manius einem Numerius gegeben. Beide gehörten aristokratischen Familien aus dem antiken Praeneste an.

Unten: Hüttenreste aus der Eisenzeit auf dem Palatin.

Die Zusammenballung des Reichtums, das Auftauchen von Aristokratien, tritt in der letzten Phase der latinischen Kultur offen zutage, die üblicherweise »orientalisierende« Kultur (ungefähr 700–580 v. Chr.) genannt wird. Die Bezeichnung rührt von der besonderen Häufigkeit der Gegenstände her, die aus dem Vorderen Orient (Phönizien, Zypern, Syrien, Urartu usw.) importiert werden, sowie von der Schöpfung einer lokalen Kunst, die unter dem Einfluß dieser Kultur steht. In dieser Phase überrascht der außerordentliche Reichtum einiger Gräber wie die Tomba Regolini-Galassi in Cerveteri, die Tomba Bernardini und die Tomba Barberini in Palestrina, um nur die bekanntesten zu nennen (aber das gleiche Phänomen stellt man auch in Rom fest). Sie quollen buchstäblich über von Hunderten von kostbaren Gegenständen aus Gold, Elfenbein und Bernstein, die zum Teil importiert und zum Teil in Italien hergestellt wurden. Es handelt sich selbstverständlich um Ausnahmefälle, die unter den anderen sehr viel bescheideneren Grabstätten auffallen. Für uns spiegelt sich auf diese Weise das Bild einer Klassengesellschaft im Anfangsstadium wider. Sie wird im wesentlichen aus einer herrschenden adeligen Aristokratie und aus *clientes* (landarme, landlose Plebejer) gebildet. Daneben gab es wohl auch eine Form der Leibeigenschaft.
Der kulturelle Sprung in dieser Zeit rührt offensichtlich auch von einem anderen revolutionierenden Ereignis her: der Einführung der Schrift. Die ältesten Beispiele in Etrurien und in Latium gehören dem Beginn des orientalisierenden Zeitalters an, d. h. den ersten Jahrzehnten des 7. Jh.s v. Chr. Die erste lateinische Inschrift ist die auf einer Goldfibel aus Palestrina; kürzlich ist ihre Zugehörigkeit zur Tomba Bernardini nachgewiesen worden (zweites Viertel des 7. Jh.s v. Chr.).

Die Entstehung und Entwicklung Roms

Nachdem die gesellschaftlichen und wirtschaftlichen Voraussetzungen geklärt sind, die das Entstehen der Stadt bestimmt haben, können wir nun die geographische Lage Roms besser untersuchen und alle ihre Verflechtungen verstehen. Die erste entscheidende Gegebenheit ist das Vorhandensein des Flusses: Der Tiber bildet den wichtigsten Weg der natürlichen Eroberung Mittelitaliens, und er war um so bedeutender, als die ursprünglichen Verhältnisse die Landwege äußerst beschwerlich machten (auch diese folgten im übrigen meist den Flußtälern). Ab der Stadt Orte ist der Fluß bis zum Meer befahrbar; von da ab wurde er auch für den Transport von landwirtschaftlichen Erzeugnissen, Mineralien sowie Holz aus dem Innern Etruriens, benutzt (wir haben Zeugnisse für die Flußschifffahrt noch in der Kaiserzeit). Es ist nicht überraschend, daß die ältesten Einfuhren griechischer Keramik in Rom diejenigen sind, die von den Ausgrabungen auf dem Forum Boarium bezeugt werden, wo der älteste Flußhafen lag.
Dieser älteste natürliche Weg kreuzte sich mit einer anderen wichtigen Verkehrsachse. Sie kam vom südlichen Etrurien (über Vulci, Tarquinia und Cerveteri) und verlief in Richtung südliches Latium und Kampanien, wobei sie sich in Höhe der Albaner Berge in zwei Alternativwege gabelte: den durch das Tal des Sacco (spätere Via Latina) und den durch die Pontinische Ebene (spätere Via Appia). Der Tiber konnte nur an wenigen vorgeschriebenen Punkten überschritten werden: Eine dieser Furten war unmittelbar unterhalb der Tiberinsel, gerade in Höhe des Forum Boarium. Wahrscheinlich wurde diese Furt schon seit sehr alter Zeit benutzt, z. B. von wandernden Herden. Ihre Bedeutung gewann sie vor allem gegen Ende des frühgeschichtlichen Zeitalters, als die ursprünglichen Dörfer der Zone zusammengelegt wurden, um nunmehr städtische Strukturen zu bilden. Es ist kaum zufällig, daß die erste an der Stelle der Furt gebaute Holzbrücke, die Sublicius-Brücke, in der antiken Überlieferung dem letzten der latinischen Herrscher Roms, Ancus Marcius, zugeschrieben wird, der in den Jahren 640–616 v. Chr. regierte.
Die Bedeutung der geographischen Lage Roms als Verkehrsknotenpunkt auf dem Weg zwischen Etrurien und Großgriechenland (das südliche Italien und Sizilien) ist klar: die Stadt ist praktisch nichts anderes als das Ergebnis der fortschreitenden Profilierung und Strukturierung dieses Straßenknotenpunktes, der sich in den Phasen der latinischen Frühgeschichte innerhalb eines klar umrissenen gesellschaftlichen und wirtschaftlichen Rahmens herausbildete. Alle diese Voraussetzungen gelangen in dem jüngsten orientalisierenden Zeitraum (letzte Jahrzehnte des 7. und erste des 6. Jh.s v. Chr.) zur Reife. Die endgültige »Gründung« der geschichtlichen Stadt (deren Voraussetzungen nach den wahrscheinlichen Daten der literarischen Überlieferung vom letzten latinischen König bereits geschaffen werden) wird das Werk der etruskischen Herrscher, der Tarquinier, sein.
Die Geburt der Stadt als strukturiertes Gebilde, als wirtschaftlich-soziale Organisation, die auf ei-

Rechts: Rundtempel auf dem Forum Boarium in Rom aus dem letzten Viertel des 2. Jh.s v. Chr. Dieser Marmorbau eines griechischen Architekten ist ein deutliches Zeugnis der Hellenisierung Roms. Er war wohl dem siegreichen Herkules, dem Beschützer der Händler des nahen Hafens am Tiber, geweiht.

ner relativ fortgeschrittenen Aufteilung der Arbeit und auf der Unterordnung des Landbesitzes beruht, und die Stadt als gesellschaftliche Organisation, die das ursprüngliche verwandtschaftliche Verhältnis innerhalb einer territorialen Einheit überwindet, können wir um das Jahr 600 v. Chr. festsetzen. Im speziellen Fall von Rom kann man diesen Prozeß über eine Reihe von archäologischen Angaben verfolgen, die durch jüngste Entdeckungen und Untersuchungen noch erheblich bereichert worden sind. Neben dem Forum Boarium wird insbesondere das Forum Romanum untersucht. Die Proben, die man zu verschiedenen Zeitpunkten und in verschiedenen Zonen gemacht hat, haben gezeigt, daß das Tal zwischen Kapitol und Palatin eine völlige Umwandlung und eine zusammenhängende Organisation gegen Ende des 7. Jh.s v. Chr. erfahren hat. In diesen Jahren werden Pflasterungen des Forums und des Comitiums vorgenommen, und sie übernehmen zum ersten Mal ihre Funktion als politischer, religiöser und wirtschaftlicher Mittelpunkt der Stadt. Diese Angaben stehen in Verbindung mit den Mitteilungen über den Bau der *Cloaca maxima*, die das Werk des ersten etruskischen Königs von Rom, Tarquinius Priscus, war. Die Benutzung des Forums als öffentlichen Platz und seine erste Pflasterung wäre ohne die Kanalisation des Baches, der das Tal von Nordosten nach Südwesten durchquerte und es sumpfig und ungangbar machte, unmöglich gewesen. Wieder wird die literarische Angabe in den archäologischen Befunden bestätigt. Auch andere Elemente unterstreichen diesen ersten Eindruck: die jüngste Ausgrabung der *Regia* hat gezeigt, daß das erste Gebäude mit einer gewissen Geräumigkeit (wohl Teil der königlichen Wohnung) im letzten Viertel des 7. Jh.s v. Chr. anstelle einer früheren Gruppe von Hütten gebaut wurde.

Unten: Blick auf das Forum Romanum vom Palatin. Im Hintergrund das Kapitol; unten der Castortempel; in der Mitte von rechts: die Kurie, der Bogen des Septimus Severus, die Phokas-Säule, die Basilika Julia.

Wenn man sich an dem einen Ende des Forums an den Abhang des *Arx* stellt, erblickt man den Platz, der für die politischen Zusammenkünfte bestimmt war: das *Comitium*. Jüngste Nachforschungen, die die von Boni vorgenommenen Ausgrabungen zu Beginn unseres Jahrhunderts überprüfen, setzen die erste Phase der Besetzung des Comitiums auf das Ende des 7. Jh.s v. Chr. fest. Aus dieser Zeit stammt die erste hier vorhandene Pflasterung. Aus den Jahren 580–570 v. Chr. stammt die älteste öffentliche Inschrift in Rom, eingegraben in den Säulenstumpf unter dem *Lapis Niger*, die *lex sacra*. Sie wird mit dem *Volcanal*, dem archaischen Heiligtum des Vulcanus, gleichgesetzt. Der Gebrauch der Schrift in öffentlichen Dokumenten schon in einer so frühen Zeit ist eine eindeutige Bestätigung der juristisch-religiösen Definition eines städtischen Raumes, der öffentlichen Aufgaben vorbehalten ist.
Die etymologische Bedeutung von Comitium (von *cum ire*) wird in der antiken Überlieferung als Ergebnis des Zusammentreffens von Romulus und Titus Tazius erklärt, das den Feindseligkeiten ein Ende setzt und eine neue, umfassendere Gemeinschaft zwischen Römern und Sabinern ins Leben ruft. Wir finden hier die klare Spur eines »Gründungsmythos«, der der realen geschichtlichen Bestimmung eines politischen Raumes entspricht. Seine Verwirklichung ist aufgrund archäologischer Untersuchungen um das Jahr 600 v. Chr. festzusetzen.
Die Schaffung eines städtischen Raumes erfolgt durch zwei eng miteinander verbundene Handlungen: die Festlegung eines zentralen Punktes, wo die gemeinschaftlichen und politischen Tätigkeiten der Stadt stattfinden sollen (Raum, der vom ursprünglichen »Niemandsland« abgetrennt wird, das mit geheimen Konflikten belastet war), und der Bau einer äußeren Begrenzung, die gleichzeitig eine religiöse (*pomerium*) und eine profane (die Stadtmauern) Bedeutung hat. Es ist sicher kein Zufall, daß die Überlieferung den Bau der Stadtmauern dem vorletzten König Roms, Servius

Rechts: Rom, Säulenstumpf mit einer Inschrift von Comitius unter dem »Lapis Niger«. Diese Inschrift aus dem 6. Jh. v. Chr. gilt als das älteste und bedeutendste Beispiel für eine öffentliche Inschrift. Sie erwähnt den König und sakrale Anweisungen, die mit dem Wirken von Comitius in Zusammenhang stehen.

Tullius, zuschreibt. Auf ihn sollen auch einige andere entscheidende Leistungen zurückgehen, wie die gebietsmäßigen *Tribus,* die Aufteilung der Bürgerschaft in Vermögensklassen usw., die die endgültige Konsolidierung der Strukturen der archaischen Stadt in den mittleren Jahrzehnten des 6. Jh.s v. Chr. bedeuten.

Die erste Phase der ältesten Stadtmauern Roms, die vor der republikanischen Erneuerung des beginnenden 9. Jh.s v. Chr. liegt, liegt im 6. Jh. v. Chr., d. h. der Zeit des Servius Tullius, wie es die antike Überlieferung behauptet. Die Stadt dehnt sich erheblich aus (ungefähr 426 ha) und umfaßt die nunmehr sieben Hügel der Überlieferung, den Aventin eingeschlossen. Daneben stimmt sie genau mit der Stadt der »vier Regionen« des Servius Tullius überein. Mit der Festsetzung eines »Innen«-Bereichs in der Stadt werden große Flächen angelegt. Sie werden entsprechend klar abgetrennt, so wie das Bürgerrecht unerbittlich denjenigen ausschließt, der nicht Bürger ist (während vorher die Ansammlung adeliger Gemeinschaften gerade wegen ihrer engeren, weniger umfassenden Struktur veränderlicher und offener war). Somit wird von der eigentlichen Stadt das Gebiet ausgeschlossen, das am Anfang ihrer Entstehung gestanden hatte: das Forum Boarium und der Aventin als Hafen, Durchgang und Öffnung nach außen. Dieser Ausschluß wird dann zumindest teilweise am Beginn der gesellschaftlichen Polarisierung stehen, die in den Anfängen der Republik entsteht, deren Keime sich aber schon im Laufe des 6. Jh.s v. Chr. ausbilden. So z. B. die Konzentration fremder, nichtadeliger Kulturen und Eigenheiten, die man in dieser Zone schon zu jener Zeit feststellt: von der Verehrung der Fortuna, die von der Überlieferung mit Servius Tullius in Verbindung gebracht wird, bis zur Verehrung – sicher griechischen Ursprungs – von Ceres, Liberus und Libera sowie von Flora und Mercurius.

Die Ausgrabung der *area sacra* (heiliger Platz) in S. Omobono läßt genaue Rückschlüsse auf das Heiligtum der *Fortuna* und der *Mater Matuta* zu. Seine Erbauung durch Servius Tullius wird durch die Chronologie der ältesten Phasen der Tempel bestätigt. Diese Ausgrabung zu Füßen des Kapitols in Richtung des Forum Boarium hat die wichtigsten Fundstücke für die ältesten Phasen der Stadt geliefert: Von den Keramikfragmenten der Bronzezeit, die wahrscheinlich vom Kapitol herrühren – wie eine jüngste Ausgrabung beim *Tabularium* bestätigt hat, die andere Fragmente »apenninischer« Keramik ans Tageslicht geführt hat – bis zu den ältesten in Rom gefundenen Exemplaren griechischer Keramik, die schon früher erwähnt worden sind. Der wichtigste Aspekt des Platzes ist jedoch das Heiligtum mit den zwei sich gleichenden Tempeln der *Fortuna* und der *Mater Matuta,* die durch spätere Umbauten von der archaischen Zeit bis in die Kaiserzeit bestehen. Die älteste Phase der Tempel ist mit Sicherheit – auch aufgrund der Fülle griechischer Keramik – in die mittleren Jahre des 6. Jh.s v. Chr. zu datieren: Sie stellt eine neue Bestätigung der Chronologie dar, die uns von den antiken Autoren überliefert wird und den Bau der beiden Tempel Servius Tullius zuschreibt. Die zweite Phase der Gebäude, der die reichen architektonischen Terrakotten angehören, ist der zweiten Hälfte des 6. Jh.s v. Chr. zuzuweisen. Ihre Zerstörung kurz vor dem Ende dieses Jahrhunderts, um 510 v. Chr., ist mit dem Beginn der Republik (509 v. Chr.) verbunden.

Neben der Bestimmung des städtischen Raumes sind wir in der Lage, auch eine parallel und gleichzeitig verlaufende Organisation der Zeit zu erkennen. Der Hang des Römers, Juristisches und Religiöses bewahrend festzuhalten, hat uns ein Denkmal von großer geschichtlicher Bedeutung zukommen lassen: die sogenannten *Fasti Numani,* d. h. den archaischen Kalender mit den Festtagen, konserviert wie einbalsamiert im Innern der späteren Kalender der späten republikanischen Zeit und der Kaiserzeit. Er ist fast gleichzeitig (um das Jahr 600 v. Chr.) mit der Schaffung der städtischen Struktur entstanden, wie sie oben beschrieben ist. Die Organisation der Zeit, die parallel und gleichzeitig mit der des Raumes verläuft, läßt wiederum auf einer anderen Ebene die »Geburt der Stadt« erkennen.

Das 5. Jh. v. Chr. stellt eine für uns äußerst dunkle

Unten: Plan der Servianischen Mauer. Diese älteste Einfriedung Roms umgibt eine Fläche von etwa 426 Hektar. Die heutigen Mauerreste stammen aus dem 4. Jh. v. Chr.

Oben: Münze des römischen Kaisers Oktavian aus dem Jahre 28 v. Chr. Das darauf abgebildete Krokodil rühmt die Eroberung Ägyptens.

Rechts unten: Rom, Mündung der Cloaca Maxima am Tiber. Sie war von den etruskischen Königen Roms, den Tarquiniern, gebaut und ist später in der Mitte des 2. Jh.s v. Chr. restauriert worden. Aus dieser Zeit stammt der hier abgebildete dreifache Bogen.

Unten: Gedenkmünze zum Ende des Bundesgenossenkrieges, in dem Rom gegen die italischen Städte, seine früheren Verbündeten, kämpfen mußte (105 v. Chr.).

Phase dar, eine Phase des Zurückweichens und Absperrens gegenüber der raschen Expansion der vorausgehenden Zeit. Das gilt nicht ausschließlich für Rom: es zeigt sich auch im restlichen Italien von Etrurien bis nach Großgriechenland. Den äußeren Kämpfen gegen die Gebirgsvölker, die in die westlichen Ebenen einfallen, wie die Volsker, stehen die internen Kämpfe zwischen Patriziern und Plebejern gegenüber. Diese Auseinandersetzungen führten schließlich zur Machtergreifung durch die Plebejer. Diese dunkle Phase der Vorbereitung könnte, wenn sie besser bekannt wäre, der Schlüssel zum Verständnis für die kommende Zeit mit ihrer neuen staatsbürgerlichen und wirtschaftlichen Expansion sein. Von dieser uns bekannteren Zeit soll im folgenden die Rede sein.

In den Jahrzehnten, die auf die siegreiche Beendigung des Kampfes gegen die mächtige Nachbarstadt Veji (396 v. Chr.) und auf die kurze Eroberung der Stadt durch die Gallier folgen (ihre Bedeutung ist sicherlich von der römischen Überlieferung überbewertet worden), endet mit der endgültigen Machtergreifung durch die Plebejer der lange Kampf, der das vorausgehende Jahrhundert gekennzeichnet hatte. Mit den Leges Liciniae Sextiae (367 v. Chr.), deren grundlegende Geschichtlichkeit heute nach Jahrzehnten einer allzu strengen Beurteilung mit Recht neu bewertet wird, kristallisiert sich eine neue umfassende Führungsklasse, die *nobilitas* aus Patriziern und Plebejern, heraus. Diese Vergrößerung des Staatskörpers reiht sich in den umfassenderen Zusammenhang der sozialen Veränderungen ein, die Italien im 4. Jh. v. Chr. erschüttern: Was wir über diese Zeit von dem Gebiet zwischen Etrurien und Großgriechenland wissen, bestätigt den Eindruck einer tiefgreifenden Umwälzung der sozialen, wirtschaftlichen und kulturellen Lage gegenüber der vorausgehenden Phase. Die alten Gleichgewichte, die auf einem ziemlich begrenzten Staatskörper beruhten, stürzen unter dem von unten kommenden Druck breiter Bevölkerungsschichten zusammen. Nachdem sie die wirtschaftliche Unabhängigkeit infolge der zunehmenden Verbreitung des kleinen und mittleren Landbesitzes errungen haben, drängen sie danach, einen äquivalenten Anteil an der politischen Macht zu gewinnen. Dieser von mehreren Seiten wirkende Druck führt zu bürgerlichen Strukturen, deren gesellschaftliche Grundlage erheblich erweitert ist, bis sie Ausmaße annehmen, die vorher in Italien unbekannt waren. Von einer neuen wirtschaftlichen (die von einer größeren Verbreitung des kleinen und mittleren Landbesitzes gekennzeichnet ist) und sozialen Grundlage aus (parallel verlaufende Erweiterung des Staatskörpers) entwickeln sich neue politische Formen, die man als »demokratisch« bezeichnen kann und die von Formen radikaler Demokratie bis zu Formen gemäßigter Oligarchie reichen.

Auf ideologischer Ebene sehen wir die Auswirkung in der beachtlichen kulturellen Gleichartigkeit, die diese Zeit kennzeichnet und die als mittelitalische *koiné* bezeichnet wird. Ihre stärkste und kreativste Zeit umfaßt die Dauer von zwei Generationen (von ungefähr 330–270 v. Chr.), wird aber in den folgenden Jahrzehnten bald in eine Krise geraten. Im Laufe der späten Republik wird diese geschichtliche Zeit idealisiert und als unerreichbares Modell betrachtet: darin stimmen alle politischen Parteien Roms von den *optimates* bis zu den *populares* überein. Die wirtschaftliche Expansion und der Bevölkerungszuwachs spiegeln sich auch in der städtebaulichen Entwicklung Roms wider. Klar zu erkennen ist das an Bauunternehmungen wie dem Wiederaufbau der Stadtmauern und der Schaffung der beiden ersten Wasserleitungen, *Aqua Appia* (312 v. Chr.) und *Anio Vetus* (272 v. Chr.), abgesehen von einer beachtlichen Anzahl von Tempeln und anderen öffentlichen Gebäuden (eine Vorstellung davon kann man heute vor allem durch den republikanischen Komplex des Largo Argentina, dem Argentina-Platz auf dem Marsfeld, gewinnen).

Auch auf dem Gebiet des künstlerischen Schaffens gibt es nach einer Phase des Rückzugs, die mit dem 5. Jh. v. Chr. zusammenfällt, eine spürbare Expansion, die ein Zeichen für ein breites Auftraggebertum ist. Zu den bekanntesten Denkmälern zählen die *Cista Ficoroni*, die in Rom hergestellt worden ist, wie die auf ihr eingegrabene Inschrift ausdrücklich bestätigt, und die Malereien vom Esquilin mit historischen Szenen der Samnitenkriege. Noch bedeutender für die Bestimmung der Gesamtsituation auf mittlerer Ebene ist eine reiche Produktion feiner Terrakotten und Keramiken mit schwarzem Grund und Bemalungen, deren Herstellung in Rom kürzlich nachgewiesen worden ist.

In diesen Jahren werden auch die Voraussetzungen für die römische Vorherrschaft in Italien geschaffen, deren erster Antrieb sicherlich durch die Bevölkerungsexpansion und den sich daraus ergebenden Hunger nach Land gebildet wurde, auch wenn sich daneben in gewisser Weise der zukünftige »Imperialismus« vor allem im Kreis einiger herrschender Familien innerhalb der neuen patrizisch-plebejischen Aristokratie abzuzeichnen beginnt. Nicht zufällig sind es gerade diese Familien, die am stärksten mit der griechischen Kultur vertraut und daher in der Lage sind, die zahlreichen Einflüsse aus den Reichen des östlichen Mittelmeerraums, die sich nach der Eroberung Alexanders gebildet hatten, zu interpretieren.

Der Bevölkerungsdruck ergibt sich schon aus der Zahl der latinischen Kolonien, die in wachsendem

Die »Area Sacra« auf dem Largo Argentina in Rom. Die vier republikanischen Tempel, die zwischen den beiden Kriegen ausgegraben wurden, stammen aus verschiedenen Zeiten zwischen dem 3. und dem Anfang des 1. Jh.s v. Chr. Dieses Bild zeigt die beiden Bauten im Norden, die wahrscheinlich die Tempel der »Fortuna di questo giorno« (Fortuna für diesen Tag, der Rundtempel) und der Juturna darstellen. Die beiden anderen im Süden gelegenen Tempel waren vielleicht Feronia und den Laren Permarini geweiht. Der Säulengang, der sie umgab, war wahrscheinlich der Porticus Minucia Vetus.

Ausmaß und in immer entfernteren Gebieten ab dem Jahr 338 v. Chr. gegründet werden. Besonders verlockend waren die fruchtbaren Ebenen Kampaniens, des inneren Etruriens und die Poebene: Die unvermeidbaren Zusammenstöße, zuerst mit den Samniten und den Etruskern und dann mit den Griechen und Kelten kennzeichnen die fortschreitenden Etappen dieser Expansion. Daß jedoch neben diesem Aspekt der »Bereitstellung« zumindest im Keim eine andere wirtschaftliche Triebfeder vorhanden war, die weniger an den Gebrauchswert als vielmehr an den Tauschwert gebunden und mit den ersten Erscheinungsformen des römischen »Imperialismus« verbunden war, ergibt sich eindeutig aus dem ersten Auftreten der Geldmünze in Rom (dessen Zeitpunkt umstritten, aber in jedem Fall innerhalb des 3. Jh.s v. Chr. festzulegen ist).

Diese Tendenz zur Expansion, die schon im 4. Jh. v. Chr. sichtbar wird, verstärkt sich im Laufe des 3. Jh.s v. Chr. Gleichzeitig gerät das vorher beschriebene Gesellschaftsmuster, das man als mittelitalisch bezeichnen könnte, in eine Krise. Die Anzeichen für diese wirtschaftliche und vor allem demographische Krise sind schon in Großgriechenland und in Sizilien während und nach dem Unternehmen von Pyrrhus (280–275 v. Chr.) und noch verstärkt in Etrurien zu finden. Die verheerenden Niederlagen aus dem ersten Punischen Krieg in Sizilien und aus dem zweiten im restlichen Teil Mittel- und Süditaliens lösten den endgültigen Zusammenbruch aus.

An der Basis der tiefen Krise, die das Gefüge des römischen Staates im 2. Jh. v. Chr. bedrängt, steht also die Auflösung der italischen Gesellschaft, die letzten Endes von der Eroberung der Römer bestimmt wird. Die kleinen unabhängigen Staaten, die das Gerüst jener Gesellschaft bildeten, lösen sich rasch auf, sobald sie einmal in ein umfassenderes Staatsgefüge aufgenommen sind (die schrecklichen Kriege des 3. Jh.s v. Chr. verstärken natürlich diese Auflösung). Aber auch die erobernde Stadt mit ihren politischen Strukturen, die mit den Maßen einer kleinen *Polis* entstanden sind und immer ungeeigneter sind, ein sich ständig ausweitendes Imperium zu regieren, steht vor ungeheuren Problemen. Die Landflucht der ruinierten kleinen Landbesitzer, die das städtische Proletariat vergrößern, geht Hand in Hand mit der Zusammenballung eines erheblichen Teils der Ländereien in wenigen Händen. Die Folge davon ist Ausbeutung, die nicht mehr auf der freien Arbeit, sondern auf Massen von Sklaven beruht, die insbesondere aus dem östlichen Mittelmeerraum importiert werden. In dieser neuen Lage beginnt die auf den eigenen Lebensunterhalt gerichtete Produktion zu verschwinden und wird allmählich durch die auf eine Frucht spezialisierte Pflanzung mittelgroßen Ausmaßes ersetzt. Ihr Produkt ist für den Verkauf und die Ausfuhr bestimmt. Daneben gibt es den Großgrundbesitz, auf dem Getreide angebaut oder der für die Viehzucht bestimmt wird (vor allem in Sizilien und in Süditalien).

Dieser Situation entspricht auf politischer Ebene das Verschwinden der Gleichgewichte, die die vorausgehende Phase gekennzeichnet hatten. Ein sehr großer Teil des Staatskörpers wird aufgelöst. Wir erleben eine »Aussperrung« der Senatsoligarchie, die auf eine ganz geringe Zahl von Familien reduziert wird, die das Monopol der Macht in den Händen haben und sich jedem von unten kommenden Versuch eines Austausches widersetzen. Sichtbare Auswirkungen dieser gesellschaftlichen und politischen Lage findet man in der architektonischen und städtebaulichen Tätigkeit, in den darstellenden Künsten und noch allgemeiner in der gesamten Produktion von Gebrauchsgütern. Die Entstehung einer zahlenmäßig beschränkten Führungsklasse, verbunden mit der Proletarisierung erheblicher Massen kleiner und mittlerer Landbesitzer, wird sichtbar: neben einer »monumentalen« Architektur und einer vom Geltungsdrang gekennzeichneten Kunst entstehen spiegelungsgleich mit der raschen Urbanisierung, der Schaffung von

Die Villa Hadriana in Tivoli (im Altertum Tibur), das »Teatro Marittimo« (ein kleines Bauwerk auf einer Insel, von einem Kanal umgeben). Die Villa wurde von Kaiser Hadrian in den Jahren 118 und 138 n. Chr. erbaut. In diesem weiträumigen Komplex waren die wichtigsten Monumente des Reiches dargestellt, die vom Kaiser auf seinen Reisen besucht worden waren.

dichtbesiedelten Stadtvierteln mit mehrstöckigen Häusern Wohnviertel, die der Elite der Bevölkerung vorbehalten sind. Architekten und Künstler aus den griechischen Königreichen arbeiten im Dienst der römischen Aristokratie in den Stadtvierteln, die eng zur politischen Tätigkeit gehören (wie das Forum Romanum und das Kapitol). Der Stadtteil des Marsfeldes, der den Vorteil hat, sich in einer freien Zone zu entwickeln, weist die typischsten Merkmale der großen hellenistischen Prestige-Architektur auf mit ihren Säulengängen, den ersten Marmortempeln, der Vegetation, die zum ersten Mal von einer raffinierten *ars topiaria* (Gartenkunst) angeordnet wird. Der Gegenpart zu dieser monumentalen Fassade wird von den dichtbesiedelten Stadtteilen des Esquilin, des Quirinal und des Celium gebildet, wo die Bauspekulation ihre ersten Blüten treibt, und wo die Häuser mit vier und fünf Stockwerken, schlecht gebaut, einsturz- und feuergefährdet, dicht entlang den engen und gewundenen Straßen stehen. Auch in den darstellenden Künsten zeigt sich zum ersten Mal eine Spaltung: An die Stelle der Einheitlichkeit und Gleichartigkeit der mittleren republikanischen Zeit tritt nunmehr die Polarisierung zwischen einer aristokratischen Kultur – in ihrem doppelten öffentlichen, amtlichen und privaten Aspekt – und einer Subkultur der unteren Klassen der Gesellschaft, die sich in rein folkloristische Erscheinungsformen auflösen und sich zum großen Teil unserer Beobachtung entziehen.

Die sozialen Spannungen, die sich aus diesem Sachverhalt ergeben, äußern sich in der Stadt in den Unruhen der städtischen Plebs, einer sozial aufgelösten Gruppe, vermehrt durch ruinierte kleine Landbesitzer und durch Freigelassene, die als manövrierfähige Masse für die herrschenden Schichten zur Verfügung steht. Der politische Kampf beschränkt sich also auf eine Auseinandersetzung zwischen adeligen Sippschaften, die als einzige wirtschaftlich und ideologisch in der Lage sind, eine bis in die Tiefen aufgelöste soziale Lage zu beherrschen. Es ist kein Zufall, wenn die revolutionären Tribunen des 2. Jh.s v. Chr., insbesondere die Gracchen, selbst Mitglieder der herrschenden Klasse sind. Ihr Versuch, eine Situation ähnlich der früheren zu schaffen, indem dem städtischen Proletariat und dem Landproletariat der Boden des *ager publicus* zurückgegeben wurde, den sich einige wenige Familien der herrschenden Klasse widerrechtlich angeeignet hatten, war fast undurchführbar. Er war unvermeidlich zum Scheitern verurteilt, wenn es nicht gelang, die Tendenz zur »imperialistischen« Expansion umzukehren, die die Wurzel dieses Phänomens war. Der Versuch der beiden Brüder, auch der politisch reifere des Gajus, der bemüht war, die verstreuten Kräfte wie die römischen Ritter, die Italiker und den städtischen Plebs in einem adelsfeindlichen Plan zu vereinigen, scheiterte unheilvoll. Gleichzeitig scheiterten auf den Landgütern im Süden die großen Aufstände der Sklaven, die ohne einen konsequenten Plan und ohne politische Alternative waren. Aber diese scheinbaren Siege der *nobilitas* führten schließlich zu ihrem Ruin. Die Lösung, die sich durchsetzte, wurde von zwei neuen Tatsachen aus den Jahrzehnten nach der Niederlage der revolutionierenden Tribunen bestimmt. Die Schaffung eines Berufsheeres als Auffangmöglichkeit für die Masse des römischen und italischen Proletariats, das schließlich in den Dienst der »Kriegsherren« tritt (Voraussetzung für die Bürgerkriege des 1. Jh.s v. Chr., die die Republik über den Haufen warfen); dazu kam der Aufstand der italischen Verbündeten, an deren Ende die Gewährung der römischen Bürgerrechte an alle Italiker steht: eine Erweiterung, die die bereits einstürzenden Strukturen des ursprünglichen Stadtstaates endgültig zerstört. So sind alle Voraussetzungen verwirklicht, die zu jener Revolution führen werden, die allgemein die »römische Revolution« genannt wird: d. h. der Ersatz der alten republikanischen Führungsklasse, der *nobilitas*, durch eine neue Führungsklasse und die damit verbundene institutionelle Umwandlung des Staates in das Prinzipat. Diese neue Macht, offenbar ein Kompromiß zwischen der alten Verfassung und der neuen politischen Situation, die infolge der Bürgerkriege des 1. Jh.s v. Chr. entstanden ist, stützt sich in Wirklichkeit vorwiegend auf ein Berufsheer und den italischen Mittelstand: dieselben Kräfte also, die die Macht in die Hände des Augustus gelegt hatten. Im Zeitalter des Augustus erleben wir von seiten des Hofes das Diktat eines klassizistischen Stils, der sich in der amtlichen Architektur mit der Rückkehr zu klassisch griechischen Formen zeigte. Der Beginn der Kaiserzeit bedeutete also eine Parenthese in der zusammenhängenden Entwicklung der römischen Architektur, die vorwiegend auf der Erweiterung der inneren Räume beruhte. Mit Nero und dann vor allem in der Zeit der Flavier (69–86 n. Chr.) erfolgt eine Wiederaufnahme der echten römischen Tradition, die an die Werke der republikanischen Zeit wieder anknüpft. Gebäude wie das *Domus Aurea* und vor allem der Palast des Titus Flavius auf dem Palatin zeigen einen großen Reichtum und eine Vielfalt der Anlage mit gegliederter Verwendung von Kreisen und Vielecken, von strahlenkranzförmigen Pflanzen, von Gewölben und Kuppeln, die immer gewagter und komplizierter werden. Auf dem städtebaulichen Gebiet ist besonders interessant, was uns über den Wiederaufbau Roms nach dem fürchterlichen Brand im Jahre 64 n. Chr. berichtet wird: ein Bebauungsplan sah breite und geradlinige Straßen vor, flankiert von Säulengängen, mit Plätzen und Grünflächen. Diese Pläne profitierten von dem verbreiteten Gebrauch des Ziegelsteins, der von nun an der am meisten verwendete Baustoff wird.

Die Bautätigkeit in Rom erreicht ihren Höhepunkt zwischen den Flaviern und den Antoninen (69–192 n. Chr.): von den in dieser Zeit errichteten Gebäuden sei nur an das Kolosseum, an den Friedenstempel, das Forum Transitorium und das des Trajan, an die Thermen des Titus und des Trajan und an das Pantheon erinnert. Wir kennen auch die Namen einiger Baumeister wie Rabirius, den Architekten der Bauten des Titus Flavius auf dem Palatin, und vor allem Apollodorus von Damaskus, den genialen Architekten und Erbauer des Forums und der Thermen des Trajan sowie einer großartigen Brücke über die Donau: Wir können uns vor allem aufgrund des gut erhaltenen Komplexes der Trajanischen Märkte eine Vorstellung von seinem Werk machen.

Ein sehr interessantes Beispiel für die private Hofarchitektur ist die Villa, die nach dem Wunsch des Kaisers Hadrian bei Tivoli entstanden ist. Hier finden wir die reichste Folge von architektonischen Lösungen, die die römische Baukunst hinterlassen hat, mit den verschiedensten Arten von Gewölben und Kuppeln, architektonische Organismen, die sich von innen nach außen verbreitern, mit Lösungen von Gewölben, die denen der barocken Architektur nahekommen. Gleichzeitig wurde in Rom das Pantheon errichtet, dessen Kuppel die größte Weite hat, die je überwölbt wurde (43,30 m Durchmesser).

Die Bautätigkeit als Ausdruck des Prestiges ist das Monopol des Herrschers geworden. Dazu kommt nach und nach ein Großteil der Produktionsmittel,

Das Serapeum in Ostia, ein großer Wohnkomplex aus hadrianischer Zeit. Ein typisches Beispiel für ein Privathaus in Ostia, das uns eine Vorstellung von den Privatvierteln in Rom während der Kaiserzeit gibt.

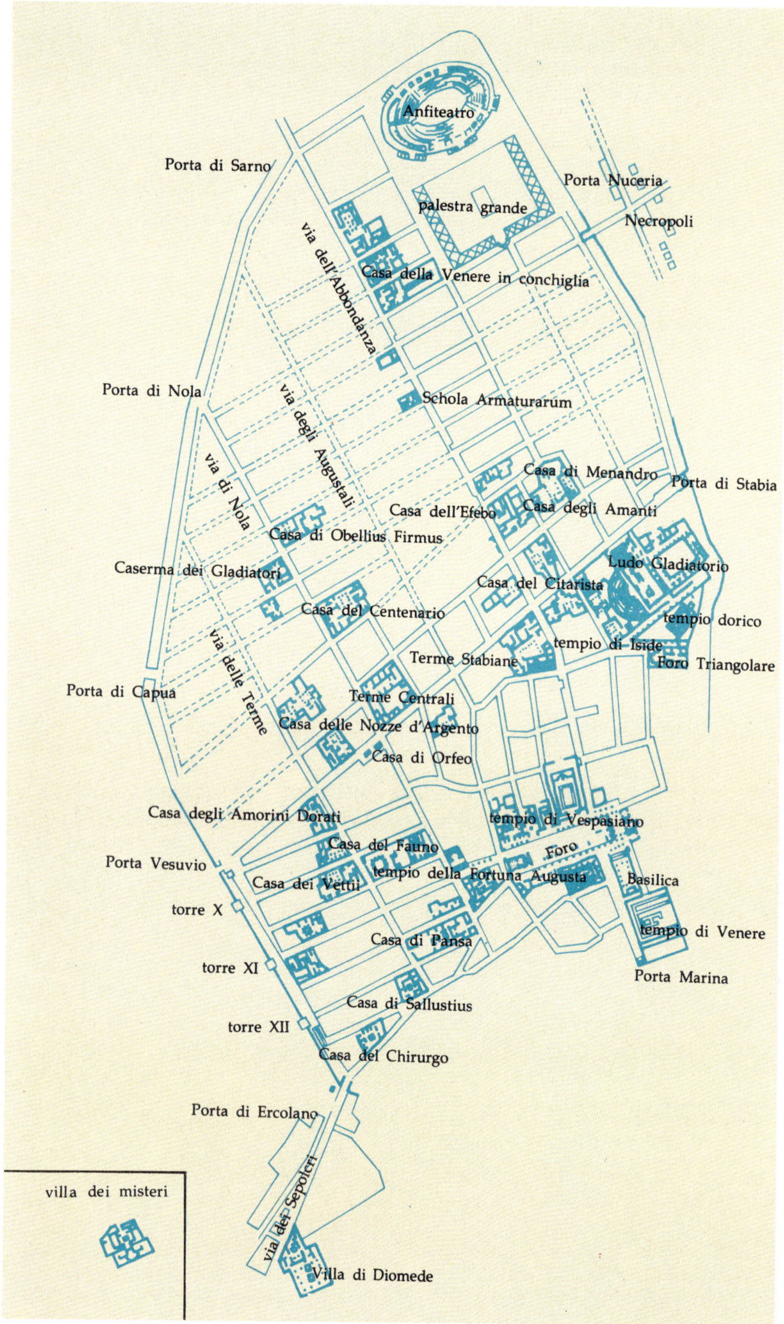

Oben: Plan von Pompeji.

Rechts: Via dell'Abbondanza in Pompeji. Im Hintergrund die Säulen des Forums. Dort beginnt die Hauptstraße der Stadt.

angefangen von den Bergwerken und den Stein- und Marmorbrüchen bis zu den Ziegelsteinfabriken. Rom verwandelt sich indessen immer mehr in eine Stadt, die fast ausschließlich von den Provinzen lebt: der städtische Plebs lebt zum großen Teil von der unentgeltlichen Austeilung von Nahrungsmitteln (insbesondere Getreide aus Ägypten und Afrika). Die Dokumentation, die uns geblieben ist (insbesonders in Rom und Ostia), erlaubt es, zusammen mit den Mitteilungen der zeitgenössischen Literatur (Seneca, Petronius, Martial, Juvenal usw.), sich eine ziemlich genaue Vorstellung von der sozialen Lage und dem täglichen Leben der Einwohner der *urbs* zu machen, die nun ihre größten Ausmaße erreicht (sicher mehr als eine Million Einwohner). Auch wenn man unter Augustus und mehr noch nach dem schrecklichen Brand, der im Jahre 64 n. Chr. unter Nero einen Großteil der Stadt zerstörte, versuchte, das private Bauwesen zu reglementieren, indem man genaue Grenzen für die Höhe (21 m) festsetzte und Sicherheitsabstände zwischen den Häusern und die Verwendung feuerfester Baustoffe vorschrieb dürften die Lebensverhältnisse in diesen großen Sozialbauten nicht besonders gut gewesen sein.

Die genaue Untersuchung der Ausgrabungen in Ostia und Rom (hier insbesondere das große Gebäude zu Füßen des *Ara Coeli*, das mindestens sechs Stockwerke hatte) hat die Klagen des Juvenal bestätigt: je weiter man nach oben steigt, desto mehr und immer kleiner werdende Wohnungen gibt es. Es wurde errechnet, daß auf der Insula der *Ara Coeli* sich ungeheuer viele Mieter in den oberen Stockwerken zusammendrängten, die die billigsten und ärmlichsten waren.

Zu den absoluten Höhepunkten römischer Bildnerei zählen die Reliefs der *Ara pacis*, des »Friedensaltars« des Augustus. Vom römischen Festkalender und aus dem Tatenbericht des Kaisers sind uns die genauen Daten der Grundsteinlegung: 4.7.13 v. und der Weihe: 30.1.9 v. bekannt. Der Friedensaltar wird auf zahlreichen Münzbildern ziemlich übereinstimmend wiedergegeben. Der Altar erhebt sich auf einem Sockel von 10,62×11,65 m im Geviert und lehnt sich an hellenistische Vorbilder (Pergamon-Altar) an. Der äußere Aufbau, ca. 4 m hoch, öffnet sich auf beiden Breitseiten und konnte wohl durch zweiflügelige Türen von 3,6 m lichter Weite geschlossen werden. Um das Gelände auszugleichen, führen auf der Westseite Stufen ins Innere; die Gegenseite öffnet sich ebenerdig. Der innere Reliefschmuck der Außenwände gliedert sich in zwei Zonen, die durch Ornamentfriese getrennt werden. Die untere Zone ist einem Lattenzaun nachgebildet, der an die Umzäunungen Heiliger Bezirke erinnert. Die obere Zone schmückt ein illusionistisch gedachter Bukranionfeston, der wie schwebend im offenen, also negierenden Raum hängt. Auch die äußeren Außenwände sind zweigeteilt. Die oberen Zonen stellen an den Längsseiten den feierlichen Zug der zum Gründungsopfer der *Ara pacis* Schreitenden dar: Auf der Nordseite die Senatoren und Vornehmsten Roms, voran die Liktoren, en face abgebildet. Auf der Südseite zieht die kaiserliche Familie, angeführt von Augustus, der Opferung entgegen. Hinter Augustus schreiten die Flamines, die Opferpriester, gefolgt vom Zweiten des Reiches, Agrippa, dem Schwiegersohn des Kaisers und seiner Gemahlin Iulia,

Fassade der Casa di Polibio (Haus des Polybios) in Pompeji. In diesem bedeutenden Haus wird noch immer gegraben. Dabei fand man vor kurzem eine Bronzestatue in archaisierendem Stil.

der Tochter des Augustus. Zwischen ihnen ihr kleiner Sohn Gaius Cäsar. Den Zug der Kaiserfamilie, in dem sich auch Tiberius befindet, beschließt L. D. Ahenobarbus, Schwiegersohn der Octavia, der Schwester des Imperators. Von den vier Reliefs der Breitseiten zeigt das berühmte Tellus-Relief die Erdgöttin und zwei Kinder in der Mitte. Ihr zur Rechten und Linken lagern Frauenfiguren mit blähenden Gewändern, *Aurae velificantes*, Göttinnen der »milde säuselnden Winde«. Innerhalb der Außenwände befindet sich der eigentliche Altar. Auch seine Seiten und Wangen sind reliefgeschmückt und geben u. a. eine »Suovetaurilia« wieder, ein Opfer, das aus Eber, Widder und Stier besteht. Insgesamt bezeugen die Reliefs der *Ara pacis* deutlich die Antinomie der römischen Kunst.

Diese drei Personen, die in einem Keller vom Tod überrascht wurden, geben Zeugnis von der tragischen Zerstörung Pompejis durch den Vesuv im Jahre 79 n. Chr.

Beim Anblick des spiraligen, gut 200 m langen Friesbandes der 113 n. Chr. geweihten *Trajanssäule* fragt man unwillkürlich nach der Urform dieser Anordnung. Oder sollte diese Spiralform in dieser Vollendung plötzlich entstanden sein? Die Reliefs dieses Monuments, 100 römische Fuß = 29,78 m hoch, in der Antike vom vergoldeten Bronzestandbild des Kaisers, heute von einer Petrusstatue gekrönt, beginnen mit Darstellungen der Ereignisse des Jahres 101 n. Chr., den Vorbereitungen zu den Dakerkriegen und enden mit dem Abschluß des 2. Dakerkrieges von 106.

Beispiele städtischer Ansiedlung auf italienischem Gebiet –

1. Pompeji

Neben der städtischen Entwicklung der Hauptstadt gibt es ab ungefähr 150 v. Chr. eine parallel verlaufende intensive Bautätigkeit in den Städten Latiums und Kampaniens. Im folgenden Jahrhundert breiten sie sich immer mehr auch im restlichen Teil Mittelitaliens (ausgenommen Etrurien) und Norditaliens aus. Sehr viele Städte nehmen in diesen Jahren ein monumentales Aussehen an. Dies trotz der Entvölkerung, die seit dem Beginn des 2. Jh.s v. Chr. mit der Landflucht der Massen ruinierter kleiner Landbesitzer eingesetzt hatte, die auf der Suche nach Arbeit und Unterstützung von seiten des Staates oder der großen Adelsfamilien meist in Rom zusammenströmten. Die Steigerung der Bautätigkeit entspricht also nicht einer verbreiteten Vermögensverbesserung der ganzen Bevölkerung, sondern einer verschiedenen Nutzung des Bodens, der nicht mehr ausschließlich zum Zweck der Selbstversorgung, sondern zur Intensivnutzung oder für den Handel bestellt wird. Die Tätigkeit der italischen Kaufleute in den Provinzen ist ein weiterer Grund für diesen plötzlichen Reichtum. Ihre Namen erscheinen in zahlreichen Inschriften, insbesondere im östlichen Teil des Mittelmeers und auf der Insel Delos, die damals der Haupthafen der römischen Welt ist. Es ist bezeichnend, daß dieselben Namen oft wieder unter den Magistraten der Herkunftsstädte auftauchen. Sie haben (manchmal auf eigene Kosten) die großen öffentlichen Bauten errichtet, deren Überreste oder Widmungsinschriften wir kennen. Die Zusammenballung wirtschaftlicher und politischer Macht in den Händen weniger Familien, wie man das in der Hauptstadt feststellt, gibt es auch in anderen Städten Italiens, wo die breite Führungsschicht der vorausgehenden Jahrhunderte durch eine zahlenmäßig beschränkte Aristokratie ersetzt wird. Sie ist durch den Besitz großer Teile des Bodens und durch Handel innerhalb des Römischen Reiches wohlhabend geworden. Dieselbe Aristokratie fordert zu Beginn des 1. Jh.s v. Chr. das römische Bürgerrecht und seine politischen und wirtschaftlichen Vorteile; als Rom sich weigert, kommt es zu jenem »Bundesgenossenkrieg« (nämlich Krieg zwischen Römern und Verbündeten), der mit der Gewährung des Bürgerrechts an alle Italiker endet.
Die vielen Städte Latiums und Kampaniens, deren bauliche Überreste wir kennen, weisen alle gleiche Merkmale auf, die das bestätigen, was vorher gesagt wurde. Die bekannteste und am besten erhaltene Stadt ist Pompeji. Bekanntlich wurde Pompeji durch den Ausbruch des Vesuvs im Jahre

Rechte Seite: Gladiatorenkaserne in Pompeji. Es handelt sich hier um einen Säulengang aus samnitischer Zeit (Ende des 2. Jh.s v. Chr.) hinter der Bühne des Großen Theaters in Pompeji. Vor dem Untergang der Stadt wurden die Räume des Säulenganges als Gladiatorenkaserne verwandt. Die Entdeckung prachtvoller Gladiatorenwaffen beweist dies. Sie sind jetzt im Archäologischen Museum in Neapel aufbewahrt.

79 n. Chr. zur Zeit des Kaisers Titus zerstört und endgültig verschüttet. Die Wiederentdeckung der Stadt im Jahre 1748 und die nachfolgende Ausgrabung (bisher sind ungefähr 60% der Stadtfläche freigelegt worden) zeigen in Einzelheiten eine mittelgroße Stadt Kampaniens, die von ungefähr 10 000 Menschen bewohnt war und keine Umbauten nach der ersten Kaiserzeit erfahren hat.

Wir sehen, daß in der zweiten Hälfte des 2. Jh.s v. Chr. fast alle öffentlichen Gebäude errichtet oder umgebaut werden, die dann mit Restaurierungen bis zum Untergang der Stadt benutzt werden: das Forum, umgeben von einem zweistöckigen Säulengang, und die angrenzenden Gebäude; die Basilika, der Tempel des Jupiter, der Tempel des Apollo mit seinem von Kolonnaden gesäumten Platz; der Komplex des Foro Triangolare mit seinem Säulengang, die monumentalen Propyläen, das Theater mit dem Säulengang hinter der Bühne; schließlich die ersten öffentlichen Bäder, die Thermen von Stabiae, mitten in der Stadt. Die Bautätigkeit nimmt nach dem Bundesgenossenkrieg und dem Bürgerkrieg zwischen Marius und Sulla nicht ab, als die Stadt eine militärische Kolonie Sullas wird. Es entstehen in der Nähe des Forums der neue großartige Tempel der Venus, der eindeutig mit dem Diktator in Zusammenhang gebracht wird, der von sich sagte, daß er im Schutz dieser Göttin stehe, und die neuen Thermen (die sogenannten Thermen des Forums). Ferner entsteht ein kleines überdachtes Theater für die musikalischen Darbietungen nahe dem Amphitheater, einem der ältesten Beispiele dieser Art von Bauten für die »Spiele« der Gladiatoren.

Bedeutsam ist, daß die wichtigsten dieser Bauten, das Kleine Theater und das Amphitheater, auf nur zwei Mitglieder der neuen Führungsschicht der Kolonie, Marcus Porcius und Gaius Quinctius Valgus, zurückgehen. Sogar das aufwendigere von beiden, das Amphitheater, wurde auf Kosten der beiden Magistrate erbaut, wie die erhaltenen Inschriften bestätigen. Mit anderen Worten: Die alte lokale Führungsschicht wurde durch eine beschränkte Zahl von Familien ersetzt, die einen bedeutenden Anteil am Boden besitzen mußte. Zum Glück ist uns einer der beiden Männer, Quinctius Valgus, auf andere Weise bekannt. Von ihm spricht Cicero in einer Rede des Jahres 63, um daran zu erinnern, daß es sich um eine Person handelte, die mit den Proskriptionen des Sulla reich geworden war und die allein große Teile des Gebietes der Hirpiner und von Cassino besaß. Die Auffindung anderer Inschriften in diesen Orten bestätigt die Behauptung Ciceros.

Aber die Zunahme der Bautätigkeit in der späten republikanischen Zeit beschränkt sich nicht nur auf die öffentlichen Gebäude: ebenso intensiv ist die Tätigkeit im privaten Bereich. Der Unterschied zwischen der vorausgehenden Zeit, dem mittleren republikanischen Zeitalter (4.–3. Jh. v. Chr.), und der jetzt beschriebenen, ist auch an der veränderten Technik und den anderen Materialien erkennbar: Man geht von der Verwendung des weißen Kalksteins (genauer gesagt handelt es sich um eine Art Travertin) zur Verwendung des Tuffsteins aus Nocera und von dem Mauerwerk aus behauenen Steinen zum zementierten Bauwerk mit kleinen Steinsplittern, die mit Mörtel gebunden werden, über. Dieses Phänomen, das wir gleichzeitig auch in Rom feststellen, erklärt sich durch die Notwendigkeit, schneller und wirtschaftlicher zu bauen und vor allem mehr, aber weniger spezialisierte Arbeitskräfte einzusetzen: Mit anderen Worten durch Massen von Sklaven. Die große soziale und wirtschaftliche Veränderung, die nach dem zweiten Punischen Krieg eintritt, wird auch aus diesen technischen Veränderungen ersichtlich. Aber die Wandlung wird in dem neuen Aussehen, das die Häuser annehmen, noch deutlicher. In der vorausgehenden »Zeit des Kalksteins« gehören sie dem ältesten italischen Typ an, der durch eine Vorhalle, um die herum sich die Zimmer anordnen (die schönsten Beispiele, die erhalten sind, sind das Haus des Chirurgen und das Haus des Sallust im südwestlichen Teil der Stadt), und durch eher bescheidene Ausmaße gekennzeichnet ist. In der »Tuffsteinperiode« entsteht ein neuer Gebäudetyp, bei dem an den um das Atrium gruppierten Kern ein neuer Teil angebaut wird, dessen Mittelpunkt ein mit Säulengängen versehener großer Hof, das Peristyl griechischen Ursprungs, bildet. Vor allem zeigen sich nun große Unterschiede in den Ausmaßen und in der Ausstattung: Neben einer Vielzahl von kleinen und kleinsten Häusern (deren Größe von maximal 350 qm bis nur 16 qm geht), die aus wenigen Elementen bestehen, die zufällig in die von den größeren Häusern freigelassenen Räume eingefügt sind, sehen wir großartige Wohnkomplexe, ausgestattet mit außergewöhnlichem Luxus und bebauten Flächen von 450 bis 2950 qm. Das bedeutendste Beispiel ist das Haus des Faun, das allein eine Gesamtfläche von 2950 qm einnimmt: Es handelt sich um ein Gebäude mit zwei Atrien und zwei Peristylen, deren Ausmaße nur wenig kleiner sind als die der Königspaläste griechischer Herrscher. Noch eindrucksvoller als die Ausmaße sind vielleicht der Reichtum und die Qualität der Ausstattung: dorische und korinthische Säulen, prachtvolle Fußbodenmosaike (unter ihnen das Meisterwerk mit der Alexanderschlacht, das heute im Nationalmuseum in Neapel aufbewahrt wird), die mit bemaltem Stuck verzierten Wände (im sogenannten ersten Stil), die Mauern in quadratischen Blöcken imitieren. Insgesamt handelt es sich um einen echten Palast im Dienst der lokalen herrschenden Klasse, bei dem der Einfluß der hellenistischen Kunst eindeutig ist. Dieses und andere Gebäude derselben Zeit (wie z. B. das des Obellius Firmus) sind eine klare Bestätigung dessen, was weiter oben gesagt wurde: nämlich die Konzentrierung eines Großteils des Reichtums (was in der antiken Welt vor allem Landbesitz bedeutet) in den Händen einer zahlenmäßig beschränkten Oligarchie, die auch die politische Macht innehat. Der Unterschied zwischen dieser Klasse und dem Rest der Bevölkerung wird mit besonderer Deutlichkeit im Aussehen der Behausungen sichtbar, die, was Größe und Ausstattung anbetrifft, in der vorausgehenden Zeit untereinander recht ähnlich sind, die aber, im Lauf des 2. Jh.s v. Chr., immer mehr voneinander abweichen. Das setzt sich nach der Schaffung der Kolonie des Sulla fort, um seinen Höhepunkt in augusteischer Zeit zu erreichen. Für diese letzte Phase können wir den deutlichsten Beweis dafür weniger in Pompeji als vielmehr in der anderen vom Ausbruch des Vesuvs zerstörten Stadt, Herculaneum, finden. Das gesamte Gebiet, das in Richtung Meer, am Rande der Ortschaft und längs der antiken Stadtmauern gelegen war, wurde in augusteischer Zeit völlig umgebaut: Auf diese Weise entstanden prachtvolle Gebäude, fast städ-

Rechte Seite: Perspektivische Ansicht des Heiligtums der Fortuna Primigenia in Praeneste. Dieser Bau aus den letzten Jahren des 2. Jh.s v. Chr. ist das großartigste Beispiel italisch-griechischer Architektur im Latium. Die übereinanderliegenden Terrassen nehmen einen großen Teil des Hügels zwischen der Stadt und der Akropolis ein.

tische Villen, die sich mit weiten Terrassen und herrlichem Ausblick zum Meer hin öffneten und eine Fläche von drei, vier und auch mehr der vorherigen Häuser einnahmen. Es sind dies die Häuser des Telephos-Reliefs, der Hirsche, des Mosaik-Atriums. Ihr bloßer Anblick genügt, um uns die tiefe wirtschaftliche und soziale Veränderung zu zeigen, die – zwei Jahrhunderte vorher begonnen – nun ihre Vollendung mit dem demographischen Niedergang der italischen Städte und der Konzentration des Eigentums, des Reichtums und der Macht in den Händen einer kleinen privilegierten Aristokratie findet.

2. Praeneste (Palestrina)

Die Stadt liegt 37 Kilometer östlich von Rom, an der Via Praenestina, an den Hängen des Monte Ginestro, dem äußersten südlichen Ausläufer der Praenestiner Berge. Sie beherrscht den Engpaß zwischen diesen und den Albaner Bergen und damit die natürliche Straße, die von den Tälern des Sacco und des Liri gebildet wird, eine der Hauptverkehrsverbindungen zwischen Latium und Kampanien. In historischer Zeit hatte diese Straße den Namen Via Latina.

Die strategische Lage der Stadt war sicherlich einer der Gründe für ihre Bedeutung, die sich schon zu Beginn des 7. Jh.s v. Chr. mit den sehr reichen orientalisierenden Gräbern (Bernardini, Barberini, Castellani usw.) zeigt. Die Bevölkerung wohnte im Hauptkern und in neun kleineren Dörfern (*pagi*). Sie dürfte 15 000 Einwohner auf einem Gebiet von ungefähr 400 qkm niemals überschritten haben, das von allen Seiten durch starke Nachbarn wie Tibur (Tivoli), Signia, Tusculum und vor allem Rom eingeengt wurde. Nach den ältesten Phasen erreichte Praeneste im Laufe des 4. Jh.s v. Chr. erneut einen beachtlichen Stand an Reichtum und Macht. Die Stadt tritt öfter in den Kampf gegen Rom, bis sie dann nach 338 v. Chr. mit der Auflösung des Latinischen Bundes ihre politische Unabhängigkeit verliert und endgültig in den Bannkreis Roms gerät. Die Bedeutung der Stadt in dieser Zeit wird durch die Archäologie bestätigt: Der Reichtum der Nekropole ist durch die Ausgrabungen im vergangenen Jahrhundert enthüllt worden (leider nicht nach wissenschaftlichen Kriterien durchgeführt und schlecht dokumentiert). Es ist trotzdem das hohe Niveau des handwerklichen Könnens in Praeneste in dieser Zeit zu erkennen, die durch die reiche Produktion von Bronzearbeiten (Cisten und gravierte Spiegel), Elfenbeinarbeiten, Terrakotten usw. gekennzeichnet ist. Diese Produktion hört zwischen dem Ende des 3. und dem Beginn des 2. Jh.s v. Chr. abrupt auf, als die römische Kultur in ganz Italien ihre Vorherrschaft antritt.

Die Stadt behielt jedoch auch in den folgenden Jahrzehnten aufgrund der Vorteile, die ihr ihre Eigenschaft als Verbündete Roms verlieh, eine gewisse Bedeutung. So hatte sie umfassenden Anteil an den Handelsbeziehungen und an der Nutzung der von Rom eroberten Länder. Das wichtigste Bauwerk dieser Phase ist der Tempel der Fortuna. Er gliedert sich in fünf Ebenen, die sich an die Hänge des Monte Ginestro anlehnen, und überragt die antike Stadt (wie auch die mittelalterliche und moderne Stadt). Eine doppelte symmetrische Rampe bot Zugang zu einer Terrasse, wo sich ein erster Kultmittelpunkt mit einem Altar und einer Statue bildete. Er stellte Fortuna beim Stillen von Jupiter und Juno dar. Daneben war ein Orakel, das aus einem heiligen Brunnen bestand, wo die *sortes* aufbewahrt waren. Sie wurden von einem Kind gezogen, wie Cicero in einer genauen Beschreibung des Heiligtums berichtet. Von hier gelangte man über ein achsenförmiges Treppchen zu einer größeren von Säulengängen gesäumten Terrasse (»Platz des Vorhangs«), die am unteren Ende von einem Theater abgeschlossen wurde. Dieses wurde von dem eigentlichen Tempel, der kreisförmig war, überragt, der die andere Kultstatue enthielt. Die Datierung dieses Komplexes wie auch des monumentalen Forums und der angrenzenden Gebäude (fälschlicherweise »unteres Heiligtum« genannt) war lange umstritten, aber nunmehr steht mit Sicherheit fest, daß sie in die letzten Jahrzehnte des 2. Jh.s v. Chr. fällt.

Das Heiligtum in Praeneste bildet zusammen mit dem des siegreichen Herkules in Tivoli, das etwas später erbaut wird, das großartigste Beispiel der italisch-hellenistischen Architektur, die eindeutig durch Vorbilder der östlichen Ägäis (Rhodos, Cos) beeinflußt ist. Seine Lage als Abschluß und Krönung der gesamten städtebaulichen Neustrukturierung der Stadt, die wahrscheinlich gerade auf den Tempel zentriert war, unterstreicht die große Bedeutung, die sich mit diesem Kult verband. Diese städtebaulich einheitliche Erscheinung hat wenig mit der italischen Überlegenheit zu tun. Es wurden eher späthellenistische architektonische Vorstellungen an die Bedürfnisse der neuen italischen *élites* angepaßt. Sie erhielten wenig später die rechtliche Gleichstellung mit der römischen Aristokratie. Die entscheidende Neuheit gegenüber den hellenistischen Vorbildern besteht in der Verwendung des Zements als Baustoff, und zwar in großem Stil. Er ist jedoch mehr ein einfaches wirtschaftliches Hilfsmittel als eine potentiell selbständige Technik. Die Gewölbe werden in der Praxis mit steinernen Epistylen verhüllt, die eine traditionelle Architektur vortäuschen. Die neue Technik ist nicht nur ein wirtschaftliches Mittel, sondern sie ist auch leichter für Arbeiter anzuwenden, die keine Fachleute in der schwierigen Arbeit des Abvierens und der Ausführung gleichartigen Mauerwerks sind. Sie ermöglicht den Einsatz vieler Arbeiter auf der Baustelle und erlaubt die Verwirklichung großangelegter Bauwerke mit geringem Zeitaufwand und großer Ersparnis. Die hellenistischen Architekten des Heiligtums wußten in genialer Weise ihre traditionellen Vorbilder an die lokalen Techniken anzupassen. Sie verwirklichten die erste Gewölbearchitektur, die mit der der Kaiserzeit die Grundlage für die europäische Architektur bilden sollte.

Die Dimensionen dieser Bauten erklären sich damit, daß sich die Praenestiner an den wirtschaftlichen Unternehmungen großen Stils der Römer und Italiker im Laufe des 2. Jh.s v. Chr. vor allem im östlichen Mittelmeerraum beteiligten. Nicht zufällig wurden Inschriften mit typisch praenestinischen Namen auf der Insel Delos entdeckt. Sie war in diesen Jahren der wichtigste Hafen besonders für den Handel mit Sklaven, die hier zu Tausenden für die großen Landsitze der reichen Römer und Italiker gekauft wurden.

Eine schwere Niederlage erlitt die Stadt während des Bürgerkriegs zwischen Marius und Sulla, als sie für Marius Partei ergriff und von Sullas Heer belagert wurde. Die Belagerung endete mit der Kapitulation und dem Massaker eines Großteils

der Bevölkerung, die kurz darauf durch eine Kolonie von Veteranen aus Sullas Heer ersetzt wurde. Aber schon im Jahre 63 v. Chr. mußten diese ihre Parzellen verlassen oder verkauft haben, sie gehörten nunmehr wenigen Großgrundbesitzern, wie Cicero berichtet. Die Stadt hatte nun ihre antike Bedeutung verloren. Wie viele andere berühmte Städte Latiums, wie Tivoli und Tusculum, wurde sie zum Sommersitz für die römische Aristokratie und später auch für die Kaiser. Hier besaß Augustus ein Landhaus, in dem auch Tiberius wohnte, der dort von einer schweren Krankheit genas. Dieses Landhaus wurde vielleicht von Hadrian umgebaut. Das Hauptgebäude dieser Phase ist noch in der Nähe des modernen Friedhofs der Stadt erhalten.

3. Verona

Über die Ursprünge dieser Stadt, der Heimatstadt Catulls, die aufgrund der Schönheit und Erhaltung ihrer antiken Häuser bekannt ist, wissen wir nur sehr wenig. Ihre Bedeutung verdankt sie zunächst der geographischen Lage als Berührungspunkt zwischen Venetiern, Raetern und gallischen Cenomanen. Die frührömische Siedlung muß auf dem Hügel S. Pietro am linken Ufer der Etsch gelegen haben, eine stark befestigte natürliche Akropolis. Die römische Stadt dagegen entstand auf der rechten Seite des Ufers in der Nähe des Punktes, wo die Via Postumia – die wichtigste Querverbindungsachse der Poebene, die 148 v. Chr. eröffnet wurde – den Fluß über eine Brücke, die heutige Ponte Pietra, überquerte.

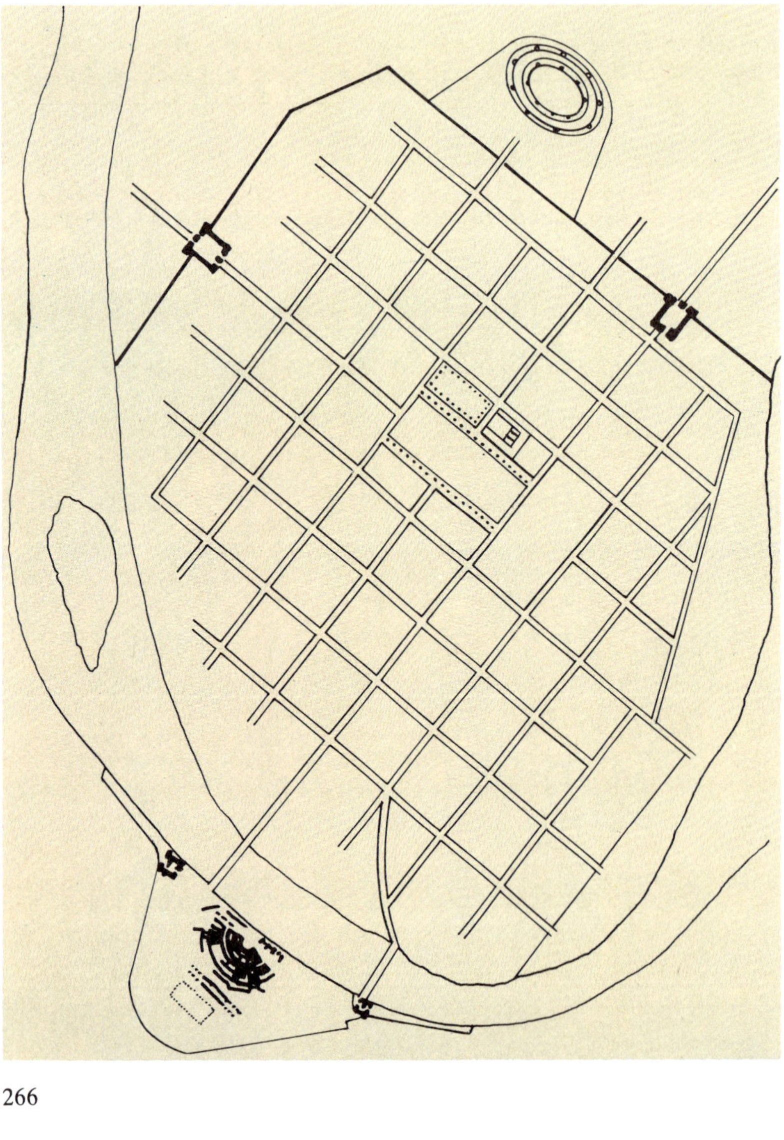

Plan des römischen Verona. Die Stadt ist schachbrettartig nach einem regelmäßigen Plan in einer Biegung der Etsch kurz nach 49 v. Chr. erbaut worden. Die Straßen der mittelalterlichen und modernen Stadt entsprechen genau den antiken Anordnungen.

Die erste römische Ansiedlung erfolgte wahrscheinlich im Jahr 89 v. Chr. Aber erst im Jahr 49 v. Chr. entstand die Stadt in ihrer endgültigen Form nach einem charakteristischen städtebaulichen Plan, der bis in unsere Tage erhalten ist. Die ursprüngliche Kolonie, von der wir nichts wissen, wurde damals durch ein Municipium ersetzt. Es ging auf Cäsars Gewährung des römischen Bürgerrechts an das Gebiet der Poebene zurück. Ein klares Zeugnis dafür haben wir durch eine Inschrift an der Porta dei Leoni, in der die Magistrate des Municipiums, die *quattuorni*, die noch unmittelbar nach 49 v. Chr. im Amt waren, an die von ihnen ausgeführten Arbeiten erinnern: den Bau der Stadtmauern, der Tore, der Kloaken. So entstand die städtische Anlage in ihren wesentlichen Elementen. In diesen Jahren nimmt die Stadt ihre charakteristische Form an mit dem regelmäßigen Netz aus getrennten Quadraten und einer Seitenlänge von 77 m, das schräg zwischen der Schleife der Etsch angelegt ist. Die Erhaltung des antiken Planes in der modernen Stadt stellt eines der beachtlichsten Beispiele städtebaulicher Kontinuität dar, die man auch an der Lage des Forums – heute Piazza Erbe – feststellen kann. Die beiden antiken Tore, Porta Borsari und Porta dei Leoni, öffnen sich noch heute auf die Verkehrsachsen, die vom Corso Porta Borsari – Corso S. Anastasia (entsprechend dem *decumanus*) und Via S. Egidio – Via Cappello – Via dei Leoni (entsprechend der Hauptachse *cardo*) gebildet werden. Diese Tore in ihrem heutigen Aussehen sind eine Neufassung aus der julisch-claudischen Zeit. In dieser bedeutenden städtebaulichen Phase wurde wahrscheinlich auch das Amphitheater erbaut.

Die schachbrettförmige Anlage ist ein typisches Beispiel für den spätrepublikanischen Städtebau, den man in zahlreichen anderen Städten der Poebene, insbesondere in Brescia und Como, antrifft. Sie bedeckt eine Fläche von ungefähr 48 ha, keine sehr große Ausdehnung (Pompeji mißt 63,5 ha), war aber dennoch ausreichend für die Entwicklung der Stadt für das erste Jahrhundert ihres Bestehens. Die Überreste von Gebäuden außerhalb der Stadtmauern scheinen der späteren Kaiserzeit anzugehören. Im übrigen erfuhren die ursprünglichen Stadtmauern, die aus großen Flußkieselsteinen mit Schichten aus Ziegelsteinen gebaut waren (eine typische Technik der Poebene), bis ins 3. Jh. n. Chr. keine Veränderungen. Gallienus erweiterte sie, um das Amphitheater einzubeziehen, dessen Ausmaße und dessen Nähe zu den Stadtmauern eine eindeutige Gefahr für die Verteidiger gewesen wären.

Die noch erhaltenen Bauwerke machen es möglich, zwei Phasen in der Geschichte der öffentlichen Bauten der Stadt zu unterscheiden: die erste, die mit der städtebaulichen Strukturierung unmittelbar nach 49 v. Chr. beginnt, dauert bis zum Zeitalter des Augustus. Das bedeutendste Bauwerk ist das Theater, das sich in dem Raum zwischen den beiden Brücken über die Etsch an den Hügel von S. Pietro anlehnt. Es bildet auf diese Weise einen bühnenartigen Hintergrund für die Stadt mit einer typisch spätrepublikanischen Lösung hellenistischer Herkunft (ähnlich derjenigen

Oben: *Das römische Theater in Verona. Es ist aus augusteischer Zeit und liegt am linken Ufer der Etsch. Von der Stadt aus bildet es einen monumentalen Hintergrund, an den Hügel S. Pietro gelehnt.*

Unten: Die Ponte Pietra, die wahrscheinlich noch aus republikanischer Zeit stammt. Nach der Zerstörung im letzten Krieg wurde sie wiederaufgebaut.

der großen Heiligtümer Latiums wie Praeneste, Tivoli usw. und in Rom das Tabularium, das eine ähnliche Funktion beim Forum einnimmt). Vielleicht war sein Bau schon in den Anfängen geplant, auch wenn die Verwirklichung einige Jahrzehnte bis zum Beginn der Zeit des Augustus in Anspruch nehmen sollte (wie man vor allem aus dem Stil der architektonischen Elemente ableiten kann). Derselben Phase werden die beiden Tore zugeordnet, die später – nach dem Umbau, den wir der zweiten Phase zuordnen – ein noch monumentaleres Aussehen annehmen. Diese Phase kann aus verschiedenen Gründen in die julisch-claudische Zeit, wahrscheinlich ab Augustus und Tiberius, datiert werden und ist daher von der ersten Phase nur durch wenige Jahre getrennt. Neben dem Umbau der Tore stammen aus dieser Bauphase der Bogen der Gavier, ein Werk des Architekten L. Vitruvius Cerdo, die Thermen und vor allem das wichtigste Bauwerk der Stadt, das Amphitheater.

Es entstand außerhalb der Stadtmauer, ungefähr 80 m von ihr entfernt, an der Südecke der Stadt. Sein Bau dürfte also in der ursprünglichen Anlage nicht vorgesehen gewesen sein. Andererseits schien es unmöglich, das Amphitheater in die Stadtmauer einzufügen, wo nicht mehr genügend Platz vorhanden war (auch das ist ein Beweis für die rasche Expansion der Siedlung). Jedenfalls war das Bauwerk eng mit der städtebaulichen Anlage verbunden, auch um mit der städtischen Kanalisation verbunden zu sein. Es ist eines der größten und am besten erhaltenen Bauwerke der römischen Welt: von den Durchmessern der Ellipse mißt der größere 152,43 m und der kleinere 123,24 m, während die Höhe 30,75 m erreicht. Es handelt sich also um das drittgrößte italienische Amphitheater nach dem Kolosseum und dem Amphitheater Kampaniens in Capua. Die Zahl der Zuschauer konnte 28 000–30 000 erreichen, was uns schon eine Vorstellung von der Größe der Stadt gibt (auch wenn zu den Aufführungen auch die Landbewohner und die Einwohner der Nachbarstädte herbeiströmten). Die Entstehung des Bauwerks, das in einer Mischung aus Kiesel- und Ziegelsteinen ähnlich wie die Stadtmauer errichtet worden ist, muß in julisch-claudische Zeit datiert werden, wahrscheinlich unter Tiberius oder wenig später. Dieselben Bauleute sollten auch das Amphitheater in Pula errichten.

Insgesamt gesehen spiegelt die Baugeschichte Veronas klar die Lage des Gebietes der Poebene zwischen dem Ende der Republik und dem Beginn des Imperiums wider. Als die Halbinsel eine heftige Krise erlebte, da erwarb dieses Gebiet eine zentrale Bedeutung in der Wirtschaft Italiens. Der Bau einer Reihe stattlicher Bauwerke ist nicht das einzige Zeichen dafür: ebenso interessant ist die Entdeckung einer Reihe von reichen privaten Wohnsitzen, die mit Malereien und Mosaiken geschmückt sind, und von ebenso bemerkenswerten Grabmonumenten. Das Jahrhundert zwischen der Gründung des Municipiums und dem Ende der julisch-claudischen Dynastie scheint also die glücklichste Zeit der Stadt gewesen zu sein, als der Reichtum des Bodens (Landwirtschaft und insbesondere Viehzucht) und wahrscheinlich auch eine beachtliche Manufakturtätigkeit (Stoffe) aus Verona eine der blühendsten Städte der Poebene machen sollten. Nicht zufällig wurde sie gerade in diesen Jahren fast zum Mittelpunkt der literarischen Kultur, wie die großen Namen Catull, Vergil, Livius, Plinius der Ältere und Plinius der Jüngere bestätigen.

Der Niedergang des Kaiserreichs und die römisch-barbarischen Zeugnisse

Mit dem Ende der Dynastie der Severer und bis zur Tetrarchie (235–293) beginnt die kritischste und quälendste Zeit des Kaiserreichs. Der politischen Anarchie steht eine sehr schwere wirtschaftliche und soziale Krise gegenüber, die die Ordnung der römischen Welt bis in die Grundfeste erschüttert. Die Kaiser wechseln in rascher Folge, während der wahre Träger der Macht nunmehr offen das Heer ist.

Rechts: Bühnenwand des römischen Theaters aus augusteischer Zeit in Aosta.

Rechts: Junger Gefangener aus der zweiten Hälfte des 1. Jh.s v. Chr. (Brescia, Römisches Museum)

Unten: Münzen von Konstantin II.

Eine der sichtbarsten Folgen davon ist die Tendenz, das Gefüge von Politik und Verwaltung zu verschieben: Ganze Provinzen versuchen (manchmal mit Erfolg), die Unabhängigkeit wiederzugewinnen – wie es Gallien und Palmyra gelingt. Einzelne Privatleute und ganze Gemeinschaften versuchen, der unerträglichen Steuerlast zu entfliehen. Die Regierung vergrößert sie wegen der immer drängenderen Lasten, insbesondere der der Verteidigung an den Grenzen. Die Inflation galoppiert. Der inneren Schwäche des Kaiserreichs entspricht ein immer stärkerer Druck der Völker außerhalb des Reiches, insbesondere derjenigen germanischen Ursprungs im Nordosten und der iranischen im Osten. Auch auf ideologischer Ebene spiegelt sich diese Situation in einer tiefgreifenden Umwandlung wider: Es beginnt nun die endgültige Auflösung der klassischen Kultur sowohl in ihrer darstellenden Kunst als auch in der Philosophie und Literatur. Die Empfindung für die bevorstehende Krise wird in den Werken zahlreicher zeitgenössischer Schriftsteller sichtbar und kommt mit tragischem Pessimismus in dem Brief des heiligen Cyprianus an Demetrios zum Ausdruck: »Der Winter gibt nicht genügend Regen, um die Samen im Boden aufgehen zu lassen; der Sommer gibt nicht so heiße Sonnenstrahlen, daß die Ähren reifen könnten; das Frühjahr gibt nicht genügend Fruchtbarkeit; die Gruben in den Bergen, müde und erschöpft, geben weniger Silber und Gold; die Wasserquellen scheinen jeden Tag auszutrocknen. Es schwindet die Landwirtschaft auf den Feldern, die Fischerei auf dem Meer, das Heer in den Lagern, die Gerechtigkeit im Gerichtshof, die Treue in den Freundschaften, das Können in den Künsten, die Zucht in den Sitten.«
Eine deutliche Folge dieser Schwierigkeiten ist in Rom festzustellen, wo die öffentliche Bautätigkeit radikal abnimmt. Nur noch sehr wenige bedeutende Unternehmungen werden nach Caracalla begonnen. Die wichtigste von ihnen, die große Aurelianische Mauer, zwischen 271 und 275 erbaut und fast 19 km lang, ist ebenfalls ein Zeichen der Krise, eine Demonstration der Unsicherheit, die nunmehr selbst das Herz des Kaiserreichs bedroht. Ein weiterer Beweis für diese Krise im Bauwesen ist die Tatsache, daß in den Jahren zwischen den letzten Severern und Diokletian die Herstellung von Ziegelsteinen radikal abnimmt. Die Ziegelsteine werden nicht mehr mit der Herstellungsmarke versehen, die Materialien werden erneut verwendet (das deutlichste Beispiel ist auch hier überall die Aurelianische Mauer). Dieses Bild wird durch unsere Erkenntnisse bestätigt, die wir über Ostia erlangten: Die Ausgrabung, die sich über einen großen Teil der Ortschaft erstreckt, gibt stichhaltige statistische Angaben über die private Architektur, die wir aus Rom kaum kennen. In Ostia besteht die größte Bautätigkeit in der Zeit Hadrians (Bauten auf einer Fläche von 137 000 qm), was die Angaben für Rom bestätigt. Das Nachlassen, das man schon in der Zeit zwischen Antoninus Pius und Commodus (55 000 qm) feststellt, verstärkt sich seit den Severern: Für das ganze 3. Jh. beschränkt sich die Bautätigkeit auf nur 37 400 qm, und außerdem handelt es sich fast nur um Umbauten und Restaurierungen älterer Gebäude. In den figurativen Künsten zerbricht mit dem Ende des 2. und dem Beginn des 3. Jh.s das organische Gleichgewicht der Form, das in seiner

Der Hadrianswall in England. Diese große Befestigungsanlage schützte den römischen Teil der Provinz vor den Angriffen der Völker aus dem Norden.

ganzen langen Geschichte das grundlegende Element der klassischen Kunst gewesen war. Man konnte von »expressionistischen« Tendenzen sprechen, die den oft sehr dramatischen Inhalten auf Kosten der Einheit und Geschlossenheit der künstlerischen Form den Vorzug gaben. Einen deutlichen Ausdruck dieser Tendenz finden wir bereits in der Säule des Mark Aurel, die von seinem Sohn Commodus errichtet wird. Besonders deutlich ist er in den Porträts und in den Sarkophagen des 3. Jh.s. Parallel dazu entsteht in einigen *Ateliers* eine »volkstümelnde« Tendenz, die wie eine gleichlaufende Strömung der Entwicklung der römischen Kunst folgte. Sie wird nun zur offiziellen Kunst, z. B. in den Reliefs des Konstantinsbogens, die gewissen Darstellungen der römischen Kunst näher sind als der klassischen Kunst.
Ein nur teilweise geglückter Versuch, die Auflösung der Ordnung des Kaiserreichs aufzuhalten, wird am Ende des 3. Jh.s unternommen. Diokletian, ein General aus Illyrien, ergriff die Macht und versuchte, den Staat neu zu ordnen. Seine Lösung bestand darin, das ungeheuer große Reich in vier Teile aufzuteilen, die ebensovielen Imperatoren anvertraut wurden. Diese *Tetrarchie* hatte den doppelten Vorteil, durch Teilung die Machtausübung zu erleichtern. Gleichzeitig wurde ein direkter Kontakt zwischen den Machthabern, den verschiedenen lokalen Besonderheiten und den Problemen der Verteidigung der immer mehr bedrohten Grenzen hergestellt. Schließlich versuchte er, das sehr schwierige Problem der Nachfolge zu lösen. Auch wenn, besonders bei dem letzten Problem, das System niemals funktionierte, kamen in den folgenden Jahren die Auflösungstendenzen dennoch zum Stillstand. Aber das Aussehen des Reiches war vollständig verändert: Die Provinzen waren nicht nur halbiert worden und hatten sich zahlenmäßig verdoppelt (von 46 auf 89), sondern sie waren auch in Diözesen aufgeteilt worden, die ihrerseits in Präfekturen des Prätors zusammengefaßt wurden; daher das für die römische Verwaltung neue Prinzip einer streng bürokratischen Hierarchie. Völlig neu war auch der Grundsatz der Trennung von ziviler und militärischer Macht. Schließlich versuchte man, der Inflation und Spekulation entgegenzuwirken, indem man ein »Preisedikt« erließ, das von Amts wegen mit übergroßer Kleinlichkeit jeden Preis und Lohn festsetzte. Mit anderen Worten, die Abhilfe bestand in der Schaffung einer bis aufs äußerste zentrierten und vollkommen starren pyramidenförmigen Struktur. Ihr entsprachen gleichwertige ideologische Formen, die nun klar auf eine echte Herleitung der Macht vom Göttlichen und auf die Vergöttlichung des lebenden Kaisers abzielten. Wir finden hier im Keim bereits alle typischen Aspekte des byzantinischen Staates.
Eine andere Folge der Aufteilung des Reiches war die Gründung von vier neuen Hauptstädten: Trier, Mailand, Sirmium und Nikomedia und der daraus folgende Niedergang des Reiches, das nunmehr fast jede politische Bedeutung verliert. Dieser Vorgang wird dann mit der Gründung Konstantinopels abgeschlossen. Trotzdem erlebte Rom, das die bevölkerungsreichste Stadt des Imperiums war und seine kulturelle Bedeutung behielt, eine letzte Phase intensiver Bautätigkeit. Mit Diokletian wird die Herstellung von Ziegelsteinen wiederaufgenommen. Der Herstellungsstempel erscheint wieder, wahrscheinlich in Verbindung mit dem Bau der Thermen des Diokletian, den größten, die bis dahin gebaut worden waren. Diese Tätigkeit wird auch unter Maxentius fortgesetzt, dessen kurze Regierungszeit von dem Versuch gekennzeichnet war, die Stadt, die er zu seiner Hauptstadt erwählt hatte, neu zu beleben (wir verdanken diesem Kaiser unter anderem den Bau der gleichnamigen Basilika und den Wiederaufbau des Venustempels, ebenso unter Konstantin bis zu Constantius II. Aber schon in diesen Jahren hört Rom mit der endgültigen Verlegung der Hauptstadt nach Konstantinopel auf, trotz der verzweifelten Versuche der letzten Gruppen nostalgischer Heiden, eine entscheidende politische Bedeutung zu behalten. Es wird zum wichtigen religiösen Mittelpunkt des Christentums. Von nun an wird die intensive Bautätigkeit das Werk des Papsttums und der kirchlichen Institutionen sein.
Die westlichen Grenzen des Reiches brechen zusammen, die Invasionen der Goten und der Langobarden sind erfolgreich, trotz einer versuchten Wiedereroberung durch den östlichen Kaiser. Damit kommt eine neue Wirklichkeit mit der klassischen Tradition in Berührung, die in Italien in gewisser Weise ihr Leben verlängert. Nach dem ersten zerstörerischen Patt bildeten sich neue, ursprünglich politische Strukturen heraus, die unter den Namen der römisch-barbarischen Königreiche bekannt sind. Vom kulturellen Gesichtspunkt aus – abgesehen vom politischen – erleben wir zunächst praktisch das Verschwinden der »großen Kunst«. Sie wird durch »kleinere« Formen ersetzt, die Merkmale der Nomadenvölker darstellen und vorwiegend in der Produktion von *orificeria*, getriebenen Metallen, Knochenschnitzereien usw. bestehen. Es entsteht eine intensive Beziehung zwischen den neuen Herren und den unterworfenen Völkern. Zur Verwaltung von neuen politischen, sozialen und wirtschaftlichen Situationen

mußten die barbarischen Völker beitragen. Daher rührt z. B. die Schaffung gemischter Gesetzbücher wie das von Rotari, wo die Formulierungen des römischen Rechts zum erstenmal den Normen des germanischen Rechts eine schriftliche Gestalt geben. Es handelt sich also um eine Art umgekehrter Kulturübertragung, bei der die Beherrschten letztlich die Beherrschenden mehr an sich anpassen als umgekehrt.

Auf dem Gebiet der Architektur und der bildenden Künste erleben wir eine umfassende Fusion von Elementen verschiedener Herkunft in einem Schmelztiegel. In ihm verbinden sich Teile der »Kunst der Steppen«, der spätantiken Kunst und der beginnenden byzantinischen Kunst zu einem entscheidend neuen Ergebnis, das der neuen Gesellschaft dient. Monumente wie das Mausoleum des Theoderich in Ravenna im Bereich der Architektur und die endlose Folge von Reliefs mit geometrischem oder Tiere darstellendem Dekor, die Geländer, Büchergestelle und Ambonen der Kirchen dieser Zeit verzieren, sind musterhafte Zeugnisse für diese Phase.

Rom außerhalb der Grenzen Italiens: provinzielle Archäologie

In der Rede vor dem Senat im Jahre 48 n. Chr., in der die Zulassung der Männer aus der Provinz Gallien zu den Magistraten gefordert wurde, rechtfertigt Kaiser Claudius seinen Antrag mit einem kurzen Exkurs über die Geschichte Roms seit ihren Anfängen. Er beabsichtigt damit, die sehr große Offenheit der Römer für die Aufnahme von Fremden in die Körperschaft des römischen Rechts und sogar der Zulassung zu den höchsten Machtpositionen zu demonstrieren. Diese bemerkenswerte Großzügigkeit ist ein absolut eigenständiges Merkmal des römischen Staates und ist einer der Hauptgründe für die große Expansions- und Assimilationsfähigkeit, die er in seiner ganzen Geschichte zeigt. Im Gegensatz zu dem, was auch in den demokratischsten griechischen *Poleis* geschah, erwarben z. B. in Rom die freigelassenen Sklaven (*liberti*) sofort das Bürgerrecht in seinem vollen Umfang (auch wenn in einigen Situationen versucht wurde, diese Vorschrift einzuschränken). Aus diesem Grund gelang es dem römischen Staat, die engen Grenzen der *Polis* zu überschreiten, die strukturell auf der Beschränkung des bürgerrechtlichen Anspruchs gegründet war. Nach und nach nahm er in sein Gefüge immer größere Gemeinschaften auf, bis im Jahr 212 n. Chr. Caracalla so weit ging, das römische Bürgerrecht allen freien Bewohnern des Reiches zu gewähren. Dieses Ergebnis wurde allerdings durch Imperialismus, durch gewaltsame Eroberung und manchmal radikale Ausbeutung der unterworfenen Gebiete erreicht. Aber auch diese Phase wurde überwunden, als das Regierungssystem der republikanischen Zeit durch die kaiserliche Verwaltung ersetzt wurde. Während der republikanischen Zeit lag die Macht in den Händen einer gewinnsüchtigen und pflichtvergessenen Aristokratie, die eng mit Finanzgruppen verbunden war und eine Politik der Ausbeutung in den Provinzen betrieb (man braucht dabei nur an die Regierung des Verres in Sizilien zu denken). Die neue kaiserliche Verwaltung war von Natur her vom politischen Zentrum besser kontrollierbar und auch nicht direkt an der Ausbeutung des Reiches interessiert.

Dies bildete sich nach den Siegen über Karthago heraus, die Rom einige der antiken Herrschaftsgebiete (Sizilien, Sardinien, Spanien) zurückgaben, die dann die ersten Provinzen wurden. Es folgte die Eroberung des hellenistischen Ostens, Afrikas und Galliens: Am Ende der republikanischen Zeit war also das Reich gebildet. Die »römische Revolution«, d. h. die Änderung des politischen Systems mit der Begründung des Prinzipats, war eine Folge des Drucks nach der Eroberung auf die alten politischen und verwaltungsmäßigen Strukturen, die zu seiner Bwältigung völlig ungeeignet waren. Die Einheit dieses ungeheuer großen Gebietes war jedoch nur politisch und verwaltungsmäßig und hätte auch nicht anders sein können: Zum Reich gehörten Gebiete ältester Kulturen wie Ägypten, Syrien, Griechenland, Anatolien und ganz allgemein der gesamte östliche Teil des Mittelmeerraumes; daneben auch Gebiete, die eine im wesentlichen frühgeschichtliche und präurbane Phase noch nicht verlassen hatten wie die westlichen Provinzen (wenn man begrenzte Küstengebiete ausschließt, die von den Puniern und Griechen kolonisiert worden waren). Diese bis an die Wurzeln reichende wirtschaftliche, soziale und kulturelle Verschiedenartigkeit machte die Assimilation und auf lange Sicht gesehen auch das Bestehen der politischen Einheit schwierig. Sie verhindert, die Provinzen des Reiches einheitlich zu betrachten, für deren Verständnis es unerläßlich ist, zumindest zwei große Blöcke zu unterscheiden: den östlichen und den westlichen Teil (wobei in diesem letzteren auch die Provinzen Westafrikas einbezogen werden). Diese Blöcke, die völlig verschiedene geschichtliche Entwicklungen bereits hinter sich hatten, trennten sich dann mit dem Sturz des Römischen Reiches und mit dem nachfolgenden historischen Ereignissen (Bildung des Byzantinischen Reiches und der karolingischen Reiche, Invasion der Araber). Diese einfachen Überlegungen sind nicht immer gebührend – z. B. bei der Erforschung der römischen Kultur – berücksichtigt worden.

Vom wirtschaftlichen Standpunkt aus gesehen enden zu Beginn des Imperiums auch die Privilegien, die die Erzeugnisse der Landwirtschaft und des italischen Handwerkertums in der Zeit der Republik genossen hatten. Es ist klar, daß in den letzten beiden Jahrhunderten der Republik die Interessen der großen Landbesitzer, d. h. der herrschenden römischen und italischen Klasse, mit denen der Kaufleute zusammenfielen, die in jener Zeit auf der Suche nach leichten Verdiensten in die Provinzen ausschwärmten. Der ihnen gehörende Boden, der größtenteils von Sklaven bestellt wurde, wurde nicht mehr und nicht so sehr für den Eigenverbrauch als vielmehr für den Verkauf und die Ausfuhr genutzt. Dieser Sachverhalt ergibt sich auch aus den zeitgenössischen Abhandlungen über die Landwirtschaft, sogar aus der ältesten, der des Cato Censorius. In ihr sind die bevorzugten Kulturen nicht mehr Weizen und Gerste, sondern Plantagen, besonders mit Oliven und Weinreben. Es war leicht, den Markt zur Einfuhr von italischem Öl und Wein zu zwingen, wenn man über die politische und militärische Macht verfügte, dieses zu tun. Eine Spur dessen kann man in dem Verbot erkennen, Weinreben anzupflanzen, was die Römer den Galliern gegen Ende des 2. Jh.s v. Chr. auferlegt haben sollen. Die Funde italischer Wein- und Ölkrüge überall im Mittelmeerraum und vor allem von Weinkrügen in Schiffen, die vor der pro-

Dieser Helm aus Oun Uawa in Syrien ist ein typisches Beispiel für die römische Provinzialkunst (Damaskus, Nationalmuseum).

Ruinen von Cuicul (heute Gemila in Algerien): Der Markt (macellum)*, der von L. Cosinius Primus gebaut wurde.*

vencalischen Küste versenkt wurden, bestätigen die Richtigkeit der Mitteilung. Ebenso ist nicht auszuschließen, daß die Zerstörung Korinths und Karthagos, die gleichzeitig im Jahr 146 v. Chr. erfolgte, oder die Schaffung des freien Hafens in Delos, die ein wenig älter ist und die Wirtschaft von Rhodos ruinierte, Fakten darstellen, die völlig frei von wirtschaftlichen Verflechtungen sind. Dieser Sachverhalt hörte mit dem Beginn des Reiches auf, als die italische Landwirtschaft, die schon in der Krise war, nicht mehr die Bedingungen eines Monopols genießen konnte. Wir sehen so nach und nach, wie das frühere Verhältnis sich umkehrt: Im 1. und 2. Jh. n. Chr. dringt z. B. das spanische Öl auf dem italischen Markt ein, das seinerseits wiederum im folgenden Jahrhundert teilweise vom afrikanischen Öl ersetzt wird. Italien wird von einem exportierenden zu einem fast ausschließlich importierenden Land von Lebensmitteln, die vor allem für die Versorgung der riesigen und schmarotzerhaft lebenden Hauptstadt bestimmt sind.

Ein ähnliches Phänomen stellt man auch für die Produkte des Handwerks fest. Eine Vorstellung davon können wir uns vor allem über die Kategorie des am meisten verbreiteten und am besten erforschten Materials, die Keramik, machen. Im 2. und 1. Jh. v. Chr. hatten sich in Italien einige große Hersteller schwarzbemalter Keramik, insbeson-

Oben: Einer der in Mainz im Verlauf von Bauarbeiten gefundenen Schiffskörper aus spätrömischer Zeit (Rheinland-Pfalz, Landesamt für Denkmalpflege, Mainz).

Unten: Römisches Lastschiff, das Weinfässer auf dem Fluß transportiert. Grabrelief aus Sandstein aus dem 3. Jh. n. Chr. aus Neumagen (Trier, Museum).

dere die Kampaniens und Etruriens, durchgesetzt, die ihre Erzeugnisse in großem Umfang in den Mittelmeerraum exportierten. Gegen Mitte des 1. Jh.s v. Chr. begann ein anderes Produkt sich durchzusetzen, die sogenannte *Terra sigillata*, eine Keramik aus rotem Überzug, deren Herstellung sich bald auf die Ortschaft Arezzo und auf Niederlassungen in anderen Zonen Italiens (wie z. B. Pisa und Pozzuoli) konzentrierte. Diese Erzeugnisse überfluteten große Teile des Mittelmeerraums und wurden sogar in weit entfernte Gebiete wie den Norden Europas und Indien exportiert. Mit Beginn des 1. Jh.s n. Chr. fanden sie eine entschiedene Konkurrenz in den Produkten des südlichen Galliens, die sie nach und nach vollständig vom Markt verdrängten. Seit dem Ende des 1. Jh.s n. Chr. und dann immer stärker behauptete sich praktisch in Monopolstellung die sogenannte *Sigillata chiava*, eine Keramik nordafrikanischer Herstellung. In denselben Jahren setzen sich die afrikanischen Provinzen als blühendste und auch kulturell lebendigste Teile des Reiches durch.
Die Kunst der römischen Provinzen wird in diesen wirtschaftlich-sozialen Rahmen wiedereingeführt, um miteinbezogen zu werden. Unter »provinzieller Kunst« versteht man im allgemeinen die Kunst der europäischen Gebiete des Reiches mit Ausnahme von Griechenland, Ägypten und den östlichen Gebieten des Mittelmeerraums, in denen sich seit Jahrhunderten eine verfeinerte Kultur entwikkelt hatte, die zu ihrer Zeit für das Entstehen und die Entwicklung der römischen Kunst bestimmend gewesen war. Wie bereits gesagt wurde, befanden sich die Völker vieler dieser europäischen Regionen zum Zeitpunkt der Eroberung durch die Römer in einem Entwicklungsstadium, das den letzten Phasen der Eisenzeit entsprach. Die Romanisierung mußte, um zu funktionieren, gleiche Bedingungen schaffen wie in Italien: Sie führte praktisch ein künstliche Verstädterung ein. Deshalb mußte die römische Politik das Einverständnis der lokalen Aristokratien suchen, die die Kultur rasch übernahmen. Dies war eine notwendige Voraussetzung, um ein Minimum der Strukturen einzuführen, die für das Funktionieren der kaiserlichen Verwaltung unerläßlich war. Natürlich erfaßte diese Verstädterung nur einen begrenzten Teil der Bevölkerung, nämlich die oberen Schichten, während die große Masse der Provinzbewohner ihr im Grund fremd blieb, auch vom kulturellen Standpunkt aus gesehen. Die provinzielle Kunst ist nichts anderes als der Ausdruck der künstlerischen Bedürfnisse dieser Elite.

Die Mainzer Schiffsfunde

Bei Erdaushebungen wurden Ende 1981 an einer Baustelle in Mainz Teile mehrerer Schiffe aus spätrömischer Zeit gefunden. Dendrochronologische Untersuchungen beim ersten der in 7 Meter Tiefe gefundenen Schiffe ergaben, daß es um 376 n. Chr. gebaut worden war. Sämtliche Funde sind Überreste von ca. 20 Meter langen Ruderschiffen und eines Reiseschiffes. Außerdem stieß man auf Einbaum- und Floßreste. In einer anderen Baustelle, ebenfalls in Mainz, fand man im April 1982 Reste von nahezu 300 Jahre älteren Schiffen in völlig anderer Bauweise. Obwohl mehrere Fachleute mit den Grabungsarbeiten befaßt sind, wird es Jahre dauern, bis der gesamte Jahrhundertfund von Mainz restlos ausgewertet ist.

Archäologische Zeugnisse des Christentums

Pasquale Testini *Roberto Giordani*

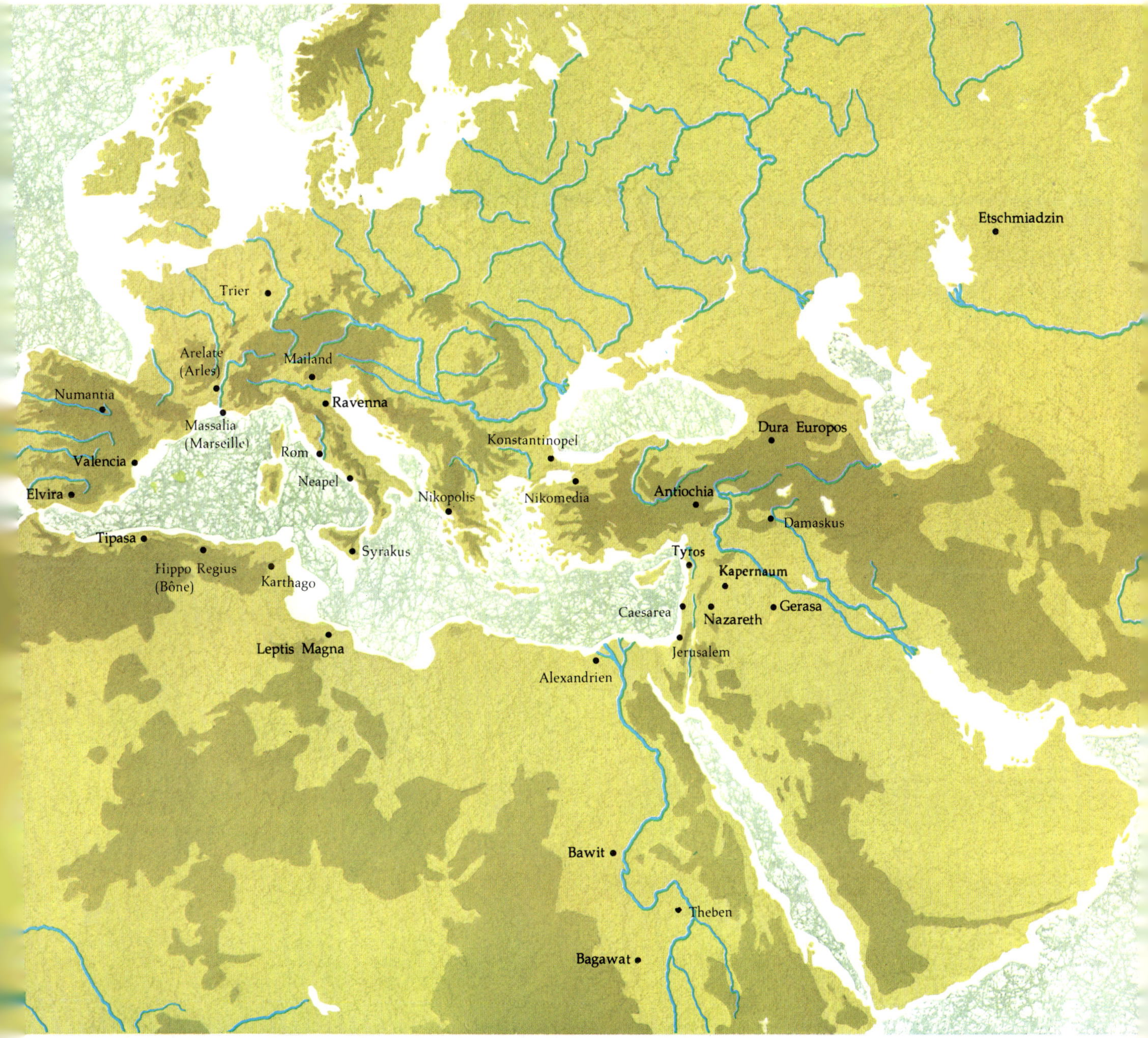

Im Unterschied zu den anderen Religionen, die im Römischen Imperium toleriert wurden, ging das Christentum in seiner Entstehung und Festigung andere Wege. Nicht nur, daß es durch »Irrlehren« schon früh zu ernsthaften Spannungen innerhalb der Gemeinden kam, auch das Verhältnis zur Gesellschaft, in der es wurzelte, war getrübt. Nachdem die Urchristen die anfängliche Beschränkung auf das »auserwählte Volk« fallengelassen hatten und die christliche Botschaft ohne Ansehen der Volkszugehörigkeit und des gesellschaftlichen Standes überall verbreiteten, gerieten sie in Gegensatz zu den politischen Institutionen. Die herausfordernde, bahnbrechende Kraft beruhte vor allem in der Weigerung, sich bestimmten politischen Forderungen des Staates zu beugen, wie dies die anderen Religionen taten. Dadurch setzte sich das Christentum bewußt außerhalb des sogenannten »Staatspantheismus«, in dem die höchste weltliche und geistliche Macht in ein und derselben Person vereinigt war. Diese Weigerung beinhaltete die Gleichheit aller Menschen vor dem Schöpfer; gleichzeitig wurde damit die aktive Teilnahme der *Humiliores* am geistlichen Leben gefordert, und zwar nicht nur durch zeitweise, völlig formelle rituale Handlungen. Schließlich betonten sie auch die Verheißung eines kommenden Reiches der Gerechtigkeit, in dem der Begriff »Freiheit« weit über die Einschränkungen des positiven Rechts hinausgeht, einer Freiheit, die zwar nicht der wirtschaftspolitischen Ordnung, jedoch der moralischen Dimension der Staatsgewalt widerspricht.

Derartigen, dem Leben der Urchristen wesenseigenen Spannungen verdanken wir das frühzeitige Erscheinen literarischer sowie archäologischer Quellen und Zeugnisse, auch solcher von heidnischer Herkunft. Diese Zeugnisse sind jedoch nicht besonders zahlreich und auch nicht von gleicher Wichtigkeit. Danach sind sie für die ersten beiden Jahrhunderte bis zur dramatischen Krise des 3. Jh.s und die großen Christenverfolgungen unter Decius von größter Bedeutung. Für eine Rekonstruktion der Geschichte der Ursprünge des Christentums muß in Betracht gezogen werden, daß die Quellen sehr verschiedenartig sind. Auch heute ist man geneigt, den oft recht ausführlichen und aufschlußreichen literarischen Quellen etwas einseitig den Vorrang zu geben. Dabei wird die Aussage der Monumente, wenn schon nicht vernachlässigt, so doch als zweitrangig betrachtet. So konzentrieren sich die Studien auf einige Männer der Kirche, die sich im Apostolat hervortaten oder in Polemiken mit Häretikern und dem Staat verwikkelt waren. Das Alltagsleben der Gemeinden, der Sklaven, Freigelassenen, mehr oder weniger romanisierten Freien und einiger Angehöriger höherer Gesellschaftsschichten bleibt dabei im Schatten. Diese Namenlosen geraten aber plötzlich ins Rampenlicht der Geschichte; so beim Brand von Rom, als Nero die Wut der Volksmassen auf die Christen lenkte. Es zeigt sich auch in anderen Episoden ausbrechender Unduldsamkeit, denen Ignatius von Antiochia, Polykarp (Smyrna), Justin Martyr, die Märtyrer von Lyon (177), Perpetua und Felicitas mit ihren Anhängern (203) zum Opfer fielen. Die Monumente zeugen von ihrem privaten Leben, ihrer Standhaftigkeit im Glauben, aber auch ihrer Verbundenheit mit dem alten kulturellen Erbe, von dem so manches auch in die neue Formensprache eingegangen ist.

Eine kurze Wanderung durch die Monumente der ersten drei Jahrhunderte muß notwendigerweise mit dem Grab Christi beginnen. Nach all den Zerstörungen und Wiederaufbauten auf dem Kalvarienberg weiß man heute sehr wenig über das Grab. Im Grunde ist darüber nicht mehr bekannt, als uns die Evangelisten und einige Apokryphen darüber berichten. Zweifellos war es ein neues, in den Fels gehauenes Grab, wie man es heute noch in Jerusalem findet. Es hatte eine Gruft mit einer Bank, auf die der in Tücher gehüllte Leichnam gelegt wurde. Wie man aus Matth. XXVII/60, Markus XV/46, Lukas XXIV/1 und dem Petrusevangelium (VIII/32 und XII/53) schließen kann, besaß es außerdem einen niedrigen Eingang, verschlossen mit einer wahrscheinlich runden Steinplatte. Johannes, von der Auferstehung benachrichtigt, beschreibt, wie er eiligst zum Grab lief, so daß der ihm folgende Petrus nicht Schritt halten konnte, wie er, ohne hineinzugehen, in das Grab schaute und nur die leinenen Binden auf dem Boden liegen sah (Johannes XX/1 ff.).

In Palästina, der Wiege des Christentums, wurden schon bald über den Stätten, die mit besonderen Begebenheiten im Leben Christi traditionell (oder vermutlich) verbunden waren, Heiligtümer errichtet. Die Untersuchung solcher Bauten (Verkündigungskirche und Nährvater-Josephs-Kirche in Nazareth, Geburtskirche in Bethlehem sowie die byzantinische Basilika von Kapernaum neben der Synagoge, wo der Überlieferung nach das Haus Petri stand) förderte eine ganze Reihe von Strukturen zutage, von denen einige wahrscheinlich bis in vorseverische Zeiten zurückreichen.

Hypothetische Rekonstruktion des Grabes Christi. Nach der Gründung der Colonia Aelia Capitolina *(135) war auf dem Kalvarienberg ein Tempel der Tyche-Astarte errichtet worden. Auf Geheiß des Bischofs Makarios ließ Konstantin diesen niederreißen und baute seine Grabeskirche. Die Rekonstruktion basiert auf den Angaben der Evangelien.*

Ossuarium der Juden-Christen. Solche Ossuarien dürften vor dem 2. jüdischen Krieg von 135 in Gebrauch gekommen sein; sie wurden in Nischen (Kokhim) *beigesetzt. Nach 135 tauchen Arkosol- und »Fosse«-Gräber auf. Die auf den Knochenurnen mit einem Nagel eingeritzten Namen sind in Hebräisch, Aramäisch oder Griechisch.*

Das Wohnhaus als Kultraum

Die erwähnten Monumente dokumentieren die strikte Einhaltung der jüdischen Tradition, wie dies auch für das Leben der urchristlichen Gemeinden gilt. Ihre Mitglieder besuchten täglich den Tempel, wie dies auch Jesus getan hatte. Sie taten das so lange, bis den »Christen« nach den Tumulten, die zur Gefangennahme des Apostels Paulus geführt hatten (Apostelgesch. XXI/27) der Zutritt verwehrt wurde. Es muß aber bemerkt werden, daß der besondere Kult der christlichen Gemeinden in der Anhörung der Unterweisung durch die Apostel, der brüderlichen Vereinigung, des »Brotbrechens« und Gebetes bestand (Apostelgesch. II/42). Auch für das gemeinsame Liebesmahl (*Agape*) und die Eucharistie war ein größerer Raum nötig. Dafür standen nur Privatwohnungen zur Verfügung, in denen man sich, wann immer es möglich war, zusammenfand. Diese Situation blieb mindestens bis in das späte 2. Jh. Man muß vielleicht bis in das 3. Jh. gehen, um in Rom, wahrscheinlich auch in anderen größeren Städten, eine gewisse Organisation innerhalb der Gemeinden für die Ausübung der Seelsorge und sozialen Betreuung feststellen zu können. Es liegt nahe, daß jede Gemeinde gewohnheitsmäßig ein bestimmtes, für den Kult besonders geeignetes Wohnhaus wählte, das damit zum *domus ecclesiae*, einer »Hauskirche«, wurde. In Rom wurden solche zu einem *titulus*, einer Hauskirche, die gewissermaßen die Funktionen der mittelalterlichen Pfarrei vorwegnimmt und die einem *praesbyter titularis* anvertraut wurde. Diesem oblag auch die materielle Fürsorge der Gläubigen (Witwen, Waisen, Kranken, Armen) sowie die Verwaltung des Friedhofs. Strukturell können diese Hauskirchen in keiner Weise mit den späteren Kirchenbauten des 4. Jh.s verglichen werden. Im Hauptraum trennte eine einfache hölzerne Schranke das Presbyterium vom »Volk«; soweit bekannt, gab es weder eine Gliederung in Schiffe noch besonderen architektonischen Dekor. In den Nebenräumen wurden liturgische Geräte und Gewänder, Handschriften und Schreibmaterial für die Abschrift von Texten sowie auch Schuhzeug und Bekleidung zur Verteilung an Bedürftige verwahrt. In Rom sind zwar die Namen zahlreicher zu *domus* gewor-

Oben: Das »Gaius-Tropaion« über dem Grab des Apostels Petrus im Vatikan. Ähnlich ist auch die Grabkapelle des Sabinus Taurius in der Nekropole von Porto an der Isola Sacra bei Fiumicino gestaltet.

Rechte Seite:

Oben: In den Wänden der engen Katakombengänge wurden Grabnischen in mehreren Etagen, meistens Loculi, *aber auch gewölbte Grabkammern – Arkosolien – ausgehauen. Auf den Verschlußplatten oder auch in den Mörtel am Rand eingeritzt findet sich öfter der Name und die Wunschformel für den ewigen Frieden.*

Unten: Blick vom Eingang in die Papstkrypta der Calixtus-Katakombe. Papst Sixtus III. (432–440) ließ eine Marmorplatte mit den Namen der dort beigesetzten Bischöfe und Päpste anbringen.

denen Hauskirchen, d. h. »Titularkirchen«, bekannt, aber in keiner der noch übrig gebliebenen ließ sich mit Sicherheit der ursprüngliche Versammlungsraum des 3. Jh.s feststellen. Einzige Ausnahme bleiben die Räume unter der Basilika SS. Giovanni und Paolo (Johannes-Paulus), deren *tituli* Byzanz und Pammachius lauteten. Durch einen einzigartigen Glücksfall wurde vor einigen Jahrzehnten an der Ostgrenze des Römischen Reiches in Dura Europos (heute es-Salihije) eine gut erhaltene Hauskirche entdeckt. Die blühende Stadt war 256 von den Parthern zerstört worden. Hinter der Stadtmauer gruben die Archäologen neben einer Synagoge ein Wohnhaus aus, dessen Erdgeschoß als Versammlungs- und Kultraum einer Christengemeinde diente; ein weiterer war wahrscheinlich den Katechumenen (Unterrichtsraum für ungetaufte Anwärter) vorbehalten. Als dritten Raum fand man auch ein mit Wandmalereien ausgeschmücktes Baptisterium, dessen Malereien Szenen aus dem Alten und Neuen Testament darstellen.

Das *domus ecclesiae* ist die eigentliche Kirche des 3. Jh.s. Nicht alle werden mit dieser Behauptung einverstanden sein und meinen, daß es schon vor Konstantin Kirchen wie abgeschlossene Bauten mit bereits entwickelter Innenstruktur gegeben habe. Sie berufen sich dabei auf gewisse Ausdrükke, die von verschiedenen Schriftstellern gebraucht werden – z. B. von Porphyrios, einem Schüler Plotins, der in der zweiten Hälfte des 3. Jh.s lebte, oder von Bischof Eusebius von Caesarea, der durch seinen Panegyrikus (Lobrede) auf Konstantin und seine Kirchengeschichte bekannt wurde . Aber solche Anzeichen bleiben sehr allgemein, und das Mißverständnis besteht darin, daß man die ursprüngliche oder abgeleitete Bedeutung jener Ausdrücke entstellt, um so eine Antwort auf das vieldiskutierte Problem über die Vorbilder vorkonstantinischer Kultbauten zu finden. Man suchte also eine Bestätigung für eine vermutliche Übergangsphase zu den im Bauplan und in symbolischer Wertsetzung bereits voll ausgereiften konstantinischen Bauten. In Wirklichkeit hat sich kein einziges derartiges Gebäude aus der Zeit vor dem 4. Jh. erhalten. Deshalb muß man die phantasievolle Beschreibung, die uns Eusebius von der Basilika von Tyros liefert (*Historia Ecclesiastica*, X, 4, 36 ff.) mit größter Vorsicht aufnehmen, um so mehr, da diese nicht aus vorkonstantinischer Zeit stammt. Im Gegenteil: Man sollte sich an ein dramatisches Zeugnis erinnern, an die Akten über die Beschlagnahme der Güter der Christengemeinde von Cirta (heute Constantine), der Hauptstadt Numidiens. Diese erfolgte am 19. Mai 303, einer Zeit, in der die Christenverfolgungen unter Diokletian ihren Höhepunkt erreicht hatten. In den Akten wird der Versammlungs- oder Kultraum ausdrücklich als *domus in qua christiani conveniebant* bezeichnet. Den Vollzugsbeamten schien dieser Raum weit weniger wichtig zu sein als die Nebenräume und Häuser des Klerus, in denen liturgische Bücher, Geräte und materielle Güter aufgestapelt waren.

Der Wendepunkt in der Geschichte christlicher Kultbauten, das »Vorher« und »Nachher«, ist in die Zeit zwischen der Tetrarchie und Konstantin anzusetzen. Vorher bestanden die Hauskirchen, in deren Versammlungsraum eine brüderliche Gemeinschaft in schlichten Formen ihrer Gläubigkeit Ausdruck verlieh. Um den wachsenden Anforderungen gerecht zu werden, gab sich die Kirche eine straffere Organisation; eine einschneidende Wandlung brachte der Zustrom lateinischer Elemente, durch die das Griechische oder Jüdisch-Griechische die Vormachtstellung verlor. Auch die Methoden der Durchdringung der Gesellschaftsstruktur änderten sich; die Verkündigung des Wortes wurde nicht allein den einzelnen überlassen, sondern zu einem weitgespannten Netz von Verbindungen geknüpft, was nach und nach zu einer Zentralisierung auf gemeinschaftlicher Ebene der kirchlichen Vorhaben führte. Ähnlich wie bei den Juden der Diaspora war auch die Abneigung gegen bildliche Darstellungen verschwunden. Im ganzen kann das »Vorher« als ein Provisorium betrachtet werden, wie dies bei einer kleinen Minderheit nicht anders möglich ist. Auffällige Monumentalbauten wären unter den so wechselhaften politischen Verhältnissen nicht ratsam gewesen. Das »Nachher« ist die Zeit Konstantins d. Gr. Unter der Herrschaft dieses überaus baufreudigen Herrschers ändert sich das Bild vieler Städte. Nun entstehen christliche Basiliken in Ausmaßen, wie man sie früher nur bei öffentlichen und Profanbauten kannte. Sie wurden geradezu verschwenderisch mit Mosaiken und Skulpturen geschmückt, gleichsam als wollte man das Haus Gottes zum Palast des himmlischen Siegers machen als Zeichen des Triumphes der Kirche über den Staat. Zum Verständnis der Entwicklung der christlichen Kultbauten muß man auch die Lebensbedingungen der Gemeinschaften sowie die Reichspolitik des Kaisers in Betracht ziehen. Ein Vergleich zwischen Privathäusern und öffentlichen Bauten ist

zwar nützlich für die Kenntnis bautechnischer Neuerungen, erleichtert aber nicht das Verständnis für die symbolischen Werte, wobei die Gefahr besteht, die Erfordernisse der Liturgie zu vernachlässigen. Hierzu ist zu bemerken, daß besonders in den großen Städten die Christengemeinden aus verschiedensten Volksgruppen zusammengesetzt waren, die alle noch an ihrer kulturellen Tradition festhielten.

Vom Familiengrab zum Gemeindefriedhof

Von Anfang an ist die Entwicklung des Kultgebäudes mit der des Grabmals verbunden. Seit der Morgenröte jedweder menschlichen Kultur hat das Grab die Bedeutung eines Weiterlebens, des Gedenkens an die Toten und der Überwindung des unvermeidlichen physischen Zerfalls. Für den Christen, der an die leibliche Wiederauferstehung glaubte, kam nur die Erdbestattung in Frage. Das christliche Grab wurde so zu einem »Wartehaus«, dem Treffpunkt für Familienangehörige und Glaubensbrüder. Es wurde gepflegt und mit einem sichtbaren Mal gekennzeichnet, meist mit einem Gegenstand, einer Inschrift oder einer bildlichen Darstellung – auf die Wand gemalt oder in den Marmor des Sarges skulptiert. Hier konnte sich viel freier als sonstwo das Bedürfnis für eine Zwiesprache mit dem Verstorbenen in verschiedenster Art gestalten – vor allem fromme Wünsche für den ewigen Frieden der Seele. Friedhöfe sind wahre Archive für die Geschichte der Kirche. Oftmals stellen sie die einzige Quelle dar, aus der man etwas über das Vorhandensein einer Christengemeinschaft erfährt, wie sich das bei neueren Ausgraben gezeigt hat.

Für die erste jüdisch-christliche Gemeinde Jerusalems fehlt es nicht an literarischen Quellen: Berichte über Verfolgungen durch die orthodoxen Juden (Apostelgesch. IV, 1–3), über das Martyrium des Diakons Stephanus (Apostelgesch. VII/54 ff.), Jakobs (»Bruder des Herrn«) und Simons (»Vetter des Herrn«). Hierzu zählen auch Berichte über ernsthafte Zwistigkeiten zwischen jüdisch-christlichen und »heidnisch«-christlichen Brüdergemeinden, bis erstere ganz erloschen waren. Bis dahin wäre es unmöglich gewesen, jüdische von christlichen Gräbern in Palästina zu unterscheiden. Man darf annehmen, daß die Bestattungen gemischt auf ein und demselben Friedhof erfolgten. Archäologische Funde führten zu einer anderen Beurteilung der Lage. Dazu zählt vor allem die Entdeckung einer großen Zahl von Ossuarien in Jerusalem, d. h. aus weichem Stein gefertigte Urnen, in denen – nach vollständiger Verwesung der Fleischteile – die Gebeine aus dem ursprünglichen Grab überführt wurden. Diese Ossuarien datieren nicht später als bis in die ersten Jahrzehnte des 2. Jh.s. Zu den bereits bekannten Funden (z. B. Hypogäum von Talpiot) kamen noch jene im Zömeterium *Dominus Flevit* am Westhang des Ölbergs, die von Pater Bagatti ausgegraben wurden. Der Gebrauch von Ossuarien scheint daher recht weit verbreitet gewesen zu sein. Auf vielen Urnen sind Zeichen, wie das TAW (Kreuz des Ezechiel, IX/4 ff.), ein X oder ein gleicharmiges Kreuz eingeritzt oder mit Kohlenstift gezogen; ebenso auch Namen, die häufig im Neuen Testament auftreten. Diese, wie auch die Zeichen, können je nach Neigung so oder so gedeutet werden – sei es nach der Tradition oder auch im christlichen Sinn –, doch ist dabei folgendes zu bedenken: Dem orthodoxen Juden war (und ist heute noch) nach dem Gesetz strengstens verboten, Bestattete zu stören. Man kann also die Knochenurnen nur den Juden-Christen-Gemeinden zuweisen, die nach dem Krieg des Jahres 70 in Jerusalem besonders zahlreich geworden waren.

Das Problem gemeinsamer Friedhöfe betrifft nicht nur Jerusalem und den Orient, sondern überhaupt alle Gemeinschaften. Früher glaubte man an eine klare Trennung zwischen christlichen und nichtchristlichen Grabstätten. Man stützte sich dabei auf Cyprianus (Epist. 68), der den Bischof Martial dafür tadelt, daß er seine Söhne in der Nachbarschaft heidnischer Gräber beigesetzt habe, ebenso auch auf eine Ermahnung Hilarius' von Poitiers (*Comment. in Matthaeum 7* in *Patrologia Latina 9, 958*). Andrerseits glaubten sich auch die Heiden durch die Nähe eines christlichen Grabes verunreinigt, besonders durch das eines Märtyrers, was Theodoretos (erste Hälfte des 5. Jh.s) bestätigt (*Patrologia Graeca, 83, 1018*). Man muß jedoch die Einstellung Cyprianus' aus der politischen Lage des 3. Jh.s verstehen. Auch der Hinweis Theodoretos' läßt sich aus der geradezu abergläubischen Starrköpfigkeit der noch überlebenden Heiden erklären, einer Starrköpfigkeit, die übrigens auch den Ketzern zueigen war. Tatsache bleibt, daß zu Anfang niemand an eine Trennung der Gräber dachte. Wenn man bis zum 2. Jh. keine christlichen Friedhöfe kennt, so aus dem einfachen Grund, daß es keine gab und christliche Abteilungen auch in heidnischen Friedhöfen nicht zu erkennen sind. Natürlich gab es auch Ausnahmen,

Oben: Statuette des »Guten Hirten«, ein in der frühchristlichen Kunst sehr häufiges Motiv, das als eines der ersten in der Vollplastik erscheint (Rom, Thermenmuseum).

auch später noch: Der hl. Ambrosius berichtet, die irdischen Reste der Märtyrer Vitalis und Agricola in einem jüdischen Friedhof in Bologna gefunden zu haben (*Exhortatio virginitatis, 1,7* in *Patrologia Latina, 16,338*); Johannes Chrysostomos berichtet über Bestattungen von Märtyrern und Ketzern unter dem Fußboden der Basilika von Romanesia bei Antiochia (*Homilia in Ascensione Domini*, in *Patrologia Graeca, 50,442–43*).

Das Grab des Apostels Petrus

Das beste Zeugnis über das Petrusgrab in Rom ist sein wechselvolles Schicksal (über das Paulusgrab ist die Dokumentation spärlicher, obwohl der Brand der Basilika im Jahre 1823 Gelegenheit zu eingehenderen Forschungen gegeben hätte). Die hauptsächlich in den Jahren 1939–49 durchgeführten Grabungen im Petersdom haben einen guten Teil der alten Topographie unter dem Boden der Konfession geklärt. Auf dem Gelände nahe des heutigen Petersdoms hatte Caligula ein Hippodrom errichtet, das von Nero zu einem Zirkus ausgebaut wurde. In diesem Zirkus wurden Tacitus zufolge (*Annales, XV, 44*) nach dem Brand von Rom die Christen gekreuzigt oder als lebende Fackeln aufgestellt, unter ihnen vermutlich auch Petrus. Parallel zum Zirkus verlief eine Doppelreihe kleinerer Grabmäler begüterter römischer Familien. Dieses Gräberfeld kann in den Zeitraum zwischen der ersten Hälfte des 2. und dem Ende des 3. Jh.s datiert werden.

Schon bevor diese Grabdenkmäler errichtet wurden, hatte man den Leichnam Petrus' in jenem Areal beerdigt. Beim Bau der neu hinzukommenden Grabstätten wurde jedoch Rücksicht auf das bescheidene Grabmal genommen. So entstand ein ungefähr rechteckiger freier Platz, der üblicherweise *Campo P.* benannt wird. Es ist höchst bemerkenswert, daß mehr als anderthalb Jahrhunderte hindurch die Besitzer der luxuriösen mausoleenähnlichen Grabmäler und die Christen etwa auftauchende strittige Fragen hinsichtlich der Bautätigkeit auf friedliche Weise bereinigten und so gegenseitig einen Respektraum und die Zugänglichkeit zu den Grabstätten wahrten. Die Christen konnten kurz nach der Mitte des 2. Jh.s an der Westseite des Grabmals eine Mauer errichten, die nach ihrem Dekor die »Rote« genannt wird. Der dazugehörige Bau wird allgemein als »Gaius-Tropaion« bezeichnet und besteht aus zwei übereinander angeordneten Nischen und einer auf zwei Säulchen ruhenden Mensa. Der Priester Gaius, der zur Zeit des Papstes Zephirinus (198–217) lebte und mit Proklus, einem Anhänger der mon-

tanistischen Häresie, polemisierte, hat in seinen Schriften zwei solcher »Tropaia« beschrieben. Im Verlauf des 3. Jh.s wurde dem Grabmal noch eine Mauer an der Nord- und an der Südseite angefügt. Die Außenwand der nördlichen Mauer war bald eng mit Inschriften bedeckt, von Pilgern eingekritzelt, die aus aller Welt herbeigekommen waren, um am Grab des Apostels zu beten. Kurz vor der Errichtung der konstantinischen Petersbasilika wurde in dieser Mauer ein kleiner, innen mit Marmor verkleideter Schrein ausgearbeitet. In ihm wurden vermutlich die Petrusreliquien verwahrt, die vorher zusammen mit den Paulusreliquien in ein Zömeterium an der Via Appia überführt worden waren, wo dann die *Basilica Apostolorum* errichtet wurde. Das Tropaion mit dem Grab wurde schließlich in das Monument des Presbyteriums der Konstantinsbasilika eingeschlossen, über dem später die Altäre der Päpste Gregor I. (590–604), Calixtus II. (1119–1124) und Clemens VIII. (1423–1429) errichtet wurden. An die Stelle der Konstantinsbasilika trat der heutige Petersdom, in dem sich das Grab des Apostels Petrus in senkrechter Linie unter der Kuppel Michelangelos befindet.

Das »Gaius-Tropaion« ist eines der wichtigsten Monumente in der Entwicklung der Gräberarchitektur und des Märtyrerkults. Dabei handelt es sich um das älteste *Martyrion*, d. h. einen Gedenkbau, *Memoria*, an der Stätte der »Zeugnisablegung« (Märtyrergrab oder in Palästina theophanische Memoria). Ob dies nun vom antiken *Heroon* abgeleitet ist oder nicht, fest steht, daß damit der Übergang vom privaten Totenkult, an dem nur die Familienmitglieder teilnahmen, zum öffentlichen, gemeinschaftlichen Kult eingeleitet wurde. Zu diesem wurden alle Gläubigen am *Dies Natalis*, dem Jahrestag des Martyriums, aufgerufen. Mit dem Beginn des 2. Jh.s spielt die Gestalt des Märtyrers im geistigen Leben der Christen eine immer grö-

Unten: Grabplatte des Mädchens Ciriaca in der Domitilla-Katakombe; das Kind ist beim Reifenspiel dargestellt. Solche Bilder sowie Beigaben von Spielzeug (Puppen, Kugeln, Schmuckstücke u. a.) in Kindergräbern waren bei Heiden und Christen sehr gebräuchlich.

In die Wände der sogenannten »Triclia« der Memoria Apostolorum *an der Via Appia nahe dem Grab des Märtyrers Sebastian eingeritzte Anrufungen der Apostel Petrus und Paulus. Man kennt über 600 solcher Sgraffiti; in einigen bestätigen die Pilger, das rituelle Totenmahl* (Refrigerium) *vollzogen zu haben.*

ßere Rolle. Als Blutzeugen, die das Leiden Christi nachvollzogen haben, verkörpern sie das Ideal geistiger Freiheit. Die unerschütterlichen Zeugen des Glaubens gegenüber den Heiden, Beispiele von Mut und mystischer Kraft, werden zu Vorkämpfern der wahren Kirche, zum *Advocatus*, Fürsprecher und *Patron.* Der wachsenden Verehrung der Märtyrer paßte sich auch die Architektur an, je nach lokaler Tradition und verfügbaren Geldmitteln in verschiedenster Weise: durch ober- oder unterirdische Einzelmartyria, durch Sammelmartyria (erstes Beispiel dafür ist die Papstkrypta in der Calixtus-Katakombe, in der alle Päpste des 3. Jh.s von Anteros bis Eutychianos beigesetzt wurden) oder auch durch ein bescheidenes Memorial oder eine mächtige Basilika.

Vom Gemeindefriedhof zu den Katakomben

Wahrscheinlich gab der Märtyrerkult den Anstoß für die Anlegung christlicher Zömeterien. Diese Benennung ist einzig und allein den christlichen Friedhöfen angepaßt. Sie ist dem griechischen Verbum *koimào* entlehnt, das soviel wie »Liegen in Erwartung der Auferstehung« bedeutet. Die ersten christlichen Friedhöfe waren an der Oberfläche; rein aus Sparsamkeitsgründen ging man in der Folge in die Tiefe. Wo hügeliges Gelände, Sandsteinbrüche oder Tuffuntergrund es erlaubten, grub man Schächte und Gänge, oft sogar in mehreren Stockwerken. So entstanden die ersten unterirdischen Begräbnisstätten, die später nach einer *ad Catacumbas* genannten Talsenke an der Via Appia ganz allgemein Katakomben genannt wurden.
Man hat versucht, den Ursprung dieser sonderbaren Bestattungsart auf jüdische Katakomben zurückzuführen. Bessere Kenntnis der Topographie hat jedoch erwiesen, daß es sich um eine eigene Schöpfung der Christengemeinden handelt. Sie lösten auf diese Weise unter Ausnutzung langerprobter technischer Erfahrungen das Problem gemeinschaftlicher Begräbnisstätten. Der Erwerb eines Grundstücks für einen Gemeindefriedhof kostete Geld, das selten im Überfluß zur Verfügung stand. Bald war das Areal mit Gräbern überfüllt und kein Platz für Neuzugänge. So lag es nahe, in die Tiefe zu gehen, um so mehr, da der weiche, erst an der Luft härtende Tuff die Arbeit sehr erleichterte.
An den Wänden der Gänge konnten die Totengräber (*Fossores*) mehrere Grabnischen übereinander ausheben, womit die Aufnahmefähigkeit des Areals vervielfacht wurde. Nicht zu vergessen, daß die Bestattung in Katakomben einem der Grundsätze des christlichen Glaubens entsprach, nämlich der Gleichheit aller Glaubensbrüder ohne Ansehen ihres gesellschaftlichen Ranges und Standes; in der Antike etwas Unerhörtes. In Rom entwickelten sich die ersten Katakomben (man kennt heute nahezu 60) aus einfachen Familiengräbern oder bescheidenen Gemeindezömeterien: so z. B. die Calixtus-Katakombe an der Via Appia (amtliche Katakombe der Kirche), die Prätextatus-Katakombe, ebenfalls an der Via Appia, die Domitilla-Katakombe an der Ardeatina, oder die Priscilla-Katakombe an der Salaria, in der sich die Gräber der Päpste des 2.–4. Jh.s befinden. Außerhalb Roms gibt es ausgedehnte Katakomben auch in Mittel- und Unteritalien, auf den Mittelmeerinseln, in Nordafrika und in einigen Gegenden südlich der unteren Donau.

Frühchristliche Kunst

Die Entstehung dieser gemeinschaftlichen Begräbnisstätten ist sowohl für die Geschichte der Christengemeinden als auch für die Entwicklung einer christlichen Kunst von höchster Bedeutung.

Die einzelnen Gemeinden wurden in ihrem Zusammengehörigkeitsgefühl gestärkt, die Bilderfeindlichkeit – ein jüdisches Erbe – abgeschüttelt und die innere Organisation mit Rangordnung und Ämtern für bestimmte Aufgaben ausgebaut. Die einzigen Quellen für die Anfänge und Entwicklung der frühchristlichen Kunst finden sich in den Katakomben und einigen wenigen oberirdischen Grabstätten, soweit diese der Zerstörung entronnen sind. Sie stellen allerdings nur ein etwas lükkenhaftes Material für eine eingehende kunsthistorische Analyse dar. Bleibt doch immer noch die Frage offen, ob sich nicht neben der Gräberdekoration auch eine figürliche Kunst für die Ausschmückung der Versammlungsräume ausgebildet hatte. Besonders die Wandmalereien des Baptisteriums von Dura Europos scheinen eine solche Vermutung zu bekräftigen. Ebenso stellt sich die Frage, ob in den Bildhauerwerkstätten das stillschweigende Verbot für Vollplastiken streng befolgt wurde; einzige Ausnahmen sind einige Büsten des »Guten Hirten«. Selbst wenn man sich auf die Grabmalerei beschränkt, darf man nicht vergessen, daß sich in Rom die weitaus meisten Belege in den Katakomben (also Gemeindefriedhöfen) finden. Zur Entdeckung der Ausschmückung in den privaten Hypogäen der Vibia und Aureli kommt die vor einigen Jahrzehnten aufgefundene Privatgruft in der Via Dino Compagni. Diese Funde lassen erahnen, daß, falls sich noch andere derartige Hypogäen fänden, in deren Malereien ein gewisser Synkretismus zwischen christlicher und heidnischer Kunst zu erkennen ist, wobei sicher gut geschulte Maler am Werk waren. Daraus könnten sich weitere Horizonte für die Beurteilung auch der spärlich dokumentierten heidnischen Kunst des 4. Jh.s eröffnen.

Ein Urteil über die frühchristliche Kunst erfordert große Vorsicht und darf nicht mit jener Oberflächlichkeit gefällt werden, wie das in so manchen geläufigen Kunstgeschichten der Fall ist. Im allgemeinen stimmt es, daß die Kunst der Frühchristen keine neue Formensprache geschaffen hat. Sie bleibt im Kielwasser der spätantiken Kunst und übernimmt deren geläufigere Ausdrucksweise der antiklassischen Strömung. Ihre Betonung liegt vor allem im Inhalt und in der symbolischen Bedeutung, sie vernachlässigt jedoch die Formen. Eben in der Thematik zeigt sich eine absolute Neuerung. In den Paulusbriefen erscheint der Ausdruck *Koinonia* im Sinn von »Gemeinschaft«. Dieser Ausdruck kann auf die Katakombe angewandt werden, wo sich erstmals das Ideal der Brüderlichkeit im Sozialwerk verwirklichte. Mehr noch paßt er für die frühchristliche Kunst, die sich einer Sprache mit feststehenden (leicht lesbaren) Zeichen bedient. Diese Zeichen sind z. B. eine Ädikula der Auferweckung des Lazarus, die Arche Noahs, das Meeresungeheuer, den Jonas ausspuckend; Daniel in der Löwengrube, die Samariterin am Brunnen usw.; all dies sind Ideogramme wie auch das des »Guten Hirten« (Symbol der Menschenfreundlichkeit) und des »Orante« (Symbol der *eusébeia* = Gottesfurcht), den beiden Polen der Heilslehre. Selbst traditionelle (heidnische) Symbole, Gesten und Attribute werden zum Zweck der Unterweisung im christlichen Sinn umgedeutet (Palmen oder Garten = Paradies, die vier Jahreszeiten = ewiger Wechsel der Natur, erhobene Hand oder zwei Finger = Geste des Redners, des »Wortes«, Stab oder Handauflegung = Vollbringung eines

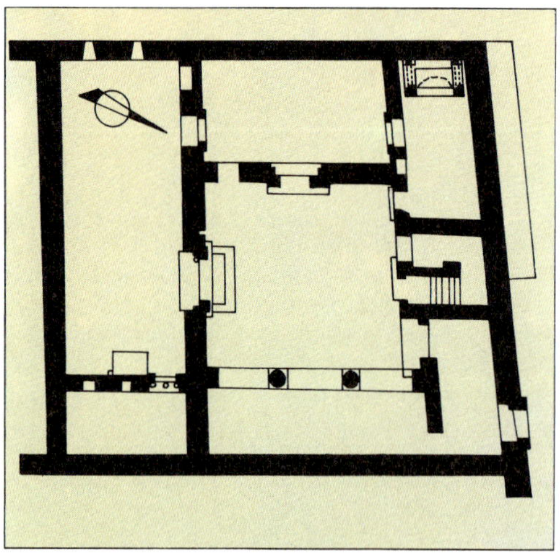

Rekonstruktion der Axonometrie und des Grundrisses der Hauskirche von Dura Europos, einer blühenden, von den Persern 256 zerstörten Grenzstadt am Euphrat. Bei Ausgrabungen kamen an der Stadtmauer überraschend die Reste einer reich mit Wandmalereien geschmückten Synagoge und ebensolchen christlichen Hauskirche zum Vorschein, bisher das älteste und einzige erhaltene Beispiel eines domus ecclesiae *vor der Zeit des 4. Jh.s.*

Rom, Malerei in der Wölbung des »Cubiculums« Y der Lucina-Krypta bei der Calixtus-Katakombe. Mehrmals sind die Figuren des »Orante« (Beters) und »Guten Hirten« wiederholt, symbolisch die beiden Pole des Heilsweges. Der Gute Hirte als Erlöser und die Orante als Erlösung. Im Zentrum Daniel in der Löwengrube, soteriologisch die Errettung vom ewigen Tod durch den Herrn.

Rom, Familiengruft der Aurelier; Blick in eine der unterirdischen Grabkammern. In den Malereien, die von einem befähigten Künstler ausgeführt wurden, tauchen einige abwegige, vielleicht von der Gnostik inspirierte Themen auf. Die zu Beginn des 3. Jh.s erbaute Gruft wurde nicht lange benutzt; nach dem Bau der Aurelianischen Mauer (272) fanden in ihr keine weiteren Beisetzungen statt.

Wunders usw.). Es ist eine Kunst, die von allen, Gebildeten oder Analphabeten, verstanden werden soll. Erklärende Texte sind äußerst selten; im krassen Gegensatz zu den späteren Jahrhunderten, als die Kunst Ausdruck einer Elite wird, im Dienst der Katechese steht und mit theologischen Anspielungen überladen ist.

Dem heutigen Betrachter sei Bedachtsamkeit nahegelegt. Zum Verständnis der Ikonographie ist es unerläßlich, sich in den Geist jener Zeit zurückzuversetzen und zu versuchen, welche Wirkung solche Darstellungen auf den damaligen Betrachter ausübten. Der Schlüssel liegt nicht in der »künstlerischen Qualität«, sondern im Dargestellten. Daher kommen auch die sich immer wiederholenden, für Jahrhunderte nahezu gleichbleibenden Motive; daher auch die Schwierigkeit, eine vom Üblichen abweichende Komposition richtig zu deuten (z. B. eine figürliche Darstellung in der Prätextatus-Katakombe, die man für eine »Krönung« hält, oder auch der ganze Komplex von Malereien im Hypogäum der Aureli in Rom). Aus diesem Grund kann man sagen, daß die frühchristliche Kunst im allgemeinen im Gegensatz zur Kunst der Antike kein wirklich eigenes Leben führt. In der Thematik erscheint sie wie ein Reflex der biblischen Sprache und einer an die Katechese angeglichenen Auslegung der Kirchenväter. Als solche betrachtet sie ihre Aufgabe darin, diese oder jene Episode aus der Hl. Schrift in Erinnerung zu rufen, zumindest solange sie sich nicht in den Dienst religiöser Propaganda stellt und kirchliche Polemik, Botschaften und Apologien interpretiert.

Der heilige Augustinus sagt: »Im Alten Testament ist bereits das Neue verborgen, und im Neuen hat sich das Alte manifestiert« (*De catechizandis rudibus* IV, 8). Zu Beginn der figürlichen Kunst wird sowohl bei alt- als auch bei neutestamentlichen Szenen im allgemeinen der Sieg über den Tod und die Hoffnung (oder Gewißheit) des Heils, der Wiederauferstehung dargestellt. Mit der Zeit verändern sich Identität und Wertung dieser Heilsdarstellungen, bis diese schließlich auch unhistorische oder außerbiblische Themen darstellen. So zeigen sie etwa Petrus, der anstelle von Moses das Wasserwunder vollbringt, oder in der zweiten Hälfte des 4. Jh.s Petrus und Paulus, die als Gehilfen an der mosaischen Gesetzesverkündung beteiligt sind. Trotz dieser Vielfalt an Themen bleibt als Zentrum der frühchristlichen Ikonographie immer die sichtbare oder symbolische Darstellung Christi erhalten. Er kann ganz verschiedenartig als bärtige Gestalt philosophisch und lehrhaft, als unbärtiger mit apollonischer Gestalt gesehen werden. Er kann im Pallium oder in der Tunika erscheinen, sowie in Anlehnung an den Sonnengott oder als einfacher Hirte. Er ist der *Lógos*, das Gesetz, das Ziel des Heils, das Alpha und Omega der gesamten Christenheit.

Im 3. und 4. Jh. beschäftigt sich die Ikonographie ausschließlich mit Christus; vor dem Konzil von Ephesus (431) gibt es keine besondere Ikonographie der Maria, und vor dem 5. Jh. fehlt sie auch für die Heiligen. Auch die Marmorinschriften und die Graffiti auf den Grabplatten sprechen von Christus, denn alle Wünsche nach Trost und Erquickung richten sich auf ihn als den Hafen, in den die Seele einläuft. Das zeigt sich auch an der Sitte, bei den Gräbern der Märtyrer zu beten, und zwar besonders beim Grabe Petri und bei der *Memoria* der Apostel Petrus und Paulus an der Via Appia in Rom, wo der Verstorbenen gedacht und die Märtyrer verehrt werden.

Will man die Entwicklung der frühchristlichen Kunst genau verfolgen, dann muß man sich in sie vertiefen und das Bildnis Christi als den Brennpunkt begreifen, wobei gleichzeitig die imperiale Ikonographie zu berücksichtigen ist. Nachdem die Phase der Experimente in der ersten Hälfte des 3. Jh.s zu Ende gegangen war und sich ein neues, festes Repertoire gebildet hatte, entwickelten sich in der darstellenden Kunst nach den Verfolgungen der Kaiser Decius und Valerianus neue Bildtypen. Diese Verfolgungen waren die Reaktion der etablierten Macht auf eine prinzipiell religiöse Bewegung, die ganz allmählich weltlicher und damit politischer wurde. Nun erscheint die Gestalt des Lehrers, Christus, auf dem Thron zwischen den Aposteln, wodurch der bereits bekannte Sinngehalt der Epiphanie noch deutlicher und feierlicher wird, nämlich die Betonung der göttlichen Majestät Christi. Ein weiterer Wandel tritt nach dem Ende der Verfolgungen mit Kaiser Konstantin ein. Die ruhige und breite Strichführung wird durch einen beschleunigenden Rhythmus ohne Zwischenräume belebt; es entstehen neuartige Szenen, die dekorativen Elemente werden gewichtiger, und man begegnet anderen symbolischen Kompositionen, aus denen die Freude über den Sieg im Konflikt mit dem Staat spricht, sowie eine immer stärkere Betonung der Macht, die in Darstellungen mit den Anzeichen wachsender Souveränität zum Ausdruck kommt.

Kurzum, die Kunst spiegelt unmißverständlich den großen Sprung aus der Zeit der letzten, wahrhaft schrecklichen Verfolgungen endlich in eine Zeit des Friedens wider. Wenn man in der Biographie des Papstes Silvester (314–335) im *Liber Pontificalis* die Liste der nicht vom Papst oder den Gemeinden, sondern von ihm, dem *Augustus Constantinus*, errichteten Basiliken durchliest, darunter die Erlöserbasilika am Lateran, Sitz des Bischofs von Rom, *Omnium Urbis et Orbis Ecclesiarum Mater et Caput*, begreift man, daß eine ganz neue Epoche angebrochen ist und die Grenzen zwischen Kirche und Staat gefallen sind. Fern sind die Zeiten der Hauskirchen, an deren Stellen mächtige Basiliken treten. Der schlichte, beseelte

Geist der Kunst des 3. Jh.s wandelt sich in die Sprache der *Ecclesia Triumphans*, der sieghaften Kirche. Höchst bezeichnend ist die Tatsache, daß das Christusmonogramm und einige Jahrzehnte später auch das Kreuz in den kaiserlichen Insignien auftaucht, womit die Erhebung der neuen Religion zur Staatskirche bezeugt wird. Ebenso bezeichnend ist jedoch, daß im selben 4. Jh. im Osten, der Wiege des Christentums, das Mönchtum entsteht, aus dem all die Vorkämpfer für eine Rückkehr zu den Ursprüngen, zur wahren Brüdergemeinschaft, zu Gebet und Askese kommen werden.

Von Konstantin bis zum Untergang Westroms

Schon bald nach dem »Preis-und-Lohnstopp-Edikt«, mit dem Diokletian die Wirtschaftskrise zu meistern hoffte, die das Reich seit Jahrzehnten erschütterte, setzten die nach und nach verschärften Christenverfolgungen ein. In diese Zeit fiel die Zehnjahresfeier der Tetrarchie, an die noch heute die Reste eines Denkmals nahe dem Severus-Triumphbogen am römischen Forum und die »Vier Mohren«, Porphyrstatuen an der Ecke des Dogenpalasts in Venedig, erinnern. Bei den Christenverfolgungen, die noch während der Vorbereitungen für die Zehnjahresfeier begannen, ging es diesmal nicht allein um die Menschen. Diesmal wurde der gesamte Besitz der Kirche beschlagnahmt und selbst ihre Bücher und Archive entgingen der Vernichtung nicht.
Dieser Versuch einer »Endlösung« löste den Zerfall der Tetrarchie aus, führte zu neuen Bürgerkriegen, aus denen erst die Dyarchie Licinius-Konstantin und schließlich die Alleinherrschaft Konstantins hervorging. Die Christen betrachten Licinius als Bannerträger der Heiden, Konstantin als den der Christen. Ob das nun stimmt oder nicht, Tatsache bleibt, daß erst mit Konstantin das Christentum den vollen Sieg erreichte. Der Weg wird bereitet durch das Toleranzedikt des Caesar Galerius, das den Christen wieder Versammlungsfreiheit gewährt; sodann durch das Mailänder Edikt (313), mit dem »Christen und allen anderen« volle Freiheit des Kultes gewährt und die »Rückerstattung ihrer Versammlungsstätten und Besitztümer« angeordnet wird. Unter Konstantin berichtet der Geschichtsschreiber Sozomenos über Verordnungen für die Freilassung Verfolgter und die Förderung des Neu- oder Wiederaufbaus der Kirchen: »Der Kaiser gab das Geld, das er dem Staatsschatz entnahm; er schrieb Briefe an die Bischöfe und Provinzgouverneure, den einen, daß sie ihm ihre Wünsche mitteilten, den anderen, daß sie sich zu deren Verfügung halten sollten.« Steuererträge wurden an den Klerus und die Kirchen verteilt, der Klerus mit weitgehenden Privilegien und dem Recht der Immunität ausgestattet, was dann in den *Codex Theodosianus* aufgenommen wurde. Die Münzreform, mit der eine gute Münze, der *Solidus*, in Umlauf kam, und andere Institutionen, wie z. B. die *Indiktion* (Römerzinszahl), eine im ganzen Reich im Zyklus von 15 Jahren durchgeführte Zählung und Katasteraufnahme für Steuerzwecke sowie der Religionsfriede gaben dem Reich wieder eine längere Atempause. Allerdings war dieser Friede bedroht durch die blutigen Auseinandersetzungen mit den Donatisten in Nordafrika und dem erbitterten Streit mit dem Häretiker Arius. Dennoch hatte er zur Wiedervereinigung des Reiches und der Gründung einer neuen Dynastie geführt. Das Volk hatte die neue politische Lage bald erfaßt und ließ sich in Massen zum Christentum bekehren. Das hatte zur Folge, daß die Christen, die noch während der Tetrarchie überall nur eine kleine Minderheit bildeten (nur im Osten war ihre Anzahl beträchtlicher), nun durch den Zustrom unzähliger Konvertiten die Mehrheit erlangten. Diese Konvertiten kamen meist nur oberflächlich vorbereitet und sicher nicht alle aus aufrichtiger Überzeugung. Sie brachten aber alle das Bündel ihrer alten Kultur samt jahrhundertealten Traditionen und Gewohnheiten mit in die Kirche. So ist es nicht verwunderlich, daß das »Refrigerium« zu Ehren der Verstorbenen nicht selten in ein wüstes Gelage ausartete, was bereits im 4. Jh. im *Liber de duplici Martyrio* gegeißelt wird. Auch Aberglauben schlich sich ein und konnte nicht ohne weiteres ausgemerzt werden.

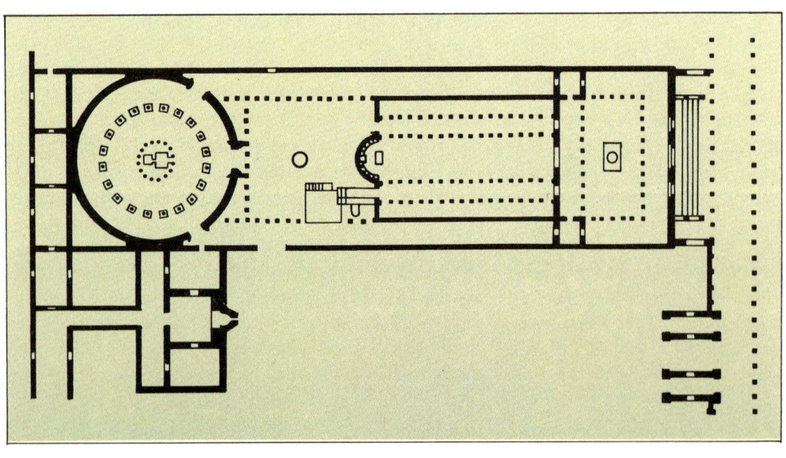

Jerusalem, 4. Jh. Grundriß der konstantinischen Grabeskirche. Über dem Grab Christi war eine Rotunde, davor ein Säulenhof um den Felsen des Kalvarienberges, anschließend die fünfschiffige Basilica Maior *mit Westapsis. Wahrscheinlich waren in der Apsis Öffnungen angebracht, durch die man das Grab und den Felsen sehen konnte.*

Die Kultbauten

Mit der vollrechtlichen Anerkennung der Kirche begann man überall mit der Errichtung zahlreicher Kultbauten. Die Feststellung, daß sich solche Bauten von Anfang an in bereits ausgereiften, wenngleich typologisch recht verschiedenen Formen darbieten, hat früher zu Spekulationen über verschiedenste Vorbilder von Gebäuden und Bauteilen geführt, an denen sich die konstantinischen Architekten inspiriert hätten. Diese Kultbauten waren drei- oder mehrschiffig, mit mehr oder weniger grandiosem Narthex (der vierseitige Portikus der alten Peterskirche hieß *Paradisus*), mit oder ohne Querhaus u. a. Ein Teil betrachtete die Profanbasilika als den Prototyp, andere die Prunkaula des Kaiserpalasts, Mausoleen, Dreikonchenräume der Martyria bis zu privaten Prunkhallen; das alles verschiedentlich vermischt und angepaßt. Gegen diese Theorien erhoben wieder andere den Einwand, daß der Raum für den christlichen Kult einen durchaus eigenen Charakter aufweise und somit als unabhängige Neuschöpfung zu betrachten sei, die den Erfordernissen der Liturgie angepaßt ist. Heute ist man eher geneigt, in den christlichen Basiliken das Resultat einer Verarbeitung und Vermischung verschiedener Bauteile zu sehen, wobei traditionelle Bauweisen eine beträchtliche Rolle spielten. Dabei wurde den in Raum und Zeit wechselnden Anforderungen der Liturgie, aber auch den Aufgaben und Funktionen der Kirche

Oben: Gerasa; Bodenmosaik mit Darstellung einer Beterfigur. Mit den beiden Bäumen ist das Paradies angedeutet, in das dem Glauben nach der Verstorbene gelangt ist.

Unten: Sarkophag aus der Via della Lungara (Rom, Thermenmuseum). Zu den Symbolfiguren des »Guten Hirten« und Beters gesellt sich auch die des Fischers; dieser gemäß Matthäus IV/18: »Folget mir nach, ich will euch zu Menschenfischern machen.«

innerhalb ihrer Gemeinde Rechnung getragen. Sie stellt im Grunde also doch eine eigenständige Schöpfung dar.

Wie dem auch sei, Tatsache ist, daß mit Konstantin und seiner Dynastie eine überaus rege Bautätigkeit einsetzt. Im ganzen Reich wurden nun in oder außerhalb der großen Städte Kirchen zu Ehren der Märtyrer gebaut, oft von gewaltigen Ausmaßen. Man denke nur an die auf dem Areal der früheren Kaserne der *Equites singulares* am Lateran errichtete Basilika des Erlösers, die später Johannes dem Täufer geweiht wurde. Die Durchführung solcher Bauvorhaben erforderte gewaltige Mittel. Man kann sich davon eine Vorstellung machen, wenn man bedenkt, daß zum Bau der konstantinischen Peterskirche der Hang des Vatikanhügels eingeebnet werden mußte, was die Abtragung von etwa 40 000 Kubikmetern Erde erforderte. Unter dem Aushub wurden die Grabmäler des alten, damals noch in Gebrauch stehenden Friedhofs verschüttet. Jede Basilika wurde von der Gründung an mit Einkünften aus Haus- und Grundbesitz ausgestattet und hatte ihre eigenen Werkstätten für die Instandhaltung der gesamten Anlage.

Auf eine kritische Zusammenfassung des weitgespannten Gebiets der christlichen Baukunst jener Zeiten muß hier verzichtet werden. Wir müssen uns hier, wie auch bei anderen Gelegenheiten, auf das Wichtigste beschränken. In Rom kommen zu den auf Konstantin, seine Söhne und Nachfolger zurückzuführenden Bauten noch die der Basilika des Apostels Paulus an der Via Ostiense. Der ungünstigen Bodenbeschaffenheit wegen konnte sich der erste Bau in keiner Weise mit den anderen großen Basiliken messen. Aber schon 50 Jahre später entstand unter Valentinian II., Theodosius und Arkadius eine riesige fünfschiffige Basilika in umgekehrter Ausrichtung der vorhergehenden.

Oben: Sebastians-Katakombe, Grabschrift des (8jährigen) Atimetus. Im Anker ist auch das Kreuz angedeutet, der Fisch ein Bildsymbol Christi. Die Anfangsbuchstaben der griechischen Bezeichnung für Fisch = Ichthys, *beinhalten die Kurzform des christlichen Glaubensbekenntnisses:* J*esous* Ch*ristos* T*heou* H*yios* S*oter = Jesus Christus Gottes Sohn Heiland.*

An einer *Ad duas lauros* benannten Stelle der Via Labicana erstand eine Kirche zu Ehren der Märtyrer Petrus und Marcellinus. In ihrer Achse wurde etwas später das für Konstantin bestimmte Mausoleum errichtet, das aber, nachdem dieser seine Hauptstadt nach Byzanz verlegt hatte, zum Grabmal seiner Mutter Helena wurde. Die im Grundriß an eine Arena erinnernde Basilika könnte als Modell für drei weitere Grabeskirchen in Rom gedient haben: Sta. Agnese an der Via Nomentana mit dem angefügten Mausoleum, das Konstantins Tochter Konstantina errichten ließ und das in die Kirche Sta. Costanza umgewandelt wurde; die Gedächtnis- und Doppelkirche an der Via Tiburtina für den hl. Laurentius, von der nur wenige Überreste neben der späteren, unter den Päpsten Pelagius und Honorius erbauten Basilika übrig geblieben sind; schließlich die *Memoria Apostolorum* an der Via Appia und die Katakombe, wo der Märtyrer Sebastian beigesetzt wurde. Dazu muß auch noch die Basilika Sta. Croce in Jerusalem gerechnet werden, die aus dem Umbau eines Teiles des *Sessorium* genannten Palastkomplexes entstand. Zur gleichen Zeit wurden im Verlauf des 4. Jh.s in Rom auch die vermuteten Versammlungsräume der erwähnten Hauskirchen (*domus ecclesiae* oder *tituli*) durch richtige Basiliken verdrängt.

In seinem Bauprogramm konnte Konstantin natürlich Palästina nicht vergessen, das schon lange das Ziel von Pilgerreisen zu den vom Leben und Leiden Christi geheiligten Stätten war. In Bethlehem errichtete man über der Grotte, in der sich der Überlieferung nach das Wunder der Menschwerdung vollzog, ein Oktogon, an das sich eine fünfschiffige Säulenbasilika mit durchlaufenden Architraven – wie im alten St. Peter von Rom – anschloß. Auf der Stätte der Kreuzigung und Auferstehung des Herrn entstand ein ganzer Komplex, der den Golgathafelsen und das Heilige Grab umfaßte. Hier finden wir erstmals eine Kultstätte, in der drei Baugruppen mit bestimmter Bedeutung zu einer architektonischen und liturgischen Einheit zusammengefaßt wurden: die Rotunde der *Anastasis* (Auferstehung), das Heilige Grab mit anschließendem Baptisterium, ein Vorhof mit den *memoriae* des Kreuzes und die fünfschiffige *Basilica Maior*. Konstantin ist auch die Eleonakirche am Hang des Ölbergs zu verdanken, errichtet an der Stelle einer Grotte, in der Christus angeblich seine Jünger über das kommende Weltgericht belehrte; weiterhin die ebenfalls nur noch in spärlichen Resten überkommene Kirche von Mamre (Mambre) 4 km nördlich von Hebron, der ein großer Hof vorgelagert war, in dem sich auch Spuren eines jüdischen Heiligtums fanden.

In Palästina geht die Bautätigkeit während des 4. und 5. Jh.s unaufhörlich weiter, und zwar in einer außerordentlichen Vielfalt von Formen und Abwandlung der Grundschemen (Zentralbau, Langbau usw.). Man baut in Jerusalem auf dem Gethsemane die Kirche Christi Himmelfahrt, die Maria-Himmelfahrts-, Stephanus- und Täuferkirche. In Gerasa (Jarash) entsteht die alte Basilika mit geradem Abschluß, flankiert von »Pastophoren«; in Sichem die Kirche des Jakobsbrunnens, wo erstmals der kreuzförmige Grundriß auftaucht, vier gleichlange, an einen quadratischen Raum anschließende Arme (griechisches Kreuz), ein Plan, der in der Kirche der Propheten, Apostel und Märtyrer in Gerasa weiterentwickelt wird und au-

Unten: Vorderseite des sogenannten »Drei-Monogramme-Sarkophags« in den Vatikanischen Museen. In der Szene links vollführt Petrus das Quellwunder Moses'; daß es sich um Petrus handelt, wird deutlich aus den Soldaten, die an der Quelle ihren Durst löschen, und aus der Verleugnung des Herrn.

Blick vom Eingang aus in die halbunterirdische Basilika der hll. Nereus und Achilleus in der Domitilla-Katakombe. Hier hielt Papst Gregor d. Gr. (590–604) von der Kathedra in der Apsis aus die ergreifende Homilie über Roms schreckliche Zustände: » . . . überall Tod, Trauer und Verwüstung, von allen Seiten werden wir geschlagen und gedemütigt . . . «

ßerhalb Palästinas auch im ursprünglichen *Martyrion* des hl. Johannes in Ephesus. Schließlich baut man auch die Kirche der *Theotokos* (Gottesgebärerin) auf dem Berg Garizim, mit polygonalem Grundriß.

Sakralbauten in den Provinzen des Imperiums

Mit der am 11. Mai 330 erfolgten Verlegung der Reichshauptstadt nach Konstantinopel wurde die bereits 40 Jahre vorher von Diokletian mit der Institution der Tetrarchie eingeleitete Preisgabe Roms als Sitz der Zentralgewalt endgültig besiegelt. Das »Neue Rom«, wie man die bis dahin unbedeutende Stadt Byzanz nannte, wurde aus strategischen und wahrscheinlich auch handelspolitischen Gründen gewählt. Es lag an der engsten Stelle des Meeres, das Europa von Asien trennt und wo sich die Handelswege sowohl zu Land als auch zur See kreuzten. Mit dem Goldenen Horn im Norden und dem Marmarameer im Süden war die Landfront leicht zu verteidigen. Nach Konstantins Willen sollte die neue Hauptstadt in jeder Hinsicht der alten würdig sein. Konstantin und seine Nachfolger verschwendeten ungeheure Geldmittel, um die Stadt mit Prachtbauten und Monumenten zu schmücken, von denen viele römisches Gepräge bewahrten; überdies wurden aus allen Teilen des Reiches unermeßliche Kunstschätze herbeigeschafft.

Bei den Sakralbauten müssen zwei von Konstantin erbaute Basiliken erwähnt werden: die älteste Hagia Sophia (Kirche der heiligen Weisheit), die aber erst 350 vollendet wurde, und die der heiligen Apostel, die jedoch 536 von Justinian durch einen Neubau ersetzt wurden. Von beiden sind keine Spuren mehr vorhanden, von der zweiten wissen wir jedoch aus der Beschreibung des Bischofs von Caesarea, Eusebius, daß sie die Kenotaphe der 12 Apostel und dazu auch den Sarkophag Konstantins enthielt und der sich damit selbst als »Bischof von Rom« feierte. Diese Kirche kann demnach sowohl als kaiserliches Mausoleum als auch als *Martyrion* der Apostel bezeichnet werden. Damit entsteht insofern ein Novum, daß die *Martyria* im wahrsten Sinn des Wortes nicht mehr nach dem Beispiel des Baukomplexes der Grabeskirche und anderer konstantinischer Gedächtniskirchen sozusagen als Anhängsel einer hinzugefügten großen Basilika gelten. Sie werden dagegen vielmehr zum Mittelpunkt, um den sich alle anderen Bauteile anordnen.

Die Preisgabe Roms als *Caput Mundi* hatte aber auch die Teilung der politischen Macht- und Verwaltungszentren mit entsprechenden kaiserlichen Residenzen zur Folge. Neben der amtlichen Reichshauptstadt Konstantinopel und dem neuen religiösen Zentrum Jerusalem gelangten Antiochia, Mailand, Trier und Köln als kaiserliche Residenzen zu hohem Ansehen. Dies wiederum wirkte sich natürlich auch in der profanen und sakralen Bautätigkeit vorteilhaft aus.

Der älteste christliche Bau in Antiochia, von dem wir durch literarische Quellen und einige Abbildungen Kenntnis haben, ist das dem Kaiserpalast am Orontes angefügte »Goldene Oktogon«. Es wurde von Konstantin der »Göttlichen Harmonie« geweiht, aber erst 341 vollendet. Wegen seines Zusammenhangs mit dem Kaiserpalast wurde es als Vorläufer der mittelalterlichen Kaiser- bzw. Königspfalzen betrachtet. Sozomenos berichtet jedoch, Konstantin habe sich im Palast »eine Kirche bauen lassen«, die bei seinen Feldzügen durch einen, von Priestern und Diakonen bedienten »Tabernakel in Form einer Kirche« ersetzt wurde. Im Vorort Kaoussié von Antiochia entstand 378 die Gedächtniskirche für den lokalen Märtyrer Babylas, die uns das erste Beispiel einer Überführung von Reliquien in der Kirchengeschichte zeigt. Der Grundriß ist kreuzförmig, der Fußboden mit farbigem Mosaik ausgelegt. Sie hatte keine Apsis, da der Gegenstand der Verehrung in der Mitte der Kreuzesarme lag. Vielleicht hat das *Apostoleion* von Konstantinopel als Vorbild bei der Planung dieses Baues gedient.

In den übrigen Gebieten Syriens weisen die Kirchenbauten je nach traditioneller Liturgie und Art sowie Qualität des am Ort verfügbaren Baumaterials beträchtliche Variationen auf. Eine Besonderheit sind die Märtyrerkapellen, für die in mehrschiffigen Kirchen ein Raum an der Südseite der Apsis benutzt wird. Bei einschiffigen ist dies ein oft mit dem Portikus verbundener Raum, in dem die Reliquiensarkophage untergebracht wurden. Kennzeichnend für den Osten ist auch das im liturgischen Gebrauch dem Ambo vergleichbare Bema, ein hufeisenförmiges Podium, das in Syrien vor dem Presbyterium im Hauptschiff des Kirchenraums steht.

Obzwar in diesem Gebiet das älteste, unzweifelhaft christliche Baumonument entdeckt wurde, die Hauskirche von Dura Europos, kennen wir bisher keine anderen Monumente, die in die Zeit vor der zweiten Hälfte des 4. Jh.s datiert werden könnten. Der Zeit nach 350 dürften die Kirchen von Farfetin, Ruweha, Kharab-Chems zugeschrieben werden, auch jene von Babisqa und vielleicht Ba'udé – ein Werk des Architekten Markianos Kyris – und die Kathedrale von Brad, ein Werk Julians.

Die Familiengruft in der Via Dino Compagni in Rom. Die sogenannte »Anatomie-Lektion«, ein Wandgemälde in einer großen Nische des Raumes I. Man hat für diese sonderbare Komposition verschiedene Deutungen vorgeschlagen: Wiedererweckung eines Toten, wunderbare Heilung eines Kranken, Erschaffung des ersten Menschen, oder auch Lektion in Chirurgie.

Alle diese Kirchen in Nordsyrien gehören vermutlich noch dem 4. Jh. an, während die Kirchen von Kseijbé, Oumm el-Jimal (Werke des erwähnten Julian), Tafha und Qualat Sem'ân dem 5. Jh. angehören. Besonders Qualat Sem'ân ist ein Meisterwerk der Baukunst. Dort hatte man um die Säule herum, auf der der hl. Simeon Stylites 30 Jahre seines Lebens zugebracht hatte, ungefähr im Jahre 480 ein achteckiges *Martyrion* errichtet, von dem kreuzförmig vier dreischiffige Basiliken ausgingen.

Man kann die Größe der Christengemeinden und Zahl der Sakralbauten im Westen nicht mit denen des Vorderen Orients vergleichen, an Originalität stehen jedoch die frühchristlichen Bauten des Westens denen des Ostens in nichts nach. Mailand, zur Hauptstadt Westroms geworden, erlebte eine unerwartete Hochblüte und berief (374) den in Trier geborenen Ambrosius als Bischof für seine Kathedrale. Dank der Anwesenheit des kaiserlichen Hofes und des unermüdlichen energischen Einsatzes seines Bischofs entwickelte sich die Stadt bald zu einem der bedeutendsten Zentren christlicher Baukunst. Das bezeugen die Mächtigkeit und die grandiose Konzeption seiner Kirchenbauten, in denen das Selbstbewußtsein von Größe und Macht der Kirche zum Ausdruck kommt, ganz im Einklang mit der Stellung, die die Kirche im Leben des Staates zu jener Zeit errungen hatte. Zwar sind in den frühen Mailänder Kultbauten Verknüpfungen mit konstantinischen Vorbildern Roms und Konstantinopels offensichtlich, doch sind diese entsprechend den lokalen stilistischen und bautechnischen Erfahrungen umgearbeitet.

Das beste Beispiel für die Verschmelzung auswärtiger »Anleihen« und lokaler Tradition bietet die Laurentius-Basilika, ein Zentralbau (Vierkonchenanlage), flankiert von vier Türmen, davor ein grandioser Quadriportikus mit vorgelagerten Propyläen. Im Gegensatz zum schmucklosen Äußeren war das Innere reich mit Marmor und Stuck verziert. Durch ein zangenförmiges Atrium gelangte man in die sogenannte Aquilinuskapelle an der Südseite (diese Benennung stammt jedoch frühestens aus dem 16. Jh., vorher war sie dem hl. Genesius geweiht), die von manchen als Baptisterium betrachtet wird. Wahrscheinlicher aber ist, daß sie aus einem kaiserlichen Mausoleum entstanden ist. Die *Basilica Apostolorum*, heute St. Nazarius, ist hingegen eine große Kirche mit dem Grundriß eines lateinischen Kreuzes, gebaut nach dem Modell des *Apostoleions* von Konstantinopel. Der Hochaltar dieses Gotteshauses stand inmitten der Vierung. Im Langkreuzgrundriß ist auch die Kirche des hl. Simplizianus erbaut, die mit der *Basilica Virginorum* identisch ist, die in literarischen Quellen erwähnt wird. Ein prachtvoller Backsteinbau (die Umfassungsmauern sind zum großen Teil erhalten geblieben), der nicht nur für Mailand, sondern für den Kirchenbau des 4. Jh.s weiter Gebiete Westroms mustergültig wurde. In das zweite Drittel des 4. Jh.s dürfte die Gründung der *Basilica nova* anzusetzen sein, die im frühen Mittelalter der hl. Thekla geweiht wurde (die Dokumentation reicht nur bis ins 8. Jh. zurück), eine fünfschiffige Basilika mit dreischiffigem Querhaus und achteckigem Baptisterium, die in einigen Aspekten an die Laterans-Basilika erinnert. Noch ungewiß ist die Zeitsetzung für die einschiffige, außen mit Strebepfeilern versehene Kirche S. Giovanni in Conca (5. Jh.?).

Der sogenannte Sarg der Keuschen Susanna (Arles, Musée Lapidaire). Die Einbeziehung des Sarkophages läßt an einen Juden-Christen als Auftraggeber denken. Arles, in konstantinischer Zeit auch kaiserliche Residenz (308), hatte sich zu einem »Kleinrom« Galliens entwickelt. Seine Sarkophagkunst war berühmt.

Im Bereich der Grabeskirchen muß noch die *Basilica Martyrum* genannt werden, die außerhalb des Vercellina-Tores auf dem Friedhof *Ad Martyres* erbaut wurde. Sie steht im Zusammenhang mit der Auffindung der Gebeine der hll. Gervasius, Protasius, Nazarius und Celsus in Mailand und der hll. Vitalis und Agricola in Bologna, deren Überführung von Ambrosius selbst vorgenommen wurde – ein für jene Zeit im Westen ganz außergewöhnliches Ereignis.

Auch außerhalb Italiens ist im Sakralbau ein Aufschwung zu verzeichnen, insbesondere nördlich des Po. Im heutigen Rheinland knüpft die Architektur an die Konzepte, Massenverteilung und Technik Mailands an. Trier, das alte *Augusta Treverorum*, Residenz Konstantins bis 312 und zeitweise auch seiner Nachfolger während des ganzen 4. Jh.s, sowie Köln (seit 50 n. Chr. *Colonia Agrippinensis*), Grenzbastion in der Zeit Julians zur Verteidigung des Reiches gegen die immer bedrohlicher werdenden Invasionen der Barbaren, haben uns hochinteressante Monumente hinterlassen.

Trier hatte schon in früher Zeit blühende Christengemeinden, was durch die Funde – Sarkophage und Inschriften – in den Friedhöfen St. Matthias, St. Paulinus und St. Maximinianus bezeugt ist. Der zweifellos bedeutendste Baukomplex kam jedoch bei den Grabungen unter dem Dom zum Vorschein. Man fand die Grundmauern zweier dreischiffiger Basiliken; eine querliegende Aula bildete ihren Abschluß. Die beiden, nur 15 m voneinander entfernten Basiliken waren an der Westseite durch ein Baptisterium, an der Ostseite durch ein dreischiffiges Querhaus miteinander verbunden. Diese Zwillingsbasilika, die in die Zeit Konstantins datiert werden kann, erlitt viele mehr oder weniger tiefgreifende Veränderungen, die ersten bereits unter Gratian um 380, der die Stadt zu seiner Residenz erwählt hatte. Ebenfalls in die Zeit Konstantins reicht der Bau der Profanbasilika, charakteristisch durch ihr System von Blendarkaden, in denen sich doppelbögige Fenster öffnen.

In Köln wurde die einschiffige Severinskirche in viel späterer Zeit durch den Anbau eines zweiten Schiffes erweitert, so daß sie nun mehr breit als lang war; solche Breitkirchen hat man auch in Kappadokien gefunden. Aus der Zeit Gratians dürfte die einzigartige Gereonskirche stammen – die ursprüngliche Widmung ist nicht bekannt, die Legende jedoch bringt St. Gereon mit der Thebanischen Legion in Verbindung. Diese Kirche war ein ovaler Bau mit einem zangenförmigen Säulenatrium an der West- und einer Apsis an der Ostseite. Die Nord- und Südseite des Ovals war durch je vier kleine Konchen erweitert, die an der Außenmauer noch erkennbar sind.

Neben diesen Gebieten, in denen der Kirchenbau durch die Anwesenheit kaiserlicher Hofhaltungen besonders begünstigt war und vorangetrieben werden konnte, setzt auch in anderen Gebieten eine Entwicklung ein oder kann an alte Traditionen anknüpfen. So z. B. in den Gebieten südlich der unteren Donau, insbesondere in Griechenland. Dort kamen auch weit entfernt von den großen Zentren Bauten zum Vorschein, die den Betrachter nicht so sehr durch ihre äußere Erscheinung als durch den Reichtum der Innendekoration überraschen. Man denke nur an die mit der Liturgie in Verbindung stehenden großflächigen Bodenmosaiken. Größere Zentren wie Nikopolis, Philippi und Saloniki konnten auf einer uralten Tradition weiterbauen. Sie lassen den Reichtum der Kirchen der *Histria* (Dobrudscha) erahnen, was künftige Forschungen mit einiger Sicherheit bestätigen dürften. Nordafrika, das schon sehr früh eine große Rolle in der Entwicklung des Christentums gespielt hat, hat uns einige Basiliken von außerordentlicher Monumentalität hinterlassen, z. B. sieben Schiffe der Sta. Perpetua in Karthago, neun Schiffe in Damus-el-Karita. Die Architektur dieses Gebiets weist einige ungewöhnliche Besonderheiten auf, so die Aufstellung des Altars inmitten des Hauptschiffes außerhalb des Presbyteriums, eine Anordnung, der man ähnlich auch in Spanien begegnet. Eine weitere Besonderheit sind die vielen Basiliken mit Gegenapsis. Man hat für diese eigenartige Bauweise verschiedene Deutungen vorgeschlagen, doch keine davon kann als allgemeingültig betrachtet werden. Hier stellt sich auch die Frage, ob und inwieweit derartige Konstruktionen die Westwerke einiger großer Dome in Deutschland beeinflußt haben könnten.

Märtyrerkult und Katakomben

Mit dem Religionsfrieden erhielt der Kult der Märtyrer, denen ja schon längst besondere Verehrung zuteil geworden war, einen mächtigen Auftrieb. Gefördert wurde dieser Kult auch von der Kirche, die damit die Etappen ihres Sieges feiern wollte, der ohne das Beispiel der Blutzeugen nicht so vollkommen gewesen wäre. Um den Jahrestag ihres glorreichen Todes zu feiern, begann man liturgische Kalender zusammenzustellen, erst für den Gebrauch des Klerus und Volkes einzelner Gemeinden, schließlich das allgemeine *Martyrologium*. Die auffallendste Erscheinung sind jedoch die Pilgerfahrten, sei es zu den Gräbern lokaler Märtyrer, zu Heiligtümern der näheren Umgebung oder auch zu den weitest entfernten Stätten der berühmtesten Märtyrer. Aus den Wandkritzeleien kann man ermessen, wie zahlreich sich dort Pilger aus fernen Provinzen des Reiches einfanden, oft erst nach monatelangen Wanderungen. Das wirkte sich nicht nur in der Liturgie, sondern auch im Ausbau und Charakter solcher Stätten aus. Wir haben bereits bemerkt, daß man in oberirdischen Friedhöfen das Grab eines Märtyrers durch eine *Memoria* kennzeichnete, der später eine Basilika angefügt wurde. War das Grab in einer Katakombe, so suchte man es irgendwie von den anderen, gewöhnlichen Gräbern abzusondern. Dies geschah entweder durch Vergrößerung der Grabnische zu einem Arkosolium oder auch durch beträchtliche Ausweitungen, die zur Bildung eigentlicher, kleiner »Grottenbasiliken« führen konnten. Eine solche wurde unversehrt in der Hippolytus-Katakombe an der Via Tiburtina in Rom entdeckt. Manchmal wurden solche *Memoria* auch zu halb oberirdischen Kirchen erweitert, indem man die umliegenden Gänge bis zur Oberfläche ausgrub und den gewonnenen Zwischenraum mit Mauerwerk ausfüllte. Dies ist z. B. der Fall bei der Basilika der hll. Nereus und Achilleus in der Domitilla-Katakombe.

Um den Zustrom der Wallfahrer zu den verschiedenen Abteilungen der Katakomben, deren Ausdehnung ständig wuchs, zu erleichtern, wurden alte Treppen erweitert und neue angelegt. Es wurden auch Verbindungsgänge zwischen den unterirdischen Gräbern und den darüber entstandenen Gedächtniskirchen hergestellt. Vielbegangene Stollen wurden durch Mauerwerk gesichert, auch um den Zustrom der Pilger in geordnete Bahnen zu lenken, Märtyrergräber wurden mit Wandmalereien und Mosaiken verschönert oder mit Marmorplatten ausgekleidet und durch Abtrennungen gesichert.

In diesem Werk der Neuordnung und Verschönerung der Katakomben sowie bei der Suche nach Märtyrergräbern, von denen viele durch die Vernichtung der Kirchenarchive während der Diokletianischen Verfolgungen in Vergessenheit geraten waren, hat sich Papst Damasus I. besonders hervorgetan. Dieser Dichterpapst (366–384) war erst nach blutigen Kämpfen mit den Anhängern des Gegenpapstes Ursinus auf den Stuhl Petri gelangt. Seinem Eingreifen sind u. a. die Restaurierungen am Vatikan zu verdanken, dann die in der Comodilla-Katakombe, wo er die bessere Ausgestaltung und Ausschmückung des Doppelgrabes der Märtyrer Felix und Adauttus anordnete, in der Calixtus-Katakombe, wo die Krypta der Päpste und des hl. Eusebius ausgeschmückt wurden, in den sogenannten Lucina-Krypten und in den Sebastians-Katakomben, wo er angeblich das Grab des Märtyrers Eutychius fand und dessen Kult förderte. Weiterhin ist Papst Damasus I. zu danken für die Restaurierungen in der Prätextatus-Katakombe, wo er die Krypta des Märtyrers Januarius und die Gräber der beiden Märtyrer Felicissimus und Agapitus verschönern ließ sowie auch die Krypta des Märtyrers Hippolytus. Schließlich ließ er auch die Trason- und Hermes-Katakomben verschönern, wo die Gräber der Märtyrer Protus und Hyacinthus entdeckt wurden. Auf alle ließ er von ihm selbst verfaßte metrische Epitaphe mit den Namen der Blutzeugen und eine Würdigung der Art ihres Martertodes anbringen. Man kennt an die 80 solcher Texte, von denen viele in schönen Lettern von seinem Sekretär Furius Dionysius Philocalus in den Marmor eingraviert wurden. Dieser Name steht seither an der Spitze in der Geschichte der Schriftkunst der Spätantike.

Rom, unvollendeter Säulensarkophag. Die Rohformen der Sarkophage wurden serienweise von Steinmetzen ausgearbeitet, die Endfertigung Bildhauern anvertraut. Nicht selten mußten in dringenden Fällen auch halbfertige Sarkophage verwendet werden. Der abgebildete enthält im oberen Teil eine Grabschrift Gregors V. (996–999)

Gleichzeitig mit diesem Aufblühen des Märtyrerkultes und zum Teil von diesem ausgelöst geht eine ungeheure Vergrößerung der Katakomben einher. Der verfügbare Raum genügte bald nicht mehr, die ständig wachsende Nachfrage nach Begräbnisplätzen zu befriedigen. So wurden die Stollen unmäßig vorangetrieben, in einigen sogar der Boden abgesenkt, um so Platz für eine weitere Reihe von Grabnischen zu schaffen. Man hob auch im Boden selbst Gruben aus und verschüttete Umgänge, um neuen Platz zu gewinnen. Als letztes Mittel ging man an die Ausräumung alter Gräber, sammelte die Gebeine in Urnen und brachte sie in Ossuarien unter (wie dies in der Area I der Calixtus-Katakomben geschah).

Das Grabungsverfahren in den ältesten Kernen der Katakomben unterscheidet sich stark von dem der Erweiterungen des 4. Jh.s. In den älteren Teilen verlaufen die Gänge ganz unregelmäßig. Die jüngeren Teile dagegen sind von langen, geraden Gängen gekennzeichnet, die sich im sogenannten »Rostsystem« mit zahlreichen parallel verlaufenden Gängen kreuzen. Von dieser Art ist z. B. der Stollen in der oberen Etage der Domitilla-Katakombe, der zur Grabkammer des Ampliatus führt (Verschmelzung mehrerer Kerne), wie auch der in der zweiten Etage der Priscilla-Katakombe, die nach einem vorher ausgearbeiteten Plan angelegt ist. Gleichzeitig mit dieser neuen Grabungstechnik trat auch eine andere Einrichtung in den Katakomben auf: die Schaffung der sogenannten »Retro-Sanctos«-Zonen in unmittelbarer Nähe hochverehrter Gräber. Zu viele hätten gern ihre letzte Ruhestätte in der Nähe eines Märtyrergrabes gehabt, und so häufte sich die Nachfrage nach solchen Plätzen derart, daß diese bald zu Handelsobjekten der *Fossores* (Totengräber) wurden. Es gibt Inschriften, die das zur Genüge bezeugen. In der ältesten über den Ankauf einer Grabstätte wird das Pontifikat Julius I. erwähnt, so daß diese mit Sicherheit in die Zeit von 317–352 datiert werden kann. Gräberhandel und später auch Reliquienhandel stellen zwei Mißbräuche des 4. Jh.s dar, die Anlaß zu Skandalen gaben. Der Gräberhandel fand ein Ende, als die Zustände eine Schließung der Katakomben erforderten. (Sie wurden dann völlig vergessen und erst im 16. Jh. wiederentdeckt; Ausnahme St. Sebastian.) Aber gerade dadurch kam der Handel mit Reliquien zu einer unerhörten Hochblüte, ganz besonders, als sich im Frankenreich die immer zahlreicher werdenden Christengemeinden (sofern sie sich nicht eines eigenen Märtyrers rühmen konnten) den Besitz von Reliquien (echten, recht häufig aber auch falschen) für die Neugründung ihrer Kirchen streitig machten.

Neben den Gemeindefriedhöfen ließen sich begüterte Familien auch im 4. Jh. ihre eigenen Hypogäen errichten. Das heute berühmteste wurde erst vor 20 Jahren in einem neuen Stadtviertel Roms in

Oben: Ravenna, das sogenannte Mausoleum der Galla Placidia. Die ganze Gewölbezone oberhalb der mit Marmor verkleideten Wände ist mit großartigen Mosaiken geschmückt.

Rechte Seite unten: Ruinen der Basilika von Hippon, dem Bischofssitz des hl. Augustin. Der dreischiffige Bau war doppelt so lang als breit, eine für die Kirchen Afrikas recht gebräuchliche Bauweise.

Unten: Goldsolidus Justinians. Das Bildnis des Kaisers ist hier graphisch vereinfacht; im übrigen finden sich schon seit längerer Zeit christliche Symbole und Attribute in der kaiserlichen Ikonographie.

der Via Dino Compagni, nahe der alten Via Latina, entdeckt. Der Reichtum, ja Überfluß an Malereien, mit dem dieses Grabmal ausgeschmückt ist, bildet geradezu eine Pinakothek des 4. Jh.s. Darin befinden sich Bilder von heidnischem und christlichem Charakter, so daß diese Wandmalereien einen der wichtigsten Beiträge zur Kenntnis der gesamten bildlichen Kunst des 4. Jh.s liefern. Im Hinblick auf gesellschaftliche Verhaltensformen bezeugt dieses Hypogäum überdies ein Zusammenleben von Heiden und Christen nicht nur im Bereich ein und derselben Familie, sondern auch die Gemeinsamkeit mehrerer Familien im gleichen Grabmal. Man kann aus diesem privaten Grabmal noch mehr herauslesen: Seine christlichen Besitzer scheinen es vorgezogen zu haben, neben den heidnischen Mitgliedern ihrer eigenen Sippe begraben zu sein, statt in der Nähe ihrer Glaubensbrüder auf einem Gemeindefriedhof. Man kann dies als erstes sichtbares Zeugnis des langsamen Verfalls jenes Gemeinschaftsgeistes deuten, der die alten Christengemeinschaften ausgezeichnet hatte.

Einen wichtigen Beitrag für die Topographie und Geschichte liefern auch die in Zömeterien gefundenen Sarkophage, eine Bestattungsart, die natürlich viel kostspieliger war als eine Nische oder Arkosolium. Man benutzte dafür meist den kostbaren Marmor; Ton- oder Bleisärge sind viel seltener. Rom war ein hochbedeutendes Zentrum für die Herstellung dekorierter Sarkophage, die bis in die *Hispania Tarraconensis* (Provinz in Spanien) ausgeführt wurden und übte auch einen beträchtlichen Einfluß auf die Werkstätten von Arles aus. Als die Werkstätten Roms immer mehr verfielen, übernahm gewissermaßen Ravenna dieses Erbe. Eine ganz besondere Klasse bilden die Porphyrsärge, für die das Material aus ägyptischen Steinbrüchen herbeigeschafft werden mußte. Porphyr war die Farbe der kaiserlichen Würde und Porphyrsärge nur für Mitglieder der kaiserlichen Familien vorbehalten. Im Museum des Vatikans wird der eigentlich für Konstantin bestimmte Porphyrsarkophag seiner Mutter Helena wie auch der seiner Tochter Konstantina bewahrt; verschiedene andere befinden sich in Konstantinopel.

Figürliche Darstellungen

Unter den aus einer bestimmten Epoche überkommenen materiellen Relikten vermittelt uns die Ikonographie nicht selten auch feine Nuancen im Wandel des Verhältnisses zwischen Gesellschaft und Staat. Die 313 von Konstantin begonnene Politik gegenüber dem Christentum bedeutet einen absoluten Bruch mit der Vergangenheit. Mehr als zweieinhalb Jahrhunderte hatte die Kirche eine Verflechtung mit der Staatsgewalt abgelehnt, zuerst schroff, dann in vorsichtiger Abwehr. Diese Einstellung wurde nun so gründlich geändert, daß sich die Kirche bald in einer auch für die Reichspolitik verantwortlichen Stellung fand. Daraus erwuchs ein Zwiespalt, der das ganze Mittelalter hindurch anhalten sollte. Die nun formell anerkannte Koexistenz zweier Gewalten, der weltlichen und der geistlichen, ließ den alten Gegensatz zwischen diesen wieder aufleben. Vor allem ihn glaubte Konstantin mit seiner Politik überbrückt zu haben. Die Zuständigkeiten, um nicht zu sagen Rangordnung von Kirche und Staat war nur geringfügig festgelegt. Jedenfalls führte dieses Nebeneinander schon bald nach dem Religionsfrieden zu neuen, jedoch andersartigen Spannungen. Die Kirche ging nach wenigen Jahren des Friedens einer der schwersten Krisen in ihrer Geschichte entgegen: dem Kampf gegen den Arianismus. Die Doktrin des aus Antiochia stammenden Arius war einfach und leicht verständlich. Es kam zu heftigen Zusammenstößen und zu Gewalttätigkeiten. Weit schwerwiegender ist, daß der Arianismus zum Brennpunkt theologischer Grundsatzfragen und religiöser Dispute wurde, die mehr als 60 Jahre andauern sollten. Im Streit mit den Orthodoxen unterstützte Kaiser Konstantin nachdrücklich die Partei des Arius, und manchmal hatte es den Anschein, als ob die Orthodoxen endgültig in den Hintergrund gedrängt würden. Einen Hinweis auf diese schicksalhaften Auseinandersetzungen kann man, wenn auch noch nicht völlig klar, in der Ikonographie erkennen; bildliche Darstellungen mit starker Betonung der Dreifaltigkeit können ohne Schwierigkeit in Beziehung zu den das religiöse Leben erschütternden Vorkommnissen und den ideologischen Strömungen gebracht werden. Sie bezeugen auch, was zwar weniger wichtig erscheint, die leidenschaftliche Teilnahme der Laien an diesen Streitigkeiten. Dazu kommt der von Konstantin und seinen Nachfolgern geforderte Anspruch, Konzilien einzuberufen, deren Vorsitz zu führen und Gesetze in Glaubenssachen zu diktieren. Daraus erklärt sich auch die Unterstützung der Arianer. Der Kaiser hatte erkannt, daß sich das Reich leichter mit der Beihilfe einer Kirche regieren ließ, deren Bischöfe weit nachgiebiger waren als die der hartnäckigen Orthodoxen. Diesen jedoch war die Einmischung des Kaisers ein Dorn im Auge. Ihre ablehnende Einstellung kommt auch in der Ikonographie zum Ausdruck, und zwar in den *Etimasia* genannten Bildern. Nach neueren Erkenntnissen gehen diese auf den Brauch zurück, in den Aulen des Konzils auf den Thron in der Apsis ein Evangelium zu legen, womit zum Ausdruck gebracht werden sollte, daß der Vorsitz nicht dem Kaiser, sondern Christus-Lógos

Oben: Silbernes Pilgerfläschchen (Ampulle), eines von 15 anderen, die Papst Gregor d. Gr. (590–604) der Königin Theodolinde geschenkt hat (Monza, Dom). Solche auch aus Ton oder Glas hergestellten Behälter wurden von den Pilgern mit dem geweihten Öl der Lampen, die an den Märtyrergräbern brannten, oder auch mit Erde geheiligter Stätten gefüllt.

gebühre. Das Thema »Christus als Lehrer zwischen den Aposteln Petrus und Paulus« ist bereits seit Ende des 3. Jh.s in der Bedeutung der *Legis Traditio* (Unveränderlichkeit des Gesetzes) bekannt. Auch dieses Thema wird immer mehr erweitert (Christus im Kreis seiner Jünger, zu dem vertrauensvoll die Seelen der Verstorbenen kommen). Nach dem Religionsfrieden erhält dieses Thema eine stark polemische Note: In den besonders feierlichen Szenen mit dem *thronenden* Christus inmitten des Apostelkollegiums oder im »Traditio-lepis-Bild« kommt offen oder verhüllt die Überzeugung der göttlichen Abkunft weltlicher Macht zum Ausdruck.
In sinnfälligster Weise feiert die christliche Kunst nach dem Religionsfrieden den Triumph der Kirche über das Heidentum und den Beginn einer neuen Epoche. In ihr sollte sich, wie man glaubte, das Reich des Friedens und der Gerechtigkeit verwirklichen. Diese allgemeine Begeisterung ist überall zu spüren, vor allem in der Ausschmükkung der Kirchen mit farbenschimmernden Mosaiken – der »Malerei für die Ewigkeit«, wie man sie genannt hat. Die uralte Mosaikkunst, die bis dahin hauptsächlich als Bodenbelag diente und darin auch großartige Meisterwerke zustande gebracht hatte, wird nun auch auf die Wände übertragen und erreicht in kurzer Zeit einen qualitativ und quantitativ überwältigenden Hochstand. Schon in den Mosaiken des 4. Jh.s, die das Mausoleum der Konstantina schmücken, spiegelt sich der neue Zeitgeist, mehr noch in figuralen Szenen, in denen wie bereits gesagt der himmlische Herrscher im Kreis seiner Apostel verherrlicht wird, und mit der Einbeziehung von Episoden der Passion und des unbesiegten Kreuzes (*Crux gemmata*, das edelsteinbesetzte Kreuz, das von Konstantin oder Theodosius auf dem Golgatha errichtet worden war); Etappen auf dem Weg zur Erlösung und des Triumphs.
Von diesem neuen Geist blieb die, noch vorwiegend der Eschatologie (Lehre vom Weltende) verhaftete Katakombenmalerei nicht unberührt. Sie paßte sich langsam der glorifizierenden Sprache an, allerdings in weit bescheidenerer Art. Dennoch änderte sich ihr ursprünglicher Geist durch einige wesentliche Neuerungen. Die jüngsten Entdeckungen bezeugen ein neues Faktum: die Übernahme szenischer Darstellungen aus dem Repertoire der Kulträume und Sarkophage in die Katakombenmalerei, allerdings in weit geringerem Maß in den großen Gemeindefriedhöfen als in den privaten Familiengruften. Es liegt nahe, den Grund dafür darin zu sehen, daß sich reiche Familien qualifizierte Maler leisten konnten, die nicht an überkommene Schemata gebunden waren. Diese wurden von den bescheidenen Handwerkern, die in weit weniger bemittelten Gemeindefriedhöfen arbeiteten, fast unverändert wiederholt. Das hatte aber auch Folgen. Wenn auch die freie Wahl der Themen die Qualität der figürlichen Dekoration erheblich verbesserte, zerstörte sie andrerseits jene Einheitlichkeit des Konzepts und des Symbolismus, der selbst im bereicherten Repertoire der größeren Friedhöfe teilweise noch weiterlebte. Wahrscheinlich ist dies den für die Verwaltung zuständigen Geistlichen zu verdanken, die darauf bedacht waren, den wahren Sinn und Charakter des Ortes zu erhalten. So hielt sich die Übernahme der anderswo auftauchenden, zahlreichen erzählerischen Szenen aus der Bibel in Grenzen, und die Katakombenmalerei bewahrte noch für einige Jahrzehnte ihren eigenen, unverkennbaren Stil.

Die Jahrhunderte des Übergangs zum Mittelalter

Das 5. Jh. ist von umstürzenden Ereignissen gekennzeichnet, die schließlich zum Untergang des Westreiches führten. Gratian ließ 382 den Altar der Victoria aus dem Sitzungssaal des Senats in Rom entfernen, was die berühmte Polemik zwischen dem Stadtpräfekten Symmachius und dem Bischof Ambrosius auslöste. Zur gleichen Zeit wurden auch die staatlichen Subsidien für die heidnischen Tempel gestrichen. Theodosius ordnet 386 die Schließung der Tempel an und erklärt mit den Edikten von 391 und 392 die Kirche Christi als einzige Staatsreligion, womit der Sieg des Christentums zumindest in den Städten vollendet war. Diese Umwälzungen betrafen nicht allein die rechtsstaatlichen Verhältnisse und den überragenden Einfluß der Christen in der Gesellschaft; auf politischer und militärischer Ebene näherte sich das Reich dem Zusammenbruch. Im Jahr 410 plünderten die Westgoten das Rom Alarichs. Dieses Ereignis erschütterte die damalige Welt, denn mit Rom versank ein tausendjähriger Mythos.
Nach der Glanzzeit Mailands und der Reichsteilung (395) zwischen Arcadius und Honorius erhob letzterer Ravenna zur Hauptstadt des Westreiches. Die bis dahin unbedeutende Stadt wurde radikal zu einer prachtvollen kaiserlichen Residenz umgestaltet. Die Stadtmauern wurden erweitert, zuerst von Honorius und Valentinian III., dann auch von Odoaker und Theoderich. In rascher Folge erstehen in den neuen Stadtvierteln prachtvolle Profan- und Kultbauten; darüber hinaus werden zahlrei-

Oben: Medaillon aus getriebenem Silber mit Christusbild, syrische Arbeit (Paris, Louvre).

Rechte Seite: Geschnitzte Elfenbeintafel, Deckel eines Diptychons. Oben die schlafenden Wächter am Grabe – die Rotunde erinnert an die konstantinische Anastasis, *der Engel unten verkündet den beiden Frauen am Grabe die Auferstehung (Mailand, Castello Sforzesco).*

Unten: Gereonskirche in Köln, wahrscheinlich eine Märtyrerkirche.

che Bildhauer und Mosaizisten nach Ravenna berufen, die in kurzer Zeit aus der Stadt ein blühendes Kunstzentrum mit völlig eigener Note machen. Unter den großen Kultbauten ragt die fünfschiffige *Basilica Ursiana* (heute der Dom) mit angeschlossenem Baptisterium hervor; ferner die Hl.-Kreuz-Kirche, an deren Nartex sich ursprünglich das sogenannte Mausoleum der Galla Placidia anschloß, dessen Innenraum mit dem hervorragenden Mosaikschmuck in krassen Gegensatz zu dem schlichten Äußeren steht. Weiterhin die Kirche des Evangelisten Johannes und die Apostelkirche, heute Sankt Franziskus.

Der Glanz der Stadt dauert an und wird unter der Herrschaft Theoderichs noch verstärkt. Die Goten (wie auch Wandalen, Burgunder und Langobarden) waren Arianer geblieben. Während der Arianismus innerhalb der Reichsgrenzen ausgerottet worden war, erlebte er nun mit staatlicher Unterstützung eine Nachblüte im Westreich. Theoderich ließ für den arianischen Kult die *Anastasis Gothorum* (heute Hl.-Geist-Kirche) mit der Funktion einer Kathedrale errichten; ebenso das mit Mosaiken reich geschmückte Baptisterium der Arianer sowie neben seinem Palast eine dem Erlöser geweihte Basilika, besser bekannt als Sant'Apollinare Nuovo, mit den eindrucksvollen Mosaiken der Prozession von Märtyrern und Heiligen. Der lichtvolle Bau von San Vitale überrascht mit den prachtvollen Mosaiken des Hofstaates der Kaiserin Theodora und ihres Gemahls Justinian; schließlich Sant'Apollinare in Classe außerhalb Ravennas. Dort befindet sich eine die Apsiswölbung ausfüllende Szene des Triumphes Christi, die sich im Paradies abspielt. Während jedoch eine solche Szene bisher stets den Erlöser als Mittelpunkt hatte, steht hier erstmals der hl. Apollonius in der Mitte. Es ist ungefähr die gleiche Zeit, in der im Apsismosaik der Basilika der hll. Kosmas und Damianus in Rom noch Christus diese Stellung einnimmt. Aber schon im folgenden Jahrhundert erscheint in der Apsis der Basilika der hl. Agnes in Rom die Heilige an diesem Platz. Hier zeigt sich ein weiterer Hinweis für die Entwicklung der Ikonographie hin zu den Märtyrern.

Mit der Aufgabe Roms als kaiserliche Residenz führt der Senat nur noch ein Schattenleben. In den Wirren der Völkerwanderung und den sich gegenseitig bekämpfenden Barbarenfürsten verfällt die Stadt immer mehr, die Einwohnerzahl schrumpfte zusammen, zur Aufrechterhaltung der Ordnung gab es kaum mehr einen funktionsfähigen Verwaltungsapparat. Die Kirche verfügte über eine in Jahrhunderten erprobte Organisation für die Fürsorge der Armen, Kranken und Witwen. Ihr wurden nun auch zivile Ämter zugewiesen, zuerst in der öffentlichen Fürsorge, nach und nach jedoch auch im gesamten politischen Bereich.

Die Kleinkunst

Ein breiter Sektor der archäologischen Studien befaßt sich mit verschiedensten Gebrauchsgegenständen und Schmuck sowie deren Fertigungstechniken. Man kann daraus oftmals nützliche Schlüsse für die Datierung anderer Monumente ziehen, insbesondere aber kann man sich ein allgemeines Bild über das tägliche öffentliche und private Leben, Gebräuche, Riten und Kultur machen. Eine besondere Gruppe solcher Gegenstände bilden die Grabbeigaben. Eine andere umfaßt die liturgischen Geräte der Geistlichkeit (Kelche, Pyxides, Patenen, Meßgewänder usw.) und Ausstattungsstücke der Kulträume (Altardecken, Vorhänge u. a.). Wieder eine andere Gruppe schließt die Erinnerungsstücke an frohe Ereignisse in der Familie (Geburt, Taufe, Eheschließung) oder den Antritt eines hohen Amtes (sogenannte Konsulardiptychen) ein. Schließlich folgt die Gruppe der Schmuckstücke, die man oft vom Priester weihen ließ (Reliquienkapseln [Enkolpien], Medaillons, Ringe, Anhänger u. ä. sowie auch Spielzeuge der Kinder).

Für Öllampen mit christlichen Symbolen scheint es bis zum Ende des 3. Jh.s keine Beispiele zu geben, wenn man nicht die Erzeugnisse aus der Werkstatt des Annius Serapidorus, die mit dem »Guten Hirten« verziert sind, in jenen frühen Zeitraum zurückdatieren will. Später erscheinen jedoch öfter christliche Motive als Dekor der Öllampen, selbst erzählerische Darstellungen. Öllampen werden nun auch in Metall hergestellt. Als liturgische Geräte sind vor allem Kelche und Patenen aus verschiedenem Material bekannt, darunter auch solche in Holz und Glas. Im *Liber Pontificalis* werden päpstliche oder kaiserliche Geschenke derartiger Geräte aus Silber und Gold sogar bis zu einem Gewicht von 30 Pfund erwähnt. Hinzu kommen noch die *Hamulae*, kleine Eimerchen von besonderer Form für die Entgegennahme der Spenden (besonders des Weines). Sie sind bekannt aus den literarischen Quellen, aber auch durch vereinzelte Funde; schließlich noch die *Aquamaniles* (Handspülgefäße), von denen wir aber kein Beispiel aus jenen Zeiten besitzen.

Über Textilien (Gewänder, Altardecken, Vorhänge, Teppiche usw.) können wir uns wegen der Vergänglichkeit des Materials nur ein unvollständiges Bild machen. In den literarischen Quellen, besonders im *Liber Pontificalis*, finden sich häufig Notizen über päpstliche Schenkungen solcher Ausstattungsstücke an einzelne Kirchen, doch sind davon im günstigsten Fall noch einige Fragmente erhalten geblieben. Besser bekannt sind ägyptische und koptische Stoffe, die im trockenen Klima die Zeit überdauerten. Meist handelt es sich um kostbare, manchmal mit Goldfäden durchwirkte Gewänder mit verschiedensten Mustern oder Stickereien, denen wir häufig auch in der Ikonographie begegnen. Für bestimmte in der Liturgie verwendete Stoffarten fehlt so gut wie jede Dokumentation, da sie völlig aufgebraucht wurden.

Typisch und höchst bemerkenswert für jene Zeit sind die sogenannten »Goldgläser«, die zahlreich in den Katakomben gefunden wurden. Zumeist handelt es sich um Böden von Trinkgläsern mit in Blattgold ausgeführten christlichen Symbolen und Bildnissen – man kennt jedoch auch Goldgläser mit nichtchristlichen Darstellungen. Es ist anzunehmen, daß solch kostbare Gläser, vor allem bei besonderen Anlässen, im Familienkreis benutzt wurden und, obzwar nicht von vornherein als Grabbeigabe gedacht, einem verstorbenen Familienmitglied als Andenken mit ins Grab gelegt wurden. Zu solchen Gedenkartikeln zählen auch bestimmte Elfenbeinarbeiten, Luxusartikel, die sich nur Leute der höheren Gesellschaftsklasse leisten konnten. Es sind dies reliefierte Diptychen, die man z. B. als Antrittsgeschenk für die Übernahme eines hohen Amtes anfertigen ließ; dazu gehören aber auch kostbare Hostienbehälter, Reliquienschreine, Schmuckkästchen oder Einbanddeckel für Evangelien. Da es sich hierbei um Objekte handelt, die mit dem öffentlichen Leben in Verbindung gebracht werden können, ist anzunehmen, daß dieses Kunstgewerbe insbesondere in Städten mit kaiserlicher Residenz blühte. Nicht zu vergessen sind die zahlreichen *Scriptoria*, Schreibstuben, in allen Provinzen des Reiches, aus denen wahre Prachtwerke an Handschriften hervorgingen.

Die politische Lage, die gesellschaftlichen Verhältnisse und somit das Gesamtbild der Kultur verdüsterten sich immer mehr. Europa wird durch den Andrang fremder Völker erschüttert, die – von Steppenvölkern Asiens nach Westen gedrängt – in immer neuen Wellen, teils als Siedler und Konföderierte, teils als Eroberer in das Reich einbrechen. Beeindruckt von der höheren Kultur nehmen sie das Christentum an und vermischen sich nach und nach mit der Bevölkerung. Im Westen entstehen neue Staatsgebilde, unabhängig von der Oberhoheit der Kaiser. In den latinisierten Provinzen bilden sich aus dem Lateinischen die romanischen Sprachen und Kulturen. Im Süden zertrümmert der Arabersturm – mit Ausnahme einer koptischen Enklave – die kulturelle und wirtschaftliche Einheit des Mittelmeerbeckens. Es ist das Ende der Antike, doch die Idee des »Heiligen Römischen Reiches« lebt mit Karl d. Gr. wieder auf. Auch im Osten bedeutet die Schließung der Philosophenschulen von Athen unter Justinian (529) den Anbruch einer neuen Zeit; dennoch sollte Byzanz, ständig von drei Seiten bedrängt, den Untergang des Weströmischen Reiches fast ein Jahrtausend lang überleben.

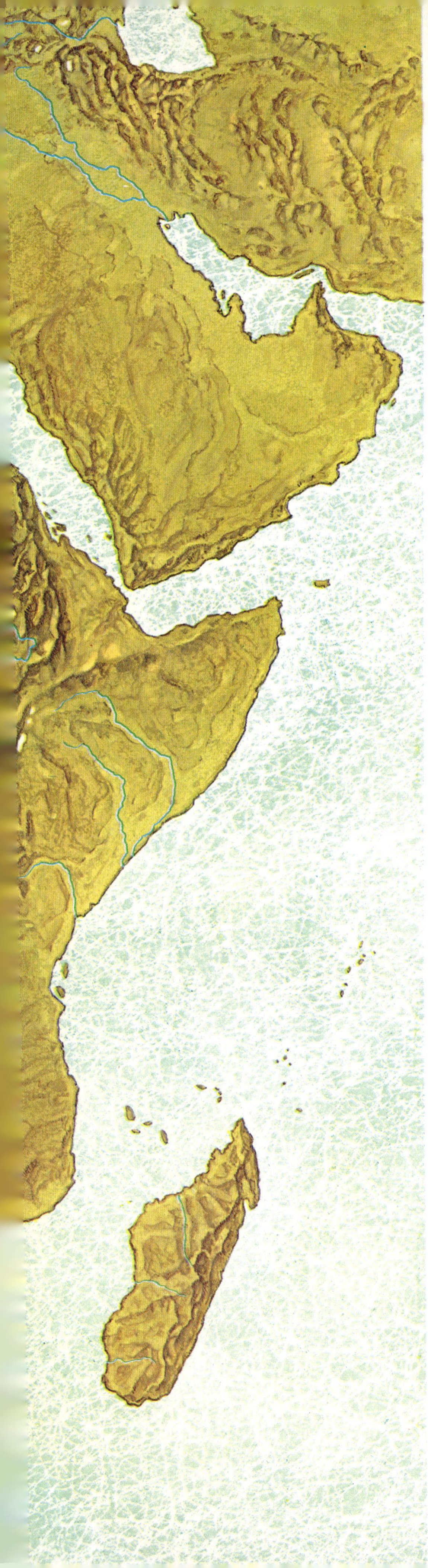

AFRIKA

Die ältesten Kulturen in Nordafrika

Gabriel Camps

Rechte Seite:

Rechts: Mahlplatte mit dazugehörigem Reibstein, die in Damous el-Ahmar (Algerien) gefunden wurden. Die Mahlplatten dienten nicht nur zum Zerquetschen von Samenkörnern, sondern auch zur Herstellung von Schminke.

Links: Dolch, der aus einem menschlichen Wadenbein (fibula) *geschnitzt wurde. Diese Waffe stammt aus einer Fundstelle des Capsien in Mechta el-Arbi (Algerien).*

Unten: Malerei von Tan Zoumaitak (Tassili n'Ajjer). Diese Malerei im Stil der Rundkopfmenschen *ist eines der ältesten künstlerischen Zeugnisse in der Sahara. Hier ist eine weibliche negroide Person dargestellt, die nicht identifizierbare Gegenstände in der Hand hält.*

Auf dem Weg in das Neolithikum

Der Prähistoriker befindet sich in einer weniger glücklichen Lage als der Ethnologe, da ihm, um die ganz alten Kulturen Afrikas rekonstruieren zu können, ausschließlich materielle Überreste zur Verfügung stehen, die er nur durch lange und kostspielige Ausgrabungen aufspüren konnte.
Möglicherweise sind die relativ spärlichen Funde aus dieser Zeit der Grund dafür, daß man den Eindruck gewinnen kann, während des Altpaläolithikums habe sich in ganz Afrika eine einheitliche Kultur ausgebildet. Hingegen ist es möglich, gegen Ende des Paläolithikums zwei große Bereiche zu unterscheiden. Der eine erstreckt sich über den Norden des afrikanischen Kontinents, entlang des Mittelmeeres, und obschon er seine Eigenständigkeit hat, entwickelt er sich im gleichen Rhythmus wie die Länder des Vorderen Orients und Europa. Der andere Bereich – südlich der Sahara – entwikkelt sich langsamer. Größere Veränderungen sind erst in protohistorischer und historischer Zeit zu erkennen.
Vom Paläolithikum in Afrika, also im Norden dem Vor-Acheuléen, Acheuléen, Moustérien und Atérien, und im Osten und Süden dem *Middle Stone Age*, sind nur Überreste von Steinindustrie erhalten und zu wenige weitere Zeugnisse, als daß man tatsächlich von einer »Kultur« sprechen könnte. Hingegen findet man Anzeichen dafür, daß während der letzten drei Jahrtausende des Pleistozäns und vor allem am Beginn des Holozäns komplexere soziale Strukturen entstanden sind. In dieser Zeit läßt sich die schnellere Entwicklung der Lebensformen verfolgen, in Richtung auf die entscheidenden Fortschritte hin, die im Neolithikum stattgefunden haben.
Es ist möglich, eine Reihe von Übergangsstufen zu den ersten Hirten- und Bauernkulturen des Neolithikums festzulegen.
Sie werden dem Epipaläolithikum, dann dem Mesolithikum zugerechnet. Die angelsächsischen Autoren verwenden für beide Epochen gemeinsam den etwas vagen Ausdruck *Late Stone Age*. Viele dieser Übergangskulturen auf dem gesamten afrikanischen Kontinent lassen sich identifizieren. In Ost- und Südafrika kennt man das Magosien, das Wiltonien und das Goumbien. In Nordafrika, im Maghreb, in Ägypten und der Sahara sind das Iberomaurusien und das Capsien bekannt.

Der Übergang zum Neolithikum

Das Iberomaurusien und das Capsien sind nicht die einzigen epipaläolithischen Kulturen in Nordafrika, aber sie sind die am besten bekannten und diejenigen mit den größten Gebieten. In Ostalgerien hat man eine elassolithische Kultur identifiziert, in Westalgerien das Columnatien und das Kérémien, andere, noch undeutliche Kulturen in

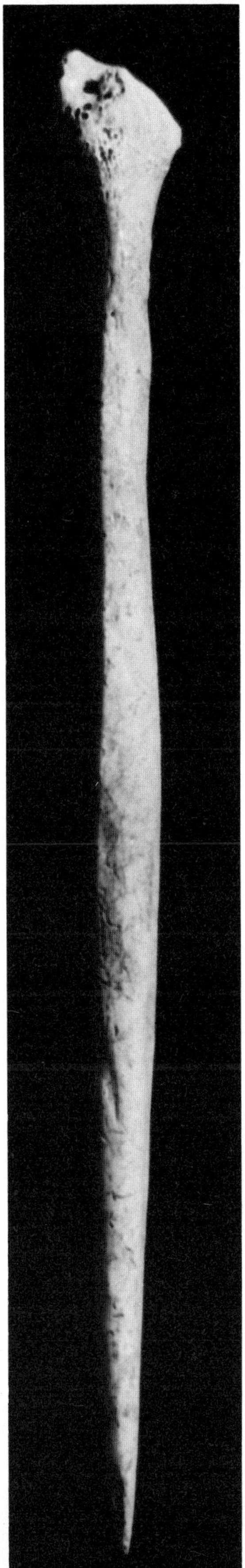

Südtunesien und Marokko, sowie mehrere epipaläolithische Kulturen in der Sahara, unter ihnen das Méllalien in der Gegend von Ouargla und des Wadi Mya. Beschäftigt man sich mit dem entwikkelten Capsien und dem Méllalien näher, so sind verschiedene kulturelle Stadien zu erkennen, die dem Neolithikum schon sehr nahestehen.

Angesichts der wachsenden Schwierigkeiten, den Übergang vom Mesolithikum (oder Epipaläolithikum) in das Neolithikum präzise anzugeben, neigen heute die Prähistoriker dazu, den Begriff Neolithikum zu erweitern. Es wäre dann nicht mehr allein durch das Aussehen der Gerätschaft oder anderer archäologischer Funde definiert, sondern auch durch die tiefgreifenden Veränderungen in der Lebensweise. Der Übergang von einer Existenzform, die sich auf Jagd und Sammlertätigkeit gründete (Wildbeuter), zu der eines Produzenten von Nahrungsmitteln – was regelmäßigen Getreideanbau und die Haltung von Haustieren voraussetzt –, wäre von jetzt an das bestimmende Kriterium.

Es gilt als sicher, daß die Veränderung der Lebensweise nur sehr langsam vor sich gegangen ist und daß lange, nachdem der Mensch begonnen hatte, das Wachstum bestimmter Pflanzen bewußt zu fördern, er weiterhin wild gewachsene pflanzliche Produkte gesammelt hat und die Körnervorräte der Ernteameisen plünderte. Ähnlich lange dauerte der Übergang von der Gewinnung fleischlicher Nahrung durch die Jagd bis zum ausschließlichen Verzehr des Fleisches von domestizierten Herden. Infolgedessen erscheint es wenig sinnvoll, das Neolithikum als die Ablösung einer konsumtiven durch eine produzierende Wirtschaftsform zu definieren, da in Wirklichkeit kein kurzfristiger Übergang von einer Ökonomie zur anderen erfolgte. Die endgültige Ablösung der ersteren durch die zweite hat sogar in vielen Gegenden Mitteleuropas erst vor einigen Jahrhunderten stattgefunden. Für die Nomadenbevölkerung der Sahelzone, vom Senegal bis zum Nil, spielt auch heute noch die Jagd und die Sammlertätigkeit eine wesentliche Rolle. Man kann dieses sehr komplexe Phänomen des Übergangs in das Neolithikum in Nordafrika schematisch darstellen, indem man zunächst drei große Bereiche ungefähr nach ihrer geographischen Breite voneinander trennt. Im Süden der heutigen Wüste, ungefähr vom nördlichen Wendekreis an Richtung Süden, hat sich offenbar in sehr alter Zeit ein Zentrum neolithischer Kultur entwickelt, in dem die Keramik bereits seit Ende des 7. Jahrtausends bekannt war. Diese Saharabewohner, die möglicherweise den Ackerbau erfanden, die Domestikation von Tieren jedoch nur zögernd betrieben, waren eine negroide Bevölkerung. Dieses Neolithikum wird »sahara-sudanesisches Neolithikum« genannt.

Ganz anders dürfte der Übergang in das Neolithikum an der Mittelmeerküste und – nicht ganz so unterschiedlich – am Atlantik verlaufen sein. Hier äußert sich der Vorrang der mediterranen Einflüsse in der Abdruckkeramik und später, im mittleren Neolithikum, in der Verwendung des Obsidian. Die Kontakte mit der im Westen gelegenen Iberischen Halbinsel werden mit dem Beginn des Neolithikums überwiegend. Wir schlagen vor, diese Kultur, die sich im Tell-Gebiet und im Maghreb entwickelt hat, »mediterranes Neolithikum« zu nennen. Zwischen der mediterranen Zone und dem Bereich des sahara-sudanesischen Neolithikums liegen weite Gebiete, die Hochgebiete des Maghreb und die Sahara nördlich des Wendekreises, von Rio de Oro bis nach Unterägypten. In diesem uneinheitlichen Block haben sich mehrere neolithische Kulturen entwickelt. Eine führt zu Recht den Namen »Neolithikum mit Capsien-Tradition«, der an die Felsbilder des Sahara-Atlas geknüpft ist. In den Hochebenen des östlichen Maghreb erfolgte der Übergang in das Neolithikum sehr spät (5.–4. Jahrtausend), während er im Sahara-Atlas früher vor sich ging (6.–5. Jahrtausend). Im Osten und Westen berührten, vom Süden her, andere Kulturen unterschiedlichen Ursprungs das Neolithikum mit Capsien-Tradition und haben es teilweise beeinflußt. Es handelt sich einerseits um das mauretanische Neolithikum, in dem verschiedene Strömungen zusammenkommen (mediterran-atlantisch, sahara-sudanesisch, vielleicht auch guineisch sowie Einwirkungen aus dem Neolithikum mit Capsien-Tradition), andererseits, im Osten, um das Ténéréen. Dieses besitzt eine der schönsten Steinindustrien der Alten Welt, die, wenn sie nicht ägyptischen Ursprungs ist, dem ägyptischen Neolithikum zumindest sehr ähnlich ist.

Das Neolithikum in der Sahara

Das Austrocknen der Sahara

Als zu Beginn des 7. Jahrtausends erstmals jene kulturellen Phänomene auftauchten, die wir als Übergang zum Neolithikum bezeichnet haben, war die Sahara noch keine Wüste. Zwar hatten bereits weite Gebiete, insbesondere die am tiefsten gelegenen, im Norden, teilweise ariden Charakter angenommen, aber die humiden Gebiete der Sahara waren noch nicht verschwunden. Vom 7. bis in das 2. Jahrtausend bedeckten südlich vom Tibesti, Tassili n'Ajjer und Hoggar, ebenso wie im südlichen Teil Mauretaniens, ausgedehnte, z. T. mehrere Dutzend Meter tiefe Seen beträchtliche Flächen, die jetzt von Dünengebieten (*Ergs*) oder Seescheidenbänken eingenommen werden. Diese

Das Hoggar-Gebirge. Der Hoggar (Ahaggar in der Sprache der Berber) ist das größte Gebirgsmassiv der Sahara und besteht aus einem paläozoischen Granitsockel, aus dem im Tertiär vulkanische Gesteine ausgeflossen sind. Der Hoggar ist seit dem Altpaläolithikum von Menschen bewohnt; im Neolithikum war die Bevölkerungsdichte relativ groß. Aufgrund seiner Höhe konnten sich bis in unsere Tage einige mediterrane Pflanzenarten halten, wie z. B. ein Ölbaumgewächs (Olea Laperrini). *Die prähistorischen Felsgravierungen sind häufig in der Nähe von Wasserstellen zu finden.*

Seen wurden von Flüssen mit reichlicher, möglicherweise ganzjähriger Wasserführung gespeist. Einer der wichtigsten war der Taffassasset, der die Gewässer, die vom Tassiligebirge und vom Osthang des Hoggar herunterkamen, aufnahm und bis in den Tschadsee floß, der damals vier- bis fünfmal größer war als heute.

Wir haben Beweise dafür, daß zur Zeit der ersten neolithischen Kulturen diese Seen und Flüsse mit eventuell zeitweiliger Wasserführung existiert haben. An erster Stelle seien die zahlreichen Überreste von Fischen in den neolithischen Fundstellen genannt. Westlich vom Hoggar, in Amekni (Camps, 1969), wurden Knochenreste von Welsen (*Clarias* sp.) und Barschartigen Fischen (*Lates* sp.) gefunden. In Adrar Tiouiyne, das heute etwa 50 km von jeder Wasserstelle entfernt ist, waren die Ufer des Wadi Amded von Menschen bewohnt, die Überreste derselben Fischarten hinterlassen haben. In In-Guezzam (südlich des Hoggar), Meniet (Tidikelt) und Dogonboule (bei Fachi) wurde ähnliches entdeckt. Andere Funde sind ebenso aussagekräftig. Z. B. wurden in den weiten Ausdehnungen des Erg d'Admer, südlich vom Tassili n'Ajjer, die Behausungen am Rande von Sümpfen errichtet, deren vertrockneter Schlamm dann zahlreiche Schilfwurzeln, Fischreste und Überbleibsel von Objekten enthielt, die von den Menschen hingeworfen oder zurückgelassen worden sind.

Weitergehende Untersuchungen der Sedimente präzisieren unsere Vorstellungen von der Flora und folglich auch von den klimatischen Bedingungen, die zur Zeit ihrer Ablagerung geherrscht haben. Im 7. Jahrtausend existierte in den Bergen ein ausreichend feuchtes Klima, so daß die höher gelegenen Gebiete mit Laubwäldern bedeckt (Eichen, Nußbäume, Linden, Erlen und Ulmen) und die niedrigeren Gebiete mit Pistaziengewächsen, zusammen mit Wacholdersträuchern, Zürgelbäumen, Mastixbäumen und Ölbäumen überzogen waren. Diese Vegetation hielt sich in den Gebirgen des Hoggar, Tassili und Tibesti mindestens bis in das 3. Jahrtausend, also bis zu der Zeit, in der für die Sahara die endgültige Phase der Austrocknung begann. Man hat nachgewiesen, daß die mächtigen Schichten aus Kieselalgen mit den auffallenden Farben, die in den tiefen, mit Süßwasser gespeisten Seen entstanden sind (zwischen 20 000–5500 v. Chr.), von unzusammenhängenden Bänken von Kieselalgen und anderen Formationen aus dem Brackwasser überlagert worden sind. Diese Seen sind also zwischen 5000 und 3500 v. Chr. ausgetrocknet. Der Prozeß hat lange gedauert. Im Laufe der zwei nächsten Jahrtausende entwickelte sich eine schwach ausgeprägte feuchte Periode (die »neolithische Feuchtphase« in der Sahara), in der wieder einige Wasserreserven entstanden und auch der Grundwasserspiegel wieder anstieg. Das Klima muß freilich mehr »semiarid« als »feucht« genannt werden. Immerhin reichten die Weideflächen in den Tälern und Vorgebirgen der großen Massive aus, um Rinderherden und Kleinvieh zu ernähren. Man sollte jedoch die Bedeutung dieser neolithischen Feuchtphase nicht überschätzen.

Vor dem langsamen Verschwinden der Wasserreserven kannte die südliche und die Zentralsahara ökologische Bedingungen, die für die Entstehung der ersten seßhaften Kulturen günstig waren. Bis auf geringe Unterschiede handelt es sich um eine ähnliche Konstellation wie im Gebiet des »Fruchtbaren Halbmonds«; dort hat sie jedoch viel länger angehalten. Mesopotamien, Syrien, Palästina und Ägypten darf man nur als Randzonen eines Riesengebietes ansehen, das sich im Westen bis nach Mauretanien erstreckte. Es ist für uns noch sehr schwierig, uns von dieser Sahara, die ja von Flüssen mit mehr oder weniger ganzjähriger Wasserführung durchquert wurde, eine genaue Vorstellung zu machen. Gesichert erscheint jedoch, daß man zu Beginn des 7. Jahrtausends nicht von einem »Fruchtbaren Halbmond« sprechen kann, sondern eher von einem girlandenartigen, verzweigten Gebiet, das vom Indus bis zum Atlantik die warmen, auf natürliche Weise bewässerten Länder verband, in denen sich die ersten Spuren neolithischer Kulturen zeigen sollten.

Das ältere sahara-sudanesische Neolithikum und der Beginn der Felsbildkunst

Die Fundstätte von Amekni (Hoggar)

Das sahara-sudanesische Neolithikum hat lange gedauert, ungefähr fünf Jahrtausende, und, seltsam genug, der technische Fortschritt zeigt sich nur in geringem Maß bei den Geräten aus Stein, die oft nur von mittelmäßiger Qualität sind. Was die Keramik anbelangt, so erscheinen von Anfang an die Kürbisformen, die auch heute noch in der afrikanischen Töpferkunst zu finden sind. Auch die Muster verändern sich innerhalb dieses Zeitraums nur wenig. Aber der Lebensstil ändert sich, und sei es nur aufgrund der neuen ökologischen Bedingungen unter der Einwirkung der wachsenden Trockenheit.

Als charakteristisches Beispiel für das frühe Stadium des sahara-sudanesischen Neolithikums wollen wir die Fundstelle von Amekni mit ihren tiefsten Schichten heranziehen, die in das 7.–6. Jahrtausend zurückreichen. Sie liegt auf einem Bergrücken aus Granit, ca. 40 km WNW von Tamanrasset (Hoggar). Wir kennen aus der Zeit um 6700 v. Chr. Feuerstellen von Menschen, die ansonsten keine Spuren hinterlassen haben, zumindest nicht in dem untersten Teil des Fundortes, der untersucht wurde. Einige Jahrhunderte später hat sich eine negroide Bevölkerung zwischen den dort vorhandenen großen Gesteinsblöcken und

Sand bedeckt nur einen kleinen Teil der Sahara. Er sammelt sich in den Becken, wo er Dünen bildet. Ein ganzes Dünengebiet heißt Erg. Einfache Dünen sind halbmondförmig (Sicheldünen, Barchane). Wenn die Dünen zusammenwachsen – sie erinnern dann etwas an zusammengebrochene Pyramiden –, sind sie weniger beweglich, als oft behauptet wird. In den Ergs, *zwischen den Dünen, gibt es ausgedehnte prähistorische Fundstätten. Die dort geborgenen Werkzeuge und Waffen sind oft sehr schön und von außergewöhnlicher Qualität.*

auf dem Bergrücken niedergelassen. Die Menschen von Amekni verbrannten an ihren Feuerstellen Holz des Ölbaumes. Diese waren zwischen den Gesteinsblöcken angelegt worden, die durch Zäune aus Rohrkolben, der aus dem benachbarten Wadi stammte, miteinander verbunden waren. Von einem Block zum anderen standen leichte Gerüste aus Feigenholz, dessen mineralisierte Reste auf dem Boden gefunden wurden. Auf ihnen konnten eine Matte aus Rohrkolbenblättern oder ein großes Zeltdach aus der Haut von Antilopen oder dem Altbüffel ausgebreitet werden.

Diese Bevölkerung besaß offenbar keine Haustiere. Aufgrund der Analyse von Knochenresten konnten folgende Tiere identifiziert werden: Raubtiere (*Geneta geneta, Herpestes Ichneumen, Hyaena striata*), ein Borstentier (*Phacochaerus aethiopicus*), der Altbüffel (*Homoioceras antiquus*), Antilopen (*Gazella dorcas, Redunca redunca, Alcelaphus boselaphus*), ein Schaf (*Ammotragus lervia*), Nagetiere (5 Arten), Vögel (3 Arten) und Reptilien (3 Arten). Dazu kommen noch Reste von Fischen (*Lates, Clarias*) und von Wassermollusken (*Unio, Mutella miletica*). Diese Fauna gibt wie die Vegetation, wertvolle Hinweise auf das Klima. Z. B. sucht der Riedbock (*Redunca redunca*) gerne die Galeriewälder und Feuchtsavannen auf, die Rohrratte (*Thryonomys*) und die Grasratte (*Arvicanthus niloticus*) bevorzugen die großen Schilfgebiete der Sumpfzonen und tropischen Wasserläufe. Der große Altbüffel, der in den weiten Savannen anzutreffen ist, bevölkerte das gesamte Gebiet der Sahara und die Hauts Plateaux in Algerien.

Diese Fauna entspricht also einem deutlich weniger trockenen Biotop als jenes, das gegenwärtig im Umkreis des Hoggar existiert.

Die Pollenanalyse bestätigt diese Beobachtung. Mehrere Proben aus verschiedenen stratigraphischen Niveaus der archäologischen Schichten haben erbracht, daß die feuchtesten Perioden um 6000 (1,40 m Tiefe) und um 3500 v. Chr. (0,60 m Tiefe) geherrscht haben. Bei diesen beiden Niveaus erkennt man das gleichzeitige Vorkommen von Arten aus gemäßigtem Klima (Erle, Ulme, Nußbaum, Birke, die vermutlich auf dem nahen Hoggar-Massiv wuchsen und nicht am Grabungsort selbst), von tropischen Gewächsen (Akazie, Myrtengewächse) und solchen des Mittelmeerklimas (*Celtis australis* = Zürgelbaum, Judenbaum, grüne Eiche, Pinie). Die Botaniker meinen, daß damals in der unmittelbaren Nachbarschaft eine Gruppierung aus Zürgelbaum (*Celtis australis* oder *integrifolia*) und grüner Eiche, wahrscheinlich gemischt mit Ölbaum und Judenbaum, bestand. Daß Rohrkolben-Pollen gefunden wurden, erlaubt die Annahme, daß der Wadi Amekni ganzjährig Wasser führte, was bereits aufgrund der in dieser Fundstelle zutage geförderten Fischreste erkannt wurde.

Die Pollenanalyse erbringt noch wichtige Resultate hinsichtlich der Art und Weise, wie diese Menschen gelebt haben. Ab 1,40 m Tiefe (ca. 6000 v. Chr.) bemerkt man ungewöhnlich viele Liguliflores (*Lannaea-Picris*), was bedeuten kann, daß der sandige Boden urbar gemacht wurde. Ferner wurden in diesem Niveau zwei Pollenkörner gefunden, die von einem angepflanzten *Pennisetum* (Hirse) herstammen. Diese Annahmen über eine Pflanzenkultivierung verwandeln sich beinahe in Sicherheit, wenn man die spezifisch archäologischen Daten dazunimmt: an erster Stelle die vielen Becken zum Zerstampfen und zum Zermahlen, die in die Oberfläche des Granitbuckels eingetieft sind, ferner die zahlreichen Reibsteine und Stampfer, die in der archäologischen Schicht gefunden worden sind.

Keramik mit einfachen Formen und komplexen Verzierungen

Ein anderer, nicht zu vernachlässigender Tatbestand ist die reichliche Keramik, die man bereits in den allerältesten Schichten antrifft, hauptsächlich Töpferwaren in großen Dimensionen (Durchmesser bis zu 60 cm). Die Keramik von Amekni kennt nur sehr einfache, kugelige oder zylindrisch-kugelige Formen, ohne Fuß, ohne Hals und ohne Griffe. Diese großen Schalen oder Schüsseln mit rundem Boden besitzen auch keinen Schnabel zum Gießen. Einfachere und gleichartigere Gefäße

Scherben aus der Fundstelle von Amekni. Die Verzierung dieses Scherbens ist charakteristisch für die ältere Phase des sahara-sudanesischen Neolithikums. Sie wurde mit Hilfe eines Kammgerätes mit gekrümmter Front hergestellt, das vor dem Brand abwechselnd nach der einen und der anderen Seite in den Ton eingedrückt worden ist. Das auf diese Weise erhaltene Muster ist eine gepunktete Wellenlinie (dotted wavy line). *Es ist vom Nil bis in die Gegend westlich des Hoggar verbreitet.*

kann man sich kaum vorstellen. Die einzigen variierenden Elemente sind die Größe, die Behandlung der Ränder und die Verzierung. Betrachtet man die Schalen genauer, so kann man oft noch erkennen, wie der obere Teil aufgebracht wurde. Die Ausarbeitung des Gefäßkörpers selbst erfolgte nach zwei Techniken: dem Treiben und dem Wulsten.

Das Material der Scherben von Amekni enthält reichlich Magerungsmittel, das, wie auch in den anderen Gebieten des Hoggar, aus Quarzkörnern besteht, was freilich in einer Granitzone nicht erstaunen darf. Wie in den anderen Fundstellen der Sahara ist das Vorkommen eines pflanzlichen Magerungsmittels leicht nachweisbar. Die Töpferwaren von Amekni tragen reiche Verzierung. Die dabei verwendeten Instrumente sind, insgesamt gesehen, sehr einfach: es handelt sich um tief eingekerbte Kammgeräte aus Holz oder Knochen. Einige waren aus Ton, einen hat man bei den Ausgrabungen gefunden. Es ist dies ein prismenförmiges Objekt aus gebranntem Ton, dessen Kanten eingekerbt und dessen Flächen gerillt sind. In dem weichen Ton ergibt das ein besonders charakteristisches »Kammotiv«. Auch Kammgeräte aus Stein waren nicht unbekannt. Unter den einfachsten Kammgeräten kann man, den Motiven nach, zwei Haupttypen unterscheiden: die Frontalkämme, die gerade oder gekrümmt sind, und die seitlichen Kämme, die immer gerade oder schwach gekrümmt sind. Diese Gruppe der Geräte, »steife« oder »biegsame Schnurkämme« genannt (letztere können geflochtene Schnüre sein), kommt auch bei der Verzierung der Keramik von Amekni vor. Muster, die man mit Hilfe eines biegsamen Schnurkamms erhält, tauchen häufiger auf als die Dekors, die offensichtlich von einem steifen Schnurkamm herrühren.

Der Technik, die angewendet wurde, um die Ware zu verzieren, kommt mehr Bedeutung zu als der Form der Instrumente selbst, denn sie bestimmt das Aussehen der Verzierung. Im allgemeinen wurden diese Instrumente – auch jene, die zum Schneiden geeignet wären – nur zum Eindrükken in den weichen Ton benützt. Das Einritzen hat in Amekni eine ganz unbedeutende Rolle gespielt. Die gestichelten Muster, die mittels Stäbchen, Keilen oder jedem anderen Gegenstand mit geringem Querschnitt erzielt wurden, sehen immer unregelmäßiger aus als die Eindrucksmuster, die mit den Kämmen oder anderen Instrumenten mit mehr länglichem oder schmalem Querschnitt hergestellt wurden. Man spricht von senkrechtem Eindruck, wenn das Instrument im Moment seines Gebrauchs einen rechten Winkel mit der zu stempelnden Oberfläche bildet, andernfalls spricht man von schrägem Eindruck. Manchmal wurde das Instrument in den Ton sehr flach hineingedrückt, ohne daß es nach jedem Eindrücken wieder vollständig herausgezogen wurde. Dabei entsteht ein zusammenhängendes Motiv. Diese Technik erhielt die Bezeichnung »schräger, zusammenhängender Eindruck«.

Ein fortlaufendes Motiv kann auch dadurch entstehen, daß nach jedem Eindruck das Instrument abwechselnd etwas hin- und hergedreht wird, ohne es ganz herauszuziehen. Diese Technik wird »rotierende Eindrucktechnik« genannt. Die geraden Kammgeräte wurden selten in anderer Weise verwendet als für die »rotierende Eindrucktechnik«.

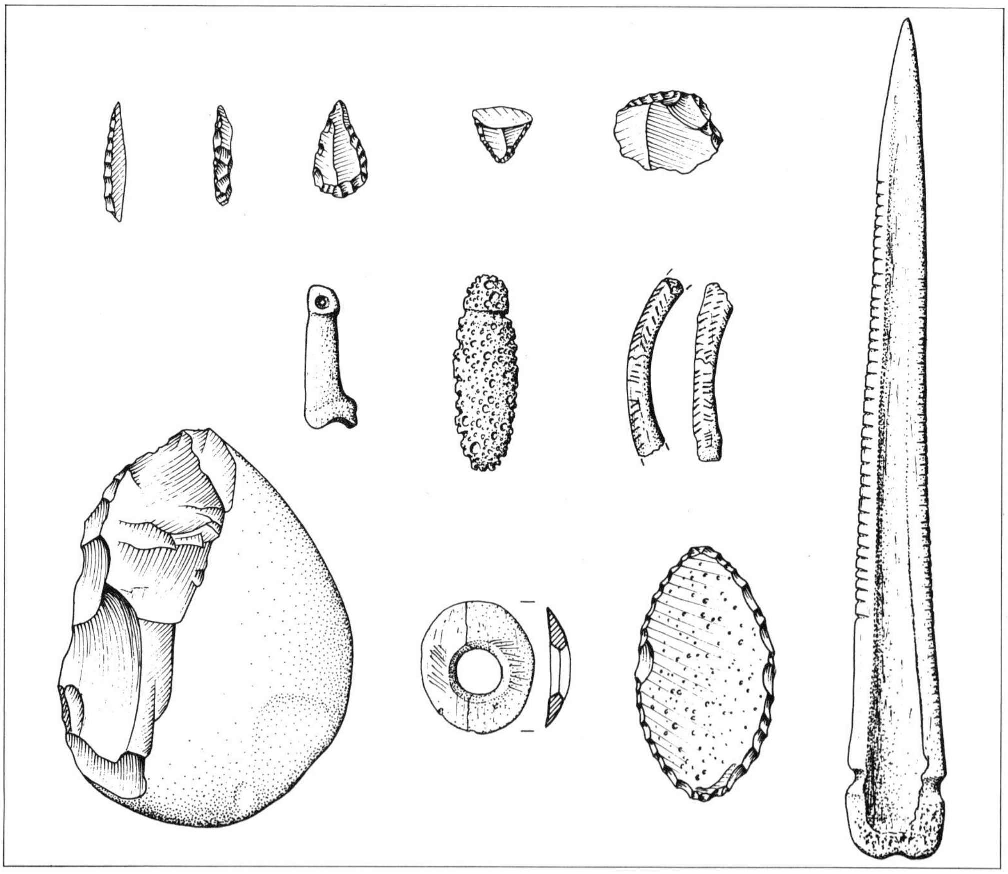

Industrie von Amekni. Spitzen, Kratzer und kleine Klinge mit abgeschlagenem Rand aus Obsidian und Quarz. Ohrgehänge aus Knochen und Basalt, Armreifen aus Steatit (Speckstein), Glättwerkzeug aus Knochen. Einseitig bearbeiteter Kieselstein und blattförmiges Objekt aus Granit. Diese Industrie wurde auf 6000 v. Chr. datiert.

Gefäß aus Oroub (Niger), das mit Hilfe eines Keils, der in den weichen Ton eingedrückt wurde, sehr schön dekoriert worden ist. Die Verzierung erhält ihren Reiz durch die Anordnung des Musters in Form von Dreiecken, die abwechselnd ausgeführt und ausgespart werden. Jüngeres Neolithikum (1500 v. Chr.).

Gefäß aus Amekni. Es stammt aus einer frühen Phase des sahara-sudanesischen Neolithikums (6000 v. Chr.). Alle Gefäße dieser Kultur zeigen eine Kürbisform mit einem halbkugelförmigen Boden. Die Verzierung wurde vor dem Brand mit einem Kammgerät durch Eindrükken unter drehender Bewegung erzeugt. Einige Gefäße haben einen stattlichen Durchmesser (42 cm).

Die dadurch entstandenen Zacken- oder Zickzackmuster waren sehr häufig entlang der Achse des Gefäßes ausgerichtet. Wird ein gekrümmtes Kammgerät in »rotierender Eindrucktechnik« benutzt, so ergibt sich ein flammenartiges Motiv, mit gebogenen Linien. Die Kammgeräte mit gekrümmter Front liefern ein sehr bekanntes Muster, wenn sie mit der konvexen Seite abwechselnd nach oben und unten verwendet werden: die gepunktete Wellenlinie (*dotted wavy line*), die man auch mit Hilfe eines biegsamen Schnurkammes erhalten kann.

Wozu dienten nun diese Töpferwaren, vor allem die großen Exemplare? Man kann diese technische Erfindung nur in Zusammenhang mit der Bedeutung sehen, welche die pflanzlichen Nahrungsmittel erhalten hatten. Das Kochen von Hirsebrei (*Pennisetum*) erfordert große Gefäße mit weiter Öffnung. Dies dürfte der hauptsächliche Verwendungszweck dieser Keramik gewesen sein. Es gab noch einen anderen, den uns zwei Felsmalereien verraten, eine aus dem Tefedest, die andere aus dem Tassili. Man sieht da Personen, die um ein großes Gefäß gruppiert sind, aus dem sie mit Hilfe eines Halmes ein Getränk heraussaugen. Es handelt sich wohl um ein gegärtes Getränk, eine Art Bier, das möglicherweise aus den Früchten des Zürgelbaums (*Celtis australis* oder *integrifolia*) hergestellt wurde. Sehr häufig wurden Töpferwaren gefunden, die Steine der Celtis-Frucht enthielten. Besonders reichlich kommen sie in der gesamten archäologischen Schicht von Amekni und in den meisten Fundstellen im Umkreis des Hoggar-Gebirges vor.

Eine dürftige Steinindustrie

Keramik und die Gerätschaften zum Zerkleinern von Korn sind reichlich anzutreffen, dagegen ist die Steinindustrie von einer bestürzenden Dürftigkeit. Werkzeuge aus Stein sind nicht nur selten, sondern auch von mittelmäßiger Qualität. Es stimmt, daß das Ausgangsmaterial ungünstig war. Wie im gesamten Hoggar verfügten auch die Menschen von Amekni über keine Feuersteine. Sie verwendeten die bodenständigen vulkanischen Gesteine: Basalt, Phonolith und Rhyolith sowie für ihre Mahlsteine Granitplatten. Das Kleingerät wurde aus Quarz und Obsidian hergestellt. Dieser Obsidian kommt aber nur in Formen vor, die sich schwer bearbeiten lassen. Das tiefste Niveau der Ablagerung umfaßt 8 Werkzeugtypen, während das an der Oberfläche gelegene Niveau bereits 13 Typen kennt. Diese größere Vielfältigkeit geht aber nicht einher mit einer qualitativen Verbesserung. Unter den Gegenständen aus Stein muß man an die 50 Reibsteine nennen, die mehreren Typen angehören, Bruchstücke von Mahlsteinen, Stampfer, Glättwerkzeuge aus Lava, die vielleicht zur Bearbeitung des Leders dienten, »Bolas« und durchbohrte Kugeln.

Im Vergleich dazu sind die Knochengeräte vielfältiger. Als bemerkenswertestes Stück gilt eine Art Dolch, der wie ein flaches Glättinstrument aussieht und mit dessen eingekerbtem Rand die Töpferwaren vor dem Brand verziert werden konnten. Man erkennt verschiedene Typen von Sticheln, Ahlen, Glätt- und Schneidewerkzeugen, Gegenstände, die zur Herstellung von Korbwaren dien-

Rechts: Gravierung von Taghit (Saoura). Die Fundstelle von Taghit in der Nähe von Beni-Abbès ist bemerkenswert aufgrund der Stilisierung ihrer Tierfiguren (Rinder, Antilopen, Löwen). Vor der Ausführung der Linien wurden die Umrisse gepunktet, was auf dem Stein noch zu erkennen ist. Die Gravierung stammt aus einer jüngeren Phase des Neolithikums.

Unten: Steinindustrie (Tassili n'Ajjer). Das Neolithikum in der Sahara ist reich an Pfeilspitzen. Man findet sie in sehr vielfältigen Formen, mit und ohne Stiel, mit und ohne Widerhaken, mit und ohne seitliche Kerben, mit mehr oder weniger geschärfter Spitze.

ten sowie zur Bearbeitung der Häute und der Herstellung von Keramik. Einige dieser Werkzeuge weisen am Griffteil eine eingeritzte Verzierung auf, die mit Absicht im Feuer geschwärzt worden war. Man hat auch Schmuckgegenstände gefunden: Haarnadeln, Ohrgehänge (eines davon aus Elfenbein) und röhrenförmige Perlen. Die Perlen zum Auffädeln aus Straußeneischalen sind sehr selten, dafür gibt es Ohrgehänge aus anderem Material (Lava, Schalen der Miesmuscheln) und Armreife aus Stein.

Das Leben in Amekni um 5000 v. Chr.

Von der Lebensweise der Bewohner Ameknis im 6. Jahrtausend können wir uns ein gutes Bild machen. An den Ufern des mit Rohrkolben dicht bewachsenen Wadi Amekni fingen die Frauen und Kinder Welse und Barsche, entweder in Netzen, oder indem sie einfache Sperren errichteten und die Körbe über den Grund zogen. Wir wissen nicht, ob Fischfang im engeren Sinn praktiziert wurde, aber einige Obsidianstücke und Knochenwerkzeuge könnten auch als Angelhaken gedient haben. An der Fundstelle von Meniet, die etwas jünger ist, wurde ein schöner, gekrümmter, knöcherner Angelhaken zutage gefördert, und in mehreren mauretanischen Siedlungen hat man bogenförmige Angelhaken aus Stein von beträchtlicher Größe gefunden. Der Fischfang mit Harpune und Bogen in den Lagunen und in ruhigen Gewässern war wohl nicht unbekannt. Harpunen aus Knochen und Elfenbein werden in den jüngeren Stadien des sahara-sudanesischen Neolithikums ziemlich zahlreich. – Auch die Jagd blieb eine wichtige Tätigkeit, wobei sich die Menschen von Amekni sehr wählerisch in der Wahl des Wildes zeigten. Die Jagd auf Gazellen war zweifellos leichter mit Hilfe von Fallen durchzuführen, während der Wasserbock (*Redunca*), das Warzenschwein und der Altbüffel (*Homoioceras antiquus*) wohl an der Tränke überrascht oder in Fallgruben gefangen wurden. Der gesamte Raum zwischen dem Granitrücken und dem Fluß wurde von Frauen durchstreift, die die kleinen eßbaren Samenkörner in Körben einsammelten. Die Männer bauten bereits eine Hirseart an, zu diesem Zweck wurde sogar begonnen, die sandige Ebene urbar zu machen. Jagd, Fischfang, Sammeln und Ackerbau waren Aktivitäten außerhalb der Wohnstätten. Im Lager, zwischen den Hütten, die inmitten der großen Gesteinsblöcke errichtet worden waren, schälten die Frauen die Hirse und zerstampften die Samen der wildgewachsenen Graspflanzen und kochten Mus in großen Gefäßen, die aus den Lößablagerungen am Flußufer hergestellt wurden. Die Bearbeitung der Antilopen- oder Rinderhäute, die Herstellung von Korbwaren, für die knöcherne Stichel verwendet wurden, ließen noch reichlich Zeit zum Spazierengehen und Tagträumen. Gegen Ende des Frühlings, wenn die Früchte der Zürgelbäume (*Celtis australis* und *integrifolia*) reif wurden, sammelte man sie in großen Mengen im nahen Gehölz. Für dieses relativ seßhafte und friedliche Leben benötigte man weder spezialisierte noch eine große Anzahl von Gerätschaften. Diese ersten Bauern konnten sich kein Fleisch oder Milchprodukte domestizierter Tiere beschaffen. Diese standen erst ihren Nachfahren zur Verfügung.

Die weitere Entwicklung des sahara-sudanesischen Neolithikums

Von einem etwas weiter fortgeschrittenen Stadium des sahara-sudanesischen Neolithikums, das in das 5.–4. Jahrtausend eingeordnet wird, gibt es zahlreiche Funstellen. Am besten bekannt, weil Gegenstand einer Veröffentlichung, ist die von Baguena V in Meniet (H.-J. Hugot, 1963), welche große Ähnlichkeiten mit Amekni aufweist und aus der Zeit um 3450 v. Chr. stammt. Das würde bedeuten, daß diese Fundstätte ebenso alt ist wie die höhergelegene Schicht von Amekni. Wenn die Keramik auch in derselben Weise verziert wird, so tauchen doch neue Formen auf. Der Schmuck gewinnt größere Bedeutung. Zu den schon in Amekni genannten Objekten kommen Perlen aus Amazonit und Ohrgehänge aus durchbohrten Steinen sowie Lippenpflöcke. Die Geräteindustrie erscheint ebenfalls fortschrittlicher. Geschliffene Beile, die in Amekni noch unbekannt waren, tauchen auf, ferner zahlreiche Pfeilspitzen. Die geometrischen Mikrolithen sind ebenso selten wie

derb. Ackerbau ist ebenfalls bekannt (Pollen von Getreidearten). Die Früchte des Zürgelbaums (*Celtis*) und des Brustbeerenbaums (*Zizyphus*) ergänzen diese pflanzliche Nahrung, bei der die wild gewachsenen Produkte noch überwogen.
Wir haben alle Ursache anzunehmen, daß die Domestikation des Rindes bereits stattgefunden hatte. Diese Annahme basiert nicht so sehr auf der unbewiesenen Existenz eines Ochsen in der Fauna, sondern auf dem Vorhandensein der Malereien des Tassili, die aus derselben Epoche stammen und Herden von domestizierten Rindern zeigen. Am Rande der Tanezrouft erscheint die Siedlung von Adrar Tiouiyne, die 1968 ausgegraben wurde, gleichfalls sehr interessant. Sie war an den Ufern des Wadi Amded errichtet worden. Wie in Amekni und Meniet war der Fischfang üblich, der beträchtlichen Anzahl von Fischgeräten nach zu schließen, die man dort gefunden hat. Hier sind auch die Endokarps vom Zürgelbaum äußerst zahlreich. Die Niederlassung datiert vom Ende des 4. Jahrtausends (3200 und 3370 v. Chr.) und besitzt eine Keramik, die in bezug auf die Qualität der Gestaltung und des Brandes Beachtung verdient. Die Tonwaren sind sehr hart und klingend. Der Dekor zeigt fast ausschließlich Flammenmotive, die durch Drehbewegung entstanden sind. Diese sehr schöne Keramik mit glänzender Oberfläche verfügt über kugelige Formen, die manchmal einen Durchmesser von über 40 cm erreichen. Die Ränder sind z. T. nach innen, z. T. nach außen verdickt. Die Schmuckgegenstände sind vielfältig und zahlreich: Lippenpflöcke aus Knochen, Scheibchen zum Auffädeln, Perlen aus Amazonit, Steinringe, Ohrgehänge aus Knochen mit zwei übereinander angebrachten Löchern.
Die spärlichen Artefakte der Steinindustrie sind wenig interessant. Große Mengen von Bruchstükken oder angefangenen Teilen von Ringen und durchbohrten Kugeln bedeckten den Erdboden der Fundstelle. Man fand mehrere geschliffene Beile ebenso wie einige gezähnte und ungestielte Pfeilspitzen. Dies sind die einzigen Geräte aus Stein, die als charakteristisch für das Kleingerät angesehen werden müssen. Da einige von ihnen sehr klein sind (10 mm lang), liegt die Vermutung nahe, daß sie zum Fang von Fischen oder kleinen Vögeln dienten.

Gravierung von Mathendoush (Fezzan). Diese sehr interessante, von P. Graziosi untersuchte Gravierung, ist unter dem Namen »Die Katzen« bekannt. Bei den abgebildeten Gestalten handelt es sich wahrscheinlich um Gottheiten. Die Linien sind tief eingraviert, die Innenflächen der Figuren sind offensichtlich poliert worden. Im Tassili und Akakous findet man ebenfalls Gravierungen von Figuren mit Tierköpfen, ebenso im Hoggar. Als häufigste Abbildung sieht man einen Mann mit einem Schakalskopf. Die Gravierung von Mathendoush ist einzig in ihrer Art, da die Tierköpfe auch auf einem Tierkörper sitzen.

Rechts: Eine hübsche Gravierung aus der Nähe von Bardai, aus späterer Zeit (Jüngeres Bovidien). Die dargestellten Rinder gehören zu der Rasse des Bos africanus, *erkennbar an den lyraförmigen, langen und schlanken Hörnern. Die Hörner des linken Ochsen sind gespalten und deformiert. Dieser Brauch existiert noch heute bei den Hirten am Oberen Nil und im Gebiet der Großen Seen. Die durch Punktreihen auf dem Körper der Tiere erzeugten Muster sollen die verschiedenen Farben des Felles andeuten. Der Hirte ist mit einem Bogen bewaffnet.*

Rechte Seite: Auf einen Felsen von Bardai (Tibesti) eingeritzter Elefant im archaischen Stil.

Unten: Schematisierende Darstellung einer Frau mit erhobenen Armen aus Timia (Aïr). Diese Gravierung gehört, wie die meisten aus dem Aïr, in die Eisenzeit.

Die Fundstätte von Adrar Tiouiyne entspricht offenbar einer Fischersiedlung. Die Menschen besaßen praktisch keine aus Klingen oder Abschlägen hergestellten Werkzeuge, waren aber auf die Herstellung von Steinringen spezialisiert.

Die Felsbildkunst: die ältesten Ritzzeichnungen

Mit diesem frühen und mittleren Stadium des sahara-sudanesischen Neolithikums sind auch die ältesten Zeugnisse der Felsbildkunst in der Sahara verbunden: Die Zeichnungen von Großwild in naturalistischem Stil und die Malereien der sogenannten *Rundkopfmenschen.*

Die ältesten geritzten Felsbilder stellen ausschließlich wilde Tiere dar, häufig monumental, und zeigen einen bemerkenswerten Realismus in den Bewegungen. Auf den Felsen der Zentralsahara ist das am häufigsten abgebildete Tier der Elefant. Dann die Giraffe, das Nashorn, Antilopen und rinderähnliche Tiere, unter denen der große Altbüffel (*Homoioceras antiquus*) eigens Erwähnung verdient, obwohl er seltener vorkommt als auf den Bildern im algerischen Sahara-Atlas. Manche Autoren rechnen alle diese großflächigen naturalistischen Felszeichnungen in Nordafrika zu diesem Stil zusammen, der zu Unrecht »Bubalus-Stil« genannt wird (*Bubalus antiquus* = *Homoioceras antiquus*, H. Lhote, 1970). Es ist im Augenblick nicht bewiesen, daß dieser Stil überall aus demselben Zeitraum datiert; ungewiß ist auch noch, ob es überhaupt eine Beziehung zwischen diesen Darstellungen gab, die einander notwendigerweise ähnlich sind, da sie in naturgetreuer Weise ein und dieselbe Fauna wiedergeben. Es ist möglich, daß sie aus einer Epoche stammen, die noch keine Viehzucht kannte.

Diese große naturalistische Kunst der Jäger überzieht fast vollständig die Massive der Zentralsahara. Die Hauptzentren sind der Norden mit dem Tassili n'Ajjer (Wadi Djanet) und dem Tadrart Akakous (Tin Lellan), das südliche Fezzan (In Habeter, Tilizzaghen, Mathendoush) und der Norden des Tibesti (Gonoa).

Die Figuren sind in bezug auf Stil und Größe sehr unterschiedlich. Eine Giraffe des Wadi Djerat ist über 6 m hoch, während das in Tin Affelfellen dargestellte Rhinozeros nicht größer ist als 50 cm. Die Zeichnungen erreichen meistens eine außerordentliche Naturnähe. Eine der bemerkenswertesten Tierdarstellungen auf der ganzen Welt dürfte der große männliche Elefant sein, der frontal angreifend wiedergegeben ist, so daß der Eindruck entsteht, daß er den Besucher bedroht (In Habeter). Die Linien sind immer poliert und ziemlich tief. Manchmal sind sie nach innen verbreitert, wobei die Innenfläche auch sorgfältig poliert ist, wie z. B. bei den »Katzen« von Mathendoush (Fezzan).

Die Schöpfer dieser Werke, die zu den schönsten der Felsbildkunst überhaupt gehören, haben sich selbst in der Zentralsahara nur selten abgebildet, und wenn, dann haben sie häufig die Gesichter maskiert. Hingegen sind in den Gravierungen gleichen Stils im Atlas die Menschendarstellungen häufiger, und die Gesichter mit europidem Profil werden deutlich gezeigt. In den Gravierungen der Zentralsahara haben die Menschen – sofern sie nicht, wie anzunehmen ist, Gottheiten darstellen sollen – oft Tierköpfe. Im Tassili (Wadi Djerat), im Akakous, im Fezzan (In Habeter) und im Hoggar (Tin Affelfellen) handelt es sich um Köpfe von hundeähnlichen Tieren, wahrscheinlich um Schakale. Andere Tierköpfe sitzen ebenfalls – mehr oder weniger glücklich dargestellt – auf menschlichen Schultern: man erkennt Antilopen, Vögel und sogar Katzen (Tilizzaghen). Die Mehrzahl der Prähistoriker hat in diesen Menschendarstellungen Jäger gesehen, die sich maskierten, um sich leichter an das Wild anschleichen zu können. Man hat es hier jedoch wohl eher mit Darstellungen von Gottheiten zu tun, in der Art, wie sie uns auch aus der ägyptischen Kultur überliefert sind.

Die Felsmalereien im Stil der »Rundkopfmenschen« (Têtes rondes)

In den Werken der Felsmalerei hat die älteste Periode – vielleicht ist sie genausoalt wie die Kunst der Jäger (Bubalus-Epoche, H. Lhote) – den Namen »Stil der Rundkopfmenschen« erhalten. Dieser Stil ist nicht immer naturalistisch. Man findet darin Personendarstellungen von beträchtlichen Ausmaßen, Wesen, die manchmal mit Absicht unförmig aussehen und verdrehte Glieder haben, ausgestattet mit pflanzenartigen oder muskulösen Auswüchsen. Bei anderen sind die Gesichtszüge auf den Köpfen, die aussehen wie die von Menschen mit Taucheranzügen, durch geometrische Motive ersetzt. Die Phase der Rundköpfe hat lange gedauert. Man kann ihre Entwicklung verfolgen, die sich an einem größeren Realismus zu orientieren scheint, aber wenn sich auch die Proportionen der Körper bessern, so fehlt immer noch der Hals unter den großen, kugelförmigen Köpfen. Die Bevölkerung, die in den Malereien der Rundköpfe abgebildet wird, dürfte überwiegend einer negroiden Rasse angehören, obwohl deren Gottheiten oder mythische Wesen manchmal in Weiß gemalt sind. In die Blütezeit dieses Stils fallen die schönsten Darstellungen der »Neger«masken (Aouenrhet, Sefar).

Zeigt der Kopf oft die Form einer Scheibe, so zeigt der Körper im allgemeinen mehr Realismus, und bestimmte Details legen es nahe, sich der schwarzen Welt zuzuwenden, um diese Darstellungen zu verstehen. So werden die Brüste immer im Profil übereinandergelagert und kegelförmig abgebildet, und der übergroße Nabel springt wie in der Negerkunst vor. Der Stil der Rundköpfe kommt vor im Tassili, im Akakous und im Ennedi. Im Tassili wäre die älteste Phase – der Überlagerung und

Tanzszene (Bardai).

Veränderung der Farben nach zu schließen – diejenige, die kleine Personen mit einem unproportionierten scheibenartigen Kopf zeigt, der oft mit Federn oder Hörnern geschmückt ist. Diese Teufelchen sind in einem rot-violetten, blassen Anstrich gehalten. Im Ennedi erkennt G. Bailloud (1960) Personen in einem völlig ähnlichen Stil (Stil von Mayguili).
Darauf würde die Phase der hellen Malereien folgen, in Weiß oder Gelb, die mit einem roten Strich umrandet sind, der oft einen violetten Schimmer durch die Farbveränderung erhalten hat. Das ist der Stil des großen Gottes von Sefar und derjenige von Sivré im Ennedi. In der klassischen Periode der Rundköpfe findet man auf dem Körper häufig verschiedene Punkte und Karomuster – die im allgemeinen als Tätowierungen gelten – als Bemalung, oder noch wahrscheinlicher rituelle Narben sind. Im Ennedi tragen derartig verzierte Personen häufig auf der Schulter eine Feder oder einen gekrümmten Stab, eine merkwürdige Zierde, die offensichtlich über sehr lange Zeit getragen wurde. In der Blütezeit der Rundköpfe werden Personen dargestellt, die pompös geschmückt sind, etwa mit einer komplizierten mehrfarbigen Kopfbedeckung (z. B. die sogenannten »Friedensrichter«). Zu derselben Phase gehören auch realistischer dargestellte Personen, deren Gesichtszüge halb maskiert sind, aber ein eher mediterranes oder hamitisches als ein negroides Profil erkennen lassen. Einige dieser Figuren sind von großer Schönheit (*Antinea von Jabbaren*).
Nach F. Mori (1965) würde der Stil der Rundköpfe sehr früh beginnen und vor dem 7. Jahrtausend beendet sein. Nach unserer Meinung müßte er jedoch länger gedauert haben. Wir tendieren dazu, ihn derselben Epoche zuzuordnen, in der auch die frühen Industrien des sahara-sudanesischen Neolithikums entstanden sind, die ebenfalls dem Werk einer negroiden Bevölkerung zugeschrieben werden müssen.

Gravierung von Mathendoush (Fezzan). Gottheiten oder Geister mit Pferdeköpfen, die mit übernatürlichen Kräften ausgestattet sind, haben ein Nashorn getötet. Eine der Gestalten zieht es mühelos mit einer Hand nach sich.

Die Malereien des »Bovidien« (»Hirtenstil«) – ein Höhepunkt der Sahara-Kunst

Es gilt als gesichert, daß die neolithischen Menschen von Faiyoum Rind, Schaf und Schwein im 5. Jahrtausend domestiziert haben. Was auch immer der Ursprung der Domestikation des Rindes ist, man kann sagen, daß sie auch in der Zentralsahara vor dem Beginn des 4. Jahrtausends erfolgt ist, da die Fundplätze, in denen sich die Malereien der Boviden befinden, auf 3550 v. Chr. in Jabbaren und auf 3070 v. Chr. in Sefar datiert wurden. Die Vermutung erscheint berechtigt, daß die Schicht VIII von Ouan Mahuggiag, die von 4000 v. Chr. stammt, bereits dem Bovidien angehört hat (Frontalansicht eines *Bos brachyceros*). F. Mori (1965) setzt den Beginn der Epoche der Hirtenvölker noch früher an.
Im Akakous hätte die älteste Phase von der Mitte des 6. Jahrtausends bis zu Beginn des 4. Jahrtausends gedauert. Die mittlere Phase wäre in der Mitte des 4. Jahrtausends beendet. Das Spät-Bovidien hat die größte Zahl von Malereien im Tassili gebracht. Es ist zugleich die Phase, für die man die größte Zahl von Altersdatierungen besitzt. Sie gehören alle in die erste Hälfte des 3. Jahrtausends. In Ouan Mahuggiag (Tadrart Akakous) lagen Kulturschichten auf einem bemalten, von der Decke herabgestürzten Felsbrocken, durch die es möglich war, ein Mindestalter für die jüngste Phase des Hirten-(Bovidien-)Stils in dieser Gegend anzugeben (ca. 2780 v. Chr.). Man kann sagen, daß sie mindestens zwei Jahrtausende gedauert hat. Die schönsten und auch am besten erforschten Gemälde im Bovidien-Stil – die aus dem Massiv von Azzer und aus Iherir im Tassili – stellen Schafherden dar, die sich Rindern zugesellen.

Das Leben der Hirten des »Bovidien«

Dank der Genauigkeit, mit der diese Hirten das Leben in Gesellschaft und Familie schildern, können wir uns von ihrer Lebensweise ein gutes Bild machen. Der Menschentypus ist nicht einheitlich, aber meist sind die Gesichtszüge mehr mediterran als negroid. Bei ersterem werden die Frauen durch hellere Farbtöne als die Männer dargestellt, ein Brauch, der in der ägyptischen und kretischen

Malerei aus Tan Zoumaitak (Tassili n'Ajjer), aus der Blütezeit des Stils der Rundkopfmenschen. *Die Personen sind geschmückt. Sie tragen Körperbemalung, komplizierte Frisuren, Halsketten und Armbänder. Die Kleidung besteht aus einem ledernen Lendenschurz, von dem ein Streifen weit nach hinten wegsteht. Mit weißer Farbe sind Mufflons und kleine menschliche Gestalten über die Figuren gemalt, sind also folglich jünger. Der Mufflon wird in der Felsbildkunst Nordafrikas und der Sahara häufig abgebildet. Er existiert noch heute in den Gebirgen des Atlas, im Hoggar, im Tassili n'Ajjer und im Tibesti.*

Kunst fortdauern sollte. Die Menschen, die größte Ähnlichkeit mit der heutigen Peul-Bevölkerung zeigen, sind sehr groß dargestellt, die Männer groß und schlank, von dunkler Hautfarbe, die häufig einen kleinen Kinnbart tragen. Die Frauen haben eine Frisur in der Art eines Helmschmucks. Die Ähnlichkeit mit den Peul ist sehr groß. Unter den Tieren sollen die Rinder als erstes näher betrachtet werden. Meist handelt es sich um das *Bos africanus* mit seinen langen, lyraähnlichen Hörnern, doch kommen ebenso Rinder mit dickeren Hörnern vor, besonders im Téfedest, die oft rein von der Seite dargestellt sind. Nur selten ist ihr Fell einfarbig. Am häufigsten findet man zweifarbige Tiere: fahlrot und weiß, schwarz und weiß, manchmal auch dreifarbige: braun, weiß und schwarz.

Die Hörner sind bisweilen – in den Gravierungen wie in der Malerei – seltsam deformiert. Allein aus dem Tibestigebirge kennt man an die 100 Fälle, während die Deformationen im Ennedi und Tassili seltener vorkommen und im Hoggar sogar die Ausnahme darstellen. Diese kulturelle Eigenart ist weder auf die Sahara noch auf das Neolithikum begrenzt. Sie dürfte ihren Ursprung bei den nubischen Völkern haben, wo sie sich während der Zeit der Pharaonenherrschaft und bis in unsere Tage bei den Nuer, den Souk und den Naudi erhalten hat.

Sehr detailreiche Malereien verraten uns die Sorgfalt, mit der sich diese Menschen ihren Herden widmeten. Sie bringen ihnen Wasser, binden die Kälber mit einem Bein an einem langen gemeinsamen Seil zusammen, wie es später die Ägypter gemacht haben und die Hirten in Mali und Niger noch heute tun (H. Lhote, 1966). Die Herde wird von einem Tier angeführt, das manchmal Schmuck zwischen den Hörnern trägt. Die Malereien des Tassili im Bovidien-Stil berichten uns auch von anderen Aktivitäten: von der Jagd, die mit Hilfe eines kleinen, doppelt gekrümmten Bogens betrieben wurde, von den Tänzen mit Initiationsritus, von Reisen und Wanderungen der Hirten. Die Details in der Kleidung und im Schmuck sind in der Regel mit großer Originaltreue wiedergegeben. Die Frauen tragen bisweilen luxuriöse Kleider mit Volants und Borten, über die eine Art von Pelerine geworfen wird, wenn sie auf ihren Rindern reiten. Ein andermal sieht man – zweifellos für die häusliche Arbeit –, daß sie über den gewebten Kleidern eine lange Schürze aus Ziegen- oder Gazellenhaut tragen.

Gelegentlich zeigen die Frauen aufwendige Frisuren. Schmachtlocken und Haarknoten sind nicht selten, Halsketten, Brustschmuck und Armbänder vervollständigen die Ausstattung der Schönen im Tassili. Die Männer sind mit einem Lendenschurz

Oben: Gemalte Darstellung einer Rinderherde auf der Wand eines der zahlreichen Abris von Jabbaren (Tassili). Das mehrfarbige Fell der Rinder zeigt, daß es sich um Tiere handelt, die seit einiger Zeit domestiziert sind. Diese Variationen in den Farben kommen bei den freilebenden Rindern nicht vor. Sie rühren von den Kreuzungen zwischen den verschiedenen Rassen her. Beachtenswert ist auch die Form der Hörner, die von Tier zu Tier unterschiedlich aussehen. »Bovidien«-Stil.

Rechts: Tan Zoumaitak: Mufflon mit überdimensional großen Hörnern. Die V-förmigen Zeichen geben das Relief der Hörner wieder. Diese schöne Darstellung ist über andere im Stil der Rundköpfe *gehaltene Bilder gemalt.*

schlichter gekleidet. Hin und wieder tragen sie eine Art Kappe. Das soziale Leben scheint sehr entwickelt gewesen zu sein. Die Konversationsszenen, in denen die Eleganz der Gesten und die selbstbewußte Haltung in gewisser Weise an die Vasenmalerei Athens erinnern, sind manchmal durch einen kreisförmigen Strich begrenzt, der wahrscheinlich eine Hütte andeutet. An anderer Stelle liegen die Frauen am Eingang ihrer Hütte und beobachten die Männer, die auf ihrem Lendenschurz sitzen und um einen großen irdenen Krug gruppiert sind, aus dem sie ein gegärtes Getränk heraussaugen. Als Hirten mußten diese Menschen gezwungenermaßen viel umherziehen, und selbstverständlich benutzten sie dabei ihre Rinder als Lasttiere.

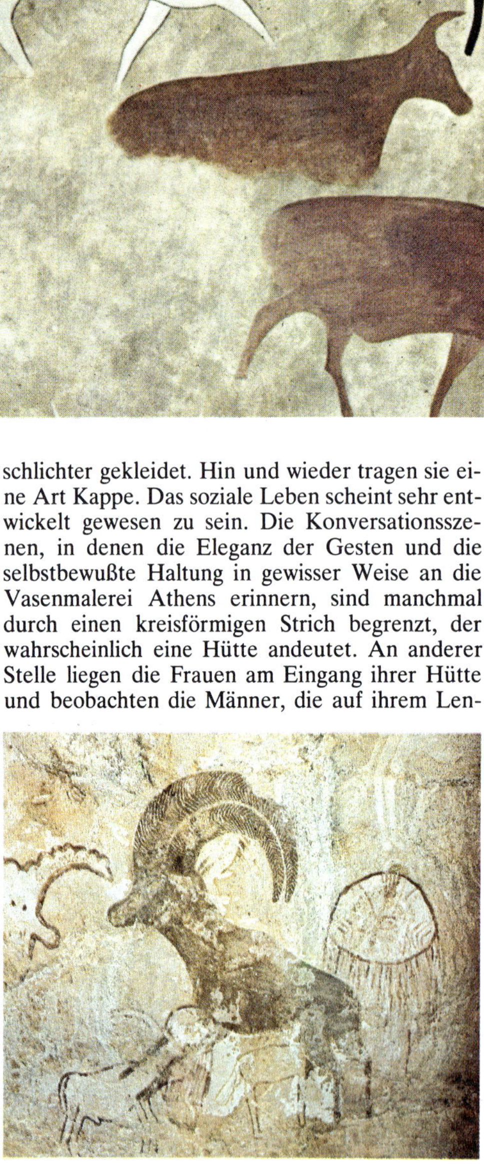

Der »Bovidien«-Stil und seine Verbreitung

Aus der Hirten- oder »Bovidien«-Epoche ist uns im Tassili, aber auch im Ennedi, Tibesti und Téfedest nördlich des Hoggar eine beträchtliche Anzahl von Malereien erhalten. Wenn man H. Lhote folgt, werden zu derselben Epoche die zahlreichen Gravierungen von domestizierten Rindern gerechnet, welche die Felsen des Hoggar (Tit, Hirafok, Aguennar), des Tibesti (Gonoa, Bardai), des Fezzan, des Ahnet und praktisch der gesamten Zentralsahara schmücken, mit Ausnahme des Aïr und des Adrar des Iforas. Die dargestellte Bevölkerung weist insgesamt gesehen hamitische Züge auf, die mit denen der heutigen Peul ziemlich vergleichbar sind. Man erkennt aber auch sehr naturalistisch dargestellte negroide Menchen mit vorstehendem Oberkiefer, wulstigen Lippen und gekräuselten Haaren. Sie sind die Nachkommen der »Rundköpfe«. Schließlich tauchen in zahlreichen lokalen Regionen auch unbestreitbar hell-

Rechts: Malerei aus Jabbaren (Tassili). Rinder und ihre Hirten. Man beachte die Eleganz der Haltung und die überaus realistische Modellierung der Körper. »Bovidien«-Stil.

Unten: Malerei aus der Höhle von Ouan Amil. Die beiden Personen scheinen lebhaft zu diskutieren. Sie sind sitzend dargestellt und tragen einen Umhang, der jenem der libyschen Anführer gleicht und der aus der ägyptischen Malerei bekannt ist. Der Umhang rechts ist gewebt und zeigt V-förmige Muster. Angesichts der Feinheit der Glieder, der Handgelenke, der Fußknöchel wie des Profils dürften diese Menschen dem mediterranen Typus angehören. »Bovidien«-Stil.

häutige Menschen auf. Diese Hirten der weißen Rasse erscheinen nur sporadisch. Sie sind die Schöpfer der schönsten Malereien von Tissoukai, In-Itinen, In Herir, Ouan Derbaouen, Rhardès und Tahilahi. Unter diesen Weißen kann man eine erste Gruppe unterscheiden – die älteste nach Lhote –, die Kleintiere hält.
Die zweite Gruppe wird von den Rinderzüchtern gebildet, die mit einem kleinen Bogen bewaffnet sind. In Rhardès tragen sie gehörnte Kopfbedekkungen und ärmellose Tuniken, die eine Schulter nackt lassen. Zu derselben Szene gehört ein Neger, der kniend eine Axt hält, und der mit Sicherheit zum selben Zeitpunkt dazugemalt wurde. Es erscheint unmöglich, eine relative Chronologie für diese verschiedenen Bilder zu bestimmen. Als ungefähr gesichert gilt jedoch, daß die dunkelhäutigen, negroiden Menschen und die Hamiten vom Typ der Peul im selben Zeitraum nebeneinander gelebt haben.

Eventuelle Spuren einer Transhumanz: die Skulpturen des »Bovidien« und des Ténéréen

Das Steingerät der Menschen des Bovidien ist nur unzureichend bekannt, zumindest in den Gebirgsgegenden, in denen sie ihre Kunstwerke hinterlassen haben. Besonders typisch sind Pfeilspitzen, zurechtgeschlagene und geschliffene Beile, Stampfer und seltsam geschmückte Reibkeulen (*pilons*), Reibsteine und Überreste von Mahlsteinen. Das reichliche Vorkommen von Mahlsteinen und Reibsteinen verrät die Bedeutung der angebauten oder natürlich gewachsenen Graspflanzen.
Die Keramik sieht ähnlich aus wie im frühen sahara-sudanesischen Neolithikum, allerdings tauchen anscheinend gestichelte Muster häufiger auf. Als charakteristisch für das Bovidien gilt eine Keramik mit großen punktförmigen Mustern, die mit einem Kammgerät verziert worden ist. Man darf nicht vergessen, daß es sich bei diesen Menschen, die ihre Malereien in den Abris des Tassili und Téfedest hinterlassen haben, um eine Hirtenbevölkerung handelte. Je nach Jahreszeit suchten sie unterschiedliche Weidegebiete auf, verbrachten daher einen guten Teil des Jahres in den Tälern und umliegenden Ebenen, die heute *Ergs* (Dünenlandschaft) geworden sind. Den Beweis für diese Transhumanz erbringen herrliche Skulpturen in getriebener Technik, die man sowohl in Fundstellen unter Abris im Tassili, als auch im nahen Erg d'Admer entdeckt hat. Sie stellen Paarhufer dar, Antilopen, Schafe, Nagetiere oder menschenähnliche Wesen (Camps-Fabrer, 1966, 1967). Diese »Idole«, die auf dem Gebiet der Plastik ebenso kostbar und von ebenso großer Qualität sind wie die Malereien in den Abris, wurden von den Menschen des Bovidien angefertigt. Das Steinwerkzeug, das man in den Ergs gefunden hat, ist im allgemeinen kunstvoller als das in den Abris. Diese wunderschönen Skulpturen aus hartem Stein wurden hauptsächlich im Tassili n'Ajjer geborgen, insbesondere auf seinem erhöhten Abhang im Süden (Camps-Fabrer, 1967). Ihre Beziehung zur

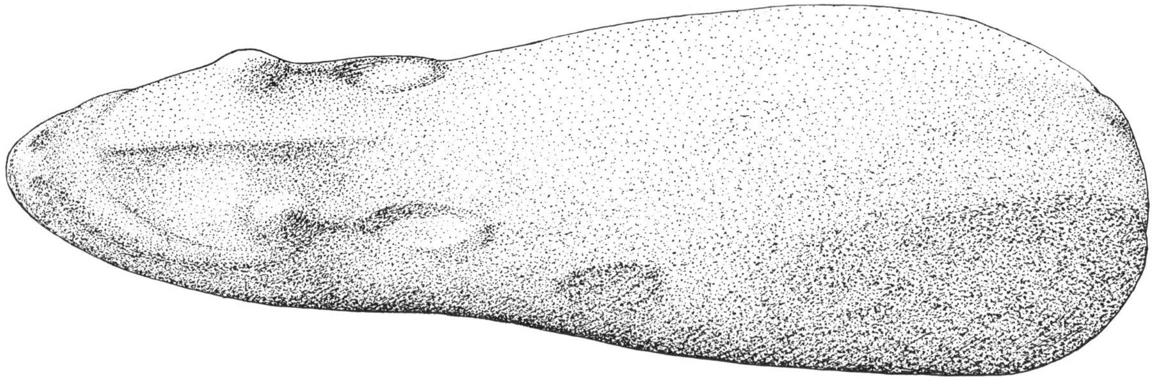

*Oben: Skulptur von Anou Oua Lelioua (Erg d'Admer). Eine der wunderschönen Skulpturen aus hartem Stein, die im Bereich des Erg d'Admer, nahe beim Tassili, gefunden wurden. Sie stellt eine kleine, zwischen den Felsen der Wüste lebende Echse dar (*Stenodactylus goundi*, ein Dünnfingergecko). Obwohl die Plastik relativ abstrakt ausgeführt ist, erlaubt doch die genaue Wiedergabe von Details eine weitgehende Identifizierung des Tieres.*

Rechte Seite oben: Töpferware aus dem mediterranen Neolithikum (Gebiet von Oran). Diese Keramik ist vor allem in der Nähe der Öffnung verziert, und zwar durch Einritzen oder Eindrücken mit verschiedenen Instrumenten. Dagegen weist die Keramik der Sahara sich wiederholende Verzierungen auf, welche die gesamte Außenseite des Gefäßes bedecken. Hier wiederum zeigt der Dekor mehr einen Aufbau in Reihen oder Streifen. Einen ähnlichen Aufbau und ähnliche Muster findet man auch bei den mediterranen Töpferwaren des frühen Neolithikums in Europa.

Unten: Polierte Axt mit Halsrinne. Sie ist charakteristisch für die Ténéréen-Kultur, die in der Zentralsahara ebenfalls schöne Tierplastiken hervorgebracht hat.

»Bovidien«-Kunst erscheint durch die Funde von Jabbaren und Tissoukai bewiesen, und ihre Verknüpfung mit der Industrie des Ténéréen ist durch die Entdeckung von Anou Aoua Lelioua gesichert. Die stilistische Einheit läßt sich jedoch nicht leugnen.

Gegenwärtig kennt man 48 Tierskulpturen aus dem Tassili, dem Erg d'Admer und dem Hoggar. Hierzu gehören auch einige heilige Steine in anthropomorphen Formen (Tabelbalet, Issaouame und Ouan Sidi), die außerhalb und nördlich der Zone mit der größten Funddichte (Tassili, Erg d'Admer) angetroffen wurden. Unter den dargestellten Tieren steht das Rind an erster Stelle, dann erst kommen schafähnliche Tiere, Antilopen und Nagetiere. Alle entsprechen sehr strengen stilistischen Gesetzen, die hauptsächlich eine ausgeprägte Symmetrie auf beiden Seiten einer Achse zeigen, die in der Regel an einem Kamm erkennbar ist, der auf manchen Plastiken vom Maul bis zum Rückenende reicht. Die zweite Eigentümlichkeit ist die extreme Schlichtheit dieser Arbeiten, die nur das Wesentliche zeigen: die Windung eines Horns, die Anlage des Ohrs oder sogar die Richtung der Barthaare. Die Auswahl der anatomischen Details ist stets hervorragend. Das Material dieser kleinen Objekte (Idole) ist Basalt, Dolerit, Amphibolit-Gneis.

Ein Höhepunkt der technischen Entwicklung: die Ténérée-Kultur

Die Eigentümlichkeiten und die bei den oben beschriebenen Skulpturen angewandte Technik findet man haargenau auch bei anderen Objekten aus hartem Stein, die einen Teil der Gerätschaft der neolithischen Ténérée-Kultur bilden. Es handelt sich um die *pilons*, Reibkeulen mit rätselhaften Skulpturen, verzierte Mahlsteine und vor allem zahllose, hervorragend gearbeitete Äxte, für die Halsrinnen, Sporne und bisweilen ein Spitznacken typisch sind.

Diese Industrie verfügt über bedeutende mikrolithische Geräte (Segmente, Dreiecke, selten Trapeze), zahlreiche Mikrostichel (mehr als ein Viertel des Geräts), viele Kleinklingen mit abgeschlagenem Rand, Kleinklingen mit abgestumpftem Rücken, Kratzer, reichlich Bohrer, selten Stichel. Zu diesen Werkzeugen aus der epipaläolithischen Tradition kommen bewundernswerte, besonders feine und längliche Pfeilspitzen, Spalter, blattförmige Stücke sowie die berühmten und rätselhaften »Scheiben des Ténéréen«, deren Dünnheit und Zerbrechlichkeit von der Geschicklichkeit der damaligen Steinschneider zeugen. Messer in ägyptischem Stil, zurechtgeschlagene und polierte Beile, zweischneidige Spalter, Hohlmeißel und schließlich die im Neolithikum der Sahara übliche Ausstattung zum Zerkleinern von Korn vervollständigen die Gerätschaften. Flache Mahlsteine, die an den Rändern eingekerbt sind, um den Transport auf den Packsätteln der Rinder zu erleichtern, bestätigen, daß diese Menschen mit ihren Herden viel unterwegs gewesen sein müssen.

Die Schöpfer dieser Industrie, die als eine der schönsten der Welt gilt, sind gleichfalls die Schöpfer der wundervollen Plastiken aus hartem Stein im Erg d'Admer. Ihre Beziehungen zu, wenn nicht sogar ihre Identität mit den Menschen des Bovidien, die einen ebenso sicheren Geschmack besaßen und ihre Zeitgenossen waren (die Industrie von Adrar Bous III wird auf 3180 v. Chr. datiert), scheint unbestreitbar.

Das Ténéréen, das sich, wie das Bovidien, über das 4. und 3. Jahrtausend erstrecken dürfte, zeigt das Aussehen eines mittleren Neolithikums. Die genaue Ausdehnung des Ténéréen ist noch ungewiß. Das Zentrum liegt im Ténéré von Taffassasset und dem östlichen Abhang des Aïr. Im Norden reicht es bis zum Tassili n'Ajjer. Gegen Osten überschreitet es den Kaouar und dringt weit in das Borkou vor.

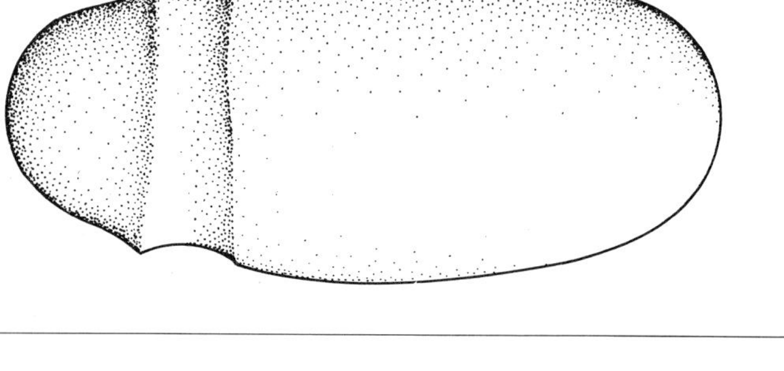

Das mediterrane Neolithikum und das Neolithikum mit Capsien-Tradition

Das Neolithikum von Oran: die Höhle des Wadi Guettara

Das Neolithikum umfaßt weite Gebiete entlang der Mittelmeer- und der Atlantikküste des Maghreb, doch weiß man nicht viel darüber, oder besser gesagt, an einigen Stellen wurde es ziemlich genau erforscht und an anderen vollständig vernachlässigt. Als typisches Beispiel soll eine Fundstelle beschrieben werden, die wir 1967 in einer Höhle des Wadi Guettara in Brédéah (Oran) ausgegraben haben, und die eine bessere Kenntnis sowohl des mediterranen Neolithikums von Oran als auch des Übergangs vom Epipaläolithikum zum Neolithikum erbringen sollte. Es handelt sich um

eine kleine Höhle, die im Neolithikum als Beerdigungsstätte diente. Die Oberflächenschicht bis zu 0,25 m ist deutlich neolithisch und besitzt eine reiche Keramik, die Industrie ist mittelmäßig, bemerkenswert nur wegen ihres Reichtums an gezähntem Werkzeug und einfach retuschierten Kleinklingen, Klingen und Abschlägen (57%). Dann folgen die Kleinklingen mit Rücken (13%), Kratzer (9,6%), geometrische Mikrolithen (vor allem Segmente), Stümpfe, Abschläge, Klingen mit Rücken, Bohrer, ein paar Stichel und Schaber. Mikrostichel kommen nur wenige vor. Nicht so sehr aufgrund der Steinindustrie, sondern wegen der Keramik und – in geringerem Maße – der Knochenindustrie, kann man diese Schicht dem Neolithikum zuschreiben.
Die Schmuckgegenstände sind zahlreich und vielfältig. Die Körperbemalung muß angesichts des reichlichen Vorkommens verschiedener Metallverbindungen (Eisenverbindungen, Hämatit, Blenden, Bleiglanz) eine große Rolle gespielt haben. Die Ohrgehänge sind aus den Schalen von *Lamellibranchiata* (Cardiummuschel, Miesmuschel) oder von Turmschnecken gefertigt. Perlen zum Aufschnüren aus Straußeneischalen kennt man nur in dieser Schicht. Die Keramik ist für das mediterrane Neolithikum charakteristisch: die Gefäße sind weitmundig und nur in der Nähe der Öffnung durch Eindrücken von Stengeln, Stäbchen oder Keilen verziert (der Kammdekor ist unbekannt). Der Bauch ist eiförmig, der Boden in der Regel kegelförmig. Schließlich wurden unter den Tierknochen aus dieser Schicht Überreste von Schafen identifiziert. Die Menschen des Wadi Guettara besaßen Haustiere – eine Bestätigung für den neolithischen Charakter dieser Schicht.
Die Schicht II (0,25 m–0,45 m), eine Aschenschicht, gehört ebenfalls noch in das Neolithikum. Ihre Keramik sieht genauso aus, kommt jedoch seltener vor (57 g pro qm). Bei der Steinindustrie nimmt bei allen Werkzeugtypen die Anzahl der Exemplare ab, außer bei den Kleinklingen mit Rücken (18%), den Kratzern (13,6%) und den geometrischen Mikrolithen (6,5%). Hingegen zeigt die Knochenindustrie eine größere Vielfalt an Formen und ist auch zahlenmäßig besser vertreten als in der Schicht I. In der Schicht III (0,45 m–0,65 m), die der Beerdigungsstätte entspricht, gibt es praktisch keine Keramik mehr. In der Steinindustrie nehmen die Kleinklingen mit Rücken weiterhin zahlenmäßig zu (26,8%), Bohrer, Stichel, Stümpfe und Mikrostichel werden selten. Ein einziges Stück mit reichlicher Retusche verweist auf das Neolithikum. Die Industrie dieser Schicht läßt sich nur schwer einordnen, um so mehr, als diese bei den neolithischen Bestattungen gründlich umgegraben worden ist. Die hier vorgefundenen Menschen gehören der Rasse von Mechta el-Arbi an, von der wir wissen, daß sie bis in das Neolithikum existiert hat. Die neolithischen Mechtoiden weisen wie ihre Vorfahren im Iberomaurusien verstümmelte Zähne auf, hier im Ober- und Unterkiefer.
Die Schicht IV (0,65 m bis zum Gestein) ist mit Sicherheit nicht neolithisch. Kohle, die an der Basis dieser Kulturschicht gefunden worden ist, wurde auf 8240 v. Chr. datiert. Wir verfügen über keine Altersbestimmung der obersten Schicht des Wadi Guettara, aber in der Fundstelle des *Corales*, dem sogenannten Schneckenfriedhof, einige Kilometer weiter nördlich an der Küste, gibt es dieselbe Keramik mit Abdruck- und Einritzmustern in einer auf 4730 v. Chr. datierten Schicht. Wir können also, ohne sehr unvorsichtig zu sein, die Oberflächenschicht des Wadi Guettara für das 5. Jahrtausend ansetzen und den Übergang zum Neolithikum, der im Laufe der Entstehung der Schichten III und II erfolgte, für das 6. und 7. Jahrtausend, wenn nicht früher. Diese Einteilung entspricht dem, was wir von den Anfängen des Neolithikums im westlichen Mittelmeerraum wissen. Die ältesten keramischen Industrien, die man heute im westlichen Mittelmeerbecken datieren kann, gehören tatsächlich in das 6. und an den Schluß des 7. Jahrtausends.

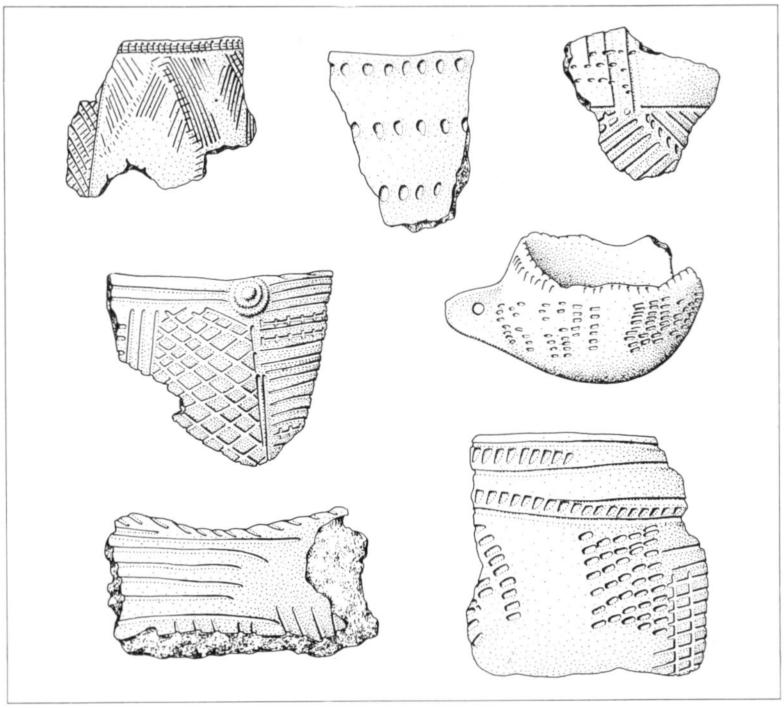

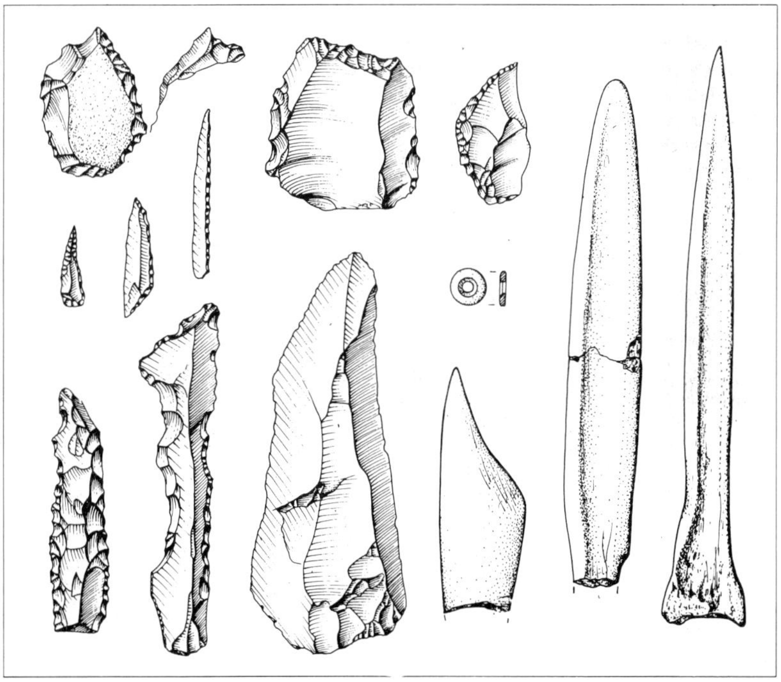

Oben: Neolithische Industrie aus der Höhle des Wadi Guettara. Man erkennt einen Stichel, einen abgestumpften Abschlag, einen Abschlag mit abgeschlagenem Rand, drei Kleinklingen mit abgeschlagenen Kanten, eine Perle aus Straußeneischale, zwei gezahnte Klingen und eine große, nicht retuschierte Klinge. Die Industrie enthält ein Schneidwerkzeug, ein Glättwerkzeug und einen Stichel (5. Jahrtausend v. Chr.).

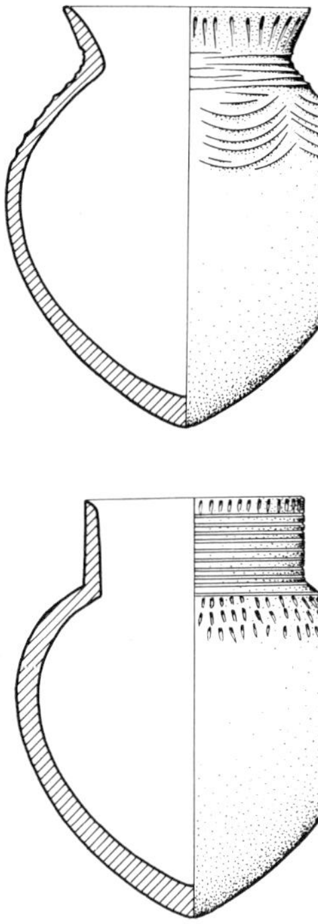

Oben: Zwei Gefäße mit kegelförmigem Boden und gut markiertem Hals aus El Khril (Tanger, Marokko). Die auf den oberen Teil beschränkte Verzierung besteht aus breiten Rillen, die in Europa für das jüngere Neolithikum charakteristisch sind.

Die ersten iberischen Einflüsse im Norden von Marokko: die Cardium-(Herzmuschel-)Keramik

Es ist verständlich, daß von den beiden am weitesten vorgeschobenen Gebieten des Maghreb aus – Nordmarokko und Osttunesien – sehr bald Beziehungen mit den nahen Ländern Europas aufgenommen wurden. Von diesen beiden Gegenden konnte die privilegiertere nur Nordmarokko sein, das von Spanien nur durch die Enge von Gibraltar getrennt ist. Spuren von diesem ersten Austausch fehlen nicht, und – was bemerkenswert ist – nur im Gebiet von Tanger und Ceuta wurden Bruchstücke der Cardium-Keramik gefunden, d. h. Gefäße, deren Wände mit Hilfe von Cardium-Muscheln oder anderen *Lamellibranchiata* (verschiedene Kammuscheln) verziert worden sind. Die ersten im Maghreb bekannten Gefäße der Cardium-Keramik waren die von Achakar (Gebiet von Tanger). In der Fundstätte von Gar Cahal (bei Ceuta) ließen sich 5 Schichten bestimmen. Der Hauptnutzen der Ausgrabung lag in der Entdeckung einer Keramik im Cardium-Stil zusammen mit bemalten Scherben im Niveau III, der am tiefsten gelegenen neolithischen Schicht.
In Caf That el Gar, einer Höhle nahe bei Tétouan, enthielt das Niveau III gleichzeitig eine Abdruck-Keramik vom Cardium-Typ und eine kannelierte (mit senkrechten Rillen versehene) Keramik, die bereits dem Endneolithikum angehört. Das darüber gelegene Niveau II erbrachte Scherben der Glockenbecherkeramik sowie eine glatte Keramik, die einzige, die auch im Niveau I an der Oberfläche zu finden war. Als nicht weniger wichtig muß man die Ergebnisse der Ausgrabung in den Höhlen von Achakar (Tanger) bezeichnen, die Ergebnisse älterer Grabungen bestätigten, und zwar durch die laufende Entdeckung von Cardium-Keramik in den tiefsten Niveaus, während die Einritzmuster in den höher gelegenen Schichten anzutreffen waren.
In Marokko sind die Formen der Cardium-Keramik ziemlich gut bekannt, da in Achakar vollständige Gefäße und in den Höhlen von El Khril zahlreiche Scherben gefunden wurden. Am bekanntesten ist eine fast kugelförmige, weitmundige Form mit einer leichten Verengung, welche die Öffnung vom Bauch trennt. Einige Gefäße hatten einen richtigen zylindrischen Hals, eines besaß einen Bauch in Form eines Weizenkorns. Ebenso existierten große Gefäße mit konischem Boden ohne Hals. Man unterscheidet drei Hauptrichtungen des Dekors. 1. Große Teile der Gefäßwandung werden mit umlaufenden Ornamenten bedeckt, die im wesentlichen aus flammenartigen Mustern bestehen, die durch Drehbewegung beim Eindrücken erzeugt wurden. Sie sind nie fortlaufend; man erkennt jedoch die Absicht, durch Alternierung oder Nebeneinanderstellen von verschiedenen Motiven ein komplexes Muster zu schaffen.
Dieser Trend zur Komposition zeigt sich auch bei den mit Reliefwirkung arbeitenden Techniken, bei denen das Ornament entweder durch Vertiefung in die Oberfläche (2) oder durch plastische Erhöhung auf der Oberfläche, z. B. durch Hinzufügen und Mitbrennen von Tonschnüren und Tonkügelchen (3) hervorgebracht wird. Diese Eigenheiten findet man auch bei der Cardium-Keramik in Spanien und Frankreich. Außer in dem oben genannten kleinen Gebiet im nördlichsten Zipfel von Marokko ist im Maghreb keine Cardium-Keramik aufgetaucht. Man sollte aber noch einen offenbar mit einer Pektenmuschel verzierten Scherben aus der Höhle du Midi in Oran erwähnen.
Die durch die Cardium-Keramik zwischen Spanien und Nordmarokko offenkundig gewordenen Kontakte sind am Beginn des Neolithikums auf diesen schmalen Bereich des Maghreb begrenzt. Sie werden im Endneolithikum und im Chalkolithikum (Glockenbecherkeramik) intensiver und weiten sich beträchtlich aus.

Beziehungen zwischen Tunesien und den italienischen Inseln: der Handel mit Obsidian

Am anderen Ende des Maghreb sind die Spuren der ältesten Kontakte mit Italien und den Inseln seltener. In der Tat kann man für das Neolithikum den Import von Obsidian nur an einigen Punkten der tunesischen und der benachbarten algerischen Küste nachweisen. Dieser Rohstoff kann von den Liparischen Inseln, Sardinien (Monte Arci), Palmarola und Pantelleria stammen. Ganz gewiß wurde er von der letzteren, 60 km östlich des Kap Bon gelegenen Insel bezogen. In Korba, genau gegenüber der Insel, kamen aus diesem Material angefertigte Pfeilspitzen zum Vorschein. Das gleiche gilt zweifellos auch für die Geräte aus Obsidian, die in Hergla ausgegraben wurden. In Béchateur ist man auf eine Steinindustrie gestoßen, die zu 0,5% aus einem helleren Obsidian bestand als der von Pantelleria und vermutlich von den Liparischen Inseln herkam (Fundstelle von Dschebel Dib). Von dort stammen auch jene, die in der Gegend von Biserta (Tunesien), de la Calle (Algerien) und in der Marsa (südwestlich vom Kap de Fer, Algerien) aufgetaucht sind. Ein Kratzer aus Lipari-Obsidian wurde sogar in Tébessa gefunden.

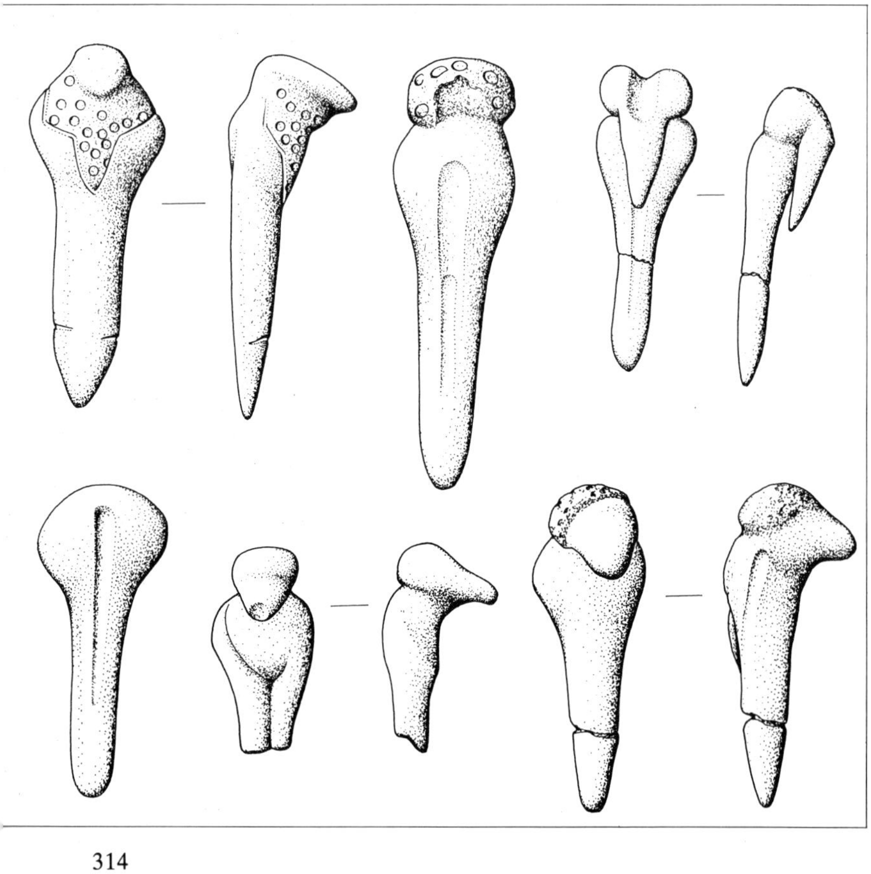

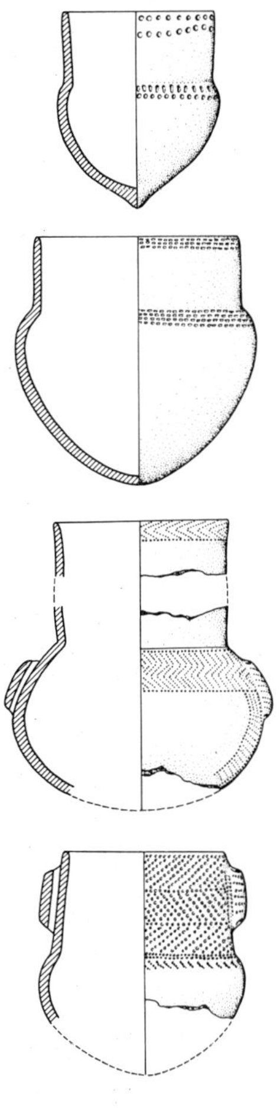

Oben: Keramik aus El Kiffen (Casablanca, Marokko). Alle Gefäße sind hier aus zwei Teilen angefertigt: einem halbkugelförmigen oder kegelförmigen Körper und einem zylinderförmigen Hals. Die Verzierung ist mit einem Kammgerät ausgeführt. Das hervorstechendste Merkmal ist der vertikale röhrenförmige Henkel.

Linke Seite unten:

In den Höhlen in der Umgebung von Tanger hat man kleine Figurinen aus Ton gefunden, Idole oder Votivobjekte, deren genaue Bedeutung noch im dunkeln liegt. Einige haben phallische Form, andere anthropomorphe oder zoomorphe. Sie hängen mit einem Fruchtbarkeitskult zusammen.

Der Vollständigkeit halber soll auch das sporadische Vorkommen von Abschlägen aus Obsidian in Südtunesien (Zarzis) erwähnt werden.
Der Zeitpunkt der ersten Obsidian-Einfuhren nach Nordafrika läßt sich nicht genau fixieren, aber es gibt schon einige Anhaltspunkte. Gerne setzt man ihn für dieselbe Zeit an wie in der Provence, wo dieser Rohstoff während des Chasséen eingeführt wurde. In Hergla, Tunesien, konnte das neolithische Niveau, das Werkzeuge aus Obsidian enthielt, auf 3370 v. Chr. datiert werden. Dies entspricht zeitlich dem Chasséen in Europa. Das Aussehen der Industrieprodukte von Korba selbst, die gestielte Pfeilspitzen, solche mit Flügeln sowie sehr charakteristische Stücke aufweist, führt uns schließlich dazu, den Import des Obsidian an der tunesischen Küste eher im mittleren und Endneolithikum anzunehmen. Auch hier werden die Kontakte im Metallzeitalter intensiver. Bei der Entwicklung der Agrarkultur der Berber sollten sie noch eine beachtliche Rolle spielen.

Die Keramik des mediterranen und atlantischen Neolithikums

Wie im Vorangegangenen ausgeführt wurde, machen sich in den beiden am weitesten vorgeschobenen Gebieten des Maghreb im Neolithikum spezifisch europäische Züge bemerkbar, die sich zu einer gemeinsamen keramischen Tradition addieren, die man als allgemein mediterran bezeichnen könnte. Es handelt sich um die Abdruck-Keramik, die entlang der gesamten Mittelmeerküste und insbesondere in Westalgerien wohlbekannt ist.
Alle Gefäße besitzen einen kegelförmigen Boden – ein erster Unterschied zur Keramik der Sahara. Weitere Unterschiede resultieren daher, daß diese Gefäße keine großen Hälse zeigen: entweder fehlt er völlig, oder er ist nur kurz und eng wie ein Flaschenhals. Noch auffallender sind die Zapfen und Greifohren, die, perforiert oder nicht perforiert, manchmal zu richtigen Henkeln werden. Die Ornamente bleiben eng begrenzt auf den oberen Teil der Gefäße. Sie stellen eine Art Halsbinde dar, welche die Öffnung betont und den Bauch freiläßt, außer gelegentlich bei vertikalen Mustern. Die verwendeten Instrumente muten recht urtümlich an. Eindrucksmuster, die mit Kammgeräten hergestellt werden, fehlen fast vollständig. Außer einigen Ritzverzierungen und Rillen, die ebensogut von Pflanzenstacheln, von Borsten des Stachelschweines oder von Sticheln oder Schneidwerkzeugen aus Knochen herrühren können, wurden sämtliche auf den Bruchstücken erkennbaren Muster mit nicht weiter veränderten Pflanzenteilen ausgeführt.
Im Grunde handelt es sich um drei oder vier Instrumente, mit denen die Töpfer des mediterranen Neolithikums ihre Keramik verziert haben. Noch einmal müssen wir betonen, daß sie mit diesen Werkzeugen nicht alle ornamentalen Möglichkeiten ausgeschöpft haben. Die Verzierungstechnik ist noch simpler als die Geräte. Die neolithischen Menschen an der algerischen und tunesischen Küste haben weder die rotierende Eindruckstechnik gekannt, deren sich die Töpfer der Cardium-Ware in Nordmarokko sowie alle Bewohner der neolithischen Sahara bedienten, noch die zusammenhängende schräge Eindruckstechnik.
Freilich machen die Menschen des Neolithikums im Tell die Bescheidenheit ihrer durch Eindrücken erzeugten Dekors dadurch wieder wett, daß sie das Repertoire an geradlinigen Mustern erweitern. Dazu kommen Kompositionen, die dadurch entstehen, daß sie Eindrücke von Spachteln mit breiter Stirnfläche neben Ritzmuster setzen, die sie mit ihren Schneidinstrumenten hervorgebracht haben. Diese eingeritzten oder eingedrückten, sich häufig wiederholenden Muster sind nicht sehr abwechslungsreich. Zwei überwiegen: die karierten Muster und die V-Muster.
An der atlantischen Küste von Marokko kennt man andere Töpfereistile, die nicht so weit verbreitet sind. Es handelt sich um die kannelierte Keramik, die Nachfolgerin der Cardium-Keramik in der Gegend von Tanger. Für sie sind lange Rillen auf dem Hals und dem oberen Teil des Bauches typisch. In der Gegend von Casablanca muß man sich Töpferwaren mit innenliegendem Henkel zur Befestigung von Tragseilen merken: Gefäße mit weiter Öffnung, in deren Innerem Tonwülste oder perforierte Zungen angebracht waren, um das Durchziehen eines Strickes zu ermöglichen. Die Formen sind einfache, rundbödige, gelegentlich schiffsrumpfartige Schalen und Schüsseln, die nur selten verziert sind. Die große Zahl von polierten Beilen, die zusammen mit der Keramik gefunden wurden, legt nahe, diese auf das Endneolithikum zu datieren.
Für die Keramik von El Kiffen, einer neolithischen Nekropole in der Gegend von Casablanca, sind Gefäße mit Schultern und zylindrischen Hälsen typisch, an denen röhrenförmige, vertikale Henkel angebracht waren. Aufgrund ihrer mit Kammgeräten hergestellten Muster (häufig ein V-Muster) zeigt diese Keramik eine gewisse Verwandtschaft mit jener der Westsahara (Tiout, Wadi Zeggag). Von ihrer Form her erinnert sie jedoch an die mediterranen Keramiken aus den Anfängen des mittleren Neolithikums (Montbolo).

Viehzucht und Lebensweise der mediterranen Bevölkerung

Der Beginn der Haustierhaltung an der Küste und im Tell trifft zeitlich mit den Anfängen der Töpferei zusammen, wenn erstere nicht sogar älter ist. Die Überreste von Schaf und Ziege findet man zu häufig, von den tiefsten Schichten an, in der Höhle von El Khril in Achakar oder in den neolithischen Ablagerungen der Abris und Höhlen der algerotunesischen Küste, als daß es sich hier um die ersten Versuche der Domestikation handeln könnte. Der Ursprung des Schafes als Haustier bleibt im Dunkel, eine lokale Urrasse von schafartigen Tieren dürfte nicht existiert haben.
Beim gegenwärtigen Stand der Kenntnisse kann man davon ausgehen, daß das Hausschaf und die Hausziege zur selben Zeit wie die Cardium-Keramik und die anderen Formen der Abdruck-Keramik in das Tell-Gebiet des Maghreb gebracht wurden. Dies gilt möglicherweise nicht für das Hausschwein, das seine Abstammung vom Wildschwein ableiten kann und zumindest seit der Würm-Eiszeit in Nordafrika häufig vorkommt. Noch komplexer ist die Frage nach dem Ursprung der Rinderzucht im Tell. Das Tell-Rind ist verwandt mit dem *Bos ibericus*, das seit dem Villafranchien im Maghreb nachgewiesen ist. Die Zähigkeit und Anpassungsfähigkeit dieser Rasse ist so groß, daß sie seit ihrer Domestikation zahlreiche Kreuzungen unverändert überstanden hat.

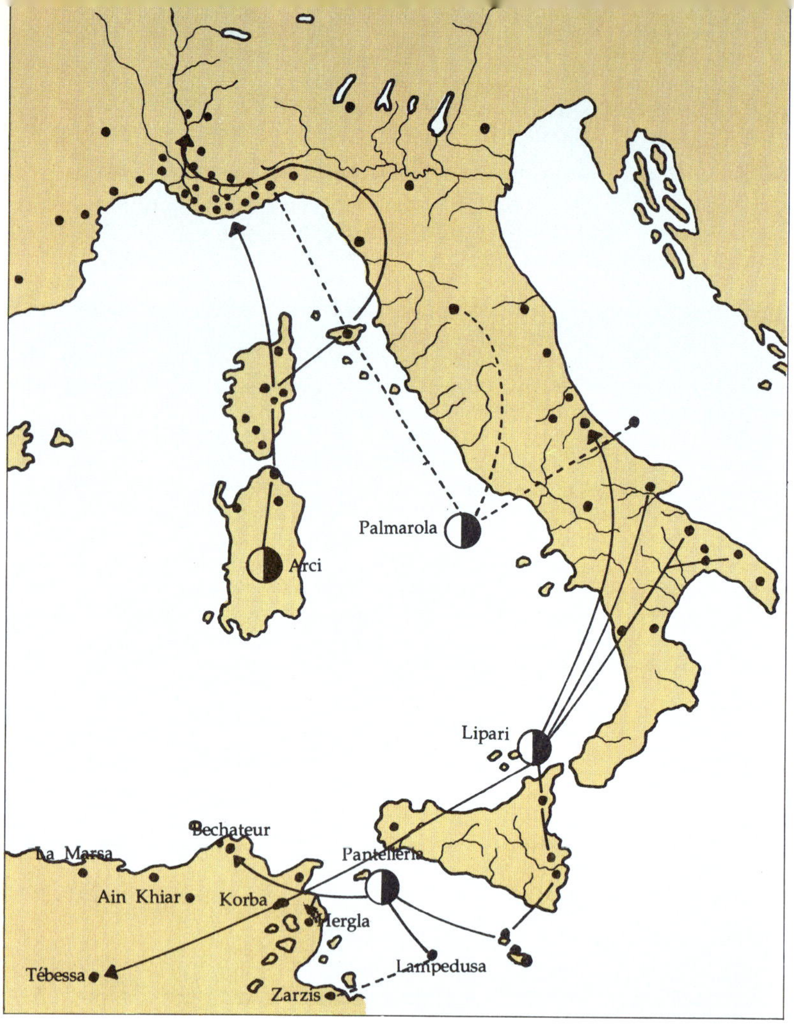

Es ist wahrscheinlich, daß das Rind, dessen Knochen in den neolithischen Fundstellen vorkommen, zu dem hier zur Diskussion stehenden Zeitpunkt bereits domestiziert war; ob allerdings Herden existierten, könnten nur weitere statistische Untersuchungen klären.

In bezug auf den Ackerbau läßt sich bisher durch kein archäologisches Zeugnis und keine Untersuchung die Behauptung stützen, seit dem 5. Jahrtausend wäre an der nordafrikanischen Küste Ackerbau betrieben worden. Einzig das Vorhandensein einer reichlichen Keramik liefert einen Anhaltspunkt für eine Wirtschaftsform, die in großem Maße auf pflanzlichen Produkten basierte, wenn nicht sogar für eine regelrechte Agrarkultur. Wir wissen jedoch, daß die Menschen des Cardium-Neolithikums in Spanien (Coveta de l'Or, la Sarsa) und in der Provence (Fontbregoua) Weizen und Emmer (*Triticum dicoccum*) angebaut haben. Es spricht nichts dagegen, daß die Menschen des Neolithikums an der afrikanischen Küste dies nicht ebenfalls getan haben sollen.

Die Jagd lieferte weiterhin einen wichtigen Teil des Fleisches für die Ernährung. Zu den freilebenden Paarhufern muß man verschiedene Antilopen rechnen, Mufflons, Wildschweine und sogar den Elefanten. Aber eine noch wichtigere Rolle als die Säugetiere spielten womöglich die marinen Weichtiere für die Ernährung der mediterranen Menschen im Neolithikum. Weiter im Landesinnern, aber auch an der Küste, wurden die an Land lebenden Weichtiere gerne verzehrt, und viele neolithische Fundstellen erwecken den Eindruck eines

Oben: Obsidian-Handelswege im zentralen und westlichen Mittelmeerraum. Der Obsidian ist ein glasiges Gestein, das bei den prähistorischen Menschen sehr begehrt war. Der von den italienischen Inseln stammende Obsidian (Monte Arci in Sardinien, Palmarola, Lipari, Pantellaria) ist seit dem frühen Neolithikum auf das italienische Festland, nach Korsika, Sizilien und Frankreich gelangt. Das Maghreb-Gebiet hat Obsidian aus Pantellaria und sogar aus Lipari bezogen (um 3000 v. Chr.).

Rechts: Höhle des Wadi el-Kouf, Cyrenaika. Sie enthält Gravierungen, die denjenigen von Levanzo (Sizilien) sehr ähnlich sind. Sie können als weiterer Beweis für die transmediterranen Beziehungen angesehen werden.

Rechte Seite: Steinindustrie von Damous el-Ahmar. Neolithikum mit Capsien-Tradition: kleines geschliffenes Beil, Pfeilspitzen, Schaber, Stichel, Teil einer Sichel, Bohrer, große, nicht retuschierte Klinge. Diese Fundstelle liegt in der Gegend von Tébessa (Ostalgerien).

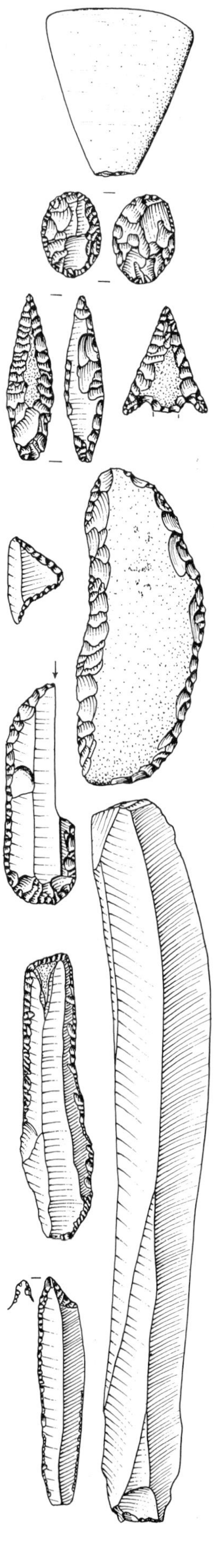

Schneckenfriedhofs. Schließlich ermöglichte der technische Fortschritt, sowohl bei der Ausrüstung als auch in der Navigation, die Entwicklung der Seefischerei. In den Fundstellen stößt man häufig auf Überreste von Fischen, die manchmal von der Größe eines Thunfisches gewesen sein müssen. Das ist auch der Zeitpunkt, zu dem die küstennahen Inseln von Oran und Ostmarokko vom Menschen in Besitz genommen werden.

Die Ausprägungen des Neolithikums mit Capsien-Tradition

Der Übergang des Capsien in das Neolithikum

Zwischen dem mediterranen Neolithikum mit dürftiger Industrie und reicher Keramik und dem sahara-sudanesischen Neolithikum erkennt man im Sahara-Atlas und in der nördlichen Sahara eine neolithische Kultur. Diese wird charakterisiert durch eine ansehnliche Steinindustrie, eine abwechslungsreiche Knochenindustrie, die künstlerische Gestaltung ihrer Gebrauchsgegenstände sowie ihrer Felsbildkunst, den beachtlichen Platz, den die Schalen von Straußeneiern einnehmen sowie durch die im allgemeinen schwach entwickelte keramische Industrie.

Man hat etwas Hemmungen, diese Kultur noch immer »Neolithikum mit Capsien-Tradition« zu nennen, vor allem weil die Capsien-Tradition hier nicht immer offenbar, geschweige denn eindeutig definiert ist. Die Bezeichnung »Neolithikum mit Capsien-Tradition« ist aber zu allgemein bekannt und geläufig, als daß wir das Recht hätten, sie nicht zu verwenden. Wenn auch der erste Anstoß wahrscheinlich fremden Ursprungs ist, so hat das daraus hervorgegangene Neolithikum nicht wenige, im Laufe des Capsien entstandene Eigentümlichkeiten bewahrt, sowohl bei den Geräten als auch bei den künstlerischen Zeugnissen.

Tatsächlich ist in den östlichen Gegenden, im Bereich des Capsien, das Neolithikum zu Beginn nichts anderes als ein Capsien mit neolithischen Attributen. An anderer Stelle sind hingegen die typisch neolithischen Merkmale in der Steinindustrie deutlich mehr betont und überwiegen bei weitem die capsische Tradition, und zwar von der Anfangsphase an, die im übrigen älter ist. Es gibt also mehrere sogenannte Neolithiken mit Capsien-Tradition. Im Bereich des Capsien können bei der Ablösung durch das Neolithikum drei Phasen unterschieden werden.

In der ersten Phase ist der Übergang oft so wenig deutlich, daß man in den Freilandsiedlungen nur in Ausnahmefällen die Stratigraphie Capsien – Neolithikum identifizieren kann. Nicht selten sind jedoch die Spuren einer neolithischen Besiedlung an der Oberfläche der Muschelhaufen nachweisbar. In den unter Abris gelegenen Fundstellen wird jede Industrie als neolithisch angesehen, die Keramik enthält. Dies ist der Fall in den tiefsten Schichten der Ablagerungen in der Höhle von Khanguet sidi Mohamed Tahar (Aurès), die auf 4580 v. Chr. (± 250) datiert werden (C. Roubet, 1972) und Keramikscherben enthalten sowie wenige geometrische Objekte (Trapeze und Pfeilspitzen mit Querschneide). Ohrgehänge, die aus dem Panzer von Schildkröten gearbeitet wurden, bestätigen den neolithischen Charakter dieser Schichten. Solchen Schmuck kennt man tatsächlich nur aus neolithischer Zeit.

Demselben Entwicklungsstadium dürfte das Neolithikum in verschiedenen anderen Fundstellen (Ksar Tebinet, Dschebel Fartas, El Marshel, Mechta el-Azla, Harmelia, Ain Naga) angehören. Diese Industrien zeigen noch eine unausgeglichene Struktur und weisen, bis auf einige kleine Variationen, dieselben Indexlisten wie in der Endphase des entwickelten Capsien auf. In den Capsien-Gebieten scheint diese Anfangsphase bis in die Mitte des 4. Jahrtausends gedauert zu haben.

In der zweiten Phase ist der neolithische Charakter deutlicher ausgeprägt. Als typisch für diese Entwicklungsstufe gilt die Fundstelle von Damous el-Ahmar. Ihr entsprechen ebenfalls die mittleren Schichten des Khanguet sidi Mohamed Tahar, in Ouled Zouai, Ksar Tebilet und eventuell von Redeyef. Das Steingerät zeigt noch immer ein Capsien-ähnliches Aussehen. In Damous el-Ahmar schätzt man diesen »Kern aus dem Capsien« auf 78% der Gerätschaft. Die neueren Formen, insbesondere die Schaber, die großen Klingen mit Rükken sowie die geflügelten und gestielten Pfeilspitzen bestätigen diesen neolithischen Charakter. Wenn man die Altersdaten berücksichtigt, welche die mittleren Schichten von Khanguet sidi Mohamed Tahar und Damous el-Ahmar erbracht haben, dann hat diese Phase schätzungsweise um 3500 v. Chr. begonnen. In diesem Stadium macht sich beim Steingerät eine deutliche Abnahme von Werkzeugen mit epipaläolithischem oder Capsien-Charakter bemerkbar. Die Kleinklingen mit abgeschlagenem Rand erhalten nun sehr niedrige Indexzahlen, während die Schaber besonders zahlreich werden. Die zweiseitig überarbeiteten Pfeilspitzen sind gut vertreten. Ihr Anteil übersteigt in manchen Fundstellen 15%. Gegenstände aus geschliffenem Stein und das Gerät zum Zerkleinern von Korn kommen reichlicher vor – wahrscheinlich eine Folge des höherentwickelten Ackerbaus.

Die dritte Phase des Neolithikums im Capsien-Bereich hat sich von der Capsien-Tradition eindeutig stärker gelöst. Als typisch für diese Phase wurden vorgeschlagen: die Industrien der beiden Höhlen von Dschebel Bou Zabaouine und jene aus den oberen Schichten der neolithischen Ablagerungen von Khanguet sidi Mohamed Tahar, die in das 3. Jahrtausend gehören (2950 und 2390 v. Chr. in Khanguet sidi Mohamed Tahar, 2425 v. Chr. in Bou Zabaouine). Man fand zahlreiche, manchmal prunkvolle Schmuckgegenstände. Außer den üblichen, aus Straußeneischalen angefertigten Perlen kommen auch röhrenförmige Perlen aus polierten Knochen vor. In Bou Zabaouine wurde der Hauer eines Wildschweins zu einem gekrümmten Ohrgehänge mit zwei Durchbohrungen umgearbeitet, dessen Aussehen an einen Fisch erinnert, der aus dem Wasser springt, was wohl beabsichtigt ist.

In den capsischen Gebieten und mehr noch in der Sahara kommt Keramik des Neolithikums mit Capsien-Tradition sogar im Endneolithikum nur selten vor. Die vollständig erhaltenen Gefäße aus Damous el-Ahmar und Bou Zabaouine haben alle einen eiförmigen Bauch und einen kegelförmigen Boden. Nur zwei Formen sind erkennbar: die eine zeigt eine weite Öffnung ohne Hals, die andere einen kleinen engen Hals. Diese Töpferware mit kegelförmigem Boden sieht also hinsichtlich der Form jener des mediterranen Neolithikums ähnlich, aber sie unterscheidet sich deutlich von ihr aufgrund des seltenen und spärlichen Dekors.

Die Verzierung ist sehr begrenzt, sie beschränkt

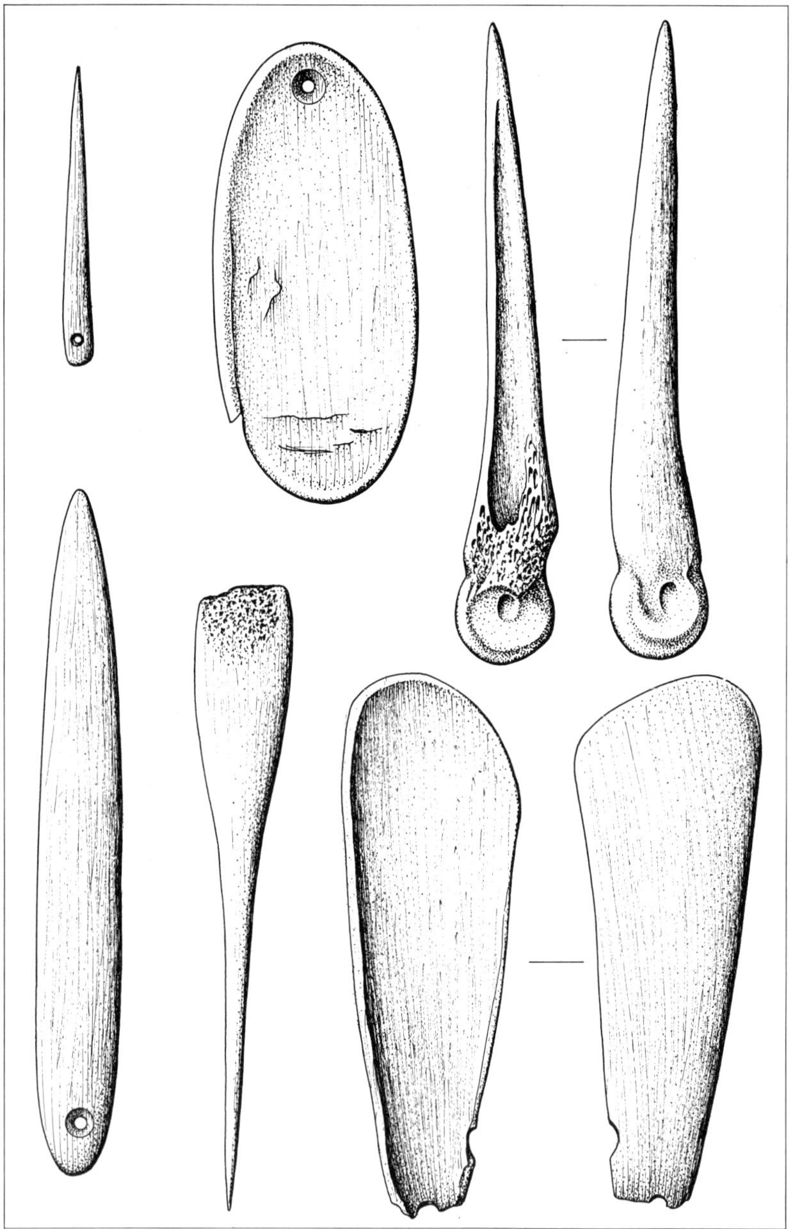

Knochenindustrie aus dem Neolithikum mit Capsien-Tradition: Obere Reihe: Nähnadel, Ohrgehänge, Stichel; untere Reihe: Glättwerkzeug, Spachtel, Löffel. Diese Geräte stammen aus mehreren Fundstellen in Ostalgerien. Das Neolithikum mit Capsien-Tradition verfügt im allgemeinen über eine sehr schöne Knochenindustrie.

sich auf die Ränder, auf denen sich bisweilen feine Einschnitte oder Einbuchtungen befinden; bestenfalls kennt sie eine Binde auf dem oberen Teil des Bauches. Es handelt sich dann um grobe Punktierungen, halbmondförmige Gebilde, keilförmige Muster oder um Kreise, die durch das Eindrücken eines hohlen Stengels entstanden sind. Einige vollständig erhaltene Gefäße (Damous el-Ahmar, Bou Zabaouine) tragen überhaupt keinen Dekor. Der Körperschmuck und vor allem die Gebrauchsgegenstände, die schon im entwickelten Capsien einen hohen Standard erreicht hatten, erfahren im Neolithikum eine weitere Vervollkommnung. Außer den geometrischen, rein dekorativen Gravierungen auf zahlreichen Plättchen und Straußeneischalen gibt es jetzt eine hübsche figürliche Kunst der Tierdarstellung, die ihren Ursprung ebenfalls in den noch unbeholfenen Versuchen des Capsien hat. Dieser Tierdekor, mit dem der Hausrat geschmückt wurde, muß parallel zu der neolithischen Felswandkunst im Sahara-Atlas gesehen werden.
Daß der protomediterrane Menschentypus, der Träger der Capsien-Kultur, im Neolithikum mit Capsien-Tradition weiterbesteht, kann nur wenig erstaunen, da er bekanntlich die Basis der Berber-Bevölkerung in geschichtlicher Zeit dargestellt hat. Da der Prozeß des Übergangs in das Neolithikum im Capsien-Milieu so langsam und kaum wahrnehmbar vonstatten ging, wäre es übrigens verwunderlich, wenn er von einer tiefgreifenden Umstrukturierung der Bevölkerung begleitet gewesen wäre. Man muß jedoch in Algerien die Existenz von einigen Mechtoiden und in Südtunesien die von einigen wenigen negroiden Menschen erwähnen.

Das Neolithikum vom Typ Ain Guettara

Südlich der Capsien-Zone findet man ein Sahara-Neolithikum mit Capsien-Tradition, das in der Unteren Sahara und bis in den Tademait fast dasselbe Aussehen zeigt wie das Neolithikum im Norden. Am charakteristischsten für diese Sahara-Facies, die dem Neolithikum der Capsien-Zone sehr nahesteht, wenn nicht sogar mit ihr identisch ist, sind die Fundstellen von Hassi Mouilah in der Gegend von Ouargla, Xo La Touffe bei Hassi Messaoud und Ain Guettara im Süden des Tademait. Auf die letztere, 1968 ausgegrabene Fundstätte wollen wir im folgenden näher eingehen, obwohl sie in einem Gebiet liegt, das von der Capsien-Zone weit entfernt ist. Sie weist jedoch so deutliche epipaläolithische Züge auf, daß sie eine Zeitlang für capsisch gehalten wurde. Es handelt sich um einen riesigen Abri in einer eindrucksvollen Gegend mit engen und tiefen Schluchten, die in einen größeren Raum münden, der das Plateau von Tademait einschneidet. Als sich die Menschen des Neolithikums an diesem Ort niederließen, der noch den Vorteil einer dauernd fließenden Quelle bot, war das Dach des Abris bereits eingestürzt, denn sie ließen sich auf kleinen, ebenen Flächen zwischen den Gesteinsblöcken nieder. Die einzige Kulturschicht, die ohne Gefahr freigelegt werden konnte, betraf den oberen Teil der Trümmermassen. Sie wurde auf 4000–3980 v. Chr. datiert.
Beim Steingerät machen die Kleinklingen mit Rücken nur 14% aus, während die geometrischen Mikrolithen zahlreich sind, an die 10% (am häufigsten kommen sehr schöne, regelmäßige Trapeze vor). Die Mikrostichel – oft Doppelstichel – bilden ein Viertel der gefundenen Stücke. Unter den Gegenständen mit neolithischer Technik muß man die unterschiedlichen Typen von Pfeilspitzen nennen, ein zurechtgeschlagenes Beil sowie einige zweiseitig bearbeitete blattförmige Objekte. Keramik gibt es selten, wie in allen Facies des Neolithikums mit Capsien-Tradition. Der Dekor verrät, daß sowohl der Gebrauch von Kammgeräten als auch die rotierende Eindruckstechnik im Neolithikum des Capsien-Bereiches unbekannt waren. Ein Detail aus dem häuslichen Bereich verdient Beachtung: zwischen zwei Blöcken wurden die Scherben einer Muschel gefunden, die zur Zeit der Besiedlung zerbrochen wurde. Diese Bruchstücke waren sorgfältig aufgestapelt und aufbewahrt worden. Sie stellten einen Vorrat an Rohmaterial dar, der für die Herstellung von Scheibchen zum Auffädeln oder von Schminktiegeln verwendet werden konnte. Unter den Schmuckgegenständen findet man die gewohnten Perlen aus Straußeneischalen, die z. T. fertiggestellt, zum anderen Teil erst angebohrt waren, ferner Steinperlen.
So bewahrt dieses Neolithikum mit Capsien-Tra-

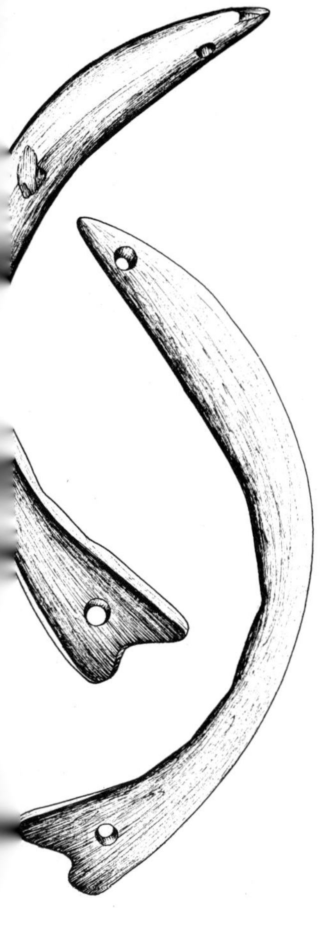

Oben: Ohrgehänge aus dem Stoßzahn eines Wildschweins. Der Zahn wurde gespalten und an den beiden Enden bearbeitet, um ihm das Aussehen eines Fisches zu geben (Bou Zabaouine, Algerien).

Unten: Keramik aus dem Neolithikum mit Capsien-Tradition. Gefäße aus Damous el-Ahmar und Bou Zabaouine. Alle Töpferwaren dieser Kultur besitzen einen kegelförmigen Boden, während jene aus dem sahara-sudanesischen Neolithikum halbkugelförmig sind. Die Keramik des gesamten Neolithikums mit Capsien-Tradition ist nur wenig verziert.

dition – obwohl es vom Capsien-Gebiet im engeren Sinn ziemlich weit entfernt liegt – zu Beginn des 4. Jahrtausends einen recht zähen epipaläolithischen Charakter. Noch deutlicher spürt man das in der nördlicher gelegenen Gegend von Ouargla, des Wadi Mya und von Hassi Messaoud. Hier wurden mehrere Fundstellen eingehend untersucht. Die interessanteste Beobachtung bezieht sich auf die Verwendung von Straußeneischalen. G. Trécolle und seine Mitarbeiter entdeckten in der Fundstätte von Hassi Mouilah elf aufeinandergehäufte, durchbohrte Schalen, die als Flaschen dienten. In den benachbarten Gebieten von Ouargla, dem Wadi Mya und dem Östlichen Großen Erg sind die Funde von derartigen Flaschen am häufigsten.

Das Neolithikum vom Typ El Bayed

Für die ganze südliche Facies, die sich über den Südrand des Östlichen Großen Erg erstreckt, gilt, daß Töpferwaren nicht oder nur ganz selten vorkommen. Dieses Gebiet ist seit langem durch seine außerordentlich reichhaltigen, manchmal sehr ausgedehnten Oberflächenfundstellen bekannt. Das beste Beispiel dafür ist El Bayed (G. Aumassip, 1958).
Das Neolithikum vom Typ El Bayed enthält eine sehr schöne Industrie. Ihre ästhetische wie auch technische Qualität erkennt man in den anderen Fundstätten wieder (Wadi Labied, Izimane). Die Kleinklingen mit abgeschlagenem Rand sind dabei gut vertreten. Manchmal sind sie – außer in Izimane – sehr fein und kommen dann in die Gruppe der geraden Stachel. Insbesondere ist ein Typ von sehr spitzen Kleinklingen mit ganz geradem Rükken erwähnenswert, deren Schneide durch zweiseitige Retuschen fein gezähnt ist. Pfeilspitzen kommen in allen Schichten vor, sie gehören zu den schönsten, die in der Sahara gefunden wurden. Die Vielfalt an gezähnten Objekten, insbesondere an Sägen und Sichelteilen, ist für dieses Neolithikum charakteristisch.
Von allen neolithischen Facies in der Sahara kommt die vom Typ El Bayed dem Ténéréen am nächsten, erstens wegen der reichlich vorhandenen blattförmigen Objekte, die zahlreicher vorkommen und feiner retuschiert sind als im Norden, zweitens aufgrund der Skulpturen aus hartem Stein vom Erg Issaouane und dem Edeyen, die an Techniken des Ténéréen und des Bovidien erinnern. Wir glauben sogar, daß diese Facies – die südlichste in der Sahara – zeitlich an den Anfang verschiedener Industrien zu stellen ist, die sich auf dem Weg in das Neolithikum befinden, und von denen das Neolithikum mit Capsien-Tradition im strengen Sinn das jüngste Stadium wäre. Die Altersangaben, die man für El Bayed (5150 v. Chr.) und die benachbarte Fundstelle von El Beida (5350 v. Chr.) erhalten hat, gehören in der Tat zu den ältesten unter den neolithischen Fundstellen, die nördlich des Wendekreises liegen.

Das Neolithikum in Libyen

Das Neolithikum mit Capsien-Tradition erstreckt sich östlich der algerischen Sahara über weite Gebiete, die man noch nicht gegen Süden abgrenzen kann. Wir wissen, daß es in Tripolitanien und in der Cyrenaika existiert hat und wahrscheinlich auch in das Edeyen reichte. In der Gegend von Tripolis sind alle Abris und Oberflächenfundstellen von Abiar Miggi, die von P. Neuville ausgegraben wurden, in zweifacher Hinsicht interessant. Erstens, weil man es hier mit einer gut definierten Stratigraphie zu tun hat, und zweitens, weil die direkten Beziehungen zwischen den Kulturschichten und den Felsgravierungen erkennbar sind. In den beiden Abris und dem Schacht, der sie verbindet, hat P. Neuville drei industrielle Phasen unterschieden. Bei der ältesten dürfte es sich um ein dürftig entwickeltes Capsien handeln, zu dem einige schematische Gravierungen sowie die Darstellung eines noch nicht identifizierten Säugetiers gehören, vielleicht ein hundeähnliches Tier, dessen Stil dem der gravierten Antilope von El Mekta ziemlich ähnelt.
In der folgenden Phase stellen die gezähnten Objekte mehr als ein Drittel des Geräts, was auf eine Tradition des entwickelten Capsien zu deuten scheint. Ebenso verhält es sich mit dem recht hohen Prozentsatz an Sticheln (5,9). Der Einfluß des Neolithikums zeigt sich in der Zahl der Schaber und dem Auftreten von doppelseitig überarbeiteten blattförmigen Objekten. Die zu dieser Phase gehörenden Ablagerungen bedecken kleinere Felsgravierungen in naturalistischem Stil.
In der dritten Phase sieht man die plötzliche Entwicklung der Pfeilspitzen (11,8%). Kratzer, Stichel, Bohrer und Schaber haben ähnliche Häufigkeiten, die gekerbten und die gezähnten Objekte bleiben sehr zahlreich (45%). Zu dieser Phase kann man zwei Darstellungen von domestizierten Rindern und eines Elefanten in Beziehung setzen. Die nur in dieser Phase vorkommende Keramik ist mit zwei Scherben sehr dürftig. Dafür findet man häufig Scherben von Straußeneischalen sowie Schmuckgegenstände: gebrauchte oder auch perforierte Schalen von Muschelarten: der *Columbella rustica,* der *Nassa gibbosula* und der Cardium-Muschel.
Die Knochenindustrie erscheint weiter entwickelt als die Steinindustrie. Die Entdeckung eines Stücks von einem durchbohrten menschlichen Scheitelbein bindet dieses Neolithikum noch viel enger an die Welt des Capsien, in der die Verwendung und Bearbeitung von menschlichen Knochen wohlbekannt ist.
In der Cyrenaika zeigt die Höhle von Haua Fteah (Mc Burney, 1967) den Übergang von einem lokalen entwickelten Capsien zu einem differenzierteren Neolithikum (4850–2910 v. Chr.). Das Gerät besitzt in den ältesten Schichten vom Niveau VIII einen hohen Anteil an Kratzern (27%). Die Kleinklingen mit Rücken machen mehr als 30% aus, und die Stichel erreichen fast 7%, was für ein entwickeltes Capsien normal ist. In den jüngeren Schichten sind die Mikrostichel und die Kleinklingen mit Rücken, die geometrischen Mikrolithen und die Stichel weniger zahlreich, während die Schaber 9% erreichen, die Pfeile mehr als 5% haben und die blattförmigen Objekte auftauchen. Keramik ist von der oberen Schicht des Niveaus VIII an bekannt (4400 v. Chr.). Sie trägt bei der Öffnung einen gestichelten Dekor, die Formen sind einfach und die Randstücke stammen von weitmundigen Gefäßen.

Das Neolithikum des Sahara-Atlas

Die neolithischen Kulturen im Sahara-Atlas und in den westlichen Gebieten sind deutlich besser mit Keramik ausgestattet als die im Capsien-Be-

reich oder in der Unteren Sahara; außerdem zeigt diese Keramik reichere Verzierungen als die im Osten. Kommt man von Osten, so ist die erste interessante Fundstelle die von Ain Naga, und zwar sowohl aufgrund ihrer Stratigraphie als auch aufgrund ihrer Nachbarschaft zu den Felsgravierungen des Sahara-Atlas. D. Grébénart (1969) entdeckte hier, in der Gegend von Messad, südöstlich von Djelfa, am Fuße eines Sandsteinrückens eine gut geschichtete Fundstelle, in der das Neolithikum ein entwickeltes Capsien überlagert.
Wenn es eine Steinindustrie gibt, die den Namen Neolithikum mit Capsien-Tradition verdient, dann wohl die von Ain Naga, deren Indexzahlen sehr nahe bei denen der darunter befindlichen Capsien-Industrie liegen. D. Grébénart hat festgestellt, daß einzig und allein die Pfeilspitzen sowie einige Objekte mit zweiseitiger Retusche wirklich für das Neolithikum typisch sind. Die kumulativen Diagramme der beiden Industrien zeigen eine bemerkenswerte Ähnlichkeit, ja fast sogar Identität. In der Keramik beobachtet man Zapfen, kleine verzierte Henkel und häufig durch Drehbewegung erzeugte Eindruckmuster.
Das Neolithikum von Ain Naga, das auf 5550 v. Chr. datiert wird, stellt sich also als ein Capsien mit neolithischen Attributen dar, dessen Gerätschaft sich sehr wenig verändert hat. Man ordnet es am besten in die Phase I der Übergangsstufen zum Neolithikum des östlichen Algerien ein, doch entdeckt man dort auch andere Einflüsse. Priorität gestehen wir jenen zu, die aus der Sahara gekommen sind, wo das Neolithikum seit dem 6. Jahrtausend viel weiter entwickelt war als sonst irgendwo. In unmittelbarer Nähe existieren auf einem Felsrücken, der parallel zu dem verläuft, der die Fundstelle enthält, interessante Felsbilder, zwei weitere derartige Fundorte befinden sich nicht weit davon. Sie gehören dem großen naturalistischen Stil an (Widder mit Sphäroid, große Personen, großer Altbüffel).
Das Interessante an der neolithischen Fundstätte von Safiet Bou Rhenan ist, daß sie an einer Felsspitze liegt, die mit Gravierungen in einem ausgereiften naturalistischen Stil geschmückt ist. Man erkennt einen Widder, der mit einem kugelartigen Objekt (Sphäroid) gekrönt ist, ferner eine Antilope mit zugespitzten Pfoten (der sogenannte Stil von Tazina). In derselben Gegend findet man an dem Felsen von Hadjerat Sidi Bou Bekeur, der, wie in Ain Naga und Safiet Bou Rhenan die Darstellung eines Widders mit einem Sphäroid trägt, eine kleine neolithische Fundstelle. Am Fuße einer großen Anzahl von Felsgravierungen im Atlas südlich von Oran hatte R. Vaufrey eine Steinindustrie vorgefunden, die er dem Neolithikum mit Capsien-Tradition zuschrieb (R. Vaufrey, 1939).
In Brézina hat F.-E. Roubert (1967) am Fuße eines Platzes mit Felszeichnungen im großen naturalistischen Stil (Elefant, Nashorn, Antilope, Strauß, Altbüffel) die Reste einer Kulturschicht freigelegt, die auf 3900 ± 150 v. Chr. datiert werden konnten. Dasselbe gilt für das nördlicher gelegene Gebiet von Tiaret, das reich an neolithischen Fundstellen ist und in dem ebenfalls Felsgravierungen im naturalistischen Stil vorkommen. In dieser Gegend war das Alter des neolithischen Niveaus von Columnata mit Hilfe der Radiokarbon-Methode bestimmt worden (3900 u. 3300 v. Chr.). Dieses Neolithikum liegt über einer lokalen Facies des entwickelten Capsien (Tiaretien). Der Menschentyp, der zu diesem Neolithikum gehört, unterscheidet sich von den zahlreichen Mechtoiden des Columnatien und des Iberomaurusien in derselben Fundstätte. Diese – mediterranen – Menschen kamen wohl im Laufe des Capsien in diese Gegend und haben vermutlich die entsprechende Steinindustrie und neue Gebräuche mitgebracht.
Die Keramik von Columnata und, weiter südlich, die von Brézina, von H. Camps-Fabrer (1966) und G. Aumassip (1970) untersucht, vermittelt ein gutes Bild der neolithischen Keramik im Atlas. Wie an der Küste findet man Gefäße mit kegelförmigem Boden und mit einem auf den Rand oder auf die Randnähe begrenzten Dekor. Diese Eigentümlichkeiten gelten jedoch für die gesamte neolithische Keramik des Tell und sogar für das Neolithikum im Capsien-Gebiet. Die Formen, die man ausgemacht hat, sind einfach. Es handelt sich um große Schalen mit kegelförmigem Boden und weiter Öffnung. Andere sind mehr ausgebaucht und haben eine leicht verengte Öffnung. Schließlich gibt es Flaschen und schlauchförmige Gefäße mit engem und kurzem Hals. Man sieht mannigfache Vorrichtungen zum Greifen: Zapfen, Ohren und Henkel. Der Dekor ist interessant aufgrund der Betonung von Eigenheiten, die aus dem Norden bekannt sind: Zu den üblichen Mustern der senkrechten und schrägen Eindruckstechnik gesellt sich die rotierende Eindruckstechnik oder die Kammtechnik. Wenn man die Gefäße näher untersucht, bemerkt man auch, daß Wülste, die mit einer Lehre oder Sticheln verziert worden sind, häufiger auftauchen als im Neolithikum von Oran. Diese Keramik unterscheidet sich einerseits von derjenigen an der Mittelmeerküste, andererseits

Verzierte Straußeneischale aus Tarfaya (Südmarokko). Die Menschen des Neolithikums mit Capsien-Tradition haben häufig Schalen der Straußeneier als Behälter benutzt. Zu diesem Zweck haben sie an dem einen Ende eine Öffnung angebracht. Oft ist auf diesen Schalen eine – im allgemeinen geometrische – Verzierung eingeritzt. Hingegen ist im Gebiet südlich von Oran und in Südmarokko der Dekor manchmal figural, wie hier, wo eine Oryx-Antilope dargestellt ist.

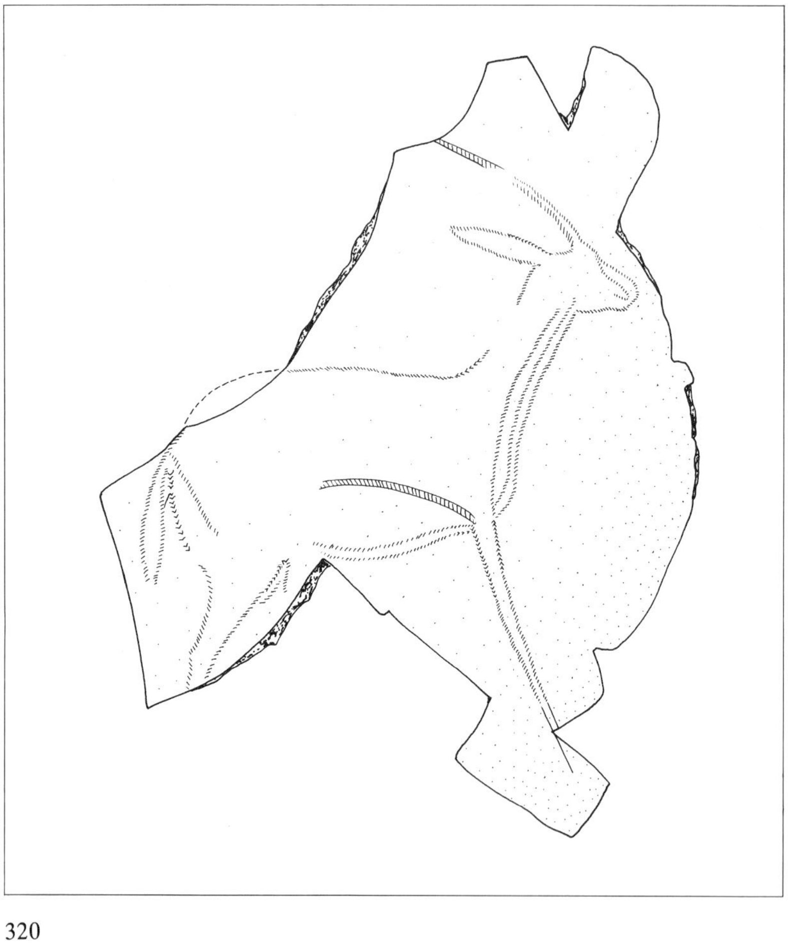

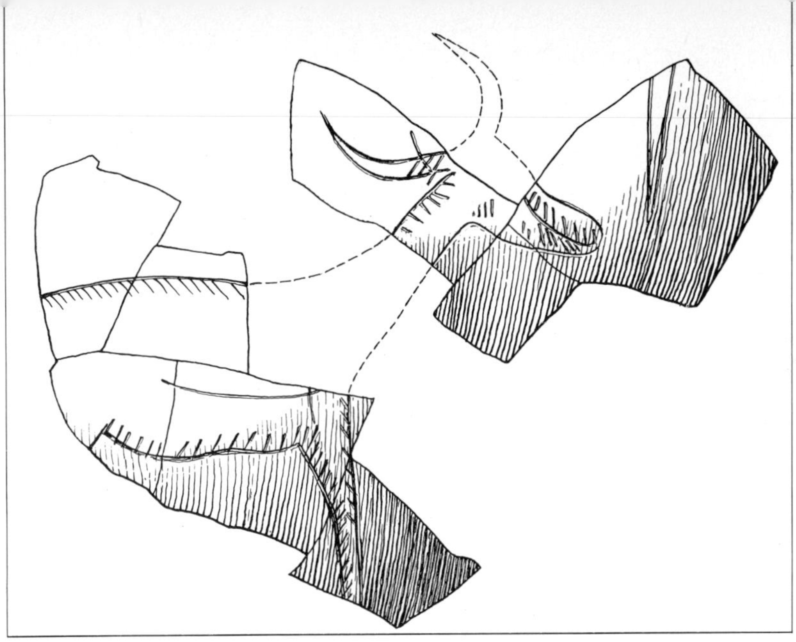

Straußeneischale aus Taulet (Tarfaya). Diese Schale stammt aus derselben Gegend und zeigt entweder ein rinderartiges Tier oder eine Antilope. Denselben Tierdekor findet man auch auf Schalen aus dem Erg Iguidi (Algerien).

von der des Neolithikums mit Capsien-Tradition in Ostalgerien und Tunesien. Die größte Ähnlichkeit zeigt sie mit jener aus der Unteren Sahara.

Das Neolithikum mit Capsien-Tradition in der nordwestlichen Sahara

Die in der Nähe von Beni Abbès gelegene Fundstelle von Foum Seiada (J. Mateu, 1970) kann man wohl als typisch für dieses Neolithikum heranziehen, da sie eingehend untersucht wurde und datiert werden konnte (2980 ± 250 v. Chr.). Besonders auffallend ist der sehr hohe Prozentsatz an geometrischen Mikrolithen.

Sehr charakteristisch für diese Industrie sind dreieckige Pfeilspitzen, deren schmale Silhouette ein wenig an den Eiffelturm erinnert, von dem sie auch ihren Namen erhalten haben. Vollkommen unbekannt sind sie weiter nördlich im Atlas und weiter westlich im Gebiet von Rio de Oro. An anderer Stelle kommen sie sehr selten vor. Man kennt sie in der Gegend von Fort Flatters und sogar in der von Ouargla, doch nirgends kommen sie so häufig vor wie im Westlichen Großen Erg, dem Tademait und dem Tidikelt. Die Fundstelle von Zmeilet-Barka, die eine größere Zahl von Lamellen mit Rücken besitzt als die eben genannte, ist älter (5700 ± 180 und 5250 ± 180 v. Chr.). Ähnliche Altersdaten kennt man aus der Westsahara. In Hassi Bou Bernous, im Erg Chech, hat eine neolithische Schicht mit Pfeilspitzen und keramischen Objekten ein Alter von 4470 ± 190 v. Chr., die von Hassi Manda stammt aus 4380 ± 150 v. Chr.

Daher deutet alles darauf hin, daß in dieser Gegend ein Neolithikum mit Capsien-Tradition, mit einer westlichen Facies, vom 6. Jahrtausend an angenommen werden muß. Die neolithische Keramik dieser Gegend ist insbesondere bekannt durch die Fundstelle des Wadi Zeggag bei Hamaguir. Etwa 55 vollständige Gefäße und Bruchstücke von einigen anderen wurden aus dem Boden geholt. Zwei überaus charakteristische Formen dominieren im Inventar dieser wichtigen und ungewöhnlichen Industrie. Die meisten Gefäße sind kugelförmig und haben einen Ansatz am Boden. Sie zeigen stark betonte Schultern und einen engen Hals. Diese Töpferwaren wurden in zwei Teilen angefertigt. Man kennt in den anderen neolithischen Fundstätten des Maghreb oder der Sahara keine Form, die diesen Gefäßen ähnlich wäre. Der andere Gefäßtyp ist geläufiger. Es handelt sich um eine Schale mit kegelförmigem Boden, weiter Öffnung und schwach ausgebauchten Wänden. Beinahe alle diese Gefäße sind mit Kammgeräten verziert worden. Bei den Waren des ersten Typs reicht der Dekor nach unten nicht über die Schultern hinaus. Auf den kegelförmigen Schalen kann er den größten Teil der Wände bedecken, wie in Hassi Mouilah, aber häufig ist er auf ein Band nahe der Öffnung begrenzt, wie z. B. auf dem Gefäß von Tiout. Man kann sich fragen, warum die Töpfereierzeugnisse in dieser Fundstelle so zahlreich sind. Perlen zum Aufschnüren aus Straußeneischalen kommen ebenfalls viele vor. Radiometrische Analysen haben ein Alter von 3370 ± 150 v. Chr. ergeben, was dem klassischen »Neolithikum mit Capsien-Tradition« entspricht.

Verzierte Schalen finden sich in den meisten Fundstellen, wenn auch weniger häufig als im Osten. Am interessantesten ist die von Tarentule III, 95 km östlich von Aouinet Legraa, am Rand des Erg Iguidi. Unter vielen gravierten Schalen sind acht Bruchstücke zu erwähnen, auf denen Tierdarstellungen in naturalistischem Stil zu sehen sind und die sehr große Parallelen mit den Felsgravierungen im Sahara-Atlas aufweisen. Die wunderbar mit Antilopen geschmückten Schalen, die in der Gegend von Taulet (Tarfaya) entdeckt wurden – eine von J. Mateu, die zweite von D. Grébénart –, bestätigen die Zugehörigkeit dieses Gebietes zu demselben kulturellen Bereich, der auch die große Felsbildkunst im Sahara-Atlas hervorgebracht hat.

Diese Dekors stammen aus derselben Zeit wie die Felsbildkunst des Atlas, die ja figürlich ist und Tiere abbildet. Waren die Flaschen aus Straußeneischale einmal zerbrochen, so konnten die Scherben immer noch verwendet werden, um daraus Tiegel und vor allem Perlen und Ohrgehänge anzufertigen. Einige Fundstätten enthielten Hunderte davon.

Die Felsbildkunst im Atlas

Die neolithische Epoche in der Felsbildkunst des Atlas

Daß zwischen der Felskunst des Sahara-Atlas und dem Neolithikum mit Capsien-Tradition ein Zusammenhang besteht, kann nicht bezweifelt werden. Am Fuße von Gravierungen wurden zu oft bearbeitete Feuersteine des Neolithikums gefunden, als daß dies ein Zufall sein könnte. Wenn die

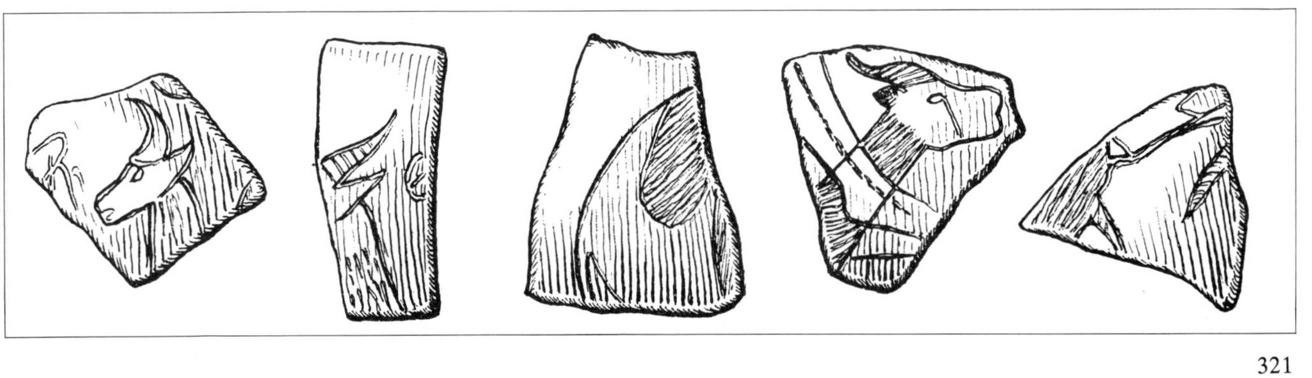

Felsgravierung aus Teniet el-Kharrouba (Algerien). Im Atlas kommen Menschendarstellungen weniger häufig vor als in den Malereien der Zentralsahara. Die abgebildete Person trägt eine Maske, die als Kaninchenkopf angesehen wurde. Interessanter ist die Waffe, die sie in der rechten Hand hält. Es handelt sich um einen Bumerang oder Wurfstock, der auch auf anderen Gravierungen im Atlas sowie in der ägyptischen Malerei der vordynastischen bis historischen Zeit zu sehen ist. Gegenüber dieser Person befindet sich eine andere Gravierung: ein Löwe, der eine Antilope zu Boden reißt.

Fälle von echten Überdeckungen der Gravierungen durch Kulturschichten auch selten sind, so sind sie doch nicht weniger aussagekräftig. Am charakteristischsten sind die Gravierung eines hundeähnlichen Tieres in der Höhle von El Arouia in Brézina und die Gravierungen in dem Schacht der Abris von Abiar Miggi.

Und wenn diese Felsgravierungen schon vor dem Neolithikum existiert hätten? Einige Autoren möchten die ältesten Gravierungen – jene, die im sogenannten monumental-naturalistischen Stil ausgeführt sind und häufig den großen Altbüffel (*Homoioceras antiquus*) zeigen – gerne in eine frühere Zeit verlegen. Sie bezweifeln, daß dieses Tier noch im Neolithikum gelebt haben soll. Man weiß, daß der Altbüffel ausgestorben ist und keine Abkömmlinge hinterlassen hat. Seine Knochen wurden in sieben neolithischen Fundstellen gefunden. Außerdem gehören die Darstellungen des *Homoioceras antiquus* nicht alle demselben monumental-naturalistischen Stil an, der als der älteste gilt. Man kennt Altbüffel auch von anderen, anscheinend jüngeren und als dekadent qualifizierten Abbildungen her. Nimmt man also an, daß die Felszeichnungen von diesem großen Büffel aus der Zeit vor dem Neolithikum stammen, dann wären nicht nur die Gravierungen im erstgenannten, sondern die meisten Gravierungen im naturalistischen oder quasi-naturalistischen Stil älter als das Neolithikum.

Daß Darstellungen von Altbüffeln im Sahara-Atlas gefunden wurden, kann also nicht als Argument gegen eine Zuordnung der Gravierungen im monumental-naturalistischen Stil zum Neolithikum gelten. Es ist aber nur schwer vorstellbar, daß diese Felskunst spontan im Neolithikum entstanden sein soll, um so mehr, als es im Atlas keine plötzliche, radikale Veränderung der Denk- und Lebensweise gegeben hat. Diese neolithische Felskunst muß ihre Wurzeln in den epipaläolithischen Kulturen besitzen, die ihrer Entfaltung vorausgegangen sind.

Auch im Maghreb fanden sich Anzeichen einer naturalistischen Kunst, die älter als das Neolithikum ist. Man bemerkt sie in den epipaläolithischen Kulturen, die unmittelbar vor dem Neolithikum existiert haben, insbesondere im Capsien und vielleicht im Méllalien (Ouargla). Man kann die Felsbildkunst und die Kunst der Gebrauchsgegenstände nicht künstlich voneinander trennen. Letztere, die gleichfalls aus den Kulturschichten bekannt ist, kann eng auf eine prähistorische Kultur datiert und bezogen werden, die im Maghreb und in der Nordsahara nur dem Capsien oder benachbarten epipaläolithischen Kulturen und dem Neolithikum mit Capsien-Tradition zuzurechnen ist. Diese Kunst, die sich auf Plättchen oder Straußeneischalen zeigt, enthält nicht nur einfache ornamentale, insbesondere geometrische Muster, sie ist auch figürlich und stellt Tiere dar: Füchse in Damous el-Ahmar, verschiedene Antilopen in Taulet, Paarhufer im Wadi Mengoub, Antilopen, Wildschweine und rinderähnliche Tiere in Tarentule III, verschiedene Säugetiere in Redyef, Vogel Strauß in Bou Zabaouine usw. So weist also das Neolithikum mit Capsien-Tradition im Maghreb wie in der Sahara und in Tripolitanien (Abiar Miggi) gelegentlich Tierdekors auf, die eindeutig auf eine frühere Tradition zurückgehen, die durch Zeugnisse des Capsien von Khanguet el Mouhaâd (Mufflon, Antilope), Hamda (Vogel?), Ain Bahir (Strauß) und El Mekta (Antilope oder ziegenähnliches Tier) gut dokumentiert ist.

Die Ausbreitung der Felsbildkunst im Atlas

Man muß daran erinnern, daß die Kunst des Atlas nicht, wie bestimmte Arbeiten vermuten lassen, nur im Sahara-Atlas südlich von Oran beheimatet ist. Wenn sich die Gebirge des Ksour und der Dschebel Amour als sehr viel reichhaltiger herausstellen, als R. Vaufrey und in jüngerer Zeit H. Lhote es annahmen, so füllen andere Entdeckungen in zunehmendem Maß die Lücken zwischen den drei regionalen Gruppen, die schon zuvor identifiziert worden waren (Südmarokko, Atlas südlich von Oran und Nementcha-Gebirge).

Z. B. bestätigen die Gravierungen von Chaba Naima im Wadi Itel und vor allem die nördlicher gelegenen, sehr zahlreichen Felsbildstellen in den Bergen des Ouled Nail (Ksar Zaccar, Ain Naga, Safiet Bou Rhenan, Daiet es-Stel, Zenina, Hadjrat Sidi Bou Keker usw.), daß zwischen der östlichen Gruppe des Nementcha-Gebirges und den Gravierungen im Gebiet südlich von Oran ein Zusammenhang besteht. Schließlich ergaben die seit einigen Jahren systematisch unternommenen Grabungen in Marokko, westlich des großen Kulturgebietes im Süden von Oran, eine große Zahl von Felsbildstellen im Anti-Atlas und im tiefen Tal des Dra. Diese Kunst des Atlas reicht bis zur Saguia el-Hamra (nördlich des Rio de Oro).

So kann man ohne Übertreibung sagen, daß die Felsbildkunst, die an das Neolithikum mit Capsien-Tradition gebunden ist, nicht nur im gesamten Sahara-Atlas anzutreffen ist, sondern auch viel weiter nördlich, da die Gegend von Constantine (Kef Messiouer oder Kef M'Saoura) und vor allem die Umgebung von Tiaret (Kef Bou Beker, Wadi Azouania, Wadi Seffalou) Fundstellen mit ähnlicher Kunst besitzen. Auch in diesen nördlichen Bezirken gehört, wie wir gesehen haben, die neolithische Kultur in den Fundorten zum Neolithikum mit Capsien-Tradition.

Der große naturalistische Stil

In der Felsbildkunst des Atlas existieren gleichzeitig mehrere regionale Schulen und Stilrichtungen, deren chronologische Einordnung z. Z. noch Pro-

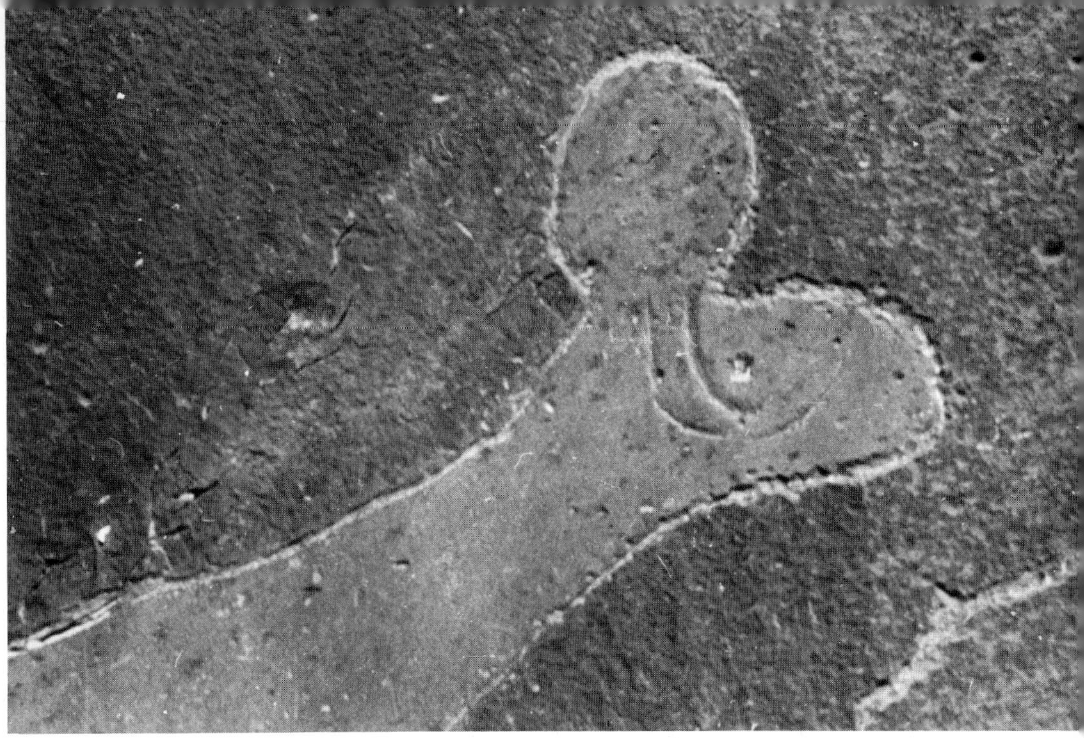

Gravierung von Safiet bou Rhenan (Algerien). Hier ist nur der Kopf eines der Widder in dieser Fundstelle wiedergegeben. Das Ovis longipes *trägt kleine Hörner. Sein Kopf ist mit einer Art kugeligen Haube, eventuell einem Kürbis, geschmückt. Auf anderen Gravierungen ist dieser kugelige Kopfschmuck mit Federn oder Astwerk verziert. Man hat diesen Kopfputz irrtümlicherweise mit den Sonnensymbolen des göttlichen Widders Amun Re, dem Stadtgott von Theben, in Zusammenhang gebracht. Die Gravierungen von Safiet bou Rhenan sind jedoch 2000 Jahre älter.*

bleme aufwirft. Der wichtigste und auch am weitesten verbreitete ist der große naturalistische, manchmal monumentale Stil. Das charakteristische Tier ist hier der große Altbüffel, der fast immer in derselben Haltung gezeigt wird, die zwei riesigen Hörner von vorne, auf einem gesenkten, im Profil dargestellten Kopf. Die schönen Kampfszenen, in denen zwei männliche Tiere einander entgegentreten, sind sicher nicht ohne religiöse Bedeutung. Eine andere häufige und typische Szene ist die gleichzeitige Darstellung eines Mannes, eines Betenden mit halb ausgestreckten Armen, und eines schafartigen Tieres, meistens eines Widders, der manchmal eine kugelartige Bedeckung auf dem Kopf trägt (Sphäroid). Die schönsten Bilder sind jene von mit einem Sphäroid gekrönten Widdern; dieses darf nicht mit einer Sonnenscheibe verwechselt werden. Die kugelige Form erinnert an einen Kürbis oder an einen Helm mit einem Kinnband (Ain Naga, Bou Alem), mit dem man ihn zubinden kann. Das Sphäroid ist meistens mit Anhängern geschmückt, die auf den genauesten Darstellungen wie Straußenfedern aussehen. Das Tier trägt mitunter ein dickes, geflochtenes Halsband (Bou Alem).

Die dargestellte Rasse ist leicht zu erkennen. Die langen Glieder und der feine Schwanz, das konvexe Profil bis zu dem Pelz auf dem Rücken sind charakteristisch für das *Ovis longipes Fitz*, das noch heute in der Zentral- und südlichen Sahara gehalten wird. Das *Ovis longipes* ist östlicher Herkunft und wurde von Menschen in dieses Gebiet gebracht. Das Rind ist im großen naturalistischen Stil niemals mit den Attributen oder in einer Position festgehalten, die den Gedanken zulassen würden, daß es sich um ein Haustier handelt. In Tiout versuchen ganz kleine Gestalten, das Hinterbein eines *Bos primigenius* mit gekrümmten Stöcken festzuhalten.

Die Felskunst südlich von Oran hat jedoch nicht systematisch alle damals existierenden Tiergattungen abgebildet. Die großen Katzentiere, Löwe, Panther, vor allem der Elefant, seltener das Nashorn, aber auch Strauße, verschiedene Antilopen und einige pferdeähnliche Tiere machen den Hauptanteil der dargestellten Fauna aus. Das Warzenschwein und das Mufflon fehlen anscheinend ebenso wie die Kuhantilope (*Alcelaphus boselaphus*), die in Wirklichkeit das am häufigsten vorkommende Tier dieser Zeit war. In den Fundorten des östlichen Algeriens hingegen sind Mufflons und Kuhantilopen abgebildet. Hunde sieht man häufig. Es handelt sich um ein kräftiges, gedrungenes Tier, mit einem nach oben gekrümmten, buschigen Schwanz. Er zeigt sehr große Ähnlichkeit mit dem heute dort beheimateten Hund (Schäferhund des Atlas). Der afrikanische Windhund ist ebenfalls dargestellt, jedoch seltener.

Die Menschen dieser frühen Phase – oder die zumindest für eine solche angesehen wird – des großen naturalistischen Stils gehören der weißen Rasse an. Die Gesichtszüge sind deutlich europid, die Haare sind lang, manchmal geflochten und nach vorne oder nach hinten gebunden. Mehrere Menschen tragen einen kleinen, schütteren Kinnbart. Der Körper ist ziemlich kräftig, die Glieder sind im allgemeinen kurz. Die Mehrzahl der dargestellten Menschen erscheint nackt, doch gelegentlich gibt es Hinweise auf Kleidung. Man kann drei Typen von Bekleidung erkennen: Das einfachste Bekleidungsstück ist ein Stoff- oder ein weiches Lederband, dessen Enden mit einer um die Taille gebundenen Schnur festgehalten sind. Dieser Minilendenschurz war zu Unrecht für ein phallisches Etui gehalten worden. Die Gravierung von Ain Naga zeigt auf der Vorderseite eine Art Vorrichtung, um etwas zu befestigen.

Der zweite, schon etwas reichlichere Bekleidungstyp, ist der Lendenschurz, der bisweilen nur angedeutet wird. Er ist in Moghar el-Tahtani zu erkennen, im Wadi Dermel, in Fedj Naam sowie an anderen Stellen. Schließlich sieht man richtige Tuniken, die oberhalb der Knie aufhören (Kheloua Sidi Cheikh, wo ein schräges Karomuster Weberei andeutet), oder bis zu den Knöcheln herunterreichen (Faret el-Taleb). Die interessanteste Darstellung eines Kleidungsstücks dürfte die in der Höhle von Khellous, im Wadi Hallail, sein. Es handelt sich um eine kurze, mit Fransen besetzte Tunika. Oberhalb der Fransen erscheinen zwei horizontale Bänder, auf denen in einer Linie annähernd kreisförmige Elemente angeordnet sind, vielleicht Perlen aus Straußeneischalen oder Kaurimuscheln. Oberhalb des Gürtels entspricht möglicherweise eine Reihe von großen, ineinandergesetzten Sparren Webmustern oder Mustern, die vom Ab-

Einzelstein aus Brézina (Algerien), möglicherweise die sehr stark stilisierte Darstellung einer Straußenherde.

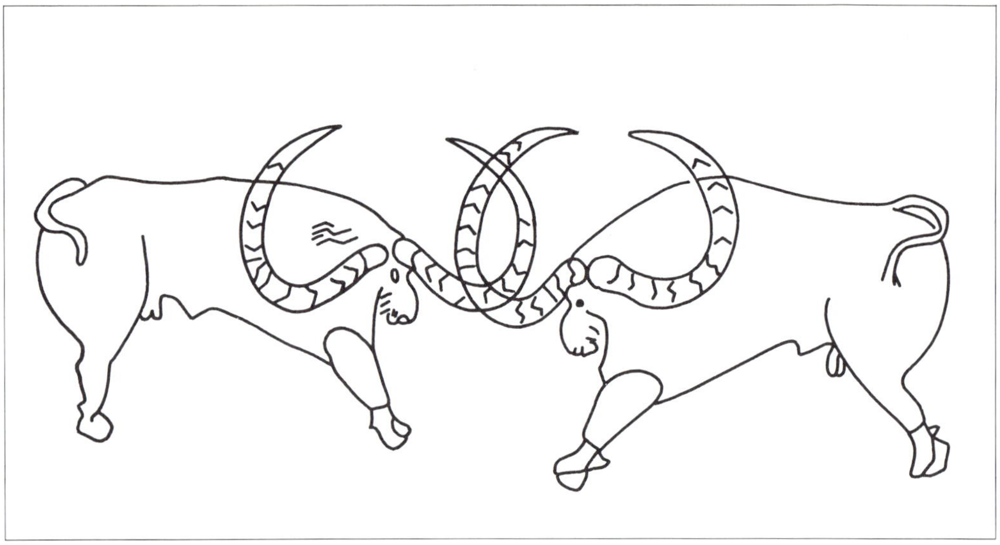

*Gravierung aus El Richa (Algerien). Sehr schöne Darstellung eines Kampfes zwischen männlichen Altbüffeln (*Bubalus antiquus*). Dieses große Rind, dessen herrliche Hörner bei einigen Exemplaren eine Spannweite von 3 m erreichten, lebte im Maghreb und in der Sahara. Es wurde im Atlas sehr häufig dargestellt und ist erst gegen Ende des Neolithikums ausgestorben. Der griechische Geograph Strabo berichtet von einem ähnlichen Tier in Mauretanien (dem heutigen Marokko), das »in Gestalt den Stieren, in Lebensweise, Größe und Kraft zum Kampfe aber den Elefanten ähnlich ist«.*

schneiden von Leder herrühren. Ein weiteres interessantes Detail: die Person trägt eine Art Mokassins an den Füßen. Die so dargestellten Personen sind manchmal bewaffnet. In der Reihenfolge der Häufigkeit sind zu nennen: Pfeil und Bogen, Wurfstöcke, Beile, von denen einige erst in jüngerer Zeit dazugraviert wurden, eventuell auch Schilde.

Die weitere Entwicklung der Felsbildkunst

Es ist noch sehr schwierig, eine Chronologie der Felskunst des Atlas aufzustellen. Man weiß heute nicht einmal mit Sicherheit, welcher Stil auf welchen folgte, ob sie wirklich aufeinanderfolgten oder nicht gleichzeitig existierten. So erkennt z. B. H. Lhote (1970) einen kleinen naturalistischen Stil, der nicht unbedingt jünger ist als der große. Der sogenannte »Stil von Tazina« (Gebiet südlich von Oran), von dem man Entsprechendes auch in Südmarokko, dem Rio de Oro und bis in den Tassili findet, wird charakterisiert durch eine bemerkenswerte Eleganz der Figuren, speziell der Gazellen und Antilopen, deren Extremitäten durch Striche verlängert wurden, was zwar wenig realistisch, doch von großer ästhetischer Wirkung ist. Im Grund besitzt nur der große naturalistische Stil einen weiten Verbreitungsradius. Seine Elefanten, Stiere und Altbüffel findet man von Südmarokko bis zum Nementcha-Gebirge.
Dank der zahlreichen Altersdatierungen, die man bis zum heutigen Tag für die verschiedenen Facies des »Neolithikums mit Capsien-Tradition« erhalten hat, kann man den Beginn dieser Felskunst im 6.–5. Jahrtausend ansetzen. Sie hat mindestens bis in das 3. Jahrtausend existiert.

Gravierung eines Straußes auf einer Felswand in Ihérir (Algerien). Diese Tiere, die noch heute im Süden der Sahara leben, wurden sehr häufig dargestellt.

Das Metallzeitalter in Nordafrika und in der Sahara. Der Ursprung der Berber

Die Spuren einer Kupfer- und Bronzezeit im Maghreb und in Mauretanien

Das Neolithikum und die vorbereitenden epipaläolithischen Kulturen währten einige tausend Jahre. Das protohistorische Metallzeitalter hat weniger als ein Jahrtausend gedauert. Zwischen den beiden muß man ein Endneolithikum oder ein Chalkolithikum (Kupferzeit) ansetzen, das sich sowohl in der Sahara als auch im Maghreb nur schwer definieren läßt.
Das langsame Austrocknen der Sahara hatte das Leben auf einige Oasen reduziert und den Maghreb endgültig dem mediterranen Kulturbereich zugeschlagen. Der Maghreb machte sich denn auch als erster die neuen, aus dem Mittelmeerraum kommenden Techniken der Metallverarbeitung zunutze. Spuren dieser neuen Errungenschaften sind jedoch selten. Als älteste Hinweise gelten eine Spitze aus Kupfer mit langer Griffangel vom Typ Palmela, die in Sidi Messaoud bei Azemmour (Marokko) gefunden wurde, ein flaches Kupferbeil aus dem Wadi Akreuch (Rabat) und ein Dolch mit Griffzunge vom westeuropäischen Typ, der in Kap Chenoua 80 km westlich von Algier

Rechts: Gravierung aus Ukaimeden (Hoher Atlas, Marokko). Im marokkanischen Hohen Atlas findet man neben älteren Gravierungen Zeugnisse einer schematisierenden Kunst aus der Bronzezeit. Diese Kunst stellt weiterhin freilebende, aber auch Haustiere dar, wie den Hund, das Schaf und das Rind. Die hier erkennbaren, rein geometrischen Muster haben wohl Symbolwert und stehen möglicherweise in Beziehung zu einem Sonnenkult.

Dolmen des Dschebel Gorra (Tunesien). In dieselbe Epoche fällt der weitverbreitete Brauch der Anlage von Grabkammerbauten (Dolmen). Im Maghreb gibt es zahlreiche Dolmen, die jedoch durchwegs kleiner sind als in Europa, wo sie anscheinend ihren Ursprung haben.

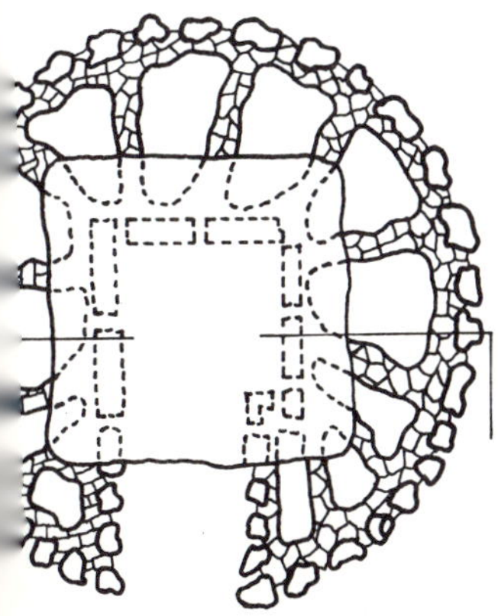

gefunden wurde. Alle diese Waffen bestehen aus arsenhaltigem Kupfer. Ähnliche gibt es auch in ihrem eigentlichen Herkunftsland Europa. Diese Kupferwaffen kommen im westlichen Mittelmeerraum oft gemeinsam mit der Glockenbecherkeramik vor. Es kann demnach nicht erstaunen, in Nordmarokko Gefäße dieses Typs zu finden (Jodin, 1957). Die Zone, in welcher derartige Gefäße auftauchen, breitet sich rund um das Kerngebiet der – älteren – Cardium-Keramik aus. Während sich diese, in Marokko, auf das Randgebiet um die Enge von Gibraltar zwischen Tanger und Tétouan beschränkte, wurden Erzeugnisse der Glockenbecherkeramik südlich davon bis nach Casablanca und östlich bis nach Saida (südlich von Oran) angetroffen. Das erste Gefäß, das von der Glockenbecherkeramik bekannt wurde, stammt aus der Höhle von Dar es-Soltan (Rabat). Die stratigraphischen Folgen von Gar Cahal und Caf That el-Gar (M. Tarradell, 1957–58) hält man für die wichtigsten.

Dieser kulturelle Austausch mit Spanien wird im Verlauf der Bronzezeit noch intensiver. Gegenstände aus Bronze bleiben im Maghreb zwar selten, sind jedoch weiter gestreut als die Kupferwaffen, und vor allem erreichen sie besser den Tell (Beile aus Bronze von Lamoricière, bei Tlemcen, und in Columnata, bei Tiaret). Den überaus zahlreichen Darstellungen von typischen Waffen der Bronzezeit auf den Felsen des Hohen Atlas nach zu schließen, ist hier wahrscheinlich, im westlichen Teil des Maghreb, erstmals eine einfache metallverarbeitende Industrie entstanden. J. Malhomme (1959–1961) hat Hunderte dieser Bilder entdeckt und entschlüsselt. Seine Arbeit wurde von A. Simoneau im Anti-Atlas weitergeführt. Es handelt sich um Hellebarden oder Waffenäxte, die mit ihren Nieten und Rippen sorgfältig abgebildet sind, ferner um Dolche mit breiter, geäderter Klinge, die mit denen aus der frühen und mittleren Bronzezeit des mediterranen Europa in jeder Hinsicht vergleichbar sind, sowie um Lanzenköpfe und Pfeile. Diese Bilder gehören einer schematisierenden Kunst an, die sich von der neolithischen Felskunst hinsichtlich Themen und Stil deutlich unterscheidet. Gewiß, es werden weiterhin Tiere gezeigt: Paarhufer, hundeähnliche Tiere, Antilopen, aber von jetzt an nehmen der Mensch und die von ihm hergestellten Gegenstände (Wagen, Waffen, Schmuck) oder seine Symbole (Idole, unterschiedlich verzierte Kreise) bei weitem den ersten Platz ein. Dies setzt eine Änderung in der Geisteshaltung, der Lebensweise sowie in den religiösen Überzeugungen voraus. Stilistisch muß man eine starke Tendenz zur geometrisch-schematischen Verzierung feststellen, die für das Metallzeitalter charakteristisch ist, und die sich bis in unsere Tage in der Berberkunst erhalten hat (Camps, 1961).

Der gebirgige Teil Marokkos ist immer ein Land von Hirtennomaden gewesen, und auch angesichts der zahlreich vorhandenen Abbildungen von Waffen aus Metall kann man nicht behaupten, sie wären an Ort und Stelle hergestellt worden. Dies um so mehr, als es sich um hochgelegenes Weideland handelt, das während eines großen Teils des Jahres verschneit ist. Man muß also in den Ländern, die im Norden an den Hohen Atlas grenzen, nach den Spuren dieser kleinen Metallindustrie suchen.

Viel südlicher, in Mauretanien, befindet sich ebenfalls ein Zentrum der Metallverarbeitung, dem mit Sicherheit größere Bedeutung zukam. Tatsächlich existieren in der Gegend von Akjoujt bedeutende Kupferlagerstätten. Seit den ersten Arbeiten zu Beginn unseres Jahrhunderts, und vor allem seit den verschiedenen Untersuchungen von R. Mauny, sind die kupfernen Pfeilspitzen von Mauretanien gut bekannt, die hinsichtlich ihrer Form den auf der Iberischen Halbinsel gefundenen Exemplaren sehr ähnlich sehen. N. Lambert (1970) hat ein Verzeichnis aller Gegenstände aus Kupfer angelegt, die in Mauretanien und in der westlichen Sahara gefunden wurden. Man zählt hier nicht weniger als 83 Pfeilspitzen oder Speere und 6 Beile. Die Ausbeutung der Kupferminen in alter Zeit in der Gegend von Akjoujt macht diesen relativen Reichtum an Waffen, Instrumenten und Schmuckgegenständen im nordwestlichen Mauretanien verständlich. Es erscheint also berechtigt, von einer Kupferzeit in Mauretanien zu sprechen. Daß die hier angewendete Technologie allmählich von den sich ausbreitenden Techniken der Eisenverarbeitung verdrängt wurde, die gleichzeitig aus Südosten und den mediterranen Gebieten eingedrungen sind, steht außer Diskussion. Unklar sind jedoch noch Beginn und Dauer dieser Phase des Metallzeitalters. Die Ausgrabungen von N. Lambert in der Höhle der Chauves-Souris im Guelb Moghrein haben Proben dieser Metallindustrie erbracht, die auf das 6. Jahrtausend datiert worden sind, Allerdings handelt es sich hier nur um nahe an der Erdoberfläche gelegene Schichten, während sich der gewachsene Fels in 10 m Tiefe befindet. Die Analyse der Metalle und die Reste des Schmelzofens zeigen deutlich, daß die Objekte an Ort und Stelle geschmolzen wurden. Wahrscheinlich kam diese Technik aus dem Norden, entlang der Küste.

Die Megalithgräber im Maghreb

Während der Maghreb in seinem westlichen Teil nahe bei Spanien – einem wichtigen Verbreitungszentrum von Techniken der Metallverarbeitung – unbestreitbar die Spuren einer Bronzezeit aufweist, der einige Kupferimporte vorausgegangen sind und die westliche Sahara eine einheimische Kupferindustrie kannte, so ist aus dem zentralen und östlichen Teil von Nordafrika, östlich des Meridians von Algier, keine Bronzewaffe oder ein-

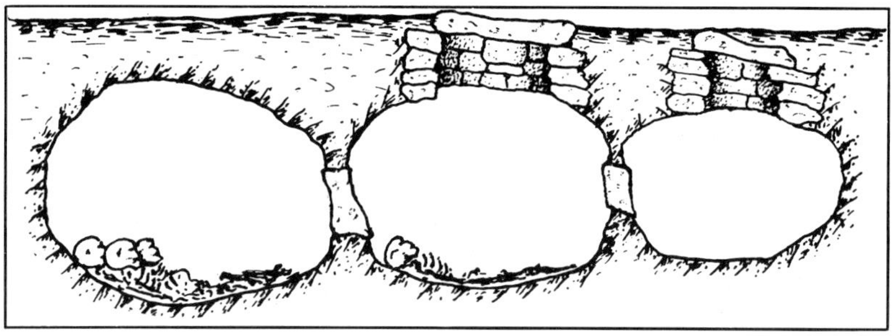

Kollektivgrab von Les Trembles (Algerien). Die Grabstätten des Metallzeitalters zeigen ein sehr unterschiedliches Aussehen. In der Gegend von Oran und in Marokko kennt man Gräber mit mehreren Schächten und Kammern. Ähnliche Bauformen findet man in Spanien.

deutige Felsdarstellung bekannt. Der östliche Maghreb ist außerordentlich reich an megalithischen und unterirdischen Gräbern, die zweifellos unter mediterranem Einfluß angelegt wurden.
Die einfachen Grabhügel, aber auch diejenigen, die eine architektonische Gestaltung mit Sockel und Stufen (*bazinas*) vorweisen, sind regelmäßig über ganz Nordafrika und die Sahara verteilt; hingegen kann man nur in bestimmten Gebieten zwei Typen von Grabmälern antreffen. Es handelt sich um die *Dolmen* und um kleine unterirdische Gräber, die in Felsküsten oder in einzelstehende Felsen eingegraben sind und die Archäologen aus Nordafrika *Haouanet* nennen (arabisches Wort, das *Laden* bedeutet).

Die am meisten verbreitete Form ist ein Grabhügel, der manchmal eine Einfriedung aus Steinen besitzt. Diese Gräber aus unbearbeitetem Stein nennt man bazinas. *Das Foto zeigt eine* bazina *aus dem kleinen, nahe bei Cirta (Constantine) gelegenen Berberstädtchen Tiddis (Algerien). Sie enthielt eine sehr reichhaltige Sammlung von bemalten, mit geometrischen Mustern verzierten Gefäßen, in denen sich menschliche Gebeine befanden.*

Die nordafrikanischen Dolmen

Die nordafrikanischen *Dolmen* sind im allgemeinen klein, aber sehr charakteristisch. An der Küste wurden sie meist mit Hilfe großer Platten aus Sandstein oder Kalk errichtet. Die Grabkammer ist von einem niedrigen Grabhügel bedeckt, der von einem Kreis aus Steinen begrenzt wird. Im Innern des Landes zeigen die Dolmen infolge der Beeinflussung durch die »Grabhügel mit Stufen« ein verändertes Aussehen. Dort ist die Kammer auf einem oft recht mächtigen Sockel angelegt, der zwei oder drei, in Bou Nouara sogar vier Stufen aufweist (G. und H. Camps, 1964). Je mehr man sich von der Küste entfernt, um so ausgeprägter wird dieser Sockel und entwickelt sich zu einem zylindrischen, sehr regelmäßig gebauten Gebilde, in welches der Dolmen mehr oder weniger vertieft eingesetzt ist. In der am weitesten im Landesinnern gelegenen Zone, im Aurès, verschwinden die Megalithkammern vollständig in einem zylindrischen Sockel, der einem kleinen Turm ähnlich sieht. Diese Form von Megalithen erhielt im Arabischen den Namen *Choucha* (Mehrzahl *Chouchet*). Man sieht also, wie sich die einfache Form des Dolmen von der Mittelmeerküste bis zum Aurès ändert (G. Camps, 1961). Dies und die Lage der Grabmonumente in Nordafrika lassen darauf schließen, daß diese Dolmen einerseits unter östlichem Einfluß, andererseits unter dem Einfluß des nahen Süditalien und vielleicht auch Sardinien entstanden sind.
Im Küstengebiet reichen die Dolmen am weitesten nach Westen. Während sie in Nordtunesien und dem östlichen Algerien häufig vorkommen, insbesondere zwischen Maktar und Constantine, werden sie in Zentralalgerien selten und bleiben auf die am Meer gelegenen Gebiete beschränkt (Kabylien und Umgebung von Algier). Westlich von Algier kommen sie gar nicht mehr vor. In Marokko, in der Gegend von Tanger, gibt es kleine kistenartige Monumente (Gräber), die aus der Bronzezeit stammen. Diese Form ist vermutlich spanischen Ursprungs.
Die Entdeckung einer Dolchklinge mit Nieten und zentralen Nervuren in einem der Gräber von Mers und die Spitze mit Griffangel aus der Grabstätte von Ain Dalhia bezeugen das Alter dieser Anlagen. Die großen länglichen Monumente vom Typ der Riesengräber in Sardinien und jenem der *Navetas* auf den Balearen sind in Kabylien bekannt (Ait Raouna, Ibarissen). Nach Süden zu reichen die Dolmen an keiner Stelle über den Sahara-Atlas hinaus. Die südlichsten Nekropolen befinden sich in der Gegend von Tébessa, im Aurès und, weiter westlich, in der Gegend von Djelfa.

Die »Haouanet«

Noch enger begrenzt ist das Gebiet der unterirdischen Felskammergräber (*Haouanet*). Es handelt sich um kleine kubische Räume, in denen die Bestattung eines ausgestreckten Körpers meist nicht möglich ist. Es hat den Anschein, als ob diese Gräber nur Knochen aufgenommen haben, an denen sich kein Fleisch mehr befand. Einige besitzen Einrichtungen, z. B. kleine Bänke, Nischen, ja sogar einfache Skulpturen und Malereien. Diese Ausschmückungen findet man aber erst in den jüngsten Haouanet, die bereits aus Punischer Zeit stammen. Bei den ältesten findet man hie und da einen sehr kleinen Gang vor der Kammer; die Kammern haben eine nach zwei Seiten geneigte Decke, die an ein Satteldach erinnert. Ähnliche Konstruktionen kann man bei den unterirdischen Gräbern in Sardinien und Sizilien sehen. Im Grunde genommen sind die Haouanet sowohl ihrem Aussehen als auch ihrer Lage nach (Felswände) identisch mit den vom Ende der Bronze- und Beginn der Eisenzeit bekannten Gräbern der Sikuler, insbesondere die Nekropolen von Pantalica und Cassibile. In der Tat findet man die Haouanet am häufigsten in Nordtunesien und am Kap Bon, genau gegenüber von Sizilien. Die Haouanet kommen zwar auch weiter im Landesinnern vor, insbesondere in den Gegenden von Dougga, Tébessa und Constantine, doch meist liegen sie in Küstennähe. Man hat auch einige in Marokko entdeckt,

In der Sahara sind die Grabhügel und die bazinas *sehr zahlreich. Das Foto zeigt einen Teil des Wadi El Agial (Fezzan, Libyen), in dem Grabhügel mit unterschiedlichen Formen (Türme mit Stufen, kleine Pyramiden, einfache Kegel aus Steinen) zu Hunderten gefunden wurden. Grabungen haben ergeben, daß es sich um Gräber der Garamanten, den Vorfahren der Tuareg, handelt, die damals in einem ziemlich mächtigen Königreich lebten. Herodot beschrieb als erster ihre Sitten. Später waren sie Verbündete der Römer.*

aber wahrscheinlich ist ihre Ausbreitung nach Westen erst spät, zur Zeit der Punier, erfolgt.
Einige Haouanet sind ausgeschmückt. In Bir Bou Rekba sind zwei maskierte Gestalten mit hirschähnlichen Köpfen dargestellt. Möglicherweise handelt es sich auch um Gottheiten. Sie erinnern an die löwenköpfige Göttin von Thinissut, die sich in der Nähe befindet. Diese seltsame gleichzeitige Darstellung von Mensch und Tier, die unter den ägyptischen Gottgestalten ebenso anzutreffen ist wie in der Felskunst der Sahara, dürfte spezifisch afrikanisch sein und nicht phönizisch. In zwei Gräbern des Dschebel Zit gehören in die Wand gehauene Stierköpfe sowie das umfangreiche Gemälde von Kef el Blida zu einem sehr alten mediterranen Kulturbereich, der älter ist als die phönizische Kultur.
Die Gräber belegen, wie bereits vor den Phöniziern östliche Kulturen in das Gebiet der Berber eingedrungen sind. Die Sitte dieser Felskammergräber gelangte aus Sizilien nach Tunesien. Andere Formen des kulturellen Austauschs mit Sizilien, Sardinien und Süditalien sind früher nachweisbar, doch von der Bronzezeit an verdichten sich diese Beziehungen und erklären viele Eigenheiten der ländlichen Berberkultur. Die Dolmen und Felsgräber wurden nicht einfach über das Meer gebracht, wie das im Handel mit einfachen Töpferwaren, Waffen und anderen kleinen Objekten möglich ist. Hier kann einzig die Ansiedlung von Menschen die Verbreitung derartig charakteristischer Grabmäler über das Meer hinweg erklären. Ihre Lage und Verteilung in Nordafrika verraten die ausländische Herkunft genau.
Gleichfalls aus Sizilien und Italien kam die Technik der Keramik mit ebenem Boden und mit schiffsrumpfartigen Formen. Die noch heute in den am meisten ursprünglich gebliebenen Gebieten von Tunesien und Algerien (Kroumirie, Kabylien, Aurès) hergestellten Muster entsprechen mehr oder weniger getreu denjenigen vom Ende der Bronzezeit und dem Beginn der Eisenzeit in Italien.

Die Grabhügel mit Nischen und Kapellen

Es gibt auch zahllose Grabhügel ohne erkennbare architektonische Anordnung, einfache, mehr oder weniger kegelförmige Haufen von Steinen. Sie könnten – den seltenen archäologischen Zeugnissen nach zu schließen – ebensogut aus dem Endneolithikum wie aus historischer – römischer, präislamischer – Zeit stammen.

Bemaltes Gefäß aus Tiddis (Algerien). Dieses Gefäß ist für die Kunst der alten Numidier (Berber) besonders charakteristisch. Die stark schematisierte Bemalung stellt mit Hilfe gerader Linien eine Landschaft dar. Die Dreiecke kann man als die Gebirge interpretieren, zwischen denen Pflanzen wachsen oder Vögel fliegen. Auch die Sonne ist vorhanden. Das untere Band deutet möglicherweise einen Wasserlauf an.

Grabhügel, die verschiedene zylindrische Formen oder auch Stufen haben, werden *bazinas* genannt. Zu ihnen gehören oft Anbauten, die für den Totenkult bestimmt sind. Die einfachsten dieser Anbauten sind kreisförmige »Altäre«, 0,80–1 m hoch, ihr Durchmesser ist etwas größer. Diese Altäre, von denen manchmal 10 oder 12 in einer Reihe stehen, befinden sich fast immer östlich der Gräber. Dieselbe Orientierung nach Osten besitzen auch Verstärkungen in der Umrandung der Anlage, die eine kultische Nische enthält. Manchmal sieht man zwei längliche oder quadratische Vorsprünge, die eine Fläche abgrenzen, die jedoch nicht in Verbindung mit dem Grab selber steht, das sich in der Mitte der *bazina* befindet. Diese Monumente findet man in der Sahara besonders oft, vielleicht nur deshalb, weil sie dort besser erhalten wurden.

Wenn die Nische noch tiefer in den Körper des Grabmals hineinragt, wird sie zu einer Kapelle, die im Tafilalet und im Süden des Aurès komplizierte Formen annimmt: Kleeblattförmige Kapellen in der Gegend von Negrine, Kapellen mit vielfältigen Hohlräumen in Taouz, Bouia, und kreuzförmige Kapellen in Djorf Torba. Die Grabmäler »mit Kapelle« sind weit verbreitet: sie erstrecken sich über das nördliche Mauretanien, die Saguia el-Hamra, den Tafilalet bis in das Gebiet von Béchar (Algerien), die Berge des Ouled Nail und das Vorgebirge des Aurès.

Die Ausstattung, die diese Kapellen aufweisen, hat eine gewisse Bedeutung. In El Mreiti (Mauretanien) stieß man auf etwa 100 mit geometrischen Mustern und Tierdarstellungen geschmückten Plaketten aus Kalk. Sie waren mit Ocker gemalt oder mit Kohle gezeichnet. In Djorf Torba (südlich von Oran) kamen große, wundervoll bemalte oder gravierte Platten zum Vorschein, die an Wänden lehnten, die selbst mit Ockerfarben bemalt worden waren. Der Dekor ist ausschließlich figürlich. Man erkennt in einer Linie angeordnete Gestalten, Pferde, Antilopen. Aschen und Spuren von Feuerstätten wurden gefunden, manchmal auch Tierknochen. Steintröge, die für Opfer oder eine rituelle Mahlzeit bestimmt waren, verweisen auf die Bedeutung dieser Kapellen für den Begräbnisritus. Diese Innenausstattung stand vermutlich in Beziehung zu der Sitte der Inkubation, die Herodot bei den Nasamonen beschrieben und die sich bis in unsere Tage bei den Tuareg erhalten hat. Die verzierten Platten und Plaketten kann man auch als eine Art Votivtafeln erklären, die von den Menschen hinterlegt wurden, welche die Kapellen aufgesucht haben.

Wagen, vor den vier Pferde gespannt sind (Museum von Tripolis). Herodot berichtet, daß die Libyer (Berber) den Griechen beigebracht haben, vier Pferde vor die Wagen zu spannen. Abbildungen von Quadrigen hat man bis jetzt nur selten gefunden.

Die bemalte Keramik der protohistorischen Grabmäler

Die einfachen Grabhügel und *bazinas* sind viel zahlreicher als die Grabnischen und Grabkapellen. Sie enthalten eine Keramik mit ebenem Boden, die teilweise bemalt ist. In der protohistorischen bemalten Keramik lassen sich zwei verschiedene Stilrichtungen unterscheiden. Der »Stil von Gastel« zeigt sich auf den Gefäßen mit Standring und bei den Tellern. Der Dekor ist mehrfarbig (rot und schwarz) und sehr einfach. Es dominieren die gerundeten Haken, die punktförmigen Muster, die Bänder und Girlanden. Die einzigen gegenständlichen Elemente sind Palmen sowie, auf einem Teller, Vogelsilhouetten.

Den »Stil von Tiddis« charakterisieren dreieckige geometrische Figuren. Dieselben Muster zeigt auch die sogenannte Töpferware der Kabylen und im Grunde die gesamte dekorative Kunst der Berber. Karierte oder anders verzierte Dreiecke sind am häufigsten, während in den Zwischenräumen figürliche Motive erscheinen: Pflanzen, Vögel, Darstellungen von Menschen, Sterne. Diese mo-

Gravierung eines Kriegers (Bronzezeit) aus Azib n'Ikkis (Hoher Atlas, Marokko). Die in kindlicher Manier gezeichnete Gestalt ist mit einem Mantel bekleidet. In der rechten Hand trägt sie Pfeil und Bogen, mit der linken Hand hält sie einen Dolch hoch. Bei dem Rechteck dürfte es sich um einen Schild handeln, und das Muster rechts sieht einer Art Tasche ähnlich, die heute noch die Hirten in dieser Gegend tragen. Ein Sternenmotiv (Kreuz) und ein Attribut für Reichtum (Rind) vervollständigen die Darstellung.

dellierte und bemalte Keramik ist ebenfalls mediterranen Ursprungs, genauer gesagt kommt sie aus dem östlichen Mittelmeerraum. Sizilien fungierte als wichtigster Umschlagplatz. Diese verschiedenen kulturellen Leistungen sind auf eine neue, aus dem Mittelmeerraum eingedrungene Bevölkerung zurückzuführen, deren Dolmen und Felskammergräber die Ansiedlung in einem weiten Bereich des östlichen und zentralen Maghreb bezeugen.
Die Ankunft dieser Mittelmeerbewohner ist eines der markanten Ereignisse der nordafrikanischen Frühgeschichte. Es handelt sich um kleine grazile Menschen, mittel- oder langschädelig, die sich deutlich von den protomediterranen Menschen des Capsien und des Neolithikums unterscheiden, deren Merkmale sich bis heute bei den Tuareg erhalten haben. Diese kleinen, feingliedrigen Mittelmeerbewohner, die den Sizilianern und Süditalienern ähnlich sind und mit denen sie auch die Blutgruppen und die Abdrücke der Handflächen gemeinsam haben, besiedeln heute die Küstengebirge von Tunesien und Algerien. Sie haben die ältesten kulturellen Traditionen des Mittelmeerraumes bewahrt.

Das Ende des Neolithikums in der Sahara und der Beginn des Metallzeitalters

In der zentralen und östlichen Sahara sieht die Situation am Ende vorgeschichtlicher Zeit nicht so günstig aus. Während sich in den Küstengebieten des Maghreb kurz vor dem Eintritt in die Geschichte das Leben voll entfaltet hat, versinkt die Sahara seit den letzten zwei Jahrtausenden langsam in Agonie. Dies äußert sich zunächst in einer so starken Reduzierung von Wasserstellen und Weideland, daß die blühende Kultur des Bovidien im selben Moment untergeht, in dem andere Völker und andere Techniken in Erscheinung treten.
In der Felskunst der zentralen Gebirge der Sahara folgen auf den »Bovidien«-Stil die *Equidiens* (Reiter). Diese Kunst ist bereits von einer gewissen Steifheit, die Figuren werden schematischer dargestellt, sie bringt aber noch sehr schöne Gemälde hervor, von denen einige, wie z. B. in Tamadjert (Tassili), besonders gut erhalten sind. Obwohl das Pferd einige Zeit vor den Hyksos nach Afrika kam, wie die Ausgrabungen in Nubien ergeben haben, ist es unwahrscheinlich, daß seine Verbreitung bis in den Tassili n'Ajjer und den Hoggar vor der Mitte des 2. Jahrtausends erfolgte. Das noch unberittene Pferd wird zur selben Zeit in die Sahara gebracht wie der leichte Wagen, von dem zahlreiche Darstellungen vom Fezzan bis nach Mauretanien und vom Sahara-Atlas bis zum Adrar des Iforas existieren (Lhote, 1957, 1961–62; Mauny, 1952). Obwohl es möglich ist, einen Wagen zu bauen, ohne Metallstücke zu verwenden, kann man sich nur schwer vorstellen, daß derartige Gefährte durch die Steinwüsten (*Hamadas*) und die Gerölle der Sahara hätten fahren können, ohne daß die sehr leichten, mit vier oder sechs Speichen versehenen Räder durch ein Metallband verstärkt worden sind. Herodot berichtet, daß die Garamanten eine Quadriga besaßen und daß die Libyer den Griechen beigebracht haben, die vier Pferde an die Wagen zu spannen. Nun wurden im Fezzan, dem Land der Garamanten, tatsächlich Gravierungen gefunden, die ein Viergespann zeigen (Wadi Zigzaou) (Graziosi, 1942). Aber die Wagen in der Sahara wurden fast ausschließlich von zwei Pferden gezogen.
Angesichts der leichten Bauweise dieser Fahrzeuge in der Sahara muß man auch von der Vorstellung Abstand nehmen, daß sie zum Transport von Waren oder schweren Materialien hätten dienen können; die Sitzfläche war sogar zu eng, als daß zwei Personen dort hätten Platz nehmen können. Die Wagen wurden an Plätzen abgebildet, an denen sie niemals vorbeigekommen sein können, in Schutthalden oder in Gebirgsmassiven, die auch von Maultieren und Kamelen nur mit Mühe erreicht wurden. All das läßt vermuten, daß der Wagen in der Sahara auf keinen Fall ein Nutzfahrzeug, sondern ein Prestigeobjekt war, das einem Anführer gehörte.

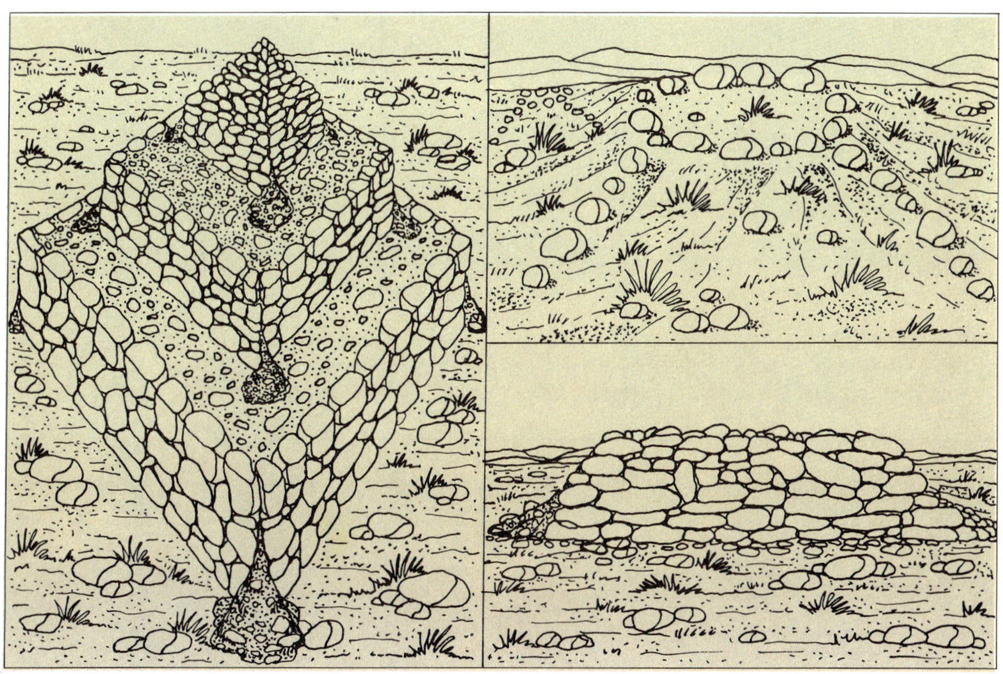

Grabhügel aus unbearbeiteten Steinen (Fezzan).

Die weißen, mediterranen Völker, die möglicherweise von den Menschen des Neolithikums mit Capsien-Tradition abstammen, haben vom Niltal und der Cyrenaika aus das Pferd nach Nordafrika und in die Sahara gebracht. Dies ist wohl in der zweiten Hälfte des 2. Jahrtausends und während der ersten Jahrhunderte des letzten Jahrtausends v. Chr. geschehen. Pferde gibt es heute in der Wüste nicht mehr, doch sind im südöstlichen und nordwestlichen Teil der Sahara zwei Rassen recht lebendig: die sogenannte Rasse von Dongola und, im Maghreb, das Berberpferd. Beide gehören zum konvexen Typ, sind wenig elegant, der Kopf ist schwer, mit abfallendem Hinterteil, sie sind von kleinem Wuchs, doch sehr ausdauernd, widerstandsfähig und mutig. Dank ihrer Anpassungsfähigkeit haben sie die Kreuzung mit zahlreichen anderen Rassen überlebt (speziell mit orientalischen »Araber«-Pferden) und ihre Eigenart bewahrt. Gleichzeitig mit dem Pferd, das den Ruf der Numidier begründet hat, brachten die Reiter auch eine neue Schafrasse in den Maghreb, die im Bereich des Atlas das alte *Ovis longipes* verdrängte, das keine Wolle gab.

Die *Equidiens* sind also mit den Garamanten der protohistorischen und historischen Zeit identisch, deren Königreich im Fezzan und Tassili bis zur Zeit der Römerherrschaft andauerte. Im Westen, d. h. südlich des Atlas und in den benachbarten Steppen, müssen diese Reiter als identisch mit den Getulern angesehen werden, die uns aus Darstellungen der Geschichtsschreiber bekannt sind. Der Wagen wird in zunehmendem Maße aufgegeben. Während die letzten Hirtenvölker des Bovidien in Südmauretanien lernen, die früher nur als Lasttiere verwendeten Rinder vor den mit Rädern ausgerüsteten Wagen zu spannen – was bald wieder in Vergessenheit geriet –, wird das Pferd im Norden der Sahara zum Reittier.

Die einem mediterranen Typ angehörenden Garamanten und Getuler brachten immer größere Gebiete der Sahara unter ihre Herrschaft und behielten ihr Nomadendasein bei. Dagegen konnte die negroide Bevölkerung ihre riesigen Rinderherden nicht mehr unterhalten und mußte mehr und mehr zu den südlicheren Gebieten am Niger, Senegal und Tschad hinunterziehen oder sich in dem begrenzten Raum der wenigen Oasen einrichten und dort die Herrschaft der weißen Nomaden akzeptieren.

Diesen Herren – zuerst Fahrer von leichten Wagen, dann unerschrockene Reiter – kann man wohl auch den Bau der bedeutenden Grabanlagen aus unbearbeiteten Steinen zuschreiben, von denen einige, im Tassili, mehr als 300 m lang sind. Es handelt sich vermutlich um gewaltig ausgedehnte Pflasteranlagen, die in Form eines nach Osten geöffneten Halbmondes angeordnet sind. An anderer Stelle sieht man Monumente mit einer kreisförmigen oder ellipsenförmigen Einfriedung, von der aus ein ebenfalls nach Osten hin angelegter Gang in den zentralen Grabhügel führt. Schließlich gibt es große *bazinas* mit sorgfältig angeordneten Stufen, auf denen sich verschiedene kultische Einrichtungsgegenstände befinden, wie wir sie oben beschrieben haben.

Das transsaharische Afrika

Südlich der Sahara sind Entwicklung und Abfolge der jüngsten prähistorischen Kulturen noch nicht so genau bekannt wie in Nordafrika. Bei der riesigen Ausdehnung des Kontinents haben sich prähi-

Unten: Felsmalerei aus einer Höhle in Tansania. Fadenförmige, mit einem Lendenschurz bekleidete menschliche Gestalten tragen Masken. Die Komposition des Bildes ist sehr ausgeglichen.

Rechts: Felsmalerei der Buschmänner (Südafrika). Die Buschmänner, die noch heute ein primitives Leben führen, haben in ihrer Felsbildkunst die Frische und Schönheit der prähistorischen Darstellungen bewahrt. Zu beachten sind auf diesem Bild besonders die elegante Haltung des Mannes und der Realismus in der Darstellung der Antilope, die an die Malereien der Sahara erinnern. Die Arme und das Gesicht des Jägers sind mit weißer Farbe bedeckt, ein Brauch, der sich in den Malereien der Buschmänner häufig findet. Die Buschmänner leben in der Kalahariwüste unter sehr schwierigen Bedingungen. Sie gehören zu den ältesten Bewohnern Afrikas, sind jedoch heute vom Aussterben bedroht. Sie stehen vor allem unter dem Druck anderer Völker, der Hottentotten und vor allem der Bantu, die besser als sie ausgerüstet sind. Obwohl die Kunst der Buschmänner aus historischer Zeit stammt, gehört sie noch ganz der prähistorischen Gedankenwelt an.

Linke Seite oben: Gravierung von Eriaden Ararni (Aïr, Niger). Diese Darstellung aus der Eisenzeit ist sehr schematisch, stellt aber doch eine gute Dokumentation der damaligen Ausrüstung der Reiter dar. Dieser Reiter trägt Federn auf dem Kopf, einen kleinen runden Schild und zwei Wurfspieße. Er hält sein Pferd am Zügel und will möglicherweise gerade den großen Vogel (Strauß oder Trappe) töten, der nach rechts entflieht.

storische Lebensformen sehr lange erhalten. Manchmal blieben sie sogar bis heute auf einem kulturellen Niveau, das noch vor dem des Neolithikums liegt, so z. B. bei den Pygmäen im Waldgebiet von Zentralafrika oder den Buschmännern der Kalahariwüste. Die Vorgeschichte in diesem transsaharischen Afrika hört nicht mit der Verbreitung des Metalls, d. h. des Eisens auf, die im östlichen und südlichen Afrika an die Expansion der Bantu geknüpft ist. Diese haben den Sambesi crst im 12. Jh. unserer Zeitrechnung überschritten. Das bedeutet, daß es im Afrika südlich der Sahara keine scharfe Trennung zwischen Vorgeschichte und Geschichte gibt, sondern daß es sich hier um eine kontinuierliche afrikanische Entwicklung mit eigenem Rhythmus handelt, der als langsam erscheinen kann, wenn man ihn mit dem der Mittelmeerländer vergleicht. Es erscheint willkürlich, den Beginn der historischen Zeit mit der Ankunft der arabischen Händler und Eroberer oder derjenigen der portugiesischen Seefahrer festzusetzen.
Man kann im transsaharischen Afrika drei große Bereiche unterscheiden, die trotz der gleichen allgemeinen Charakteristika einige Besonderheiten aufweisen, die diese Einteilung rechtfertigen. Diese drei Bereiche sind das Afrika mit dem großen Regenwald, d. h. die Länder des Golfes von Guinea, die an die Sahelzone und das riesige Kongobecken grenzen, das östliche Afrika von Eritrea bis zum Tal des Sambesi-Flusses und das südliche Afrika.

Das Afrika des großen Regenwalds

Abgesehen von der im Süden an die Sahara angrenzenden Sahelzone handelt es sich dabei um den Teil Afrikas, von dem wir die geringsten Kenntnisse haben. Vor allem über die jüngsten Epochen der Vorgeschichte, die uns hier interessieren, wissen wir sehr wenig, während die allgemeine Entwicklung der paläolithischen Industrien relativ klar erscheint.
Im westlichen Afrika ist das Epipaläolithikum noch nicht mit Sicherheit bestimmt worden. Im Norden findet man einige Eigenheiten bei den Mikrolithen, die, wohl etwas spekulativ, angeblichen Einflüssen des Iberomaurusien zugeschrieben wurden, die entlang der Küste heruntergekommen wären. Das eigentliche Neolithikum ist kaum besser bekannt. An der Küste hält man die ungeheuren Muschelhaufen für Überreste dieser Zeit, doch können sie nicht alle aus dem Neolithikum stammen, da noch heute Völker, die vom Fischfang und vom Sammeln von Weichtieren leben, derartige Anhäufungen von Muscheln laufend vergrößern (Fadioute, Senegal).
Das Neolithikum am Golf von Guinea besitzt manchmal einige geometrische Mikrolithen, was R. Vaufrey zu der heute vollständig aufgegebenen Hypothese von der Ausdehnung des Neolithikums mit Capsien-Tradition bis in diese Gegenden geführt hat. Ebenso im dunkeln liegt das Neolithikum auf Iberomaurusien-Grundlage des Senegal. Keramik findet man selten und ist mit Eindruckmustern verziert. Die Industrie besteht im wesentlichen aus groben Abschlägen vom Aussehen des Moustérien, neben zurechtgeschlagenen, selten geschliffenen Äxten.
Über das Kongobecken sind unsere Kenntnisse noch ungenauer. Die Entwicklung der Industrien des Alt- und des Mittelpaläolithikums scheint sich in einer beachtlichen Kontinuität vollzogen zu haben (Acheuléen, Lupembien, Tschitolien). Das Tschitolien verfügt bereits über Pfeilspitzen. Vom Neolithikum hat man den Eindruck, daß es sehr plötzlich aus dem Norden eingedrungen ist, zumindest im Gebiet des Unteren Kongo (Léopoldien). Die Industrie ist reich an Äxten, Meißeln, Steinkugeln oder großen, durchbohrten Scheiben (*Kwés*), der Schmuck besteht aus Schieferscheibchen zum Auffädeln. Keramik kommt häufig vor; fast immer ist sie mit Kammgeräten oder geschnitzten Holzwalzen verziert, was komplexe, jedoch sich wiederholende Muster ergibt. Diese Keramik aus Zentralafrika ist oft verspätet (das Lupembien ist kaum vor dem 8. Jahrtausend anzusetzen) und weist die gleichen Merkmale auf wie die späterer Epochen. Sie ist mit der Sao-Keramik des Nordkamerun vergleichbar. Weiters wäre zu erwähnen, daß in Zentralafrika, in der Gegend von Bouar, seltsame megalithische Bauten entdeckt wurden, in deren Innerem unterschiedliche Eisenobjekte enthalten waren.

Das östliche Afrika

Das östliche Afrika ist sehr viel reicher an Fundstellen. Die klimatischen Bedingungen haben die kulturelle Entwicklung des Menschen begünstigt. Das Hauptmerkmal dieses riesigen Gebietes ist der Ostafrikanische Graben (*Great Rift Valley*), ein langer Riß in der Erdkruste, der sich bis zum Sambesi fortsetzt und in dem sich die Großen Seen befinden, deren Ufer die ersten Hominiden häufig aufsuchten. Das Wiltonien ist ein Neolithikum in dem von uns verwendeten Sinn, d. h. eine Kultur mit Keramik, die sich über eine ungeheure Fläche von Kenia bis zum südlichen Afrika erstreckt (die namengebende Fundstelle, das Gehöft Wilton, liegt in der Kapprovinz). Dem Wiltonien vorangegangen ist das Magosien, das kleine Stichel besitzt,

Oben: Philippe Cave (Erongo mounts, Namibia). Obwohl Süd- und Westafrika größtenteils aus Wüste oder Steppe bestehen, sind diese Gebiete reich an archäologischen Funden, die oft nur schwer datiert werden können. Der hier abgebildete Napf diente den Buschmännern dazu, Farben für Wandmalereien anzureiben.

Unten: Brandberg-Maack-Abri, die berühmteste Malerei aus dem südlichen Teil des afrikanischen Kontinents. Sie ist unter dem Namen Weiße Dame von Brandberg *bekannt und war der Grund für eine Legende, wonach in sehr alter Zeit ein hellhäutiges Volk in Afrika geherrscht hätte. In Wahrheit handelt es sich dabei um rituelle Malereien.*

Kleinklingen mit abgeschlagenem Rand, Segmente, Dreiecke und Scheibchen aus Straußeneischale zum Auffädeln.

Unabhängig vom Magosien entwickelte sich in Kenia eine mesolithische Kultur, die große Analogien mit dem nordafrikanischen Capsien aufweist. Diese Kultur hat man »Kenia-Capsien« genannt. Ihre Industrie aus Obsidian ist charakterisiert durch schöne Mikrolithen, Kleinklingen mit Rücken, Kratzer und zahlreiche Stichel. Wie das eigentliche Capsien kennt auch das Kenia-Capsien eine Entwicklung zum mikrolithischen Gerät hin und endet mit einer geradezu neolithischen Facies (Hyrax Hill).

Zwei jüngere, von ihm abstammende Industrien sind das Goumbien – ein End-Capsien – und das Elmentéitien, ein Neolithikum mit reichlicher und vielfältiger Keramik. Als bemerkenswertes Detail besitzt diese Keramik einen kegelförmigen Boden, wie die des Neolithikums mit Capsien-Tradition im Maghreb und in der Sahara. In der Hauptfundstätte Bromhead bei Nakuru (Kenia) wurden Skelette entdeckt, die keine negroiden Merkmale zeigen, was zu der Vermutung geführt hat, daß diese Industrie ihren Ursprung im Norden haben könnte.

Weiter im Norden kennen Äthiopien und Somalia mehrere noch wenig bekannte neolithische Ausprägungen sowie eine interessante, wenn auch unendlich weniger reiche Felskunst als die Sahara oder Südafrika. In der Provinz von Harrar gibt es mehrere Megalithzentren. Bei den ältesten Megalithen handelt es sich um echte Dolmen; einige von Hassan Abdi wurden auf 1250 ± 100 und 1500 ± 100 v. Chr. datiert, andere Megalithringe dürften hingegen nicht viel älter als das Jahr 1000 unserer Zeitrechnung sein.

Westlich von Äthiopien, im alten Nubien, entwickelte sich eine sehr bedeutende eisenverarbeitende Industrie (Meroe), die, nachdem sie von den Bantu übernommen wurde, zuerst West-, dann Ostafrika erreicht hat. Typisch für diese ältere Phase der Eisenzeit in Ostafrika ist eine gut bekannte Keramik: Man unterscheidet zwei Typen, die *channelled wares*, die insbesondere in Sambia und Rhodesien, und die *dimplebased wares*, die in der Gegend der Großen Seen vorkommen.

Südafrika

Im südlichen Afrika ordnet man die Industrien des sogenannten *Late Stone Age* zwei Kulturbereichen zu: dem Wiltonien und dem Smithfieldien. Sie verschwinden erst spät und in einer noch nicht genau definierten Weise, wahrscheinlich aufgrund des Vordringens der Bantu und nicht vor dem 12. Jh. unserer Zeitrechnung.

Das Wiltonien, das auch weite Gebiete im östlichen Afrika umfaßt, zeigt zahlreiche Ausbildungen. In den Gegenden, in denen es am typischsten erscheint (östliche Zone der Kapprovinz), sind für das Wiltonien kleine kurze Kratzer mit parallelen Rändern, Segmente, Bohrer und Doppelspitzen charakteristisch. Keramik taucht erst in jüngeren Phasen auf. In Sambia und Rhodesien stehen die Industrien des Wiltonien in Beziehung zu Felsmalereien (Bambata, Nowatingi). Dasselbe gilt für den westlichen Bereich des Kaps, wo die Fundstellen des Wiltonien bald ausgemalte Abris, bald Muschelhaufen sind.

Auch beim Smithfieldien unterscheidet man mehrere Ausprägungen (A, B, C, Küstengruppen, N). Die Industrie besteht aus kleinen Objekten und verfügt über dieselben Werkzeuge wie das Wiltonien, mit Ausnahme der Mikrolithen, die vollständig fehlen. Ein weiterer Unterschied besteht darin, daß *Kwés* hier reichlich vorkommen. Die Knochenindustrie sowie die Keramik sind gut entwickelt. Das Smithfieldien ist – mehr noch als das Wiltonien – mit Felsgravierungen und Felsmalereien verbunden, vor allem die Ausprägung B. Die Felskunst des südlichen Afrika ist ebenso reichhaltig und schön wie die von Nordafrika und der Sahara. Die Kunst dieses Gebietes gilt als eine der bedeutendsten der Welt. Fundstellen von Gravierungen und insbesondere von Malereien sind äußerst zahlreich.

Die Gravierungen stellen vor allem Tiere dar: Antilopen, Elefanten, Nashörner und Flußpferde sind in mehr als 60 wichtigen Fundorten abgebildet, ohne die Einzelgravierungen oder die in kleinen Fundorten vorkommenden Gravierungen zu berücksichtigen. Die Malereien sind weniger auf bestimmte Themen beschränkt und zeigen außer Tieren Jagdszenen, Kriegsszenen sowie kultische Zeremonien, in denen man häufig hybride Wesen mit menschlichem Körper und Tierköpfen antrifft. Die Körper sind manchmal vollständig ausgemalt und weisen zusätzlich häufig noch Körperbemalung auf (*Weiße Dame von Brandberg*).

Das Alter dieser Kunstwerke war lange umstritten, da man den hier zum Ausdruck kommenden Stil auch in viel späteren Epochen findet. Es besteht aber kein Zweifel daran, daß es schon vor den Bantu Malereien und Gravierungen gab. Aufgrund von radiometrischen Untersuchungen kann man bestimmte Malereien auf das 2. Jahrtausend v. Chr. datieren, so z. B. die *Weiße Dame von Brandberg* (um 1500 v. Chr.).

Das Niltal

Sergio Donadoni

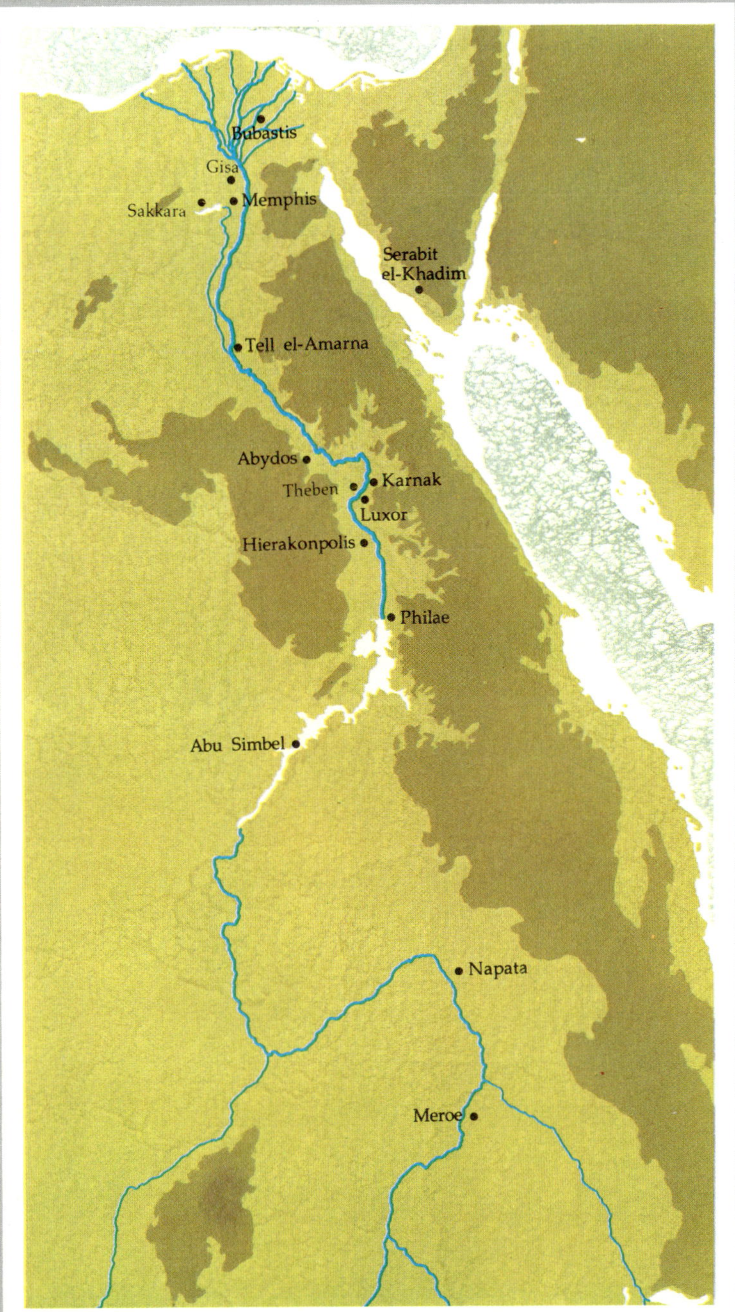

Der Nil am I. Katarakt bei Assuan. Diese Granitbarriere im Fluß bildete die natürliche Südgrenze Ägyptens, konnte jedoch die Einwanderung der Nubier aus dem Süden nie verhindern. Die älteste ägyptische Siedlung in dieser Gegend entstand als Kontrollstation auf der Insel Elephantine, während Assuan nach der Etymologie des Namens nur ihren Markt bildete.

Jahrhunderte hindurch glaubte man, über die Geschichte und Kultur Ägyptens ausreichend und zuverlässig unterrichtet zu sein. Diese Vorstellung beruhte auf dem Zeugnis antiker Geschichtsschreiber, die seit griechischer Zeit über Ägypten berichteten, und – unter anderem Blickwinkel – auf den Angaben der Bibel. Die in den Sammlungen der Renaissancefürsten zusammengewürfelten ägyptischen Altertümer (Statuen, Amulette, Gemmen usw.) hielt man für originale bzw. repräsentative Zeugnisse der ägyptischen Kultur. Das berühmteste Beispiel für diese Betrachtungsweise ist die Einordnung und Bewertung der ägyptischen Kunst durch Winckelmann.

Der Feldzug Napoleons nach Ägypten brachte jedoch einen völligen Wandel der bisherigen Anschauungen. Der unmittelbare Kontakt mit dem Land, in erster Linie vermittelt durch die Gelehrten, die das Okkupationsheer begleiteten, führte der Wissenschaft die Möglichkeit, ja Notwendigkeit vor Augen, Forschung und Deutung direkt auf die archäologischen Denkmäler zu stützen, anstatt wie bisher auf die Berichte der antiken Geschichtsschreiber und die daraus abgeleiteten Spekulationen. So entstand eine neue Forschungsmethode, deren bedeutendstes Ergebnis die Entzifferung der Hieroglyphen durch Champollion war (1822). Diese rein philologische Leistung erwuchs aus dem Bestreben, eine große Kultur in allen ihren Verflechtungen – sozusagen von innen heraus – unmittelbar durch ihre Denkmäler zu begreifen. Zur gleichen Zeit entstanden auch die ersten Sammlungen von aus Ägypten mitgebrachten Altertümern. Im Unterschied zu den vorwiegend nach ästhetischen Gesichtspunkten ausgewählten Sammlungen der Renaissance wurde jetzt alles zusammengetragen, was vom alten Ägypten übriggeblieben war: Statuen und Papyri, Reliefs und Werkzeuge, Malereien und selbst Speisereste und ähnliches. Dies entsprach ganz dem Geist der *Grande Encyclopédie*, die auch Alltagsleben und Technologie ausführlichst behandelte.

Einerseits die Entzifferung der Hieroglyphen und zum anderen die ausgesprochene Schreibfreudigkeit der Ägypter hatten zur Folge, daß bereits bei den ersten wissenschaftlichen, nicht auf Schatzsuche ausgerichteten Grabungen die verwandten Wissenschaften Archäologie und Epigraphik eine enge Verbindung eingingen. Dies war übrigens das Verdienst von Mariette, der in der Mitte des vorigen Jahrhunderts das Serapeum entdeckte und einige Zeit später den ägyptischen Staat zur Einrichtung des *Service des Antiquités de l'Égypte* veranlassen konnte. Die jetzt lesbar gewordenen Inschriften ermöglichten nunmehr ein tiefergehendes Verständnis der Denkmäler und oft auch eine

Oben: Negade-I-Keramik in ihrem charakteristischen Formenreichtum. Am häufigsten sind rote Gefäße mit schwarzem Rand (black-topped pottery)*, daneben gibt es rotpolierte Gefäße (*polished red pottery*) und rotgrundige mit weißem, figürlichem Dekor (*cross-lined pottery*); Turin, Ägyptisches Museum.*

relativ genaue Datierung durch Einordnung in die Dynastienabfolge. Obwohl sich in dieser Weise die Erforschung des alten Ägypten jetzt in der Hauptsache auf archäologische Untersuchungen stützte, war doch andererseits eine angemessene Verbesserung der Ausgrabungstechniken und Untersuchungsmethoden noch nicht erreicht worden. Es kam nämlich eine so unglaubliche Fülle an Material zutage, das oft schon allein durch die Inschriften wissenschaftlich bestimmt werden konnte, so daß eine genauere Analyse der Fundumstände darüber vernachlässigt wurde.

Nach diesem kurzen Überblick über die Anfänge der Ägyptologie sollen nun einige besonders aufschlußreiche Aspekte der ägyptischen Geschichte herausgegriffen werden, beginnend mit dem Ursprung der Kultur bis zu ihrem Erlöschen oder vielmehr Aufgehen in einem weit umfassenderen Kulturkreis, der nicht mehr allein auf ein einziges Land beschränkt war.

Die Anfänge der ägyptischen Kultur

Innerhalb des großen nordafrikanisch-mediterranen Kulturkreises kann Ägypten von dem Moment an als eine individuelle Kultur betrachtet werden, in dem sich hier die archäologischen Funde von denen der benachbarten Gebiete zu unterscheiden beginnen. Eine derartige Differenzierung in allen diesen Gegenden ist nun freilich weder einheitlich noch gleichzeitig anzutreffen, sondern war jeweils bedingt durch Sonderentwicklungen innerhalb bestimmter geographischer Grenzen. Ägypten gewann seine Physiognomie in dem Augenblick, als der Nil die Landschaft so weit verändert hatte, daß ein von den benachbarten Gebieten scharf abgegrenztes Tal entstanden war. Charakteristisch für diesen Fluß sind mehrere durch Granitschwellen verursachte, nur schwer passierbare Stromschnellen (*Katarakte*), zwischen denen schiffbare Abschnitte liegen, sowie das regelmäßig auftretende Hochwasser, das im Sommer das gesamte, vom Nil in die Hochfläche der Sahara eingegrabene Flußtal überschwemmte und dabei fruchtbaren Schlamm ablagerte. Der Abschnitt des Niltals nördlich vom ersten Katarakt bei Assuan und das Delta bilden zusammen das historische Ägypten. Seine Breitenausdehnung wurde bestimmt durch die vom Hochwasser bedeckten Flächen, denn die Nilüberschwemmung wurde zur Lebensgrundlage der hier ansässigen Menschen, sobald sie gelernt hatten, Wasser und Schlamm für den Ackerbau nutzbar zu machen.

Unter solchen Voraussetzungen wird es verständlich, daß die ägyptische Kultur von Grund auf durch die Landwirtschaft geprägt wurde und in ihrer Entwicklung die Bewältigung des Bewässerungsproblems und die Verteilung der Agrarprodukte die größte Rolle spielten. Auch andere Möglichkeiten der Nahrungsbeschaffung wie Fischerei und Jagd in den Sümpfen, die für die Wirtschaft des Landes gleichfalls von Bedeutung waren, standen in engstem Zusammenhang mit dem Nil. Und ebenso war die Viehzucht (Schafe und Rinder) auf die Fruchtbarkeit der Sumpfgebiete des Deltas angewiesen, da es jenseits der Ränder des Tales und der Überschwemmungsflächen nur trockene Wüsten- und Steppenzonen gab. Ackerbau, Jagd, Fischerei und Viehzucht schlossen sich daher keineswegs gegenseitig aus, sondern waren komplementäre Tätigkeiten, um die vielfältigen Möglichkeiten ein und derselben Umwelt auszunutzen.

Über diese frühesten Anfänge der ägyptischen Kultur fehlt es nicht an archäologischen Zeugnissen. Die ältesten stammen aus dem Norden, aus dem Faijum und dem Delta (Merimde-Beni Salame). Das Beispiel Merimde eignet sich am besten für eine Rekonstruktion der damaligen Verhältnisse. Es handelt sich hierbei um eine Siedlung von halb in den Boden eingegrabenen, annähernd runden Hütten – zugänglich über eine kleine Treppe –, deren Stufen Nilpferdknochen bildeten. Das Dach dürfte vermutlich aus pflanzlichem Material bestanden haben. Innerhalb der Behausungen fanden sich einige Kindergräber. Diese Hütten waren nach einem bestimmten Plan reihenweise angeordnet. Große, mit Lehm ausgestrichene Gruben dienten wohl als Vorratsspeicher, möglicherweise für die ganze Siedlung.

Wir haben es also hier mit einer Dorfgemeinschaft zu tun, die Jagd betrieb (Nilpferdknochen), Getreide produzierte (Vorratsgruben) und ihren Lebensraum in bestimmter Form organisierte. Von ganz anderer Art sind die Fundstätten in Oberägypten, wo im Vergleich zu den spärlich erhaltenen Gerätschaften aus Merimde eine überreiche Fülle an Objekten gefunden wurde, und zwar in Friedhöfen, während das Material aus dem Delta aus Siedlungen stammt. Die erste ausgedehnte Nekropole mit spezifisch ausgeprägten Funden wurde 1901 bei Negade entdeckt, einer Ortschaft nördlich von Theben bei Ballas. Ihr Ausgräber Petrie erkannte sofort, daß er hier auf Denkmäler aus der vorgeschichtlichen Epoche gestoßen war. Nach charakteristischen Merkmalen der Objekte unterschied er typologische Entwicklungsreihen und Zusammengehörigkeiten, aus denen er ein System einer relativen Datierung (»Staffeldaten«) entwikkelte, welches das zeitliche Verhältnis der Objekte zueinander und zur historischen Zeit festlegt.

Das auffälligste Merkmal dieses Fundkomplexes ist eine deutliche Differenzierung der Keramik in zwei nach Form und Bemalung typologisch unterschiedliche Gruppen, von denen die eine auf die andere folgt, jedoch nicht aus ihr entwickelt worden ist. Es handelt sich um zwei verschiedene Kulturen, Negade I und Negade II genannt oder auch »Amratien« und »Gerzéen« nach zwei Fundplätzen, an denen sie jeweils besonders ausgeprägt belegt sind. Die Keramik von Negade I zeigt fließende und gelöste Formen, während die von Negade II einen tektonisch klaren Aufbau bevorzugt. Rotbraunen Gefäßen mit ornamentaler und figürlicher Verzierung in weißgelber Bemalung in Negade I entspricht bei der jüngeren Kultur hellgrundige Keramik mit üppiger Dekoration in rotbrauner Bemalung, wobei als Motive die Tierwelt des Nils,

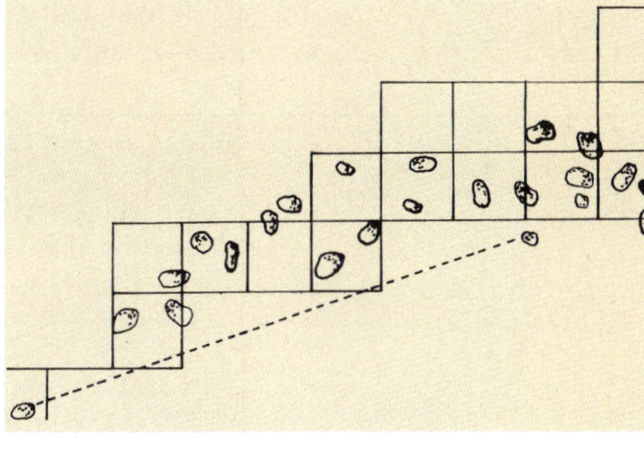

Rechts: Plan von Merimde im Delta, wo 1927 H. Junker Reste einer Siedlung fand. Die nur noch in den Grundflächen erhaltenen Hütten waren planmäßig in Reihen angeordnet.

Oben: Negade-II-Keramik unterscheidet sich von Negade I durch klar aufgebaute Formen und Bemalung mit häufig wiederkehrenden Motiven: Spiralen, Zweige, Ziegen, Boote, Flamingos, Menschen. Typisch für die Negadezeit sind auch Schieferpaletten, auf denen Augenschminke zerrieben wurde (Turin, Ägyptisches Museum).

Rechts: Feuersteinmesser vom Dschebel el-Araq. Der Griff ist aus Nilpferdzahn und trägt die Darstellung einer Kampfszene, die häufig mit einer asiatischen Invasion nach Ägypten in Verbindung gebracht wird. Die Szene auf der anderen Seite des Griffes – ein Mann zwischen zwei Löwen – erinnert an Motive der Dschemdet-Nasr-Zeit (Paris, Louvre).

Boote mit Standartenaufbauten und Wüstenszenen vorkommen. Derartige Kontraste lassen möglicherweise auf bestimmte historische Verhältnisse schließen, d. h. daß es sich bei den Trägern der beiden Kulturen um verschiedene Bevölkerungen handeln könnte, entweder um Seßhafte und Nomaden im gleichen Siedlungsgebiet oder geographisch im Norden und Süden Ansässige, die somit am Beginn des langen Einigungsprozesses des ägyptischen Staates standen. Jede dieser Hypothesen kann durch eine entsprechende Interpretation der überlieferten Daten gestützt werden. Einen anderen Ausgangspunkt für eine Deutung der beiden Kulturen bietet die Ausstattung der Gräber, die zwar von unterschiedlicher Bedeutung und Reichhaltigkeit ist, jedoch keine grundsätzlich unterscheidenden Merkmale aufweist. Es kann danach lediglich die Existenz einer Gemeinschaft nachgewiesen werden, welche in mehr oder weniger benachbarten Gebieten gelebt hat, deren Wohnplätze aber leider nicht bekannt sind. Mit Ausnahme einer Anzahl von Handwerkern, die serienmäßig Gebrauchsgegenstände herstellten, sind soziale Unterschiede nicht erkennbar. Einen Hinweis auf die gesellschaftliche Organisation dieser Kultur könnten jedoch die Abbildungen von Booten in Negade II enthalten, auf denen Standartenaufbauten erscheinen, die vielleicht mit den aus historischer Zeit bekannten Gau-Emblemen verbunden werden dürfen. Diese Embleme beziehen sich möglicherweise auf bestimmte territoriale oder ethnische Gruppen und lassen trotz ihrer letztlich noch unsicheren Bedeutung doch auf eine – in welcher Form auch immer – bestehende Gliederung des Landes schließen.

Gegen Ende dieser Phase werden deutliche Verbindungen zur Kultur Mesopotamiens, insbesondere der von Dschemdet Nasr, greifbar. Beiden Kulturkreisen sind zu jener Zeit verschiedene technische Errungenschaften wie die Verwendung von luftgetrockneten Ziegeln und die Einführung der Schrift gemeinsam. Man hat daher für die Entstehung der Hochkultur im Niltal entscheidende Anregungen aus der mesopotamischen Welt angenommen, entweder vermittelt durch eine nach Ägypten eingedrungene »dynastische Rasse« oder durch kulturelle Kontakte auf dem Weg von Handelsbeziehungen. Mesopotamische Elemente sind während einer ganz bestimmten Periode einwandfrei in ihren Einflüssen erkennbar, später verschwinden sie völlig. Es scheint daher durchaus möglich, daß die Berührung beider Kulturkreise in Ägypten zu einer selbständigen Weiterentwicklung der empfangenen Anregungen geführt hatte.

Die Organisation des Landes

Unmittelbar nach dieser Erweiterung des kulturellen Horizontes erfolgte die Einigung Ägyptens unter einer das ganze Land umfassenden Monarchie, ein Vorgang, der mit dem Beginn der historischen Zeit zusammenfällt.

Über die durch diese Einigung zusammengeführten Teile gibt es verschiedene Versionen, denn vom Moment der Reichseinigung an taucht in ägyptischen historischen Inschriften ständig der Begriff einer zwar vereinigten, aber dennoch weiterhin lebendigen Zweiheit auf. Diese Dualität kann sowohl Niltal und Delta als auch die beiden Nilufer oder Fruchtland und Wüste meinen; die Einheit Ägyptens ist daher unter jeweils wechselnden Aspekten zu verstehen und führt zwei sich voneinander unterscheidende und zugleich ergänzende Elemente zusammen. In einem sich über das ganze Alte Reich erstreckenden Prozeß kam es zur Verschmelzung von Niltal und Delta, indem sich allmählich gleichartige administrative Einrichtungen und gesellschaftliche Organisationsformen herausbildeten. Aufgrund dieser Angleichung beider Teile verbreitete sich in ganz Ägypten eine einheitliche Kultur, die bis auf geringfügige Ausnahmen die folgenden Jahrhunderte hindurch Bestand hatte. Unterschiede zwischen einzelnen Kulturzentren waren hinfort nicht mehr geographisch bestimmt, auch gab es kaum mehr so sprunghafte Wandlungen wie zwischen Negade I und II. Dafür begann sich eine Differenzierung zwischen Haupt-

Unter den Schminkpaletten ist diese als Zeugnis für die religiösen Vorstellungen der Negadezeit von einzigartiger Bedeutung. Die Darstellung eines von Sternen umgebenen Rinderkopfes spielt möglicherweise auf eine Gottheit an, denn in historischer Zeit stellten sich die Ägypter den Himmel in Gestalt einer Kuh vor (Kairo, Ägyptisches Museum).

stadt und Provinz, zwischen den Verwaltungszentren der Gaue und Ortschaften von untergeordneter Bedeutung abzuzeichnen. Ganz besonders betraf dies die alle überragende Stellung der Residenz als Sitz des Königshofes und der Zentralverwaltung, die für Kunst und Kunsthandwerk im ganzen Land Maßstäbe setzte und die Verteilung der Nahrungsmittel und handwerklichen Erzeugnisse bestimmte. Eine Differenzierung auf sozialer Ebene ist im Gegensatz zu Negade bereits bei den frühesten Friedhöfen der historischen Zeit zu beobachten. Die Nekropole von Sakkara zeigt auf relativ engem Raum drei verschiedene Abstufungen: die Königsgräber liegen auf der Hochfläche der Wüste, die Grabanlagen der hohen Beamten etwas tiefer, während die niederen Beamten in Heluan auf dem anderen Nilufer bestattet wurden.

Bei der großen Schminkpalette des Königs Narmer, die auf beiden Seiten die Abbildung und Namensinschrift des Herrschers trägt, handelt es sich vermutlich um ein Weihegeschenk. Die Darstellung symbolisiert seinen Sieg als König von Oberägypten über das Delta und bezieht sich damit auf den Vorgang der Reichseinigung, mit der in Ägypten die historische Zeit begann (Kairo, Ägyptisches Museum).

Die Gräber in der Provinz sind von weit bescheidenerer Art und ähneln denen von Negade II. Diese schon für das Alte Reich bezeugte Differenzierung der Bevölkerung blieb auch in den folgenden Jahrhunderten bestehen. Der relativ häufige Wechsel der zu Residenzen erwählten Städte bedeutete indessen keinesfalls die völlige Verarmung der nicht derart bevorzugten Gebiete. Demgegenüber sind jedoch Memphis, Herakleopolis, Itj-taui (Lischt), Theben, Achetaton, Pi-Ramses und Sais zu ihren Blütezeiten stets die maßgeblichen Zentren gewesen, die die ägyptische Kultur par excellence verkörperten und ihre Entwicklung vorwärtstrieben, abgesehen von Perioden, in denen andere Städte durch die Gaufürsten vorübergehend größere Bedeutung erlangt hatten.

Die »Residenz« war ihrem ganzen Wesen nach die Stadt des Königs und mußte aus diesem Grund anderen Anforderungen gerecht werden als die übrigen städtischen Siedlungen, welche die Zentren der Gaue bildeten. Die Größe dieser Gau-Territorien war so bemessen, daß der Hauptort von jedem Punkt aus hin und zurück in einer Tagesreise erreicht werden konnte (Maspero) und somit den gesellschaftlichen, administrativen, kultischen und wirtschaftlichen Mittelpunkt dieses Gebietes darstellte. Die Bedeutung der Residenz hingegen erstreckte sich über das ganze Land; in manchen Fällen beruhte sie auf der mächtigen Stellung bestimmter Orte (Theben, Herakleopolis), oft aber mußte sie erst programmatisch aufgebaut werden. Die erste Hauptstadt, Memphis, wurde bei der Einigung des Landes gegründet und stand damit den beiden der Überlieferung nach bereits vorhandenen Hauptstädten von Ober- und Unterägypten gegenüber. Dieses Städtepaar setzt sich bezeichnenderweise wiederum aus je einer Zweiheit zusammen: Nechen (Hierakonpolis) und Necheb (El Kab) in Oberägypten, Dep und Pe im Delta. In historischer Zeit erscheinen diese Städte mit mythischer und ritueller Bedeutung, über ihre Ursprünge ist nichts bekannt. Sicher ist jedoch, daß die neue Hauptstadt, die »Weiße Mauer« (das spätere Memphis), im Gegensatz zu ihnen als befestigte Stadt (»Mauer«) errichtet und mit der heraldischen Farbe des Südens (»Weiß«) bedacht wurde. In den Mythen spielt die »Weiße Mauer« keine bedeutsame Rolle, dagegen ist sie bezeichnenderweise mit Ritualen (Lauf um die Mauer, Erscheinen auf dem Thron, Jubiläumsfest) verbunden, die sogar noch bis in ptolemäische Zeit den König als »Herr der beiden Länder« legitimieren.

Auch als Memphis nicht mehr Residenz war, bewahrte die Stadt ihr im ganzen Land respektiertes Ansehen, was letzten Endes vielleicht darauf zurückzuführen ist, daß der Name »Ägypten« von einer gleichlautenden Bezeichnung der Stadt abgeleitet zu sein scheint. Damit dürfte auch zusammenhängen, daß spätere Dynastien zur Betonung ihrer Eigenständigkeit stets bemüht waren, durch Gründung neuer Residenzen den propagandistischen Mythos von der »Königsstadt« erneut wiederaufleben zu lassen. Das bekannteste Beispiel dafür ist Achetaton (Tell el-Amarna), das, um 1375 v. Chr. gegründet, allerdings nur kurzfristigen Bestand haben sollte. Als Zentrum der Verwirklichung bestimmter religiöser und politischer Vorstellungen wurde es in einem bis dahin noch nicht besiedelten Gebiet erbaut und zeigt eine überaus hochentwickelte Palastanlage, verbunden

Rechte Seite: Der Königspalast von Tell el-Amarna, Mittelpunkt der Stadt, die Amenophis IV. zu Ehren seines Gottes Aton erbauen ließ. Er ist von zahlreichen Höfen und Hallen umgeben und wird von einer durchgehenden Umfassungsmauer umschlossen. Die Aufteilung dieses gewaltigen Gebäudekomplexes in öffentliche und private Räume, Wirtschaftsanlagen und kultische Bereiche kann noch deutlich unterschieden werden. In der ganzen Stadt gab es drei solcher Palastanlagen, jeweils verbunden mit einem Tempel und umgeben von den Wohnvierteln der hohen Beamten, an die sich in den noch freigebliebenen Plätzen die Behausungen der übrigen Bevölkerung anschlossen.

mit weiträumigen Tempelbauten. Dorthin versammelte der König seine Anhänger, um sie seine Religion des Monotheismus und absoluten Königtums zu »lehren« (so seine eigenen Worte). Als Bühne für seine menschliche Maße überschreitende Selbstdarstellung schuf er ein gewaltiges Szenarium mit ausgedehnten Versammlungssälen und Plätzen für den Empfang und die Zurschaustellung von Tributen.

Die Stadt Achetaton hatte einen unmittelbaren Vorgänger in dem Baukomplex, den Amenophis III. (ca. 1400 v. Chr.), der Vater des berühmten Reformators, in Malqata bei Theben errichtet hatte. Es handelt sich hier ebenfalls um eine riesige Palastanlage mit ausgedehnten Versorgungseinrichtungen und einem künstlich geschaffenen Hafen, die das Wirtschaftsgefüge der ganzen Umgebung wesentlich gefördert haben dürfte. Eine vergleichbare Anlage entstand wenig später im Delta mit der Gründung von Pi-Ramses (Ramsesstadt) durch Ramses II. (ca. 1290 v. Chr.), einer Stadt, die bis jetzt noch nicht gefunden wurde. Über ihre wichtige Rolle in der propagandistischen Verherrlichung des ägyptischen Königtums sind wir jedoch gut unterrichtet durch zeitgenössische Hymnen, die sie als Paradies auf Erden preisen, sowie durch Berichte der Bibel über die Fronarbeiten anläßlich der raschen Erbauung dieser Stadt.

Durch die Gründung solcher Residenzen wurde die ursprüngliche Wirtschaftsstruktur der betreffenden Gebiete wesentlich verändert, insofern als der durch den Hofstaat und das zahlreiche Gefolge gewaltig anwachsende Bedarf an Versorgungsgütern erst produziert und angeliefert werden mußte. Dazu kamen noch die Massen der am Bau eingesetzten Arbeiter, für die Unterkünfte zu schaffen waren. Man hat solche Arbeitersiedlungen überall dort gefunden, wo ein Bauvorhaben der Pharaonen den Masseneinsatz von Arbeitskräften erforderte. Überreste davon gibt es schon bei den Pyramiden. Die am besten erhaltenen Anlagen finden sich jedoch bei den Residenzen der 12. Dynastie (ca. 1850 v. Chr.) in Illahun, in Achetaton und schließlich in Deir el-Medine auf der Westseite von Theben, wo die mit der Ausschachtung und Dekorierung der Gräber im Tal der Könige beschäftigten Arbeiter untergebracht waren. Alle diese Siedlungen haben die gleiche Zweckbestimmung als bloße Unterkünfte, während gemeinschaftliche Einrichtungen von echten Wohnsiedlungen wie Gemeinschaftsspeicher oder -zisternen fehlen. Die Bewohner dieser Siedlungen erhielten ihren Lohn in Form von Naturalien, ein jeder nur für den eigenen Bedarf all das, was er zum Leben brauchte. Dadurch war die Möglichkeit gegeben, die Siedlung mit einer Mauer und einem bewachten Ausgang zu versehen, so daß die Bevölkerung leicht überwacht werden konnte. Charakteristisch ist auch die Standardisierung der Behausungen, die innerhalb einer hierarchischen Rangordnung (Arbeiter, Aufseher, Beamte) einander glichen.

Bei derartigen Verhältnissen kann kaum von einer »Stadt« gesprochen werden. Es handelt sich vielmehr um die Quartiere einer zwar rangmäßig unterschiedenen, in bezug auf ihre Tätigkeit jedoch homogenen Zweckgemeinschaft, die infolge anderweitiger Beanspruchung nicht mehr selbst ihren Bedarf an lebensnotwendigen Dingen beschaffen konnte und deshalb auf die Versorgung durch benachbarte Ortschaften angewiesen war. Es ist auch kein Zufall, daß alle diese Siedlungen in der Wüste angelegt wurden, die zwar einerseits der klassische Zufluchtsort für Flüchtlinge und Gesetzlose war, doch andererseits über eine hier lebende abgeschlossene Gemeinschaft eine viel leichtere Kontrolle ermöglichte. Dies galt selbst noch in viel späterer Zeit für das christliche Ägypten, als die berühmtesten Klöster in der Wüste angelegt wurden.

Die Organisation des Landes umfaßte jedoch nicht nur Städte, die als Verwaltungszentren fungierten oder der königlichen Repräsentation dienten. Eine optimale Ausnutzung der Fruchtbarkeit des Landes erforderte vielmehr die planvolle Verteilung der Bevölkerung in Form von bäuerlichen Siedlungen, so daß eine gleichmäßige und kontinuierliche Bestellung und Bewässerung des Fruchtlandes gewährleistet war, ohne die Ägypten nur aus Sümpfen und dürren Feldern bestanden hätte. In historischer Zeit stellt sich die Wirtschaft des Landes als ein höchst differenziertes Gefüge dar. Der Herrscher war verantwortlich für die allgemeine Funktionsfähigkeit des gesamten Systems. Die Bewirtschaftung des Bodens übertrug er den Tempeln in Form von dauerhaften Landschenkungen und seinen hohen Beamten durch Zuweisung von Gütern, deren Ertrag sie als Bezahlung empfingen. Diese strebten ihrerseits wieder nach Erblichkeit der Ämter, um die damit verbundenen Nutzungsrechte an den Gütern als dauerhaften Besitz zu übernehmen. Herrscher, Tempel und Grundbesitzer gründeten Dörfer oder Gutsbetriebe, aus denen im Laufe der Zeit stadtähnliche Siedlungen hervorgingen, die auf eine gewisse Tradition zurückblicken konnten. Schon im Alten Reich spielten diese »neuen Städte« in der Wirtschafts- und Verwaltungsstruktur des Landes eine bedeutende Rolle, da die Besiedlung und Bewirtschaftung bestimmter Landstriche durch besondere Vergünstigungen für die Bevölkerung gefördert worden war. Die Anlage von derartigen Dörfern muß gegen Ende der 12. Dynastie (ca. 1800 v. Chr.) nach sorgfältig ausgearbeiteten Plänen erfolgt sein, als zur Vermehrung der Einkünfte der königlichen Schatzhäuser die Senke des Faijum und die Sümpfe des Moeris-Sees für den Ackerbau erschlossen wurden. Das Beispiel eines ähnlichen Unternehmens in ptolemäischer Zeit ermöglicht eine Vorstellung, wie sich die Urbarmachung damals abgespielt haben könnte. Bauernfamilien wurden in Dörfern angesiedelt und erhielten bestimmte Parzellen Land zugewiesen, die sie bestellen mußten. Über die Erträge konnten sie so lange selbst verfügen, bis das Gebiet vollständig für den Ackerbau erschlossen war und sie in eine andere Gegend umsiedeln mußten. Die Behausungen dieser Bauern waren vermutlich an einem zentralen Ort mit den notwendigsten Einrichtungen für eine Dorfgemeinschaft zusammengelegt. Wie auch heute noch in Ägypten, dürften die Häuser sehr eng zusammengedrängt gewesen sein und aus wenig dauerhaftem Material bestanden haben. Da an ihrer Stelle später wieder Ackerland angelegt wurde, blieb von ihnen keine Spur zurück. Doch ist wenigstens in einem Fall, in Medinet Madi am Rande des Faijum, ein Tempel vom Ende des Mittleren Reiches erhalten, der später in einen größeren Tempel aus griechischer Zeit einbezogen worden war. Dieses Heiligtum war einer Erntegöttin geweiht, die hier als »Herrin des Ortes« verehrt wurde. Man kann daraus schließen, daß an diesem Platz im Zusammenhang mit der Gewinnung von

neuem Ackerland ein solch kleines Dorf entstanden war. Es ist jedoch anzunehmen, daß die auf diese Art bezeugten religiösen Vorstellungen von der gesamten Gegend getragen wurden und nicht nur auf auf eine einzige Ortschaft am Rand der Wüste beschränkt waren. Wie auch immer die rechtliche Stellung dieser Siedlungen gewesen sein mag, so entsprechen sie doch genau den Verhältnissen, die aus dem griechisch-römischen – und wahrscheinlich auch modernen – Ägypten bekannt sind.
Neben dieser weitgespannten Siedlungspolitik der Könige wurden ähnliche Unternehmungen, allerdings in bescheidenerem Umfang und weniger häufig, auch von den Grundbesitzern, Institutionen oder Einzelpersonen in die Wege geleitet. Sie gründeten auf ihren Ländereien Gutsbetriebe, die den Namen des Herrschers bzw. des Besitzers trugen. Die Einrichtung solcher – in griechischer Terminologie – *Epoikien* entspricht in gewisser Weise der Gründung der königlichen Residenzen; auch sie hatten wirtschaftliche und repräsentative Aufgaben, wenn auch auf weit bescheidenerer Ebene. Über diese Gründungen ist freilich noch viel weniger bekannt als über die von den Königen eingerichteten Dörfer. Jedoch besitzen wir aus Gräbern lange Listen und symbolhafte Darstellungen, in denen alle Besitzungen des Grabherrn in Form einer Prozession von Gabenträgerinnen aufgeführt werden, welche die Produkte der einzelnen Güter darbringen. Jede Trägerin ist mit einer Inschrift versehen, die den Namen des durch sie verkörperten Gutes angibt, außerdem wird sie durch das Zeichen für »Stadt« als solche bezeichnet.
Zusammenfassend kann aufgrund der erhaltenen Überreste festgestellt werden, daß das alte Ägypten Siedlungen völlig unterschiedlicher Art und Bedeutung umfaßte. Zum einen gab es Städte mit langer historischer Tradition, welche die Zentren der einzelnen Gaue bildeten und aus den allmählich anwachsenden Anforderungen der Verwaltung eines bestimmten Gebietes entstanden waren. Zum anderen gab es die königliche Residenz mit ihrer das ganze Land umfassenden Bedeutung. Um sie herum lagen Siedlungen, in denen bestimmte Bevölkerungsgruppen mit ganz speziellen Aufgaben zusammengezogen waren. Und schließlich überzog das ganze Land ein Netz von Ortschaften unterschiedlicher Größe und Wichtigkeit, bewohnt von einer bäuerlichen Bevölkerung, welche die Aufgabe hatte, durch eine planmäßige Bestellung des fruchtbaren Ackerbodens die wirtschaftliche Versorgung des Landes zu garantieren. Diese Vielfalt sich gegenseitig ergänzender Siedlungsformen sowie das Vorhandensein von Zentren mit übergreifender Bedeutung für den gesamten Staat läßt deutlich eine einheitliche, das ganze Land erfassende Verwaltungsstruktur erkennen. Der wechselnde Vorrang verschiedener Städte wurde dabei durch interne Schwerpunktverlage-

Gefäße aus einem frühgeschichtlichen Grab in Scheich Abade (Antinoe). Die Gräber dieses Provinzfriedhofes waren recht ärmlich und enthielten fast ausschließlich Keramikgefäße, zum Teil einfache Gebrauchskeramik des täglichen Lebens, daneben aber auch andere mit bescheidener Verzierung. Auf Formen von Negade II gehen zylinderförmige Gefäße mit umlaufenden gewellten Ritzlinien unterhalb des Randes zurück, eine Verkümmerung der früher an dieser Stelle plastisch herausgearbeiteten Wellenhenkel. Die Entwicklung von der funktional bedingten Henkelform zum reinen Ornament dient als Grundlage für die Datierung der sonst sehr dürftigen Keramik, die sich in allen diesen Gräbern findet, und ist deshalb von großer Bedeutung für die relative Chronologie (Rom, Ägyptologisches Institut der Universität).

Nächtliche Reise des Sonnengottes; aus dem Grab von Sethos I. im Tal der Könige. Dem Reich der Lebenden stand das Totenreich gegenüber, in das die Sonne allabendlich im »Westgebirge« eintauchte, um es von Westen nach Osten zu durchqueren und am nächsten Morgen wieder aus ihm emporzusteigen. Die im Westgebirge von Theben angelegten Gräber der Pharaonen des Neuen Reiches ahmen in ihrer Architektur diese jenseitige Welt nach.

rungen bestimmt, jedoch nicht durch eine von außen kommende Einflußnahme fremder Völker. Damit trat Ägypten sowohl als staatliche wie auch kulturell festgefügte Einheit den Nachbarvölkern und ihren Staaten als etwas grundsätzlich anderes und auch als andersartig Empfundenes gegenüber. Diese Sonderstellung Ägyptens war aus seiner einzigartigen geographischen Lage erwachsen, die es – eingeschlossen zwischen Wüste und Wasser – wie eine Insel erscheinen ließ und seinen Bewohnern das Gefühl eines geschlossenen Weltbildes vermittelte, über dessen Grenzen hinaus es weder bewohnbare Gebiete noch geordnete Lebensverhältnisse gab. Der Nomade und seine Wüste galten als eine Art von Anti-Ägypten, die gleichsam als negativer Gegenpol die Annehmlichkeiten der ägyptischen Lebensform an Wert nur noch steigen ließen. Doch stand den Barbaren stets die Möglichkeit offen, diese ihre Welt hinter sich zu lassen und in die Ordnung des ägyptischen Staates einzugehen. Denn jeder, der in der ägyptischen Gesellschaft eine bestimmte Stellung errang, die ägyptische Kultur übernahm und die Sprache des Landes sprach, wurde ohne Ansehen von Herkunft und Volkszugehörigkeit als Ägypter betrachtet.

Die Expansion Ägyptens

Im Hinblick auf die bestehenden Verbindungen zu anderen Völkern und Ländern war die Abgeschlossenheit Ägyptens in dieser Form freilich nicht aufrechtzuerhalten. Denn nach dem ägyptischen Königsdogma trug der Pharao nicht nur die Verantwortung für Ägypten, sondern besaß auch die Vorherrschaft über alle außerhalb Ägyptens lebenden Völker. Im Gegensatz zur »Ebene«, dem Niltal und dem Delta, wurden die umliegenden »Gebirge« als Ausland betrachtet, deren Bewohner nicht an der ägyptischen Weltordnung teilhatten und deshalb immer wieder von den Königen unterworfen werden mußten. Als »Neun Bogen« – wie sie auch bezeichnet wurden – finden sie sich unter den Füßen des Königs in allen offiziellen Darstellungen abgebildet.

Zur Erfüllung seiner Aufgabe mußte der König die eigentlichen Grenzen seines Reiches überschreiten und mit den umliegenden Ländern in Verbindung treten, um »die Grenzen zu erweitern« und den für sein Land wirksamen Schutz möglichst weit auszudehnen, indem er »Schrekken« verbreitete. Zur Gewinnung der wichtigsten benötigten Rohstoffe waren einige Gebiete schon ziemlich früh unter ägyptische Vorherrschaft geraten, in erster Linie die angrenzenden Wüstenzonen, die bestimmte Gesteine (z. B. Alabaster und Diorit), Metalle (Gold aus den Wadis hinter Koptos) sowie Straußenfedern und Honig lieferten.

Von besonderer Wichtigkeit waren die Verbindungen zum Sinai, wohin Ägypten schon seit dem Beginn der historischen Zeit Expeditionen zum Abbau von Türkis, Malachit und Kupfer aussandte. In offiziellen Berichten wird die hier ansässige Bevölkerung als feindlich geschildert, so daß sie jedesmal von neuem unterworfen werden mußte. In Wirklichkeit wird jedoch eine gewisse Zusammenarbeit anzunehmen sein, denn es fanden sich Siedlungen mit dem Heiligtum einer mit der ägyptischen Gottheit Hathor verschmolzenen Göttin. Auch die Oasen der Libyschen Wüste, die sich wie eine Kette von Wasserstellen den Nil entlang ziehen, waren für Ägypten schon im Alten Reich von großer Bedeutung. Sie lagen zwar außerhalb der eigentlichen Landesgrenzen und dienten deshalb in der Spätzeit als Verbannungsorte, befanden sich jedoch bereits im Alten Reich unter ägyptischer Kontrolle und wurden als Stützpunkte für die inschriftlich erwähnten Karawanenzüge nach Nubien eingerichtet. Noch in persischer Zeit wurden in diesen immer etwas unsicheren Randgebieten rein ägyptische Tempel erbaut, welche die Einbe-

Ramses III. erschlägt die Fremdvölker. Darstellung am Torbau seines Totentempels in Medinet Habu. Das Motiv »König erschlägt vor einer Gottheit die besiegten Feinde mit der Keule« gehört seit der frühesten Zeit (Narmerpalette) zum festen Bildprogramm der ägyptischen Kunst und symbolisiert den Sieg der geordneten ägyptischen Welt über die dem Chaos angehörigen Fremdländer.

ziehung der umliegenden Gegenden in die ägyptische Kultur deutlich bezeugen.
Hauptziel der ägyptischen Expansionspolitik war freilich stets das etwas vage als Nubien, von den antiken Schriftstellern auch als Äthiopien bezeichnete Gebiet südlich des Katarakts von Assuan bis in die Gegend des heutigen Khartum, das im wechselvollen Verlauf seiner Geschichte am stärksten von Ägypten geprägt worden war. Ähnlich wie Ägypten erstreckt sich dieses Land den Lauf des Nils entlang, wird jedoch von zahlreichen Stromschnellen zerschnitten; bis Khartum zählt man sechs Katarakte. In einigen Abschnitten wird der Nil von so hohen und steil abfallenden Ufern gesäumt, daß sein Wasser kaum zum Ackerbau genutzt werden kann. Zwischen dem I. und II. Katarakt (von Assuan bis Wadi Halfa) ist er bis auf wenige Ausnahmen nahezu ununterbrochen von Wüste eingeschlossen. An anderen Stellen sind die Verhältnisse weniger trostlos, hier gibt es anbaufähigen Boden, umgeben von Steppengebieten.
In dieser langgestreckten Landschaft entwickelten sich nach und nach an verschiedenen Plätzen Kulturen, die mit den benachbarten Gebieten und insbesondere mit Ägypten in kultureller Verbindung standen. Eine Reihe von Maßnahmen zur Regulierung der Nilüberschwemmung, die seit Beginn dieses Jahrhunderts zum Bau immer mächtigerer Staudämme bei Assuan führten, hatte freilich zur Folge, daß das gesamte Gebiet zwischen dem I. und II. Katarakt (Unternubien) allmählich vollständig überflutet wurde. Durch eine intensive Erforschung der vom steigenden Wasserspiegel bedrohten Gegend versuchte die Archäologie in zahlreichen Unternehmungen den unwiederbringlichen Verlust zumindest teilweise auszugleichen. Eine Reihe von besonders wichtigen Monumenten (z. B. die Tempel von Abu Simbel) wurde vollständig abgebaut und an sicherer Stelle neu errichtet. Nicht weniger bedeutend an Umfang und Sorgfalt sind auch die anderen durchgeführten Untersuchungen, die ein einzigartiges Beispiel für die umfassende Erforschung eines Territoriums darstellen.
Im Gegensatz zu Ägypten sind von den meisten nubischen Kulturen, abgesehen von ägyptischen Quellen, keine schriftlichen Zeugnisse überliefert. Einzig in der jüngsten antiken Kultur dieser Gegend findet sich eine von ägyptischen Hieroglyphen- und Kursivzeichen inspirierte Schrift, die zwar gelesen, deren Sprache aber noch nicht ganz verstanden werden kann. Daher ist die Archäologie hier hauptsächlich auf die Auswertung der Funde angewiesen, konnte aber durch ihre spezifischen Untersuchungsmethoden ein äußerst differenziertes Bild gewinnen. Die ältesten Kulturen zeigen große Ähnlichkeit mit Negade I, obwohl sie wahrscheinlich in jüngere Zeit zu datieren sind. Man könnte daraus auf eine in den Randzonen weiterbestehende Kultur schließen, die ursprünglich einmal Oberägypten und Unternubien umfaßt hatte. Diese Kultur wurde von einer anderen mit grundverschiedenen Formen, phantasievoll dekorierter Keramik und Felszeichnungen – oft Darstellungen von Rindern – abgelöst, die als »C-Gruppe« bezeichnet wird. Obwohl diese neue Kultur einen entwickelteren Formen- und Motivschatz zeigt, scheint sie doch an den Plätzen der vorangehenden Kultur gesiedelt und ihre Friedhöfe bei den älteren Nekropolen angelegt zu haben. Mit der Kultur der C-Gruppe verflochten ist eine andere, die nach der Form ihrer Gräber »Pfannengräber-Kultur« (*pan-graves*) genannt wird. C-Gruppe und Pfannengräber sind in den Gebieten zwischen dem I. und II. Katarakt verbreitet. Während die A-Gruppe gleichzeitig mit dem vorgeschichtlichen Ägypten und dem Alten Reich anzusetzen ist, fallen die beiden anderen Kulturen in die Zeit der 1. Zwischenzeit und des Mittleren Reiches und bleiben in einigen Fällen sogar bis zum Beginn des Neuen Reiches bestehen. Südlich des II. Katarakts kam eine weitere Kultur zur Blüte, benannt nach dem Ort Kerma, wo ihre bedeutendsten Monumente, großartige Bauten aus luftgetrockneten Ziegeln (*Deffufa*), sowie eine ausgedehnte Nekropole entdeckt wurden. Ihre technisch wie künstlerisch zu absoluter Vollendung entwickelten Keramikprodukte zeugen für ein lebendiges, eigenständiges Kunstschaffen, das sich souverän Anregungen aus dem afrikanischen Kulturkreis bediente.
Diese drei verschiedenen Kulturen beeinflußten sich gegenseitig und empfingen ihrerseits wiederum Anregungen aus der benachbarten ägyptischen Kultur. In der 2. Zwischenzeit finden sich Pfannengräber sogar in Oberägypten, was auf die Ansiedlung von fremden ethnischen Gruppen hinweist, die an ihren Bräuchen festhielten; vermutlich hat es sich dabei um Söldnertruppen gehandelt. Diese Verbindungen sind für die Aufstellung einer gesicherten Chronologie überaus wichtig.

Skarabäenanhänger aus dem Grabschatz des Tutanchamun. Der Thronname des Königs, Neb-cheperu-Re – *»Re ist der Herr der Erscheinungsformen«, geschrieben mit der Sonnenscheibe, dem Käfer, drei Pluralstrichen und dem Korb, wird hier in Form eines kostbaren Juwels wiedergegeben (Kairo, Ägyptisches Museum).*

Noch größere Bedeutung gewinnen sie allerdings dadurch, daß sie das dem Lauf des Nils folgende Vordringen mediterraner, im vorliegenden Falle ägyptischer, Kulturelemente nach Innerafrika aufzeigen.

Dieser Aspekt wird in den folgenden Jahrhunderten immer deutlicher greifbar. Die ägyptische Präsenz, die sich anfangs über Unternubien erstreckte und dann bis zum IV. Katarakt vorgeschoben wurde, wo bei Napata die Südgrenze des ägyptischen Reiches lag, äußerte sich nämlich nicht nur allein in Einflüssen auf kultureller Ebene. Nach der Aussendung von Expeditionen und der wahrscheinlichen Einrichtung von Handelsstützpunkten im Alten Reich erfolgte im Mittleren Reich die militärische Besetzung von Unternubien zum Zweck einer ungehinderten und direkten Ausbeutung der reichen Vorkommen an Mineralien und einer Ausweitung des Handels mit Afrika. Die dem Königshaus zufließenden Schätze boten den Pharaonen wiederum neue Möglichkeiten zu weiteren Aktivitäten; zur gleichen Zeit war im Mutterland die Kolonisierung des Faijum durchgeführt worden. Während diese Unternehmungen in Ägypten außer einer Veränderung des Landschaftsbildes die Gründung neuer bäuerlicher Siedlungen zur Folge hatten, führten sie jenseits der Südgrenze des Reiches zur Einrichtung von Militärgarnisonen und bewachten Lagern. Die gesamte Nilschiffahrt spielte sich von jetzt an innerhalb eines an den Ufern angelegten Festungssystems ab, das damals begonnen und in den darauffolgenden Zeiten immer wieder erneuert und erweitert wurde. Dadurch konnten das ganze Gebiet sowie die Wanderbewegungen der außerhalb der Reichsgrenzen ansässigen Völker unter Kontrolle gehalten werden. Die innerhalb dieser Grenzen wohnende Bevölkerung, deren Dörfer nicht weit von den Festungen entfernt lagen, lebte in enger Gemeinschaft mit den ägyptischen Besatzungstruppen. Sie war einem einheitlichen Wirtschaftssystem eingegliedert, stellte die Arbeitskräfte für Bergbau und Landwirtschaft und galt offiziell sogar als ägyptisch. Im fernen Kerma – jenseits des II. Katarakts – richteten die Ägypter einen Handelsstützpunkt ein, der ihnen für ihren Außenhandel unmittelbare Verbindungen zu diesem Land ermöglichte.

Als sich im Neuen Reich mit Theben als Residenz der Schwerpunkt des Landes nach Süden verlagerte, gewann Ägypten die vollständige Oberherrschaft über Nubien, das formell allerdings eine gewisse politische Selbständigkeit beibehielt. Die einheimischen Fürsten dieser Zeit ließen sich in ihren Gräbern als ägyptische Beamte darstellen, in Ägypten jedoch sind Abbildungen von ihnen deutlich mit afrikanischen Zügen versehen. Die Ägyptisierung ganz Nubiens ging schließlich so weit, daß die einheimischen Kulturen vollständig von der ägyptischen Kultur überlagert wurden und geradezu zu verschwinden schienen. Obwohl der weitere Ausbau der Festungsanlagen auf nicht völlig friedliche Verhältnisse schließen läßt, sind doch die Friedhöfe von rein ägyptischer Art. Die Verbreitung ägyptischer Religionsvorstellungen zeigt sich in der Errichtung von Tempeln für ägyptische Gottheiten, die immer größere Ausmaße annahmen, von den eleganten, an Größe aber bescheidenen Kapellen zu Beginn der 18. Dynastie (Buhen, Abu Oda usw.) bis zu den gewaltigen Bauten der Ramessidenzeit (Abu Simbel, Derr, Gerf Hussein usw.). Bei diesen Tempeln handelt es sich freilich weniger um nubische als vielmehr um speziell für

Die »Neun Bogen« unter den Füßen Ramses' II. Der Bogen ist das Symbol der Fremdvölker, neun der Plural des Plurals. Die Neun Bogen bedeuten daher die Gesamtheit der unterworfenen ausländischen Völker (Turin, Ägyptisches Museum).

Der kleine Tempel von Abu Simbel während der Arbeiten für seine Versetzung. Die Kolossalstatuen Ramses' II. und seiner Gemahlin Nefertari machen diesen Tempel zu einem weithin sichtbaren Denkmal politischer Propaganda und königlicher Machtentfaltung in Unternubien, das im Neuen Reich abermals unterworfen und völlig in die ägyptische Kultur eingegliedert worden war.

Nubien entwickelte ägyptische Monumente, gewissermaßen um eine Art »Exportkunst«, welche die Allgegenwart der überlegenen ägyptischen Kultur im Land verkörpern sollte und somit als wesentliche Komponente ägyptischer Expansionspolitik betrachtet werden kann.

Mit dem Ende der Ramessidenzeit brach die ägyptische Oberhoheit über Nubien zusammen, und das Land wurde wieder von einheimischen Fürsten regiert, über deren Herrschaftssystem allerdings nichts bekannt ist. Jedoch zeigte sich gerade unter diesen Verhältnissen, daß das Vermächtnis Ägyptens eine auch in der nachfolgenden Zeit weiterhin wirksame Dynamik in sich barg. Sobald Nubien sich selbst überlassen war, erwuchs der Drang nach einer politischen Wiedervereinigung mit dem ehemals dominierenden Land, der schließlich zu einer vorübergehenden Eroberung Ägyptens durch eine äthiopische Dynastie führte, die kulturell weitgehend von den alten Traditionen beeinflußt war. Im weiteren Verlauf entfaltete sich daraus eine eigenständige Kultur, deren Zentrum das tief im Süden liegende Napata, später Meroe, bildete und die daher »meroitische Kultur« genannt wird. Sie entwickelte erstmals eine von der ägyptischen abgeleitete Schrift; ihre Sprache jedoch ist nicht ägyptisch. Die kulturelle Hinterlassenschaft dieses Reiches erweist sich als eine Mischung von ausgesprochen afrikanischen Elementen mit Kulturgut des alten pharaonischen und des gleichzeitigen griechisch-römischen Ägypten, jedoch in durchaus eigenständiger Ausgestaltung. So war unter dem befruchtenden Ansporn Ägyptens die erste historisch klar nachweisbare Kultur Innerafrikas erwachsen – Endpunkt einer langen Entwicklungsreihe und zugleich Ausgangspunkt kultureller Impulse, die nach Afrika hineinströmten.

Dieser langandauernde Prozeß gegenseitiger Beeinflussung zwischen Ägypten und Nubien ist von größter historischer Bedeutung und zeigt auf eindringliche Weise die starke Ausstrahlungskraft der ägyptischen Kultur.

Auch am entgegengesetzten Ende ihres Reiches, an der syrisch-palästinensischen Küste, sahen sich die Ägypter aus kommerziellen und politischen Interessen veranlaßt, ihre grundsätzlich ablehnende Haltung gegenüber dem Ausland zu lockern. Seit frühgeschichtlicher Zeit finden sich immer häufiger ägyptische Erzeugnisse in Syrien und syrische Gefäße in Ägypten. Sie bestätigen damit Berichte,

Inneres des Grabes des Fürsten Sebekhotep in Assuan, Altes Reich. Die Darstellungen, die einen großen Teil der Wände bedecken, zeigen das Totenopfer und verschiedene damit verbundene Vorbereitungen. Die bildliche Wiedergabe solcher Vorgänge, die uns auf andere Weise sonst kaum bekannt geworden wären, ermöglicht daher in einzigartiger Vielfältigkeit Einblicke in die damaligen Verhältnisse.

nach denen bestimmte Personen (Soldaten, Gesandtschaften, Händler, Flüchtlinge) oft von einem Land ins andere gezogen sind. Eine besonders wichtige Rolle in diesen Wechselbeziehungen spielte die Stadt Byblos im späteren Phönizien, die den Pharaonen als bevorzugter Umschlagsplatz für ihre Handelsverbindungen nach Vorderasien diente. Byblos entsandte Schiffe nach Ägypten – seetüchtige Schiffe wurden daher auf ägyptisch »Byblos-Schiffe« genannt –, die mit im Niltal benötigten Gütern (z. B. Holz) beladen waren und mit ägyptischen Exportwaren zurückkehrten. Wie eng die Beziehungen zu Byblos waren, zeigt die Errichtung eines ägyptischen Tempels in dieser Stadt, welcher wie im Sinai einer der ägyptischen Hathor angeglichenen Lokalgöttin geweiht war. Diese Sonderstellung geht auch aus der Vielzahl der in Byblos gefundenen ägyptischen Weihegeschenke hervor sowie aus der Übernahme ägyptischer Formen und Dekorationsmotive in das einheimische Kunstschaffen. Außerdem wurden die Stadtfürsten von Byblos offiziell den ägyptischen Gaufürsten gleichgestellt. Im ganzen betrachtet stellte Byblos für Ägypten einen im Ausland eingerichteten Handelsstützpunkt dar und erfüllte damit die gleiche Aufgabe, die Kerma im Süden innehatte.

Mit der Expansion Ägyptens im Neuen Reich sollte sich die zunächst noch vorsichtige Fühlungnahme mit dem Ausland in ein ganz anderes Verhältnis umwandeln. So wie Nubien vollständig in Ägypten eingegliedert worden war, so wurde auch der syrisch-palästinensische Raum unter direkte Kontrolle genommen, wenn auch den einzelnen Stadtstaaten im Rahmen einer Art von Protektorat das Recht zur Selbstregierung zugestanden wurde. Die Bezeichnung des Pharao als »Herr des Nordens und Südens« bezog sich nun nicht mehr allein auf Ober- und Unterägypten, sondern umfaßte eine Welt, die vom Euphrat bis zum IV. Katarakt reichte. An seinem Thron erscheint von jetzt an anstatt der alten Landessymbole die Abbildung eines Gefangenenpaares in Gestalt eines Syrers und eines Nubiers. Dieses Motiv zeigt deutlich, wie mit der Expansion des Reiches die alte Vorstellung eines geschlossenen ägyptischen Lebensraumes auf das neue Imperium übertragen wurde. Unter diesem Weltreich darf jedoch keine stabile, in sich geschlossene Herrschaft verstanden werden. Ägypten versuchte vielmehr durch eine flexible Politik, sich die wechselnden Verhältnisse zunutze zu machen und aus ihnen größtmögliche wirtschaftliche Vorteile zu ziehen, ohne sich militärisch oder organisatorisch auf größere Unternehmungen einlassen zu müssen. Die Beziehungen zu Syrien unterschieden sich freilich wesentlich von den Verbindungen mit Nubien, bedingt durch das unterschiedliche kulturelle Niveau der beiden Partnerländer Ägyptens. Syrien war kein Land, das sich auf einer geringeren Kulturstufe befand und deshalb die Überlegenheit der ägyptischen Zivilisation bereitwillig anerkannt hätte, sondern verfügte selbst über zahlreiche technisch, politisch und geistig hochentwickelte Kulturzentren. Ägypten übernahm von Syrien eine Reihe von sprachlichen Ausdrücken, Lebensgewohnheiten sowie Formen und Motive der bildenden Kunst. Diesem Vorgang ist insofern große Bedeutung beizumessen, als dadurch alte Traditionen von Formen überlagert wurden, die der konservativen ägyptischen Einstellung als fremdartig erscheinen mußten. Die asiatische Welt übernahm ihrerseits von der ägyptischen Kunst zahlreiche Formenelemente, ohne freilich die ihnen innewohnenden Bezüge zu erkennen und ihre stilistische Qualität zu erreichen. In der phönizischen und allgemein orientalisierenden Kunst verblaßten derartige Anleihen zu bloßem Zierwerk, das zum Ursprungsland und seiner Kultur keinerlei innere Beziehungen mehr aufwies.

Ausländer in Ägypten

Im vorangehenden Abschnitt wurde dargestellt, wie Ägypten im weiten Umkreis der damaligen Welt die führende Stellung errang, obwohl es sich aufgrund seiner negativen Einstellung dem Ausland gegenüber stets weitgehend davon abzusondern versuchte. Verbindungen zu den Nachbarvölkern gingen jedoch nicht allein von Ägypten aus, sondern strömten umgekehrt auch vom Ausland nach Ägypten hinein. Ägypten war nicht nur das Land, das Kultur und Macht exportierte, sondern bildete für viele nicht seit alters im Niltal Ansässige eine starke Verlockung, sich hier anzusiedeln. Neben dem Ausgreifen Ägyptens in die Nachbarländer hat die ägyptische Geschichte auch Invasionen durch fremde Völker zu verzeichnen, die Ägypten über sich ergehen lassen mußte. Schon in frühen Zeiten stand die ägyptische Verwaltung vor dem Ausländerproblem. An den wichtigsten Grenzübergängen wurden Kontrollposten eingerichtet, die regelmäßig über die Wanderbewegungen der Fremden zu berichten hatten. Grenzstelen setzten fest, wer zu welcher Zeit ägyptischen Bo-

Königspyramiden in Meroe (Sudan). Das Niltal jenseits der Südgrenze des Reiches blieb lange Zeit im Ausstrahlungsbereich der ägyptischen Kultur, selbst in Perioden politischer Unabhängigkeit. In den Jahrhunderten vor und nach Christi Geburt kam dort eine eigenständige Kultur zur Blüte, die jedoch zahlreiche ägyptische Elemente bewahrte.

den betreten durfte. Die Ankunft von Ausländern wurde gleichzeitig mit dem Eintreffen von besonders wichtigen Ereignissen wie Tributlieferungen oder Handelszügen aus den verschiedenen Ländern gemeldet. Im allgemeinen jedoch fanden Ausländer ohne größere Schwierigkeiten Aufnahme in die ägyptische Gesellschaft, die äußerst vielschichtig zusammengesetzt war und den einzelnen in erster Linie nach seinem Verhalten und seinen Leistungen bewertete. Der Fremde wurde nur so lange als »Barbar« betrachtet, wie er sich nicht der ägyptischen Lebensart anpaßte; er war es jedoch in dem Moment nicht mehr, wo er ägyptisch sprach und sich der Gesellschaft einfügte.

Nach einer Reihe von erhaltenen Denkmälern haben aber dennoch einzelne nach Ägypten eingedrungene Gruppen bestimmte charakteristische Eigenarten beibehalten können. Bereits erwähnt wurden die nubischen Pfannengräber-Leute aus der 2. Zwischenzeit und dem Mittleren Reich, die durch zahlreiche Funde in Oberägypten bezeugt sind. Es handelt sich dabei um Söldner, die durch die Beibehaltung einheimischer Bräuche ihre ursprüngliche Abstammung besonders betonten, weil sie eben dadurch für ihre besondere Aufgabe in der ägyptischen Gesellschaft qualifiziert wurden. Diese Unterscheidung von den ortsüblichen Sitten bedeutete keine Ablehnung, sondern lediglich die Hervorhebung ihres besonderen Standes.

Taharka opfert dem Falkengott Horus; Bronze. Der nubische König ist in der typischen Haltung und Tracht des Pharaos dargestellt. Auf seine sich über beide Länder – Nubien und Ägypten – erstrekkende Macht spielen die beiden Uräen an seinem Kopfschmuck an (Paris, Louvre).

Eine ganz ähnliche Situation findet sich viel später im Neuen Reich. Die Leibgarde von Ramses II. bestand aus Ausländern, die durch eine für sie typische Ausrüstung, Hörnerhelme und lange Schwerter, gekennzeichnet waren. Hier handelt es sich um Scherden, ebenfalls Söldnertruppen, die zum Teil auch für Sonderkommandos eingesetzt wurden und eigene Garnisonen hatten. Am Ende der Ramessidenzeit war eine andere Gruppe von Söldnern im ganzen Land verbreitet, die Maschwasch. Obwohl libyscher Herkunft, waren sie so stark ägyptisiert, daß sie in Priesterämter aufrükken und zuletzt sogar den Thron besteigen konnten. Bezeichnend für sie ist, daß sie nichtägyptische Eigennamen führten und als Kopfschmuck eine Feder trugen, ein Brauch, der schon in vorgeschichtlicher Zeit für das benachbarte Libyen nachzuweisen ist.

Das wichtigste und zugleich bekannteste Beispiel derartiger Einfälle von Fremden nach Ägypten ist der eines Volkes, das auch von den Ägyptern selbst als fremdländisch, nämlich »Hekau Chasut – Herrscher fremder Länder«, bezeichnet wurde. Die Griechen haben diesen Namen mit »Hyksos« wiedergegeben und durch ein naives Mißverständnis als »Hirtenkönige« übersetzt.

Archäologisch sind die Hyksos durch besondere Befestigungsanlagen sowie durch Skarabäen mit ihren Namen und typische Spiralmotive bezeugt. Weitaus bedeutsamer ist freilich, daß sie Kulturgut der späten syrischen Bronzezeit nach Ägypten brachten. Jüngste Ausgrabungen in Tell el-Dab'a haben eine ihrer Siedlungen im Delta nachweisen können. Hier lebten sie in Gruppen zusammen, die eine Zeitlang ihren asiatischen Charakter besonders betonten, dann aber verschwanden. Diese Hervorhebung ihrer fremdartigen Merkmale hat eine Parallele bei den bereits erwähnten nubischen Pfannengräber-Leuten und den nachramessidischen Libyern. Die Vorrangstellung, die die Hyksos einige Zeit in Ägypten innegehabt haben, läßt sich in gewisser Weise mit den Herrschaftsverhältnissen unter den Libyern vergleichen, deren Machtergreifung man sich durchaus nicht als gewaltsame Eroberung vorstellen darf. In allen diesen Fällen waren die eingefallenen Fremdvölker bereit, sich von der ägyptischen Kultur durchdringen zu lassen. Selbst die Hyksos, die so wichtige Neuerungen wie den Streitwagen und bestimmte Waffenarten mitgebracht hatten, strebten danach, sich als Angehörige der ägyptischen Kultur darzustellen.

Andererseits gab es aber auch Völker außerhalb der Grenzen Ägyptens, die dieses Land nur als reiche Beute betrachteten und in einigen Fällen sich dort sogar niederlassen wollten. Noch häufiger waren Versuche, Ägypten einem fremden Staat einzugliedern. Im ersten Fall waren es Nomaden, die in das Land einfielen, um dort seßhaft zu werden oder Raubzüge zu machen.

Für die wohlgeordnete ägyptische Gesellschaft stellten diese Nomaden eine ständige Bedrohung dar, die zur strengen Bewachung der Grenzen durch Beobachtungsposten und Kontrollstationen zwang. An besonders gefährdeten Stellen wurden ganze Postenketten und Wehrdörfer mit Verteidigungsaufgaben angelegt. Die Bibel berichtet freilich, daß trotzdem – allerdings unter ständiger Kontrolle der Zentralverwaltung – ganze Stämme nach Ägypten eindringen konnten, sich dort eine Weile aufhielten und dann wieder auswanderten.

Der zweite Pylon von Karnak, hinter dem sich der große Säulensaal befindet, davor zwei Kolossalstatuen von Ramses II. (nur die rechte steht noch aufrecht) und eine des Priesterkönigs Painedjem. Vor dem Portal die Reste von einem Kiosk, gebildet aus zwei Reihen von je fünf Säulen, von denen eine in ihrer ursprünglichen Höhe von 21 m wiederaufgebaut wurde; ein Werk des nubischen Königs Taharka, der auch über Ägypten geherrscht hatte. Diese Denkmäler mit ihren kolossalen Dimensionen sind ein weiteres Beispiel für die Verherrlichung der königlichen Macht.

Über die passive Verteidigung hinaus konnte es bisweilen sogar zu ausgesprochenen Kriegszügen gegen die Nomaden kommen, die mit einem beträchtlichen Truppenaufgebot durchgeführt wurden. Aus der 6. Dynastie ist die Schilderung eines derartigen Unternehmens überliefert. Solche Kriegszüge waren im Endeffekt freilich nur Einschüchterungsmaßnahmen, denn ein aus sehr viel späterer Zeit stammendes Sprichwort besagt, daß der Nomade zwar niemals siegt, aber auch niemals besiegt wird, der Versuchung zu Raubzügen jedoch nie widerstehen kann.

Es entspricht jedoch kaum den tatsächlichen Verhältnissen im alten Ägypten, die Entwicklung des Landes in irgendeiner Weise von einem Gegensatz zwischen Seßhaften und Nomaden abzuleiten. Einige Male allerdings zog eine Gefahr auf, die sehr viel größer war als die unbedeutenden Scharmützel an den Grenzen, in dem Moment nämlich, als der ganze Vordere Orient vom »Seevölker-Sturm« heimgesucht wurde. Unter zahlreichen Gefechten drangen diese aus weit entfernten Gebieten kommenden Barbaren allmählich immer mehr in Richtung Ägypten vor. Wie viele andere Völker sind sie schließlich auch hier als Angehörige der ägyptischen Gesellschaft anzutreffen, bezeichnenderweise als Soldaten, nämlich der Scherden Ramses' II. Der militärische Zusammenprall mit den Seevölkern fand dann unter Ramses III. statt. Darstellungen in seinem Totentempel in Medinet Habu zeigen, wie der Angriff der Seevölker auf Ägypten mit deren völliger Vernichtung endete und damit das ganze Land vor dem Untergang bewahrt wurde. In Libyen ansässig gewordene Nachkommen der Seevölker – die bereits erwähnten Söldnertruppen – sind von hier aus schließlich doch noch zur Herrschaft über Ägypten gelangt.

Eine Öffnung Ägyptens zur Außenwelt erfolgte schließlich unter gänzlich anderen Umständen als den bisher geschilderten, nämlich als Folge einer militärischen Eroberung des Landes durch andere Großmächte. Der kurze, aber tiefe Einfall der Assyrer ließ allerdings noch keinen ernsthaften Gegensatz zwischen den beiden Kulturen zum Tragen kommen. Doch mit dieser den Zeitgenossen unbegreiflichen Niederlage begann die Krise Ägyptens und seines bisher unerschütterlichen Selbstvertrauens. Nach einer neuerlichen kurzen Blütezeit, der »Saitischen Renaissance«, folgte die Eroberung durch den Perserkönig Kambyses. Zwar konnte Ägypten dem Achämenidenreich nicht fest eingegliedert werden, doch von jetzt an ist seine Entwicklung eng mit ihm verbunden.

Durch die Auseinandersetzung mit den Persern war Ägypten Teil einer Welt geworden, die nicht mehr ausschließlich ägyptisch geprägt war, sondern sehr viel ausgedehnter und dadurch mit ganz anderen Problemen konfrontiert wurde. Neben dem Austausch von Kulturgütern (z. B. eine kürzlich in Susa entdeckte ägyptische Statue von Darius; Keilschrifttexte in Ägypten) kam es vor allem zu einer Einbeziehung Ägyptens in den Mittelmeerraum, die die Möglichkeit bot, neue Kenntnisse zu erwerben, Rohstoffe zu beschaffen und Söldner und Händler heranzuziehen. Daraus verstanden vor allem die Griechen Nutzen zu ziehen; Naukratis, die griechische Kolonie in Ägypten, war ein Zentrum der Verschmelzung zweier Kulturen, die für einander noch besondere Bedeutung erlangen sollten.

Die letzte und zugleich folgenschwerste Invasion war die der Makedonen unter Alexander dem Großen, die als Befreier vom persischen Joch kamen, tatsächlich aber eine Epoche einleiteten, in

Oben: Siegesstele von Amenophis III. Die ägyptische Hieroglyphenschrift mit ihrer Mischung aus Laut- und Bildzeichen verbindet sich gern mit figürlichen Darstellungen zu einem selbständigen Denkmal, das sich sowohl dem schriftkundigen Leser als auch dem einfachen Betrachter erschließt (Kairo, Ägyptisches Museum).

Unten: Grabstele eines Soldaten mit seiner Familie aus Gebelein, 1. Zwischenzeit. Ein Beispiel für die zu verschiedenen Zeiten in Ägypten heimisch gewordenen ausländischen Soldaten.

der das Land vollständig unter die Fremdherrschaft der Ptolemäer geriet. Die Probleme, die sich von jetzt an unter den Makedonen und später unter den Römern stellten, waren die eines riesigen Staatsgebildes, in das Ägypten seine eigene traditionsreiche Kultur miteinbrachte. Als bedeutsamstes Ergebnis dieses Kontaktes entstand eine Mischkultur, die von den wesentlichsten Elementen beider Kulturen abgeleitet war und sie doch gleichzeitig weiter bewahrte.

Bisher wurde die dynamische Entwicklung des ägyptischen »Territoriums« und seiner Bevölkerung in Verbindung mit archäologischen Daten aufgezeigt. Das Wesen des ägyptischen Staates erwies sich dabei als eine Verbindung von einerseits globalen, andererseits eng auf das Land bezogenen Vorstellungen. Zum einen waren nämlich alle Teile der vorgegebenen geographischen Einheit auch zu einer politischen und kulturellen Einheit verschmolzen. Zum anderen aber wurde das Prädikat »Ägypter« nur dem zuerkannt, der innerhalb der Landesgrenzen lebte, zur Bevölkerung eines bestimmten Ortes gezählt wurde und den lokalen Behörden unterstellt war. Als weitere Voraussetzung durfte er nicht durch Bindungen und Traditionen der Abstammung vorgeprägt sein, eine Einstellung, die für Ägypter nicht typisch war. Archäologisch gesehen erklärt dies die außerordentliche Gleichartigkeit der Formen im künstlerischen und handwerklichen Schaffen des ganzen Landes, zugleich aber auch die Zurückhaltung gegenüber fremden Einflüssen und die nur wenig ausgebildete Fähigkeit, nach außen mehr als nur formale Anregungen zu vermitteln. Diese Gesellschaft funktionierte in dem zentralisierten System der Pharaonenherrschaft bestens. Als nach dessen Zusammenbruch Priesterschaft und Militär die führenden Funktionen in der Gesellschaft übernahmen, setzte jener langandauernde Prozeß ein, in welchem Ägypten schließlich ein Teil der großen Völkergemeinschaft des Mittelmeerraumes wurde. Erst mit der Einführung und Behauptung des Christentums und später des Islam im Niltal ging dieser Prozeß zu Ende.

Ein sehr wichtiger Aspekt der ägyptischen Kultur ist bisher noch nicht gebührend behandelt worden. Die überlieferten Denkmäler sind bisher danach ausgewertet worden, welche Informationen ihnen über die historisch-politischen Vorgänge im alten Ägypten abzugewinnen sind. Nicht weniger wichtig ist indessen die Frage, welche Absichten und Vorstellungen die Ägypter selbst mit ihren Denkmälern verbunden haben, nach welchen Gesichtspunkten und zu welchem Zweck sie geschaffen wurden. Nur drei Punkte sollen hier hervorgehoben werden, die zunächst zwar unterschiedlich sind, letztlich aber unter einem gemeinsamen Aspekt betrachtet werden dürfen.

Da ist vor allem zuerst die Einstellung des Ägypters zur Vorbereitung und Planung eines Werkes. In der Regel war die Arbeit ein Gemeinschaftsunternehmen, in dem nach einem für das Ganze vorher genau festgelegten Plan jeder einzelne entsprechend seinen besonderen Fähigkeiten eingesetzt wurde. Die Maße von Bauwerken bestehen im allgemeinen aus aufeinander bezogenen Zahlenverhältnissen, gemessen in ägyptischen Ellen. Auch dies zeigt, daß der Bauplan vorher genau ausgearbeitet war und nicht erst im Gelände frei entworfen wurde.

Der zweite Punkt betrifft die schon frühzeitig erfolgte und methodisch weiterentwickelte Verwendung eines Kanons für die Wiedergabe der menschlichen Gestalt, beruhend auf einer genauen Beobachtung ihrer Proportionsverhältnisse. Jede Darstellung ist daher als das Resultat einer sorgfältigen gedanklichen Vorarbeit zu betrachten, in welcher der abzubildende Gegenstand durch gesonderte Detailstudien analysiert worden war.

Zum dritten schließlich haben zahlreiche monumentale Bauwerke außer ihrer eigentlichen kultisch-religiösen Bestimmung den oft ausdrücklich vermerkten Zweck, ihren Bauherrn zu verherrlichen. »Noch niemand vor mir hat dieses gemacht« ist eine stets wiederkehrende Behauptung. Auch die Tendenz zum Kolossalen, die in der ägyptischen Architektur und Bildhauerkunst so häufig anzutreffen ist, hat über ihre eigentliche Aufgabe hinaus deutlich eine repräsentative Funktion.

Diese drei Aspekte lassen sich unter einem gemeinsamen Oberbegriff zusammenfassen, nämlich als Zugangsmöglichkeiten zur geistigen Struktur und Denkweise der Ägypter, so daß die Interpretation ihrer materiellen Hinterlassenschaften auch unter diesen Gesichtspunkten stets wertvolle Ergebnisse sichtbar werden läßt. Diese Möglichkeit zu einem weiterführenden Verständnis der alten Welt soll hier indessen nur angedeutet werden. Doch dürfen bei einer Untersuchung der Denkmäler Gesichtspunkte wie die Frage nach ihrem Sinngehalt und ihrer Bedeutung nicht außer acht gelassen werden.

Eine Kultur, die derartig komplex und reich und so ausgiebig bezeugt ist wie die des alten Ägypten, kann in ihrer lebendigen Vielfalt nicht voll erfaßt werden, wenn ihre Interpretation auf nur einen einzigen Zugangsweg beschränkt ist. Denn nur eine Forschung, die mit differenzierter Fragestellung an ausschließlich archäologisch faßbare Kulturen herantritt, vermag ihnen auch differenzierte Antworten abzugewinnen.

Äthiopien und die südarabischen Reiche

Rodolfo Fattovich

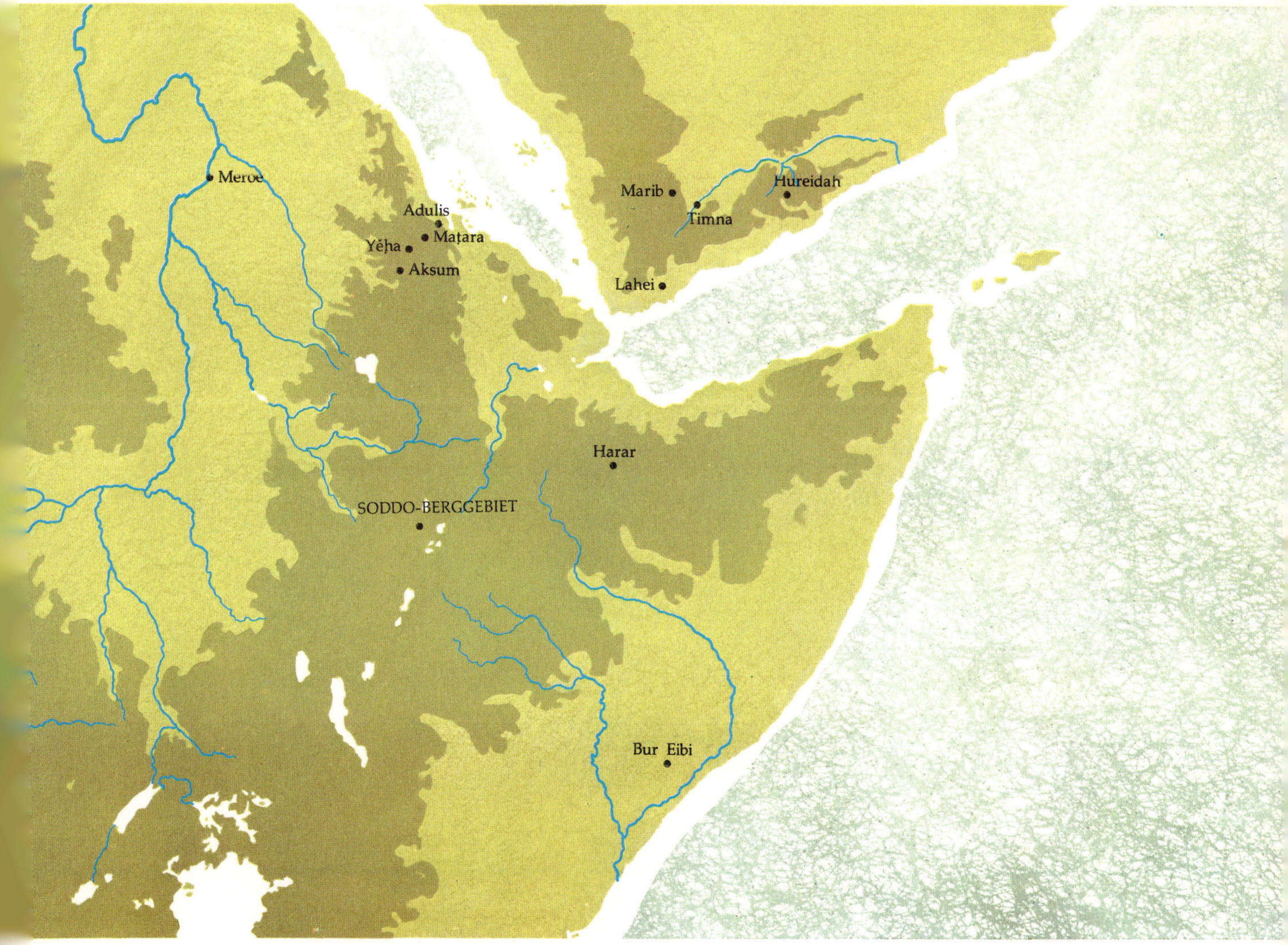

Das »Horn Afrikas«, das Hochland von Äthiopien und Somaliland sowie der Südwesten Arabiens sind zwar geographisch und ethnisch gesehen kein geschlossenes Gebiet, doch bestand dort schon in sehr früher Zeit ein reger kultureller Austausch; unter diesem Gesichtspunkt also kann dieser Raum als zusammengehörig untersucht werden. Wahrscheinlich standen die Völker der beiden Küsten des Roten Meeres und des Golfes von Aden schon vor dem 2. Jahrtausend v. Chr. in Kontakt miteinander, was aus archäologischen und sprachlichen Indizien geschlossen werden darf. Jedenfalls waren solche Kontakte während des 1. Jahrtausend v. Chr. bis ins 1. Jahrtausend n. Chr. sehr lebhaft, als ein reger Austausch von Waren Äthiopien, Somalia und den Jemen zu einer Handelsgemeinschaft mit dem Mittelmeer verband, und zwar über den Seeweg durchs Rote Meer und über die Karawanenwege des westlichen Arabiens und des Niltales. Weiterhin ist die Kulturgeschichte dieser Länder durch das Aufkommen einer Art monarchischer Staatsformen im Jemen und Nordäthiopien während des 1. Jahrtausends v. Chr. gekennzeichnet, was von besonderer Bedeutung für die Kontrolle des Verkehrs zwischen dem Indischen Ozean und dem Mittelmeer war.

Leider steht die archäologische Erforschung dieser Gebiete erst am Beginn, und die bisherigen Befunde sind verständlicherweise noch lückenhaft. Dennoch läßt sich aufgrund der bisher gewonnenen Daten die kulturelle Entwicklung dieser Gebiete vom Beginn der produktiven Wirtschaft bis zum Einbruch des Islam in den wesentlichen Hauptzügen rekonstruieren.

Über die Zucht von Haustieren und die Art und Weise des Anbaus von Nutzpflanzen im äthiopischen Hochland, in Somalia und im Jemen ist noch vieles im Dunkel. Die ersten Spuren beschränken sich auf ein paar Samenkörner einer Hirseart *(Eleusine corocana)* in einer bisher unbekannten Mikrolith-Kulturschicht von Gobedra in der Landschaft Tigré (NO-Äthiopien), die auf das 4.–3. Jahrtausend v. Chr. geschätzt werden; sodann einige, am Rande der Rub-al-Khali-Wüste zusammen mit doppelseitigen Klingen gefundene Knochenreste, vermutlich von Ziegen; auch diese aus dem 4.–3. Jahrtausend v. Chr. Dazu kommen noch die Knochenreste von anscheinend domestizierten Schafen oder Rindern, die in Kulturschichten unbestimmten Alters in Grotten von Südsomalia gefunden wurden. Diese Anzeichen lassen vermuten, daß der Übergang von der Sammler- zur produktiven Kulturstufe im 4.–3. Jahrtausend v. Chr. bereits im Gang war und sich je nach den Umweltbedingungen in verschiedener Weise entwickelte. Es scheint weiterhin, daß Kulturpflanzen und Haustiere in einer Zeit auftauchten, als in diesen Gebieten ein feuchteres Klima herrschte; diese Klimaperiode dürfte 2750 v. Chr. geendet haben. Jedenfalls muß der Übergang zur produktiven Wirtschaft im 2. Jahrtausend v. Chr. vollzogen gewesen sein und die Verteilung der Bevölkerungsgruppen im wesentlichen der heutigen entsprochen haben. Im nordöstlichen Hochland von Äthiopien lebten Bauern, die sich höchstwahrscheinlich auch mit Viehzucht beschäftigten, eine Wirtschaftsform, die man dort heute noch antrifft und die für die zweite Hälfte des 1. Jahrtausends v. Chr. sicher belegt ist. Fand man doch in Grotten beim Tana-See Reste von Hülsenfrüchten, Gerste, Knochen von Rindern oder Schafen aus der Zeit von 500 v. Chr. bis in den Beginn der christlichen

Luftbild des Hochlandes der nordäthiopischen Provinz Tigré. Heute ist die Landschaft von Tigré und Eritrea kahl, in alter Zeit war sie jedoch sicher von Wäldern bedeckt. Allerdings wurden diese wahrscheinlich schon seit der Zeit des Reiches von Aksum systematisch vom Menschen zerstört.

Ausschnitt aus den Reliefs des Hatschepsut-Tempels von Theben (Deir el-Bahri), in denen eine Handelsexpedition nach dem Lande »Pwone« (Punt) geschildert wird. U. a. sind auf Pfählen errichtete Hütten oder Getreidespeicher dargestellt sowie Dumpalmen (Hyphaene), woraus sich die vermutete Lage des Landes im östlichen Afrika bestätigt.

Zeitrechnung. Die Anwesenheit kleiner Bauern-Hirtengruppen am Südrand des äthiopischen Hochlands in der Zeit zwischen dem 2. und 1. Jahrtausend v. Chr. dürfte durch die Entdekkung einer, der Elmenteita-Kultur in Kenia sehr ähnlichen Kulturstufe in verschiedenen Orten des Tigré und südlichen Wollo bestätigt sein. Möglicherweise in die gleiche Periode reichen die ersten Versuche des Anbaus der sogenannten »falschen Bananc« *Ensete edule* in Westäthiopien zurück und beweisen damit die Seßhaftigkeit von Bauerngruppen.

Im Tiefland des Ogaden lebten Hirtenvölker, was durch die Funde einiger Rinderknochen am Besaka-See (Afar) bezeugt ist, die auf 1500 (± 280) v. Chr. datiert werden. Diesen Stämmen können auch die ältesten Dokumente der Felsmalerei im Ogaden zugeschrieben werden, die mit großer Wahrscheinlichkeit um 1500 v. Chr. entstanden. Es handelt sich um halbnaturalistische Darstellungen von Rindern, der Körper im Profil, die Beine nur durch zwei Striche angedeutet, der Kopf von oben gesehen. In einigen geschützten Fundstellen fand man auch Malereien zusammen mit Mikrolithen der Wilton-Industrie; ob diese aus der gleichen Zeit stammen, ist jedoch noch nicht geklärt.

Neben solchen nomadisierenden oder halbnomadischen Hirtenvölkern gab es wahrscheinlich auch kleinere seßhafte Gemeinschaften, die wohl ebenfalls Viehzucht betrieben; man schließt dies aus den im Gebiet von Harrar und Diredaua vorhandenen Dolmengräbern, deren Alter durch Radiokarbontest auf etwa 1500–1200 v. Chr. festgestellt wurde. Leider lieferten diese Monumente keinerlei brauchbare Funde für die Identifizierung ihrer Erbauer. In den Steppengebieten Südsomalias lebten Gruppen von Hirten-Jägern, die noch Überreste von älteren steinzeitlichen Lebensformen bewahrten.

Ende des 2. Jahrtausends v. Chr. ändert sich das ethnische Bild. Aus dem Ogaden wie auch aus dem Sudan wandern Gruppen von Ackerbauern in das Hochland von Äthiopien ein, was sich durch die Entdeckung von Felsmalereien in einigen Orten von Eritrea zeigt; die Malereien sind denen vom Ogaden ähnlich, die schematischen Figuren jedoch aus jüngerer Zeit und die natürlich gemalten Rinder sind gescheckt, vergleichbar jenen der Westsahara. In Agordat bei Keren fand man Material der Nubiergruppe C, das in die zweite Hälfte des 2. Jahrtausends v. Chr. datiert werden kann und die Anwesenheit von Nubiern in Eritrea bezeugt, die möglicherweise den Getreidebau im äthiopischen Hochland eingeführt haben. Wahrscheinlich war ein Klimawechsel am Ende des 2. Jahrtausends v. Chr., der eine lange Dürreperiode im Tiefland zur Folge hatte, die Ursache für diese Bewegungen, da die Trockenheit in den Niederungen die dort lebenden Stämme zwang, in höher gelegene Zonen mit erträglicherem Klima auszuwandern.

Einige Megalithbauten in Südarabien bzw. im Südjemen stammen wahrscheinlich aus dem 2. Jahrtausend v. Chr. Es handelt sich um kreisförmige oder reihenweise Steinsetzung, mit denen

Hausrinder bezeugen, daß die Leute von Punt bereits im 2. Jahrtausend v. Chr. mit der Viehzucht vertraut waren.

Nordjemenitische Landschaft mit Terrassenkulturen, die auch für das äthiopische Hochland typisch sind.

wohl sakrale Areale abgegrenzt wurden, seltener sind Dolmengräber. Im gleichen Jahrtausend benutzten die Südaraber das Kamel als Tragtier in der Wüste.

Mit großer Wahrscheinlichkeit standen bereits in jener Zeit die Völker der gegenüberliegenden Rotmeerküsten miteinander in Verbindung. Aus Felsmalereien und Ritzzeichnungen im Küstengebiet des Hedschas, ähnlich den älteren des Ogaden, wird auf die Anwesenheit von Hirtenstämmen ähnlicher Kulturentwicklung in Afrika und Südarabien geschlossen. Ebenso könnten zwischen den harrarischen und jemenitischen Dolmen Zusammenhänge bestehen, doch ist dies nach den bisherigen Erkenntnissen noch ungewiß. Die Entdeckung eines Kamelzahnes in Gobedra (Tigré) läßt andrerseits vermuten, daß solche Verbindungen bereits im 3. Jahrtausend v. Chr. bestanden. Jedenfalls waren die Ostafrikaner Seefahrer und durchaus bereits imstande, das Rote Meer zu überqueren; als Beweis dafür gelten die auf den Dahlac-Inseln gefundenen Spuren einer Mikrolith-Kultur (Wilton).

Schon in sehr frühen Zeiten pflegten die an den Mittelmeerküsten lebenden Völker ziemlich regelmäßig mit den Völkern der südlichen Gebiete des Roten Meeres Handel zu treiben; sie bezogen von dort Duftstoffe, Elfenbein und Gold. Damals wuchsen Weihrauch- und Myrrhenbäume im gesamten hier behandelten Gebiet; heute ist dort der Myrrhenbaum (*Commiphora*) praktisch verschwunden; Weihrauchbäume (*Boswellia carteri*) wachsen noch im Dhûfahr (Hadramaut) und auf dem Berbera (Somalia) überragenden Höhenzug. Ursprünglich müssen diese Bäume im Westjemen und im äthiopischen Hochland sehr häufig und bis in den südlichen Sudan, in Uganda und in Zentralafrika verbreitet gewesen sein. In den Savannen am nördlichen Rand des äthiopischen Hochlands, im Sidamo und im somalischen Transdjuba gab es Herden von Elefanten. Gold wurde aus zahlreichen Lagerstätten Norderitreas und den Provinzen Wollega und Sidamo gewonnen. Drei Handelswege verbanden das Mittelmeer mit dem Gebiet des südlichen Roten Meeres: zwei Landwege, der eine durch das Niltal, der andere längs der Westküste Arabiens; schließlich der Seeweg längs der Westküste des Roten Meeres.

Die Geschichte dieser Handelsbeziehungen in vorhellenistisch-römischer Zeit kann nur aus Schrift- und Bildquellen zweiter Hand, vor allem ägyptischen, erschlossen werden. Die Ägypter waren auch das erste Mittelmeervolk, das mit den Gebieten des südlichen Roten Meeres einen regelmäßigen Tauschhandel aufgenommen hat. Sie nannten jene Gebiet »Götterland«, im besonderen das Gebiet von *Pwone* (Punt), wahrscheinlich das heutige Ostäthiopien oder Nordsomalia.

Die ältesten Nachrichten über den Handel mit Pwone reichen bis in die Zeit der 5. Dynastie (2500–2300 v. Chr.) zurück; es ist jedoch sehr wahrscheinlich, daß solche Verbindungen bereits im 4. Jahrtausend v. Chr. bestanden, wurden doch in Gräbern aus der vordynastischen Periode bei Naqadah (Negade in Oberägypten) Gegenstände aus danakilischem Obsidian gefunden.

Der größte Teil des Handels zwischen Ägypten und dem »Götterland« verlief über die Karawanenwege des Niltals und stand wahrscheinlich unter der Kontrolle der anliegenden Stämme. Doch sind auch Expeditionen zur See bekannt, darunter die berühmteste, die von der Pharaonin Hatschepsut im 9. Jahr ihrer Regierung anbefohlen wurde. In der Zeit der 18. Dynastie hatte sich

Am unteren Rand abgebrochene Alabasterplatte mit Palmenrelief, datierbar in die ersten Jahrhunderte unserer Zeitrechnung. Deutlich erkennbar ist der Einfluß hellenistischen Stiles. Römisches Nationalmuseum (Jemen, Fundort ungewiß).

Oben: Alabasterkopf mit langem Hals; Alter ungewiß. Römisches Nationalmuseum (Jemen, Fundort ungewiß). Diese Arbeit könnte sabäischer oder qatabanitischer Herkunft sein.

Links: Grabstele aus Kalkstein mit schematischem Kopfrelief und einer Inschrift auf der Basis, ebenfalls ungewissen Alters. Römisches Nationalmuseum (Jemen, Fundort ungewiß). Vielleicht aus dem minäischen Raum.

Hatschepsut als erste Frau des Thrones bemächtigt und leitete die Geschicke Ägyptens von 1505 bis ca. 1483 v. Chr. Die Schilderung dieser Expedition, die uns in den farbigen Reliefs des Tempels von Deir el-Bahri erhalten blieb, ist von höchstem Interesse, da sie uns auch wichtige Aufschlüsse über Äthiopiens Volksgruppen im 2. Jahrtausend v. Chr. gibt. Diese verfügten bereits über elementare Kenntnisse der Metallurgie, führten Rinderzucht durch und waren politisch in einer Art von Häuptlingschaften, vielleicht auch in primitiven Formen des Königtums organisiert. Unter den zahlreichen Exportgütern waren neben Weihrauch und Myrrhe auch Ebenholz und andere Edelhölzer, Gold, Malachit, Elektron, Elfenbein, Pantherfelle, Paviane und andere Affen, Vögel, Sklaven und Wurfhölzer. Daraus folgt, daß die Bewohner von Pwone ein ausgedehntes Netz von Tauschhandel mit den Stämmen Innerafrikas kontrollierten. Wo sich das Land Punt genau befand, darüber ist man sich noch nicht im klaren. Zur Zeit der Pharaonin Hatschepsut dürfte es sich um einen Handelsplatz im nordöstlichen Äthiopien nahe der Grenze zum Sudan und nicht weit vom Meer gehandelt haben. Der Handel Ägyptens war demnach hauptsächlich nach Ostafrika ausgerichtet. Es ist jedoch nicht ausgeschlossen, daß der nach Ägypten eingeführte Balsam auch aus Südarabien stammte. In den Annalen Thutmosis' III. werden u. a. die *Gnb-tjw* erwähnt; hier könnte es sich um die Bewohner von Qataban (Jemen) handeln. In den Königslisten wird über die Einfuhr von Weihrauch aus dem syro-palästinensischen Raum berichtet, wohin dieser nur aus dem Jemen gelangen konnte.

Nach der Herrschaft Ramses' IV. (1166–1160 v. Chr.) scheint der Handelsverkehr mit dem »Götterland« unterbrochen worden zu sein, was wahrscheinlich auf die Dürreperiode zurückzuführen ist, die am Ende des 2. Jahrtausends v. Chr. ganz Ostafrika heimsuchte und den Verkehr mit Eselskarawanen äußerst erschwerte. Das dürfte wahrscheinlich zum Aufschwung des südarabischen Handels beigetragen haben, da jene Völker bereits das Kamel als Tragtier benutzten, mit dem sie im Wüstengelände weit längere Reisen unternehmen konnten als dies mit Eselkarawanen möglich gewesen wäre. So konnte sich Südarabien wahrscheinlich auch in den Handel mit afrikanischen Produkten einschalten, was man auch aus den biblischen Berichten über die Königin von Saba schließen darf, die dem König Salomon »120 Talente Gold, Spezereien in großer Menge und Edelsteine« überreichte (Könige I/10/10), meist Waren vermutlich afrikanischer Herkunft. Sicher ist, daß bereits zu Beginn des 1. Jahrtausends v. Chr. die südarabischen Völker zum großen Teil den Transithandel zu Lande von den Küsten des Indischen Ozeans in den syro-palästinenschen Raum beherrschten, trotz der von König Salomon (961–922 v. Chr.) anbefohlenen Expeditionen zur See nach dem Land Ophir (Indien?) und trotz des Versuches einer Umsegelung Afrikas durch den Pharao Necho (609–594 v. Chr.).

Mittlerweile waren diese Völker zum System der künstlichen Bewässerung in der Landwirtschaft übergegangen. Die nur periodisch Wasser führenden Flußläufe – die Wadis – wurden durch Dämme aufgestaut und das kostbare Naß mittels eines komplizierten Systems von Kanälen auf die Felder geleitet. Einige dieser Dammbauten sind noch

ziemlich gut erhalten, so in Marib, im Wadi Baihan und im Wadi 'Amd. Ursprung und Alter solcher Bewässerungsanlagen sind noch unbekannt. Nach der Überlieferung soll in Marib schon 1700 v. Chr. ein Damm bestanden haben; in Wirklichkeit scheinen die Reste der ältesten Bewässerungsanlagen höchstens um die Wende des 2. zum 1. Jahrtausends v. Chr. entstanden zu sein. Die nahezu gleichzeitige Entwicklung des Handels und der Landwirtschaft führte zur Bildung einiger gut organisierter Staaten im Jemen, die sich allerdings die Beherrschung der Handelswege nach dem Norden streitig machten.

Aus Geschichtsquellen sind uns mindestens 6 südarabische Staaten bekannt, die in der Zeit vom 8. Jh. v. Chr. bis in die ersten Jahrhunderte n. Chr. in wechselnder Blüte standen: Ma'in mit der Hauptstadt Qarnāwu; Saba mit der Hauptstadt Marib; Qataban mit der Hauptstadt Timna'; 'Ausan mit der Hauptstadt Miswar; Hadramaut mit der Hauptstadt Shabwa; Himjar mit der Hauptstadt Zafar. Wie wichtig der Handel für die Bildung dieser Staaten war, zeigt sich darin, daß die bedeutendsten städtischen Zentren an heiklen Punkten der von der Küste zusammenlaufenden Karawanenwege angelegt waren, die nach Nadschran führten, von wo die Straße nach Tayma und Petra abzweigte. Damals waren die Verkehrswege dauernd verunsichert, so daß alle größeren Siedlungsstätten mit mächtigen Mauern bewehrt waren.

Um die Mitte des 1. Jahrtausends v. Chr. hatten sich trotz politischer Trennung und Streitigkeiten mehrere städtische Kulturen von ziemlich einheitlichem Charakter gebildet, von denen beträchtliche Reste monumentaler Bauten (vor allem Tempel), Statuen und zahlreiche Inschriften erhalten blieben, die einen beachtlich hohen Stand der Kultur jener Periode bezeugen. Leider ist noch keine der Siedlungsstätten genauer und vollständig erforscht worden, so daß es nicht möglich ist, den Entwicklungsverlauf dieser Kultur in ihren verschiedenen Phasen auf objektiver Basis zu rekonstruieren. Im ganzen betrachtet kann jedoch gesagt werden, daß neben unbezweifelbaren Einflüssen aus dem Vorderen Orient und den griechischen, hellenistisch-römischen Kulturen zahlreiche Aspekte auf Eigenständigkeit hinweisen; besonders deutlich zeigt sich das dort, wo die südarabischen Völker ihre eigene Gedankenwelt und Tradition in monumentalen Werken ausdrücken wollen. Auf dem Gebiet der Baukunst muß z. B. auf den ovalen Tempel von Marib hingewiesen werden, der gewissermaßen die megalithischen Steinsetzungen wiederholt. Der Tempel besteht aus einer ovalen Umfassungsmauer, die ein offenes, sakrales Areal umschließt, zu dem man durch einen rechtwinkligen, von nischenverzierten Mauern umschlossenen, peristylartigen Vorhof gelangt. Auf dem Gebiet der Plastik sind die für das Gebiet von Saba und Qataban typischen vollrunden oder reliefierten Köpfe auf Grabstätten zu erwähnen; weiterhin die sehr schematischen, minäischen Ahnenstatuetten, sitzende oder stehende menschliche Figürchen in der Haltung des Opfernden; sodann auch die auf einen Pyramidenstumpf gesetzten Votivaltärchen, die manchmal die Fassade eines Palastes darstellen. Besonders charakteristisch für diese Kultur ist die Schrift, in Buchstaben dem syro-palästinensischen Alphabet ähnlich, aus dem sie vielleicht entwickelt wurde. In klassischen Geschichtsquellen wird die Goldschmiedekunst der Südaraber sehr gelobt; leider ist von solchen Erzeugnissen fast gar nichts übrig geblieben.

Das bedeutendste der südarabischen Länder war unzweifelhaft das Königreich Saba, dessen Territorium sich im Hochland von Marib entlang dem Westrand der Ramlat-Sab'atayan-Wüste erstreckte. Archäologische Spuren wurden vor allem in Marib, Sirwāh, El-Huqqa und El-Mesağid entdeckt. Das älteste Zeugnis über die Existenz von Saba findet sich in den assyrischen Annalen Tiglatpilesers III. (745–727 v. Chr.) und Sargons II. (722–705 v. Chr.). Damals waren die Siedlungen der Sabäer wahrscheinlich etwas weiter nördlich gelegen. Jedenfalls hatten sie im 5. Jh. v. Chr. den Gipfel ihrer Macht erreicht, als sie den Warenhan-

Oben: Beschädigte Kalksteinstatuette einer Frau, auf der Basis eine Inschrift. Römisches Nationalmuseum (Jemen, Fundort ungewiß). Zeitstellung 3. Jh. v. Chr. Das Fundstück gleicht ganz den in Hawlti (Tigré) gefundenen, voraksumitischen Statuetten.

*Darunter: Alabasterplakette mit Steinbock (*Capra ibex*) und Weintraube in Relief. Römisches Nationalmuseum (Jemen, Fundort ungewiß).*

Rechts: Jemenitischer Fries mit elf stilisierten Steinbockköpfen. Alter ungewiß (Römisches Nationalmuseum).

Rechts: Fassade des südarabischen Tempels von Yĕhā (Nordäthiopien) aus dem 5. Jh. v. Chr. Dieser Bau ähnelt stark den Tempelbauten in Südwestarabien und liefert somit einen klaren Beweis für die Anwesenheit südarabischer Elemente in Äthiopien während der zweiten Hälfte des 1. Jahrtausends v. Chr.

Unten: Aksumitische Goldmünzen mit Bildnis des Herrschers, oben mit Tiara, unten mit Zackenkrone. Münzgeld kam im 3. Jh. n. Chr. in Aksum auf und blieb bis ins 8.–9. Jh. in Gebrauch. Die abgebildeten Stücke stammen aus christlicher Zeit.

del sowohl aus Aden und Qana als auch aus Afrika voll beherrschten.

Im 3.–2. Jh. v. Chr. verfiel die Macht Sabas zugunsten des aufstrebenden Qataban, das mit seiner Hauptstadt die von Aden nach Marib führenden Karawanenwege kontrollierte. Ende des 2. Jh.s v. Chr. übernahm der Stamm der Himjariten die Vorherrschaft und eroberte nach und nach alle anderen südarabischen Staaten. Mit der äthiopischen Eroberung des Westjemen im 6. Jh. n. Chr. endete auch ihre Macht.

Die große Machtentfaltung der Sabäer im 5.–4. Jh. v. Chr. wirkte sich nachhaltig auch auf äthiopische Territorien aus. Die Notwendigkeit einer direkten Kontrolle über die Herkunft afrikanischer Produkte – schon im Hinblick auf die zu erwartende Konkurrenz des erstarkten Napatareiches im Sudan – veranlaßte die Sabäer bald, mehr oder weniger starke Handelsniederlassungen in Eritrea und im Tigré zu gründen, was durch einige in Melazo, Yĕhā und Matarā entdeckte südarabische Inschriften bezeugt ist. Etwas später gründeten die Minäer ähnliche Niederlassungen in El-Ulā und in Nordarabien.

Aus den Kontakten dieser sabäischen Kaufleute mit der einheimischen Bevölkerung des nordöstlichen Äthiopien entstand ein Staatengebilde – das Reich der *D'MT*, dessen Territorium das östliche Tigré und westliche Eritrea von Seglamien bei Aksum bis zum Kohaito umfaßte. Die wichtigsten Zentren dieses Reiches waren Yĕhā, Matarā und Kaskasé. Die Existenz dieses Reiches ist durch einige hundert Inschriften sowie archäologische Funde in Melazo, Hawlti, Yĕhā, Sobea, Addi Galamo, Matarā, Addi Grameten und Kaskasé bezeugt, die eine Datierung ins 5.–3. Jh. v. Chr. erlauben. Daraus läßt sich erkennen, wie stark die Kultur der Bevölkerung Äthiopiens während jener Periode von der südarabischen Kultur beeinflußt wurde. Bezeugen doch die Inschriften in Südarabisch den Gebrauch von Titulaturen äthiopischer Fürsten ähnlich den Titulaturen der Sabäer, ebenso auch die Verehrung von Gottheiten der südarabischen Götterwelt. Die archäologischen Funde zeigen Übereinstimmungen mit den Fundstätten in Südarabien hinsichtlich der Architektur, Plastik und Votivaltärchen. Im besonderen kann der Tempel von Yĕhā sowohl mit dem El-Mesağid-Tempel bei Marib als auch mit dem Tempel A/B von Huraida in Hadramaut verglichen werden. Am deutlichsten zeigt sich der südarabische Einfluß im Thron und in den Statuen, die bei Ausgrabungen von Addi Galamo und Hawlti an den Tag kamen, sowie in den Votivaltärchen.

Alabasterkopf eines bärtigen Mannes. Römisches Nationalmuseum (Jemen, Fundort und Alter ungewiß). Solche Köpfe dürften als Weihegaben den Göttern dargebracht oder zum Gedenken an den Verstorbenen aufgestellt worden sein. Sie wurden hauptsächlich von Sabäern hergestellt.

Nach dem 3.–2. Jh. v. Chr. schwächt sich der südarabische Einfluß ab; es gibt auch Anzeichen für eine Schwächung des staatlichen Gefüges, dafür tauchen vereinzelt Spuren einer Kontaktnahme mit dem sudanesischen Reich von Meroé auf. Dies steht wahrscheinlich im Zusammenhang mit dem Niedergang des Reiches von Saba und der Wiederaufnahme des ägyptischen Seehandels unter den Ptolemäern. Die griechisch-ägyptische Anwesenheit an der Westküste des Roten Meeres ist ausreichend durch geschichtliche Quellen und archäologische Funde belegt. Aus diesen geht hervor, daß es viele Anlegeplätze südlich von Sachim (Suakim) bis nach Somalia gab, wo kürzlich Fragmente von Vasen, wahrscheinlich aus hellenistischer Zeit, bei Ras Tafun südlich vom Kap Guardafui gefunden wurden. Insbesondere wurden an der eritreischen Küste Überreste hellenistischer Anlegeplätze bei Adulis und wahrscheinlich auch bei Sabat nahe Massaua festgestellt.

Während dieser Jahrhunderte verschob sich der Warenverkehr, der vom äthiopischen Hochland hinab zum Bab al Mandab (Tor der Totenklage) führte und von dort über Aden ins jemenitische Hochland weitergeleitet wurde, weiter nach Norden direkt bis zur Küste von Adulis und von dort auf dem Seeweg nach Ägypten. Auf diese Weise waren die Völker des nördlichen äthiopischen

Hochlands wie zu Zeiten des »Punt«-Handels direkt in den griechisch-ägyptischen Handel eingeschaltet und gewannen rasch die Kontrolle über die Karawanenwege, auf denen Gold und Elfenbein aus Westäthiopien und dem Südsudan an die Küste gelangten, wobei sie in Konkurrenz mit den Völkern des Meroë-Reiches gerieten. Aus dieser für die Geschichte Äthiopiens so bedeutungsvollen Phase gibt es so gut wie keine archäologischen Belege und Anhaltspunkte, nach denen man die Dynamik der Ereignisse rekonstruieren könnte, die zur Bildung des Reiches von Aksum führten. Es scheint jedoch, daß die materielle Kultur dieser Periode im wesentlichen ähnlich der in der präaksumitischen Zeit des *D'MT*-Reiches war. Spuren einer gewaltsamen Zerstörung von Yĕhā lassen auf eine gewisse Unsicherheit der politischen Situation schließen; aus einigen historischen Indizien wird die Existenz mehrerer untereinander zerstrittener politischer Gebilde in Nordäthiopien vermutet.

Im 1. Jh. n. Chr. häufen sich die archäologischen und historischen Dokumente wieder und bezeugen die Existenz eines festgefügten Staates, des Reiches von Aksum. Wie bei dem vorhergehenden D'MT-Reich war die Macht Aksums hauptsächlich auf der Kontrolle der Handelswege gegründet, die Adulis mit Zentralafrika verbanden. Es ist kein Zufall, daß die Hauptstadt Aksum am Schnittpunkt mehrerer Karawanenwege entstand: einer, der von Adulis hinauf ins Hochland führte, andere, die vom Schiré hinab nach Kassala und Sennar im Sudan gingen und wieder andere, die aus dem gleichen Gebiet über Agamé durch die Landschaft Danakil die Küste des Roten Meeres bei Assab erreichten.

Die materielle Kultur dieser Periode ist in vieler Hinsicht eigenartig und enthüllt die Entwicklung einer höchst bemerkenswerten, autochthonen Zivilisation. Das zeigt sich besonders in der Profan- und Gräberarchitektur. Hauptelemente sind die Sockelfundamente, die ein- und ausgestuften Umfassungen sowie die sogenannte »Affenkopf«-Mauertechnik. Am auffälligsten sind die hohen monolithischen Stelen (auch als Obeliske bekannt) der Königsgräber von Aksum, auf denen durch die eingemeißelten Blendfester symbolisch Palastfassaden dargestellt werden.

Während des ganzen 1. Jahrtausends n. Chr. war Aksum die stärkste politische Macht am südlichen Roten Meer, der es mehrmals gelang, ihre Herrschaft auf südarabische Territorien auszudehnen. Das wichtigste Ereignis in der Geschichte des Reiches von Aksum war jedoch die fortschreitende Bekehrung der Bevölkerung zum Christentum im 4.–5. Jh., was auch in der materiellen Kultur tiefe Spuren hinterließ. Von da an wird das Kreuz eines der Hauptmotive im Baudekor und in der Keramik; in allen Siedlungsstätten wurden Kirchen und Kathedralen errichtet, oft mit separater Taufkapelle, in denen sich deutlich syrischer Einfluß zeigt, eine Bestätigung der Legende, wonach syrische Mönche dem äthiopischen Volk das Christentum brachten.

Rekonstruktion des Palastes von Ta'akha Maryani in Aksum (Nordäthiopien). Von diesem 80×120 m messenden Gebäude aus dem 5. Jh. n. Chr. sind nur die Reste der Grundmauern erhalten geblieben. Es bestand, wie die anderen herrschaftlichen Wohnbauten Aksums, aus einem annähernd quadratischen Zentralbau, um den sich eine Reihe kleinerer Räume sowie ein äußerer Mauerkranz anschlossen.

Rechts: Südarabische Inschrift des 3. Jh.s n. Chr. auf einer Sandsteinplatte, wahrscheinlich aus Šibam Suhaym im Jemen. Der Endteil und der Beginn jeder Zeile des sabäischen Textes fehlen.

Linke Seite: Die Stele von Aksum.

Unten: Megalithstele von Soddo (Westäthiopien) mit Reliefschmuck aus Schwertern und Symbolen. Alter ungewiß, doch wahrscheinlich aus der Zeit des Reiches von Aksum.

Reichtum und Blüte des Aksum-Reiches während dieser Periode zeigten sich in der großen Zahl christlicher Gemeinden und der Ausdehnung des Territoriums auf ganz Eritrea und die Landschaft Tigré. Aus der *Topographia christiana* des griechischen Kaufmannes Kosmas Indikopleustes (925 n. Chr.) erfahren wir, daß im 6. Jh. n. Chr. Gold aus Westäthiopien und Balsam aus Somalia nach Aksum kamen, von dort weiter nach Adulis gelangten, wo die Waren von byzantinischen Kaufleuten übernommen wurden. Der gleiche Autor beschreibt auch, wie sich der Tauschhandel mit den Völkern Innerafrikas abspielte. In bestimmten Zeitabständen zogen Karawanen von Kaufleuten von Aksum aus wahrscheinlich in die Landschaft Wollega; dort angekommen, ließen sie ihre Tauschware – Eisen, Salz und Vieh – außerhalb ihres Lagers, zogen sich zurück und warteten, bis von der anderen Seite die Eingeborenen herankamen und den Gegenwert in Gold hinterlegten. Dieser »stumme« oder »Depothandel« ist noch heute bei einigen entlegenen Naturvölkern in verschiedenen Erdteilen üblich.

Im 8.–9. Jh. n. Chr. beginnt der Verfall des Reiches von Aksum durch die Invasion eines nubischen Stammes, der Bedjas in Eritrea und das Vordringen des Islam in Ägypten und an den Küsten des Roten Meeres. Das führte zu einer fortschreitenden Verdrängung aus dem mittelmeerischen Handelskreis und einer Verschiebung des Territoriums nach Südwesten in die Landschaft Wollo, wo mehrere aksumitische Siedlungen aus der Endperiode des Reiches und der nachaksumitischen Zeit des Mittelalters festgestellt wurden. Den endgültigen Zusammenbruch brachte die Invasion von Völkern aus dem Süden im 10. Jh. n. Chr. Das Reich von Aksum verschwand aus der Geschichte.

Schließlich muß noch eine Reihe von Monumenten erwähnt werden, die über Westäthiopien verstreut sind, über die jedoch praktisch so gut wie nichts bekannt ist. Es handelt sich um die megalithischen Stelen des anthropomorphen Typs von Guraghé, Soddo und Sidamo. Sie sind mit Figuren in Relief geschmückt, darunter auch phallischen. Am interessantesten sind die reliefierten Stelen von Soddo, etwa 2 m hohe Steinplatten, geschmückt mit Schwertern, Symbolen und manchmal auch schematischen Figuren von Menschen in Beterhaltung. Sicher handelt es sich um Grabmonumente, deren Alter allerdings noch völlig unbekannt ist. Die mit Schwertern verzierten Stelen könnten immerhin aus der Metallzeit stammen; andererseits wurden an der Basis phallischer Stelen Wiltonische Mikrolithe gefunden. Diese Monumente stehen in keinerlei Verbindung mit den Kulturen des Nordens, sondern sind wahrscheinlich das Werk von Bauerngruppen, die jene »falschen Bananen« (*Ensete eduli*) auf ihren Feldern pflanzten.

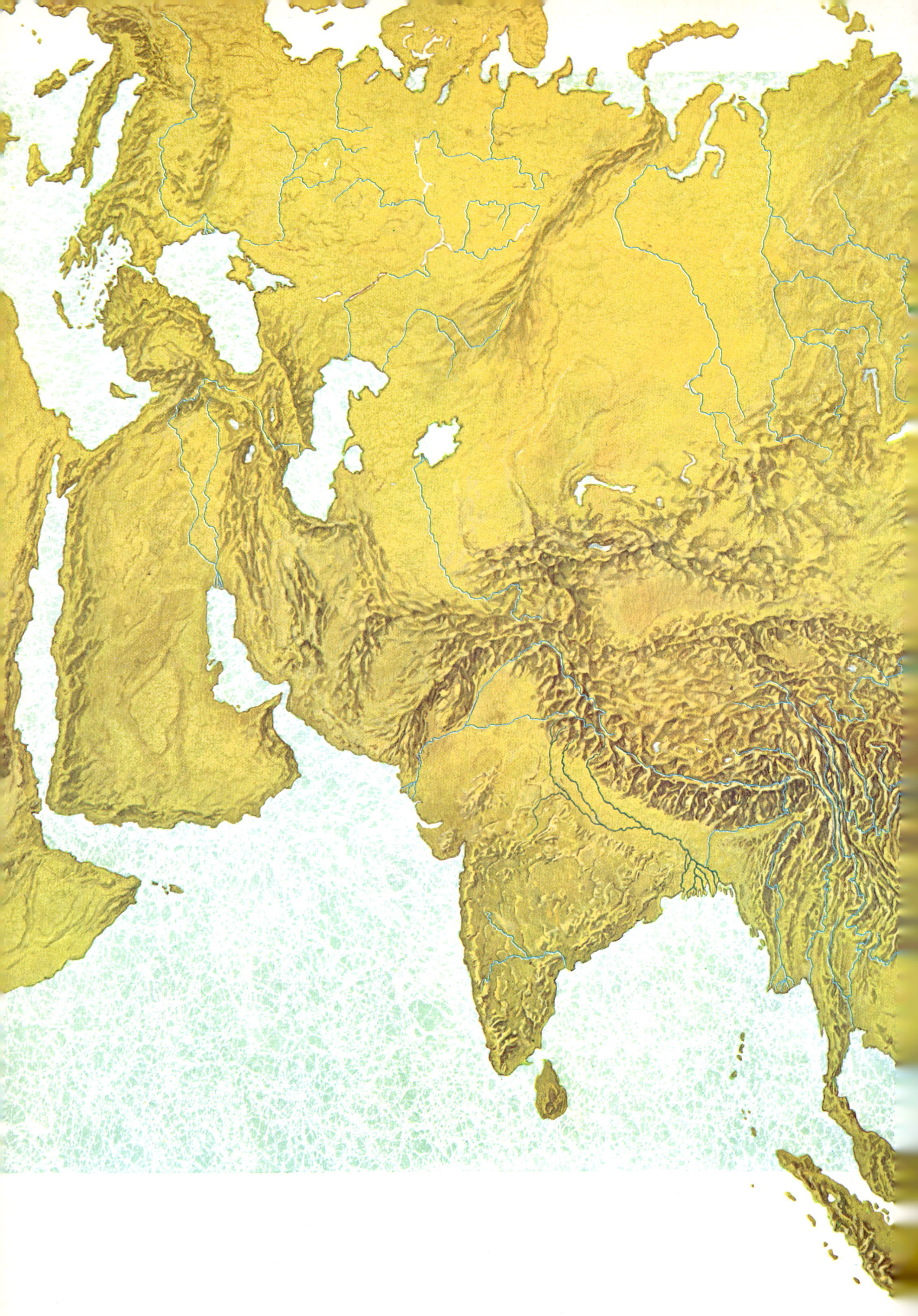

ASIEN

Asien – die präurbane Zeit

James Mellaart

Die Erforschung des Neolithikums im Vorderen Orient, jener Epoche, in der zuerst Ackerbau neben den frühen Formen des Nahrungserwerbs durch Jagen, Fischen und Sammeln betrieben wird, steht noch in den Anfängen. Dennoch haben die Fortschritte der letzten dreißig Jahre – wie langsam und zufällig unsere heutigen Kenntnisse auch zusammengekommen sein mögen – eindeutig die grundlegende Bedeutung dieses Abschnitts in der Geschichte des Menschen bestätigt. Ackerbau, die eigene Erzeugung der Nahrung, schuf die Grundlage für die Hochkulturen, die nicht erst mehrere Jahrtausende später in den großen Stromtälern Ägyptens und Mesopotamiens sowie im Industal auftauchten, sondern auch an zahlreichen anderen Orten; schon wesentlich früher als im späten 4. Jahrtausend v. Chr. finden sich Belege für Hochkulturen. Die neolithische Revolution im Sinne von V. Gordon Childe und die später folgende urbane Revolution (die sogenannte Hochkultur) sind keine verschiedenen Entwicklungsprozesse, sondern Bestandteile ein und desselben vorgeschichtlichen Vorgangs. Die zweite Entwicklung stellt nur die in bestimmten Gebieten und unter dafür günstigen Umständen vorliegende, verstärkte Tendenz zur Bildung urbaner Siedlungen und zur Formation von Hochkulturen dar, die allerdings auch schon in den späteren Stufen des Neolithikums in Erscheinung treten können – so zum Beispiel in Jericho, Tell Abu Hureya, Tell as-Sauwan und Çatal Hüyük, um nur einige hervorragende Fälle zu nennen.

Wie die Suche nach den Ursprüngen der Entstehung der ägyptischen und mesopotamischen Hochkulturen unweigerlich ins Chalkolithikum und ins Neolithikum zurückführt, so lassen sich die Anfänge des Neolithikums nicht ohne ausreichende Kenntnis der vorhergehenden Stufen begreifen, dem Mesolithikum und dem Jungpaläolithikum (für den Vorderen Orient verwendet man auch in der historischen Abfolge die Bezeichnungen Jungpaläolithikum – Epipaläolithikum, um damit, anders als mit dem Begriff Mesolithikum, die Kontinuität zu betonen). Während dieses frühen Entwicklungsabschnitts von 18 000 v. Chr. an finden sich die ersten Hinweise, daß der Ernährungswert bestimmter Nutzpflanzen wie die im Vorderen Orient heimischen Getreidearten, Obstsorten und Hülsenfrüchte erkannt wurde. Solche Feldfrüchte wurden allem Anschein nach als Ergänzung der Fleischnahrung gesammelt. Für in etwa denselben Zeitabschnitt gibt es Belege, daß diese im wesentlichen noch dem Jungpaläolithikum verhafteten Menschen ihre Ernährung abwechslungsreicher gestalteten. Im Gegensatz zu ihren Vorfahren, die ihren Nahrungsbedarf durch die Jagd auf einige wenige Arten – hauptsächlich Huftiere – deckten, nützten die epipaläolithischen Jäger eine viel breitere Palette natürlicher Ressourcen aus: kleine Wildtiere, Fische, Vögel, Schnecken und anderes mehr. Diese Tatsache dürfte mit der neuen Technik der mikrolithischen Werkzeugherstellung in Verbindung gestanden haben. Mit der Beherrschung der Mikrolithenherstellung kamen zusammengesetzte Steingeräte und Waffen auf. Ob das Interesse an einer neuen Form des Nahrungserwerbs der Werkzeugentwicklung zugrunde lag, ist noch ungeklärt. Man darf aber annehmen, daß die neuen Geräte als zweckmäßige technische Voraussetzung für die Jagd auf kleinere und sich rasch bewegende Tiere gefertigt wurden. Unwahrscheinlicher ist es, daß ein Wechsel des für die Ernährung primären Beutewilds die Schaffung neuer Jagdgerätetypen auslöste. Die Erfindung

Ain Mallaha (Eynan); Teilansicht eines natufzeitlichen Rundhauses mit einer Reihe von Pfostenlöchern parallel zur Wand.

Beidha bei Petra; Gesamtansicht nach Süden von einer oberhalb gelegenen Klippe. Die Siedlungsanlage stammt aus dem präkeramischen Neolithikum B.

von Pfeil und Bogen dürfte sicher bei der Jagd auf Vögel, Hasen, Hirsche, Gazellen und selbst beim Fischfang nützlich gewesen sein. Andere sekundäre Verwendungsmöglichkeiten könnten auf dieser Grundlage entstanden sein, wie etwa der Bogenbohrer für die Herstellung von Perlen (von dieser Periode an allgemein verbreitet), der Feuerbohrer oder selbst die Fidel. Speere oder Messer, die mit einer Reihe von Mikrolithen (Schneideeinsätze) verschcn warcn, ließcn sich lcicht in Erntc- und Baummesser, zu Sägen oder Werkzeugen zum Schneiden von Schilf und ähnlichem verwandeln. Die neue epipaläolithische Herstellung mikrolithischer Steinwcrkzeugc bot vielc ncuc Möglichkciten. Allerdings lassen sich hier nur Andeutungen machen, wie die einzelnen Gerätetypen verwendet wurden. Die Geräteformen aus dem Epipaläolithikum waren im Vorderen Orient weit verbreitet. Selbst außerhalb des eigentlichen Vorderen Orients, in Oberägypten, tauchen derartige Werkzeuge auf. Daß kleinere Werkzeuge, auf deren Grundlage sich eine epipaläolithische Mikrolithenherstellung herausgebildet haben könnte, bei mehreren Gerätefunden aus der späten Altsteinzeit im Libanon und im Zagrosgebirge vorhanden sind, läßt eine regionale Entstehung dieser Kulturerscheinung vermuten. Die nachfolgende Ausdehnung der neuen Herstellungstechnik weist jedoch auf kulturelle Kontakte zwischen den regionalen Gruppen hin.
Das meiste einschlägige Material stammt aus Höhlen oder den Vorplätzen vor den Höhlen und Felsdächern. Außerdem wurden auch in den Sanddünen der palästinensischen Küstenebenen die Reste runder Hütten oder Zeltbauten aus dem gravettienzeitlichen Kebarium gefunden. Da es bislang keine Bestattungsfunde gibt, besitzen wir keinerlei Vorstellungen über den Menschentypus des frühen Epipaläolithikums.
Während des späteren Kebariums von Ain Gev in Nordpalästina taucht eine offene Siedlung mit Rundhütten und Feuerstellen auf, bei der Sichelklingen, Mahlsteine und ein großer Mörser gefunden wurden. Laut Radiokarbon-Test stammt die Siedlung aus dem 14. Jahrtausend v. Chr. Auffallend sind die Gemeinsamkeiten mit der späteren Natufkultur, wie sie durch das erste Vorkommen der Sichelklingen, der Mahlsteine und Mörser aus ausgehöhlten Steinen belegt sind, von Geräten also, die für die Zubereitung pflanzlicher Nahrung notwendig waren. Die Nähe des Fundorts zu den Golanhöhen, eine Region, die für den wilden Bestand an Emmcr-Wcizcn und an Gcrstc bckannt ist, läßt vermuten, daß die Siedler von Ain Gev die lokalen natürlichen Ressourcen nützten, auch wenn diese Annahme erst durch ausgedehnte Ausgrabungcn bcwicscn wcrdcn könntc. Dic Hcrstcllung solcher schwer zu handhabenden Geräte wie Mörser und Mahlsteine aus Kalkstein unterstellt an sich, daß das Sammeln wilder einheimischer Pflanzen in zunehmendem Maße zur wesentlichen Form der Nahrungsgewinnung wurde.
Für das gesamte Kebarium ist der hohe Anteil an Gazellenknochen unter den Tierknochen in Nahal Oren und der Ziegenknochen unter denen im Wadi Madamagh bei Petra gleichermaßen bedeutsam. Diese Spezialisierung innerhalb der zu beiden Fundorten gehörenden Wirtschaft stellt einen deutlichen Hinweis auf die Haltung gezähmter Tiere dar, den ersten Schritt in Richtung auf eine Domestikation.

Die Levante

Die letzte nachpaläolithische Kultur im östlichen Mittelmeerraum ist die Natufkultur, die etwa um 10 000 v. Chr. nach nicht geeichten Radiokarbon-Werten beginnt. Die Natufgruppe gilt heute allgemein als der Nachfolger des Kebariums, das als die Kultur des »Kebariums B« einfacher Jäger und Sammler neben ihren Nachfahren weiterlebte. Die Natufgruppe übernahm neue Verfahren intensivierten Nahrungssammelns, die auf einem jahreszeitlichen Wanderungsmuster zwischen den als feste Lager bezeichneten Siedlungen und den jah-

Beidha; Baukomplex im Südosten der Ansiedlung, wahrscheinlich von einem »Tempel« stammend. Bemerkenswert ist die Verwendung wuchtiger Steine bei der Errichtung dieser Rundbauten.

reszeitlichen Jagdlagern beruhten. Die Hauptlager befanden sich fast alle auf den *Terra-rossa*-Böden des palästinensischen Hochlands in offenen Waldgebieten mit Eichen- und Pistazienbeständen, unter denen der wilde Emmer-Weizen und die Gerste wuchsen, deren Samenkörner offensichtlich im Frühjahr gesammelt wurden. Nicht nur die massiven Mörser und Mahlsteine, die zum Teil fest in die Fußböden der Rundhäuser oder Wohnebenen vor den Höhleneingängen eingelassen waren, legen diese Vermutung nahe, sondern auch die Wahl der Siedlungsplätze und der Zahnbefund bei vielen Skeletten in Ain Mallaha. Die Zähne sind nämlich infolge einer übermäßigen Getreidediät, gemischt mit dem groben Sand von den Mahlsteinen, bis aufs Zahnfleisch abgewetzt. Das Sammeln wilden Weizens, wilder Gerste und Beeren sowie wilder Hülsenfrüchte nahm nicht das ganze Jahr in Anspruch. So könnten die Hauptlager verlassen gewesen sein, wenn die Bewohner geschlossen die Jagdgründe aufsuchten oder Gazellen auf dem ausgedehnten Weideland zusammentrieben. Landwirtschaftliche Geräte fehlen bei den Funden aus den Jagdlagern, ebenso auch Kunstgegenstände und Werkzeuge für andere Zwecke als Sammeln und Jagen. Die Toten wurden an den festen Wohnplätzen beigesetzt, nicht jedoch bei den Lagerplätzen während der Jagdzeit. Alle, die während der Jagd von den permanenten Siedlungen entfernt starben, wurden kurzfristig begraben, um dann zur Siedlung überführt und dort endgültig bestattet zu werden. Daher gibt es zwei Bestattungsformen, die primäre und die sekundäre, beide sind für das Palästina der Natufkultur belegt.

Häusergruppe in Beidha, Schicht VI. Sie setzt sich aus mehreren Rundhäusern und Verbindungsgängen zusammen. Beachtlich ist die Verwendung senkrechter, in den Mauern verankerter Holzpfosten, die ein gut konstruiertes Holzdach trugen, das während der Ausgrabungen in einem verkohlten Zustand gefunden wurde.

Diese Sitte der Totenbehandlung, bei der die Ansiedlungen als endgültiger Bestattungsort für die Toten dienten, weist auf ein weitaus stärker ausgeprägtes Maß an dauernder Seßhaftigkeit hin. Die Toten wurden unter dem Boden der Rundbauten begraben. Die Häuser waren viel fester gebaut als die Hütten der Kebarer und konnten einen Durchmesser von bis zu sieben Metern erreichen. Mehrere übereinanderliegende Siedlungsschichten lassen eine größere Besiedlungskonstanz als zuvor vermuten. Dennoch meinen einige Fachleute aufgrund des nahezu völligen Fehlens von Ansiedlungen der Natufkultur auf für den Ackerbau geeigneten Böden, daß nach der Entwicklung einer wirklichen Agrarkultur anderenorts zu suchen wäre. Jericho ist die einzige Ausnahme. Selbst wenn die Natufier vermutlich erste Versuche mit der Verpflanzung wilder Nutzpflanzen von den Hügeln auf kleine Gartenflecken außerhalb der Siedlungen durchführten, wie neuerdings mit einiger Beweiskraft für die Siedlung von Hayonim angenommen wird, dürfte die regelrechte Zuwendung zum Ackerbau in Ansiedlungen mit geeigneterem Umland stattgefunden haben. Als Beispiel dafür soll die Oase von Jericho aufgeführt werden, wo die früheste Ansiedlung auf der untersten Schicht des Siedlungshügels, dem sogenannten Tell (auch Tepe, Hüyük), bei einer ergiebigen Quelle aus der Natufperiode stammt.

Solange es keine eindeutigen Befunde dafür gibt, daß die Pflanzenreste, die in Verbindung mit Siedlungen der Natufkultur entdeckt wurden, von aus ihrem natürlichen Vorkommen herausgelösten und als Getreide kultivierten Wildgräsern herrühren, muß es weiterhin offen bleiben, ob sich der Übergang zum Ackerbau während der Natufperiode vollzog. Agrikultur beginnt nach der Definition des großen Paläoethnobotanikers Hans Helbaek, wenn der Mensch anfängt, Pflanzen jenseits ihrer natürlichen Umgebung zu manipulieren. Er muß sie aussäen, hegen und pflegen und während des Wachstums vor Eindringlingen schützen. Das Sammeln von Wildpflanzen ist noch keine Agrikultur, das Kultivieren wilder Pflanzen dagegen schon. Die nächste Stufe ist erreicht, wenn die Pflanze mit Mutationen auf den menschlichen Eingriff reagiert und dadurch für ihre Vermehrung vom Menschen abhängig wird. Bei den Wildgrasformen geschieht dies, wenn die Pflanzen einen verhärteten Stengel ausbilden, der das zur natürlichen Vermehrung nötige Ausstreuen der Samenkörner verhindert. Die Entwicklung eines harten Stengels gilt als ein Kriterium für Pflanzendomestikation, ist aber noch keine hinlängliche Definition einer Agrarkultur. Auf der ersten Stufe werden Wildpflanzen angebaut, auf der zweiten kommt es zur Pflanzendomestikation und auf der dritten Stufe entstehen Hybriden durch künstliche Bewässerung, wie einfach sie auch sein mag.

So gesehen gingen die Kebarer nicht über das Sammeln wilder Pflanzen hinaus, und dabei blieben auch viele Natufier. Sie können daher angesichts der gegenwärtigen Kenntnisse nicht als Akkerbauern gelten. Innerhalb des begrenzten, von den Natufiern besiedelten Gebiets führten Bevölkerungswachstum und sich verschlechternde klimatische Bedingungen – für beides gibt es sichere Belege – zu einem dauernden Druck. Abgesehen davon, was künftige Forschungen ergeben werden, darf man nicht vergessen, daß es gegen Ende des Natufiums bereits Versuche mit dem Anbau bis-

Jericho, präkeramisches Neolithikum A. Ansicht des tiefen Sondierungsgrabens mit dem aus großen Steinen errichteten Turm.

lang nur gesammelter Nutzpflanzen gegeben haben könnte. Die Notwendigkeit einer auf dem eigenen Eingriff beruhenden Nahrungsgewinnung mag zur echten Landwirtschaft in dem Zeitabschnitt übergeleitet haben, der um 8500 v. Chr. endet. Archäologisch ist die Annahme noch unbewiesen.

Jüngste Entdeckungen natufartiger Siedlungen am mittleren Euphrat in einem völlig andersartigen ökologischen Rahmen, in Mureybet und Tell Abu Hureya, sind von größter Bedeutung für unser Wissen über das Ende der nachpaläolithischen Kulturentwicklung. Am ersteren Fundort gehören natufartige Rundbauten aus Holz und eine auf der Jagd basierende Wirtschaft zur ältesten Ansiedlung. Beutetiere waren der Palästinensische Esel, Auerochsen und Gazellen sowie Vögel und Fische. Auch Süßwassermuscheln wurden gesammelt. Allerdings finden sich auch Reste pflanzlicher Herkunft, darunter wilde Gerste. Fachleute erklären, daß diese kaum in den Grassteppen oder im Euphrattal heimisch gewesen sein könnte, sondern von den Hügeln im Nordwesten geholt worden sein muß. Wurde die Gerste angebaut oder nur gesammelt? Angesichts der Tatsache, daß diese Kulturentwicklung um etwa 8500 v. Chr. verschwindet und daß ausreichende Belege für Pflanzenanbau vorhanden sind, und zwar nicht nur von Gerste, sondern auch von wildem Einkorn und verschiedener Hülsenfrüchte in der zweiten, sich stärker ausbreitenden Ansiedlung – angesichts all dessen scheint es plausibel, diesen Siedlungen den ältesten Gebrauch des Ackerbaus während des späten Natufiums zuzurechnen. Das Material aus den zeitgenössischen »mesolithischen« Schichten von Tell Abu Hureya flußabwärts ließe sich ebenso deuten. Auch hier finden sich die gleichen Nutzpflanzen sowie das Vorherrschen der Gazelle über Wildesel, wilde Schafe und Ziegen. Während des nichtkeramischen Neolithikums dehnte sich die Siedlung beträchtlich aus, was einen deutlichen Beleg für eine dauernde Ansiedlung darstellt und somit offensichtlich auf die Erfolge des Ackerbaus hinweist.

Die vollständige Abwanderung aus den meisten Natufsiedlungen in Palästina außer Nahal Oren und Jericho wird von Fachleuten als Folge der sich verschlechternden klimatischen und damit auch wirtschaftlichen Umstände angesehen. Wegen der zunehmenden Trockenheit wichen die Waldgebiete und ihre Tierwelt langsam nach Norden zurück. Vermutlich folgte ihnen ein großer Teil der Natufbevölkerung. Die weiterbestehenden Siedlungen, Nahal Oren und Jericho, zeigen bestimmte Veränderungen; grundsätzlich aber verblieb die kulturelle Entwicklung während dieses »Protoneolithikums« und »akeramischen Neolithikums A«, deren Dauer von etwa 8500–7500 v. Chr. (unge-

Beisamoun; ein mit Gips überzogener Schädel wird gerade ausgegraben (präkeramisches Neolithikum B).

eichte Daten) geschätzt wird, im Rahmen der Natuftradition.

Nahal Oren ist eine kleine Ansiedlung mit etwa dreizehn ausgegrabenen Rund- und Ovalhäusern auf drei Terrassen mit beträchtlichen Mauerresten. Dagegen scheint sich Jericho von einer kleinen Hügelansiedlung mit zahllosen Schichten voller Reste vergänglicher Hütten um 8350 v. Chr. zu einem riesigen Besiedlungsareal entwickelt zu haben, das vier Hektar mit einer geschätzten Bevölkerung von zwei- bis dreitausend Bewohnern umfaßte. Eine beeindruckende Befestigungsanlage mit einer mehrfach erneuerten, aus übereinandergeschichteten Steinen errichtete Mauer (3 m Höhe und 1,75 m Breite) und einem 3 m tiefen Graben davor umgab die Ansiedlung. Zu dieser Anlage gehörte mindestens ein abgeplatteter kegelförmiger Turm (Durchmesser und Höhe etwa 9m), an den sich Lagerräume anschlossen, die vielleicht für Gemeinschaftsvorräte dienten. Die Stadt selbst bestand aus Rundhäusern in der Natuftradition, die einen Raum, gelegentlich aber auch zwei besaßen. In materieller Hinsicht zeigt die Kultur klare Züge einer Natufabstammung, was durch die Untersuchung der Skelette und Bestattungen bestätigt wird.

Die Größe der Jericho-Siedlung entspricht denen von Tell Abu Hureya und Mureybet in Syrien, die beide in fruchtbarem Ackerland lagen. So großen Ansiedlungen einen prinzipiell dörflichen Charakter zuzusprechen, ist ohne Zweifel etwas fragwürdig. Die imponierende Befestigungsanlage von Jericho deutet auf mögliche Angriffe auf die »Stadt«. Welchen Reichtum wollten die Bewohner von Jericho schützen? Die Antwort muß offen bleiben. Jericho ist der erste Fundort mit der vollständig domestizierten Spelzenweizenart Emmer (Zweikorn) und der Gerste – neue Nutzpflanzen, die vermutlich in Palästina selten waren. Die Entwicklung des domestizierten Weizens, die allem Anschein nach schon vor der Herausbildung der Töpferei, also vor 8000 v. Chr., belegt ist, verweist auf einen früheren Anbau wilder Nutzpflanzen, womöglich während der vorhergehenden protoneolithischen Phase. So klein diese frühe Siedlung auch war, sie schuf etwas Neues, was in den bisherigen natufzeitlichen Siedlungen unbekannt gewesen war: Sie begann Handel zu treiben mit Anatolien, von wo Klingen aus Obsidian (schwarzes vulkanisches Naturglas) eingeführt wurden. Die Selbstversorgung der Natufperiode gehörte nun der Vergangenheit an. Mit der Zeit wurden mehr und mehr fremde Erzeugnisse eingetauscht und allmählich bildete sich ein ausgedehntes Netz von Handelswegen heraus, das den gesamten Vorderen Orient durchzog. Es ist vermutlich kein Zufall, daß der Anfang des Obsidianhandels über die Grenzen Anatoliens hinaus (wo es Belege gibt, daß schon im Jungpaläolithikum Tauschhandel getrieben wurde) zu der Zeit einsetzte, als der Akkerbau in Syrien und Palästina zur festen Lebensform geworden war. Offensichtlich besaßen diese Gegenden jetzt etwas, das die Bewohner Anatoliens eintauschen wollten. Da bislang keine Siedlungen im Hochland von Anatolien ausgegraben worden sind, ist noch unklar, welche Dinge die Bewohner interessierten. Allerdings könnte es sehr wohl sein, daß es die neuen Nahrungsmittel, beziehungsweise die praktischen Kenntnisse im Pflanzenanbau waren. Neben Obsidian dürften noch viele andere Gegenstände am Handel beteiligt worden sein, und es wäre nur gerecht, davon auszugehen, daß sie vergänglich waren, ohne der Archäologie entzifferbare Hinweise zu hinterlassen. Doch ohne Obsidian wären von jenem Handel überhaupt keine Spuren übriggeblieben. Der Aufmerksamkeit der Forschung ist nicht entgangen, daß sich der bemerkenswerte Fortschritt der Agrikultur während des frühen, akeramischen Neolithikums, der ja auch das Entstehen von Siedlungen beträchtlicher Größe erlaubte, bei der Tierdomestikation nicht wiederholte. Die Gazelle und an zweiter Stelle die nunmehr schon als echtes Haustier zu betrachtende Ziege deckten weiterhin hauptsächlich den Fleischbedarf.

Ein Bruch von unbekannter Dauer trennt in der Entwicklung die ältere akeramische Periode in Syrien und Palästina von dem späteren, üblicherweise als »präkeramisches Neolithikum B« bezeichneten Abschnitt zwischen etwa 7000 und 6000 v. Chr. Die Epoche war offensichtlich eine Periode großer Fortschritte und Leistungen, zumindest in der Architektur, bei den Werkzeugen, Statuetten und vermutlich auch im Bereich der Wirtschaft. Diese Kulturstufe läßt sich allenthalben von Syrien bis Ugarit, von Palästina bis zum mittleren Euphrat (Mureybet, Tell Abu Hureya, Bouqras) und selbst in der syrischen Wüste (El Kowm) nachweisen. Die Grenzen dieser Kulturausdehnung nach Osten und Norden sind bis heute noch nicht bestimmt. Allerdings könnte der große Fundort Cayönü am Fuß des Taurusgebirges im Nordwesten von Diyarbakir eine frühe Variante der gleichen späteren akeramischen Kultur des östlichen Mittelmeerraums darstellen.

Als wesentliche Kulturerscheinungen sind bekannt: Rechteckarchitektur mit luftgetrockneten Lehmziegeln, mehrräumige, teilweise auch mehrgeschossige Häuser, möglicherweise auch einige Kultbauten, mit Kalksteinplatten gepflasterte Fußböden, rot, braun, cremefarben oder schwarz getünchte Wände mit gelegentlichen Malereien (geometrische Muster), Flachdächer und mög-

Mit Gips überzogener Schädel aus Jericho, präkeramisches Neolithikum B.

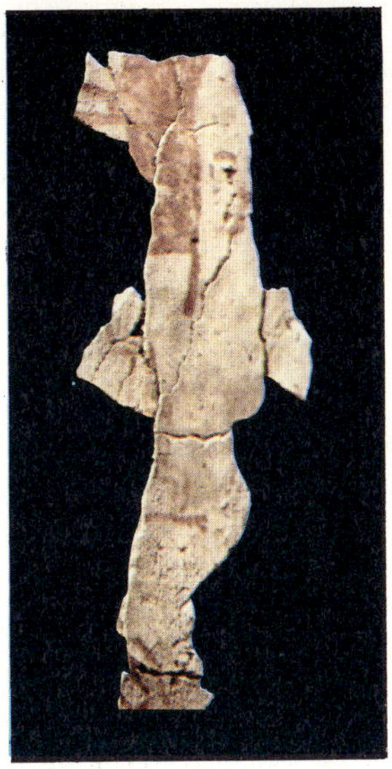

Links oben: Umm Dabaghiyah, Irak. Fragment primitiver neolithischer Keramik.

Rechts oben: Reproduktion eines Wandgemäldes, das in eine Falle oder in ein Gehege getriebene Wildesel darstellt.

Unten: Keramikfragmente mit Abbildungen von Hornvieh in Relief.

licherweise Befestigungsmauern sowie ein neuer Treppentypus in El Kowm. Nur in Beidha läßt sich anhand der gut erhaltenen Steinarchitektur die Entwicklung von den Gruppen geräumiger Rundbauten über vieleckige Häuser zu Bauten mit einem rein rechteckigen Grundriß während dieser Periode nachvollziehen. Ein ähnlicher Wandel kann für die Gebiete am mittleren Euphrat nachgewiesen werden. Dort kamen neben den Rundbauten schon früher während der akeramischen Stufe runde Häuser mit geradlinigen Trennwänden und reine Rechteckhäuser vor. In der späteren akeramischen Stufe wird der Übergang zu mehrräumigen Bauten mit rechteckigem Grundriß in dieser Region vollständig vollzogen, während in Beidha bei Petra der Wechsel von Rundbauten zu rechteckigen Häusern erst begann. Es scheint, daß während des präkeramischen Neolithikums die wesentlichen kulturellen Anregungen auf Einflüsse aus dem Norden zurückgingen, genauer gesagt durch die zur Nachahmung einladende Strahlkraft der »städtischen« Siedlungskultur am Euphrat bewirkt wurde. Durch die Kontakte zwischen den Gruppen drifteten solche Anregungen immer weiter nach Süden. Die Ausstrahlung der nördlicheren Gruppen folgte der alten Route des Obsidianhandels, der inzwischen zumindest in Palästina etwas zurückgegangen war und auch die Gruppen in Ostanatolien um den Vansee miteinbezog. Neben neuen Architekturformen und Bauweisen tauchen auch neue Formen der Werkzeugherstellung aus Feuerstein auf. Es gab veränderte Speer- und Pfeilspitzen, Sicheln und Erntemesser sowie eine florierende Fabrikation von Steingefäßen. Die Gefäßproduktion wurde in Syrien bald mit der sogenannten »Weißware« aufgenommen, einer Mischung aus Kalk und Pottasche, die gebacken wurde und als Vorstufe der Tonware gelten kann. Neu waren ferner Figurinen männlichen und weiblichen Geschlechts sowie kleine Tierplastiken. Alle Zeugnisse zeigen beträchtliche Abweichungen von der früheren, aus dem Natufium hervorgegangenen Kultur der akeramischen Periode. Es gibt allerdings auch deutliche Hinweise, daß wir es nicht mit »neuen Menschen« zu tun haben. Einmal verweisen die anthropologischen Reste auf eine Mischung zwischen dem alten, natufzeitlichen Menschentypus und einer neuen rassischen Gruppierung hin, den Protomediterranern. Dann blieben die Bestattungsriten unverändert. Auch der alte Schädelkult, der seit der Natufkultur belegt ist, kommt in den bemalten, mit einer Gipsmasse übermodellierten und mit Augeneinsätzen versehenen Schädeln in Jericho, Beisamoun und Tell Ramad wieder vor. Solche um einen echten Schädelkern geschaffenen »Kopfplastiken« dürften verehrte Vorfahren darstellen.

Die Entfaltung dieser Kultur, vorläufig auf das 7. Jahrtausend v. Chr. datiert, ist erstaunlich, zumal die Abstimmung der Radiokarbon-Datierung vermutlich ergeben wird, daß diese Kulturerscheinung nicht aus dem 7., sondern aus dem 8. Jahrtausend v. Chr. stammt. Welche wirtschaftlichen Ursachen liegen dieser Leistung zugrunde? Vor allem war es offensichtlich der Erfolg des Ackerbaus mit Emmer- und Einkornweizen, mit der Zweizeilgerste, mit Erbsen und Linsen sowie anderen Hülsenfrüchten. Der Übergang zur Domestikation von Schaf/Ziege gehört zu den wichtigeren Veränderungen jener Zeit, eine Entwicklung, die sich auf Kosten der bisher üblichen Tierhaltung mit großen Wildgazellenherden vollzog. Die Zunahme der Schafherden in Syrien, eines Tieres, das in Palästina nicht heimisch ist, läßt unmittelbar an Milchprodukte und Wolle als zusätzliche Nahrungs- und Rohstoffquelle denken. Allem Anschein nach wurden mehr tierische Rohmaterialien verarbeitet und gebraucht. Technologische Neuerungen während dieses Zeitabschnitts, zumindest gegen dessen Ende, sind die erste grobe, schwarzglänzende und ledergelbe Tonware und gelegentliche Schmuckstücke aus Kupfer. In Cayönü wurde schon seit etwa 7000 v. Chr. heimisches Kupfer durch Hämmern zu Nadeln verarbeitet.

Das volle Potential dieser Kulturstufe wurde bislang noch nicht hinreichend untersucht. Allerdings gibt es kaum einen Zweifel, daß sie einen Wendepunkt in der frühen Entwicklung des Vorderen Orients darstellt. Daß der Niedergang und das Verschwinden dieser Kultur mit einer weiteren Klimaverschlechterung um 6000 v. Chr. zusammenhängt, scheint plausibel. Damals wurden viele Binnenlandsiedlungen wegen Trockenheit verlassen. Die Bewohner zogen in das Hochland und die Küstenregion entlang des Mittelmeers um, die bis dahin nur dünn besiedelt war. Sie sollte das Zentrum der neolithischen Kulturen mit Keramikherstellung werden, wie es die Funde in Byblos und

Arpachiyah, Irak; Schale der frühen Halafperiode, bemalt mit »Leopardenmuster«.

Ugarit aus dem 7. und 6. Jahrtausend v. Chr. am besten belegen.

In Palästina scheint das Ende des präkeramischen Neolithikums B zu einem schweren kulturellen Zusammenbruch geführt zu haben, auf den Kulturen mit verschiedenartigen Typen bemalter und unbemalter Tonware folgten, die mit denen weiter nördlich und östlich verwandt waren. Das kulturelle Übergewicht hatte sich eindeutig nach Norden verlagert, wo es bis zum Ghassulium bleiben sollte.

Mesopotamien

Eine Abfolge kultureller Entwicklungsstufen, die parallel zu der verläuft, die für Syrien und Palästina beschrieben wurde, läßt sich auch im Gebiet des Zagrosgebirges am Rande der mesopotamischen Ebene erkennen – allerdings nur unter Schwierigkeiten. Moderne Grenzen haben wenig mit den kulturellen Einheiten der Vergangenheit zu tun. Anstelle solch unglücklicher Bezeichnungen wie »Großmesopotamien«, die auch das Zagrosgebirge einschließen würde, soll im folgenden Mesopotamien (griech. »Land inmitten der Flüsse«) wörtlich gebraucht werden: die eigentliche Zweistromlandschaft zwischen Euphrat und Tigris, wobei jedoch zuzugestehen ist, daß bei unserer Behandlung Vorderasiens die nordsyrischen Funde von Aleppo ohne weiteres zu Nordwest-Mesopotamien gerechnet werden können.

Neben Ausläufern aus den Hochlandkulturen des Zagrosgebirges (Fundort Alikosh in Chusistan, 8. bis 7. Jahrtausend v. Chr., oder Tamerkhan bei Mandali mit Tonware im Stil des keramischen Dscharmo) liefert der Fundort Umm Dabaghiyah in der assyrischen Steppe südlich von Dschebel Sinjar die klarsten Zeugnisse der ältesten mesopotamischen Kultur. Sie ist vermutlich auf das späte 7. Jahrtausend und die erste Hälfte des 6. Jahrtausends v. Chr. in ungeeichten radiometrischen Werten zu datieren und ist damit später als das präkeramische Neolithikum B der Levante. Zwar dürfte sich die mesopotamische Kulturstufe mit der letzten Phase der Dscharmoperiode überschneiden, sie stammt jedoch nicht von der Zagrostradition jenes Fundortes ab. Umm Dabaghiyah läßt sich als früheste keramische neolithische Kultur in Mesopotamien klassifizieren. Der Fundort ergab eine Fülle sehr grober, einfacher und handgearbeiteter Keramik, die vielleicht an die syrische Weißware oder ungebrannte, luftgetrocknete Tonware in der Levante denken läßt. Die groben Gefäße sind allerdings gebrannt und treten in Verbindung mit feineren Stücken auf, sowohl rotpolierter Gefäße wie die Amuq-A-Tonware in Syrien (die älteste neolithische Keramik in der Levante) als auch chamoisfarbener Exemplare mit roten, einfachen geometrischen Mustern. Noch erstaunlicher sind die auf einfarbiger Töpferware angebrachten Dekorationen mit gehörnten Tieren, Tierköpfen und selbst menschlichen Gestalten. Zu den Steinarbeiten zählen mit einem Dorn versehene Pfeilspitzen – eher ein syrischer als zur Zagrostradition gehörender Einschlag – und unpolierter Obsidian, der vermutlich aus der Van-Region in der Türkei kam. Die Bauten wurden mit Lehmziegeln errichtet und setzten sich aus zwei ungleichen Gruppen zusammen. Zu den größeren gehören ausgedehnte und gut organisierte Lagerräume, die allem Anschein nach zur Aufbewahrung von Wildeselfellen und Fleisch dienten.

Daneben findet man wenige Häuser mit mehreren kleinen Räumen, von denen einer einen großen, aus Ziegeln gemauerten Bogen besitzt. Beide Gebäudetypen weisen Verputz auf und wurden vom Dach aus betreten. Die Fußböden der Häuser waren mit poliertem Stuck überzogen. An den Wänden befanden sich Malereien, die Wildeseljagden sowie geometrische Elemente umfassen, die vielleicht stilisierte Geier und Spinnen darstellen sollten. Die Bewohner der Siedlung waren auf die Wildeseljagd spezialisiert und versorgten damit die größeren Fundorte weiter nördlich, bei denen sie im Austausch den größten Teil ihres Bedarfs an Weizen und Hülsenfrüchten deckten. Hund, Schwein, Rind, Schaf und Ziege waren domestiziert, aber an diesem trockenen Ort müssen Ziege und Schaf bevorzugt worden sein.

Auf der nächsten Entwicklungsstufe (5500 bis 4750 v. Chr.) treten drei verschiedene Kulturen in Erscheinung: das Hassunium mit Tell Hassuna, das Halafium mit Tell Halaf und die Samarrakultur, die alle durch buntbemalte Keramik gekennzeichnet sind. Die Farben waren Rot beziehungsweise Braun-Schwarz auf cremefarbenem, auf weißem, chamoisfarbenem oder orangem Grund. Außerdem sind gravierte Tonwaren typisch. Häufig wirken Gefäße aus Tell Hassuna und Samarra wie reich verzierte Korbwaren, die im übrigen auch allgemein hergestellt worden sein dürften.

Viele frühe Halafgefäße haben Vorläufer in harten Steingefäßen. Die ältesten Schichten mit Bauten des samarrazeitlichen Fundorts Tell as-Sauwan standen in Verbindung mit einem großen Friedhof – meist Kindergräber –, wo eine bemerkenswerte Vielzahl von Alabastergefäßen und Statuetten ans Tageslicht kam. Die Steingefäße dürften eine ähn-

Arpachiyah; Steingefäß der frühen Halafperiode, aus einem Konglomeratstein gefertigt.

Arpachiyah, Irak. Bemalte Schüssel mit Bucranionmotiven, die von anderen Zonen mit weiteren Motiven durch senkrechte Streifen getrennt sind. Auf der Innenseite sind eine Leopardenjagd und zwei Frauen abgebildet, die sich ein Stück Stoff anhalten. Eine Darstellung, möglicherweise eines Heiligtums, befindet sich innen auf dem Schüsselboden. Frühe Halafperiode.

liche Tradition der präkeramischen Dscharmokultur im Zagrosgebirge fortführen. Einige Gefäße tauchen auch in den spätesten Schichten von Umm Dabaghiyah auf.
Die Konzentration dreier Kulturen im Nordirak und die Anzeichen einer wachsenden Bevölkerung könnten einen größeren kulturellen Austausch als bisher veranlaßt haben. Es gibt eine Fülle von Belegen für Spezialisierung, Arbeitsteilung, technologischen Fortschritt und Handel. Schaf- und Ziegenwolle sowie Haare – beide Tiere machten die Masse der Haustiere aus – dürften eine blühende Textilherstellung ermöglicht haben, wie viele der Halaf-Muster nahelegen. Damit wurde die Grundlage für den mesopotamischen Textilhandel gelegt. Perlen aus iranischem oder anatolischem Kupfer kommen in allen drei Kulturen vor. Unter den Resten des Friedhofs von Tell as-Sauwan fand man iranischen Türkis. Neben dem natürlichen Vorkommen von Obsidian in der Gegend des Vansees war das Gebiet um den Berg Ararat eine weitere Quelle dieses Rohstoffs für die Halafzeit. Unmittelbare Kontakte mit Syrien belegen die Stempel aus Speckstein, vereinzelte Speerspitzen und graue Tonscherben in Hassuna und im frühen Halaf. Dalmakeramik mit Zickzackmustern, wie zum Beispiel bei den Funden in Bagum (Gebiet von Suleymaniyah) und aus Urmia bis Kermanschah im Zagrosgebirge wurde in Arpachiyah gefunden, ein Kultort und vielleicht auch eine dörfliche Ansiedlung von Handwerkern, die vermutlich die größere, nahegelegene Siedlung Ninive versorgten.
Die Architekturreste dieser Zeitspanne werden am besten durch Tepe Yarim I für die Hassunakultur, Tell Arpachiyah für die frühe Halafzeit und Tell as-Sauwan für die frühe Samarrakultur verdeutlicht. Alle drei weisen rechteckige Häuser mit vielen Zimmern auf. In Tell as-Sauwan gab es auch große »Tempel«, die allerdings in leichter Bauweise errichtet waren. Über die Ursprünge dieser Kulturen läßt sich nur wenig sagen. Die Ansichten sind geteilt. Nach einer Anfangsphase kultureller Koexistenz wurde die Hassunakultur westlich des Tigris verstärkt durch ihre Samarranachbarn beeinflußt, die östlich des Stromes angesiedelt waren. Schließlich dehnte sich die mittlere halafzeitliche Kultur nach Westen aus, übernahm weite Teile Syriens bis zum Euphrat und übte wohl auch westlich des Flusses bis zum Mittelmeer und südlich bis zum Libanon (Ard Tlaili) einen starken kulturellen Einfluß aus. Diese Tatsache läßt entweder auf eine Übervölkerung in dem begrenzten ursprünglichen Gebiet jener Kultur oder auf Handelsbeziehungen schließen, kamen doch die halafzeitlichen Erzeugnisse im Norden bis nach Transkaukasien und im Süden bis Südmesopotamien. In dieser Gegend überlagerten die nördlichen Kulturerscheinungen die früheren Samarramerkmale während der späten Halafzeit. Eine ähnliche Wirkung und Ausdehnung der Samarrakultur dürfte den Euphrat aufwärts bis Baghouz vorliegen, wo eine Samarrasiedlung gegründet wurde. Bis nach Karkemisch im Osten von Aleppo lassen sich die Einflüsse der Samarrastufe nachweisen, obwohl die primäre Ausstrahlung vermutlich eher auf das südliche Mesopotamien und auf Chusistan gerichtet war, wo Siedlungen wie Eridu, Chogha Safid und Chogha Mish eindeutig den Einfluß der Samarratradition (klassische und spätere Stufe) spüren lassen.
Die weitere Verbreitung der halaf- wie der samarrazeitlichen Kultur wurde durch die günstigen Verbindungswege ermöglicht. Während dieser Epoche entstand der Handel mit den Siedlungen entlang der saudiarabischen Küste.
Architekturreste aus den drei Kulturen werden zur Zeit bei Ausgrabungen in Tell Sotto, wo die frühe Hassunatradition in den Schichtenfolgen über Material aus der Umm-Dabaghiyah-Stufe auftritt, und in Tepe Yarim I gefunden. Im Bereich der Hassunasiedlungen verliefen ordentlich angelegte Straßen mit freien Plätzen neben den geradlinig-rechtwinkligen, vielräumigen Häusern, die nun zu ebener Erde betreten wurden. Kleine, manchmal mit einem Bodenpflaster versehene Anlagen sind eindeutig als Silos anzusprechen, wie in Umm Dabaghiyah. In den Höfen bei den Häusern standen die Brennöfen zur Herstellung der Keramik. Neuere Grabungen in Arpachiyah legten frühe halafzeitliche rechteckige Bauten unter den Rundbauten (Kultbauten?) der mittleren Stufe frei, die ebenfalls auch in Tepe Yarim II gut vertreten sind. Dort stehen sie neben großen rechteckigen Ge-

Oben: Chogha Mami, Irak. Bemalte Tonfigur einer sitzenden Frau aus der klassischen Samarrazeit.

Unten: Tell as-Sauwan. Gesamtansicht der Ausgrabungen des neuartigen Siedlungstyps der Samarrakultur.

bäuden, zu denen Silos und ein möglicher Tempel gehören. Eine Darstellung eines solchen Heiligtums stammt von einem faszinierenden Gefäß, das in einem sehr reichhaltigen Gemeinschaftsgrab entdeckt wurde. Die Architekturreste dieser Periode sind weit entwickelter und vielfältiger als man früher für die große Samarrasiedlung von Tell as-Sauwan angenommen hatte. Schon die Siedlung auf der untersten Schicht mit tempelartigen Kultbauten, die bis zu sechzehn Räume aufwiesen, und mit einem sehr reichhaltigen Friedhof, war von einem Befestigungsgraben umschlossen, der später durch eine aus luftgetrockneten Lehmziegeln errichtete Umfassungsmauer ersetzt wurde. Innerhalb der Befestigung befanden sich regelmäßig angeordnete geräumige Häuser mit einem T-förmigen Grundriß. Einfachere, vielräumige Häuser kennzeichnen die Samarrasiedlung von Chogha Mami, wo auch das erste mesopotamische Zeugnis für die Verwendung von Bewässerungsgräben freigelegt wurde. Pflanzliche Reste von beiden Fundorten verweisen auf künstliche Bewässerung der neuen Nutzpflanzen Nacktweizen, Sechszeil-, Nackt- und Hülsengerste sowie des Flachs, die alle neben dem alten Einkorn- und Emmerweizen vorkommen. Diese Neuerung war von größter Bedeutung für Mesopotamien, wo außerhalb der assyrischen Ebene nur mit künstlicher Bewässerung Landwirtschaft betrieben werden konnte. Im Bereich der Ebene war es dagegen den Hassuna- und Halafgruppen möglich, sich mit der agrarischen Wirtschaftsform des Regenfeldbaus zufriedenzugeben. Durch die Bewässerungswirtschaft wurden praktisch erstmals im südlichen Mesopotamien die Bedingungen einer echten Seßhaftigkeit geschaffen. Wie in Ägypten war die Einführung der Bewässerungswirtschaft im späten 6. Jahrtausend v. Chr. der bedeutendste Einflußfaktor für die Entwicklung jener Region. Die einstmalige kulturelle Vorherrschaft der Nachbarn im Norden sollte dadurch bald in Frage gestellt werden. In Mesopotamien war dies mit der Ausbreitung der Obēd-Kultur nach Norden in Territorien der Fall, die einst von der Halafgruppe besiedelt worden waren. Neue Siedler kolonisierten diese Gebiete, vielleicht als Folge eines Bevölkerungsdruckes im

Süden. Möglicherweise waren es ursprünglich auch Händler, die nach Rohstoffen wie Holz und Metall suchten.

Der Drang nach Norden sollte die nächsten drei Jahrtausende der mesopotamischen Ausbreitung beherrschen. Ehe wir Mesopotamien verlassen, sollte vielleicht noch ein typisches Merkmal dieser Frühkultur erwähnt werden – die lebensnahen und vielfältigen Menschendarstellungen in Form von Statuetten, den Abbildungen der »Muttergöttin«, die zum jungsteinzeitlich ackerbäuerlichen Leben gehörten. Solche Menschenbilder geben uns auch einen, durch keine andere Quelle zu ersetzenden Hinweis auf Kopfputz und sonstigen Schmuck, den diese frühen Ackerbauern trugen.

Anatolien

Das dritte zu erörternde Gebiet ist Anatolien, oder um genauer zu sein, Südanatolien. In einer Reihe von Höhlen und Felsdächern an der türkischen Südküste in der Region Antalya zeigt eine lokale Abfolge jungpaläolithischer (Kemerisch) und epipaläolithischer (Belbaşi und Beldibi) Stufen Ähnlichkeiten mit dem levantischen Aurignacien, der Kebar- und Natufkultur. Das erstaunliche Merkmal dieser anatolischen Kulturen ist das Vorkommen jungpaläolithischer Kunst. Nicht nur Geröllstücke mit gravierten Tierbildern und einer schematischen (keulenförmigen) Menschengestalt sowie geometrischen Mustern finden sich, sondern auch größere Ritzzeichnungen auf Felsen wie ein lebendig in Rot ausgeführter Stier in Oküzzüin und ein Stier und Hirsch in Beldibi. Spätere schematische Steinbockdarstellungen und Menschenbilder sind darüber in Felsmalereien angebracht. Sie stammen womöglich aus der Jungsteinzeit, wie die einfache Keramik in der obersten Schicht bei diesem Felsdach vermuten läßt. Mit dem Aufkommen des Neolithikums wurden die Orte verlassen, da sich die Waldgebiete nicht für den frühen Ackerbau eigneten. Für das anatolische Hochland ist eine vergleichbare Sequenz bislang noch unbekannt, dennoch verweisen indirekte Belege auf das Vorhandensein früher Bewohner: Obsidian (allerdings ist der Zeitpunkt nicht ermittelt) wurde in Beldibi und in dem protoneolithischen Jericho eingeführt, und zwar bereits um 8500 v. Chr. Siedlungen aus dieser Zeit sind bislang noch nicht identifiziert worden. Bei dem nach heutigem Wissen frühesten Siedlungshügel, Aşikli Hüyük bei Aksaray, haben bisher noch keine Ausgrabungen stattgefunden. Mit den aus Lehmziegeln errichteten Mauern und Fußböden aus rotem Stuck sowie den Gräbern unter dem Fußboden erinnert die Siedlung an das palästinensische präkeramische Neolithikum B. Allerdings wirkt die reiche Steinwerkzeugherstellung (ohne Wurfspitzen) eher als aus der früheren Stufe stammend. Fünf radiometrische Datierungen ergaben eine Spanne zwischen etwa 7000–6000 v. Chr., was ein präkeramisches Neolithikum B nahelegen würde; ohne Ausgrabungen jedoch muß die genaue stratigraphische Position ungeklärt bleiben. Man sollte solche Belege nur mit Vorsicht verwenden. Typologisch gehört dieser Fundort vermutlich auf jeden Fall zu den frühesten akeramischen neolithischen Siedlungen der Region, bei denen zwar bereits Sondierungen, aber noch keine vollständigen Grabungen unternommen wurden: akeramisches Hacilar,

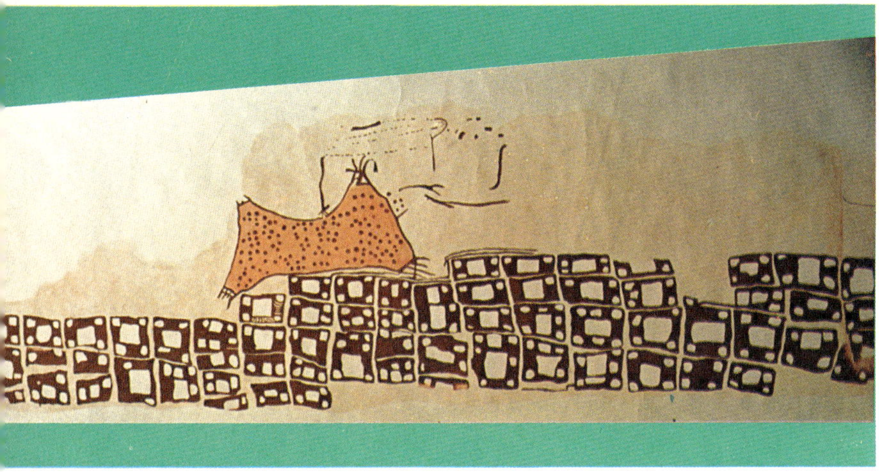

Oben: Çatal Hüyük VII; Nachzeichnung eines Wandgemäldes, das eine Siedlung mit einem Vulkanausbruch im Hintergrund darstellt, die frühste Aufzeichnung eines »historischen« Ereignisses.

Vorhergehende Seite: Çatal Hüyük, Türkei. Isometrische Rekonstruktion des ausgegrabenen Abschnittes der Siedlung der Schicht VII (etwa 6200 v. Chr.). Diese Stadt in Anatolien stellt mit ihren Gebäuden und Heiligtümern eine revolutionäre Neuerung in der prähistorischen Siedlungsweise dar. Sie weist bereits zu dieser Zeit ein hochentwickeltes soziales System auf. Bei der Stadtanlage von Çatal Hüyük fehlen Straßen; die Gebäude waren aus rechteckigen Lehmziegeln errichtet und ohne Abstand nebeneinandergesetzt, so daß sich die Bewohner nur auf den Dächern fortbewegten, die durch Holztreppen verbunden waren. Die Toten wurden in zahlreichen Heiligtümern unter bemalten Fußböden beerdigt.

Suberde und Can Hasan III. Aufgrund der Radiokarbon-Daten für alle drei Funde dürften die Siedlungen mit dem levantischen präkeramischen Neolithikum B gleichzeitig bestanden haben. Rechteckige, mehrräumige Gebäude aus Lehmziegeln mit Zutritt über das Dach, rote Stuckböden, Steingefäße, ein- oder beidseitig retuschierte Pfeilspitzen, ein paar gebackene Tonfiguren und die Schädelverehrung sind alles Eigenschaften, wie sie auch für die Levante bekannt sind. Dazu sollten auch die erfolglosen Versuche gerechnet werden, in Suberde sowie Cayönü Keramik herzustellen.
Die Wirtschaftsform dieser Siedlungen war diejenige einer festen ackerbäuerlichen Siedlungsgemeinschaft mit domestiziertem Emmerweizen, Zweizeilgerste, Erbsen und Linsen sowie domestizierten Hunden und möglicherweise auch Schafen und Ziegen. Nur für das noch nicht ausgegrabene Aşikli fehlen Wirtschaftszeugnisse. Alle Fundorte liegen auf gutem Ackerland und alle bilden Siedlungshügel mit übereinanderliegenden Bauschichten. Der Regenfeldbau wurde in jedem Fall durch die Jagd auf Auerochse, Rotwild, Wildschwein, Hase und Wildesel ergänzt. Nur für das akeramische Can Hasan III in der Konya-Ebene gibt es bereits Belege für den ersten Bewässerungsanbau: Nackt- und Keulenweizen, Zweizeilnacktgerste sowie Früchte (Weintraube, Walnuß, Traubenkirsche, Prunus und Weißdorn), somit eine klare Vorwegnahme der Çatal-Hüyük-Wirtschaft, deren früheste Stufen vermutlich mit dieser späten akeramischen Kulturstufe parallel verlaufen. Sie sind bislang jedoch noch nicht ausgegraben worden.
Die nächste Stufe der anatolischen Entwicklungsabfolge ist das keramische Neolithikum (etwa 6300–5500 v. Chr.), das etwa gleichzeitig mit dem Ende des späteren akeramischen und dem Beginn des keramischen Neolithikums in der Levante und mit Umm Dabaghiyah in Mesopotamien besteht. Der große Siedlungshügel (Tell) von Çatal Hüyük in der Konya-Ebene ist das bekannteste Zeugnis für diesen Höhepunkt der neolithischen Kulturleistung, bei der man nicht zögern sollte, von einer Hochkultur zu sprechen. Das Siedlungsgelände umfaßt nahezu 13 Hektar mit 14 ausgegrabenen Tellschichten, immer noch die größte bekannte neolithische Siedlung im Vorderen Orient. Rund 1000 Häuser mit einer Bevölkerung von vielleicht 5000–7000 dürften hier gestanden haben, wenn man davon ausgeht, daß die Hälfte des Geländes unbebaut war. Jedoch nicht nur die Größe erhebt Çatal Hüyük zu einer Siedlung, die man schon als neolithische Stadt bezeichnen sollte, sondern auch die Beschaffenheit der Überreste. Umgeben von abhängigen kleineren Siedlungen hatte Çatal Hüyük die Bedeutung späterer Hauptstädte und kontrollierte die Konya-Ebene wirtschaftlich wie religiös. Hier finden wir den Prototypus solcher späteren Kulturzentren, wie Ghassul, Warka, Susa, Negade, Memphis, Eola, Malyan, Shawdad, Tepe Yachya, Tepe Hissar, Schachr-i-Sochta, Mundigak, Rahman Deri oder Dašly, um nur einige wenige zu nennen. Es sind Siedlungen, die über das Umland Macht ausübten, sei es nun in politi-

Rechts: Çatal Hüyük VII; Gipsrelief mit einer schwangeren Göttin von der Mauer eines Heiligtums.

Çatal Hüyük V; Nachzeichnung eines monumentalen Wandgemäldes in einem Heiligtum. Dargestellt ist das Einfangen oder Ködern wilder Tiere. Unter dem roten Stier und den Männern in Schmuckgewändern befinden sich einfachere Darstellungen von Wildeseln und schlichten roten Gestalten, die in einem anderen Stil hinzugefügt wurden.

scher, religiöser oder wirtschaftlicher Hinsicht, oder auch durch den Handel, so daß wir sie in politologischer Bezeichnung gar nicht anders denn als »Hauptstädte« klassifizieren können.

Um ihre Bedeutung ganz zu verstehen, bedarf es vollständiger Ausgrabungen sowohl der Zentren als auch der Satellitensiedlungen, eine Arbeit, die nur wenige Archäologen gern übernehmen würden, selbst wenn die Finanzierung gesichert wäre. Dennoch ist ein solches Vorgehen die grundlegende Voraussetzung, um diese Kulturen wirklich zu verstehen. Was macht also Çatal Hüyük so ungewöhnlich? Es ist die Fülle des Materials, das so überraschend ist: Schon die Wahl des Siedlungsplatzes auf einer Alluvialebene an einem Fluß verrät die Überlegung, die Umgebung maximal nutzbar zu machen. Die nächste Besonderheit ist der nachhaltige Erfolg in der Bewässerungswirtschaft im Verband mit der Haltung domestizierter Tiere wie Rinder, Schafe, seltener Ziegen, was durch Jagd und Fischfang ergänzt wurde. Eine nachweisliche Bevölkerungsexplosion resultierte aus der erfolgreichen Nahrungsproduktion und führte zur Kolonisation der Konya-Ebene durch die Bewohner der Stadt. Zusammen mit einer festen Kontrolle der Handelswege und der Sicherung der Siedlungen vor den Überfällen fremder Eindringlinge und vor Brandschatzung ergab all das für mindestens achthundert Jahre eine ununterbrochene Kulturentwicklung, die in der späteren Geschichte, wenn überhaupt, nur wenige Parallelen hat. Die Sitte, die Toten unter den Gebäuden der Stadt zu begraben, hat eine einmalige Abfolge datierbarer Bestattungen und Grabbeigaben ergeben und erlaubt die rassische Zusammensetzung einer neolithischen Siedlung während ihrer Blütezeit zu analysieren, ein wahrlich seltener Glücksfall. Wenn die Zeugnisse für Handel und Produktion hinzugenommen werden, dann ergibt sich ein ebenso vielschichtiges Muster wie bei jeder anderen traditionellen frühen Hochkultur aus dem späten 4. Jahrtausend. Zu diesen Zeugnissen zählen u. a. Keramik, Holzgefäße, Körbe, Matten, Textilien (die schon so fein gewebt sind wie heutige handgewebte Stoffe), der Gebrauch von Kupfer und Blei für Schmuck zusammen mit Muscheln aus dem Mittelmeer und verschiedenen Steinen für Halsketten u. a., ferner die geschickte Verwendung des Obsidian (womöglich auch der Handel mit ihm) und des importierten syrischen Feuersteins, von Marmor, Serpentin, Apatit, Schiefer, Karneol und anderen Gesteinen. Der einzige Unterschied zur »echten« Hochkultur besteht darin, daß die Çatal-Hüyük-Kultur die Schrift nicht kennt und auch keine Monumentalarchitektur besitzt. Beides sind bestenfalls nur voreingenommene Kriterien, um eine Kultur als »Hochkultur« zu beurteilen. Die großen Heiligtümer oder Tempel in Çatal Hüyük vermitteln gleichermaßen eine Atmosphäre der Heiligkeit und Ehrfurcht wie jeder Uruk-Tempel – ein Kultbau braucht nicht monumental zu sein, um seinen Zweck zu erfüllen. Entsprechend wird die Abwesenheit der Schrift in Çatal Hüyük durch die Fülle an detaillierten Wandmalereien völlig ersetzt, die eine Geschichte ebensogut erzählen können wie eine frühe Schrifttafel. Eine Wandmalerei mit der Darstellung einer Siedlung und einem Vulkanausbruch im Hintergrund, vermutlich Hasan Dach am Ostende der Konya-Ebene, ist unser frühestes Zeugnis für ein geologisches und damit historisches Ereignis. Viele Wandmalereien besitzen eher einen symbolischen Wert als einen historischen, aber das gilt gleichermaßen für einen Großteil der Kunst des Vorderen Orients aus späteren Zeiten. Es gibt keinen plötzlichen Übergang von der Vorgeschichte

Hacilar II; ovaler Becher, der im »phantastischen« Stil dekoriert ist.

Hacilar I, im »geometrischen« Stil bemalter Krug. Beide Gefäße haben einen ovalen Rand zum Gießen.

zur Geschichte, und die Erfindung der Schrift, der die Entwicklung eines numerischen Systems seit mindestens dem 9. Jahrtausend v. Chr. vorausgeht, wie man an der Verwendung verschiedenförmiger Rechenkugeln aus Ton sehen kann, war die Folge davon, daß wirtschaftliche Notwendigkeiten immer mehr Buchführung verlangten. Die Schrift wurde nicht erfunden, um historische Ereignisse oder Dichtung aufzuzeichnen (beides sind zumindest im Vorderen Orient Momente einer späteren Entwicklung). Kultur und Hochkultur – die Unterscheidung ist willkürlich – entstehen mit der Zeit; sie werden nicht plötzlich durch Erlaß geschaffen, noch kommen sie über Nacht zustande. Vor den Hochkulturen im alten Ägypten und in Uruk oder im frühen dynastischen Mesopotamien liegen ältere Kulturleistungen, von denen einige wie eben Çatal Hüyük innerhalb ihrer eigenen Epoche ein Anrecht auf den Titel »Hoch-«Kultur haben.

Das Erstaunlichste an Çatal Hüyük ist die Betonung des Kultischen, das möglicherweise die Quelle des Machtanspruchs über das Umland der Siedlung gewesen sein könnte. Die zahlreichen Kulträume (die sogenannten *Schreine*), die Wandmalereien und Reliefs, die plastisch gearbeiteten Figuren oder Tierköpfe, der komplizierte und häufig ungeklärte Symbolismus der Darstellungen, die reiche Sammlung an Statuetten und die bizarren Bestattungsrituale, bei denen vermutlich die Gebeine in mehr oder weniger entfleischtem Zustand beigesetzt wurden (nachdem der Leichnam außerhalb der Siedlung den Geiern preisgegeben worden war) – all das hat anderenorts kaum Parallelen. Die Hochkultur von Çatal Hüyük entstand wahrscheinlich als Weiterentwicklung der frühen akeramischen Kulturen und führte dann ihrerseits während einer späteren Phase um 5500–4900 v. Chr., als die Siedlung auf das andere Flußufer verlagert wurde, zu dem »Çatal Hüyük West«, über das wir praktisch nichts wissen. Diese Periode fällt in den gleichen Zeitraum wie das spätere levantische Neolithikum und das frühe Halaf, Hassuna und Samarra. Die Epoche wird häufig »frühes Chalkolithikum« genannt, eine Bezeichnung, die inzwischen jeden Sinn verloren hat, denn man weiß heute, daß Kupfer und Blei während der Jungsteinzeit verwendet wurden. Das Hauptmerkmal der neuen Stufe ist, ebenso in Mesopotamien und dem Iran, der verbreitete Gebrauch bemalter Keramik.

Die Wirtschaft blieb weiterhin wie im Neolithikum eine Bewässerungswirtschaft mit allen Domestikaten – Hund, Schaf, Ziege, Rind und Schwein. Die Jagd tritt zunehmend in den Hintergrund und damit auch die Herstellung von Speer- und Pfeilspitzen aus Stein. Jetzt überwiegen Klingen und Sicheln. Die einzigen Waffen sind Keulen und Wurfschleudern. Abgewetzte menschliche Zähne verweisen auf die Folgen einer übermäßigen Getreidediät. Die Toten werden außerhalb der Siedlungen in Friedhöfen beigesetzt. Zum ersten Mal findet sich auch Tonware als Grabbeigabe neben Schmuck, einer gelegentlichen Steinvase und anthropomorphen wie theriomorphen Gefäßen (Figurengefäße in menschlicher und tierischer Form) in Hacilar I. Dazu gehören ferner noch meisterhaft gearbeitete Statuetten. Die zweistöckigen, aus Lehmziegeln errichteten Häuser weisen Pfosten auf, die Decke und Obergeschoß trugen, oder entsprechende innere Strebepfeiler (Hacilar und Can Hasan). Betreten wurden die Gebäude entweder vom Dach aus (Can Hasan und Hacilar I) oder besaßen breite Türen zu ebener Erde (Hacilar VI–II), die auf der Schicht Hacilar VI von Außenherdstellen und Küchen leichter Bauweise flankiert wurden. Höfe und enge Gassen erlaubten ein einfaches Umherbewegen in Hacilar, wohingegen die Häuser in Can Hasan III–II B blockartig dicht beieinander standen. Der jungsteinzeitliche rote Verputz der Fußböden verschwindet allmählich, ebenso die Wandmalerei und die modellierten Tierköpfe an den Wänden. Ausschmückung erfahren nunmehr andere Dinge, nämlich die Keramik, die mit Tierköpfen dekoriert wird, zuerst als Reliefarbeit, später als Bemalung. Wandmalereien, die häufig wie Stoffe wirken, tauchen in verkleinertem Maßstab wieder auf den Tongefäßen auf. Stuckreliefs, die – nehmen wir an – eine Göttin darstellen, werden jetzt als Applik auf einem Topf angebracht und verwandeln sich schließlich in anthropomorphe wie theriomorphe Gefäße. Sorgfältig gearbeitete, große und häufig bemalte Tonplastiken treten an die Stelle der jungsteinzeitlichen Statuetten, die meist aus Stein waren.

Es gibt kaum einen Zweifel, daß die verschiedenen Kulturen dieser Stufe – Hacilar, Can Hasan und Çatal Hüyük West sowie Mersin in Kilikien – die unmittelbaren oder auch mittelbaren Erben solcher neolithischen Kulturen wie Çatal Hüyük sind. Dann folgt ein Bruch. Während des nächsten Jahrtausends werden die alten Kulturen mit polychromer Keramik zuerst im Westen, dann in der Konya-Ebene und schließlich in Kilikien verdrängt oder umgewandelt. Dies geschieht zwar nur allmählich, aber doch in dem Maße, wie die Neuankömmlinge ihre unter dem Namen »spätes Chalkolithikum« bekannte, weniger entwickelte Kultur durchsetzten.

Die mesopotamischen Hochkulturen

Antonio Invernizzi

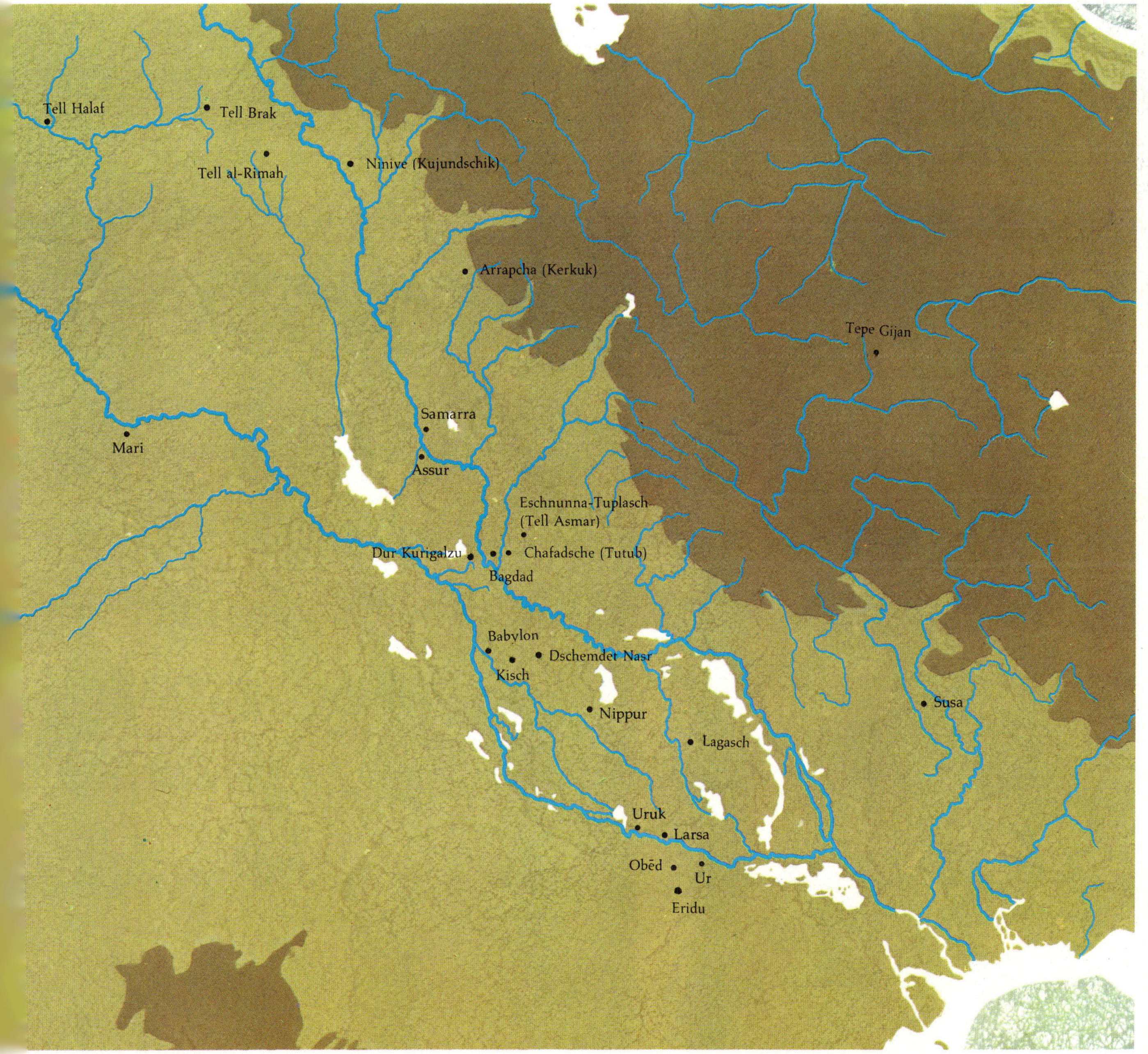

Die Sumerer und die mesopotamischen Kulturen

Die ersten, uns historisch greifbaren Bewohner Mesopotamiens, die Sumerer, waren nicht die ersten Besiedler dieses Landstriches. Als die Sumerer aus ihrer Urheimat, wahrscheinlich jenseits des Kaspischen Meeres, aufbrachen und in das Schwemmland des Euphrat und Tigris vordrangen, trafen sie auf eine Urbevölkerung, die bereits eine beachtliche Stufe der Kultur erreicht hatte. Sie vermischten sich mit dieser Bevölkerung und wurden bald ihr bestimmendes Element.

Ausschlaggebend für die Geschichte Mesopotamiens ist das stetige Eindringen fremder Völkerschaften in das Land zwischen den beiden Strömen. Wer sich hier niederließ, wurde aber bald von der eigenständigen Kultur aufgesogen. Das betrifft ebenso semitische Nomadenstämme wie halbseßhafte Völker. Die Lebensbedingungen, die diese Hirten- und Jägernomaden hier vorfanden, regten sie an, selbst seßhaft zu werden.

Das Zweistromland, ein Teil des sogenannten »Fruchtbaren Halbmonds«, öffnet sich fast ungeschützt nach allen Seiten und kann in allen Richtungen nahezu ungefährdet durchquert werden. Natürliche, doch nicht unbezwingbare Grenzen kennt nur der Norden und Osten, nach Westen zu geht Mesopotamien nahtlos in Syrien und die Randstaaten des Mittelmeers über.

Von Elam aus, dem Hochland im Osten, ist ein Eindringen in die Ebenen des mesopotamischen Schwemmlandes genauso leicht wie aus den höheren Gebirgszügen im Norden oder den Parallelketten des Zagrosgebirges im Nordosten.

Nach Norden, Anatolien und Syrien öffnen die Flüsse selbst den Weg. Lehm- und Steinwüsten trennen Mesopotamien von Syrien und dem Mittelmeer, und auch die arabische Halbinsel ist zum größten Teil Wüstenland.

Doch diese Wüsten bilden keine unüberbrückbare Barriere; selbst wenn sie für ein seßhaftes Leben nicht geeignet sind, werden sie ständig von Jägern und Hirten auf zahlreichen Pfaden durchwandert. Vor allem aus den Wüsten und Steppen kam ein großer Teil jener Volksgruppen, die sich im Laufe der Zeit in Mesopotamien niedergelassen haben. Von dort kamen die semitischen Stämme, von denen nur jene geschichtlich erfaßt werden können, die für kürzere oder längere Zeit im Land zur Herrschaft gelangten: Akkader, Babylonier, Amurriter, Assyrer, Aramäer. Die mesopotamischen Hochkulturen sind trotz ihres ausgeprägten traditionellen Charakters das Ergebnis der Beiträge zahlreicher Völker, die auf dem Nährboden der vorgeschichtlichen Kultur nacheinander zusammentrafen und sich miteinander vermischten.

Wann die Sumerer die Vorherrschaft erlangten, ist ebenfalls nicht ganz geklärt. Sicher ist, daß sie seit der »frühdynastischen« Zeit das Land beherrschten.

Ebenso sicher ist die im wesentlichen stetige Fortentwicklung aus der vorgeschichtlichen zur frühsumerischen (Uruk-Periode) und sumerischen Zeit. Das kann aus den Anlagen der Tempel erschlossen werden, Gebäuden, in denen Glaubensvorstellung und Kultgebräuche eines Volkes ihren Ausdruck finden. Die Tempelanlagen der Uruk-Periode sind nichts anderes als eine direkte Weiterentwicklung ins Monumentale der in Südmesopotamien und in weiterer Folge auch in Nordmesopotamien dokumentierten vorgeschichtlichen Obēd-Periode.

Während der Uruk-Zeit kommen die sozialen und kulturellen Eigenarten jener Zeit zur vollen Reife. Schon im frühen Obēd läßt sich eine Gesellschaftsform erkennen, die in ihrer Weiterentwicklung zum Charakteristikum der nachfolgenden Periode wird. In Eridu finden wir den Beginn und die Entwicklung einer Tempelanlage, in der Götter der Obēd-Leute verehrt wurden; sonderbarerweise keine Stätte des Hauskultes, sondern eine der ganzen Gemeinde gehörende Kultstätte. Die bei den Ausgrabungen gefundenen Opfergaben – darunter Fische – bezeugen, daß es sich um den Kult

Im Sumpf- und Seengebiet am Zusammenfluß von Euphrat und Tigris leben heute noch Jäger und Fischer wie vor Tausenden von Jahren in Hütten aus Schilf und Matten ähnlich denen, wie sie auf Rollsiegeln und den reliefierten Tongefäßen der Zeit des Reiches von Uruk dargestellt sind.

Viele Völker des Altertums lebten in ständiger Angst vor bösen Mächten. Ihre besondere Sorge galt den Kultbauten. Um diese vor dem Einfluß der Dämonen zu schützen, sparten sie in den Ecken der Grundmauern Nischen aus, in die sie Idole oder Amulette hinterlegten, denen sie Abwehrkräfte beimaßen. Der hier abgebildete Genius schlägt zum Schutz des Baues einen Pfahl in den Boden.

des sumerischen Gottes *Enki*, des »Gottes der Weisheit«, gehandelt haben muß.
Der Grundriß des Tempels ist bedeutsam. Aus der anfänglich atypischen Kapelle werden nach und nach komplexere Gebäude mit immer regelmäßigeren Grundrissen bis zu den Anlagen der Uruk-Periode. Anordnung und Zweck der Räumlichkeiten sind eng miteinander verknüpft. Diese Ähnlichkeit, ja Gleichartigkeit zeigt, daß die Tempel der Obēd-Zeit der gleichen Religion dienten wie die der Uruk-Zeit. Die gesellschaftliche Struktur der Uruk-Periode setzt die der Obēd-Zeit voraus: Der durch seine Masse alle anderen Gebäude überragende Tempel als Mittelpunkt der Stadt, eine Institution der Gemeinschaft.
Die Umweltbedingungen für ein seßhaftes Leben in Südmesopotamien erforderten eine gut organisierte Gesellschaftsform, wie sie sich bereits in der Obēd-Zeit ausgebildet hatte. Südmesopotamien war damals ein ausgedehntes Sumpf- und Seenland, ähnlich dem heutigen Sumpfgebiet von Nasiriya nordöstlich des alten Ur. Wo es weder Wasser, Schilf, Inseln oder Kanäle gab, erstreckten sich weite Flächen lehmiger Steppen wie heute noch in der Umgebung von Eridu. Sicher wurde auch Jagd und Fischerei betrieben, aber die Obēd-Leute waren in der Hauptsache Bauern. Heute noch findet man auf den Tells – den im ganzen Orient verstreuten Hügelkuppen –, in denen sich die Trümmer langbewohnter, übereinandergeschichteter Siedlungsstätten verbergen, unter den zum Vorschein kommenden Scherben zahlreiche zerbrochene Tonsicheln, sicheres Anzeichen einer Ackerbaukultur.
Bei den überaus geringen Niederschlagsmengen konnte sich eine ertragreiche Landwirtschaft nur mit fortgeschrittenen Methoden entwickeln. Obgleich Land und Wasser im Überfluß zur Verfügung standen, stimmten die Zeiten der Hochwasserführung nicht – wie beim Nil – mit den Anbau- und Erntezeiten überein. Oft genug richteten Überflutungen große Schäden an. Der Lehm der trocken gebliebenen Zonen war zwar recht fruchtbar, aber nur bei künstlicher Bewässerung. Wo immer die Bodenverhältnisse es erlaubten, wurden die Felder bereits in der Obēd-Zeit bewässert und gleichzeitig auch vor Überflutung geschützt. Die mit solchen Arbeiten verbundenen Probleme konnten jedoch nur von einer bereits gut organisierten Gesellschaft gemeistert werden. Auch die weite Verbreitung der Obēd-Kultur vom Persischen Golf bis ans Mittelmeer setzte eine fortschrittliche Gesellschaftsform voraus, die aber nicht auf der Voraussetzung politischer, sondern ökonomischer und technologischer Natur beruhte, auf einer Verbesserung der Lebensverhältnisse aufgrund einer fortgeschrittenen Entwicklung von Bewässerung und Ackerbau.

Die Uruk-Periode

Alle Voraussetzungen für die erstaunliche Hochblüte der Kultur von Uruk, die immer noch – wie die von Obēd – überwiegend landwirtschaftlichen Charakter hatte, waren erfüllt. Technologische Verbesserungen, die in der Zwischenzeit erzielt worden waren, brachten eine entscheidende Wende vom Bauerntum hin zur Verstädterung. Die Entwicklung der Landwirtschaft, die Steigerung der Erträge dank verbesserter Anbaumethoden und die Ausweitung der Bewässerungsanlagen bildeten die Grundlage für die wirtschaftliche Blüte und den Anstoß für eine weitgehende Spezialisierung im Bereich der Wirtschaft. Die Stadt wurde zum Mittelpunkt, von dem aus die Arbeit auf den Feldern geregelt wurde, vor allem auch die Instandhaltung des Netzes von Kanälen, die immer wieder verschlammten und gesäubert oder, vom Hochwasser beschädigt, repariert werden mußten. Die Stadt wurde Mittelpunkt handwerklicher Tä-

Rollsiegel und deren Abdrücke aus frühsumerischer Zeit. Die in Mesopotamien erfundenen Rollsiegel verbreiteten sich rasch auch in die Nachbargebiete von Elam und Syrien.

Die große (92 cm hohe) Kultvase von Uruk aus Alabaster bietet eines der frühesten Beispiele von Reliefdekor. Die szenischen Darstellungen vermitteln uns ein umfassendes Bild der Glaubensvorstellungen der Sumerer und der für die erste Hochblüte der frühsumerisch-mesopotamischen Kunst typischen realistischen Tendenzen (um 2800–2700 v. Chr.).

tigkeiten. Der durch verbesserte Methoden erzielte Überschuß an landwirtschaftlichen Produkten setzte Arbeitskräfte frei. Ein Teil der Bevölkerung, der nicht mehr ausschließlich für die Feldarbeit benötigt wurde, konnte sich anderen Betätigungen als Handwerker oder Gewerbetreibender widmen. Während im bäuerlichen Familienbetrieb die meisten Gebrauchsgegenstände selbst hergestellt wurden, entwickelten sich in der Stadt Berufe, die hier ihr natürliches Betätigungsfeld fanden. Gleichzeitig belebte sich auch der Tauschhandel nicht nur zwischen den durch gleichartige Religion und Wirtschaftsform untereinander verbundenen Stadtstaaten Sumers, sondern auch mit dem Ausland; an sich nichts Neues, da es Tauschhandel, sogar zwischen weit auseinanderliegenden Gebieten, bereits in der Jungsteinzeit gab. So wurde u.a. ein für damalige Zeiten wichtiger, aber nur an wenigen Orten vorkommender Werkstoff, der Obsidian, über weite Strecken gehandelt. Jetzt entwickelte sich in großem Umfang ein wirklich organisierter, internationaler Handel. In den Lagerräumen häuften sich die landwirtschaftlichen Produkte, dagegen fehlte es an Rohstoffen. Gerste, die auch für die Herstellung von Bier verwendet wurde, Datteln, Obst, Gemüse und ähnliches bildeten die Grundlage einer gesunden Wirtschaft, aber die einzigen im Überfluß vorhandenen Rohstoffe waren Lehm, Schilf und Bitumen; Steine gab es fast gar nicht, Holz nur spärlich und von geringer Qualität, wichtige Erze fehlten ganz. All diese für die Wirtschaft unentbehrlichen Materialien mußten von weit hergeholt werden. Die literarischen Quellen der geschichtlichen Zeit nennen einige der Versorgungsquellen, aus denen das wichtige Kupfer, Gold, Silber, Edelsteine und vieles andere kamen: im Osten die Gegend von Aratta (wahrscheinlich auf dem iranischen Plateau), Tilmum (oder Dilmum, Bahrein), eines der bedeutendsten Handelszentren, Magan (oder Makkan, wahrscheinlich an der Küste von Oman) und das noch weiter entfernte Meluchcha (in Belutschistan), die Kupfer und andere Werkstoffe lieferten. Auch Anatolien ist ein wichtiger Lieferant; sehr bezeichnend ist, daß man in Habuba Kabira, einer Stadt am Euphrat im syrischen Territorium, u.a. Mosaiken fand, die in der für die Uruk-Kultur typischen Tonstiftetechnik gefertigt waren und vermutlich durch den Handel dorthin gelangt waren.

Eine Kultur kann sich nur weiterentwickeln, wenn das gesamte Wirtschaftsleben gesichert und in geregelte Wege geleitet wird. Am geeignetsten dazu waren der Tempel und die Priesterschaft, die sowohl die wirtschaftliche als auch die politische Macht in einer Hand vereinigten. Wer imstande war, so vielgliedrige und vielgestaltige Bauten wie den grandiosen Tempelkomplex des *Eanna* (Haus des Himmels), des Heiligtums der Fruchtbarkeitsgöttin Inanna in Uruk, zu errichten und zu verwalten, der war auch dazu berufen, die wirtschaftliche und politische Unternehmungslust zu fördern, durch die das Land der Sumerer zu Wohlstand gekommen war. Nur mit Hilfe der von der gesamten Gemeinschaft erarbeiteten, auf dem Überschuß an Konsumgütern beruhenden Wirtschaftskraft konnten so riesige Monumentalbauten durchgeführt werden.

Wir wissen nicht genau, auf welche Weise die Tempelpriester ihre wirtschaftliche Macht ausübten, jedenfalls aber dürfte die ganze Gemeinschaft daran teilgenommen haben. Eine nichtpriesterliche Institution läßt sich nicht nachweisen. Aus der Menge der ans Licht gebrachten figürlichen Darstellungen ragt eine »Persönlichkeit« hervor: die Figur eines mit Netzrock bekleideten Mannes, der in Begleitung seiner Diener Opfergaben im Tempel darbringt und in Prozessionen auf dem heiligen Boot Symbole des Lebens an die Leute verteilt; derselbe Mann, der auch beim Vorbeimarsch von Gefangenen zugegen ist, also eine Persönlichkeit, die an der Spitze der Gesellschaft steht und diese bei religiösen Zeremonien und politischen Veranstaltungen vertritt und die kraft ihrer Sonderstellung das Wohlwollen der Götter vermittelt. Dieser Oberpriester, der *En* der historischen Zeit, hatte den Vorsitz bei religiösen Riten, in der Organisation des Tempels und auch im gesellschaftlichen Leben; aber auch in Krisenzeiten sowie im Kriegsfall. Der Hauptakzent liegt jedoch im Religiösen. Die Stellung des Tempelbezirkes als Mittelpunkt nicht nur des geistigen, sondern auch des wirtschaftlichen und gesellschaftlichen Lebens wird besonders deutlich in Uruk, der einzigen der sumerischen Städte – von denen jede ihren eigenen Stadtgott hatte –, die sich des Schutzes zweier Gottheiten rühmen konnte: Inanna, der Göttin der Liebe und des Lebens, und Anu, dem Gott des Himmels. Eanna, das Inanna-Heiligtum, überwältigt durch seine Monumentalität, in seiner Grandiosität eine überraschend fortschrittliche Entwicklung in der Baukunst und Sorgfalt der Bautechnik. Der gewaltige Gebäudekomplex diente nur zum Teil dem religiösen Kult; er umfaßte außerdem noch viele andere Bauten, über deren Zweck wir nicht genau unterrichtet sind.

Die Gebäude waren größtenteils aus luftgetrockneten Lehmziegeln errichtet. Wandgliederung und Ausmaße stimmten gut überein. Lange Mauern wurden durch den Wechsel von Hell und Dunkel mittels Pfeiler und Nischen optisch belebt. In einem Land wie Mesopotamien, wo das grelle Sonnenlicht alles blendet und abflacht, erhielt die Fassade durch diese Dekoration mehr Körperlichkeit. Im Gegensatz dazu fügten sich damals wie heute die aus sonnenverbranntem Schilfrohr erbauten Hütten harmonisch in den Schatten der Palmen einer wasserreichen Landschaft.

Eine andere Erfindung der Sumerer war das Stiftmosaik, das im Baudekor auf diese Zeit beschränkt blieb, während die Pfeiler-Nischen-Gliederung bis in die Zeit der Seleukiden beibehalten wurde. Das Mosaik setzte sich nicht aus flachen quadratischen Plättchen zusammen, sondern aus kleinen farbigen Steinkegeln oder Tonstiften, die in den frischen Verputz eingedrückt wurden. An der Oberfläche blieben die farbigen Köpfe sichtbar, die sich Zeile um Zeile zu Rauten-, Zickzack- und Schachbrettmustern zusammensetzten.

Der Eanna-Tempel ist ein alleinstehender rechteckiger Bau, im Grundriß dreiteilig. Der Hauptraum, das »Mittelschiff«, war dem Naos, der Cella vorbehalten, in den beiden Seitenschiffen waren die »Sakristei« und andere Wirtschafts- und Diensträume untergebracht. Dieses einfache Schema wird in den anderen großen Bauten des Eanna-Bezirkes weiterentwickelt. Der den Kopfbau des Tempels C bildende Teil ist dreischiffig, wie oben beschrieben; an seine Längsseite schließt sich jedoch ein ebensolcher, aber weit größerer Bau an (wobei die Hauptachsen rechtwinklig zueinander stehen). Der größte Raum ist nun nicht die Cella des Kopfbaues, sondern das »Mittelschiff« des Rumpfbaues. Dieser Raum war überdacht, wie an den verkohlten Resten eines Balkens im Tempel C festgestellt werden konnte.

Abdrücke von Rollsiegeln. In der Dschemdet Nasr genannten zweiten Periode der Frühgeschichte Mesopotamiens tauchen auf den Rollsiegeln neben realistischen immer öfter auch rein ornamental-geometrische Motive auf, die beim Abrollen ein fortlaufendes Bild ergeben.

Die Überdachung so großer Räume mit einer Spannweite von ca. 10 m erforderte besonders kräftige Hauptbalken, auf denen dann die Querbalken ruhten, die mit Schilfmatten und Stampflehm bedeckt wurden. Bauholz gab es in Mesopotamien nicht, es mußte aus den Wäldern des Libanon und Amanos eingeführt werden, die infolge des tausendjährigen Raubbaus heute vollends verschwunden sind.

Im zweiten heiligen Bezirk von Uruk begegnen wir dem Hochtempel. Auf einem 12 m hohen Unterbau mit unregelmäßigem Umriß stand das Heiligtum des Himmelsgottes Anu. Die steilschrägen Wände des Unterbaues waren in ungewöhnlicher Weise durch Pfeiler und Nischen gegliedert, entlang der Mauern führten Rampen und Treppen zur obersten Plattform, wo sich auf einem eigenen Sockel der »Weiße Tempel« erhob (so genannt wegen seiner weißgetünchten Wände). In der Anlage ist dieser Tempel ähnlich denen des obēdzeitlichen in Eridu, jedoch kleiner, regelmäßiger und symmetrischer. In der Cella ein Podium und der Altar, in einem Nebenraum eine Treppe, die wegen der hohen ersten Stufe nur von der Gottheit benutzt werden konnte.

Der Sinn dieser Konstruktion läßt sich aus einer im Eanna von Uruk gefundenen Ritualvase erklären. Auf den Reliefbändern sind feierliche Zeremonien dargestellt: eine vom Oberpriester angeführte Prozession, die Darbringung von Opfergaben durch das in ritueller Nacktheit einherschreitende Volk, die Begegnung des Menschlichen und Göttlichen im Tempel der Göttin, der Nutzen (Feldfrüchte, Vieh), den die von göttlicher Gunst fruchtbar gemachte Erde den Menschen bringt.

Aus literarischen Quellen der historischen Zeit geht hervor, daß der Hochtempel, aus dem sich die Zikkurat (die Stufenpyramide) entwickelte, der Ort war, wo der Gott vom Himmel zur heiligen Hochzeit, der *Hierosgamikos*, mit dem Menschen herabstieg. Dieser Akt wurde symbolisch vollzogen von seinem Stellvertreter, dem Oberpriester, mit der Oberpriesterin, eine mystische Zeremonie, die nichts anderes ist als eine Sublimierung der Fruchtbarkeitsriten der Urahnen. Wahrscheinlich aus derselben Zeit stammt der Mythos von Dumuzi (Tammuz) und Inanna (Innin), die ihren Geliebten zeitweise aus der Unterwelt befreite, indem sie selbst an seiner Stelle einen Teil des Jahres dort verbringt. Deutsche Ausgräber stießen bei der Terrasse des Anu-Tempels auf ein unterirdisches »Steingebäude«, einen rechteckigen Raum, in dessen, von zwei konzentrischen Umgängen eingeschlossenem Mittelraum, ein Podium stand. Bei rituellen, mit Trankopfern verbundenen Feierlichkeiten, wurde das Gebäude mit Unterbrechungen zugeschüttet, wobei jedesmal die Trankopfer erneuert wurden, bis der ganze Bau aufgefüllt war. In diesem rituellen Grab beim Hochtempel zeigt sich die Verbundenheit des Glaubens mit dem Wechsel der Jahreszeiten, gleichbedeutend mit dem Wechsel von Tod (Begraben der Saat) und Leben (Sprießen des ersten Grüns), dessen Fortdauer nur durch die Opfer eines Gottes gewährleistet wird.

Rekonstruktion des »Mosaikhofes« der Schicht IV des Eanna-Heiligtums von Uruk. Der Tempel A im Vordergrund ist in der herkömmlichen Dreiteilung angelegt, die Wandflächen sind durch Pfeiler und Nischen aufgelockert. Der Säulengang und die gegenüberliegende Abschlußwand des Hofes sind mit Stiftmosaiken geschmückt. Farbige Steinkegelchen und Tonstifte mit farbigen Köpfen wurden in den frischen Verputz eingedrückt. Mit wenigen kontrastierenden Farben sind Zeile um Zeile geometrische Muster von äußerst gefälliger Wirkung zusammengesetzt.

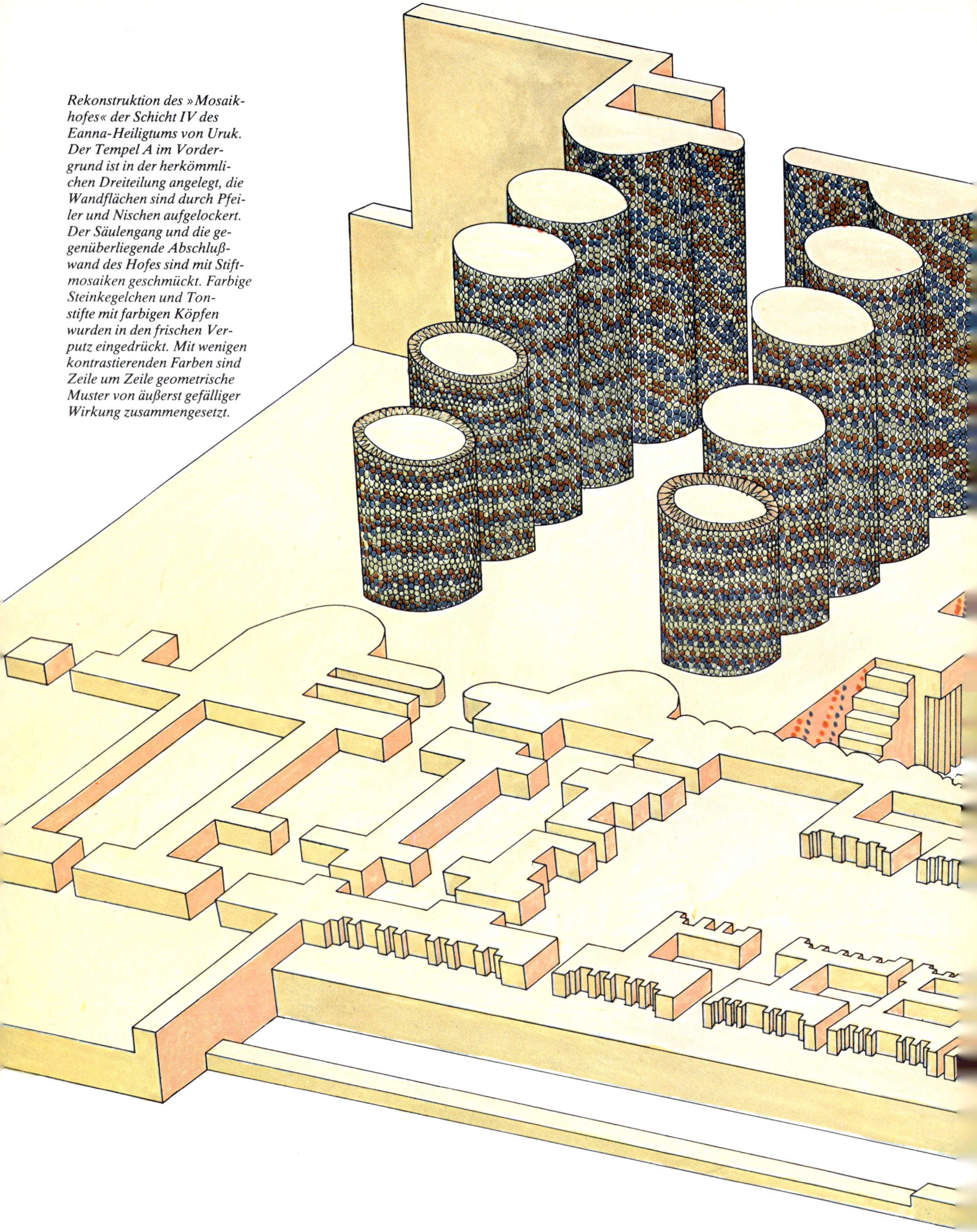

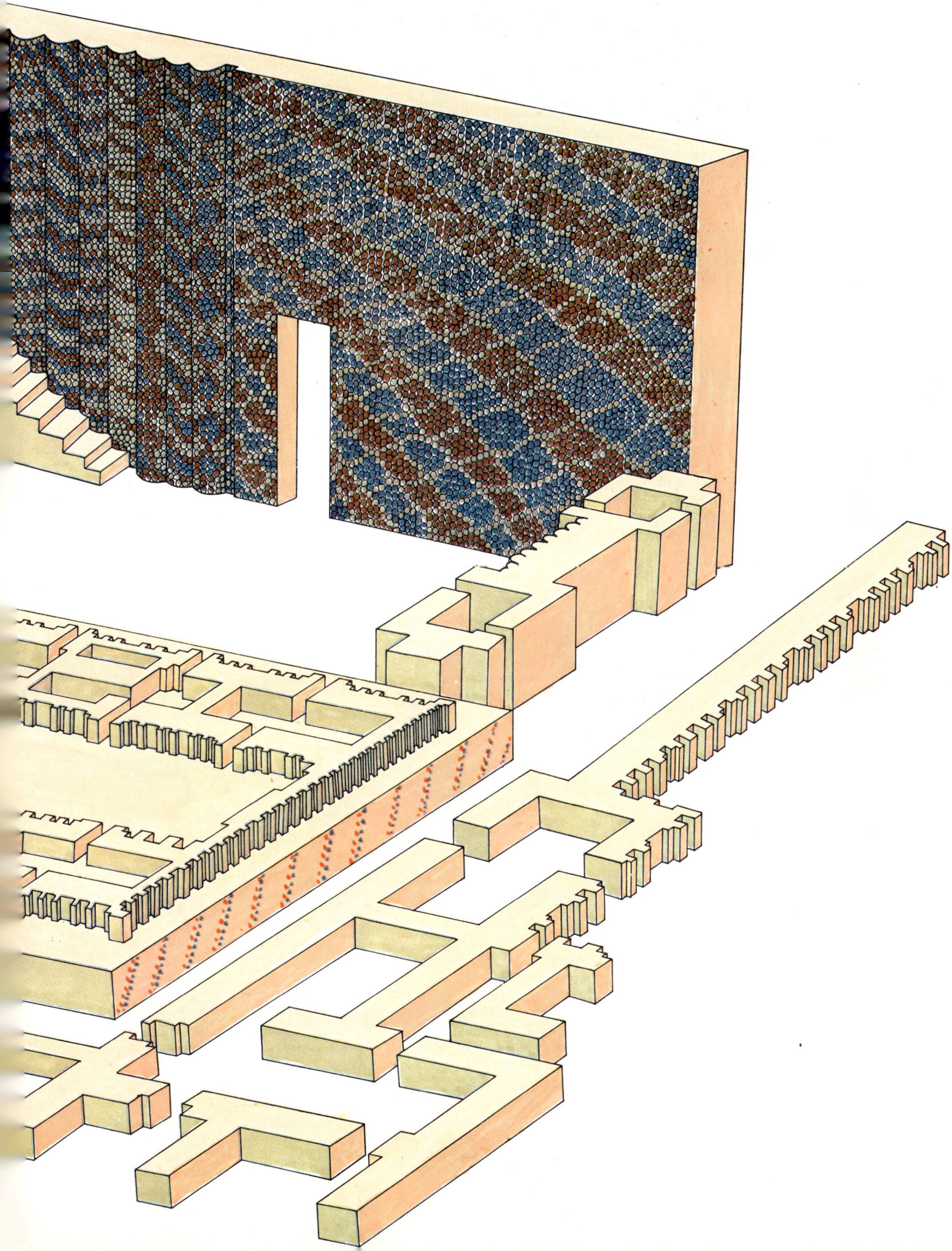

Die Schrift wurde im Bereich des Tempels erfunden. Die Priester benötigten zur reibungslosen Abwicklung ihrer vielfältigen Verwaltungsaufgaben (und Geschäfte) ein brauchbares Aufzeichnungssystem. Bald fand die Schrift auch Eingang in den Kreisen des Hofes. Die sogenannten Blauschen Steine (benannt nach dem Sammler Dr. Blau) sind das älteste Beispiel der Verbindung einer bildlichen Darstellung mit der Schrift. Die männliche Gestalt gleicht ganz dem Mann im Netzröckchen auf der großen Kultvase.

Andere Funde lassen erkennen, welch zentralisierende Aufgabe der Tempel auch im wirtschaftlichen und gesellschaftlichen Leben Sumers ausübte: die Entwicklung des Siegels und die Erfindung der Schrift. Das Siegel steht in funktioneller Verbindung mit der Struktur der Wirtschaftsform. Stempelsiegel wurden schon in der Obēd-Zeit erfunden und – besonders im Norden – bis in die Uruk-Zeit verwendet. Sie wurden an einem Kettchen oder einer Schnur um den Hals gehängt. In eine oder auch mehrere Flächen wurden Zeichen eingeschnitten, an denen der Besitzer zu erkennen war; das konnte eine Privatperson, ein Beamter oder auch eine Institution sein. Aus der großen Menge solcher Siegel schließt man, daß zumindest ein Teil davon Privatleuten gehörte.

In der Uruk-Zeit entwickelte sich jedoch ein anderer Siegeltyp, das zylinderförmige Rollsiegel, das der Länge nach durchlocht war; auf dem Mantel dieser Zylinder waren gegenständliche oder abstrakte Motive eingraviert. Sie wurden in den weichen Lehm eingedrückt und abgerollt; bei mehrfachem Abrollen des Siegels konnten die Verschlüsse mit dem Kennzeichen ganz bedeckt werden.

Man fand auch Bruchstücke von Abrollungen auf tönernen Krugverschlüssen. Die großen Mengen landwirtschaftlicher und handwerklicher Erzeugnisse, die dem Tempel abgeliefert, dort verwahrt und verwaltet wurden, konnten auf diese Weise versiegelt werden, u. a. Waren, die zum Austausch gegen die benötigten Werkstoffe für den Export bestimmt waren. Zudem sind diese Rollsiegel oft wahre Meisterwerke der Kleinkunst, die neben den größeren, plastischen Werken die realistische Einstellung der Epoche aufzeigen.

Die revolutionärste Erfindung dieser Periode war die Schrift, die sich fast gleichzeitig in Sumer und Elam entwickelte. Vorbedingung ist eine geregelte komplexe, staatliche Verwaltung, ganz besonders in einer so hoch entwickelten Gesellschaft, bei der die Produkte der Landwirtschaft und des Gewerbefleißes von einer oder wenigen Amtsstellen verwaltet wurden: von den großen Heiligtümern. Nur die Tempel konnten ein solches Verwaltungs- und Sammelzentrum sein, nur sie verfügten über einen Stab von fähigen, gut ausgebildeten Beamten und nur dort wurde frühzeitig die Notwendigkeit erkannt, ein Mittel zu erfinden, das die Registrierung aller Güter wie auch die Abwicklung der Handelsgeschäfte erleichterte. Die ältesten beschrifteten Tontafeln fand man im Eanna. Es sind Warenlisten und Abrechnungen der Priester. Anfangs begnügte man sich mit der schematisierten Darstellung von Dingen – Piktogrammen und Ideogrammen –, die im weiteren Verlauf immer abstrakter wurden, sich von ihrem Sachwert lösten und zu lautlichen Symbolen von Silben wurden. In flott gezeichneten Strichgruppen wurden diese mit einem Griffel in feuchte Tonplättchen gedrückt, wobei sie die Form eines Keils annahmen; daher nennen wir sie Keilschrift.

Die ersten sumerischen Dynastien

Nach überholten Erkenntnissen wird der Anfang der »geschichtlichen Zeit« mit der Erfindung der Schrift gleichgesetzt. Diese ersten Schriftdokumente sind meist, dazu selten und noch immer nicht besonders aufschlußreich, schwer zu entziffern. Zum Tempel – dem bisher einzigen Mittelpunkt des städtischen Lebens – tritt nun, auf politischer Ebene, ein zweites Machtzentrum zur Seite: der Königspalast. Die Stadtfürsten nannten sich *Ensi*, ein Titel, bei dem der Hauptakzent im Religiösen liegt, treffender als »Priesterkönig« bezeichnet. Andere Fürsten, die volle politische Macht über ihr Land ausübten, nannten sich *Lugal*.

Die politische Struktur des Landes Sumer ist gekennzeichnet von einer ganzen Reihe unabhängiger Stadtstaaten. Größere Städte wurden zu Hauptstädten eines staatlichen Territoriums mit all seinen Dörfern und kleineren Orten. An der Spitze steht der Herrscher, dem sich auch wirtschaftliche und verwaltungstechnische Belange unterzuordnen haben; besonders wichtige wirtschaftliche Aufgaben löst der Königspalast zusammen mit dem Tempel. Vor allem kontrolliert der König die Streitmacht. Das Recht oder die Befugnis zur Aufstellung eines Heeres bildet die Grundlage einer von dem Einfluß des Tempels getrennten Ausübung der politischen Macht, wenngleich im Namen der Stadtgottheit gekämpft und dieser der Sieg zugeschrieben wird.

In der *Geierstele* feiert der kriegerische König Eannatum von Lagasch seinen Sieg über Umma. Auf dem oberen Fries stürmt der König an der Spitze einer Phalanx von Lanzenkämpfern über die Leichen der gefallenen Feinde. Auf der anderen Seite thront jedoch Ningirsu, der Stadtgott von Lagasch, und hält in seinem ausgebreiteten Netz die Feinde Eannatums wie zappelnde Fische gefangen. Der König betrachtet sich somit als Statthalter Gottes, als Mittelsperson, durch die der Gott wirkt. Die politisch-militärische Macht ist zwar im Schatten des Tempels gewachsen, hier aber wird zum erstenmal ein kriegerisches Ereignis – bildlich sehr eindrucksvoll dargestellt und verherrlicht – dem König zugeordnet. Mit ausgebreiteten Flügeln flattern die Geier über dem Schlachtfeld, bereit, sich auf die Leichen der Feinde zu stürzen und sie zu zerfleischen.
Das auf der Geierstele gefeierte kriegerische Unternehmen ist nur eine der vielen blutigen Auseinandersetzungen zwischen den sumerischen Kleinstaaten. Bei diesen Kämpfen handelte es sich jedoch nicht um Bürgerkriege, da die rivalisierenden Städte unabhängige Staaten bildeten. Die Situation ähnelt der des klassischen Griechenland, dessen politische Struktur auf der freien *Polis* beruhte. Die Stellung des Tempels wird durch die politische Macht des Stadtfürsten keineswegs gemindert. Der König selbst wendet ihm seine Fürsorge zu, überweist ihm die Kriegsbeute, stattet ihn mit Privilegien aus und macht sich zu seinem wichtigsten Bauherrn. Er ist auch darauf bedacht, diese seine Funktion in bildlichen Darstellungen deutlich zu machen, auf denen er höchstpersönlich mit einem Maurerkorb auf dem Kopf erscheint.
Leider sind die Funde im Eannabezirk von Uruk, wie im Süden überhaupt, in dieser Hinsicht wenig aufschlußreich. Um so mehr aber die Funde in dem nördlicher gelegenen Gebiet von Diyala, das noch zum Kreis der sumerischen Kultur gehört. Großartige Sakralbauten sind dort seltener, die ziemlich bescheidenen Tempel stehen in direktem Zusammenhang mit den Wohnbauten der Regierenden, Wohlhabenden und Priester wie auch mit den Behausungen der ärmeren Bevölkerung. Eschnunna (Tell Asmar) und Tutub (Chafadsche) bieten ein lebendiges Bild des täglichen Lebens einer Kleinstadt.
Vor allem wird nun die ganze Siedlungsstätte – Wohnhäuser und Tempel – von einer gemeinsamen Wehrmauer umfaßt. Erst jetzt wird auch Uruk von einem, mit zahlreichen Türmen bewehrten Stadtring von 9,5 km Umfang umgeben und zählt so zu einer der größten Metropolen Asiens. Der Überlieferung nach soll Gilgamesch, einer der Könige der Dynastie von Uruk, der Erbauer gewesen sein, vielleicht identisch mit dem Helden, der in der mythologischen Literatur ausgiebig gefeiert wird. Aus dieser Überlieferung kann man herauslesen, daß sich die Bevölkerung nicht ganz freiwillig einer solchen Riesenarbeit unterzogen hat.
Wie es im Stadtinnern des frühdynastischen Uruk ausgesehen haben mag, ist praktisch unbekannt. Hingegen finden wir im Diyala-Gebiet Beispiele für den Aufbau dortiger Städte; hier wurden Häuser gebaut, wo eben ein Platz verfügbar war; einzig einige bereits bestehende Hauptwege beschränkten diese Aufteilung. Das unregelmäßige Straßennetz mußte sich der ebenso unregelmäßigen Aufteilung der Bauparzellen anpassen. Innerhalb der Häuserblocks gab es nur Gassen und Gäßchen. Im ganzen dürfte dieses Bild einer Stadt nicht sonderlich verschieden von dem irgendeiner anderen Kleinstadt des Vorderen Orients gewesen sein, bevor eine modern geregelte Stadtplanung eingeführt wurde: ein Wirrwarr von Gassen und Gäßchen, eine Anhäufung von Häusern, zwischen denen sich da und dort ein Platz öffnete oder das eingehegte Gelände eines größeren Gebäudes mehrere Straßenzeilen einschloß.

Auf der Geierstele *ist eine Schlacht dargestellt, allerdings völlig unrealistisch. König Eannatum, von großer Gestalt, führt sein Heer an, von dem man aber hinter einer Wand von Lanzen und Schilden nur die behelmten Köpfe oben und die über die gefallenen Feinde hinwegtrampelnden Füße unten sieht. In den Zwischenräumen werden in Keilschrift die großen Taten des Herrschers von Lagasch gerühmt (um 2400 v. Chr.).*

Häufig ist es möglich, die Entwicklung von Häusern und Stadtvierteln in jeder Schichtenfolge nachzuvollziehen. Lehmziegelhäuser überdauern auch bei guter Instandhaltung kaum mehr als eine Generation. So wird denn – wo immer möglich – auf den planierten Trümmern des alten Hauses ein neues in gleicher Form errichtet, woraus sowohl auf eine gewohnheitsmäßige Fortdauer der Bauformen, als auch auf unverändert gebliebenen Grundbesitz geschlossen werden kann. Oft aber gibt es größere oder kleinere Veränderungen im Schema des Hauses, wie Vermauerung einer Tür oder der Durchbruch an einer anderen Stelle, Aufrichtung oder Abbruch einer Zwischenwand, selbst Änderungen in der Größe der Bauparzellen und Häuser. Manchmal ist das auf einem abgetragenen größeren Haus gebaute neue Gebäude der darauffolgenden Schicht reicher gegliedert, mitunter durch Einbeziehen eines Nachbarhauses vergrößert. Daraus lassen sich Schlüsse auf die im Wechsel der Generationen sich ändernden privaten Besitzverhältnisse ziehen.

Einige Tempel tauchen unvermittelt im Gefüge der Diyala-Städte auf; zumindest im Anfang sind es Bauten, die kaum an ihre betonte Stellung im Wirtschaftsleben der Stadt denken lassen. Aber von Schicht zu Schicht werden sie größer, und bei manchen läßt sich die Weiterentwicklung in allen Einzelheiten verfolgen. So beweist der Tempel des Mondgottes Sin in Chafadsche die fortschreitende Vergrößerung auf Kosten der benachbarten privaten Häuser und des öffentlichen Grund und Bodens (Straßen). Dabei bleibt das Grundschema praktisch gleich, anfangs im wesentlichen die protosumerische dreischiffige Anlage, der eine Art Vorplatz vorgelagert ist. Das vereinfachte Schema (schon in der ersten Anlage beherbergte ein Flügel nur ein Treppenhaus) wird zur Baugesetzlichkeit: Fassade und abgewinkelter Zugang werden festgelegt, d. h. man betritt den Tempel durch einen

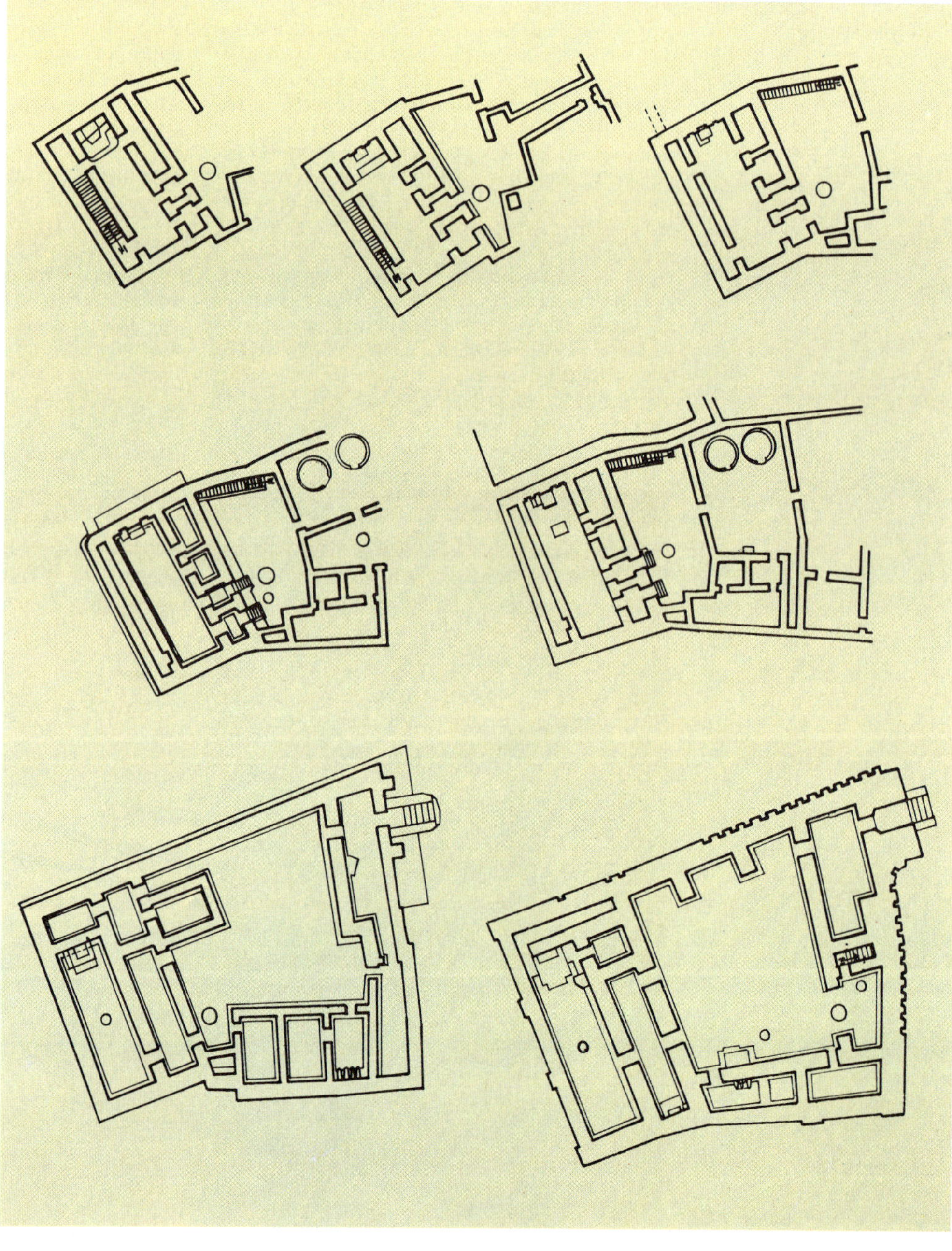

Am Tempel des Mondgottes Sin in Chafadsche (im Altertum Tutub), im Diyala-Gebiet, läßt sich die Abfolge der charakteristischen Merkmale bei Tempelbauten im Laufe der Zeit gut ablesen. Jeder Tempel wurde, immer am gleichen Ort, mehrmals erneuert. Aus dem dreischiffigen Grundschema wurde nach und nach eine neue Struktur. Der ursprünglich offene Vorplatz wurde durch Ummauerung zu einem geschlossenen, in den Tempelbezirk eingeschlossenen Hof, der einer gewissen Monumentalität nicht entbehrt.

In den Königsgräbern von Ur fand man ein Spielbrett in Einlegearbeit. Wahrscheinlich handelt es sich um ein dem Backgammon ähnliches Spiel. Hervorragende Einlegearbeiten, vornehmlich von Perlmutt und Lapislazuli in Bitumen, sind für das Kunstgewerbe der frühdynastischen Periode besonders charakteristisch. In dieser Technik wurde auch der Klangkasten der Harfe der Königin Puabi (Schubad) verziert.

Eingang am Ende der Längsseite, muß dann eine Wendung um 90° machen, um zum Altar und der Statue an der entgegengesetzten Schmalseite zu gelangen. Dann aber bezeugen die dem Tempel vorgelagerten Räume eine Abkehr vom archaischen Schema. Der Vorplatz wird ummauert und so als funktionelles Glied in den ganzen Baukomplex einbezogen. Rund um den Hof werden die für den gesamten Tempelbetrieb nötigen Bauten und Einrichtungen – Lagerräume, Werkstätten, Wohn- und Arbeitsräume usw. – den religiösen und wirtschaftlichen Aufgaben des Tempels entsprechend, gebaut.

Neu in der Architektur ist der Königspalast, ein Bau, der die Trennung von politischer und religiöser Macht dokumentiert und auch äußerlich sichtbar macht. Die in Kisch, Eridu und Mari zutage gekommenen Überreste zeigen, daß der Palast nicht einfach die Wohnung des Königs bzw. Sitz seiner Regierung war, sondern eine ebenso vielschichtige Einrichtung darstellte wie der Tempel. Ein Großteil der Bevölkerung war vom Palast abhängig. Er war Ausgangspunkt und Überprüfungsort für alle wirtschaftlichen und kaufmännischen Belange des Landes.

Staatliches Gepräge verrät die grandiose Gestaltung des Eingangs zum Palast von Kisch. Der Palast selbst ist eine ausgedehnte rechteckige Anlage von Gebäudegruppen, umschlossen von einer langen und hohen Außenmauer. Eine der Gebäudegruppen – ein großer Hof mit einer Anzahl flankierender Kammern und Gelasse – wurde für die Profanbaukunst Mesopotamiens charakteristisch. Die Zugänge zu den einzelnen Gebäudegruppen waren durch Einfriedungen genau bestimmt.

Bei der Palastanlage handelt es sich nicht um eine vergrößerte Version des Schemas des Hauses, wenngleich der Komplex auch einige Gebäudegruppen mit dem bei Wohnhäusern üblichen Innenhof einschließt. Der Palast ist eine äußerst vielgliedrige Anlage, in seinen Aufgaben seinen unmittelbaren Vorgängern, den großen Tempelheiligtümern ähnlich, vereint, wie in der vorangegangenen Zeit mit ihrer Zentralstellung der Priesterkönige, religiöse, wirtschaftliche und politische Machtbefugnisse in einer Hand.

Der Monumentalbau des Palastes A von Kisch ist nach außen festungsartig abgeschlossen. Diesen Eindruck verstärkt ein fast um den ganzen Palast laufender Korridor. Den Haupttrakt kennzeichnet eine Aneinanderreihung enger Gelasse, die bis zum Hinterhof reichen. Ihre Anordnung erfolgt in klarer Gliederung zu beiden Seiten des Durchganges, von dem aus sie direkt zugänglich sind.

Um der Aufgabe dieser Riesenanlage – reibungslose und wirkungsvolle Abläufe – gerecht zu werden, mußten beim Bau des Palastes alle Weisungen der wohlorganisierten Verwaltung genau befolgt werden. Die Ballung der Macht in der Person des Königs, die in dieser Zeit den Glanz des Tempels zu verdunkeln scheint, wurde besonders durch eine Entdeckung in der mesopotamischen Archäologie deutlich, die größtes Aufsehen erregte: die Königsgräber von Ur. Architektonisch sind die Königsgräber von größter Einfachheit und haben nichts gemein mit der in orientalischen Kulturen so hoch geschätzten Monumentalität. Nichts bezeichnet mit Stolz den Begräbnisplatz, nichts was auf eine besondere Fürsorge hinwiese; das Grab ist nicht das Haus des Verstorbenen, nur eine unterirdische ziegelgemauerte Kammer. In den Vorschächten fand man die Skelette von Beamten, Hofdamen, Harfenspielern, Palastwachen, Wagen samt Kutschern und Gespannen, die ihren Herrn auf seiner letzten Reise ins Jenseits begleitet hatten. Nach diesem Opfer für den Gottkönig wurden Kammern und Eingangsschächte einfach mit Erde aufgefüllt.

Welch überraschende Höhe das Kunsthandwerk der Sumerer erreicht hatte, zeigt sich in den Grabbeigaben der Königsgräber von Ur. Gleichzeitig vermitteln sie uns auch einen Begriff über den Reichtum der Oberschicht und über den weitgespannten Handelsverkehr, der vom Palast kontrolliert wurde. Alle Gegenstände waren aus einem Material gefertigt, das fast ausschließlich aus dem Ausland eingeführt werden mußte. Gold wurde in verschwenderischer Weise für Gefäße, Schmuck und Paradewaffen verwendet, ebenso auch andere Metalle, Silber und Kupfer sowie Edelsteine, darunter Türkise, Lapislazuli, Karneol, Perlmutt, Muscheln usw. Die Verarbeitung im Stile Sumers erfolgte jedoch in den Hofateliers.

Die rituellen Menschenopfer in den Gräbern von Ur werfen ein bezeichnendes Licht auf die religiösen Gebräuche und Jenseitsvorstellungen der Sumerer. In ihren Votivstatuen stellen sie sich immer in einer Haltung dar, die religiöse Ergriffenheit

Rechte Seite: Beterstatuen aus dem Tempel des Abu in Chafadsche (im Altertum Tutub). Ihre ganze Haltung, die weit aufgerissenen, mit Muscheln ausgelegten Augen drücken Furcht, Hoffnung, Entrücktheit und religiöse Ergriffenheit aus. Die Bekleidung ist typisch für die erste Phase dieser Periode: einfacher Zottenrock für den Mann, glatter Mantel für die Frau. Die ungewöhnliche Größe, das Relief am Sockel der Männerstatue und die (heute verschwundene) kleine Figur neben der Frau zeugen für das gute Verständnis der Sumerer für plastische Formen.

ausdrückt. Die Hände verschränkt wie zum Gebet, die weit aufgerissenen, eingelegten Augen in Furcht und Hoffnung in die Ferne blickend. In den Tempeln von Diyala und Mari fand man eine Menge solcher Beterfiguren, die auf langen Sokkeln in der Cella des Tempels aufgestellt wurden und vor denen man Trankopfer darbrachte, was aus den bootsähnlichen Gefäßen zu schließen ist, mit denen die geweihten Flüssigkeiten aufgefangen wurden. Der Stil dieser stehenden oder sitzenden Statuen ist gleichbleibend. Der Körper starr und steif, in einen glatten oder zottigen Wollrock gekleidet, das Haupt unbedeckt, die Hände vor dem Leib verschränkt, der Blick ins Leere gerichtet. Dieses in der Uruk-Zeit geschaffene Bild verbreitete sich über das ganze Land, auch nach Norden, der sich völlig der sumerischen Kultur angepaßt hatte.
Diese im wesentlichen kulturelle Einheit des sumerischen Mesopotamien – selbst in der Spezifizierung einiger lokaler Erscheinungen – gilt auch für den Tempel der Ischtar von Assur als gesichert. Assyrer hatten sich wahrscheinlich schon früher in jenem Teil Mesopotamiens niedergelassen. Sie waren ein Volk von überaus stark ausgeprägtem nationalen und traditionellen Selbstbewußtsein, was in ihren Königslisten zum Ausdruck kommt, die bis in das 3. Jahrtausend v. Chr. zurückreichen, lange bevor sie ihren ersten tatkräftigen Staat in Nordmesopotamien gründeten.

Das Reich der Akkader

Während die Sumerer sich untereinander in blutigen Auseinandersetzungen zerfleischten, entwikkelte sich ein Zustand, der bald zu einem bedeutenden Umschwung in der Geschichte führen sollte: die Schaffung eines straff geführten Großreiches unter einer erstmals semitischen Dynastie.
Das von Sargon gegründete akkadische Reich entstand nicht durch kriegerische Einfälle von außen, es wurde von innen heraus erobert. Sargons Aufstieg begann in Sumer, in Kisch, wo er den Rang eines Mundschenks am Hof des Königs Urzabab bekleidete. Es gelang ihm, den König zu stürzen und die Macht an sich zu reißen; nach und nach unterwarf er alle sumerischen Stadtstaaten sowie Nordmesopotamien und drängte dann in einer Reihe glücklicher Feldzüge über die Grenzen seines Reiches hinaus. Während seiner Regierungszeit (in der Königsliste werden ihm 56 Jahre zugemessen) besiegt er Mari und Ebla (Tell Mardich), stößt bis ans Mittelmeer vor und bekämpft Subartu (Obermesopotamien) und Elam.
Man kann nicht von einem Imperium territorialer Art sprechen. Völker und Stadtstaaten wurden im Laufe kriegerischer Auseinandersetzungen unterworfen, aber nicht kolonisiert. Die Feldzüge brachten jeweils – neben der Kriegsbeute – auch die Anerkennung der Oberhoheit Akkads ein, d. h. die völlige Kontrolle der Politik in Vorderasien verbunden mit der Sicherheit der Verkehrs- und Handelswege und der Garantie der Versorgung mit Rohstoffen unter annehmbaren Bedingungen.
Die Unterwanderung Mesopotamiens durch die semitischen Stämme aus der Wüste, die wir Akkader nennen, war bereits vor dem Aufstieg Sargons eine vollendete Tatsache. Aber es waren nicht die einzigen Wanderbewegungen, was linguistische Dokumente beweisen. Schon früher zeigt sich, wie stark z. B. in Mari die vorwiegend semitische Umwelt mit sumerischen Kulturelementen verflochten war. Mit Sargon aber verlassen diese sozialen und kulturellen Kräfte ihre Anonymität, um unwiderlegbare archäologische Zeugnisse ihrer eigenen Lebensanschauung zu hinterlassen. Die neuen Elemente der Kultur von Akkad fügen sich tief in das kulturelle Substrat Sumers ein, das neu interpretiert und gewertet wird, da die neuen, nach und nach eingedrungenen Kräfte Zeit genug für eine Verschmelzung mit dem Vorhandenen hatten.
Die archäologischen Funde aus der Frühzeit Sargons erinnern stark an gewisse Vorbilder der Sumerer. Es handelt sich um Werke mit ausgesprochen politischer Bedeutung, um Siegesstelen. Es ist kein Zufall, daß sich die Kunst der Akkader während ihrer 200jährigen Regierung so ausgiebig in Siegesstelen ausprägt. Die Herrscher dieser Dynastie waren starke Persönlichkeiten, die ihre Streitmacht mit neuen Waffen – Bogen und Wurfspeer – ausgerüstet hatten, die Politik energisch handhabten und die Berechtigung für ihr Königtum nicht in der Verehrung der Gottheit und ihrem Schutz fanden, sondern sich selbst als Abkömmlinge der Gottheit betrachteten. Für diese Herrscher konnte es nichts ihrer Denkart Wesensgleicheres geben als diese in der Endzeit der frühdynastischen Periode entstandene Art von Monumenten. Naramsin ließ als erster vor seinen Namen das Bestimmungszeichen setzen, das nur den Göttern zustand. Damit wurde kundgetan, daß die Könige nicht mehr als bloße Stellvertreter einer Gottheit regierten, sondern selbst Götter waren.
Diese Geisteshaltung wird bei einem Vergleich zwischen der *Geierstele* und einer leider nur als Fragment erhaltenen akkadischen Stele sehr deutlich. Sargon hat die Art der figürlichen Darstellung der Geierstele nicht zufällig gewählt. In dieser nimmt Eannatum zwar den Ehrenplatz an der Spitze des Heeres ein, die wahre Hauptperson aber ist der Stadtgott. Nicht jedoch auf der akkadischen Stele, denn dort hält Sargon selbst das Netz mit den zappelnden Gefangenen in den Händen und bietet sie dem thronenden Gott dar. Sargon handelte somit in jenem göttlichen Bereich, der im sumerischen Monument noch abgesondert blieb. Menschlicher und göttlicher Bereich treffen zusammen, und die Göttlichkeit des Herrschers wird zum sicheren, sichtbaren Band.
Der Begriff »Palast« ist von vornherein mit dem Gedanken an den Sitz der Regierung verknüpft, der Zentralstelle, von der aus direkt oder indirekt die Geschicke des Staates geleitet werden. Der Herrscher umgibt sich mit einem Stab von Beamten, die er durch Verleihung besonderer Vorrechte und Schenkungen an sich bindet. Die hohen Posten in der sumerischen Priesterhierarchie waren meist von Mitgliedern der königlichen Familie und des Hofes besetzt, um so die Tempel kontrollieren zu können, die einzigen Einrichtungen, die dem Palast unbequem waren. In Ur treffen wir die leibliche Tochter Sargons, Encheduana, als Anunitu-Oberpriesterin.
In den Händen des Königs ist wirtschaftliche und finanzielle Macht am stärksten konzentriert; die Staatskasse wird mit Tributen, Kriegsbeute und Steuern der Untertanen gefüllt. Der König ist der größte Grundbesitzer des Landes. So wird der Entwicklungsprozeß der Verdrängung des Tem-

Bronzekopf eines akkadischen Herrschers (allgemein als der Sargons I. angenommen), ein Meisterwerk akkadischer Kunst. Das Haar ist zwar nach sumerischer Art geflochten, an den Gesichtszügen ist jedoch unzweifelhaft das Eindringen westsemitischer Elemente zu erkennen (um 2415–2290 v. Chr.).

pels vorangetrieben, gleichzeitig aber auch ein anderer Prozeß eingeleitet. Durch die freigebige Vergabe von Lehen bildet sich eine neue Aristokratie von Großgrundbesitzern, die sich in den folgenden Jahrhunderten immer mehr zur Geltung bringen wird.

Zwei Monumente im Norden geben uns einen Begriff des akkadischen Palastes: der »alte« Palast von Assur und Naramsins Palast in Tell Brak. Ersterer ist ein gigantischer Bau an einer Stätte, die bald zu einem der wichtigsten Zentren Nordmesopotamiens werden wird. Der andere, kleinere, ist ein an der Nordgrenze des Reiches errichtetes, von einer gewaltigen Wehrmauer umgebenes wuchtiges Bollwerk. Einerseits ist der Bau von Assur noch komplexer als die sumerischen Paläste, gleichzeitig aber ist er viel geschlossener, von vornherein darauf angelegt, alle für den Staatsbetrieb nötigen Räumlichkeiten und Einrichtungen sozusagen »unter einem Dach« zu vereinigen, nicht wie früher in einzelnen Gebäuden. Darin offenbart sich deutlich die Zentralisierung der wirtschaftlichen und politischen Gewalt.

Ein neuer, den Dingen des Alltags zugewandter Geist belebte das Themenrepertoir und den Stil der sumerischen Kunst, die in kanonischen Wiederholungen und schematischem Formalismus zu erstarren schien. Die erstaunlich erfinderische Begabung der akkadischen Künstler brachte die Kunst zu neuer Blüte. Die Neigung zum Realismus bringt Bewegung in die Gestalten, die szenischen Darstellungen sind aufgelockert und lebendig. Völlig anders ist die Auffassung einer Schlacht in der Eannatum-Stele: hier eine zusammengedrängte Schar behelmter Krieger, die über eine »Schicht« gefallener Feinde hinwegrollt, dort, auf der akkadischen Stele, der Kampf Mann gegen Mann, rauhe Wirklichkeit.

Die Akkader haben das sumerische Erbe revolutioniert, wobei sie sich traditioneller Mittel bedienten, so daß seine Umgestaltung auch nach dem Sturz der Dynastie die Basis für die weitere Entwicklung der materiellen und geistigen Kultur blieb. Leider wissen wir über diese wichtige Epoche noch viel zu wenig, schon deshalb, weil die Lage der Hauptstadt Akkad noch unbekannt ist. Dafür liefert uns die Steinschneidekunst viele Daten. Die überaus fein gearbeiteten Rollsiegel vermitteln eine umfassende Erkenntnis der akkadischen Kultur und geben darüber hinaus genügend Anhaltspunkte für das Verständnis bestimmter formaler Eigenheiten der anderen Künste. Wir wissen, daß Personen der verschiedensten Gesellschaftsklassen, Berufsgruppen, des Hof- und Tempelpersonals zur Kennzeichnung ihres Standes, Ranges oder Amtes in der Rechtspflege, im Handel und Gewerbe, in der Verwaltung usw. Siegel benötigten. Die große Zahl der Rollsiegel bezeugt, wie stark die Klasse der Staatsbeamten und Bürokraten geworden war, eine für die politische und wirtschaftliche Wirksamkeit unvermeidbare Entwicklung.

Die herkömmlichen Themen (z. B. Kampf des Helden mit wilden Tieren) werden durch neue Motive erweitert. Auffällig ist das Auftauchen mythologischer Szenen, in denen Götter in verschiedenen Handlungen dargestellt sind. Hier wird, zumindest teilweise, die Auswirkung einer anderen Weltanschauung sichtbar: Nicht mehr ferne Wesen einer überirdischen Welt verteilen ihre Wohltaten an die Menschheit, sondern sozusagen vermenschlichte Gestalten; ein Götterhimmel, in dem sich ähnliche Begebenheiten wie im Leben der Menschen abspielen.

Aber auch das Pantheon der Sumerer ändert sich. Die vorgefundenen heimischen Götter werden einfach den (ungefähr) entsprechenden semitischen Göttern gleichgesetzt und umbenannt, bekommen dabei aber manche neuen Züge. So hat Inanna (die sumerische Göttin der Liebe und Fruchtbarkeit) als semitische Ischtar einen weit kriegerischeren Charakter; Utu, der Sonnengott, wird zu Schamasch, der am Morgen hinter den Bergen auftaucht – ein in der figürlichen Kunst sehr beliebtes Motiv. Aber auch neue Gottheiten tauchen auf, Götter der Fruchtbarkeit, Personifikationen der Naturkräfte u.v.a.

Die Schrift, die den Siegeln in einem gesonderten Feld beigefügt wird, entwickelt sich entschieden. Ihre Verbreitung ist sicher das Werk des Palastes und der bürokratischen Verwaltung, die ja in einem so stark zentralisierten System gezwungen wurde, alle Vorgänge zu registrieren. Es ist immer noch die an die Struktur der semitischen Sprache angepaßte Keilschrift der Sumerer. Die sumerische Sprache, bis dahin weitgehend Verkehrssprache, wird durch die akkadische Amtssprache verdrängt, bleibt aber weiterhin die Sprache des Kultes und der Liturgie. Wenn sie nach einer kurzen Periode des Wiederauflebens in späterer Zeit auch

Rechts: Stele des Naramsin aus rötlichem Sandstein aus der zweiten Hälfte des 3. Jahrtausends v. Chr. Im 12. Jh. v. Chr. verschleppte Schutruknachunte, König von Elam, die Stele nach seiner Hauptstadt Susa. König Naramsin, auf den Leibern zweier getöteter Feinde stehend, triumphiert über die Lulubäer, wie Spuren einer Inschrift verkünden. Der Hörnerschmuck seines Helmes weist ihn als göttlich aus.

im Süden nicht mehr gesprochen wird, so werden die alten sumerischen Texte doch weiter getreulich abgeschrieben.

Die neusumerische Zeit *(Ur-III-Zeit)*

Auch das Akkader-Reich war nicht von langer Dauer. Seine Macht beruhte vor allem auf der Stärke des jeweiligen Herrschers. Schon am Ende der Regierung Naramsins und seines Sohnes hatten sich Unabhängigkeitsbestrebungen der Sumerer bemerkbar gemacht. Aber erst der Einfall der Gutäer, eines wilden Bergstammes aus dem Zagrosgebirge, führte zum Zusammenbruch des 200jährigen Reiches. Rund 100 Jahre herrschten die Gutäer in Mesopotamien, vor allem im Norden, und plünderten das Land aus. Der plötzliche Sturz der akkadischen Dynastie beeindruckte auch den Schreiber der sumerischen Königslisten stark, so daß er seine Verwunderung in einem der äußerst seltenen Kommentare mit den Worten äußerte: »Und dann, wer war König? Wer war es nicht? War Igigi König? War Nanum König? War Imi König? War Elulu König?«

Diese Krise nutzten die Sumerer, vor allem Uruk, aus, um ihre völlige Unabhängigkeit von Akkad wiederzuerlangen und die Gutäer zu vertreiben. Einige der alten Stadtstaaten im Süden, besonders Uruk, Lagasch und Ur, erstarkten wieder, und unter der von Urnammu gegründeten III. Dynastie von Ur gelingt eine Wiedervereinigung der Länder Sumer und Akkad sogar über die Grenzen Mesopotamiens hinaus, so daß Schulgi mit dem akkadischen Titel eines »Herrn der Vier Weltteile« kaiserliche Würden beansprucht.

Mit der wiedererlangten politischen Macht blüht auch die sumerische Kultur mit all ihren Äußerungen wieder auf. Am deutlichsten zeigt sich das in Lagasch, dessen Herrscher ausdrücklich auf der Würde eines *Ensi* beharren und sich ausschließlich in Beterstellung abbilden lassen. Soweit aus den Bruchstücken der Stele des Gudea zu beurteilen ist, wird dort kein politisches Unternehmen in der Art der Akkader gefeiert; auch bei der Stele Urnammus liegt der Hauptakzent auf der für die sumerische Kultur so charakteristischen religiösen Frömmigkeit. Die Dynastie von Lagasch, über die wir am besten unterrichtet sind, ist eifrig bemüht, ihrem unter dem Schutz der Götter stehenden Land Frieden und Wohlstand zu sichern. Bauten zu Ehren der Götter genießen die besondere Fürsorge der Herrscher, die auch öffentliche Arbeiten und Unternehmungen fördern, damit die Wirtschaft mit den unerläßlichen Rohstoffen versorgt werden kann, und zwar auf friedlichen Handelswegen und nicht mit politischen und militärischen Machtmitteln. Man kann Lagasch den Schwanengesang der von den frommen Ensis erwirkten Wiederherstellung der typisch sumerischen Tempelwirtschaft nennen.

Unten: Plan des alten Königspalastes von Assur. In seiner Geschlossenheit und Gliederung gilt er als Symbol und Ausdruck der Macht des neuen akkadischen Reiches.

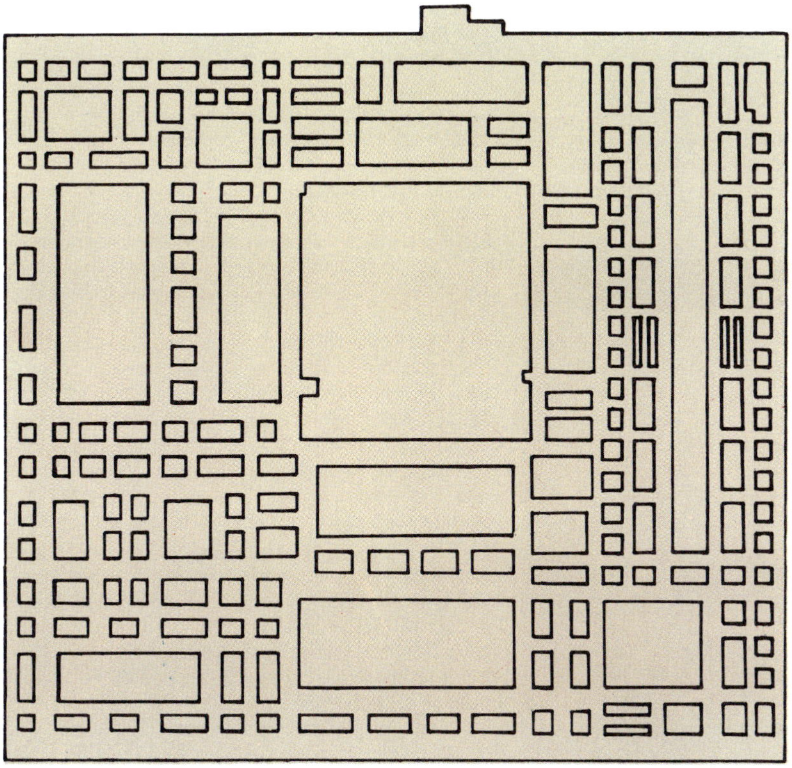

Aber der von den Akkadern herbeigeführte Umbruch in der Konzeption des Staates konnte nicht rückgängig gemacht werden. Selbst in Lagasch verdankt der Tempel seine Aufwertung dem Willen des Königs, der ja im Widerstreit gegen die akkadische Dynastie eben diese Einrichtung verstärkt hatte. Die Akkader hatten Mesopotamien den Weg in ferne Welten eröffnet, durch ihre Politik und ihre militärischen Unternehmungen waren viele Menschen in direkten Kontakt mit den Völ-

Oben: Dieser löwenköpfige Adler des Gottes Imdugud wurde in einem Tonkrug im vorsargonischen Palast von Mari, heute Tell Hariri, gefunden. Unter anderen Fundstücken dieses Schatzes befand sich die Perle einer Kette mit einer Widmungsinschrift des Königs Mesanepadda von Ur an den König von Mari. Der diplomatische Austausch von Geschenken ist somit auch archäologisch vollauf bestätigt.

Unten: Typisches Beispiel der sogenannten »scharlachroten Keramik«, kennzeichnend für die Fundstätten aus der ersten Phase der frühdynastischen Periode im Tal des Diyala.

kern des Mittelmeeres gekommen, von denen früher nur einiges aus den Erzählungen Reisender zu erfahren war. Solche Tatsachen konnten nicht einfach übersehen werden. Andererseits änderte sich die ethnische Zusammensetzung der Bevölkerung immer mehr zugunsten der semitischen Elemente durch die Einwanderung neuer Stämme, darunter der Amoriter, denen es, ähnlich den Akkadern, bald gelingen wird, die Herrschaft an sich zu reißen.

Die neusumerische Rückbesinnung auf alte und neuere Traditionen hat zahlreiche archäologische Zeugnisse hinterlassen. Im Tempelbau zeichnet sich eine Wandlung vor allem in der Anlage des Hauptraumes, der Cella, ab. Diese bleibt rechteckig, aber der um 90° abgewinkelte Zugang wird aufgegeben; der Eingang wird nun in der Mitte der Längsseite angelegt, die Statue der Gottheit gegenüber dem Eingang in einer flachen Nische aufgestellt. Bei offener Tür kann man sie auch von außen, von dem nun endgültig zum integrierenden Teil des Tempels gewordenen Vorhof sehen. Das bedeutet nicht nur eine Änderung des Bauplanes, sondern hängt auch mit der andersartigen ideologischen Auffassung des Königtums zusammen, die nun in einem anderen Verhältnis zu den Göttern steht.

Die bedeutendste kulturelle Leistung dieser Zeit ist die *Zikkurat*, der aus dem Hochtempel entwikkelte, nun erstmals dokumentiere »Tempelturm« oder »Tempelberg«, die Stufenpyramide. Die Archäologie schreibt dieses Verdienst Urnammu zu, dem Gründer der III. Dynastie von Ur und unermüdlichen Erbauer von Zikkurats: in Ur die Nanna-Zikkurat, in Uruk die Eanna-Zikkurat, in Nippur das Nationalheiligtum des Enlil, den Ekur-Tempel. Der Kern der gewaltigen in verschieden breiten Stufen aufgetürmten Terrassen der Zikkurats ist aus Lehmziegeln gebaut, die steilschrägen Außenflächen mit Backsteinen verkleidet und mit flachen Risaliten und Nischen geschmückt. Über drei Treppen – einer monumentalen, senkrecht zur Hauptfront angelegten Mitteltreppe und zwei Seitentreppen, die auf dem obersten Treppenabsatz zusammentreffen – gelangte man auf die oberste Plattform. Dort erhob sich ein kleiner Götterschrein. In architektonischer Hinsicht sind die Zikkurats nichts anderes als riesige Unterbauten für den Hochtempel. Jede Zikkurat wurde von einer Mauer umgeben: an die Innenseite des Mauerrings lehnten sich, in einer meist geradlinig verlaufenden Flucht von engen, länglichen Kammern für die verschiedensten Zwecke, die Archive des Tempels, Wohngebäude der Priester und Beamten, Wirtschaftsgebäude und sonstige mit dem Tempelbetrieb zusammenhängende Einrichtungen. Die großen Heiligtümer umgaben mehrere Mauerringe, wodurch Höfe verschiedenster Bestimmung entstanden. Im Eanna-Bezirk der Achämenidenzeit fand man in einem der äußeren Höfe eine Ansammlung von Wasserbecken; man vermutet, daß diese zur Luftbefeuchtung für die Tafelarchive dienten – sozusagen eine frühe Klimaanlage.

In Ur ist der Wohnsitz der *En*-Priesterin ein abgesondertes Gebäude, das Wohn- und Nebenräume sowie einen eigenen kompletten Tempel beherbergt. Es ist höchst bezeichnend, daß dieser Bau in einigen Einzelheiten dem nahen Palast Urnammus ähnelt: der gleiche geschlossene Grundriß, die gleiche Teilung in zwei Abschnitte: dort einer für die öffentlichen Angelegenheiten, der andere für das Privatleben, hier einer als Wohnung des Gottes, der andere als Wohnung der Priesterin. Auch in der Bestimmung der einzelnen Räume ist eine gewisse Analogie zu erkennen. Der große Thron- oder Audienzsaal ist vergleichbar der Tempel-Cella, dem Thronsaal Gottes. Während das Allerheiligste seiner Bestimmung nach die Anwesenheit der Gläubigen ausschließt und damit die Distanz zwischen Mensch und Gott vergrößert, verringert sich bis zum Erlöschen die Distanz zwischen Gott und König.

Statue des Gudea von Lagasch, in den Händen ein wasserspendendes Gefäß haltend. Das Motiv des fließenden Wassers mit Fischen wurde in einem regenarmen Land wie Mesopotamien, das ohne das lebenspendende Wasser rasch zur Wüste werden würde, zu einem religiösen Symbol höchster Bedeutung.

Die Zeit der Amoriter

Das Reich der III. Dynastie von Ur war nur von kurzer Dauer. Wieder führte der Partikularismus der einst unabhängigen Stadtstaaten, die nach und nach die Oberhoheit Urs abschüttelten, zum Zusammenbruch. Ibbisin, der König von Ur, war vor allem durch die Intrigen seines Statthalters Ischbierra von Isin nicht mehr in der Lage, diese neue politische Zersplitterung aufzuhalten. Davon profitierten wiederum die westsemitischen Nomadenstämme, die seit langem in das Land eingewandert waren und dessen Kultur übernommen hatten, vor allem die Amoriter.

In Isin setzte sich eine neue Dynastie an die Spitze, eine andere in Larsa, eine kurzlebige in Eschnunna, und im Gebiet von Mari ist uns eine Reihe unabhängiger Könige bekannt. Unter Schamschi-Adad I. erlebte Assur im Norden eine erste Blütezeit, aber erst der Amoriter-Dynastie von Babylon gelang es unter Hammurabi, das Zweistromland zu einigen. Politisch war dieses Reich zwar auch von kurzer Dauer, aber der Name Babylon wurde von nun zum Inbegriff eines Weltreiches und besiegelte endgültig das Schicksal Sumers als politische und völkische Macht.

Die neue Zeit bringt eine tiefgreifende Neuerung auf allen Gebieten der materiellen Kultur, des Geistes- und Gesellschaftslebens. Der Tempel verliert endgültig seine zentrale Stellung im Gefüge des Staates. Er bleibt zwar immer noch Großgrundbesitzer und verkörpert eine wirtschaftliche Macht, hat aber seine Vorherrschaft verloren. Der Königspalast ist endgültig zum Mittelpunkt von Politik und Wirtschaft geworden. Der König kontrolliert mit seinem Beamtenstab alle wichtigen Staatsgeschäfte; aus den Texten ist jedoch zu entnehmen, daß dem einzelnen Bürger oder einzelnen Berufsgruppen weitgehender Spielraum in ihren Tätigkeiten eingeräumt wurde. Auf den Tontafeln aufgezeichnete Verträge und kaufmännische Abmachungen lassen erkennen, wie weit der Privatbesitz an Grund und Boden gestreut war und wie sich auch gewerbliche und kommerzielle Privatinitiativen entfalten konnten.

Auch im Norden erblühte der Handel dank Privatinitiative, vor allem beim Export, allerdings wahrscheinlich unter staatlicher Oberaufsicht. Assyrische Kaufleute betreiben einen regen Handel mit Anatolien, wohin sie Zinn (wahrscheinlich aus iranischen Minen) und Stoffe ausführen und hauptsächlich gegen Kupfer tauschen. Dieser Handel, über dessen Beginn und plötzlichen Abbruch wir wenig wissen, verfügte über ein gut ausgebautes Netz von Niederlassungen in Anatolien, so in Kanesch (Kültepe), das auch Umschlagplatz für andere Märkte gewesen zu sein scheint. Dieser Handel brachte Nordmesopotamien erneut zu Ansehen und Bedeutung. Schamschi-Adad I. (1749–1717 v. Chr.), der in die assyrischen Königslisten aufgenommen wurde, obgleich er kein Assyrer war, vereinigte das Gebiet zu einem schlagkräftigen Staatsgebilde. Er ist eine Herrscherpersönlichkeit, die mit dem etwas jüngeren Hammurabi verglichen werden kann. Schamschi-Adad I. nimmt den Titel eines *Schar Kischschatim* (König der Gesamtheit) an; sein Reich, das Assyrien, die Gebiete um den Chabur-Fluß und Mari umfaßte, zerfällt nach seinem Tod; für den Norden wurde es ein Neubeginn.

Die wenigen bisher gemachten archäologischen Funde dieser assyrischen Periode sind den babylonischen ebenbürtig. In Assur weiht Schamschi-Adad selbst dem Nationalgott ein monumentales Heiligtum. Doch ist es vor allem der Tell al Rimah, ein wichtiges Zentrum in der reichen Region von Sinjar, wo man eine eigenartige Variante der me-

Oben: Ansicht der Ausgrabungen von Mari. Die Häuser sind längs der Straßen aufgereiht, in der Bauart typisch orientalisch mit Lichthof. Die Räume sind häufig von unregelmäßigem, überwiegend trapezförmigem Grundriß. Das Abwassersystem war sehr gut entwickelt. Sammelkanäle fingen die Abwässer aus den Wohnhäusern auf und leiteten sie ab.

sopotamischen Kultur freilegte, ein imposantes Heiligtum. Es umfaßt einen Tempel und eine Zikkurat, ersterer erbaut im klassisch-babylonischen Stil mit Zentralhof, mächtigen, von Türmen flankierten Portalen mit aus Lehmziegeln errichteten, gewundenen Säulen im »barocken« Geschmack der Isin-Larsa-Zeit. An die Rückseite der Cella des Tempels schließt direkt die Zikkurat an, die damit nicht über Freitreppen wie im Süden, sondern über das Dach des Tempels zugänglich ist. Dies ist das erste Beispiel jener absonderlichen assyrischen Bauart.

Unten: Detail der Ausgrabungen des sumerischen Mari.

Die verschiedenen Mittelpunkte babylonischer Kultur lieferten bisher die aufschlußreichsten Funde. Das bedeutendste archäologische Denkmal dieser Zeit ist der Königspalast von Mari, einer Stadt, die am Oberlauf des Euphrat eine Schlüsselstellung einnahm, bevor sie von Hammurabi zerstört wurde. Der Palast des Königs Zimrimlin war bereits im Altertum berühmt. Man fand dort ein Archiv von über 20 000 Tontafeln, darunter auch die Korrespondenz des Königs, in der u. a. der Herrscher von Ugarit den Wunsch äußert, dem König einen Besuch abzustatten. Die Ausgrabungen haben erwiesen, daß dieser Ruhm durchaus berechtigt war. Es handelt sich um eine Anlage, die mehr als alle anderen die wachsende Bedeutung des Palastes als absolutes, politisches, wirtschaftliches, religiöses und kulturelles Zentrum deutlich macht.

Die ganze Anlage bedeckt eine Fläche von etwa 200 × 120 m. Sie hat einen einzigen Eingang, von dem man durch ein grandioses Vestibül in den ersten Hof und zum ersten Audienzsaal gelangt. Von dort aus verzweigen sich die Durchgänge zu den anderen Gebäudegruppen des Palastes, entweder zum monumentalen Viertel des zweiten Hofes oder zum Verwaltungstrakt weiter im Süden und zur Palastkapelle. Der Privattrakt mit Wohn- und Schlafräumen der Königsfamilie lag weiter entfernt hinter dem zweiten Hof.

Der ganze Baukomplex ist in nord-südlicher Richtung in zwei Abteilungen gegliedert, jede mit Räumlichkeiten für amtliche, religiöse, verwaltungstechnische Aufgaben, Wohnungen, Küchen usw. ausgestattet, wobei zwischen dem kultischen und privaten Bereich klar unterschieden wird, eine archäologische Bestätigung für die Doppelfunktion des Herrschers als Priester und König. Der Hauptakzent der Monumentalität liegt auf dem Hof, dessen Zugang genau gegenüber der Pforte des Thronsaales angelegt ist, hinter dem sich der Zeremoniensaal befindet. Die Wohngebäude des königlichen Hofes weichen kaum vom üblichen Bauplan der Wohnhäuser ab, die Kapelle hält sich getreu an den Grundriß des Tempels.

Im Verwaltungstrakt fällt eine Gruppe von Lagerräumen auf, sodann reihenweise langschmale Kammern, größere Räume für die Schreiber mit ordentlich in der Mitte aneinandergereihten Tontischen. Dort verfaßten die Schreiber nicht nur die politischen und verwaltungstechnischen Akten wie auch den königlichen Briefwechsel, sondern erteilten gewiß auch Schreibunterricht an den Nachwuchs. Zahlreich sind auch die Einrichtungen für den Haushalt, wie Küchen, Backöfen, Badezimmer – diese sogar mit Öfen zur Bereitung von Warmwasser –, ferner Werkstätten für die Handwerker usw. Nie vorher konnte ein so vollständiges Bild vom täglichen Leben am Hofe eines Großkönigs erlangt werden.

Von ganz besonderem Interesse sind auch die Wandmalereien, von denen in anderen Fundstätten nur sehr wenig erhalten blieb. Viele Räume hatten einen farbigen Sockel, auch in den Privatwohnungen; am interessantesten sind jedoch die in Fragmenten erhaltenen szenischen Darstellungen auf einer Wand im Hof, die man *Investitur Zimrimlins* nennt. Im mittleren Feld übergibt Ischtar, die Kriegsgöttin, dem König Stab und Ring als Zeichen der Macht, im Feld darunter sieht man zwei Göttinnen mit Gefäßen in der Hand, aus denen Wasser fließt. In den Seitenfeldern befinden

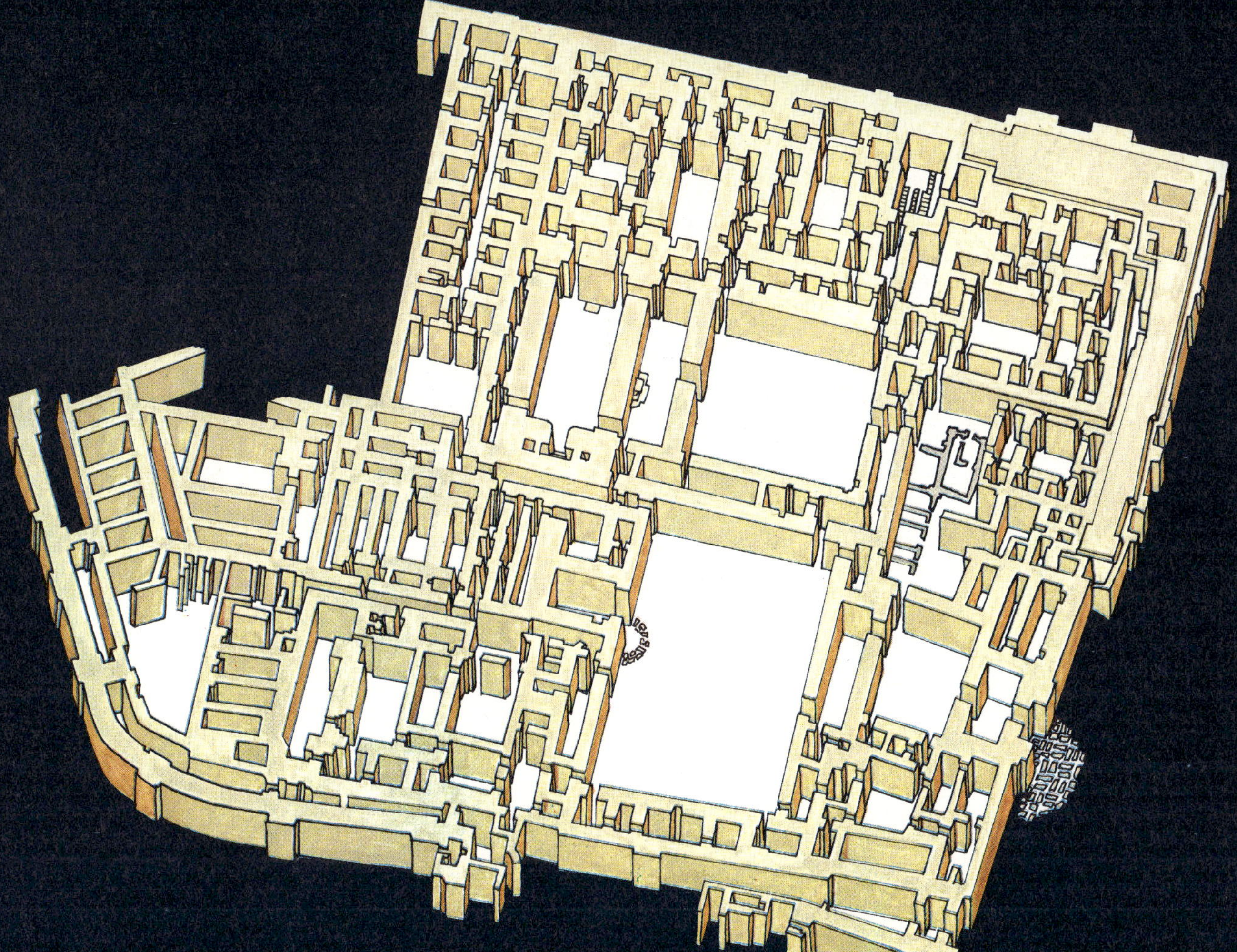

Die riesige Anlage des Königspalastes von Mari ist ein Bau, der wie kein anderer die Aufgabe des Palastes als absolutes, wirtschaftliches, religiöses und kulturelles Zentrum verdeutlicht. Das aufsteigende Mauerwerk aus Lehmziegeln war während der Ausgrabung noch hervorragend erhalten, in einigen Grabungsabschnitten bis zu 5 m hoch. An der Luft zerbröckelten die luftgetrockneten Ziegel jedoch sehr rasch, was die Konservatoren und Restauratoren vor eine äußerst schwierige Aufgabe stellt.

sich mythische Wesen und Dattelpalmen, auf die zwei Gestalten klettern, um die Blüten zu befruchten oder die Früchte zu pflücken. Die ganze Komposition ist voller Symbolik, dahingehend, die Legitimität der Macht des Königs darzutun, von der alles Wohl des Landes abhängt, eine der ungezählten Versinnbildlichungen des Geheimnisses der Fruchtbarkeit in der Natur, das auch im religiösen Denken des mesopotamischen Volkes eine große Rolle spielt.
Die Vollplastik trägt zur Pracht des Maripalastes bei. Statuen, wie die des Königs Idi Ilum, zählen zu den raffiniertesten Werken dieser Zeit. Die Statue einer wasserspendenden Göttin – wahrscheinlich minderen Ranges nach dem einzigen Hörnerpaar im Kopfputz zu schließen – ist ein einzigartiges Beispiel für eine Brunnenfigur; eine Rohrleitung führte in das (flaschenförmige) Gefäß, aus dem wirklich ein Wasserstrahl sprudelte. Ein solcher Springbrunnen war sicher nicht zum Vergnügen des Hofes da, sondern dürfte in einem symbolischen Zusammenhang mit der Heiligkeit des Königtums stehen.
Auf der Gesetzesstele (dem CODEX HAMMURABI) steht der König vor dem thronenden Gott des Rechts, Schamasch. Die Darstellung ist von höchster Ausdruckskraft und vermittelt den Eindruck, einer persönlichen Unterhaltung beizuwohnen. Die Verbindung mit Gott erscheint hier noch intimer als in der Ideologie der Akkader und der III. Dynastie von Ur. Für die Gesellschaft, den »gewöhnlichen« Menschen aber war dieser Weg nicht gangbar. Im Bestreben, eine persönliche Verbindung mit den hohen Göttern herzustellen, schaltete das Volk »Vermittler« ein, die seinem Begriffsvermögen näherstanden als die abstrakten mächtigen Götter.
Das dürfte auch der Grund für eine besondere Art bildlicher Darstellungen sein, die in dieser Zeit immer häufiger auftreten: gebrannte Tonplatten und Tonfiguren mit mannigfachen Motiven, vermittelnde Halbgötter, ungewöhnliche mythische Szenen, Genien und Zauberdämonen, Ausdruck instinktiver Glaubensempfindung und Lebensanschauung; wahrscheinlich besteht auch ein Zusammenhang mit volkstümlichen Kultbräuchen.

Kassiter, Mitanner, Assyrer

Bei einem Raubzug des Hethiterkönigs Murschili I. wird um 1594 v. Chr. Babylon erobert und geplündert und damit das Ende der Dynastie Hammurabis herbeigeführt. Die Hethiter ziehen sich zurück und überlassen den Kassiten das Feld, einem Bergvolk aus dem Iran, das schon zur Zeit Hammurabis in Mesopotamien eingedrungen war und nun die Herrschaft in Babylon antrat (1530–1160 v. Chr.). Die politische Szene ändert sich, es ist die Zeit, da sich im Vorderen Orient eine ganze Reihe neuer anfänglich unabhängiger Staaten und Hochkulturen ausbilden: im Norden zunächst das Reich der Mitanni, später das mittelassyrische Reich, in Anatolien das Reich der Hethiter, im Mittelmeer Kreta und selbst das Ägypten des Neuen Reiches öffnet seine Grenzen und mischt sich in die verwickelten internationalen Beziehungen ein. Darüber gibt uns das Archiv von Amarna höchst interessante Aufschlüsse; z. B. über das bedeutsame Zusammentreffen des Herrschers von Babylon mit Tuthmosis III. am Euphrat, über die Vermählung kassitischer Prinzessinnen mit Pharaonen sowie über die ständigen Forderungen Babylons nach Goldlieferungen.

Aus ihren Stammsitzen im anatolischen Gebirge waren schon im 2. Jahrtausend v. Chr. die Churriter in das nördliche Mesopotamien eingedrungen. Unter der Leitung eines wahrscheinlich indoeuropäischen Stammes der *Marjanni* (= Ritter) gelang es ihnen, im syro-mesopotamischen Raum das starke Reich von Mitanni aufzubauen. Um die Mitte des 2. Jahrtausends v. Chr. scheint Mitanni die stärkste politische Macht Vorderasiens gewesen zu sein. Selbst in Assur dürfte das churritische Element die Kultur stark beeinflußt haben, und in Nuzi bei Arrapcha (Kirkuk) wurde ein bedeutendes Zentrum dieser Kulturentwicklung ausgegraben.

Die über ihre Grenzen hinaus ausstrahlende churritisch-mitannische Kultur hatte vieles von der mesopotamischen Kultur aufgenommen, ihr aber auch vieles gegeben. Im Norden aber erstarkte das Nationalbewußtsein der Assyrer. In der zweiten Hälfte des 14. Jh.s wurde der assyrische Staat unter der Führung eigener Könige so gefestigt, daß er auch in der Auseinandersetzung mit Babylon die Oberhand behielt. Tukulti Ninurta I., einer seiner großen Herrscher, brachte von seinem Feldzug gegen Babylon in der zweiten Hälfte des 13. Jh.s sogar die Statue des Stadtgottes Marduk als Kriegsbeute mit. Die wechselhaften Kämpfe um die Grenzen zwischen Assur und Babylon dauerten weiter an.

Das Ende der kassitischen Dynastie kam von außen. In einem unglaublich schnellen Feldzug legte der Elamiterkönig Schutruknachunte um die Mitte des 12. Jh.s v. Chr. große Teile Babyloniens buchstäblich in Schutt und Asche und verschleppte unter vielen anderen Beutestücken die Naramsin-Stele von Sippar und den *Codex Hammurabi* nach Susa. Die zweite Dynastie von Isin stellte zwar die Lage wieder her, aber schon in der ersten Hälfte des 11. Jh.s fiel der Thron Babylons in die Hände der Aramäer, eines neuen Nomadenstammes, dem die Zukunft gehörte.

Die Kassiten hatten sich die babylonische Kultur so gut zu eigen gemacht, daß sie zu ihrem Bannerträger wurden. Unter den Kassiten erlebte das fast erschöpfte sumerische Erbe eine überaus fruchtbare Zeit. Sie brachten neue kulturelle und künstlerische Impulse nach Babylon und förderten die Wiederherstellung der großen Heiligtümer des Landes, wobei sie jedoch ihre eigenen Götter nicht außer acht ließen. In einer bisher nie gekannten offenen politischen Situation für Kontakte auf internationaler Ebene begründeten sie ihr göttliches Recht als Herren in Babylon.

Unweit von Babylon gründeten sie ihre neue Hauptstadt, Dur Kurigalzu (Aqar Quf), wo sie eine mächtige Anlage von Bauten mit einer Zikkurat und einem großen Palast errichteten. Die Zikkurat von Aqar Quf ist in ihrer Höhenerstreckung ganz anders angelegt als die Urnammus. An dem

Im Palast von Mari kamen auch Wandmalereien zum Vorschein, darunter die berühmte Bilderfolge der Investitur des Königs Zimrimlin. *Man löste diese Malereien von der Wand und schaffte sie in den Louvre nach Paris; nur so konnten diese kostbaren Zeugnisse gerettet werden. Der Maler Zimrimlins zeichnete die Umrisse der Figuren auf den Malgrund und füllte die Flächen dann mit Farben ohne jede Schattierung aus (2040–1870 v. Chr.).*

Rechts: Basaltstele mit dem eingravierten Text des Gesetzes Hammurabis (1930–1888 v. Chr.). Im Relief oben empfängt der König die Herrschaftssymbole aus den Händen des thronenden (Sonnen-)Gottes Schamasch; damit sollte die göttliche Herkunft der Gesetze deutlich gemacht werden. Die Stele wurde im 12. Jh. v. Chr. von den Elamitern nach Susa verschleppt, wo sie zu Beginn unseres Jh.s von französischen Ausgräbern wiederentdeckt wurde.

Unten: Keilschrifttafel, auf der ein mathematisches Theorem Euklids vorweggenommen ist. Astronomie und Mathematik hatten im Mesopotamien des 2. Jahrtausends v. Chr. bereits einen hohen Stand erreicht.

gut erhaltenen Kern kann die Fortdauer der Mauertechnik aus der neusumerischen Zeit anschaulich verfolgt werden. So sind die Außenwände durch abwechselnd flache Risalite und Nischen gegliedert, in das Mauerwerk sind in regelmäßiger Folge Schilfmatten verlegt und zusammengebundene Rohrbündel waagerecht als Zugstreben eingefügt.

Auch im kleinen freistehenden Innin-Tempel im Eanna-Bezirk von Uruk haben die Kassiten neue Formen geschaffen. Unter Verzicht auf herrische Monumentalität (der Tempel mißt 22,5 × 17,3 m mit einer Langcella von 9 × 3 m) war die Gesamtanlage von größter Einfachheit und strenger Symmetrie; völlig neu der plastische Dekor. In den engen Nischen des 2–3 m hohen Sockels standen abwechselnd Statuen von bärtigen Berggöttern und Flußgöttinnen, aus gebrannten Formziegeln aufgebaut, einer Technik, die im Baudekor auch bald außerhalb Mesopotamiens zur Anwendung gelangte.

Die Art, den Tempel unter den Schutz solcher »Wächter« (Genien oder Gottheiten) zu stellen, zeugt von einem Wandel religiöser Auffassung. Schon in frühbabylonischer Zeit stiegen Tempelwächter aus den Nischen der Grundmauern hinauf zu den Eingangspforten. Hier aber wird die Symbolik des gerade für Mesopotamien so lebenswichtigen Wassers (Quellgöttinnen) mit Schutzaufgaben und anderen religiösen Motivationen verknüpft und dadurch nicht leicht durchschaubar. Der Abstand zwischen Mensch und Gott hatte sich erweitert; in den leeren Raum strömten nun Halbgötter und andere Wesen ein, die man sich durch magische Praktiken dienstbar machen wollte.

Sowohl in den monumentalen Bauten wie auch in Erzeugnissen der Volkskunst zeigte sich die enorm wachsende Bedeutung der Magie, der Mantik und Astrologie im Leben der Gesellschaft. Wahrsagerei wurde schon vorher ausgiebig betrieben, vor allem die Leberschau – davon zeugen die zahlreichen kleinen Tonmodelle von Lebern, vergleichbar jenen der Etrusker. Die echten Wissenschaften, Mathematik und Astronomie, werden zunehmend zu abergläubischen »Geheimwissenschaften«; es entsteht eine Blütezeit für magische Praktiken.

Auch das Themenrepertoire ändert sich. Gegenständliche Darstellungen weichen Symbolen, mit denen auch Begriffe angedeutet werden. Besonders typisch für die kassitische Zeit sind die *Kudurrus*, eine Art von Grenzsteinen, auf denen Figuren, Inschriften und Symbole angebracht sind. An Gemarkungen aufgestellt, dienten sie als königliche Schenkungsurkunden von Grundstücken an Würdenträger und Mitglieder der Familie. Selbst szenische Darstellungen waren stets von Symbolen begleitet, die auch für sich allein stehen konnten. Meist waren es Embleme oder Attribute von Göttern, die aber selten in menschlicher Gestalt wiedergegeben wurden.

Im Gegensatz zu den häufig auftretenden Kudurrus erscheinen schriftliche Verträge über den An- und Verkauf von Grundstücken, in den vorangegangenen Zeiten geradezu eine »Leitform«, nunmehr selten, was ein bezeichnendes Licht auf die sozialen Gegebenheiten wirft. Dadurch erhärtet sich der Verdacht, daß die babylonische Gesellschaft auf dem sicheren Weg war, zu einem Klassensystem mit fest verteilten Rollen zu erstarren, Verpflichtung zur Zwangsarbeit einerseits, Enthebung davon andererseits. Trotz der hervorragenden Stellung Babylons in der internationalen Politik scheint es, daß der Handel streng vom Palast überwacht wurde und Geschäfte mit bestimmten kostbaren Gütern – Gold und Pferde – überhaupt nur auf diplomatischem Wege möglich waren.

In die Zeit der Kassiten fällt auch die Einführung des pferdebespannten Streitwagens mit Speichenrädern, der schon den Churritern bekannt war. Besitz und Führung eines Streitwagens war aus naheliegenden Gründen nur einer bevorzugten Klasse – König und Adel – vorbehalten. Streitwagen waren sehr kostspielig, und es ist anzunehmen, daß ihre Herstellung und Ausrüstung der Gemeinschaft aufgebürdet wurde. Mag sein, daß die Wartung der Pferde mit der Zeit zu einem angesehe-

Rechts: Tonstatuette einer Löwin, entdeckt bei den Ausgrabungen von Dur Kurigalzu (Aqar Quf). Sie ist ein hervorragendes Beispiel für den Naturalismus in der kassitischen Zeit.

Unten: Der Kern der Zikkurat von Dur Kurigalzu. Da die Backsteinverkleidung fehlt, kann man die für den Kern typische Bautechnik gut erkennen. Mehrere Lagen waagerecht gelegter luftgetrockneter Lehmziegel wechseln mit asphaltgetränkten Schichten von Binsenmatten, die – mit Schilfrohrbündeln verstärkt – als Ausgleichsschicht dienen.

nen Amt wurde. Im ganzen aber sieht es so aus, daß die Bevölkerung der Dynamik der Hammurabizeit, trotz der erfolgreichen Außenpolitik ihrer Herrscher, wenig anteilhaftig wurde.

Während Babylon seine Kultur in Gesetzmäßigkeit erstarren ließ, erlebte Assyrien im Norden eine neue Blüte. Um 1350 v. Chr. trat es die Nachfolge der Mitanni an. Es entstand ein neuer nationaler Staat, in dem die Assyrer auf eigenständige Art kulturelle Elemente der Babylonier und Churriter verschmolzen und den Boden für die großartige Entwicklung des 1. Jahrtausends v. Chr. vorbereiteten. Besonders in der Glyptik (Steinschneidekunst) offenbart sich die Stilentwicklung in Richtung zu einer realistischen Darstellung in der Bewegung. Die Gestalten sind von außerordentlicher Ausdruckskraft und mit unglaublicher Erfindungsgabe bearbeitet, wie es seit der Zeit der Akkader nicht wieder vorgekommen war; so hoben sie sich erfreulich von der gleichzeitigen, in steifem Formalismus abgeglittenen Kunst des Südens ab. Wieder triumphierte die kraftvolle realistische Darstellung, gleich, ob es sich um mythologische Szenen oder reine Symbole handelte. Das Bildnis des Königs Tukulti Ninurta I. auf dem im Ischtartempel von Assur gefundenen »Symbolsockel« bezeugt das Wiedererwachen der assyrischen Reliefkunst. Viele Details darin verraten den Geist der assyrischen Ikonographie vom König und Königtum, wie wir sie nach einer Lücke von drei Jahrhunderten in den großen Reliefzyklen Assurnasirpals II. im 9. Jh. v. Chr. antreffen werden.

Die bei den Ausgrabungen von Assur zutage gekommenen Zeugnisse beweisen, daß die Herrscher des mittelassyrischen Reiches hinsichtlich der Prachtentfaltung ihrer Höfe ihren kassitischen Kollegen durchaus ebenbürtig waren, jedoch in einem ganz anderen Geist: Ausdruck eines siegesbewußten Nationalstolzes. Die Tempelanlagen von Assur für die Götter Sin und Schamasch, sowie der von Tiglatpileser I. errichtete Anu-Adad-Tempel sind charakteristische Beispiele für Doppeltempel. Die beiden völlig gleichrangigen Tempel sind zu einem einzigen monumentalen Baukomplex vereinigt, der beim Anu-Adad-Tempel auch eine Zikkurat einschließt, wie früher in Tell al-Rimah.

Die Kultgebräuche in der typischen langen, rechteckigen Cella mit Eingang an der Schmalseite, dem auch eine breite Vorhalle angesetzt werden konnte, dürften ganz ähnlich jenen der besser dokumentierten des 1. Jahrtausends gewesen sein; auch dadurch bestätigte sich die Unabhängigkeit von Babylon. Leider gibt es nur ganz vereinzelt Denkmäler aus dieser Zeit, und so steht zum besseren Erkennen und Verstehen jener assyrischen Zeitspanne nur wenig Material zur Verfügung, im Gegensatz zur Fülle von Texten, wie sie die südlichen Gebiete aufweisen. Der unermüdlichen Tätigkeit der mittelassyrischen Herrscher ist es gelungen, Assyrien nicht nur endgültig vom Süden zu lösen, sondern ihren Staat auch zu einem sowohl an den Höfen der Großmächte wie z. B. Babylon international anerkannten Machtzentrum aufzubauen als auch die Grundlagen für das Großreich des 9.–7. Jh.s v. Chr. zu schaffen, gerade als sich die Errungenschaften aus der zweiten Hälfte des 2. Jahrtausends – Streitwagen und Pferd – voll auszuwirken begannen. Bald wird es der assyrische Norden sein, der zum lebendigsten, tatkräftigsten und schöpferischsten Mittelpunkt mesopotamischer Kultur werden wird.

Syrien

Stefania Mazzoni

Die kulturelle Situation, die wir in Syrien zwischen dem ausklingenden 4. und dem beginnenden 3. vorchristlichen Jahrtausend antreffen, ist nichts anderes als das Ergebnis einer Reihe tiefgreifender Veränderungen in jenem Gebiet. Diese bringen im Laufe des 4. Jahrtausends eine allmähliche Verdrängung der einheitlich verbreiteten bäuerlichen Tell-Halaf-Kultur durch aufblühende Urbansysteme mit kommerziellem Produktionscharakter mit sich. Dieser Übergang von der Land- auf die Stadtkultur mit all seinen Auswirkungen auf die bestehende Sozialstruktur erfolgt in Syrien jedoch nicht in einem organischen Prozeß von innen heraus, sondern ist vielmehr die Folge fruchtbarer Anregungen aus der Obēd-Kultur der südmesopotamischen Städte. Infolgedessen geht diese Entwicklung in Syrien in Form von zeitlich und regional sehr unterschiedlich gestuften Phasen vor sich. Im südlichen Mesopotamien zeigt sich die städtische Obēd-Kultur als das Resultat der langwierigen Entwicklung vom ländlichen Wirtschaftssystem zu einer technisch fortgeschrittenen Phase. Sie bewirkt eine immer mehr auf die Gemeinschaft ausgerichtete soziale Organisation, was vor allem im Bau gemeinschaftlicher Infrastrukturen, z. B. von Bewässerungsanlagen und Kanälen, zum Ausdruck kommt. In Syrien hingegen ist die einsetzende Urbanisierung keine Folge sich entwickelnder Landkulturen, die ganz anderen Evolutionsbedingungen als in Mesopotamien unterliegen und selbst nach dem Erreichen hoher technischer Vervollkommnung entstand kein allzu großer Drang nach gemeinschaftsbezogenen Ansprüchen. Die Verstädterung ist vielmehr eine von außen kommende Neuerung, die vom mesopotamischen Handel ins Land eingeführt wird.

Dies erklärt auch die beiden Charaktere des syrischen Urbanisierungsphänomens, die sich von Anfang an deutlich abzeichnen: Einmal die ausschließlich kommerzielle Funktion dieser ersten Stadtgebilde, die praktisch als Handelskolonien oder Vertriebszentren entstanden sind, und zum zweiten deren Entwicklung und anfängliche Konzentrierung entlang den Tälern des Euphrat, des Chabur und des Balich, sowie längs der Küste. Die drei Täler dienten als Handelsstraßen in Richtung Anatolien, das die wichtigen Minerale lieferte. Holz bezog man aus den Küstenländern. So entwickeln sich in Syrien Stadtkulturen als ausschließliche Folge regen Handels. Dies bestätigt die Tatsache des unangefochtenen Weiterbestehens der agrarischen Dorfwirtschaft in weitläufigen fruchtbaren Gebieten wie beispielsweise der von Amuq und Beqaa, die am Rande der großen Handelsstraßen nur unmerklich von der mesopotamischen Kultur beeinflußt werden. Hier leben denn auch auf lange Zeit hinaus die lokalen Keramiktraditionen der Tell-Halaf-Kultur neben den neuen Obēd-Importen fort. Einerseits erlebt man also aufgrund zunehmender wirtschaftlicher Abhängigkeit eine rasche Verbreitung der Urbankultur von Obēd, andererseits trifft diese Kulturübertragung auch auf Widerstand. Insbesondere in den Agrargebieten mit natürlichem Wasserreichtum zeigt sich dieser, zumal das vorgegebene Stadtmodell nicht vereinbar ist mit dem ökonomischen System dieser syrischen Regionen. Gebiete, die an ihrem typisch jungsteinzeitlichen Wirtschaftssystem festhalten, dürfen deshalb nicht als rückständige Randprovinzen angesehen werden. Hier handelt es sich um den eigenständigen Entwicklungsprozeß einer Lokalkultur mit Dorfwirtschaftsstruktur.

Blick in das obere Euphrattal im Gebiet von Raqqa mit dem islamischen Schloß Gabar im Hintergrund. Jüngste archäologische Grabungen, die zur Rettung antiken Kulturgutes anläßlich der Errichtung des Al-Thawra-Staubeckens durchgeführt worden sind, haben die jungsteinzeitlichen und präurbanen Kulturen im Landesinneren Syriens in ein neues Licht gerückt.

Eine Reihe von Augenidolen aus Alabaster, die in Tell Brak gefunden wurden und aus der Zeit von 3200–3000 v. Chr. stammen. Wahrscheinlich handelt es sich dabei um abstrahierte, vom Augenpaar symbolisierte Gottheiten mit abwehrender Funktion. Die Augensymbolik, die ein magisches Glaubenselement im gesamten Nahostgebiet darstellt, behält in Syrien ihre kulturelle Selbständigkeit bis Ende des 3. Jahrtausends v. Chr. bei.

Die Kulturen der halbnomadischen Stämme am Ende des 4. Jahrtausends v. Chr. geraten infolge ihrer geringeren Wirtschaftsstabilität sowohl in den bäuerlichen wie auch in den urbanen Bereich der bestehenden Kulturen und werden von ihnen abhängig. Das Gesamtbild der sozialpolitischen Lage Syriens zwischen dem 4. Jahrtausend und der hellenistischen Periode wird also charakterisiert vom Zusammenstoß und dem Ineinanderfließen dreier Kultursituationen: Verstädterung, Landkultur und Halbnomadentum, deren Ineinanderfließen die syrische Kultur geprägt hat.

Die protosyrische Periode
(3000–2000 v. Chr.)

Das Entstehen der Stadtkultur

Während der drei Jahrhunderte, in denen sich die Uruk-Kultur behauptete und verbreitete (3500–3200 v. Chr.), ließ die sozialwirtschaftliche Lage Syriens bereits jene Züge erkennen, die uns von den Perioden unmittelbar nach Beginn unserer Zeitrechnung her bekannt sind. Der gesteigerte Handel und die daraus entstehende Verbesserung der Lebensbedingungen durch Übernahme mesopotamischer Wirtschafts- und Kulturgepflogenheiten ermöglichten ein rasches und nahezu vorbehaltloses Eindringen des Kulturmodelles von Uruk. Die alte, vielfarbige Obēd-Keramik wird von einer für Uruk typischen rotgrauen Keramik verdrängt. Die Bauweise lehnt sich an die Südmesopotamiens an. Rollsiegel und vor allem die Schrift revolutionieren den gesamten Bereich des »Fruchtbaren Halbmonds«. Während der darauffolgenden Dschemdet-Nasr-Periode (3200–3000 v. Chr.), erreichte das mesopotamische Kulturmodell seine größte räumliche Verbreitung, indem es bis nach Elam, Palästina und Ägypten vordrang. In dieser Zeit finden sich in Syrien bereits Ansätze einer reifen Stadtkultur, was Siedlungsreste aus jener Zeit in der Steppenwüste der Dschesire, bei Raqqa, Dschebel Aruda, Tell Qannas und Habuba Kebira Sud beweisen, denen unverkennbare Wesenszüge südmesopotamischer Architektur anhaften. Zum Beispiel weisen die T-förmigen Tempelgrundrisse und der in der Glyptik aufscheinende Dschemdet-Nasr-Stil eine hochgradige Identität mit den Originalmodellen auf, aus denen zu schließen ist, daß mesopotamische Architekten und Bauhandwerker hier direkt am Werk gewesen sein müssen. Am offensichtlichsten scheint dies beim »Tempel der Augen« von Tell Brak der Fall zu sein, und zwar in der Anlage des Grundrisses, in der axialen Anordnung der Cella mit abschließendem Querraum und in der Weitergliederung des T-Schemas. Einen zusätzlichen Hinweis liefert die kontrastreiche Hell-Dunkel-Gestaltung der Fassaden, deren Rhythmus von mächtigen Strebepfeilern bestimmt wird, und schließlich auch die beabsichtigte Farbigkeit der Friesflächen im Tempelinnern, die aus Tonstiften mit bemaltem Kopf, aus Dekorrosetten und goldenen Zierbeschlägen bestehen. Diese Technik geometrischer Friesornamente verschwindet zwar schon bald aus der mesopotamischen Kunst, erfreut sich aber weiterhin lokal größter Beliebtheit.

Im Tempel selbst wurden Tausende von Steinidolen gefunden, deren wesentlichste Charakteristik und gemeinsame Eigenschaft ein Augenpaar darstellt. Dabei wird dieses Thema in seiner Formgestaltung von einer rein geometrischen Linienführung bis hin zu einem linearen Naturalismus schier unendlich variiert. Diese Augenidole scheinen von einer besonderen Kultform in diesem Gebiet zu zeugen, die den Akzent auf die immerwährende Gegenwart des göttlichen Blickes als eine allumfassende Überwachung jedes menschlichen Tuns setzt. In dieselbe Kultrichtung zeigen wahrscheinlich auch einige menschliche Votivköpfe, die im selben Tempel gefunden wurden und deren Hauptmerkmal wiederum überdimensional gestaltete Augen sind. Den Stil dieser Idole und Votivgegenstände prägt reine Geometrie, die sich von der Glyptik (Steinschneidekunst) ableitet.

Die darauffolgende erste Phase der älteren Bronzezeit (3000–2800 v. Chr.), die der ersten protodynastischen Periode Mesopotamiens entspricht, sieht in ganz Syrien einen intensiven Fortschritt im Siedlungswesen. In Byblos erhält der Stadtkern sein Aussehen durch den Bau zweier Monumentaltempel (Byblos IV–V) auf der Akropolis, durch die Gruppierung der Wohnviertel um einen gemeinschaftlichen Brunnen und – gegen Ende dieser Zeit – durch den Bau einer mächtigen Ringmauer mit zwei Steinfassaden und einem mit Erdreich gefüllten Hohlraum. Dies sind deutliche Hinweise auf die Wichtigkeit dieser Stadt im Rahmen der Handelsgeschäfte mit Ägypten und ihrer späteren wirtschaftlichen Bedeutung.

Rechts: Alabasterskulptur aus dem Ischtar-Tempel von Mari (heute im Louvre, Paris), die den königlichen Hofbeamten Ebikh-Il darstellt. Die mit dem traditionellen, aus Schafwollzotten bestehenden Kaunakés *bekleidete Figur nimmt die typische Haltung der Anbetung mit gefalteten Händen ein. Die Inschrift auf der linken Schulter enthält eine Widmung an Ischtar.*

Die gleiche intensive Entwicklung zeichnet sich zur selben Zeit auch in den Siedlungen des Euphratgebietes ab, wo jedoch der Einfluß des mesopotamischen Kulturmodelles noch weiterhin vorherrschend bleibt. So wird beispielsweise in Habuba Kebira Sud die Stadtanlage, die sich über ein weitläufiges Straßennetz breitet, durch eine Mauer mit Bastionen und Stützpfeilern mesopotamischen Einschlages geschützt. Die Wichtigkeit dieser Handelskolonie rührt zweifelsohne von ihrer außerordentlich günstigen Lage am oberen Euphrat her. Es kann angenommen werden, daß die Entwicklung der Stadtkultur sowie die Zunahme der Handelstätigkeiten einen allgemeinen Aufschwung der syrischen Wirtschaft zur Folge hatten. So finden wir im Gebiet von Amuq selbst in kleinen Agrarsiedlungen, sowie in jeder noch so einfachen Gemeinschaft im Vergleich zur vorherigen Zeit eine Reihe technischer und architektonischer Neuerungen. Aufgrund der zunehmenden Nachfrage erlebt auch die Töpferkunst und Glyptik einen gewaltigen Aufschwung. Darüber hinaus bezeugt diese nichtstädtische Kultur im Innern Syriens eine selbständige Bronzekunst, die in keinerlei Abhängigkeit zur mesopotamischen Produktion steht. Zeugnis davon liefern uns Statuetten von nackten Frauengestalten mit vor die Brüste gehaltenen Händen sowie von mit Lanzen und Keulen bewaffneten Kriegern. An diesen Statuetten zeichnet sich ein eigenes und äußerst eindrucksvolles Stilverständnis ab, das keineswegs begrenzt naturalistisch ist und sich wahrscheinlich von den Traditionen der örtlichen Keramikkunst ableiten läßt, die bereits auf der Töpferscheibe gefertigte Tonwaren mit ausgebürstetem Farbdekor oder einfachen mit Pinseln aufgemalten, das Gefäß umlaufenden Wellenlinien, herstellte.

Unten: Rot und schwarz auf grauem Grund bemalter Krug aus Tell Brak (3200–3000 v. Chr.), an dem deutliche Spuren der vorausgegangenen Keramiktradition aus der Obēd-Periode erkennbar sind.

Die Staatswerdung: Mari und Tell Chuera. Die Entwicklung der ländlichen Kultur von Amuq

Der Übergang von der wirtschaftlichen zur politischen Kontrolle des Handelsverkehrs scheint in Syrien während der zweiten und dritten Periode der älteren Bronzezeit erfolgt zu sein, die zeitlich mit der zweiten und dritten protodynastischen Periode Mesopotamiens übereinstimmt. In Zentren wie Mari (heute Tell Hariri) und Tell Chuera entstehen in dieser Phase geschlossene und unabhängige Herrschaftsformen, denen wahrscheinlich vom Mutterland freigestellte sumerische Handelskolonien zugrunde liegen und die nunmehr politisch autonome Gebilde darstellen. Die politische Bedeutung Maris wird durch das Aufkommen einer lokalen Dynastie bezeugt, der zehnten nach der Sintflut. Diese wird von den sumerischen Geschichtsschreibern erwähnt, ihre historische Wirklichkeit ist durch archäologische Funde bestätigt. In Mari erfolgte eine scharfe Trennung zwischen dem allgemeinen Stadtgebilde und dem königlichen Palast, der als autonome, vom Rest der Stadt völlig unabhängige Einheit um einen großen Mittelhof herum entsteht, den zeremoniellen Funktionen des Hoflebens dienend. Der Bau ähnelt in vielen Punkten dem zeitgenössischen Palast von Kisch. Einen aristokratischen Anstrich erhält die Palastanlage durch Einbeziehung eines Tempels innerhalb der Mauern. Darin drückt sich die Bewältigung sumerischer Traditionen aus, nicht nur in architektonischer, sondern auch in ideologischer Hinsicht. Die Einfügung des Tempelwesens in die

Palastorganisation und die daraus hervorgehende Abhängigkeit des ersteren von der zweiten waren erste Anzeichen zur vorrangigen Entwicklung der Staatsmacht über das Priestertum. Um den Palast, der den Brennpunkt des politischen Residenzviertels der Stadt darstellte, entstanden gleichzeitig eine Reihe von Tempeln, die den Gottheiten Ischtar, Dagan, Ischtarat und Nini-Zasa sowie Schamasch gewidmet waren. Ungeachtet ihrer typologischen Veränderungen griffen diese Tempel in ihrem Allgemeincharakter auf das sumerische Modell zurück, das uns von den Kultstätten des Diyala-Gebietes her bekannt ist: rechteckige Cella mit Eingang an der zu einem Innenhof hin geöffneten Längsseite. Die lokale Abweichung dieses Modells ist am augenscheinlichsten im Säulengang des Innenhofs des Ischtartempels sowie in der Dekoration der kreuzförmigen Wandnischen des Nini-Zasa-Tempels zu erkennen.
Ähnlich der Architektur lehnt sich auch das Kunsthandwerk Maris an die zeitgenössische sumerische Produktion an, und zwar sowohl in der Art der Fertigung als auch im stilistischen Geschmack. Die zahlreichen erhalten gebliebenen Skulpturen überliefern uns das Bildnis lokaler Dynasten (Lamgi-Margi und Iku-Schamagan) und hoher Funktionäre (Ebikh-Il, Idi-Narum, Nani, Meschgirru und Maschschigirru), deren Namen den auf dem Rücken der Statuen angebrachten Inschriften entnommen werden konnten. Weiterhin zeigen sie Priester, Priesterinnen und Betende, deren chronologische Reihenfolge innerhalb der zweiten und dritten protodynastischen Phase noch geklärt werden muß. Diese Skulpturen besitzen darüber hinaus eine hochinteressante Ausdrucksweise, anhand der die konstante Entwicklung verfolgt werden kann von einem anfänglich altertümelnden geometrischen Stilempfinden mit stark vereinheitlichender Darstellung der Körper, bis hin zur plastischen und die Massigkeit betonenden Körperhaftigkeit. Die gleiche stilistische Entwicklung ist auch in den anderen künstlerischen Schaffensbereichen deutlich erkennbar; bei Muschel-Intarsienarbeiten, Steinreliefs, mit meist mythologischen oder rituellen Motiven, oder bei Gefäßen mit der Darstellung von Tempelfassaden und rituellen Handlungen. In einigen Fällen handelt es sich dabei nicht nur um perfekte Nachbildungen sumerischer Modelle, sondern sogar um echte Importware. Besonders erwähnenswert ist eine Perle aus Lapislazuli, deren Inschrift »Mesannipadda aus Ur« lautet. Von weiteren Gegenständen bezeugen zwei in Elfenbein geschnitzte nackte Frauengestalten feinster Plastizität sowie eine ähnliche Figur aus Bronze, die stilistisch aber als linear-geometrisch einzustufen ist, das Zusammenleben in Mari zwischen der Palastproduktion unter sumerischem Einfluß und einem rein lokalen Werkstattbetrieb, dessen Produktion parallel zu den Bronzearbeiten des Amuq-Gebietes läuft.
Daß der sumerische Kultureinfluß einer immer freier werdenden Interpretation unterliegt, je weiter er sich von den Hauptwegen des mesopotamischen Handelsverkehrs entfernt, scheint insbesondere von Tell Chuera in der Steppenwüste von Dschesire zwischen Chabur und Balich bestätigt zu werden. Hier nehmen die Tempelbauten sowohl in technischer als auch in typologischer Hinsicht höchst eigenwillige Züge an. Als die besten Beispiele hierfür gelten der dreischiffige »Nördliche Tempel« sowie einige Anten-Tempel mit einfacher rechteckiger Cella. Eine stärkere Abhängigkeit von sumerischen Traditionen spiegeln dagegen die Skulpturen wider. Ihre Formgestaltung ist starr und gewollt geometrisch.
Tatsächlich scheint der nördliche Landstrich am oberen Chabur einen eigenständigen Kulturraum darzustellen, der nur geringen Bezug zu den Traditionen des oberen Euphrattales, zum Innern Syriens und zu den Küstengebieten aufweist. Er lehnt sich dagegen näher an die Tendenzen Assyriens an. Dieses Phänomen bestätigen die Funde von Chagar Bazar und Tell Brak. Dort konnte eine weite Verbreitung bemalter Keramik ninivitischer,

Rekonstruktion der Standarte von Mari. Die Muschelintarsien waren ursprünglich in mehreren Holz- oder Bitumentafeln eingelegt. Die dargestellte Szene wird als Erinnerung an einen militärischen Triumph mit Vorführung nackter, von Soldaten bewachter Kriegsgefangener und dem Vorbeizug von Kriegsfahrzeugen ausgelegt.

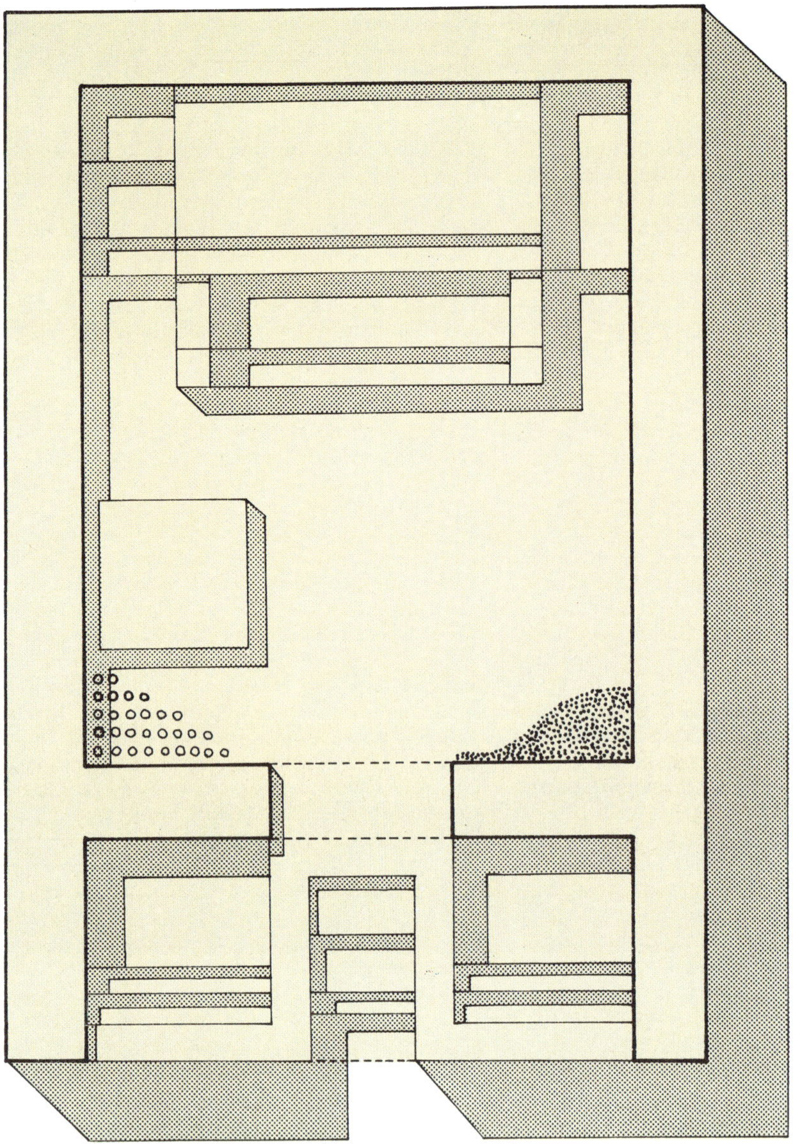

also assyrischer Herkunft (Ninive V) und einer lokalen Keramik in Schwarz und Grau mit Inschriften, die ebenfalls ihren Ursprung in Ninive hatte, festgestellt werden. Ähnlich entwickelten in derselben Periode auch die Agrarsiedlungen der Amuq-Ebene ihr eigenständiges Kulturmodell ohne jeglichen sumerischen Einfluß. Nur die unmittelbar angrenzenden Kulturräume übten einen gewissen Einfluß aus, insbesondere wohl das östliche Anatolien. Das wichtigste Indiz dazu wird auch hier wiederum durch das Auftauchen eines ganz bestimmten Keramiktyps geliefert. Diese schwarzrote, metallimitierende Hochglanzkeramik, die mit plastischen geometrischen Motiven dekoriert ist, klassifiziert man auch unter der Bezeichnung *Chirbet Kerak* nach der gleichnamigen palästinensischen Siedlung, in der sie zuerst entdeckt wurde. Das Vorhandensein dieser Keramik von der Amuq-Ebene bis Palästina, wo sie überall die dritte Periode der älteren Bronzezeit kennzeichnet, und ihr völliges Ermangeln im Innern Syriens beweisen ihr Eindringen von Norden her über die Handelsstraßen der Küste. Diese mehrschichtige und tiefgreifende Verbreitung nördlicher Kulturelemente scheint fruchtbare Entwicklungsprozesse anzufachen, und dies nicht nur entlang der syrischen Küste, sondern auch in Palästina, das gleichzeitig eine sowohl quantitative als auch qualitative Steigerung der Bautätigkeit in den städtischen Siedlungen erlebt.

Die politische Situation zwischen 2400 und 2250 v. Chr.: Die Vereinigung Syriens unter Ebla und die akkadische Eroberung

Am Ende der Periode der größten Verbreitung von schwarzer Hochglanzkeramik trat im Norden Syriens eine kulturelle Wandlung ein, die keine allzu heftigen Einschnitte verursachte. Überall – sowohl in den großen Stadtzentren als auch auf dem Land – war zu beobachten, wie die glanzpolierte Keramik allmählich verschwand und an ihrer Stelle kelchförmige Gefäße mit bewegter Außenfläche aufkamen. Sie bestimmten in Syrien und

Oben: Grundriß des Tempels von Tell Chuera (zweite Schicht). Er besteht aus einer rechteckigen Cella, einem im Mittelpunkt angeordneten Eingang über vier Stufen, längsseitig aufgemauertem Podest und einem Altar mit Kultgefäßen an der rückseitigen Abschlußwand.

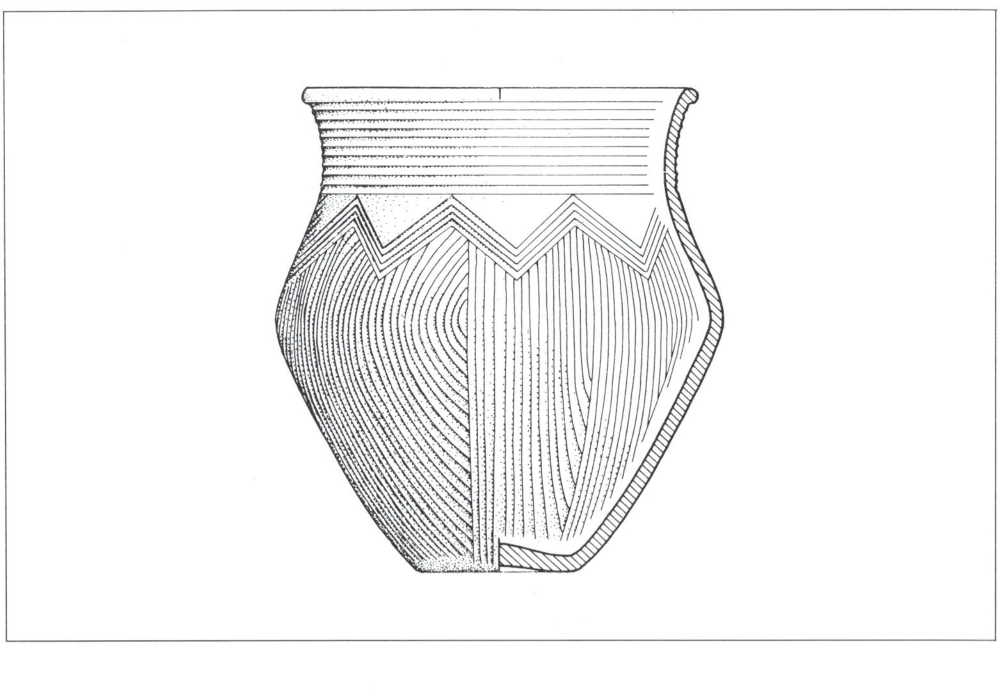

Rechts: Krug im Chirbet-Kerak-Stil aus dem Amuq-Gebiet, gekennzeichnet durch die plastische Rippung, den roten oder schwarzen Anguß und der Endglasur der gesamten Oberfläche, die das Gefäß – typisch für diese Gattung – metallisch erscheinen läßt.

Beispiele kelchförmiger Keramiken mit schwarz aufgemaltem geometrischen Dekor aus dem Gebiet von Amuq.

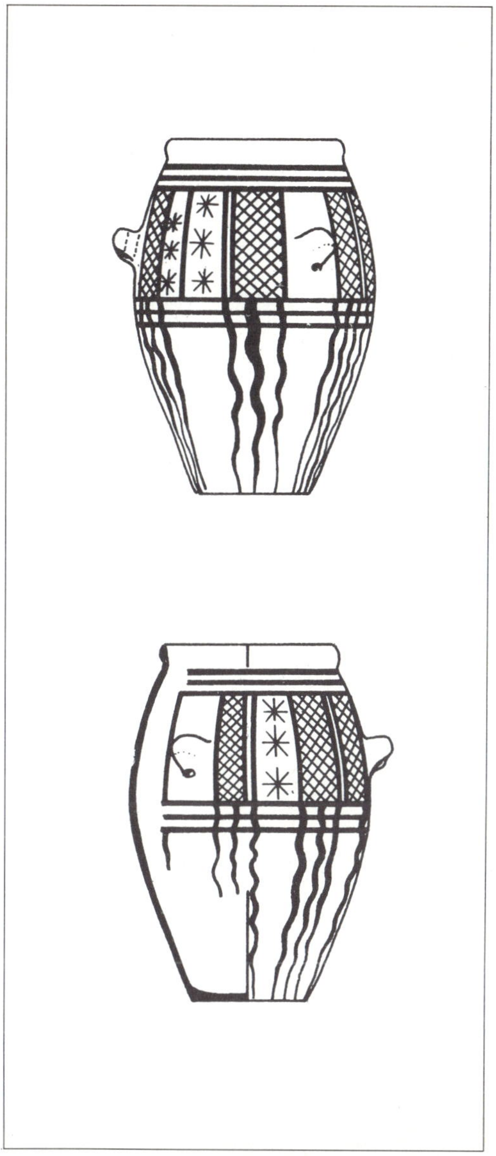

auch in Palästina die vierte Periode der älteren Bronzezeit (Amuq I). In der Tat scheint diese Zeit eine umfassende Wandlung aller bestehenden politischen Modelle gebracht zu haben, meist in der ausgeprägten Form des Stadtstaates, so vor allem im Werk Lugalzaggesis in Mesopotamien und der Bedeutung Eblas in Syrien.

Die stufenweise Entwicklung dieses grundlegenden politischen Prozesses kann nicht mehr nur in Mesopotamien verfolgt werden, sondern jetzt auch in Syrien, dank der vor kurzem erfolgten Entdeckung der königlichen Archive von Ebla aus jener Periode. Sie bestätigen, daß der Ausgangspunkt für die Entwicklung dieses Staatssystems ausschließlich handelswirtschaftlicher Natur war. Am Anfang stand der Anspruch auf die Kontrolle der wichtigsten Handelswege, deren Knotenpunkt in jener Periode Ebla zu sein scheint. In der syrischen Stadt kreuzten sich die Verbindungsstraßen zwischen Anatolien, Palästina, der Küste, dem Euphratgebiet und Mesopotamien, die für die Rohstoffbeschaffung – allem voran Erze und Holz – ganz besonders wichtig waren. Die Gründung eines soliden politischen Zentrums in Ebla, dessen Territorialmacht allerdings bis zum Ende der dritten Periode der älteren Bronzezeit noch ziemlich beschränkt blieb, ging von denselben Voraussetzungen aus, die bereits in bezug auf Mari und Tell Chuera erwähnt worden sind. Die darauffolgende politische Blütezeit in Richtung der Verwirklichung eines nationalen Staatsregimes war dagegen, obwohl sie von derselben Grundlage ausging, das Ergebnis einer Kette besonderer Umstände, die das Schicksal dieser Stadt von jenem der anderen großen Städte am Euphrat unterschied. Während nämlich in letzteren alle wirtschaftlichen Geschehnisse ausschließlich vom Handel abzuhängen schienen, ruhte sich dagegen der wirtschaftliche Wohlstand Eblas nicht in seiner Rolle als Vermittlungszentrum aus. Ebla konnte auch auf zwei natürliche wirtschaftlich wichtige Hilfsmittel zurückgreifen, die wohl den Hauptgrund für die Stabilität und Dauerhaftigkeit seines ökonomischen Systemes darstellten. Einmal war es die monopolistisch geregelte Ausfuhr von Edelhölzern wie Zeder, Zy-

So wurden die Keilschrifttafeln entlang der Ostwand des Archivs im königlichen Palast G von Ebla vorgefunden. Gut erkennbar ist noch die horizontale Reihung der Dokumenteneinordnung auf den hölzernen Regalen, die dem Palastbrand zum Opfer gefallen sind. Die Tafeln waren sorgfältig in Themengruppen unterteilt, eingeordnet und registriert.

presse, Tanne und Kiefer, wobei dieses Gebiet praktisch das einzige war, in dem Holz wuchs, das aber im Vergleich zu Anatolien für Länder wie beispielsweise Ägypten und Mesopotamien viel leichter zugängig war. So bestand für einen Großteil des 2. vorchristlichen Jahrtausends der wirtschaftliche Reichtum Syriens fast ausschließlich im Handel mit diesen Hölzern. Zum zweiten war es die natürliche Fruchtbarkeit des gesamten Einzugsgebietes um den Mittelpunkt Ebla. Im Westen reichte es bis zum Orontes, im Osten breitete es sich bis hin zum Gabbul-See und dem Euphrat aus, der für das Wirtschaftsleben der Stadt als Handelsweg von größter Bedeutung war.

Der politische Aufstieg Eblas verdeutlicht sich unter den Herrschern Igrisch-Chalam und Irkab-Damu, den ersten Königen jener Dynastie, deren Archive gefunden worden sind. Die erste militärische Eroberung erfolgte jedoch erst unter der Herrschaft des dritten bekannten Dynasten, Ar-Ennum, wie wir aus der detaillierten Berichterstattung wissen, die General Enna-Dagan über seinen Feldzug gegen Mari aufzeichnete. Das von Iblul-Il regierte Mari wurde von Enna-Dagan eingenommen, der sich selbst zum neuen König von Mari ernannte. Die Erwähnung einiger eblaischer Handelskolonien auf dem Weg nach Mari sowie die sorgfältige Abrechnung des erheblichen Tributes, den das eroberte Mari an Ebla zu zahlen hatte, weisen in dem Bericht deutlich auf die wirtschaftlichen Motive dieser Expansionspolitik hin. Bedenkt man, daß Iblul-Il von Enna-Dagan als Herrscher über Mari und Assur beschrieben wird, erweist sich dies als Indiz für die bereits eingesetzte politische Kontrolle Maris über den gesamten Handelsverkehr des oberen Euphrat. Nur so versteht man auch die Absicht Eblas, Mari dem eigenen Reich einzuverleiben, um dadurch ein ernsthaftes Hindernis für den Handel mit Mesopotamien aus dem Weg zu schaffen. Mit der Eroberung Maris und der Herrschaft über wichtige andere Städte wie Kanisch in Anatolien und vielleicht sogar Akkad in Mesopotamien (sofern man die Erwähnung dieser Stadt auf einer Liste aller Orte, »die in Händen des Königs von Ebla liegen«, als glaubhaft ansieht) gelingt es Ebla nunmehr, seine Macht über die wichtigsten Verkehrswege auszudehnen und zentralisierte Monopolpolitik zu betreiben. Zur Gewährleistung von Stabilität und Sicherheit dieser Situation werden eine Reihe von Handelsabkommen mit Assur, Karkemisch, Charran, Kisch und Byblos getroffen, die de facto sowohl die politische als auch ökonomische Position Eblas zusätzlich stärken. Dies stärkt zweifellos die Wirtschaft der sumerischen Stadtstaaten, die sich auf dem Weg zur Gemeinsamkeit befinden. In der Zeit, in der dieser Prozeß durch die Eroberung des gesamten Mesopotamiens durch Sargon von Akkad abgeschlossen wird, scheint es denkbar, daß sich bereits der ganze Westen bis Mari unter der politischen Herrschaft Eblas befand, zumindest jedoch unter dessen wirtschaftlicher. Durch die sich daraus ergebende Trennung von den Rohstofflieferanten, den Metallen Anatoliens und den Hölzern Syriens ergab sich für Mesopotamien eine prekäre Lage.

Um die wirtschaftliche Vormachtstellung Eblas zu brechen, zog Sargon von Akkad gegen Syrien und erklärte, Dagan, die höchstgestellte Gottheit des syrischen Pantheons während des 3. Jahrtausends v. Chr., habe ihm das Obere Land, Mari, Yarmuti und Ebla geschenkt. Der Feldzug – vielleicht war er vorwiegend kommerzieller Natur – scheint jedoch die Machtposition Eblas nicht beeinträchtigt zu haben. Unter König Ibrium, einem Zeitgenossen Sargons, und dessen zwei Nachfolgern eroberte Ebla die in Anatolien und im nördlichen Mesopotamien verlorenen Gebiete wieder zurück. Diese neue politische Blütezeit des Ebla-Reiches veranlaßte Naramsin von Akkad zu einem Gegenschlag. Er nützte eine zeitweilige Machtschwäche unter Ibriums Nachfolger Ibbi-Sipisch aus, um die Städte Armanum und Ebla zu erobern und zu vernichten. Naramsin von Akkad zerstörte die Stadt, die »zu keiner Zeit, seit der Erschaffung der Menschen, von keinem König unter Königen verwüstet worden war«.

Eine tiefgreifende kulturelle Veränderung erfolgt durch Sprache und Schrift. Dem Sumerischen treten nunmehr bereits selbständige lokale Ausdrucksformen entgegen. Sie befreien sich von mesopotamischen Zwängen und erwecken eigenes politisches und soziales Denken und Empfinden. So spricht man beispielsweise in Ebla eine westsemitische Sprache eigener Prägung, daneben allerdings auch das Sumerische, das noch mehr als ein Jahrtausend die Kultursprache bleiben wird.

Denselben Prozeß durchläuft auch alles Religiöse und Mythische. Die lokalen Gottheiten Dagan, Rasap, Kamisch und Damu gehen in mesopotamischen Göttern wie Enlil, Sipisch, Schamasch, Enki, Utu und Inanna auf; daneben bleibt der einfachere Volksglaube bestehen. Die Organisation des Staates und die Ordnung der Gesellschaft zeigen klar, daß sie selbst erarbeitet sind und den örtlich gegebenen sozialwirtschaftlichen Ansprüchen Rechnung tragen. Auf der höchsten Stufe von Eblas Macht steht der *Malikum*, der König, der in der Ausübung seiner Funktionen von sogenannten »Richtern« oder »Vätern« beraten wird. Dem König und seinem Beraterstab unterstehen die obersten Staatsfunktionäre, denen die verschiedensten Verwaltungsaufgaben sowie die Regierungsvertre-

Eine der rechteckigen Schrifttafeln aus dem königlichen Archiv von Ebla mit neun Spalten mit jeweils dicht aneinandergereihten Schriftzeilen. Hierbei handelt es sich um einen Wirtschaftstext – wie bei den meisten Tafeln dieses Archivs –, der über die ökonomische Verwaltungsmöglichkeit des Staates Aufschluß gibt. Auch historische, literarische, religiöse und lexikalische Texte wurden in diesem Archiv gefunden.

Blick in den Audienzhof des königlichen Palastes G von Ebla. Im Vordergrund das Thronpodest, im Hintergrund die Tür über der Intarsientreppe. Auf dem Hofboden sind noch die Aufstützpunkte der ursprünglichen Holzsäulen der Portikus zu sehen. Links oben im Bild, hinter der nördlichen Hofmauer, stand das Zeughaus, in dem unter anderem die geschnitzten Möbel eingelagert waren.

tung in den anderen Städten des Reiches anvertraut sind. Daß die Staatsmacht zentralistisch gehandhabt wird, geht aus der Tatsache hervor, daß die gesamte Getreide- und Viehwirtschaft direkt vom königlichen Palast aus bestimmt und verwaltet wird. Das betrifft sowohl die staatlichen Textilmanufakturen wie auch das Kunsthandwerk. Bedenkt man, daß allein die Staatsgeschäfte von 11 700 Angestellten verwaltet wurden, so kann man sich ein ungefähres Bild vom Ausmaß und der Weitverzweigtheit machen. Der wirtschaftliche Reichtum, dessen Ausbeutung allein den Interessen der herrschenden Klasse diente, bewirkte indes auch ein allgemeines Anheben des Lebensstandards der Gesamtbevölkerung.

Die staatsbürokratische Gliederung Eblas läßt sich am besten an der Aufteilung des Stadtterritoriums ablesen, das – so wird es beschrieben – in vier Bezirke geteilt war. Jedes dieser Viertel besaß ein eigenes Stadttor, das nach einer der vier wichtigsten Gottheiten benannt war. Diese Stadtvierteilung scheint nicht durch Zufall entstanden zu sein, vielleicht stand sie sogar in Zusammenhang mit einer weitgreifenderen Ideologie, der eine Vierteilung des Weltbildes zugrunde lag. Schon in der Betitelung Naramsins als »König der vier Teile der Welt« schien dieses Konzept enthalten, was Beispiele der dynastischen Glyptik Eblas bestätigen: Eine Atlasgestalt trägt ein viergeteiltes Weltsymbol.

Von den drei Palästen Eblas, die in den vorhandenen Schriften Erwähnung finden, ist von den Archäologen in Tell Mardich bisher nur der königliche Palast mit dem Verwaltungsviertel und dem Staatsarchiv freigelegt worden. An diesen Bauten erkennt man sehr deutlich die erfolgte Abkehr von den Normen sumerischen Architekturverständnisses. Der Komplex ist nicht nach einem starren vorbestimmten Schema entstanden, er breitet sich vielmehr frei und ungezwungen über den ganzen Westhang des Akropolishügels aus. Er paßt sich in seinen Formen dem natürlichen Gefälle an, ohne falsche Ebenen entstehen zu lassen. Funktionell aufgegliedert sind auch die einzelnen Baueinheiten: Im Norden, auf der obersten Ebene, liegen die Lagergebäude; nach Osten hin dehnen sich die Residenzbauten aus; das Verwaltungsviertel belegt den südlichen und südöstlichen Raum; der große Außenhof liegt im Westen und wird zum königlichen Palast hin von einem Säulengang abgeschlossen. Ein königliches Podium an dieser Palastseite bezeugt die zeremonielle Funktion dieses Hofes. Das Vorhandensein dieser Säulengänge sowie die Verwendung zahlreicher Holzsäulen im ganzen Palast stellen zwei eigenständige Elemente der syrischen Baukunst jener Zeit dar, die noch auf lange Sicht hin eine für Syrien typische Architekturtradition bilden werden. Ein weiteres Charakteristikum syrischer Architektur stellt die reichliche Verwendung von in Holzbalken eingelegten Muschelintarsien mit Blütendekor und geometrischen Motiven dar. Mit solchen kostbaren Intarsien sind auch die Stufen der Treppenläufe ausgeschmückt, die in die oberen Stockwerke des königlichen Palastes führen. Wahrscheinlich wird hierbei auf eine frühere kunsthandwerkliche Tradition zurückgegriffen, die wir bereits von den Dekorationen des Tempels von Tell Brak aus der Zeit der Dschemdet-Nasr-Kultur kennen. Unter dem östlichen Säulengang des Palastes gelangt man zu zwei Archiven, die höchstwahrscheinlich erst nach Vollendung des Palastbaues hinzugekommen sind. Es handelt sich dabei um eine wahre Bibliothek mit hölzernen Regalen, auf denen die Schrifttafeln thematisch geordnet aufbewahrt worden waren, bevor sie bei einem Brand, der die Holzgestelle

Holzstatuette eines mit einer Axt bewaffneten Königs im traditionellen Zottenrock. Diese Figur schmückte ursprünglich ein Möbelstück der Palasteinrichtung von Ebla, die in einem der Säle des nördlichen Lagergebäudes aufbewahrt wurde. Die durch den Palastbrand verkohlten Fragmente konnten als Seitenteile von Tischen und Prunkthronen identifiziert werden.

zerstörte, zu Boden stürzten. Diese Schriftdokumente betreffen jeden Bereich des Staatslebens: Sorgfältige Buchführung über Einnahmen und Ausgaben des Palastes, Proviantabrechnungen der königlichen Kuriere, Steuerlisten, Abkommen und Verträge, Berichte zur Kriegslage, Abhandlungen über religiöse und kulturelle Geschehnisse, literarische Texte, mythologische Epen und sogar eblaisch-sumerische Vokabulare. Außerdem fanden sich zahlreiche Unterrichtstexte, die die primäre Rolle dieser Stadt als Trägerin grundlegender Gedankenelemente bezeugt.

Die kunsthandwerklichen Gegenstände, die im Königspalast von Ebla gefunden wurden, sind eine weitere Bestätigung des Eigencharakters der syrischen Kultur und deren nunmehr erreichte Unabhängigkeit von den sumerischen Modellen. Dieser Eigencharakter kommt besonders bei den geschnitzten Möbelstücken zum Ausdruck, die das Ergebnis einer lange bestehenden Tradition künstlerischer Holzbearbeitung sein müssen. Die vielfältig geschnitzten Tische und Stühle zeigen Kampfszenen zwischen Helden, Halbgöttern und Raubtieren, in einer vollwertig entwickelten stilistischen Sprache, die unter den Begriff des kraftvollen plastischen Realismus eingeordnet werden kann. Es handelt sich dabei um die beliebteste Ausdrucksform des örtlichen Kunstschaffens. Dies steht einwandfrei fest, zumal man sie auch in den anderen Bereichen der bildenden Künste immer wieder antrifft. So zum Beispiel in den Figuren der Hochreliefs aus verschiedenen Werkstoffen, unter denen ganz besonders ein Miniaturstier mit Menschenkopf hervorzuheben ist. Sein Körper und sein Gesicht sind mit Goldfolie abgedeckt, der Bart dagegen besteht aus Steatit. Wiederum in Holz, das der meistverwendete Werkstoff zu sein scheint, waren die Intarsien aus Perlmutt und Kalkstein eingelegt: Kult- und Jagdszenen mit ikonographischen Merkmalen, die deutlich auf Mesopotamien hinweisen.

Der Grad an Abhängigkeit des Kunstschaffens in Ebla vom sumerischen Vorbild läßt sich schließlich an den zahlreichen, mit den Siegeln der Palastfunktionäre versehenen Bullen ablesen, die in den Lagerräumen gefunden wurden. Hier wird das mesopotamische Repertoire der kämpfenden Stiermenschen, Helden und Raubtiere von einer lokalen Ikonographie ergänzt, die ihre Darstellungen von der eigenständigen religiösen Ideologie ableitet: Die nackte Heldenfigur, die das viergeteilte Symbol oder einen gehörnten Menschenkopf trägt, oder die frontale Ansicht einer weiblichen Gestalt, die damit beschäftigt ist, zwei Löwen zu bändigen oder zwei Stiere zu beschützen. Der Stil bewegt sich auf der Ebene einer nüchternen Plastizität mit realistischer Wiedergabe.

Betrachtet man die eblaische Kultur der akkadischen Periode, die sich immer noch entfernt auf ihren sumerischen Ursprung beruft, so zeigen sich bereits all jene Elemente, die später charakteristisch für die alt- und mittelsyrische Kultur sein werden. Auch die volkswirtschaftliche Situation, die hauptsächlich von kaufmännischen sowie land- und viehwirtschaftlichen Tätigkeiten bestimmt wurde, wies eine Struktur auf, die die nachfolgenden Zeiten übernahmen. Von den zu jener Zeit in Ebla gesammelten sozialen, wirtschaftlichen, kulturellen und politischen Erfahrungen werden also lediglich die letztgenannten ein in sich abgeschlossenes und kontinuitätloses Phänomen darstellen, und zwar aufgrund der fortan ununterbrochenen Konfrontation mit den politischen Mächten Mesopotamiens.

Unter den verschiedenen Folgen des allgemeinen wirtschaftlichen Aufschwungs Syriens zu Beginn der akkadischen Periode sticht vor allem – wie schon gesagt – die rapide Entwicklung der Städtekultur hervor. Speziell die von den wichtigsten Handelsstraßen durchzogenen Gebiete wurden immer mehr besiedelt. Besonders beachtlich die Entwicklung im Euphrattal, in dem unter anderem Emar entsteht, das bereits in den Ebla-Texten zitiert wird, sowie die Siedlungen von Tell Mumbaqat und Tell Selenkahiyeh. Deren kulturelle Zeugnisse beweisen die Geschlossenheit der syrischen Kultur als Folge der von Ebla realisierten politischen Einheit. Klare Anzeichen dieser syrischen Kultureinheit liefern Keramik und Architektur, wie zum Beispiel die öffentlichen Amtsgebäude in Tell Selenkahiyeh und dessen Portikus mit zentraler Holzsäule.

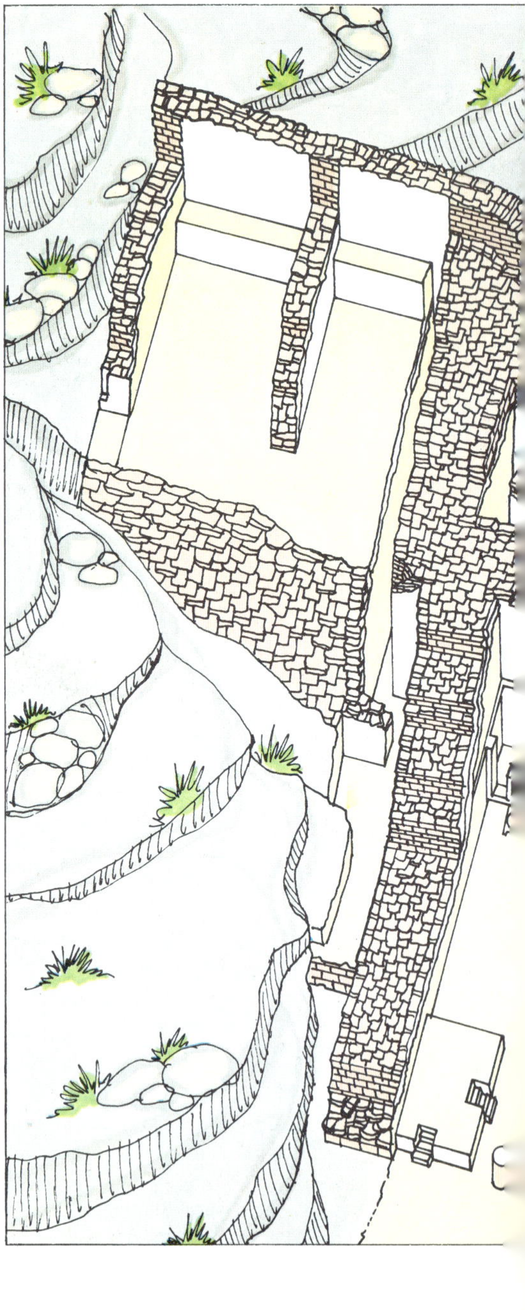

Räumliche Darstellung des Königspalastes G von Ebla. Von links nach rechts die Lagergebäude, der Eckturm mit Intarsientreppe, der Audienzhof mit Säulengang und Zeremonienpodest, die Palastfassaden mit den zwei Zugängen zum Residenz- und Verwaltungsviertel sowie das über ein Vorzimmer erreichbare Archiv, in dessen Fußboden noch die Auskehlungen für die Abstützung der Regalholme vorhanden sind.

In Mari endet die protodynastische Phase mit einem gewaltigen Brand, der deutliche Spuren wilder Verwüstung zurückläßt. Dabei ist noch strittig, ob diese Brandschatzung auf Sargon oder auf Lugalzaggisi (A. Parrot) zurückzuführen ist. Weiter ist noch fraglich, ob die eblaischen Berichte über die Eroberung der Stadt durch Enna-Dagan noch eine dritte Vermutung zulassen, unter wessen Anführung Mari gefallen ist. Die nachlassende örtliche Produktion, die immer mehr durch Importe ersetzt wird, gilt sicherlich als klarer Hinweis auf die politische Krise der Stadt und deren vollständige Abhängigkeit von der akkadischen Macht. Hierzu zählt auch die spärliche Bautätigkeit während der ganzen akkadischen Periode.
Während es jedoch den akkadischen Eroberern gelingt, die von Ebla geschaffene politische und wirtschaftliche Einheit zu brechen, sind sie jedoch nicht imstande, die kulturelle Entwicklung zu hemmen oder zu beeinflussen. Der akkadische Einfluß beschränkt sich auf die Wiederherstellung der mesopotamischen Vormacht, auf die Kontrolle des gesamten Handelsverkehrs, wozu es nur einiger Vorposten bedarf. So ist beispielsweise der »Akkaderpalast« in Tell Brak zweifelsohne ein akkadisches Bauwerk, das als starr symmetrische Anlage um eine Reihe von Innenhöfen herum angelegt ist.
Die von der akkadischen Eroberung verursachte Wirtschaftskrise war äußerst kurzfristig. Die für ganz Syrien bezeichnende Keramik der neusumerischen Epoche ähnelt der kommenden akkadischen und zeigt so deutliche Übereinstimmungen auf. In dieser Zeit dringen halbnomadische Stämme, die Amoriter, in Syrien ein. In Byblos wird in dieser Zeit der Kultbezirk um den Ba'alat-Tempel und ein Reschef geweihtes Heiligtum erweitert. In Ebla wird die Akropolis umgestaltet, indem sie vor allem durch eine Steintreppe mit der Unterstadt verbunden wird. Genauso wie der Nordtempel der Unterstadt geht auch diese Verbindungstreppe in ihrer ersten Version bestimmt auf die Obēd-Perio-

Oben: Verschlußbulle eines Kruges, wiederholt versiegelt mit dem Petschaft eines Palastfunktionärs von Ebla. Dargestellt ist die Szene des Angriffs eines Löwen auf einen Stier, der von menschlichen und halbmenschlichen mythischen Gestalten beschützt wird. Daneben trägt ein kniender Stiermensch ein Symbol, das aus zwei Menschen- und zwei Löwenköpfen besteht.

de zurück. Aus der endenden neusumerischen Zeit oder der beginnenden Folgeperiode datiert eine der Göttin Ischtar geweihte Votivstatue. Deren Inschrift erwähnt Ibbitlim, den Sohn des Igrischchep und Königs von Ebla. Sie gab den Anstoß zur Identifizierung Tell Mardichs mit dem ehemaligen Ebla. Auch in Mari, in dem sicherlich keine autonome Politik mehr betrieben wurde, wie die Anwesenheit von Gouverneuren (Idi-Ilum, Puzur-Ischtar und Ischtup-Ilum) beweist, wird emsig weitergebaut. Der Ninhursag-Tempel wird vergrößert und durch eine Portikus mit zwei Säulen lokalen Stils ergänzt. Ein weiterer Tempel mit einem monumentalen Opferhof wird Dagan gewidmet. Als wahrscheinlich darf auch angesehen werden, daß mit dem Bau der riesigen Palastanlage begonnen wird, der in der altbabylonischen Epoche abgeschlossen wird. Das Fresko des Saales 132, das eine Trankopferszene vor zwei Göttern darstellt, wird der neusumerischen Periode zugeschrieben (A. Moortgat). Kurzum, die neusumerische Periode zeigt sich überall in Syrien als Zeit einer beachtlichen Entwicklung im Bereich des Städtebaus und des Kulturlebens, die sich im vollen Umfang auf akkadische Traditionen stützt. Dies geschieht in einem politischen Klima, das sicher nicht mehr voll autonom und einheitlich ist. Es ist jedoch immer noch stabil und ruhig, auch wenn nun vieles in Syrien unmittelbar von den Handelsinteressen der dritten Dynastie von Ur abhängt.

Die altsyrische Periode
(2000–1600 v. Chr.)

Der Einfluß der Nomadenstämme: Verbreitung und Seßhaftwerden der Amoriter. Die hethitische Eroberung

Gegen Ende des 3. Jahrtausends v. Chr. mehren sich die Anzeichen einer Krise im politischen und wirtschaftlichen System, geschaffen von der dritten Dynastie von Ur. Die Ursachen dafür sind wohl vor allem in der Ruhelosigkeit der nomadischen Völker des syrischen Wüstenstreifens zu finden. In einigen Fällen löst sie bewaffnete Übergriffe aus, durch welche die Könige von Ur in eine defensive Position gezwungen werden. Diese Völker, die auf akkadisch *Amurru* und auf sumerisch *Martu* heißen, waren bereits sowohl während der protodynastischen als auch akkadischen Periode bekannt. Die Zeugnisse über diese Nomaden häufen sich jedoch insbesondere während der neusumerischen Phase. Sie stehen im Zusammenhang mit ihrer zunehmenden Aktivität in Syrien, deren Ergebnis ein immer stärker werdender Druck in Richtung Mesopotamien ist. Es handelt sich dabei um lokale Volksstämme, die sich vorwiegend durch ihre Sprache sowie in der Anbetung örtlicher vorbestehender Gottheiten wie Dagan, Adad und Lim identifizieren. Wie anhand namenskundlicher Forschungen festgestellt werden konnte, sprachen sie einen westsemitischen Dialekt. Diese halbnomadische Bevölkerung beschäftigte sich vorrangig mit Weidewirtschaft und wird aus diesem Grund in den sumerischen Texten als »Vagabunden, die nicht wissen, was eine Stadt ist« beschrieben.

Archäologisch gesehen gibt es keine augenscheinlichen Beweise dafür, daß ihr Erscheinen unmittelbar mit der akkadischen Eroberung und den darauffolgenden Jahren in Verbindung steht. Doch eben aus diesen Jahren liegen archäologische Zeugnisse vor, die mit Sicherheit Überfälle der Amoriter aufzeigen.

Die erste bedeutende Folgeerscheinung dieser Situation ist gewiß die kulturelle und politische Veränderung, die in ganz Syrien einzusetzen beginnt und den Übergang von der älteren zur mittleren Bronzezeit kennzeichnet. Alle großen, im 3. Jahrtausend aufgeblühten Städte erfahren bereits im Laufe der ersten Jahre des 2. Jahrtausends eine radikale Umformung ihrer Urbanstruktur, durch die die ursprünglichen Stadtbilder gänzlich verändert werden. Der deutlichste Hinweis auf die politische Unruhe jener Jahre ist sicherlich der Bau großer Wehrmauern bzw. Schutzwälle. Mit Sicherheit werden Qatna, Ebla und Karkemisch davon umgeben, mit großer Wahrscheinlichkeit aber auch jedes andere, daraufhin noch nicht erforschte syrische »Tell«, in dem Keramik aus der mittleren Bronzezeit gefunden wurde. Dasselbe Wehrsy-

Rechts: Blick in das Schachtgrab von Tell Selenkahiyeh aus der akkadischen Periode, dessen reiche Beigaben aus meist kelchförmigen Tongefäßen bestehen.

Oben: Fragment einer männlichen Basaltstatue aus Ebla, mit einem von Ibbitlim, dem Sohn eines Ebla-Königs, der Göttin Ischtar gewidmeten Epigramm in akkadischer Keilschrift. Es handelt sich um die erste Inschrift, die eine Identifizierung Tell Mardichs mit Elba ermöglichte.

stem – Erdwall mit Kalksteinüberzug – wird während der zentralen Phase der mittleren Bronzezeit auch in Palästina, in Jericho, Tell el-Duweir, Tell el-Ajjul, Tell el-Far'ah, Tell Beit Mirsim, Megiddo und Hazor verwendet. Die Gründe, die zur Entwicklung dieses Wehrsystems geführt haben, dürften bei den Amoritern und deren immer neuen Angriffen auf die Städte zu suchen sein. Auch das politische Bild änderte sich wesentlich. Die wirtschaftliche Krise begleitete eine Bevölkerungsabnahme in den Städten, wodurch in einigen Gebieten, vorwiegend in denen mit Agrarwirtschaft, eine Renomadisierung eintrat.

Alle Städte erfuhren zu Beginn der mittleren Bronzezeit eine Neustrukturierung. Um Ebla herum wurde ein mächtiger Schutzwall errichtet, dessen vier Tore mit den Positionen akkadischer Stadttore übereinstimmten. Anders als in Mesopotamien versuchte man in den syrischen Städten, die innerstädtischen Anlagen und Anordnungen nicht allzu stark zu verschieben und zu verändern. Dagegen trachtete man, die Städte nach außen hin zu erweitern, indem vor allem neue Gebäude um die Kultstätten errichtet wurden. Eine umfassendere Veränderung erfolgte dagegen auf dem Gebiet der Bautechnik. Am meisten stach dabei der neuartige Aufbau des Mauerwerks hervor, das bei monumentalen Gebäuden nun stets mit Orthostaten aus Kalkstein oder Basalt untersockelt wurde. Dieser Sockel widerstand dem Druck der sich darauf abstützenden Mauern, die in regelmäßigen Abständen durch kräftige Holzbalken verstärkt wurden. Diese neue Technik kennzeichnete vor allem die syrische Architektur der mittleren Bronzezeit, verbreitete sich aber auch während der ganzen jüngeren Bronzezeit bis nach Anatolien.

Verschiedene Anlagen zeichneten sich besonders durch neuartig gestaltete Stadttore aus. So erhielt das Tor A im Stadtwall von Ebla nicht nur ein monumentales Aussehen, sondern auch eine gut durchdachte Anordnung in den beiden leicht abgewinkelt zueinander stehenden Torkörpern. Von diesen besitzt der innere einen dreifach gescherten Grundriß, um die Schutzsicherheit des Durchgangs auf ein möglichst hohes Maß zu steigern. An der Westseite wird die Anlage durch einen soliden

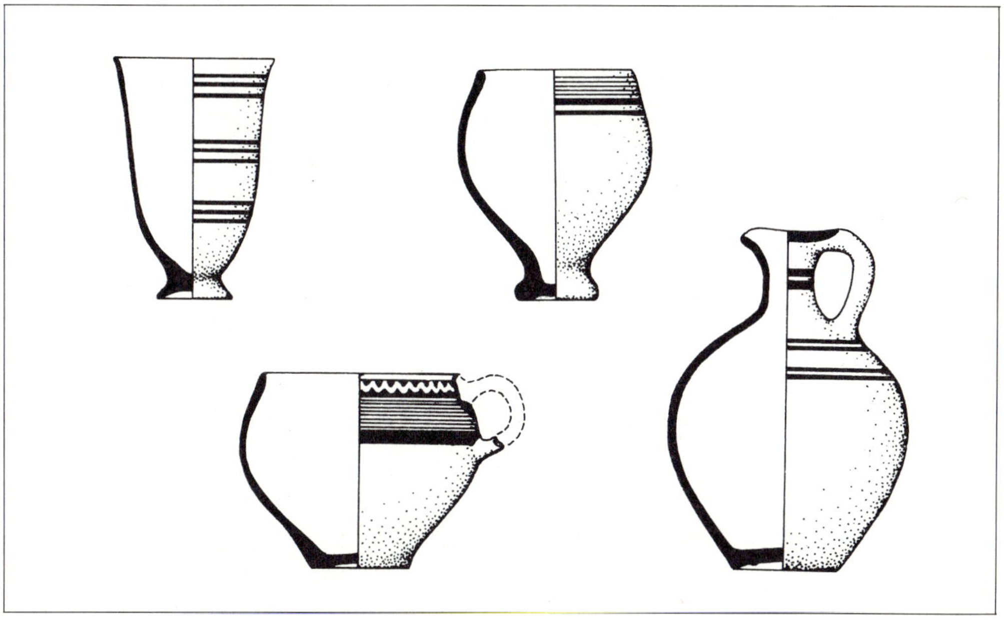

Rechts: Kelchförmige Keramik aus dem Amuq-Gebiet mit schwarz und rot gemaltem Dekor und nachträglich eingeritzten Band- und Wellenlinien. Augenscheinlich ist die stilistische Anlehnung an die Gattungen der akkadischen Periode.

Blick auf zwei Ostsäle des königlichen Palastes E von Ebla aus altsyrischer Zeit, der in beherrschender Position an der Nordseite der Akropolis erbaut worden war. Im Bild oben sieht man den Mauerring, der die Stadt umgab, sowie die nördliche Unterstadt, aus der sich einmal der Nordtempel erhob. Jenseits der Mauer erstreckt sich das Flachland, durch das die Verbindungsstraße zwischen Damaskus und Aleppo führte.

Terrassenkörper mit Außentürmen und einem Laufgraben auf der Bastion vervollständigt. Die ausgedehnte Verbreitung dieses Stadttortyps tritt während derselben Periode auch in anderen syrischen Städten (Qatna und Alalach) und selbst in Palästina (Hazor, Sikem und Dscheser) auf.

Die urbane Entwicklung der meisten syrischen Städte scheint sich in der ersten Phase der mittleren Bronzezeit zu vollenden. Sie vollzieht sich also während jener Periode, in der die altassyrischen Kolonien in Kappadokien entstehen und sich in Mesopotamien die Dynastien von Isin und Larsa politisch behaupten. Die Zeit der höchsten Blüte aber gewährt die altbabylonische Periode, zumal diese Epoche den Städten im gesamthistorischen Rahmen des Vorderen Orients die großzügigste politische Autonomie gewährt. Der Ausnahmefall scheint Ebla zu sein, dessen politische Macht ebenfalls während der ersten Periode der mittleren Bronzezeit ihren höchsten Blütestand erreicht hatte. In der zweiten Periode aber wird Ebla immer mehr von der zunehmenden Vormachtstellung Yamhads auf eine zweitrangige Rolle im Innern Syriens zurückgedrängt, obwohl es sein kulturelles und religiöses Ansehen noch voll beibehält. Und gerade in diese Zeit fällt Eblas höchste Entfaltung städtischer Ausdehnung.

Zu Beginn der ersten Periode der mittleren Bronzezeit werden mindestens zwei der altsyrischen Tempel Eblas, der Tempel N in der nördlichen Unterstadt und der Tempel D am Westhang der Akropolis, neu aufgebaut. Dabei werden bereits bestehende neusumerische Gebäude genutzt. Später kommen dann der Tempel B 1 und das Tempelareal B 2 in der südlichen Unterstadt dazu. Mit Ausnahme des letzteren weisen all diese Heiligtümer trotz ihrer unterschiedlichen Formen die gleiche Typologie auf: eine Längscella, die im Tempel D aufgrund des monumentalen Zugangtraktes mit zwei breiten, aber nur wenig tiefen Räumen eine komplexere Gliederung annimmt. Dieser Tempelgrundriß findet in jener Periode in ganz Syrien und Palästina starke Verbreitung, sowohl für drei- und zweiteilige Anlagen als auch für Bauten, die aus einer Einzelcella bestehen. Beispiele dafür finden wir im Bâtiment II von Byblos, in den Tempeln der Niveaus XII und VII von Alalach, im Festungstempel von Tell Balatah, im Tempel 2048 von Megiddo sowie im Tempel 3 von Hazor. Dabei handelt es sich wahrscheinlich um eine Entwicklung der Tempelformen, die ihren lokalen Ursprung in protodynastischer und akkadischer Periode hat, worauf die Tempel von Tell Chuera und der Reschef-Tempel von Byblos hinweisen. In ähnlicher Weise scheinen auch andere, weniger verbreitete Varianten oft eigenständige Weiterverarbeitungen bereits bestehender Modelle zu sein. So übernimmt beispielsweise der sogenannte Obeliskentempel von Byblos aus der mittleren Bronzezeit vom schon bestehenden Reschef-Tempel das System des polygonalen Grundrisses, die axial angeordneten Sekundärcellae und den viereckigen Innenhof. Der Tempelanlage B 2 von Ebla scheint dagegen ein andersgeartetes kultisches Konzept zugrunde zu liegen: Die Hauptcella mit Ziegelpodest und Bänken längs der Mauern wird an drei Seiten von Nebencellae mit Steinflügelaltären und Opfertischen umgeben. Die bestehende Verbindung zwischen dieser Kultstätte, die mehreren Göttern geweiht ist, und den in Felsen gehauenen Galerien kann als möglicher Hinweis auf eine Stätte des Totenkultes betrachtet werden, der überdies die Eigenartigkeit des Grundrisses rechtfertigen würde.

Sowohl in der Architektur als auch bei der kunsthandwerklichen Produktion altsyrischer Ausdrucksform muß Ebla eine stark beeinflussende Rolle gespielt haben. Dabei scheinen die Prägung der akkadischen Tradition sowie die nun vollends ausgereifte Technik und Stilkunst ausschlaggebend zu sein. Im Kunstschaffen dieser Periode sind nämlich ganz deutliche Spuren nicht nur des Stils, sondern auch der thematischen Wahl vom Erbe der akkadischen Phase enthalten. Gut erkennbar ist diese stilistische Kontinuität beispielsweise an den Weihebecken, deren äußere Flächen Reliefs mit der Darstellung von Opfergelagen, Bündnisakten und mythologischen Szenen mit nackten Heldenfiguren, Stiermenschen und Schutzgöttinnen tragen. Auf derselben plastischen und volumenmäßigen Reliefausbildung fußend zeigen die wenigen Siegel aus dieser Periode eine noch feinere Hell-Dunkel-Modellierung der Oberflächen.

Trotz vorhandener Unterschiede kann das Kulturbild, das uns von Ebla während der mittleren Bronzezeit geboten wird, auch mit dem Kulturbild jener anderen großen Städte Syriens verglichen bzw. auf diese angewandt werden. Deren archäologische Dokumentation ist jedoch fragmentari-

Der Ringwall der Stadt Qatna aus der altsyrischen Periode, der heute nur noch als umlaufender Hügelring zu erkennen ist. Diese in ganz Syrien und Palästina verbreiteten Bastionsanlagen bestanden aus einer Auffüllung zahlreicher Schichten von Tonerde und Kalksteinbrocken, einer steinernen Sockelauskleidung und einer oberen Abdeckung aus eingestampfter Kalksteinerde.

scher und weitmaschiger, obwohl uns ihre Geschichte aus mesopotamischen Quellen oder den Mari-Texten bekannt ist. Besonders die Schriften von Mari stellen für unser Wissen ein grundlegendes Dokument nicht nur über das politische Geschehen des Landes in dieser Zeit dar, sondern auch über seine soziale und wirtschaftliche Situation. Viele der in diesen Schriften enthaltenen Daten haben ihren Bezugspunkt in der besonderen Situation der Stadt, deren wirtschaftliche Position immer noch von ihrer Vormachtstellung im Handelsverkehr entlang des Euphrat gekennzeichnet ist. Dennoch lassen sich viele der darin gemachten Angaben auf das gesamte Land anwenden. Dies betrifft ganz besonders die Informationen über die Erscheinung der umherziehenden halbnomadischen Volksstämme und deren Anwachsen in der Nähe der Städte. Dies hat ihr allmähliches Einfügen in das städtische Arbeitsgefüge sowie einen sich immer mehr ausdehnenden Prozeß der Seßhaftigkeit zur Folge. Die politische Rolle Maris in dieser Periode unterscheidet sich deutlich von der eher provinzbezogenen Politik der anderen syrischen Städte, vor allem durch ihre fortwährenden Übergriffe auf die mesopotamischen Geschehnisse. So binden beispielsweise alte Differenzen über Territorialzuständigkeiten Mari an das nahegelegene Assur. Noch unter der Herrschaft Yaggidlims, des ersten in den Archiven erwähnten Mari-Königs, führt dieser Streit zum Ausbruch eines offenen Krieges. Als Anführer des Feindes steht ihm Ila-kabkabî gegenüber, Vater des späteren Assyrer-Königs Schamschi-Adad I., dem es gelingt, den Krieg zu seinen Gunsten zu entscheiden. Er nimmt Mari ein und setzt seinen Sohn Yasmach-Addu auf den maritischen Thron. Sobald aber der assyrische Herrscher stirbt, wird Yasmach-Addu abgesetzt, und Zimrilim, der Sohn Yaggidlims, besteigt als neuer Herrscher über Mari den Thron, was jedoch nur aufgrund der tatkräftigen Hilfe seitens Yarimlims von Yamhad möglich ist. Die politische Position dieses nordsyrischen Staates mit seiner Hauptstadt Aleppo nimmt an Stärke immer mehr zu und verdrängt nach und nach die Vormachtstellung Eblas. Dies gelingt, indem sie durch eine systematisch verfolgte Herrschaftspolitik gegenüber den lokalen selbständigen Herrschertümern eine zumindest teilweise Vereinigung des Landes erzielt. Aber auch Yamhads Übermacht wird schon bald gebrochen. Im fünfunddreißigsten Jahr nach seiner Thronbesteigung erobert und zerstört Hammurabi von Babylonien die Stadt Mari. Die anderen syrischen Städte – zumindest jene, deren Geschichte wir kennen – sind außerstande, eine autonome Politik zu betreiben und fügen sich deshalb unterschiedlich in das Geschick der Kriege um die politische Vormachtstellung im Lande ein. Ihnen geht es in erster Linie darum, die Unantastbarkeit des eigenen Territoriums zu gewährleisten, die immer wieder durch Eroberungsversuche bedroht wird. So verfolgt beispielsweise Qatna eine freundschaftliche Politik zu Assyrien, um sich durch diese Allianz vor den dauernden Angriffen Yamhads zu schützen. Dennoch gerät Qatna nach dem Zusammenbruch des assyrischen Reiches in die direkte Abhängigkeit Yamhads, unter dessen König Amût-pî-El es ein hartes Dasein fristet. Ein ähnliches Schicksal widerfährt Ugarit, das ebenfalls in Abhängigkeit von Yamhad gerät, ebenso auch Alalach, Byblos, Damaskus und Hazor, die in derselben Zeit dem ägyptischen Einflußbereich entrissen und dem nordsyrischen einverleibt werden. Genauso ergeht es schließlich auch Karkemisch, das während der Herrschaft Aplahandas zum Einzugsgebiet der assyrischen Politik zählt. Nach dem Fall Aplahandas schlägt es sich jedoch auf die Seite Aleppos, einzig und allein darauf bedacht, seine wichtige Rolle im Handelsverkehr des oberen Euphrattales auch weiterhin beizubehalten.

Zusammenfassend kann also festgestellt werden, daß während der ganzen ersten Hälfte des 2. Jahrtausends v. Chr. der politische Horizont Syriens vom Yamhad-Mari-Assur-Konflikt be-

Rechte Seite: Gesamtansicht des Obeliskentempels von Byblos aus der altsyrischen Periode, der auf den Ruinen des früheren Reschef-Tempels aufgebaut wurde. Er zeigt sich uns als eine weitläufige Kultstätte mit Außenhof, Diensträumen und einem geschützten Innenhof, in dem der Haupttempel, erhöht auf einem Steinsockel, stand. Sowohl in der Cella als auch um den Tempel herum standen in Zusammenhang mit dem Kult der heiligen Steine zahlreiche Obelisken.

stimmt wird, der dann drastisch durch die babylonische Eroberung beendet wird. Dadurch leisten die Babylonier – ohne es zu wollen – wiederum Aleppo Hilfe, indem sie Mari endgültig zerstören und Assur zumindest vorläufig von der politischen Bildfläche verschwinden lassen.
Die besonderen und unterschiedlichen politischen Positionen der syrischen Städte während dieser Zeit scheinen einen entscheidenden Einfluß auf deren innere Kulturrevolution zu nehmen. Am deutlichsten zeigt sich dies in Mari. Dessen hervorstechende Position innerhalb der altsyrischen Kultur ähnelt jener, die es bereits während der vorangegangenen Perioden bekleidet hatte, und deren Ausmaß mit Maris politischer Wichtigkeit völlig übereinstimmt. Anders dagegen ist die kulturelle Situation des Staates von Alalach kurz nach der Mari-Zeit, über dessen historische Geschicke wir dank der Archive des königlichen Palastes Bescheid wissen. Diese Aufzeichnungen gehen aufgrund der Nennung von Yarimlim und Hammurabi, die nicht mit den beiden gleichnamigen Königen von Aleppo verwechselt werden dürfen, auf die Zeit nach der Zerstörung Maris zurück. Das diesem Palastbau zugrunde liegende Konzept läßt eine vollkommene Eigenständigkeit erkennen und zeigt keinerlei Einfluß der zeitgenössischen mesopotamischen Kultur. Vielmehr fügt sich das Konzept in die lokale Tradition ein, besonders bei der Ausbildung der Säulengänge und der vielfachen Verwendung tragender Holzsäulen, was wir bereits vom akkadischen Palast in Ebla her kennen. Unter den Skulpturen ist ganz besonders ein Kopf beachtenswert – wahrscheinlich der von Yarimlim. Die Modellierung der Gesichtspartien sowie das stark ausgeprägte Schattenspiel zeigen dieselbe plastische Sensibilität, die die besten Arbeiten der altsyrischen Glyptik kennzeichnet und uns vor allem durch die Funde von Alalach VII bekannt sind. Ferner wurden sie durch eine Reihe von Siegeln bekannt, die aber mittlerweile zum größten Teil vom Antiquitätenhandel aufgesogen worden sind. Ein kennzeichnendes Elemente der syrischen Kultur dieser Zeit ist außerdem die reichhaltige Produktion zweitrangiger Kunsterzeugnisse. Sie reicht von der Töpferei über die Steinidole bis zur abgeflachten Glyptik mit sich ständig wiederholenden Szenendarstellungen. Man findet sie gerade in Alalach ausgiebig vor, steht jedoch in keinerlei Verbindung mit dem erhabenen Stilempfinden des für die königlichen Höfe bestimmten Kunstschaffens. Ein derartiger Dualismus in der altsyrischen Kunst entsteht nicht durch Zufall. Er wird motiviert sowohl von der unterschiedlichen Bestimmung der jeweiligen Erzeugnisse als auch vom Umstand, daß bereits in früherer Zeit Stadt- und Landkultur zwei grundsätzlich verschiedene Formtraditionen entwickelt haben. Diese kulturelle Situation ist demnach ein Spiegelbild des sozialen Zwiespalts, der in Syrien bereits in vorgeschichtlicher Zeit bestanden haben dürfte. Danach war das Land in zwei voneinander weitgehend unabhängige Wirtschaftssysteme gegliedert: die Landkultur mit ihrer Agrarwirtschaft einerseits und die Stadtkultur mit ihrer fast ausschließlichen Handelstätigkeit andererseits. So können also die kunstgewerblichen Erzeugnisse dem bäuerlichen Kulturschaffen zugeschrieben werden. Besonders beispielhaft dafür sind die Steinidole, die sowohl in ihrem ästhetischen Ausdruck als auch in ihrem rituellen Zweck und ihrer kultischen Bedeutung auf die Idolkultur zurückführen. Sie waren bereits in präurbaner Zeit verbreitet und sind Symbol einer Religiosität ländlicher Prägung.
Die von der archäologischen Grabung in anderen Siedlungsgebieten zutage geförderten Zeugnisse aus der mittleren Bronzezeit sowie eine Reihe von Gegenständen, deren man im Antiquitätenmarkt fündig geworden ist, bestätigen die allgemeine Homogenität des altsyrischen Kulturbildes. Sie beweisen zusätzlich das Bestehen eines Dualismus der Traditionen zwischen dem Euphratgebiet einerseits und dem syrischen Innenland sowie der Küstengebiete andererseits. Darüber hinaus findet sich auch hierin wieder der deutliche Hinweis auf die bereits erwähnte Zweiartigkeit von der höfischen Stadt- und der volkstümlichen Landkultur. In einigen Produktionsgebieten ist dieses Phänomen extrem augenscheinlich, beispielsweise bei der Bronzeverarbeitung, einem kunsthandwerklichen Schaffenszweig, der in der protodynastischen Tradition der Amuq-Gegend wurzelt. Er ist dazu bestimmt, seinen höchsten Entwicklungsstand in der jüngeren Bronzezeit zu erreichen. Auch hierin blüht die volkstümliche Bronzekunst als Erbe der protodynastischen Produktion (siehe die »Bronze von Sidon« im Louvre) parallel zu einem erhaben geprägten Schaffen (siehe die »Sitzende Gottheit« aus Qatna), das sich in seiner Plastizität auf die schönsten Werke altsyrischer Hofkunst beruft. In anderen Exemplaren wiederum, beispielsweise in der »Statuettengruppe« von Byblos, erkennt man eine dritte eigenständige Ausdrucksweise, die auf Kontakte zu anderen Kulturkreisen schließen läßt. Vielleicht bestanden diese sogar zu Ägypten, das ganz sicher zumindest die Goldschmiedekunst jener Zeit stark beeinflußte.
Die altsyrische Kultur entwickelte sich aber nicht nur innerhalb der Landesgrenzen, sondern verbreitete sich über diese hinaus bis hin nach Palästina. Dort setzten sich dieselben architektonischen Typologien und sogar die Formen jener einfarbigen Keramik durch, die typisch waren für die mittlere Bronzezeit in Syrien. Auch die wenigen künstlerisch gestalteten Gegenstände aus dieser Zeit, die in Palästina bisher zutage getreten sind, weisen deutlich auf syrische Einströmungen hin. Das beste Beispiel dafür liefert uns eine Grabsäule von Tell Beit Mirsim mit dem Bildnis einer in einen Mantel gehüllten Gestalt. Der Einrahmungsdekor dieser Stele entspricht dem eines ähnlichen Reliefs aus der altsyrischen Periode, das in Karkemisch gefunden wurde. Die Seltenheit der verschiedenen Kunstzeugnisse und auch der völlige Mangel an lokalen historischen und epigraphischen Quellen im Palästina der mittleren Bronzezeit lassen sich durch die nur spärliche Urbanisierung des Landes begründen. Die Gleichartigkeit des Kulturschaffens während der mittleren Bronzezeit in Syrien und Palästina wird plötzlich in beiden Ländern zu Anfang des 16. Jh.s v. Chr. unterbrochen. Verantwortlich dafür sind in Palästina die militärische Besetzung durch die Pharaonen der XVIII. Dynastie, in Syrien die Eroberung des Landes durch althethitische Könige. Insbesondere sind es die wiederholten hethitischen Angriffe, die sich in der Zerstörung Alalachs durch Hattuschili I. und Aleppos sowie Eblas durch Murschili I. dartun. Diese Angriffe haben zwar keine dauerhafte militärische Besetzung dieser Gebiete zur Folge, sie bedingen jedoch eine zweifache Auswirkung: die wesentliche Veränderung des vorbestehenden po-

Oben: Statuettengruppe aus Bronze und Gold aus dem altsyrischen Obeliskentempel von Byblos (Nationalmuseum von Beirut). Haltung und Kopfbedeckung der Figuren weisen eindeutig auf ägyptische Ikonographie hin.

Unten: Nackte weibliche Votivfigur aus Ton. Die Statuette stammt aus der altsyrischen Periode und weist auf einen Fruchtbarkeitskult hin (Nationalmuseum von Damaskus).

litischen Systems durch die Auflösung der Macht der größeren Städte und die daraus entstehende Veränderung des Wirtschaftssystems. Außerdem führt dies zu einer Verminderung des Handelsverkehrs im Landesinnern Syriens, wodurch einige Handelsstraßen erheblich an Bedeutung verlieren. Die Folge davon ist eine allgemeine Abwanderung aus den betroffenen Gebieten, also eine Verarmung der Landkultur. Mit dem Fall der größten politischen und kulturellen Zentren von Innersyrien entstehen bereits jene wirtschaftlichen und sozialen Bedingungen, die – zusätzlich verschärft durch das feudalistisch geprägte Wirtschaftssystem während der Herrschaft Mitannis – die große Krise Syriens gegen Ende der jüngeren Bronzezeit auslösen wird.

Die mittelsyrische Periode
(1600–1200 v. Chr.)

Das Euphratgebiet während der mitannischen Herrschaft bis zu den hethitischen und assyrischen Eroberungen

Der politische und wirtschaftliche Niedergang der zentralnördlichen Region des Landesinnern Syriens berührt die Städte an der Küste nur am Rande oder überhaupt nicht. Ganz im Gegenteil erfährt die Küstenregion zu Beginn der jüngeren Bronzezeit einen neuen wirtschaftlichen Aufschwung aufgrund des zunehmenden Handelsverkehrs. Dies entsteht als logische Folgeerscheinung der neuen Handelsbeziehungen im ganzen östlichen Mittelmeerraum und wird immer mehr vom Handel zwischen Ägypten einerseits und dem ägäischen Kulturraum andererseits bestimmt. Besonders sind es die Ägypter, deren Einfluß in früheren Zeiten nicht weiter nördlich als bis Byblos reicht, jetzt aber auch die nördlichsten Häfen erfaßt, beispielsweise Ugarit. Dabei wird ihnen der Zugang zu diesen Städten wahrscheinlich von den wiederholten Feldzügen der Pharaonen der XVIII. Dynastie, die bis zum Euphrat vorstoßen, geöffnet. Außer den Städten an der Küste bewahren auch einige Städte des Landesinnern wie Aleppo, Karkemisch und Emar ihre Selbständigkeit. Deren politische Stabilität ist auch weiterhin von der strategischen Kontrollposition dieser Städte an den Handelsstraßen des Euphrat abhängig. Kurzgefaßt besteht also der große politische Wandel, der Syrien zu Beginn der jüngeren Bronzezeit charakterisiert, im Verfall der großen politischen Einheiten von Ebla, Yamhad, Mari und Byblos sowie in deren Ersatz durch Städte mit geringerer Eigenmacht und vorwiegend kommerzieller Funktion. In diesen Städten überlebt zwar die große Kulturtradition vergangener Zeiten, sie ist aber zu erheblichen Konzessionen an das Kulturverständnis der jeweiligen Fremdherrschaft gezwungen. Nicht selten konnten diese ihre eigenen Traditionen durch straffe Militärbesetzung und jede Art von politischem Druck durchsetzen. Die Art, in der Hethiter und Ägypter in Syrien herrschten, liefert uns ein anschauliches Beispiel dafür.

Diese allgemeine, aus der politischen Krise des 16. Jh.s v. Chr. entstandene Kultursituation scheint sich auch im darauffolgenden Jahrhundert nicht zu ändern. Nun tritt der Staat Mitanni das Erbe von Yamhad an und vereinigt unter seiner Herrschaft den syrischen Norden bis zu den Grenzen Assyriens. Der engmaschigen politischen Kontrolle, die von den mitannischen Königen in diesem Gebiet ausgeübt wird, scheint keine gleichartige einheitliche Verbreitung von Fremdkultur zu entsprechen, und zwar aus zweierlei Gründen: Allem voran wird die mitannische Domäne von einer herrschenden Klasse indoeuropäischer Herkunft getragen. Sie ist noch nicht allzu lang in diesen Gebieten seßhaft und besitzt demnach keinerlei Verbindung zu den lokalen Kulturtraditionen, folglich assimiliert sie also mehr als sie transformiert. Außerdem verfügt der größte Teil der nordsyrischen Städte, die zu dieser Zeit unter mitannische Herrschaft geraten, über autonome Kulturtraditionen höchster Qualität. Der Ursprung ihrer Entwicklung reicht vermutlich bis auf die protodynastische und akkadische Periode zurück. Dies ergibt sich, zumindest bezogen auf Aleppo, Karkemisch und Emar, nicht so sehr aus den archäologischen Daten, zumal die ältesten Schichten dieser Städte nicht ausreichend erforscht sind. Diese Ergebnisse stammen vielmehr aus historischen Quellen, in denen auf die damalige politische und wirtschaftliche Bedeutung dieser Städte hingewiesen wird. Das unbeständige politische Geschehen reißt die Küstenstädte zwischen der mitannischen und ägyptischen Herrschaft hin und her (letztere reicht während der Tell-el-Amarna-Periode bis Ugarit und umfaßt auch Qatna und Kadesch). Dennoch gelingt es ihnen, ihre autonomen Kulturmodelle weiterzuentwickeln, obwohl diese Erfahrungen nicht ohne Auswirkung bleiben. Ein zusätzlicher Grund dafür, daß es der Mitanni-Kultur nicht gelingt, eine vorherrschende und exklusive Rolle in

Trinkbecher mit weißem aufgemalten Blütendekor auf dunklem Grund (Nuzi-Gattung aus der mittelsyrischen Periode).

den besetzten Gebieten zu spielen, liegt sicher auch in der kurzen Dauer der mitannischen Vormachtstellung in Syrien, die gegen Mitte des 14. Jh.s v. Chr. ein jähes Ende erfährt: Schuppiluliuma erobert das nördliche Syrien, bricht damit die politische Einheit der mitannischen Herrschaft und zwingt dem Land nun die eigenen Kulturmodelle anatolischer Tradition auf.

In dieser Periode weist die Küste eine autonome Kulturentwicklung auf, die von wechselndem politischen Geschick der wichtigsten Städte beeinflußt wird. Im Gegensatz dazu entsteht im gesamten Einzugsgebiet des Euphrat, des Chabur und des Balich bis nach Assur und Nuzi, dem östlichsten Zentrum des Reiches, ein bedeutend einheitlicheres Kulturbild. Es beruft sich zum größten Teil auf die schon bestehenden Traditionen, die nicht im geringsten von der herrschenden Mitanni-Klasse beeinträchtigt werden. Ganz im Gegenteil sichert es sich sogar deren Begünstigung und Weiterentwicklung.

Die einzigen unterschiedlichen Formen, die das Mitanni-Regime diesen Gebieten aufzudrängen scheint, sind eine strenge Sozialordnung feudalistischen Typs und eine damit zusammenhängende agrarwirtschaftliche Weiterentwicklung von beschränkten Ausmaßen. Diese beiden Formen scheinen sich jedoch nicht besonders auszuwirken, sie führen eher zu negativen Ergebnissen, die das System selbst unterhöhlen, vor allem dadurch, daß sie vielfach den natürlichen Erfordernissen des betreffenden Gebietes nicht entsprechen, dessen ganzes Gefüge seit dem 4. Jahrtausend v. Chr. auf Handelswirtschaft beruht. Das System der Lehensvergabe im Austausch mit Dienstleistungen und die daraus entstehende Differenzierung der

Zweigeteiltes Kalkstein-Kultbecken des Tempels D von Ebla aus altsyrischer Zeit (Archäologisches Museum von Aleppo). Die Hauptfassade zeigt ein kultisches Gelage mit Dienern und Soldaten sowie eine darunter angeordnete Reihe von Tieren.

Klassen nach Größe und Ertrag des belehnten Grundes sind eine besondere Charakteristik der indoeuropäischen Gesellschaftsordnung. Diese Lehnsherrschaft führt allmählich zu einer Beschränkung der Privatwirtschaft, die immer mehr von der königlichen und feudalen Wirtschaft verdrängt wird und letztlich vollständig verschwindet. Die Krise des kleinen Privatbesitzes gegenüber der zentral verwalteten und immer mächtiger werdenden Staatswirtschaft scheint als Reaktion eine Art »Widerstandskraft« auszulösen: Die Untertanen, die mit der zentralen Macht in Konflikt kommen, geben ihre private Tätigkeit auf, um allein oder auch in Gruppen immer heftigere Störaktionen gegen das Regime auszuführen. Natürlich werden diese Gruppen von der herrschenden Macht mit allen Mitteln verfolgt. Daraus ergibt sich zwangsläufig ein verstärkter Rückfluß zu den Nomadenvölkern, die dadurch immer mehr außerhalb des mitannischen Verwaltungssystems zu stehen kommen. Zur Ernsthaftigkeit der allgemeinen sozialen Situation, in die das Land von der mitannischen Herrschaft hineingewirtschaftet wird, gesellt sich die allmähliche Selbsterschöpfung der königlichen Macht infolge der zunehmenden Selbstherrlichkeit feudaler Schichten. In dieser Situation also bilden sich die Wurzeln jener großen Krise, die gegen Ende der jüngeren Bronzezeit das ganze nördliche Syrien umfängt. Praktisch ohne Widerstand fallen zuerst die Hethiter, später dann die Assyrer ins Land ein, so sehr ist zu diesem Zeitpunkt bereits die zentrale Macht geschwächt. Die Feudalherren verlieren immer mehr das Interesse an der Landesverwaltung, und ein guter Teil der Bevölkerung ist inzwischen im Rahmen der beschriebenen »Protestreaktion« zum Nomadentum zurückgekehrt. Dem Nomadentum gereichte dies zum Vorteil, denn es blieb dadurch von der allgemeinen Sozialmisere verschont. Die politische Leere, eine Folge dieses Zustandes sowie die wiederholten Eroberungszüge durch fremde Mächte, ermöglichten es schließlich diesen Nomaden, die Oberhand über die absterbende Feudalherrschaft zu erringen und seßhaft zu werden. Dies ist der Beginn jenes Prozesses, der gegen Ende der jüngeren Bronzezeit zur Bildung politisch autonomer Staaten durch die Juden in Palästina und die Aramäer in Syrien führt.

Die bisher zur Verfügung stehenden archäologischen Dokumente scheinen dieses soziale und politische Bild überall zu bestätigen. Mit der Krise in den altsyrischen Reichen verschiebt sich das kulturelle Zentrum des Landes von seiner geographischen Mitte, deren Städte und Siedlungen immer stärker verarmen, in die Nordregion Syriens. Dort werden die altsyrischen Traditionen weiter beibehalten. Die Zeit zwischen dem 15. und 14. Jh. v. Chr. ist gleichbedeutend mit der politischen Blütezeit des Mitanni-Reiches. In dieser Phase scheint eine wesentliche kulturelle Einheit die Zentren des oberen Euphrat, der Küste und Assyriens, das für kurze Zeit unter die politische Kontrolle Mitannis fällt, miteinander zu verbinden. Den deutlichsten Hinweis, der diese enge Kulturverwandtschaft bestätigt, liefert uns eine kelchförmige bemalte Keramik mit weißem Blütendekor auf dunklem Untergrund, deren Verbreitung sich von Alalach bis Nuzi und Assur erstreckt. Ihre Lebensdauer beschränkt sich auf die Zeit von der Mitte des 15. bis zur Mitte des 14. Jh.s v. Chr., steht also unweigerlich in Zusammenhang mit der mitannischen Herrschaft. Das reiche Darstellungsrepertoire dieser Produktion ist und bleibt ein isolierter Vorgang innerhalb des Kunstschaffens aller nahöstlichen Kulturen. Aufgrund der Fülle an pflanzlichen, geometrischen und seltener auch tierischen Dekorelementen, wurde bereits der Versuch unternommen, diese Keramik mit der *Kamares-Gattung* zu vergleichen, die übrigens an der syrischen Küste ausreichend bekannt war. Auch ein Vergleich mit den ägyptischen ornamentalen Wandmalereien naturalistischer Prägung aus der XVIII. Dynastie ist in diesem Zusammenhang zulässig. Sicher ist, daß diese Fülle den unterschiedlichen Kulturhorizont Mitannis bestätigt, der in den lokalen und mesopotamischen Traditionen keinen Bezugspunkt findet. Auch in der Glyptik, die während dieser Blütezeit des Reiches entsteht, treten sowohl stilistische als auch thematische Neuerungen auf. Die frühere greifbare Körperhaftigkeit wird von einem eher formenkargen und schmucklosen Linearismus verdrängt. Die Ursache dafür liegt vor allem in einer erheblichen Produktionssteigerung aufgrund zunehmender Nachfrage, die zu einem Rückgang in der Verarbeitungsqualität sowie zu immer größeren Serienfertigungen führt. Auch die Thematik dieser Arbeiten erscheint stark reduziert. Sie beschränkt sich auf heraldisch angeordnete Szenen mit menschlichen Figuren, heiligen Pflanzen, auf den Hinterbeinen stehenden Bocksgestalten oder feierlich schreitenden Gruppen von Figuren, die, mehrfach wiederholt, zu einem gleichmäßig ablaufenden Ornament werden. In der gängigsten Produktion erkennt man neben der erfolgten Verdrängung der alten mesopotamischen Szenenpalette und der ganz allgemeinen thematischen Erschöpfung außerdem auch eine objektive technische Verarmung. Sie äußert sich vor allem durch die immer häufigere Verwendung von Rohrelementen, wodurch oft verzerrte, nicht mehr als Figuren erkennbare Gebilde entstehen.

Tongefäße in den östlichen Lagerräumen des Nordtempels von Tell Fray, darunter ein turmförmiges Weihrauchgefäß mit Zinnen und Fenstern. Der Tempel wie auch alle anderen Gebäude von Tell Fray aus dieser Schicht verfügten bei ihrer Entdeckung noch über ihre vollständige Einrichtung, was vielleicht auf eine plötzliche Verwüstung der Stadt schließen läßt.

Blick auf den Südtempel von Tell Fray, bestehend aus einer Vorcella und einer rechteckigen Hauptcella mit Altar, einer zweiflügeligen Nische an der rückseitigen Abschlußwand und Bänken entlang den Wänden. Hinter dem Tempel sieht man die Hauptstraße der Stadt und ein privates Wohngebäude. Im Hintergrund das fruchtbare Euphrattal, die Grundlage des wirtschaftlichen Reichtums des Landes.

Die Inspiration, der die gestalterische Thematik der mitannischen Kunst zugrunde liegt und aufgrund des Fehlens monumentaler Werke nur anhand der Glyptik beurteilt werden kann, wirkt sich sicher stark erneuernd aus. Ihr phantasiereicher Realismus kommt im Keramikdekor, ihre heraldischen Kompositionen dagegen in der Glyptik am besten zum Ausdruck. Lediglich in den heraldischen Darstellungen lebt noch eine Erinnerung an die assyrischen oder altsyrischen Modelle fort, deren klare szenische Gliederung und Teilung in zwei Registern jedoch durch eine chaotische Aneinanderreihung der verschiedenen Elemente ersetzt wird. Am besten wird uns dies beispielsweise vom Schauschatar-Siegel, gewiß einem der besten, gezeigt. Was immer auch der Grund dafür sein mag, dieses Kompositionsverständnis wie auch das neue naturalistische Repertoire des mitannischen Kunstschaffens während der rund hundert Jahre seines erfolgreichen Einflusses erschöpfen sich keineswegs mit dem einsetzenden Verfall des politischen Systems, dem sie verbunden sind. Sie liefern vielmehr fruchtbare Anreize für die neu aufblühende mittelassyrische und die darauffolgende neuhethitische Kunst.

In der Architektur ist am Ursprung der besonderen mitannischen Ausdrucksweise das Gewicht der altassyrischen und altsyrischen Traditionen deutlicher zu erkennen. Erstere wirken sich unmittelbar auf den Plan aus, der der weitläufigen Palastanlage in Nuzi zugrunde liegt. Der Kern, um den herum die Anlage sich gliedert, besteht aus zwei Höfen und zwei mit dem Mittelhof in Verbindung stehenden Repräsentationssälen. Es handelt sich dabei eindeutig um ein nordsyrisches Modell, das uns bereits von Assur und Mari her bekannt ist. Weiter westlich dagegen, im Gebiet des Euphrat, lebt noch die altsyrische Tradition fort, und dies sowohl in der Grundrißgestaltung der Kultbauten, was als Indiz einer natürlichen und inneren Entwicklung der lokalen Religion verstanden werden kann, als auch in den architektonischen Techniken. Ihr Weiterbestand ist allerdings verständlicher, zumal darin die Verfügbarkeit der Werkstoffe eine nicht unbedeutende Rolle spielt. Die stärkere Verbundenheit dieses Gebietes zu altsyrischen Traditionen läßt sich sicher als einzigartig beschreiben, wenn man daran denkt, daß sie vor allem in einer Reihe von Siedlungen bestätigt wird. Diese sind erst vor kurzem im Euphrattal beim Bau des Staudammes von Tabqa sowie des Staubeckens von Al-Thawra entdeckt worden und datieren aus einer der ersten Phasen der jüngeren Bronzezeit, aus der nachmitannischen Periode des 13. und 12. Jh.s v. Chr. Damit könnte man also zumindest teilweise die beschränkte Tragweite des mitannischen Kultureinflusses in einem Gebiet starker schon bestehender Traditionen beweisen. Diese Siedlungen finden ihr gewaltsames Ende in einer allgemeinen Verwüstung, die den assyrischen Feldzügen zugeschrieben wird. Sie entstehen also alle während der hethitischen Besetzung des nördlichen Teiles von Syrien. In diese Zeit fällt auch die Entstehung der politischen und kulturellen Vormachtstellung der Stadt Karkemisch als hethitisches Regierungszentrum dieser Region. Aber auch in Karkemisch finden sich zahlreiche Zeugnisse einer kulturellen Kontinuität seit der protosyrischen Zeit.

Unter den anderen Städten des oberen Euphrat scheint auch Emar weiterhin eine vorrangige Stellung einzunehmen. Die Erwähnung dieser Stadt erreicht uns bereits aus protosyrischer Periode. Trotzdem finden sich unter der Schicht der jüngeren Bronzezeit Emars weder Spuren aus protosyrischer noch aus altsyrischer Periode. Vielleicht ist dies ein Hinweis darauf, daß das ursprüngliche Emar im Euphrattal an einer anderen Stelle lag, dann aber verlassen und hier neu aufgebaut wurde. Die Ursache dafür könnte eine Naturkatastrophe wie beispielsweise die Verschiebung eines Euphratmäanders gewesen sein. Obwohl es keinerlei Zeugnisse über Emars protosyrische, altsyrische und mitannische Periode gibt, konnte trotzdem festgestellt werden, daß die Stadt der endenden jüngeren Bronzezeit die Traditionen früherer Epochen weiterhin pflegte. Diese Feststellung ergibt sich vor allem aus der Gestaltung der Grundrisse sowie der Anpassung der Bauten und Anlagen an das natürliche Gefälle des Terrains. Es handelt sich dabei um dasselbe vertikale ungezwungene und nicht symmetrische Raumverständnis, das wir bereits vom protosyrischen Palast Eblas her

Weihrauchgefäß aus dem Nordtempel von Tell Fray. Die Rauchschale wird von einem durchbrochenen Turm mit Tierdekor getragen. Die Typologie dieses Gefäßes wurde bereits in protosyrischer Zeit vorgeformt.

kennen. Dasselbe räumliche Gestaltungskonzept bestimmt auch die Grundrisse, wie beispielsweise jenen des Palastes der Bauphase A. Er stellt eine freie, an keine Norm gebundene Anordnung von Körpern dar, deren unterschiedliche Größe, Gestaltung und Lage von der jeweiligen Funktion abhängen, für die das Gebäude bestimmt ist. Darüber hinaus bestätigt auch die Tempelbaukunst voll und ganz das Weiterbestehen der früheren Modelle. Die beiden Tempel auf der südwestlichen Anhöhe, die räumlich getrennt liegen wie der Tempel aus der Bauphase M, lehnen sich ohne wesentliche Änderung an das Modell der altsyrischen Tempel von Ebla an. Besonders deutlich wird diese Anlehnung in der Gestaltung der länglichen rechteckigen Cella mit Ziegelpodest an der Seite, die dem Eingang gegenüberliegt. Dabei handelt es sich nicht um eine zufällig Emar betreffende Verspätung, sondern um jenen Tempeltyp, der in ganz Nordsyrien während der jüngeren Bronzezeit seine Anwendung findet. Das beweisen außerdem die Tempel von Tell Mumbaqat (Steinbau 1 und 2) aus dem 13. Jh. v. Chr., die in teilweiser Abänderung ebenfalls die klassische Dreiteilung des altsyrischen Tempelbaus aufzeigen. Auch in Tell Fray, östlich von Emar flußabwärts des Euphrat gelegen, entdecken wir Schemata desselben Typs, z. B. im Südtempel sowie im kleinen Palast, dessen Räume sich einem mittleren Hof zuwenden, ähnlich dem Modell der Bautengruppe südlich der Palastanlage von Emar. Mehr noch als in der Gestaltung des Grundrisses drückt sich hier die schon bestehende lokale Tradition in der Technik des Orthostaten als Grundsockel und des Mauerwerkes aus, das mit einer regelmäßig und organisch angeordneten inneren Holzstruktur verstärkt wird.

Die kulturelle Gleichartigkeit der verschiedenen Städte und Siedlungen des Euphrat betrifft jedoch nicht nur Architektonik und Urbanistik, sondern genauso die Keramik. Nirgends scheint jedoch die Keramikgattung von Nuzi auf, da die bisher erforschte chronologische Datierung dieser Städte erst nach der Mitanni-Herrschaft beginnt. Stark vertreten sind dagegen die unbemalten Keramikmodelle der mittleren Bronzezeit mit gekämmtem und nachträglich angebrachtem geometrischen Dekor sowie mit schnell eingekratzten naturalistischen Jagdszenen oder Tierbildern. Zu kultischen Zwecken verbreiten sich hohe Weihrauchgefäße in der Form gekrönter und gefensterter Türme. Auch in diesen Gefäßen finden sich deutliche Spuren einer lokalen Tradition, die in Tell Chuera bereits im 3. Jahrtausend v. Chr. bekannt war. Bei den künstlerischen Traditionen der Bildhauerei dagegen bemerkt man ein allgemeines Desinteresse an monumentalen Werken, was zweifelsohne mit der heiklen politischen Lage zusammenhängt. Aber selbst die wenigen gefundenen Arbeiten von künstlerischem Niveau greifen in ihrer Gestaltung auf jene früheren Traditionen zurück, die auch in der Architektur erkennbar sind. So sind ein in Emar gefundenes Relief mit der Darstellung einer sitzenden Gottheit sowie das Fragment eines Kultbeckens mit frontaler Abbildung eines Stiermenschen vergleichbar mit einigen Steintafelfragmenten und einem Tempelbecken aus Karkemisch. Alle diese Funde stellen sowohl in ikonographischer als auch typologischer Tradition eine klare Verbindung zum sehr ähnlich gestalteten Becken von Ebla her, das aus altsyrischer Periode stammt.

Diese Kraft und Beharrlichkeit der örtlichen syrischen Kunsttradition am Ende der jüngeren Bronzezeit, deren Ursprung auf die protsyrische Zeit zurückreicht und die während der altsyrischen Periode zu ihrer vollen Ausdrucksreife gelangte, ermöglichen den Weiterbestand der Tradition über die politische und wirtschaftliche Krise hinaus, die am Ende dieser Zeit zur Zerstörung fast aller Städte des Landes führte. Dazu genügte es, daß eines der ältesten und konservativsten dieser Traditionszentren – Karkemisch – erhalten blieb, um Elemente syrischer Kunsttradition unverändert und mit eigenständiger Weiterentwicklung während der darauffolgenden neuhethitischen Kultur wieder voll aufblühen zu lassen.

Bulle aus Tell Fray mit dem Siegel des hethitischen Königs Hattuschili III. Die innere Siegelfläche trägt eine hethitisch hieroglyphische Darstellung des Herrschernamens, im Randring wird der Namenszug in Keilschrift wiederholt. Diese Bulle zeugt von der hethitischen Präsenz in dieser Siedlung des oberen Euphrattales.

Die anatolischen Kulturen

Paolo Emilio Pecorella

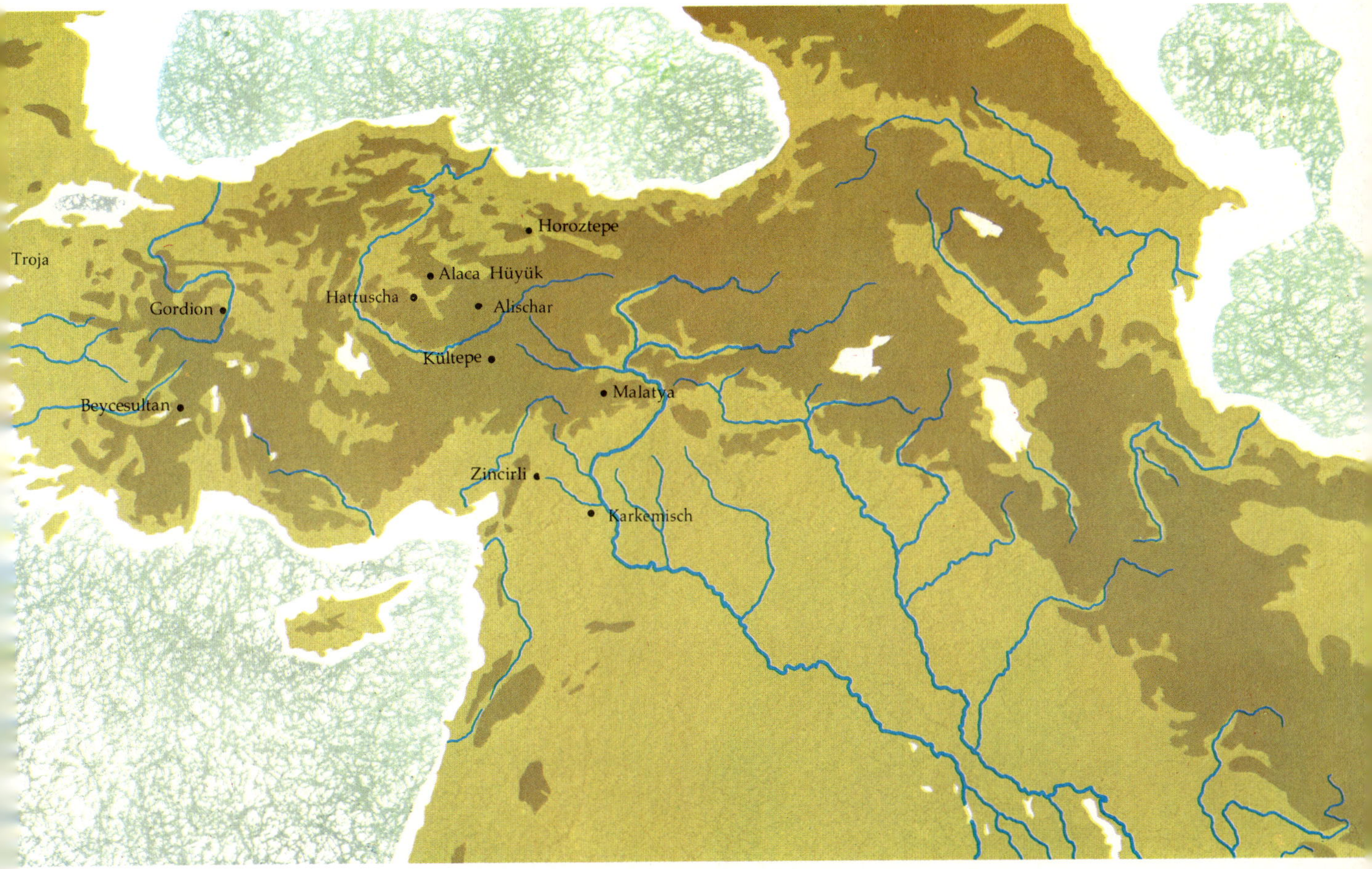

Kalchedon, am Eingang in den Bosporus, Byzanz gegenüber gelegen, galt schon immer als der letzte Ausläufer Asiens nach Europa hin und die kleinasiatische Halbinsel als eine Landbrücke zwischen zwei Lebens- und Kulturräumen, die sich zumindest seit der griechischen Antike gegenüberstehen.
Die geographischen Gegebenheiten im Vorderen Orient haben bekanntermaßen die verschiedenen Kulturen dieser Gegend geprägt, bis jene »universalen« Reiche entstanden, in deren Herrschaftsbereich die geographischen Barrieren keine soziale und wirtschaftliche Zersplitterung mehr bewirkten.
Die Geschichte und die Vorgeschichte eines Gebietes sind immer untrennbar mit dessen geographischen und klimatischen Verhältnissen verbunden. Daher müssen die historischen Ereignisse wie der Aufstieg und Niedergang politischer, wirtschaftlicher und künstlerischer Zentren immer vor dem Hintergrund des natürlichen Lebensraumes der Menschen gesehen werden. Unsere Kenntnisse über die geschichtlichen Begebenheiten im Vorderen Orient entsprechen in ihrem Umfang lediglich den Spitzen von im Meer versunkenen Gebirgen. Hin und wieder lassen unterirdische Erdstöße Gebirgsteile auftauchen, die uns zu einer Neueinschätzung der Ereignisse und ihrer Deutung zwingen. Als Beispiel dafür mögen das Syrien des 3. Jahrtausends oder das iranische Seistan-Gebiet des 4. Jahrtausends gelten.
In Kleinasien, diesem so weit ausgedehnten und ungleichförmigen Gebiet, haben sich besonders in der Zeit vom 4. Jahrtausend bis etwa zum Athen unter Peisistratos (gest. 527 v. Chr.) verschiedenartige Kulturen vorgefunden. Der Ablauf von Ereignissen jeglicher Art ist niemals zusammenhanglos. Diese grundlegende Wahrheit läßt sich gerade auf der kleinasiatischen Halbinsel nachprüfen. Wir finden dort einerseits kulturelle Abneigungen, andererseits aber eine Verbindung zum ägäischen Raum hin, sei es nun zur Inselwelt der Ägäis, sei es zum griechischen Festland. Von der reichbewegten Küstenlinie steigen fruchtbare Täler allmählich landeinwärts auf bis zu den Hochebenen, in denen die klimatischen Bedingungen seit frühester Zeit die Entwicklung blühender Kulturen ermöglichten. Hierdurch findet auch die Hypothese ihre Bestätigung, wonach sich ein beständiges Gemeinschaftsgefüge unter Bewohnern von Hochebenen herausbildet und nicht so sehr unter Tieflandbewohnern. Der Hermos, der Kaistros und der Mäander erschweren im Süden den Zugang zur Bergwelt Kariens und Lykiens, welche sich nach Osten bis zur Bergkette des Taurus hin fortsetzt; der Taurus selbst galt bis vor einigen Jahren als eine »neolithische Barriere« für die Bewohner der südlichen Ebenen.
Der Taurus geht kontinuierlich in den Antitaurus über, der sich nach Nordosten wendend mit den armenischen Gebirgen verbindet; diese wiederum bilden den Ausgangspunkt jener Bergketten, die sich, wie das Pontische Gebirge, entlang der anatolischen Küste des Schwarzen Meeres hinziehen bzw. die, wie der Zagros, die mesopotamische Tiefebene vom iranischen Hochland trennen. Inmitten dieser Gebirgswelt dehnt sich das zentrale anatolische Hochland aus, eine Aufeinanderfolge größerer und kleinerer Ebenen, um die sich Hügelketten, Berge und Vulkane scharen. Die Gebirgsformen zwingen die Flußtäler, weite Schleifen zu ziehen, so etwa das Tal des Kizil Irmak, oder aber einen längeren Weg von Ost nach West zurückzulegen, um dann in einem schroffen Bogen gegen das Schwarze Meer hinzuschwenken. Im armenischen Hochland entspringen die Zuflüsse von Euphrat und Tigris. Obwohl die Oberläufe dieser Flüsse wie ihrer wichtigsten Nebenflüsse (beim Euphrat der Nahr Belich und der Chabur, beim Tigris der Große Zab) an steileren Stellen fast unbefahrbar sind, gibt es zahlreiche Verkehrswege, die, wie später die persische Königsstraße oder die römischen Straßen, gut ausgebaut wurden.
Während, wie bereits erwähnt, in Westanatolien die Täler die natürlichen Verkehrswege bilden, sind die Verbindungswege zwischen den einzelnen Gebieten des Binnenlandes ebenso günstig. Die Wahl der einen oder anderen Reiseroute wird nicht von dem Fehlen möglicher Alternativen, sondern in erster Linie von der Notwendigkeit bestimmt, das eine oder andere politische oder wirtschaftliche Zentrum zu erreichen.
Weiter gegen Osten jedoch und besonders in den östlichen Landesteilen selbst hängt die Wahl der einzuschlagenden Route von der Beschaffenheit des Geländes bzw. von der Zahl der Flußübergänge ab; so überschreiten wir den Euphrat heute bei Birecik, im Altertum hingegen bei Karkemisch. Die Gegend um den Chabur kann in jeder Richtung durchquert werden. Die große Karawanenstraße aus Mesopotamien hingegen zog sich den Euphrat entlang, bog bei Aleppo entweder nach Amuq und Kilikien ab, um von dort das zentrale Hochland zu erreichen, oder aber nach Südsyrien. Bewegte man sich hingegen entlang des Tigris nach Norden, bog der Weg am Fuß der Gebirge nach Westen ab und folgte etwa dem heutigen Grenzverlauf zwischen der Türkei und Syrien, wo man, in die Ebene blickend, am Horizont das Abd-el-Asis- und das Sindschar-Gebirge ausmachen kann.
Aus dem bisher Gesagten ergibt sich, daß selbst in technologisch wenig entwickelten Epochen das Zurücklegen weiter Strecken nicht übermäßig beschwerlich war. Bestätigt wird dies durch die Handelstätigkeit und durch die Geschichtsschreibung über Feldzüge, die von zahlenmäßig bedeutenden Heeren in entlegenen Gebieten geführt wurden. Man denke hierbei etwa an den halblegendären Kriegszug Sargons von Akkad in Anatolien oder an den gut beschriebenen Feldzug des Assyrer-

Der Kizil Irmak durchschneidet in einem engen Tal einen der zahlreichen Gebirgszüge, die sich quer über die anatolische Halbinsel hinziehen. In einem riesigen Bogen umschloß dieser Fluß das Kerngebiet des Hethiterreiches, das sich im 2. Jahrtausend v. Chr. nach Westen und Südosten ausbreitete und dessen Truppen sogar Babylon einnahmen.

Blick auf das anatolische Hochland zwischen Kayseri und Ankara, das von zahlreichen Wasserläufen zerfurcht ist. Viehzucht und maßlose Rodung haben das ursprüngliche Landschaftsbild stark verändert. Es sind jedoch Bemühungen im Gang, die Landwirtschaft, vor allem den Getreideanbau, zu beleben.

königs Sargon gegen das Land Urartu, wo selbst heute die Verkehrsverbindungen schlecht sind.

Die Siedlungen und Handelsverbindungen in Anatolien im 3. Jahrtausend v. Chr.

Obwohl Anatolien zu Beginn der frühen Bronzezeit II (etwa um 2700 v. Chr.) bereits auf eine lange Geschichte zurückblicken kann, sollte es noch eine lange Weile dauern, bis sich dort die Schrift entwickelte und Kleinasien in die »Geschichte« im engeren Sinn eintrat. Zu jener Zeit oder etwas später erscheinen im südlichen Mesopotamien die ersten Tontafeln mit Schriftzeichen. Sie weisen deutlich auf die Erfordernisse des Verwaltungs- und Rechnungswesens sowie auf das Abkommen einer städtisch orientierten Zivilisation hin.
Zahlreiche Oberflächenfunde zeigen uns, daß bereits zu jener Zeit eine Reihe regionaler Unterschiede in Anatolien anzutreffen war. In den prähistorischen Siedlungen, die wie mehr oder weniger große Hügel aussehen, fand man sehr viele Tonscherben, die Auskunft über die Perioden der Besiedlung geben. Gemeinsam mit den Grabungsfunden bilden sie eine Grundlage für die Rekonstruktion historischer Ereignisse und Kulturperioden, die uns sonst unzugänglich bleiben würden.
In Ermangelung schriftlicher Quellen, die wir in Anatolien erst etwa 1000 Jahre später antreffen, ist es äußerst schwierig, die sozialen und wirtschaftlichen Gegebenheiten einer Gesellschaft zu rekonstruieren, deren Festungsbauten, Stadtsiedlungen, Dörfer, Begräbnisstätten und materielle Kultur wir kennen. Aus dem Vergleich mit späteren Perioden und aus dem ethnologischen Material können wir ableiten, daß die Bewohner Kleinasiens eine Zivilisationsstufe erreicht hatten, die sich nicht im Kampf um das einfache Überleben erschöpfte. Die soziale Struktur scheint bereits so gegliedert, daß neben den in kleineren Zentren lebenden Bauern zahlreiche spezialisierte Handwerker vorhanden waren (Töpfer, Steinschneider, Goldschmiede, Schmiede, um nur die wichtigsten zu nennen), die von einer herrschenden Klasse abhingen; hinzu kommen auch die Händler, doch kann man nicht bestimmen, ob sie schon von einem Herrscher abhängig waren oder eine eigene soziale Klasse darstellten, wie die städtische Struktur von Poliochni vermuten läßt. Über das Priestertum (etwa im Zusammenhang mit den Sakralkammern von Beycesultan) lassen sich keine Aussagen machen, da die Grenzen zwischen häuslichem und öffentlichem Kult aufgrund mangelhafter Beweise nicht genau abzustecken sind.
In der Zeit um 2700 v. Chr. steigt in den entwickelteren Gebieten südlich Kleinasiens die Nachfrage nach Metallen, die von Anatolien befriedigt werden kann. Man muß sich vorstellen, daß zu dieser Zeit die Produktion von und der Handel mit Metallen bereits einen erheblichen Umfang erreicht hatte. In Kleinasien selbst gibt es allerdings kein Zinn, das, mit Kupfer legiert, zur Bronzeherstellung notwendig ist. In diesem Zusammenhang stellt Troja am besten die Festung eines Duodezfürsten dar, der den Handel sowohl auf dem Seeweg (d. h. durch die Dardanellen) wie auf dem Landweg (von Asien nach Europa) kontrollierte.
Die lange Vorgeschichte dieser Siedlung, die etwa gegen Ende 3300 v. Chr. begann, wollen wir beiseite lassen; zu erwähnen ist jedoch, daß trotz des Brandes, der Troja I zerstörte, keine zunächst folgenden kulturellen Veränderungen zu erkennen sind. In Troja II, deren sieben Phasen der Zeit zwischen 2600–2300 v. Chr. angehören, sind zahl-

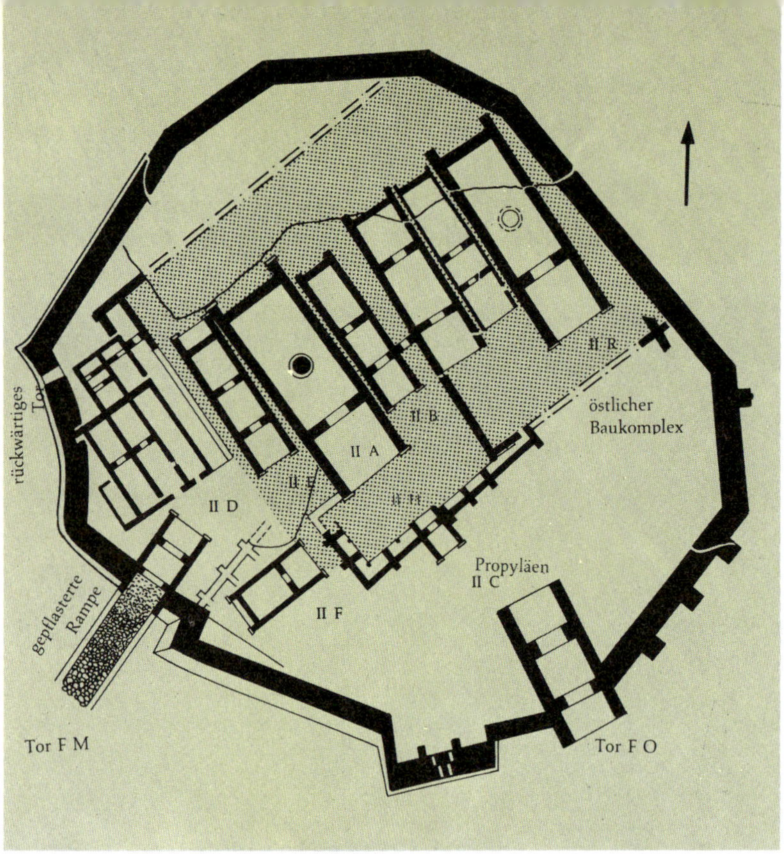

reiche Neubauten und Erweiterungsarbeiten festzustellen. Als Stadtfeste erbaut, wurde Troja durch Erweiterung der Stadtmauern und durch die Versetzung bzw. Umgestaltung der Tore vergrößert. Die Ausgrabungen haben noch nicht alle Schichten vollständig freilegen können; die bisherige Erforschung des architektonischen Materials weist jedoch auf eine komplexe Aufeinanderfolge struktureller Veränderungen hin. Die bedeutendste Stellung im Baukomplex nimmt das Haus in Megaron-Art ein. Es besteht aus einem mehr oder weniger großen, langgezogenen und schmalen Raum mit einer Feuerstelle in der Mitte und aus einer Vorhalle, die aus langgezogenen Antenwänden gebildet ist; manchmal ist auch eine rückwärtige Kammer angesetzt. Die Lehmziegelwände, von durchgezogenen Balken verstärkt, sitzen auf einem Steinsockel. Die Dachformen reichen vom flachen Erddach bis zum rohrgedeckten Giebeldach, das weit über die Längsseiten des Megaron übersteht, um ein Abwaschen der Lehmmauern bei starken Regengüssen möglichst zu unterbinden. Oft werden die Lehmwände nicht nur mit Hölzern, sondern auch mit eingelassenen Bruchsteinen gefestigt, die im Fischgrätenmuster, auch Ährenverband genannt, angelegt sind. Bestimmend für den Grundriß wird die Rechteckform,

Oben: Grundriß von Troja IIc nach der Rekonstruktion von J. Mellaart mit zwei Gruppen von je drei Megara und einer starken Ringmauer.

Rechts: Räumliche Darstellung von Troja IIg mit einem großen Megaron in der Mitte und dem stark befestigten Tor. Auch bei den anderen kleineren Bauten sticht der Megaron-Typ hervor.

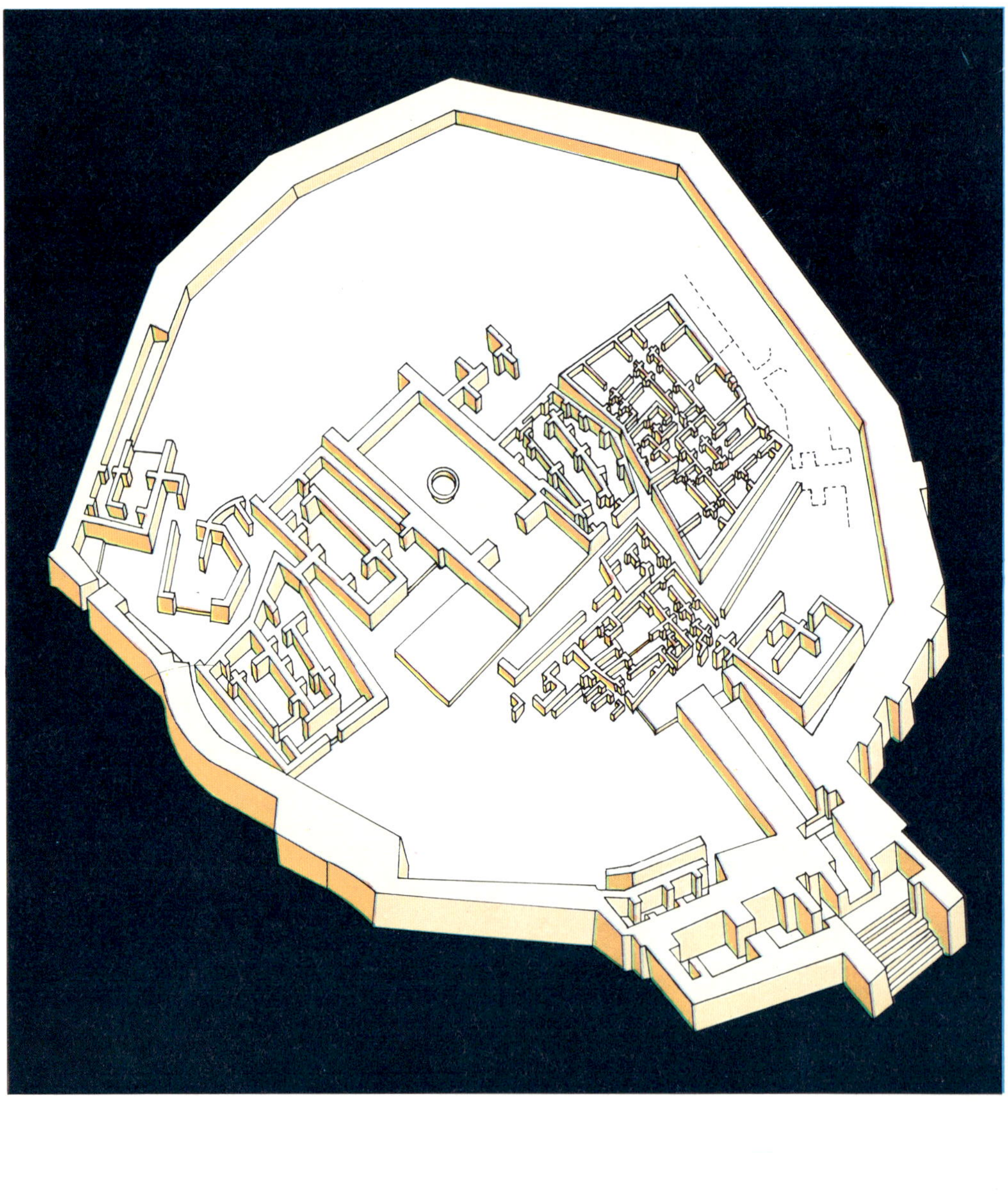

Rechte Seite: Grundriß der Stadt Poliochni auf der Insel Lemnos, die zur gleichen Zeit wie Troja II bestand. Plätze und Straßen, die die einzelnen Wohnblocks trennen, geben Aufschluß über die Erweiterung der Stadt. Die Ausgrabungen in diesem wichtigen Zentrum wurden von der Scuola Archeologica Italiana di Atene (Italienische Archäologenschule von Athen) zwischen den beiden Weltkriegen durchgeführt.

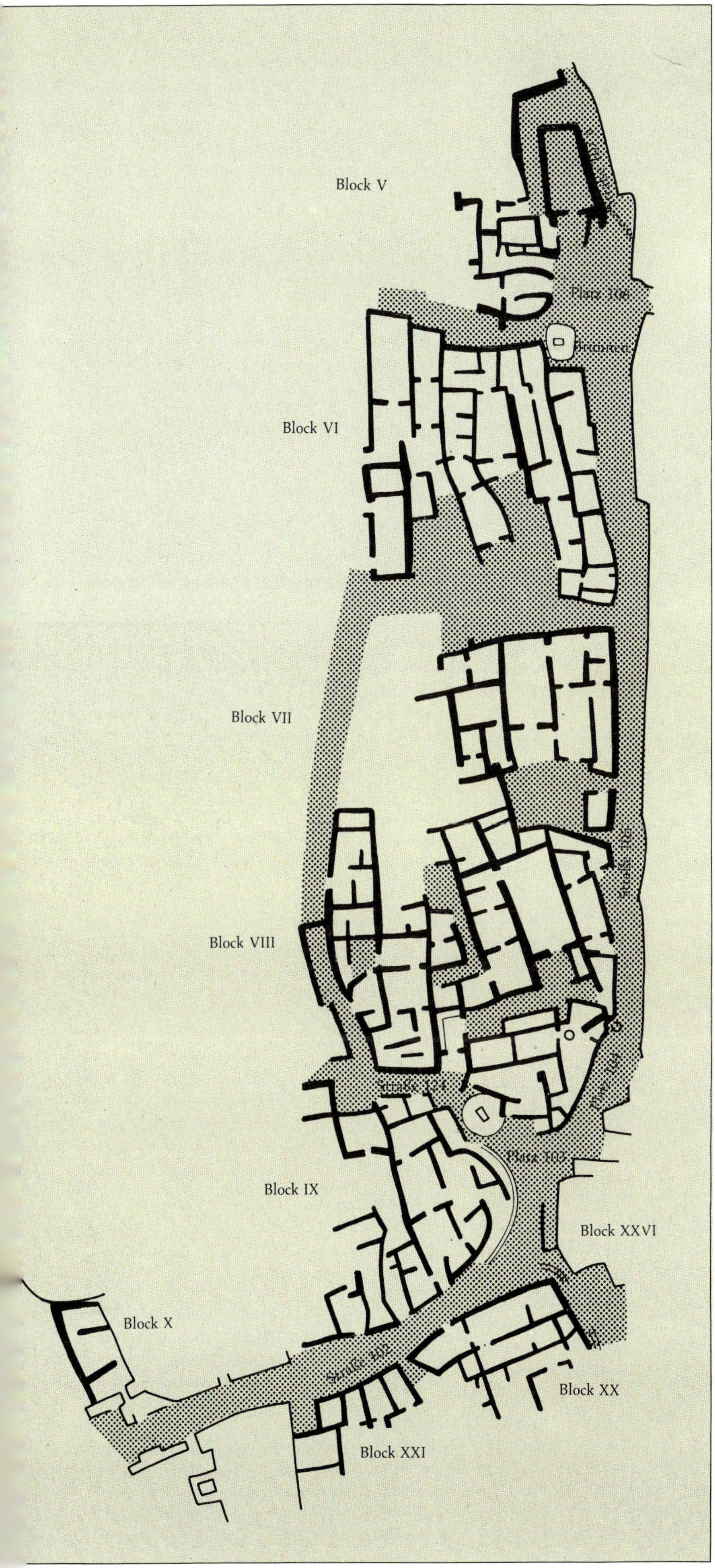

die sich bei manchen Bauten durch einen runden Abschluß der hinteren Schmalseite auszeichnet, dem sogenannten »Apsidenhaus«, einer Abart des Megaron.

Das Megaron – der Name leitet sich vom griechischen *mega* = groß ab, bedeutet somit »Großes Haus« – wird zur Urform des griechischen Tempels, wie der Tempel B des Apollo-Heiligtums in Thermos aus dem 7. Jh. v. Chr. zeigt. Diesen Haustyp gab es bereits in Troja I. Seine monumentale Ausführung finden wir jedoch erst in Troja IIc. Dieser riesige Saalbau von etwa 45 m Gesamtlänge, fast 13 m Breite und mit 1,50 m starken Mauern, diente als Fürstensitz. Die nach Südosten gewandte Stirnseite trug wahrscheinlich einen großen Giebel, gebildet vom Dachstuhl mit First, eine erstaunlich kühne Konstruktion von mehr als 10 m Spannweite, was jedoch leider noch nicht bewiesen werden konnte. Den monumentalen Eindruck dieser Riesenhalle ohne Mittelstützen – weder die vorderasiatischen Kulturen noch das klassische Griechenland kannten solch gewaltige Räume – verstärkte die mächtige Tür von vermutlich 4 m lichter Weite und die kreisrunde, aufgemauerte *Eschara* (Herd) in der Mitte des Saalinneren, dessen Estrich aus gestampftem Lehm bestand. Interessant ist der Grundriß dieses »Königs«-Megarons von Troja IIc, der sich, gewiß nicht zufällig, an ein »gebundenes System« hält, bei dem die nach vorn geöffnete Vorhalle, die ungefähr einem Quadrat entspricht, zweimal aneinandergereiht die Größe der eigentlichen Halle ergibt. Nach der Rekonstruktion von James Mellaart bestanden zu dieser Zeit zwei Gruppen von jeweils drei nebeneinandergebauten Megara, die fast die gesamte Grundfläche der Stadt einnahmen. Die Anordnung der Gebäude läßt vermuten, daß der Gesamtkomplex eine Festung (Burg) darstellte, die von einem Fürsten oder König und seinem engsten Gefolge bewohnt wurde. Der unbebaute Raum innerhalb der Festungsmauern diente zur Aufnahme der nahe der Stadt wohnenden Bevölkerung im Falle einer Gefahr, wie dies etwa auch in Hattuscha zutrifft. Die letzte Phase von Troja IIg weist bedeutende Änderungsarbeiten auf, die wahrscheinlich mit einer Veränderung der Lebensgewohnheiten oder der sozialen Gegebenheiten zusammenhingen. Das große Megaron ist nicht mehr Zentrum der Herrschaftsgewalt, sondern dient als Versammlungsraum. Um dieses Monumentalgebäude herum liegen die Wohnhausgruppen, unter denen die Gebäude in Megaron-Art eine bedeutsame Stelle einnehmen. Sie sind jedoch umgeben von anderen Räumlichkeiten, so daß eine kompaktere und funktionalere Wohnstruktur entsteht. Das Tor der Festung wurde größer wiedererbaut, und daran anschließend befindet sich ein Gebäude, in dem vermutlich wachhabende Einheiten untergebracht waren.

Während Troja als Beispiel für den Wohnsitz eines Fürsten und der Vornehmsten gelten kann, veranschaulichen die Grabungen in Poliochni auf Lemnos das Aussehen einer Stadt wohlhabender Kaufleute. Sie liegt auf einem Hügelrücken an der Meeresküste entlang einer etwa 200 m langen Straße, die sich zu zahlreichen Plätzen hin öffnet. Die Wohnzwecken dienenden Gebäude weisen Spuren mehrmaliger Zu- und Umbauarbeiten auf. Ein Gebäude dürfte als Versammlungsort für die einflußreichen Mitglieder der Gemeinschaft gedient haben. Der grundlegende Bautyp ist jener in

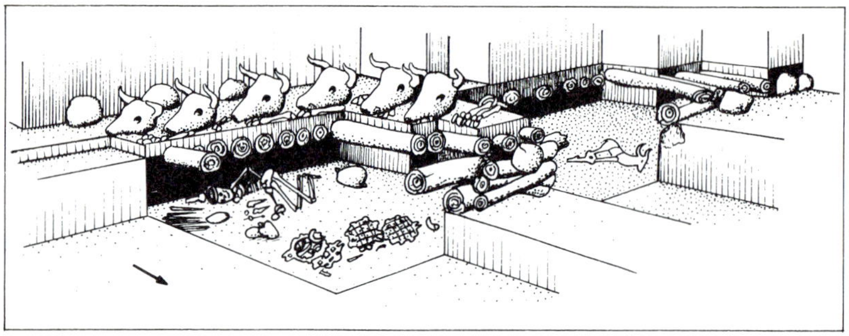

Rekonstruktion eines Grabes aus Alaca Hüyük. Der Tote befindet sich an einer Seite des Grabes, die Grabbeigaben liegen in der Mitte. Auf der Abdeckung aus Holzpfählen und Erde sind die gleichmäßig aufgereihten Rinderschädel zu sehen.

Megaron-Art, doch stehen die Megara nie isoliert oder vereinzelt da.

Einer Hypothese zufolge hat Poliochni einem trojanischen Reich unterstanden, was ein zentralistisches politisches System voraussetzen würde; doch dies entspricht vermutlich nicht den Tatsachen. Wenn auch anhand der in Poliochni gefundenen Bruchstücke von Gebrauchsgegenständen wie auch aus der Architektur und den Goldschätzen eine bestimmte Übereinstimmung mit den Phänomenen in Troja festzustellen ist, muß bemerkt werden, daß kulturelle Gemeinsamkeiten nicht unbedingt einen einheitlichen, übergeordneten Herrschaftsbereich erfordern. Sind Umfang und Art der materiellen Kultur verschiedener Gegenden analog, so kann man daraus Übereinstimmungen im sozialen Bereich der entsprechenden Orte ableiten, auch wenn der jeweilige Lebensraum verschieden ist; im Falle Trojas etwa der einer befestigten Fürstenresidenz, im Falle Poliochnis der einer organisierten und im Innern spezialisierten Stadtgemeinschaft.

Am Oberlauf des Mäander, fast schon im Hochland, liegt Beycesultan. Bei den dortigen Grabungen sind in den unteren Schichten nur kleine Bereiche der Architektur erschlossen worden, die kein einheitliches Bild der architektonischen Struktur ergeben. Dennoch ist eine große Anzahl paarweise angeordneter Heiligtümer ans Tageslicht gekommen. Es handelt sich hierbei im Prinzip um jeweils zwei Megara, an deren Rückseite manchmal eine Art »Sakristei« angefügt ist. Die Innenausstattung dieser Megara ist ziemlich komplex: So steht ein Altar zwischen zwei Terrakottatafeln (die vielleicht auf je ein Götterpaar pro Kammer hindeuten?), zu deren Füßen »Opferhörner« aufgestellt sind, die zur Aufnahme fester und flüssiger Opfergaben dienten.

Manchmal befinden sich ein hölzerner Pfeiler und ein Altar für Schlachtopfer mitten im Megaron; hinzu kommen Feuerstellen, Bänke und Herde. Diese Grabungsfunde beleuchten die Glaubensvorstellungen und das Kultgeschehen jener Zeit in Südwestanatolien und wahrscheinlich auch in den umliegenden Gegenden. Die Opferhörner, die in älteren Beispielen aus Nordsyrien und dem Iran bekannt sind, bilden die Vorläufer der über 500 Jahre später auftretenden gleichen Kultgegenstände auf Kreta in minoischer und mykenischer Zeit. Wie bereits im Zusammenhang mit Troja angedeutet, ist es offenkundig, daß die Handelsbeziehungen eine sehr wichtige Rolle bei der Verbreitung nicht nur von handwerklichen Erzeugnissen und Produktionstechniken, sondern auch von Gedankengut und Lebensweisen gehabt haben. Auch die Insel Lesbos ist in diesem Zusammenhang zu nennen; dort wurden Reste einer Ortschaft freigelegt, deren Rekonstruktion auf eine organische Bebauung hinweist, mit geraden Straßen, an denen lange, enge Wohnbauten, Megara im wahrsten Wortsinn, zwischen anderen Gebäuden liegen, genauso, wie wir es in Poliochni finden.

Insgesamt ist diese Epoche, auch wenn man sie mit den Ereignissen in Syrien und Mesopotamien vergleicht, eine historisch reichhaltige. Beweise dafür bieten uns die Architektur und insbesondere die Funde aus Metall. Allgemein bekannt ist der von Schliemann in Troja gefundene Schatz, den er fälschlicherweise mit Priamos, d. h. mit der homerischen Stadt, in Verbindung brachte. Es handelt sich hingegen um insgesamt 16 Gegenstände, die aus der Zeit von Troja II stammen. Zu diesem sogenannten Großen Schatz A gehören neben Flachbeilen und Dolchen aus dunkelgrün patinierter Bronze vor allem die Gefäße aus Gold und Silber, von denen die schiffchenförmige Tasse, »Saucière« genannt, einer in der ganzen frühmetallzeitlichen Ägäis einschließlich der Küstenregionen Westanatoliens vorkommenden Leitform, den Schnabelkannen, angehört. Als Kanne mit nur einem Ausguß, hat die goldene Schnabeltasse deren zwei, mit breiten Mündungen und zwei an den Längsseiten angelöteten, aus Goldblech getriebenen Henkeln. Außen verläuft über das Gefäß, von Ausgußmündung zu Ausgußmündung, eine Längsrippe, der im Gefäßinnern eine Vertiefung entspricht. Die Schlagspuren des Hammers an der »Saucière« sind deutlich zu erkennen. Gleiche Gefäßformen treten auch in der noch nicht auf der Drehscheibe gefertigten Keramik auf. Eine weitere Leitform troischer Keramik ist der sogenannte »Depas«, ein schlanker, trichterförmiger Tonbecher ohne Standfläche mit zwei am Boden ansetzenden, weitausladenden Stabhenkeln. Schnabelkannen und -tassen aus Ton sind in der Regel glatt, zeigen selten Einritzungen und fast nie Bemalung.

Von den weiteren Fundgegenständen aus dem »Priamosschatz« sind leider die Schmuckstücke aus Gold und Silber, vor allem das Große und Kleine Diadem, bestehend aus goldenen Längs- und Querketten mit eingearbeiteten gepunzten,

Eine »Standarte« aus Bronze. Tiermotive über geometrischer Durchbruchsarbeit.

Oben: Stierfigurine aus Bronze mit eingelegtem Dekor aus einem Königsgrab von Alaca Hüyük. Zweite Hälfte des 3. Jahrtausends v. Chr. Die Plastik wurde auf einen Holzständer aufgesetzt. Es kommen auch Hirschfigurinen mit gleichem Dekor vor. Neben menschlichen Statuetten stellen sie insgesamt den höchsten Stand der Kleinplastik dieser Periode dar.

rhombenförmigen Goldplättchen und idolartigen Anhängern in den Kriegswirren verlorengegangen, ebenso zwei glockenförmige Becher, der eine aus Gold, der andere aus Elektron, einer Mischung von Gold und Silber, ein konischer Becher aus Silber, eine getriebene goldene, kugelförmige Flasche mit kurzem, engem Hals und wulstiger Lippe und die oben beschriebene goldene Schnabeltasse. Ein ähnlicher, wenn auch bescheidenerer Schatz, ist in Poliochni gefunden worden, was die wesentliche Übereinstimmung zwischen beiden Städten im kulturellen Bereich bestätigt. Diese Gegenstände sind einerseits Beispiele der großen Kunstfertigkeit der Goldschmiede jener Zeit, andererseits jedoch ist der Verlust von Rücklagen und das Bemühen offenkundig, Objekte anzusammeln, die einen klaren »Herzeige-Wert« haben, da sie das soziale Prestige ihres Besitzers erhöhen. Unzweifelhaft jedoch konnte es sich ein so ausgedehntes Gebiet, das wirtschaftlich fast ausschließlich auf der Landwirtschaft fußte, nicht leisten, zu jener Zeit einen derartigen Überfluß an Gütern zu produzieren, die gehortet und dadurch zu totem Kapital wurden. Daraus ergibt sich die Notwendigkeit, Plünderungszüge zu unternehmen, Karawanen mit Mautgebühren zu belegen und die Handelstätigkeit aufzunehmen. Was Troja anbetrifft, so wissen wir, daß von dort aus Handelsbeziehungen mit dem ägäischen Raum und den Kykladen geknüpft wurden. So findet man silberne Lanzenspitzen in Troja und Amorgos, Broschen mit Spiralmuster oder Vogelfiguren auf Lemnos, den Kykladen, in Griechenland usw. Die etwa in Troja II verwendeten Edelmetalle deuten an, daß Westanatolien schon in die großen Handelsrouten des alten Orient einbezogen worden war, was die Einfuhr von Lapislazuli aus Nordwest-Afghanistan und von Gold, wahrscheinlich aus dem Donauraum, ermöglichte.

Die Anhäufung von Reichtümern, das Vorhandensein einer herrschenden Schicht, von Händlern und hervorragenden Handwerkern sowie das Bestehen internationaler Beziehungen friedlichen und kriegerischen Charakters sind auch in einem Gebiet südlich des Marmara-Meeres bezeugt (Dorak). In dieser Gegend, nicht weit von Troja, wurden zwei Grabstätten gefunden, ein Einzel- und ein Doppelgrab. Diese Funde ergänzen unser Bild von Troja und den umliegenden Gebieten. So wurden Teile einer mit geometrischer Musterung in lebhaften Farben versehenen Matte ans Tageslicht gebracht; dazu Gold- und Silbergeschirr von eleganter Formgebung sowie Waffen und Schmuck, die von einer hohen technischen Fertigkeit zeugen. Auf einem Dolch sind Schiffe und Delphine abgebildet, bei anderen endet der Knauf in einen Leoparden- oder Löwenkopf. Vier aufgefundene weibliche Figuren könnten als Gottheiten mit ihrer Dienerin oder Priesterin interpretiert werden. In diesem Zusammenhang wurde von einer überseeischen, genauer gesagt ägyptischen Provenienz gesprochen. Diese Behauptung besteht insofern nicht ganz zu Unrecht, als in einer der Grabstätten ein Teil eines Goldplättchens zur Möbeldekoration entdeckt wurde, das das Namenszeichen des Pharaos Sahure trägt (2. Herrscher der V. Dyn., 2466–2325). Dieser Fund gibt uns eine wichtige Datierungsgrundlage in die Hand, die jene Hinweise ergänzt, die auf anderen Wegen gewonnen wurden. Von Interesse sind auch die verschiedenen Werkstoffe, die bei der Herstellung bzw. Dekoration von Schmuck und Waffen verwendet wurden: Bernstein, Türkise, Elfenbein, Bergkristall, Materialien also, die von

Rechts: Gefäßformen aus Troja. Von links: Die sogenannte Saucière aus dem großen Schatz A von Troja II g, Gold (23 Karat), Gewicht ca. 600 g, Treibarbeit, Höhe 7,5 cm, Durchmesser 7,6–18,4 cm; daneben: Depas, *ein zweihenkeliger Becher, Troja II–IV, dunkelroter Ton, Höhe 19,5 cm, Durchmesser der Mündung 8 cm; rechts: Schnabelkanne mit Kropfhals, Troja II–V, rötlicher Ton, Oberfläche geglättet, Höhe 14,5 cm.*

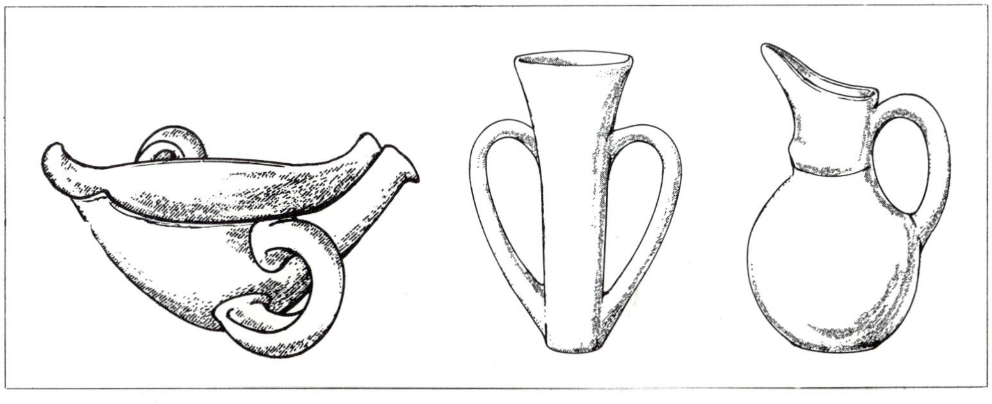

Turm des Mauerringes von Troja VI (Mitte des 2. Jahrtausends v. Chr.) in der Nähe des Osttores. Das Mauerwerk aus behauenen Steinen deutet auf hohes bautechnisches Können und auf eine lange Tradition hin.

weit her kamen. Hinzu kommen Bronze, Silber, Gold und Eisen (bei einem Schwert). Man vermutet, daß einige dieser Werkstoffe auf dem Seeweg herangeschafft wurden, was eine Südroute voraussetzt, die noch entdeckt werden muß. Der Landweg hingegen, der ein sichereres, wenn auch langsameres Fortkommen ermöglichte, muß an verschiedenen Zentren vorbeigezogen sein, die wir jedoch zum Großteil nicht kennen. Eine Ausnahme bildet möglicherweise die kleine Festung Ahlatlibel im zentralen Hochland, die eine ausgezeichnete strategische Position zur Kontrolle der Straße einnimmt. Es handelt sich um ein Areal von 30 × 40 m, in dem jedoch nur Grundmauern erhalten sind. Einige Forscher vermuten, daß man vom Dach aus in die Wohnräume gelangte, wie dies bei verschiedenen Gebäuden aus der Zeit des Chalkolithikums bezeugt ist. Zeitlich gesehen siedeln sich die aufgefundenen Materialien zwischen Troja II und der damaligen Hochlandkultur an und stellen wichtige Datierungsgrundlagen dar. In einigen in den Mauern liegenden Gräbern (*intra muros*) fand man Waffen, die, sofern erforderlich, den strategischen Charakter dieses Ortes bezeugen.

Nicht weit von der späteren Hauptstadt des Hethiterreiches, Boğazköy, entfernt, liegt die ebenfalls hethitische Stadt Alaca Hüyük. Der Name, den diese Siedlung während des Altertums trug, ist nicht bekannt. Grabungen förderten hier eine erstaunliche Nekropole aus der zweiten Hälfte des 3. Jahrtausends zutage. Man kann in diesem Zusammenhang wahrlich von »Königsgräbern« sprechen. Die 13 Schachtgräber befinden sich innerhalb eines Areals von nicht mehr als 30 qm und liegen in verschiedenen Schichten angeordnet, was auf eine Bestattung über mehrere Generationen hindeutet. Die einzelnen Grabstätten sind etwa 8 × 4 m groß, ca. 1 m tief und mit Holzstangen und Erde bedeckt. Der Tote wurde in zusammengekauerter Stellung in eine Ecke gelegt, das Gesicht nach Süden gewandt. Persönliche Besitztümer lagen neben dem Bestatteten, während andere Gegenstände die Mitte des Grabplatzes einnahmen, doch sind von diesen nur Stier- und Hirschfigurinen erhalten, während hölzerne Grabbeigaben zerfallen sind. Zur Aufzählung aller Grabbeigaben fehlt uns der Raum. Zu nennen sind jedoch Waffen (unter ihnen ein Eisendolch mit halbmondförmigem Goldgriff, der einem Stück aus den Königsgräbern von Ur in Mesopotamien ähnelt), dazu Schmuck sowie Silber-, Gold- und Tongeschirr, die uns Aufschluß über die Löttechnik und die Sandpolitur geben. Alle Stücke zeugen von einem hervorragenden künstlerischen Geschmack. Es ist deshalb leichtfertig, diese Gegenstände, wie es ein Experte der Kunstgeschichte des Vorderen Orients getan hat, als zwar interessant und wertvoll einzustufen, sie jedoch Gelegenheitsprodukte zu nennen. Die bezeugte technische und künstlerische Meisterschaft dürfte nicht nur bei diesen Grabbeigaben zum Tragen gekommen sein, nur sind andere Belegstücke entweder verloren oder noch nicht ausgegraben. Weitere Funde, wenn auch etwas späteren Datums, aus dieser Gegend, etwa aus Mahmatlar oder Horoztepe, bezeugen, daß die Reichtümer von Alaca Hüyük weder ein Einzelfall noch Gelegenheitsprodukte sind. Religiösen Charakter haben die »Kultstandarten« mit ihrem teils abstrakten, teils naturalistischen Dekor und die Hirsch- und Stierfigurinen, die eine frappierende Ähnlichkeit mit gleichartigem Fundmaterial aus Maikop, nordöstlich vom Schwarzen Meer, haben, was vielleicht auf eine intensivere kulturelle Einflußnahme als lediglich auf Handelskontakte hindeutet. Der religiöse Charakter der genannten Objekte ist jedoch verschiedenartig interpretiert und dabei teils mit einem Sonnen- oder Gestirnskult, teils mit späteren hethitischen Gottheiten in Verbindung gebracht worden. Bei einigen Grabbeigaben, wie den Spiegeln, können Bezüge zu den Kykladen, bei anderen, wie den Bro-

Mauerabschnitt mit dem typischen »Sägeschnitt«. Zu beachten ist vor allem die Neigung nach innen.

Gefäß in Löwenform mit geometrischem Farbdekor aus dem Karum von Kanesch (Kültepe).

schen, zu Nordmesopotamien hergestellt werden. Trotz dieser zahlreichen Daten ist es nicht leicht, diese Blüte handwerklicher Produktion in ein System regionaler politischer Strukturen einzuordnen. Jüngste Forschungsergebnisse beleuchten in besonders aufschlußreicher Weise einige Aspekte der Lebensumstände in Ostanatolien zu dieser Zeit.

Beiseite lassen wollen wir hier die aus früherer Zeit stammende Tempelanlage von Arslantepe bei Malatya, die auf Verbindungen zwischen dem zentralen Hochland und der syrisch-mesopotamischen Ebene hinweist. In Norschuntepe ist eine Palastanlage von 2700 qm freigelegt worden, die dem Ende der frühen Bronzezeit III (etwa 2000 v. Chr.) zugeschrieben wird. Der Innenhof der Anlage mißt 16 × 11,5 m. In den regelmäßig angeordneten Gebäuden rundum scheinen zum Großteil Lagerräume untergebracht gewesen zu sein. Weitere Gebäude liegen entlang der aufsteigenden Straße. So zeigt sich auch in diesem Gebiet die Verstädterung, die die Dorfgemeinschaft ablöst. Norschuntepe könnte eine Sammel- und Verteilerstelle von Waren gewesen sein, was auf eine zentralisierte Machtstruktur und eine ausgeprägte Arbeitsteilung im sozialen Bereich in einem Gebiet hindeutet, dessen Zentrum östlich des Euphrat liegt und mögliche Einflüsse der intensiven ›kommerziellen‹ Tätigkeit des akkadischen Reiches zu spüren bekam.

Manche Forscher haben die Nekropole von Alaca Hüyük mit den *Hatti* in Verbindung bringen wollen, die vor den Hethitern das Hochland beherrschten. Diese Behauptung kann nur als Hypothese gelten, da bei Problemen dieser Art größte Vorsicht geboten ist. Die Archäologie muß Hand in Hand mit der Geschichtsforschung arbeiten, die sich auf anderes Material, insbesondere auf schriftliche Quellen, stützt. Eines der wichtigsten Probleme ist hierbei die Ankunft der Indoeuropäer in Anatolien. Die Archäologie vermerkt für die Zeit um 2300 v. Chr. eine Reihe von Verwüstungsakten in verschiedenen Orten sowie die Ausbreitung einiger Kulturelemente. Man vermutete daher eine ausländische »Invasion« und die Ansiedlung von Stämmen aus den nördlichen Steppengegenden. Von ihrer ursprünglichen Kultur soll dabei durch Assimilierung seitens der kulturell fortgeschritteneren Ortsansässigen nichts übriggeblieben sein. In Wirklichkeit gab es in Anatolien in der Zeit um 1900 v. Chr. bereits eine größere Anzahl indoeuropäischer Namen, doch ist weder festzustellen woher deren Träger kamen noch wie zahlreich sie waren.

Anatolien in der ersten Hälfte des 2. Jahrtausends v. Chr.

Die Lage in Anatolien zwischen dem Ende des 3. und dem Anfang des 2. Jahrtausends ist der vorangegangenen ziemlich gleich. Es scheint jedoch eine gewisse kulturelle Neuordnung eingetreten zu sein. In den westlichen Landesteilen entwickelt sich kontinuierlich die mittlere Bronzezeit, deren Beginn in die Zeit um 1900 v. Chr. angesetzt wird. Für Kilikien hingegen vermutet man wegen des Auftretens bemalter Töpferwaren, die syrischen Arbeiten ähneln, die Ankunft einer neuen ethnischen Gruppe. Eine andere Gruppe, vielleicht die Luwer, soll sich, aus dem Nordwesten kommend, im mittleren und südlichen Anatolien niedergelassen und die charakteristische Kultur von Troja II verbreitet haben. Obwohl das Kernland der Halbinsel von Veränderungen größtenteils unberührt blieb, fand man in der aus dem 2. Jahrtausend bekanntesten Ortschaft, Kanesch, ein Haus in Megaron-Art. Die Mitte des Raumes wird von einer Feuerstelle eingenommen, um die in ebenmäßiger Anordnung vier Säulen stehen. Einige Außenräume vervollständigen das Gebäude, das als Sakral-

Rekonstruktion des Karum (Handelsviertel) von Kanesch, Schicht 1b, aus der ersten Hälfte des 18. Jh.s v. Chr. Bei einigen Gebäuden sind die Mauern ganz aus Stein gebaut; manchmal sind mehrere Bauten zu einer Einheit zusammengefaßt. In den Höfen stehen Herde. Die Treppen führten in die Wohnräume der Kaufleute im ersten Stock.

Rechts: Teilansicht der Ruinen des Karum von Kanesch. In den Schichten II und Ib fand man Tausende von Keilschrifttafeln, die für das Verstehen der Handelsbeziehungen zwischen Anatolien und Mesopotamien im 2. Jahrtausend v. Chr. bedeutsam sind.

Unten: Plan des Stadtgebietes von Hattuscha (Boğazköy). Im Süden begrenzt der Abhang die neue Stadt mit den Stadttoren und dem Mauerring. Im Innern befinden sich die Tempel, die zahlreichen Gebäude und die Akropolis. Weite Bereiche des Stadtgebietes sind noch unerforscht.

bau gilt. Dieser Fund beweist, daß Einflüsse aus dem Westen (man denke an Troja und Beycesultan) bis in das Hochland vordrangen, wenn auch möglicherweise über den Süden, d. h. über Kilikien. Wie bereits erwähnt, führte Anatolien Rohstoffe aus. So spricht ein epischer Text von einem Feldzug Sargons von Akkad (2400 v. Chr.) nach Anatolien, den mesopotamische Kaufleute zu Hilfe gerufen hatten. Wenn dieser Feldzug auch nur legendärer Natur ist, kann es durchaus sein, daß die Erinnerungen an Handelsbeziehungen vor dem 2. Jahrtausend aufrechterhalten wurden, während diese Beziehungen erst ab dem 2. Jahrtausend ausgeprägt und gut dokumentierbar sind. Auch wenn in Anatolien zahlreiche Rohstoffe vorkommen, fehlt das zur Bronzeherstellung notwendige Zinn fast vollständig. Für die vorangegangenen Epochen ist eine Rekonstruktion der Handelswege nur annähernd möglich. Nun jedoch ist es die Handelsroute von Assur am Tigris, über die sich die Einfuhr von Zinn bzw. die Ausfuhr von Bronze und anderen Waren abwickelte. Diese Zeit wird allgemein als die der assyrischen Handelskolonien bezeichnet, wobei die Bezeichnung »Kolonie« im Sinne von »Niederlassung« zu verstehen ist.

Unser Wissen über die Entstehung politischer Gebilde in Anatolien stützt sich vornehmlich auf die Grabungsfunde in Kültepe (früher Kanesch) nahe beim heutigen Kayseri. Bei einer gegenwärtig festgestellten Ausdehnung von etwa 20 ha dürfte Kültepe eine der größten Ansiedlungen des Hochlandes gewesen sein, die in strategisch günstiger Lage, mitten im Hochland liegt. In der Ebene entwickelte sich in der Zeit zwischen 1900 und 1700 v. Chr. am Ostrand des Hügels von Kültepe eine Vorstadt, in der von 1925 bis heute Tausende akkadisch abgefaßte Keilschrifttafeln aus Ton gefunden wurden. Sie geben eines der aufschlußreichsten Zeugnisse vom Handel zwischen weit voneinander entfernt liegenden und sich wirtschaftlich ergänzenden Gebieten der Antike und ebenso von der Anwesenheit von Kaufleuten aus der nordmesopotamischen Stadt Assur. Diese Händler kauften anatolisches Kupfer und boten Fertigwaren oder Rohstoffe wie Zinn an. Die genannte Vorstadt von Kültepe, in der sie sich aufhielten, genoß einen besonderen politischen Status, der mit demjenigen einer neuzeitlichen Handelsenklave verglichen werden kann und wurde mit dem assyrischen Terminus *Karum* (Handelsviertel) bezeichnet.

Zu der Zeit, als sich die assyrischen Kaufleute im anatolischen Hochland niederließen, teilte sich das Gebiet in kleinere Fürstentümer auf. Die Assyrer paßten sich dieser uneinheitlichen Situation an und gründeten mehrere Karu. Neben dem Karum von Kanesch kennen wir aus schriftlichen Quellen und archäologischen Daten jene von Hattuscha nördlich des Halys (Kizil Irmak), von Acem Hüyük und von Karahüyük (Konya) im südlichen Hochland. Die innere Organisation der Karu ist uns aus den detaillierten Schilderungen in den Verwaltungsschriften wohlbekannt. Die Tontafeln von Kültepe sind die ältesten schriftlichen Zeugnisse aus Anatolien, und sie liefern uns indirekt auch Aufschlüsse über die Struktur der lokalen Fürstentümer. Es handelte sich hierbei um echte städtische Siedlungen, in denen Menschen und Produkte der geographisch differenzierten Umgegend zusammenkamen bzw. gesammelt wurden und wo eine bereits stark hierarchisch geordnete Sozialstruktur bestand. Wir wissen zwar nicht, wie rasch die Verstädterung vor sich ging, doch muß sie sich wohl in kleinen Schritten entwickelt haben. Die Besiedlung von Kanesch (und vermutlich auch anderer Ansiedlungen) begann in der frühen Bronzezeit I (2900–2600 v. Chr.). Ab der darauffolgenden Periode bestanden bereits ausgeglichene Beziehungen mit Kilikien und Nordsyrien. Die

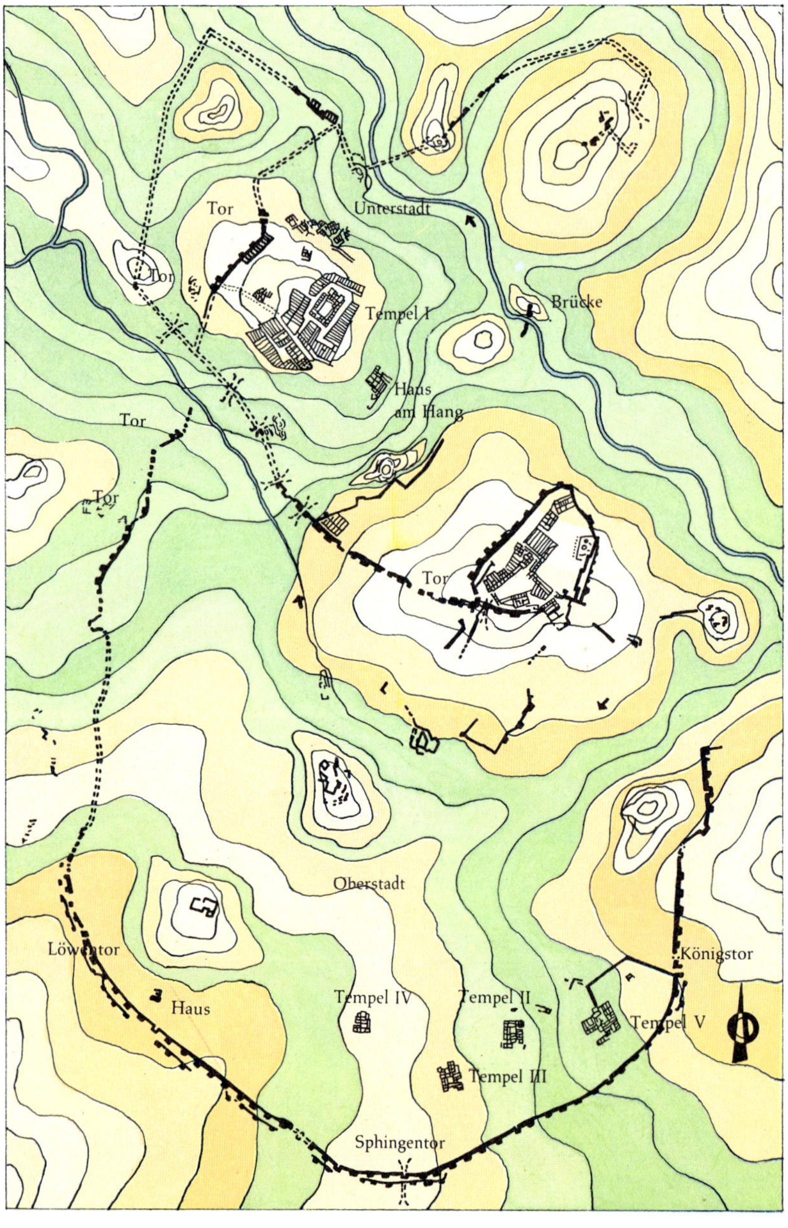

Blick auf den Tempel III von Süden gegen die Akropolis von Boğazköy (Hattuscha).

Grundriß der Akropolis von Boğazköy, Büyükkale, mit den Bauten aus der Endzeit des Hethiterreiches. Die verschiedenen Gebäude (mit Verwaltungs- und Repräsentationsräumen) sind durch Höfe, die manchmal Säulengänge haben, verbunden. Die Rekonstruktion wurde durch die geduldige Arbeit deutscher Archäologen ermöglicht.

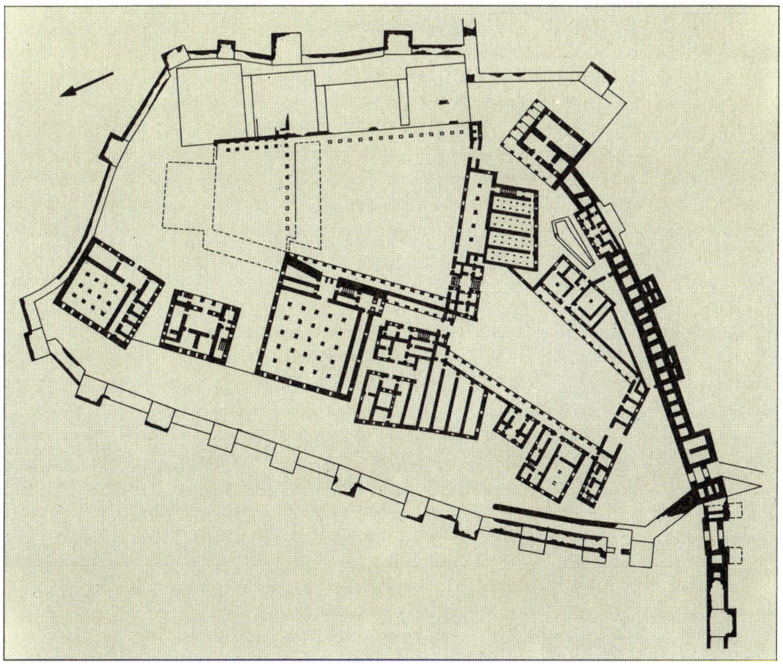

Haupteinnahmen von Kanesch und anderer Fürstentümer, wie des südöstlich gelegenen Mama, stammten aus der landwirtschaftlichen Produktion und dem Bergbau, wobei Rohstoffe sowie Fertigwaren produziert bzw. damit gehandelt wurden. Das Oberhaupt der Gemeinschaft trug den Titel eines Königs oder Fürsten. Die Titel der anderen Würdenträger ergeben einen Einblick in die lokale Hierarchie und in die Funktionen der Titelträger. So gibt es den »Fürsten der Stiege«, der für die Zolleinhebung zuständig war und möglicherweise den »Kronprinzen« verkörperte, dann den »Fürsten des Zepters«, den »fürstlichen Mundschenk« usw. Diese Titel kehrten später in ähnlicher Form im Hethiterreich wieder. Aus den Namen der auf den Keilschrifttafeln angeführten Personen ergibt sich ein vielfältiges Bild von der ethnischen Zugehörigkeit der Betreffenden. So scheinen hattische und hurritische sowie luwische und hethitische Namen auf. Die Hethiter dürften die Mehrheit innerhalb der herrschenden Schicht gebildet haben, und wir besitzen, wie auch in späterer Zeit, über sie die meisten Daten. Zur Zeit der Ankunft der mesopotamischen Kaufleute hatte Kanesch eine bedeutende Ausdehnung und verfügte über Stadtmauern und Monumentalbauten, die die Vorläufer ähnlicher Konstruktionen in späteren hethitischen Herrschaftssitzen gewesen sein mögen. Die vier stratigraphischen Schichten sind von grundlegender Bedeutung, insbesondere die letzten zwei, die die Siedlung der assyrischen Kaufleute bzw. das Handelszentrum bildeten. Die anatolischen Kaufleute lebten dort neben den assyrischen, deren Anwesenheit man etwa über sechs bis acht Generationen verfolgen kann. Sie waren in einer Körperschaft verbunden, die auf ihre Hauptstadt, Assur, hin ausgerichtet war und auch als Koordinationszentrum für die anderen Handelszentren im Hochland fungierte, so für Hattuscha oder Alischar. Für Importwaren, zu denen neben Zinn (das möglicherweise von Kanesch weitergeliefert wurde) vor allem verschiedene Stoffarten gehörten, war an die Obrigkeit und an die Körperschaft der Kaufleute eine Abgabe zu entrichten. Die Körperschaft der Kaufleute legte praktisch die Warenpreise fest und übte dadurch eine Kontrolle über den Markt aus; sie lieh auch Geld an den Fürsten und an Privatpersonen.

Die assyrische Wirtschaftsorganisation hatte den Handel mit Kupfer in der Hand, das unter anderem in Ergani Maden abgebaut wurde. Die große

Rechts: Grundriß des Tempel-I-Bezirks von Hattuscha. Um den Mittelteil, der aus einem Hof mit den Kulträumen an der Nordseite besteht, gruppieren sich die Lagerräume. Im Südwesten die Wohn- und Verwaltungsräume des Klerus.

Entfernung zwischen Ergani und Kanesch paßt allerdings schlecht zu dem gewohnten Bild, daß sich nämlich die einzelnen politischen Gebilde jener Zeit auf kleine Gebiete beschränkten. Trotz ihrer wirtschaftlichen Stärke hatten die Assyrer keine politischen Funktionen in Anatolien inne.
Wie aus der Korrespondenz zwischen den Fürsten von Kanesch und Mama hervorgeht, wurden die »internationalen« Beziehungen in Anatolien ohne assyrische Einflußnahme geregelt. Die Ordnungsmacht lag ausschließlich in den Händen der lokalen Militärbehörden. Dieses Bild einer ausländischen Gemeinschaft, die starke Bindungen zum Heimatland hatte, ist eigenartigerweise nicht mit den archäologischen Funden materieller Kultur in Einklang zu bringen. Es scheint nämlich, daß sich die assyrischen Kaufleute der örtlichen Lebensweise anpaßten und anatolische Frauen heirateten, vielleicht mit einem Vertrag auf Zeit. Die Wohngebäude waren als Einfamilienhäuser angelegt und in einzelnen Wohnblocks gruppiert, die möglicherweise »Baulosen« der Behörden entsprachen, die die Aufenthaltsgenehmigungen erteilten. Zwischen den Häusern verliefen Straßen, die manchmal Abflußrinnen aufwiesen. Gelegentlich finden sich auch zweistöckige Häuser, wobei im Erdgeschoß Lager- und Büroräume untergebracht waren. Der Innenhof, der nicht fehlen durfte, befand sich meist an einer Seite des Gebäudes. Die Anzahl der Räume schwankt zwischen zwei und vier, wobei ein Raum etwas größer angelegt war als die anderen. Im wesentlichen handelt es sich demnach um das traditionelle anatolische Haus, wie wir es etwa in Hattuscha finden. Die Toten wurden im Unterboden der Häuser bestattet, eine Gepflogenheit, die sich auch die assyrischen Kaufleute aneigneten. Dieser gemischten sozialen Situation steht, soweit wir es bisher beurteilen können, eine Gleichförmigkeit auf kultureller Ebene gegenüber. Weitere Aufschlüsse werden jedoch durch die Aufarbeitung des archäologischen Materials, besonders nach der vollständigen Transkription der Tontafeltexte, erwartet.
Wie bereits erwähnt, unterhielt Kanesch seit der vorangegangenen Epoche Beziehungen zu den weiter südlich an Mesopotamien angrenzenden Gebieten; die Schaffung der Handelsniederlassungen muß demnach allmählich vor sich gegangen sein. Ob diesem Prozeß eine »imperialistische« politische Absicht der Assyrer zugrunde lag oder ob es sich um normale Wirtschaftsbeziehungen handelte, muß unter Berücksichtigung der Gesamtlage in Assyrien entschieden werden. Die Forschung jedenfalls hat laufend Zeugnisse des Reichtums der lokalen Fürstentümer ans Tageslicht gebracht. Wenn auch in Acemhüyük, südlich des Tuz-Sees, die Geschäftsviertel noch nicht gefunden wurden, weisen die Größe des Palastes und eines weiteren Gebäudes auf die Bedeutung des Ortes hin; davon zeugen auch die wertvollen Fundstücke – hervorragende Elfenbeinarbeiten, die unter den Brandschichten zum Vorschein kamen. Die Brandspuren weisen darauf hin, daß Acemhüyük etwa zur gleichen Zeit wie Kanesch zerstört wurde. Gleiche Zerstörungsspuren finden sich auch in Karahüyük (Konya), wo ein Teil der Ringmauer mit Türmen sowie ein Palast freigelegt wurden. Dort fanden sich eine Reihe von Keramiken, die die kulturelle Gleichförmigkeit im Hochland bestätigen.
In dieser Epoche schafften die blühenden Städte, die – wirtschaftlich gesichert durch den Handel mit Assyrien – miteinander wetteiferten, die Grundlagen für die künstlerische Produktion und die Architektur des Hethiterreiches. Bis vor wenigen Jahren wußte man wenig oder nichts über mögliche Vorbilder für die Palastanlagen von Hattuscha. Die imposanteren Bauten von Kanesch und Acemhüyük dürften nun jedoch, sobald sie ganz freigelegt sind, äußerst nützliche Vergleichsobjekte sein, um die historische Entwicklung zu verfolgen. Wenn die Betrachtung der privaten Wohnbauten eine wesenhafte Kontinuität der Baumuster zeigt, muß das gleiche für die öffentlichen Bauten und die herrschaftlichen Residenzen gelten. Ein hervorragendes Beispiel für einen Palast finden wir in Beycesultan. Die in zwei Stockwerken angeordneten Räumlichkeiten mit Erkern öffnen sich auf einen mit Säulen versehenen Innenhof. Die Anordnung und Beziehung der Räume zueinander ist komplex; dies hat, zusammen mit der Bauweise – wie in Acemhüyük wird viel Holz verwendet – die Forscher dazu geführt, Verbindungen zu Kreta herzustellen. Will man in bezug auf das Landesinnere von Anatolien eine Beeinflussung von auswärts feststellen, so dürfte die Karawanenstraße das geeignete Forschungsobjekt sein, denn über sie kamen nicht nur Waren, sondern auch fremde Vorstellungen, Techniken und Menschen ins Land. Diese Einflüsse beschränkten jedoch nicht die Herausbildung einer typisch anatolischen Haltung oder eines Stils in künstlerischer oder produktionstechnischer Hinsicht, der dann als kennzeichnende Leistung des Hethiterreiches hingestellt werden sollte. Vielleicht sind es gerade diese sichtbaren Fortschritte, die dazu führten, eine Verbindung zwischen den feinpolierten roten Keramiken und dem »neuen« indoeuropäischen Element der Hethiter herzustellen. In Wirklichkeit bemerkt man schon zu dieser Zeit einen Übergang, eine Entwicklung von den bunt bemalten Gefäßen zu den einfarbigen. Die Herstellung von

Blick auf ein Kastell im Stadtbereich von Hattuscha.

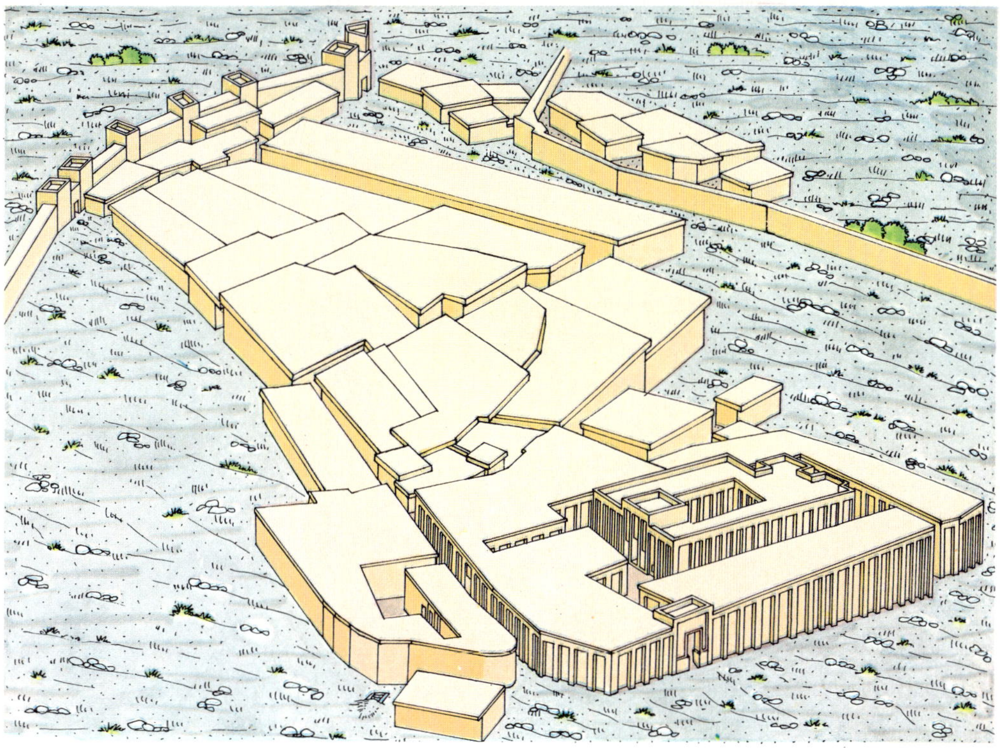

Rekonstruktion des Tempel-I-Bereichs von Hattuscha. Auffallend die Einbuchtungen im Mauerwerk. Im Hintergrund ist die innere Verteidigungsmauer mit den vorspringenden Türmen zu sehen. Daran angebaut sind Lagerräume und einer der Torbauten.

reichgeformten Vasen und Krügen sind ein Beweis des Geschicks der anatolischen Töpfer bei der Gestaltung von Tiermotiven. Etwas ungeschickter verhielt man sich hingegen bei der Produktion der Kleinplastik, der man allerdings eine gewisse unmittelbare Ausdruckskraft nicht absprechen kann. Erwähnenswert sind hierbei besonders die flach gegossenen Figurinen aus Blei, die nicht genau bestimmbare Gottheiten darstellen. Sie wurden vom Beginn der frühen Bronzezeit bis hin zur Zeit der assyrischen Handelskolonien hergestellt. Anhand der Keramik können wir indirekt auch den technischen Stand der Metallbearbeitung umreißen. Es ist nicht auszuschließen, daß ein glücklicher Fund, wie jener der Gräber von Alaca Hüyük, den hohen Stand handwerklicher Produktion – etwa der Elfenbeinarbeiten – weiter erhellt, den wir bisher nur von oft verkohlten Überresten in der Schutterde der Paläste her kennen.
Geschäftliche Transaktionen, auf Tontafeln festgehalten, sowie die Korrespondenz sind engstens mit der Verwendung von Siegeln verbunden. Diese Siegel zeigen eine Fülle von Motiven und Stilen. Neben den importierten assyrischen, babylonischen und syrischen finden wir solche aus heimischer Produktion. So konnte man allein aus den 85 im Archiv eines einzigen Kaufmannes entdeckten Siegelabdrücken 60 als anatolisch bestimmen. Die Mehrzahl der Siegel anatolischer Provenienz tragen keine Schriftzeichen. Was die Motive angeht, so finden wir neben mythologischen Szenen mit Darstellungen mesopotamischer und einheimischer Götter auch Kultbilder, Schlachten- und Jagdszenen sowie gemischte Darstellungen. Zur gleichen Zeit gehörte auch die zahlreiche Gruppe von Siegeln und Siegelabdrücken, die in der jüngsten Schicht von Karahüyük entdeckt wurden; neben geometrischen finden wir naturalistische Motive in reichhaltiger Folge. Besonders bemerkenswert sind die zwingenden Analogien dieses Materials mit dem auf Kreta gefundenen. Sie legten Zeugnis ab über unzweifelhafte Beziehungen zwischen beiden Gebieten, die nicht allein durch die üblichen Termini wie »künstlerische Beeinflussung« oder »wirtschaftliche Beziehungen« erklärt werden können.
Aus dem bisher Gesagten ergibt sich, daß eine neue Epoche in der Geschichte Anatoliens anzubrechen beginnt. Die Bezeichnung »Periode der assyrischen Handelskolonien« scheint mir hierbei wenig angebracht, da damit der Hauptakzent auf ein fremdländisches Element gesetzt wird, so daß die Originalität der inneranatolischen Entwicklung nicht genügend zur Geltung kommt. Es wäre vielleicht treffender, von einer »Periode der anatolischen Fürstentümer« zu sprechen, als einer Zeit, in der die Grundlagen für einen Zusammenschluß der Hochlandgebiete zu einem einzigen staatlichen Gebilde geschaffen werden. Der Tätigkeit der assyrischen Kaufleute wird durch die Zerstörung von Kanesch, Acemhüyük und Karahüyük, etwa zu Beginn des 18. Jh.s, ein Ende gesetzt. In einem der Paläste von Kanesch fand man ein Schwert, das in Keilschrift den Namen des Königs Anitta von Kuschschar trägt; dieser Fund erhärtet die Darstellungen in späteren hethitischen Texten. Die Diskussion darüber, ob Anitta oder die Hethiter Kanesch zerstört haben, läuft immer noch weiter; sicher ist dies zwar ein wichtiges, aber nicht das wesentliche Problem. Es ist nämlich offenkundig, daß die Periode der Fürstentümer zu Ende gegangen ist. Wir wissen, daß Anitta, wie vorher sein Vater Pitchana, von Kuschschar aus die Eroberung des Hochlandes begann. Die Beziehungen dieser beiden Herrscher zur hethitischen Dynastie des Alten Reiches sind noch nicht genau geklärt. Sicher ist, daß die Hethiter das Bedürfnis empfanden, die Anfänge ihrer Geschichte mit Pitchana und Anitta in Verbindung zu bringen. War es Anitta, der Hattuscha und das assyrische Handelszentrum eroberte und verwünschte, so war es ein weiterer »Mann aus Kuschschar«, der

Ansicht der Lagerräume des Tempel-I-Bezirks von Hattuscha. Rechts im Bild monolithische Türschwellen.

erste, oder einer der ersten Hethiterkönige nämlich, der sich in Hattuscha niederließ und den Namen Hattuschili annahm.

Die Entwicklung des Hethiterstaates von einem Königreich zu einem Großreich im Anatolien des 2. Jahrtausends v. Chr.

Der Prozeß regionaler Zusammenschlüsse, zu Anfang des 2. Jahrtausends im zentralen Anatolien von Anitta begonnen, wurde durch die Gründung des Hethiterstaates zu Ende geführt. Hattuschili, der »Mann aus Kuschschar«, läßt sich mit seinem Gefolge in Hattuscha nieder und dürfte die Stadt neu befestigt haben, obwohl einer seiner Nachfolger die Errichtung der Stadtbefestigungen für sich in Anspruch nahm. In der Zeit von 1700–1600 v. Chr. entwickelte sich der hethitische Staat mit einer Heftigkeit, die es zur Zeit der anatolischen Fürstentümer nie gegeben hatte. Die Ausweitung des Staatsgebietes wurde im Zuge allmählicher Eroberungen und zahlreicher Feldzüge vorangetrieben, bis das ganze Hochland unter hethitischer Herrschaft stand.

Die expansionistische Politik der Hethiter soll, so vermutet man, zwei Hauptwurzeln gehabt haben: das Sicherheitsbedürfnis sowie die gesicherte Versorgung mit Rohstoffen, insbesondere mit Zinn. Ob diese Hypothese nun zutrifft oder nicht – sicher ist, daß sich die Hethiter entlang zweier Hauptlinien ausbreiteten: Nach Westen in Richtung auf die Dardanellen und nach Südosten gegen die große Verkehrsstraße nach Syrien und Mesopotamien hin.

Die verschiedenen Phasen der hethitischen Geschichte spiegeln nach Auffassung einiger Forscher die jeweilige Bedeutung der unterschiedlichen ethnischen Gruppen des neuen Staatsgebildes wider, die jedoch bereits zu einer gewissen Einheit verschmolzen sind. So sind die Namen der Herrscher im Alten Reich hattisch, im mangelhaft dokumentierten Mittleren Reich luwisch und im Neuen oder Großreich hurritisch. Gesellschaftsordnung und Staat der Hethiter dienen jedoch als vereinheitlichende Kraft. Die erwähnte expansionistische Tendenz des neuen Staates wird sehr bald deutlich: Hattuschili wie Murschili suchen den Zugang zu den östlichen Ebenen. Der eine erobert in Nordsyrien Alalach (Tell Açana), indem er sich eine Krise im yamhadischen Königreich zunutze machte, der andere nimmt in einem brillanten Feldzug Babylon ein. Es handelt sich hierbei jedoch um kurzlebige Eroberungen, oder besser gesagt um Streifzüge, während Angriffe aus Ost und West den Anfang jener dauernden Aufeinanderfolge von Ereignissen bilden, die die hethitische Geschichte charakterisieren. Von Südosten dringen die Hurri aus dem Norden Mesopotamiens und Syriens vor, und im Westen haben sich andere Staaten, wie Arzawa, gegen die Hethiter organisiert. Die politischen Krisen sind auch dynastische und ergeben sich aus Auseinandersetzungen um die Thronfolge in einer patriarchalischen Gesellschaft, in der sich das politische Geschehen im engen Kreis der Verwandten des Herrschers und der Adligen abspielt. Allem Anschein nach verfolgte die Politik Telipinus (Thronbesteigung etwa 1525 v. Chr.) einen Rückzug der Hethiter innerhalb eines leichter kontrollierbaren Gebietes, eben des Hochlandes. In diesem Zusammenhang ist die Unterzeichnung des ersten internationalen Vertrages mit dem Großkönig von Kizzuwatna zu sehen. Die Kaiser des Neuen Reiches beteiligen sich aktiv am internationalen Kräftespiel, bei dem Ägypten unter Thutmosis III. Syrien eroberte, während sich die Mitanner ebenfalls ausbreiteten und sich dem Gebiet von Kizzuwatna an der Grenze zum Hethiterreich näherten. Schuppiluliuma I. (1380–1340) schließlich zerstörte die mitannische Hauptstadt Waschschuhanni in der Gegend des Chabur, setzte in Alalach, Aleppo und Karkemisch Gouverneure ein und machte Syrien vom Euphrat bis zum Mittelmeer zu einem hethitischen Einflußgebiet. Dies führte jedoch zu einer Reaktion, dem Wiedererstarken Assyriens etwa in der zweiten Hälfte des 14. Jh.s v. Chr. und damit zu erneuter Bedrohung aus dem Osten. Die ägyptischen Truppen wurden 1294 v. Chr. in Kadesch zurückgewiesen, obwohl Ramses II. daraus einen Sieg machte. Die in den nördlichen Gebieten stets anwesenden Kaschkäer eroberten hingegen Hat-

Abschnitt der südlichen Stadtmauern von Hattuscha. Beachtlich der doppelte Mauerring und die unregelmäßige Anordnung der Türme, die zwei Rampen und das Ausfalltor im Gelände. Derartige Ausfalltore (durch einen unterirdischen Gang mit der Festung verbunden) finden wir von der Ägäis bis zur syrischen Küste, insbesondere aber in Anatolien.

Das Löwentor von Hattuscha, eingebettet in zyklopisches Mauerwerk.

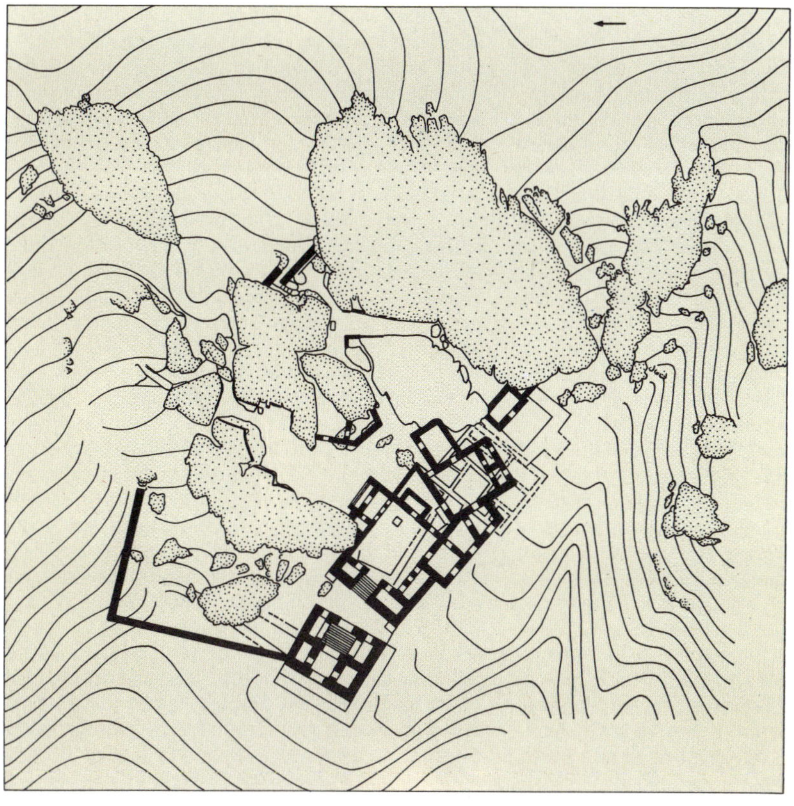

Grundriß des Freilicht-Heiligtums von Yazilikaya, das nicht weit von Hattuscha entfernt liegt. Zwei natürliche Einbuchtungen zwischen den Felsen schützen die Gebäude verschiedener Bauperioden im südlichen Teil. Die Felswände um die Einbuchtungen bzw. Plätze tragen Reliefs mit religiösem Charakter.

tuscha, das unter Muwatalli nicht mehr die Hauptstadt des Reiches war. Den historischen Höhepunkt des hethitischen Großreiches stellt der »Ewige Frieden« dar, der 1269 v. Chr. von Hattuschili III. mit Ägypten ausgehandelt wurde. Tudchaliya IV. (1250–1220) ließ das Heiligtum von Yazilikaya errichten; auch führte er Kämpfe gegen die Staaten des westlichen Anatolien.

Der Untergang des Hethiterreiches kam plötzlich. Während in der Hauptstadt noch ehrgeizige Pläne zur Erweiterung der Stadtmauern ausgearbeitet wurden, führte eine gewaltige Völkerbewegung zum Zusammenbruch des Reiches. Die ungestüme Wanderung riß Sieger wie Besiegte entlang der syrisch-palästinensischen Küste nach Süden mit, bis sie mit Mühe an der ägyptischen Grenze aufgehalten werden konnte. Dies war die endgültige einer Reihe von Krisen, die von den Hethitern bis dahin brillant überwunden werden konnten, wie es ihnen auch immer gelungen war, die von Osten und Westen kommenden Angriffe erfolgreich abzuwehren. Während des Alten Reiches waren diese Krisen politischer Natur und von geringer Breitenwirkung. Im Großreich hingegen strebten die Randgebiete wegen der Größe des Territoriums in verstärktem Maße ihre Autonomie an. Einen Sonderfall bildet Syrien, das sich dreifacher Gefahr durch Hethiter, Ägypter und Mitanner ausgesetzt sah. Während Kizzuwatna (zwischen dem Taurus und Kilikien) eine unerläßliche Etappe auf dem Weg in die syrischen Ebenen darstellte und wahrscheinlich unter Murschili II. (1339–1306) von einem Verbündeten zu einer hethitischen Provinz wurde, stellten die westlichen Gebiete ein Reservoir an Menschen und Hilfsmitteln dar, die zur Fortführung der hethitischen Politik im Südosten unentbehrlich waren. Aus diesem Grund erklären sich die dauernden Eroberungszüge wie die wiederholten Aufstände. Diese Unruhen wurden gefördert durch die im wesentlichen nachsichtige Haltung der Hethiter – besonders im Vergleich zu den sonst im Orient üblichen rücksichtslosen Verfahrensweisen – sowie durch die Zerstückelung des Gebietes.

Wie von anderer Seite zu Recht bemerkt wurde, ist der hethitische Staat in Wirklichkeit die Schöpfung einer sozialen Schicht, die eine bereits ansässige Bevölkerung überlagerte. Die Bestattungsformen dagegen deuten nicht auf eine soziale oder ethnische Differenzierung hin; so bestehen Leichenverbrennung und Begräbnis nebeneinander. Wenn wir den Gedanken einer »Oberhoheit« akzeptieren, können wir Äußerungen über einen he-

Rechts: Reliefabschnitt am größeren Platz von Yazilikaya. Abgebildet ist ein Treffen zwischen den zwei Hauptgöttern des hethitischen Pantheons. Die Götter stehen auf den ihnen zugeordneten Tieren und werden von Gottheiten niederen Ranges flankiert. Die Hieroglyphen sind in hurritischer Sprache geschrieben.

Rechte Seite: Relief am kleineren Platz von Yazilikaya. Dargestellt ist der sogenannte Schwertgott, der wahrscheinlich zugleich Gott des Jenseits war.

thitischen »Feudalismus« wie über jene Institutionen besser verstehen, die von der ursprünglichen Bevölkerung stammen. Zu letzteren gehört etwa der Rat der Alten, der in den Provinzzentren einen Teil der Machtbefugnisse innehatte. Der Ausrichtung der Provinzzentren auf die Hauptstadt sowie der im Neuen Reich stärker ausgeprägten sozialen Schichtung entspricht das Vorhandensein von untergeordneten Klassen wie Handwerkern und Bauern, die manchmal in einer Form von Leibeigenschaft gehalten und zur Arbeit gezwungen wurden. Die ethnische Zusammensetzung der Bevölkerung und ihre Sprachen kennen wir aus den Keilschrifttafeln von Hattuscha. Neben dem Akkadischen, das im diplomatischen Schriftverkehr verwendet wurde, ist das Hethitische oder besser Neschische, die Hauptsprache. Daneben finden wir das Palaische, das Luwische – die letzteren drei sind indoeuropäische Sprachen – sowie das Hattische, das zu jener Zeit wahrscheinlich schon eine tote Sprache war, die von der Urbevölkerung Anatoliens vor der Ankunft der Hethiter gesprochen wurde. Schließlich kennen wir noch einen indoeuropäischen Dialekt, der in einer hieroglyphischen Schriftart wiedergegeben wurde und der infolge seiner Nähe zum Luwischen den Namen »Hieroglyphen-Luwisch« oder »Bild-Luwisch« erhielt. Diese Sprache wurde im Südosten Anatoliens gesprochen, überlebte den Untergang des Hethiterreiches und verbreitete sich auch nach Nordsyrien.

Nachdem die Anatolier bzw. der Hethiterstaat seit der Zeit der assyrischen Handelskolonien der mittleren Bronzezeit eine bestimmte Stellung im nahöstlichen Raum eingenommen hatten, lösen sie sich nicht mehr aus diesem Rahmen. Die politische, soziale und kulturelle Zwischentätigkeit ist offenkundig. Zeugnis davon legt das religiöse Leben ab, in dem sich die Anatolier sehr konservativ zeigten. Im Zusammenhang mit den Herrschernamen im Großreich haben wir bereits auf hurritische Einflüsse hingewiesen. Dieser Einfluß in der herrschenden Klasse äußert sich auch im großen Freilicht-Heiligtum von Yazilikaya – der moderne Name bedeutet »der beschriebene Fels« –, das in der Nähe von Hattuscha liegt. Die Felsenlandschaft von Yazilikaya hat zwei natürliche Einbuchtungen, und die steil abfallenden Felswände rundum sind mit Relieffiguren geschmückt. Seine Hochblüte erlebte das Heiligtum im Neuen Reich, und sein endgültiges Erscheinungsbild geht auf die Bauarbeiten unter Tudchaliya IV. zurück.

Den offenen Kultplätzen vorgelagert sind eine Toranlage sowie mehrere kleine Kultbauten – bei den deutschen Ausgrabungen freigelegt –, deren Anordnung an jene größeren in Hattuscha erinnert. An zwei Felswänden des größeren Platzes sind 63 Götterfiguren zu sehen, die, mit wenigen Ausnahmen, nach Geschlechtern getrennt auf das zentrale Kultbild ausgerichtet sind. Auf diesem sind die höchsten Gottheiten des Landes abgebildet, unter denen wiederum der Sturmgott und die Sonnengöttin die wichtigste Stellung einnehmen. Die Gültigkeit der hurritischen Interpretation des anatolischen Pantheons ergibt sich aus einer Reihe von Inschriften in Hieroglyphen-Luwisch, jedoch in hurritischer Sprache, die sich auf die dargestellten Gottheiten beziehen. Die Götterprozession, auf der linken Seite die männlichen, auf der rechten die weiblichen Gottheiten, schreiten aufeinander zu, um sich am Ende zu begegnen. Rings unter den Reliefs zieht sich eine Opferbank entlang. Der Wettergott Teschup, eine Keule in der Rechten, auf dem Haupt eine hohe, spitz zulaufende Mütze, steht auf den Köpfen zweier in menschlicher Gestalt wiedergegebener Figuren, bei denen es sich wahrscheinlich um die Berggötter Ḫamni und Chazzi handelt. Ihm kommt von rechts, auf dem Rücken einer Löwin oder eines Panthers stehend, die Göttin Chepat entgegen, bekleidet mit einem reich gefältelten Gewand, geschmückt von einer Mauerkrone. Unter den Armen des Wettergottes und der Göttin ragen die Vorderpartien zweier springender Stiere hervor. Auf ihren Köpfen sitzen spitze Kegelmützen, die auf den Wettergott verweisen. Vielleicht sind es die beiden ihm geweihten heiligen Stiere Scherri und Churri. Hinter der Göttin folgt, ebenfalls auf einer Löwin oder einem Panther mit erhobenem Schweif stehend, weit kleiner als die Göttin, ihr noch junger Sohn Scharruma, bekleidet mit einem kurzen Rock und Schnabelschuhen, umgehängtem Schwert, eine Axt in der Linken. Er ist der einzige männliche Gott in dem Zug der Göttinnen. Je nach der Bedeutung in der Götterhierarchie werden die dargestellten Gottheiten immer kleiner; so die zwei Göttinnen, die hinter Scharruma herziehen. Sie sind in lange Faltenröcke gehüllt, und jeweils einer ihrer Füße berührt die Schwingen eines Doppeladlers unter ihnen. Die vereinzelte Figur rechts neben der Hauptgruppe ist die Göttin Chutellura, mit langem Faltenrock, eine Mauerkrone auf dem Haupt. Die Identifizierung der Götter und Göttinnen, sowie des Königs, ergibt sich aus den in hethitischen Hieroglyphen geschriebenen Namen über der bei jeder Gottheit vorgestreckten Hand.

Die Hauptkammer beherbergt neben dem Zug der Götter noch zwei Mischwesen, wohl Stiermenschen, die auf Sockeln, also auf der Erde stehen und die in den erhobenen Armen ein mondsichelförmiges Gebilde halten, wohl das Symbol des Himmels. Daneben der »Sonnengott des Himmels« mit Beischrift und geflügelter Sonne, zwei weibliche Gestalten, gewiß Göttinnen und ein geflügelter Gott mit hoher Spitzmütze. Ein Gürtel hält den Rock zusammen, unter dem Überwurf schauen geriefelte Flügel heraus, Zeichen für die männliche Form der Göttin Schauschka. Abschließend muß noch das alleinstehende Königsrelief, auf dem Felsen gegenüber der Götterprozession, erwähnt werden, das König Tudchaliya IV. mit

Unten: Relief am kleineren Platz, der wahrscheinlich auch als Begräbnisstätte für Mitglieder der königlichen Familie diente. Abgebildet ist der Gott Scharruma, der König Tudchaliya umfangen hält. Die Inschrift weist auf die Identität der Figuren hin, die schon durch ihre Attribute, so die Kopfbedeckung und die Kleidung, gekennzeichnet sind.

Oben: Das Felsenrelief von Fraktin. Hattuschili und seine Frau Puduchepa stehen vor ihren Schutzgöttern.

halbrunder Mütze, gerafftem Mantel und eingerolltem Krummstab zeigt. Der König steht auf zwei, heute kaum mehr als solche erkennbaren Bergkegeln, die als Zeichen seiner Vergöttlichung zu verstehen sind.

In der Nebenkammer des Heiligtums erscheint nochmals der aus der großen Götterprozession in der Hauptkammer bekannte Gott Scharumma, der den Hethiterkönig Tudchaliya IV. (1250–1220 v. Chr.) umarmt. Kennzeichen des Gottes sind die hohe Spitzmütze, der kurze Rock und das Schwert mit dem Halbmondgriff. Er faßt die zur Faust geballte Hand des Königs dicht unterhalb des Handgelenks. Den rechten Arm hebt der König zum Gebet – die Kartusche mit der Hieroglypheninschrift nennt seinen Namen – die Linke umgreift einen unten spiralförmig eingerollten Stab. Ein weiter Mantel umhüllt feierlich die Gestalt des Herrschers.

Eine eigenartige Darstellung, linkerseits des eben beschriebenen Reliefs in der Nebenkammer, zeigt das Symbol des »Dolchgottes«: eine Stichwaffe. Den Griff des Dolches mit breiter, langer nach unten spitz zulaufender Klinge, bilden zwei nach unten hängende Löwenleiber, über denen zwei waagerecht liegende vordere Löwenhälften, getrennt durch eine Senkrechte, aufsitzen. Den Knauf bildet ein Menschenkopf mit hoher Spitzmütze.

Schräg gegenüber dieser seltsamen Abbildung schreitet eine Gruppe von zwölf Göttern mit betont langen Nasen und den hohen Spitzmützen. Ein Hüftrock schützt den Körper, die Füße stecken in Schnabelschuhen. Die Sichelschwerter in den rechten Händen ruhen auf den rechten Schultern, die linken Arme knicken in den Ellenbogen ab, die erhobenen Hände ballen sich zu Fäusten. Dem hurritischen Element ist auch die Weitergabe des »Gilgamesch-Epos« an die Hethiter zuzuschreiben. Die Verschmelzung oder das Bemühen um Verschmelzung religiöser Vorstellungen während der letzten Epoche des hethitischen Großreiches ist demnach klar. Trotz einiger Veränderungen, besonders was die Vorbauten betrifft, hat dieses Heiligtum nie den Eindruck verloren, eng in seine natürliche Umgebung eingebunden zu sein, was dem Ort wahrscheinlich von Anfang an eine besondere kultische Bedeutung gab. Es wurde auch die Vermutung geäußert, daß das Heiligtum zur Unterzeichnung von internationalen Verträgen unter der Obhut der väterlichen Götter benutzt wurde.

Man hat angenommen, daß die Wahl Hattuschas als Hauptstadt des Alten Reiches der Hethiter vornehmlich aus strategischen Erwägungen getroffen wurde. Auch wenn der Standort der Hauptstadt nicht zentral im Interessengebiet der Hethiter liegt, so bleibt zu bedenken, daß Hattuscha etwa 20 km von den Ausläufern des Pontischen Gebirges entfernt liegt, einem Unruheherd, der die größten Gefährdungen für die Hethiter hätte bergen können. Die Stadt selbst liegt in einem etwa 30 km langen Tal in einer riesigen Mulde, von Bäumen umgeben, die früher nie fehlen durften, und wurde von zahlreichen Quellen mit Wasser versorgt. Der erhöht gelegene Königspalast Büyükkale diente als Akropolis und Verwaltungssitz, mit Ausnahme eines kurzen Intervalls, in dem Muwatalli (1306–1282 v. Chr.) den Regierungssitz und die Staatsarchive anderswohin verlegen ließ. Bei dieser Gelegenheit verwüsteten die Kaschkäer die Stadt, wie damals unter Tudchaliya II. (1400–1380), dem Vorgänger Schuppiluliumas. Mit der Zeit wuchs die Stadt, und ihre ausgedehnte städtische Struktur von über 170 ha unter Schuppiluliuma weist auf den Grad der Gesamtheit des Großreiches hin, das, über den anatolischen Wirtschaftsraum hinausgreifend, Bezugspunkt für ein viel ausgedehnteres Gebiet wurde. Die Ausgrabungen in Hattuscha haben zwar die frühen Entwicklungsphasen erkennen lassen, doch bisher höchstens Zeugnisse der letzten Phase freigelegt: die Wohngebiete der Unterstadt, die Wehrbauten und die Tempel (I–V) sowie die alles überragende Akropolis. Hierbei sticht die geschickte, ja gewagte Ausnutzung des Terrains ins Auge. Die Ausweitung des Stadtgebietes ist aus der Erweiterung der Ringmauer erkenntlich. Bemerkenswert sind die monumentalen südlichen Abschnitte des Mauerringes, die hoch auf dem Hügelrücken stehen und deren doppelte Anordnung und das abfallende Gelände davor die Verteidigungsmöglichkeiten erhöhten. Ein Tunnel zieht sich ins Gelände hinein und erreicht in einiger Entfernung von den Mauern durch ein Ausfalltor das Tageslicht. Einige technische Details, wie den doppelten Mauerring und den Tunnel, finden wir bereits zur Zeit der anatolischen Fürstentümer, z. B. in Karahüyük (Konya) und während des Alten Reiches, etwa in Alischar oder Mersin. Der Königspalast von Büyükkale, der im 14. Jh. weitgehend umgebaut wurde, ist nicht nach einem bestimmten Plan erbaut, sondern besteht aus mehreren Gebäuden unterschiedlicher Bauperioden,

Unten: Grundriß von Alaca Hüyük. Rechts unten das Sphingentor und der Tempelpalast.

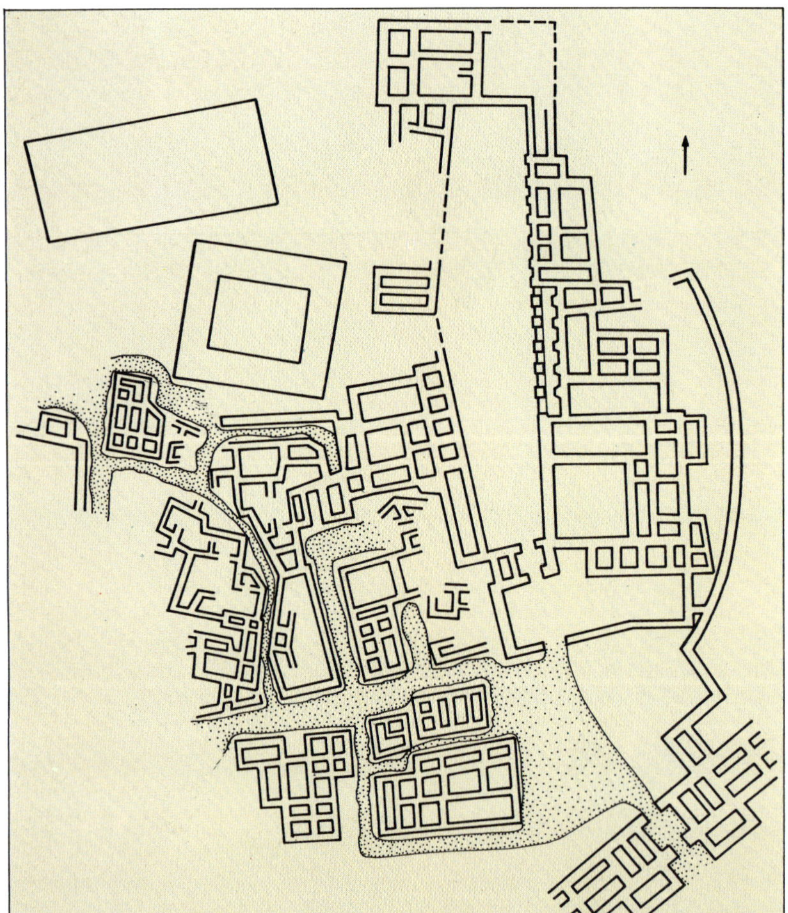

Oben: Einer der beiden Monolithen des Sphingentores von Alaca Hüyük. An der Innenseite die Figur einer Sphinx, auf der Seite ein zweiköpfiger Adler.

die durch Innenhöfe mit Säulengängen verbunden sind. Ein Repräsentationsweg zieht sich durch das Haupttor und die beiden anderen Monumentaleingänge bis in den inneren Palastbereich, wo sich, soweit man aus den spärlichen Überresten ersehen kann, eine Säulenhalle befand. Büyükkale war Herrscherresidenz, Kultbezirk und Regierungssitz, wie man aus den Archiven für die Keilschrifttafeln, die in mindestens drei Gebäuden untergebracht waren, sowie aus der Säulenhalle ableiten kann, die vermutlich Thron- und Audienzsaal des Herrschers war. Von den Texten auf Holztafeln sind keine mehr erhalten, obwohl wir wissen, daß hölzerne Schreibtafeln in Gebrauch waren.

Die Bedeutung der Staatsreligion im politisch-sozialen Bereich läßt sich aus den Tempelbauten herleiten. Der Tempel I in der Unterstadt, der von Lager- und Wohnräumen der Priester umgeben ist, stellt einen asymmetrisch angelegten Monumentalbau aus Eingangstor, Innenhof mit Säulengang und Kultraum (Kulträumen?) dar. Dieses Bausystem findet sich auch bei den vier Sakralbauten in der Oberstadt, in Yazilikaya sowie bei den anatolischen Wohnhäusern. Die gewaltigen Fundamente, die beherrschende Lage, die meist nach außen gerichteten Lichteinlässe geben Zeugnis von den bedeutenden Fähigkeiten der anatolischen Architekten. Es sind dies auch die einzigen Anhaltspunkte, nach denen man urteilen kann, da in Hattuscha oder Alaca Hüyük lediglich Fundamente und Mauersockel übriggeblieben sind. Die Verbindung zwischen Architektur- und Dekorelementen läßt sich am besten an den drei Toren der Hochstadt aufzeigen: Löwen- und Sphingenfiguren sind dabei in das Mauerwerk eingelassen, verstärken dessen Konstruktion und haben gleichzeitig apotropäischen, d. h. Unheil abwehrenden Charakter. Das sogenannte Königstor bietet ein Beispiel einer weiteren Technik. Als Reliefdarstellung ist eine Figur, die für eine Gottheit gehalten wird, zu drei Vierteln aus dem Stein herausgemeißelt, eine bildnerische Lösung, die auch im kleinen Palast von Sakçegözü angewandt wurde. Von der Monumentalskulptur wissen wir sehr wenig, ob-

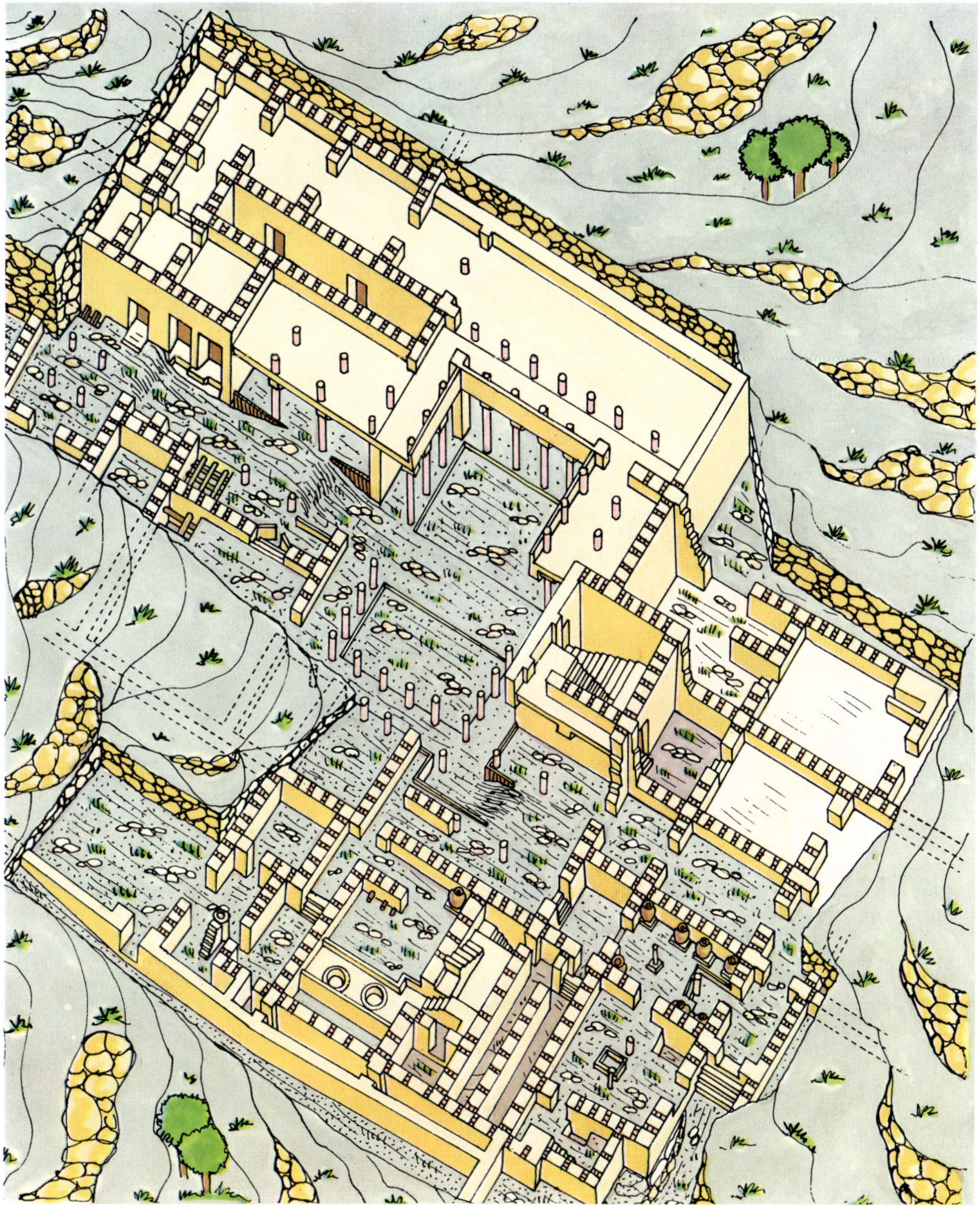

Rechts: Räumliche Ansicht des Palastes von Beycesultan in Westanatolien. Die Stadt wurde etwa 1750 v. Chr. zerstört. Sie war der Herrschaftssitz eines westlichen Reiches, das uns aus hethitischen Quellen bekannt ist, doch fehlen darüber jegliche schriftliche Zeugnisse. Auffällig sind der große Hof mit Säulengang und die zahlreichen Nebenräume. Die Räumlichkeiten im ersten Stock waren Wohn- und Repräsentationsbereich. Beim Bau wurde viel Holz verwendet. Anhand dieses Beispiels erkennt man, was aus der Zeit vor der hethitischen Herrschaft noch zu entdecken bleibt.

Gefäß in Entenform aus dem Palast von Beycesultan (mittlere Bronzezeit), das etwa um 1750 v. Chr. zerstört wurde. Gefäß in Tierform aus phrygischer Zeit, aus einem Grab in Gordion, mit der charakteristischen feingezeichneten Musterung.

Zwischen der Herstellung dieses und der des Gefäßes oben vergingen fast 1000 Jahre, doch spürt man das beiden Arbeiten gemeinsame plastische Empfinden.

wohl deren Vorhandensein durch den unteren Teil einer Statue aus Alaca Hüyük sowie durch den Teil eines Kopfes aus Hattuscha bezeugt ist. Beide Darstellungen sind überlebensgroß. Man hat angenommen, daß auch das große, aus verschiedenen Blöcken bestehende Postament aus einem Fundort beim Beyschehir-See als Auflage für die unvollendete Kolossalstatue eines Gottes von Fasiblar dienen sollte. Alle diese Funde beweisen, gemeinsam oder als einzelne gesehen, trotz ihrer Unvollendetheit die Vorliebe der hethitischen Kaiserzeit für das Riesenhafte und bunt Gemischte; es herrschte, wenn man so will, ein Gefühl für die dem Monument innewohnende Kraft vor.
Die Botschaft, die dieser imperiale Staat Untertanen und Fremden vermitteln wollte, kann man aus jenen Felsreliefs ablesen, die sich an geeigneten Stellen an Straßen und Flußübergängen befinden, so in Fraktin oder Sirkeli, um nur die wichtigsten zu nennen. In Fraktin sieht man, wie Hattuschili III. und seine Frau Puduchepa ein Opfer darbringen; in Sirkeli hingegen ist Muwatalli als Priester dargestellt. In anderen Fällen ist eine Gottheit abgebildet, so etwa in Karabel. Diese Arbeiten, wie z. B. jene in Eflatun Pinar, befanden sich zwar außerhalb des eigentlichen Territoriums der Hethiter, doch sind sie ein Beweis für die Einflußnahme des Kaiserreiches auf die anatolischen Gebiete, direkt ausgeübt vielleicht durch Bildhauer, die in diesen Gebieten Bestellungen auszuführen hatten.
Die zeitliche Ansiedlung der erwähnten Monumente im Neuen Reich wird allgemein akzeptiert und paßt auch gut zu den Auskünften in den schriftlichen Quellen. Die stratigraphischen Schichtgrabungen aus der Periode des Alten Reiches, sei es in Hattuscha, sei es in anderen Orten, haben bisher nur wenig Material aus der Zeit zwischen dem Ende des 18. Jh.s und dem 15. Jh. v. Chr. zutage gefördert. Ein Bruchstück eines Reliefs mit einer Schlachtszene aus Büyükkale läßt vermuten, daß schon zu dieser Zeit Monumentalskulpturen angefertigt wurden. Das Vorhandene genügt jedoch, um den kontinuierlichen historischen Zusammenhang zwischen der Zeit der anatolischen Fürstentümer und jener der hethitischen Herrschaft über Anatolien zu dokumentieren. Ein hervorragendes Beispiel sind hierbei die großen Gefäße mit Reliefdekor, unter ihnen jene aus Bitik und Inandik, deren Form an jene aus den Schichten II–Ib des Karum von Kanesch erinnern. Weitere erwähnenswerte Fundstücke sind ein Terrakotta-Rhyton aus Kayseri und ein weiterer in Silber aus Mykene. Man muß jedoch bedenken, daß die archäologische Forschung, die nun nicht mehr nur die größeren Zentren freizulegen bemüht ist, ein Datennetz erarbeitet, welches die Städte in den Rahmen der kleineren Siedlungen einbezieht, um jenes Gesamtbild zu gewinnen, auf das sich die schriftlichen Quellen stützen. So wissen wir, daß alle freien Bürger dem »Siegelhaus« ihres Bezirks einen Anteil ihrer Agrarprodukte abgeben mußten. Zur Zeit von Telipinu gab es für das Gebiet von Lykaonien und Kappadokien 94 solcher öffentlicher Lagerhäuser.
Das Neue Reich zeigte ein Bedürfnis nach Monumentalbauten, da es seine machtpolitische Stellung der von Ägypten oder Babylon gleichgestellt sah. Ein weiteres Beispiel dieses Repräsentationsanspruchs sehen wir in Alaca Hüyük: Das Stadttor ist durch riesige Sphingen geschmückt, die ihrerseits mit Reliefs verziert sind. Auf beiden Seiten des Tores wurde am Fuß der Türme eine Anzahl von Steinblöcken gefunden, in die Darstellungen profanen – Jagden, Tiere, Gaukler – wie sakralen Charakters – das Königspaar vor dem Göttersymbol, Priester usw. – eingemeißelt sind. Während die zweite Gruppe bereits klar ausgebildete Stilelemente aufweist, sticht die erste durch die Lebhaftigkeit der Darstellung hervor. Die abgebildeten Tiere bewegen sich frei, gewagte formale Lösungen auf verschiedenen Ebenen beleben das Bild, so daß man an die Tierdarstellungen der Steppenkulturen gemahnt wird. Besonders ausdrucksvoll ist ein riesiger laufender Löwe, der ein Kalb jagt. Die Ausgrabungen in Alaca Hüyük haben interessantes Material über die städtische Struktur dieses wichtigen Zentrums nahe der Hauptstadt zutage gefördert, das sich bereits vor dem Bau des Sphingentores entwickelt hatte. Die zwei hethitischen Schichten (Schicht II mit dem Monumentaltor, Schicht III etwas älter) zeigen das gleiche Konstruktionsschema: Stadttore, Palastanlage mit Höfen, Wohnbereiche, die manchmal in Wohnblocks zusammengefaßt sind, und parallel laufende Straßen. Die Bauten der jüngeren Periode sind monumentaler gestaltet. Während die Siedlung zu Beginn des Alten Reiches (Schicht IV) noch dörflichen Charakter trägt, ist aus Schicht III bereits die Entwicklung einer Stadt erkennbar, in der sich Handwerker, wie Maurer, Weber, Lederarbeiter, Töpfer, Schmiede, niederließen, die jedoch nebenbei noch Agrarland besaßen.
Die Schmiede stellten auch die Figurinen in Edelmetall und Bronze her, die – obschon nicht zahlreich erhalten – eine besondere Bedeutung haben. Neben ihrem künstlerischen und technologischen Wert geben sie uns Hinweise auf Modelle für die Monumentalskulptur. Diese kleinen Plastiken geben jene Figuren dreidimensional wieder, die wir aus den Reliefs des Königstores von Hattuscha kennen. Manchmal sind sie mit anderen Metallen eingelegt, und bei den Bronzearbeiten ist eine ursprüngliche Blattvergoldung nicht auszuschließen. Die künstlerische Selbstsicherheit der Darstellung widerspricht in positiver Weise dem Eindruck, daß den anatolischen Arbeiten im Vergleich zu syrischen und mesopotamischen der gleichen Zeit ein provinzieller Charakter anhafte. Metallbearbei-

Blick auf die phrygische Hauptstadt Gordion. Im Vordergrund die Reste von Gebäuden mit rechteckigem Grundriß, im Hintergrund Teile der großen Stadtmauer. Die innere Struktur der Anlage zeichnet sich durch ihre Regelmäßigkeit und durch die weiten Höfe aus.

tung und Glyptik beweisen hingegen einen gleichen, wenn nicht sogar höheren Entwicklungsstand. Als Beispiele genannt seien Stempelsiegel, die für die Herrscher typisch waren, Rollsiegel sowie die mit Lapislazuli und Steatit (Speckstein) belegten Figuren aus Karkemisch, die höfischen Charakter haben. So wie wir aus der Architektur von Städten und Festungen das Hethitische erkennen, finden wir auch in der Kleinkunst einen einheitlichen Stil, der auch nach dem Zusammenbruch des Großreiches noch weiterbesteht.

Die Entwicklung der phrygischen, neohethitischen und urartäischen Regionalstaaten im Anatolien des 1. Jahrtausends v. Chr.

Kurz vor Ablauf des 2. Jahrtausends werden die Gebiete des mittleren und östlichen Mittelmeeres in eine tiefgreifende Krise verwickelt, deren Ursachen und Natur nicht voll geklärt sind. Jedenfalls führt sie auch in Anatolien und den umliegenden Gebieten zu einem bedeutsamen Umbruch im politischen und sozialen Bereich. Neue Bevölkerungsgruppen vermischen sich mit den alten und führen zu Völkerwanderungen. Nach dem Abklingen dieser Unruhen entstehen jedoch keine mit den früheren vergleichbare Staatsgebilde. Kleinasien gewinnt erst in viel späterer Zeit durch äußeren Einfluß, nämlich durch die Eroberung Lydiens durch Kyros (547 v. Chr.) seine politische Einheit zurück.

Sobald die Lage – etwa 100 Jahre später, also um 1100 v. Chr. – überschaubarer wird, finden wir, daß sich verschiedene Völker im Gebiet des Hethiterreiches angesiedelt haben, so in der Mitte der Halbinsel etwa die Phryger. Im Südosten des Landes bilden sich zahlreiche neohethitische Fürstentümer heraus. Im zentralen und westlichen Hochland kommt es nur sehr langsam zur Ausbildung regionaler Einheiten. Die Staatsgebilde, bzw. ethnischen Gruppen, die als phrygisch, lykisch, karisch bezeichnet werden, formieren sich nur allmählich, sind jedoch zumindest bis zur assyrischen Machtausbreitung frei von feindlichem Druck aus dem Osten. Im übrigen schienen die Assyrer auch gar nicht daran interessiert, ihre Herrschaft auf ein so unsicheres und entferntes Gebiet auszudehnen. Sobald sich in Kleinasien wieder eine klar erkennbare regionale Gliederung herauskristallisiert hatte, wurde Anatolien erneut zu einem Verbindungsglied zwischen Ost und West. Man muß hierbei insbesondere an die griechische Kolonisierung denken und an den darauffolgenden Austausch materieller und geistiger Güter. Die Tatsache, daß die anatolischen Kulturen der frühen Eisenzeit äußerst schwach belegt sind, erklärt sich aus verschiedenen Gründen, nicht zuletzt aus dem Fehlen schriftlicher Quellen und einer dominierenden Kultur. Man kann daher aus dem archäologischen Material kein Bild der historischen Zustände entwickeln; in diesem Zusammenhang wurde vorgeschlagen, erneut technische Bezeichnungen wie »Keramik der Eisenzeit« zu verwenden, anstatt Fundstücke einem Volk, etwa dem phrygischen, zuordnen zu wollen. Es ist jedoch möglich, daß der Halys (Kizil Irmak) zumindest während einer be-

Die gut erhaltene, reliefierte Fassade des sogenannten Grabes des Midas in Phrygien. Bei anderen Beispielen von monumentalen Werken dieser Art, die wahrscheinlich eine religiöse Funktion hatten und keine Gräber waren, dienen Löwenfiguren als Schmuckelemente.

stimmten Zeit die Grenze zwischen dem organisierten und sich ausdehnenden Gemeinwesen der Phryger und einem anderen, kulturell verwandten, aber unbestimmten Staatsgebilde war. Letzteres zeichnete sich durch den Mangel an grauer oder schwarzer polierter Töpferware, an bemalten Tonkrügen sowie an Grabhügeln aus. Statt dessen finden wir Gefäße, die mit schematisch dargestellten Hirschen, konzentrischen Kreisen, Mischwesen und bizarren Tiergestalten dekoriert sind. Hingegen fehlen architektonische Strukturen, die mit den Megara der phrygischen Hauptstadt Gordion vergleichbar wären.

Das den Phrygern unterstehende Gebiet kann nicht genau eingegrenzt werden, insbesondere was die Zeit vor dem Aufbau des phrygischen Staates, also um das 8. Jh. v. Chr., angeht. Phrygische Inschriften finden wir u. a. auch in Alaca Hüyük. Architekturreste und andere Funde im eigentlichen Phrygien bestätigen jedoch die Berichte griechischer Historiker. In Gordion, wo der Übergang von hethitischer zu phrygischer Herrschaft allmählich vor sich ging, fanden amerikanische Archäologen die Königsburg mit einem beachtlichen Tor, eine Reihe einzeln stehender Gebäude mit langen Innenräumen, Säulengängen und Erkern sowie Werkstätten und Geschäfte von Handwerkern, die auf die Bearbeitung wertvoller Materialien wie Elfenbein spezialisiert waren. Die Verschiedenartigkeit und den Reichtum der handwerklichen Produktion belegen Funde in der Grabkammer eines Fürsten aus der Dynastie von Midas, die sich unter dem größten Grabhügel der Hauptstadt befand. Zwar fehlen Gegenstände aus Edelmetall, was vielleicht auf einen Trauerbrauch zurückzuführen ist, doch fand man zahlreiche, qualitativ hochstehende Bronze- sowie Holzgegenstände, Kochkessel, Becher, Thronsessel und Hocker, die von der großen Kunstfertigkeit der königlichen Handwerker Zeugnis ablegen, insbesondere bei den Einlegearbeiten. Erwähnenswert sind vor allem die Fibeln, die u. a. auch auf dem neohethitischen Relief von Marasch, der Grabstele einer Prinzessin, als Gewandschmuck abgebildet sind. Wir finden die Fibeln über ein sehr weites Gebiet verstreut, was die Ausgedehntheit der phrygischen Handelsbeziehungen beweist. Zu nennen sind auch die »diplomatischen« Beziehungen, die Midas mit Assyrien, Urartu und natürlich mit den Kleinstaaten des mittleren und östlichen Anatolien unterhielt. Auf der anderen Seite ließ er Geschenke an das Heiligtum des Apollo in Delphi überbringen. Ihre Funktion als Sammel- und Verteilerstelle der Produkte Inneranatoliens unter phrygischer Herrschaft gibt Gordion auch nach der Invasion und Zerstörung durch die Kimmerier (680 v. Chr.) nicht auf. Die Stadt besteht weiter bis ins 6. Jh. v. Chr. hinein. Nebenbei bemerkt erreichte der Kult der Göttin Kybele, der – von Karkemisch ausgehend – bis nach Rom gelangte, in Phrygien eine Hochblüte.

Zu den anderen Zentren dieser Zeit gehören das kleine, aber wegen der dort gefundenen Bauplastik aus Terrakotta wichtige Pazarli; Gâvurkale, wo die Grundstruktur eines bedeutsamen hethitischen Grabdenkmals in neue Gebäude integriert wird; Alischar, wo die neuere Siedlung nach dem Bau einer Festung auf der Akropolis nur einen Teil der früheren einnimmt; schließlich Hattuscha, wo wir zwei Schichten finden, deren ältere auf eine Zeit bald nach dem Untergang des Hethiterreiches hinweist, während in der zweiten ein hervorragender Wiederaufbau des Mauerringes von Büyükkale festzustellen ist. Besonders hervorzuheben sind hier zwei kleine Kapellen; in einer davon finden wir ein Bild der Kybele, das sich durch eine eigenartige Mischung von anatolischen und griechisch-kleinasiatischen Stilelementen auszeichnet. Auch in der sogenannten Stadt des Midas, in der Nähe von Eskischechir, ist eine solche Vermischung von Stilen feststellbar. Dort sind steil abfallende Felswände als Fassaden für große Bauwerke von verschiedenem Architektur- und Dekorstil ausgenutzt worden. Man hat in diesem Zusammenhang zu Recht von Stätten eines Gewässerkultes gesprochen. Die ganze Gegend gibt Zeugnis von dieser These, da sie reich an Quellen ist, deren Wasser nach Westanatolien abfließen.

Das Gebiet, das, wenn auch nur nominell, das hethitische Erbe übernimmt, liegt in der Berggegend des Hochlandes zwischen dem Oberlauf des Euphrat und den Ebenen zu Füßen der Gebirge. Die kleinen und großen Täler und Ebenen bilden das Sammelbecken für die kulturellen Strömungen aus dem hethitischen Anatolien, aus Syrien und dem nördlichen Mesopotamien. Hier siedeln sich jene eher kulturell als ethnisch wichtigen Elemente des Hethiterreiches an, denen es nicht gelungen war, im Großreich eine dominierende Stellung zu erlangen. Gerade in diesem Gebiet wird die Tradition in Form der Hierogly-

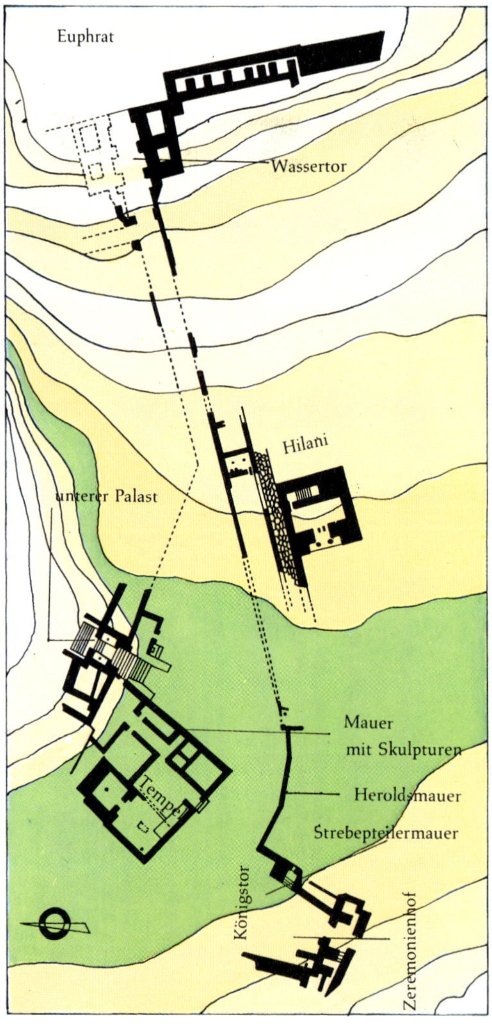

Karkemisch: Grundriß des Stadtgebietes zwischen dem Euphrat und dem sogenannten Königstor. Entlang der Mauer zwischen den beiden Gebäudegruppen standen große Steinplatten mit Reliefdarstellungen. Oben links sind der Tempel und der große Stiegenaufgang zu sehen, der zur Akropolis führte. In der Mitte ein Hilani *(Palastbau mit tempelähnlichen Funktionen ohne Kultbild im Innern). Das weit ausgedehnte Stadtgebiet ist zum Großteil unerforscht, doch verbietet die Nähe der Grenze zu Syrien weitere Grabungen.*

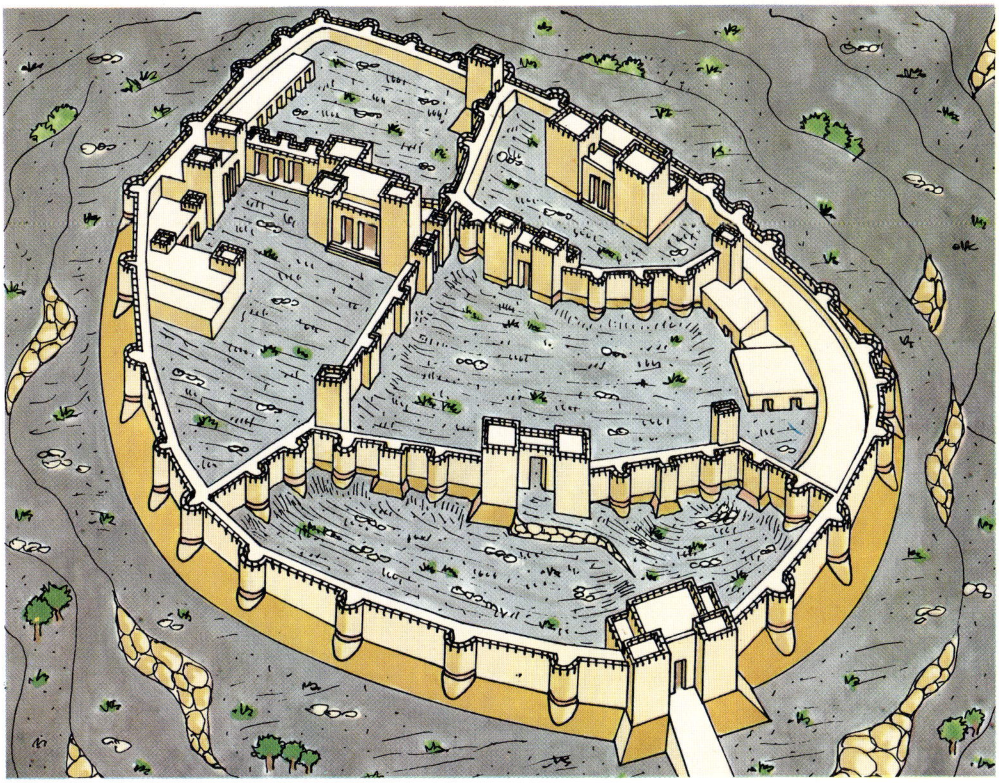

Rekonstruktion der Akropolis von Zincirli (Sam'al). Das Gebiet innerhalb der Ringmauer ist durch weitere Verteidigungsmauern unterteilt. Im oberen Teil lagen Palastbauten vom Hilani-Typ.

Die Paläste J und K, mit der charakteristischen Säulenvorhalle und dem langen, quer angelegten Empfangssaal. Ringsum angeordnet stehen andere Gebäude, die Wohn- und Verwaltungszwecken dienten.

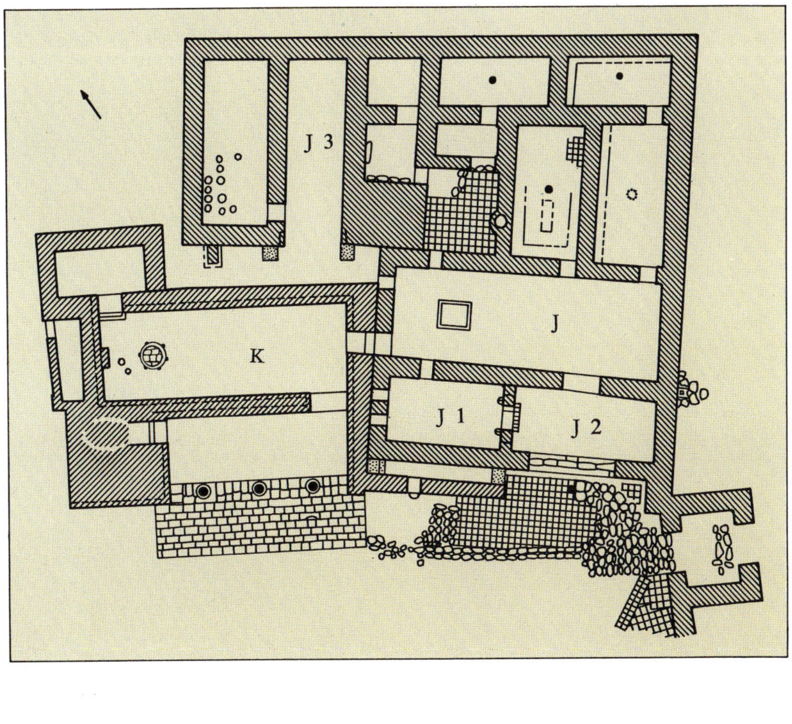

phenschrift, die mit der alten luwischen Sprache verbunden war, weiter gepflegt.

In assyrischen Quellen finden wir die ältesten Berichte über das Vorhandensein des Landes Hatti. Etwa um das Jahr 1110 v. Chr. vermerkt Tiglatpileser I. von Assyrien die Existenz des »Großen Hatti« in Malatya. Diese Bezeichnung wird später Karkemisch zugeschrieben. Das Bemühen, durch Rückbeziehung auf das hethitische Kaiserreich eine Legitimation zur Schaffung eines größeren Machtbereiches zu erlangen, ist selbst noch in der Zeit der assyrischen Vorherrschaft zu bemerken. So werden dynastische Namen wie Lubarna (hethitisch: Labarna), Sapalume (Schuppiluliuma), Katuzili (Hattuschili) und Mutallu (Muwatalli) angenommen. Auch in den weniger zugänglichen Gegenden des zentralen Hochlandes bemüht man sich um einen Wiederaufbau. Obwohl hierzu wenige Informationen erhältlich sind, scheint es, daß sich einige Zentren wie Kültepe (Kanesch) und Karahüyük (Elbistan) zusammenschließen. Die Zersplitterung des Gebietes wird jedoch nur in geringem Maße überwunden. So zählte man für die Mitte des 9. Jh.s v. Chr. im Taurus und im südlichen Teil des Hochlandes insgesamt 24 Könige und Fürsten. Es ist schwierig, die Auswirkungen der imperialen Tradition auf die wirtschaftlichen und politischen Strukturen festzustellen. Das Vorkommen größerer Bauwerke in schwer erreichbaren Gegenden, wo man die typischen Portallöwen und auch Vollplastiken gefunden hat, weisen auf die Zersplitterung hin. Es waren jedoch die durch Landwirtschaft, Bergbau und Handel wirtschaftlich bessergestellten Gebiete, die an die Überlieferung anknüpften, so Malatya, Karkemisch, Aleppo und die sich zu kleinen Staatsgebilden zusammenschlossen, so das Gebiet um Marasch, das spätere Kommagene, Zincirli, das Amuq-Gebiet oder am Euphrat Til Barsip. Die Entstehungszeit dieser Fürstentümer ist allerdings schwer zu be-

Die neohethitische Anlage von Kululu, wo einige Bleirollen mit in Luwisch abgefaßter Keilschrift und zahlreiche Bruchstücke von Steinskulpturen gefunden wurden. Kululu ist ein typisches Beispiel einer befestigten Siedlung im Hochland aus einer Zeit großer politischer Unsicherheit.

stimmen. Bis zur Einverleibung durch die Assyrer am Ende des 8. Jh.s v. Chr. übernahmen in verschiedenen wichtigen Zentren, so in Sam'al oder Til Barsip, eingewanderte Aramäer die Macht. Die Aramäer waren Nomaden, die sich einer semitischen Sprache bedienten. Zu diesen verschiedenen neohethitischen Reichen, die auch nordsyrisch oder syro-hethitisch genannt werden, kommt noch das sich allmählich ausdehnende Urartu hinzu. In einer Zeit assyrischer Schwäche versuchen sich die Urartäer zwischen den Gebirgen und Ebenen nach Südwesten zum Mittelmeer vorzuschieben. Malatya wird ihnen tributpflichtig. Eine Koalition neohethitischer Staaten unter Führung des Urartäers Sardur versucht, sich den assyrischen Machtbestrebungen bis zur Zeit Tiglatpilesers III. (745–727 v. Chr.) zu widersetzen. Dann jedoch sinken die Hoffnungen, die Unabhängigkeit im offenen Kampf und durch Koalitionen aufrechtzuerhalten. Assyrien entschließt sich angesichts der Unmöglichkeit, die umliegenden Vasallenstaaten unter Kontrolle zu halten, unter Salmanassar V. (726–722) und Sargon II. (721–705) zur Annexion der Gebiete und zur Umsiedlung einer Bevölkerung aus der Gegend des Persischen Golfes um 707 v. Chr. nach Malatya. Zwischen den Jahren 724 und 709 v. Chr. fallen verschiedene Fürstentümer den Assyrern zu, u. a. Sam'al, Kilikien und Karkemisch. Die Eroberungen brachten den Assyrern reiche Beute ein. So ergibt sich der Wohlstand der unterjochten Fürstentümer aus den Tributen, die den Assyrern bezahlt wurden. Zum Beispiel entrichtete der Herrscher von Karkemisch dem Assyrerkönig Assurnasirpal II. 876 v. Chr. eine bedeutende Abgabe, darunter zwanzig Talente Silber. Solche Reichtümer ließen sich nicht nur aus dem Land selbst schöpfen, sondern auch aus dem Handel von und zur Küste, wobei diese Staaten als Mittler dienten und Durchzugsgebühren erhoben. Gerade in der ersten Hälfte des 8. Jh.s v. Chr. wird die Handelstätigkeit in der Hafenstadt Al Mina, dem Poseidonion der Antike, aufgenommen, von wo aus der Warenaustausch mit Griechenland viel rascher und müheloser abgewickelt werden konnte als über den anatolischen Landweg. Es ist durchaus möglich, daß gerade von hier aus Vorstellungen, Stilelemente, literarische und allgemeine kulturelle Traditionen ihren Ausgang genommen haben, die dann eine ganze historische Periode in Griechenland und Italien beeinflußt und mit orientalischen Elementen angereichert haben.
Trotz ihrer geringen flächenmäßigen Ausdehnung bleibt in den neohethitischen Staaten die Erinnerung an das Imperium wach. Daneben kommt es

Einer der Orthostaten der Fassade eines Hilani in Tell Halaf (Guzana). Abgebildet ist die geflügelte Sonnenscheibe, die von zwei Genien und einer zentralen Figur getragen wird. Dieses Werk ist ein Beispiel für die Vermischung von Motiven unterschiedlicher Herkunft in einem Randgebiet zu Beginn des 1. Jahrtausends v. Chr.

Das große Felsenrelief von Ivriz bei einer Quelle an der Südseite des Taurus. Abgebildet sind König Urpalla und der Sturmgott in seiner Eigenschaft als Beschützer der Landwirtschaft. Er hält Trauben und Getreideähren in der Hand

Fragment eines Reliefs aus Kanesch, neohethitische Zeit. Dargestellt ist ein Gott der Jagd oder der Tiere mit einem Adler und einem Hasen in der Hand.

wegen der dauernden Auseinandersetzung mit anderen kulturellen Strömungen zur Herausbildung neuer und gewagter Richtungen. Auf das Weiterbestehen kleiner Gemeinwesen im Hochland haben wir bereits hingewiesen. Jenseits der Gebirgsgegend östlich von Kayseri herrscht in Malatya mit seiner großen Oase und seiner Straße, die in die Ebenen von Marasch und ins nördliche Syrien führt, ein gleichbleibendes Maß von Lebensbedingungen, die von den starken Verwüstungen um 1200 v. Chr. unangetastet bleibt. Die einfachen Zeugnisse materieller Kultur weisen auf eine wesensmäßige Übereinstimmung der Bevölkerung in der Zeitspanne zwischen dem 12. und 8. Jh. v. Chr. hin. Der mehrmalige, durch Feuersbrünste notwendig gemachte Wiederaufbau des Festungstores bietet ein gutes Beispiel für diese Kontinuität in der Bauweise, die bis zum Verlust der Unabhängigkeit Malatyas nachweisbar ist. Die Hieroglyphenschrift und die Reliefkunst auf den Orthostaten, die mehrere Themenbereiche ansprechen, sind im wesentlichen das einigende Element unter den neohethitischen Staaten oder ihrer herrschenden Schicht. So ist in erhöhtem Maß die plastische Verzierung an Toren und wichtigeren öffentlichen Plätzen festzustellen, was auf Nachahmung älterer Vorbilder und auf das Bemühen, die eigene Macht zur Schau zu stellen, zurückführbar ist. Aus Mangel an ausreichenden Daten geht man bei der Erörterung dieses Materials vornehmlich auf stilistische Merkmale ein, während die Zeitbestimmung in Anbetracht des lokalen Charakters der Fundstätten und -gegenstände bis zu einem gewissen Grad ungenau bleiben muß. Die Struktur der Stadt und der Bauschmuck an den Eingangstoren von Wohnhäusern und Palästen sind teilweise nach hethitischen Vorbildern gestaltet. Dies gilt jedoch nicht für die Innengestaltung der Räumlichkeiten. In Malatya ist uns der Eingang zur Festung bekannt, der durch ein syrisches Tor dargestellt wird, das jedoch einen Vorläufer in einem Torbau des 14. Jh.s v. Chr. in Hattuscha hat. In Zincirli, Tell Halaf und Karkemisch paßt sich die Akropolis in natürlicher Weise der Form des Bauhügels an. In Zincirli erinnern die innerhalb der Ringmauer liegenden zusätzlichen Verteidigungsmauern, die die Innenfläche der Akropolis in mehrere Zonen aufteilen, an die Gliederung der hethitischen Hauptstadt.

Von besonderem Interesse sind die Bauten vom *Hilani-Typ*, die bereits in Alalach in der zweiten Hälfte des 2. Jahrtausends v. Chr. auftauchen und ab der Zeit von Tiglatpileser III. auch in Assyrien vorkommen. Dieser Gebäudetyp besteht aus einem beliebig langen Saal zu ebener Erde mit vorgelagertem Portikus. Vom Portikus aus führt eine Treppe in den zweiten Stock hinauf. Die zwei bis drei Säulen des Portikus selbst sind häufig plastisch gestaltet. Die besten Beispiele vom genannten Gebäudetyp finden wir in Tell Halaf, Tell Taynat, Sakçegözü und Zincirli. In Zincirli (Gebäude K), Tell Taynat und Tell Halaf liegen die drei Säulen bzw. Karyatiden auf tiergestaltigen Sockeln und nicht auf der üblichen wulstartigen, dekorierten Basis auf. In Tell Halaf ist dem Hilani ein zweiräumiges Gebäude hinzugefügt, das sich zum Platz vor dem Bauwerk hin öffnet. Die plastische Gestaltung der meist abwechselnd angeordneten Orthostaten aus weißlichem Kalkstein bzw. schwarzem, hartem Basalt, der einen farbigen Stucküberzug ausschließt, erinnert an anatolische Vorbilder auf Gesteinsblöcken in Alaca Hüyük. In den eben genannter. Orten jedoch treten diese Reliefsäulen in fließender Gestaltung mit bisher unbekannter Häufigkeit auf. Die Entdeckung eines Steinbruchs in Yesemek in der Ebene von Islâchiye beleuchtet die Herstellung dieser Bauelemente. Die Gesteinsblöcke wurden im Steinbruch nach Größe grob ausgearbeitet und an den Aufstellungsort geliefert, wo Steinmetze das Glätten bzw. den Reliefdekor besorgten. Die Motive der Arbeiten von Yesemek sind vielfältig: Löwenfiguren, die neben Portalen aufgestellt wurden, Sphingen, Götterbilder und eine Vollplastik. Diese Stücke dienen uns zur Herstellung von Bezügen zwischen den Arbeiten des auslaufenden 2. Jahrtausends v. Chr. und jenen des 1. Jahrtausends v. Chr., wovon wir ausgezeichnete Beispiele um den Sockel und die Außenmauer eines Tempels von Ain Darach nicht weit von Yesemek kennen. Auf diese erste Phase, die auch in anderen Orten belegt werden kann, folgen die großen Bauten von Karkemisch, Zincirli, Tell Halaf und Sakçegözü. Abgesehen von den Reliefs »historischen« Charakters, wovon wir Exemplare aus Karkemisch oder Zincirli besitzen, beweist die Ikonographie eine Zusammenstellung, eine Zusammenführung oder besser ein Nebeneinanderstellen von anatolischen, hurritischen und syrischen Elementen des vorangegangenen Jahrtausends, die durch Monumentalbauten, durch Glyptik, Metallarbeiten und Elfenbeinschnitzereien vermittelt wurden. Zwischen Malatya und Karatepe entwickelt sich eine Vielzahl stilistischer Richtungen, die von Handwerkern verschiedener Herkunft auch über die Grenzen eines Königreiches hinausgetragen wurden. Von der Wiederverwertung von älterem Baumaterial, wie beim Löwentor von Malatya, gelangt man über die gewagten, wenn auch künstlerisch nicht besonders hochstehenden Palast- und Portalbauten von Tell Halaf und Zincirli zu den in der Gliederung der Massen und in der Komposition hervorragenden Bauten von Karkemisch und Marasch. Besondere Sorgfalt in stilistischen Belangen bekunden die wenigen Rundplastiken von Gottheiten – aus Zincirli, Karkemisch und Tell Halaf – und von Herrschern – aus Malatya, wo der assyrische Einfluß spürbar wird – sowie das große Relief an einer Felswand von Ivriz. In dieser Darstellung stehen sich der Gewittergott in seiner Eigenschaft als Beschützer der Landwirtschaft und König Urpalla oder Warpalawa von Tabal über einem traditionsreichen Kultplatz, einer Quelle, gegenüber. Karatepe, der zuletzt entdeckte Fundort, gibt uns wertvolle Hinweise über die Lage in Kilikien zu jener Zeit und beweist durch die Bauplastik an den zwei Stadttoren die Annäherung von zwei Kunstrichtungen. Dieses Nebeneinanderstellen zeigt sich auch in den zweisprachigen Inschriften, in luwischen Hieroglyphen sowie in Phönizisch, und belegt, daß es den Regierungen dieser kleinen Reiche gelang, die verschiedenen internen Elemente und Strömungen zu vereinheitlichen und vielleicht den unterschiedlichen ethnischen Gruppen ihres Gemeinwesens ein Bewußtsein der Zusammengehörigkeit zu vermitteln.

Einen besonderen Hinweis verdienen die gebirgigen Gegenden des östlichen Anatolien, wo Stämme von Bauern und Viehzüchtern lebten, die gegen Ende des 2. Jahrtausends v. Chr. mit Mesopotamien in Kontakt treten. Diese Gegend grenzt im Osten an das iranische Hochland. Sie ist reich an mineralischen Rohstoffen und besonders für die Viehzucht geeignet. Möglicherweise war dies das sichere Hinterland der Hurri (Churriter), die sich etwa in der Mitte des 2. Jahrtausends v. Chr. zu einem autonomen und mächtigen Staat zusammenschlossen. Die Übergänge zwischen den Churritern und den Urartäern sind äußerst gering.

Man hat vermutet, daß das Entstehen des urartäischen Staates ab dem 9. Jh. v. Chr. eine Antwort auf die assyrische Ausdehnung war. So wird das

Detail der Felseninschrift des Urartäerkönigs Argischti I. (785 bis etwa 760) in Van. Der Text erinnert an den Sieg über die Neohethiter in Malatya (Arslantepe) über verschiedene Völker im Iran und an die Gründung zweier Städte in Transkaukasien. Auch zwei Gefechte mit Assyrern werden erwähnt: »Der Gott Chaldi führte Krieg mit seiner Waffe und besiegte das Heer Assyriens . . .«

Raum im urartäischen Palast von Erebuni (Arinberd) im heutigen sowjetischen Armenien. Zu beachten sind die zwei Säulen(-stümpfe) in der Raummitte. Die Stadt wurde, wie man aus ihrem Namen ableitet, von Argischti I. gegründet und wird in seinen Annalen erwähnt. Zum Baukomplex gehören eine Palastanlage mit Höfen und Säulenhallen, deren Typus möglicherweise in der persischen Baukunst ihren Niederschlag gefunden hat.

Land Urartu bereits im 13. Jh. v. Chr. in assyrischen Texten erwähnt. Zu jener Zeit besiegte Salmanassar III. eine Konföderation von lokalen Stämmen und zerstörte ihre Hauptstadt. Dieser Kriegszug ist auf den Reliefs der Tore von Balawat festgehalten. Es ist augenscheinlich, daß die Auflösung des Hethiterreiches und die schutzlose Ostgrenze diese Gruppen von Bergbewohnern dazu führte, sich nach Westen vorzuschieben. Grundelemente der urartäischen Geschichte sind die von den umliegenden Monarchien übernommene Vorstellung eines zentralistischen Staates sowie die dauernde Notwendigkeit der Ausweitung und Verteidigung des Staatsgebietes. Gründer der urartäischen Dynastie war Sardur. Er ließ Inschriften in assyrischer Sprache und Schrift anfertigen, war dabei jedoch der einzige. Seine Nachfolger, z. B. Menua (ca. 810–780), bedienten sich hingegen bei ihren Inschriften des Urartäischen. Sie dehnten das Staatsgebiet vom Euphrat bei Malatya bis zum Urmiasee im nördlichen Iran aus. So konnte das Heiligtum des Staatsgottes Chaldi in Musasir, zu Füßen des Zagros, also schon fast in Mesopotamien, gebaut werden. Die Eroberungen von Argischti I. (780 bis etwa 760) führten die Urartäer bis zum Araxes, ja bis zum Sewang-(Goktscha-) See, wo sie eine befestigte Stadt gründeten. Eine derartige Machtkonzentration eines Volkes, das in zwei Generationen ein so weites Gebiet unter seine Kontrolle brachte, mußte eine Reaktion der Assyrer hervorrufen, die sich im Rücken bedroht fühlten und den Verlust ihres Hinterlandes befürchteten, von wo aus sie mit Rohstoffen und Zuchtvieh beliefert wurden. Tiglatpileser III. (744–727) durchbrach die urartäische Umklammerung durch einen Angriff von Syrien aus gegen das Kernland der Urartäer. Es bleibt jedoch die Aufgabe von Sargon II., im Jahre 714 v. Chr. das Reich Urartu zwar nicht zu besiegen, aber von dessen Südgrenzen zurückzudrängen, insbesondere aus dem iranischen Hochland. Auch übergab Sargon den Tempel des Chaldi in Musasir den Flammen. Als Folge drängten die Urartäer erneut nach Nordosten in die Gegenden zu Füßen des Kaukasus und gründeten die königliche Festung Karmir Blur. Sie schieben sich nach Westen in Regionen vor, wo noch keine mit der urartäischen vergleichbare politische oder soziale Organisation bestand. Die letzten zwei Jahrhunderte des Reiches Urartu sind gekennzeichnet durch eine allmähliche Zuwanderung von Steppennomaden etwa ab dem 8. Jh. v. Chr. Wenn das Reich dann auch den gemeinsamen medisch-babylonischen Angriff auf Assyrien – 612 v. Chr. fällt Ninive – überlebt, sollten es die Skythen sein, die Urartu zu Fall brachten.

Die Geschichte Urartus ist eng mit derjenigen Assyriens verknüpft, und gleiches scheint für die Kunst zuzutreffen, was manche Forscher veranlaßte, von einer Art künstlerischer Provinz Assyriens zu sprechen. In Wirklichkeit ist die Lage etwas vielschichtiger: Die Keramik, einfarbig oder bemalt, ist von hoher Qualität und zeugt von einer eigenständigen Entwicklung, die Metallgegenstände weisen hingegen zwar auf Fremdeinflüsse hin, doch sind sie in eigenen Herstellungszentren gefertigt und von dort aus in Eigenregie verteilt worden. Die Herstellung von Bronzegegenständen ist ein tragendes Element der urartäischen Handwerkskunst. Hier finden wir zunächst die Kleinplastik, die entweder als selbständiges Objekt oder als Teil von Möbeln oder Gefäßen aufscheint, wie Kessel mit Attachen in Form von Stierköpfen, Sirenen oder bärtigen Menschenfiguren. Hinzu kommen Helme und Schilde, in Treibarbeit mit gereihten Tierfiguren oder mit Zügen von Bewaffneten geschmückt. Besonders bemerkenswert sind die Gürtel und die zahlreichen Votivplaketten, die bei heimlichen Grabungen in einem urartäischen Heiligtum ans Tageslicht kamen. Sie werfen ein Licht auf den »Stil« und die ikonographische wie kulturelle Tradition der unteren Gesellschaftsschichten, und erlauben es uns auch, Bezüge zu anderen Gegenden des Zagrosgebirges im Rah-

Die islamische Burg Horşab (heute Güzeldere), die am Verbindungsweg zwischen dem Vansee und dem Urmiasee liegt. Am Fuße des Hauptturmes befindet sich der Eingang zur urartäischen Festung – eines der seltenen Beispiele für einen direkten funktionellen Fortbestand.

men dieser Periode herzustellen. Diese Bronzegegenstände fanden ein sehr großes Verbreitungsgebiet. Der Handel dürfte zumindest teilweise über die syrischen Häfen abgewickelt worden sein und auch über das Hochland, wobei die Exporttätigkeit Phrygien, Griechenland und Mittelitalien berührte. Jüngste Forschungsergebnisse beleuchten auch die intensive zivile wie militärische Bautätigkeit, die im Zuge der Organisation und Verwaltung der »inneren« und »äußeren« Gebiete ausgeführt wurde. Die wuchtige Architektur, die sich einer hochentwickelten Bautechnik bedient, zeigt sich nicht nur in den wichtigeren Zentren wie den Hauptstädten Van und dann – nach dem Kriegszug Sargons – Toprakkale, sondern auch in den Provinzhauptstädten wie etwa Tepe Altyn oder Karmir Blur sowie in den zahllosen Befestigungsanlagen verschiedener Größe, die, in strategisch günstiger Lage, Straßen und Ebenen überwachten. Der vorwiegend zentralistisch-militärisch geführte Staat Urartu, der im Laufe des 9. Jh.s v. Chr. im Hochland von Armenien aus einem zunächst losen Verband mehrerer Stämme zu einem kraftvollen Königreich heranwuchs, erstreckte sich in seiner Glanzzeit vom türkischen Malatya am Euphrat im Westen bis nach Ardebil im Iran im Osten, vom armenisch-sowjetischen Leninakan im Norden bis zum irakischen Ruwandiz im Süden. Im vorwiegend rauhen und schneereichen Bergland mußte die Architektur Urartus besonders zwei Anforderungen Rechnung tragen: einmal dem felsigen Baugrund, zum anderen den überaus reichen Niederschlägen. Um auf felsigem Grund bauen zu können, bedarf es planer Flächen für den Aufbau von Mauerwerk, wozu das Gelände entweder zuvor geebnet oder abgetreppt werden muß, um terrassenförmige Stufungen zu schaffen. Vorgenommen wurden diese schwierigen Arbeiten mit Eisenhacken. Die Technik für diese Arbeitsweise übernahmen die Urartäer von den hethitischen Baumeistern, die schon im 2. Jahrtausend v. Chr. Bauten dieser Art ausführten. Die Mächtigkeit der Festungsmauern bewegte sich zwischen 4,5 bis 5 m, die Mauern der Wohn- und öffentlichen Bauten waren meist 1,2 bis 1,5 m stark. Die Dicke der Mauern erlaubte eine Mehrgeschossigkeit der Gebäude, was Darstellungen auf urartäischen Stein- und Bronzemodellen bestätigen. Unter den Steinmauern führten in regelmäßigen Abständen kanalartige Durchbrüche ins Freie, um das Wasser abzuleiten. War auch die Wölbung nicht unbekannt – Torbögen bieten Beispiele –, so wurden die Räume nicht überwölbt, sondern flach gedeckt. Eine besondere Architekturform bilden die Mauerrisalite, vorspringende Teile, ausschließlich an Befestigungsanlagen und Mauern öffentlicher Gebäude zu finden – nicht jedoch an Wohnbauten –, die weder fortifikatorischen Zwecken noch als Stützpfeiler dienten, vielmehr die Mauern und Wände nur gliederten. Die Oberteile der Mauern aus Lehmziegeln, die sich über dem steinernen Unterbau erhoben, waren lehmverputzt und trugen auf diesem Verputz, vornehmlich bei bedeutenderen Bauten, Wandmalereien, von denen einige erhalten sind. Die Architektur Urartus teilt sich in Befestigungsbauten, Palast- und Tempelanlagen, meist in Form großer Hallen, Zweckbauten wie Wohnhäuser, Warenlager, Wasserleitungen, Felstunnel und Kanalbauten auf. Eine Sonderstellung nehmen die in die Felsen gehauenen Grabkammern ein. Außer den erwähnten Wandmalereien schmückten die Repräsentationsbauten oft Steinreliefs. Die Forschungsergebnisse, die sich aus den zahlreicheren Grabungen in

Die Akropolis von Tepe Altyn. Der Ort hatte im Rahmen der Ost-West-Verbindung strategische Bedeutung. Deutlich ersichtlich der Typus des urartäischen Tempels mit viereckigem Grundriß und Säulenumgang sowie die hervorragende Steinmetzarbeit bei der Bearbeitung der Steine.

Tepe Altyn: An einer Seite des Hügels entdeckte man drei große Grabmäler von Personen hohen Ranges. Zu den reichen Grabbeigaben gehörten auch sehr schön ausgeführte Elfenbeinarbeiten. In der Nähe der Gräber befand sich ein heiliger Bereich, der dem Totenkult vorbehalten war. Auf dem Bild sind drei der vier Stelen ersichtlich; davor eine Steinschale für Opfergaben. Sie sind die einzigen Beispiele für Monumente dieser Art im urartäischen Raum.

iranischen und sowjetischen Territorien ableiten lassen, erlauben uns eine fast lückenlose Rekonstruktion der Verwaltungsstruktur, die sich vom Machtzentrum über die Provinzen ausbreitete. Man hat versucht, eine Verbindung zwischen den achämenidischen und den urartäischen Säulenhallen herzustellen und letztere wiederum mit hethitischen Baustrukturen zu koppeln. Um diese Hypothese zu erhärten, bedürfte es allerdings eines umfangreicheren Beweismaterials, obwohl natürlich dieses urartäische Kulturgut im sozialen wie im technischen Bereich seine Spuren hinterlassen haben wird. Die Kunst zeigt einen höfischen Charakter, wobei sich das Königtum auf eine Gesellschaft stützt, in der das Militär von Anfang an, also ab der Mitte des 9. Jh.s v. Chr. bis zur Auflösung des Reiches, eine führende Stellung einnahm. Erwähnenswert sind die Fresken, die in ihren großen Zyklen gemeinsame Themen mit der assyrischen Malerei der gleichen Zeit aufweisen und die lange Züge von Tieren, Rosetten und schematisierte Motive zeigen. Einmal ist auch der Herrscher auf einem Streitwagen abgebildet. Am häufigsten fallen in der urartäischen Kunst die Übereinstimmungen mit der Neuassyriens auf, was wohl darauf zurückzuführen ist, daß aus dieser Zeit am meisten erhalten blieb. Ohne Zweifel spielen aber in der Kunst Urartus auch mittelbabylonische, spätchurritische und -hethitische, skythische, iranische und autochthone mannäische Einflüsse eine ausschlaggebende Rolle. An die in nur spärlichen Beispielen überlieferte Kunst aus mittelbabylonischer Zeit erinnern die vierfüßigen Kentauren mit Fischschwänzen, bogenschießende Mischwesen und die waagerecht vorgestreckten Vorderpranken der Raubtiere, die zum Charakteristikum urartäischer Treibarbeiten werden. Ein weiteres Motiv des zweiten Jahrtausends v. Chr. ist der fliegende

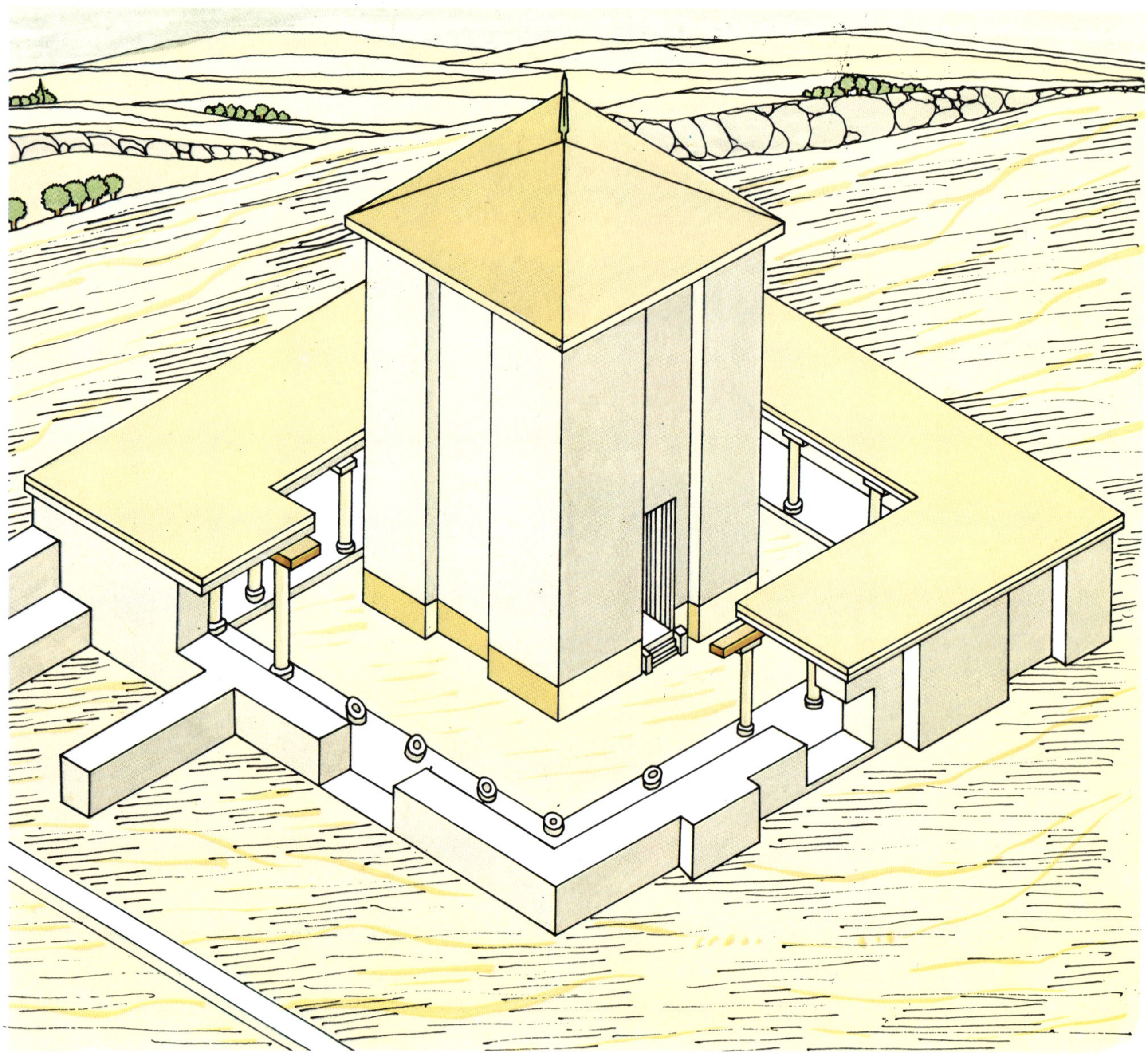

Rekonstruktion des Tempels für den Gott Chaldi, der höchsten urartäischen Gottheit. Die kleinen Innenausmaße des Kultraumes stehen im Gegensatz zur Dicke der Mauern und zu den vier wuchtigen Ecktürmen. Um den Zentralbau zog sich ein Säulengang, und davor stand ein Gebäude, das kultischen Zwecken diente. Die Form des Daches wird von analogen Gebäuden auf assyrischen Reliefs der gleichen Zeit abgeleitet.

Greifvogel mit ausgebreiteten Schwingen. Es darf nicht übersehen werden, daß viele Motive wie Prozessionen, Züge von Kriegern, sich umdrehendes Jagdwild allgemein-mesopotamisch sind und von allen Kulturen im Keilschriftbereich aufgenommen wurden.

Die Bildinhalte nehmen ab dem 8. Jh. v. Chr. immer mehr Symbolgehalt an. So gilt der Kult am Heiligen Baum der Königswürde, wobei der Heilige Baum selbst als Abkürzung in Form eines oder mehrerer Blätter erscheint. Genien, in Gestalt geflügelter Mischwesen – die Assyrer nannten diese niederen Göttergruppen Schedu und Lamassu – flankieren den Heiligen Baum, meist heraldisch angeordnet. Der Hauptgott Haldi wird nie menschengestaltig, sondern bildlos verehrt.

Hervorragendes leistet die Kunst Urartus in der Treibarbeit auf Bronzeblechen die, fertiggestellt, als Thronbeschläge und, profaner verwendet, als Gürtelbleche dienen. Die Reliefkunst führt von der Darstellung einer Stadtbefestigungsfassade mit figuralen Zwischenfüllungen von geflügelten Göttern, die auf Löwen stehen, wie auf dem Reliefblock von Adilcevaz im Archäologischen Museum von Ankara, bis zur abstrahierenden Geometrisierung, die schon im frühen 8. Jh. v. Chr. als vollentwickelt aufscheint. Daneben sind die architektonischen Strukturen zu nennen, die Grundrisse der Paläste – insbesondere die Anlage von Karmir Blur – und die Tempel, so jener viereckige, kompakte, ein Rechteck darstellende Typ, der möglicherweise in achämenidischen Tempelbauten wiederaufgegriffen ist und der seine umfassendste Ausformung in Tepe Altyn findet. Dort steht der Tempel, von einem Säulengang umgeben, neben dem Palast. Eine etwas schwerer zu umreißende Rolle muß Urartu im Leben der Steppennomaden wie in der Herausbildung der iranischen Nation gespielt haben. Auf diesem Gebiet sind noch einige Forschungslücken zu schließen. Offenkundig ist jedoch, daß ein Staatsgebilde, das so zahlreiche wirtschaftliche und soziale Strömungen in sich vereinen konnte – ob sie nun aus der Ebene von Elâziğ oder aus der Gegend nordöstlich des Ararat kamen –, ein grundlegendes Beispiel für das Entstehen staatlicher Systeme späterer Zeit im ganzen Bereich der armenischen und kaukasischen Gebirgsgegenden geliefert hat.

Die assyrische Welt und Randzonen

Paolo Emilio Pecorella

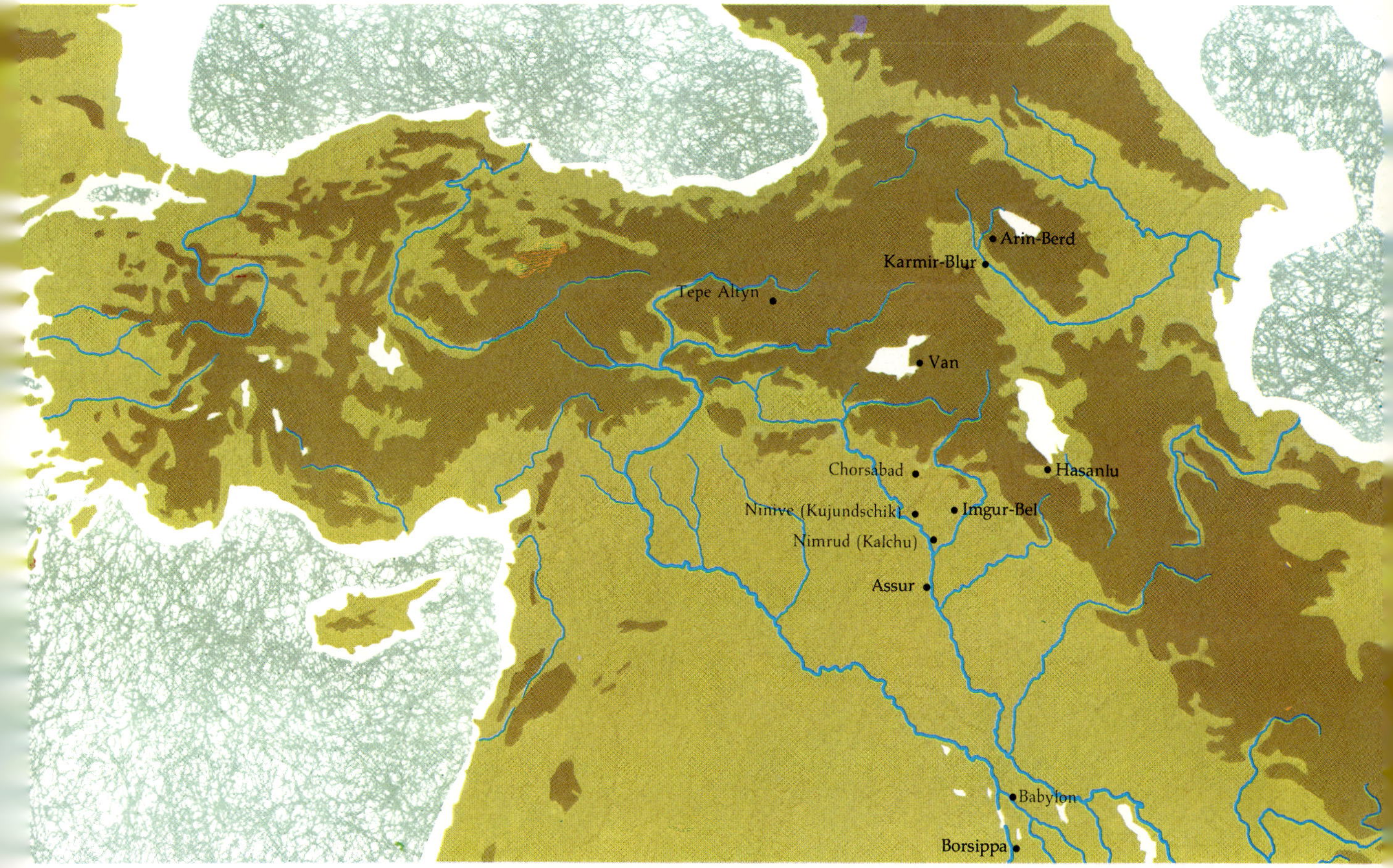

Das Becken, das die Flußläufe des Tigris und Euphrat bilden, ist eine Art gigantischer Trichter aus Schwemmland, das sich annähernd von Nordwesten nach Südosten vom ostanatolischen Bergland in Richtung des Persischen Golfs erstreckt. Im nördlichen Teil des Flußlaufs des Tigris, unmittelbar vor dem Zusammenfluß mit dem Großen Zab, ist das eigentliche Kernland von Assyrien.

Die Neuassyrer

Nach den Wechselfällen, denen dieser Raum während des 2. Jahrtausends v. Chr. in Angriff und Verteidigung ausgesetzt war – dabei wirkten eine Reihe von Ereignissen mit, die wesentliche Veränderungen in der ethnischen, politischen und wirtschaftlichen Geschichte der Räume zwischen Anatolien und der Grenze Ägyptens verursachten –, beginnt während des 10. und der ersten Hälfte des 9. Jh.s v. Chr. unter Herrschern wie Assur-dan (934–912) und Adad-nirari II. (911–891) der Aufstieg Assyriens, das in kurzer Zeit zur Hegemonialmacht des Vorderen Orients wird. Basis ist ein verhältnismäßig begrenztes Territorium, eine staatliche Ordnung und eine fortlaufende Dynastie. Unter dem Druck der Gebirgsvölker im Norden und der Völker in den westlichen Ebenen um den Chabur, wo noch Gruppen von Aramäern ansässig waren, die gegen Osten und Westen vordrangen, verteidigt Assyrien zuerst sein Kernland und geht dann zur Gegenoffensive über. Unter Adad-nirari ändert sich die Kriegstaktik, jetzt mehr darauf ausgerichtet, den erpreßten Tribut von den Völkern einzuholen, durch deren Gebiet das Heer zieht. In diesen Feldzügen wird bereits, wie in jenen von Tukulti Ninurta II. (890–884), eine »Alternative zum Handel« erkennbar, die das Heer anzunehmen beginnt, um den staatlichen Wirtschaftsapparat zu stärken. Die herrschende Klasse, die sich um den Hof aus den zivilen und militärischen Würdenträgern bildet, findet dieses System von Einzug der Güter und Handarbeit äußerst einträglich. Der Widerstand der Bevölkerung, der immer wieder aufflammt, führt zwangsläufig zu neuen Expeditionen; zugleich werden im Kerngebiet Assyriens in immer größerem Umfang befestigte Plätze angelegt, von wo aus man einerseits die Gebiete in wirtschaftlicher Hinsicht kontrollieren und vom Standpunkt der »öffentlichen Ordnung« sichern, andererseits Expeditionen in noch entferntere Gebiete vorbereiten kann. Diese wurden mit großem Kraftaufwand durchgeführt: Salmanassar III. setzte in seinen Feldzügen 120 000 Soldaten, meist Infanteristen, ein; große Bedeutung hatte die Reiterei, beweglicher und rascher als Streitwagen, und von bemerkenswerter Stoßkraft, desgleichen auch die Spezialtruppen, die bei Belagerungen eingesetzt wurden, wo auch bewegliche Türme und Sturmböcke verwandt wurden, um Breschen in die Stadtmauern zu schlagen. (Samaria hielt aber 3 Jahre bis zu seiner Einnahme 721 stand, Tyros trotzte zwei sehr langen Belagerungen, einer 10jährigen gegen Asarhaddon und Assurbanipal und einer 13jährigen, und mußte sich dann 573 dem Babylonier Nebukadnezar ergeben.) Zu dieser Kraftentfaltung trug der Kern von Berufssoldaten bei, die unmittelbar unter dem Befehl des Herrschers oder des Gouverneurs standen, von der jährlichen Musterung und den Sonderleistungen befreit, die größtenteils von den Bauern Assyriens oder den unterworfenen Gebieten aufgebracht wurden (z. B. mußte eine Gruppe Siedler in Til Garimmu in Anatolien – vielleicht hatte sie die örtliche Bevölkerung zu überwachen – außer den üblichen Abgaben auch ein Kontingent Bogenschützen unterhalten). Die Definition des assyrischen Reiches Ende des 9. Jh.s – als Ausdehnung der Stadt Assur ad infinitum – gibt, wenn auch eingeschränkt, die Auffassung des Staates wieder, der sich von seinem Mittelpunkt aus ausdehnt und wieder zu ihm zurückkehrt, sei dieser in der dem Gott heiligen Stadt verkörpert, deren Herrscher der irdische Vertreter ist, oder in den folgenden Hauptstädten verschiedener Könige, z. B. Kalchu (Nimrud), Dur Scharrukin (Chorsabad) und Ninive. Die bäuerliche Grundlage Assyriens, auf der die Staatspyramide ruht, wird durch die unterworfenen Völkerschaften verbreitert, zuerst durch das Tributsystem, dann, seit Tiglatpileser III. (744–727), durch die Einverleibung der eroberten Gebiete in das Netz der Provinzen des Reiches. Diesen Distrikten stehen Gouverneure mit ausgedehnten Befugnissen vor, die ihrerseits an enge Weisungen der Zentralverwaltung gebunden sind. Diese hat die Aufgabe einer Abrechnungskammer über Eingang und Ausgang gelieferter Lebensmittel und Rohstoffe. Die Ausdehnung der besetzten Gebiete und der Bevölkerungszuwachs infolge der Entnationalisierungspolitik in den eroberten Territorien lassen die inneren und äußeren Provinzen verarmen, die, wie beobachtet, auf eine unterentwickelte Stufe zurückfallen. Die soziale Umwälzung und die Notwendigkeit zur bäuerlichen Arbeit führen dazu, daß die Handwerker, besonders in den städtischen Zentren des syrisch-palästinensischen Gebietes, verschwinden; allerdings wird dadurch der Unterhalt der ausgedehnten Latifundien gesichert, die von der Krone, den Tempeln und der Klasse der hohen Würdenträger abhängig sind (in Assyrien ersetzen diese den Adel von Geblüt), wie es z. T. im sog. »Kataster von Harran« ersichtlich ist. Aus dieser und aus anderen Quellen kann man die Lage des Bauern und seiner Familie erschließen: Wenn er auch grundsätzlich »frei« blieb, war er aus sozialen und wirtschaftlichen Gründen an die Scholle gebunden und konnte vom Eigentümer,

Nimrud (Kalchu), die Stadt, die sich Assurnasirpal II. 879 v. Chr. zur königlichen Residenz erwählt hat.

Oben: Nördlicher Eingang zum Thronsaal, mit einer Reihe von Genien verschiedener Art als Wache.

Unten: Plan von Nimrud. Innerhalb eines ziemlich großen Mauerrings befindet sich die Akropolis mit den nacheinander folgenden Palästen der assyrischen Herrscher. Im Norden liegen die Zikkurat und zwei Tempel. Der Palast von Assurnasirpal ist teilweise vom Grundwasser zerstört.

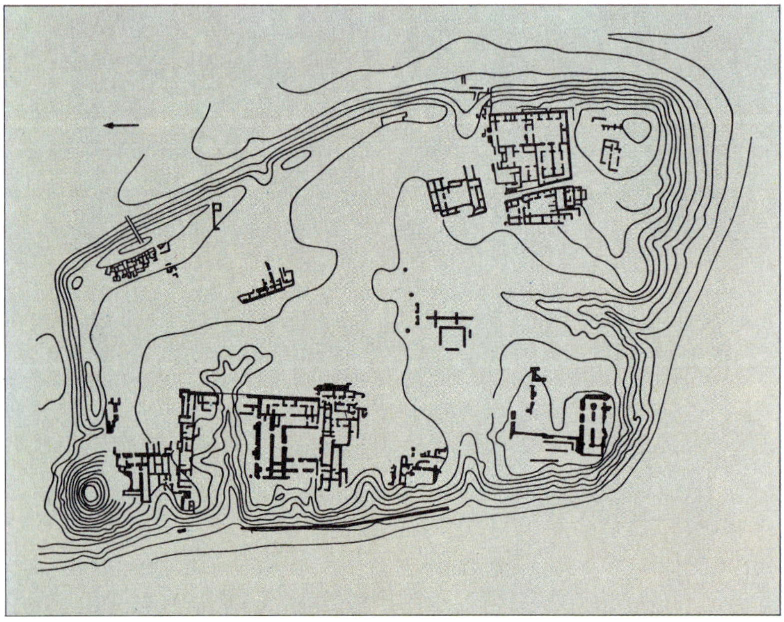

Teilansicht des rekonstruierten Palastes von Assurnasirpal II. von der Zikkurat aus. Rechts das alte Flußbett des Tigris.

zusammen mit dem Stück Land, verkauft werden. Der Unterhalt des Reiches und die unverzichtbare Erweiterung der Grenzen zur Abwehr neuer Feinde lassen zusätzlich die militärischen Bedürfnisse anwachsen. Schließlich wird die Aushebung der unterworfenen Völker unumgänglich notwendig: Assurbanipal geht daran, während der kurzen assyrischen Herrschaft in Ägypten Statthalter mit Truppen aus Gegenden östlich des Tigris einzusetzen, und Sennacherib bevölkert die Festung, die seinen Namen trägt, mit deportierten Stämmen. Zu dieser Art von »Kosmopolitismus« ist er ganz

Geflügelter Genius, Relief am Palast Assurnasirpals II. Einige Einzelheiten, wie der Bart, wirken besonders lebhaft, da sie farbig sind. In der Mitte der Platte verläuft die Königsinschrift in Keilschrift.

einfach gezwungen; ihm verdankt das Reich seine innere Schwäche gemäß dem wohlbekannten Bild von Daniels Traum; es ist der fehlende innere Zusammenhalt, vor allem in Krisenzeiten. Während der letzten Krise, die zugleich auch den Zusammenbruch des Reiches bedeutet – außenpolitische Faktoren (die Angriffe der Meder 614 und 612) tragen ebenfalls dazu bei –, wirkt sich die verfehlte Politik der »kulturellen Aufnahmefähigkeit« aus, welche zwar die herrschende Klasse einbeziehen konnte, nicht aber die große Masse der Bauern – Soldaten, die das erste und letzte Bollwerk des Staates bilden.

Nichtsdestoweniger ist die große Anzahl von Aufzeichnungen, die auf uns gekommen sind, hervorzuheben; die Königsinschriften und die Zeugnisse verwaltungsähnlicher Art haben als Informationsquelle kaum so erstrangige Bedeutung wie die Wirtschaftsbelege. Diese gelten bald als staatliches Vorrecht, bald als die Frucht von Privatunternehmen einiger besonders darin aktiver fremder Gruppen, z. B. der Phönizier, wie es später auch in einer Gesellschaft wie der neubabylonischen eintreten sollte. Auf jeden Fall ist zu vermerken, mag man die Lage des Reiches von einer früheren oder der gleichzeitigen Warte aus betrachten, daß Sargon II. seit Karkemisch zur Einheit gekommen ist: Das syrische oder in diesem Fall das aramäische Element, herrscht in dem wirtschaftlichen Bereich vor, der überwiegend dem Palast zugeordnet ist. Die Gesamtsituation und ihre Veränderung wird mit der erneuerten Erlaubnis Asarhaddons für die Bürger Babylons, den freien Handel betreffend, bestätigt. Die Einschränkung ist offenkundig als schwerwiegende Wirtschaftssanktion im Bereich der »freien« Städte gedacht, zu denen außer Assur selbst und Babylon Zentren wie Borsippa und Harran zu den zwei Schwerpunkten Mesopotamiens zählen.

Die Anlage der großen Städte erhöht diese Unausgeglichenheit im Reich: einmal die zunehmende Zahl von Städtern, die meist im Umkreis des Palastes und der Verwaltung leben; dann der steigende

(Ausschnitt) Höfling am Palast Assurnasirpals II. in Nimrud (Kalchu). Man erkennt die typische Drehung der Schultern bzw. die Darstellung im Profil.

Zwang, die Hilfsmittel der inneren Territorien und Provinzen abzuzweigen, die oft infolge der brutalen Kriegsführung und der unaufhörlichen Tributforderungen sowie der erdrückenden Sondersteuern verödeten.
Die wachsende Bevölkerung, die für »Dienstleistungen« eingesetzt wurde, mußte immerhin laufend mit Lebensmitteln und Rohstoffen versorgt werden, denn eine auch nur kurze Unterbrechung des geordneten Ablaufs hätte Schwierigkeiten verursacht, die auch eine Gesellschaft, in der man sich über das individuelle Schicksal nicht viel Gedanken machte, nicht hätte zu leicht nehmen können. Wir wissen, daß beim Einweihungsfest von Kalchu 69 000 Personen anwesend waren, von denen kaum 16 000 tatsächlich Bewohner der Stadt waren, während 47 074 zu Zwangsarbeiten eingesetzt wurden, um die Stadt und die Mauer aufzubauen (ein Gutteil von ihnen blieben dann als Bürger da); 5000 Personen waren Gäste, davon 1500 Würdenträger aus anderen Zentren. Von den 63 000 Einwohnern Ninives, die von den umliegenden Gegenden versorgt wurden, waren wenigstens ca. 35 000 hinsichtlich ihres täglichen Unterhalts von Warenzufuhr aus anderen Distrikten abhängig. Wenn diese Angaben auch nur einige Aspekte der assyrischen Wirtschaft berücksichtigen, so entsteht doch der Eindruck, daß diese städtische Klasse – im Vergleich zu den anderen Untertanen teilweise privilegiert – zu Störfaktoren im sozialen Gefüge und in der Staatswirtschaft werden könnte, besonders in Hinblick darauf, daß Assyrien unmöglich ad infinitum die Gebiete des Reiches ausplündern konnte und jene Schicht die Eroberung zu erdulden gewillt war, von der Verschiedenartigkeit der einzelnen ethnischen Gruppen in diesen Hauptstädten ganz zu schweigen.
Man kann sagen, die Reichsgründung fällt mit jener der Stadt Kalchu (Nimrud) durch Assurnasirpal II. (883–859) zusammen, womit der Wohnsitz Salmanassars I. (1274–1245) erneuert wurde. Assur wurde in den Rang einer heiligen Stadt zurückgestuft, vielleicht weil es vom landwirtschaftlichen Hauptanbaugebiet zu entlegen war und daher keine größere Konzentration bäuerlicher Bevölkerung hatte. Die Wahl der neuen Hauptstadt am Schnittpunkt verschiedener Verbindungswege (Mossul wird viel später Handelsmittelpunkt zwischen dem westlichen Iran, dem südlichen Mesopotamien und dem nördlichen Syrien) fällt mit den erbarmungslosen Feldzügen gegen die Bewohner des Zagros im Osten und die der Mittelmeerküste im Westen zusammen, eine umfassende Bewegung, die die ganze nichtassyrische Bevölkerung (darunter mit aramäischem Einschlag) an Euphrat und Chabur einbezieht. Die Stadt Kalchu (ca. 20 ha groß) erstreckt sich entlang des Tigris mit einer Außenmauer, die eine Fläche von 360 ha einschließt, bestimmt für Gärten und Freiräume, um bei Gefahr die umwohnende Bevölkerung aufzunehmen. Die königliche Residenz, die im nördlichen Stadtteil eine Reihe von kleinen Kapellen und die Zikkurat umfaßt, gliedert sich um zwei große Höfe. Zwischen diesen befinden sich die Repräsentationsräume, darunter der Hauptsaal (ca. 50 m × 10 m) mit dem Thron an einer Schmalseite nahe dem monumentalen Eingang (gegenüber führen die Treppen in den oberen Stock). In dieser Anlage erkennt man fremden, aramäischen Einfluß, wenn man als Beweis den Grundriß des kleinen Palastes von Hadatu (Arslan Tasch) aus einer etwas späteren Epoche heranzieht. Der möglicherweise vorhandene fremde Einfluß darf nicht unterbewertet werden, um so mehr, als sich der *bît hilani* auf syrisch-hethitische Vorbilder stützt. Natürlich wird dieser fremde Einfluß anders erlebt und neu umgestaltet; wollte man diese oder jene spezifische architektonische Form auf ihren Ursprung zurückverfolgen, wäre das ein begrenztes Unterfangen und ließe nicht annähernd die Vitalität und Geschlossenheit des Werkes verstehen, das die Baumeister Assurnasirpals II. geschaffen haben. Die andere Neuerung, die auffällt, ist der Wandschmuck der Säle. Während der zweiten Hälfte des 2. Jahrtausends v. Chr. und später bezeugen Fresken, Reliefs auf lasierten Backsteinen und Werke wie der Obelisk Assurnasirpals I. (1050–1032) die Neigung, auszuschmücken und zu erzählen. Die Monumentalität und die Auffassung, die bei den Steinplatten an der Wand des Palastes Assurnasirpals II. vorherrschen, sind jedoch ein völlig neues Phänomen. Einerseits haben wir, besonders im Thronsaal, die Basreliefs mit dem Herrscher, seinen Höflingen und den Fabelwesen, die die königliche Würde und das Innewohnen des Göttlichen hervorheben; andererseits haben wir die Schlacht- und Jagdszenen, aufgeteilt in zwei Zonen, die die irdische Gewalt des Herrschers veranschaulichen und dadurch preisen. Die große Inschrift, auf der Hälfte der Platten wiederholt, läuft auf dem mittleren Band oder auf dem Relief selbst. Sie bestätigt, wie in einem Ritual, die Größe des Monarchen. In den Schlacht- und Jagdszenen, besonders in den Reliefs, die die Angriffe mit Streitwagen darstellen, kommt eine Art rhythmische Bewegtheit zum Ausdruck, die das unabwendbare Ende unterstreichen. Die Erzählung mit lehrhafter Absicht herrscht vor, aber die ausgedehnten Flächen und die Anordnung der Figuren lassen das Auge ausruhen und die Einzelheit aufnehmen. Die Neigung zu Monumentalität – be-

Rekonstruktion des Bogens, der den Thronsaal und den südlichen Hof des Palastes Assurnasirpals II. miteinander verbindet. Man sieht die beiden geflügelten Stiere mit Menschenantlitz als Wächter des Durchgangs. Der Bogen ist mit lasierten Ziegelsteinen in verschiedenen Farben verziert.

Plan der Stadt Ninive. Innerhalb eines ausgedehnten Mauerrings erheben sich die beiden Akropolen (Burgberge), Zeugnisse einer älteren Ansiedlung. An der Stelle von Kujundschik befinden sich die Paläste von Sennacherib und Assurbanipal. Der Brauch zahlreicher Herrscher, neue Residenzen zu errichten, hat ein architektonisches und plastisches Erbe von außerordentlichem Wert hinterlassen.

strebt, tiefe Eindrücke zu wecken, wenn man sich vor das Angesicht des Herrschers begibt – ist gut an den großen Stieren mit Menschenhäuptern sichtbar, den *Lamassu*, Torwächtern, mit anderen Figuren an der Seite.

Der »erzählende Zweck«, der beim Wandschmuck immer mehr hervortritt, ist besonders in den Bronzetoren eines Tempels von Imgur-Enlil (Balawat) aus der Zeit Salmanassars III. (858–824) ausgeprägt. Auf den Metallplatten, in die die Figuren zuerst eingeschnitten und dann herausgetrieben wurden, zeichnen sich die kriegerischen Unternehmen des Herrschers mit den wiederholten Stadteroberungen, den Plünderungen und der Deportation der Bewohner ab; erinnert sei auch an die Freude am Episodischen wie z. B. die Ankunft an den Quellen des Tigris und an die Szene, wie zur Erinnerung an dieses Ereignis das Bild des Königs in den Felsen eingemeißelt wird. Die Kriegsanstrengungen wird man u. a. aus der Gesamtanlage des Forts Salmanassars (Ekal-Mascharti) ablesen können, das Festung, Palast und Zeughaus war

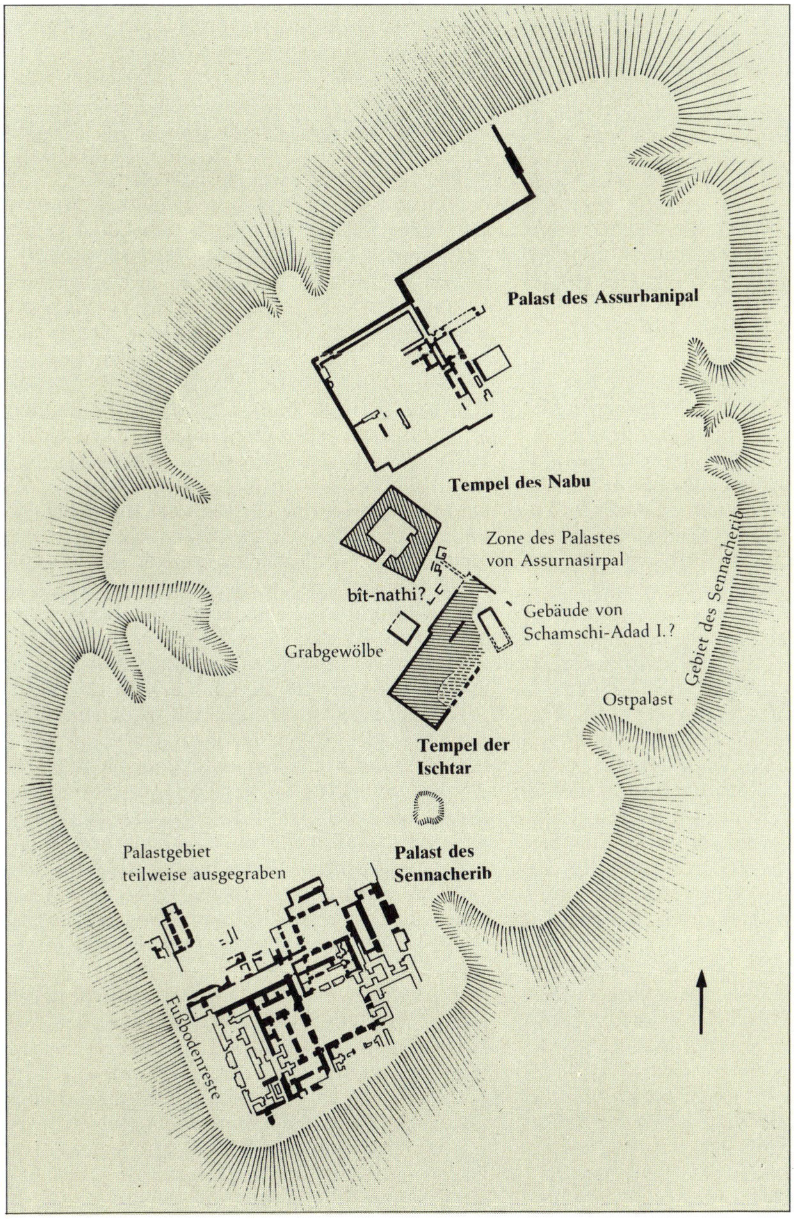

und aus der gleichen Zeit stammt; es liegt nahe bei der Zitadelle von Kalchu. Der Grundriß erinnert an das Schema vom Palast Assurnasirpals II. In diesem Bauwerk wurde u. a. der Block, auf dem der Thron steht, gefunden, auf dem in fortlaufendem Relief die Gerichtsszenen der Aramäer von Bît Yakim dargestellt sind, die in der Begegnung des assyrischen Herrschers mit dem babylonischen Marduk-zakir-Schumi, seinem Schützling, gipfeln. Die Absicht, zu beschreiben, herrscht vor, und zwar auf Kosten des Ausdrucks, so auch bei den Relieffüllungen am sog. »Schwarzen Obelisk«, auf dem u. a. die Unterwerfung von Jehu, dem König Israels, 841 v. Chr. dargestellt ist.

In den ca. 80 Jahren zwischen dem Tod Salmanassars III. und der Thronbesteigung von Tiglatpileser III. (744–727) organisierte sich der Widerstand der syrischen und neuhethitischen Staaten sowie die Expansion Urartus nach Südwesten, wahrscheinlich von der strukturellen Krise Assyriens begünstigt, sei diese sozial oder institutionell. Die Politik Tiglatpilesers III., auch von Salmanassar V. (726–722) aufgenommen, verleibt nach Eroberungen die Provinzen dem Reich ein. (729 wird Babylon unmittelbar von Tiglatpileser regiert, der die Königswürde unter dem Namen Pulu annimmt; 722 fällt Samaria, die Hauptstadt des Königreichs Israel.) Unter Tiglatpileser wird der Hauptpalast von Kalchu vollendet, dessen Basreliefs dann Asarhaddon für seinen Palast im Südwesten verwendet (sie werden bei den Ausgrabungen gefunden werden). Seine Reliefs rufen den leeren Zwischenraum zurück: Die Figuren werden durch doppelte Bänder von der Königsinschrift getrennt. Einige Einzelheiten deuten eine Entwicklung an, die zu perspektivischen Ansätzen hätte führen können, was im Grunde für die assyrische Forschung nicht wichtig ist, denn diese bemüht sich vielmehr, nur jene Ereignisse zu erschließen, die in sich eine Einheit bilden. Auf den Kacheln wird in zwei Abschnitten von der Expedition gegen die Araber erzählt: Die Schlacht und das Ende mit dem Zug der Besiegten sowie der gewonnenen Beute. Vielleicht von größerer Wirkung – da ähnliche Zeugnisse selten sind – sind die Fresken im Palast von Til Barsip (wo man auch einen syrischen *bît hilani* sehen kann), wahrscheinlich von einem Provinzgouverneur angeregt. Auch die Themen sind die üblichen: die Jagd; der Herrscher, der Audienz erteilt; die Prozession der Gefangenen. Aber die lebhaften Farben und die sichere Hand beim Zeichnen mit festen Pinselstrichen lassen ahnen, wie die Reliefs ausgesehen haben müssen, als auch Einzelheiten farbig wiedergegeben wurden (wie jene von Assurnasirpal III., wo sich das Schwarz des Bartes und der Schuhe gegen das Weiß der Augen und das Gold der Edelsteine abhebt).

Die zweidimensionale Betontheit der behauenen Platten ist bei den großen Zyklen im Palast Sargons II. (721–705) überdeutlich. Dieser König ließ eine neue vergängliche Hauptstadt errichten: Dur Scharrukin (Chorsabad), mit quadratischem Grundriß und zwei Toren an jeder Seite. Die Stadt besaß zwei große Zentren, von denen das eine, die Zitadelle, sich hoch über die Mauern erhob, ebenso das andere Bauwerk, der Palast F oder das Zeughaus. Die Mitte dieser ausgedehnten Fläche von etwa 300 ha muß wenigstens teilweise als Wohngebiet für die Bevölkerung bestimmt gewesen sein, was selbst die Verlegung der Hauptstadt

Oben: Ninive. Relief am Palast Sennacheribs mit der Einnahme der palästinensischen Stadt Lachisch (690 v. Chr.). In diesem Ausschnitt sitzt der Herrscher mit seinem Thron auf einem Hügel und empfängt die Heerführer. Darüber deutet eine Reihe von Bäumen die Landschaft an, deren Unwirtlichkeit durch ein Splittermotiv dargestellt ist.

Rechte Seite:

Oben: Freskenfragment aus dem Palast von Tell Achmar (Til Barsip) von Tiglatpileser III. (8. Jh. v. Chr.). Es handelt sich um den wichtigsten Freskenzyklus aus assyrischer Zeit, der aus einem Provinzpalast in Syrien stammt.

Unten: Plan der Palastanlage von Chorsabad (Dur Scharrukin), Königsresidenz Sargons II., die sofort nach seinem Tod (705 v. Chr.) aufgegeben wurde. Auf dieser Fläche befinden sich der Palast, die Tempel und die Verwaltungsgebäude.

nach Ninive nicht verhinderte. Auf der großen Plattform der Zitadelle stehen der Königspalast, der Tempel des Gottes Nabu und andere Bauten, fast alle außerhalb Achse. Diese Asymmetrie ist wahrscheinlich wegen des Grundrisses der Gebäude und Anlagen notwendig, deren Grundform einige Einheiten vorzeichnen und nach denen sich dann die Gesamtkonzeption richtet. Auch die königliche Residenz mit ihren großen Höfen um sie herum ist asymmetrisch, da bei einer festgelegten Architektur die vorgenommene Ausgestaltung nicht hätte verwirklicht werden können, zumal die Art der fortlaufenden Darstellung den Künstlern, die die Reliefs und Fresken schufen, genügend Probleme brachten. Die Absicht, den Herrscher zu verherrlichen, zeigt besonders deutlich die Ausschmückung der Wände, an denen die Gestalt des Königs in Lebensgröße die königliche Macht demonstriert. Die Reliefs stellen die Figur auch klarer und wahrer heraus, als man sie aus den Erzählungen über die Feldzüge her kennt. Die Kriegszüge werden auf der Kopfleiste, die über den Platten verläuft, beschrieben; die Reihenfolge der beiden Chroniken – der geschriebenen und der dargestellten – ist jedoch verschieden, so daß die Einnahme einer Stadt auf einer reliefierten Platte anders aussieht als auf einer, auf der sie im einzelnen beschrieben wird. Szenen von Schlachten und Trinkgelagen halten sich die Waage, doch ziehen die Jagddarstellungen die Aufmerksamkeit des heutigen Beobachters mehr auf sich, auf denen verschiedene Personen mit Bogen sowie Gazellen durch eine Landschaft mit dichtem Baumwuchs ziehen, die sich über dem Hintergrund erstreckt.
In der neuen Residenz von Ninive, von Sennacherib (704–681) errichtet, erhält das Relief neue Dimensionen. Ein gutes Beispiel dafür ist die Darstellung der Eroberung der Stadt Lachisch, wo die Angriffslinien der Soldaten schräg in die Höhe gehen, was die Anstrengungen, Schwierigkeiten und Verdienste des Herrschers noch ehrenvoller unterstreicht. Hier ist die Aufteilung in Platten nahezu völlig aufgehoben und die Szenen werden in voller Größe wiedergegeben, wie man es auch gut bei den Schlachtendarstellungen in den südlichen Sümpfen sehen kann. Die Landschaft ist kein symbolisches Hilfsmittel mehr, sondern der Hintergrund, auf dem die Handlung sich entwickelt.
Die Berichterstattung und die Genauigkeit, für die die Reliefs Sennacheribs berühmt sind, werden gut belegt von Szenen, die den Transport der menschengesichtigen Stiere durch die Palasttore und Stadttore darstellen: Vom Fluß her werden sie mit Seilen auf Winden gezogen, während der Herrscher auf einem Wagen, von einem großen Schirm bedeckt, die Arbeit von einem kleinen Hügel aus überwacht. Oben und unten zeigen zwei Streifen die hügelige Landschaft an. Ebene, Pflanzenwelt und Bäume sind in Mustern festgelegt, gleichsam schablonisierte Prototypen für eine große Zahl immer wiederkehrender Formen.
Ninive, die größte der assyrischen Hauptstädte, hat die Form eines verlängerten Dreiecks. Die Stadt liegt am Ostufer des Tigris und hat bei einer Ausdehnung von ca. 730 ha etwa 170000 Einwohner. Sie ist gleichzeitig Residenz des letzten der großen assyrischen Herrscher, Assurbanipal (669–630). Dieser vollendete zuerst den Palast des Vaters, dann ließ er einen neuen für sich errichten, mehr nach Norden zu, doch immer im Umkreis des ca. 20 ha großen Hügels von Kujundschik, jenseits der Tempel von Ischtar und Nabu, in denen man die Texte seiner reichhaltigen Bibliothek gefunden hat. In den Reliefzyklen des väterlichen Palastes, besonders in den berühmten Schlachtszenen gegen den Elamiterkönig Teuman und in der Einnahme von Susa, geht die Darstellung frei über das horizontale Band hinaus, um die ganze Platte zu füllen. Die Episoden folgen in logischer Reihenfolge, und die kurzen Inschriften, die innerhalb der Reliefs eingemeißelt sind, unterstreichen dabei einzelne Ereignisse besonders. Der Blick schweift dabei vom Hügel links, wo die Elamiter schon fliehen, bis zum Blutbad an den Flüssen am rechten Ende der Reliefdarstellungen.
Die Linie, die die drei Zonen trennt, verschwindet gegen den Fluß zu – Leiber und Waffen ersetzen sie – und der Strom, meist vertikal dargestellt, reißt die toten Menschen und Pferde mit sich. Die Abfolge in genauen Streifen hingegen kehrt in den Reliefs des nördlichen Palastes wieder, wo außer Kriegsszenen auch die Jagd auf Löwen und Waldbüffel dargestellt ist. Den zeitlichen Ablauf, schon am Altar des Tukulti Ninurta I. im 13. Jh. v. Chr. angedeutet, verkörpert sich im Löwen, der aus der Höhle heraustritt, sich aufbäumt und niedergestochen wird.
Man kann feststellen, daß in der letzten Phase der assyrischen Kunst, vielleicht unbewußt, der Akzent auf der Darstellung von Tieren liegt: Löwen, Stieren, Gazellen. Die besondere Vorliebe gehört der Abbildung von Pferden, den schönen, treuen und unerläßlichen Gefährten der Krieger; sie müssen den Vergleich mit Darstellungen aus anderen Gegenden und anderen Zeiten nicht fürchten, besonders jenes Pferd nicht, das an seinem Gebiß

durch den Korridor geleitet wird, der vom Palast des Sennacherib nach Ninive hinunterführt.
Die Bibliothek von Kujundschik (Ninive) mit ihren ausgewerteten Keilschriftdenkmälern, die Assurbanipal kurz vor dem Zusammenbruch des assyrischen Reiches in seiner Residenzstadt hatte anlegen lassen, gewährt einen tiefen Einblick in die Kulturen Vorderasiens, insbesonder von Assur und Babylonien.
So großartig dieser unabschätzbare Fund auch ist, läßt er doch manche Frage offen, bedingt durch die Beschaffenheit der Tausende von Tontafeltexten, die – wenn gut erhalten – uns selbst über Nebensächliches genaue Auskunft erteilen, in schlechtem Erhaltungszustand aber nur lückenhaft aufklären. Welche Informationen vermitteln uns nun die Texte dieser tönernen Schrifttafeln? Wenden wir uns zunächst der Sparte historischer Inschriften zu, bei denen wir dreierlei Arten zu unterscheiden haben: die Königsannalen, die Prunkinschriften und die übrigen Dokumente geschichtlicher Aussage.
Daß die Königsannalen aus der Zeit Assurbanipals besonders zahlreich sind, ist verständlich. Aber auch von den Taten Asarhaddons, Sanheribs oder früherer Könige künden die großen Tonprismen. Alle Texte sind nach einem genormten Schema geschrieben: Auf ein kurzes Gebet zu den Göttern des Landes und der Aufzählung aller den Herrscher auszeichnenden Titeln als Einleitung folgen im Hauptteil die Berichte über die Taten und Unternehmungen des Königs, seine Kriegszüge, seine siegreich beendeten Schlachten, die Niederwerfung von Aufständen, aber auch seine kulturellen Leistungen, wie das Errichten oder Wiederherstel-

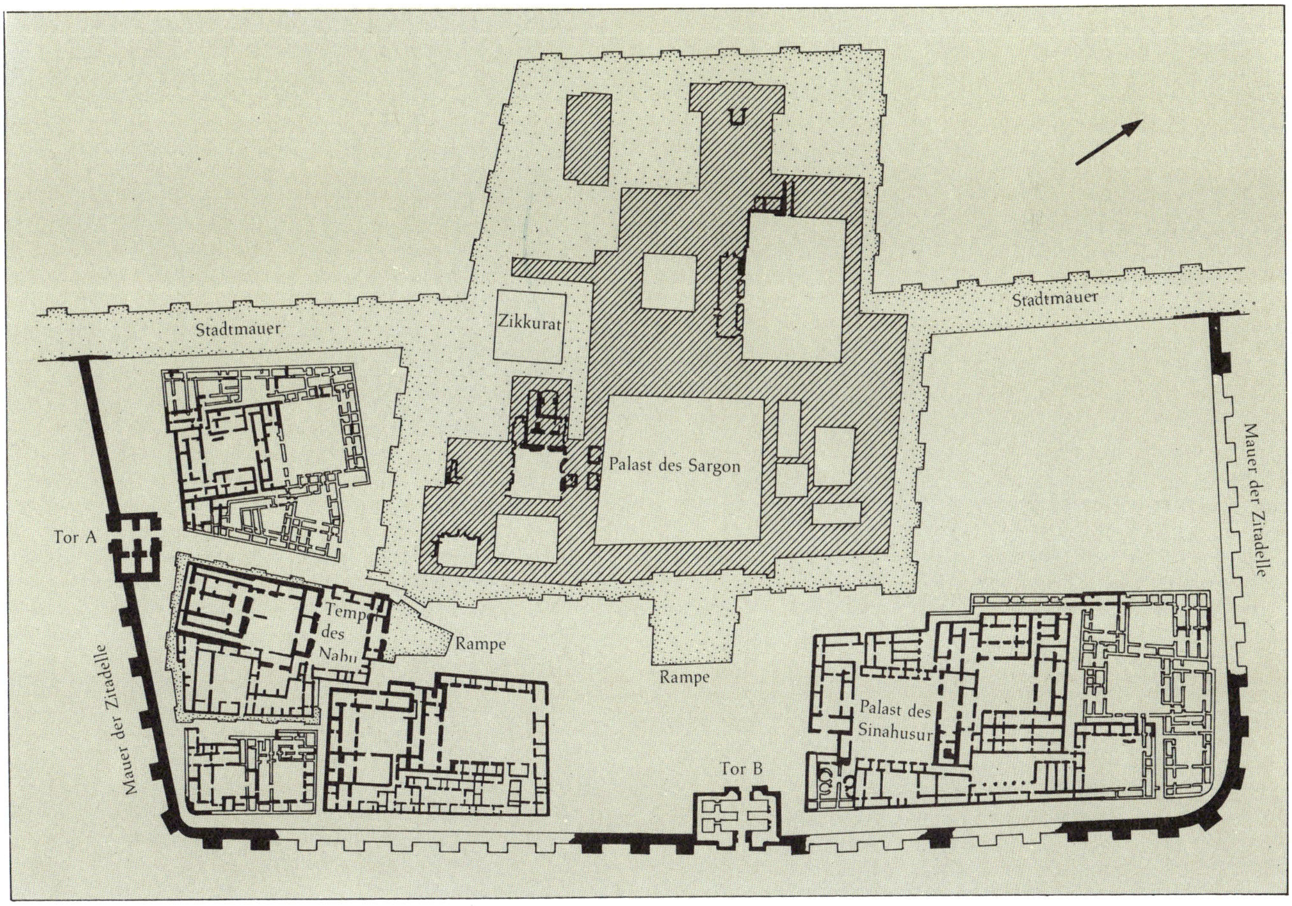

Linke Seite: Relieffragment aus Ninive, Palast des Assurbanipal. Auf drei Streifen (Register) schreiten Gefangene in einer Landschaft, die durch stilisierte Bäume angedeutet ist.

Rechts: Geflügelter Stier mit Menschenhaupt als Wache vor einem Stadttor der Stadt Ninive. Der Rückkauf und die Wiederherstellung assyrischer Stadtanlagen ist das Verdienst der irakischen Behörden.

len von Städten, Tempeln, Palästen, Bewässerungsanlagen und Straßen, das Aufstellen von Denkmälern und Ausschmücken öffentlicher Bauten mit Statuen und Inschriften, die Pflege der Musik und Dichtkunst sowie die Sorge um soziale Einrichtungen. Hin und wieder wird jedoch auch über Spiel und Jagd, besonders der allein dem König vorbehaltenen Löwenjagd, berichtet. Den Schluß bildet in der Regel nochmals ein kurzes Gebet, das den Segen der Götter auf den König und seine Familie herabfleht und diejenigen verflucht, die versuchen sollten, die Inschriften zu zerstören. Wertvoll ist letztlich immer besonders ein auf den Text bezogenes Datum.

Neben Keilschrifttexten in assyrischer Sprache fanden sich in der Kujundschik-Sammlung mehrere in sumerischer Sprache abgefaßte Texte über Taten uralter Könige und babylonischer Fürsten, davon einige wenige Fragmente sogar zweisprachig mit Randglossen zur sumerischen Aussprache. Diese Tafeln wurden wahrscheinlich von alten Originalen abgeschrieben.

Abweichend von den Formen der Königsannalen äußern sich die »Orakelinschriften« und »Anfragen an den Sonnengott«. In einem Traumorakel spricht die Göttin Ischtar dem König Mut zu, in einem anderen tröstet sie ihn mit den Worten: »Fürchte dich nicht!« Alle »Anfragen an den Sonnengott« beginnen mit den ständig gleichlautenden Worten: »O Sonnengott, großer Herr, was ich dich frage, beantworte mir mit fester Zusage!« und beziehen sich auf zu treffende entscheidende Maßnahmen im Leben des Königs oder Staates, wie die Auswertung der Erfolge von Gesandtschaften und Expeditionen, Bannung heraufziehender Aufruhr- oder Kriegsgefahr. Diese »Anfragen« ergänzen die Königsannalen und werden, wie die aufgefundenen Tontafelfragmente von Konzepten über erklärende Beischriften auf Reliefs oder an Statuensockeln zu äußerst wertvollen historischen Hilfsquellen. Der umfangreiche Briefwechsel mit fremden Fürsten, die Sendschreiben an ausländische Höfe, die Bittschriften an Höhergestellte und die per Eilboten übermittelten Depeschen an die kämpfende Truppe sowie die Briefe mit Berichten, Aufträgen, Anfragen, Vorschläge über Bauvorhaben öffentlicher oder privater Art gehören gleichfalls zu den historischen Texten, ebenso briefliche Äußerungen rein persönlicher Natur über Krankheiten, freudige Ereignisse, geglückte Verkäufe, Familienfeiern und Modefragen.

Eine zweite Gattung von in Kujundschik gefundener Literatur, die uns »Geschichte lehren«, sind die geschäftlichen Mitteilungen und Verträge, die wichtige Schlüsse über Verkehr und Rechtsleben, Handel und Geschäftsgepflogenheiten, Steuereinziehungen und Erbrecht zulassen. Alle Urkunden wurden durch ein Stempelsiegel oder mit dem zylindrischen Rollsiegel verschlossen. Eine eigene Wissenschaft, die Sphragistik, beschäftigt sich ausschließlich mit den Siegelarten, ihrer Verwendung und ihrem Aussehen. Gerade im Vorderen Orient wurde die Herstellung von Siegeln jeglicher Art und aus den unterschiedlichsten Materialien zu einem bedeutenden und künstlerisch hochstehenden Wirtschaftszweig.

Besonders wertvoll sind jene schriftlichen Dokumente, die uns, wie schon gesagt, Daten überliefern, gleich ob als Regierungsjahr eines bestimmten Königs, viel häufiger durch die Namen der Eponyme und besonders oft nach hervorstechenden Ereignissen. So heißt es z. B. aus Aufzeichnungen aus der Regierungszeit Hammurabis: »Im 9. Jahr, als der Hammurabi-Hegallu-Kanal (gegraben worden war)« oder »Im 11. Jahr, als die Städte Rabiq und Schalibi (erobert worden waren)« oder »Im 12. Jahr, als der Göttin Sarpanitu ein Thron (angefertigt worden war)«.

Die dritte Art historischer Schriftdenkmäler aus dem Tontafelarchiv von Kujundschik sind die ei-

Unten: Plan der Stadt Babylon in der neubabylonischen Zeit. An einem Euphratbogen gelegen, ist die Stadt in ein rechteckiges Straßennetz einbezogen. Längs des Flusses reihen sich die öffentlichen Gebäude: die Esagila mit der Zikkurat und die Tempel, der Nordpalast (mit einer Reihe von Höfen), die Festung und das Ischtar-Tor, durch das am Neujahrsfest die heilige Prozession zog. Ausgedehnte Wohnviertel bedeckten die restliche Fläche.

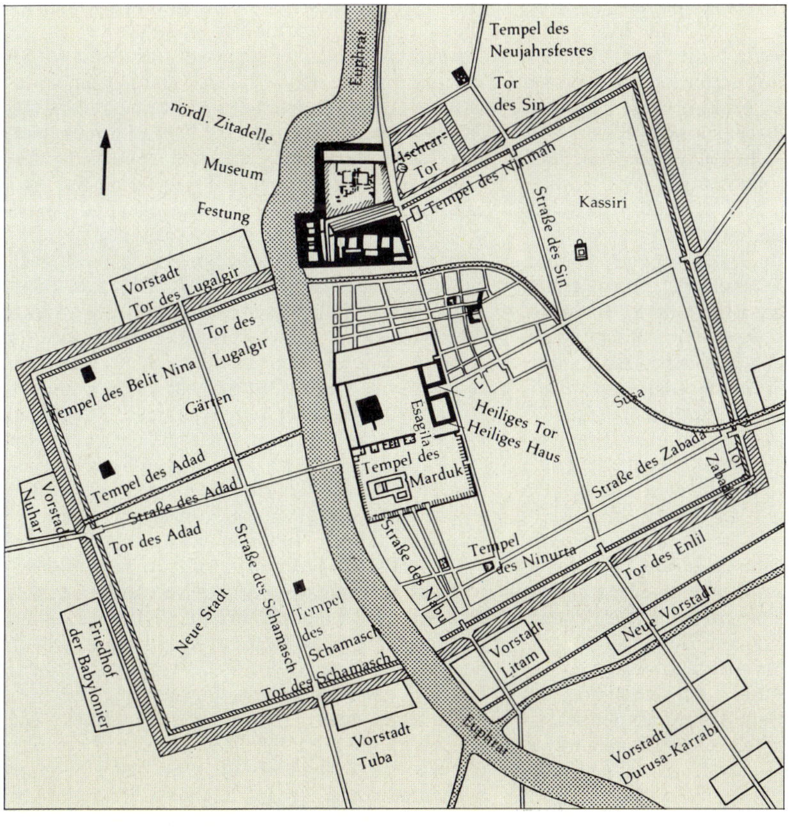

Teilansicht vom Palast Nebukadnezars, mit tiefer und höher gelegenen Schichten, sowie das Ischtar-Tor.

Rekonstruktion des Ischtar-Tores in den Berliner Museen: In der dritten Phase wird der Schmuck reliefartig auf glasierte Ziegel verschiedener Farbtönungen aufgetragen. Dargestellt sind fünf Reihen von Symboltieren, oben und unten eingefaßt von einer Rosettenreihe.

gentlichen historisch-chronologischen Inschriften, an erster Stelle die Königslisten und die Eponymenkanones. Letztere sind Namenslisten von staatlichen Würdenträgern, nach denen die einzelnen Jahre benannt wurden. Von welcher Bedeutung diese Regesten sind, soll das abschließende Beispiel aufzeigen. Auf einer Tontafelinschrift ist unmißverständlich zu lesen: »Unter dem Eponymat des (Statthalters) Bursagale von Guzana: Aufstand in der Stadt Aschur. Im Monat Sian (Mai/Juni) stellte sich eine Verfinsterung der Sonne ein.« Dieses Datum konnte als die Finsternis berechnet werden, die am 15. Juni 763 v. Chr. vormittags um 10.05 Uhr in Ninive zu beobachten gewesen sein muß. Damit ergab sich ein präzises Datum und zugleich ein exakter Ausgangspunkt für weitere historische Berechnungen.

Der Fall von Ninive im Jahr 612 v. Chr. bedeutete für das südliche Mesopotamien das nicht vorherzusehende Ende eines langen Streites zwischen Assyrien und Babylonien. Letzteres, tief von aramäisch-semitischen Grundlagen geprägt, knüpfte entschlossen und bewußt an die Vergangenheit an, gleichsam um seine eigene Identität zu schützen, die vom kriegerischen Assyrien ständig unterdrückt worden war. Beim Versuch Assurs, seine Vorherrschaft auch in Südmesopotamien zu festigen, mußten Tiglatpileser III. und Salmanassar V. als Ausweg die Doppelmonarchie in Personalunion mit dem assyrischen Königtum wieder beleben. Die Vorfälle zwischen Assurbanipal und seinem aufständischen Bruder Schamasch-schum-ukin zeigen den unheilbaren Bruch beider Gesellschaftsformen in der Suche nach dem politischen, kulturellen und religiösen Primat an. Diese archaisierenden Strömungen spiegeln sich sehr deutlich in einigen noch vorhandenen Denkmälern während der politischen Vorherrschaft Assyriens wider, z. B. am Säulenstumpf einer Schenkung des Merodachbaladan und auf der Stele des Nabuapliddina, wo man einerseits an kassitische und andererseits geradezu an neosumerische Elemente erinnert wird, in die sich zeitgenössische einfügen.

Die Neubabylonier

Die »chaldäische« Dynastie, die mit Nabopolassar (626–605) beginnt – er spielt geschickt die innere Rivalität der assyrischen Elite und den Druck der Meder aus –, zieht aus dem Machtvakuum unmittelbar Vorteil, als zuerst Ninive und dann Harran, die letzten assyrischen Stützpunkte, fallen. Die Niederlage der ägyptischen Besatzung bei Karkemisch (605) überantwortet den syrisch-palästinensischen »Fruchtbaren Halbmond« den Babyloniern. Nebukadnezar (604–562) vereinigt in seinen Händen das Universalreich, und wenn er in der Überlieferung als Herrscher gilt, der aufbaut und Tempel wiederherstellt, so gleichen seltsamerweise seine Feldzüge denen des Assyrers Salmanassar III. (9. Jh.): Nebukadnezars Kriegsführung wird sehr gut durch Beispiele erhärtet, sei es die Eroberung Jerusalems 587, sei es die darauffolgende Behandlung, die den Söhnen des Sedekia und diesem selbst widerfuhr. Militärischer Anlaß und die Notwendigkeit, die Söldnertruppen schlagkräftig zu halten, zwingen Neriglissar (559–556), zuerst General, dann König, einen Blitzkrieg in der kilikischen Ebene zu führen und die Stadt Ura zu zerstören, die seit der Hethiterzeit als Handelszentrum in Anatolien für den syrisch-palästinensischen Raum bekannt war. Daß der Privathandel im chaldäischen Babylon ein wichtiger Faktor für die Versorgung sowohl der großen Tempelgründungen wie auch der Einzelpersonen war, wurde schon vorher gesagt: Eisen, Kupfer, Zinn, Lapislazuli, Wein, Honig, Textilien und Farbstoffe kamen auf dem Flußweg herauf, und es ist bezeichnend, daß der Vorsteher der Handelsorganisation z. Z. Nebukadnezars den phönizischen Namen Hanunu (Hanno) trägt. Die religiöse Komponente tritt in der Politik Nabonids (555–539), des letzten neubabylonischen Herrschers, besonders in Erscheinung: Sohn einer Priesterin des Mondgottes Sin von Harran, wartete er die Evakuierung der Meder aus dieser Stadt ab, um dann das Heiligtum wiederaufzubauen, zog sich lange Jahre in die ara-

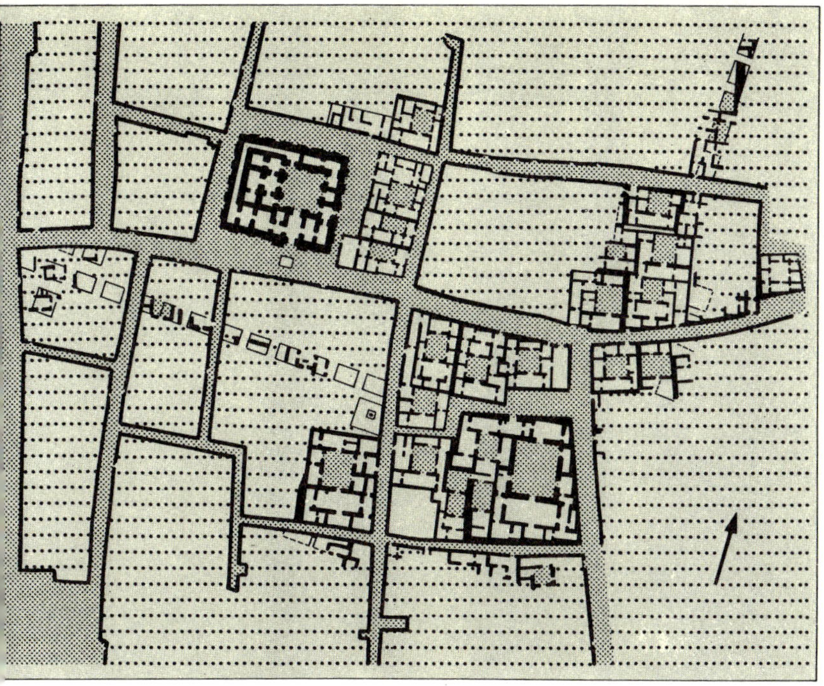

Plan des Merkes-Viertels der Stadt Babylon. Beispiel für das Neben- und Miteinander von Gebietsteilen, die für Kult und Wohnung bestimmt sind.

Fabeltier aus Terrakotta, reliefartig aufgesetzt, von der unteren Schicht am Ischtar-Tor in Babylon.

bische Oase Teima zurück und überließ die Sorge für das Reich seinem Sohn Balthazar. Die Gegnerschaft der Marduk-Priester und die veränderten internationalen Verhältnisse – Kyros besiegte 546 den Krösus bei Pteria (vielleicht das alte Hattuscha) und besetzt Sardes – lassen alles nur als dynastisches Zwischenspiel erscheinen: 539 öffnet Babylon dem Perserkönig seine Pforten. Obwohl nun die kulturelle Politik im wesentlichen fortgesetzt wird, liegt doch der Schwerpunkt in Persien, und Babylon wird, wie Assyrien, nur Provinz des Achämenidenreiches.

Ist auch der größte Teil der Kunstwerke der neubabylonischen Zeit unbekannt, so liegt das Hauptaugenmerk dieser kaum mehr als 80jährigen Periode auf den Ruinen der Stadt Babylon. Die Stadt Hammurabis ist schlecht faßbar, da sie zum großen Teil unter dem Grundwasserspiegel liegt; man muß sich die grausame Zerstörung durch Sennacherib vergegenwärtigen, der den Lauf des Euphrat umleiten ließ, damit alles unter dem Wasser begraben wird. Der Wiederaufbau der Stadt Babylon war des Reiches, das es – wenn auch nur für kurze Zeit – geerbt hat, würdig. Innerhalb eines fast rechteckigen Mauerumlaufs, die Ecken sind nach den Himmelsrichtungen ausgerichtet, hat die Innenstadt eine Fläche von ca. 404 ha mit gerader Straßenführung, um die Viertel von Residenz und anderen wichtigen Zonen abzugrenzen. Diese staffeln sich den Fluß entlang, der die Stadt in zwei Teile teilt, vereint durch eine Brücke, und umfaßt die beiden Pole neubabylonischer Macht: das Weltliche und das Heilige. Im Norden, auf gemauerten Pfeilern, stand die Palastanlage, dazwischen die sog. »südliche Zitadelle«, die von Nabopolassar begonnen und dann, wie der größte Teil der Gebäude, von Nebukadnezar beendet wurde. Angeordnet um fünf ausgedehnte Höfe, ist der Palast ein Labyrinth von engen Räumen, streng geometrisch aufgeteilt. Man kann darin die ins Monumentale gesteigerte Gliederung privater Wohnräume voraussetzen, wofür das sog. »Große Haus« des Merkes-Viertels ein hervorragendes Beispiel bietet. Der Thronsaal öffnet sich auf den größten Hof mit der Nische für den Thronsessel in der Achse zur Tür. Es gab kaum etwas Entgegengesetzteres zur Ausschmückung assyrischer Paläste als diese Anlage: Ein Teppich aus glasierten Ziegeln, 12 m hoch, zieht sich von den Seiten des Hofes bis hin zur Eingangspforte. Auf dunkelblauem Grund hebt sich ein Zug schreitender Löwen ab, zwischen denen sich schlanke Bäume aufrichten, in Form kleiner stilisierter Säulen, eingerahmt von einer Reihe von Girlanden. Die Vorbereitungsarbeiten für den Bau dieser Gesamtanlage waren äußerst schwierig, mußte doch der Bau wegen des angestiegenen Grundwasserspiegels angehoben werden. Das galt sowohl für die Zitadelle als auch für das nördliche Tor. Dort mündete, von der Anlage der Heiligtümer herkommend, die Prozessionsstraße, die von einer Mauer mit Löwen auf glasierten Ziegeln begleitet wird. Das eigentliche Tor mit den beiden Kammern führt durch den doppelten Mauergürtel hindurch. Die drei Entstehungsphasen sind gut bezeugt: In der ersten schmücken Tiere (Stiere und Drachen) im Relief aus gebrannten Ziegeln die Mauern. Die zweite Phase verkleidet die Wände mit glasierten Ziegeln ohne Reliefs, und die dritte schmückt die Mauern mit glasierten Ziegeln in dunkelblauer Farbe. Die Rekonstruktion im Pergamon-Museum von Berlin vermittelt eine Vorstellung von der Großartigkeit dieses Bauwerks, ein würdiger Eingang in die Stadt, die dem Marduk geweiht war. Zum Block der Zikkurat, den Fundamenten des »Himmels und der Erde« sowie des unteren Tempels bzw. des Etemenanki und Esagila, gehören innerhalb eines großen rechteckigen Platzes auf der Seite der Prozessionsstraße zwei weiträumige Höfe. Der Grundriß der Heiligtümer, deutlich ablesbar an den kleinen Tempeln der Ninmach und Gula, geht auf einen Prototyp der älteren Zeit zurück, vielleicht nur wegen einer bewußt das Alte pflegenden Politik, denn man behält lange die Tradition bei, den Eingang in der Senkrechten zur kleinen Kapelle mit einem oder mehr Räumen davor anzuordnen. Das große Babylon mit seinem äußeren Mauerumfang von nahezu 20 km, an dessen nördlichem Ende der Sommerpalast lag, bildete den Mittelpunkt des neubabylonischen Staates. Die zwei Schwerpunkte seines sozialen Gefüges waren die Beamtenschaft der zivilen und religiösen Verwaltung und das Bauerntum. Letzteres trug die gesamte Arbeitslast, vor allem die Bauarbeiten, wie die Architekturen der zahlreichen alten, heiligen und profanen Zwecken dienenden Bauwerke der verschiedenen Metropolen zeigen. Unter ihnen ist Birs Nimrud (Borsippa) am bekanntesten; hier reichen der rechteckige Grundriß, angelegt nach den vier Himmelsrichtungen, der doppelte Mauerring, der äußere Graben, das regelmäßige Straßennetz und die Anlage für Gott Nabu mit der Zikkurat bis in die Regierung Nebukadnezars zurück.

In dieser vielgestaltigen Umwelt, kurz vor wichtigen Veränderungen, die auf Jahrhunderte hinaus die Achse der Reiche des Orients verschieben werden, ist einerseits der traditionelle Widerstreit zwischen weltlicher und religiöser Gewalt festzustellen (vielleicht einer der Gründe für den leichten Sturz der neubabylonischen Dynastie), andererseits die Doppelwertigkeit einer Gesellschaft, die noch fest dem Boden verhaftet ist und in der das bäuerliche Element die Grundlage aller Zwangsarbeit bildet, zum andern aber die Bewoh-

Menschengestaltiger Sarkophag eines Philisters aus Tell el-Far'ach (Museum von Jerusalem).

ner der Städte ihre höchste Funktion in dieser Zeit erreicht haben (die Einwohnerzahl Babylons wird für damals auf eine halbe Million geschätzt). In dieser Zeit klärt und stärkt die Kolonie der deportierten Juden in Babylonien, unter der geistigen Führung des Propheten Ezechiel, das Gefühl zur Nationalreligion und schlägt damit, quer durch die Diaspora, eine Brücke zwischen den weltlichen Reichen des Orients und der noch undeutlichen westlichen Gesellschaft der Philister und Juden.

Der Übergang von der späten Bronzezeit zur Eisenzeit ist auch in Palästina durch Veränderungen gekennzeichnet, die in der ethnischen wie sozialen und wirtschaftlichen Zusammensetzung tiefe Einschnitte verursachen. Der Sturm der sog. »Seevölker« auf der einen und das Eindringen der israelitischen Stämme in Kanaan auf der anderen Seite sind die wichtigsten Ereignisse im Küstengebiet und im Hügelland am Jordan. In den Ländern östlich dieses Flusses nimmt man an diesem Phänomen teil, und während dieser Zeit bilden sich die Reiche der Moabiter, Ammoniter und Edomiter, deren Namen sooft als die »Unterdrücker« Israels aufscheinen, bis sich etwa im 6. Jh. v. Chr. diese Völker als soziale Einheit und politische Organisation verlieren.

Unter den Völkern, die die Ägypter »Seevölker« nannten, sind die Philister die einzigen, die durch ihre Verbindung zur entstehenden israelitischen Nation zum festen Ausgangspunkt wurden, noch bevor die Archäologie die Zeugnisse ihrer materiellen Kultur aufgefunden hatte. Wir wissen, daß sie den Kanaanäern fünf Städte entrissen haben: Gaza, Askalon, Gath, Aschdod und Akron, alle im Küstengebiet gelegen, zum Schutz vor der Wüstenregion, die Palästina vom Nildelta trennt. Zusammen mit den Scherdanu, Waschasche, Danunu, Schekelesch und Zakkala werden sie 1196 von Ramses III. zu Wasser und zu Lande besiegt, der diesen Sieg auf seinen Reliefs darstellen läßt. Daraufhin strömen die Philister nach Norden zurück und setzen sich, dank ihrer Geschlossenheit und militärischen Fähigkeit, als Elite in den bereits erwähnten kanaanäischen Zentren fest und verschmelzen nach und nach mit den Einheimischen.

Die Geschichte der Philister ist eng mit derjenigen der umliegenden Völker verflochten, und die Kämpfe, die sie zu Beginn der israelitischen Königszeit führten, sind gut bekannt. Die Schlacht am Berg Gilboa und die Stellung Davids als Vasall der Philister zeigen die Vormachtstellung der Küstengebiete und den Versuch wiederum, entlang der Wasserscheide vorzudringen, den sie während der Zeit der israelitischen Doppelmonarchie in wechselseitigen Kämpfen mit dem Königreich Juda wiederaufgenommen haben.

Das auffallendste Merkmal der Kultur der Philister, als sie in die bereits vorhandene kanaanäische eindrangen, zeigt sich in der Keramik. Diese tritt unversehens in den Küstenstädten am Ende der späten Bronzezeit und etwas später im Landesinnern auf und bezeugt damit ihre schrittweise Verbreitung. Der Schmuck und die Geschirrformen sind typisch für den Ägäisbereich: Motive und keramische Linien gehen im wesentlichen auf die im helladischen Bereich des 13. Jh.s v. Chr. zurück, besonders in der Herstellung auf der Dodekanes (Rhodos). Es scheint durchaus möglich, die Hauptströmung mit einer Bewegung zu verbinden, die in einem ziemlich entfernten Gebiet ihren Ursprung hat – übertragen durch fruchtbare und rege Handelsbeziehungen – und deren darauffolgende Phasen nicht mehr feststellbar sind. Auch Cypern wird als Ursprungsort der dekorativen Keramik der Philister genannt, aber die Entwicklung dieses Zwitterprodukts während der Zeit ihrer größten Verbreitung beschränkt sich zumeist auf den kanaanäischen Raum, von wo seine charakteristischen Techniken, die Zusammensetzung der Tonerde, der Brennvorgang u. a. stammen. Ein hervorragendes Beispiel für die Auswirkung, die diese Stämme – sie werden später in der Überlieferung Philister genannt – bei ihrer Ankunft auslösen, zeigt die Stadt Askalon, in der Spuren von Zerstörung das Ende jener kanaanäischen Kultur anzeigen, die ständig cyprisches, mykenisches und ägyptisches Kulturgut einführte. Die meisten der typisch fremden Kulturgüter im palästinensischen Raum, wovon nur weniges, mit Ausnahme der Keramik, dem Philistervolk zugeschrieben werden kann, stammen aus jener Zeit, in der die Philister auf dem Durchzug durch das Land Kanaan waren, kurz bevor sie darin seßhaft wurden. Ihre wichtigsten Städte sind noch nicht genügend erforscht, um unterscheiden zu können, welche kulturellen Erscheinungsformen von ihnen selbst stammen und welche sie, in Berührung mit der palästinensischen Kultur, übernommen haben. Eine besondere Art Kammergrab mit langem Zugang (*Dromos*), u. a. in Tell el-Far'ach gefunden, scheint von der einheimischen Tradition abzuweichen, wenn man sich entschließen kann, es der philistäischen zuzuordnen. Neben typisch keramischen Schmuckstücken erscheinen außer Bronzewaffen auch solche aus Eisen, und später sind es (menschengestaltige) Sarkophage, deren Ursprung in Ägypten lag. Zu bemerken ist, daß die Schlacht, die Ramses III. gewann, die letzte in einer Reihe von Zusammenstößen mit Stämmen dieser wandernden Völker war, von denen einige, bis in die Amarna-Zeit, in Ägypten als Söldner dienten und daß manche von ihnen in den ägyptischen Garnisonen in Palästina (Bet-Schan) zurückgeblieben waren. Eine solche Situation ist in der Geschichte des Vorderen Orients durchaus nicht ungewöhnlich und erklärt die Vermischung unterschiedlichster Kulturelemente innerhalb verschiedenster Kulturen, getragen von homogenen Gruppen, die immer dort ein Wirkungsfeld finden, wo der Boden zur Aufnahme bereit war. Beispiele aus späteren Zeiten bestätigen dieses Phänomen erneut: Die Kreuzfahrer in Innersyrien oder die warägische Wache (Skandinavien), die von Byzanz aus ins Innere Rußlands vorstieß.

Der lange Prozeß der Infiltration und der Seßhaftigkeit der Israeliten in den geschichtlichen Wohnsitzen Kanaans beginnt ungefähr mit der Zeit der

Patriarchen, etwa von Mitte des 2. Jahrtausends bis zum Ende der mittleren Bronzezeit und endet – wie es das Alte Testament erzählt – mit dem Zusammenschluß beim Exodus und im Königtum. Die staatliche Einheit Israels entsteht verhältnismäßig spät und aus verschiedenen, zum Teil gegensätzlichen Anlässen: Einmal aus der Religiosität vor der Richterzeit, zum anderen aus der Notwendigkeit, sich gegen die Staatsgebilde der Philister und Ammoniter zu wehren. Das Königtum, begonnen mit Saul als eine Art patriarchalischer Regierung, nimmt in der zweiten Phase ausgesprochen Verwaltungsaufgaben wahr. Die Überlieferung, die David die Rolle eines Vasallen der Philister zuweist, zeigt, wie wichtig die verschiedensten Umweltfaktoren beim staatlichen Aufbau gewesen sein müssen, in dem eine Zwölf-Stämme-Regierung Wirklichkeit werden sollte.

Die Wahl Jerusalems als Regierungssitz verkörpert den Augenblick der Vereinigung der verschiedenen israelitischen Gemeinden gemäß der Tradition der einzelnen Stämme durch den König. David entreißt die Stadt den Jebusitern und stellt dort die heilige Lade von Schiloch auf. Die Ausgrabungen in dieser Gegend ergaben Hinweise auf die Verbindung zwischen Nord und Süd (der Küstenstreifen war z. T. in der Hand der Philister). Die Davidstadt um den Hügel von Ophel war etwa im Dreieck angelegt und umfaßte ca. 4,5 ha. Auf der Anhöhe lag eine Ebene, etwa 100 m lang, die gegen Osten steil zum Kedrontal abfiel, wo die Befestigungsanlagen den Zugang zur Quelle Gichon schützten, die später durch einen großartigen Tunnel aufgefangen wurde. Die Erweiterung der Wohnfläche wurde durch die Anlage von Terrassen, den sogenannten *Millo*, erreicht. Davids Sohn, Salomon (970–931), wandelte die befestigte Stadt der Jebusiter, nunmehr Hauptstadt des Reiches, in einen würdigen Sitz der israelitischen Könige um. Infolge dieser Veränderungsmaßnahmen strömten sowohl Spezialarbeiter als auch Material aus den phönizischen Küstenstädten herbei. Gleichzeitig nahm die Vereinheitlichung der Verwaltung bei den verschiedenen dort ansässigen Gemeinschaften konkrete Formen an. Die Überführung der Bundeslade nach Jerusalem trug wesentlich zur Verwirklichung dessen bei, was schon David geplant hatte, nämlich einen Tempel analog dem zu bauen, der schon in der Stadt der Jebusiter vorhanden war. In diesem Augenblick wird auch der Klerus, wenigstens teilweise, in den Königsstaat, d. h. in die staatliche Struktur eingegliedert. Durch diesen Vorgang als eine politische Tat wurde es notwendig, die Stadt im Norden des Ophel-Hügels auszudehnen, um größeren Raum für die beiden Basen zu gewinnen, auf denen die königliche Macht ruhte: Tempel und Palast. Dieses Areal liegt auf Terrassen (später durch den Ausbau unter Herodes d. Gr. erweitert), auf denen sich heute der sogenannte Haram esch-Scharif befindet. Auf der westlichen Seite ist der Einschnitt der beiden Phasen gut sichtbar. In der ältesten verrät das Mauerwerk aus Quaderblöcken eine Technik, die traditionsgemäß den phönizischen Maurermeistern der Stadt Tyros zuzuweisen ist. Dazu gehört auch die Ausschmückung im Innern mit Cherubinen aus vergoldetem Olivenholz. Von der Salomonischen Stadt blieb wenig, denn die Lage von Tempel und Palast ist unsicher. Wie wir wissen, war der Tempel 76 m lang, 15 m hoch und bestand aus den drei kanonischen Teilen: dem Vorhof, der Cella und dem Allerheiligsten, das ganz hinten lag und leicht erhöht war. Die zahlreichen Rekonstruktionsversuche des Salomonischen Tempels ergaben einen einheitlichen verlängerten Grundriß mit einer vorderen Säulenhalle, der sich auf Formen der syrisch-palästinensischen Zeit zurückführen läßt, wie der Plan eines kleinen Bauwerks bei Tell Tayinat als Beispiel zeigt.

Die biblische Überlieferung erwähnt auch den Mauerbau dreier anderer Städte: Hazor, Megiddo und Gezer, die zur gleichen Zeit wie Jerusalem befestigt wurden, wobei die Bevölkerung Frondienste leisten mußte. Hazor und Megiddo sind strategisch wichtige Zentren, ihre lange Geschichte vor der Zerstörung und der teilweisen Aufgabe zwischen dem 13. und 12. Jh. v. Chr. sind dafür ein Beweis. Gezer wurde von Salomon dem Pharao als Mitgift für die Tochter übereignet. Die Wahl dieser drei Zentren kann als die von »neuen« Orten verstanden werden. Sie entsprechen der territorialen Logik der Stämme, sind vom König als der zentralen Macht des Staates abhängig, jenem Königtum, das sich in der salomonischen Vorstellung auf den gesellschaftlichen Zusammenhalt der Israeliten in einer andersgearteten umliegenden kanaanäischen und phönizischen Welt beruft.

Die Stadt Hazor im Jordantal zwischen dem See Hulech und dem Galiläischen Meer lag in der Salomonischen Zeit im südlichen Teil der großen bronzezeitlichen Ansiedlungen, deren Zerstörung

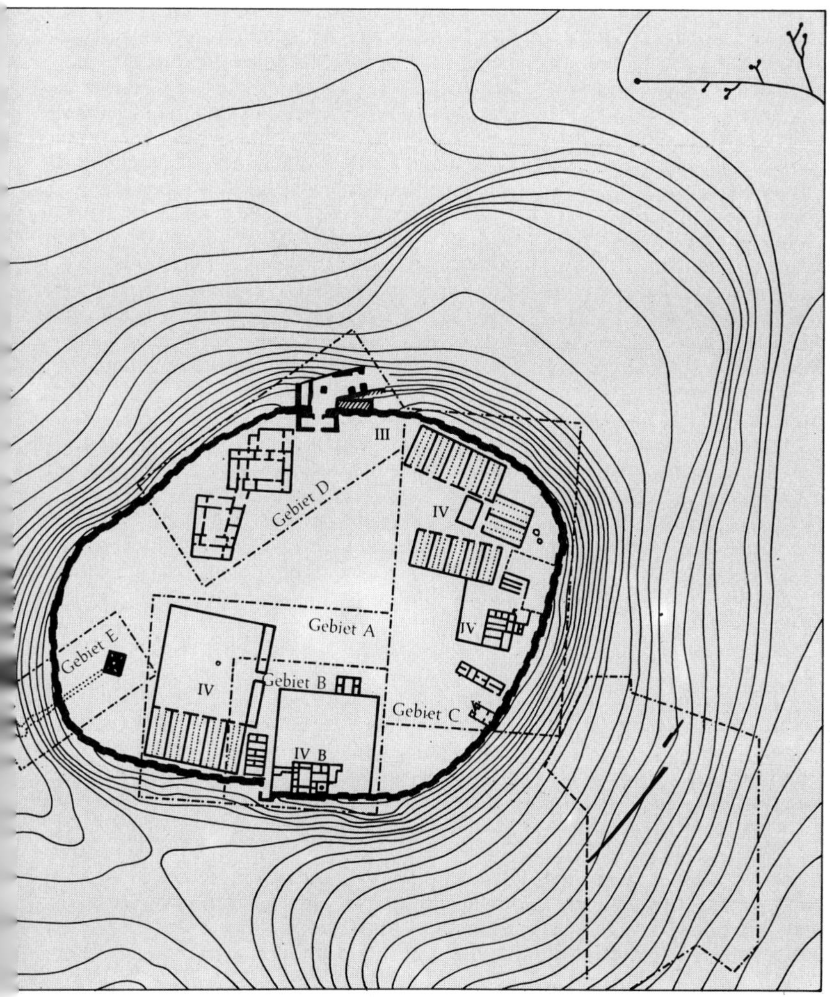

Plan der Stadt Megiddo. Unten der Palast (ein bît hilani *nach neuer Auffassung). Er führt in einen geschlossenen Raum, dessen Tür achsial zum Tor des Mauergürtels liegt. Verstreut innerhalb der Anlage liegen die Gebäude (aus der nachsalomonischen Zeit), die als Pferdeställe und Remisen für die Kriegswagen verwendet wurden, der Angriffswaffe des Heeres. Gutes Beispiel einer befestigten Zitadelle innerhalb eines unzusammenhängenden Gebietes, das zur Königsresidenz und als Waffenarsenal bestimmt war.*

vielleicht einem israelitischen Angriff zuzuschreiben ist. Von besonderem Interesse sind die zweifachen Verteidigungsmauern, zwischen denen Kammern und innere Räume lagen sowie das innen geteilte Tor, das von außen durch zwei Türme mit Zinnen verstärkt, gut verteidigt werden konnte. Im Innern dieser Festungsanlage befanden sich die Amtsgebäude, während die Wohnungen in den anschließenden Vierteln verstreut waren.
Dieselbe Lage des Tores – vorgelagert war eine zangenförmige Anlage entlang der Zugangsrampe, vielleicht mit einer Kasematte verbunden – fand sich auch in Megiddo. Hier stand, gegenüber dem Stadttor auf der anderen Seite der Akropolis, innerhalb eines großen Hofes ein Gebäude, von dem nur noch die Grundmauern erhalten sind. Die derzeitige Hypothese sieht darin eine Art Variante von *bît hilani* mit zwei getrennten Zonen für die Wohnungen und für die Repräsentation, mit Treppen zu den zwei Stockwerken. Die übrige Akropolis war von kleinen Bauwerken geringer Bedeutung besetzt, das »Verwaltungsgebäude« ausgenommen, das westlich des Palastes lag. Bemerkenswert bei der Wiederherstellung und Befestigung der Zitadelle ist, daß Schachtbrunnen und die unterirdische Galerie – sie leiteten dem Stadtgebiet Wasser zu – schon dem 12. Jh. v. Chr. zuzuordnen sind; spätere Verbesserungen ließ Achab (871–852 v. Chr.), aus dem Haus Omri, durchführen.
Auch Gezer, als Schutz der Küste angelegt, war ein wichtiger Platz; man darf annehmen, daß er befestigt war, obwohl die archäologischen Zeugnisse nichts Sicheres aussagen. Auch hier finden wir den vorgelagerten zangenähnlichen Tortyp wie in Megiddo in Art einer Zufahrtsrampe und vielleicht mit einer Verteidigungsmauer vom Typ einer Kasematte verbunden wie in Hazor und Megiddo.
Die zentrale Macht gründet auf dem erbarmungslosen Eintreiben der Steuern und der Zwangsarbeit der Bevölkerung. Nach Überlieferung und archäologischen Zeugnissen wurde dies in allen Städten und Befestigungen des Salomonischen Reiches und später auch in Israel und Juda so gehandhabt. Beispiele dafür fand man in den Provinzorten wie Tell Beit Mirsim und Bet-Schemesch. Dort zogen sich innerhalb der Kasematten die Gebäude strahlenförmig auseinander, außerhalb des Zentrums der Stadt, in dem andere Bauwerke verschiedener Art lagen. Der Grundriß der Wohnungen war im allgemeinen dreigeteilt. Die Gebäude umgaben an drei Seiten einen zentralen Hof, gut sichtbar in der dritten Schicht von Tirzach (Tell el-Far'ach). Abgesehen von diesen Merkmalen, die dazu dienten, den vorhandenen Raum noch sinnvoller zu nutzen, geht aus den Resten der materiellen Kultur die Kluft zwischen herrschender und beherrschter Klasse hervor, die sich nach dem Tod Salomons zur Teilung in zwei Reiche entschlossen: Israel im Norden, Juda im Süden. Zu der gemeinsamen Lebensweise aus der Vorkönigszeit wollte man nicht zurückkehren.
Infolge der Besitzteilung im Hause David um 930 v. Chr. gingen Israel und Juda verschiedene Wege. In den Interessenkreis Assyriens, Babyloniens und Ägyptens geraten, fiel das Nordreich 722 v. Chr., das Südreich, wesentlich später, 686 v. Chr. an diese Mächte. Trotz des Druckes der Fremdmächte und der langen Zeit haben sich die Regierungsformen beider Staaten, die einem vereinten Königreich widersprachen, sich nicht einander angleichen wollen. In der Wahl Samarias als Hauptstadt des Königreichs Israel seitens Omri, an einem zuerst unbewohnten Ort, verwirklicht sich eine Baupolitik, die die königliche Residenz zum Herzstück des städtischen Lebens macht. Im Mittelpunkt der Akropolis, auf einer Fläche von 145 × 76 m, stand eine bestimmte Anzahl von Gebäuden mit dem königlichen Palast im äußeren Westen, nach mesopotamischem Brauch nach allen Seiten offen und andere Verwaltungsgebäude. Achab wird vermutlich die Mauer im Stil einer Kasematte zuzuschreiben sein, wie die von Hathor und anderer Orte der Salomonischen Zeit, ebenso die Umgestaltung des königlichen Palastes in eine Zitadelle. Mit welchem Luxus sich diese israelitischen Könige umgaben (von Salomon haben wir nur schriftliche Belege, aber dessen Prunksucht war sicher noch augenfälliger), zeigte sich bei der Entdeckung einer Gruppe von Elfenbeinmöbeln, die einmal die Erwähnung des »Elfenbein-Hauses« in der Bibel bestätigten, andererseits zeigten, wie abhängig diese königlichen Residenzen von den Arbeitsleistungen phönizischer Städte waren. Auf die Arbeiterschaft dieser Küstenorte griff man laut Überlieferung schon bei Salomon zurück. Die Anwesenheit von Jezebel, der Gattin Achabs und Tochter des Königs von Sidon und ihrer »verkehrten« Religion, wird mit diesen Elfenbeinarbeiten im phönizischen Stil in Zusammenhang gebracht. Ähnlich denen von Arslan Tasch (den Läden von Ben-Hadad bei Damaskus zugeordnet), Zincirli, Karkemisch und Nimrud könnten sie, außer über den Handel oder Tributleistungen auch aus der Beute der Orte stammen, die die Assyrer erobert hatten.
Die Entwicklung der Bauformen der Paläste und der mit ihnen zusammenhängenden Gebäuge zeigt in Megiddo für diese Phase ein gutes Beispiel, die der Regierungszeit von Omri und seinem Sohn Achab sowie von Jechu entspricht (dieser unterwarf sich Salmanassar III.), der das Haus Omri absetzte. Auf der Akropolis befanden sich in dieser Zeit drei ansehnliche Gebäude, die als Ställe oder Remisen zur Aufbewahrung von Kriegswagen dienten. Jedes Gebäude, in dem 150 Pferde für 50 Wagen untergebracht werden konnten, war zu je 3 m dreigeteilt. In der Mitte ein Gang, zu beiden Seiten Stallungen. In den Fundamenten aus dieser Zeit ist deutlich zu erkennen, daß Teile der vorangegangenen salomonischen Bauwerke wiederverwendet wurden, so beim teilweisen Abbruch des »Verwaltungsgebäudes« 667 v. Chr. und beim Umgestalten des Mauergürtels des Palastgebietes. Diese Veränderungen lassen auf eine zentral gesteuerte Verteilung der militärischen Hilfsmittel schließen, vielleicht unter anderen Gesichtspunkten als denen während der vereinten Königreiche. Es ist bekannt, daß Salomon je zur Hälfte 1400 Kriegswagen in der Stadt, »in der er sich aufhielt und in Jerusalem bei sich« hatte und daß Achab mit 2000 Kriegswagen und 10 000 Mann Fußvolk an der Koalition der syrisch-palästinensischen Staaten teilnahm, die sich der Streitmacht Salmanassars III. in der Schlacht bei Qarqar 853 v. Chr. entgegenstellte. Eben in dieser Gegend, in der die assyrischen Truppen zurückwichen, wurden die unabhängigen Orte 720 v. Chr. endgültig von Sargon II. besiegt, zwei Jahre nach dem Fall von Samaria und dem Ende des Königreichs Israel.

Rauchfaß aus Keramik mit zwei Darstellungen der Göttin Aschtaroth (13.–11. Jh. v. Chr.), in Megiddo gefunden.

Phönizien

Stefania Mazzoni

Geographische Lage, Entwicklung des Tauschhandels, traditionelle Handelswege, Entstehung der Küstenstädte bis zum »Seevölkersturm« des 10. Jh.s v. Chr.

Eine Überbewertung des Einflusses der Lebensräume als Hauptursache der sogenannten »mediterranen Berufung« der Phönizier, durch die sie sich von den anderen nach Mesopotamien tendierenden Völkern des alten Orients abgesondert hätten, hat oft dazu geführt, die phönizische Welt als abgeschlossenes Randgebiet zu betrachten. In den eigenständigen Elementen wollte man eine völlige Unabhängigkeit von den anderen nahöstlichen Kulturen erkennen. Solche kritischen Betrachtungen sind nichts anderes als ein Aspekt neuerer Studien, die auf eine Neubewertung jener Gebiete zielen, zu denen auch Phönizien und Syrien gehören, die vorher als bloße Randprovinzen angesehen und damit abgewertet worden waren. Gleichzeitig aber sind diese Meinungen auch eine Reaktion gegen das bekannte Urteil von de Vogüe, der 1895 der phönizischen Kunst jegliche Originalität abgesprochen hatte.

Wenn zu einer zutreffenderen Beurteilung der Phönizier die Revision vorgefaßter und überholter Meinungen nötig geworden war, so läßt sich dieses Ziel nicht erreichen, wenn wie bisher üblich die phönizische Welt als völlig getrennt vom historischen Hintergrund betrachtet wird. Überprüft man die solchen Anschauungen zugrunde liegenden Gegebenheiten, so stellt sich heraus, daß nicht so sehr die Umweltbedingungen als vielmehr das Zusammenwirken politischer Vorgänge und wirtschaftlicher Verhältnisse die Expansion der phönizischen Küstenstädte ausgelöst und gefördert haben. Bei der Betrachtung einer Landkarte fallen die besonderen wirtschaftsgeographischen Bedingungen im Libanon und Westsyrien ins Auge. In beiden Gebieten sind die für Besiedlung geeigneten Zonen durch Gebirgszüge voneinander ge-

Blick auf die phönizische Küste nahe Byblos. Zahlreiche geschützte Buchten und Ankerplätze begünstigten die Schiffahrt. Das Hinterland war reich an Edelhölzern, die von den benachbarten Hochkulturen sehr begehrt wurden. Der steigende Bedarf an Metallen und gewissen Erzen, die oft aus fernen Ländern beschafft werden mußten, regte die Phönizier dazu an, ihre Wirtschaft hauptsächlich auf den Handel auszurichten.

Oben: Luftbild der Ausgrabungen vom Byblos der Spätzeit. Durch ihre äußerst günstige Lage an der Küste war die Stadt von der Jungsteinzeit bis in die Zeit der Kreuzzüge ununterbrochen besiedelt.

Unten: Ansicht der Ausgrabungen vom Tyros der Römerzeit. Die gründliche Umgestaltung der Stadt während der hellenistischen Periode hat an vielen Stellen die vorhergehenden phönizischen Bauten zum völligen Verschwinden gebracht.

trennt. Im Libanon ein schmaler Küstenstreifen, dann zwischen dem Libanon und Antilibanon die fruchtbare Beka'a-Senke längs des Litani, die sich nach Norden zu, in Syrien, im Orontestal zwischen den Gebirgen Ansariye und Zawiye fortsetzt. In diesen einander so ähnlichen Landschaften hat sich denn auch seit der Kupfersteinzeit jener ausgesprochen sozialökonomische Dimorphismus in den verschiedenen benachbarten Zonen ausgebildet: Ackerbau und Dorfkultur im Hinterland, Sammler- (Fischfang) und städtische Handelswirtschaft an der Küste; ein Zustand, an dem sich im Laufe von Jahrtausenden nicht viel geändert hat und der zum Teil auch heute noch fortdauert.

Die vielfach behauptete geographische Abgeschiedenheit der phönizischen Küste, die ihren Bewohnern fruchtbare Kontakte mit dem Orient erschwert und sie zur Seefahrt gezwungen hätte, ist nur scheinbar. Schon seit dem Ende des 4. Jahrtausends v. Chr. spielte sich auf den Schiffahrtsrouten längs den Küsten ein lebhafter Handelsverkehr ab, der Ägypten, Anatolien und Mesopotamien miteinander verband. Händler, und wie wir wissen auch Regierungsbeauftragte, kamen aus Ägypten und dem Osten an die Küste zwecks Beschaffung lebenswichtiger Rohstoffe. Aus den Ankerplätzen wurden nach und nach mächtige Handelsmetropolen, als erste Byblos seit dem 3. Jahrtausend v. Chr., gefolgt von Ugarit und den anderen, und es wäre verwunderlich, wenn die Phönizier nicht ihre »Berufung« als Handelsvolk entdeckt hätten.

Was im besonderen den »Drang nach dem Mittelmeer« betrifft, so hat auch dieser seinen Ursprung im Wandel der Geschichte. Im Gegensatz zu den seit Jahrtausenden bestehenden Handelsverbindungen der Küstenstädte mit dem Osten entwickelt sich der phönizische Westhandel nicht vor dem 9. Jh. v. Chr. und muß als unvermeidliche Reaktion der Küstenstädte auf die besonderen politischen Verhältnisse betrachtet werden, die sich zu Beginn der Eisenzeit im Vorderen Orient gebildet hatten.

Wirtschaftsgeschichtlich betrachtet war der Handelsverkehr der Küstenstädte in der Spätbronzezeit noch von passiver Art, d. h. hauptsächlich auf die Einfuhr westlicher Güter für den Osten ausgerichtet. Im Aktivhandel dagegen, d. h. in der Ausfuhr orientalischer Erzeugnisse nach dem Westen, spielten die Küstenstädte wahrscheinlich nur eine Vermittlerrolle, da sich bereits kleinere Gruppen ägäischer Kauffahrer eingeschaltet hatten. Damit konnten sich gewiefte Kaufleute, wie es die Phönizier waren, nicht abfinden, und sie gingen daran, den Zwischenhandel auszuschalten, indem sie begannen, den Westhandel in eigener Regie zu führen und die westlichen Märkte zu monopolisieren. Diese Entwicklung scheint schon am Ende der Spätbronzezeit begonnen zu haben, als durch eine wirtschaftliche und politische Krise, von der die Küstenstädte und das östliche Mittelmeerbecken betroffen worden waren, der Handelsverkehr gestört war und lokale Produktionsstätten entstanden, um Ersatz für bestimmte Waren zu schaffen,

Oben: Regenbogenfarbiges Alabastron (7.–6. Jh. v. Chr., Damaskus, Nationalmuseum). Die Ägypter verstanden sich schon lange auf die Herstellung farbiger Glasschmelzen, eine Technik, die von den Phöniziern ganz bedeutend verbessert wurde.

Rechts: Sarkophag des Königs Ahiram von Byblos, wahrscheinlich ein älterer (13.–12. Jh. v. Chr.) Sarkophag, der im 10. Jh. v. Chr. zur Beisetzung des Königs wiederverwendet wurde. Auf der Vorderseite Huldigungsszene für den thronenden König, auf den anderen Seiten Zug der Klagefrauen. Auf dem Deckel die liegenden Figuren des Königs, seines Sohnes und zweier Löwen.

an denen es mangelte. So erklärt sich das Auftauchen der Philisterkeramik anstelle der ägäischen Importware. Noch am Ende der Spätbronzezeit scheinen die phönizischen Küstenstädte ihre auf die Weltmärkte Ägyptens und Mesopotamiens ausgerichtete Handelspolitik nicht geändert zu haben. Dies kann man dem hochinteressanten Reisebericht des Ägypters Wen-Amon entnehmen, aber auch den Listen der von den Küstenstädten an Tiglatpileser geleisteten Tribute, hinter denen sich in Wahrheit auch bestimmte Handelsgeschäfte verbargen. Besagter Wen-Amon war im 11. Jh. als Handelsbeauftragter des Amon-Tempels von Theben nach Byblos gekommen; er beklagt sich in seinem Bericht jedoch bitter über den ruppigen Empfang durch den dortigen König. Mit Beginn der Eisenzeit und besonders im 9. Jh. verschlechterten sich die Verhältnisse weiter vor allem durch den wieder erstarkenden Expansionsdrang der Assyrer, die von einer Eroberung zur anderen ihren Staat zu einem mächtigen Großreich ausbauen. Das hatte schwerwiegende Folgen für den Handelsverkehr. Als erste gerieten die syrischen Handelszentren unter die direkte Kontrolle der assyrischen Herrscher, die schließlich den Handel in ihrem gesamten Herrschaftsbereich monopolisierten. Das bedeutete das Ende einer auf Angebot und Nachfrage gegründeten freien Marktwirtschaft, wie sie sich seit dem 3. Jahrtausend v. Chr. gebildet hatte. Am meisten hatten darunter die Phönizier zu leiden, denen immer mehr von den Assyrern beherrschte Märkte verschlossen blieben. Trafen sich früher in den Marktzentren Kaufleute aus aller Herren Länder, die feilschten und in freien Verhandlungen Geschäfte abschlossen, so war dies jetzt nicht mehr möglich; überdies strebten die Assyrer nach einer direkten militärischen Beherrschung des fruchtbaren Küstenstreifens. Der Markt »trocknete« aus; angesichts dieses unaufhaltsamen Verfalls waren die Küstenstädte gezwungen, sich nach anderen Absatzmärkten umzusehen, um wirtschaftlich und auch politisch weiterbestehen zu können. Die sogenannte »mediterrane Sendung« der Phönizier war somit eher die *ultima ratio,* die letzte Überlebenschance, als ein Drang nach Expansion. Diese Umstellung ging nicht ohne größere Opfer vor sich, mußte doch das ganze, dem Bedarf der orientalischen Märkte angepaßte Produktionssystem abgeändert werden, das Kunstgewerbe sich auf die Herstellung von Erzeugnissen konzentrieren, die einen längeren Transport ertrugen und der Nachfrage der westlichen Märkte entsprachen; dazu kam noch der Verlust des einträglichen Holzhandels. Hier bewies sich die geistige Regsamkeit und Wendigkeit der phönizischen Kaufleute, die in weiser Voraussicht kommender Erreignisse die schmerzliche, für das Überleben aber unumgängliche Loslösung von den orientalischen Märkten und folgerichtig der Öffnung nach dem Westen bereits planmäßig vorbereiteten.

Die Umwandlung des phönizischen Wirtschaftssystems ging stufenweise vor sich. Das 11. Jh. v. Chr. scheint für die Küstenstädte eine schwierige Periode gewesen zu sein. Auf der einen Seite die Bedrohung durch Tiglatpileser I., auf der anderen die kriegerischen Unternehmungen der Philister, denen nach literarischen Quellen der Niedergang der politischen Vormachtstellung Sidons zuzuschreiben ist, die dann auf Tyros überging. Im 10. Jh. lockerte sich der Druck der Assyrer, die mit den sich in Syrien einnistenden Aramäern zu tun hatten, während auch die Philister in harte Kämpfe mit dem jungen Königreich Israel verwickelt waren. Diese politische Lage nutzten die Phönizier, getreu ihrer spätbronzezeitlichen Tradition, zur Wiederaufnahme ihres Orienthandels aus, vor allem mit den inzwischen aramäisch gewordenen Städten Südsyriens, Damaskus und Hama, aber auch mit dem Königreich Israel. In diese Zeit fällt auch die Hochblüte der phönizischen Kultur, die sich mit ihren Erzeugnissen auch in den neuen Staatsgebilden der südsyrischen Städte wie auch im Königreich Israel auswirkt. Das Kunstschaffen der phönizischen Städte erfuhr eine Weiterentwicklung der spätbronzezeitlichen Traditionen, die sich in den neuen Erzeugnissen verfolgen läßt: die Elfenbeinschnitzereien, das am besten bekannte und verbreitete Produkt des phönizischen Kunsthandwerks, sind nichts anderes als eine natürliche Fortentwicklung der palästinensischen Erzeugnisse der Spätbronzezeit. In diese Zeit datiert auch der Sarkophag, den Ittobaal seinem Vater Ahiram, König von Byblos, gewidmet hat und der sich heute im Louvre befindet. Im Relief der Hauptszene, dem Totenmahl, erkennt man die Ikonographie einer Elfenbeinarbeit der Spätbronzezeit aus Megiddo. Die in den Figuren vorherrschende Linienführung steht noch ganz in der alten Tradition der Stelen von Ugarit und Beisan und der Elfenbeinarbeiten von Byblos und Megiddo. Aus dieser Tradition leitet sich auch das Interesse für die sorgfältige Gestaltung der Komposition ab, eine der gelungensten Schöpfungen, der wir konstant auch in der späteren phönizischen Kunst begegnen werden und die sich hier auch in den Gestalten der Klagefrauen der Seitenszenen auswirkt. Deren Bedeutung ist vor allem im rhythmisch abgestimmten Wechsel der freien und vollen Flächen und der monotonen Wiederholung der Körperhaltung verdichtet, durch die auf das Drama des Todes hingewiesen wird. Ebenso erweckt in der Hauptszene der wohlüberlegte Wechsel der Armhaltung der Figuren und die durchaus nicht zufällige Wiederholung der Faltenwürfe den Eindruck einer fortlaufenden Wellenbewegung, die den Blick auf den von einem hohen Würdenträger durch eine feierliche Geste begrüßten Herrscher lenkt. Die Aus- oder Umdeutung des früheren Schemas in der Darstellung (fortlaufender) erzäh-

Ein Hirsch an der Tränke. Durchbrochene Elfenbeinarbeit aus Arslan Tasch (9. Jh. v. Chr., Paris, Louvre). Dieses Bruchstück gehört zu zahlreichen anderen Elfenbeinarbeiten, die zur Verzierung von Möbeln bestimmt waren und entweder als Tribut, Kriegsbeute oder Handelsware nach Syrien kamen. So gut wie alle derartigen phönizischen Erzeugnisse des Kunsthandwerks wurden außerhalb Phöniziens gefunden.

lerischer Szenen durch die Schule von Byblos bildet im 10. Jh. die Grundlage für die weitere Entwicklung des phönizischen Kunststils. In der Triumphszene der Elfenbeinarbeit von Megiddo, die als Vorbild für die Hauptszene des Sarkophags diente, wird auf eine fortlaufend-erzählerische Darstellung völlig verzichtet und die Begebenheit nur in knappster Zusammenfassung in einer einzigen ideologisch bedeutsamen simultanen Handlung gezeigt. Dem entspricht auch die sorgsame und klare Aufteilung der Flächen, durch die das sofortige Erfassen der Bedeutung des Kontextes erleichtert wird. All dies ist im Kern in diesem Werk vorhanden und geht ohne Unterbrechung in die Formensprache des 9. Jh.s über.
Der Handel mit Ägypten während dieser Periode ist durch ägyptische Werkstücke belegt, die sich in phönizischen Städten fanden und nicht selten wiederverwendet wurden, wie z. B. Statuen der Pharaonen Scheschonk I. und Osorqon I., in die die Namen der Dynasten Adibaal und Elibaal von Byblos eingemeißelt sind. Gleichzeitig liefert uns auch die Bibel ausführliche Berichte über die Handelsbeziehungen während der Herrschaft Davids und Salomons zwischen Israel und Hiram I. von Tyros. Auch hier zeigt sich der Weitblick der phönizischen Handelspolitik, die auch technische »Entwicklungshilfe« einschloß. Brauchten doch die Könige von Israel für den Ausbau Jerusalems als Hauptstadt ihres Reiches nicht nur regelmäßige Lieferungen von Edelhölzern und anderem Material, sondern auch erfahrene Facharbeiter (Zimmerleute und Steinmetzen), die ihnen Hiram (nicht ohne entsprechende Gegenleistungen) gern zur Verfügung stellte und deren Anwesenheit in Jerusalem sicher auch kulturelle Auswirkungen hatte. Wahrscheinlich wandten die Phönizier eine ähnliche Politik auch hinsichtlich der benachbarten Stadtstaaten von Damaskus und Hama an, weist doch deren Kunstschaffen deutlich phönizische Stilelemente auf, während sich die Erzeugnisse anderer Werkstätten, beispielsweise solche aramäischer und hethitischer Herkunft, stark davon unterscheiden.

Eroberung der orientalischen Märkte und Zusammenstoß mit den Assyrern; Entwicklung der Kolonisation und politische Krise

Im 9. Jh. hat sich das politische und kulturelle Bild der phönizischen Städte voll ausgestaltet. Der wirtschaftliche Aufschwung ist das Ergebnis einer systematisch programmierten Ausweitung der Märkte, wobei sich bereits teilweise die künftige Orientierung abzeichnet. Die wichtigsten Städte, Tyros, Sidon, Byblos und Arwad, möglichst an den Hängen der Küste um das Hafengelände angelegt, bekommen einen ausgesprochen städtischen Charakter. Politisch sind diese Zentren eifersüchtig auf gegenseitige Unabhängigkeit bedacht, und daran ändert sich auch später selbst angesichts kriegerischer Bedrohungen nichts. Diese erfreulichen Zustände, die im 9. Jh. erreicht waren, hielten jedoch nur kurze Zeit an, denn schon in den Ereignissen jener Jahre zeichnen sich die tiefgreifenden Wandlungen ab, von denen bald der ganze Vordere Orient ergriffen werden sollte. Vor allem ist es die wiedererstarkende Macht des Reiches von Assur unter Assurnasirpal II. und Salmanassar III., denen die Küstenstädte tributpflichtig werden, wobei immer noch zu vermuten ist, daß sich damit auch andere Geschäfte verbanden. Man darf dies aus der Art der Tributleistungen schließen: gefärbte Wollstoffe (die berühmten Purpur- und Scharlachtextilien), Bauholz, Elfenbein- und Metallarbeiten und, was besonders auffällt, die Zurverfügungstellung von Fachkräften aus Tyros und Sidon für den Bau des Palastes von Nimrud. Einer ähnlichen, auf Ausweitung des Handels zielenden Politik sind wir schon im 10. Jh. in Jerusalem begegnet, einer Politik, die dann auch hinter der Hochzeit Isebels, der Tochter des Königs Ittobaal von Tyros mit König Achab steht, und schließlich hinter der Verbindung ihrer Tochter mit Yoram, dem König von Juda. Ein gewisses Abweichen von der Schaukelpolitik der Phönizier zeichnet sich erst am Ende des Jahrhunderts ab, als auch Arwad sich einer Koalition gegen Salmanassar III. an-

Rechte Seite: Elfenbeinarbeit aus Nimrud (8. Jh. v. Chr., London, British Museum). Auf einem Hintergrund von Lotusblüten und Knospen schlägt eine Löwin ihre Reißzähne in den Hals eines Negers. Hochrelief mit roten und blauen Einlagen, teilweise vergoldet. Die Zuschreibung dieser Arbeit zur phönizischen Kunst wird durch ein phönizisches Schriftzeichen im oberen Teil bestätigt. Es handelt sich bei dieser Arbeit um einen Möbelbeschlag, der als Tribut oder Beute in die assyrische Hauptstadt gelangte.

schloß; allzustark wurde die Bedrohung durch die fortgesetzten Eroberungen der Assyrer und die immer drückender werdenden Tributforderungen. Den Folgerungen, die die Phönizier aus der stets schwankenden Lage gezogen hatten, sind wir bereits im 9. Jh. begegnet, als sich phönizische Händler auch im westlichen Mittelmeer bemerkbar machten, sehr zum Mißvergnügen der Griechen. Obzwar klassische Quellen die Gründung der Kolonien Cadiz (Gades) und Utica in das Ende des 12. Jh.s v. Chr. ansetzen, konnten bisher keine greifbaren Belege aus so früher Zeit für die Anwesenheit der Phönizier im westlichen Mittelmeer gefunden werden; einzig eine in Nora (Sardinien) gefundene Stele mit punischer Inschrift datiert mit Sicherheit aus jener Zeit. Das bedeutet jedoch keineswegs, daß die Phönizier nicht schon früher mit dem Fernhandel zur See begonnen haben; darauf deuten auch die klassischen und biblischen Quellen, in denen sich Berichte über Fahrten nach Elat am Roten Meer und sogar nach Tarschisch (Tartessos) in Spanien oder Tarsus in Kilikien finden. Man kann solche zeitweiligen forschenden Vorstöße durchaus als Vorspiel für eine ins Auge gefaßte Kolonisierung werten.

Im 9. Jh. sind jedoch die orientalischen Märkte immer noch lebenswichtig für die phönizische Wirtschaft, hatte doch, wie wir gesehen haben, die geschickte vorausschauende Politik der Unternehmer auch das »Bedürfnis« für Luxuswaren angestachelt. Die meisten Lieferungen waren für Zeremonialzwecke an die königlichen Hofhaltungen gerichtet. Daraus ergab sich, daß sich das Kunsthandwerk zunehmend der Herstellung hochqualifizierter Waren widmete, in denen die uralten handwerklichen Traditionen zu hohen künstlerischen Schöpfungen heranreiften. Was davon übrig blieb, sind vor allem Elfenbeinmöbel, wie z. B. Throne, Tische, Reliefpaneele zum Schmuck des Kopfendes der Betten, oft in Durchbrucharbeit und einzeln in die Bettkonstruktion eingepaßt. Das Figurenrepertoire dieser Elfenbeinarbeiten ist fast ausschließlich magisch-versöhnender Art und zum größten Teil der religiösen Kultur Ägyptens entlehnt, wenngleich in anderer, lokaler Bedeutung; eine gewisse Abhängigkeit spätbronzezeitlicher lokaler Ausdrucksweisen ist noch deutlich erkennbar. Die in Samaria, im Palast der Könige Omri und Achab (von Israel, erste Hälfte des 9. Jh.s) gefundenen Elfenbeinarbeiten sind im Stil und in der Ikonographie noch äußerst konservativ: So werden beispielsweise die Gruppe des einen Stier reißenden Löwen und die Szene mit einer Sitzfigur aus älterem Formenschatz weiterverwendet. Die Leerflächen sind streng gleichgewichtig verteilt, so daß die handelnden Gestalten völlig erstarren und ganz in den abstrakt-symbolischen Kontext ohne jeden Anschein von Wirklichkeit verankert sind. Die Elfenbeinarbeiten aus Arslan Tasch, die dank einer Widmungsinschrift auf einem Fragment an Hazael, der als König von Damaskus und Zeitgenosse Salmanassars III. identifiziert wurde, ebenfalls in diese Zeit datiert werden können, wiederholen in Stil und Motiven die Gruppen von Samaria: geflügelte Gestalten mit Krummstab und Zepter Ober- und Unterägyptens, gegenständige Widder mit der heiligen Pflanze in der Mitte, schreitende Sphinxe in statischer, aber harmonischer Monotonie aneinandergereiht, in denen sich jedoch eine Auflösung des Symbolismus zugunsten einer mehr ästhetischen Betrachtung abzeichnet. Elegische Akzente finden sich in einer Reihe von Elfenbeinschnitzereien, die eine säugende Kuh darstellen – ein zwar mechanisch wiederholtes Thema, das aber durch die sensible Behandlung der Oberflächen viel gewinnt, die wahrscheinlich durch nordsyrische Vorbilder inspiriert wurde.

Mit einer Beruhigung der politischen Lage zeigen sich im 8. Jh. auch keine wesentlichen Änderungen in der politischen und wirtschaftlichen Situation der Küstenstädte. Von den territorialen Eroberungen Tiglatpilesers III. waren die Küstenstädte noch nicht betroffen; sie behielten durch Tributleistungen ihre kommunale und territoriale Autonomie, wie aus einer in Zypern gefundenen Stele hervorgeht, in der sich der Bezirksgouverneur als Vasall Hirams III. von Tyros bekennt. Erst mit der Eroberung von Samaria und von Zypern durch Sargon II. erhöht sich wieder die Gefahr für die phönizischen Städte durch den Verlust der Kolonie Zypern und die Schließung mehrerer Marktplätze. Wie bereits bemerkt, ließ die Reaktion der Phönizier nicht auf sich warten. Sie begannen um so eifriger die neuen Handelsrouten und Anlegeplätze zu befahren, die sie höchstwahrscheinlich schon vorher erkundet hatten. Andere Autoren vermuten, daß sie bereits Kontore, Faktoreien oder Stützpunkte im westlichen Mittelmeer eingerichtet hatten. Es ist also kein Zufall, daß in eben diesem 8. Jh. die ersten Zeugnisse einer festen Ansiedlung phönizischer Kolonisten auf Rhodos und im westlichen Mittelmeer auf Sizilien, Malta, Sardinien, in Spanien und Marokko gefunden wurden: das Auftauchen einer charakteristischen roten glänzenden Keramik. Diese archäologischen Belege stimmen bestens mit der Zeit der Gründung Karthagos (phönizisch qart-chadascht = Neustadt) am Ende des 9. Jh.s überein, ein Ereignis, das in die Mythologie eingegangen ist, die aber doch die geschichtliche Wirklichkeit einer Umstellung der phönizischen Handelspolitik bestätigt.

Diese Ausweitung des Handels fällt jedoch in eine kritische Periode, denn zur gleichen Zeit begannen auch die Griechen mit ihrer Kolonisierung des Westens. Die phönizischen Kauffahrer hatten es von Anfang an mit einem keineswegs zu verachtenden Konkurrenten zu tun. Das führte zwangsweise zu Zusammenstößen, wobei Piraterie nicht ausgeschlossen war. Die Phönizier sperrten ihre Häfen und Ankerplätze gegen fremde Händler nicht nur »diplomatisch«, sondern durch Befestigungen und Garnisonen. Damit war eine echte Kolonisierung mit entsprechendem Territorialbesitz unter der zentralen Leitung von Karthago entstanden. Diese Stadt wurde immer mächtiger und löste sich schließlich vollständig von ihrem Mutterland.

Während des ganzen 8. Jh.s hat sich der Warenumsatz anscheinend kaum vermindert, und auch die Erzeugnisse blieben weiter von hoher Qualität. Am meisten gefragt waren immer noch die Elfenbeinmöbel, die sich als Tribute, Ankäufe oder Kriegsbeute in den assyrischen Palästen (Höfen) anhäuften. So sind auf den von Layard im N.W.-Palast von Nimrud gefundenen Elfenbeinarbeiten und auf jenen von Chorsabad und Salamis auf Zypern dieselben ikonographischen und stilistischen Elemente der Produktion des 9. Jh.s ohne Änderung weiterverwendet, nur mit dem Unterschied, daß sie eine Tendenz zum Hochrelief aufweisen (vielleicht angeregt durch die gleichzeitigen nord-

syrischen Erzeugnisse), so daß durch die Schattenwirkung die nunmehr mechanisch wiederholten, heraldisch-spiegelbildlichen Schemata etwas lebendiger werden.

Neben dieser traditionellen Kunstgattung wurde wieder die Fertigung getriebener Bronzegefäße aufgenommen und weiterentwickelt. Metallarbeiten aus Urartu und Luristān fanden in dieser Periode guten Absatz auf den westlichen Märkten, was den Phöniziern gewiß nicht entgangen war. So überschwemmten sie den Markt mit ihren eigenen feinverzierten Bronzebechern, deren magische Motive von den Ägyptern entlehnt worden waren. Diese Becher, die den iranischen Erzeugnissen durchaus ebenbürtig waren, fand man nicht allein in Nimrud und auf Zypern, sondern auch in Griechenland und in Italien.

Es ist wahrscheinlich, daß die grundsätzliche Änderung der Politik der phönizischen Städte, die sich erstmals in der Teilnahme an einer antiassyrischen Koalition gegen Sanherib manifestiert und die endgültig die traditionelle und heilsame Politik des Kompromisses beendet, diktiert war durch die wachsende Besorgnis vor den brutalen Annexionen Sargons II. Die Reaktion Sanheribs ist eine harte Belagerung der Inselfestung Tyros, die er allerdings nach 5 Jahren abbrechen muß. Sie war jedoch nicht ganz ergebnislos, denn die anderen Küstenstädte beeilen sich, den Assyrern Tribute zu zahlen und ihre Oberhoheit anzuerkennen. Dennoch versteifte sich der Widerstand angesichts der ständig wachsenden Bedrohung durch militärische Invasionen immer mehr, aber die Ergebnisse dieser Politik waren mehr als kläglich. Ein Aufstand Abd-Milkutis von Sidon gegen Asarhaddon endete mit der Zerstörung der Stadt und der Einrichtung einer assyrischen Statthalterei. Die Erfolglosigkeit im Kampf gegen die Großmächte ist der Uneinigkeit der Küstenstädte zuzuschreiben, die sich nie zu gemeinsamen Aktionen und zur Ausarbeitung eines gemeinsamen strategischen Planes zusammenfinden konnten; so hatten die Assyrer ein leichtes Spiel. Während des Aufstandes der Sidonier blieb Baal von Tyros den Assyrern genauso treu, wie es die Sidonier zur Zeit der Belagerung von Tyros waren. Unter diesen Umständen konnte Asarhaddon einige Jahre später mit Baal von Tyros einen Vertrag abschließen, durch den dem phönizischen König ein assyrischer Statthalter beigesellt und das Territorium der Küstenstädte in drei Provinzen – Simirra, Sidon und Tyros – aufgeteilt wurde. Gegen dieses effektive Lehnswesen rebellierte Baal von Tyros während der Regierungszeit Assurbanipals, doch wurde der Aufstand ebenso schnell unterdrückt wie der von Arwad. Diese andauernden Kraftproben enden mit immer härteren Tributlasten, und es scheint, daß die Küstenstädte den Widerstand aufgeben und es vorziehen, sich der assyrischen Oberhoheit zu beugen, um so wenigstens eine teilweise politische Autonomie und ein gewisses Handelsvolumen mit den östlichen Märkten aufrechtzuerhalten.

Mit der Zerstörung Ninives durch Nabopolassar 612 v. Chr. verschwinden auch die drei von den Assyrern aufgezwungenen Provinzen. Nach der kurzdauernden Oberhoheit Ägyptens unter dem Pharao Necho bringt Nebukadnezar das Neubabylonische Großreich zur Vorherrschaft, und die politische Lage der Küstenstädte verschlechtert sich zusehends. Tyros erfährt eine 13 Jahre dauernde

Rechts: Die Stele von Amrith (7.–6. Jh. v. Chr., Paris, Louvre). Der Heilgott Shadrapa, auf dem Haupt die oberägyptische Atef-Krone, in einer Hand eine Axt, in der anderen ein Löwenjunges haltend, steht auf einer Löwin im »Gebirge«, das durch mesopotamische Symbole angedeutet ist. Oben die liegende Mondsichel mit der Scheibe des Restmondes, darüber die geflügelte Sonne. In dieser eigenartigen sakralen Ikonographie sind noch alte, lokale Kultbräuche zu erkennen.

Linke Seite:

Oben: Rekonstruktion der Kapelle von Amrith (5. Jh. v. Chr.), ein kubischer Bau mit ägyptischem Architrav, der in einem, auf drei Seiten von einem Portikus umgebenen, heiligen Wasserbecken stand. Dieser Tempeltyp ist der ägyptischen Architektur entlehnt und wurde in Miniaturformat auf Votivstelen abgebildet, die im punischen Raum weite Verbreitung fanden.

Unten: Grabstele in Form einer Ädikula mit dem Bild des Verstorbenen vom »Tophet«, der punischen Nekropole von Karthago, aus dem 3. Jh. v. Chr. Im Giebelfeld die Zeichen für Sonne und Mond. Tophet ist die biblische Bezeichnung für eine Stätte des Molochkultes – in der Bibel das Hinnomtal bei Jerusalem –, an der Kinder geopfert wurden.

Belagerung, die anderen Küstenstädte müssen sich babylonische Kommissäre in ihren Stadtverwaltungen gefallen lassen und stehen so unter der direkten Kontrolle Babylons.

Die Welt der Phönizier bis zur Zeit Alexanders

Zu einer Wiederherstellung der Autonomie der phönizischen Küstenstädte kam es erst wieder unter der Herrschaft der Perser, und das, obgleich diese die direkte Kontrolle durch ihre Statthalter und Tributforderungen aufrechterhielten und unter Darius die phönizischen Städte (zusammen mit Zypern und Syrien) als V. Satrapie »Transeuphrat« ihrem Reich angliederten. In Wirklichkeit förderten die Perser die politische und wirtschaftliche Entwicklung, sogar mit einigen kleineren territorialen Erweiterungen. Dieser liberalen Politik der Perser lagen auch andere, recht handfeste Motive zugrunde. In ihrem Kampf mit den aufsässigen Griechenstädten benötigten die Perser den politischen Beistand der Phönizier, vor allem aber deren hervorragende Flotte mit ihren erfahrenen Seeleuten. Den größten Vorteil zogen die Phönizier jedoch aus dem allgemeinen wirtschaftlichen Aufschwung unter der persischen Herrschaft. Diese Verhältnisse überdauern sogar den Untergang des Perserreiches, und das wirtschaftliche Panorama der hellenistischen Zeit ist von wachsendem Wohlstand, fortschreitender Verstädterung und einer Ausweitung des Welthandels geprägt.

Im Verlauf der weiteren geschichtlichen Ereignisse überstehen die phönizischen Städte einige kritische Momente, die sie durch ihren Rückfall in ihr altes Laster – ihr partikularistisches Bestreben nach Erhaltung ihrer kommunalen Autonomie und ihres Wirtschaftssystems – selbst verschuldet hatten. Eine Revolte Tennes' von Sidon gegen Artaxerxes führt wieder zur Zerstörung der Stadt. Tyros widersetzt sich starrköpfig Alexander dem Großen, der aber nach neunmonatiger Belagerung die Stadt schließlich erobert. Nichtsdestoweniger behielten, ja verbesserten die Küstenstädte ihren wirtschaftlichen Rang dank ihrer jahrhundertealten Funktion als Vermittler von Kultur- und Handelsgütern zwischen Ost und West.

Die allgemeine Besserung der Wirtschaftslage führt auch in den phönizischen Städten zu einer emsigen Bautätigkeit. In einigen Fällen werden die Städte so gründlich umgebaut, daß sie ihren durch assyrische Reliefs überlieferten Aspekt völlig verlieren. Sie werden nunmehr unterschiedslos nach den griechisch-hellenistischen, regulären Stadtplänen um das ausgedehnte Hafenviertel herum ausgebaut. Es versteht sich, daß unter solchen Umständen die archäologische Dokumentation aus phönizischen Städten für das 10.–7. Jh. v. Chr. nur äußerst spärlich oder überhaupt nicht vorhanden ist, da die meisten Städte durch diesen Bauboom hinweggefegt wurden oder unter heutigen Städten begraben sind.

Aus dieser langen Periode bleibt als ältestes Zeugnis nur der Eschmun-Tempel von Sidon aus dem 6. Jh. v. Chr., doch auch dieser ist durch Umbauten verunstaltet. Aus der alten Bautradition blieben nur einige Baukeramiken übrig; so blieb der Thron der Astarte mit Armstützen in der Form von Sphinxen nur dank des kultischen Konservativismus erhalten. Ähnliches gilt auch für die Kapelle von Amrith, auch diese wurde später umgebaut, wobei jedoch die Ädikula erhalten blieb.

Oben: Votivstele von Sidon (Paris, Louvre). Für Kultzwecke miniaturisierter Tempel, dessen Architrav mit Uräusschlangen und der geflügelten Sonne geschmückt ist. Im Innern ein Thron mit Seitenwänden in Sphinxgestalt.

Rechts: Yehaumilk-Stele von Byblos (6.–5. Jh. v. Chr., Paris, Louvre). In der Inschrift wird über die Darbringung von Kultgegenständen durch den König Yehaumilk für den Tempel von Byblos berichtet; in der oberen Szene wird dies auch bildlich dargestellt mit der Übergabe eines Kelches an eine sitzende Göttin; darüber die geflügelte Sonne.

Im 7. Jh. v. Chr. macht sich ein deutlicher Rückgang im Kunstschaffen bemerkbar, ein Zeichen der durch die assyrischen Eroberungszüge verursachten Wirtschaftskrise. Von den verschiedenen Kunstgattungen blieben vor allem die in diese Zeit datierbaren getriebenen Bronzegefäße von Zypern erhalten, die deutliche ägyptische Einflüsse verraten. Solche Gefäße kennzeichnen ja überhaupt das Kunstschaffen des 7. und 6. Jh.s v. Chr., waren doch die politischen Kontakte mit Ägypten zur Zeit der Pharaonen Taharqa bis Necho (der für kurze Zeit Palästina und ganz Syrien erobert hatte) wieder besonders eng geworden. In diese Periode datieren einige Votivstelen, wie die Stele von Amrith, auf der Shadrapa abgebildet ist, das Sphinxrelief von Arwad, die Reliefs von Tir Dibba, Adlun und ein weiteres Relief unbekannter Herkunft, das sich in Genf befindet. Von diesen gehören einige vielleicht schon der Perserzeit an. Verstärkte Verbindungen mit Ägypten zeigen sich auch am Rande der persischen Eroberung des Pharaonenreiches; in Sidon wurden ägyptische Sarkophage für die Könige Tabnit und Eschmunazar wiederverwendet. Nach und nach tauchen ägyptisierende Naoi mit ägyptischen Karnies (Gesimsprofilen) und Uräusschlangen sowie geflügelte Sonnen als Gebälkschmuck auf. Auch die Plastik zeigt, lokal umgedeutet, ägyptische Anklänge wie in der Stele des Yehaumilk von Byblos. Am Ende der Perserzeit und während des Hellenismus macht sich eine deutliche Wiederbelebung phönizischer Ausdrucksweisen bemerkbar, die aber durch unterschiedslose Übernahme fremder Ausdrucksweisen zum endgültigen Verlust der traditionellen formalen Werte führte. Manieristisch paßt sich das Kunsthandwerk den jeweiligen, sich im ganzen Mittelmeerraum verbreitenden Kunstströmungen an. Die Gesichter auf den anthropoiden Särgen des 4. Jh.s v. Chr. von Sidon sind griechischer Machart nachgeahmt, ebenso die Stelen von Umm el-Awamid, bei denen nur die Typologie des Objektes und die Flügelsonne über der Szene verraten, daß sie am Ort hergestellt wurden. Die Votivfiguren, wie die Tonstatuetten der Opfernden von Cherayeb, gehören bereits zu der für den Devotionalienmarkt bestimmten Massenware und sind Ausdruck des hellenistischen Kulturuniversalismus.

Grundzüge der politischen und religiösen Kultur der Phönizier. Auswirkungen der Kulturdiffusion: das Alphabet

Die Phönizier haben aktiv und passiv, kulturell und wirtschaftlich am Verlauf der Geschichte des Westens teilgenommen. Daraus stammen unsere Kenntnisse über ihre religiösen und politischen Institutionen, denn sie selbst haben uns, von einigen kurzen Inschriften abgesehen, keine schriftlichen Quellen hinterlassen. Die assyrischen und biblischen Quellen sind oft parteiisch. Die klassischen Quellen, Justinus und Josephus Flavius für die Geschichte, und Philon von Byblos, dessen Werk in Zitaten des Eusebios und Porphyrios auf uns gekommen ist, für die Religion, überliefern uns zwar eine Dokumentation auch über ältere Zeiten, dürften aber nicht immer frei von Verzerrungen sein, da sie doch erst in einer Zeit entstanden, als die griechisch-römische Welt zur Zeit der Perser und des Hellenismus in direkten Kontakt mit dem

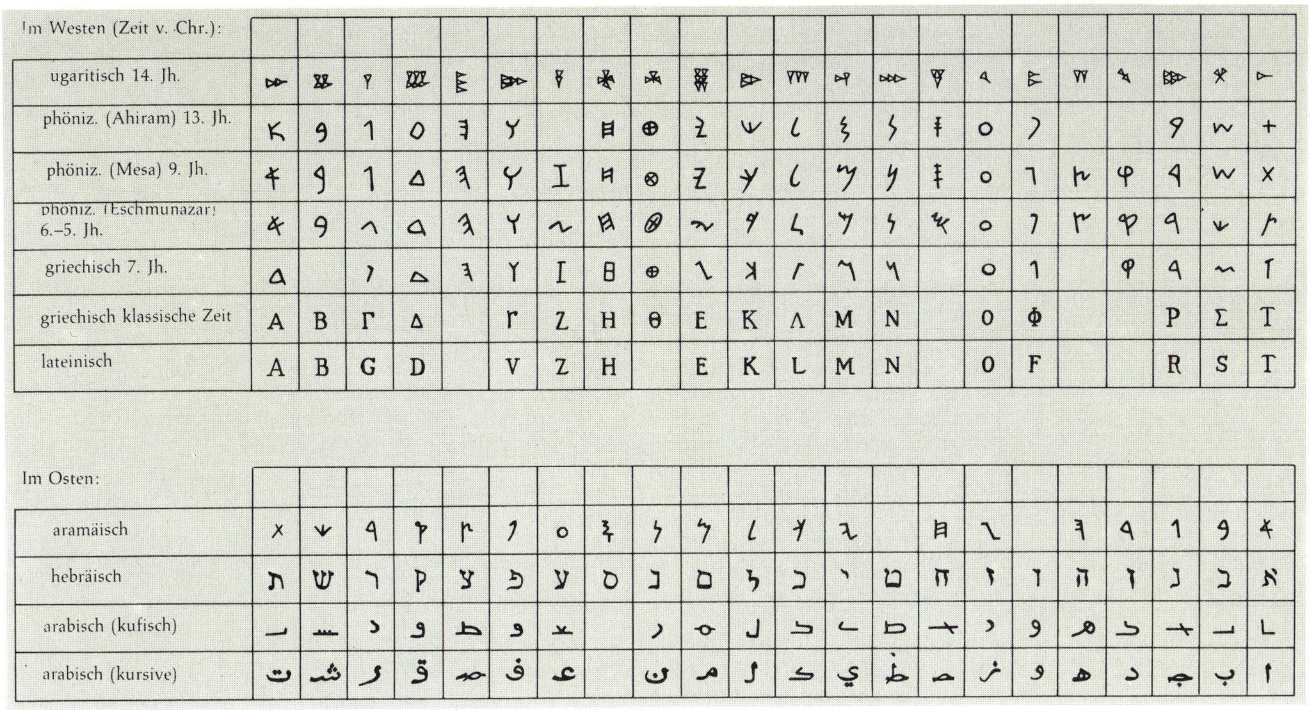

Oben: Vergleichende Entwicklung der Alphabete aus dem phönizischen System, dem ein ugaritisches Alphabet in Keilschriftzeichen vorausging.

Unten: Ägyptischer Sarkophag, der von Eschmunazar, dem Sohn des Königs Tabnit von Sidon, wiederverwendet wurde und dessen Inschrift auf dem Deckel eingraviert ist (6.–5. Jh. v. Chr., Paris, Louvre).

Orient gekommen war. So ist es manchmal schwierig, den geschichtlichen Wahrheitsgehalt herauszuschälen. Aus diesen Quellen läßt sich jedenfalls auf ein äußerst statisches politisches System der phönizischen Städte schließen, gegründet auf eine konstitutionelle erbliche Monarchie unter Einbeziehung eines Ältestenrates. Ebenso bestätigen diese Quellen die konstante gegenseitige Unabhängigkeit. Über das Gesellschaftssystem und die wirtschaftliche Funktion der verschiedenen Gesellschaftsschichten, die doch zweifellos im Leben und in der Entwicklung des Staatsgefüges eine große Rolle gespielt haben, geben uns die Quellen keine Einzelheiten bekannt.

Nicht viel besser ist die Lage bei den uns überlieferten Informationen über die Religion der Phönizier. Hinweise darüber sind meist aus einem Vergleich mit der vorhergehenden ugaritischen Tradition abgeleitet oder finden sich in Quellen, die zu einer Zeit entstanden, als in allen orientalischen Religionen ein vorwiegend auf den Sonnenkult ausgerichteter Prozeß des Synkretismus im Gang war. Selbst aus einem Vergleich zwischen ugaritischen und klassischen Traditionen ist es schwierig, die natürliche Entwicklung zurückzuverfolgen und von den möglichen entstellenden Zutaten der späteren Schriftsteller zu säubern. So ist die übliche Schematisierung in Stadtgötterpaare oder Stadtgöttertriaden oft nur eine Vereinfachung von viel komplexeren und gegliederteren religiösen Wirklichkeiten. Im allgemeinen läßt sich eine Tendenz zur Aufsplitterung des religiösen Erlebens im Einklang mit der (jeweiligen) politischen Lage und in Bestätigung der ausgesprochenen Autonomie der phönizischen Zentren feststellen, die ihren heimischen Traditionen treu blieben, woran selbst der Hellenismus nicht viel ändern konnte. Am konservativsten ist wohl Byblos, das noch den ugaritischen Altgott El hat, neben ihrer Stadtgöttin Baalat, einer Gottheit vom Typ der Astarte, deren Ursprung bis ins 3. Jahrtausend zurückreicht; weiterhin der jüngere Adonis, der nur in klassischen Quellen erwähnt wird und wahrscheinlich im Zusammenhang mit alten Naturgottheiten des Vegetationszyklus steht. Konservativ ist auch Sidon, wo wir, wenn auch nicht in so hoher Stellung, den ugaritischen Sturmgott Baal, Astarte und Eschmun antreffen. Tyros ist weit selbständiger und verehrt seinen Stadtgott Melkart, in dem wohl die Funktionen Eschmuns und Adonis' zusammenfließen; Astarte ist jedoch in allen phönizischen Städten gegenwärtig. Außer diesen begegnen wir noch vielen anderen Gottheiten, die aus einem hypostatischen (Gattungsbegriffe werden zu Gottheiten) oder synkretistischen (Verschmelzung verschiedener Gottheiten) Prozeß hervorgegangen sind: Baal Hammon, vielleicht nach einer Ortschaft nahe Tyros; Baal Schamin des Himmels, in Tyros verehrt; Baal Saphon nach dem gleichnamigen Berg, der sich in hellenistischer Zeit zu Zeus Heliopolitanus vom Sonnentyp wandelt;

Rechts: Votivthron von Chirbet et-Tayibeh (Paris, Louvre). Die Seiten sind als Sphinxpaare, die Rückenlehne als Doppelstele mit den Bildnissen der Opfernden gestaltet.

oder auch Herakles Melkart, Melkart Reschef und Eschmun Melkart. Oft hängen solche Verschmelzungen von politischen, sozialen oder wirtschaftlichen Faktoren ab.

Als Kulturträger im wahrsten Sinn des Wortes spielten die Phönizier eine ganz hervorragende Rolle als Übermittler orientalischer Kulturgüter nach dem Westen, ganz besonders, seit sie sich auch in den Westhandel eingeschaltet hatten. Kulturell selbst abhängig von den großen Kulturkreisen des Vorderen Orients, wirkten sie durch Vermittlung neuer Ideen, Erfindungen oder Techniken stimulierend auf andere Kulturen. Von weittragendster Wirkung, sogar von weltgeschichtlicher Bedeutung, war die Vermittlung des phönizischen Alphabets, das, von den Griechen übernommen und durch Vokalzeichen verbessert, zur Mutter des griechischen bzw. lateinischen und damit aller abendländischen Alphabete wurde. Natürlich kann dabei nicht von einer »Erfindung« die Rede sein, denn die Entwicklung einer Lautschrift aus der Bilderschrift – zweifellos eine Errungenschaft des orientalischen Geistes – dauerte mehrere Jahrhunderte. Als eines der frühesten Zeugnisse gelten die Tafeln von Ugarit, in denen sich ein vollständiges Konsonanten-Alphabet in Keilschriftzeichen fand. Dieses hat aber Vorgänger in den pseudohieroglyphischen Inschriften von Byblos, einer Silbenschrift in Hieroglyphen aus dem 19.–17. Jh. v. Chr. wie auch in den protosinaitischen, auf dem Prinzip der Akrophonie beruhenden Inschriften, wobei nur die anlautenden Konsonanten eines Bildzeichens gelten. Die Verwendung vereinfachter linearer Lautzeichen läßt sich jedoch im archaisch-phönizischen Raum verfolgen: Die in syro-palästinensischen Fundstätten entdeckten »protophönizischen« Inschriften aus der Spätbronzezeit sowie auf Pfeilspitzen des 12.–11. Jh.s v. Chr. eingravierten Zeichen bezeugen bereits die Ausarbeitung dieses Systems. Die »Erfindung« eines auch für andere Sprachen anwendbaren Alphabets ist somit das Verdienst der Phönizier.

Mit der Übermittlung der Lautschrift an den Westen hat sich die Vermittlerrolle der Phönizier jedoch nicht erschöpft. Man denke nur an die von ihnen in Griechenland und Rom verbreiteten Waren, die meist Erzeugnisse eines phantasievollen, hochentwickelten Kunsthandwerks waren. Durch ihre magisch-symbolischen Formen wurde nicht nur der griechische und etruskische »Orientalismus« ausgelöst, sondern auch die Übernahme der geheimnisumwitterten Kultformen der orientalischen Mysterienreligionen, die dann von den Römern bis in den fernen Norden getragen wurden.

Unten: Goldene Armspange, in Granulier- und Treibarbeit verziert. Sie stammt aus der punischen Nekropole von Tharros und ist ein Beweis für die Fortdauer des klassisch-phönizischen Kunsthandwerks auch in den punischen Besitzungen (7.–6. Jh. v. Chr., Cagliari, Nationalmuseum).

Der iranische Raum

Maurizio Tosi

Das Gebiet, das in seiner Geschichte von iranisch sprechenden Völkern bewohnt war, ist ein riesiges Vieleck, gebildet aus zerklüfteten Gebirgsketten und wüstenartigen Senkungen. Für Europäer stellen sich diese Gebiete als ein Grenzland dar, das auf natürliche Weise den asiatischen Kontinent in einen Nahen und Fernen Osten trennt: Ersterer eine Zone des Austauschs, letzterer ein Ort der Legende und ein Eroberungsziel. Bei einer derartigen Schranke oder Grenze zwischen zwei Welten hat nicht nur die europabezogene Wirklichkeit versucht, dafür eine Bezeichnung zu finden, sondern auch wir sind heute ebenso wie gestern gezwungen, nach einer Bezeichnung zu suchen, die sowohl die geographische wie die geschichtliche Rolle des iranischen Raumes in der Alten Welt klar und genau bestimmt, wofür der Ausdruck »Land der Mitte« als der zutreffendste scheint. Die geschlossene Gebirgswelt trennt zwei große Flußsysteme, Stätten uralter städtischer Zivilisation wie Mesopotamien im Westen und das Industal im Osten; zwei große Wüsten, die Karakum in Zentralasien und die arabische Halbinsel; zwei Meere, das Kaspische im Norden und den Indischen Ozean im Süden, die bis in weit zurückliegende Zeiten Verbindungswege zwischen zwar kulturell verschiedenartigen Ländern waren, die dennoch untereinander ständig gepflegte Beziehungen unterhielten.

Das fragliche Gebiet, das sich vom Aralsee zur Gebirgskette von Oman erstreckt, hat rings trokkenes wüstenartiges Klima, und nur in beträchtlicher Höhe oberhalb des Meeresspiegels erlangt die Niederschlagsmenge Bedeutung. Das Wasser sammelt sich auf Berghöhen und rinnt talwärts entlang den Flußläufen, versickert in wüstenartigen Becken, die keine Verbindung zu den Ozeanen haben. Der geomorphologische Kreis vollzieht sich in der langsamen Abtragung dieser Berge, deren Schutt die Täler und Niederungen auffüllt. Nicht allein die Lebensformen, auch der Wohlstand der Menschen wächst entsprechend der Entfernungen vom Wasser der Flüsse. So werden jene geographischen Ausgangsformen bekannt, die die iranische Kultur bestimmten, sei es die des Entstehens oder die des geschichtlichen Werdens: das trockene Klima, die zerklüfteten Gebirgszüge, die das Land in ein Mosaik von Tälern und Becken unterteilen, die Mittelstellung zwischen Indischem Ozean, Arabien, Zentralasien und Vorderem Orient, die das Land nicht allein zum Land des Durchgangs, des Austauschs und der Zusammenstöße machen, sondern auch zum großen Markt, auf dem die Güter und Ideen der Völker und der weit entfernten Staaten vom Mittelmeer bis China zusammenströmen.

Als Sitz eines autonomen Bildungsprozesses, ähnlich dem von Mesopotamien und zuvor dem des Industals, war der Iran kulturell nicht von benachbarten Völkern abhängig, selbst nicht, wenn die

Bauerndorf in der ostiranischen Steppe. Die Häuser aus Schlamm sind alle auf den verbrannten Schichten eines Hügels, vielleicht eines »Tepe«, erbaut, der von den darunterliegenden Ruinen älterer Dörfer in aufeinanderfolgenden Schichten gebildet wurde, um den Feldern Raum zu geben, die von der Ebene her bewässert werden. Das trokkene Klima erfordert eine bestimmte Art für Typ und Anbaufläche des Ackerbaus. Die Bewässerungssysteme werden integrierter Bestandteil der natürlichen Landschaft.

Schwarze Zelte viehzüchtender Nomaden an den Hängen einer Anhöhe aus dem Tertiär, das durch tektonische Druckwellen wild zerklüftet ist. Diese Hänge bilden das iranische Hochland. Nomaden nehmen die großen steppenartigen Weiten am Rand der Anbauflächen in Besitz, eine Art Alternativbebauung, die einen entscheidenden Faktor in der gesamten Geschichte der iranischen Welt, vom Zagrosgebirge bis Transoxanien, darstellt. Dritte Quelle des Reichtums sind die metallhaltigen Minerale und die Halbedelsteine, die das iranische Hochland nicht nur zum Handelspartner der Nachbarländer, sondern auch weit entfernter Staaten machte.

Sieger in kriegerischen Auseinandersetzungen die Vorherrschaft gewannen. Die geographische Zersplitterung und das trockene Klima scheinen, soweit ersichtlich, die sozialpolitische Entwicklung nicht verzögert zu haben, im Gegenteil, sie wurden vielmehr zum Ansporn, eigene Lösungen in Wirtschaft und Gesellschaft zu finden. Einige davon wurden während der Achämenidenherrschaft verwirklicht, so die Achtung des Staates vor der Unterschiedlichkeit der Völker und der fast absolute politische Zentralismus. Es ist nicht auszuschließen, daß die Anwendung solcher Maßnahmen bis in vorgeschichtliche Zeit reicht.

Gebirge und Bodenschätze

Die Berge des Iran entstanden vor ca. 60 Millionen Jahren am Anfang des Tertiärs als Folge zweier tiefgreifender tektonischer Ereignisse: das Absinken der arabischen Halbinsel nach Norden und der Zusammenstoß der indischen »Scholle« mit Eurasien. Der Subkontinent glitt dabei unter Eurasien und türmte das riesige Faltengebirge des Himalaja auf, während eigene kleine Kontinente, wie die Ebene von Helmand oder das Kavir-Becken im nordöstlichen Iran, von der Erhebung der älteren Meeressedimente unter dem Druck der Kontinentalmassen, die in Bewegung geraten waren, dazwischengeschoben wurden. Diese zweite Faltung berührt den westlichen und südlichen Iran, d. h. die iranische Hochebene, indem sie eine Gebirgsbarriere mit Achse von Nordwest nach Südost bildet, parallel zur Küste des Persischen Golfs. Es ist eine fortlaufende, von Anatolien zum Indus reichende Gebirgsbrücke, die eine geographische und kulturelle Grenze sowohl für Mesopotamien als auch für die Völker semitischer Sprache markiert.

Der iranische Raum gliedert sich in einen südwestlichen Abschnitt, gekennzeichnet von hügeligem Gelände, engen parallelen Tälern, die sich auf weite steppenähnliche Ebenen hin öffnen, welche allmählich gegen Osten vordringend sich von der Verwerfungslinie entfernen und in den nordöstlichen Abschnitt mit wüstenartigen Bodensenkungen, begrenzt von schmalen Gebirgsketten, wie die Berge Kermān und Kopet Dach und enthält die wichtigsten Flußbecken dieses Landstriches, Helman, Tedschen, Murgchab, Amu-Darja, dessen Wasser sich in der Wüste und in Binnenseen verliert.

Diese klare geographische Unterscheidung zwischen Hochebene und großem zentralasiatischen Becken entspricht einer geschichtlichen und kulturellen Gegensätzlichkeit. Diese ist nicht weniger deutlich ausgeprägt zwischen den westlichen und östlichen Regionen, die an die Erfahrungen der mesopotamischen und syrisch-anatolischen Welt anknüpfen. Jene, isolierter von den Zentren städtischer Kultur und trotzdem reicher an ursprünglicher Erfahrung, öffnet sich dem Kontakt mit Zentralasien und den Völkern der nördlichen Steppen, den historischen Wohnsitzen der Reiternomaden. Die Trennungslinie zwischen diesen beiden Wel-

ten entspricht den großen wüstenartigen Bodensenkungen von Kavir, Lut und Registan, die sich parallel zu den nordwestlich-südöstlichen Faltungen entwickeln. Der Umkreis von Oasen, die sich auf kleinen fächerförmigen Deltas am Fuß der Berge und am Rand der Bodensenkungen bilden, sind die Verbindungsbrücke zwischen den beiden entgegengesetzten Wirtschaftssystemen. Zahlreiche Städte und Dörfer entlang dem Fuß der Gebirge wurden für die wirtschaftliche und kulturelle Spannweite des geschichtlichen Iran von grundlegender Bedeutung (z. B. Kāschān, Damghan, Nischapur und in frühester Zeit selbst Teheran). Von der tektonischen Entstehung des Landes leitet sich vor allem der Reichtum an Bodenschätzen ab. Der großen Faltung entspricht eine ganze Reihe vulkanischer Formationen: die sich schlängelnden Gürtel, die parallel und ohne Unterbrechung zu Verwerfungen werden. Von Anatolien bis zum Indischen Ozean, entlang den Gebirgsketten des Zagros, in den Bergen von Kerman, Makrān und Oman finden wir Kupfer, Blei, Kalkstein, Kiesel, Steine und Metalle, die zur Herstellung von Werkzeugen seit Beginn der wirtschaftlichen und gesellschaftlichen Entwicklung unerläßlich waren. Außerdem war genügend Holz an den bewaldeten Hängen der westlichen Berge vorhanden. Reichlich waren auch die Fundstellen für Edelsteine wie Chalcedon, Türkis und – in der äußersten nordöstlichen Grenze des iranischen Gebietes, im heutigen afghanischen Badakschan an den Abhängen des Pamir – der gesuchte Lapislazuli. Demgegenüber fehlen die Rohstoffe in der bevölkerten Schwemmland-Ebene, nach denen in den Siedlungen bald rege Nachfrage herrschte. Nähe bzw. Überfluß an allen natürlichen unverzichtbaren Hilfsquellen tragen zur charakterlichen Prägung der Bevölkerung auf der Hochebene und in den Oasen am Fuß der Gebirge bei. Zwischen 7000 und 3500 v. Chr. oder auch an der Wende vom Neolithikum zum Chalkolithikum, als die Dörfer, nahezu wirtschaftlich Selbstversorger mit einer Gesellschaftsorganisation, die wahrscheinlich auf verwandtschaftlichen Beziehungen beruhte, bildeten sich die einheitlichen Grundlagen der Bevölkerung aus. Nach und nach während eines Großteils des 3. und 2. Jahrtausends v. Chr. wird die Verteilung der Bergbauprodukte und der Besitzanteil an den Binnengewässern die territorialen Grenzen der ersten staatlichen Gemeinwesen festlegen und die politischen Beziehungen zu Mesopotamien und dem Industal bestimmen.

Die Wirtschaft im Neolithikum

Der westliche Iran ist eines der Herkunftsgebiete von zwei kultivierbaren Gräsern, die zur menschlichen Grundnahrung zählen: Weizen und Gerste.

Oben: Griff einer Hippe (geschwungenes Messer, sichelähnlich) in Form eines Menschen, eingeschnitten in Bein, Siyalk I (ca. 5000 v. Chr.). Die Schneide wurde aus gezahnten Kieseln hergestellt, die in eine lange Kerbe eingefügt waren (Museum von Teheran).

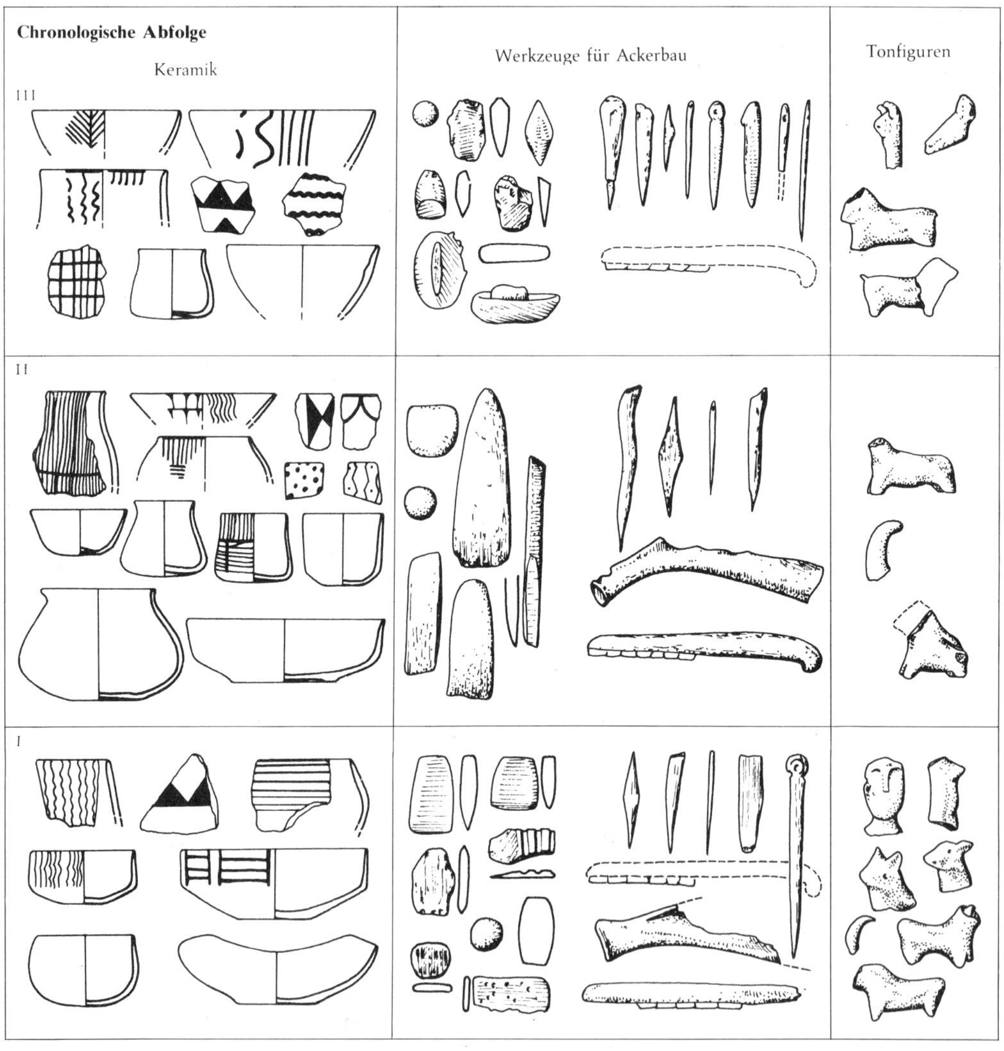

Rechts: Chronologische Abfolge der Kultur von Dscheitun (ca. 5500–4900 v. Chr.) mit ihren drei Phasen. Sie führt zur nicht mehr zurückzuführenden Stufe des Ackerbaus entlang der Gebirgskette des Kopet Dach zur Südgrenze Zentralasiens.

Plan eines frühneolithischen Dorfes von Dscheitun im südlichen Turkmenien. Die Wohnbauten, alle aus in der Sonne getrockneten Tonziegeln errichtet, bestehen aus Zellen mit quadratischem Grundriß, der sich, ständig abgewandelt, wiederholt. Jede Hütte umfaßte durchschnittlich 40 qm und besaß einen Backofen zum Brotbacken, der in einen viereckigen Tisch eingelassen war. Die Archäologen haben eine bemerkenswerte Anhäufung von Steinwerkzeugen im Innern dieser Behausung gefunden (hier als gerasterte Flächen gekennzeichnet). Schon in dieser Zeit spezialisierten sich bestimmte Gegenden auf die Herstellung von Werkzeugen.

Die wilde Form des ersteren, Einkorn oder *Triticum monococcum L.*, ist in weiten Teilen des westlichen Zagros verbreitet (Gebiet des heutigen Kurdistan), die wildwachsende Gerste *(Hordeum spontaneum C. Koch)* bedeckt fast den ganzen Zagros bis zu den westlichen Ausläufern der Persis. Eine noch reichlich primitive Art des kultivierten Weizens, der Emmer *(Hordeum vulgare L. emend.)*, wächst entlang der ganzen Gebirgskette des Zagros und auf dem Elburs bis zum Kopet Dach, wo er die neolithischen Zentren des südlichen Turkestan erreicht. Im gegenwärtigen Streit der Fachleute, welchen Grad von Veredelung diese frühe Art erreicht hat, konnte bisher noch keine Übereinstimmung erzielt werden, ob auch im nordöstlichen Iran, zwischen 9000 und 7000 v. Chr. Bedingungen vorhanden gewesen seien, die den Übergang von der Wirtschaftsform des Sammelns zu der des Anbaus gleichermaßen gestatteten wie im Westen, im Gebiet des sog. »Fruchtbaren Halbmonds«. Das ist der Grund für die wenigen verfügbaren Daten in dieser fraglichen Zeit außerhalb des Zagros.

Der starke geologische und umweltbezogene Unterschied im ganzen Iran, auch innerhalb begrenzter Territorien, regte den Austausch untereinander und die gegenseitige Abhängigkeit subregionaler Gruppen an. Die Möglichkeit, den Bedarf an Notwendigem durch eine Überschußproduktion zu befriedigen, die dem Austausch an solchen Waren zugute kam, die nicht unmittelbar vorhanden waren, wurde ein mächtiger Anreiz zur Seßhaftigkeit, zur ausgeprägten Landnahme und zu den ersten Erscheinungsformen spezialisierter Arbeit. Nicht zufällig scheint der Iran im 5. Jahrtausend v. Chr. dicht von Ansiedlungen mit gemischter Wirtschaft bedeckt. Reste solcher vorgeschichtlicher Ansiedlungen finden sich heute nur in äußersten Randzonen, wo sie, was die verlassensten anbelangt, manchmal die letzte Form menschlicher Dauersiedlung sind.

Der Umkreis des Austausches zwischen benachbarten Dörfern ungleicher Wirtschaftsformen bedeckte mit einem dichten engmaschigen Netz das ganze iranische Gebiet, vereinheitlichte viele Ausformungen materieller Kultur und ermöglichte die Flut von Rohstoffen und Werkzeugen auf Entfernungen von Tausenden von Kilometern.

Ackerbau und Viehzucht sind, immer sicherer, zwischen 8000 und 5000 v. Chr. bezeugt, so daß am Ende dieser langen Periode von 3000 Jahren die seßhafte Bevölkerung und die gesellschaftlichen Organisationen der Dörfer sich bis ins südliche Turkmenien erstreckte, dem Streifen am Gebirgsfuß, der der Karakum-Wüste gegenüberlag bis zu den Gebirgstälern südlich von Kermān.

In den 50er Jahren haben die sowjetischen Archäologen in Dscheitun bei Aschkabad im südlichen Turkmenien ein ganzes vorgeschichtliches Dorf ausgegraben, nach der Radiokarbon-Methode um 5000 v. Chr. zu datieren, das mit der äußersten östlichen Grenze des Anbaus von *Hordeum vulgare L.* übereinstimmte, wie der Botaniker N. I. Vavilov kurz nach dem Ersten Weltkrieg festgestellt hat. Die ältesten Bewohner des Iran vermittelten innerhalb genauer Grenzen eines bestimmten geographischen Raumes, die für das Wachstum primitiver Grassorten besonders günstig waren, die Verhaltensart und Produktionsweise Ackerbau treibender Bauerndörfer. Zur gleichen Zeit begann der Güteraustausch immer reger zu werden, neue Gebiete und neue Hilfsquellen wurden erschlossen und kontrolliert. Damit zusammenhängend, treten Ende des 6. Jahrtausends die ersten Kupfergegenstände auf: Ringe, Gehänge, kleine Werkzeuge.

Der ununterbrochene Austausch erlaubte den Dörfern sehr bald, an den Erfahrungen der anderen teilzunehmen, so daß es heute außerordentlich schwer ist, den Entstehungsort dieser oder jener »Erfindung« zu bestimmen; wir sind auch nicht imstande, die wesentlichen hierarchischen Unter-

Keramik und Bronzen von Tepe Siyalk (Museum von Teheran). Ausgegraben vor dem Zweiten Weltkrieg. Die Reste dieser Ansiedlung bei Kāschān (Zentraliran) bildeten bis vor wenigen Jahren die Leitformen für die zeitliche Bestimmung des prähistorischen Iran.

Rechts: Armreif und Nadel aus Bronze der Periode II (ca. 4800 v. Chr.). Sie gehören zu den ältesten Gegenständen aus Metall, die im Iran gefunden wurden. Die reichen Kupfervorkommen und Gesteine in diesem Gebiet wurden seit dem 5. vorchristlichen Jahrtausend zur Herstellung von Handwerkszeug und Schmuck genutzt.

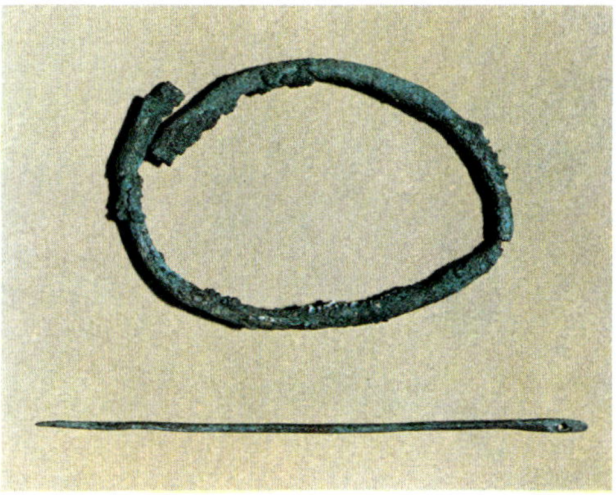

Unten: Keramikbecher aus der Periode III (4. Jahrtausend v. Chr.). In dieser Zeit bemalten die iranischen Keramikhersteller ihre Ware meist mit geometrisch stilisierten Tieren, die auf dem Hochland vorkamen.

Rechts unten: Auf dem eleganten Krug aus der Eisenzeit I b (ca. 1000 v. Chr.) ist ein Pferd dargestellt, das zu dieser Zeit die Geschichte des Hochlands weitgehend veränderte.

schiede zwischen Ansiedlungen in gleichen Gebieten festzulegen, die als Kennzeichen von Zusammenballung bestimmter Dienstleistungen und beginnender Urbanisierung anzusehen sind.
Jedoch lassen sich schon am Ende des 6. Jahrtausends in einigen solcher Ansiedlungen die ersten Ansätze künftiger Umwandlungen und sozialer Strukturen bestimmen. Einige Räume sind mit polychromen Darstellungen geschmückt, die mit Okker und Kohle auf die Wände gemalt sind, andere sind mit Tonskulpturen, Muscheln oder Rinderhörnern geziert. Wahrscheinlich handelt es sich dabei um Gebäude oder Räume, die für Kultzwecke bestimmt waren. Das Vornehmen von Kulthandlungen wird jetzt langsam zur Pflicht, was eine festgelegte Form und einen vorgeschriebenen Ablauf kultischer Handlungen verlangt. Das zu allgemeine Schamanentum der Jäger- und Sammlerzeit genügt einer geschlossenen Gemeinschaft nicht mehr.
So können wir die kennzeichnenden Anhäufungen von bestimmten Werkzeugen oder Brennöfen für Töpfereien, in Räumen, Höfen oder in besonders dafür bestimmten Plätzen der Ansiedlung bestimmt nicht als zufällig betrachten. Die Arbeitsbedingungen zur Herstellung von Werkzeugen werden immer vollendeter und die Menschen, die sich als besonders begabt für die Anfertigung bestimmter Gegenstände herausschälten, wurden wahrscheinlich von anderen Arbeitsleistungen befreit, um besonders auf ihrem Sondergebiet eingesetzt werden zu können. Die jüngsten Ausgrabungen haben die Lage verschiedener Arten von Gegenständen und Werkzeugen festgestellt, die – wie bereits in Dscheitun geschehen – erlauben, die Hütte zu bestimmen, in der Teile einer Sichel aus Kiesel hergestellt wurden, die zum Mähen unerläßlich war.

Das Chalkolithikum (Kupfer-Steinzeit) im Iran

Die breitgefächerte Herstellung von Werkzeugen innerhalb einer jeden Gemeinschaft war eine Folge der seßhaft gewordenen Bevölkerung. Die immer ausgedehntere Aufsicht über die natürlichen Quellen sicherte das Weiterleben der sozialen Ordnung nicht nur dadurch, daß jedem ein genügender Anteil für den jährlichen Unterhalt garantiert wurde, sondern gab auch Anstöße zu erneuter geistiger Bereicherung, die sich bis in unsere Tage in wertvollen künstlerischen Leistungen ausdrückt, besonders im Dekor der Tonwaren, in den Schnitzereien an Werkzeugen aus Bein und Horn, in den kleinen figürlichen Plastiken aus hartem Ton oder Terrakotta. Hauptgegenstand dieser bildlichen Darstellungen ist die Tierwelt des Hochlands und der Wälder, welche, trotz der geringeren Abhängigkeit des Menschen vom Wildtier und seiner fortschreitenden Ausrottung, dennoch geistiger Ausgangspunkt bleibt. Die Keramik von Siyalk II und III, von Hissar I, die vom südlichen Turkmenien in der Namazga-Periode I und II, von Tal-i Bakun in der Persis oder von Susa A, in Chusistan, alle datierbar zwischen 4500 und 3500 v. Chr., bezeugen eine außerordentliche Gleichförmigkeit bei ikonographischen Lösungen. Es spiegelt das enge Netz von gegenseitigem Austausch auf kleine und mittlere Entfernungen hin wider, aber auch eine bestehende Gleichheit zwischen den verschiedenen Ansiedlungen, welche jeder von ihnen das autonome Verfügungsrecht über die vorhandenen Quellen und Überschüsse zugesteht, die im eigenen Gebiet liegen. Bis zum Auftreten der ersten Anzeichen staatlicher Organisationen und ihrer Handhabung von Zentralisierung und Dezentralisierung, zwischen 3400 und 3000 v. Chr., weisen die Dörfer der Ackerbauern der Susiana im südlichen Turkmenien eine außerordentlich ähnliche materielle Kultur auf.
Die Keramik, hergestellt auf der langsam rotierenden (handbetriebenen) Töpferscheibe, meist schwarz oder braun bemalt auf einer bräunlichroten Oberfläche oder in graubrauner Farbe, ist ein klarer Beweis für diese kulturelle Übereinstimmung. Technik und Schmuckmotive sind überall die gleichen: Es herrscht die geometrische Auffassung vor, ein abstrakter Schematismus, zu dem naturalistische Bestandteile treten. Steinböcke, Vögel, Katzen, Insekten und Pflanzen werden silhouettenartig einfarbig dargestellt oder mit kleinen Punkten bedeckt.
Die Bestimmung des Tieres ist immer möglich, trotz der schematischen Umrisse, nicht so sehr aufgrund der körperlichen Merkmale als vielmehr durch den Ausdruck, mit dem es dargestellt wird. Ungeachtet der grundlegenden Veränderung ihrer Lebensweise läßt das Interesse an der Tierwelt bei den primitiven Ackerbauern nicht nach, wie es bei Jägern typisch ist.

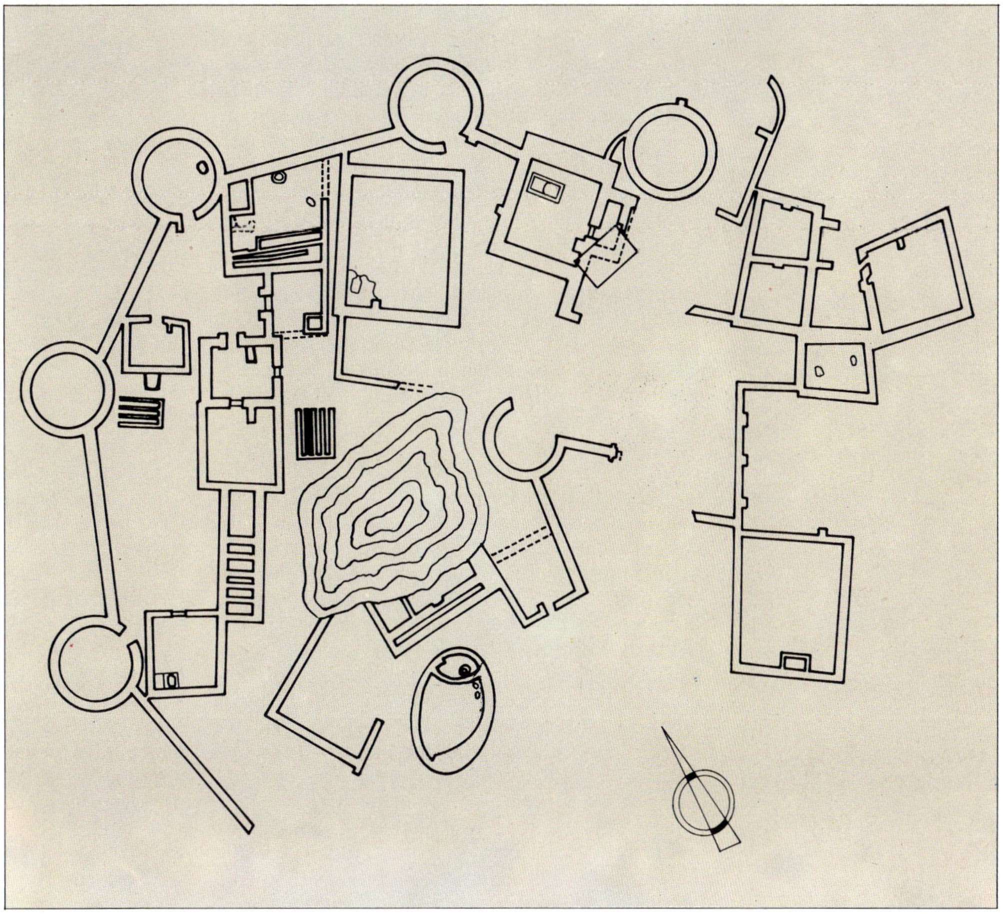

Plan von Tepe Mullali, einer Ackerbau treibenden dörflichen Siedlung innerhalb des urzeitlichen Deltas von Tedschen (südliches Turkmenien; ca. 3800 v. Chr.). Der Raum der Häuser wird von einer polygonalen Mauer umschlossen, in deren Bering sich Wohntürme mit kreisförmigem Grundriß einfügen. Sie scheinen nicht so sehr der Verteidigung zu dienen wie vielmehr kulturellen Aufgaben, die an die fast zeitgenössischen von Tell Halaf im syrisch-mesopotamischen Raum erinnern.

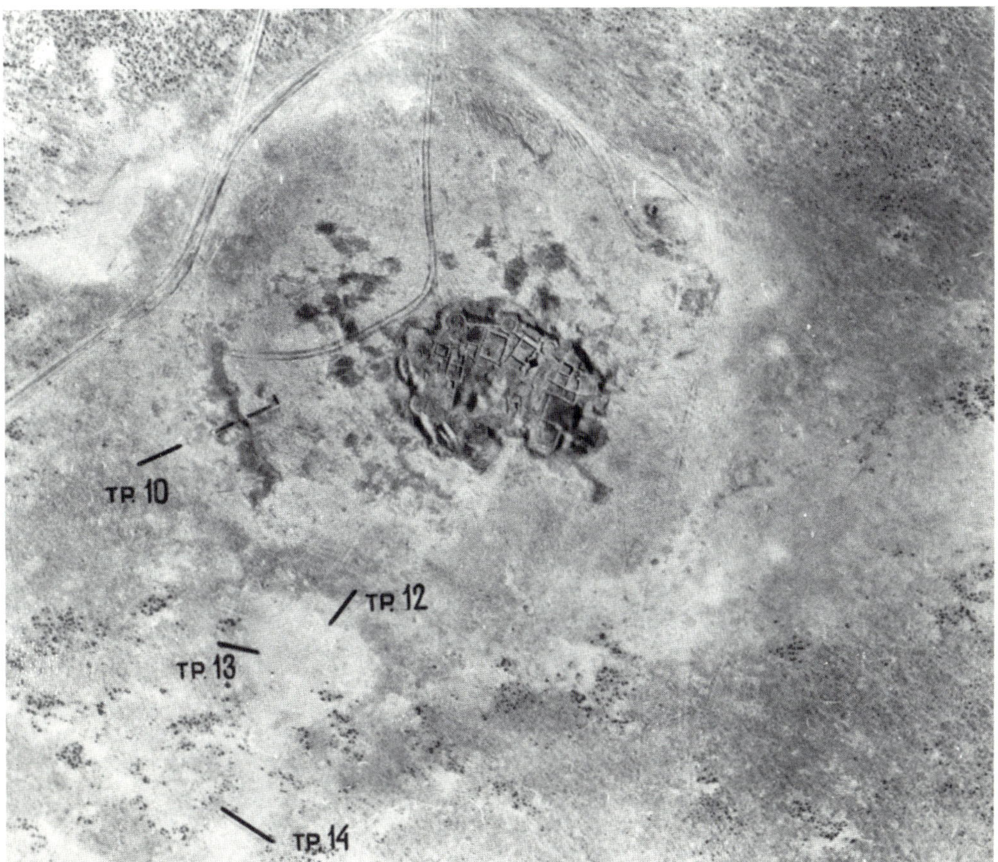

Die Luftaufnahme erlaubt es, nicht nur das alte Delta und die neuen chalkolithischen Ansiedlungen zu erkennen, welche sich hier während des 4. Jahrtausends v. Chr. befanden, sondern auch ein Kanalnetz, bis 3 km lang, das die Felder rund um die Dörfer bewässerte.

Oben: Großes Trinkgefäß aus einem Grab bei Susa, Periode A (ca. 4000–3500 v. Chr.) mit großartiger Wiedergabe eines hervorragend stilisierten Steinbocks.

Rechts oben: Grab aus der präkeramischen Kultur von Ras al-Hamra (Oman), ausgegraben aus einem kleinen Berg von Muscheln. Das Skelett lag auf einem Bett aus zweischaligen Weichtieren. Die Menschen dieser Kultur, die sich an den Küsten des Mittleren Ostens entwickelte, waren meist Fischer, fernab von den Entwicklungszentren vorstädtischer Ackerbauwirtschaft, und behielten bis an die Schwelle des 3. vorchristlichen Jahrtausends ihre spätpaläolithische Lebensweise bei.

Ungefähr Ende 4000 v. Chr. ändert sich die innere Struktur der Ansiedlungen grundlegend in einigen Bereichen, die wir mit gesellschaftlichen Stufungen innerhalb der Geschlechtsgemeinschaft in Verbindung bringen können. Hervorzuheben ist eine gewisse Mannigfaltigkeit in Grundriß und Größe der Häuser; einige von ihnen haben eine Fläche von 100 qm und mehr; Straßen und Gassen trennen die Häuserblocks innerhalb eines Dorfes, das in bestimmten Fällen eine Fläche von 10 ha erreicht; außerdem weisen die Ansiedlungen geschlossene Höfe auf, die von Mauern mit kreisförmigen Wohntürmen umgeben sind. All das drückt eine strukturelle Differenzierung innerhalb der Behausungen aus, die den einfachen, mehrfach abgewandelten, zellenartigen Gebäuden mit quadratischem Grundriß entgegenstehen, Kennzeichen neolithischer Dörfer.

Diese Differenzierung kündet an, daß Anlagen für den gemeinsamen Gebrauch vorhanden sind und daß die ersten Rangabstufungen erscheinen. Die des iranischen Chalkolithikums ist ein ländliches Gemeinwesen, in das das Handwerk und die halbnomadische Viehzucht in den familiären Bereich einbezogen wird. Die Produktion nur für den Eigenbedarf wandelt sich bereits in Richtung eines wertbeständigen, dank des Kreislaufes lebhaften Austausches, auch wenn es nur um Tauschhandel geht, der ohne besondere Anstöße durch Arbeitskräfte und Dienstleistungen zum Stillstand kommt.

Der Fortschritt ist nicht allein in der Bauweise und der Keramik sichtbar. Alle Geräte, die auf uns gekommen sind, zeigen eine immer größere Vielfalt an Typ und Funktion. Neues Material wird für Gebrauchs- und Schmuckgegenstände bearbeitet, das von weither herangeschafft wird: Steatit, Alabaster, Basalt, Bitumen und natürlich Kupfer. Die Dörfer, die in der Nähe reicher Lager von Kupferoxiden und Kupferschiefer gelegen sind, wie Tal-i Iblis, sind voll von Zeugnissen einer noch älteren Schmelztechnik, die für die Metallbearbeitung angewandt wurde. In dieser kleinen Ansiedlung, die an einem ausgetrockneten Arm des Flusses Lalechzar, 80 km südwestlich von Kermān gelegen ist, sind in den Schichten der Periode II fehlerhafte Mischungen und Schmelztiegel, geformt aus Ton und Kleie, gefunden worden, in denen Kupferoxide und Kupferkarbonate gemischt worden sein könnten. Es handelt sich um eine Art konisch geformter Gefäße, die halb unter der Erde und von Holzkohle bedeckt sind, und mit denen man Metallbarren mit einem Gewicht von ca. 100 g fördern kann.

Rechts: Die Muscheln der Art Arcacea *(Archenmuscheln) aus Ras al-Hamra weisen Benutzungsspuren auf.*

Während der Zeit des Chalkolithikums und um 4000 v. Chr. wurden die ersten Kontrollanlagen für die Bewässerungssysteme errichtet. Es sind einfache Bauformen mit Kanälen, die etwas breiter als 1 m und bis zu 1 km lang sind, mit Schleusen, Dämmen und Terrassen, senkrecht zur Neigungsachse angelegt, zu dem Zweck, den fruchtbaren Schlamm zu verteilen und anzulagern. Anlagen dieser Art wurden mit Hilfe von Luftaufnahmen im südlichen Turkmenien, im vertrockneten Delta des Tedschen bei Mullali und Geoksjur 1 entdeckt, wie auch zwischen den Orten von Rud-i Guschk bei Tepe Yachya, 220 km südlich von Kermān.

Daß sie bis auf unsere Tage erhalten sind, verdanken wir dem Umstand, daß diese Gegenden gegen Ende des 4. Jahrtausends v. Chr. völlig aufgegeben und nicht mehr von seßhafter Bevölkerung bewohnt wurden. Es sind sehr einfache Anlagen, die keiner Beziehung zwischen Dorf und Dorf dienen sollten: jeder Ort verschaffte sich das Wasser durch ein eigenes System von Kanälen und Schleusen, das sich den Wasserverhältnissen des Flusses ebenso anpaßte wie es die Tragfähigkeit und Schnelligkeit des fließenden Wassers kontrollierte. Nur im Verlauf des 3. Jahrtausends v. Chr., als eine zentralisierte Organisation und die Stadtwirtschaft Gestalt annimmt, wird die Bewässerung des ganzen Gebietes mit Hilfe eines vollendeten Kanalsystems möglich sein, das den gesamten Wasserzufluß regelt, der nicht nur günstig gelegenen und besser anbaufähigen Ländereien zugute kommen soll, sondern auch jenen Landeigentümern, die nicht so reich, doch bereits sozial in die Gemeinschaft einbezogen sind.

Verzögerte kulturelle Entwicklung in den Randzonen

Unsere Kenntnisse über die verschiedenen Stadien und Bedingungen der sozio-ökonomischen Entwicklung der Kulturen, die am Rand des iranischen Raumes zwischen Zagros und südlichem Turkmenien liegen, sind noch reichlich gering. Im allgemeinen ist ein Zustand verhältnismäßiger Verzögerung zu erkennen, dort augenfälliger, wo die Umweltbedingungen für eine gesicherte und gehobene biologische Ertragsfähigkeit vorhanden waren. Die Entwicklung der dörflichen Gesellschaft zur Ackerbau- und Weidewirtschaft mit starkem handwerklichen Impuls hat sich bereits verbreitet, weil die gleichbleibende Fähigkeit, Nahrung zu erstellen, verhindert, daß einander widerstreitende Notwendigkeiten unversehens den Übergang von einer Wirtschaftsform zur anderen zunichte machen könnten. Als Beispiel mögen zwei Regionen dienen, die beide an den äußersten Grenzen des iranischen Raumes gelegen sind: im Norden das Delta des Amu-Darja, im heutigen

Usbekistan, im Süden die Küste Omans am Indischen Ozean. In beiden Fällen waren die Voraussetzungen für den Lebensunterhalt zufriedenstellend hinsichtlich Fischfang, Jagd und Sammeln von Weichtieren.
Im Delta des Amu-Darja zögert sich die verlangsamte sozio-ökonomische Entwicklung bis Mitte des 4. Jahrtausends mit der sog. Kel'teminar-Kultur hinaus. Der Name leitet sich von der heute verödeten Gegend, einem antiken Schuttkegelbereich, dem alten Delta Aktscha-Darja, ab. Dieses Gebiet war von Hunderten von allerkleinsten Ansiedlungen überzogen, angelegt an die Wand eines alten Walls, von wo aus man leicht das fischreiche Gewässer und die waldigen Ufer nutzen konnte. Die Haltung von Ziegen war anteilmäßig unbedeutend. Die Wirtschaft beruhte hauptsächlich auf dem Jagen und Sammeln, und dabei blieb es, auch als das nicht weit entfernte südliche Turkmenien schon fast urbanisiert war und wahrscheinlich den Türkis, aus den Bergen nördlich des Amu-Darja, einführte.
Die Dörfer der Kel'teminar-Kultur bestanden aus bescheidenen Ansammlungen weniger Hütten mit polygonalem Grundriß und Giebeldach, das sich auf Pfähle stützte, die in den Fußboden eingerammt waren. Im Innern erinnert die Aufteilung in eine Küchenecke, Arbeitsecke und Ruheecke noch an die Bauweisen der spätpaläolithischen Hütten, welche uns besser von Terra Amata bei Nizza und aus der südlichen Ukraine bekannt sind. Eine ähnliche Übereinstimmung als geschichtliche Randlage scheint auch die Halbinsel von Oman während des iranischen Chalkolithikums besessen zu haben, weist sie doch nicht das gleiche Maß verspäteter kultureller Entwicklung auf wie Kel'teminar. Die uns zur Verfügung stehenden Daten sind noch spärlich und erst jüngst gewonnen. 1975 wurden eine Reihe kleiner Ansiedlungen auf dem Felsenriff von Ras al-Hamra, 13 km westlich von Masqat, der Hauptstadt des Sultanats von Oman, entdeckt, die sich durch eine Kultur ohne Keramik herausheben. Gefunden wurden große Haufen von Muscheln, die sich aus den täglichen Abfällen der Behausungen der Fischer und Sammler im Lauf der Zeit angesammelt hatten; sie werden vorläufig auf das 6./5. Jahrtausend v. Chr. datiert. Die Wirtschaft dieser Menschen glich sich sehr geschickt der Ausbeute an, die die Küste den Anwohnern bietet. Die Gewässer und die Ufer der tropischen Meere, besonders des Indischen und Pazifischen Ozeans, sind reich an eßbaren Lebewesen. Dadurch haben die vorgeschichtlichen Bewohner der Küste Omans eine sozio-ökonomische Struktur angenommen, die besonders den Auswirkungen des Fischreichtums entsprach. Die Überreste ihrer Mahlzeit bezeugen, daß sie sich fast ausschließlich vom Fischfang mit Netzen und Angeln und dem Sammeln von Muscheln ernährten, sowie der Jagd auf Seekühe (*Dugong Lacép*) und den großen Meeresschildkröten, die bei den Ansiedlungen an Land gingen, um ihre Eier in den Sand zu legen. Dazu kommt eine ansehnliche Anhäufung kleiner Muscheln von Strand, Klippe und aus den Mangrovenwäldern. Die Schneckengehäuse, Abfälle von vielen tausend Jahren Sammelns dieser Weichtiere, haben feste Hügel gebildet, die der Zeit widerstanden haben und die Bewohner als Grabstätten benutzen und archäologische Orte von besonderem Interesse darstellen.
Während nun auf dem iranischen Hochland und entlang dem Rand der großen turanischen Senken die Anbauwirtschaft sich festigte und ausbreitete und sich in den Dörfern eine seßhafte Gesellschaft mit spezialisierter Arbeitsaufteilung und hierarchischer Gliederung formte, setzte sich mit geringen

Die ersten Staaten entwickelten sich in den für den Ackerbau ergiebigsten Gegenden während der letzten Jh. des 4. Jahrtausends v. Chr. vom Niltal bis zu dem deltaförmigen turanischen Becken, ohne Mündung zum Meer. Die große gesellschaftliche Umwälzung vollzog sich innerhalb der Schichten, die zur ersten Wirtschaftsstufe, Ackerbau und Viehzucht, übergingen. Nach 3000 v. Chr. entschließen diese Gruppen sich zu ausgedehntem Handel und zu immer vielfältigeren Formen der Arbeitsteilung. Hier entstehen die ersten Ansätze einer städtischen Wirtschaftsform aufgrund von Ballungsräumen (Städte); festgestellt und freigelegt von Archäologen während der letzten Jahre.

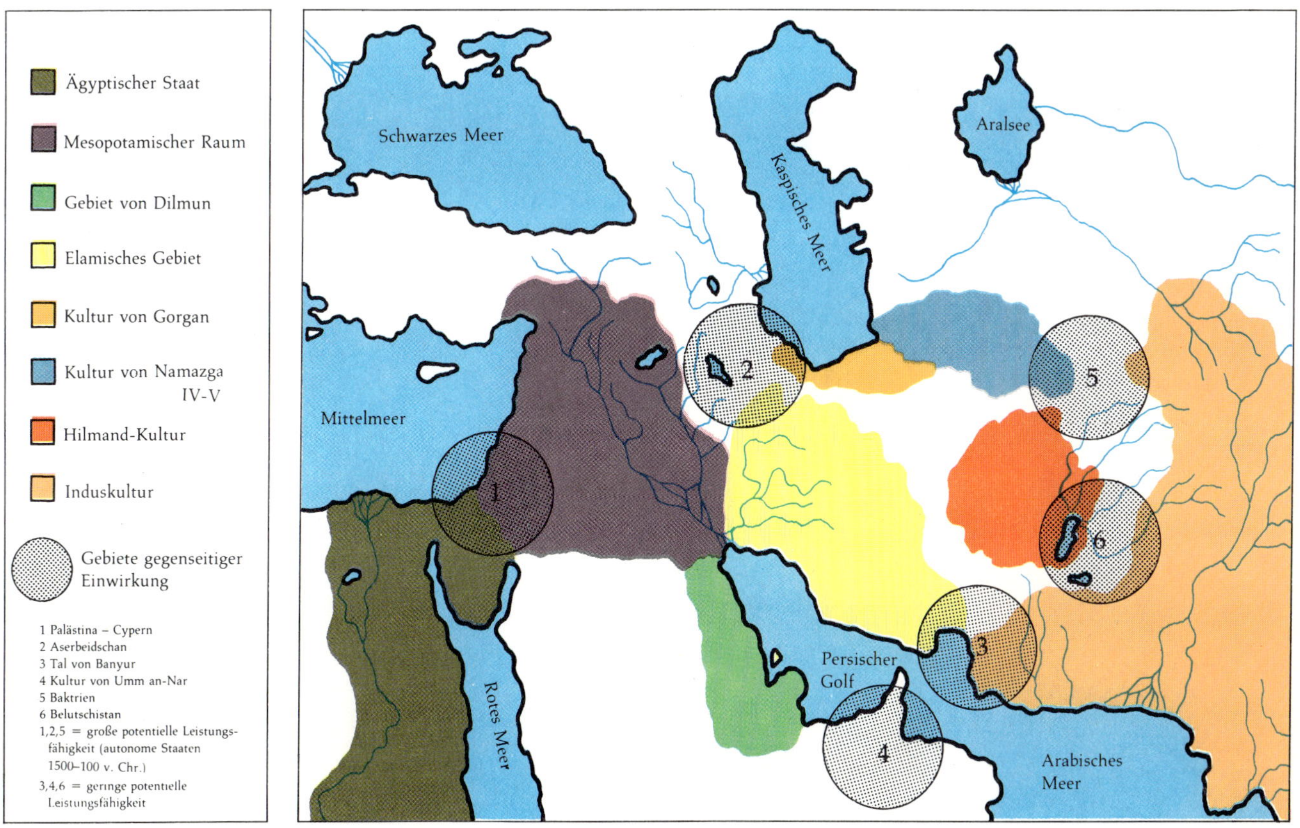

Die städtische Revolution drückte sich am eindeutigsten in der elamischen Stadt Susa aus. Hier sind klar die Anfangsphasen der fortschreitenden Staatwerdung einer bäuerlichen Gemeinschaft zu verfolgen. Die augenfälligsten Zeugnisse sind in den Hilfsmitteln der zentralen Verwaltung überliefert: Tontafeln und Kontroll-Bullen aus Ton.

Oben: Kugelförmige Bulle aus Susa C (ca. 3300 v. Chr.), aufgeprägt mit einem zylindrischen Siegel (Paris, Louvre).

Unten: Gesamtansicht der Ausgrabungen auf dem Burgberg von Susa.

Änderungen in den Randgebieten das Modell eines geschlossenen Lebens fort, das sein Gleichgewicht im ausgewogenen Zusammenhang mit den wirtschaftlichen Umweltbedingungen hielt.

Die frühe Bronzezeit und die Entwicklung der Stadt im Iran

Der Vorgang der Staatsbildung verwirklicht sich erstmals und unwiderruflich zwischen 3400 und 3000 v. Chr. Schauplatz waren die Halbwüsten-Gebiete des Mittleren Ostens, die – von großen Flüssen durchzogen – sich gut für den Ackerbau eigneten: das südliche Mesopotamien, im Osten bis nach Chusistan reichend; das Niltal, sich nach Süden bis Assuan hinziehend; die Ebenen am Fuß der Gebirge und im Innern des iranischen Hochlands, sich von der Persis bis zum südlichen Turkmenien erstreckend. Diese außerordentliche Wandlung wurzelt, wie schon berichtet, innerhalb der dörflichen Gemeinschaft und ergab sich durch das gleichzeitige Zusammenfallen dreier Anlässe: 1. die fortschreitende Zusammenballung der Macht in einer Organisation mit verschiedenen hierarchischen Stufungen, namentlich an verwandtschaftliche Bande geknüpft; 2. Spezialisierung und Teilung der Arbeit; 3. Bevölkerungsverdichtung längs der bevorzugten Bewässerungslinien. Mag auch der Streit zwischen Archäologen, Anthropologen und Historikern darüber entbrennen, welche Veränderungen man heranziehen muß, um die Geburt des Staates zu bestimmen, anzunehmen ist, daß sie eine lange Zeit umspannten, wie die Ansiedlungen, die dem unmittelbar vorausgehenden Jahrtausend (zwischen 4500 und 3500 v. Chr.) zuzurechnen sind, beweisen; vor allem in den chalkolithischen Dörfern, die bereits durch ihre Ausdehnung und die Verwendung der natürlichen Hilfsquellen voneinander zu unterscheiden sind, wobei sich Zeichen einer Spezialisierung und eines beginnenden Wohlstands bemerkbar machen. Der zeitgenössische Archäologe sucht dazu Beweise, sei es im Ergraben von Handwerksvierteln, die den Einsatz spezialisierter Arbeit bezeugen, sei es im nicht heimischen Material, das über den Handelsaustausch von weither geholt werden mußte, sei es in der Ausdehnung der Siedlungsfläche oder in den Zeugnissen monumentaler Baukunst.

Es wäre völlig irrig, den Staat nach Maßgabe einer »Erfindung« zu betrachten, die nicht dem eigenen Volk, sondern einem anderen zu verdanken ist. Der Staat war vielmehr eine Einrichtung, dessen Grundpfeiler die Domestizierung von Pflanze und Tier war, um den Menschen dieser Gebiete günstigere Nahrungsquellen zu erschließen. Das Ergebnis ist das eines wenig stabilen Gleichgewichts zwischen natürlicher und gesellschaftlicher Umwelt, erreicht während eines langen Zeitraums und Ursprungs der Stadt, die als Verteilerplatz deshalb errichtet wurde, um die Gleichrichtung der gesellschaftlichen Arbeitsteilung auf einem Gelände zu überwachen, das geographisch unterteilt ist.

Die ersten Städte waren offenkundig das Symbol der neuen sozialen Ordnung: Stätte des Austauschs, Stapelplatz des Überschusses, Aufenthaltsort der Handwerker, die einer spezialisierteren Arbeit nachgingen, Residenz des namengebenden Gottes und der Gewalt, die sich von ihm herleitete. Im Innern wurde der Jahreszyklus der Bauern vom Wettstreit der handwerklichen Erzeugnisse abgelöst, während der patriarchalische

Zusammen mit der staatlichen Organisation entwickelten sich sehr schnell die Systeme einer Zentralverwaltung und die Spezialisierung der Arbeit innerhalb der Städte oder der Ansiedlungen, die in der Nähe von seltenen oder stark gefragten Rohstoffen lagen. Das ist der Fall in Tepe Yachya bei Kermān, wo – während eines Großteils des 3. vorchristlichen Jahrtausends – die örtliche Wirtschaft in die Gewinnung und Bearbeitung von Chloriten einbezogen war.

Rechts: Südwestliche Ansicht von Tepe Yachya im Tal des Soghum, das fünftausend Jahre lang bewohnt war.

Unten: Andere Bullen aus Susa. Diese Exemplare wurden mit dem gleichen Siegel bedruckt und zeigen, wie die Ernte in einen über der Erde liegenden Getreidespeicher eingebracht wird.

Familienverband in unzählige kleine Einheiten aufgesplittert wurde, wie eindeutig in der flächenhaften Einteilung der Stadtviertel zu erkennen ist. So konnte V. G. Childe 1950 schreiben: »Hinsichtlich ihrer Ausdehnung waren die ersten Städte immer größer und dichter bevölkert als irgendeine vorherige Ansiedlung, allerdings auch beträchtlich kleiner als viele moderne Dörfer ... Hinsichtlich Zusammensetzung und Aufgabe unterschied sich die städtische Bevölkerung von der eines Dorfes ... weil bereits Klassenunterschieden Rechnung getragen werden mußte, die sich den eigenen Lebensunterhalt nicht mit Hilfe des Akkerbaus, der Viehzucht, des Fischfangs oder der Ernte erwarben, sondern als Fachleute, Handwerker, Zulieferer, Kaufleute, Beamte und Priester.« Und vergleicht man die Kategorien der »Verschiedenen«, die Anfänge der herrschenden Klassen, so verstanden sie es, sich für sich und ihre eigenen Nachkommen einen Anteil anzueignen, der nicht den Erwerbsquellen entsprach. Der Staat, dank der Arbeitsteilung entstanden, der auch die Zuteilung der Erwerbsquellen übernahm, bewirkte dadurch eine verschärfte Aufgliederung, die zwar an sich schon vorhanden war, sei es als Einzelmensch oder in der Dorfgemeinschaft, die aber so die Mehrzahl der Individuen zu seinen Sklaven machte.

In den großen Schwemmland-Ebenen Ägyptens, Mesopotamiens und Indiens wird die »städtische Revolution« geradezu durch eine Bevölkerungsexplosion gekennzeichnet, die sich einheitlich längs der wichtigen Wasserläufe vollzog.

Auch in dem ausgedehnten Gebiet zwischen Zagros und Amu-Darja ist die Besonderheit der frühstaatlichen Gesellschaft im Zusammenströmen von Völkern, Erwerbsquellen und Dienstleistungen in bevorzugten Gebieten gekennzeichnet, doch sind hier die Zentren der Stadtwerdung voneinander durch Gebirgsrücken Hunderte von Kilometern oder von unbewohnbaren wüstenartigen Senken des Turan getrennt. Der Mangel an großen Flußsystemen schafft eine starke Gebietsaufgliederung und deutliche Unterschiede der materiellen Kulturen, die von archäologischem Interesse sind. Die kulturelle Umgangssprache, die für die Erzeugnisse der neolithischen und chalkolithischen Gemeinschaft bis fast zum Ende des 4. Jahrtausends v. Chr. charakteristisch war, beginnt nun, sich in einer Reihe von regionalen und unterschiedlicheren Mittelpunkten zu verdichten, so daß dem Mehr an Austausch und an kulturellen Beziehungen eine zunehmende Verschiedenartigkeit der Keramik, der Architektur, der weniger ausgeklügelten künstlerischen Ausdrucksweise entspricht. Der grundsätzlichen Einheit der mesopotamischen, ägyptischen und protoindischen Welt tritt in den iranischen Weiten ein polyzentrisches Gefüge entgegen, das sich durch ein echtes und eigentümliches Mosaik verschiedener Erfahrungen ausweist.

In den Regionen mit unmittelbarerem Kontakt zu Mesopotamien entstanden die wichtigsten Siedlungsmittelpunkte in der Ebene von Dizful, die sich aus den tonhaltigen Ablagerungen des Karun gebildet hatte, und in Marv-i Dascht, dem steppenartigen Hochland in der Nähe des späteren Persepolis. Dies sind die Keime des elamitischen Staates, der sich zu Beginn der zweiten Hälfte des 3. Jahrtausends v. Chr. als einer der unbeugsamsten Gegenspieler der mesopotamischen Staaten erwies. Das erste dieser Staatswesen, in Wahrheit ein Anhängsel des Zweistromlandes, hatte seine Hauptstadt in Susa, das seit etwa 4000 v. Chr. bis zu den Jahren nach der Eroberung des Iran durch den Islam ununterbrochen bewohnt war. Sie ist eine der wichtigsten archäologischen Stätten der Welt und für ein ganzes Jahrhundert das Aushängeschild der französischen orientalistischen Archäologie. Das Gelände von Marv-i Dascht befindet sich dagegen ca. 1600 m über dem Meeresspiegel, in der Mitte jener Persis, dem Herkunftsgebiet der Achämeniden, das den klassischen Historikern das Herz der iranischen Welt schien. Der Mittelpunkt dieses Landstrichs, dessen Blütezeit zwischen 3200 und 1500 v. Chr. lag, ist Malyun. Malyun war eine ausgedehnte Stadt von etwa 250 ha Fläche, und die ersten Täfelchen, die bei den noch laufenden Ausgrabungen gefunden wurden, ließen sie mit dem An Schan der sumerischen Texte gleichsetzen, das die Hauptstadt des verbündeten Königreichs der Elamiter war. Um 3000 v. Chr. waren Susa ebenso wie Malyun wirkliche »Metropolen« mit 4000–5000 Einwohnern, vielen Heiligtümern, Verwaltungszentren und Handwerkervierteln.

Die figürliche Kunst birgt einen Reichtum an Themen und Techniken, die, was kühne Lösungen anbelangt, die des zeitgenössischen Mesopotamien übertreffen. Die Darstellungen tierischer Unge-

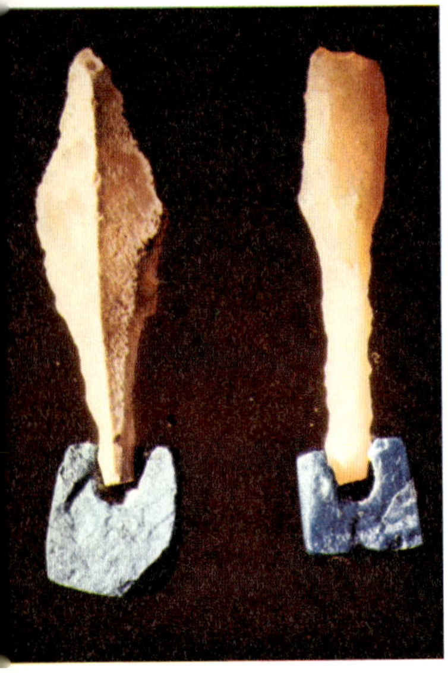

Die Ausgrabungen der Archäologischen italienischen Mission in Schachr-i Sochta im iranischen Sistan haben eines der interessantesten Kapitel in der Frühgeschichte des Mittleren Ostens aufgeschlagen: den Handel mit Edelsteinen, besonders mit Lapislazuli. Um den blauen Stein zu bearbeiten, wurden spätpaläolithische Techniken des 3. Jahrtausends angewandt, wobei das Werkzeug noch aus Kiesel und Stein besteht.

Oben: Bohrer und halbdurchbohrte fehlerhafte Steine aus den Läden von Schachr-i Sochta (links) und Tepe Hissar (rechts) (Rom, Nationalmuseum für orientalische Kunst).

heuer und riesiger Schlangen zeigen sich an das geistige Erbe chalkolithischer Tradition gebunden, die auch in den Landstrichen des östlichen Iran zu finden sind. Neben einer realistischen Darstellung heiliger Tiere, wie sie in der Steinschneidekunst und in der Plastik bevorzugt vorkommt, herrscht in der Wand- und Vasenmalerei die Tradition der polygonalen Geometrie mit schachbrettartiger Polychromie und das Spiel mit Gegensätzen und kaleidoskopartigen Ausschnitten vor. Oft vermittelt diese Darstellung den Eindruck von Stoffmustern, wie sie im häuslichen Leben der zentralasiatischen und iranischen Völker verwendet werden. Die Bevölkerung dieser Städte wurde nicht aus dem Nichts geschaffen, aber, wie sich auch anderswo während der Geschichte der Stadtwerdung erschließen läßt, mußte sie aus den weit ausgedehnten Gebieten zusammengetrieben werden, was eine Entvölkerung zahlloser Dörfer, die auf Hunderttausende von Quadratkilometern entlang der Gebirgsketten des Zagros vom Irak bis Kermān zerstreut lagen, zur Folge hatte. Das war das Ende der feinst verästelten Besiedlung, die sich, wie wir gesehen haben, in allen Landstrichen der Hochebene ausgebreitet hatte, und es war gleichfalls das Ende der neolithischen Arbeitsweise. Innerhalb von nur 300 Jahren, ungefähr zwischen 3200 und 2900 v. Chr., wurden Hunderte von Dörfern aufgegeben, besonders in den Randzonen und den weniger ertragreichen Gebieten. In dieser Phase der Verstädterung entsteht erstmals eine genaue Unterscheidung zwischen Ballungs- und Randgebieten, zwischen Stadt und Land, und es entwikkeln sich Unterschiede im sozio-ökonomischen Verhalten der Randgebiete, die nicht in der Nähe der Hauptstadt liegen. Diese Doppelseitigkeit wird während der ganzen mehrtausendjährigen Geschichte des Iran ihre Spannung nicht verlorengeben, weil die geographische Beschaffenheit des Landes für lange Zeit eine vollständige Verstädterung verhinderte. Zeiten einer bewußt gesteuerten Machtanballung werden mit solchen abwechseln, die beweglicher sind, dafür das Merkmal einer lükkenhaften Politik tragen, wobei sie allerdings hinsichtlich ihrer kulturellen Aussage häufig fruchtbarer werden als die ersteren.

Gegen Norden und Osten der großen wüstenartigen Senkungen entwickeln sich andere Gebiete der Stadtwerdung: die dem Gebirge vorgelagerte Ebene von Damghan und Gorgān auf dem Elburs; jene von Etek nördlich des Kopet Dach und das Tal von Helmand im heutigen südwestlichen Afghanistan. Fast alle städtischen Zentren dieser Landstriche sehen ihren Ursprung in vorausgegangenen neolithischen und chalkolithischen Dörfern, und die Ausgrabungen haben fortgesetzte Siedlungen in aufeinanderfolgenden Schichten ergeben, und zwar seit der Zeit von 4000 v. Chr. So Tepe Hissar bei Damghan, Tepe Tureng bei Gorgān in der grünen turkmenischen Steppe, Tepe Namazga und Tepe Altyn in dem fächerförmigen Delta zu Füßen des Kopet Dach auf sowjetischem Gebiet und Mundigak bei Kandahār auf dem Hindukusch. Die Auswirkungen dieser großen Umwälzung sind klar ersichtlich: die Fläche erweitert sich auf Kosten anderer Dörfer, Material und Gegenstände aus entfernten Gegenden, zweifellos dem Umkreis des örtlichen Handels fremd, treten auf, öffentliche Gebäude werden nach und nach angelegt, in ihren Ausmaßen wie in der Ausführung häufig monumental.

Die erste frühgeschichtliche Ansiedlung im Delta des Helmand, Schachr-i Sochta, wird dagegen Ende des 4. Jahrtausends v. Chr. auf den Überresten einer pleistozänen Terrasse zwischen dem wasserreichen Flußdelta und den Ufern des Grenzsees gegründet: eine günstige strategische Lage, die die Erträge und den Tauschhandel zwischen zwei verschiedenen Lebensräumen gut überprüfen läßt. Zusammen mit der Kontrolle über die Ertragsquellen des Beckens übt der frühgeschichtliche Hauptort von Sistan eine vermittelnde Aufgabe im Fernhandel aus, der die Mineralien der Hochebenen zu den Schwemmland-Gebieten des iranischen Westens und Mesopotamiens leitet. »Leitform« des gesamten Handelsablaufs ist der Lapislazuli, der geschätzte blaue Stein, der in den unwegsamen Bergen im Nordosten Afghanistans gefunden wird und nach dem in den mesopotamischen Städten um des persönlichen und des Ansehens des Staatskults wegen reiche Nachfrage herrschte. Nahezu unveränderlich, weil anderswo im Vorderen und Mittleren Orient nicht vorhanden, gibt der Lapislazuli die Wegstellen und die Orte der Nachfrage im Gebiet der ersten Staaten von Zentralasien bis ins Niltal an. Schachr-i Sochta und Tepe Hissar waren zwei wichtige Orte für Verkauf und Verbrauch von Lapislazuli auf seinem langen Handelsweg. Die Fehlfarben des Lapislazuli und das besondere Steinwerkzeug zu seiner Bearbeitung wurden in den genannten Gebieten gefunden, denn erst die Existenz einer auf Lapislazuli spezialisierten Handwerkerklasse ermöglichte einen so ausgedehnten Handel. In Schachr-i Sochta wie in Ur haben die Ausgrabungen in den Nekropolen des 3. Jahrtausends v. Chr. die Gräber bestatteter Handwerker ans Licht gebracht, die mit ihrer noch nicht fertigbearbeiteten Ware und ihren Arbeitsinstrumenten bestattet wurden.

Die Städte wurden durch Tempel und große öffentliche Gebäude verschönert, die übrigens im

Rechts: Weibliche Figur aus Bronze von Schachr-i Sochta, datiert ca. 2400 v. Chr. (Museum in Teheran)

Schachr-i Sochta; Reste der Wohnungen in der östlichen Residenzzone, aus der Zeit um 2500 v. Chr. Die frühgeschichtliche Hauptstadt von Sistan war in der zweiten Hälfte des 3. vorchristlichen Jahrtausends eine der größten Städte der Welt, Mittelpunkt eines Wirtschaftssystems, das, regional begrenzt, seine wichtigsten Rohstoffe aus dem Delta des Flusses Helmand bezog. Das umliegende Gebiet ist heute eine unwirtliche Wüste, weil die tonhaltigen Ablagerungen des Deltas etwa seit dem ausgehenden 3. Jahrtausend ein Austrocknen des südlichen Sistan verursacht haben.

Iran noch größtenteils entdeckt werden müssen. Wie in Mesopotamien waren die Tempel dort auf einer Plattform aus harten Ziegeln errichtet, welche auf älteren Ruinen ruhten oder sich auf die Abhänge der kleinen aufgeschichteten Hügel stützten, auch wenn in den östlichen Gegenden solche Bauweisen nicht die überwältigende Großartigkeit der mesopotamischen Zikkurat haben. So sind die Tempel von Tepe Altyn, Tepe Tureng und Mundigak alle auf die zweite Hälfte des 4. vorchristlichen Jahrtausends zu datieren, als die ersten staatlichen Gefüge in den turanischen Steppen von Helmand bis zur Karakum feste Gestalt annahmen. Die großen Residenzen und die reich ausgestatteten Gräber, entdeckt an der Rückseite des Tempels von Tepe Altyn, bezeugen, daß hier Menschen lebten, die zur Pflege des Kults bestimmt waren.

Verbreitung der Schrift

Anzeichen, die mit der Staatsbildung verbunden sind, erkennen wir in Susa am Ende der mittleren Uruk-Periode (3400–3300 v. Chr.), was Ausgrabungsfunde am Burgberg bezeugen. Reste solcher Merkmale können im einzelnen in einem Massivbau aus harten Ziegeln festgestellt werden, wahrscheinlich ein Heiligtum, oberhalb eines Wohnsitzes der chalkolithischen Periode Susa A, Beginn eines ersten Verwaltungssystems. In Schicht 17 der neuen Reihe wurden die ersten Täfelchen aus hartem Ton gefunden, zylindrische Stempelsiegel und zahlreiche eingeritzte Zeichen. Jedes von ihnen enthält die Aufzeichnung des Weges, den die Güter zwischen verschiedenen Orten und Personen nehmen, und die Kontrolle des Eigentümers oder, wahrscheinlicher, des dafür zuständigen Beamten, der auf das Täfelchen das eigene Siegel zum Beweis für Empfang und Abgabe der betreffenden Ware drückt. Hier scheinen die ersten Anfänge der Schrift, auf dem unerläßlichen Mittel zur Leitung einer in einem Staatswesen zusammengefaßten Sozialwirtschaft, revolutionärste Auswirkung der neuen Gesellschaftsordnung. In wenigen hundert Jahren, die in Susa die aufeinanderfolgenden Schichten 16–13 (ca. 3300–2900 v. Chr.) darstellen, wird dieses Verwaltungssystem durch die Einführung von Zeichen oder Ideogrammen außerordentlich verstärkt, die den Gegenstand, die Person, die Ware oder die Einrichtung, den Ort und die Zeit der Übergabe anzuzeigen vermögen. Diese Zeichen sind von jenen, die zur gleichen Zeit in Mesopotamien mehr oder weniger verwendet werden, sehr verschieden. Diese Schrift wird proto-elamisch genannt, weil sie auf einem Gebiet, das dem Gebiet von Elam entspricht, in dem man bis Ende des Achämenidenreichs Elamisch spricht, bezeugt ist. Sie wird ungefähr 1000 Jahre geschrieben. Im ausgehenden 3. Jahrtausend wird die Keilschrift Mesopotamiens eingeführt.

In den letzten Jahren haben die archäologischen Funde auf dem iranischen Hochland eine erstaunliche Verbreitung der proto-elamischen Schrift bezeugt, die weit über die Grenzen des alten elamitischen Staates hinausging. Täfelchen einfachster Art, aus derselben Zeit wie Susa 17, sind in den Schichten der Periode V in Tepe Godin bei Kangavar, etwa 350 km nordöstlich von Susa, aufgefunden worden, in einem strategisch günstig gelegenen Tal am Verbindungsweg zwischen Mesopotamien und dem nördlichen Iran, reich an Holz und Metallen, Platz für den Transithandel mit Edelsteinen. Die eigentliche Verbreitung der pro-

Oben: Monumentale Terrasse in Tepe Tureng (Nordiran), erbaut in der Periode III C 1 (ca. 2050 v. Chr.). Es handelt sich vermutlich um die Reste eines Tempels. Tepe Tureng erstreckte sich als Ansiedlung über eine Fläche von 80 ha.

Unten: Eine der bekanntesten frühschriftlichen Tontafeln aus Susa C (3000 v. Chr.) legt grundlegendes Zeugnis für die Geschichte der Domestizierung des Pferdes ab. Auf der Vorderseite werden 185 Tiere – Zuchthengste, Stuten und Stutenfüllen – aufgezählt; die Rückseite nennt die Gesamtzahl (Paris, Louvre).

to-elamischen Schrift fand zwischen den letzten Jahren des 4. und dem Beginn des 3. Jahrtausends statt. Täfelchen mit proto-elamischer Schrift wurden in Tepe Siyalk, bei Kāschān, in Malyun, in der Nähe von Persepolis, in Tepe Yachya südlich von Kermān und schließlich in Schachr-i Sochta gefunden, das dicht am indischen Subkontinent liegt, immer von zylindrischen Siegeln begleitet, auf denen sich die Muster wiederholen, die auch der Steinschneiderei der frühschriftlichen Zeit vertraut waren: wilde Tiere, die Wiederkäuer auf der Flucht angreifen, Ungeheuer, Kämpfe der Menschen mit wilden Tieren, Szenen aus Handwerk und Gewerbe der Stadt. Seit 3000 v. Chr. war die Schrift über den gesamten Iran verbreitet und zylindrische Siegel wurden auch in außerhalb des Hochlandes liegenden Gebieten gefunden. Nach Osten zu und damit immer entfernter von Susa und Chusistan, werden die Verbindungen mit der Kultur der eigentlichen proto-elamischen Völker schwächer. Die Vergleiche, die man zwischen den keramischen Formen und den Kultfiguren, etwa im Verwaltungsgebäude von Tepe Yachya IV C, ziehen kann, in dem das Tontafelarchiv untergebracht war, lassen sich auf wenige Grundtypen zurückführen, während der Rest die chalkolithische Tradition fortsetzt. In Schachr-i Sochta ist die Anleihe augenfällig: die gesamte materielle Kultur gleicht dem turanisch-zentralasiatischen Typ. Tontäfelchen und Siegel sind zwar als Bestandteil eines nützlichen Ablaufs zur Kontrolle der Erwerbsquellen übernommen, aber die kulturelle Gesamtheit stammt doch aus einer völlig verschiedenen Welt. Es interessiert, daß am alten Hauptort von Sistan Reste von Tontafeln neben Fragmenten der Keramik von Nāl oder Gumla II aufgefunden wurden, Horizonten, die die ersten Anfänge einer städtischen Gesellschaft im Industal bezeichnen. Die Städte des östlichen Iran waren vermutlich die indirekten Förderer der protoindischen Kultur, und in diesem Licht gewinnt die Hypothese, daß die unentzifferbare Schrift des Industals von der proto-elamischen abgeleitet sei, die sich nach Osten verbreitet habe, immer mehr Gewicht, zumal eine zeitgenössische Bemerkung von einer frühen Stadtgesellschaft auf dem iranischen Hochland und in den südlichen Gegenden Zentralasiens berichtet.

Die materielle Kultur ordnet sich den Aufgaben der neuen politischen Gefüge unter und erlaubt uns, wenn auch nur annähernd, das Gebiet auszumachen, das in der zweiten Hälfte des 4. vorchristlichen Jahrtausends als frühstaatliche Einheit des iranischen Gebiets angesehen werden muß. Der elamitische Staatenbund umfaßte den ganzen südlichen Iran, von Susa bis Tepe Yachya, mit den wichtigsten städtischen Zentren in Chusistan und Fārs. Seine nordöstlichen Grenzen erreichten die Gebiete von Schachdad und Bam am Rand der Salzwüste Lut. Jenseits der großen unbewohnbaren Senke finden wir das Delta des Helmand, westliche Grenze einer Kulturlandschaft, die das ganze Becken des Helmand bedeckt. Ihre beiden Hauptpole sind Sistan im Delta mit Schachr-i Sochta als Mittelpunktsiedlung und die Gegend von Kandahār in Afghanistan, wo der Fluß den Hindukusch verläßt, mit dem Hauptort Mundigak. Die völlige Identität dieser beiden Ansiedlungen, ungeachtet der nahezu 400 km Entfernung, rechtfertigt die Bezeichnung »Helmand-Kultur«.

Im nordöstlichen Iran gestatten archäologische Befunde einen anderen Landstrich von der kulturellen Einbeziehung auszunehmen, den Kamm des Elburs, die fruchtbare turkmenische Ebene im Norden und die am Gebirgsfuß liegende Gegend von Damghan-Scharud im Süden. Tepe Tureng und Tepe Hissar waren die jeweiligen Hauptorte, gut bestimmbar nach den ergrabenen ausgedehnten Handwerkervierteln (Tepe Hissar) und der Terrassentempel (Tepe Tureng) sowie aufgrund der reichen Grabausstattungen.

Etwas westlich vom Fluß Atrek verläuft die Grenze zwischen diesen frühstaatlichen Gebilden und jenen des südlichen Turkmenien, in dem sich Ansiedlungen auf beiden Seiten der Abhänge des Kopet Dach aneinanderreihen, im gleichen Gebiet, das den chalkolithischen Kulturen von Anau zuzurechnen ist. Die Hauptorte befinden sich in Tepe Namazga und in Tepe Altyn, jede ungefähr 50 ha groß, reich ausgestattet mit eindrucksvollen öffentlichen Gebäuden, Handwerkervierteln und Verteidigungsanlagen.

War auch der Handel zwischen diesen verschiedenartigen frühstaatlichen Gebilden mit Mesopotamien lebhaft und nach außen rege, so entwickelten das Industal und die arabische Küste des Persischen Golfs jeweils eine durchaus eigenständige Kultur. Das Einbeziehen betrifft offenkundig Erzeugnisse von bestimmtem künstlerischen Wert und von bemerkenswerter geistiger Aussage. Die Übereinstimmungen sind noch größer bei Arbeiten, die für Handelszwecke und auf Bestellung der herrschenden Klassen gemacht wurden. Das ist der Fall bei Metallgefäßen in Kupfer, Silber, Gold, die einen einheitlichen Typ darstellen, bei bildhaften Gegenständen und beim Kopfschmuck von Personen. Die Bestattungsgebräuche bildeten ein weiteres Zeichen kultureller Übereinstimmung, die der ganzen frühen Stadtkultur des iranischen Raumes gemeinsam ist. Die Körper wurden in gekrümmter Stellung begraben, auf einer Seite liegend wie im Schlaf, allein oder in Massengräbern, mit reichen Grabbeigaben an Geschirr und kostbaren Gegenständen, die neben dem Kopf oder dem Körper entlang angeordnet wurden. In Schachr-i Sochta sind die Gräber auch grottenförmig in den Ton eingegraben gemäß einem Bestattungsbrauch, der dem der zentralasiatischen Steppen und der Ukraine im 2. vorchristlichen Jahrtausend entspricht.

Die Stadtkultur der alten iranischen Bronzezeit war ein sozio-ökonomisches Phänomen, eng an den Fernhandel und an das spezialisierte Handwerk geknüpft, gleichwohl von einem Reifeprozeß innerhalb der bäuerlichen Gesellschaft bestimmt. Am Anfang des 2. vorchristlichen Jahrtausends geriet diese sozio-ökonomische Struktur in eine Krise, und zwar auf dem ganzen Hochland nördlich Elams und in Zentralasien. Vor ihrem Verschwinden schrumpften die großen Ansiedlungen wieder auf die Ausmaße der anderen Dörfer zusammen, wenn sie auch zahlenmäßig zunahmen. Das Siedlungsbild veränderte sich, überwiegend bestimmt von den Bedürfnissen nach Nahrungsmitteln. Schachr-i Sochta, Tepe Namazga und Mundigak nahmen während der ersten Hälfte des 2. Jahrtausends v. Chr. einen Umfang von 5–6 ha an, um nach 1600 v. Chr. endgültig zu verschwin-

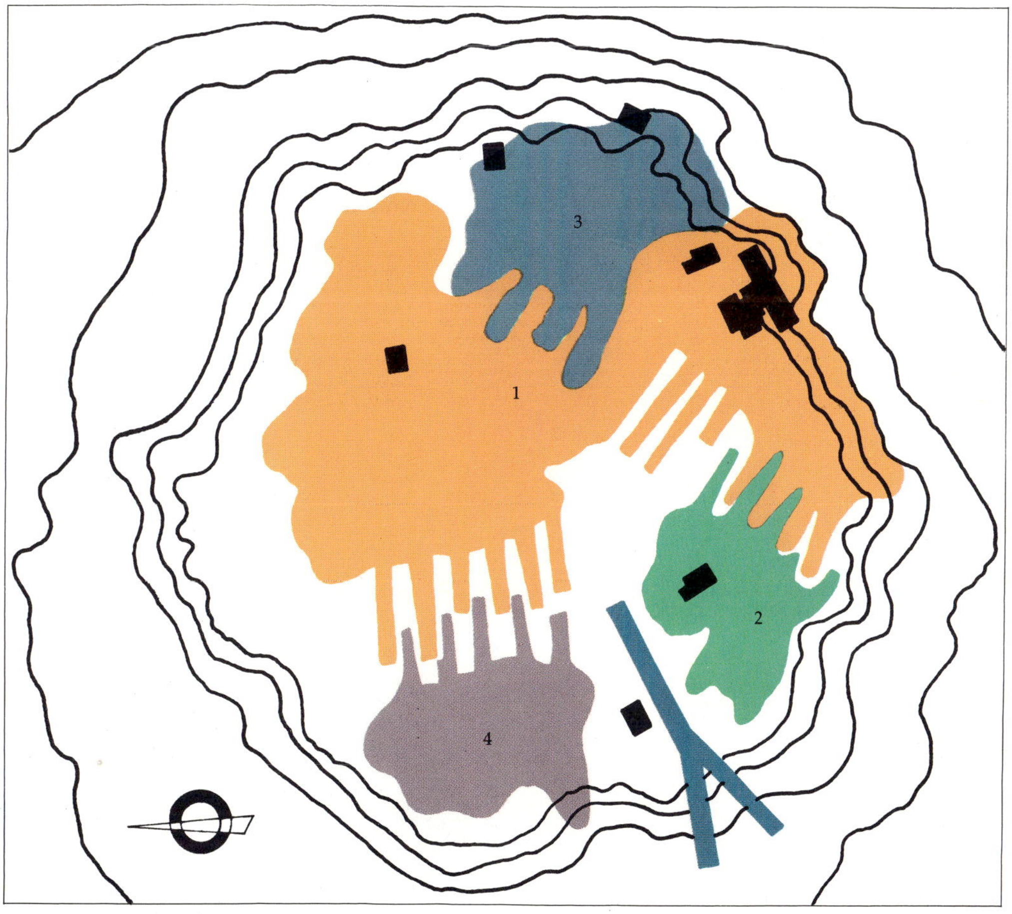

Die Unterteilung der verschiedenen Stadtviertel von Tepe Altyn in ihrer Bedeutung und ihrer Bestimmung: 1. Das Residenzviertel, 2. das Tempelviertel aus der Zeit Namazga V (um 2200 v. Chr.), 3. das Viertel der Töpfer, 4. das Viertel der Bronzenhersteller. Die Arbeitsspezialisierung teilte einerseits die Bevölkerung der Stadt in verschiedene Gruppen und erreichte damit gleichzeitig eine ungleiche Verteilung des Reichtums. Das Stadtgebiet teilt sich dieser gesellschaftlichen Gliederung entsprechend auf, was der Archäologie ermöglicht, die verschiedenen Tätigkeitsbereiche bei ihren Ausgrabungen und Stadtvierteln zu erkennen und zu bestimmen. Die Fehler, die bei bestimmten Bearbeitungsvorgängen immer wieder vorkommen, erlauben eine genaue Rekonstruktion des Herstellungsprozesses.

Tontafeln proto-elamischer Art aus Tepe Yachya, Beginn IV C (ca. 2900–2700 v. Chr.). Sie sind erste Belege einer Geschäftsführung in der Wirtschaft. Die große Tontafel oben wurde von P. Meriggi dahingehend gedeutet, daß es sich um Schafe und Ziegen handelt, die aus irgendeinem Gemeinwesen zugegangen und/oder abgegangen sind.

den. Es handelt sich nicht um einen Verfallsprozeß, sondern um das Ergebnis einer grundlegenden wirtschaftlichen Umwandlung: in der Tat verringerte sich nicht nur die Bevölkerung, sie verteilte sich vielmehr auf eine größere Anzahl kleinerer Ansiedlungen, sondern alle Arbeitsvorgänge, die nicht mit dem Fernhandel zusammenhingen, wie die Architektur, die Keramikherstellung, die Metallbearbeitung behielten und verbesserten das qualitative Niveau ihrer Erzeugnisse.

Die neue richtunggebende Einheit für die Bevölkerung ist daher nicht mehr die Stadt, sondern sind die Oasen, in denen sich Dorf und Bewohner, Haus und Feld vereinigen und in einen wettbewerbsmäßigen Dialog treten. Das Ende der großen Städte bedeutet aber nicht zugleich das Verschwinden des Staates, der als übergeordnete Einrichtung alle seine Koordinierungsaufgaben auch in einem weniger zentralisierten Amtsbereich wahrnehmen kann. Es wird angenommen – und die Forschungsergebnisse der Sowjetischen Archäologischen Mission im nördlichen Afghanistan bekräftigen dies in gewisser Weise –, daß das alte Baktrien vom mittleren Lauf des Amu-Darja durchquert wurde.

An der Wende um 2000 v. Chr. wurde das südliche Baktrien von einer Bevölkerung mit typisch iranischer Kultur bewohnt, an Namazga V und VI als kulturellen Vorbildern ausgerichtet, deren Kennzeichen unbemalte Keramik von grauer oder braungrauer Farbe war, vornehmlich westlich des Gebietes um Balch und Akča, daneben von Menschen mit einer Kultur, die der Induskultur nahe verwandt und deren rotgrundige Keramik schwarz bemalt war. Reich an Metallen und Edelsteinen, besonders von Lapislazuli und dazu äußerst fruchtbar, war Baktrien auserwählt, die führende Gegend in Ostiran und in Zentralasien zu werden. Seine Entfernung von den iranischen Zentren zur Zeit der Städtewerdung während der frühen Bronzezeit hatte die Verbindung mit dem Hochland abbrechen lassen, doch von dem Augenblick an, in dem die städtische Gesellschaft und der große transiranische Handel in eine Krise gerieten, wurde Baktrien zunehmend reicher an Dörfern, die in den Oasen lagen und zur Namazga-Kultur VI gehörten. Der Aufstieg Baktriens zum führenden Gebiet des äußeren Iran war unabänderlich, und schon bei Herodot gilt Baktrien als ein Bollwerk des Achämenidenreichs und der Geschichte Asiens. Die Sowjets haben in den Oasen von Dašly einige »Zentralansiedlungen« ausgemacht, die in die zweite Hälfte des 2. vorchristlichen Jahrtausends datiert werden. Ihre Größe unterscheidet sich in keiner Weise von der der anderen Dörfer. Der Unterschied ist nur funktional, was ihre großen öffentlichen Gebäude, Tempel oder Paläste in ihrer Aufgabe als führender Mittelpunkt bezeugen, die nicht als Grundlage von Aufkauf und Anhäufung der Hilfsquellen dienen, was die Städte von Sistan und vom südlichen Turkmenien 500 oder 1000 Jahre zuvor kennzeichneten.

Die materielle Kultur dieser Ansiedlungen in Baktrien leitet sich eindeutig von den Städten Sistans und Turkmeniens ab, aber die sozio-ökonomische Grundlage ist eine völlig andere, sei es durch eigenständige innere Entwicklungen oder durch tiefgreifende ethnische Veränderungen, die während des 2. Jahrtausends v. Chr. im ganzen iranischen Raum als Folge des Erscheinens von Gruppen oder Völkern indoiranischer Sprache eintraten. Von diesem Wander-Phänomen ist die Zähmung des Pferdes und des baktrischen Kamels bekannt, was bald Auswirkungen auf die Arbeitsorganisation und auf Umschichtungen im Mittleren Orient zeitigte.

Dem Auftreten der indoiranischen Bevölkerung im Iran entsprach eine Periode starker sozio-ökonomischer Instabilität und politischer Dezentralisation, wodurch für lange Zeit die östlichen Gebiete von der mesopotamischen Welt und von den großen Handelswegen getrennt wurden. Es ist wahrscheinlich, daß nach den jüngsten Forschungsergebnissen die Hypothese von einer Invasion aufgegeben werden muß, da die indoiranischen Völker erst dann auftraten, als die wirtschaftliche Isolierung von Ostiran und der Verfall der städtischen Grundlagen bereits vollzogen war.

Bild eines Arbeitsplatzes, wie er dem Archäologen viertausend Jahre, nachdem er verlassen wurde, erscheint. Wir sind hier in Tepe Hissar, einer wichtigen prähistorischen Ansiedlung auf der »Straße des Lapislazuli« im nördlichen Iran. Die von Erosion geprägte Oberfläche der Gegend zeigt sich von Überresten aus Lapislazuli und Kieseln bedeckt, die zu seiner Bearbeitung verwendet wurden. Einige Werkzeuge sind noch vom blauen Staub beschmutzt.

Rechts: Die Abordnung der baktrischen Bevölkerung auf der Apadana von Persepolis mit den für ihr Land charakteristischen Erzeugnissen. Darunter ein zweihöckeriges Kamel, das im Iran während des 3. Jahrtausends v. Chr. zum Haustier wurde und das Transportsystem und den Austausch zwischen dem Mittleren Osten und Zentralasien völlig veränderte. Im 2. Jahrtausend v. Chr. wurde das fruchtbare Baktrien ein führendes Land in der ostiranischen Welt.

Unten: Inneres einer Grabgrotte der Nekropolen von Schachr-i Sochta (ca. 2400 v. Chr.). In den vielen in den Ton gegrabenen Grabstätten werden oft, zusammen mit polychromen Behältern, Gefäße in abgestuften Ockertönungen gefunden. Sie sind über ganz Zentralasien verbreitet und kamen während des 2. Jahrtausends v. Chr. aus den Steppen Südrußlands.

Wie im folgenden Abschnitt zu sehen ist, nimmt mit der langen Herrschaft der Dynastie von Akkad (2340–2198 v. Chr.) Mesopotamiens eine stark expansionistische Politik gegenüber allen Leitstellen des Fernhandels auf, was von der physischen Zerstörung oder von der kulturellen Assimilation der Nachbarn im Osten und Westen begleitet wird. Westiran und besonders der elamische Staat sind jetzt eng an die politischen Vorgänge des Vorderen Orients gebunden und, ungeachtet der Zeiten militärischer Stärke, entwickeln sie sich in kultureller Abhängigkeit.

Gleichzeitig mit dieser unabänderlichen Ausdehnung Mesopotamiens auf das iranische Hochland festigt sich die Seeroute für den Handel mit den Küstengebieten des Persischen Golfs und des Indischen Ozeans, die für die sumerisch-akkadische Stadt einen Alternativweg darstellt, um unmittelbarer die wichtigsten Erzeugnisse für ihre Wirtschaft zu erhalten: Kupfer, Steine, bestimmte landwirtschaftliche Erzeugnisse, exotische Hölzer. Schließlich ist der Prozeß der Dezentralisierung der städtischen Bevölkerung in den iranischen östlichen Gebieten während des letzten Viertels des 3. Jahrtausends v. Chr. in vollem Gang, als natürliche Entwicklung der Widersprüche, die einer Ackerbauwirtschaft in den isolierten deltaförmigen Becken von Sistan, Südturkmenien und Khorāsān anhaftet. Die Indoarier, häufig als etwas Fremdartiges in der städtischen Gesellschaft vorgezeichnet und gleichermaßen als nomadische Invasoren einer geschichtlichen Epoche angesehen, scheinen nunmehr eher die Auswirkung als der Grund des Niedergangs der städtischen Gesellschaft zu sein. Wie zu sehen war, müßte sich dieser Vorgang im Lauf von gut 500 Jahren abgespielt haben, auch wenn wir einer früheren Datierung, wie sie Historiker und Philologen vorschlagen, Rechnung tragen, daß ungefähr um 1800 v. Chr. indoarische Gruppen im Iran und im Vorderen Orient auftauchten. Die archäologischen Daten zeigen hingegen eine äußerst langsame, aber unaufhaltsame Umwandlung an, die die Bevölkerungsstruktur und das Ausmaß des Handelsaustausches völlig veränderte. Es ist durchaus möglich, daß unbeschadet der Krise in den städtischen Zentren im ganzen östlichen Iran während des

Siegel von dunklem Steatit aus Failaka, einer Insel gegenüber von Kuwait, auf der um 2000 v. Chr. ein Handelszentrum entstand, das von der Seeroute, die Mesopotamien mit dem Indischen Ozean verband, abhängig war. Knotenpunkt dieses Verbindungssystems war die Insel Bahrein, das alte Dilmun, und diese Siegel-Stempel sind kennzeichnende Merkmale für die Art der Handelstätigkeit ihrer Bewohner. Sie gelangten bis nach Lothal in Westindien und bis Ur in Mesopotamien, sofort erkenntlich an ihrer knopfähnlichen, halbkugeligen Form (Museum von Kuwait).

2. vorchristlichen Jahrtausends der Aufbau der staatlichen Organisationsformen in verschiedenen regionalen Einheiten erhalten blieb, was nicht nur das Überleben der Ackerbauwirtschaft ermöglichte, sondern auch die Kolonisierung vorher nur gelegentlich bewohnter Gebiete vorantrieb, wie Margiana, Baktrien, das Zerafschan-Tal, Herz des künftigen Sogdien.

Der Korridor nach Indien und die Kulturen Ostarabiens

Die Tontafeln mit Keilschrift, datierbar in die Zeit zwischen der Regierung Sargons und der von Hammurabi in Babylonien (2340–1750 v. Chr.) haben die sumerisch-akkadischen Namen der fremden Länder am »Unteren Meer«, heute Persischer Golf, erhalten, mit denen Mesopotamien einen regelmäßigen Handelsaustausch auf dem Seeweg gepflegt hatte. Ihre Identifizierung ist nur teilweise möglich, weil es nur wenige Augenzeugenberichte gibt und die Küstenregionen am Persischen Golf auch heute noch relativ gering erforscht sind. Sicher, Dilmun, ein Inselgarten, reich an Wasser und Palmen, immerwährender Verbannungsort für den unsterblichen sumerischen Noah, Utanapischtim, war die Insel Bahrein, Sitz eines großen Handelsplatzes, wo archäologische Zeugnisse die Existenz einer Stadtkultur und einer gemischten Kultur für die ganze zweite Hälfte des 3. vorchristlichen Jahrtausends bestätigen. Die Ausgrabungen in der alten Hauptstadt, heute Ras al-Qal'at, im äußersten Norden der Insel und die im nahegelegenen Tempelbezirk der Stadt Barbar haben Reste von Steingebäuden mit einer sehr ausgeklügelten Architektur ans Licht gebracht, die an die zeitgenössischen Bauten Mesopotamiens erinnern. Ein Mauergürtel schützte die alte Hafenstadt, während die Nekropolen, errichtet aus ungeheueren glockenförmig aufgetürmten Erdhügeln, sich gegen das Wüstengebiet im Innern erstreckten. Die Ansiedlungen der Kultur von Dilmun sind auf eine weit ausgedehnte Fläche verteilt, von Failaka in Kuwait bis Qatar, entlang der ganzen Ostküste Saudi-Arabiens: eine Entfernung von ca. 600 km. Die dort wohnende Bevölkerung waren Seeleute, die von den präkeramischen Fischern von Ras al-Hamra abstammten, die ihre Wirtschaft auf ein erhöhtes Maß von Ergiebigkeit angehoben hatten, indem sie den immensen Reichtum des Meeres mit einer intensiven Bodenbebauung verbanden, besonders ausgerichtet auf die Anpflanzung von Dattelpalmen in den binnenländischen Oasen. Die Teilnahme dieser Leute am großen Seehandel stammt von äußeren Einwirkungen auf ihren Entwicklungsprozeß her, und es verwundert nicht, daß, trotz der Nähe Bahreins zu Mesopotamien, von Failaka nicht zu reden, das kaum eine Tagesreise mit dem Segelschiff von der Euphrat- und Tigris-Mündung entfernt lag, die Kultur von Dilmun kein Anhängsel der sumerisch-akkadischen Stadtkultur wurde. Die Eigenständigkeit der Kultur Dilmuns wird besonders in ihren Siegeln deutlich, die, raffiniert geschnitten, eine außerordentliche Mannigfaltigkeit an Themen aufweisen: Bankettszenen, wirkliche Tiere und Fabeltiere, Gottheiten und Prozessionen. Es ist ein Siegeltyp in Art einer Kapsel, der sich nicht nur von den mesopotamischen und elamischen Zylindersiegeln unterscheidet, sondern auch von denen in Teilen des östlichen Iran und den quadratischen aus glasiertem Steatit, die im Industal gebräuchlich waren. Siegel von Dilmun wurden in großer Zahl nicht allein in den städtischen und vorstädtischen Zentren zwischen Failaka und Bahrein gefunden, sondern ebenso auch an den äußersten Grenzen des Wirtschaftsbereichs, der um 2000 v. Chr. am Seehandel Interessierten und der die Vermittlertätigkeit der arabischen Händler in dieser Zeit bezeugt. Ein Beispiel dieser Siegel kam am äußersten östlichen Rand des Iran ans Licht, in Lothal (Gujarat), ein anderes in Tepe Yachya, ca.

Zylindrisches Siegel mit Inschrift des Achämenidenkönigs Darius I. (522–486 v. Chr.), in Theben/Ägypten aufgefunden. Der König ist als Sieger über einen Löwen dargestellt, beschützt von einer Gottheit, die ihn überragt. Die kleinen Pferde, welche den Wagen ziehen, gehören einer Rasse vom südlichen Kaspischen Meer an, die heute fast ausgestorben ist (London, British Museum).

Lazail, alte Kupfermine im Wadi Pizzi im nördlichen Oman. Das Kupfer wurde aus Kupferglanz gewonnen, einem Amalgam eisenhaltiger Minerale vulkanischen Ursprungs, eher weich und reich an Jaspis und eisenhaltigen Oxiden. Die Gewinnung begann im späten Paläolithikum, als man Ocker und Jaspis förderte. Ende 3000 v. Chr. begann wahrscheinlich der Kupferabbau, durch die Nachfrage Mesopotamiens vorangetrieben. Hier könnte das mythische »Gebirge von Magan« aus den akkadischen und spätsumerischen Zeugnissen gewesen sein (ca. 2400–1800 v. Chr.), von dem Kupfer und Diorite herkamen, die in dieser dem Meer zugewandten Gegend reichlich vorhanden waren.

200 km von der iranischen Küste entfernt. Auch in Ur, dem Landehafen für Waren aus dem Osten nach Mesopotamien, wurden einige gefunden, somit in einer Gesamtentfernung von ca. 2800 km. Der Persische Golf und das Arabische Meer waren eine natürliche Verlängerung der Wasserstraße gen Osten, die von den Parallelläufen von Euphrat und Tigris gebildet wurden; ein Korridor also, der die mittelmeerische Levante und das anatolische Hochland mit den tropischen Wäldern der indischen Halbinsel verband. Entlang dieser geographischen Achse wurden die verschiedenartigsten Waren verteilt, Frucht einer riesigen »Ungleichheit« zwischen den verfügbaren natürlichen Hilfsquellen in jedem dieser Gebiete. Die Ortsbestimmung von Magan und Melukcha ist, im Gegensatz zu Dilmun, noch zweifelhaft. Bestimmt wissen wir, daß Magan Kupfer und Diorite, ein leuchtendes umgeformtes Gestein, aus dem die Skulpturen des Ensi von Lagasch, Gudea, gestaltet wurden, und Melukcha eine Vielzahl tropischer Erzeugnisse ausführte: Elfenbein, Palisander- und Ebenholz, Karneol und Pfauen, die darauf hinweisen, daß Melukcha zwischen dem pakistanischen Makrān und der Indusmündung gelegen haben muß: einer Küste, gut kontrolliert von einer Kette von Häfen der Indus-Städte. Magan dagegen dürfte sich im südöstlichen Iran befunden haben oder auf der Halbinsel von Oman, Gebiete, zerklüftet von tektonischen Faltungen und durchzogen von Serpentin-Gesteinsgürteln, reich an Metallen und verschieden geformten Felsbildungen. In der zweiten Hälfte des 3. Jahrtausends v. Chr. entstehen kleine Ansiedlungen, bewohnt von Ackerbauern, die eine schwarzbemalte Keramik herstellen, die die Tradition der chalkolithischen Muster fortsetzt. Auf der Halbinsel von Oman konzentriert sich die Bevölkerung an den bachartigen Rinnen am Gebirgsfuß in einer Anordnung, die lebhaft an die vorstädtischen Dörfer an den Abhängen des Elburs und des Kopet Dach erinnert. Noch einmal dürfen wir mehr von einer optimalen kulturellen Anpassung als von einer kulturellen Verzögerung sprechen. Die Wohnungen, mit kreisförmigem Grundriß, sind aus Steinen ohne Mörtelverbund aufgerichtet. Es handelt sich um getrennt dastehende Einheiten, die wie Türme aussahen und die nicht einem Straßennetz angegliedert waren, sondern sich am Rand des Uidian in gradliniger Gestalt, der eines Biwak sehr ähnlich, ausbreiteten. Die Aufzucht von Ziegen dürfte eine bestimmende Rolle in der Wirtschaft dieser Ansiedlungen gehabt haben, wie auch der Fischfang, der durch die Einführung neuer Werkzeuge sehr vervollkommnet wurde, wie z. B. durch kleine Wurfnetze, die durch abgerundete ausgehöhlte Kieselsteine beschwert waren, und der den Hauptunterhalt für die Dörfer an der Küste von Abu Dhabi und Oman darstellt. Die Insel Umm an-Nar gab dieser Kultur ihren Namen. Ihre Verbindung zum Handelsnetz am Persischen Golf wird durch Funde von Perlen aus Lapislazuli in den Grabbeigaben bezeugt. Es ist sicher, daß die Leute der Umm-an-Nar-Kultur die Kupferminen längs des Uidian ausbeuteten, dem Hauptvorkommen zutage liegender kupferhaltiger Oxide.

Stempel-Siegel aus Dilmun (Museum von Kuwait).

Auffallendste Zeugnisse für das frühgeschichtliche Oman bleiben die Gräber, welche alle felsigen Gewölbe und flachen Wüsten punktartig bedecken: Grabhügel auf Steinsockel ohne Mörtelverbund, oft verschönt durch eine Überkleidung aus quadratischen weißen Kalksteinblöcken. Die Platten, die die Zugänge zu den Gräbern abschlossen, waren oft mit Basreliefs geschmückt. Zwei dieser Platten aus dem Grab II von Umm an-Nar tragen als Zier Kamele. Dies sind die ältesten Darstellungen jenes Tieres auf der arabischen Halbinsel, das die Bevölkerungsstruktur in den Wüsten des Mittleren Orients und Afrikas in entscheidenem Maße veränderte.

Zwischen den Tierüberresten der Ausgrabungen von Umm an-Nar wurden Kamelknochen zusammen mit solchen des Dugong (Seekuh), von Fi-

Platte aus Kalk, als Sockelschmuck für einen Grabhügel in Hili (nördliches Oman) verwandt und Ende des 3. Jahrtausends v. Chr. zu datieren. In der Ecke links unten ist ein Dromedar dargestellt, Camelus dromedarius L., *einhöckerig, wie es für die Arabische Halbinsel, Nordafrika und den Vorderen Orient allgemein kennzeichnend ist. Auch wenn man annehmen kann, daß die Domestizierung dieses Tieres in der fraglichen Zeit schon fortgeschritten war, gibt es in der Darstellung keine Anhaltspunkte, daß es sich um ein Haustier handelt.*

schen und Küstenvögeln gefunden. Es ist klar, daß das Wüstentier von einer Bevölkerung gezähmt wurde, die, obwohl noch nicht verstädtert, die Gebiete an den Rändern der großen Wüste durch einen Oasengürtel auf Dauer besiedelte, Hunderte von Kilometern lang und die Reichtümer des Meeres sowie die Bodenschätze und biologischen Hilfsquellen des gebirgigen und wüstenartigen Binnenlandes zugleich nutzte. In diesem Zusammenhang war die Zähmung des Kamels unabdingbar notwendig und ermöglichte dadurch einen reicheren Gewinn aus den den Wüsten vorgelagerten Steppen. Das Nomadentum der Beduinen entwickelte sich während des ganzen 2. Jahrtausends v. Chr. als ein fortlaufender Prozeß kultureller Angleichung an die besonderen Umweltbedingungen Arabiens. Das Nomadentum stellt eine kulturelle Form von äußerster Spezialisierung dar. Es entsteht und gedeiht als Alternative zur Stadtwirtschaft und zur Staatsgesellschaft, und zwar hauptsächlich in Gebieten, in denen die Grenzen für den Ackerbau schwanken.

Der alte elamische Staat zwischen Mesopotamien und dem Hochland

Gleichsam als Antwort auf den lebhaften wirtschaftlichen, kulturellen und geistigen Austausch für die frühe iranische Bronzezeit zwischen dem ausgehenden 4. und dem beginnenden 2. vorchristlichen Jahrtausend, sieht die kulturelle Geographie der folgenden Periode verschiedenartige regionale Einheiten im iranischen Raum, die sich voneinander absondern. Die Bevölkerung der arabischen Küste am Persischen Golf wird in Hinblick auf die Zentren des Vorderen Orients Randbevölkerung. Als Folge davon erlischt die Stadtkultur im nordwestlichen Indien ungefähr 1800 v. Chr., und als weitere Folge nimmt der überwiegende Teil der arabischen Bevölkerung das von den Beduinen entwickelte Nomadentum an.

Während des ganzen 2. vorchristlichen Jahrtausends konzentrierte sich der Handel hauptsächlich auf die mittelmeerische Levante, in der die Erzeugnisse von Anatolien bis zu denen des »Landes Punt« an der somalischen Küste, der äußersten Entfernung in einem Handelsraum, in dem Ägypten Vormacht der geschichtlichen Welt war, zusammenkamen. Als indirekte Folgerung daraus zerfiel der Iran in eine »innere« Hälfte, näher den zentralen Gebieten des Vorderen Orients, und eine »äußere« Hälfte, die entfernter war und den östlichen Gebieten jenseits der Salzwüste zwischen dem Tal des Helmand im Süden und dem des Amu-Darja im Norden entsprach. Ab 1800 v. Chr. tritt zu der geographischen Verschiedenheit zwischen den Hochebenen des Westens und den Ebenen des Ostens noch zusätzlich eine kulturelle Andersartigkeit. Die südlichen Gebiete des Iran, vereint im elamischen Staat, stellen die letzte östliche Grenze Mesopotamiens dar, wäh-

Hügelgrab aus Steinen in der frühgeschichtlichen Nekropole von Baat im nördlichen Oman (ca. 2200 v. Chr.). Diese Monumente gehören zu den besterhaltenen in Oman.

Stele von Susa aus schwarzem Diorit mit einer langen Inschrift des Königs Manischtuschu (2274–2260 v. Chr.), dem dritten Herrscher aus der Dynastie von Akkad und Eroberer von An Schan in Fārs, der Hauptstadt der elamischen Welt im 3. vorchristlichen Jahrtausend. Manischtuschu erklärt, er habe das »Untere Meer« (Persischer Golf) überquert, 32 Könige besiegt und in die Heimat kleine Schiffe, mit dem kostbaren schwarzen Stein beladen, geschickt. Der Diorit kommt häufig in Oman und in Belutschistan vor (Paris, Louvre).

rend die östlichen Gebiete des Iran ihren Mittelpunkt noch mehr nach Osten vorschieben auf das mittlere Tal des Amu-Darja, die Ebene von Baktrien zu und so neue Staatsgebilde schaffen. Wir haben in der Tat zwei zeitlich parallele und dennoch verschiedene geschichtliche Abläufe vor uns, die nur die Gründung des Achämenidenstaates aufs neue miteinander verflechten und sie gleichzeitig im Vorderen Orient und im östlichen Mittelmeerraum zusammenfassen wird.

Der alte elamische Staat erstreckte sich über geographisch und politisch äußerst unterschiedliche Gegebenheiten, deren Namen uns teilweise in mesopotamischen Zeugnissen überliefert sind. Von den zwei bereits erwähnten Hauptstädten abgesehen, An Schan in Marv-i Dascht und Susa im oberen Chusistan, gehörte dazu die Küste des Persischen Golfs, in der Gegend des heutigen Buschir, in der Antike bekannt als Scheriku, einige Gebirgsregionen an der Grenze zu Mesopotamien, ungefähr südlich des Landes Lullubu und das Tal von Bechbechan, das die Susiana mit Fārs verband. Möglicherweise haben die Elamiter während des ganzen 3. und eines guten Teils des 2. vorchristlichen Jahrtausends bestimmte Formen politischer und wirtschaftlicher Kontrolle über das ganze iranische Hochland ausgeübt, d. h. vom Tal von Kangavar und dem unwegsamen Gebiet von Bachtiari im Norden, über das Gebiet um Kermān bis zum Lauf des Halil Rud im Osten. Es handelt sich um ein außerordentlich weitläufiges Gebiet, besonders im Vergleich zu den mesopotamischen und anatolischen Staaten, das ungefähr dem Verbreitungsgebiet der Susa-C-Kultur um 3000 v. Chr. entsprechen würde, das nach Funden dieses Zeitabschnittes durch Tontäfelchen protoelamischer Art, Siegel in naturalistischem Stil und durch besondere keramische Formen gekennzeichnet wird. Unsere Kenntnisse über den Staat Elam im ausgehenden dritten vorchristlichen Jahrtausend sind sehr umfangreich, da dieses Gebiet in die Einflußsphäre Mesopotamiens gekommen war. Die Expansionspolitik der akkadischen Könige führte unmittelbar zum Zusammenstoß mit den Elamitern, die unzweifelhaft den gesamten Handel der iranischen und zentralasiatischen Erzeugnisse auf dem Landweg in Richtung Mesopotamien kontrollierten. Die Zeugnisse berichten, daß König Lukchschischan sich der Herrschaft Sargons wohl nach einer militärischen Niederlage unterwarf. Die Abhängigkeit Elams von Mesopotamien zog sich wahrscheinlich über die Dauer der Dynastie von Akkad hin. Zwischendurch kam es erneut zu Feindseligkeiten. Als Herrscher Elams werden in dieser Periode Könige von Awan/An Schan genannt, und vielleicht befand sich der Mittelpunkt des Staates in Fārs; aber trotz der verhältnismäßig weiten Entfernung von Mesopotamien dürfte auch An Schan, gemäß den Quellen, von einem der Söhne Sargons, Manischtuschu (2274–2260 v. Chr.), zerstört worden sein, der bei dieser Gelegenheit zugleich einen »König von Magan« unterwerfen konnte. Dadurch werden wir über die Bündnisse und die gegenseitige wirtschaftliche Abhängigkeit unterrichtet, die zwischen dem sagenhaften östlichen Kupferland und dem elamischen Staat im südlichen Iran bestanden haben könnten.

Mit dem Sturz der Dynastie von Akkad und mit der Herrschaft über Mesopotamien seitens der Gutäer konnte der letzte König aus der Dynastie von Awan, Kutik Inschuschinak, ca. 2200 v. Chr., die völlige Unabhängigkeit seines Landes und eine Zeit der wirtschaftlichen Erholung sichern. Die Hauptachse des Staates ist unverrückbar nach Westen ausgerichtet. Die archäologischen Entdekkungen im Gebiet von Kermān haben bezeugt, daß Ende des 3. vorchristlichen Jahrtausends sich die gesamte Kultur erheblich von der Elams unterschied, von Einflüssen der turanischen Staaten in Sistan und Khorāsān einerseits, von denen aus dem Industal andererseits. Am Beginn von IV-A von Tepe Yachya wurde eine protoindische Inschrift auf einem Gefäß entdeckt. Wahrscheinlich übernahmen die Elamier die Kontrolle über das ganze Hochland östlich von Fārs, und die reichen Gräber von Schachdad am Westrand der Lut sind mit einer neuen Gesellschaft zu verbinden, die wirtschaftlich autonom und kulturell von der elamischen Welt verschieden ist. Es ist dasselbe Niveau derselben Periode, wie sie im nordöstlichen Iran und in Turkmenien erreicht wurde.

Die Annäherung an den Westen seitens des elamischen Staates wird noch deutlicher durch die Aneignung der Keilschrift, was wahrscheinlich auf diese Zeit zurückzuführen ist. Die Schrift wurde der andersartigen Phonetik der elamischen Sprache angepaßt, und nach und nach gab man das Linearsystem der proto-elamischen Schrift der ältesten Zeugnisse auf: Kutik Inschuschinak wird der letzte Herrscher gewesen sein, der sie in Zeugnissen der Königsinschriften verwendete. Man kann trotzdem nicht behaupten, daß Elam in völliger kultureller Abhängigkeit von Mesopotamien lebte, wenn auch Herrscher und Verwaltung es vorzogen, beim Abfassen von Dokumenten während des ganzen 2. Jahrtausends v. Chr. auf die akkadische Sprache zurückzugreifen. Die Andersartigkeit Elams ergibt sich eindeutig, wenn wir seine politische Struktur, die Begräbnisriten und die künstlerischen Ausdrucksformen mit den entsprechenden mesopotamischen vergleichen. Der elamische Staat war föderativ, was man, unter ver-

Statuetten aus Gold und Silber auf einem bronzenen Piedestal, die zum reichen Tempelschatz von Susa gehören. Es sind Figuren von Opfernden, vielleicht königliche Personen, in Beterhaltung, der mittelelamischen Zeit zuzurechnen (ca. 1250 v. Chr.; Paris, Louvre).

Breite Eingangstreppe mit Torbogen vor der Zikkurat von Tschoga Zanbil (Chusistan, Iran), einer majestätischen Tempelanlage, erbaut vom elamischen König Untasch-Gal (1242–1235 v. Chr.). Das Heiligtum erstreckte sich über ein Gebiet von nahezu 100 ha, umgeben von einer Mauer, in der sich 7 monumentale Tore öffneten. Die Zikkurat von Tschoga Zanbil ist die am besten erhaltene der mesopotamischen Welt.

Architektonischer Schmuck mit Terrakotta-Füllung aus einem Tempel, den der elamische König Kutik-Nachchunte (1155–1150 v. Chr.) dem Gott Inschuschinak geweiht hat, als er, der Thronerbe, Gouverneur von Susa war (Paris, Louvre).

schiedenen Formen, auch bei den Staaten der Urartäer, Meder und Perser während des ganzen 1. Jahrtausends v. Chr. finden kann. Die Zentralgewalt bestand in einer Trias, die voneinander abhängig war, mit einem Oberherrscher an der Spitze, der ungefähr seit Ende des Jahres 2050 v. Chr. in Susa residierte, ein König-Regent von »Elam und Sismasch«, der im allgemeinen der jüngere Bruder des Oberherrschers war, und ein »König« von Susa, Lenker der gesamten Provinz, ein Amt, das vom Sohn des Oberherrschers bekleidet wurde. Die Erbfolge geht über den Bruder in der oben erwähnten Weise weiter. Dieselbe Dreigliederung gilt auch im elamischen Pantheon. Wir können unterstellen, daß, entsprechend den erheblichen geographischen Unterschieden innerhalb ihres Gebietes, die Elamier einen weniger zentralisierten Staat errichteten als wir es in den großen Schwemmland-Ebenen Mesopotamiens und von Ägypten zu sehen gewohnt sind. Nur in Chusistan, dem eigentlichen Elam, wurden palast- und tempelartige Grundrisse gefunden, die einen dauerhaften Einfluß Mesopotamiens auf die innere Struktur des Staates widerspiegeln.

Es ist das Verdienst der Ausgräber von Susa, eine ausgiebige Dokumentation über den alten elamischen Staat ans Licht gebracht zu haben sowie einige wichtigere Dokumente über die mesopotamische Kultur. Diese Zeugnisse sind als Kriegsbeute während der Regierung von Untasch-Gal (1242–1235 v. Chr.) nach der elamischen Eroberung Babyloniens fortgebracht worden. In den zweihundert Jahren, zwischen 1300 und 1100 v. Chr., die die Historiker die Medo-Elamische Zeit nennen, erstreckte sich die Gewalt der Könige von »An Schan und Susa« nicht nur über den ganzen Südiran, im Westen bis Kermān, sondern auch über Babylonien. Reichtum und Macht zeigen die eindrucksvollen öffentlichen Gebäude aus dieser Zeit, wie die Zikkurat und die Tempelanlage von Tschoga Zanbil, 42 km südöstlich von Susa, gegründet von Untasch-Gal, oder die Stadt Haft Tappech. In Malyun, dem alten An Schan, ist dieser Abschnitt durch ein großes öffentliches Gebäude mit einem Tontafelarchiv bezeugt, dessen Säulenhof die achämenidische Zeit vorwegnimmt. Nach dieser Zeit beginnt für die elamische Macht eine Phase langsamen Niedergangs. Über die Neuelamische Periode zwischen 1000 und 700 v. Chr. weiß man wenig oder nichts. Das Staatsgebiet umfaßte nur die Ebene der Susiana. Im sechsten vorchristlichen Jahrhundert konnten die Elamier nach einer Reihe militärischer Niederlagen, die ihnen das assyrische Heer beibrachte, die Ausbreitung der persischen Stämme nicht verhindern, die sich gerade in Marv-i Dascht ansiedelten. Die erste Hauptstadt des elamischen Staates wird namengebender Sitz der Perser: Persepolis. Pasargadai, Naqsch-i Rustam, Istachr werden alle im Bereich der Ruinen von An Schan erbaut. Unzweifelhaft, daß die Perser sich als Fortsetzer des großen Staates fühlten, wichtige Mittler mesopotamischer Zivilisation für die Völker des Hochlands. Man versteht daher, warum das Edikt des Darius, in den Fels von Bisitum (Medien) eingemeißelt, in Persisch, Akkadisch und Elamisch abgefaßt wurde: der Alte Orient hatte endlich seine ihm gemäße Synthese gefunden.

Bronzefigur, die einen Krieger aus Luristān (ungefähr um 1000 v. Chr.) darstellt. Sie stammt aus Puscht-i Kuch, einer Gebirgszone Luristāns, und wurde mit der Technik des verlorenen Gusses hergestellt. Die Figur zeigt einen Krieger eines Stammes, zu deren Tätigkeiten auch das Züchten von Ziegen gehört und deren Kunst, trotz eigenständiger Merkmale, von mesopotamischen Vorbildern abhängig ist.

Mannäer, Urartäer und Meder im Ostiran

Beurteilt man die archäologischen und geschichtlichen Daten, die uns zur Verfügung stehen, so drückt sich die kulturelle Geographie des Iran im 2. vorchristlichen Jahrtausend in zwei großen sozio-ökonomischen Einheiten aus, dem elamischen Staat und dem turanisch-baktrischen Kulturbereich, dazu in einer Reihe kleinerer Einheiten, den einzelnen Regionen entsprechend, wobei sich jede durch eine eigenständige Kultur auszeichnete, die ihre Abhängigkeit allerdings immer von dieser oder jener Stadtkultur erkennen läßt. Die Gebiete gegenseitigen Einwirkens liegen entlang der Kette des Zagros, und ihre Kulturgrenzen lassen sich im Mosaik der untergeordneten Staatsgebilde für Archäologen schwer ziehen. Daß diese Gesellschaft mit gemischter Wirtschaft zersplittert war, war nicht allein das Ergebnis der schon beschriebenen Umweltbedingungen, sondern auch der innigen Beziehungen zu den Staaten Assyrien, Babylonien und Elam. Wohl wachten die Stammesgesellschaften eifersüchtig über die Eigentümlichkeiten ihrer materiellen Kultur, aber dieser ausgeprägte Partikularismus verzögerte für ein Jahrtausend die Gründung eines autonomen Staates entlang des Zagros. In dieser Zeit äußerster Unruhe, wenigstens nach den überlieferten Beschreibungen seitens mesopotamischer Zeugen, wird die »Barbarengrenze« überwiegend als Quelle der Gefahr und als Heimat unlenkbarer Stämme dargestellt, ungeachtet zahlreicher militärischer Unternehmungen gegen sie. Immerhin war der Handelsaustausch äußerst rege, und die selbständigen Völkerschaften des Hochlands vermochten fremde Kultmodelle nachzuarbeiten und die Geisteswelt Mesopotamiens in außergewöhnlicher Originalität nachzuahmen, wie es die unvergleichlichen sog. Luristānbronzen bestätigen. Hierbei handelt es sich um eine Herstellungsart, die im ganzen Zagrosgebiet verbreitet war, sei es in Luristān selbst oder in den Gegenden von Kermanschah und Kurdistan, die in der zweiten Hälfte des 3. Jahrtausends v. Chr. mit Erzeugnissen nach mesopotamischen Vorbildern beginnt und ununterbrochen 1600 Jahre hindurch bis zur Gründung des Achämenidenreichs andauert. Die Nachahmung der mesopotamischen Modelle allerdings währte nur während der babylonischen Periode (1792–1594 v. Chr.). Schon in der darauffolgenden kassitischen Zeit waren die Erzeugnisse des iranischen Metallgusses typologisch verschieden und zeigten sowohl Einflüsse aus dem Mitannireich als auch aus dem nördlichen Assyrien und der Welt der Hethiter. Im ausgehenden 2. Jahrtausend v. Chr. tritt Babylonien – während der »Seevölkersturm« das Mitannireich beendet – in eine Periode der politischen Abhängigkeit ein, und der hethitische Staat zerfällt in eine Reihe regionaler Fürstentümer.

Die Welt des Hochlands teilt sich in zwei Einheiten. Ihren Bereich bestimmt geographisch im nördlichen Mesopotamien die Nähe des angriffslüsternen assyrischen Staates, der seit 1250 v. Chr. als Hegemonialmacht im Vorderen Orient auftritt. Die gebirgigen Gebiete, die zwischen dem Tal des Großen Zab und dem Vansee an ihn grenzen, sind Ziel eines dauernden Angriffs, der hauptsächlich danach strebt, die kupferreichen Landstriche Aserbeidschans zu kontrollieren und einen Limes für die am weitesten in die Ebene vorgeschobenen Provinzen zu errichten. Das Gebiet des heutigen Luristān, damals von den Lullubu bewohnt, innerhalb der Staubecken des Kleinen Zab, des Diyala und des Kercha, blieben außerhalb der Auseinandersetzungen der assyrischen Ausdehnungs- und Eroberungspolitik. Sie waren vielmehr dem gegenseitigen Austausch und Einflüssen aus inneriranischen Gebieten ausgesetzt. In ihrer Herstellung von Metall-Treibarbeiten spiegelt sich das fortschreitende Entfernen von der mesopotamischen Welt während der gesamten ersten Eisenzeit zwischen 1200 und 700 v. Chr. wider, wobei es zu andauernder Auseinandersetzung zwischen lokalen Motiven einerseits und nur von Fall zu Fall zur Übernahme einiger urartäischer, protoiranischer und skythischer Anteile kommt. Es handelt sich bei diesen Erzeugnissen um Arbeiten, die heute allgemein unter dem Namen »Luristānbronzen« bekannt sind. Ungeachtet der eigenständigen ikonographischen Lösungen bleibt sichtbar, daß die

Oben: Stele aus Kelischin (Kurdistan). Der Säulenstumpf, auf einer Seite mit einer akkadischen und auf der anderen Seite mit einer urartäischen Inschrift, wie hier gezeigt, befindet sich genau auf der Grenzlinie zwischen Iran und Irak. Er wurde Ende des 9. Jh.s v. Chr. vom urartäischen König Ischpuini errichtet, zur Erinnerung an die Unterwerfung der Stadt Musasir, einer heiligen Stätte der urartäischen Überlieferung.

Überwindung des mesopotamischen Naturalismus teilweise mißlingt und daß jene Einheit zwischen Tierdarstellung und Funktion des Gegenstandes nicht erreicht wird, wie wir sie zuerst in der urartäischen und später in der skythischen Herstellung verwirklicht sehen. Die Luristänbronzen verkörpern eine Art des Wiederholens, die sich, wenigstens z. T., von der Gesellschaft ableitete, in der solche Gegenstände gefragt oder hergestellt wurden. Die Bewohner der engen Täler, mit mehr Schutz vor Mesopotamien, waren in Stammeseinheiten von Viehzüchtern und Ackerbauern organisiert, in ihrem inneren Aufbau wenig hierarchisch gegliedert, und lagen untereinander in dauernder Fehde. Ihr Gebiet war überreich an kupferhaltigen Mineralen und das Metall, einmal gegossen, wurde in wenigen Grundformen zu Waffen, Werkzeugen und Schmuckstücken verarbeitet, von denen nur Abwandlungen verlangt wurden, im Hinblick auf die ziemlich verbreitete Einheitlichkeit der Stammesverbände und der bäuerlichen Gesellschaft.

Völlig verschieden ist die Sicht, die sich den Archäologen in den nördlicheren Gegenden, dem heutigen Aserbeidschan, bietet. Hier bedeutete Assyrien die große und ständige Gefahr. Angesichts der Expansionsgelüste der Herrscher von Assur waren diese Völker gezwungen, sich entweder als gehorsame Vasallen zu unterwerfen oder den sich fortsetzenden Kampf aufzunehmen. Zu Beginn der Eisenzeit waren diese Gegenden von Dörfern besiedelt, die nur einige Hektar groß, mehr oder weniger befestigt waren und untereinander nur wenig entfernt lagen. Ihre Kultur gliederte sich dem großen nordiranischen Kreis der graugrundigen Keramik ein. Für das ganze südliche Aserbeidschan stützt sich die lange Reihe der Ausgrabungen allein auf die von Hasanlu, einem Hügel (Tepe), der sich aus der Ebene von Solduz erhebt, einer der fruchtbarsten dieses Gebietes, wenige Kilometer vom Südende des Urmiasees entfernt. Die letzten Jahrhunderte des 2. vorchristlichen Jahrtausends sind dort in der Schicht V mit einer sehr einfachen Kultur vertreten, bei der eine nur wenig ausgeklügelte Herstellungsweise besonders augenfällig ist. Eine tiefgreifende Umwandlung ist indessen an der Schicht IV (1000–800 v. Chr.) sichtbar, entsprechend der Zeit, in der der ganze Hügel von einer Palastanlage mit Vorratshäusern, Stallungen, Höfen und Befestigungen bedeckt war, die, nach dem Grundriß der Tore, an übereinstimmende assyrische Bauten erinnern. Der Grundriß der Paläste hingegen ist völlig eigenständig und stellt die ältesten Formen eines Säulensaales dar, der das Hauptelement der achämenidischen Architektur werden sollte. Die gewaltsame Zerstörung dieser Anlage erlaubte, verfeinerte Erzeugnisse zu bewahren, welche das tägliche Leben der Bewohner der Zitadelle verschönten. Ihr Pantheon ist auf einem Goldbecher abgebildet, der 1958 noch in die Arme eines Man-

Rechts: Große Platte aus Gold und Bronze mit eingelegten Tierfiguren in Gold und Silber, gefunden in Ziwije (iranisches Aserbeidschan), ungefähr ins 7. Jh. v. Chr. zu datieren (Museum von Teheran).

Ausschnitt aus der Trinkschale von Hasanlu aus getriebenem Gold (Ende des 9. Jh.s v. Chr.); dargestellt sind die Gottheiten der Mannäer, die Opfer der Kämpfe der benachbarten Mächte, Assyrien und Urartu, wurden. Die Zitadelle der Mannäer wurde von den Urartäern zerstört; unter den Resten aus der letzten Feuersbrunst wurden die Skelette der hingemordeten Bewohner und der Güter gefunden, die sie zu retten versuchten.

nes festgeklemmt gefunden wurde, der versuchte, den Becher in Sicherheit zu bringen, während um ihn herum alles dem Feuer und Schwert zum Opfer fiel. Abgebildet sind die gemeinsam verehrten mesopotamischen und anatolisch-syrischen Götter, die den Mischcharakter ihrer Religion bezeugen. Einer gegenwärtigen Deutung folgend war Hasanlu eines der Zentren des Landes Mana und die Mannäer seine Bewohner. Die assyrischen Quellen bezeichnen es als verbündet und als einen ihrer Vorposten. Gewiß wurde es das Opfer der Feinde Assyriens, nämlich der Urartäer, deren Könige Ischpuini und Menua es ca. 810 v. Chr. mit Feuer und Schwert vertilgten, in dem Augenblick, in dem sie das gesamte Gebiet südlich des Urmiasees unterwarfen.

Aber wer waren die Urartäer? Wir können diese Frage beantworten, indem wir auf das vorher Gesagte verweisen: Sie verkörpern das Ergebnis einer unterschiedlichen Antwort auf die imperialistische Angriffslust Assyriens seitens der verstreuten Völker auf dem Hochland. Unbeschadet, daß unsere auf Quellen beruhenden Kenntnisse über die Geschichte der nördlichen Bevölkerung, die um den Vansee saß, zwischen dem ausgehenden 2. und dem beginnenden 1. vorchristlichen Jahrtausend, ausschließlich aus den Beschreibungen der assyrischen Feldzüge herzuleiten sind geht daraus ziemlich klar hervor, daß der Vorgang ihres gesellschaftlichen Zusammenschlusses vom Zwang bestimmt war, ihre Unabhängigkeit auch angesichts der hervorbrechenden Angriffslust der Assyrer zu bewahren.

Während der Regierung von Tukulti Ninurta I.

(1244–1208 v. Chr.) wurden die ersten assyrischen Feldzüge gegen den Vansee, von denen wir erfahren, unternommen. Diese Landstriche werden »Land der Naïri« genannt und sind nach den Beschreibungen in zwei Zonen geteilt, die von einer Reihe autonomer Stämme bewohnt wurden. Dieses politische Bild gilt ein Jahrhundert später als bereits verändert, als die Völkerschaften der Naïri Tiglatpileser mit einem verbündeten Heer, das mit Streitwagen bewaffnet war, angreifen werden. Der Prozeß des Zusammenschlusses der Stämme in der Umgebung des Vansees setzte sich bis zum 9. Jh. v. Chr. fort, bis sie imstande waren, einen autonomen Staat zu gründen und in diesen auch die Stammesverbände des nördlichen Zagros einzubeziehen. Dieser Vorgang der Staatswerdung wirft auch ein Licht auf Vorgänge anderer Epochen, die älter und weniger belegt sind. Als Herren eines Gebietes, das reich an landwirtschaftlichen Erwerbsquellen und an Metallen ist, stellen die Urartäer einen eigenständigen Mittelpunkt künstlerischer Bearbeitungsweise dar, der sich beson-

Nusch-i Dschan (Hamadan): Ausschnitt aus dem Mittelsaal mit dem dreieckigen Grundriß des medischen Tempels (7.–6. Jh. v. Chr.). Es ist noch nicht gesichert, welche Kulte bei den Medern vorherrschten, aber die Ausgrabung von Nusch-i Dschan hat in der Mitte dieses Saales einen Feueraltar mit abgestuftem Profil ans Licht gebracht, charakteristisch für die Religion des Zoroaster. Das Gebäude ist aus harten gebrannten Ziegeln erbaut und im Innern durch Blendfenster gegliedert. Die Heiligkeit des Ortes verlangte, nachdem er aufgegeben war, daß er mit Steinen abgedeckt wurde, um jede Entweihung des Feueraltars zu verhindern.

Luftaufnahme der Anlage von Nusch-i Dschan nach der Ausgrabung. Von rechts nach links erkennt man – einen Bau an den anderen gelehnt – die Festung mit den Mauern, verstärkt mit starken Lisenen, den Rundtempel (beide unter einem Schutzdach) und die Reste des Palastes, in den 500 Jahre später einige parthische Häuser hineingebaut worden sind. Die Anlage war auf einem natürlichen felsigen Untergrund errichtet, beherrschte die fruchtbare Ebene und vereinigte in sich alle notwendigen Einrichtungen zur Ausübung der politischen Kontrolle.

ders glänzend im Eisen- und Bronzeguß zeigt, sich auch hethitische Vorbilder aneignet und die Tradition mit Elementen kaukasischer und mesopotamischer Herkunft weiterführt. Die urartäische Kunst wurde bemerkenswerterweise durch die griechische Welt Anatoliens vermittelt und beeinflußte nachhaltig die künstlerischen Äußerungen der Skythen, Meder und schließlich der Perser. Ist es auch richtiger, sie dem anatolischen Umfeld zuzuordnen, so haben die Entdeckungen von Hasanlu die Gegenwart der Urartäer auf dem iranischen Hochland bestätigt. Ihre Inschriften sind längs des Flußlaufes vom Aralsee bis fast zum Kaspischen Meer zu finden, eines der großen mineralreichen Gebiete des Mittleren Orients durchquerend. Dieser Teil von Aserbeidschan um den Urmiasee war ein Sammelbecken für Völker, Ideen und kunsthandwerkliche Schulen. Nacheinander konnte man dort für die Zeit zwischen dem 9. und 6. Jh. v. Chr. die Prototypen aller Kunstarten vergleichen, im besonderen die Kultur der Achämeniden. Die erhellendsten Beispiele eines solchen vermischten Zusammenströmens an den Rändern der nahöstlichen Reiche findet man nicht nur zwischen den Ruinen von Hasanlu IV, sondern auch bei den glänzenden Gegenständen des sog. »Schatzes von Ziwije« oder in den urartäischen Zitadellen, die im Iran, in Anatolien und Armenien ans Licht kamen.

Die erste Erwähnung der Perser geht auf das Jahr 850 v. Chr. zurück, wo sie in assyrischen Annalen als *parsua* bezeichnet werden, das erste der Völker im Osten vom Land Mana. Ihr erster Wohnsitz, der auf iranischem Gebiet bezeugt ist, befand sich gerade in jenem Landstrich, der von der bewegten Koexistenz verschiedener Völker und künstlerischer Strömungen geprägt wurde. Es ist daher kein Zufall, daß die Kunst und Architektur der Achämeniden 300 Jahre später die Einheit der unterschiedlichsten Überlieferungen der frühen Eisenzeit verkörpern wird.

300 Jahre hindurch bis zum Sieg Kyros' über Astiages, dem letzten König der Meder (550 v. Chr.), waren die Perser nur eines der Völker iranischer Sprache, die auf dem Hochland wohnten. Ihre Vorgänger und die entscheidende politische Macht waren die Meder, auch sie der Abstammung und Sprache nach Iranier. Sie ragten als Führungsgruppe wahrscheinlich innerhalb einer Stammeskonföderation hervor, gleichzeitig mit dem endgültigen Niedergang der urartäischen Bezeugtheit in Aserbeidschan in der zweiten Hälfte des 7. Jh.s v. Chr. und trugen erheblich dazu bei, 612 v. Chr. die assyrische Macht zu zerschlagen. Ihr Verbündetenstaat erstreckte sich über das gesamte Hochland östlich des Urmiasees bis zu dem Rand der großen Wüsten des Ostirans und verbannte die letzten Reste des elamischen Staates

an die geographischen Grenzen der Schwemmland-Ebene von Chusistan. Ungeachtet ihrer langen Vorherrschaft und der beachtlichen Spuren, die sie in der griechischen Geschichtsschreibung hinterlassen haben, ist, vom archäologischen Gesichtspunkt aus, bis in die jüngste Zeit, sehr wenig von den Medern bekannt. Die Hauptstadt der Meder, Ekbatana, liegt heute vollständig unter dem modernen Hamadan. Dieser besondere Umstand hat dazu beigetragen, daß die Kenntnisse von der Lebensweise der direkten Vorgänger der Perser sich lange Zeit verzögert haben. Die großen Ausgrabungen von Tepe Hasanlu in den 50er Jahren überraschten die ganze wissenschaftliche Welt und gaben einer Reihe von Studien und Forschungen nachhaltigen Auftrieb, um die Geschichte der iranischen Eisenzeit zu belegen, die zwischen der Zitadelle von Hasanlu und der majestätischen Pracht der Paläste von Persepolis umschlossen wird. Die griechische Geschichtsschreibung von Herodot bis Arrian hat uns einiges von der Lebensweise überliefert, die diese Bildungsphase geprägt hat, aber nur die archäologischen Funde würden in der Lage sein, über die Einzelheiten der fortschreitenden Stadien dieses außerordentlichen politischen Aufbaus Aufschluß zu geben.

Die ersten Funde, die zur Erhellung beigetragen haben, wurden in Ziwije in Kurdistan gemacht, wo die Keramik, die unter den Ruinen des terrassierten Kastells gefunden wurde, mit der Stufe von Hasanlu als nachurartäisch in Verbindung gebracht wurde. Dadurch wurde es möglich, einige Gegenstände des Schatzes, der dort ungefähr 20 Jahre zuvor zufällig gefunden wurde, dem 7. Jh. v. Chr. zuzuweisen, als dieses Gebiet in der Hand der Meder war. Drei Jahre später wurde in Tepe Godin bei Kangavar, 220 km südöstlich von Ziwije, im Herzen Mediens, eine außerordentliche Palastanlage ans Licht gebracht. Der Palast, der den ganzen Gipfel des Hügels einnimmt, hat einen Längsgrundriß mit einem weiträumigen Hof im Innern, der eine Decke, getragen von 30 Säulen, besitzt. Der Säulenhof von Tepe Godin, datiert auf das 7. Jh. v. Chr., ist merkwürdigerweise halb auf einer Straße angelegt, zeitlich wie räumlich zwischen den kleinen Säulenhöfen von Hasanlu IV – sie stammen aus der zweiten Hälfte des 9. Jh.s v. Chr. – und der Residenz von Kyros d. Gr. in Pasargadai oder der riesigen Apadana, die Xerxes auf der Terrasse von Persepolis erbauen ließ. Die aufschlußreichsten Funde für Architektur und Kunst der Meder wurden in Tepe Nusch-i Dschan gemacht, auf der Ebene von Jowkar, ungefähr 70 km südlich von Hamadan. Die ganze Region hatte an diesem Ort ihren Verwaltungs-, Militär- und religiösen Mittelpunkt. Der Hügel erhebt sich 36 m über der Ebene, und seine Oberfläche scheint gänzlich von drei nebeneinander liegenden Gebäuden bedeckt: Eine massive rechteckige Festung, ein Feuertempel in Rundbau, der sich an ihre Westseite anschließt und gleich daneben auf der Tempelseite gegenüber der Festung ein Palast. Es handelt sich eindeutig um eine geplante Anlage, deren genauer Zweck war, an einem einzigen Ort mitten über der Ebene, die wesentlichen Schwerpunkte der Macht herauszustellen. Die Gesamtanlage von Tepe Nusch-i Dschan ist deshalb das erste Beispiel der iranischen Zeit für eine neuartige Niederlassung seitens einer Zentralgewalt, die in einer einzigen Einheit die religiösen Vorrechte der orientalischen Herrscher mit den Erfordernissen der Verteidigung und der Kontrolle der Hilfsquellen verbindet.

Den Medern kommt daher das Verdienst zu, die Bildung des achämenidischen Staates ermöglicht zu haben, nicht allein weil sie die Grundlagen ihrer Militärmacht schufen, sondern auch weil sie die Richtlinien des Staates vorbereiteten, der weniger von einer starren religiösen Hierarchie und von Verwaltungsstellen abhängig war, die beide an die großen Tempel- und Palastanlagen gebunden waren, wie es für die Staaten des Vorderen Orients charakteristisch war. Auf dem Höhepunkt dieser Wandlung bestand zweifellos eine gewisse Beziehung zwischen politischer Macht und religiösem Kult, was, wie wir allerdings nur hypothetisch annehmen können, auf die Besonderheit der indoiranischen Religion zurückgeht, die in dieser Zeit von

Großer Zylinder aus Terrakotta mit dem Bericht Kyros' II. (559–529 v. Chr.), dem Gründer des Perserreiches, abgefaßt in babylonischer Sprache. Er enthält eine genaue Darstellung der Eroberung Babylons 539 v. Chr. durch den Perserkönig (London, British Museum).

Grab von Kyros in Pasargadai (Iran), der ersten Hauptstadt des Reiches. Von Darius I. wird wenige Kilometer entfernt das monumentale Persepolis gegründet, das der ideale Stützpunkt des großen Staates bis zu seiner Zerstörung durch Alexander bleiben wird. Das kleine Grab des ersten »Königs der Könige« wurde aus weißen Kalksteinblöcken aufgebaut in einer Technik, die an die Bauten der Urartäer erinnert. Die Säulen des ersten Absatzes wurden im 12. Jh. n. Chr. aufgestellt, als die Seldschuken dort eine kleine Moschee errichteten.

der radikalen Ritualreform des Zoroaster verändert wurde. Die Tempel der Meder und Perser waren – auch wenn wir sie noch nicht nach den uns bekannten Einzelheiten der Zoroastrischen Lehre zuweisen können – einfache Gebäude und keine großen Anlagen mit wirtschaftlichem Übergewicht und einem Zubehör an Läden und Vorratslagern, die Vorrang hatten und die sich im elamischen Tschoga Zanbil beispielhaft erklären lassen. Die neue Auffassung stellt die Religion in den Dienst des Staates, der jetzt anderweitig und unter verschiedener Kontrolle die Gebäude erstellen will, die zur Anhäufung der Erwerbsquellen und zur Verwaltung des öffentlichen Schatzes verwendet wurden. Tepe Nusch-i Dschan drückt einen solchen politischen Willen beispielhaft aus, weil nichts seinen Erbauern hätte hinderlich sein können, alle drei Funktionen in einem einzigen Gebäude zu vereinen. Das anfängliche Modell des medischen Staates ist das einer Stammeskonföderation, geführt von einem Stammesfürsten, der die allgemeine Politik zusammenfaßt, wobei er die Befugnisse und Traditionen der einzelnen ethnischen Verbände achtet und bisweilen eine direkte Kontrolle mittels der Gründung eigener Distrikthauptstädte ausübt, um die Hilfsquellen und die Waren an einem Ort zusammenzufassen. Für ein Land, das auf natürliche Weise in seinem geographischen Erscheinungsbild geteilt ist, wie das iranische Gebiet von Susa nach Chorasmien, mußte sich diese Zusammenfassung von Einheit und Dezentralisation als das Geeignetste erweisen, um große staatliche Gebilde zu schaffen und diese auch zu erhalten.

Zitadellen und Tempel in den Oasen im Delta zwischen Atrek und Amu-Darja

Die Länder des äußeren Iran sind in bezug auf die Jahrhunderte, die der achämenidischen Staatsbildung vorausgehen, noch wenig erforscht. Die griechischen Quellen, besonders Herodot, sprechen von einem großen baktrischen Staat, der einer der ersten Verbündeten von Kyros wurde und in dem Zoroaster gelebt haben könnte. Leider haben die archäologischen Funde in dieser Gegend nur ergeben, daß im ausgehenden 2. Jahrtausend v. Chr. die graue Keramik von Namazga VI sich zu einer Kultur entwickelte, die eine hellgrundige Keramik, bemalt mit gleichseitigen Dreiecken, der sog. Keramik von Tepe Jaz, entwickelte, benannt nach dem Ort im Delta des Murgchab, einem Teil der alten Margiana, an dem sie erstmals entdeckt wurde. Die Ansiedlungen dort sind beherrscht von Zitadellen, die sich auf einer bis zu 15 m hohen Plattform aus Ziegeln erheben.

Die Keramik von Tepe Jaz verbreitete sich vom Tal des Atrek aus über ganz Baktrien, aber seit 1000 v. Chr. kann man in der Verteilung der Ansiedlungen regionale Einheiten unterscheiden, die in ihren geographischen Grenzen fast angenähert mit den künftigen der achämenidischen Satrapien übereinstimmen: Ircania, entspricht dem südlichen Turkmenien, die Margiana, Baktrien und Sogdien, im Tal des Zerafschan. Mehr im Süden entspricht eine kulturelle und geographische Provinz in etwa Sistan, dem alten Drangiana. Die Achämeniden gründeten dort die eindrucksvolle Distrikthauptstadt Dachan-i Ghulaman mit majestätischen Tempeln, Verwaltungsgebäuden, Palästen mit quadratischem Grundriß längs eines Kanalnetzes, bei einer Fläche von einigen hundert Hektar.

Für die Archäologen ist der eigentliche interessante Mittelpunkt dieser Zeit das alte Chorasmien im Delta des Amu-Darja, wo das Heer des Kyros zum ersten Mal von den Stämmen der skythischen Massageten besiegt wurde und der König selbst sein Leben verlor. Die aufwendigen sowjetischen Forschungen haben in dieser Gegend bewiesen, daß sie der Sitz der Kel'teminar-Kultur war; in bezug auf die anderen Brennpunkte der Stadtentwicklung während des 3. vorchristlichen Jahrtausends eine Randkultur, kam hier in den ersten

Rekonstruktion von Koj-Krylgan-Kala, dem bekanntesten Bauwerk Chorasmiens, dem wüstenartigen Gebiet südlich des Aralsees, fruchtbar durch das sich verlagerte Delta des Amu-Darja. Die älteste Phase datiert ins 6. Jh. v. Chr., als dieses Gebiet der Mittelpunkt der skythischen Massageten, einem Volksstamm von iranischen Viehzüchtern, war, die Kyros II. besiegten und töteten. Ungeachtet des mächtigen Mauerwerks zur Verteidigung, schlägt der sowjetische Archäologe S. P. Tolstov vor, im mittleren Teil, einem Rundturm, ein Kultgebäude zu sehen, während die Residenzviertel für Priester, Angestellte, Arbeiter und Bauern dem äußeren Mauerring angegliedert waren. Koj-Krylgan-Kala war also ein Mittelpunkt für Land- und Weidewirtschaft und gleichzeitig ein Kultplatz am großen transasiatischen Karawanenweg, an der nördlichen Grenze der iranischen Welt gelegen.

Jahrhunderten des 1. vorchristlichen Jahrtausends die Entwicklung zu einem äußerst rasch wachsenden Staatsgebilde in Gang. Am Ende des 2. Jahrtausends geriet das Gebiet ins Hintertreffen, wie die Fundorte der Kultur von Tazabagjab zeigen, mit wenigen viereckig angelegten Behausungen und großen Zwischenräumen untereinander, verbunden durch ein einfaches System kleiner Kanäle. In wenigen Jahrhunderten entwickelten sich in dieser Gegend geschlossene Ansiedlungen mit architektonischem Profil und einem Bewässerungssystem, durch das die Wasser des Deltas endlich für die fruchtbaren Ländereien nutzbar gemacht werden konnten.

Der Gewinn so günstiger Umweltbedingungen seitens einer staatlichen Organisation oder wenigstens einer Stammeskonföderation rechtfertigt die rasche Entwicklung dieser Gegend. Die Ansiedlungen erinnern an die des frühgeschichtlichen Baktrien, wie Dašly I, und es wurden große Gebäude mit kreisförmigem Grundriß erbaut, unterteilt in konzentrische Kreise mit strahlenförmigen Abschnitten. Können wir auch noch nicht in dem Maß festlegen, daß tatsächlich ein großer baktrischer Staat bestanden habe, Gegner und Verbündeter des ersten medischen und dann des persischen Staates, so ist dennoch sicher, daß in diesem Gebiet eine geschlossene Gesellschaft mit einer hohen Kultur entstand, die schon fähig war, die ungeheueren wirtschaftlichen Möglichkeiten Zentralasiens völlig zu nutzen. Das, was darüber hinaus diese östlichen Provinzen kennzeichnet, scheint ihre Siedlungsweise zu sein, in der die Bevölkerung sich auf kleine Oasen verteilt, die an den Armen der Deltas liegen wie Beeren auf einem Ast, ohne zentral gelenkte Vorherrschaft hinsichtlich Ausmaß und Zusammenballung der Reichtümer. Was leicht zu erfassen ist, ist die Fortdauer eines aufs beste bewährten Modells – wir haben es auf den vorigen Seiten gelesen –, das sich aus der Krise der turanischen Staaten zu Beginn des 2. Jahrtausends v. Chr. ausgeschält hat, ein Modell, das die schrittweise Erweiterung einer Produktivwirtschaft in turanischer Tradition von Turkmenien bis nach Chorasmien garantierte, indem es die großen Binnendeltas des äußeren Iran kolonisierte. Diese frühstaatlichen Mittelpunkte bildeten einen echten Gürtel ständiger Wohnungen, waren Sitze einer künstlerischen-handwerklichen Herstellergruppe, deren Entwicklung mit den Gesellschaftsformen der Reiternomaden zusammenstieß, die sich während des 2. Jahrtausends v. Chr. in den nördlichen Steppenzonen vom Kaukasus bis Sibirien bildeten. Hier begann sich die Begegnung zweier deutlich voneinander getrennter Vorgänge in größtem Maße an den Grenzen sehr eigenständiger Länder auszuwirken: Einerseits wurde die Kontrolle über das sich ständig verändernde, mündungslose Delta durch eine Kette von Oasen gesichert, andererseits machte die Nomadenwirtschaft die unermeßlichen Ebenen der euroasiatischen Steppen fruchtbar und ertragreich.

Die Zeit der Parther, Kuṣāṇas und Sasaniden

Antonio Invernizzi

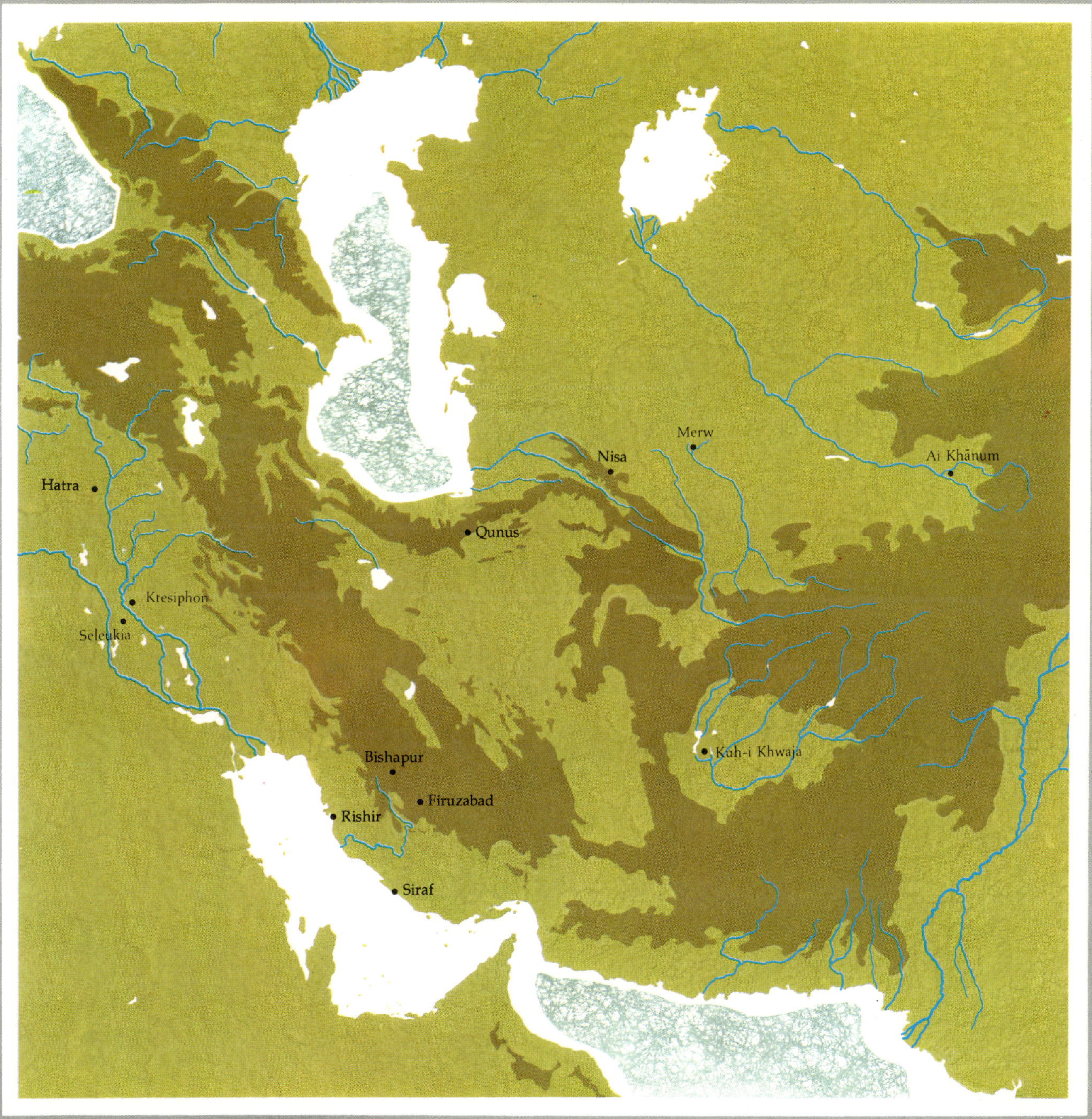

Der Orient nach Alexander

Alexanders d. Gr. Zug nach dem Osten hatte den Weg für das Zusammentreffen der Mittelmeervölker mit denen des Orients eröffnet. Seine Eroberungen sollten sich noch über lange Zeit auf einem riesigen Gebiet auswirken. Das Großreich der Achämeniden hatte mehrere Völker, die bereits auf hochstehende Kulturen zurückblicken konnten, in einer politisch-administrativen Einheit zusammengefaßt. Nun aber entwickelten sich tiefergehende Kontakte zwischen der griechisch-römischen und der orientalischen Welt auf geistiger und materieller Ebene wie auch in ethnischer, politischer, kultureller und wirtschaftlicher Hinsicht.

Was daraus entstand, können wir sowohl unter dem Blickpunkt des Orients wie des Okzidents aus zwei verschiedenen Quellen erfassen: den historisch-literarischen und den archäologischen. In ersteren spiegelt sich die Geschichte vor allem aus griechisch-römischer Sicht wider. Ihnen verdanken wir vor allem die Schilderung der großen politischen Ereignisse; die archäologischen Forschungen im Orient erschließen uns die Auswirkungen jener Ereignisse auf das tägliche Leben des Volkes.

Das Riesenreich des Makedonen fiel nach seinem Tod an die Diadochen, die sich sofort die Vorherrschaft streitig machten. Den asiatischen Teil gewann die griechische Dynastie der Seleukiden, gefolgt von den iranischen Arsakiden (Parther – ca. 250–224 v. Chr.) und den Sasaniden (224 v. Chr. bis 651 n. Chr.), den Beherrschern des Iran und Mesopotamiens und unerbittlichen Gegnern Roms und Byzanz' an der Grenze des Euphrat. Weiter im Osten das Reich der Kuṣāṇas, das sich von Zentralasien bis nach Nordwestindien erstreckte, zu schweigen von einer ganzen Reihe kleinerer Staaten, die die Oberherrschaft der großen Dynastien anerkannten.

Eine Einigung der Territorien dieses Riesenreiches unter einer Zentralmacht ist nach Alexander bis zum Aufstieg des Islams nicht wieder gelungen, aber die Durchdringung mit hellenistischem Geist blieb noch überall wirksam. Wo immer es sich um kulturelle Erscheinungen handelt, knüpfen diese an hellenistische Einflüsse an, selbst bis in die Zeit der Sasaniden, den eifrigsten Verfechtern einer unabhängigen, national-iranischen Kultur.

Mit Alexander begann eine neue Ära politischer und wirtschaftlicher Umordnung sowie kultureller Erneuerung. Diese Entwicklung verläuft nicht geradlinig, was angesichts der Weite des Territoriums, der unterschiedlichsten Volksstämme und Kulturstufen, Sonderproblemen und der von der Umwelt abhängigen wirtschaftlichen Lage der verschiedenen Gebiete verständlich ist. Aber überall treffen sich Völker und Kulturen im Zeichen des Hellenismus. Dem weitgespannten Austausch von Ideen steht ein vom Mittelmeer bis nach Indien, Zentralasien und darüber hinaus reichender Handelsverkehr gegenüber, in dessen Folge Kunst und Kunstgewerbe zu hoher Blüte gelangten.

Durch die ständig wachsende Nachfrage der wohlhabenden Römer nach Luxusartikeln und Gewürzen entwickelten sich besonders während der Partherzeit vielfältige Verbindungen zwischen Rom und den Arsakiden, eine Blütezeit kulturellen und wirtschaftlichen Austauschverkehrs auf wahrhaft internationaler Ebene. Sicher gab es schon zu Beginn der ersten Stadtkulturen einen Austausch von

Das Grabmal des Königs Antiochos I. von Kommagene auf dem Gipfel des Nimrud Dach. In Kolossalstatuen und auf Reliefplatten ließ der König seine berühmten seleukidischen und iranischen Vorfahren abbilden. Die verehrten Gottheiten sind eine Verschmelzung griechischer und iranischer Götter (z. B. Mithra/Helios).

Wandgemälde aus dem Tempel des Bel in Dura Europos. Konon und seine Familie beim Opfern. Die Szene ist ganz nach dem Kanon der parthischen Kunst komponiert: Zwei (syrische) Priester bei einer heiligen Handlung. Die an diesem Geschehen völlig unbeteiligt dabeistehenden Personen in strenger Reihung blicken unverwandt auf den Betrachter. Trotz des hellenistischen architektonischen Rahmens fehlt räumliche Tiefe; die Gestalten entbehren jeder Körperlichkeit.

Waren und Ideen zwischen den Staaten des alten Orients, aber erst jetzt wurden so weit auseinanderliegende Gebiete verbunden, so viele Völker direkt einbezogen und so breiten Bevölkerungsschichten die Mitbeteiligung ermöglicht, sei es aktiv als Händler oder passiv als Konsumenten.

Die Jahrhunderte nach Alexander sind durch eine wahrhaft weltumspannende Schau gekennzeichnet. Zum erstenmal erfährt der alte Orient eine bemerkenswerte, umfassende Kulturgestaltung, eine gewisse Vereinheitlichung, die in gewisser Hinsicht mit unserer heutigen industriellen Zivilisation zu vergleichen ist. So wie heute in New York, Teheran und Nairobi die gleichen oder nur dem lokalen Geschmack angepaßten Produkte neben rein bodenständigen Erzeugnissen zu finden sind, so war es damals in Rom, Seleukia am Tigris und in Taxila. Gegenüber der mehr oder weniger ausgesprochenen Abgrenzung der nationalen Kulturen der Reiche des alten Orients muß es als revolutionäres Faktum betrachtet werden, wenn jetzt die nationalen Elemente in den Gesichtskreis der ganzen damals bekannten Welt eintreten. An die Stelle der jeden Kulturkreis kennzeichnenden Einheitlichkeit im Geschmack und den Produktionsverfahren tritt nun eine Vielfältigkeit des Angebots von Erzeugnissen, die nicht nur die Bedürfnisse der verschiedensten sozialen Klassen befriedigen, sondern sich auch dem je nach der Umwelt wechselnden Geschmack für moderne griechische, bodenständige oder gemischte Formen anpassen. Typisch hierfür sind die figürlichen Terrakotten, die in den Werkstätten der mesopotamischen Großstädte, z. B. in Seleukia am Tigris, massenhaft in verschiedensten Typen und Stilen hergestellt werden, von den teuersten bis zu den billigsten. Auf dem Markt von Dura Europos findet man neben der römischen »Arretinischen Keramik« auch die in weiten Gebieten des Partherreiches verbreitete einheimische glasierte Ware in scharfer Konkurrenz mit der besten westlichen Keramik.

Griechen, Iraner, Semiten

Die Binnenmärkte des Orients waren in gewisser Hinsicht abhängig von der griechisch-römischen Kultur nicht nur in den Gebieten, die in direkter Verbindung mit den Hauptzentren Alexandrien und Antiochia standen. Auch in den östlichen Gebieten wird das Interesse für hellenistische Kultur immer lebhafter, vor allem dank der makedonischen Garnisonen und den aus dem Mutterland gerufenen griechischen Siedlern und Kaufleuten. Diese hatten bereits unter den Seleukiden blühende Niederlassungen gegründet, die sich auch unter den Parthern weiterentwickelten.

Als erste unter den griechischen Dynasten des 3.–2. Jh.s v. Chr. haben uns jene der östlichsten Gebiete, Baktrien und Panjab, ihre Porträts in hervorragend hellenistischem Stil auf ihren Münzen hinterlassen. Aus einer Stadt wie Ai Khānum, die jetzt erst ausgegraben wird, machten sie eine dauerhafte Basis für hellenistische Kultur, wobei sie gleichzeitig auch bodenständige Formen wiederbelebten.

Auf ihren Vorstößen nach Süden kamen die Reitervölker (vom Stamme der Parni) in Kontakt mit der griechisch-baktrischen Kultur, setzten sich in der zweiten Hälfte des 3. Jh.s v. Chr. in der Provinz Parthien fest, von wo aus sie die Eroberung ganz Irans und Mesopotamiens begannen. Die Ausgrabungen von Nisa, ihrer ersten Hauptstadt, brachten eine Kultur ans Licht, die in Anlehnung an das benachbarte Baktrien stark von hellenistischen Elementen durchdrungen ist. Nicht allein das: Die Hellenisierung Baktriens, durch nachträgliche Zufuhren auf den Handelswegen immer wieder aufgefrischt, erwies sich als überraschend lebenskräftig. Die in Baktrien vollzogene Synthese hellenistischer und lokaler Elemente bildete die Grundlage für die Weiterentwicklung vor allem unter den Kuṣāṇas.

Von den zentralasiatischen Reitervölkern, die in mehreren Wellen in den Iran eindrangen, sind die Kuṣāṇas die letzten. Sie gründeten in den ersten Jahrhunderten n. Chr. ein Großreich von Zentralasien bis nach Nordwestindien. Griechisch-baktrische Elemente im Palast von Ai Khānum bleiben das Vorbild, an dem sich die Architekten der wichtigsten Bauten der Kuṣāṇazeit inspirieren, von Khalchayan bis Dilversum Tepe.

Die südöstlichen Gebiete des Kuṣāṇareiches sind jedoch anders ausgerichtet. Dort entsteht und verbreitet sich auf der »Seidenstraße« über Baktrien nach Zentralasien die ganz im Dienste Buddhas stehende Gandhārakunst; auch diese bedient sich im Dekor des altindischen Stupa naturalistisch-griechischer Formen. In keiner Kunst nichtgriechischer Völker wurde griechisches Formgefühl so weitgehend assimiliert.

Im iranischen Hochland kennen wir noch keine bedeutenderen Entwicklungen hellenistischer Kultur. Hingegen blieb die Hauptstadt der Nachfolger Alexanders im westlichen Teil des Reiches, Seleukia am Tigris, auch unter den Arsakiden eine Stadt mit Sonderstatus und wurde zu einem Ausstrahlungszentrum hellenistischer Kultur dank des beträchtlichen Anteils von Griechen in der Bevölkerung und vor allem auch des gewaltigen Aufschwungs des Handels, dessen sich die Stadt erfreute. Nicht ohne Grund lagen die wichtigsten (hellenisierten) Zentren in fruchtbaren und reichen Gebieten Mesopotamiens und Baktriens, also in Schlüsselpositionen an den Verkehrswegen des Welthandels.

Aus China führte die große »Seidenstraße« über Baktrien – wo Abzweigungen nach Indien gingen – nach Seleukia. Dort endete auch der Seeweg aus Indien durch den Persischen Golf und den damals noch schiffbaren Tigris. Gerade der weitgespannte Handelsverkehr war einer der Hauptfaktoren für die Verbreitung hellenistischer Kultur im Orient; waren doch zum Teil Griechen am Handel beteiligt. Ein Vergleich zwischen Seleukia und anderen mesopotamischen Städten, z. B. Uruk, zeigt, wie stark die hellenistische Präsenz in Seleukia war, während gleichzeitig in Uruk alte Traditionen wiederauflebten.

In diesem Schmelztiegel verschiedenster Stämme, Völker und Kulturen des alten Orients spielten zwei Gruppen eine Hauptrolle: Semiten und Iraner. Erstere im syro-mesopotamischen Raum des Westens, die anderen im Hochland und in den östlichen Gebieten. Semiten waren zusammen mit den Griechen am Handel beteiligt, die Iraner stellten die Herrscherklasse für das Reich, Vasallen- und unabhängige Staaten.

Wenn die hellenistische Kultur den Anreiz zu einem Dialog mit den anderen gesellschaftlichen Komponenten gab, so waren es diese, die den Verlauf lenkten. Das erweist sich in den an das Reich angrenzenden Pufferstaaten, in denen sich dank der wirtschaftlichen Blüte eine eigenartige, neue Mischkultur entwickelte. Kennzeichnend dafür sind der Nabatäerstaat von Petra und die Karawanenstadt Palmyra. Neben den berühmtesten Felsengräbern von Petra hellenistischer Prägung (z. B. dem »Schatzhaus«) stehen die nicht weniger typischen »einheimischen« Grabstätten rein nabatäischer Tradition. In der nabatäischen Kunst, wie auch der anderer Zentren im syrischen Hauran, zeichnen sich ähnliche Anlagen ab wie in Palmyra, Tempel wie jener von Si'a im Hauran gleichen sich dem von den Parthern bevorzugten Schema an. Dennoch war der Nabatäerstaat, der durch seine Lage an den Verkehrswegen eine Monopolstellung im Handel mit Weihrauch aus den südarabischen Ländern behauptete, nie von den Arsakiden unterworfen worden, ebensowenig wie Palmyra, das seinen Reichtum dem Ost-West-Handel verdankte. Das Nabatäerreich wurde erst unter Kaiser Trajan zur römischen Provinz, Palmyra jedoch blieb praktisch unabhängig von Rom und den Parthern bis zu seiner Zerstörung unter Kaiser Aurelian.

Die Architektur dieser Stadt an der Grenze des Römischen Reiches ist in der Säulenstellung nach Westen ausgerichtet. Geistig ist Palmyra jedoch vor allem den religiösen, ideologischen, ikonographischen, ästhetischen Anschauungen der Welt der Parther verhaftet. Auf dem Karawanenweg von Palmyra nach Seleukia zogen ständig Kamelkarawanen in beiden Richtungen. Aus dem auf einer Stele eingemeißelten Zolltarif kann man sich einen Begriff über Umfang und Qualität des Warenverkehrs dieser Stadt machen. Von hier aus wurden auch Handelsunternehmungen nach weiter entfernten Zielen organisiert. Belegt ist dies durch die Grabstele in der fernen Oase Merw, die für einen Kaufmann aus Palmyra ganz im Stil die-

Familiengruft in Backstein unter dem Fußboden eines Hauses von Seleukia am Tigris. Über die steile Treppe rechts gelangte man zu den Grabnischen im Innern. Außen links sind die Särge zweier Gräber aufgestellt, deren Giebeldeckel aus quadratischen Ziegeln abgehoben sind.

Oben: Terrakottakopf Silens aus Seleukia. In der Zeit der Seleukiden und Parther waren Tonfigürchen in Mesopotamien weit verbreitet. Sie dienten verschiedensten Zwecken: für den häuslichen Kult; als Grabbeigabe für die Verstorbenen; als Spielzeug für die Kinder oder einfach zur Ausschmückung des Heimes.

Rechts: Statue eines Edlen von Hatra, bekleidet mit Hose und Kasack, der typischen Tracht der iranischen Reiter. Statuen des Adels von Hatra wurden im Tempel aufgestellt.

Unten: Parthischer zweihenkeliger und verglaster Krug aus Seleukia am Tigris.

ser Stadt errichtet wurde. In Palmyra ist die iranische Tracht – Beinkleid und Kasack – ebenso gebräuchlich wie die klassische Tunika und der Mantel, aber alle Gestalten drücken in ihrer unverrückbaren Frontstellung eine hieratische Geisteshaltung und echt orientalisches Empfinden aus. Selbst wo bewegte Szenen dargestellt sind, in denen die Handelnden zueinander gewandt sein sollten, sind die Gesichter unverwandt auf den Betrachter gerichtet, als ob sie gemäß der charakteristisch-parthischen Frontalität diesen direkt ansprechen wollten. Aus dieser geistigen Atmosphäre entspringen Ideologien und religiöse Bewegungen, die sogar große Teile des Abendlands erobern sollten; als erste der Mithra-Kult, der sich vor allem mit den römischen Legionären bis an die äußersten West- und Nordgrenzen des Römischen Reiches verbreitete.

Dieser religiöse und kulturelle Synkretismus verwirklicht sich bald in den Denkmälern der in Kommagene herrschenden seleuko-arsakidischen Dynastie und triumphiert in einer organischeren Verschmelzung in einem anderen arabischen Vasallenstaat, dem von Hatra (al Hadhi). Diese Grenzstadt widerstand erfolgreich den Belagerungen durch Trajan und Septimius Severus. Aus ihren Monumenten kann man sich ein Bild über das Aussehen der bisher leider noch nicht ausgegrabenen Residenzen des arsakidischen Hofstaats von Ekbatana und Ktesiphon machen. Die Statuen des hatrenischen Adels sind sicher nach Modellen des Herrscherhofs gebildet; auch Göttergestalten, wie z. B. Herkules, sind dem lokalen Denken und Formempfinden angepaßt. Neben hellenistischen Tempelbauten, in denen syrische Anlagen und hellenistischer Dekor weiterentwickelt werden, wurde für die großen Tempel der Typ der parthischen Paläste mit dem Liwan übernommen, jener großen rechteckigen, hochgewölbten Empfangshalle, die sich nach außen mit einem mächtigen Portalbau öffnet; ebenso die quadratischen, an den vier Seiten von einem Korridor umgebenen Säle, eine Typologie, die wir auf dem gesamten Gebiet der Parther und Kuṣāṇas finden. Die dynastische Kultstätte der Kuṣāṇas im äußersten Osten des Iranischen Reiches zeigt verschiedene Varianten dieser Bauart.

Betrachten wir die Weihestatuen in den Tempeln von Hatra, so gewahren wir, daß alle Personen in einer ausgesprochen religiösen Haltung dargestellt sind, die Hand in ewiger Verehrung einer Gottheit erhoben. Eine auf religiösem Gefühl gründende Kunst wie die von Palmyra dient vor allem dem Totenkult, ist aber weit entfernt von der politischen oder auch profanen Absicht ähnlicher Bildnisse des Römischen Reiches. Leider ist uns die höfische Kunst der Arsakiden nach Nisa unbekannt, über die Hofkunst der Kuṣāṇas können wir uns eine Vorstellung aus den Wandfriesen machen, die den Hauptsaal des Khalchayan schmücken. Stilistisch sind diese nicht weit entfernt vom Geist der Friese auf elfenbeinernen Rhyta und von dem der Tonstatuen im quadratischen Saal von Nisa, wie auch von anderen, unmittelbar arsakidischen Zeugnissen. Die Baktrien-Kuṣāṇa- und parthisch-arsakidische Kultur gehören der gleichen Hemisphäre an. Andererseits jedoch und in einem anderen Bereich der Stilistik zeigt sich in den Dynastenstatuen der Kuṣāṇas in Surkh-Kotal noch unverkennbar zentralasiatischer Geist, von dem die Parther nicht unberührt bleiben. Mehr noch als die Arsakiden sind unter gewissen Aspekten die Kuṣāṇas an ihre Urheimat gebunden; sie herrschten über Gebiete, die von einem heterogenen Völkergemisch bewohnt und kaum jemals zu dauerhaften Staatsgebilden zusammengefaßt worden waren. Die Kuṣāṇakönige scheinen aber weit mehr auf die Würde ihres Königtums bedacht gewesen zu sein als ihre Nachbarn. Sie waren sich der propagandistischen Wirkung der offiziellen Kunst wohl bewußt, was in ihren Münzen und den dynastischen Kultstätten von Surkh-Kotal und Mathurā recht deutlich zum Ausdruck kommt.

Die Terrassenanlage von grandioser szenischer Wirkung in Surkh-Kotal, die den monumentalen Bauten des Westens in nichts nachsteht, gipfelt in einem quadratischen Tempel, dem Feuerkult geweiht, einem typisch iranischen, vom Fernen Osten bis an die Westgrenze verbreiteten Kultbau der Parther und Kuṣāṇas. Zum Völkergemisch in den beiden Reichshälften gesellte sich auch eine Vielfalt von Religionen und der damit verbundenen Kultstätten, angefangen mit den Terrassenbauten des iranischen Hochlands, wie z. B. Masjid-i Sulaiman, zu den Tempeln mit einem für Ritualbankette bestimmten Saal oder den kleinen, für den syro-mesopotamischen Raum typischen Theatern; der quadratische Grundriß ist am meisten verbreitet, wenn auch durchaus nicht immer für den Feuerkult.

Der für den Iran charakteristische Feuerkult über-

Rechts: Grabrelief von Palmyra. Der Verstorbene ist mit seiner Familie auf dem Ruhebett zum rituellen Totenmahl dargestellt. In Palmyra war westliche Kleidung sehr beliebt; der kostbare Juwelenschmuck verrät jedoch typisch orientalischen Geschmack. Die Kaufleute von Palmyra kontrollierten einen großen Teil des Ost-West-Handels. Zwischen der Stadt und Seleukia verkehrten regelmäßig Karawanen durch die Wüste; eine Eskorte von Kamelreitern schützte sie vor Überfällen.

lebt auch in der Sasanidenzeit, in der der Zoroastrismus sogar zur Staatsreligion erklärt wurde. In den von Parthern und Kuṣāṇas beherrschten Gebieten gab es jedoch weitgehende Religionsfreiheit. Jene Periode war im Orient eine Brutstätte neuer Religionen und der Weiterentwicklung alten Gedankenguts; die Kuṣāṇakönige vergaßen nicht, ihrer Toleranz auch auf den Münzen Ausdruck zu verleihen.

Mit der Vielfalt der Religionen ging auch eine Vielfalt der Bestattungsriten einher, wenn auch die Erdbestattung überwog. Die Griechen hatten nach ihrem Brauch ihre Friedhöfe außerhalb der Städte; in einigen Gräbern der Nekropole bei Seleukia wurde dem Toten nach alter Sitte der Obolus für Charon mitgegeben. In der Hauptstadt wie auch anderswo in Mesopotamien hielt sich die in breiten Bevölkerungsschichten übliche Bestattung in Ziegelkisten oder Sarkophagen unter dem Fußboden des Hauses. Nicht selten wurden in den für die Partherzeit typischen, pantoffelförmigen, engen Sarkophagen zwei oder sogar mehr Skelette zusammengepfercht. Hypogäen oder turmartige Bauten in Palmyra sind Familiengräber, ebenso die bescheideneren, mit Backsteinen ausgelegten Gruben unter den Fußböden der Wohnhäuser in Seleukia.

Das Sasanidenreich

Die Arsakiden hatten mehrere Jahrhunderte lang ein Reich beherrscht, das sich auf die bei den Iranern fest verankerten legitimistischen Prinzipien und einer feudalistischen Ordnung gründete. Tatsächlich konnte Arsakes, der »König der Könige«, seine Autorität nur mit der Unterstützung seiner Feudalherren wahren, von denen manche über mehr Machtbefugnisse verfügten als der König.

Die nomadische Abstammung des parthischen Adels hat ihre Nachwirkung in der gesellschaftlichen Ordnung in Geschlechter und Clans und der standesgemäßen Erziehung der Jugend. Reichtum und Macht der großen Familien beruhte auf Grundbesitz, dem Lehen, dessen Herr absoluter Herrscher ist. Der Sieg über die Römer in der Schlacht von Karrhai (52 v. Chr.) ist in der Tat der Sieg eines dieser großen Feudalherren aus dem Geschlecht der Surenen, erfochten mit seinem Privatheer für den König der Könige, dem eine persönliche Teilnahme am Kampf durch seine Würde versagt blieb.

Die Stärke des Arsakidenstaats wuchs in dem Maße, in dem ihm die Großen des Reiches und die Vasallenfürsten die Treue hielten, die Tribute ablieferten und ihre Streitkräfte zur Verfügung stellten. Er war stark, solange eine starke Persönlichkeit das konstitutionell zerbrechliche Staatsgefüge zusammenhielt. Die Geschichte des Arsakidenstaats ist jedoch eine Folge von auseinanderstrebenden Tendenzen, die von der Dynastie bis zum Ende nicht aufgehalten werden konnten.

Dieses Ende kam nicht von den römischen Legionen, sondern hatte seine Ursache im Innern, als Ardashir (einer der Feudalherren) sich die ganze Persis – die Wiege des alten Perserreiches – untertan machte, schließlich Artabanos V., den letzten Arsakiden, stürzte (224 n. Chr.) und den ganzen Iran der neuen Königsmacht der Sasaniden unterstellte.

Mit dem Verfall des Kuṣāṇareichs, mit einer starken Militärmacht sowie einem tüchtigen, zentralisierten Verwaltungsapparat festigten die Nachfolger ihre Machtposition und strafften das Gefüge des Staates. Ihren Anspruch auf Alleinherrschaft rechtfertigten die Sasaniden damit, daß sie sich als die wahren Nachfolger der Achämeniden erklärten, was sie besonders in der Kunst zum Ausdruck brachten.

Programmatisch war der Staat der Sasaniden das Gegenteil des Staates der Arsakiden, obgleich es

Linke Seite: Ansicht der Ruinen von Palmyra.

Vollrunde Plastiken der menschlichen Gestalt sind in der sasanidischen Kunst eine Ausnahme. Diese Kolossalstatue Shapurs I. ist in das Felsgrabgestein des Königs in den Bergen nahe der Stadt Bishapur gehauen.

auch den Sasaniden nicht ganz gelang, die aus der vorhergehenden Periode überkommenen, in der Struktur der iranischen Gesellschaft tiefverwurzelten Zwistigkeiten zu überwinden. Der neue, höhere »Imperialismus« spiegelt sich in den Schilderungen der Heldentaten der Ritter im Nationalepos des Iran wider, des in frühislamischer Zeit entstandenen »Schahnameh« (Buch der Könige) Firdausis. Im Vordergrund des öffentlichen Lebens im Sasanidenstaat steht die Gestalt des absoluten Herrschers, des Königs der Könige, der sich nicht nur auf den Münzen, sondern auch auf den meisten Monumenten abbilden und verherrlichen läßt. Es sind nicht mehr die Vasallen, von denen wir etwas über das Leben an den Höfen erfahren, einzig der kaiserliche Hof ist von nun an der Mittelpunkt bildlicher Kunst.

Aus den historischen und archäologischen Quellen ergibt sich ein weit einheitlicheres, freilich auch strengeres Bild als vorher. Nicht mehr das Bild einer vielschichtigen Mischkultur, nicht mehr eine für verschiedenste Anregungen empfängliche Gesellschaft, nicht mehr die weitgehende Durchdringung mit fremden Ideen und deren Umformung. Eine solche Wandlung hatte sich zwar bereits in der Endzeit der Arsakiden angebahnt, kommt aber erst jetzt mit der programmatisch-nationalistischen Kodifizierung zur Vollendung. Was sich früher vorbereitet hatte, mündet nun in einen kompakten Staatsorganismus, dessen Zweige einer zentralen Befehlsgewalt gehorchen; ein in sich geschlossener Staat, der vieles gab, aber auch vieles empfing.

So entwickelte sich die Kultur der Endzeit der Arsakiden zu einer vom kaiserlichen Hof beherrschten einheitlich-nationalen Kultur. Auch die Wirtschaft wurde weit mehr in den Dienst dieses Systems eingespannt als früher. Ebenso wird der Welthandel, den die Arsakiden durch Verleihung weitgehender Freiheiten für Untertanen und Vasallen gefördert hatten, nunmehr vom Staat gelenkt und seiner Politik unterstellt. Die Außenpolitik wird ausgesprochen nationalistisch-imperialistisch.

Die Stabilität der Zentralregierung ermöglichte aber auch die Inangriffnahme gewaltiger öffentlicher Bauten, die oft auch der Verbesserung der Landwirtschaft dienten. Hierzu wurden häufig römische Kriegsgefangene eingesetzt. Die technischen und handwerklichen Fähigkeiten des besiegten Feindes wurden geschätzt und waren recht gut bekannt. Römische Ingenieure bauten den berühmten Staudamm von Shushtar; die im Geist und Geschmack des iranischen Hofes entworfenen Mosaiken im kaiserlichen Palast von Bishapur sind das Werk römischer Gefangener, so wie einst freie Untertanen zur Verherrlichung des Herrschers in den Bauten von Persepolis gearbeitet hatten.

Die Berufung auf die großen achämenidischen Vorfahren wird zum Programm der Kunst, eng verbunden mit dem Hof und der königlichen Ideologie. Der Gegensatz zu der während der Partherzeit in hellenistischer Weise empfundenen profanen und sakralen Kunst könnte nicht größer sein: die Kunst der Sasaniden ist politisch. Die Felsreliefs bezeugen die absolutistische Auffassung des Königtums ebenso deutlich, wie die Gestalten von Persepolis die Idee des achämenidischen Staates.

Im königlichen Jagdrevier Taq-i Bustan bei Kermanschah. Die große Grotte ist in der Art eines Liwan *ausgehauen. Auf der Hinterwand ist unter der Investiturszene der König in vollem Harnisch und Helm zu Pferde in Hochrelief dargestellt. An den Seiten grandiose Szenen der Wildschwein- und Hirschjagd (wobei Elefanten als Reittiere dienen). Während vom König – wahrscheinlich Peroz – in seiner schweren Rüstung sozusagen ein Hauch des Mittelalters ausströmt, gehören die geschickt komponierten und äußerst lebendig gestalteten Jagdszenen zum Besten, was die sasanidische Reliefkunst hervorgebracht hat.*

In zahlreichen Denkmälern werden die Triumphe Shapurs über Gordian III., Philippus Arabs und Valerian im ganzen Reich bekannt gemacht. Der iranische Königsgedanke – bei den Arsakiden mehr auf den Hof beschränkt – wird nun überall auf den Felswänden des Iran propagiert.
Alles, was irgend mit dem König der Könige zusammenhängt, erhält sein Gepräge und »spricht« von IHM. Die Silberwaren – oft in wahrhaft propagandistischer Weise als Staatsgeschenke für die Steppennomaden oder zentralasiatischen Machthaber bestimmt – sind mit Szenen der königlichen Jagd und des Hofstaates geschmückt, ganz im Gegensatz zu den nicht weniger prunkvollen, aber für äußere Einflüsse empfänglicheren Dekor der Geräte am Hof von Nisa.
Diese Jagdszenen, obwohl einem strengen Zeremoniell des Sasanidenhofes unterworfen, sind ureigenstem iranischen Gedankengut entsprungen und entsprechen dem Lebensideal, wie wir es von den Parthern, Achämeniden und iranischen Reiterstämmen der Steppe kennen. Das königliche Jagdrevier heißt in griechischer Übersetzung *Paradeison*, »das Umhegte«; diese »Paradiese« fanden auch viel Gefallen bei den abassidischen Kalifen und den späteren islamischen Höfen von Persien. Der Sasanidenhof wurde auch zum Vorbild für die zentralasiatischen Machthaber, die sich nach dem Fall des Kuṣāṇareiches in Sogdien bis nach Chorasmien (Khwarezm) unabhängig gemacht hatten und über ein – oft stark von Turkstämmen durchsetztes – Völkergemisch herrschten. Der Verlauf der Geschichte jener Gebiete ist noch wenig bekannt. Manche dieser Fürstentümer überlebten das Sasanidenreich noch einige Zeit, bis auch sie in der Flut des Islams untergingen. In Toprak kala, Varakhsha (Buchara), Afrasiab (Samarkand), Tepe Balalyk, Pendjikent wurde die lokale Tradition weiter gepflegt, wie dies auch unter den Kuṣāṇas der Fall war. Das bestätigt sich in den Sälen einiger Paläste; wo neue, andersartige Elemente aufgenommen wurden, zeigte man sich vor allem für gewisse Aspekte der iranischen Kultur empfänglich, die oft auch bei nichtiranischen Stämmen bis in Details des Zeremoniells nachgeahmt wurden. Hinsichtlich Baukunst und Wandmalerei halten die Fürstenhöfe einen Vergleich mit den prunkvollen Palästen der Sasaniden stand.
Dieses weite Land zwischen Iran, China und Indien, einst zum Teil unter den Kuṣāṇas schon vorher hoch kultiviert, die fruchtbare Erde zwischen den Flüssen Oxus (Amu-Darja) und Jaxartes (Syr-Darja) gehört zu einem der kulturell am höchsten entwickelten Gebiete der Alten Welt, deren Pracht erst in jüngster Zeit bei den Ausgrabungen zum Vorschein kommt.
Im Iran wird die Baukunst auf der von den Arsakiden vorgezeichneten Linie weitergeführt. Haupt-

Oben: Kleines glasiertes Gefäß aus dem Handwerkerviertel von Veh-Ardaschir. Glasierte Keramik ist auch für die Sasanidenzeit charakteristisch.

Unten: Teilansicht der Fassade und des Gewölbes vom Taq-i Kisra, dem Palast Khosroes I. in Ktesiphon. Die Backsteinfassade ist von prächtigen Blendarkaden in drei Ordnungen gegliedert, deren klassische Vorbilder hier ganz im sasanidischen Geschmack umgeformt sind.

raum des Hauses und Palastes ist der große Empfangsraum, der Liwan, der im Taq-i Kisra bei Ktesiphon riesenhafte Ausmaße erreicht. Das Problem der Überkuppelung quadratischer Räume wird bestens mittels der Trompen gelöst, wie z. B. in den Palästen in Fars, Firuzabad, Sarvistan und im Sistan (Kuh-i Khwaja), eine Lösung, bei der ostiranische und Erfahrungen der Kuṣāṇas ausgewertet wurden.

Auch die hellenistische Komponente in der Architektur der Partherzeit ist nicht vergessen, wird jedoch in den Blendarkaden der Fassade des Taq-i Kisra zu einem linearen Dekor umgewandelt. Der quadratische Kuppelbau wird zum Modell für den sasanidischen Feuertempel, dem *Chahar taq* = Vier Bogen. In einer von der religiösen Toleranz der Arsakiden und Kuṣāṇas weit entfernten geistigen Atmosphäre wird der Feuerkult als Staatsreligion erklärt. Weiter im Osten setzt der Buddhismus mit eigenen Bauformen seinen Vormarsch durch Zentralasien nach China fort. Auf ihrem Weg wandelt sich die Kunst der Gandhāraschule unter den von Gebiet zu Gebiet wechselnden Einflüssen, verbreiten sich auch stärkere indische Kulturelemente, die sogar bis in höfische Kreise vordringen, wie sich in den Malereien des zentralasiatischen Palastes von Varakhsha zeigt.

Das Leben des Volkes ist jedoch einfacher und enthüllt, wie immer, die Fortdauer der überlieferten Lebensweise. In der vom ersten Sasaniden gegenüber dem alten Seleukia gegründeten Stadt Kokheh (Veh-Ardaschir oder Neu-Seleukia) sind die Wohnhäuser immer noch aus luftgetrockneten Ziegeln erbaut. Nun aber ist das hellenistische Erbe der alten Hauptstadt längst überwunden, mit dem unregelmäßigen, innerhalb einer kreisförmigen Wehrmauer radialen Stadtplan, mit den engen Vierteln der Handwerker, Werkstätten und Läden, den Vorläufern der arabischen *Suqs*.

In solchen Werkstätten entstanden für die Hauptstadt Ktesiphon bestimmte Luxusartikel wie auch billigste Ware für das Volk. In Mesopotamien wie auch in anderen Teilen des Sasanidenreiches verfällt das Kunstgewerbe keineswegs, im Gegenteil, durch die staatliche Kontrolle des Handels wird es zur Herstellung bestimmter, für die internationalen Märkte geeigneter Waren angespornt. Kostbare Stoffe und iranische Gläser gehören zu den besten Luxuswaren der Sasanidenzeit. Auf dem Gebiet des Baudekors wird der bereits von den Parthern benutzte Stuck bevorzugt. In den Hofateliers wurde die Kunst des Stuckdekors zu höchster Feinheit entwickelt und auch von den Arabern übernommen.

Auch dieses scheinbar so festgefügte Riesenreich war in Wirklichkeit zerbrechlich und zerfiel, so daß es den starken Ansturm des Islams nicht aufzuhalten vermochte. Nachdem der letzte Sasanide, Yazdegerd III., in der Schlacht von Nihavend 642 n. Chr. sein Reich verloren hatte, versuchte er noch einen letzten Widerstand in der Ebene Zentralasiens, der Margiana, wurde aber 651 n. Chr. nahe Merw ermordet. Einige Machthaber leisteten noch eine Zeitlang verzweifelten Widerstand, jedoch vergeblich. Ironie des Schicksals: Das Großreich der Sasaniden zerfiel ebenso rasch wie sein großes Vorbild, das Achämenidenreich. Eine neue Ära bricht an, das Reich des Islams, in dem die iranischen Völker eine mitbestimmende Rolle spielen werden.

Indien

Giorgio Stacul

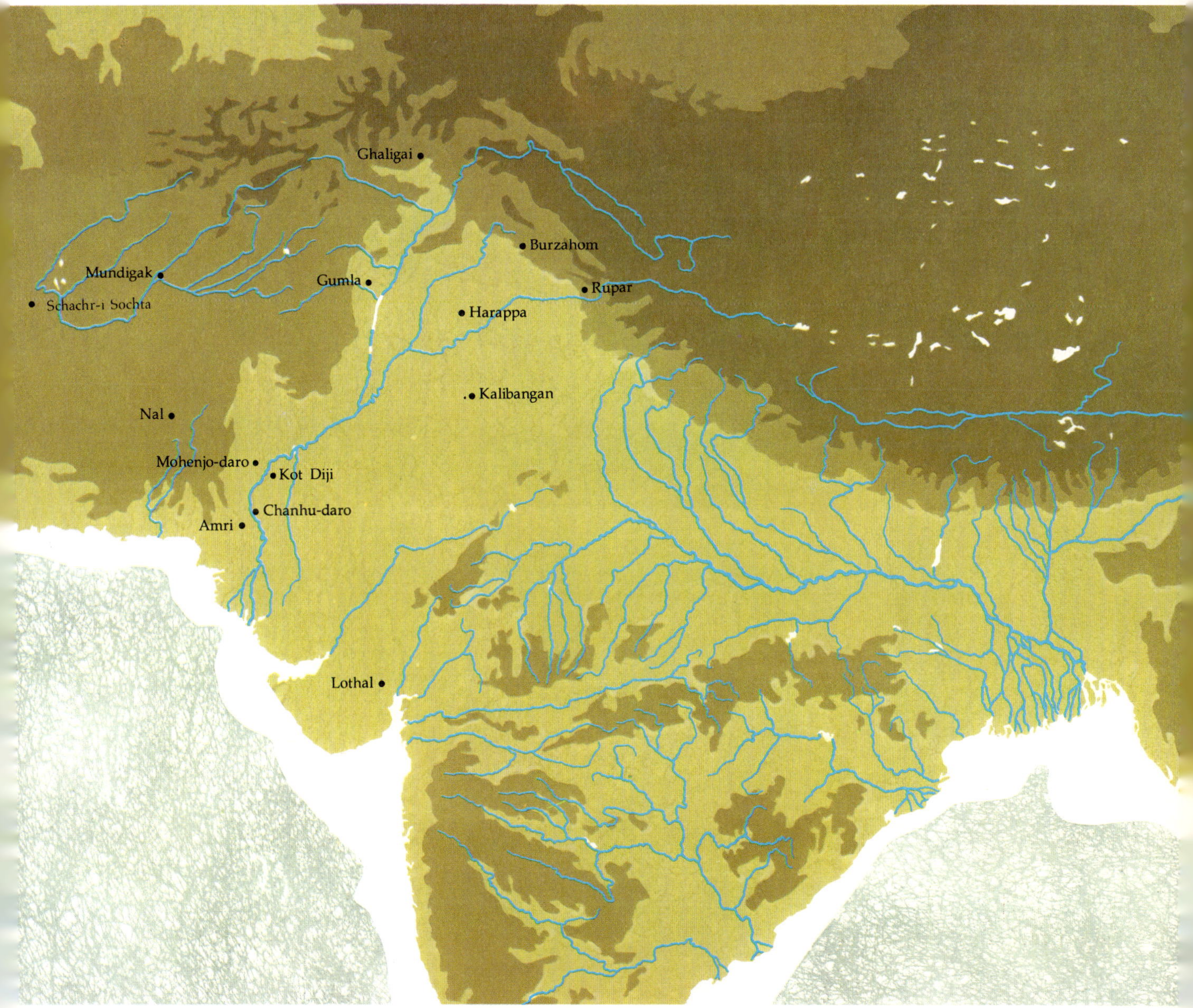

Die Entwicklung der Kulturen des indischen Subkontinents hängt weitgehend von den Umweltbedingungen ab, die in verschiedenen Gebieten oft äußerst unterschiedlich sind. So kommt es, daß sich in gewissen Zonen steinzeitliche Kulturen bis in späte Zeiten erhielten. Geschliffene Steinäxte, wie die beiden hier abgebildeten aus Brahamagiri (Mysore) waren in Südindien noch bis ins 1. Jh. v. Chr. in Gebrauch und dienten höchstwahrscheinlich den Ackerbauern zur Rodung des Waldes. Es ist kein Zufall, daß solche Äxte – manchmal sogar in Begleitung von Metallobjekten – vor allem in Dschungelgebieten gefunden wurden, wo die Bauern im ständigen Kampf mit der üppig wachsenden Vegetation zur Gewinnung fruchtbaren Ackerbodens lagen.

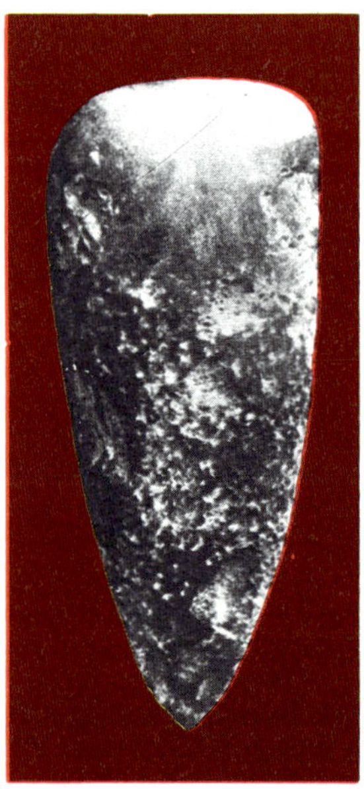

Geographisch betrachtet bildet der indische Subkontinent eine vom asiatischen Rumpf deutlich getrennte Landmasse. Im Norden schieben sich riesige Hochgebirgsketten zwischen die weiten Schwemmlandschaften Indiens und die endlosen Steppen und Wüsten Zentralasiens. Im Westen und Osten trennen andere Höhenzüge die Täler des Indus und des Brahmaputra vom iranischen Hochland bzw. vom chinesischen Raum. Dennoch steht fest, daß bereits in urgeschichtlichen Zeiten Verbindungen mannigfaltiger Art zwischen den Menschen diesseits und jenseits des Hindukusch, Pamirs und selbst über den Himalaja hinweg bestanden. Während der letzten vorgeschichtlichen Periode wanderten Stämme aus dem Westen und Nordwesten nach Indien und veränderten die ethnische Zusammensetzung der dortigen Urbevölkerung. Ziel der vergleichenden Sprachforschung über die Verbreitung indoeuropäischer Idiome ist, über solche Wanderungen Klarheit zu schaffen. Weiterhin muß auf die von unterschiedlichen Umweltbedingungen abhängige Verschiedenartigkeit der Kulturen auf dem Subkontinent hingewiesen werden.

Die Unterlagen für eine Rekonstruktion der Umwelt und des Lebens der Menschen während der verschiedenen Phasen der indischen Vorgeschichte sind noch recht spärlich und lückenhaft. Immerhin kann man sich ein Bild über die Eigenarten der Kulturkreise machen, Eigenarten, die von verschiedenen Umständen bestimmt werden: von Berggebieten, Waldgebieten, der Erstreckung des Areals der Monsunregen oder von ihrem völligen Ausbleiben. Veränderliche Faktoren und katastrophale Naturereignisse konnten in gewissen Fällen zu einer völligen Veränderung der Umwelt- und Lebensbedingungen führen und damit einen Stillstand oder sogar Rückfall in der Entwicklung der Kulturen nach sich ziehen. Dadurch läßt sich die Vorgeschichte Indiens nicht als chronologischer Ablauf fortschreitender technologischer Errungenschaften darstellen, die aus primitiven, »barbarischen« Zuständen zu den Hochkulturen führten.

Auf dem Subkontinent bestanden gleichzeitig in verschiedenen Gebieten untereinander grundverschiedene Kulturen. Den 4000 Jahre alten jungsteinzeitlichen Kulturen Kaschmirs und Zentralindiens stehen beispielsweise die gleichaltrigen hochentwickelten Stadtkulturen von Mohenjodaro und Harappa gegenüber. Die gleichen Ereignisse, von denen die Leute im Industal und seiner Nebenflüsse betroffen waren, die periodischen Überschwemmungen, wirkten sich im Gebiet des Ganges ganz anders aus: dort verzögerten sie die Heranbildung intensiven Ackerbaus und die Entstehung städtischer Kulturen ganz bedeutend. Ganz eigenartig sind die Vorgänge im Süden des Subkontinents, wo erste Siedlungsspuren längs der großen Verkehrswege gefunden wurden, wie z. B. im Tal des Narbada; in verhältnismäßig abgelegenen Zonen konnten dort keine kulturellen Übergangsstufen zwischen der Jungsteinzeit und der Eisenzeit festgestellt werden.

Im südlichen Teil des Subkontinents findet man Zeugnisse der Megalithkulturen in der Gegend von Cochin und in der Umgebung von Madras im Bereich der Ozeanküsten. Hier treten auch die drawidischen Idiome in stärkerer Konzentration auf, die sich deutlich von der indoeuropäischen Sprachgruppe unterscheiden. Die kulturellen Beziehungen stellen heute für die Forschung noch ein Problem dar, doch läßt sich zumindest feststellen, daß die Megalithgräber im südlichen Teil Indiens sehr verschiedenartig sein können, von Gräben mit großen Steinplatten bis zu den sogenannten *Menhiren,* wozu es ungefähre Parallelen in verschiedenen Regionen Südasiens gibt. Außerdem ist durch die Gräber belegt, daß rituelle Begräbnisse dieser Art noch bis in die letzten Jahrhunderte vor der Zeitenwende vorgekommen sind.

Die ältesten Dorfsiedlungen in Belutschistan und anderen Bergregionen

Die ersten Spuren von Bauerndörfern im indischen Subkontinent wurden an verschiedenen Orten in Belutschistan entdeckt, also in einem Gebiet, das heute zu den unwirtlichsten Trockenzonen des südlichen Vorderasien gehört. Mit Hilfe der modernen Datierungsmethoden einschließlich der Dendrochronologie schätzt man das Alter jener Siedlungen auf 6000 Jahre.

Die Gebirgszüge Belutschistans bilden einen natürlichen Wall, der das ausgedehnte Schwemmland des Indus und seiner Nebenflüsse von den Oasen des iranischen Hochlandes trennt. Die Landschaft ist geprägt von kahlen Bergen, ausgedehnten Sanddünen und Steppen. Niederschläge sind spärlich, das ganze Jahr über wasserführende Flüsse äußerst selten. Der Gluthitze des Sommers (stellenweise über 50° C) folgt im Winter strenge Kälte, besonders im Hochland, über das dann eisige Nordstürme hinwegfegen.

Ausgerechnet in diesem trostlosen Land, das den heutigen Bewohnern nur ein karges, entbehrungsreiches Leben ermöglicht, entdeckte man die Spuren recht bedeutender vorgeschichtlicher Siedlungsstätten – Kuppen und Hügel, die sich im Laufe von Jahrhunderten aus den Trümmern der immer wieder an der gleichen Stelle errichteten Wohnstätten verschiedener Volksgruppen aufgebaut hatten. Man fand dort sogar uralte Kanalisationsanlagen zur Ableitung der Gießbäche auf terrassenförmig angelegte Felder, Steindämme und Wälle, indirekte Zeugen für eine organisierte Zusammenarbeit und Aufgabenteilung innerhalb einer größeren Gemeinschaft. Bemerkenswert ist auch die Lage dieser Siedlungsstätten, von denen einige auch in Höhen von über 2000 m festgestellt wurden. Vorwiegend sind sie in der Nähe von Pfaden und Pässen angelegt, die einen Verkehr über die Hänge jenseits des Hochlandes ermöglichten.

Auf einem Hügel bei Quetta nahe am Bolanpaß haben die Ausgräber von Kili Ghul Mohammad eine Siedlungsstätte freigelegt, die mehrere Jahrhunderte lang ununterbrochen bewohnt gewesen sein muß, was aus der Mächtigkeit der Aufschichtungen zu schließen ist. Die ersten Gruppen, die sich dort niederließen, betrieben Viehzucht (Schafe und Ziegen), benutzten Feuersteingeräte, hatten aber noch keine Tongefäße.

Von den ältesten Gefäßen dieser Zone verdient

Zur richtigen Schreibweise und Aussprache indischer Wörter beachten Sie bitte die Aufstellung Seite 538.

Oben: Gefäß aus Nal (Sono Damb), einer Fundstätte im Hochland von Belutschistan. Die Nal-Keramik, eine feine, lederfarbene Ware, ist mit schwarzen Mustern aus umrahmten Zacken, Kreisen sowie Fischen und ähnlichem bemalt. Anfang 3. Jahrtausend v. Chr.

die in den Beginn des 3. Jahrtausends v. Chr. datierbare »Quetta-Tonware« besonderes Interesse. Diese unterscheidet sich durch ihren eigenartigen geometrischen Ornamentstil klar von anderen Tonwaren Belutschistans aus der gleichen Zeit: kreuzförmige, treppenartige Muster, überhaupt Vorliebe für gebrochene Linien, Ecken und Zickzack. Interessant an diesem Ornamentstil ist, daß er – abgesehen von einigen Fundstätten in Belutschistan – auch bei verschiedenen Kulturen des iranischen Hochlandes und der Oasen des südlichen Turkmenistan angetroffen wird.

Sowjetische Forscher sind daher der Ansicht, daß die weite Verbreitung des »Quetta«-Ornamentstils vor allem im Zusammenhang mit dem Verfall der turkmenischen Oasen von Geoksyur stehe. Jene am Rand der Karakumwüste gelegenen Oasen im Delta des Tedjen (Tedschen) mußten von der Bevölkerung verlassen werden, als der Fluß seinen Lauf änderte oder das Delta völlig versandete. Größere Gruppen wären dann nach Süden in das Tal des Hilmand bis an die Nordhänge von Belutschistan abgewandert.

Entgegen dieser Hypothese verfechten andere Forscher die Ansicht, daß die Verbreitung dieses Dekorationsstiles vielmehr auf Handelswegen erfolgt sei. Dabei verweisen sie besonders auf den Tauschhandel mit Halbedelsteinen und Metallen, der sich seit dem 4. Jahrtausend v. Chr. zu entwickeln begann und verschiedene Gebiete von Südwestasien untereinander verband, so daß auch die turkmenischen Oasen östlich des Kaspischen Meeres mit den Siedlungsstätten von Mundigak im Hilmandtal, Schachr-i Sochta im Sistan und eben auch mit der Gegend von Quetta in Kontakt standen. Im Norden von Belutschistan sind die seit dem 4. Jahrtausend v. Chr. lange Zeit bewohnten Siedlungsstätten vor allem auf das Tal des Zhob konzentriert, wie Rana Ghundai und Periano Ghundai. Neuerdings wurden Spuren langdauernder Besiedlung auch in der Nähe des Zusammenflusses des Zhob mit dem Indus wie auch im Gomaltal, z. B. Gumla und Rahman Dheri, gefunden.

Es muß allerdings darauf hingewiesen werden, daß die systematische Erforschung der ältesten Siedlungsstätten in Belutschistan noch in den Anfängen steckt. Zum großen Teil stützen sich die bisherigen Erkenntnisse auf oberflächliche Schürfungen und einige auf kleine Zonen beschränkte Ausgrabungen. Vor allem die Daten über Bestattungssitten bei den alten Dorfgemeinschaften des Hochlandes sind noch sehr lückenhaft. Immerhin sind für das 4. Jahrtausend v. Chr. Leichenverbrennung, Hocker- und fraktionierte Erdbestattung belegt; bei letzterer wurden lose aufeinandergeschichtete Knochen des Toten beigesetzt. Gewöhnlich wurde der Tote innerhalb des Dorfes,

Oben: Bemaltes Tongefäß aus Kot Diji (einem Tell 40 km südlich von Mohenjo-daro). Ähnliche Formen mit kurzem Hals sind typisch für die ältesten Bauernkulturen im Industal. Anfang 3. Jahrtausend v. Chr.

Rechts: Bergkette in Belutschistan mit Ruinen antiker Siedlungen dieser Gegend. Die Region ist heute sehr trocken, was spürbare Veränderungen des Klimas seit der Antike vermuten läßt.

Rechte Seite: Ansicht des Industales. Die ersten Dauersiedlungen im Flachland des Indus und längs der größeren Flüsse dürften von Volksgruppen gegründet worden sein, die in der Wasserbautechnik bereits so weit entwickelt waren, daß sie die periodischen Überschwemmungen meistern und zur Bewässerung ihrer Felder nutzen konnten. Die Bewohner von Amri und Kot Diji im Sind hinterließen uns die ersten, bedeutenderen Zeugnisse jener alten Dorfkulturen.

manchmal sogar unter dem Fußboden des Wohnhauses begraben.
Hinsichtlich der Ursachen, die zu einer so starken Verschlechterung der Umweltbedingungen in einem lange Zeit dauernd besiedelten Gebiet geführt haben, vermutet man, daß der unvernünftige Kahlschlag der Wälder und starke Überweidung – beides im Zusammenhang mit einer gewissen Bevölkerungsvermehrung – die fortschreitende Erschöpfung und Austrocknung des Bodens zur Folge hatten. Für die These einer allgemeinen Klimaveränderung als Folge verminderter oder völlig versiegender Niederschläge gibt es jedoch keine Anhaltspunkte; man hatte hierbei daran gedacht, daß die Höhenzüge Belutschistans einst noch im Bereich der Monsunregen gelegen hätten. In der Nordwestecke des Subkontinents – den vom Hindukusch und Karakorum eingeschlossenen Tälern und Landschaften – fanden sich Reste von Dauersiedlungen, die etwa bis in das 3. Jahrtausend v. Chr. zurückreichen.
In der Felsgrotte von Ghaligai im Swāt-Tal kamen in den ältesten archäologischen Schichten zusammen mit Geröllgeräten auch manuell modellierte Tongefäße zum Vorschein, die gut geglättet, teilweise auch poliert waren. Diese Stätte war, wie im Kapitel über die Völkerwanderungen in den Nordwestgebieten näher berichtet, fast ohne Unterbrechung bis in historische Zeiten bewohnt.
Andere Spuren führen nach Kaschmir. Dort wurden bei Burzahom – rund 20 km nordöstlich von Srinagar – an Seeufern Erdgruben freigelegt. Dabei handelt es sich um unterirdische bzw. halb in den Boden gegrabene viereckige oder runde Behausungen. Holzstangen stützten ein Stroh- oder Binsendach. Neben jeder Behausung fand sich ein bis 4 m tiefer kegelstumpfförmiger Schacht, der als Vorratsraum diente. Die ältesten manuell geformten Tongefäße zeigen auf dem Boden deutlich Abdrücke von Matten oder Korbgeflecht. Unter anderen Fundstücken sind halbmondförmige gelochte Messer – aus Knochen oder Stein geschliffen – von besonderem Interesse. Für derart durchlochte Klingen gibt es bisher keine vergleichbaren Funde aus anderen Gebieten des Subkontinents; nahezu gleichartige Typen wurden jedoch von den Menschen der Jungsteinzeit in Nordchina verwendet.
Für den Fischfang im See benutzten die Burzahomleute fein bearbeitete Angeln und Harpunen aus Knochen; weitere Nahrungsmittel verschafften sie sich durch die Jagd; sie kannten auch die Weidewirtschaft und betrieben etwas Ackerbau. Diese im ganzen noch jungsteinzeitliche Kulturstufe hat sich in jenen Gebieten bis in die erste Hälfte des 2. Jahrtausends v. Chr. gehalten.

Die Besiedlung des Siebenstromlandes
(Saptsindhava)

In den nordwestlichen Gebirgszonen Indiens nahm die Besiedelung in vorgeschichtlicher Zeit einen anderen Verlauf und entwickelte sich nahezu unabhängig von der des ausgedehnten Schwemmlandes des Indus und seiner Nebenflüsse, des »Siebenstromlandes«, Saptsindhava, wie es in den heiligen Schriften genannt wird.
Nach heutigen Grabungsfunden entstanden die ersten Dorfsiedlungen in der Indusebene in verhältnismäßig späterer Zeit als die vergleichbaren Siedlungen im Berggelände von Belutschistan. Ein Grund dafür dürfte sein, daß eine sumpfige, periodisch von mächtigen Überschwemmungen heimgesuchte, dazu ungesunde und durch die Anwesenheit wilder Tiere (Raubkatzen, Reptilien) auch gefährliche Schwemmlandschaft einer Dauerbesiedlung Schwierigkeiten entgegensetzte, mit denen kleine Dorfgemeinschaften nicht fertigwerden konnten. Unter solchen Umständen wäre die Besiedlung der westlichen Flachländer erst erfolgt, als Volksgruppen auftraten, die bereits die Stufe der Nahrungsmittelproduktion und Bevorratung erreicht hatten und die sich stark genug fühlten, auch die Probleme lösen zu können, die mit der Ansiedlung längs der großen Flüsse verbunden

Rechts: Ansicht der Überreste von Mohenjo-daro. Man erkennt die Strukturen der »Zitadelle« und die Ruinen einer vor 2000 Jahren erbauten buddhistischen Stupa, erbaut nach dem Untergang der Induskultur.

waren; hierzu zählte vor allem, »das Wasser in den Griff zu bekommen«.
Bis vor wenigen Jahren galten als älteste Zeugen menschlicher Tätigkeit im Industal nur Reste von Siedlungsstätten wie Mohenjo-daro und Harappa usw., die städtebaulich bereits auf einer erstaunlich hohen Stufe angelangt waren. Die Harappa- oder Induskultur, wie man sie später nannte, präsentierte sich den ersten Ausgräbern völlig unvermittelt als reife Hochkultur, sozusagen als Ergebnis eines großangelegten, kolonisatorischen Unternehmens, durch das Städteplanung, organisiertes Gemeinschaftsleben, Schrift, Glyptik, Metallbearbeitung usw. ins Industal verpflanzt wurden. Man vermutete, daß nur neue Völkerschaften, die anderswo all diese technischen und organisatorischen Kenntnisse und Fähigkeiten erlernt und erprobt hatten, imstande waren, in dieser Landschaft so rasch das Modell einer Kultur zu verwirklichen, wie es sich vorher in Mesopotamien und im Nildelta entwickelt hatte.
Spätere, auch in Mohenjo-daro und Harappa selbst durchgeführte Grabungen ließen jedoch starke Zweifel über mögliche Parallelverbindungen der Induskultur und den frühhistorischen Hochkulturen des Vorderen Orients aufkommen. Immer mehr zeigte sich jedoch, daß die Harappa- und Mohenjo-daro-Leute nicht die ersten waren, die sich im Industal niedergelassen hatten. Schon vor dem Auftritt der Induskultur hatten sich Menschen zu geordneten Gemeinschaften zusammengeschlossen, die eine Trockenlegung der Sümpfe in Angriff genommen und ihre Häuser mit einem aus Steinen und Lehmziegeln errichteten Wall vor Überschwemmungen geschützt hatten. Das alles schafften sie mit noch einfachen, improvisierten Mitteln, wie sie eben den frühen Dorfkulturen zur Verfügung standen.
Als Sir Mortimer Wheeler 1946 unter den aus Lehmziegeln aufgeschichteten mächtigen Fundamenten der »Zitadelle« von Harappa weitergrub, stieß er auf archäologische Schichten einer noch früheren Besiedelung der Stätte. Von besonderer Bedeutung unter den Fundstücken sind Tonscherben, die sich von der Harappa-Gebrauchsware unterscheiden, dennoch aber nur vereinzelt mit der Belutschistan-Keramik verglichen werden können. 1955 entdeckte F. A. Khan im Sind die Siedlungsstätte von Kot Diji, die zahlreiche aufeinanderfolgende Bauperioden aufwies. Das Material der drei obersten Schichten weist bereits typische Merkmale der Induskultur auf. Darunter lag eine ziemlich ausgedehnte Dorfsiedlung mit viereckigen, aus Steinen und Lehmziegeln gebauten Häusern. Die ganze Siedlung war von einer robusten, mit Türmen bewehrten Mauer umgeben. Eine von Asche und Kohle durchsetzte Trümmerschicht trennte diese Siedlung von den Schichten der Induskultur.
Die in den ältesten Schichten von Kot Diji gefundenen Keramiken gleichen in vielem der von Wheeler in der Vor-Harappaschicht vorkommenden Keramik. Kennzeichnend für diesen Horizont sind die kugeligen Formen mit sehr kurzem Hals sowie Schalen, Becher oder Teller auf hohem Standfuß (*Offering Stands*). Häufig sind diese mit einfachen, Schwarz auf Rot gemalten Bändern verziert, seltener finden sich Dekorationsmuster mit naturalistischen Motiven. Gleichzeitig lieferten die Kot-Diji-Schichten Erzeugnisse der Steinbearbeitung, vor allem kurze zweischneidige Klingen, blattförmige Pfeilspitzen, Schaber aus Feuerstein sowie zahlreiche Mahlsteine – indirekte Beweise für landwirtschaftliche Betätigung. Aufgrund von Radiokarbontests können die Schichten von Kot Diji auf etwa 3000 v. Chr. datiert werden. Wenige Jahre später grub J. M. Casal das älteste Dorf im Industal in der Nähe des heutigen Amri aus, kaum 200 km von der Küste von Karatschi. Die ältesten Schichten werden in die Mitte des 4. Jahrtausends v. Chr. datiert. Diese frühe Entwicklung einer Dorfkultur läßt sich durch die günstige geographische Lage erklären: Der Ort konnte sich als Ausgangspunkt für die Flußschiffahrt ins Innere wie auch als Umschlagsplatz für den Trans-

Lageplan der Zitadelle von Mohenjo-daro. Es ist sehr wahrscheinlich, daß die Stadt auf einer quadratischen Fläche mit einer Seitenlänge von etwa 1600 m angelegt war. Die Zitadelle lag im Zentrum des westlichen Stadtgebietes; ihre Lage entspricht der besonderen Bedeutung für die Stadt.

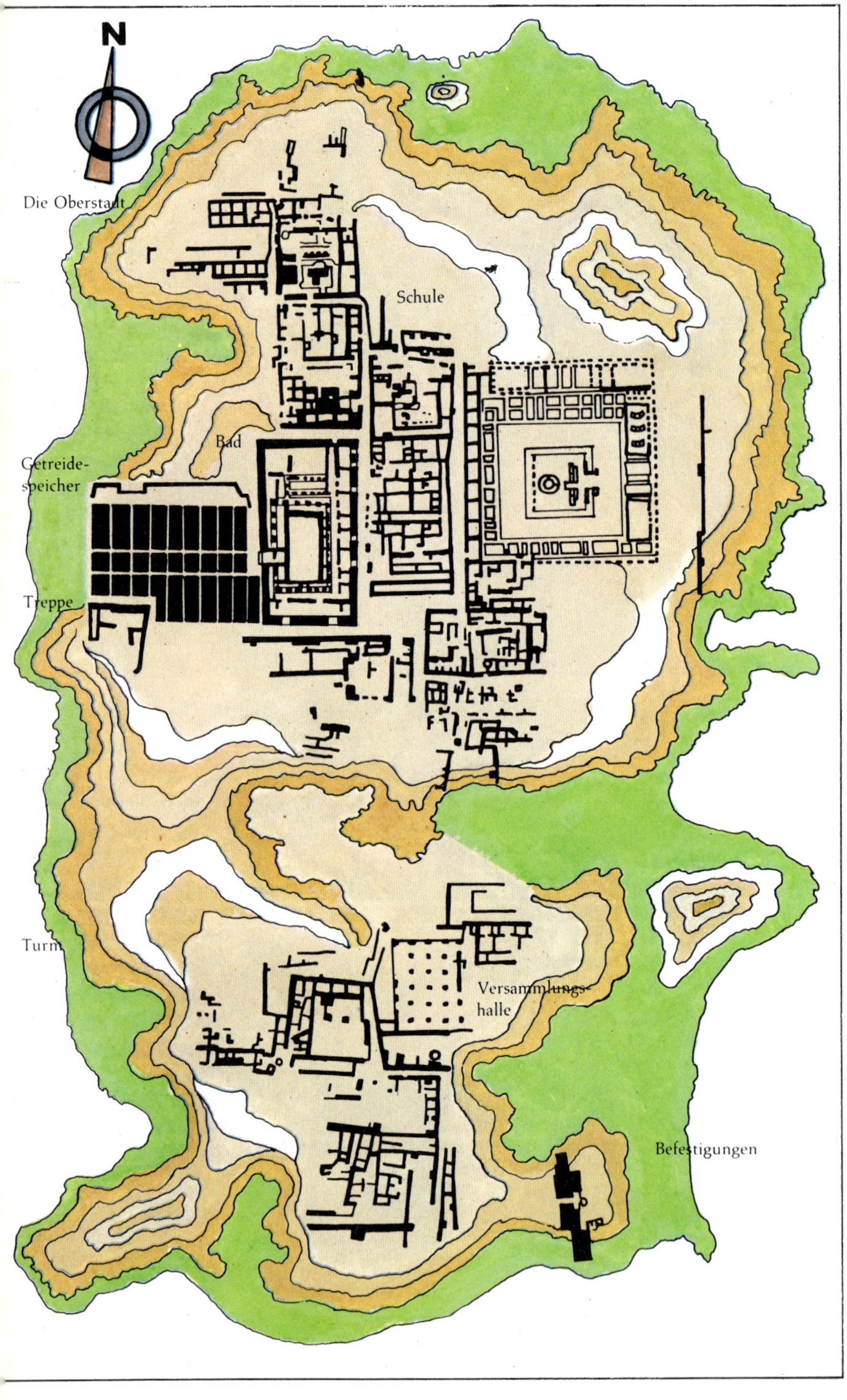

Mohenjo-daro, eine der ältesten, um die Mitte des 3. Jahrtausends v. Chr. erbauten Städte der Welt, war nach einem Gittersystem angelegt und stellt das älteste bekannte Beispiel einer derartigen Städteplanung dar. Breite, gerade Straßen teilten die Stadt in regelmäßige Gebäudeviertel. Die rechteckigen Häuser waren durchwegs aus Backsteinen gebaut. Die größeren, öffentlichen Gebäude standen auf einer erhöhten Plattform in der »Burg« oder »Zitadelle«.

port zur nahegelegenen Küste und sehr wahrscheinlich auch für die aus den Häfen des Arabischen Meeres und Persischen Golfes ankommenden Schiffsladungen entwickeln. Die Bedeutung Amris als Umschlagshafen wurde durch Bodenforschungen bestätigt. Das Mündungsdelta des Indus lag in damaliger Zeit viel weiter nördlich, was der Fund bei Amri (eine große Menge von Seemuscheln, die vermutlich am Strand der damaligen Küste angeschwemmt worden waren) bestätigt. Im Laufe der Zeit versandete die Mündungszone, und durch die Anschwemmungen verschob sich die Küste weiter nach Süden.

Von Anfang an hatten die Bewohner Amris Vorkehrungen gegen die Folgen der periodischen Überschwemmungen getroffen. Ihre aus luftgetrockneten Lehmziegeln gebauten Hütten standen eng aneinandergedrängt auf erhöhten Plattformen. Die Räume waren viereckig und außerordentlich klein, Türen und Fenster gab es nicht; der Zugang ging offenbar über Leitern auf das Dach, eine Bauart, die auch in anderen vorgeschichtlichen Dorfsiedlungen des alten Orients festgestellt worden ist. Die Bewohner Amris betrieben Landwirtschaft, Viehzucht, Fischfang und Jagd; ihr Küchenzettel war demzufolge ziemlich reichhaltig. Man fand große, noch im Boden steckende Krüge, die zur Aufbewahrung von Getreide dienten; Knochenreste aus Mahlzeiten stammten von Rindern, Ziegen und Schafen. Darüber hinaus wurden auch Gazellen, Hirsche und Wildschweine gejagt. In den älteren Schichten von Amri fanden sich bereits feine auf der Scheibe gedrehte und mit geometrischen Mustern verzierte Tongefäße; auch etwas Metallbearbeitung war bekannt, was durch kleine Gegenstände aus Bronze belegt ist. Im ganzen entsteht der Eindruck, daß die Amrikultur am Beginn zu einer höheren Entwicklungsstufe stand, wahrscheinlich dank der maritimen Verbindungen mit den Häfen der Makränküste und des Persischen Golfes. Bis heute ist aus der Vor-Induszeit eine ganze Anzahl anderer Siedlungsstätten im Industal bekannt, deren Grabungsfunde mehr oder weniger denen der untersten Schichten von Harappa, Kot Diji und Amri ähneln. Solche Dorfsiedlungen sind über ein Gebiet verbreitet, das sich im Norden bis Sarai Khola bei Rawalpindi, im Osten bis nahe Delhi und im Süden bis zum Gujarat erstreckt. Wenngleich gewisse Zusammenhänge zwischen den regional bedingten Eigenarten der verschiedenen Siedlungsstätten erkennbar sind, kann von einer einheitlichen Kultur nicht die Rede sein, hingegen von einer Entwicklungsphase, die bereits einige Jahrhunderte vor dem Auftreten der Induskultur begonnen hatte.

Bei der Suche nach einem gemeinsamen Nenner für dieser Periode der Dorfkulturen gehen die Meinungen der Gelehrten auseinander. Die einen

Rechts: Geometrische Rekonstruktion des großartigen Bades, das man in der Oberstadt von Mohenjo-daro fand. Eine Treppe führt hinab ins Wasserbecken.

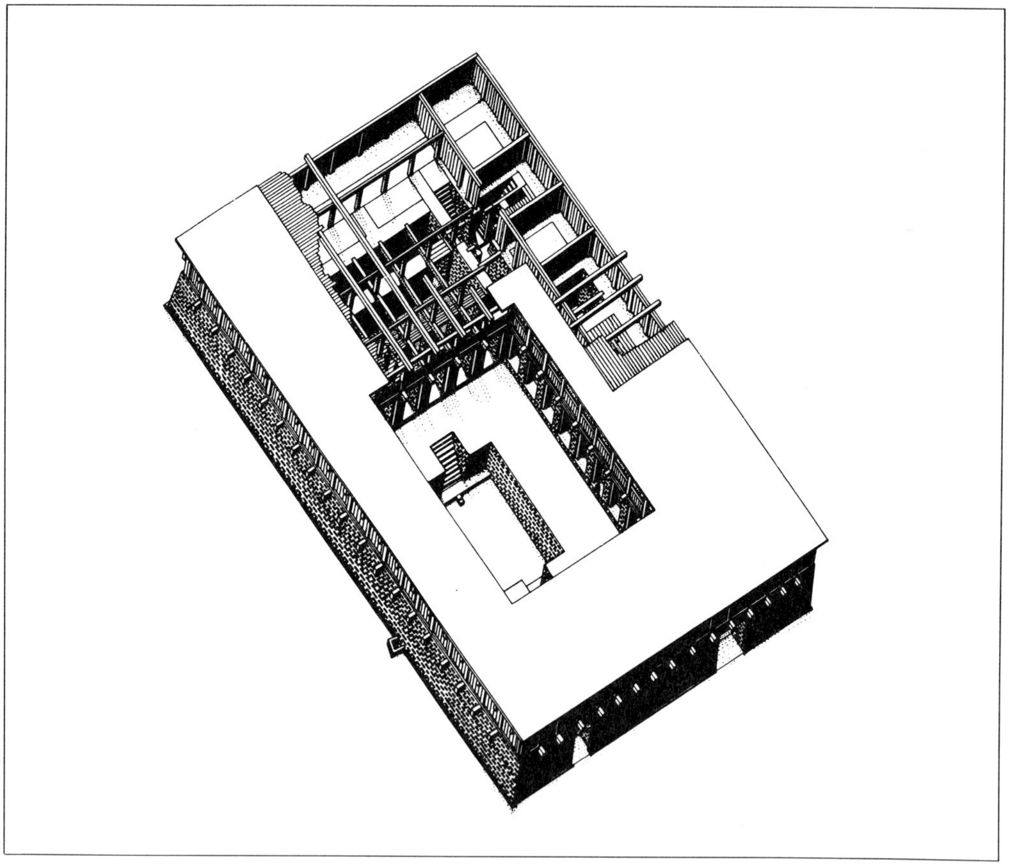

Unten: Eines der Merkmale der Induskultur ist die mit mehr oder weniger stilisierten Tier- und Pflanzenmotiven bemalte Keramik. Becher oder Schalen auf hohem Standfuß, sogenannte Offering Stands, *fanden sich in Gräbern und Wohnstätten überall im Reich von Harappa.*

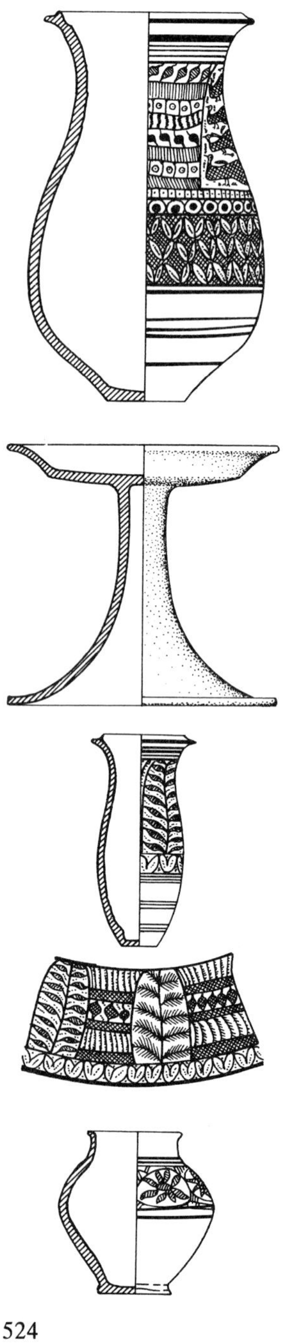

sind überzeugt davon, daß die Kot-Diji-, Amri- und andere Kulturen direkte Vorläufer der Induskultur seien und den Boden vorbereitet hätten, auf dem dann die Neuerungen heranreiften, die zur Verstädterung führten. Deshalb fassen sie die verschiedenen Aspekte der Dorfkulturen unter der Bezeichnung »Frühe Induskulturen« oder »Frühe Harappakultur« zusammen. Demgegenüber weisen andere Forscher darauf hin, daß zwischen der Dorfkultur und der nachfolgenden Stadtkultur *sprunghaft* derartige qualitative Unterschiede beständen, wie sie von jenen Leuten nicht erwartet werden können, die sich zuerst an Orten wie Harappa oder Kot Diji niedergelassen hatten. Die Träger der Induskultur müßten andere Leute gewesen sein. Zur Begründung dieser These wird daran erinnert, daß in mehreren Fundstätten Brand- und Zerstörungsschichten die beiden Kulturstufen trennen, andere Siedlungen schon vor dem Anbruch der Induskultur längst völlig verlassen worden waren. Deshalb betrachten diese Forscher die Benennung »Vor-Induskultur« oder »Vor-Harappakultur« als zutreffender.

Das Reich von Harappa

Um die Mitte des 3. Jahrtausends v. Chr. kam im ausgedehnten Gebiet des Industales eine der bedeutendsten städtischen Hochkulturen des Altertums zur Blüte, die hinsichtlich Städteplanung, Bewässerungsanlagen und Kanalisation für die damalige Zeit verblüffend, wenn nicht gar einzigartig ist. Diese Entdeckung, die erst vor einem halben Jahrhundert gemacht wurde, hat das Bild der Frühgeschichte Indiens gründlich verändert.

Vor der Entdeckung waren die beiden Hauptzentren der Induskultur, Mohenjo-daro im Sind und Harappa im Panjab, nichts weiter als ansehnliche ockerbraune oder blaßrote Kuppen, die durch ihre Farbe in dem sonst graugetönten Gelände auffielen. Die Eingeborenen hatten bald entdeckt, daß sich dort gute Backsteine fanden und benutzten diese billige Quelle für den Bau ihrer Häuser ausgiebig. Dabei wurden die obersten Schichten zerstört. Die größte Verwüstung dieser Ruinenstätten aber begann 1856 mit dem Bau der Eisenbahnlinie von Karatschi nach Peshawar. Die britischen Ingenieure suchten nach Steinen zur Aufschotterung des Bahndammes, die in einem Schwemmland, wie es das Industal ist, schwer zu beschaffen waren. Da kamen ihnen die Ziegel der Ruinenhügel bestens zustatten. Damals wurden unzählige dieser jahrtausendealten Ziegel im Bahndamm verbaut.

Obgleich Mohenjo-daro fast 600 km von Harappa entfernt ist, haben beide vieles gemeinsam. Beide liegen nahe am Strom, ihr Umfang mißt – soweit sich das noch feststellen läßt – mehr als 6 km. Ganz besonders fällt auf, daß es sich nicht um im Laufe der Zeit regellos gewachsene Siedlungen handelte, sondern um große, von vornherein sozusagen auf dem Reißbrett in allen Einzelheiten geplante Städte.

Die bei den Ausgrabungen von Mohenjo-daro freigelegten Grundmauern lassen auf einen quadratischen Plan schließen, mit zwölf rechtwinkligen Häuserblöcken und parallelen geradlinigen Straßen, die sich rechtwinklig kreuzten; mehrere hundert Meter lange und bis zu 10 m breite Hauptstraßen teilten die Stadt in größere Viertel, die ihrerseits wieder in regelmäßige kleinere Quartiere unterteilt waren. Die rechteckigen, oft mehr-

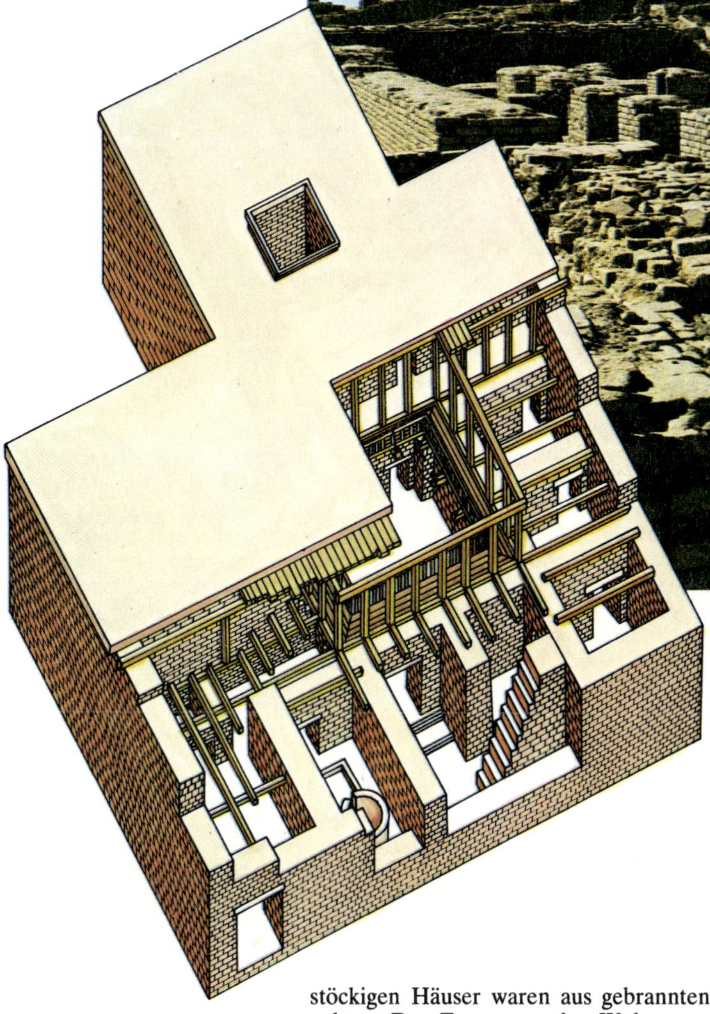

Die Wohnhäuser von Mohenjo-daro waren oft zweistöckig; in den oberen Stock führte eine aus Ziegeln gebaute Treppe. Es gab nur wenige Fensteröffnungen; der Eingang lag meist in einer Nebengasse und führte über einen Innenhof ins Haus.

stöckigen Häuser waren aus gebrannten Ziegeln gebaut. Der Zugang zu den Wohnungen lag gewöhnlich in einem ummauerten Innenhof. Über ziegelgemauerte Treppen gelangte man in den Oberstock oder auf eine Terrasse. Die wenigen hochgesetzten Fenster öffneten sich zumeist nach dem Hof oder auf Nebengassen.

Fast alle Häuser waren mit einem Bad ausgestattet, dessen Mauerwerk durch eine Bitumenschicht wasserdicht gemacht worden war. Das Wasser kam durch Rohrleitungen und floß in das öffentliche Kanalisationsnetz ab. Die sanitär-hygienischen Anlagen, für die u. a. genaue Berechnungen der Gefälle für die Abwässerkanäle nötig waren, übertreffen technisch alles, was wir von anderen frühen Hochkulturen kennen. Selbst gegen die Verschmutzung des in öffentlichen Brunnen gesammelten Trinkwassers war Vorsorge getragen; daneben gab es auch Privatbrunnen in den Höfen der Wohnhäuser.

Den Kern beider Städte bildete eine auf einer aufgeschütteten Plattform errichtete »Burg« oder Oberstadt, die von einer mächtigen Mauer umschlossen war. Dort standen die größeren, offenbar für die Verwaltung bestimmten Gebäude. In der Unterstadt befanden sich die Wohnhäuser, Läden sowie Handwerkerviertel und Werkstätten. In der Oberstadt von Mohenjo-daro, die weit besser erhalten blieb als die von Harappa, fand man ein großartiges Bad mit Schwimmbecken, zu dem eine Treppe hinabführte, Ankleideräumen usw. Sodann ein großes Gebäude mit einem weitläufigen, wohl für Versammlungen bestimmten Saal und andere große Bauten. Westlich des Bades wurde 1950 ein riesiger Kornspeicher ausgegraben.

Aus dieser Zusammenballung großer Gebäude in der Oberstadt darf ohne weiteres auf das Vorhandensein einer zentralisierten Macht geschlossen werden, die auch die Kontrolle der Lebensmittelvorräte und deren Verteilung ausübte. Die unterschiedliche Größe der Häuser in der Unterstadt sowie die klare Einteilung in Wohn-, Geschäfts-, Handwerker- u. a. Viertel setzt eine weitgehende Differenzierung der Bevölkerung in verschiedene Gesellschaftsklassen voraus.

In der Unterstadt von Harappa gab es neben einem großen, in mehrere Abteilungen (zur Belüftung!) unterteilten Getreidespeicher ein ganzes Viertel recht bescheidener Hütten, in denen höchstwahrscheinlich Arbeiter oder Sklaven untergebracht waren. Nahe bei diesem, man könnte sagen »Elendsviertel«, erhoben sich runde, aus Ziegeln gemauerte Plattformen, auf denen das Getreide gemahlen wurde. Nicht weit davon lag das Viertel der Metallarbeiter, wo in mehreren Kammern Reste von Schmelzschlacken gefunden wurden.

Auch Kalibangan im östlichen Panjab wurde nach Plan gebaut: eine Oberstadt und eine Unterstadt, die durch geradlinige, sich rechtwinklig kreuzende

In den Hauptstraßen und Höfen der Häuser gab es öffentliche und private Trinkwasserbrunnen, die mit Ziegeln ausgekleidet waren. Für Hygiene sorgte ein ausgeklügeltes Kanalisationssystem, für das es in der Frühgeschichte der menschlichen Kulturen kein Beispiel gibt. Den ungeheueren Verbrauch an Backsteinen in den Hauptzentren der Induskultur glaubt man sich nur dadurch erklären zu können, daß die Indusebene in jener Zeit noch stark bewaldet war. Nur so konnte der Bedarf an Brennstoff (ausschließlich Holz) für die Ziegel- und Töpferöfen gedeckt werden.

Straßen in regelmäßige Häuserblocks geteilt ist. Der ganze Komplex war hier durch eine feste Wehrmauer geschützt. Offenbar waren die Unterstädte nur in den Grenzgebieten des Harappareiches von einer Wehrmauer umgeben; das bestätigten auch die Ausgrabungen von Lothal im heutigen indischen Bundesstaat Gujarat sowie die von Sutka-gen-dor an der heute zu Pakistan gehörenden Makränküste.

Die Ruinen von Lothal liegen heute ziemlich entfernt vom Meer und der im Ästuarium (dem Gezeitenbereich) liegenden Mündung des Sabarmati. Zur Zeit der Hochblüte der Induskultur muß Lothal mit seinem gewaltigen Hafenbecken (mit Schleusentor!) ein wichtiger Platz auch für den Außenhandel gewesen sein. Das aus dem Schwemmsand ausgegrabene Becken ist 214 m lang, 36 m breit und mehr als 4 m tief und konnte eine ganze Menge größerer Schiffe aufnehmen. Molen und Ankerplätze lagen unterhalb der »Burg«, nicht weit von einem auf erhöhter Plattform errichteten großen Gebäude, offenbar einem Lagerhaus. Geradlinige Straßen und ein ausgeklügeltes Abwassersystem zeichnen auch diese Stadtanlage aus. War Lothal an der Cambay-Bucht der wichtigste Hafen an der Südostgrenze des Hapareiches, nicht weit entfernt von Bombay, so bildete Sutka-gen-dor im Makrän wohl den westlichsten Vorposten. Auch hier liegen heute die ehemaligen Hafenanlagen mehrere Kilometer landeinwärts; auch hier sind Ober- und Unterstadt von einer gemeinsamen Wehrmauer geschützt.

Aus diesen geographischen Positionen kann man die gewaltige Ausdehnung der Induskultur ermessen werden; gleichzeitig auch ihre erstaunliche Homogenität und unverkennbare Eigenart, die sich nicht nur durch die – trotz weiter Entfernungen nach einem einheitlichen Bauplan errichteten – größeren Siedlungen zeigt, sondern auch in der weitgehenden Normung aller Erzeugnisse des Gewerbefleißes, der Glyptik, Schrift und des Maß- und Gewichtssystems. Gewisse Formen von Tongefäßen finden sich fast völlig gleichartig in Harappa wie in Kalibangan, an der Makränküste wie des Gujarat, wie z. B. ein *Offering-stand* – Opferständer –, eine Schale oder Becher auf hohem meist konischen Standfuß; ferner die geschwungenen Profile verschiedener Gefäßtypen wie Becher, kleine, unten zugespitzte Töpfchen, breite Becken und merkwürdige zylinderförmige Krüge mit zahlreichen kleineren Löchern in den Wänden und einem größeren am Boden. Auch die Dekorationsmotive der Töpferwaren sind gleichartig; meist sind es schwarz auf rotem oder rötlichem Grund gemalte mehr oder weniger stilisierte zu verschiedenen Mustern zusammengesetzte Tier- und Pflanzenformen, unter denen häufig Pfauen und die Blätter des Pipals (*Ficus religiosa* = Pagodenfeige) zu erkennen sind. Vor allem in Mohenjo-daro, Harappa und Lothal – vereinzelt auch in anderen Fundstätten – fand man Hunderte von quadratischen oder rechteckigen Siegeln aus Speckstein (einige wenige auch aus Achat, Feuerstein, Kupfer, Terrakotta). Mit beachtlicher Kunstfertigkeit schnitten die Siegelschneider Tierfiguren (vorwiegend gehörnte Tiere, aber auch Elefanten, Nashörner, seltener vereinfachte Jagd- und Kultszenen) in den Speckstein. Fast nie fehlte ein begleitender »Text« in Bilderschrift. Über Bedeutung und Gebrauch dieser Siegelsteine (ob Amulette, Ziergehänge usw.) war man sich lange nicht im klaren. Heute sind sich die Forscher darüber einig, daß damit tatsächlich etwas »versiegelt«, »abgestempelt« wurde. Tausende von Beamten und Händlern drückten ihre Siegel auf Waren und bestätigten damit Besitz und Herkunft; das geschah in verschiedensten Gebieten des Reiches, ja selbst jenseits der Grenzen. Man kann diese Siegel als Merkzeichen, sozusagen als Emblem der wirtschaftlichen Macht und der händlerischen Tüchtigkeit der Menschen des Harappareiches betrachten. Weiterer Beweis dafür sind die in größeren Handelszentren gefundenen Siegelabdrücke auf textilem Verpackungsmaterial.

Die Schrift der Harappaleute bleibt jedoch noch ein Rätsel. Selbst wenn ihre Entzifferung – an der eifrig auch unter Zuhilfenahme eines Computers gearbeitet wird – gelänge, dürften die kurzen Texte kaum Aufschlüsse über das Leben jener Zeit geben. So wie Schrift und Siegel ist auch das Maß- und Gewichtssystem auf die Erfordernisse eines wohlgeordneten Stadtlebens und dem damit verbundenen Handelsverkehr zugeschnitten. Berechnungen über die Proportionen der Gebäude und ihrer einzelnen Teile ergaben als Grundmaß die Elle und den Fuß sowie deren Vielfache. Kleine, meist würfelförmig geschliffene Steine dienten als Gewichte; die verschiedenen Größen eines Satzes ergaben folgende progressive Gewichtsunterteilung: 1, 2, 8/3, 4, 8, 16 und deren Vielfache.

Ackerbau war für die Induskultur von großer Bedeutung, was die in jeder Siedlungsstätte vorhandenen Getreidespeicher und Vorratsräume bezeugen. Aus verkohlten Samen oder Samenabdrücken im Lehm konnte ermittelt werden, daß hauptsächlich Weizen, Gerste, Erbsen, Sesam, Datteln, Melonen, aber auch Baumwolle angebaut bzw. geerntet wurden; im Gujarat war Reisbau schon gut entwickelt. Mit dem Ackerbau verbunden war auch die Haustierhaltung. Kleine, als Kinderspielzeug hergestellte Terrakottamodelle zweirädriger Karren, vor die ein Joch Ochsen gespannt ist, beweisen, daß Haustiere als Zugtiere benutzt wurden. Vielleicht waren solche Karren das Haupttransportmittel für die Versorgung der weit auseinanderliegenden Siedlungen und besonders der Städte mit Lebensmitteln und Feldfrüchten. Die Karrenmodelle der Induszeit sind bis in Einzelheiten des Wagengestells ganz ähnlich den noch heute in vielen Bergdörfern des Sind und Panjab benutzten Ochsenkarren mit zwei massiven, an der Achse festsitzenden Scheibenrädern.

Fluß- und Seeschiffahrt spielten für den Verkehr ebenfalls eine bedeutende Rolle, was aus Darstellungen verschiedener Bootstypen und vor allem auch durch die großen Hafenanlagen und Ankerplätze an der Küste belegt ist. Von Wasserfahrzeugen aus wurde Fischfang mit Angeln, Harpunen und Netzen betrieben. In Mohenjo-daro wurde getrockneter Seefisch von der rund 200 km entfernten Küste eingeführt.

Der Handel nahm bei den Harappaleuten einen wichtigen Platz ein. Die Verbreitung dieser einheitlichen Induskultur über ein riesiges Gebiet von mehr als eineinhalb Millionen Quadratkilometern (einem Gebiet, doppelt so groß als das alte Ägypten und viermal das Reich Sumer) läßt sich zum Großteil aus der regen Handelstätigkeit erklären. Der Importhandel ist durch Funde von Edelmetallen und Halbedelsteinen belegt, die vor allem als Rohstoff ins Industal kamen und – oft zu Schmuck verarbeitet – wieder ausgeführt wurden. Gold kam von Mysor und Rajasthan, Silber aus Afghanistan und Iran, aus dem afghanischen Badakschan wur-

Oben: Nackte weibliche Bronzestatuette aus Mohenjo-daro, bezüglich Thema und stilistischer Behandlung ein einzigartiges Stück der Induskultur. Gesichtszüge, Haartracht und Schmuck (Armringe?) lassen vermuten, daß eine fremdländische Tänzerin oder Sklavin dargestellt ist.

Rechts: Ansicht der Ruinen von Harappa, das ebenfalls in Oberstadt (Zitadelle) und Unterstadt geteilt und nach einem ausgeklügelten Plan angelegt war. Leider ist durch Zerstörungen in älterer und jüngerer Zeit nur ein Teil dieses wichtigen Zentrums erhalten geblieben.

Tonmodell eines von einem Joch Ochsen gezogenen Karrens mit Kutscher. Solche Karren waren das Haupttransportmittel der Indusleute für deren Reisen und waren unentbehrlich für die Versorgung der Städte mit Feldfrüchten. In vielen Dörfern des Sind und Panjab sind derartige Karren, bei denen die Vollräder fest mit der Achse verbunden sind, noch heute gebräuchlich.

de Lapislazuli, aus dem Iran Speckstein, Türkis und grüner Chalzedon bezogen. Bei den Ausgrabungen von Lothal konnte festgestellt werden, daß aus dem Sind importierter feiner Feuerstein zu Klingen und anderen Geräten verarbeitet wurde. Hingegen exportierte Lothal unter anderem *Chank*-Muscheln, die an der Kathiawarküste gesammelt wurden, ferner Teakholz und vor allem Elfenbein. Das in den Gebäuden von Harappa verwendete Holz der Deodarzeder stammte höchstwahrscheinlich aus den Hochgebirgswäldern, die das obere Industal säumen. In Ur (Mesopotamien) gefundene Tontafeln berichten über die Ankunft von Schiffen, die mit Goldbarren, Hölzern, Muscheln, Karneol und Elfenbein befrachtet waren; vieles deutet darauf hin, daß solche Schiffsladungen aus den Häfen des Harappareiches kamen.

Die Grabungen lieferten bisher nur spärliches Material, aus dem noch kein Bild über die staatliche Organisation, Herrschaftsformen, Glaubensvorstellungen und Kultbräuche der Harappaleute entstehen konnte. In den großen städtischen Zentren wurden bisher keine Gebäude entdeckt, die eindeutig als öffentliche Kultstätten bezeichnet werden könnten. Hingegen wurden zahlreiche kleine Tonstatuetten einer weiblichen Gestalt gefunden, die als Symbol eines höheren Wesens, vielleicht einer Muttergöttin, gedeutet werden können und die dem häuslichen Kult dienten. Es handelt sich um bekleidete Figuren mit wuchtigem Kopfputz und etwas klobigen Halsgehängen, die eine gewisse Ähnlichkeit, mit etwa gleichaltrigen Figuren aufweisen, die in Fundstätten des südlichen Turkmenistan vorkommen. Andere Figuren stellen einen Mann in Yogi-Stellung dar; man könnte darin einen Vorläufer der in geschichtlicher Zeit ausgebildeten Meditationsübungen des Hinduismus sehen.

Symbolisch-rituelle Bedeutung dürften auch die Darstellungen von Blättern der Pagodenfeige (*Pipal*) haben. Kultische Bedeutung ist auch gewissen lang-konischen polierten Steinen beizumessen, wohl Urformen der ithyphallischen Darstellung (*Linga*) im Śivakult. Über die Bestattungssitten der Harappamenschen sind wir durch die Ausgrabungen in verschiedenen Gräberfeldern, wie Harappa Sektor 37, Kalibangan oder Lothal unterrichtet. Die Toten wurden vorwiegend in Schlafstellung mit seitwärts geneigtem Kopf zusammen mit Tongefäßen und einigen anderen Gegenständen beerdigt.

Bevor das Verfahren für vorgeschichtliche Zeitbestimmung durch Radiokarbontest zur Anwendung kam, waren die Funde einiger zweifellos aus der Induszeit stammender Siegel in Kulturschichten Mesopotamiens für die Datierung von großer Wichtigkeit; man schätzte jene Siegel auf die Zeit von 2300 v. Chr. Das stimmt ziemlich gut mit den zahlreichen Radiokarbontests von Proben aus verschiedenen Fundstätten überein, nach denen heute der Beginn der Harappakultur um die Mitte des 3. Jahrtausends v. Chr. und deren Verfall zwischen 1900–1800 v. Chr. angesetzt wird.

Verfall und Ende des Reiches

Schon die ersten Ausgräber von Harappa und Mohenjo-daro haben nach einer Erklärung für den Untergang dieser Hochkultur gesucht. Sie glaubten, diese im ältesten indischen Literaturdenkmal gefunden zu haben, dessen Quellen bis in das 2. Jahrtausend v. Chr. zurückreichen. Im Ṛgveda, dem ältesten Teil der heiligen Schriften Indiens, werden die Wanderungen und Kämpfe von Volksgruppen verherrlicht, die aus dem Westen kamen; man identifizierte sie mit den Anhängern des mythischen Gottes Indra, den »Arya« (Sanskrit = Edler), und sah in den Eroberungszügen dieser »Arier« die Hauptursache für die Krise und die Auflösung eines der größten und bestorganisierten Reiche der Alten Welt.

Bei den Ausgrabungen von Rana Ghundai, Nal und Dabarkot an der Westgrenze des Harappareiches kamen Schichten zutage, die um das Jahr 2000 v. Chr. datieren und deutliche Spuren von Zerstörung und Brand erkennen lassen; man deutete sie als Vorzeichen weiterer gewaltsamer Einbrüche. Um dieselbe Zeit tauchen in Gräberfeldern von Belutschistan (Shahi Tump) bis dahin ungebräuchliche Hockerbestattungen auf, ein weiterer Beweis für einen Wechsel der Bevölkerung. Schließlich schienen vereinzelte Funde von Kupferbeilen mit Schaftloch (und eines halbmeterlangen Antennenschwertes), die in die erste Hälfte des 2. Jahrtausends v. Chr. datiert und erstmals in Indien festgestellt wurden, ein weiteres Anzeichen für den Einfall fremder Volksgruppen zu sein, die ihre Stammsitze im nördlichen Iran und dem Kaukasus verlassen hatten.

Verlockt vom Reichtum der Städte (und wohl auch von den fetten Weidegründen) wären die noch halbnomadischen Neuankömmlinge über die Indusebene hergefallen. Spuren eines Überfalles glaubte man ebenfalls in Chanhu-daro im Sind entdeckt zu haben. Dort hatten sich auf den Ruinen der Harappasiedlung andere Leute eingenistet und zum Bau ihrer primitiven, »barbarischen« Behausungen zum Teil auch Harappaziegel benutzt. Auch in Mohenjo-daro selbst verraten die jüngsten Schichten Zerstörung und Brand. Der Untergang dieser Stadt muß tragisch gewesen sein. Man fand in den Straßen zahlreiche Skelette von Männern, Frauen und Kindern, die zweifellos einen gewaltsamen Tod erlitten hatten. Manche hatten noch Waffen, andere hatten versucht, mit einigen Schmuckstücken zu entkommen. Sollte das nicht die unwiderlegliche Bestätigung dafür sein, daß die letzten Verteidiger von Mohenjo-daro von Eroberern niedergemetzelt wurden? Der Staub bedeckte den »Ort der Toten« (die Bedeutung des Namens Mohenjo-daro), und in den obersten Schichten findet sich keine Spur einer späteren Neubesiedelung.

Es darf aber nicht außer acht gelassen werden, daß neben solchen Anzeichen, aus denen auf eine gewaltsame Vernichtung der Harappakultur geschlossen werden könnte, die Grabungsbefunde in anderen, viel zahlreicheren Siedlungsstätten keinerlei Anhaltspunkte für diese These geben. In Amri, Lothal, Rupar, um nur einige zu erwähnen, fanden sich in den Schichten der Spätphase der Induskultur keinerlei Spuren von katastrophalen Ereignissen. Dort scheint das Leben ruhig weiter verlaufen zu sein; allerdings macht sich doch eine fortschreitende Verarmung und ein Sinken des Lebensstandards bemerkbar. Anderswo – auch in Harappa selbst – deutet nichts auf eine gewaltsame Zerstörung hin, die den Bewohnern ein weiteres Verbleiben verleidet hätte. Jedenfalls wurden die verlassenen Städte während der unmittelbar anschließenden Periode nicht wieder besiedelt.

Wenn nun der Einfall der »Arier« nicht oder zumindest nicht die einzige Ursache für den Zusammenbruch des Harappareiches war, fragt man sich, welche anderen Umstände oder Ereignisse zu seinem Untergang beigetragen haben. Schon die ersten Ausgräber haben sich diese Frage getellt. Als erstes fiel ihnen die ungeheure Masse von Backsteinen auf, die in Harappa, Mohenjo-daro und anderen Orten verbaut worden waren. In den Burgen, Häusern, Speichern und Kanalisationsanlagen stecken Millionen und aber Millionen von Ziegeln. Womit aber wurde in einer überwiegend heiß-trockenen Landschaft wie dem Sind und Panjab der gewaltige Brennstoffbedarf für die Ziegelöfen gedeckt, die solche Mengen von Baumaterial geliefert haben?

Man erklärte sich das anfangs mit einer Änderung der Umweltbedingungen. Zur Zeit der Blüte der Induskultur müßte die Landschaft bei weitem grüner und mit reicher Vegetation gewesen sein, da nur so das nötige Feuerungsmaterial – denn nur Holz kam in Frage – für die enorme Produktion geliefert werden konnte. Diese Annahme ist nicht von der Hand zu weisen: Unter den Tierdarstellungen auf den Harappasiegeln erscheinen Nashörner, Elefanten und Raubkatzen, alles Tiere, wie sie eher in tropischen Wäldern oder im Dschungel vorstellbar sind und wie sie heute noch in den zentralen und östlichen Gebieten des Subkontinents existieren.

Das Vorhandensein von Wäldern, die von Elefanten, Nashörnern und Raubkatzen bevölkert waren, ließ sich am einfachsten dadurch erklären, daß auch das Industal zu jener Zeit noch im Bereich der Monsunregen lag. Eine Verschiebung der Klimazone nach Osten und damit das Ausbleiben der regenbringenden Monsunwinde führte dann in der Spätzeit zur Austrocknung des Gebietes und damit auch zur Krise und zum Untergang der Induskultur. Ebenso kann auch die übermäßige Abholzung der Wälder eine Klimaveränderung und Austrocknung ausgelöst haben. Solche Überlegungen, d. h. zu einem Teil der Einfall fremder Völker, zum andern eine einschneidende Verschlechterung der

Viereckige Siegel, in Speckstein geschnitten, dienten im Harappareich vor allem zur Versiegelung von Warenballen und als »Handelsmarke«. Meist sind Tiere oder Fabelwesen dargestellt, sehr selten menschliche Figuren; darüber stehen stets einige Schriftzeichen. Solche Siegel wurden in allen größeren Zentren des Harappareiches und sogar in Mesopotamien gefunden.

Rechts: Skulptur der Induskultur, die einen Priesterkönig oder eine Gottheit zeigt. Wie zumeist wurde auch hier der Kopf mit Vollbart, aber ausrasierter Oberlippe dargestellt. Die Stirn ist zurückweichend, das Haar am Hinterkopf mit einem Band zusammengefaßt.

Rechte Seite: Der große Getreidesilo in der Unterstadt am Fuß der Zitadelle von Harappa bestand aus zwei großen, durch eine Zufahrtstraße getrennten Gebäuden mit mehreren Speicherräumen. Für die Trockenhaltung des mit Ochsenkarren herangeführten Getreides war durch Lüftungsschächte gesorgt. In der Nähe des Speichers wurde ein Arbeiterviertel freigelegt, wo man auch aus Ziegeln gemauerte, runde Plattformen fand, auf denen das Korn gemahlen wurde.

Umweltbedingungen durch unzureichende Niederschlagsmengen, wurden bis in die jüngste Zeit als hinreichende Erklärung für den Untergang der Induskultur betrachtet. Erst die Forschungen auf dem Gebiet der Geomorphologie und Sedimentologie zwangen die Historiker zu einer Neuüberprüfung solcher Anschauungen.

Betrachten wir den Fall Mohenjo-daro. Schon seit 1950 erstaunte den Ausgrabungsleiter M. Wheeler die außerordentliche Dicke der archäologischen Schichten. Immer wieder stieß man auf Neu- und Umbauten, deren Fundamente dann bedeutend höher lagen. Zahlreiche Elemente weisen darauf hin, daß die Stadt während der Spätphase sehr rasch »in die Höhe wuchs«. Dabei stellte sich heraus, daß bei Gebäuden, bei denen jahrhundertelang trotz Reparatur- und Erneuerungsarbeiten der ursprüngliche Bauplan streng eingehalten worden war, plötzlich Unregelmäßigkeiten auftraten: Unterteilung in unzweckmäßig winzige Räume, dürftiges Mauerwerk, mangelhafter Bodenbelag, selbst das Straßenniveau ist oft abnorm verändert. Alles verrät eine gewisse Behelfsmäßigkeit.

Da alle Schichten sehr viel Schlamm enthalten, sah man darin ein Element, mit dem sich das überhastete »Höhenwachstum« der Stadt erklären ließ. Die Einwohner waren gezwungen, ihre Häuser immer wieder aufzustocken, um sich vor den immer häufiger werdenden Überschwemmungen in Sicherheit zu bringen, sobald der Indus bei Hochwasserführung die Dämme durchbrach. Aber auch diese Lösung konnte nicht ganz befriedigen, denn es stellte sich die Frage, wie es innerhalb weniger als 1000 Jahren zu einer Hebung des Niveaus des Indus um fast 20 m gekommen sein könnte.

Weitere Untersuchungen der Sedimente brachten neue Erkenntnisse. Den Forschern fiel auf, daß der in den Schichten abgelagerte Schlamm zum größten Teil aus feinstem Tonschlick bestand. Schlick setzt sich vor allem in stehenden Gewässern ab, während Schlamm von fließenden Gewässern über weite Gebiete mitgenommen wird. Wieder mußte die These über das Ende der Stadt umgearbeitet werden. Anfangs wurde angenommen, daß die Hochwasserfluten die Häuser unterspült und die Bewohner zu eilig ausgeführten Reparaturarbeiten gezwungen hätten, jetzt bot sich ein anderes Bild: Die Stadt war von einem Sumpf oder See umgeben und drohte zu versinken, da dessen Niveau langsam, aber ständig anstieg.

Verdämmung von Flußläufen durch Erdrutsche, Anschwemmungen usw., die für mehr oder weniger lange Zeit den Wasserlauf aufstauen und dadurch – besonders im Flachland – oft weite Gebiete unter Wasser setzen, sind nichts Außergewöhnliches. M. R. Sahni und andere indische Gelehrte haben sich eingehend mit den geologischen Vorgängen im Industal beschäftigt und Anzeichen über Erdbewegungen in einigen Gebieten des westlichen Indiens festgestellt, die eine Veränderung der Bodengestaltung zur Folge hatten. Hydrologische und geomorphologische Untersuchungen der letzten Jahre lieferten weitere Beweise dafür, daß eine Dammbildung und damit eine weitreichende Rückstauung des Indus in der Nähe des heutigen Sehwan (etwa 200 km nördlich von Karatschi) durchaus im Bereich der Wahrscheinlichkeit liegt. Zusätzlich hob sich auch die Makränküste durch tektonische Kräfte, so daß die Hafenanlagen von Sutka-gen-dor und Sotha-koh unbenutzbar wurden.

Das Rätselraten über die Ursachen des Unterganges von Mohenjo-daro ging weiter. Kein Zweifel, die Schichten der Spätphase zeigten Spuren von Brand und Zerstörung, und die auf den Straßen gefundenen Skelette ließen die anfängliche Lösung: »Gewaltsame Eroberung durch feindliche Stämme« völlig glaubwürdig erscheinen. Die Zerstörungen konnten auch durch die andauernden Überschwemmungen angerichtet worden sein. Doch die Skelette? Sie reden eine deutliche Sprache: »Hier waren Menschen erschlagen worden!« Aber von wem? Die Induskultur war gealtert; ihre Träger, die jahrhundertelang in geordneten Verhältnissen und sicherem Wohlstand gelebt hatten, waren erschlafft und dem nun immer härter werdenden Kampf gegen die Elemente nicht mehr gewachsen. Die Lage der Stadt wurde immer kritischer. Wen würde es wundern, wenn es zu Unruhen in Teilen der Bevölkerung kam, die durch all die Plagen und Hunger in der Verzweiflung zu einem Aufstand getrieben wurde, der mit Gewalt niedergeschlagen wurde. Daß das Zusammenwirken von Naturereignissen und Katastrophen am Untergang der Induskultur eine große Rolle gespielt haben, zeigt sich nicht nur in Mohenjo-daro, sondern auch in Kalibangan, der drittwichtigsten Siedlung im östlichen Panjab. Die Stadt lag am Ufer des Ghaggar, eines recht unzuverlässigen Flusses, wie wir später sehen werden.

Die Schichten der Stadt, die aus der Spätphase der Induszeit stammen, zeigten den Ausgräbern keinerlei Spuren von Zerstörung oder Brand. Eines Tages wurde die Stadt einfach verlassen. Unter-

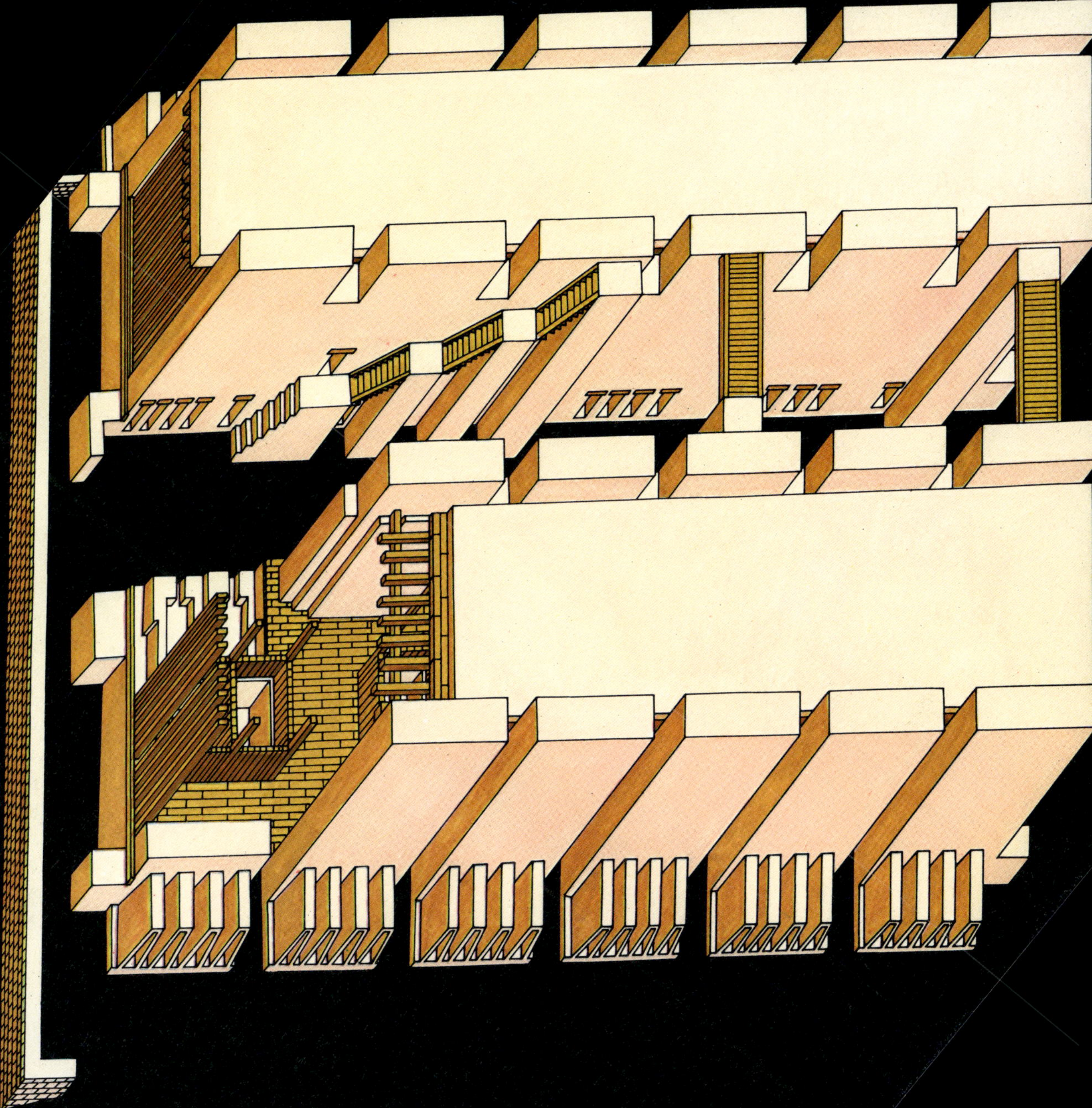

Rechte Seite:

Oben: Ansicht der Ausgrabungen von Loebanr III im Swāt-Tal. Neben den halb in den Boden eingesenkten Hütten waren Schächte zur Aufbewahrung von Vorräten gegraben. Man fand verkohlte Körner von Reis, Weizen, Gerste, Linsen und Erbsen, ja sogar Weinbeeren. Neben diesen Getreide- und Gemüsearten wurden verschiedene Haustiere als Fleischlieferanten gehalten. Die Funde werden in die Zeit von 1700–1500 v. Chr. datiert.

Unten: Knöcherne Gewandnadeln aus Loebanr III, die Kultureinflüsse aus Nordchina vermuten lassen.

Unten: Deckel einer irdenen Aschenurne aus dem Gräberfeld H von Harappa, wahrscheinlich Mitte des 2. Jahrtausends v. Chr. Fertigungsart und aufgemalter Dekor unterscheiden sich deutlich von der Gebrauchsware der Indusleute aus der vorhergehenden Periode.

suchungen der Ablagerungen ergaben, daß das Schicksal der Stadt eng mit dem Verhalten des Flusses verbunden war. Aber hier hat sich das Gegenteil dessen zugetragen, was Mohenjo-daro zum Verhängnis wurde; während dieses Gefahr lief, in den Fluten zu ertrinken, wurde Kalibangan aus Wassermangel verlassen.
Durch Aufschwemmungen und Verschiebung des Flußbettes hatte der Ghaggar seinen Lauf völlig geändert und floß nach Osten in das Einzugsgebiet des Ganges. Damit war Kalibangan buchstäblich aufs Trockene gesetzt. Die Umkehrung der Laufrichtung des Ghaggar hat sich in späterer Zeit mehrmals wiederholt. Sobald er in sein altes Bett zurückkehrte, zeigten sich Spuren von Neubesiedelungen, die wieder verlassen wurden, wenn der Fluß abermals seinen Lauf änderte. Heute ist der Ghaggar ein fast ständig trockenes Rinnsal, dessen spärliche Wasser ohne Verbindung mit einem Einzugsgebiet im Boden versickern.
Diese Erörterungen führen zu dem Schluß, daß mehrere Umstände am Niedergang und schließlichen Zerfall des Harappareiches mitgewirkt haben. Einerseits bis zu einem gewissen Grad menschliche Eingriffe – Einfall fremder Völker –, andererseits Naturgewalten, die eine Veränderung der Bodengestaltung und Umwelt im Ghaggar- und unteren Industal sowie eine Hebung der Makränküste zur Folge hatten.
Die alte Hypothese einer einschneidenden Klimaverschlechterung durch Verschiebung der Klimazone der Monsunregen konnte bisher durch einschlägige wissenschaftliche Untersuchungen nicht bestätigt werden. Es bleiben jedoch die vielen Millionen Backsteine von Harappa, Mohenjo-daro, Kalibangan und anderen Siedlungsstätten sowie die Frage, woher die Harappaleute das Feuerungsmaterial für ihre Ziegelöfen bekamen.

Wenn bis vor einigen Jahren angenommen wurde, daß nur eine üppige Vegetation von der Art der Tropenwälder den riesigen Bedarf decken konnte, so erwägen jetzt einige Forscher eine andere Möglichkeit. Es wurde z. B. beobachtet, daß die Einwohner einiger Dörfer im Sind und Panjab heute noch gebrannte Ziegel sogar zur Straßenpflasterung benutzen. Einen großen Teil des Brennmaterials für ihre Ziegelöfen liefert ihnen die Rada, eine Art Gestrüpp oder Buschwald, der an den Ufern des Indus wächst. Die Lebensfähigkeit und vegetative Erneuerung solcher Buschwälder scheint gesichert, da die mächtigen Tonschlickablagerungen während der Hochwasserperioden so viel Feuchtigkeit aufspeichern, daß auch längere Trockenperioden bis zur nächsten Hochwasserperiode überbrückt werden können.

Die Zeit der Völkerwanderungen in den Nordwestgebieten

Bis vor wenigen Jahren galt die Periode nach dem Untergang der Induskultur als »das dunkle Zeitalter« der Frühgeschichte des indischen Subkontinents, da es bis ins 3. Jh. v. Chr. keinerlei Inschriften oder sonstige schriftlichen Dokumente gibt, die Anhaltspunkte über jenen Zeitraum geben könnten. Einzige Quelle ist der Ṛgveda, das älteste Literaturdenkmal und Religionsdokument Indiens. Die ältesten Teile der Veden – in einer frühen Form des Sanskrit abgefaßt – wurden jedoch erst in den letzten Jahrhunderten vor der Zeitenwende schriftlich niedergelegt, und zwar aufgrund wortgetreuer mündlicher Überlieferungen, die bis ins 2. Jahrtausend v. Chr. zurückreichen.
Die Hymnen des Ṛgveda mit geschichtlichem Inhalt schildern die Wanderungen arischer Stämme aus dem Westen in das »Land der sieben Ströme«. Diese Wanderungen setzten vermutlich um die Mitte des 2. Jahrtausends v. Chr. ein und führten zur Verbreitung des Sanskrit in Westindien und anderen Gebieten des Subkontinents. Es muß jedoch darauf hingewiesen werden, daß es für die Archäologie noch kein ausreichendes Beweismaterial für die in den Quellen genannten Ereignisse gibt. Archäologische Belege, die in Zusammenhang mit den unmittelbaren Nachfolgern der Induskultur gebracht werden könnten, waren bis in die jüngste Zeit äußerst selten und lückenhaft.
In einem Gräberfeld von Harappa (Feld H) wurden zwei Schichten festgestellt, beide aus nachharappischer Zeit. In der älteren überwiegt die Erdbestattung; der Tote wurde in Rückenlage mit seitlich geneigtem Kopf, nur vereinzelt in Seitenlage mit angezogenen Knien begraben. Die jüngere Schicht wies eine andere Bestattungsform auf, die »fraktionierte« Bestattung, bei der die lose zusammengehäufelten Knochen in einem großen verschlossenen Tongefäß beigesetzt wurden. Formen und Dekoration der im Gräberfeld H gefundenen Urnen und Grabbeigaben unterscheiden sich deutlich von der Gebrauchskeramik der Induskultur. Alle bisher angestellten Vergleiche haben noch zu keiner sicheren Datierung geführt. Es steht bisher noch nicht fest, wann und wie lange die beiden Gräberstätten in Gebrauch waren.
Die Grabungen in Chanhu-daro im Sind legten drei Schichten verschiedener Kulturstufen bloß, wobei die unteren Schichten Ia, b und c noch zur Harappakultur gehören. In den daraufliegenden

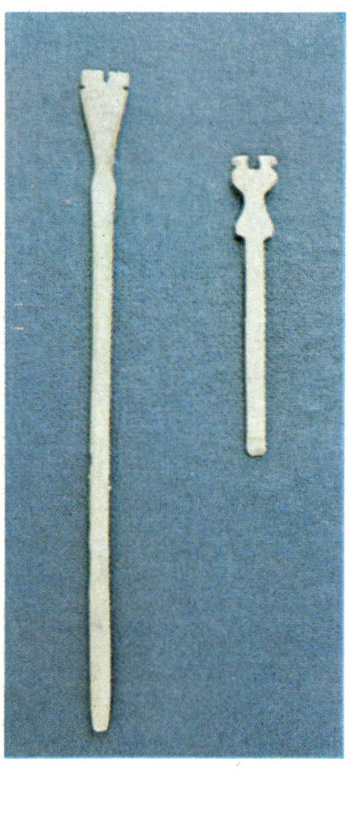

Schichten II und III glaubt man, die Anwesenheit fremder, aus dem Westen zugewanderter Volksgruppen zu erkennen. Alles sieht danach aus, daß sich dort einige Zeit, nachdem die Harappaleute die Stadt verlassen hatten, fremde Stämme zum Teil sogar in den leerstehenden Häusern niedergelassen hatten; einige Metallgegenstände und runde Siegel passen nicht zu den Erzeugnissen der Induskultur. Ähnliche Funde machte man schon vorher im benachbarten Jhukar und benannte danach diese Kulturstufe. Mit größter Wahrscheinlichkeit waren die Jhukarleute aus dem iranischen Hochland eingewandert, wo in einigen Gegenden Objekte des gleichen Typs gefunden wurden. Die Chronologie dieser wie auch der nachfolgenden Jhangarkultur der Schicht III ist aber noch ungewiß. Die graue auf der Töpferscheibe gedrehte Jhangar-Tonware ist von minderer Qualität, überhaupt zeigt sich eine allgemeine Verarmung (Harappa- und Jhukarleute stellten ihre Tongefäße auf der Töpferscheibe her).

Erst in jüngerer Zeit stießen die Archäologen an einigen Orten im Nordwesten des Subkontinents auf Spuren von Siedlungsstätten, die einer Periode vom Ende der Induskultur bis in die geschichtliche Zeit angehören. Es handelt sich um Fundstätten in einigen Gebirgstälern des Hindukusch und Karakorums. Dort sind auch einige Pässe, die eine Verbindung zwischen den Volksgruppen diesseits und jenseits der Hochgebirgsketten ermöglichen und den Subkontinent von Zentralsien trennen.

Die wichtigsten Belege kommen aus dem Swät-Tal, wo die Archäologen Siedlungs- und Gräberstätten verschiedener Kulturstufen entdeckten. Ähnliche Belege fanden sich auch in den benachbarten Tälern des Dir, Buner und Chitral bis in die nördlichen Vorberge des heutigen Peshawar. Die ältesten bis ins 3. Jahrtausend v. Chr. weisenden Zeugnisse fand man im Schutz der Felsgrotte von Ghaligai im Swät-Tal: Merkmal dieser Kulturstufe (Periode I) sind verhältnismäßig gut entwickelte Tongefäße zusammen mit primitiven Rollsteingeräten.

Hochinteressant ist der anschließende Horizont, etwa gleichzeitig mit der Induskultur; hier fällt die feine auf der Scheibe gedrehte Keramik auf, die auf rotem oder rötlichem Grund mit schwarzen Bändern verziert ist (Periode II). Die sorgfältige Aufbereitung der Tonmasse, die Art der Fertigung und andere Elemente lassen ohne weiteres einen Vergleich mit der besten Keramik zu, die zu jener Zeit im westlichen Indien in Gebrauch war. Diese Fundschicht kann als nördlichster Ausstrahlungspunkt der Indus- oder zumindest einer ihr nahe verwandten Kultur betrachtet werden. Es ist nicht von der Hand zu weisen, daß hier ein Zusammenhang mit der Holzausfuhr der Deodarzeder besteht, das ausgiebig in den Bauten von Harappa verbraucht wurde und aus den Bergwäldern des Swät-Tales stammte.

Ein deutlicher Niedergang handwerklicher Fertigkeit und eine allgemeine kulturelle Verarmung zeigt sich in der Periode III zu Beginn des 2. Jahrtausends v. Chr.: primitive, manuell geformte Tongefäße und Rückfall in Geröllgeräte. Mit größter Wahrscheinlichkeit hängt dies mit dem Einfall fremder, auf tieferer Kulturstufe zurückgebliebener Volksgruppen zusammen. Hinsichtlich der Keramik ist bedeutsam, daß ganz ähnlich primitive Ware lange Zeit bei den Steinzeitmenschen in Gebrauch war, die in Erdgruben an den Seeufern bei Burzahom im benachbarten Kaschmir hausten. Solche, im Grund noch jungsteinzeitlichen Siedlungen dürften noch lange (bis in die Bronzezeit) in den von den Hängen des Hindukusch und Karakorums eingeschlossenen Tälern bestanden haben.

Etwa um 1700 v. Chr. beginnt sich das Gesamtbild der im Swät-Tal vorherrschenden Kultur zu verändern (Periode IV). Einerseits Fortdauer der Merkmale der vorhergehenden, »barbarischen« Periode: Halb in den Boden gegrabene Behausungen mit einfachen Holzgerüsten und Stroh- oder Blätterdach, aber auch (wie in Kaschmir) Anzeichen einer Verbindung mit der jungsteinzeitlichen Kultur Nordchinas, was Funde von Jadeschmuck belegen. Andrerseits treten gleichzeitig neue Elemente in Erscheinung, die nur mit westlichen Einflüssen zu erklären sind. Vor allem eine Menge schwarzer, polierter Tongefäße in Formen, die oft denen gleichen, die aus Fundstätten des Hochlandes im nordöstlichen Iran stammen (Tepe Hissar, Tepe Schah usw.). Weitere Merkmale sind die Hockergräber; die Toten wurden in Seitenlage mit mehr oder weniger angezogenen Knien bestattet. All diese Elemente sind als Anzeichen einer Einwanderung fremder Volksgruppen aus dem Westen zu betrachten.

Bei den Ausgrabungen von Loebanr III, einer Siedlungsstätte mit strohbedachten Wohngruben und daneben in den Lehmboden gegrabenen Vorratsschächten, konnte ermittelt werden, daß im Swät-Tal seit der ersten Hälfte des 2. Jahrtausends Reis, Weizen, Gerste, Erbsen, Linsen, ja sogar Wein angebaut wurden. Knochenreste, wahrscheinlich Überbleibsel von Mahlzeiten, stammten im wesentlichen von Haustieren; dabei überwogen Schafe und Ziegen mit 47%, gefolgt von Rindern mit 33% und Schweinen mit 12%. Werkzeuge und Geräte waren zumeist aus Knochen gefertigt, Ob-

Oben: Grauschwarze, glänzende Keramik aus Loebanr III, 1700–1500 v. Chr. Bedeutungsvoll ist die Verwandtschaft mit der vorhergehenden Gebrauchsware des nördlichen iranischen Hochlandes.

Unten: Grund- und Aufriß eines Grabes der Nekropole von Kherai im Gebiet zwischen dem oberen Indus- und dem Swāt-Tal, Mitte des 2. Jahrtausends v. Chr. Es stellt eines der ältesten Zeugnisse für Hockerbestattung (in Embryonallage) auf dem indischen Subkontinent dar.

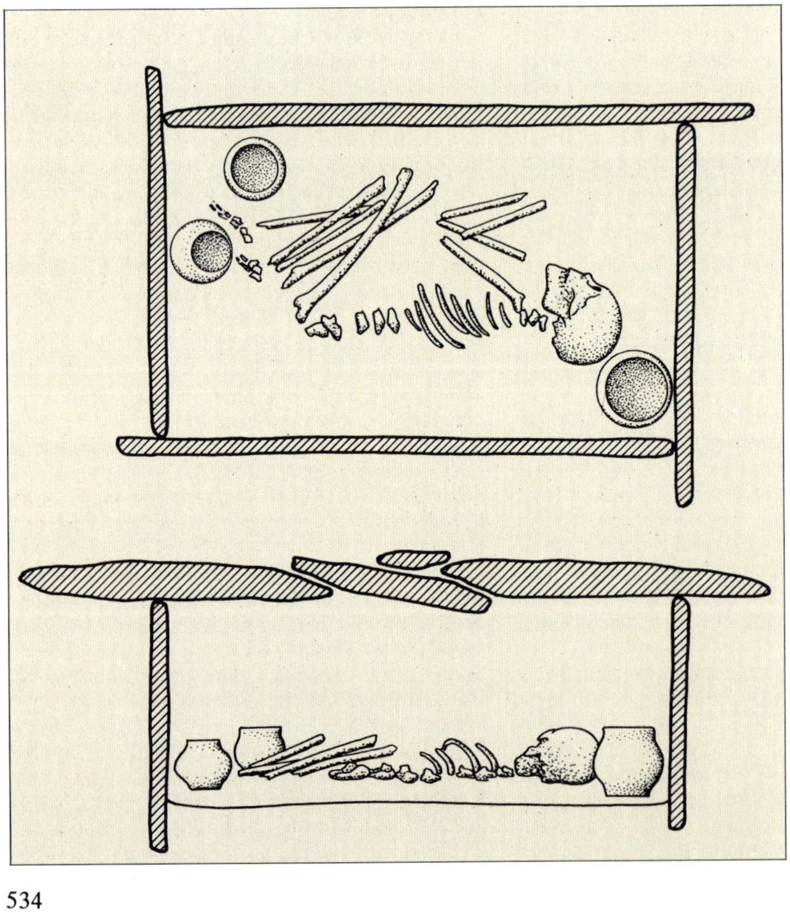

jekte aus Kupfer kamen nur in seltenen Ausnahmefällen vor.
Westliche Einflüsse, vor allem aus dem nördlichen Iran, werden in der anschließenden Periode V besonders deutlich. Die Bevölkerung des Swāt-Tales und der Umgebung wächst in der zweiten Hälfte des 2. Jahrtausends und zu Beginn des folgenden Jahrtausends ganz beträchtlich. Auf Bodenerhebungen und an den Hängen der Hügel entstehen – stets unweit der Talsohle und des Flusses – immer neue Siedlungen, deren rechteckige Häuser aus Trockenziegeln gebaut sind; neben dem Haus ein runder, mit Steinen ausgelegter Schacht oder Brunnen zur Aufbewahrung von Getreide oder Lebensmitteln. Grundlage der Nahrungsbeschaffung waren Ackerbau, Haustierhaltung und Weidewirtschaft. Im Verlauf dieser Periode finden sich in den Gräberstätten gleichzeitig verschiedene Bestattungsarten: Neben der üblichen Hockerbestattung tritt nun auch Leichenverbrennung auf, wobei die Überreste in großen verschlossenen Gefäßen gesammelt werden; seltener die »fraktionierte« Bestattung, wobei der Schädel auf die lose aufeinandergeschichteten Knochen aufgesetzt wurde. Ein besonderes Merkmal dieser Periode sind die großen durchlöcherten Aschenurnen, auf deren Körper reliefartige menschenähnliche Figuren aufgesetzt wurden. Als Grabbeigaben fanden sich rote und graue dickwandige Gefäße ohne jede Verzierung sowie einige andere Gegenstände aus Stein, Knochen und Kupfer.
Um die Mitte des 1. Jahrtausends v. Chr. verbreitete sich im Swāt-Tal eine graue dünnwandige Keramik von großem Formenreichtum, verziert mit eingeritzten geometrischen Ornamenten; sie diente sowohl dem Hausgebrauch als auch als Grabbeigabe (Periode VI). Unter den Gefäßformen sind besonders die *Brandy bowls*, auf einen Sockel gesetzte Schalen, bemerkenswert, die zusammen mit anderen Gefäßtypen interessante Vergleiche mit Tonwaren des nördlichen Iran erlauben. In den Siedlungsformen und im Wirtschaftsleben hat sich gegenüber der vorhergehenden Periode wenig geändert; hingegen überwiegt nun die Leichenverbrennung.
An der Schwelle der geschichtlichen Zeit Indiens, 327/326 v. Chr., überschreitet das Heer Alexanders des Großen die Pässe des Hindukusch. Die griechischen Geschichtsschreiber des Feldzuges berichten über den harten Widerstand, den die Bergvölker in der Verteidigung der Zugänge zur weiten Indusebene den Angreifern entgegensetzten. Besonders hartnäckig war dieser im Swāt-Tal, wo die Makedonier erst nach langen Kämpfen die Verteidigungsposten der Assakenoi-Stämme überwältigen konnten: Massaga, Ora, Bazira und die Festung Aornos (Pir-sal).
Durch die jüngsten Ausgrabungen konnte die Lage einiger dieser Stätten ermittelt und auch Gräber der Assakenoi freigelegt werden. Bei diesen Grabungen stellte sich heraus, daß im Swāt-Tal erstmals im 4. Jh. v. Chr. Gegenstände aus Eisen in Gebrauch gekommen waren (Periode VII). In den Gräberfeldern zeichnen sich die Grabstätten von Kriegern durch reichere Beigaben aus, darunter Streitäxte, Dolche und Pfeilspitzen. Ähnliche Gräber mit Beigaben von spitzbauchigen oder flaschenähnlichen Tongefäßen fanden sich auch in den Tälern des Dir, Bruner, Chitral und in der Gegend des heutigen Peshawar.
Die jüngsten Schichten der in beherrschender Stellung des Swāt-Tales gelegenen Siedlungsstätte von Aligrama enthielten deutliche Spuren von Zerstörung, Brand und hastigen Begräbnissen. Diese auf das Ende des 4. Jh.s v. Chr. weisenden Zeugnisse dürften in Zusammenhang mit dem Vormarsch Alexanders und der gewaltsamen Er-

Rechts: *Graue Keramikgefäße des 6. Jh.s v. Chr. aus Gräbern im Swāt-Tal. Typisch die raffinierten Formen der sogenannten* Brandy Bowls.

oberung der wichtigsten Plätze stehen. Die Grabungsbefunde von Aligrama, darunter die zum Teil in den Fels gehauenen Behausungen wie auch die Lage des Ortes selbst, stimmen mit bestimmten Berichten der alten Geschichtsschreiber über die Feldzüge Alexanders überein. Deshalb erscheint die Annahme, es handle sich hier um das alte Massaga, das bis ins 4. Jh. n. Chr. bedeutendste Verwaltungszentrum des Tales, durchaus nicht unberechtigt. Bei der Erstürmung der Stadt wurde wohl der größte Teil der Verteidiger niedergemetzelt; dafür zeugen die zahlreichen in offensichtlicher Eile begrabenen oder unter den Trümmern der brennenden Häuser liegengebliebenen Leichen.

Um die Wende vom 4. zum 3. Jh. v. Chr. mehren sich auch in dieser Gegend die Anzeichen für die rasche Ausbreitung des Buddhismus. Besondere Bedeutung für das Studium der Entwicklung religiöser Baukunst bis in die Zeiten der Maurya- und Kuṣāṇaherrscher haben die Ausgrabungen des Kultbezirkes von Butkara bei Mingora (Mongora), wo man am Hauptstupa verschiedene Bauphasen feststellte, die vom 3. Jh. v. Chr. bis ins 7. Jh. n. Chr. reichen. Zu einer bestimmten Zeit wurden die Bauten mit grünen Schieferplatten verziert, auf denen in Flachrelief Szenen aus dem Leben Buddhas dargestellt wurden. Dies sind Werke der »Ghandārakunst«, die in dieser Grenzlandschaft vom 2.–5. Jh. n. Chr. ihre Blütezeit hatte. Im ständigen Kontakt – bald friedlich, bald kriegerisch – mit den wechselnden Nachfolgestaaten des Alexanderreiches hatte sich eine hellenistisch-römische Mischkunst herausgebildet, in der auch iranische und indische Elemente verschmolzen sind.

Unten: Kupferobjekte aus dem Gangesbecken, Mitte des 2. Jahrtausends v. Chr. Zu jener Zeit hatten die Gangesleute eine beachtliche Metallindustrie entwickelt und stellten Flachbeile, Schwerter, Harpunen sowie sonderbare flache, menschenähnliche Figuren her, wahrscheinlich Symbole eines höheren Wesens. Man fand Horte mit ähnlichen Objekten, die keinerlei Gebrauchsspuren aufwiesen und wohl als eine Art Tauschgeld zu betrachten sind.

Die Gangeskulturen

Im Doab, dem indischen Zweistromland, haben riesige Überschwemmungen die Spuren der Ureinwohner verwischt oder blieben unter der üppigen Vegetation verborgen. Sicher begann die Besiedelung der Landschaft zwischen den großen Strömen Ganges und Yamuna bereits in den ersten Jahrhunderten des 2. Jahrtausends v. Chr. Dafür spricht der Zustand der vielen Scherben einer ockerfarbenen Tonware, *Ochre coloured pottery*, deren Bruchflächen abgerundet und »ausgewaschen« sind, was darauf schließen läßt, daß sie lange Zeit im Wasser lagen.

Die Gangesleute jener Zeit waren bereits sehr geschickt in der Verarbeitung von Kupfer. Das bezeugen ihre Harpunen mit zweireihigen Widerhaken, Antennenschwerter, Doppeläxte und merkwürdige flache Scheiben in menschenähnlichen Formen, wahrscheinlich Sinnbilder eines höheren Wesens. Ein großer Teil dieser Objekte stammt aus Hortfunden. Allein im Depot von Gungeria in Madhya Pradesh wurden mehr als 400 Kupferäxte und über hundert Silberplatten gefunden. Ganz besondere Bedeutung wird der Tatsache beigemessen, daß die Fundstätten der meisten Äxte in Waldgebieten liegen. Nach Ansicht mehrerer Forscher sind einige bis 30 cm lange Axttypen Nachahmungen von Steinäxten, die vor allem zum Fällen von Bäumen benutzt wurden. Die großen Mengen der im Ganges-Doab gefundenen Gegenstände aus Kupfer erklären sich aus den in der Nähe gelegenen wichtigen Erzlagerstätten. Viele Äxte aus dem Hortfund von Gungeria wiesen keinerlei Gebrauchsspuren auf; das könnte bedeuten, daß sie als konventionelles Tauschmittel, als Vorläufer des Münzgeldes, dienten.

Die Aufeinanderfolge frühgeschichtlicher Kulturen im Zweistromland konnte durch die Ausgrabungen von Hastinapura dokumentiert werden. Hastinapura ist ein im Laufe langdauernder Besiedelung entstandener Ruinenhügel in der Nähe des alten Oberlaufs des Ganges. Die ältesten Schichten sind durch »ockerfarbene« Keramik gekennzeichnet; in den nachfolgenden in die erste Hälfte des 1. Jahrtausends datierbaren Schichten überwiegt die »graue, bemalte« Ware.

Deutliche Zeugnisse über das Leben im Gebiet des Ganges und Yamuna, die in den Beginn des 1. Jahrtausends v. Chr. weisen, finden sich in den oft auch befestigten Dorfsiedlungen; die aus Lehm und Schilf gebauten Häuser standen oft auf künst-

Anschnitt einer Wand der Grabungsstätte von Hastinapura. In einer Schicht aus dem Ende des 1. Jahrtausends v. Chr. sind die aus Teilen von Krügen und großen Tonringen zusammengesetzten Schachtbrunnen zum Sammeln von Trinkwasser erkennbar. Hastinapura war ein wichtiges Zentrum am oberen Ganges, das etwa 2000 Jahre lang bewohnt war. Immer wieder mußten die Häuser »aufgestockt« werden, da der Fluß gewaltige Massen von Sinkstoffen ablagerte und der Boden sich ständig hob. Für die Gangesleute bildete die Kontrolle der Wasserführung während der Monsunregen ein ständiges, äußerst schwieriges Problem.

lichen aufgeschütteten Plattformen zum Schutz gegen Überschwemmungen. Den Lebensunterhalt sicherten Reisanbau und Viehzucht, darunter Buckelrinder und Schafe.

Besonderes Merkmal dieser Kulturstufe ist der verbreitete Gebrauch von grauen dünnwandigen Tongefäßen, bemalt mit geometrischen Ornamenten in Mustern aus Spiralen, Augen, Sonnen und Hakenkreuzen (*Painted Grey Ware*). In letzteren glauben einige Forscher einen indirekten Beweis für die Einwanderung der aus dem Westen kommenden arischen Stämme zu erkennen. Diese Meinung läßt sich jedoch kaum begründen, da ein solcher oder auch nur entfernt vergleichbarer Dekorationsstil in den Tonwaren der westlichen Gebiete des Subkontinents fehlt; dazu kommt, daß dieses Motiv erst in verhältnismäßig später Zeit in Erscheinung tritt.

Zusammen mit der grauen bemalten Keramik wurden im Doab auch Gegenstände aus Eisen gefunden, die aus dem Beginn des 1. Jahrtausends stammen dürften. Eine Weiterverbreitung der Metallkultur setzte in dieser Landschaft jedoch erst in der zweiten Hälfte des 1. Jahrtausends v. Chr. ein; gleichzeitig wurde die graue Tonware langsam durch eine schwarze, bemalte, hochglänzende und gutgebrannte Ware verdrängt, die *Northern Black Polished Ware.*

Die Periode der »Northern Black Polished Ware« ist in den Schichten von Hastinapura und vor allem in Kauśambi nahe am Unterlauf des Yamuna ausreichend dokumentiert. Diese Stadt hatte einen Umfang von etwa 6 km und war durch fast 10 m hohe Bollwerke geschützt, deren Kern aus Lehmziegeln gemauert, die Außenwände aber mit Backsteinen verstärkt waren. Die ganze Anlage erinnert an die Zitadelle von Harappa, aber es ist unwahrscheinlich, daß Bauten dieser Art die Bautechnik der Induskultur überliefern.

Wie im Nordwesten des Subkontinents sind auch in diesem Gebiet die letzten Jahrhunderte vor der Zeitenwende gekennzeichnet durch die mit der Verbreitung des Buddhismus verbundenen Fortschritte, wie Einführung des Geldes, schriftliche Aufzeichnungen, Kultbauten usw. Der riesige Stupa von Sāñcī im Bundesstaat Madhya Pradesh stellt eines der frühesten und eindrucksvollsten Denkmäler buddhistischer Baukunst dar.

Indien zur Zeit der Maurya und Gupta

Maurizio Taddei

Oben: Aśoka-Kapitell von Sārnāth, 3. Jh. v. Chr. (Archäologisches Museum von Sārnāth.) Vier kehrseitig zusammenstoßende Löwen und auf dem Abakus vier Cakra *(Räder) abwechselnd mit Löwen, Elefanten, Zebu und Pferd. Das Kapitell lag auf einem Pilaster ähnlich dem hier abgebildeten.*

Schreibweise und Aussprache indischer Wörter

Die Schreibung der indischen Wörter in diesem Beitrag sind in der gebräuchlichen wissenschaftlichen Transkription wiedergegeben. Die Vokale werden dabei wie im Deutschen ausgesprochen, die Konsonanten dagegen wie folgt:

c = tsch,
j = dsch,
v = w,
y = j.

Das kleine h in den indischen Buchstaben bh, ch, dh, gh, jh, kh, ph und th ist ein Hochlaut, der jedoch deutlich hörbar ausgesprochen wird; das s ist in der Aussprache immer kurz und scharf. Aussprache von Konsonanten mit diakritischen Zeichen (Pünktchen, Häkchen, Striche u. ä. über oder unter den Buchstaben, die eine abweichende Aussprache andeuten):

s und ś = ähnlich wie das deutsche sch;
ṭ, ḍ sowie ṇ = Bildung des Lautes mit zurückgebogener Zunge;
ṅ = ähnlich dem deutschen ng;
ñ = ähnlich dem französischen gn;
ḥ = stummer Hochlaut;
ṃ = ähnlich dem französischen Nasal;
ṛ = silberner Vokal mit nachklingendem i;
ḷ = silberner Vokal mit nachklingendem i.

Der Aufstieg der Maurya-Dynastie im 4. Jh. v. Chr. (321–185 v. Chr.), der zur selben Zeit und teilweise auch als Folge des Eroberungszuges Alexanders d. Großen stattfand, bedeutet einen Wendepunkt in der politischen Geschichte Indiens. Zum erstenmal entsteht ein indisches, zentral geleitetes Großreich, über dessen soziale Struktur und politische wie verwaltungstechnische Ordnung uns die kaiserlichen Edikte des dritten Maurya Aśoka und ein Traktat über die »Kunst der Regierung« unterrichteten; dieses *Arthaśāstrā* genannte Traktat stammt vermutlich vom Ratgeber des ersten Mauryakaisers Candragupta Kautilya.

Die Archäologie kann zur Bereicherung unserer Kenntnisse über die Gesellschaftsstruktur und vorherrschende Ideologie jener Periode viel beitragen und hat es zum Teil bereits getan. Bis heute waren die Archäologen überwiegend der Ansicht, daß die ersten Manifestationen einer monumentalen Baukunst in Indien vor allem iranischer Beeinflussung zuzuschreiben seien. Als 1912 der Palast von Pataliputra (Patna) in der Provinz Bihar – dem alten Magadha, der Heimat der Maurya-Dynastie – ausgegraben wurde, glaubte man, in planimetrischen und strukturellen Charakteristiken, technischen Einzelheiten wie der sorgfältigen Politur der Steine und typologischen Vergleichen zwischen den Säulenbasen von Persepolis und den sogenannten Kapitellen der Denksäulen Aśokas eine Abhängigkeit vom Iran zu erkennen. Das führte auch zur Vermutung, daß der von Alexander herbeigeführte Zusammenbruch des Achämenidenreiches zu einer Auswanderung vieler, arbeitslos gewordener Handwerker geführt habe, wofür es jedoch an Beweismaterial fehlt. Heute ist man vorsichtiger geworden; zumindest will man nicht mehr alle »iranischen« Elemente einer plötzlichen mechanischen Beeinflussung zuschreiben, sondern denkt an ein viel weiter gespanntes Netz von Verbindungen auch in Vor-Mauryazeit. Man geht sogar soweit, jeden Zusammenhang zwischen den sogenannten Kapitellen der Denksäulen Aśokas und den angeblichen achämenidischen Vorbildern auszuschließen.

All dies ist von zweitrangiger Bedeutung angesichts der ideologischen Botschaft der Monumente der Mauryazeit. Hier kann behauptet werden, daß die Vieldeutigkeit, die den Aśoka-Denksäulen anhaftet (einige sind wahrscheinlich älter als Aśoka), eine bedeutsame Tatsache ist, die jedes Mißverständnis ausschließt. Man spricht von *Axis Mundi*; nach einigen Deutungen wäre unter »Axis Mundi« im wesentlichen der buddhistische Stupa zu verstehen, aber eben deshalb auch eine Darstellung gleichzeitig als Buddha und als absoluter Herrscher, als moralisches Gesetz und als Staatsrecht sowie als kosmische und gesellschaftliche Ordnung. Die Vieldeutigkeit der Denksäulen findet ihre Entsprechung in den Angaben Aśokas selbst, der nach buddhistischer Tradition ein eifriger Anhänger des Buddhismus gewesen sein soll, dennoch aber allen anderen Religionen gegenüber völlige Duldsamkeit ausübte. Die epigraphischen Quellen der Zeit bestätigen die hohe ethische Gesinnung Aśokas. Ihm waren – zutiefst beeindruckt von den Schrecken des Krieges in der Anfangszeit seiner Regierung – vor allem Gewaltlosigkeit, Frieden und das öffentliche Wohl, nicht aber konfessionelle Glaubensbekenntnisse wichtig.

Rechts: Pilaster mit Löwe von Vaiśālī (Basarh) bei Patna, 3. Jh. v. Chr. Allgemein als »Aśoka-Pilaster« bezeichnete Denksäulen wurden auch schon vor Aśoka errichtet. Von diesen ist die hier abgebildete eine der frühesten, wenn nicht sogar die älteste.

Rechts: Mauern von »Neu-Rājagṛha« (Rajgir), einer der halbkreisförmigen Bastionen des Südtores. Ihre Gründung wird in der Überlieferung Bimbisāra oder Ajataśatru zugeschrieben, die beide zur Zeit Buddhas lebten.

Unten: Zwei Baroque Ladies, *Terrakotta-Statuetten (ca. 250–100 v. Chr.), in denen die figurative Tradition der Induskultur fortzuleben scheint; historisch betrachtet ist jedoch jeder Zusammenhang auszuschließen.*

Man kann sich eine solche Herrschergestalt in einer Gesellschaft, deren Wirtschaftsform auf das sogenannte »asiatische« Modell zurückgeht, gut vorstellen. Tatsächlich scheinen die Mauryaherrscher nicht nur die gesamte Gesellschaft sozusagen als einzige Rechtsträger in sich zusammenzufassen, sondern sie sind auch die einzigen Auftraggeber der künstlerischen Tätigkeit, zumindest was die Monumentalkunst betrifft; genauer gesagt, bevorzugten es die produzierenden Gesellschaftsschichten, vor allem die Bauern, die Vertretung ihrer Interessen, auch vom ideologischen Standpunkt aus, dem Herrscher anzuvertrauen. So kamen außer den dynastischen Auftragswerken bei den Ausgrabungen keine künstlerisch bemerkenswerten Gebrauchsgegenstände zum Vorschein, abgesehen von den sogenannten *Baroque Ladies*, Terrakotta-Statuetten, die in die Zeit zwischen 250–100 v. Chr. datiert werden, und figürlichen Steinplatten, wahrscheinlich zu rituellen Zwecken. Besonders auffällig ist der gewaltige stilistische Unterschied zwischen den »amtlichen« Schöpfungen und der auch handwerklich sehr einfachen und bescheidenen Gebrauchsware. Dieser starke Unterschied zeigt, welch tiefe Kluft die Dynastie von den unteren Gesellschaftsschichten trennte; allerdings muß hierzu bemerkt werden, daß noch unklar ist, in welche Gesellschaftsschicht man die Benutzung der *Baroque Ladies* und der Ritualplatten einreihen könnte. Ebenso wichtig wäre es, den Gebrauch von charakteristischen Keramikklassen dem sozialen Kontext zuzuordnen. Da wäre z. B. die *Northern Black Polished Ware* (NBPW), die – recht häufig in den Produktionszentren des mittleren Gangesbeckens – in Orten, die von den Herstellungszentren weit entfernt lagen (wie z. B. im Nordwesten, wo sie in Taxila und anderswo dokumentiert ist), als Luxusware betrachtet werden muß. Immerhin handelt es sich um Erscheinungen, die sich auf das städtische Leben beschränkten.

Die Funktion der Stadt im Indien der Mauryazeit ist noch nicht ganz geklärt. Zwar kennt Indien nicht den Typ der Schau- und Repräsentationsstadt der Achämeniden, doch scheint die wirtschaftliche Funktion der Mauryastadt ziemlich bescheiden zu sein. Dennoch zeichnet sich in dieser Periode die Herausbildung neuer Gesellschaftsklassen ab, nämlich die der Kaufleute und jene der städtischen Handwerker. Letztere standen in Wechselbeziehungen mit den Kaufleuten, manchmal wohl auch in Zwietracht. Sie unterminierten schon seit längerer Zeit (Buddha lebte zwischen dem 6. und 5. Jh. v. Chr.) die Vorrechte der Priesterkaste der Brahmanen, wobei sie sich der buddhistischen Ideologie als Waffe bedienten. Außerdem muß darauf hingewiesen werden, daß die Städtegründungen der Maurya nach einem geregelten Plan erfolgten (bes. deutlich in Śiśupālgarh im heutigen Bundesstaat Orissa) – Beweis einer zentralen Planungsstelle.

Die archäologischen Funde zeigen weiterhin, daß die aufsteigenden Gesellschaftsklassen im Bereich der darstellenden Kunst erst in der den Maurya folgenden Periode unabhängiger werden und sozusagen ihre eigene Ausdrucksweise finden. Von großer Tragweite war die Einführung des Geldes: Die sogenannten *Punch-marked-coins* sind zwar noch keine richtig geprägten Münzen, hatten aber bereits alle Merkmale der Vereinheitlichung eines Wertmaßstabes für den Tauschhandel. Sie blieben auch nach den Maurya noch in Gebrauch, und ihr Umlauf ist bis in die Zeit um 300 n. Chr. dokumentiert, in der man in Orissa sogar Fälschungen fand.

Während der Śuṅga-Periode und der nachfolgenden Dynastien bis etwa 30 v. Chr. blieb Magadha das wichtigste politische und kulturelle Zentrum Indiens. Obgleich Puṣyamitra, der Gründer der brahmanischen Śuṅga-Dynastie, in der Überlieferung als grausamer Unterdrücker des Buddhismus geschildert wird (ein Versuch zur Wiederherstellung der Macht der Brahmanen um

Rechte Seite: Südportal (Torana) *des Stupa I von Sāñcī, datierbar in den Beginn des 1. Jh.s. n. Chr. Die nichtskulptierten Teile sind neuzeitliche Ergänzungen. Die erhaltenen Paneele am linken Pfosten (oben ein »Rad des Gesetzes« auf einem Pfeiler) sind laut Inschrift das Werk der Elfenbeinschnitzer von Vidiśā. Hinter dem Portal ist die Balustrade sichtbar, die den in zwei Stockwerken angeordneten Wandelgang begrenzt; eine Treppe führt vom unteren Teil hinauf in den oberen.*

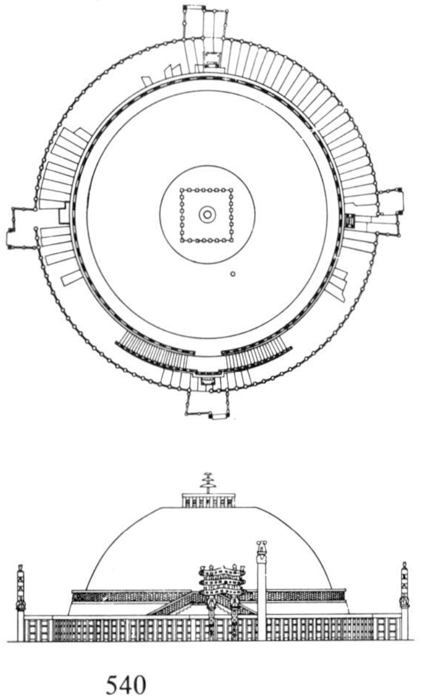

Unten: Grund- und Aufriß des Stupa I von Sāñcī. Die vier Portale (Toraṇas) *sind nach den vier Himmelsrichtungen ausgerichtet. Gewinkelte Wege führen zum Eingang, an dem in der Guptazeit Reliefplatten am Sockel angebracht wurden.*

185 v. Chr. ist nicht auszuschließen), entstehen gerade in der Śuṅgazeit die ersten buddhistischen Heiligtümer. Die Monumentalarchitektur bleibt nicht länger ein Vorrecht der Herrscher, sondern wird von breiteren Bevölkerungsschichten getragen.

In dieser Hinsicht scheint uns die Tatsache bedeutsam, daß die Stilunterschiede zwischen den mehr oder weniger »amtlichen«, jedenfalls monumentalen Werken und der bescheidenen serienmäßigen Produktion für den Hausgebrauch immer schwächer werden und fast ganz verschwinden. So kommt es, daß die vom Panjab bis nach Bihar weit verbreiteten, figurativen Tonplatten dem Stil des Reliefschmucks des Stupas von Bhārhut, des Stupas Nr. 2 von Sāñcī (Madhya Pradesh, ca. 100 v. Chr.), des großen Stupas Nr. 1 von Sāñcī (Ende 1. Jh. vor bis Beginn des 1. Jh.s n. Chr.), der Höhlenklöster von Pitalkhora (Maharaschtra, 1. Jh. v. Chr.) usw. verhaftet sind. All die erwähnten Monumente sind eindrucksvolle Zeugen kollektiver Bemühungen jener Jahrhunderte, in denen sich ein reger Handel entwickelt hatte.

Der Stupa ist der ganz besonders charakteristische Sakralbau für das buddhistische Indien. Über einem kreisrunden Kern erhebt sich eine Halbkugel, vergleichbar mit dem Erdhügel über einem Grab. Sie wird später kuppelförmig, nur noch von einem »Ehrenschirm« überragt. Ein endgültiges Urteil über den Ursprung des übrigens auch mit brahmanisch-jainistischen Kultbauten verwandten Stupa läßt sich schwer formulieren. Ursprünglich wohl ein Grabmahl (der Stupa ist in der Regel ein Reliquienschrein), lassen sich andere symbolische und religiöse Werte nicht ausschließen; neuere Studien suchen das zu ergründen.

Begreiflicherweise haben die im vorigen Jahrhundert entdeckten Stupas von Bhārhut und Sāñcī mit ihrem prachtvollen Reliefdekor zu nicht ganz zutreffenden Anschauungen über die indische Kunst jener Periode verleitet. Aus späteren Entdeckungen (hellenistische Elfenbeinarbeiten in Begrām nördlich von Kabul; Elfenbeinstatuette in Pompeji) ging hervor, daß die Erzeugnisse des indischen Kunstgewerbes wahrscheinlich ziemlich regelmäßig den Weg zu den Welthandelsmärkten fanden. Weitere Ausgrabungen in Indien bewiesen, daß das Kunstgewerbe keineswegs auf einige wenige »Kunstzentren« beschränkt, sondern weit verzweigt war und hauptberufliche Kunsthandwerker einen angesehenen Rang in der städtischen Gesellschaftsordnung einnahmen.

Die Handelsverbindungen mit dem Westen waren auch nicht allein auf Nordwestindien beschränkt; auch die indische Ostküste (Koromandel) war am Handel mit dem Mittelmeer beteiligt. Die Ausgrabungen im Hafen von Arikamedu (bei Pondicherry) brachten Beweise für die Einfuhr von »Arretiner«-Ware, aber auch für eine Lokalproduktion, die nicht nur Imitationen der »Arretiner«-Ware schuf, sondern auch von Keramik aus dem Mittelmeerraum und Imitationen der sogeannten Megara-Vasen. Von ebenso großer Bedeutung ist die Einfuhr figürlicher Terrakotten aus dem Mittelmeerraum im Dekkhan, wo ebenfalls Werkstätten für Imitationen entstanden; eines der Hauptzentren war die Hauptstadt des Andhra-Reiches der Sātavāhana, Pratiṣṭhānapura. Man vermutet, daß der Import wie auch die lokale »Nachahmungsindustrie« von den Sātavāhana-Herrschern geschützt oder kontrolliert wurde.

Die schon für die Mauryazeit aufgeworfene Frage nach den fremden »Einflüssen« gewinnt mit dem Auftreten der Kuṣāṇa-Dynastie an Bedeutung – die Kuṣāṇas, ein nomadischer Stamm, drangen um das 1. Jh. v. Chr. über die »Oxus-Grenze« (Amu-Darja) in die Nordprovinzen ein; sei es wegen des ausgiebigen Gebrauches der plastischen Kunst für ideologische Zwecke jener Dynastie, sei es wegen der nicht unbeträchtlichen ideologisch-politischen Verflechtungen, die das Problem der »Einflüsse« (auch) in der heutigen Kultur mit sich bringt.

Es hat sich bewahrheitet, daß die »Einflüsse« in der Kulturgeschichte die Tatsachen nicht näher erklären, als sie selbst eine Erklärung fordern. Dennoch können so manche Gelehrte der Versuchung nicht widerstehen, das grandiose Phänomen des »hellenistischen Indiens« mit der vermuteten Ausstrahlungskraft der klassischen westlichen Kulturen zu erklären, je nach griechischer oder römischer Vorliebe oder, auch ideologisch, dem Iran eine entscheidende Vermittlerrolle einzuräumen.

Der Beginn des Studiums über die Kultur Indiens während der Kuṣāṇazeit krankte lange Zeit daran, daß der buddhistischen Plastik der sogenannten Gandhārakunst (ca. 1.–4. Jh. n. Chr.) der Vorrang vor allen anderen Kulturerscheinungen beigemessen wurde. Erst die neueren Ausgrabungen von Chārsada (bei Peshawar, Nordpakistan) haben mit gutem Erfolg die Erforschung der Wohnsiedlung in Angriff genommen und damit die aus den Grabungen von Taxila (pakistanischer Panjab) gewonnenen Erkenntnisse bereichert.

Bei diesen Grabungen – zu denen sich noch die ebenso wichtigen von Ai Khānum (einer vor allem im 3. und 2. Jh. v. Chr. blühenden Griechenstadt am Oxus in Nordafghanistan) sowie die von Kandahār (Südafghanistan) gesellten – fanden sich einige Elemente, die darauf hinweisen, daß das Eindringen hellenistischer Formen vor dem Beginn der Gandhārakunst nicht so sehr den Gräkobaktrianern (die zwar Herren des Nordwestens waren) als den nachfolgenden skytho-parthischen Eroberern (50 v. Chr. bis 50 n. Chr.) zuzuschreiben ist. Das zeigt sich zum Beispiel in der stratigraphischen Verteilung der Keramiken in Chārsada; die fast ausschließlich der gräko-baktrischen Zeit zugehörigen »Baroque Ladies« werden nach und nach in den skytho-parthischen und Kuṣāṇa-Schichten von hellenistischer Keramik verdrängt.

Die Ausgrabungen von Khalchayan (nördlich des Oxus in Usbekistan) und Dilberjin (Nordafghanistan) werden wahrscheinlich zu einem Ausgangspunkt für das Verständnis der Dynamik der ersten Kuṣāṇa-Ausstrahlung und der Bildung einer neuen Ideologie werden, die sich dann eben in der Gandhārakunst entfaltet (Gandhāra ist ein Gebiet im Nordwesten des Subkontinents zwischen Ostafghanistan und Nordpakistan). Dabei werden klassische Schemata und Motive für ganz andere als die ursprünglichen Funktionen verwendet werden. Gleichzeitig wird in Mathurā (nahe von Delhi) und Amarāvatī (an der Ostküste des Dekkhan) eine jenen Anreizen weniger zugängliche »Kunstsprache« entwickelt. Ihr wird in der indischen Kultur eine längere Dauer beschieden sein.

Zur Klärung der geographischen und chronologischen Einordnung der Gandhārareliefs sind weitere Ausgrabungen buddhistischer Kultstätten in Angriff genommen worden, in der Hoffnung, den Zusammenhang zwischen plastischer Kunsttätig-

Oben: Treppenaufgang zur Terrasse von Surkh-Kotal, auf der sich der »Feuertempel« erhebt, den der Kuṣāṇa-König Kaniṣka erbaute (2. Jh.?).

keit (in Schiefer, aber auch in Stuck und Rohton) und der hauptsächlich von Stupas und Klöstern vertretenen Architektur erhellen zu können. Die früheren Ausgrabungen von Haḍḍā (Ostafghanistan) waren nur zum Zweck der Beschaffung von Skulpturen für Museen durchgeführt worden. Heute werden im Swāt-Tal (Nordpakistan), Ghazni (Afghanistan) und wieder in Haḍḍā Bodenforschung mit wissenschaftlichen Methoden unternommen, die sich bereits jetzt von außerordentlicher Wichtigkeit erweisen.

Das Bild, das sich daraus ergeben wird, kann von der Überprüfung der »dynastischen« Monumente der Kuṣāṇa (Surkh-Kotal in Afghanistan und vor allem der Sommerresidenz Mathurā) nicht getrennt werden. In diesen Monumenten zeigt sich eine Ablösung der Dynastie von der Gesellschaft, gleichsam eine verzweifelte Rückbesinnung auf die zentralasiatische Tradition. Hier wird die Kluft deutlich, die sich zwischen der Dynastie und einer wirtschaftlich und kulturell immer mehr an Bedeutung gewinnenden Klasse von Kaufleuten gebildet hatte, welche das zwar schon etwas verschlissene hellenistische Repertoire für ihre eigenen künstlerischen Ausdrucksformen benutzten.

Es entgehen uns noch viele Aspekte im Bereich der Religion und des Kultes (einige interessante Einzelheiten brachten die Ausgrabungen von Sonkh bei Mathurā zutage). Sicher ist jedoch der Siegeszug des Buddhismus nicht nur im Kuṣāṇareich (Gandhāra, Mathurā), sondern auch weit über seine Grenzen hinaus, z. B. Amarāvatī (an der Ostküste des Dekkhan). Es liegt nahe, daß vor allem die Kaufleute dem Buddhismus, der keine Kasten kennt, den Vorzug vor anderen Religionen gaben, waren sie doch seit langem Gegner der Vorrechte der über großen Grundbesitz verfügenden Brahmanen: Parallel zu diesem Gegensatz Kaufleute–Brahmanen bildete sich auch ein Gegensatz zwischen Buddhismus und Orthodoxie sowie zwischen Stadt und Land. Dem berühmten Beispiel der Maurya folgend, förderten auch die Kuṣāṇa den Buddhismus, zeigten aber auch gegenüber anderen Kulten größte Duldsamkeit. Es überrascht, daß auf den Kuṣāṇamünzen so selten das Bild Buddhas erscheint, um so häufiger jedoch das iranischer Gottheiten und ganz besonders Śivas mit dem Stier, ein Zeichen der Wiederbelebung des traditionellen Glaubens in neuer, hinduistischer Auffassung.

Indischer Feudalismus

Mit dem Aufstieg der Gupta-Dynastie wurde Magadha wieder zur Keimzelle der Geschichte Indiens. Von 320 bis in die zweite Hälfte des 5. Jh.s n. Chr. war diese Dynastie bestrebt, den Glanz des Mauryareiches zu erneuern und zu übertreffen. Ihr erster Herrscher war Candragupta I., der sich als Mahārājātirāja oder Mahārājādhirāja = »Oberkönig der Könige« bezeichnete. Sowohl die britischen Kolonialbeamten, die in jener Periode eine Präfiguration des *British Raj* (hindust. Raj = Souveränität) sahen, wie auch die indischen Nationalisten betrachten die Guptazeit als die »klassische Periode« Indiens.

Innenpolitisch gelang den Gupta die Wiederherstellung des straff zentralisierten Mauryareiches nur dem Anschein nach. Der Herrscher repräsentierte zwar die höchste Macht, doch in Wirklichkeit war die Verwaltung stark dezentralisiert, waren die Vasallenfürsten und Bezirksgouverneure mit weitgehenden Machtbefugnissen ausgestattet; selbst die Dorfgemeinschaften genossen eine gewisse Autonomie unter ihrem Ältestenrat. Die vollziehende Gewalt (Exekutive) wurde in einer besonderen Art von Zusammenarbeit zwischen Staatsbeamten und der städtischen »Bürgerschaft« ausgeübt: So sind z. B. Gerichtshöfe bezeugt, in denen neben dem Richter auch ein *Sreṣṭhin* (Zunftmeister) saß.

Im Laufe der Zeit, da sich das Guptareich festigte, scheint sich in Opposition zu der das Wohlwollen der Regierung genießenden städtischen »Bürgerschaft« (das heißt der Kaufleute) eine neue Gesellschaftsschicht heranzubilden: die der Grundbesitzer, die danach strebten, sich von der Zentralherrschaft loszulösen. Es ist der Beginn des »indischen Feudalismus«, ein noch ungelöstes Problem hinsichtlich der besonderen »Eigentums-« (oder »Besitz-?«)Verhältnisse. Sie müssen auch im Zusammenhang mit der durch die Einfälle der »Weißen Hunnen« im 5. Jh. n. Chr. verursachten Krise des Handelsverkehrs und damit des Unterganges des Guptareiches betrachtet werden.

Die Kunst der Guptazeit, die zwar der Verwendung stark vermittelter klassischer Elemente nicht abgeneigt ist, ist ein direkter Sprößling der Mathurākunst der Kuṣāṇazeit. Mathurā bleibt auch eines

Rechte Seite:
Oben: Mit Model gefertigte Terrakottaplatte, auf der im Stil der Śuṅga-Zeit (Ende 1. bis Anfang 2. Jh.) ein Reiter und eine Kentaurin dargestellt sind (Staatliches Museum für Orientalische Kunst, Rom).

Unten: Teilansicht der Höhlentempel von Ajaṇṭā. Die meisten wurden bereits seit dem 5. Jh. v. Chr. in den Fels gehauen und mit Wandmalereien geschmückt; einige stammen aus dem 2.–1. Jh. v. Chr.

der wichtigsten Kunstzentren neben vielen anderen, von denen wir nur Sārnāth (bei Benares am Ganges) erwähnen. Die Begeisterung der königlichen Auftraggeber für Modelle der Mauryazeit läßt sich aus dem Willen erklären, auf diese Weise eine im sozialen und politischen Gefüge bereits verlorengegangene Stellung des Oberherrschers sichtbar zu machen.

Dem Vorbild der Maurya folgend werden Denksäulen in der Art Aśokas errichtet (in Sāñcī und Eran im Madhya Pradesh). Es werden aber auch alte, teilweise umgearbeitete Mauryakapitelle wiederverwendet, wie in Udayagiri (Madhya Pradesh), doch ist dies ein sehr später Fall, vielleicht aus dem 6. Jh. Die Einstellung der Guptaherrscher gegenüber der Vergangenheit hat etwas an sich, das mit dem Modewort »Nostalgie« bezeichnet werden könnte, Symptom eines Versuches der Wiederherstellung und des »Sich-Einsfühlens« mit dem Ruhm und Glanz der Vergangenheit. Darauf sind auch die an sich nicht so bedeutsamen Fälle zurückzuführen, wo auf sonst peinlich respektierten Mauryamonumenten Guptareliefs eingefügt werden. Hierbei handelt es sich jedoch eher um den religiösen als politischen Bereich.

Die Gupta förderten sowohl den Hinduismus als auch den Buddhismus (und Jainismus). In der Weiterentwicklung wurden jedoch manche Differenzen zwischen den beiden Hauptreligionen abgebaut und dafür das Schwergewicht auf die *Bhakti*, die »liebende Hingabe an den Erhabenen«, gelegt. Es hat sich herausgestellt, daß die Bhakti die ideologische Basis der indischen Feudalgesellschaft ist.

Das Bildnis des Buddha überragt an Rang und Zahl alle anderen bildlichen Darstellungen der buddhistischen Kunst. Die Buddhabildnisse jener Zeit sind eine perfekte Abstraktion: nicht mehr der zu großen Taten fähige Heros, sondern eine gnadenvolle göttliche Gestalt, völlig entrückt dem

Rechts: Zwei goldene Schmuckstücke aus Sirkap (Taxila), wahrscheinlich 1. Jh. n. Chr. Die Goldschmiedekunst von Sirkap weist eine Verschmelzung von Elementen verschiedener Herkunft auf – griechischer, skythischer und indischer – und spiegelt damit die verworrenen politischen und kulturellen Verhältnisse des Nordwestens in jener Periode wider. Die Schmuckstücke befinden sich heute im Nationalmuseum von Neu-Delhi.

menschlichen Wesen, aber dennoch ihm tröstend und helfend zugeneigt.

Eine genauere, nicht nur stilistische, sondern vor allem auch archäologische (und epigraphische) Untersuchung fordert in dieser Hinsicht einige wichtige Richtigstellungen. Wie bereits erwähnt, werden die berühmten Buddhabildnisse von Sārnāth in eine schon etwas späte Periode der Gupta-Dynastie – etwa 475 n. Chr. – eingestuft, also entgegen der früheren Ansicht, daß die Hochblüte der »klassischen« Plastik der Gupta mit der Zeit der höchsten politischen Entfaltung des Reiches zusammentreffe. Es ist durchaus denkbar, daß gerade in einer Zeit des politischen Niedergangs die Herrscher, deren Thron bereits zu schwanken begann, sich in einem so wichtigen Kunstzentrum wie Sārnāth zu einer, wenn auch kurzdauernden, künstlerischen Wiedererweckung gedrängt fühlten. Zur gleichen Zeit und nur wenig entfernt von Sārnāth steht die Plastik, obgleich der Stilrichtung der Buddhabildnisse von Sārnāth verbunden, qualitativ auf einem sehr niedrigen Niveau.

Neben dem mehr oder weniger »amtlichen« Kunstschaffen gibt es im Guptareich auch Werke, die der »Volkskunst« zugerechnet werden können. Das trifft z. B. auf die Terrakotten von Ahichchatra (Uttar Pradesh) zu. Einen ähnlichen Eindruck macht das chronologisch noch nicht endgültig eingestufte Kunstschaffen des westlichen Indiens, wo Zusammenhänge mit der Nordwestregion immer deutlicher werden. Wir erinnern nur an die Terrakotten von Mīrpūr Khās (Sind) und jene von Devnimori (Gujarat) mit überraschenden klassischen Anklängen. Zu diesen kommen noch die komplexen Grabungsbefunde von Śāmalājī (Gujarat) hinzu.

Während der Guptazeit beginnt auch der Bau von Hindutempeln. Diese haben im Gegensatz zum Stupa einen zugänglichen Innenraum. Die anfangs sehr einfache Anlage bereichert sich im Laufe der Zeit mit dem (besonders in Nordindien beliebten) kegelförmig-parabolischen Tempelturm, dem *Śikhara.* Man kann diese Entwicklung gut am Tempel 17 von Sāñcī, dem kürzlich in Marhiā entdeckten Vāmana-Tempel und dem, wahrscheinlich zur selben Zeit als die der Buddhabildnisse von Sārnāth entstandenen, berühmten Viṣṇutempel von Deogarh (Madhya Pradesh) verfolgen: In seinen Reliefs zeigt sich der gleiche Geschmack wie in denen der Basis der Buddhastatuen, völlig verschieden von den Terrakottareliefs, die den Tempel von Bhītārgāoṅ bei Kanpur (Uttar Pradesh) schmücken und im »volkstümlichen« Stil gehalten sind.

Der räuberische Einfall der Weißen Hunnen (Hephtaliten), der zum raschen Untergang des Guptareiches führte, ist nur ein Glied in einer Kette von Invasionen, denen Indien seit dem Alexanderzug ausgesetzt war. Erst mit der Herrschaft der islamischen Moguln endeten diese Einfälle, wenig später folgte die europäische Kolonisierung. Eine der unruhigsten Perioden in der Geschichte Indiens war die Zeit vom 5.–8. Jh., merkwürdigerweise eben jene Zeitspanne, die zum größten Teil als die »klassische« Guptazeit betrachtet wird.

Neuerdings wurde die Frage aufgeworfen, welche Rolle die Streitkräfte – deren Soldaten durchaus nicht immer der einflußreichen Kriegerkaste der Kṣatryas angehörten – in der kulturellen Entwicklung jener krisenhaften Zeiten gespielt haben. Ein Vergleich mit Ereignissen in Europa zur Zeit, als das Christentum zu einem politischen Machtfaktor geworden war, liegt nahe, doch waren da und dort auch ganz andere Kräfte im Spiel. Der Hinduismus hatte den Sieg über den Buddhismus errungen, er konnte sich auf eine uralte Überlieferung der Veden stützen und war auch lebendig geblieben, als die Brahmanenkaste von sozialen Kräften zeitweise zurückgedrängt worden war. Aber eben in jener

Rechts: Äußeres des Höhlenklosters 19 von Ajaṇṭā, eine kleine Caityagṛha, d. h. ein Versammlungsraum (Caitya mit Stupa); 5. Jh. n. Chr. Das große Oberlicht ist auch in den Einzelheiten der Holzbaukunst nachgeahmt.

Rechte Seite: Ausschnitt aus einem Wandgemälde des Höhlenklosters 17 von Ajaṇṭā, letztes Viertel des 5. Jh.s n. Chr. Dieses Höhlenkloster (Vihāra), *besteht aus einem großen Versammlungsraum, der von mehreren Mönchszellen umgeben ist; es enthält den größten Zyklus von Ajaṇṭā-Wandmalereien.*

Szene aus dem Leben Buddhas; Reliefplatte aus grünem Schiefer im Stil der Gandhārakunst, gefunden im Swāt-Tal (Nordpakistan), heute im Staatlichen Museum für Orientalische Kunst in Rom. Die Chronologie der »griechisch-buddhistischen« Gandhārakunst ist noch sehr umstritten. Zeitansätze für ein und dieselbe Reliefgruppe schwanken zwischen dem 1. und 4. Jh. n. Chr. Das hier abgebildete Relief dürfte aus dem 3. Jh. n. Chr. stammen.

Krisenzeit blieb der Hinduismus nicht starr der vedischen Orthodoxie verhaftet, sondern öffnete sich anderen, auch fremden Einflüssen und lokalen Kulten.
In diesen Kontext könnte das Auftreten einiger Kulte eingefügt werden, die mit dem Soldatentum verbunden sind: der Kult des Varāha, einer Erscheinungsform (*»Avatārā«*) Viṣṇus.
Uns liegt vor allem daran, darauf hinzuweisen, daß das Studium der Ikonographie von größter Wichtigkeit ist, solange es nicht nur an Museumsstükken, sondern direkt am Grabungsort betrieben wird. Ein überzeugendes Beispiel dafür bieten die buddhistischen Heiligtümer von Fondukistan, Tapa Sardār (Ghazni) und Tapa Shotor (Haḍḍā). Dort kamen u. a. Rohtonplastiken aus der Post-Guptazeit zum Vorschein, die trotz einer erkennbaren Weiterführung der Kuṣāṇaplastik in der stilistischen Ausarbeitung klar an das Indien des 5. Jh.s n. Chr. erinnern. Erst durch die Möglichkeit, die Bildnisse in ihren wechselseitigen Beziehungen und im ganzen Zusammenhang an der Fundstätte betrachten zu können, kann man sie besser verstehen.
Eine Aufzählung der wichtigsten Ausgrabungen auf dem Subkontinent würde den Rahmen dieses Werkes sprengen und brächte auch wenig Nutzen. Es dürfte genügen, darauf hinzuweisen, daß die Erweiterung unserer Kenntnisse über die indische Welt des 5.–8. Jh.s ein vielversprechendes und hochinteressantes Programm der archäologischen Forschung ist. Gerade in jener Periode spielten sich die tiefgreifendsten Umwandlungen in der Gesellschaft und Kultur Indiens ab und formten sich die regionalen Eigenarten schärfer aus.
Es wäre ein Irrtum, das »goldene Zeitalter« der Gupta als eine recht friedliche Periode zu betrachten, wie man des öfteren annimmt; es handelt sich um eine Periode stärkster sozialer und politischer Gegensätze, während der die Kultur neue Wege ging und nach Formen suchte, die oft auf dramatische Weise endgültig werden sollten. Dieses Bild ergibt sich nun auch aufgrund archäologischer und kunsthistorischer Forschungen.

Ostasien

Adolfo Tamburello

Rechts: Eine der Höhlen von Chou-k'ou-tien bei Peking, in der 1921 die ersten Zeugnisse altsteinzeitlicher Kultur in China entdeckt wurden. Zu den ältesten und berühmtesten Fossilfunden zählen die Skelettreste eines Frühmenschen, des Sinanthropus pekinensis, *der vor rund 500 000 Jahren gelebt hat.*

Archäologische Bodenforschung nach westlichen, wissenschaftlichen Methoden zur Erhellung der Vor- und Frühgeschichte begann in Ostasien erst im vorigen Jahrhundert; bis dahin war man auf die literarischen Überlieferungen einiger Länder angewiesen. Durch die Bereicherung der bereits bestehenden Kunst- und Antiquitätensammlungen mit Fundstücken, die jahrtausendelang im Boden verborgen waren, hat sich inzwischen genügend Material angesammelt, aus dem man die geschichtlichen und kulturellen Entwicklungsstadien verschiedener Gebiete erschließen kann. Dabei fand man auch Beweisstücke, durch die alle früheren Theorien widerlegt werden, nach denen der »Ferne Osten« angeblich für lange Zeit von der übrigen Welt völlig abgeschlossen war. Der »Ferne Osten« wurde als Land einer »exotischen« Zivilisation in jeder Hinsicht betrachtet, wohingegen die neueren Entdeckungen auf uralte, weitgespannte Verbindungen und Zusammenhänge hinweisen.

Die vor- und frühgeschichtliche Archäologie hat vor allem dazu beigetragen, den aus Mythen und Legenden gewirkten Schleier zu lüften, der unsere Kenntnisse über die frühesten Phasen menschlicher Siedlungen in jenen Gebieten verdunkelt hatte. In einigen Staaten stieß die archäologische Forschung auf große Hindernisse. Die Regierungen erhoben Einwände religiöser und ethischer Natur gegen die »Vergewaltigung« des Bodens und »Schändung« der Gräber. Der wahre Grund war jedoch die nicht unbegründete Befürchtung, die archäologische Forschung könnte die »amtliche« Geschichtsschreibung zersetzen. Nach dieser hätten himmlische Wesen, große Weisen und Helden die grundlegenden Elemente einer Kultur (Kleidung, Nahrungszubereitung) »erfunden« und das Volk darin unterwiesen. In Wahrheit sollte damit jedoch nur der Anspruch der Herrscher und der Aristokratie auf ihre überirdische Abkunft bewiesen werden.

Das Paläolithikum

Indonesien und China zählen zu den ersten Ländern, wo die Anwesenheit des Vor- und Frühmenschen – der Pithecanthropinen von Java und der Sinanthropinen Nordchinas – festgestellt werden konnte. Dazu kommen aus jüngster Zeit die Funde in Südchina, Korea und Japan. Man kann sich aus all dem ein Bild davon machen, wie ziemlich ausgedehnte Gebiete Ostasiens schon im späten Quartär oder Pleistozän, also vor etwa 500 000 Jahren, bereits vom Menschen besiedelt waren. Außerdem hat sich noch herausgestellt, daß selbst in Randgebieten, in denen man bis vor 10 oder 20 Jahren keinerlei Spuren der Anwesenheit des Menschen entdeckt oder auch nur für möglich gehalten hatte, doch schon während der früheren Phasen der Altsteinzeit erst von Hominiden, später auch von Gruppen höherentwickelter Menschen aufgesucht worden waren.

Wie diese Leute sogar nach Japan kamen, ist durch geologische und paläontologische Forschungen geklärt. Der japanische Inselarchipel war während längerer Perioden des Pleistozäns mit dem Festland verbunden: Funde von Fossilien und Artefakten in Nyū, Sōzudai, Dewa und Hoshimo haben die Anwesenheit altsteinzeitlicher Menschen in Japan bestätigt, die vielleicht aus nördlichen oder südlichen Gebieten und wahrscheinlich auch aus Korea eingewandert waren. Korea bildete ja stets eine Brücke zwischen Japan und dem Kontinent, besonders in Zeiten, da die Landmassen zwischen China und der koreanischen Halbinsel noch nicht im Gelben Meer versunken waren. Aus anderen Funden geht hervor, daß Frühmenschen auch in verschiedenen Gebieten Koreas gelebt haben, im Norden bei Tonggwanjin und Kulp'o-ri, im Becken des Tumen und weiter südlich in der Gegend von Sŏkchang-ni und Turi-bong bei Ch'ŏngju, wo 1977 ein Komplex von Höhlensiedlungen entdeckt wurde.

Geologische Forschungen haben erwiesen, daß während der Eiszeiten mit dem Absinken des Meeresspiegels nicht nur die japanische Inselgruppe, sondern auch andere Gebiete, die heute Inseln sind, für längere Zeit mit dem Festland oder unter-

Unten: Geschliffene Steinäxte der späteren Jungsteinzeit in Japan. Der Form nach gehören sie zur Typologie der Vierkantäxte, die in Japan gleichzeitig mit der Einführung des Ackerbaues im Verlauf des 1. Jahrtausends v. Chr. Verbreitung fanden (Genua, Chiossone-Museum).

»Gebuckelter« Dreifußtopf (Li). *Graue, mit kammartigem Gerät verzierte chinesische Keramik der Jungsteinzeit (Paris, Sammlung Schulmann).*

einander zusammenhingen: von Riukiu nach Taiwan bis zu den Philippinen und Indonesien, die als Brücke für die Wanderungen nach Ozeanien dienten. Das gleiche gilt auch für die nördlichen Gebiete vom japanischen Archipel nach Sachalin, die Kurilen bis Kamtschatka und den hohen Norden, der mit Nordamerika durch eine Landbrücke verbunden war, über die Volksstämme nach der Neuen Welt einwanderten, bis dieser Weg durch die Beringstraße unterbrochen wurde.

Die geologischen Verhältnisse begünstigten eine weitgestreute Besiedlung. Beim derzeitigen Stand der Forschung ist eine genauere Klassifizierung der Menschentypen, die sich in verschiedenen Gebieten niedergelassen hatten, noch nicht möglich; mit großer Wahrscheinlichkeit handelt es sich um archaische Formen von Europiden, Mongoliden, Australiden und Negriden. In den oberen, dem späteren Paläolithikum zugehörigen Höhlen von Chou-k'ou-tien (wo in den untersten Schichten auch der *Sinanthropus pekinensis* entdeckt wurde), fanden sich Skelettreste eines Menschentyps, der nach Ansicht einiger Anthropologen als erstes Anzeichen für die Verbreitung der hell- und gelbhäutigen »borealen Rassen« gedeutet werden kann. Es handelt sich um jene Rassen, die sich in nördlichen Gebieten entwickelt hatten und deren ursprüngliches *Habitat* im allgemeinen im nordasiatischen Raum vermutet wird. Im Süden begann die Besiedlung durch »äquatoriale Rassen« der schwarzhäutigen Australiden und Negriden.

Archäologische Vergleiche, vor allem die Verwandtschaft, ja Gleichartigkeit der Formen und Fertigungsweisen von Steinwaffen und Geräten in verschiedenen Gebieten, wurden als Anzeichen von weitgespannten Wanderungen von Volksgruppen gedeutet. Damit muß auch auf eine weiträumige Verbreitung von Menschen und Kulturen über Ostasien hinaus bis in den indischen Subkontinent, den Mittleren und Nahen Osten, Zentralasien, Kaukasien und selbst nach Afrika geschlossen werden. Die kulturellen Einflüsse auf so weite Entfernungen wären danach durch Einwanderer oder Übermittlung von Techniken und Werkstoffen erfolgt.

Die altsteinzeitlichen Geräte waren noch primitiv aus ovalen Geröllsteinen zugehauene, einseitig bearbeitete *Choppers*, wechselseitig retuschierte *Chopping-tools*, die als Faustkeile und Schaber benutzt wurden. Aus den Abschlägen wurden feinere Geräte hergestellt (Klingenindustrie). Die Leitformen des *Pajitanien* Indonesiens und des *Anyathien* Birmas lassen Verbindungen mit dem *Soano* Indiens erkennen. Daraus schließt man, daß ein breiter Streifen im Süden ein Kerngebiet der Auswanderung gewesen sein muß, von wo aus Volksgruppen vielleicht bis nach Japan und Ozeanien vordrangen. Im oberen Paläolithikum, vor etwa

Rechts: Tonstatuette der mittleren Jōmon-Periode (gegen Ende des 2. Jahrtausends v. Chr.). Die Jōmon-Figurenkeramik umfaßte menschliche und tierische Gestalten; einige Arten dienten magisch-religiösen Kultbräuchen, die in Verbindung mit dem Geheimnis der Fruchtbarkeit stehen, worauf man aus den zahlreichen weiblichen Figürchen schließen kann, bei denen die Geschlechtsmerkmale deutlich überbetont sind (Rom, Nationalmuseum für orientalische Kunst).

50 000 Jahren, spezialisierte sich die Klingenindustrie auch erstmals auf »Geschosse« aus Stein und Knochen (Lanzen- und Pfeilspitzen, Harpunen), eine neue Technik, die mit der Lebensweise zusammenhängt: systematisch betriebene Jagd und Fischerei. Stationen dieser Art wurden in Sibirien und Nordchina festgestellt.
Im ganzen gesehen konnte die archäologische Forschung im ostasiatischen Raum eine stetige Weiterentwicklung der Kulturen der Altsteinzeit aufdecken. Viele Raststätten wurden unter Felsdächern und in Höhlen entdeckt. Die berühmten Höhlen von Chou-k'ou-tien waren lange Zeit bewohnt und lieferten Zeugnisse einer ganzen Folge von Phasen des unteren Paläolithikums: Feuerstellen, Reste von Mahlzeiten, Werkzeuge und Geräte aus Stein und Knochen, Begräbnisstätten, in jüngeren Schichten mit Grabbeigaben in besonderer Anordnung, woraus auf bestimmte Bestattungsriten zu schließen ist, was eine höhere geistige Entwicklung voraussetzt. Freilandlager an Berghängen und auf Flußterrassen lassen erkennen, daß in vielen, im Dickicht der Wälder und Büsche versteckten Zuflucht- und Lagerstätten schon in älterer Zeit einige Typen von Windschirmen und Behausungen entwickelt worden waren, die mit Zweigen oder Fellen bedeckt wurden.
Die Troglodyten Ostasiens haben jedoch in der Felsmalerei nie jene erstaunliche Höhe erreicht, wie sie uns aus den altsteinzeitlichen Kulturen des Westens bekannt ist. Da und dort finden sich Ritzzeichnungen oder Malereien an den Höhlenwänden; Felsmalereien in Indonesien sind überhaupt eine seltene Ausnahme und werden überdies Völkern des Spätmesolithikums und Neolithikums zugeschrieben. Figurengruppen sowie verschiedene figurative Elemente und geometrische Motive wurden in einigen Höhlen der Inseln Celebes, Kei und Ceram entdeckt. In der Pattahöhle von Celebes (Ostmaros) ist ein zum Sprung ansetzendes Wildschwein in roten Umrißlinien gezeichnet. Solchen, wenn auch nur schematisch skizzierten Naturalismus finden wir nirgendwo wieder. Weitgehende Stilisierung figurativer Elemente zeigen die Felsmalereien auf den Inseln Kei und Ceram; bezeichnend sind die in groben Zügen skizzierten menschlichen Gestalten mit Schild und erhobenen Armen, in Umrissen angedeutete Masken, Fische, Eidechsen, tierähnliche Figuren und Boote, oft begleitet von Handumrissen oder wirklichen Handabdrücken. Ebenso sind die im Norden der japanischen Insel Honshu entdeckten, in den Fels geritzten Tierzeichnungen (vorwiegend Fische) aus späterer Zeit, wahrscheinlich nicht vor der Jungsteinzeit.
Aus der Zeit des Paläolithikums finden sich in Ostasien keine Stein- oder Holzskulpturen. Die künstlerische Tätigkeit scheint noch wenig entwikkelt zu sein. Die ersten ornamentalen Gegenstände, aus denen auf ein Schmuckbedürfnis oder Interesse für Ästhetik geschlossen werden kann, datieren aus der Spätphase der chinesischen Altsteinzeit: Anhänger aus Knochen, Steinperlen für Hals- oder Armbänder, Muscheln, durchbohrte Tierzähne, manchmal rot bemalt oder mit eingeritzten Strichen und Punkten gemustert. Man muß schon ins Mesolithikum gehen, um einige verzierte Abschläge mit eingravierten Linien zu finden. Ein solcher Fund wurde in der Höhle von Wo-Ming (in der Provinz Kuangsi) gemacht; sein Alter wird auf 20 000–10 000 Jahre geschätzt.

Das Mesolithikum

Durch den Klimawechsel zu Beginn des Holozäns verschwanden nach und nach die Großtiere des Pleistozäns (Mammut u. a.), und die Jägervölker mußten ihre Jagd auf Kleinwild und Vögel umstellen. Dazu waren Bogen und Blasrohr besser geeignet; neben Speer und anderen schneidenden Waffen wurden nun vermehrt auch Pfeile hergestellt. Die mesolithischen Feuersteinindustrien sind durch eine Fülle von Mikrolithen gekennzeichnet, die vor allem zu Pfeilspitzen, aber auch anderen kleinen Geräten verarbeitet wurden. Fischervölker verbesserten ihre Fanggeräte und schnitzten aus Knochen vorzügliche Angeln und Harpunen. Auf ihrer Suche nach Nahrungsmitteln aus dem Wasser (Weichtiere, Algen) und dem Boden (Wurzeln, Knollen, Kräuter, Gräser, Früchte) machten die Wildbeuter Bekanntschaft mit den Vegetationszyklen. Auf solchen Erfahrungen beruhte die Entwicklung der Landwirtschaft und Viehhaltung. Dies bedeutete den Übergang von der altsteinzeitlichen Verbrauchswirtschaft zur neusteinzeitlichen produktiven Wirtschaft, der sogenannten »neolithischen Revolution«.
Noch wissen wi[illegible]cht, ob und inwieweit Ostasie direkt an dieser Entwicklung neuer Wirtschafts

Linke Seite: Tongefäß der mittleren Periode der Jōmon-Kultur (3.–2. Jahrtausend v. Chr.); charakteristisch für die neusteinzeitliche japanische Keramik, die durch Eindrücken von Schnüren in die noch weiche Form dekoriert wurde; daher die Bezeichnung »Jōmon« für jene Kulturperiode. Die Produktion umfaßte auch handmodellierte Gefäße mit Ritz- und Reliefdekor von oft überraschend plastischer Wirkung.

Rechte Seite: Tierförmiges Bronzegefäß mit Griff und einem Deckel, der von einem ziegenartigen Tier überragt wird. Chinesische Arbeit aus der Zeit der Shang-Yin-Dynastie (Paris, Cernuschi-Museum).

Unten: Steindolche der späteren, japanischen Jungsteinzeit. Die Verwendung von Stein für Waffen und Geräte dauerte in Japan bis in die ersten Jahrhunderte der christlichen Zeitrechnung. Unter dem Einfluß der vom asiatischen Festland eingeführten Metallurgie verfeinerte sich die Steinbearbeitung so weit, daß Metallgeräte und Waffen sehr genau in Stein nachgeahmt wurden (Genua, Chiossone-Museum).

formen (Ackerbau und Viehzucht) beteiligt war. Auch die sporadischen Funde in mesolithischen Schichten mit Knochenresten von Haustieren und Getreidesamen (Hirse, Reis) können wir nicht als untrügliche Anzeichen eines Anfangsstadiums produktiver Wirtschaft deuten. Jedenfalls ist das Mesolithikum eine Zeit, in der sich auch in Ostasien die aneignende Wirtschaft zunehmend spezialisiert und der Lebensstil sich zu ändern beginnt. In den Bergen hausten die Menschen zwar noch in Höhlen und unter Felsdächern; in den Tälern und im Flachland, wo es keine Höhlen gab, bauten sich kleine Gruppen primitive Hütten, erste Dörfer, wenngleich diese auch nur vorübergehend bewohnt waren.

Mit dem Rückzug der Eisfront stieg der Meeresspiegel wieder an, die Landbrücken, die wiederholt die heutigen Inseln untereinander und mit dem Festland verbunden hatten, verschwanden. Für mehr oder weniger lange Zeiten blieben die Inselbewohner ohne Kontakt mit dem Festland, ihre kulturelle Entwicklung verlangsamte sich, und manche Volksgruppen blieben bis heute auf der Stufe des Paläo- und Mesolithikums stehen. So entstanden einige anthropologische »Inseln« von archaischen Völkern, wie z. B. der Negriden (Aeta auf den Philippinen usw.), Australiden auf Taiwan, Indonesien (Andamanen) usw. Dementsprechende andere »paläoasiatische« Völker – vielleicht die Ainu Japans, der Kurilen, Sachalins, die Samojeden, Orotschonen (Ude'he) usw. der Küsten und Sibiriens wurden in späteren Zeiten durch den »Mongolensturm« in den äußersten Nordosten abgedrängt.

Jungsteinzeit

Aus Untersuchungen von Skelettresten geht hervor, daß zumindest seit dem Neolithikum mongolide Rassen sich weit verbreiteten; man betrachtet daher die Bevölkerung Nordchinas des 14.–5. Jahrtausends v. Chr. als »Protochinesen«. Im Osten gelangten Gruppen von Mongoliden mehrere Jahrtausende v. Chr. sogar bis nach Japan. Vielleicht können sie als die ersten Seefahrer betrachtet werden, da Japan, das inzwischen endgültig zur Insel geworden war und dessen Bevölkerung daher auf der Stufe des Paläo- und Mesolithikums stehengeblieben war, nur übers Meer erreicht werden konnte.

Auf welche Weise die Ausbreitung erfolgte, bleibt noch im Dunkel. Ebenso unklar ist bisher die Ausbreitung der Europiden in einigen Zonen des Nordens und des Zentrums sowie der Australiden (Austroasiaten) im Süden, die alle ebenfalls an der Verbreitung jungsteinzeitlicher Kulturen in Ostasien beteiligt waren. Die Übergangszeit zum Neolithikum und die Vermittlung neuer Techniken bedarf noch weiterer Klärung. Hauptmerkmal dieser Periode ist die Keramik. Der Gebrauch von Tongefäßen zur Aufbewahrung und Zubereitung von Lebensmitteln wird nach dem 8.–7. Jahrtausend v. Chr. in Ostasien nun allgemeiner. Nur die Jäger- und Hirtenvölker im Norden kannten kaum Töpferwaren, höchstens als Kochgefäße, denn für ihr Nomadenleben waren Behälter aus Tierblasen und Häuten, die sie auf ihren Wanderungen mitnehmen konnten, weit praktischer als die schweren zerbrechlichen Tongefäße. Im Süden boten Bambus, Weidenruten sowie Pflanzenfasern ausreichend Material für Flechtarbeiten.

Die ersten Zeugnisse der Töpferei sind Gefäße, die in der Art der Schnurkeramik oder mit eingeritzten Linien und Punkten verziert waren; der Form nach Nachahmungen von Kürbissen, Blasen oder geflochtenen Behältern (Körben usw.). Sie waren alle von Hand modelliert, meist mit spitzen oder abgerundeten Böden, um in die Erde gesteckt bzw. an Schnüren aufgehängt werden zu können. Viele der alten Gefäße haben einen Handgriff oder ringförmige Henkel. Anfangs wurde ungereinigter Ton verarbeitet, am offenen Feuer oder im nicht regulierbaren Ofen bei niedriger Temperatur gebrannt, woraus sich die von Rot zu Grau und Schwarz wechselnden Farben des Scherbens erklären. Roher Lehm wurde auch als Material für den Bau der Behausungen oder zum Verstreichen der Wände und Decken benutzt. Später ließ man »Lehmpatzen« an der Luft trocknen, Vorläufer der künftigen Backsteine; der »Patzenbau« hat sich bis in die heutige Zeit in Nordchina erhalten.

Die primitiven Behausungen bestanden zumeist aus breiten Erdgruben, die mit Zweigen oder Fellen bedeckt wurden. Aus solchen Wetterschutz-

bauten entwickelten sich die halb in die Erde abgesenkten Hütten mit Fußboden aus Stampflehm. Die Hütten besaßen aber einen Aufbau aus in die Erde gerammten, biegsamen Ästen, die oben zusammengebogen und miteinander verflochten wurden. Das Ganze konnte mit Blätterwerk, Rinden, Fellen oder Bast bedeckt und gegebenenfalls mit Lehm verstrichen werden. In der Mitte des Raumes wurde gewöhnlich eine Feuerstelle gegraben. Von solcher Bauart waren im Norden und Süden die Hütten der ersten auch langzeitig bewohnten Dorfsiedlungen.

Muschelhaufenkulturen

Die Bewohner von Siedlungsstätten an der Küste und an Flußufern warfen ihre Küchenabfälle und alles Überflüssige auf einen Haufen oder in eine Grube nahe ihrer Wohnstätte; im Lauf der Zeit konnten diese Abfallplätze zu beträchtlicher Größe anwachsen. Solche Muschelhaufen haben ihre Entsprechungen in Europa in den *Kjökkenmöddinger*. Die Küstengebiete von Ostsibirien, China, Korea, Japan, Indochina bis zu den südostasiatischen Inseln waren damit übersät. Für den Archäologen sind sie eine wahre Fundgrube, enthalten sie doch nicht nur Reste von Mahlzeiten, aus denen sich die Art der Ernährung erschließen läßt, sondern jede Art von Abfällen, abgenutzte Werkzeuge und Geräte aus Stein und Knochen, zerbrochenes Geschirr usw. Aus diesen Überresten kann man nicht nur den Stand der handwerklichen Technik beurteilen, sie bilden auch eine wichtige Ergänzung zu den Funden innerhalb der Hütten und zu den Grabbeigaben. Nicht selten fanden sich auch Skelettreste in den Abfallhaufen; in solchen Fällen kann kaum von »Bestattung«, eher von »Kadaverbeseitigung« gesprochen werden.
Hier eröffnet sich ein Bild einer vorwiegend »maritimen« jungsteinzeitlichen Kultur, die sich über riesige Gebiete verbreitete und auch eine Ausweitung der Besiedlung nach sich zog. Einer der Gründe dafür liegt darin, daß die Sammler-Siedler gezwungen waren, ihre Wohnstätten zu verlassen, sobald die von ihnen erzeugten Abfallhaufen so groß geworden waren, daß ihr Dorf darin zu ersticken drohte. Dabei kam es leicht zu Kontakten mit anderen Bevölkerungsgruppen paläo- oder mesolithischer Zonen, wodurch auch deren kulturelle Entwicklung neue Anstöße erhielt. Daß es dabei auch zu Rassenmischungen kommen konnte, zeigen paläoanthropologische Befunde aus Japan, wo zahlreiche Vermischungen zwischen »archaischen« Menschenrassen (Prämongoliden und Euro-Australiden) und den mongoliden Neueinwanderern festgestellt wurden.
Es ist klar, daß sich bei der halbnomadischen Lebensweise der Muschelhaufenleute nur kleinere Gruppen zu Gemeinschaften zusammenschlossen, die aber fortschreitend größer wurden und in den letzten Jahrtausenden v. Chr. zu seßhaft werdenden Dorfgemeinschaften anwuchsen. Ihren Lebensunterhalt sicherten sie sich neben dem Sammeln von Muscheln und Schnecken durch Fischfang. Funde von Haifisch- und Walknochen, Kanus und Einbaumbooten beweisen, daß sie auch für Hochseefischerei organisiert und dementsprechend mit Reusen und Netzen ausgerüstet waren. Hinsichtlich der Verarbeitung des Feuersteines sind aber keine technischen Neuerungen festzu-

Kelchförmiges Bronzegefäß vom Ko-*Typ, China, Shang-Yin-Dynastie (17.–11. Jh. v. Chr.) (Rom, Nationalmuseum für orientalische Kunst).*

stellen. Das Schleifen des Steines gilt in der klassischen Periodenteilung der Vorgeschichte als eines der Hauptmerkmale des Neolithikums. In einigen Zonen Chinas wurde es vereinzelt bereits um die Wende vom 8.–7. Jahrtausend v. Chr. festgestellt. Erst viel später kam die Steinbearbeitung allgemein zur Anwendung, zuerst jedoch bei den Ackerbauern, da diese bessere Werkzeuge zur Rodung und zur Bearbeitung des Bodens benötigten. Die Wildbeuter, Fischer und Jäger begnügten sich weiter mit Klingen aus Abschlägen, mit denen sie allerdings die Verarbeitung von Holz und Knochen zu winzigen Geräten verfeinerten, wie z. B. Nadeln, mit denen sie Felle zusammennähten oder die ersten Gewebe aus Pflanzenfasern oder Wolle verfertigten. Nur die Keramik bedeutet eine technische Neuerung; die stets handgeformten Gefäße sind schmucklos oder mit eingepreßten, eingeritzten oder auch einem kammartigen Gerät gezogenen Mustern verziert in der Art der ganzen euroasiatisch-neolithischen Töpferei.

Die Jōmon-Kulturen Japans

Unter allen Ländern Ostasiens besitzt das japanische Inselreich die ausgiebigste Dokumentation für die Weiterentwicklung der Muschelhaufenkulturen. Gleichzeitig hat es auch einige ungewöhnliche und eindrucksvolle Zeugnisse künstlerischer Betätigung geliefert.

Jōmon ist die japanische Bezeichnung für die an Schnurkeramik erinnernde Verzierung der Tongefäße. Laut Radiokarbon-Datierung ist diese Kultur ziemlich alt; man unterscheidet 5 Phasen: Prä-Jōmon (etwa 10. Jahrtausend v. Chr.), Proto-Jōmon (etwa 9. Jahrtausend v. Chr.), Alt-Jōmon (etwa 7000 v. Chr.), Mittel-Jōmon (etwa 4000 v. Chr.) und Jung-Jōmon (etwa ab 2. Jahrtausend v. Chr.). Ihre handgeformte Keramik zeigt verschiedene Entwicklungsstufen. Die außerordentlich vielfältigen, oft »bizarren« Formen und der »barocke« Dekor von phantastischer Wirkung stehen ohne Beispiel. Dazu kommen eine ganze Reihe von Tonfigürchen, meist weibliche

Chinesischer Dreifuß aus Bronze, Ting-*Typ, aus der gleichen Periode (Rom, Nationalmuseum für orientalische Kunst).*

Gestalten in einer, manchmal bis zum Abstrakten gehenden Verschmelzung naturalistischer, auch zoomorpher Elemente. Ihr rätselhafter, magisch-religiöser Symbolgehalt hängt vermutlich mit einem Fruchtbarkeitskult zusammen. Auf Totemismus und Animismus deuten seltsame Mischwesen aus Mensch und Tier.

Die Jōmon-Kulturen beherrschten den Archipel bis zu den Riukiu-Inseln. Von den Küstenzonen drangen Jōmon-Leute auch in Berggegenden vor, wo sie als Wildbeuter in den Wäldern ausreichende Hilfsquellen fanden. Unter periodischen Kultureinflüssen aus dem Festland und umliegenden Inseln, wie auch durch Austausch regionaler Erfahrungen, entwickelte sich die Jōmon-Kultur immer weiter, und schon in der mittleren Phase (3000/2000) gab es Siedlungen mit 15–60 Behausungen. Die leicht gebauten Hütten waren zum Teil nicht mehr eingetieft, die Dörfer verfügten über Brennöfen für die Keramik und reguläre Friedhöfe für Erdbestattung oder Bestattung in Urnen oder großen Tonkrügen. Manche Grabstätten waren von Steinkreisen umsäumt oder durch Steinsetzung gekennzeichnet. Immer weiter verbreitete sich auch die neue Technik der bemalten Keramik und Steinschleiferei. Einige Anzeichen sprechen dafür, daß man auch mit produktiver Wirtschaft (Ackerbau und Viehzucht) begonnen hatte.

Die neolithische Ackerbauwirtschaft
(»Neolithische Revolution«)

Früheste Verbreitungsgebiete des Ackerbaues in Ostasien sind China und die indochinesische Halbinsel. Neuere Ausgrabungen in *Hoa Binh* in Nordvietnam brachten eine mesolithische Kultur hervor; nach dem Fundort nannte man ihre Träger Hoabinianer, die vermutlich bereits im 10.–8. Jahrtausend v. Chr. Obstbäume, Knollengewächse, Hülsenfrüchte u. a. anpflanzten. In einigen Berggebieten Indochinas, wie z. B. im Gebirgsstock des Bac Son, scheinen neolithische Volksgruppen in der Zeit zwischen dem 8.–6. Jahrtausend v. Chr. mit dem Anbau von Bergreis und der Domestikation des Büffels begonnen zu haben. Jedenfalls wird angenommen, daß seit etwa dem 6. Jahrtausend v. Chr. regulärer Reisanbau sowohl in Vietnam als auch in Thailand betrieben wurde. Zur gleichen Zeit tauchen auch in Nordchina im Flußgebiet des Huangho (Gelben Flusses) die ersten Spuren von Landwirtschaft (Hirse und Gerste) auf. Später verbreitet sich von seinem Ursprungsgebiet Mesopotamien der Anbau von Weizen aus, der etwa 4000 v. Chr. Südsibirien, das Gebiet des Baikalsees und die Mongolei erreicht haben dürfte und von dort nach China ausstrahlte.

Die heute verfügbaren Indizien lassen jedoch noch viele Probleme ungelöst. Wann und auf welche Weise erfolgte der wirtschaftliche Umschwung in Ostasien? Waren es Gruppen von Einwanderern oder auch nur vereinzelter Bauernfamilien? War es Kulturübernahme oder waren es nicht vielmehr eigenständige Entwicklungen in verschiedenen Gebieten – die sogenannte »polyzentrische Entstehung?«

In der Folgezeit wurde der Reis zum Hauptnahrungsmittel von ganz »Monsunasien«. Wildformen von Reis in den beiden Varianten Berg- und Sumpfreis sind in Südchina und im Gebiet von Indochina beheimatet. Die Anzeichen für eine sehr

Oben: Dolchaxt, Ko*-Typ, aus China; Shang-Yin-Dynastie (Rom, Nationalmuseum für orientalische Kunst).*

Unten: Bronzenes Hellebardenblatt, Ko*-Typ, chinesische Arbeit (Rom, Nationalmuseum für orientalische Kunst).*

frühe ackerbauliche Tätigkeit berechtigen zur Vermutung, daß sich der Reisanbau dort selbständig entwickelt habe. Das widerspricht den alten Theorien, nach denen die Ausstrahlungszentren in Nordchina oder Indien zu suchen wären, wo früher Reisanbau ebenfalls nachgewiesen werden konnte. Hinsichtlich Indien könnten neuere Studien die früheren Thesen geradezu umstürzen. Sprachwissenschaftler hatten eine Verwandtschaft der indischen Munda-Dialekte mit den Mon-Khmer-Sprachen Hinterindiens festgestellt, woraus geschlossen wurde, daß Munda-Bauern den Reisanbau nach Hinterindien gebracht hätten; wahrscheinlicher aber ist der umgekehrte Weg. Allerdings darf nicht vergessen werden, daß Sprachverwandtschaften nicht unbedingt auch Rassen- oder Volksverwandtschaften bedeuten, da sprachliche und anthropologische Erscheinungen von ganz anderer Natur und Dynamik sind.
Ein anderes schwer zu lösendes Problem liegt in der Klärung der Umstände, unter denen sich die heute noch in einigen Berggebieten Hinterindiens übliche Brandkultur zu einer Saatwechsel- und Bewässerungskultur, also zum »höheren Ackerbau« entwickelt habe. Von diesem scheint es in Ostasien vor dem 2. Jahrtausend v. Chr. keine Spuren zu geben – eine beträchtliche Verspätung, wenn man bedenkt, daß Bewässerungsanlagen im Vorderen und Mittleren Orient schon längst bekannt waren; dennoch: Ostasien wußte nichts davon. Allerdings dürfte diese im Schwemmland der großen Flüsse so nutzbringende Ackerbaumethode in Ostasien bis zum 3. Jahrtausend v. Chr. auf große Hindernisse gestoßen sein: die Umweltbedingungen. Tatsächlich standen viele Ebenen und Talsohlen unter Wasser und trockneten erst in der Folgezeit bei einem neuen Absinken des Meeresspiegels langsam aus. So läßt sich auch erklären, warum die ersten Anzeichen für Ackerbau in Hinterindien und Nordchina in Berggegenden zu finden sind.

Jungsteinzeitliche Kulturen Chinas

Die Forschungen der letzten Jahrzehnte in China brachten die bisher ausgiebigsten Kenntnisse über die neolithischen Bauernkulturen Ostasiens. Als älteste Bauernkultur gilt »Yang-Shao«, nach dem Fundort (Type-Site) in der Provinz Honan, die nach ihrer charakteristischen Keramik und Tonplastik auch »Rotkeramik«-Kultur benannt wird. Sie erstreckte sich vom mittleren Huangho bis in die nordwestlichen Provinzen und bestand ohne Unterbrechung zwischen dem 6.–3./2. Jahrtausend v. Chr. Die Menschen bauten neben Getreide (Hirse) auch Hanf an und züchteten Seidenraupen, aus denen sie das Material für Gewebe gewannen. Ihre Behausungen waren etwas in den Lehm eingetieft, der Fußboden aus Stampflehm; Wände und pyramidenförmige oder konische Dächer bildeten eine einzige Struktur aus Pfählen, die manchmal in steinerne Sockel gesetzt waren. Öfter aber hatten die runden oder rechteckigen Hütten ein Pfahlgerüst, auf dem das Kegel- oder Giebeldach ruhte. Vor dem, meist nach Süden gerichteten Eingang befand sich ein mit Giebeldach bedeckter Vorbau. Ein größeres Haus, das sich fast in jeder Dorfsiedlung fand, wird als Kultstätte oder Versammlungshaus betrachtet. Neben den Wohnbauten befanden sich Vorratsgruben. Spätere Siedlungen verfügten über richtige Speicher, die etwas abseits der Wohnhäuser angelegt wurden, ebenso wie die Brennöfen für die Töpfer und die Friedhöfe (meist Grubengräber); dies alles sind Anzeichen für ein enggeschlossenes Gemeinschaftsleben.
Mit dem Ackerbau war auch Viehzucht verbunden; man hielt vor allem Schweine und Hunde, daneben wurden auch Jagd, Fischerei und Wildbeuterei betrieben. Wenngleich die Dorfbewohner für die Beseitigung von Abfällen sorgten, waren sie noch keine Dauersiedler. Sobald der Boden erschöpft war, siedelten sie sich an einem anderen Platz an, kehrten aber nach einigen Jahren oder in der nächsten Generation wieder in ihr ursprüngliches Dorf zurück. Das läßt sich klar aus den Grabungsschichten ablesen.
Ihre für verschiedene Zwecke spezialisierten Waffen und Geräte fertigten sie aus Stein, Knochen, Hirschgeweihen: Lanzen, Wurfgeschosse, Pfeilspitzen, bei Fischervölkern Angeln und Harpunen, bei den Ackerbauern Grabstöcke, Hacken, Spaten usw. Die Steinbeile waren sorgfältig geschärft, auch Schmuckstücke und durchlöcherte Platten sowie Scheiben, vermutlich für Kultzwecke oder als Abzeichen, waren geschliffen. Die Bearbeitung von Schmucksteinen, besonders Nephrit, ist ebenso dokumentiert wie Anfänge der Entwicklung der Jadekunst mit winzigen Tierfigürchen, die zusammen mit der Keramikbemalung die ersten Versuche einer naturalistischen Darstellung bezeugen.
Technik und Formen der Tonwaren sind über ziemlich weite Gebiete einigermaßen gleichartig, woraus auf einen ausgebildeten Handwerkerstand geschlossen werden kann. Höchstwahrscheinlich hatten die Dorfgemeinschaften ihre eigenen Handwerker oder »Spezialisten«, die mit ihren Erzeugnissen von Dorf zu Dorf zogen. Gewisse Merkzeichen auf den Töpferwaren wurden verschiedentlich als »Fabrikmarken« oder Abzeichen von Stammesführern gedeutet. Sie gelten gewissermaßen auch als erste »schriftliche« Aufzeichnungen, natürlich nicht im Sinne einer echten Bilderschrift mit Zeichen von feststehender Bedeutung.
Neben der charakteristischen roten Keramik finden sich auch Gefäße aus grober, mit Sand vermischter Tonmasse von rötlicher bis grauer Farbe. Schließlich wurden auch Scherben aus weißlichem

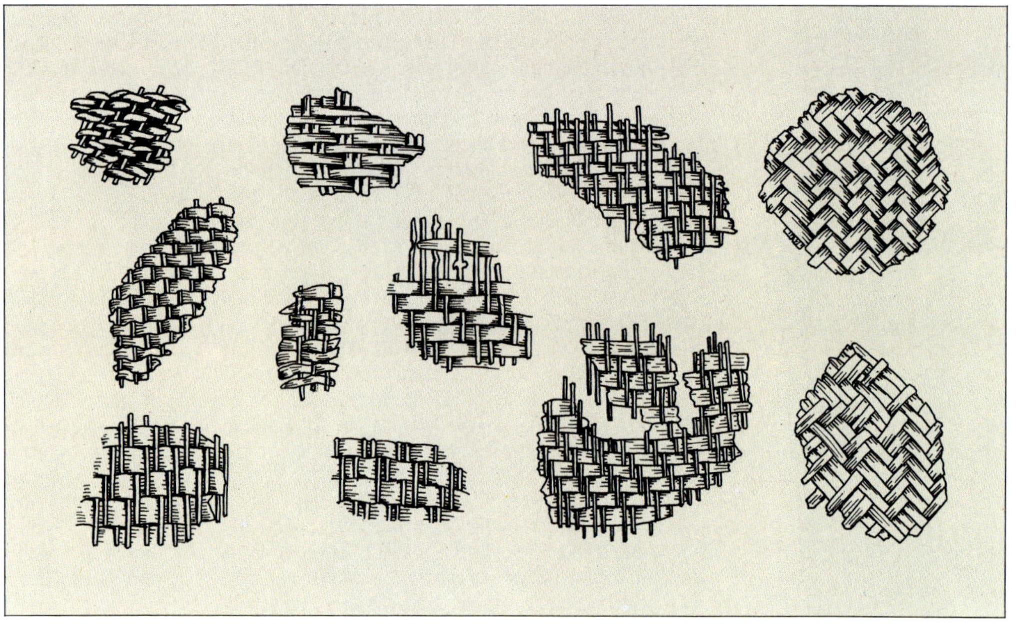

Modelle von Korbflechtwerk der chinesischen Yang-Shao-Kultur; nach Eindrücken auf den im Dorf Pan-p'o-ts'un gefundenen Töpferwaren rekonstruiert. Yang-Shao ist die älteste der ostasiatischen Ackerbaukulturen der Jungsteinzeit. Namengebend ist ein Ort im Honan, wo die ersten archäologischen Belege zum Vorschein kamen.

kaolinhaltigen Ton gefunden, dem Vorläufer des Werkstoffes für das spätere Porzellan. Die hauptsächlichsten Gefäßformen sind dreifüßige Töpfe, Schalen, Becher, verschiedene offene oder mit Deckel verschlossene Behälter mit oder ohne Henkel. Alle sind aufgewulstet, möglicherweise unter Zuhilfenahme einer langsam drehbaren Grundplatte. Aber unter den geschickten Fingern der Töpfer entstanden tadellos kreisförmige, dünnwandige Formen. Der größte Teil der Töpferwaren ist mit eingeritzten, eingestochenen, reliefierten oder aufgemalten Ornamenten verziert. Der Anteil bemalter Keramik an der Gesamtheit ist gering, jedoch ganz besonders interessant: Ein schwarz bemalter Typ fand sich vorwiegend in Wohnräumen, ein anderer, schwarz, braun oder rot bemalter vor allem in Gräbern. Diese Töpferware wurde als »Grabkeramik« klassifiziert, die darauf oft vorkommenden gezahnten Dekorationsmotive als Symbole des Todes gedeutet. Hauptmotive der Ornamentik sind horizontale Bänder, ineinanderverflochtene Spiralen, Wellenlinien, oft auch anthropomorphe und zoomorphe Elemente wie Tiermasken und ziegenartige Figuren. Letztere sind in Vorderansicht stark schematisiert, in Seitenansicht etwas detaillierter. In Pan-p'o-ts'un wurden kürzlich auch Gefäße mit Fischmustern entdeckt, die in das 5.–4. Jahrtausend v. Chr. datiert werden. Ausgesprochen bildhafter Stil mit Vögeln, Schildkröten, gefiederten Elementen, die sich mit Linien, Spiralen usw. verflechten, sind aus Miao-ti-kou und Ma-chia-yao belegt und bezeugen eine enge Verbindung von naturalistischen mit geometrischen Elementen. Eigenartig ist die Vorliebe für phantastische Tiermotive, ein spitzfindiger Geschmack, der die Gestalten fast völlig in einem geometrischen Schema auflöst. Höchst merkwürdig und ein Unikum ist die Darstellung einer menschlichen Gestalt als Gerippe. Einige lebendig wirkende Terrakottaköpfchen zählen zu den ersten Zeugnissen der Tonplastik Chinas. Augen und Mund sind durch Löcher angedeutet, ihre Körperformen in Farbe. Ein dunkler Symbolismus scheint auch in der Verschmelzung mit zoomorphen Elementen versteckt zu sein.

Formen und Ornamentik der Gefäße erinnern stark an die Keramiken des Vorderen und Mittleren Orients. Schon Andersson, der Entdecker der Yang-Shao-Kultur, stellte eine Verwandtschaft mit den Ackerbaukulturen von Tripolje in der Ukraine und Cucuteni in Rumänien fest. Weitere Vergleiche mit der Gefäßproduktion in Gebieten nördlich des Schwarzen Meeres und von Tepe Siyalk, von Susa (Iran) und Anau (Turkmenistan) bekräftigen die Vermutung kultureller Zusammenhänge in Eurasien mit Ausstrahlungen, die wahrscheinlich bis an den Baikalsee (Serowo, Kitoj, Glazkowo usw.) reichten. Von dort aus konnten nicht nur gewisse Techniken der Töpferei, sondern auch einige Kenntnisse im Ackerbau und der Steinschleiferei (besonders des Nephrites) nach China vermittelt werden. Es ist zu hoffen, daß weitere Ausgrabungen im Tiefland des Turan zur Klärung solcher Zusammenhänge beitragen.

Während in den westlichen Provinzen die Yang-Shao-Kultur noch blühte und in die Übergangsphase (3.–2. Jahrtausend v. Chr.) zur Dauerseßhaftigkeit eingetreten war, entwickelte sich weiter im Osten in der »großen Ebene« des Gelben Flusses bis nach Shantung eine andere neolithische Kultur, deren Verbindungen mit der Yang-Shao-Kultur noch nicht klar sind. Nach der »Type-Site« in Shantung nennt man sie Lung-Shan-Kultur, nach der vorherrschenden dunklen, polierten Keramik auch »Schwarzkeramik-Kultur«.

Die Menschen lebten in Dörfern, die bereits den Charakter von Dauersiedlungen hatten. Nicht selten waren sie von mächtigen Rampen aus gestampfer Erde zum Schutz gegen Überschwemmungen oder feindliche Überfälle umgeben. Die Behausungen waren denen der Yang-Shao-Leute ähnlich; die Toten wurden in Bauch- oder Rükkenlage bestattet; man fand auch Spuren von Tieropfern. In dieser Periode taucht ein neues Kulturgut von größter Wichtigkeit auf: die Orakelknochen, von denen noch die Rede sein wird.

Der Hackbau hatte mittlerweile fortgeschritteneren Methoden Platz gemacht. Mit Saatwechsel und Bodendüngung war auch die Phase des »wandernden« Ackerbaues überwunden worden. Zum Vieh

gesellten sich Schafe und Rinder, das Pferd wurde aber nur wenig benutzt. Mit der Beherrschung der Steinschleiferei waren auch die Werkzeuge zum Bäumefällen und zur Bodenbearbeitung bedeutend verbessert worden, darüber hinaus auch andere Schneidegeräte, die wahrscheinlich für Holzschnitzereien dienten. Dolchklingen und Pfeilspitzen wurden in solchen Mengen hergestellt, daß daraus auf eine ständige Verteidigungsbereitschaft der Dorfbewohner geschlossen werden muß.
Die Tonwaren wurden bereits durchwegs auf der schnelldrehenden Töpferscheibe geformt und im geschlossenen Ofen bei hoher Temperatur gebrannt, so daß feine, dünnwandige, glänzend schwarze Gefäße in verschiedensten Formen hergestellt werden konnten; darunter auch Schalen mit durchbrochenem Standfuß und vor allem dreifüßige Töpfe. Bestimmte ausladend kantige Formen lassen an sibirische Vorbilder aus Metall denken, wo die Metallbearbeitung bereits bekannt war, wovon die Lung-Shan-Leute vielleicht auf indirektem Wege zur Kenntnis kamen. Im ganzen erscheint der Formenschatz des Dekors, eingravierte, horizontale Linien oder reliefierte Motive, ziemlich ärmlich.
Eine dritte, neolithische Kultur, die dann zum Bindeglied für die Bronzezeit wurde, entstand im 3.–2. Jahrtausend v. Chr. in einigen Orten am Gelben Fluß und wurde nach der Type-Site in der Provinz Honan »Hsiao-t'un«-Kultur benannt. Sie ist durch eine graue Keramik gekennzeichnet und in einigen Hauptmerkmalen mit der Lung-Shan-Kultur verwandt. Während dieser Periode erweitern sich die Hsiao-Siedlungen zu städtischen Zentren. Die graue Keramik umfaßt Dreifüße – manchmal mit Henkeln –, glockenförmige und bikonische Gefäße sowie zylindrische Becher. Dem kantigen Profil der Gefäßformen liegen offensichtlich Formen des Bronzegusses zugrunde. Eingeritzte Kammuster, eingepreßte Kringel, zwischen parallelen Linien eingeschlossenes Flecht- und Mattenwerk, reliefierte Bandmuster und ausgeschnittene Mäander bilden den Dekor. In einigen Fällen könnte man fast an eine Übertragung der Metall-Gravier- und Treibarbeit auf die Keramik denken.

Schöne rote Keramik der jungsteinzeitlichen Yang-Shao-Kultur, die am Gelben Fluß (Huangho) zur Blüte kam. Verschiedentlich vermutete Zusammenhänge mit der europäischen Keramik der Cucuteni-Tripolje-Kultur sind noch nicht geklärt. Dieses chinesische Terrakottagefäß stammt aus der Zeit um 3000 v. Chr.

Oben: Bronzene Dolchaxt der chinesischen Chan-kuo-Periode (Zeit der »Streitenden Reiche«, 480–221 v. Chr.) (Genua, Chiossone-Museum)

Zu einer anderen Klasse der Töpferkunst gehören kleine Masken und Tierköpfchen, häufig auch stark schematisierte menschliche und zoomorphe Figuren. Die menschliche Gestalt ist in groben Zügen mit am Leib herabhängenden Armen modelliert, Augen, Nase und Mund sind durch Löcher angedeutet. In Shih-chia-ho (Hupei) wurde die Statuette eines sitzenden oder kriechenden Menschen gefunden; sie gilt als erstes Beispiel einer gegliederten plastischen Darstellung des Menschen.

Nach dem derzeitigen Stand der Forschung läßt sich noch nichts Endgültiges über die Weiterentwicklung innerhalb dieser drei neolithischen Hauptkulturen des Gelben Flusses aussagen. Auch die Zwischenverbindungen untereinander und das Ausmaß auswärtiger Kultureinflüsse aus dem zentralasiatischen und sibirischen Raum sind noch nicht endgültig geklärt. Es scheint so, daß eine fortschreitende Klimaverschlechterung im sibirischen Raum seit dem 4.–3. Jahrtausend v. Chr. den Ackerbau in einer breiten Zone unmöglich gemacht habe und die Bauern gezwungen waren, sich entweder der Viehzucht zuzuwenden oder auszuwandern. Solche Umstände könnten größere Wanderbewegungen und damit eine Bauernkolonisation während der Spätphasen der Yang-Shao- und den benachbarten Lung-Shan- und Hsiao-t'un-Kulturen ausgelöst haben.

Chinesischer Kulturfluß nach dem neolithischen Südostasien

Bei der Weiterverbreitung der Bauernkultur in die Nachbargebiete bis zu den fernöstlichen Randgebieten spielten die neolithischen Kulturen des Gelben Flusses in der Folgezeit wahrscheinlich die größte Rolle. Zumindest seit Beginn des 2. Jahrtausends v. Chr. war rote bemalte und schwarze glänzende Keramik bis in die Gebiete des Amurs, im (heute sowjetischen) Küstenstreifen, in der Mandschurei sowie in Korea bekannt und wurde wahrscheinlich dort auch selbst hergestellt. An vielen Orten erscheint sie als verspäteter Zufluß in Kulturen, denen die Metallbearbeitung bereits bekannt war, aber auch in primitiven, vormetallischen Ackerbaukulturen. Gerade in Korea, wohin möglicherweise gewisse Formen des Ackerbaues aus dem sibirischen Raum und der Mandschurei den Muschelhaufenvölkern übermittelt worden waren, dürften Gruppen chinesischer Einwanderer Yang-Shao- und Lung-Shan-Traditionen verpflanzt, die Bauernkolonisierung eingeleitet und damit die fortschreitende Seßhaftigkeit gefördert haben. Auch die Jōmon-Kulturen Japans scheinen von solchen Einflüssen erfaßt worden zu sein, sei es durch Zuwanderung von Bauernfamilien oder durch Tauschhandel mit dem Kontinent. Jedenfalls war die Seefahrt inzwischen so weit fortgeschritten, daß auch beträchtliche Strecken übers Meer bewältigt werden konnten und sich ein reger interregionaler Tauschhandel entwickelte. Das erweist sich aus der großen Verbreitung und Hortung von Kaurimuscheln, eines begehrten Tauschmittels, mit dem man Schmuck, aber auch bestimmte Werkstoffe wie Ocker und andere Farbstoffe, besondere Schmucksteine und Minerale (beispielsweise Nephrit, Jadeit, Obsidian usw.) einhandelte.

Wahrscheinlich kamen durch Wanderungen und fortschreitende Kolonisierung Yang-Shao-, Lung-Shan- und Hsiao-t'un-Elemente nach Süden und trieben die Entfaltung der neolithischen »Impressokeramik-Kulturen« im Becken des Jangtsekiang (Blauen Flusses) und noch weiter südlich. In Thailand und Birma sowie in einigen Gebieten Südwestchinas ließen sich einige Yang-Shao-Gemeinschaften nieder, die wahrscheinlich dorthin ausgewandert waren, als sich in Nordchina im 2. Jahrtausend v. Chr. die Bronze verbreitete.

Wie ein Ölfleck breitete sich die chinesische Bau-

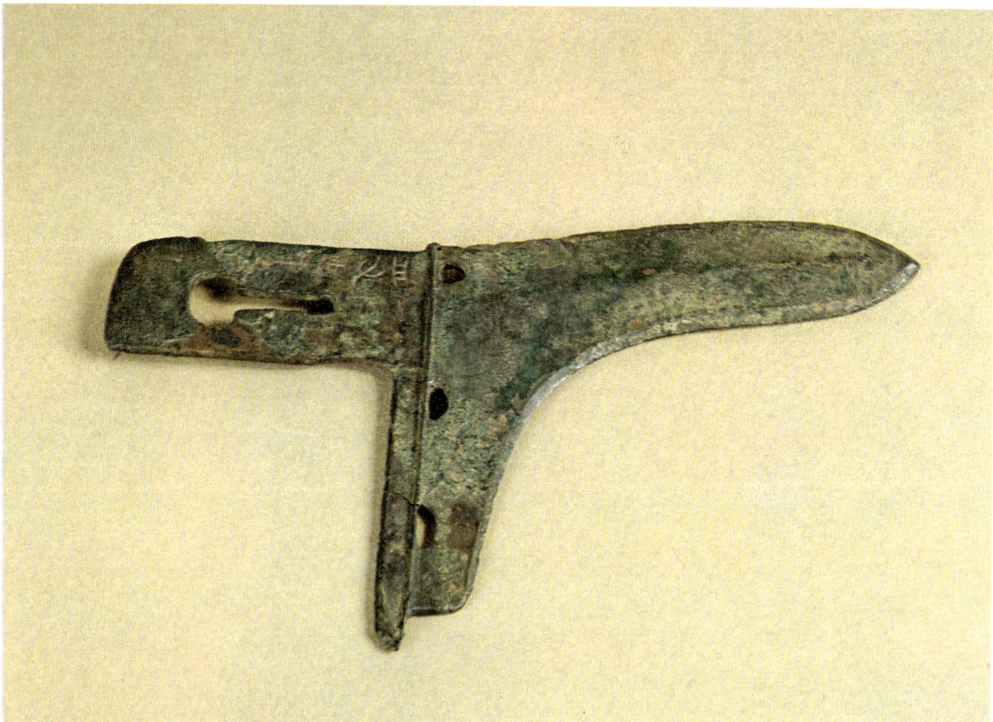

Rechts: Bronzenes Hellebardenblatt, Ko-Typ, aus der gleichen Zeitperiode (Genua, Chiossone-Museum).

Chinesisches Bronzegefäß in Form eines Elefanten, mit feinziseliertem Dekor. Aus der Zeit der Chou-Dynastie, etwa 9. Jh. v. Chr. (Paris, Museum Guimet)

ernkultur immer weiter aus, trieb die Kolonisierung Südchinas und von Teilen Indochinas bzw. Indonesiens voran und regte den tausendjährigen »Marsch nach Süden« einzelner Gruppen und immer größerer Massen auf der Suche nach fruchtbarem Boden an. Damit begann auch der Prozeß der Mongolisierung Südostasiens und die Ausbildung der südmongolischen Rassen durch Vermischung der Mongoliden mit der austroasiatischen Bevölkerung. Nach neuesten archäologischen Erkenntnissen überlagerten die nordchinesischen kulturellen Strömungen bereits vorhandene Zentren neolithischer Bauernkulturen. In Thailand, in Vietnam und bis zu den Philippinen wurden neolithische Kulturschichten entdeckt (Ban Chiang, Non Nok Tha, Khok Chareon, Ban Kao, Da But, Dâu Duo'ng), die nach Radiokarbon- und Thermolumineszenz-Daten in das 5.–4. Jahrtausend v. Chr. datiert werden. Anscheinend ist nicht nur Reiskultur, sondern auch Anbau von Hanf, Zukkerrohr, Tee, Flachs und Jute dokumentiert. Die Keramik, unter der sich auch schwarze und graue, mit Spiralen oder aufgelegten schlangenförmigen Motiven verzierte Gefäße fanden, kann nur zum Teil als Beweis für eine Verbindung mit Nordchina herangezogen werden.
Aus dem Zusammenfließen verschiedener Kulturströmungen ergibt sich für das spätere Neolithikum des Südens ein äußerst vielfältiges Bild von Lokalkulturen. Für die Zeit des 3.–2. Jahrtausends v. Chr. können diese je nach den vorherrschenden Formen gewisser Steinwerkzeuge als »Rillenbeil«-, »Ellipsenbeil«, »Schulterbeil«- und »Vierkantbeil«-Kulturen bezeichnet werden; letztere Beilform ist bereits in den Kulturen des Gelben Flusses gebräuchlich. Über Ursprung und Verbindungen zwischen den verschiedenen Kulturen weiß man noch wenig; handelt es sich doch um ein noch wenig erforschtes riesiges Gebiet, das sich von Südchina nach Hinterindien, zum Malaiischen Archipel, nach Indonesien und den Philippinen bis nach Ozeanien erstreckt.
Unzweifelhaft ist der dynamische Charakter dieser Kulturen, besonders der »Vierkantbeil«-Kultur, der mit großer Sicherheit die Verbreitung der Reiskultur, auch mit künstlicher Bewässerung, in ausgedehnten Gebieten Südostasiens und deren dichte Besiedlung mit Pfahlbauerndörfer zugeschrieben werden kann. Die auf Pfählen errichteten Hütten standen einzeln, nahe aneinander oder sogar miteinander verbunden. Aus dieser Bauart entwickelten sich die großen Gemeinschaftshütten, die ein Licht auf die gesellschaftliche Ordnung werfen, eine nach Altersgruppen gegliederte Gemeinschaft, anders als die auf die Familien gegründete chinesische Bauernwirtschaft.
Man glaubt, daß diese Gemeinschaften auch den Steinbau begonnen haben und damit jene rätselhafte Erscheinung des »Megalithismus« eingeleitet hätten, der sich in der Folge über ganz Südostasien und Ozeanien, mit einem (in Zeit und Raum fernen) Ausläufer bis hin zur Osterinsel, ausbreitete. Bis heute jedoch konnte noch kein einziger Megalithbau in das Neolithikum datiert werden. Einige Forscher zogen diese Möglichkeit in Betracht und stützten sich dabei auf einige steinerne Plattformen, Pflasterungen, Altäre, Terrassen, stufenpyramidenartige Bauten, Dolmen (Steintische), Menhire (Langsteine), Grabstelen usw., sowie auf Steinplastiken, wuchtige männliche und weibliche Gestalten (manchmal mit Fettsteiß) in starrer Frontalität. Die Betonung der Geschlechtsorgane weist auf Fruchtbarkeitskult, gehörnte menschliche Figuren dürften eine magische Bedeutung haben, daneben finden sich auf Steinsetzungen eingravierte oder aufgemalte Symbole der Fruchtbarkeit, wie Sonne, Mond, Tierköpfe und geometrische Muster.
Über den Ursprung und die Ausstrahlungszentren des südostasiatischen Megalithismus herrscht noch

Terrakottagefäße der Ma-chia-yao-Phase der Yang-Shao-Kultur in der Provinz Kansu. Die Keramik dieser Periode ist in einem vorwiegend piktographischen Stil gehalten: Vögel, Schildkröten, geflügelte Wesen verschmelzen in Kompositionen von Linien, Spiralen usw. und führen zu einer engen Verbindung zwischen naturalistischen und geometrischen Elementen.

Unklarheit. Der Mangel an chronologischen Anhaltspunkten gestattet nicht, mögliche Zusammenhänge mit dem Megalithismus anderer asiatischer Gebiete zu ermitteln oder auch die Vermutung einer völlig unabhängigen Eigenschöpfung wahrscheinlich zu machen. Wenngleich die Verbreitung des Megalithismus mit der der »Vierkantbeil«-Kulturen übereinzustimmen scheint, ist es durchaus möglich, daß letztere bei ihrer langen Dauer Einflüssen der nachfolgenden Kulturen der Bronze- und Eisenzeit ausgesetzt waren, einer Zeit, als Megalithbauten recht häufig waren. In Hinterindien und Indonesien hielt sich das Neolithikum bis ins 5.–4. Jh. v. Chr., in abgesonderten und schwer zugänglichen Gebieten sogar bis ins 1. Jahrtausend unserer Zeitrechnung. Auf der Insel Enggano (südl. von Sumatra) lebten die Eingeborenen noch im 18. Jh. wie in der Steinzeit.

Die Bronzezeit

Auch über die Vorbedingungen und Umstände des Beginns der Bronzezeit in Ostasien herrscht noch Ungewißheit. Bei neueren Ausgrabungen in Thailand (Ban Chiang, Ban Na-di) und Vietnam (Hang Gon) kamen Metallfragmente und steinerne Gußformen zum Vorschein, deren Radiokarbon- und Thermolumineszenz-Daten in das 5.–4. Jahrtausend v. Chr. weisen. Bisher wurde stets China als eines der ostasiatischen Gebiete betrachtet, wo die Metallbearbeitung zuerst im 2. Jahrtausend oder frühestens Ende des 3. Jahrtausends v. Chr. bekannt war, sei es als selbständige Errungenschaft oder unter Einflüssen aus West- und Zentralasien. Mit diesen Funden muß die alte Hypothese revidiert werden.
Trotzdem bleibt China das archäologisch am besten erforschte Land in Ostasien; dort konnte die Entwicklung dieser Periode am besten verfolgt werden. China ist auch das Land, in dem mit der Bronze auch die ersten Schriftdokumente auftauchen, welche die archäologischen Befunde ergänzen und eine gewaltige kulturelle und politische Entwicklung bezeugen, die sich auf den ganzen Fernen Osten auswirken sollte.

Die Shang-Zeit in China

Die Existenz eines alten, Shang oder Yin benannten Reiches ist durch archäologische Befunde bestätigt. Dieses Reich blühte im 2. Jahrtausend v. Chr. Von wechselnden Hauptstädten aus dehnten ihre Herrscher Macht und Einfluß auch über das Becken des Gelben Flusses hinaus. In der Nähe von Cheng-chou wurden die Ruinen der Stadt Ao ausgegraben, die bei den chinesischen Geschichtsschreibern als Sitz des 10. Herrschers der Shang-Dynastie gilt. Bei An-yang wurde Yin entdeckt, die Hauptstadt der letzten Dynastien. Überraschend ist die beachtliche Größe der Städte. Das alte Ao umfaßte ein Areal von 2×2 km und war von einem bis 10 m hohen Wall aus Stampflehm geschützt; in der letzten Periode wuchs die Stadt über die Umwallung hinaus. Die meist in Nord-Süd-Richtung angelegten Häuser standen auf einer hohen Plattform aus Stampflehm; der Oberbau und die Decken waren in Holzstruktur. Neben palastartigen Gebäuden und Tempeln gab es in der Stadt, aber auch außerhalb, einfache Wohnhäuser und Werkstätten der Handwerker; manchmal gab es auch Gräber innerhalb der Stadt. Im allgemeinen herrschte Erdbestattung vor, aber auch Aschenurnen waren im Gebrauch. Unter den über 2000 festgestellten Gräbern ragen die monumentalen Schachtgräber der Herrscher hervor. Eine der freigelegten Anlagen von An-yang hatte einen 7 m langen, 10 m tiefen, ursprünglich mit Bohlen ausgelegten Hauptschacht, zu dem eine steile Rampe hinabführte; vom Norden führte noch eine Treppe hinab. Manche Gräber hatten vier Rampen. Den Verstorbenen wurden Menschen (wahrscheinlich Sklaven oder Kriegsgefangene) und Tiere geopfert, dazu erhielten sie reichliche Grabbeigaben, Keramiken, geschnitzte Schmucksteine oder Bronzen, aus denen

Rekonstruktion der jungsteinzeitlichen Hütten des chinesischen Dorfes Pan-p'o-ts'un aus der Zeit der Yang-Shao-Kultur. Der eingesenkte Fußboden der Behausungen bestand aus Stampflehm, der Oberbau aus einem Gerüst von Pfählen (die manchmal auf einen steinernen Sockel gesetzt waren) ging in das pyramiden- oder kegelförmige Dach über. Häufiger waren die Hütten kreisförmig oder rechteckig angelegt und hatten ein auf Pfählen ruhendes Kegel- oder Giebeldach. Vor dem zumeist nach Süden ausgerichteten Eingang war ein gedeckter Korridor. In den Dörfern gab es fast immer ein größeres Haus, das wohl als Kultstätte oder Versammlungsraum für die Gemeinschaft bestimmt war.

Bemalte chinesische Holzstatuetten. Sie gehören zu einer Gruppe von »Ersatzstücken« (Substitute), chinesisch Ming-ch'i *genannt, einer besonderen Art von Kleinplastiken, die dem Verstorbenen mit ins Grab gelegt wurden als Ersatz für die, während der Shang- und Chou-Periode üblichen Menschen- und Tieropfer, die im Verlauf des 1. Jahrtausends v. Chr. ein Ende fanden (Kansas City, Nelson Gallery).*

man sich ein Bild über den hohen Stand des Kunsthandwerkes machen kann. Für die Shang-Leute bedeutete der Tod nur den Übergang in eine andere Sphäre. Deshalb mußte den Verstorbenen alles Nötige für ein Weiterleben mitgegeben werden.

Neben der groben grauen Gebrauchsware tauchen nun auch Gefäße aus einer feinen weißen Tonmasse auf. Unter Auswertung der beim Bronzeschmelzen gewonnenen Erfahrungen wurden diese bei hoher Temperatur gebrannt, so daß sich auf dem spathaltigen Ton eine natürliche Glasur bildete. Die ersten gelbgrünlich gestreiften Stücke wurden in An-yang gefunden; sie waren bei etwa 1350 °C gebrannt, einer Temperatur, die nahe der liegt, die Jahrhunderte später für das Porzellan benutzt wurde.

In dieser Zeit tauchen auch die ersten chinesischen Steinskulpturen auf. Marmor- und Kalksteinplastiken von beträchtlicher Größe wurden in Ssu-P'an-mo, Hsiao-t'un und Hou-chia-chuang ausgegraben; ein Teil davon stellt Fabelwesen und phantastische Ungeheuer mit Tiger- und Raubvögelköpfen dar, andere naturalistisch dargestellte Tiere, wie Elefanten, Büffel oder Frösche. Einige Statuen stellen kniende oder sitzende Menschen dar. Die Gestalten sind blockhaft verkürzt und vermitteln dem Betrachter einen Eindruck von geballter Kraft. Einige anatomische Details sind eingraviert, verbunden mit einem abstrakten oder zoomorphen, symbolischen Dekor in einer an Holzschnitt gemahnenden Technik. Auch in der Ikonographie sind enge Zusammenhänge mit der Bronzekunst und Glyptik erkennbar. Bei der Glyptik, besonders in Jade und Nephrit, werden Formen und Dekor der neolithischen Epoche weiterentwickelt. Meist sind es Objekte für kultische Zwecke. Zu den Messern und Beilen gesellt sich eine große Anzahl von *Pi*, Scheiben mit einem großen Loch in der Mitte, und *Tsung*, lange, hohle Prismen; die *Pi* werden durch literarische Quellen als Symbol des Himmels, die *Tsung* als das der Erde ausgewiesen. Für die Chinesen hat die Jade einen sakralen Wert; liturgische Geräte durften nur aus reinem harten und unverderblichen Material hergestellt werden, daher auch die Grabbeigaben aus Jade zur Erhaltung des Leichnams. Die kleinen Jadefigürchen stellen stark stilisiert, aber gut erkennbar Hasen, Hirschen, Bären und Tiger dar und bezeugen eine hervorragende handwerkliche Fertigkeit.

Zu den großartigsten Leistungen der Shang-Zeit zählen die Bronzen in einer Vielfalt von Gefäßformen und dekorativ-stilistischen Elementen: drei- oder vierfüßige Gefäße (*Ting, Fang, Li, Hsien, Chün*), *Kuei*-Kessel, Becher und Kelche (*Ku-Tsun*), Schüsseln (*P'an, Yi*), aber auch eine Menge von Waffen: Dolche, Äxte, Hellebarden. Der Dekor ist geometrisch und naturalistisch zugleich, wobei Tiermotive bevorzugt sind. Eine Klasse von Bronzen stellt Tiere in stilisiert-naturalistischen Formen dar, darunter Elefanten und Nashörner. Zoomorphe Formen werden geschickt den Gefäßformen angepaßt oder von vornherein in Tiergestalt modelliert. Phantastische Tiermotive finden sich auch im Dekor, vor allem das *T'ao-t'ieh*, die Maske eines Ungeheuers ohne Unterkiefer (auch »gehörnte Vielfraßmaske« genannt) sowie im Profil dargestellte Drachen. Manchmal sind diese Motive naturalistisch dargestellt, öfter aber so stark stilisiert, daß sie sich in einem feingravierten Geflecht geometrischer Linien auflösen, aus denen sich nur die Augen hervorheben.

Auf einigen Bronzen finden sich Widmungsinschriften; zusammen mit den Orakelknochen sind dies die ersten Zeugnisse einer, in einigen Fällen schon mit phonetischen Zeichen vermischten Bilderschrift.

In An-yang fand man ein »Archiv« mit Tausenden von Orakelknochen. Wie bei den Lung-Shan-Leuten verwandte man dazu Knochen, vor allem Schulterblätter von Rindern und Stücke von Schildkrötenpanzern, auf die der »Priester-Schreiber« die Orakelfragen einritzte oder aufmalte, dann die Knochen ins Feuer warf und aus den ent-

Chinesisches Keramikgefäß mit »Räderdekor« (Kreislinien in quadratischen Feldern) in Schmelzfarbe. Chan-kuo-Periode, 480–221 v. Chr. (Boston, Museum of Fine Arts)

standenen Rissen die Antwort ablas, die oftmals auch aufgezeichnet wurde.

Die Kulturblüte des 2. Jahrtausends v. Chr. ist von größter Tragweite für die Gesamtkultur Chinas. Ihre Entfaltung kann an verschiedenen Orten weiterverfolgt werden. In Ch'i-chia (Kansu) kamen bemalte Keramiken und einige Bronzen zutage, die – in das 2. Jahrtausend v. Chr. datiert – erste Belege für den Übergang aus der Stein- zur Bronzezeit darstellen. Gewisse Kulturerscheinungen der Shang-Zeit erscheinen als eine Weiterführung neolithischer Techniken und Traditionen: Aus den protourbanen Zentren der Lung-Shan- und Hsiao-t'un-Kulturen entwickelten sich die »Städte« der Shang, handwerkliche Techniken (Keramik, Stein- und Knochenbearbeitung), Sitten und Gebräuche wie die *Skapulimantie* (Wahrsagen aus dem Schulterblatt). Aber auch zahlreiche Neuerungen tauchen auf, an erster Stelle die Bronzen – und hier erhebt sich die Frage nach anderen Zusammenhängen. Selbst wenn man die für das Ende des 3. Jahrtausends v. Chr. bezeugten Anfänge von Bronzebearbeitung in China in Betracht zieht, ist die Zeitspanne für die so außerordentlich hoch entwickelte Bronzekunst der Mitte des 2. Jahrtausends v. Chr. zu kurz, als daß man eine völlig eigenständige Entwicklung ohne jeden Zustrom technischer Fertigkeiten von außen annehmen könnte. Etliche Formen und Verzierungen der Bronzen sind dem neolithischen Repertoire entlehnt, andere erlauben jedoch Vergleiche mit Gefäßen von Dschemdet Nasr (Irak) und Mohenjodaro; Tiermotive, wie die aufgerichtete Schlange, gegenständliche Löwen mit einem dazwischen stehenden Mann erinnern an Mesopotamien. Dreifußgefäße waren nicht nur im ostasiatischen Neolithikum, sondern auch in Westasien gebräuchlich und konnten ebensogut Nachahmungen aus dem Vorderen und Mittleren Orient sein. Auch in einigen, später schriftlich gesammelten Sagen, wie dem *Tso-Chuan* und *Shih-Chi* gibt es Andeutungen, die eine auswärtige Herkunft der Metallbearbeitung vermuten lassen, werden dort doch »wunderbare Werke aus fernen Gebieten« und »9 magische Dreifüße« erwähnt, die als Geschenke aus dem »Land der Neun Hirten« kamen.

Zentral- und Nordasien konnten eine Vermittlerrolle spielen für Einflüsse und Anregungen aus dem mesopotamischen und kaspischen Raum, indem sie die Tradition der Stadtstaaten des Mittleren und Vorderen Orients mit ihren Prachtbauten und den großartigen, aber auch schauerlichen Bestattungssitten nach China verpflanzten. In Uruk waren schon im 4. Jahrtausend v. Chr. Metallbearbeitung, Schrift und Monumentalarchitektur bekannt. Im 3. Jahrtausend v. Chr. gab es vom Mittelmeergebiet bis nach Zentralasien zahlreiche Stadtstaaten und straff geführte Reiche. Im 2. Jahrtausend v. Chr. wurde der Druck der Nomadenvölker, die ebenfalls bereits über eine gutentwickelte Metalltechnik verfügten, immer stärker. Im 16. Jh. v. Chr. verbreiteten die Hethiter das Eisen, die Kassiten und Churriter brachten den leichten, schnellen, pferdebespannten Kampfwagen mit Speichenrädern, der die Kriegführung völlig revolutionierte und auch das soziale Gefüge mit dem Aufkommen einer mächtigen Adelsklasse änderte.

Der Kulturfluß der Metallzeit von West- nach Ostasien verlief wahrscheinlich über Zentralasien und Sibirien. In der Nekropole von Afanasevo (Afanaseva Gora) am Jenissei, kamen Gefäße zum Vorschein, die eng verwandt sind mit solchen von Susa und Khwarezm (Chorasmia), außerdem kleinere bronzene Schmuckstücke; alle diese Dinge sind Belege für den Beginn der Metallbearbeitung, mit der um das 3. Jahrtausend v. Chr. die sibirische Steinzeit zu Ende ging. Die sibirischen Steinzeitkulturen waren bereits in engem Kontakt mit China, was sich in der Keramik und den geschliffenen Klingen und Beilen aus Nephrit erweist. Mit dem Beginn der Bronzezeit konnten einige Einflüsse China auch auf direktem Weg aus dem Gebiet des zentralasiatischen Andronovo erreichen, wo vom Aralsee bis zum Altai eine bereits hochentwickelte Bronzetechnik für das 2. Jahrtausend v. Chr. dokumentiert ist. In China gefundene Beile entsprechen denen von Andronovo und anderer gleichaltriger Kulturzentren Zentralasiens und Sibiriens. Der ausgiebige Gebrauch des Pferdes bei den Shang läßt an die Pferdezüchter von Andronovo denken. Die häufigen Tierbilder der Shang-Kunst können mit der weitverbreiteten Tierstilkunst der Steppenvölker zusammenhängen, den typischen Ausdrucksformen der iranischen Welt und der zentralasiatischen Nomadenvölker bis in geschichtliche Zeiten. Aus anderen Elementen kann man auf noch entferntere Zusammenhänge schließen. Auch die Kampfwagen der Shang ähneln denen des Vorderen und Mittleren Orients. Die neue Technik der glasierten und engobierten (mit Tonschlamm überzogenen) Keramik war bereits im Vorderen und Mittleren Orient entwickelt worden; dazu kommen auch gewisse Verwandtschaften in Formen und Dekor. Die Schrift entwickelte sich aus Bildern zu phonetischen Zeichen in gleicher Art wie die Keilschrift und die Hieroglyphen. Schließlich muß noch an die Konzepte und Strukturen der monumentalen Gräberarchitektur und

Rechte Seite: Bronzene Pauke oder Trommel des 3. Jh.s v. Chr. aus Dông Son (Vietnam). Wahrscheinlich den alten, hölzernen Vorbildern entlehnt. Solche Schlaginstrumente für Zeremonien sind charakteristisch für Metallarbeiten ganz Südwestasiens von der Bronzezeit bis an die Schwelle der Neuzeit (Paris, Museum Guimet).

Unten: Runder Bronzespiegel aus der Chan-kuo-Periode, 480–221 v. Chr. (Rom, Nationalmuseum für orientalische Kunst)

Palastbauten erinnert werden. Erstere steht in Verbindung mit der euroasiatischen Tradition der großen Schachtgräber; für die Auskleidung der Grabkammern mußten die Shang das leichter zu beschaffende Holz statt Steinplatten verwenden. Auch im Profanbau zeigt sich, daß Techniken des Steinbaus auf den Holzbau übertragen wurden, z. B. die in Westasien üblichen Säle mit Säulengängen. Nach all diesen Anzeichen muß eine selbständige, von Westasien völlig getrennte Entwicklung der chinesischen Bronzekultur als höchst unwahrscheinlich betrachtet werden. Diese Einflüsse sind auch nicht auf einfache Kulturübernahme zurückzuführen. Nach Befunden der Anthropologen wuchs in der Bevölkerung der großen Shang-Zentren im Vergleich zu den neolithischen Bauerndörfern des Gelben Flusses die Zahl der Kurzköpfigen ganz bedeutend an. Dies erhärtet die Hypothese, nach der größere Volksgruppen aus Zentral- und Nordasien einwanderten. Demnach waren diese Volksgruppen Träger eines aus frühen westlichen Errungenschaften stammenden Kulturkomplexes; dank ihrer besseren technischen Ausrüstung konnten sie leicht die Vorherrschaft über die noch steinzeitlichen Bauernsiedlungen an sich reißen. In jüngster Zeit fand sich in einer Shang-Schicht eine aus Meteoriteisen geschmiedete Axt. Sie gibt Anlaß zur Vermutung, daß die Shang auch das Eisen kannten.

Die Chou-Dynastie *(1100–221 v. Chr.)*

Mit den Shang ging die Bronzezeit Chinas nicht zu Ende, sondern verlängerte sich in eine Periode, die von den Geschichtsschreibern mit dem Namen der Chou verbunden wird. Die Chou waren schon in der Shang-Zeit Herrscher eines Reiches an der Westgrenze mit Zentrum im Tal des Wei-ho, zogen aber am Ende des 1. Jahrtausends nach Osten und eroberten das Shang-Reich. In der Weiterentwicklung der Kultur machen sich neue, zentralasiatische Einflüsse bemerkbar, so die Tradition der megalithischen Tumulusgräber und die zunehmende Verwendung des »Tierstiles« in den Erzeugnissen aus Metall. Kampfwagen und Waffen in den Gräbern bezeugen den kriegerischen Geist der neuen Chou-Gesellschaft. Die Städte waren von mächtigen Erdwällen umgeben; es gab Gebäude, deren Fundamente mehr als 1000 qm bedeckten. In den groß angelegten Grabanlagen wurden die Leichen in Nischen der Grabkammern beigesetzt. Unter den Grabbeigaben überwiegen Bronzen, und diese vermitteln uns die weitaus beste Dokumentation über diese Kunstgattung. Die älteren Tonwaren unterschieden sich in Form und Dekor nicht sonderlich von der Shang-Ware; im Laufe der Zeit, vom 10.–9. Jh. v. Chr., werden die Unterschiede jedoch deutlicher, auch in der Fertigungsweise. Zu der Einlegearbeit in Malachit und Türkis tritt auch richtige Tauschierung in Gold und Silber. Die Füße der Dreifußgefäße sind stärker geknickt, und neue Gefäßformen treten auf: das hohe *Tsuen*, die niedrige Urne *Kuei*, das (rechteckige) Kästchen *Fu*, die »Saucenschüssel« *Yi* und – nicht zu den Gefäßen zählend – die Glokke *Chung*. Im Dekor treten das *T'ao-t'ieh* (Vielfraßmaske) und die endlose Spirale zurück; Muster in vertikalen Linien, Netze und sogenannte »Schuppenbänder« werden bevorzugt. Im ganzen betrachtet ist dieser Dekorationsstil nicht so delikat und raffiniert wie der der Shang, er ist jedoch wuchtiger und strenger. Für die figürliche Bronzekunst können die beiden hohlen Tiger in der *Freer Gallery of Arts* von Washington herangezogen werden. Die massigen Formen und die stilisierten gefletschten Zähne vermitteln den Eindruck einer wahrhaft dämonischen Wildheit. Es sind wahrscheinlich Werke aus der mittleren Periode, der Zeit der »Frühlings- und Herbstannalen«, um das 6. Jh. v. Chr.

Beginn der Eisenzeit

Die Zeit der »Streitenden Reiche«

Nach dem Übergang von der Bronze- zur Eisenzeit, etwa im 6. Jh. v. Chr., begann in China eine Periode dauernder Kämpfe zwischen den zahlreichen Stadtstaaten und wechselnden Bündnispartnern, die von den chinesischen Geschichtsschreibern treffend als *Chan-kuo* = »Zeit der streitenden Mächte« (481–222 v. Chr.) benannt wird. Durch die Fortschritte im bergmännischen Abbau der Erze und damit einer ausreichenden Gewinnung von Metall durch verbesserte Schmelz- und Gußverfahren war es den Feudalherren möglich, ihre Streitkräfte immer mehr zu verstärken und entsprechend mit Waffen auszurüsten, um ihre Machtgelüste zu befriedigen. Die verheerenden Kriege führten auch zu einem Umsturz der bestehenden Ordnung. Diese unruhigen Zeiten finden in den archäologischen Funden einen Niederschlag. Auch die Landwirtschaft profitierte von der verbesserten Metallurgie und konnte ausreichend mit brauchbaren Geräten ausgestattet werden. Nun konnten auch immer mehr Arbeitskräfte zum Bau der Städte, Wehrmauern und Bewässerungsanlagen eingesetzt werden. Besonders in den ständig bedrohten Grenzgebieten wurden Bastionen, Grenzmauern und in den befestigten Zentren große Gebäude freigelegt.

Von den hölzernen Aufbauten ist fast nichts übrig geblieben, jedoch konnten die Grundrisse zahlreicher Häuser rekonstruiert werden, besonders in Mittelchina, das während dieser Periode endgültig dem »chinesischen Kulturkreis« einverleibt wurde. Zahlreiche Funde aus dem 5.–3. Jh. v. Chr. stammen aus dem damaligen *Ch'u*-Staat, andere aus dem *Ch'i*-Staat in Shantung, dessen Hauptstadt von einer Mauer bewehrt war, die ein Areal von 4×2 km einschloß. Zunehmend werden nun Backsteine und Dachziegel für die Gebäude, Terrakottaplatten und Kacheln für die Auskleidung der Grabkammern verwendet.

Die archäologischen Belege – darunter viele Bronzen aus Gräbern – sind ziemlich umfangreich. Mit verbesserten Legierungen und Gußverfahren wurden die Gefäßformen und die Ornamentierung leichter. Neue Schnur- und Punktiermuster wurden von den Forschern mit dem sinosibirischen und Ordos-Dekor in Verbindung gebracht. An ihn knüpfen auch die häufigen tauschierten Tierdarstellungen auf Platten und Medaillons und die charakteristischen, mit Tierfiguren geschmückten oder geradezu in Tierform gefertigten Gewandfibeln an. Bronzedolche mit einem als Tierkopf gestaltetem Griff erinnern an die *Akinakes* der Skythen. Auch Glocken und Spiegel finden große Verbreitung. Letztere sind aus zwei miteinander verbundenen kreisrunden Platten zusammenge-

setzt und auf der Rückseite mit einer Öse versehen. Punkt- und Kreismotive auf älteren Stücken erinnern an Nieten, mit denen die Platten ursprünglich verbunden wurden. Die Verzierungen auf der Rückseite wurden gegossen oder getrieben, manchmal wurden auch Schmucksteine eingesetzt. Die stark stilisierten naturalistischen Tiermotive wiederum verweisen auf den Tierstil der Steppenvölker, die – so glaubt man – den Chinesen westliche Vorläufer des Spiegels vermittelt haben.

Im ganzen betrachtet zeichnet sich eine Wandlung in der Bronzekunst ab, und der Stil der rituellen Geräte der Shang- und Chou-Zeit geht seinem Ende entgegen. Die Ornamentierung verliert ihren feierlichen, düster-hieratischen Charakter, ist weniger plastisch, er wird heiterer und bildhafter. Tierkämpfe, Jagdszenen, Szenen aus dem täglichen Leben werden bevorzugt. Außerdem erwacht das Interesse für die menschliche Gestalt. Bronzeköpfchen und ganze Figuren tauchen auf, auf denen erstmals auch die Bekleidung angedeutet ist und auch szenische Darstellungen in einem architektonischen Raum. Dieser manchmal piktographische Stil zeigt sich z. B. in dem auf einem Bronzebecher eingravierten Fries, der in Chaoku, Hui-hsien (Honan) gefunden wurde. Ein neues Verständnis für das Vollrund zeigt sich sowohl in der Bronze- als auch in der Holzplastik. Anstelle der blutigen Menschenopfer der Shang- und frühen Chou-Perioden werden nun den Toten Ton- oder Holzstatuetten – *Ming-ch'i*-»Ersatzstücke« – mitgegeben. Man kann daraus auf eine humanere Gesinnung schließen. Solche Grabbeigaben sind die wichtigsten Belege für die Skulptur dieser Periode, die im übrigen keine Monumentalplastik aufweist. Eine absolute Ausnahme bildet eine Reihe hölzerner, menschlicher Figuren mit herausgestreckter Zunge und mächtigem Geweih, sowie einige Tierfiguren, Vögel mit Schlangen oder Drachen, die in einem Grab in Ch'ang-sha im Territorium des Ch'u-Staates zum Vorschein kamen. Die Herkunft dieser eigenartigen Kunstwerke, die symbolische Bedeutung der Figuren und die möglichen Zusammenhänge mit magisch-religiösen Praktiken sind noch unklar. Bronzen-Grabbeigaben werden immer mehr durch tönerne ersetzt. In der Gefäßkeramik tritt neben einer weißen bemalten Ware eine graue polierte, »graphitartig« mit Mäandern und Spiralen verzierte Ware auf, Charakteristikum der neuen Eisenzeit.

Keramikgefäß mit bärtigem Gesicht; Yayoi-Periode (3. Jh. vor bis 3.–4. Jh. n. Chr.). Dieses Gefäß stammt aus Ozakata, Präfektur von Ibaraki, Japan (Tokio, Nationalmuseum).

Südostasien

Wie bereits erwähnt, erbrachten neuere Ausgrabungen in Südostasien Anzeichen, die darauf hindeuten, daß die Anfänge über die Kenntnis der Bronze bis in das 5.–4. Jahrtausend v. Chr. zurückreichen. Im 2. Jahrtausend v. Chr. häufen sich solche Spuren besonders in Vietnam. In jene Zeit datiert man die Go-Bông-»Phase« (oder das spätere Phung Ngueyên), wo sich in einer neolithischen Schicht Bronzefragmente und den Steinäxten nachgeahmte Bronzeäxte fanden. In Dông Dâu kamen Bronzeäxte, Schmucknadeln, Lanzen- und Pfeilspitzen zum Vorschein, die in die Zeit um 1377 (±100) v. Chr. datiert werden; ebenso fanden sich verschiedene Bronzewaffen, Pfeilspitzen, Figürchen von Haustieren, Bruchstücke von Bronzen, »Pauken« oder »Trommeln« in Go Mun aus der Zeit um 1095 (±120) v. Chr.

Wenngleich das Fundmaterial noch nicht besonders umfangreich ist, reicht es doch aus für den Beweis, daß die Metallurgie im indochinesischen Raum früher bekannt war als in Nordchina. Die frühere Theorie, nach der erst mit den späteren Kultureinflüssen die Bronze vom Jangtsekiang zu den steinzeitlichen Kulturen Indochinas gekommen wäre, entbehrt somit jeder Grundlage.

Die Dông-Son-Kultur

Chinesischer Einfluß scheint sich erst in der Spätbronzezeit auszuwirken; das zeigt sich in dem, zu Beginn dieses Jahrhunderts entdeckten Dông Son und seiner berühmten Nekropole, die in die Zeit um 400 (±100) v. Chr. datiert wird. Dông-Son-Kultur ist bereits eine Übergangsphase von der Bronze- zur Eisenzeit; sie erstreckte sich zu jener Zeit von der Provinz Yünnan nach Thailand, auf die Malaiische Halbinsel und die benachbarten Inselgruppen. Von den Fundstücken sind Spiegel, bestimmte Gefäße, Schmuckstücke und Waffen zweifellos chinesischer Herkunft und weisen auf einen lebhaften Handelsverkehr hin; für andere Funde gibt es keinerlei nördliche Vorbilder. Dies sind bronzene Pauken oder Trommeln, die zu einem Charakteristikum der Metallindustrie Südostasiens in den heute zu Südchina gehörenden Gebieten, Indochinas und Indonesiens wurden und die sich in manchen Gegenden bis heute erhalten

Japanische bronzene Lanzenspitzen und Hellebarden der Yayoi-Periode. Die Benennung dieser Kulturphase geht auf Yayoi-cha, einem Stadtviertel von Tokio, zurück, in dem die ersten Funde gemacht wurden. Anfangs dieser Periode waren die Geräte vorwiegend aus Stein gefertigt; durch die Einwanderung koreanischer, vielleicht auch chinesischer Handwerker verbreitete sich die Kenntnis der Metalltechnik (Genua, Chiossone-Museum).

haben. Diese Schlaginstrumente bestehen aus einem Becken oder leicht bauchigen Hohlzylinder ohne Boden. Die Schlagfläche ist mit konzentrisch um einen Stern verlaufenden Bändern, der Körper mit geometrischen Mustern, Menschen- und Tierfiguren (oft zusammengefaßt in Szenen des täglichen Lebens) verziert. Es dürfte sich bei diesen Zeremonialinstrumenten um eine Umsetzung lokaler, hölzerner Vorbilder in Metall handeln. Andere Objekte, wie Beile und Lanzenspitzen mit Hülse, zweischneidige Schwerter, bronzene Statuetten und Anhänger in Form einer menschlichen Gestalt mit spiralig verschlungener Haartracht erinnern dunkel an Geräte und Objekte der bronze- und eisenzeitlichen Kulturen Nordosteuropas und Kaukasiens, so daß einige Gelehrte, darunter Heine-Geldern, eine Entlehnung aus dem Westen vermuten. Eine kühne Theorie stützt sich auf die bekannte »Pontische Wanderung«; danach wäre es einigen Volksstämmen gelungen, durch Zentralasien über die »Birmastraße« bis nach Hinterindien vorzudringen; bis heute ist dies jedoch noch eine offene Frage.
Die Entdeckung und Ausgrabung einiger befestigter Zentren haben von neuem die Frage nach der Existenz eines »Reiches« im Becken des Songkoi (Roten Flusses) im 2. Jahrtausend v. Chr. aufgeworfen, und zwar des in alten Quellen erwähnten Van-Lang-Reiches. Sowohl chinesische als auch vietnamesische Schriften berichten über Volksstämme, benannt die »Hundert Yüeh« (chinesisch *Pai Yüeh*, vietnamesisch *Boac Viêt*), die ursprünglich südlich des Jangtsekiang siedelten. Einige dieser Stämme hätten den sino-barbarischen Yüeh-Staat gegründet, andere, die als direkte Ahnen der geschichtlichen Vietnamesen gelten, das Van-Lang-Reich. Mit dem Aufstieg des Stammes der Lac Viêt (chinesisch Lo Yüeh) kam es im 7. Jh. v. Chr. zur Einrichtung einer Monarchie, deren Herrscher vorgaben, von der Sonne abzustammen. Diese nutzten die neuen Möglichkeiten, die sich ihnen durch die Kenntnisse über die Bronze- und Metallverarbeitung ergaben, voll aus, um in ihrem Territorium den Ackerbau voranzutreiben und mit Bewässerungsanlagen das Becken des Roten Flusses fruchtbar zu machen. Der blühende Handelshafen Dông Son am Südchinesischen Meer ist das letzte Lebenszeichen der Reiche von Van Lang und Lac Viêt. In der ersten Hälfte des 3. Jh.s v. Chr. verloren die Lac Viêt ihre Vorherrschaft infolge der Kämpfe mit den Âu Viêt, deren Anführer An-duong 257 v. Chr. das Âu-Viêt-Reich gründete. Bei Ausgrabungen der alten Hauptstadt Co Loa in der Nähe des heutigen Hanoi kamen die Fundamente der Mauerringe zum Vorschein, deren äußerster einen Umfang von 8 km hatte. Co Loa muß eine mächtige Garnison beherbergt haben, da dort mehr als 10 000 Pfeilspitzen gefunden wurden. Die Soldaten des Königs An-duong waren mit Armbrüsten ausgerüstet, mit denen 10 Pfeile gleichzeitig abgeschossen werden konnten. Auch das Âu-Lac-Reich hatte nur kurzen Bestand. Als 221 v. Chr. die »Streitenden Reiche« unter die des Ch'in-Reiches kamen und der Großteil Chinas politisch in einem Großreich geeinigt wurde, begann auch der chinesische Expansionsdrang nach Süden. 208 v. Chr. eroberte der chinesische General Chao T'o das Reich Vietnam. Unter diesen Umständen geriet Vietnam immer mehr in den Einflußbereich Chinas und das kulturelle Erbe von Dông Son. In ihm finden sich schon zahlreiche chinesische Elemente, die sich immer mehr mit den Kulturäußerungen des kaiserlichen Chinas vermischten. Der sich daraus entwickelnde Kulturkomplex verbreitete sich weiter nach Indonesien und bis zu den Philippinen. In dieser letzten frühgeschichtlichen Phase entstand auf dem Boden des Neolithikums eine »Bronze-Eisen-Misch-

Grab des »Fliegenden Pferdes«; ein Hügelgrab in Kyŏngju im alten Sin-La-Reich, Korea. Die Endphase der lokalen Frühgeschichte von Korea und Japan ist durch gewaltige Hügelgräberbauten gekennzeichnet. Sie sind Ausdruck der Macht der Adelsfamilien, die die ersten staatlichen Gebilde schufen: die »Drei Reiche« in Korea und den Yamato-Staat in Japan.

kultur«, in der chinesische Einflüsse noch nicht von lokalen Weiterentwicklungen oder Einflüssen aus anderen Gebieten unterschieden werden können.

Die Bronze- und Eisenzeit in Korea und Japan

In Korea und Japan wurde die Metallurgie erst später bekannt; die frühgeschichtliche Phase der Bronze- und Eisenzeit dehnte sich dort bis in die ersten Jahrhunderte n. Chr. aus. Auch die Umstellung zur Landwirtschaft vollzog sich in beiden Ländern später, wenngleich primitive Formen von Hackbau bei den neolithischen Völkern anzunehmen sind. Aus vereinzelten Funden von Getreidekörnern oder deren Abdrücken auf Tonwaren – geschliffenen, sichelförmigen Steingeräten – schließt man, daß bereits vor dem 1. Jahrtausend v. Chr. Getreide angebaut wurde. Aus Sibirien, der Mandschurei und auch direkt aus China konnten Bauernfamilien leicht nach Korea auswandern und sich dort ansiedeln. Funde von bemalter Keramik des Yang-Shao-Typs und schwarzglänzende Lung-Shan-Ware weisen auf eine Verbreitung der Bauernkulturen des Gelben Flusses hin, die sich im Zusammenhang mit der landwirtschaftlichen Erschließung Nordostchinas während der Shang- und Chou-Periode durch kulturelle und ethnische Ausstrahlung weiter verstärkte. Kleinere Gruppen von Bauern konnten auch bis zu den japanischen Inseln vordringen und den dortigen Jōmon-Kulturen fortgeschrittene Ackerbaumethoden übermitteln, was sich aus einigen Bodenfunden schließen läßt.

Im Verlauf des 1. Jahrtausends v. Chr. befanden sich beide Länder am Zusammenfluß von Wanderbewegungen aus Nord- und Südchina, ausgelöst durch die unruhigen Zeiten der »Streitenden Reiche«, in der Folge auch durch die Expansionspolitik des vereinigten Großreiches der Ch'in-Dynastie. Die Siedler wandten sich oft massenhaft nach Indochina und Indonesien oder suchten Zuflucht in Korea und Japan. Aber auch aus dem Süden ergossen sich Ströme von Südmongolen und Austroasiaten nach Norden, was durch paläoanthropologische Befunde erwiesen ist. Alle diese Zuwanderer brachten ihre Fertigkeiten mit, führten in ihrer neuen Heimat die Naßfeld-Reiskultur, typische Ackerbaugeräte wie das Vierkantbeil, den leichten, auf Pfählen errichteten Holzbau, den Sonnenkult u. a. ein.

Jedenfalls scheint Japan engere Beziehungen zu Südasien gehabt zu haben, während Korea in dauerndem Kontakt mit dem Norden des Kontinents und mit China stand. Das schließt aber nicht aus, daß Einwanderer auch auf dem Seeweg über die Liao-Tung-Bucht, von Shantung und von den Küsten Mittel- und Südchinas – den Sitzen der alten Yüeh – kamen.

Die sino-koreanische Lo-Lang-Kultur

In Korea bereiteten Niederlassungen chinesischer Kaufleute und Handwerker den Boden für die spätere Expansionspolitik vor. Ende des 2. Jahrtausends v. Chr. kam ein großer Teil Koreas unter die Herrschaft des Han-Kaiserreiches. Unter den Verwaltungsbezirken kam Lo-Lang im Nordwesten der Halbinsel zu höchster Blüte. Die Bevölkerung seiner Hauptstadt Wang-Hsien (koreanisch Nang Nang), in der Nähe des heutigen Pjöngjang, wird für die damalige Zeit auf 400 000 geschätzt. Bei den Ausgrabungen der ausgedehnten Nekropole kamen eine große Menge an Kunstwerken zum Vorschein, Lacke, Seiden, Keramiken, Goldschmiedearbeiten, Metallgefäße, Pferdegeschirre, bronzene und eiserne Waffen, zum großen Teil

Importwaren aus China. Vieles davon dürfte von chinesischen Handwerkern hergestellt worden sein, die sich seit langem in der Kolonie niedergelassen hatten und nun über billige Arbeitskräfte verfügten, da die Han-Kaiser die einheimische Bevölkerung ausgiebig zu Fronarbeiten heranzogen. Lo-Lang war für die Akkulturation der Halbinsel von besonderer Bedeutung, ebenso für die Verbreitung der neuen chinesischen Technologien und für den wirtschaftlichen sowie kulturellen Aufschwung der noch bestehenden Staaten von Stammesfürsten. Überdies war Lo-Lang ein wichtiges Durchgangsgebiet für den chinesischen Handel mit Japan. Beträchtliche Mengen chinesischer Waren kamen auf dem Seeweg über die Inseln Tshushima und Oki nach Japan: Hellebarden, Dolche, Beile, Messer, Spiegel und Münzen, wahrscheinlich im Austausch gegen Minerale und Produkte aus Fischerei und Landwirtschaft.

Die japanische Yayoi-Kultur

Auf der japanischen Hauptinsel Kyūshū schritt die Bauernkolonisierung rasch voran. In den anbaufähigen Ebenen und längs der Flußläufe entstanden anstelle der Jōmon-Siedlungen immer mehr neue Bauerndörfer. Die Hütten in Holzstruktur standen etwas erhöht auf einem Pfahlgerüst und waren mit Rinde oder Stroh bedacht, eine für die Naßfeld-Reisbauern typische Bauweise. Reis wurde zur Hauptgrundlage der Ernährung und Wirtschaft.
Die ersten Funde dieser Kultur, die sich vom 3. Jh. v. Chr. bis in das 3.–4. Jh. unserer Zeitrechnung entwickelte, wurden Ende des vorigen Jahrhunderts gemacht. Die Kultur erhielt ihren Namen nach ihrem Fundort, dem Stadtviertel Yayoi-chō von Tokio. Anfangs waren die Werkzeuge noch überwiegend aus Stein gefertigt, aber viele Geräte und Waffen ahmten in Stein oder Holz festländi-

Malereien in einem Tumulusgrab von Takehara, Präfektur Fukuoka (Kyūshū/Japan); Kofun-Periode, 6. Jh. n. Chr. Mit der Megalitharchitektur der Kofun = *»Alte Gräber« wurde auch die bereits in China und Korea geübte Grabmalerei nach Japan verpflanzt. Die ältesten Zeugnisse datieren aus dem 4.–5. Jh. n. Chr.*

Waffengriff aus Feuerstein, Kofun-Periode (Genua, Chiossone-Museum).

sche Metallformen nach, die durch den Tauschhandel bekannt geworden waren. Einwanderer aus Korea und wahrscheinlich auch vom chinesischen Festland verbreiteten fortschrittliche Methoden der Bodenbearbeitung sowie die Technik der Bronzebearbeitung und des Gusses. Bald entwikkelte sich auch eine einheimische Bronzeindustrie, die sich vorerst auf Luxusartikel und Geräte für rituale Zwecke spezialisierte, vor allem auf Spiegel und »Glocken«. Unter dieser Produktion befanden sich nur wenige Waffen, darunter breite, dünne Speerspitzen, die jedoch für kriegerische Zwecke unbrauchbar waren, sondern vielmehr als Fruchtbarkeitssymbole anstelle der früheren phallischen Steinsetzungen zu deuten sind. Einige senkrecht in den Boden gerammte Bronzelanzen lassen auch an Abwehrzauber denken und dürften Vorläufer der in der Folgezeit belegten rituellen Vergrabung von Waffen sein.

Einzigartig in Form und Dekor sind jedoch die »Bronzeglocken« (*Dôtaku*), für die es auf dem Festland keine vergleichbaren Vorbilder gibt. Hinzu kommt, daß aus diesen, ursprünglich wohl als Klanginstrument benutzten, Objekten das Symbol eines dunklen, magisch-religiösen Rituals wurde. Die Dôtaku sind mit einfachen, fein gravierten oder reliefierten geometrischen Ornamenten, Spiralen, Dreiecken, Wellenlinien (*Ryū-Suimon*) verziert, aber auch mit, in rechteckigen Zonen aufgeteilten, stilisierten figürlichen Darstellungen, Tieren, Häusern sowie Motiven, die sich auf Akkerbau, Jagd und Fischfang beziehen.

Die Yayoi-Keramik – eine Weiterentwicklung der Jōmon-Traditionen – wird nun auf der Töpferscheibe gedreht. Ihre dünnwandigen rötlichen Gefäße kommen in kleinerer sowie mittelgroßer Ausführung vor. Stilisierte Tier- und Blattformen, geometrische Muster aus Haken, »T«-förmigen Linien, Spiralen und Mäandern bilden den Dekor, der manchmal an chinesische Vorbilder erinnert. Einige Vasen zeigen am Hals eine Maske oder ein menschliches Gesicht. Die Toten wurden in großen Tonkrügen bestattet, ein Brauch, der wahrscheinlich zusammen mit dem Megalithismus von Korea übernommen wurde.

Rechts: Tonstatuette eines Kriegers (Haniwa). *Höhe 64,2 cm, 6 Jh. n. Chr. aus Kamichûjô, Kumagaya, Region Saitama (Nationalmuseum Tokio).*

Die Tumulus-Kulturen

Als erste Zeugnisse der vom Kontinent ausstrahlenden Megalith-Tradition der Bronze- und Eisenzeit tauchen in Korea und auf den japanischen Inseln Dolmen und Steinkistengräber auf. Im weiteren Verlauf wurden mächtige Hypogäen und Kammergräber errichtet: in Nordkorea die riesigen Grabstätten aus Granitblöcken von Koguryô, im Süden und in Japan mächtige Hügelgräber.

Die Eisenzeit ist auf ihrem Höhepunkt; 313 n. Chr. fällt die chinesische Kolonie von Lo-Lang unter dem Ansturm kriegerischer Reiterscharen aus dem Norden, die die Herrschaft an sich reißen und die Voraussetzungen für das Entstehen neuer Territorialstaaten schufen: die »Drei Reiche« von Koguryô, Sin-La und Paekche. In Japan wird das Yamato-Reich zum Ausgangspunkt der *Kofun*-(Hügelgräber-)Kultur mit ihren charakteristischen Grabbeigaben: Waffen, Rüstungen, tönerne Pferde, »Ringe« oder »Zylinder« und die *Haniwa*, tönerne Krieger in voller Rüstung (möglicherweise als Grabwächter?), die eindrucksvoll die despotische Herrschaft über die Bevölkerung dokumentieren.

*Armschmuck in Form einer Hacke (*Kuwa-Ishi*); roter Granit. Japan, Kofun-Periode (Genua, Chiossone-Museum).*

Sibirien und die Steppen Asiens

Karl Jettmar

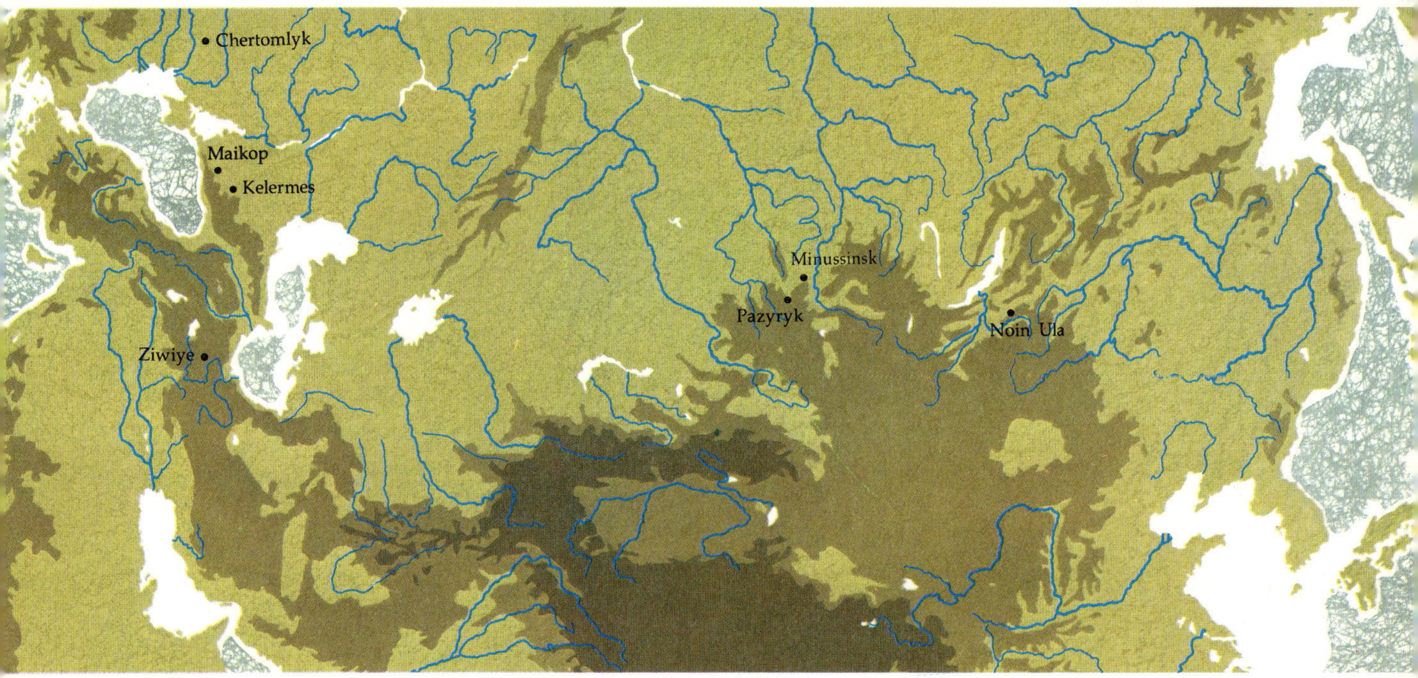

Der westliche Steppenraum und Südsibirien

Neolithikum und Bronzezeit: Ausbreitung der Viehzucht und das Problem der indoeuropäischen Wanderung

Lange Zeit herrschte die Meinung vor, daß die Viehzucht in dem Steppengürtel entstanden sei, der Asien durchzieht. Noch 1963 glaubte Zeuner, die Pferdezucht sei in Turkestan entwickelt worden – von indoeuropäischen Stämmen. Wie fragwürdig solche Behauptungen sind, wurde klar, als Tolstov, der Leiter der Chorezmischen Expedition, eine – ausnahmsweise – nicht durch Erosion zerstörte neolithische Station, Džanbaskala 4, ausgrub und sein Ergebnis weithin vernehmbar publizierte. Er stellte nämlich fest, daß deren Bewohner als seßhafte Fischer und Jäger in den Auwäldern an einem heute längst ausgetrockneten Arm des Amu-Darja lebten. Anscheinend hatten sie weder Haustiere noch Kulturpflanzen. Die »Kel'teminar-Kultur«, zu der sie gehörten, hatte also im 4. oder sogar 3. Jahrtausend v. Chr. den Schritt zur produzierenden Wirtschaft noch nicht vollzogen.

An diesem Ergebnis hat sich trotz heftiger Zweifel bis heute nichts geändert. Inzwischen kennt man nicht nur die »Kel'teminarier« besser, sondern auch verwandte oder ähnliche Kulturen in anderen Teilen des westlichen Steppenraumes. In der Wüste Kysylkum allein stieß man an über 800 Stellen auf Scherben und Steingerät, die als neolithisch eingestuft wurden. Wiederum fehlen in den wenigen unzerstörten Siedlungsplätzen Kulturpflanzen und Haustiere bis zum Ende des 3. Jahrtausends, obwohl seit dem 6. Jahrtausend v. Chr. ausgedehnte Seen und Wasserläufe gute Siedlungsbedingungen schufen, jedenfalls bessere als in der Bronze- und Eisenzeit. Ähnlich negativ sind die Ergebnisse im nördlichen Kasachstan und im angrenzenden Westsibirien. Man stieß auf eine große Zahl von Lokalkulturen, alles Fischer und Jäger, zum Teil von der Kel'teminar-Kultur beeinflußt.

In den Oasengebieten, die den Gebirgen am Nordrand des iranischen Plateaus vorgelagert sind, ist hingegen der Übergang zur produzierenden Wirtschaft bereits im Mesolithikum, d. h. im 7. Jahrtausend v. Chr. eingetreten. Auf dieser Basis bildeten sich am Südrand der Steppenzone Agrarkulturen – Dscheitun, Anau IA, Namazga I–III –, in denen bald proto-urbane Siedlungen entstanden (Namazga IV). Einflüsse Mesopotamiens und Irans ließen hier gegen Ende des 3. Jahrtausends v. Chr. so charakteristische Hochkulturerscheinungen auftreten wie die gestufte Tempelpyramide (Masson 1976a, 1976b; Masimov 1976).

Wie ist nun in den Steppen spät, aber mit um so größeren Auswirkungen der Übergang zur produzierenden Wirtschaft erfolgt? Welche Rolle spielten dabei die Träger tocharischer, indoarischer und iranischer Sprachen? Wenn wir von der bisher unwiderlegten Hypothese ausgehen, die Urheimat dieser Völkerschaften sei irgendwo in den Steppen und Waldsteppen Osteuropas zu suchen – jedenfalls in Europa –, dann müssen wir uns fragen, wie sie nach Osten und Südosten in ihre späteren Wohnsitze gelangt sind: über den Kaukasus oder aber auf einer nördlichen Route durch die Wolganiederung das Kaspische Meer umgehend?

Den wichtigsten Beitrag zur Lösung dieses Problems bildet eine Analyse der Kulturfolge im Kerngebiet der Kel'teminar-Kultur. Nach einer Übergangsphase, der Kamyšlinsker Kultur, folgt die Sujargan-Kultur dem ausgehenden 3. und der ersten Hälfte des 2. Jahrtausends angehörend, weiter die besser belegte Tazabagjab-Kultur (in drei Phasen zwischen dem 15. und 11. Jh. v. Chr.), schließlich die Amirabad-Kultur, die bis unmittelbar an die Zeit der Nomadisierung (im 7. Jh. v. Chr.) heranreicht. In diesem Ablauf ist kein Bruch feststellbar, der auf eine Eroberung hindeuten würde. Immer wieder folgen Infiltrationen, meist aus den Uralsteppen, aber auch südliche Einflüsse und solche aus dem Nordosten fehlen nicht. Die bereits in der Übergangsphase Kel'teminar – Sujargan einsetzende Viehzucht wird intensiver, jedoch in Verbindung mit Feldbau. Umfangreiche Bewässerungssysteme werden angelegt. Erst in der Amirabad-Kultur weichen halbunterirdische Häuser und Ställe leichten, nur kurzfristig bewohnten Hütten.

Zunächst wurde der gesamte Steppenraum als Verbreitungsgebiet der Andronovo-Kultur (in mehreren Phasen 17.–7. Jh. v. Chr.) aufgefaßt. Es entstand das Bild einer riesigen, anscheinend relativ friedlichen Welt von Steppenbauern und Viehzüchtern zwischen Uralfluß und Minussinskgebiet. Die Nordgrenze zeichnete man etwa dem Verlauf der transsibirischen Eisenbahn entsprechend; südliche Ausstrahlungen entdeckte man im Tienschan. Beträchtliches Scherbenmaterial von Andronovo-Charakter wurden im Bereich der Agrarkulturen Turkmeniens gefunden. Allerdings ließ sich kein Ausstrahlungszentrum entdecken, stark genug, um das rasche Entstehen eines so ausgedehnten Verbandes zu erklären. Einzelne Indizien (z. B. für die Herkunft aus der Altgrubengräber-Kultur und der auf sie folgenden Katakombenkultur) erwiesen sich als hochgespielt.

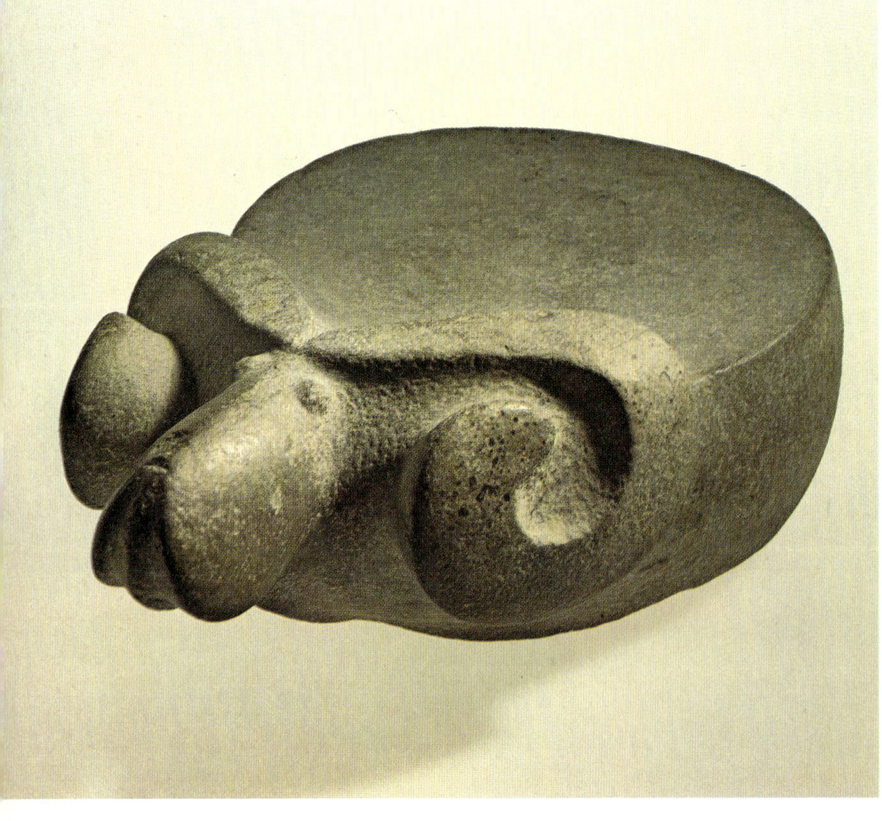

Steinplatte zum Zerquetschen rituell bedeutsamer Substanzen (Soma?), mit der Skulptur eines Widderkopfes geschmückt. Westiran, Streufund (formgleiche Stücke im Ural und in Westsibirien). Ende des 2. Jahrtausends v. Chr. Höhe der Platte: 11 cm, Durchmesser 25 cm (Rietbergmuseum, Zürich).

Rechts: Hirschfigur aus dem 2. Pazyryk-Kurgan, Altai, Ende des 5. Jh.s v. Chr. Holzschnitzerei, Geweih aus Leder, früher mit Metallfolie überzogen. Gesamthöhe 14 cm. Vielleicht Teil eines Diadems (Leningrad, Eremitage).

Man zieht es heute vor, wenn überhaupt, von einem »Andronovo-Kreis« zu sprechen. Es stellte sich nämlich heraus, daß es – wie in Chorezm – jeweils eine lokale Basis gibt, lediglich durch diffuse Einflüsse verändert und angeglichen. Einen dieser Vorgänge, das Entstehen einer frühen Variante des Andronovo-Kreises aus meist westlichen Vorstufen, haben soeben Smirnov und Kuz'mina dargestellt.

Bei erheblichen Unterschieden, z. B. in der Bestattungsweise, wurden die Kulturen dieses Typs durch die Abhängigkeit von bestimmten Erzlagerstätten verbunden. Zinn kam aus den überaus ergiebigen Lagern des Altai. Dennoch dürfte es kein spezialisiertes Handwerk gegeben haben. Überhaupt sind Anzeichen für soziale Differenzierung selten. Entschieden progressive Züge zeigt hingegen die Kultur von Zaman Baba, sie kann geradezu als Ableger der südlichen Agrarkulturen aufgefaßt werden.

Daß es auch Wanderungen ganz anderer Art gegeben hat, zeigt die Ausgrabung eines relativ kleinen Gräberfelds am Sintašta, einem Nebenfluß des Urals. In riesigen Gruben wurden hier die Toten mit den Resten zahlreicher Haustiere (Pferde, Rinder, Schafe) beigesetzt. In fünf Fällen wurden auch Streitwagen beigegeben (im Erdreich sind Abdrücke von Rädern mit 10 Speichen erhalten geblieben). Sekundärbestattungen wurden beobachtet, auch die Anlage eines Dromos. Über der bereits geschlossenen Kammer wurde vor dem Aufschütten des Hügels ein Holzstoß abgebrannt. Jetzt wird nach Parallelen in den Ritualtexten der Veden oder des Avesta gefahndet.

Die unerwartete Vielfalt ist nur erklärbar, wenn man annimmt, daß Rückwanderer aus dem Vorderen Orient die lokale Tradition durch »revolutionäre« Ideen bereicherten. Spätere Mitbringsel die-

Rechts: Stangenbekrönung mit Elchfigur aus dem Ordosgebiet, 5. oder 4. Jh. v. Chr. Etwa ²/₃ nat. Gr. (British Museum, London)

ser Art ins Uralgebiet könnten Widdersteine sein, Steinplatten, deren Rand als Widderkopf skulptiert ist. Solche Widdersteine sind inzwischen in großer Zahl in Westiran aufgetaucht. Sie hängen mit Tonschalen zusammen, besonders transkaukasischen, deren Rand ebenfalls mit Widderköpfen geschmückt war. So verbreiteten sich auch Trensen vorderasiatischer Form im Steppenraum, von denen nur die aus Knochen gefertigten Wangenplatten gefunden wurden.

Es können hier nicht alle Indizien angeführt werden, die für die grundsätzliche Unterscheidung von zwei Typen von Bewegungen sprechen:

1. In allmählicher Diffusion und Infiltration formierten sich unter indoeuropäischem Einfluß jene Stämme der Steppenbronzezeit, die zum Andronovo-Kreis zusammengefaßt werden können.

2. Daneben gab es Wanderungen über weite Entfernungen, vielleicht ausgelöst durch die Rückkehr von Pferdezuchtspezialisten, die für Hethiter und Mitanni tätig gewesen waren. Sie brachten Kunde vom Reichtum und von den Ideen südlicher Hochkulturen.

Deshalb sind die Hinweise Staculs, die Friedhöfe am Gebirgsrand des heutigen Nordpakistan enthielten europäische Elemente (Brandbestattung, Gesichtsurnen, Nadeltypen, Dekorationsmotive), nicht einfach beiseitezuschieben. Erst vor kurzem hat sich herausgestellt, daß Streitwagen auf Felsbildern in der ganzen Ausdehnung des Steppenraumes vorkommen. Gerade die Mongolei scheint reich an solchen Darstellungen zu sein. Damit schließt sich die Lücke zwischen der Streitwagenverwendung im Nahen Osten und jener in Ostasien im Königsritual der Shang-Zeit.

In einem entlegenen Winkel Südsibiriens, dem ungewöhnlich gut untersuchten Minussinskgebiet, sind zwei aufeinanderfolgende Kulturen bekannt, in denen Metallurgie und Viehzucht frühzeitig erscheinen. Eine, die Afanasjevo-Kultur, enthält westliche Elemente. Auf Steinplatten, die in Gräber der von Südosten eindringenden Okunev-Kultur eingebaut wurden, fand man Zeichnungen, die neben abstrakten Masken realistisch dargestellte Rinder zeigen – vermutlich doch Haustiere – aber

Rechts: Filzapplikation aus dem 5. Pazyryk-Kurgan, Altai. Mitte des 4. Jh.s v. Chr. Reiterfigur in fremdländischer Kleidung. Gesamtgröße der Filzplane (vielleicht Teil eines Zeltes) 4,5 × 6,5 m (Leningrad, Eremitage).

Unten: Satteldecke mit Applikationen und Behängen aus dem gleichen Material geschmückt, die Tierköpfe und Tierkämpfe zeigen. Deutlicher vorderasiatischer Einfluß. Farben ursprünglich grell und unrealistisch. Material: Filz, Leder, Pferdehaar. 1. Pazyryk-Kurgan, Altai, Anfang 4. Jh. v. Chr. Länge 120 cm, Breite 60 cm (Leningrad, Eremitage).

auch einen Himmelswagen(?). Damit soll nicht behauptet werden, daß der Minussinsk-Kessel, diese archäologische Wunderwelt am Jenissei, in der Wanderungsgeschichte der Indoiranier eine besondere Rolle gespielt habe: Hier beobachten wir nur die Ausläufer von Wellen, deren Ursprungsgebiete in weniger erforschten Regionen lagen. Nach einer längeren Phase der Eingliederung des Minussinsk-Beckens in den Andronovo-Kreis setzt in den letzten Jahrhunderten des 2. Jahrtausends die Karasuk-Kultur ein. Ihre Metallurgie gehört zum zentralasiatischen Bereich, d. h. sie hängt mit der sich steil entwickelnden Bronzeindustrie Nordchinas zusammen. Möglicherweise wurde sie aber doch von Stämmen vorwiegend westlicher Herkunft getragen, die in einer vorausgehenden Phase bis in die Randgebiete Chinas vorgedrungen waren und sich dort mit Angehörigen der mongoliden Großrasse vermischt hatten.

Die größten Schwierigkeiten für jeden, der die Wanderungsgeschichte der iranischen Stämme archäologisch belegen will, bildet die Randzone des iranischen Plateaus. Während der Bronzezeit zieht sich ein Band von Oasenkulturen durch Südturkmenien. Es greift auf Nordafghanistan über und erreicht schließlich die Landschaften nördlich vom Amu-Darja, Ausläufer gehen bis nach Ferghana. Ein Bruch in der Kulturfolge ist vor dem Ende der Bronzezeit nicht nachweisbar. Feststellbare Fremdeinflüsse stammen aus dem Südwesten und Westen, aus Luristān und Transkaukasien. Die Iranisierung dieses Raumes könnte dennoch als archäologisch schwer nachweisbare Unterwanderung aus dem Norden erfolgt sein. Dafür sprechen vielleicht Friedhöfe im angrenzenden Südtadschikistan, in denen man Elemente eines Steppenrituals, aber auch ein kompliziertes Feuerbrauchtum beobachtet hat. Die andere Erklärung besteht in der Annahme, die Iranier seien erst in der Eisenzeit in diesen Raum gelangt. Dann muß man allerdings annehmen, daß Zarathustra ein Zeitgenosse der frühen Achämeniden war.

Die Zeit der frühen Nomaden – politische und soziale Geschichte

Darstellungen auf assyrischen Reliefs zeigen, daß sich zwischen dem 9. und dem 7. Jh. v. Chr. nicht nur die Schirrung progressiv verändert, sondern auch Sitz und Kampftaktik der Reiter. Vom »Dioskurensystem«, bei dem immer Reiterpaare agieren – einer dirigiert beide Pferde, während der andere kämpft, wie beim Streitwagen –, geht man zu dem uns bekannten Kavallerieeinsatz über. Die allmähliche Veränderung beweist, daß man nicht bereits längst im Steppenraum Bestehendes übernahm, sondern einer sich dort vollziehenden technischen Entwicklung folgte, wohl unter dem permanenten Einfluß nördlicher Hilfsvölker.

Sowjetische Autoren glauben, daß die Entwicklung des Reitens in den Steppen im Rahmen einer ökonomischen Umstellung erfolgte. In Analogie zu den Vorgängen, die sich in den Prärien der Neuen Welt nach Einführung des Pferdes durch die Europäer vollzogen haben (allerdings anders programmiert durch die Existenz riesiger Büffelherden) entwarfen sie folgendes Modell:

Die Hirten der Andronovo-Bevölkerung drangen mit ihren Herden immer weiter in die Steppe vor.

Nur zur Winterszeit kehrten sie in die Dörfer zurück. Dann aber trennten sich einzelne Wagemutige von den Seßhaften. Auf Wohnwagen nahmen sie ihre Familien mit. So konnte neues Weideland erschlossen werden. Rinder erwiesen sich dabei als hinderlich, daher bevorzugte man Pferde und Schafe. Der Ackerbau verkümmerte.
Als diese Tendenz um sich griff, kam es zu blutigen Zusammenstößen. Das verfügbare Land mußte aufgeteilt werden. Berittene schützten die Herden und griffen die der Nachbarn an. Wer unterlag, zog weiter in das Gebiet seßhafter Gruppen. Dann verließen auch diese ihre unbefestigten Dörfer und hörten auf, ihre Felder zu bestellen. Man schloß sich zu größeren Verbänden zusammen, Kriegshäuptlinge gewannen an Macht. Nur dort, wo sich die Agrarbevölkerung solchen Stämmen unterwarf, konnte sie ihren Anbau beibehalten. Damit wurde sie den neuen Herren der Steppe tributpflichtig, den Reiternomaden, die nach dieser Kettenreaktion als freie Stämme auftreten. Die Reiternomaden gelten demnach als lokal entstanden. Wenn man ihre seit dem Ende des 7. Jh.s sehr ähnlichen Kulturen »skythisch« nennt, so dient das nur als Bezeichnung einer Periode. Die Skythen, das herrschende Volk Südrußlands, sind eben durch die Symbiose mit griechischen Kolonien besonders gut bekannt. Die Aussage der Funde entspricht nicht ganz diesem Schema. Wie schon um die Mitte des 2. Jahrtausends v. Chr. gibt es zu Beginn des 1. Jahrtausends v. Chr. Indizien für Wanderungen, die so weiträumig sind, daß sie nicht durch regionale Auseinandersetzungen allmählich entstehender Reiterkrieger erklärt werden können. In den west-chou-zeitlichen Holzkammergräbern von Pai-fu, Ch'ang-p'ing (d. h. in einem Vorort von Peking), fand man Trensenknebel europäischen Typs neben Dolchen der Ordoskultur und gut datierbaren chinesischen Bronzen. Dabei bestätigt sich der Eindruck, der sich bereits bei der Durchsicht der Knebelformen aus Hsints'un gewinnen ließ. Das ältere Schirrungssystem der Shang-Kultur (Wangenplatten mit Gebißstücken aus vergänglichem Material) ist abrupt von einem anderen System abgelöst worden, das gebogene Knebel zusammen mit Metallgebissen verwendet. Die Vorstufen dieses neuen Systems, das übrigens nach kurzer Zeit wieder verschwindet und nur im Dekor der wiederverwendeten Wangenplatten weiterlebt, kennt man in Europa und

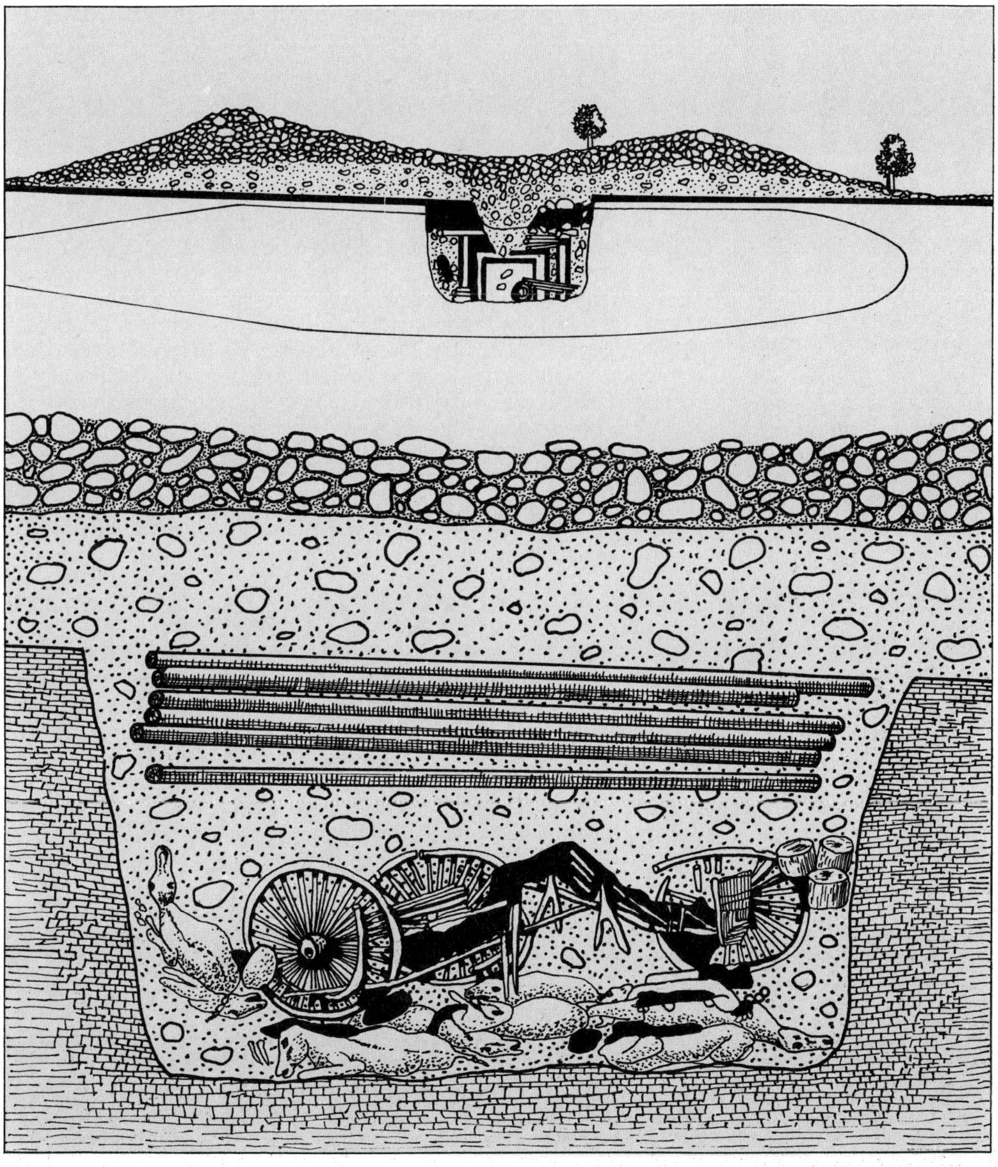

Pazyryk-Kurgan Nr. 5 in zwei senkrechten Schnitten. Oben: Gesamtaufbau, Schnitt durch die Innenkammer. Die Umrisse der Eislinse sind eingezeichnet. Unten: Schnitt außerhalb der Kammer angesetzt und zwar durch die Seite der Grabgrube, in die die Pferdekadaver, hier auch ein Wagen und Filzplanen, deponiert sind. Nach Rudenko 1953 und einer im »Scientific American« veröffentlichten Skizze.

Teil einer paarigen Gürtelschließe. Ein phantastisches Raubtier, gehörnt und geflügelt, überfällt ein Pferd. Beide Tiere zeigen Inversion, d. h. Verdrehung des Hinterleibes. Kammern für Einlegearbeiten leer. Gold, gegossen, Höhe 8 cm, Breite 12,3 cm. 4.–3. Jh. v. Chr. (Schatz Peters d. Gr.)

Anatolien, kaum aber in den asiatischen Steppen. Soll das heißen, daß die erobernden Chou von Kontingenten unterstützt wurden, die aus dem fernen Westen kamen?

Bewegungen von solcher Reichweite können mit Herrschaftsbildungen zusammenhängen oder zu solchen führen. Ein Zeugnis für das Bestehen eines sakral überhöhten Königtums ist der Aržan-Kurgan in Tuwa. In einer runden, zylindrischen Plattform aus Steinen (ursprünglicher Durchmesser 105 m, Höhe bis zu 5 m) steckt eine Konstruktion aus Baumstämmen, (2–2,5 m hoch und 80 m im Durchmesser). In der innersten Kammer der Anlage waren ein älterer Mann und eine Frau in trogartigen Särgen aus Baumstämmen beigesetzt, ursprünglich reich geschmückt, aber völlig beraubt. Die umgebende größere Kammer enthielt noch zwei weitere Balkenverschläge und sechs Baumsärge, in denen meist ältere Männer beigesetzt waren. Auch hier fanden sich nur wenige Überreste reicher Beigaben. Zu den Toten gehörten individuell geschmückte Pferde. Die größere Kammer wurde ihrerseits von einem Spinnennetz weiterer Holzkammern umgeben. Sie waren vermutlich in neun Sektoren gegliedert. Zu jedem Sektor gehörten innere, mittlere und äußere Kammern, so daß letzten Endes ein riesiger Rundbau resultiert. Da die meisten dieser Kammern seit jeher leer waren, kam es offenbar darauf an, das Grab mit dem Modell einer Rundsiedlung zu umgeben. In und zwischen den Kammern wurden aber nun einzelne Baumsärge, vor allem aber weitere Pferdekadaver entdeckt. Es handelt sich um ganze Abteilungen. Grjaznov vermutet Einheiten von 15 und 30 Tieren, jeweils mit Kopfgeschirren des gleichen Systems ausgestattet. Träger mehrerer Lokalkulturen müssen dem Fürsten von Aržan die letzte Ehre erwiesen haben.

In dem spärlichen Metallinventar, das die Beraubung überstanden hat, gibt es Gegenstände, die man (spätestens) ins 6. Jh. v. Chr. datieren könnte (Stangenbekrönungen, einen wundervollen großen Bronzebeschlag in Gestalt eines zum Ring zusammengeschlossenen Katzentiers, einen Streitpickel und einen Dolch, andererseits aber Typen, die man fast nur aus den pontischen Steppen Südrußlands, dort jedoch aus der »vorskythischen« Periode, also dem 8., spätestens dem beginnenden 7. Jh. kennt. Daraus schloß der Leiter der Ausgrabung, Grjaznov, der Aržan-Kurgan gehöre tatsächlich dem 8. Jh. v. Chr. an, er zeige uns eine bisher unentdeckt gebliebene Vorstufe der »skythisch« genannten Kunst und Kultur. Die normalerweise später datierten Objekte hätten eben damals schon existiert.

Es eröffnen sich aber auch noch weitere Perspektiven. Das Stadtmodell, das das Grab umgibt, liegt bereits einer noch dem 2. Jahrtausend angehörenden Anlage zugrunde. Sie wurde von Sarianidi auf afghanischem Boden freigelegt: die »Tempelstadt« von Dašly 3.

Ebenso wichtig ist die Tatsache, daß die Bestattungen oberirdisch, und zwar in Baumsärgen stattfinden, die eigentlich zur freien Aufstellung geschaffen wären. Dieses Prinzip hat sich noch jahrhundertelang in jenem Raum erhalten, für den es geeignet ist, nämlich im Tarimbecken. Die Kafiren konnten es in der Einsamkeit ihrer Berge bis zur Gegenwart bewahren. Es ist im Hindukusch zur Zeit Alexanders nachweisbar. Auf einem uns unbekannten Weg muß es in die zoroastrische Religion eingedrungen sein, hat aber auch die Beisetzung der frühen Achämeniden beeinflußt.

Zwischen Dašly 3 und Aržan muß es Verbindungsglieder geben, die uns noch unbekannt sind. Die Tradition eines Königtums mit hochentwickel-

Rechts: Grundriß der »Modellstadt« von Dašly 3 (mit neuntürmigem Zentralrondell, strahlenförmig angeordneten Wohnbauten, durch zwei konzentrische Mauerzüge gegliedert. Rechteckige Umfassungsmauer und Graben. Vermutlich Vorbild für die Konstruktion der Kammern um die Bestattung in Aržan.

tem Ritual und sakral verbrämten Ansprüchen hat sich wohl kaum in Tuwa gebildet. Angeblich ist in Aržan Gewebe vorderasiatischer Herkunft gefunden worden, das in diesen Zusammenhang gehören könnte. Ein solches Verbindungsglied muß den Dandybaj-Begazy-Komplex in Ostkasachstan beeinflußt haben, den Kyzlasov für die Vorstufe der Aržan-Kultur hält.

Zeugnisse für einen Königskult, der ebenfalls mit einem mächtigen politischen Zusammenschluß erklärt werden muß, entdeckte man am Unterlauf des Syr-Darja. Beim Gräberfeld Tagisken, in der Nähe einer weiteren Nekropole, Ujgarak, wurden Mausoleen gefunden, die mit Hilfe der von den Grabräubern verschmähten Keramik spätestens ins 8. Jh. v. Chr. datiert werden konnten. Der Plan dieser aus luftgetrockneten Ziegeln errichteten, innerhalb des Steppenraums völlig überraschenden Anlagen zeigt ineinandergeschachtelte runde und quadratische Räume. Das Niederbrennen dieser Bauten dürfte zum Bestattungsritual gehört haben. Die angrenzenden (späteren) Gräber zeigen Varianten dieses Brauchs. Die Toten wurden in Hütten aufgebahrt, die man anzündete. Erst dann wurde der Grabhügel *(Kurgan)* aufgeschüttet. In anderen Fällen, z. B. bei Ujgarak, liegt der Tote in einer Grube, die Pfosten der Hütte sind nur mehr angedeutet. Spätere Gräber weisen einen Zugangsschacht *(Dromos)* auf. Man glaubt, bei den Bestatteten eine soziale Staffelung in Priester, Krieger und gemeines Volk beobachten zu können. Das Inventar hat Verbindungen, die weit nach dem Osten reichen, bis nach Aržan und darüber hinaus. Andererseits finden wir Symbole und Heilszeichen, die vermutlich in Südrußland entstanden sind (Kreuz und konzentrische Kreise, Rad mit kreuzförmigen Speichen). Die Pferdegeschirre wiederum zeigen Formen, wie sie aus Transkaukasien bekannt sind.

Unten: Plan des Grabens von Aržan (Tuwa). Von außen präsentierte es sich als riesige Steinplattform (105 m im Durchmesser, bis zu 5 m hoch). Im Innern barg sie eine Konstruktion aus mächtigen Balken mit über 100 Kammern, die eine Stadtanlage, in 9 Sektoren gegliedert, darstellte. In der Mitte wurde der König in der innersten Kammer bestattet, von einigen Würdenträgern und von Pferdehekatomben umgeben.

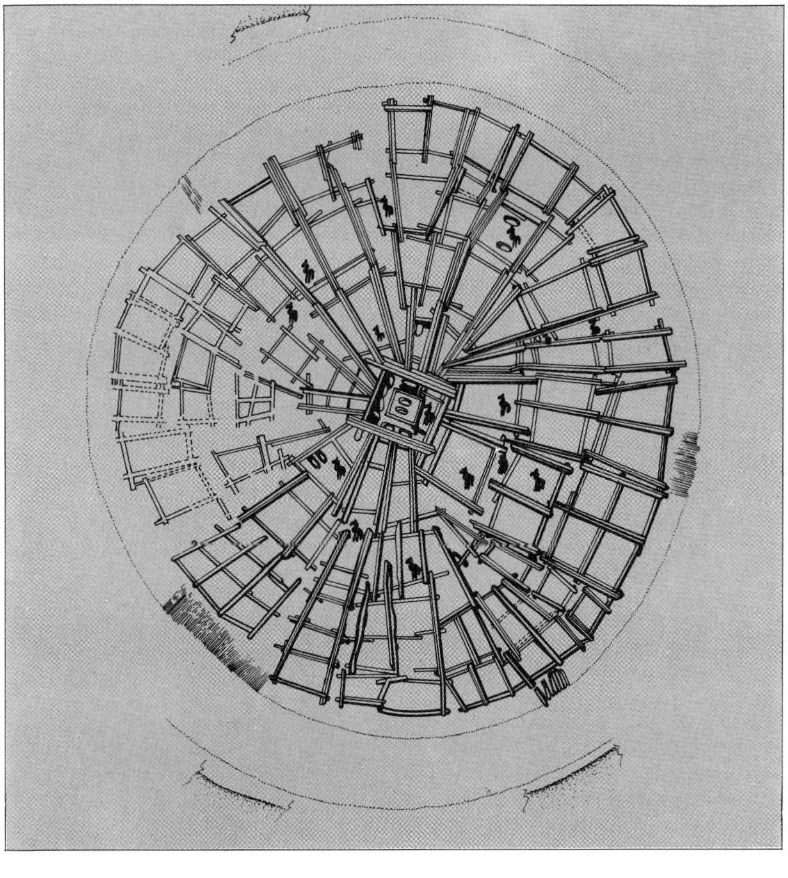

Die Mausoleen und die zeitlich anschließenden Beisetzungen wurden mit den Saken in Verbindung gebracht, jenen Stämmen, zu denen ursprünglich auch die pontischen Skythen gehört haben. Vermutlich waren solche Saken noch vor dem Eingreifen der Kimmerier und Skythen an den Kämpfen beteiligt, die sich die Militärmächte des Vorderen Orients, besonders Assur und Urartu, lieferten. Alle Stämme, aus denen Reisläufer in den Vorderen Orient zogen, haben neben materiellem Plünderungsgut mannigfache Anregungen empfangen. Es ist jedoch unwahrscheinlich, daß fast alle entscheidenden Neuerungen der folgenden Phase, die »skythische Trias« (Bewaffnung, Schirrung und Tierstilkunst), aus den Randgebieten des Vorderen Orients stammen, wie Artamanov meinte.

Auf eine Einwanderung der pontischen Skythen aus dem Osten deutet, daß spätestens seit der Mitte des 7. Jh.s v. Chr. in der Waldsteppenzone Südrußlands Gräber angelegt wurden, die keine lokalen Vorstufen haben. Ihr Ritual stimmt vielmehr mit dem von Tagisken – Ujgarak überein. Auch in Südrußland wurden die Toten unter Beigabe von Pferden und reichem Schmuck in hölzernen Verschlägen beigesetzt, mit den bekannten Pfostenkonstruktionen. In den Fällen, in denen der Verschlag in eine Grube hineingestellt wurde, hat man auch einen Dromos angelegt. Häufig ist die Konstruktion vor der Aufschüttung des Erdhügels niedergebrannt worden. Diese Gräber liegen außerhalb des eigentlichen Weidegebiets des herrschenden Stammes der Königlichen Skythen – der Steppen am unteren Dnjepr – entweder in der Waldsteppenzone oder im Kubangebiet. Das entspricht dem von Herodot bezeugten Brauch, die Beisetzungen in einem fernen Totenland vorzunehmen. In bestimmten Gebieten hat die den Vorgängern der Skythen, den Kimmeriern, zugeschriebene »Novočerkasker Kultur« noch eine Weile weiterexistiert, so daß Entlehnungen hinüber und herüber erfolgten. Diese These ist mit den widersprüchlichen Angaben Herodots über die Herkunft der pontischen Skythen vereinbar, wenn man annimmt, daß in vorausgegangenen Jahrhunderten kriegerische Abteilungen aus Osteuropa an den turbulenten Vorgängen in den asiatischen Steppen teilgenommen hatten. Vermutlich waren sie an der Entstehung der Saken beteiligt.

Hälfte einer Gürtelschließe. Unter einem Baum liegt ein Krieger (sein Bogenfutteral hängt im Baum) mit dem Kopf im Schoß einer Frau. Ein hinter ihm sitzender Mann hält eines der beiden gesattelten Pferde. »Anekdotische Platte«, die eine Episode aus einer populären Erzählung (Rast nach geglückter Entführung der Frau?) ausdrückt. Kopfbedeckung der Frau wie im 5. Pazyryk-Kurgan tatsächlich beobachtet. Gold, gegossen, 464,7 g schwer. Basislänge 16,5 cm. 4.–3. Jh. v. Chr. (Schatz Peters d. Gr., Eremitage, Leningrad)

So läßt sich den Skythen sowohl einheimische Entstehung wie Zuwanderung bescheinigen.
Die Königstradition der Saken hat auf die Steppen an Wolga und Ural übergegriffen (Hügelgräber von Pjatimary I), sie blieb aber dort von begrenzter Bedeutung. In diesem Raum sind Gräberfelder bekannt, in deren Zentrum unter besonders mächtigen Hügeln Frauen beigesetzt sind – mit Waffen und priesterlichem Gerät. Hier wird der reale Hintergrund der Amazonenlegende sichtbar. Es ist üblich geworden, in diesen reichen, gut dokumentierten Komplexen die Vorfahren der Sarmaten zu sehen. Entsprechende Gräberfelder in Zentralkasachstan werden zur Tazmolin-Kultur zusammengefaßt. Man versuchte zu zeigen, daß sich dort die eingesessenen Andronovo-Stämme allmählich in Nomaden skythischen Typs verwandelten.
Besonders reich an Grabfunden ist Ostkasachstan. Dazu gehören das Siebenstromland und das Einzugsgebiet des Irtysch. Am Rand der Gebirge zu beiden Seiten der Dsungarischen Pforte gibt es beste Weidegründe, bei denen die Nomaden jahrhundertelang ihre Toten in Hügelgräbern bestatteten. Die Sibirische Kollektion, jene massiv gegossenen, bis heute an Pracht und Schönheit unübertroffenen Goldgegenstände, die Zar Peter d. Gr. seiner Kunstkammer zuwies und heute den Stolz der Eremitage bilden, müssen in dieser Gegend von Grabräubern erbeutet worden sein.
Leider ist bis heute kein vergleichbarer Fund mehr gemacht worden. Im Innern der großen Besšatyr-Kurgane am Ili stand – über dem gewachsenen Boden – eine Kammer aus riesigen Stämmen mit einem hölzernen Dromos. Sie waren also leicht zu plündern und sind total ausgeräumt. Auch hier stoßen wir auf Indizien für ein Feuerritual. Der größte noch ungeöffnete Grabhügel ist wie Aržan von Steinsetzungen (94!) umgeben, den Spuren späterer Erinnerungsfeste. Es ist nachgewiesen, daß die Hügel in mehreren Arbeitsperioden aufgeschichtet wurden – auch das im Zeichen fortwirkender Pietät. Einige Meisterwerke der frühen Nomadenkunst stammen aus dem »Goldenen Kurgan«, den Černikov südlich vom Zajsan-See ausgrub, an der heutigen chinesischen Grenze. Auch dort beobachtet man Holzbau und Dromos.
Als unversehrt erwies sich das Nebengrab in einem der Großkurgane der Nekropole Issyk, nur 50 km östlich von Alma Ata. Man fand endlich Gold, das der Formenwelt der Sibirischen Kollektion angehört. Es sind meist dünne Bleche zum Schmuck der Kleidung, insgesamt immerhin 4000 Stück. Eine Silberschale zeigt eine Inschrift, die noch nicht entschlüsselt werden konnte. So muß es bei der Vermutung bleiben, hier erstmals sakische Schrift und Sprache entdeckt zu haben. Den Persern ist aufgefallen, daß zur Tracht einer sakischen Gruppe die spitze Mütze gehörte. Tatsächlich ist im Issyk-Kurgan eine überaus hohe, spitze und auch noch mit Pfeilen dekorierte Kopfbedeckung gefunden worden. Die aufgenähten Goldbleche sollen möglicherweise die Schichten der Welt darstellen. Vielleicht war der Bestattete ein Priester.
In etwas früherer Zeit, d. h. im 5.–4. Jh. v. Chr., legte man im benachbarten Altai Gräber an, deren Inhalt durch Einfrieren in einer Eislinse erhalten geblieben ist, soweit er nicht der bald nach der Erbauung erfolgten Beraubung zum Opfer gefallen war. Die Lage hart an der Grenze ewig gefrorenen Bodens und eine Kappe aus Steinen über der Hügelaufschüttung haben dieses Wunder bewirkt. Über die Eiskurgane liegen zahlreiche Arbeiten in westlichen Sprachen vor. Die grundlegenden Ausführungen des Leiters der Ausgrabungen von Pazyryk und Tuekta, Rudenko, wurden ins Englische übersetzt. Die reich gekleideten und mumifizierten Toten ruhen in sorgfältig bearbeiteten und dekorierten Baumsärgen, ihnen wurde eine größere Anzahl geschmückter Pferde mitgegeben. Eine Kammer mit doppelter Wandung

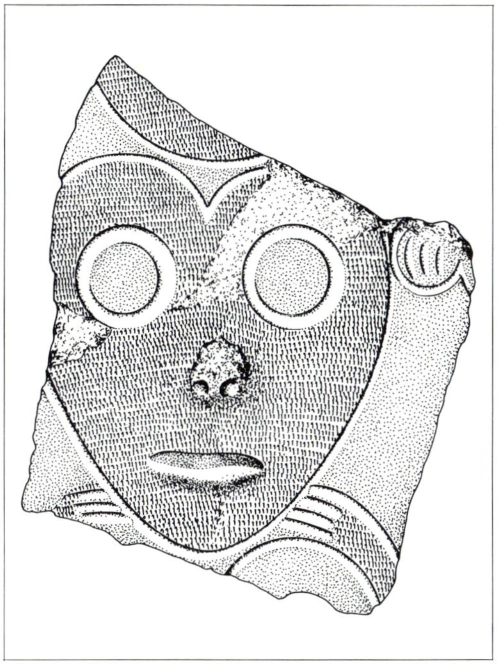

Scherbe eines Tongefäßes mit Darstellung eines menschlichen Gesichts. Station Voznesenovka, Kreis Chabarowsk, Küstenprovinz. 2. Jahrtausend v. Chr. Höhe 17 cm, Breite 12 cm (Institut für Geschichte, Philologie und Philosophie, Akademie der Wissenschaften der UdSSR, Sibirische Abteilung, Nowosibirsk).

umschließt den Sarg und reiche Beigaben: Tafelgerät und Speisen, Waffen (leider fast völlig geraubt), aber auch Musikinstrumente und eine Apparatur zum Inhalieren von Haschisch. Auch die größten der bisher bekannten Altai-Kurgane zeigen nicht das volle königliche Ritual von Aržan, sondern nur abgestufte Ausschnitte. Die Zeit der religiös fundierten Zusammenschlüsse in diesem Teil des Steppenraumes ist vorbei. Der (hypothetische) Ausgangszustand ist wiederhergestellt: das Mosaik freier Stämme. Dies gilt vermutlich auch für die Nomaden im heutigen Kasachstan.
Aber auch die freien Stämme unterhielten lebhafte Handelsverbindungen und unternahmen weitreichende Kriegszüge. Dafür sprechen Dinge in den Altai-Kurganen, die wahrscheinlich als Plünderungsgut betrachtet werden müssen: achämenidische Stoffe und chinesische Seide. Vielleicht gewannen jene Yüeh-chih, die im 4. Jh. v. Chr. den Chinesen lästig wurden, an Bedeutung, weil sie Mitkämpfer aus der Tiefe der Steppenzone einsetzen konnten. Die Stämme, die am Rand der Taiga in West- und Zentralsibirien saßen, hatten nicht die gleichen Möglichkeiten zur Expansion. Sie waren weiterhin neben Viehzucht auf Feldbau angewiesen. Jedoch übernahmen sie selektiv Bewaffnung und Symbolgut von den südlichen Nachbarn. Vermutlich nahmen sie Versprengte und Vertriebene auf. Es blühte der Handel (mit Pelzen?). So kamen einzelne Bronzen bis tief in die Taigazone. Von der überaus reichen Metallurgie der Stämme, die in den Steppen am Jenissei lebten, geben uns etwa 40 000 Minussinskbronzen eine Vorstellung. Leider stammen sie zum größten Teil aus Raubgrabungen. Dennoch ist eine feine chronologische Untergliederung der skythenzeitlichen Tagar-Kultur möglich.

Geographische Verbreitung der bronzezeitlichen Kulturen im westlichen Steppenraum.

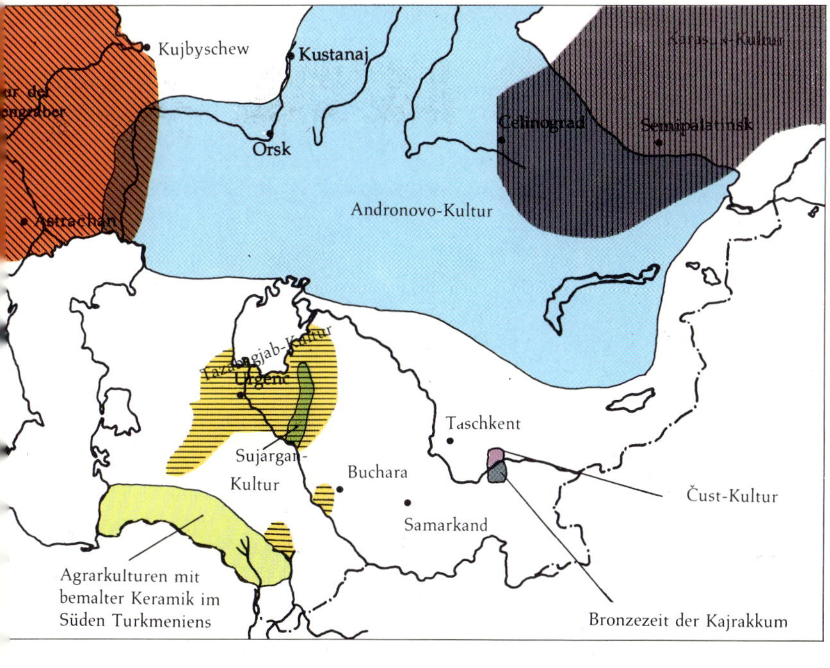

Die Erbauer der »Plattengräber« in Transbaikalien aus etwa der gleichen Zeit verfügten über eigene Erzlager. Ebenso wie in der angrenzenden östlichen Mongolei hielt sich hier eine mongolide Bevölkerung, die ihrerseits die Nachbargruppen im Amurland beeinflußte. Ähnliche Waffen und Schmuckstücke wurden von den Bevölkerungsgruppen im unmittelbaren Vorfeld Chinas benutzt, deren Metallgerät unter der Bezeichnung »Ordosbronzen« zusammengefaßt werden. Das Tarimbecken scheint nicht in den Kulturbereich der Steppennomaden zu gehören, wohl aber der Pamir, der bis zum Eintritt einer massiven Klimaverschlechterung im 2. Jh. v. Chr. gute Weiden bot.
Im 3. Jh. v. Chr. läßt sich in weiten Teilen des Steppenraumes eine Verarmung und ein Versiegen schöpferischer Impulse feststellen. Es gibt weniger Importgüter aus dem Bereich der Hochkulturen. Der Kupferbergbau in den südsibirischen Berglandschaften wird eingestellt, so daß sich endgültig – mit erheblicher Verzögerung – das Eisen durchsetzt. In manchen Gebieten, so im Ost-Altai, hält man am Ritual jener stolzen Vergangenheit, in der die reichen Altai-Kurgane errichtet wurden, getreulich fest, aber Miniaturen oder Attrappen ersetzen die Waffenbeigaben. Schmuckstücke bestehen aus Holz und sind mit Goldfolie überzogen. Nur mehr wenige Bestattungen von ungewöhnlichem Reichtum ragen aus dem Standard einförmiger Grabinventare heraus.
In Zusammenhang mit diesen krisenhaften Erscheinungen muß die Bewegung großer Schwärme östlicher Nomaden gen Westen gesehen werden. In der zweiten Hälfte des 4. Jh.s n. Chr. ist es soweit: Die Hunnen tauchen an den östlichen und nordöstlichen Grenzen des Römischen Reiches auf. Ihr fremdartiges Aussehen (sie sind Mongolide), ihre unverständliche Sprache, aber auch ihre Fähigkeiten als Reiterkrieger rufen allgemein Entsetzen hervor. Die einbrechenden Hunnen, als Gottesgeißel empfunden, überwinden den Kaukasus, sie erreichen auch das iranische Plateau.
Den eigentlichen Unruheherd kennen wir aus den Nachrichten der schwerbetroffenen Chinesen. Hinter den Schriftzeichen, die man als »Hsiung-nu« transkribiert, dürfte sich derselbe Völkername verbergen. Ein monumentales Zeugnis für die ostasiatischen Hunnen sind die Fürstengräber von Noin Ula im Norden der Mongolischen Volksrepublik. Inzwischen existiert eine Übersicht über die Gräberfelder der breiten Bevölkerung. Deutlich ist die Ausbreitung dieser Hunnen in den

»Abrollungen« von eingetieften Zeichnungen auf Hirschstelen (Anfang des 1. Jahrtausends v. Chr.).

Links: Seite und Rückwand der Stele Nr. 14 von Uškijn-Uvir. Angedeutet sind ein Ohrring, Halsreif (?), Schild, Gürtel mit daranhängendem Dolch; er zeigt Karasukform. Die Hirschfiguren geben vielleicht Körperbemalung oder Tätowierung wieder.

Rechts: Fragment der Stele aus dem Aufschüttungsmaterial des Aržan-Kurgans, ebenfalls mit den vom Gürtel hängenden Waffen. Nach Volkov-Novgorodova 1975 und Grjaznov-Mannaj-ool 1974.

Raum nördlich der Wüste Gobi auf Kosten der Plattengräber-Leute zu sehen; man erklärt diesen Vorgang als Folge der Verdrängung durch die Chinesen aus dem Ordosraum.

Die Taštyk-Kultur im Minussinskgebiet läßt sich nur einordnen, wenn wir annehmen, daß ihre Träger unter dem Druck der asiatischen Hunnen aus einem früheren Siedlungsgebiet in eine Randzone der chinesischen Hochkultur ausweichen mußten. Grabfiguren (aus Holz) und Zeremonialschirme dürfen somit als verschlepptes Kulturgut gelten.

Nach Aussage der schriftlichen Quellen wurde das Gräkobaktrische Reich im 2. Jh. v. Chr. von Stämmen vernichtet, die von den Hunnen aus der Randzone Chinas vertrieben worden waren. Zwei Friedhöfe dieser Nomaden, die nach Indien weiterzogen und dort das Kuṣāṇa-Reich gründeten, sind von Mandel'štam ausgegraben und sorgfältig publiziert worden. Sie zeigen aber kaum östliche Elemente. Sehr viel eher würde man annehmen, daß die Zuwanderer aus Nordkasachstan und dem Uralgebiet stammen – zweifellos Zentren massiver Expansion. Die sarmatischen Stämme, die allmählich den pontischen Raum besiedelten und die Skythen in wenige Rückzugsgebiete zurückdrängten, stammten aus diesem Gebiet. Sarmaten sind auch in den Kaukasus eingedrungen. Hier, und nur hier, blieb ihre Sprache, das Ossetische, bewahrt. Die Spuren ihrer Expansion sind aber auch bis in den Pamir nachweisbar, so daß alles für die Vermutung spricht, sie seien an dem Einbruch in Baktrien beteiligt gewesen.

Die Rituale der Nekropolen, die in die Zeit zwischen dem 2. Jh. v. Chr. und dem 4. Jh. n. Chr. gehören, hat man durch Wanderungen zu erklären versucht. In Mittelasien sprechen wir von Nischen- und Katakombengräbern. Häufig sind sie mit einem Zugangsschacht ausgestattet. Mit einer gewissen Naivität wurde ein Teil dieser Gräber den Yüeh-chih, andere aber den Wu-sun zugewiesen, einem Volk, das ebenfalls von den asiatischen Hunnen nach Westen gedrängt wurde. Andere Gräber wurden den Hunnen selbst zugeschrieben. Inzwischen erkennt man, daß sich in einem derartigen Mischkessel eine ethnische Klassifikation nicht so leicht durchführen läßt. Lokales Erbe und westliche Einflüsse sind von großer Bedeutung.

Erst die nächsten Völkerwellen führen zur Vorherrschaft türkischer Sprachen, auch im Westen des Steppenraumes. Dabei werden besonders die Gebiete von Neuankömmlingen okkupiert, deren frühere Bewohner unter hunnischer Führung nach Ostiran und weiter nach Indien gezogen waren, wo sie als »Hunas« auftreten, aber auch als »Kidariten«, »Alchon« und »Hephtaliten«. Iranisch bleiben noch für Jahrhunderte die Oasen am Amu-Darja und Syr-Darja sowie Sogdien, dessen Bewohnerschaft den Handel organisiert, der den Fernen Osten über die Seidenstraße mit Europa und Vorderasien verbindet. Auch die Versorgung der Nomaden mit den Produkten der Hochkultur bringt große Gewinne. Daraus resultiert eine kulturelle Blüte, deren Zeugnisse erst jetzt von der sowjetischen Archäologie geborgen werden.

Bei der seßhaften Bevölkerung am Amu-Darja müssen sich die geheimnisvollen Traditionen aus der Frühzeit des Reiterkriegertums besonders gut erhalten haben, trotz der Zuwanderung der eigentlichen Chorezmier aus Ostiran und späterer Einflüsse aus dem achämenidischen Herrschaftsgebiet. So kam es im 4. Jh. v. Chr. zur Errichtung eines königlichen Mausoleums, Koj Krylgan-kala, das die Rituale von Dašly und Aržan voraussetzt. Die Toten wurden in Statuen-Ossuarien beigesetzt, d. h. in Tonbehältern, denen man die idealisierte Gestalt des Toten oder aber einer chthonischen Gottheit gab. Nach dem Sturz des Gräkobaktrischen Reiches etablierte sich hier eine mit den Kuṣāṇas verwandte Dynastie, der eine tausendjährige Herrschaft beschieden war.

Die Kunst der Steppenvölker

In Nomadengesellschaften fällt der Kunst die Aufgabe zu, jenen Teil der persönlichen Habe zu schmücken, der den Status des Eigentümers zum Ausdruck bringt – im Leben und im Tod. Da die Dekorationssysteme der Frühen Nomaden Tiere, Körperteile von Tieren oder deren Kombination zu Fabelwesen als charakteristische Elemente verwenden, spricht man von einem skytho-sibirischen oder auch eurasiatischen Tierstil. Man weist damit auf die kulturelle Zuordnung oder auf die Ausdehnung des Phänomens. Um die Entwicklung dieses Stils, seine Einheit und Bedeutung, gibt es in der Sowjetunion eine permanente Diskussion, in der westliche Arbeiten nur mehr gelegentlich berücksichtigt werden. Anläßlich der dritten, diesem Thema gewidmeten Konferenz gab Il'inskaja eine genaue Übersicht über den derzeitigen Stand.

Heute wird darauf verzichtet, nach dem Ursprung des Tierstils zu fragen. Vielmehr wird versucht,

Jak zwischen Bäumen, vorne Andeutung einer Berglandschaft (nach Brentjes 1967: Takin, Budorcas taxicolor, auf Grund des kurzen »Ziegenschwanzes«). Gepreßtes Silberblech. Noin Ula, Kurgan Nr. 6, 1. Jh. v. Chr. Durchmesser 13,5 cm (Leningrad, Eremitage).

den vielschichtigen und vieldeutigen Prozeß seiner Ausgestaltung zu klären, wobei die Möglichkeit mehrerer Höhepunkte und einer multinationalen Basis ins Auge gefaßt wird. Mit klugen Formulierungen läßt sich jedoch nicht die Gretchenfrage umgehen, in welchem Milieu der vielschichtige Prozeß eingesetzt hat. Südrußland, also gerade jenes Gebiet, wo die Varianten des Stils am intensivsten studiert wurden, scheidet nach offenbar einhelliger Meinung aus.
Dagegen ist die These einer vorderasiatischen Ableitung in den letzten Jahren wieder aufgelebt, vor allem unter dem Eindruck des Schatzes von Ziwije in Kurdistan, möglicherweise aus dem Grab eines Steppenkriegers stammend (Godard, Ghirshman, vlg. auch Amandry). Damit ist die Vorstellung zurückgekehrt, der Tierstil sei durch Übernahme und Weiterbildung vorderasiatischer, aber auch ostionischer Formen durch iranischsprechende Stämme (Meder, Perser, Skythen, Kimmerier und Maeoten) in der militanten Randzone der Hochkulturen entstanden. Daraus habe sich einerseits der erstarrte Tierdekor der Achämenidenzeit, andererseits aber die lebendige, barbarisierte skythische Kunst entwickelt. Artamanov, ein Hauptvertreter dieser These, räumte ein, es gebe einige Motive, die sich nicht auf diesem Wege erklären lassen – so das Rolltier, ein zum Kreis geschlossenes Katzentier, den Widder und die seltsame Kombination der Köpfe von Widder und Vogel. Aber auch sie seien letzten Endes auf altorientalische Vorbilder zurückzuführen.
Wir haben eine Darstellung des Aržan-Kurgans der Besprechung der übrigen Kulturgruppen des Steppenraumes vorangestellt und damit zum Ausdruck gebracht, daß wir uns der Auffassung anderer Autoren anschließen, die an einen zentralasiatischen Entwicklungsraum glauben (Terenožkin, Il'inskaja, Sorokin, Černikov). Der Aržan-Kurgan selbst mag im Gegensatz zur Meinung Grjaznov's dem 7. oder sogar dem 6. Jh. v. Chr. angehören, aber in den Lokalkulturen der Stämme, die zu seiner Errichtung beitrugen, war die Tierstilkunst bereits fest verankert. In dem Steinmaterial, das die Abdeckung der Holzkonstruktion bildete, ist das Fragment einer »Hirschstele« aufgetaucht. Solche Stelen wurden in mindestens einer der bronzezeitlichen Kulturen dieses Raumes als Monumente für hervorragende Krieger aufgestellt. Man erkennt den Gürtel mit Bogenfutteral, Schleifstein und den Dolch mit leicht geknicktem Griff, d. h. eine Karasukform. Darunter aber erscheinen in ihrer sicheren Stilisierung künstlerisch vollkommene Tierfiguren: Eber und wie auf Zehenspitzen stehende Hirsche. Hier tritt also vergesellschaftet mit einer Waffe der Karasuk-Kultur und deutlich der Errichtung des Kurgans vorausgehend ein Tierstil auf, dessen Motive keineswegs aus dem Vorderen Orient abgeleitet werden können. Seine sakrale Bedeutung läßt sich auch für Aržan selbst aufzei-

Aus der Bordüre von Filzapplikationen auf einem Wollteppich: Überfall eines geflügelten Raubtiers (Vielfraß?) auf einen fliehenden Elch. Noin Ula, Kurgan Nr. 6. Norden der Mongolischen Volksrepublik. 1. Jh. v. Chr. (Leningrad, Eremitage)

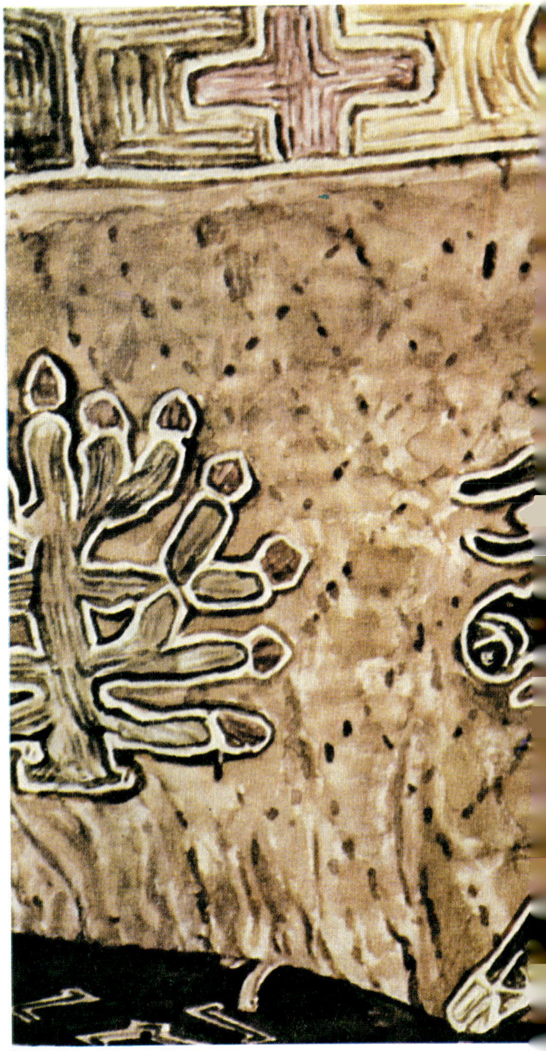

gen. Eine Bronzeplatte in Gestalt eines Rolltieres ist so groß, daß die übliche Erklärung für derartige Stücke als Schmuck der Kleidung oder als Schildbeschlag kaum zutreffen kann: Der Symbolwert steht im Vordergrund, so wie bei den Figuren auf dem Stelenfragment. Das Rolltier könnte aus einer Randkultur Chinas stammen, könnte aber auch aus der Verquickung eines Heilszeichens »fernwestlicher« Herkunft (der konzentrischen Kreise) mit der lokalen Darstellung eines katzenartigen Raubtieres entstanden sein. Spiralmuster dienten zur Komposition des Hirschkörpers.

Eine analoge Kunstrichtung, in der das dekorative Element noch nicht überwiegt, sondern das Tier eindeutig als Sinnträger verwendet wird, läßt sich in den ältesten Ordosbronzen fassen, wie durch neue Funde chinesischer Archäologen bewiesen wird. Der zu Tierfiguren oder Tierköpfen umgestaltete Knauf von Messern und Dolchen ist sicher nicht als Umsetzung einer in anderem Material entstandenen Form zu erklären. Daneben gibt es eine Tradition, die möglicherweise von den Ritzzeichnungen der Felsbilder ausgeht. Vielleicht müssen wir Applikationsarbeiten als Ausgangspunkt voraussetzen. Grač glaubt, daß die »Vexierbilder«, die den späteren Erforschern des Tierstils soviel Kopfzerbrechen verursacht haben, bis in diese Schicht zurückgehen (einzelne Formelemente können zu mehreren sich überschneidenden oder integrierten Tierbildern gehören). Für die graphische Tradition, die hier zu sehen ist, gäbe es übrigens einen weit zurückliegenden Ansatzpunkt: die Felsbilder der Okunevzeit.

Grjaznov hat bei der Interpretation seiner Entdeckungen auf eine ältere Tradition sowjetischer Forschung zurückgegriffen. Es kommt ihm darauf an, ein relativ homogenes Aržan-Stadium für den ganzen Steppenraum herauszuarbeiten, das das 8. und die erste Hälfte des 7. Jh.s v. Chr. umfaßt. Damit tritt, wie bereits ausgeführt, ein wesentlicher Unterschied in den Hintergrund: Nur im Osten dominiert das Tier als Symbol und vermutlich auch als Heilszeichen. Im Westen werden im gleichen Sinne andere Motive verwendet, das Rad mit kreuzförmigen Speichen, die bereits erwähnten konzentrischen Ringe und Spiralmuster.

Daß andrerseits der Einfluß des Westens weit in die asiatischen Steppen hineinreicht, zeigen die Nekropolen, die wir anschließend an Aržan behandelt haben: Tagisken und Ujgarak. In den Kurganen 27 und 28 von Ujgarak tauchen Tierdarstellungen auf, bei denen konzentrische Kreise, aus der kimmerischen Kunst übernommen, als Elemente verwendet werden. Das Fundgut dieser Nekropolen ist ungemein reich an Beziehungen. Verbindungen ins Uralgebiet, nach Zentral- und Ostkasachstan sind nachgewiesen. Es gibt Entlehnungen aus den Randkulturen Chinas. Gerade die schönsten Stücke – Schnallen in Gestalt eines stehenden Hirsches oder als Paar abgewendeter Pferdeköpfe – erinnern an die Behandlung solcher Themen in Aržan. Auf die Beziehungen dieser Nekropolen zu Iran und Transkaukasien wurde schon hingewiesen. Es müßten also die Träger des Komplexes – Saken – an den Kämpfen der vorderasiatischen Militärstaaten beteiligt gewesen sein. Sie können dort die Tierornamentik, z. B. das Rolltier, ihren sprachverwandten Mitkämpfern aus Südrußland überantwortet haben. Eine vorderasiatische Umgestaltung des beliebten Hirschmotivs – mit untergeschlagenen Läufen – mag von beiden Partnern rezipiert worden sein, so daß sie dann sowohl in Südrußland wie in Mittelasien auftaucht, eine orientalische Herkunft des gesamten Stils vortäuschend. Die höheren ästhetischen Ansprüche, die der Kontakt mit dem Vorderen Orient auslöste, zeigen sich in den Funden aus dem Goldenen Kurgan von Čilikty.

Noch im 6. Jh. wuchs die Bedeutung jener Stämme, die im Norden des Steppenraumes bis hin zum Rand der Taiga siedelten. Erst an dieser Peripherie bemächtigte sich die Schnitzkunst der traditionellen Motive, der Schrägschnitt setzte sich durch. Weitere Tiere aus der einheimischen Fauna wurden Gegenstand der Darstellung. Erst bei der Rückübertragung der peripher entstandenen Formen auf die Kerngebiete wurden die wundervollen Kunstwerke möglich, die einfühlende Forscher an den Anfang der Entwicklung stellten. So bildete sich die gelehrte Mythe, der Tierstil sei aus der Schnitzkunst nördlicher Jägerstämme entstanden, deren schönste Belege in den Mooren des Urals erhalten geblieben sind. Die komplizierten Vorgänge im südrussischen Raum können hier nicht behandelt werden. Es kam dort zu Sonderentwicklungen mit geradezu barocken Formen.

In der sauromatischen Variante des Tierstils in den Wolga-Uralsteppen werden, wie Smirnov in seiner instruktiven Übersicht darlegt, auch Kultgeräte, deren Tradition bis in die frühe Bronzezeit zurück-

geht, mit Tierdarstellungen geschmückt, etwa steinerne Opfertische und Löffel. Tiere der einheimischen Fauna sind beliebt, so Bär und Wolf. Die Standardmotive werden eigenwillig gebraucht, so zum Schmuck von Eberhauern, die als Amulette dienten. Obwohl der Issyk-Kurgan inzwischen publiziert ist, bleiben die massiven, aus Gold gegossenen Schmuckstücke der Sibirischen Kollektion die wichtigsten Belege für die Kunst der Stämme im heutigen Kasachstan. Gürtelplatten, Hals- und Armreifen, Ohrgehänge und Fingerringe kommen in großer Zahl vor, seltener sind Agraffen, Zierknöpfe und Schirrungszubehör. Von der Tendenz zur Frühdatierung ist man heute abgekommen, man nähert sich reumütig den Vorschlägen Rostovcevs. Gürtelplatten in Form eines (liegenden) »B« (zehn Paare und drei Einzelstücke) werden heute ins 4.–3. Jh. v. Chr. datiert, die Platten mit rechteckigem Rahmen, oft mit symmetrischer Komposition, ins 3.–1. Jh. v. Chr. Das bedeutet, daß selbst achämenidisch anmutende Motive spät anzusetzen sind.

Besonders die Gruppe des 4.–3. Jh.s weist jene »Tierkampfszenen« auf, deren Datierung und feinere thematische Untergliederung von Dittrich an Hand ostasiatischer Parallelen untersucht wurde. Noch in den gleichen Zeitraum gehören die »anekdotischen Platten«. Sie zeigen Szenen, die, wie Grjaznov richtig erkannt hat, epische Texte voraussetzen. Im Grunde haben wir hier den Übergang zu einer »abbildenden Kunst« wie im China der Han-Zeit.

Die Funde der Altai-Kurgane sind oft genug in westlichen Sprachen gewürdigt worden. Schnitzen und Applizieren, vor allem aber die Kombination der verschiedensten Materialien, scheinen zu einem wahren Volkssport geworden zu sein. Wir haben im »politischen« Teil unserer Ausführungen die sehr weiten und direkten Beziehungen dieser Stämme hervorgehoben. Man hat auf solche Kontakte prompt reagiert, vermutlich auch auf Heiratsbündnisse. So stoßen wir auf Tendenzen, die dem Tierstil fremd sind. Irgendwo im Süden wurden Wandmalereien gesehen, man ahmte diese in großen Filzteppichen nach. Bezeichnend ist das Auftreten der Dreiecksvolute und von Gebilden, »die kaum zu beschreiben, aber vielleicht mit Hilfe eines Kurvenlineals zu rekonstruieren wären« (Speiser). Hier muß eine Randkultur Chinas eingewirkt haben, die Entwicklungen der Han-Zeit vorwegnahm.

Verständlicherweise ist die Spannweite im benachbarten Minussinskgebiet sehr viel geringer. Manches, was wir aus Aržan kennen, lebt dort weiter. Im 5. Jh. v. Chr. gibt es ein Einströmen sakischer Motive. Die Taštyk-Kultur bringt das Einschwenken auf eine in Ostasien vorgezeichnete Entwicklungslinie. Überaus lebendige Darstellungen von

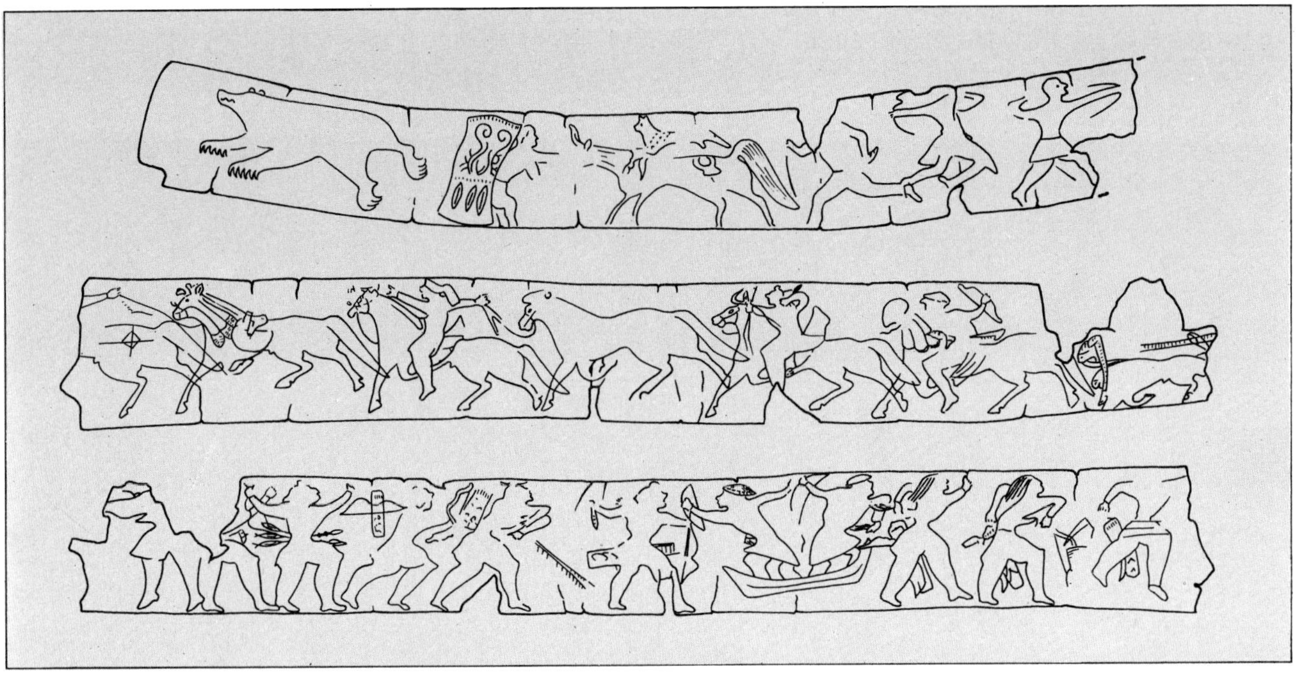

Darstellungen von Jagd- und Kampfszenen auf Holzbrettern der Taštyk-Kultur, vermutlich als Anschauungsmaterial und Gedächtnisstütze beim Vortragen epischer Texte verwendet. Gräberfeld beim Berg Tepsej am Jenissei, bei Krasnojarsk. Die zwei unteren Fragmente gehören zu einem Brett. Nach Grjaznov 1971.

Jagden und Kämpfen auf langen Latten mit Griff dienten wohl Barden als Anschauungsmaterial und Gedächtnisstütze. Bronzen aus Transbaikalien und der Mongolei zeigen, daß es eine einheimische, aber immer wieder vom Westen beeinflußte Tradition gab. Wie lange typische Formen der Karasuk-Zeit weiterleben, ist bis heute unklar. Eine Unzahl von Felsbildern und Gravierungen auf Hirschstelen harrt noch der Publikation.

Objekte im Tierstil sind in den Randkulturen der Taigazone verwendet worden, z. T. aber mit abweichender Zweckbestimmung. Aus diesen Kulturen gelangten sie tief in die Wälder hinein. Das wichtigste Ausstrahlungszentrum, die Ananino-Kultur, liegt allerdings in Europa. Die jetzt wieder übliche Spätdatierung der schweren gegossenen Goldplatten aus der Sibirischen Kollektion beschwört ein neues Problem herauf: Wie ist der verschwenderische Einsatz von Edelmetall in Ostkasachstan mit der Verarmung anderer Gebiete (Altai und Westmongolei) in Einklang zu bringen? Vermutlich hat der Alexanderzug das Handelssystem zum Erliegen gebracht, das bis dahin Gold aus den Bergländern Zentralasiens in die östlichen Satrapien des Achämenidenreiches abfließen ließ. Die Isolierung führte hier zu verstärktem Eigenverbrauch, dort zu bescheidener Autarkie. Auch die Tatsache, daß selten hellenistische Motive übernommen werden, läßt sich so erklären. Aber die Weichen für eine künstlerische Neuorientierung waren gestellt – das sieht man mit aller Deutlichkeit am Inventar der Gräberfelder der in Baktrien eindringenden Nomaden. Tierstilobjekte finden sich nur noch gelegentlich.

Die asiatischen Hunnen, die diese Bewegung auslösten, waren eher konservativ. Ihr Verbreitungsgebiet bleibt bis in nachchristliche Zeit eine Tierstilprovinz mit gewissen Einflüssen aus der Mandschurei. Bei den nach Westen abgedrängten Nachkommen der Hunnen (oder Nachkommen der von ihnen beherrschten Stämme) beobachten wir jedoch die Ablösung des Tierstils in seiner Funktion als allgemein verwendetes Dekorationssystem. Beim persönlichen Schmuck und in der Schirrung soll die Wirkung durch das Zusammenspiel der Farben Rot und Gold erzielt werden. Die Bedeutung des Einzelmotivs tritt völlig zurück. Relativ einfache geometrische Liniengebilde und Flächen werden unter Verwendung von Granulation und Filigran gegliedert. Der Lieblingsstein dieses polychromen Stils ist der Almandin. Nur dort, wo Glaubensinhalte ausgedrückt werden sollen, die sich in den Mythen der Vergangenheit spiegeln, werden erstarrte Kompositionen weiterverwendet. Solcher Zeremonialschmuck ist nun den Spitzen der Gesellschaft vorbehalten.

Der Tierstil der Steppen stammte aus der religiösen Sphäre. Vielleicht wurden ursprünglich wirklich die Totemtiere von Stämmen, Sippen oder Individuen abgebildet. Deshalb besteht eine deutliche Diskrepanz zu den Symbolsystemen benachbarter Gebiete. Später vermochte selbst eine »ikonographische Expansion« die Fülle der Inhalte kaum zu fassen, die aus dem Erbe der vielen Völker stammten, die diese Formensprache übernahmen. Wir haben zwar die Trägerschaft iranischer Völker betont, aber niemand weiß, ob nicht schon in Kasachstan Angehörige anderer Sprachfamilien miteinbezogen wurden (etwa Ugrier). Sicher ist das Auftreten fremder Ethnien im Osten der Mongolei, wahrscheinlich im Minussinskgebiet. So wandelte sich der Tierstil zu einem Medium, das viele Inhalte auszudrücken vermochte. Häufig kam er wohl rein als Dekorationsmittel zur Anwendung. Am Ende wurde er wieder auf bestimmte Aufgaben beschränkt und in dieser Form selbst von den Nachfolgern der Hunnen, den Sien-pi, verwendet. Er lebte in Rückzugsgebieten weiter. So war ihm in der awarischen Kunst eine gewisse Renaissance beschieden. Auch in der Waldzone blieb seine Tradition erhalten, bis zu den »schamanistischen Bronzen«.

Übriges Sibirien, Amurland und Mongolei

Während des Jungpaläolithikums (ältestes Radiokarbon-Datum 35 400 ± 600 B.P.) hat es in Zentral- und Nordostsibirien, auch in den Küstenge-

bieten (Kamtschatka), eine relativ zahlreiche und dynamische Bevölkerung mit mindestens zwei verschiedenen technischen Traditionen gegeben. Sie war für die Besiedlung der Neuen Welt von ausschlaggebender Bedeutung. Der Mensch stammt zwar nicht aus Sibirien (so der Titel eines Buches von A. P. Okladnikov, dem Altmeister der sibirischen Archäologie), aber er hat von hier aus in mehreren Wellen über eine damals bestehende Landbrücke Amerika erreicht.
Im Postglazial bildet sich der ungeheure Gürtel des nördlichen Urwalds, die Taigazone. Aber nicht nur deshalb hatte sich die Situation grundlegend geändert. Eine produzierende Wirtschaft mit erheblichen Überschüssen hat es in Taiga und Tundra erst seit der unverhältnismäßig späten Ausbreitung der Renzucht (in nachchristlicher Zeit) gegeben. Pferdezucht wurde etwa im 13. Jh. n. Chr. von den Jakuten in eine kleine Steppeninsel an der Lena übertragen. So war nur in sehr kleinen Gebieten eine dichtere Bevölkerung möglich, z. B. dort, wo es Seesäugerjagd und intensiven Fischfang gab. Wenn man die Waldsteppe am Südrand der Taiga unberücksichtigt läßt – wir haben sie bereits bei der Geschichte der Steppenvölker betrachtet –, dann blieb es bei einer geradezu »paläolithisch« dünnen Besiedlung. Unter diesen Umständen konnte Sibirien keine Völkerwiege mehr sein. Es wurde Ziel von Einwanderungen, und zwar dann, wenn Stämme der Steppe und Waldsteppe vor überlegenen Gegnern auswichen. Die durch Kontakte mit südlichen Nachbarn bereicherte Ausrüstung, die solche Flüchtlinge mitbrachten, ermöglichte es ihnen ihrerseits, die bisherigen Bewohner der Taiga und Tundra zu verdrängen oder zu assimilieren.

Gegossene Goldplatte in Gestalt einer eingerollten Raubkatze. Größter Durchmesser 11 cm, Gewicht 221 g (aus dem Schatz Peters d. Gr. Leningrad, Eremitage).

Für Westsibirien hat dieser Vorgang eine archäologisch interessante Konsequenz: Die nach Norden abgedrängten Vorfahren der Ugrier und Samojeden verwendeten mitgebrachte Bronzen und spätere Importgüter mit einer gewissen Nostalgie weiter, was die Datierung ihrer Kulturen erschwerte. So sind iranische und mittelasiatische Silbergefäße tief in der Taiga gefunden worden.
Im östlichen Sibirien wurde die Forschung zunächst durch reiche Funde in den Landschaften westlich vom Baikalsee bestimmt, vor allem im Tal der Angara, das heute in einem riesigen Staubekken versinkt. Sie wurden von Okladnikov in 6 Kulturen zwischen Endpaläolithikum und früher Metallzeit untergliedert. Er glaubte, hier das Entstehen der Tungusen mit ihrer spezifischen Tracht (»Tungusenfrack« und Brustlatz) beobachten zu können. Allerdings fehlten bei dieser Ableitung die verbindenden Glieder, nämlich die spätbronzezeitlichen und eisenzeitlichen Kulturen. Bis heute hat sich die Lücke nicht ganz schließen lassen.
Aufgrund von Grabungen im Einzugsgebiet der Lena betrachtet man heute alle Völker, die hier vor der russischen Kolonisation wohnten, als Nachkommen von Einwanderern aus der südlichen und westlichen Peripherie. Zuletzt kam das Turkvolk der Jakuten, zuvor waren es die Tungusen und noch früher – vielleicht sogar in der Bronzezeit – die Jukagiren. Demgemäß wurden sie am weitesten nach Nordosten abgedrängt. Man bezweifelt heute, daß die Renzucht bei solchen Vorgängen eine wesentliche Rolle spielte. Als Nachkommen der früher in diesem Raum lebenden Neolithiker gelten heute die Tschuktschen auf der nach ihnen benannten Halbinsel, außerdem die Korjaken und Itelmen an der pazifischen Küste. Typologischen Vergleichen will man entnehmen, daß die Eisenverarbeitung der Jukagiren und später auch die der Tungusen aus zwei aufeinanderfolgenden, aber nicht unbedingt verwandten Kulturen des Amurlandes abzuleiten sind, der Pol'čevsker und der Mo-ho-Kultur. Vor den beiden Kulturen gab es am Amur ein reich differenziertes Neolithikum, dessen Nachfahren vielleicht in den Giljaken weiterleben. Da man im Amurland von Anfang an Gußeisen herzustellen wußte, sind Einflüsse aus den Kerngebieten Chinas so gut wie sicher. Aus China dürfte auch der Feldbau stammen, man kultivierte verschiedene Hirsearten. Südliche Einflüsse erklären ferner Gefäßbemalung und eine Kunst, die expressive Tier- und Menschenbilder mit einem Spiraldekor verbindet. – Solche Diffusionswellen müssen sich natürlich noch stärker auf die von China aus gesehen dem Amurland vorgelagerte Mandschurei und das Gebiet der heutigen Mongolischen Volksrepublik ausgewirkt haben. Nördlich der Wüste Gobi verwendete man zeitweise tönerne Dreifußgefäße chinesischen Typs. Andererseits ist mit Einflüssen aus dem westlichen Steppenraum zu rechnen. Diese Vorgänge werden sich jedoch erst dann deuten lassen, wenn man das Ergebnis der sowjetischen Grabungen (auch in der Mongolischen Volksrepublik) mit dem archäologischen Material aus China systematisch konfrontiert. Daher wissen wir vorläufig noch nicht, wo die Heimatgebiete von Türken und Mongolen lagen und wann die mandschurischen Stämme in den Entstehungsprozeß der Reiterkulturen hineingezogen wurden.

AMERIKA

Ferdinand Anton

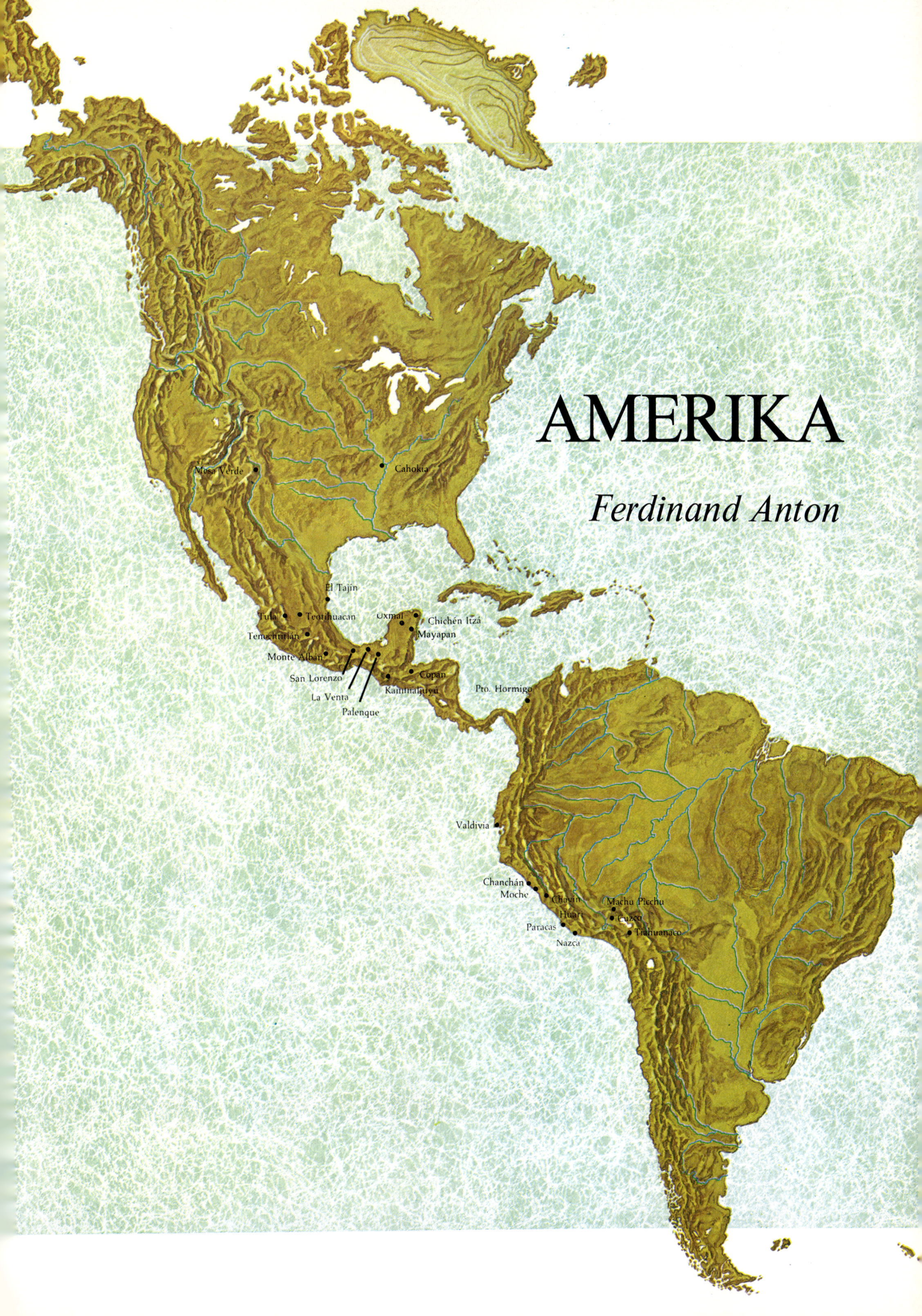

»Von dem, der vorübergeht, hängt es ab,
ob ich Grab bin oder Schatz,
ob ich rede oder schweige.«

Paul Valéry

Oben: Skulptur aus grauem Basalt. Herkunft: Bundesstaat Vera Cruz, Mexiko. Kultur der mittleren Golfküste; klassische Periode, etwa 300–900. Höhe: ca. 32 cm (Museo de Antropología de la Universidad Veracruzana, Jalapa, V. C., Mexiko).

Die ersten Amerikaner

Hypothesen, Theorien, Tatsachen

Am 12. Oktober 1492 morgens gegen drei Uhr versperrte ein gewaltiger Kontinent drei spanischen Schiffen den westlichen Seeweg nach Indien. Unerwartet trat eine »Neue Welt« ins Gesichtsfeld der Europäer. Die Entwicklung von neuen Schiffstypen, die Kogge im Norden Europas, die Karavelle im Süden und die Karracke, bei der man die Vorteile beider – großer Laderaum und Wendigkeit – vereinte, schufen die technischen wie ökonomischen Voraussetzungen, unbekannte Gewässer zu befahren. Hinzu kamen neue, verbesserte Navigationsinstrumente, die eine bis dahin noch nie erreichte Sicherheit einer Rückkehr gewährleisteten. Amerika war damals das einzig große Unbekannte der westlichen Welt. Eine Reihe von Irrtümern, darunter die Benennung »Westindische Inseln« und vor allem die Bezeichnung *Indios,* »Indi(an)er« für die Ureinwohner, wie ein fast fünfzigjähriger Streit, ob jene Wesen, für die es in der Schöpfungsgeschichte des Alten Testaments keine Erklärung gibt, überhaupt Menschen seien und die Sakramente empfangen dürften, geben Zeugnis von der Verwirrung. Christoph Kolumbus, der Entdecker des Erdteils, starb 1506 noch im Glauben, auf westlichem Kurs die Küsten Ostasiens erreicht zu haben. Ein Jahr nach seinem Tod korrigierte der Italiener Amerigo Vespucci durch sein 1507 in Venedig erschienenes Buch (*Mondo Nuovo*) »Neue Welt«, den Irrtum. Noch im gleichen Jahr trug der deutsche Kartograph Martin Waldseemüller das Wort, inspiriert vom Reisebericht des Italieners, *Ameriga* in seine Weltkarte der *Cosmographiae Indroductio* ein. Damit hatte der Kontinent seinen Namen.

Noch dreißig Jahre – insgesamt fünfundvierzig seit der Entdeckung – vergingen, bis Paul III. durch eine päpstliche Bulle von 1537 die Ureinwohner Amerikas für Menschen erklärte. Damit gab man sich zufrieden. Der Name Indianer war nicht mehr austauschbar, und die Frage, wer die Indios sind, woher sie kamen und wann sie das riesige Gebiet zwischen Alaska und Feuerland besiedelten, war weder von Interesse noch war die Zeit reif dafür. Sie rückte erst in den Vordergrund, als 1859 in England das Buch: »Die Entstehung der Arten ... « *On the Origine of Species* von Charles Darwin erschien, das Aufsehen und weltweite Empörung erregte.

Der riesige Doppelkontinent – und damit ein Fünftel der Menschheit – hat eine kurzfristige, imposante Geschichte und eine lange, schweigsame Vergangenheit. Von der kurzen Historie jener Völker, mit denen Europäer erstmals in Berührung kamen, berichteten einige von den wenigen, die schreiben konnten, voller Erstaunen, Entsetzen oder Bewunderung kurz bevor die erbarmungslose Dreieinigkeit der Conquista – Kreuz, Schwert und Phallus – die einheimischen Strukturen gedankenlos zerstörte, Götterbilder zertrümmerte und die schriftlichen Originaldokumente der Maya, Mixteken und Azteken als Werk des Teufels verbrannte. Einheimische Geschichtsschreibungen, die sich in Mexiko und Peru erhalten haben, sind dürftige Chroniken. Das geschichtliche Gedächtnis, selbst jener so imponierenden Kulturen wie die der Inka und Azteken, reichte keine zehn Generationen zurück, weniger als zwei Jahrhunderte, ein winziges Bruchstück im großen Raum der Zeit.

Zur Aufklärung der vieltausendjährigen Vergangenheit der Ureinwohner Amerikas stehen zur Verfügung: die »Verbreitungskarte« ihrer Sprachen vor der Eroberung – über zweitausend sich stark unterscheidende Idiome bei einer errechneten Bevölkerung von 40–60 Millionen – sowie archäologische Ausgrabungen. Die Rekonstruktionen aus diesen Quellen waren häufig vage, meist unspektakulär und verleiteten daher oft zu kühnen Hypothesen. Die ungeheueren Schwierigkeiten, einen umfassenden Überblick und eine Chronologie über die präkolumbischen Kulturen zu erarbeiten, lag in der physischen wie kulturellen Vielfalt der indianischen Völkerschaften, in der Weite des Raumes, der sich über 135 Breitengrade erstreckt

Wie bei vielen alten Völkern galten auch bei Indianern Hunde als Begleiter der Toten. Der Franziskanermönch Sahagún berichtete kurz nach der mexikanischen Eroberung: »Man sagt, ein Hündchen hatte er als Begleiter... daß er (den Toten) über den neunfachen Strom nach Mictlan setzt... Dort ist ein breites Wasser, Hunde sind die Fährleute, und wenn einer seinen Herrn erkannt hat, stürzt er sich ins Wasser, um ihn überzusetzen. Deswegen züchten die Eingeborenen so viele Hunde...« Außer Skelettresten von Hunden finden wir in keramischer Zeit auch Darstellungen aus gebranntem Ton als Grabbeigaben. Von Hunden, die denen der Alten Welt ähnlich sind, haben die Chronisten nicht berichtet. Auch in den Darstellungen sind zwei sehr unterschiedliche Rassen am häufigsten: der »haarlose« mexikanische Hund (oben) und die »Chincha-Bulldogge« (unten), die nach der peruanischen Provinz benannt wurde, wo man erstmals Terrakotten und Knochenreste der heute ausgestorbenen Art fand.

Oben: Rötlich und weißlich bemaltes Tongefäß. Herkunft: Colima, Mexiko. Kultur der Nordwest-Küste, ca. 200–500. Länge: 24 cm.

Unten: »Chincha-Bulldogge« mit Wurf. Fragment eines Tongefäßes. Fundort: Chancay, mittlere Küste von Peru. Späte Zwischenperiode, ca. 900–1400. Länge: 13 cm (beide Privatsammlung).

und an der Unzugänglichkeit mancher menschenfeindlicher Gebiete in den Regenwäldern, Wüsten oder Hochgebirgen. Dennoch gelang es einigen Forschern schon Ende des letzten Jahrhunderts, einen kleinen Lichtschein in die schweigende Vergangenheit der indianischen Hochkulturen zu lenken. Stumm dagegen blieb es für lange Zeit um die »ersten Amerikaner« und die Anfänge jener Zivilisationen, die sich unabhängig von denen der »Alten Welt« entwickelt haben.

Archäologen im allgemeinen, Amerikanisten als die Stiefkinder der klassischen Archäologie im besonderen, haben eine Vorliebe für hochtrabende Namen und einen Hang für periodische Einteilungen von Entwicklungsstufen und menschlichen Handelns. (»Pan-Stil« und »Horizont«, »Periode«, »Epoche« und »Zeit«, »Verschmelzung«, »Übergang« und »Überlappung«, »archaisch«, »vorklassisch«, »formativ«, das sei hier zwar nebenher, aber nicht nur nebenbei bemerkt – drükken gewöhnlich dasselbe aus.) Sich und ihr Handeln schließen sie bei der Periodisierung nicht aus. Die *Exploration Period* vor dem Bürgerkrieg und die *Evolutionary Period* nach dem Ende setzten 1846 mit unsachgemäßen Ausgrabungen den Beginn der jungen Wissenschaft. Darwins Evolutionstheorie verhalf zum Namen und gab auch Anlaß für die völlig unbegründeten Altersangaben – etwa 50 000, 100 000, 250 000 und mehr Jahre –, mit denen mancher Ausgräber seine Knochen vom »ersten Amerikaner« anbot. Sie lösten heftige Diskussionen aus. »Reaktionäre« widersprachen und trugen um 1885 die »wissenschaftlichen« Auseinandersetzungen an die Öffentlichkeit. Zum Wortführer der *Reaction Period* machte sich Aleš Hrdlička vom US National Museum. Kategorisch behauptete er: »Es gibt keinen Indianer, der älter ist als 4000 Jahre.« Beweise für seine Theorie fehlten ihm ebenso wie seinen Vorgängern. Rückblickend auf jene Sturm- und Drangzeit formulierte Alfred Kidder 1938: »Theorie ist in der Archäologie ein unanständiges Wort« (*Theory in Anthropology is a dirty word*).

Die Fortschritte einer stratigraphischen Einteilung der geologischen Schichten in jenen Jahren ermöglichten eine annähernde Altersbestimmung von Funden aus der jüngeren Periode der letzten Eiszeit. In diesen Ablagerungsschichten mußten die Spuren der »Paläo-Indianischen Jäger- und Sammlerkulturen« des Jungpaläolithikums zu finden sein. Das Frühjahr 1925 brachte den ersten Erfolg, war Auftakt für die »Zeit der Entdeckung« (*Age of Discovery*). Ein Cowboy fand am Rande eines Flußbettes in New Mexico neben den Knochen einer ihm unbekannten Tierart eine Geschoßspitze aus Feuerstein. Er brachte sie einem Paläontologen, Dr. Figgins. Ihm war der Speerspitzentyp unbekannt, und er entschloß sich zu einer Ausgrabung der Fundstätte bei Folsom. Neben zahlreichen Knochen des ausgestorbenen Langhorn-Bisons (*Bison antiquus*) lagen in der gleichen geologischen Schicht noch einige Projektile; das Nebeneinander von tödlicher Waffe und Beute war noch nicht beweiskräftig. Figgins war hartnäkkig und grub weiter. Im Jahr 1927 fand er, was er suchte: ein Feuersteinprojektil in situ – unveränderte Lage. Es steckte zwischen zwei Rippen eines Tierskeletts. Der Zusammenhang zwischen Jäger und Beute war eindeutig. Das damals auf Grund der geologischen Schicht ermittelte Alter, etwa 10 000 Jahre, bestätigte vierzig Jahre später die C-14-Messung: 10 000 ± 375.

Die »Zeit der Entdeckung« machte dem Namen Ehre. In mühevoller Kleinarbeit vollzog sich die Spurensicherung der ersten Amerikaner auf dem gewaltigen Doppelkontinent (siehe Abb. S. 591). Zehn Jahre nach Folsom waren fast zwei Dutzend Fundstellen in Nordamerika untersucht. Um 1950 stieg durch die Ausdehnung der archäologischen Tätigkeit auf Mexiko und Südamerika die Zahl auf beinahe hundert, und Anfang der achtziger Jahre wird vermutlich die Fünfhundertergrenze überschritten sein. Die von Willard F. Libby 1946 erfundene C-14-Messung erleichterte durch präzisere Zeitbestimmung die Chronologie der Funde. Nach dem augenblicklichen Stand wurde das Territorium von Nordamerika vor etwa 40 000 Jahren von Menschen betreten. Die Altersangaben, die der Anthropologe R. Berger (University of California) von Ausgrabungen auf der Santa-Rosa-Insel (Kalifornien) beim 8. Kongreß für Archäometrie im März 1977 vorlegte, sind die jüngsten Ergebnisse und zugleich die ältesten Spuren von Menschen in Amerika. Reste eingeschlagener Schädel von Zwergmammuts lagen zusammen mit Holzkohlenresten einer Feuerstelle, dazu handgroßen, mit scharfkantigen Schneiden versehenen Basaltwerkzeugen und Feuersteingeräten. Es gab

Rechte Seite: Übersichtskarte der vermutlichen Einwandererbewegungen am Ende der letzten Eiszeit und die wichtigsten Fundplätze der Jäger und Sammler der Paläo-Indianischen Periode.

keinen Zweifel, daß es sich um ein von Menschen entzündetes Herdfeuer und zerlegte Jagdbeute handelt. Die Altersbestimmung ergab etwa 40 000 Jahre. Zu den frühesten, als zuverlässig gesicherten Funden von Spuren eines Eiszeitmenschen zählt Old Crow im Yukon-Gebiet (Nordwestkanada), die etwa 30 000 Jahre zurückreichen, und La Jolla im südlichen Kalifornien mit 21 500 Jahren. In Mexiko hält Tlapacoya, unmittelbar in der Nähe der heutigen Hauptstadt gelegen, mit seiner untersten Schicht den Rekord von 23 000 Jahren. Die Siedlungsspuren paläo-indianischer Jäger und Sammler, die Richard McNeish im südlichen Hochland von Peru, »Pikimachay«, der »Flohhöhle« bei Ayacucho fand, setzen neue Akzente durch ihr in Südamerika unerwartet hohes Alter von 20 000 bis 23 000 Jahren und durch die Werkzeuge in alter »Kern«-Tradition, deren Beginn nach Meinung des Archäologen zufolge korrespondierender Funde in Kalifornien und Alaska so weit in die Zeittiefe zurückreichen, daß an deren asiatischer Tradition – Malt'a und Buret'-Zentren (Baikalsee, Ostsibirien) – kaum noch zu zweifeln ist. Die Vorstellung, daß die ersten Einwanderer nicht früher als vor 20 000 bis 25 000 Jahren über die Beringstraße kamen, paßt seitdem nicht mehr ganz ins Bild der Archäologen, ebenso wie die immer zahlreicher werdenden Artefakte der sogenannten »Vorgeschoßspitzen-Tradition« (*Pre-Projectile Point Horizon*). Das »Überdenken« und »Abschätzen« der Situation leiteten 1972 die gegenwärtige Phase der amerikanischen Archäologie ein: die *Rethinking* oder *Appraisial Period.* Die Grundsatzfragen lauten: In welchen Zeiträumen kamen die Einwanderer, und was für eine Art Kultur(en) brachten sie mit? Über das Woher, aus Asien, sind sich die Fachleute einig.

Beringia nennen Geologen das versunkene Land

Nach ihrem »Kursbuch« von Kälte- und Wärmezeiten gab es für Einwanderer mehrmals Gelegenheit, trockenen Fußes von Asien nach Amerika zu kommen. Die Ur-Indianer lösten sich von der Ostgruppe des *Homo sapiens*, zu einem Zeitpunkt, als die mongoloide Rasse noch nicht voll ausgebildet und das Kulturgut der Menschen gering war. Die neue Welt war reich an Nahrungsquellen, sowohl tierischer wie pflanzlicher Art. Sie kamen in kleinen Gruppen. Ziellos. Mammut und Mastodon, Alt-Pferd und Alt-Kamel, Säbelzahntiger und Riesenfaultier, Hirsche, Antilopen und andere Tierarten bestimmten den Weg in die von Menschen erst spät erschlossenen Jagdgründe. Der Mensch, dieses grausamste aller Raubtiere, kam in kleinen Horden als »Jäger und Sammler« – die einzige damals existierende Wirtschaftsform. Seine Erfahrungen und das Wissen waren die einer steinzeitlichen Kultur: der Umgang mit Feuer, die Herstellung von Waffen und Werkzeugen aus Stein und Knochen, darunter Schaber und Ahlen für die Fertigung von Decken und Kleidung aus den Häuten erlegter Tiere. Mancher von ihnen hatte als Begleiter und »eiserne Ration« einen

»Tempel der Inschriften« in Palenque (Chiapas, Mexiko) nennt man das etwa 21 m hohe Bauwerk der klassischen Maya-Kultur (ca. 250–900), weil Archäologen an seinen Wänden mehrere mit Maya-Hieroglyphen beschriebene Kalktafeln und aus Stuck geformte Schriftzeichen fanden. Palenque wie die anderen Kultstätten der klassischen Maya-Zeit wurden aus noch nicht genau bekannten Gründen von ihren Bewohnern verlassen.
Die Pyramiden des Alten Amerika waren vorwiegend Tempelplattformen. Der »Tempel der Inschriften« ist eine der wenigen Ausnahmen. 1952 wurde 2 m unter der Pyramidenbasis die Grabkammer eines Würdenträgers entdeckt.

Hund (*canis familiaris*), denn es ist ebenso unwahrscheinlich, daß der Vierbeiner ohne in Gesellschaft von Menschen den riesigen Tundragürtel durchquert hat, sowie der Gedanke einer Domestikation des nordamerikanischen Wolfs. Die Überreste eines Haushundes, die Archäologen zusammen mit menschlichen Abfällen in der »Jaguar-Höhle« (Idaho) ausgruben, waren mit knapp 11 000 Jahren bis 1977 der früheste Nachweis für den ältesten Freund des Menschen, dann hat ein auf 12 000 v. Chr. datierter Fund im Irak seinen amerikanischen Artgenossen vom ersten Platz verdrängt. Von Koster-site im Illinois-Tal sind die ältesten, zeremoniellen Hundebestattungen bekannt.

Während der glazialen Höhepunkte der nordamerikanischen Wisconsin-Eiszeit (sie entspricht der europäischen Würm-Eiszeit) waren nach dem Klima-Diagramm, das Geologen, Botaniker, Zoologen und andere Wissenschaftler erarbeiteten, große Gebiete des nördlichen und östlichen Nordamerika, Grönland und weite Teile Nordeuropas mit einer dicken Eisdecke überzogen. Sie band ungeheure Wassermassen, und der Meeresspiegel lag zeitweilig um 150 Meter tiefer. Dadurch entstand im Gebiet der Beringsee zwischen dem 55. und dem 70. Grad nördlicher Breite eine interkontinentale Landbrücke mit einer zeitweiligen Breite von über 300 Kilometern, die die beiden Erdteile verband. Das nordöstliche Sibirien, der Westen und große Gebiete Zentral-Alaskas, blieben eisfrei. Über die Tundren wanderten Tierherden, wechselten von Asien nach Amerika oder vice versa.

Zwischen den Zeiträumen vor 60 000–35 000 und 26 000–18 000 Jahren war der Weg über die Landbrücke möglich und der »grüne Weg«, der »Wisconsin-Pfad«, offen. Er führte durch die Flußtäler des Yukon und Mackenzie in die großen Ebenen des mittleren Westens. In den darauffolgenden zehn Jahrtausenden blieb der transkontinentale Landweg noch passierbar, aber ein Zugang nach Süden wurde unmöglich. Ein Klimawechsel brachte die beiden Hauptgletschergebiete in Bewegung. Die Laurentische Eismasse und der Kordilleren-Eisschild bildeten eine bis zu 3000 Meter hohe Eisbarriere, die bis gegen Ende der Wisconsin-Eiszeit (um 8000 v. Chr.) den Weg nach Süden versperrte. Als die auftauenden Gletscher endlich ein Weiterwandern ermöglichen, hebt sich durch die freigewordenen Wassermassen der Meeresspiegel und begräbt Beringia unter sich. Über die Beringstraße kamen von Asien nach Amerika auch später noch Einwanderer mit bereits stärkerer mongoloider Prägung. Diese »Mikrolithiker« erreichten Amerika mit Fellbooten. Ihre kleinen, mikrolithischen Klingen, mit denen sie Meeressäuger jagten, gleichen in Größe und Technik den Werkzeugen der sibirischen »Gravette-Industrien«. Sie blieben auf den arktischen Raum beschränkt. Auch die späteren aus Nordostasien stammenden technischen Errungenschaften der »Proto-Eskimo-Tradition«, wie Töpferei und in jüngerer Zeit sogar die Eisenverwendung, fanden weiter südlich keine Verbreitung. Blättert man im Katalog der präkolumbischen Kulturen, wird man auf Ähnlichkeiten mit manchen der übrigen Welt stoßen. Einiges ist verblüffend und verführte sogar ernsthafte Amerikanisten, den Ursprung der indianischen Hochkulturen nicht bei Indianern, sondern im alten Ägypten, in den Früh-

Rechts: Das Tal von Rio Colorado im südlichen Patagonien (Argentinien). In diesem Gebiet wurden Felsmalereien an Überhängen gefunden, die Jägern und Sammlern Unterschlupf gaben.

Rechte Seite:

Links: Die »Sandia-Spitze« (oben) etwa 12 000 v. Chr. wurde aus großen, bifacialen Kernsteinen durch direkte Abschläge hergestellt. Die »Clovis-Spitze« (darunter) behält die Lanzettform bei. Mit dem nur halb so großen »Folsom-Geschoß« (beide unten, etwa 9000–7000 v. Chr.) zeigt der Jäger seine Flexibilität.

Rechts: Die Keramikmalerei des präkolumbischen Amerika erreicht im »Mimbres-Stil« (etwa 1000–1200) einen künstlerischen Höhepunkt, vor allem in graphischer Hinsicht. Sie war nicht für den Alltag bestimmt, sondern diente dem Totenkult (Skizze oben). Mogollon-Tradition (Mogollon 5, etwa 1000–1200), Mimbres-Stil. Herkunft: Mimbres-Gebiet, New Mexico, USA (Stolper Galleries, München).

Unten: Tausende von Petroglyphen, Felszeichnungen, in geringerer Zahl auch Felsmalereien, sind als sehr alte oder »älteste« Kunstwerke der Neuen Welt bekannt (Paläo-Indianische Kultur, etwa 7000–4000 v. Chr.).

kulturen Chinas, in anderen Teilen der Welt zu suchen. Schaut man sich den Gesamtkomplex unseres heutigen Wissens genauer an, wird man feststellen, daß die Anzahl von Ähnlichem relativ gering ist, die der Übereinstimmung sehr selten und des sich Unterscheidenden bei weitem überwiegt. Bereits mit den 1926 und 1927 bei Folsom ausgegrabenen lanzettförmigen 19 Geschoßspitzen aus bearbeitetem Feuerstein, den *Folsom Projektile Points*, hatte sich nicht nur der Großwildjäger (*Big Game Hunter*) der Paläo-Indianischen Epoche zu erkennen gegeben, sondern auch die indianische Kultur eine frühe und eigenständige Entwicklung gezeigt. Sie beginnt mit dem sogenannten »Sandia-Typ« vor mehr als 12·000 Jahren, suchend und experimentierend, erreicht mit der »Clovis-Spitze« eine Verbesserung und findet mit dem »Folsom-Projektil« den Höhepunkt einer funktionsgerechten Form.
Clovis- und Folsom-Feuersteinspitzen finden ihre Entsprechung bis in den südlichsten Teil des Kontinents (Fell Cave, Patagonien u. a.). Die Einheit des Komplexes veranlaßte Wissenschaftler von einer Basiskultur der Großwildjäger, die *Big Game Hunting Tradition* zu sprechen, die in der weniger spezialisierten, dafür aber vielseitigeren *Old Cordilleran Tradition* (etwa 12 000–6000 v. Chr.) ein Gegengewicht hat. Im Inventar der »Alt-Kordilleren-Kultur«, die auf Kleintierjagd und dem Sammeln von Wildfrüchten beruhte, finden sich Schaber und später Reibsteine. Ihr Markenzeichen ist die blattförmige, ungekehlte »Kaskadenspitze«. *Cascade points* oder kaskadenspitzenähnliche Feuersteingeräte sind von Kanada bis Argentinien verbreitet. Beide Paläo-Indianischen Basiskulturen fanden ihre charakteristische Ausprägung nach unseren heutigen Kenntnissen zwischen 12 000 und 10 000 v. Chr., die Kaskaden-Kultur im Westen und die der Großwildjäger im mittleren Teil Nordamerikas. Ihre Vorfahren mußten vor über 20 000 Jahren in diese Räume eingewandert sein, denn zwischen 18 000 und 8000 v. Chr. blokkierten die hoch aufgetürmten Gletscher im Norden den Zugang zum Süden. Wirft man also einen Blick auf die Habe der ersten Amerikaner, so bleibt wenig an Kulturgütern, die aus Asien eingeführt sind; die ältesten Kernwerkzeuge des »Vorgeschoßspitzen-Horizonts«; vielleicht? Die Ureinwohner Amerikas kamen mit kleinem Gepäck. Großes wurde nicht nachgeliefert.

Der Südwesten

Eine archäologische Fundgrube

Im riesigen Gebiet von Nordamerika konnten die Konquistadoren außer in Mexiko, das geographisch bis zum Isthmus von Tehuantepec zählt, keine indianischen Hochkulturen zerschlagen; andere waren nicht vorhanden. In zwei Kulturräumen allerdings hat das Eindringen der Europäer den Prozeß einer kulturellen Evolution abgebrochen. Die »Mississippi-Kultur« im östlichen Waldland und die »Kulturen des Südwestens« standen an der Schwelle zu einer Hochkultur.
Das Kerngebiet der unwirtlichen wie faszinierenden Großlandschaft des Südwestens teilen sich die heutigen US-Bundesstaaten New Mexico und Arizona, die Randgebiete liegen zum Teil in Kalifornien, Utah und Colorado. Im Osten der ariden, niederschlagsarmen Region befinden sich die frühesten Fundplätze der Großwildjäger, Sandia, Clovis, Folsom. Im Norden zwischen der Sierra Nevada und den Rocky Mountains läßt sich durch die »Wüsten-Kultur« (*Desert-Culture*), die der »Alt-Kordilleren-Tradition« folgt, die Neo-Indianische Kulturstufe, d. h. der langwierige Prozeß vom »Jäger und Sammler« über das Stadium der »Wildbeuter« bis zu den Anfängen des Feldbaus studieren. Im Süden, der schon in vorklassischer Zeit, gegen Ende des 1. vorchristlichen Jahrtau-

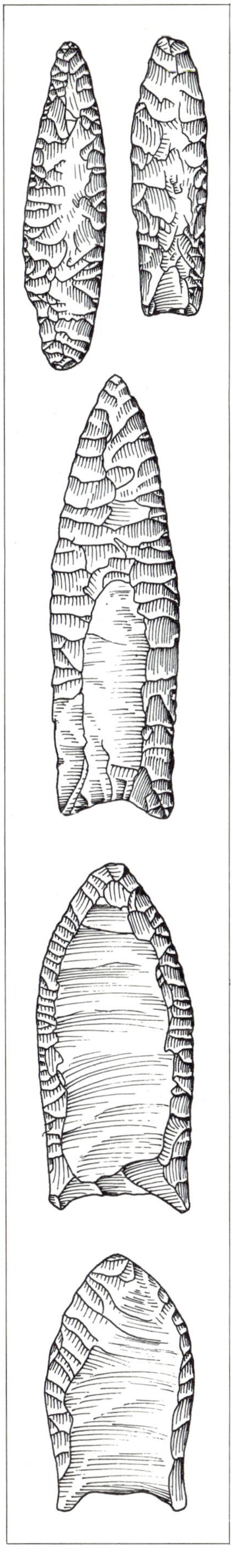

sends, in die Einflußsphäre der mesoamerikanischen Hochkulturen geriet, entwickelten sich aus der *Cochise Culture* – eine lokale Variante der »Wüsten-Kultur – drei der eindrucksvollsten Kulturen nördlich des Rio Grande: im Osten die der »Mogollon«, im Westen die von »Hohokam« und im Norden die »Anasazi-Tradition«.
Anno 1540, als der spanische Feldhauptmann Coronado mit einem Häuflein Abenteurer hier nach den sagenhaften »Sieben Städten von Cibola« suchte, war die Mogollon-Kultur verschwunden, die der Hohokam verblüht und der Höhepunkt der Anasazi überschritten. Zahlreiche *Pueblos* waren seit Jahrhunderten von ihren Bewohnern verlassen. Die Siedlungen mit ihren Tempelanlagen, Bewässerungskanälen und Ballspielplätzen hatte der Flugsand zugedeckt. Für die spanischen Eroberer war das ohne Bedeutung. Sie interessierten sich kaum für die Vergangenheit, die interessierte erst Adolph Bandelier – 350 Jahre später. Mit leichtem Gepäck und den wachen Augen eines Amateurs durchstreifte der gebürtige Schweizer Gebirgszüge, Hochplateaus und Canyons. Er studierte einfache Grubenhäuser (*pithouses*) wie komplizierte Klippensiedlungen (*cliffdwellings*) und die ausgedehnten Wohnkomplexe mit ihren mehrstöckigen Häusern, Terrassen, Kivas (unterirdische, meist Kult- und Versammlungsräume), und sammelte Keramikscherben wie Obsidiansplitter. Bandelier erkannte aus den Fragmenten die Vielfalt der Stile, bemühte sich, eine zeitliche Abfolge zu erstellen und Querverbindungen wie wechselseitige Beeinflussung aufzudecken. Die kurzlebige und regional begrenzte Mimbres-Keramik war Beispiel einer solchen Diffusion, in der die Anasazi-Tradition so positiv auf die Mogollon-Kultur einwirkte, daß künstlerisch gesehen eine der besten alt-indianischen Malschulen entstand.
Bis Anfang der zwanziger Jahre war die Amerikanistik vorwiegend das Feld von Einzelgängern, Amateuren und Abenteurern. Durch Alfred v. Kidder I. wurde sie zu einer ernsten Wissenschaft. Der nordamerikanische Archäologe grub in Utah, Arizona und New Mexico, in Südamerika, Guatemala und auf Yucatán. Er besuchte Griechenland und Ägypten, um den hohen Stand der klassischen Archäologie zu studieren. Wenige Monate nach seiner sensationellen ersten Atlantiküberquerung gelang es Kidder, den weltberühmt gewordenen Flieger Charles Lindbergh von der Notwendigkeit des Luftbildes zu überzeugen. Sie flogen über die *Mesas* und *Canyons*, brachten an die hundert aufschlußreiche Photos mit und machten Schlagzeilen. Kein anderes Gebiet nördlich des Rio Grande kann heute so reichliches Fundmaterial aufweisen, gewährt so viel Einblick in die Vergangenheit wie der Südwesten. Ein halbes Jahrhundert nach dem Lindbergh-Flug ergibt sich, kurz skizziert, folgendes Bild: Das Ende der Eiszeit brachte das Aussterben der Megafauna. Durch die Klimaveränderung entstanden Trockensteppen und Halbwüsten. Nach den fetten Jahren der Großwildjäger kamen die mageren der Steppensammler und Kleinwildjäger. An dem, was sie in ihren Behausungen – den Höhlen – achtlos oder als Abfall hinterlassen haben, läßt sich ein Bild rekonstruieren. Die Schichtenfolge von »Danger Cave« (Utah) beginnt um 9000 v. Chr. und führt bis in unser 1. Jahrtausend. Reste von Mahlzeiten und Koprolithe geben über Ernährung, Gesundheitszustand und Hygiene Hinweise.

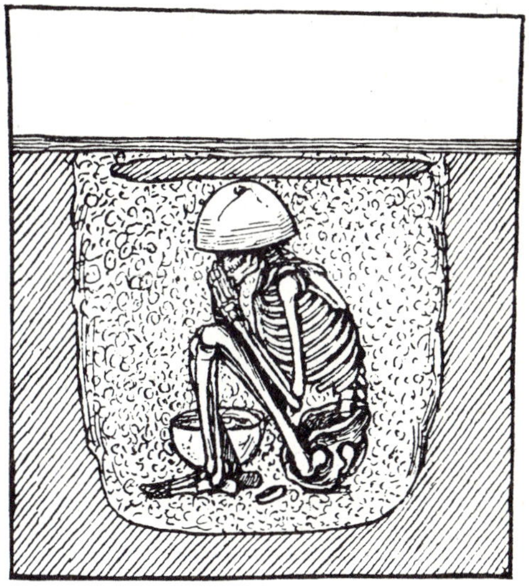

Um die Reinlichkeit war es schlecht bestellt. Mit der Nahrung stand es nicht bestens. Die meisten litten an Darmparasiten. Trotz einer Fülle von genießbaren Wildpflanzen, weit über 200, war nichts Ergiebiges, wie etwa wilder Weizen oder Gerstenarten, darunter. Die fleischliche Kost bestand aus Rotwild, Hasen, Hunden, Füchsen oder Vögeln, und die nicht im Überfluß. Schlecht Verdauliches wie Grashüpfer, Käfer, Feldmäuse, Eidechsen, harte Samenkörner, Baumrinde und bittere Wurzeln füllten den Magen. Aus Werkzeugen, Waffen und anderen Geräten wie Schleudern, Fallen und Netzen lassen sich der jeweilige Stand der Technik, Arbeits- und Jagdmethoden ablesen. In nahezu 8000 Jahren änderte sich wenig am Leben dieser Höhlenbewohner. Außer Mahl- und Reibsteinen und Korbflechtarbeiten – letztere stammen aus der Zeit 7500 v. Chr. datierten Schicht und sind die ältesten Amerikas, möglich sogar die ersten der Menschheit – gibt es nichts nennenswert Neues. Ein wesentliches Ansteigen der Bevölkerung ist nicht ersichtlich. Während sich im »Großen Becken« die Lebensweise der Wüsten-Kultur bis in die historische Zeit kaum verändert, vollzieht sich im »Südwesten« in den letzten Jahrhunderten vor Beginn unserer Zeitrechnung, der Übergang zum Ackerbau relativ zügig. Das Dreigestirn der fundamentalen indianischen Nutzpflanzen, Mais, Bohnen, Chilipfeffer – Proteine, Eiweiß und Vitamine – und in ihrem Gefolge ver-

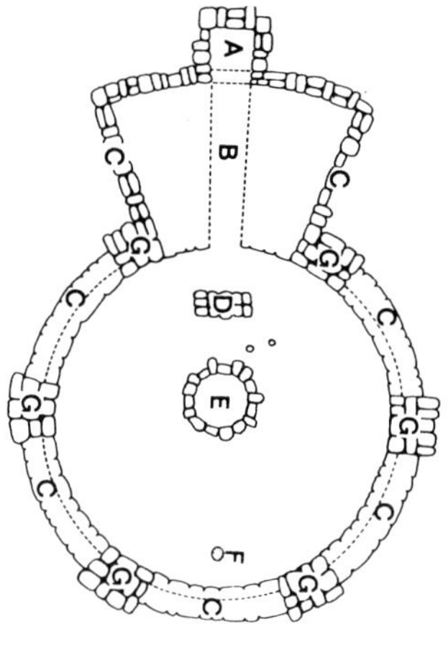

Oben: Schematische Darstellung eines für die Groß-Pueblo-Periode charakteristischen Kultraumes = Kiva (n. Martin, Quimby und Collier). A + B Lüftungsschacht für Frischluft, D Verteiler, E Feuerstelle, F »sipapu«, symbolischer Zugang zur Dämonen- und Geisterwelt, C + G Mauern und Tragsäulen für Dachbalken. Der meist kreisförmige, unterirdische Kultraum der Pueblo-Indianer war nur mittels einer Leiter zugänglich. Die Art der Anlage hat sich aus dem Grubenhaus der frühen Anasazi-Tradition (Basketmaker II) entwickelt. Die Leiter wird als Achse zwischen Himmel und Unterwelt gedeutet. Durch die »sipapu«, eine muldenförmige Grube (F), kamen die »Anasazi« in der Urzeit an die Erdoberfläche. Der Kiva diente als Versammlungsraum der Männerverbände, war der Ort für die Initiationszeremonien und Platz, an dem die Knaben von Medizinmännern in die rituellen Tänze eingewiesen wurden. Die Älteren saßen auf den Lehmbänken an der Wand.

Rechte Seite unten: Blick in einen »Kiva« von Pueblo Bonito in der Chaco Canyon-Region (New Mexico, USA). Anasazi-Tradition, Groß-Pueblo-Periode (Pueblo III, ca. 1100–1300).

schiedene Kürbissorten, finden von den präklassischen Kulturen Mesoamerikas den Weg in den Südwesten. Der früheste Anbau ist in den Mogollon-Bergen nachweisbar. Auch die älteste Keramik – Mogollon I (ca. 100 v. Chr. bis 400 n. Chr.) – im Kulturkomplex stammt aus dieser Region. Von dort aus greifen nach Ansicht vieler Fachleute die neuen Errungenschaften zuerst auf den Westen zu den Hohokam über, und erst nach etwa sieben Jahrhunderten adoptieren die im Norden lebenden Anasazi Ackerbau und Töpferei. Andere Archäologen glauben an eine unabhängige, direkte Kulturübertragung (Stimulus-Diffusion) von mexikanischen Hochkulturen auf die Hohokam. Nur wenige halten noch an der alten Theorie einer Einwanderung aus dem Süden fest. Erst in jüngerer Zeit erbrachten Harold S. Gladwin und Emil W. Haury neben dem Beweis der Eigenständigkeit auch die Sequenz einer kulturellen Abfolge der Hohokam-Kultur; sie beginnt mit einer »Pionier-Periode« (*Pioneer Period*, ca. 100 v. Chr. bis 450 n. Chr.), durchläuft dann ein sogenanntes »Koloniales« Stadium (*Colonial*, etwa 450–900) und findet mit der »Zeit der Seßhaftigkeit« (*Sedentary*, etwa 900–1100) ihren Höhepunkt. Die »Klassische Periode« (*Classic*, etwa 1100–1400) steht ganz im Gegensatz zu ihrer Benennung, denn vom Norden drängen die Anasazi in das Gila-Becken ein. Die Hohokam-Kultur verliert ihr eigenes Gesicht. Es kam nicht zu kriegerischen Auseinandersetzungen – die Ausgrabungen sprechen für eine friedliche Koexistenz –, in der die Kulturelemente der »Groß-Pueblo-Periode« (*Great Pueblo*, etwa 1100–1300) dominieren.

Die individuelle Entwicklung von unterschiedlichen Kulturen auf einem relativ begrenzten Raum lag vor allem an der Umwelt. Die Anbaupflanzen brachten neben Vorteilen auch Probleme. Sie setzten nicht nur dem Nomadenleben ein Ende – feste Siedlungen, zunächst mit Grubenhäusern für Menschen und Vorratsspeichern für Ernte und Saatgut, entstanden – sie verlangten auch weitsichtige Planung und führten zur Entwicklung neuer Techniken, die nur in Kollektivarbeit zu verwirklichen waren. Um in den langen Trockenzeiten die Felder mit den Wassern der Flüsse Gila und Salt zu versorgen, schufen die Hohokam ein Bewässerungssystem mit bis zu 200 Kilometer langen Kanälen, Dämmen und unzähligen Schleusen. Vergleichbares findet sich nur im Wüstengebiet der peruanischen Küste, nicht Annäherndes in Mesoamerika. Die Bauern auf den hochgelegenen Tafelländern (*Mesas*) kalkulierten die gelegentlichen Trockenperioden mit ein und legten Wasserreservoirs an. Unabhängig von der Alten Welt erkannte man die Notwendigkeit von Terrassen und den Vorteil des Überschwemmungsfeldbaues. Sie nutzten die Frühjahrsüberschwemmungen des Colorado-Flusses – wie die alten Ägypter die Fluten des Nils – und pflanzten die Saat in den vom Hochwasser angespülten, fruchtbaren Schlamm.

Am unergiebigsten erwies sich der Ackerbau in den Mogollon-Bergen. Nach einem glanzvollen Anfang blieb die Mogollon-Kultur auf der Strekke. In der unwirtlichen Gegend konnte der Ackerbau nicht Hauptnahrungsquelle werden und die Bewohner nie ganz auf Jagd und Sammlertätigkeit verzichten. Anders bei den Hohokam. Ihre großen »hydraulischen« Leistungen setzten eine straff organisierte Gemeinschaftsarbeit unter Aufsicht von Spezialisten voraus und erbrachten eine zweifache Ernte. Der Produktionsüberschuß förderte die Elitebildung, er erlaubte das Freistellen von Arbeitskräften und Spezialisten nicht nur für Kanalbau, sondern auch für kultische Bauwerke, Kunsthandwerk und Schmuckgegenstände. Eine Aufsplitterung in unterschiedliche Klassen zeigt sich in den Grabbeigaben einzelner, ist ersichtlich am gesteigerten Bedürfnis nach Luxus – Schmuckgegenstände aus Türkis, Muschelschalen mit geätztem Dekor, Schminkpaletten aus polierten Steinen, Spiegel, ja sogar Kupferschellen, vermutlich Import aus Mexiko u. a. m., alles Privilegien einer kleinen Elite, die über weltliche und religiöse Macht verfügte. Von der Religion der Hohokam-Kultur ist nichts überliefert. Unser Wissen stammt von Ausgrabungen. Die durch die Archäologie ans Licht gekommenen Kultbauwerke, Tempelplattformen und Ballspielplätze sowie anderes im Gesamtkomplex, erinnern an mexikanische Vorbilder. Vielleicht liegt im Epigonentum die Ursache, warum die Blüte dieser Kultur trotz allen Anzeichen und Voraussetzungen einer beginnenden Hochkultur nicht aufging. Eine Vermutung nur, Genaues wissen wir nicht. Archäologen nennen sie »Hohokam«. In der Sprache der Pima-Indianer, die heute dort leben und vermutlich ihre Nachfahren sind, heißt das »die, die gegangen sind«. Bei den Anasazi – »Anasazi« ist ein anglisiertes Wort aus der Navajo-Sprache und bedeutet »die ganz Alten« – drängt sich die Frage noch einmal auf. Die Antwort wird leichter sein. Sie – in älteren Publikationen als Pueblo-Kultur bezeichnet – kamen von den drei wichtigsten Traditionen buchstäblich als letzte ans Licht. Bis zum 8. Jh. lebten sie als »Korbflechter« – *Basketmaker* – in Höhlen oder Gruben, kannten keine Keramik und kochten mit erhitzten Steinen. Gegen Ende der Basketmaker-III-Periode (etwa 400–700) entstanden die ersten festen Häuser mit versenktem Lehmboden und Kuppeldächern. Auch die Herstellung von einfachen Gefäßen aus Ton setzte sich durch. Zu Beginn des 8. Jh.s änderte sich das Bild grundlegend. Die Anasazi gingen in der als »Pueblo I« bezeichneten Periode (etwa 700–900) zum regelmäßigen Ackerbau über, bauten jetzt oberirdische Reihenhaussiedlungen aus luftgetrockneten Lehmziegeln (*adobe*). Ein verfeinerter Keramik-Typ läßt keinen Zusammenhang mit Vorausgegangenem erkennen. Selbst erfahrene Archäologen ließen sich zunächst täuschen. In der »Pueblo-II«-Periode (etwa 900–1100) wird die bienenwabenähnliche Anordnung der Häuser beibehalten. Durch mehrstöckige, bis zu 4 Etagen hohe Gebäude, erschließen die Baumeister die Höhe. Charakteristisch für die Architektur, für die es kein Vorbild gibt, sind die fenster- und türlosen Außenwände der Wohnkomplexe. Der Zugang war nur über Leitern möglich. Bei ungebetenem Besuch wurden sie hochgezogen. Vermutlich war das in einer unruhigen Zeit nicht ausreichend. Ab dem 12. Jh. ging ein Teil der Anasazi dazu über, unter überhängenden Klippen in den tief eingeschnittenen Canyons Siedlungen zu errichten. Die *cliffdwellings* zählen zu den eindrucksvollsten Fortifikationsbauwerken der Weltarchitektur.

In der Pueblo-III-Periode, auch *Great Pueblo* genannt (etwa 1100–1300) erreicht die Anasazi-Kultur die höchste Bevölkerungszahl, technisch wie künstlerisch ihre Glanzzeit und größte geographische Ausbreitung. Gegen Ende der Periode ziehen sich die Anasazi aus dem Gebiet der Hoho-

Oben: »Cliff Palace« im Gebiet von Mesa Verde, Colorado, USA. Diese Klippensiedlung bestand aus etwa 200 »Appartements«, darunter vierstöckige Gebäude. Kaum einer der Räume war größer als 6 qm und selten höher als 1,5 m. Ausnahmen bildeten die 23 »Kivas« (Kulträume). Die »Appartements« dienten offensichtlich nur zum Schlafen und als Zufluchtsstätte. Das tägliche Leben in dieser gewaltigen, unter einem überhängenden Felsvorsprung errichteten Massensiedlung fand auf Dachterrassen oder Vorplätzen statt. Das Baumaterial besteht aus Lehm und groben Steinen für den Kern der Wände, aus sorgfältig bearbeiteten »Brotsteinen« in waagerechter Schichtung und unter Verputz ist die Wandkonstruktion der »Kivas« und fensterlosen Außenmauern. Anasazi-Tradition, Groß-Pueblo-Periode (Pueblo III), etwa 1100–1300.

kam und anderen Regionen auf das Kernland wieder zurück. Nichts deutet auf eine kriegerische Auseinandersetzung, nichts auf eine Vertreibung. Auch die *cliffdwellings* der Mesa Verde und andere Pueblos wurden in dieser Zeit von ihren Bewohnern verlassen. Die katastrophale Trockenperiode zwischen 1276 und 1299 mag eine der Ursachen sein. Ein anderer Grund für den Niedergang dieser allem Anschein nach friedlichen Kultur waren die Athapasken, nomadisierende Jäger und Sammler aus dem hohen Norden, die in das Siedlungsgebiet eindrangen. Sie fanden offensichtlich Gefallen am Südwesten und sicher auch am Reichtum der Ackerbauer. Zweihundert Jahre später, als die Spanier durchs Land zogen, waren die Athapasken seßhaft geworden und hatten manche Kulturelemente der Anasazi angenommen. Als »Navajo« und »Apache« berichteten die Europäer von ihnen, und die Anasazi, die in großen Dörfern wohnten, bezeichneten sie als *Pueblo* – »Dorf« oder »Ortschaft«. A. v. Kidder, einer der besten Kenner des Südwestens, stellte den Pueblo ein wahrlich gutes Zeugnis aus und gab zugleich den Schlüssel für die angeschnittene Frage: »Nur wenig Völker haben sich soweit einer Hochkultur genähert wie der Pueblo-Indianer und sich dabei doch die unentbehrliche Demokratie des einfachen Lebens bewahrt ... Es gab weder arm noch reich, jede Familie lebte in der gleichen Art Wohnung, aß die gleiche Art Nahrung ... « Diese Vorzüge also waren das Hindernis, denn nach unserem heutigen Wissen ist eine Hochkultur im Anfangsstadium im Kern undemokratisch und elitär.

Das östliche Waldland

Der Osten ist ein gutes Land. Seine Seen, seine Wälder, die gewaltigen Flußtäler und die lange Meeresküste gaben dem Menschen Güter im Überfluß. Das war früher so und ist noch heute so. Ausgesperrt von diesem Reichtum sind die Archäologen. Sie kamen zu spät. Zuviel in den *Woodlands* wurde sorglos zerstört, ist unwiderbringlich verloren. An die 100 000 *mounds* (künstlich errichtete Erdhügel) haben Wissenschaftler im östlichen Waldland – dem Gebiet zwischen den Großen Seen und Neu-England im Norden und dem östlichen Texas bis zur Atlantikküste Floridas im Süden registriert. Die meisten dieser Erdbauwerke hatten Pflug und in neuerer Zeit Bulldozer eingeebnet, gleichgültig ob Grabanlage oder Tempelplattform. »Serpent Mound« in Ohio ist eine der seltenen Ausnahmen und steht heute unter Denkmalschutz. Ausgerechnet die Nation, die für die Entdeckung der meso- und südamerikanischen Hochkulturen den höchsten Anteil an finanziellen Mitteln, den größten Prozentsatz an Archäologen und die meisten Buchpublikationen erbrachte, hat die eigene Vorgeschichte weitgehend ignoriert. Dabei war der Anfang so vielversprechend. Sozusagen vor der eigenen Tür untersuchte im Jahr 1781 ein interessierter Gentleman-Farmer einen der Grabhügel, die sich auf seinem Besitz befanden. Wohlüberlegt grub er einen senkrechten Schnitt durch den Grabhügel, um den »inneren Aufbau zu studieren« und » ... aus der Schichtenfolge eine Chronologie herzustellen«. Diese Ausgrabungsmethode in Verbindung mit präzisen Beschreibungen von Fund und Fundzusammenhang eröffneten für die archäologische Feldforschung eine Disziplin, die Stratigraphie, die zur Elementartechnik dieser Wissenschaft werden sollte. Ihr »Erfinder« Thomas Jefferson (1742–1826) wendete nach diesem kurzen Ausflug in die Vorgeschichte sich den Geschehnissen seiner Zeit zu. Die Mehrzahl seiner Mitbürger wählte ihn zum 3. Präsidenten der Vereinigten Staaten.

Virginia und die anderen Teile des östlichen Waldlandes blieben für die Archäologie jungfräuliches Gebiet bis Mitte der fünfziger Jahre. Erst die C-14-Methode ermöglichte eine zeitliche Gliederung der verschiedenen Perioden der »Moundbuilder-Kulturen«, vor allem die Trennung der Komplexe zwischen »Grabhügel-Zeit« (Burial Mound I und II, ca. 1000 v. Chr. bis 700 n. Chr.) und »Tempelhügel-Periode« (Temple Mound I und II, ca. 700–1700). Das Wurzelwerk wie die Verästelung dieses Kulturkomplexes fangen allmählich an, sich etwas deutlicher abzuzeichnen. Dabei wird so manches »Gesetz« im Gebäude der Kulturanthropologie erschüttert, weil hier so einiges ist, was gar nicht sein dürfte; die ersten Kupferwerkzeuge um 5000 v. Chr., eine Keramik um 2500 v. Chr., und schließlich ein Jahrtausend später die gewaltige Anlage von Poverty Point mit einer ungewöhnlichen Architektur. Wesentliche Elemente einer formativen Kulturstufe zeigen sich, jedoch das »Hauptmerkmal«, der Anbau von ertragreichen Nutzpflanzen, fehlt.

Die Zeit zwischen den Großwildjägern der Paläo-Indianischen Kultur und der Formativen Stufe, die durch den Übergang zum landwirtschaftlichen Feldbau und Dorfsiedlungen charakterisiert wird, bezeichnet die Wissenschaft als »Meso-Indianische-Kulturstufe«. Speziell auf die *Woodlands* bezogen spricht man auch von »Archaikum«. Anfang, Form und Ende dieser Lebensweise hängen primär mit den wirtschaftlichen Nutzungsmöglichkeiten der Umwelt (Ökosystem) zusammen und sind regional verschieden. Auf Grund unterschiedlicher Hauptnahrungsquellen beginnen um 5000 v. Chr. (*Middle Archaic Period*, ca. 5000–2000 v. Chr.) sich individuelle Kulturzüge auszuprägen, die bei der Rollenverteilung von Archäologen nicht unberücksichtigt blieben. Im Gebiet der Großen Seen (*Lake Forest Archaic*), wie an der nördlichen Atlantikküste (*Maritime Archaic*) und nach Süden zu an der mittleren (*Shield Archaic*) und in Florida (*Coastal* oder *Piedmound Archaic*) standen Jagd und Fischfang an erster Stelle der Nahrungsbeschaffung, während in anderen Regionen das Sammeln von Wildfrüchten (*Central Riverine Archaic*) alles andere überwog. Die ungewöhnlichsten Fundstücke unter den vielseitigen Sonderformen der mittleren archaischen

Wandmalereien sind nördlich Mesoamerikas von der Anasazi-Kultur bekannt. Nach unserem Wissen wurden nur die Wände der »Kivas« mit dieser Form der »sakralen« Kunst ausgestattet. Die ältesten aus der Pueblo-II-Periode (ca. 900–1100) bestanden aus ornamental gegliederten großen Farbflächen, wechseln dann über in geometrische Motive. Heute sind etwa 800 Wandgemälde freigelegt. Fast alle entstanden in der Pueblo-IV-Periode (1300–1540). Die hier abgebildete Szene der Kiva III in Kuaua New Mexico, zeigt (im Ausschnitt) einen maskentragenden Medizinmann? bei einer Regenmacherzeremonie. Mehrere Pfeile im Raum, die er gegen den Himmel schoß, riefen Wildgans, Fisch und Adler – seine magischen Helfer –, die den Regen herbeiführen. Die Farben sind mit Pinsel oder nur mit Fingern aufgetragen. Erhalten haben sich die Bilder auf den Lehmwänden, weil man die Wände mehrmals mit vielen Schichten überzogen hat. Kiva III Südwest-Ecke, Kuaua, Coronado State Monument, New Mexico. Anasazi-Tradition, Pueblo IV (ca. 1300–1540).

Zeit sind Geräte und Schmuckstücke der *Old Copper Culture* (etwa 5000–1000 v. Chr.). Bis 1945 waren nur einzelne Objekte aus Kupfer, alles zufällige Oberflächenfunde, bekannt. Eine chronologische Einordnung war unmöglich. Man kannte weder Vorstufen noch Nachfolger. Erst durch die sorgfältigen Ausgrabungen (Osceola- [1945], Oconto- [1952] und Reigh-site [1953] in Wisconsin) gewann die »Alt-Kupferkultur« an Profil. Neben Messern, Lanzenspitzen, Angelhaken, Beilen und Bohrern aus Kupfer lagen Projektile und anderes Gerät aus Feuerstein. Technik und Art der Steinwerkzeuge gaben die ersten Hinweise einer Meso-Indianischen Kultur von Jägern (Fischern) und Sammlern. Die C-14-Datierung bestätigte die archaische Periode. Doch an den hohen Altersangaben von etwa 5600 und 7510 Jahren für zwei Komplexe einer Fundstätte bei Oconto (Wisconsin), die R. Ritzenthaler (Milwaukee Public Museum) vorlegte, zweifelten nicht nur viele seiner amerikanischen Kollegen, sondern auch zahlreiche der übrigen Welt. Eine so frühe Metallurgie, vor allem für Amerika, ist in der Tat unwahrscheinlich. Falsch ist das Wort »Metallurgie« und irreführend von »Verarbeitung« zu sprechen, denn das Kupfer war als Metall nicht erkannt. Man »bearbeitete« das Mineral wie Gestein durch Abschlag, Spalten und Hämmern zunächst in kaltem, später auch in erhitztem Zustand. Schmelz- und Gußtechniken blieben im Norden Amerikas unbekannt. (Die ersten im Guß der verlorenen Form hergestellten Gegenstände aus reinem Kupfer stammen von der Paracas-Kultur an der südlichen Küste in Peru, etwa 500 v. Chr. bis 100 v. Chr.). Die Anfänge und das Zentrum der *Old Copper Culture* liegen im Oberen Mississippi-Gebiet, besonders im Westen des Michigan-Sees. Der Rückzug der Gletscher zu Ende der Eiszeit gab in dieser Region reichliche Kupfermengen in gediegener Form frei. Die soliden Kupfergegenstände aus der nordwestlichen Ecke der *Woodlands* hatten großen Handelswert. Weniger gefragt dagegen waren die keramischen Erzeugnisse, die bereits um 2500 v. Chr. im Südosten an der mittleren Atlantikküste hergestellt wurden – zumindest bei ihren Zeitgenossen. Sie schenkten der fragilen Neuheit kaum Beachtung und gaben den herkömmlichen Korbwaren, Stein- und Holzbehältern weiterhin den Vorzug. Um so mehr Interesse widmeten die Archäologen den alten Scherben aus North-Carolina und Georgia. Erfahrungsgemäß ist das Auftreten von Keramik eines der Hauptmerkmale – neben Ackerbau und festen Siedlungen – für die Formative Kulturstufe. Theoretisch trifft das auch auf die präkolumbischen Kulturen zu, mit Ausnahme der formschönen und künstlerischen Gefäße der argentinischen Pampa und der dürftigen, mit Pflanzenfasern gemagerten Töpferware (*fiber temperered pottery*) des östlichen Waldlandes. Beide Hersteller hatten noch die Wirtschaftsform der Jäger und Sammler, waren vom formativen Stadium noch weit entfernt. Besonders für das östliche Waldland kam die Erfindung der Keramik eineinhalb Jahrtausende zu früh. Noch anderweitig zeigten sich vielversprechende Ansätze zu einer Hochkultur, so in Poverty Point am Unteren Mississippi, das seit 1872 Farmern wie Archäologen bekannt, jedoch zu groß war, um es vom Boden aus zu sehen. Die gewaltigen Ausmaße der Erdbauwerke dieses vermutlich ältesten Häuptlingstums (*Chiefdom*) in Nordamerika (etwa 1500–200 v. Chr.) wurden erst durch Luftaufnahmen in den fünfziger Jahren sichtbar. Allein für die Errichtung des zentralen Bauwerks – es besteht aus sechs konzentrischen, nach innen versetzten Erdwällen in Form eines Achtecks mit einer Höhe zwischen 2 m und 8 m und einer Gesamtlänge von 18 km – berechneten Fachleute bei einer angenommenen dreijährigen Bauzeit mit 70 Arbeitstagen pro Jahr, den Einsatz von 1350 vollwertigen Arbeitskräften unter strenger Aufsicht von Organisatoren und Spezialisten. Theoretisch war die Freistellung einer solchen Kapazität nur Ackerbauern möglich. Die Erbauer von Poverty Point hatten diese Wirtschaftsform noch nicht erreicht, sie waren Wildbeuter.

Die Synthese der drei wesentlichen Komponenten der »Waldland-Tradition«, die sich in der spätarchaischen Periode in verschiedenen Regionen entwickelt haben – Grabhügelbau, Keramik und landwirtschaftliche Bodennutzung –, vollzog sich nicht im Süden in Poverty Point, sondern im Norden, im mittleren Ohio-Tal, in der Adena-Kultur. Sie verdankt ihren Namen dem Besitz, auf dessen Grund die ersten Ausgrabungen stattfanden. J. P. Jennings, der sie leitete, schrieb: »Es schien uns, als seien wir auf eine neue Kultur gestoßen, es zeigten sich nicht die geringsten Anzeichen von Landwirtschaft . . . Verzierte Kunstgegenstände, Schmuck und röhrenförmige Tabakspfeifen aus Stein kamen zum Vorschein. Die geheimnisvollen monumentalen Erdbauwerke erweckten den Eindruck einer aristokratischen Oberschicht, die über eine große Anzahl von Untertanen als Arbeitskräfte verfügte. Und alle Gegenstände, die Gräber und Totenhügel als Grabbeigaben füllten, ließen auf eine große Verehrung schließen, die sie den Verstorbenen entgegenbrachten.«

Mit der Adena-Kultur endet, zumindest in den Annalen der Archäologie, die archaische Zeit und beginnt die »Früh-Waldland-Tradition« (*Early Woodland Tradition*), die als *Burial Mound I* (»Grabhügel-I-Periode«) bezeichnet wird. Kurioserweise sind es die Toten, die uns das lebendigste, aber falsche Bild von einer einheitlichen Kultur vorgaukeln. Denn der religiöse Kult, der sich über den ganzen Osten verbreitete, der den ungeheuren Anstoß zu allen kulturellen Leistungen gab, kannte weder Götter noch einheitliche Begräbnissitten, sondern eine Vielfalt von komplizierten Totenritualen. Das Gemeinsame war die geistige Haltung, die in der absoluten Hinwendung an den Tod Er-

Dieses nur 1 m hohe, aber mehr als 400 m lange Erdbauwerk in Form einer Schlange (Bild und Skizze) konnten die Hügelbauer (Moundbuilder) nie aus dieser Perspektive sehen wie der Photograph, der fast zwei Jahrtausende später den Bilderhügel (Effigy Mound) aufnahm. Im Innern enthielten die Erdbauwerke der Adena- und Hopewell-Leute Holzkammergräber oder Brandbestattungsgruben. Die äußere Form scheint wie die Verwirklichung einer Vision, bestimmt für die Schutzgeister der Toten. »Serpent Mound« Mound City (Ohio, USA). Mittlere Waldland-Tradition, Adena-Hopewell-Kultur, Burial Mound III, ca. 200 n. Chr.

füllung fand und der ungeheure Aufwand, der mit dem Totenkult zusammenhing. Seine Wurzeln gehen weit zurück in die archaische Zeit, zeigen sich in älteren Entwicklungsphasen und in mehreren Regionen. Als ein Volk haben die »Mound-Builder« nie existiert. Es waren viele ethnische Gruppen, die zu verschiedenen Zeiten und nach unterschiedlichen Regeln Grabhügel für ihre Toten errichteten. Die meist kegelförmigen *mounds* der Adena-Leute sind unterschiedlich in Größe wie Höhe und meist von Erdwällen umgeben. Eingesäumte Straßen führten von mehreren Seiten auf sie zu. Etwa zwei bis sechs meist kleine Rundhäuser – die Wohnstätten der Lebenden – gruppierten sich um diese zeremonialen Zentren. Die Bestattungsart war nicht einheitlich. Es gab Skelettbestattungen wie Leichenverbrennung, aber auch Beisetzungen von mehreren Toten in hölzernen Grabkammern, die eingeäschert wurden. In jedem Fall aber waren die Grabbeigaben reichlich, vor allem Schmuckstücke, Armbänder, Pektorale, Halsgehänge oder Ringe aus gediegenem Kupfer, geschliffenen Muschelschalen oder poliertem Stein. Kupfer- und Steinbeile, Speer- und Lanzenspitzen sowie »Rauchrohre«, Vorläufer der Tabakspfeifen, sind unter den Grabbeigaben. Welches Kraut damals geraucht wurde, entzieht sich unserer Kenntnis. Alle diese Gegenstände, die nicht für die Lebenden bestimmt waren, sind sorgfältig gearbeitet und von hoher Qualität, mit Ausnahme der Töpferware. Sie ist phantasie- und lieblos. Die Wegzehrung für die Verstorbenen gibt Einblick in die Speisekarte der Lebenden. Hauptnahrungspflanzen, nur zum Teil angebaut, waren Sonnenblumen, Gänsefuß, Sumpfholunder und einige Kürbisarten. Mais und Bohnen fehlten. Das »indianische Korn« ist im östlichen Waldland erst um 300 v. Chr. nachweisbar und Hülsenfrüchte sogar 1200 Jahre später. Die Adena-Leute setzten zum Schritt auf die Formative Stufe an, die sogenannten »Hopewell« zogen den Fuß nach und überschritten die Kulturschwelle zur Neo-Indianischen Zeit. Diese ethnische Gruppe, die in den ersten vorchristlichen Jahrhunderten ins Ohio-Tal eindrang, unterscheidet sich physisch durch ihre langen Schädel von den rundschädligen »Adena-Leuten«. Es waren begabte Händler, Spieler und Verschwender. Sie liebten den Luxus und stellten mit einem noch aufwendigeren Totenkult die Alteingesessenen in den Schatten. Archäologen nannten sie nach dem Farmer Hopewell, dessen Besitz von Mounds übersät war. Vermutlich kam diese elitäre, den »Hopewell-Kulturkomplex« tragende Bevölkerungsgruppe aus Illinois und brachte neben ihren großen handwerklichen Fähigkeiten und neuen Techniken der Keramik auch eine andere Art des Totenkults ihrer Würdenträger mit. Er war an die Errichtung großer Zeremonialbauwerke gebunden. Dadurch wird die Veränderung des Kultursegments in der »Waldland-Tradition«, der Übergang von *Burial Mound I* zu *Burial Mound II* (etwa um 300 v. Chr.) sichtbar. Die sorgfältigeren und differenzierteren Begräbnissitten reflektieren eine verstärkte Ausprägung sozialer Schichten. Der größere Aufwand der Zeremonialbauten sowie Anzahl und Umfang lassen ein schnelles Anwachsen der Bevölkerung erkennen. An den Grabbeigaben selbst, die nur noch für einige wenige bestimmt sind, am Luxus jener, für die das Beste gerade gut genug war, läßt sich das weitverzweigte Handelsnetz rekonstruieren: Glimmer und Quarz aus den Süd-Appalachen, Bleiglanzwürfel aus dem Mississippi-Tal, Muschelschalen von der Golfküste, Hai- und Alligatorenzähne wie Schildkrötenpanzer aus Florida, Krallen und die Hauer von Grizzlybären aus den Rocky-Mountains sowie anderes mehr, zählten zu den bevorzugten Handelsgütern und Grabbeigaben.

Rechte Seite unten: Getriebene Kupferplatte mit der Darstellung eines menschlichen Gesichts im Profil. Späte Waldland-Tradition (Temple Mound II). Mississippi-Kultur, »südlicher Kult«, etwa 1200–1600. Vermutlich Georgia, USA. Höhe ca. 25 cm (Museum of the American Indian, New York, N. Y. USA).

Pfeifenkopf in stilisierten Vogelformen aus Stein. Späte Waldland-Tradition (Temple Mound II). Mississippi-Kultur, etwa 1200–1600. Herkunft: Kentucky oder North Carolina, USA. Länge: 22,5 cm (Privatsammlung). »Rauchrohre« und sogenannte »Plattformpfeifen« aus Stein sind als Grabbeigaben bereits aus dem Adena-Hopewell-Kulturkomplex bekannt. Mit dem »südlichen Kult« gewinnt das Rauchen im Zusammenhang mit zeremoniellen Handlungen wieder an Bedeutung, und die oft bis zu 6 kg wiegenden steinernen Pfeifenköpfe gewinnen neben der Funktion ihre Eigenständigkeit als »Bildwerk« zurück. So erinnert bei der abgebildeten Skulptur wenig an einen Pfeifenkopf. Der ausgewogene Vogelkörper läuft in zwei Köpfen aus. Die Eule als Symbol der Nacht einerseits und die Darstellung eines Tagesvogels andererseits reflektieren dualistische Ideen von Tag und Nacht, Leben und Tod.

Anpassungsfähige und ertragreiche Maisarten, vermutlich von Mexiko eingeführt, bildeten die Ernährungsgrundlage. Der spezialisierte Fernhandel brachte Reichtum. Ein Überfluß, wie man ihn nur von der Glanzzeit der Großwildjäger her kennt. Aber dieser Reichtum ist nicht mehr für die Lebenden bestimmt, sondern für die Toten. Über den Wohlstand der Händler-Elite geben die Grabbeigaben Auskunft. Im Seip Mound von Ross County (Ohio) – der Begräbnishügel ist 9 m hoch, 76 m lang und 46 m breit – lagen in einer Grabkammer nur die Skelette von 4 Erwachsenen und die zweier Säuglinge. Unter den reichhaltigen Beigaben aus Kupfer, Glimmerschiefer, Schildpatt und anderen Materialien war eine Fülle von Flußperlen in allen Größenordnungen. Der archäologische Wert ist kaum zu überbieten, der materielle übersteigt nach Schätzungen die Zwei-Millionen-Dollar-Grenze. Auf der Hopewell-Farm lagen in einem Grab 135 kg Obsidian. Das ist mehr als die Hälfte allen Obsidians, der bisher in Hopewell-Gräbern Ohios gefunden wurde. Für eine solche Verschwendung hatten offenbar selbst die Götter wenig Verständnis. Gewisse Rohstoffquellen erschöpften sich, Obsidian zum Beispiel. In den Grabanlagen des 4. und 5. Jh.s fehlt dieses für die Herstellung von Werkzeugen und Waffen besonders geeignete Material bereits. In den Bilderhügeln (*effigy-mounds*), die in Form von Schlangen, stilisierten Vögeln, Eidechsen, Pumas, Schildkröten, Hirschen, Hunden oder geometrischen Symbolen erbaut sind, läßt sich die Tiefe des Kults für uns am ehesten erahnen. Diese überdimensionalen, mit Erde »gezeichneten«Visionen konnte keiner der Lebenden sehen. Fast unbegreiflich, wie ihre Schöpfer die geistige Konzeption mit einer solchen Ausgewogenheit der Form auf eine so große Fläche übertragen konnten, die für sie niemals überschaubar war und für uns erst mit Hilfe der Technik sichtbar wurde.

Sie gaben jedoch durch ihren bis zum Exzeß getriebenen Totenkult, den Aufwand und die Exklusivität der Grabbeigaben den Anstoß zu Höchstleistungen sowohl auf technischem wie künstlerischem Gebiet. Vor allem Keramik und Kleinkunst (Tabakspfeifen aus Stein, aus Kupfer, Muschelschalen oder Glimmerschiefer, ausgeschnittener Schmuck wie Zeremonialmesser aus Quarz und Obsidian, viel zu groß und dünn, zu fein und elegant für den profanen Gebrauch und anderes exotisches Zeug) setzten sie neue ästhetische Wertmaßstäbe und förderten eine Weiterentwicklung der Technik. Der für den Kult bestimmten Kunst mit ihrem komplizierten Formenreichtum lag ein strenger handwerklicher Kodex zugrunde, der den Stil unverkennbar macht. Aber nicht alle diese begehrten Objekte gingen den direkten Weg von der Werkstatt ins Grab. Viele waren Tauschwaren für exotische Rohmaterialien in entfernten Gegenden. So ergibt sich durch die weite Verbreitung einerseits wie durch die Geschlossenheit des Stils andererseits das falsche Bild einer einheitlichen Kultur.

In der »Mississippi-Kultur« der »Späten Waldland-Tradition« (etwa 500–1700) bilden sich tiefgreifendere gemeinsame Grundzüge aus, die sich durch intensivere und länger dauernde Kontakte zwischen den Kulturen über Großräume (Mittlerer Mississippi) verbreitet haben. Am deutlichsten reflektiert sich diese Periode in der Architektur. Es werden kaum noch Begräbnishügel gebaut. Die Toten begrub man häufig in alten *burial-mounds*. Statt dessen entstanden großräumige Tempelplattformen, sogenannte *temple-mounds*, die um eine geräumige *plaza* gruppiert sind. Ihre Basis ist quadratisch oder rechteckig. Das Material, vorwiegend festgestampfte Erde, unverputzt, ohne Deckplatten oder Mauerwerk. Häufig unterteilen Terrassen die Vorderfront der konischen, oben abgeflachten Erdbauwerke. Dort standen die aus vergänglichem Material errichteten Tempel- und Wohnkomplexe der Häuptlinge. Zu diesen Gebäuden führten vom zentralen Platz aus Treppen oder Rampen empor. Um diesen »Residenzbezirk«, in dem die Elite lebte, die die politische wie religiöse Macht ausübte, den Handel lenkte und die Umverteilung der Güter vornahm, gruppierten sich die Häuser der privilegierten Klasse, Spezialisten wie Kunsthandwerker, Architekten, Bewässerungsbau-Ingenieure, auch Waffenhersteller und Militärs, ebenso jene, in deren Händen die Ausübung des Kults, die Heilung von Kranken oder der Fernhandel lag.

Zu jeder »Residenzstadt« gehörten Großsiedlungen, zahlreiche Dörfer und gelegentlich sogar »Satelliten-Städte«, deren Bewohner die höhere Gesellschaftsklasse der »Städter« und die Mitglieder der »Aristokratie« mit ihren Produktionsgütern ernährten. Der intensive Feldbau (Mais, Kürbis und als neu hinzukommend Bohnen) stabilisierte nicht nur die Nahrungsversorgung, sondern in fruchtbaren Gegenden, wie etwa im Mittleren Mississippi-Gebiet, konnten gewaltige Überschüsse erwirtschaftet werden, die neben großzügigen Vorratsrücklagen das Freistellen von Arbeitskräften für die Errichtung städtebaulicher Anlagen und die Ausbeutung von Bodenschätzen wie Salz, Kupfer und anderes Material erlaubte. Das kam dem Handel zugute. Der Reichtum weckte bei den einen ein gesteigertes Luxusbedürfnis, bei den anderen Neid. Trotz der unterschiedlichen Motive waren die Folgen gleich. Die Erweiterung des Machtbereichs, um vorhandenen Reichtum zu vermehren oder um ihn erst zu erlangen, bedeutete Krieg. Dafür gibt die Architektur bzw. ihre Reste, die deutlichsten Hinweise.

Oben: Zeremonielles Tongefäß mit stilisierter Vogeldarstellung. Durch die umfangreiche Zerstörung der Zeremonialanlagen im letzten Jahrhundert sind trotz des aufwendigen Totenkults im nordöstlichen Waldland nur wenige keramische Grabbeigaben erhalten geblieben. Gefäße von solcher Sorgfalt, suggestiver Kraft und solch künstlerischem Formgefühl können die späteren Waldland-Kulturen nicht mehr aufweisen. Mittlere Waldland-Tradition (Burial Mound II), Hopewell-Kultur, um 300 v. Chr. bis 500 n. Chr. Fundort: Mound Group City, Ross County (Ohio, USA). Höhe: 15,4 cm (Ohio State Museum, Columbus, Ohio).

Die Funktion der Tempelhügel war die Demonstration einer elitären, vorwiegend weltlichen Macht. Sowohl für die »Temple-Mound I-Periode« (etwa 650–1200) als auch für »Temple-Mound II« (etwa 1200–1700) der Mississippi-Kultur sind typische Merkmale Fortifikationsbauwerke und -einrichtungen, die in früheren Zeiten unbekannt waren. Gewaltige Verteidigungswälle aus Stein und Erde umsäumten die ›Städte‹, und ihr innerer Kern war häufig noch durch hohe Holzpalisaden geschützt. Selbst bei den Häuptlingshäusern auf den Tempelhügeln fanden sich noch Spuren von Verteidigungsvorrichtungen. Alles deutliche Anzeichen für eine zu erwartende Bedrohung von außen und eine befürchtete aus den eigenen Reihen.
Ein Modell für die urbane Entfaltung, die städtebauliche Anlage und Ausmaß wie auch für die soziale Gliederung ihrer Bewohner ist Cahokia, leider auch Beispiel für die erbärmliche Situation der nordamerikanischen Archäologie. Nur einige Meilen nordöstlich vom Zentrum der heutigen Stadt St. Louis stehen die Überreste eines der großen Bauwerke, die Menschen vor Beginn der Neuzeit errichteten. 623 000 cbm Erde wurden in geflochtenen Körben, freiwillig oder unter Zwang, für das 30 m hohe Erdbauwerk herbeigeschafft, das mit seiner Basis von 240 m × 316 m sogar die Cheops-Pyramide in Ägypten um 18 000 qm übertrifft. Es entstand in der Frühzeit der Mississippi-Kultur (etwa zwischen 800–1000), als Cahokia noch ein bedeutendes Zeremonialzentrum war. Auf seiner Plattform standen, umringt von Palisaden, ein größeres Gebäude und mehrere kleine. Zum frühen Zeitpunkt hatte das Bauwerk eine sakrale Bedeutung, und vermutlich eine astronomische Funktion. Jüngste Ausgrabungen brachten sogenannte »Sonnenkreise« ans Licht. Bei »Sonnenkreis 2« sind 48 Holzpfosten in regelmäßigen Abständen auf einen Kreis mit einem Durchmesser von 120 m verteilt. In der Mitte fanden sich die Überreste eines Zentralpfostens und 1,50 m entfernt die eines weiteren, vermutlich eine Art Fixiersäule. Eine astronomische Ausrichtung, möglicherweise mit diesen Sternwarten erarbeitet, läßt die Anordnung der Bauwerke zu einem Achsenkreuz bilden und ihre Orientierung nach den vier Kardinalpunkten erkennen. Cahokia schließt damit an die Poverty Point-Tradition direkt an. Direkt? Nach mehr als 2000 Jahren. Und nichts ist dazwischen?
Der »Mönchshügel« *monks-mound* – so nannte man die Pyramide, weil Trappisten-Mönche im 18. Jh. die Terrassen als Gemüsegärten benutzten – wurde im Laufe der Zeit mehrmals verändert, nicht zu seinen Gunsten, zum Vorteil der Archäologen wenigstens. In der Moorehead-Phase (1150–1250) – benannt nach einem Wissenschaftler – verlor das Bauwerk seine strenge Erhabenheit und offensichtlich auch die zeremonielle Bedeutung. Cahokia entfaltet in dieser Zeit größte Aktivität, erreichte die größte Ausdehnung und reflektiert das geringste religiöse Interesse. Alle vier Terrassen des Tempelhügels wurden wahl- und planlos mit Häusern und Hütten bebaut. Am »Mönchshügel« zeigen sich Stand und Möglichkeiten der Technik im Bauwesen, das organisatorische Talent der Herrschenden, Massen zu mobilisieren und zu leiten, sie zu fast unglaublichen Leistungen anzuspornen. Auch darin ähneln sich Poverty Point um 1200 v. Chr. am Unteren und Cahokia um 1200 n. Chr. am Mittleren Mississippi. Dem frühen Häuptlingstum waren durch seine Wirtschaftsform (Wildbeuter) Grenzen gesetzt, dem Kleinstaat der Mississippi-Kultur stand scheinbar kein Hindernis im Weg. In weniger als einem halben Jahrtausend entwickelte sich das kleine Tempelzentrum zu einer, im mittelalterlichen Sinne, wirklichen Großstadt. Den »Mönchshügel« umgaben allein 120 kleinere *mounds.* Um alle Gebäude zu zählen, war es in den zwanziger Jahren, als die ersten Archäologen kamen, bereits zu spät. Glücklicherweise waren nicht alle Spuren ausgelöscht. Von neun »Satelliten-Städten«, kleineren und mittelgroßen sowie über 50 Dörfern, die auf dem etwa 200 qkm großen als »American Bottoms« bezeichneten Gebiet, am Ostufer des Mississippi zwischen 900 und 1250 entstanden, waren noch reichlich Spuren vorhanden. Sie ließen erkennen, daß hier die größte Bevölkerungskonzentration nördlich Mexikos war und Cahokia das kultische, politische und wirtschaftliche Zentrum. Um das Jahr 1250 lag die Betonung nicht mehr auf dem ersten Attribut, sie lag auf dem letzten; und mit dem wirtschaftlichen Höhepunkt kam der Anfang vom Ende. Eine definitive Auskunft auf die Frage nach dem Warum vermag die Archäologie noch nicht zu geben. Nur drei der Cahokia-Mounds sind bisher wissenschaftlich erforscht. Vergleiche mit dem Sozialgefüge jener Häuptlingstümer der »Temple-Mound II-Periode« am Unteren Mississippi aus der Zeit der Entdeckung Amerikas sind nicht direkt übertragbar, können aber Hinweise geben, sofern sie durch zuverlässiges Material der archäologischen Funde Bestätigung finden. Während sich Gebrauchsgegenstände oft über die Jahrhunderte nicht oder kaum verändern, gleichen Grabbeigaben einem Seismographen, der selbst die kleinsten Bewegungen aufzeichnet.
Die Keramik der ersten Halbzeit der Mississippi-Kultur (Temple-Mound I) ist trotz ihrer Anzahl von neuen Gefäßformen und Dekortechniken, die sich nicht vom Hopewell-Kultkomplex ableiten lassen, lieblos und eintönig. Sie entspricht in ihrer Äußerlichkeit der Architektur, ja ist folgerichtig eine Ergänzung und Spiegelbild einer mehr weltlich als kultisch orientierten Führungsschicht. Die Ausbildung einer durchdachten, eindrucksvollen Religion, die von der Allgemeinheit akzeptiert wurde, war von ihr nicht zu erwarten. Die Entwicklung einer theokratischen Gesellschaft mit einem urbanen Zentrum als kulturellen Mittelpunkt fand in Nordamerika nicht statt. Macht und Machtanspruch der führenden Elite lag trotz religiösem Kult mit Menschenopfern und anderen Agrarriten offensichtlich mehr in profanen Bereichen des Handels und des Krieges begründet. Die ständig erneuerten, vergrößerten wie auch zahlreich geplanten und nicht mehr vollendeten Befestigungsanlagen zeugen von einer ständigen Bedrohung durch andere Stämme von außen wie von internen Machtkämpfen innerhalb der Führungsschicht, die sich schließlich in ständigen Kleinkriegen selbst aufrieb.
Erst gegen Ende des 12. Jh.s, mit dem »südöstlichen Zeremonialkomplex« (*Southern Cult*) setzt sich nördlich von Mesoamerika erstmalig eine religiöse Ideologie mit einem konkreten Symbolismus durch, die in der Kunst durch Darstellungen von göttlich verehrten Tieren und die damit verbundenen Vorstellungen klar zum Ausdruck kommt. Auch Schamanenpriester bei der Ausübung kulti-

Ritzverzierungen von Pektoralen aus Muschelschalen mit maskierten Tänzern. Späte Waldland-Tradition (Temple Mound II), Mississippi-Kultur, etwa 1200–1600. Fundort: Spiro Mound. Le Flore County (Oklahoma, USA). Durchmesser: 8–11 cm (oben: Museum of the American Indian, New York; unten: nach O. Prufer, 1965). Sowohl Stil wie Motiv des Schmuckanhängers weisen auf den »südlichen Kult« hin, dessen religiöse Ideologie bei vielen Stämmen und Häuptlingstümern im östlichen Waldlandgebiet Anklang fand und der durch bestimmte ikonographische Elemente ab dem 12. Jh. archäologisch nachweisbar ist. Im »Southern Cult« zeigt sich erstmals nördlich Mesoamerikas ein konkreter Symbolismus, eine Art »priesterlicher Geheimwissenschaft«. Hand, Vogelkralle, Sonnenkreis, Swastika, fliegender Pfeil, Skelettknochen, Trophäenköpfe und Auge mit »Tränenspur« sind unverkennbare Motive, mit denen neben Keramik, Stein, Gewebe, Kupferplatten und Muschelschalen verziert sind. Die fünf Trophäen? – Köpfe, mit denen der abgebildete Muschelanhänger verziert ist – lassen die charakteristische Gesichtsbemalung erkennen. Um die Augen als Mittelpunkt ziehen sich Linien, die an einen stark stilisierten Vogelkopf erinnern (vergl. Abb. Seite 599 unten).

scher Handlungen, die strengen Regeln unterliegen, ihre Masken wie Kostüme, sind ebenfalls Motiv diesem dem Kult verpflichteten Kunst. Handwerkliche Sorgfalt, größere Sicherheit an Formgefühl und ein hoher Grad an Sensibilität treten, wie einst im Hopewell-Kultkomplex, wieder in den Vordergrund. Das Material reicht von poliertem Stein, geritzten Muschelanhängern bis zum gehämmerten Kupfer, die Gestaltung von der Vollplastik bis zum Flachrelief, die Ausführung vom Realismus bis zur Abstraktion. Die Ursache für das Wiederaufleben des Totenkults und seiner starken religiösen Bindung dürfte im sozio-politischen Bereich liegen und mit dem Versagen der Elite der »Temple-Mound I-Periode« im Zusammenhang stehen. Das archäologische Bild stimmt größtenteils mit dem überein, was die ersten Europäer, die in den Südosten vordrangen, zu berichten wußten. Die Elite der späten Mississippi-Kultur, deren Herrschaftsanspruch durch den Kult gefestigt war, konnte sich auf göttliche Vorrechte berufen und war daher weniger gefährdet als ihre Vorgänger. Bei den Natchez war das Sozialgefüge einer Vier-Klassen-Gesellschaft zwischen 1698 und 1732 noch intakt. Ein Franzose, der bei ihnen diese Zeit über lebte, berichtet ausführlich und nüchtern. Die »Große Sonne« war absoluter Herrscher über Leben und Tod seiner Untertanen. Er bezog seine despotische Macht aus den göttlichen Vorrechten, die mit dem Amt und nicht mit seiner Person verbunden waren. Über Cahokia vermochten die französischen Siedler, die Anfang des 18. Jh.s in ihrer Nähe St. Louis gründeten, nichts mehr zu berichten. Die größte ›Stadt‹ des östlichen Waldlands war, wie viele andere Siedlungen, von ihren Bewohnern verlassen. Die letzten Siedlungsspuren in Cahokia, die durch jüngste Ausgrabungen zutage kamen, liegen um das Jahr 1550. Krankheiten, die die Europäer mitbrachten, waren ihnen vorausgeeilt.
Mit dem »Hopewell-Kult« ging eine religiöse Ideologie weit übers Ziel hinaus und verfehlte den Menschen. Im »Temple Mound I-Komplex« blieb die Religion zu erdennah und erreichte ihn nicht. Der Südöstliche Zeremonialkomplex fand bei allen Bevölkerungsschichten Anklang. Um zu einer Volksreligion zu werden, war es zu spät.

Die großen Kulturen Mesoamerikas

Als hauptsächlicher Unterschied zwischen Kulturen der Neuen und denen der Alten Welt wird die zeitliche Differenz als Kriterium angeführt. Obgleich die Schnelligkeit der Entwicklung kein Beweis für eine besondere Befähigung sein kann, ist es unrichtig, daß die altweltlichen Kulturen ein bestimmtes Stadium drei- bis viertausend Jahre früher erreicht hätten. Die Vorstellung von einem solchen Nachhinken der indianischen Hochkulturen verliert von Jahr zu Jahr an Bedeutung. Auf weitaus interessantere Fragen, wie die der Ausgangssituation, die Wechselfälle von günstigen und ungünstigen Einflüssen wie der Größenordnung, die zu Verzögerung oder Beschleunigung im Entwicklungsprozeß geführt haben, bekommt man durch eine größere Aktivität und verbesserte Methoden der Archäologie, wie durch umfangreichere Vergleichsmöglichkeiten, allmählich Einblick. Besonders letzteres eröffnet neue Perspektiven, da die indianischen Kulturen im wesentlichen derselben Quelle entstammen, müssen sie trotz ihrer großen Unterschiedlichkeit als Zweige eines Baumes gesehen werden. Das rechtfertigt m. E. den relativ großen Raum, der in dieser Publikation den »Erfolglosen« eingeräumt wird, eben jenen Kulturen nördlich Mexikos, die über das frühformative Stadium nicht hinauskamen, denn für uns ist Erfolg zur Selbstverständlichkeit und gleichermaßen zur Gewohnheit geworden. Der lange, ungewöhnliche Weg mit allen seinen Krümmungen zu einer Hochkultur im präkolumbischen Amerika, wird durch die sichtbarer, die auf der Strecke blieben.
Bei der Entdeckung Amerikas stießen die Europäer auf indianische Hochkulturen im »Zentralen Andenraum« in Südamerika (Ekuador und Peru einschließlich der Küstengebiete sowie das bolivianische Hochland) und in »Mesoamerika«, dessen nördlicher Teil Nordamerika und der südliche Zentralamerika zugeteilt wird. Ihre Staatsgebilde entstanden auf der Basis prähistorischer agrarischer Dorfgemeinschaften und wurden als eine Allianz von Stadtstaaten (Azteken und Maya) oder als Imperium (Inka in Alt-Peru) von spanischen Eroberern gewaltsam zerschlagen.
Die Archäologie gliedert die verschiedenen Entwicklungsphasen und Kunststile geographisch wie chronologisch und bedient sich der Namen von Fundplätzen und -regionen. In den meisten Fällen haben sich diese Bezeichnungen – La Venta-Typ, Nazca-Stil usw. – auch auf Kunstgegenstände übertragen.
Die Entwicklungsstufen der Hochkulturen werden in der amerikanischen Archäologie mit folgenden Oberbegriffen bezeichnet:

1. Die präklassische oder Formative Periode (etwa 2400 v. Chr. bis 250 n. Chr.), in der Ackerbau oder eine andere effektive Wirtschaftsform die Grundlage seßhaften Siedlungslebens bilden. (Im engeren Sinne dürften aber nur solche Kulturen, die den Entwicklungskeim zur klassischen Periode in sich tragen, »vorklassisch« oder auch »formativ« genannt werden.) Der Beginn der vorklassischen Zeit wird in Mexiko etwa um 2000 v. Chr. angesetzt – in Peru wird sie als »Anfangsphase« (*Initial Period* – 2000–1400 v. Chr.) bezeichnet. Die Zeit etwa zwischen 1200 v. Chr., die »mittlere vorklassische« Periode, markiert in Mesoamerika das Auftreten des olmekischen Stils. Für den Zentralen Andenraum ist der »Frühe Horizont« (1400–400 v. Chr.) durch eine überregionale Verbreitung der Chavín-Kultur, sowohl die Ideen wie der Kunststil, charakteristisch. In dieser Zeit werden die letzten Weichen für die Bahn einer hochkulturellen Entwicklung gestellt. In großen Gebieten des Doppelkontinents kommt es zu einer Stagnation, wie etwa im südöstlichen Waldland, oder wird die Formative Stufe erst gar nicht erreicht.
Das Ende der Präklassik wird in Mexiko im allgemeinen um das Jahr 300 angesetzt und in Peru fünfhundert Jahre früher. In manchen Fällen aber, wie beispielsweise in den Kulturen von La Venta und Chavín, tragen die Erscheinungsformen bereits früher wesentliche Merkmale der klassischen Kultur. Um eine bessere Differenzierung zu erreichen, die aber möglichst allgemein gültig sein soll, behilft sich die Amerikanistik mit der Bezeichnung »protoklassische Periode« (etwa 100–300 n. Chr.) in Mexiko und in Peru als »Frühe Zwischenperiode (250 v. Chr. bis 500 n. Chr.).

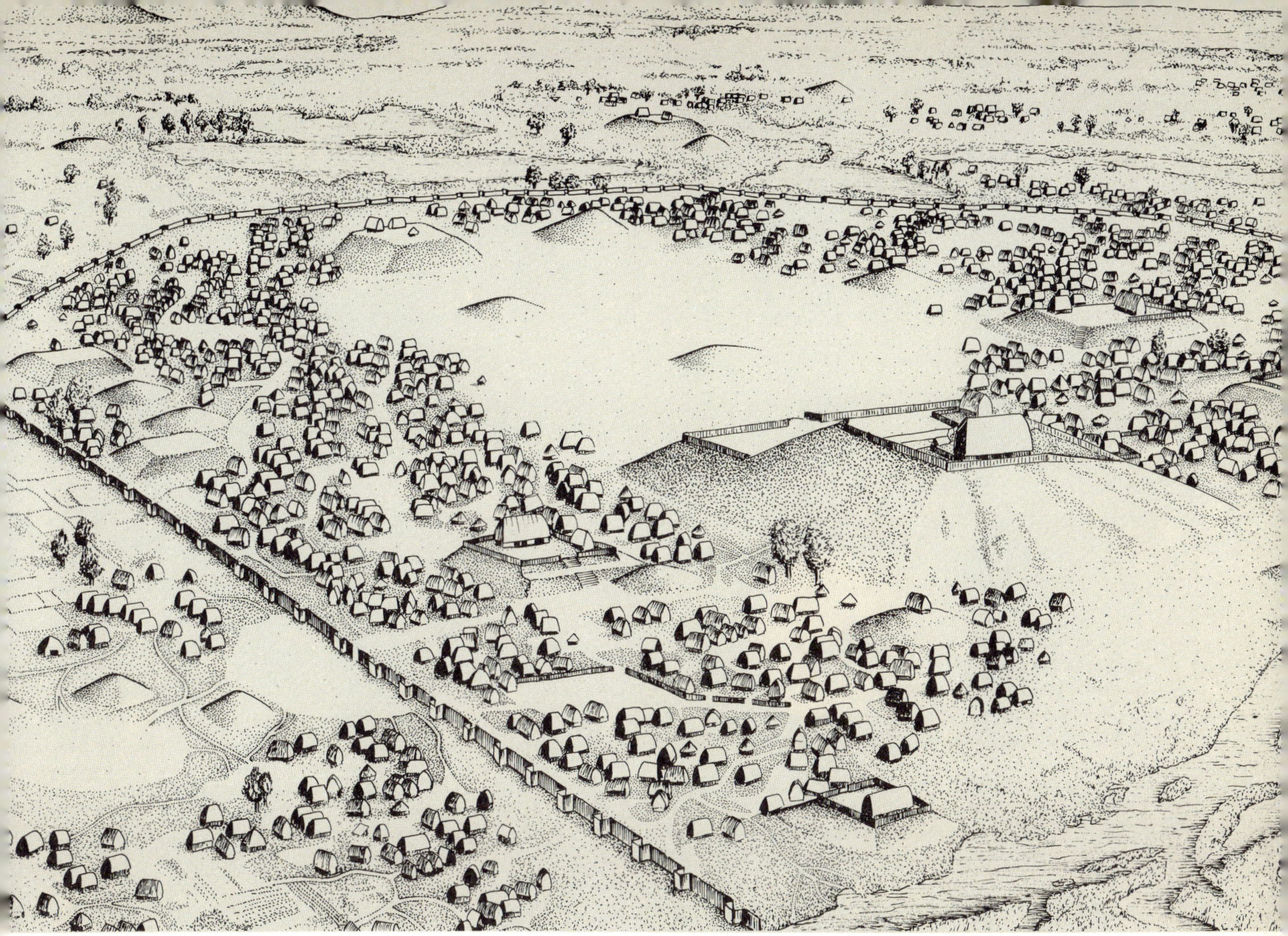

Rekonstruktion des Zentrums von Cahokia. Mississippi-Kultur. Waldland-Tradition (Temple Mound I und II Periode), etwa 900–1300. Illinois, USA.
Der Einsatz von Flugzeug, Photographie und Infrarot-Aufnahmen in Verbindung mit archäologischer Feldarbeit ermöglichte, ein ungefähres Bild von der indianischen Metropole am mittleren Mississippi zu entwerfen. Auf etwa 30 000 Einwohner schätzen Fachleute die Bevölkerung um das Jahr 1200, als die Stadt ihren Höhepunkt erreichte. Die große Erdpyramide im Vordergrund, »Monks-Mound« genannt, wurde auf ebener Erde errichtet. Bei ihr wurden nicht, wie meist bei Tempelplattformen üblich, natürliche Hügel miteinbezogen. Kleinere »Temple-Mounds« unterstützen die dominierende Wirkung und säumen den großen Platz, auf dem an bestimmten Tagen das Volk sich versammelte, um Güter zu tauschen und den Zeremonien beizuwohnen, nachdem es vorher seine Tributabgaben an die Elite des Häuptlingstums abgeliefert hatte.

2. Mit klassischer Periode bezeichnet man in Mesoamerika im weiteren Sinn jede voll ausgeprägte Entwicklungsstufe. Dieser Terminus ist anfänglich für die etwa zwischen 300 und 600 anzusetzende Phase der Maya-Kultur geprägt worden, wurde aber auf andere indianische Kulturen erweitert. Die ursprünglich nur qualifizierende Kennzeichnung »klassisch« erhielt eine chronologische Bedeutung sowie auch eine zeitliche Verlängerung mit dem Terminus »spätklassisch« (etwa 600–900).

3. Mit der nachklassischen Zeit von etwa 900 bis zum Zeitpunkt der spanischen Eroberung um 1520 bzw. 1532 verhält es sich ebenso. (Die großen Kulturen der Tolteken und Azteken, wie die Vorläufer der Inka und die Inka-Kultur selbst, müssen aber auf Grund des chronologischen Ablaufes als »nachklassisch« eingestuft werden.)

Mexiko und die südlich angrenzenden Gebiete, in denen sich diese Zivilisationen entfalteten, liegen in der äußeren Tropenzone. Der Norden, größtenteils Wüste, war für Mensch und Tier fast ebensowenig einladend wie die subtropischen Regenwälder an der Golfküste, das nördliche Guatemala und das westliche Honduras oder die karstige, von Buschwäldern überzogene Halbinsel Yucatán. Günstigere Lebensbedingungen bot das zentrale Hochland mit seinem gemäßigten Klima. Nicht unerwartet fanden sich zwischen den beiden Kordillerenzügen die ältesten menschlichen Spuren, vergesellschaftet mit den Fossilien ausgestorbener Tierarten. Sie reichen derzeit über 20 000 (Tlapacoya 20 000 v. Chr., Valsequillo mit der C-14-Datierung 19 000 ± 500 v. Chr.) und liegen im zentralen Hochland. Von dort stammt auch der für Jahrzehnte als der älteste Amerikaner gefeierte »Mann von Tepexpan«.
Weder in Mesoamerika noch im südlichen Teil des Kontinents war die Voraussetzung für eine spezialisierte Großwildjagd durch die andersgearteten ökologischen Verhältnisse weniger günstig als in großen Gebieten Nordamerikas. So war der »kulturelle Schock«, wie er sich bei den Großwildjägern im Norden nach dem Versiegen der Hauptnahrungsquelle zeigte, hier kaum spürbar. Von Anfang an dominierte die Wirtschaftsform der Kleinwildjäger und Sammler. Der nur scheinbare Nachteil anfangs erwies sich später für die kulturelle Evolution zum Vorteil. »Wer Großes leisten will, muß durch viele Nächte gehen«, besagt ein Sprichwort der Maya. Ob dabei an den Mais gedacht wird, »quien sabe – wer weiß?«

Das Tal von Tehuacán

Der Mais,
das schwer zu erringende Geschenk der Götter

». . . man wird finden, daß alles was sie tun, wie alles, worüber sie reden, sich um den Mais handelt. Wirklich, es fehlt fast nichts, und sie machen einen Gott daraus.« Bischof Diego de Landa schrieb diese Zeilen Mitte des 16. Jh.s über die Maya-Indianer im Süden Mexikos. Er war der Wahrheit näher, als er ahnte. Die Maya hatten einen Maisgott, und im Pantheon der Azteken finden sich sogar mehrere Gottheiten, die der kostbaren Pflanze beistanden.

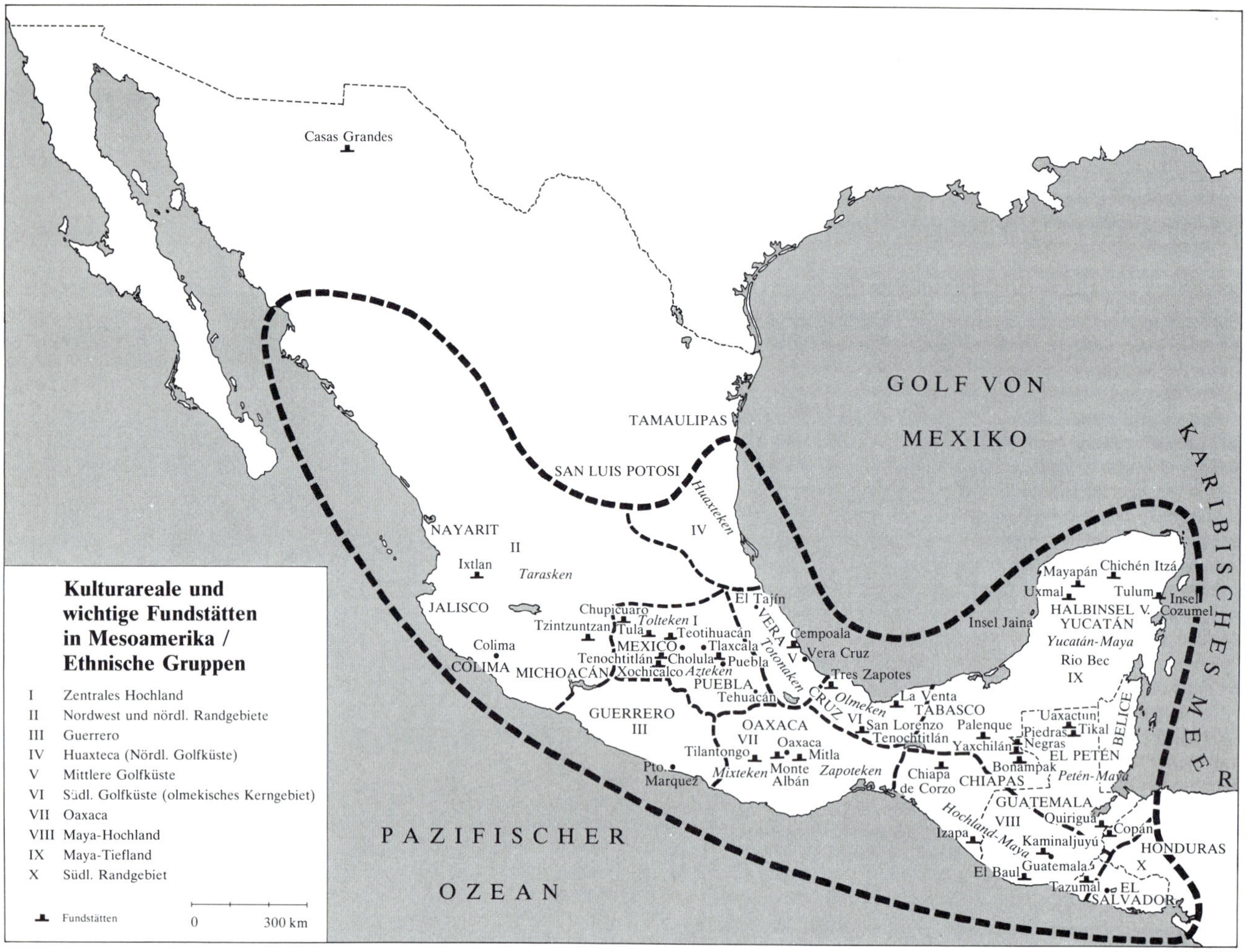

Übersichtskarte von Mesoamerika mit wichtigen Fundplätzen, Kulturen und ihrem Verbreitungsgebiet.

Mais, der zweitgrößte Ernährer nach dem Reis, war die Basis für die Entwicklung der präkolumbischen Hochkulturen. Daran gab es seit langem keinen Zweifel. Mais war aber auch ihr größtes Hindernis und die Ursache für den verspäteten Start und den ungleichen Entwicklungsprozeß im Vergleich zu den nahöstlichen Kulturen; das zeigte sich erst in diesem Jahrzehnt. Der andere gravierende Nachteil lag am Mangel für die Domestikation geeigneter Tiere. Möglich, daß hier durch das Ausrotten verschiedener Arten durch die spezialisierten Jäger ein Mitverschulden vorliegt. Das Wildpferd beispielsweise hat in der Alten Welt überlebt. Im anderen Fall kann das Urteil nur eindeutiger Freispruch sein. Der Mais in seiner Wildform ist eine der dürftigsten und aussichtslosesten Pflanzenarten, und man fragt sich, warum die Indianer gerade jenes Gewächs auswählten, um es zu kultivieren. Es blieb ihnen nichts anderes übrig. In Amerika waren wilde Weizen- oder Gerstenarten nicht vorhanden wie im Nahen Osten. Dort konnten sich Jäger und Sammler niederlassen und aus dem Vollen schöpfen, sogar größere Siedlungen gründen, lange bevor sie den Feldbau »erfanden«. Der Ethnobotaniker Paul Mangelsdorf von der Harvard University hat sich ganz der Aufgabe gewidmet, den Werdegang der heute so ertragreichen Nahrungspflanze Mais zu erforschen. Mit seinem Mitarbeiterstab führte er zahlreiche genetische Experimente durch, um die Urform(en) zu finden. Auf die Frage nach Erfolg war seine Antwort: »Erfolg? Nein, das kann man nicht sagen, es sei denn, man versteht unter Erfolg die Entwicklung der unproduktivsten Getreideart der Welt.« Für die Indianer ist der Mais ein Geschenk der Götter. Für die Wissenschaftler ist er »Trickster«

Rechts: Archäologische Funde von Maiskolben verschiedener Kulturen an der peruanischen Küste und ihre etwaigen Entwicklungsstadien im Vergleich zur heutigen Anbaupflanzung; links unten: Las Haldas: vorkeramische Fundschicht etwa 2000–1700 v. Chr.; darüber: Nazca: etwa 100 v. Chr. bis 300 n. Chr.; Mitte Chancay: 2 Kolben mit Bohnen, etwa 1200 n. Chr.; rechts: eine heutige Form.

und »Kurtisane« zugleich, Schelm, weil er an vielen Stellen und in unterschiedlicher Kleidung auftritt, das andere, seiner geschlechtlichen Großzügigkeit wegen. Im Gegensatz zum Weizen ist Mais getrennt-geschlechtlich. Der erweiterte sexuelle Spielraum erlaubt Kreuzungen und Hybridisation, die den Aufstieg vom nutzlosen »Gräslein« zum wertvollen »Korn« möglich machen, einen Einblick in den Prozeß aber verwehren. Gerade das aber reizte die Wissenschaftler und bescherte der Archäologie das bisher umfassendste Bild über Amerikas Frühgeschichte.

Unter der Leitung des Kanadiers R. S. McNeish führte im Hochtal von Tehuacán etwa 200 km südöstlich von Mexikos Hauptstadt ein Team von Archäologen, Paläobotanikern, Zoologen, Geologen und anderen Fachwissenschaftlern eines der umfassendsten Ausgrabungsprojekte durch (1960–65). Es beschränkte sich auf einen kleinen geographischen Raum. Die Ergebnisse sind jedoch alles andere als lokal. Man suchte nach der Heimat des Maises, seinen Urformen und den Stufen der Entwicklung zur ertragreichen Nutzpflanze. Man fand eine chronologische Abfolge von Lebensformen über einen Zeitraum von 12 000 Jahren – vom Eintreffen der ersten Ur-Indianer im Tal bis zur Ankunft der Spanier. Durch die Gründlichkeit ist es zu einem gültigen Modell für Mesoamerika geworden.

Der Kulturablauf wird in neun, nach Fundplätzen benannten Perioden, unterteilt und beginnt mit der Ajuereado-Phase (etwa 10 000–6700 v. Chr.). Vier kleine (Familien?-)Gruppen (*Microbands*) mit etwa 4–8 Mitgliedern lassen sich nachweisen. Es sind umherschweifende Kleinwildjäger und Sammler. Ihre Nahrung besteht zu 70% aus Fleisch, der Rest aus Wildpflanzen. In der folgenden »El Riego-Phase« (etwa 6700–5000 v. Chr.) schließen sich die Gruppen kurzfristig zusammen (*Seasonal Micro-Macrobands*). Die Toten werden sorgfältig bestattet und mit Grabbeigaben versehen, darunter Geschoßspitzen, Steinmörser und Körbe. Die vermutliche Bevölkerungsziffer liegt trotz eines drei- bis vierfachen Ansteigens noch unter hundert. 6% der Ernährung liefern in dieser Zeit bereits Anbaupflanzen, Kürbis, Chilipfeffer, Avocado. Der Fleischanteil verringerte sich auf 54%, der Anteil an gesammelten Wildpflanzen stieg auf 40%. In der »Coxcatlán-Phase« (etwa 5000–3400 v. Chr.) nehmen die Anbaupflanzen 14% auf der Speisekarte ein, darunter Mais mit Kolben von der Größe eines Zigarettenfilters. Die Bevölkerung hatte sich den Anzeichen nach verzehnfacht. Der Zusammenschluß einzelner Familiengruppen zu *Macrobands* wird dauerhafter und intensiver. Die Lager beiderseits des Flusses, der durch das Tal fließt, nehmen gegen Ende der Periode den Charakter von Basislagern an, die von Alten und Kindern immer seltener verlassen werden, und schließlich ganzjährig besetzt bleiben. Die Vereinigung der *Macrobands* zu Jagd- und Ernteverbänden und eine planmäßige Verteilung der kleineren Gruppen auf bestimmte Regionen ermöglicht eine größere Ausbeutung der Nahrungsquellen. Das Zurücklegen von Vorräten verringert die Sorgen um den täglichen Bedarf und erlaubt mehr Zeit für eine sorgfältigere Herstellung von Geräten, von Mahl- und Reibsteinen in größeren Mengen. Keramik ist noch unbekannt. Gefäße aus Stein sind im materiellen Inventar. Sie lassen darauf schließen, daß ein Teil der Nahrung mit Hilfe von erhitzten Steinen gekocht wurde. Im geistigen Bereich zeigt sich eine Veränderung im Totenkult. Bereits zu Ende der El Riego-Phase fanden Beisetzungen in Gruben statt. Getötete Kinder und vom Rumpf getrennte Köpfe stehen möglicherweise in Beziehung mit Opferzeremonien. Erstaunlicherweise gibt es weder Anzeichen für die Einwanderung anderer ethnischer Gruppen noch für Kontakte mit benachbarten Regionen. Alles, darunter auch die »Erfindung« von *manos* und *metate* (Mahl- und Reibstein), die sich kaum von denen anderer Gebiete unterscheiden, hat den glaubhaften Anschein einer autochthonen Entwicklung.

In der »Abejas-Phase« (etwa 3400–2300 v. Chr.) und der weniger bekannten »Purrón-Phase« dagegen (2300–1500 v. Chr.) wird der kulturelle Austausch, mehr von Ideen als von Gütern, erstmals ersichtlich. Tehuacán wie andere Regionen legten zu dieser Zeit ihre regionalen Fesseln ab. Es macht sich bemerkbar durch die Herstellung von Keramik (etwa 2400 v. Chr.) wie in der vermehrten

Unten: Detail aus dem »Codex Ferjéváry-Mayer«, einer mexikanischen Bilderhandschrift. Vermutlich mixtekische Kultur, um 1500. Herkunft: Puebla-Tlaxcala-Region? Mexiko. Bemalter Lederstreifen (Hirschleder?), Gesamtlänge: 106,5 cm, Höhe: 17,6 cm. Größe des abgebildeten Ausschnitts: 6 cm × 34 cm (City of Liverpool Museums, England). Dieses, eines von den wenig erhaltenen indianischen Original-Dokumenten, gewährt uns Einblick. Es ist von rechts nach links zu lesen: Nachdem die Wassergöttin dem jungen Mais ein fast Zuviel an Feuchtigkeit gab, springt ihm Tepeyollotli, der Beherrscher der inneren Kräfte der Erde, zur Seite und bewahrt ihn vor Fäulnis. Beim Durchstoßen der Erdkruste ist der Regengott Tlaloc behilflich, erkennbar durch die »brillen«-ähnliche Umrandung der Augen. Eine weitere Gottheit hält schützend die Hand über den reifenden Mais und wehrt gefräßige Vögel ab.

Zahl an Nutzpflanzen durch erfolgreiche Kreuzungen. Vom Gartenbau verlagert sich das Gewicht auf den Feldbau. Die ersten Versuche mit künstlicher Bewässerung bringen reichere Ernten. Der Mais, bisher Nebenprodukt in der Nahrung, gewinnt an Gewicht. Das Nomadenleben geht dem Ende zu. In der Nähe der Felder entstehen die ersten Grubenhäuser, und ein paar Jahrhunderte später mit dem Zunehmen der Bevölkerung wurden aus Weilern Dörfer. Jedoch erst in der »Ajalpan-Phase« (1500–600 v. Chr.) konnte sich die seßhafte Lebensweise im Tal von Tehuacán ganz durchsetzen. Eine gesicherte und stabile Nahrungsproduktion erlaubt den Menschen, sich intensiver auch anderen Dingen zuzuwenden. In der Keramik werden durch neue Verfahren nicht nur die Gefäße schöner und vielseitiger. Mit freimodellierten Tonfiguren, vorwiegend unbekleidete Damen als Begleiterinnen der Toten, stellt sich erstmalig der Mensch, den wir nur durch seine Tätigkeit und von seinen Werkzeugen her kannten, selbst vor.

Ob der früheste Mais um 5000 v. Chr. aus dem Tehuacán-Tal auch der erste ist, läßt sich schwer beantworten, die Keramik, die man lange für die älteste in Mesoamerika hielt, steht nicht mehr am Anfang. An Alter wird die Tehuacán-Ware vom sogenannten Pox-Typ (Guerrero, Mexiko) um einige Jahrhunderte übertroffen. Etwa gleich alt ist die erst 1976 in Cuello (Belice) gefundene Maya-Keramik. Ihr Ausgräber, der britische Archäologe N. Hammond, nannte sie »Swasey« und errechnete für sie die Zeit zwischen 2450–2750 v. Chr., das sind 1800 Jahre mehr als das Alter der bisher bekannten frühesten Maya-Keramik und etwa gleich alt wie die der »Purrón-Phase«. Mit dem Swasey-Typ haben die mit Pflanzenfasern gemagerten Scherben aus dem Tehuacán-Tal nichts gemeinsam. Mit der Pox-Ware viel, vor allem die noch schlechte Qualität.

Während der Ajalpan-Phase vollzieht sich der Übergang von der frühen zur mittleren formativen Periode im mesoamerikanischen Kulturkomplex. Das Tehuacán-Modell hat uns in die verschiedenen Stadien vom Nahrungssammler (*food-collecting-stage*) zum Nahrungserzeuger (*food-producing-stage*) Einblick erlaubt. Die Schwerpunkte für die nächsten Stufen liegen in anderen Regionen.

Die »Pretty Ladies« von Tlatilco und andere »Schöne Damen« als Begleiterinnen der Toten

Über 10000 Fundplätze aus vorspanischer Zeit sind in Mexiko registriert, an die 1000 erforscht und etwa 100 sorgfältig ausgegraben. Viele werden, bevor man sie untersuchen kann, überbaut. Besonders jene in der Nähe der modernen Hauptstadt. Der Nordamerikaner George C. Vaillant (1901–1945) hat zwischen 1928 und 1936 einige Siedlungsplätze der vorklassischen Zeit, die inzwischen unter Wohnhäusern und Industrieanlagen liegen, genauer untersucht und eine Stratigraphie für das Hochtal von Mexiko erstellt. Die 7½ bzw. 4½ Meter hohen Abfallhaufen von El Arbolillo und Zacatenco verschafften dem Archäologen Einblick über Ablauf und Lebensweise der präklassischen Dorfkulturen.

Die Wohnstätten waren aus vergänglichem Material und hinterließen keine Spur. Den Bewohnern war jede Vorstellung von Hygiene oder öffentlicher Reinlichkeit fremd. Sie warfen ihren Unrat kurzerhand vor die Türschwelle. Zerbrochene Töpfe, Tierknochen, überhaupt alle Abfälle des Menschen, fanden ihren Weg auf Müllhaufen, die sich vor allem aus Maiskraut zusammensetzten, das beim Fehlen von Haustieren keine Weiterverwendung fand. G. C. Vaillant war der erste, der ein Beispiel für spekulative Archäologie gab. Um eventuell früher liegenden und noch unbekannten Kulturen die chronologische Einordnung offenzuhalten, sprach er von »Mittelkultur«. Mit manchen Namen seiner Fundplätze wie El Arbolillo oder Zacatenco wurden Stilrichtungen oder Perioden benannt, denn trotz vieler Gemeinsamkeiten in der ökonomischen Struktur zeigt sich kein homogenes Erscheinungsbild. Selbst in unmittelbarer Nachbarschaft sind gravierende Unterschiede erkennbar. Die ältesten anthropomorphen Tonfigürchen gehören der Zohapilco-Phase an (etwa 2500–2000 v. Chr.). Sie wurden zu Beginn der siebziger Jahre in Tlapacoya entdeckt. Sie übertreffen um ein halbes Jahrtausend jene bis dahin ältesten weiblichen Tonidole, die Vaillant in den untersten Schichten von El Arbolillo und Zacatenco fand, und von denen er schrieb: »Sie haben für unseren Geschmack nichts Anmutiges. Und dennoch, wenn man diese Figuren in der Hand hält und sich den Gang ihrer Entstehung vergegenwärtigt, so wird man sich des tiefen Ernstes und seiner eigenen Welt des Denkens bewußt . . . Sie stellen immer Frauen dar.« Vaillant vermutete in ihnen Fruchtbarkeitsgöttinnen und schrieb: »Der einzige weitere Anhaltspunkt für religiöse Bräuche dieser Zeit ist die Behandlung der Toten . . . «

Figürliche oder mit Szenen bemalte Keramik sind die »Bücher«, die die schriftlosen Kulturen den Archäologen in die Hände spielen. Mit dem aztekischen Wort »Tlatilco«, dort »wo die Dinge verborgen liegen«, benannten Archäologen einen Fundplatz am Rande der Hauptstadt. Arbeiter einer Ziegelei entdeckten ihn Anfang der vierziger Jahre. Was aus den schätzungsweise wenigstens 6000 Gräbern zutage kam – nur etwa ein Zehntel durch fachgerechte Arbeit –, stellte an Qualität und Vielseitigkeit alles vorher Gesehene in den Schatten. Keine benachbarte Kultur aus der mittleren vorklassischen Periode kannte regelrechte Gräberfelder und trieb einen ähnlichen Totenkult. Im Material der Grabbeigaben ist Ton vorherrschend. Neben Gefäßen und Gefäßskulpturen reihen sich Roll- und Flachstempel, Okarinas und Rasseln, Masken und Tabakspfeifen. Den größten Platz nehmen die meist unbekleideten oder nur spärlich angezogenen weiblichen Figuren ein, die zu Recht von Archäologen als »Pretty Lady-Typ« bezeichnet werden. Mit phantasievollen Frisuren, Haartönung, raffinierten Gesichts- und Körperbemalungen, mit reichlichem Schmuck und sogar Schönheitsoperationen an Schneidezähnen hielten diese Damen nicht zurück. Als Nachbildungen *en miniature* aus Ton war den koketten Totenbegleiterinnen meist nur der kurze Weg von der Werkstatt zum Grab bestimmt. Im Fundzusammenhang zeigte sich, daß mehr als neun Zehntel rituell »getötet«, d. h. zerbrochen wurden. Die Verstümmelungen waren systematisch und wohlüberlegt vorgenommen, vorzugsweise gezielter Abschlag von Arm oder Bein, bei den Nackten manchmal in der Mitte getrennt, häufiger enthauptet die bekleideten oder maskierten Statuetten. Was Tlatilco außer der langen Besiedlung – 1455 ± 260 v. Chr.–

Das Aufkommen herrschender Klassen zeigt sich in Tlatilco deutlicher als an anderen Fundplätzen, wo unbekleidete weibliche Tonstatuetten vorherrschend sind. Sie unterscheiden sich in zwei Grundtypen, das größere und hohl gearbeitete Figuren-Gefäß (oben) und die kleinen sorgfältig modellierten Statuetten aus kompaktem Ton (linke Seite).

Oben: Gefäß in Form eines »Akrobaten«. Gebrannter, steinpolierter Ton. Höhe: 25 cm. Frühe bis mittlere vorklassische Zeit, etwa 1200–700 v. Chr. Fundort: Tlatilco, Valle de Mexico, Mexiko (Museo Nacional de Antropología, Mexico D. F.).

Linke Seite: Drei figürliche Terrakotten vom Typ »Pretty Lady« (Schöne Dame). Freimodellierter mehrfarbig bemalter Ton. Höhe zwischen 9 cm – 12,5 cm. Frühe und mittlere vorklassische Zeit (etwa 1400–700 v. Chr.), Fundort: Tlatilco, Valle de Mexico, Mexiko (Museo Nacional de Antropología, Mexico D. F.).

etwa 600 v. Chr. von den übrigen Fundplätzen dieser Zeit unterscheidet, könnte man im modernen Vokabular mit ›weltmännisch‹ bezeichnen. Es fehlt zwar an Architektur- und Bildhauerkunst, nicht aber an Luxusgütern und Ideen, an vielseitigen Gefäßformen und Figurentypen, die auf weitreichende Handelsverbindungen schließen lassen. Eine stärkere und differenziertere Rangabstufung innerhalb der Sozialstruktur, die bei anderen Dorfgemeinden nicht so deutlich sichtbar ist, besonders an der unterschiedlichen Grabausstattung wie das Auftreten männlicher Statuetten, meist mit Helm und Kinnschutz bekleidete Ballspieler oder maskentragende Schamanen, gehen auf eine direkte Einwirkung einer anderen Kultur zurück. Man braucht nicht lange zu suchen, denn sie hat in Tlatilco ihr typisches »Baby Face«, das Kindergesicht – die herkömmliche Bezeichnung für einen Typ olmekischer Tonfiguren – hinterlassen. Auch in Tlapacoya am Südufer des Texcoco-Sees ist der Einfluß dieser Kultur ersichtlich. Neben dem Baby-Face gibt sie sich auch durch ihr anderes nicht minder spezifisches Jaguar-Antlitz, das »Jaguar-Face«, zu erkennen. Tlatilco und Tlapacoya, Las Bocas und einige Siedlungsplätze waren offensichtlich olmekische Kolonien oder Vorposten dieser Kultur, deren Kerngebiet im *olman,* dem Kautschukland an der südlichen Golfküste lag.

Die Olmeken

Eine Idee formt ein Götterbild
und schafft die Basis für Hochkulturen

Der primäre geistige Anstoß für die späteren mesoamerikanischen Hochkulturen kam nicht aus einem Paradies, er ging von einer noch heute schwer zugänglichen tropischen Zone aus, mit dichten Regenwäldern, ungesunden Sümpfen und unberechenbaren Urwaldflüssen. Bei Tres Zapotes (Vera Cruz) fand 1862 José Melgar den ersten von dem inzwischen bekannten Dutzend olmekischer Kolossalköpfe aus Basalt. Metergroß und bis zu 25 Tonnen schwer. Für einen Abtransport war der »Äthiopier«, wie man das Haupt wegen seiner Knollennase und wulstigen Lippen nannte, zu schwer. Die zweite Großplastik dieser Art fanden Oliver La Farge und Frans Blom 1925 in La Venta. »Der sichtbare Teil des Hauptes hatte 6 m Durchmesser«, so ihr Kommentar. Zum Ausgraben fehlte es den beiden Wissenschaftlern der *Tulane University of Louisiana* an Geld. Erst mit dem Zweiten Weltkrieg änderte sich die Situation. Die dichtbewaldete Zone mit ihren breiten Flußmündungen ... möglicherweise geeignete Versorgungsstützpunkte für deutsche U-Boote ... gewann an Interesse, und plötzlich waren genügend Mittel vorhanden, um die Vergangenheit zu erforschen – und möglicherweise vielleicht dabei auch die Gegenwart im Auge zu behalten. Gleichgültig, was der tiefere Grund für die mehrjährige Arbeit der nordamerikanischen Archäologen im moskitoverseuchten Mangrovensumpf an der Tonalá-Flußmündung war, U-Boote tauchten nicht auf, aber an den Tag kamen La Venta, das größte Zeremonialzentrum, und die Zeugen einer der eindrucksvollsten Kulturen Alt-Amerikas. »La Venta«- oder «olmekische Kultur« nannten sie die nordamerikanischen Wissenschaftler. Von einer »Mutter-Kultur« sprachen intuitiv die beiden Mexikaner Alfonso Caso und Miguel Covarrubías. Wenn eine Kultur das Attribut rätselhaft verdient, so ist es die olmekische. Zunächst glaubt man nicht an das hohe Alter, deren Beginn um 1500 v. Chr. liegt, mit San Lorenzo Tenochtitlán (Olmec I ca. 1500–1200 v. Chr.) ihr Anfangsstadium durchläuft, mit La Venta (Olmec II ca. 1200–600 v. Chr.) ihre Blütezeit erlebt und zwischen dem 7. und 2. Jh. v. Chr. von der Bühne abtritt. Es sind vor allem semantische Probleme, die Mißverständnisse hervorrufen und mit der Definition »Zivilisation« (in diesem Fall Hochkultur) zusammenhängen, denn zeitlich liegt die wesentliche Phase der olmetischen Kultur in der frühen und mittleren vorklassischen Zeit.
Für viele Anthropologen (Sanders und Price u. a.) liegt der Unterschied zwischen einem Häuptlingstum und einer Hochkultur (volle Zivilisation) im Grad der Menge, Größe und Güte. Die olmekische Kultur erfüllt gewissermaßen alles, aber füllt keines der Kriterien ganz aus. Da ist kein urbanes Zentrum mit großer Bevölkerung, jedoch ein ungeheueres Potential an Arbeitskräften für die Errichtung öffentlicher Bauwerke sowie die Ernährung vieler Spezialisten und einer großen Priester-Elite. Fernhandel ist nachweisbar, doch kein zugänglicher Warenumschlagsplatz, lediglich Elite-Zentren auf kleinstem Raum. In San Lorenzo Tenochtitlán wurden kaum mehr als 200 Hausfundamente gezählt, Wohnraum für 800–1000 Menschen. Die kultische Anlage von La Venta liegt auf einer kleinen Insel im Tonalafluß und ist umgeben von Sumpfgebiet. Nicht einmal 150 Menschen hätten sich von dem Boden des Eilandes ernähren können. Dominierend ist die etwa 35 m hohe Pyramide in Form eines Vulkans aus gestampfter Erde, auf deren Plattform vermutlich der Haupttempel stand. An die 200 000 t Bauma-

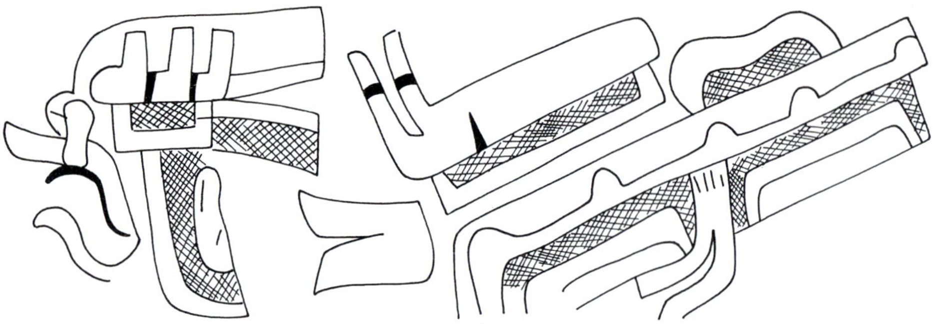

Tonbecher mit der Darstellung eines stark stilisierten Jaguars (»Wer-Jaguar«) in Ritztechnik und Abrollung des ganzen Motivs. Höhe 14 cm. Frühe bis mittlere vorklassische Zeit, etwa 1200–700 v. Chr. Olmekischer Stil. Fundort: Tlapacoya, Valle de Mexico, Mex. (Privatsammlung)
Vergleicht man die Mundpartie des »Akrobaten« von Tlatilco (Seite 605), die des Kolossalkopfes auf der rechten Seite mit der Darstellung auf dem abgebildeten Gefäß, so wird das geistige Konzept des göttlichen »Jaguar-Kindes« oder »Wer-Jaguars« erkennbar, der aus der Vereinigung einer Raubkatze mit einer Frau hervorging. In Tlapacoya, nicht sehr weit von Tlatilco entfernt, lag eine andere Töpferwerkstatt vermutlich olmekischer Kunsthandwerker, die von hier aus olmekischen Ideen zum Ausdruck verhalfen und als Künstler eine Art missionarische Tätigkeit ausübten.

terial waren nötig. Ihr vorgelagert ist ein 85 m langer und 16 m breiter Platz mit etwa 6 m hohen Erdaufschüttungen an den Längsseiten, vermutlich der älteste Ballspielplatz Alt-Amerikas. Die Anordnung der Bauwerke und Monumente des religiösen Zentrums zeigt eine Planung, die ganz bestimmten Ideen zu folgen hatte.
Die typischsten Beispiele olmekischer Bildhauerkunst sind neben den Kolossalköpfen »Altäre« sowie Stelen mit Flachreliefs. Das Material, Basalt, zwischen 10 und 30 t schwere Blöcke, kam aus Steinbrüchen der Tuxtla-Berge, die mehr als 100 km von La Venta entfernt sind. Noch weiter weg lagen die Rohstoffquellen für Jade, Jadeit oder Nephrit, dem Lieblingsmaterial der Künstler, mit denen sie hochpolierte Menschen- oder Tierfiguren, Masken, Schmuckanhänger oder Zeremonialäxte von unübertroffener Qualität schufen. Die Keramik im Kernland selbst ist dürftig.
Verwirrend an den Olmeken sind die vielen Wesenszüge, mit denen sie sich zu erkennen geben: als Bauern und Fernhändler, als Künstler, Techniker, Priester und Krieger, als Astronomen und Baumeister. Vor allem aber die Leistungen, die man beim Stand der Technik, der noch jede Art von Metall fremd war, für unmöglich hielt. Durch ein umfangreiches Irrigationssystem und ständig neue Brandrodungen des sich schnell erschöpfenden tropischen Bodens für neue Felder erzielten sie zwei Ernten im Jahr. Für den intensiven Maisanbau, und das war ihre Hauptnahrungsquelle, benötigt eine indianische Familie etwa 90 Arbeitstage. Selbst bei einer zweimaligen Ernte verblieb etwa die gleiche Zeit für kollektive Arbeitsleistungen, die den Bau und die Gestaltung solcher großartigen Anlagen wie San Lorenzo, La Venta und andere erst ermöglichen.
In jeder Hinsicht waren totalitäre Autoritäten notwendig, um die Menschen zu so harter und ausdauernder Arbeit zu bringen. Für die Einsetzung militärischer Kräfte zur Rekrutierung von Arbeitssklaven sind die Anzeichen zu dürftig, überzeugender ist, daß der Impuls für so gewaltige Leistungen von neuen religiösen Ideen ausging. Das geht aus den Bildwerken hervor wie durch Vergleiche mit anderen Kulturen. Gerade am Beispiel Nordamerika zeigten sich die Bemühungen der Menschen, sobald sie das Stadium der Seßhaftigkeit erreicht hatten, sich einen Gott auszudenken. Wirklichen Erfolg, und damit auch den Absprung zu einer Hochkultur, hatten in Amerika nur zwei Kulturen, die von Chavín in Peru und die olmekische in Mesoamerika. In beiden Fällen ist die Idee so verbunden mit der Kunst, die sie sichtbar macht, genauer mit einem großen Kunststil, der einem festen Kodex von Motiven unterliegt und das Sichtbarwerden erst ermöglicht. Es ist trotzdem schwer, allein aus den Darstellungen Genaueres über die Religion der Olmeken zu erfahren. Die Grundzüge der Ideen, wie die mit ihnen verknüpfte Absicht, erreicht uns auch heute noch. Aufstellung, Ausführung und Motive der Großplastik lassen keinen Zweifel an einer kultischen wie religiösen Funktion. Bei den Kolossalköpfen, von denen der englische Bildhauer Henry Moore sagte, »sie sind das großartigste Werk an Geist und Gestaltung, was ich auf dieser Erde kenne«, fällt auf, daß der Künstler jede Individualisierung meidet, um nicht eine Persönlichkeit darzustellen, sondern einen unverkennbaren Typus zu formen. Die Aufstellung solcher »Über-Porträts« in den drei großen Zeremonialzentren stand vermutlich mit einer öffentlichen Demonstration der Ahnen in Verbindung. In ihrer Physiognomik gleichen sie dem Baby-Face. Eine ebenfalls dominierende Rolle neben dem »göttlichen Kind« nimmt der Jaguar ein. Mal realistisch, mal abstrakt, das immer wiederkehrende Jaguarmotiv ist ein wesentliches Element der olmekischen Kunst. Neben reinen Jaguardarstellungen findet sich die Mischform einer vermenschlichten Raubkatze. Im *Jaguar-Face* sind Gesichtszüge des Kindes noch erfaßbar, doch das Naive hat im Mischwesen, auch »Wer-Jaguar« genannt, einem unberechenbaren, lauernden, ja unheimlichen Ausdruck Platz gemacht. Es ist das erste »göttliche Wesen« und die Quelle aller weiteren Entwicklungen der Fruchtbarkeitsgötter im alten Mexiko, das aus der Vereinigung eines Jaguars mit einer Frau hervorging, wie einige, sehr zerstörte Steinmonumente (Potero Nuevo Mon. 3, Rio Chiquito Mon. 1, Laguna de los Cerros Mon. 20), die den Kopulationsakt darstellen, belegen.
Die olmekischen Priesterfürsten, vermutlich mit geregelter Erbfolge, leiteten ihre Abstammung von den grundlegenden Gottheiten her und wurden vom Volk mit ihnen identifiziert. Jene Dynastie, die sich auf den »Jaguar-Regengott« als Ahnherrn berufen konnte, hatte überregionale Befehlsgewalt, was etwa der Einsetzung einer königlichen Linie gleichkam. Der religiöse Kult, dem die sakralen Herrscher vorstanden, der ungeheure Aufwand, mit dem er durchgeführt wurde und vor allem die heiligen Residenzen mit ihren eindrucksvollen Anlagen trennten Welten von den simplen schamanistischen Praktiken, die für die zahlreichen und eigenständigen Dorfgemeinschaften der vorklassischen Periode Mesoamerikas üblich waren. Das olmekische »Reich«, die erste damals größte politische Einheit, hatte nach der Schätzung von Ignazio Bernal 18 130 qkm und zum Zeitpunkt der dichtesten Besiedlung 350 000 Bewohner, über die die Priesterfürsten Macht und

Kolossalkopf Nr. 1 von La Venta. Basalt. Höhe: 2,41 m. Umfang: 6,4 m. Gewicht: ca. 24 t. Mittlere vorklassische Zeit, etwa 900–600 v. Chr. Olmekische Kultur. Fundort: La Venta, Tabasco, Mex. (Standort: Park Museum Villa Hermosa, Tab. Mex.) Die monumentalen Kopfskulpturen sind nur auf drei Zeremonialzentren im Kernland der Olmeken beschränkt: San Lorenzo, La Venta und Tres Zapotes. Sie stellen alle einen ähnlichen Menschentyp dar mit wulstigen Lippen und breiter, fleischiger Nase. Charakteristisch ist eine haubenartige, enganliegende Kopfbedeckung, die in einigen Fällen (La Venta Nr. 4 u. San Lorenzo Nr. 5) ein Jaguarfell mit Tatzen erkennen läßt. Der abgebildete Kopf wurde am südlichen Rand der großen La Venta-Pyramide gefunden. Seine Blickrichtung war südwärts.

unumschränkte Kontrolle der Produktion von Landwirtschaft, Handwerk und Handel ausübten. Zu einem Führungswechsel oder zumindest einer schweren Krise kam es um 900 v. Chr. In San Lorenzo wurden die Monumente von ihren Standplätzen entfernt, teilweise zerstört und vergraben. La Venta, das seit etwa 1300 v. Chr. existierte, übernahm die Führung. An den Gesichtern der Priesterfürsten wie im religiösen Bild veränderte sich nichts. Altäre wie die Kolossalköpfe schließen im Stil nahtlos an die von San Lorenzo an. Vier Jahrhunderte später erleidet La Venta das gleiche Schicksal. Seine Bedeutung als Kultplatz für Götter hat es bis in die spanische Kolonialzeit nie ganz verloren, wie Funde beweisen.

Noch manche Fragen, die im Zusammenhang mit dieser Kultur stehen, sind offen. Auf die wesentlichsten, Alter, Bedeutung, Einflußsphäre, Zusammenhänge usw. haben die Funde im Tiefland wie im Hochtal von Mexiko (Tlatilco und Tlapacoya), in Oaxaca (Monte Albán und Dainzú), in Chiapas oder in Guatemala eine Antwort gegeben. Ebenso ist die große Entfaltung der Maya-Kultur ohne die Olmeken undenkbar. Aller Wahrscheinlichkeit nach gehen auf diese Priester-Elite die Anfänge der glyphischen Schrift und des Kalenders in Mesoamerika zurück. Sie haben den Stein als Material für künstlerisch-religiöse Schöpfungen entdeckt und der Architektur den Raum erschlossen. Ihre religiösen Ideen, das künstlerische Empfinden und die Begabung auf technischem wie organisatorischem Gebiet, das alles brachte den Ball einer Kulturentwicklung in Bewegung. Als die Olmeken von der Bühne abgingen, lag er bereits im Spielfeld der klassischen Zeit. Was jetzt folgt, von der Blütezeit bis zum gewaltsamen Untergang der mesoamerikanischen Hochkulturen, ist seit längerem bekannt. Manches wird jedoch verständlicher. Die größte Leistung der amerikanischen Archäologie in jüngster Zeit besteht darin, daß es gelungen ist, jene Zeiträume zu erhellen, die im Dunkel lagen und die Ausgangssituation von mehreren Aspekten aus zu beleuchten.

Teotihuacán, die erste Großstadt Amerikas, ein Beispiel für die klassische Zeit

Die Übertragung abendländischer Begriffe erleichtert einerseits das Verständnis, andererseits führt es zu Mißverständnissen. Die klassischen Griechen haben den Menschen als göttliches Maß entdeckt und in ihre Mitte gestellt. Ihre Helden wurden zu Göttern, und als Götter sind sie Helden geblieben. Die tragische Bedingtheit des Menschen im Universum spielte nur eine begleitende Rolle, während sie bei den indianischen Hochkulturen das ganze Denken einnahm. Die ideelle Weiterentwicklung der Religion ist das wesentliche Element für die klassische Zeit (etwa 200–900). Die stark ausgeprägte Religion mit einer großen Anzahl von differenzierten Göttern mit unterschiedlichen Funktionen und Verehrungsgrad bestimmen das tägliche wie geistige Leben und die stark hierarchische Gliederung der Priester-Elite dieser Theokratie bis zu den spezifischen Handwerkszweigen. Charakteristisch für das klassische Stadium sind in Kunst und Kunsthandwerk Qualität vor Quantität, Innerlichkeit und Aussage vor oberflächlicher gefälliger Form, in der religiösen Architektur, technisch wie ästhetische Höchstleistungen und im weltlichen Bereich der Beginn einer urbanen Entwicklung, die zur Erweiterung der Zeremonialstätten bis zu wirklichen Städten als Handelsmetropolen führte.

Eingeleitet wird die klassische Zeit mit einem Differenzierungsprozeß (protoklassische Periode, etwa 100 v. Chr. bis 200 n. Chr.), der sich zwischen den ökologisch so unterschiedlichen Gebieten abzeichnet. In den feuchtheißen Zonen des Tieflands – vom Kerngebiet der Olmeken bis zum westlichen Teil des heutigen Honduras – bildet sich auf der Grundlage einer extensiven Landwirtschaft die dezentralisierte Kultur der Maya heraus. Im zentralen Hochland entstehen nur wenige, auf einer intensiven Landwirtschaft basierende religiöse und politische Zentren, von denen Teotihuacán tonangebend war. »Es war bei weitem die größte und wundervollste Stadt des vorspanischen Amerika. Größer in ihren Ausmaßen als Athen, größer als Rom«, zu diesem Schluß kam Jorge Acosta 1963, der mit 36 anderen Archäologen und 550 Arbeitern mehrere Jahre lang in Teotihuacán grub. Auf möglicherweise über 200000 schätzte René Millon 1974 die Einwohnerzahl zu Beginn des 7. Jh.s, als die Stadt ihre größte Ausdehnung erreichte. Eine Fläche von 35 qkm, die einst die alte Stadt und ihre Vororte bedeckte, wurde in mühevoller Kleinarbeit planmäßig erfaßt. Von den 2600 Bauwerken waren über 2000 Wohnkomplexe von un-

Blick über eine kleine Tempelanlage und den »Camino de Los muertos « auf die westlich orientierte Vorderfront der »Sonnenpyramide« in Teotihuacán, Hochtal von Mexiko. Basisfläche: 222 m × 225 m, Höhe ca. 65 m, geschätzter Rauminhalt: zwischen 1 Million und 1 100 000 Kubikmeter. Übergang von vorklassischer zur klassischen Zeit. Teotihuacán-Kultur, etwa 100 v. Chr. (Baubeginn) bis 650 n. Chr. Die Gliederung der Stufenpyramide entspricht der Vorstellung von verschieden gestaffelten Ober- und Unterwelten, einem wesentlichen Element der alt-mexikanischen Religion. Nach der Pyramide von Cholula (Mexiko) ist die »Pyramide del Sol« Alt-Amerikas größtes Bauwerk. Sie besteht aus zahlreichen Lagen luftgetrockneter Lehmziegel und gestampfter Erde. Teotihuacán im Hochtal von Mexiko war nicht nur religiöses wie kulturelles Zentrum, nicht nur die erste »Großstadt Amerikas«, es war Handelsumschlagplatz und »Industriestadt« zugleich, wie durch die 1969 von R. Millon begonnenen Ausgrabungen und der planmäßigen Erfassung der ganzen Metropole erst richtig erkennbar wurde. Metall jeder Art war in Mesoamerika in klassischer Zeit noch unbekannt. Klingen aus Obsidian (vulkanisches Glas) ersetzten solche aus Stahl.

terschiedlicher Größe, variierend von 625 bis 6000 qm. Die Zahl der Bewohner lag zwischen 20 und 100. Aus diesen Hinweisen ließ sich annähernd die realistische Anzahl der Bewohner errechnen.

Teotihuacán ist keine jener versunkenen Städte wie die der klassischen Maya-Kultur. Ihre beiden großen Pyramiden bestimmen heute noch das Bild des nur 50 km nördlich von Mexiko-Stadt liegenden Teils des Hochtals. Sie lag bereits in Schutt und Asche, als die Azteken Mitte unseres Jahrtausends die Bühne Mexikos beherrschten, und nur eine vage Erinnerung an das ›goldene Zeitalter‹ war zurückgeblieben. »Sie nannten den Ort Teotihuacán, weil es der Begräbnisplatz der Könige war, und die Alten sagen, wer gestorben ist, ist zum Gott geworden. Wenn man sagte, daß er nun *teotl* (Gott) sei, dann heißt das soviel wie, er ist schon tot.« Diese Zeilen überlieferte der Franziskanerpater Sahagún, der 1529 nach Mexiko kam. Der Baubeginn der beiden gewaltigsten Bauwerke, die »Sonnen-« und »Mondpyramide«, liegt noch vor der Zeitwende. Seit damals konzentrierte sich die bis dahin in Dörfern verstreut lebende Bevölkerung immer mehr in der Nähe der Zeremonialbauwerke. Im 3. Jh. setzte eine explosionsartige Entwicklung ein. Die erste Großstadt Amerikas übte eine ungeheure Anziehungskraft aus.

Teotihuacán entstand nach einem einheitlichen Gesamtplan, der durch seine Regelmäßigkeit besticht. Sogar den Fluß kanalisierten seine Erbauer, um ihn der quadratischen Struktur anzupassen.

Der sogenannte »Totenweg« (*camino de lo muertos*), 40 m breit und fast 3 km lang, bildet die Nord-Süd-Achse mit einer Abweichung von 15½ Grad. (Diese Ausrichtung ist typisch für die Topographie anderer von Teotihuacán beeinflußter Städte.) Beide Seiten dieser Prachtstraße säumten kleinere und größere religiöse Bauwerke und Paläste. Teilweise haben sich in ihren Innenräumen oder -höfen Fresken von stiller Schönheit erhalten. Im Süden, wo die Ost-West-Straße kreuzt, liegt der »Quetzalcóatl-Tempel« und war der große Marktplatz. Durch die schnelle Ausdehnung auf eine Fläche von 20 qkm und die rasch ansteigende Bevölkerung konnte das einheitliche Bild des inneren Kerns in den äußeren Bezirken nicht mehr beibehalten werden. Wohnkomplexe in flüchtiger Bauweise erstellt, slumsartig, standen im krassen Gegensatz zu den sorgfältig errichteten Bauwerken des Zentrums. Ähnlich wie bei den Olmeken ist man bei der Teotihuacán-Kultur ganz auf archäologische Zeugnisse angewiesen. Die Stadt selbst kann auf eine hundertjährige Forschertätigkeit zurückblicken. Ein Ende ist noch lange nicht zu erwarten. Die jüngeren Ausgrabungen haben gezeigt, daß es sich nicht um ein nur von Priestern bewohntes Zeremonialzentrum gehandelt hat, sondern auch um eine Stadt, in der neben einer religiösen Elite mächtige Handelsherren und spezialisierte Handwerker lebten, die zum Reichtum der Stadt wesentlich beitrugen. Über 500 Keramik-, Steingerät- und Bildhauerwerkstätten hinterließen eindeutig ihre Spuren. Das wohl wichtigste Exportmittel waren Obsidiangeräte und in geringerem Maß verschiedene Keramikerzeugnisse. Der Einfluß reichte im Osten bis zum Atlantik und nach Süden bis in das Hochland von Guatemala. Kaminaljuyú, am Rande der heutigen Hauptstadt, kam im 3. Jh. ganz in die Einflußsphäre von Teotihuacán, das 1400 km weiter nördlich liegt. Manche Kulturen, wie die der mittleren Golfküste, oder die zapotekische im Hochtal von Oaxaca, deren Eliten stark genug waren, nahmen Anregungen von Teotihuacán an, vermieden Epigonentum und entwickelten ihren eigenen Stil. Im Maya-Tiefland finden sich vereinzelt typische Elemente des Teotihuacán-Stils, die auf gelegentliche Handelskontakte zurückzuführen sind.

Neben vielen erstaunlichen Leistungen, die das Wort »klassisch« rechtfertigen, ist die Entwicklung in der Architektur die größte. Abgesehen von den Ausmaßen – die Sonnenpyramide mit einer Höhe von ca. 63 m, einer Basis von 225×222 m und einem geschätzten Rauminhalt von etwa 1 100 000 Kubikmeter – und der sonst unüblichen Art, sie in einem Arbeitsgang zu errichten, besticht die Sicherheit der technischen Ausführung wie die Ausgewogenheit der gesamten Komposition, vor allem die der Treppen, wie sie sich teilen, wieder zusammenfließen. Streng und auflockernd zugleich fügen sie sich in den wuchtigen Bau und erfüllen die ruhende Masse der Stufenpyramide mit Leben. Die Wände der »Sonnenpyramide« wie die anderen Bauwerke waren, im Unterschied zu den olmekischen, mit bemaltem Stuck oder Mörtel verputzt, andere mit Steinplatten oder -reliefs verschalt. Ein anderes typisches Architekturelement, um einer eintönigen Bauweise zu entfliehen, ist die vielseitige Gliederung der Außenfront des Baukörpers. An einen schrägen Sokkel (*talud*) schließt sich ein senkrechter, stark vorspringender Sims (*tablero*) an, auf die dann wieder ein schräger, zurückweichender Teil (*talud*) folgt. Mit diesem *talud-tablero*-System der Tempelplattformen, die gewöhnlich noch im Bas-Relief verziert waren und den Wandmalereien *al fresco* eröffnen die Architekten der Baukunst etwa zwischen 200 und 300 neue Wege.

Die aufwendige Bauweise, das ungeheuer schnelle Anwachsen der Bevölkerung, die sich innerhalb einer Generation mehr als verdoppelte und die Zunahme spezialisierter Handwerkstätten führten zu einem hohen Holzverbrauch, der nicht ohne schwerwiegende Folgen blieb. Seitdem sich die Archäologie nicht mehr nur mit Scherben und Ruinen befaßt, werden auch die durch menschli-

Rechts: Tonfigur eines Kriegers. Späte klassische Zeit, Kultur der mittleren Golfküste (Tajín II–III), etwa 600–900. Herkunft: Region von Vera Cruz, Mex. Höhe: ca. 19 cm (Privatsammlung). Während im zentralen Hochland Teotihuacán seine größte Ausdehnung erreichte, entwickelte sich im Tiefland an der mittleren Golfküste von Mexiko nördlich vom Kernland der olmekischen Kultur eine durchaus eigenständige Kultur. Das religiöse und geistige Zentrum war El Tajín mit seiner berühmten siebenstufigen »Pyramide der 365 Nischen«.

Unten: Verschiedene Werkzeugfragmente aus Obsidian. Etwa 4–7 cm. Fundort: Teotihuacán. Klassische Zeit. Teotihuacán-Kultur, etwa 200–600. Ohrspulen aus Obsidian, Durchmesser ca. 6,5 cm. Herkunft vermutlich Nordwest-Mexiko. Kultur- und Zeitbestimmung ungewiß. Vermutlich 8.–14. Jh.

ches Handeln ausgelösten ökologischen Veränderungen als eine der Ursachen für den Niedergang einer Kultur sichtbar. Vor dem Aufstieg der Stadt Teotihuacán war das Tal von seßhaften Ackerbauern bewohnt, die über mehr als ein Jahrtausend eine von Niederschlägen abhängige und auf Schwendwirtschaft basierende Form des Ackerbaues betrieben. Für die Subsistenzgrundlage eines großen Zentrums und seiner Errichtung war neben der koordinierenden Arbeit auch eine drastische Erhöhung der Nahrungsmittelproduktion notwendig, die in erster Linie von einem funktionierenden Bewässerungssystem abhing. (Sanders hat im Teotihuacán-Tal Belege entdeckt.) Neben der agrikulturellen Bedeutung ist die Kontrolle des Wassers – und das zeigte sich bereits in San Lorenzo – ein wirksames Mittel, um die Machtposition einer Elitegruppe zu stärken. Teotihuacán wuchs, wurde reich, schöpfte aus dem Vollen. Der Kahlschlag der Baumbestände führte eine Klimaveränderung herbei. Die Stadt und ihre Bewohner sägten sich den Ast ab, auf dem sie saßen. Die üblichen Niederschlagsmengen verringerten sich, und eine Versteppung machte sich breit.
Vermutlich führten Versorgungskrisen um das Jahr 650 zu einem Aufstand, bei dem Tempel im inneren Bezirk geplündert und in Brand gesteckt wurden. Damit begann der Stern von Teotihuacán zu sinken. Noch für ein Jahrhundert blieb die Stadt bewohnt. Um 750 ist die Zerstörung total. Sie wird nomadischen Stämmen, die aus dem Norden kamen und in das Hochtal einbrachen, zugeschrieben. Eine dicke Brandschicht, verteilt über die ganze Stadt, zeigt heute noch die Zerstörung.

Die klassische Zeit der Maya-Kultur

Die Kunst der Teotihuacán-Kultur ist ein »Stil der religiösen Sachlichkeit«, wie es Paul Westheim ausdrückte. Ein Streben nach Klarheit, eine Beschränkung auf das Wesentlichste, ein Äußerstes an Zurückhaltung und das strikte Tabu, bei menschlichen oder göttlichen Figuren geschlechtliche Attribute auch nur anzudeuten, das sind die vier höchsten Gebote der Künstler. Genau das Gegenteilige ist charakteristisch für die Maya-Kunst der klassischen Zeit.

Das Land zwischen dem Golf von Mexiko, dem Golf von Honduras und dem Pazifischen Ozean ist häufig das Ägypten der Neuen Welt genannt worden. Bezeichnungen wie »Altes Reich« und »Neues Reich« haben sich eingebürgert, obwohl ihre Unrichtigkeit seit Jahrzehnten feststeht. Von einem »Reich« im wirklichen Sinne kann bei der fast 2000 Jahre währenden Kultur der Maya keine Rede sein. Politisch und wirtschaftlich gesehen, handelte es sich um Stadtstaaten, ähnlich der griechischen Polis, eine aus Dorfgemeinden entstandene Zusammensiedlung. Tempel der Götter, Paläste für Priester und weltliche Herrscher, Häuser für Kunsthandwerker und Wissenschaftler bildeten den Kern, das kultische Zentrum. Die Bauern siedelten im weiteren Umkreis, in der Nachbarschaft ihrer Felder. Sie versorgten die Elite und stellten ihre Arbeitskräfte für die Errichtung der »Städte« zur Verfügung. Der zeitliche Ablauf der Kultur, vorklassische, klassische und nachklassische Zeit, gleicht in großen Zügen dem der anderen mesoamerikanischen Hochkulturen. Die unterschiedliche Entwicklung der Maya-Indianer, die einer Sprachfamilie angehören, vollzieht sich auf drei sehr gegensätzlichen Ebenen: im Hochland im Süden Mexikos und Guatemalas mit gemäßigtem Klima, im tropischen Regenwald, dem sogenannten zentralen Tiefland und auf der karstigen, von Buschwald bedeckten Halbinsel Yucatán.
Der Hauptschauplatz der klassischen Zeit ist das Tiefland. Hier zeigen die »Griechen Amerikas«, wie sie ihrer großartigen Leistungen wegen in Architektur, Kalenderwissenschaft und der hohen Qualität ihrer Kunstwerke auch genannt werden, sich von allen Seiten. Auf Stelen und Reliefs, auf bemalten Vasen, Fresken in Jade oder Knochen geschnitzt, führen sie uns einen Reigen ihrer Götter und Würdenträger vor. Der persönliche Stil der einzelnen Stadtstaaten ist es, der die klassische Maya-Kultur so vielseitig erscheinen läßt. Mehr als tausend Stelen sind bekannt, nur ein Bruchteil davon ist in Museen, der Rest liegt in den auch heute noch schwer zugänglichen Wäldern. Mehr als hundert »Städte« sind verzeichnet, doch nur eine Handvoll ist ausgegraben. Kaum eine genauer untersucht. Die meisten hat der gierige Dschungel zurückerobert und hält sie unter der tropischen Vegetation verborgen.
Tikal im nördlichen Guatemala liegt geographisch fast in der Mitte des 300 000 qkm umfassenden Gebietes, in dem die klassische Maya-Kultur sich entfaltete. Ein elfjähriges Forschungsprojekt guatemaltekischer Archäologen und nordamerikanischer Wissenschaftler der Philadelphia University erlaubte etwas mehr als nur einen oberflächlichen Einblick. Auf 16 qkm konnten die Grundrisse oder Reste von über 3000 Bauwerken festgestellt werden. Was in der weiteren Umgebung oder unter den teilweise gewaltigen Bauwerken liegt, bleibt vermutlich noch länger verborgen. Tikal besticht vor allem durch seine Größe und die Wucht seiner Bauwerke. Eine der Pyramiden ist höher als 70 Meter. Wissenschaftlich ist es interessant, da die Stele 29 mit dem Weihedatum 8.12.14.8.5 (nach unserem Kalender der 6. Juli 292) die bis heute früheste bekannte der Maya-Kultur ist. Mit ihr beginnt die klassische Zeit und eine ununterbrochene Folge, die bis zum Jahr 909 anhält.
Als einziges Volk im vorspanischen Amerika haben die Maya ein ideographisches Schriftsystem entwickelt. Mit einer Besessenheit formten sie

Monumente aus hartem Stein und beschrifteten sie mit ihren Hieroglyphen. Sie schnitten ihre Schriftbilder in die Treppen ihrer Paläste und in die Wände ihrer Tempel, ritzten sie in die Pektorale aus Jade und bemalten die sakrale Keramik. Überall umgibt die Schrift die magischen Götterdarstellungen und rahmt die monumentalen Standbilder der Priesterfürsten. »Wer wird der Priester, der Prophet sein, der den Sinn dieser Zeichen richtig deutet?« fragt zu Beginn des 16. Jh.s der Maya-Priester Ah Kauil Ch'el. Er gab auch gleichzeitig die Antwort: »Niemand von euch blieb übrig auf Erden, der es vermag.«

Nur zum Teil vermochte es der Mensch des 20. Jh.s. Ein Rosetta-Stein für die Neue Welt ist nicht vorhanden. Die drei erhaltengebliebenen Faltbücher sind ihres mythologischen Inhalts wegen ungeeignet, eine vergessene Schrift wieder zum Leben zu erwecken. Erst durch ein Büchlein, das sich Ende des letzten Jahrhunderts in einem spanischen Archiv fand, war wenigstens der Weg aufgetan, die Kalenderzeichen und Zahlen der Maya zu lesen. Dieses »Wörterbuch« – welch' Ironie der Geschichte – war von jenem Mann, der in seinem Glaubenseifer die Bücherverbrennung befohlen hatte, Bischof Diego de Landa. Eine ununterbrochene Folge von Kalenderdaten vom Jahr 292–909 ist bekannt, jedoch kein Name einer historischen Persönlichkeit, keine lesbare Aufzeichnung, die sich auf die Geschichte bezieht, und nicht einmal ein richtiger Name von einer der vielen kultischen Städte der klassischen Zeit. Die Hoffnung ist gering, mehr über diese Kultur zu erfahren, die in praktischen Dingen versagte, jedoch Meisterwerke der Kunst und Wissenschaft vollbrachte, denn die gleiche Kultur, die keinen Pflug, keine Düngung, keine Töpferscheibe kannte, die auf die Anwendung des Rades verzichtete und mit steinernen Werkzeugen arbeiten mußte, erfand lange vor den Indern die abstrakte Ziffer Null, ersann den genauesten Kalender, den die Menschheit bis zum Atomzeitalter kennt, und errechnete Daten, die Millionen von Jahren zurückliegen. Bis zu 250 000 Tagen blieben bei astronomischen Berechnungen die Abweichungen noch innerhalb der Tagesgrenze. Theoretisch gab es in diesem Kalender kein Datum, das nicht errechnet und sogleich niedergeschrieben werden konnte. Davon zeugen Stelen und viele Weihedaten, die bei der Errichtung kultischer Gebäude in Treppen, sorgfältig gearbeiteten Weihetafeln und in Türbalken eingeschnitten sind.

Von der Kunst und Kultur der Maya zu sprechen, ohne den Kalender zu erwähnen, ist unmöglich. Er war wesentlicher Teil der Religion, und die Kunst ist Ausdruck dieser religiösen Ideen. Das Erkennen einer göttlichen Ordnung, die im Universum herrscht, führte zu diesen großen Leistungen. Kein anderes Volk hat mit dem Begriff ZEIT so viele mythische und magische Vorstellungen verbunden. Die Götter selbst unterlagen den kosmischen Gesetzen. So galten die Tage wie auch die anderen Zeitspannen selbst als göttlich und wurden persönlich mit dem maskulinen »Ah« angesprochen, denn sie verkörperten den Begriff ZEIT, die Zeit, die als Last von Anfang bis zum Ende von den Göttern getragen werden mußte. Ganzfigurale Glyphen der Städte Palenque und Quiriguá erklären die Vorstellung von dieser »Last der Zeit«.

Die Maya-Kunst ist der kühne Versuch, der unbekannten Größe des Kosmos und den damit in

Linke Seite: Stele C in Copán mit dem Weihedatum 9. 17. 12. 0. 0. 4 Ahau 18 Muan (etwa 782 n. Chr. – alle angeführten Daten sind nach der Goodman-Martinez-Thompson-Korrelation). Vermutlich die Darstellung eines hohen Würdenträgers. Trachyt mit Resten von rötlicher Bemalung. Höhe: ca. 2,70 m. Klassische Maya-Kultur Copán, Honduras, um 782.
In den Zeremonialzentren der klassischen Zeit errichteten die Maya mehr als 1000 Stelen, anfangs alle 20 Jahre, später alle 10 und machmal sogar alle 5 Jahre. Auf diesen »Meilensteinen der Zeit« finden sich lange Hieroglyphenreihen mit Kalenderberechnungen. Kein anderes Volk hat mit dem Begriff Zeit so viele mythische und magische Vorstellungen verknüpft wie die Maya. Der Kalender war wesentlicher Teil der Religion. Viele der Hieroglyphen zeigen die klaren Profile der Götter, die das »Bündel der Zeit« tragen, einige mit guten, andere mit schlechten Aspekten; es sind gleichgültige wie unberechenbare unter ihnen. Sie künden von einer göttlichen Ordnung, die im Kosmos herrscht. Um sie zu ergründen, errechnete man in Quiriguá, der Copán am nächsten liegenden Stadt, ein fiktives Datum, das 90 Millionen Jahre zurückliegt.

Beziehung stehenden Naturgewalten ein Bild zu geben. So begegnet uns eine fremdartige Formensprache, fast überladen durch die scheinbar zusammenhanglose Anhäufung von immer wiederkehrenden Symbolen, die uns unverständlich bleiben, deren Komposition aber beeindruckt. Die geordnete Reihenfolge der Hieroglyphenschriften steht neben überschwänglichen Ornamenten, neben den verwirrenden Rangabzeichen, die Götter wie Priester ausweisen. In den Stelen von Copán ist stets ein beruhigendes menschliches Antlitz die Mitte. Von dieser Mitte, von dem ruhenden Punkt aus, zwingt der Künstler das Auge des Betrachters, die Unruhe des Ornaments und der Symbole zu studieren. Unser Sehen ist nicht mehr das eines Ingres oder Delacroix. Hätten sie diese Bildwerke betrachten können, sie hätten sie nicht als Kunst gesehen. Die Ästhetik des 19. Jahrhunderts reichte nicht aus, um Rechenschaft über solche fremdartigen Kunstwerke zu geben, denn die Maya-Kunst sucht nur selten die »Beziehung zum Schönen«, sie idealisiert ihre Figuren in einem anderen Sinn, sie untersteht einem anderen »Schönheitsideal«.
Über die Frage, wie es möglich war, daß plötzlich eine so differenzierte Kunst und Wissenschaft, eine ausgeprägte Religion und eindrucksvolle Zeremonialzentren entstehen konnten, gibt es kaum noch Diskussionen. Zu offen geben sich die Priesterfürsten als die erfolgreichen Verwalter des olmekischen Erbes zu erkennen. Sie haben das Vermächtnis, die Kalenderwissenschaft, die Schrift, den Stelenkult in einer Rohform übernommen und durch eigene Leistung zu einem Höhepunkt des indianischen Kulturschaffens gemacht. Schwieriger sind die Ursachen für den Untergang der klassischen Maya-Kultur zu nennen, denn sie ist nicht wie die aztekische von spanischen Eroberern zerschlagen worden. Ihr Ende kam im 9. Jh., zu einer Zeit, als sie den Höhepunkt ihrer Entwicklung und räumlichen Ausdehnung erreicht hatte. Es war auch nicht eine Stadt wie Teotihuacán, die in Rauch aufging, es waren viele Maya-»Städte«, die allmählich verödeten. Dank der Gewohnheit in den Tempelbezirken am Ende eines *katun* (*katun* = ein Zeitabschnitt von 20 *tun* zu je 360 Tagen) Denkmäler aufzustellen, läßt sich der langsame Prozeß der Auflösung des theokratischen Zeitalters rekonstruieren. Der Beginn des 18. *katun* (790 n. u. Zeit) wurde in 19 Maya-Städten des Tieflandes gefeiert und in Monumenten festgehalten. Der Zykluswechsel, 99 Jahre später, findet sich nur noch in vier Städten. Das letzte Datum der Langzeitrechnung (*Long count*) 10.4.0.0.0 (909 n. Chr.) und damit das Ende der klassischen Zeit ist auf einem kleinen Jadeschmuckstück erhalten.
Die Theorie von der Erschöpfung des Bodens haben genaue Untersuchungen widerlegt. Für eine Invasion fremder Völker sind einige Anzeichen vorhanden, zu wenig, um einen solchen Kollaps glaubhaft zu machen, und die für einen Aufstand der Bauern gegen die Priesterfürsten sind auch nicht zu häufig und eindeutig. Der Exodus fand jedenfalls nicht statt, dafür gibt es genügend archäologische Beweise. Mit dem Sturz der Priester-Herrschaft – gleichgültig, ob ihn Barbaren, die von der Golfküste kamen, oder eine Revolution der eigenen Untertanen verursacht hatte – wurde zumindest im zentralen Tiefland nichts gewonnen.

Rechts oben: Detail aus dem »Codex Dresdensis«. Geklopfte Pflanzenfasern mit feiner Kalkschicht überzogen. Höhe einer Seite: 20,2 cm. Herkunft unbekannt. Maya-Kultur, etwa 10.–12. Jh. (Sächsische Landesbibliothek Dresden)

Rechts: Knochenfragment. Ursprünglich in Form eines Jaguars. Auf der Rückseite (hier abgebildet) eine Glyphenreihe mit ganzfiguralen Glyphen (sogenannten »Initialen«). Die in nur wenigen Beispielen bekannten ganzfigurigen Glyphen stehen gewöhnlich am Anfang von Glyphenserien und stellen »Periodenträger« dar. Herkunft: Vermutlich Tiefland von Chiapas, Mex. Höhe 14 cm. Klassische Maya-Kultur, etwa 600–800 (Museo Nacionale de Antropología Mexico D. F.).

Die meisten Indianerdörfer wurden wieder zu dem, was sie in vorklassischer Zeit waren, kleine Gemeinden, an deren Spitze statt Fürsten und Priester Häuptlinge und Schamanen standen.

Die nachklassische Zeit

Die Einschränkung der priesterlichen Autorität, Ursache für die Erstarkung militärischer Kräfte

Das Ende der klassischen Zeit bedeutet nicht das Ende der Hochkulturen Mesoamerikas. Der Sturz der Götter und ihrer Stellvertreter auf Erden bedeutete weder das Erlöschen der Religion, noch war für die nachklassische Zeit eine Stagnation und Dekadenz im kulturellen Erscheinungsbild charakteristisch, wie es von vielen Autoren geschildert wird. Die dekadente Phase der Maya-Kultur, in der sich Ermüdungserscheinungen in der Religion und eine immer größer werdende Kluft zwischen der Aristokratie und dem Volk abzeichnet, beginnt bereits in der spätklassischen Periode (etwa 600–900). Die von Fachleuten als *hiatus* bezeichnete Krise führte zum Sturz jener Elite, die ihre Autorität vorwiegend durch die Religion bezog. Mit dem Ende der Theokratien wechselte die Kultur nur ihr Gewand. Der Prozeß der Neuorientierung war zur Zeit der spanischen Eroberung noch nicht abgeschlossen, weder bei den mexikanischen Kulturen noch in der der Maya. Der Hauptschauplatz verlagerte sich zwischen 9. und 11. Jh. nach Norden, auf die Halbinsel Yucatán, deren Bewohner bis dahin wenig in die elitäre Kultur des zentralen Tieflandes miteinbezogen waren. Nur einige »Kolonien« des »Alten Reiches« sind dort als größere Zeremonialzentren aus der klassischen Zeit bekannt.

In Yucatán tritt ein dichter Buschwald an die Stelle des tropischen Regenwaldes. Das Klima ist gemäßigter, doch für ein Paradies fehlte es an Wasser. Die Kalktafel der großen Halbinsel besitzt weder oberirdisch fließende Ströme noch ausreichende Seen, nur vereinzelte Lagunen. Die einzige Lebensmöglichkeit liegt hier in der Nähe von Dolinen, den *cenotes*, die das Wasser der unterirdisch fließenden Ströme zugänglich machen. In der Nähe der kleineren lagen die Dörfer. Um die großen Dolinen herum entstanden Wallfahrtsorte und Residenzstädte der führenden Dynastien. Mit ganz wenigen Ausnahmen – Dzibilchaltún aus früherer Zeit und Mayapán aus späterer – fehlt der urbane Charakter. Sie waren nicht weniger prunkvoll als die der klassischen Zeit. Doch scheinen in Kunst und Architektur alle Verbindungen mit der Vergangenheit abgeschnitten. Sie reflektieren einen anderen, einen weltlicheren Geist als den der klassischen Zeit. An die Stelle der Priesterfürsten sind Herrscher getreten, die nicht mehr nach den Gestirnen Ausschau halten, sondern ihre weltliche Macht zu vergrößern trachten, mit den Töchtern wie den Ländereien ihrer Nachbarn liebäugeln, wie wir aus mündlich überlieferten und kurz nach der spanischen Eroberung aufgezeichneten Quellen erfahren. Obwohl mit dem Sturz der Priester-Elite auch das Wissen um den größten Teil der Hieroglyphenschrift verschwand, kennen wir aus der nachklassischen Zeit die Namen der Herrscher und ihrer Wohnorte, einen großen Teil ihrer Geschichte, haben Einblick in ihre religiösen Vorstellungen, Mythen und Poesie. Dabei bleiben auch die imperialistischen Gelüste, Frauenraub, Bündnis oder Krieg, nicht verborgen. Mehr als durch die mündlichen Überlieferungen läßt sich das neue Weltbild in Kunst und Architektur ablesen.

Die Renaissance der nachklassischen Maya-Kultur entfesselte anfangs eine gewaltige Bautätigkeit. Man baute zwar Pyramiden nicht mehr so hoch wie in Tikal, dafür aber größere und eindrucksvollere Paläste. Uxmal ist eine der ältesten und auffallendsten Städte. Auf einem ausgedehnten Plateau steigen die Bauwerke so wohlgeordnet, daß sie gleichsam unwirklich erscheinen. Das Charakteristikum der Stadt liegt nicht in ihrer horizontalen Anordnung, sondern in der vertikalen Gliederung. Der Höhenrhythmus ist es, der die Wichtigkeit in der Rangordnung der Bauwerke vermittelt. Chichén Itzá dagegen zeigt sich mit zwei Gesichtern. Die älteren Bauwerke sind noch im Stil des Hügellandes errichtet, während der neuere Teil der kultischen Stadt einen mayafremden Charakter trägt. Die Ausgrabungen 1940 im 1200 km entfernten Tula im Hochtal von Mexiko bestätigten die alten Chroniken der Maya, die von der Ankunft der Tolteken um das Jahr 1000 berichteten. Die mexikanischen Emigranten konnten zwar ihre Sprache nicht durchsetzen, wohl aber einen Teil ihrer Götter und Ideen. Sie erneuerten Chichén Itzá und schmückten seine Fassaden im Stil von Tula, der alten Heimat, aus der man sie vertrieb. Als größte Bereicherung der Architektur brachten sie die Säulen als neues Bauelement mit nach Yucatán. Sie errichteten mit ihrer Hilfe weitläufige Kolonnaden und geräumige Säle, die bis dahin in dieser Region unbekannt waren. Die toltekische Hegemonie auf Yucatán währte von 887 bis etwa 1250. Von 1194 – andere Überlieferungen sprechen von 1204 –, dem Jahr, in dem die Liga von Mayapán auseinanderbrach, und 1450, dem Jahr der Zerstörung von Mayapán, ist nur wenig bekannt. Sicher ist, daß die dortige Cocom-Dynastie die Vorherrschaft über ganz Yucatán ausübte und mit Hilfe mexikanischer Söldnertruppen aufrechterhielt. Architektur, Kunst und Kunsthandwerk, jetzt ohne die starken religiösen Bindungen von früher, verkümmerten. Die internen Machtkämpfe wie das Imschachhalten der rivalisierenden Dynastien war eine Zeit der Unruhe. Fast alle großen religiösen Städte der Halbinsel stellten ihre Bautätigkeit ein. Mitte des 15. Jh.s brach unter der Führung der Xiú-Dynastie ein Aufstand aus. Das befestigte Mayapán, auf dem besten Wege, die zentrale Führungsrolle zu übernehmen, unterlag. Die Stadt, hier trifft der Begriff Stadt wie bei keiner der anderen Maya-Städte zu, fiel in Trümmer. Auch die Sieger gingen leer aus. Die Spanier fanden mehr als ein Dutzend uneinige Gruppen vor. Die intellektuellste Kultur des alten Amerika hatte Kriterien, die für die nachklassische Zeit typisch sind, trotz eines vielversprechenden Anfangs, am wenigsten erfüllt: eine zentrale Exekutivgewalt zu errichten, die ihr politisches Einflußgebiet mit weltlichen, also vorwiegend militärischen Mitteln vergrößert und stabilisiert. Kennzeichnend für das Stadium der Nachklassik sind Städtegründungen oder -erweiterung, vorwiegend als Handelsumschlagsplatz und Sitz von zentralisierten Handwerksindustrien. Für die Bedürfnisse der Religion sorgt eine dem »Staat« untergeordnete Priesterschaft. Die Erfassung und Überwachung der landwirtschaftlichen wie handwerklichen Produktion liegt in den Händen von Beamten, denen die Steuereintreibung obliegt.

Linke Seite: »Karyatide« oder »Atlant« werden in der Fachliteratur die Kolossalstatuen aus Basalt genannt. Vier solche Figuren und mehrere quadratische und runde Säulen stützten das Dach des Quetzalcóatl-Tempels in der ehemaligen toltekischen Hauptstadt. Höhe: ca. 4,80 m. Herkunft: Tula, Hidalgo, Mex. Nachklassische Zeit. Toltekische Kultur, etwa 900–1200 (Museo Nacional de Antropología, Mexico D. F.).

Unten: Standartenträger auf der Plattform des »Kriegertempels«. Unterhalb, als Abschluß der Treppenbalustrade, ein plastisch hervorstehender Kopf der »gefiederten Schlange«. Nachklassische Zeit. Maya-toltekische Mischkultur, etwa 987–1250. Chichén Itzá, Yucatán, Mex. Der toltekische Priester-König und Heerführer Quetzalcóatl heißt in der Sprache der Maya Kukulkán, was »Gefiederte Schlange« bedeutet: Sein Sinnbild und das typische leere Gesicht der toltekischen Krieger sowie eine Reihe von Tula her bekannte Embleme von Kriegerverbänden setzten sich in großen Teilen Yucatáns durch.

Teotihuacán war eine Stadt auch im urbanen Sinn. Es war alles andere als regional. Und dennoch, es war eine reine Kultur im klassischen Sinn. Die überregionale Verbreitung des Stils und der große Einfluß wurden getragen von religiösen Ideen und nicht mit militärischer Gewalt durchgesetzt. Ihre Zerstörung hatte die größte und nachhaltigste Erschütterung auf ganz Mesoamerika ausgelöst. (Die Kultur der mittleren Golfküste und die der Zapoteken wurde ebenso hineingerissen wie noch andere, auf die hier nicht eingegangen werden kann.) Kriegerische Stämme, aus dem Norden kommend, wanderten in das zentrale Hochland von Mexiko ein. Zu den ersten dieser *nahua* sprechenden Völkerfamilie gehören die Tolteken. Als letzte kamen die Azteken und gründeten 1325 bzw. 1345 Tenochtitlán, ihre Hauptstadt (auf deren Trümmern das Zentrum von Mexiko-Stadt steht). Damals waren die Tolteken bereits Geschichte, zum Teil schon Legende. Vollends zur Legende wurden sie durch den 4. aztekischen Herrscher Itzcóatl (Wolkenschlange, 1427–1440), der die alten Bilderschriften verbrennen ließ, um den schmucklosen Stammbaum der (*mexica*) Azteken zu schmücken und die Ahnenreihe bis zu ihren Vorgängern zu verlängern. Der Einbruch dieser halbnomadisierenden Horden, mit dem Sammelnamen Chichimeken (»die vom Hundegeschlecht«) bedachten sie die kultivierten Völker, läßt sich in Ursache wie Auswirkung mit dem Einbruch der Hunnenstämme und der großen Völkerwanderung in Europa vergleichen.

In den alten Quellen, die indianische Geschichtsschreiber in der frühen Kolonialzeit verfaßten, gibt es kaum einen Ort wie Tollan (Tula), der so häufig erwähnt wird und den jedes Volk, jede Dynastie, die etwas auf sich hielt und Anspruch auf Zivilisation anmeldete, als ihre Heimat angab. Wo es lag, wußte niemand. Zumindest bis 1942, als W. J. Moreno es 65 km nordwestlich von Teotihuacán fand und mit Ausgrabungen begann. Trotz reichhaltiger Namenslisten von toltekischen Herrschern und einer annähernd mündlich überlieferten Geschichte, repräsentiert sich der Geist der Kultur am deutlichsten in ihren Steinskulpturen. Die toltekische Kunst, die eine sehr deutliche Sprache anklingen läßt, zeigt einen der klassischen Periode konträren Geist. Religion steht von nun an im Dienst einer Kriegerkaste, steht im Zeichen der Verherrlichung des Krieges und des Todes. »Damals begann die Zeit des Menschenopfers«, so berichtet eine alte Überlieferung. Die Reliefs der Mauern in Tula drücken diesen neuen Zeitgeist sehr deutlich aus. Überdimensionale Totenschädel, Schlangenleiber, gekreuzte Knochen, herzfressende Adler und Jaguare sind die Embleme der Kriegsverbände. Im Animalischen wie auch in der Gestaltung des Todes blieb die Kunst rhythmisch, im Menschlichen ist sie statisch.

Die erste Siedlungsperiode (800–900) läßt sich noch nicht als rein toltekisch identifizieren. Erst in der »Tollan-Phase« (900–1200) bekommt die Stadt einen urbanen Charakter und der toltekische Stil seine Ausprägung. Die höchste Bevölkerungsziffer lag bei 55 000, die Ausdehnung war geringer als die von Teotihuacán, und für eine städtebauliche Planung fehlt jede Spur. Aufschlußreich für den Fernhandel sind neuerdings gefundene Kupferfragmente, vermutlich aus Michoacán, wo um diese Zeit die erste Metallverarbeitung in Mesoamerika anfängt, ein Goldglöckchen im Veraguas-Stil von Panama, Keramik aus Costa Rica und sogenannte »Plumbate-Ware« (Bleiglanz-Keramik) aus dem Südwesten von Guatemala. In der Architektur erwiesen die Tolteken ihre Geschicklichkeit, indem sie es verstanden, Bestandteile der alten Kulturen zu übernehmen und mit eigenen schöpferischen Ideen zu bereichern. Dazu gehörten den Pyramiden vorgelagerte oder sie umgebende Säulenhallen mit quadratischen Pfeilern, Karyatiden aus mehreren Teilen in Rundplastik, meist in figürlicher Form von Kriegern oder Kriegsgöttern, die das horizontale Gebälk stützten. Durch diese unverkennbaren Elemente wie auch durch »Bannerträger« weisen sie ihre Anwesenheit und Einfluß im Maya-Gebiet nach. Nach den Überlieferungen wurde Tula 1168 zerstört. Ein Teil wanderte südwärts über Guatemala bis Costa Rica. Der Weg war von ihren Händlern (*pochteca*) bereits vorgezeichnet. Ein anderer Teil verblieb im Hochtal und vermischte sich mit den alteingesessenen Stämmen.

Den ungewöhnlichsten Aufstieg auf politischem und kulturellem Gebiet machten die Azteken. Der deutsche Archäologe H. D. Disselhoff nannte sie »Parvenüs«, ich möchte lieber von »einem jungen Wein in alten Schläuchen« sprechen. Sie sind aus einer der vielen Nahua-Gruppen hervorgegangen, die auf den Trümmern der toltekischen Macht ihre kleinen Stadtstaaten errichteten. 1267 lassen sie sich als unbedeutende Gruppe erstmals nachweisen, sie entzünden in Tecpayocán das »Neue Feuer« für das Jahresbündel (52 Jahre). 1372 wird Acamapichtli zum (ersten?) Herrscher von Tenochtitlán. Die Azteken dienen dem Stadtstaat Azcapozalco als Söldner. 1428 Sieg der Azteken über ihre ehemaligen Herren. Bündnis mit Tlaco-

Rechte Seite: Nordseite der restaurierten Ruinen von Chuquitanta (El Paraíso) im Chillón-Tal. Mittlere Küste von Peru. Vorkeramische Periode VI, etwa 2500–1800 v. Chr.

pan und Texcoco zu einem Dreistädtebund, in dem Tenochtitlán die führende Rolle übernimmt. 1440 Moctezuma I. wird aztekischer Herrscher. Beginn groß angelegter Beutekriege. 95 verschiedene Orte werden erobert und zu Tribut verpflichtet. Die Landwirtschaft wird vernachlässigt, 1450–54 die verheerende Hungersnot. Erstmals Menschenopfer von Sklaven und Gefangenen in großem Umfang. Mehr aus ökonomischen als aus religiösen Gründen blieb es bei der großen Zahl der Opferung, vorwiegend Kriegsgefangene, für die die Ernährung fehlte. 1473 Sieg über das unabhängige Tlaltelolco vor den Toren Tenochtitláns. Unter Ahuítzotl (1486–1502) stoßen aztekische Krieger im Osten bis zum Atlantik und im Westen zum Pazifik vor. Im Süden erreichen sie die Grenzen des heutigen Guatemala. Es waren keine Eroberungskriege, um Raum für das eigene Volk zu gewinnen, auch nicht, um die besiegten Völker einem »Reich« einzugliedern. Das einzige Ziel dieser militärischen Aktionen war, die Bewohner der eroberten Provinzen tributpflichtig zu machen. Der überwältigende Eindruck, den die reichste, prächtigste und lebendigste Stadt des alten Mexiko auf die Spanier machte, die am 8. November 1519 in Tenochtitlán einzogen, läßt sich in zahlreichen zeitgenössischen Schilderungen nachlesen. Weder von den beschriebenen Tempelanlagen, Pyramiden, Palästen, vom zoologischen Garten noch von den Märkten blieb Sehenswertes übrig. Nur von den Skulpturen ihrer gestürzten Götter fand sich bei Bauarbeiten eine größere Anzahl. Die letzten größeren Funde kamen beim Tunnelbau für die U-Bahn wieder ans Licht.
Verallgemeinert läßt sich von der aztekischen Kunst sagen, die Keramik – soweit sie nicht von den Meisterhandwerkern der Mixteken stammt – trägt die Züge einer Massenproduktion. Die figürliche, aus dem Model gepreßt, ist einzigartig in ihrer Lieblosigkeit. Als wirklicher Künstler, *toltecatl*, zeigt sich nur der Steinbildhauer. Hier knüpfen die Leistungen – Materialgerechtigkeit, Formgefühl und Aussagekraft – an die olmekische Tradition an. Sie sind nicht mit dem vor über 2000 Jahren von den Griechen realisierten Begriff »Kunst« zu erfassen, sondern vom Mythos her, denn die Realität des alten Mexiko ist der Mythos.

Unten: Statue des »Xochipilli«, dem »Blumenprinz«, der als Gott der Spiele, Gesänge und des Tanzes verehrt wurde. Andesit. Höhe 77 cm. Fundort: Tlalmanalco, Valle de Mexico. Nachklassische Zeit. Aztekische Kultur, etwa 1370–1521 (Museo Nacional de Antropología, Mexico D. F.).

Die Hochkulturen im Reich der Inka

Die bescheidenen Anfänge, Bohnen und Meerschweinchen, Baumwolle, Lama und Kürbisse

Kaum anderswo in der Welt und in keinem anderen Gebiet in Amerika hat der Archäologe eine solche Möglichkeit, in die »Werkstatt« des Todes einzudringen und sein »Handwerk« so genau zu betrachten, wie an der peruanischen Küste. Da liegen die Werke auf Strohmatten, hocken als einzelne oder in einer Gruppe vereint, Kinder, Jugendliche, Frauen wie Männer, die Haut vertrocknet, das Haar noch mit leichtem Glanz. Vor ihnen ausgebreitet Schalen mit Bohnen, Mais, Kokablättern. Um sie herum Kinderspielzeuge, Nähkästen mit eingefädelter Nadel, Webstühle mit angefangenen Tüchern. Manches hat mehr von einer Arbeitspause als von einer ewigen Ruhestätte.
Dem Zusammentreffen zweier Umstände verdanken wir, daß von den Arbeiten der altperuanischen Kulturen so viel erhalten geblieben ist: dem strengen Totenkult, der mit ihm verbundenen Sorgfalt und einem günstigen Klima. Die mittlere und südliche Küste ist fast niederschlagsfrei, dazu kommt noch der hohe Salpetergehalt des Bodens, so daß sich selbst so empfindliche Dinge wie Federarbeiten, Schleiergewebe, Holzarbeiten und sogar Feldfrüchte viele Jahrhunderte in ihren ursprünglichen Farben erhalten haben.
Das ist einer der Gründe, warum in Peru früher als in anderen Ländern ein archäologisches Interesse einsetzte. Der andere war Gold. Der Zentrale Andenraum ist nicht nur das vermutliche Ursprungsland der Goldverarbeitung in Amerika. Die neuesten Funde von Huayhuayca im südlichen Hochland von Peru – Werkzeuge für Goldverarbeitung und Goldfolien, in Verbindung mit einem menschlichen Skelett, offensichtlich als Grabbeigaben, stammen aus der Zeit zwischen 1500–1200 v. Chr. – sind die ältesten bis heute bekannten der Neuen Welt. Die Einschätzung der Metalle im allgemeinen, insbesondere die Wertschätzung von Silber und Gold als die »Tränen des Mondes« und

Übersichtskarte von Fundstätten im Zentralen Andenraum

Nach F. Anton: *Ancient Art of Peru.* London, New York, 1972.

▲ Fundstätten • Städte □ Hauptstädte
über 3000 m über 5000 m

»Schweißperlen der Sonne«, steht in keinem Vergleich zu den mesoamerikanischen Kulturen, die zur Zeit der spanischen Konquista auf nicht einmal eine 500jährige Tradition der Metallurgie zurückblicken konnten. Als *teocuitlatl* (»Kot der Götter«) bezeichneten die Azteken Gold und räumten wie die Maya dem »Grünedelgestein« (Jade, Jadeit usw.) höheren Rang ein.

Viele und vielseitige Charaktere haben dazu beigetragen, Details für das Bild dieser schriftlosen Kulturen zusammenzutragen. Dabei zeigt sich zunächst: Der Komplex der mesoamerikanischen Hochkulturen im Norden findet im Süden im Zentralen Andengebiet seine Entsprechung. Nach dem langen Prozeß des Anfangs und des Übergangs zur Seßhaftigkeit bildet sich eine kleine Elite – dort die Olmeken, hier die Leute von Chavín –, der es gelingt, ihr imponierendes Weltbild mit Hilfe eines großen Kunststils auch auf andere Stämme zu übertragen oder zu beeinflussen und zu höheren kulturellen Leistungen anzuspornen. Das Ende: eine kleine Minderheit, die durch ihre organisatorische Begabung und militärischen Erfolge mit Waffengewalt andere Völker zur Tributpflicht zwingt – im Norden die Azteken, im Süden die Inka. Bereits dieses Bild stimmt nur bei einseitiger Betrachtung. Kulturen, wie Münzen, haben ihre Kehrseiten. Chavín hat wie die olmekische Kultur die vermenschlichte Raubkatze, den »Feliden«, im Zentrum ihrer Religion. Das menschliche Antlitz auf der Rückseite, mit dem die Elite der Olmeken sich zu erkennen gibt, bleibt die von Chavín uns schuldig; und die Azteken andererseits waren noch weit von einem Einheitsstaat entfernt, vermutlich sogar von dem Gedanken eines solchen Staatsgebildes, während bei den Inka jede Handlung allein von der Idee und der Verwirklichung eines Imperiums bestimmt wurde. Dementspre-

»Venus von Valdivia«. Fragment einer kleinen weiblichen Tonstatuette mit rötlicher Bemalung.
Höhe: 2,8 cm, Fundort: Valdivia, südl. Küste von Ekuador. Anfangszeit (Initial-Periode), etwa 2800–1800 v. Chr. (Privatsammlung)
Die Architektur der Valdivia-Kultur bestand aus vergänglichem Material und hätte kaum die Aufmerksamkeit auf sich gezogen. Anders an der peruanischen Küste. Die Monumentalarchitektur jener Menschen, die noch keine Keramik kannten, aber mit massiven Steinen, luftgetrockneten Ziegeln und Mörtel aus Lehm bauten, war nicht zu übersehen. Es waren vorwiegend kleine, unbekleidete Frauenfiguren, die archäologisches Interesse erweckten und nach dem ersten Fundort als »Venus von Valdivia« benannt werden. Mit einer »Pretty Lady« von Tlatilco hat die »Venus« von der ekuadorianischen Küste nur die Funktion als Begleiterin der Toten gemeinsam und das Schicksal, denn auch hier wurde die Mehrheit rituell »getötet«, d. h. zerbrochen. In der Schicht unter denen mit figürlichen Tonstatuetten von Valdivia und anderen benachbarten Plätzen lag eine weitere mit Tonscherben, die mit Gravierungen verziert waren – von dem deutschen Archäologen H. Bischof als »San Pedro-Phase« benannt. Sie wird auf etwa 300 v. Chr. datiert und ist neben den Funden von Puerto Hormigo (Nordkolumbien, atlantische Abdachung) die älteste bisher bekannte gebrannte Keramik.

chend unterschiedlich waren die militärischen Mittel und ihre Anwendung, die Institutionen und ihre Funktionen, insbesondere der ungeheuerliche Beamtenapparat und die Perfektion der Verwaltung von Mensch und Material, nicht nur um einen Einheitsstaat zu errichten, sondern ihn auch zu erhalten.

Einer der wesentlichsten Strukturunterschiede zwischen den beiden Kulturen und ihren Gesellschaften hängt mit dem Militarismus bzw. bereits mit dessen frühzeitiger Entstehung zusammen. In der Kunst und der Architektur Mesoamerikas sind die ersten Anzeichen dafür frühestens in der spätklassischen Zeit (nach 600) vorhanden; in Peru finden sich Fortifikationsvorrichtungen wie Verteidigungsanlagen bereits in präkeramischer Zeit (vor etwa 1800 v. Chr.). Die Anlage von Chuquitanta (auch El Paraíso) in der Nähe von Lima ist m. E. nicht nur Tempelanlage, sondern hat auch den Charakter einer leicht zu verteidigenden Zufluchtsstätte, und mit den Flachreliefs von Cerro Sechín, das nach G. Willey in das Ende der Anfangsperiode (*Initial Period*, etwa 2000 bis ca. 1200 v. Chr.) fällt, haben sich Krieger mit ihren Opfern in mehr als 300 Flachreliefs verewigt. In den folgenden Perioden sind große Befestigungsanlagen, sogenannte *castillos*, besonders für die Architekturkomplexe der Nordküste bezeichnend. Dem Militarismus, den die Inka-Kultur im 15. Jh. mit ihren großräumigen Eroberungskriegen dem Höhepunkt zuführte, ging in Peru eine dreitausendjährige Tradition voraus.

Die jüngsten Ausgrabungen brachten soviel Details zutage, daß auch hier die *Rethinking Period* ein Überdenken und damit eine Umformulierung der Zeitabschnitte forderte. Begriffe wie »klassisch« oder »nachklassisch« (für Mesoamerika) wurden von Fachleuten vermieden und mit »formativ«, »Blütezeit« oder »Periode der Meisterhandwerker« u. a. umschrieben. Sie treffen meist nur auf regional begrenzte Kulturen zu, die sich durch stark unterschiedliche Kunststile unterscheiden und die nach Regionen oder Fundplätzen, z. B. »Virú-Stil« oder Kultur von Moche, benannt werden. Um Anzahl und Vielfalt der Kulturen und Stile sowie ihre jeweilige Stellung im indianischen Hochkulturkomplex des Zentralen Andenraums besser zu verstehen, ist ein Blick auf die Geographie hilfreich.

Peru ist ein Land der Gegensätze. Der Küstenstreifen, mit einer durchschnittlichen Breite zwischen 30 km und 80 km, ist mit Ausnahme der etwa 30 Flußtäler Wüste. Dahinter steigen die Gebirgszüge der Anden, deren höchste Gipfel sich hier über 6000 m erheben, steil an. Dazwischen liegen ziemlich isoliert Hochtäler und Plateaus. Nach Osten hin fallen die Anden steil zu den tropischen Urwäldern des Amazonas-Quellgebietes ab und bilden eine Völker- und Kulturgrenze. Mehr als die Gebirgszüge behinderten die zwischen den Tälern liegenden Wüstengebiete eine größere Ausbreitung der Kultur wie einen intensiven Fernhandel. So blieben Stile oft über Jahrhunderte auf einen kleinen Raum beschränkt und bewahrten ihre typischen Merkmale.

Von den »ersten Peruanern« in den Höhlen von Ayacucho, die vor etwa 23 000 Jahren als Jäger und Sammler dort Unterschlupf fanden, war bereits die Rede. Geschoßspitzen und eine zweiseitige Bearbeitung ihrer Steinwerkzeuge war noch unbekannt. 15 000 v. Chr. erscheinen die ersten Projektile aus Knochen, 5000 Jahre später die aus Feuerstein. Wichtiger für die Archäologie waren die Funde aus der Guitarrero-Höhle im Callejón de Huaylas (nördl. Hochland von Peru). In Schichten, die im Zeitraum von 10 000–7000 v. Chr. entstanden sind, fanden 1975 die Archäologen L. Kaplan, E. E. Smith jr. und Th. F. Lynch voll domestizierte, in der Trockenheit der Höhle gut erhaltene Stücke von zwei Bohnensorten (*Phaseolus vulgaris* und *Phaseolus lunatus*). Damit dürfte die Bohne die älteste Kulturpflanze der Neuen Welt sein. Ab 6500 v. Chr. erscheinen die ersten Mahl- und Reibsteine, tausend Jahre später gehören Chilipfeffer und Kürbisse zu den Anbaupflanzen, und wie an der Muskelbildung der Meerschweinchen zu sehen ist, versuchte sich der Mensch mit der Züchtung eines Haustieres. An der Küste denkt man noch nicht an Anbau. Man bezieht – bereits mit Angel und Netzen – die Nahrung aus dem Meer und macht Jagd auf Seesäuger. Die unterschiedliche Lebensweise zwischen Küsten- und Hochlandbewohner beginnt sich abzuzeichnen. Aus der Zeit 4000 v. Chr. sind Reste von Siedlungen an der Küste am Rande der Flußtäler erhalten, die ein relativ gutes Bild der Lebensweise vermitteln. Die Verstorbenen wurden mit geflochtenen Matten umwickelt und so beigesetzt.

Das Hochland macht mit der Kultivierung von Nutzpflanzen große Fortschritte. Auch die Domestizierung des einzigen dem Indianer verfügbaren Tragtieres, des Lamas, dürfte in den Zeitraum zwischen 4000 und 3000 v. Chr. fallen. Siedlungen sind eine Voraussetzung für eine solche Lebensweise. Im Hochland hat sich wegen des feuchteren Klimas fast nichts davon erhalten. Lenken wir die Aufmerksamkeit der Küste zu. Die ersten ständig bewohnten Dorfsiedlungen entstanden im Norden Chiles um 4200 v. Chr. (Präkeramische Periode V). Diese Region bleibt für den weiteren Verlauf unbedeutend. Der Schauplatz liegt weiter im Norden an der mittleren und im südlichen Teil der nördlichen Küste von Peru. Um 2500 v. Chr. legen die dortigen Bewohner ihre nomadische Lebensweise ab und gründen in der Nähe von Flußmündungen dörfische Siedlungen, die sehr schnell anwachsen. Es sind über vierzig bekannt, und einige davon wurden in den letzten Jahren genauer untersucht. Nahrungspflanzen, weder kultiviert noch in Wildform, sind bis etwa 1900 v. Chr. selten. Man erkennt jedoch den Vorteil von Baumwollnetzen und Kalebassen für den Fischfang, und der Anbau dieser Industriepflanzen – Baumwolle und Kürbisarten – wird als erstes intensiviert. Aus Huaca Prieta und anderen Fundplätzen stammen über 4500 Jahre alte Textilfragmente in Knüpftechnik aus Baumwolle mit leicht erkennbaren Mustern, vor allem Fisch-, Vogel- oder doppelköpfige Schlangendarstellungen. Flaschenkürbisse, die sowohl als »Schwimmer« dienten, wie als Behälter oder Kochgefäße – gekocht wurde mit Hilfe erhitzter Steine – waren häufig mit Motiven verziert. Von der Keramik wie von ertragreichen Nutzpflanzen, wie Mais und Kartoffel, fehlt noch jede Spur.

Die ökonomische wie soziopolitische Entwicklung an der peruanischen Küste geht genau den umgekehrten Weg wie in Mesoamerika. Dort führte der regelmäßige Anbau von ertragreichen Nutzpflanzen zu einem rapiden Bevölkerungsanstieg. In Peru wurde er ausgelöst durch organisierte Sammel-, Fischfang- und Jagdwirtschaft auf kollektiver Basis, vor allem auf die Ausbeutung reichhaltiger Nahrungsquellen der Meeresküste. Sorgfältige Ausgrabungen erlauben auf Grund von Textilfragmenten der Veränderung von Stil und Technik die ausgehende »Vorkeramische Periode« (*Preceramic Period VI*, etwa 2500–1900 v. Chr.) und den Beginn der »Anfangsperiode« (*Initial Period*, etwa 2000– ca. 1400 v. Chr.) in 3 Phasen zu unterteilen und den Entwicklungsprozeß zu verfolgen. (*Playa Hermosa* und *Conchas*, etwa 2500–1900 v. Chr., darauf folgend *Gariota*, etwa 1900–1700 v. Chr., in der erstmals Keramik auftritt.) Die rasche Zunahme der Bevölkerung beschränkt sich nicht auf einige Küstenabschnitte, was aus der großen Anzahl der präkeramischen Großsiedlungen hervorgeht. Sie ist auch beachtlich und schwankt im Chillón- und Rimac-Tal zwischen 100 und über 1500 innerhalb von sechs bis sieben Jahrhunderten, in Las Haldas, südlich des Casma-Tals, wo einer der größten Architekturkomplexe der vorkeramischen Zeit entstand, schätzen einige Fachleute ein Ansteigen von etwa 500–1000 Individuen bis auf ungefähr 10 000 Bewohner im Zeitraum von 2500–1500 v. Chr. Diese Zahl dürfte etwas zu hoch liegen, dennoch, die Bevölkerungsexplosion war Ursache für die Erschließung neuer Nahrungsquellen. Eine Ausdehnung auf Küstenebene wurde durch die großen Wüstengebiete, die zwischen den Flußtälern liegen, unterbunden. Um 1900 v. Chr. vollzieht sich der Übergang zum ganzjährigen Bodenbau als Wirtschaftsform. Eine Erweiterung der Siedlungsgebiete ins Innere des Landes entlang der Flüsse wird dadurch ermöglicht. Für die gesellschaftliche Entwicklung, ganz im Gegensatz zu Mesoamerika, schien die ökologische Veränderung von geringerer Bedeutung gewesen zu sein, denn die Anfänge der regionalen Häuptlingstümer liegen früher. Dafür spricht eine Monumentalarchitektur als religiöses und politisches Administrationszentrum, deren erste Entstehungsphasen noch vor dem Übergang zum Ackerbau liegen, mit der neuen Wirtschaftsform jedoch einen erheblichen Aufschwung bekam. Die zentralisierte politische Organisation durch Autoritäten, bereits geübt in der Einsetzung einer großen Zahl von Arbeitskräften und vertraut mit einem entsprechenden Umverteilungssystem der Güter, war in der Lage, Bewässerungsanlagen zu schaffen, und im Zusammenhang mit ergiebigen Kulturpflanzen, darunter der Mais, die aus dem Hochland eingeführt wurden und den langwierigen Domestikationsprozeß bereits hinter sich hatten, einen Überschuß an Nahrung zu erwirtschaften. Auch an ihrer kultischen Funktion lassen die großen Architekturkomplexe, die noch in präkeramischer Zeit sowohl im zentralen Küstengebiet wie auch im nördlichen Hochland in Kotosh entstanden sind, wenig Zweifel. Die Anlage von Las Haldas nützt die geographischen Gegebenheiten voll aus. Auf einem Höhenzug in einer Breite von etwa 100 m und über eine Länge von 800 m sind terrassenförmig bis zum Steilhang der Meeresküste hin versenkte Höfe, Tempelanlagen und ausgewogene Treppenanlagen zu einer harmonischen Einheit verschmolzen. Die Umgebung des trockenen Tals unterstützt den religiösen Charakter dieser von weither sichtbaren und in seiner Umgebung dominierenden Anlage. Anders, sozusagen intimer, gibt sich Chuquitanta im Chillón-Tal. Wenn wir auch noch nichts über die religiösen Vorstellungen der etwa 1500–3000 Menschen wissen, die nach der

Graphische Darstellung der Reimondi-Stele aus Chavín de Huántar. Früher Horizont. Chavín-Kultur, etwa 1200–400 v. Chr. Nördliches Hochland von Peru. Der italienische Naturforscher Reimondi war einer der ersten, den diese Kultur faszinierte. Er sorgte bereits im letzten Jahrhundert dafür, daß eines der schönsten Kunstwerke, die nach ihm benannte »Reimondistele«, nach Lima ins Museum kam. Mit genial »gezeichneten« Gravurarbeiten manifestieren sich gleichermaßen religiöse Ideen wie ein großer Kunststil. Vorherrschend in der Reliefdarstellung auf der abgeflachten Steinplatte sind die Attribute einer Raubkatze, aber auch die von Schlangen, Kaimanen und Raubvögeln in stark stilisierter Form, die mit einem menschlichen Wesen sich verschmelzen. Die Ikonographie ist durchdacht, der Stil so vollendet, daß dem Zufälligen nicht der geringste Raum verbleibt. Der Welt als Wirklichkeit ordnet der Künstler durch seine Komposition eine Welt der Vorstellung über. Er entzieht dadurch seinen Schöpfungen die Realität und verhilft ihnen durch die überhöhte Realität zu einem überirdischen, göttlichen Wesen, der ersten Göttergestalt des vorspanischen Peru.

Schätzung von Engels für die Errichtung dieses »Tempels« notwendig waren – weil die Keramik als eines der Hauptausdrucksmittel noch fehlt –, so ist es Beispiel für Organisationstalent und Machtbefugnisse der Elite jener regionalen, frühen Häuptlingstümer.
Mit dem Beginn der sogenannten »Anfangsperiode«, die mit dem Auftreten der Keramik einsetzt, haben die Archäologen kein leichtes Spiel. (John H. Rowe setzt für die *Initial Period* die Zeit zwischen etwa 2100 – ca. 1400 v. Chr.) In Chuquitanta und anderen Plätzen fand sich Mais, aber noch keine Keramik. In Las Haldas kam der erste Mais zum Vorschein, und aus der letzten Phase, mehrere Jahrhunderte später, eine sehr frühe Tonware. Wie anderswo, so umgibt den Mais auch hier das Geheimnis seiner Herkunft. Und die sonst sehr gesprächige Keramik macht in Peru eine Ausnahme. Sie läßt die Archäologen über ihre Anfänge im Dunkel. Für beides deutet vieles auf die Valdivia-Kultur in Ekuador als Ursprungsland hin. In der dortigen Tonware fanden sich eindeutige Abdrücke von Kulturmais. Die Valdivia-Kultur im südlichen Küstengebiet liegt seit über einem Jahrzehnt im Rennen um die erste Keramikherstellung in Amerika, Kopf an Kopf mit den sogenannten Muschelhaufenbewohnern von Puerto Hormigo in Nordost-Kolumbien. (Für Puerto Hormigo-Tonwaren wird eine Altersangabe von 3000 bis höchstens 3100 v. Chr. angegeben, während für Valdivia etwa 2800 v. Chr. als gesichert gelten kann.)
Was die Qualität betrifft, so fällt eine Entscheidung zugunsten von Ekuador leicht. Rätselhaft bleibt, wenn der Mais den Weg von Ekuador nach Peru soviel früher gefunden hat – was aus Funden im peruanischen Hochland hervorgeht –, warum nicht auch die Töpferei in seinem Gefolge.

Chavín, der »Frühe Horizont« oder die Geburt der Raubkatzengottheit

Wenn es für Kulturen so etwas wie eine Sternstunde gibt, so kann man den Beginn der Chavín-Kultur (etwa 1000–400 v. Chr.) als eine solche bezeichnen. Benannt ist sie nach einer der schönsten und bedeutendsten Tempelanlagen bei der 3177 m ü. d. M. liegenden Ortschaft Chavín de Huántar im nördlichen Hochland. Das Zeremonialzentrum ist nicht übermäßig groß. Auf einer Fläche von kaum mehr als 200 qm verteilen sich um rechteckige *plazas* und einem kreisförmigen Hof die auf Plattformen errichteten Bauwerke. Das Mauerwerk aus sorgfältig behauenen Granitblöcken in unterschiedlicher Größe und ohne Mörtelbindung steht im Gegensatz zur Lehmziegelarchitektur der Küstenregion. Ähnlich der Maya-Bauweise und bei den späteren peruanischen Bauwerken ist das Mauerwerk wuchtiger als die Gänge, Kammern und Zimmer. Vollplastische Skulpturen in Form von Köpfen mit rein menschlichem Gesicht, Häupter von mythologischen Tieren oder solche, bei denen sich die Züge beider zu einem Mischwesen verbinden, waren mit Hilfe von Zapfen an der Außenfront angebracht. Von höherer künstlerischer Qualität sind die Reliefs, meist in Ritztechnik, die Säulen und zahlreichen Steinplatten mit mythischen, göttlich verehrten Wesen. Die Wirklichkeit der Chavín-Kunst ist vor allem ein geistiges Element, genauer eine Synthese aus Sinnlichem und Geistigem. Sie ist Ausdruck einer starken Religion, in der das Pendel zwischen Furcht erregen und Hoffnungen erwecken hin und her schwingt und offensichtlich so eindrucksvoll, daß sich die Ideen wie die Entwicklung kunsthandwerklicher Techniken, Goldverarbeitung, Steinmetzkunst, Knochenschnitzerei sowie eine qualifizierte Keramik, mit der sie zum Ausdruck gebracht werden, über fast ganz Peru verbreiteten. In diesem Zusammenhang spricht man von einem »Horizont-Stil«, bzw. in diesem Fall vom »Frühen Horizont« (*Early Horizon*, ca. 1000 bis etwa 300 v. Chr.), da sich bestimmte charakteristische Merkmale in der Kunst den lokalen Stilen aufdrängten oder diese entscheidend beeinflußten.
Chavín könnte man als eine Kultur der Widersprüche bezeichnen. Ihre ausgereifte Kunst gleicht eher der Endstufe einer sehr weit zurückweichenden Entwicklung als der einer Anfangsphase. Zeitlich gehört die Kultur der Formativen Periode an, dem Wesen nach wäre die Bezeichnung »klassisch« zutreffender. Für eine urbane Entwicklung im bedeutendsten Zeremonialzentrum sind nicht die geringsten Anzeichen vorhanden, ja sogar durch seine geographische Lage in einem engen Tal war jede Möglichkeit zu einer städtischen Entfaltung von Anfang an verbaut. Dennoch ging vermutlich von hier der entscheidende Anstoß für die Entwicklung zu einer Hochkultur aus. Im Gegensatz zur olmekischen Kultur, die mit ihren repräsentativen Zeremonialzentren sich nur einer einfachen dörflichen Kultur gegenüber fand, stieß die von Chavín mit der Verbreitung ihres Kunststils und ihrer Ideen bereits auf Kulturen mit komplizierten Gesellschaftsformen, bei denen der Gedanke von Zeremonialzentren als Sitz einer vermutlich theokratischen Hierarchie bereits verwirklicht war.
Die Architektur von Chavín de Huántar, die Bildhauerkunst und die in letzter Zeit in den Galerien *rocas* und *ofrendas* gefundene Keramik lassen sich durch ihre unterschiedlichen Stile in verschiedene Epochen einteilen. Von einer Anfangsperiode oder frühen Entwicklungsstufe dieses sowohl ästhetisch wie technisch ausgereiften Kunststils fand sich nichts. Die Ursprünge des ersten Horizont-

Das »Castillo« in Chavín de Huántar. Früher Horizont. Chavín-Kultur, etwa 1200–400 v. Chr. Nördliches Hochland von Peru.
Das enge Tal, in dem Chavín de Huántar liegt, erlaubte keine große räumliche Ausdehnung. Das schien auch niemals geplant. Die strategische Lage ist äußerst günstig. Noch in unserer Zeit führt einer der wenigen Wege, die die Küste mit dem oberen Amazonasgebiet verbinden, an Chavín vorbei.
Chavín wurde mehrmals von Archäologenteams aufgesucht. Zuletzt 1967 von dem Peruaner Lumbreras und seinen Mitarbeitern. Sie konnten einen kreisförmigen versenkten Innenhof freilegen, entdeckten mehrere Flachreliefs, stießen in den unterirdischen Galerien auf als vermutliche Opfergaben zertrümmerte Keramik. Vergeblich suchten sie wie ihre Vorgänger nach Gräbern der Priesterfürsten. Vermutlich würde ein solcher Fund unser Wissen um diese Elite bereichern. Wir kennen ihre religiösen Vorstellungen, in etwa, bewundern sie als Künstler, aber von den Menschen wissen wir so gut wie nichts.

Oben: *Bügelhenkelgefäß aus schwärzlich gebranntem Ton. Auf dem Gefäßkörper sind stilisierte menschliche Häupter und Kreise als Dekor eingeritzt. Auf ihm sitzt in plastischer Ausarbeitung ein Mischwesen, halb Kröte, halb Jaguar. Höhe: 17 cm. Herkunft: Chicama-Tal, nördl. Küste von Peru. Früher Horizont. Chavín-Kultur, Cubisnique-Stil, etwa 900–400 v. Chr. (Sammlung Cassinelli, Trujillo, Peru)*

Rechts: Gewebefragment einer Borte, die den Rand eines Totenumhanges (manta) bildete. Die Darstellung zeigt drei Krieger mit Speerschleudern und Zeremonialmessern (tumi) in ihren Händen. Am imposantesten an ihrer Kleidung ist der Kopfschmuck, der vermutlich aus dem Fell eines Meeressäugers besteht. Nicht ausgeschlossen ist, daß es sich um auf besondere Art drapierte Kopftrophäen der Krieger handelt.
Während in der Keramik sich die Kulturen von Paracas und Nazca stilistisch eindeutig unterscheiden, ist das bei Geweben weder im Stil noch von den Motiven her möglich. Den kleinen, entscheidenden Unterschied fand der Chemiker Max Saltzman aus Los Angeles. Er liegt im Rot. Die Paracas-Leute gewannen ihre Farbe aus Seeschnecken, die von Nazca verdankten es einer Laus, der Cochenille.

Stils sind woanders zu suchen, darüber ist man sich einig, weniger allerdings, in welcher Richtung.
Chavín de Huántar liegt östlich der Wasserscheide an einem Nebenfluß des Rio Marañon, der nicht zum Pazifik abfließt, sondern in den Amazonas mündet. Der peruanische Archäologe J. C. Tello war der erste (1943), der den Ursprung der Kultur auf der Ostseite der Anden in den tropischen Waldgebieten vermutete. Er wies auf die vielen Elemente hin, die für eine tropische Waldlandgegend typischer sind als für Hochgebirgs- oder Wüstengebiete, so die Verehrung des Jaguars und die mit mannigfaltigen Nebenfiguren verbundene Zentralgestalt des Kaiman auf dem »Tello-Obelisk« und der »Reimondi-Stele«. Die Suche nach den Vorläufern, an der sich auch japanische Archäologen intensiv beteiligten (z. B. Kotosh), erweiterte zwar die Kenntnisse über die »Anfangszeit«, blieb aber im wesentlichen Punkt, wann und wo sich die charakteristischen Merkmale der Chavín-Kultur herausgebildet haben, ohne wesentlichen Erfolg. Neuerdings sprechen Funde, die D. W. Lathrap im oberen Amazonasbecken gemacht hat – als »Früh-Tutishcanyo« bekannt –, wieder mehr dafür, daß die Anfänge der Keramikentwicklung, wie er vermutet, in einer noch unbekannten Phase und noch unerforschten Region im Regenwaldgebiet östlich der Anden liegen.
So wenig die Chavín-Kultur über ihre Anfänge Auskunft gibt, um so bereitwilliger zeigt sie ihren weitreichenden und nachhaltigen Einfluß. Gleich, ob in der Keramik, Textilien oder Goldarbeiten, der Stil ist unverkennbar, trotzdem tolerant, läßt viel Spielraum für eigenständige Variationen, ohne sich und den damit verbundenen Ideen untreu zu werden. Vermutlich war gerade die Toleranz, von der in späteren Epochen nicht mehr viel spürbar ist, eine der Ursachen, warum die Elite in den urbanen Zentren an der Küste Stil- und Weltbild akzeptierte, vermutlich sogar durch das fremdartige »Götterbild« des Feliden eine Stärkung ihrer Autorität erhielt. Die Raubkatzengottheit jedenfalls zieht sich wie ein roter Faden bis zur Machtübernahme durch die Inka in zahlreichen Variationen als Fruchtbarkeitsdämon oder Jaguarpriester durch die Kulturen Alt-Perus. Sie wird zu einer Art Seismograph der religiösen Strömungen.
Als Wallfahrtsort hatte Chavín de Huántar noch ein Jahrhundert nach der spanischen Eroberung große Bedeutung. Antonio Vasquez de Espinoza schrieb 1620: » . . . ein großes Bauwerk aus gewaltigen Steinblöcken von beträchtlicher Großartigkeit, es war eine *huaca* (Heiligtum), eines der berühmtesten unter all den heidnischen, wie Rom oder Jerusalem für uns. Die Indios kamen dorthin mit ihren Weihegaben, um ihre Opfer zu verrichten, denn der Teufel offenbarte sich ihnen dort mit vielen Orakelsprüchen. So kamen sie aus allen Teilen des Reiches . . . « Für das geistige wie kulturelle Zentrum kam das Ende des 18. Jahrhunderts früher. Zuerst zeigte sich an der Nordküste ein Abflauen der religiösen Impulse, breitet sich allmählich über die mittlere Küste aus und macht sich zu Beginn unserer Zeitrechnung auch an der südlichen bemerkbar. Die zumindest stilistisch im Kunsthandwerk erkennbare Einheit des »Frühen Horizonts« zerfällt. Die Kunst wird weltlicher, die religiösen Motive verlieren an Kraft. Auch das Hochland bleibt von dieser separatistischen Strömung nicht ausgeschlossen. Diese »Frühe Zwischenperiode« (*Early Intermediate Period*, etwa

Oben: Ein mit Fruchtbarkeitsdämonen bemaltes Tongefäß mit Doppelausguß. Frühe Zwischenperiode, Nazca-Kultur, ca. 100–700 n. Chr. Südl. Küste von Peru.

Rechte Seite: Sechs Tongefäße mit eierschalenfarbiger Grundierung und bräunlicher Bemalung, manche in vollplastischer Ausarbeitung als Figurengefäß, eines nur mit aufgemalten Früchten verziert, ein anderes mit einer mythologischen Szene tanzender Toten im Halbrelief. Sechs Seiten aus der keramischen »Bibliothek« der Mochica, die Auskunft über Aussehen und Kleidung der Kriegerfürsten geben (a, b), zwei Haustiere – Lama (c) und Ente(d) – vorstellen, Bohnen als wichtige Nutzpflanze beschwören (c) und einen Einblick über die Vorstellung vom Leben nach dem Tod gewähren (f). Fünf haben den für die Nordküste charakteristischen Steigbügelausguß. Höhe: 17,5–28 cm. Frühe Zwischenperiode, Kultur von Moche, etwa 100–700 n. Chr. Nördl. Küste von Peru (Privatsammlung Schweiz [a] und Sammlung Cassinelli, Trujillo, Peru).

200 v. Chr. bis 600 n. Chr.) hat zumindest anfangs etwas von einer Schulklasse nach bestandenem Abitur. Im vollen Vertrauen auf ihr Wissen und mit dem Optimismus der Jugend strömen sie auseinander, sind mit sich so beschäftigt, verlieren sich aus den Augen und suchen ihren eigenen Weg. Die Säkularisierung reflektiert sich gerade im Feliden, der Raubkatze, am deutlichsten. An der nördlichen Küste wird im Vicús- und im Virú-Stil das einst verehrte und vergöttlichte Wesen zum niedlichen Kätzchen, erfährt in der Kultur von Moche durch einen priesterlichen Kult wieder eine Aufwertung, während an der südlichen Küste die Raubkatzengottheit zu den häufigsten Motiven sowohl für *mantos* (Totenmäntel) als auch für die Grabkeramik gehört.

Die »Frühe Zwischenperiode«

Kriegerfürsten im Norden, Kopfjäger im Süden

Mit zwei, und in ihren Kunstäußerungen sehr gegensätzlichen Kulturen, erreicht die »Frühe Zwischenperiode« ihre Höhepunkte: in der Hochkultur von Moche an der nördlichen Küste und mit der Nazca-Kultur an der südlichen. Beide verwerteten den Nachlaß der von Chavín auf ihre Weise. Die von Moche bediente sich nur der technischen Errungenschaften, der vorzüglichen Keramik des Küsten-Chavín (auch Cupisnique-Stil) und behielt die äußerliche Form, vor allem die der »Bügelhenkelgefäße« bei, während sie mit ihrer realistischen Darstellung sich von dem abstrahierten Symbolismus ihrer Vorgänger ganz entfernt. In der Nazca-Keramik dagegen findet das geistige Element eine Fortsetzung, die jedoch nichts mit einer Nachahmung oder Epigonentum zu tun hat. Chavín-Gefäßformen konnten sich an der Südküste ohnehin nicht durchsetzen. Als der Ideenkomplex von Chavín die Paracas-Kultur (etwa 500 bis 100 v. Chr.), die der von Nazca vorausging, erreichte, waren die für die südliche Küste spezifischen Gefäßtypen wie das Kugelgefäß mit Doppelausguß bereits voll ausgebildet.

Während man in Chavín de Huántar bis heute noch kein Grab gefunden hat, sind von der Südküste Tausende bekannt. Dem aufwendigen Totenkult und dem trockenen Wüstenklima verdanken wir die schönsten Gewebe, darunter auch einzelne in reinem Chavín-Stil, der die sogenannte Paracas-Kultur stark stimulierte. Sie nimmt ihren Anfang mit der von Paracas-Cavernas (etwa 500 bis 200 v. Chr.), benannt nach den Höhlen auf der Halbinsel Paracas, in denen die Toten beigesetzt sind. Ihr folgt die von Paracas-Nekropolis (etwa 300 v. Chr. bis 100 n. Chr.). In oft mehr als 20 m langen Stoffen waren die Mumienbündel verpackt. Eingewebte oder eingestickte geflügelte Wesen neben Wildkatzen, Schlangen, Wassertieren, Kriegern, Göttern und Priestern beschwören die jenseitige Welt, bitten die Götter um Fruchtbarkeit. Der Tote war ja Mittler zwischen ihnen und den Lebenden. Gleich magischen, sich immer wiederholenden Zaubersprüchen sind diese irrealen Wesen mit einem sicheren Instinkt für Farbharmonie in mehr als 190 verschiedenen Farben und Farbtönen dargestellt, die aus pflanzlichen, tierischen und mineralischen Stoffen gewonnen wurden. Fast alle uns heute geläufigen Webarten waren den altperuanischen Kunsthandwerkern bekannt. Als Material diente Baumwolle, Alpaka- und Vikunjawolle, manchmal sind pflanzliche Fasern und sogar menschliche Haare mit in die Gewebe versponnen worden. Diese übernatürlichen Wesen auf den Totentüchern von Paracas-Nekropolis leben mit ihren Motiven nicht nur in den Geweben, sondern auch auf den Gefäßen der Nazca-Kultur weiter, die ihren Formenreichtum von der wegbereitenden Paracas-Cavernas-Keramik bezog und die religiöse Verehrung der Raubkatzengottheit aus dem Chavín-Horizont weiterführte. In der vielfarbigen dünnwandigen, graziösen und technisch vollendeten Keramik von Nazca ist alles sinnbildhaft und getragen von einem starken Symbolismus. Sie ist der Gegenpol zu der realistisch gehaltenen Töpferware von Moche an der nördlichen Küste und kennt keine individuelle Ausarbeitung, wie etwa die Abbildung von Fürsten, Priestern oder Kriegern, die Gedanken scheinen auf die Welt der Dämonen, der Götter und ihrer Opfer gerichtet zu sein. Selten ist der Mensch gezeigt. Alles in diesem Stil ist flächig. Erst in der Spätphase schufen die Töpfer gelegentlich auch plastische Darstellungen, doch den Vorrang hat zu allen Zeiten die Gefäßmalerei. Sie läßt sich in zwei größere Gruppen unterteilen, deren erste trotz der Stilisierung deutlich zu erkennende Motive wie Vögel, Fische, Pflanzen als Symbol der Fruchtbarkeit zum Inhalt hat, während die zweite rein religiös-mythische Themen wiedergibt. Doch sind die katzenartigen Götter von Chavín und Paracas durch eine große goldene Mundmaske, wie sie auch von Priestern getragen wurde, um ihre archaische Wildheit gebracht, und nur die Trophäenköpfe in ihren Händen erinnern noch an den opferfordernden Charakter dieser Wesen. Das Ornament, das sie umgibt, besteht meist aus keimenden Pflanzen – eine Bitte um Fruchtbarkeit. Fruchtbarkeit und Tod stehen fast in jeder Naturreligion im Mittelpunkt, vielleicht aber in kaum einer so deutlich wie in der von Nazca.

a

b

c

Viele hundert Kilometer Wüstengebiet, unterbrochen nur von etwas mehr als einem Dutzend Flußtälern, liegen zwischen dem Rio Grande von Nazca und dem Moche-Tal, in dem die großen Bauwerke aus Lehmziegel, die sogenannte »Mond-« und »Sonnenpyramide« stehen, dem einstigen Mittelpunkt der Moche-Kultur (etwa 100 n. Chr. bis 700 n. Chr.).
130 Millionen luftgetrocknete Lehmziegel sind nach Schätzungen von Fachleuten allein beim Bau der »Sonnenpyramide« verbaut worden. Die Pyramidenbasis mißt 288×136 m. Über einer etwa 18 m hohen Terrasse erhob sich ein siebenstufiger Pyramidenstumpf von etwa 27 m, auf dem vermutlich der Haupttempel stand, der längst zerstört war, als die Spanier in Peru einfielen. Korrespondierend, von geringerem Ausmaß (80×60 m), ist die knapp 20 m hohe »Mondpyramide«. Diese beiden Bauwerke am Moche-Fluß waren nicht die einzigen Monumentalbauten in dieser kulturellen und vermutlich auch wirtschaftlichen Föderation von kleinen Fürstentümern. (Nach Aussagen des spanischen Chronisten Calancha sind in der Zeit gleich nach der Eroberung allein aus der »Sonnenpyramide« von Moche für etwa 80000 Pesos Goldgegenstände ausgegraben und eingeschmolzen worden.)
Obwohl die großen Bauwerke und ihr religiöser Charakter durchaus noch Merkmale einer Theokratie aufweisen, gerät das Bild bei der Betrachtung ihrer Kunst, in der die Herrscher mehr verherrlicht sind als die Götter, ins Schwanken. Mit ihrer Keramik zeigt uns die Kultur von Moche vorwiegend eine diesseitige Welt, die allerdings auch das Jenseitige heraufzubeschwören versucht. Die Priester sind weltlich geworden, sind hinter ihren Masken hervorgetreten, zeigen sich als Mensch und Herrscher. Sie vergnügen sich mit Jagd und Spiel, werden bei der Ausübung des Kults gezeigt oder lassen sich als große Kriegsherren abbilden.
Die »keramische Bibliothek« von Moche, die sich von der gewöhnlichen Gebrauchsware unterscheidet, besteht aus drei Grundtypen: dem kugelförmigen Gefäß mit bemalten Szenen, einem Gefäß, bei dem die Malerei durch ein Relief ersetzt ist, und frei modellierten Skulpturen, bei denen nur noch der typische Bügelhenkelausguß daran erinnert, daß es sich um ein Gefäß handelt. Neben der praktischen Funktion haben die Töpfer mit der spezifischen Form ein technisches Problem gelöst. Der Ausguß wirkt wie ein Abzugskamin und erlaubt ein gleichmäßiges Entweichen der Feuchtigkeit beim Brennen. Selbst bei den dünnwandigsten Gefäßen wird dadurch ein Zerspringen des Tons verhindert. Das Bemühen, alles wirklichkeitsgetreu darzustellen, wie auch das handwerkliche Können und die künstlerische Ausführung, machten die lokale Kultur der Moche zu einer der bekanntesten in ganz Südamerika. Besonders in ihren Porträtgefäßen erreichte sie einen Höhepunkt in der Darstellung des menschlichen Antlitzes: genaues Erfassen der Realität und vorzügliche Individualisierung. Der Unterschied zwischen den einzelnen Physiognomien ist dabei überraschend. Mit den einfachsten Mitteln, wie etwa der geschickt gesetzten Pupille, dem sog. »Mochica-Blick«, erreichten sie eine überaus lebendige Wirkung.
Bei den Gefäßmalereien ist der Stil im Gegensatz zur Plastik weniger naturalistisch. Themen sind Dämonen oder Schutzgeister von Feldfrüchten, Ungeheuer des Meeres sowie geistliche und weltliche Herrscher. Auch hier spielen Kopftrophäen eine große Rolle. Allerdings treten sie nicht, wie in der Kultur der Nazca, in Verbindung mit Dämonen oder Göttern auf, sondern im Zusammenhang mit Priestern, die die Dämonen bzw. Götter repräsentieren und nie ihre menschliche Figur verleugnen. Es war sicher kein friedliches Volk, das von Moche, sonst hätte es nicht so oft seine mit Schild und Keulen bewaffneten Krieger auf Gefäßen oder Skulpturen dargestellt. Die Ikonographie der Gewänder, Schmuckstücke und anderer Rangabzeichen lassen wenig Zweifel an einer stark unterschiedlichen, statusbedachten Klassengesellschaft, an deren Spitze eine militaristisch aggressive Führung stand. Die wirtschaftliche Basis war die Landwirtschaft. Durch Bewässerungsanlagen mit Hauptkanälen bis zu Nebenarmen, die das Wasser der Flüsse direkt zu den Ackerparzellen führten, konnten gute Ernten erzielt werden. Das Bewässerungssystem war keine neue Errungenschaft der Moche-Kultur. Bereits in Chavín de Huántar sind »hydraulische Anlagen« nachweisbar, und an der Nordküste kannte man sie vom Virú-Tal her.
Die militanten Monarchen eroberten im Lauf einiger Jahrhunderte alle Kleinstaaten zwischen dem Pacasmayo-Tal im Norden und dem Nepeña im Süden. In die Berge, eigenartigerweise, wagten sie sich nicht. Im 6. Jh. verblaßte der Stern der Moche-Kultur. Es gibt Anzeichen, daß ihr Ende mit einer militärischen Niederlage verbunden ist. Dazu gehören Gräber unmittelbar hinter der »Mondpyramide« mit Grabbeigaben im Tiahuanaco-Huari-Stil, die man unlängst fand. Nur Sieger konnten sich erlauben, ihre Toten im Heiligtum der Besiegten beizusetzen.

d

e

f

Oben: Gewebe mit abstrakt gehaltenem Motiv in Schlitzwirkerei. Lama, Alpaka und Baumwolle. Größe: ca. 24×30 cm. Herkunft: südl. Küste von Peru. Mittlerer Horizont: Huari-Tiahuanaco-Stil, etwa 600–900 (Textile Museum, Washington, USA).

Rechte Seite:
Oben von links nach rechts: Weibliche Figur aus mehr als 40 Einzelteilen. Das zugeschnittene Goldblech wurde über einer Form gehämmert. Die Augen sind aus Silber oder Platin. Höhe: 15,4 cm; 60 Gramm; 22 Karat. Fundort: Las Frias, nördl. Peru. Vom gleichen Fundplatz stammt die männliche Figur daneben, die aus 16karätigem Goldblech und Silbereinlagen hergestellt ist. Bei der Darstellung handelt es sich vermutlich um einen »Priester«. Die Figur selbst ist geschlechtslos. Das erektierende Glied ist deutlich nur ein Teil des Gürtels, den der Dargestellte trägt. Beide Figuren stammen von Raubgrabungen, dadurch ist eine genauere Kulturbestimmung noch nicht gegeben. Höhe: 7,5 cm. Frühe Zwischenperiode, etwa 100 v. Chr. bis 600 n. Chr. Nördl. Peru. Schamane oder »Priester« im Prachtgewand mit Hirschkopf als Maske und gekreuzten Stäben in seinen Händen. Goldblech, Höhe ca. 5 cm. Gewicht und Fundort unbekannt. Späte Zwischenperiode, Chimú-Kultur, etwa 900–1467. Nördliche Küste von Peru (alle drei Museo Bunning, Labayeque, Peru). Unten von links nach rechts: Nasenschmuck aus gehämmertem Goldblech. Zwei stilisierte Alligatorenhäupter als Motiv. Breite: 5,5 cm, Herkunft: Oberes Cauca-Tal, Kolumbien, Calima-Stil, von ca. 100 v. Chr. bis 800

»Der Mittlere Horizont«

Tiahuanaco,
die Wiederbelebung der religiösen Ideen,
Huari,
die Verbreitung mit Hilfe militärischer Gewalt

Heute wie damals unterscheidet eine wesensverschiedene Mentalität die Hochlandindianer von der Küstenbevölkerung. Das rauhe Klima des 4000 m ü. d. M. gelegenen Altiplano prägte einen verschlossenen, grüblerisch veranlagten Menschentypus, fanatischer, hartnäckiger, starrer als die mehr dionysisch veranlagten Küstenbewohner. Im Gegensatz zum Frühen Horizont sind für den Mittleren Horizont das Wann und Wo gesichert. In Tiahuanaco (im heutigen Bolivien) am Südufer des Titicaca-Sees, kristallisieren sich die religiösen Ideen und die stilistischen Besonderheiten, in Huari im südlichen Hochland von Peru, erfährt die »Tiahuanaco-Huari-Kultur« mehr ihre weltliche Ausprägung. Zwischen dem 6. und 7. Jh. beginnen mit der Ausbreitung der Kultur zunächst auf das zentrale Hochland und der südlichen Küste die tiefgreifenden Veränderungen, die sich dann über den ganzen Zentralen Andenraum mit Ausnahme von Ekuador bemerkbar machen. Parallel zum Stilwechsel in der Kunst zeichnen sich im sozialen wie politischen Bereich neuartige Strömungen ab, vor allem ein imperiales Machtstreben. In den militärisch eroberten Gebieten werden Garnisonen stationiert, um sie zu sichern und Verwaltungszentren errichtet, vermutlich um die Tributabgaben überwachen zu können. Außerdem macht sich eine verstärkte Städteplanung bemerkbar. Huari, mit einer ehemals großen Bevölkerungsdichte, könnte man als das urbane Modell der Kultur bezeichnen, die in vielen Aspekten den Anschein eines Vorläufers und Vorbildes des späteren Inka-Imperiums erweckt. Seine Ruinen erstrecken sich über mehr als 9 qkm. Von einem größeren Zeremonialkomplex ist hier wenig sichtbar. Anders in dem wesentlich älteren Tiahuanaco, dessen Siedlungskern nur etwa 2,5 qkm einnimmt und fast ein Drittel davon dem sakralen Bezirk vorbehalten war. Es war geistiges wie künstlerisches Vorbild. Hier wurden die wesentlichen Symbole und ikonographischen Elemente des Stils entwickelt. Die anthropomorphe Figur im Zentrum des sogenannten »Sonnentors«, eine »Gottheit«, das Haupt mit einem Kranz von Strahlen umgeben, von denen einige in Schlangenköpfen, andere als Häupter von Puma oder Silberlöwen enden, ruft Erinnerungen an die Reimondi-Stele wach. Verstärkt wird der Eindruck noch dadurch, daß auch diese Figur in jeder Hand einen Zeremonialstab hält. Im Stil sind allerdings erhebliche Unterschiede. Tiahuanaco ist klarer, überschaubarer. Im Gegensatz zum Chavín-Stil, der mit seiner Fülle und seinen eleganten volutenförmigen Linien Barockhaftes vermittelt, hat der strenge Tiahuanaco-Stil, der Schleifen und Rundungen meidet, Quadratisches und Rechteckiges bevorzugt, etwas Gotisches. Selbst weiche Naturformen werden zumindest im klassischen Tiahuanaco-Stil in geometrische Formen gezwängt. Ein Vergleich mit den Malern des Kubismus liegt nahe, gerade wenn man die Gewebe betrachtet.

Zu Beginn des 8. Jh.s hatte sich der Tiahuanaco-Huari-Einfluß fast in ganz Peru durchgesetzt. Der sichtbare Erfolg lag vor allem im Zerschlagen der regionalen Stile. An der südlichen Küste wirkte die Symbiose des dekadenten Nazca-Stils mit den neuen Elementen aus dem Hochland günstig auf das Kunsthandwerk. An der mittleren Küste wurde keinem großartigen Kunststil ein Ende bereitet, es war nur Mittelmäßiges vorhanden. Besonders nachteilig zeigte sich der Mittlere Horizont an der nördlichen Küste, obwohl die Kultur von Moche ihre künstlerische Glanzzeit längst überschritten hatte. Hier traf offensichtlich Unvereinbares aufeinander. Hinzu kommt, daß gerade das archäologische Wissen über diesen Zeitraum an der Nordküste erhebliche Schwächen aufweist.

Tiahuanaco hatte seine religiöse Kraft verloren und Huari seine politische Stellung noch vor dem Ende des Mittleren Horizonts eingebüßt, aber der Stil mit den typischen Tiahuanaco-Motiven, wenn auch stark verflacht und verwässert, blieb Mode. Die frühere Bezeichnung »Epigonales Tiahuanaco« war nicht so unzutreffend. Das Dahinvegetieren fand erst ein Ende, als in der gleichen Gegend wie in der Frühen Zwischenperiode sich die Kultur von Moche entwickelte. Dort bildete sich ein neuer Stil heraus, der mit Chimú verbunden ist. Auch in den anderen Teilen gewannen lokale Entwicklungen wieder die Oberhand.

Die »Späte Zwischenperiode«

Die Zeit der Städtegründer
und der kleinen Königreiche

Wenn der Begriff »feudales Königreich« auf einen der peruanischen Kleinstaaten voll zutrifft, dann auf den der Chimú, deren Kultur etwa zwischen den Jahren 1000 und 1470 an der nördlichen Küste blühte und sich aus dem Kern der alten Moche-Kultur erneuerte. Die Renaissance vollzog sich mehr in politischer Hinsicht als auf künstlerischem Gebiet. Ihre städtebaulichen Fähigkeiten finden in Südamerika kaum ihresgleichen, ihre Straßen sind Vorläufer der weltberühmten Straßen der Inka, ihre Aquädukte das Erbe der Herren von Moche. Das Königreich Chimor konnte seine Grenzen weiter ausdehnen als es die Kriegerfürsten von Moche vermochten. Rund 1000 km entlang der Nordküste von Tumbes bis in die Nähe von Lima umfaßte im 13. Jh. der Herrschaftsbereich dieses gut organisierten Staates. Seine Hauptstadt Chanchán zählte eine Viertelmillion, zu einer Zeit, als in Europa die großen Städte einige 10 000 Einwohner hatten. Sie trug wohl am meisten zu dem Begriff »Periode der Städtebauer« bei.

Seit 1969 graben Archäologen unter der Führung von E. Moseley wieder in den Überresten der einstmals größten Stadt Südamerikas. Die Wissenschaftler richten das Augenmerk hauptsächlich auf die soziale Struktur des Chimú-Reiches. Neun rechtwinklig angelegte, zumeist mit gestaffelten Lehmziegelwänden umgebene *barrios* (Stadtviertel) von 72 000–265 000 qm Ausdehnung bildeten den Kern der Stadt, in der etwa 40 000–50 000 Menschen gearbeitet hatten, denn die Masse der Bevölkerung wohnte in »Vororten«. Chanchán war in der Wüste erbaut, um dem Feldanbau keinen kostbaren Boden zu entziehen. Nur jeweils ein oder zwei schmale Eingänge sind in die bis zu 20 m hohen Doppelmauern eingelassen, die die »Paläste« und Vorratshäuser umschlossen. In gleichförmigen Reihen sind Mauern von quadratischen oder rechteckigen Räumen mit Friesen verziert.

n. Chr. (Privatsammlung) Anhänger aus Gold im »Guß der verlorenen Form« hergestellt. Die sehr abstrakte Form zeigt eine stilisierte menschliche Figur, die Zeremonialstäbe in ihren Händen hält und einen Kopfschmuck aus zwei Halbkugeln trägt. Höhe: 12,5 cm. Darién-Stil, nördl. Kolumbien, etwa 1200–1530 (Museum of the American Indian. New York, USA). Goldenes Schmuckgehänge im »Guß der verlorenen Form«. Die einzelnen Teile stellen von oben nach unten dar: zwei Götter auf dem Ballspielplatz beim kultischen Spiel, die Sonnenscheibe, einen Schmetterling und die Maske des Erdgottes. Höhe: 21 cm, Grab Nr. 7, Monte Albán, Oaxaca, Mexiko. Nachklassische Zeit. Mixtekische Kultur, etwa 1200–1460 (Museo Reg. de Oaxaca, Mexiko).

In der Kunst wurde der hohe Stand vergangener Kulturen von den Chimú nicht erreicht. Einzelne Meisterwerke, die der höfischen Prachtentfaltung dienten, mochten zum Teil noch entstanden sein. Das aber, was die Kunst der vorausgegangenen Epochen im Kleinen wie im Großen beseelte, die tiefe Religiosität, das Streben nach einer Vereinigung mit dem Überwirklichen, scheint damals schon unwiederbringliche Vergangenheit gewesen zu sein. Wie arm an Phantasie und künstlerischer Ausführung ist diese Massenproduktion im Vergleich zu den individuellen Leistungen ihrer Vorgänger. Die Chimú-Keramik ist unförmig und einfarbig, meist schwarz, in seltenen Fällen rötlich. Ihre Gewebe haben zum Teil die leuchtenden Farben behalten, wenn sie auch nicht mit den Erzeugnissen des Südens wetteifern können. Stilisierte Vögel und Fische sind dabei das häufigste Muster. Wenn in den beiden besprochenen Handwerkszweigen nichts Neues und auch nichts Schöneres als vorher vollbracht worden ist, so gelang es doch der Chimú-Kultur, die Metallurgie wesentlich zu verbessern. Die vielen Schalen, Becher, Masken und Schmuckstücke, meist aus Gold oder Silber, teils getrieben, teils im Guß hergestellt, lassen auf ganze »Industrien« schließen, eine Annahme, die einerseits durch den Bericht von Calancha gestützt wird, der von 6000 Indianern erzählt, die für ihren König täglich Gold, Silber und Kupfer aus den Bergen herbeiholten, und die andererseits auch durch die Ausgrabungen in Chanchán bestätigt wurde. In einem der durchforschten Stadtteile fanden sich die Überreste alter Metallwerkstätten. Während den Chimú-Arbeiten eine Massenfabrikation anzusehen ist, bewahrt eine Minderheit im Tal von Lambayeque ihren eigenen Stil sowohl in der Keramik als auch in der Goldverarbeitung.
Die Chimú waren zweifellos die mächtigsten Gegner der Inka. Durch die militärisch in vielen Eroberungskriegen geschulten Truppen, wie durch seine mit zahlreichen Festungsbauwerken gesicherten Grenzen, schien das Wüstenkönigreich als uneinnehmbar. Der Schein trügte. In kaum mehr als drei Jahrzehnten war fast unbemerkt im südlichen Hochland eine militärische Macht herangewachsen, die nur ein Ziel kannte, die Errichtung eines Imperiums. Ihr Führer, der Inka Pachacútec Yupanqui (1438–71), oder sein Nachfolger Topa Inca (1471–93) erkannten die Achillesferse. In Eilmärschen eroberten die Truppen das Hochland und gruben im wahrsten Sinne des Wortes um 1470 Chanchán das Wasser ab.

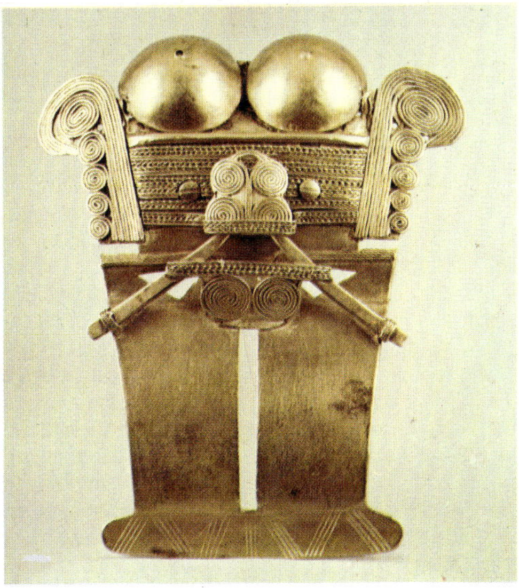

Rechts: Oberteil eines Balsaschwertes oder Grabstockes aus Holz mit Einlagen aus Perlmutt. Die Darstellung zeigt eine Raubkatze, die in ihren Klauen einen Menschen hält. Nach Auffassung einiger Archäologen handelt es sich vermutlich um einen Kopulationsakt, also um ein religiöses Motiv, das die Paarung der Raubkatze mit einer Frau zeigt. Der »Felide«, die vermenschlichte Raubkatzengottheit, ist seit dem ersten Horizont (»Chavín-Kultur«) eine zentrale Göttergestalt im altperuanischen Pantheon. Höhe der Figur: 18 cm (vormals Privatsammlung CDO, heute Privatsammlung USA).

Der »Späte Horizont«

Der kurze, unaufhaltsame Aufstieg zum Imperium der Inka

Im »Späten Horizont« (*Late Horizon*, von 1476–1534) findet der Militarismus durch die Inka einen Höhepunkt und das einzige indianische Imperium in vorspanischer Zeit seine Verwirklichung. »Inka« war vermutlich ursprünglich nur die Bezeichnung für eine kleine Gruppe von Familien, die im Hochtal von Cuzco, dem Kern des späteren Imperiums, siedelte. »Inka« nannte man schließlich die Angehörigen des Adels, und der Alleinherrscher des Reiches war der »Inka« schlechthin, der *Sapa Inca*, der »Einzige Inka«, der *Intip Cori*, der »Sohn der Sonne«, der »Wohltäter der Menschen«. In der Literatur hat sich eingebürgert, alle Bewohner dieses Reiches, das sich zu Beginn des 16. Jh.s von Südkolumbien bis Mittelchile ausdehnte, ebenfalls Inka zu nennen, sofern sie die zum Teil unter Zwang eingeführte Amtssprache, das Quetchua oder »Runa Simi«, die »Sprache der Menschen«, wie es die Indianer selbst nannten, beherrschten.

Nach indianischen Geschichtsschreibern, die ihre Kenntnisse in der frühen Kolonialzeit niederschrieben, gingen dem Inka Pachacútec Yupanqui, der ersten greifbaren historischen Persönlichkeit, acht halbmythische Inka-Herrscher voraus. Mit seiner Machtübernahme um 1438 beginnt der Aufstieg zur Großmacht und der Ausbau zu einem totalitären Militärstaat. Die Eroberung des Chincha-Reiches an der Küste 1476, dem letzten potenten Gegner, markiert für J. H. Rowe den Anfang des Spät-Horizonts. Den Schlußpunkt setzt die spanische Eroberung. Der Aufbau des Großreiches – das Übertragen auf die europäische Landkarte reichte in seiner Länge von Spitzbergen bis Nordafrika – ist das Werk von nur drei Herrschern. Der dritte der real faßbaren Herrscher, der 11. Inka Huayna Capac (1493–1525), hinterließ das Reich zwei Erben: Huáscar in Cuzco und seinem Halbbruder Atahuallpa in Quito (Ekuador). Die Erbstreitigkeiten führten zum Bruderkrieg, als lachender Dritter erschien Pizarro und ging als Sieger hervor.

Der kurze Zeitraum und die absolute Hinwendung militärisch-imperialistischer Ziele scheint ausreichend zu erklären, warum so vieles nicht fertig wurde. Behauene Granitblöcke, Steinbrüche noch inmitten von größeren Architekturanlagen sind keine Seltenheit, wie sich in Sacsahuamán, Ollantaytambo oder Machu Picchu zeigt.

An keiner anderen indianischen Hochkultur scheiden sich die Geister so wie an der jungen und kurzlebigen Inka-Kultur. Unbestritten ist ihr organisatorisches Talent auf militärischem wie verwaltungspolitischem Gebiet. Dem Heer von Soldaten folgte ein Heer von Beamten, um gleich nach der Landeroberung jedes Individuum zu erfassen und die Güter mit Knotenschnüren, den *Quipu*, zu registrieren. Der Mensch war in zwölf verschiedene Altersstufen, je nach seiner Nützlichkeit, eingeteilt und genau so wie der Viehbestand und die Ernteerträge in »Listen« geführt. Die genaue Erfassung war für den Staat auf folgenden Gebieten von größter Bedeutung: notwendige Umverteilung in Kriegs- oder Notzeiten; Freistellung von Menschen für militärische Aktionen; Bau öffentlicher Anlagen sowie Sicherstellung der Ernährung.

Die Disziplin für Kriegs- oder Arbeitsdienst war außerordentlich streng. Die Gesetze von ungewöhnlicher Härte. Faulheit hatte bittere Folgen, Beweise für Feigheit und Desertion mußten mit dem Tode gesühnt werden. Im Kernland, wie in den eroberten Gebieten, kamen den totalitären Machthabern die schon existierenden Abhängigkeitsverhältnisse und Ausbeutungsmechanismen entgegen, die sie weiter ausbauten und perfektionierten. So wurden in neueroberten Gebieten sofort Zwangsumsiedlungen (*mitimac*) vorgenommen, die dem Reich verbundenen Stämme im Grenzgebiet angesiedelt und die dortigen Bewohner nach den inneren Provinzen verpflanzt. Diese Maßnahme, die zwangsweise Einführung der Staatssprache, dem Quetchua, und anderes mehr, sollte die individuellen Eigenheiten der eroberten Völker auslöschen. Die Machthaber waren zwar klug genug, um die alten kollektiv-demokratischen Dorfgemeinschaften (*ayllu*), die vorwiegend im Hochland bestanden, nicht zu zerstören, aber sie schnürten das Korsett aufs engste. Untereinander blieben die Bauern »frei«. Nicht gegenüber Staat und Klerus, an die sie je ein Drittel ihrer Produktion abzuliefern hatten und von denen sie eine immer tiefer werdende Kluft trennte. Die Gegen-

Rechts: Darstellung eines hohen Würdenträgers, erkenntlich an der Kopfbedeckung und vor allem an den großen Ohrpflöcken, ein Schmuckelement, das nur den Angehörigen der höheren Stände vorbehalten war. Sie wurden deshalb von den spanischen Eroberern orejónes, *»Großohren«, bezeichnet. Die aus Knochen geschnitzte Figur ist mit Bein und anderen Materialien inkrustiert. Sie wurde in getrocknetem Schlamm im südlichen Hochland von Peru gefunden. Die Erklärung, daß es sich dabei möglicherweise um einen Heilprozeß mit Hilfe eines Schlammbades handelt, ist nicht gesichert. Höhe: 6,5 cm; später Horizont, etwa 1476–1534, Inka-Kultur des südl. Hochlands von Peru (Archäologisches Museum Cuzco, Peru).*

leistungen für die hohen Steuern waren soziale Hilfestellungen in Notzeiten und die Fürsorge für unverschuldet in Not geratene Untertanen.

Gerade jene Kultur, die wohl die bekannteste von Alt-Amerika ist und die für Jahrtausende errichtete Bauwerke hinterließ, die Kultur der Inka, der »Abkommen des Sonnengottes«, hat zur Kunstgeschichte am wenigsten beigetragen. Die Herrscher, die »Inka«, betrachteten sich selbst als direkte Nachkommen der am höchsten verehrten Gottheit, dem Sonnengott Inti. In ihrem Gottkönigtum, in dem selbst die mumifizierten Ahnen eine göttliche Stellung einnahmen, hatten kaum Vegetations- und andere Gottheiten die Möglichkeit, über den Rang von Ressortgöttern hinauszuwachsen. Neben der Sonne wurden nur der Mond, die Venus als Morgenstern und die Erde verehrt. Wir wissen, daß das Symbol des Sonnengottes im Haupttempel von Cuzco als goldene Scheibe und das der Mondgöttin Quilla als eine silberne gestaltet war. Eigenartig geformte Felsen, Steine und dergleichen (*huaca*) erregten die Phantasie des Volkes, wurden religiös mystifiziert, ohne jedoch durch einen besonderen Kult höhere Prägung zu erhalten. Der Schöpfergott Viracocha trat nicht mehr hervor, obwohl einer der spanischen Chronisten von einem eiförmigen Steingebilde, das im gleichen Tempel wie Sonnen- und Mondscheibe aufgestellt war, ein Abbild des Schöpfers aller Dinge vermutete.

In der bildenden Kunst finden wir wenig Eigenständiges. Der eigentliche Inka-Stil, der von Cuzco, blieb lokal. Nur ein spezifischer Amphorentyp in der Keramik kann als »Leitfossil« der Inka-Kunst gelten. Außer diesem sind einfache und formschöne Gefäße – meist breitwandige Töpfe, Schüsseln und flache Schalen – mit nur wenigen Farben in geometrischen Mustern bemalt und seltener auch mit einer plastischen Verzierung geschmückt. Wohl ähneln die gefälligen Gefäße den Amphoren und Krateren der Griechen, und die Gewebe haben eine Qualität, die bisweilen sogar die koptischen weit übertreffen. Andererseits ist man von der Nüchternheit der Inka-Kunst betroffen. Ökonomische, politische und militärische Gesichtspunkte standen in diesem Staatsgefüge durchaus im Vordergrund.

In anderen Gegenden ging das Kunsthandwerk, ähnlich wie die Religion, viele Bindungen mit den lokalen Stilen ein – an der Nordküste vom künstlerischen Standpunkt gesehen sogar häufig zu seinem Vorteil. Aber nur zu oft machte die Staatsidee der Reichsgründer auch vor dem künstlerischen Sektor nicht halt: So bedeutet der Inka-Stil ein Ende des individuellen Kunstschaffens. Seinen Produkten ist ein genormtes und zweckmäßiges Denken anzusehen. Nur bei den für die Aristokratie bestimmten Erzeugnissen wird einer gewissen künstlerischen Feinheit noch Raum gelassen. Die von Sonnenjungfrauen angefertigten Prachtgewänder des Inka oder des Adels können mit den Kostümen europäischer Könige und Kaiser wetteifern. Wie in prä-inkaischen Zeiten waren Kleinkunst, Schmuck und Kleidung Vorrechte der Privilegierten und dienten dem Bedürfnis, die sozialen Ränge abzugrenzen.

Nirgends ist der Ausdruck der despotischen Macht der Inka so gegenwärtig wie in ihrer Baukunst. Äußerlich fehlt den Monumentalbauten jede Verzierung, innen waren sie hingegen mit kostbaren Stoffen und edlen Metallen bedeckt. Ihre Mauern aus großen, oft tonnenschweren Felsblöcken, zeugen noch heute von der einstigen Stärke jenes gewaltigen Reiches und ihrer Machthaber.

Im Gegensatz zur mexikanischen Kunst verzichteten die Inka auf farbige und leuchtende Fassaden. Ihre Mauern werden durch die Größenunterschiede der Steine belebt. Ohne Bindemittel sind sie fest ineinandergefügt. 50 000 Indianer sollen die Hauptstadt in mehr als 20 Jahren erbaut haben, und für die »Festung« Sacsahuamán, die mit vorgeschobenen Gräben und zickzacklinigen Mauern Cuzco beschützen sollte, benötigten nach Angaben spanischer Chronisten 30 000 Arbeiter eine Zeit von acht Jahren. Archäologen schätzen die Bauzeit allerdings auf vier bis fünf Jahrzehnte.

Mauerreste eines größeren Gebäudekomplexes in Chanchán. Die Wände der ursprünglich in leuchtenden Farben bemalten Innenhöfe lassen noch die Verzierungen (Rautenmuster, Rhomben oder Friese [im Vordergrund] mit Wasservögeln im Halbrelief) erkennen. Die Ausstattung läßt auf die Residenz eines Monarchen schließen. Chanchán hat mehrere, denn jeder Herrscher wurde in der von ihm zu Lebzeiten erbauten und bewohnten Residenz bestattet. Als sein Mausoleum war es für die Nachfolger unbewohnbar geworden. Jeder der Chimú-Fürsten war gezwungen, seinen eigenen Palast zu errichten. Um den königlichen Bereich lagen die Werkstätten von Spezialhandwerkern. Die Mehrzahl der Stadtbevölkerung lebte außerhalb dieser bewohnten oder verwaisten Herrscherhäuser in slumähnlichen Verhältnissen. Der Reichtum der königlichen Metropole lockte bereits die ersten Nachkommen der Konquistadoren an, die Abbaufirmen gründeten und in den halbverfallenen Lehmziegelbauwerken des 25 qkm großen Stadtzentrums nach Edelmetallen suchten. Allein während der Jahre 1577–78 fanden sie mehr als 8300 kg Gold. Auch in den nachfolgenden fünf Jahrhunderten war Chanchán das Feld von Grabräubern und Plünderern. Selbst unsere Zeitgenossen bevorzugen die Qualität der alten adobes*, die die heutigen luftgetrockneten Lehmziegel übertreffen. Einer der Gründe, warum das einst so großartige Chanchán von Jahr zu Jahr mehr schrumpft. Späte Zwischenperiode, Chimú-Kultur, ca. 900–1470. Nördliche Küste von Peru.*

Erst 1911 entdeckte der Nordamerikaner Hiram Bingham die nur etwa 75 km von der Inka-Metropole Cuzco entfernt liegende Siedlung am östlichen Abhang der Anden. Sie wurde offensichtlich nach einem genauen Plan erbaut, denn der schmale Bergrücken ließ wenig Möglichkeiten für Experimente. Die »offiziellen« Bauwerke sind alle aus Granit, andere aus Bruchsteinen und Lehmmörtel, kein einziges aus adobe, *denn dafür war die Erde zu kostbar. Die Hänge des Bergrückens, auf dem Machu Picchu sich ungeheuer schön in die Bergwelt der Anden einfügt, sind für Felder terrassiert, ebenso die Hänge der umgebenden Berge.*

Linke Seite: Das Bauwerk des torreon. *Im Vordergrund der sogenannte »Palast der Prinzessin« in Machu Picchu.*

Rechts: Blick vom Haus der drei Fenster auf einen Teil von Machu Picchu. Später Horizont, Inka-Kultur, 1476–1534. Südliches Hochland von Peru. Machu Picchu, das weniger als 200 Räume in all seinen Bauwerken aufweisen kann, Machu Picchu im Urubamba-Tal, sollte zur berühmtesten Stadt der Inka und des vorspanischen Südamerika werden.

Durch nichts anderes als durch die gewaltigen Bauwerke offenbart der Staat, der mal sozialistisch, mal kommunistisch (und m. W. noch nie faschistisch) genannt wurde, auch eine andere Seite seines Charakters. Manche Bauwerke sind nüchtern und zweckbedingt, mehrere sind ohne eigentliche Funktion, es sei denn, man versteht eine protzige Machtdemonstration oder Beschäftigungstherapie für die Massen als solche. In einem jedenfalls, und der Gedanke drängt sich hier auf, wenn man die nachstehenden Zeilen liest, war eine der indianischen Hochkulturen gegenüber dem »Abendland« ihrer Zeit um Jahrhunderte voraus. »Die Bauwerke des Inka-Reiches sind ein hohes Vorbild der Baukunst als Dokument höchster Kultur und einer sehr zielbewußten Staatsführung ... Die Bauwerke der Inka zeigen uns, daß – wenn einmal die schriftlichen Überlieferungen des Lebens eines großen Volkes verblichen sind – die Baudenkmale, die ewigen Zeugen einer großen Zeit und einer hohen Kultur, bleiben werden. Für unser eigenes Schaffen in den Jahren der kulturellen Gestaltung unseres Reiches nach dem Sieg bieten diese Baudenkmale der Inka Anregung und vergleichenden Maßstab ... « So niedergeschrieben vom Reichsarbeitsminister Adolf Hitlers, Dr. Todt, im April 1941. Das 3. Reich erlebte kein »nach dem Sieg«, und Bauwerke von der Beständigkeit wie im Alten Peru wurden im Europa des 20. Jh.s nicht gebaut. Wie bereits erwähnt, über keine andere indianische Hochkultur als über die, der es als einzige gelang, im vorspanischen Amerika ein Imperium zu errichten, sind die Meinungen so unterschiedlich.

Yap
Palau-In.
Kuk
Nebira
Timor
Kenniff (Höhle)
Koonalda
Devon Downs
Hunter Island

AUSTRALIEN UND DIE PAZIFISCHEN INSELN

José Garanger

Petroglyphen in der Nähe des heiligen Dorfes Orongo auf der Osterinsel. Es handelt sich um Gravierungen auf großen Basaltblöcken in der Nähe des Vulkans Rano Kao, die zum Kult des Gottes Makemake und des Vogelmenschen in Beziehung stehen. Der erste Nestbau der Meerschwalben war hier Anlaß für eine Wallfahrt, religiöse Feste und Wettkämpfe um den Titel des Vogelmenschen.

Ozeanien, das aus Tausenden von Inseln plus einem kleinen Kontinent besteht, ist ein Riesengebiet, das 35% der Erdoberfläche ausmacht. Davon ragen jedoch, wenn man Australien ausnimmt, nur 0,3% aus dem Wasser. Es umfaßt sehr unterschiedliche Teile: Im Westen gibt es einen alten Kontinentsockel, der von Inselketten umrandet ist. Das übrige Ozeanien wird von zahllosen Inseln vulkanischen Ursprungs gebildet, die über die unendliche Weite des Pazifiks verstreut sind. Die Oberfläche dieser Inseln beträgt insgesamt nur knapp 30 000 qkm. Ozeanien ist eine eigene Welt, in der vor der Ankunft des Menschen keine anderen Säugetiere existierten als die Fledermaus in ihrem westlichen Teil und die Beuteltiere in Australien und Neuguinea. Auf den kleinen Inseln gab es von Westen nach Osten immer weniger Pflanzen- und Tierarten, da diese Inseln geologisch immer jünger sind. Erst der Mensch hat höhere Säugetiere dorthin gebracht: Schweine, Hunde und Ratten; außerdem auch das Huhn und die Mehrzahl der für das Überleben des Menschen notwendigen Pflanzen.
Die natürlichen Bedingungen, die er vorfand, sahen von Insel zu Insel anders aus: flache Atolle oder aus dem Meer herausragende Inseln, unterschiedlich in Höhe und Ausdehnung. Obwohl sich der Mensch seit mehreren zehntausend Jahren auf den asiatischen Archipelen, in Neuguinea und Australien niedergelassen hatte, machte er sich erst vor kaum 5000 Jahren daran, diese letzten noch unbewohnten Gebiete zu erobern.
Gegen Ende des 1. Jahrtausends unserer Zeitrechnung hatte er auch die am weitesten entfernt gelegenen Inseln erreicht und besiedelt: Neuseeland, Hawaii und die Osterinsel. Hierfür waren viel Mut und überdurchschnittlich große Erfahrungen in der Schiffahrt auf hoher See erforderlich gewesen. Ferner mußten die Menschen über ausreichende technische Fähigkeiten verfügt haben, um sich an die neuen Umgebungen anzupassen und sie für sein Überleben umgestalten zu können. Diese Besonderheiten sowie die Art und Weise dieses außergewöhnlichen Abenteuers der Menschheit machen die Vorgeschichte Ozeaniens so interessant, eine Vorgeschichte, die bis vor kurzem noch Gegenwart war, wie in Australien. Dort lebten die Menschen noch bis in unsere Tage vom Jagen und Sammeln; ihre Geschichte ist folglich nicht minder interessant. Sie führt uns zurück an den Beginn der Entwicklung technischer Fertigkeiten.

Australien

Ein alter Kontinent

Australien und Neuguinea, die seit sehr langer Zeit vom asiatischen Kontinent getrennt sind, besaßen nur eine archaische Fauna, insbesondere mit Kloaken- und Beuteltieren, die man als »lebende Fossilien« bezeichnet hat. Im Quartär hat sich aufgrund der großen Vereisungen der Meeresspiegel beträchtlich gesenkt und dadurch Australien, Neuguinea und Tasmanien zu einem einzigen großen Kontinent vereinigt, der von angelsächsischen Autoren *Sahul-Land* genannt wurde. Man könnte ihn auch *Australasien* nennen, wenn diese Bezeichnung nicht mißverständlich wäre. Denn die früheren Geographen bezeichneten damit – und zwar ziemlich unpassend – mehrere in ökologischer Hinsicht und in bezug auf den Menschentyp wenig vergleichbare Länder: Neuguinea, Australien, Neuseeland sowie den Malaiischen Archipel (Sun-

Australisches Steingerät mit aus natürlichem Harz gefertigten Griffen: die sogenannten Leilira-Messer sowie Spitzen für Wurfspieße. Nach Ansicht der Archäologen kam diese Technik zum Anbringen von Griffen vor ungefähr 8000 Jahren in Gebrauch.

da-Inseln, Timor-Gruppe, Molukken und Philippinen). Während dieser Zeit, in der das Meer zurückwich, wiesen die niedrigen Gebiete von Neuguinea, der Arafurasee und von Nordaustralien die gleiche feuchttropische Landschaft auf. In den Binnengebieten Australiens herrschte möglicherweise ein feuchteres Klima als heute, doch kann man noch nicht für alle Gebiete eine allgemeine, genaue Korrelation zwischen »Pluvialzeiten« und »Glazialzeiten« herstellen. Die hochgelegenen Gebiete Neuguineas, die Südostgebiete Australiens und ganz Tasmanien waren zu dieser Zeit durch glaziale oder periglaziale Erscheinungen gekennzeichnet. Aufgrund des bereits erwähnten Absinkens des Meeresspiegels wurden auch die indonesischen Inseln mit Asien bis zur Makassarstraße, genauer gesagt bis zur Wallace-Linie, vereinigt. Sie bildeten einen zweiten kontinentalen Block, das *Sunda-Land*, wie dieselben angelsächsischen Autoren es nennen.
Die östlicher gelegenen, durch tiefe Wassergräben getrennten indonesischen Inseln stellten einen weiteren Archipel dar: das zwischen dem Sahul-Land und dem Sunda-Land befindliche *Wallacea.* Die beiden ersten Namen gehörten ursprünglich zu zwei kontinentalen Sockeln, von denen der eine nordwestlich von Australien, der andere südlich von Borneo lag. Diese Inseln waren alle durch Meeresarme von mindestens 40 Seemeilen Breite voneinander getrennt, und trotzdem haben die Menschen diese Entfernungen überwunden, um Australien zu besiedeln. Aufgrund der archäologischen Untersuchungen steht noch nicht fest, ob sie über Timor oder über Neuguinea ins Land gekommen sind. Die ältesten Fundstellen sind übrigens seit der letzten Meerestransgression unter der Timor- und Arafurasee verschwunden. Als gesichert gilt jedoch, daß die Menschen vor mehr als 32 000 Jahren bis nach Südaustralien gekommen sind, wahrscheinlich über die Ebenen, die sich entlang des Indischen und Pazifischen Ozeans erstreckten.

Die ältesten Einwohner Australiens

Es ist noch ungeklärt, wie der Mensch zu einem so frühen Zeitpunkt derart große Strecken auf dem Meer zurücklegen konnte. Im allgemeinen herrscht Übereinstimmung darüber, daß sich die Navigationskunst erst nach dem Paläolithikum entwickelt hat. Dies stimmt jedoch möglicherweise nicht für die Bevölkerung von Inseln. Mit Sicherheit war es den Bewohnern des alten Wallacea schon früh möglich, zu Inseln zu gelangen, die am Horizont sichtbar waren. Sei es, um dort weitere Nahrung zu suchen, sei es, um sich dort anzusiedeln. Im übrigen verstanden es die Tasmanier, deren materielle Kultur sich während ihrer gesamten Vorgeschichte nicht verändert hat, breite Flußmündungen zu überwinden, sich auf dem Meer entlang der Ufer fortzubewegen und die der Küste am nächsten gelegenen Inseln anzusteuern. Bei den Australiern ist diese Fähigkeit zweifellos wieder in Vergessenheit geraten – eine Errungenschaft, die nicht mehr vonnöten war angesichts des unendlichen Raumes, über den sie verfügten.
Ein zweites Problem stellt die rassische Herkunft der Eingeborenen Australiens und Tasmaniens dar. Zahlreiche Hypothesen sind darüber verbreitet worden. Einige Autoren sprachen von drei aufeinanderfolgenden Bevölkerungsschüben. Danach wären zuerst die Negritos gekommen, dann die Ainu und schließlich die »australiden« Menschen. Ihre – in den einzelnen Gegenden unterschiedlich starke – Vermischung soll die Unterschiede bei den heutigen Eingeborenen erklären. Die Tasmanier wären demnach Negritos, die auf ihrer Insel isoliert blieben. Andere Autoren meinten, daß diese tasmanischen Negritos direkt aus Melanesien, speziell aus Neukaledonien, gekommen sind. Diese Theorie ist jedoch äußerst unwahrscheinlich angesichts der Tausende von Kilometern, die diese Insel seit Millionen Jahren von Tasmanien trennen. Im übrigen waren die Tasmanier, von denen die ersten europäischen Seefahrer Beschreibungen hinterlassen haben, von normalem Wuchs, manchmal sogar überdurchschnittlich groß.
Letztlich ist diese Anwesenheit einer negritoiden Bevölkerung in Melanesien wie im alten Sahul-Land Ansichtssache. Die physiologische Anpassung an ein ausschließlich gebirgiges Gebiet führt z. B. zu einer Reduzierung der Körpergröße. Der für diese Gebiete spezifische Nährstoffmangel zeigt ähnliche Wirkungen. Heute ist man eher der Ansicht, daß alle diese alten Völker ein- und demselben australiden Phänotyp angehörten, der seit langer Zeit im Süden Asiens existierte. Man darf jedoch diesen australiden Phänotyp, der sich allmählich in seinem neuen Siedlungsgebiet differenziert hat, nicht für eine reine Rasse halten. Diese Bevölkerung wies sicherlich bereits in genetischer und morphologischer Hinsicht Unterschiede auf, als sie den neuen Kontinent von Sahul besiedelte. Wie wir gleich sehen werden, sollte sie sich in zwei Hauptgruppen entwickeln.
In Südostaustralien, am Mungosee, wurden die ältesten Zeugnisse für die Anwesenheit von Menschen gefunden. Sie wurden auf ungefähr 32 700 v. Chr. datiert. In diesem Gebiet im Südosten Australiens, mit seinen großen Flußnetzen, seinen Seen und einem feuchteren Klima, das reichlichere Nahrungsquellen bot, war daher eine weiter von der Küste entfernte Besiedlung möglich. Der Mungosee ist einer der Seen dieser Region, die

Oben: Australien, Fundstelle Mungosee. Die Winderosion hat eine Oberfläche freigelegt, die vor ca. 35 000 Jahren von den Menschen besiedelt wurde. Der Boden ist mit Muscheln – den Küchenabfällen der früheren Eingeborenen – und Steingeräten, wie Stampfern, Abschlägen und bearbeiteten Geröllsteinen bedeckt.

Rechts: Gravierungen von Eingeborenen aus dem Gebiet von Ewaninga (Zentralaustralien), die auf 5000 Jahre datiert wurden.

heute ausgetrocknet sind. Während des Pleistozäns und parallel zu den Klimaschwankungen wurden sie periodisch von reichlichem Süßwasser gespeist und wurden dann aufgrund des fehlenden Abflusses und der Verdunstung salziger, was wiederum eine Veränderung der Seefauna zur Folge hatte. Dieser Austrocknungsperiode folgte eine aride Periode, danach erfolgte erneut eine starke Wasserzufuhr. Am östlichen Rand dieser Seen führten die aus dem Westen kommenden Winde zu einer Dünenbildung aus mineralischen Sedimenten und fossilen Resten einer Mikrofauna.
Ihre stratigraphischen Schichten spiegeln die Veränderungen in Klima, Bewässerung und Fauna des frühen Quartärs wider. Seit dem Ende des Pleistozäns hat die Erosion diese Stratigraphie sowie alte Bodenoberflächen bloßgelegt. Deshalb hat man die Steinindustrie gefunden, die die Menschen vor mehr als 32 000 Jahren am Ufer des damals reichlich gespeisten Mungosees zurückgelassen haben: dicke Kernkratzer, bearbeitete Gerölle und große, wenig oder gar nicht retuschierte Abschläge. In diesem Dünengebiet am Mungosee wurden die ältesten menschlichen Überreste in Australien entdeckt: das Skelett einer jungen Frau, die begraben worden war, nachdem man Teile des Leichnams verbrannt hatte. Diese Bestattung stammt aus der Zeit vor ungefähr 25 000 Jahren, als hier wieder gute Abflußmöglichkeiten existierten. Seiner Morphologie nach handelt es sich um einen von den heutigen Eingeborenen nicht verschiedenen *Homo sapiens,* wenn man die bei ihnen zu beobachtende Variationsbreite berücksichtigt. Im 350 km von dieser Fundstelle entfernten Kow swamp wurden seit 1971 Dutzende Bestattungen freigelegt, die auf 10 000 bis 8000 v. Chr. datiert sind. Dieses Alter würde nicht überraschen, wenn jene Schädel nicht archaische Züge aufwiesen, insbesondere an Stirn und Kiefer. Einige ähnlich aussehende menschliche Überreste kamen in mehreren Fundstellen in Südaustralien zutage.
Die Hypothese von einer späten Einwanderung von Menschen, die morphologisch älter sind als die vom Mungosee, kann nur wenig befriedigen. Nach einer anderen Hypothese soll es sich um eine lokale Mutation handeln. Man kann auch annehmen, daß zwei verschiedene Gruppen zur Bildung der Urbevölkerung Australiens beigetragen haben: eine erste, dem Solo-Menschen (nach dem gleichnamigen Fluß auf Java) nahestehende Gruppe, hätte ein flacheres Gesicht und einen kräftigeren Knochenbau erhalten; die zweite, mit modernerem Aussehen, wäre auf den Inseln wiederzufinden, die von Australien seit der letzten Meerestransgression abgeschnitten wurden, d. h. in Tasmanien und Neuguinea. In Australien soll eine größere Möglichkeit für Rassenmischungen den Typ der heutigen Eingeborenen geschaffen haben. Es wäre verfrüht, sich bereits heute für die eine oder andere Hypothese zu entscheiden. Zur Lösung dieses Problems wären einerseits weitaus mehr Funde fossiler Menschenknochen in Südostasien sowie auf dem Sahul-Kontinent erforderlich, andererseits müßten in diesen Gebieten tiefergehende genetische Untersuchungen durchgeführt werden, die die Markierergene berücksichtigen.
Ein weiteres Charakteristikum dieser alten Periode ist die große Homogenität ihrer materiellen Kultur. Daß einige dieser *Homo sapiens* archaische Merkmale aufweisen, muß also nicht heißen, daß sie auf einer primitiveren Kulturstufe standen.

Die Abfolge der verschiedenen Kulturen

Die Vorgeschichte Australiens könnte man in drei Perioden einteilen: in eine alte, eine mittlere und eine jüngere. Eine derartige Unterscheidung wird

jedoch der ungleich langen Dauer dieser Abschnitte wenig gerecht. Der erste erstreckt sich über annähernd 25 000 Jahre, der zweite kaum über achttausend, und der dritte hat schließlich nur wenige Jahrhunderte gedauert. In letzter Zeit haben australische Forscher vorgeschlagen, nur zwei Perioden zu unterscheiden: die eine würde der *Core tool and scraper Tradition* entsprechen, die andere der *Small tool Tradition.* Es handelt sich um bearbeitete Gerölle (*Choppers und Chopping-tools*), um Kernkratzer und um wenig retuschierte Abschläge, die für die erste Tradition typisch sind, während die aus fein retuschierten Klingen hergestellten Geräte für die zweite Periode charakteristisch sind. Letztere verarmte an einigen Stellen mehrere Jahrhunderte vor der Ankunft der Europäer. Wir wollen noch festhalten, daß die Werkzeuge der ersten Gruppe nicht verschwinden, sondern bis in die jüngste Zeit der australischen Vorgeschichte in Gebrauch bleiben. Im folgenden bezeichnen wir diese beiden großen Traditionen mit »ältere Periode« und »jüngere Periode«.

Die ältere Periode

Das Steingerät der älteren Periode dürfte vor allem zur Bearbeitung von Holz gedient haben – möglicherweise für Grab- oder Wurfstöcke ohne Steinspitzen –, ferner zur Bearbeitung von Knochen (Knochenspitzen, die man gefunden hat, wurden auf 20 000 Jahre datiert). Andere Werkzeuge dürften für das Zerlegen von Tieren (Beuteltiere oder Meeressäugetiere) verwendet worden sein, oder um Muscheln von den Felsen loszulösen. Die meisten Geräte, wenn nicht sogar alle, wurden ohne Stiele benutzt. In ganz Australien findet man dieselben Werkzeugtypen, allerdings variieren sie in ihrer relativen Häufigkeit. Sie variieren auch in ihrem Gewicht je nach der Beschaffenheit der örtlich zur Verfügung stehenden Steine. Diese regionalen Verschiedenheiten bleiben über Jahrtausende konstant. Das könnte bedeuten, daß zu Beginn zwischen den einzelnen Siedlungsgebieten wenig Kontakt bestanden hat, was sich in späteren Zeiten jedoch ändern sollte.
Vor ungefähr 20 000 Jahren oder früher kam zu den bearbeiteten Geröllen, den Kernkratzern und den Abschlägen neues Gerät hinzu. Es handelte sich um große, doppelseitig bearbeitete Klingen mit seitlichen, in der Mitte der Klinge angebrachten Kerben, die vermutlich zur Befestigung von Stielen dienten (derartige Objekte wurden in Neuguinea auf 26 000 v. Chr. datiert). Dasselbe gilt für die Rillen, die sich auf einem Teil der Mittelpartie von Geräten befanden, die möglicherweise durch Abmeißeln gewonnene Keulenköpfe darstellen. Erstaunlich ist in dieser Zeit auch das Vorkommen großer Klingen mit geschliffener Schneide, die vielleicht als Beil oder Querbeil gedient haben. Die gleichen Werkzeuge sind auch in Südostasien bekannt. Aufgrund ihrer geschliffenen Oberflächen gelten sie als jünger (4000 Jahre alt) und als charakteristisch für das »Hoabinhien«. Offensichtlich ist der Ursprung des Hoabinhien viel älter; diese Kultur muß sich sowohl über das Sunda-Land und Sahul-Land des Pleistozäns als auch über das Wallacea erstreckt haben.
Alle diese Steingeräte verraten uns sehr wenig über die Lebensweise ihrer Benützer. Sie gelten als relativ grob im Vergleich zu jenen der jüngeren Periode. Es wäre jedoch gewagt, daraus zu schließen, daß diese Jäger und Sammler so rückständig waren, daß sie sich mit ästhetischen oder religiösen Fragen nicht beschäftigt hätten. Derlei Aktivitäten können auch auf leicht vergänglichen Materialien zum Ausdruck gekommen sein. Man weiß zumindest, daß sie roten Ocker verwendet und sich mit Ketten geschmückt haben. Sie begruben ihre Toten in unterschiedlichen Positionen; manche waren vorher eingeäschert worden, einige erhielten Grabbeigaben. Schließlich gab es auch schon Felsgravierungen. Die älteste heute bekannte Fundstelle (ungefähr 20 000 v. Chr.) ist die aus der Höhle von Koohalda in Südaustralien. Weit im Innern dieser Höhle, in völliger Dunkelheit, sind zwei große Gebilde eingeritzt, das eine mit den Fingern auf eine weiche Wand gekratzt, das andere in eine härtere Unterlage eingraviert.

Die jüngere Periode

Vor etwa 8000 Jahren tauchten neue Steingeräte auf, die feine, oft durch Druck zustande gekommene Retuschen aufweisen: kleine Abschläge, blattförmige Spitzen, die teilweise oder vollständig, doppelseitig oder einseitig retuschiert sind (Pirri-Spitzen), rückengestumpften Klingen (Bondi-Spitzen), geometrische Mikrolithen mit gestumpften Kanten, trapezförmige oder segmentförmige Mikrolithen sowie abgebrochene und endretuschierte Spitzen. Einfache und doppelte Knochenspitzen kommen ebenfalls reichlich vor. Die 1929 durchgeführten Grabungen im Felsschutzdach von Devon Downs (nicht weit von Adelaide) brachten zahlreiche Stein- und Knochenwerkzeuge an den Tag, die in einer 6 m mächtigen Stratigraphie verteilt waren. Rezente Altersbestimmungen haben ergeben, daß dieser Abri vier Jahrtausende hindurch von Menschen aufgesucht wurde.
Unter Zuhilfenahme typologischer Kriterien haben die ersten Ausgräber hier drei chronologische Abfolgen unterschieden, die als »Pirrien«, »Mudukien« und »Murundien« bezeichnet wurden. In jeder von ihnen wären drei aufeinanderfolgende

Der Dingo, ein wildlebender Hund, wurde von einer aus Asien stammenden Bevölkerung nach Australien gebracht. Seine Präsenz hat die vorhandene Fauna, die insbesondere aus Beuteltieren und Kloakentieren bestand, tiefgehend verändert. Verschiedene einheimische Tierarten wurden ausgerottet.

Rechts: Das Eindringen der Europäer in Australien und auf die Pazifischen Inseln hat zur Zerstörung zahlreicher Austauschwege und zur Veränderung der traditionellen Techniken geführt. Einige dieser Techniken blieben jedoch erhalten und wurden dann auch bei einem Teil des von den Europäern mitgebrachten Materials angewendet, wie diese sehr schönen gezahnten Spitzen aus Flaschenglas und aus den Porzellanisolatoren der Telegraphenmasten zeigen.

Einwanderungswellen zu erkennen. Diese Theorie ging einerseits von der Vorstellung aus, daß mehrere unterschiedliche Rassen Australien besiedelt hätten, andererseits liegt ihr bezüglich der Entwicklung prähistorischer Kulturen eine von den europäischen Vorstellungen vielleicht zu stark beeinflußte Auffassung zugrunde. Die Realität hat sich in der Folge als komplexer herausgestellt. Es verhält sich nicht so, daß die regionalen Kulturen gleichzeitig nebeneinander existiert hätten, im Gegenteil, es sind unterschiedliche Kulturbereiche, die das Ergebnis einer Adaptation an verschiedene ökologische Bedingungen sind und auch die diversen Austauschbeziehungen zwischen den einzelnen Gebieten widerspiegeln. Die Frage nach der außeraustralischen Herkunft dieses neuen Geräts muß vorläufig ungeklärt bleiben. Es erscheint weder auf Timor noch auf Neuguinea.

Dieselbe Frage stellt sich in bezug auf den australischen Hund, den Dingo, der östlich von Indien unbekannt, in Australien jedoch seit mindestens 6000 Jahren beheimatet ist. Er kann aber auch schon früher nach Australien gebracht worden sein, in der ersten Zeit der Meerestransgression, die Australien abgeschnitten hat. Ob der Hund gemeinsam mit dem Menschen direkt aus Indien in das neue Wohngebiet Australien gekommen ist, ist fraglich. Ungewiß ist auch, ob der Mensch Werkzeug mit sich führte, das dort noch unbekannt war. Die Vorgeschichte von Südostasien und Neuguinea ist noch zu sehr mit Fragezeichen versehen, als daß man behaupten könnte, der Dingo hätte dort nie gelebt. Daß in diesen Gebieten australisches Werkzeug der jüngeren Periode nicht vorkommt, kann man vielleicht auch mit den wenigen Grabungen erklären. Die obenerwähnten kulturellen Neuerungen konnten sich im übrigen in den noch nicht überfluteten Küstenzonen ausbreiten, ohne die Bevölkerung in den bewaldeten und gebirgigen Gegenden zu erreichen, die auch keinen Bedarf dafür hatten. Im nichttropischen Australien war die Situation wahrscheinlich nicht so. Letztlich braucht man nicht bedeutende Bevölkerungsschübe zu Hilfe zu nehmen, um die weite Verbreitung dieser kulturellen Neuerungen bei den australischen Eingeborenen zu erklären; denn im Gegensatz zu den älteren Kulturen gab es in der jüngeren Periode einen regen Austausch von Ideen und Geräten zwischen den einzelnen Gebieten. Den Beweis dafür liefern in Perlmuscheln eingeritzte Ornamente, die nördlich von Australien aus dem Meer gefischt worden sind, aber auch bis in den Süden und im Landesinnern gefunden werden.

Unten: Traditioneller australischer Holzschild.

Die letzten Jahrhunderte der australischen Vorgeschichte

Es hat den Anschein, als ob einige Jahrhunderte vor der Kolonisierung durch die Europäer das Steingerät und die dazugehörigen Techniken (Bearbeitung, Retusche) sich an einigen Stellen verschlechtert hätten. Dies wäre weniger als technischer Rückschritt zu deuten, sondern als eine bessere Nutzung von lokal vorhandenen, nicht so dauerhaften Materialien. Diese Vorstellung hat einen australischen Autor, D. J. Mulvaney, dazu geführt, von einer »Phase der Adaptation« zu sprechen, während es sich bei der vorangegangenen Periode um eine »Phase der Erfindungen« gehandelt hätte. Man muß fragen, ob diese Verarmung nicht jüngeren Datums ist, wobei die Ankunft der Europäer der ausschlaggebende Faktor gewesen sein könnte.

Die einheimische Bevölkerung war damals dort am dichtesten, wo auch die günstigsten Landstriche lagen: an der Küste und in den großen Tälern. Sie wurde jedoch von dort verjagt und mußte sich in die trockeneren und an verwertbaren Gesteinen vielleicht weniger reichen Zonen zurückziehen. Die Anwesenheit der Europäer hat übrigens auch zahlreiche Austauschwege zerstört. Trotzdem wurden da, wo es möglich war, noch sehr schöne blattförmige Spitzen mit feinen doppelseitigen Retuschen hergestellt. Für diesen Zweck wurde auch das Flaschenglas aus Europa verwendet, manchmal sogar die Porzellanisolatoren der Telegraphenmasten! Da hier die Vorgeschichte noch lebendig ist, konnten die Prähistoriker die tatsächliche Benutzung des Steingeräts studieren (sonst blieben Aussagen darüber reine Hypothese). Ferner konnten sie Objekte aus leichter vergänglichem Material kennenlernen, die keine Spuren hinterlassen hätten: beispielsweise kleine Wurfspieße ohne Steinspitze, Schilde und Bumerangs. Auch von bestimmten Schleudergeräten, die für mehrere Zwecke gedacht waren – sie dienten sowohl als Schleudern, als Behälter und als Schneidegeräte – wäre nur der Gesteinsabschlag übriggeblieben, der für das Schneiden erforderlich war. Dieser Abschlag war an einem Ende des Schleudergeräts mit Harz befestigt. Diese Technik zum Anbringen von Stielen reicht sicher bis an den Beginn der jüngeren Periode zurück, denn die Steinartefakte sind typologisch gleich geblieben. Diese Technik wurde auch angewendet, um Steinspitzen an Wurfspieße und Kampfbeile zu fixieren, aber auch bei einer stattlichen Anzahl von Werkzeugen: Hammeräxten, gestielten Klingen, Sägemessern usw. Die Klingen waren aus einem Abschlag mit geschliffener Schneidekante, die am Ende eines Holzgriffs befestigt war. Die beiden anderen Geräte, Hammeräxte und Sägemesser, kommen vor allem in Südaustralien häufig vor. Erstere bestehen aus zwei nicht oder nur grob bearbeiteten Steinen mit (manchmal) geschliffener Schneide und sind miteinander und am Griff mit Harz zusammengeklebt. Diese Hammeräxte dienten u. a. zum Erschlagen von Meeressäugetieren. Das Sägemesser wurde zum Schneiden von Fleisch benutzt. Es besteht aus kleinen, nicht retuschierten Abschlägen, die auf der einen Hälfte eines auch als Griff gedachten Holzstabes angeordnet sind. Mikrolithen aus der Phase der Erfindungen wurden vermutlich in gleicher Weise verwendet.

Im Zentrum Australiens taucht besonders häufig ein Werkzeug auf, dem man den Namen *Tula-Querbeil* gegeben hat. Es handelt sich um einen leicht gekrümmten Stab, der an seinen beiden Enden zwei unterschiedliche Abschläge mit retuschierter Schneide aufweist. Beim Gebrauch saß man auf dem Boden, nahm den Griff mit beiden Händen und bearbeitete ein von den Beinen festgehaltenes Stück Holz, wobei man den Griff zu sich heranzog. Bei anderen Werkzeugen diente die Harzmasse als Griff, wie zum Beispiel bei den Leilira-Messern, die aus einer großen Klinge bestehen, bei der das Griffende von einer Hülle aus farbigem Harz umgeben ist. Die Messer der Männer besaßen eine ziemlich kräftige Klinge, die sehr selten retuschiert war. Die Messer der Frauen waren leichter, die Klingenkanten waren leicht gebogen oder gerade und Ende und Kanten waren sorgfältig retuschiert. Dieselbe Technik wurde auch bei groben Abschlägen angewendet, von denen einige als Stichel dienten. Einfache und doppelte Knochenspitzen wurden ebenfalls für viele verschiedene Zwecke benutzt: Ahlen, Geschoßspitzen, Harpunen, Nasenschmuck oder Retoucheur. Zähne von Haifischen (im Norden) und von Beuteltieren wurden als Stichel gebraucht. Gelegentlich wurde auch der Unterkiefer von Beuteltieren verwendet. Man ließ einen Schneidezahn stehen, der Kieferknochen selbst diente als Griff. Weitere Objekte ergänzten die Ausrüstung: aus Muschelschalen geschnittene Angelhaken, Körbe aus pflanzlichen Fasern, Grabstöcke, der

Australische Sägemesser, an denen Mikrolithen mit Hilfe von Harz am Holzgriff befestigt sind. Diese Messer wurden von den Jägern zum Schneiden von Fleisch des erlegten Wildes verwendet.

Gravierungen in der Höhle von Ayers Rock, Zentralaustralien. Im Gegensatz zu dem, was glaubhaft erscheint und dem, was alles über die »Primitiven« geschrieben worden ist, besaßen diese sehr weit entwickelte abstrakte geistig-religiöse Vorstellungen, die in der Malerei und in der Gestaltung der Gebrauchsgegenstände zum Ausdruck gelangten.

unentbehrliche Stock für die Erzeugung von Feuer durch Reibung und der ausgehöhlte Ast für den Transport von glühenden Holzkohlen.
Die einheimischen Jäger und Sammler hatten ihre natürliche Umgebung seit langem verändert. Wahrscheinlich sind sie, zusammen mit dem Dingo, der Anlaß dafür, daß mehrere Arten von Beuteltieren ausgestorben sind. Sie haben die Landschaft verändert, indem sie immer wieder das Gebüsch und die Wälder verbrannten und auf diese Weise zur postpleistozänen Wüstenbildung in einem beträchtlichen Teil Australiens beitrugen. Die Menschen erleichterten sich damit den Weg, vor allem aber konnten nun fliehende Tiere besser gejagt und mit Hilfe von Grabstöcken nach Eidechsen, Würmern und Larven sowie nach Wurzeln und Knollen gesucht werden.
Bei der Ankunft der Europäer dürfte die Bevölkerung ungefähr 200 000 bis 300 000 Menschen betragen haben. Ihre Dichte war an der östlichen, günstigeren Küste am größten, doch überstieg sie nie 0,4 Personen pro qkm. Die Eingeborenen lebten in Familien oder in Gruppen von 25 bis 50 Personen, die innerhalb eines Gebietes mit fließenden Grenzen ihren Aufenthaltsort wechselten, je nach dem natürlichen Nahrungsmittelangebot. Diese Gruppen waren sich bewußt, größeren Einheiten anzugehören, die aus einigen hundert Individuen aufgrund mehr oder minder gut definierter Bindungen bestanden. In jeder von ihnen herrschte eine gewisse Einheitlichkeit in bezug auf soziale Bräuche, religiöse und ästhetische Vorstellungen sowie eine gewisse Gemeinsamkeit hinsichtlich der Sprache. Man kennt mehr als 500 verschiedene Sprachen, die sich 22 Hauptgruppen zuordnen lassen. Obgleich diese – auch ethnischen – Einheiten voneinander unabhängig waren, tauschten sie Gebrauchsartikel aus und waren sich gegenseitig in verschiedenen Dingen verpflichtet. Im Gegensatz zu dem, was mancherorts darüber geschrieben wurde, besaßen diese sogenannten Primitiven eine soziale Organisation und sehr weit entwickelte abstrakte geistig-religiöse Vorstellungen. Diese gelangten insbesondere bei Felsmalereien, Felsgravierungen, in den bemalten, für den Bau von Abris verwendeten Rinden sowie in der Kunst der Gebrauchsgegenstände zum Ausdruck: alle Objekte des täglichen Gebrauchs sind verziert. Diese sozial-religiöse Kunst zeigte sich auch in weniger dauerhaften Formen: Zeichnungen und Malereien im Sand, Körperbemalung, Gesänge, mimische Tänze u. a. Diese Kunst, die in Nordaustralien noch lebendig ist, gehört gemeinsam mit der aus den Hochgebieten von Neuguinea zu den selten gewordenen Zeugnissen einer »primitiven Kunst«, die man auch unter einem anderen Gesichtspunkt als nur den eines Kunstkritikers studieren kann.

Tasmanien

Diese Insel, die früher mit Australien verbunden war, wurde von den Menschen vor der letzten Meerestransgression besiedelt, d. h. vor etwa 12 000–10 000 v. Chr. Von der Landverbindung, die sie bewohnt und überquert haben, sind nur einige kleine Inseln beiderseits der Bass-Straße übrig. Auch diese wurden wieder aufgegeben, als die Entfernung zur tasmanischen Küste zu groß wurde, wie z. B. die King-Insel und die Fourneauxgruppe. Ihre Bevölkerung ist aufgrund des immer größer werdenden Nahrungsmangels langsam ausgestorben. Ein Wildbeuter benötigt fast 20 qkm, um zu überleben, und die Tasmanier mit ihren rudimentären Booten hatten keine Möglichkeit, weiter als 10 km auf das offene Meer hinauszufahren. Diese Isolation muß auch zu genetischen Problemen geführt haben. Für die näher bei Tasmanien gelegenen Inseln gilt dies nicht. Sie waren bei der Ankunft der Europäer noch bewohnt. Auf einer von ihnen, Hunter Island, wurde die älteste tasmanische Fundstelle entdeckt. Sie wurde auf 22 750 ± 420 v. Chr. datiert. Die südöstlichen und südwestlichen Küsten dürften später besiedelt worden sein, zweifellos wegen des vor-eiszeitlichen Klimas, das während der Würm-Eiszeit dort herrschte. Das gebirgige Landesinnere war damals völlig von Eis bedeckt.
Bei der Ankunft der Europäer bewohnten die Tasmanier, bis sie von jenen ausgerottet wurden, hauptsächlich die Küstengebiete und die östliche Hälfte der Insel. Die im Westen gelegenen Erhebungen waren nicht bevölkert. Im Jahr 1800 zählte man schätzungsweise 3000–5000 Eingeborene; 1830 lebten nur noch 280 Personen, der letzte Eingeborene, eine Frau, ist 1877 gestorben. Die alten Tasmanier lebten wie die australischen Eingeborenen in Nomadengruppen (zu ca. 70) zusammen. Sie gehörten etwa zehn größeren territorialen Einheiten an, deren Bewohner sich z. T. durch linguistische Besonderheiten unterschieden. Man hat fünf verschiedene Dialekte festgestellt, die zwei Hauptsprachen angehörten, einer östlichen und einer westlichen. Diese Menschen verwendeten noch die unbestielten Werkzeuge der älteren australischen Periode: bearbeitete Gerölle, Kernkratzer und kaum retuschierte Abschläge. Ihre kleinen Wurfspieße besaßen keine Spitze, und sie kannten weder Schleudergeräte noch den Bumerang oder Schilde. Klingen mit geschliffener Schneide waren nicht bis zu ihnen vorgedrungen, sie stellten jedoch Knochenspitzen her. Die ältesten aus der Fundstelle von Hunter Island sind mit 18 000–19 000 v. Chr. datiert.
Der Hauptanteil der Nahrung kam aus dem Meer: Meeressäugetiere, Schalentiere und Muscheln; es wurden aber weder Meeres- noch Süßwasserfische

Rechts: Petroglyphen, die mit der Punktiertechnik hergestellt worden sind (Sand Dune Creek, Tasmanien). Nach Ansicht einiger Autoren handelt es sich dabei um astronomische Symbole.

verzehrt. Das Sammeln von Muscheln gehörte zu den Aufgaben der Frauen, die ausgezeichnet schwimmen und tauchen konnten. Zum Graben nach eßbaren Wurzeln und ähnlichem auf dem Boden verwendeten sie den Grabstock. Man machte Jagd auf Reptilien, Vögel und verschiedene Landsäugetiere (Kloakentiere und Beuteltiere). Letztere waren zahlreicher und artenreicher als in Australien, da der Mensch sich hier nicht in Konkurrenz mit dem Dingo befand, der nach Südaustralien kam, als die Bass-Straße bereits vom Meer bedeckt war. Um sich auf Flüssen und auf dem Meer fortbewegen zu können, benutzten die Frauen manchmal einen Baumstumpf beim Schwimmen. Sie verwendeten auch Floße und eine Art Piroge, die entweder durch Zusammenfügen von Baumrinden oder durch Aneinanderbinden von drei Schwimmkörpern aus Schilfrohr oder Binsen gefertigt worden war. Die Frauen stießen sie beim Schwimmen vor sich her oder die Männer bewegten sie mit Hilfe einer Stange. Auf diesen primitiven Booten transportierte man glühende Asche, auf einer Tonplatte oder in einem ausgehöhlten Stock – eine unentbehrliche Vorsichtsmaßnahme; nach den Angaben einiger Autoren verstanden es die Tasmanier nicht, Feuer zu erzeugen, weder durch Reiben noch durch Schlagen.
Wegen ihrer schnellen Ausrottung ist es ziemlich schwierig, sich von der geistigen Aktivität der alten Tasmanier ein Bild zu machen, trotz der ersten Beobachtungen einiger Europäer, die v. a. wegen ihres Interesses am Exotischen zustande kamen. Noch einmal sei darauf hingewiesen, daß es verfehlt wäre, anzunehmen, daß ihre Entwicklungsstufe nur den materiellen Überresten ihrer Kultur entsprach. Die Bestattungen zeugen von der Beschäftigung mit dem Jenseits. Wie ihre fernen australischen Vorfahren malten sie symbolische oder realistische Motive auf rituelle Objekte und auf Baumrinde, die für den Bau ihrer Hütten verwendet wurde. Die Tasmanier haben außerdem zahlreiche Petroglyphen hinterlassen.

Unten: Mount Cameron, Tasmanien. Eingang einer Höhle mit in Dünensandstein eingravierten Felszeichnungen. Die Basis der Ablagerungen wurde auf 1200 Jahre datiert.

Neuguinea

Diese ihrer Oberfläche nach zweitgrößte Insel der Erde mit annähernd 800 000 qkm ist den Europäern seit Beginn des 16. Jh.s bekannt. Es gibt jedoch in den westlichen Hochgebieten immer noch ganze Landstriche, die nicht vollständig erschlossen sind. Die Erforschung des östlichen Neuguinea (Nordostneuguinea und Papua) ist erst jüngeren Datums, und es sind noch zu wenige Fundstellen untersucht, um heute schon eine genaue Vorstellung von seiner Vorgeschichte haben zu können.
Zu den historisch bedingten Gründen kommen Schwierigkeiten, die in der Geographie des Landes liegen: Die zentralen Hochgebiete sind schwer zugänglich, während die große Ebene im Süden fast ausnahmslos Sumpfgebiet ist, eine Folge der Verwerfungen und Absenkungen aus jüngerer Zeit. Schließlich haben die während der letzten Jahrtausende von außen eingedrungenen Einflüsse nicht nur die Vorgeschichte der Küstengebiete, sondern auch die des Landesinnern sehr kompliziert gemacht. Die Spuren der ersten Bewohner Neuguineas sind bei der jüngsten Meerestransgression vom Wasser überschwemmt worden, doch man kann davon ausgehen, daß sie zur selben Zeit wie die ältesten Australier gelebt haben. Die älteste Fundstelle ist dort auf 4000 v. Chr. datiert und enthält eine Industrie aus wenig typischen und wenig retuschierten Abschlägen. Paradoxerweise wurden im gebirgigen Innern die ältesten Fundstellen, die wir bis jetzt kennen (25 000 v. Chr.), gefunden.
Im allgemeinen handelt es sich um Felsschutzdächer, die nur kurzzeitig bewohnt waren. Freilandstationen würden mehr ethnographische Hinweise erbringen. Die Industrie ist derjenigen ähnlich, die man zur selben Zeit in Australien und Südostasien findet: mehr oder weniger retuschierte Abschläge, Klingen mit seitlich und in der Mitte der Klinge angebrachten Kerben sowie Klingen mit geschliffener Schneide. Die erkennbaren Unterschiede rühren wahrscheinlich von einer Adaptation an die besondere Umgebung her, welche die Hochgebiete von Neuguinea mit ihren subtropischen oder feuchten Wäldern darstellen. Die ehemaligen, heute in den Fluten versunkenen Fundstellen, die um einige tausend Jahre älter sind, würden vermutlich in ihrer Industrie mehr Ähnlichkeit mit der gleichzeitigen Australiens zeigen. Diese Bergbewohner lebten von der Jagd und vom Sammeln. In den Fundplätzen stößt man vor allem auf Nüsse, Früchte verschiedener Pandanus-Arten (Schraubenbaum) sowie auf Knochen von Vögeln und Beuteltieren. Die Wohnstellen wurden nur kurzzeitig in Besitz genommen, um Schutz zu suchen oder um ein paar Werkzeuge herzustellen.
Vor 11 000 Jahren begann sich das Klima wieder zu erwärmen, und auf den höchsten Gipfeln begannen die Gletscher zu schmelzen. Der Schnee, der vorher als Firn bis auf Höhen von 3500 m herunterreichte, kam jetzt nicht mehr tiefer als 4500–4000 m. Damit konnte sich die Vegetation

Irian Jaya (West-Neuguinea); für religiöse Zwecke bestimmter, teilweise bearbeiteter Ahnenschädel (»Korwar« in der Sprache der Eingeborenen), der auf eine Holzskulptur aufgesetzt ist. Der Mann wurde in einer sitzenden Position dargestellt und hält seinen Schild vor sich. Derartige Objekte wurden in der Behausung der Familie aufbewahrt.

in großen Gebieten wieder ausbreiten. In der Zeit von 8600 bis 5000 v. Chr. wurde das Klima wärmer und feuchter als es heute ist. Die in den Bergen gelegenen Fundstellen aus dieser Periode zeugen von Verbindungen, die damals mit den Küstengebieten unterhalten wurden, z. B. das Vorkommen von Meeresmuscheln im Schmuck. Ungefähr 6000 v. Chr. tauchten geschliffene Klingen mit bikonvexem Querschnitt auf, die je nach ihrer Anordnung zum Stiel als Axt oder als Querbeil verwendet werden konnten. Diese Geräte, die asiatischen Ursprungs sind, blieben bis zur Ankunft der Europäer in Gebrauch. Die alten, aus Abschlägen hergestellten Steinwerkzeuge nahmen zahlenmäßig ab und verschlechterten sich in der Qualität, was jedoch nicht als Anzeichen für einen technischen Rückschritt, sondern für die Entwicklung hin zu einer neuen Lebensform gedeutet werden soll. Tatsächlich beginnen zu dieser Zeit oder sogar etwas früher die ehemaligen Wildbeuter Akkerbau zu betreiben und Schweine zu züchten.
Das Schwein wurde möglicherweise von den Menschen nach Neuguinea gebracht. Dennoch sollte man festhalten, daß sein asiatischer Vorfahre ein sehr guter Schwimmer war. Man kennt das Schwein z. B. vor ca. 8500 Jahren auf den Philippinen und auf den Inseln, die mit dem asiatischen Kontinent während der großen Meeresregressionen im Quartär nicht verbunden gewesen waren. Nicht domestiziert, konnte es in den niedrigen Gebieten Neuguineas existieren, vor allem in Regionen, in denen die Sagopalme und auch der Brotfruchtbaum wachsen. Aus Mangel an Nahrung konnte das Schwein allerdings nicht in höheren Lagen als 1000 m leben. Vor kurzer Zeit wurde jedoch der Schneidezahn eines Schweines in einer Höhe von 1530 m in der Fundstelle von Kiowa entdeckt. Seine Anwesenheit kann entweder eine Ausnahmeerscheinung darstellen, oder dieser Einzelzahn muß auf dem Austauschweg dorthin gelangt sein. Erst vor ca. 6000/5000 v. Chr. werden Funde von Schweineknochen in den Hochgebieten Neuguineas häufiger. Damals waren die Menschen bereits Bauern und konnten auch Schweine züchten. In Kuk (13 km östlich vom Mount Hagen), das auf derselben Höhe wie Kiowa liegt, wurden fossile, mit Lehm bedeckte Vertiefungen als ehemalige Saulache interpretiert.
Die Schicht wurde auf 9000 v. Chr. datiert. Man müßte demnach den Beginn des Ackerbaus für ebensoalt halten. Pollenanalysen bestätigen, daß der Mensch damals die Hochgebiete schon abholzte. Außerdem haben dieselben Forscher kürzlich auch in der Fundstelle von Kuk ein ganzes System von Bewässerungsgräben zutage gefördert, deren Alter ebenfalls auf 9000 v. Chr. geschätzt wird. Der verantwortliche Leiter dieser Arbeiten, J. Golson, ist der Meinung, daß dieses Bewässerungssystem möglicherweise mit dem Anbau von Yams in Zusammenhang steht. Yams ist eine einheimische Pflanze, die jedoch auch in Südostasien und in Nordaustralien vorkommt, wo die Eingeborenen, die einfache Sammler geblieben sind, das Wachstum diser Pflanze fördern, genauso werfen sie Kerne von genießbaren Früchten nicht aufs Geratewohl weg, sondern auf Böden, die für das Wachstum von Obstbäumen günstig sind. Auch heute werden überall in Ozeanien nichtangepflanzte, aber nützliche Gewächse von den Eingeborenen geschützt. Wahrscheinlich folgte der Anbau von Yams in Neuguinea auf die Zeit, in der man sein natürliches Wachstum einfach begünstigt hatte. In der erwähnten Fundstelle von Kuk wurden die Bewässerungsanlagen vor ungefähr 6000 Jahren komplizierter und dehnten sich weiter aus. Das könnte nach J. Golson bedeuten, daß die Kulturen mannigfaltiger wurden: Man unterscheidet bewässerte und nicht bewässerte Kulturen, auch Gewächse wie der Taro und verschiedene Bananenarten werden aus Asien eingeführt.
Dies ist auch eine Periode, in der sich der Austausch zwischen der Küste – wo sich gerade die ersten Einwanderer der austronesischen Sprachgruppe niederlassen – und dem Landesinnern intensiviert. Mit ihnen erscheint auch der unter dem Namen »Lapita«-Kultur bekannte Kulturkomplex, für den insbesondere die Töpferei und Querbeile mit bikonvexem Querschnitt und abgeschnittenen Kanten typisch sind. Diese Neuankömmlinge besiedelten später auch die im Pazifischen Ozean verstreuten Inseln. Der deutliche Wandel in der materiellen Kultur der Bergbewohner Neuguineas ist nicht auf das breite Eindringen dieser Neuankömmlinge ins Innere der Insel zu-

Östliches Neuguinea. Mörserkeule aus Stein in Form eines Vogels. Ursprung und Zweck dieser Keulen sowie der dazugehörigen Mörser, die man im Busch gefunden hat, sind der heutigen Bevölkerung nicht bekannt. Da diese Gegenstände nicht bei archäologischen Ausgrabungen gefunden wurden, ist es sehr schwierig, sie altersmäßig einzuordnen.

rückzuführen; diese haben sich nur in einigen leicht zu verteidigenden Lokalitäten niedergelassen. Die autochthone Bevölkerung hat weiterhin ihre zahlreichen nichtaustronesischen Sprachen gesprochen. Der Wandel ist vielmehr eine Folge der sowohl zeremoniellen als auch nützlichen Austauschbeziehungen, die bis in die jüngste Zeit bestanden haben.

Auf diesem Weg verdrängten die Eisenklingen allmählich die steinernen Querbeilklingen, und zwar lange, bevor die Europäer in das Innere der Insel eingedrungen sind. Ein anderes Beispiel ist die Süßkartoffel, die aus Amerika stammt und von den Spaniern in den Westpazifik gebracht worden war. Vor vierhundert Jahren gelangte sie bis in die Berge und wurde aufgrund ihrer großen Anbaumöglichkeiten überall angenommen. Man kann sie bis zu einer Höhenlage von 2700 m kultivieren, den Yams hingegen nur unterhalb von 2100 m. Der wetterfeste Taro kann wie die Süßkartoffel in größeren Höhenlagen angebaut werden, doch ist sein Ertrag viel geringer. Bei der Süßkartoffel dauert es auch weniger lang, bis mit der Ernte begonnen werden kann. Es ist nicht wie beim Taro notwendig, die Felder turnusmäßig brachliegen zu lassen, sondern kann sie im Wechsel mit ihm anbauen. Nicht zuletzt handelt es sich um eine Pflanze, die das Feld »reinigt«, wenn der Boden gerade urbar gemacht worden ist. Diese Neuerung auf dem Gebiet der Pflanzenkultivierung ermöglichte einen ausgeglichenen Bevölkerungszuwachs, der andernfalls bedroht gewesen wäre, ebenso wie der Fortbestand der vorher gewachsenen sozialen Einrichtungen. Anders verhielt es sich mit den Gesellschaften, die mit den austronesisch sprechenden Einwanderern direkten Kontakt hatten. Wir haben gesehen, daß über ihre fernere Vergangenheit so gut wie nichts bekannt ist. Ihre jüngere Vorgeschichte gehört nicht mehr eindeutig zu der von Neuguinea, sie vermischt sich vielmehr mit der Vergangenheit dieser neuen Völker, die sich auf Archipelen des Westpazifiks angesiedelt haben.

Die Pazifischen Inseln

Unter den Pazifischen Inseln versteht man die zahlreichen, im Pazifischen Ozean verstreuten Inseln, die allein aufgrund von Kenntnissen in der Hochseenavigation von den Menschen entdeckt werden konnten – ein Abenteuer, das um das 3. Jahrtausend vor unserer Zeitrechnung begann, als alle anderen Gebiete der Erdkugel längst bewohnt waren. Die ersten europäischen Seefahrer waren sehr überrascht, als sie auf diese Inselbewohner trafen, die verloren in der unendlichen Weite des Ozeans lebten, fern von jedem Kontinent. Den Europäern war die Seetüchtigkeit der alten Doppelpirogen, mit deren Hilfe diese langen Überfahrten möglich gewesen waren, völlig unbekannt. Sie waren weniger wendig als die Auslegerboote, die nur in Küstennähe benutzt wurden. Diese Katamaran-ähnlichen Boote lagen sehr gut auf dem Meer und kamen bei Rückenwind relativ schnell voran. Einige erreichten eine Länge von 40 m, hatten eine Brückenfläche bis zu 100 qm und konnten bis zu 300 Personen mit Waffen und Gepäck aufnehmen; ebenso alles, was an Pflanzen und Tieren vonnöten war: Hunde, Schweine, Hühner und Ratten, nicht nur für die Verpflegung auf See, sondern auch, um in den neuen Gebieten überleben zu können. Die Menschen verstanden es ausgezeichnet, sich mittels der Sterne zu orientieren, und konnten aus den Meeresbewegungen, dem Himmel und dem Vogelflug erschließen, ob sich eine Insel in der Nähe befand. Unsere Unkenntnis der Navigationstechniken der Ozeanier führte einige Autoren im 19. Jh. zu der Vorstellung von einem einst vorhandenen Pazifischen Kontinent, der in den Fluten versunken sei und von dem nur noch die Bergspitzen – die heutigen Inseln – herausragten. Ihre hellhäutigen Bewohner wären natürlich den dunkelhäutigen westlichen Völkern überlegen gewesen und hätten eine hochentwickelte Zivilisation gekannt, bevor diese schreckliche Katastrophe hereinbrach. Wir könnten diese alten Vorurteile vergessen, wenn man ihnen nicht noch bei einigen Zeitgenossen begegnete, die sich in der Beschreibung der großen Primitivität der australischen Eingeborenen, der angeblichen Negritos oder anderer negroider Völker, darunter die Melanesier, gefallen, um dann die Schönheit und Intelligenz der hellhäutigen Ozeanier um so mehr ins rechte Licht zu rücken.

Wie dem auch sei, andere Autoren zeigten sich vorsichtiger und nahmen den Ursprung dieser Inselbevölkerung in Amerika oder in Asien an. Übrigens – sofern der Beweis noch nötig ist –, auf-

Tiki-Kopf aus rotem Tuff von den Marquesas-Inseln. Früher stellten die Tiki vermutlich vergöttlichte Ahnen dar. Später wurden sie auf den Gesellschaftsinseln für eine Behausung von Schutzgeistern oder bösen Geistern gehalten.

grund der Kenntnisse, die wir heute vom Boden des Pazifiks besitzen, steht eindeutig fest, daß in dem Gebiet niemals ein Kontinent existiert hat. Es handelt sich nur um Gebilde, die durch vulkanische Aktivität entstanden sind. Dabei wurden mehr als zehntausend Vulkane geboren, die hoch herausragende Inseln oder Atolle bilden.
Die Theorie von der amerikanisch-indianischen Herkunft der Ostozeanier ist heute fast aufgegeben worden. Alles spricht dagegen, vor allem die Linguistik, die Ethnobotanik und auch die Archäologie. Damit wird aber nicht ausgeschlossen, daß frühe, episodische Kontakte mit Amerika bestanden haben. Sie würden insbesondere die Existenz der Süßkartoffel in Polynesien vor der Ankunft der Europäer erklären. Die Hypothese vom asiatischen Ursprung der Ozeanier ist ebenso alt und wurde, besonders 1865, von dem Naturforscher Quatrefages de Bréau verteidigt. Sie wird auch heute noch angenommen, allerdings mit einigen Abweichungen. Eine Einwanderung in Form großer Bevölkerungsschübe – der aufgehenden Sonne entgegen und ohne Wiederkehr, wie man sich das im 19. Jh. mit einer gewissen Romantik vorgestellt hat – stimmt nicht mit der Realität überein. Diese sieht recht komplex aus, und man weiß erst wenig von ihr, angesichts der geringen Ergebnisse, die man mit den Methoden der prähistorischen Archäologie hier erzielt hat. Es wäre auch ein verfrühtes Unterfangen, ein genaues und zusammenhängendes Bild von der Vorgeschichte dieser Inseln entwerfen zu wollen. Begnügen wir uns damit, von den gesicherten Details zu sprechen, ohne zu vernachlässigen, was noch problematisch, jedoch nicht unwichtig ist.
Am 27. Dezember 1831 schlug Admiral Dumont d'Urville der Société de Géographie von Paris vor, Ozeanien in vier Hauptbereiche einzuteilen: in das östliche Ozeanien oder Polynesien, das nördliche Ozeanien oder Mikronesien, das westliche Ozeanien oder den Malaiischen Archipel und das südliche Ozeanien oder Melanesien. Er bezog auch Australien und Tasmanien mit ein, die von den Einflüssen ozeanischer Kulturen nicht erreicht worden waren. Dazu kann man festhalten, daß die nordaustralischen Eingeborenen zwar einige neue Techniken und Bootstypen – etwa das Auslegerboot – übernommen haben, aber deshalb doch keine Ackerbauern geworden sind. Liegt dies vielleicht darin begründet, daß Jagd, Fischfang und Sammeln ihnen Nahrungsmittel in ausreichender Menge boten, oder daß das Kultivieren von Pflanzen eine mit den Bräuchen ihrer Vorfahren unvereinbare Technik war?
Was den Malaiischen Archipel betrifft (damit war damals die Inselwelt Südostasiens gemeint), so stehen die Gemeinsamkeiten mit Ozeanien außer Zweifel, allerdings haben asiatische Einflüsse aus späterer Zeit die ursprünglichen Merkmale überlagert. Das ist z. B. bei bestimmten kulturellen Errungenschaften der Fall, etwa dem Metall oder dem Reisanbau, die vor der Ankunft der Europäer in Ozeanien nicht in Gebrauch waren (außer dem Reis auf den Marianen). Auch der Einfluß des Buddhismus beschränkte sich zu Beginn des 1. Jahrtausends n. Chr. auf den Malaiischen Archipel, ebenso wie derjenige des Islams zu Beginn des 2. Jahrtausends n. Chr. In ökologischer Hinsicht unterscheidet sich der Malaiische Archipel von Ozeanien, zumindest hinsichtlich der Fauna. Bleiben nur Polynesien (die vielen Inseln), Mikronesien (die kleinen Inseln) und Melanesien (die schwarzen Inseln) übrig, und diese Aufteilung Ozeaniens in drei ethnische Gebiete ist heutzutage allgemein akzeptiert und gebräuchlich. Sie ist praktisch, wenn sie auch zu stark vereinfacht. Zwischen diesen drei Gebieten verläuft keine genaue ethnische Grenze. West- und Ostmikronesien unterscheiden sich etwas voneinander, und es gibt polynesische Bereiche südlich von Mikronesien und in Melanesien. Jeder dieser Bereiche ist in sich selbst nicht vollkommen homogen, da die relativ isolierte Insellage die Entstehung lokaler Sonderformen begünstigt hat.

Die Herkunft der Bevölkerung

Die Unterschiede, die sich im Aussehen der Ozeanier beobachten lassen, haben zu ebenso unterschiedlichen Hypothesen geführt. Am bekanntesten ist die Annahme, nach der die Melanesier eine eigene dunkelhäutige, langschädelige Rasse darstellen und in mehrere Unterrassen unterteilt werden, von denen eine mit den Australiern, eine andere mit den Pygmäen verwandt ist und eine weitere »Papua-Semitisch« genannt wird. Die melanesischen Inseln wären nach dieser Ansicht von mindestens zwei aufeinanderfolgenden Rassen bewohnt worden: zuerst von den weniger entwickelten Melanesiern, dann von Menschen mit einer helleren Hautfarbe.
Nach anderen Hypothesen wäre die Reihenfolge gerade umgekehrt. Es ist bekannt, daß man heute mit dem Begriff »Rasse« vorsichtig sein muß. Was

Rechts: Nukuoro-Insel, Karolinen. Tasche mit verschiedenen Angelhaken, die zum Fischen verschiedener Fischarten angefertigt wurden. Sie sind aus Perlmutt geschnitten.

Unten: Kap-Kap *von den Salomon-Inseln. Diese Ornamente, die von den Männern als Brustschmuck bestimmt waren, bestehen aus einer Scheibe, die aus einer Tridacna-Muschel hergestellt wurde. Sie ist von einer weiteren Scheibe aus Schildkrötenpanzer bedeckt, die in durchbrochener Technik gearbeitet ist.*

von den ersten Australiern gesagt wurde, gilt ebenso für die Melanesier, die sehr wahrscheinlich demselben, bereits differenzierten Phänotyp angehörten. Diese Differenzierung nahm bestimmt noch zu aufgrund der Unterschiede in den lokalen Milieus sowie der genetischen Einflüsse von seiten nichtmelanesischer Ozeanier. Über die rassische Herkunft der Ozeanier existieren nicht weniger Hypothesen: Eine davon sagt z. B., daß es sich um gelbhäutige Menschen handle, die verschiedenen gemischten Rassen angehören.

Zu Beginn hätten sie sogar hellhäutig sein können, d. h. Ainu. Man müßte annehmen, daß sich diese ehemalige Bevölkerung Zentralasiens, die seit mehreren tausend Jahren in Nordjapan isoliert lebte, sich früher bis nach Südmelanesien ausgebreitet hätte. Dies scheint recht unwahrscheinlich, aber einigen Autoren gefällt diese Idee wohl. Sie möchten die ersten ozeanischen Kulturen gerne Weißen zuschreiben, speziell die schöne Keramik der »Lapita«-Kultur.

Die Frage nach der rassischen Zugehörigkeit der Mikronesier und Polynesier ist zweifellos ebenso komplex wie die der Melanesier. Einen gewissen Fortschritt kann man sich von den noch ausstehenden Blutgruppenuntersuchungen erhoffen, aber sicher nicht die ganze Lösung des Problems; denn diese Bevölkerungen im Pazifik haben sich in genetischer Hinsicht aus vielfältigen Ursachen weiter auseinanderentwickelt: Rassenmischung, Störung des genetischen Gleichgewichts als Folge des Zusammenlebens in kleinen, lange Zeit isolierten Gruppen, Veränderungen in der Ernährung (oder sogar im sozialen Verhalten), neue pathogene Faktoren u. a. Auf diese Weise könnte man den Grad der Verwandtschaft zwischen den verschie-

Rechte Seite: Göttliche Figur von der Insel Rurutu (Polynesien). Die Statue ist hohl und läßt sich öffnen. In ihr Inneres wurden andere kleine Götterbilder gestellt, welche die göttlichen Kräfte in sich aufnehmen sollten. Nach einer Tradition ist hier Tangaroa dargestellt, der Schöpfer und Herr des Meeres. Nach einer anderen handelt es sich hingegen um A'A, den Vorfahren der Bewohner dieser Insel.

Unten: Die Marae *Zentralpolynesiens sind für soziale und religiöse Aktivitäten bestimmte Monumente. Sie bestehen aus einem Hof, der gepflastert und von einer Mauer abgeschlossen sein kann. An dem einen Ende des Hofes befindet sich der* Ahu, *der eigentliche heilige Bezirk, der den Göttern und Ahnen gewidmet ist. Für gewöhnlich handelt es sich um eine gepflasterte Plattform, zu der eine bzw. drei Stufen hinaufführen.*

denen Bevölkerungen Ozeaniens und Asiens errechnen, aber die Vorstellung, daß man in Asien die Menschentypen findet, die denjenigen entsprechen, aus denen sich die heutige ozeanische Bevölkerung entwickelt hat, ist illusorisch. Trotz unterschiedlicher anatomischer Merkmale, die sich jeder Systematisierung entziehen, gehört diese Bevölkerung einer einzigen Sprachgruppe an, der austronesischen, die das größte Verbreitungsgebiet auf der ganzen Welt hat. Sie reicht von Formosa nach Madagaskar und bis auf die Osterinsel. Abgesehen von Australien und Tasmanien sind die nichtaustronesischen Sprachen Ozeaniens auf einen großen Teil Neuguineas und einige abgeschiedene Gebiete in Nordmelanesien begrenzt. Die Linguisten unterscheiden ein westliches Austronesisch mit Westmikronesien, Südostasien und Madagaskar, und ein östliches Austronesisch, das die restlichen Gebiete Ozeaniens umfaßt. Hier wie andernorts haben diese austronesischen Sprachen von Insel zu Insel allmählich eine Entwicklung durchgemacht, die schließlich zu diesen großen Verschiedenheiten geführt hat. Einige Linguisten haben durch die Untersuchung dieser sprachlichen Entwicklung den Versuch unternommen, auch die verschiedenen Stadien der Besiedlung des Pazifiks ausfindig zu machen. Gewisse Vorbehalte müssen in Hinblick auf die angewendete Methode – die Lexikonstatistik – angemeldet werden, denn die einzelnen Abschnitte der Entwicklung dauern nicht überall gleich lange. Dennoch zeigen die vorgeschlagenen Entwicklungsschemata Übereinstimmungen mit Ergebnissen, die man mit den Methoden der prähistorischen Archäologie gewonnen hat.

Westmikronesien

Viele Linguisten sehen das Ursprungsgebiet des Austronesischen an der Südküste Chinas zwischen Formosa und Hainan. Nach ihren Theorien erreichte es vor 5000 bis 6000 Jahren die Philippinen, dann Südostasien. Ein Sprachzweig wäre danach von den Philippinen nach Westmikronesien gekommen und hätte sich dort allmählich zum Westaustronesischen entwickelt. Was mögen die Ursachen für diese Bevölkerungsverschiebung gewesen sein?

Den materiellen Zeugnissen nach zu schließen, die in den alten Fundstellen zum Vorschein kamen, handelte es sich vermutlich um kleine Gruppen von Fischern, die vielleicht aus demographischen Gründen ihr Wohngebiet verlassen mußten, oder auch zufällig von ihrer Strecke abgewichen waren. Sie ließen sich auf den schon seit langem bewohnten Inseln nieder oder auch auf den Inseln, die vom Festland zu weit entfernt lagen, um bereits besiedelt zu sein. Dies gilt für das westliche Mikronesien. In diesem Gebiet befinden sich die ältesten uns bekannten Fundstellen auf den Marianen. Sie wurden auf das 16. Jh. v. Chr. datiert; doch zweifellos müssen andere, ältere, erst noch aufgespürt werden. Außer einer Industrie aus Stein- und Muschelgerät (Klingen von Querbeilen, Kratzer, Angelhaken usw.) wurden zahlreiche Scherben von Töpferwaren gefunden, die wenig oder mit einer roten Enjobe verziert waren, eine Keramik, die auch auf den Philippinen seit 4500 v. Chr. bekannt ist. Diese Funde, wie auch andere Keramiktypen aus späterer Zeit, etwa die Schnurkeramik, bestätigen die Verbindungen mit den Philippinen. Vom

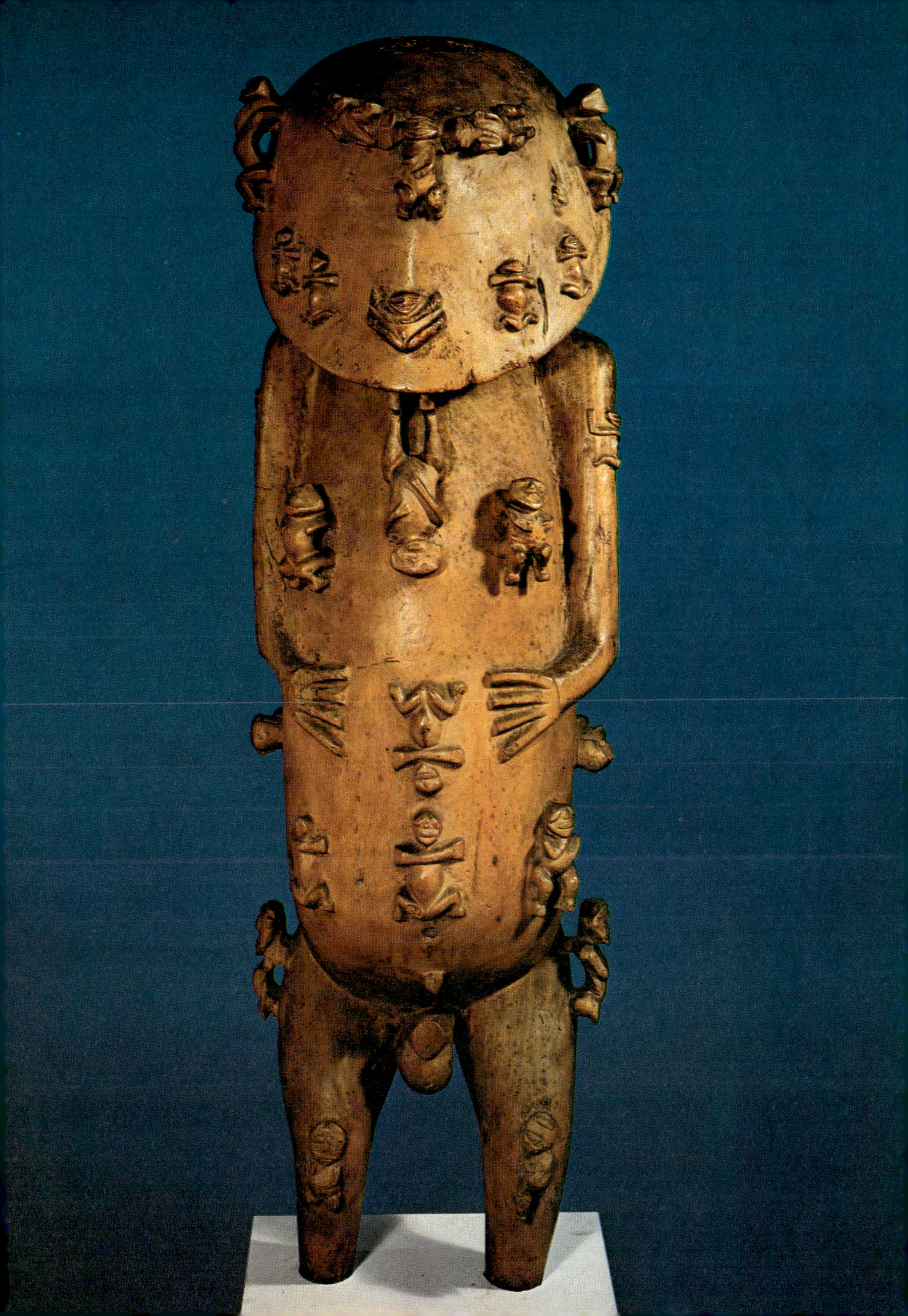

Oben: Shepherd-Inseln (Neue Hebriden). Scherben der »Mangaasi«-Keramik mit eingeritzten Verzierungen und aufgesetzten Reliefs. Dieser Keramiktyp ist in ganz Melanesien weit verbreitet.

9. Jh. n. Chr. an tauchen die berühmten, »Latte« genannten Bauten auf: große Steinpfeiler mit Kapitell, die in zwei Reihen aufgestellt waren und als Stützen für sehr große Wohngebäude dienten. Über die Vorgeschichte der weiter südlich gelegenen Palau- und Yap-Inseln weiß man noch weniger (allerdings nicht so wenig wie über die weiter östlich gelegenen Teile Mikronesiens). Man kann davon ausgehen, daß sie ebensoalt wie die der Marianen ist, denn man stößt dort auf die gleiche Stein- und Keramikindustrie. Die Keramikindustrie der jüngeren Fundstellen scheint Ähnlichkeiten mit der Keramik aus Melanesien zu zeigen.

Melanesien und Westpolynesien

Die Melanesier

Man kann annehmen, daß sich die heutigen Melanesier in ihrer alten indonesischen Heimat physisch und kulturell unter dem Einfluß der neuen Bevölkerung der austronesischen Sprachgruppe zu dem entwickelt haben, was sie heute sind. Diese Bevölkerung soll aus Asien, der chinesischen Küste entlang, quer durch die Halbinsel Indochina und später den Philippinen gekommen sein. Es gibt jedoch nur wenige sichere Anhaltspunkte für diese These. In Indonesien findet man keine Sprachspuren mehr, die älter sind als das Austronesische. Dort wurde seit Tausenden von Jahren eine Form von Ackerbau betrieben, die mehr auf einer natürlichen oder künstlich vegetativen Reproduktion basierte als auf der Verwendung von Saatgut: Taro, Yams, Brotfruchtbaum, Bananen, Kokospalmen und andere nützliche, genießbare oder ungenießbare Pflanzen. Das Schwein und das Huhn wurden domestiziert. Man verstand sich auf die Herstellung von Töpferwaren, und sehr wahrscheinlich stand bereits das Auslegerboot in Gebrauch. Alle diese Kulturgüter findet man auch im übrigen Ozeanien, mehr noch: die einheimische Hunderasse, die mit dem Dingo verwandt ist und deren Vorkommen im Pazifik genausowenig geklärt ist wie das des Dingo in Australien.
Ein Großteil dieser Bevölkerung ist wohl von den Neuankömmlingen und von den späteren Einwanderern vom Kontinent absorbiert worden. Andere mögen in das heutige Melanesien ausgewichen sein. Den Zeitpunkt für diese Vorgänge kann man noch nicht bestimmen, doch sicherlich haben sie vor dem Beginn des Reisanbaus, dem Import des Rades sowie dem von Metall und Webstuhl in Indonesien stattgefunden. Diese Techniken gelangten nie in das prähistorische Ozeanien (nur auf den Westlichen Karolinen und einigen Inseln des nordwestlichen Melanesien kannte man die Weberei, sonst wurden geflochtene Matten und Tapa als Stoff verwendet). Die Chronologie der Ereignisse in jüngerer Zeit ist besser bekannt. Sie führte die Melanesier im Laufe des 3. und 2. Jahrtausends v. Chr. von den Nordküsten Neuguineas von Insel zu Insel bis zum äußersten Rand Melanesiens, nach Neukaledonien. In Neuguinea wie auf den kleinen benachbarten östlichen Inseln trafen sie auf eine seit langer Zeit dort ansässige Bevölkerung. Dort gibt es noch heute abgelegene Stellen, in denen die »Papua-Sprache« gesprochen wird und wo die Steinindustrie vom alten neuguineischen Typ vorkommt; Überreste einer vorkeramischen und vorlandwirtschaftlichen Kultur wurden sonst nirgendwo gefunden. Ein Problem stellen jedoch einige, auf 12 000 Jahre datierte Grabhügel im südlichen Neukaledonien dar. Daß dieses Gebiet schon so lange besiedelt sein soll, erscheint unwahrscheinlich. Diese Altersangabe könnte sich statt auf den Zeitpunkt des Baues auf die für die Datierung verwendeten Materialien – tote Korallen und Muscheln – beziehen. Sonst kommt in den ältesten Schichten überall Keramik vor. Man bezeichnet sie als »melanesisch« in Anbetracht der Steinwerkzeuge, die man zusammen mit ihr in den Fundstellen findet, insbesondere Klingen von einfachen Querbeilen mit bikonvexem oder elliptischem Querschnitt. Diese Keramik zeigt eine kugel- oder eiförmige Gestalt, kennt keinen flachen Boden und keinen schiffsrumpfartigen Bauch. Sie wird ferner charakterisiert durch eine geometrische, eingeritzte Verzierung sowie durch Reliefs in Form von Knöpfen oder Bändern. Man hat sie »Keramik von Mangaasi« genannt. Der namengebende und besonders reichhaltige Fundort liegt an

Rechts: Neue Hebriden. Schale aus roter Terrakotta. Der Rand ist in durchbrochener Technik gearbeitet.

Retoka-Insel (Neue Hebriden). Einige der elf Ehepaare, die lebend begraben wurden, um den Anführer Roy Mata in das Reich der Toten zu begleiten. Die Männer wurden vorher mit starken Dosen von Kawa, einem Rauschgetränk, betäubt, die Frauen jedoch nicht. Dieses Kollektivgrab wurde auf 1265 ± 140 v. Chr. datiert.

der Küste von Efate auf den Neuen Hebriden. Die Keramik weist in den ersten Schichten vielfältige Greifvorrichtungen auf. Einige, die vertikal am Rand angebracht und in Form von Tierköpfen gestaltet sind, mochten wohl dazu dienen, das Gefäß aufzuhängen. Diese Keramik von Mangaasi findet man in Melanesien sehr häufig. Einzig der Dekor variiert von Gegend zu Gegend: mehr Ritzmuster oder mehr Reliefs und Unterschiede in der Anordnung der Motive. Sie änderte sich mit der Zeit ebenfalls, bis sie als solche nicht mehr identifizierbar wurde, wie dies z. B. in Neukaledonien bei der jüngeren, sogenannten »Kanaken-Keramik« der Fall ist. Hier, auf den Fidschi-Inseln, den nordwestlichen Salomonen und im Sepikgebiet (Neuguinea) war diese Keramik bei der Ankunft der Europäer noch in Gebrauch. An anderen Stellen ist sie zu einem noch nicht genau definierten Zeitpunkt verschwunden; fest steht allerdings, daß sie ab dem 13. Jh. im Zentrum der Neuen Hebriden nicht mehr vorkommt, auf Watom und im Südosten der Salomonen möglicherweise schon viel früher. Auf den Neuen Hebriden geschieht dies zur selben Zeit, in der eine neue Bevölkerung auftaucht, die vermutlich aus Westpolynesien stammte, sich jedoch lange auf den Atollen des südlichen Mikronesien aufgehalten haben muß. Damals wurde ferner die Steinindustrie melanesischer Tradition durch Werkzeuge aus Muscheln nach Art der Mikronesier ersetzt. Auch die sozialen Strukturen veränderten sich. Die mündliche Überlieferung hat die Erinnerung an die mit diesen Veränderungen verbundenen Ereignisse bewahrt, außerdem konnte deren Wahrheitsgehalt zum großen Teil von der Archäologie überprüft werden.

Die »Lapita«-Kultur

Die namengebende Fundstelle ist ein Ort an der nordwestlichen Küste von Neukaledonien. 1952 ist man dort auf Keramik gestoßen, die auf 850±350 v. Chr. datiert wurde. Dieser Typ von Keramikerzeugnissen war bereits seit 1908 von Watom (nordöstlich von Neubritannien) bekannt, seit 1947 aus dem südlichen Neukaledonien (Île des Pins) und von Viti Levu auf den Fidschi-Inseln. Für die Lapita-Keramik sind zusammengesetzte Formen typisch: Schultern, Kielformen, flache Böden, ferner die Art der mit Hilfe eines Kammgerätes hervorgebrachten Eindrucksmuster: rechtwinkelige und spiralige Mäander, menschliche Figuren, »punktierte« Zeichnungen usw. Oft ist sie mit roter Farberde verkleidet. Manchmal sind die Eindruckmuster mit Kalk inkrustiert, dessen weiße Farbe in Kontrast zu dem Rot der Farberde steht.
Von Anbeginn an war man der Meinung, diese Töpferware könne wegen ihrer ästhetischen Perfektion (und aus Gründen, die sich erraten lassen) wie auch wegen ihrer Originalität im Vergleich zu anderen bekannten Typen nicht melanesischen Ursprungs sein. Man unterstellte also diesen Erzeugnissen eine asiatische Herkunft (Neolithikum von China), andere dachten an die Ainu, ja sogar an die Korinther oder Etrusker! Die Komplexität der mit Kammgeräten erzeugten Muster dürfte typisch für den südwestlichen Pazifik sein, hingegen kommen die zusammengesetzten Formen, die rote Farberde und die Kalkinkrustationen ebenfalls auf den Marianen, im Zentrum der Philippinen und im Norden von Formosa vor. Daß diese Keramik

Oben: Marquesas-Inseln. Keule aus Casuarinen-Holz, die einerseits als Waffe, andererseits als Stütze zum Ausruhen benutzt wurde. Sie ist mit drei menschlichen Gesichtern geschmückt, die so angeordnet sind, daß der Eindruck eines vierten, größeren Gesichts entsteht.

nichtmelanesischen Ursprungs ist, wird durch die Art der Artefakte bestätigt, die neben ihr in den Fundstellen zum Vorschein kamen: Querbeil-Klingen mit elliptischem Querschnitt und abgeschnittenen Rändern, mit rechteckigem oder plankonvexem Querschnitt, aus Stein oder auch aus Muscheln, sowie verschiedene Bestandteile von Schmuck. Man hat noch keine Bestattung in den Fundstellen der Lapita-Kultur entdeckt, die uns über die Physis dieser Menschen Auskunft geben könnte. Die Annahme, daß es sich bei ihnen um die Vorfahren der Westpolynesier handelt, erscheint jedoch begründet. Vor allem, weil die Tonga- und Samoa-Inseln niemals von den Melanesiern bewohnt wurden und ihre frühe Vorgeschichte durch die Lapita-Kultur charakterisiert wird.

Die Fundplätze der Lapita-Kultur auf den Inseln Melanesiens sind überall die ältesten, woraus man schließen könnte, daß die Ankunft der Melanesier zu einem späteren Zeitpunkt erfolgt ist. Im Grunde genommen waren die Melanesier Ackerbauern und Viehzüchter, sie ernährten sich nur in geringem Maße von Meeresprodukten, da sie vor allem im Landesinnern wohnten. Fundstätten aus sehr alter Zeit lassen sich dort viel schwerer entdecken als an den durch das Meer erodierten Küsten. Die Fundstellen der Lapita-Kultur sind im Gegensatz dazu an den Küsten und auf den kleinen küstennahen Inseln verstreut, die sich für den Ackerbau wenig eignen. Heute kennt man mehr als 20 Fundstellen der Lapita-Kultur, die über sämtliche Archipele des südwestlichen Pazifiks verteilt sind. Als älteste galten bis in die letzten Jahre die Fundorte auf den Fidschi- und den Tonga-Inseln, die auf 1290±100 v. Chr. und 1140±95 v. Chr. datiert wurden. Das hat einige Autoren zu der Hypothese geführt, daß die ersten Ankömmlinge auf diesen Inseln den Weg über Südmikronesien genommen hätten, von wo aus dann einige von ihnen nach Melanesien und bis in den Nordosten von Neuguinea (Fundstelle von Watom) weitergewandert wären. Eines der in diesem Zusammenhang ebenfalls ins Treffen geführten Argumente war, daß zwischen den beiden alten Völkern der austronesischen Sprachgruppe keine Rassenmischung stattgefunden habe. Dieses Fehlen einer stärkeren Rassenmischung läßt sich jedoch leicht erklären: Die erste Bevölkerung der Lapita-Kultur bestand aus einer geringen Anzahl sehr kleiner, verstreuter Gemeinschaften, deren Existenz den melanesischen Phänotyp in keiner Weise beeinflussen konnte. Als sie zu den Fidschi- und Tonga-Inseln kamen, waren diese noch nicht von den Melanesiern bewohnt. Sie konnten sich also dort leichter niederlassen. Diese unberührten Gebiete und die größtenteils in Melanesien erworbenen Techniken des Ackerbaus ermöglichten ihnen eine größere Stabilität während annähernd tausend Jahren und einen regelmäßigen, beträchtlichen Bevölkerungszuwachs. Dies stimmt auch mit der Ansicht der Linguisten überein, nach der eine sehr lange Isolation notwendig war, damit sich der Proto-Polynesier von dem am wenigsten östlich wohnenden Austronesier unterscheiden konnte (im Westen der Fidschi-Inseln, speziell in Viti Levu, wäre demnach der sprachliche Einfluß der Melanesier alt, was auch durch archäologische Befunde erhärtet wird).

Um auf die Hypothese vom Weg über Mikronesien zurückzukommen: Man kann sich kaum vorstellen, daß diese von den Marianen, den Palau-Inseln und dem Yap-Eiland gekommenen Völker die Kenntnis keramischer Techniken bewahrt hätten, die auf all den Atollen, die auf ihrem Weg lagen, nicht anzuwenden sind – und das fast tausend Jahre hindurch. Wenn man übrigens den geologischen Untersuchungen in Polynesien Glauben schenkt, dann waren eben jene Atolle genau in dieser Zeit vom Meer überflutet. Nicht zuletzt sind die jüngst im westlichen Melanesien entdeckten Fundstellen der Lapita-Kultur ebensoalt oder sogar noch älter als jene auf den Fidschi- oder Tonga-Inseln: z. B. 1190±70 v. Chr. auf den Santa-Cruz-Inseln, 1200±70 v. Chr. auf den Neuen Hebriden. Betrachtet man das Material aus den Lapita-Fundplätzen genauer, dann sieht man, daß keiner mit einem anderen völlig identisch ist, auch wenn sie alle mehrere Charakteristika dieser Kultur aufweisen. Auf derartige Beobachtung gründet sich die Vorstellung von alten, komplexen Austauschbeziehungen zwischen den Inseln. Man nimmt an, daß sie sich allmählich erweiterten und

Rechts: Admiralitätsinseln. Solche großen von einem prismatischen Nukleus abgeschlagenen Obsidianklingen wurden als Messer und Lanzenspitzen verwendet.

Trauerkostüm aus Tahiti. Es wurde beim Begräbnis einer wichtigen Persönlichkeit über den Kopf gezogen und besteht aus einer Perlmutt-Maske, über der ein Strahlenkranz angebracht ist, aus einem Brusthemd, das mit kleinen Perlmutt-Schuppen bedeckt ist und schließlich aus einem mit Federn geschmückten Gewand aus Tapa *(Rindenstoff).*

differenzierten, ausgehend vom Süden des westlichen Mikronesien bis zum Süden Melanesiens, bis sie schließlich das noch unbewohnte westliche Polynesien erreichten. Einen der wenigen Beweise hierfür stellt der Obsidian dar, der in zahlreichen Fundstellen, bis hinunter zur Île des Pins (im Süden von Neukaledonien) vorkommt. Er stammt aus einer einzigen Lagerstätte in Neubritannien, die mehr als 3000 km von der Île des Pins entfernt liegt. R. Green, dem wir die Entdeckung der meisten dieser neuen Fundplätze verdanken, konnte genauere Angaben über diese frühen Austauschwege machen. Er stützte sich dabei zum einen auf die maximalen in Ozeanien zurückgelegten Strecken für den Hin- und Rückweg zwischen zwei Inseln (ca. 310 Seemeilen), zum anderen auf die Analyse keramischer Stile und ihrer Verbreitung. Der Tauschhandel betraf nicht nur Töpferwaren und Obsidian, sondern auch Muscheln und verschiedene für die Herstellung von Werkzeugen und Keramik geeignete Rohstoffe. Ein derartiger Austausch wurde in Melanesien bis zur Ankunft der Europäer betrieben: mit Rohmaterialien, Werkzeugen, Töpfereierzeugnissen, Zierat, Pfeil und Bogen, Pirogen, Schweinen usw. Dieser Austausch war nicht ausschließlich ökonomischer Natur, sondern war auch ein Abbild der sozialen Beziehungen. Möglicherweise verhielt es sich zwischen den Menschen der Lapita-Kultur und den Melanesiern bereits ähnlich.

Ostpolynesien

Nach jahrhundertelanger Anwesenheit im westlichen Polynesien waren vermutlich die Polynesier zu zahlreich geworden. Dieser Bevölkerungsdruck brachte allmählich einen Teil von ihnen dazu, auszuwandern. Die Rückkehr nach Melanesien stand ihnen allerdings nicht mehr frei, da dieses Gebiet selbst sehr dicht besiedelt war (und wo die Menschen der Lapita-Kultur seit langem von den Melanesiern assimiliert worden waren). Zwei Wege blieben ihnen offen, einer in Richtung Norden und der wieder aus dem Wasser aufgetauchten Atolle Mikronesiens, der andere in Richtung östlicher Pazifik. Das Ausweichen in Richtung Mikronesien würde die Ankunft einiger polynesischer Gruppen im westlichen Pazifik in späterer Zeit – nachdem sie sich an die ökologischen Bedingungen auf den Atollen angepaßt hatten – erklären. Damit würde auch die Ankunft derjenigen Gruppen verständlich, die sich im 12. Jh. n. Chr. im Zentrum der Neuen Hebriden niederließen, aber auch weiterer Einwanderer, welche die abseits gelegenen Inseln Polynesiens im Süden von Mikronesien und in Melanesien heute noch bevölkern. Das östliche Polynesien wurde – im Gegensatz zu älteren Meinungen – zunächst von Polynesiern und nicht von Melanesiern in Besitz genommen. Auf den Marquesas-Inseln ist man auf die ältesten Fundstellen gestoßen. Sie stammen aus den ersten Jahrhunderten unserer Zeitrechnung.

Die Überreste der materiellen Kultur bestätigen, daß diese Einwanderer aus dem westlichen Polynesien kamen. In diesen Fundstellen hat man einige Scherben einer unverzierten Keramik gefunden. Aufgrund von Untersuchungen der Magerungen könnte eine Herkunft von den Fidschi-Inseln angenommen werden. Man hat an keinem anderen Ort in Ostpolynesien etwas Ähnliches gefunden. In dieser Zeit geriet übrigens die Keramiktechnik in Westpolynesien allmählich in Vergessenheit. Nach allgemeiner Auffassung waren die Gesellschaftsinseln, vor allem Raiatea, das erste Ausbreitungszentrum der Ostpolynesier. Die ältesten heute bekannten Fundplätze auf diesen Inseln stammen jedoch erst vom Ende des 1. Jahrtausends n. Chr. Vielleicht existieren dort auch andere, ältere Fundstellen, die noch zu entdecken sind. Auf jeden Fall, von diesen beiden Zentren aus hat sich die Besiedlung des restlichen Ostpolynesiens vollzogen, bis hin zur Osterinsel (um 400 n. Chr.), zu den Hawaii-Inseln (um 600 n. Chr.) und nach Neuseeland (am Ende des 1. Jahrtausends n. Chr.). Damals hatte sich die frühe Kultur der Marquesas-Inseln schon weiterentwickelt: Es gab neue Formen von Querbeilen mit unterschiedlichen Querschnitten und differenzierten Absätzen sowie zahlreiche Angelhaken mit einem größeren Formenreichtum als in Westpolynesien, wo sie immer sehr selten gewesen sind. Später kommt es in jedem Gebiet zu einer relativ isolierten Entwicklung, wobei sich die soziale und die materielle Kultur langsam spezialisieren. So bildet sich z. B. in Zentralpolynesien eine Sonderform der *Marae* aus. Während dies überall einfache kulturelle Plätze sind, entwickeln sie sich hier im 16. Jh. zu sehr komplizierten Monumenten und stellen materielle Symbole des Ahnenkults dar. Auf der Osterinsel wurden zwischen 1000 und 1700 n. Chr. große *Ahus* errichtet, die von Statuen überragt werden, deren gigantische Ausmaße die Welt erstaunt ha-

ben. Diese lokalen Besonderheiten zeigen sich auch auf ästhetischem Gebiet: in der Auswahl des bevorzugten, dauerhaften oder leichter vergänglichen Materials sowie im Stil der Plastiken.
Einige kulturelle Neuerungen lassen sich mit der notwendigen Anpassung an eine bis dahin nicht bekannte natürliche Umwelt erklären. Die ersten Maori auf Neuseeland z. B. hatten das Glück, auf den Moa zu treffen, den Riesenlaufvogel der Gattung *Dinornis*, der für sie eine wohl unerwartete Nahrungsquelle darstellte – und den sie ziemlich rasch ausrotteten. Das kalte Klima an ihrem neuen Wohnort, speziell auf der Südinsel und der Insel Chatham, verwehrte ihnen ihren gewohnten Pflanzenanbau. Sie mußten sich auch durch Kleidung vor der Kälte schützen und Feuerstellen in ihren Hütten errichten. So kam es zur Schaffung neuer Mythen, um die Existenz der Kälte und deren Übel zu erklären. Auch die Kälte veranlaßte die Bewohner der Osterinsel (in geringerem Maße die Hawaiianer) dazu, Häuser aus Stein zu bauen.
Diese Beobachtung einer eigenen, teilweise ökologisch begründeten Entwicklung hat glücklicherweise die alten Theorien abgelöst, in denen die Innovationen mit aufeinanderfolgenden Einwanderungswellen erklärt wurden. Seltsamerweise wurde ihre Zahl ziemlich übereinstimmend mit drei angegeben: eine für die Gesellschafts-Inseln (wo die soziale Schichtung in drei Klassen gerechtfertigt werden sollte), eine für die Osterinsel (Ankunft von Melanesiern, amerikanisch-indianischen Menschen, später von Polynesiern) und eine für Neuseeland, wo man die Differenzierungen in den Kulturen einfach als Ergebnis der unterschiedlichen ökologischen Bedingungen verstehen kann. Dies bedeutet jedoch keine totale Isolierung, die bei einem Inselvolk mit Seefahrertradition ohnehin schwer vorstellbar ist. Ob die Reisen dieser Menschen nun geplant oder durch den Zufall gesteuert sein mochten, auf diese Weise konnten kulturelle Eigenheiten ausgetauscht werden, ohne daß eine große Völkerbewegung notwendig gewesen wäre. Dies könnte erklären, wieso im östlichen Polynesien Elemente einer materiellen Kultur vorkommen, die in Westpolynesien unbekannt sind oder nur selten auftreten.
Man findet in Westpolynesien rudimentäre Formen der Breitäxte mit unterschiedlichem Querschnitt, die an anderen Stellen im Westpazifik unbekannt sind. Für Ostpolynesien dagegen sind sie typisch und in weitaus entwickelteren und abwechslungsreicheren Formen vertreten als in Westpolynesien. Sollte es sich dabei um eine lokale Entwicklung handeln? Das Erstaunliche ist, daß diese Typen alle an der chinesischen Südküste, in Formosa und Südostasien vorkommen, ohne Melanesien je erreicht zu haben.
Das gleiche Problem stellt sich bei den vielfältigen Angelhaken; genau denselben Typen begegnet man in Japan wieder. Ein weiteres Beispiel sind die Knochenharpunen, die nur an den Nordufern des Pazifiks, auf den Marquesas-Inseln und auf Neuseeland angetroffen wurden. Für die Lösung dieses Problems müßte die Vorgeschichte Mikronesiens besser erforscht sein, auch die der Pazifikküste Amerikas. Ferner müßte man die Wandlungsprozesse in diesen polynesischen Gesellschaften besser kennen, die es verstanden, zwischen der Last der Traditionen und der schöpferischen Phantasie ein subtiles Gleichgewicht zu wahren.

Beispiel der Rongo-Rongo-Schrift, die auf der Osterinsel und an der chilenischen Küste bekannt ist. Dieser Schrifttyp, der wie die Furchenschrift zu lesen ist, weist beachtliche Analogien mit einem viel älteren auf, der in Pakistan (Mohenjo-daro) gefunden wurde.

ZEITTAFELN

Die ältesten menschlichen Kulturen · Tabelle 1

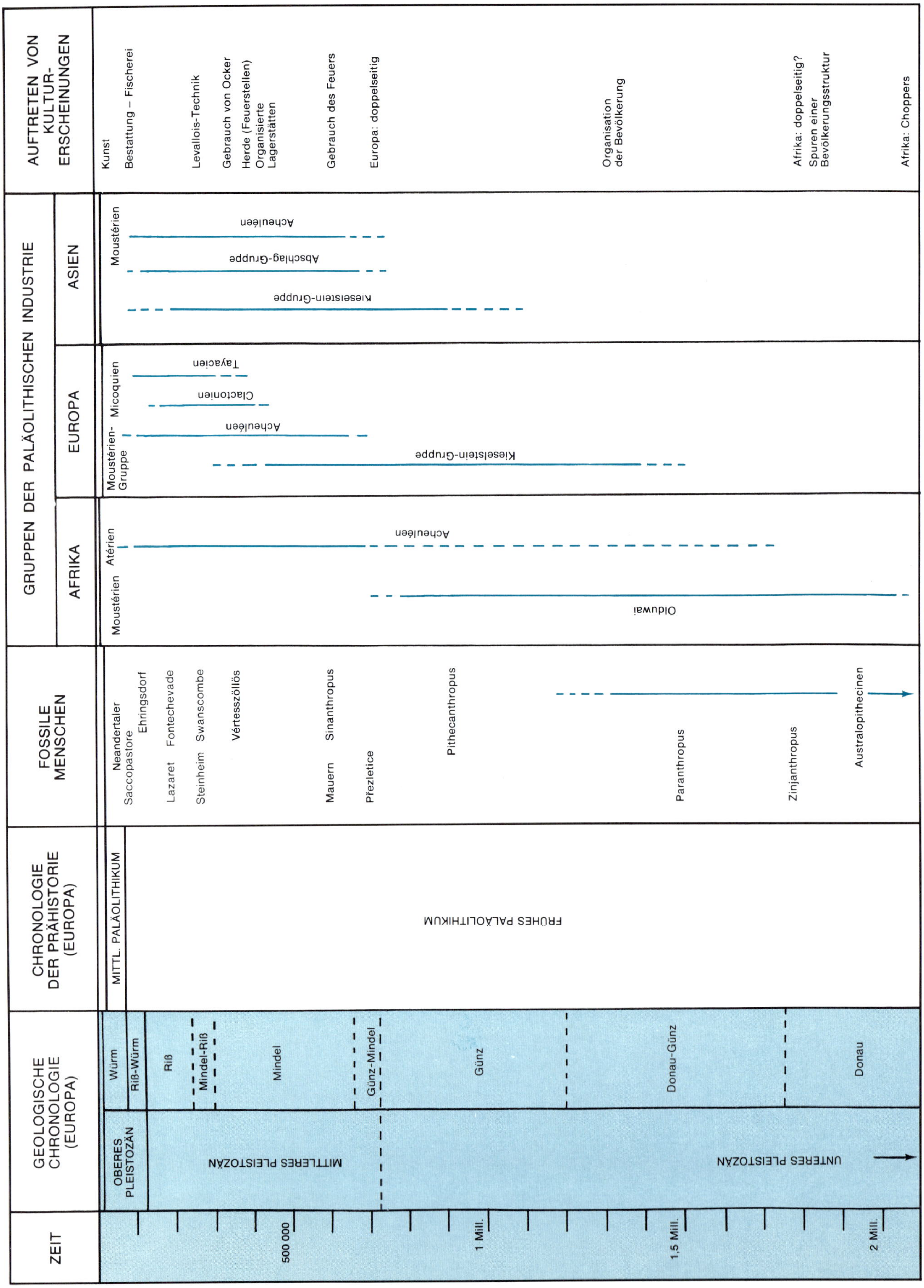

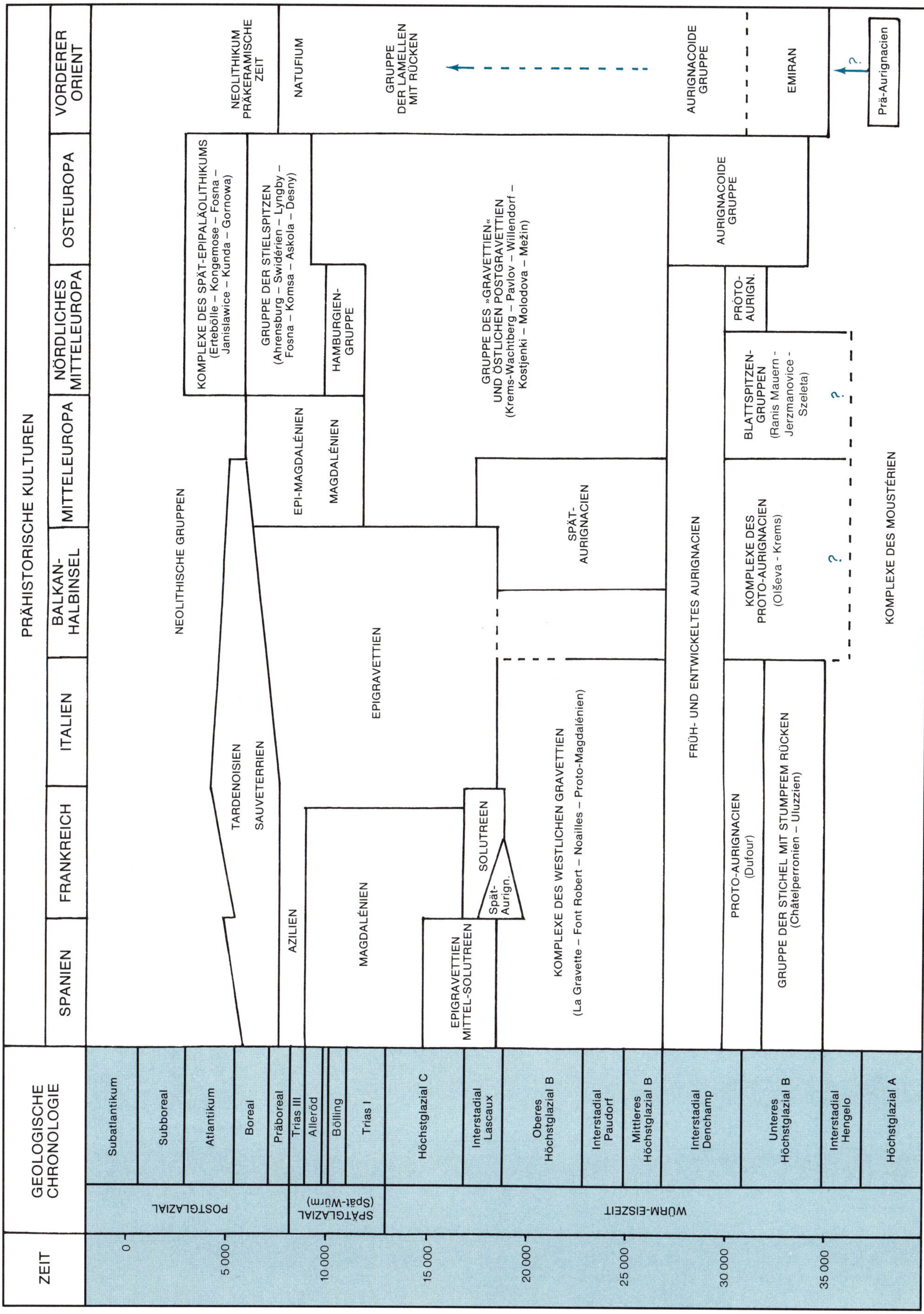
ZEIT
GEOLOGISCHE CHRONOLOGIE
PRÄHISTORISCHE KULTUREN
SPANIEN
FRANKREICH
ITALIEN
BALKAN-HALBINSEL
MITTELEUROPA
NÖRDLICHES MITTELEUROPA
OSTEUROPA
VORDERER ORIENT
0
5 000
10 000
15 000
20 000
25 000
30 000
35 000
POSTGLAZIAL
SPÄTGLAZIAL (Spät-Würm)
WÜRM-EISZEIT
Subatlantikum
Subboreal
Atlantikum
Boreal
Präboreal
Trias III
Alleröd
Bölling
Trias I
Höchstglazial C
Interstadial Lascaux
Oberes Höchstglazial B
Interstadial Paudorf
Mittleres Höchstglazial B
Interstadial Denchamp
Unteres Höchstglazial B
Interstadial Hengelo
Höchstglazial A
NEOLITHISCHE GRUPPEN
TARDENOISIEN
SAUVETERRIEN
KOMPLEXE DES SPÄT-EPIPALÄOLITHIKUMS (Ertebölle – Kongemose – Fosna – Janislawice – Kunda – Gornowa)
NEOLITHIKUM PRÄKERAMISCHE ZEIT
AZILIEN
GRUPPE DER STIELSPITZEN (Ahrensburg – Swidérien – Lyngby – Fosna – Komsa – Askola – Desny)
NATUFIUM
EPI-MAGDALÉNIEN
MAGDALÉNIEN
HAMBURGIEN-GRUPPE
MAGDALÉNIEN
EPIGRAVETTIEN
GRUPPE DER LAMELLEN MIT RÜCKEN
EPIGRAVETTIEN MITTEL-SOLUTREEN
SOLUTREEN
Spät-Aurign.
SPÄT-AURIGNACIEN
GRUPPE DES »GRAVETTIEN« UND ÖSTLICHEN POSTGRAVETTIEN (Krems-Wachtberg – Pavlov – Willendorf – Kostjenki – Molodova – Mežin)
KOMPLEXE DES WESTLICHEN GRAVETTIEN (La Gravette – Font Robert – Noailles – Proto-Magdalénien)
FRÜH- UND ENTWICKELTES AURIGNACIEN
AURIGNACOIDE GRUPPE
AURIGNACOIDE GRUPPE
PROTO-AURIGN.
BLATTSPITZEN-GRUPPEN (Ranis Mauern - Jerzmanovice - Szeleta)
PROTO-AURIGNACIEN (Dufour)
KOMPLEXE DES PROTO-AURIGNACIEN (Olševa - Krems)
GRUPPE DER STICHEL MIT STUMPFEM RÜCKEN (Châtelperronien – Uluzzien)
EMIRAN
KOMPLEXE DES MOUSTÉRIEN
Prä-Aurignacien
?

Europa · Tabelle 1

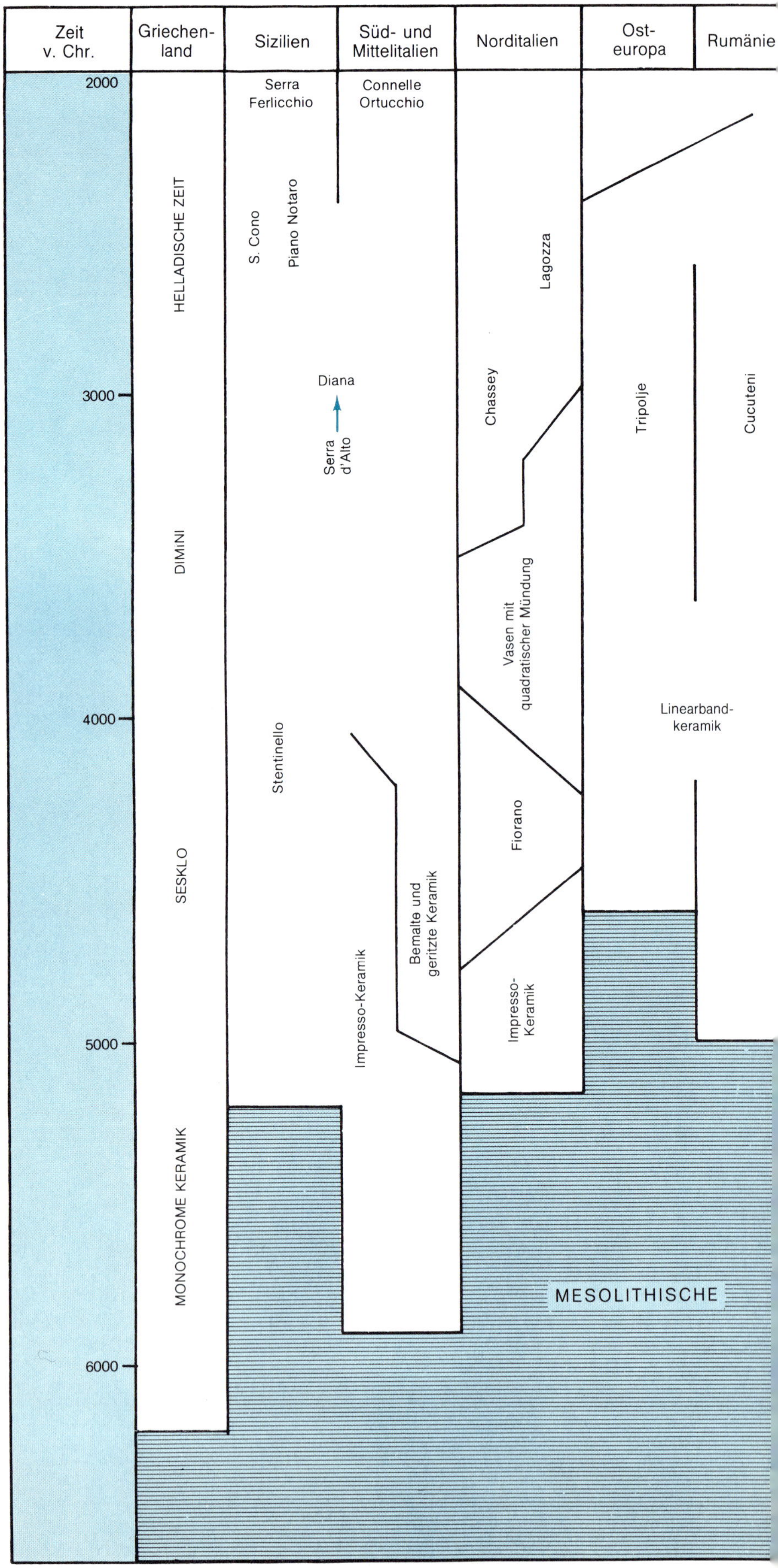

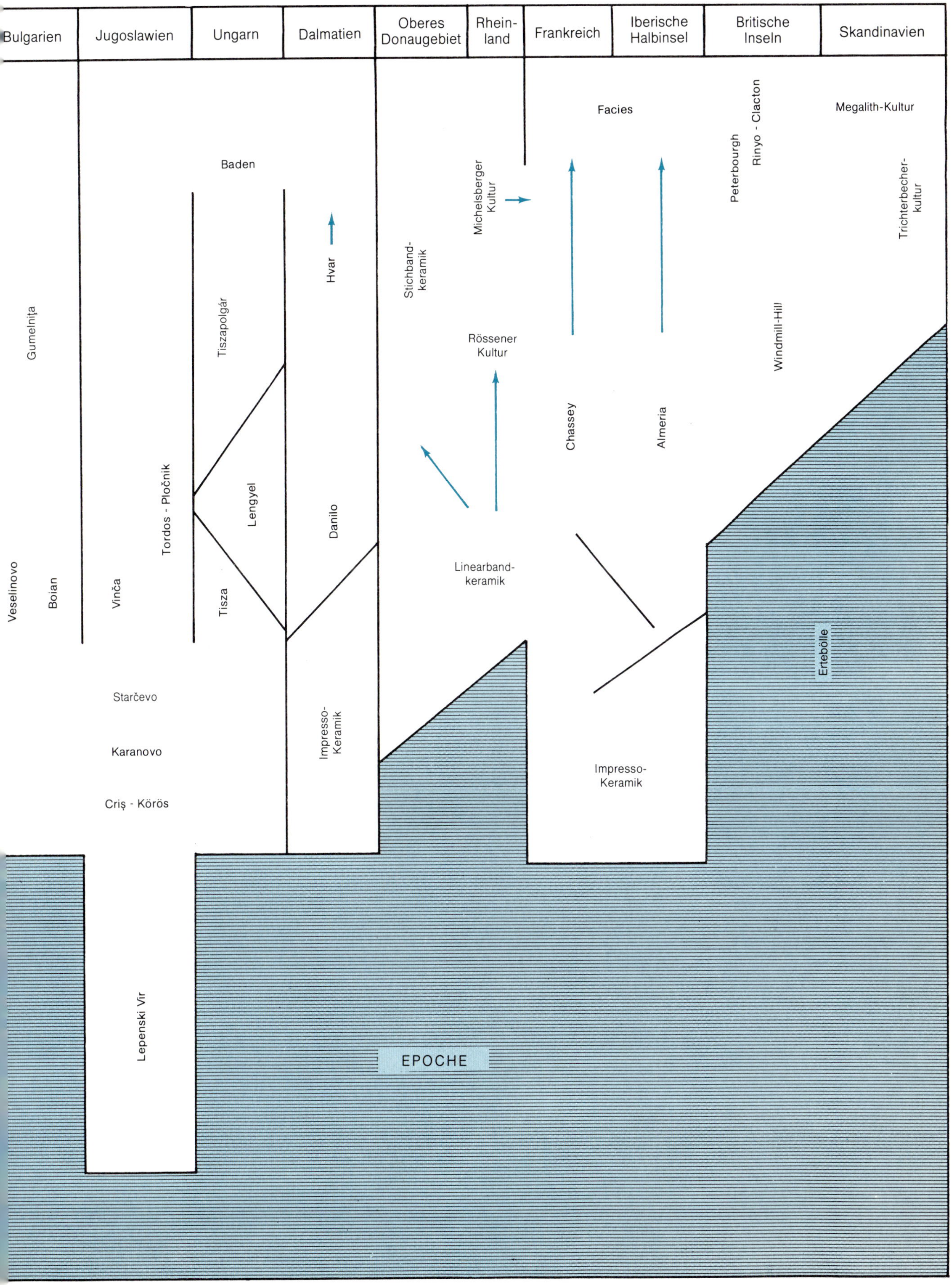
Bulgarien
Jugoslawien
Ungarn
Dalmatien
Oberes Donaugebiet
Rhein-land
Frankreich
Iberische Halbinsel
Britische Inseln
Skandinavien
Facies
Megalith-Kultur
Rinyo - Clacton
Peterbourgh
Trichterbecher-kultur
Baden
Michelsberger Kultur
Hvar
Stichband-keramik
Tiszapolgár
Gumelnița
Windmill-Hill
Rössener Kultur
Chassey
Almeria
Tordos - Pločnik
Lengyel
Danilo
Linearband-keramik
Veselinovo
Boian
Vinča
Tisza
Ertebölle
Starčevo
Impresso-Keramik
Karanovo
Impresso-Keramik
Criș - Körös
Lepenski Vir
EPOCHE

Europa · Tabelle 2

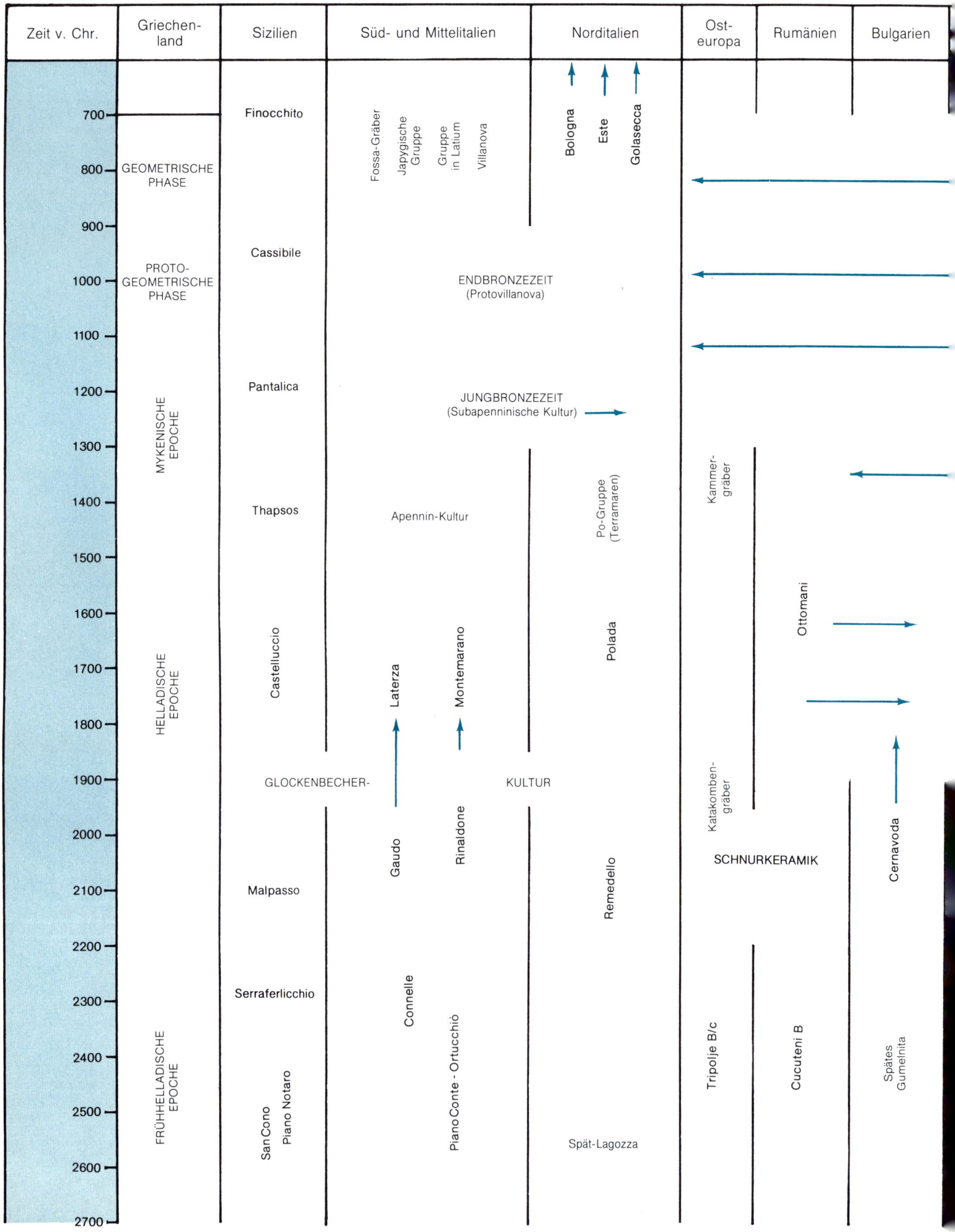

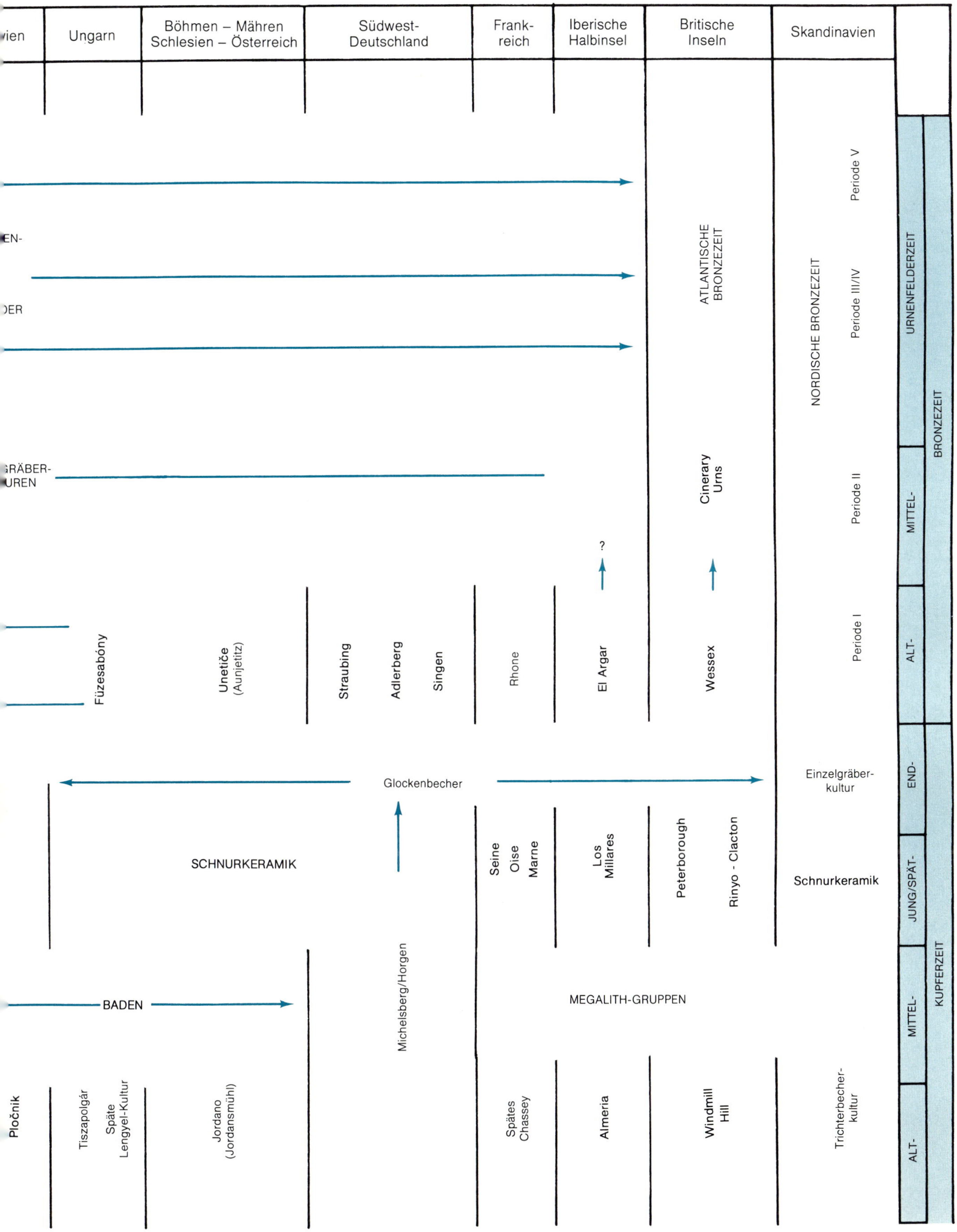
Ungarn
Böhmen – Mähren Schlesien – Österreich
Südwest-Deutschland
Frank-reich
Iberische Halbinsel
Britische Inseln
Skandinavien
EN-
DER
GRÄBER-
UREN
Periode V
Periode III/IV
Periode II
Periode I
NORDISCHE BRONZEZEIT
ATLANTISCHE BRONZEZEIT
Cinerary Urns
?
Füzesabóny
Unetiče (Aunjetitz)
Straubing
Adlerberg
Singen
Rhone
El Argar
Wessex
URNENFELDERZEIT
BRONZEZEIT
MITTEL-
ALT-
Glockenbecher
Einzelgräber-kultur
END-
SCHNURKERAMIK
Seine
Oise
Marne
Los Millares
Peterborough
Rinyo - Clacton
Schnurkeramik
JUNG/SPÄT-
BADEN
Michelsberg/Horgen
MEGALITH-GRUPPEN
KUPFERZEIT
Pločnik
Tiszapolgár
Späte Lengyel-Kultur
Jordano (Jordansmühl)
Spätes Chassey
Almeria
Windmill Hill
Trichterbecher-kultur

Das vorrömische Italien

Zeit v. Chr.	GESCHICHTE UND KULTUR	KUNST UND HANDWERK
	Euböische Siedlung in Pithecusae.	
753	Romulus gründet Rom.	
750	Gründung der euböischen Kolonie in Cumae.	
725	Existenz eines euböischen Alphabets in Pithecusae durch Funde erwiesen. Existenz einer herrschenden Klasse in Etrurien und Latium nachweisbar.	Geometrische Keramik aus Pithecusae mit Signatur des Töpfers im euböischen Alphabet. Keramik aus Vulci im geometrischen Stil, die eindeutig euböischen Einfluß aufweist. Die »Tomba del Guerriero« in Tarquinia spiegelt den Übergang von Villanova zur orientalisierenden Phase wider.
700	Westgriechisches Alphabet im südl. Etrurien (Caere) übernommen. Im tyrrhenischen Italien Übergang von frühgeschichtlichen Dörfern zu städtischen Gebilden. Ankunft orientalischer Künstler, Handwerker und Güter aus Ägypten, Syrien, Phönizien und Zypern sowie griechischer aus Korinth, Kreta, Ionien und Attika im tyrrhenischen Italien.	Die »Tomba di Boccheris« in Tarquinia gehört der vollentwickelten orientalisierenden Phase an. Verbreitung der Fossa-Gräber mit mehreren Fosse in einem Steinkreis; außerdem kleine Grabhügel (Tumuli) mit Grabkammern (Vetulonia, Marsigliana d'Albegna).
675	Bernstein und bearbeitete Bronzen (Situlen) aus Kontinentaleuropa erreichen Etrurien und Bologna.	Fürstengräber mit reicher orientalisierender Grabausstattung entstehen in Etrurien (Vetulonia, Marsigliana d'Albegna, Vulci, Caere, Praeneste, Fabriano, Pontecagnano). Etruskischer Goldschmuck – reich verziert durch Ziselierung, Hämmern, Filigran und grober sowie feinkörniger Granulation. Beginn der Herstellung feiner Bucchero-Keramik in Etrurien. Sie wird bis zum Ende des Jh.s produziert. Blumen-, Tier- und phantastische Motive orientalischer und griechischer Herkunft bilden das Repertoire etruskischer figuraler Kunst. Wandmalereien in Veji (»Tomba delle Anatre«).
650	Tarquinia: Ankunft von Demaratos und drei Meistern der Bildhauerei: Eucheir, Eugrammos und Diopos (Plinius, Nat. Hist., XXX 152). Bronzene Gegenstände aus Sardinien (kleine Gefäße – Navicelle, Knöpfe, Köcher-Modelle usw.) finden ihren Weg nach Etrurien. Gleichzeitig findet eine Verbreitung etruskischer Waren in Emilia, in Picenum und in Kampanien statt.	Wandmalerei in Caere (»Tombe dei Leoni Dipinti« und »Tomba degli Animali Dipinti«). Orientalisierende Skulptur in Caere (Karyatyden-Statuetten aus Bucchero, sitzende Statuen).
625	Bucchero-Gefäße – besonders Kantharoi – des südl. Etrurien werden im gesamten Mittelmeerraum gehandelt. Der Handel dauert bis in die ersten Jahrzehnte des 6. Jh.s. Weinamphoren aus Vulci werden ins südl. Frankreich und ins östl. Spanien verhandelt. Der Handel dauert bis zum Ende des 6. Jh.s oder noch länger an.	Steinplastik im orientalisierenden Stil in Vetulonia (Pietrera-Komplex). Grabstelen mit Reliefverzierung (Raum Bologna) oder mit Ritzverzierung (Vetulonia, Garganco-Gebiet). Etrusker beginnen Verzierung bronzener Situlen unter Verwendung eigener Motive (Situla Benvenuti). Vasenmalerei in Vulci unter ionischem und korinthischem Einfluß (Maler der »Rondini« bzw. der »Sfinge Barbuta«). Beginn der Vasenmalerei in Caere (polychrome Gruppe).
616	Die etruskischen Tarquinier begründen die Königs-Dynastie von Rom. Herrschaft des Tarquinius Priscus 616–578.	Erste etruskische künstlerische Darstellungen griechischer Mythologie.
600	Gründung der Stadt Massalia (Marseille). Ende des Handels mit orientalischen Waren. Beginn des Handels mit bemalten Vasen lakonischer, attischer, korinthischer und ionischer Herkunft.	Heraion an der Sele-Mündung. Heiligtum von Graviscae. Beginn der sub-dädalischen Glyptik in Etrurien (Vulci, Castro, Farnese, Chuisi). Etruskisch-korinthische Keramik (Zyklus der Olpen). »Schwerer« Bucchero in Etrurien, Abruzzen (Campovolano) und in Kampanien (bis zum Ende des Jh.s). Etruskische Tempel der 1. Phase (Veji, Piazza d'Armi). Fürstliche architektonische Komplexe (Murlo, Viterbo-Acquarossa, Roma-Regia). Erste Grabmalereien in Tarquinia (»Tomba delle Pantere«, »Tomba delle Capanna«).
578	Herrschaft des Servius Tullius Mastarna 578–534.	
565	Gründung der phokäischen Siedlung von Alalia auf Korsika. Etrusker in Kampanien und der Poebene. Verbreitung des etruskischen Alphabets in Kampanien, Picenum, Emilia und im Veneto.	Orvieto, Nekropole des »Crocefisso del Tufo«: die ersten rechteckigen Anlagen. Werkstatt der »Krüge« in Caere (bis 510 v. Chr.).

Das vorrömische Italien (Fortsetzung)

Zeit v. Chr.	GESCHICHTE UND KULTUR	KUNST UND HANDWERK
540	Schlacht bei Alalia zwischen Griechen und den alliierten Etruskern und Karthagern.	Ionisierende Steinplastik (Vulci, Chiusi, Orvieto). Große gehämmerte Bronzen (der Wagen von Monteleone di Spoleto, Komplex von San Mariano, »Dreifuß Loeb«, bronzene Krüge des Pesaro-Typs). Bronzene Waffen aus dem mittleren Adriagebiet, insbesonders Brustblätter und Brustpanzer. Steinplastik im mittleren Adriaraum. Große Wandmalereien in Tarquinia (bis zum 1. Jh.). Werkstatt der »Pontischen Vasen« in Vulci. Werkstatt der »Gegossenen Bronzen« in Vulci, die vor allem Kandelaber und Dreifüße im Astwerk-Stil produziert (bis zur ersten Hälfte des 5. Jh.s).
534	Herrschaft des Tarquinius Superbus (534–509) in Rom.	
524	Etrusker werden bei Cumae besiegt.	
	Die Häfen Adria und Spina beginnen aktiv zu werden.	Etruskische Tempel der 2. Phase (Veji – Portonaccio, Rom – Kapitol). Vejenter Schule der Tonplastik (Künstler Vulca). Auch in Caere wird in Ton modelliert.
		In Bologna beginnt die Certosa-Phase. Letzte etruskische schwarzfigurige Keramik (Künstler von Micali, Gruppe von Orvieto). Auch in Kampanien endet die schwarzfigurige Keramik.
509	Vertreibung der Tarquinier aus Rom. Gründung der Republik.	
506	Aristodemos von Cumae besiegt die Etrusker bei Aricia. Tod des Porsenna von Chiusi.	
		Heiligtum von Pyrgi (Santa Severa). Spira, Marzabotto, Capua und Pompeji werden nach orthogonalem Plan gestaltet.
480	Die Syrakuser besiegen die Karthager bei Himera.	
		Erste Grabmalerei in Capua (»Tomba di Brygos«), Paestum (»Tomba del Tuffatore«) und in Ugento (»Tomba degli Ucelli«).
474	Die Karthager besiegen die Etrusker in einer Seeschlacht bei Cumae. Griechischer Handel im tyrrhenischen Bereich läßt nach. Südetruskische Küstenstädte geraten in eine Krise.	Erste Darstellungen griechischer Mythologie auf der noch geometrischen Periode der apulischen Keramik. Etruskische Keramik mit aufgemalten roten Figuren (Taxias-Gruppe). Erste etruskische rotfigurige Keramik (Meister der Schale im Rodin-Museum). Aschenurnen aus Stein in der Form von Statuen in Chiusi (bis zum 4. Jh.). Beginn der Grabstelen von Felsina in Hufeisenform (bis zum 4. Jh.).
443	Niedergang der panhellenischen Kolonie von Thurii.	
		Rotfigurige Vasenmalerei des südl. Italien einschl. Inseln (bis zum 4. Jh.).
	Entwicklung etruskischer Zentren im Tibergebiet, deren Wirtschaft in erster Linie landwirtschaftlich ist.	Orvietanische Terrakotten der Via San Leonardo und des Belvedere-Tempels. Kopf mit Bart (Zeus?) als Giebelschmuck des »Tempio dello Scasato« in Falerii.
	Eindringen der Syrakuser auf Elba. Von dort bezogen die Etrusker ihr Eisenerz.	Bronzestatuetten des sogenannten umbrischen Mars. Große gegossene etruskische Bronzen: Kandelaber aus Cortona, Mars von Todi, die Chymera von Arezzo, Sarkophagdeckel aus Perugia in Leningrad.
	Niedergang etruskischer oder etruskisierter Zentren in der Poebene durch keltische Eroberungen und in Kampanien durch Eroberungen der von Molise nach Süditalien vordringenden Osker.	Erste Steinplastiken mit Mütterdarstellungen in Capua (bis zum Ende des 3. Jh.s). Anfang der 3. Periode der Este-Kultur: Situlen mit oder ohne Verzierung, »a fasce«-Keramik.
414–413	Ein etruskisches Kontingent unter Führung des Valthus Spurina kämpft auf Seiten der Athener während der sizilianischen Expedition (Peloponnesischer Krieg).	Etruskische rotfigurige Keramik (bis Anfang des 3. Jh.s).
396	Die Römer unter Furius Camillus zerstören Veji.	
390	Plünderung Roms durch die Kelten, angeführt durch Brennus. Niedergang der Syrakuser Kolonie von Ancona.	Grabmalerei in Paestum (bis zum Ende des Jh.s).
384	Plünderung Pyrgis durch die Syrakuser.	

Das vorrömische Italien (Fortsetzung)

Zeit v. Chr.	GESCHICHTE UND KULTUR	KUNST UND HANDWERK
351	Caere wird ohne Volksentscheid zu einem römischen Municipium ernannt. Tarquinia schließt mit Rom einen ersten Waffenstillstandsvertrag für 40 Jahre.	Bemalte Sarkophage in Tarquinia. Steinsarkophage im südl. Etrurien (bis zum 3. Jh.).
343	Erster Samniterkrieg.	Grabmalereien in Orvieto.
338	Auflösung des Latinischen Bundes.	Schwarzbemalte Keramik (bis zum 1. Jh.).
		Etruskische Kammergräber mit ein oder zwei Kammern für Massenbestattungen. Grab der »Rilievi« in Caere. François-Grab in Vulci. Etruskische Tempel der 3. Phase. Anfang der oberadriatischen Keramik (bis zum 3. Jh.). Hohe Produktionsrate etruskischer Spiegel.
290	Ende des 3. Samniterkrieges.	
280	Triumph des Konsuls T. Coruncianius über Vulci und Volsinii.	Grabmalereien in Populonia. Büste des kapitolinischen Brutus.
273	Gründung der latinischen Kolonie Casa.	Statue der Athena aus Arezzo im Stil des Praxiteles.
272	Rom erobert Tarent.	Torso (des Apollo?) aus dem Scasatotempel in Falerii.
270	Rom erobert Reggio.	
268	Gründung der latinischen Kolonien Benevent und Rimini.	
264	Rom erobert Volsinii. Umsiedlung der Einwohner nach Volsinii Novi (Bolsena). Die Römer plündern zweitausend Bronzestatuen, die sie nach Rom transportieren.	Reliefkeramik aus Canosa und dem Innern Zentraletruriens. Kleine Steinurnen im nördl. Etrurien: Volterra, Chiusi, Perugia (bis zum 1. Jh.).
241	Die Römer zerstören Falerii; Umsiedlung der Einwohner nach Falerii Novi. Anfang der archaischen lateinischen Tragödie.	
200		Bronzeköpfe aus Fiesole und San Giovanni Lipioni (Abruzzen). Tempelskulpturen aus Telamon.
180	Die Cumaer ersuchen um Erlaubnis, Lateinisch als offizielle Sprache benützen zu dürfen.	
177	Gründung der latinischen Kolonie Luni.	Tempelplastiken von Luni. Bronzestatue des Mars aus Paestum. Bronzestatuette »dal corpo allungato« (»Ombra della Sera«) im Museum zu Volterra.
150	Verbreitung des lateinischen Alphabets in Italien.	Tempelplastiken von Civitalba (Marche). Hypogäum der Volumner in Perugia. Gemälde des Stils 1 in Pompeji.
125		Bronzestatue des »Arringatore«.
100		Münzen mit der Aufschrift »Viteliú«.
90–88	Bundesgenossenkrieg. Italiker erhalten das römische Bürgerrecht.	
70		Malerei des 2. pompejianischen Stils.

Zeit v. Chr.	
2000	Beginn der frühminoischen bronzezeitlichen Zivilisation auf Kreta.
1850	Mittelminoische Periode. Zu dieser Zeit werden die ersten Paläste gebaut.
1600	Mykenische Zivilisation auf dem griechischen Festland. Schachtgräber von Mykene (B = 1600–1550 v. Chr.; A = 1550–1500 v. Chr.).
um 1500	Thera wird bei einem Vulkanausbruch zerstört; Zerfall der ersten Paläste auf Kreta; diese werden in spätminoischer Zeit wiederaufgebaut.
1260	Troja wird durch die Achäer zerstört.
1250	Vergrößerung der Stadtmauern und Bau des Löwentors in Mykene.
1150	Zerstörung von Mykene.
1104	Dorische Wanderung; zeitgenössisch für Wiederkehr der Nachkommen des Herakles gehalten.
1050	Beginn der geometrischen Periode.
800	Phönizisches Alphabet in Griechenland; erste Tempelbauten.
776	Beginn der Olympischen Spiele.
775	Gründung der griechischen Kolonie auf Ischia im westlichen Mittelmeer.
750	Entwicklung einer monumentalen Tempelarchitektur; Opfergaben aus Bronze; Aufkommen mythologischer Darstellungen in der Bildhauerei als Resultat orientalischen Einflusses.
675	Beginn der hoplitischen Kampfesweise; Kypselos wird Tyrann von Korinth.
650	Beginn der Herstellung großer Statuen aus Stein; dädalische Phase.
620	Apollo-Tempel in Thermos mit bemalten Metopen.
600	Heraion in Olympia; Beginn der attischen schwarzfigurigen Malerei.
594	Solon wird Archont von Athen.
590	Bau des Artemistempels auf Korfu mit in die Vorhalle eingefügten Statuen.
580	Heraion auf Samos; Niedergang der Stadt Korinth.
570	Artemistempel in Ephesos.
566	Panathenäische Feste in Athen.
560	Statuengruppe des Bildhauers Geneleos auf Samos; Statuen der Priesterfamilie der Branchiden in Milet; Artemistempel von Ephesos erhält mit Reliefs geschmückte Säulen als Opfergabe König Krösus' (564–546 v. Chr.).
546	Peisistratos Tyrann in Athen.
540	Tempel von Korinth mit monolithischen Säulen; Orakelheiligtum des Apollo in Didyma bei Milet; Polykrates Tyrann von Samos.
530	Erfindung der Technik der attischen rotfigurigen Vasenmalerei.
514	Ermordung von Hipparchos, Sohn des Peisistratos.
510	Kleisthenes reformiert die Demokratie in Athen; Schaffensperiode des Bildhauers Antenor.
500	Perser zerstören Milet.
495	Tempel der Athena Aphaina in Ägina.
490	Schlacht bei Marathon.
480	Perser zerstören Athen; persische Flotte wird bei Salamis geschlagen.
479	Schlacht von Platää und Mykale; Gruppe der Tyrannenmörder der Bildhauer Kritios und Nesiotes; Schaffensperiode des Städteplaners Hyppodamos von Milet.

Zeit v. Chr.	
472	Themistokles wird durch Ostrakismus verbannt.
470	Der Architekt Libon beginnt Bau des Zeustempels in Olympia, der die kolossale Statue des Phidias in Gold und Elfenbein beherbergen soll, die Zeus auf seinem Thron sitzend darstellt.
447	Perikles veranlaßt Erneuerung der Akropolis, die von Phidias, Iktinos und Mnesikles ausgeführt wird.
429	Tod des Perikles.
380	Bau des Asklepieion in Epidauros.
350	Bau der Stadt Priene nach hippodamischem Plan; Bau des Maussoleion zu Halikarnassos, Werk des Pytheos, Skopas, Bryaxis, Timotheos und Leochares.
340	Rundbau des Philippeion in Olympia zu Ehren der Familie Philipps II., König von Makedonien.
338	Philipp von Makedonien erobert Griechenland.
336	Alexander der Große besteigt den makedonischen Thron.
330	Gründung Alexandriens in Ägypten.
323	Tod Alexanders des Großen; Anfang der Hellenistischen Periode.
310	Wiederaufbau des Apollo-Tempels in Didyma, der jetzt riesenhafte Maße erhält.
300	Gründung Antiochias.
293	Kolossale Statue von Helios im Hafen von Rhodos, Werk des Chares von Lindos, Schüler des Lysippos.
290	Bau des Museums von Alexandrien.
282	General Phileteros gründet das Pergamenische Reich.
280	Bau des Leuchtturms von Alexandrien.
240	Attalos I. von Pergamon besiegt die Galater; Gründung der Bibliothek und des Athenatempels zu Pergamon.
210	Bau des Gymnasiums von Pergamon.
197	Titus Quinzinus Flaminius verkündet die Freiheit Griechenlands.
180	Baubeginn des Pergamonaltars; Herstellung der pergamenischen Keramik, einer in Formen gepreßten Reliefkeramik.
170	Erneuerung des Asklepieions auf Kos; Denkmal des Paulus Emilius in Delphi.
167	Delos wird zum Freihafen: Niedergang von Rhodos.
160	Tempel der Artemis Leukophriene in Magnesia am Mäander; Bau der Stoa des Attalos II. von Pergamon auf der Agora in Athen.
150	Heiligtum der Mysterien in Samothrake.
146	Rom erobert Griechenland; Zerstörung von Korinth.
138	Statue der Kleopatra in Delos.
133	Attalos III. hinterläßt Rom sein Reich als Erbe.
130	Altar in Magnesia am Mäander; Tempel der Artemis Hekate in Lagina; Statue des Ophelius Ferus in Delos; Poseidonstatue in Melos.
100	Agora der Italiker in Delos; Laokoon-Gruppe der rhodischen Bildhauer Hagesandros, Athanadoros und Polydoros.
80	Sulla plündert Athen; Anfang der neo-attischen Bildhauerei; Torso Belvedere des Bildhauers Apollonius, Sohn des Nestor.
31	Schlacht bei Actium und Ende des Hellenismus.

Zeit v. Chr.	
753	Gründung Roms.
616–578	Herrschaft des Tarquinius Priscus.
578–534	Herrschaft des Servius Tullius (Mastarna).
575	Das Forum Romanum wird zum erstenmal gepflastert. Architektonische Terrakotten.
534–509	Herrschaft des Tarquinius Superbus.
509	Die Tarquinier werden aus Rom vertrieben; Anfang der Republik; Tempel des Jupiter Capitolinus mit Terrakottastatuen des Künstlers Vulca von Veji ausgeschmückt.
507	Krieg zwischen Rom und König Porsenna von Chiusi.
494	Aufstellung der Volkstribunen.
451–450	Das Decemvirat und die Zwölftafelgesetze.
396	Rom erobert Veji.
394	Eroberung und Plünderung Faleriis.
390	Die Gallier erobern Rom.
380	Bau der sogenannten »Servianischen Mauer«.
341	Rom annektiert Capua und Kampanien.
327	Neapel unterwirft sich Rom.
312	Bau der Via Appia; Grab der Scipionen.
304	Der Maler Fabius bemalt den Tempel des Salus.
ca. 300	Grab auf dem Esquilin mit Fresken, die den Krieg zwischen den Fabiern und den Samniten darstellen.
290	Sarkophag des L. Scipius Barbatus; Tempel auf dem Largo Argentina.
275	Pyrrhos, König von Epyros, wird bei Benevent von Rom besiegt.
272	Eroberung von Tarent.
268	Die ersten silbernen Münzen werden in Rom geprägt.
264	Erster Punischer Krieg; triumphale Gemälde in Rom.
218	Beginn des 2. Punischen Krieges; Hannibal befindet sich in Italien.
212	Fertigstellung des Circus Flaminius; Konsul Marcellus erobert und plündert Syrakus; Tod des Archimedes.
202	Scipius Africanus besiegt die Karthager bei Zama.
189	Scipius Asiaticus gewinnt bei Magnesia. Antiochus III. von Syrien.
168	Die Römer besiegen die Makedonier bei Pidna. 1000 Achäer werden als Geiseln nach Rom gebracht. Der griechische Historiker Polybius wird in den Kreis der Scipionen aufgenommen.
133	Agrarreform des Tiberius Gracchus.
123	Caius Gracchus versucht, Sozial- und Agrarreformen durchzuführen.
120	Runder Vestatempel aus Marmor.
80	Bau des Tabulariums im Römischen Forum.
78	Sullas Tod.
70	Die »Villa dei Misteri« in Pompeji.
58	Das Theater von Scaurus.
55	Das Theater des Pompeus.
54	Baubeginn des 46 v. Chr. fertiggestellten Forums von Cäsar; Herstellung geblasenen Glases in Italien und dem östl. Mittelmeerraum.
44	Ermordung Cäsars.
32	Wiederaufbau des Tempels des Apollus Sosianus in Rom.

Zeit v. Chr.	
31	Schlacht von Actium zwischen Augustus, Antonius und Kleopatra.
27	Oktavian wird Imperator; Anfang des Kaiserreiches.
21	Augustus-Bogen im Forum Romanum zum Gedenken an Actium.
13	Friedensaltar – fertiggestellt 9 v. Chr.
11	Eröffnung des Theaters des Marcellus; Produktion arretinischer Keramik.
2	Forum des Augustus und Tempel des Mars Ultor.
n. Chr.	
40	Neuer Hafen von Ostia.
64	Beginn des Baues von Neros Domus Aurea.
74	Friedensforum in Rom.
79	Ausbruch des Vesuvs; Zerstörung von Pompeji, Herculaneum und Stabia.
80	Fertigstellung des Kolosseums.
81	Titus-Bogen im Forum Romanum zum Gedenken an die Eroberung von Jerusalem.
112	Eröffnung des Trajan-Hafens in Ostia.
113	Trajans-Forum in Rom: Basilika Ulpia, Märkte, Trajanssäule mit Reliefs aus den Dakischen Kriegen, Bibliotheken.
121	Kaiser Hadrian baut den Venus-Tempel in Rom; Wiederaufbau des Pantheons, eines von Agrippa allen Göttern geweihten Tempels.
125	Baubeginn der Villa Adriana bei Tivoli.
130	Hadrians-Bogen und Bibliothek werden errichtet; Fertigstellung des Zeus Olympicus-Tempels in Athen. Bibliothek des Celsus und Tempietto des Hadrian in Ephesos; Produktion von Sarkophagen mit mythologischen Reliefs; Hadrians-Wall in Britannien.
140	Thermen des Farus in Ostia; Säulenweg in Palmyra.
150	Große Magazine in Ostia (Horrea).
180	Mark Aurel-Säule zur Erinnerung an die Pannonischen, Germanischen und Sarmatischen Kriege.
212	Caracalla-Thermen in Rom.
216	Monumentale Gestaltung von Leptis Magna durch Septimius Severus.
235	Schaffung christlicher Begräbnisstätten in Rom.
270	Aurelianische Mauern um Rom.
290	Diokletians-Thermen in Rom.
294	Baubeginn des Bogens und des Mausoleums des Galerius in Saloniki.
300	Diokletians-Palast in Split.
306	Ehrensäulen im Forum Romanum.
308	Baubeginn der Maxentius-Basilika in Rom.
313	Konstantin stellt die Christenverfolgung ein.
315	Konstantins-Bogen in Rom.
324	Gründung Konstantinopels.
330	Kaiserpalast, Hippodrom und rundes Forum in Konstantinopel.
360	Bau der Hagia Sophia in Konstantinopel.
380	Edikt von Thessalonike, welches heidnischen Kult verbat.
390	Errichtung des Obelisks und der Säule des Theodosius in Konstantinopel.
410	Alarich plündert Rom.
476	Ende des Weströmischen Reiches.

Afrika · Tabelle 1 Das Epipaläolithikum und Neolithikum in Nordafrika und in der Sahara

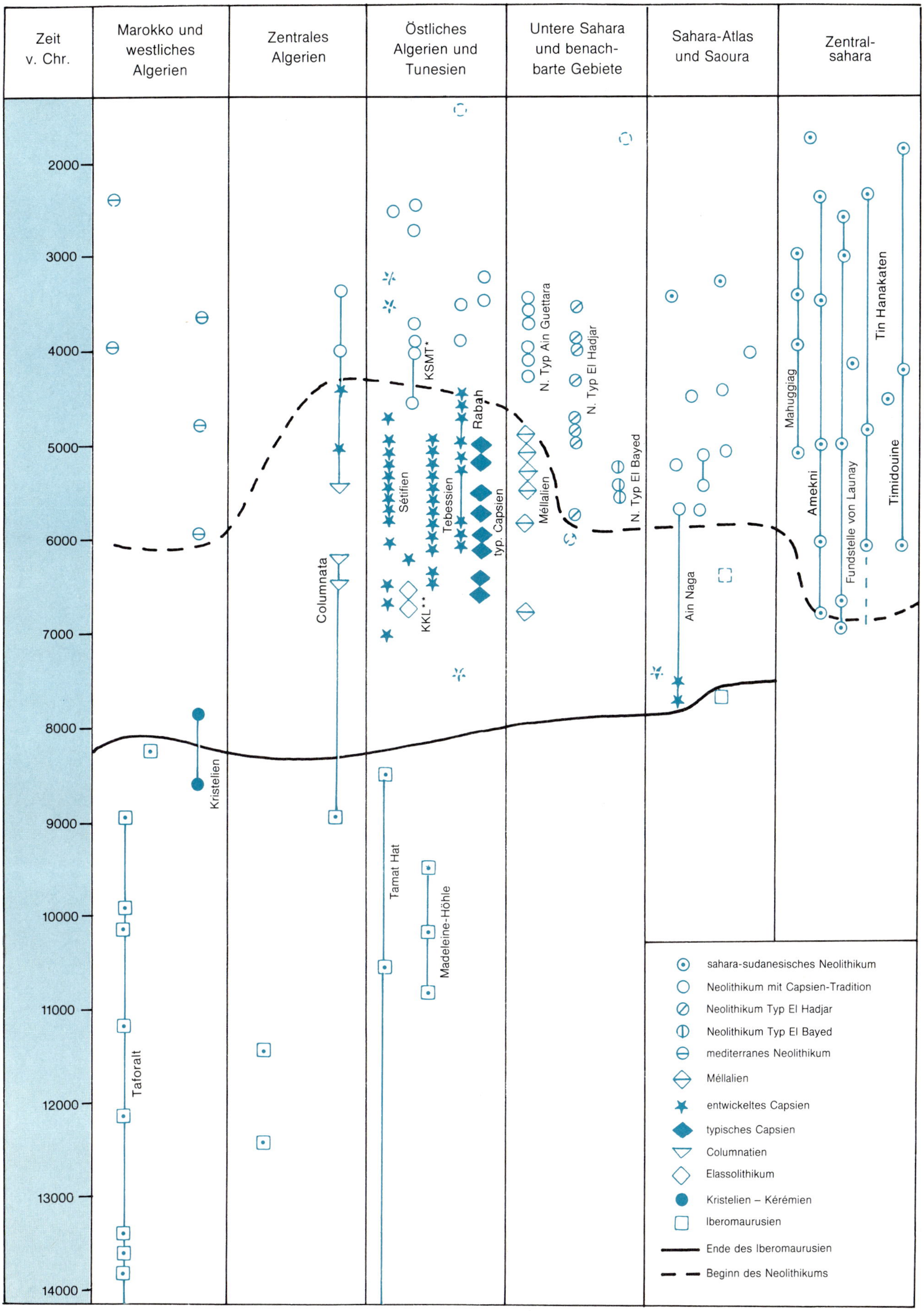

* Khanguet sidi Mohamed Tahar ** Koudiat Kifen Lahada

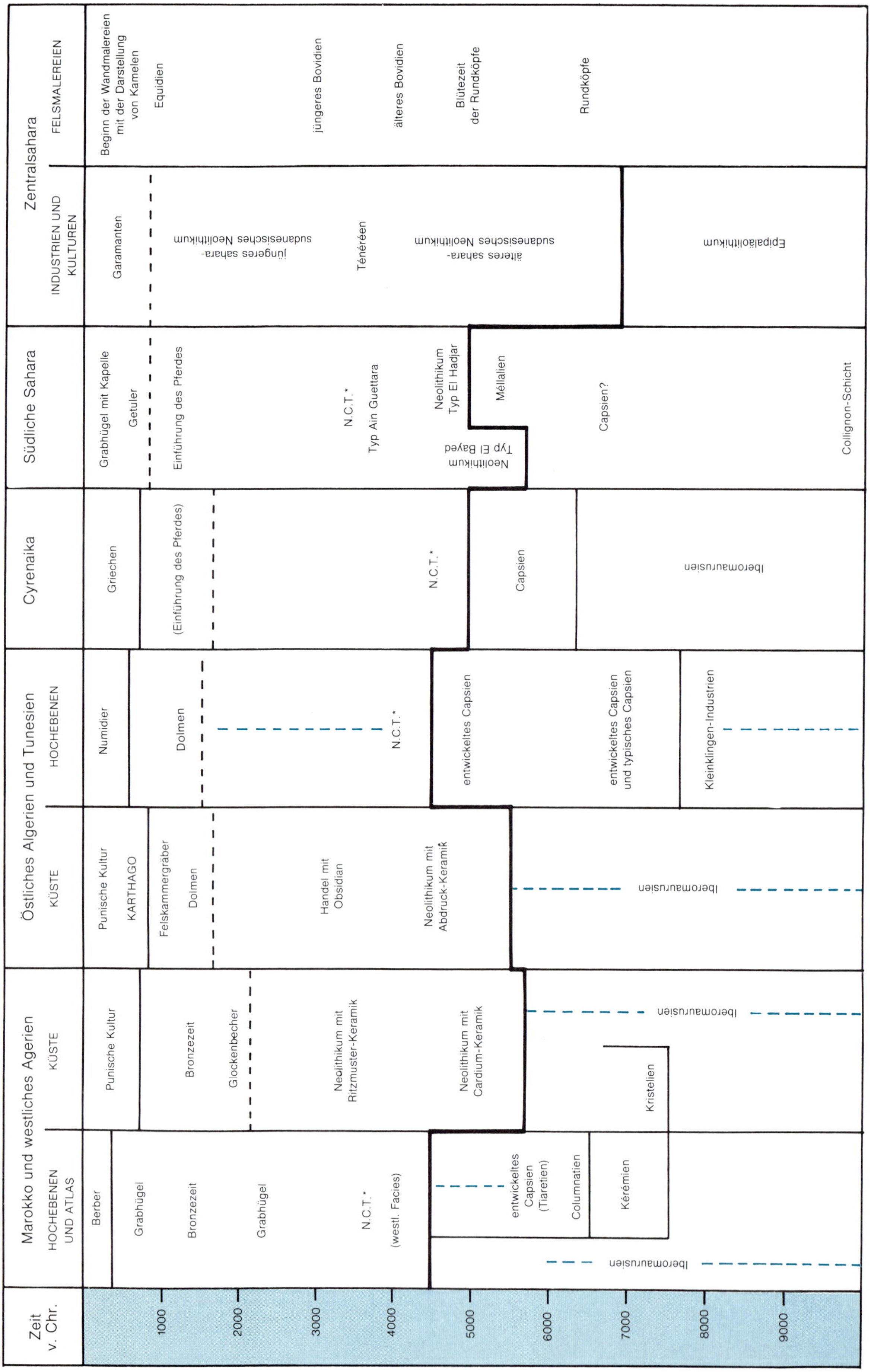

* N.C.T. = Neolithikum mit Capsien-Tradition

Afrika · Tabelle 3 — Das Niltal – seine Dynastien und wichtigsten Herrscher

Zeit v. Chr.			
	VORGESCHICHTE		
5000	um 5000–3000	Besiedlung des Niltals. Kulturen im Westdelta (Merimde – Beni Salame) und in Oberägypten (Negade I und II).	Verbindungen zu Nubien (A-Gruppe) und Vorderasien.
	FRÜHZEIT (»Thinitenzeit«)		
3000	1.–2. Dynastie (um 3000–2635) Narmer	Bildung des Staates durch Zusammenschluß verschiedener Stammesgebiete zu einem zentral regierten Königtum. Gründung der Hauptstadt Memphis. Ausbau der Verwaltung; Vereinheitlichung von Schrift, Kunst und Religion. Königsgräber in Abydos und Sakkara.	Beutezüge nach Nubien. Expeditionen zum Sinai. Ägyptische Funde an der syrisch-palästinensischen Küste.
	ALTES REICH		
2600	3. Dynastie (um 2635–2570)		
	Djoser	Stufenpyramide in Sakkara.	
	4. Dynastie (um 2570–2450)		
2500	Snofru Cheops Chephren Mykerinos	Zentralisierte Verwaltung – Pyramiden von Gisa – Erster Höhepunkt der Kultur.	Ausbeutung der Dioritsteinbrüche bei Toschke (II. Katarakt).
2400	5.–6. Dynastie (um 2450–2135)		
2300	Userkaf Sahure Unas	Errichtung von Sonnenheiligtümern.	Beziehungen zu Syrien. Verstärkte Interessen in Nubien.
2200	Teti Pepi I. Pepi II.	Autarkie-Bestrebungen der Gaufürsten. Zusammenbruch der Zentralregierung.	
	1. ZWISCHENZEIT		
2100	9.–10. Dynastie in Herakleopolis (um 2134–2040)	Kurzlebige und z. T. gleichzeitig regierende Herrscher in den einzelnen Landesteilen. Tiefpunkt der Kunst.	Zusammenbruch der Beziehungen zu Nubien und Vorderasien. In Nubien Einwanderung der C-Gruppe.
2040	11. Dynastie in Theben (2040–1991) Mentuhotep	Wiedervereinigung Ägyptens von Theben aus.	
	MITTLERES REICH		
1991	12. Dynastie (1991–1785) Amenemhet I. Sesostris I. Sesostris III.	Wiederherstellung der Zentralverwaltung. Residenz in Itj-taui (bei Lischt). Neue Blüte der Kunst.	Großmachtstellung im Mittelmeerraum; enge Handelsbeziehungen mit Vorderasien (Byblos). Nubien (bis zum II. Katarakt) und Libyen werden Teil des Reiches.
1800	Amenemhet III.	Kolonisierung des Faijum.	Am III. Katarakt bei Kerma selbständige nubische Kultur mit ägyptischer Handelsniederlassung.
	2. ZWISCHENZEIT		
1700	13.–14. Dynastie (1785–1650)	Zahlreiche Könige mit kurzer Regierungszeit; Einsickern von Vorderasiaten ins Delta. Verfall von Kunst und Kultur.	Außenpolitischer Machtschwund.
	15.–16. Dynastie (1650–1550)		
1600	Hyksos	Herrschaft über Unter- und Mittelägypten	
	17. Dynastie in Theben (1650–1554) Kamose	Unabhängige Lokalfürsten beginnen Widerstand gegen die Hyksos.	Ansiedlung von Pfannengräber-Leuten in Oberägypten.

Fortsetzung ►

Zeit v. Chr.			
	NEUES REICH (1554–1080)		
	18. Dynastie (1554–1305)	Wiedervereinigung des Landes nach Vertreibung der Hyksos. Theben wird Hauptstadt und religiöses Zentrum. Stabile innenpolitische Verhältnisse und wirtschaftlicher Aufschwung führt zu Hochblüte von Kunst und Kultur.	Wiederherstellung der außenpolitischen Vormachtstellung. Ausdehnung der Reichsgrenzen in Asien bis zum Euphrat, in Nubien bis zum IV. Katarakt.
	Ahmose Amenophis I.		
1500	Thutmosis I. Hatschepsut Thutmosis III.		
1400	Amenophis III. Amenophis IV. (Echnaton)	Bruch mit religiöser, künstlerischer und politischer Tradition. Gründung von Amarna (Achetaton) als neuer Hauptstadt.	Vorübergehender Verlust der außenpolitischen Vormachtstellung.
1300	Tutanchamun Haremhab	Rückkehr zu den alten Verhältnissen, Restauration.	
	19.–20. Dynastie (Ramessidenzeit 1305–1080)		
	19. Dynastie (1305–1196)		
	Sethos I. Ramses II.	Reorganisation des Landes. Neue Residenz im Ostdelta (Pi-Ramses). Vergöttlichung des Herrschers. Gewaltige Bautätigkeit (Abu Simbel).	Neuerliche Expansion in Asien. Zusammenstöße mit den Hethitern.
1200	Merenptah 20. Dynastie (1196–1080)	Wachsender Einfluß des Militärs, Einsickern von Ausländern in Heer und Verwaltung, innenpolitische Unruhen und Thronstreitigkeiten; Zusammenbruch der Wirtschaft.	Eindringen von Seevölkern und Libyern.
1100	Ramses III.		Sieg über die Seevölker. Verlust von Nubien und der Oberhoheit in Vorderasien.
	3. ZWISCHENZEIT (Libyerzeit)		
	21. Dynastie (1080–946)		
1000	Psusennes (Tanis) Painedjem (Theben)	Spaltung Ägyptens in ein Nordreich mit Residenz Tanis und ein Südreich unter der Herrschaft der Hohenpriester des Amun in Theben.	
	22.–24. Dynastie (946–712)		
900	Scheschonk I.	Usurpierung des Pharaonenthrones durch libysche Söldnerfürsten. Ägypten zerfällt in mehrere Feudalstaaten.	Letzter Versuch einer Vorherrschaft in Vorderasien (Feldzug nach Palästina).
	SPÄTZEIT (713–332)		
	25. Dynastie (Äthiopenzeit) (712–656)		
700	Pi(anchi) Schabako Taharka	Eroberung Ägyptens durch kuschitisch-äthiopische Fürsten mit Hauptstadt Napata (Sudan). Invasion der Assyrer.	Vereinigung mit Nubien. Einmischung in Syrien führt zu Einfällen der Assyrer.
	26. Dynastie (Saitenzeit) (664–525)		
600	Psammetich I. Necho Psammetich II. Apries Amasis	Die Fürsten von Sais im Delta schütteln die assyrische Oberhoheit ab. Versuch der Wiederherstellung des Gesamtreiches. Archaisierende Tendenzen der Kunst ermöglichen letzte Blütezeit (»Saitische Renaissance«). Ansiedlung von Griechen (Naukratis).	Bündnisse mit asiatischen Herrschern. Versuch der Wiedergewinnung des Einflusses auf Nubien.
	27.–30. Dynastie (Perserzeit) (525–332)	Ägypten wird von Kambyses erobert und Teil des Perserreiches. Durch nationale Aufstände kommen Lokalfürsten im Delta an die Macht.	Enge Verbindungen mit der antipersischen Politik der Griechen.
	PTOLEMÄERZEIT (332–30)		
300	Ptolemaios I.–XIII.	Mit der Eroberung durch Alexander den Großen gerät Ägypten unter griechische Herrschaft; seit 305 selbständiges Königreich. Vermischung zwischen ägyptischer und griechischer Kultur.	In Nubien selbständiges Reich von Meroe.
30	RÖMERZEIT (30 v. Chr.–646 n. Chr.)	Ägypten Provinz des Römischen Reiches.	

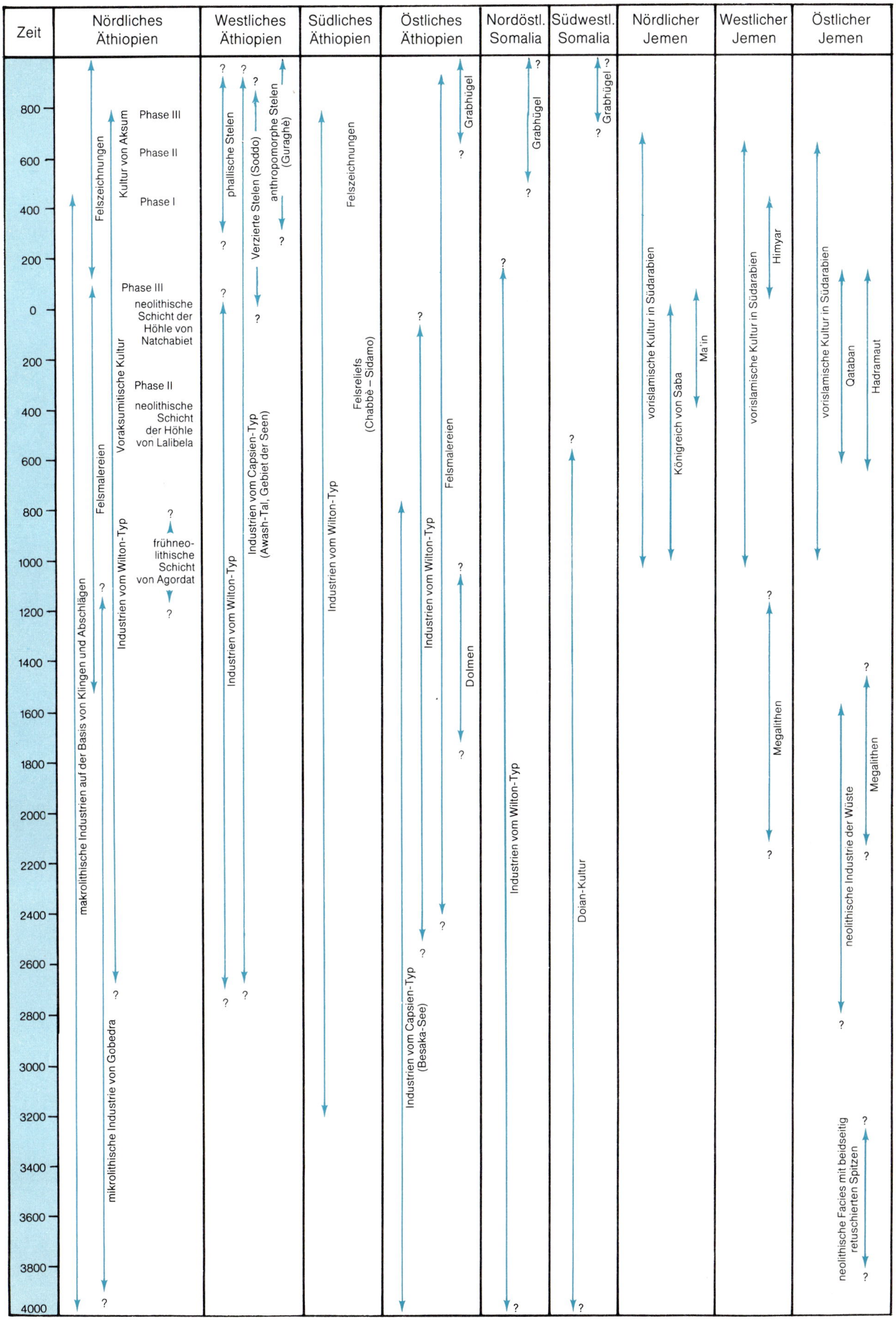
Zeit
Nördliches Äthiopien
Westliches Äthiopien
Südliches Äthiopien
Östliches Äthiopien
Nordöstl. Somalia
Südwestl. Somalia
Nördlicher Jemen
Westlicher Jemen
Östlicher Jemen
800
600
400
200
0
200
400
600
800
1000
1200
1400
1600
1800
2000
2200
2400
2600
2800
3000
3200
3400
3600
3800
4000
Felszeichnungen
Kultur von Aksum
Phase III
Phase II
Phase I
Phase III
neolithische Schicht der Höhle von Natchabiet
Phase II
neolithische Schicht der Höhle von Lalibela
frühneolithische Schicht von Agordat
Voraksumitische Kultur
Felsmalereien
Industrien vom Wilton-Typ
makrolithische Industrien auf der Basis von Klingen und Abschlägen
mikrolithische Industrie von Gobedra
phallische Stelen
Verzierte Stelen (Soddo)
anthropomorphe Stelen (Guraghè)
Industrien vom Capsien-Typ (Awash-Tal, Gebiet der Seen)
Industrien vom Wilton-Typ
Felszeichnungen
Felsreliefs (Chabbè – Sidamo)
Industrien vom Wilton-Typ
Grabhügel
Felsmalereien
Industrien vom Wilton-Typ
Dolmen
Industrien vom Capsien-Typ (Besaka-See)
Grabhügel
Industrien vom Wilton-Typ
Grabhügel
Doian-Kultur
vorislamische Kultur in Südarabien
Königreich von Saba
Ma'in
vorislamische Kultur in Südarabien
Himyar
Megalithen
vorislamische Kultur in Südarabien
Qataban
Hadramaut
Megalithen
neolithische Industrie der Wüste
neolithische Facies mit beidseitig retuschierten Spitzen

Asien · Tabelle 1

ABSOLUTE DATIERUNG nach der Radiokarbon(C-14)-Methode	LEVANTE MITTELMEERGEBIET			ANATOLIEN
			Amuq	»Spät-Chalkolithiku
um 5330	um 4500 v. Chr. (C-14-Datierung)	KERAMISCHES NEOLITHIKUM	D	»Mittel-Chalkolithik (Can Hasan und Me
			C	4900
um 5800	um 4900		B	»ALT-CHALKOLITHIK Hacilar Çatalwest-Can H Mersin XXIV-XX
um 6400	um 5500		A	5500 Çatal Hüyük (KERAMISCHES NEOLITHIKUM)
Hypothetische Datierung um 7200	um 6000 PRÄKERAMISCHES NEOLITHIKUM B	KERAMIKLOSES NEOLITHIKUM		6300 Can Hasan III Suberde 6750 Keramikloses Hacilar
um 7500 ?				
um 7750 ?	um 7000 ?			Aşikli Hüyük
um 8000 ?	um 7350 PRÄKERAMISCHES NEOLITHIKUM A			? Oxide von Ciftlik
um 9000 ?	um 8350 PROTONEOLITHIKUM VON JERICHO			
um 9500 ?	um 8500 NATUFIUM	EPIPALÄOLITHIKUM		Beldibi C
um 10 000	10 000 End-Kebarah MITTEL-KEBARAH um 14 000 JUNG-KEBARAH			Belbasi
	um 18 000 LEVANTINISCHES AURIGNACIEN			KEMERIANUM

Diese Zeittafel zeigt für den Raum des Vorderen und Mittleren Orients die lange Periode des Übergangs vom Paläolithikum zum Chalkolithikur (ca. 18 000–4500 v. Chr.).
Die absolute Datierung beruht auf Angaben nach J. Mellaart.

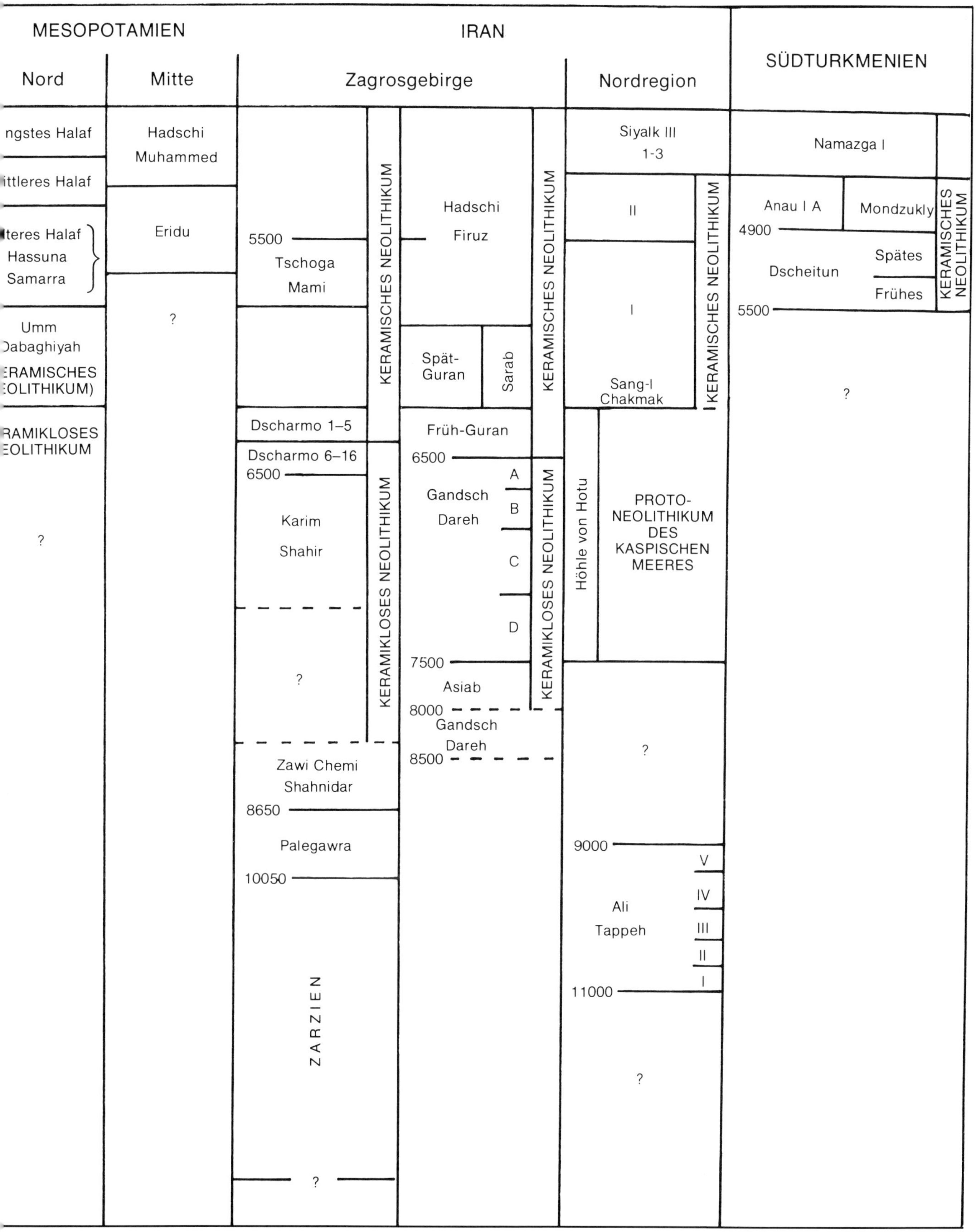
MESOPOTAMIEN
IRAN
SÜDTURKMENIEN
Nord
Mitte
Zagrosgebirge
Nordregion
ngstes Halaf
ittleres Halaf
teres Halaf
Hassuna
Samarra
Umm
Dabaghiyah
ERAMISCHES
OLITHIKUM)
RAMIKLOSES
EOLITHIKUM
?
Hadschi
Muhammed
Eridu
?
5500
Tschoga
Mami
Dscharmo 1–5
Dscharmo 6–16
6500
Karim
Shahir
?
Zawi Chemi
Shahnidar
8650
Palegawra
10050
ZARZIEN
?
KERAMISCHES NEOLITHIKUM
KERAMIKLOSES NEOLITHIKUM
Hadschi
Firuz
Spät-
Guran
Sarab
Früh-Guran
6500
A
B
C
D
Gandsch
Dareh
7500
Asiab
8000
Gandsch
Dareh
8500
KERAMISCHES NEOLITHIKUM
KERAMIKLOSES NEOLITHIKUM
Siyalk III
1-3
II
I
Sang-I
Chakmak
KERAMISCHES NEOLITHIKUM
Höhle von Hotu
PROTO-
NEOLITHIKUM
DES
KASPISCHEN
MEERES
?
9000
V
IV
III
II
I
Ali
Tappeh
11000
?
Namazga I
Anau I A
Mondzukly
4900
Dscheitun
Spätes
Frühes
5500
KERAMISCHES NEOLITHIKUM
?

Asien · Tabelle 2

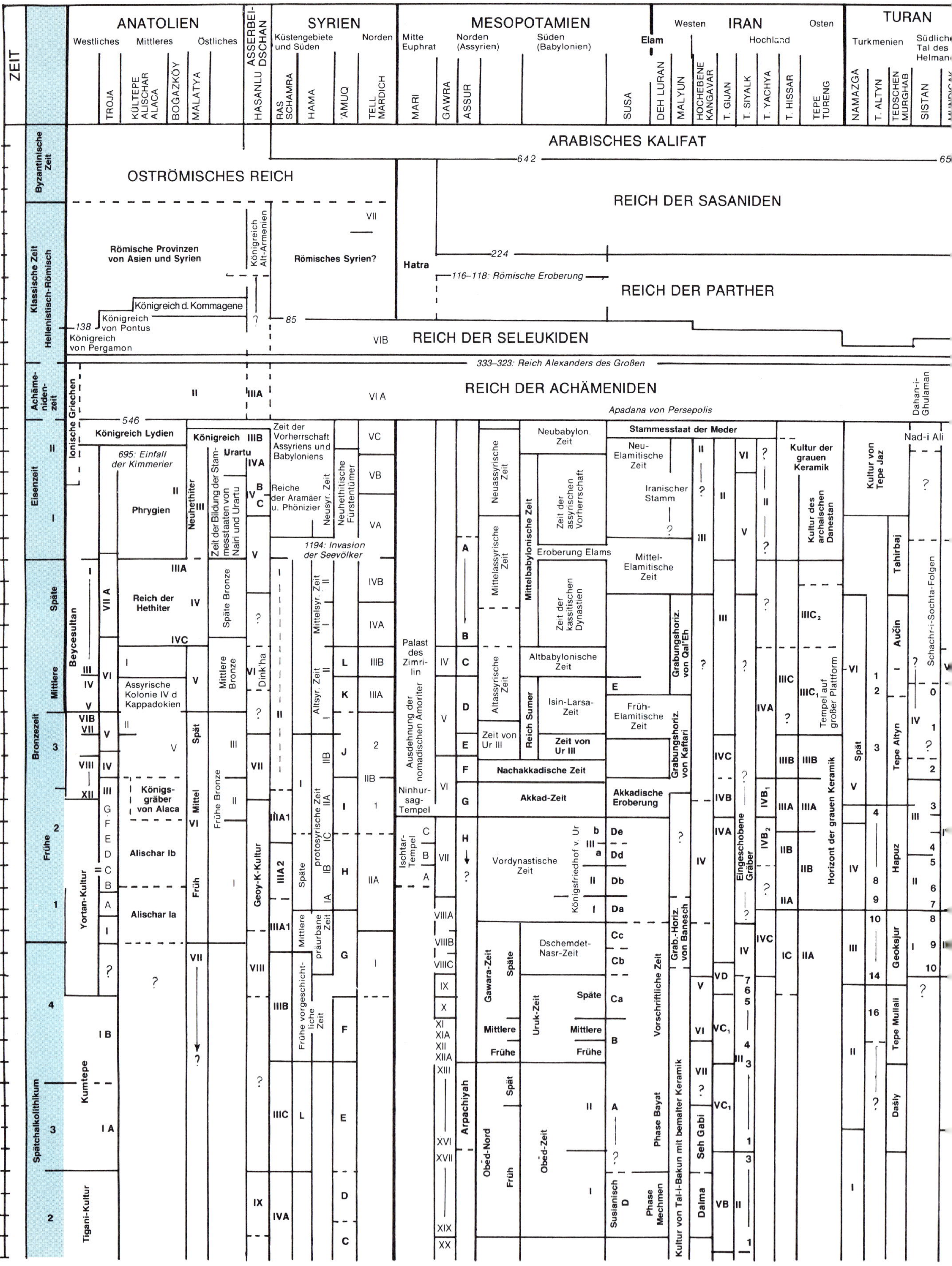

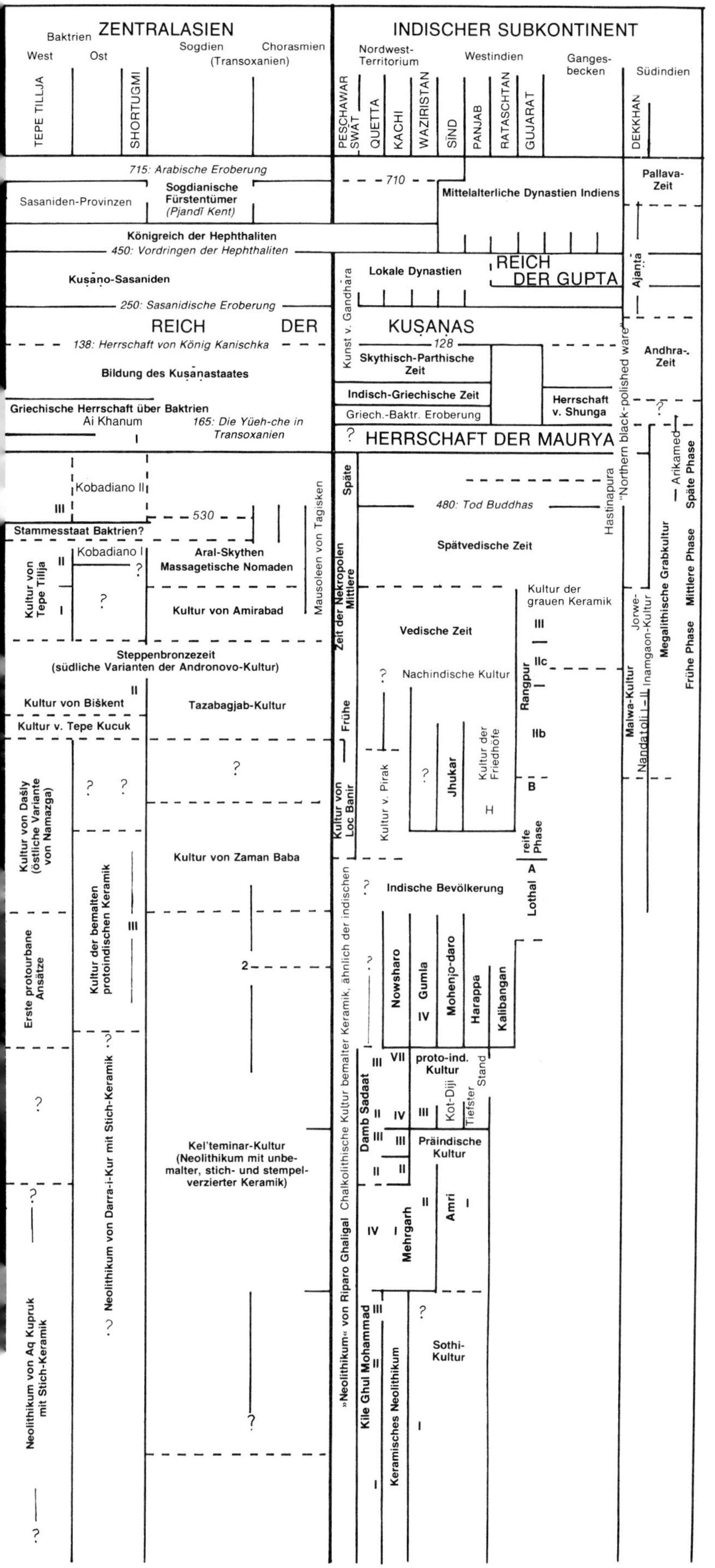
Baktrien ZENTRALASIEN
West
Ost
Sogdien
Chorasmien
(Transoxanien)
TEPE TILLJA
SHORTUGMI
INDISCHER SUBKONTINENT
Nordwest-Territorium
Westindien
Ganges-becken
Südindien
PESCHAWAR SWAT
QUETTA
KACHI
WAZIRISTAN
SIND
PANJAB
RATASCHTAN
GUJARAT
DEKKHAN
715: Arabische Eroberung
Sasaniden-Provinzen
Sogdianische Fürstentümer (Pjandī Kent)
710
Mittelalterliche Dynastien Indiens
Pallava-Zeit
Königreich der Hephthaliten
450: Vordringen der Hephthaliten
Kuṣano-Sasaniden
Lokale Dynastien
REICH DER GUPTA
Ajanta
250: Sasanidische Eroberung
Kunst v. Gandhāra
REICH DER KUṢANAS
138: Herrschaft von König Kanischka
128
Skythisch-Parthische Zeit
Andhra-Zeit
Bildung des Kuṣanastaates
Indisch-Griechische Zeit
Herrschaft v. Shunga
Griechische Herrschaft über Baktrien
Ai Khanum
165: Die Yüeh-che in Transoxanien
Griech.-Baktr. Eroberung
HERRSCHAFT DER MAURYA
"Northern black-polished ware"
Hastinapura
Kobadiano II
III
530
Mausoleen von Tagisken
Zeit der Nekropolen
Späte
Mittlere
Frühe
480: Tod Buddhas
Arikamed
Stammesstaat Baktrien?
Kobadiano I
Aral-Skythen
Massagetische Nomaden
Spätvedische Zeit
Kultur von Tepe Tillja
II
I
Kultur von Amirabad
Kultur der grauen Keramik
Vedische Zeit
Steppenbronzezeit (südliche Varianten der Andronovo-Kultur)
Nachindische Kultur
Rangpur
IIc
IIb
Jorwe-Inamgaon-Kultur
Megalithische Grabkultur
Späte Phase
Mittlere Phase
Frühe Phase
Malwa-Kultur
Nandatoli I–II
Kultur von Biškent
Tazabagjab-Kultur
Kultur v. Tepe Kucuk
Kultur v. Pirak
Jhukar
Kultur der Friedhöfe H
Kultur von Loc Banir
B
reife Phase
A
Lothal
Kultur von Dašly (östliche Variante von Namazga)
Kultur von Zaman Baba
Indische Bevölkerung
Kultur der bemalten protoindischen Keramik
Erste protourbane Ansätze
2
Nowsharo
Gumla
IV
Mohenjo-daro
Harappa
Kalibangan
»Neolithikum« von Riparo Ghaligai Chalkolithische Kultur bemalter Keramik, ähnlich der indischen
VII
proto-ind. Kultur
Kot-Diji
Tiefster Stand
Damb Sadaat
Präindische Kultur
Neolithikum von Darra-i-Kur mit Stich-Keramik
Kel'teminar-Kultur (Neolithikum mit unbemalter, stich- und stempelverzierter Keramik)
Mehrgarh
Amri
Neolithikum von Aq Kupruk mit Stich-Keramik
Kile Ghul Mohammad
Keramisches Neolithikum
Sothi-Kultur

Asien · Tabelle 3

Die souveränen Fürsten von Mesopotamien und Elam (ca. 2700–1700 v. Chr.)

ZEIT v. Chr.	KISCH	LAGASCH	UR	URUK	AKKAD	LARSA	BABYLON	ELAM
				Enmerkar-Lugalbanda				
2700	Mebaragesi Agga			Gilgamesch				
2650								
2600								
		Enhegal	Meskalamdug					
			Akalamdug					
	Mesilim							
		Lugalschagengur						
2550		Urnansche	Mesanepada					
		Akurgal	Aanepada					
								Peli
2500		Eannatum	Meskiagnunna					
		Eannatum I.	Elulu					
			Balulu	Enschakuschanna				
				Lugalkinischedudu				
		Entemena						
2450								
		Eannatum II.		Lugalkisalsi				Hischep-ratep I.
	Kubaba	Enetarzi						Kikku-sive-temti
2400	Puzur-Sin	Lugalanda						
	Urzababa	Urukagina			Sargon			
2350								Luhischschan
					Rimush			
								Hischep-ratep II.
2300					Manishtusu			
					Naramsin			Epir-mupi
		Ki-ku-id						Hita
2250		Engilsa		Urnigin	Shar-kali-sharri			Kutik (=Puzur)-Inschuschinak
		Ura		Ungigir	(anarchia)			
		Lugaluschumgal		Kudda				
		Puzurmama		(Puzurili)	Dudu			
		Urutu		(Lugalmelam)				
2200		Urmama		(Urutu)	Shu-durul			
		Lubau						
		Lugula						
		Kaku						
		Urbau						
2150								
		Gudea						
		Urningirsu						
		Pirigme		Utuhégal 2116-2110				
		Urgar						
2100		Nammah(a)ni	Urnammu 2111-2094					
			Schulgi 2093-2046					
			Amar-Suen 2045-2037					
			Schû-Sin 2036-2028					
2000			Ibbi-Sin 2027-2003			Naplânum 2025-2005		Girnamme
						Emisum 2004-1977		Enpi-Luhhan
								Hutran-temti
								Hubasimti
						Samium 1976-1942		
						Zabaya 1941-1933		
						Gungunum 1932-1906		Kindattu
1900						Abisaré 1905-1895		Indattu-Inschuschinak
						Sumuel 1894-1866	Sumu-abum 1894-1881	Tan-Ruhuratir
							Sumulael 1880-1845	Indattu II.
				Sin-Kâschid 1865-1853		Nûr-Adad 1865-1850		
								Eparti
						Sin-idinnam 1849-1843		
						Sin-eribam 1842-1841	Sabium 1844-1831	
				Sin-eribam 1832-1826		Sin-iqischam 1840-1836		
						Silli-Adad 1835	Apil-Sin 1830-1813	
						Warad-Sin 1834-1823		Schilhaha
				Sin-gâmil 1825-1824				
				Ilum-gâmil 1823		Rim-Sin 1822-1763		
				Eteya (?) 1822				
							Sin-muballit 1812-1793	
				Anam 1821-1817				
				Irdanene 1816-1810				
				Rimanum 1809-1806				
1800				Nabi-ilischu 1805-1802			Hammurabi 1792-1750	Schirukduh I.
							Samsu-iluna 1749-1712	Siwepalarhuppak
								Kutir-Hahunte I.
1700							Abi-cahuh 1711-1694	

ZEIT V. CHR.		CHINA UND SÜDOSTASIEN	KOREA UND JAPAN
100 000 – 25 000	ALTSTEINZEIT	Kulturen der mittleren und späteren Altsteinzeit: Mikrolithindustrien; Abschläge und Klingen; Bearbeitung von Knochen.	
25 000 – 10 000	MITTLERE STEINZEIT	Kulturen der Mittleren Steinzeit und Vorjungsteinzeit: Fortschreitende Verbreitung mikrolithischer Techniken.	
10 000 – 7 000	JUNGSTEINZEIT	Mikrolith-Kulturen bei Fischer- und Sammlergruppen. Schnur-, Ritz- und Impresso-Keramik. Muschelhaufen längs der Küsten und Flußläufe.	
7 000 – 5 000		Erste Spuren von Ackerbau (Hirse, Gerste) in Nordchina, Gartenbau und Reis in südlichen Gegenden. Steinschleiferei.	»Kammkeramik«-Kultur in Korea, Jōmon-Keramik (vom Typ der »Schnurkeramik«) in Japan.
5 000 – 3 000		Spätjungsteinzeitliche Ackerbaukulturen am Gelben Fluß (Yang-Shao, Lung-Shan, Hsiao-t'un). Rotbemalte Keramik. Schwarze und graue Keramik. Geschliffene Steinwerkzeuge. »Vierkantbeil«-Kulturen in Indochina und Indonesien. Verbreitung bewässerten Reisanbaus. Megalithbauten.	
3 000 – 2 000	BRONZEZEIT	In Nordchina (im Becken des Gelben Flusses) Gründung des Shang-Reiches (17.–11. Jh. v. Chr.). »Bilderschrift« (Ausgrabungen von Ao und Yin). Erste Schriftzeichen auf Orakelknochen und Bronzen. »Reich« von Van Lang südlich des Jangtsekiang.	
2 000 – 1 000		Sturz des Shang-Reiches und Aufkommen der Chou-Dynastie in Nordchina (11.–3. Jh. v. Chr.)	
1 000 – 500	ERSTE EISENZEIT	Beginn der Eisenzeit in China: Chan-Kuo-Periode, auch der »Streitenden Reiche«, 480–221 v. Chr., genannt. Der Süden wird fortschreitend chinesisch.	Einführung erster Formen von Ackerbau im Gefolge jungsteinzeitlicher Kulturen. Besonders in Korea Einflüsse chinesischer Kulturen vom Typ Yang-Shao und Lung-Shan, sodann Shang und Chou.
500 – 400			
400 – 300		Dông-Son-Kultur in Südchina und Indochina breitet sich fortschreitend auf indonesische Gebiete aus.	Megalithgräber: Dolmen und Steinkisten.
300 – 200		257 v. Chr. Gründung des Staates Au Lac im Bereich des früheren Van-Lang-Reiches. Hauptstadt Co-loa. 221 v. Entstehung des ersten chinesischen Großreiches unter der Vorherrschaft des Ch'in Reiches. China erobert Nordvietnam (208 v.). Untergang des Ch'in-Reiches (206 v.) und Wiedervereinigung unter der Han-Dynastie (201 vor – 220 n. Chr.) im Süden das Reich Nam-Viêt (chin. Nan Yüeh), Vasallenstaat Chinas.	Einführung des bewässerten Reisanbaus: In Japan Yayoi-Kultur 3. Jh. vor – 3. Jh. n. Chr.). Wachsender chinesischer Einfluß auf die Metallverarbeitung und andere Handwerkszweige.
200 – 0			Seit 108 v. Chr. chinesische Kolonien in Korea. (Lo-Lang, Lin-t'un, Hsüan-t'u, Chen-fan). Nekropole von Pjöngjang (= Totenstadt).
0 (n. Chr.) – 100			Im Norden der Halbinsel Entstehung des Koguryo-Reiches (1. Jh. v. Chr.). Im Süden »Han«-Länder, Kerngebiete der Staaten Paekche und Sinla. Erste politische Staatsgebilde in Japan (Reiche Yeh-ma-t'ai).
100 – 200			
200 – 600		Kultureller und politischer Einfluß Indiens auf die Bildung erster »indisierter« Staaten in Indochina und Indonesien. Ausstrahlung des Buddhismus auch nach China. Untergang des Han-Reiches (220 n.) und Teilung Chinas in die »Drei Reiche« (256–420 n.) und »Sechs Dynastien« (420–589 n.): sogenannte Zeit der »südlichen und nördlichen Dynastien« (Nan-peichao).	Untergang der chinesischen Kolonien in Korea (313 n.). Reiche von Koguryo, Paekche, Sinla und Karak). In Japan fortschreitende politische Einigung unter der Yamato-Dynastie. Riesige Megalithgrabbauten: Hügelgräber (Zeit der »Kofun« in Japan 4.–6. Jh. n.). Einführung der chinesischen Schrift. Verbreitung des Buddhismus (in Korea seit Ende des 4. Jh.s n., in Japan ab der Mitte des 6. Jh.s n.).

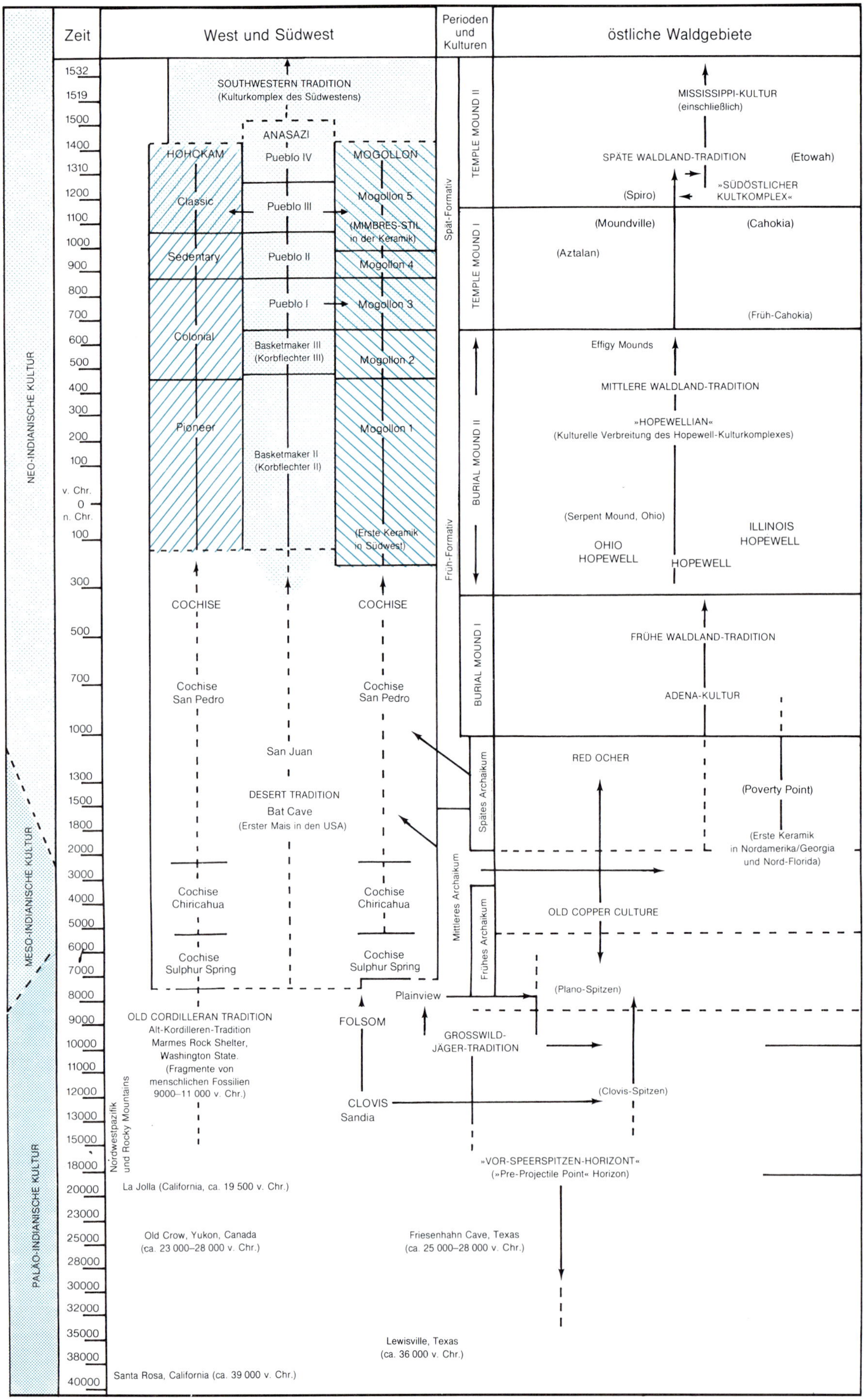
Zeit
West und Südwest
Perioden und Kulturen
östliche Waldgebiete
1532
1519
1500
1400
1310
1200
1100
1000
900
800
700
600
500
400
300
200
100
v. Chr.
0
n. Chr.
100
300
500
700
1000
1300
1500
1800
2000
3000
4000
5000
6000
7000
8000
9000
10000
11000
12000
13000
15000
18000
20000
23000
25000
28000
30000
32000
35000
38000
40000
NEO-INDIANISCHE KULTUR
MESO-INDIANISCHE KULTUR
PALÄO-INDIANISCHE KULTUR
SOUTHWESTERN TRADITION
(Kulturkomplex des Südwestens)
ANASAZI
Pueblo IV
Pueblo III
Pueblo II
Pueblo I
Basketmaker III
(Korbflechter III)
Basketmaker II
(Korbflechter II)
HOHOKAM
Classic
Sedentary
Colonial
Pioneer
MOGOLLON
Mogollon 5
(MIMBRES-STIL in der Keramik)
Mogollon 4
Mogollon 3
Mogollon 2
Mogollon 1
(Erste Keramik im Südwest)
COCHISE
Cochise San Pedro
San Juan
DESERT TRADITION
Bat Cave
(Erster Mais in den USA)
Cochise Chiricahua
Cochise Sulphur Spring
OLD CORDILLERAN TRADITION
Alt-Kordilleren-Tradition
Marmes Rock Shelter, Washington State.
(Fragmente von menschlichen Fossilien 9000–11 000 v. Chr.)
Nordwestpazifik und Rocky Mountains
FOLSOM
Plainview
CLOVIS
Sandia
GROSSWILD-JÄGER-TRADITION
La Jolla (California, ca. 19 500 v. Chr.)
Old Crow, Yukon, Canada (ca. 23 000–28 000 v. Chr.)
Friesenhahn Cave, Texas (ca. 25 000–28 000 v. Chr.)
Lewisville, Texas (ca. 36 000 v. Chr.)
Santa Rosa, California (ca. 39 000 v. Chr.)
Spät-Formativ
Früh-Formativ
Spätes Archaikum
Mittleres Archaikum
Frühes Archaikum
TEMPLE MOUND II
TEMPLE MOUND I
BURIAL MOUND II
BURIAL MOUND I
MISSISSIPPI-KULTUR
(einschließlich)
SPÄTE WALDLAND-TRADITION
(Etowah)
(Spiro)
»SÜDÖSTLICHER KULTKOMPLEX«
(Moundville)
(Cahokia)
(Aztalan)
(Früh-Cahokia)
Effigy Mounds
MITTLERE WALDLAND-TRADITION
»HOPEWELLIAN«
(Kulturelle Verbreitung des Hopewell-Kulturkomplexes)
(Serpent Mound, Ohio)
OHIO HOPEWELL
HOPEWELL
ILLINOIS HOPEWELL
FRÜHE WALDLAND-TRADITION
ADENA-KULTUR
RED OCHER
(Poverty Point)
(Erste Keramik in Nordamerika/Georgia und Nord-Florida)
OLD COPPER CULTURE
(Plano-Spitzen)
(Clovis-Spitzen)
»VOR-SPEERSPITZEN-HORIZONT«
(»Pre-Projectile Point« Horizon)

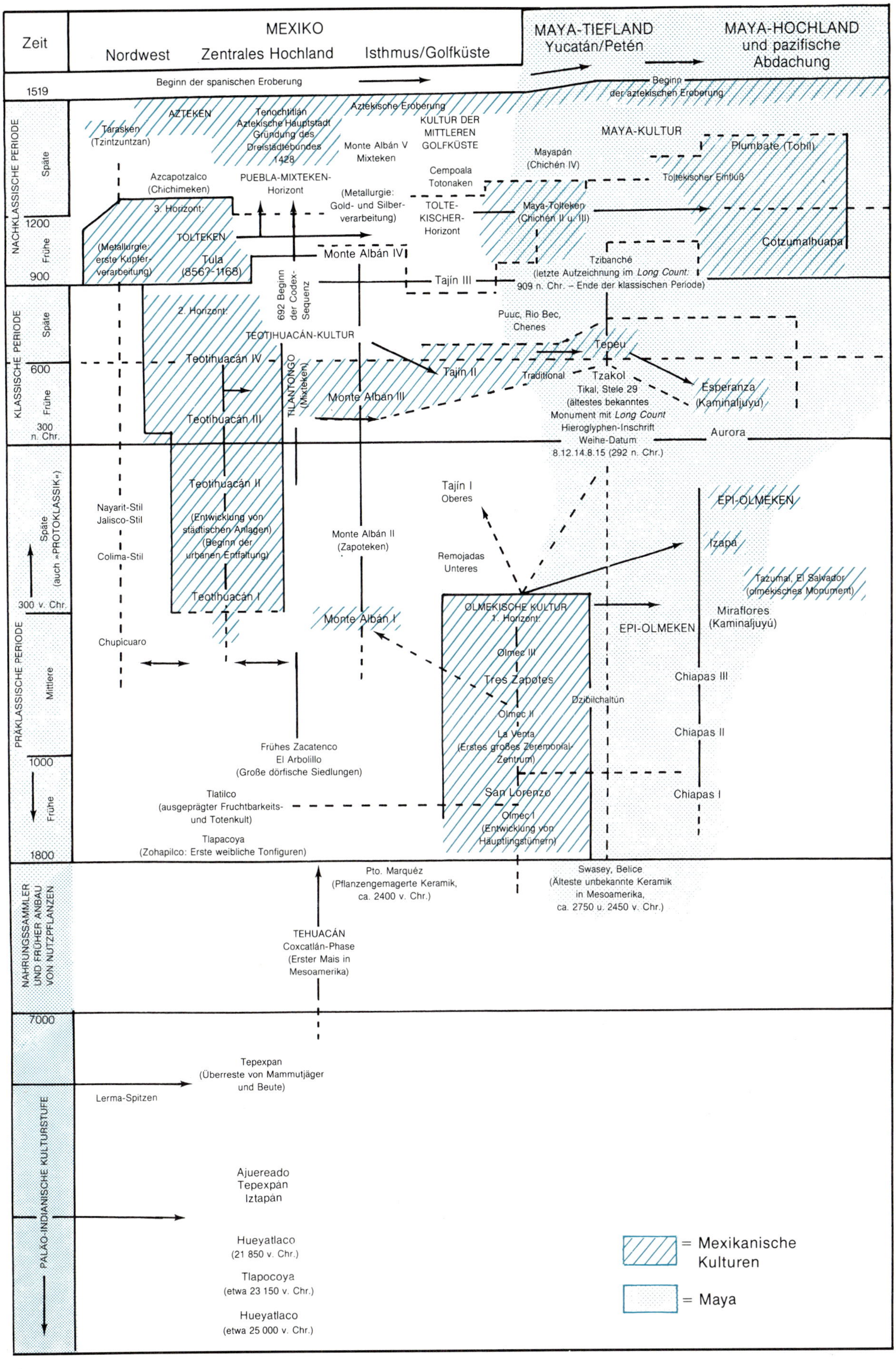
Zeit
MEXIKO
Nordwest
Zentrales Hochland
Isthmus/Golfküste
MAYA-TIEFLAND
Yucatán/Petén
MAYA-HOCHLAND
und pazifische
Abdachung
1519
Beginn der spanischen Eroberung
Beginn der aztekischen Eroberung
NACHKLASSISCHE PERIODE
Späte
Frühe
1200
900
AZTEKEN
Tarasken
(Tzintzuntzan)
Tenochtitlán
Aztekische Hauptstadt
Gründung des
Dreistädtebundes
1428
Aztekische Eroberung
KULTUR DER
MITTLEREN
GOLFKÜSTE
Monte Albán V
Mixteken
MAYA-KULTUR
Mayapán
(Chichén IV)
Plumbate (Tohil)
Cempoala
Totonaken
Toltekischer Einfluß
Azcapotzalco
(Chichimeken)
PUEBLA-MIXTEKEN-
Horizont
(Metallurgie:
Gold- und Silber-
verarbeitung)
3. Horizont
TOLTE-
KISCHER-
Horizont
Maya-Tolteken
(Chichén II u. III)
TOLTEKEN
(Metallurgie:
erste Kupfer-
verarbeitung)
Tula
(856?–1168)
Monte Albán IV
Cotzumalhuapa
Tzibanché
(letzte Aufzeichnung im *Long Count*:
909 n. Chr. – Ende der klassischen Periode)
Tajín III
692 Beginn
der Codex-
Sequenz
KLASSISCHE PERIODE
Späte
Frühe
600
300
n. Chr.
2. Horizont
Puuc, Rio Bec,
Chenes
TEOTIHUACÁN-KULTUR
Tepeu
Teotihuacán IV
TILANTONGO
(Mixteken)
Tajín II
Traditional
Tzakol
Tikal, Stele 29
(ältestes bekanntes
Monument mit *Long Count*
Hieroglyphen-Inschrift
Weihe-Datum
8.12.14.8.15 (292 n. Chr.)
Esperanza
(Kaminaljuyú)
Monte Albán III
Teotihuacán III
Aurora
PRÄKLASSISCHE PERIODE
Späte
(auch »PROTOKLASSIK«)
300 v. Chr.
Mittlere
Frühe
1000
1800
Teotihuacán II
(Entwicklung von
städtischen Anlagen)
(Beginn der
urbanen Entfaltung)
Nayarit-Stil
Jalisco-Stil
Colima-Stil
Tajín I
Oberes
Monte Albán II
(Zapoteken)
Remojadas
Unteres
EPI-OLMEKEN
Izapa
Tazumal, El Salvador
(olmekisches Monument)
Teotihuacán I
Monte Albán I
OLMEKISCHE KULTUR
1. Horizont
Miraflores
(Kaminaljuyú)
EPI-OLMEKEN
Chupícuaro
Olmec III
Tres Zapotes
Chiapas III
Olmec II
Dzibilchaltún
La Venta
(Erstes großes Zeremonial-
Zentrum)
Chiapas II
Frühes Zacatenco
El Arbolillo
(Große dörfische Siedlungen)
Tlatilco
(ausgeprägter Fruchtbarkeits-
und Totenkult)
San Lorenzo
Olmec I
(Entwicklung von
Häuptlingstümern)
Chiapas I
Tlapacoya
(Zohapilco: Erste weibliche Tonfiguren)
NAHRUNGSSAMMLER
UND FRÜHER ANBAU
VON NUTZPFLANZEN
Pto. Marquéz
(Pflanzengemagerte Keramik,
ca. 2400 v. Chr.)
Swasey, Belice
(Älteste unbekannte Keramik
in Mesoamerika,
ca. 2750 u. 2450 v. Chr.)
TEHUACÁN
Coxcatlán-Phase
(Erster Mais in
Mesoamerika)
7000
PALÄO-INDIANISCHE KULTURSTUFE
Tepexpan
(Überreste von Mammutjäger
und Beute)
Lerma-Spitzen
Ajuereado
Tepexpán
Iztapán
Hueyatlaco
(21 850 v. Chr.)
Tlapocoya
(etwa 23 150 v. Chr.)
Hueyatlaco
(etwa 25 000 v. Chr.)
= Mexikanische Kulturen
= Maya

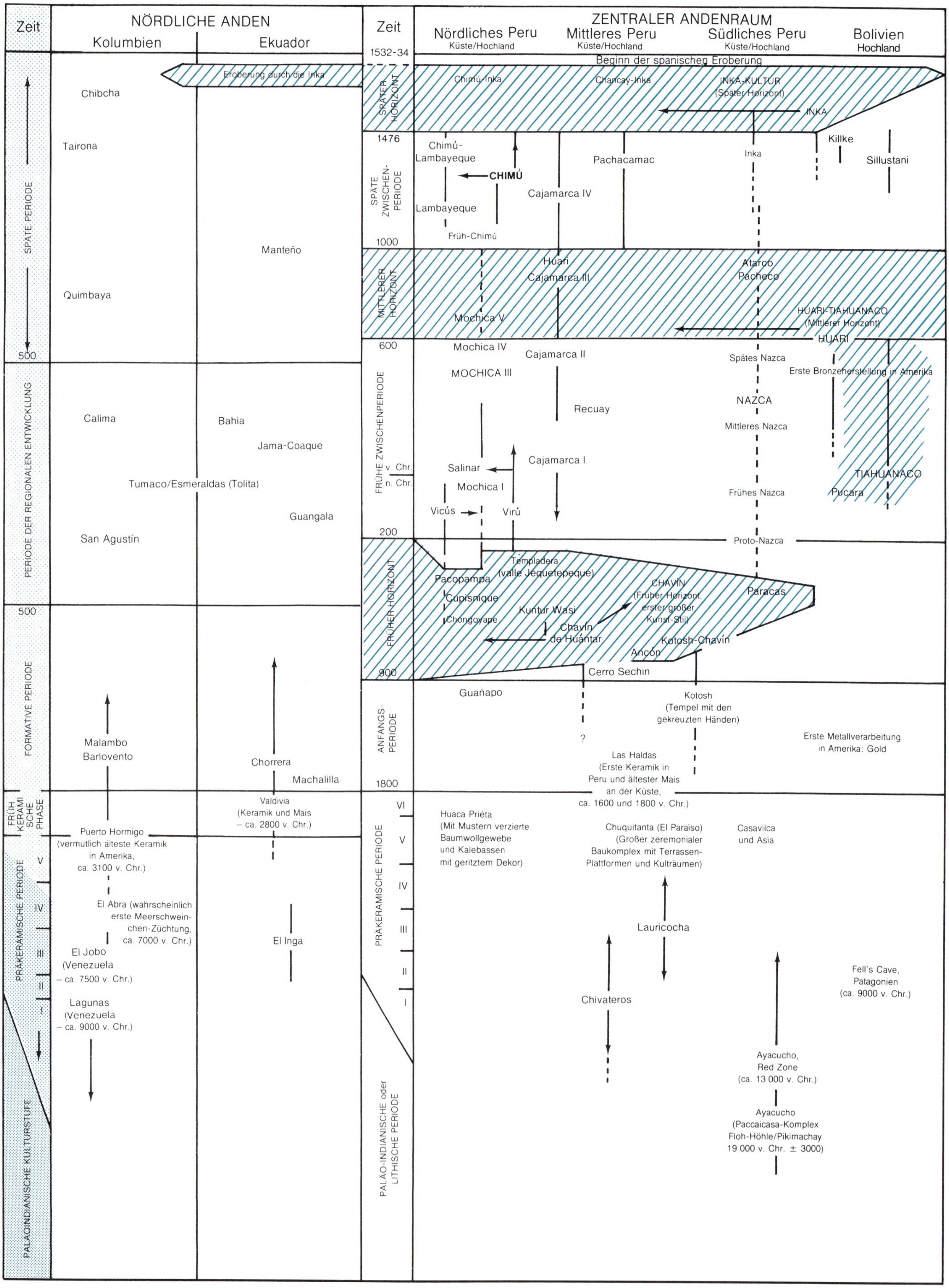

Zeit
NÖRDLICHE ANDEN
Kolumbien
Ekuador
Zeit
1532-34
ZENTRALER ANDENRAUM
Nördliches Peru
Küste/Hochland
Mittleres Peru
Küste/Hochland
Südliches Peru
Küste/Hochland
Bolivien
Hochland
Beginn der spanischen Eroberung
SPÄTE PERIODE
Chibcha
Eroberung durch die Inka
SPÄTER HORIZONT
Chimú-Inka
Chancay-Inka
INKA-KULTUR
(Später Horizont)
INKA
Tairona
1476
SPÄTE ZWISCHEN-PERIODE
Chimú-
Lambayeque
CHIMÚ
Lambayeque
Früh-Chimú
Pachacamac
Cajamarca IV
Inka
Killke
Sillustani
Manteño
1000
MITTLERER HORIZONT
Huari
Cajamarca III
Ataroo
Pacheco
Quimbaya
Mochica V
HUARI-TIAHUANACO
(Mittlerer Horizont)
HUARI
500
600
FRÜHE ZWISCHENPERIODE
Mochica IV
Cajamarca II
Spätes Nazca
Erste Bronzeherstellung in Amerika
MOCHICA III
NAZCA
PERIODE DER REGIONALEN ENTWICKLUNG
Calima
Bahia
Recuay
Mittleres Nazca
Jama-Coaque
Cajamarca I
Salinar
v. Chr.
n. Chr.
Tumaco/Esmeraldas (Tolita)
Mochica I
Frühes Nazca
TIAHUANACO
Pucara
Vicús
Virú
Guangala
San Agustín
200
Proto-Nazca
FRÜHER HORIZONT
Templadera
(valle Jequetepeque)
Pacopampa
Cupisnique
Chongoyape
CHAVÍN
(Früher Horizont,
erster großer
Kunst-Stil)
Paracas
500
Kuntur Wasi
Chavín
de Huántar
Kotosh-Chavín
Ancón
900
Cerro Sechín
FORMATIVE PERIODE
Guañapo
Kotosh
(Tempel mit den
gekreuzten Händen)
ANFANGS-PERIODE
?
Malambo
Barlovento
Erste Metallverarbeitung
in Amerika: Gold
Las Haldas
(Erste Keramik in
Peru und ältester Mais
an der Küste,
ca. 1600 und 1800 v. Chr.)
Chorrera
Machalilla
1800
FRÜH-KERAMISCHE PHASE
Valdivia
(Keramik und Mais
– ca. 2800 v. Chr.)
VI
Huaca Prieta
(Mit Mustern verzierte
Baumwollgewebe
und Kalebassen
mit geritztem Dekor)
Puerto Hormigo
(vermutlich älteste Keramik
in Amerika,
ca. 3100 v. Chr.)
V
Chuquitanta (El Paraiso)
(Großer zeremonialer
Baukomplex mit Terrassen-
Plattformen und Kulträumen)
Casavilca
und Asia
PRÄKERAMISCHE PERIODE
V
IV
III
II
I
El Abra (wahrscheinlich
erste Meerschwein-
chen-Züchtung,
ca. 7000 v. Chr.)
IV
Lauricocha
El Inga
III
El Jobo
(Venezuela
– ca. 7500 v. Chr.)
II
Fell's Cave,
Patagonien
(ca. 9000 v. Chr.)
Lagunas
(Venezuela
– ca. 9000 v. Chr.)
I
Chivateros
Ayacucho,
Red Zone
(ca. 13 000 v. Chr.)
PALÄO-INDIANISCHE oder
LITHISCHE PERIODE
Ayacucho
(Paccaicasa-Komplex
Floh-Höhle/Pikimachay
19 000 v. Chr. ± 3000)
PALÄOINDIANISCHE KULTURSTUFE

Australien und die Pazifischen Inseln · Tabelle 1

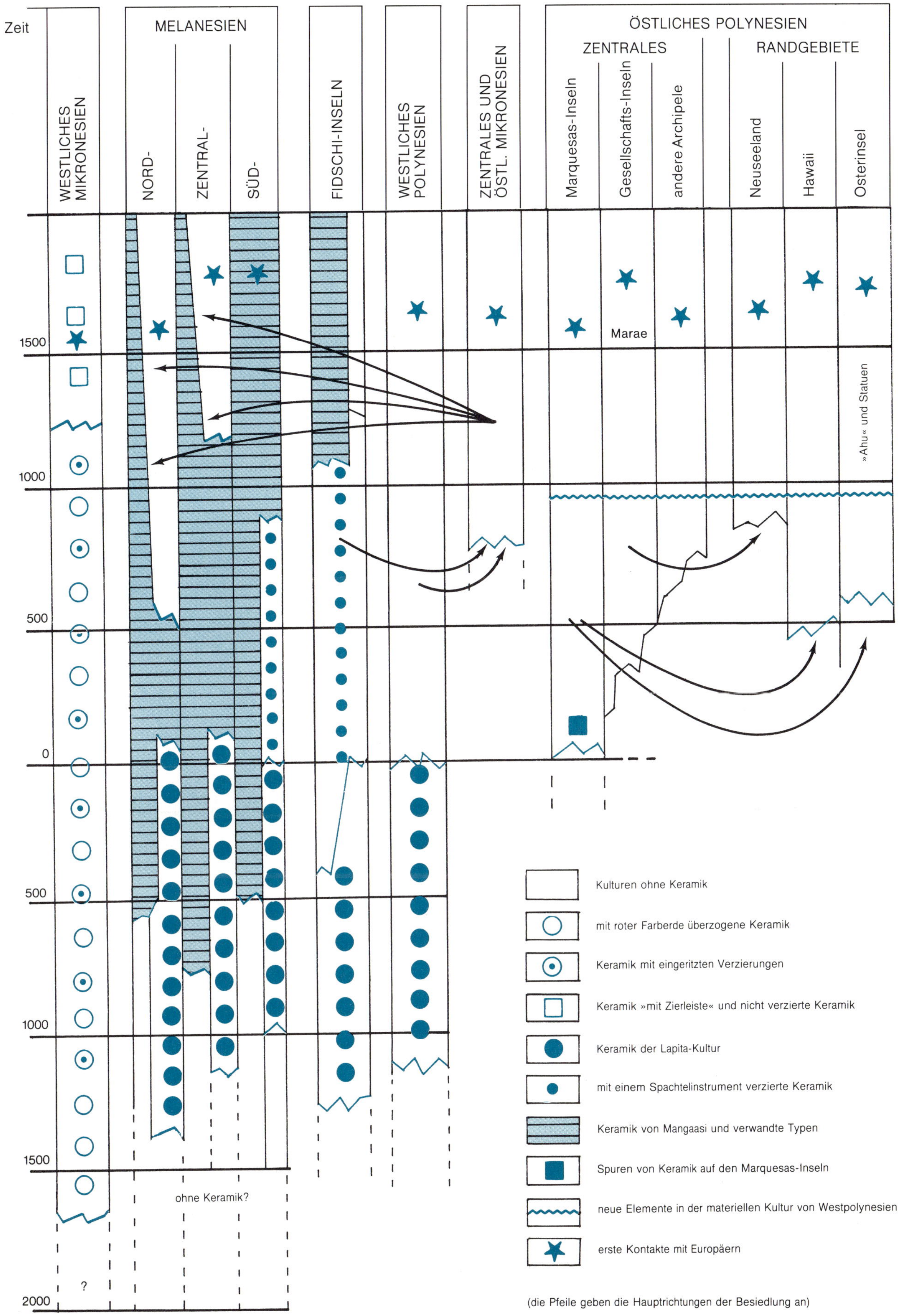

Australien und die Pazifischen Inseln · Tabelle 2

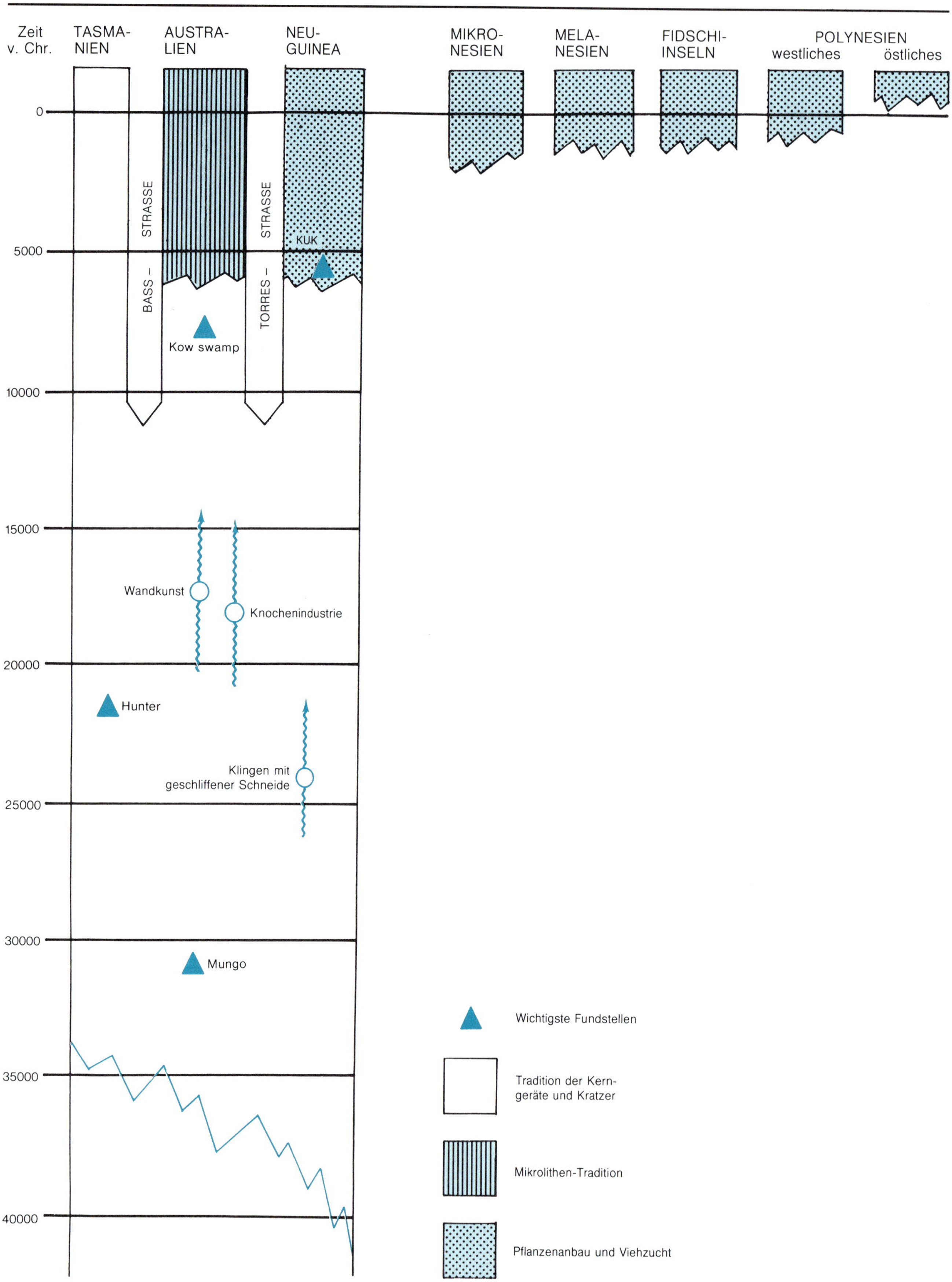

Stichwörterverzeichnis

Kursiv gesetzte Seitenzahlen verweisen auf Begriffe, die als Abbildungen, in den dazugehörigen Bildunterschriften, in Landkarten oder in Zeichnungen vorkommen. *Kursiv* gesetzte Stichwörter geben Titel bedeutender Publikationen (Bücher, Zeitschriften, Reiseberichte, Landkarten-, Nachschlagewerke o. ä.) wieder.

A

Bildnachweis

Grafiken: Ferdinand Anton, München: 594, 597 u., 600. – Luciano Corbella, Mailand: 98–99, 101, 119, 139, 171, 193, 215, 251, 273, 294–295, 297, 333, 349, 360–361, 363, 377, 399, 421, 451, 465, 477, 507, 517, 537, 547, 571, 587, 628–629. – Raffaella Giacometti Piva, Verona: 20, 21 u., 30 o., 50, 52, 53 o., 55 u., 56 u., 57 o., 58, 59 o., 61, 62 l. u., 63 u., 64, 65, 66, 67, 68, 69 o., 70, 97 o., 110, 111 u., 113, 120 u., 123 o., 131, 133, 134 u., 135, 149, 153 l. u., 154 l. u., 157 o., 162 o., 212, 227 o., 244 u., 274, 276, 282, 292 u., 302 u., 312, 313, 314, 315, 317, 318, 319, 320, 321 o., 322 u., 323 u., 324 o., 328 o., 329 o., 330 o., 401, 402 u., 404 u., 411 u., 417 o., 424 o., 425, 426 o., 431 u., 432 o., 435 u., 438 u., 443 u., 452 u., 455, 457 u., 459 u., 461 o., 463, 475 o., 480 u., 524 l., 534 u., 556, 560, 577 u., 579 o., 580, 584, 591, 593 l., 601, 606 l., 617. – Hannes Limmer, München: 37 o., 169 o., 427, 602, 615. – London: Her Majesty's Stationery Office: 145. – Vincenzo Saletti, Verona: 71 r. u., 104–105, 106, 146 u., 147 r. o., 151 u., 153 o., 157 u., 194 u., 217, 218 o., 223, 226, 240–241, 246 o., 252, 255 u., 259, 260 o., 264, 266, 280, 316 o., 325 u., 326 o., 339, 357, 373, 382–383, 386, 391 u., 395, 404 o., 408–409, 424 u., 429 u., 430 u., 433, 434 u., 439 u., 442, 443 o., 450, 472 o., 481 o., 483 o., 485, 491, 506, 522, 525, 531, 561, 575, 642. – Flavio Segattini, Verona: 38–39, 63 o., 102–103, 112, 127 u., 130, 134 o., 172, 178 o., 188, 577 u., 579 u.

Fotografen, Fotoagenturen, Verlage, Zeitschriften, Archive, Museen, wissenschaftliche Institutionen: Amerikanisches Museum für Naturgeschichte, New York: 27. – Anthropologisches Nationalmuseum Mexico City: 605. – Antikenmuseum, Basel: 183 u. – Ferdinand Anton, München: 588, 589, 592, 593 r. o., r. u., 595 o., 598, 599 u., 602 u., 603 u., 606 r., 608, 609, 611 o., 615 o., 616, 618, 619 o., 621, 622, 623, 624, 625. – Federico Arborio Mella, Mailand: 254 o. – Archäologisches Abruzzen-Museum, Chieti: 204. – Archäologisches Nationalmuseum, Athen: 227 u. – Archäologisches Nationalmuseum Athen/Josephine Powell: 107 o. – Archäologisches Nationalmuseum der Marken, Ancona: 179 o. – Archiv Bevilacqua/Ricciarini, Mailand: 337 o., 343 o., 392 o., 416 u., 444 u., 469, 473, 499. – Archiv Mondadori, Mailand: 19, 29, 55 l., 60, 69 u., 72, 73 o., 74, 81, 91, 109, 114, 118, 138, 144, 146 o., 153 l. o., 156 o., 158, 164 u., 165, 186, 206 o., 211, 222, 261, 267, 268 u., 269, 277, 283 o., 285, 288, 291 o., 353 u., 367, 457 o., 518, 529 r. o., 536, 568, 574 u., 581, 582–583, 633. – Badisches Landesmuseum, Karlsruhe/Marka, Mailand: 151 o. – Bernardino Bagolini, Trient: 124 u., 127 o. – Aldo Ballo: 384. – Ignacio Barandiaran, San Sebastian: 85 o./r. u., 87 u., 88 u., 95. – Bernisches Historisches Museum: 173 u. – Bert/Jacana, Paris: 23. – Bevilacqua/Ricciarini, Mailand: 136 u., 220 u. – Bildarchiv Tass: 187 u. – Vincenzo Biorghini, Mailand: 284 o. – Lee Boltin, New York: 187 o., 578 o. – F. Bordes, Talence (Frankreich): 61 u. – Borromeo/Ricciarini, Mailand: 346 o., 348 o., 427, 428 o., 440 o., 520, 526, 527 o., 528, 529, 532, 535 u., 538, 539 o., 542, 544, 545. – M. Bovis, Aix-en-Provence: 299. – Bernarbo Brea, Lipari: 129. – British Museum, London: 180, 182 o., 183 o., 471, 494 u., 504, 573 u., 639, 643, 647. – British Museum/Aldo Ballo: 387. – Alberto Broglio, Ferrara: 33, 34, 35, 36, 37 u., 38 l. o., 40 o., 41, 43 u., 62 r. u., 89 l. o. – Brucoli: 278–279. – Gabriel Camps, Aix-en-Provence: 302 o., 303, 321 u., 322 o., 323 o., 326 u. – Massimo Capon, Mailand: 298. – Cernuschi-Museum, Paris: 553. – Cirani/Ricciarini, Mailand: 17, 18, 21 o., 22, 24, 268 o., 301, 324 u., 334, 341, 347, 479. – J. Clottes, Foix: 78 o. – Jones Colin, London: 184 u. – Yvens Coppens, Paris: 48. – Dänisches Nationalmuseum, Kopenhagen: 97 u., 182 u. – Antonio De Carolis, Verona: 32. – De Gregorio/Pictor, Mailand: 216, 218 u., 219. – De Gregorio/Ricciarini, Mailand: 242. – H. de Lumley, Marseille: 53, 54. – Department of Antiquities and Museums, Israel: 464. – Jean Deshayes, Paris: 490 o. – Michael di Biase und Bernadette Willis: 290 u. – M. B. Dimt, Mailand: 203, 256. – Dombauhütte S. Peter, Rom: 284 u. – Editions Larousse, Paris: 309. – Victor Englebert, New York: 300. – Eremitage, Leningrad: 573 o. – Etrusco/Marka, Mailand: 426 u., 429 o., 456, 462 o., 493 o. – Fantin/Ricciarini, Mailand: 304 u., 311 o. – Leone Fasani, Verona: 147 o./u., 152 u., 161 o. – Rodolfo Fattovich, Rom: 350, 351, 355 o., 358. – Filippini/Marka, Mailand: 332. – Silvio Fiore, Turin: 325 o. – Werner Forman (SCALA), Florenz: 235, 256 l. o./l. u. – Foto Agosto, Genua: 73 u., 76 u. – Foto Alinari, Florenz: 289. – Foto Ennevi, Verona: 94, 140, 150 u., 160, 161 u. – Fotofast Bologna: 198, 208 u., 214. – Foto Modderman: 115. – Karen Frifelt, Moesgaard: 496 o. – V. Gabori-Csank, Budapest: 59. – José Garanger, Noisy-Le-Grang: 631, 632 o., 634 o., 635, 637, 644 o., 645. – Germanisches Nationalmuseum, Nürnberg: 178 u. – Giraudon, Paris: 175, 396. – Giraudon/Marka, Mailand: 132, 174. – Waldo S. Glock: 44. – J. Gonzalez Echegaray, Santander: 76 o. – Paolo Graziosi, Florenz: 92, 305, 308 u., 311 u., 327. – Georgio Gualandi, Bologna: 228, 229, 236, 238, 239 u., 246 u., 247, 249, 250. – J. Hahn, Tübingen: 79 o. – Ismail al Hajjara, London: 370, 371. – David Harris: 275. – W. Hauke, München: 472 u. – André Held, Lausanne: 234, 286–287. – Jacques Hinout, Château Thierry: 96 o. – Hirmer Fotoarchiv, München: 390. – Historisches Museum, Basel: 183 u. – Holle Bildarchiv, Baden-Baden: 189, 190, 191, 192, 595 u., 596, 599 o. – Holle Verlag, Baden-Baden: 307. – Antonio Invernizzi, Turin: 510, 511 o./l. u., 515, 516. – Iran Bastan Museum, Teheran: 480 o., 482 o./l u., 500 u. – Ismeo, Rom: 488 u., 493 u. – Italienisches Institut für Vorgeschichte und Frühgeschichte, Florenz: 116, 117. – Karl Jettmar, Heidelberg: 577 o. – Kalicz: 150 o. – Diana Kirkbride, Kagerup-Helsinge (Dänemark): 365, 366, 369. – B. Klima, Brno (ČSSR): 40 u. – Kodansha Ltd., Tokio: 230, 232, 237, 253 u., 257, 258, 263, 292 o., 337 u., 342, 344, 345, 346 u., 391 o., 397 o., 539 u., 540, 541, 543 u., 550, 563, 566, 569, 604, 610, 611 u., 612, 613, 614, 620, 626, 627. – Landesmuseum Joanneum, Graz: 173 o. – Lari: 213. – Henri Laville (mit freundlicher Genehmigung von F. Bordes): 51 o., 57 u. – Maurizio Leigheb/Ricciarini, Mailand: 398 u. – G. Leonardi/G. Pinna, Mailand: 31. – Leroi-Gourhan, Paris: 71 l. u. – E. Lessing/Magnum: 574 o. – Henri Lhote: 310 o. – Giancarlo Ligabue, Rom: 489. – Tony Linck, Fort Lee (New Jersey, USA): 597. – Linden Museum, Stuttgart: 619 r. – Louvre, Paris: 402 o., 403, 474, 475 u., 476 o., 486 l. o., 487 l. u., 490 u., 492 o., 497 u. – Franco Lovera, Turin: 335, 336 l. o., 343 u., 348 u. – Gilberto Lucatelli, Rom: 352 u., 353 o., 354, 356, 359. – Gloria Lunel, Mailand: 378, 394 o., 514. – Maching: 148 o. – Jan Machnik, Krakau: 43 o. – O. Mairani, Mailand: 498 o. – Marka, Mailand: 137, 156 u., 220 o., 415, 521. – C. A. Marshack, New York: 75. – Stefania Mazzoni, Rom: 400, 468 u. – James Mellaart, London: 372 u., 374, 375, 376. – Metropolitan Museum, New York: 557. – Milwaukee/Jacana, Paris: 28. – Moretti/Ricciarini, Mailand: 143 u., 155 o., 164 o., 166, 168 u., 169, 253 o. – Musée de l'Homme, Paris: 638, 640, 641, 644 u., 646. – Museum für Römische Kulturgeschichte: 272. – Nationalmuseum Tokio: 570 r. – Nationalmuseum Zürich/Marka Mailand: 141, 159 o., 162 u., 163. – Naturwissenschaftliches Museum, Trient: 42. – Nelson Gallery, Kansas City: 562. – Nimatallah, Florenz: 221, 224, 233, 239 o., 243, 244 o., 245, 248. – David Oates, London: 372 o. – Yoichi Okamoto, Bethesda (Maryland, USA): 107 u., 108 r. o./u. – P2/Ricciarini, Mailand: 310 u., 440 u., 509, 523, 525. – Arturo Palma di Cesnola, Siena: 77. – Nationalmuseum von Pakistan, Karatschi: 530 o. – Patellani/Ricciarini, Mailand: 519 u., 527 u. – Paolo Emilio Pecorella, Florenz: 422, 423, 428 u., 430 o., 434 o., 435 o., 438 o., 439 o., 441, 444 o., 445 u., 448 u., 449, 452 o., 453, 454, 459 o., 460 o. – Marcella Pedone, Mailand: 197 o., 199, 201, 202, 209. – Lino Pellegrini, Mailand: 25, 196 o., 208 o., 210 u., 306, 308 o., 316 u., 328 u., 331, 352 o., 355 u., 630, 632 u., 634 u., 636, 648. – Perissinotto/Ricciarini, Mailand: 437. – Jean Perrot, Paris: 364 (Französisches Forschungsinstitut für Vorgeschichte in Jerusalem), 368 o., 486. – Pictor, Mailand: 225. – M. Piperno, Rom: 49. – Pontificia Comm. Arch. Sacra (Diözesanarchiv) Rom: 277. – Mirella Prato/Ricciarini, Mailand: 436 u. – Mauro Pucciarelli, Rom: 145, 195, 196 u., 205, 207, 210 o., 260 u. – Folco Quilici, Rom: 548 o. – Realites, Paris: 185, 576, 585. – Rheinisches Landesmuseum, Bonn: 179 o., 181 u. – Rheinisches Landesmuseum, Trier: 179 l. u. – Luisa Ricciarini, Mailand: 120 o., 121, 125 o., 330 u., 340. – Fulvio Roiter, Venedig: 2, 9, 416 o., 432 u., 436 o., 445 o., 448 o., 461 u., 466, 467, 478, 482 r. u., 508, 512. – Römische Antikenverwaltung, Rom: 283 u. – Vanna Rossi/Marka, Mailand: 136 o. – Rossi/Ricciarini, Mailand: 168 o., 170 o. – Dominique Sacchi, Carcassonne: 89 u., 96 u. – Armando Salas, Portugal: 590, 607. – Mirjo Salvini, Rom: 446, 447, 500 o. – Kirche S. Agostino, San Gimignano: 291 u. – A. Sartorelli, Venedig: 56 o. – Scala, Florenz: 108 l. o., 111 o., 128, 154 o., 155 u., 167, 170 u., 179 r. u., 181 o., 194 o., 197 u., 206 u., 231, 270, 278 l. o., 290 o., 368 u., 380, 381, 389, 392 u., 397 u., 398 o., 468 o., 476 u., 511 r. u., 513, 519 M. – Sammlung Schulmann, Paris: 549. – Schweizerisches Landesmuseum Zürich: 171 u. – Sergio, Mailand: 62 o. – Simion Ricciarini, Mailand: 122, 123 r. u., 124 l. o., 126, 255 o., 304 o., 336 r. u., 385, 393, 458, 484 l. o., 497 o., 543 o., 548 u., 551, 552, 554, 555, 558, 559, 564, 565, 567, 570 l. – Staatliche Antikensammlung und Glyptothek, München: 256 r. u. – Staatliche Museen, Ost-Berlin: 460 u., Staatliche Museen, West-Berlin: 177 o. – Städtische Museen, Mailand: 293. – Giorgio Stacul, Triest: 533, 534 o., 535. – Städtische Museen, Mailand: 293. – Sergio Stocchi/Marka, Mailand: 394 u., 505. – David Stronach, Teheran: 502, 503. – Pasquale Testini, Rom: 281. – Thames and Hudson: 524 r. (Martin Weaver), 530. – Tomsich/Ricciarini, Mailand: 123 l. u., 125 l. u., 142, 254 u., 379, 498 u., 501, 546. – Maurizio Tosi, Rom: 484 r. o./u., 487 o., 488 o., 492 u., 495 o., 496 u., 519 o. – Ucko-Rosenfeld/Il Saggiatore, Mailand: 26. – Ungarisches Nationalmuseum, Budapest: 51 u. – Universität Rom – Archäologische Dependance, Syrien: 405, 406, 407, 408 o., 410, 411 o., 412, 413, 417 u., 418, 419, 420. – Universität Tübingen – Institut für Vor- und Frühgeschichte: 176. – Vautier, Paris: 15. – Jean Vertut, Paris: 45, 78 u., 79 M./l. u., 80, 82–83, 84, 85 l. u., 86, 87 o., 88 o., 89 r. o. – Giuseppe Vicino, Finale Ligure: 93. – Gerd Weisgerber, Bochum: 494 o., 495 u. – Wettstein und Kauf (Rietbergmuseum), Zürich: 572. – Roger Wood: 271. – Württembergisches Landesmuseum Stuttgart/Marka, Mailand: 142 u., 143 o., 148 u., 152 o., 155 l. o., 159 u. – René Wyss, Zürich: 90. – Zürcher Museum: 572.

Der besondere Dank des Herausgebers gilt den Verwaltungen der verschiedenen Archäologischen Institute, den einzelnen Archäologen, den Museen und den wissenschaftlichen Instituten, die freundlicherweise ihr Bildmaterial zur Verfügung gestellt haben.